# 冶金工程设计

## 第3册

## 机电设备与工业炉窑设计

主　编　云正宽
副主编　陈绍祖　兰新辉
　　　　郭玉光　孟震生



北京
冶金工业出版社
2013

## 内容简介

《冶金工程设计》共分三册，包括《设计基础》、《工艺设计》、《机电设备与工业炉窑设计》。本册分为三篇，第一篇为冶金专用机械设备设计，分别介绍了焦炉、烧结及球团、有色金属冶炼、高炉炼铁、炼钢、连铸、炉外精炼、轧钢、耐火材料和冶金炉窑等的机械设备；第二篇为冶金工程电气设计，分别介绍了供配电和电气传动设计；第三篇为冶金工业炉窑，分别介绍了工业炉窑概况及分类、筑炉耐火材料及炉衬设计、金属材料及钢结构、炉用主要设备、加热炉、钢带连续热处理炉、辊底式炉、罩式退火炉、回转窑、鼓风炉、流态化焙烧炉、反射炉、闪速炉、矿热电炉、回转式精炼炉、熔池熔炼炉和有色金属加工工业炉。

**《冶金工程设计》是勘察设计注册冶金工程师资格考试培训及继续教育的基本教材**，也可供冶金企业的科技和管理人员参考使用，同时也可作为高等院校的师生和科研单位的工程技术人员的参考用书。

**图书在版编目(CIP)数据**

冶金工程设计．第3册，机电设备与工业炉窑设计/云正宽主编．—北京：冶金工业出版社，2006.6（2013.6重印）

ISBN 978-7-5024-3987-3

Ⅰ.①冶…　Ⅱ.①云…　Ⅲ.①冶金工业—工程设计　②冶金工业—机电设备—设计　③冶金工业—工业炉窑—设计　Ⅳ.①TF

中国版本图书馆CIP数据核字(2006)第041275号

出版人　谭学余
地　　址　北京北河沿大街嵩祝院北巷39号，邮编100009
电　　话　(010)64027926　电子信箱　yjcbs@cnmip.com.cn
责任编辑　李培禄　王雪涛　刘小峰　张登科　美术编辑　彭子赫
责任校对　王贺兰　李文彦　责任印制　张祺鑫

ISBN 978-7-5024-3987-3

冶金工业出版社出版发行；各地新华书店经销；北京百善印刷厂印刷
2006年6月第1版，2013年6月第2次印刷
787mm×1092mm　1/16；72.75印张；1954千字；1134页
**260.00**元

**冶金工业出版社投稿电话：(010)64027932　投稿信箱：tougao@cnmip.com.cn**
**冶金工业出版社发行部　电话：(010)64044283　传真：(010)64027893**
**冶金书店　地址：北京东四西大街46号(100010)　电话：(010)65289081(兼传真)**

（本书如有印装质量问题，本社发行部负责退换）

# 《机电设备与工业炉窑设计》编写人员


**主　　编**　云正宽

**副 主 编**　陈绍祖　兰新辉　郭玉光　孟震生

**编写人员**　(以姓氏笔画为序)

王纪英　王临江　尹　高　叶步成　田淑霞
朱让贤　刘思泉　刘彭涛　刘镜清　江文革
李银卿　杨骥廷　何玉林　何英才　张　干
张　妍　张松文　陈维庄　郝英杰　贵广臣
姜凤春　袁立文　高士林　郭玉光　龚晓虹
盛浩锡　常榕林　崔宝光　章　敏　梁达华
梁昌佑　傅志华　詹蒂青　潘云从　潘良玉
魏　振　濮汝琳　濮松夫

# 序

近十多年来，我国冶金工业得到了长足的发展，各种钢铁、有色金属及黄金产品，基本满足了经济建设与国防现代化的需要，带动了相关产业的发展，为国民经济的快速发展做出了巨大贡献。

我国加入WTO后，冶金工业面临着新的机遇与挑战。我们只有不断总结、集成、创新，才能使冶金工业健康、持续发展，才能在日益激烈的竞争中立于不败之地。发展冶金科技，人才为本，在“科教兴国”国策的实施过程中，我们应采取多种有力措施，尽快培养出各学科、各专业的学术带头人，培养出一大批复合型人才，并造就一支能适应现代冶金科技发展需要的科技队伍。

为了满足冶金工程技术人员学习现代冶金科学技术、扩大专业知识、拓宽就业范围的要求，全国勘察设计注册工程师冶金专业管理委员会组织资深的专家、学者，成立了《冶金工程设计》编辑委员会，组织近百位经验丰富的冶金工程专家参加了该套书的编写工作，这是一项十分重要的“基础工程”，必将有助于我国冶金工程技术的创新活动。

《冶金工程设计》涵盖了钢铁、有色金属及黄金等材料生产建设过程中的设计内容，包括了主要生产技术、工艺流程以及选用的主要设备。此外，还包括了有关法律、法规，冶金工程所需的能源介质，公辅设施，环保，土建以及总图运输等。该套书内容丰富，资料翔实，适用范围广。该套书的出版，将为广大的冶金科技工作者，特别是冶金工程设计人员提供一套技术新、综合性强的专业书籍；它也将成为冶金企业、科研单位及大专院校生产、科研、教学参考书。

殷瑞钰

2005.12.24

# 前　言

近年来,我国钢铁、有色金属及黄金的产量跃居世界前列。广大冶金科技工作者努力学习国际先进技术,积极开发、设计、研制适合国情的新工艺、新设备和新材料,为冶金工业快速发展做出了突出贡献。

冶金工业是典型的流程制造业。采矿—选矿—冶炼—加工整个工艺流程具有广泛的关联度与相互渗透性;钢铁、有色金属及黄金生产的科学原理、生产工艺、选用的设备大体相同或类似。多学科彼此借鉴,跨专业技术交流,相互促进,必定使我国冶金工业跃上一个新台阶,早日跨入冶金科技强国的行列。

冶金工程设计是冶金工业健康发展的重要环节,担负着冶金工厂新建、改扩建及技术改造的繁重任务。我国加入 WTO 后,冶金工业面临新的发展机遇与挑战。在此关键时期,广大钢铁、有色金属及黄金行业的工程设计人员,必须不断提高技术水平,扩充专业知识,为冶金工业优化产业结构、节能降耗、循环利用资源、加强环境保护等做出应有的贡献。

为适应我国加入 WTO 后的新形势,不断提高工程技术人员的技术水平与法制观念,提高设计质量,加强设计管理,逐步与国际接轨,人事部、建设部于 2001 年 1 月 4 日联合发布了《勘察设计注册工程师制度总体框架及实施规则》,并于 2005 年 10 月 13 日印发了《勘察设计注册冶金工程师制度暂行规定》、《勘察设计注册冶金工程师资格考试实施办法》和《勘察设计注册冶金工程师资格考核认定办法》。为了贯彻执行上述文件的有关要求,全国勘察设计注册工程师冶金专业管理委员会组织资深专家、学者成立了《冶金工程设计》编辑委员会,负责该套书的编写及审订工作。

《冶金工程设计》一套共三册。第一册《设计基础》,主要内容包括:有关法律、法规、规定、条例及重要标准,基本建设程序,现代设计方法,冶金生产(采矿、选矿、冶炼、加工、焦耐)概论,冶金工程的机械、电力及自动化、能源介质、公辅设施及土建,冶金工程的总图、环保、劳动安全卫生及消防,冶金工程项目的投资计算及经济评价。第二册《工艺设计》,主要内容包括:选矿、烧结、球团、钢铁冶炼、有色金属及黄金冶炼、轧钢、有色金属加工、钢铁制品、焦化、耐火材料及总图运输。第三册《机电设备与工业炉窑设计》,主要内容包括:冶金工程的机械设备、供配电与电气传动以及冶金工业炉窑。

《冶金工程设计》内容广泛,综合性强,资料翔实,**是勘察设计注册冶金工程师资格考试培训及继续教育的基本教材**,也可供冶金企业的科技人员、管理人员参考使用,同时也可作为高等院校的师生、科研单位工程技术人员的参考用书。

在编写过程中,参考引用了国内外最新冶金科技成果;有关人员对书中的内容、深度、广度,反复讨论、研究、斟酌和推敲,力求编写成能反映近年国际、国内冶金科技发展水平,并受到广大冶金工程技术人员欢迎的书籍。但编写这类书籍尚无先例可循,再加上时间紧,任务重,难免存在缺憾与不足,恳请广大读者多提宝贵意见,以便再版时修改、完善。

在此谨向对本书进行指导的殷瑞钰院士致谢,并向本书所引用技术资料的作者、参加本书审核的专家以及提供帮助的人士致谢,并感谢勘察设计注册冶金工程师执业资格考试专家组给予的支持。

《冶金工程设计》编辑委员会

2006年1月10日

# 目　录

## 第一篇　冶金专用机械设备设计

## 第二篇　冶金工程电气设计

## 第三篇 冶金工业炉窑

# 第一篇　冶金专用机械设备设计

## 第一章　概　　论

### 第一节　冶金专用机械设备设计的范围和任务

**一、冶金专用机械设备设计的范围**

冶金生产过程包括采矿、选矿、球团、烧结、焦化、炼铁、炼钢、有色金属冶炼、轧制等一系列工艺过程。这些生产工艺中所使用的机械设备即称为冶金专用机械设备。

本篇所要介绍的是装煤车、推焦车、拦焦车、烧结机、高炉上料设备、炉顶设备(无料钟炉顶、双料钟炉顶)、炉前设备(开口机、堵渣机、泥炮)、高炉热风炉设备、铁水预处理设备、氧气顶吹转炉设备、LF和VD等钢水精炼机械设备、连铸机(方坯、板坯等)、轧制机械设备(轧钢机机座及传动设备、剪切机和卷取机及辊道)等诸冶金专用机械设备的情况。

组成机械设备的不可拆的基本单元是机械零件或简称零件,例如螺栓、螺帽、销、键、轴、齿轮和弹簧等;将这些零件从结构上组合在一起称为部件(可拆或不可拆),如减速器、联轴器、轴承、滑轮等。机械零件这一术语也通常用来泛指零件和部件。各种设备中普遍使用的零件称为通用零件,只在特定类型的设备中使用的零件称为专用零件,如轧机中的轧辊、高炉炉顶设备中的料钟等。

机械设计可以用新的原理、新的理念、新的技术、新的工艺、新的材料去开发创造新的机械设备;也可以在原有机械设备的基础上,通过计算、校核重新设计或作部分变动而设计类似机械设备。因此,提升机械设备的工作性能、合并或简化机械设备结构、增多或减少机械设备功能、提高机械设备效率、降低机械设备能耗、变更机械设备零件和改用新的材料等,都属于机械设计的范畴。

**二、冶金专用机械设备设计的任务**

为冶金企业设计提供更多的工作性能强、功能多、效率高、能耗低、造价适当的冶金专用机械设备是冶金机械工程师的重要任务。机械设备设计是生产冶金专用机械设备的第一道工序,也是产品质量的灵魂,设计工作的好坏将直接关系到产品的技术水平和经济效果。

### 第二节　设计的基本要求、程序和评价

**一、设计的基本要求**

设计的基本要求包括:

(1) 机械设计首先要满足设备的功能要求,在此前提下,同时满足使用安全可靠、经济合理、制造工艺成熟可靠、便于安装维护以及设计文件齐全(图样端正及清晰、文字通顺和表达准确)等要求。机械设计应具有功能性、安全性、经济性、可信性和可实施性。

(2) 在使用方面,设备应能在给定的工作时限内性能稳定、工作可靠;机械操作轻便省力,操作机构的部位适合人体生理要求;保障操纵安全,应设有连锁或保险装置;便于维修,易损件和备品备件供应应有保障。

(3) 在经济方面,应作到设备选型合理、材料选择适用和施工方法经济,应对材料费用、制造成本等多种因素进行综合平衡,优化设计方案。机器的外形应美观大方,给人以时代感、美感、安全感。色彩要和机器功能相适应。

(4) 噪声也是一种环境污染,影响人体健康。噪声分贝数已成为评定机器质量的指标之一,最好控制在 70～80 dB 以下。每天工作 8 h 的机器噪声最好不高于 90 dB。冶金工厂是噪声污染较严重的企业,噪声大于 105 dB 的机器,必须采用降低噪声的措施。齿轮传动、链传动、液压系统、电动机是设备中常见的噪声源。为了降低噪声,首先分析产生噪声的原因,然后从设计、制造工艺、材料等因素着手,采取各种措施降低噪声的发生。随着环境对机器噪声的要求日益严格,降低噪声的设计愈显重要。

## 二、设计程序

机械设计程序也可称为机械设计阶段。机械设计阶段可划分为可行性研究、初步设计、施工图设计和设计服务 4 个阶段,如图 1.1-1 所示。

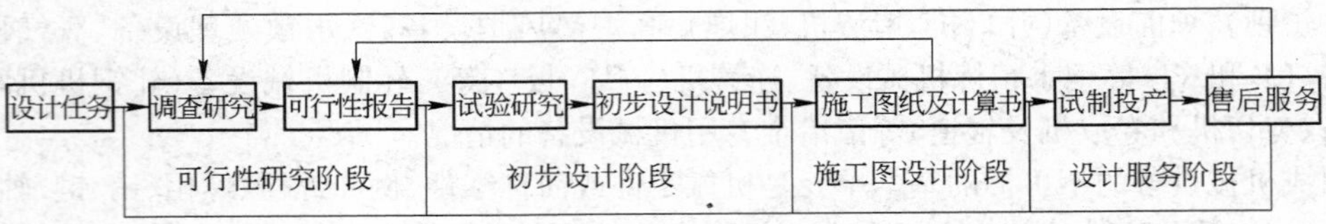


图 1.1-1　机械设计程序

## 三、技术经济评价

技术经济评价分为技术评价和经济评价。

技术评价是指评价设备的某些性能,如重量、体积、生产能力、功率等,这是可以用数量来衡量的。但某些评价项目如外观、操纵性能、安全性能、维修性能等则不能用数量来简单衡量。对这样的技术评价常用评分办法,对每一个评价项目依好坏不同给予不同的分数。技术评价用技术价值可以用下式表示:

$$X=\frac{\sum P}{\sum P_{\max}}$$

式中　$\sum P$——评分总分数;

$\sum P_{\max}$——满分总分数。

当 $\Sigma P=\Sigma P_{\max}$时,$X=1$,表示技术价值最高。一般认为 $X$ 值在 0.8 以上是很好的方案,在 0.6 以下不合要求。

经济评价通常只计算制造费用,它是经济评价中最主要的项目。经济评价用经济价值可以用下式表示:

$$Y=\frac{\text{理想制造费用 } H_1}{\text{实际制造费用 } H}=\frac{0.7\times[H]}{H}$$

若 $H=H_1$,则 $Y=1$,表示经济价值最高。理想制造费用建议取允许制造费用$[H]$的 70%,因允许制造费用通常应低于销售费用,故若 $H=[H]$,即 $Y=0.7$ 时仍然有利可图。$[H]$可根据市场供应情况而定。

图 1.1-2 为技术经济对比图。图中任何一点代表一种设计方案的技术价值和经济价值。$S$ 点是理想的设计方案，$X=1$，$Y=1$。$\overline{OS}$线上各点是技术价值与经济价值相等的设计方案。显然，靠近$\overline{OS}$线且愈靠近 $S$ 的点，其设计方案愈接近理想。

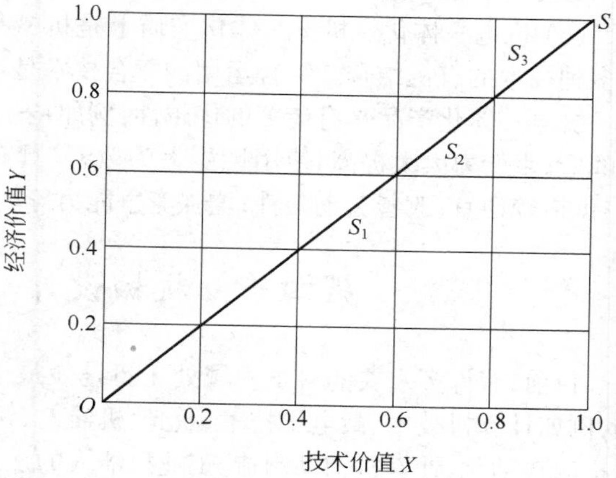

图 1.1-2 技术经济对比图

利用图 1.1-2 可以从多种设计方案的比较中找出理想的设计方案，如图中方案 $S_2$ 比 $S_1$ 好，$S_3$ 比 $S_2$ 好。也可以经多方案比较，找到理想的设计方案，如先做方案 $S_1$ 评价后，改进其薄弱环节，再做方案 $S_2$、$S_3$。遇到两个评价相近的方案，其中之一技术价值较高，而另一则经济价值较高，这时最好选用技术价值较高的设计方案。

要想提高技术经济价值可以从以下 4 个方面着手：

(1) 进一步简化和优化设计，减少零件数量，提高标准化、通用化程度；

(2) 选用廉价材料；

(3) 改善毛坯、零件加工、装配等工艺性，合理选择精度、公差和配合、形位公差及其他技术条件；

(4) 改进生产、经营管理制度。

以上这 4 个方面中以优化设计尤为重要。

## 第三节 机械开发设计的新动向

随着科学技术的突飞猛进，机械设计学科发生了巨大变化，设计方法呈现出更为科学、现代、计算精度更高、计算速度更快的崭新态势。这主要表现在以下几个方面：

(1) 基础理论不断深化和拓展。机械学科的研究方向由宏观向微观发展。例如：摩擦学研究物体表面间的物理和化学性质，进一步探索薄层摩擦副的机理和计算问题；弹性流体动力润滑研究重载接触副的最小油膜厚度、摩擦力、摩擦温度等问题，以提高齿轮传动、滚动轴承等的寿命和可靠性。

(2) 静态设计向动态设计扩展。过去传统的机械设计偏重于零件、部件的静态设计，而现在向以多种零件的综合或整机系统为对象的动态设计方向扩展。研究机械系统的动力学问题对发展高速机械具有十分重要的意义。

(3) 新的设计方法层出不穷。为了适应市场经济的理念，使产品设计更科学、更完善、更具备市场竞争能力，新的设计方法不断出现，诸如优化设计、系统设计、可靠性设计、造型设计、模块化设计、价值工程、设计方法学等。

(4) 计算机辅助设计(CAD)。计算机具有计算速度快、计算精度高、有记忆和逻辑判断功能等特点。随着计算机技术的不断发展，在机械设计中广泛应用计算机进行程序设计、自动设计、有限元计算、计算机绘图、人－机对话、建立程序库和数学库等，这些内容统称计算机辅助设计。

(5) 智能机械设计。近年来，机械设计的 CAD 技术正向规模大、层次深、智能化等方面发展，除具有一般数据计算、绘图功能外，还具备逻辑推理、分析综合、方案构思和决策等功能，其中还包含专家的知识和丰富经验，对于创造性地提高设计质量和效率具有重要的应用价值。这一技术通称为智能机械设计或机械专家系统。

(6) 机电一体化。机电一体化实质上是机械与电子、强电与弱电、软件与硬件、控制与信息等多种技术的有机结合。综合运用的复合技术是当今的发展方向，使传统机械产品面临新的转折。机电一体化产品具有诸多的优越性，例如：安全性大为提高；可靠性大为提高；质量提高，成本降低；生产力大大提高；使用性能大为改善；具有复合功能，适用面广；调整维护方便；节约能源；价格较便宜；改善劳动条件；增强竞争能力等。

## 第四节 机械设计与其他学科的关系

目前，有许多重要的科学领域处于迅速发展阶段，它们对以后的科学发展会产生重大的影响，例如计算机技术、微电子技术、激光、机器人、新能源、新材料等。而电子计算机的发展又推动了机床自动化、计算机辅助制造、工业机器人的发展。机械设计近几十年有很大的发展，设计人员必须了解、掌握和运用这些技术。

## 第五节 机械设计能力的培养

机械设计是一种综合性很强的工作，对设计人员素质的要求也是多方面的，其主要要求是：

(1) 宽广的理论基础。设计人员必须有宽广的理论基础才能充分考虑与理解设计中必须考虑和处理的各方面问题，创造出新的设计方案。对机械产品的要求不断提高，由确定设计任务到设计完成前，必须运用上述多方面的设计方法才能得到最佳的设计成果。

(2) 丰富的实践经验。认为完成了设计图纸即算完成设计是一种狭义的概念。应该建立广义的设计概念，即在试验、研究、设计、制造、安装、使用、维修等工作中，以设计为主综合权衡，然后完成设计图纸。这要求设计者必须有丰富的实践经验。

(3) 活跃的思维能力。影响设计成果的因素很多，而这些因素中很多是变化着的，如生产条件的不同、新技术的不断出现、市场和原材料供应情况等，再加上国内外的竞争，可以看出设计问题的解决是个复杂的过程。必须有活跃的思维能力，才能在复杂的条件中做出成功的设计。

(4) 具有设计者所需要的素质。创造性的思维能力和坚持不懈的工作是设计者最重要的素质。除此之外，设计者还应虚心向别人学习，清楚客观地分析和认识别人提出方案的优点和自己方案的缺点，这样就可以吸收别人的智慧，更容易取得成功。

# 第二章　焦炉机械设备

## 第一节　现代焦炉生产的工艺过程及其对机械设备的要求

### 一、现代焦炉生产的工艺过程和焦炉机械的作用

现代焦炉生产的工艺过程和焦炉机械的作用如下：

(1) 配煤。焦炉生产是目前获得大量焦炭的主要手段，它的原料是炼焦煤，把原料煤按一定比例配好，送入煤塔。

(2) 装煤干馏。装煤车到煤塔下受煤后，进入焦炉区，打开装煤孔盖，将煤斗中的煤装入炭化室干馏，经一个结焦周期后，焦炭成熟。不同炉型，周转时间不同。

(3) 产品处理。推焦机、拦焦机分别打开炭化室机焦侧炉门(焦炉机焦侧的区分为安装推焦机侧称为机侧，安装拦焦机侧称为焦侧)，用推焦机将成熟的焦炭由炭化室推出，经拦焦车导焦栅进入熄焦车，电机车牵引熄焦车送入熄焦塔进行湿法熄焦，熄焦后送到焦台，由皮带运输机运至筛焦楼进行筛分处理。如采用干法熄焦，焦炭经拦焦车导焦栅进入焦罐，由电机车牵引至提升机井下，焦罐经提升、平移、装入装置，将焦炭送入干熄槽，干熄后的焦炭经排出装置送到皮带机，由皮带机将焦炭运至筛焦楼进行筛分处理。

现代焦炉生产工艺流程如图 1.2-1 所示。

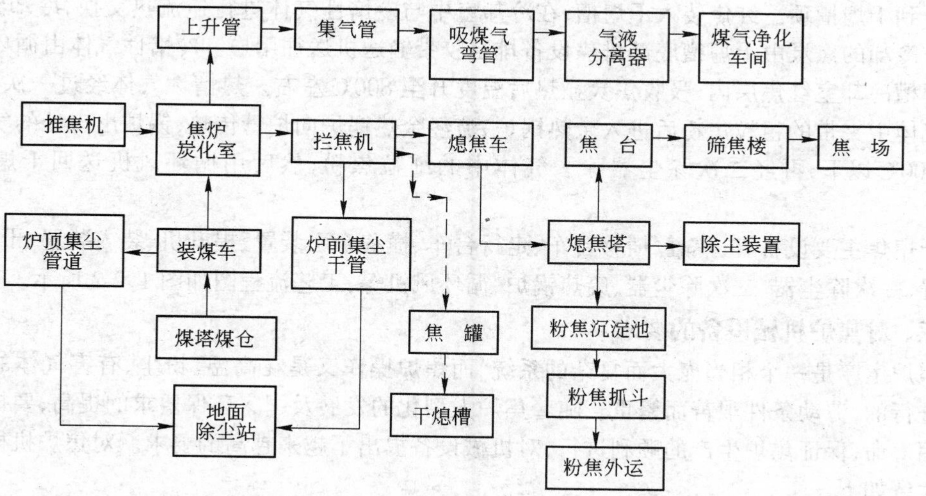


图 1.2-1　焦炉生产工艺流程图

### 二、焦炉机械设备的组成

顶装焦炉机械设备由装煤车、推焦机、拦焦机、电机车、熄焦车和液压交换机组成，它们分别安装在焦炉的炉顶、机焦两侧及焦炉煤塔下，其作用是完成装煤、出焦、熄焦和炉内加热气流换向等作业。

侧装焦炉机械设备由捣固机、摇动给料机、捣固装煤车、推焦机、拦焦机、电机车、熄焦车、导

烟车和液压交换机组成，它们分别安装在焦炉煤塔下、机焦两侧及焦炉炉顶。捣固机将煤捣固成一定尺寸的煤饼，由捣固装煤车推入炭化室，最终完成出焦、熄焦的任务。

几种规模焦化厂的焦炉机械配置数量见表1.2-1。

**表1.2-1 各种焦炉最大生产规模焦炉机械配置数量**

| 规模/万 $t \cdot a^{-1}$ | 90 | 100 | 100 |
|---|---|---|---|
| 炉型 | 4.3 m 顶装 | 4.3 m 捣固 | 6 m 顶装 |
| 炭化室平均宽度/mm | 450 | 500 | 450 |
| 炉组/座×孔 | 2×65 | 2×72 | 2×55 |
| 装煤车/台 | 2 | 2 | 2 |
| 推焦机/台 | 2 | 2 | 2 |
| 拦焦机/台 | 2(1) | 2(1) | 2(1) |
| 电机车/台 | 1(1) | 1(1) | 1(1) |
| 熄焦车/台 | 1(1) | 1(1) | 1(1) |
| 液压交换机/台 | 2 | 2 | 2 |
| 捣固机/套 |  | 2 |  |

注：括号内数值表示备用车数。

干熄焦原理是：以冷惰性气体（通常为氮气）冷却红焦，吸收了红焦热量的惰性气体作为二次能源，在热交换设备（通常是余热锅炉）中给出热量而重新变冷，冷的惰性气体再去冷却红焦，如此反复循环。其流程为成熟的红焦炭从炭化室中推入焦罐，焦罐由走行台车运至提升塔，由提升机提升到干熄槽顶。红焦装入干熄槽，在冷却室中与冷惰性气体进行逆流热交换，冷却到200℃左右。冷却的焦炭由干熄槽底部排焦设备排至胶带输送机送往用户。冷惰性气体由循环风机送入干熄槽冷却室红焦层内，吸收焦炭显热后温度升至800℃左右。热惰性气体经过一次除尘器，除去气体中夹带的粗粒焦粉后进入余热锅炉，流经余热锅炉向炉管传热，锅炉出口处的气体温度降到200℃以下，再经二次除尘器除去气体中的细粒焦粉，然后用循环风机送回干熄槽循环使用。

干熄焦主要设备有：焦罐、横移台车、走行台车、横移牵引装置、提升机、装入装置、干熄槽、排出装置、一次除尘器、二次除尘器、废热锅炉、循环风机等，工艺流程图如图1.2-2所示。

## 三、对焦炉机械设备的要求

焦炉生产是一个相当庞大而复杂的系统，而焦炉操作又是在高温、粉尘、有害气体的恶劣环境中进行的，劳动条件艰苦而繁重。随着焦炉大型化的发展及国家环保要求的提高，要提高设备的使用寿命，保证焦炉生产的顺利进行，对机械设备提出了越来越高的要求。对焦炉机械的基本要求大致如下：

(1) 在工艺规定的时间内所有的动作及过程都能满足生产工艺的要求。

(2) 要有高度的可靠性，要求各种机械设备必须安全可靠，运转灵活准确，有足够的强度、刚度和稳定性等。

(3) 要提高机械设备的使用寿命，并易于维修，机械设备不仅要耐磨、耐腐蚀、耐高温变形，并且损坏后要容易修理和更换，在平时要易于检查和维护。

(4) 装煤、出焦机械要提高工作效率，减轻工人劳动强度，减轻对周围环境的污染。机械设备要易于自动化操作，使设备实现单元程序控制。

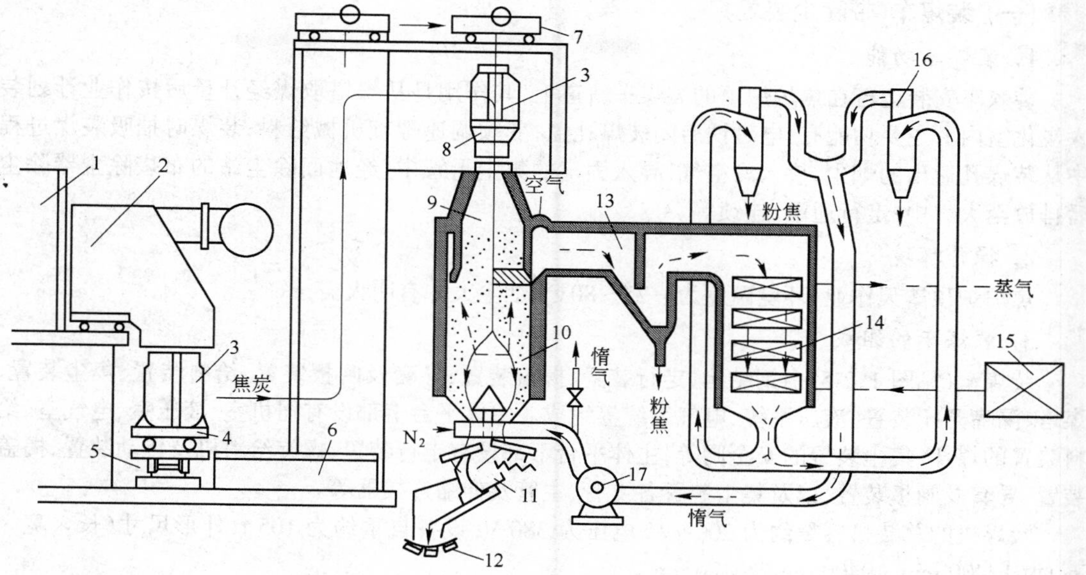


图 1.2-2　干熄焦设备组装图

1—焦炉；2—导焦车；3—焦罐；4—横移台车；5—走行台车；6—横移牵引装置；7—提升机；8—装入装置；9—预存室；10—冷却室；11—排出装置；12—皮带机；13——次除尘器；14—废热锅炉；15—水除氧器；16—二次除尘器；17—循环风机

(5) 电信号系统具有先进性和准确性，焦炉机械设备即装煤车、推焦机、拦焦机和电机车之间对位精确、连锁控制可靠有效，实行互相协调行动。

## 第二节　顶装焦炉专用机械设备

目前，国内大部分顶装焦炉为炭化室高 4.3 m、5.5 m、6 m 焦炉，7.63 m 焦炉亦在建造之中。这些焦炉机车的功能和配置基本相同，6 m 焦炉的机车辅助功能多一些。下面分别介绍炭化室高 4.3 m、6 m 顶装焦炉的机车性能。焦炉机械断面图见图 1.2-3、图 1.2-4。

### 一、炭化室高 4.3 m 焦炉专用机械设备

配套的炼焦炉主要工艺参数(冷态尺寸)如下：

| | |
|---|---|
| 炭化室全长 | 14080 mm |
| 炭化室有效长度 | 13280 mm |
| 炭化室全高 | 4300 mm |
| 炭化室有效高度 | 4000 mm |
| 炭化室平均宽度 | 450 mm |
| 炭化室锥度 | 50 mm |
| 炭化室中心距 | 1143 mm |
| 结焦时间 | 18h |
| 炭化室有效容积 | 23.9 $m^3$ |
| 每孔炭化室一次装干煤量 | 17.9 t |
| 每孔炭化室三个装煤孔 | 其间距 4280 mm |

**(一) 装煤车**(带除尘装置)

1．装煤车功能

装煤车安装运行在焦炉炉顶的装煤车轨道上，其作用是从煤塔取煤经计量后按作业计划装入炭化室内。主要功能有：电磁铁启闭装煤孔盖；变频调速螺旋机械给料；装煤时抽吸装煤过程中从装煤孔逸出的烟尘，掺入冷空气，导入固定的集尘干管中，经地面除尘站的布袋除尘器除尘后排放至大气中；走行通讯、连锁等。

2．操作环境

焦炉炉顶露天作业，环境温度为－25～80℃，烟尘大并有明火。

3．装煤车的组成

装煤车(见图 1.2-5)由钢结构、走行装置、揭盖装置、导套及闸板装置、给料装置、集尘装置、煤塔、漏嘴开闭装置、液压系统、电气系统等组成。主体平台上部设有司机室、液压室、电气室、给料装置的煤斗、集尘装置的安全阀等，主体平台下部设有走行装置、螺旋给料机及传动装置、揭盖装置、导套及闸板装置，以及集尘装置各支管、主管及伸缩连接器等。

装煤机的总装机容量约为 200 kW，电压为 380 V，设备自重约为 105 t，外形尺寸(长×宽×高)为 12400 mm×9400 mm×6426 mm。

4．各机构的主要技术参数

*走行装置* 走行装置由 8 个轮子组成 4 个轮组支承车架，由电机驱动。走行电机采用变频器控制，以保证运行过程的平稳及不同速度的需要。走行装置与取料、揭盖、导套、给料装置等设置连锁。

走行装置的主要技术参数如下：

| | |
|---|---|
| 驱动形式 | 四驱动形式 |
| 电机型号 | YP2-180L-6 |
| 电机功率 | 4×15 kW |
| 走行轮(数量×直径) | 8×$\phi$700 mm |
| 轨距 | 5230 mm |
| 轨型 | QU80 |
| 走行速度 | 约 90 m/min(电机采用变频电机) |
| 允许最大轮压 | 160 kN/个 |

*揭盖装置* 在装煤车运行至焦炉待装煤炭化室停车定位后，揭盖装置对装煤孔盖进行启闭。揭盖装置由揭盖支架、内台车、外台车、电磁铁等组成。工作时由电磁铁吸住炉盖，通过液压缸驱动使炉盖盖合、打开或搓动。本装置内台车装在外台车上，并可一起沿揭盖机轨道运动。

揭盖装置的主要技术参数如下：

| | |
|---|---|
| 打盖形式 | 电磁启闭炉盖(并带有搓动功能) |
| 驱动形式 | 液压传动 |
| 装煤孔盖重量 | 40 kg |
| 电磁铁额定吸力 | 2200 N |

*导套及闸板装置* 导套及闸板装置由固定导套、内活动导套、外活动导套、闸板及连杆等组成。由于采用非燃烧式除尘，内、外活动的导套下落时，外导套下边距顶面约 100 mm，由此处吸入冷空气稀释从装煤孔逸出的荒煤气并降温。通过调速、调整螺栓可调整吸入的冷空气量。固定导套与闸板的框架连成一体。固定导套、内活动导套采用不锈钢材质(1Cr13)。

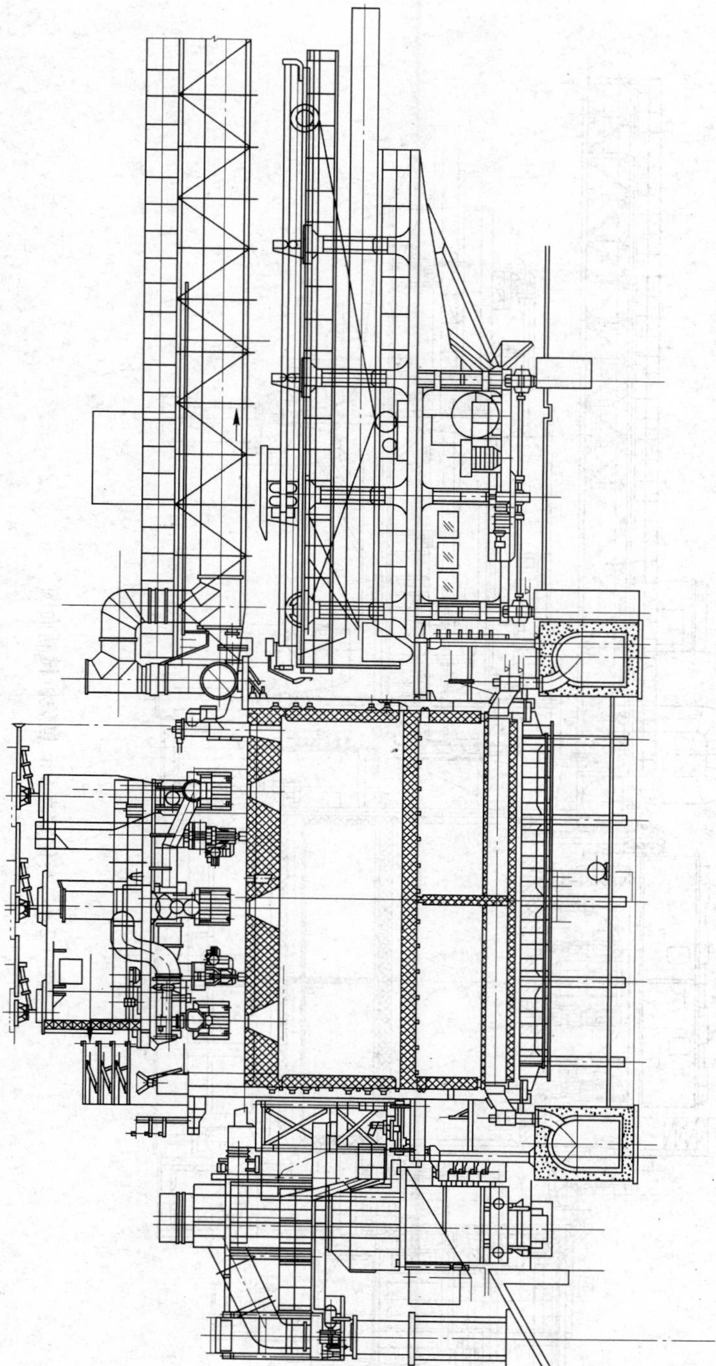

图 1.2-3　炭化室高 4.3 m 焦炉机械断面图

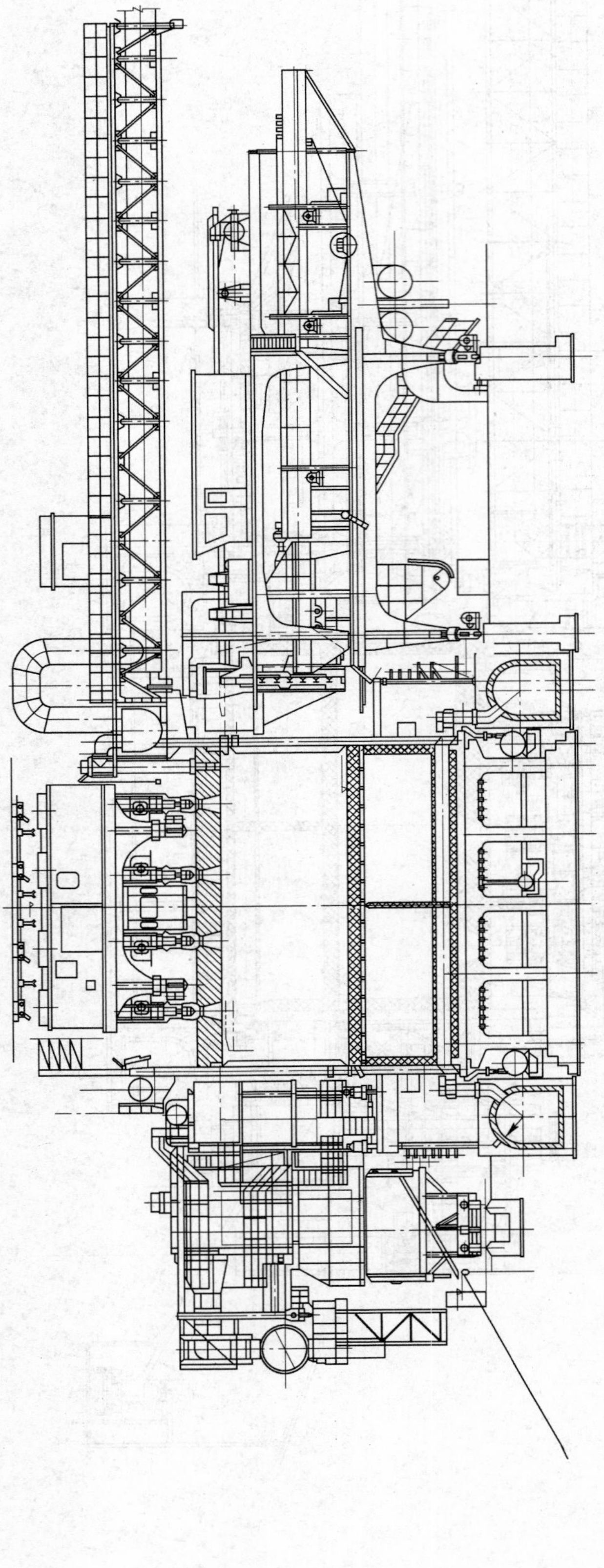

图 1.2-4　炭化室高 6 m 焦炉机械断面图

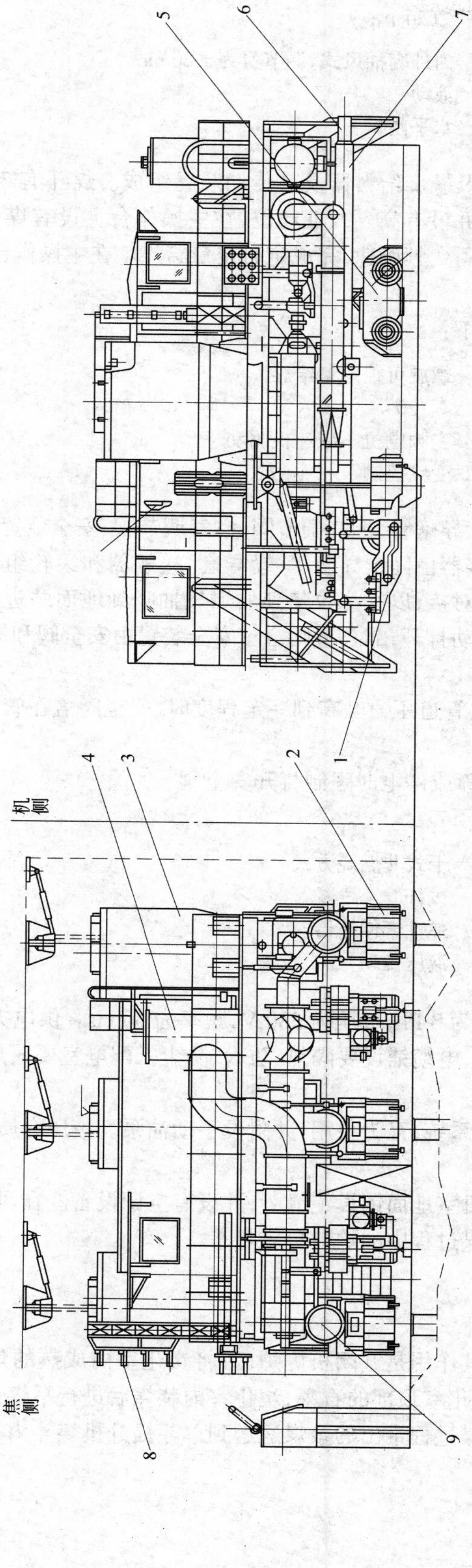


图 1.2-5　4.3 m 焦炉装煤车

1　揭盖装置；2　导套及闸板装置；3　给料装置；4　集尘装置；5　走行装置；
6　缓冲器；7　钢结构；8　电气系统；9　液压系统

导套及闸板装置的主要技术参数如下：

| | |
|---|---|
| 导套形式 | 内外套抽风式，调节量为 ±20 mm |
| 驱动形式 | 液动 |
| 闸板 | 水平闸板 |

给料装置　给料装置由煤斗及螺旋给料器及其传动装置组成。煤斗有3个，每个煤斗容积为11 $m^3$，材质为不锈钢(1Cr13)，并设有高、中、低料位，在主操作台上设有煤斗料位显示。螺旋给料器通过电机、减速机驱动，采用变频调速，完成定时定量给煤。在主操作台上显示螺旋转数，用螺旋计数器控制每孔装煤量。

给料装置的主要技术参数如下：

| | |
|---|---|
| 给料方式 | 螺旋可控定量给煤 |
| 给煤时间 | ≤120 s |
| 驱动方式 | 变频电机＋减速机驱动 |
| 控制方式 | 变频控制 |

集尘装置　集尘装置由烟罩、导烟管、烟气调节阀、空气调节阀、安全装置、集尘盖开启装置、集尘管伸缩连接器组成，伸缩连接器由固定导套、移动导套、接触器和滚轮组成，液压缸驱动，实现与炉顶上装煤集尘固定干管的对接，以便将收集到的烟气抽吸到地面站进行净化处理。地面固定干管盖由集尘盖开闭装置驱动打开，靠自重闭合。安全装置由安全阀和链条杠杆组成，由液压缸驱动，其作用如下：

(1) 当管道内发生煤气聚集、管道压力升高到一定程度时，安全阀盖在管道压力的作用下自动打开。

(2) 当地面集尘风机发生故障或停电时强制打开安全阀。

集尘装置的主要技术参数如下：

| | |
|---|---|
| 集尘形式 | 干式非燃烧方式 |
| 翻板阀开启 | 拔杆 |
| 集尘管路连接 | 弹性管伸缩器 |
| 驱动方式 | 液压传动 |

电气系统　电气系统的电源为3 Ph，电压为380 V，频率为50 Hz。供电方式为滑触线导入。电缆为阻燃电缆(或耐高温电缆)，电缆铺设要隔热、防火、防尘。配电室要隔热，配电室地面铺绝缘垫，室内设空调。

液压系统　液压站采用双泵系统，互为备用，并附设手动油泵。液压介质为抗磨性水－乙二醇难燃油，油箱材质为不锈钢。

司机室　司机室要隔热，司机室地面铺设绝缘垫，并设有空调设备。在司机室内装有显示炉口负压的监视装置，以便观察装煤过程中的炉口负压状态。

### (二) 推焦机

#### 1. 推焦机功能

推焦机安装在焦炉的机侧，其作用是开闭机侧炉门；将炭化室内成熟的焦炭推出炭化室，在推焦的同时利用压缩空气吹扫炭化室顶部的石墨；炭化室内装煤后进行平煤工作，保证炭化室顶部煤气通道畅通无阻，同时将平煤过程带出的余煤运送到单斗提升机煤斗内；另外还担任向炉门修理站运送炉门的任务。

2．操作环境

露天操作，推焦杆需穿过1000℃的炭化室，炉前操作与部分气流温度最高达200℃。

3．推焦机组成

推焦机(见图1.2-6)由钢结构、走行装置、推焦装置、摘门装置、平煤装置、气动装置及电气系统等组成。

推焦机的总装机容量约为233 kW，自重约为130 t，外形尺寸(长×宽×高)约为25013 mm×7972 mm×9573 mm。

4．各机构的主要技术参数

走行装置　走行装置安装在推焦机前后机架下部，用于驱动全车的走行。走行装置由两台电动机驱动。

走行装置的主要技术参数如下：

| | | |
|---|---|---|
| 轨道中心距 | 8686 mm(58-Ⅱ型焦炉) | |
| 轨型 | QU80 | |
| 电机 | YZRW250M1-8 | 2台 |
| 功率 | 30 kW/台 | |
| 车轮直径 | $\phi$800 mm | |
| 走行速度 | 78.2 m/min | |

摘门装置　摘门装置位于推焦装置的右侧，一般距推焦装置两个炉距(9－2串序)，即2288 mm(热态尺寸)，用于推焦前后启闭炉门。

摘门装置的主要技术参数如下：

| | |
|---|---|
| 驱动方式 | 电动 |
| 炉门质量 | 2.546 kg(包括衬砖质量) |
| 取门架移动电机 | YZ160M1-6　功率6.3 kW　转速922 r/min　1台 |
| 取门架移动速度 | 9.24 m/min |
| 取门架移动行程 | 2200 mm |
| 提门电机 | YZ112M-6　功率2.2 kW　转速810 r/min　1台 |
| 提门速度 | 0.24 m/min |
| 提门行程 | 130 mm |
| 拧螺丝电机 | YH112M-6B5　功率2.2 kW　转速880 r/min　2台 |
| 拧螺丝机构转速 | 13.7 r/min |
| 拧紧 | 750 N·m |
| 拧松 | 1000 N·m |
| 炉门上、下螺丝中心距 | 3086 mm |

推焦装置　推焦装置位于推焦机的中部，用来将炭化室中的焦饼推出。推焦杆行程很长，为了运输方便，一般设计成两段，使用时对接。如炼焦车间建筑物边界线至焦炉之间的距离不能满足推焦杆行程的需要时，推焦杆也可以设计成翘尾形式，但翘尾的角度应大于90°小于96°，使推焦杆翘起部分的水平分力向后，避免不推焦时冲出，撞在炉柱或炉门上造成事故。推焦事故状态用手摇装置将推焦杆从炭化室拖出。

推焦装置的主要技术参数如下：

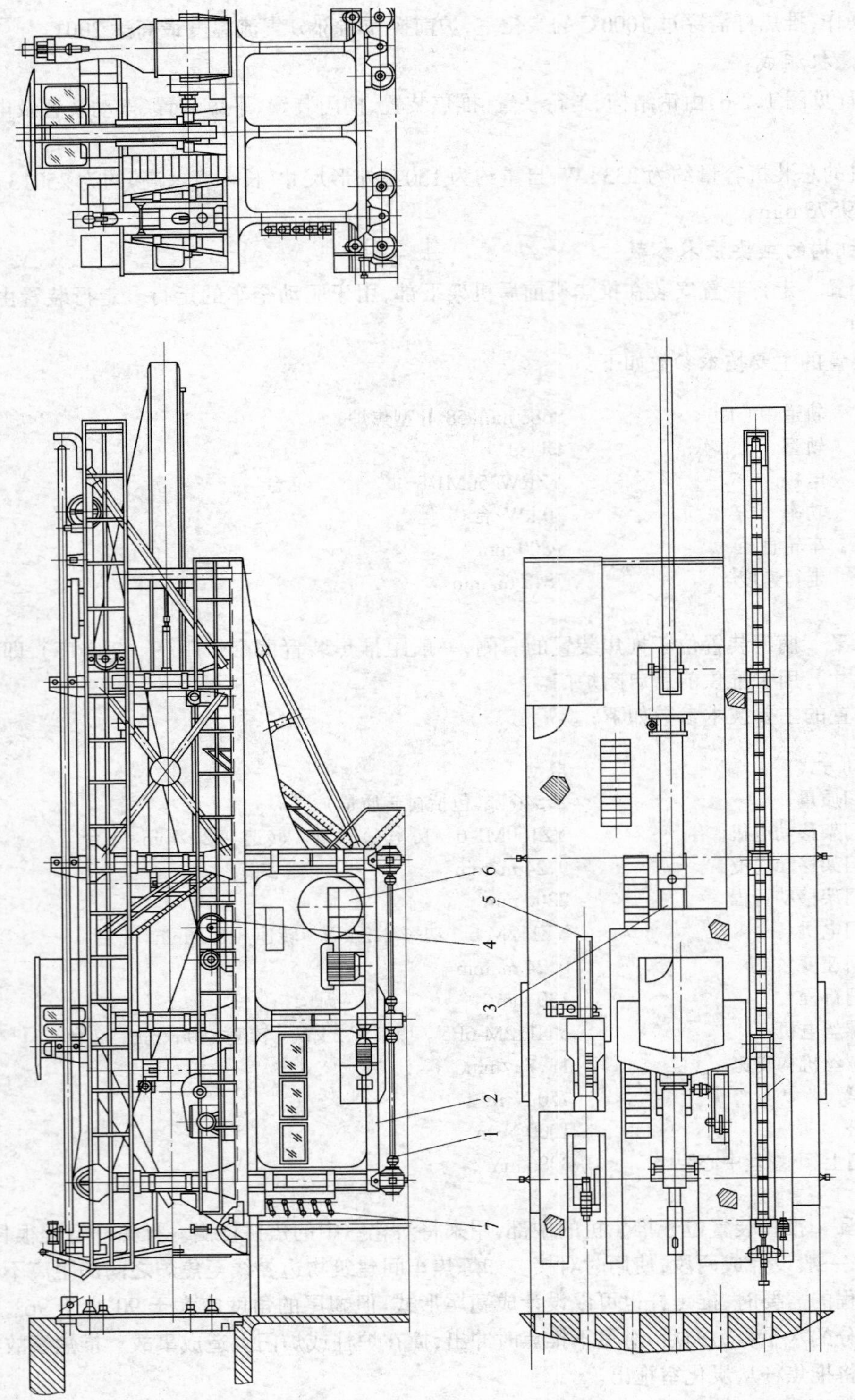


图 1.2-6　4.3 m 推焦机

1—走行装置；2—钢结构；3—推焦装置；4—平煤装置；5—摘门装置；6—压缩空气系统；7—电气系统

| | |
|---|---|
| 推焦驱动方式 | 电动机 |
| 推焦量 | 14 t |
| 推焦杆行程 | 约 18880 mm |
| 推焦杆总长 | 24420 mm |
| 允许最大推焦速度 | 27.12 m/min |
| 最大推焦力 | 450 kN |

推焦机设有自动显示和记录推焦电流的设施。推焦杆上设有压缩空气管,在推焦时吹扫炭化室顶部的石墨。

平煤装置 平煤装置位于推焦装置左侧(在 9－2 推焦串序时),两者相距两炭化室间距为 2288 mm(热态尺寸)。平煤装置主要用于拉平炭化室内装煤时形成的煤峰,保证炭化室顶部煤气通道畅通。同时设有手动装置。

平煤装置的主要技术参数如下:

| | |
|---|---|
| 驱动形式 | 电动 |
| 电机型号 | YZR280M－10 功率 55 kW 转速 556 r/min 1 台 |
| 平煤速度 | 85.98 m/min |
| 平煤最大行程 | 15110 mm |
| 平煤杆总长 | 22050 mm |
| 卷筒直径 | $\phi$900 mm |

控制与连锁 推焦机走行装置与摘门装置、推焦装置、平煤装置设置连锁。停电时应有紧急措施,可将推焦杆或平煤杆从炭化室内退出。推焦机与电机车通过第四条滑线实行连锁,接到电机车可以推焦的信号后再推焦。司机室操作台上设有电流表,并随时记录推焦电流的大小,以确保焦炉和机械设备的安全。

电气系统 电气系统的电源为 3Ph,电压为 380 V,频率为 50 Hz。供电方式为滑触线导入。推焦机共有 5 条滑线,3 条动力线,2 条控制连锁线,第 4 条与电机车连锁,第 5 条为推焦信号同地面站风机连锁。配电室要求隔热,配电室地面铺绝缘垫,设有空调。电缆应为铜芯阻燃电缆(或耐高温电缆),电缆铺设要隔热、防火。

司机室 司机室要隔热,司机室地面铺设绝缘垫,并应设空调。

5. 推焦阻力的计算

推焦时,推焦杆伸入炭化室与焦饼接触,焦饼首先被压缩,压缩行程约等于炭化室有效长度(即焦饼长度)的 5%～8%,压缩终了焦饼才开始启动。推焦全行程阻力曲线如图 1.2-7 所示。

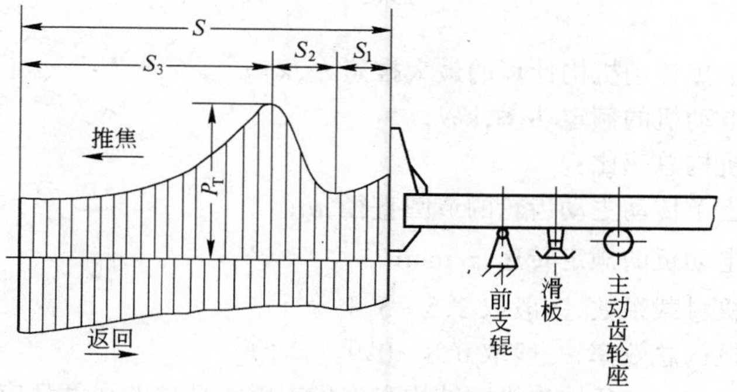


图 1.2-7 推焦全行程阻力曲线图

图中 $S_1$ 是推焦杆启动到接触焦饼空行程，$S_2$ 为压缩焦饼行程，$S_3$ 为推焦行程。

影响推焦阻力的因素很多，变化很大，最大推焦阻力 $P_T$ 发生在焦饼压缩终了而全面启动的瞬间。此时推焦杆重心尚未越过前支座滑板尚未接触炭化室底，故计算最大推焦阻力时，不考虑滑板与炭化室底的摩擦阻力，最大推焦阻力按下式计算：

$$P_T = P_J + P_G + P_K$$

式中　$P_T$——最大推焦阻力，kN；

$P_J$——焦饼被压缩后在炭化室内的静摩擦阻力，kN；

$P_G$——焦饼启动的惯性阻力，kN；

$P_K$——推焦杆在支座上运动的机械摩擦阻力，kN。

$$P_J = GK_1K_2$$

式中　$G$——焦饼质量，kg；

$K_1$——焦炭对炭化室底的摩擦系数，取 $K_1 = 0.6 \sim 0.8$；

$K_2$——焦饼压缩后与炭化室墙壁的摩擦，以及焦炭与炭化室粘结造成的阻力系数，取 $K_2 = 1.5 \sim 2.5$。

$$P_G = \frac{G}{g} \times \frac{v}{60t}$$

式中　$v$——推焦速度，m/min；

$t$——焦饼启动时间，s，当推焦速度为 15～30 m/min 时，取 $t = 0.5 \sim 1$ s；

$g$——重力加速度，$m/s^2$。

$$P_K = Q\left(\frac{2f}{D} + \frac{Wd}{D}\right)\beta$$

式中　$Q$——推焦杆总质量，kg；

$f$——前支辊对推焦杆的滚动摩擦系数，取 0.08～0.1；

$W$——前支辊轴承的摩擦系数，滚动轴承取 0.02，滑动轴承取 0.1；

$d$——前支辊轴承直径，cm；

$D$——前支辊辊轮直径，cm；

$\beta$——考虑到支辊缘对推焦杆的附加阻力以及推焦杆齿条接头不平的附加阻力系数，当支辊为滚动轴承时取 $\beta = 3 \sim 4$，当支辊为滑动轴承时取 $\beta = 2 \sim 2.5$。

按照推焦机的推焦电动机功率，计算推焦传动机构所产生的最大推焦力为：

$$P_D = 19.5\frac{Ni}{D_0 n_1}\eta K$$

式中　$P_D$——经过推焦传动机构计算的最大推焦力，kN；

$N$——推焦电动机的额定功率，kW；

$i$——推焦机构总速比；

$D_0$——推焦齿条传动主动齿轮的节圆直径，m；

$n_1$——推焦电动机的额定转速，r/min；

$K$——电动机过载系数，一般取 2.5～3.3；

$\eta$——推焦机构总效率，一般取 0.8～0.9。

设计时要求 $P_D \geqslant P_T$，并且推焦机钢结构和推焦支辊等部件的强度都应按 $P_D$ 进行计算。

### （三）拦焦机（带除尘皮带小车）

1. 拦焦机功能

拦焦机运行在焦侧操作台的固定轨道上，用于启闭焦侧炉门，并在推焦时由导焦栅将焦炭导入熄焦车中。导焦时烟尘通过集尘罩、皮带提升小车（或接口阀）、集尘固定干管，被抽吸到地面站进行净化处理。同时还担任向炉门修理站运送炉门的任务。

2. 操作环境

推焦时温度高达1000℃的炽热焦炭通过导焦栅，烟气最高温度达到250℃，烟气含尘量约为8 g/m³。

3. 拦焦机组成

拦焦机（见图1.2-8）由钢结构、摘门装置、导焦装置、走行装置、除尘装置、皮带提升小车、电控系统等组成。

4. 各机构的主要技术参数

走行装置　走行装置的主要技术参数如下：

| | |
|---|---|
| 走行驱动方式 | 电动，制动器采用液压推杆制动器 |
| 走行速度 | 6～64 m/min 变频器控制 |
| 轨　距 | 第一轨距第二轨距离1600 mm |
| | 第二轨距第三轨距离6230 mm |
| | 第三轨距第四轨距离1300 mm |
| 轨　型 | P50 |

摘门装置　摘门装置由机架、摘门机、拧螺栓机构、旋转机构及驱动油缸组成（以丝杠炉门为介绍对象）。

摘门装置的主要技术参数如下：

| | |
|---|---|
| 炉门质量 | 2442 kg（包括衬砖质量） |
| 炉门上下螺丝中心距 | 3086 mm |
| 提门行程 | 130 mm |
| 提门速度 | 0.3 m/min |
| 移门机构行程 | 1000 mm |
| 移门机构速度 | 3.5 m/min |
| 炉门旋转机构旋转角度 | 90° |

导焦装置　导焦装置由导焦栅、导焦栅驱动机构、导焦栅锁闭机构等组成。为适应焦侧除尘的需要，导焦栅设计为全密封结构，两侧内衬为压形板，底部内衬为铸铁板。导焦栅由一台蜗轮蜗杆加丝杠减速机和电机驱动，通过连杆机构使导焦栅前后移动。当导焦栅前行到位后，司机可通过手动锁闭装置，将导焦栅锁住，防止推焦过程中导焦栅向后移动。

导焦栅的主要技术参数如下：

| | |
|---|---|
| 导焦栅宽度 | 550 mm |
| 导焦栅行程 | 530 mm |
| 导焦栅移动速度 | 3.4 m/min |
| 导焦栅材质 | 导焦栅内衬铸铁板，侧面为Q235和16Mn |

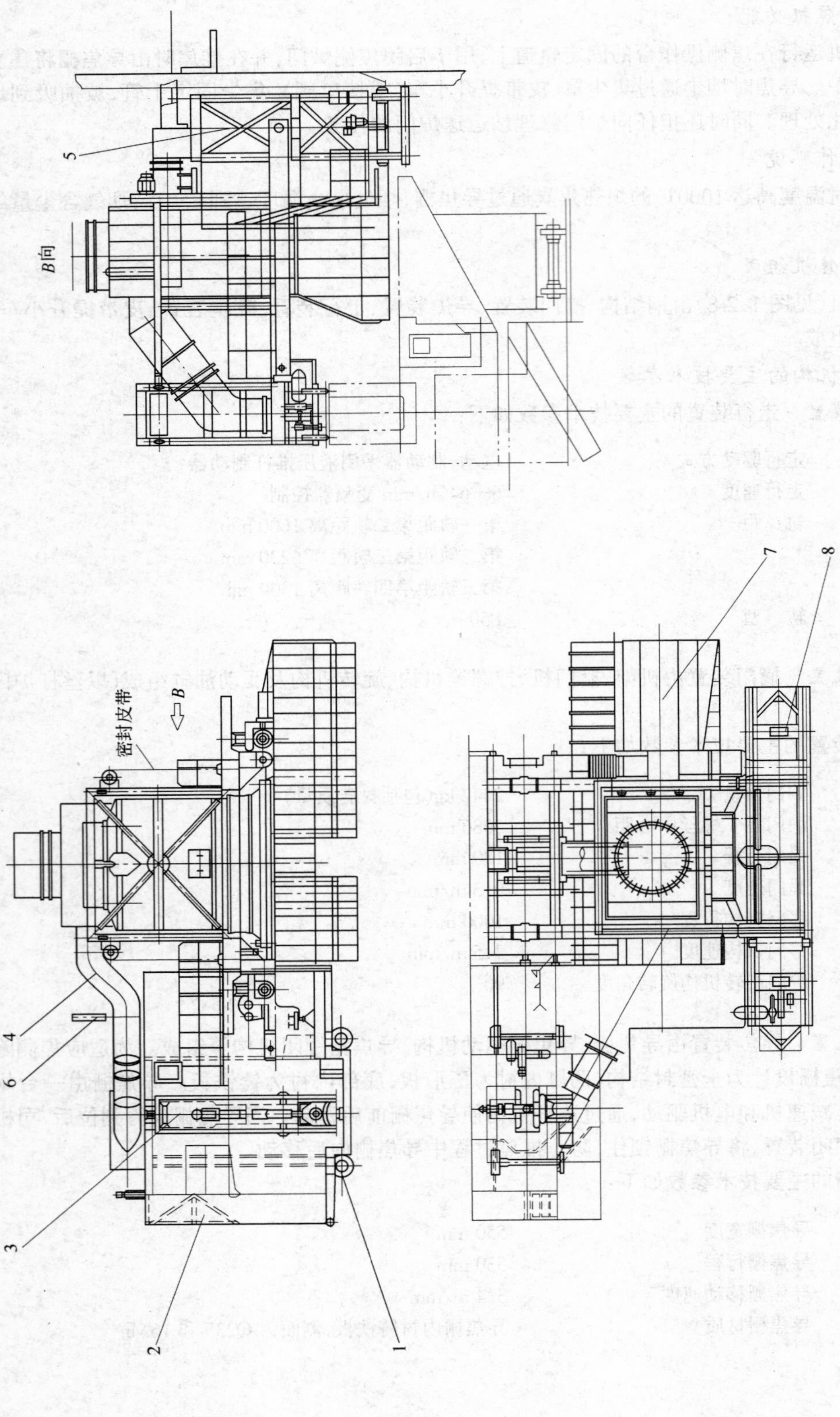


图 1.2-8 4.3 m 焦炉拦焦机

1—走行装置；2—钢结构；3—摘门装置；4—炉头除尘；5—导焦栅；6—电气系统；7—除尘管；8—皮带提升小车

除尘装置　除尘装置包括除尘车(走行机构、除尘系统及除尘钢结构)和皮带提升小车。除尘车走行机构位于焦侧除尘固定干管上,由两组车轮通过电机减速机传动,与拦焦机走行机构一起由变频器进行速度控制。除尘车除尘系统包括一个位于熄焦车上方的集尘罩和分别位于摘门装置和导焦栅头部的炉头集尘罩。皮带小车除尘方式可实现连续除尘,在摘取炉门的同时,采用电动打开导烟管上的蝶阀,即可实现摘门时的炉头除尘,并在拦焦机进行二次导焦对位时进行连续除尘,防止二次对位时烟尘外逸。除尘罩材质为不锈钢。

除尘装置的主要技术参数如下:

| | |
|---|---|
| 除尘风量 | 220000 $m^3/h$ |
| 气体温度 | 80～250℃ |
| 炉头除尘风机满负荷风量 | 22500 $m^3/h$ |

控制与连锁　拦焦机走行装置与摘门装置、导焦装置设置连锁。拦焦机与推焦机、电机车无线对讲通讯联系。

电气系统　电气系统的电源为3Ph,电压为380 V,频率为50 Hz。供电方式为滑触线导入。配电室要求隔热,配电室地面铺设绝缘垫,并设有空调。电缆应为铜芯阻燃电缆(或耐高温电缆),电缆铺设要隔热、防火。

司机室　司机室要隔热,司机室地面铺设绝缘垫,并应设空调。

5. 拦焦机形式

拦焦机分左右型,区别方法是面向焦炉,导焦栅在摘门机左边为左型,在右边为右型。

### (四) 电机车

1. 电机车功能

电机车运行在焦炉焦侧的熄焦车轨道上,用于牵引和操纵熄焦车。电机车为矮型,司机室外跨,接焦形式为移动接焦。事故状态控制推焦机推焦杆的动作。

2. 操作环境

操作场所烟气含尘量大,潮湿,热辐射温度高。

3. 电机车组成

电机车(见图1.2-9)由走行机构、钢结构、气动装置、牵引挂钩和缓冲器等组成,总重约为26.5 t,总装机容量约为160 kW,最大外形尺寸(长×宽×高)约为8701 mm×5003 mm×4375 mm,电机车牵引力为60 kN。

4. 各机构的主要技术参数

走行机构　走行机构的主要技术参数如下:

| | |
|---|---|
| 走行电机 | YZR315S－10 |
| 功率 | 63kW　2台 |
| 转速 | 580 r/min |
| 走行速度 | 3.24 m/s |
| 接焦速度 | 0.32 m/s |
| 轨距 | 1435 mm |
| 轨型 | P50 |
| 通过轨道最小曲率半径 | 114 m |

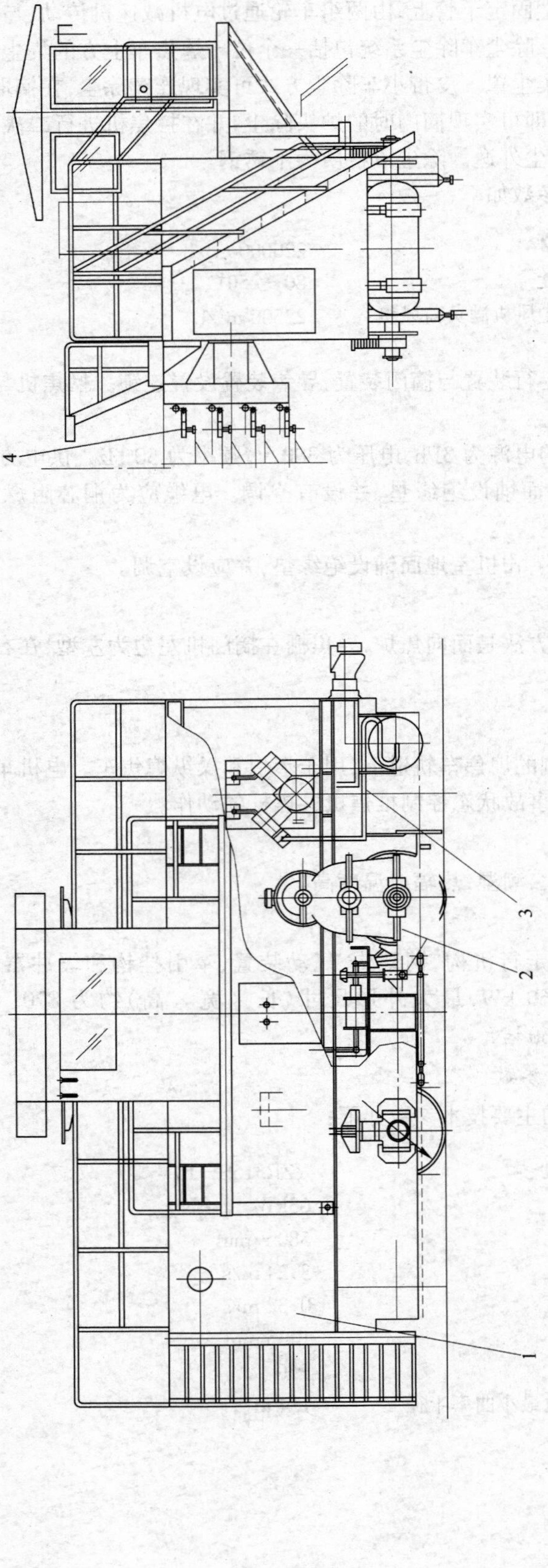


图 1.2-9　4.3 m 焦炉电机车

1—车厢；2—走行机构；3—压缩空气管路系统；4—电气系统

牵引挂钩和缓冲器　电机车要求两端部有牵引挂钩和缓冲器，需与熄焦车配合设计。

电气系统　电气系统的电源为3Ph，电压为380 V，频率为50 Hz。供电方式为滑触线导入。配电室要求隔热，配电室地面铺设绝缘垫，并设有空调。电缆应为铜芯阻燃电缆（或耐高温电缆），电缆铺设要隔热、防火。

司机室　电机车司机室外跨，以保证司机有较好的视野，便于操纵熄焦车正常工作。电机车上设气路系统，控制熄焦车开门机构和制动装置，气源为空气压缩机。电机车与推焦机之间通过第4条滑线进行连锁，当电机车司机看到拦焦车指示灯亮后，向推焦机司机发出允许推焦信号。同时设置电机车司机能控制推焦杆的事故刹车装置。司机室要隔热，司机室地面铺设绝缘垫，并设置空调。

**（五）熄焦车**

1．熄焦车功能

熄焦车为固定斜底式，由电机车牵引和操纵，用来接运从焦炉炭化室推出的炽热焦炭，并运到熄焦塔进行熄焦，再将熄焦后的焦炭运到焦台卸出。

2．操作环境

熄焦车运行在焦炉焦侧的熄焦车轨道上，车厢内红焦温度约为1000℃，熄焦用水温度约为80℃，水质含酚，循环使用。

3．熄焦车组成

熄焦车（见图1.2-10）由走行装置、车厢、开门机构、牵引挂钩、气路配管、缓冲器等组成。

4．熄焦车的主要参数及性能

熄焦车的主要参数如下：

| | |
|---|---|
| 走行速度 | 3.24 m/s |
| 接焦速度 | 0.32 m/s |
| 轨距 | 1435 mm |
| 轨型 | P50 |
| 熄焦车通过最小曲率半径 | ＞100 m |
| 熄焦车厢底倾角 | 28° |
| 熄焦车有效长度 | 约13190 mm |
| 熄焦车宽度 | 4220 mm |
| 熄焦车高度 | 5350 mm |
| 熄焦车装焦量 | 14 t |
| 熄焦车自重 | 54 t |

熄焦车的性能如下：

(1) 车门在关闭位置时机构应能自锁。

(2) 车厢底倾斜角度为28°，以保证车门打开时焦炭能自动地溜出车厢。车厢内及底板应镶有耐热铸铁板，以适应骤冷骤热的工作环境。

(3) 熄焦车要求两端有牵引钩和缓冲器，并与电机车配合设计。

(4) 熄焦车有效长度是根据车内焦炭的平均厚度而定的，为了能较快地熄焦，焦炭的平均厚度一般取400～450 mm。车身有效长度按下式计算：

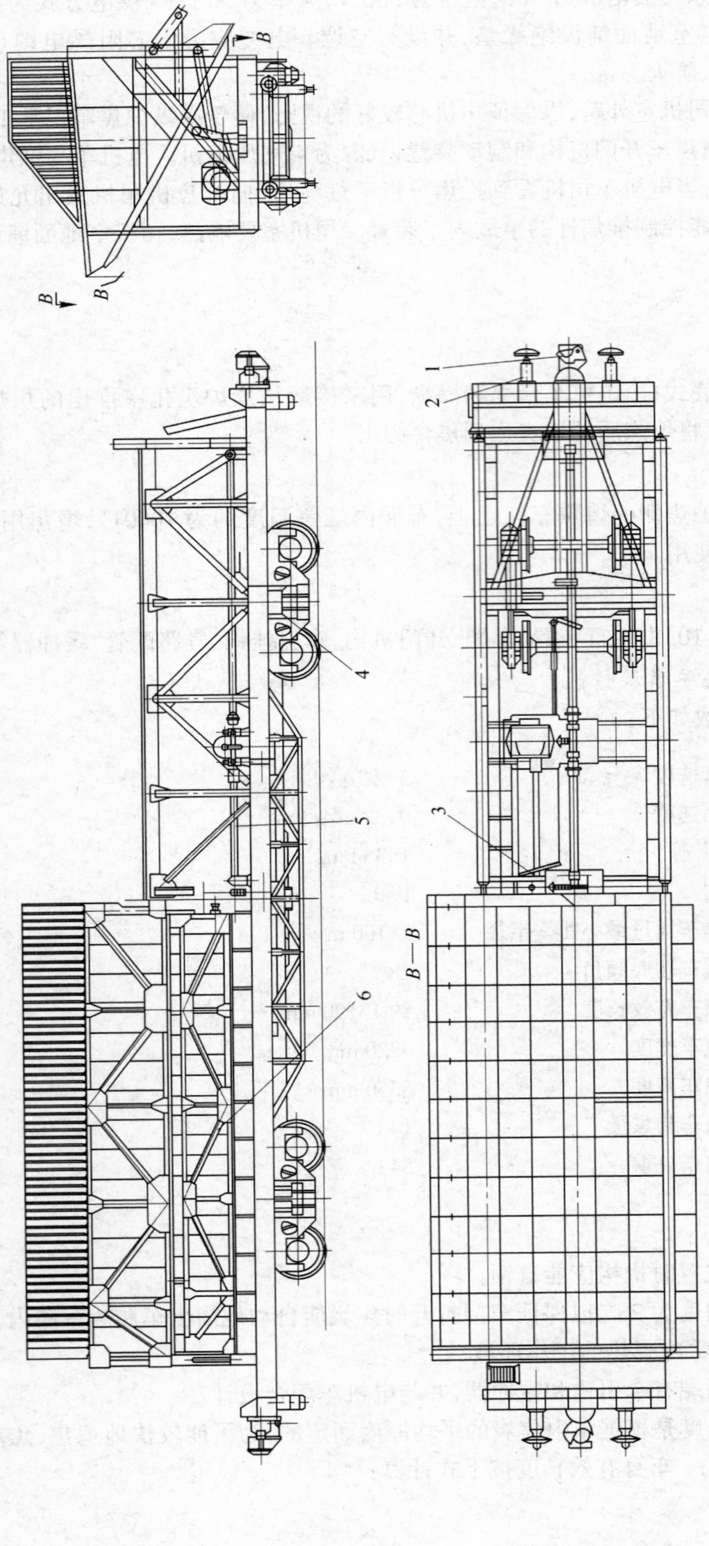


图 1.2-10 炭化室高 4.3 m 焦炉熄焦车

1—车钩；2—缓冲器；3—气路配管；4—走行装置；5—开门机构；6—车厢

$$L = K_s \frac{G}{B}$$

式中 $L$——熄焦车车身有效长度,m;

$G$——承载焦炭量,t;

$B$——熄焦车水平有效宽度,m;

$K_s$——车身长度换算值,$m^2/t$,一般取 5~5.5 $m^2/t$。

(5) 熄焦车车厢上部栅栏为普通湿熄焦车所用,当采用拦焦机带除尘罩时,栅栏应去掉。

**(六) 液压交换机**

1. 液压交换机功能

液压交换机由双向往复油缸驱动煤气交换拉条和废气交换拉条往复运动,以完成煤气、空气、废气的定时交换。每个换向油缸由液压站供给高压油,各油缸的动作顺序完全由电磁换向阀控制并相互连锁。液压站上设有手动油泵供手动操作。

2. 液压交换机组成

液压交换机由液压站、焦炉煤气油缸、废气油缸、电气系统和行程显示系统等组成。液压站有油泵两台,一用一备,电机驱动,并设有手动操作(事故状态)及各类液压阀等。

3. 操作环境

液压站安装在焦炉煤塔一层。油缸安装在焦炉地下室,属爆炸和火灾危险区,温度可达50℃,相对湿度小于90%。

4. 主要技术参数

液压交换机的主要技术参数如表 1.2-2 所示。

**表 1.2-2 液压交换机的主要技术参数**

| 项目 | 4.3 m 焦炉 | 6 m 焦炉 |
|---|---|---|
| 交换时间/s | 46.6 | 46.6 |
| 废气油缸尺寸(直径×行程)/mm×mm | 180×637 | $\phi$200×700 |
| 焦炉煤气油缸尺寸/mm×mm | 125×460 | $\phi$160×460 |
| 废气油缸活塞杆拉力/kN | 70 | 90 |
| 焦炉煤气油缸活塞杆拉力/kN | 50 | 50 |
| 设备自重/kg | 3000 | 5570 |

5. 液压交换机工作原理

液压交换机工作原理是,由液压站输出压力油至双向作用油缸,通过油缸活塞杆双向运动,带动拉条运动,以保证加热系统先关煤气,后交换空气、废气,最后开煤气的动作顺序。

6. 电气控制系统

(1) 液压交换机电源为 3Ph,电压为 380 V,频率为 50 Hz。

(2) 电气控制采用 PLC 控制,分别有自动、手动、点动三种控制方式。

(3) 当煤气低压时有声光报警,设有事故按钮,由人工操作切断煤气。

(4) 交换时提前 1 min 发出交换预报。

7. 设计注意事项

设计注意事项如下:

(1) 由于煤气交换拉条和废气拉条较长,交换机设计时必须考虑拉条的行程损失。

(2) 交换机的电动机和电气控制开关都应选择防爆型。

(3) 交换机除电动机构外,必须设有手动装置,以便在断电或其他故障时使用。

## 二、炭化室高 6 m 焦炉专用机械设备

配套的炼焦炉主要工艺参数(冷态尺寸)如下:

| | |
|---|---|
| 炭化室全长 | 15980 mm |
| 炭化室有效长度 | 15140 mm |
| 炭化室高度 | 6000 mm |
| 炭化室有效高度 | 5650 mm |
| 炭化室平均宽度 | 450 mm |
| 炭化室锥度 | 60 mm |
| 炭化室中心距 | 1300 mm |
| 焦炉周转时间 | 19 h |
| 炭化室有效容积 | 38.5 $m^3$ |
| 每孔炭化室一次装干煤量 | 28.5 t |
| 装炉煤水分 | 11%～13% |
| 每孔炭化室产焦量 | 约 22 t |
| 每孔炭化室装煤孔数 | 4 个 |

### (一) 装煤车(带除尘装置)

1. 装煤车(顶装,带除尘装置)功能及特点

6 m 焦炉装煤车也是与干式除尘地面站配套。它采用 5－2 串序一次对位,电磁铁启闭装煤孔盖,变频调速螺旋机械给料,机械关闭上升管盖及切换高低压氨水阀,炉顶自动清扫,烟气抽吸导套和对接阀接口装置等。以上操作可采用单元程序控制又可手动操作。6 m 焦炉装煤车的功能与 4.3 m 焦炉装煤车(带除尘装置)的基本一致。按用户的要求,可设置机械化的装煤孔盖泥浆密封。

装煤车的主要特点是:为使装煤车减少装煤烟气外逸,导套装置由固定导套和内外活动导套组成,由液压缸驱动,并能自动调节偏心,以适应炉口的变形;装煤形式为螺旋机构给料,采用变频调速电机传动,控制与调节装煤速度,实现装煤烟气最大限度捕集和顺利导出。集尘装置由烟罩、导烟管、烟气调节阀、空气调节阀、安全阀、伸缩连接器等组成。装煤时冒出的烟气与定量的空气混合,符合温度要求的烟气,通过伸缩连接器开启集尘干管上的接口翻板阀,经集尘干管送到除尘地面站净化处理。

2. 6 m 焦炉装煤车的主要技术参数

6 m 焦炉装煤车的主要技术参数如下:

| | |
|---|---|
| 外形尺寸 | 约 15.6 m×12.6 m×7.4 m |
| 设备自重 | 约 170 t |
| 驱动形式 | 四驱动传动式 |
| 最大走行速度 | 90 m/min |
| 煤斗数量 | 4 个 |
| 容积 | 2×13.52＋2×12.52≈52 $m^3$ |

| | |
|---|---|
| 装煤方式 | 螺旋机械给料(变频调速) |
| 给料时间 | ≤150 s |
| 启闭炉盖方式 | 电磁铁 |
| 轨道中心距 | 7780 mm |
| 轨型 | QU100 |
| 电机总功率 | 约 290 kW |
| 允许最大轮压 | 230 kN/个 |
| 电源 | 3Ph,380 V,50 Hz |
| 供电方式 | 滑触线导入 |

3. 装煤除尘装置

国内焦炉装煤除尘形式以干式非燃烧集尘地面站装置为主。它由两大部分组成:一部分是炉顶部分,是带烟尘捕集装置的装煤车,它由烟罩、导烟管、烟气调节阀、空气调节阀、安全阀、伸缩连接器等组成;另一部分是烟气净化地面站,由带吸风翻板的固定管道阀门及接至地面站的烟气管道、离线脉冲袋式除尘器、变频排烟机组、滤袋预喷涂装置、除尘器回收焦粉输灰装置等组成。

焦炉装煤时因煤与炭化室赤热炉壁接触产生大量烟尘（400 $m^3$/min），经装煤车上的烟气捕集装置和烟气转送设备将烟气送至地面站进行净化，烟气中的焦油 BSO 及 BaP 采用预喷涂吸附的方法进行处理。在烟气进脉冲袋式除尘器前，首先对滤袋用焦粉进行预喷涂处理，使滤袋接触烟尘表面先附着一定厚度的干焦粉，使含焦油等黏性物烟尘不能直接与滤袋表面接触，可确保滤袋长期使用不被焦油等物堵塞。为使袋式除尘器提高清灰效果，采用离线脉冲袋式除尘器。

工艺流程　在装煤之前,粉焦输送站先将粉焦用高压粉料输送装置送至预喷涂仓内,然后由罗茨鼓风机经输料喷射管喷涂到脉冲袋式除尘器布袋上,喷涂厚度取决于进出口的压差。焦粉由焦侧除尘系统焦粉回收装置供给。为消除预喷涂焦粉在焦粉输送时产生的仓内压力,在焦粉仓顶部设置小型脉冲袋式除尘器并配置通风机,保证焦粉仓内泄压迅速,有利于焦粉远距离输送。

装煤除尘过程如下:装煤车运行到待装煤炭化室定位后,先启动炉顶上升管高压氨水系统,打开装煤孔盖,落下装煤密封套筒,此时装煤车上的伸缩器与固定管道阀门接通,同时向地面站电气系统发出电讯号,排烟机开始高转速运行。装煤时冒出的烟气与定量的空气混合为符合温度要求的烟气,通过伸缩器固定管道吸入脉冲袋式除尘器,净化后由排烟机经消音器和烟囱排入大气,除尘器收集的粉尘由气动排尘阀排出,再由链板式刮板机运至储灰仓。为防止粉尘二次飞扬,污染环境,对输灰系统进行密闭,并在储灰仓上部设置装置消除仓内压力,排气管接入地面站排烟管道,储灰仓储存的粉尘经加湿处理后用带密封罩的汽车定时外运,每天约外运 5～6 t。装煤结束后,地面站电气系统接受讯号,排烟机进入低速运行。下一循环类同。脉冲袋式除尘器采用离线式脉冲清灰方式,滤袋预喷涂和滤袋清灰时间均在焦炉装煤间隔时间内进行,滤袋喷吹清灰程序和喷吹时间、周期等由电气 PLC 系统进行控制。预喷涂使用焦粉量和适应装煤次数等需按生产实际情况,视袋式除尘器压力等情况进行调节。

为了节能,排烟机配备低压变频调速。装煤时间内排烟机高速运行,装煤间隔和焦炉检修时间内低速运行。排烟机的高低速由装煤车控制,它通过装煤车第 4 条摩电线将电讯号送至排烟机变频电机控制装置。

装煤除尘工艺流程图如图1.2-11所示。

**主要技术参数**　主要技术参数如下：

| | |
|---|---|
| 除尘系统烟气量 | 80000 $m^3/h$ |
| 除尘系统阻力 | 6000 Pa |
| 排烟机功率 | 260 kW |
| 变频调速方式 | 高－低变频(带旁路软启动) |
| 烟气入口浓度 | 10 $g/m^3$(max) |
| 排出口气体浓度 | ≤30 $mg/m^3$ |
| 装煤时间 | 2.5～3 min |
| 装煤周期 | 约21.6 min |
| 烟尘捕集率 | ＞97% |
| 除尘效率 | ＞99.5% |

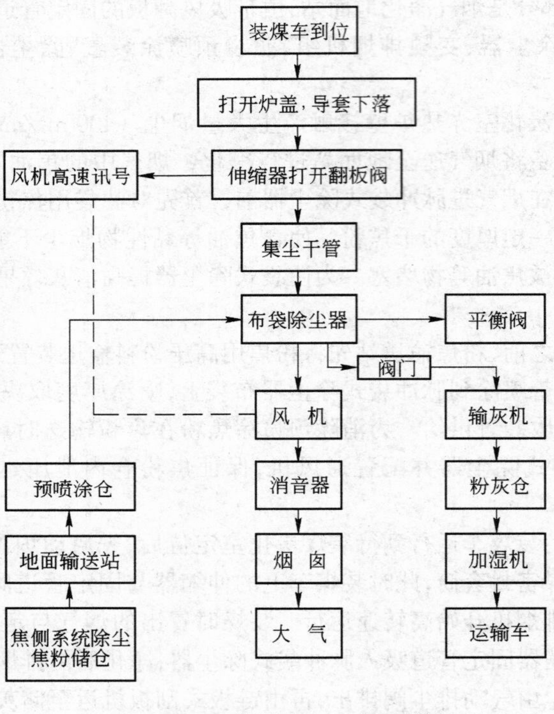


图1.2-11　装煤除尘工艺流程图

4. **炉顶清扫装置**

采用布袋集尘方式，清扫是在装煤过程中，对距加煤套筒中心线5个炉距的前次装炉的炉顶，沿炉宽方向用吸管自动地横行清扫，将散落在炉顶的煤粉和灰尘清扫干净，并将煤车轨道根部的粉尘吹到可清扫部位，最大可将7 mm粒度煤粉清除。运转操作可实现设备单元自动控制，也可做手动运转。它由空压机、储气罐、主气阀站、炉顶清扫吸嘴、管路等组成气路系统，主要动作是炉顶清扫装置中吸嘴升降气缸驱动，布袋除尘器下部排出阀气缸驱动。

5. **机械关闭上升管盖及切换高低压氨水阀装置**

通过油缸进行待装煤炭化室上升管盖的关闭，通过杠杆连动机构实现高低压氨水的切换。

### （二）推焦机

1．推焦机功能

推焦机工作于焦炉机侧，用来推出炭化室成熟的焦炭，推焦前后启闭机侧炉门，炉门、炉门框清扫，头尾焦处理；推焦时清扫炭化室顶石墨，并对下一个推焦炭化室的小炉门和上升管根部进行清扫，对上一个推焦炭化室装煤时平煤，关闭小炉门，同时还将余煤斗中的余煤定期送到单斗提升机上部煤斗内，以及向炉门修理站运送炉门。本车采用 5－2 串序推焦，一点对位，只有走行装置由司机手动操作对位，其他的各项操作都是可单元程序控制，也可手动操作。推焦机通过第 4 条滑线与电机车进行连锁。

推焦机设备外形尺寸（长×宽×高）约为 33490 mm×18450 mm×14066 mm，总功率为 450 kW，总重约为 400 t。

2．推焦机操作环境

推焦机操作环境同 4.3 m 焦炉。

3．推焦机组成

推焦机（见图 1.2-12）由钢结构、走行装置、摘门装置、平煤装置、余煤回送装置、头尾焦处理装置、炉门清扫装置、炉门框清扫装置、小炉门及座的清扫装置、机焦侧操作平台清扫装置、液压系统、气路系统及电气系统等组成。

4．各机构的主要技术参数

走行装置　走行由电动机驱动，走行机构采用变频调速四驱动，在外轨里侧车架设有两个抵抗推焦力的支承辊轮。

走行装置的主要技术参数如下：

| | |
|---|---|
| 正常走行速度 | 30 m/min |
| 最大走行速度 | 60 m/min |
| 对位速度 | 4 m/min |
| 轨道中心距 | 12000 mm |
| 轨型 | QU100 |

宝钢一、二期推焦机采用涡流制动控制，以减小刹车惯性力。

液压摘门装置　摘门装置采用一次对位式液压摘门机。为实现“一次对位”，前部沿 S 形导轨前送，速度为 8 m/min。摘门后为适应清扫炉门底部的需要，在回转 90°的同时，还将门抬高了。摘门机还有防止摘门时振动或倾倒的锁定措施，机体下部移动时有轴承支持。这种摘门机由于机构多，重量较大，全套装置约重 15 t（见图 1.2-13）。

配合空冷式弹簧门栓炉门。摘门机头顶压弹簧使它压缩而脱开炉框挡钩，并随着门钩上抬而横栓脱出（两挡钩全朝上），使摘门与提门动作非常迅速（约 10 s 左右）。摘门的提钩及压门栓采用油压，动作平稳，冲击小，供油压为 6 MPa，上门栓调压力约为 145 kN，下门栓调压力约为 190 kN，油压推力为 200 kN，摘门提升力为 240 kN，行程为 85 mm。摘门钩的特点是：

（1）摘门时让水平推门栓力与摘钩拉力平衡（压拔动作），只让钩体本身承受内应力而对后面机座没有水平力作用，故避免了摘门机座和车体振动（见图 1.2-14）。

（2）摘门过程在压门栓弹簧的同时将炉门体稍向外摘，使刀边前沿脱开炉框正面约 5 mm，这就避免推压力使刀边产生永久变形（见图 1.2-15）。一次对位摘门的最大优点是炉门刀边不移位而不易漏。

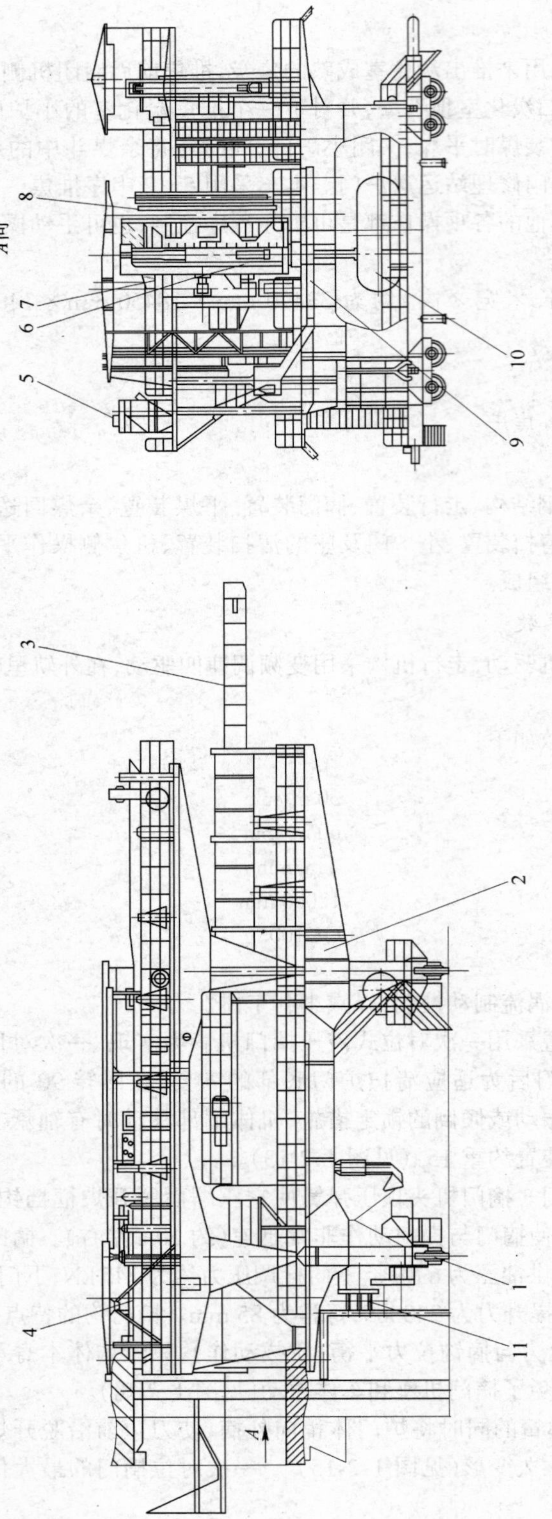


图 1.2-12　炭化室高 6 m 焦炉推焦机

1—走行装置；2—钢结构主体；3—推焦装置；4—平煤装置；5—小炉门及座的清扫装置；6—摘门装置；7—炉门清扫装置；
8—炉门框清扫装置；9—头尾焦处理装置；10—气路系统；11—电气系统

摘门装置的主要技术参数如下：

| | |
|---|---|
| 摘门机驱动方式 | 液动提升式 |
| 台车移动方式 | 液压驱动前后移动 |
| 台车移动速度 | 8 m/min |
| 旋转方式 | 液压驱动导向杆经 S 形轨道旋转 90° |
| 上门栓调压力 | 约 145 kN |
| 下门栓调压力 | 约 190 kN |
| 摘门提升力 | 240 kN |
| 提程 | 85 mm |
| 炉门上下门栓中心距 | 4400 mm |
| 炉门重 | 6 t |

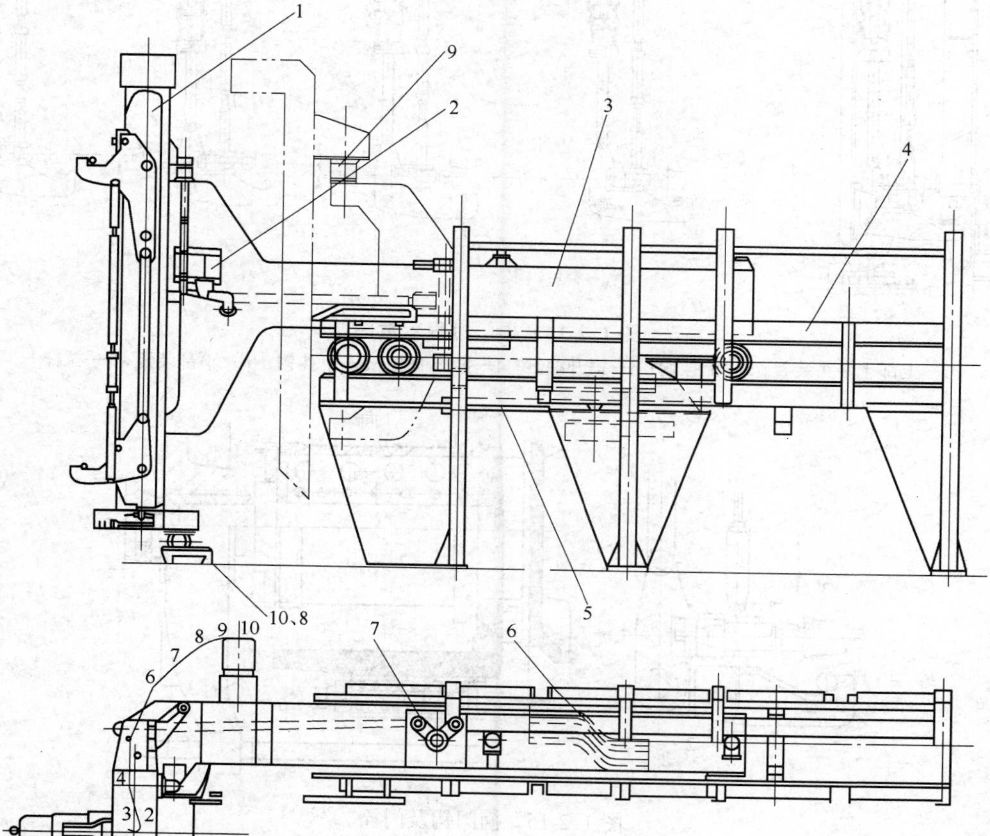


图 1.2-13　摘门机总图

1—取门机；2—定位插销；3—台车架；4—框架；5—油缸；6—S 形轨道；7—回转应杆机构；8—托架；9—上部、下部轴承；10—卸荷辊

*炉门清扫装置*　炉门清扫采用机械清扫。当炉门被摘下后转过 90°时，清扫机油缸就自动动作，将悬吊清扫机头的支承架向前移送至贴靠炉门进行清扫。清扫机头会自动调心，能适应炉门左右或前后两个方向的歪斜，保持刀具贴靠。清扫炉门两侧的升降刀架，用链连接作升降运动，移动行程 6 m，速度 8.5 m/min，刀架作一次往复清扫过程约 85 s；清扫炉门底刀具移动，速度

6 m/min，一次往复过程约 60 s，总共需 3 min 完成清扫过程。炉门清扫机如图 1.2-16 所示。

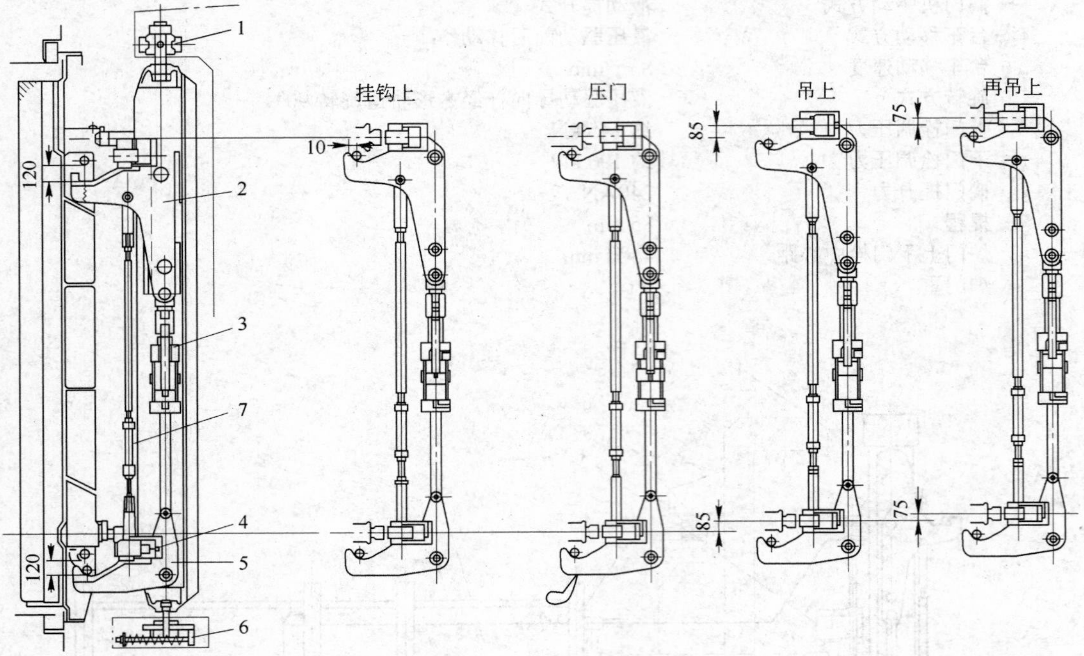


图 1.2-14 提门过程示意图

1—上部十字头装置；2—上挂钩；3—提升油缸；4—推压油缸；5—下挂钩；6— 下部装置；7—拉杆

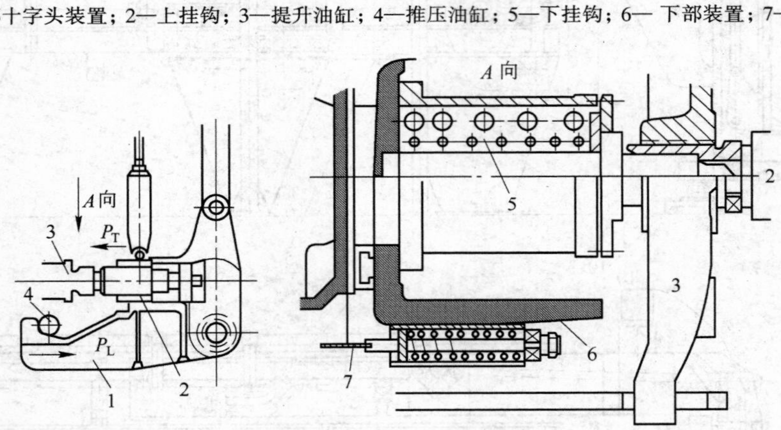


图 1.2-15 摘门钩及门栓

1—摘门钩；2—油压缸；3—门栓；4—炉门门轴；5—门栓弹簧组；6—炉门体；7—刀边

$P_T$—推压力；$P_L$—拉引力

炉门清扫装置的主要技术参数如下：

| | |
|---|---|
| 形式 | 旋转铣刀 |
| 螺旋铣刀数量 | 共 3 组（侧部 2 组，底部 1 组） |
| 侧部清扫器上下移动速度 | 3.6～9 m/min |
| 侧部清扫器压紧方式 | 油缸 |
| 底部清扫器驱动方式 | 油缸横向推动式 |
| 清扫刀具材质 | 45 号碳素钢 |

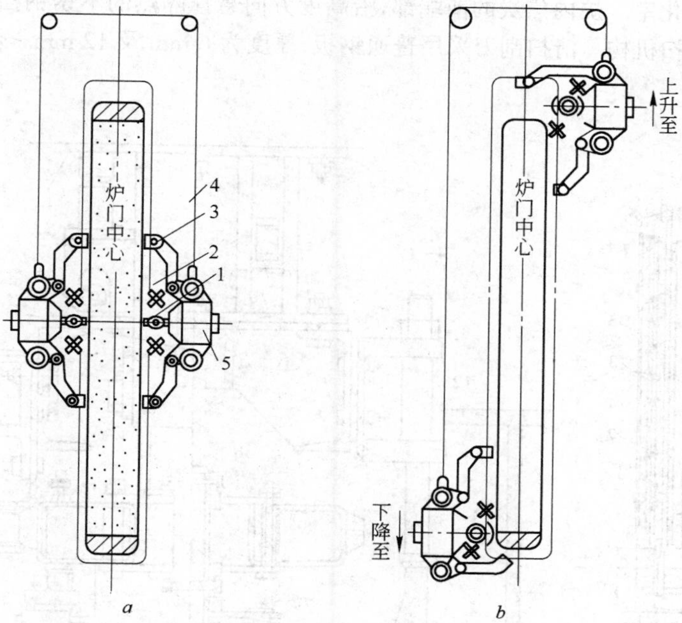


图 1.2-16　炉门清扫机

*a*—开始状态；*b*—终端状态

1—回转油缸；2—径向铣刀；3—刀边刮刀；4—联动链；5—升降刀架

刮刀压力约为 2～3 MPa，通过油压或弹簧施压。

清扫炉门底面的机构如图 1.2-17 所示，它是一台圆柱式的多刃铣刀清扫机，用油压马达传动。它沿炉门底面横移铣除焦渣，因而不会发生由于残留积垢而难关门现象。它的横移一个往复也由该油压马达传动。

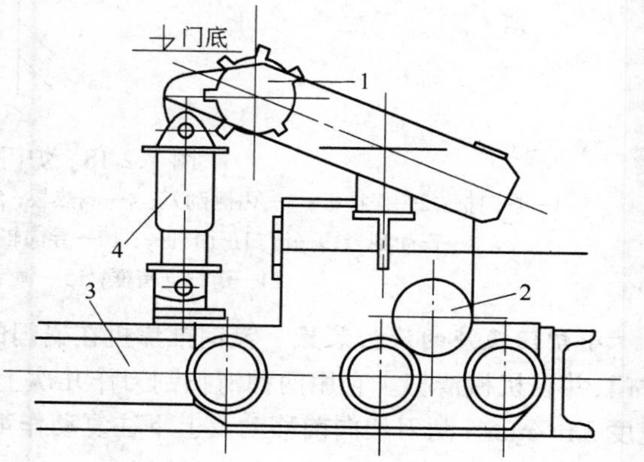


图 1.2-17　炉门底面清扫机构

1—回转刮刀；2—台车；3—横移导轨；4—弹簧

*炉门框清扫装置*　炉门框清扫装置清除炉门框正面和内侧面以及保护板内侧面的焦油渣，重约 8.6 t。由于炉框无底檐和顶檐，不妨碍清扫刀具作上下活动，因而两侧和底部、顶部的刮刀单纯作上下往复动作即可。清框时间是在推焦前的空闲时间进行清扫，完全不占用车辆的周转作业时间。清扫机头两侧各有十几把正面及侧面刮刀，顶部、底部各有一把正面刮刀，同时由一个油缸作上下升降来清扫正面及内侧面，速度 7 m/min，一次升降距离 0.58 m，时间仅 10 s，约进行 1～5 次往复。清扫框架全作业时间约一分多钟。刮刀通过弹簧施压，为了内侧刮刀在机头伸入炭化室后宽向撑开(约 60 mm)以贴靠清扫面而设置了油压的撑开连杆。炉框清扫机头是用万向接头悬挂在移动台车上的，因而即使炉框有偏歪倾斜，刮刀也能适应其轮廓外形。为了配合推焦车实现一次对位，清扫机台车通过支持框的导辊沿 S 形导轨移动而将清扫

机头转 90°伸向炭化室。炉内焦炭的前端部,沿高度方向悬挂隔热的不锈钢挡板,阻挡红焦的热辐射,以免烤坏清扫机构。清扫刮刀采用普通钢板,厚度为 6 mm 及 12 mm。炉门框清扫装置如图 1.2-18 所示。

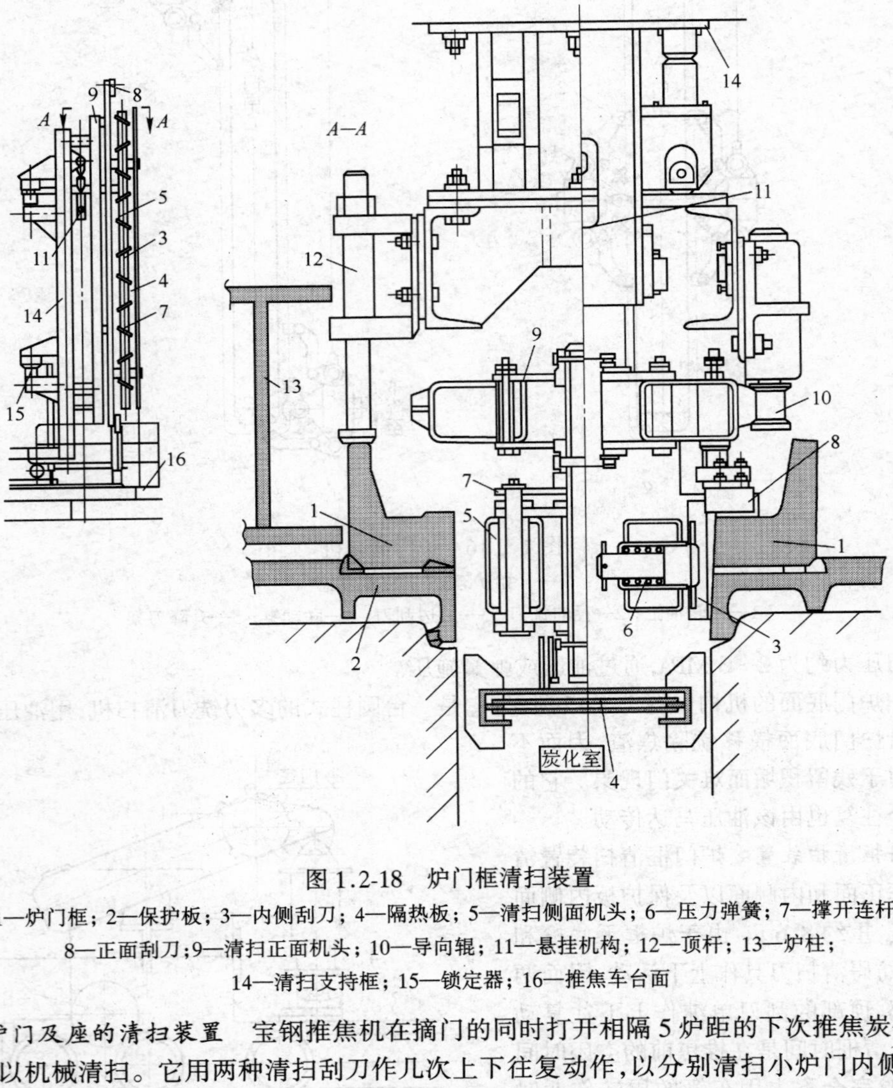


图 1.2-18　炉门框清扫装置

1—炉门框；2—保护板；3—内侧刮刀；4—隔热板；5—清扫侧面机头；6—压力弹簧；7—撑开连杆；8—正面刮刀；9—清扫正面机头；10—导向辊；11—悬挂机构；12—顶杆；13—炉柱；14—清扫支持框；15—锁定器；16—推焦车台面

**小炉门及座的清扫装置**　宝钢推焦机在摘门的同时打开相隔 5 炉距的下次推焦炭化室的小炉门,并以机械清扫。它用两种清扫刮刀作几次上下往复动作,以分别清扫小炉门内侧及座面,速度 3 m/min。刮刀架向前移动及上下往复动作都由油缸传动。刮刀的清扫压力通过弹簧来施加,用来刮除焦油渣。

小炉门及座的清扫装置如图 1.2-19 所示,清扫小炉门内侧的刀具如图 1.2-20 所示。

小炉门及座的清扫装置的主要技术参数如下：

| | |
|---|---|
| 形式 | 刮刀式 |
| 台车前进速度 | 5 m/min |
| 刮刀上下速度 | 3 m/min |
| 驱动方式 | 液压传动 |

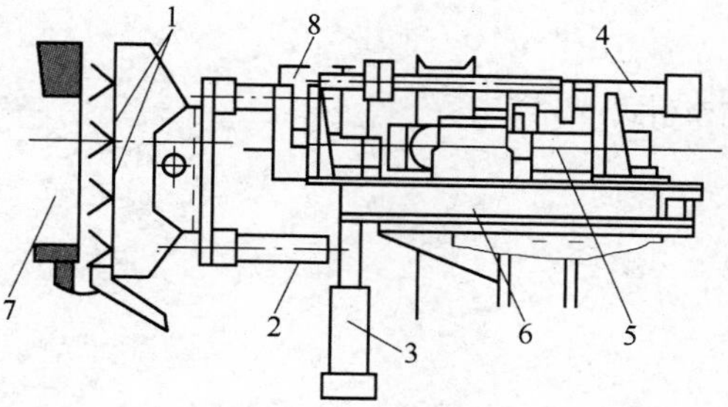


图 1.2-19 小炉门及座的清扫装置

1—刮刀；2—4 个弹簧压杆；3—升降油缸；4—进退油缸；5—台车；6—支座；7—小炉门座；8—刀架

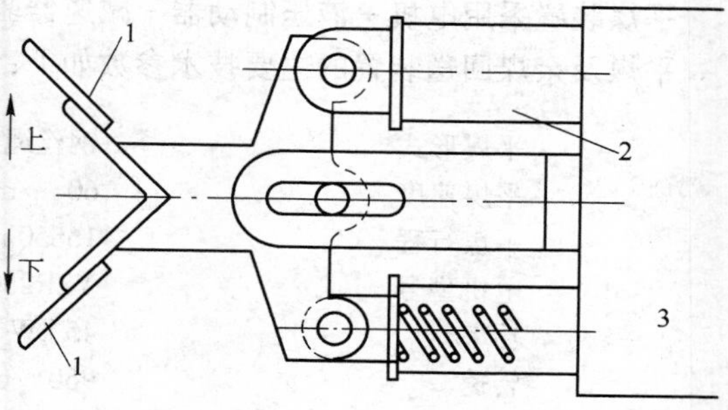


图 1.2-20 清扫小炉门内侧的刀具

1—刮刀；2—4 个弹簧压杆；3—机头

推焦装置 6 m 焦炉推焦是无冲击推焦，为了保持推焦杆以低速贴靠并推动焦饼，减小对炉墙的冲击力和推焦杆停位准确，采用了涡流式制动机作为自动控制行速的方式。推焦装置由推焦杆、推焦支座、齿条、吹扫机构及推焦传动装置组成。传动形式为电机通过减速机、开式齿轮、推焦杆上的齿条驱动推焦杆前后移动。为防止出现事故，在前进端、后进端均设有限位开关、活齿和前端机械止挡器三重保护措施。推焦杆具有抗高温、耐振动的能力，具有足够的刚度和强度。推焦杆采用箱形结构，推焦杆上面铆有齿条。推焦杆上设有压缩空气管吹扫炭化室石墨装置。为防止突然停电而烧坏正在炉内的推焦杆，在涡流制动器的后端设有手摇拉出装置和备用液压马达柴油机强拉装置。

推焦装置的主要技术参数如下：

| | |
|---|---|
| 推焦速度 | 27.4 m/min |
| 推焦行程 | 25740 mm |
| 驱动形式 | 电动 |
| 电机 | YZR355L1 |
| 功率 | 110 kW |
| 转速 | 582 r/min |
| 最大推焦力 | 620 kN |

平煤及余煤回送装置 平煤及余煤回送装置有以下特点：

(1) 平煤全过程由主令控制器控制，司机只需按一次开关，即可完成全部平煤动作。平煤的往复次数由时间继电器来控制。

(2) 平煤装置电机采用涡流制动机制动，可以保持启动平稳停位准确，减小对钢丝绳的冲击力。

(3) 为了延长平煤杆及钢丝绳的使用寿命，在平煤杆的前后部设置了钢丝绳自动涂油器，利用绳的导向滑轮转动将微型油泵带动而连续润滑供油。

(4) 平煤杆的顶部及平煤钢丝绳由压缩空气斜管喷吹，以保持干净。

(5) 余煤回送装置是将平煤操作中带出的余煤送入暂存贮槽内，下一个炉室的平煤开始直接由平煤杆前部的横隔板送回炉内。这样就不需在煤塔旁另设一套回收装置，既简化了工艺操作，又节省了推焦车排放余煤的时间。余煤回送装置的输送能力为 60 t/h，由平煤杆下部的卧式链板运输机、暂存贮槽、埋刮板提升机及溜槽等设备构成。

平煤装置采用电机＋液压制动器＋减速器驱动绳轮，牵引钢丝绳带动平煤杆移动。

平煤及余煤回送装置的主要技术参数如下：

| | |
|---|---|
| 平煤形式 | 钢丝绳滚筒牵引式 |
| 平煤速度 | 60 m/min |
| 平煤行程 | 16650 mm |
| 电机型号 | YZR250M2 |
| 功率 | 45 kW |
| 转速 | 960 r/min |
| 余煤斗容积 | 5 $m^3$ |

*头尾焦处理装置*　头尾焦处理装置（推焦机和拦焦机均设置头尾焦处理装置）采用链式输送机靠刮板运焦，它的主要特点是：链式输送机设置在推焦机中层台面上，平行于炉墙正面线并与炉门框下部淌焦斜板相接，它既能收集摘炉门及导焦槽后退时跌落的焦炭，又能收集清扫炉门框时跌落的焦油渣。处理能力为 10 t/h。

*上升管根部石墨清除装置*　在推焦机作业时，每当打开小炉门清扫门和座时，同时伸入一根压缩空气喷吹管向上通到上升管的根部吹扫石墨。喷吹管直径为 $\phi$89 mm，共有 14 个 $\phi$4 mm 的朝上而角度各异的喷孔，压缩空气的压力为 0.4～0.5 MPa。

*机焦侧操作平台清扫装置*　机焦侧操作平台清扫装置是利用出焦后的停歇时间进行清扫，沿炉组操作台长向以 15 m/min 的慢速行走，采用吸尘方式清扫操作平台上的残屑。吸嘴宽 2.2 cm、长 2.5 m，吸尘管道直径 200 mm，吸气量 60 $m^3$/min。吸尘气体经旋风分离及布袋过滤器两道除尘后就地排放，吸尘风机有 11700 Pa 的吸力。这种清扫方法要求：操作台面必须平坦，吸嘴与台面距离不大于 20 mm；尘粒尺寸不大于 7 mm；雨天不能使用。

*液压系统*　液压系统采用泵站和阀站分开的形式，之间为管路连接。整个液压系统安装于控制室内，采用两组泵装置，一用一备。

液压系统的系统压力为 7 MPa，工作介质为 HM46 液压油，控制室、液压室需设空调，以改善工作环境。

*气路系统*　气路系统由空气压缩机、贮气罐、气阀站、管路等组成。气阀站设于机器室内，进出管路均安设在阀站下部。

气路系统的主要技术参数如下：

| | |
|---|---|
| 压缩机型号 | 2V－6/8 |
| 数量 | 2 台 |
| 贮气罐容积 | 9.8 $m^3$ |
| 工作压力 | 0.4～0.75 MPa |

*电气系统*　电气系统的供电电源为 3 Ph，电压为 380 V，频率为 50 Hz。供电方式为滑触线导入。

推焦机共有 5 条滑线，电源线 3 条，第 4 条为与电机车连锁，第 5 条为推焦信号同地面除尘站风机连锁。走行设有声光报警系统。设工业电视，观察走行、摘门、平煤、小炉门清扫等操作。

*通讯与连锁*　推焦机走行装置与摘门装置、推焦装置、平煤装置设置连锁。宝钢推焦机与拦焦机采用 $\gamma$ 射线连锁装置，推焦侧包括检测接收器、放大器及指示器。亦有推焦机与其他车辆设

置无线对讲进行通讯联系。推焦机与电机车通过第4条滑线连锁，推焦机接到电机车发出的允许推焦的信号后再推焦。同时电机车可在事故状态下控制推焦杆的动作。

**(三) 拦焦机**(带除尘装置)

1. 拦焦机功能

6 m焦炉拦焦机除了具有与4.3 m焦炉拦焦机一样的功能外，还增加有炉门、炉门框清扫和头尾焦处理功能，有的还有炉台清扫功能，同时还担任向炉门修理站运送炉门的任务。

2. 拦焦机操作环境

6 m焦炉拦焦机的操作环境同4.3 m焦炉拦焦机。

3. 拦焦机组成

拦焦机(见图1.2-21)由钢结构、走行装置、摘门装置、导焦装置、除尘装置、头尾焦处理及炉台清扫装置、液压系统、电气系统等组成。

拦焦机操作方式为5-2串序一点对位，采用单元程序控制和单元手动两种操作方式。司机室设有工业电视，可以方便地观察焦炉操作台上的情况。

拦焦机的设备总重约为210 t，总装机容量约为230 kW，设备外形尺寸(长×宽×高)约为21200 mm×12000 mm×10964 mm。

4. 各机构的主要技术参数

走行装置　走行装置由走行台车、支撑框架组成，其中4组为主动轮。走行机构为前后两台走行小车；用销轴和主车钢结构连接，采用液压推杆制动器，启动制动平稳，通过变频器实现调速控制。走行由电机驱动、变频调速。

走行装置的主要技术参数如下：

| | |
|---|---|
| 电机型号 | YP200L2-6,980 r/min,22×4 kW |
| 走行速度 | 6～60 m/min |
| 轨距 | 2700 mm |
| 轨道型号 | QU100 |
| 车轮直径及数量 | $\phi$700 mm,14个(含除尘车2个) |
| 最大轮压 | 320 kN/个车轮 |
| 减速机 | 硬齿面减速器 |

摘门装置与清扫装置　摘门、炉门和炉门框清扫装置与推焦机相似。头尾焦处理及炉台清扫装置也与推焦机相似。在此不再作介绍。

导焦装置　6 m焦炉拦焦机车架为整体型的，即摘门与导焦部分的车架不分开，故摘门装置与炉框清扫装置设在导焦装置的两侧。由于采用一点对位，导焦栅进退的距离较大，共有前、中、后三个位置(见图1.2-22)。导焦装置由导焦栅、导焦栅驱动机构、导焦栅锁闭机构(即防焦槽后退装置)组成。当摘门装置摘下炉门后，导焦栅前移至导焦前位，锁闭机构工作，焦炭通过导焦栅进入熄焦车。导焦时烟尘由除尘罩收集后导入焦侧地面除尘管道。推焦结束后，导焦栅退回到后位，尾部防落焦板升起。

导焦栅结构为：宝钢焦炉拦焦机导焦栅采用整片厚钢板作侧壁(板厚上部15 mm，下部24 mm)的密闭形式。为了减少热胀冷缩造成整板结构的侧壁变形，在整板上沿高向每隔13 cm切割分隔缝，缝宽3 mm。当导焦栅移向炉门框贴紧接焦时，抽尘罩的侧边石棉垫就与炉柱正面贴严(用缓冲小弹簧施压)。抽尘罩从上面笼罩导焦栅抽吸出焦粉尘(见图1.2-23)。亦有的导焦栅

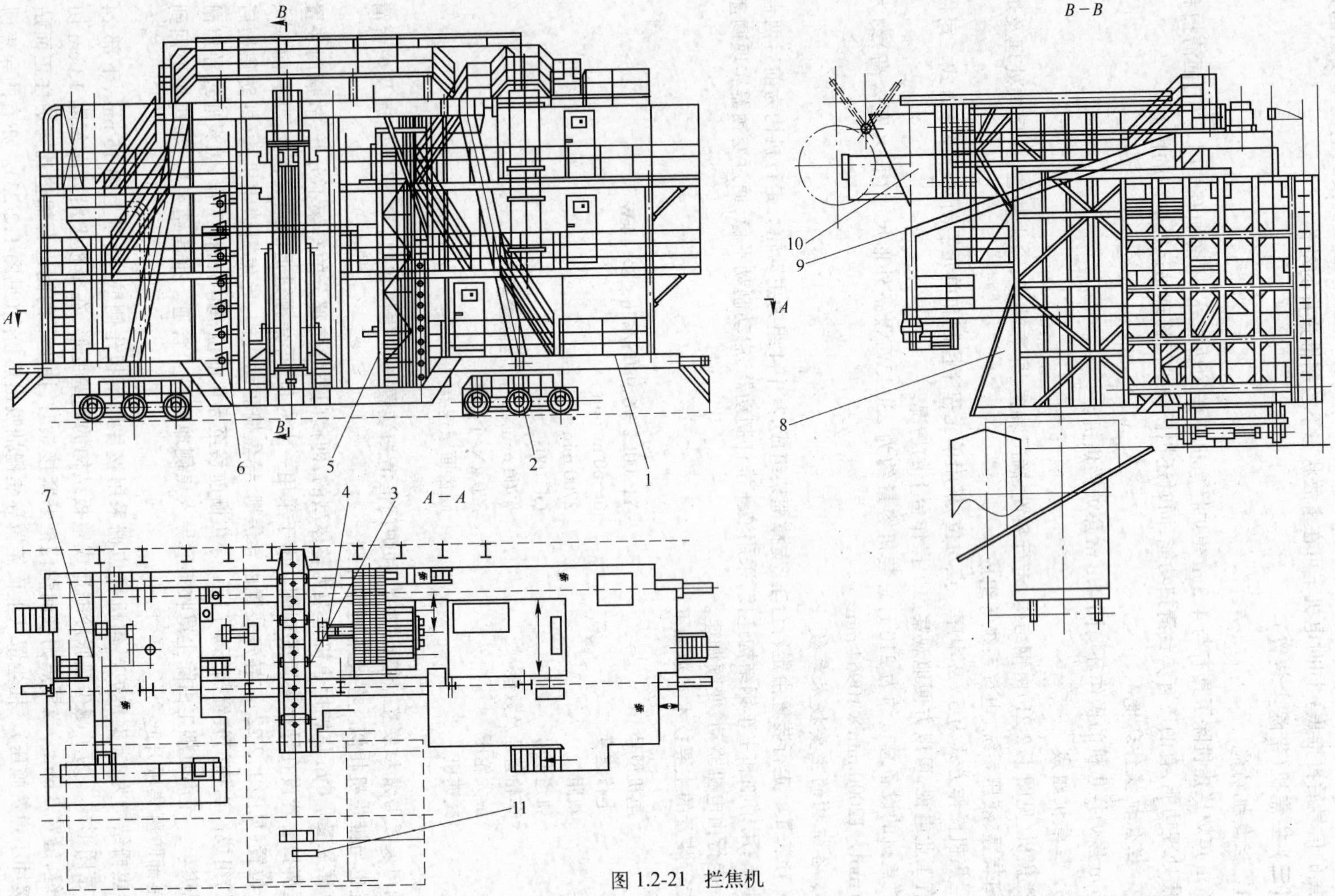


图 1.2-21　拦焦机

1—钢结构；2—走行装置；3—导焦装置；4—摘门装置；5—炉门清扫装置；6—炉门框清扫装置；7—头尾焦处理及炉台清扫装置；8—除尘装置；9—除尘钢结构；10—集尘管伸缩连接器；11—γ射线装置

采用框架结构，设计中采用了全密封结构。两侧壁板采用新型结构，内层为压形板，抗热变形性好，同时又可起到阻隔烟气外溢的作用，导焦栅的外层还设有一层密封板，这样在两层之间形成了一个空气层，减小了导焦栅的热辐射，有效地改善了操作环境。导焦槽下部两侧面及底部铺有锰钢衬板，同时导焦槽底部可以调整，以适应炭化室底部标高的变化。

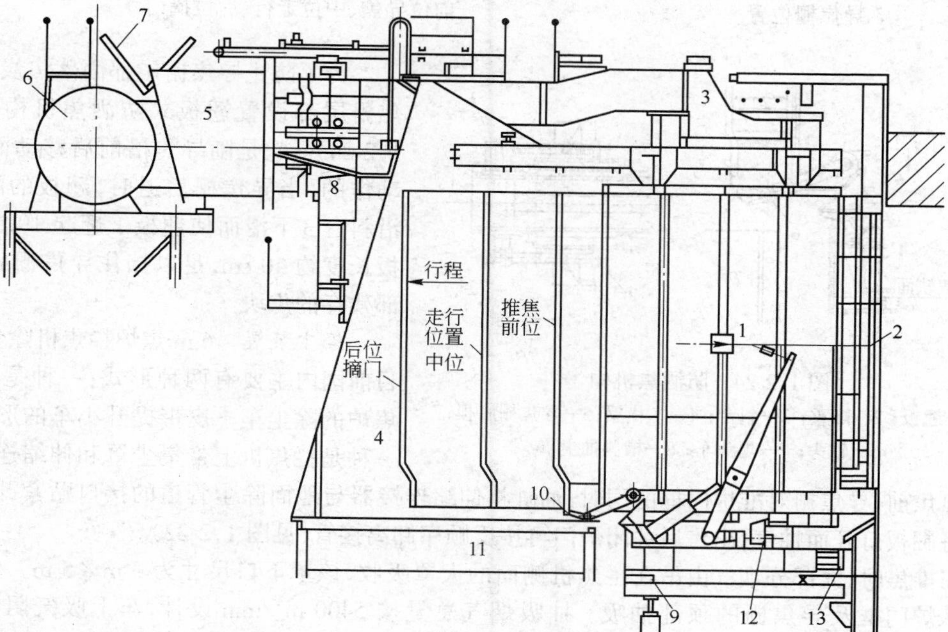


图 1.2-22　导焦抽烟尘罩

1—导焦槽；2—炉门框前挡罩；3—车顶抽吸罩；4—熄焦车抽吸罩；5—伸缩连接器；6—地面除尘管道；7—盖杠杆；8—γ 射线放射器；9—导焦车轨；10—防洒落焦机构；11—熄焦车；12—防焦槽后退装置；13—头尾焦链板

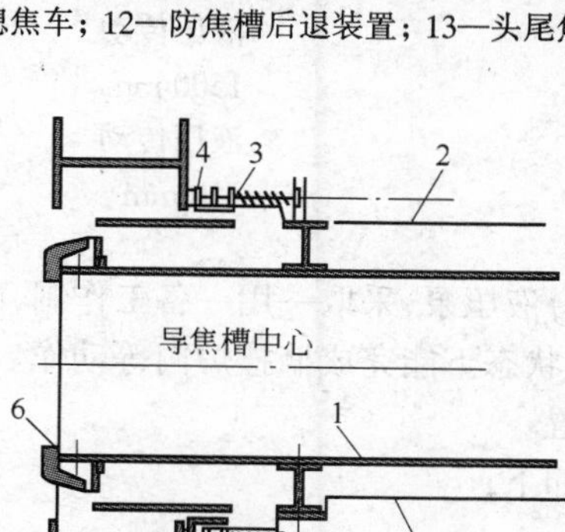


图 1.2-23　导焦槽结构示意图

1—侧壁；2—抽尘罩；3—缓冲弹簧；4—石棉垫；5—炉柱；6—炉门框

锁闭机构可防止导焦栅在焦炉出焦过程中后移。导焦栅驱动及锁闭机构采用液压驱动。导焦栅的移动和其他机构的动作设有连锁。

导焦装置的主要技术参数如下：

| | |
|---|---|
| 外形尺寸（长×宽×高） | 5870 mm×558 mm×6367 mm |
| 移动速度 | 3/6 m/min |
| 导焦栅移动行程 | 2600 mm |
| 导焦栅位置 | 前位导焦、中位走行、后位摘门 |

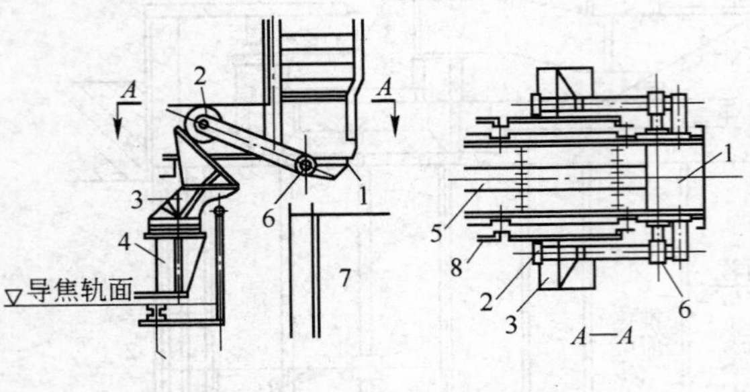


图 1.2-24 防洒焦机构

1—翘板；2—配重；3—斜台；4—车横梁；5—导焦栅底板；6—轴头；7—熄焦车；8—槽侧抽尘罩

为了防止导焦栅尾部洒落焦炭，在导焦栅尾部设置翘板式防洒焦机构（见图 1.2-24）。它是随导焦槽前后移动而联动动作的，当导焦栅后退时，翘板的配重 2 沿斜台 3 下滑而使翘板 1 翘起 19.5°。翘板长度约 40 cm，足以挡住导焦栅底板尾部残存的焦块。

除尘装置　6 m 焦炉拦焦机除尘装置目前国内主要有两种形式：一种是 4.3 m 焦炉的除尘车＋皮带提升小车的形式；另一种是拦焦机上带集尘罩和伸缩连接器，每次出焦前，导焦栅对准炉门框的同时，油缸将伸缩连接器与地面除尘管道的接口贴紧，同时盖杠杆将翻板打开而抽气，出焦后关闭炉门再按反顺序卸离接管（见图 1.2-22）。

在推焦时，大部分烟气由吊在拦焦机侧面的大罩吸收，该罩下口尺寸为 3 m×5 m。少部分烟气从炉门框及导焦栅的顶部抽吸。抽吸烟气总量按 5400 $m^3$/min 设计，车上吸气阻力为 1 kPa，抽吸气温不能超过 130℃（以免烧坏除尘器布袋）。拦焦机上抽烟气主管有两根，配置在吸尘罩顶部，靠伸缩连接管油缸与地面站除尘系统管道对接。

除尘装置的主要技术参数如下：

| | |
|---|---|
| 集尘方式 | 管道吸尘式 |
| 开闸板机构 | 液压传动 |
| 工作行程 | 1500 mm |
| 伸缩连接管 | 液压传动 |
| 行程 | 250 mm |

液压系统　液压系统有两台液压泵，采取一用一备工作制，两泵用手动切换。同时在液压站内设有一台手动泵，保证在事故状态下能完成摘挂炉门等动作。液压系统设有油位、油温和过滤器堵塞自动监测及超限报警装置。

液压系统的主要技术参数如下：

| | |
|---|---|
| 工作压力 | 7 MPa |
| 工作介质 | 水－乙二醇 |
| 油箱容积 | 1.25 $m^3$ |
| 介质工作温度 | ＜50℃ |

电气系统　电气系统的供电电源为 3Ph，电压为 380 V，频率为 50 Hz。供电方式为滑触线导入。电缆为阻燃电缆，配电室要求隔热，配电室地面铺绝缘垫并设空调。拦焦机上设有照明设施。拦焦机走行时，有警铃和警灯警示。

拦焦机与电机车、推焦机的对位、推焦安全连锁装置　拦焦机与推焦机之间采用γ射线连锁装置,发射源装在导焦栅外侧,γ射线通过炉顶空间由推焦机司机室外接受源接受检测,导焦侧装有射线源发射器及遮蔽挡板。熄焦车与拦焦机之间通过电磁或无触点对位开关安全连锁。

国内近几年来采用红外线测位系统,通过安装在焦炉上的固定标尺和机车上的活动标尺及车载显示器来进行炉号识别,确保三车推焦连锁和四车协同工作。推焦机、拦焦机、装煤车之间采用对讲机联络。拦焦机、电机车采用电气接口方式进行连锁,电视监控,在拦焦机的走行正、反向和导焦栅方向设三台摄像头,在操作室设监视器一台,切换监控各个方向情况,确保安全生产。

焦炉机车的发展趋势是逐步实现计算机自动控制,实现焦炉机械远距离和无人操作的自动化,从而彻底改善焦炉的劳动条件,提高劳动生产率。

### (四) 电机车

#### 1. 电机车的功能与组成

6 m 焦炉电机车的功能与组成基本与 4.3 m 焦炉电机车的相同,设计时应与工艺配合根据炭化室的容积来确定电机车的设计参数。

#### 2. 电机车的主要技术参数

电机车的主要技术参数如下:

| | |
|---|---|
| 外形尺寸(长×宽×高) | 约 10000 mm×6400 mm×5730 mm |
| 轨距 | 2000 mm |
| 轨型 | 60 kg/m |
| 轴距 | 3500 mm |
| 最大行车速度 | 190 m/min |
| 接焦速度 | 20 m/min |
| 黏着牵引力 | ≤100 kN |
| 电机车自重 | 49.8 t |
| 最小回转半径 | 190 m |
| 走行速度 | 190 m/min(变频调速) |

### (五) 熄焦车

#### 1. 熄焦车的功能与组成

6 m 焦炉熄焦车的功能与组成基本与 4.3 m 焦炉熄焦车的相同,不同点是容积增大,质量增大。

#### 2. 熄焦车的主要技术参数

熄焦车的主要技术参数如下:

| | |
|---|---|
| 熄焦车外形尺寸(长×宽×高) | 约 17890 mm×5043 mm×4650 mm |
| 车厢有效容积 | 40 $m^3$ |
| 载重量有效容量 | 24 t 焦炭 |
| 车厢有效长度 | 15470 mm |
| 车厢底板角度 | 28° |
| 车门打开最大宽度 | 650 mm(偏差 ± 20 mm) |
| 车辆通过最小曲率半径 | 100 m |

| | |
|---|---|
| 车自重 | 约 99 t |
| 最大轮压 | >114 kN/个车轮 |

3. 低水分熄焦车的主要技术参数

近几年随着低水分熄焦技术的推广,为配合工艺,熄焦车采用定点接焦。低水分熄焦车有效长度缩短,有效容积增大,车厢侧壁有迅速将熄焦水排出车体外的措施。

4.3 m 焦炉低水分熄焦车的主要技术参数如下:

| | |
|---|---|
| 轨距 | 1435 mm |
| 车厢有效容积 | 35 $m^3$ |
| 车厢有效长度 | 7670 mm |
| 质量 | 60 t |
| 最大外形尺寸(长×宽×高) | 13000 mm×4650 mm×4220 mm |

6 m 焦炉低水分熄焦车的主要技术参数如下:

| | |
|---|---|
| 轨距 | 2000 mm |
| 车厢有效容积 | 43.4 $m^3$ |
| 车厢有效长度 | 8000 mm |
| 质量 | 80 t |
| 最大外形尺寸(长×宽×高) | 15500 mm×6300 mm×5700 mm |

**(六)液压交换机**

6 m 焦炉液压交换机的功能与组成基本与 4.3 m 焦炉液压交换机的相同,设计时应根据工艺的加热方式,确定交换机的型号,根据炭化室的孔数确定油缸的设计参数。

## 第三节 捣固焦炉专用机械设备

捣固焦炉专用机械设备由给料机、捣固机、捣固装煤车或捣固装煤推焦机、导烟车、推焦机、拦焦机、电机车和熄焦车等组成。炭化室高 4.3 m 捣固焦炉机械断面图见图 1.2-25。

捣固设备包括煤仓、给料机、捣固机和捣固煤箱。欧洲传统的模式是上述 4 个设备与推焦机组合在一起,称为捣固装煤推焦机,炭化室高 4.3 m 的机械约重 450 t,炭化室高 6 m 的机械约重 1350 t(含煤重)。国内现有模式均为分离式的,即煤仓、给料机和捣固机组合成一个固定的地面捣固站,捣固煤箱与推焦机组合成捣固装煤推焦机(成为移动机械)。国内现有的模式效率较低,操作一炉时间为 18~25 min,但设备质量轻,自动化要求可高、可低,投资低。煤饼宽为 400 mm 时,周转时间为 19 h,一台捣固装煤推焦机可操作 56~41 孔;煤饼宽为 450 mm 时,周转时间为 22.5 h,一台捣固装煤推焦机可操作 66~49 孔。如将捣固煤箱与推焦机分为捣固装煤车和推焦机,则一套装煤车和推焦机能操作的孔数达 72 孔。

20 世纪 90 年代国内设计的给料机和捣固机有了新的进步,给料机已设计成连续自动给料,捣固机为凸轮摩擦传动,这两个设备的机械设计已与国际上先进设备相似,下一步应采用国际上已实现的"定点"多锤连续捣固的技术并开发监控装置。下面就国内近几年炭化室高 4.3 m 捣固焦炉专用设备的给料机、捣固机、捣固装煤车和导烟车做简单介绍。推焦机、拦焦机、电机车、熄焦车、液压交换机与普通顶装 4.3m 焦炉的机车功能基本一致,故不再叙述。

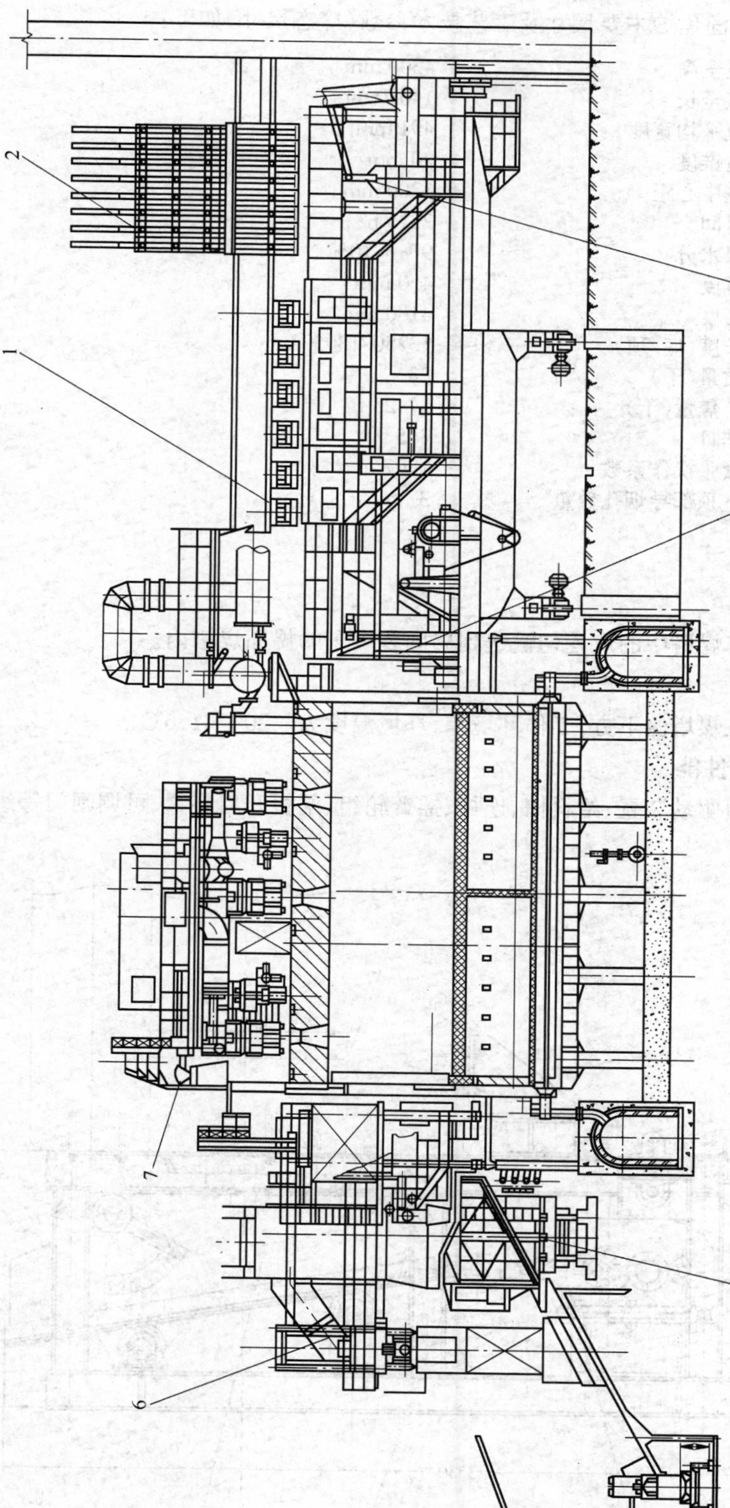


图1.2-25　炭化室高4.3 m捣固焦炉机械断面图

1—摇动给料机；2—捣固机；3—捣固装煤车；4—推焦机；5—电机车；6—拦焦机；7—导烟车

炭化室高 4.3 m 捣固焦炉主要尺寸及工艺技术参数(冷态尺寸)如下：

| | |
|---|---|
| 炭化室全高 | 4300 mm |
| 炭化室全长 | 14080 mm |
| 炭化室平均宽度 | 491 mm |
| 炭化室锥度 | 20 mm |
| 炭化室中心距 | 1200 mm |
| 周转时间 | 22.5 h |
| 装煤煤水分 | 9%～10% |
| 煤饼宽度 | 450 mm |
| 煤饼高度 | 4100 mm |
| 煤饼长度(底/顶) | 13250/13050 mm |
| 煤饼质量(干) | 23 t |
| 单孔产焦量(干) | 17.25 t |
| 年工作日 | 365 天 |
| 焦炉紧张操作系数 | 1.07 |
| 炭化室顶部导烟孔数量 | 3 个 |

## 一、摇动给料机

### (一) 功能

摇动给料机用于将煤塔中的煤均匀输送到捣固装煤车的捣固煤槽内。

### (二) 操作环境

摇动给料机安装在煤塔侧下方,工作环境差,环境温度为 -20～41.6℃。

### (三) 主要机构和性能

摇动给料机主要由驱动装置、给料槽、连杆、摇臂轮组、闸板开启装置、可调闸门等组成(见图1.2-26)。

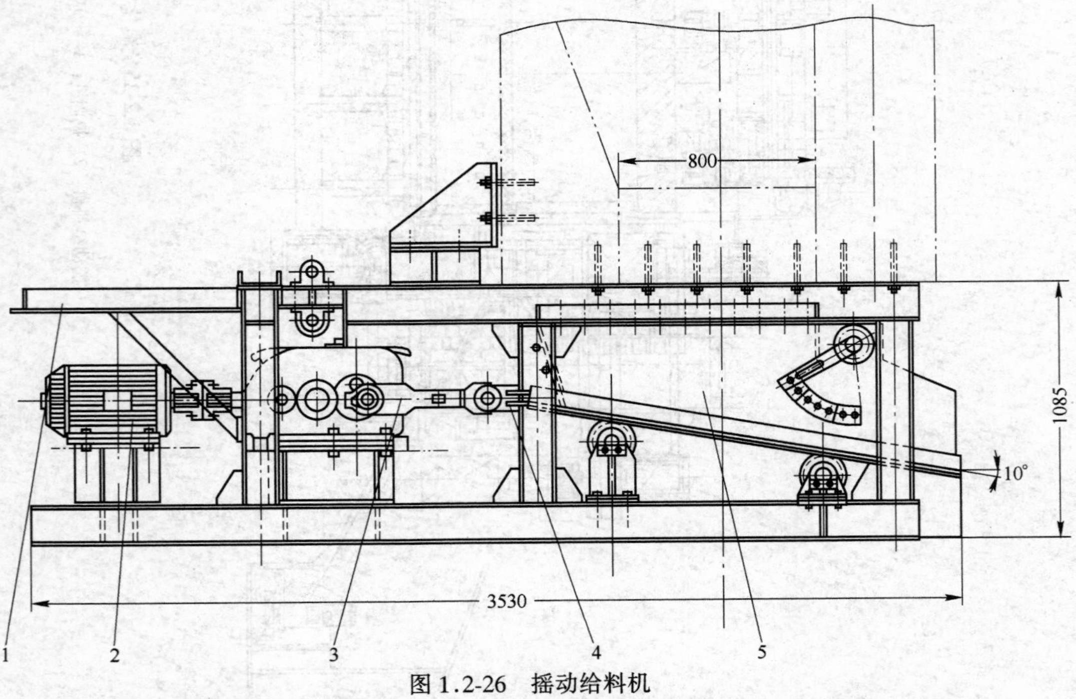


图 1.2-26 摇动给料机

1—闸板开启装置；2—驱动装置；3—连杆；4—摇臂轮组；5—给料槽及可调闸门

电机、减速机带动连杆装置,使给料槽摇动,将煤塔中的煤均匀地输送到捣固煤箱中。在连杆装置中设置可调摇动行程装置,可方便地调整给料槽的摇动给料行程。通过闸板开度调整煤的给料厚度。

### (四)主要技术参数

摇动给料机的主要技术参数如下:

| | |
|---|---|
| 煤塔下料口尺寸 | 600 mm×900 mm |
| 给料口宽度 | 760 mm |
| 给料次数 | 45.5 次/min |
| 给料行程 | 60 mm、100 mm、120 mm、160 mm、180 mm,5 级 |
| 给料厚度 | 100~250 mm(可调) |
| 给料量 | 0.30~1.0 t/min(可调) |
| 驱动方式 | 电动机驱动 |
| 功率 | 约 5.5 kW |
| 电机型号 | YZ160M1-6 |
| 设备总重 | 约 2.5 t/台 |
| 设备外形尺寸(长×宽×高) | 3090 mm×1174 mm×940 mm |

## 二、捣固机

### (一)功能

捣固机安装在焦炉煤塔两侧操作间的固定轨道上。装煤车或捣固装煤推焦机在煤塔下取煤后,捣固机将煤槽内的煤料夯实成具有一定强度的煤饼。煤饼从焦炉机侧送入炭化室。

### (二)操作环境

捣固机的环境温度为-20~40℃,振动大,噪声大。

### (三)主要机构与组成

国内原有皮带传动的移动式捣固机因工作效率低现已被淘汰。现在使用的大部分是18锤微移动(捣固锤工作时做上下往复运动的同时每组捣固锤微小水平移动)和21锤固定式的捣固机。今后发展方向应为连续给料、多锤连续捣固的固定式捣固机。下面以炭化室高4.3 m捣固焦炉为主介绍18锤捣固机(移动式)(见图1.2-27)。捣固机主要由机架、捣固传动装置、停锤装置、安全挡装置、捣固锤、导向辊装置、提锤传动装置、电动润滑系统、走行装置、电控系统等组成。3个捣固锤(亦可4锤)为1组,共6组18个捣固锤(21锤捣固机再增加1组)。

各机构组成及作用说明如下:

(1) 安全挡装置由电液推杆、支座、挡杆、接近开关等组成。当捣固煤饼工作完毕,锤杆提高到原始位置时,油缸推动挡杆位于锤头下方,防止停锤装置意外失控及误操作引发的落锤事故。接近开关用来控制电液推杆的前后动作,并与提锤传动装置连锁。

(2) 每锤共有3排导向辊装置,每排导向辊装置由导向辊轮、支座等组成,保证锤杆上下平稳运行。导向辊轮用球铁制作。

(3) 提锤传动装置由带电机的减速机、联轴器、变速机、凸轮装置等组成。凸轮装置由凸轮组、轴承、齿轮等组成。凸轮组由电机驱动,通过弹性元件的作用力将锤杆夹紧,由此产生的摩擦力矩将捣固锤提高到固定的高度。凸轮组与锤杆对应,根据不同的锤数按不同的相位角排列在分段式传动轴上,保证各捣固锤上下错落有序地工作。每套凸轮装置有6个可分别调整的凸轮组,夹紧凸轮的中心距可通过轴承上的调整螺栓分别调整,每个凸轮调整量最大为10 mm。每个

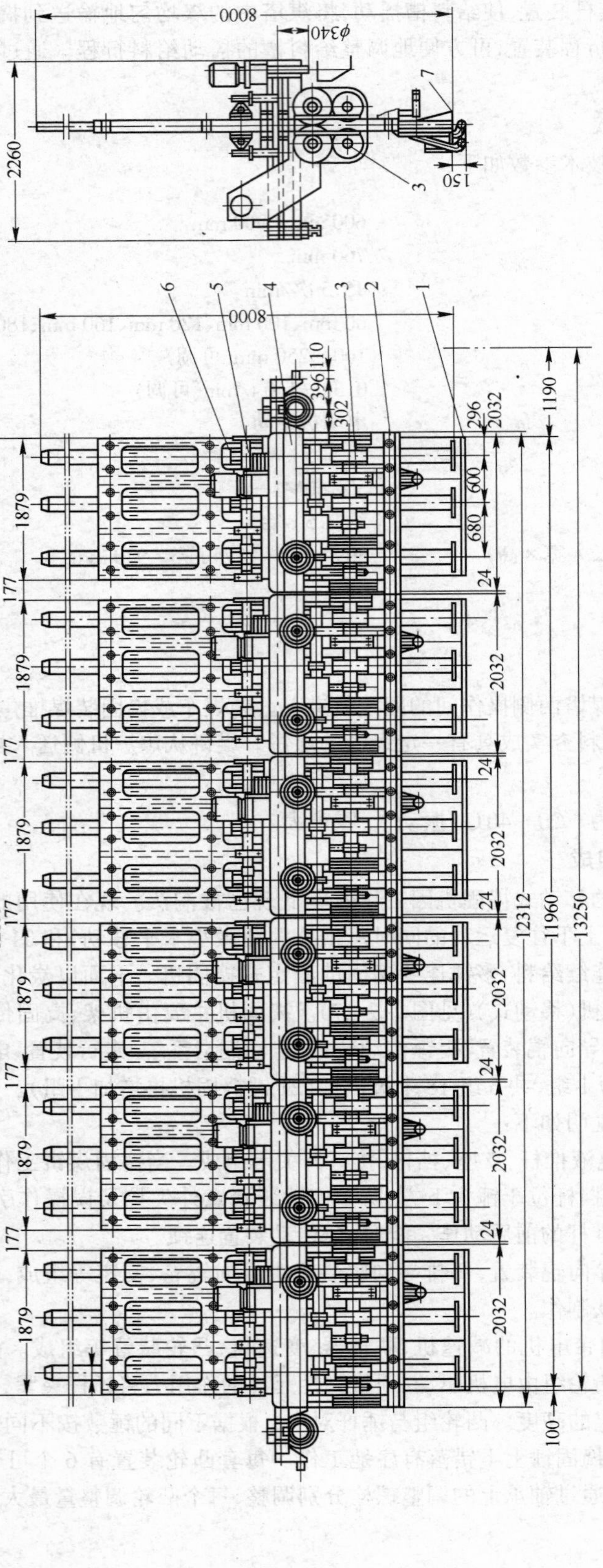


图 1.2-27 捣固机

1—安全挡装置；2—导向辊装置；3—凸轮装置；4—机架；5—停锤装置；6—捣固传动装置；7—捣固锤

凸轮组配有备用凸轮缘，当捣固锤杆上的摩擦片磨损到一定程度后，换用备用凸轮缘，可延长捣固锤的使用寿命。

(4) 每锤各有一套停锤装置。停锤装置由电液推杆、扇形齿轮、传动轴、凸轮块、轴承座、接近开关等组成。停锤时，电液推杆推动扇形齿轮驱动传动轴旋转，使凸轮块在自重作用下贴近锤杆，当锤杆下落时，依靠摩擦阻力夹紧锤杆，阻止锤杆下落。捣固机工作时，传动轴反向旋转，使凸轮块脱离锤杆，锤杆靠自重落下。各轴套由粉末冶金材料制作，具有自润滑性能，不需人工加油，维护保养简便。接近开关用来控制电液推杆的前后动作，并与提锤传动装置连锁。

(5) 捣固锤由锤体、摩擦带等组成。锤体由220B型工字钢制作，经打磨、矫直而成。摩擦板首先粘贴在2 mm钢板上，再用可防松动的螺钉固定在锤体上，便于更换摩擦片。

(6) 机架由钢板和型钢焊接而成，分为上机架和下机架。

(7) 电动润滑系统由多点润滑泵、管路元件等组成。润滑泵出油口直接与润滑点相连，主要用来对变速机内的齿轮对和滚动轴承及凸轮装置的滚动轴承进行加油润滑。

(8) 走行装置由2组主动轮和20组从动轮组成，由机械传动做往复运动。捣固机移动至终点，由接近开关控制其停止，避免捣固锤锤打煤槽前后挡板。捣固机两端设置缓冲器。

#### （四）主要技术参数

捣固机的主要技术参数如下：

| | |
|---|---|
| 锤数 | 18个 |
| 锤重 | 380～420 kg |
| 捣固锤杆长 | 8000 mm |
| 冲程 | 400 mm |
| 煤饼捣固时间 | 约5 min |
| 频率 | 68～72次/min |
| 锤材质 | Q235A |
| 摩擦片材料 | 石棉、铜丝、黏接剂等复合材料 |
| 电机总功率 | 238 kW |
| 设备自重 | 57 t |
| 轨距 | 2000 mm |
| 轨型 | 43 kg/m |
| 最大轮压 | 26 kN |
| 车轮直径 | $\phi$340 mm |
| 走行速度 | ≤150 mm/s |

### 三、捣固装煤车

#### （一）功能

装炉煤由煤塔落入捣固装煤车煤槽内，用捣固机将煤捣固成煤饼，再用托煤板将煤饼送入炭化室内。捣固装煤车分为左右型。它的左右型应与推焦机一致。

#### （二）操作环境

捣固装煤车工作于焦炉机侧，托煤板需穿过约1000℃的炭化室，炉前操作台部分气温变化为0～200℃。

#### （三）主要机构与组成

捣固装煤车（见图1.2-28）主要包括：钢结构、走行装置、装煤装置、余煤回收装置、液压系统、

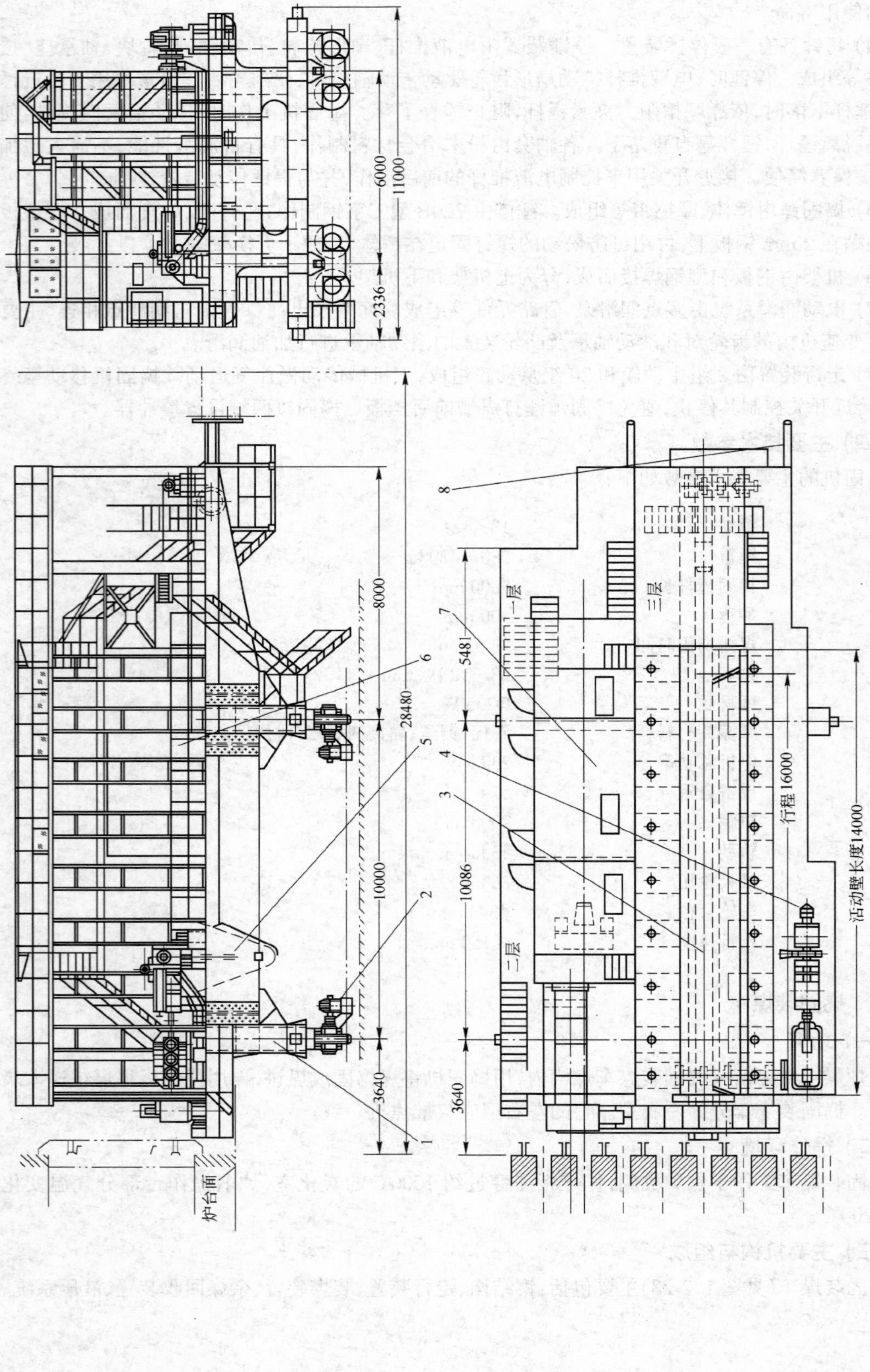


图1.2-28　捣固装煤车

1—钢结构；2—走行装置；3—装煤装置；4—托煤板退回装置；5—余煤回收装置；6—液压系统；7—电气系统；8—电源管触器

电气系统、停电时托煤板退回装置等。

捣固装煤车各机构说明如下：

(1) 钢结构为捣固装煤车的主体，各主要梁和支柱支架都采用钢板或型钢焊接，全部采用栓焊连接，以防松动。煤槽壁的固定支柱采用桁架结构。煤槽侧壁外侧有 9 个支柱组成桁架型固定支柱，使侧壁不承受扭转载荷，这样变形小，刚性大，保证了捣固煤饼时煤槽壁的变形最小。

司机室和配电室联在一起，方便了电控设备的检修和调试。司机室和配电室内壁和顶棚镶有保温板，具有防热、防寒的作用。地面铺设有电气绝缘板。底部为双层，便于电气走线。司机室装有空调及工业电视，以便监视装煤等操作。电气室及液压站机械室设有空调。

煤槽底梁上设有可拆换的底衬板和立衬板。各衬板采用 45 号钢板制作，与煤槽底板相摩擦的表面施行表面淬火处理，以提高使用寿命。

(2) 走行装置有 4 台主动平衡车，走行速度可在 5～70 m/min 范围内任意调整。走行装置由变频调速电机、齿形联轴器、减速机、电液推杆和制动器等组成，走行平衡车采用 90°角轴承结构，更换车轮和检修都很方便。在左、右侧走行方向均设有缓冲器。

(3) 装煤装置由煤槽壁、煤槽前挡板和后挡板、后挡板锁闭和后挡板卷扬、煤槽底板及其传动机构等组成。煤槽壁都由活节螺栓与煤槽两侧桁架形固定支柱相连，便于安装时调整相互平行及垂直方向的位置。两侧煤槽壁分别由 9 组油缸通过正弦杠杆机构驱动。捣固煤饼时，正弦杠杆机构处于水平位置，具有自锁作用。在液压系统中还设有锁闭元件，以保证可靠自锁。煤饼捣固后，油缸下腔进油，油缸活塞向上伸出 200 mm，正弦杠杆机构将活动壁向后拖移 30 mm，则煤饼脱离煤槽壁，以便于装煤操作。正弦杠杆机械水平方向承受捣固压力的活动连接处采用含油轴承。煤槽前挡板开闭由油缸驱动，煤槽壁向后移动 30 mm，开启煤槽前挡板后才可以进行装煤操作；关闭前挡板后，煤槽活动壁向前移动 30 mm，就可以将前挡板卡住，进行煤饼的捣固操作。煤槽后挡板锁闭机构也由油缸驱动。装煤时，煤槽后挡板在煤槽底板拖动下前移，当煤饼全部进入炭化室后，煤槽后挡板进入工作位置，这时油缸拉动钩形杠杆通过煤槽壁上的锁孔，插入煤槽后挡板两侧止推牙条的钩槽底部，完成锁闭动作，挡住煤饼不从炭化室内退出来。煤槽底板抽回原位后，油缸推动钩形杠杆返回到煤槽壁外侧，解除对煤槽后挡板的锁闭，煤槽后挡板在后挡板卷扬机的拖动下退回原始位置。煤槽后挡板锁闭共有三个位置，每个位距相差 150 mm。正常情况下，锁闭在止推板尾部牙条位置上，当煤饼在输送过程中出现“掉头”现象，煤槽底板前进受阻不能到达工作前限位置时，可根据实际情况锁闭在止推板前部牙条位置上。

煤槽底板传动由电动机驱动减速机输出轴上的链轮，通过链条带动主动轴旋转，再通过链条拖动煤槽底板往返移动完成装煤操作。传动链条由托辊支持，防止链条下垂与钢结构梁摩擦而损坏钢结构。链条的松紧可由尾部的链轮拉紧机构，通过棘轮扳手方便地调节。煤槽底板的行程，采用主令控制器来控制。减速机为大功率、硬齿面圆锥圆柱齿轮减速机，链条选用标准重载弯板滚子链，破断载荷为 206.81 kN，工作可靠，寿命长。当发生停电故障时，可通过安装在传动电机尾段的行星摆线减速机，手动拉出煤槽底板（或设事故柴油机由液压马达驱动拖出）。

(4) 余煤回收装置的主要作用是将装煤时散落下来的余煤收集起来，送入煤斗中去，主要由 1 号、2 号两条刮板机和料斗组成。

(5) 液压系统专为捣固装煤车设计制造，满足装煤所需要的功能要求。该系统主要由泵站、阀站及有关附件组成。泵站设有两套泵组及其控制阀组，一用一备。阀站是根据控制功能（煤槽活动壁启闭、前挡板启闭、煤槽后挡板锁闭等）要求，由多个集成块阀组成。该系统具有完善的压力、温度、显示及防止污染控制措施。

(6) 电气系统。走行驱动采用变频电机驱动,变频器调速。装煤采用涡流调速(也可变频调速)。各机构的控制方式除走行为手动操作外,其余通过 PLC 控制可实现手动和单元程控两种方式。另在操作台上设有紧急事故按钮,按此按钮可解除外部连锁。

防护及防护等级:近火源高温区采用耐高温阻燃电缆。除液压系统外,其余所有电机防护等级均为 IP54,F 级绝缘。

安全措施:本车各机构间设有电气连锁,各车之间通过无线对讲机联络。装煤底板传动设有旋转编码器,通过位移控制指示仪显示其行程。装煤机构设有前、后限位保护,靠行程控制器实现两组保护。

### (四) 主要技术参数

捣固装煤车的主要技术参数如下:

| | |
|---|---|
| 轨距 | 10000 mm |
| 走行速度 | 5～75 m/min(VVVF) |
| 轨型 | QU120 |
| 装煤速度 | 1.6～16 m/min(涡流调速) |
| 装煤底板行程 | 16000 mm |
| 煤槽壁行程 | 2×30 mm(双向) |
| 煤饼尺寸(长×宽×高) | 13250 mm×450 mm×4100 mm |
| 余煤回收 | 采用刮板机,余煤斗容积约 5 $m^3$ |
| 装机总功率 | 270 kW |
| 设备自重 | 约 270 t |
| 最大轮压(包括煤重) | ≤450 kN(装煤动作时) |

## 四、导烟车

### (一) 功能

在装煤过程中,导烟车(或称导烟除尘车)以电磁揭盖机开启炉顶消烟孔盖,将炭化室内荒煤气及烟尘通过导烟系统导入炉顶集尘固定干管,送入地面除尘站进行净化处理。

### (二) 操作环境

导烟车工作于焦炉炉顶,除尘孔处气流温度大于 600℃。

### (三) 主要机构与组成

导烟车(见图 1.2-29)主要包括:机架、走行装置、导套装置、揭盖装置、集尘装置、液压系统、电控系统、集中润滑系统等。

导烟车与普通顶装装煤车的结构和功能基本相同,只是少了煤斗与螺旋给料部分,故不再详细叙述。

### (四) 主要技术参数

导烟车的主要技术参数如下:

(1) 走行装置:

| | |
|---|---|
| 轨距 | 5835 mm |
| 轨型 | 50 kg/m |
| 走行速度 | 约 60 m/min |

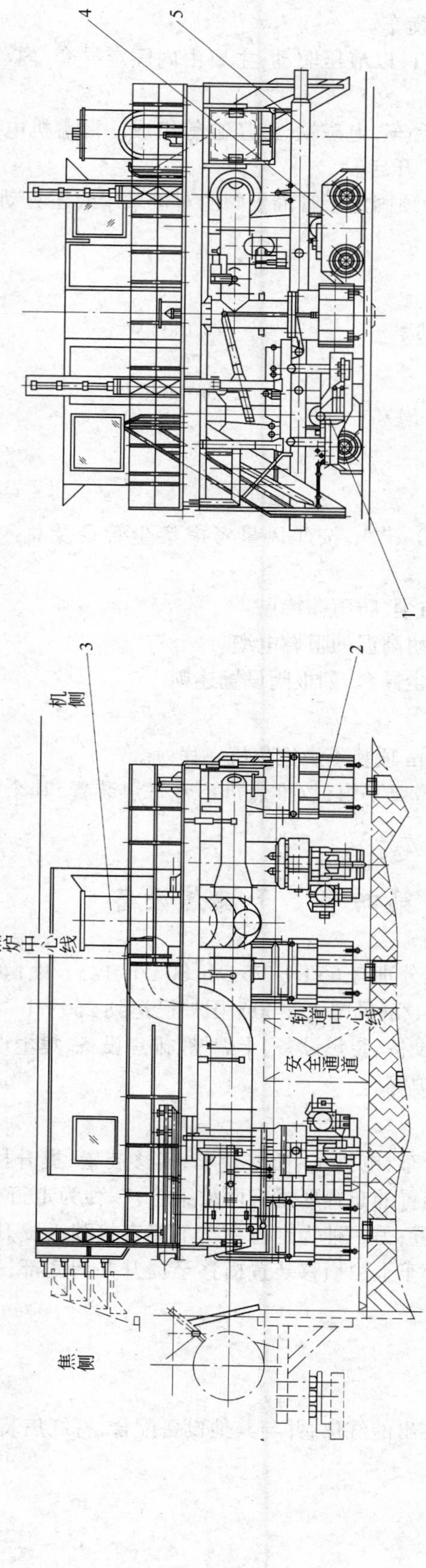


图 1.2-29　导烟车

1—揭盖装置；2—导套装置；3—集尘装置；4—走行装置；5—机架

走行装置采用双电机驱动平衡车。

(2) 导套装置：采用 2～3 吸口，以液压驱动，主要由内固定导套，内、外活动导套，液压缸及连杆组成。

(3) 揭盖装置：由外台车、内台车、电磁铁、液压缸等组成。揭盖机电磁铁吸住炉盖，通过液压缸驱动电磁铁可实现炉盖搓动、开启。

(4) 集尘装置：除尘管道与炉顶固定干管翻板阀的对接采用液压驱动，管道中设有空气调节阀及测压装置。

(5) 其他技术参数如下：

| | |
|---|---|
| 整机装机总功率 | 约 100 kW |
| 设备自重 | ＜70 t |
| 允许最大轮压 | 约 100 kN |

**(五) 其他要求**

导烟车的其他要求还有：

(1) 除尘风量设计为 125000 $m^3/h$，按此风量考虑集尘管径及兑入冷风量等相关设备的能力。

(2) 走行装置应具有防振、防尘、防雨等特点。

(3) 车上配置的电缆应采用耐高温的阻燃电缆。

(4) 导烟车走行装置要与除尘导套、翻板阀设置连锁。

**五、推焦机**

推焦机功能与炭化室高 4.3 m 顶装焦炉推焦机一样。

推焦机组成：因捣固焦炉不需要平煤，故推焦机不带平煤装置，其余机构与炭化室高 4.3 m 顶装焦炉推焦机一样。

## 第四节　干熄焦设备

目前国内干熄焦装置的规模分别有 65 t/h、75 t/h、80 t/h、125 t/h、140 t/h、150 t/h，国内干熄焦焦炭处理能力最大规模为 150 t/h(见图 1.2-30)，国外已达到 250 t/h。

干熄焦主要设备包括：运焦设备、装焦设备、干熄槽、排焦设备、集尘设备、粉焦回收及贮运设备、惰性气体循环设备和余热锅炉等。

**一、运焦设备**

运焦设备包括：焦罐、走行台车、电机车、横移台车、横移装置、提升机及 APS 液压自动对位装置等。运焦设备根据干熄焦装置的布置形式有两种组合，一种为走行台车直接驶入提升井架底部，即不带横移台车和横移装置；另一种为走行台车不能直接驶入提升井架底部，故增添横移台车、横移装置，焦罐放在横移台车上由横移装置横移至提升井架底部，再由提升机提起送入干熄槽。

**(一) 焦罐**

1. 焦罐的功能

焦罐用来装运从炭化室中推出的红焦，并与其他设备配合，将红焦装入干熄槽内。

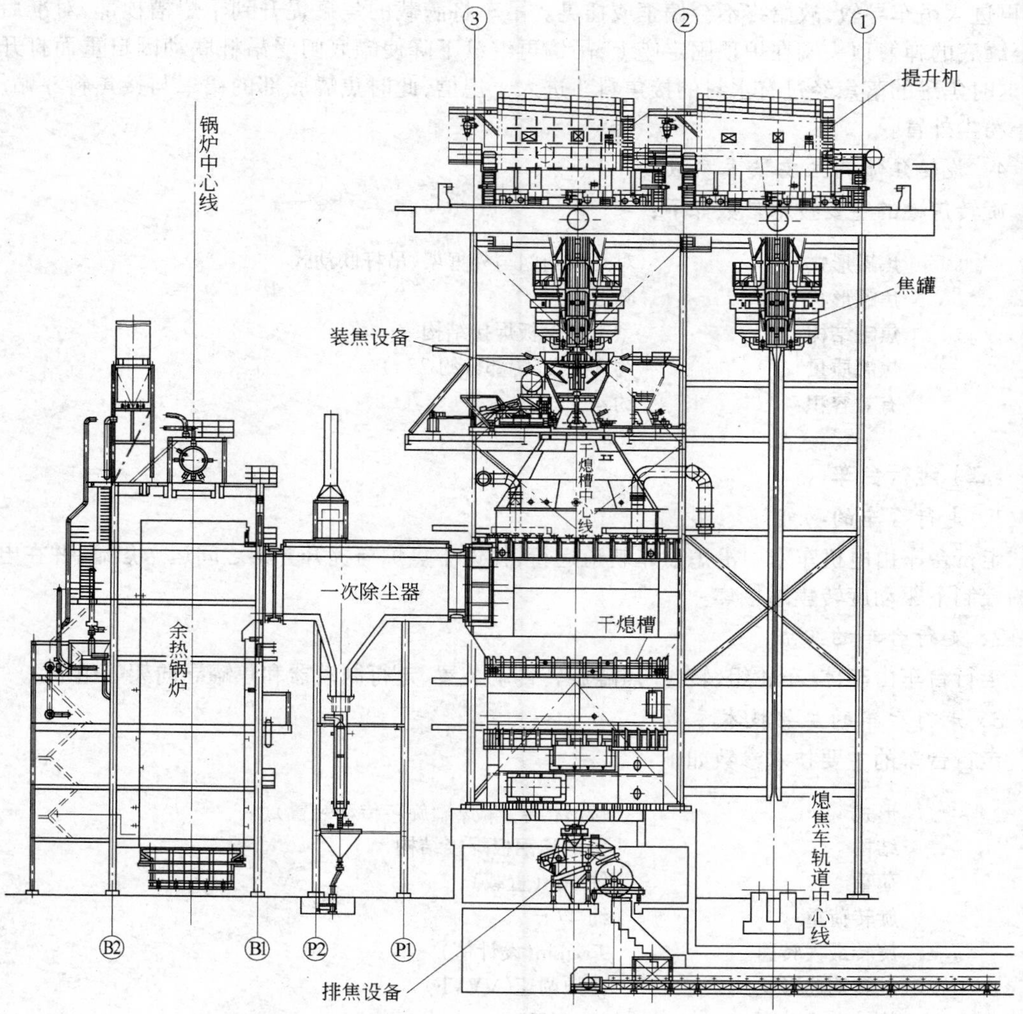


图 1.2-30　150 t/h 干熄焦装置图

2. 焦罐的形式

焦罐的形式为方形焦罐(国内炭化室高 4.3 m 焦炉一般配套方形焦罐)。方形焦罐的缺点是:容积效率低;焦罐质量大;焦炭分布偏析、温度不均匀,导致焦罐热应力集中和裂纹增加,使方形焦罐框架经常开裂。旋转焦罐不仅克服了上述缺点,而且焦罐在接焦过程中绕中心线旋转,可提高焦炭的装载系数,改变料线形式,同时还解决了焦炭在焦罐中粒度分布不均的问题(目前国内炭化室高 6 m 焦炉均配套旋转焦罐)。

3. 焦罐的组成

旋转焦罐由焦罐体、外框架及对开的底闸门和吊杆等组成。焦罐体由型钢和钢板焊接而成,内衬耐热铸铁板;罐底设对开闸门,罐两侧有吊杆和导向辊轮,底闸与罐的吊杆以机械方式联动,以保证在提吊过程中闸门紧闭、提升平稳、安全运焦。

焦罐由走行台车面(或横移台车面)提升到顶位的卷扬行程,由无触点限位开关及卷筒的同步发信器双重控制。焦罐提升时两侧导辊沿走行台车导轨(或横移台车导轨)进入提升井架的导轨,再进入吊车导轨,故始终不会偏歪或摇晃。吊车将满载的焦罐提升到干熄槽顶部,对准后下降至罐底的弹簧顶头搁在炉顶固定座上,吊钩再继续下降使罐底闸受吊杆联动因自重而打开放焦,这时焦罐的落焦经过有水封的接焦料斗进入干熄槽,此时焦罐底部的裙罩与接焦料斗贴严,防止粉尘外冒。

4. 旋转焦罐的主要技术参数

旋转焦罐的主要技术参数如下:

| | |
|---|---|
| 焦罐形式 | 对开底闸门与外框架、吊杆联动式 |
| 焦罐形状 | 圆形 |
| 焦罐结构 | 型钢和钢板焊接结构 |
| 焦罐质量 | 约 34 t(旋转部分约 25 t) |
| 有效容积 | 约 46 $m^3$ |

### (二) 走行台车

1. 走行台车的功能

走行台车由电机车牵引沿熄焦车轨道运行,往返于焦炉与提升井架之间运送焦罐,并在电机车的控制下驱动旋转焦罐接焦。

2. 走行台车的组成

走行台车由车体、车轮组、转盘、焦罐旋转传动装置、走行制动器和焦罐导向架等组成。

3. 走行台车的主要技术参数

走行台车的主要技术参数如下:

| | |
|---|---|
| 形式 | 鞍形构架(带焦罐旋转传动装置) |
| 结构 | 型钢和钢板焊接结构 |
| 荷重 | 约 56 t(重载) |
| 旋转荷重 | 约 47 t |
| 旋转最大转速 | 9 r/min(设计值) |
| 旋转调速形式 | 变频调速(VVVF) |
| 旋转电机功率 | 18.5 kW |
| 走行台车质量 | 约 45.8 t |
| 移动方式 | 电机车牵引 |
| 制动方式 | 气闸制动 |
| 轨距 | 2000 mm |
| 轨型 | QU100 |

### (三) 电机车

1. 电机车的功能

电机车运行在焦侧的熄焦车轨道上,用于牵引、制动走行台车,控制旋转焦罐的旋转动作和完成接运红焦。电机车采用微速手动结合地面检测装置对位,对位误差在 ± 100 mm 以内,经 APS 液压自动对位装置对位后,对位精度控制在 ± 10 mm 以内。

2. 电机车的组成

电机车由车体、走行装置、制动装置、气路系统、空调系统及电气系统组成。车体由机器室、操作室、平台、走梯及栏杆组成。电机车两端设有干熄焦装置专用的连接手(刚性板钩插销),用于连接走行台车。电机车牵引两个走行台车。为了让电机车同时观察到两台焦罐车，电机车司机室移放在电机车侧面。车体结构如图 1.2-31 所示。

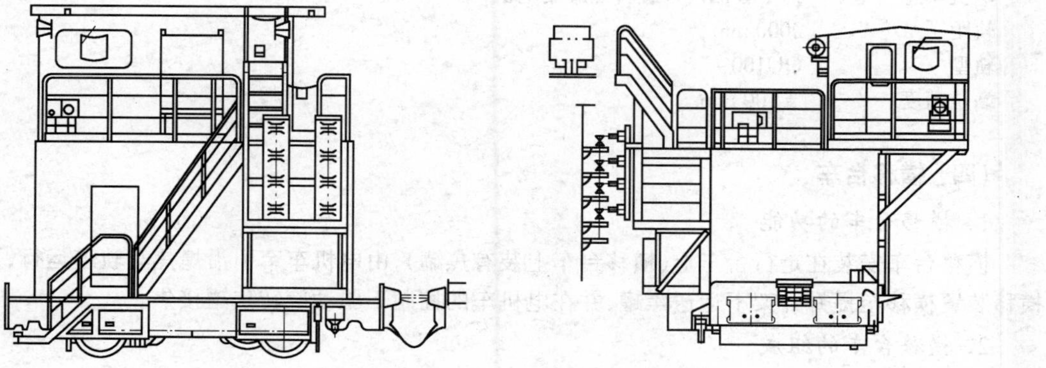

图 1.2-31　电机车车体结构示意图

走行装置由传动机构、车架、车钩和蝶簧组成。传动机构为两套，各自驱动一对轮对。制动装置采用三种制动方式：电机车采用变频器控制的制动电阻能耗制动；圆盘制动器制动；走行台车由电机车气路系统控制其气动闸瓦制动。正常操作时只用圆盘制动器与走行台车闸瓦制动，事故或紧急状态时按下"走行紧急停止"按钮，同时投入全部制动系统。电机车圆盘制动器如图 1.2-32 所示。

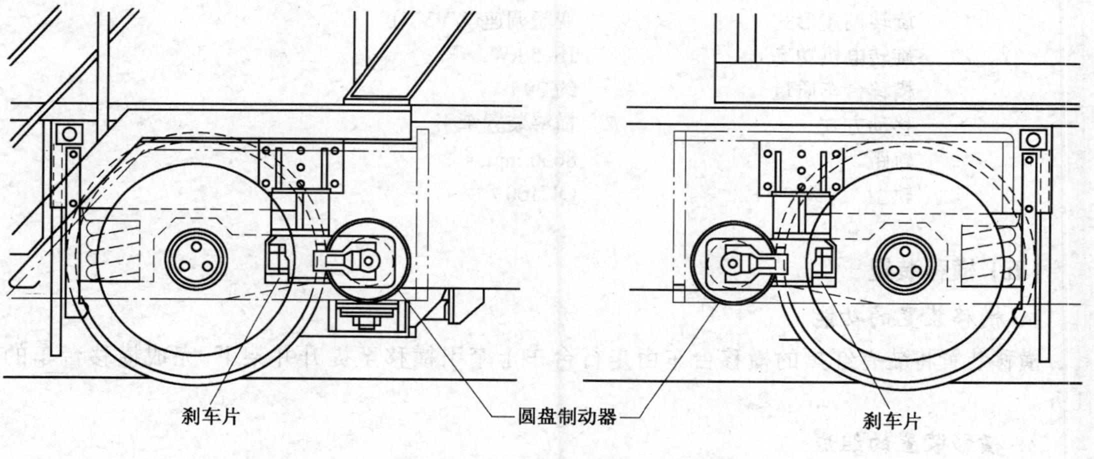


图 1.2-32　电机车圆盘制动器示意图

3. 电机车的主要技术参数

电机车的主要技术参数如下：

| | |
|---|---|
| 车体形式 | 两层固定双轴台车式 |
| 牵引质量 | 约 210 t（与牵引的走行台车数量有关，如有横移台车还要加上横移台车的质量） |
| 走行速度 | 200 m/min、60 m/min、10 m/min、5 m/min |
| 走行调速形式 | 变频调速（VVVF） |
| 走行电机功率 | 2×75 kW |

| | |
|---|---|
| 制动方式 | 逆变发电制动、盘制动器、气闸制动 |
| 电机车质量 | 约 45 t |
| 电机车总功率 | 约 210 kW(含旋转焦罐用电机) |
| 轨距 | 2000 mm |
| 轨型 | QU100 |
| 站位精度 | ±100 mm |

### (四) 横移台车

1. 横移台车的功能

横移台车安装在走行台车上(横移台车上装有焦罐),由电机车牵引沿熄焦车轨道运行,再由横移装置横移至提升井架下运送焦罐,并在电机车的控制下驱动旋转焦罐接焦。

2. 横移台车的组成

横移台车由车体、车轮组、转盘、焦罐导向架、走行导向轮等组成。

3. 横移台车的主要技术参数

横移台车的主要技术参数如下:

| | |
|---|---|
| 结构 | 型钢和钢板焊接结构 |
| 荷重 | 约 56 t(重载) |
| 旋转荷重 | 约 47 t |
| 旋转最大转速 | 9 r/min(设计值) |
| 旋转调速形式 | 变频调速(VVVF) |
| 旋转电机功率 | 18.5 kW |
| 横移台车质量 | 约 29 t |
| 移动方式 | 横移装置牵引 |
| 轨距 | 8650 mm |
| 轨型 | QU100 |

### (五) 横移装置

1. 横移装置的功能

横移装置将装有红焦的横移台车由走行台车上牵引横移至提升井架下,完成横移台车的任务。

2. 横移装置的组成

横移装置由车体、横移小车、牵引钩、缓冲器、卷扬机等组成。

3. 横移装置的主要技术参数

横移装置的主要技术参数如下:

| | |
|---|---|
| 结构 | 型钢和钢板焊接结构 |
| 牵引质量 | 约 87 t(重载) |
| 卷扬电机功率 | 22 kW |
| 牵引调速形式 | 变频调速(VVVF) |
| 走行速度 | 40 m/min 、15 m/min 、3 m/min |
| 横移装置质量 | 约 107 t |

| | |
|---|---|
| 横移台车轨距 | 8650 mm |
| 横移台车轨型 | QU100 |
| 小车移动方式 | 横移装置牵引 |
| 小车轨距 | 2000 mm |
| 小车轨型 | 22 kg |

**（六）提升机**

1．提升机的功能

提升机运行于提升井架和干熄槽顶轨道上，将装满红焦炭的焦罐平稳安全地提升并横移至干熄槽槽顶，与装入装置相配合，将红焦装入干熄槽内。装完红焦后又将空罐经提升、走行和下降落坐在走行台车上（或横移台车上）。提升机由 PLC 与其他设备联动，机上无人操作，采用变频调速运行。

2．提升机的组成

提升机（见图 1.2-33）主要由提升装置、走行装置、润滑装置、吊具、焦罐盖、机械室及各限位检测装置等组成。

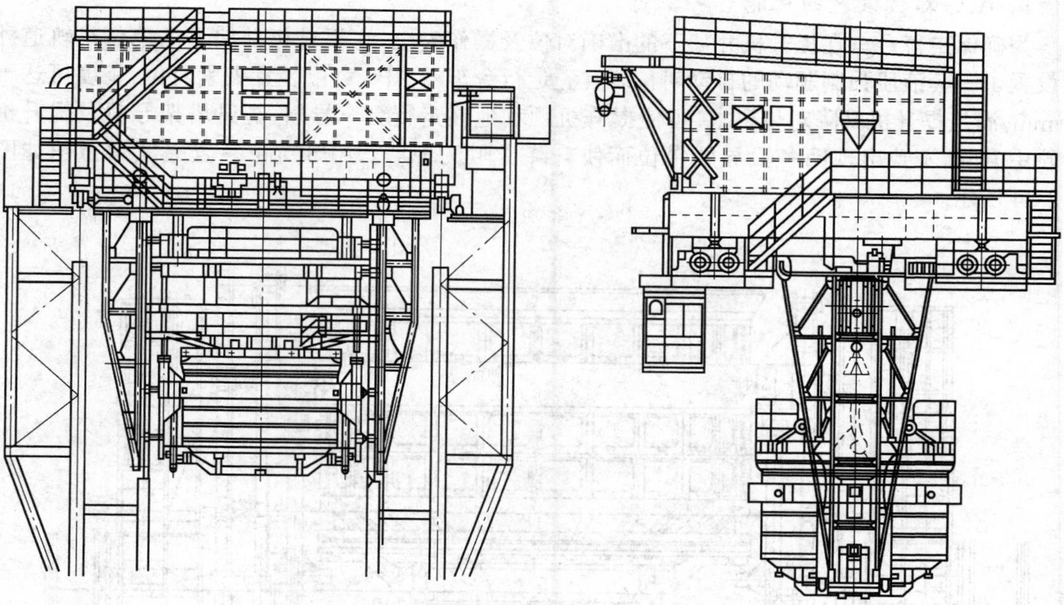

图 1.2-33　提升机结构示意图

3．提升机的主要特点与技术参数

吊车的主要特点是：

（1）提升速度快，减少红焦燃烧时间。为减小卷扬机启动功率及落座冲击力，设有 10 m/min、3 m/min 两种慢速。

（2）自动化水平高，可由中央集中控制室通过模拟信号盘监控，主要靠程序控制器执行，无人操作，横移牵引装置也由它执行，无岗位定员。

150 t/h 干熄焦提升机的主要技术参数如下：

| | |
|---|---|
| 形式 | 钩子夹取式专用吊车 |
| 取电方式 | 坦克链 |
| 额定提升质量 | 66 t |
| 额定提升高度 | 35 m |
| 电机功率 | AC 400 kW,转速 720 r/min; |
| 提升速度 | 低速 4 m/min、中速 10 m/min、高速 20 m/min |
| 事故提升功率 | 75 kW,转速 1500 r/min |
| 事故提升速度 | 低速 4 m/min |
| 走行功率 | 75 kW,转速 1000 r/min |
| 走行速度 | 低速 4 m/min、高速 40 m/min |
| 事故走行功率 | 7.5 kW,转速 1500 r/min |
| 事故走行速度 | 低速 4 m/min |
| 走行最大轮压 | 382 kN/轮 |
| 轨距 | 12000 mm |

### (七) APS液压自动对位装置(Automatic Fixed Position System,简称 APS)

1. APS 对位装置的功能

为确保走行台车在提升机井架下的准确对位及操作安全,在提升机井架下的熄焦车轨道外侧设置了一套液压强制驱动的自动对位装置。走行台车经 APS 对位装置夹紧对位,精度可达 ±10 mm,满足提升机升降对位要求,可使提升机顺利地在走行台车导轨、提升塔架导轨及提升机导轨中升降,不致出现因各段导轨错位而使升降卡阻的现象。APS 对位装置夹紧示意图如图 1.2-34 所示。

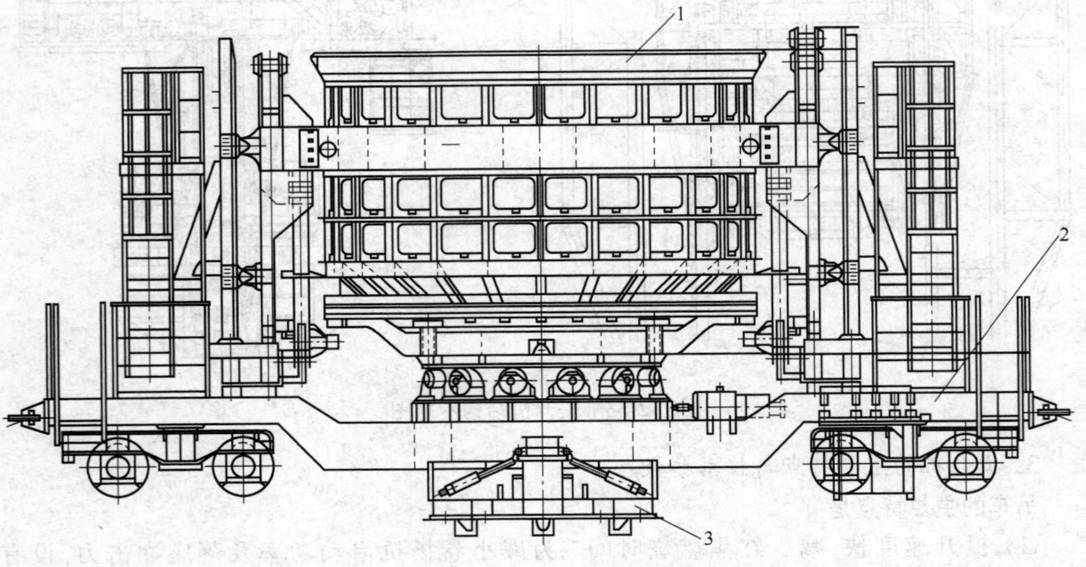


图 1.2-34　旋转焦罐、走行台车及 APS 对位装置外形示意图

1—旋转焦罐; 2—走行台车; 3—APS 对位装置

2. APS 对位装置的组成

APS 对位装置主要由 APS 液压站、APS 执行机构及传感器、管道等组成。

3. APS对位装置的主要技术参数

APS液压站的主要技术参数如下：

| | |
|---|---|
| 工作介质 | 水－乙二醇液压液 |
| 系统工作压力 | 14 MPa |
| 系统试验压力 | 21 MPa |
| 主泵流量 | 14 L/min |
| 主泵电机 | 15×2 kW(一用一备) |
| 油箱容积 | 0.8 $m^3$ |
| 冷却水流量 | 1.8 $m^3$/h |
| 介质精度 | NAS8级 |

APS执行机构的主要技术参数如下：

| | |
|---|---|
| 油缸 | 缸内径/活塞杆直径 100 mm/56 mm |
| 行程 | $S = 200$ mm |
| 压力 | $p_{max} = 14$ MPa |
| 速度 | $v = 0.48 \sim 10$ m/min |
| 位置修正范围 | ±100 mm |
| 位置修正精度 | ±10 mm |
| 动作方式 | 采用双缸夹持方式 |

## 二、装焦设备

装焦设备主要由装入装置及各种检测开关组成。

装入装置位于干熄槽的顶部，与提升机配合将焦罐中的红焦装入干熄槽。

### (一) 装入装置的功能

装入装置的功能是按指令打开关闭装料水封盖及移动接焦料斗，把红焦装入料斗装入干熄槽。

### (二) 装入装置的结构

装入装置的结构如图1.2-35所示。装入装置主要由料斗、移动台车，炉盖、驱动装置、揭盖机构、集尘管道等部分组成。装入电动缸通过驱动装置牵引设置在台车上的炉盖和料斗沿轨道行走，顺序打开炉盖，将料斗对准干熄槽口；或将料斗移开干熄槽口，关闭炉盖。驱动装置由电动缸、连杆、连接杆和转动轴等组成。电动缸、连杆安装在装入平台上，转动轴通过支撑轴固定在炉盖台车上。揭盖机构与料斗组合在一个台车上联动动作，由一台电动缸来传动完成炉盖的提起、落下，料斗、炉盖台车的平移和水封罩的提起、落下等动作。

### (三) 装入装置的主要技术参数

装入装置的主要技术参数如下：

| | |
|---|---|
| 电动缸功率 | 5.5 kW |
| 行程 | 1600 mm |
| 速度 | 110 mm/s |
| 台车移动行程 | 3450 mm |
| 装入装置质量 | 约56 t |

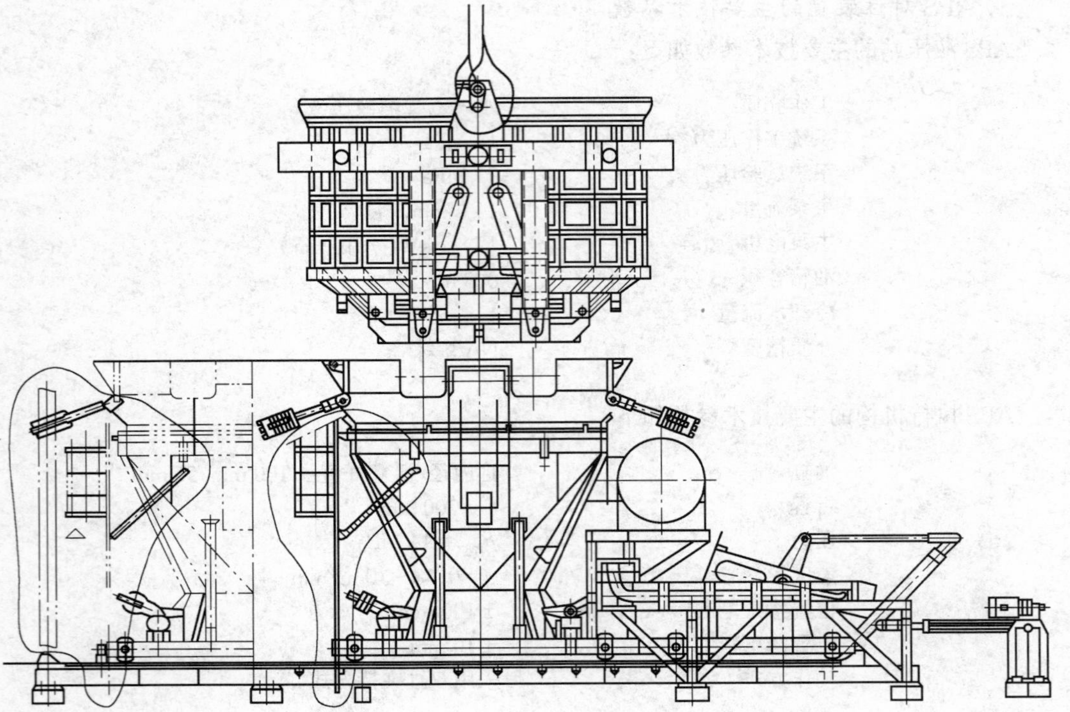

图 1.2-35　装入装置结构示意图

## 三、干熄槽

干熄槽是干熄焦的主体设备，不同处理能力的干熄焦操作单元选择不同规格的干熄槽。

### （一）干熄槽的功能

干熄槽的功能是将1000℃左右的红焦炭冷却到200℃以下。

### （二）干熄槽的结构

干熄槽的结构有圆形和方形之分，国内干熄槽的结构一般为圆形。它由预存室、斜道区及冷却段等组成（见图 1.2-36）。

干熄槽为圆形截面竖式槽，外壳用钢板及型钢制成，内衬隔热砖耐磨材料，底部锥段与供气装置合为一体，锥段内衬耐磨板。

槽体上部为预存室，其容积一般能容纳约 1.5 h 的焦炭产量，槽体下部为冷却室，一般熄焦时间约 2 h，槽体底部锥段安装有供气装置，由中央风帽和周边风环组成，惰性气体分两路进入冷却室。在预存室和冷却室之间为斜道，热惰性气体经过斜道汇集于环形气道，借助每个斜道口的调节装置，沿冷却室径向均匀分布。它沿圆周分两半汇合通向一次除尘器。最顶部是锥顶段，它向上收缩成直径为 1.5 m 的水封装料口。槽顶的装料水封用补给循环水密封，为防止粉尘沉积引起溢水，敷设压缩空气吹扫管，定期吹扫。

## 四、排焦设备

### （一）排焦设备的功能

排焦设备位于干熄槽底部，其功能是将冷却后的焦炭定量、连续地排出到皮带机上。

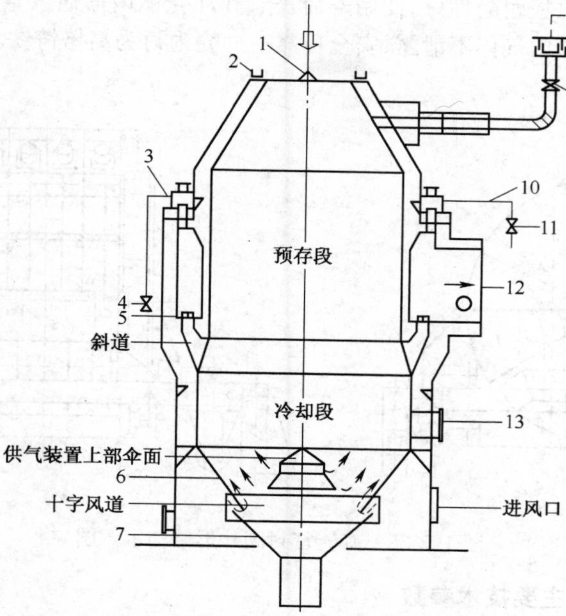


图 1.2-36　干熄槽结构示意图

1—料钟；2—水封槽；3—空气导入管；4—空气导入调节阀；5—调节板；6—上锥斗；7—下锥斗；8—去除尘装置；9—手动蝶阀；10—旁通管；11—旁通管流量调节阀；12—去一次除尘器；13—人孔

## （二）排焦设备的组成

排焦设备由平板闸门、电磁振动给料器和旋转密封阀及排焦溜槽组成。

电磁振动给料器是焦炭定量排焦装置。通过改变励磁电流的大小，可改变电磁振动给料器的振幅，从而改变焦炭的排出量。电磁振动给料器内设有振幅和温度检测器。电磁振动给料器内衬为不锈钢及高铬铸铁。电磁振动给料器结构如图 1.2-37 所示。

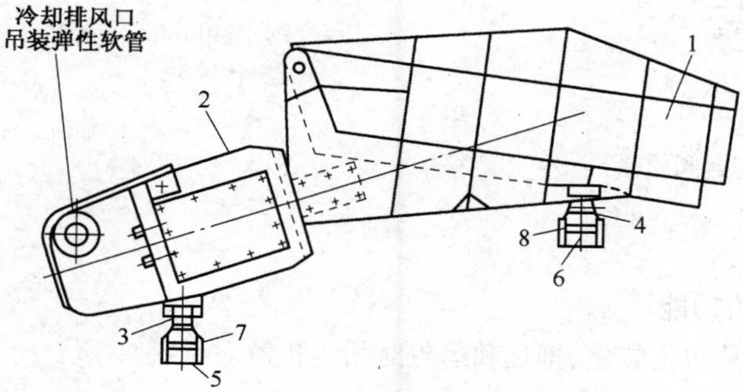


图 1.2-37　电磁振动给料器结构示意图

1—料槽，1 个；2—驱动部件，1 套；3—防振弹簧（后），2 个（$\phi$32 mm×138 mm）；4—防振弹簧（前），2 个（$\phi$28 mm×122 mm）；5—基础底板（后），2 块；6—基础底板（前），2 块；7—挡块（后），共 8 块（安装完后焊接）；8—挡块（前），共 8 块（安装完后焊接）

旋转密封阀是把电磁振动给料器定量排出的焦炭在密闭状态下连续地排出。旋转密封阀的气密性好，内部转子的衬板耐磨性好，使用寿命长。其外壳体内需通入空气密闭，在排料的同时也可以密封，保证干熄槽内气体不泄露，安全可靠。外壳内衬为高铬铸铁。旋转密封阀外形结构如图 1.2-38 所示。

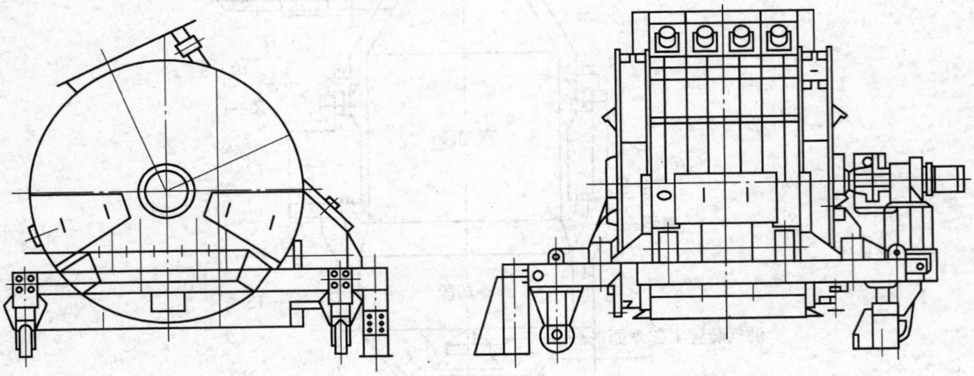

图 1.2-38　旋转密封阀外形结构示意图

### (三) 排焦设备的主要技术参数

电磁振动给料器的主要技术参数如下：

| | |
|---|---|
| 槽长 | 2100 mm |
| 槽宽 | 1220 mm |
| 最大处理能力 | 154 t/h |
| 最小处理能力 | 30 t/h |
| 设备总重 | 约 6 t |

旋转密封阀的主要技术参数如下：

| | |
|---|---|
| 电机功率 | 3.7 kW |
| 转速 | 5.5 r/min |
| 转子直径 | 约 2100 mm |
| 转子宽度 | 约 1340 mm |
| 叶片数量 | 12 个 |
| 减速比 | 273 |
| 旋转密封阀质量 | 9.3 t |

## 五、集尘设备

### (一) 集尘设备的功能

集尘设备的功能是防止装焦、排焦和运焦时粉尘扩散。

### (二) 集尘设备的组成

集尘设备主要由集尘风机、通风机和排焦粉装置组成。焦粉经过格式排灰阀、闸门进入加湿搅拌机，最后由汽车外运。

## 六、惰性气体循环设备

### (一) 惰性气体循环设备的功能

惰性气体循环设备向干熄槽内连续鼓风，送入惰性气体冷却焦炭。

### （二）惰性气体循环设备的组成

惰性气体循环设备主要由循环风机和一、二次除尘器组成。循环风机为离心式，采用可调速电动机来改变循环风机流量以节约电耗。每台干熄槽配一台惰性气体循环风机作闭路循环，常年连续运行。其生产能力按照吨焦需 1500 $m^3/h \times 1.1$ 的设备安全系数确定，它的压力根据系统的循环气体阻力 $\times 1.1$ 的附加系数来选用。

循环风机的特点是风量大，压头低，特性曲线平稳（即风量在 60%～100%范围内运行时压头和效率较稳定），进入的含粉尘量不大于 1 $g/m^3$，属于一般性的耐磨风机。一次除尘器用钢板作外壳，内衬以黏土砖。在槽内设一挡墙，气体撞击挡墙而折流，使焦粉沉降下来，此种方式为冲突板式；另一种为重力沉降式，槽内没有挡墙。一次除尘器在负压下操作，惰性气体温度约为 800℃，除尘效率为 50%。二次除尘器为旋风式分离器，用钢板作外壳，内衬耐磨板，在负压下操作，惰性气体温度为 200℃，除尘效率达 85%～90%。也有采用多管除尘器作为二次除尘器的，除尘效率可达 96%。一、二次除尘器和环境焦尘装置收集的焦粉，可直接装车外运，或用水喷洒后外运，也可采用气力或水力输送。

## 七、余热锅炉

余热锅炉是利用吸收了红焦显热的高温循环气体与除盐除氧水热交换，产生额定参数（温度和压力）和品质的蒸汽，并输送给蒸汽用户的一种受压受热的设备。干熄焦余热锅炉是一种特殊的余热锅炉，多采用立式强制水循环形式。余热锅炉的外壳用钢板制成，内衬以耐火材料或用水冷壁板，锅炉水管采用光面、小直径的薄壁蛇管组合，呈横向错列布置。锅炉在负压下工作，其产汽率与干熄焦装置的操作有极密切的关系，一般蒸汽产量为吨焦 450～510 kg。

# 第三章　烧结和球团机械设备

## 第一节　烧结机械设备

烧结机械设备主要包括原燃料准备设备、熔剂燃料破碎筛分设备、配料设备、混合设备、烧结设备、点火设备、冷却设备、成品筛分设备、除尘设备、抽风设备、余热利用设备以及皮带机运输设备等。

用于原料准备作业的卸车机、熔剂破碎筛分作业的锤式(反击式)破碎机、振动筛,燃料破碎作业的四辊破碎机、棒磨机、配料作业的圆盘给料机、皮带电子秤,以及成品振动筛、除尘器、烧结风机、点火器、余热锅炉等设备经过多年的实践应用和发展,种类、规格齐全,基本可以作为定型产品;本教材着重介绍混合机、烧结机、单辊破碎机和环冷机设备的结构特点、技术进步以及理论选型计算方法。

### 一、圆筒混合机

#### (一) 混合设备的作用和形式

混合设备是烧结厂主要设备之一。混合设备的作用是将按比例配好的混合料混匀、润湿、制粒,达到成分均匀、水分适中、透气性良好的要求,以保证烧结过程顺利进行。烧结厂混合作业一般分为一次混合和二次混合。一次混合主要目的是混匀和润湿;二次混合除继续混匀和水分微调外,主要目的是制粒。

国内外的烧结厂基本上都采用圆筒混合机作为一、二次混合设备,圆筒混合机结构简单、运行可靠,而且产量高,能够适应烧结设备向大型化发展的需要,因此得到了广泛应用。

#### (二) 圆筒混合机的组成和布置

圆筒混合机主要由筒体装置、传动装置、托轮、挡轮装置、洒水装置、头尾溜槽及支架、保护罩、润滑系统等部分组成。一次混合和二次混合除筒体内构造和洒水装置设置有所不同外,其余结构形式完全相同;组合型圆筒混合机的筒体更长一些,筒内前后段结构不同,前段采用一次筒内结构,后段采用二次筒内结构,其余部分和分离型的一、二次圆筒混合机并无差异。图 1.3-1 是宝钢 450 $m^2$ 烧结机配用的一次圆筒混合机。

圆筒混合机安装有 1.5°～4°的倾斜角度,使筒体入料口与卸料口中心产生高度差,物料在混合的同时受到物料重力的分力作用而不断向前运动。整个筒体通过两个滚圈坐落在前后两组托轮装置上,可以自由转动。在前托轮组(位于卸料端)基础座上装有一组挡轮,挡轮和滚圈侧面接触,承受筒体下滑力,约束了筒体轴向窜动。传动装置安装在筒体侧面基础座上,通过传动小齿轮和筒体装置上的大齿圈啮合使筒体转动。宝钢圆筒混合机的传动装置还带有微动辅助传动,用于安装维修驱动筒体时的微转动。一次混合机的洒水管贯穿整个筒体,洒水管上每隔一定间距安装一个喷嘴,沿长度方向均匀喷水,二次混合机只在给料端伸入长度不等的三根水管,各带一个喷嘴,作水分微调。

圆筒混合机的工作过程是,皮带输送机直接或通过给料漏斗不断将混合料输入筒体内,随着圆筒转动,筒内混合料连续地被带到一定高度后向下抛落翻滚,并沿筒体向前移动,形成螺旋状运动,从头至尾,经多次循环,完成混匀、制粒和适量加水,然后到达尾部经溜槽排出。

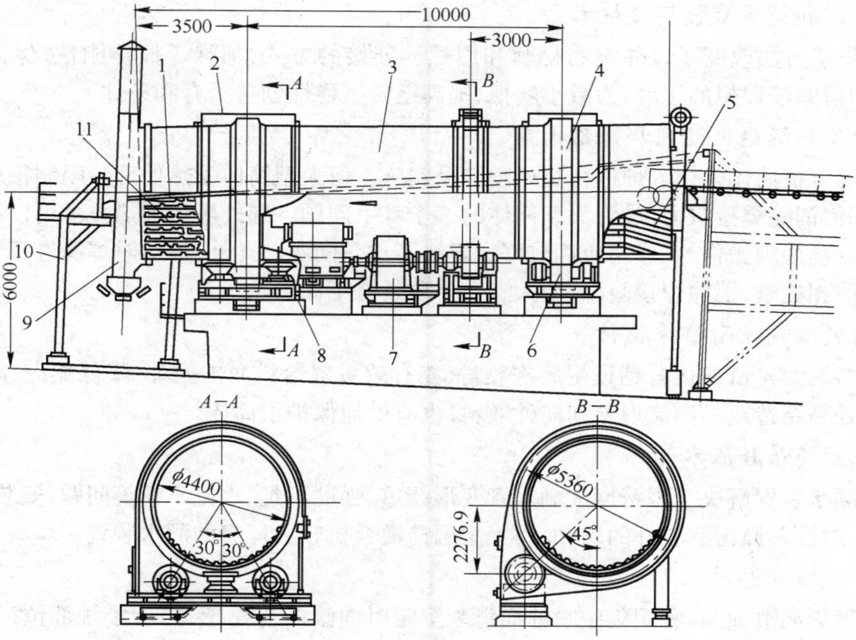


图 1.3-1　一次圆筒混合机

1—洒水装置；2—保护罩；3—筒体；4—滚圈；5—橡胶衬；6—托轮装置；7—传动装置；8—挡轮装置；9—溜槽；10—支架；11—扬料板

中、小型烧结厂通常是把一次混合机配置在地坪，而把二次混合机配置在烧结主厂房顶层楼板上，这样避免了混合制粒后混合料因长距离输送引起小球破损以及湿度、温度波动等问题影响烧结的产量和质量。由于转动圆筒内的混合料呈偏斜状态，如同在圆筒上加了一个偏心质量激振器，必然存在振动，若直接传递给高层楼板，就会引起楼板乃至整个厂房的振动，影响烧结机正常生产。为此，研制出了多种具有吸振性能的圆筒混合机。一种安装有减振器的圆筒混合机，它在滚圈与筒体间、支撑座与楼板间分别安装了减振器，传动装置中的联轴器采用弹性补偿式联轴器，因减振器是橡胶与金属的复合品，具有很好的吸收高频振动能的特性，大大减少了偏心落料引起的振动。还有一种是采用胶轮传动的圆筒混合机，圆筒在四组橡胶轮上回转，其中一侧的两组是驱动轮，利用胶轮的缓冲吸振性能，消除混合机和楼板的振动。对于大型烧结厂的圆筒混合机，转动质量和接触压力很大，不宜采用上述形式的混合机，最好把一、二次混合机都设置在地坪上。

### （三）大型圆筒混合机新技术应用

随着烧结机的大型化，圆筒混合机规格也大型化了，宝钢二次圆筒混合机筒体直径达到 5.1 m，长度 24.5 m。应用的新技术主要有如下几个方面：

#### 1．整体锻造滚圈

中、小型圆筒混合机均采用铸造滚圈，国外一些公司认为铸造滚圈已不能很好地满足大型圆筒支撑强度要求，改用锻造滚圈保证质量，提高强度和使用寿命，应用效果良好。但大型滚圈整体锻造有一定难度，如筒体直径为 5.1 m 的圆筒混合机，其滚圈外径达 5.74 m，由于其开口度小，就是在压力为 $10^5$ kN 的水压机上，也无法直接锻制，国外是用体外锻造法解决这一问题的。

2. 滚圈和筒体直接焊接技术

直接焊接方法改变了以往滚圈松套和用螺栓连接的方式,加强了筒体刚性,保证滚圈和托轮、齿轮和齿圈较理想的接触,为减小磨损、提高运转平稳性创造了有利条件。

3. 筒体焊缝退火处理和探伤检查

小型混合机筒体整体入炉进行热处理容易实施。但大型筒体受热处理炉限制很难实现整体热处理,如何消除焊接应力,成为大型筒体的一个棘手问题。红外履带加热技术可以在圆筒焊缝上分部进行热处理操作,其成功应用较好地解决了这一问题。此外,焊后对焊缝进行超声波探伤或放射线照相检查,消除焊接隐患,使大型筒体质量有了保障。

4. 进料端铺设耐磨橡胶衬

在入料端约 4 m 的区段铺设耐磨橡胶衬,能有效缓解给料冲击振动,降低噪声,减轻因混合料在入口处粘结造成的倒流现象和向外散料,也有效地保护了筒体。

5. 钢丝绳吊挂洒水管

这种洒水装置解决了因跨度大洒水管变形严重、强度不足、水流不畅等问题,安装调整方便,使用可靠,对落料撞击有较好的缓冲,是大型圆筒混合机较为理想的洒水装置。

6. 集中喷油润滑

采用特殊润滑油品,利用集中喷油润滑装置定时向滚圈与托轮、挡轮接触部位,齿圈齿轮啮合部位均匀喷油润滑,始终保持在接触部位间形成一层抗压油膜,能有效地消除磨损现象,减轻运转振动噪声。

7. 中硬齿面减速器

这种减速器能满足大型混合机重载传动要求,减少传动事故率和维修量,为安全连续生产,提高作业率创造了条件。

8. 采用柔性传动

其传动方式是小齿轮装置悬挂在筒体大齿圈上,随大齿圈而变化,能始终保持两者间的良好啮合,克服因大齿圈安装误差和筒体变形等引起的啮合不良问题。

9. 粘结料清理装置

圆筒混合机一般都存在筒内物料粘结问题,不及时清理,会愈来愈厚。一些生产厂曾试用过螺旋刮刀清料装置。这种装置头尾分别支撑在给、卸料端支架上,贯穿筒体长度的转动轴上装有螺旋状刮刀,工作时和筒体反向回转,刮刀和筒内壁之间的距离等于设计料衬的厚度,多余结料即刮去。该装置在中、小型圆筒混合机上应用较为成熟,大型混合机跨度太大,转轴强度、刚度很难保证,应用中还存在一些问题,需进一步完善。

宝钢的圆筒混合机应用了上述前七项新技术,效果良好。

**(四)圆筒混合机的主要部件结构**

1. 筒体装置

筒体　筒体由普通钢板按给定的圆弧分段制造,然后焊接组成。为了提高筒体的刚度,在每段筒体组焊时,必须将相邻两段筒体的纵向焊缝错开 90°或 180°。两个滚圈以内的部分必须在制造厂焊成整体。生产实践中所采用的筒体钢板的厚度,往往比由强度设计算出的厚度大得多,这是因为筒体的破坏主要是由于物料对筒体内部的磨损,同时筒体的检修更换困难,而且维修费用也大。在筒体与托轮支撑的地方,因为滚圈附近筒体变形较大,所以采用较厚的钢板制造。

滚圈　滚圈是筒体的支撑部件。滚圈与筒体的固定方法对筒体的寿命有很大影响。大型圆筒混合机的滚圈采用中碳钢整体锻造，通过两侧的突出部分与筒体对焊成为一个整体，而滚圈就成为筒体的一部分。为了保证焊接质量，焊后应进行消除内应力的退火处理，并对滚圈和与滚圈焊接的部件进行超声波和磁性探伤等检查。图 1.3-2 为某公司采用的一种结构。这种结构的特点是加工容易，安装简单，筒体的刚度大，而且还避免了滚圈在筒体上滑动的现象，因此滚圈的寿命长。由于滚圈尺寸很大，在滚圈的两侧距滚圈外表面约 30 mm 的地方，沿滚圈外圆周方向各开宽和深都约 1 mm 的沟槽，作为检查测量滚圈磨损的基准。滚圈的断面多采用实心矩形，因为这种形状易于铸或锻造。

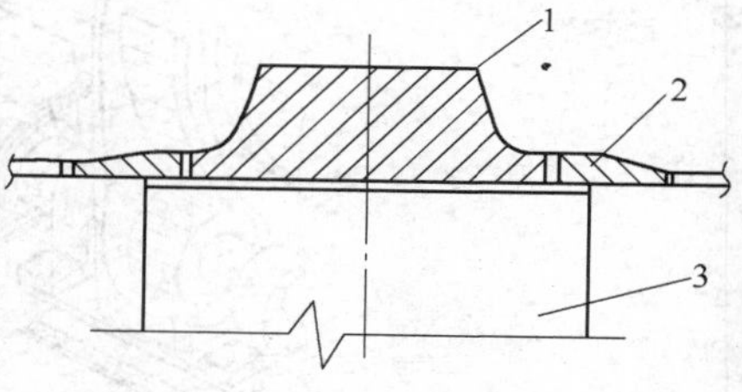

图 1.3-2　滚圈结构

1—滚圈；2—筒体；3—保护板

筒体内部结构　为了防止筒体磨损和提高混合效果，在筒体内部都设有衬板和扬料板。现在混合机内衬多采用稀土含油尼龙材料，具有光滑耐磨的特点。

宝钢 $\phi$4.4 m×17 m 一次圆筒混合机在距给料端 4 m 的筒体内部，安装厚 35 mm 的橡胶衬板以及交错安装高 150 mm、厚 150 mm 和高 75 mm、厚 100 mm 的两种规格橡胶扬料板。其中距给料端 1.5 m 部分的橡胶扬料板安装与筒体轴线成 15°的倾角，作为物料向卸料端移动的导向装置。其余长 2.5 m 部分的橡胶扬料板，则与混合机筒体的轴线平行，这种橡胶扬料板安装在沿筒体圆周 34 等分的位置上。衬板和扬料板都采用特制的橡胶，其性能是：邵氏硬度 60 单位，密度 1.12，拉伸强度 22.54 MPa，伸长率 580%，刚度 40 kg/cm。因此，这种橡胶衬板和扬料板，既能保护筒体，防止筒体磨损，又能防止物料在给料端因粘附衬板而向筒体外部掉料以及降低给料时的噪声。在没有安装橡胶衬板和橡胶扬料板的筒体内部，设有高 150 mm、长 250 mm 和厚 12 mm 的不锈钢扬料板以及用高 50 mm、厚 9 mm 的扁钢焊在筒体上，以形成料衬来保护筒体。一般情况下，不锈钢扬料板沿圆周和轴向的间距分别为 500～600 mm 和 900～1100 mm，料衬用扁钢沿圆周的间距为 250～300 mm。不锈钢扬料板通过螺栓固定在底座上，而底座则直接焊在筒体上，以便于扬料板的更换。此外，为了提高混合效果和对物料运动的导向作用，有一半扬料板与筒体轴线成 60°的倾角，其余一半扬料板与筒体轴线平行，这种扬料板的两种安装方式是沿圆周方向和轴向交错进行。

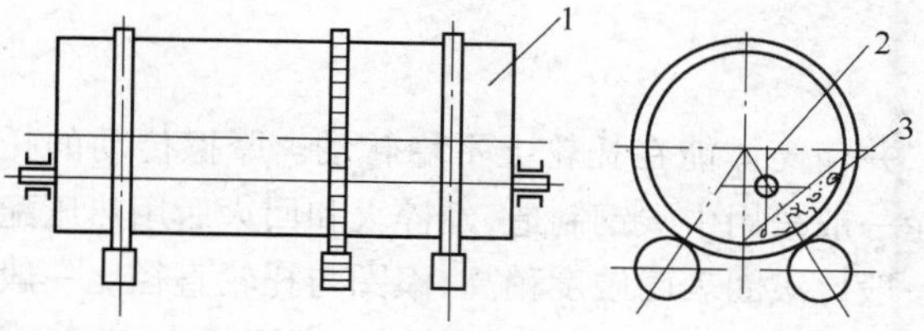

图 1.3-3　安装螺旋搅拌装置的混合机

1—混合机；2—螺旋搅拌装置；3—混合料

为了提高一次混合机的混匀效果，有一些厂家在筒体内部安装螺旋搅拌装置。螺旋轴的回转方向与筒体方向相反，如图 1.3-3 所示。由于螺旋轴的反向回转，物料在筒体内混合的时间加长，而且物料能迅速混匀。

2. 传动装置

圆筒混合机普遍采用齿轮传动。大型圆筒混合机除采用传统的齿轮传动外，还在主传动电动机的对侧，设置一套微动装置，如图 1.3-4 所示。这套微动装置包括一个制动器和一个齿轮减速的电动机，微动时通过爪形离合器使筒体正转或反转。当混合机正常工作时，通过爪形离合器使减速器与微动电动机脱开。

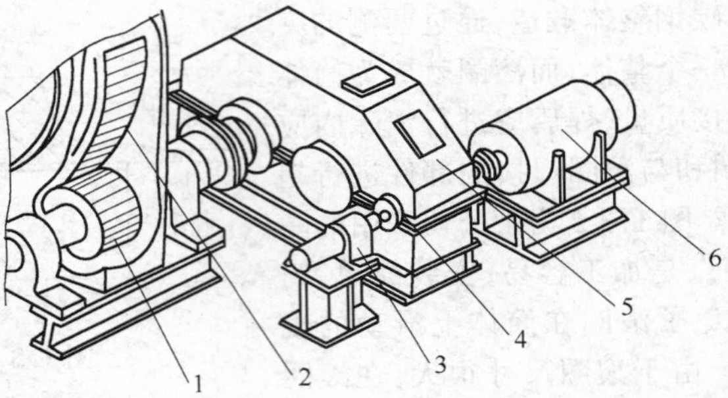


图 1.3-4　传动装置

1—小齿轮；2—大齿轮；3—微调用电动机；4—爪形离合器；
5—主减速机；6—主电动机

近几年，在混合机驱动方面有一些新技术应用，用液压马达代替传统的电机+减速器驱动形式取得了很好效果。液压马达尤其适合低转速大扭矩的工作条件，设备小巧灵活，安装简便，运行平稳可靠；而且可以实现无级调速，根据混合料的制粒情况调整出圆筒混合机适宜的转数（见图 1.3-5）。

图 1.3-5　混合机液压马达驱动装置

3．支撑装置

支撑托轮承受整个筒体回转部分的重量，并使筒体能在托轮上平稳转动。摩擦传动的托轮是胶轮，齿轮传动则采用钢制托轮。这种托轮一般采用中碳钢制造，经淬火和回火后用热压配合的方法固定在托轮轴上。托轮表面的硬度，一般比滚圈表面硬度稍高，滚圈与托轮直径比一般为 4 倍左右，增大这个直径比，虽然可以使托轮直径减小，但将使滚圈和托轮的宽度加大，并使摩擦功率增大。为了适应筒体的窜动和保持滚圈与托轮的良好接触，托轮的宽度比滚圈宽度稍大。在托轮的两侧距托轮外圆周约 30 mm 的地方，各开一条宽和深都约 0.5 mm 的沟槽，作为检查测量托轮磨损的基准。托轮轴采用锻钢制成具有减少应力集中的形状，以提高轴的疲劳寿命。由于轴的中点是紧配合，有利于提高轴的强度，而且轴中点不存在应力集中现象。因此，危险断面不在弯矩最大的轴中点，而是在紧配合的边缘。托轮轴的两端安装在双列向心球面滚子轴承上。为了便于托轮的安装调整，同一端两侧的托轮采用整体底座，将底座机械加工，以保证有关的安装精度。由于筒体倾斜安装，因此，在排料端滚圈的两侧，都安装一对止推挡轮，以承受筒体轴向推力。挡轮用铸钢制造，表面进行高频淬火，内装双列圆锥滚子轴承。

4. 给料与给水装置

混合机的给料主要有皮带给料和漏斗给料两种形式。给水装置的结构形式以及在筒体内部的安装位置，都是根据各厂的实践经验选定的。日立造船公司设计制造的大型圆筒混合机的给水装置，有一种是由一根安装在筒体内部的带不锈钢喷嘴的给水管进行的。在一次圆筒混合机的筒体内部，设有一根通长的给水管，给水管上按一定的距离固定着多个不锈钢制的喷嘴，整根给水管固定在一条沿筒体纵向悬挂的钢丝绳上，钢丝绳的两端分别固定在头部给料皮带的支架和尾部排料溜槽的支架上。为了避免物料对给水装置工作的影响，在钢丝绳的外面套上胶管，在水管的上部焊上V形挡料板。

5. 润滑装置

圆筒混合机的大齿轮与小齿轮的啮合处、滚圈与支撑托轮以及止推挡轮的接触面之间，采用自动喷油润滑装置。图1.3-6所示为一种自动喷油润滑装置。系统主要由油泵装置、压缩空气操作板和电气控制装置组成。

自动喷油润滑能定时定量的对润滑面喷入新的润滑油，使之形成良好的润滑面。喷油时间由电气控制装置来控制，可在0～20 h的范围内进行调整，通常为15～30 min喷油一次。

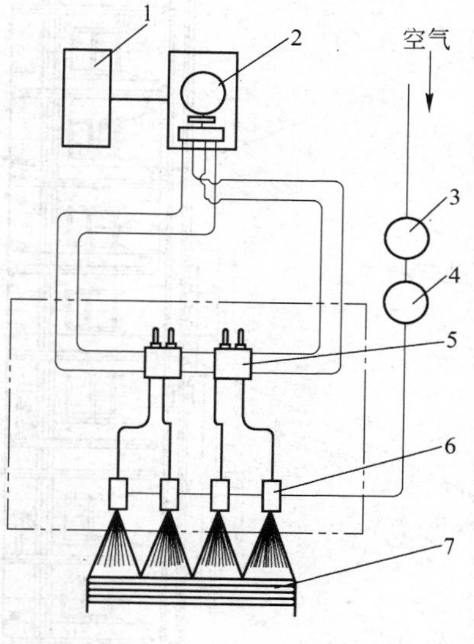

图1.3-6　喷油润滑系统

1—电气控制装置；2—中央油泵装置；3—空气过滤器；4—减压阀；5—分配阀；6—喷嘴；7—被润滑件

## 二、带式烧结机

本节重点以宝钢450 $m^2$ 烧结机为例介绍鲁奇式带式烧结机。烧结机基本结构主要由烧结台车、驱动装置、混合料及铺底料给料装置、密封装置、骨架、粉尘及油脂排出装置、风箱与降尘管等组成。图1.3-7为烧结机外形图。

### （一）台车

台车是烧结机非常重要的部件，带式烧结机是由许多块台车组成的一个封闭的烧结带，它由本体、炉箅条、栏板、走行车轮和卡辊等组成。台车在整个工作过程中温度一般在200～500℃之间变化，同时又承受台车本身自重、炉箅条、烧结矿的重量和抽风负压的作用，工作条件非常恶劣，因此会使台车本体产生热疲劳而损坏。

1. 台车结构的特点

采用装配式结构　大型烧结机台车，一般采用装配式结构，即把本体中部温度较高部分和两侧温度较低部分分开，所以大型烧结机台车本体是三体式装配结构，如图1.3-8所示。大型台车两侧栏板在高度方向分为二节，在纵向分为三节。这种装配式结构的优点是可以减少铸造缺陷，提高铸造质量和铸造能力；同时可局部更换易损部件，降低维修费用。但是采用装配式结构，各连接面需要加工；而且连接螺栓必须采用高强度材质（JIS SCM435）；并具有耐高温的特性，螺母也必须具有防松锁紧的特性，因此，采用装配式结构制造成本高于整体铸造的台车。但是装配式台车可以提高使用寿命，特别是大型台车，在本体的主、副梁上增设了隔热件，采用装配式结构就显得很有必要了。

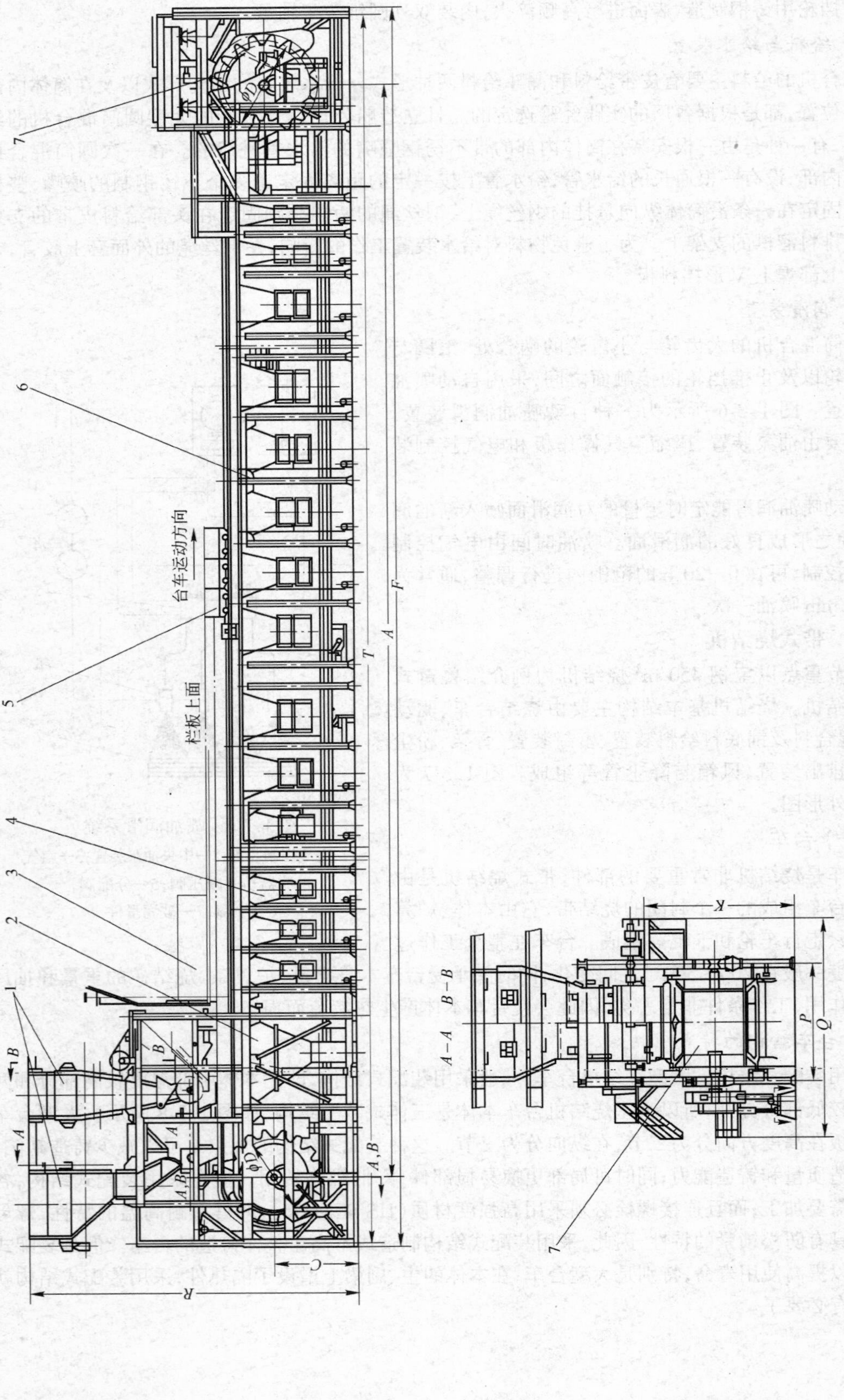


图 1.3-7 带式烧结机外形图

1—原料及铺底料给料装置；2—灰尘排出装置；3—点火装置；4—风箱；5—台车；6—骨架；7—驱动装置；8—主排气管道（图中未示出）

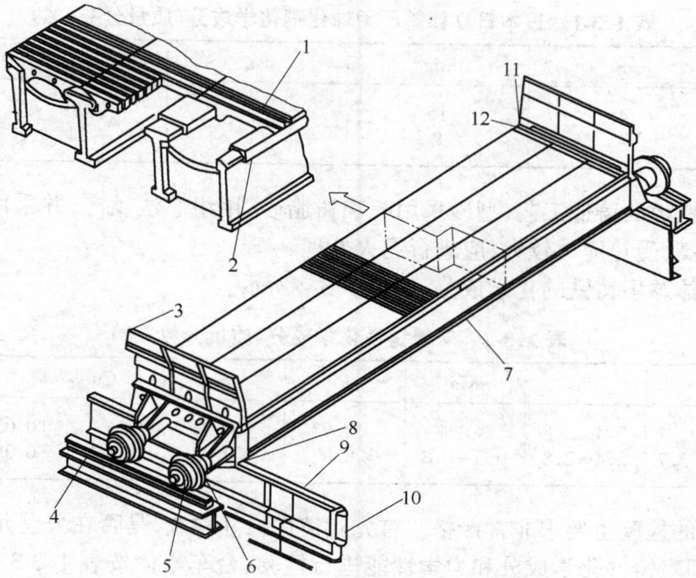


图 1.3-8 大型烧结机台车结构示意图

1—中间箅条;2—隔热件;3—栏板;4—台车导轨;5—车轮;6—卡辊;7—台车本体;8—台车空气密封;9—滑板;10—风箱纵向梁;11—端部箅条;12—箅条压条

增设隔热件 装配式台车本体的中段,工作条件非常恶劣,因为它不仅承受混合料和台车自身的重量;而且还要承受风箱负压所引起的荷重;此外还受到升温和降温的循环作用,使台车本体主、副梁产生非线性的温度变化,因而导致热应力和热疲劳变形,使台车本体局部出现应力集中,产生裂纹,降低了台车的使用寿命。因为在烧结终了时台车本体上部炉箅条表面的温度可达850℃,传到台车本体的温度将会在400℃以上;此后,还要继续抽风,台车本体的平均温度可达450～550℃。这时,如果温度、时间条件使得应力对金属产生蠕变时,就会出现永久变形,即台车本体产生“塌腰”现象。这不仅使台车本体的使用寿命降低,还会导致台车与风箱之间端部密封失效,产生有害漏风的弊病。因此,为了使台车本体主、副梁的温度不超过400℃,除了在烧结生产过程中要注意温度控制外,在台车本体梁与炉箅条之间,增设隔热件,即隔热件与台车本体梁之间有3～6 mm的间隙,形成一道空气隔热层,使热烧结矿的高温不会立即传导到台车本体的梁上。台车宽度超过4 m时,均采用增设隔热件的措施。隔热件的材质采用球墨铸铁。

2. 台车材质和制造工艺的特点

改进台车材质和制造工艺 随着烧结机面积增大,台车的宽度也相应增大,所以台车本体的“塌腰”问题就非常突出,即台车本体容易损坏。日本对台车本体的材质和制造工艺方面做了大量的工作,如铸钢台车逐步用球墨铸铁取代。并在台车本体制造工艺方面,从入炉原料的化学成分到铸件的质量检查和验收,制定了一系列的操作方法,保证了台车本体的制造质量,如对球墨铸铁的入炉生铁要求硫含量小于0.04%,磷含量小于0.1%;以及铁合金中的硅铁、锰铁、硅钙合金(孕育剂)、铬铁、钒铁、镍和铜等化学成分;燃料成分、气孔率、落下强度和粒度;熔剂的成分和粒度;增温剂的成分、粒度、加入量和加入方法;脱硫剂和球化剂的化学成分和加入量,都有严格的要求。特别是在铁水浇注前的脱硫工艺、球化剂的成分、球化处理工艺、球墨铸铁的化学成分都有严格要求。

球化剂有两种规格,其化学成分如表1.3-1所示。

**表 1.3-1　日本日立舞鹤厂用球化剂化学成分**(质量分数/%)

| 球化剂牌号(JIS) | Si | Mg | Ca | RE | 备　注 |
|---|---|---|---|---|---|
| OGRE-15 | 45 | 15 | 3 | 8 | 石墨球化效果好 |
| OGRE-10 | 43 | 9 | 11 | 11 | 脱硫效果好 |

台车本体和栏板的铸造工艺,型砂采用呋喃树脂砂,用组芯法生产,并采用快速法浇注。栏板因工作温度较高,受热应力较大,应进行退火处理。

铸造台车本体球墨铸铁的化学成分,如表 1.3-2 所示。

**表 1.3-2　球墨铸铁化学成分**(质量分数/%)

| 牌　号 | C | Si | Mn | P | S | Cu | Mg | 备　注 |
|---|---|---|---|---|---|---|---|---|
| FCD40 | 3.35~3.7 | 2.4~2.8 | <0.4 | <0.07 | ≤0.02 | — | 0.05~0.07 | 栏板用 |
| FCD50 | 3.35~3.7 | 2.4~2.8 | 0.5~0.8 | <0.07 | ≤0.02 | 0.1 | 0.05~0.07 | 本体用 |

对铸件质量的检验也要求非常严格。首先对铸件尺寸检查,是否在公差允许范围内,其次对铸件材质检验,即对铸件化学成分和力学性能进行检验,台车本体按表 1.3-3 及表 1.3-4 的检验项目进行。

此外,铸件还要进行金相组织检验(球化率是否符合要求)、磁粉探伤检验(检查铸件壁相交处)、超声波探伤检查和放射线检查。一般在正常情况下,不做放射线检查,只有当用超声波探伤检查发现缺陷,但不能判断是废品或是合格品时,才做放射线检查,以便做最终判断。

**表 1.3-3　化学成分**(质量分数/%)

| 检验单位 | C | Si | Mn | P | S | Mg | RE | Cu |
|---|---|---|---|---|---|---|---|---|
| 标准规定值 | 3.35~3.7 | 2.4~2.8 | 0.5~0.9 | <0.07 | ≤0.02 | 0.05~0.07 | — | 0.1 |
| 日本舞鹤工厂检验值 | 3.45 | 2.5 | 0.57 | 0.046 | 0.014 | 0.051 | — | — |

**表 1.3-4　力学性能要求**

| 检验单位 | 抗拉强度/MPa | 伸长率/% | 硬度 HB |
|---|---|---|---|
| 标准规定值 | ≥4.41(目标值 4.9) | 5~12(目标值 7) | 170~295 |
| 日本舞鹤工厂检验值 | 5.97 | 9.8 | 192 |

改进炉箅条的材质和制造工艺　烧结机台车用炉箅条,用一般灰铸铁制造的箅条寿命最多不超过 3~4 个月。现在大型烧结机炉箅条采用含铬 25%~28%的高铬铸铁,其成分如表 1.3-5 所示,可将箅条的寿命提高到 3~5 年以上。

**表 1.3-5　日本栗本铁工厂生产的箅条的化学成分**(质量分数/%)

| C | Si | Mn | P | S | Cr | Ni |
|---|---|---|---|---|---|---|
| 1.6~2.2 | 1.0~1.4 | 0.7~1.0 | <0.03 | <0.03 | 25~28 | 0.8~1.2 |

炉箅条采用中频感应电炉熔炼,并按表 1.3-6 的百分比配料。

**表 1.3-6　日本栗本铁工厂炉箅条用铁合金配料比**

| 铁合金名称 | 配料比/% |
|---|---|
| 铁锰合金 | 0.883 |
| 铁铬合金(高碳) | 35.27 |
| 铁铬合金(低碳) | 6.225 |
| 铁镍合金 | 5.556 |
| 铁硅合金 | 1.227 |
| 钢屑 | 51.063 |

以上为炉料总重的65%，其余加回炉料。高铬铸铁的出炉温度控制在1600～1650℃，浇注温度为1480～1520℃，并采用酚醛树脂砂壳型铸造生产，其树脂含量为80%的大约是3.5%～4.0%，强度可达3.43 MPa。型砂粒度为65目、100目和占80%的150目组成。模板加热温度为280～300℃，这样铸造出来的箅条质量非常好，尺寸精确，表面光滑，棱角清晰。

3. 台车结构的改进

为了减少台车栏板与料层之间的漏风，降低边缘效应，现在一些生产厂在烧结机风箱宽度不变的条件下，将台车栏板宽度向外扩展10%(图 1.3-9)，加宽部分底面是盲板或成梯形结构，这种改进增加了烧结面积，降低了系统漏风率。

图 1.3-9　加宽型台车

### (二) 台车驱动装置

小型烧结机采用电动机、弹性联轴节、减速器、主传动齿轮，或在减速器与主传动齿轮之间设齿形联轴节，以避免减速器安装在出力轴上的齿轮载荷分布不均匀，导致齿轮容易损坏的缺点。目前，大型烧结机采用柔性传动。国内烧结机上采用的柔性传动分为两种，一种为全悬挂柔性传动，另一种为半悬挂柔性传动，图 1.3-10为半悬挂柔性传动装置，轴装减速器的输出轴是一根空心的齿轮轴，通过键与蜗轮减速器的蜗杆轴连接。来自电动机输出的转矩引起的不平衡，是通过平衡杆来平衡的。平衡杆是在一个套筒内设有碟形弹簧，通过拉杆使平衡杆能承受拉、压力。如果在平衡杆上装上控制驱动装置电动机的微动开关，当轴装减速器传递的扭矩超过设定值时，则弹簧不论是受拉或是受压，都能使微动开关起作用，使电动机停止运转。因此，平衡杆也是烧结机驱动装置的一个安全保护装置。通常平衡杆承受拉、压力的设定值，是驱动电动机额定转矩的1.6倍。两个蜗轮减速器是通过万向联轴节连接的，通过与蜗轮装在同一根轴上的小齿轮，使烧结机星轮轴上的主传动大齿轮作回转运动。两个小齿轮与大齿轮之间的齿隙，通过设置在小齿轮上的调整环进行调节。两个蜗轮副与小齿轮是固定在两个可以移动的箱体上。两个小齿轮传递从电动机输出的转矩所产生的大小相同、方向相反的两个径向力，通过上、下拉杆来平衡。这两根拉杆上下对称安装，其锁紧螺母的端面是球形的，并设有弹簧，可以允许固定两个蜗轮副和小齿轮的箱体作空间运动；另两个大小相同方向相反的切向力，则依靠左、右两边设置的拉压杆和扭转杆来平衡。因为上、下拉杆、拉压杆和扭转杆连接处均是球面铰接，虽然在台车调偏时，各杆件的连接处会产生位移，但不会影响大小主传动齿轮的啮合。因此，柔性传动装置对烧结机调偏来说，具有独到的优点。从图 1.3-10 中可以看出，除了主传动大齿轮固定在星轮主轴上外，其余如轴装减速器、蜗轮副、上下拉杆和固定蜗轮副与小齿轮的箱体，均处于悬浮状态，为了平衡上述装置的重量，设有弹性支撑平衡杆，其受力大小可以调节。

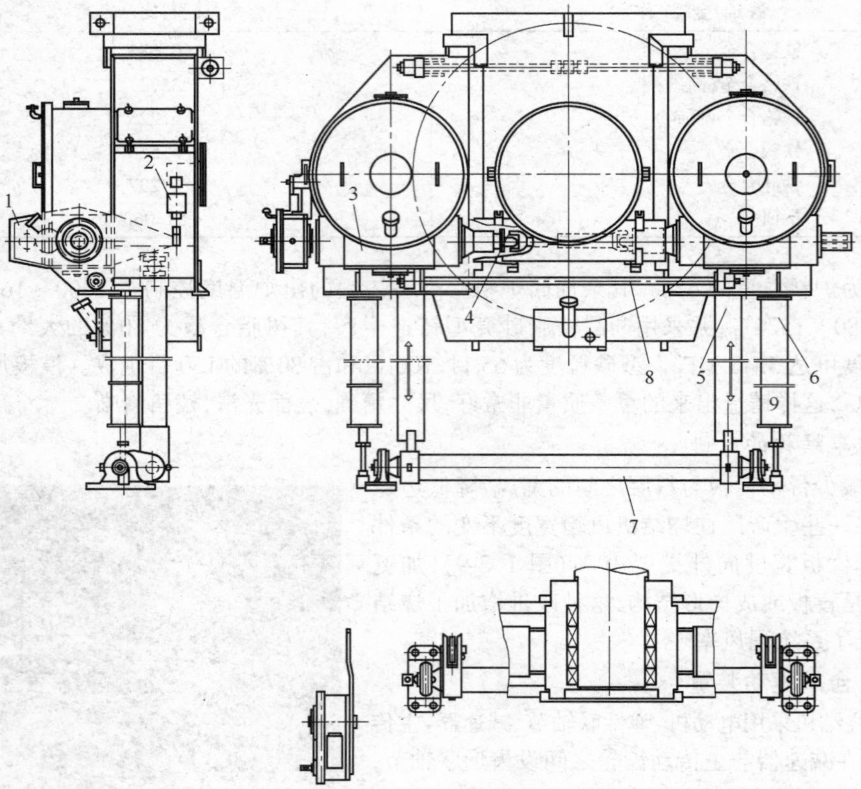


图 1.3-10　烧结机台车柔性驱动装置

1—轴装减速器；2—平衡杆；3—蜗轮减速器；4—万向联轴节；5—弹性支撑平衡杆；6—拉压杆；7—扭转杆；8—上、下拉杆；9—平衡杆

柔性驱动与一般齿轮减速器驱动比较，优点如下：

(1) 一般齿轮减速器的大小齿轮轴承都是固定的，故在齿宽大于模数 5 倍时，或者由于载荷的影响而产生变形的情况下，齿轮要达到完好的接触是很困难的。这是由于齿轮的制造误差、轴承的安装误差和齿轮轴心线的误差所引起的。此外，在使用中温度的影响，轴和箱体的弹性变形以及基础和支撑构件的变形，都与齿面接触率的降低密切相关。因此，在一般齿轮传动中，齿宽与模数的比值不得不取得小一些，通常为 10～15，同时接触系数只能取 0.4～0.7。这就迫使实际所选定的齿轮宽度超过了需要的有效齿轮宽度，从而增大了减速器的体积和重量。

(2) 由于柔性驱动装置能得到良好地接触，可以妥善地解决由于制造误差与工作条件的影响而使齿轮啮合精度不良的问题，这种装置可保证齿面良好的接触率，即使齿宽为模数 30 倍的情况下，齿面接触率仍可达到 98%，因此能显著增加齿轮的宽度。所以，在齿轮模数相同的条件下，可以传递更大的扭矩。

(3) 柔性驱动装置是直接安装在工作机器轴上，故没有必要在出力轴上再设置大型联轴器。

(4) 能够安装测定转矩及过载切断电源的安全装置。

(5) 安装维修简单。

(6) 基础简单，因为大齿轮直接悬挂在主传动星轮轴上，没有固定在基础上的旋转运动件，基础上只设置弹性支撑平衡杆,单纯承受轴装减速器和蜗轮副等部件的重量。

台车驱动采用的定扭矩联轴器,作为安全保护装置;主传动齿轮与星轮轴的固定,采用无键连接;以及星轮滚筒采用耳轴式焊接结构;尤其台车调偏装置,操作简单。

## (三) 混合料及铺底料给料装置

混合料及铺底料给料装置,如图 1.3-11 所示,由混合料槽、圆辊给料机、混合料溜槽、层厚调节压料板、铺底料槽和铺底料下部溜槽等组成。

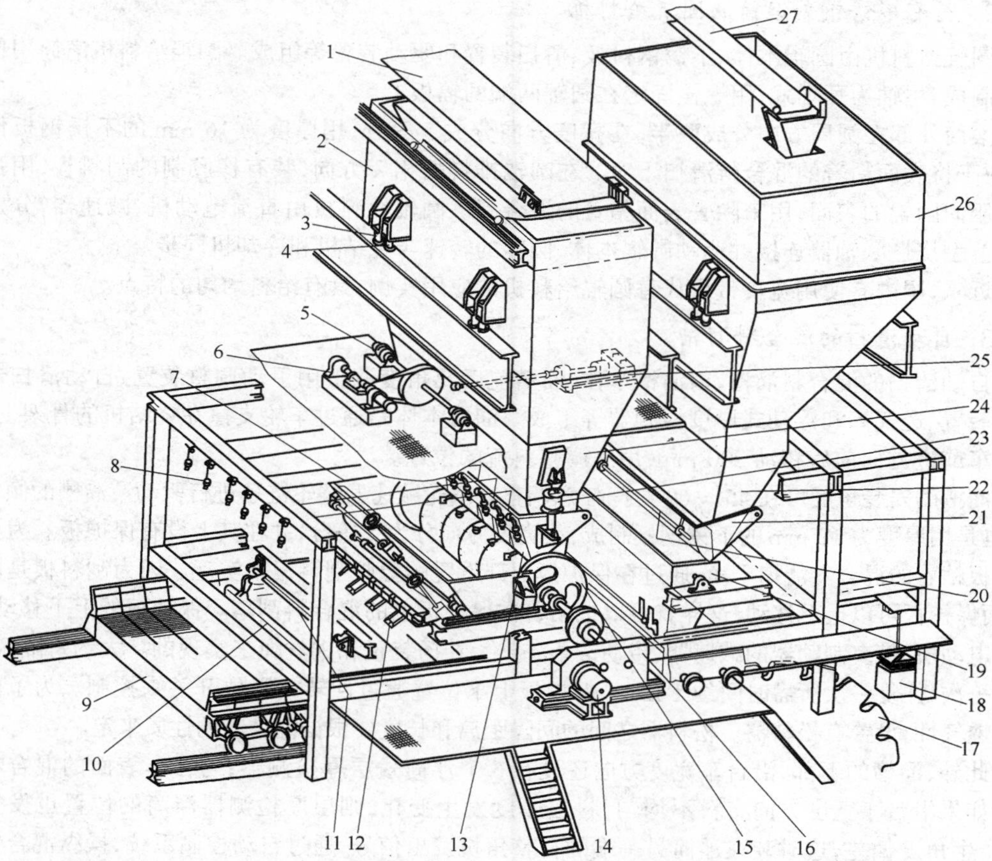


图 1.3-11 混合料及铺底料给料装置示意图

1—梭式布料机;2—混合料上部槽;3—油压千斤顶;4—测力传感器;5—自动清扫器提升装置;6—限位旋转开关;7—混合料溜槽;8—排大块拉手;9—台车;10—层厚调节压料板;11—层厚调节装置;12—层厚检测器;13—给料装置;14—电动机;15—圆辊给料机;16—减速器;17—驱动装置星轮;18—平衡重锤;19—摆动漏斗;20—铺底料调节装置;21—铺底料给料装置;22—铺底料下部溜槽;23—油缸;24—混合料下部槽;25—水分测定计;26—铺底料槽;27—胶带机

### 1. 双重闸门控制混合料的排出

如图 1.3-11 所示,混合料槽分上、下槽,槽内衬有微晶铸石或其他耐磨防粘衬板,固定在槽内壁上。上部槽为计量槽,用 4 个测力传感器分四点支撑在厂房的梁上。压力传感器的信号与配料槽的定量式圆盘给料机联动,控制槽内混合料的料位高度。上部槽水平方向的支撑则是由四组止振拉条防止上部槽振动。上部槽内还安装有水分测定计,用来测定混合料的水分,从而对混合料的水分添加量进行控制。下部槽用来控制混合料的排出量,设有调节混合料排出量用的扇形闸门。闸门的开闭,是在层厚检测器检测出台车上混合料的厚度后通过两侧设置的操作油缸自动进行的。沿台车宽度方向料层厚度的调节,则是通过设置在扇形闸门排料口上的6个微调闸门根据层厚检测器检测出的料层厚度,由装在微调闸门上的油缸,按层厚设定值自动进行的。微调闸门采用铰链的方式固定在扇形门上,由重锤保持正常位置,如遇大块或异物卡住时,用手动方式打开微调闸门使大块或异物排出。

2. 衬有不锈钢制滚筒的圆辊给料机

圆辊给料机由圆辊本体、不锈钢衬板、清扫装置和驱动装置等组成。圆辊给料机滚筒用普通钢材制成,主轴为耳轴式,用螺栓固定在圆辊两端的辐板上。

滚筒外部在圆周方向分成两半,在宽度方向分成5等分,用厚度为16 mm的不锈钢板作衬板,便于将表面粘着的混合料清扫干净。在圆辊排料的相反方向,装有橡胶制的刮料板,用弹簧使其压向圆辊的表面,用来除去表面粘着的混合料。圆辊给料机由直流电动机、减速器,分别通过法兰型挠性联轴器连接并驱动圆辊本体,圆辊的转速与烧结机和冷却机同步。

近来,国内有使用宽皮带机代替圆辊给料机的应用实例,具有给料均匀的特点。

3. 自动清扫的混合料溜槽

自动清扫的混合料溜槽,由溜槽本体、溜槽前后及角度调整用手动调整装置、自动清扫器及提升装置、透气棒和浮动式厚度检测器等组成。溜槽本体是通过车轮支撑在烧结机的骨架上,可在台车前进方向前后移动200 mm,用来调整料流的位置。

溜槽的安装角度可在45°~60°之间任意调整。蜗轮减速器链轮链条进行驱动。溜槽的倾斜表面,也是用厚度为12 mm的不锈钢板制成,在宽度方向分为5等分,并在其上设有保护板。为了把保护板粘着的混合料清扫干净,通过在保护板上部设置的橡胶刮料板来实现。因为刮料板是固定的,而保护板可以上下移动,这样就可以把粘着在保护板上的混合料刮落。保护板的上下移动,是通过电动机、带有制动器的减速器、传动链条、链轮、卷扬装置和钢丝绳来实现的。大约每隔8 min动作一次,往复一次所需时间约1 min。保护板上下位置通过回转式限位开关来控制。为了改善料层透气性,设置有松料器。松料器之间的间隔距离和长度要根据混合料的性质来定。

此外,溜槽的下部,沿台车宽度方向还设有6个浮筒式层厚检测器,与台车表面的混合料接触。如果沿台车宽度方向布料不均匀,料层厚度发生变化,则层厚检测器浮筒的位置也发生变化,产生角度偏差,这时装在浮筒另一端的自整角机发出信号,通过自动控制系统,操纵混合料排出的扇形闸门和微调闸门的液压装置,实现自动调节闸门的开度,使混合料按层厚的设定值沿台车宽度方向均匀地排出。

4. 增设层厚压料板

层厚调节压料板安装在点火炉与溜槽之间,由压料板本体、手动式上下调整装置、手动蜗轮千斤顶、联轴器及罩子等组成。压料板的作用是使装入的混合料铺平,并将台车表面一层混合料,尤其是靠近两侧栏板的地方,稍微压实。实践证明,这样会使台车表面点火后混合料的温度不会急剧下降,提高表层烧结矿的强度。

5. 双层铺底料槽

铺底料槽也是由上、下两个料槽组成,用普通钢板焊接制成。上部料槽实际上是计量槽,采用2点用测力传感器和2点用销轴支撑在厂房的梁上。由测力传感器发出的信号来控制铺底料胶带机的带速,从而使槽内的铺底料保持一定的储量,保证铺底料均匀布料。

下部料槽是用来控制铺底料排出量的装置，在料槽的下部装有扇形闸门，通过轴承安装在料槽的下部。下部料槽的闸门是通过手动式蜗轮减速器、中间轴、链轮和链条组成。闸门的开度可从指示针上得知，用来控制铺底料的排出量。在下部料槽的下部还设置有装入铺底料的摆动漏斗，用普通钢板焊接制成，用轴承支撑在烧结机的骨架上。在漏斗前端固定有厚度为 20 mm 的高铬铸铁衬板，用以防止磨损。闸门为平板型，用手动方式启闭。漏斗的平板型调节闸门，为了达到上、下调整自如的目的，较好地调节台车上铺底料的厚度，把漏斗排出侧的侧板做成双层结构，使外侧的闸门上下调整灵活。

**（四）密封装置**

从主风机到风箱与台车相接处密封的效果如何，直接影响主风机能量的利用。所以，与风箱之间的密封对烧结生产具有重要的意义。

1．传统密封结构

影响烧结机漏风的主要部位有三处，一是风箱的两端部；二是台车两侧的滑板；三是主抽风系统各个连接法兰和降尘管下部的双层漏灰阀处，其中以风箱的两端部漏风最严重。图 1.3-12 为鲁奇式大型烧结机用的端部密封装置，现简述如下：这种端部密封装置为重锤连杆式，机头设一组，机尾设两组。每组沿台车宽度方向，装有球墨铸铁制的 30 mm 厚的密封板。密封板由于重锤的作用向上抬与台车本体梁下部接触。为了防止台车本体梁磨损，密封板与台车本体梁之间应留有一定的间隙，一般为 1～3 mm。间隙的调节是通过调节螺栓来实现的。密封装置与风箱，采用挠性石棉板密封，该板是由不锈钢丝为芯的石棉线织成的石棉布，以三层中间用 0.05 mm 厚的铝箔胶结而成，总厚度大约为 6 mm。这种石棉板具有挠性、耐高温和强度大的特性。

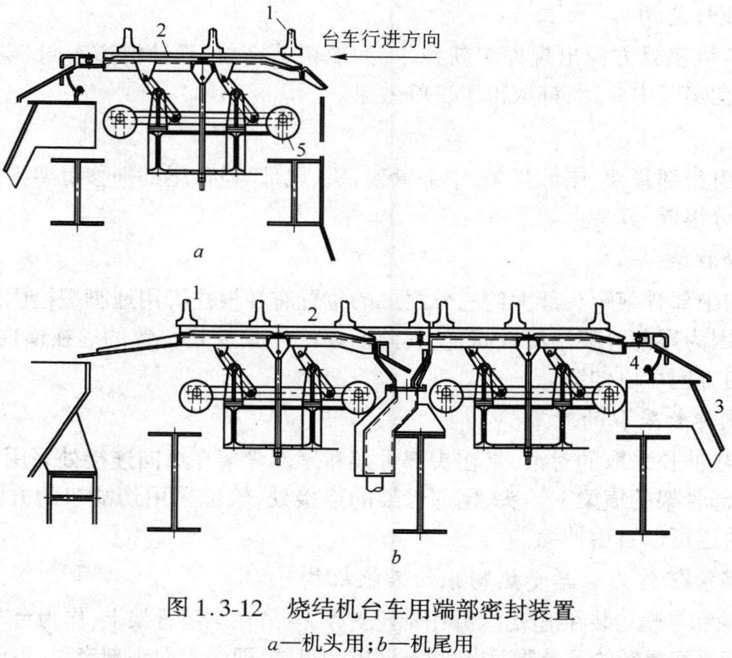


图 1.3-12　烧结机台车用端部密封装置

*a*—机头用；*b*—机尾用

1—台车；2—密封板；3—风箱；4—挠性石棉密封板；5—重锤

球墨铸铁制的密封板之间和密封板与风箱两侧壁之间，只有 1～2 mm 的间隙，所以这种密封装置密封效果较好。台车两侧的密封滑板，形式很多，有弹簧密封、落棒式密封、塑料板密封和水力密封等。图 1.3-13 为 5 m 宽台车滑板密封的形式。密封板装在台车的两侧,由密封滑板、弹簧、销轴、销和门形框体等组成。密封板装在门形框体内,由弹簧施加必要的压力。销轴用来防止密封板纵向或横向移动。弹簧放在密封板凹槽内。门形框体用螺栓固定在台车体上要保证小于台车体 1～1.5 mm,这样才不至于在台车相互接触时把门形框体撞掉。

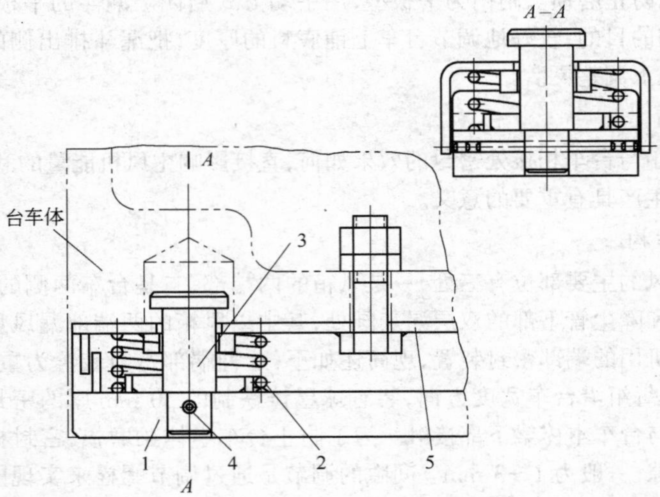


图 1.3-13　台车两侧密封滑板结构示意图

1—密封滑板;2—弹簧;3—销轴;4—销;5—门形框体

2. 改进的密封结构

近年来,烧结机密封方面出现许多新技术,如双板簧密封、弹性滑道密封、空心衬垫橡胶密封、磁性密封等,在实践中应用,都取得了良好效果。

**(五) 骨架**

烧结机骨架由头部骨架,尾部骨架,中部骨架,头、尾部弯轨、尾部平移滑架支撑侧辊、平衡锤和平移滑架等部分组成,其特点如下:

1. 采用滑动柱脚

除头、尾部和中部骨架距头部大约三分之二的位置有 3 根柱脚用地脚螺栓固定外,其余柱脚均不固定。这是因为尾部骨架温度较高,使其向两端的伸长量是一致的。在横向方向设有限位导板,只允许纵向方向可以伸缩。

2. 骨架受热伸长采取的对策

中部骨架受热伸长采取的对策,是在头部骨架和尾部骨架在纵向连接处采用长孔的支撑梁,用螺栓安装在中部骨架的横梁上。头、尾部骨架的连接处,轨道采用切缺口的方法,用螺栓固定伸缩夹板,这样轨道可以自由伸缩。

3. 采用平移滑架作为台车受热膨胀的吸收机构

尾部从动星轮和导轨均装在滑架上,并用辊轮支撑,悬吊在尾部骨架上,作为台车受热膨胀伸长的吸收机构。滑架平衡重锤的重量要适当,并有调整的可能,即经常向头部牵引,不许台车有拉缝存在。为了在检修时从烧结机取出或装入台车,设有使尾部滑架向尾部移动用的油压千斤顶。

4. 在回车道上设置有台车的防灰罩

在台车的回车道上的两侧,为了防止落下的粉矿掉落在台车的空气密封板上,在其全长的位置上设有防灰罩。

### (六) 风箱与降尘管

1. 风箱设计的特点

对风箱受热膨胀及浮力所采取的办法　由于风箱与台车要进行密封，同时风箱在中部和尾部的温度较高，可达到400℃左右，还受负压引起的上浮力，所以对结构有一定的要求。尤其是风箱及框架受热膨胀后，容易引起变形，导致烧结机产生漏风的弊病。为了克服这个缺点，如图 1.3-14 所示，风箱框架、支撑密封滑道的纵向梁，均采用螺栓联结的方法，坐在烧结机骨架上，只在距机头约三分之二处，框架与骨架的固定是用螺栓固定的，并从结构上考虑了允许向两端伸缩。框架在宽度方向的热膨胀，由于在横梁的中部受到约束，所以只能向两侧收缩或伸长。对风箱受负压作用产生的浮力，是在骨架的支撑梁上，采取了浮动防止梁的结构。

采用气密性较好的空气密封滑道　空气密封滑道为铸铁制成，用螺栓安装在纵向滑道的支撑梁上。空气密封摩擦接触面设有油沟，形成油膜，既能减轻滑道的磨损，又能使其保持良好的气密性。滑道采用自动干油集中润滑装置定时给油。

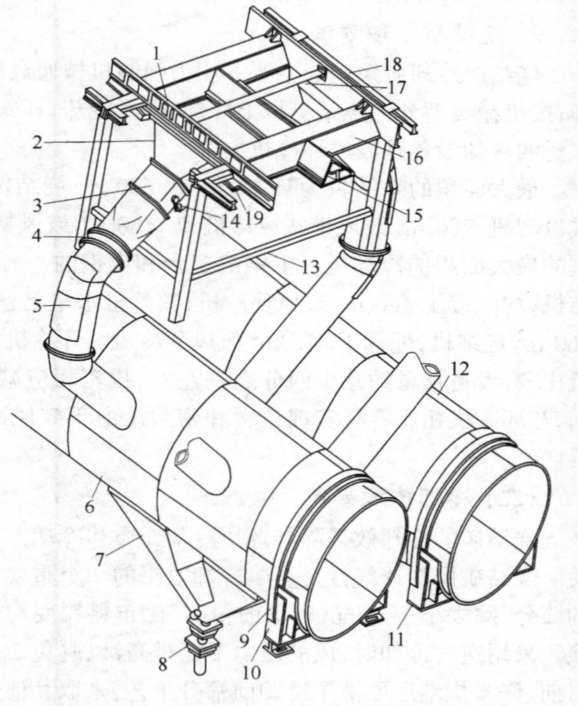


图 1.3-14　防止风箱受热膨胀及浮力所采取的办法

1—纵向梁；2—风箱；3—风箱支管闸门；4—伸缩节；5—风箱支管；6—脱硫系统降尘管；7—灰斗；8—双层漏灰阀；9—加强环；10—自由支撑座；11—固定支撑座；12—非脱硫系统降尘管；13—骨架；14—支管闸门开闭机构；15—中间支撑梁；16—横梁；17—支持管；18—滑架；19—浮动防止梁

2. 降尘管设计的特点

大型烧结机采用两根降尘管　降尘管由普通钢材制成。一根是脱硫系统用，另一根是非脱硫系统用。为了调节两个系统之间风量的平衡，一部分支管闸门作成可以相互切换的机构。降尘管的强度是按风机的最大压力设计的。

降尘管沿长度方向分成三段，中段用螺栓固定，其余则设辊子支撑，使其受热膨胀后可以朝两端伸缩。各段连接处各设一个厚度为 6 mm 的挠性石棉板制成的膨胀圈。

采用自动操作的双层漏灰阀　每个灰斗下设置的双层漏灰阀，在头、尾部和中部结构上不同。头、尾部上部阀为球墨铸铁制的锥形阀，下部为普通钢板制的平板阀，中部上、下阀都是平板阀，依靠杠杆机构使阀作开闭。锥形阀的密封部位设计成密封性较高的球面。

设置了调节烟气温度的冷风吸引阀　两根降尘管各设置了两个冷风吸引装置，分别配备了一台开闭用的电动蝶阀和消音器。

## 三、环冷机

### (一) 烧结矿冷却的目的和冷却方法

1. 烧结矿冷却目的

烧结矿从烧结机机尾卸下，温度达 750～850℃，若将它们直接送入高炉矿槽，则需要使用专门的矿车和铁路专用线。而将烧结矿冷却后，就可直接用皮带运输机运送，而且使用冷矿可以延长高炉矿槽、上料系统以及炉顶设备使用寿命，减少维修量；烧结矿冷却后，还可进行破碎和筛分，经整粒后的烧结矿粒度均匀，入高炉后料柱透气性好，煤气利用率高；强化高炉冶炼，降低焦比，尘埃少。另外，采用鼓风冷却时，还可进行冷却热废气的余热回收利用。

2．烧结矿冷却方法

烧结矿冷却所采用的主要方法为强制机械通风冷却，该冷却方法又分为抽风冷却和鼓风冷却；按机械类型分为烧结机机上冷却、带式冷却、环式冷却这几种主要形式。目前国际上应用最广泛的冷却设备是鼓风环冷机。

最大面积的烧结机为日本的三台 600 $m^2$ 烧结机，它所配置的冷却机分别为 610 $m^2$ 鼓风环式冷却机、780 $m^2$ 鼓风带式冷却机和 1160 $m^2$ 鼓风格式冷却机。这三台冷却机是世界上不同类型的最大面积的冷却机。宝钢的三台和太钢的一台 450 $m^2$ 烧结机，以及武钢的两台 435 $m^2$ 烧结机，均配置了 460 $m^2$ 鼓风环冷机，其整机水平已达到世界先进水平。沙钢的 4 号机和天钢的 360 $m^2$ 烧结机，配置了 415 $m^2$ 鼓风环冷机。环冷机台车利用率高，与相同处理能力的带式冷却机比较，设备重量约减少四分之一左右，投资相应减少。带式冷却机在冷却过程中还起运输作用，与环冷机相比容易实现布料和密封。由于鼓风冷却优点突出，所以近年来得到了迅速的发展。

**（二）冷却技术参数**

烧结矿的冷却效果除与选用冷却介质和冷却方法有关之外，主要还与烧结矿及工艺条件有关。烧结矿层的透气性是影响冷却效果的一个重要方面。为了改善透气性，冷却前要进行有效的筛分，除去小于 5 mm 以下的粉矿，使布料粒度均匀，还要使冷却介质通过料层充分进行热交换。采用空气冷却时，风的压力不能过高，以避免二次扬尘，并可减少机械磨损，改善工厂环境。目前，许多烧结厂取消了冷却前筛分工艺，采取其他方式弥补粉矿对冷却效果的影响。

冷却机冷却面积要根据烧结机面积决定，也就是正确地选择合理的冷烧比、冷却时间、冷却的风量和冷却风压力。

1．冷烧比

所谓冷烧比是指烧结机有效面积与冷却机有效面积之比。一般抽风冷却机的冷烧比在 1～1.5，鼓风冷却机在 0.8～1.3 之间。宝钢冷烧比为 1.02，鞍钢新三烧冷烧比为 1.06（环式冷却机）。选择冷烧比时，主要考虑进入冷却机的烧结矿粒度组成。如果小于 8 mm 的粉尘多，则选择大的冷烧比，反之选择小的冷烧比。

2．冷却时间

冷却烧结矿所用时间是评价冷却效率的一个重要指标。冷却时间与料块粒度、料层厚度以及通过料层的风量等因素有关，即冷却时间与料块表面同空气热交换速度以及块料中心部至表面热传导速度有关。一般抽风冷却时间为 25～30 min，鼓风冷却约为 60 min。

3．冷却风量

冷却烧结矿是由连续通过料层的冷风把热量带走。风量过小，就需要较长的冷却时间，这样会降低冷却效率。风量过大，又会造成不必要的动力消耗，所以，选择合适的风量是十分必要的。一般鼓风冷却按 2000～2200 $m^3/t$ 选取，抽风冷却按 2800～3500 $m^3/t$ 选取。

**（三）环式冷却机主要结构、特点**

环式冷却机分为抽风环冷机和鼓风环冷机，抽风环冷机一般为中小型机组，使用轴流风机，风机安装在环冷机密封罩上方。下面重点介绍应用较多的鼓风环冷机的结构和特点。

鼓风环式冷却机是一种机械通风的机型。风机鼓入的气体通过风箱和台车箅板，穿过料层，将烧结矿热量带走，使烧结矿温度降到150℃以下。鼓风环式冷却机的结构组成主要有机架、回转框、台车、驱动装置、导轨、给排料斗、鼓风系统、密封槽、密封装置、双层阀及排气烟筒等。

我国目前投产的有110 $m^2$、130 $m^2$、170 $m^2$、190 $m^2$、235 $m^2$、280 $m^2$、360 $m^2$、415 $m^2$、460 $m^2$、520 $m^2$、鼓风环式冷却机。鼓环式冷却机如图1.3-15所示。

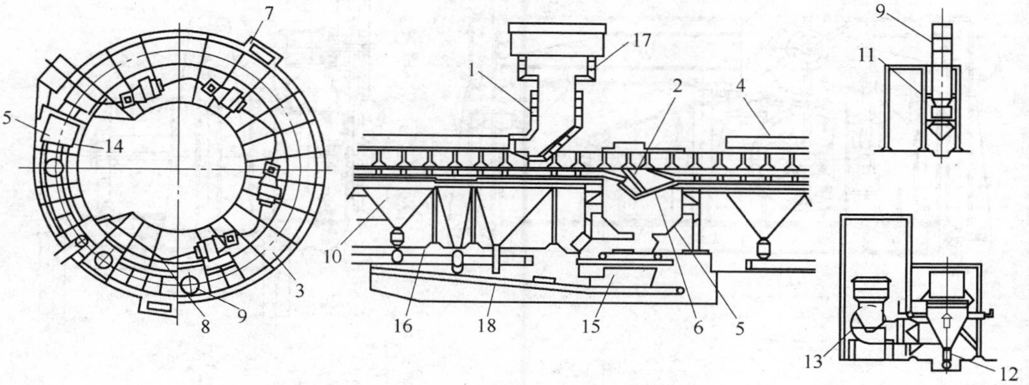

图1.3-15　鼓风环式冷却机

1—给矿斗；2—台车；3—冷却槽；4—罩子；5—排矿斗；6—卸料曲轨；7—传动装置；8—电葫芦导轨；9—烟筒；10—风箱；11—连接罩；12—双层阀；13—鼓风机；14—托辊；15—板式给料机；16—散料运输机；17—破碎机下溜槽；18—成品胶带运输机

1. 骨架

骨架是支撑机器全部重量并承受机器全部荷重的钢结构件。骨架通过地脚螺栓固定在基础上。骨架一般分为环形骨架、传动骨架和排气烟筒支撑骨架三部分。环形骨架见图1.3-16所示。环式冷却机骨架多数为钢结构件，但也有钢筋混凝土骨架。钢结构骨架一般为型材焊接式高强螺栓连接结构。

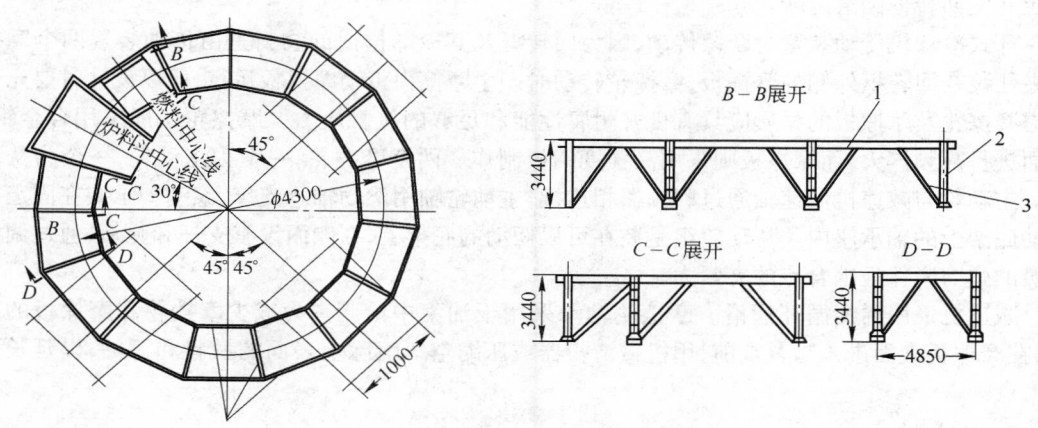

图1.3-16　环形骨架

1—横梁；2—立柱；3—斜撑

宝钢460 $m^2$环式冷却机骨架为钢结构架，其环形骨架部分、主柱、横梁及支撑梁之间用螺栓连接，构成整体钢架。主柱沿圆周方向分为三列，外二列装着冷却机主要构件，内二列装着电动葫芦的导轨和电葫芦，用以检修风机。在中间主柱上的外侧，还装着侧导轨。

2. 传动装置

传动装置一般包括电机、减速机、联轴器、摩擦轮组、弹簧、骨架等构件以及润滑减速机的油马达和管路等。宝钢 460 $m^2$ 环式冷却机传动装置如图 1.3-17 所示。

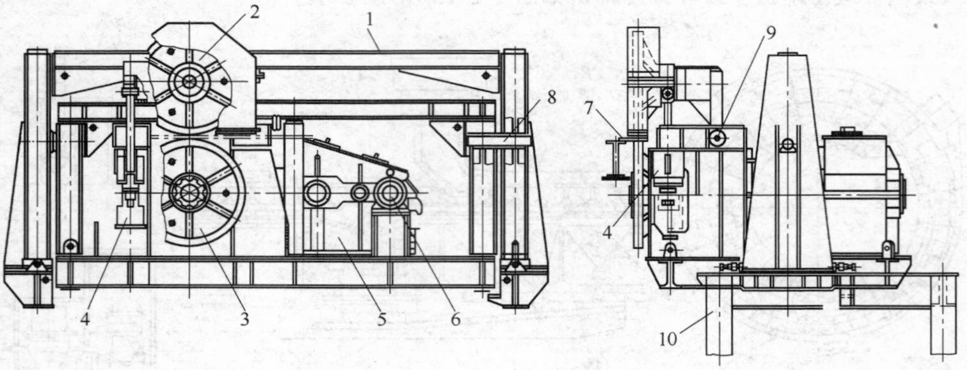


图 1.3-17　传动装置

1—骨架；2—从动轮；3—主动轮；4—弹簧装置；5—减速机；6—电动机；
7—摩擦板；8—转轴；9—轮轴；10—传动骨架

环式冷却机传动装置的设置，视冷却机规格大小确定，一般小型环式冷却机采用一套传动装置，大、中型环式冷却机则采用两套以上传动装置。宝钢 460 $m^2$ 环式冷却机设置了两套传动装置，日本 610 $m^2$ 环式冷却机采用三套传动装置。

环冷机台车的运行速度应适应烧结机台车运行速度的要求。通常在 1∶3 范围内调整，开始在高转速下运转，然后向下调整。传动装置要求长期连续运转，并能满足调速的要求和保持恒扭矩的特性。传动装置视控制系统要求选用交流或直流电动机。整个传动装置通过两个短轴铰接在支座上，使传动装置可以随冷却环的水平波动而摆动成浮动状态，实现自动调节，以保持正常啮合并使回转框圆滑运转。

环式冷却机传动装置为摩擦传动，因为回转框及其冷却槽内的物料是由传动装置两个摩擦轮夹住装在回转枢外侧的摩擦板，摩擦轮转动时产生摩擦力带动摩擦板运行，所以设计时要充分考虑摩擦轮及摩擦板的材质应具有良好耐腐性能和足够的接触应力。摩擦轮一般采用合金钢，表面进行高频淬火，而摩擦板则采用高强度钢板制作。两个摩擦轮，一个为主动轮，一个为从动轮。主动轮与减速机低速轴通过联轴器相连接，主动轮轴用滚动轴承支撑，滚动轴承装在固定在传动底架上的轴承座内。从动轮组是装在可以摆动的底架上，在侧面设有支杆和弹簧，通过调整弹簧的弹力来保证啮合点的夹紧力。

减速机采用稀油循环润滑。摩擦轮轴承采用干油集中给脂。为减少摩擦轮和摩擦板的磨损，在摩擦板表面进入啮合点前，用机械清扫器或压缩空气清除上表面的散料和污垢，以延长使用寿命。

3. 冷却槽

这里指的冷却槽主要是台车、三角梁、台车侧板、内外环及摩擦板等构件。冷却槽整体回转并在槽内装有热烧结矿，是冷却机的核心部分。冷却槽如图 1.3-18 所示。

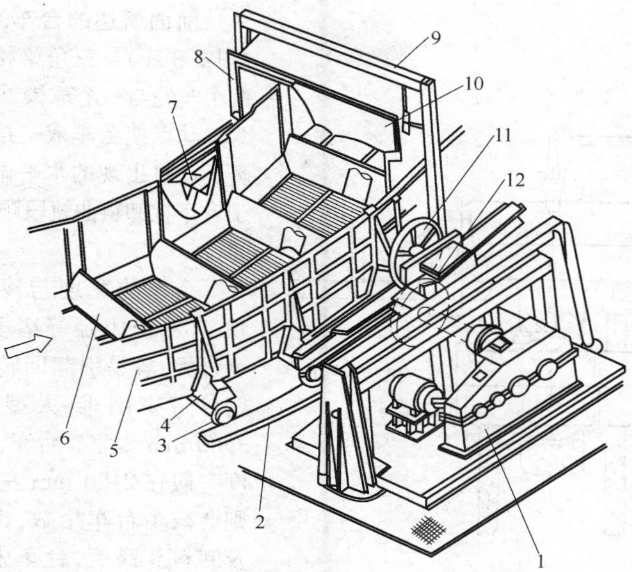


图 1.3-18　冷却槽

1—传动装置;2—轨道;3—台车轮;4—台车端部密封;5—侧板;6—三角梁;7—侧挡辊;8—罩子;9—吊挂架;10—端部挡板;11—从动摩擦轮;12—主动摩擦轮

冷却槽带料做圆周运转,通过由台车下部鼓入的空气经过料层将烧结矿热量带走,使烧结矿冷却。

台车　台车及其内外侧板、三角梁构成环形槽,烧结矿装在槽内。台车是主要承载件,并受一定温度的热辐射影响,设计时应使其具有足够强度。为使台车结构合理,应对台车体强度进行计算。台车体是由型钢焊接的整体扇形构件,如图 1.3-19 所示。

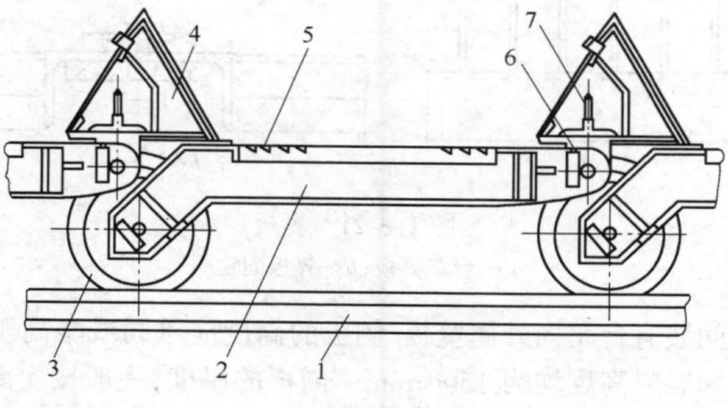


图 1.3-19　台车

1—轨道;2—台车体;3—车轮;4—三角梁;5—箅板;6—球铰轴承;7—连接件

宝钢 460 $m^2$ 环式冷却机台车共 75 块,台车与三角梁是通过销轴和球铰轴承铰接。在台车行进方向的后方两端装有台车轮,支承冷却槽。为减少台车轮与轨道接触面,把台车轮踏面设计成球面,采用铸钢材质,踏面进行高频淬火,以保证耐磨性和接触应力。台车轮轴用卡板固定在台车体上,为防止松动,螺栓拧紧后,将其螺栓头周围点焊在卡板上。

冷却环运动时,由荷重引起车轮反力,则车轮轴承受轴向载荷和径向载荷,因此选用轴承时要能承受这两种载荷。

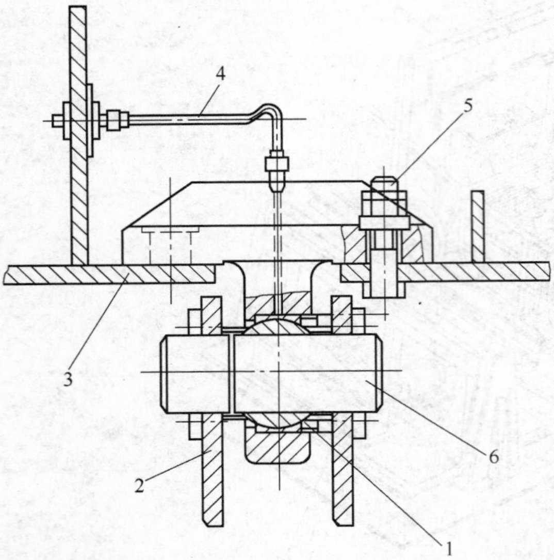


图 1.3-20　球铰轴承
1—关节轴承;2—台车;3—三角梁;
4—润滑管;5—轴承座;6—轴

前面所述的台车通过心轴和球铰轴承(图 1.3-20)与三角梁相连接,每个台车装有两个车轮与一个球铰,构成三点支撑,球铰作为转动点使台车成一摆动体,用以克服冷却环运动时出现的水平微量波动和摆动,有利于台车在卸料曲轨段顺畅的下行卸料与上行复位。

台车的宽度与冷却机的有效冷却面积、环冷机中径等诸多因素有关。台车宽度过大,容易引起回转枢运行的摆动,也给密封带来困难,大型冷却机台车宽度以 3500 mm 为宜。台车沿圆周方向的中心长度一般在 2100 mm 左右,台车中心长过大则会减少台车个数,也会增加卸料区长度及卸料斗高度,台车中心长度过小则会增加台车个数和重量,更主要的是会减少通风面积。台车的个数应取 3 的倍数。台车的箅板是在用角钢制造的框架上,焊接上扁钢构成百叶形式,如图 1.3-21 所示。沿台车宽度方向安装三排箅板,用压板和四头螺栓将箅板固定在台车体上。箅条之间的间隙决定有效通风面积,箅条的间隙及倾角可根据经验选取。宝钢环式冷却机箅条之间的间隙为 13.5 mm,与水平的倾角为 24°。

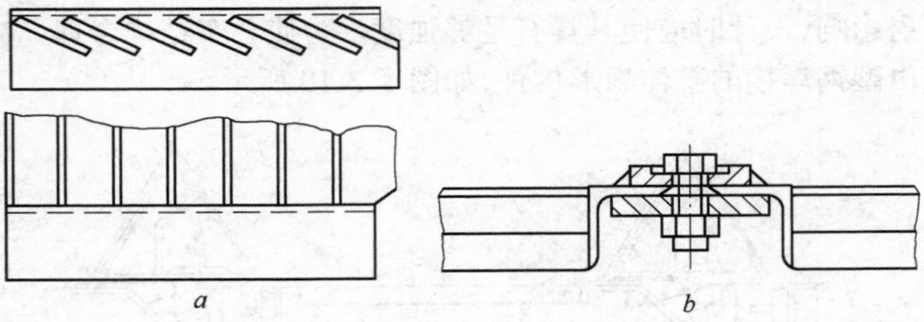


图 1.3-21　箅板
*a*—台车箅板;*b*—箅板固定图

在两个三角梁之间装有台车内外侧壁板,侧板的高度应等同或略高于装料料层高度。宝钢环式冷却机侧板高度和装料高度均为 1500 mm。侧板的厚度,一般按实践经验选取 6 mm 钢板制作,外加加强筋板。

回转框　大型环式冷却机回转框为正多边形,它由内外环及三角梁构成,三角梁与台车个数相等,与内外环用高强度螺栓结合。内外环视其外形尺寸分为若干块,一般分段个数也与台车个数相同,各段之间在侧面和底面通过连接板用螺栓连接起来,构成整体回转框架。在内环内侧根据需要安装侧挡轮,侧挡轮与侧导轨之间留有一定间隙。如图 1.3-22 中 *e* 所示。侧挡轮的设置一般三个台车区间装一个,其主要作用是用来限制回转框转动时的水平窜动。球铰轴承使用干油,给脂不良,轴承易磨损,且更换困难,直接影响作业率。

摩擦板是用铰孔螺栓和普通螺栓固定在外环上,由多块拼接而成环形。每块分段长度根据摩擦板宽度和中心弧半径及工艺条件而定。摩擦板要具有一定的强度和耐磨性能，一般用高强度钢板制作。

三角梁连接着内外环，并装有台车内外侧板，中心断面为三角形，故称三角梁。三角梁也是主要承载件，其结构刚性好，装配后的回转框精度高。

4．密封装置

鼓风环式冷却机的密封装置包括环形密封、端部密封、台车轴部密封和余热回收高温门型罩部位的密封。冷却机密封的好坏，直接影响冷却效果，所以应尽量减少漏风率。高温门形风罩密封越严密，从密封空隙进入的气体介质就越少，余热废气温度就越高，余热回收系统的热效应就越佳。

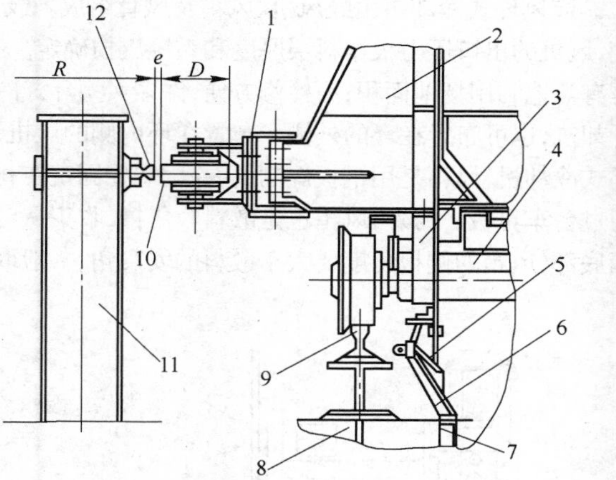


图 1.3-22　挡轮部断面图

1—内环；2—三角梁；3—密封板；4—台车；5—密封；6—密封座；7—风箱；8—走台；9—轨道；10—侧挡轮；11—骨架；12—侧导轨

环形密封是指从给矿到排矿整个圆周方向的密封，如图 1.3-23 所示。这种密封是在台车密封板下、风箱之上所形成的密封腔。每道密封分两层。内层密封橡胶板吊挂在台车密封侧板下，跟随冷却环一起转动，称为活动密封。外层密封橡胶板固定在位于风箱之上的密封腔座上，是固定不动的，故称固定密封。

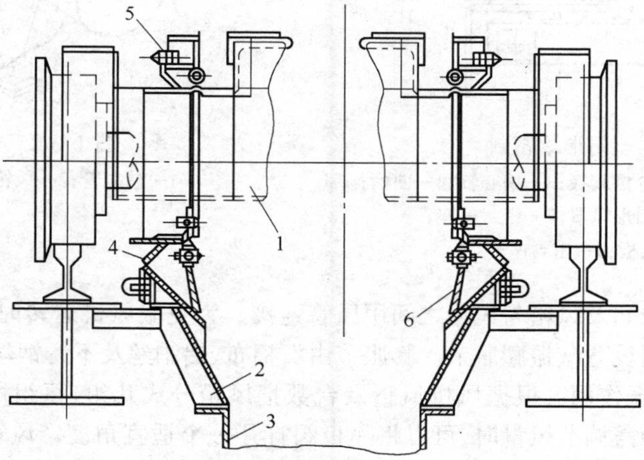


图 1.3-23　空气密封室

1—台车；2—密封座；3—风箱；4—固定密封；5—台车轴密封；6—活动密封

台车轴部密封，是指台车车轴上部和两侧部与冷却环下部吊挂的密封板槽部的密封，如图 1.3-18 中 4 所示。台车沿卸料曲轨运动时，密封面脱开，台车处于水平轨道时密封面接触，形成密封。密封座的长度一般为台车长度的 1.5 倍，这样就保证至少有一个台车吊挂的橡胶板与密封座接触，还应在门形罩高温区和人字形风罩低温区之间设置一套横向密封，以防止高温气体和低温气体串通，影响冷却效果和降低余热回收的热效应。以上介绍的三部分密封，形成了一个密封腔。鼓入的气体压力在 4000 Pa 左右，为防止气体外漏，还须在相关构件连接接触面间加密封填料。

门形风罩与台车及三角梁上部的密封，在有余热回收装置中才设此密封。宝钢二号机门形罩密封如图 1.3-24 所示。

5. 鼓风系统

鼓风环式冷却机由鼓风机、风箱及风管组成。鼓风机的台数根据环式冷却机冷却面积的大小确定,风机的出口压力根据料层厚度和系统压损确定。有的大型环式冷却机冷却风机布置在环内,这样可有效地利用场地面积;为检修方便,许多大型环式冷却机的冷却风机布置在环外。对小型鼓风环式冷却机,也可布置在环的外侧。布置在环内侧的风机,要考虑风机的安装和检修手段。对于钢骨架的环式冷却机,风箱是用钢板焊制的,并用螺栓固定在骨架上。风箱的主要作用是保证鼓入的气体均匀通过台车箅板。另外,风箱也是散料收集槽,收集从台车箅板漏下的散料。为使散料能顺利滑落到风箱底部,风箱的侧板角度要大于散料的安息角,一般取 40°～50°。风箱简图如图 1.3-25 所示。

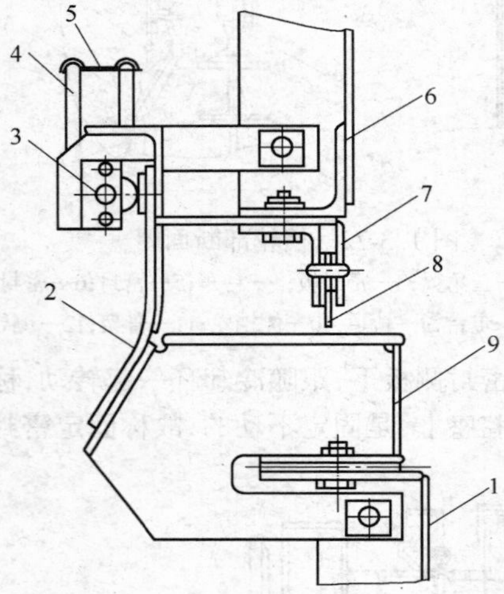


图 1.3-24　门形罩密封

1—台车三角梁;2—复合橡胶板;3—偏心轴;4—曲柄;
5—锁紧板;6—门形风罩;7—密封吊座;
8—隔热板;9—密封座

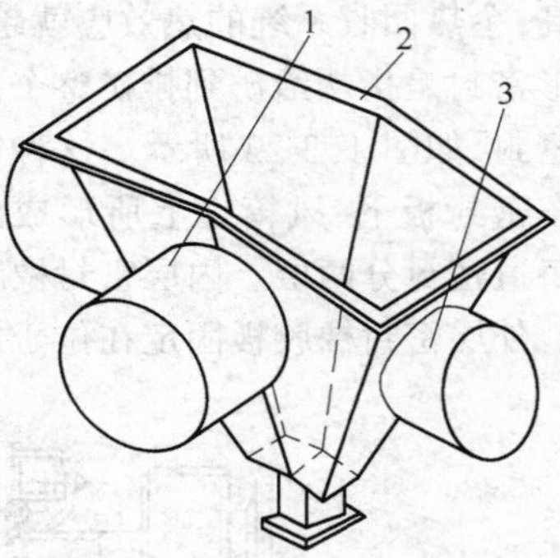


图 1.3-25　风箱

1—总风管;2—风箱;3—横风管

鼓风机与风箱之间及风箱与风箱之间用风管连接。为克服风机运转时产生的振动,风出口与总风箱接合面之间设置减振膨胀节。膨胀节由石棉布、铝铂丝及不锈钢丝胶合压制而成,箔可起到密封、膨胀及减振作用。根据风机风量及台数把风箱分成几组,每组风箱之间用隔板阀分开,使风不能串通,如需调节风量时,可以将隔板阀打开一个适宜角度。风箱与风箱之间的连接管可采用法兰联结式直接焊接或设置蝶阀,但余热风箱段就要考虑风管的膨胀措施。

6. 风罩与排气筒

鼓风环式冷却机把风罩分为两部分,靠近给料端的冷却废气温度高,粉尘多,大致占冷却面积的 1/3,这部分罩子如门形,所以常用门形罩称呼。门形罩两端设有可随料层高度变化调整的扇形活动多排密封板。门形罩以后的 2/3 部分,废气温度低,并可适当控制风量和风压,所以都采用开式屋顶形人字风罩。这两种风罩用拉杆钩挂在台架上。

一般大型环式冷却机在高温区设置两个以上排气烟筒,用以排除废热气体,排气烟筒通过过渡烟罩与门形罩相连接。排气烟筒由单独支架支撑,支撑台架有钢骨架和钢筋混凝土骨架两种。宝钢 2 号冷却机有余热回收装置,对冷却废气进行余热回收利用。因此在两个排气筒上部适当位置设有旁通管,与余热回收管道相连接。

7. 给矿与排矿

环式冷却机的给矿是采用从中心方向,即给矿口与环式冷却机切线方向相垂直的给矿布料法。经单辊破碎机破碎后的热烧结矿通过溜槽和给矿斗布到台车上。

冷却机给矿斗的构造及几何形状较复杂,不但要防止落差过大使烧结矿粉碎而影响料层的透气性,而且还要使其布在台车上的矿料粒度均匀而不产生偏析。给矿斗合理的设计是首先进行装料布料试验,再根据冷却机的工艺配置来确定料斗的结构和各部尺寸。矿料落下后对料斗磨损很严重,为防止磨损,在矿斗内壁上焊一些方格筋,使料存在筋槽内,形成料磨料的自磨料材。为防止矿斗受高温矿料烘烤变形,采取部分位置通水冷却。在矿料易磨部分,加高铬铸铁材板。在内部上侧设置矿料落下的缓冲台阶,下部做成梯形贮矿槽,在外部焊有数条加强筋。

给矿斗固定在烧结厂房平台上,另外,在出料端外部上方两处用螺栓吊挂。环式冷却机排矿斗主要是接受冷却后的矿料并排出,同时在矿斗内装有卸料曲轨。当台车运行到曲轨处,将矿料卸在矿斗内,料在斗内不停留,直接排到给矿机上,经胶带运输机运至后部工序。同给矿斗一样,为克服料对内壁的磨损,也在内壁上焊上许多隔板,使料贮留在板槽内,形成自磨料衬。排矿斗通过两点铰链和两点测压传感器支撑在台架上,这种支撑方法,使矿斗成一浮动状态,装料多少可通过测压传感器测量。

台车在卸料时有粉尘飞扬,所以要把排矿斗罩起来,罩子上开有除尘口,与系统除尘管道相通。在现代化设备中,排矿处还设置监控装置,观察台车在卸料区的运行情况。

为使冷却机运行平稳,支撑在卸料区段的回转框架,在卸料区内外侧设置托辊。宝钢冷却机,共有五个托辊,三个在外,两个在内。托辊轴心通过冷却机回转中心。

8. 轨道

环式冷却机的轨道分两部分,即水平轨道和卸料曲轨。内外各一条成环形。两条水平轨道相互平行,固定在骨架上,并支撑台车车轮所承受的荷重,使台车按其轨迹运行。曲轨除支撑台车外,还要使台车能顺利卸料和平稳返回到水平轨道上。为防止台车在曲轨区域运行时出现掉道脱轨,还设置与曲轨轨迹相似的两条护轨。台车在卸料区的运动,是台车绕环式冷却机垂直中心线公转和台车绕球铰轴承转轴自转的合成,轨迹是两条空间曲线,设计时应尽量简化曲线的形状,少用过多的弧线,以减少制造难度。沿台车行进方向曲轨下降角度一般取30°左右,上升倾角取在45°左右,最大不要超过60°。

9. 散料收集与双层阀

环式冷却机的散料主要是装料时沿台车箅板空隙落下的,还有一些是台车运行鼓风过程中落下的。大量散料集中在给矿部和靠近给矿部。给矿部的散料通过设在下部的散料收集斗收集和排除。在鼓风区域内,由风箱收集散料,通过设在风箱下的双层阀贮存并定时排出。

双层阀由上阀和下阀组成,阀座也是两个。阀体呈圆锥体,一般采用球墨铸铁材质制作。阀座与阀体接触面进行机加工,并在阀座加工面处用橡胶圈密封。阀体的启闭是由气缸通过连杆自动控制,但也可手动操作。设计时要具备两种控制操作功能。上下阀体始终处于一开一闭位置。散料不排出时,下阀体处于关闭位置,上阀体处于开启位置。排料时,上阀体先行关闭,然后下阀体打开,将料排出。这样开关制度能保证散料的收贮和排出,并能保证风不从风箱下口和双层阀外漏。

## 四、其他烧结主要设备

### (一) 单辊破碎机

从烧结机卸出的大块热烧结矿,采用单辊破碎机进行破碎到150 mm以下,现将其结构介绍如下。

1. 传动装置

安装在主轴上的破碎齿辊，由交流电动机通过安全联轴节和齿轮减速装置传动。由于破碎机经常处在负荷的情况下启动，也为了适应烧结机的不均匀卸料，传动装置通常选用高启动转矩的交流电动机。安全联轴节主要有摩擦式联轴节和液力偶合器。

2. 齿辊的水冷结构

由于是破碎温度高达800～1000℃的烧结矿，因此在破碎区域内的每一部件，都必须由耐高温、抗磨损的材料制成。例如采用高碳或高铬合金钢铸造的轴套和齿辊，或堆焊高碳高铬合金的硬化层，但它们的寿命仍然很短。当齿辊的温度达到500℃左右，齿辊的硬度降低，处理量达到35～40万t烧结矿时就要更换，致使烧结机作业率显著降低。

为了延长破碎机齿辊的寿命，采用了通水冷却结构。同一台破碎机，在齿辊和箅板通水冷却之后，寿命可以延长2倍以上。

单辊破碎机的齿辊一般沿轴向有多排齿，每排齿沿圆周同一截面处均布3～4齿，齿辊沿圆周均匀地焊在主轴上。在三排齿的结构中，为了利于破碎物料，相邻的齿辊沿圆周错开60°安装。

图1.3-26为宝钢烧结机采用的水冷齿辊结构。从旋转接头8来的冷却水，从给水管9通过通道7流入直沟5，遇到隔板12后，冷却水就从进水管14流入齿辊冷却腔16，然后通过排水孔15进入直沟5。依此顺序循环下去，冷却水流入下一个齿辊冷却腔，全部齿辊冷却完毕，冷却水就通过通道6以及长孔3与给水管9之间的排水通道，最后从旋转接头8排出。这种结构的主要优点是：加工冷却水通道技术简单，检修安装容易，齿辊寿命长。

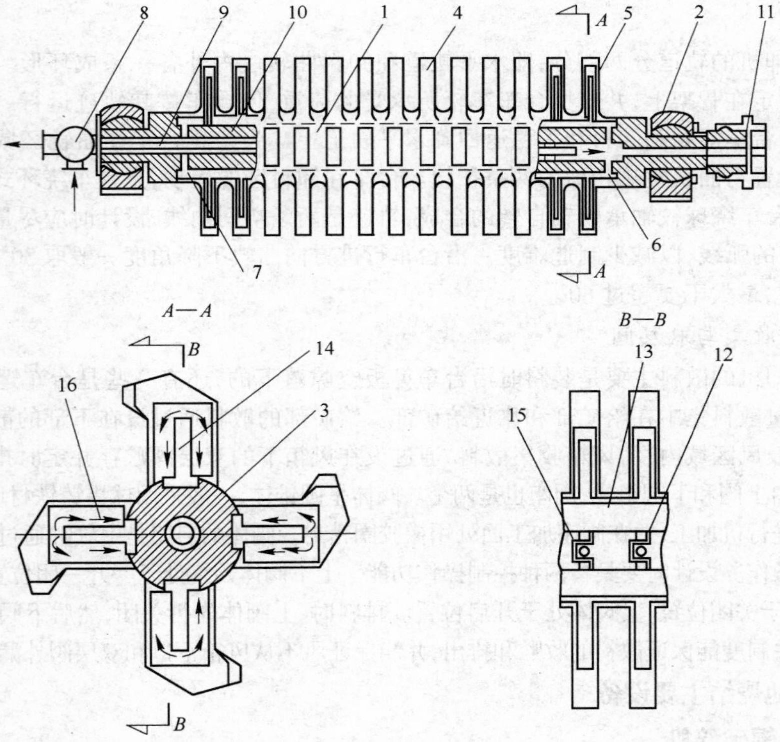


图1.3-26　齿辊水冷结构

1—主轴；2—轴承；3—长孔；4—齿辊；5—直沟；6、7—冷却水通道；8—旋转接头；9—给水管；10—隔离环；11—螺塞；12—隔板；13—盖板；14—进水管；15—排水孔；16—冷却腔

图 1.3-27 为日立造船公司采用的水冷式齿辊结构。在主轴 1 的两端分别设置给水孔 2 和排水孔 3，在主轴 1 的外周，设置连通给水孔 2 和排水孔 3 的冷却水通道 4。齿辊由铸钢制成中空结构，内部设置形成冷却水通道的隔板 6。齿辊表面堆焊高碳高铬合金硬化层。冷却水从给水孔 2 经通道 $4R$ 流入齿辊一侧的通道 $8R$，在冷却齿辊后，通过齿辊另一侧的通道 $8S$ 后从通道 $4S$ 排出，然后再流入下一个齿辊。如此循环下去，最后冷却水从排水孔 3 排出。这种结构的优点是：齿辊使用寿命达到 110 天（处理量 85～100 万 t 以上）；齿辊的更换是切除旧的而焊上新的，所以修理和更换容易；加工冷却水通道的技术简单，齿辊安装容易。

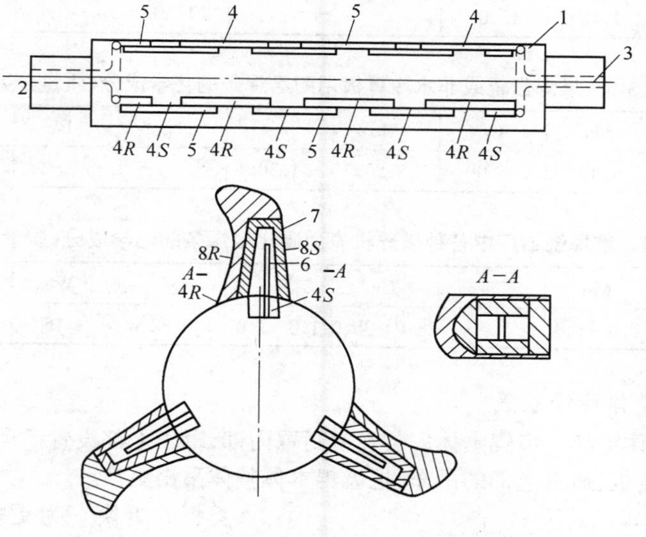


图 1.3-27　齿辊水冷结构

1—主轴；2—给水孔；3—排水孔；4、5—冷却水通道；6—隔板；7—齿辊；8—冷却腔

3．算板的水冷结构

算板在最高温条件下工作且是磨损最厉害的部件，因此也采用了水冷结构，并制成前后对称的形状，以便于前后位置更换，延长使用时间。此外，在磨损严重的算板面上，安装耐热耐磨衬板或堆焊耐热耐磨合金硬化层。图 1.3-28 为日立造船公司采用的算板水冷结构。算板用一般钢材焊接组成，中空部安装隔板 4 构成冷却水通道 3，两端部都设有外部法兰 1 和内部法兰 2，冷却水从给水管 6 给入，通过隔板下部的通道，最后由排水管 7 排出。为了使算板获得充分的冷却，在冷却水排出的过程中，将排水口的高度设置在高于冷却面的最高高度。

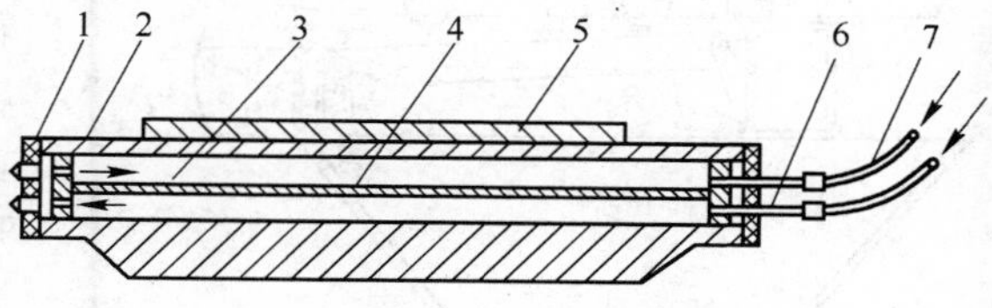


图 1.3-28　日立造船水冷算板结构

1—外部法兰；2—内部法兰；3—冷却水通道；4—隔板；5—耐磨层；6—给水管；7—排水管

4．齿辊和算板表面硬化层的堆焊

齿辊和算板表面硬化层堆焊的厚度，根据各个部位的磨损程度而不同。例如日立造船公司设计制造的大型单辊破碎机，齿辊堆焊厚度最大的部位约 55 mm，最薄的部位为 5 mm。算板堆焊最厚的部位为 50 多毫米，最薄的部位也为 5 mm。采用高碳高铬焊条，如 C4.5%、Cr32.5% 和 Mo0.7% 的焊条，在堆焊厚度大的部位采用电渣焊，厚度小的部位采用手工焊。日本富士工业所

松山工厂采用自制的专用焊条，分别以浇注法和手工焊进行堆焊。即厚度小的部位用手工焊，厚度大的部位用浇注法。在浇注前，利用锥形碳棒将母体材料预热到600～800℃。因为钢水冷却后收缩大，所以分成几次浇注，每次浇注厚度约10 mm。焊后进行退火处理，最后进行水压试验，压力为0.74 MPa。表1.3-7、表1.3-8和表1.3-9是该厂自制的用于堆焊单辊破碎机齿辊和箅板的耐磨堆焊焊条以及表面硬化层堆焊焊条的化学成分。

**表1.3-7　堆焊水冷箅板用耐磨焊条的化学成分**(质量分数/%)

| C | Si | Mn | Cr | Mo | V | Ni | P | S | 硬度HS |
|---|---|---|---|---|---|---|---|---|---|
| 2.80 | 1.50 | 1.10 | 15.00 | | | 1.10 | | | 63～67 |

**表1.3-8　堆焊齿辊或非水冷箅板用耐磨焊条的化学成分**(质量分数/%)

| C | Si | Mn | Cr | Mo | V | Ni | P | S | 硬度HS |
|---|---|---|---|---|---|---|---|---|---|
| 5.50 | 1.50 | 1.10 | 28.00 | 1.50 | 1.50 | | | | 68～72 |

**表1.3-9　堆焊烧结厂中各种破碎机表面硬化层焊条的化学成分**(质量分数/%)

| C | Si | Mn | Ni | Cr | Mo | V | W | Fe | 硬度HS |
|---|---|---|---|---|---|---|---|---|---|
| 4.5～5.5 | 1.0～1.5 | 0.5～1.0 | | 28.0～30.0 | 1.0～2.0 | 1.0～2.0 | <15 | | 65～70 |

## 5. 破碎机的整体检修装置

齿辊本体的整体更换　齿辊本体安装在密封罩内部，罩子上部设置活动盖板，更换齿辊本体时，打开上部活动盖板，通过上部的吊车，把齿辊本体整体吊出更换。

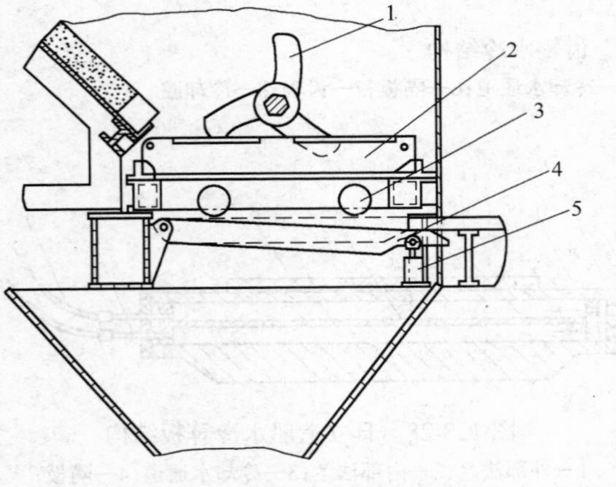

图1.3-29　箅板整体更换装置

1—齿辊；2—箅板；3—移动台车；4—活动轨道；5—千斤顶

箅板的更换　为更换箅板方便，将箅板安装在可移动的台车上。这种架体结构的台车，一方面可以变动破碎部分的位置，使箅板磨损均匀；另一方面是在箅板更换检修时，可以通过专门设置的卷扬机构，方便地将台车和箅板从密封罩内拉出。箅板更换检修完毕后，再将台车和箅板一起拉进工作位置。箅板工作时，台车必须固定，而且台车车轮也要离开轨道，以减轻台车车轮的负荷。图1.3-29为宝钢采用的箅板整体更换装置。箅板2装在可移动的台车3上，台车通过底座支撑在两端的支撑架上。台车底部设置活动轨道4，它的一端通过销子铰接在内面的底座上，另一端则由安装在基础上的千斤顶5来支撑。当破碎机工作时，可通过千斤顶5使活动轨道4离开台车车轮，使台车支撑在支撑座上。当台车需拉出时，则通过千斤顶5将活动轨道4抬高，使台车车轮与活动轨道4接触，并使台车离开支撑座。这时，由于活动轨道4与固定轨道接合，就可以通过专设的移动装置，将台车从罩子内拉出来进行检修或更换箅板。这种装置的优点是：

(1) 仅用千斤顶使活动轨道上下移动，台车就可以处于拉出或固定状态。移动和固定台车的操作简单迅速，作业率显著提高。

(2) 在没有高温的空间进行检修,所以检修操作安全、时间短、效率高。

**(二) 成品振动筛**

由于烧结矿的特点是温度高和磨损性大,因此,用于筛分烧结矿的振动筛,不论在材质的选用上,还是在设备的结构上,都必须满足这些条件。

1. 电动机直接驱动的振动筛

20 世纪 70 年代以来,前苏联一些烧结厂将三角皮带传动的振动筛改为由挠性联轴节直接传动。日本、前西德等国一些振动筛制造厂家都广泛采用了橡胶挠性联轴节或万向联轴节取代三角皮带传动方式。图 1.3-30 为日本川崎重工制造的用于烧结矿的圆运动轨迹振动筛,这种橡胶挠性联轴节(或万向联轴节)允许在空间有六个自由度,基本上消除了振动筛的扭摆力矩。在用于烧结矿整粒筛分的直线运动轨迹的振动筛中,也广泛采用双电机直接驱动,从而取消了传动的齿轮箱,简化了润滑问题,维护检修简单。

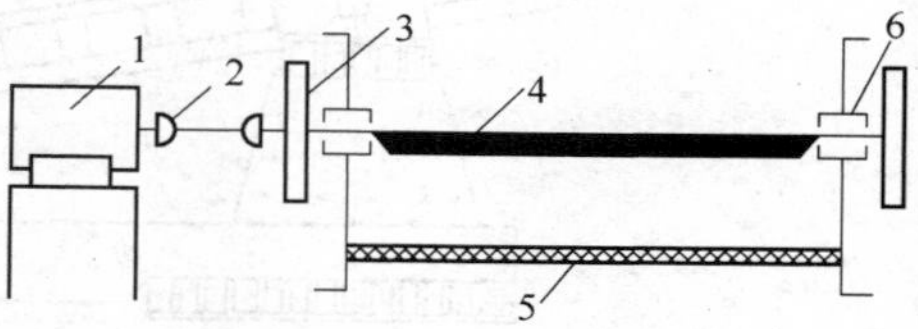


图 1.3-30　电动机直接驱动的振动筛

1—电动机;2—橡胶挠性联轴节;3—偏心轮;4—偏心轴;5—筛网;6—轴承

2. 激振器

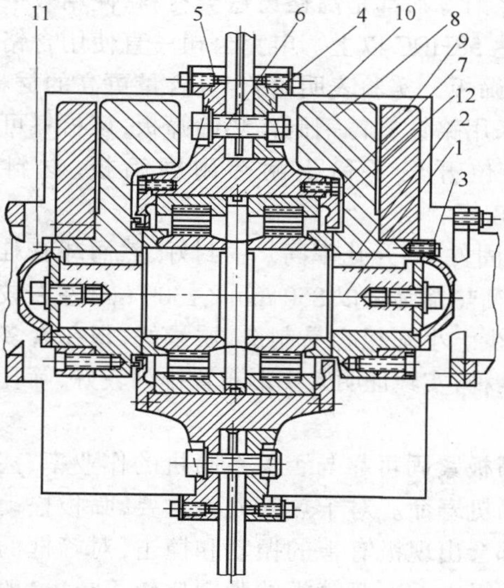


图 1.3-31　前西德维达格公司激振器

1—轴;2—键;3—端盖;4—压紧环;5—轴承座;6—螺栓;7—轴承;8—固定偏心块;9—可调偏心块;10—罩子;11—万向联轴节连接法兰;12—密封

图 1.3-31 为前西德维达格公司生产的激振器,这种激振器由一根支撑在两个滚柱轴承上的短轴组成。轴和轴承安装在高强度的轴承座内,轴承座两端采用迷宫式密封,在多尘的地方,这种激振器的优点是:

(1) 采用滚柱轴承,用干油润滑,结构简单,造价便宜;

(2) 短轴选用较好的材质,在工作负荷下仅产生较小的挠曲,因而在支撑处不会由于侧压产生过负荷,轴承寿命长;

(3) 每个激振器的两端各有一个由两部分组成的扇形偏心块,主要偏心块用键固定在轴上,可调偏心块用螺栓固定在固定偏心块上。调整可调偏心块的固定位置,就可以根据生产要求,把筛子调整到适当的工作条件。

3. 减振系统

振动筛常用的减振方案有一次减振和二次减振两种。二次隔振是在一次隔振弹簧下面再加一个隔振质量(减振架)和二次隔振弹簧来减振。二次减振架是一个大结构件(见图 1.3-32),为了运输方便,常设计成分体结构。对称的二扇侧架用中间横梁连成一体。减振元件通常为金属螺旋弹簧或金属橡胶复合弹簧。由于复合弹簧具有可靠性高、噪声低、减振效果好的优点,近年来在大型冷筛上获得了广泛应用。

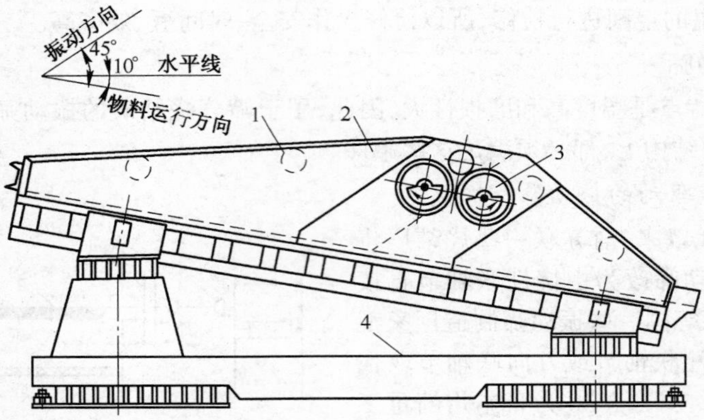


图 1.3-32 激振器偏移式振动筛

1—撑梁;2—筛箱;3—激振器;4—二次隔振架

4. 筛板及其紧固装置

筛板是振动筛的主要工作部件,属易损件。要求筛板有足够的强度、耐磨性和最大的有效面积,筛孔不易堵塞,开孔率尽可能高。紧固装置要紧固可靠,装拆方便。

铸造冷筛筛板常用的材料是耐磨铸铁或铸钢。宝钢冷筛都是高铬铸铁类材料,使用效果较好。筛板直接铸成成品,不经加工使用,表面硬度高达 58HRC 以上。申克公司一直使用含铬质量分数 18%、镍质量分数 5% 的耐热耐磨铸钢做热筛筛板。实验表明,用合金含量更高的材料,效果并不好,或者易裂,或者成本太高。国内长期以来用铬锰氮铸钢制作热筛筛板,该材料可加工、可焊接,缺点是铸造流动性差。近年来有单位开发了稀土耐热耐磨筛板,材料为 ZG14Cr21MnSNi4SiZNRE,可加工、可焊接,使用效果较好。

关于筛板的尺寸有几种观点:大的筛板需要的紧固件少、开孔率高。密封好,然而却有难以铸造、更换和易裂的缺点。小的与此正相反。综合权衡热筛筛板以 850 mm×1300 mm 左右较合适。冷筛筛板可以小些,因为它紧固方便,出现问题少。小筛板容易制造,质量好,现在大多用 500 mm×600 mm 左右的。筛孔的排列方式可以有几种,实践证明人字形布置排列较好,筛孔堵塞少。

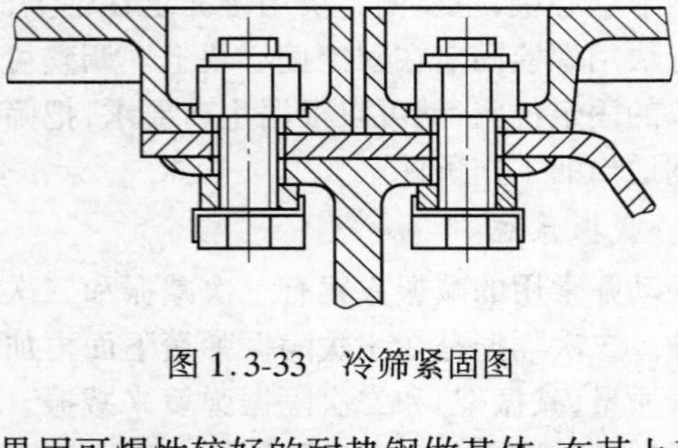

图 1.3-33 冷筛紧固图

筛板紧固可靠与否关系筛机的作业率,甚至影响筛机寿命。对于热筛尤为重要,筛板松动筛机内部会出现极有害的振动和撞击,对筛框的寿命影响极大。冷筛筛板的紧固比较简单,一般都是用螺栓紧固,只要正确拧紧和防松措施适当,一般不会松动。图 1.3-33 是宝钢冷筛的紧固方式,其螺栓是全螺纹的,梁上的斜垫带有螺纹孔,装筛板前将螺栓从底部拧入,并用止动垫防止回转。如果用可焊性较好的耐热钢做基体,在其上表面堆焊一层耐磨材料,做成筛板,这种冷矿筛筛板的寿命将为普通筛板寿命的六倍以上。

5．移动小车

现在烧结厂中，为了最大限度地提高全系统作业率，大型冷热矿筛基本都带有检修移动小车。检修时将筛机开至检修位置，备用筛由检修位置开至工作位置。移动小车一般由车体、车轮组、传动装置等组成。为了便于运输，车体常设计成分体结构。车轮组及传动装置类似于起重机行走机构。车架是二体的，在中间用高强度螺栓和夹板联成一体，摆线针轮减速机直联电机、制动器、联轴器构成驱动装置，车轮组中采用滑动轴承、干油润滑，车体上面装有弹簧支座、漏斗支座和检修台架，并附有夹轨的锚固装置。在筛机起动、停车及正常工作的整个过程中，车轮始终承受全部负荷，轮压大，因而轮径较大。

## 五、主要烧结设备的选择与计算

### （一）圆筒混合机

1．混合时间的计算

混合时间的计算见下式：

$$t = \frac{L_e}{\pi D_e N \tan\nu} \tag{1.3-1}$$

或

$$N = \frac{L_e}{\pi D_e t \tan\nu} \tag{1.3-2}$$

式中　$t$——混合时间，min；

$L_e$——混合机的有效长度(图1.3-34)，$L_e = L - 1 \pm 0.5$，m；

$L$——混合机实际长度，m；

$D_e$——混合机的有效内径，$D_e = D - 0.1$，m；

$D$——混合机的实际内径(图1.3-35)，m；

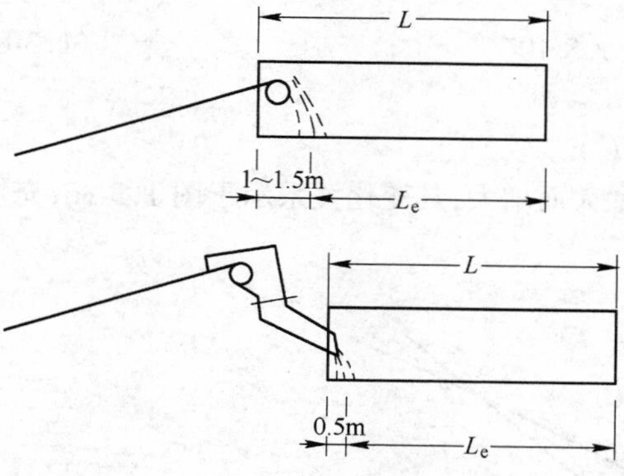


图1.3-34　混合机的有效长度 $L_e$

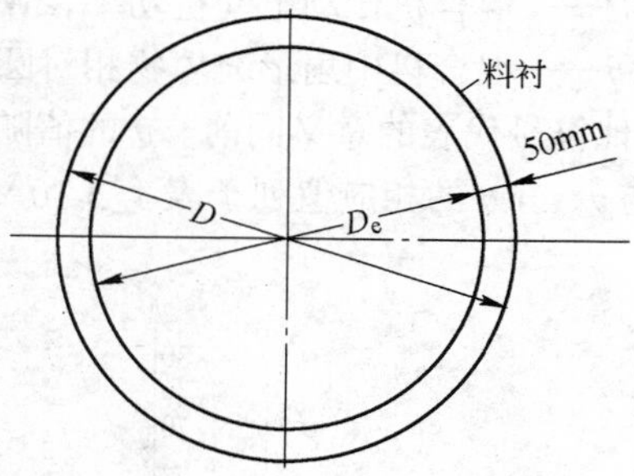


图1.3-35　混合机的有效内径 $D_e$

$N$——混合机转速，r/min：

$$N = aN_c = a\frac{42.3}{\sqrt{D_e}} \tag{1.3-3}$$

$a$——混合机转速与临界转速之比；

$N_c$——混合机临界转速，r/min；

$\nu$——前进角度，(°)：

$$\tan\nu \approx \sin\nu = \frac{\sin\alpha}{\sin\phi}$$

$\alpha$——混合机倾角,(°);

$\phi$——物料安息角,(°)。

有的国家用 Zablotory 公式计算:

$$t = \frac{L}{0.735\pi DN}\left(\frac{\phi}{\alpha}\right)^{0.85} \tag{1.3-4}$$

式中符号意义与上式相同,用式 1.3-4 计算得出的 $t$ 值一般较式 1.3-1 大 10%~15%。

2. 填充率的计算

填充率的计算如下:

$$\Psi = \frac{Qt}{0.471\gamma L_e D_e^2} \tag{1.3-5}$$

$$L_e = \frac{Qt}{0.471\gamma\varphi D_e^2} \tag{1.3-6}$$

式中 $\Psi$——混合机填充率,%;

$Q$——设备设计的峰值给料量,t/h;

$\gamma$——混合料的堆密度,$t/m^3$。

其他符号同前式。

3. 混合机规格的确定

由公式 1.3-2 和式 1.3-3 可得:

$$L_e^{\cdot} = 42.3\pi\alpha\sqrt{D_e}\,t\tan\nu \tag{1.3-7}$$

将式 1.3-6 与式 1.3-7 联立即可得出 $L_e$ 及 $D_e$ 的值,从而确定混合机的直径 $D$ 和长度 $L$。

4. 混合机传动电动机功率的计算

根据经验公式:

$$P = 80D^3\sin^3\theta NL\gamma\times10^{-3} \tag{1.3-8}$$

式中 $P$——混合机传动电动机功率,kW;

$\theta$——混合机中扇形充填物相对圆心角之半,(°)。

其他符号代表的意义同前。$\theta$ 的值随着充填率增大而增大,其变化关系示于图 1.3-36,充填率 $\Psi$ 与 $\theta$、$\sin^3\theta$ 的相应值列于表 1.3-10。

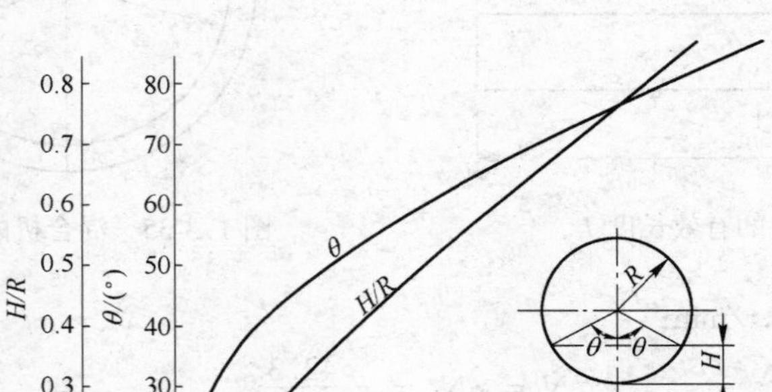

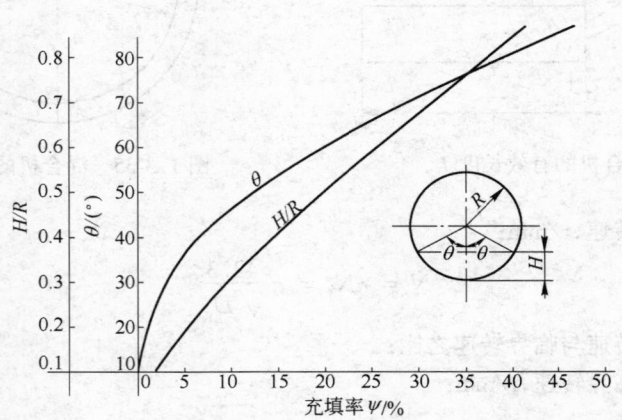


图 1.3-36 $\theta$ 与 $\Psi$ 关系曲线

**表 1.3-10　Ψ、θ 和 $\sin^3\theta$ 相应值**

| Ψ/% | θ/(°) | $\sin^3\theta$ 值 |
|---|---|---|
| 5 | 36.5 | 0.21 |
| 6 | 39 | 0.249 |
| 7 | 41 | 0.282 |
| 8 | 43 | 0.317 |
| 9 | 45 | 0.354 |
| 10 | 46.5 | 0.381 |
| 11 | 48 | 0.410 |
| 12 | 50 | 0.449 |
| 13 | 51.5 | 0.480 |
| 14 | 53 | 0.510 |
| 15 | 54 | 0.529 |
| 16 | 55.5 | 0.559 |
| 17 | 57 | 0.591 |
| 18 | 58 | 0.610 |
| 19 | 59.5 | 0.641 |
| 20 | 60.5 | 0.659 |

日本圆筒混合机有关设计参数参见表 1.3-11。

**表 1.3-11　圆筒混合机有关设计参数**

| 项　目 | 单　位 | 一次混合机 | 二次混合机 | 合并型混合机 |
|---|---|---|---|---|
| 混合时间 $t$ | min | 1～3 | 2～4 | 3～5 |
| 充填率 Ψ | % | 10～20① | 8～15 | 10～15 |
| 圆筒转速/临界转速 | r/min | 4/100～6/100 | 3/100～5/100 | 3/100～4/100 |
| 倾斜度 α | (°) | 2.29～3.43 | 1.72～2.86 | 1.72～2.29 |
| 长径比 $L/D$ | | 3～4 | 3～5 | 4～5.5 |
| 物料堆密度 γ | $t/m^3$ | | 1.8 ± 0.2 | |
| 物料安息角 φ | (°) | | 35±5① | |

① 一般小于 15%；当计算混合时间时 $\varphi=35°$；计算电动机功率时 $\varphi=(35+5)°$。

## （二）烧结机

这里以鲁奇型烧结机为例确定台车宽度、烧结机长度、烧结机的速度、风箱的布置以及驱动电机功率。

### 1. 烧结机台车宽度的确定

烧结台车宽度要与有效烧结面积相适应，也要与单辊破碎机的长度相一致。当烧结台车的宽度一定时，烧结面积随烧结机长度的增长而增大，台车的阻力亦增大，对链轮的刚度要求也就越高。因此，一定宽度的烧结台车只能适应于一定范围的烧结面积。由于台车宽度与单辊破碎机的长度是一致的，对于一定的台车宽度，烧结机长度越长单辊破碎机的转数越高，寿命越短。要综合以上两个方面的因素确定烧结机适宜的长宽比。过去设计采用的长宽比较低，一般为 20 左右。随着生产技术的发展，4 m 和 5 m 宽的台车，长宽比分别可达 32 与 28，烧结机的跑偏问题是能够控制的。表 1.3-12 列出了日立造船公司提出的烧结机台车宽度与最大烧结面积的关系。表 1.3-13 列出了前德国鲁奇公司和日立造船公司推荐的长宽比以及他们已经制造的不同台车宽度相应的最大的烧结机。

**表 1.3-12 日立造船公司提出的烧结机台车宽度与最大烧结面积**

| 台车宽度/m | 烧结机最大长度/m | 最大烧结面积/$m^2$ | 烧结机有效长度/台车宽度 |
|---|---|---|---|
| 2.0 | 48 | 96 | 24 |
| 2.5 | 60 | 150 | 24 |
| 3.0 | 84 | 252 | 28 |
| 4.0 | 128 | 512 | 32 |
| 5.0 | 140 | 700 | 28 |
| 6.0 | 152 | 912 | 35 |
| 6.5 | 154 | 1000 | 24 |

**表 1.3-13 鲁奇公司和日立造船公司推荐的烧结机长宽比**

| 台车宽度/m | 烧结面积/$m^2$ | 有效机长度/台车宽度 | 日立造船公司制造的最大烧结机/$m^2$ | 鲁奇公司制造的最大烧结机/$m^2$ |
|---|---|---|---|---|
| 3 | ≤200 | ≤22 | 183 | 258 |
| 4 | ≤400 | ≤25 | 320 | 400 |
| 5 | ≤700 | ≤28 | 600 | 400 |

目前烧结机的台车宽度有 2 m;2.5 m;3 m;3.5 m;4 m;5 m 几种。

2. 烧结机长度的确定

烧结机的长度由三部分组成:

$$L = L_x + L_s + L_y \tag{1.3-9}$$

式中 $L$——烧结机星轮中心距,m;

$L_x$——头部星轮中心至风箱始端距离,m;

$L_s$——烧结机有效长度,m;

$L_y$——风箱末端至尾部星轮中心距,m。

$L_s$ 的数值由烧结机面积和台车宽度计算得出。$L_x$ 及 $L_y$ 的数值随台车宽度、尾部摆架形式、烧结机的布料方式以及头尾密封板的长度不同而变化。

台车宽度为 3 m 的烧结机,尾部多数采用摆动架,其 $L_x$ 和 $L_y$ 的数值如图 1.3-37 所示。图中 $x$ 值在单层布料及机头采用一组密封板的情况下为最小值,等于 2.5 m,如采用双层布料或头部设置多组密封板时,则 $x$ 值需加大。$y$ 值当尾部为一组密封板时为最小值,等于 1.475 m,当设置多组密封板时需加大 $y$ 值。

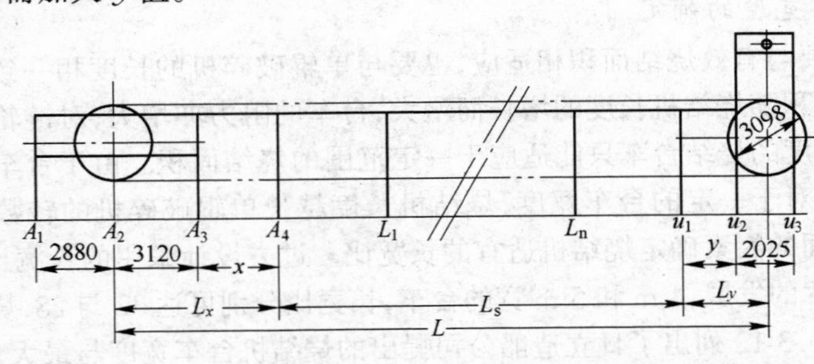


图 1.3-37 台车宽度 3 m 机尾为摆架结构的烧结机长度参数

图 1.3-38 示出台车宽度 4 m,尾部设摆架的烧结机的长度参数,图中 $x$ 的最小值为 3.375 m,$y$ 的最小值为 1.8 m。

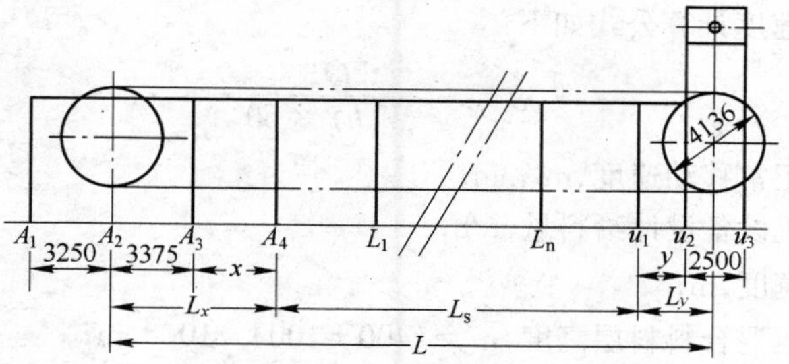


图 1.3-38　台车宽度 4 m 尾部设摆架的烧结机长度参数

图 1.3-39 为尾部设移动架台车宽度为 4～5 m 的烧结机长度参数，对于台车宽度 4 m 的烧结机，$x$ 的最小值为 3.375 m，对于台车宽度 5 m 的烧结机，$x$ 的最小值为 4.125 m。此时两者 $y$ 的最小值相等，等于 2.8 m。

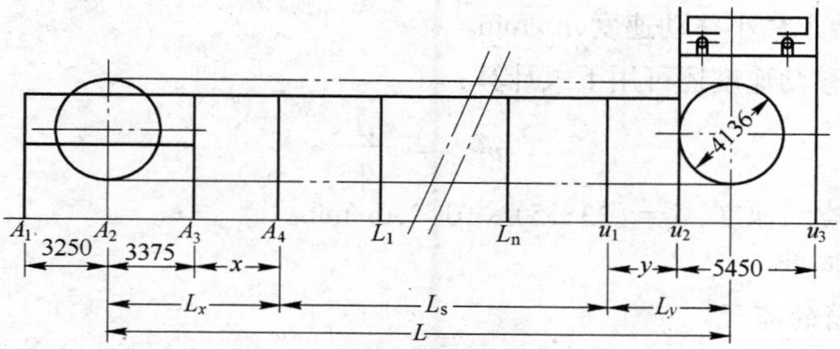


图 1.3-39　台车宽度 4～5 m 尾部设移动架的烧结机长度参数

烧结机尾部的结构形式主要取决于烧结机的有效长度 $L_s$，当 $L_s<70$ m 时；采用摆动架，当 $L_s \geqslant 70$ m 时，采用移动架。

按照上述的方法计算出来的烧结机长度还需要进行调整，应满足下式的要求：

$$\frac{(L-c)\times 2}{L_p} = 整数 \tag{1.3-10}$$

式中　$c$——常数，m；

$L_p$——台车长度，m。

$c$ 值随星轮直径不同而异，$L_p$ 值随台车宽度不同而变化，表 1.3-14 列出了它们的数值。

**表 1.3-14　$c$ 值和 $L_p$ 值的变化**

| 台车宽度/m | $L_p$/m | $c$/m | $N_{po}$ |
|---|---|---|---|
| 3 | 1.0 | 0.245 | 10 |
| 4 | 1.5 | 0.35 | 9 |
| 5 | 1.5 | 0.35 | 9 |

3. 烧结机台车数与机速的确定

烧结机台车数由下式计算得出：

$$N_p = \frac{(L-c)\times 2}{L_p} + N_{po} \tag{1.3-11}$$

式中　$N_p$——烧结机台车数，个；

$N_{po}$——星轮上的台车数，个(见表 1.3-15)。

烧结机台车移动速度计算公式如下：

$$v_{s-n} = \frac{Q_n}{W_p h \gamma \times 60} \tag{1.3-12}$$

式中　$v_{s-n}$——台车正常移动速度，m/min；

$Q_n$——烧结机设备设计给料量，t/h；

$W_p$——台车宽度，m；

$h$——台车上混合料料层高度，$h = (400 \pm 100) \times 10^{-3}$，m；

$\gamma$——台车上混合料堆密度，$\gamma = 1.9 \pm 0.2$，$t/m^3$。

台车移动速度是可调节的，一般最大机速为最小机速的三倍。

$$v_{s-max} = v_{s-n} \div (0.7 \sim 0.8) \tag{1.3-13}$$

$$v_{s-max} : v_{s-min} = 3 : 1 \tag{1.3-14}$$

式中　$v_{s-max}$——台车最大移动速度，m/min；

$v_{s-min}$——台车最小移动速度，m/min。

烧结机台车的移动速度还可用下式计算：

$$v_{s-n} = \frac{v_f L_s}{h} \tag{1.3-15}$$

式中　$v_f$——垂直烧结速度，$v_f = (23 \pm 5) \times 10^{-3}$，m/min。

其他符号意义同前。

4. 烧结机风箱的布置

在有效长度内布置风箱，4 m长风箱为标准风箱，在每一机架间布置两个风箱，因此烧结机标准机架柱距为8 m。根据实际需要另设置3.5 m、3.0 m、2.5 m及2.0 m长的非标准风箱。

$$L_s = L_f + 4l + 3m + 2n \tag{1.3-16}$$

$$N_w = N_w' + l + m + n \tag{1.3-17}$$

式中　$L_f$——烧结机点火段长度，m；

$l$——标准风箱个数，个；

$m$——3 m长风箱个数，个；

$n$——2 m长风箱个数，个；

$N_w$——风箱个数，个；

$N_w'$——点火段风箱个数，个。

确定风箱个数以后再布置烧结机的中部机架。

5. 烧结机驱动电机功率的计算

在做可行性研究时可用下列经验公式估算烧结机传动电机功率：

$$P = A_s \times 10^{-1} \tag{1.3-18}$$

式中　$P$——电动机功率，kW；

$A_s$——有效烧结面积，$m^2$。

鲁奇型烧结机不同规格所配用的电动机功率列于表1.3-15。

**表 1.3-15 不同烧结面积的电机功率**

| 有效烧结面积/$m^2$ | 电动机功率①/kW |
|---|---|
| $130<A_s<200$ | 22 |
| $200<A_s<300$ | 30 |
| $300<A_s<350$ | 37 |
| $350<A_s<400$ | 45 |
| $400<A_s<500$ | 55 |
| $500<A_s<600$ | 75 |

① 标准直流电动机;电动机转速 300~900 r/min。

烧结机驱动电机功率的计算公式如下:

$$P = \frac{TN\rho_f}{0.974\eta_1} \tag{1.3-19}$$

式中 $T$——星轮驱动转矩,t·m;

$N$——星轮转速,r/min;

$\rho_f$——安全系数,通常取 1.2;

$\eta_1$——机械效率,通常取 0.72。

$$T = \frac{WR}{\eta_2} \tag{1.3-20}$$

式中 $W$——台车前进驱动力,t;

$R$——星轮节圆半径,m;

$\eta_2$——机械效率,通常取 0.9。

$$W = W_1 + W_2 + W_3 + W_4 + W_5 \tag{1.3-21}$$

式中 $W_1$——台车车轮滚动摩擦力,t;

$W_2$——台车车轮轴承摩擦力,t;

$W_3$——台车车轮轮缘与轨道摩擦力,t;

$W_4$——台车弹性滑道密封板间摩擦力,t;

$W_5$——提升台车所需的力,t。

$$W_1 = \frac{Gf}{R} \tag{1.3-22}$$

$$W_2 = \frac{G\mu_1 r}{R} \tag{1.3-23}$$

$$W_3 = \eta_f(W_1 + W_2) \tag{1.3-24}$$

$$W_4 = \mu_2 P' \tag{1.3-25}$$

$$W_5 = G\sin\alpha \tag{1.3-26}$$

式中 $G$——总负荷,t;

$f$——滚动摩擦系数,通常取 0.05;

$R$——台车车轮半径,cm;

$r$——车轮轴承半径,cm;

$\mu_1$——轴承摩擦系数,通常取 0.0025;

$\eta_f$——轮缘系数,通常取 0.25;

$\mu_2$——弹性滑道密封板摩擦系数,通常取 0.15;

$P'$——弹性滑道密封板的压力(指一辆台车),t;

$\alpha$——台车轨道的坡角,(°)。

烧结机上各处负荷不同，所受到的摩擦力也不同，计算时把烧结机分解为 $A$、$B$、$C$、$D$ 和 $E$ 五个带，如图 1.3-40 所示，$A$ 带由头部星轮中心至给料点，$B$ 带由给料点至风箱的始端，$C$ 带为烧结机的有效长度段，也即是有风箱的区段，$D$ 带由风箱末端至尾部星轮中心，$E$ 带为回车道区段。图中所示烧结机所受负荷有：

$a$——空台车的重量；

$b$——台车上物料的重量；

$c$——抽风压力；

$d$——轨道坡度产生的负荷；

$e$——回车道的空台车重量；

$f$——回车道坡度产生的负荷。

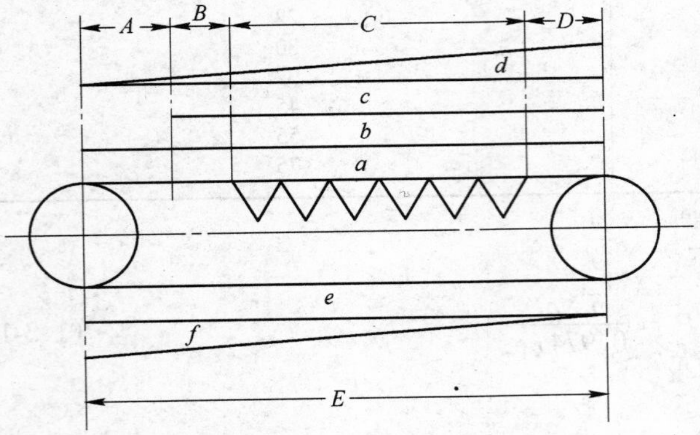


图 1.3-40　烧结机各带负荷示意图

烧结机台车驱动力 $W$ 为各带台车所需驱动力之和，即：

$$W = W_A + W_B + W_C + W_D + W_E$$

而

$$W_A = W_{1A} + W_{2A} + W_{3A} + W_{4A} + W_{5A}$$

$$W_B = W_{1B} + W_{2B} + W_{3B} + W_{4B} + W_{5B}$$

$$W_C = W_{1C} + W_{2C} + W_{3C} + W_{4C} + W_{5C}$$

$$W_D = W_{1D} + W_{2D} + W_{3D} + W_{4D} + W_{5D}$$

$$W_E = W_{1E} + W_{2E} + W_{3E} + W_{4E} + W_{5E}$$

式中，$W_A$、$W_B$、$W_C$、$W_D$ 和 $W_E$ 均按式 1.3-21、式 1.3-22、式 1.3-23、式 1.3-24、式 1.3-25、式 1.3-26 计算，仅各带的 $G$ 值因所受到的不同负荷而变化。

### (三) 烧结机的布料设备

烧结机布料设备包括混合料槽、铺底料槽和圆辊给料机等。

1. 混合料槽容积的确定

混合料槽容积由以下三个因素确定：

混合料从配料至烧结机台车上的运输时间(包括混合时间)，一般为 7～9 min。

烧结机台车上混合料的最大波动量，一般为 10%～15%。

为保证水分计测量的准确性，烧结机运转过程中混合料槽至少应保留一半容积的混合料量(参见图 1.3-41)。

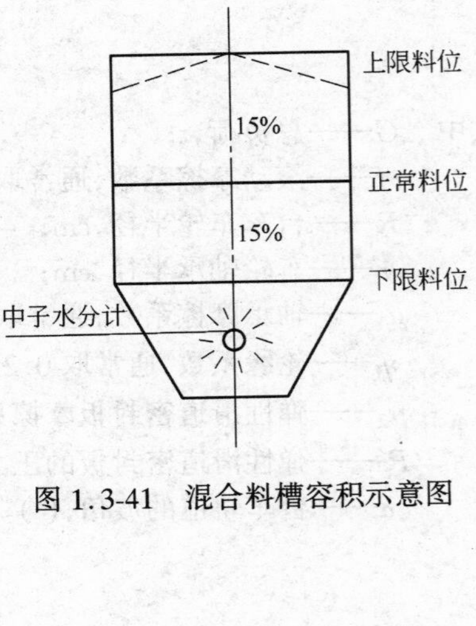


图 1.3-41　混合料槽容积示意图

$$t = 0.3T/0.5 \tag{1.3-27}$$

$$V_e = \frac{Q_n}{60\gamma}t \tag{1.3-28}$$

$$V_t = V_e/(0.85 \sim 0.9) \tag{1.3-29}$$

式中　$t$——混合料槽贮存时间，一般 4～6 min；

$T$——混合料的运输时间，min；

$V_e$——混合料槽有效容积，$m^3$；

$Q_n$——设计的混合料给料量，t/h；

$\gamma$——混合料堆密度，$\gamma = 1.8 \pm 0.2$，$t/m^3$；

$V_t$——混合料槽几何容积，$m^3$。

2．铺底料槽容积的确定

一般来说，铺底料槽贮存时间应等于烧结时间、冷却机冷却时间和铺底料运输时间之和。但对于鼓风冷却设备，由于冷却时间长，铺底料槽的贮存时间达 80 min 以上，从经济观点出发，尤其是对于大型烧结机，可以通过合理的操作方式适当减少贮存时间。

$$V'_e = \frac{Q'_n}{60\gamma'} t' \tag{1.3-30}$$

$$V'_t = V'_e/(0.75 \sim 0.8) \tag{1.3-31}$$

式中　$V'_e$——铺底料槽有效容积，$m^3$；

$Q'_n$——设备设计的铺底料量，$t/m^3$；

$\gamma'$——铺底料堆密度，$\gamma' = 1.7 \pm 0.2$，$t/m^3$；

$t'$——铺底料槽贮存时间，min；

对鼓风冷却设备，$t' = 60 \sim 80$ min；

对抽风冷却设备，$t' = 30 \sim 50$ min；

$V'_t$——铺底料槽几何容积，$m^3$。

3．圆辊给料机

圆辊给料机的规格包括圆辊的直径、长度、转速和驱动电机功率。如果单纯考虑生产能力，直径 1 m 的圆辊就可满足要求，但为了便于检修更换衬板，须要把直径加大。过大的直径又增加了机头混合料的落差，不利于改善料层透气性。大型烧结机圆辊给料机的直径通常为 1.25～1.5 m。圆辊的长度要与烧结台车的宽度相配合，因此也随着台车宽度的标准而变化，表 1.3-16 列出了鲁奇型烧结机圆辊给料机直径与台车宽度的相应关系。

**表 1.3-16　圆辊给料机的长度与直径**

| 烧结台车名义宽度 /m | 烧结台车顶面宽度 /m | 台车护算面宽度 /m | 圆辊给料机长度 /m | 圆辊给料机直径 /m | $c$ 值 |
|---|---|---|---|---|---|
| 3 | 3.09 | 2.96 | 3.04 | 1.0～1.3 | $23 \times 10^{-2}$ |
| 4 | 4.09 | 3.96 | 4.04 | 1.2～1.4 | $25 \times 10^{-2}$ |
| 5 | 5.13 | 5.0 | 5.08 | 1.3～1.5 | $27 \times 10^{-2}$ |

圆辊给料机的转速由下式计算确定：

$$N_n = \frac{Q_n}{k\pi D h W_a \gamma \times 60} \tag{1.3-32}$$

式中　$N_n$——圆辊给料机正常转速，r/min；

$Q_n$——设备设计的混合料给料量，t/h；

$k$——与圆辊中心线位置有关的系数，通常为 1.0～1.1。当圆辊中心线位于混合料槽中心线之前（沿烧结机前进方向）或两者重合时，$k$ 值取 1.0；当圆辊中心线位于混合料槽中心线之后时，$k$ 值取 1.1；

$D$——圆辊直径，m；

$h$——圆辊给料机开口度，$h=(70\pm30)\times10^{-3}$，m；

$W_a$——圆辊长度，m；

$\gamma$——混合料堆密度，t/m。

$$N_{max}=N_n/(0.7\sim0.8) \tag{1.3-33}$$

式中 $N_{max}$——圆辊给料机的最大转速，r/min。

圆辊给料机驱动电机功率由下式计算：

$$P=cW_aDN_{max} \tag{1.3-34}$$

式中 $P$——驱动电机功率，kW；

$c$——混合料槽系数，其值列于表 1.3-17。

其他符号意义同前式。

鲁奇型烧结机圆辊给料机驱动电机为直流电动机，转速 300～900 r/min，电机功率 $P$ 随着烧结台车宽度 $W_p$ 而变化：

| $W_p$/m | $P$/kW |
|---|---|
| 5 | 18.5 |
| 4 | 11～15 |
| 3 | 7.5 |

### （四）单辊破碎机

单辊破碎机的规格与烧结机是相适应的，主要取决于台车的宽度。表 1.3-17 列出了不同烧结机台车宽度的单辊破碎机规格。

**表 1.3-17 单辊破碎机规格**

| 台车宽度／m | 单辊直径／m | 单辊齿片数 | 算板算条数 | 齿片(条)中心距／mm | 驱动电机／kW | 检修起重机起重量／t |
|---|---|---|---|---|---|---|
| 3.0 | 1.6 | 11 | 12 | 270 | 55 | 15 |
| 4.0 | 2.0 | 14 | 15 | 290 | 110 | 30 |
| 5.0 | 2.4 | 16 | 17 | 320 | 150 | 60 |

单辊破碎机的驱动电机功率：

$$p=f_sf_i\times\frac{1}{T_s}\times F\times\frac{D}{3}\times\frac{N_c}{2}\times N\times\frac{1}{974\eta} \tag{1.3-35}$$

式中 $p$——驱动电机功率，kW；

$f_s$——安全系数，取 1.5；

$f_i$——动负荷系数，取 2.5；

$T_s$——电动机启动转矩与额定转矩之比，$T_s=1.5$；

$F$——每片齿的破碎力，试验得出 $F=1000$ kg；

$D$——破碎齿的直径，m；

$N_c$——破碎齿片数；

$N$——单辊破碎机转速，r/min；

$\eta$——机械效率，减速机和开式齿轮的总机械效率为 0.85。

将以上各数值代入式后得：

$$p = 5DN_cN \times 10^{-1} \tag{1.3-36}$$

## (五) 主抽风系统

1. 主风机

主风机风量的确定：

$$V_w = F_{aw}A_s$$

式中 $V_w$——主风机风量，$m^3/min$；

$F_{aw}$——单位烧结面积的平均抽风量，$F_{aw} = 90 \pm 10$，$m^3/min \cdot m^2$；

$A_s$——有效烧结面积，$m^2$。

主风机负压 $p = 17.64 \pm 1.96$ kPa，其中管道的阻力损失为 0.49 kPa，电除尘器阻力损失 ≤0.49 kPa，消音器阻力损失为 0.49 kPa，当料层高度为 500～550 mm，以富铁矿粉为主要原料时，风机负压可定为 15.68～16.66 kPa，料层加高至 600 mm 时，风机负压应定为 17.64 kPa。过高的负压会压紧料层使料层透气性恶化。

主风机的工作温度 $t_w = 140 \pm 10$℃。

主风机驱动功率用下式计算：

$$M = k\frac{AT_s}{\eta T_c} \tag{1.3-37}$$

式中 $M$——主风机驱动电机功率，kW；

$A$——理论空气动力，kW：

$$A = \frac{\gamma_s Q_s h_{ad}}{6120} \tag{1.3-38}$$

$k$——富裕系数，一般取 104%；

$\eta$——全压效率，一般取 85%；

$T_s$——废气温度，K；$150 + 273 = 423$ K；

$T_c$——低温条件，K；$80 + 273 = 353$ K；

$\gamma_s$——烧结废气密度，0.698 $kg/m^3$；

$Q_s$——抽风量，$m^3/min$；

$h_{ad}$——绝热压头，m：

$$h_{ad} = \frac{k'}{k'-1}RT_s\left[\left(\frac{p_{s2}+p_{d2}}{p_{s1}+p_{d1}}\right)^{\frac{k-1}{k}} - 1\right] \tag{1.3-39}$$

$k'$——系数，取 1.4；

$R$——气体常数，28.45 kg·m/kg·K；

$p_{s1}$——入口静压，Pa；

$p_{s2}$——出口静压，Pa；

$p_{d1}$——入口动压，Pa；

$p_{d2}$——出口动压，Pa。

2. 集气管直径的确定

$$D_{max} = \sqrt{\frac{4V_w}{60\pi V}} \tag{1.3-40}$$

式中　$D_{max}$——集气管的最大直径，m；

$V_w$——烧结烟气量，$m^3/min$；

$V$——集气管中烟气流速，设计中一般取 $V = 17 \pm 1$ m/s。

对于大型烧结机，为了节约钢材，集气管可做成阶段式，从烧结机尾向烧结机头直径不断加大，按照各段通过的风量确定其直径，计算时需要设定各风箱的烟气温度。图 1.3-42 和图 1.3-43 分别标出了 450 $m^2$ 和 600 $m^2$ 烧结机的风箱温度曲线，供设计参考。

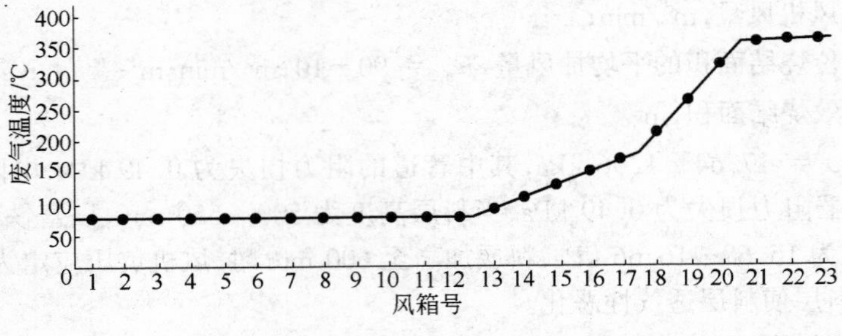


图 1.3-42　450 $m^2$ 烧结机风箱温度曲线

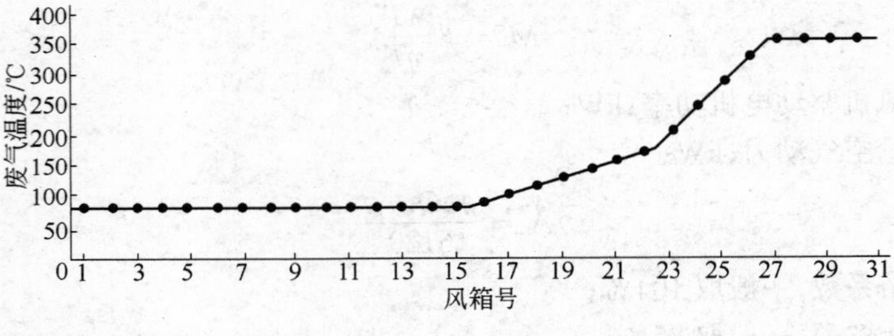


图 1.3-43　600 $m^2$ 烧结机风箱温度曲线

**（六）环式冷却机**

**1. 主要参数的计算**

$$A_c = \frac{Q_n t}{60 h \gamma} \tag{1.3-41}$$

$$D = \frac{A_c}{\pi w_t} + \frac{L_d}{\pi} \tag{1.3-42}$$

$$N_t = \frac{\pi D}{L_t} = 3n \tag{1.3-43}$$

式中　$A_c$——冷却机有效冷却面积，$m^2$；

$Q_n$——冷却机的设计生产能力，t/h；

$t$——冷却时间，抽风冷却约为 30 min，鼓风冷却约为 60 min；

$h$——冷却机料层高度，m；

$h = 1.4 \pm 0.1$ 鼓风冷却 $h$；

$h = 0.4 \pm 0.1$ 抽风冷却 $h$；

$\gamma$——烧结矿堆密度，$\gamma = 1.7 \pm 0.1$，$t/m^3$；

$D$——冷却机直径，m；

$w_t$——冷却机台车宽度，大型冷却机一般取 3.5～4.0 m；

$L_d$——冷却机无风箱段的中心长度，约 18～20 m；

$L_t$——台车中心处长度，约 2 m；

$n$——整数，每三个台车设有一个侧向挡轮，故台车数量应为三的倍数。

冷却机的转速：

$$v_{t-n} = \frac{60A_c}{\pi D w_t t} \tag{1.3-44}$$

$$v_{t-max} = v_{t-n}/(0.7 \sim 0.8) \tag{1.3-45}$$

式中　$v_{t-n}$——冷却机正常转速，r/min；

$v_{t-max}$——冷却机最大转速，r/min。

驱动电机功率：

$$p = \frac{TNS_f}{974\eta} \tag{1.3-46}$$

式中　$p$——驱动电机功率，kW；

$T$——驱动力矩，kg·m；

$N$——摩擦轮的转速，r/min；

$S_f$——安全系数，一般取 2；

$\eta$——机械效率，一般取 0.75。

$$T = \frac{1}{2}D_w(U_r + U_s) \tag{1.3-47}$$

$D_w$——摩擦轮的直径，m；

$U_r$——摩擦轮上需要的驱动力，kg：

$$U_r = \frac{U_m D_m}{D_r} \tag{1.3-48}$$

$D_m$——环冷机直径，m；

$D_r$——摩擦轮与摩擦片咬合点直径，m；

$U_m$——作用于台车中心总阻力，kg：

$$U_m = c_1 W + (f + \mu_1 r)\frac{W}{R} + 2\pi D_m \mu_2 p_1 \tag{1.3-49}$$

$c_1$——台车轮缘与轨道的摩擦系数，为 0.005；

$W$——转动部分总重量，kg；

$f$——滚动摩擦系数，为 0.05 cm；

$\mu_1$——轴承的摩擦系数，为 0.0025；

$r$——台车车轮轴承半径，cm；

$R$——台车车轮半径，cm；

$\mu_2$——台车侧板与冷却机罩密封板的摩擦系数，为 0.25；

$p_1$——单位长度密封板的压力，为 25 kg/m；

$U_s$——摩擦轮的摩擦阻力，kg：

$$U_s = U_{s1} + U_{s2} = \frac{2p(2f + 2\mu_1 r_1 + \mu_1 r_2)}{100D_w} \tag{1.3-50}$$

$U_{s1}$——摩擦轮的滚动摩擦阻力,kg;

$U_{s2}$——摩擦轮的滑动摩擦阻力,kg;

$p$——摩擦轮与摩擦片之间的压力,kg:

$$p = U_r / \mu_3$$

$\mu_3$——摩擦轮与摩擦片的摩擦系数,为0.15;

$r_1$——下摩擦轮轴承半径,m;

$r_2$——上摩擦轮轴承半径,m。

环式冷却机驱动电机功率的详细计算比较复杂,可以使用下面的经验公式计算:

$$p = 5A_c \times 10^{-2} \quad (1.3\text{-}51)$$

$$p = 2.5A_c \times 10^{-2} \times 2 \quad (1.3\text{-}52)$$

式1.3-51适用于设置一套驱动装置的电机功率,式1.3-52适用于设置两套驱动装置的电机功率,大型环式冷却机多设置两套或两套以上的驱动装置。由于环式冷却机卸料端台车及烧结矿沿曲轨向下运动,产生了一个水平推移的分力,因此要对传动装置作合理的布置,使冷却机受到的平移合力尽量接近于零。如图1.3-44所示,$F_0$为冷却机卸料处产生的平移分力,$f$为驱动力,则在$x$轴和$y$轴上的总和力为:

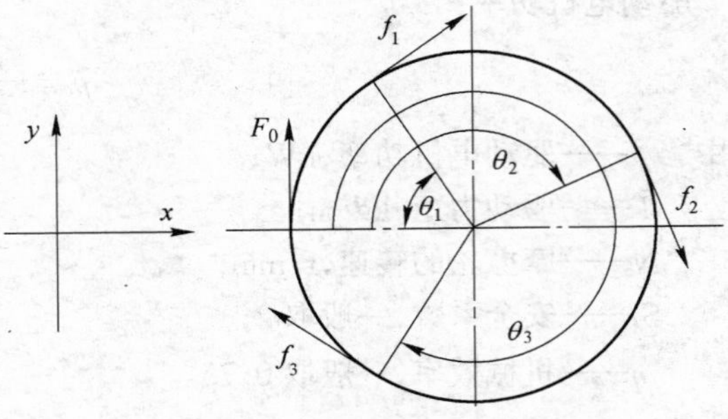


图1.3-44　环冷机平移力的分析

$$F_x = f_1\sin\theta_1 + f_2\sin\theta_2 + f_3\sin\theta_3 + \cdots$$

$$= f(\sin\theta_1 + \sin\theta_2 + \sin\theta_3 + \cdots)$$

$$= \sum f\sin\theta_i$$

$$F_y = F_0 + \sum f\cos\theta_i$$

$$i = 1,2,3,\cdots,n$$

当$n = 1$时(一套驱动装置):

$$\theta_1 = 180°$$

$$F_x = 0$$

$$F_y = F_0 - f$$

当$n = 2$时(两套驱动装置):

$$F_x = f(\sin\theta_1 + \sin\theta_2)$$

当$\sin\theta_1 + \sin\theta_2 = 0$时:

$$F_x = 0$$

则

$$\theta_1 = -\theta_2$$

$$F_y = F_0 + f(\cos\theta_1 + \cos\theta_2) = F_0 + 2f\cos\theta_1$$

由于

$$F_0 + 2f = N = u_m(\text{驱动力})$$

则

$$F_y = F_0 + (N - F_0)\cos\theta_1$$

当$F_y = 0$时:

$$\cos\theta_1 = \frac{-F_0}{N - F_0}$$

式中，$F_0$ 的数值是变化的，它与冷却台车和烧结矿的重量有关，也与卸料处曲轨的角度、烧结矿的落差有关，计算上相当复杂。日本若松烧结厂 610 $m^2$ 环式冷却机的 $F_0$ 大约为 0～6 t，宝钢 450 $m^2$ 环式冷却机的 $F_0$ 大约为 0～4 t。

2．冷却机风机

风量的确定：

$$V_c = \frac{V_{sc} Q_n}{60} \tag{1.3-53}$$

式中　$V_c$——冷却风机的风量，$m^3$/min(标态)；

$V_{sc}$——每吨给料量所需要的冷却风量，对鼓风式冷却机，选用 2000～2200 $m^3$(标态)，对抽风式冷却机，选用 3500 $m^3$(标态)。

风压的确定：

$$P = 130h\left(\frac{F_{sc}}{60}\right)^{1.67} \times 9.8 \tag{1.3-54}$$

$$P = 100h\left(\frac{F_{sc}}{60}\right)^{1.67} \tag{1.3-55}$$

式中　$P$—— 鼓风压力，Pa；

$h$—— 冷却机料层高度，m；

$F_{sc}$—— 单位冷却面积风量，$m^3/min \cdot m^2$(标态)：

$$F_{sc} = V_c / A_c$$

驱动电机功率的计算：

$$M = k\frac{AT_s}{\eta T_c} \tag{1.3-56}$$

式中　$M$——驱动电机功率，kW；

$k$——富裕系数，108%；

$A$——理论空气动力，kW：

$$A = \frac{Q_s[(p_{s2} - p_{s1}) + (p_{d2} - p_{d1})]}{6120} \times 9.8 \tag{1.3-57}$$

$Q_s$——风量，$m^3$/min；

$p_{s1}$——入口静压，Pa；

$p_{s2}$——出口静压，Pa；

$p_{d1}$——入口动压，Pa；

$p_{d2}$——出口动压，Pa；

$\eta$——全压效率，%；

$T_s$——风机设计温度，$T_s = 20 + 273 = 293$ K；

$T_c$——低温条件，273 K。

### （七）烧结矿的整粒设备

1．振动筛生产能力及驱动电机功率的计算

振动筛生产能力的计算：

$$A = \frac{Q}{LT\nu Hmsc\gamma} \tag{1.3-58}$$

式中　$A$——振动筛筛分面积，$m^2$：

$$A = s_w s_e$$

$s_w$——振动筛宽度，m；

$s_e$——振动筛长度，m；

$Q$——振动筛的设备设计能力，t/h；

$L$——筛分效率系数，见表 1.3-18；

$T$——单位筛分面积生产能力，$t/h \cdot m^2$，见表 1.3-19；

$\nu$——大于筛孔的粗粒影响系数，见表 1.3-20；

$H$——小于 1/2 筛孔的细粒影响系数，见表 1.3-21；

$m$——筛网层数系数，见表 1.3-22；

$s$——筛网系数，见表 1.3-23；

$c$——筛孔形状系数，见表 1.3-24；

$\gamma$——烧结矿堆密度，$t/m^3$。

对于热烧结矿振动筛，单位筛分面积的生产能力约 40～45 $t/h \cdot m^2$，热矿筛分面积至少也应为烧结面积的 10%。

常用的烧结矿成品筛的规格：筛宽：1.5 m、1.8 m、2.1 m、2.4 m、2.7 m、3.0 m。

**表 1.3-18　筛分效率系数**

| 筛分效率/% | (95) | 90 | 85 | 80 | 75 | 70 | (65) |
|---|---|---|---|---|---|---|---|
| $L$ | (0.8) | 1.0 | 1.2 | 1.4 | 1.55 | 1.7 | (1.85) |
| 筛分效率/% | (60) | (55) | (50) | (45) | (40) | (30) | |
| $L$ | (2.0) | (2.15) | (2.25) | (2.38) | (2.5) | (2.7) | |

注：表中有括号的数值随制造厂的不同有所变化，其他数值为各制造厂家通用值。

**表 1.3-19　单位筛分面积生产能力**

| 筛孔尺寸/mm | 2.5 | 3.0 | 5.0 | 6.0 | 10 | 13 | 15 | 20 |
|---|---|---|---|---|---|---|---|---|
| $T$ | 5 | 6 | 8.5 | 10 | 14 | 16 | 17 | 20 |
| 筛孔尺寸/mm | 30 | 40 | 50 | 60 | 70 | 80 | 100 | |
| $T$ | 23 | 27 | 31 | 34 | 37 | 40 | 45 | |

**表 1.3-20　大于筛孔的粗粒影响系数**

| 给料中大于筛孔粒级含量/% | 0 | 10 | 20 | 30 | 40 |
|---|---|---|---|---|---|
| $\nu$ | 0.91 | 0.94 | 0.97 | 1.03 | 1.09 |
| 给料中大于筛孔粒级含量/% | 50 | 60 | 70 | 80 | 90 |
| $\nu$ | 1.18 | 1.32 | 1.55 | 2.0 | 3.36 |

**表 1.3-21 小于 1/2 筛孔的细粒影响系数**

| 给料中小于 1/2 筛孔粒级含量/% | 0 | 10 | 20 | 30 | 40 |
|---|---|---|---|---|---|
| $H$ | 0.2 | 0.4 | 0.6 | 0.8 | 1.0 |
| 给料中小于 1/2 筛孔粒级含量/% | 50 | 60 | 70 | 80 | 90 |
| $H$ | 1.2 | 1.4 | 1.6 | 1.8 | 2.0 |

**表 1.3-22 筛网层数影响系数**

| 筛网层数系数 | 单层筛 | 双层筛 | 三层筛 |
|---|---|---|---|
| $m$ | 1.0 | 0.9 | 0.75 |

**表 1.3-23 筛网系数**

| 筛网种类 | 钢板冲孔 | | 金属编织网 | 拉制金属网 | 铸钢筛网 | 固定筛或棒条网 |
|---|---|---|---|---|---|---|
| | 正方形 | 长方形 | | | | |
| $s$ | 0.8 | 0.85 | 1.0 | 0.85 | 0.75 | 1.0 |

**表 1.3-24 筛孔形状系数**

| 筛孔长宽比 | <2 | 2~5 | >5 |
|---|---|---|---|
| $c$ | 1.0 | 1.2 | 1.4 |

注：固定筛用于粗筛时：$s \times c = 0.6$。

筛长：3.6 m、4.2 m、4.8 m、5.4 m、6.0 m、6.6 m、7.2 m、7.8 m、8.4 m、9 m、9.6 m、10.2 m、10.8 m、11.4 m、12 m。其中给料段盲板长为 0.6~1.2 m。

振动筛驱动电机功率计算：

$$P = \frac{Mn}{71620 \times 1.36} \times \frac{k}{T_0} \quad (1.3\text{-}59)$$

式中 $P$——驱动电机功率，kW；

$M$——振动力矩，kg·m；

$n$——振动次数，750 r/min；

$T_0$——电机启动转矩，为额定转矩的 200%（图 1.3-45）；

$k$——富裕系数 1.2。

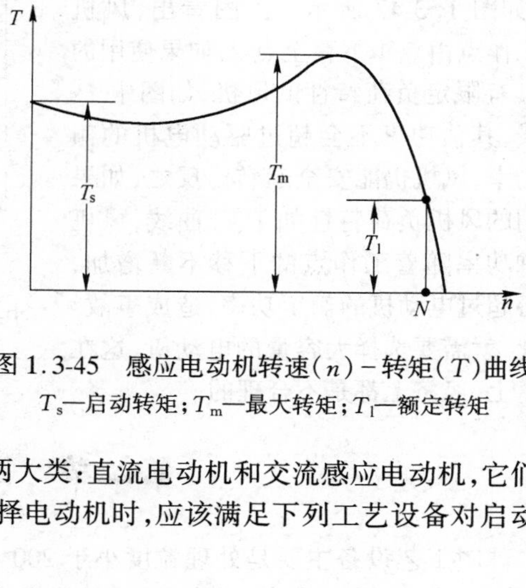


图 1.3-45 感应电动机转速（$n$）－转矩（$T$）曲线

$T_s$—启动转矩；$T_m$—最大转矩；$T_1$—额定转矩

## （八）主要工艺设备对驱动电动机的要求

在确定工艺设备电动机时，除了按照需要的驱动功率选择电机之外，还应该考虑工艺和机械运动的特点。烧结工艺设备的电动机主要有两大类：直流电动机和交流感应电动机，它们的运转性能曲线分别示于图 1.3-45 和图 1.3-46。选择电动机时，应该满足下列工艺设备对启动转矩和最大转矩的要求。

### 1. 配用交流电动机的主要工艺设备

圆筒混合机：

启动转矩：≥150%额定转矩；

最大转矩：≥175%额定转矩。

单辊破碎机：

启动转矩：≥150%额定转矩；

最大转矩：≥200%额定转矩。

振动筛：

启动转矩：≥200%额定转矩；

最大转矩：≥200%额定转矩；

过渡时期转矩（$T_s \sim T_m$）：≥200%额定转矩。

圆辊给料机：

启动转矩 = 200%额定转矩

烧结机：

启动转矩 = 175%额定转矩

环冷机：

启动转矩 = 150%额定转矩

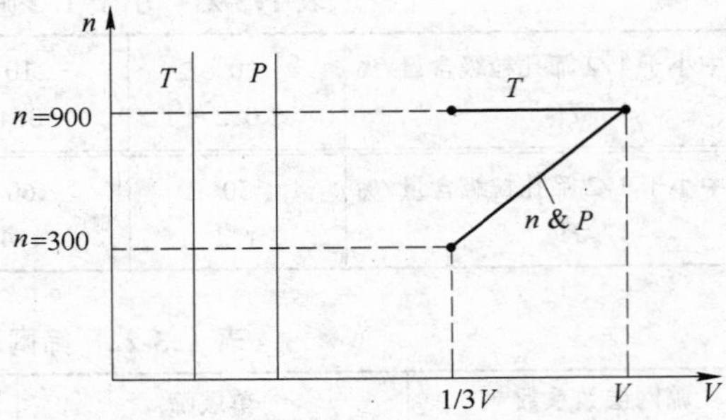


图 1.3-46 直流电动机电压 $V$、转数 $n$、转矩 $T$、功率 $P$ 曲线

2. *在选择风机的驱动电动机时要注意的条件*

风机运转的低温条件 烧结厂使用的风机有常温风机和高温风机两种。常温风机按工厂所在地最低年平均温度为其低温条件，对于高温风机（如烧结主风机、余热回收风机等）要考虑正常运转时可能遇到的最低温度，按这一低温条件选择电动机。烧结主风机的低温条件一般为100±20℃。

风机的负荷特性 有些工艺用风机，如冷却机风机，因冷却机上料层时有变化，有时料层较低甚至会在空料条件下启动和运转，此时，系统阻力减少很多，如图 1.3-47 所示。由图看出，风机的工作点由点 1 下移至点 2，如果使用的是具有限定负荷特性的风机，如图中 $P_s$ 曲线，其轴功率不会超过驱动电机的额定功率，风机仍能安全运转。反之，如果选用的风机负荷特性如 $P_s'$ 曲线，风机的轴功率随着工作点的下移不断增加，势必超过电动机的额定功率，造成事故。因此，就需要选择大容量的电动机，这在技术上、经济上都是不合理的。

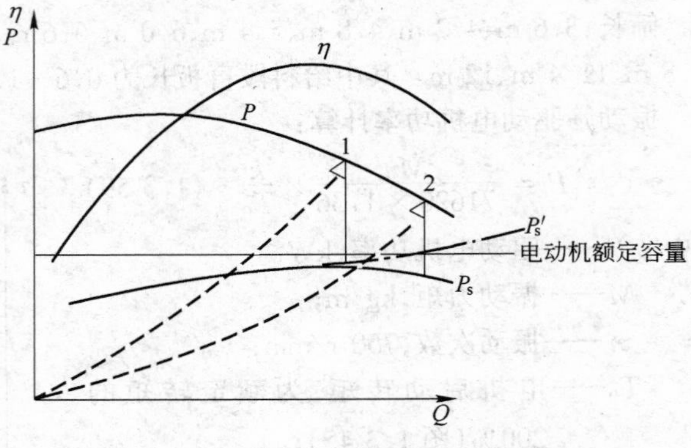


图 1.3-47 风机性能曲线示意图

$P$—风机静压；$\eta$—风机效率；$P_s$—限定负荷轴功率特性曲线；$P_s'$—非限定负荷轴功率特性曲线

## 第二节 球团机械设备

球团工艺设备主要是处理粒度小于 200 目的细精矿粉，按生产工序划分主要包括配料、混合、造球，干燥，预热、焙烧、冷却、除尘及风机设备等，产品是具有足够强度和冶金性能的球团矿（粒度 8～16 mm）。与烧结矿相比，球团矿具有粒度均匀、透气性和还原性好的特点，作为高炉或直接还原炉使用的优质原料。

球团设备随生产工艺的不同而不同。球团生产工艺主要有三种，即竖炉、带式焙烧机和链箅机—回转窑。

## 一、球团竖炉

### （一）竖炉的工艺特点

竖炉球团法一般适用于磁铁精矿，要求矿石中二价铁的含量不应低于20%。球团在竖炉内完成干燥、预热、焙烧和冷却过程，竖炉具有结构简单、投资少、热效率高、操作维护方便等特点；但竖炉单炉能力小，对原料和燃料适应性差，它的应用和发展受到一定限制。竖炉使用气体或液体燃料作为热源，如煤气、天然气和重油。竖炉按断面形状分圆形和矩形两种，国内大部分竖炉为矩形断面。从竖炉炉身结构来看，矩形竖炉又分高炉身、无外部冷却器和矮炉身、有外部冷却器两类。竖炉工艺流程一般包括精矿配料、混合、造球和焙烧等工序。矩形竖炉布料均采用梭式布料皮带机，它是由垂直于给料皮带机可以沿炉子长度方向往复移动走行机构组成的。

竖炉是一种逆流热交换式球团焙烧设备。通过布料设备从炉顶将生球装入炉内的烘干床上，球以均匀的速度连续下降，燃烧室的热气流从喷火口进入炉内，热气体自下而上与自上而下的生球进行热交换。生球经过干燥、预热进入焙烧区，在焙烧区进行高温固结反应，然后在炉子下部进行冷却和排出，整个高温过程是在竖炉内完成的。

### （二）竖炉结构及设备

竖炉本体由烟气除尘管、烟罩、布料机、烘干床、导风墙、炉身结构、燃烧室和烧嘴、卸料辊以及燃气管道、助燃风管和冷却风管等组成，相关设备包括助燃风机、冷却风机以及循环冷却水设备等。

烟罩：炉顶烟气经烟罩、除尘器和风机，从烟囱排放；烟罩还起竖炉炉口密封的作用。

炉体钢结构：包括炉壳及其框架，炉壳又分燃烧室和炉身两部分。人孔、热电偶孔等固定在炉壳上，炉壳下部设有水梁，炉体的全部重量支撑在下部支柱上。燃烧室设置在炉身长度方向的两侧，大部分竖炉燃烧室为圆形。炉体和燃烧室内砌有耐火砖。

烘干床和导风墙：烘干床即干燥床位于导风墙上部，为屋脊形。常见的有箅条式和百叶窗式，安装角度约为38°～45°，上料层厚约150～200 mm。导风墙由砖墙和托梁两部分构成。砖墙位于托梁上，一般为大块带通风孔的耐火砖砌成的空心墙，通风孔的面积由冷却风流量和导风墙内的气体流速来确定。托梁为水冷却钢梁，由厚壁无缝钢管焊接组合而成；导风墙的水梁可采用汽化冷却，回收余热、降低水耗。竖炉的烘干床和导风墙是我国的独创，对改善生球干燥条件、提高成品球冷却效果、简化布料操作、使焙烧制度更趋于合理都有明显的作用。竖炉排料采用摆动形式的辊式卸料器，松动料柱，自然向下排料。助燃风机和冷却风机一般采用高压离心鼓风机，压力达到18000 Pa。

目前，我国的竖炉以8 $m^2$ 矩形竖炉最为普遍，年产30～35万t。本钢16 $m^2$ 竖炉是世界上最大的竖炉。承德钢铁公司2003年投产了1座10 $m^2$ 圆形竖炉，设计年产量60万t。

## 二、带式焙烧机

### （一）带式焙烧机球团工艺

带式焙烧机球团工艺与抽风烧结工艺很相似，所不同的主要是烧结机采用点火炉点燃混合料中的燃料，而带式焙烧机采用较长的加热炉罩来干燥、预热、焙烧球团，并设有回热风炉罩来回收冷却段的废气余热；另外，在台车侧板处和箅条上铺上边料和铺底料以防止过热。带式焙烧机的工艺特点是干燥、预热、焙烧、均热和冷却等过程均在同一设备上进行，球层始终处于相对静止状态。其焙烧制度是根据矿石性质不同和保证上下球层都能均匀焙烧来确定的，对原料品种的适应性较强。

## (二) 几种主要的带式焙烧机

带式焙烧机的种类主要有德国鲁奇、麦基和俄罗斯型三种,下面将分别介绍。

### 1. DL 型带式焙烧机

DL型带式焙烧机最早是由德国 Lurgi 化学冶金技术公司(Lurgi Chemie und Hùttentechllik GmbH·简称鲁奇公司)提供技术,由美国 Dravo 公司制造的带式焙烧机,故取名 DL 型。

目前可提供台车宽度 5 m,有效面积达 1000 $m^2$ 的 DL 型带式焙烧机,其生产能力约为每年 900 万 t。图 1.3-48 是德国鲁奇带式焙烧机资料照片;

图 1.3-48　德国鲁奇带式焙烧机

DL 型带式焙烧机的特点是:

(1) 在给料端生球通过活动胶带机给料和辊式布料机把碎粒筛除后,均匀地给至焙烧机上。除同时铺底料外,边料也通过溜槽连续布于台车两侧,从而改善了布料的条件;

(2) 炉罩是设在台车上方用于加热的用砖砌的罩子,它的两侧装有烧嘴,炉罩上装有直接回热风管,可直接回收冷却段的余热;

(3) 焙烧机台车侧板的密封采用双落棒结构并用水封箱隔热,炉罩支架也采用水冷横梁,从而提高了密封效果和冷却效果。

这种带式焙烧机的优点是:具有很强的适应性,能处理各类矿石,能生产酸性球团矿和不同碱度的熔剂性球团矿。设备结构上具有很大的灵活性,如果需要更大的单机能力,可加大台车宽度和焙烧机长度。

这种带式焙烧机在世界各地都有应用。我国包钢引进了这种焙烧机,该机的主要技术参数:规格 3 m×54 m,面积 162 $m^2$,现年产球团矿 110 万 t。鞍钢也由澳大利亚克里夫斯矿山公司的罗布河球团厂购买了 DL 型带式焙烧机二手设备,它的主要参数:规格 3.35 m×96 m,面积 321.6 $m^2$,现年产球团矿 210 万 t。由于设计、制造、设备供货和控制等方面的综合原因,带式焙烧机工艺技术在我国发展缓慢。

### 2. 麦基(Mckee)型带式焙烧机

麦基型带式焙烧机是由戴维·麦基公司(Davv Mckee Co.)制造的。这种带式焙烧机首先在里塞夫矿山公司银湾球团厂得到工业性应用,第一批六台。这种带式焙烧机的面积为 1.8 m×51 m≈92 $m^2$。

主要特点是:采用辊式布料机与辊筛,使料层具有较大的孔隙率;将抽风冷却改为鼓风冷却;

所用燃料只限于燃油或燃气，不再在球团表面裹煤粉，这样，可以明显提高球团质量和降低燃耗；增大焙烧机面积。

按此工艺，戴维·麦基公司及其专利许可厂家在世界各地兴建了一批处理磁铁精矿和磁、赤铁精矿混合料的带式焙烧机球团厂。

3．俄罗斯型带式焙烧机

俄罗斯型带式焙烧机的工艺系统基本上与麦基型相同。其主要制造者是乌拉尔重型机器制造生产联营公司，俄罗斯球团总产量的75%以上是用该厂制造的带式焙烧机生产出来的。

第一台俄罗斯型OK108型带式焙烧机于1964年5月在索科洛夫斯克—萨尔拜依斯克采选公司球团厂投入生产。1980年俄罗斯研制的非标准型552 $m^2$ 带式焙烧机在北方采选公司第三球团厂建成。俄罗斯型带式焙烧机的产品特点有：

(1) 台车宽度较大，台车结构较合理，中段可以翻转，并且采用耐热材质箅条；

(2) 台车工作段与回行段为平行结构，可使机头星轮与机尾星轮以及各工艺段风箱和风管的规格统一化；

(3) 机尾采用重锤移动架式结构，可以自动补偿台车长度的伸缩变化；

(4) 机头装有台车更换装置，使更换台车时间缩短50%～70%；

(5) 采用有效的纵向、横向以及台车侧板密封装置，减少了漏风，降低了热耗；

(6) 改用悬吊平顶式加热炉罩，降低了天然气耗量，延长了耐火衬里寿命；

(7) 采用喷射耐火混凝土衬里以及新型绝热材料，既可减轻重量30%，又可取消衬砌砖作业；

(8) 采用自动控制技术，提高工艺过程的稳定性。

### (三) 带式焙烧机的工艺过程和设备结构

1．布料

布料是保证整个球层均匀焙烧，获得高产优质球团的重要环节。为保护台车拦板和箅条，延长设备寿命，避免台车两侧球层烧不透和底层过湿；需在台车箅条上面及其边侧先铺一层熟球，然后铺生球。底边料取自成品球，经皮带运输系统运至焙烧机上的铺底铺边料槽，分别通过给料阀加到台车上。铺底料层厚75～100 mm。

各种工艺方案的布料系统设备配置基本相同，仅具体规格型号略有差异。布料系统均采用梭式布料皮带机+宽皮带机+辊式布料器进行布料。在带式焙烧机台车上料层厚350 mm。

2．焙烧

带式焙烧机分鼓风干燥段、抽风干燥段、预热段、焙烧段、均热段和一冷段、二冷段共七个工艺段。生球在干燥段脱除水分；在预热段升温至焙烧温度，并使部分磁铁矿氧化成赤铁矿；在焙烧段和均热段达到晶粒发育和生成渣键所需的温度，并保持一定时间，使球团获得最佳的物理化学性能；球团的冷却分两段，一冷段为高温段，二冷段为低温段，球团在冷却过程中可以进一步氧化，冷却球团后的热风通过回热风系统全部加以利用；高温段回热风(800～1200℃)经炉罩和导热管直接循环到预热、焙烧和均热各段，低温段回热风(250～350℃)由回热风机循环到鼓风干燥段。经过冷却的球团平均温度不大于150℃，用皮带运输机运至成品仓。

生球从干燥开始到冷却终了的整个热工过程是借助于焙烧机的燃烧系统和风流系统实现的。对风温和风量的正确控制和灵活调节是各工艺段准确运行的关键。

3．带式焙烧机的基本组成

带式焙烧机由以下几部分组成：传动机构、尾部星轮摆架、台车、风箱及密封装置、焙烧炉、风流系统和焙烧机控制系统等。

传动装置由液压马达、减速装置和大星轮等组成。台车通过星轮带动被推到工作面上沿台车轨道运行，头部设有散料漏斗和溜槽，在鼓风干燥段风箱与散料漏斗之间设有副风箱。尾部星轮摆架为滑动式，使台车在卸料过程中互不碰撞和发生摩擦。当台车受热膨胀时，尾部星轮中心随摆架滑动后移。台车由中部底架和两边侧部组成，边侧部为台车行轮、压轮和边板的组合件，与中部底架连接成整体。台车和箅条的材质均为镍铬合金钢。

头、尾部风箱、台车滑道和炉罩与台车之间采用弹簧密封装置。各段风箱的分配比例是由焙烧制度决定的。带式焙烧机的工艺风机有：废气风机、气流回热风机、鼓风冷却风机、助燃风机和用于调温、密封的风机。

## 三、链箅机—回转窑

### （一）链箅机—回转窑球团技术的发展

链箅机—回转窑法现已成为一种生产球团的重要工艺技术。目前主要型式是艾利斯—查默斯型链箅机—回转窑，最早是由美国艾利斯—查默斯公司（Allis—Chalmers 简称 A－C 公司）设计制造的。到 1980 年全世界共建成处理铁矿石的 A.C 型链箅机—回转窑球团设备 45 套，总设计能力为每年 10800 万 t，其中由 A.C 公司负责工艺设计，提供设备或承包全部工程的有 36 套；其他则由日本神户（Kobe）钢铁公司、联邦德国克虏伯公司（Krupp）等按 A.C 专利承包制作。生产线见图 1.3-49。

图 1.3-49　链箅机—回转窑球团生产线

2000 年 10 月，首钢球团厂建成了一条由国内研究开发的、拥有自主知识产权的链箅机—回转窑球团生产线，年产量 120 万 t。从 2001 年起，国内陆续建成年产 60～250 万 t 链箅机—回转窑球团生产线 20 多条，使我国的球团矿的生产能力迅速增长，球团工艺技术和设备设计制造水平也有了相应的提高。目前，我国建设的大中型球团生产线基本都采用链箅机—回转窑法。

### （二）主要生产工艺流程

链箅机—回转窑球团工艺流程图见图 1.3-50。主要生产工艺过程如下：

来自堆场的铁矿粉经原料运输系统转运至配料室，按定量给料，部分铁矿粉送干燥室干燥，然后与未经干燥的铁矿粉汇合转运至高压辊压室，经辊磨后定量配加膨润土，送混合室强力混合，混合料转运至造球室的混合料仓，通过定量给料至圆盘造球机造球，生球运至生球筛分布料系统，粒度不合格的生球通过返料系统返回造球室的混合料仓，合格粒度的生球经摆头布料皮带机或梭式布料器、宽皮带机和辊式布料器布到焙烧机设备上，经焙烧系统干燥、预热、焙烧和冷却，成品经成品运输系统运至成品仓或高炉矿仓。

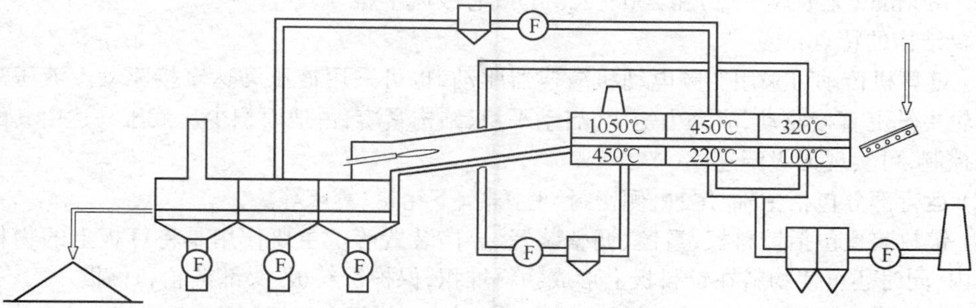


图 1.3-50　链箅机-回转窑工艺流程图

焙烧过程的热风通过管路、多管除尘器和风机在焙烧生产工艺过程循环使用，废气经高效除尘器除尘后达标排放，除尘灰返回配料室参加配料。

### (三) 链箅机-回转窑工艺特点

链箅机-回转窑工艺方法的主要特点是用链箅机、回转窑和环冷机分别完成干燥、预热、焙烧和冷却等几个工序，其产品质量均匀，设备简单可靠；系统的每台设备都能够单独控制，调节控制灵活；对原料和燃料适应性强；燃耗低、电耗少、生产费用低；链箅机箅床表面温度较低，设备维护费用较低；因此获得能耗、热效率和球团质量等方面的最佳效果。链箅机、回转窑和环冷机三大主机组成焙烧系统，生球在链篦机上干燥和预热，在回转窑中焙烧、硬化、固结，在环冷机中进行冷却。

### (四) 链箅机-回转窑系统主要设备简介

#### 1. 链箅机

链箅机的作用是对生球进行干燥和预热，使生球具有一定的强度，以便能够完成在回转窑中的焙烧过程而不致破碎。图 1.3-51 是链箅机资料照片。

图 1.3-51　链箅机

链箅机由炉罩、走行部分、传动装置、铲料装置、风箱、灰箱、骨架和润滑系统组成。链箅机的主要技术参数包括：有效面积、箅床宽度、有效长度、料层厚度、机速、调速范围和物料停留时间。目前，国内新近建成投产的链箅机箅床宽度多为 4 m 和 4.5 m，有效长度最长为 60 m，料层厚度为 160～180 mm（无鼓风干燥）和 200～220 mm（有鼓风干燥）。

主要结构的特点：

(1) 链箅机传动可采用变频电动机减速器驱动，也可采用液压马达直接驱动。液压马达悬挂于链轮主轴上直接驱动，启动力矩大、启动平稳、结构紧凑，占地面积少。液压马达由其配套的控制柜控制，可实现无级调速。

(2) 运行部分包括主轴、尾轴、侧密封、上托轮、下托轮、箅床等。

(3) 铲料装置包括铲料板、重锤、调整装置、导向装置等。主要作用是将箅板上的物料铲入回转窑内，同时还可使物料在铲料板上形成物料堆积，保护铲料板、头部链轮和箅板。

(4) 风箱采用钢板焊接而成，风箱内部有耐火内衬，外部有保温层。

(5) 骨架采用装配式，中部 3 个立柱及头部、尾部两个立柱为固定柱，其余均为活动柱，以适应热胀冷缩的要求。

(6) 炉罩为箱形结构，采用隔墙将各工艺段隔开。顶部设有事故放散烟囱，放散阀的开闭为电动。

2. 回转窑

经链箅机预热的球团在回转窑中进行焙烧和固结。回转窑由筒体、支撑装置、挡轮装置、传动装置、密封装置、窑头密封罩、窑尾密封罩、窑位控制系统、液压系统组成。图 1.3-52 是首钢矿业公司球团厂Ⅰ系列 $\phi$4.7 m×35 m 回转窑资料照片。

图 1.3-52　$\phi$4.7 m×35 m 回转窑

回转窑的主要技术参数包括：回转窑内径（目前，国内新近建成投产的回转窑内径最大为 $\phi$6.20 m）、回转窑长度、回转窑斜度（国内新近建成投产的回转窑常为 4%～5%）、回转窑转速（正常约为 1.0 r/min）、调速范围和事故状态下转速、填充率（常约为 8%，也有达到 12%）、以及物料停留时间。

回转窑主要结构的特点：

(1) 回转窑筒体由钢板卷制焊接而成。钢板的厚度应按工作状态下的强度和刚度进行计算；在筒体的两端，因筒体伸入窑头窑尾密封罩内，设置了耐热合金钢炉口板，并通风冷却保护筒体和炉口板。

(2) 生产氧化球团的回转窑属于短窑型，采用了两挡静定支撑型式，支撑装置由轮带、托轮装置组成，轮带在筒体上的安装方式为带键式轮带。轮带为整体铸造矩形结构，每个轮带下有两组托轮组，托轮支撑采用弹性自位支撑型式。托轮组采用滚动轴承支撑，轴承的润滑采用稀油集中润滑。

(3) 挡轮装置分两种形式：固定挡轮和液压挡轮，目前，国内多采用液压挡轮，控制窑体的上下窜动。挡轮的动作由窑位控制系统控制。

(4) 回转窑的传动装置可采用变频电动机配减速器驱动或液压马达驱动，国内新近建成投产的回转窑均为液压马达驱动，采用液压马达直接驱动小齿轮带动大齿圈来使回转窑筒体转动。驱动型式为全悬挂多点啮合柔性传动。液压系统由多台定量泵、一台半定量泵和一台变量泵组成，回转窑的转速可实现无级调速。图 1.3-53 是回转窑液压马达驱动装置照片。

图 1.3-53　回转窑液压马达驱动装置

(5) 窑头和窑尾的密封装置多采用弹性鳞片密封技术。

(6) 窑头密封罩为钢板焊接结构，内部设固定筛。固定筛筛块为可更换式结构，用耐热耐磨合金钢制造，固定筛支撑梁内通水冷却。

(7) 窑尾密封罩为钢板焊接结构，下部固定溜槽体。溜槽体采用耐热合金钢制造，并通风冷却。

(8) 回转窑筒体、窑头和窑尾的密封罩内部有耐磨和隔热的耐火材料内衬，以保证焙烧工序的正常进行，并降低热能消耗。

3. 环冷机

环冷机用于冷却从回转窑中排出的约 1250℃球团矿，物料粒度为 6.35～16 mm。环冷机由传动装置、回转体部分、支撑辊、侧挡辊、压轨、机架、给料斗、罩子、风箱、卸料料斗、卸料区罩子、卸料装置、双层卸灰阀和烟囱以及耐磨、隔热和保温的耐火材料内衬等组成。目前，国内新近建成投产的环冷机最大有效冷却面积 150 $m^2$，中径 $\phi$22.0 m；资料照片见图 1.3-54。

图 1.3-54　150 $m^2$ 环冷机

环冷机的主要技术参数包括:冷却面积、环冷机中径、台车宽度、料层厚度、台车(中径)速度、正常冷却时间、卸料温度(常为小于150℃)。

环冷机主要结构的特点:

(1) 传动装置为链轮传动,双传动配置,采用变频电机通过减速器、开式齿轮、链轮带动固定在回转框架上的销齿转动,从而使回转框架转动,并设置辅助驱动装置。

(2) 回转体部分由台车、回转框架、台车辊臂、侧轨、支撑轨道、链条支架、链条、台车拦板等组成。回转框架由钢板焊接而成,内外框架用横向的三角梁连接,回转框架用支撑辊支撑,设置防跑偏侧挡辊。台车上侧为环型砂槽密封(也有考虑水封的)。

(3) 压轨用以限制台车的翻转及卸料后的台车复位。

(4) 给料斗由料斗、隔墙、平料砣组成。

(5) 风箱共若干个,风箱与回转框架的密封采用橡胶摩擦密封,在相邻两风机连接的风箱间设置手动蝶阀调节各风箱的风量,风箱下设双层卸灰阀用以排出风箱中的散料。

(6) 卸矿料斗采用钢板及型钢焊接而成,内部设有耐磨衬板防止物料对料斗的磨损,料斗下设置电液动给料设备,料斗内设有导向轮帮助台车复位。

### (五) 我国的链箅机—回转窑球团技术在完善中发展

链箅机—回转窑球团法经国内一些球团厂生产实践证明,各项技术经济指标已达到较好的水平,球团产品质量满足了大高炉生产操作对炉料性能的要求;但链箅机—回转窑球团技术在我国起步较晚,大规模的球团生产线的设计没有可借鉴的经验,在我国采用链箅机—回转窑—环冷机的生产工艺技术和主机设备的设计及制造还存在一些问题。特别是对于赤铁矿球团工艺生产线的设计、制造和生产还缺少经验。

考虑目前国内的设备制造技术和水平,关键设备和部件可从国外引进,这些设备和部件具有工作可靠、使用寿命长、能耗低的特点,可以确保设备长期稳定运转,满足生产工艺的要求。对球团生产的稳定、顺行是十分必要的。

## 四、其他球团工艺设备

球团生产的其他主要工艺设备还有干燥筒、混合机、高压辊压机、圆盘造球机、布料设备、除尘器和工艺风机等。

### 1. 混合机

大部分球团厂采用立式或卧式混合机进行混合作业,也有一些球团厂采用圆筒混合机、润磨机进行混合作业。国内新近建成投产的大中型球团厂采用了德国Eirich公司的立式强力混合机。这种混合机采用逆流混合原理,混匀效果好,特别适用于少量物料如膨润土、熔剂等与铁矿粉的混合;与水平卧式混合机相比,吨球电耗降低,设备作业率高,备件使用寿命长,能够保证混合机长期稳定运转,而且不需要备用设备,检修维护方便,运行成本低。图1.3-55是立式混合机结构示意图。

图1.3-55 立式混合机结构示意图

混合机由水平旋转的混合筒、两个搅拌棒、刮刀、机架、混合盘、卸料闸门、料位监视系统和润滑系统组成。

2. 造球设备

球团厂广泛采用圆筒造球法和圆盘造球法。圆筒造球机在国外广泛应用，它主要由传动装置、筒体、滚圈、支撑托轮、齿圈、止推挡轮和筒内刮刀装置(刮刀、刮刀梁和传动装置)以及钢结构等组成。筒内刮刀可做往复运动，门形架上有洒水喷嘴，圆筒给料端内部有环形挡圈，排料端开出卸生球的螺旋形切口。通常圆筒造球机的利用系数约为 7～12 t 生球/$dm^2$(造球面积)。圆筒造球机设备较为复杂，但造出的生球质量较高(指 9～16 mm 的粒级所占比例和生球强度)。

目前，国内球团厂基本采用圆盘造球机，其结构较为简单，操作较容易。圆盘造球机由圆盘、齿圈、主轴、端盖、传动装置、机座、刮刀装置、洒水喷嘴(角度可调整)、液压装置以及支撑架和溜料板等组成；圆盘和刮刀装置可以变频调速。圆盘造球机的倾角在 45°～60°范围内调节；圆盘转速由原料特性、生球粒度和圆盘直径等决定。圆盘造球机的生产能力与圆盘直径的 2～2.5 次方成正比。我国球团厂所使用的圆盘造球机直径有：$\phi$3.6 m、$\phi$4.2 m、$\phi$5.5 m、$\phi$6.0 m、$\phi$7.0 m、$\phi$7.5 m；新近投产的球团厂多采用 $\phi$6.0 m 的圆盘造球机，结构参见图 1.3-56。

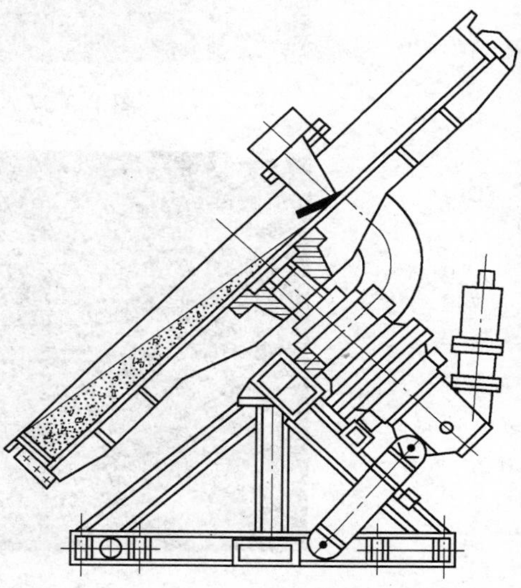

图 1.3-56　圆盘造球机结构示意图

3. 生球布料筛分设备

生球运至生球筛分布料系统，粒度不合格的生球通过返料系统返回造球室的混合料仓，合格粒度的生球经摆头布料皮带机或梭式布料器、宽皮带机和筛分、辊式布料器布到焙烧机设备上。摆头布料皮带机或梭式布料器、宽皮带机、辊筛、辊式布料器联合组成生球布料筛分设备。

20 世纪 70 年代辊式布料器成为一种新型布料筛分设备，它的布料辊间隙可调整，生球在布料辊上进一步滚动，改善了生球表面的光洁度，提高了生球的质量。我国球团厂多采用辊式筛进行生球布料筛分。辊式筛由底架、支座、榫槽、筛辊、筛辊支撑装置和挡料板组成。筛辊的传动装置有两种，一种为每根筛辊有一套单独的电动机＋减速器传动装置；另一种为所有的筛辊集中有一套电动机＋减速器传动装置，目前国内球团厂多采用前者。筛辊的工作表面采用耐磨不锈钢制成，或采用厚壁无缝钢管经高光洁度加工而成。我国球团厂常采用两种辊式筛，先用辊筛筛除大粒级的不合格生球，再用辊式布料器筛除小粒级不合格生球，将合格生球布料到链箅机上。辊筛的宽度由工艺布置确定，筛辊的数量和辊筛的长度与产率、筛辊的转速、辊间隙和筛分效率等有关。

4. 生球布料双层辊筛

生球布料双层辊筛将筛辊做上下两层布置，筛辊集中传动润滑，辊隙可调，具有结构紧凑、控制简单、筛分效率高、运转平稳可靠和作业率高的特点。采用双层辊筛简化了工艺流程，其上层筛出大球(大于 16 mm)，下层筛出小球(小于 8 mm)，减少了生球在运输过程中的落下次数，并通过生球在辊筛上滚动改善了进入焙烧机的生球质量。资料照片见图 1.3-57 和图 1.3-58。

图 1.3-57 生球布料双层辊筛

图 1.3-58 双层辊筛安装图

5. 摆头布料皮带机

为了将生球均匀地布到焙烧机设备上，常采用摆头布料皮带机或梭式布料器进行布料。

摆头布料皮带机由胶带运输机、曲柄连杆机构、固定支撑铰链、摆动走行吊架或支架等几大部件组成。固定支撑铰链在胶带机的给料端下部，装有支撑轴承；曲柄连杆机构用于控制摆动，通过曲柄的调节来改变摆头布料皮带机的摆幅；摆动走行吊架或支架安装在皮带机卸料端下部托架上。皮带机的带速为 0.5～1.0 m/s，往复摆动次数为 8～12 次/min。

当焙烧机或链箅机台车宽度超过 4 m 时，采用摆头布料器惯性质量较大，反向会产生较大阻力，需要采用梭式布料器。梭式布料器由焊接机架、工作段托辊、空转段托辊、驱动滚筒和张紧滚筒、传动装置、支架、轨道、卸料滚筒和卸料小车、导轮、增面轮以及液压缸组成。工作段由重锤拉紧，布料器有一个梭式机头，卸料小车沿焊接机架上的轨道往返移动，液压缸的连杆连接在移动小车上，两个液压缸带动布料小车往返运动。也有梭式布料器采用一个液压缸传动或采用机械传动。皮带机的带速为 0.3～1.0 m/s，往返次数为 6～12 次/min。

6. 高压辊压机

为保证球团厂所用铁矿粉的粒度，在球团生产线的原料准备工艺流程中常配置高压辊压机或润磨机，使铁矿粉原料的比表面积提高，以改善其成球性能。目前国产润磨机最大处理能力为 75～90 t/h，常用的为 55 t/h。通常润磨机可以改变铁矿粉的粒度组成、提高矿物表面活性，使生球强度提高、爆裂温度下降；有资料介绍矿粉润磨 8 min，≤0.074 mm 粒级增加 10%～12%。

高压辊压机是国外1984年研制出的新磨碎技术，可以将≤0.10～0.5 mm粒级的物料磨碎至具有高比表面积，有利于造球。据资料介绍，通过一次高压辊压机铁矿粉的比表面积提高300～500 $cm^2/g$左右。图1.3-59是高压辊压机的结构示意图。

图1.3-59　高压辊压机结构示意图

高压辊压机是一种新型粉碎设备，它采用料层破碎原理，用于松散物料的磨碎。高压辊压机具有生产量高、能耗低、产品细度高、磨损件使用寿命长、占地小和作业率高的特点，在欧美已有近400台在应用；在国内也有多家新建球团生产线采用高压辊压机控制原料的细度和保证混合料的成球性。

高压辊压机的结构及原理：两个水平安装且相向同步转动的挤压辊组成挤压副，其中一个为固定辊，另一个为可小幅移动的活动辊，两个分别安装在机座上由轴承装置支撑，每个辊子都有单独的传动装置，并通过万向联轴节、安全离合器及减速器将能量传递给辊子，铁矿粉通过给料装置借料柱重力垂直进入两辊间的粉碎料腔进行细磨。

# 第四章　有色金属冶炼机械设备

有色金属冶炼机械设备包括火法冶炼机械设备、湿法冶炼机械设备和电解及物料输送机械设备三大部分。

## 第一节　备 料 设 备

本节仅介绍备料设备混合设备中的圆筒混合机和制粒设备中圆盘制粒机的结构。

### 一、圆筒混合机的结构

圆筒混合机由圆筒、滚圈、支撑装置、传动装置及进、出料装置等组成。其传动形式为开式齿轮传动，见图 1.4-1。

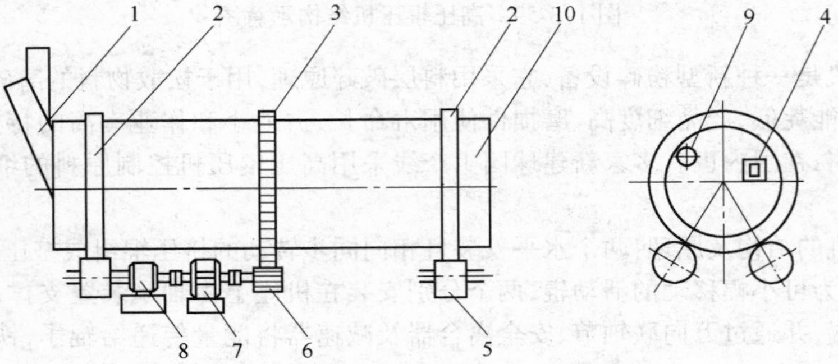


图 1.4-1　齿轮传动圆筒混合机简图

1—进料溜子；2—滚圈；3—传动齿轮；4—刮料装置；5—托轮；6—传动小齿轮；
7—减速器；8—电动机；9—喷水装置；10—圆筒

#### （一）筒体及其内部结构

筒体是圆筒混合机主体部件，其工作状态及其内部的结构，对混合（制粒）的效果影响很大。

1．筒体

圆筒筒体一般用 Q235 钢板卷制焊接而成。为了增加刚度，减少筒体变形，在滚圈处应设置加强圈。进料端一般用环形平板挡料圈，出料端可采用平板挡料圈或采用敞开喇叭口。

筒体的厚度与其直径、物料密度和填充率有关，一般为 16～20 mm。筒体的制造精度主要是轴线的直线度及其截面圆度，它们将直接影响设备的功率消耗和使用寿命。

2．筒体的内部结构

扬料板　圆筒用于混合时，为了翻动筒内物料，增强混合效果，在筒体内壁设置扬料板，即沿筒体内壁的纵向，焊上一定高度的钢板或角钢，其断面如图 1.4-2 所示。

搅拌桨叶　搅拌桨叶的作用是可促进混料效果，并且可延长混料时间。桨叶以一定的角度 $\alpha$ 安装于桨叶轴上，整个搅拌桨叶装置与圆筒反向回转，其结构如图 1.4-3 所示。搅拌桨叶的规格依圆筒混合机的规格而异。搅拌桨叶用于含水量较低的物料混合效果较好，对于含水量较高的物料，由于桨叶粘料，清理困难，其作用甚微。

挡料环及挂料条　为了减少物料对圆筒内壁的磨损和增加物料的滚动效果，沿筒体内壁纵向设置挂料条或沿横向设置挡料环。其作用是帮助筒体内壁挂上一层物料，保护筒体内壁，对于圆筒制粒设备还有改善制粒效果的作用。图 1.4-4 和图 1.4-5 分别为挡料环和挂料条的结构。

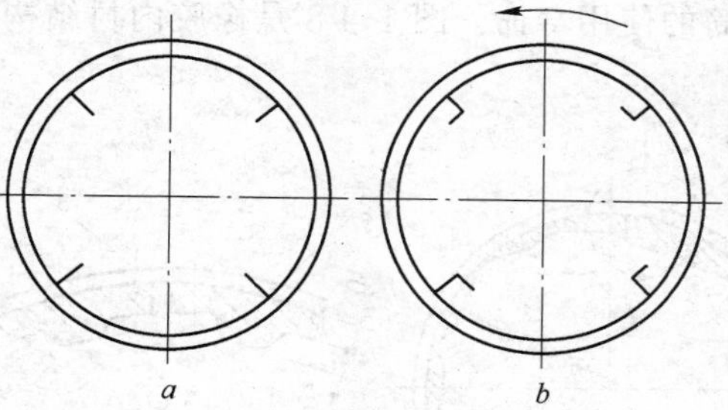


图 1.4-2　扬料板

*a*—钢板式；*b*—角钢式

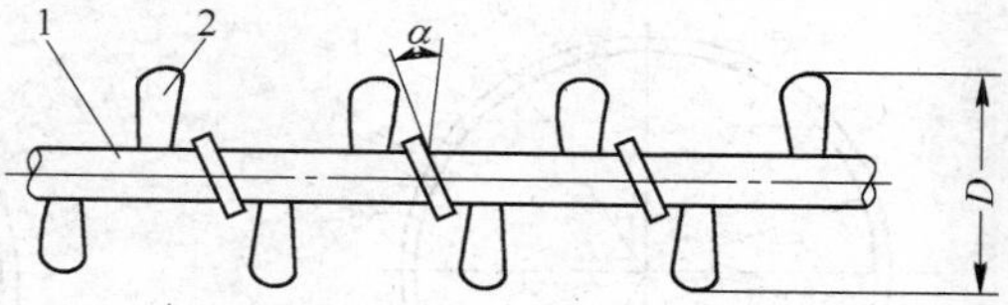


图 1.4-3　搅拌桨叶

1—桨叶轴；2—桨叶

刮料装置　为了减少筒体内壁过多地粘料，减轻筒体负荷，为提高圆筒制粒机的制粒效果，在圆筒内设置带刮刀的刮料装置，如图 1.4-6 所示。如将刮刀制成锯齿形状，筒体内壁形成锯齿形挂料，混合料沿斜面滚动，可延长物料停留时间，改善制粒效果。为了延长锯齿形刮刀的使用寿命，可用 SFD-12 型焊条在刮刀的齿形工作面上（如图 1.4-7 所示）堆焊一层厚度为 10 mm 的焊层。

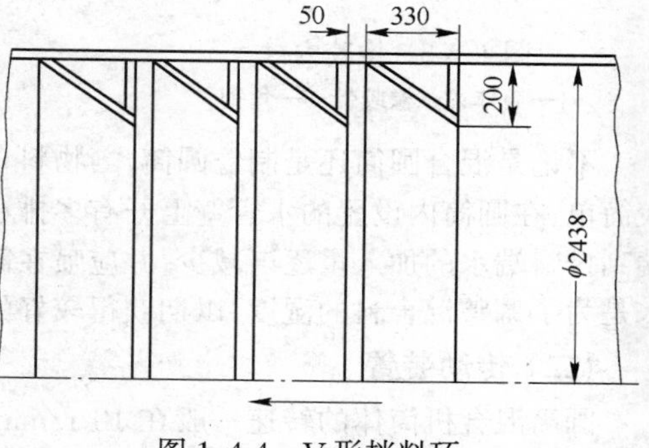


图 1.4-4　V 形挡料环

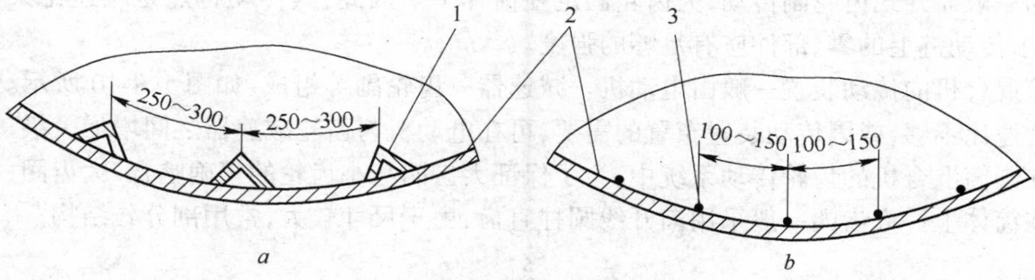


图 1.4-5　挂料条结构

*a*—角钢挂料条；*b*—圆钢挂料条

1—角钢；2—筒壁；3—圆钢

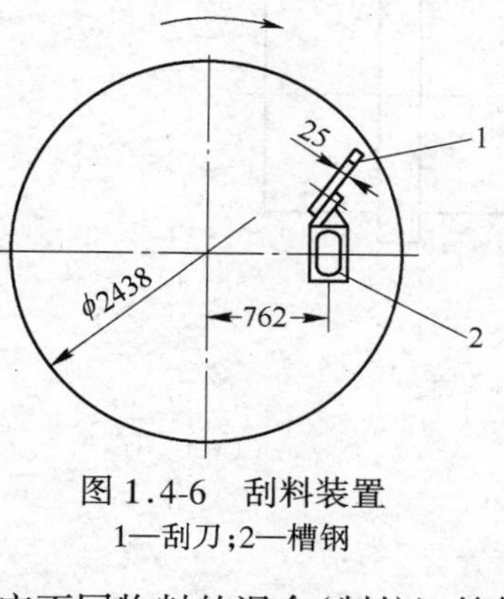


图 1.4-6　刮料装置

1—刮刀；2—槽钢

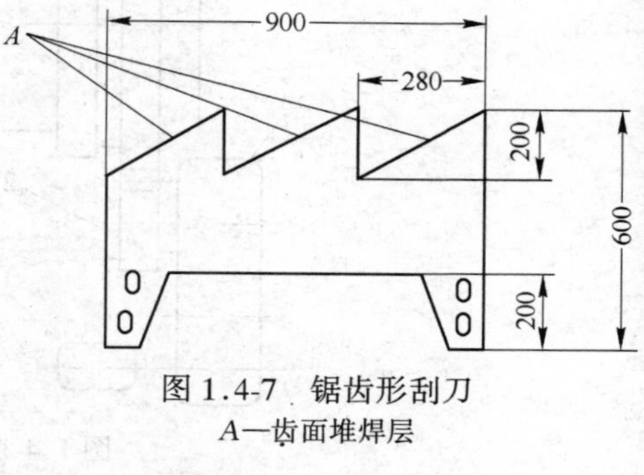


图 1.4-7　锯齿形刮刀

A—齿面堆焊层

为适应不同物料的混合（制粒），筒体内部结构多种多样。如在筒体内壁衬上橡胶带，可增加摩擦系数，增大物料升角，以强化物料的混合。对于制粒圆筒，因物料含水量较大，容易粘料，可在筒体内壁衬上波浪形的铸石。铸石吸水性差、耐磨性高，不仅降低筒体内壁与物料的摩擦系数，增加物料的滚动，改善制粒效果，也将延长圆筒的使用寿命。图 1.4-8 是橡胶内衬结构，图 1.4-9 是铸石内衬结构。

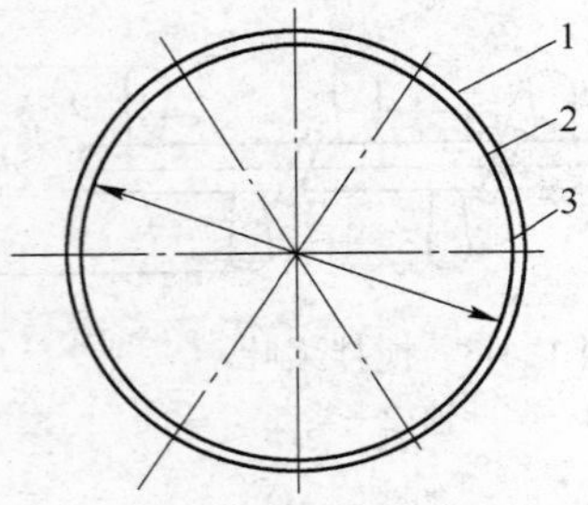


图 1.4-8　橡胶内衬

1—筒体；2—橡胶带；3—角钢

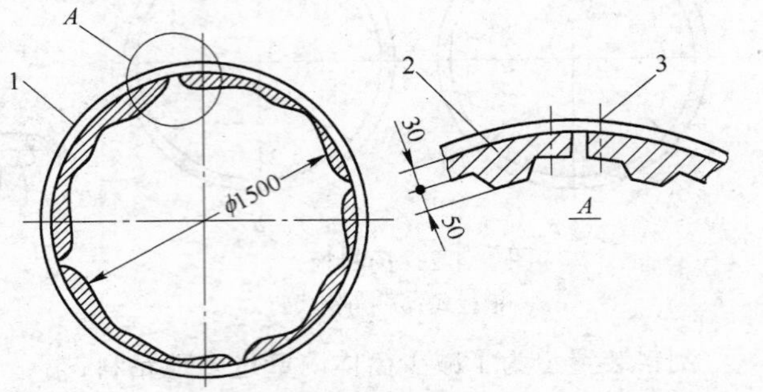


图 1.4-9　铸石内衬

1—筒体；2—铸石衬垫；3—螺栓

不论是混合圆筒还是制粒圆筒，当物料含水量低于要求时，均需设置喷淋装置。喷淋装置比较简单，在圆筒内设置的水管壁上开有多排小孔即可。但需注意，对于混合圆筒，应保证从进料端到排料端水的加入量逐渐减少，并应喷在筒内料坡的中部，这样效果较好。对于制粒圆筒，加水是为了调整混合料的湿度，以期获得较好的制粒效果，喷水应成细滴，力求均匀。

**（二）传动装置**

圆筒混合机筒体的转速一般在 10 r/min 以下，筒体的自重加上筒内的物料，重量较大。筒体的转动一般靠开式齿轮副传动，大齿轮固定在筒体上。因此，其传动特点是减速比大、传动力矩大，要求传动链上的零、部件应有足够的强度。

圆筒混合机的传动装置一般由电动机—减速器—齿轮副等组成，如图 1.4-10 所示。若标准减速器的速比不够，或因传动装置布置的需要，可在电动机与齿轮减速器之间增加一级三角胶带传动。在圆筒混合机的齿轮传动系统中，为了保证大齿圈与小齿轮的正确啮合，大齿圈一般用螺钉固定在筒体上。大齿圈一般采用渐开线圆柱直齿，由于尺寸较大，常用剖分式结构。

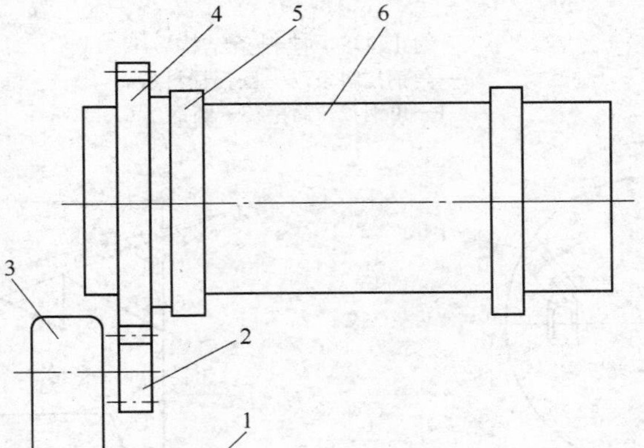


图 1.4-10　齿轮传动装置

1—电动机；2—小齿轮；3—减速器；4—大齿圈；5—滚圈；6—筒体

### （三）进料装置

圆筒混合机一般由圆盘给料机或由皮带给料机给料。圆盘给料机需加溜槽进料，皮带给料机则可将料直接送入圆筒。图 1.4-11 为溜槽进料装置简图。混合料由进料溜子送至振动溜板，振动溜板再将料送入圆筒。为了防止堵料，振动溜板的倾斜角度应大于 60°。

采用皮带给料时，由垂直溜子将料送至皮带，再由皮带将料直接送入圆筒。这种进料方式的缺点是进料端难于密封。

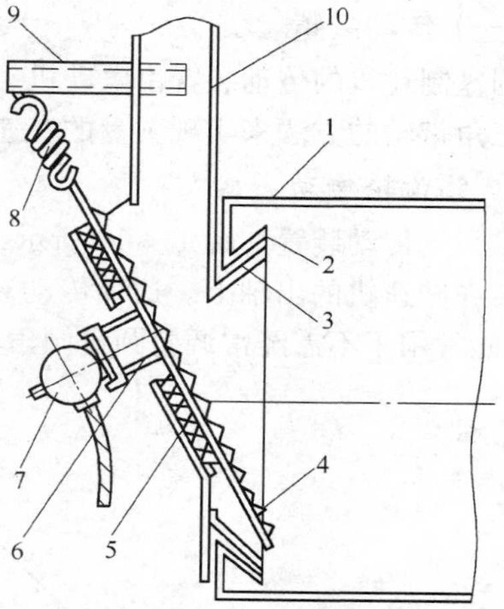

图 1.4-11　溜槽进料装置
1—筒体；2—活动锥体；3—固体锥体；4—振动溜板；5—隔板橡胶；6—振动器底座；7—附着式振动器；8—弹簧；9—弹簧固定架；10—进料溜子

## 二、圆盘制粒机的构造

圆盘制粒机的构造如图 1.4-12 所示，主要由制粒圆盘（包括主轴及传动齿轮）4、传动装置 5、刮板装置 3、圆盘倾角调整装置 6 及机座 7 等组成。圆盘制粒机的传动装置安装在圆盘主轴的支座上，便于调整圆盘倾角。

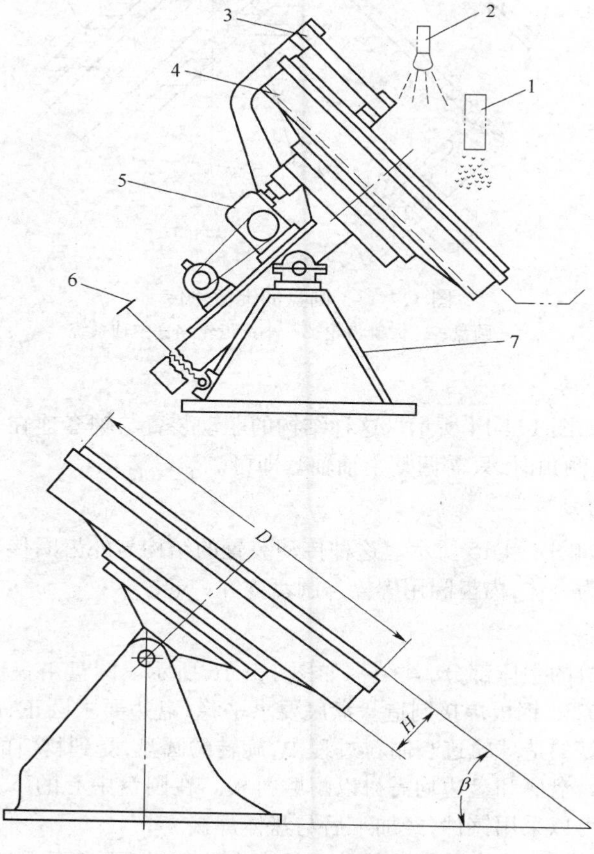

图 1.4-12　圆盘制粒机结构简图
1—给料装置；2—喷水装置；3—刮板装置；4—圆盘；5—传动装置；6—圆盘倾角调整装置；7—机座

**（一）传动装置**

圆盘制粒机的传动装置由电动机、三角胶带传动、减速器及开式齿轮传动组成。用更换不同直径三角带轮的方法来实现圆盘的变速。传动装置的末级传动有三种传动方式：

1．锥齿轮传动

锥齿轮传动装置如图 1.4-13 所示，大锥齿轮用螺栓与圆盘连接，并装在中心主轴上，小锥齿轮则装在减速机的出轴上。这种传动装置的驱动机构与制粒机本体是分别安装于设备基础上的，因此常用于不需经常调整圆盘倾角的场合。

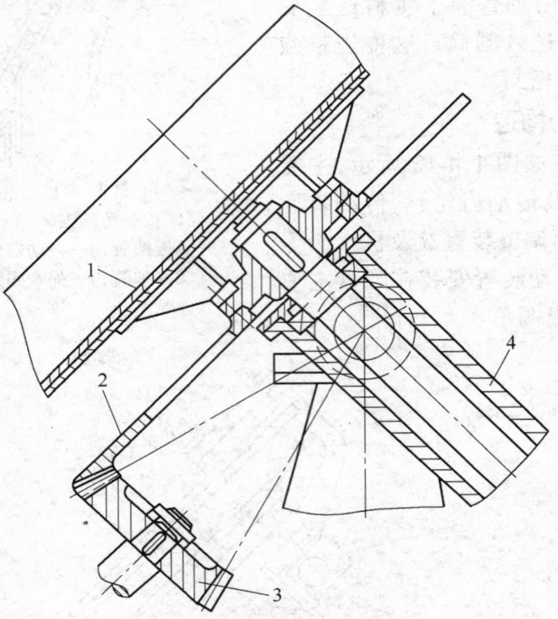


图 1.4-13　圆盘的锥齿轮传动

1—圆盘；2—大锥齿轮；3—小锥齿轮；4—主轴系统

2．直齿外齿圈传动

直齿外齿圈传动如图 1.4-14 所示。这种结构的驱动装置与轴套连在一起，大齿圈与圆盘间用螺栓连接，调整圆盘倾角时，只需调整主轴轴套即可。

3．直齿内齿圈传动

直齿内齿圈传动如图 1.4-15 所示。这种传动装置的结构与外齿圈传动基本相同，即整个驱动装置与主轴轴套连为一体，内齿圈用螺栓与圆盘连在一起。

**（二）圆盘**

圆盘是圆盘制粒机的主体部分，其结构如图 1.4-16 所示。圆盘由盘底、盘边及连接接头等组成。盘底、盘边用 Q235 钢板焊接制造。盘底要求平稳，盘边要求圆正，以保证圆盘运动平稳，小球易于滚动且有良好的造球轨迹。制粒过程中，旋转的圆盘，受到物料的不断冲刷。为了保护圆盘，延长其使用寿命，盘底和盘边均需衬以耐磨衬板。在圆盘中心的下方设有一连接接头，与主轴相连接。该零件可以采用铸件，经加工后与盘体焊接。

不管采用锥齿轮传动或直齿外齿轮传动还是内齿轮传动，圆盘下方都安装有传动齿轮。根据不同情况，传动齿轮可通过连接盘连接或直接安装在盘底下方。

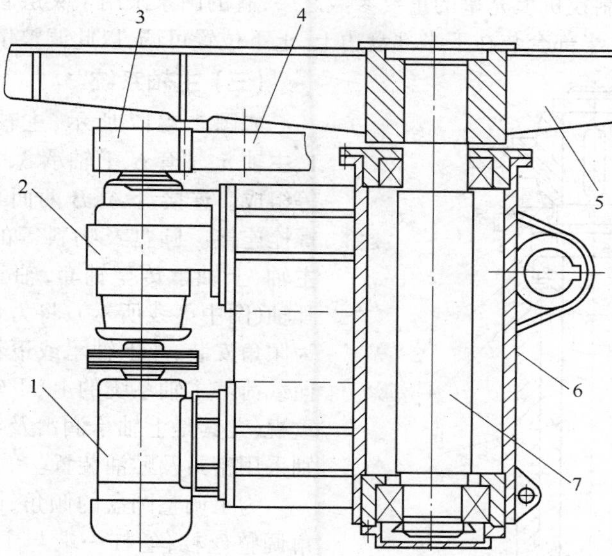


图 1.4-14　圆盘的外齿圈传动

1—电动机;2—行星减速器;3—小齿轮;4—大齿轮;5—制粒圆盘;6—轴套;7—主轴

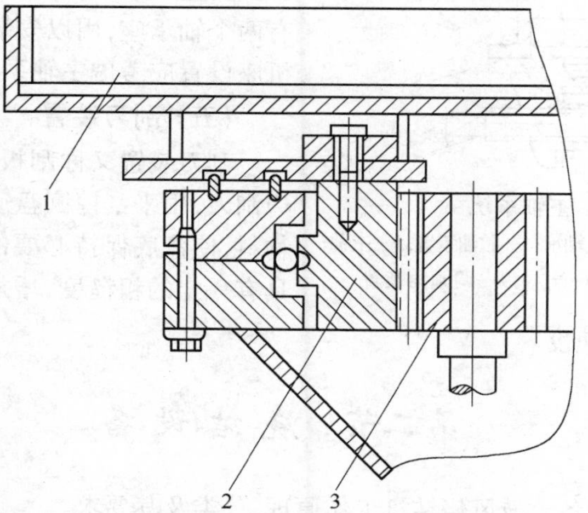


图 1.4-15　圆盘的内齿圈传动

1—圆盘;2—内齿圈;3—小齿轮

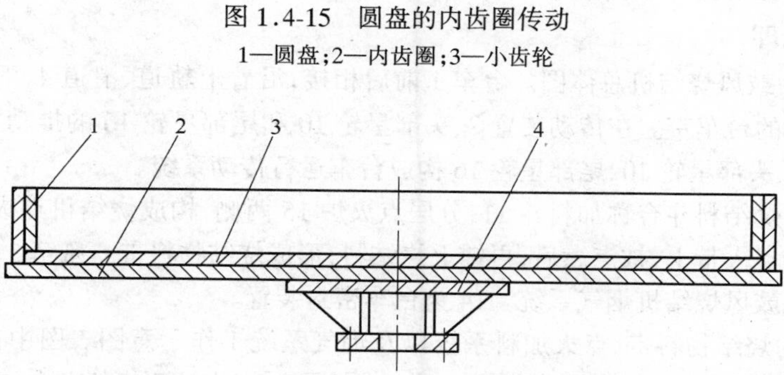


图 1.4-16　圆盘结构简图

1—盘边;2—盘底;3—衬板;4—接头

边高是决定圆盘制粒机填充率的重要参数之一，有的国家采用了夹层套装可调盘边，即盘边的下半部是固定的，上半部套装在下半部盘边上，上下位置可调，以此调整填充率。

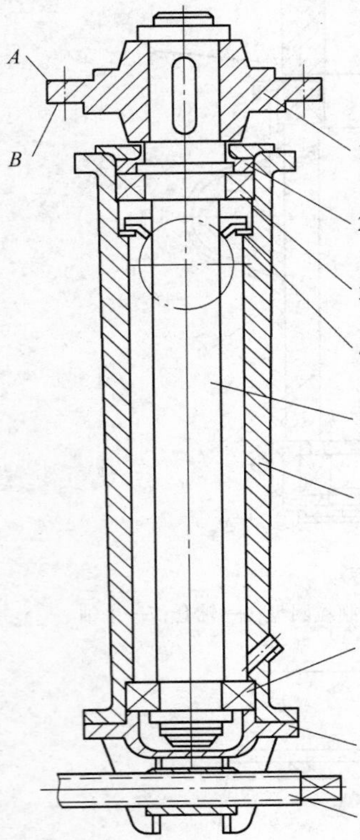


图 1.4-17　主轴系统

1—连接盘；2—密封环；3—上轴承；4—贮油装置；5—主轴；6—轴套；7—下轴承；8—端盖；9—调倾角装置

**(三) 主轴系统**

如图 1.4-17 所示，主轴系统主要由连接盘 1、主轴 5、轴套 6、上轴承 3、下轴承 7 和密封装置等组成。连接盘 $A$、$B$ 两面与圆盘和传动齿轮用螺栓连接。圆盘及物料等的重量，通过连接盘、主轴、上轴承传至轴套，轴套则由其本身两侧之耳轴（图中虚线所示），将力传至机座。由于圆盘为倾角安装，故上轴承或下轴承需承受轴向和径向载荷。主轴系统的上、下轴承润滑须引起高度重视（尤其是上轴承润滑及密封环境差时），应分别采用密封及贮油装置。

为了调整圆盘的倾角，圆盘制粒机设置了倾角调整丝杠，丝杠一端与主轴系统相连，另一端则与机座连接。

**(四) 机座**

机座用来承受圆盘的整个重量，它的上面装有两个轴承座，用以安装主轴轴套的耳轴，同时，机座设置应考虑主轴系统的摆动空间。

**(五) 刮刀装置**

刮刀装置又称刮板装置，包括底面刮刀和周边刮刀，用来刮掉圆盘底面和周边上粘结的多余物料，使盘底保持必要的料层（底料）厚度。底料具有一定的粗糙度，增加了球粒与底料之间的摩擦，以提高球粒的长大速度。

## 第二节　烧 结 设 备

本节仅介绍烧结设备中鼓风烧结机工作原理、分类及其要求。

### 一、工作原理

图 1.4-18 为鼓风烧结机总体图。台车 1 前后相接，沿着上轨道、滑道 4、下部轨道及前后弯道构成一个连续的台车带。在传动装置 2、头部星轮 10 和尾部星轮 16 的推动下，周而复始地运行。传动装置 2、头部星轮 10、尾部星轮 16 构成台车运行传动系统。

点火料斗与烧结料斗合称加料斗 11，分居点火炉 15 两侧，构成烧结机点火加料系统。烧结物料先加到烧结点火带上，被点燃后，再铺上烧结料，形成烧结物料带。风箱 5、大烟罩 8、以及尾部密封罩 9 构成鼓风烧结机烟气系统。14 为台车密封装置。

图 1.4-19 为烧结物料带、点火加料系统以及烟气系统工作示意图。图中：烧结物料先从机头点火料斗 1 加到烧结机上，形成薄薄的一层点火料层 4，点火炉 3 将其点火，在点火风箱 9 的抽吸作用下，自上而下地燃烧，形成炽热的点火层。烧结料斗 2 再向点燃后的点火层布料，形成较

厚的烧结物料带。进入鼓风箱区后气体自下而上地向料层鼓风。烧结物料带分成两层，下层为烧结带 6，上层为干燥带 5。

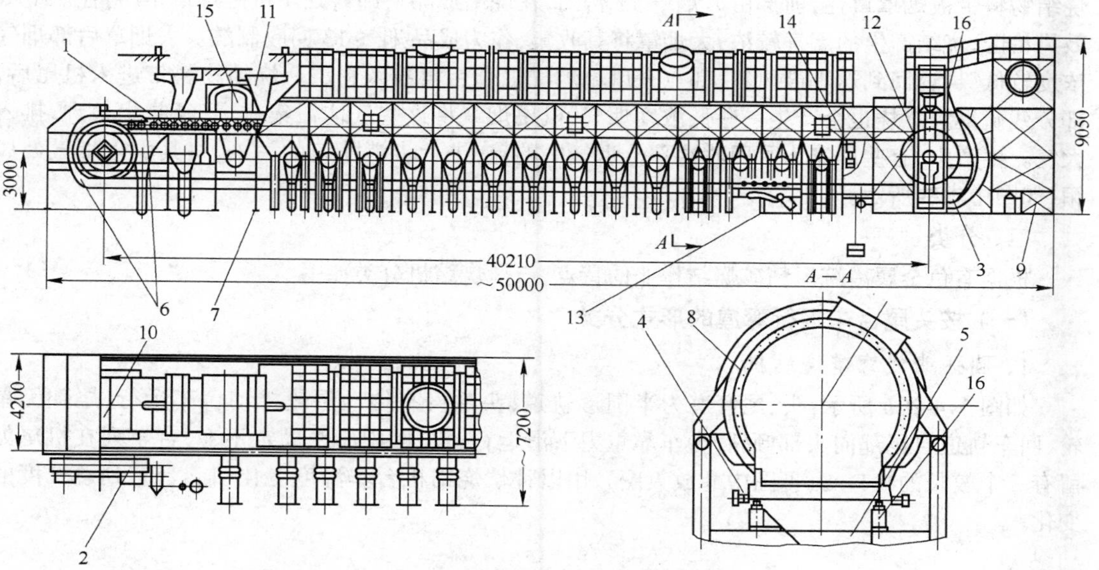


图 1.4-18　鼓风烧结机

1—台车；2—传动装置；3—尾部摆架；4—滑道；5—风箱；6—轨道及弯道；7—机架；8—大烟罩；9—尾部密封罩；10—头部星轮；11—加料斗；12—机尾排灰装置；13—箅条振打器；14—风箱密封填充装置；15—点火炉；16—尾部星轮

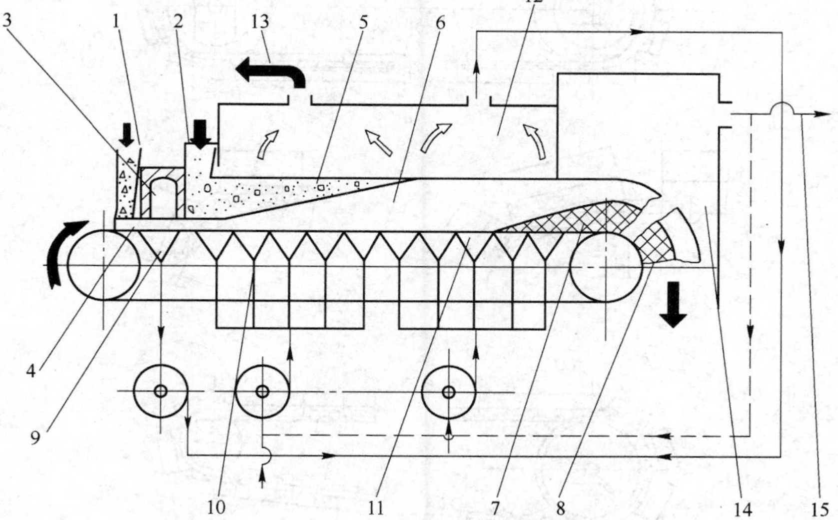


图 1.4-19　烧结物料带、点火加料系统及烟气系统工作示意图

点火加料系统：1—点火料斗；2—烧结料斗；3—点火炉；

烧结物料带：4—点火料层；5—烧结料层干燥带；6—烧结带；7—冷却带；8—成品块；

烟气系统：9—点火吸风箱；10—空气鼓风箱；11—返烟鼓风箱；12—大烟罩；

13—烟气；14—机尾烟罩；15—机尾通风排尘气体

烧结物料带沿着风箱区运行，物料带逐渐扩展成炽热的烧结带。在最后几个风箱区，料带又分成两层，下层由于鼓风冷却形成低温冷却带 7，并逐渐扩大，上层仍为炽热的烧结带，呈红黑两层的成品烧结块8,从烧结机尾排出。

鼓风烧结机烟气系统比较复杂。鼓风箱分成空气鼓风箱10和返烟鼓风箱11。在鼓风箱区烧结物料带被烟罩罩住,前部由大烟罩12密闭,在烧结成品块卸料处用机尾烟罩14封住。空气鼓风箱区,烧结产生的烟气较浓,大烟罩将其收集,作为成品烟气13回收制酸。大烟罩后部烟气浓度较低,再返回到返烟鼓风箱,和点火风箱烟气汇合后再鼓入料层。烧结物料带进入机尾后,部分残硫继续燃烧也会产生一些低浓度烟气,机尾烟罩将这些气体汇集排出,经收尘处理,排入大气。生产中,有些厂家为了回收这部分烟气中的硫,进一步消除硫的污染,将其引入烟气鼓风箱,如图中虚线所示。

## 二、分类

根据有色金属冶炼厂精矿烧结作业的特点,鼓风烧结机分类如下。

### (一)按头尾台车运行弯道的形式分类

1. 圆弧曲线弯道烧结机

如图1.4-20*b*所示:头、尾弯道为半圆形轨道,头部设有传动星轮推动台车运行;尾部无星轮,回车轨道自尾部向头部倾斜,台车靠重力下滑运行;头、尾中心距固定不变,台车列在机尾处留有一个较长的缺口*S*(见图中Ⅱ放大图),用以补偿烧结机台车温度变化引起台车列总长度的变化。

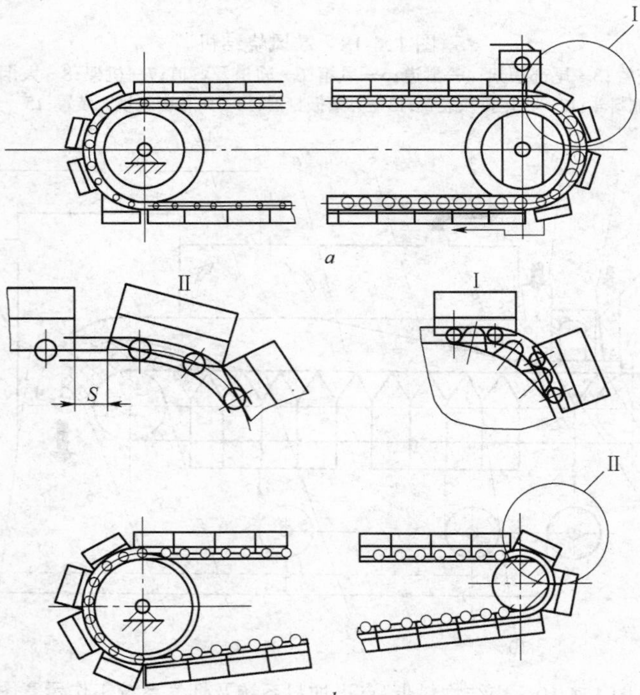


图1.4-20 特殊曲线弯道及圆弧曲线弯道烧结机示意图

*a*—特殊曲线弯道烧结机;*b*—圆弧曲线弯道烧结机

这一种形式的烧结机,因其头尾弯道呈半圆形,台车在弯道运行时,相互接触,并相对滑动,造成台车尖角处磨损,磨损部位处于风箱区时,造成局部漏风。在机尾因台车列留有缺口*S*段,台车在机尾处时会发生碰撞,加剧了台车的尖角磨损,也降低了台车的使用寿命。但这类烧结机结构比较简单,重量轻。

2. 特殊曲线弯道烧结机

如图 1.4-20*a* 所示:头、尾处均设有星轮;头尾弯道均由几段圆弧曲线组合而成;机尾星轮与弯道固定在可移动的尾架上,头尾轮中心距可随台车带长度的变化而变动。其优点如下:

(1) 台车在头尾弯道处运行时,相互脱开,避免产生台车的尖角磨损,降低了烧结机的漏风率。

(2) 头尾轮中心距随台车带长度变化而变动,台车带中无"缺口"*S*,避免了台车在机尾冲击,提高了台车使用寿命。

(3) 机尾设有星轮,在回车道上台车靠尾部星轮推动运行,下支回车道为水平轨道。设计时可适当增减风箱个数,方便地调整烧结机的有效面积。

**(二) 按台车与风箱密封结构分类**

1. 弹性滑道密封烧结机

如图 1.4-21*b* 所示:这类烧结机台车滑板与滑道滑轨之间设有弹性元件 3。依靠弹性元件的弹力使滑板 4 紧贴滑轨 5,形成风箱与台车间的密封。台车自重及物料重量通过台车滚轮支撑在轨道上。

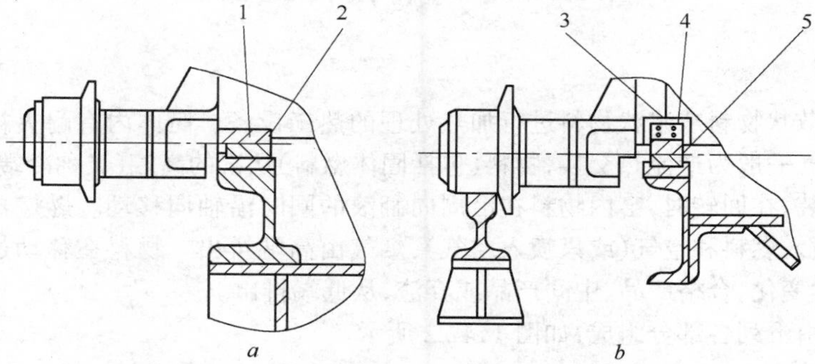


图 1.4-21　台车与风箱的密封结构

*a*—刚性滑道密封;*b*—弹性滑道密封

1、4—滑板;2、5—滑轨;3—弹簧

这种密封形式结构较复杂。容纳弹性元件的空间经常被颗粒及灰尘填死,必须经常清理。鼓风烧结时向上鼓风,灰尘大、温度高,填死更为严重,且弹性元件易退火或老化。密封不可靠,漏风率大。但这种密封形式台车运行阻力较小。

2. 刚性滑道密封烧结机

如图 1.4-21*a* 所示:这类烧结机台车在风箱区无轨道。台车及物料重量通过台车滑板 1 直接作用在风箱滑轨 2 上,形成风箱与台车的滑轨平面直接贴合密封。这种密封形式结构简单、可靠,台车维修、清理工作少,密封效果好,但台车在滑道上滑行,运行阻力较大。

由于目前国内外各有色金属冶炼厂均倾向采用刚性滑道密封形式的特殊曲线弯道式烧结机,故本节仅介绍这种类型的鼓风烧结机。

## 三、有色金属烧结工艺对机器结构的要求

**(一) 密封性**

有色金属矿物烧结过程,不但要产出符合下一步冶炼要求的烧结块,还要求产出符合经济制

酸要求的高浓度二氧化硫烟气，有色金属矿物伴生着多种其他金属元素，在烧结过程中既要综合回收，又要防止这些对人体有害的伴生金属污染环境，严格的密封是对鼓风烧结机最基本的要求。因此，在加工经济，安装方便等条件下，尽可能使各漏风部位保持较好的密封性。

**（二）可靠性**

为满足密封性的要求，机器零部件常处于密闭的条件下工作，使检查、维修以及零部件的更换都比较困难。因而要求机器各零部件具有较高的可靠性和较长的工作寿命。除台车可定期地吊出检查、修理外，其他部件的工作寿命一般应大于一个大修期（一般为两年）。

**（三）防腐**

二氧化硫烟气（一般还含有少量的三氧化硫）具有较强的腐蚀性，特别当机器开、停和生产不正常时，烧结烟气温度可能低于烟气露点，此时烟气中会产生酸雾，对金属造成强烈腐蚀。因此，对烟气系统可能出现低温的部位，应采取必要的防腐措施。

**（四）耐高温**

机器长年都处于高温条件下工作，温度最高的部位达 800～1000℃。对于受力较大的部位应注意应力松弛；对于较长的组合件联结，应采取热伸长补偿措施等。

## 第三节 回转圆筒设备

### 一、回转窑

回转窑是对散状物料或浆状物料进行加热处理的热工设备。筒体内有耐火衬里，以低速回转。物料与热烟气一般为逆流热交换，物料（包括固体燃料）从窑的高端（又称冷端或尾端）加入。由于筒体倾斜安装，在回转时，窑内物料在沿周向翻滚的同时沿轴向移动。燃烧器在低端（又称热端或窑头端）喷入燃料和空气（或只喷入空气），烟气由高端排出。物料在移动过程中被加热，并发生物理、化学变化，合格产品、中间产品或弃渣，从低端排出。

回转窑一般由下列各部分组成，如图 1.4-22 所示。

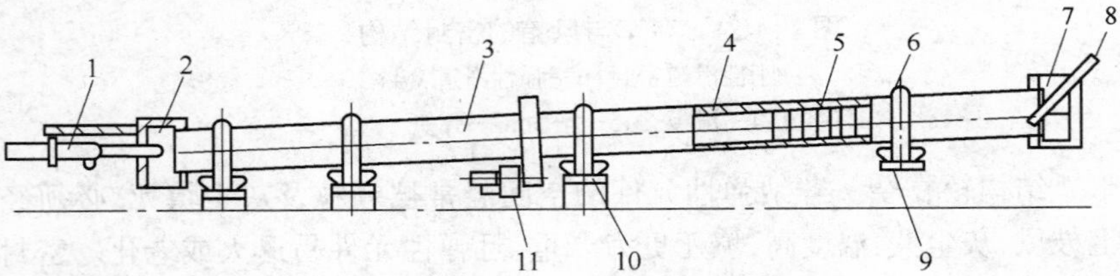


图 1.4-22 回转窑简图

1—燃烧器；2—窑头罩；3—筒体；4—窑衬；5—筒体附件；6—滚圈；7—窑尾罩；8—喂料装置；9—支撑装置；10—带挡轮支撑装置；11—传动装置

**（一）筒体与窑衬**

筒体由钢板卷制焊接而成，是回转窑的基体。由于窑内温度很高，为避免筒体烧蚀和减少散热损失，筒体内砌筑耐火材料（即窑衬），其厚度和所用耐火材料随筒体直径及所在部位的温度不同而异。按照物料的变化过程，筒体内可划分为若干工作带，如烘干带、预热带、分解带、烧成带（或反应带）、冷却带等。

**（二）筒体附件**

为增强换热效果，筒体内往往还设有各种筒体附件，如链条、扬料板、格板或热交换器等。

### （三）滚圈

回转窑回转部分的重量通过滚圈传到支撑装置上，滚圈还能提高筒体刚度，减少筒体径向变形。

### （四）支撑装置

支撑装置是由托轮和两个托轮轴承组和底座组成。它承受回转部分的全部重量。两个托轮中心与窑中心的连线成60°夹角，对称稳定地支撑着筒体上的滚圈。支撑装置的套数称为窑的挡数，一般有2～7挡。支撑装置上装有水平挡轮，其作用是限制或控制窑回转部分的轴向窜动。

### （五）传动装置

传动装置由电动机、减速器及齿轮副组成。大齿圈用弹簧板安装在筒体上。由于操作和维修的需要，多数窑还设有辅助传动装置（又称慢速传动装置）。

### （六）窑头罩及窑头密封

窑头罩及窑头密封是连接窑头端与冷却机的中间体。燃烧器及燃烧所需空气经过窑头罩入窑。窑头罩上设有看火孔及检修门，窑头罩内也砌有耐火材料。在固定的窑头罩与回转的筒体间有密封装置，称为窑头密封。密封装置的作用是防止冷空气进入窑内，同时也避免在出现正压时往窑外冒火。

### （七）燃烧器

回转窑的燃烧器大多为从窑头端插入的喷粉煤管、油喷枪、煤气燃烧嘴或空气喷嘴等。通过火焰辐射将物料加热到需要的温度。当窑内反应温度较低时，可在窑头罩旁另设燃烧室，将热气体引入窑内。外热窑是在筒体外砌燃烧室，对物料进行间接加热。

### （八）窑尾罩及窑尾密封

窑尾罩及窑尾密封是连接窑尾与物料预处理以及烟气处理设备的中间体。烟气经窑尾罩进入烟道及收尘系统。物料由喂料设备直接喂入窑的尾部，对于带有窑外换热装置的窑，物料经换热装置处理后经窑尾罩入窑。窑尾罩内也砌有耐火材料和保温材料。在固定的窑尾罩与回转的筒体间有密封装置，称为窑尾密封。它的作用是防止冷空气进入或物料外溢。

### （九）喂料设备

根据物料入窑形态选用喂料设备，其种类很多，如油管、油槽、喷枪、勺式喂料机、板式喂料机和螺旋喂料机等。对喂料的要求是稳定、均匀、容易控制。一般用变速电动机驱动来调节喂料量。

## 二、单筒冷却机

单筒冷却机是对从回转窑卸出的物料进行冷却处理的设备，它的作用是把物料冷却到所需的温度。为合理的从高温物料中回收热量，利用此热量来加热流经冷却机的燃烧用的空气或采用其他综合利用措施。单筒冷却机的组成与回转窑差不多，也有筒体、衬砖、滚圈、支撑装置、传动装置、机头机尾，根据需要配有进料装置、密封装置以及出料罩。筒体内设扬料板，其作用使物料在筒体截面内尽量达到幕状均匀分布，以利于与通过的气流进行热交换。

冷却铅烧结返料的冷却圆筒，圆筒内衬耐磨衬板，筒中设喷淋管，可向返料淋水，以加速返料的冷却。各种冷却机结构基本上相同。

## 三、圆筒干燥机

按传热方式的不同可分为以下三种类型：直接传热、间接传热和复式传热。干燥介质是高温烟气，常由专设的燃烧室产生，或者利用其他冶金炉的废气。

直接传热干燥机是高温烟气与物料在筒体内直接接触。按烟气和物料流向的不同，又可分为顺流干燥机和逆流干燥机两种类型。顺流式适用于初水分高的物料；逆流式传热效率高，烟尘率低,适用于对出料温度无限制的场合。

间接传热干燥机又称为双筒式干燥机。热烟气从中心套筒内通过,热量经过中心套筒间接传给物料,因而传热效率低。这种类型适用于不宜与高温烟气直接接触的物料。

复式传热干燥机也是双筒式,热气体从中心套筒通过后再由套筒外返回与物料直接接触,传热效率较直接传热式差。这种干燥机适用于干燥烟煤,不致使煤在干燥过程中失去挥发分或着火、爆炸等。

在处理易粘结的物料时,还可以在筒体外设锤式振打装置或筒内挂链条组,使粘附于筒壁的物料脱落,也可以用返料来控制水分。

圆筒干燥机的优点是对各种物料适应性广,操作简便;缺点是热效率低。

## 第四节　收尘设备及部分浇铸设备和冶金炉机械设备

本节介绍收尘设备以及浇铸设备中的直线浇铸机和冶金炉机械设备中的卧式转炉捅风眼机。

### 一、收尘设备

#### (一) 收尘在有色冶金工厂中的作用

有色冶金工厂中收尘有如下作用:

(1) 收尘能提高金属实收率,富集和回收有价金属。有色冶金技术的发展和强化,炉窑中烟气带走的尘量呈增加趋势。强化收尘以提高金属实收率,是有色冶金企业提高经济效益的技术保证。

(2) 收尘能净化冶金炉窑烟气以利于综合利用资源。有色金属矿物多为硫化共生矿,硫在冶金过程中绝大部分成为二氧化硫和三氧化硫气体进入烟气中。现代有色冶炼工艺已为硫的综合利用创造了条件,但含硫氧化物的烟气净化程度,决定了硫的回收利用率。某些采用还原气氛的冶炼工艺,烟气中含有大量一氧化碳,为充分利用这些低热值的煤气,对烟气的净化亦有严格的要求。强化收尘,可以提高资源的综合利用。

(3) 收尘能改善环境,防止污染。有色冶金工厂炉窑烟气中含有大量挥发尘,这些烟尘对环境有很大的危害性,不少的金属氧化物如氧化铅、三氧化二砷、氧化汞以及镉、铍尘对人体毒性很大。收尘作用能有力地把烟尘中的含尘浓度降低到允许的范围内,达到防止污染,改善环境目的。

#### (二) 收尘设备的分类

1. 按收尘效率的高低分类

粗收尘设备。粗收尘设备的收尘效率不超过90%,对于捕集大于10 μm的粉尘有较高的收尘效率。这类设备的结构简单、投资少、建造周期短。

细收尘设备。细收尘设备的收尘效率高达95%～99%以上,能捕集小于1 μm的烟尘。这类设备的结构复杂,投资高,建造周期长。

2. 按收尘的机理分类

重力及惯性力收尘器。重力及惯性力收尘器是利用粉尘的重力、惯性力使粉尘分离的一类收尘设备。有沉尘室、惯性收尘器、旋风收尘器和旋流收尘器等。

湿式收尘器。湿式收尘器是利用水或其他液体,经不同方式与粉尘接触或使粉尘湿润后相互凝聚成较大颗粒,从烟气中分离出来的一类收尘设备。有水膜收尘器、泡沫收尘器、冲击式收尘器和文丘里收尘器等。

过滤收尘器。过滤收尘器是利用过滤介质使粉尘阻留在过滤介质表面或其中,达到烟气与粉尘分离的一类收尘设备。有滤袋收尘器、颗粒层收尘器和微孔过滤器等。

电收尘器。电收尘器是利用电力(库仑力)使粉尘与烟气分离的一类收尘设备。有干式和湿式两大类电收尘器。

其他收尘器。目前处于试验阶段的有超声波收尘器、预荷电电滤器、预荷电颗粒层收尘器等。

## 二、直线浇铸机

直线浇铸机在有色金属冶炼厂的铜、铅、锌生产系统中有着广泛的应用,既可用以生产粗铜锭、电铅锭、锌锭和锑锭等,又可用以浇铸铜、铅阳极板。直线浇铸机组又称为直线浇铸联动线。该联动线由定量浇铸装置、直线浇铸机本体和辅助设备等三大部分组成。直线浇铸机本体由传动装置、牵引链条、锭模和机架构成。

金属熔液由定量浇铸装置按铸锭需要量定量铸入锭模,锭模在牵引链条带动下,依次往前运行,牵引链条由传动装置驱动在上下轨道上循环绕行。这样,构成了一个封闭锭模运行线;在上部轨道的锭模分成浇注、冷凝、脱模三部分,空模在下部轨道冷却并返回浇注区段。

浇铸产品质量对浇铸设备的要求是:

(1) 浇铸产品的重量准确一致,尤其是阳极板的重量;

(2) 在一块锭模的浇注过程中,金属熔液的注入速率符合慢—快—慢规律,避免金属熔液对模底冲击而引起飞溅,以提高铸锭质量和减少金属损耗;

(3) 浇注时应尽量使金属液流在锭内的注入点不断变化,以防止模底局部过热;

(4) 对于某些铸锭如阳极板,要求有平整、光滑的外形。

直线浇铸机按牵引链的结构形式可分为履带式和滚子链片式两种;按支撑锭模的方式可分为滚子支撑式和托辊支撑式两种;按锭模运行方式可分为连续运行式、变速运行式和间歇运行式三种。

## 三、卧式转炉捅风眼机

### (一) 类型的划分

捅风眼机从机构形式上,可分为固定单体式和移动式两种。固定单体式是在转炉每一个风眼上固定一个单体捅风眼装置;移动式是一台转炉或多台转炉共用一台捅风眼装置,它将单钎或多钎装设在一套行走机构上,行走机构在平行于转炉中心线的轨道上运行。按捅风眼机的动力源可分为手动、电动、气动和液压四种。

### (二) 捅风眼机的发展过程

#### 1. 6B 型捅风眼机

6B 型捅风眼机为肯尼柯特公司的产品。它是典型的固定单体式机型,整个机体用螺栓固定在每个风口处,其结构特点是转炉在不同冶炼周期时,捅风眼机能随转炉一起旋转,用压力为 0.62～0.69 MPa 的压缩空气推动钎杆前进清理转炉风眼;回程是依靠前进冲程末的反坐力完成的。钎杆在整个过程中始终留在风眼管内,避免了钎头与风眼对位的困难。

#### 2. 盖斯帕型捅风眼机

加拿大盖斯帕型捅风眼机是气动型捅风眼机的前身,我国贵溪冶炼厂所用的捅风眼机就是在此基础上发展起来的。

#### 3. 高速气流自动捅风眼机

根据空气动力学原理,具有亚音速的高压气体流经收缩喷管时速度加快,同时静压转变为动能。利用动能增大的高速气流的正面冲击力,将风眼内粘结物冲掉,而不用钎杆捅打。它属固定式单体捅风眼机型,每个风眼配置一台。

4. 全部机械化的捅风眼机

该机有三个运动系统:钎杆清理风眼的往复运动;装载钎杆和主减速器的平板小车沿转炉轴线平行运动;横架钢轨在螺母小车上沿弧形轨道随转炉同步旋转运动。主减速器由齿轮、离合器、间歇传动机构组成,它把主电动机的旋转运动分别转换为钎杆和平板小车的平移运动。三个运动的目的是保证捅风眼机不论转炉转到任何位置,任何一个风眼需要清理时钎杆都能对中风眼。

## 第五节 搅拌设备

搅拌操作的基本过程是把液体盛装在一个罐(容器)中,利用浸没于液体中的旋转叶轮(搅拌器)或其他方式搅动流体,实现两种或多种物料间的均匀混合、加速传热和传质等。完成这一搅拌过程的装置,通称为搅拌设备。搅拌设备在有色金属的湿法冶炼生产各工序中应用广泛,这些工序包括配料、浆化、浸出、结晶、溶解、还原、分解和萃取等。为了强化冶炼过程,都或多或少地应用着搅拌设备。本节主要介绍液体与其他液体、固体或气体进行搅拌的物料体系以及使用最广泛的立式机械搅拌设备。

### 一、搅拌的目的

在湿法冶炼生产过程中,通过搅拌达到的目的是多样的,一般可以分为以下几种:

(1) 使两种或多种互溶或不互溶的液体,按生产工艺要求混合均匀,以制备均匀混合液、强化传质过程,或提高反应速率等;

(2) 使固体颗粒在液体中均匀悬浮,以加速固体的溶解、强化固体的浸出、促进液固相间的反应和浆化等;

(3) 使气体在液体中充分分散,增加接触表面,以促进传质或化学反应;

(4) 通过搅拌促进液体与罐体附设换热部件之间的换热,按生产工艺要求转换热量。

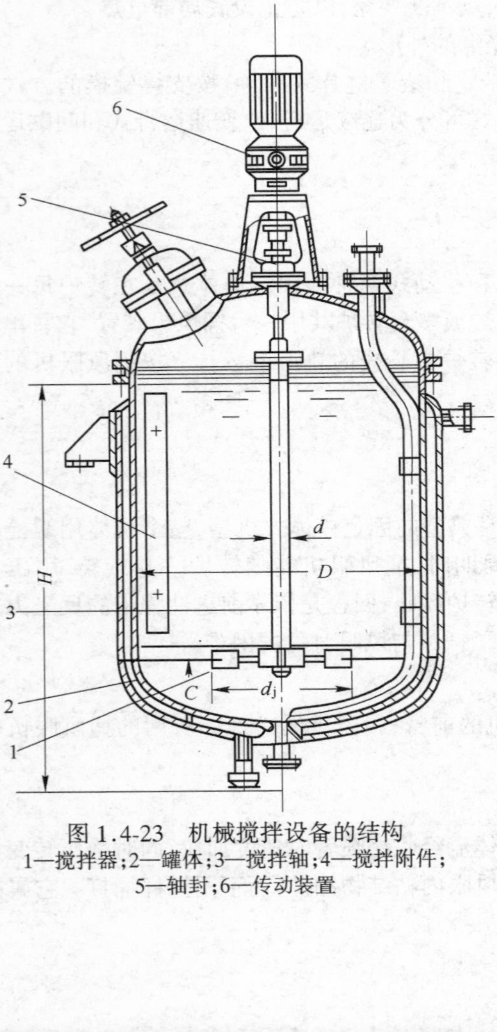


图 1.4-23 机械搅拌设备的结构
1—搅拌器;2—罐体;3—搅拌轴;4—搅拌附件;5—轴封;6—传动装置

### 二、搅拌设备的分类

在有色金属冶炼湿法生产中,通常采用两种主要的搅拌设备:一种是利用叶轮旋转搅动液体实现搅拌操作的设备,即机械搅拌设备;另一种是利用气流搅动液体实现搅拌操作的设备,即气流(空气)搅拌设备。机械搅拌设备的基本结构如图 1.4-23 所示。图中符号说明:$d_j$ 为搅拌器直径;$D$ 为罐体内径;$d$ 为搅拌轴直径;$C$ 为搅拌器桨叶安装高度(离罐底);$H$ 为液面高度。在湿法冶炼生产中,习惯上称机械搅拌设备为机械釜、反应釜、浸出釜、搅拌器、搅拌槽、反应罐等。机械搅拌设备的分类方法有多种,空气搅拌设备的种类不如机械的多。

## 三、机械搅拌器的工作原理、形式、选用和结构

搅拌器是机械搅拌设备实现物料搅拌操作的核心部件。搅拌器的工作原理是通过搅拌器的旋转推动液体流动，从而把机械能传给液体，使液体产生一定的液流状态和液流流型，同时也决定着搅拌强度。搅拌器旋转时，自桨叶排出一股液流，这股液流又吸引夹带着周围的液体，使罐体内的全部液体产生循环流动，这属于宏观运动。离开桨叶具有足够大速度的液流，与周围液体相接触时，形成许多微小的漩涡，造成微观扰动。液流的这种宏观运动和微观扰动的共同作用结果促使整个液体搅动，从而达到搅拌操作的目的。液流运动速度快、扰动强烈，造成明显的湍动，就会获得良好的搅拌效果。

搅拌器的形式较多，各种常用搅拌器的主要参数见表 1.4-1。

**表 1.4-1　各种常用搅拌器的主要参数**

| 搅拌器形式 | | 简　图 | 主 要 参 数 | | |
|---|---|---|---|---|---|
| | | | 常用尺寸 | 常用运转条件 | 常用介质黏度范围 |
| 桨式 | 平直叶 | 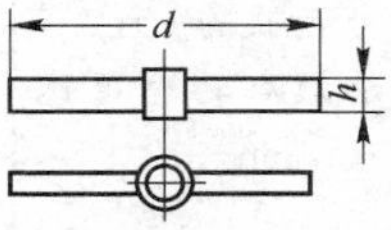 | $d_j/D=0.35\sim0.80$；<br>$b/d_j=0.10\sim0.25$；<br>$n_y=2$；<br>折叶角 $\theta=45°$、$60°$ | $n=1\sim100$ r/min；<br>$v=1.0\sim5.0$ m/s | 小于 2 Pa·s |
| | 折　叶 | 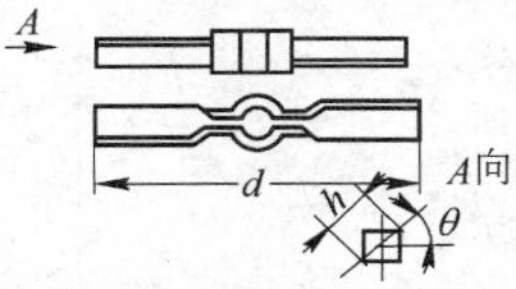 | | | |
| 开启涡轮式 | 平直叶 | 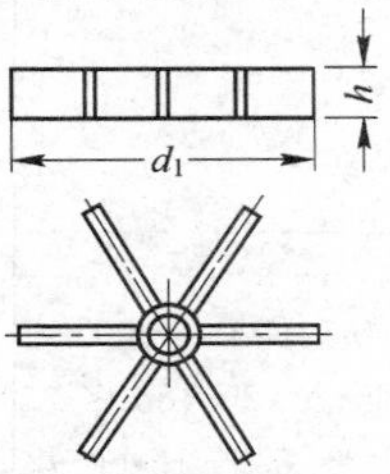 | $d_j/D=0.2\sim0.5$，以 0.33 居多；<br>$b/d_j=0.15\sim0.3$，以 0.2 居多；<br>$n_y=3\sim16$，以 3、4、6、8 居多；<br>折叶角度 $\theta=24°$、$45°$、$60°$；<br>后弯角 $\theta_h=30°$、$50°$、$60°80°$ | $n=10\sim300$ r/min；<br>$v=4\sim10$ m/s；<br>折叶式的 $v=2\sim6$ m；<br>最高转速可达 600 r/min | 小于 50 Pa·s 折叶、后弯叶的为小于 10 Pa·s |
| | 折　叶 | 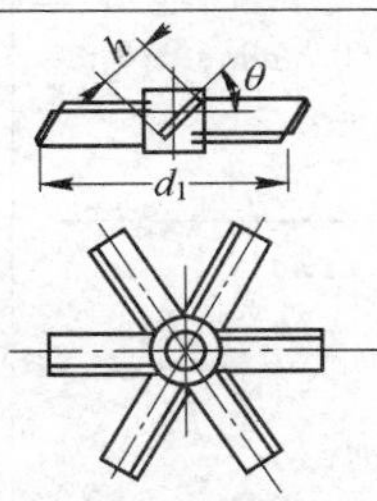 | | | |
| | 后弯叶 | 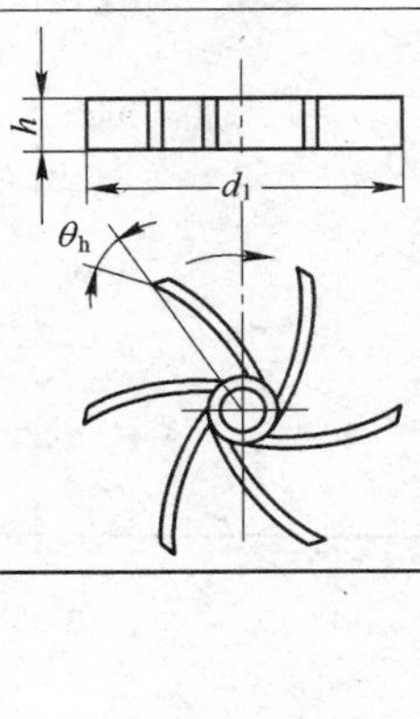 | | | |

续表 1.4-1

| 搅拌器形式 | | 简　图 | 主要参数：常用尺寸 | 主要参数：常用运转条件 | 主要参数：常用介质黏度范围 |
|---|---|---|---|---|---|
| 圆盘蜗轮式 | 平直叶 | 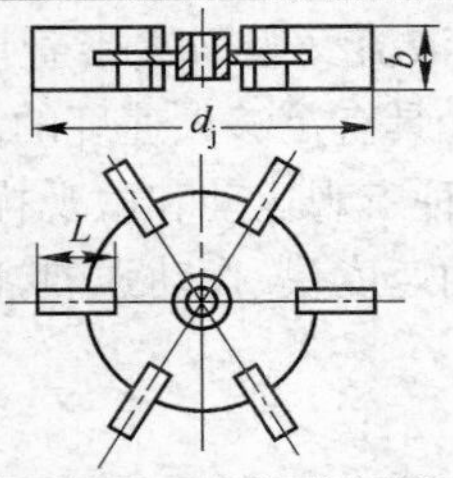 | | | |
| | 折　叶 | 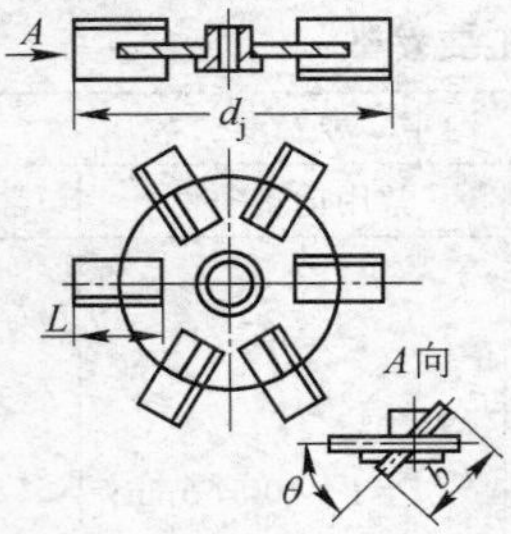 | $d_j:L:b=20:5:4$<br>$n_y=4、6、8$;<br>$d_j/D=0.2\sim0.5$，以 0.33 居多;<br>折叶角 $\theta=45°$、60°;<br>后弯角 $\theta_h=45°$ | $n=10\sim300$r/min; $v=4\sim10$m/s<br>折叶式的 $v=2\sim6$m; 最高转速可达 600 r/min | 小于 50 Pa·s; 折叶、后弯叶的为小于 10 Pa·s |
| | 后弯叶 | 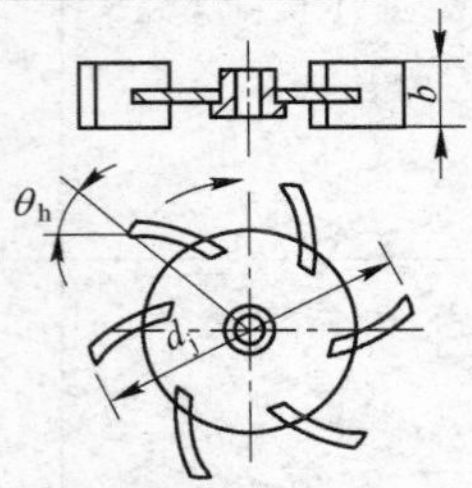 | | | |
| 推进式 | | 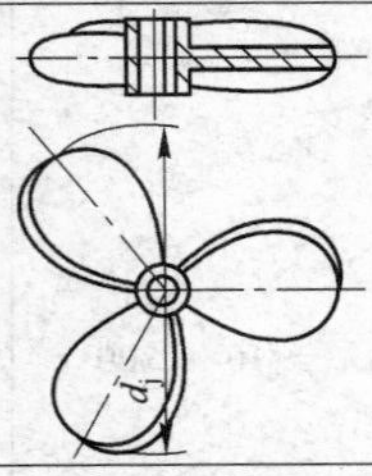 | $d_j/D=0.2\sim0.5$，以 0.33 居多;<br>$S/d_j=1、2$;<br>$n_y=2、3、4$ 以折叶居多 | $n=100\sim500$ r/min; $v=3\sim15$m/s<br>最高转速可达 1750 r/min; 最高 $v=25$ m/s | 小于 2 Pa·s |
| 锚　式 | | 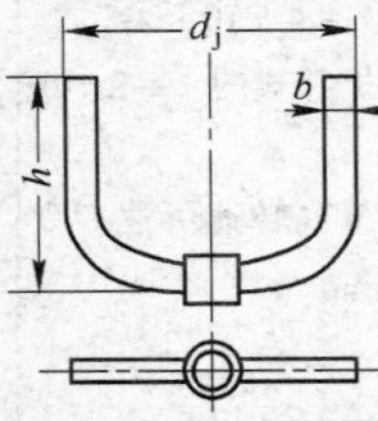 | $d_j/D=0.9\sim0.98$;<br>$b/D=0.1$;<br>$h/D=0.48\sim1.0$ | $n=1\sim100$ r/min;<br>$v=1\sim5$ m/s | 小于 100 Pa·s |
| 框　式 | | 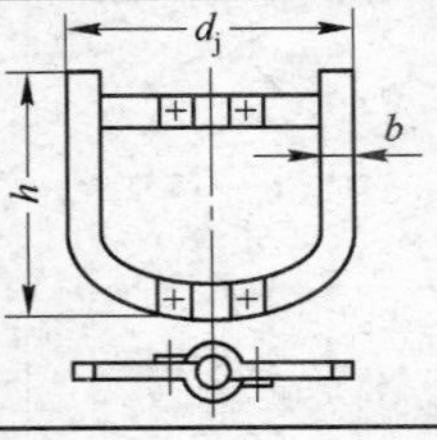 | | | |

搅拌器的参数主要是指它的尺寸比例，运转条件以及介质的黏度范围。表中的符号说明如下：

$d_j$ 为搅拌器直径；$D$ 为罐体内径；$b$ 为桨叶的宽度；$n_y$ 为桨叶的数量；$\theta$ 为折叶角；$\theta_h$ 为后弯角；$n$ 为搅拌器转速；$v$ 为桨叶前端的线速度，即叶端线速；$L$ 为圆盘蜗轮的桨叶长度；$S$ 为推进式桨叶的螺距；$h$ 为框式、锚式桨叶的高度。

在选用搅拌器时，除了要求它应能达到工艺要求的搅拌效果外，还应保证所需功率较小、制造和维修容易、费用较低。目前多根据实践选用，也有通过小型试验来确定的。

### （一）根据被搅拌液体的黏度大小选用

由于液体的黏度对搅拌状态有很大影响，所以根据搅拌介质黏度大小来选型是一种基本方法。图 1.4-24 就是这种方法的选型图，几种搅拌器都随着黏度的高低而有不同的使用范围，随着黏度的增高使用顺序为推进式、蜗轮式、桨式、锚式等。这个选型图对推进式搅拌器分得较细，推荐大容量液体用低转速，小容量液体用高转速。桨式搅拌器在实际生产中由于结构简单，用挡板可以改善液流流型，所以在低黏度时应用得较普遍。

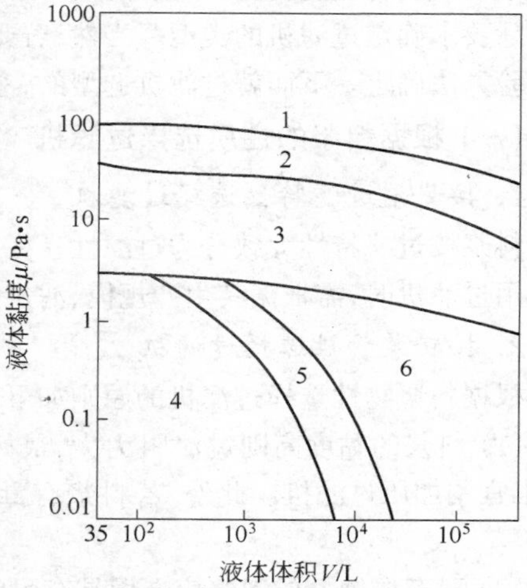


图 1.4-24 根据黏度的选型图

1—锚式；2—桨式；3—蜗轮式；
4—蜗轮式、推进式（1750 r/min）；
5—蜗轮式、推进式（1150 r/min）；
6—蜗轮式、推进式（420 r/min）

### （二）根据搅拌器形式的适用条件选用

1. 低黏度液混合过程

低黏度液混合过程是搅拌过程中难度最小的一种，当容积很大且要求混合时间很短时，采用循环能力较强且消耗动力少的推进式搅拌器最为适宜。桨式的因其结构简单，广泛地应用在小容量液体混合过程中。

2. 分散过程

分散过程要求搅拌器能造成一定大小的液滴和较高循环能力。蜗轮式搅拌器因具有高剪切力和较大循环能力而适用。平直叶蜗轮的剪切作用比折叶和后弯叶的剪切作用大，所以更为合适。

## 第六节 过滤设备

### 一、过滤的基本原理和目的

过滤是从流体中分离固体颗粒的过程。其基本原理是：在压强差（或离心力）的作用下，迫使液固两相混合物流经多孔过滤介质，液体通过介质，而固体颗粒则截留在介质上，从而达到液体与固体分离的目的。过滤是湿法冶炼过程中不可缺少的操作过程，其目的是：获得液体产品或固体产品，有时二者兼要，有时并不是为了获得产品，而是为了将过滤分离所得的液体和固体分别作进一步的处理。例如：锌焙砂浸出后矿浆净化除杂质的过滤、铜电解过程中净化除杂质、氧化铝生产中的赤泥和氢氧化铝过滤以及硫酸盐的过滤等。

生产中实现液固分离除了过滤外，常见的还有沉降、水力旋流分离、离心分离和喷雾干燥等方法。

## 二、过滤设备分类

过滤设备的分类方法很多,按过滤推动力的类别可分为:真空过滤机、加压过滤机和离心过滤机三大类。真空过滤机和加压过滤机还可按操作连续性、过滤表面、后处理方法、滤饼排出方式等来分类。离心过滤机还可按操作方法、操作目的、结构形式、分离因数、卸料方式等来分类。

## 三、过滤设备的选型

影响过滤机正常合理工作的因素很多,如滤浆的物性(黏度、腐蚀性、溶解度及固体颗粒尺寸等)和过滤性能、生产规模、过滤目的及过滤推动力及滤饼洗涤剥离方式等。过滤机的结构材料选用不当,也会使过滤机过早损坏。因此在初步选型时应综合考虑上述诸多因素的影响,根据生产实际要求确定过滤机的类型。当然,若要十分精确地选定过滤机则只能根据所过滤的物料,借助试验方法确定。下面就过滤机选型的一般原则简介如下。

### (一) 根据料浆的性质选择过滤机

#### 1. 按料浆过滤特性选择过滤机

料浆按过滤特性大致分为过滤性良好、过滤性中等、过滤性差、稀薄料浆和极稀薄料浆五类,在选用过滤机时,需根据其生产规模、滤饼的形态及洗涤要求来全面考虑。

#### 2. 按料浆物性选择过滤机

根据料浆物性选择过滤机的原则如下:

(1) 料浆的黏度高则过滤阻力大,最好选用加压过滤机;另外料浆的温度高而蒸气压也高时,也宜用加压过滤机。此外,若料浆有毒、易挥发和有易爆性时,则应采用密闭性好的加压过滤机。

(2) 对有腐蚀性的料浆应选用具有耐腐蚀性的过滤机。

(3) 当料浆由饱和溶液组成时,因有结晶析出易堵塞滤布和管道,故选用的过滤机应有加热保温设备。

(4) 料浆中固体尺寸大时,宜选用在水平介质上形成滤饼的过滤机;若尺寸非常小,则应选用预涂层真空式或加压式过滤机。

### (二) 根据操作周期选择过滤机

操作周期与生产规模有关。过滤机的操作周期有间歇式和连续式两类,大规模生产中宜采用连续式过滤机,它不但节省人力,而且在有效利用过滤面积方面也比间歇式过滤机有利。间歇式过滤机的主要优点是对料浆的适应性强,价钱也较便宜。

### (三) 根据过滤的推动力选择过滤机

过滤机的推动力包括加压、真空和离心三大类,下面叙述按加压和真空推动力选择过滤机。

加压过滤机使用的压力一般为0.29～0.49 MPa,也有达0.98 MPa的,加压过滤机中以间歇式居多,它们的主要优点是可获得较高的过滤速度,且单位过滤面积占地少。

真空过滤机的真空度一般为0.05～0.08 MPa,也有达0.09 MPa的。真空过滤机的优点是容易实现连续过滤,其过滤表面处在大气中,便于观察滤饼的状态,滤饼排出比加压式过滤机容易,检修也方便。其缺点是对料浆的适应性差,难以适应料浆黏度、流量及固体性质等的变化。

应当指出,当选择真空式或加压式过滤机时,要同滤饼的压缩性联系考虑。对不可压缩的滤饼,宜选用连续式加压过滤机,反之则应选用连续式或间歇式预涂层过滤机或考虑预先加助滤剂。

### （四）根据滤饼的剥离情况选择过滤机

为了保证过滤操作的正常进行，滤饼必须从滤布上完全剥离下来，就是说，滤饼能否被满意地剥离，是影响过滤机操作的关键。滤饼剥离的难易程度同滤饼的厚度有关。一般来说，薄的滤饼虽有利于提高过滤速度，但滤饼太薄时，因不易剥离反而会使过滤能力急剧降低。这个问题对于真空过滤机尤其显得突出。对于连续真空转鼓型和圆盘型过滤机，由于受到生产能力的限制，它们的滤饼形成时间一般为 3～5 min。一般在选择连续真空过滤机的型式时，首先要进行滤片试验，根据滤片上形成的滤饼的厚度和附着状况，定性判断滤饼的可剥离性，并据此选定过滤机及卸料方式。当用滤片试验难以作出判断时，就必须用试验过滤机来确定。

### （五）根据过滤目的及滤饼洗涤效果选择过滤机

过滤时为获得高纯度的固体产品，可选用连续真空水平型过滤机，因为它可通过连续逆流洗涤达到目的。

从洗涤效果看，除了与滤饼本身的性质有关外，也和过滤机的形式有关。在一般情况下，真空过滤机的洗涤效果比加压过滤机好；而在真空式过滤机中，水平型的又比转鼓型的好。除滤饼的洗涤效果外，滤液和洗液的分离程度也应在选型时全面考虑，以达到正确选用。应当指出，选择过滤机时还要同时选定合适的过滤介质，否则同样会影响过滤作业的经济效益。

# 第七节　换 热 设 备

## 一、换热器的作用及工作原理

换热器或称热交换器是使热量从一种流体传给另一种流体的热交换设备。图 1.4-25 为双层管壳式换热器工作原理图。工作时，一流体由右端管箱(分配室)上方的连接管 4 进入并分配至上半管束内，流经上半管束后，在左端封头 8 内折转，再流经半管束，进入管箱下方，并由接管流出。另一流体由管壳体左端连接管进入壳体，由于壳体内装有折流板 7，迫使流体沿折流板作折流流动后，从壳体右端的连接管流出换热器。通常，把流体流经换热管内的通道及与其相贯通部分称为管程，且将该流体称为管程流体；把流体流经换热管外的通道及与其相贯通部分称为壳程，且将该流体称为壳程流体。管程流体和壳程流体总是一冷一热，此冷、热二流体通过换热管进行热量交换。

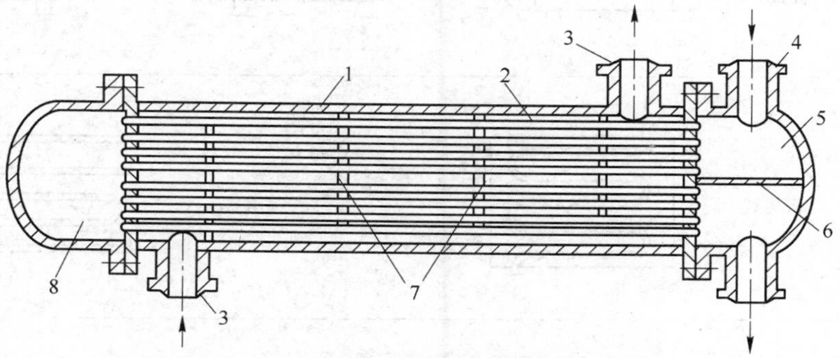


图 1.4-25　双层管壳式换热器的工作原理图
1—壳体；2—管束；3、4—连接管；5—管箱；6—分程隔板；7—折流板；8—封头

## 二、换热器的分类

换热器的种类繁多，可按热交换方式、用途和所用材料进行分类。按热交换方式分类时，换热器可分为混合式、蓄热式和间壁式三类。

### （一）混合式换热器

混合式换热器的特点是被冷却的流体直接与冷流体接触进行热交换，换热效果好。但它只能在允许冷、热流体相互混合时才能应用。在工业上常用的凉水塔、喷洒式冷水塔、混合冷凝器等都属此类。

### （二）蓄热式换热器

蓄热式换热器又称蓄热器，器内装有作为蓄热体的固体填充物。工作时，冷、热流体交替地流过蓄热器，利用蓄热体来积蓄和释放热量，以达到冷、热流体进行热交换的目的。蓄热式换热器的特点是结构简单且耐高温，但其体积庞大，且不能完全避免冷、热流体的混合。

### （三）间壁式换热器

间壁式换热器的特点是冷、热两流体被固定间壁隔开，不相混合，通过间壁进行热量的交换。间壁式换热器是有色冶金生产中广泛应用的热交换设备，其形式很多，可按不同的方法进行分类。根据间壁结构的不同，间壁式换热器又可分为管式、板式和特殊形式三类。表 1.4-2 所示为各类换热器的原理图。

**表 1.4-2　各类换热器的原理图**

| 名　称 | | 原　理　图 | | | | | |
|---|---|---|---|---|---|---|---|
| 混合式及蓄热式 | | 混合式 | 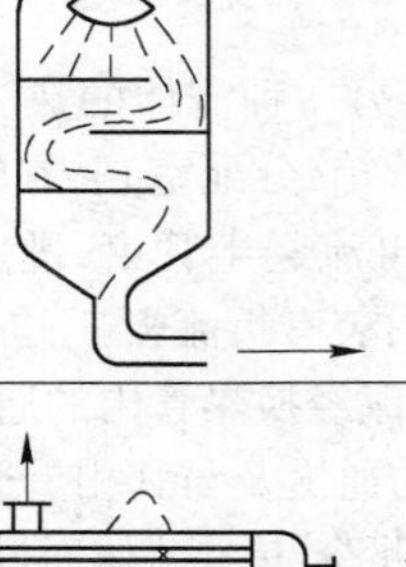 | | 蓄热式 | 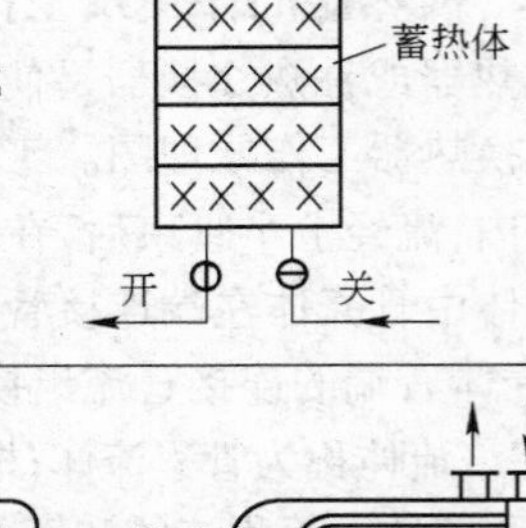 | |
| 管式 | 管壳式 | 固定管板式 | 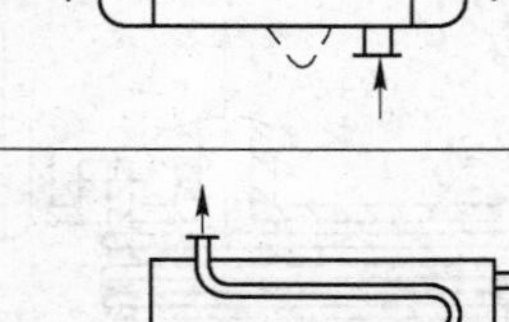 | 浮头式 | 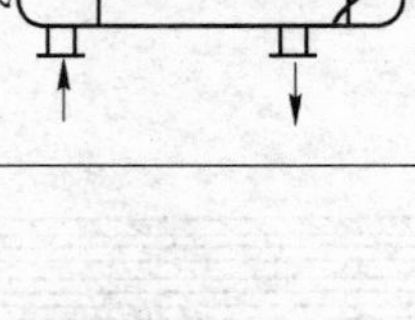 | U形管式 | 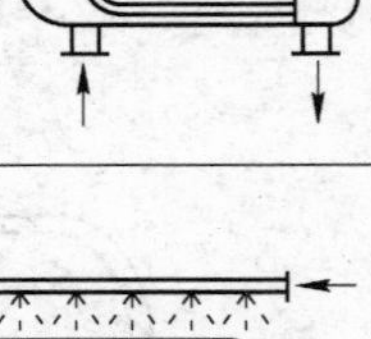 |
| 管式 | 蛇管式 | 沉浸式 | 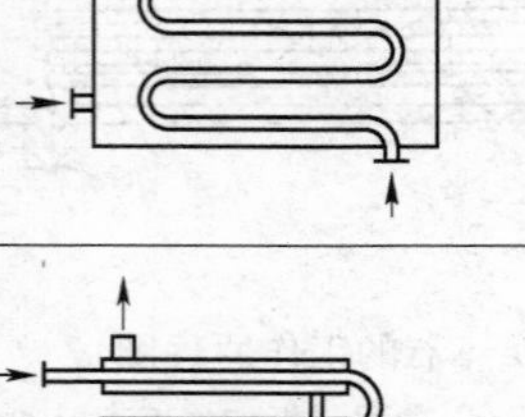 | | 喷淋式 |  | |
| 管式 | 套管式及翅管式 | 套管式 | 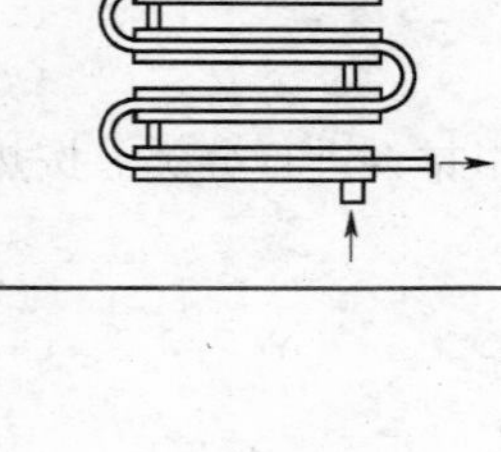 | | 翅片管式 | 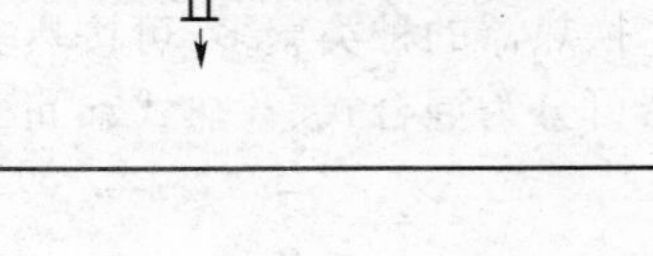 | |

续表 1.4-2

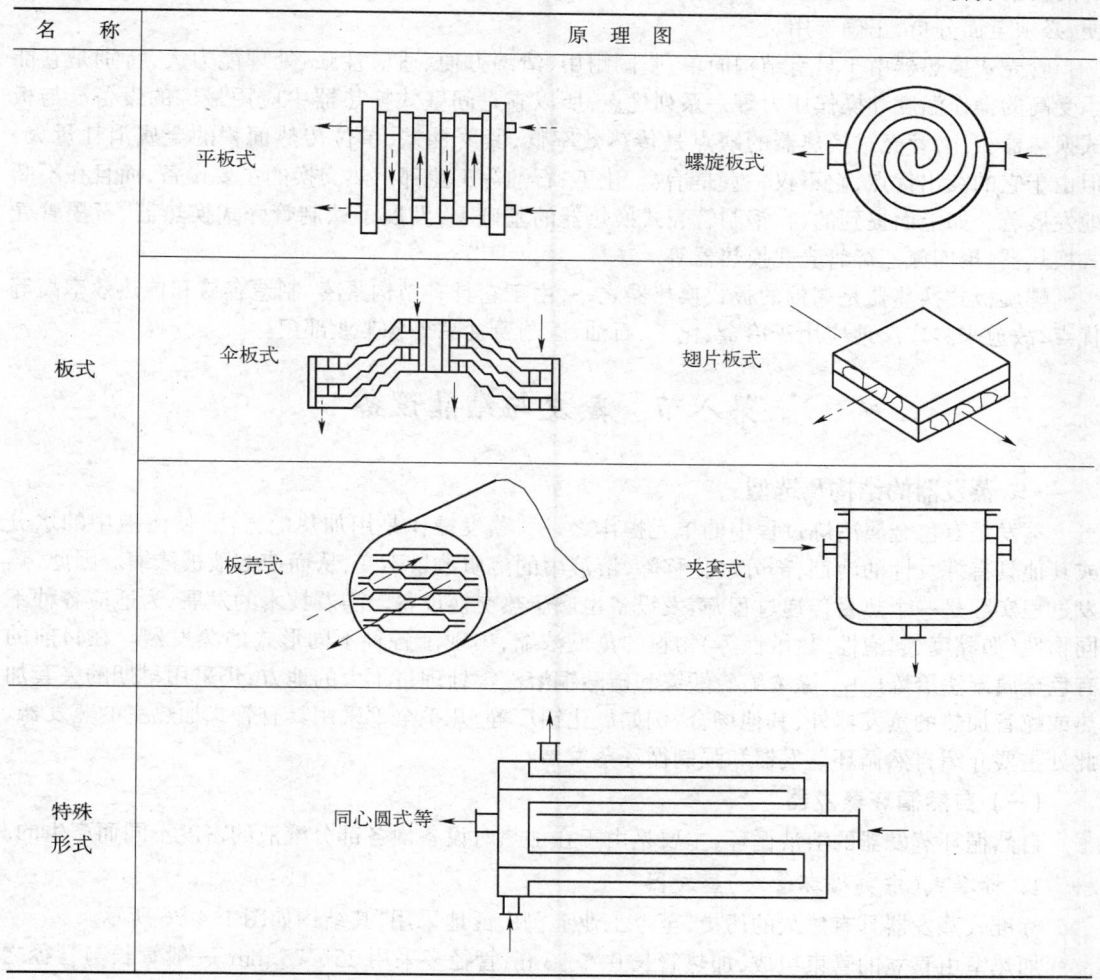

| 名　称 | 原　理　图 |
| --- | --- |
| | 平板式 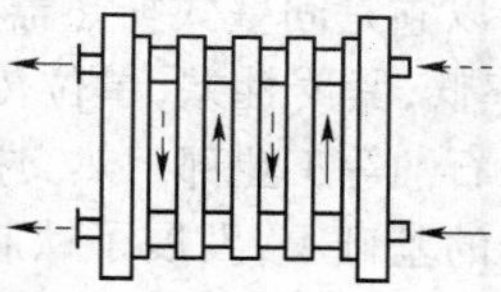 螺旋板式 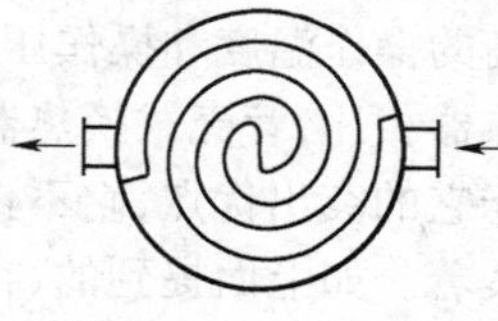 |
| 板式 | 伞板式 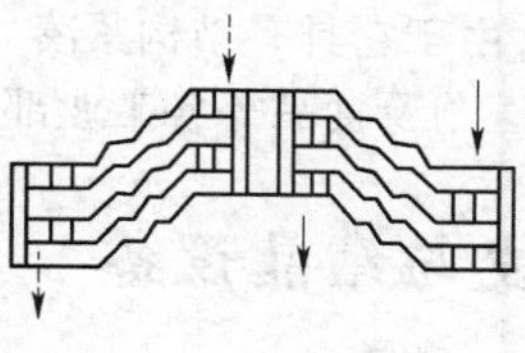 翅片板式 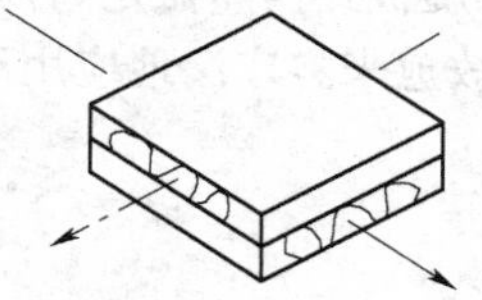 |
| | 板壳式 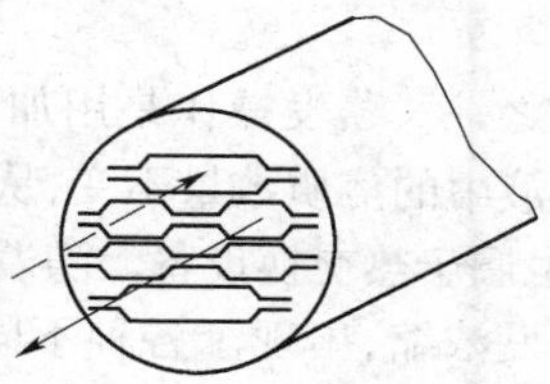 夹套式 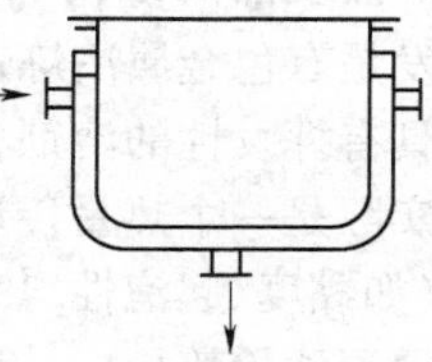 |
| 特殊形式 | 同心圆式等 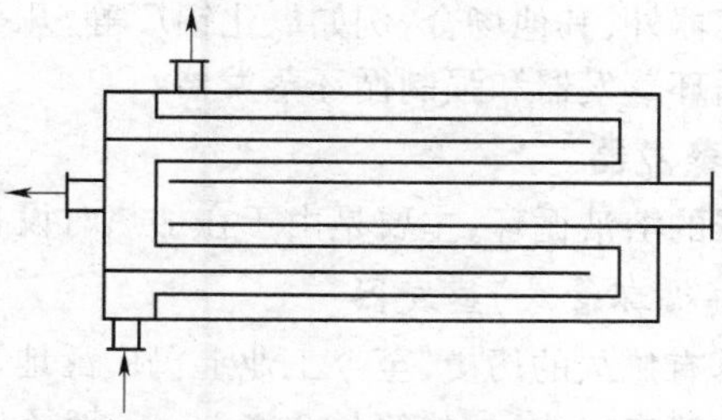 |

## 三、换热器在有色金属冶炼生产中的应用和选型

### （一）换热器在有色金属冶炼生产中的应用

随着有色金属冶炼生产的不断发展，换热器在有色冶金行业中的应用亦日趋广泛，如铜电解生产中对铜电解液的加热；氧化铝生产中对循环碱液的预热；对锌冶炼烟气的冷却以及对炉子烟道余热的利用等，都采用了各种不同形式的换热器。

目前，应用于有色湿法冶金生产中的换热器主要有钢制管壳式换热器、钛制管壳式换热器、石墨管壳式换热器、聚四氟乙烯管壳式换热器及套管式、蛇管式、平板式换热器等。

### （二）换热器的选型

换热器的类型很多，每种类型都有其优缺点，在设计中究竟选用哪种形式，应视具体情况而定，如换热介质、压力、温度、温差、压力降、流量、结垢情况、堵塞情况、清洗、维护检修及制造、供应情况等。在选型时，既不要单纯追求某种换热器的传热效率而不顾清洗和维护维修的消耗，也不应过于保守而习惯地只采用某一种换热器。一般说来，管式换热器不受压力和温度的限制，制造及维护检修也较方便，但传热效率低、换热面积小。板式换热器虽具有换热面积大、传热效率高的突出优点，但其操作温度和压力都有一定的限制，且制造及清洗维修均不如管式换热器方便，必须全面分析，正确选用。

管壳式换热器由于具有结构简单、坚固耐用、清洗方便、适应性强、处理能力大，特别是它能承受高的操作温度和操作压力等一系列优点，所以它是间壁式换热器中应用最广的设备。与板式换热器相比，管壳式换热器的缺点是传热效率低，紧凑性差，单位传热面积的金属消耗量大。但由于它的突出优点，它不仅一直是冶金、化工、石油等工业部门热交换的主要设备，而且在不断地发展着。如上面提到的，在钢制管壳式换热器的基础上，发展了钛制管壳式换热器、石墨管壳式换热器、聚四氟乙烯管壳式换热器等。

螺旋板式换热器是高效的板式换热器之一，由于它具有结构紧凑、制造容易和传热效率高等优点，故愈来愈广泛地应用于冶金、化工、石油、医药及食品等各工业部门。

## 第八节　蒸发与结晶设备

### 一、蒸发器的结构及选型

蒸发是有色金属冶炼过程中的单元操作之一。蒸发操作是用加热的方法，使溶液中的水分或其他具有挥发性的溶剂，部分气化移除，溶液中的溶质数量不变，从而使溶液被浓缩。因此，蒸发过程实际是一个热量传递过程，蒸发设备也属于热交换设备。随着技术的发展，为适应各种不同物性（如黏度、起泡性、热敏性等）物料的蒸发浓缩，出现了各种不同形式的蒸发器。在目前的有色金属湿法冶炼厂中，除浓缩硫酸镍和硫酸铜溶液等处理量不大的地方，仍采用早期的夹套加热或蛇管加热的蒸发器外，其他场合，例如氧化铝厂等，几乎全部采用具有管式加热室的蒸发器。此处主要介绍自然循环蒸发器和强制循环蒸发器。

#### （一）自然循环蒸发器

自然循环蒸发器的溶液循环，主要是由于在加热时设备内各部分溶液的密度不同而产生的。

1. 标准式（中央循环管式）蒸发器

标准式蒸发器具有悠久的历史，至今工业上仍广泛地采用，其结构如图 1.4-26 所示。

加热室由直立的管束组成，加热管长 0.6～3 m，管径多采用 25～75 mm，一般管长与管径之比为 20～70。在加热室的中央有一根直径较大的管子（它的截面积等于加热管总截面积的 40%～100%）称为中央循环管。加热蒸汽在管外的间隙中通过，溶液在管内循环流动。在加热时，中央循环管和加热管内的溶液受热程度不同，当加热管内溶液沸腾时，由于有气泡产生，溶液密度变小而上升，而中央循环管内溶液尚未沸腾，密度较大而下降，加上加热管内蒸汽上升时的抽吸作用，使溶液产生由中央循环管下降，而由加热管上升的不断循环。由于这种自然循环，从而提高了蒸发器的传热系数，强化了蒸发过程。这种蒸发器的优点是构造简单，操作可靠，传热效果较好，投资较少。其缺点是清洗和检修较麻烦，溶液的循环速度低，一般为 0.1～0.5 m/s。它适于处理黏度较大的溶液，一般不适于处理易结垢和有大量结晶析出的溶液。

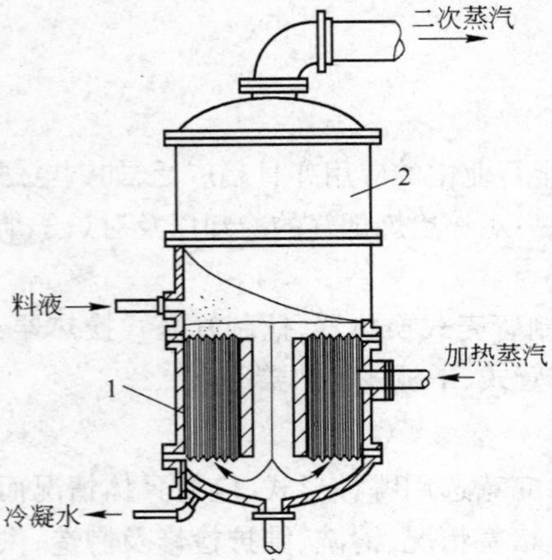


图 1.4-26　标准式蒸发器
1—加热室；2—蒸发室（分离室）

2. 悬筐式蒸发器

悬筐式蒸发器的结构如图 1.4-27 所示。因加热室像个篮筐，悬挂在蒸发器壳体的下部，故名为悬筐式。该蒸发器中溶液循环的原理与中央循环管式蒸发器相同，但溶液循环的通道是沿加热室与壳体所形成的环隙下降，而沿加热管上升，不断循环流动。环形截面积为加热管总截面积的 100%～150%，因此，溶液的循环速度较标准式蒸发器的为高，可达 0.5～1.5m/s。由于蒸发室外壳接触的是沸腾液，它的温度比加热蒸汽的温度低，所以，热损失较小。蒸发器要检修时，可以打开壳体顶盖将加热室取出，便于更换。这种蒸发器的缺点在于单位传热面积的金属消耗量较大、结构较复杂，故只适宜于加热面积不大的中、小型蒸发装置，如用于易析出结晶溶液的蒸发，可增设过滤器，或结晶器，以利于析出的晶体与溶液分离。

3. 外循环式蒸发器

外循环式蒸发器是在标准式蒸发器的基础上发展形成的，其结构如图 1.4-28 所示。器体由两段直径不同的圆筒体组成，蒸发室的直径比加热室的直径略大，以利于溶液从外循环管流入下部，并可改善气液分离效果。加热室设有上、下两个气环，并有合理的蒸汽通道，蒸汽在加热室分布比较均匀。溶液从下部进入，通过锥形多孔挡板，均匀地分布于加热管内。这种蒸发器的优点是循环管设在蒸发器之外，循环管的大小和根数可根据需要来设置，布置较紧凑，传热效果较好。为了进一步改善传热效率，在传热面积较大的蒸发器中，除外循环管外，另在加热室设一条中心循环管，叫做内外循环式蒸发器，虽然加热面积有所减少，但蒸发能力反而有所提高。

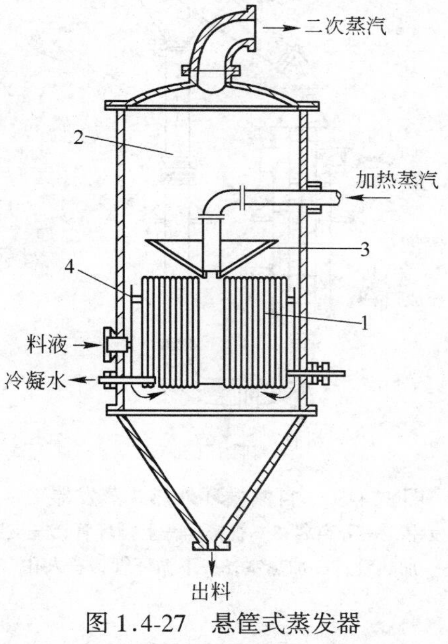


图 1.4-27　悬筐式蒸发器

1—加热室；2—蒸发室；3—除雾器；4—环形循环通道

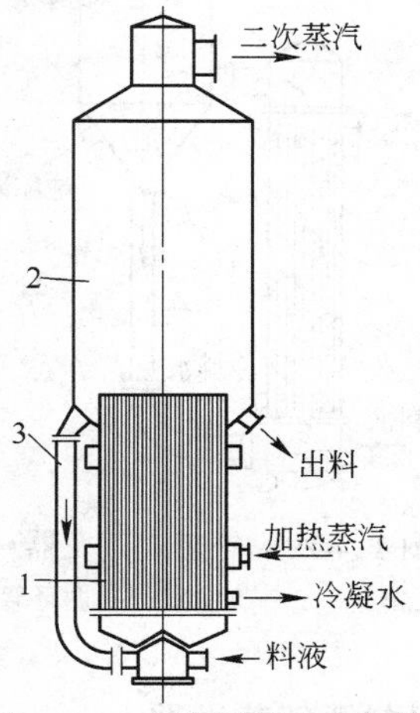


图 1.4-28　外循环式蒸发器

1—加热室；2—蒸发室；3—循环室

4. 外热式蒸发器

标准式、悬筐式和外循环式蒸发器的加热室均安在蒸发器的壳体内，是属于内热式蒸发器。外热式蒸发器的加热室不在壳体内，而是在蒸发器的壳体之外，如图 1.4-29 所示。整个蒸发器由加热室、蒸发室和循环管组成。由于循环管没有受到蒸汽的加热，其自然循环强度比内热式的大，故传热效率较好；加热室的清洗和检修也比内热式的方便。外热式蒸发器的加热管直径大多在 25～75 mm 之间，加热管的长度比内热式的长，最长可达 9 m。目前，外热式蒸发器在我国氧化铝厂中应用很广。在加热面积相同的条件下,外热式蒸发器的加热室筒体直径比内热式的小,但厂房高度较大,投资较多。在蒸发过程中如有较多的结晶析出,不宜采用这种蒸发器。

5. 管外沸腾蒸发器

上述几种自然循环蒸发器的溶液循环速度都比较小,溶液均在加热管内沸腾,故又称管内沸腾蒸发器。这些蒸发器在处理黏度较大以及易结晶的溶液时,传热系数大为降低,尤其是蒸发易结晶溶液时,极易在加热管壁上析出结晶,不仅影响传热,而且需要经常停工清洗,严重者每生产8 h就要停工清洗一次。管外沸腾蒸发器的特点是溶液的沸腾在加热室外进行,它能有效地减少或避免在加热管内析出结晶,适宜于处理易结晶的溶液。

图1.4-30是一种改进型自然循环外热式蒸发器,它的特点是,加热室的出口至蒸发室内的上循环管都做成圆锥形,出口伸出于蒸发室的操作液面之上,并带有分离翼,以减少料液飞溅和雾沫夹带。这种上循环管的结构形式,不但能适用于物料体积流量因气泡逐渐增多而加大的特点,避免圆筒形上循环管中因气液混合物速度递增所产生的压头损失,而且可有效地利用蒸发室中无气泡溶液与上循环管中气液混合物的密度差所提供的循环推动力,从而可加快循环速度,提高传热效率。

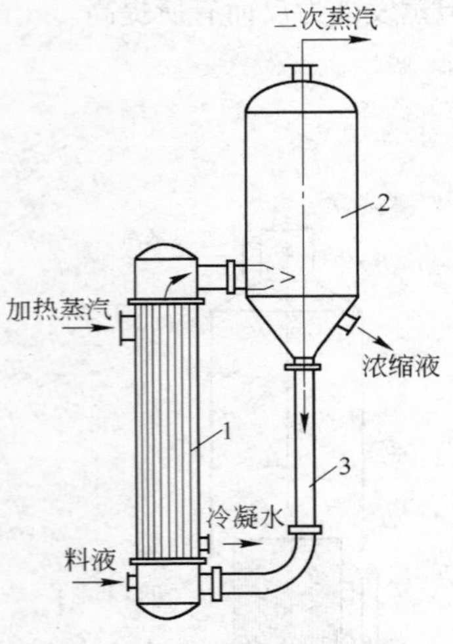


图1.4-29　外热式蒸发器

1—加热室;2—蒸发室;3—循环管

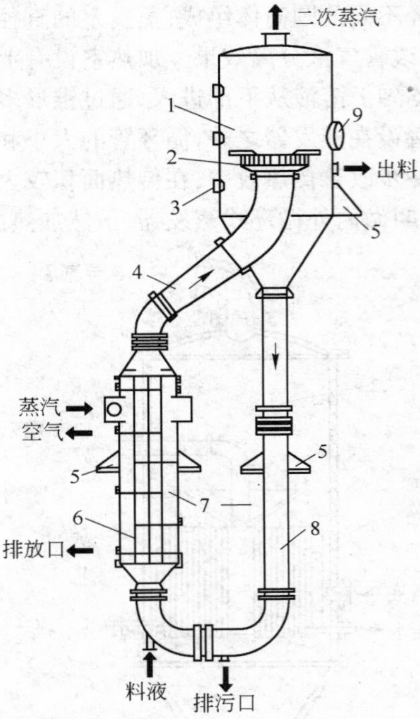


图1.4-30　自然循环外热式蒸发器

1—蒸发室;2—分离翼;3—视镜;4—上循环管;5—支座;6—加热管;7—加热室;8—下循环管;9—人孔

**(二) 强制循环蒸发器**

在一般自然循环的蒸发器中,加热管内的溶液循环速度均较低,为了处理黏度较大或容易析出结晶与结垢的溶液,必须加快循环速度。为此,可采用强制循环蒸发器,溶液的循环是依靠泵的吸力作用,迫使溶液沿一定的方向循环流动,溶液在加热管内的循环速度一般为0.8～2.5 m/s。

1. 标准式强制循环蒸发器

标准式蒸发器一般系指中央循环管自然循环蒸发器,为了符合生产习惯,此处对中央循环管强制循环蒸发器也称标准式。这种蒸发器的加热管较短,一般在3 m以下,故又称短管式强制循环蒸发器,其结构见图 1.4-31,有 *a*、*b* 两种类型。国内广泛采用 *a* 型,搅拌器安在中央循环管内;中央循环管比加热管长,有利于实现管外沸腾。*b* 型是 *a* 型的变种,其搅拌器安在锥底部分,对防止易沉淀的结晶物堵塞锥底出料有作用,但不利于料液的循环。这两种蒸发器的直径不大于 3~3.5 m,否则加热室外圈加热管的传热效率将大大低于内圈的传热效率。料液在加热管内的循环速度约 1 m/s 左右;加热管出口的料液温升(亦称过热度)为 0.8~1℃,比长管式(2~3℃)为低,故温差损失较小;搅拌器转速较低,使用寿命较长;转动轴密封比循环泵的端面密封维修较方便,但加热管清洗较困难,宜用在中、小型厂。

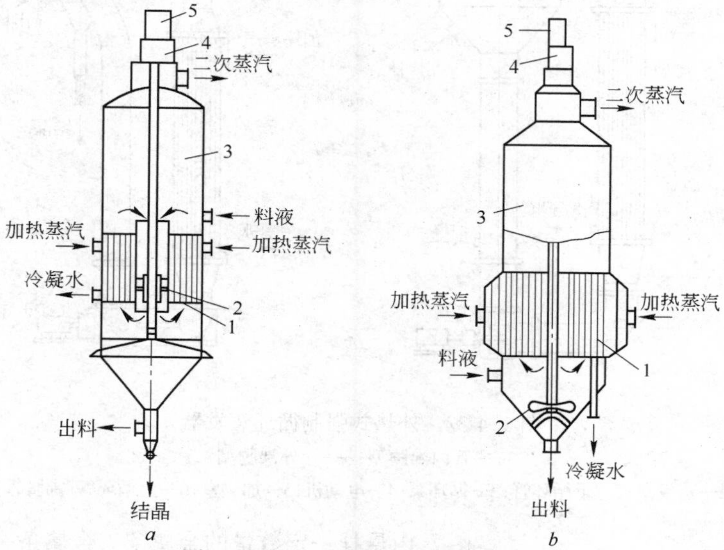


图 1.4-31　标准式强制循环蒸发器

1—加热室;2—搅拌器;3—蒸发室;4—减速器;5—电动机

2. 外热式强制循环蒸发器

外热式强制循环蒸发器的加热管较长,可达 7~9 m,故又称长管式强制循环蒸发器,其结构见图 1.4-32,有 *a*、*b* 两种类型:*a* 型是一种管内沸腾蒸发器,不适于处理容易析出结晶和结垢的溶液。*b* 型是一种管外沸腾蒸发器,适于处理容易析出结晶和结垢的溶液。当溶液中含易溶于水的结晶颗粒在 15%以下,且结构设计合理时,可长期运转不需洗罐;料液在管内的循环速度一般为 1.5~2 m/s,大型者可取 1.3~1.8 m/s,小型者可达 2.0~2.5 m/s;总传热系数可达 2300~2900 W/($m^2$·K);这种设备的加热面积很大,可在一个蒸发室上安装两个、三个或四个加热室,适于大规模生产;此设备的另一优点是有效温差较小时(5~7℃)仍可操作,在加热蒸汽压力不高的情况下,也可实现四效或五效操作,为节能创造条件,这种设备在氧化铝厂和碱厂有应用和推广。

## 二、结晶设备

结晶操作是从液相(或气相)析出结晶性固体物质的工艺过程。在有色金属湿法冶炼中,结晶一般是用于将溶解于溶液中的固体物质呈结晶状析出而得到纯净的固体物质,或是利用结晶进行固液分离以达到净化液体的目的,如铜电解过程中,在净化电解液的同时,还可生产出硫酸铜结晶。结晶是有色金属湿法冶炼生产中的重要工艺过程之一。

### (一) 自然结晶槽

自然结晶槽是一种最简单的结晶设备,其结构见图 1.4-33。它是一种具有光滑壁的敞槽,槽

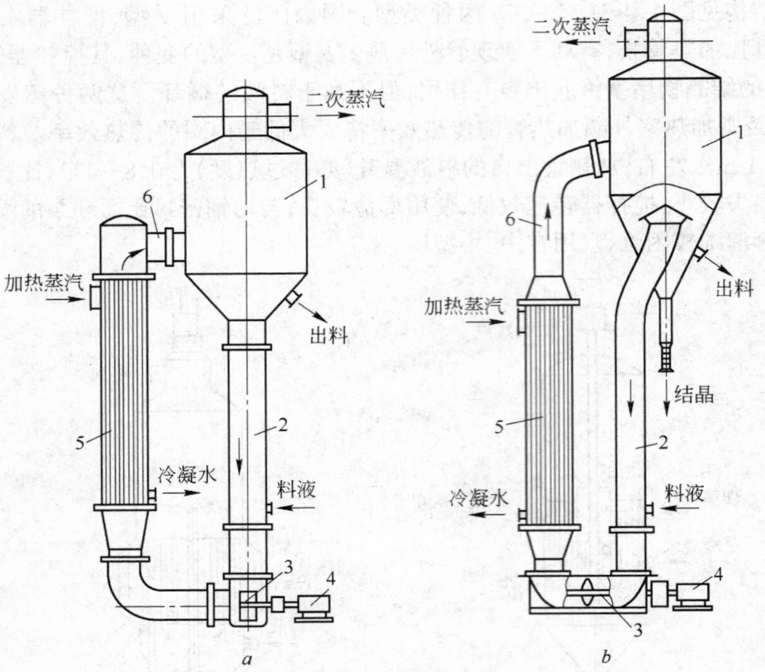


图 1.4-32　外热式强制循环蒸发器

*a*—管内沸腾型；*b*—管外沸腾型

1—蒸发室；2—下循环管；3—循环泵；4—电动机；5—加热室；6—上循环管（沸腾管）

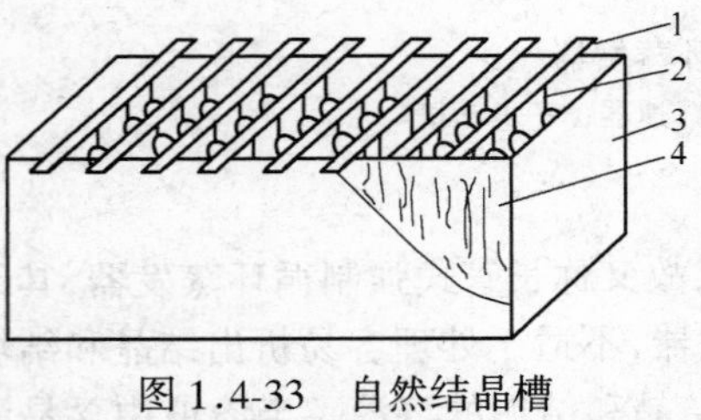


图 1.4-33　自然结晶槽

1—不锈钢管；2—铅条；3—槽体；4—结晶体

内悬挂一定数量的金属条。金属条一般为铅质，这样便于晶体在其上生长而避免沉积于结晶槽底。由于溶剂的汽化，槽内溶液慢慢冷却并浓缩而达到饱和，于是过剩的溶质就很容易地沉积到金属条上。但这种操作的周期很长，而且随季节而变，一般需要几天才能完成整个结晶过程。现一般是先将溶液浓缩至饱和状态后放入结晶槽内。在这种结晶槽中，通常无法对结晶过程进行控制。所得的晶体较大，常形成晶簇而包含母液以致影响产品的纯净度，因而须先将晶簇破碎，然后经水洗干燥才得到所需要的产品。自然结晶槽的形状和大小无一定限制，一般采用耐酸混凝土结构，内衬 3 mm 左右的软铅。由于将沉积于底部或侧面壁上的晶簇破碎取出的过程中极易损坏内衬铅板，故也有采用全不锈钢结构作为结晶槽的。自然结晶槽因无机械装置，故结构简单，造价和维修费用低廉，但产品质量和产量都比较低，劳动强度和操作人工费均较高，随着技术的发展将为其他结晶设备所取代。

**（二）蒸发式结晶器**

蒸发式结晶器内溶液的过饱和是通过溶液在常压或减压下的加热蒸发或冷却而获得，整个过程应保持恒压状态。前者通常是采用蛇管式或夹套式蒸汽加热，而后者是先使溶剂蒸发，等浓度达到所需值时停止，然后借显热向外界的传递以及在自由表面的汽化蒸发完成冷却。图 1.4-34 是我国冶炼厂中使用较多的蒸发式结晶器，采用蛇管加热。此种结晶器的缺点是蛇管表面极易被结晶物积附，形成结垢，严重影响传热效果，更重要的是清除相当困难，容易损害蛇管。为提高生产能力和改进产品的均匀度，在此基础上经过改进，成为机械搅拌式结晶器。

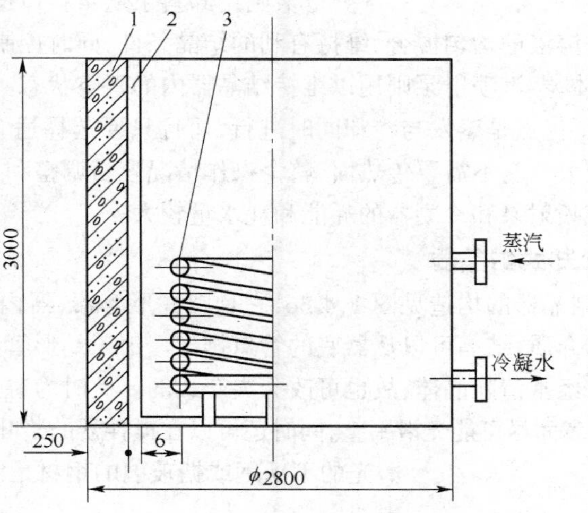


图 1.4-34　蒸发式结晶器

1—耐酸混凝土外壳；2—铅质内衬；3—蛇形铅质加热管

## (三)真空式结晶器

真空式结晶器是一种在减压下操作的结晶器，其结构见图 1.4-35。真空式结晶器的操作原理是：将已浓缩的热饱和液加入一结晶器中，器内维持真空状态且与外界绝热，此时溶液必自然蒸发而绝热冷却至与液面上方蒸汽压力相应的温度。溶液之所以能达到过饱和而结晶是由于溶剂的绝热蒸发和冷却同时并进的结果。

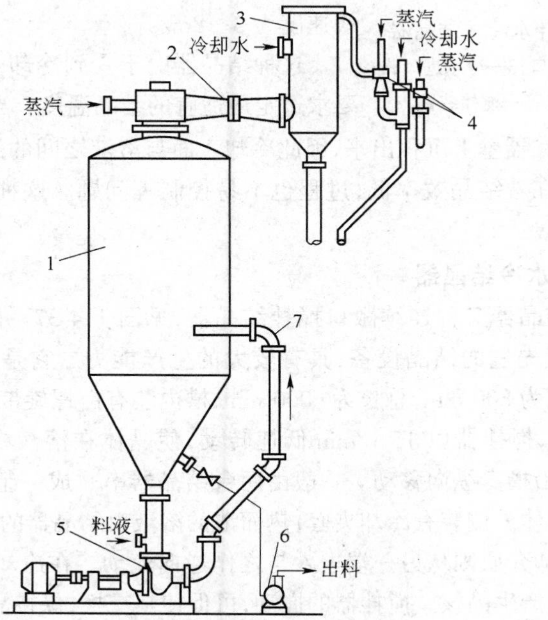


图 1.4-35　真空式结晶器

1—真空式结晶器；2—主蒸汽喷射器；3—冷凝器；4—辅助蒸汽喷射器；5—循环泵；6—出料泵；7—循环管

溶液自进料口连续加入，晶体与一部分母液则用卸料泵从出料口连续排出；离心泵迫使溶液沿循环管循环，以促进溶液的均匀混合，维持有利的结晶条件，同时控制晶核的数量和生长速率，以获得令人满意的晶体；蒸汽喷射泵则用以维持结晶器内的真空状态。真空式结晶器构造简单，且无运动件。它的主要优点是蒸发与冷却同时进行，而且只要选择适宜的真空度就可达到较低的温度，故生产能力较大。它不需要传热面，整个操作情况容易调整和控制。其主要缺点是对设备保温要求较高，蒸汽喷射泵和冷凝器的耗能和耗水量较大。

**（四）机械搅拌冷却式结晶器**

机械搅拌冷却式结晶器的构造见图 1.4-36，它是圆柱形容器，器内装有搅拌器，溶液借蛇形管冷却，管内通以冷却介质，结晶可以从器底的管口排出。由于蛇形管上不可避免地会有晶体析出而影响传热效率，需经常清除晶体，故也可改为夹套式的。此时为避免晶体沉积在器壁上导致传热不良，应使器壁内表面尽可能光滑平整，同时还可以在搅拌器的桨叶上安装耙子或金属刷子。磨光的不锈钢或搪玻璃的钢材是制造这种结晶器的良好材料。

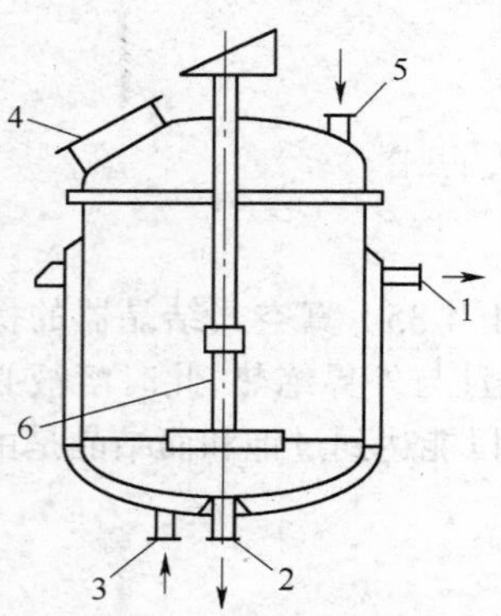


图 1.4-36　机械搅拌水冷式结晶器
1—冷水出口；2—放料口；3—冷水进口；4—人孔；5—进料口；6—搅拌装置

搅拌器的作用不仅能加速传热，使溶液中各处的温度比较均匀，而且能促进晶核的产生。此外，因搅拌作用使悬浮在溶液中的晶体有较多机会得以均匀地生长且不致聚结为晶簇，这样就可得到颗粒较细且大小较均匀的晶体。搅拌器常用形式有两种：桨式和蜗轮式。桨式搅拌器的转速一般控制在 20～80 r/min，叶端线速度在 1.5～3 m/s 的范围内比较合适。当料液层较高时，为使搅拌均匀，常装有几层桨叶，相邻层桨叶常呈 90°交叉安装。涡轮式搅拌器叶端线速度为 3～8m/s。

这种结晶器由于受到冷却介质的限制，不易根据工艺要求选定最适宜的结晶温度。当存在过高的局部过饱和度时，会使过剩的溶质在器壁上沉积出来，因此冷却表面与溶液之间的温度差以不超过 10℃ 为好。其次，不同程度地存在着结晶效率低，过程也不易控制等问题。这种结晶器的操作可以是间歇的，也可以是连续的。

**（五）螺旋带式水冷结晶器**

螺旋带式水冷结晶器又称连续敞口搅拌结晶器，见图 1.4-37。目前，在有色金属冶炼中这种结晶器是一种比较先进的结晶设备，具有较大的生产能力。它是由半圆形底的敞口长槽构成。典型设备的槽宽为 800 mm，总长为 6000 mm，槽内装有由螺旋带组成的卧式搅拌器，每条螺旋带绕转 110°～180°，搅拌器以 15 r/min 低速转动，使晶体在溶液中上下翻动，促进晶体生成和成长，并带动晶体沿槽身纵向移动。一般由两台结晶器串联成一组使用，为节约场地，可一上一下成双层安装。槽体外侧装有冷却夹套，热而浓的溶液由结晶器的一端连续流入，沿槽身作轴向流动，夹套中的冷却介质则从另一端进入与之作逆向流动。在冷却作用下，如控制得当，溶液在进料口附近即开始产生晶核。搅拌器的搅动，可促使热交换，保持晶体呈悬浮状态。悬浮在溶液中的晶体便逐渐长大，最后随溶液由槽端出料口不断溢出，再送去分离。因为搅拌器的螺旋带与槽壁之间的间隙较小，故晶体不易在冷却表面上沉积。这种结晶器产出的晶体粒度较均匀细小。

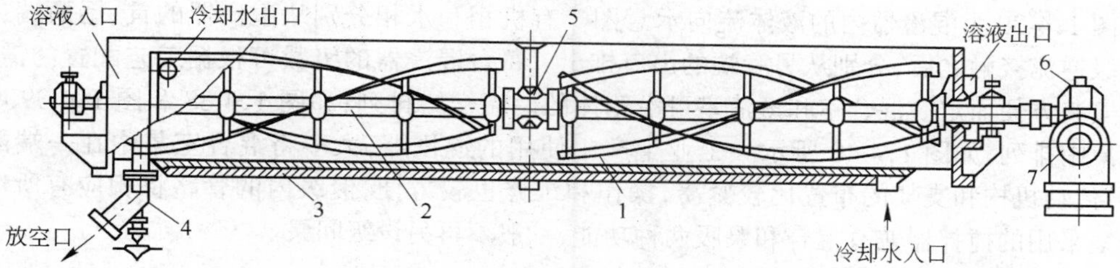


图 1.4-37　螺旋带式结晶器

1—螺旋带;2—搅拌轴;3—冷却水套;4—放料阀;5—中间轴承;6—减速器;7—电动机

# 第九节　萃 取 设 备

## 一、简单箱式混澄器

混澄器是应用最广的一种萃取设备,其形式多样,规格不一。最大的混澄器,两相总流量可高达 1640 $m^3/h$,现有的任何一类萃取器都没有这样大的处理能力。由于其操作简单灵活、放大可靠、适应性强、级效率高,因此,在工业生产中占有独特的优势。混澄器是一种逐级接触的萃取设备,就水相和有机相的流向而言,可分逆流式和并流式;就能量输入方式而言,可分空气脉冲搅拌、机械搅拌和超声波搅拌;就箱体结构而言,除简单箱式混澄器(即常用的传统的箱式混澄器)之外,还有多隔室的、组合式等多种其他型式的混澄器。以下介绍简单箱式混澄器的结构。

简单箱式混澄器是工业上最早采用的一种混澄器。从外观上看,它是个矩形箱体。其内用隔板分成若干个进行混合和澄清的小室,即混合室和澄清室。一个混合室和一个澄清室构成一个混合澄清单元,即混澄器的一级。由多级串联组合成一台箱式混澄器。图 1.4-38 为一台三级的简单箱式混澄器示意图。如图所示,每一级的混合室 1 都是通过隔板上的混合相口 9 与同级的澄清室 4 相通。而相邻各级间是经轻相溢流口 3 和重相口 8 相通。有机相和水相分别从各自的进口 12 和 10 进入混澄器,经逆流萃取后的两相分别从各自的出口 13 和 11 排出。两液相在混合室内经搅拌器混合后,从混合相口流入同级的澄清室。澄清分离后的两相分别经轻相溢流口 3 和重相口 8 进入相邻级的混合室。

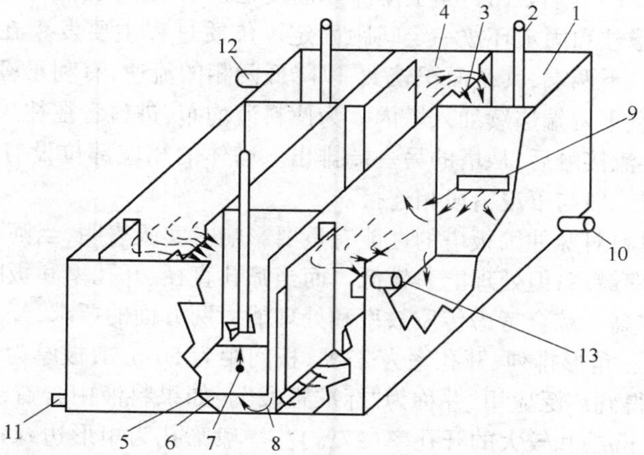


图 1.4-38　简单箱式混澄器

1—混合室;2—搅拌器;3—轻相溢流口;4—澄清室;5—汇流板;6—前室;7—汇流口;8—重相口;9—混合相口;10—水相进口;11—水相出口;12—有机相进口;13—有机相出口

图 1.4-39 为混澄器内的液体流向示意图。有机相和水相分别从澄清器的首、尾两端进入，经多级逆流接触之后，分别从另一端的出口排出。每台混澄器的级数可根据工艺配置的需要和制造安装方便而定。混合室和澄清室可沿箱体的两端交错排列，如图 1.4-38 和图 1.4-39 所示；也可集中排列，如图 1.4-40 所示。工业生产中使用的混澄器，大多将混合室集中在一端配置。这样，传动机构和支架的布置比较紧凑，操作和维修也较方便，但级内的管路将相应有所增加。混合室采用的搅拌器兼有混合和泵吸两种功能，一般不再另设级间泵。

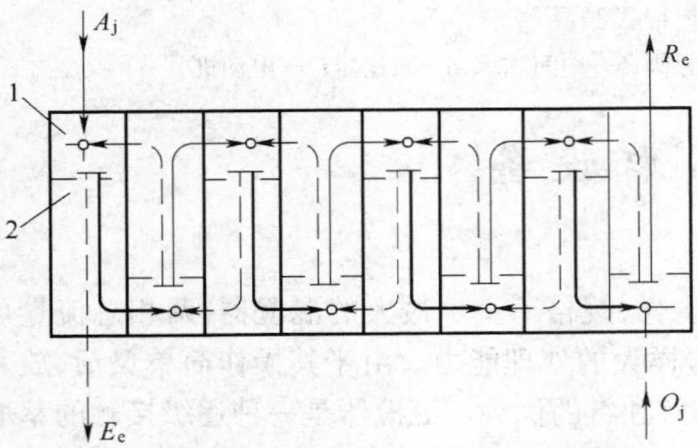

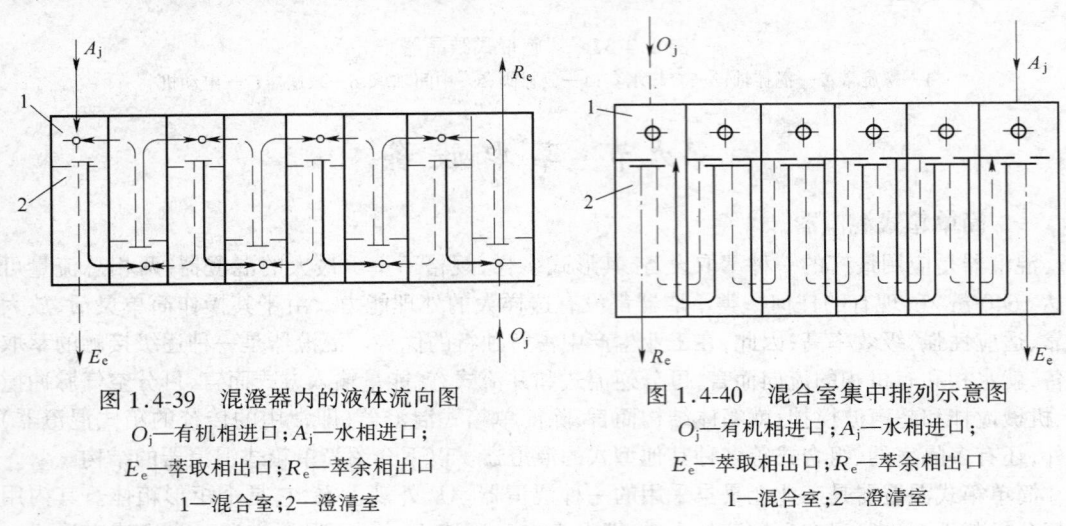

图 1.4-39　混澄器内的液体流向图
$O_j$—有机相进口；$A_j$—水相进口；
$E_e$—萃取相出口；$R_e$—萃余相出口
1—混合室；2—澄清室

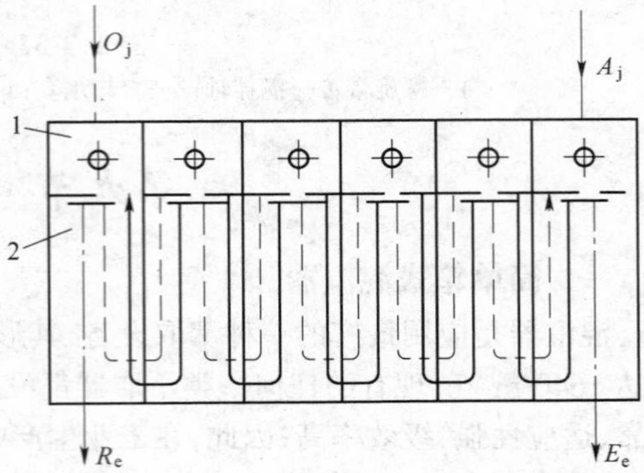


图 1.4-40　混合室集中排列示意图
$O_j$—有机相进口；$A_j$—水相进口；
$E_e$—萃取相出口；$R_e$—萃余相出口
1—混合室；2—澄清室

## 二、萃取塔

### （一）脉冲筛板塔

脉冲筛板塔是采用脉冲搅拌的方法，使塔内流体作快速的往复脉动，一方面使液滴粉碎，增加分散相的滞留分率，增大两相的接触面积；同时又可使液流湍动，改善两相的接触，大大提高传质效率，使传质单元高度大幅度下降。此外因塔内无运动部件，脉冲装置可以远距离操作，对于处理腐蚀和放射性物料有其独特的优点。脉冲筛板塔结构如图 1.4-41 所示。全塔由三段组成：板段 4，上澄清段 1 和下澄清段 10。其主体部分板段是高径比很大的圆柱形筒体，内装有许多水平筛板，筛板可用支撑柱和固定环按一定间距固定。传质过程主要发生在“板段”区间。上、下澄清段分别在塔的上、下两端，其截面积较大，以降低两相的流速，有利于澄清和分离。水相和有机相分别从板段的上、下两端连续加入塔内。为使料液均布，进料管往往采用环型或其他型式的布料器。两液相经逆流接触后，从塔的另一端排出。塔体的相应部位设有工艺所需的各种管口和测点。脉冲发生器一般与下澄清段相连接。

板段的结构和材料对脉冲筛板塔的性能有重要影响。实验表明，当筛孔直径、开孔率和板间距较小时，其传质效率最高；但处理能力较低。而当筛孔直径、开孔率和板间距较大时，其传质效率较低而处理能力较高。综合考虑传质效率和处理能力两方面的要求，经大量实验确定，筛孔直径为 $\phi3.2$ mm，并呈三角形排列，开孔率为 23%，板间距为 50 mm，板厚为 2 mm 的板段，其综合性能较好，在工程上得到广泛应用，并称为“标准板段”。如果料液中含有悬浮颗粒，通常采用较大的筛孔孔径（$\phi9.5$ mm）和较大的开孔率（27%）。一般筛孔为矩形边缘；但当板件选用的材料易被分散相润湿时，为避免分散不良现象，需将筛孔冲压成喷嘴状，喷嘴深度为 1.0～1.5 mm 就能达到良好的效果。除非受腐蚀或加工的限制，在一般情况下，筛板应选择易被连续相润湿而不易被分散相润湿的材料。

脉冲发生器分有机械脉冲发生器和空气脉冲发生器两类。其中机械脉冲发生器又分活塞式、隔膜式、风箱式和容积加料式等。湿法冶金最常用的是隔膜式脉冲发生器。

**(二) 米可西科**(Mixco)**塔**

米可西科塔，即带水平环形隔板的机械搅拌萃取塔，其结构如图 1.4-42 所示。

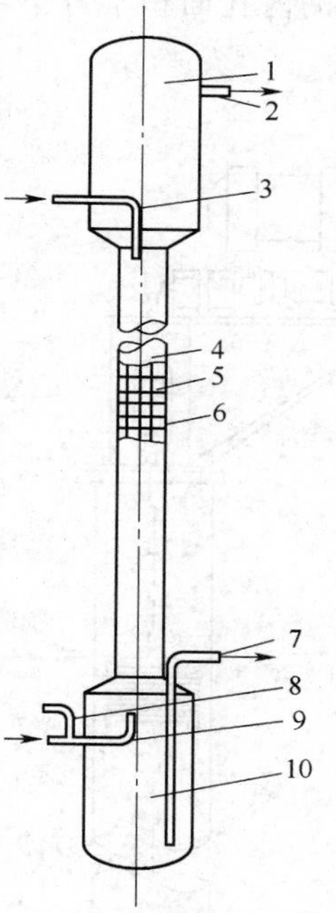


图 1.4-41　脉冲筛板塔结构示意图

1—上澄清段；2—轻相出口；3—水相进口；4—板段；5—筛板；6—支撑柱；7—重相出口；8—脉冲管；9—有机相进口；10—下澄清段

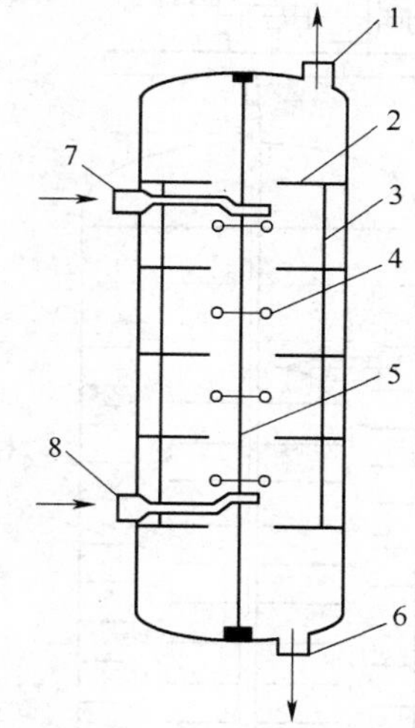


图 1.4-42　米可西科塔

1—轻相出口；2—定环；3—垂直挡板；4—搅拌桨；5—转轴；6—重相出口；7—水相进口；8—有机相进口

该塔内设有许多水平的环形隔板(即定环)，定环用垂直挡板固定，可以用定环将塔按所需的理论级数分成若干隔室，每一隔室相当于一个混合操作级。在转轴上，对应于每一隔室的中间位置装有一个搅拌桨，其驱动机构设在塔顶。两相液流分别从塔顶和塔底加入塔内，经连续逆流接触后排出。该塔的停留时间、通量和效率可通过调节定环内径控制。定环内径较小时，每米塔高可达 3～4 个理论级。但考虑安装方便，定环内径应略大于搅拌桨直径。此外，为便于清洗也应选较大的定环内径。随着定环内径加大，轴向混合加剧，理论级当量高度值将相应增加。该塔一般都是预先装配后送往现场。

**(三) 转盘塔**(DRC)

转盘塔结构如图 1.4-43 所示。

塔体内沿垂直方向等距离地安装了若干固定圆环(即定环)，将塔分成许多隔室，其作用在于减小轴向混合，并使从转盘上甩向塔壁的液体返回，在每个隔室内形成循环。塔的中心转轴上装有与隔室数目相等的若干转盘。转盘直径略小于定环内径，并位于相邻两定环之间，即隔室的中间，其作用是借快速旋转的剪切力使两相获得良好的分散。在定环与转盘之间有一个自由空间，这一自由空间不仅能提高萃取效率，增加通量，而且便于塔的安装维修。

**(四) 往复振动筛板塔**

往复振动筛板塔具有结构简单、效率高、处理量大、易于放大等优点。适于处理易乳化或含固体颗粒的物料。该塔结构如图 1.4-44 所示。它是由一组在塔内作往复运动的筛板和挡板搅动液流,使分散相获得良好的分散。筛板安装在中心轴上,中心轴靠塔顶上的传动机构进行往复运动。为减少轴向混合,应设置一些水平环形挡板,挡板的内孔面积不得小于筛板的开孔面积。

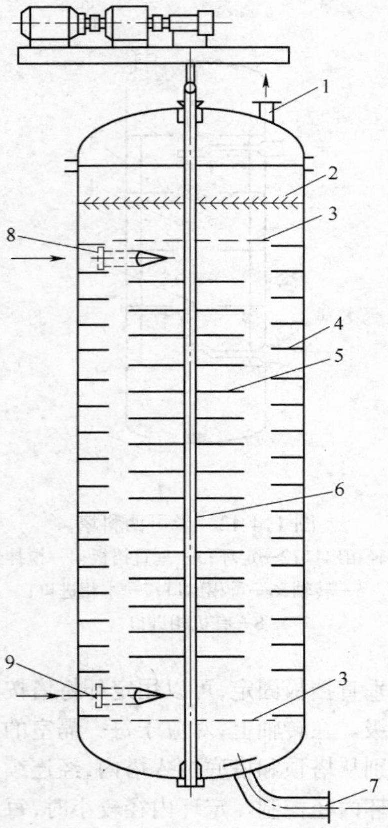


图 1.4-43　转盘塔

1—轻相出口;2—界面;3—格栅;4—定环;5—转盘;6—轴;7—重相出口;8—水相进口;9—有机相进口

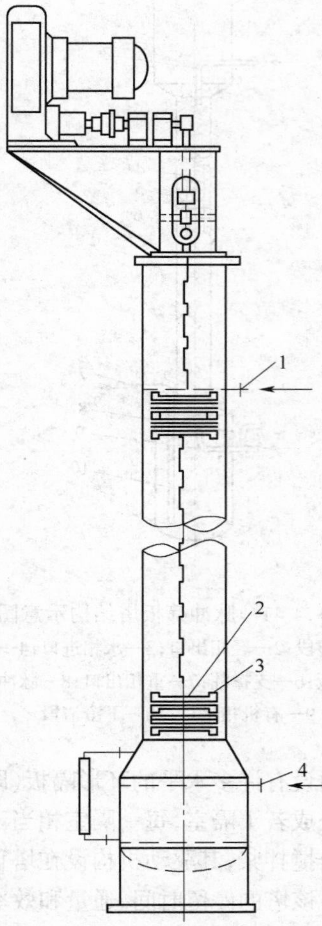


图 1.4-44　往复振动筛板塔

1—料液进口;2—筛板;3—挡板;4—有机相进口

## 第十节　电解极板作业线设备

工业上用途最广的铜、铅、锌等重有色金属,其冶炼过程通常都需经过电解工序才能获得满足于工业要求的纯金属。

如图 1.4-45 所示,电解工艺有两种方法,电解精炼法(简称电解法)和电解沉积法(简称电积法)。电解精炼是以粗金属为阳极,以精金属片为阴极,在该金属的盐溶液(电解液)中进行的。

在直流电的作用下，阳极金属不断溶解，以离子形式向阴极迁移聚积，产生纯净的金属。电解精炼法常常是火法冶金过程的最后精炼工序。电解沉积法常常是湿法冶金过程的最后精炼工序。就电解工序本身而言，两者的区别在于，电解法采用可溶阳极，而电积法采用不溶阳极。以下介绍电解工序极板作业机组。

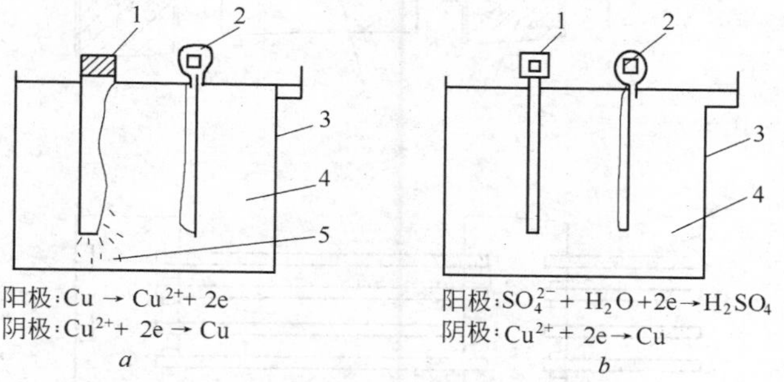


图 1.4-45　重有色金属电解生产原理示意图

*a*—电解精炼法；*b*—电解沉积法

1—阳极板；2—阴极板；3—电解槽；4—电解液；5—阳极泥

## 一、铜电解精炼极板作业机组

铜的精炼，除少部分采用电解沉积法外，大都采用电解精炼法。而铜的电解精炼法由于所使用的极板的不同通常又有三种方法：常规电解精炼法、永久性阴极板法和薄形阳极板法。

### （一）常规电解精炼法

此法是将矿石经初步火法精炼后所获得的阳极铜溶液，用浇铸机铸成所需形状和尺寸的阳极板。电解时，该板作为阳极，阳极板因此而得名。用种板槽（生产种板的电解槽称种板槽）生产0.5～1.0 mm厚的电铜薄片，称为种板。种板与导电棒、吊攀装配成阴极板（又称始极片），电解时，该板作为阴极，阴极板因此而得名。将阳极板和阴极板相间地装入盛有电解液（硫酸铜和硫酸水溶液）的电解槽（即生产槽）内，通入直流电进行电解精炼。

图1.4-46所示为瓦克尔（Walker）系统阴、阳极板在电解槽内的布置方式。在该系统里，一个槽的阴极与下一个相邻槽的阳极不直接接触。分配到每一个电解槽的总电流，通过放置在电解槽一侧壁上的公共母线即槽间导电板分配到阳极，再通过电解液、阴极、将电流输送到另一侧壁上的槽间导电板上。阳极板的一个挂耳放置在呈正极的导电板上，另一个挂耳放置在另一侧的绝缘板上；阴极板导电棒的一端，放置在呈负极的导电板上，另一端放置在另一侧的绝缘板上。因此，同一条槽间导电板，既是一个电解槽的正极配电板，又是相邻电解槽的负极汇流板。图1.4-46*a* 是具有对称挂耳的阳极板在电解槽内的悬挂情况；图1.4-46*b* 是具有长短挂耳的阳极板在电解槽内的悬挂情况。

电解精炼时，在电流的作用下，铜在阳极上被溶解而沉积于阴极板上，待沉积到一定质量时，将其取出，沉积的铜即为电解铜成品。在电解槽的空位上，重新装入新阴极板，使生产继续进行。当阳极板溶解到一定程度时，成为残阳极，简称残极。将其取出，并在其位置上装入新阳极板，使生产继续进行。一块阳极板一般生产2～3块电解铜，即阳极板的周期为阴极板的2～3倍。如阴极板周期太长，则金属沉积太重，处理短路时劳动强度太大；如阴极板周期太短，则阴极板替换次数多，工作繁重。

种板生产是在种板槽内进行的，其工艺过程和电解原理与上述电解铜的生产相同，所不同的

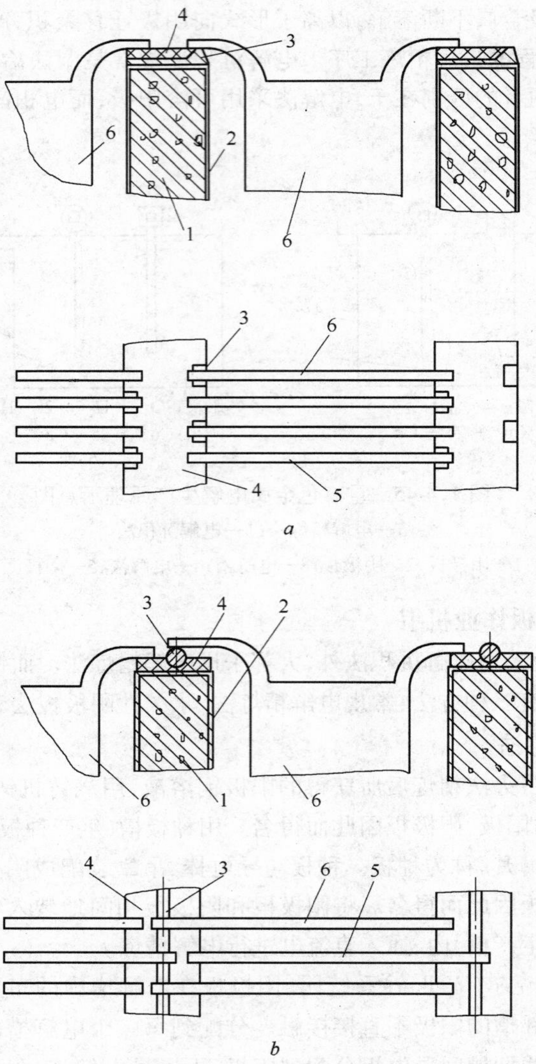


图 1.4-46　瓦克尔系统阴、阳极板在槽内的布置形式

*a*—对称挂耳的阳极板；*b*—长短挂耳的阳极板

1—电解槽体；2—电解槽内衬；3—槽间导电板；4—绝缘板；5—阴极板；6—阳极板

是阴极板即母板采用纯铜板、不锈钢板或钛板制作成永久性阴极。另外，对种板槽内电解液成分的控制要严些，电流密度要低些，以求获得质量较高的种板。电解时，当母板上沉积一定厚度的电铜时，将其取出，剥下的薄铜片即为种板。母板重新装槽，反复使用。

由上所述，铜的常规电解精炼的主要作业（或操作）是：制备极板，向电解槽内装入阳极板及阴极板，取出阴极及残极，并对其进行处理等。为使电解工序正常进行，减少短路，提高电流效率，获得高质量的成品，改善各项经济指标，对装入的极板要进行制备。阳极板制备包括整体平整、耳部矫正及挂耳导电面处理、等间距排列等；阴极板制备包括：种板剥离、整体平整及刚性处理、阴极装配（即种板、吊攀和导电棒“三和一”）、等间距排列等。制备精良的极板，可保证其在电解槽内垂直悬挂、极距准确及导电面接触良好，从而改善各项生产指标，提高产品质量。对取出的极板要进行处理;对阴极板的处理包括洗涤、抽棒、堆垛等作业;对残极的处理包括洗涤、堆垛等作业。洗涤电铜表面以及种板和吊攀装配间隙等处的残酸,以保证成品电铜的质量;洗涤附于残极表面的阳极泥和残酸,以回收阳极泥中的有价金属,使残极返回料满足熔炼作业的要求。堆垛的目的是为了适应贮存、运输和下一步作业的要求。由此,铜电解精炼法的准备过程所需的极板作业线机组有:阳极板圆盘或直线浇铸机组、阳极板准备机组、种板剥离机组、阴极板制备机组、电铜处理机组(或洗涤、抽棒、堆垛机组)、导电棒贮运机组、残极处理机组(或洗涤、堆垛机组)、吊攀制作机组、吊运设备及其他。

### (二) 永久性阴极电解精炼法

永久性阴极电解精炼法的作业过程与上述常规电解精炼法基本相同,所不同的只是永久性阴极电解精炼法所采用的阴极为反复使用的永久性阴极。为了满足反复使用的要求,并使其具有一定的刚性,阴极板选用 4～6 mm 厚的不锈钢板、钛板或纯铜板来制作。实际上,该法与常规电解精炼法生产种板的方法相类似,但其产品厚度远比种板厚得多,一般为 5～8 mm。从投资方面看,永久性阴极法需要增加不锈钢母板的费用,但由于省去了阴极板制备机组,增加的投资可以由阴极板制作的费用来抵消。另外,因不存在阴极板弯曲的问题,不易发生短路,槽面检查的工作量减少,极距缩短,电流密度增大,不会发生吊攀腐蚀现象。用通常重量的阳极板,21 天中取出 3 次阴极板,即阳极板周期为阴极板周期的 3 倍。由上所述,铜的永久性阴极电解精炼法,需要向电解槽内装入阳极板和永久性阴极板,取出阴极板,剥下成品电铜,取出残极,送回熔炼。由于永久性阴极板可反复使用,其准备过程所需的作业线机组大为简化,相应地有:阳极板圆盘浇铸机组、阳极板准备机组、电铜剥离机组、残极处理机组、吊运机组及其他机组。

### (三) 薄形阳极板电解精炼法

薄形阳极板电解精炼法与常规电解精炼法的唯一区别是所采用的阳极板的浇铸方法不同。前者是采用哈兹列特双带式连铸机,将阳极铜溶液连续地浇铸成板材,经冲剪机冲切成所需形状和尺寸的阳极板。由于薄形阳极板的厚度通常约为 20 mm,仅为一般浇铸机浇铸的阳极板的厚度的一半左右,故其周期与阴极板相同。这样,电解槽内铜的积存量减少(达 30%),槽内物料的周转加快。由于阳极板厚度减薄,相应极距可减小,从而提高了生产力。又因阳极板的铸造质量较好,因此短路减少了,但其残极率较高。该法作业过程与常规法基本相同,所需作业机组除阳极板浇铸机组外,其他也基本相同。

## 二、铅电解精炼极板作业机组

铅经火法精炼后,虽然也能得到纯度高达 99.995% 的精铅,但由于电解精炼能使铋及贵金属富集于阳极泥中,有利于综合回收,故铅的电解精炼仍被广泛应用。

铅的电解精炼,是将初步火法精炼后阳极铅溶液,用圆盘浇铸机浇铸成的阳极板作为阳极。将电解精铅熔化后,用带铸法在水冷式制片滚筒上连续铸成的带状薄片,经剪切、穿棒、压合等工序加工制作成的阴极板作为阴极,相间地装入盛有电解液(硅氟酸铅、游离硅氟酸水溶液)的电解槽内,通入直流电进行电解精炼。铅自阳极上被溶解,进入电解液,并在阴极上放电析出。当阴极上沉积的铅达到一定质量时,将其取出,沉积的铅即成为成品电铅。同时在槽内的空位上,装入新的阴极板。阳极板被溶解到一定程度时成为残极,将其取出,回炉熔炼,并在电解槽内的空位上装入新的阳极板,使生产继续进行。阳极板的周期一般为阴极板的 1～2 倍。

由此可见,铅电解精炼法的作业过程与铜的常规电解精炼法相似。但因铅较软,易变形,因此,铅的阴、阳极板制作应与电解精炼作业密切配合,同步进行,即铅的阳极板及阴极板在熔炼车间浇铸制备后，直接将排列好的极板转运至电解车间，吊装入槽。铅电解作业所需的极板作业线机组，通常包括：阳极板圆盘浇铸—准备机组、阴极板浇铸—准备机组、电铅处理机组、残极处理机组、运输系统、吊装设备及其他设备。

### 三、锌电解沉积极板作业机组

锌的电解沉积，是湿法炼锌的最后一道工序，其目的主要是从硫酸锌溶液中提取高纯度的金属锌。锌电解沉积的作业过程，是采用铅银合金板（含银约为 1%）作为不溶阳极，采用压延铝板作为永久性阴极，相间地装入盛有净化的硫酸锌溶液为电解液的电解槽内，通入直流电进行电解。在阴极板上析出的金属锌即电积锌，在阳极板上放出氧气。

阳极板按其制作方法有压延及铸造两种。前者强度大，寿命长，按其表面形状有平板与花纹之分。花纹阳极板虽然表面积大，电流密度小，质量轻，但强度差，不便于清理阳极泥，故现在大多数工厂采用压延的铅银合金平板作阳极板。制作过程如下：

(1) 熔化：将电铅或旧的阳极板熔化，掺银，含银约 1%；

(2) 铸造：将铅银合金铸成厚度为 25～50 mm 的铸坯；

(3) 压延：在压延机上将铸坯轧制成厚度约 6 mm 的铅银合金板；

(4) 剪裁：将铅银合金板按阳极板规格剪裁；

(5) 装配：先将铜质导电棒进行酸洗、包锡（热镀）、铸铅后与铅银合金板焊接装配成阳极板，如图 1.4-47 所示。

为了减少极板变形弯曲，改善绝缘，在阳极板边缘装有绝缘套。一般用磁套，每边装 8 块，也可采用压模的聚乙烯阳极绝缘条（图 1.4-48）套在阳极两边。

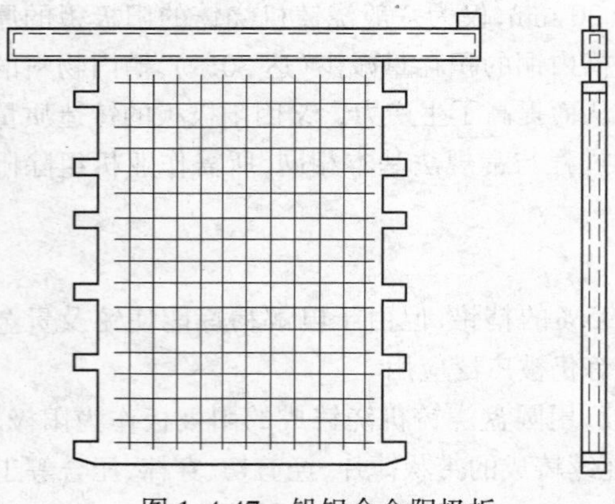

图 1.4-47 铅银合金阳极板

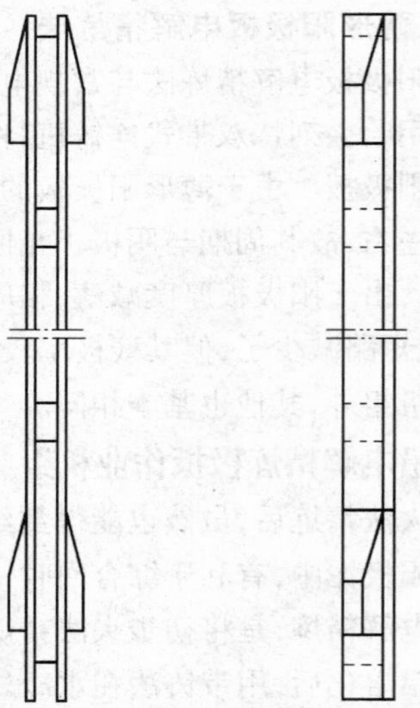

图 1.4-48 聚乙烯阳极绝缘条

阴极板的制作方法如下：用 2.5～5 mm 厚的铝板，按尺寸剪切成阴极板，与带有铝质吊环的铝制导电棒进行焊接，用螺栓（或焊接）将 5～6 mm 厚的紫铜导电片固定在导电棒的一端而构成阴极板（图 1.4-49）。

为防止阴极板在槽内接触，避免析出锌包住整个阴极周边而增加剥锌片工作的难度，可在阴极板的边缘装设橡胶绝缘条，或在电解槽内壁上固定一个聚乙烯的支架（图 1.4-50）。后一种方法对机械化剥锌片很有利。

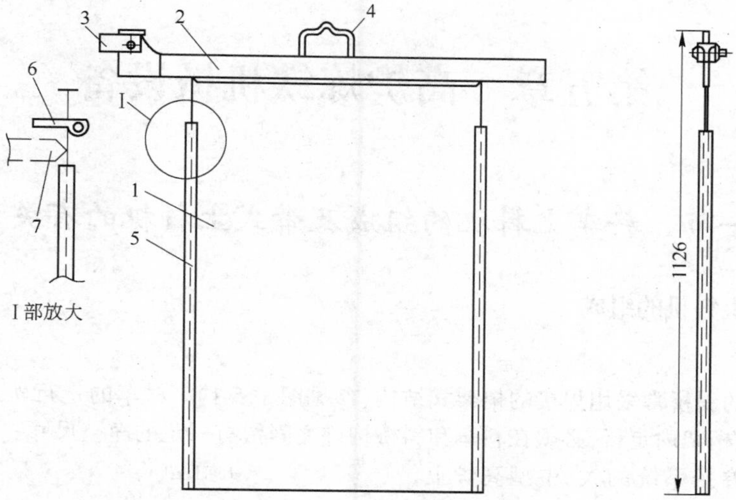


图 1.4-49　锌电解用的阴极板

1—阴极板;2—导电棒;3—导电片;4—吊环;5—聚乙烯绝缘边;6—可旋式绝缘边;7—开口刀

阴极铝板边缘粘压聚乙烯塑料条的过程如下:

(1) 在铝板两边缘钻 $\phi 5.8 \sim 6.2$ mm 的通孔 7～9 个,清刷铝板边缘表面的污物;

(2) 带槽的聚乙烯塑料条经模压成形;

(3) 在电炉内将铝板加热至 270～350℃,同时预热聚乙烯塑料条至软化状态;

(4) 取出铝板,将软化了的聚乙烯塑料条迅速地嵌在铝板上,再用钳子进行钳压,使其粘住铝板,并使塑料填满铝板边缘的小孔,使两者牢固粘接。有的为了便于机械化剥锌片,在其中一根绝缘条的上部,有一小段做成可旋式的(图 1.4-49 中的标号 6),以便开口刀从旋出后的开口处插入。

采用上述方法粘压的塑料绝缘条,一般可连续使用 3～4 个月而不会脱落。

概括起来,锌电解沉积作业机组包括:电锌剥离机组、电锌搬运系统、吊装设备、极板制作设备、极板清洗设备及其他设备。

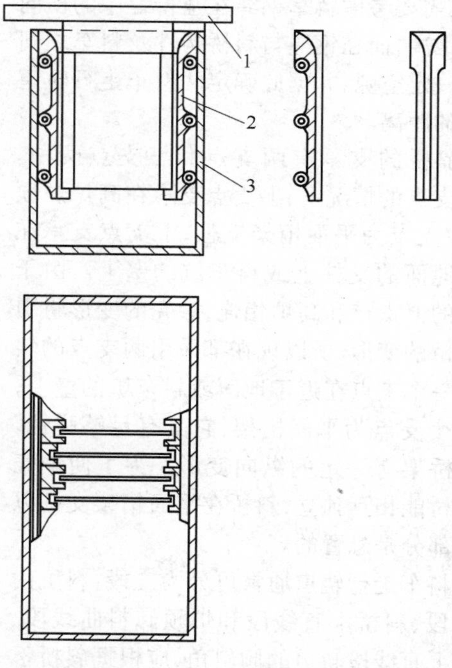


图 1.4-50　阴极板插入绝缘支架槽内的示意图

1—阴极板;2—聚乙烯绝缘支架;3—电解槽内衬

# 第五章　高炉炼铁机械设备

## 第一节　料车上料机的组成及带式上料机的有关计算

### 一、料车上料机的组成

#### (一) 斜桥

现代高炉的斜桥常采用焊接的桁架式结构(参见图 1.5-1)。料车的走行轨道铺设在桁架的下弦上,料车在桁架内走行,必须在料车和斜桥构件之间留有一定的净空尺寸。

在双料车卷扬系统的大、中型高炉上,卷扬机室通常布置在斜桥下方,料车钢绳的导向绳轮布置在斜桥的桁架上。料车钢绳要穿过斜桥,在两料车之间通向卷扬机室。因此,需要考虑料车钢绳在全行程中的横向移动距离,而在钢绳与斜桥构件及料车之间留有一定空隙,并据此确定两料车走行轨道之间的距离。

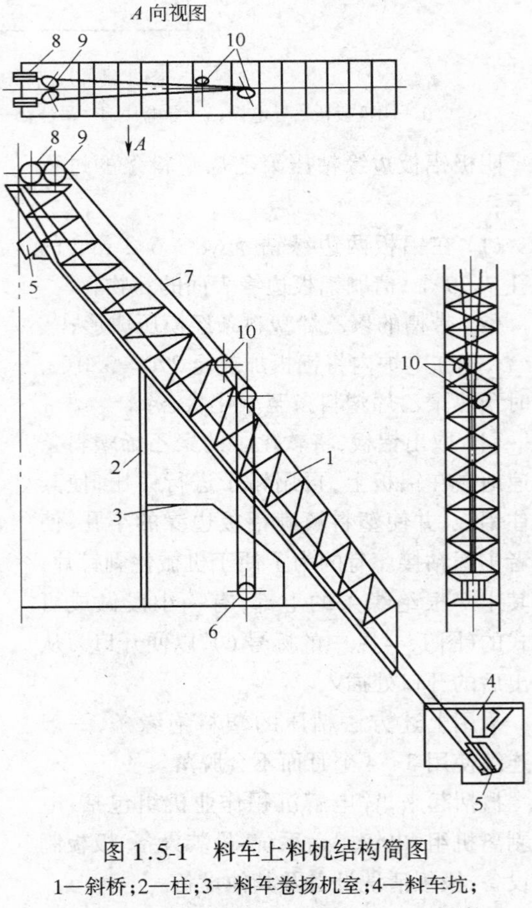

图 1.5-1　料车上料机结构简图

1—斜桥;2—柱;3—料车卷扬机室;4—料车坑;5—料车;6—料车卷扬机;7—钢绳;8～10—绳轮

斜桥的支承有两支点和三支点两种。在三支点的情况下,上支点支承在高炉炉顶上,中支点为平面桁架支柱,下支点支承在近于地面的支柱上或料车坑的壁上。由于斜桥的上支点和高炉相连,炉壳的变形将引起斜桥的变形,所以现在都采用两支点的斜桥。一个支点在近于地面或料车坑的壁上,另一个支点为平面桁架,它具有足够弹性,允许桥架有一定的纵向变形。为了使炉壳和斜桥能相互独立,斜桥在平面桁架支柱以上的部分是悬臂的。

料车走行轨道通常可分为三段:料坑内直线段、斜桥上直线段和炉顶卸料曲线段。斜桥上直线段轨道的倾斜角,应根据斜桥下的铁路线数量和净空要求确定。一般不应小于45°,以免斜桥跨度过大而增加投资费用和占地面积。为了不使料车的钢绳张力过大及避免料车走行不稳定,斜桥的角度一般不超过60°。为了缩短高炉与料坑间的距离,充分利用料车容积,料坑内直线段轨道的倾斜角往往大于斜桥上直线段轨道的倾斜角,一般取60°左右。为了保证料车的走行稳定性,料坑内走行轨道的上方设有护轨。在料车后轮开始进入卸料导轨时,常易出现后轮的负轮压,除了应正确地设计料车和卸料导轨外，常在后轮走行的卸料导轨上方加设压轮轨。为了防止卸料导轨变形，卸料导轨应具有较大的刚性。

**（二）料车**

料车由三部分组成，即车体部分、行走部分和车辕部分。图 1.5-2 为料车的总图。常见的料车车体有平体和斜体两种，图 1.5-2 所示为斜体料车。在车体宽度相同的情况下，斜体料车的长度较短，但料车重心较高。目前我国≤620 $m^3$ 高炉的料车采用平体，≥1000 $m^3$ 高炉的料车都采用斜体。

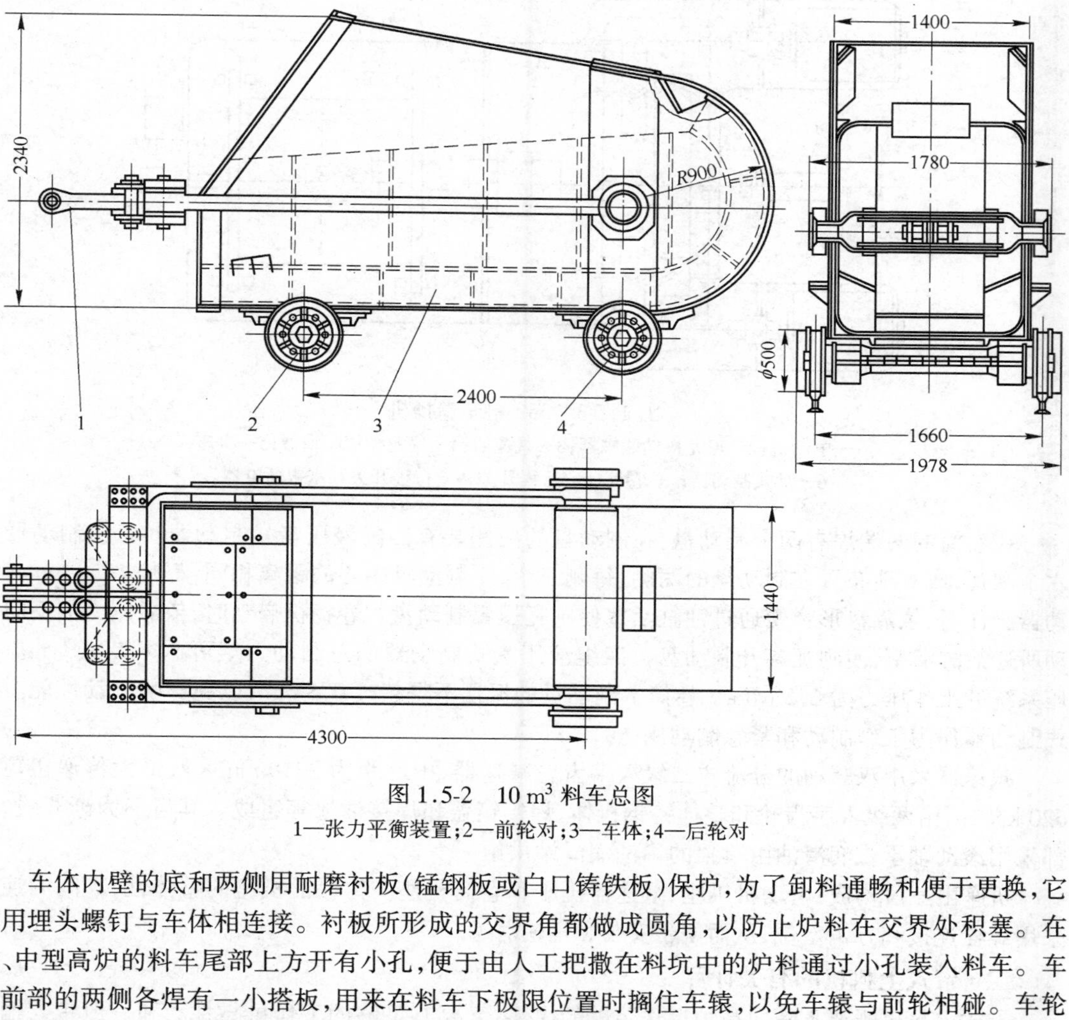


图 1.5-2 10 $m^3$ 料车总图

1—张力平衡装置；2—前轮对；3—车体；4—后轮对

车体内壁的底和两侧用耐磨衬板（锰钢板或白口铸铁板）保护，为了卸料通畅和便于更换，它们用埋头螺钉与车体相连接。衬板所形成的交界角都做成圆角，以防止炉料在交界处积塞。在大、中型高炉的料车尾部上方开有小孔，便于由人工把撒在料坑中的炉料通过小孔装入料车。车体前部的两侧各焊有一小搭板，用来在料车下极限位置时搁住车辕，以免车辕与前轮相碰。车轮轴的轴承装在可拆分的轴承箱内，轴承箱上部与车体相连，下部用螺钉与上部固定，这种结构拆装比较方便。为了防止掉轮事故，车轮必须十分牢靠地固定在车轴上。

后轮对的轮子做成两个踏面，轮辕在两个踏面之间。料车在斜桥直线轨道上走行时，后轮内踏面同轨道接触。后轮进入炉顶卸料导轨时，外踏面开始同轨距稍大的辅助轨道相接触。此时，内踏面不与导轨接触。车轮的踏面应进行淬火处理，以提高其使用寿命。

大、中型高炉的料车都采用双钢绳牵引，既安全，又减小了钢绳直径，因而绳轮和卷筒的直径也可减小。车辕由两根拉杆、横梁、钢绳张力平衡装置等组成。料车重心的位置、车辕牵引点的位置、前后轮对之间的轴距等设计是否合理,将影响到料车前后轮轮压分配是否均匀,影响到料车能否在卸料导轨上平稳地倾翻卸料。

### (三) 料车卷扬机

图 1.5-3 为 35 t 料车卷扬机实例。卷扬机由两台 500 kW 直流电动机通过两个尼龙棒销联轴器与一台双驱动的分流式二级人字齿轮减速器相连,减速器的出轴端又通过尼龙棒销联轴器与卷筒连接。

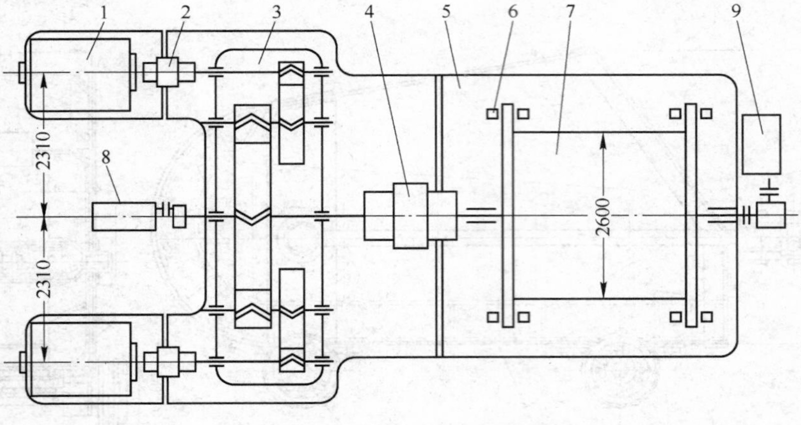


图 1.5-3　35 t 料车卷扬机

1—电动机;2—尼龙棒销联轴器;3—减速器;4—尼龙棒销联轴器;5—机座;6—盘式制动器;7—卷筒;8—行程开关;9—行程开关和水银断电器

在卷筒的两端焊有两个制动盘,在制动盘的两侧装有四组液压盘式制动器。每组制动器有六个闸瓦,成对地布置在制动盘的两侧,每侧三个,距制动盘中心的距离相同,都是 1550 mm。制动器工作时,依靠盘形弹簧通过油缸活塞使闸瓦压紧制动盘。卷扬机启动时,依靠压力油反向推动所述油缸活塞,使闸瓦离开制动盘。四组液压盘式制动器的总制动力矩可达 1.1 MN·m。液压系统的工作压力为 6.5 MPa。卷筒上制动盘的振摆不得超过 0.5 mm,以免影响制动性能。盘式制动器作为工作制动和紧急制动用。

减速器采用双驱动的分流式二级人字齿轮减速器,中心距为 2310 mm×2,最大传递扭矩为 620 kN·m,由两级人字齿轮和整体铸钢机体、焊接箱盖和焊接油池等组成。其齿形为渐开线,全部采用滚动轴承。润滑油由单独的稀油润滑站供给。

机座由三段构成:电动机机座、减速器机座和卷筒机座。为保证机座的整体性,其间的连接采用螺栓连接和方销定位,从而便于安装和运输。

## 二、带式上料机的有关计算

带式上料机既要不断向高炉运送足够的原料,又要有足够的工作可靠性。和一般带式输送机比较,生产能力要有较大的富裕。决定带式上料机上料能力的主要参数是带的运行速度和带的宽度。输送带的运行速度过大会引起烧结矿或焦炭的破碎,目前一般为 100～120 m/min,最大 135 m/min。带的宽度决定了胶带的运料截面积。

### (一) 运料截面积的计算

槽形皮带运送物料时物料断面可按图 1.5-4 的断面图计算。设带宽为 $B$、带面物料总宽度为 $0.8B$,中间托辊长 $0.4B$,物料在带面堆成一个圆弧面,堆积角为 $\rho$,圆弧料面的半径为 $r$,中心

角为 $2\rho$，设皮带槽角为 30°，则皮带运料截面积为：

$$S = S_1 + S_2 \qquad (1.5\text{-}1)$$

$$S_1 = \frac{0.4B + 0.8B}{2} \times 0.2B \times \tan 30°$$
$$= 0.0693B^2 \qquad (1.5\text{-}2)$$

$$S_2 = \frac{1}{2}\gamma^2(2\rho - \sin 2\rho)$$
$$= \frac{1}{2}\left(\frac{0.4B}{\sin\rho}\right)^2(2\rho - \sin 2\rho)$$
$$= \frac{0.08B^2}{\sin^2\rho}(2\rho - \sin 2\rho) \qquad (1.5\text{-}3)$$

将 $S_1$ 和 $S_2$ 代入式 1.5-1 得：

$$S = 0.0693B^2 + \frac{0.08B^2}{\sin^2\rho}(2\rho - \sin 2\rho) \qquad (1.5\text{-}4)$$

在不同的物料运动堆角 $\rho$ 时，$S_2$ 和 $S$ 的值如表 1.5-1 所示。

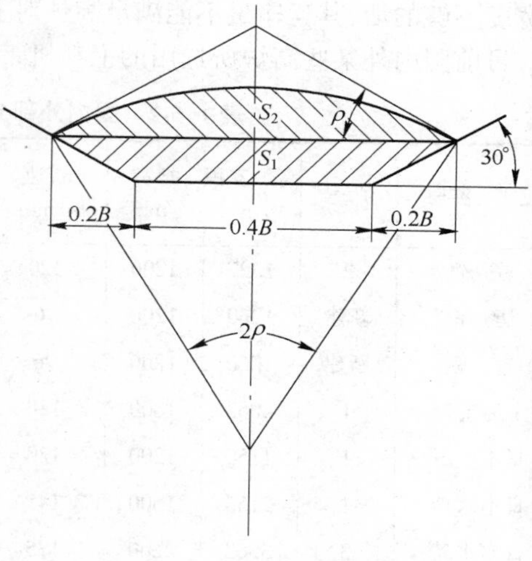


图 1.5-4　运料截面积的计算

### （二）上料能力的估算和皮带宽度的选择

上料机的运输量(t/h)为：

$$Q = 3600SV\gamma cc_1 \qquad (1.5\text{-}5)$$

式中　$V$——皮带速度，m/s；

$\gamma$——物料的堆密度，烧结矿可取 $\gamma = 1.6\ t/m^3$，焦炭可取 $\gamma = 0.45\ t/m^3$；

$c_1$——考虑皮带倾角的系数（$c_1 \approx 0.95$）。

式中的 $c$ 是考虑料流不连续的系数。物料必须组成料批送到炉顶，每批料的各种料之间，前批物料和后批物料之间都必须间隔一定的距离。这个距离的大小与炉顶设备的结构形式、料批大小等因素有关，一般可取 $c \approx 0.7$。

上料机的运输量(t/h)公式也可写成：

$$Q = KB^2\ V\gamma cc_1 \qquad (1.5\text{-}6)$$

式中　$K$——物料的断面系数，与皮带机的槽角及物料的动堆角有关：

$$K = \frac{3600S}{B^2} \qquad (1.5\text{-}7)$$

将不同动堆角时的 $S$ 代入式 1.5-7，可得到不同的 $K$ 值，如表 1.5-1 所示。

**表 1.5-1　不同的动堆积角 $\rho$ 时，$S_2$、$S$ 和断面系数 $K$ 的值**

| $\rho$ | $S_2$ | $S$ | $K$ |
|---|---|---|---|
| 10° | $0.0186\ B^2$ | $0.0879\ B^2$ | 316 |
| 15° | $0.0282\ B^2$ | $0.0975\ B^2$ | 351 |
| 20° | $0.0376\ B^2$ | $0.1069\ B^2$ | 385 |
| 25° | $0.0478\ B^2$ | $0.1171\ B^2$ | 422 |
| 30° | $0.058\ B^2$ | $0.1273\ B^2$ | 458 |
| 35° | $0.0686\ B^2$ | $0.1379\ B^2$ | 496 |

可根据高炉的生产率对带式上料机瞬时最大上料量的要求,选择合适的皮带宽度。所选皮带宽度不够的话,其运输量不能满足高炉对上料量的要求。所选皮带宽度过大,会带来投资的增加。目前国内外某些高炉所选用的上料机带宽度可参看表1.5-2。

**表1.5-2　国内外部分高炉带式上料机的主要参数**

| 工厂名称 | 炉号 | 高炉容积 /m³ | 带宽 /mm | 带速 /m·min⁻¹ | 水平长度 /m | 倾角 | 能力 /t·h⁻¹ | 电机容量和台数 /kW×台 | 投产时间 |
|---|---|---|---|---|---|---|---|---|---|
| 首钢 | 2 | 1327 | 1200 | 120 | 344 | 12° | 1100 | 380×2 | 1979年 |
| 唐钢 | 新建 | 1260 | 1200 | 96 | 263.3 | 11°43′39″ | 1200 | 132×4 | 1989年5月 |
| 宣钢 | 新建 | 1260 | 1200 | 96 | 232 | 11° | 1200 | 132×4 | 1989年 |
| 上海宝钢 | 1 | 4063 | 1800 | 120 | | 12° | | 250×4 | 1985年9月 |
| 日本釜石 | 1 | 1150 | 1200 | 120 | | 12°08′ | 1280 | 132×4 | 1976年1月 |
| 日本水岛 | 1 | 2156 | 1600 | 145 | 343 | 10°34′ | 2300 | 150×4 | 1967年4月 |
| 日本水岛 | 3 | 3363 | 2200 | 135 | 354 | 11°37′ | 4320 | 200×4 | 1975年 |
| 日本水岛 | 4 | 4323 | 2400 | 120 | 309 | 13°27′ | 5300 | 350×4 | 1973年4月 |
| 日本君津 | 3 | 4063 | 2000 | 120 | 325.5 | 11°52′34″ | 4530 | 200×4 | |
| 法国敦刻尔克 | 4 | 3765 | 2400 | 90 | 300 | 12° | | | 1973年3月 |
| 前西德不来梅 | 2 | 3367 | 2000 | 130 | 370 | 13° | | | 1973年5月 |

### (三) 料批周期的计算

图1.5-5为高炉上料皮带在上料过程中炉料分配示意图。上一个料批给料终了时间到下一个料批给料终了时间之差称为料批周期时间 $T$。当一批料由一料堆矿一料堆焦组成时,料批周期时间:

$$T = t_c + t_o + t_z + t_z'$$

式中　$t_c$——焦炭集中斗将焦炭加到上料皮带上的时间;

$t_o$——矿石集中斗将矿石或烧结矿加到上料皮带上的时间;

$t_z$——一批料中料堆之间的间隔时间;

$t_z'$——料批之间的间隔时间,就是上一批料的料尾与下一批料的料头之间皮带空载间隔时间。

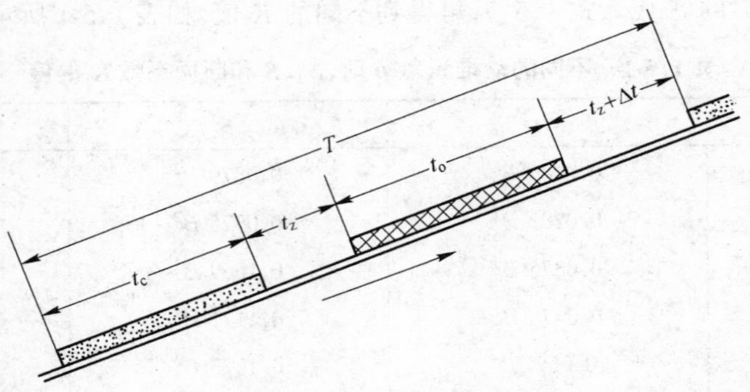


图1.5-5　料批周期时间示意图

在皮带运行速度稳定不变的条件下，当集中斗下的电磁振动给料器在单位时间给料量不变时：

$$t_c = \frac{P_c}{0.45vS}$$

$$t_o = \frac{P_0}{1.6vS}$$

式中　$v$——上料皮带的运行速度，m/s；

$S$——有效装料截面积，$m^2$；

$P_c$，$P_0$——分别为焦炭和矿石的批重，t；

0.45，1.6——分别为焦炭和矿石的堆密度，$t/m^3$。

一批料中料堆之间的间隔时间 $t_z$，必须保证炉顶设备必要的动作能够完成，其大小要由炉顶设备的型式和上料程序来定。料批之间的间隔时间也要由炉顶设备的型式和上料程序来定。

$t'_z$ 是探尺提升时间与上一批料料尾在皮带机上装载完毕的时间差。$t'_z$ 不能小于 $t_z$，它们的差值为 $\Delta t$，即：

$$t'_z = t_z + \Delta t$$

$t_z$ 的大小只决定于布料器和密封阀的动作时间，和料批大小无关。但在料批大小不同时，炉内料线到达料位的时间不同，故 $t'_z$ 的大小是随料批大小而变化的，小料批时，由于批重小，$t_o$ 和 $t_c$ 的数值较小，在已经满足炉顶设备动作所要求的时间 $t_z$ 后，由于探尺没有提升，给料器仍不能往上料机上给料，只有等探尺提升后，才能给料，所以这时 $t'_z > t_z$，$\Delta t$ 是正值。当料批过大时，由于 $t_o$ 和 $t_c$ 增大，便与上述情况相反，虽然探尺已经提升，但尚未满足密封阀和布料器的启动时间 $t_z$，这时 $t'_z < t_z$，$\Delta t$ 是负值，但这时仍必须保证密封阀和布料器的动作时间 $t_z$ 后，给料器才能往上料机上给料，故在计算 $t'_z$ 的公式中出现 $\Delta t$ 是负值时，以 $\Delta t = 0$ 代入。

**（四）作业率和运输效率的计算**

上面计算出的料批周期 $T$ 是在某一料批情况下，为保证设备正常动作，运一批料所至少必需的时间。由 $T$ 可以计算出上料机每昼夜可能达到的最大上料批数：

$$M' = \frac{24 \times 60 \times 60}{T}$$

高炉每昼夜实际的上料批数 $M$ 与上料机可能达到的最大上料批数 $M'$ 之比称为上料机的作业率：

$$J = \frac{M}{M'} \times 100\%$$

计算上料机的上料能力时，要求在常用料批能达到高炉年平均利用系数的上限时，上料机作业率不超过 75%。

在作业率 $J = 100\%$ 时，每个料批周期时间内的实际运料时间称为皮带运输效率：

$$K = \frac{t_o + t_c}{T}$$

将 $T$ 值代入得：

$$K = \frac{t_o + t_c}{t_o + t_c + 2t_z + \Delta t}$$

$$=\frac{1}{1+\dfrac{2t_z+\Delta t}{t_o+t_c}}$$

由上式可知，增大 $t_o$ 和 $t_c$，即采用大批料能提高皮带运输效率。当 $t_z$ 是常数时，某一料批上料机的最大运输效率是使 $\Delta t=0$。

## 第二节　双钟炉顶的结构

双钟炉顶的总体结构如图 1.5-6 所示。它由受料漏斗、布料器和装料器三大部分组成。

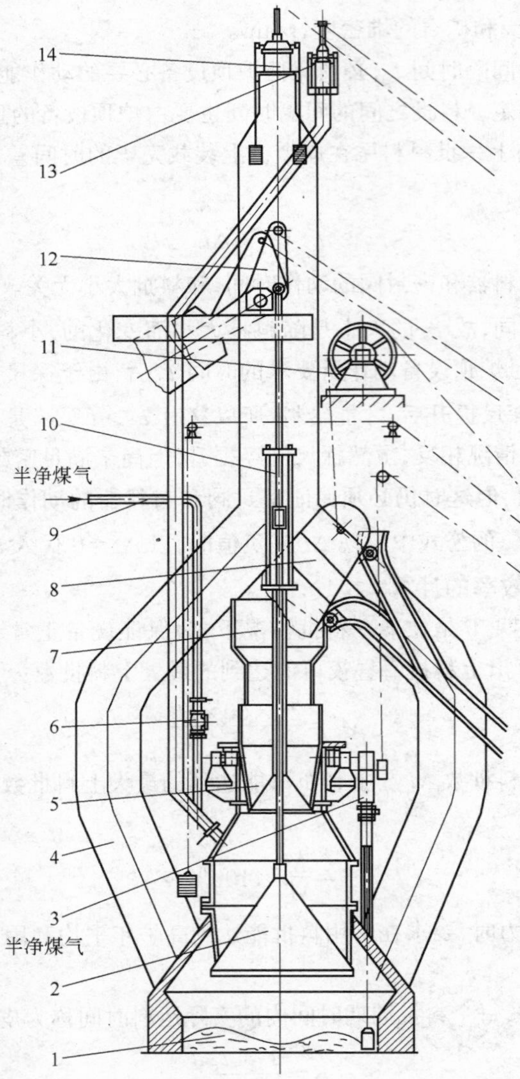


图 1.5-6　双钟炉顶装料设备总图

1—料面；2—大钟；3—探料尺；4—煤气上升管；5—布料器；6—大钟均压阀；7—受料漏斗；8—料车；9—均压煤气管；10—料钟吊架；11—绳轮；12—平衡杆；13—放散阀；14—大气阀

## 一、受料漏斗

受料漏斗形状与采取的上料方式有关。图 1.5-7 为用料车上料时常采用的一种受料漏斗的外形结构。受料漏斗的倾斜侧壁,特别是在四个拐角上与水平面应有足够的角度(至少 45°,最好 60°),以保证物料顺利地滑下。受料漏斗的外壳是焊接结构,内表面由铸造锰钢板用螺栓固定,作为耐磨内衬。为了便于安装,通常受料漏斗沿纵段面分为两半,用螺栓连接。整个受料漏斗由两根槽钢支持在炉顶框架上。在不引起卡料的情况下,受料漏斗的下口尽可能小一些,这对于改进布料有好处。有时也在受料漏斗内壁上安设导料板,用以改进小钟漏斗内原料的堆尖位置。

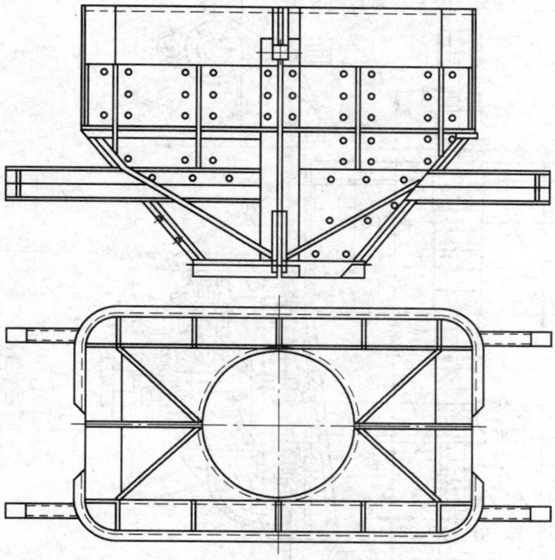

图 1.5-7　受料漏斗

## 二、布料器

图 1.5-8 和图 1.5-9 为经过改进后的典型布料器(用于 1000～1500 $m^3$ 的高炉上)。布料器的旋转漏斗由内外漏斗组成。外漏斗由铸钢 ZG35 制成,下部圆筒部分也可用厚钢板卷成焊上。圆筒外表面需光滑加工,以减少填料密封的摩擦阻力和保证较好的密封效果。内漏斗(即小钟漏斗)由上下两部分组成。上部是焊接件,其内表面用锰钢板保护。下部是铸钢件,与小钟的接触表面上堆焊有硬质合金。由于内漏斗的寿命较短,可以在不拆卸外漏斗和旋转机构的情况下更换。但因为有大小钟拉杆位于其中,在炉顶一般不便更换内漏斗,只能在修理厂拆除内漏斗。

布料器的支承系统由三个支持辊和三个定心辊通过支座支承在装料器的上法兰上。在布料器外漏斗的两个法兰上,镶有上下跑道。三个支持辊在一般情况下只和上跑道接触,当钟间容积的压力过高时,布料器被托起,三个支持辊就和下跑道接触(图 1.5-10)。三个定心辊起布料器的定心作用。

布料器的传动系统:在外漏斗的上法兰上固定有齿圈 20(图 1.5-8),它与锥齿轮传动箱 22 上面的正齿轮 21 相咬合。然后经锥齿轮传动和十字头联轴节与圆柱齿轮箱的出轴相连接。电动机 1 和圆柱齿轮减速箱 2(图 1.5-9)放在单独的驱动房内。锥齿轮箱和三个支持辊的座子都支在一个统一的环形底座上,该底座(图 1.5-8 的 26)支承在装料器的上法兰上。布料器在高炉开炉时要随着高炉上涨 30～50 mm。而布料器的驱动房是支承在炉顶钢结构上的,一般很少伸缩。因此,在布料器的锥齿轮箱和驱动房的圆柱齿轮箱之间宜采用十字头万向接轴,并在安装时把布料器安置得比圆柱齿轮箱那一头低一些。圆柱齿轮减速机出轴的另一端经过控制减速箱 4

(图 1.5-9)带动主令控制器 3 和自动同步发送机 5,它和卷扬机室的自整步接收机之间有电线联系。它们的转角完全一致,可以显示布料器的角度指示。

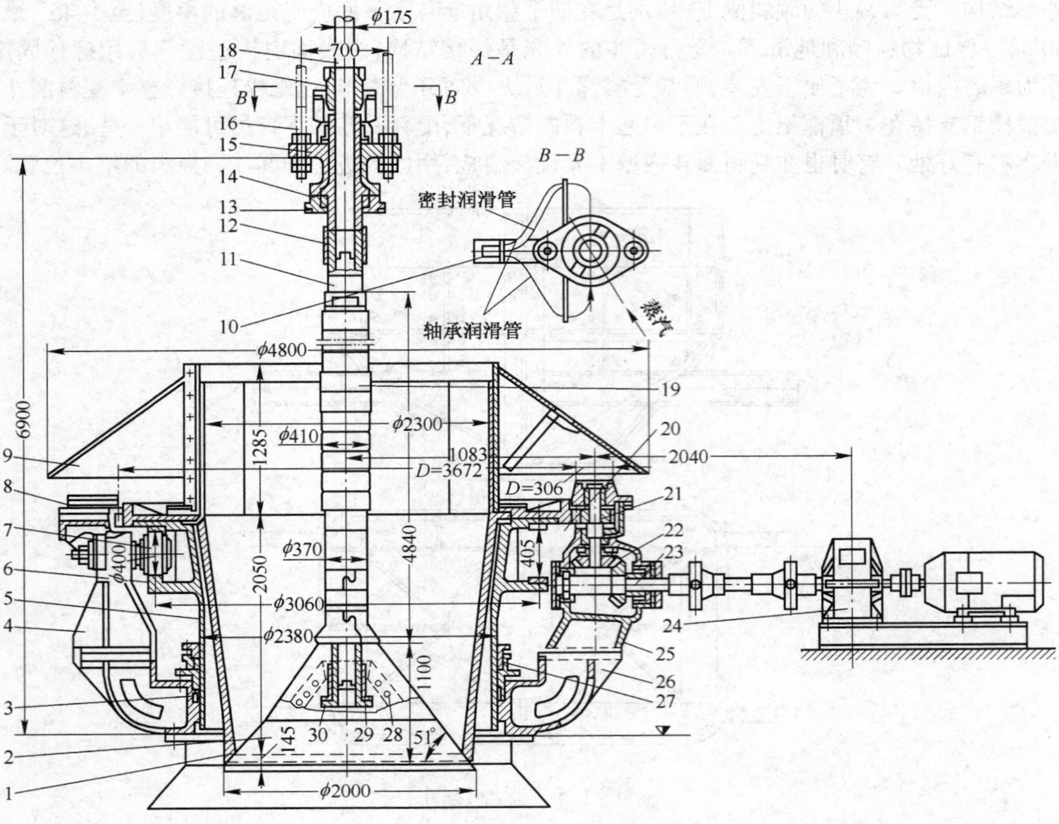


图 1.5-8　1033 $m^3$ 高炉布料器剖面图

1—小料斗(小钟漏斗);2—小钟;3—下填料密封;4—支座;5—旋转圆筒;6—跑道;7—支持辊;8—定心辊;9—防尘罩;10—润滑管;11—小钟拉杆;12—小钟拉杆的上段;13—填料;14—辊子止推轴承;15—两半体的异形夹套;16—小钟吊杆;17—密封装置;18—大钟拉杆;19—拉杆保护套;20—齿圈;21—小齿轮;22—锥齿轮传动箱;23—水平轴;24—减速机;25—立式齿轮箱;26—布料器底座;27—上填料密封;28—小钟两半体的连接螺栓;29—铜套;30—锁紧螺母

在高压高炉上,小钟的寿命不到一年。为了便于更换小钟,第二代小钟由两半合成。小钟倾斜表面与水平线成 50°～55°倾角。小钟材料一般采用铸钢,也有用锰钢 ZG50Mn2 制造的。小钟和小料斗(也叫小钟漏斗)的接触表面用硬质合金堆焊,也有把整个表面都用硬质合金堆焊的。除接触表面外,无需加工磨光。

小钟拉杆由厚壁钢管制成。为了防止原料的冲击,外部用锰钢套保护。为了便于更换保护套,每个保护套的高度只有 150 mm,由两个半环并带有互扣缺口所组成。保护套的外径为 350 mm。在原料冲击最严重的地方,保护套的外径增至 450 mm。

小钟拉杆 1 的上部固接一段单独加工过的接头(图 1.5-11),以便做出凸缘 4 支承在止推辊子轴承上。止推轴承装在不转动的轴承盒 2 内。为了便于装拆,该轴承盒由水平接缝分为两部分,上部又有垂直接缝由两半合成。轴承盒的上端与吊杆相连接,吊杆 5 通向小钟的平衡位置。当小钟及其拉杆随小料斗一起旋转时,小钟吊杆和止推轴承盒不转动。

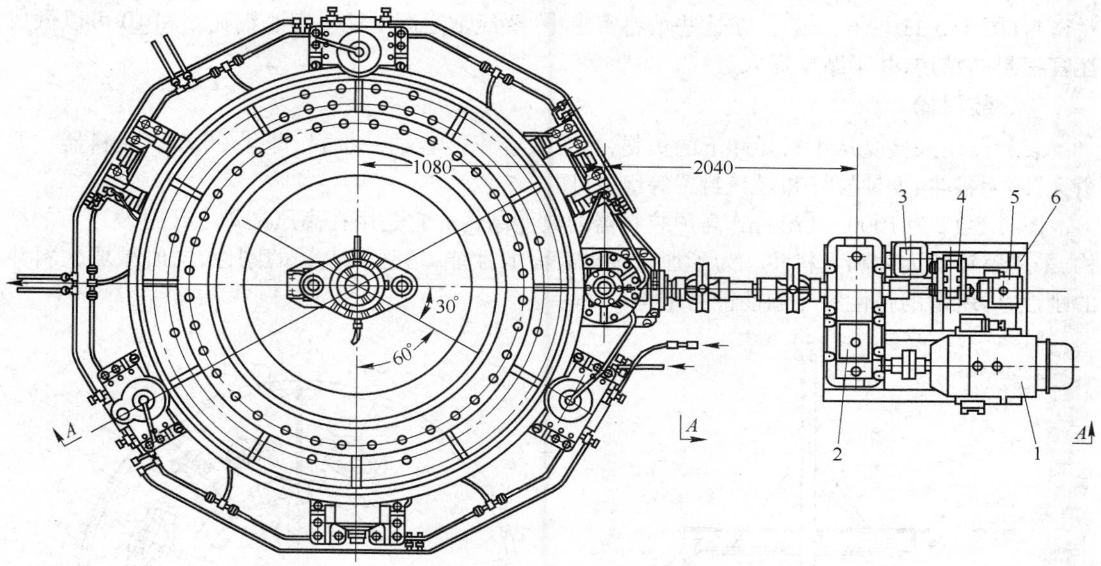


图 1.5-9　1033 m³ 高炉布料器平面图

1—电动机；2—圆柱齿轮减速箱；3—主令控制器；4—减速器；5—自动同步发送机；6—底座

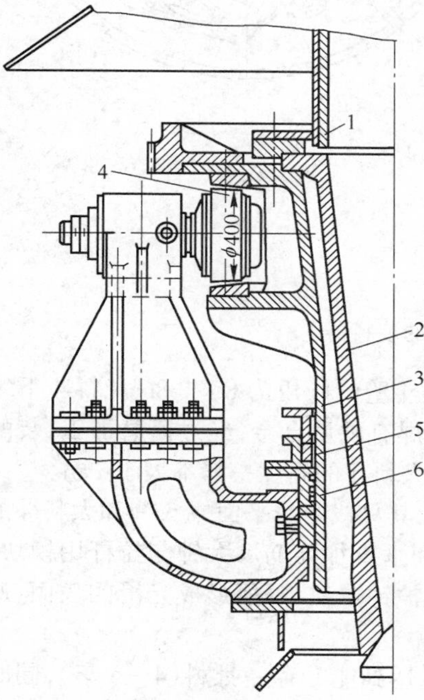


图 1.5-10　布料器的支承和密封

1—漏斗上部的加高部分；2—小钟漏斗；3—外漏斗；4—支承辊；5—填料密封；6—迷路密封

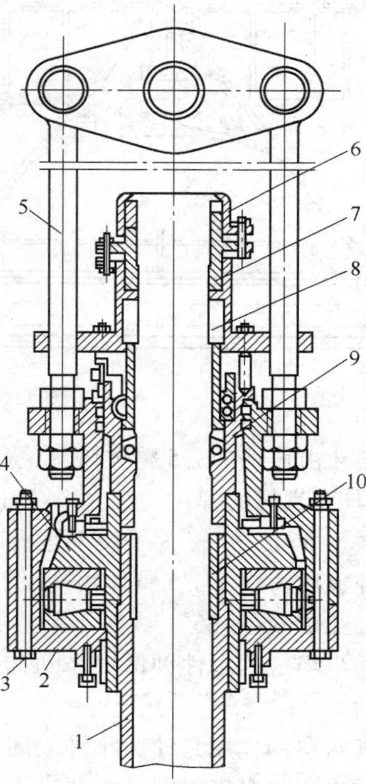


图 1.5-11　小钟拉杆止推轴承部件

1—小钟拉杆；2—轴承盒；3—止推轴承；4—小钟拉杆凸缘；5—吊杆；6、7、9—填料密封；8、10—定心铜瓦为了防止钟间容积的煤气沿大、小钟拉杆之间的缝隙漏出，在止推轴承盒的上部设有多层填料密封（图1.5-11的6、7、9）。在这些填料密封中，要经常通润滑油。定心铜瓦8和10可以做成迷宫密封的结构，并不断地通入蒸汽。

## 三、装料器

装料器用来接受从小料斗卸下的炉料，其有效容积能容纳一批料，即4～5车。装料器主要由大钟、大料斗、大钟拉杆和煤气封罩等组成（图1.5-12）。

图1.5-12为1000～1700 $m^3$高炉装料器的典型结构。它是用在高压高炉上经过改进后的结构，采用整铸的大钟和大料斗。为了加强接触表面的性能，增强了大钟的刚性，同时减弱大料斗的刚性，即所谓的弹性料斗刚性钟的结构。

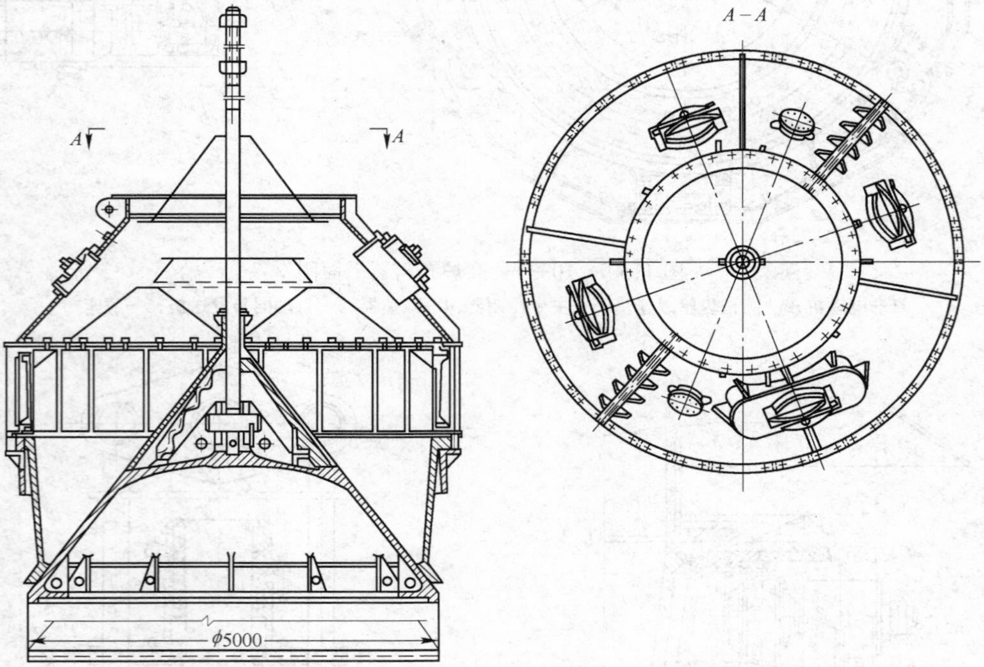


图1.5-12　1700 $m^3$ 高炉的装料器

大料斗由铸钢ZG35整体铸造，壁厚50～60 mm，料斗壁的倾角为85°～86°。料斗下缘没有加强筋，具有良好的弹性。在大料斗和大钟的接触表面焊有硬质合金，经过研磨加工，装配后的间隙不大于0.05 mm。为了便于运输以及减少热变形，大料斗的高度一般不大于2 m。

大钟也用铸钢ZG35整体铸造，壁厚在60 mm以上，其母线与水平面成53°，和大料斗的接触表面常加工成60°～65°。大钟下部内侧有水平刚性环和垂直加强筋。大钟与拉杆用楔块连接，然后用两半组成的刚性钟保护，外面再用钢板焊成的保护钟罩住，以便形成光滑的表面，避免炉料的积附。

煤气封罩的作用是使大小钟之间形成足够的容积，达到能贮存一批料（4～5车），同时要起密封室的作用。煤气封罩是由两半组成的焊接结构，具有垂直连接缝，由螺栓连接。气罩的下部为圆筒形，上部为圆锥形。圆筒形部分的内侧用铸造的锰钢板保护。在圆锥部分有四个检查孔，一个椭圆形大孔是用来更换小钟时进出半体小钟的，还有为了安置均压和放散管的接头孔。

装料器支承在炉顶钢圈上，为了防止漏气，在大料斗法兰盘和炉顶钢圈之间以及气封罩法兰盘和大料斗法兰盘之间用盐溶液浸泡过的石棉绳密封(图 1.5-13),并在法兰盘间焊上一个弹性密封环 6,并用螺栓 5 把法兰拉紧。

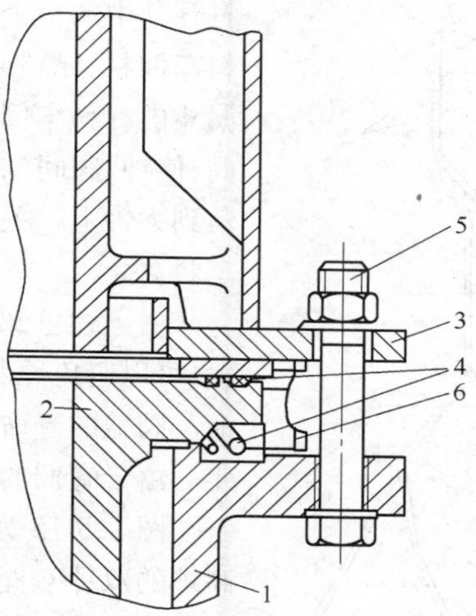


图 1.5-13　煤气封罩、大料斗和炉顶钢圈之间的连接
1—护顶钢圈;2—大料斗;3—气封法兰盘;4—石棉绳;5—螺栓;6—伸缩密封环

## 第三节　钟—阀式炉顶

双钟式炉顶装料设备已有上百年历史,目前仍然占多数。但随着高压操作的推广和高炉容积的扩大,已越来越不能满足生产要求。它存在的主要问题有:

(1) 布料器旋转漏斗的密封不可靠,不是摩擦阻力大就是容易漏气,并且维护工作量大。

(2) 小钟寿命短,一般不到一年。小钟漏斗的接触面也和小钟一样,很容易被含尘煤气吹坏。

(3) 大小钟拉杆之间的密封极易漏气,不易维护。在安装调整上如何保证大小钟拉杆之间的同心度也有困难。

(4) 大钟和大料斗的寿命随着炉顶压力的提高显著缩短,一般只有一年多一点。随着高炉容积的增大,大钟和大料斗的尺寸越来越大,4000 $m^3$ 高炉的大钟直径超过 8 m,大钟和大料斗的总重达 120 t,只有少数重型机械制造厂能够制造,制造出来的大钟和大料斗也难以长途运输。此外,炉顶吊车吨位加重,使炉顶钢结构庞大,安装调整等都更加困难。

(5) 对于大型高炉来说,料钟炉顶已不能满足炉喉径向布料的要求,大钟下面的广大面积不能直接加料,使中心气流过分发展,煤气的热能和化学能得不到充分利用,不便于炉喉调剂和定点布料。

近些年来,国外出现了一些新型炉顶。新型炉顶可区分为两大类:一类仍属有料钟炉顶;另一类为无料钟炉顶。在有料钟炉顶当中,又有三钟式、四钟式和钟—阀式炉顶。下面着重介绍钟—阀式炉顶。

钟—阀式炉顶有多种,用得最多的是图 1.5-14 的双钟双阀炉顶。它有两个均压室,大钟均压室可以直接利用炉喉煤气,不必设置均压设备。双漏孔的布料器处于小钟和密封阀之间的均压室内,在等压气体内工作,只有驱动轴伸出外面,需要转轴密封。密封阀由盘式阀盖和耐热硅橡胶软座组成,是一种软封。其密封性能比硬封好,可以保证炉顶在 0.25 MPa 的高压下工作。

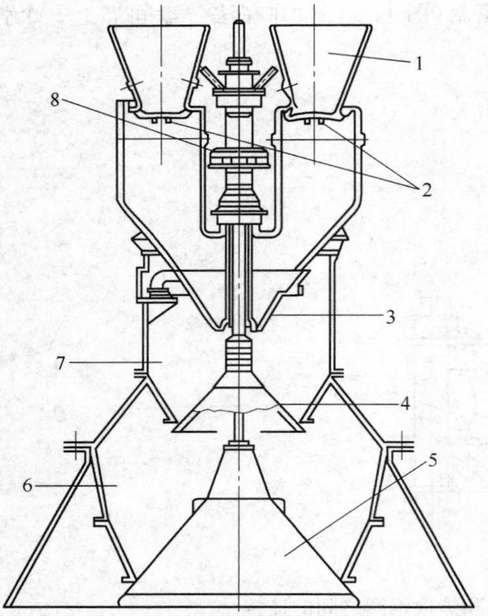


图 1.5-14　双钟双阀炉顶简图
1—受料漏斗；2—密封阀；3—旋转布料器；
4—小钟；5—大钟；6—大钟均压室；
7—小钟均压室；8—驱动齿轮

这种炉顶的装料过程是：料车接近炉顶时打开放散阀，使均压室内的压力降为大气压，然后打开其中的一个密封阀，同时起动布料器。接着料车倒料，原料通过受料漏斗和布料器到达小钟漏斗内。料车倒料结束，关闭密封阀，打开均压阀，使钟、阀间的容积达到高压，打开小钟，原料落到大钟上。关闭小钟，再重复上述过程装下一车料。

由上述可知，密封阀的阀盖始终不和原料接触，可以避免原料的冲击和磨损，有利于提高寿命。阀盖的寿命在一年以上，软座的寿命不到一年。由于它们的尺寸和重量较小，更换方便。

图 1.5-15 为日本鹿岛厂 1977 年投产的 3 号高炉的双钟双阀式炉顶。该高炉的有效容积为 5050 $m^3$，炉顶压力为 0.25 MPa，采用皮带上料。两个密封阀上的两个料仓底部设有扇形闸门。两个料仓容积之和等于小钟漏斗或大钟漏斗的有效容积。当物料从皮带机卸料时，通过卸料溜槽将料同时分装到两个贮料仓内。往小钟漏斗内装料时，先起动布料器，接着打开两个密封阀，再打开两个闸门（同时打开），使料仓内的物料同时均匀地分布在小钟漏斗内。当需要定点布料时，可以使布料器先空转到某一位置停下，使小钟漏斗内某侧形成堆尖。打开小钟后，由于原料下落过程的扩散作用，大料斗内的原料堆尖趋向于平缓，但仍然存在偏斜，因此可以定点下偏料。

图 1.5-16 为该炉顶的布料器驱动系统。电动机通过减速箱和小齿轮，使大齿轮旋转。大齿轮通过套筒轴与小钟漏斗内的布料器连成一体。因此也就带动布料器旋转。在一般情况下，布料器以均匀布料的方式工作，以 12～14 r/min 的转速，将原料均匀地分布在小钟漏斗内。在大齿轮上面有 3 个锥形压辊，下面有 3 个锥形托辊，侧面还有 12 个径向挡辊（组成 3 组）。由这些支承和定心辊子保证齿轮的正确啮合。为了防止布料器旋转时摆动，在旋转漏斗的周围设有六个径向挡辊。大小钟以及密封阀和料仓闸门的开闭均采用油压传动。

双钟双阀式炉顶的主要缺点是布料器旋转漏斗的工作环境太差，6 个挡辊处在多灰尘的环境中工作，磨损较快，检查和修理也不方便。传动系统虽然放在外面，但要通过较长的套筒轴传过去，刚性较差，并且增加了套筒轴的密封问题。为了克服这些缺点，可以把布料器放在外面，于是出现了双钟四阀式炉顶（图 1.5-17）。这种炉顶有 4 个密封阀，在密封阀上面有一个贮料仓。布料器位于贮料仓之上。当皮带机往炉顶装料时，布料器连续旋转（8 r/min），把原料均匀地分布在贮料仓内。当贮料仓装完半批料以后，打开小钟均压室的放散阀，使钟、阀之间的均压室压力下降为大气压，打开 4 个密封阀，接着打开 4 个贮料仓的放料闸门。使 4 股料流同时进入小料斗。由于 4 股料流是对称分布的，尽管在小料斗内要形成 4 个堆尖，但经过小钟和大钟装料时的扩散作用，可以使炉喉圆周方向的布料基本上分布均匀。

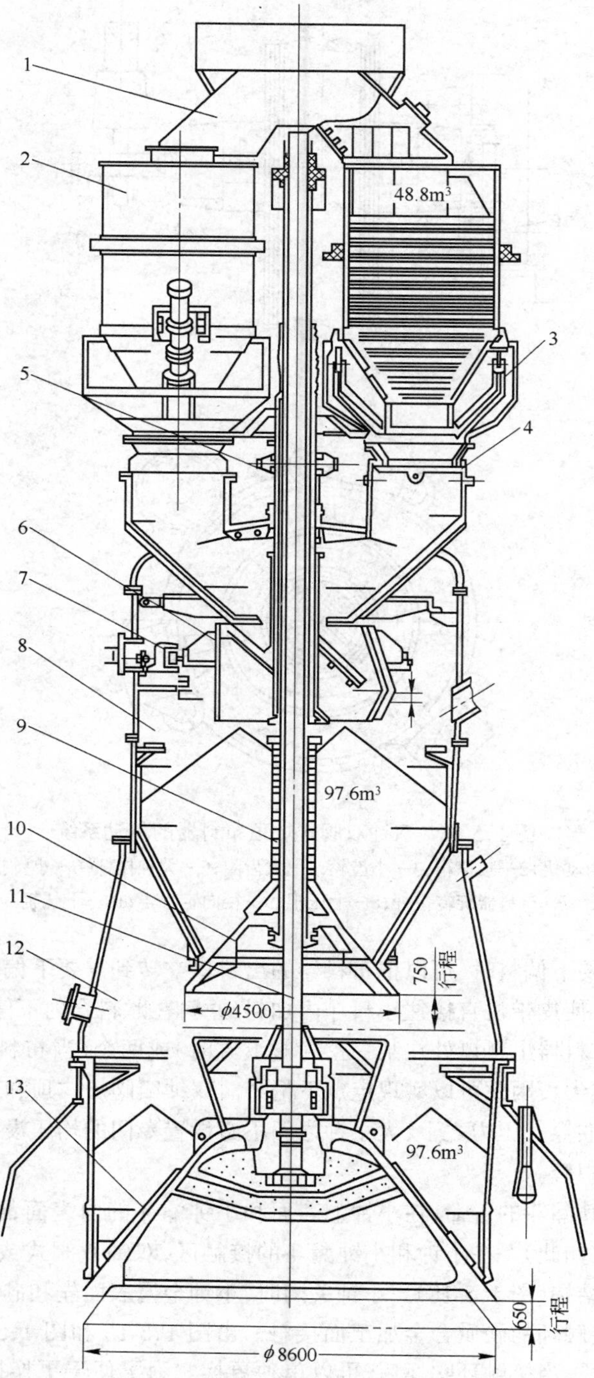


图 1.5-15　日本鹿岛厂 3 号高炉的双钟双阀式炉顶

1—皮带卸料溜槽；2—料仓；3—闸门；4—密封阀；5—布料器传动装置；6—布料器；7—定心辊；8—小料斗；9—小钟拉杆；10—小钟；11—大钟拉杆；12—大料斗；13—大钟

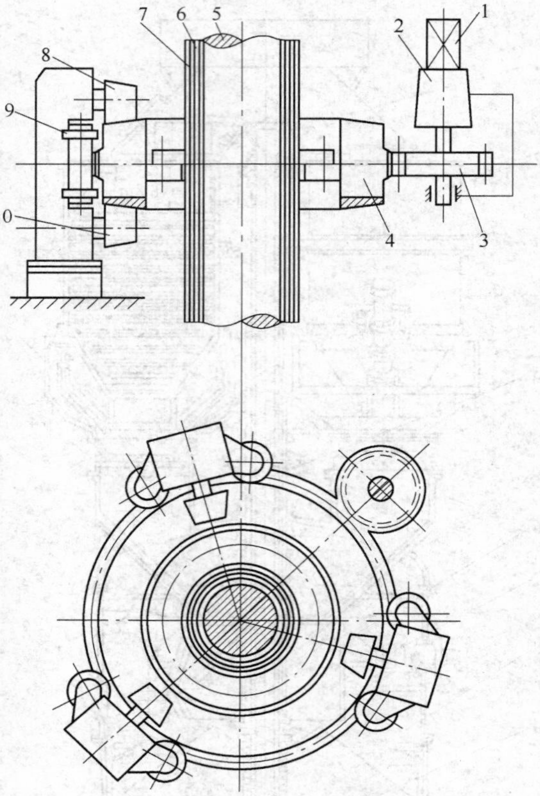


图 1.5-16　双钟双阀式炉顶布料器的传动系统

1—电动机；2—减速箱；3—小齿轮；4—大齿圈；5—大钟拉杆；6—小钟拉杆；
7—布料器旋转拉杆；8—上压辊；9—径向定心辊；10—下托辊

由于某种原因需要下偏料时，可以把布料器的出料口空转到需要下偏料的位置，打开密封阀和贮料仓的放料闸门，使皮带机直接往小料斗内加料(原料在贮料仓内不停留)，可以使小料斗内形成明显的一个(当布料器出料口处在某一密封阀上方时)或两个(当布料器出料口处在两个密封阀之间的位置时)堆尖。因此可以实现定点下偏料。双钟四阀炉式顶和双钟双阀式炉顶一样，大钟上下始终处于炉喉煤气压力之下，大小钟之间不必设置专门的均压设备(图 1.5-18)，大钟的寿命可以延长到高炉中修。

为了延长小钟及其漏斗的寿命，在小钟上表面和小钟漏斗的内表面都有可以更换的保护衬板(大钟和大漏斗也是如此)。在小钟和小钟漏斗的接触区，双钟双阀式或双钟四阀式炉顶都采用了软硬封相结合的结构(图 1.5-18)。小钟关闭时，小钟金属表面先和硅橡胶相接触，当硅橡胶被压缩后，再和漏斗接触环的硬质合金加工面接触。由图 1.5-15 和图 1.5-17 还可以看出，小钟和小钟漏斗都分成两段，当接触环吹坏后，可以单独更换。为了便于更换接触环，不论小钟或小料斗的接触环，都应该由两半组成。接触环装上炉顶以后，应该把两半之间的结合缝焊死。接触环与小钟或小料斗本体之间也要焊死。最好是用密封钢板把连接缝和螺栓一起罩起来再焊死。当需要更换接触环时，用氧气把密封钢板切割掉。

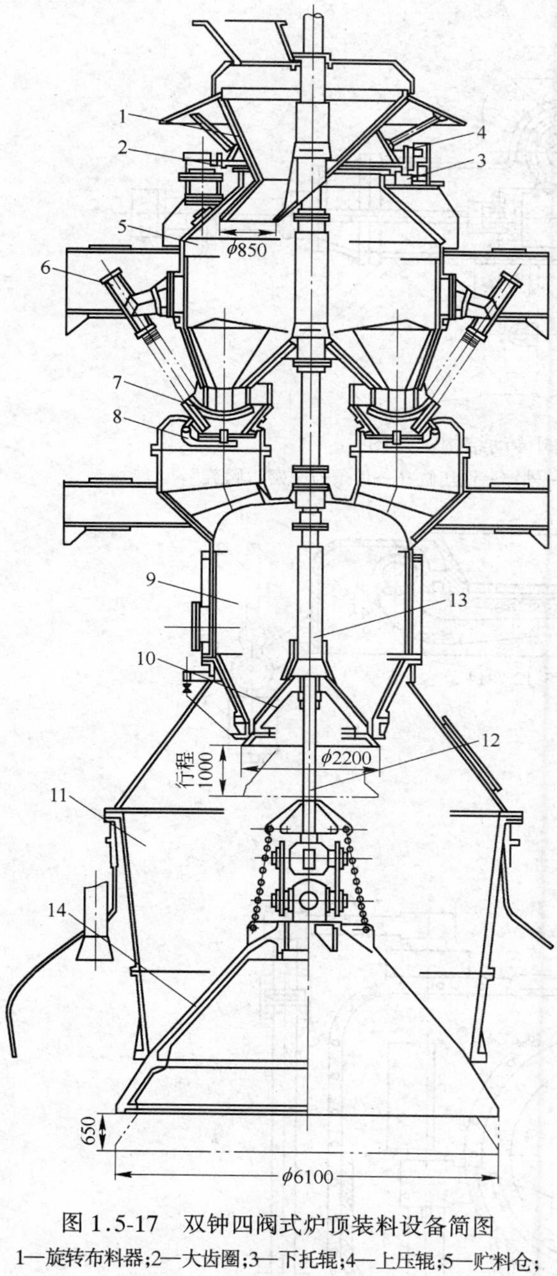


图 1.5-17　双钟四阀式炉顶装料设备简图

1—旋转布料器;2—大齿圈;3—下托辊;4—上压辊;5—贮料仓;6—闸门油缸;7—闸门;8—密封阀;9—小料斗;10—小钟;11—大料斗;12—大钟拉杆;13—小钟拉杆;14—大钟

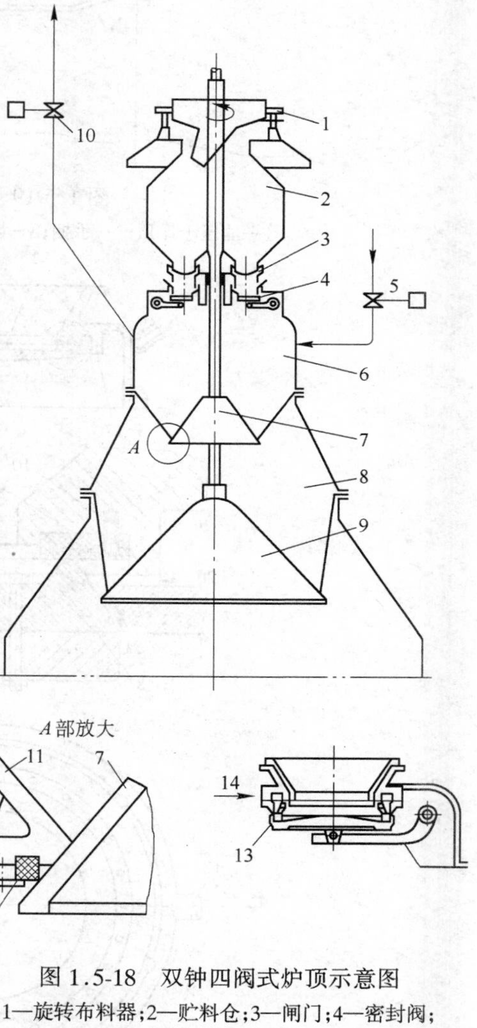


图 1.5-18　双钟四阀式炉顶示意图

1—旋转布料器;2—贮料仓;3—闸门;4—密封阀;5—均压阀;6—小料斗;7—小钟;8—大料斗;9—大钟;10—放散阀;11—小钟漏斗;12、13—硅橡胶;14—冷却氮气

图 1.5-19 为密封阀传动结构示意图。它是通过油压缸推动齿条,然后带动齿轮使轴旋转。在轴上固定着操纵密封阀盖开闭的连杆。

密封阀的结构有两种型式。图 1.5-20 为较早使用的一种结构。这种密封阀具有漏斗状的阀体 1 和阀盖 7。阀门关闭时,由驱动装置放松钢绳 2,由重锤 3 的作用,以轴 4 为支点使杠杆 5

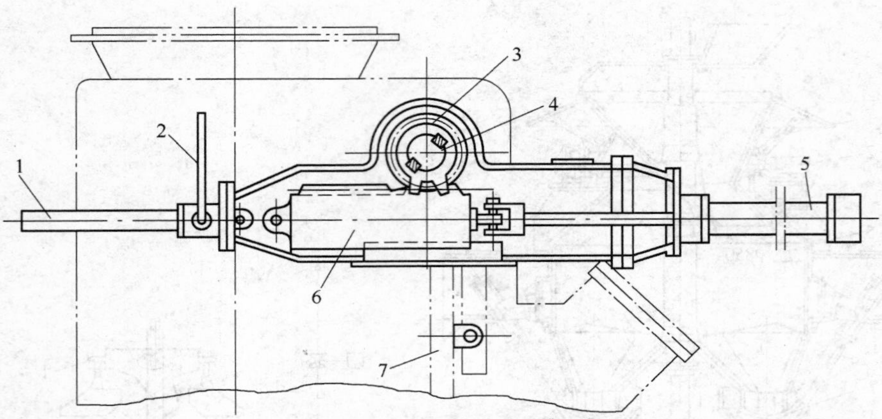


图 1.5-19　密封阀传动结构示意图

1—油压千斤顶；2—手柄；3—齿轮；4—轴；5—油压缸；6—齿条；7—密封阀盖

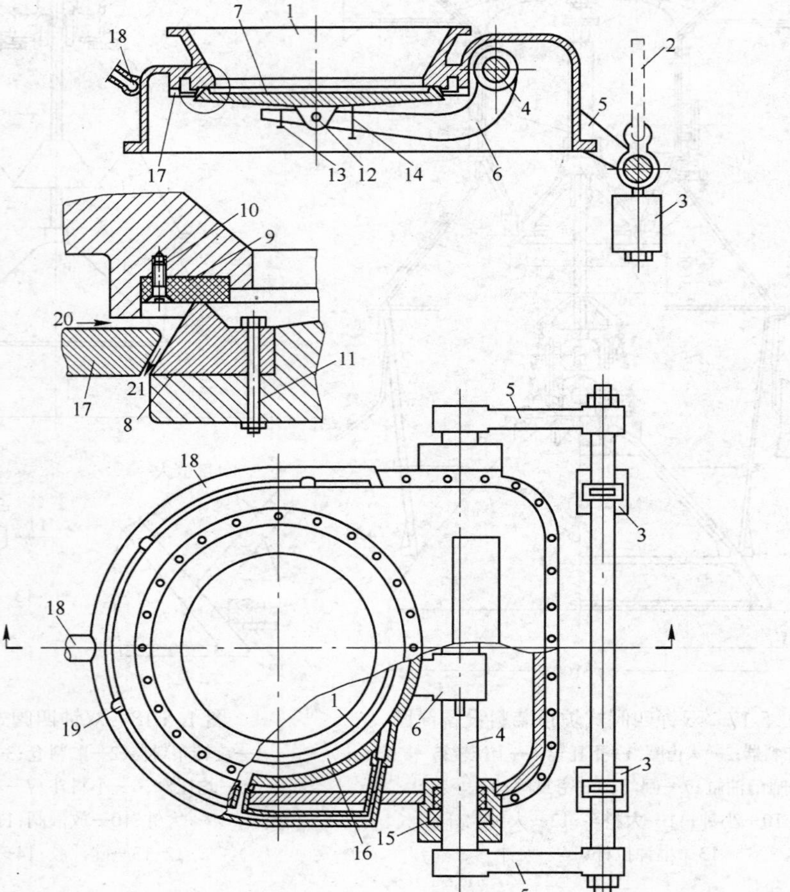


图 1.5-20　密封阀结构示意图

1—阀体；2—钢绳；3—重锤；4—转轴；5—操纵杆；6—阀臂；7—阀盖；8—环状刃口；9—环形耐热橡胶圈；10、11—螺钉；12—销轴；13、14—调节螺钉；15—滚动轴承；16—环形气囊；17—环板；18—冷却气环管；19—冷却气支管(共 6 根)；20、21—排气缝和 6 动作，将杠杆 6 端部的阀盖 7 关向阀座。阀盖 7 上用螺钉 11 固定环状金属刃口 8，它和阀体上用螺钉 10 固定的硅橡胶环软座 9 紧密接触，可以达到较好的密封。阀盖用销轴 12 铰接在杠杆臂 6 上。为了防止阀盖在关闭过程中摆动，在杠杆臂上设有螺钉 13 和 14。当阀盖处于关闭位置时，螺钉 13 和 14 与阀盖表面存在微小的间隙。

轴 4 安装在阀体上的密封轴承 15 内。轴 4 的中心线最好与硅橡胶密封表面在同一平面上，这样可以使阀盖刃口与橡胶密封表面接触时垂直。在橡胶周围的阀体上设有环形气囊 16，它由阀体上车出凹槽再用螺钉固定上环状板 17 构成。冷却净煤气通过环形管 18 和切向支管 19 进入环形气囊 16，然后由环形喷射口 20 喷出。当阀盖处于关闭位置时，冷却气喷射到阀盖的金属刃口 8 和橡胶圈 9 的表面上，然后经刃口和环板 17 之间的缝隙 21 排出。冷却气的作用是冷却耐热橡胶和金属刃口，同时避免脏煤气穿过密封表面对其吹蚀。当阀盖打开或接近关闭位置时，净煤气将黏附于橡胶圈表面上的粉尘及其他粘附物吹扫干净，使阀盖关闭时保证环形金属刃口与软座严密地接触，从而有可靠的密封性。如果用氮气作为冷却气体更好。设计时要注意不使冷却气短路，要使冷却气从环缝 20 喷出时形成连续的环状气幕。为了达到这一点，环形气囊 16 要有足够的空间，同时要有足够的冷却气供应给气囊，用 5～6 个支气管 19 沿径向或切向通入气囊。冷却气在气囊内的压力应比密封室内的压力高 0.01～0.02 MPa，使冷却气在排气口的速度达到 10 m/s 左右。这种密封阀在使用中表明，冷却气的消耗量较大。由于国外高炉大都属冷矿装料，耐热橡胶可以在 250～300℃ 的环境中长期工作，可以不喷气冷却，因此后来不采用这种连续喷冷却气的密封阀。图 1.5-21 为改造后的密封部分的结构（其整体结构表示在图 1.5-18 上）。环形气囊 2 具有足够断面积，可以使排气口 3 形成连续的环状气幕。由原来的单刃改为双金属刃 4，并固定在阀体 1 上，耐热橡胶圈 5 固定在阀盖 6 上。当阀盖处于关闭位置时，冷却气不从排气口排出，只有当阀盖打开和关回的短时间进行排气，其目的是为了清扫橡胶表面的灰尘，以免尘粒夹在刃口和橡胶表面之间，影响密封性。目前钟—阀式炉顶的密封阀基本上都采用如图 1.5-21 所示的密封结构，无料钟炉顶的密封阀也采用这种结构。然而，对于炉喉温度较高的高炉，对耐热橡胶进行连续冷却是必要的，最好在橡胶座周围的金属体上，设有冷却水环槽，使橡胶在和金属座接触的三个面温度较低，再加上橡胶表面有冷却气冷却，就可以显著降低耐热橡胶的工作温度，从而提高其使用寿命。

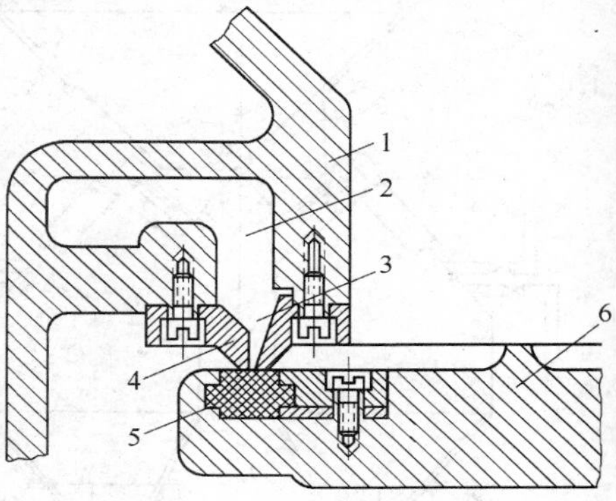


图 1.5-21　密封阀密封部分的改进结构

1—阀体；2—气囊；3—排气口；4—环形刃口；5—耐热橡胶软座；6—阀盖

钟—阀式炉顶还有其他型式，如单钟阀封炉顶等。上述两种钟—阀式炉顶是目前使用得较多的新型炉顶，特别在日本使用得最为广泛。

钟—阀式炉顶也有缺点，它仍然需要庞大而笨重的大、小料钟及其料斗。炉顶高度大（不亚于四钟炉顶）。对于 4000 $m^3$ 的高炉来说，大钟和大料斗的合重达到 120 t。5000 $m^3$ 高炉的大钟直径达 8.6 m，小钟达 4.5 m，给制造、运输和安装带来了一系列困难。从投资来说，双钟四阀式炉顶也是最高的。

## 第四节　无料钟炉顶的结构和计算

1972 年出现了无料钟炉顶,很快遍及世界各地。从发展趋势看无料钟炉顶将取代有钟炉顶。

### 一、无料钟炉顶的总体结构和基本参数的计算

#### (一) 无料钟炉顶的总体结构

图 1.5-22 为无料钟炉顶总示意图。它由可移动的受料漏斗 1、两个密封料罐 4 和布料器 15 等组成。为了能够交替地往两个料罐装料,受料漏斗做成可以移动的。每个密封料罐的容积约为半批料(相当于料车上料时两车料)。在料罐的顶部和下部设有密封阀起炉顶密封作用。每个料罐都有均压设备。在下密封阀的上面设有料流调解闸门,可以控制原料流量。布料器的溜槽可以绕高炉中心线进行转动,溜槽的倾角可以调节。

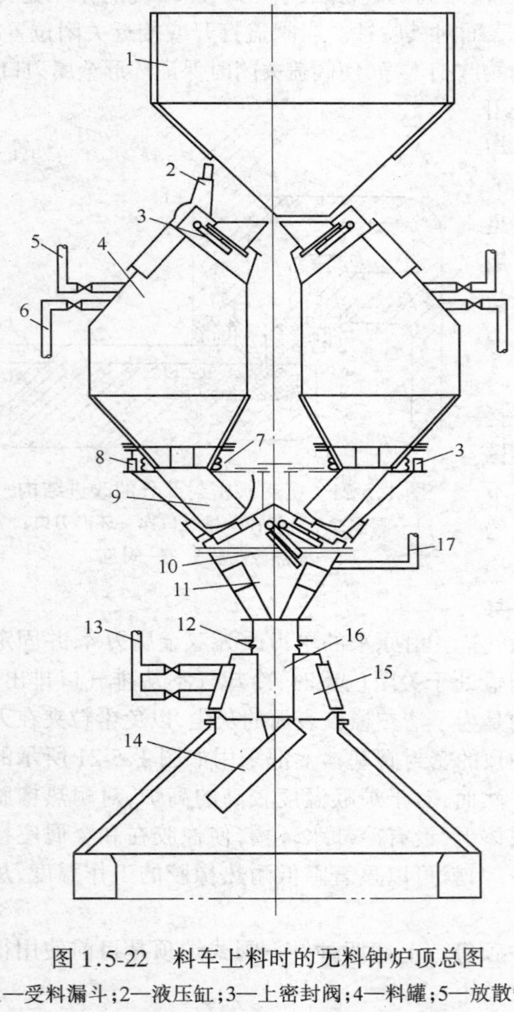


图 1.5-22　料车上料时的无料钟炉顶总图

1—受料漏斗;2—液压缸;3—上密封阀;4—料罐;5—放散管;6—均压管;7—波纹管弹性密封;8—电子秤;9—节流阀;10—下密封阀;11—气封漏斗;12—波纹管;13—均压煤气或氮气;14—溜槽;15—布料器传动气密箱;16—中心喉管;17—蒸汽管

无料钟炉顶的操作过程是(以料车上料的无钟顶为例):当某个料罐需要装料时,受料漏斗事先移动到该料罐的上部,由料车卷扬机的主令控制器释放响应的触点,使该料罐的放散阀打开,然后打开上密封阀,第一车料装入料罐,关闭上密封阀。为了减小下密封阀的压力差,打开均压阀使料罐内充入均压煤气。此时第二个料车在坑内装料完毕,拉到炉顶,先把料罐内的煤气放散掉,然后打开上密封阀,将第二车料装入同一料罐,关闭上密封阀,再次进行均压,等待往炉上装料。另一个料罐的装料过程同上。一般是一个料罐装矿石,另一个料罐装焦炭,形成一个料批。当料线下降到需要装料的位置时,探尺自动提升到最高位置,同时布料器启动旋转,在料罐均压正常的情况下打开下密封阀。当旋转溜槽转到预定的开始布料位置时,布料器控制系统使一个触点动作,使料流调节阀的闸门打开到规定的开口度,原料按预定的卸料时间往炉内布料。规定的卸料时间根据旋转溜槽的转速、料罐内原料的体积、使每次布料达到 10 圈左右的料层数目定。

由于溜槽的倾角可以在0°～50°(溜槽底面与高炉中心线之间的夹角)的范围内调节,因此可以实现多种形式的布料。最普通的是环形布料,它和料钟布料所形成的堆峰相似,但料钟布料的堆峰基本上不能变化,而无料钟炉顶则可以布出不同直径的圆环,当料罐“卸空”信号由测力仪(电子秤)或同位素探测器发出后,料流控制闸门和下密封阀相继关闭,放散罐内的压力,准备接受下一批料。在这同时,旋转溜槽转到停机位置,不影响探料设备的工作。当第一个料罐往炉内布料时,第二个料罐可以接受装料,两个料罐交替工作,使炉顶装料具有足够的能力。

无料钟炉顶的主要优点是:

(1) 炉喉布料由一个重量较轻的旋转溜槽来进行。由于该溜槽可以做圆周方向的旋转运动,又能改变角度,所以能够实现炉喉最理想的布料,并且操作灵活,能满足高炉布料和炉顶调剂的要求。

(2) 由于取消了大钟、大料斗和旧式旋转布料器等笨重而又要精密加工的零件,比较彻底地解决了制造、运输、安装和维护更换等问题。

(3) 炉顶有两层密封阀,且不受原料的摩擦,寿命较长;阀和阀座的重量和尺寸较小,可以整体更换也可以单独更换某个零件(如耐热硅橡胶圈),检修比较方便。

(4) 炉顶结构大大简化,部件的重量减轻,大大减小炉顶的安装小车起重量,减轻了炉顶的钢结构,降低了炉顶的总高度。整个炉顶设备的投资减少到双钟双阀式或双钟四阀式炉顶的50%～60%。

无料钟炉顶也有某些缺点。目前耐热硅橡胶的容许工作温度为250～300℃。而国内热烧结矿装炉的高炉,炉喉温度往往达到400～500℃。对国内炉顶温度较高的高炉,可把软座的金属通水冷却,橡胶表面吹冷却气冷却,仍然可以保证耐热橡胶在允许的范围内工作。另外,也可以采用硬封或软硬封相结合的结构来代替软封。

### (二) 基本参数的计算

无料钟炉顶的基本参数包括:布料器转速、料罐容积、料流调节阀内径和中心喉管内径等。计算的目的是要保证足够的装料能力,达到圆周均匀布料。

料罐的有效容积一般取半批料的体积,即相当于两个料车的有效容积或最大容积。对于较小的高炉来说,为了延长下料时间以利均匀布料,可以考虑3车料或4车料的容积。

布料器的转速(即旋转流槽的转速)要能保证圆周均匀布料,转速太高对设备不利。一般来说,每次布料应该有10层左右的料(环形布料时)或10圈左右的料(步进式同心圆布料时)。

料流调节阀和下密封阀的内径越小,每次下料时间越长,在布料器转速一定的情况下可以增加炉喉的布料层数,因此有利于均匀布料。此外,密封阀的尺寸小有利于修理更换,特别对于耐热橡胶圈的制造,涉及到胎具的尺寸,也希望小一些。但过小的密封阀容易卡料。中心喉管内径应比节流阀放料口内径小一些。它的下料能力基本上要和下节流阀放料口的下料能力相等或稍小一点。

在计算当中,涉及到原料从放料口的下料速度。现以原料从节流阀出来时的速度(图1.5-23)为例,可用如下公式进行计算:

$$v = \lambda \sin\alpha \sqrt{3.2gR_a} \tag{1.5-8}$$

式中 $v$——原料出口最小截面的流速,m/s;

$\lambda$——原料的流动系数,一般在0.6～1.2之间。焦炭取较小值,烧结矿和天然矿取较大值,球团矿取最大值;

$\alpha$——出口料流的轴心线与水平面之间的夹角,垂直下料时 $\alpha = 90°$;

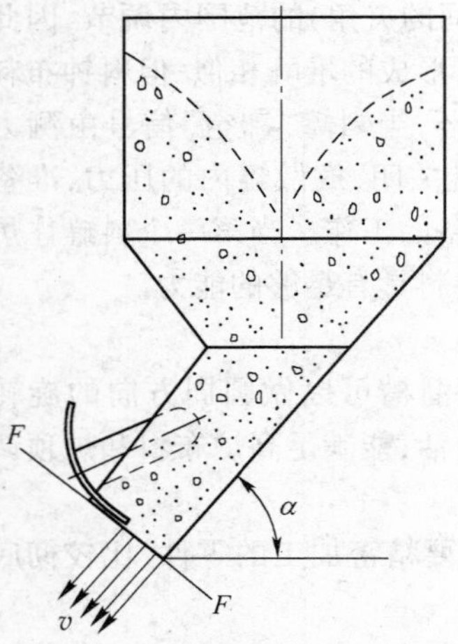


图 1.5-23　原料从节流阀流出的速度计算图

$g$——重力加速度，$g=9.8\ \mathrm{m/s^2}$；

$R_a$——排料口的水力半径，$R_a=\dfrac{F}{L}$，m；

$L$——排料口的周边长度，$L=\left(\dfrac{\pi D}{2}+D\right)$❶，m；

$F$——排料口的流通面积，$F=\left(\dfrac{\pi D^2}{8}\right)$❶，$\mathrm{m^2}$；

$D$——排料口直径，m。

表 1.5-3 为以 1445 $\mathrm{m^3}$ 高炉为例的计算。$\lambda$ 系数取 0.6 和 1.0 两个数值表示焦炭和矿料不同的流动系数。料罐容积为两车料（20 $\mathrm{m^3}$），布料器转速为 8 r/min。计算表明，当节流阀内径 $D$ 为 0.8 m，排料口为半圆形时，焦炭的排料时间为 88.5 s，矿料的排料时间为 53 s。对于大型高炉为了实现螺旋布料或步进式同心圆布料，往往要求每次布料的时间相等，例如80 s。由于各种原料的流动系数不同，要做到每次布料时间相等，必须改变节流阀闸门的开口度。焦炭布料时的开口度最大，烧结矿布料时的开口度较小，球团矿布料时的开口度最小。料罐内一般只装一种类型的原料，焦炭或矿料（烧结矿、块矿和石灰石等可以装在同一料罐内）。每次布料时，要求节流阀闸门有固定的开口度。也就是说，正在布料时，不必改变节流阀闸门的开口度。计算获得的开口度大小往往不符合实际，它只能作为一个设定值。由于炉顶料罐设有电子秤或 $\gamma$ 射线仪，可以自动测量和记录每次排料时间和其他有关数据，并把有关数据送入计算机系统，然后由计算机计算后修正下次布料时节流阀应取的开口度大小。

**表 1.5-3　无料钟炉顶基本参数计算表**

| 高炉容积 /$\mathrm{m^3}$ | $D$ /m | $L=\dfrac{\pi D}{2}+D$ /m | $F=\dfrac{\pi D^2}{8}$ /$\mathrm{m^2}$ | $R_a=\dfrac{F}{L}$ /m | $v=\begin{pmatrix}0.6\\1.0\end{pmatrix}\sin50^\circ\sqrt{3.2gR_a}$ /$\mathrm{m\cdot s^{-1}}$ | $\Omega=vF$ /$\mathrm{m^3\cdot s^{-1}}$ | $V$ /$\mathrm{m^3}$ | $t=\dfrac{V}{\Omega}$ /s | $n$ /$\mathrm{r\cdot min^{-1}}$ | $N=\dfrac{tn}{60}$ /层数 |
|---|---|---|---|---|---|---|---|---|---|---|
| 1445 | 0.8 | 2.057 | 0.251 | 0.112 | 0.899<br>1.500 | 0.226<br>0.377 | 20 | 88.5<br>53 | 8 | 11.8<br>7.1 |

注：$\Omega$—排料率；$V$—料罐有效容积；$t$—每次布料时间；$D$—节流阀内径；$n$—布料器转速；$N$—每次布料层数；其他符号说明同正文。

中心喉管直径的大小也可以采用类似的计算方法确定。因为中心喉管是垂直的，式 1.5-8 中的 $\sin\alpha=\sin90^\circ=1$。此外，中心喉管的原料是从下节流阀下来的，具有一定的初速度，因此在计算原料通过中心喉管时，式 1.5-8 应乘上一个大于 1 的系数。为了使中心喉管及时将下节流阀排出的不同原料顺利通过，在选用 $\lambda$ 系数时，应取焦炭的流动系数。对于表 1.5-3 中的 1445 $\mathrm{m^3}$ 高炉来说，节流阀的内径为 800 mm，中心喉管的内径为 600 mm，能满足需要。根据生产实践，中心喉管的直径太大对圆周均匀布料有不利的影响。另外，中心喉管的直径增大，要求布料溜槽加宽，使溜槽比较笨重。因此，只要不引起卡料，同时在保证足够的生产率的前提下，中心喉管的直径应尽量小一些。

下密封阀的内径和节流阀的内径差不多。上密封阀的内径可以和下密封阀相同或者稍大一些，因为有时要求上密封阀的装料速度快一些，可以缩短装料时间。

---

❶ 适用于半圆形排料口，假定另一半圆形由节流阀闸门挡住。

## 二、布料器传动系统的运动学计算

图 1.5-24 为布料器传动系统的方案之一。它由行星减速箱(件号 1～9)和气密箱(件号 10～27)两大部件组成。布料器气密箱通过壳体 27 支承在高炉炉壳 28 上。行星减速箱支承在气密箱的顶盖 26 上。气密箱直接处于炉喉顶部,为了保证轴承和传动零件的工作温度不超过 50℃,必须通冷却气冷却。冷却气由两条环形缝隙排入炉内。行星减速箱处于大气环境中工作,不必通冷却气,只有齿轮 10 和 11 的两根同心轴伸入气密箱内,因此需要转轴密封。

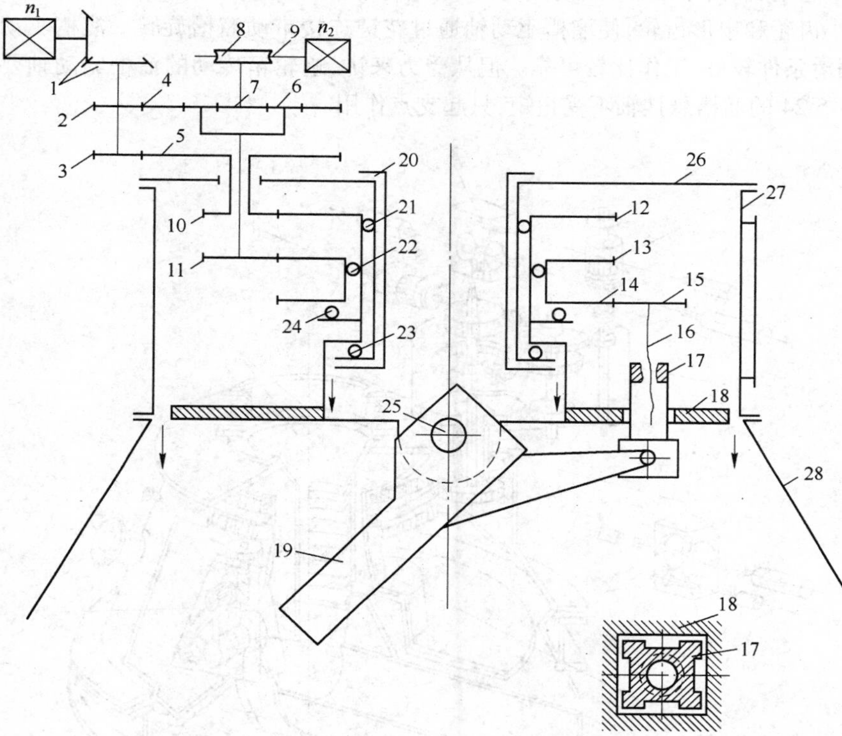


图 1.5-24 溜槽倾角采用尾部螺杆传动时的布料器传动系统

$n_1$、$n_2$—主副电机;1～5—齿轮;6—行星齿轮(共 3 个);7—齿轮;8、9—蜗轮蜗杆;10～15—齿轮;16—螺杆;17—升降螺母;18—旋转屏风;19—溜槽;20—中心喉管;21、22—径向轴承;23、24—推力向心轴承;25—溜槽回转轴;26—顶盖;27—布料器外壳;28—炉喉外壳

布料器的旋转圆筒上部装有大齿轮 12,由主电机 $n_1$ 经锥齿轮对和两对圆柱齿轮(3、5、10 和 12)使其旋转。旋转圆筒下部固定有隔热屏风 18,跟着一起旋转。旋转圆筒下部有两根圆柱体 25 伸入炉内,它是布料溜槽 19 的悬挂和回转点。溜槽的尾部通过螺杆 16 和方螺母 17 与浮动齿轮 14 相连。当溜槽环形布料时,它和旋转圆筒一起转动,倾角不变。这时副电机 $n_2$ 不动,运动由主电机 $n_1$ 经两条路线使气密箱内的两个大齿轮 12 和 13 转动。即一条路线是由齿轮 3、5 和 10 使大齿轮 12 转动,另一条由齿轮 2、4(齿轮 4 有内外齿)、行星齿轮 6 和齿轮 11 使浮动大齿轮 13 转动。这时,两个大齿轮以及旋转圆筒都以同一速度旋转。小齿轮 15、螺杆 16 和螺母 17 也一起绕高炉中心线旋转,不发生相对运动,这时溜槽的倾角不变。

溜槽的倾角可以在布料器旋转时变动,也可以在布料器不旋转时变动。当需要调节倾角时,开动副电机 $n_2$,使中心的小太阳轮 7 转动,从而使行星齿轮 6 的转速增大或减小(视电机转动的方向而定),使浮动齿轮 13 和 14(双联齿轮)的转速大于或小于大齿轮 12(亦即旋转圆筒)的转速。这时齿轮 15 沿浮动齿轮 14 滚动,使螺杆 16 相对于旋转圆筒产生转动,带动螺母 17 在屏风 18 的方孔内作直线运动,溜槽的倾角发生变化。

图 1.5-25 为目前国外使用的无料钟炉顶布料器的立体简图。它和图 1.5-24 的传动系统的差别仅在于溜槽倾角调整机构有所不同。图 1.5-24 是用螺杆传动,而图 1.5-25 采用蜗轮蜗杆传动。用螺杆传动时,方杆螺母 17(图 1.5-24)不但要承受轴向力,同时还有侧向力,在屏风 18 的方孔内作直线运动,润滑不便,摩擦较大,工作不太可靠。改用图 1.5-25 的蜗轮箱传动后,通过蜗杆、蜗轮、小齿轮和扇形齿轮,使溜槽驱动轴通过花键连接带动溜槽旋转。溜槽驱动轴支承在蜗杆箱内,润滑条件较好,工作比较可靠。但从受力来讲,蜗轮箱传动的溜槽驱动轴要受很大的扭矩,而图 1.5-24 的溜槽悬挂轴不受扭矩,只起支点作用。

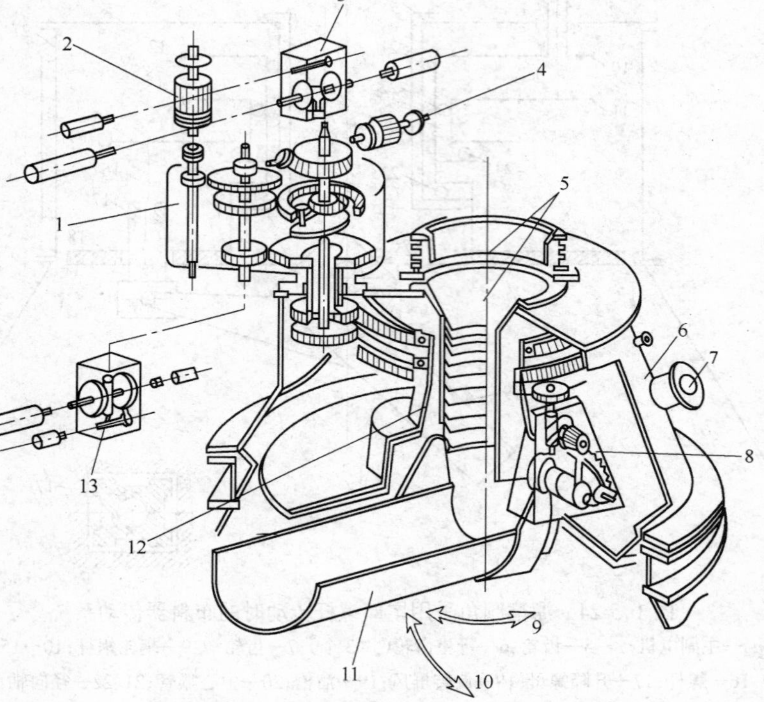


图 1.5-25 布料器传动系统的立体图

1—行星减速箱;2—主电机;3—调角控制减速箱;4—副电机;5—中心喉管;6—气密箱外壳;7—冷却气入口;8—调溜槽倾角蜗轮箱;9—溜槽的旋转运动;10—溜槽倾角的调整运动;11—布料溜槽;12—旋转圆筒;13—旋转运动控制减速箱

图 1.5-26 为国内设计的无料钟炉顶布料器的传动系统。溜槽倾角的调整也采用蜗轮箱传动,但有两点和国外的方案不同:

(1) 行星减速箱内少了一对齿轮,旋转圆筒的旋转由太阳轮 $Z_4$ 和齿轮 $Z_7$ 和 $Z_8$ 带动,使行星箱的结构得到了简化,少一层齿轮可以少一个分箱面,使安装和调整比较方便。

(2) 不再采用旋转屏风,采用了固定屏风,它可以通水冷却,炉喉的辐射热不易传入气密箱内,这样可以减少冷却气的用量。

现以图 1.5-26 的传动系统为例,对传动系统的运动学关系进行计算:

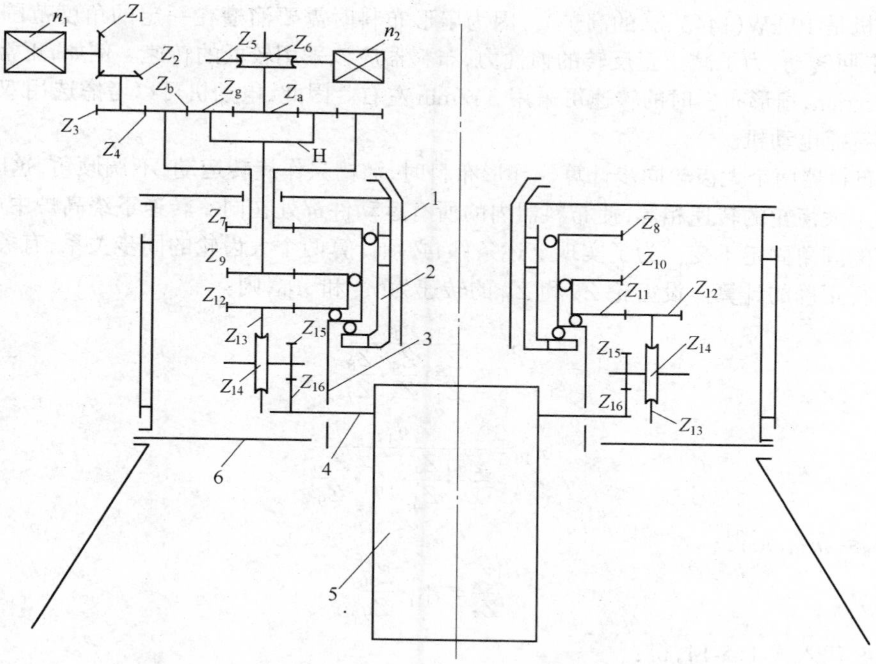


图 1.5-26　布料器传动系统运动学计算简图

1—中心喉管；2—固定圆筒；3—旋转圆筒；4—驱动轴；5—溜槽；6—冷却屏风；
$Z_a$—中心太阳轮齿数；$Z_b$—大太阳轮内齿齿数；$Z_g$—行星轮齿数；$n_1$—主电机转速；
$n_2$—副电机转速；$Z_i$—各齿轮或蜗轮蜗杆齿数；H—行星轮的系杆

(1) 行星传动的速比公式。当中心小太阳轮 a 固定，大太阳轮 b(内齿)主动，动力由内齿轮 b 传递到系杆 H 时的速比 $i_{bH}^{a}$为：

$$i_{bH}^{a}=1+\frac{Z_a}{Z_b} \tag{1.5-9}$$

当大太阳轮 b 固定，中心太阳轮 a 主动，动力由中心太阳轮传递到系杆 H 时的速比 $i_{aH}^{b}$为

$$i_{aH}^{b}=1+\frac{Z_b}{Z_a} \tag{1.5-10}$$

当大、小两个太阳轮都主动时，系杆的转速可以根据差动机构的迭加原理将上述单独传动算得的转速相加或相减(即代数和)求出。不过，在这里可以不计算这种迭加速度，因为布料器的转速(即溜槽绕高炉中心线回转的速度)只和主电机的驱动有关，和副电机是否转动无关。而溜槽倾角调整的转速只和副电机的驱动有关，和主电机是否转动无关。不论两个电机单独驱动或同时驱动都是如此。

(2) 布料器的转速公式。为了圆周均匀布料，布料器溜槽要有一定的转速。该转速由主电机 $n_1$ 传递，与副电机无关。设溜槽的转速为 $n_{ch}$，则：

$$n_{ch}=\frac{n_1}{\frac{Z_2}{Z_1}\cdot\frac{Z_4}{Z_3}\cdot\frac{Z_8}{Z_7}} \tag{1.5-11}$$

设计时，布料器的转速 $n_{ch}$由前述的“基本参数的计算” 确定，然后选择足够功率的交流或直流电动机，再根据式 1.5-11 分配速比。经过计算表明，电动机的功率很小，国外第一个无料钟炉

顶的主电机是 10 kW(1445 $m^3$ 的高炉)。因为扇形布料时需要溜槽在一定的角度范围内(如 90°或 120°)来回转动,为了减小正反转的惯性力,布料器应该采用较低的转速。例如,正常布料时的转速为 8 r/min,扇形布料时的转速可采用 3 r/min 左右。因此,电动机可以考虑选用双速交流电机或者用直流电动机。

(3) 布料器两个大齿轮同步计算。环形布料时,溜槽只作旋转运动,不调倾角,这时,必须使布料器两个大齿轮的转速相等,使布料器内的所有运动件都处在同一转速下绕高炉中心线旋转,这时溜槽的倾角固定不变。为了实现上述条件,必须计算两个大齿轮的同步关系,有关的齿轮齿数必须进行正确的计算。设齿轮 $Z_8$ 和 $Z_{10}$的转速为 $n_8$ 和 $n_{10}$,则:

$$n_8=\frac{n_1}{\frac{Z_2}{Z_1}\cdot\frac{Z_4}{Z_3}\cdot\frac{Z_8}{Z_7}} \tag{1.5-12}$$

$$n_{10}=\frac{n_1}{\frac{Z_2}{Z_1}\cdot\frac{Z_4}{Z_3}\cdot i_{bH}^{a}\cdot\frac{Z_{10}}{Z_9}} \tag{1.5-13}$$

令 $n_8=n_{10}$,则得:

$$\frac{Z_8}{Z_7}=i_{bH}^{a}\cdot\frac{Z_{10}}{Z_9} \tag{1.5-14}$$

将式 1.5-9 代入式 1.5-14,得:

$$\frac{Z_8}{Z_7}=\frac{Z_{10}}{Z_9}\left(1+\frac{Z_a}{Z_b}\right) \tag{1.5-15}$$

式 1.5-15 是两个大齿轮的同步关系,在设计布料器的传动系统时,有关齿轮的齿数必须符合式 1.5-15 的关系。此外,齿轮 $Z_7$ 和 $Z_8$、$Z_9$ 和 $Z_{10}$同在两根轴上,必须使两对齿轮的中心距相等。

**例:**设行星齿轮传动的各齿轮齿数为 $Z_a:Z_g:Z_b=17:34:85$,模数 $m=4$;齿轮 $Z_7:Z_8=23:184$,模数 $m=8$;齿轮 $Z_9:Z_{10}=36:240$,模数 $m=6$。核算其同步关系如下:

$$\frac{Z_8}{Z_7}=\frac{184}{23}=8$$

$$\frac{Z_{10}}{Z_9}\left(1+\frac{Z_a}{Z_b}\right)=\frac{240}{36}\left(1+\frac{17}{85}\right)=8$$

符合式 1.5-15 的同步条件。此外,两对齿轮($Z_7$ 与 $Z_8$、$Z_9$ 与 $Z_{10}$)的中心距均为 828,上述速比关系正确。

(4) 溜槽倾角调整的转速公式。调整溜槽倾角与主电机无关,完全决定于副电机的转速 $n_2$ 和由副电机至溜槽驱动轴之间的传动比。以 $n_{ad}$表示溜槽倾角调整的转速,则(见图 1.5-26):

$$n_{ad}=\frac{n_2}{\frac{Z_6}{Z_5}\cdot i_{aH}^{b}\cdot\frac{Z_{10}}{Z_9}\cdot\frac{Z_{12}}{Z_{11}}\cdot\frac{Z_{14}}{Z_{13}}\cdot\frac{Z_{16}}{Z_{15}}} \tag{1.5-16}$$

正常工作时,溜槽倾角的最大调整范围是 0°～50°,常用范围是 30°～50°。调整倾角可以在布料器不旋转时进行,也可以在布料器旋转布料时同时进行。螺旋布料时,溜槽由最大角度 50°往内连续地调整到最小角度(0°或其他角度)。螺旋布料是连续地无级调整倾角,每次布料的调整时间等于下料时间。例如下料时间是 80 s,螺旋布料的溜槽调整时间也是 80 s。为了达到等高度布料,螺旋布料的倾角调整速度是变化的,要采用直流调速电机。为简化电器系统,一般不采用螺旋布料,也不采用直流电机,而用步进式同心圆布料代替。它要求布料器一边旋转一边步进式地调整溜槽倾角。从外向内每旋转一圈跳变一个角度。若布料的总圈数为 11 圈,则溜槽可以跳变 11 个角度，国外第一个无料钟炉顶就是采用这种方式。也可以少跳变几个角度。例如在 45°时转 5 圈，跳到 35°转 2 圈，再跳到 25°转 1 圈，在每次跳变时都有一个过渡圈，因此布料器的总圈数是 10 圈。采用步进式同心圆布料时，因为是间歇地调整倾角，调整溜槽倾角的转速应比螺旋布料的高一些，可以考虑用下料时间的一半或更短的时间达到全部的调整范围。

调整溜槽倾角的电机可以选用交流电机。计算表明，其功率很小，一般接近于主电机的一半功率。例如，对于 3000～4000 $m^3$ 的高炉，无料钟炉顶布料器主电机的功率在 15 kW 左右，而副电机的功率为 7.5 kW 左右。

选定了调整溜槽倾角的转速 $n_{ad}$和电机转速 $n_2$ 以后，就可以按式 1.5-16 分配速比和各齿轮的齿数。在这里应考虑两点：

(1) 第一级减速比 $Z_6/Z_5$ 应考虑用单头蜗杆传动，以利于自锁，在修理或调整抱闸时不会由于溜槽的自动倾翻力矩而转动。

(2) 最后一级宜采用圆柱齿轮传动，最后一个齿轮用扇形齿轮，可以缩短溜槽驱动轴和屏风之间的距离，以利于更换溜槽时能够尽可能地摆平溜槽，便于更换。

## 三、布料器的结构设计

布料器由行星减速箱、气密箱、布料溜槽和控制系统等组成。气密箱安装在炉顶钢圈上，受炉喉热煤气的威胁。布料溜槽位于炉喉料面之上，完全处在热煤气的环境中工作。行星减速箱只有两根同心轴伸入气密箱内需要“转轴密封”，其余都处在大气环境中工作。控制减速箱由行星减速箱引出，也在大气环境中工作。这里着重分析工作条件最恶劣的气密箱及其布料溜槽的悬挂结构。

气密箱是布料器的主体部件，也是无料钟炉顶的关键部分，其设计寿命尽可能达到一代炉龄。为了保证气密箱内零件正常工作，必须采用冷却气（氮气或净煤气）冷却和密封。因此，气密箱设有进气口 7（图 1.5-27）和两条排气缝 8。为了使两条排气缝的宽度在运转中保持稳定，气密箱内零件的定心必须准确，运转必须平稳。必须采用结构紧凑，支承牢靠，并且在长期运转中能维持较高精确度的支承结构。图 1.5-27 所示的气密箱是把所有的运动零件都安装在旋转圆筒 1 上，然后通过大轴承支承在中心固定圆筒 4 上。中心固定圆筒挂在固定法兰 2 上。

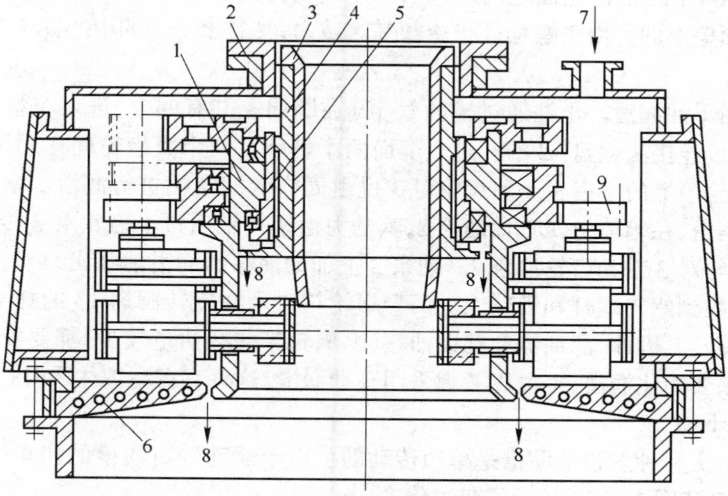


图 1.5-27　布料器气密箱的结构

1—旋转圆筒；2—固定法兰；3—中心喉管；4—中心固定圆筒；5—中心固定圆筒的外套；6—水冷却屏风；7—冷却气入口；8—排气缝；9—蜗轮箱主动小齿轮

图 1.5-27 的旋转圆筒是通过两个大轴承支承的。下面的轴承是推力向心轴承，主要是为了承受轴向力，同时也可以承受径向力。上面的轴承是纯径向轴承，可以承受齿轮传动的径向力，也可以和推力向心轴承一起抵抗溜槽的倾翻力矩。

浮动大齿轮也是采用两个相同类型的轴承支承在旋转圆筒上。采用这种轴承的优点除了可以承受轴向和径向力外，主要是安装时不必调整。使用过程中也不必调整轴承间隙，能保持长期运转精度。采用这种结构的缺点是要采用四个完全不同的轴承，使产品制造的工作量加重。为了保证布料器正常工作，必须使布料器的最高温度不超过 70℃，正常温度为 40℃ 左右。布料器底部有水冷却的固定屏风，可以防止炉喉热煤气的辐射热传入气密箱内。此外，必须对箱体内不断地通入冷却气（氮气或净煤气）。对于冷却气的用量和要求如下：

(1) 进气温度一般在 30℃ 左右，对于南方的高炉最高也不要超过 40℃。

(2) 冷却气的含尘量（指煤气）小于 5 $mg/m^3$，条件差的不得超过 10 $mg/m^3$。

(3) 冷却气的用量可以根据排气口的面积和出口速度的乘积进行计算。排气口有两条大直径的缝隙（在旋转圆筒的内外）和两条小直径的缝隙（在溜槽驱动轴处）。缝隙宽度为 2～5 mm。通过缝隙的排气速度可以在 6～12 m/s 的范围内选用。

(4) 箱体内冷却气的压力比炉喉煤气压力高 10 kPa(0.1 $kg/cm^2$)。当炉喉压力变化时，冷却气的压力也应跟着自动调整。为了简化控制，可以采用定容鼓风机。只要选用的定容鼓风机的额定压力超过炉喉最高压力，就可以保证鼓风机鼓入一定量的冷却气。

设有两套鼓风机，一套工作，另一套备用。当气密箱内的温度超过 70℃ 时，需要加大冷却气用量，可以同时开两台风机。为了保证运动零件的正常温度，必须对箱体内的气流分布进行正确的设计。对于图 1.5-27 的布料器结构来说，冷却气由顶部进入气密箱，这完全是为了布置管道的方便。由侧面切线方向进入更好，因为它可以使圆周方向的温度分布均匀。

图 1.5-28 为另一种气密箱结构。它不但在底部有水冷却屏风，并且在中心喉管的外围也有水冷外套 15，可以大大减少冷却气用量。这种布料器采用四个相同的推力向心球轴承，使轴承型号单一化，有利于定货和制作。四个轴承排列在同一直径上，有利于中心喉管直径的扩大，对于大高炉采用这种结构比较有利。但这种成对使用的推力向心球轴承在安装时要仔细地调整轴承间隙，可以在 8 和 11 的法兰面之间加适当厚度的垫片来解决。轴承座法兰 11 是用螺栓连接把载荷传递到顶盖上的。由于螺栓处于冷却气区域内，又有水冷却的中心固定圆筒保护，不会产生蠕变现象。

大轴承采用干油润滑。干油通过输油管 10（在圆周上共有四个）进入布料器内的上面两个大轴承，然后通过连接法兰盘 12 的孔进入下面两个轴承。两个大齿轮同样用干油润滑（图中未画出）。两个蜗轮箱上的小齿轮 4 和齿轮对 3 也由同样的润滑油进行润滑。蜗轮箱内部的零件采用稀油循环润滑，在箱体上安有稀油泵 2，其动力由蜗杆轴通过小齿轮对 3 传动。当调整溜槽倾角时，通过齿轮对 3 带动齿轮油泵 2。油泵 2 把辅助油箱的润滑油吸出，经过滤油器和油管送到蜗轮箱内部，喷到蜗轮蜗杆和齿轮上。两个蜗轮箱支承在旋转圆筒 13 的托架（筋板）上，它和旋转圆筒一起旋转。因此，滤油器和辅助油箱（因蜗轮箱的存油量较少）都要安装在托架上跟着一起转动。如果要简化润滑，也可以考虑采用干油润滑，这只有在高炉休风时打开气密箱的工作孔 22 用油枪打干油。

国外第一个无料钟炉顶的溜槽是单边传动的。由于驱动轴对溜槽的扭矩较大，容易使溜槽开裂。图 1.5-27 和图 1.5-28 显示了双边传动。

由于制造和安装等原因，双边受力可能不均匀，甚至于只有一边驱动，另一边反而形成阻力。可以采取以下两项措施来解决双边传动均衡问题：

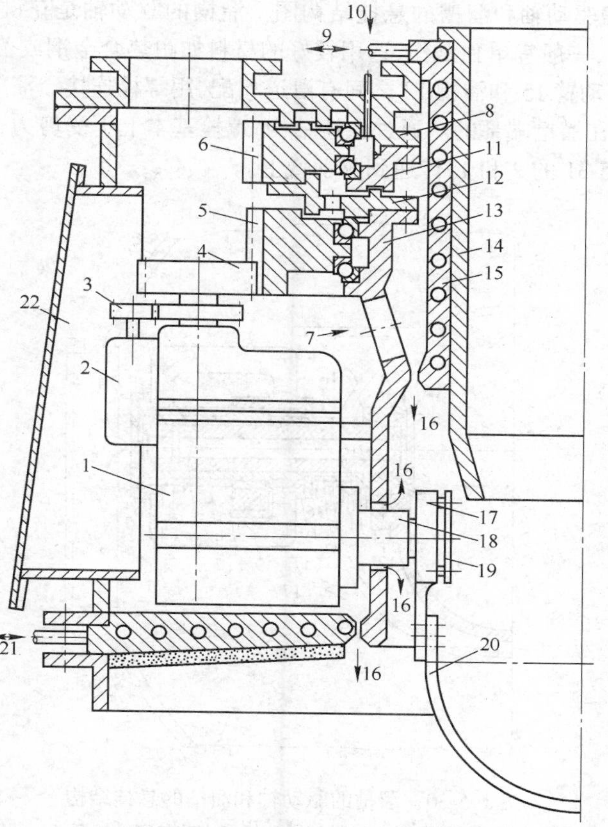


图 1.5-28　无料钟炉顶布料器气密箱的结构

1—蜗轮减速箱；2—稀油泵；3—小齿轮；4—弹性齿轮；5—浮动大齿轮；6—大齿轮；7—冷却气通道；8—顶盖；9—冷却水入口和出口；10—干油润滑入口；11—轴承座法兰盘；12—连接法兰盘；13—旋转圆筒；14—中心喉管；15—水冷固定圆筒；16—冷却气排出口；17—溜槽驱动臂；18—花键轴保护套；19—驱动臂保护板；20—溜槽；21—冷却水入口和出口管；22—工作孔

(1) 蜗杆轴上的小齿轮(图 1.5-27 的 9 或图 1.5-28 的 4)的键槽不要事先加工出来，可以在装配试调合适后画线再加工。这一措施只能解决双边传动和溜槽的装配问题，但由于零件制造有误差，传动过程中受力仍会出现不均匀，还必须采取第二项措施。

(2) 把蜗杆轴上的小齿轮做成弹性结构(图 1.5-29)。它由齿圈 1 和轮芯 8 组成。齿圈和轮芯之间的径向力通过轮芯的辐板和突缘 4 直接传递。齿圈和轮芯之间的扭矩则要通过弹簧 2 和 7(共有三对)传递。为了限制弹簧的最大负荷，在弹簧内装有套筒 3。当弹簧压缩到一定程度以后，齿圈的凸块 5 碰到套筒 3，可以直接传递扭力。

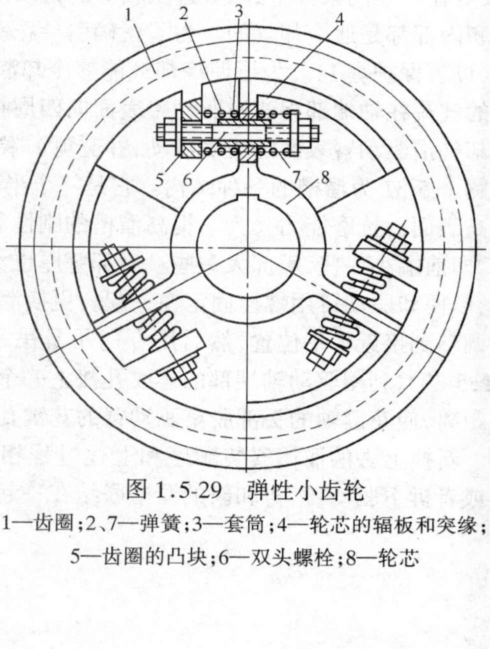


图 1.5-29　弹性小齿轮

1—齿圈；2、7—弹簧；3—套筒；4—轮芯的辐板和突缘；5—齿圈的凸块；6—双头螺栓；8—轮芯

图 1.5-30 为溜槽驱动轴和溜槽的悬挂结构图。溜槽的驱动轴是花键轴。溜槽和驱动轴连接的部位受扭力较大,一般宜单独制作,选用较好的材料如耐热合金钢或普通镍铬合金钢。这一部分称为驱动臂。驱动臂 15 和溜槽 13 之间有滑道相配,用螺栓连接。溜槽的尾部有挡板 12(图 1.5-31 的 1),它是焊在溜槽端部的。通过上述结构,螺栓基本上不受剪力,溜槽的重量由导轨和尾部的挡板(即图 1.5-31 的 2 和 1)传递到驱动臂上。

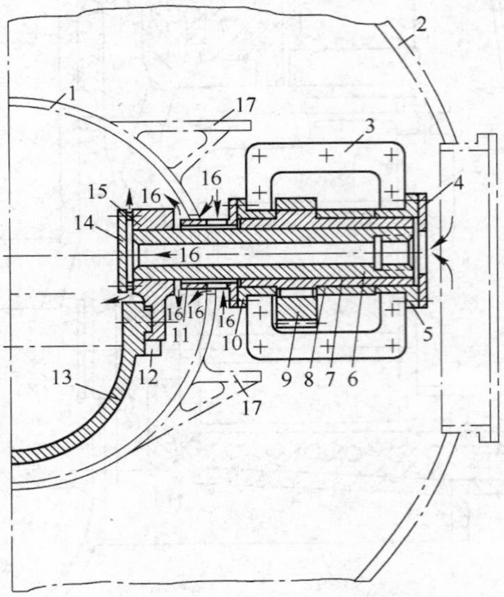


图 1.5-30　溜槽的驱动轴和溜槽的悬挂结构

1—旋转圆筒;2—气密箱外壳;3—蜗轮箱;4—轴向限位板;5—轴向定位衬套;6—花键轴;7—内花键轴;8—套筒;9—扇形齿轮;10—轴向定位衬套;11—花键轴保护套;12—溜槽尾端挡板;13—溜槽;14—驱动臂保护板;15—驱动臂;16—冷却气气路;17—蜗轮箱的托架

溜槽的驱动臂和驱动轴是布料器的关键零件,也是整个布料器的薄弱环节。它受的扭矩较大,又处在炉喉的条件下,除应选用较好的材质外,还应考虑冷却措施。图 1.5-30 的驱动轴的外表面和内部都是通冷却气的。为了正确引导花键槽表面的气流,并避免冷却气和炉内的脏煤气相混,设有保护套 11。为了使冷却气能够冷却溜槽驱动臂 15 的内表面,把驱动轴 6 做成空心的,通过的气流在轴端部拐弯沿驱动臂表面向四周扩散出去。驱动臂内侧的保护板 14 可以保证上述冷却气沿驱动臂表面的正确流动,并避免炉喉脏煤气混入。

图 1.5-31 为溜槽的一种结构。它是一个半圆形的槽体,本体用铸钢制造,并堆焊硬质合金,以提高表面的抗磨能力。为了提高溜槽的刚性和减少溜槽的倾翻力矩,溜槽的本体可以做成锥形的,即前端小一些,后部大一些。后部壁厚也大一些。溜槽后部的侧壁除了有导轨外,还有螺栓孔,以便和驱动臂用螺栓固定在一起。更换溜槽时,打开炉喉检修孔以及布料器的检修孔,把溜槽调整到接近水平位置,然后用专门吊具吊平溜槽。与此同时,卸去驱动轴 6 尾部的压板 4(图 1.5-30),利用驱动轴端部的螺纹孔接上一个长螺杆,再用千斤顶把两个驱动轴同时往外抽移一段距离,使花键轴的头部脱离驱动臂的花键孔。这样就可以把溜槽及其上的驱动臂一起吊出炉外。新换上去的溜槽安装顺序和上述过程相反。换下来的溜槽经补焊硬质合金层后可以再用。或者拆下驱动臂,再和新的溜槽联结在一起使用。

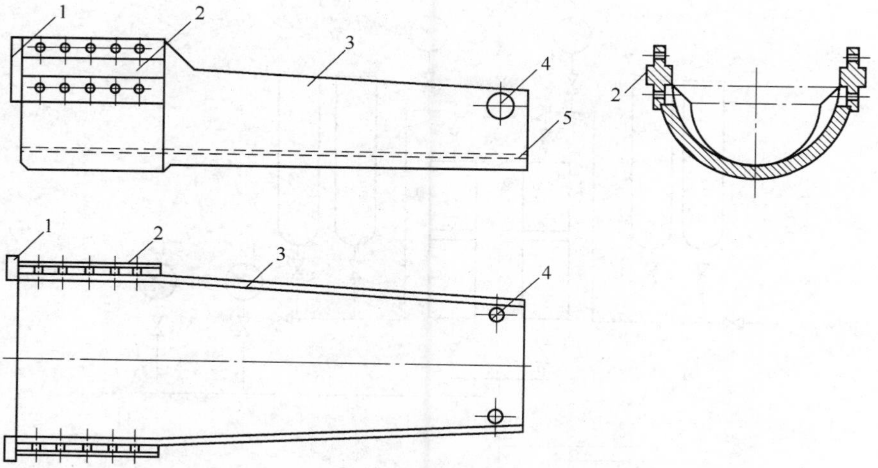


图 1.5-31　布料溜槽

1—轴向挡板；2—导轨；3—溜槽本体；4—换溜槽用圆孔；5—硬质合金层

## 第五节　无料钟炉顶的液压传动

无料钟炉顶有十几个工作阀门，采用液压传动共用一个液压站，每个工作阀门由一个油缸驱动。图 1.5-32 和图 1.5-33 为某厂 2 号高炉炉顶的液压传动系统图。两个料仓各有 7 个工作阀门，其中用 2 个油缸驱动（用 1 个也可以），加上受料漏斗翻斗用一个油缸，共需 17 个油缸。由于各油缸均需双向作用，因此采用活塞式油缸。整个系统配备有两台手调轴向柱塞式油泵（25SCY14-1A 型），配 7.5 kW 电动机（JO-51-4 型）。油泵长期运转，一台工作，一台备用。同时选用两个 25L 的蓄能器，每个蓄能器各配 2 个 40 L 的氮气瓶，冲氮压力 6.5 MPa。系统主油路的工作压力为 8～9.5 MPa。在油泵和蓄能器之间有两套溢流保护系统（一套工作，另一套备用），溢流阀弹簧调到 10 MPa。当油压超过 10 MPa 时，溢流阀自动溢流，起保护作用。

在主油路上装有两个电接点压力表。一个压力表的高压接点为 9.5 MPa，低压接点为 8 MPa。当主油路的压力达 9.5 MPa 时，控制溢流阀的电磁阀接通，使油泵在卸荷状态下运转。当主油路的压力下降到 8 MPa 时，上述电磁阀断开，油泵向系统供油。另一个电接点压力表的高压接点是 10.5 MPa，低压接点是 6 MPa。当压力达到 10.5 MPa 或下降到 6 MPa 时，油泵就自动停泵并发出信号。过高的压力说明控制电磁阀和溢流阀失灵，过低的压力说明管路破裂大量漏油，都需要及时停泵和抢修。

通往各支路的换向阀除受料漏斗翻斗和料流调节阀采用三位四通阀外，其余采用二位四通阀。因为这些工作阀门只需要两个极限位置，并要求工作阀门关闭时压紧阀座，以确保密封。至于料流调节阀，除两个极限位置外，各种原料应具有不同的开口度，料流节流闸门的位置需要随时调节，因此用三位四通阀较好。翻斗只有两个极限位置，没有压紧的问题，可以用二位四通或三位四通阀。为了防止料仓爆炸引起的损坏作用，在下密封阀的给油支管上设有溢流阀，压力可以调到 10 MPa。

由于液压站（包括泵站和控制阀门）设在远离炉顶 160 m 的较低房间内，为了防止回油时卸空产生振动，在每条回油支管上都装有溢流背压阀。这不但可以防止管路振动，并且可以控制各工作阀门的启闭速度。

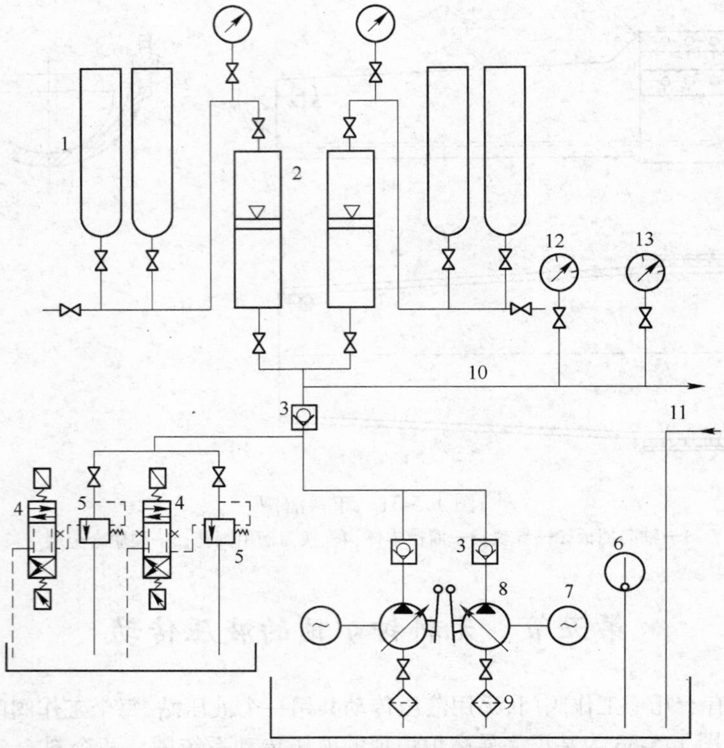


图 1.5-32　某厂 2 号高炉炉顶液压传动的油箱和蓄能器系统

1—氮气瓶(40 L×4);2—蓄能器(25 L×2);3—单向阀;4—电磁阀;5—溢流阀;6—油温警报器;7—电动机;
8—手调柱塞泵;9—粗滤油器;10—高压油主油路;11—低压油回油路;
12—电接点压力表 A;13－电接点压力表 B

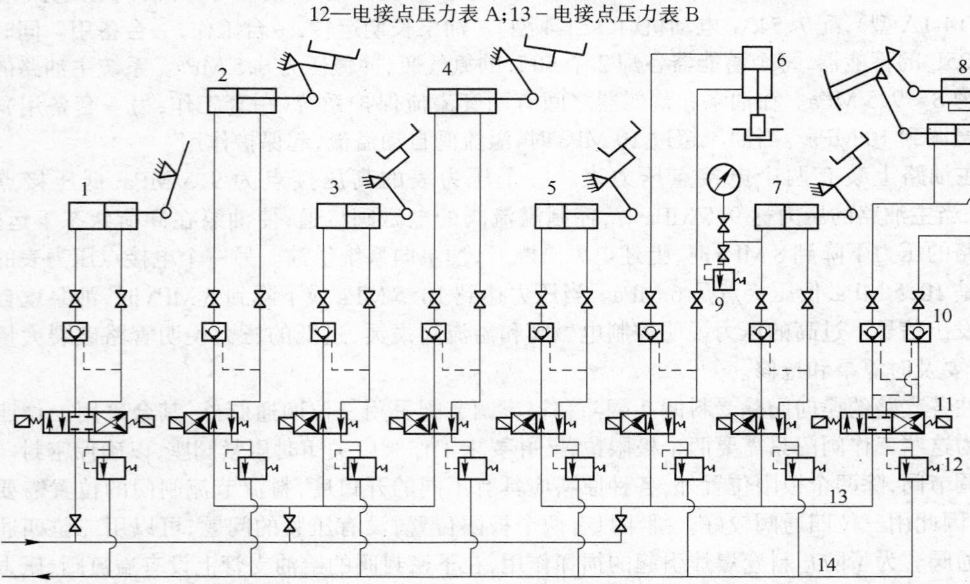


图 1.5-33　某厂 2 号高炉炉顶液压传动的阀门和油路系统

(除翻板外,只画出右料仓各工作阀门的液压传动,左料仓的液压传动完全相同,此图从略)

1—翻斗油缸;2—右一次均压阀油缸;3—右上密封阀油缸;4—右放散阀油缸;5—右事故排压阀油缸;
6—右二次均压阀油缸;7—右下密封阀油缸;8—右节流阀油缸;9—右料仓安全溢流阀;10—液控单向阀;
11—三位四通阀;12—溢流式背压阀;13—高压主油路;14—低压回油路

## 第六节　冲钻式开铁口机

冲钻式双用开铁口机(图1.5-34),其钻头以冲击运动为主,并有进行旋转的钻孔机构,钻孔机构送进和退出用的移送机构以及使开口机升降等机构。开出铁口时,启动移动小车12使开铁口机移向出铁口,并使安全钩脱钩,然后开动升降机构10,放松钢绳11,将轨道4放下,直到锁钩5勾在环套9上,再使压紧气缸6动作,将轨道4通过锁钩5固定在出铁口上。这时钻杆已对准出铁口,开动钻孔机构风动马达,使钻杆旋转,同时开动送进机构风动马达3使钻杆沿轨道4向前移动。当钻头接近铁口时,开动冲击机构。开口机一面旋转,一面冲击,直到打开出铁口。当铁口打开后应立即将送进机构2反转(如遇到钻头卡住时可用冲击机构反向冲击钻头)使钻头迅速退离出铁口。然后开动升降机构使开口机升起,并挂在安全钩上,最后用移动小车12将开口机移离出铁口。当需要捅铁口时,可换上捅杆进行捅铁口操作。

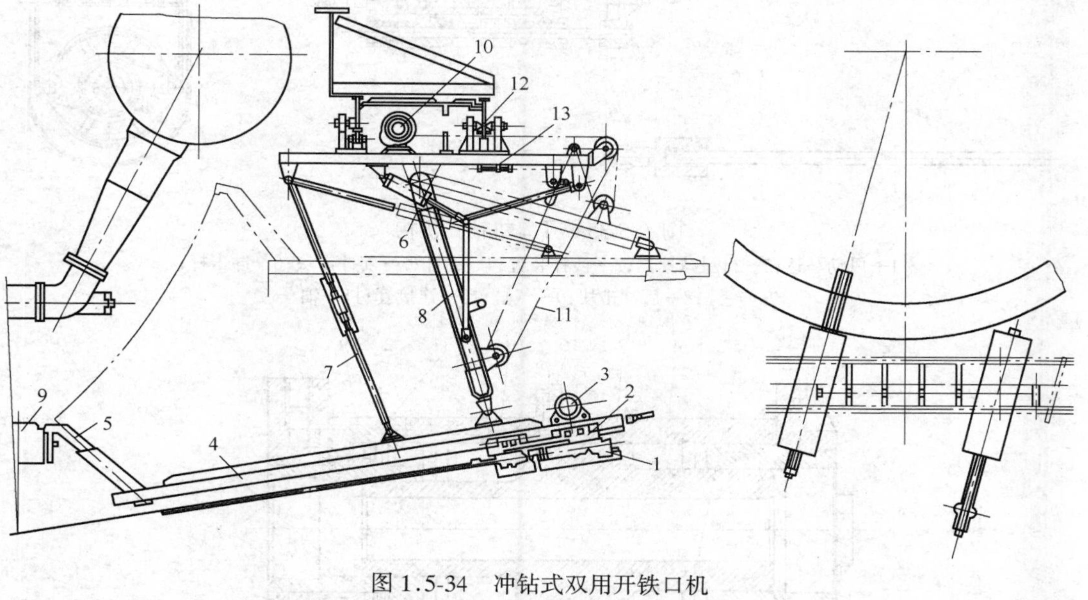


图1.5-34　冲钻式双用开铁口机

1—钻孔机构;2—送进小车;3—风动马达;4—轨道;5—锁钩;6—压紧气缸;7—调节连杆;8—吊杆;9—环套;10—升降卷扬机;11—钢绳;12—移动小车;13—安全钩气缸

### 一、钻孔机构

钻杆的旋转运动是由风动马达1(图1.5-35)经一对齿轮、摆线针轮行星减速器2、轴11、连接套10、冲击杆6和换杆装置3使钻杆4旋转。钻杆的冲击运动由气锤7来完成。气锤7在气缸9中做往复运动时,分别冲击前冲击块5和后冲击块8,即可使钻杆受到冲击力而前进或后退。

### 二、冲击机构

冲击气锤工作原理如图1.5-36所示。当进气孔1进气时,气通过销2上的通气孔11进入气锤右腔3使气锤7向左移动,冲击前冲击块,使钻杆向前移动。气锤左腔4的气体通过气道5、6、12进入销2上的另一个气孔9(销2上的气孔11和9互不相通)经出气孔10排出。当气锤7左移一定距离后,气锤右腔3和气孔10相通,气锤右腔气压降低,则从进气孔1进入的气体推动阀体8,阀体8移动一定距离后气道12被堵住,气体只能从气道6、5进入气锤左腔,使左腔压力增高,气锤向右移动,冲击后冲击块使钻杆向后移动。当排气孔10被堵住时,右腔压力又开始增高阀体 8 向右移动恢复原位,这样气锤就完成了一个工作循环。

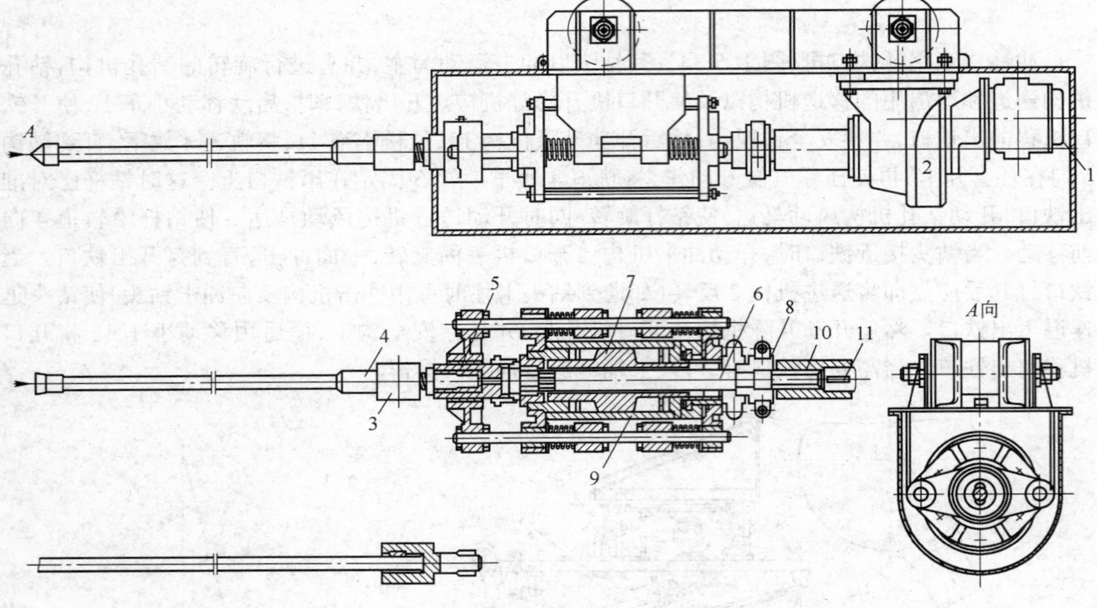


图 1.5-35　开口机钻孔机构

1—风动马达;2—行星减速器;3—换杆装置;4—钻杆;5—前冲击块;6—冲击杆;7—气锤;8—后冲击块;9—气缸;10—连接套;11—轴

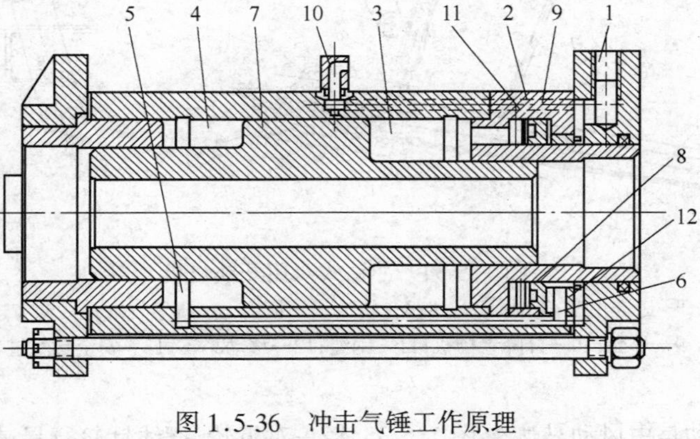


图 1.5-36　冲击气锤工作原理

1—进气孔;2—销;3—气锤右腔;4—气锤左腔;5、6、12—气道;7—气锤;8—阀体;9～11—气孔

## 三、移送机构

移送机构如图 1.5-34 所示,钻孔机构 1 悬挂在小车 2 上,小车由风动马达经传动装置和钢绳带动钻孔机构沿导轨 4 送进或退出。钻杆后退的速度大于送进速度,这样可以保证钻杆能迅速退离出铁口,以免烧坏钻头。

## 四、锁紧和压紧机构

锁紧和压紧机构如图 1.5-34 所示,锁钩 5 和压紧气缸 6 用于使开口机固定在铁口上,锁钩固定在槽形轨道 4 上,利用连杆 7 上的螺母来调节钻杆的角度,并使锁钩准确地勾在环套 9 上。压紧机构的气缸 6 通过压紧杆将钻孔机构固定在铁口上。

## 五、换杆机构

该换杆机构(图 1.5-37)可放在操作平台上,它由四个卡紧钻杆(或捅杆)的卡紧气缸 2 和四个卡爪 1 及卡爪摆动气缸 3 组成。当需要捅铁口时,首先将钻杆放在换杆机构的两个卡爪上,开动气缸将钻杆夹住。这时使开口机移送机构风动马达反转并后退,使钻杆离开开口机而放在换杆机构上。然后换杆机构卡爪摆动气缸动作使卡爪回转一定角度,将预先卡有捅杆的卡紧爪对准开口机,使开口机移动,风动马达正转并前进,将捅杆卡住,然后开动卡紧爪上的气缸,使卡爪放松开口机,则开口机就带着捅杆转向铁口进行捅口操作。

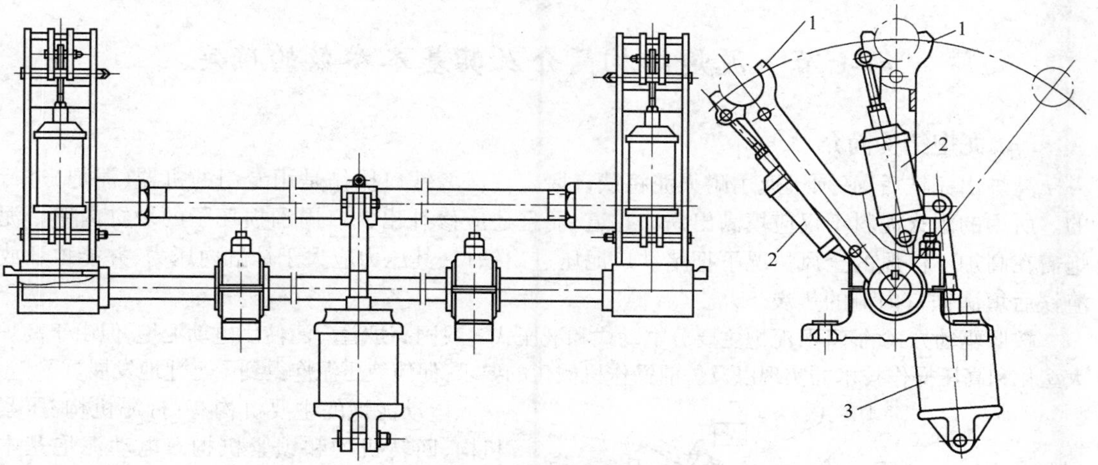


图 1.5-37　换杆机构

1—卡爪;2—卡紧气缸;3—卡爪摆动气缸

冲钻式双用开铁口机的另一种形式,如图 1.5-38 所示。它与图 1.5-34 所示的结构形式的主要差别在于,后者是利用悬臂将开口机移开出铁口操作区的。

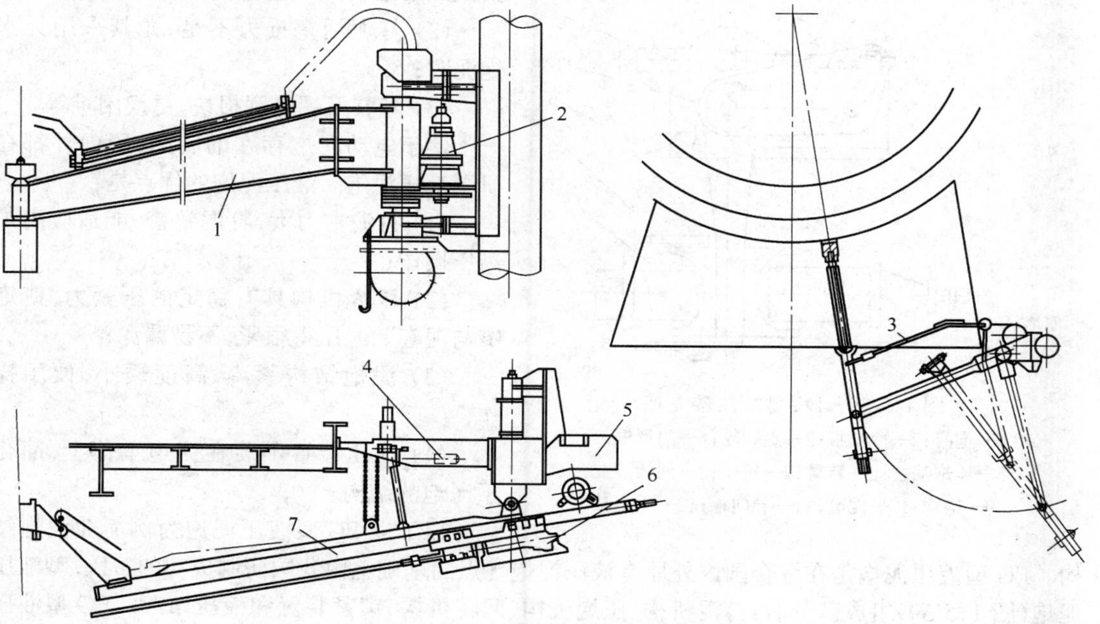


图 1.5-38　冲钻式双用开铁口机

1—悬臂梁;2—回转马达;3—连杆;4—安全钩气缸;5—支架;6—开口机本体;7—槽形轨道

冲钻式双用开铁口机主要技术性能如表 1.5-4 所示。

**表 1.5-4　冲钻式双用开铁口机主要技术性能**

| | | | |
|---|---|---|---|
| 钻头直径/mm | 60 | 风动马达功率/kW | 7.36 |
| 钻头转速/r·min$^{-1}$ | 44.8～93 | 风动马达转速/r·min$^{-1}$ | 1300～2700 |
| 钻头深度/mm | 1800 | 开口机退出速度/m·s$^{-1}$ | 0.517 |
| 钻头冲击次数/次·min$^{-1}$ | 400～500 | 移送机构送进时拉力/kN | 4.15 |
| 钻孔斜度/(°) | 17～22 | 压缩空气压力/MPa | 0.5～0.6 |

## 第七节　泥炮结构简介及其基本参数的确定

### 一、泥炮结构简介

高炉出完铁后，必须迅速用耐火泥将铁口堵塞住。堵铁口操作是用专门的机器(泥炮)进行的。所用的耐火泥料不仅应填满出铁口孔道，而且还应修补出铁口周围损坏了的炉缸内壁。泥炮需在高炉不停风的全风情况下把堵铁口泥压进出铁口，其压力应大于炉缸内压力，并能顶开放渣铁后填满铁口内侧的焦炭。

按照驱动方式的不同，泥炮主要分电动式和液压式。我国高炉曾广泛使用电动泥炮，但由于高炉大型化和高压操作技术的实现以及炉前操作机械化的要求，促使液压泥炮得到了迅速地发展。

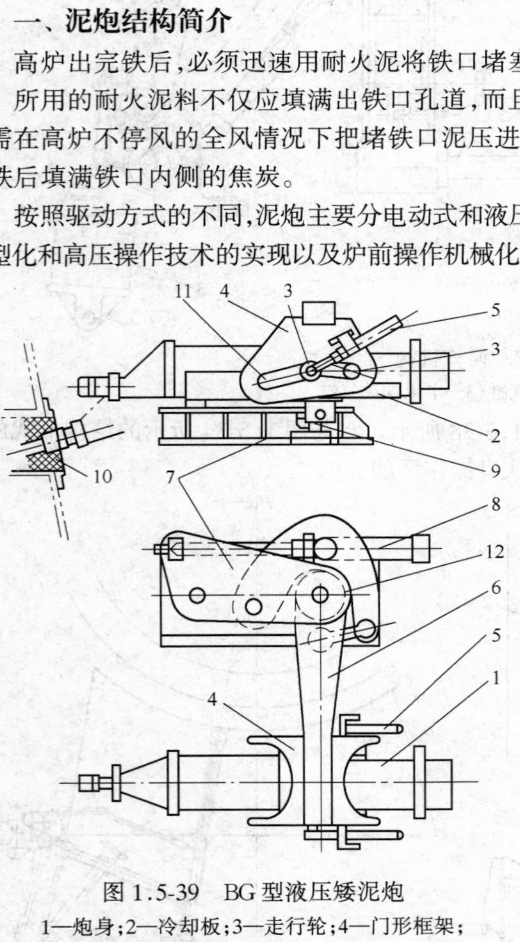


图 1.5-39　BG 型液压矮泥炮

1—炮身；2—冷却板；3—走行轮；4—门形框架；5—压炮油缸；6—转臂；7—机座；8—回转油缸；9—锚钩；10—泥套；11—导向槽；12—固定轴

电动泥炮的主要机构有：打泥机构、压紧机构、回转机构和锁紧机构。电动泥炮基本上能满足生产要求，但实际使用中还存在不少问题，主要有：

(1) 外形尺寸大，特别是高度太大，妨碍出铁口附近的风口进行机械化更换工作；

(2) 打泥活塞推力不足，尤其采用无水炮泥时；

(3) 丝杠及螺母磨损快、更换困难等。

鉴于电动泥炮存在的问题，国内外都在研制液压泥炮。液压泥炮的优点是：

(1) 打泥推力大，打泥致密，能适应高炉高压操作；

(2) 压紧机构具有稳定的压紧力，使炮嘴与泥套始终压得很紧，不易漏泥；

(3) 泥炮结构紧凑，高度矮小，便于操作；

(4) 油压装置不装在泥炮本体上，简化了泥炮的结构。

以下以 BG 型液压泥炮为例简介泥炮结构。BG 型液压泥炮是在综合国内外原有液压泥炮优点的基础上由我国研制成功的。BG 型液压泥炮(图 1.5-39)组成部分有：打泥机构、压炮机构、回转机构、锁紧装置和液压站等。BG 型液压泥炮具有结构新颖紧凑、重量轻、高度小和工作可靠等优点。

### （一）打泥机构

BG型泥炮的打泥机构装于炮身。打泥油缸采用固定式活塞和可动式油缸。打泥时，压力油进入打泥油缸，推动可动式油缸带动泥缸活塞移动，将炮泥挤出炮嘴打入出铁口。

### （二）压炮机构

炮身1后部的油缸支座上装有四个走行轮，走行轮在门形框架4上的导向槽11内滚动。炮身相对于导向槽的运动是由两个压炮油缸5来驱动的。导向槽的形状设计成炮身前进时能满足倾角和炮嘴直线运动的要求，对准出铁口。炮身后退到极限位置时呈水平状态。由于走行轮直接装在炮身上，使泥炮的高度较低。

### （三）回转机构

BG型泥炮的回转机构采用活塞式油缸8和杆机构使转臂6旋转，油缸8的活塞杆端部铰接在机座7上，油缸工作时通过杆机构使转臂绕固定轴12回转。固定轴装在框架式机座中。这种框架结构刚性大，并使泥炮回转机构的高度降低。回转油缸以补压的方法保证打泥时炮嘴压紧在出铁口泥套上，因此可以取消锁紧装置。

## 二、泥炮基本参数的确定

设计泥炮时，首先需要确定打泥活塞推力，它是泥炮能力的主要标志，也是设计计算各机构的受力和选择驱动装置的基本参数。

在堵出铁口时，作用在泥炮活塞上的推力必须克服堵铁口泥在泥缸内、出铁口槽孔及在炉缸内运动时所产生的总阻力。该阻力与下列因素有关：

（1）出铁口的状态，它的长度、直径和形状；

（2）靠近出铁口附近炉缸中焦炭的分布状态及出铁口内是否有焦炭；

（3）堵铁口泥的机械和物理性质；

（4）在出铁口中心线水平上的铁水、渣和煤气等的压力；

（5）堵铁口泥由炮嘴吐出的速度；

（6）泥缸的几何尺寸和炮嘴的过渡管的几何形状等。

在上述的影响因素中，前三个因素是主要的，对堵铁口泥的运动阻力影响较大。

### （一）作用在活塞上的压力

打泥活塞上的推力是根据作用在活塞上的压力决定的，堵铁口泥经过泥缸和过渡管从炮嘴吐出。堵铁口泥经过这一运动过程又有一定的压力损失，因此如何确定这些参数是比较复杂的问题。目前尚没有可靠的计算方法。在设计计算中，为了简化计算，往往根据各种泥炮的使用经验和试验研究而确定的经验数据进行计算。过去的设计中，通常取炮嘴出口处的压力 $p_0=3\sim4$ MPa，在泥缸内的压力损失 $\Delta p=0.8\sim1.0$ MPa，但由于高炉强化冶炼和使用无水炮泥，过去设计的泥炮能力不足。因此在新的设计中必须加大 $p_0$ 值和 $\Delta p$ 值，根据炉顶压力不同，建议参考下列范围选取：

炉顶压力不大于0.15 MPa的中型高炉，采用11%水分的炮泥时，取 $p_0=4\sim6$ MPa，$\Delta p=2\sim2.5$ MPa；

炉顶压力不小于0.2～0.25 MPa的中型和大型高炉，采用无水炮泥时，取 $p_0=8\sim10$ MPa，$\Delta p=4\sim5$ MPa。

作用在泥缸活塞上的压力为：

$$p=p_0+\Delta p$$

### (二) 泥缸容积

我国过去设计制造的电动泥炮泥缸容积为 0.2～0.5 $m^3$。实践证明,这个容积是偏大的。设计时取这个容积值的主要原因是这些泥炮在打泥过程中产生漏泥,为了可靠地堵住出铁口,生产部门都要求用泥缸容积较大的泥炮。解决漏泥问题和使用无水炮泥,可减少泥缸有效容积。高炉容积在 5000 $m^3$ 以下时,一般可取泥缸有效容积为 0.2～0.3 $m^3$。日本新投产的高炉上所使用的泥炮,泥缸有效容积为 0.2～0.35 $m^3$(图 1.5-40),最大的为 0.4 $m^3$。

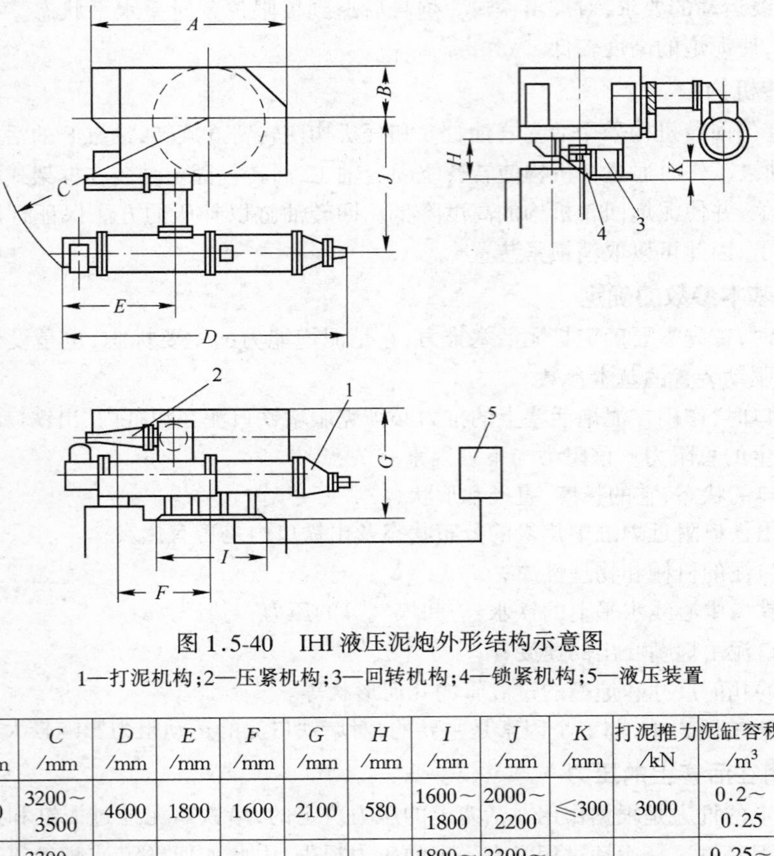


图 1.5-40　IHI 液压泥炮外形结构示意图

1—打泥机构;2—压紧机构;3—回转机构;4—锁紧机构;5—液压装置

| 型号 | A /mm | B /mm | C /mm | D /mm | E /mm | F /mm | G /mm | H /mm | I /mm | J /mm | K /mm | 打泥推力 /kN | 泥缸容积 /$m^3$ | 压炮力 /kN | 反转力矩 /kN·m |
|---|---|---|---|---|---|---|---|---|---|---|---|---|---|---|---|
| S | 2550 | 800 | 3200～3500 | 4600 | 1800 | 1600 | 2100 | 580 | 1600～1800 | 2000～2200 | ≤300 | 3000 | 0.2～0.25 | 210 | ≤500 |
| M | 2600 | 900 | 3300～3600 | 4700 | 1900 | 1550 | 2100 | 730 | 1800～2000 | 2200～2400 | ≤300 | 3000 | 0.25～0.30 | 210～250 | 500～650 |
| L | 2600 | 900 | 3600～4000 | 4920 | 1800 | 1550 | 2260 | 680 | 1800～2000 | 3400～2600 | ≤300 | 4000 | 0.25～0.35 | 300 | 650～800 |

### (三) 炮嘴吐泥速度

我国过去设计制造的电动泥炮炮嘴吐泥速度 $v_0=0.1\sim0.45$ m/s。经验证明,降低 $v_0$ 值会使炮泥在炉缸内壁粘得更牢固些。因此在新的设计中,可取 $v_0=0.1\sim0.2$ m/s。

## 第八节　热　风　阀

热风阀的工作条件比其他各阀要恶劣得多。它在 900～1300℃ 高温和约 0.5 MPa 工作压力的条件下工作。在热风炉送风期,热风阀打开,所有的热空气都要经过热风阀送往高炉。在燃烧期，热风阀关闭，把热风炉和热风管道隔开，这时，热风阀面向热风炉的一侧承受很大的热负荷。因此，用水有效地冷却阀的零件是它可靠工作的基本条件。

国内中型热风炉采用的 $\phi$1100 mm 热风阀见图 1.5-41，它是采用铸钢阀板本体加焊水冷隔板再与面板焊接而成的铸焊式阀板。这种阀板的缺点是水冷隔板通道断面积不均匀，工作时水垢容易沉积在水通道的下部，且冷却水通道常因一侧有缝隙而短路泄漏。这种热风阀阀板的冷却水管密封处，采用传统的两层金属网石棉填料密封，结构简单，但须经常维护。此阀在使用过程中已做了改进。例如，加大阀板在开启时的提升行程，以防止阀板底部烧损；增大阀板的直径；加大冷却水进出口管的直径并加大冷却水流量，并采用新结构的阀板和低碳钢冲压成形的阀座，将阀座形成后的封口焊缝安排在内面非工作面的一侧；阀体法兰厚度增大；密封垫片采用紫铜片等。

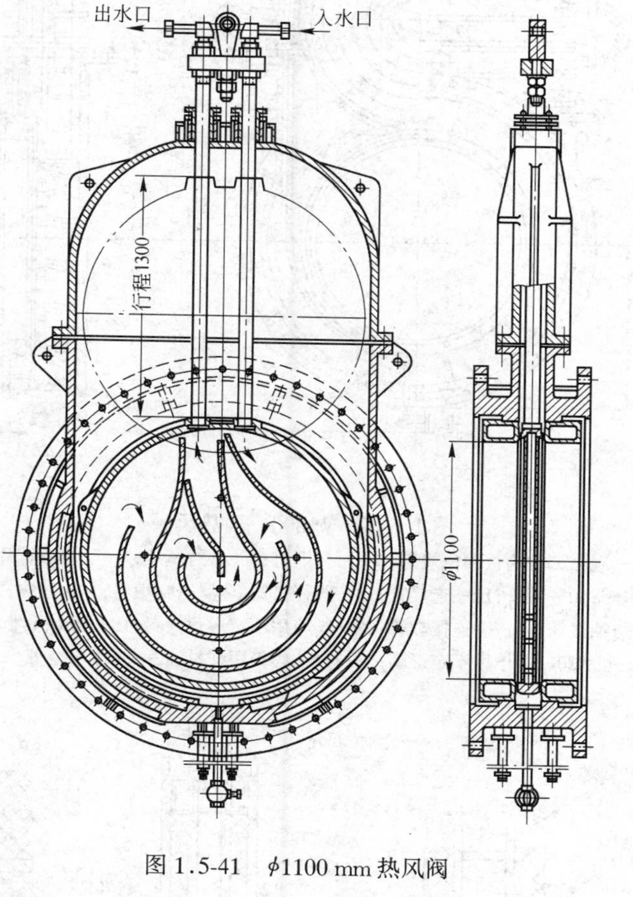


图 1.5-41　$\phi$1100 mm 热风阀

目前国内外的趋势是采用阀壳也由钢板焊接热风阀。我国 4063 $m^3$ 高炉用的 $\phi$1800 mm 热风阀如图 1.5-42 所示。由于轧材强度一般高于铸件，所以与铸钢阀壳的热风阀比较，钢板阀重量可减轻 20%～50%，而且闸板、阀壳等受热部件壁厚减薄以后，水冷效率提高，冷却水用量明显减少，仅为铸钢阀的 55%左右。这种阀还具有以下特点：

(1) 在阀板两侧喷涂耐火材料(图 1.5-43*a*)，在阀关闭时，能降低热风对闸板的热辐射，起到隔热耐热的作用，提高了阀板的使用寿命。

(2) 改进阀板的截面形状，使密封面转角温度较高处壁厚均匀(图 1.5-43*b*)，内腔冷却水流速提高到 1.5~2 m/s,提高了冷却效率。

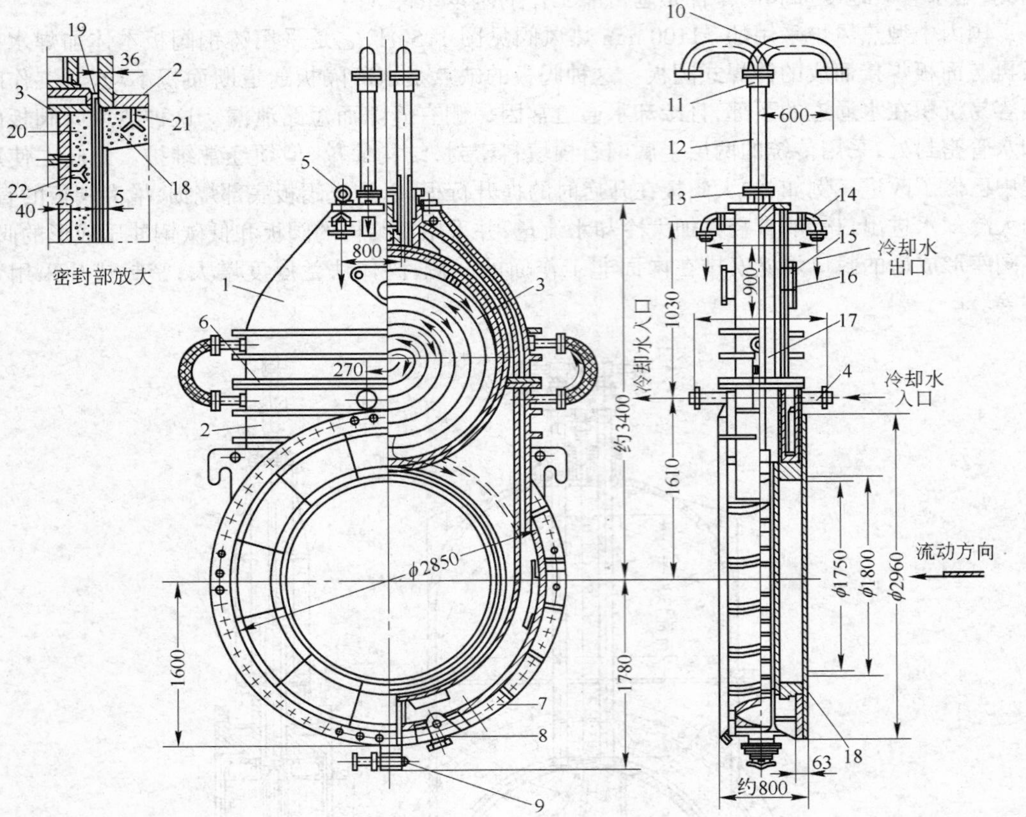


图 1.5-42　ϕ1800 mm 热风阀

1—上盖;2—阀箱;3—阀板;4—短管;5—吊环螺钉;6—密封填片;7—防蚀镀锌片;8—排水阀;9—测水阀;10—弯管;11—连接管;12—阀杆;13—金属密封填料;14—弯头;15—标牌;16—防蚀镀锌片;17—连接软管;18—阀箱用不定形耐火料;19—密封用堆焊合金;20—阀体用不定形耐火料;21—阀箱用挂桩;22—阀体用挂桩

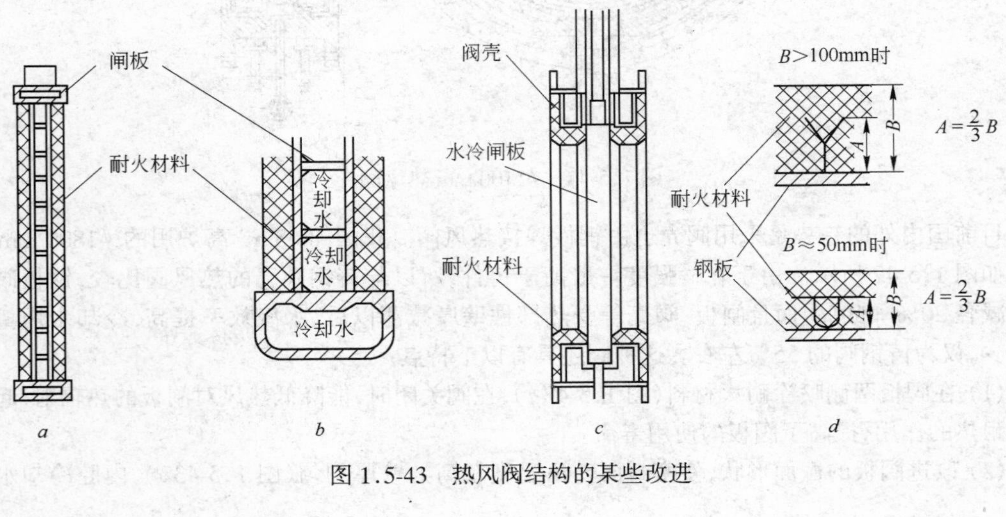


图 1.5-43　热风阀结构的某些改进

(3) 取消空心的导向环，而在阀壳上喷涂耐火材料(图 1.5-43*c*)，并在与闸板的接触密封处堆焊不锈钢或合金钢材料。

(4) 采用纯水冷却，阀的水通道内不会结垢。

阀壳和闸板上喷镀耐火材料时，为了增加耐火材料与钢板结合的牢固性，在钢板上焊有许多Y形和U形骨架。这些小骨架用小圆钢制成，形状和尺寸如图 1.5-43*d* 所示。

国内经过改进后的两种新的阀板结构见图 1.5-44。图 1.5-44*a* 为不带耐火涂料的阀板，它的特点是全焊接结构，其外层面板与冷却水通道隔板采用分割后在外部焊接，将隔板两端与面板都焊死，再加工平整，避免了冷却水窜流短路的现象，延长了阀板的使用寿命。

图 1.5-43*b* 为带有耐火涂料的阀板，它的密封面设在阀板最外圈的扁形圆环的端面上，中间部分的阀板较薄，在两面喷涂耐火材料后，厚度仍应小于最外圈 5 mm 以上。

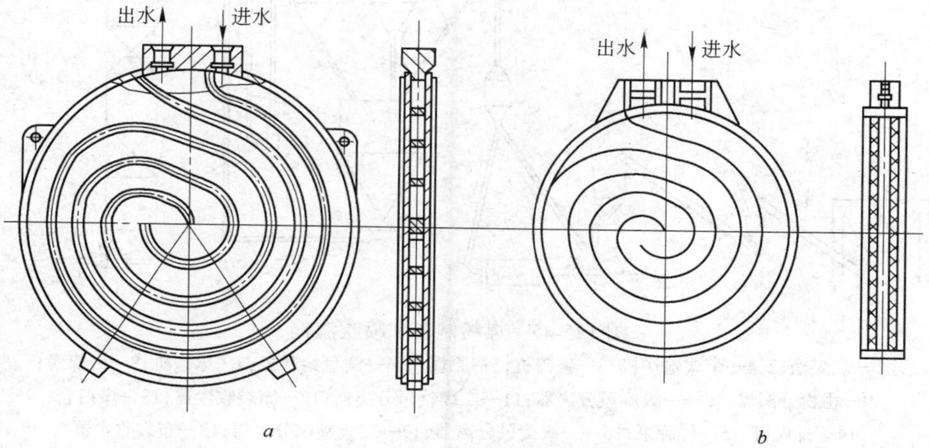


图 1.5-44　新采用的阀板结构图

*a*—不带耐火涂料的阀板；*b*—带有耐火涂料的阀板

## 第九节　高炉喷吹设备

从高炉风口吹入粉状的固体、液体和气体燃料是 20 世纪 60 年代炼铁技术的重大进步，是高炉降低焦比、强化冶炼的有效措施。我国的高炉喷吹技术具有较高的水平，主要特点是喷吹的燃料品种多、喷吹量大、几种燃料可同时喷吹。

高炉喷吹的燃料主要有重油、煤粉和天然气等。不论喷吹何种燃料，喷吹设备均应满足下述要求：

(1) 能连续稳定地把燃料喷入炉内，各风口的喷入量应接近，其误差不应影响高炉炉缸周围工作的均匀性；

(2) 计量准确，并可按高炉操作的需要调节喷入量；

(3) 设备安全可靠。

由于重油的来源受到限制，目前高炉多只能喷吹固体燃料。主要设备如下：

### 一、制煤粉设备

图 1.5-45 为煤粉制备和喷吹的工艺流程。原煤由厂外运来后卸入贮煤槽内，经锤式破碎机破碎后用皮带运输机运至煤粉车间的原煤仓中，由圆盘给料机加入到球磨机内。同时，将经过干

燥炉预热的热风(200℃左右)用引风机吹入球磨机内,将球磨机出来的粉煤用风力输送到煤粉仓。热风在球磨机内和输送煤粉过程中将煤粉干燥,使煤粉的水分小于2%。干燥煤粉不仅为了适应冶炼的要求,也是为了适应煤粉的破碎和运输的要求,因为湿度大的煤粉黏性大,能降低破碎效率,容易堵塞流嘴和管道。

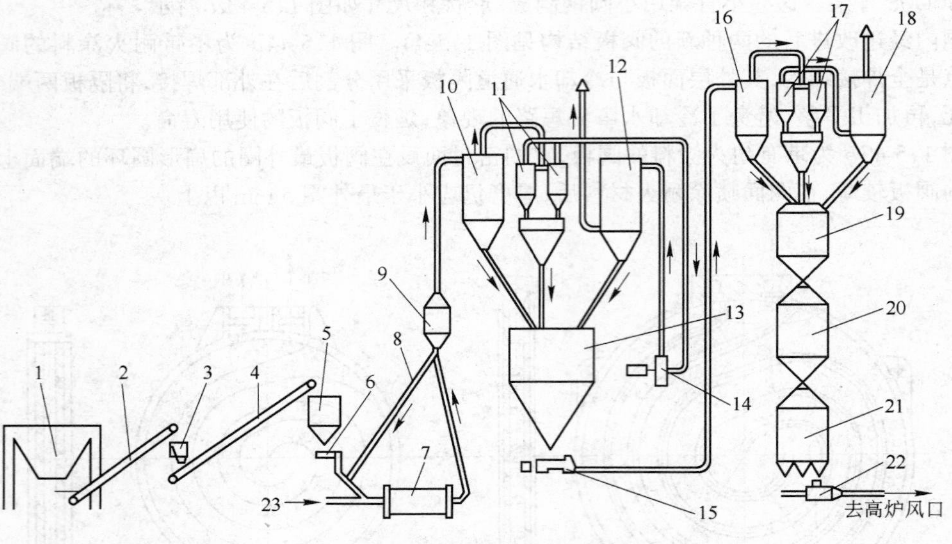


图1.5-45　煤粉制备和喷吹流程

1—贮煤槽;2、4—带式输送机;3—破碎机;5—原煤仓;6—圆盘给料机;7—球磨机;8—回煤管;9—粗粉分离器;10——级旋风分离器;11—二级旋风分离器;12—布袋收尘器;13—煤粉仓;14—排煤机;15—螺旋泵;16——级旋风分离器;17—二级旋风分离器;18—布袋收尘器;19—集煤罐;20—贮煤罐;21—喷吹罐;22—混合器;23—热烟气入口

风力将煤粉带出球磨机后,先经过粗粉分离器,将不合格的粗粉由回煤管重返到球磨机内,细粉随风吹到一级旋风分离器和二级旋风分离器。分离器收集到的细粉送入煤粉仓内。从二级旋风分离器出来的仍含有细煤粉的风进入布袋收尘器中。因布袋收尘器的风阻较大,故在进入布袋收尘器前需经排煤机再次加压。布袋收尘器下有星形阀,细粉通过它落到煤粉仓内,经布袋收尘器过滤后的余气由排气管放散到大气中。

煤粉仓下装有螺旋泵,由螺旋泵送出的煤粉用压缩空气送往喷吹装置的顶部。喷吹装置为三罐重叠布置,上部集煤罐处于常压,下部喷煤罐始终保持0.3~0.4 MPa的充压状态,中部贮煤罐在从集煤罐受料时处于常压,在向喷吹罐漏料时处于和喷吹罐压力相同的充压状态。因此贮煤罐的上部和下部都装有可升降的钟阀,其工作原理和料钟式炉顶装料装置相同。煤粉到集煤罐顶部后,经一级、二级旋风分离器及布袋收尘器收集进入集煤罐。贮煤罐下部的钟阀关闭,上部的钟阀打开时,煤粉便由集煤罐落入贮煤罐中。在喷吹罐即将吹空时,将贮煤罐的上部钟阀关闭。下部钟阀打开,煤粉便从贮煤罐落入喷吹罐。喷吹罐下部设有混合器,煤粉与压缩空气在此混合后经喷吹管连续吹入高炉。

## 二、喷吹装置

目前国内喷吹装置的形式较多,各厂的喷吹系统主要在以下四个方面存在差异:

(1) 在喷吹类型方面,有高压喷吹和常压喷吹两种。所谓高压喷吹,即喷吹罐保持在充压状态下(0.3~0.4 MPa)进行喷吹作业。高压操作的大型高炉必须采用高压喷吹。

(2) 在喷吹罐组的布置方面,有重叠串联罐和并列罐两类。为了解决向喷吹罐里装入煤粉时不影响喷吹,各厂采取了不同的方法。

多罐系统主要有如图 1.5-45 所示的三罐重叠串联式和双罐并列式(图 1.5-46)。

三罐重叠串联式设置占地面积小,但在主要设备检修时必须中断喷吹。图 1.5-46 的双罐并列式喷吹装置在一个系列发生故障或检修时,仍可保持一定量的喷吹,但占地面积较大,设备比较复杂。

并列系统中,每座高炉有两个并列的喷吹罐,交替喷吹和装煤粉。这种布置方式高度小,可以将喷吹罐直接布置在制粉系统的煤粉仓下面,如图 1.5-47 所示。

(3) 从喷吹罐到风口的管路布置有单管路和多管路两种。单管路喷吹中,每座高炉只用一(或二)根喷煤主管,到高炉炉台后,经瓶式分配器分成若干根支管,通往各风口。瓶式分配器的工作原理如图 1.5-48 所示。煤粉经风力输送垂直进入分配器,再从侧壁水平分流。垂直进入可避免受重力影响产生偏析,煤粉在横断面上的分布只受气流速度的影响,通过侧壁均匀分流,能得到比较均匀的分配。从各厂使用情况看,这种方法使喷吹设备比较简单,但还存在着煤粉在各风口分布不均的问题。

在多管路喷吹系统中,从喷吹罐到每个风口都有一根喷煤管道和一个混合器。因这种系统的管径小,阻力大,只适用于近距离喷吹。国内多数厂都采用单管路系统。

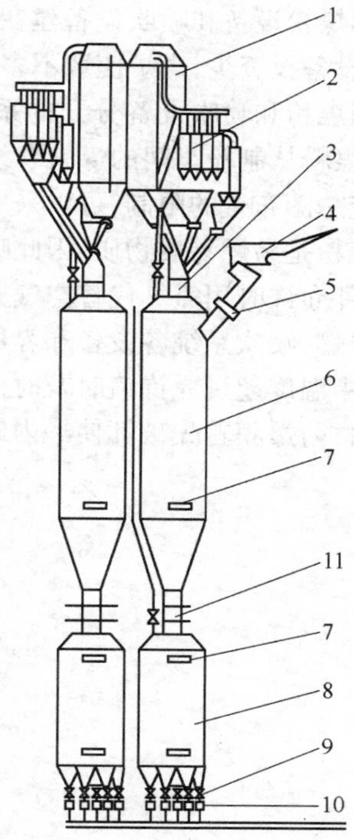


图 1.5-46 双罐并列喷吹系统

1—布袋收尘器;2—旋风分离器;3、11—钟阀;4—重锤阀;5—爆破膜;6—贮煤罐;7—料面仪;8—喷吹罐;9—下煤阀;10—混合器

(4) 按照制煤粉设备和喷吹设备是否布置在一起,有制煤粉设备与喷吹设备布置在一起和制煤粉设备与喷吹设备分开布置的两种。

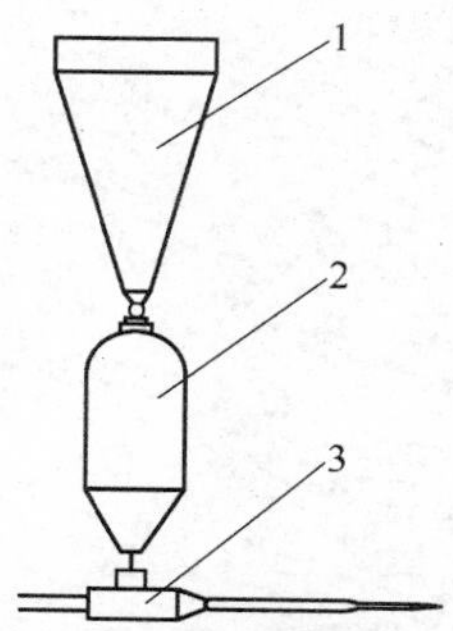


图 1.5-47 并列系统中喷吹罐的布置

1—煤粉仓;2—喷吹罐;3—混合器

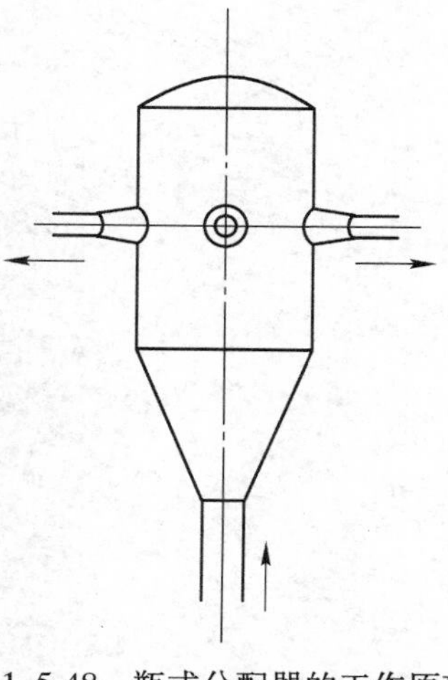

图 1.5-48 瓶式分配器的工作原理

制煤粉设备和喷吹设备建在一起时,煤粉不经转运,直接喷吹入高炉。这种系统工艺流程较简单,设备投资少,高炉座数不多的厂应尽量选用这种直接喷吹系统。

制煤粉和喷吹设备分开的系统是在每座高炉附近设置一个喷吹站(也可两座高炉合建一个)。煤粉从制粉车间的煤粉仓经螺旋泵和输煤管道转运至喷吹站。对于具有多座大型高炉的厂如受总图布置的限制,可以采用这种高炉制粉和喷吹分开的系统。

煤粉是易燃易爆物质,因此喷煤粉操作中安全措施非常重要。应控制好煤粉的挥发分和粒度,条件允许时用氮气代替空气充压,防止高炉倒风、回火及防止其他外来火源。此外,为了避免煤粉自燃,喷吹系统各设备和容器中不允许有积料死角存在;在贮煤罐和喷吹罐四周要安装热电偶,罐中温度超过允许值时及时停喷排煤;贮煤罐和喷吹罐上还应装防爆膜,当罐内压力超过一定值时,防爆膜首先破坏使罐内卸压。

# 第六章　炼钢机械设备

## 第一节　概　　述

炼钢生产主要有平炉法、转炉法、电炉法三种。

平炉炼钢法对原料的适应性强，冶炼品种广，钢的质量好，冶炼过程容易控制，曾在世界钢生产中占据主要地位。但目前已被淘汰。

顶吹氧气转炉炼钢可以处理不同成分的铁水，废钢的加入量可以高达30%，改善了转炉炼钢对不同原料条件的适应性，更重要的是钢中的氮、磷、氧的含量低，质量好，不但能炼所有的平炉钢种，还能炼大部分合金钢种。此外，顶吹氧气转炉炼钢已经能控制环境污染和利用计算机自动控制。

电弧炉炼钢是靠电极与炉料之间产生电弧发生热量进行炼钢。由于它以废钢作为主要原料，并有温度高，能控制炉内气氛，特别适合冶炼合金钢和回收利用合金废钢等优点，被各国普遍采用，产量稳步增长。

根据氧气吹入转炉的方式，氧气转炉可分为顶吹、底吹、"顶底"复合吹、斜吹和侧吹等几种方法。目前以前三种冶炼方法用得较多，如图1.6-1所示。

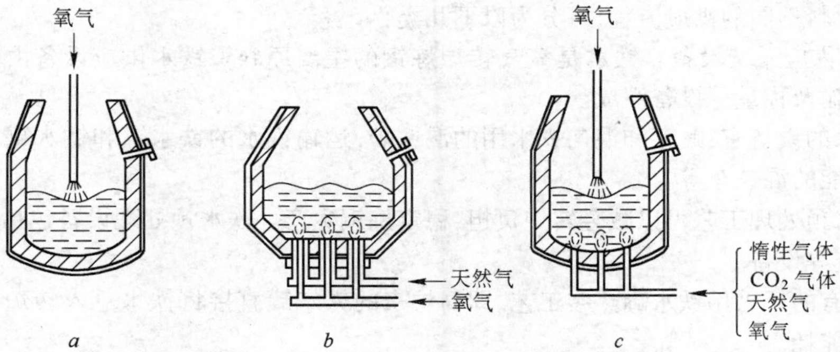


图1.6-1　转炉吹炼方法示意图

*a*—顶吹法；*b*—底吹法；*c*—顶底复吹法

(1) 氧气顶吹转炉炼钢法。氧气顶吹转炉炼钢法就是将高压纯氧(压力0.5～1.5 MPa，纯度99.5%以上)借助双层水冷氧枪从转炉顶部插入转炉内，在距金属液面适当的高度进行吹炼，将铁水吹炼成钢的方法。

(2) 氧气底吹转炉炼钢法。氧气底吹转炉炉体及其支承系统结构与顶吹转炉相似，其最大差异是装有喷嘴的可卸炉底，而且耳轴是空心的。氧气、冷却介质及粉状熔剂通过转炉的空心耳轴引至炉底环管，再分配给各个喷嘴。

(3) 氧气"顶底"复合吹炼法。氧气"顶底"复合吹炼法可分为三类：

1) 用惰性气体搅拌熔池，采用气体主要为$N_2$、Ar、$CO_2$。

2) 从炉底吹入部分氧或其他氧化性气体搅拌熔池，采用双层套管喷嘴，中心管通$O_2$、$CO_2$，外管用$CO_2$、$N_2$、Ar或天然气。

3) 从炉底吹入部分氧和石灰粉等造渣剂。

顶吹转炉在采用顶吹炼钢法的同时，从炉底辅助吹入搅拌气体(氩气、氮气、氧气等)，使顶吹和底吹炼钢方法相互取长补短，提高了顶吹熔池的搅拌能力，促进金属和炉渣的再平衡，更有利于渣的脱氧和钢水脱碳。既保持了顶吹的优点，又可消除底吹转炉前期去磷的困难。氧气主要从炉口吹入，可以减少炉底的喷嘴数，简化炉底结构和提高炉底寿命。

氧气转炉炼钢从顶吹发展到顶底复合吹炼，现已成为世界上主要的炼钢方法。

## 第二节 氧气顶吹转炉主要机械设备组成

氧气顶吹转炉炼钢车间的机械设备种类、数量较多，按用途一般可分为以下几类：

(1) 转炉系统设备。转炉是实现炼钢工艺操作的主要设备。它包括转炉炉体及其支承系统——托圈、耳轴、耳轴轴承和支承座以及倾动装置等。

(2) 氧枪系统设备。氧气转炉炼钢时用氧量大，要求供氧及时、稳定，设备安全可靠。氧枪系统设备包括氧枪、氧枪升降及换枪装置等。

(3) 原料供应系统设备。氧气顶吹转炉炼钢使用的原料有：

金属料——铁水、废钢、生铁块；

铁合金——锰铁、硅铁、铝、钒铁、钛铁、硼铁、镍铁、铬铁、钼铁、钨铁等；

造渣剂——石灰、萤石、白云石等；

冷却剂——废钢、铁矿石、石灰石、氧化铁皮等。

另外，还有供烘炉用的焦炭。

按各种原料不同的供应流程，可分为以下几类：

(1) 铁水供应系统设备。铁水是氧气转炉炼钢的主要原料。铁水供应设备由铁水贮运、铁水预处理、运输及称量等设备组成。

供应铁水的设备有：贮存和混匀铁水用的混铁炉，运输铁水的铁水罐和铁水罐车，以及兼具存贮、运输功能的混铁车等。

设置铁水预处理工艺可以减轻转炉负担，稳定炼钢生产。铁水预处理设备包括铁水脱硫、脱硅、脱磷、扒渣等设备。

近年来，有的厂采用铁水罐热装工艺，即高炉来的铁水罐直接将铁水兑入转炉内，以减少生产环节，降低能耗。

(2) 废钢供应系统设备。废钢在废钢区用电磁吊车装入专用废钢料槽，经称量后用吊车或专用废钢加料车装入转炉内。该区域设备主要有废钢料槽、吊具、废钢秤、废钢料槽运输车、废钢料槽加料车等。

(3) 散状原料供应系统设备。造渣剂、冷却剂和焦炭都属于散状料。大、中型炼钢车间一般设置原料间，由地下料仓经斜皮带机运送至转炉跨，经卸料皮带机按不同种类分别卸入炉顶相应的高位料仓。当转炉需要用散状料时经电磁或电机振动给料机、称量料斗、溜槽、汇总斗、卸料线、密封阀、补偿器、氮封溜槽加入炉内。

(4) 铁合金供应系统设备。铁合金用于钢水的脱氧和合金化。脱氧剂——锰铁、硅铁、铝等合金料，在转炉炉侧平台设有铁合金料仓、铁合金烘烤炉和称量设备，经称量、烘烤后，用起重机或叉车运送，由炉侧旋转溜槽加入钢水罐内；或者同散状料一样由皮带机运至炉顶料仓，需用时经电振给料机、称量料斗、溜槽加入钢水罐内。

(5) 出钢出渣系统设备。包括炉下出钢用的钢水罐和钢水罐车，出渣用的渣罐及渣罐车，以及相应的配套设备。

(6) 修炉机械设备。包括转炉修炉用的炉底车、修炉车(包括上修式和下修式修炉车)、修炉塔、补炉用的喷补机、拆炉用的拆炉机等。

(7) 烟气收集和净化处理系统设备。转炉冶炼产生的大量烟尘经烟罩收集，进入烟气处理系统净化，或进入放散烟筒燃烧放散，或送入煤气柜回收。

(8) 其他。包括钢包、铁包维修和准备设施，各种工艺配套的专用或非标车辆、设备等。根据工艺需要，还可能配备有副枪系统、钢渣处理设备等。

# 第三节　转炉本体机械设备

## 一、炉型及工艺参数

### (一) 炉型设计

炉型的选择和各部位尺寸确定的是否合理，直接影响着工艺操作、炉衬寿命、钢的产量与质量以及转炉的生产率。

选择炉型要根据生产规模所确定的转炉吨位、原材料条件，并对已投产的各类型转炉进行调查，了解生产情况，炉衬侵蚀情况和供氧参数与炉型关系，为炉型选择提供实际数据。选择炉型应考虑因素如下：

(1) 要有利于炼钢物理化学反应的顺利进行、有利于金属液、炉渣、炉气的运动，有利于熔池的均匀搅拌。

(2) 有较高的炉衬寿命。

(3) 炉内喷溅物要少，金属消耗要低。

(4) 炉衬砌筑和维护方便，炉壳容易加工制造。

(5) 能够改善劳动条件和提高作业率。

随公称吨位的增大，炉型由细长型向矮胖型方向发展。转炉炉型按金属熔池的形状可以分为筒球型、锥球型、截锥型和大炉膛型，如图 1.6-2 所示。

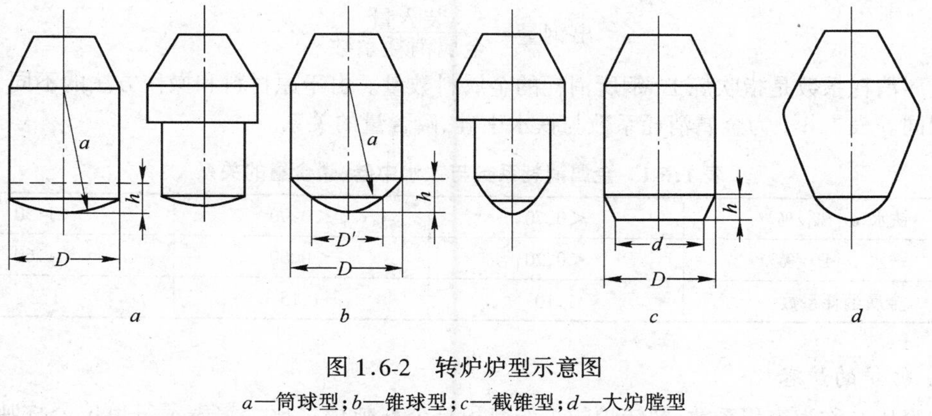


图 1.6-2　转炉炉型示意图

*a*—筒球型；*b*—锥球型；*c*—截锥型；*d*—大炉膛型

#### 1. 筒球型

筒球型转炉的炉型的炉帽为截锥形，炉身为圆柱形，炉底为球缺形，熔池由一个圆柱和一个球缺两部分组成。这种炉型的特点是形状简单，炉壳容易制造，砌砖简便，它的形状接近于金属液的循环运动轨迹，有利于反应的进行。与其他几种炉型相比，在相同的熔池直径和熔池深度情况下，熔池的容积大，即装入量大，比较适用于大炉子。美国、日本采用的较多，我国的 50 t、120 t 也采用了这种炉型。图 1.6-2*a* 中的右侧转炉是在炉子上部设有炉衬加厚段，以延长炉龄。

2. 锥球型

锥球型转炉的特点是熔池由截锥和球缺两部分组成，其余部分与筒球型相同，国外又称橄榄型，截锥的倒锥角一般为 12°～30°。它的形状比较符合钢渣环流的要求。与同容量的筒球型炉型相比，若熔池深度相同，这种炉型的熔池面积比较大，钢渣界面积大，有利于除磷、除硫反应的进行。

究竟是筒球型好，还是锥球型好，目前看法尚不完全一致。大多数国家的大型转炉采用筒球型的炉型。我国中型转炉一般采用锥球型炉型，并取得一些经验，特别是 50～80 t 的转炉，到目前尚未发现明显缺点，生产正常。在国外，铁水含磷较高的国家，如德国，采用锥球型的较多。

3. 截锥型

截锥型转炉的熔池由一个倒置的截锥体组成，其余部分与筒球型相同。这种炉型的特点是形状简单，炉底砌砖简便，其形状基本上能满足冶炼反应的要求，适用于小型炉。我国 30 t 以下的转炉采用的较普遍。

4. 大炉膛型

西欧一些国家，如法国、比利时、卢森堡等国矿石含磷较高，为了吹炼高磷铁水，采用氧气流中吹石灰粉的吹炼工艺，吹炼过程中形成大量泡沫渣，由于渣量大，要求增大炉膛反应空间，所以设计了这种炉膛很大，且上大下小的炉型，以适应脱磷反应产生大量泡沫渣的工艺要求。

**(二) 转炉设计的几个主要工艺参数**

1. 转炉的公称吨位

公称吨位也称公称容量，是炉型设计的重要依据，有以下三种方法：一种是用转炉的平均铁水装入量表示公称吨位；一种是用平均出钢量表示；还有一种是用转炉年平均炉产良坯(锭)量表示。出钢量介于装入量和良坯(锭)量之间，其数量不受装料中铁水比例的限制，也不受浇注方法的影响，所以大多数采用炉役平均出钢量作为转炉的公称吨位。根据出钢量可以计算出装入量和良坯(锭)量：

$$\text{出钢量}=\frac{\text{装入量}}{\text{金属消耗系数}} \tag{1.6-1}$$

金属消耗系数是指吹炼 1 t 钢所消耗的金属料数量。由于原材料和操作方法的不同，其系数也不相同。表 1.6-1 为金属消耗系数与铁水中硅、磷含量的关系。

**表 1.6-1　金属消耗系数与铁水中硅、磷含量的关系**

| | | | |
|---|---|---|---|
| 铁水 $w[Si]/\%$ | <0.70 | <0.90 | <1.50 |
| 铁水 $w[P]/\%$ | <0.20 | <0.60 | <1.60 |
| 金属消耗系数 | 1.10 | 1.15 | 1.2 |

2. 转炉的炉容比

炉容比又称为容积系数，即转炉的工作容积与公称吨位之比。它表示每单位公称吨位所需转炉有效冶炼空间的体积，其单位是 $m^3/t$。

炉容比是在炉型设计时人为确定的，它是炉型设计和衡量转炉技术性能的一个非常重要的参数。炉容比的大小决定了炉子的吹炼容积的大小，它对吹炼操作、喷溅、炉衬寿命等都有比较大的影响。如果炉容比太小，即炉膛反应容积小，满足不了冶炼反应所需的空间，转炉就容易发生喷溅和溢渣，给吹炼操作带来困难，金属收得率低，并且加剧钢水和炉渣对炉衬的冲刷侵蚀，使得炉龄降低，同时也不利于提高供氧强度，强化冶炼，限制了转炉生产率的提高。如果炉容比选择太大，势必增加炉子高度，相应增加厂房的高度。实践证明，炉子每增高 1 m，厂房需增高 2 m，使整个车间的投资费用增加。

确定炉容比时应综合考虑下列影响因素：

(1) 转炉公称容量。小型转炉因炉膛小，操作困难，炉容比应适当选择大一些；大炉子吹炼平稳，容易控制，炉容比可适当小些。

(2) 铁水成分。如果使用的铁水中硅、磷的含量高时，吹炼过程中产生的渣量大，为了减少喷溅，炉容比应选择大些；反之，可选择小些。

(3) 铁水比。如果铁水比高，则铁水多，废钢少，产生的渣量大，炉容比应大些；反之，可选择小些。

(4) 供氧强度。如果采用较大的供氧强度，则炉内反应激烈，单位时间内从熔池排出的 CO 气体量多，若无足够的炉膛空间，则会导致喷溅增加，因此炉容比应选择大些；反之，可以小些。

(5) 冷却剂。如果用废钢作冷却剂，产生的渣量较少，炉容比可以小些；若用矿石做冷却剂，渣量增大，且易形成泡沫渣，炉容比应大些。

目前，使用的转炉炉容比波动在 0.85～0.95 $m^3/t$ 之间。近几年，为了提高供氧强度，缩短冶炼时间，提高生产率，新设计转炉的炉容比有增大趋势，一般为 0.9～1.05 $m^3/t$。根据我国设计部门推荐，对于铁水比不小于 90%，使用 P08 生铁，采用废钢矿石法(定废钢调矿石)冷却，供氧强度为 3～3.5 $m^3/(t\cdot min)$的条件下，推荐的转炉炉容比见表 1.6-2。

**表 1.6-2　转炉炉容比推荐值**

| 炉容量/t | <30 | 30～100 | 100～200 | >200 |
|---|---|---|---|---|
| 炉容比/$m^3\cdot t^{-1}$ | 1.05～1.00 | 1.00～0.95 | 1.00～0.90 | 0.95～0.90 |

转炉的炉容比还可以采用经验公式进行计算：

$$\frac{V}{T}=0.75(7.5[C]+0.12\sqrt[3]{100[Si]}+0.15\sqrt[3]{100[P]})\sqrt{B}+0.26 \qquad (1.6\text{-}2)$$

式中 $\frac{V}{T}$——炉容比，$m^3/t$；

[C]——铁水碳含量，%；

[Si]——铁水硅含量，%；

[P]——铁水磷含量，%；

$B$——供氧强度，$m^3/(t\cdot min)$。

3. 转炉的高径比

高径比有两种表示方法：一种是以转炉的炉壳高度 $H$ 与炉壳外径 $D$ 之比，用 $H/D$ 表示；另一种是以炉膛的内高 $H_{内}$ 与内径 $D_{内}$ 之比，用 $H_{内}/D_{内}$ 表示。常用的是 $H/D$。高径比是决定转炉形状的另一个主要参数，它反映了转炉是瘦长型的还是矮胖型的炉型。高径比大，炉子为瘦长型，反之为矮胖型。

从吹氧动力学和防止喷溅损失考虑，保持炉子的一定高度是非常必要的，如果高径比太小，炉子太矮，会使喷溅严重。一般认为 $H/D$ 不小于 1.3，否则就得不到防止喷溅的基本高度。实践证明，增加炉子的高度是减少喷溅，提高金属收得率的有效措施。但是，过大的高径比没有必要，炉子太高，必然增加炉子的倾动力矩和厂房高度，使基建投资增加。此外，炉膛容积一定，瘦长型转炉的熔池反应面积小，熔池深，不利于熔池搅拌和脱磷、脱硫的钢与渣界面反应。氧气流股靠近炉墙，对炉衬侵蚀严重。高径比随着转炉公称容量的增大而减小，这主要是因为大型转炉使用多孔喷枪,氧气流股对熔池的冲击面积增大,穿透深度较小,产生喷溅的程度减弱。因此,高径比应适当降低。合适的高径比值应该既保证防止炉渣喷溅和起泡所需要的高度,又不因为炉体过高造成不经济的增加厂房高度和增加倾动力矩。我国设计部门推荐的高径比见表 1.6-3。

**表 1.6-3　转炉高径比推荐值**

| 转炉容量/t | ≤6 | 12~30 | 50~80 | 120~150 | ≥150 |
|---|---|---|---|---|---|
| 高径比 $H/D$ | 1.7~1.6 | 1.6~1.5 | 1.5~1.4 | 1.4~1.3 | ≥1.30 |

注:大容量转炉接近下限,小容量转炉接近上限。

转炉高径比还可以用如下经验公式计算:

$$H_{内}/D_{内}=2.65/T^{0.1}+0.1B-0.3 \tag{1.6-3}$$

式中　$H_{内}/D_{内}$——转炉炉膛内高与内径之比;

$T$——转炉公称容量,t;

$B$——供氧强度,$m^3/(t\cdot min)$。

4. 熔池尺寸计算

转炉的主要尺寸参数如图 1.6-3 所示。熔池尺寸计算主要是确定熔池直径和熔池深度。熔池直径和熔池深度不是两个孤立的尺寸,而是两个相互制约的参数。熔池体积一定,直径大,则深度小。熔池直径太小,氧流股冲刷炉墙,而且熔池深,搅拌效果差。直径太大,势必造成熔池过浅,高温反应区接近炉底,恶化炉底工作条件,同时加剧了金属喷溅程度。因此,应保证熔池直径与熔池深度之比值在一个合适的范围内。已建成转炉的比值在 0.23~0.54 范围内波动,一般为 0.31~0.33。

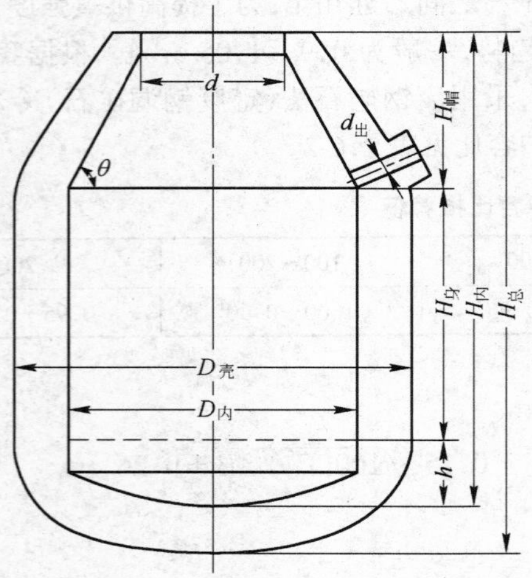


图 1.6-3　转炉主要尺寸示意图

$h$—熔池深度;$H_{身}$—炉身高度;$H_{帽}$—炉帽高度;$H_{总}$—转炉总高;$H_{内}$－转炉有效高度;$D_{内}$—熔池直径;$D_{壳}$—炉壳直径;$d$—炉口直径;$d_{出}$—出钢口直径;$\theta$—炉帽倾角

A　熔池直径计算

熔池直径 $D$ 是指转炉熔池处于平衡状态时金属液面的直径。它是炉型尺寸中最重要的一个尺寸参数。只有当熔池直径确定后,其他尺寸才能随之确定。

熔池直径的确定是先用经验公式进行计算,再把计算结果与容量相同、生产条件相似、技术经济指标比较先进的转炉参数进行对比做适当调整,还可以进行可行的模拟试验研究。计算熔池直径的经验公式很多,但由于研究条件不同,都带有一定的局限性。在我国使用时间最长,使用最多的是由设计部门推荐的如下经验计算公式:

$$D=K\sqrt{\frac{G}{t}} \tag{1.6-4}$$

式中　$D$——熔池直径,m;

$G$——金属装入量,t;

$t$——吹氧时间,min;

$K$——比例系数，大于 30 t 转炉，$K$ 取 1.85～2.10；小于 20 t 转炉，$K$ 取 2.0～2.3；大炉子取下限，小炉子取上限。

这个公式是 20 世纪 60 年代北京钢铁设计研究总院研究出来的，曾在我国的炉型设计中起过不小的作用。由于当时建造的炉子容量都比较小，对于 50 t 以下的转炉用这个公式计算出来的数值与实际比较符合。随着氧枪形式的变化(单孔变多孔)，供氧强度的增大，新建炉子的公称容量越来越大，用上式计算出来的数值与实际有些偏差。所以，大炉子使用这个公式时，应对比例系数做适当调整。由上式可见，只要金属装入量和吹氧时间确定，熔池直径就可以大致确定了。

金属装入量即为炉役初期金属(铁水和废钢)装入量 $G_{初}$。当以平均出钢量表示公称容量时，$G_{初}$ 可通过公称容量来换算，即：

$$G_{初} = \frac{2T\eta}{2+B} \tag{1.6-5}$$

式中 $T$——公称容量，t；

$B$——老炉比新炉多产钢系数，10%～20%，大容量转炉应采用定量操作；

$\eta$——金属消耗系数，与铁水成分和操作水平有关，一般采用 J08 生铁时 $\eta = 1.07 \sim 1.15$，J13 生铁时 $\eta = 1.15 \sim 1.20$，也可以取 $\eta = \frac{1}{\eta_{金}}$，$\eta_{金}$ 为金属收得率。

吹氧时间可按表 1.6-4 选择，或者按式 1.6-6 确定：

$$t = \frac{吨钢耗氧量[m^3/t]}{供氧强度[m^3/(t \cdot min)]} \tag{1.6-6}$$

**表 1.6-4 转炉吹氧时间推荐值**

| 公称容量/t | <50 | 50～80 | >120 |
|---|---|---|---|
| 吹氧时间/min | 12～16 | 14～18 | 13～16 |

吹氧时间除与铁水成分和所炼钢种有关外，主要取决于供氧强度，与装入量的关系不大，特别是多孔喷枪的使用，提高了供氧强度，使得大型转炉的吹氧时间与小型转炉差别不太大。这个公式并不能真正反映复杂的炼钢工艺条件对炉型的要求，因此，用这个公式计算出 $t$ 以后，还应根据实际情况，参考已生产的同类炉子做适当的调整。

B 熔池深度计算

熔池深度 $h$ 是指转炉熔池处于平衡状态时从金属液面到炉底的深度。它是熔池的另一个重要尺寸参数。熔池应有一个合适的深度，既保证转炉熔池能得到激烈而又均匀的搅拌，又不会使氧气流股触及炉底，以达到提高生产率，保护炉衬，安全生产的目的。如果熔池过浅，高温反应区距炉底近，炉底侵蚀快，寿命低，易喷溅；而熔池过深，则熔池搅拌效果差，熔池反应界面积小，不利于钢渣反应。

熔池搅拌强弱用氧气流股对熔池的穿透深度 $h_{穿}$ 与熔池深度 $h$ 之比 $h_{穿}/h$ 来衡量。对于单孔喷枪，$h_{穿}/h = 0.4 \sim 0.7$ 为宜；多孔喷枪 $h_{穿}/h = 0.25 \sim 0.4$ 为宜。

对于一定容量的转炉，当炉型和熔池直径确定以后，就可以利用熔池的体积公式计算熔池深度 $h$，不同炉型的计算方法为：

(1) 筒球型熔池。一般球缺型炉底的半径 $R$ 为熔池直径 $D$ 的 0.9～1.2 倍，当取 $R = 1.1D$ 时，代入圆柱和球缺的体积公式，化简后得：

$$V_{池} = 0.79D^2h - 0.046D^3$$

则:

$$h=\frac{V_{池}+0.046D^3}{0.79D^2} \tag{1.6-7}$$

(2) 锥球型熔池。如果取球缺半径 $R=1.1D$,球缺的高 $h=0.09D$,倒置截锥的底面直径 $b=0.895D$,代入截锥和球缺的体积公式,化简后得:

$$V_{池}=0.70D^2h-0.0363D^3$$

则:

$$h=\frac{V_{池}+0.0363D^3}{0.70D^2} \tag{1.6-8}$$

(3) 截锥型熔池。如果取倒置截锥底面直径 $b=0.7D$ 时,代入截锥体积公式,化简后得:

$$V_{池}=0.574D^2h$$

$$h=\frac{V_{池}}{0.574D^2} \tag{1.6-9}$$

式中　$V_{池}$——熔池体积,等于金属液的体积,即 $V_{池}=V_{金}$,$V_{金}=\frac{G_{初}}{\rho}$;

　　$\rho$——金属液密度。

求出熔池直径以后,把 $V_{金}$ 和 $D$ 代入以上各式即可求出各种炉型的熔池深度。以 20 t 转炉为例,计算熔池直径和熔池深度。

已知条件:采用截锥型熔池,取炉容比 $V/T=1.0$,吹氧时间取 14 min。

计算步骤如下:

(1) 熔池直径 $D$:

$$G_{初}=\frac{2T\eta}{2+B}$$

取 $B=25\%$;$\eta=1.18$ 代入上式,得:

$$G_{初}=\frac{2\times20}{2+25\%}\times1.18=20.4$$

$$D=K\sqrt{\frac{G}{t}}\quad(取\ K=2.0)$$

$$=2.0\sqrt{\frac{20.4}{14}}$$

$$=2.414\ \mathrm{m}$$

(2) 熔池深度 $h$:

熔池体积 $V_{池}=V_{金}$,$V_{金}=\frac{G_{初}}{\rho}$,取 $\rho=7.0\ \mathrm{t/m^3}$,则:

$$V_{金}=\frac{20.4}{7.0}=2.914\ \mathrm{m^3}$$

$$h=\frac{V_{池}}{0.574D^2}=\frac{2.914}{0.574\times2.414^2}=0.87\ \mathrm{m}$$

### 5. 转炉的倾动力矩

计算转炉倾动力矩的目的是为了正确选择耳轴位置和确定额定力矩值,保证转炉既正常安全生产,又能达到经济合理。

转炉的倾动力矩由三部分组成:

$$M=M_k+M_y+M_m \tag{1.6-10}$$

式中　$M_k$——空炉力矩(由炉壳和炉衬重量引起的静力矩)。由于空炉的重心和耳轴中心的距离是不变的,所以空炉力矩是倾动角度 $\alpha$ 的正弦函数值;

$M_y$——炉液力矩(炉内铁水和渣引起的静力矩)。在倾动的过程中,炉液的重心位置是变化的,故炉液力矩也是转动角度的函数;

$M_m$——转炉耳轴上的摩擦力矩,在出钢过程中其值是变化的,但变化很小,为了计算方便,在倾动过程中看成常量。

"全正力矩"是指考虑炉口粘渣后,转炉在整个倾动过程中都不会出现负力矩。在转炉发生故障时,可以依靠自身重力力矩自动返回"零位",安全可靠性好。缺点是最大倾动力矩值大,所需倾动电机功率大,传动机构设备庞大。"正负力矩"是指转炉在整个倾动过程中,合成力矩在正负两个区域变化。当耳轴位置取在正负力矩接近相等的位置时,可使倾动机构计算载荷最小,经济性较好。但设备故障多时,转炉可能自动倾翻扣钢。所以机构的制动和自锁性能要好。

从安全角度考虑,新设计转炉倾动机构按全正力矩原则设计的较多。随着机械制造技术水平的不断提高,近年来采用正负力矩原则设计倾动机构越来越多,如宝钢 300 t 转炉的倾动机构。

## 二、转炉的主要设备

转炉主要设备包括转炉炉体、支撑装置和倾动机构,如图 1.6-4 所示。设计一座结构合理,满足工艺要求的转炉是保证炼钢生产正常进行的必要条件。

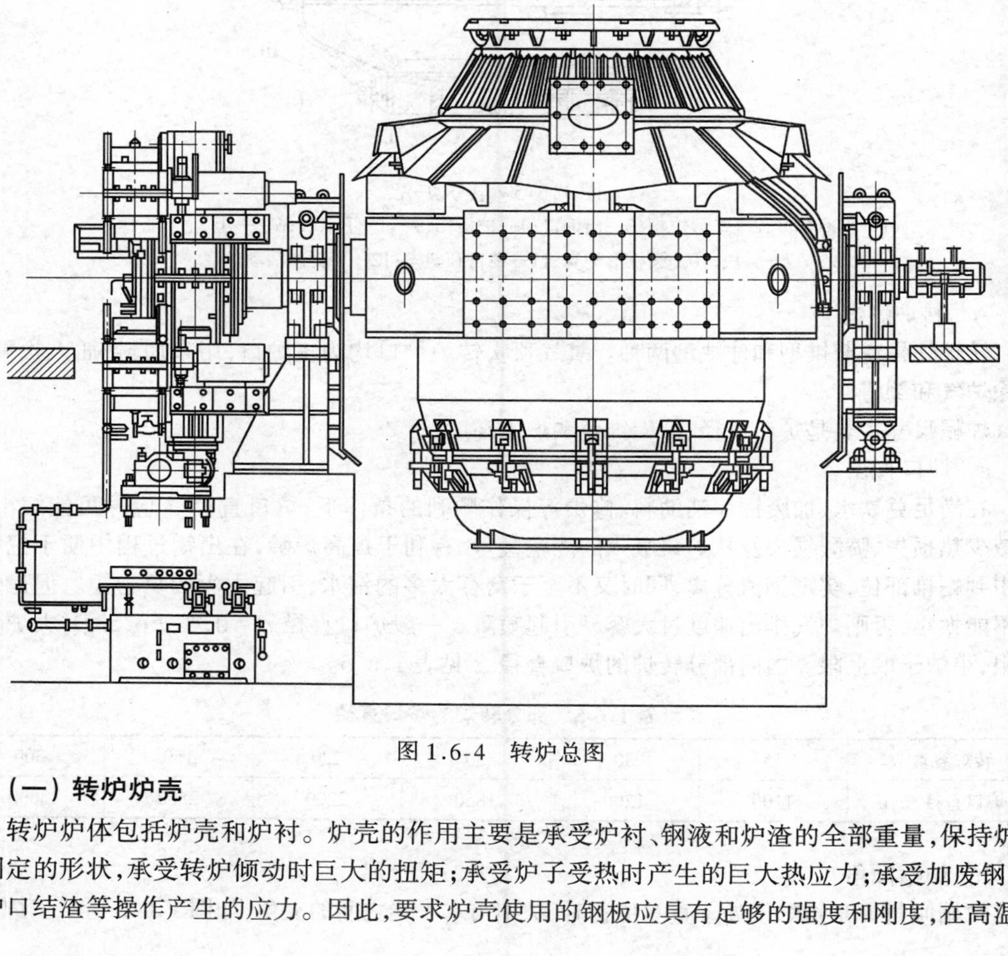

图 1.6-4　转炉总图

### (一) 转炉炉壳

转炉炉体包括炉壳和炉衬。炉壳的作用主要是承受炉衬、钢液和炉渣的全部重量,保持炉子有固定的形状,承受转炉倾动时巨大的扭矩;承受炉子受热时产生的巨大热应力;承受加废钢,清理炉口结渣等操作产生的应力。因此,要求炉壳使用的钢板应具有足够的强度和刚度,在高温时能耐时效硬化、抗蠕变及良好的成形性能和焊接性能，一般使用普通锅炉钢板（如 20 g）或者低合金钢板，如 16Mn、15MnTi、15MnV、14MnNb 等。在炉壳内砌筑有耐火材料形成的炉衬，炉衬包括工作层、永久层和填充层三部分。

1. 转炉炉壳结构

炉壳是由炉帽、圆柱形炉身和炉底三部分组成，见图 1.6-5。

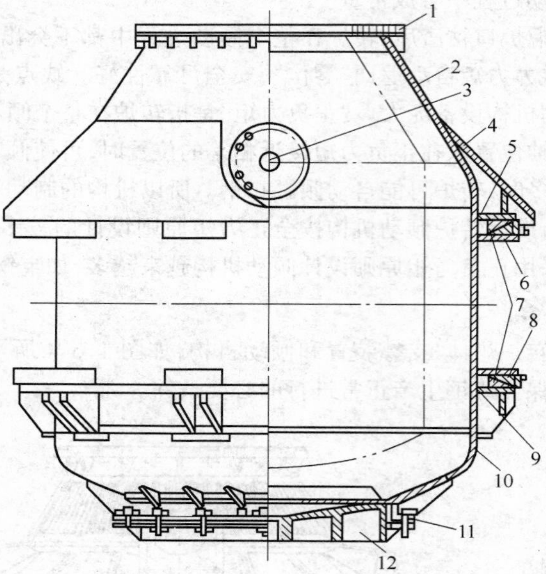


图 1.6-5 转炉炉壳

1—水冷炉口；2—锥形炉帽；3—出钢口；4—护板；5、9—上、下卡板；6、8—上、下卡板槽；7—斜块；10—圆柱形炉身；11—销钉和斜楔；12—可拆卸活动炉底

A 转炉炉帽

转炉炉帽有截锥型和球缺型两种。氧气顶吹转炉炉口均为正炉口，用来加料、插入吹氧管、排除炉气和倒渣。

炉帽尺寸主要是炉口直径、炉帽锥角和炉帽高度。

a 炉口直径

在满足兑铁水、加废钢和辅助料、修炉等操作顺利的条件下，炉口直径 $d$ 应尽可能缩小，以便减少热损失、喷溅损失及从炉口吸入的冷空气量，有利于提高炉龄，在出钢过程中便于把钢水集中到帽锥部位，实现钢渣分离，同时又不至于窝存太多的钢水，引起太大的负力矩。但是炉口也不能太小，否则炉气排出速度过大容易引起喷溅。一般炉口直径 $d=0.43\sim0.53D$，大炉子取下限，小炉子取上限。国内部分转炉的炉口直径 $d$ 见表 1.6-5。

**表 1.6-5 部分转炉的炉口直径**

| 转炉容量/t | 15 | 30 | 50 | 120 | 150 | 300 |
|---|---|---|---|---|---|---|
| 炉口直径/mm | 1100 | 1200 | 1850 | 2200 | 2500 | 3600 |

b 炉帽倾角

炉帽倾角 $\theta$ 是指炉子处于直立位置时，炉帽与水平线之间的夹角，如图 1.6-3 所示。炉帽倾角的大小应便于炉气的逐渐收缩逸出，以减少炉气对炉帽衬砖的冲刷侵蚀，并使各层砌砖逐渐收缩，尽量缩短炉帽砌砖的错台长度，增加砌砖的牢固性。倾角过小，砌砖易塌落；倾角过大，炉帽过长，炉身短，不易固定托圈，并且出钢时容易从炉口下渣。已建成转炉的炉帽倾角大多数在55°～70°之间，大炉子取下限，小炉子取上限。

c　炉帽高度

炉帽高度 $H_{帽}$ 包括炉口高度和帽锥段高度。为了防止因炉衬侵蚀而使炉口扩大，炉口应有300～400 mm高的直线段。炉帽高度计算公式为：

$$H_{帽}=\frac{1}{2}(D_{膛}-d)\tan\theta+H_{口} \tag{1.6-11}$$

式中　$D_{膛}$——炉膛直径，m；

$\theta$——炉帽锥角，(°)；

$H_{口}$——炉口直线段高度，0.3～0.4 m。

炉帽的有效容积 $V_{帽}$，可按下式计算：

$$V_{帽}=\frac{\pi}{12}\tan\theta(D_{膛}+D_{膛}d+d^2)H_{锥}+\frac{\pi}{4}d^2H_{口} \tag{1.6-12}$$

式中　$H_{锥}$——帽锥段高度，m。

炉帽的有效容积约占转炉有效容积的30％。炉帽在工作中直接受喷溅物的烧损，受高温炉气和烟罩辐射热的作用，温度高达300～400℃。在高温作用下，炉帽、炉口极易产生变形。为保护炉口，国内普遍采用水冷炉口。采用水冷炉口，可使炉口不粘渣或少粘渣，便于清除，同时防止或减少炉口钢板在高温下的变形。水冷炉口为可拆卸的，分水箱式和埋管式两种，见图1.6-6。

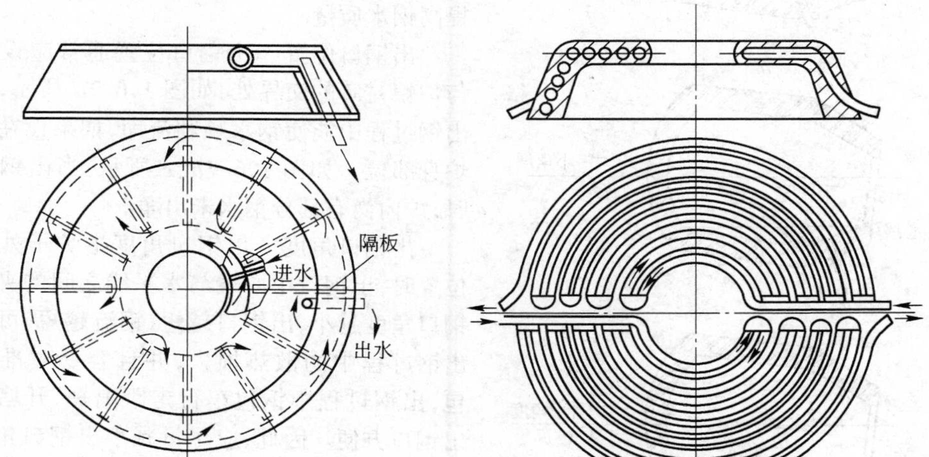


图1.6-6　水箱式水冷炉口结构和埋管式水冷炉口结构

*a*—水箱式水冷炉口；*b*—埋管式水冷炉口

水箱式水冷炉口采用钢板焊接，内部设隔板形成水路。隔水板还可起加强筋作用，增加了水冷炉口的刚性。这种结构冷却强度大，工作效率高，制造容易。设计时应注意将回水管设在水箱顶部，以避免上部积聚蒸汽发生爆炸。同时注意焊缝的位置和形式的选择，焊缝位置既要尽量避免直接受热，又要保证焊透。

埋管式水冷炉口是将蛇形钢管铸于铸铁中，常用的有灰铸铁、球墨铸铁或耐热铸铁。这种结构的安全性较水箱式炉口高，但冷却强度比水箱式炉口低。

有些转炉采用了水冷炉帽结构，即在炉帽外壁上用角钢或半圆管焊接组成冷却水回路，通水冷却，减少了炉帽变形，延长了炉帽的使用寿命，取得了很好的效果。

B　转炉炉身

a　炉身尺寸的确定

对于无炉衬加厚段的转炉，炉身形状为一个圆柱形，炉膛直径与熔池直径相等，即：

$$D_{膛} = D$$

炉身容积 $V_{身}$ 为：

$$V_{身} = \frac{\pi}{4} D^2 H_{身} \tag{1.6-13}$$

由设计确定的炉容比 $V/T$ 和公称容量 $T$ 可以算出转炉总容积 $V_{总}$：

$$V_{总} = V/T \times T \tag{1.6-14}$$

$$V_{身} = V_{总} - V_{帽} - V_{池} \tag{1.6-15}$$

求出 $V_{身}$ 后代入式 1.6-13 即可求出炉身高度 $H_{身}$。

b　出钢口位置和尺寸

设置出钢口的作用是便于在出钢过程中实现钢渣分离，使炉内钢水以正常的速度和角度流入钢包内，阻止炉渣流入钢包，并有利于钢流对加入包内铁合金的搅拌作用和促进夹杂物上浮，提高钢水质量。

出钢口位置　出钢口位置通常应设在炉身与炉帽衬砖的交界处，如图 1.6-7*a* 所示，这样在出钢过程中能使钢水顺利流净，如果设在炉帽或炉身部位。如图 1.6-7*b*、*c* 所示，当出钢口见渣时，炉内尚有部分钢水未出净。

出钢口角度　出钢口角度指炉子处于直立位置时，出钢口中心线与水平线之间的夹角。出钢口角度越小，出钢口越短，钢流越短，可以减少出钢过程中的散热损失，并且容易对准炉下钢包，出钢过程中钢包车行走距离短，开堵和维护出钢口方便。因此，应尽量减小出钢口角度。国内高架式转炉的出钢口倾角一般为 15°～20°，国外有采用 0°倾角的。采用吊车出钢的地坑式转炉的出钢口倾角一般为 45°。

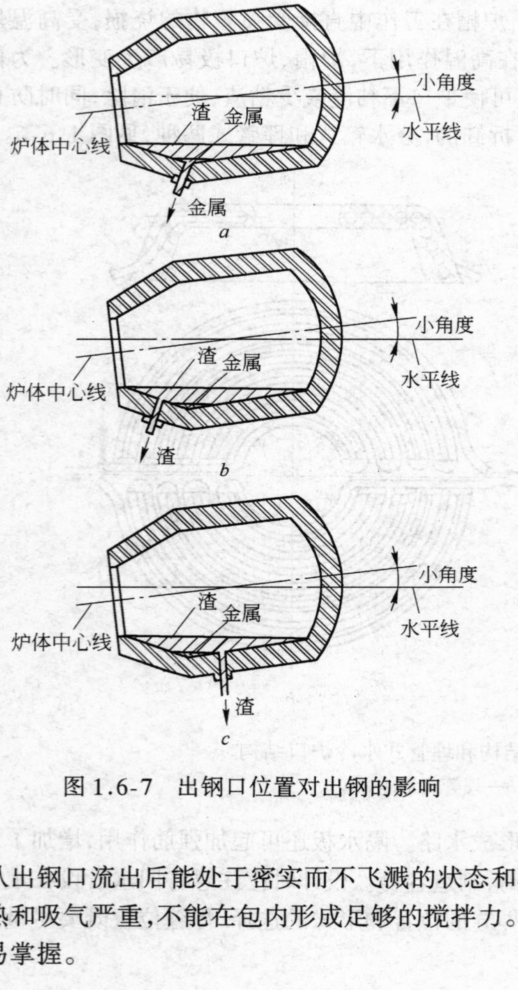


图 1.6-7　出钢口位置对出钢的影响

出钢口尺寸　出钢口直径大小要满足出钢所需要的时间（随容量不同在 2～8 min 内波动）和钢流对钢包内钢水有一定的搅拌力，以及钢水从出钢口流出后能处于密实而不飞溅的状态和不使钢流带渣。出钢口过小，出钢时间长，钢流散热和吸气严重，不能在包内形成足够的搅拌力。出钢口过大，出钢时间短，铁合金加入时间不容易掌握。

出钢口直径一般按如下经验公式计算：

$$d_T = \sqrt{63 + 1.75T} \tag{1.6-16}$$

式中 $d_T$——出钢口内径，m；

$T$——公称容量，t。

也可以参考同类炉子的经验数值选取。国内部分转炉的出钢口内径见表1.6-6。

**表1.6-6 国内部分转炉的出钢口内径**

| 炉子容量/t | 3 | 6 | 10 | 15 | 20 | 25 | 30 | 50 | 120 | 150 | 300 |
|---|---|---|---|---|---|---|---|---|---|---|---|
| 出钢口内径/mm | 80 | 80 | 100 | 100 | 100 | 100 | 120 | 140 | 170 | 180 | 200 |

出钢口外径 $d_{sT}=6d_T$，出钢口长度 $L_T=(7\sim8)d_T$。

炉身是转炉的承载部分，它通过连接装置与托圈相连，炉身与托圈之间留有间隙用以散热，以减少炉壳中部变形。大、中型转炉炉帽与炉身的外壳焊接成一整体。炉帽与炉身采用圆弧过渡连接，可减少应力集中。采用活动炉座的小炉子，炉帽与炉身为可拆卸式，用楔形销钉连接。

C 转炉炉底

炉底有截锥形和球形两种。截锥形炉底制造和砌砖都较为方便，但强度比球形炉底低，故一般仅用于中小型转炉。根据修炉方式的不同，上修转炉采用死炉底形式，下修转炉采用大活炉底或小活炉底。大型转炉一般采用死炉底上修方式。

2. 转炉炉壳的负荷特点和炉壳钢板厚度确定

转炉炉壳在高温、重载和频繁倾动的情况下工作，在工作中不仅承受着本身自重、炉衬、装入料产生的静负荷，装料、刮渣、倾动和启制动冲击产生的动负荷这些机械负荷外，还承受着由于炉衬热膨胀和炉壳本身温度梯度产生的热负荷，以及由于本身结构引起的局部应力提高。实践证明，热应力在炉壳的应力中起主导作用。转炉炉壳的设计参考参数如表1.6-7所示。

**表1.6-7 转炉炉壳的设计参考参数**

| 转炉公称容量/t | 15 | 30 | 50 | 80 | 120 | 150 | 210 | 300 |
|---|---|---|---|---|---|---|---|---|
| 炉壳全高/mm | 5530 | 7000 | 7470 | 8350 | 9750 | 8992 | 10842 | 11575 |
| 炉壳外径/mm | 3548 | 4220 | 5110 | 5750 | 6670 | 7090 | 8160 | 8670 |
| 炉帽钢板厚度/mm | 24 | 30 | 55 | 65 | 55 | 58 | 72 | 75 |
| 炉身钢板厚度/mm | 24 | 40 | 55 | 70 | 70 | 80 | 80 | 85 |
| 炉底钢板厚度/mm | 20 | 30 | 45 | 65 | 70 | 62 | 72 | 80 |

由于炉壳工作应力的影响因素很多，弹性理论计算本身也非常复杂，当前工程设计中大多采用简化经验公式（表1.6-8）确定炉壳钢板厚度，并参照生产实践中相近的炉壳钢板厚度选取。

**表1.6-8 炉壳钢板厚度经验公式**

| 炉子容量/t | 炉帽 $\delta_1$ | 炉身 $\delta_2$ | 炉底 $\delta_3$ |
|---|---|---|---|
| $<30$ | $(0.8\sim1)\delta_2$ | $\delta_2=(0.0065\sim0.008)D$ | $0.8\delta_2$ |
| $30\sim50$ | $(0.8\sim0.9)\delta_2$ | $\delta_2=(0.008\sim0.011)D$ | $(0.8\sim1)\delta_2$ |
| $>50$ | | $\delta_2=(0.01\sim0.011)D$ | |

注：$D$—炉壳外径，mm。

3．转炉炉壳的制作和安装要求

YBJ202《冶金机械设备安装与验收规范 炼钢设备》中规定：

(1) 炉壳的组装应符合下列要求：

1) 炉壳的直径偏差应符合设备技术文件的规定，且最大直径与最小直径之差不得大于炉壳设计直径的3/1000。

2) 炉壳的高度极限偏差为设计高度的±3/1000。

3) 炉口平面、炉底平面(或炉底法兰平面)对炉壳轴线的垂直度公差为1/1000。

(2) 炉壳的焊接应符合 GBJ236—82《现场设备、工业管道焊接工程施工及验收规范》的规定。

(3) 炉壳的安装应符合下列要求：

1) 当炉壳处于“零”位时，炉壳的炉口纵、横向中心线极限偏差均为±2 mm。

2) 炉口平面至耳轴轴线的距离应符合下式的规定：

$$L_0 = L + (H_0 - H)/2 + K$$

式中　$L_0$——炉口平面至耳轴轴线的距离，mm；

$L$——炉口平面至耳轴轴线的设计距离，mm；

$H_0$——炉壳组装后的高度，mm；

$H$——炉壳的设计高度，mm；

$K$——极限偏差值，+1～2 mm。

3) 炉壳轴线对托圈支承面的垂直度，即托圈处于“零”位时炉壳的铅垂度：对于公称容量小于或等于120 t的转炉公差为1.5/1000；对于公称容量大于120 t的转炉公差为1/1000。

4) 当炉体处于“零”位时，炉口水冷装置中心与炉壳的炉口中心应在同一铅垂线上，公差为5 mm。

**(二) 托圈和耳轴**

1．托圈

托圈是转炉的主要承载和传动部件。它支承着炉体的全部重量，并传递倾动力矩到炉体。工作中还要承受由于频繁启制动所产生的动负荷和操作过程所引起的冲击负荷，以及来自炉体、钢包等辐射作用而引起托圈在径向、圆周和轴向存在温度梯度而产生的热负荷。因此，托圈结构必须具有足够的强度和刚度。

托圈有以下类型：

(1) 铸造托圈与焊接托圈。对于较小容量转炉的托圈，例如30 t以下的转炉，由于托圈尺寸小，不便用自动电渣焊，可采用铸造托圈。其断面形状可用封闭的箱形，也可用开式的C形断面。目前，对中等容量以上的转炉托圈都采用重量较轻的焊接托圈。焊接托圈做成箱形断面，它的抗扭刚度比开口断面大好几倍，并便于通水冷却。

(2)整体托圈和剖分托圈(见图1.6-8)。在制造运输条件允许的情况下，托圈应尽量做成整体的。这样结构简单，加工方便，耳轴对中容易保证，结构受力大。大型托圈因受运输条件的限制，设计时有些虽为整体焊接托圈，但结构上做成分体组焊式的。分体组焊式托圈一般在现场焊接，在焊接时要保证两耳轴的同轴度，焊接工艺要求高，并要准备适当的工作台、工装和测量机具。

通常在托圈的每两块立筋板中间焊接穿通内、外腹板的圆钢管，其作用是增强托圈的刚性和改善炉壳的空冷效果。

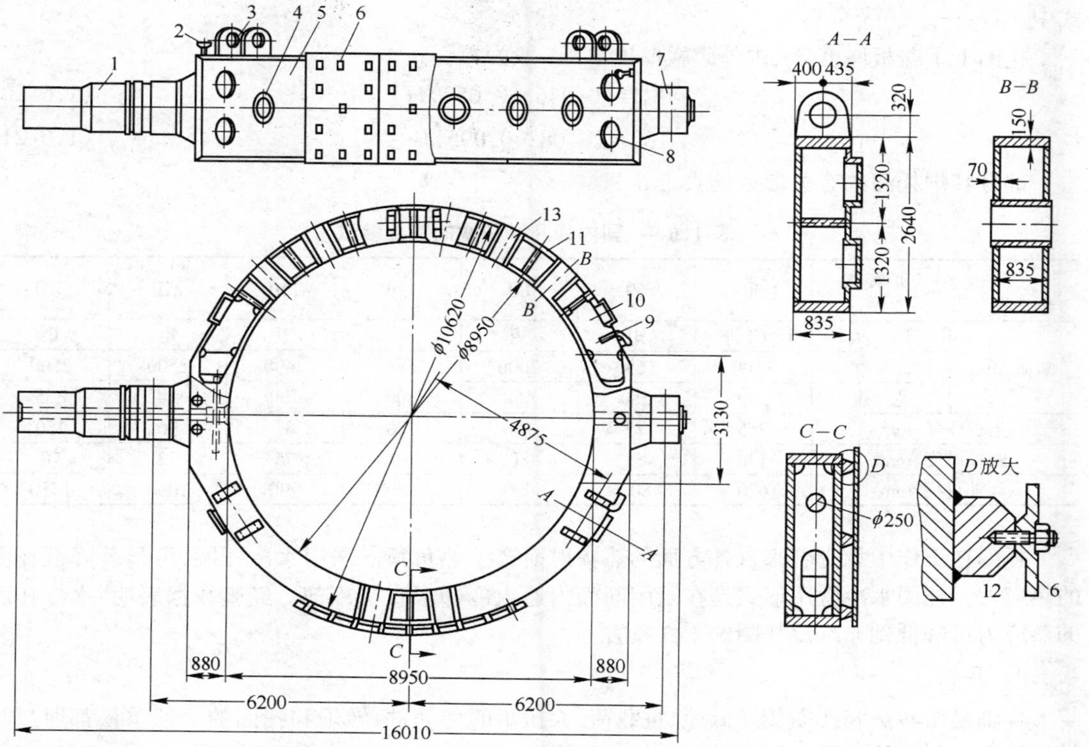


图 1.6-8 整体托圈结构

1—驱动侧耳轴;2—进水管;3—吊耳;4—空气流通孔;5—托圈;6—保护板;7—从动侧耳轴;8—人孔;9—出水管;10—横隔板;11—立筋板;12—连接保护板用凸块;13—圆管

托圈与炉壳的间隙,主要根据炉壳的变形量和炉壳表面对流、散热的需要来确定。推荐的经验取值:

$$\Delta = 0.03D_L$$

式中 $D_L$——炉壳外径,mm;

$\Delta$——炉壳与托圈间隙,mm。

托圈的基本尺寸包括托圈内径、外径和断面尺寸。

托圈内径为:

$$D_n = D_L + 2\Delta$$

托圈外径为:

$$D_w = D_n + 2B$$

式中 $B$——托圈断面宽度。

托圈断面尺寸包括断面高度 $H$,断面宽度 $B$,盖板和腹板的厚度 $\delta_1$、$\delta_2$。它们是决定托圈强度和刚度的尺寸参数。托圈一般采用矩形断面,其断面高宽比 $H/B$ 为:

$$H/B = 2.5 \sim 3.5 \quad (1.6\text{-}17)$$

托圈的高度和宽度一般为:

$$H = (0.22 \sim 0.24)H_{壳} \quad (1.6\text{-}18)$$

$$B = (0.115 \sim 0.135)D_L \quad (1.6\text{-}19)$$

式中　$H_{壳}$——炉壳全高。

托圈上下盖板厚度 $\delta_1$，内外腹板厚度 $\delta_2$，一般为：

$$\delta_1=(0.046\sim0.052)H \tag{1.6-20}$$

$$\delta_2=(0.08\sim0.095)B \tag{1.6-21}$$

部分转炉托圈的有关参数见表 1.6-9。

**表 1.6-9　国内外几种托圈的主要参数**

| 参数 \ 炉容/t | | 30 | 50 | 80 | 120 | 150 | 210 | 300 |
|---|---|---|---|---|---|---|---|---|
| 断面/mm | 形　状 | 反 C(铸) | 矩 | 矩 | 矩 | 矩 | 矩 | 矩 |
| | 高　度 | 1500 | 1650 | 2000 | 2000 | 2400 | 2500 | 2500 |
| | 宽　度 | 400 | 580 | 650 | 800 | 760 | 900 | 835 |
| 盖板厚度/mm | | 255 | 75 | 100 | 100 | 83 | 90 | 150 |
| 腹板厚度/mm | | 130 | 55 | 80 | 80 | 75 | 72 | 70 |
| 耳轴直径/mm | | 630 | 800 | 900 | 850 | 900 | 1060 | 1350 |

托圈在工作中承受着来自各方面的热辐射而产生热负荷。采用水冷托圈，可显著降低托圈的热应力。托圈水冷常用形式是在封闭断面内通入冷却水直接冷却。经验数据表明，水冷托圈的热应力可降低到非水冷托圈的 1/3 左右。

2. 耳轴

耳轴是给转炉和托圈传递低速、重载荷、大扭矩的传动件，转炉和托圈的全部重量都通过耳轴经轴承座传递给地基。倾动机构的扭矩又通过一侧耳轴传递给托圈和炉体。因此，耳轴应有足够的强度和刚度，一般采用合金钢锻造加工。为减少耳轴受热产生的变形和负荷，同时防止耳轴轴承过热，耳轴通常做成空心的，内通水冷却。

耳轴与托圈的连接形式主要有法兰螺栓连接、静配合连接和焊接三种形式。法兰连接是用过渡配合将耳轴装入托圈的耳轴座中，再用螺栓和圆销固定，以防止耳轴与孔发生转动和轴向位移。以静配合连接的耳轴具有过盈尺寸，装配时用液氮冷却耳轴插入耳轴座，或耳轴孔加热后再装入耳轴。这两种方式都可以通过机加工手段来保证两耳轴的同轴度要求。直接焊接形式是将耳轴与托圈焊接在一起，这种结构一般没有耳轴座，重量轻，结构简单，加工量少，但对焊接的要求高。

**（三）炉体与托圈的连接装置**

1. 连接装置的基本要求

炉体通过连接装置与托圈连接。炉壳和托圈在机械载荷的作用下和热负荷的影响下都将产生变形。因此，要求连接装置一方面将炉体牢固的固定在托圈上；另一方面，又要能适应炉壳和托圈热膨胀时，在径向和轴向产生相对位移的情况下，不使位移受到限制，以免造成炉壳和托圈产生严重的变形和破坏。另外，随着炉壳和托圈变形，在连接装置中将引起传递载荷的重新分配，会造成局部过载，并由此引起严重的变形和破坏。一个好的连接装置应能满足下列要求：

(1) 能够牢固地把炉壳和托圈连接在一起，能够可靠地传递炉体与托圈的载荷，并完成 360°的倾动；

(2) 能很好地适应炉壳和托圈的热膨胀，不使轴向、径向位移受到限制，以免造成炉壳和托圈因产生变形而被破坏；

(3) 使炉体负荷均匀作用到托圈上，避免产生静不定附加载荷；

(4) 安装、维修要方便。

2．连接装置的基本形式

炉体与托圈的连接装置有多种形式，目前我国应用的有斜面卡板把持器、平面卡板把持器、法兰螺栓连接装置、悬盘式连接装置、拉杆吊挂连接装置、弹簧板吊挂和钢筋束连接及三点式球铰连接等多种形式。现阶段设计中应用较普遍的连接形式是三点式球铰连接装置（也称自调螺栓连接装置）。

三点式球铰连接装置的支承方式，是采用球面带销自调螺栓将炉体与托圈连接在一起。它由三组球面自调螺栓、两组上托架、四组下托架和出钢口处的导向座组成。三组球面带销自调螺栓在圆周上呈120°布置，垂直安装在炉体上部的法兰圈上，其中两个布置在出钢口侧与耳轴成30°夹角，另一个装在装料侧与耳轴轴线成90°的位置上。自调螺栓通过水平销轴将炉体与托圈连接。当炉体产生径向膨胀时，由焊接在炉壳上的法兰圈推动球面垫移动，从而使自调螺栓绕支座摆动，故炉体径向位移不会受到约束，而且炉壳中心位置保持不变。同时，由于炉壳只用法兰圈通过自调螺栓支撑在托圈上面，托圈下部的炉壳上没有法兰与托圈连接，故托圈对炉壳在轴向没有任何约束，可以自由膨胀。三组球面带销自调螺栓与炉壳的上部连接支承法兰（见图 1.6-9），承受炉体在垂直位置和倾动过程的炉体载荷，其中位于出钢口对侧的自调螺栓，由于离耳轴中心距离最远，主要由它来承受倾动力矩。而当炉体倾动到水平位置时，炉体的载荷则由位于耳轴部位的两组止动托架传递给托圈。位于耳轴位置两组上托架，由焊在炉壳上的卡板，嵌入焊接在托圈表面的卡座内。而四组下托架，卡板通过铰制螺栓固定在炉壳上，以便于炉壳安装，卡座焊接在托圈下表面上。卡座与卡板仅在侧面接触，以制约其横向位移，承受平行于托圈表面的载荷。

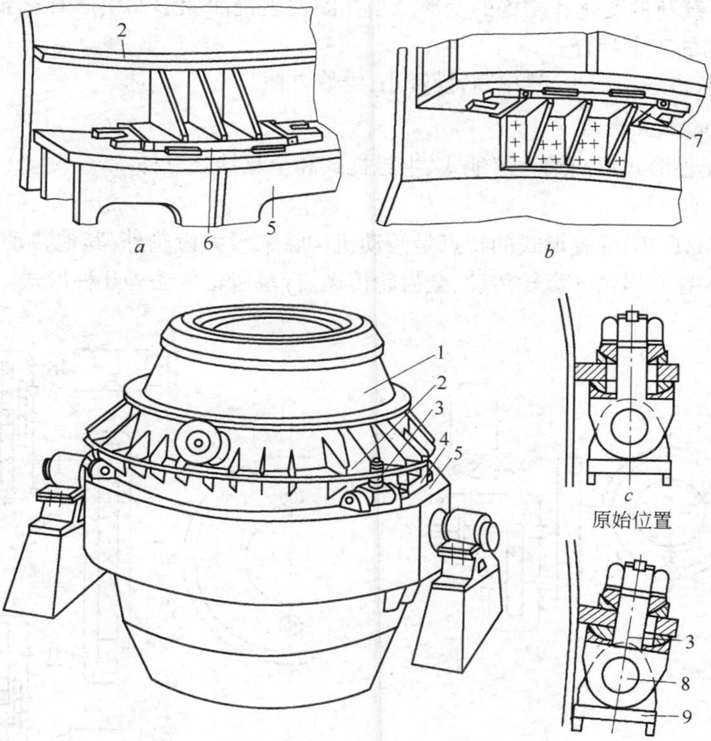


图 1.6-9　300 t 转炉自调螺栓连接装置

1—炉体；2—下法兰圈；3—自调螺栓；4—筋板；5—托圈；6—上托架；7—下托架；8—销轴；9—支座

炉体的限位，沿耳轴轴线方向是靠出钢口下的导向定位块和相应的支承点来实现；而在与耳轴轴线垂直方向的定位，则由托圈上下的止动托架来实现。

这种连接装置能很好的满足对连接装置的各种要求，且结构较简单，制造、安装容易，维护量小，安全可靠，是目前国内应用比较理想的一种连接形式。我国中小型转炉也已有应用。但这种连接装置还留用卡板装置，使用中仍存在限制炉壳相对于托圈的胀缩。此外，球铰连接处零件较多，使用时易磨损，使炉体倾动时产生晃动，卡板与炉壳用螺栓连接工作量很大。

**（四）倾动机构**

1. 对转炉倾动机构的要求

倾动机构的作用是倾动炉体，以满足兑铁水，加废钢，取样，出钢和倒渣等工艺操作的要求。它的特点是减速比大，倾动力矩大，启制动频繁。对倾动机构的性能有以下几点要求：

(1) 应能使炉体正反转 360°，并能平稳、准确地停在预定的位置上，在启动、旋转和制动时能保持平衡，操作灵活，还要与氧枪和烟罩升降机构等操作保持一定的连锁关系，以免误操作。

(2) 大、中型转炉应具有两种以上的倾动速度，在出钢、倒渣、测温取样等操作时，要求平稳而缓慢的倾动，避免钢、渣溅出炉外。当转炉大幅度倾动时，如刚从垂直位置摇下或从水平位置摇起时，采用快速倾动，以便节约辅助时间，即将到达预停位置时采用慢速，以便停稳停准。一般慢速为 0.1～0.3 r/min，快速为 0.7～1.5 r/min。小型转炉采用一种倾动速度，一般为 0.8～1 r/min。

(3) 倾动机构必须安全可靠，应避免传动机构的任何环节发生故障。

(4) 应能适应载荷的变化和结构的变形。当托圈发生挠曲变形而引起耳轴轴线偏斜时，仍能保持各传动齿轮副的正常啮合。

(5) 结构紧凑，占地面积少，效率高，投资小，维修方便。

2. 倾动机构的配置形式

倾动机构的配置形式可归纳为落地式、半悬挂式和全悬挂式三种。

A　落地式

落地式（见图 1.6-10）配置形式的特点是倾动机构除末级大齿轮外，其他传动机械都安装在基础上。传动机械本身有蜗轮—齿轮传动、全齿轮传动、行星齿轮传动等几种形式。

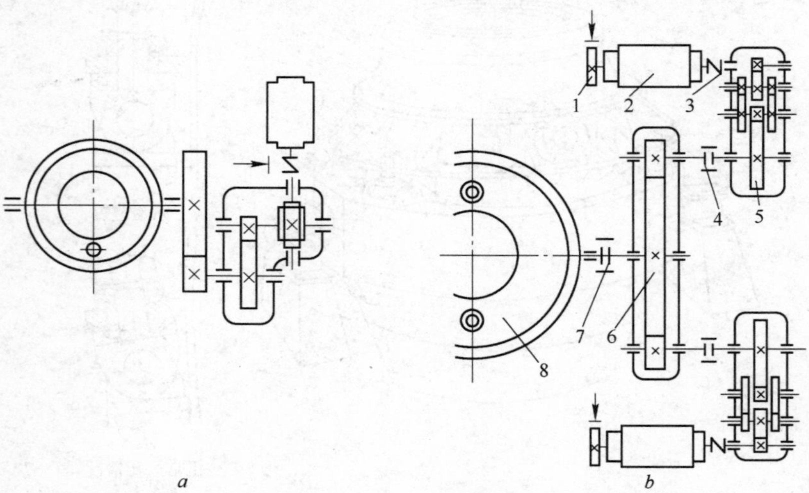


*a*　　*b*

图 1.6-10　落地式转炉倾动机构传动示意图

*a*—30 t 转炉落地式倾动机构；*b*—150 t 顶吹转炉倾动机构

1—制动器；2—电动机；3—弹性联轴器；4、7—齿形联轴器；5—分减速器；6—主减速器；8—转炉炉体落地式配置是转炉采用较早的一种机构形式，结构简单，但占地面积大。另外，主要的问题是当托圈挠曲变形严重而引起耳轴轴线产生较大偏差时影响大小齿轮的啮合，会导致齿轮严重磨损或断齿。现在这种形式仅应用在小型转炉上。

B　半悬挂式

半悬挂式（见图 1.6-11）配置形式的特点是把末级大小齿轮通过减速机箱体悬挂在转炉耳轴上，而其他传动机械仍安装在基础上。悬挂的末级小齿轮通过万向轴或齿式联轴器与落地的初级减速机相连。

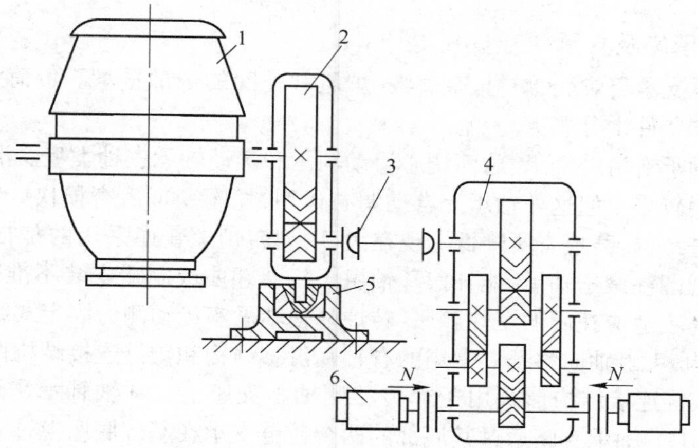


图 1.6-11　半悬挂式倾动机构

1—转炉；2—悬挂减速器；3—万向联轴器；4—减速器；5—制动装置；6—电动机

为防止悬挂减速机绕耳轴回转，必须设置抗扭装置。由于半悬挂配置形式把末级大小齿轮都悬挂在转炉耳轴上，所以耳轴的轴线由于托圈变形而产生偏斜时并不影响大小齿轮之间的正常啮合。其设备重量和占地面积比落地式的有所减少。

C　全悬挂式

全悬挂式配置形式的特点是把从电动机到末级齿轮副的全部传动装置都通过减速机箱体悬挂在转炉耳轴上。

目前的全悬挂式转炉倾动机构均采用多点啮合柔性支承传动，即末级传动是由数个（4 个、6 个或 8 个）各自带有传动机构的小齿轮驱动同一个末级大齿轮。多点啮合充分发挥了大齿轮的能力，使单齿的传动力大大减少，减小了设备尺寸。同时在其中一套驱动系统发生故障时，其他系统仍可维持转炉继续工作，直至本炉钢冶炼结束，具有较强的备用能力，安全性和可靠性、事故处理能力也都大大提高。由于整套传动装置都挂在耳轴上，托圈的挠曲变形不会影响齿轮的正常啮合。柔性抗扭缓冲装置的采用，使传动平稳，降低了机构的动负荷和冲击力。

目前国内应用较多的是带扭力杆缓冲装置的四点啮合全悬挂倾动机构，见图 1.6-12。悬挂减速器箱体

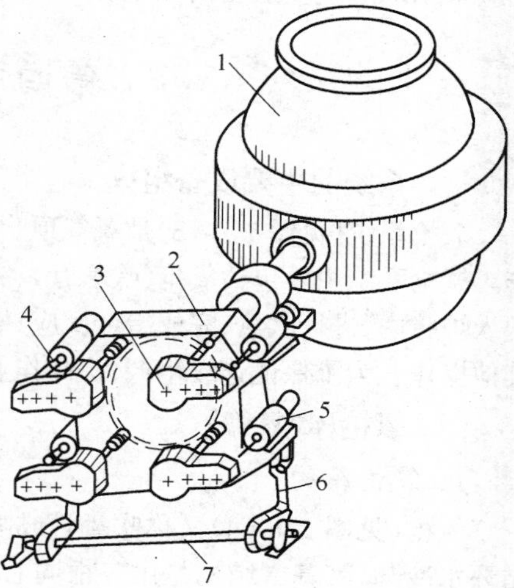


图 1.6-12　全悬挂式倾动机构

1—转炉；2—齿轮箱；3—三级减速器；4—联轴器；5—电动机；6—连杆；7—缓震抗扭轴

通过与之铰接的两根立杆与水平扭力杆柔性抗扭缓冲装置连接。水平扭力杆的两端支承于固定在基础上的支座中，立杆通过拉、压力把倾动力矩转化为作用在扭力杆上的扭矩和扭力杆支座上的垂直力。扭力杆通过本身的扭转弹性变形与作用在杆上的扭矩平衡，并通过扭力杆支座将产生的垂直力传递到基础上。为防止过载以保护扭力杆，在悬挂箱体下方还设置有止动支座，在正常情况下止动支座不起作用，箱体底部与止动支座间留有间隙。当倾动力矩超过正常值3倍时，间隙消除，箱体底部与止动支座接触，这时，电机停转，以防止扭力杆由于过载而扭断。这种装置不使耳轴轴承座产生附加水平力，不使耳轴轴承座承受倾翻力矩。同时使用寿命长，减震和缓冲性能也较好。

**(五) 耳轴轴承座及支承**

转炉耳轴轴承支承着炉壳、炉衬、金属液、炉渣和托圈的全部重量。负荷大、转速低、启制动频繁、温度高，工作条件十分恶劣。

转炉耳轴的轴承有滑动轴承、球面调心滑动轴承和滚动轴承三种类型。滑动轴承容易安装，在小型转炉上应用较多。但这种轴承无自动调心作用，托圈变形后磨损快。球面调心滑动轴承是滑动轴承的改进结构，磨损有所降低。现在大、中型转炉上普遍采用的是自动调心滚动轴承。采用自动调心双列圆柱滚子轴承，能补偿耳轴由于托圈翘曲或制造安装不准确而引起的不同心度和不平行度。为了适应托圈的受热膨胀，转炉耳轴轴承座传动侧为固定式结构形式，非传动侧为自由端浮动结构，可沿轴向移动。常用的有轴瓦滑移结构和铰链连接结构两种形式。

图1.6-4是铰链连接结构形式用于非传动侧轴承支座上。耳轴轴承采用双列调心滚子轴承，固定在轴承座上。轴承支座通过其底部的两个铰链支承在基础底座上，两个铰链的销轴在同一轴线上，并与耳轴轴线垂直。冶炼时，依靠支座的偏斜摆动补偿耳轴轴线方向的胀缩位移，由于耳轴轴向移动量与支座摆动半径相比极小，所以此侧耳轴高度上的微小变化不妨碍轴承的正常工作。采用铰链式轴承支座，可将传动侧和非传动侧耳轴轴承座都设计成固定式调心滚柱轴承结构，这不仅使轴承座结构简单化，而且更重要的是这种结构受轴向力很小，基本没有轴向倾翻力矩，从而大大改善了基础的受力状况，减轻了基础负荷。为防止脏物落入轴承内部，轴承外壳应采用双层或多层密封装置，这对于滚动轴承尤为重要。

## 第四节　氧枪系统设备

### 一、系统的主要设备组成

氧枪系统(见图1.6-13)是氧气顶吹转炉的关键工艺设备之一，它完成向转炉内吹送氧气的工作。氧枪系统主要包括氧枪(吹氧管)、氧枪升降装置、换枪装置三部分。吹炼时，升降装置将氧枪送入炉膛内，进行吹氧，完成冶金反应；停止吹炼时，氧枪由升降装置带出炉外，以便转炉可以进行其他操作。为了保证连续生产，提高作业率，当工作氧枪损坏时，须由换枪装置将其迅速更换。

### 二、氧枪(吹氧管)

1. 氧枪结构

氧枪(见图1.6-14)又称吹氧管或喷枪，它在炉内高温下工作，工作条件十分恶劣。氧枪采用循环水冷却，其基本结构是由三根同心钢管将带有供氧、供水和排水通路的枪尾与喷出氧流的枪头连接而成的一个管状空心体。内层管为氧气通道，内层管与中层管之间是冷却水的进水通道，中层管与外层管之间是冷却水的回水通道。各管上端通过法兰分别与三根软管相连，分别用于供氧和进、出冷却水。

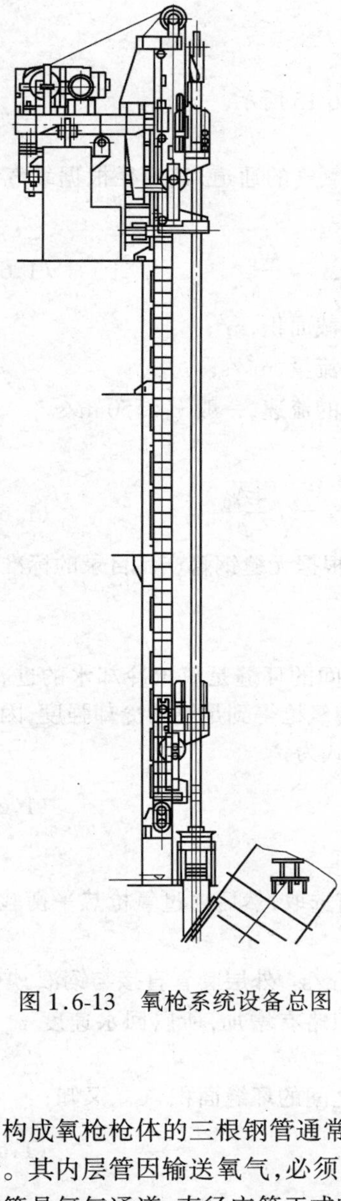

图 1.6-13 氧枪系统设备总图

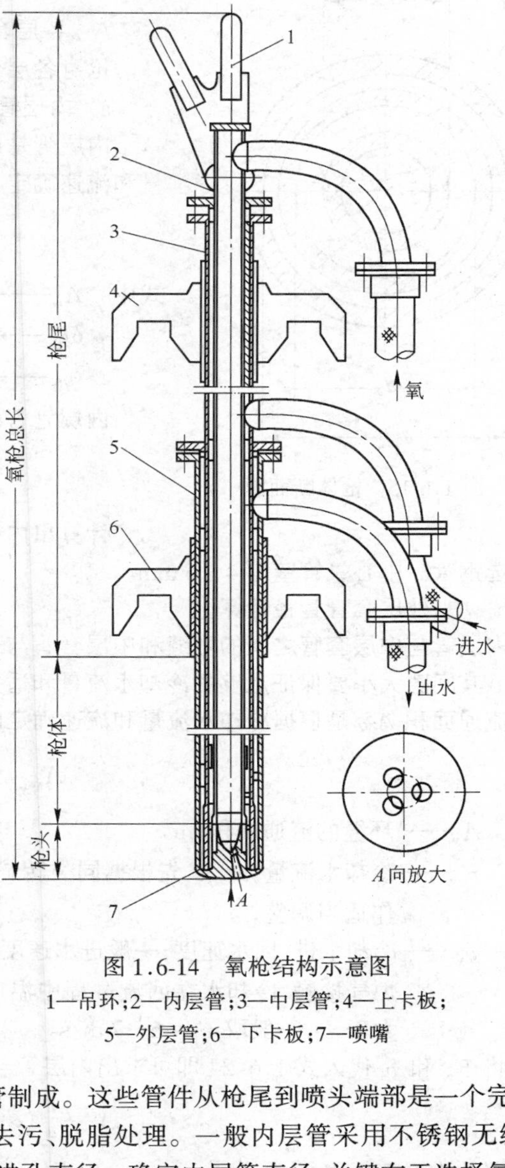


图 1.6-14 氧枪结构示意图

1—吊环;2—内层管;3—中层管;4—上卡板;5—外层管;6—下卡板;7—喷嘴

构成氧枪枪体的三根钢管通常由无缝钢管制成。这些管件从枪尾到喷头端部是一个完整的直管。其内层管因输送氧气,必须经过清洗、去污、脱脂处理。一般内层管采用不锈钢无缝管。内层管是氧气通道,直径应等于或略大于喷头进孔直径。确定内层管直径,关键在于选择氧气流速。流速高,管径就小,但阻损增大。一般内层管氧气流速选用≤50 m/s。中层管与内层管之间是高压冷却水的进水通道,必须有一定的流速、一定的压力、足够的冷却水流量,以使喷头和枪体得到良好的冷却。一般进水流速不小于 5 m/s,出水流速不小于 6 m/s。中层管除控制进水流速外,还应控制枪头端面处冷却水的流速不小于 8 m/s,以使端面具有足够的冷却强度,保护喷头。因此在结构上,中间管与枪头端面之间的间隙必须严格保证。一般,在中层管内外每间隔一段距离焊上定位块固定中层管,而在端面上设立三个支点,或用定位销、定位槽来保证实现所要求的枪头端面处间隙。外层管与中层管之间是冷却水的出水通道。冷却水经过喷头后温度升高 10~15℃(一般规定出水温度不得超过 45℃),体积略有增大,所以出水流速略大于进水流速。一般出水流速不小于 6 m/s。

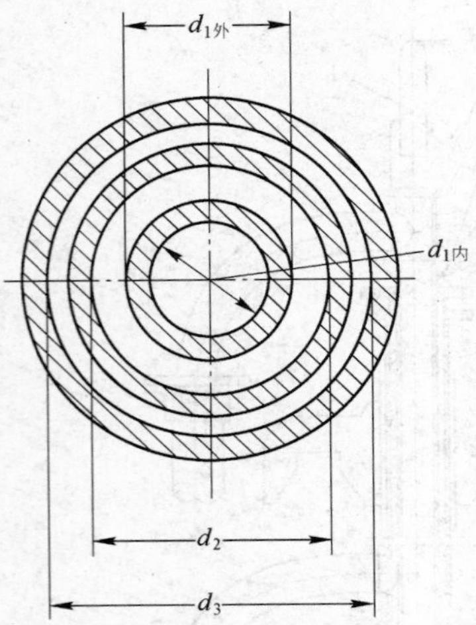


图 1.6-15　枪体断面图

2. 枪体设计

A　各层套管管径计算

枪身各层套管如图 1.6-15 所示。

a　内层管管径计算

内层管是向喷头输送氧气的通道，其内径根据氧气的流量和流速确定：

$$A_0 = \frac{Q_0}{v_0} \tag{1.6-22}$$

式中　$A_0$——内层管管内截面积，$m^2$；

$Q_0$——氧气的工况流量，$m^3/s$；

$v_0$——氧气在管内的流速，一般 $v_0 \leqslant 50$ m/s。

内层管管内径 $d_{1内}$ 为：

$$d_{1内} = \sqrt{\frac{4A_0}{p}} \tag{1.6-23}$$

计算出内径 $d_{1内}$ 后再根据无缝钢管产品目录的标准系列规格选钢管。中心氧管壁厚 4～6 mm。

b　中、外层套管管径计算

内层管与中层套管之间的环缝和中层套管与外层套管之间的环缝是氧枪冷却水的进、出水通道。其间隙大小要保证足够的冷却水流量和适宜的流速，使氧枪得到足够的冷却强度，因此环缝的流通面积 $A_W$ 是根据冷却水流量和流速确定的。计算公式为：

$$A_w = \frac{F_w}{v_w} \tag{1.6-24}$$

式中　$A_w$——环缝的流通面积，$m^2$；

$F_w$——冷却水流量，$m^3/s$，先根据同类转炉的经验数值选取，然后通过氧枪热平衡验算再作适当调整；

$v_w$——冷却水进、回水速度；一般进水速度 $v_j$ 取 5～6 m/s。外层套管直接与钢液、炉渣和炉气接触，冷却水在回流过程中温度升高，体积略有增加，所以回水速度 $v_p$ 应略大于 $v_j$，一般取 $v_p = 6 \sim 7$ m/s。

将 $F_w$ 和 $v_j$ 代入式 1.6-24 即可求出内层管与中层套管之间的环缝面积 $A_j$。又知：

$$A_j = \frac{\pi}{4}(d_2^2 - d_{1外}^2) \tag{1.6-25}$$

因此中层套管内径 $d_2$ 为：

$$d_2 = \sqrt{d_{1外}^2 + \frac{4A_p}{\pi}} \tag{1.6-26}$$

求出 $d_2$ 后再按照标准规格选择钢管。当选择钢管直径与计算值不一致时，还应验算水速。中层套管壁厚可适当薄一些，一般 3～5 mm。

将 $F_w$ 和 $v_p$ 代入式 1.6-24 即可求出中层套管与外层套管之间环缝面积 $A_p$，外层套管内径 $d_3$ 为：

$$d_3 = \sqrt{d_{2外}^2 + \frac{4A_p}{\pi}} \tag{1.6-27}$$

式中　$d_{2外}$——中层套管外径。

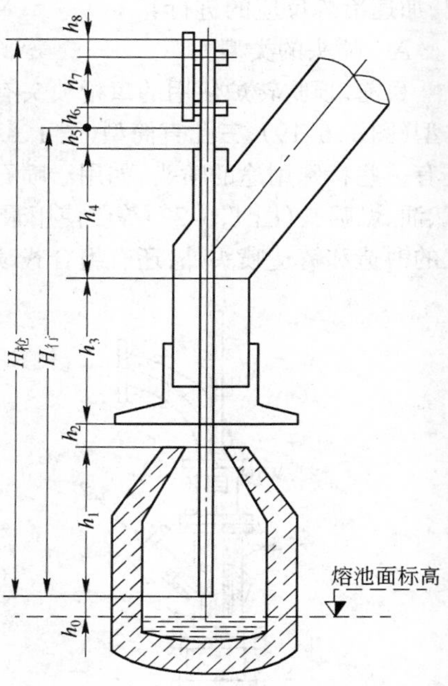

图 1.6-16　氧枪的总长和行程

外层套管的壁厚既要保证氧枪的刚度,又不使枪身过重,一般为 6～10 mm,大容量转炉氧枪下部 6 m 外层套管采用倒锥形。选择各层钢管壁厚的原则是外层套管最厚,内层管次之,中层套管最薄。为了防止中层套管摆动,保证环缝间隙,在内层管和中层套管外壁上每隔一定距离焊有限位块。

B　氧枪总长度和行程的确定

氧枪总长度 $H_{枪}$ 和行程 $H_{行}$ 如图 1.6-16 所示。

氧枪总长度 $H_{枪}$ 的计算公式为:

$$H_{枪} = h_1 + h_2 + h_3 + h_4 + h_5 + h_6 + h_7 + h_8 \tag{1.6-28}$$

氧枪行程 $H_{行}$ 的计算公式为:

$$H_{行} = h_1 + h_2 + h_3 + h_4 + h_5 \tag{1.6-29}$$

式中　$h_1$——氧枪最低位置至炉口的距离;

$h_2$——炉口至烟罩下沿的距离,一般取 350～500 mm;

$h_3$——烟罩下沿至烟道拐点的距离;

$h_4$——烟道拐点至氧枪插入孔距离;

$h_5$——为清理氧枪粘渣和换枪的需要的距离,一般取 500～800 mm;

$h_6$——根据把持器下段要求决定的距离;

$h_7$——把持器中心线距离;

$h_8$——根据把持器上段要求决定的距离。

$h_0$ 为氧枪最低位置至熔池液面距离,一般为 200～400 mm。

C　氧枪的冷却水消耗量(见图 1.6-17)

在冶炼过程中氧枪接受的热量主要来自炉渣和飞溅金属的传热,以及炉壁的热辐射。在正常生产条件下,氧枪的热负荷约为 0.96 GJ/(m·t)影响氧枪寿命的重要原因是冷却效果,只有当氧枪接受的热量能及时被冷却水带走时,才能保证氧枪不被烧坏而维持正常工作。因此,冷却水消耗量 $F_w$ 为:

$$F_w = \frac{Aq}{C\Delta t} \tag{1.6-30}$$

式中　$F_w$——冷却水耗量,t/h;

$A$——氧枪工作表面积,$m^2$;

$q$——氧枪热负荷,取 0.96 GJ/(m·t);

$C$——水的比热容,$C = 4.184 \times 10^3$ kJ/(t·℃);

$\Delta t$——进、出水温差,水的允许温升采用净化水时 $\Delta t \leqslant 15$℃,采用软水时 $\Delta t \leqslant 20$℃,出水温度小于 50℃。

3. 喷头

喷头上的孔型和孔的数目是关键性工艺参数,它直接决定着吹炼的操作制度和工艺效果。转炉的吹炼时,为了保证氧气流对熔池的搅拌作用,要求氧气流在喷头的出口具有一定的速度,使之具有较大的动能。这样,氧气流以一定的压力冲击熔池中的液体金属,起到供氧和搅拌作用,加速冶炼反应的进行。

A　喷头的类型

目前,顶吹转炉使用的氧枪喷头有许多种,有单孔拉瓦尔型(图 1.6-18),三孔(或多孔)拉瓦尔型(图 1.6-19)、三孔直筒型(图 1.6-20),即共用一个收缩段和喉口,然后分成三个直孔。此外还有一些特殊用途的喷头,如用于喷石灰粉的长喉氧—石灰粉喷头(图 1.6-21)和预热废钢用的氧、油、燃喷头(图 1.6-22)等。使用最多的是三孔拉瓦尔型喷头,就喷头结构来说,除了整体加工的锻造和铸造喷头外,还有组合式喷头。

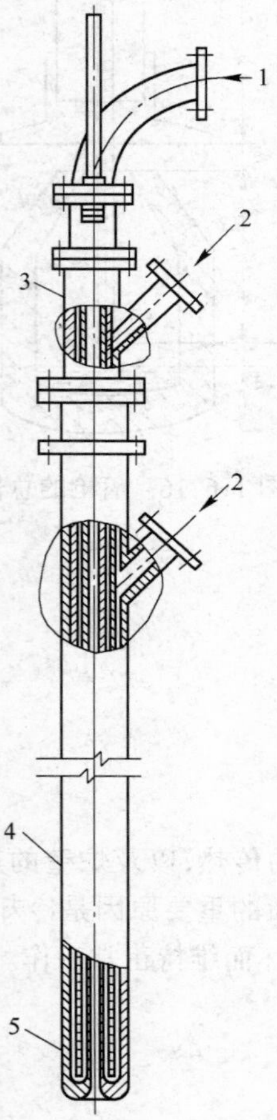


图 1.6-17　氧枪结构图

1—氧气;2—冷却水;3—枪尾;4—枪身;5—喷头

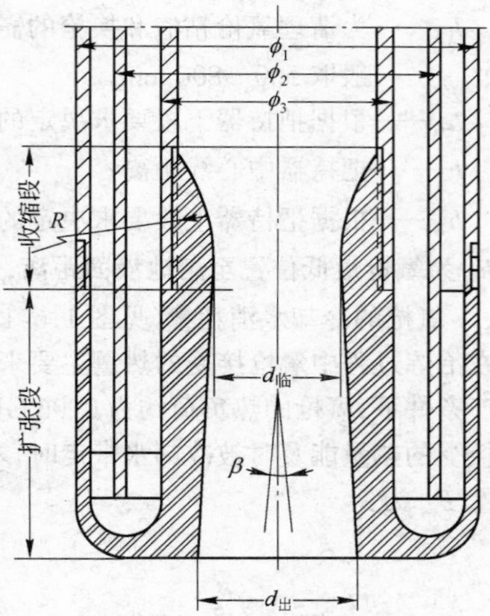


图 1.6-18　单孔拉瓦尔喷头

拉瓦尔型喷孔是一个先收缩后扩张的喷管,由收缩段、喉口和扩张段三部分组成。喉口是收缩段和扩张段的交界面,此处的截面积量小,称为临界截面,喉口直径称为临界直径。当高压气体流经喷孔的收缩段时,因喷孔截面积逐渐减小而被加速,在喉口处达到声速,流经扩张段时因气体膨胀,压力降低,速度继续增加,到达喷孔出口处时气流压力降至与外界压力相等,速度达到设计要求的超声速流股。与其他类型的喷头相比,这种喷头的流股出口速度最大,在相同冲击深度下枪位量高,喷头的工作环境有所改善。

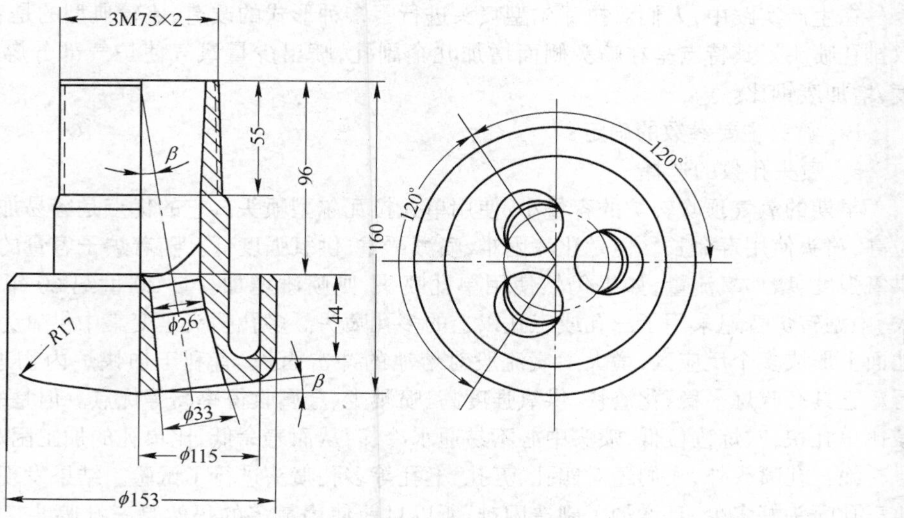


图 1.6-19　三孔拉瓦尔型喷嘴图(30 t 转炉用)

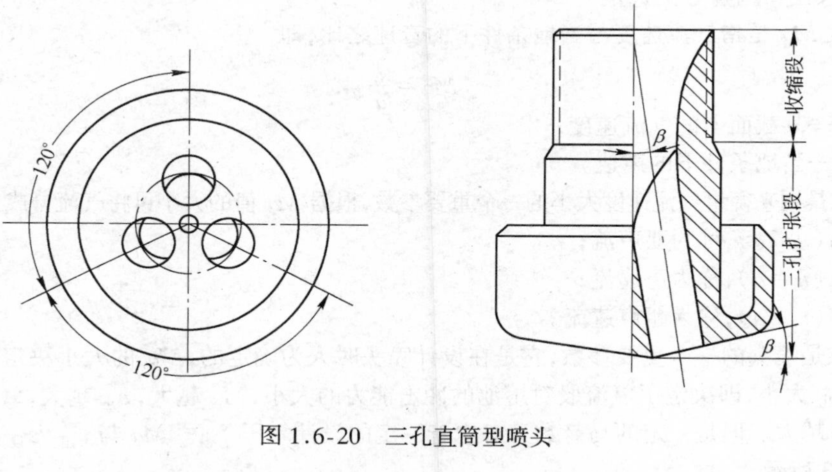


图 1.6-20　三孔直筒型喷头

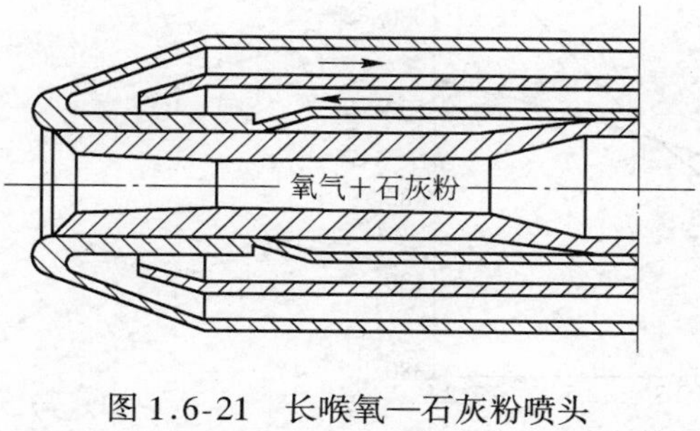


图 1.6-21　长喉氧—石灰粉喷头

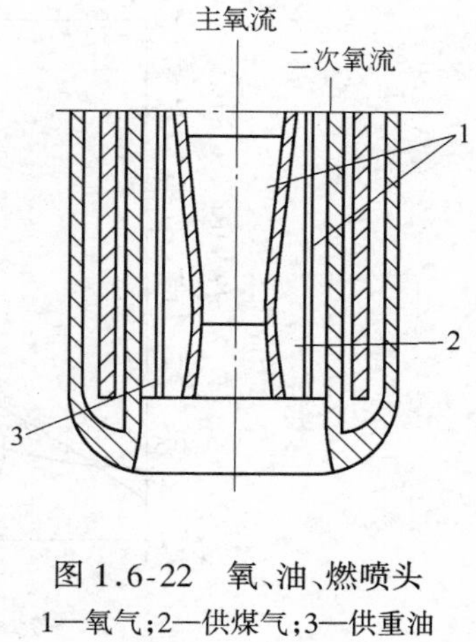


图 1.6-22　氧、油、燃喷头

1—氧气；2—供煤气；3—供重油

在生产实践中，人们对拉瓦尔型喷头进行了多种形式的改造，比较典型的是双流道或单流道双排孔喷头。其特点是在喷头侧面增加几个副孔，喷出少量氧气使炉气部分燃烧，提高炉膛温度，增加废钢比。

B　喷头主要参数的确定

a　喷头孔数的选择

早期的氧气顶吹转炉的容量小，使用单孔拉瓦尔型喷头。它的优点是容易加工制造，吹炼枪位高，喷头使用寿命长。但是化渣困难，喷溅严重，供氧强度低。随着炉子容量的增大，要求提高供氧强度、增加氧流量，如果仍然使用单孔喷头，则喷溅增加。自 20 世纪 60 年代开始，世界上大、中型转炉普遍采用了三孔或三孔以上的多孔喷头。多孔喷头是变集中供氧为分散供氧，在熔池面上形成多个反应区，增大了氧流股对熔池的冲击面积，有利于加快炉内物理化学反应的进行。它具有吹炼平稳、化渣快、供氧强度高、喷溅少、金属收得率高等优点。但是氧流股的速度衰减比单孔快，吹炼枪位低，喷头中心不易通水冷却，从而寿命低，比单孔的加工困难。

除三孔喷头外，人们还对四孔、五孔、七孔等多孔喷头进行了试验。结果发现，使用效果并不比三孔喷头好多少，且增加了制造困难，所以目前使用最多的仍然是三孔喷头。当然，大型转炉使用四孔以上喷头更为合理。小型转炉使用单孔或三孔喷头，中型转炉使用三孔喷头。

b　喷头出口马赫数的选定

马赫数 $Ma$ 是指气流速度与当地条件下的音速之比，即：

$$Ma = \frac{u}{a} \tag{1.6-31}$$

式中　$u$——某截面上的气流速度；

　　　$a$——当地条件下的声速。

马赫数是用来衡量气流速度大小的一个重要参数，根据 $Ma$ 值的大小可将气流分成三种状态：

$Ma<1(u<a)$，称为亚声流；

$Ma=1(u=a)$，称为声速流；

$Ma>1(u>a)$，称为超声速流。

马赫数是喷头的一个重要参数，它是在设计喷头时人为确定的，$Ma$ 的大小决定了氧流股的出口速度 $v_{出}$ 大小，即决定了氧流股对熔池的冲击能力的大小，$Ma$ 越大，$v_{出}$ 越大，氧流股对熔池的冲击能力越大。但是一定的马赫数又对应着一定的设计氧压 $p_{设}$。$Ma$ 与 $v_{出}$、$p_{设}$ 之间的关系如图 1.6-23 所示。

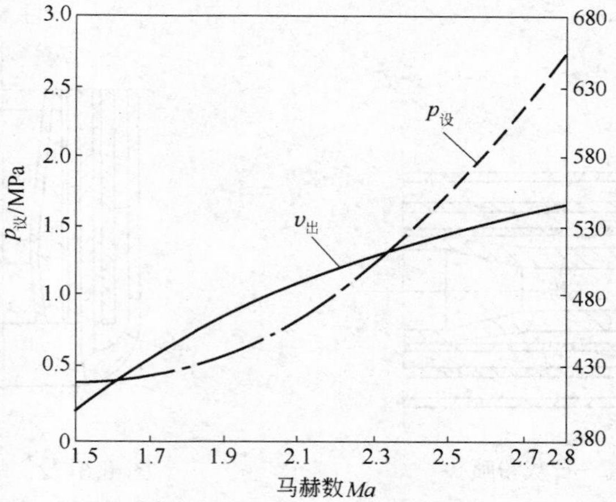


图 1.6-23　马赫数、氧气出口速度和设计工况氧压之间的关系

从图中可以看出,随着 $Ma$ 的增大,$v_{出}$ 和 $p_{设}$ 都增大,从提高 $v_{出}$ 考虑希望选用较大的 $Ma$;但是,较大的 $Ma$ 也对应着较大的 $p_{设}$,尤其当 $Ma>2.0$ 以后,随着 $Ma$ 的增大,$v_{出}$ 的增大速度变慢,并且越来越慢,而 $p_{设}$ 的增大速度明显变快,且越来越快。$Ma$ 从 2.0 增加到 3.0 时,$v_{出}$ 提高了 1.22 倍,而 $p_{设}$ 则提高了 4.7 倍。过高的 $p_{设}$ 会给氧气输送带来困难,对输氧管道强度要求更高。当 $v_{出}$ 达到 450~500 m/s 时就可以满足冶炼要求,所以设计喷头时把 $Ma$ 选在 2.0 左右,最大不大于 2.5。

c 喷孔夹角和喷孔间距

多孔喷头的喷孔夹角是指喷孔几何中心线与喷头轴线之间的夹角,用 $\beta$ 表示,如图 1.6-19 所示。它也是喷头的一个重要参数。

设计良好的喷头,流股基本上沿着喷孔中心线喷射,在熔池面上形成具有一定冲击半径 $R_{冲}$ 的反应区。经验证明,冲击半径与熔池半径 $R_{熔}$ 之比 $R_{冲}/R_{熔}$ 是一个对冶炼有较大影响的参数,三孔喷头在正常枪位下要求 $R_{冲}/R_{熔}$ 在 0.1~0.2 范围内。如果 $\beta$ 角太小,诸流股容易重叠交汇,对熔池搅拌不力。从避免流股交汇考虑,希望 $\beta$ 角大些,但是 $\beta$ 角太大,当 $R_{冲}/R_{熔}>0.2$ 时,流股可能冲刷炉墙降低炉龄。对于中、小型转炉,比较合适的 $\beta$ 角为 8°~12°之间,便能保证 $R_{冲}/R_{熔}$ 在 0.1~0.2 范围内。

喷孔间距是指喷头出口处喷孔中心线与喷头轴线之间的距离,它对流股之间的相互作用有影响,如果间距太小,流股从喷孔喷出后相互吸引程度增加,从降低流股交汇趋势考虑,增大 $\beta$ 角与增大喷孔间距的效果相同。但是增大 $\beta$ 角有降低流股中心最大速度的趋势,而增大喷孔间距则不然,因此设计喷头时尽可能增大喷孔间距,而不轻易增大 $\beta$ 角。但增大喷孔间距往往受喷头尺寸限制,根据冷态测定,喷孔间距为(0.8~1.0)$d_{出}$(喷孔出口直径)比较合适。

C 喷孔尺寸计算

a 喉口直径和长度

喉口直径是喷孔尺寸中最重要的尺寸参数。当喷孔的 $Ma$ 和 $p_{设}$ 确定以后,喉口面积主要取决于氧流量,确定喉口直径就相当于确定氧流量。如果喉口直径大,氧流量就大,超过了冶炼要求的供氧强度,将会使炉内反应失去平衡;如果喉口直径小,氧流量就小,供氧强度小,吹炼时间延长。喉口直径是根据冶炼需要的供氧量来确定的,计算公式为:

$$Q=179.8C_D\frac{A_Tp_0}{\sqrt{T_0}} \tag{1.6-32}$$

式中 $Q$——每个喷孔的氧流量,(标态)$m^3$/min;

$A_T$——喉口面积,$cm^2$;

$p_0$——喷头前的氧气压力,MPa;

$T_0$——喷头前的氧气温度,K;

$C_D$——喷孔流量系数,三孔喷头 $C_D=0.90\sim0.95$,单孔喷头 $C_D=0.95\sim0.96$。

把已知的 $Q$、$p_0$、$T_0$ 代入上式,即可求出喉口面积 $A_T$,进而求出喉口直径 $d_T$:

$$d_T=\sqrt{\frac{4A_T}{\pi}} \tag{1.6-33}$$

从理论上讲,喉口是收缩段和扩张段的连接面,其长度为零。但是长度为零的喉口难以加工,所以实际使用的喉口都有一定长度,便于加工。一般喉口长度 $L_T=2\sim10$ mm 或者 $L_T=(1/3\sim1/2)d_T$。

b 喷孔出口直径

对于确定的 $Ma$ 和喉口面积 $A_T$，出口面积 $A_出$ 为定值，因为 $Ma$ 与 $A_出/A_T$ 有确定的关系：

$$A_出/A_T=\frac{1}{Ma}(0.833+0.167Ma^2)^3 \tag{1.6-34}$$

$$A_出=A_出/A_T\times A_T \tag{1.6-35}$$

$$d_出=\sqrt{\frac{4A_出}{\pi}}=\sqrt{A_出/A_T}\times d_T \tag{1.6-36}$$

c　收缩段尺寸

收缩段的作用是将气流从低速（$Ma=0.2$）加速到声速，由于起初的气流速度比较低，所以从中心氧管到收缩段的精度要求并不高，收缩段到喉口的过渡应比较平缓和光滑。收缩段入口直径与中心氧管内径相等。收缩角尽量大些（$\alpha_收$ 最大可取 60°），缩短收缩段长度，减少紫铜用量。当选定了收缩角以后，收缩段长度即被确定下来。

d　扩张段尺寸

扩张段的作用是将气流从声速加速到设计确定的出口 $Ma$。从喉口到扩张段的过渡应非常平缓和光滑。扩张角 $\alpha_扩$ 要适当，出口直径一定，$\alpha_扩$ 过小，则扩张段长，增大压力损失；$\alpha_扩$ 过大，则扩张段过短，容易在喷孔内壁附近形成负压区而吸入钢、渣，烧坏喷孔。合适的 $\alpha_扩=8°\sim12°$。

扩张段长度 $L_扩$ 为：

$$L_扩=\frac{d_出-d_T}{\tan(\alpha_扩/2)} \tag{1.6-37}$$

## 三、氧枪升降装置

氧枪在一炉钢的吹炼过程中需要多次升降以调整枪位。对氧枪升降装置的基本要求是：

(1) 应具有合适的升降速度，并可以变速。氧枪在炉口以上应快速升降，缩短时间，进入炉口以下应慢速升降，以便控制枪位。目前，大、中型转炉的氧枪升降速度：快速≤50 m/min，慢速 5 m/min 左右，小型转炉采用单一升降速度 8～15 m/min。

(2) 氧枪升降平稳，控制灵活，安全可靠。

(3) 保证氧枪严格保持铅垂位置，固定牢固。

(4) 应能快速更换氧枪，不因更换氧枪而耽误太长时间。

(5) 有完善的安全设施，能保证安全连锁的实现。

A　氧枪的升降控制及连锁

在转炉吹炼过程中，需多次升降氧枪，其升降控制一般要求为：

(1) 氧枪在"上极限"位置，接到下降指令快速下降；当通过"开氧点" 位置时，氧气快速切断阀打开送氧；当通过接近吹炼位置前的"变速点"时，由快速降为慢速，以便准确调整枪位；在"吹炼位置"下降停止，进行吹氧作业。

(2) 当接到提升指令由"吹炼位置"开始提升时，慢速提升近距离即到达"变速点"，变为快速提升；到达"停氧点"时，氧气快速切断阀关闭停止送氧；到达"等待点"时停止等待下步工艺指令，或继续提升至"上极限"位停止。

(3) 氧枪的升降与转炉、烟罩横移均有连锁要求，只有当氧枪提升至转炉炉口上方的某一特定点以上位置时，才允许转炉倾动；同样，只有当转炉倾动至 0°位置时，才允许氧枪下降。烟罩横移的连锁要求同理。

B　氧枪系统的安全装置

氧枪事故坠落将引起重大事故，造成重大损失。除日常检修维护外，一般设计上还设有安全装置。

a　断电事故提升装置

当发生停电事故时，自动将氧枪从转炉内提起，以避免氧枪在炉内烧穿。一般单卷扬采用配重提升；双卷扬采用蓄电池或气动马达提升。

b　断绳保护装置

为了防止钢丝绳断裂而造成掉枪事故，采用双钢丝绳牵引升降小车。当一根钢丝绳破断时，另一根钢丝绳可支持升降小车不下坠。同时可在断绳时设定行程开关发出信号，停止下降。也有的设计有专门的制动机构，当断绳时机构自动动作，使升降小车卡锁在轨道上制止下滑。

c　极限保护

在氧枪工作位下方设置电气极限和机械极限。机械极限保证即使电气极限失灵，也限制升降小车的下降位置，保证氧枪不会接触转炉内钢水。

d　过载保护

在氧枪升降机构上设有压力传感器，当断绳时发出信号停止下枪，在超载时也发出信号停止提枪。

根据转炉在车间的布置位置不同，氧枪升降机构有两种形式，转炉布置在单独跨间的大、中型转炉采用垂直升降。转炉和加料布置在同一跨间的 12 t 以下小型转炉则采用旁立柱式升降。

**（一）垂直升降机构**

氧枪升降装置包括升降传动装置、升降小车、升降导轨等。升降小车抱住氧枪在导轨上升降，完成升降氧枪的工艺操作。

1．升降传动装置

氧枪升降装置采用起重卷扬机来升降氧枪。按有无重锤可分为重锤提升式和无重锤提升式。借重锤带动的氧枪，工作氧枪和备用氧枪共用一套卷扬装置。按卷扬配置数量又可分为单升降和双升降传动装置。

A　单卷扬型氧枪升降机构

单卷扬氧枪升降传动机构（见图 1.6-24）采用间接升降方式，即借助平衡重来升降氧枪。氧枪固定在氧枪小车上，氧枪沿着轨道上下移动，利用钢丝绳将小车与平衡重连接起来。当卷筒提升平衡重时，氧枪和升降小车靠自重下降。当卷筒放下平衡重时，靠平衡重的重量使氧枪和升降小车提升。平衡重重量比氧枪、升降小车等负载的总和重量大 20%～30%。当发生断电事故时，顶开制动器（依靠气缸或人工松闸机构），可以靠平衡重将氧枪提出转炉外。当升降钢丝绳断裂时也借助平衡重提升氧枪。为了保证工作可靠，升降小车采用两根钢丝绳，当一根钢丝绳损坏，另一根钢丝绳仍能承担全部负荷，避免氧枪坠落。

B　双卷扬氧枪升降机构

双卷扬氧枪升降传动机构（见图 1.6-25）设置两套升降卷扬安装在一台公用的或两台独立的横移车上，分别提升工作氧枪和备用氧枪。每座转炉有两台升降小车。该机构不设配重，当发生断电事故时可以通过蓄电池或采用气动马达提升氧枪。

2．升降小车

升降小车是焊接车架，上面装有滚轮、氧枪夹紧和调节装置、滑轮组等。滚轮通常有前后和左右各两对，起导向作用，同时还承受偏心重量引起的倾翻力矩。滚轮结构一般设计为偏心轴式的，以满足调整安装的要求，保证氧枪的铅垂度。氧枪夹紧和调节装置用以固定氧枪枪体，调节氧枪位置，保证氧枪对中和纠正氧枪歪斜。

3．固定导轨

导轨是保证氧枪做垂直升降运动的重要构件。考虑到制作和安装方便，通常由几节导轨垂

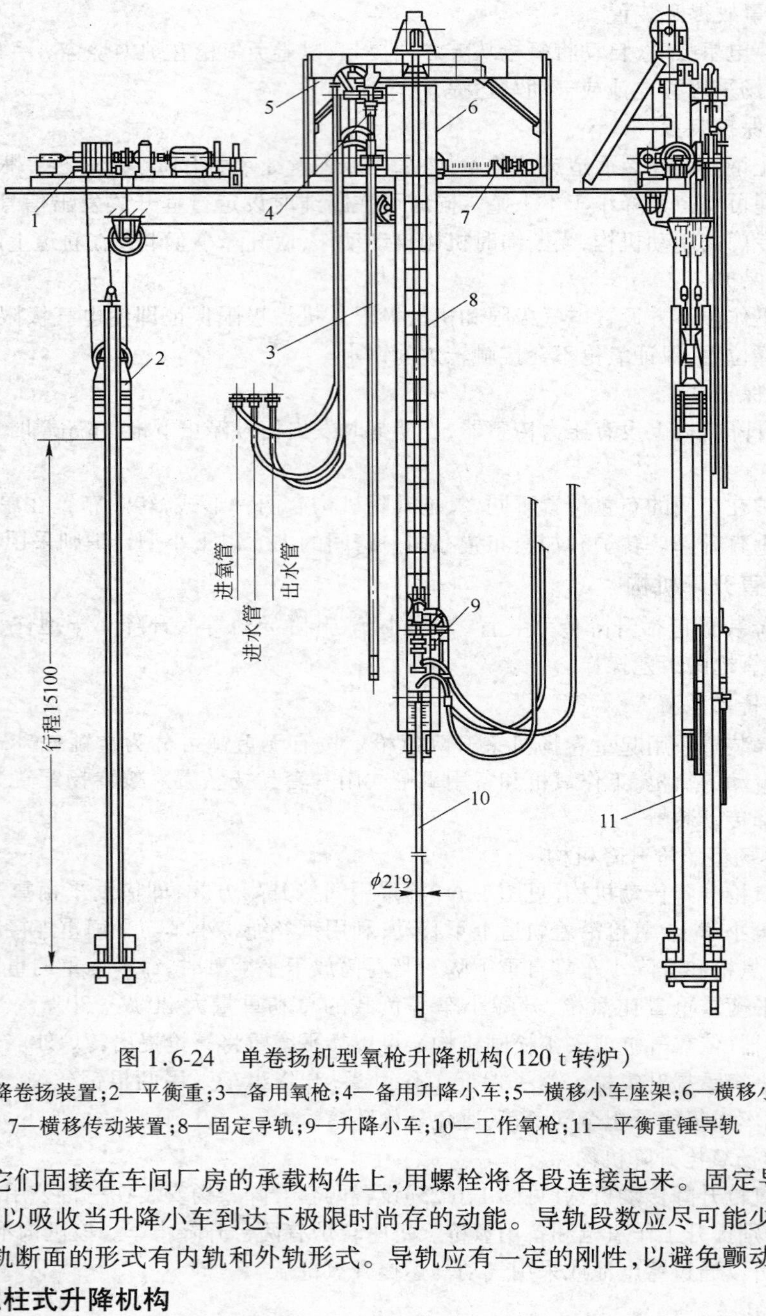


图 1.6-24　单卷扬机型氧枪升降机构(120 t 转炉)

1—升降卷扬装置;2—平衡重;3—备用氧枪;4—备用升降小车;5—横移小车座架;6—横移小车;7—横移传动装置;8—固定导轨;9—升降小车;10—工作氧枪;11—平衡重锤导轨

直组装而成。它们固接在车间厂房的承载构件上,用螺栓将各段连接起来。固定导轨底部装有弹簧缓冲器,用以吸收当升降小车到达下极限时尚存的动能。导轨段数应尽可能少,各段之间须连接紧固。导轨断面的形式有内轨和外轨形式。导轨应有一定的刚性,以避免颤动和变形。

**(二) 旁立柱式升降机构**

旁立柱式升降机构是采用设置在转炉一侧的立柱固定并升降氧枪,立柱可以旋转移开氧枪至专门的平台上进行氧枪检修和更换,其结构如图 1.6-26 所示。这种升降机构适用于厂房矮小的小型转炉车间,不需要设置专门的炉子跨,结构紧凑,占地面积小。但是不能安装备用氧枪,因而换枪时间长,吹氧时氧枪震动较大,氧枪中心与转炉中心不易对准。它基本上能满足小型转炉炼钢的要求,采用的氧枪有直型和弯型两种。

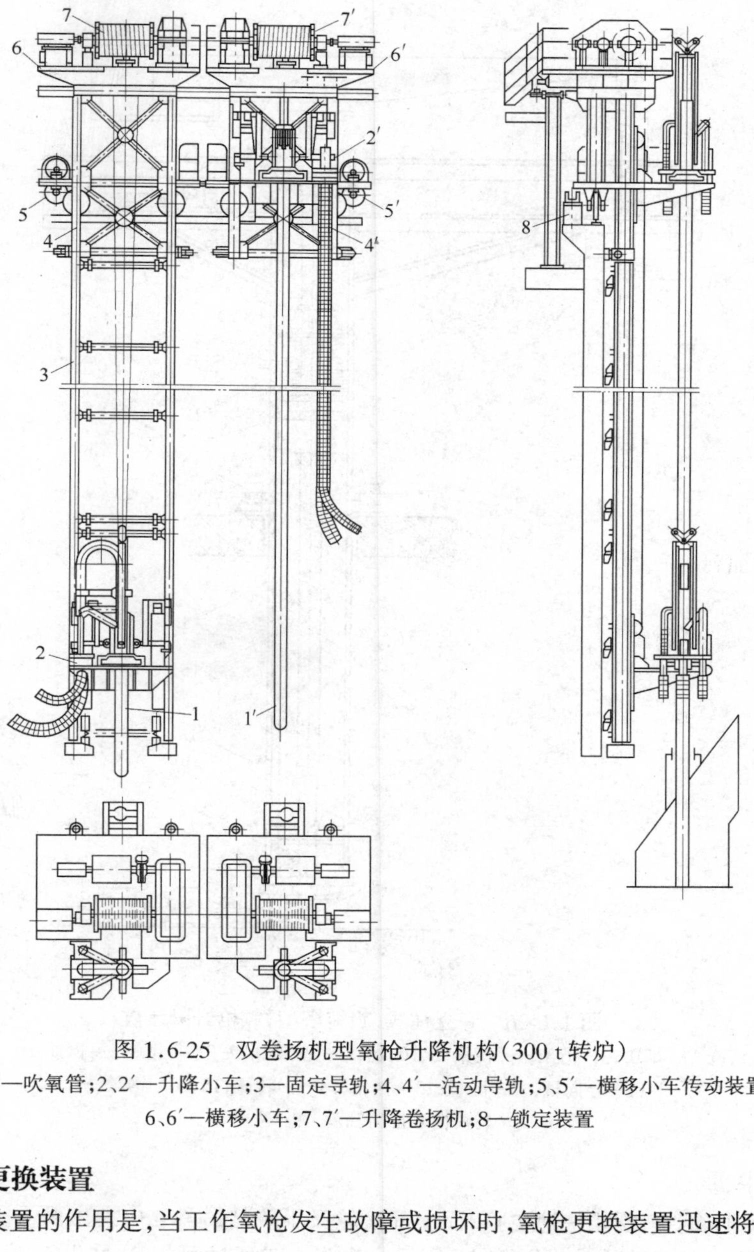


图 1.6-25　双卷扬机型氧枪升降机构(300 t 转炉)
1、1′—吹氧管;2、2′—升降小车;3—固定导轨;4、4′—活动导轨;5、5′—横移小车传动装置;
6、6′—横移小车;7、7′—升降卷扬机;8—锁定装置

## 四、氧枪更换装置

氧枪更换装置的作用是,当工作氧枪发生故障或损坏时,氧枪更换装置迅速将备用氧枪换上使用。

### (一) 单卷扬型氧枪换枪装置

1. 横移小车

单卷扬型换枪小车如图 1.6-27 所示。横移小车是一个焊接框架体,由下车轮、下水平轮 10 和上水平轮 7 支承于下轨道 13 和上轨道 8 上,并能作横向移动。在小车上设有中心距固定的两组导轨 5 和 5′。当一组导轨 5 对准固定导轨 11 时,则由提升吊具 4 牵引的升降小车 3 带着氧枪在工作位置上进行吹炼。吊具 4 由氧枪升降机构带动。另一组导轨 5′处于备用位置上,而备用氧枪小车 3′由上部轮子吊挂在导轨 9 上。

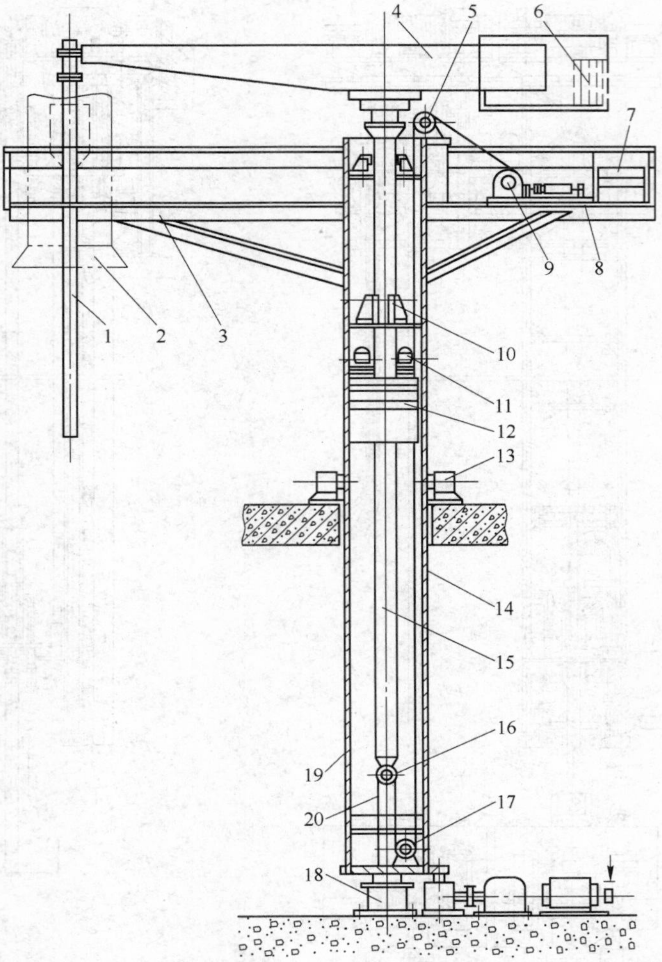


图 1.6-26　旁立柱式(旋转塔型)氧枪升降装置

1—氧枪;2—烟罩;3—桁架;4—横梁;5、10、16、17—滑轮;6、7—平衡锤;8—制动器;9—卷筒;
11—导向辊;12—配置;13—挡轮;14—回转体;15、20—钢丝绳;
18—向心推力轴承;19—立柱

### 2. 锁紧装置

为了确保升降小车既能快速更换,而上部滚轮又不致从吊具 4 中滑出而下坠,在吊具 4 上设有锁紧装置。锁紧装置结构如图 1.6-28 所示。升降小车通过吊板 9,吊头 6,滚轮 8 吊在吊具中的轨道上。吊具上的撞架 3 通过螺杆 4 与卡具 5 连成一体,借助压缩弹簧 2 的弹力,使卡具 5 上的梯形凸块与吊头 6 上的梯形凹槽紧密嵌在一起(如图 1.6-29*a* 状态),以此来防止升降小车从吊具中滑出。为了更为可靠起见,加了一个定位销 7 来定位。

### 3. 换枪操作顺序

换枪操作顺序是:

(1) 提升吊具,使其与横向导轨 2 的梯形缺口平齐,如图 1.6-30*a* 所示,此时氧枪处于换枪点位置。在氧枪提升到换枪点过程中,当撞架 4 与挡板 3 相撞时,4 受阻,卡具 7 停止上升,由于

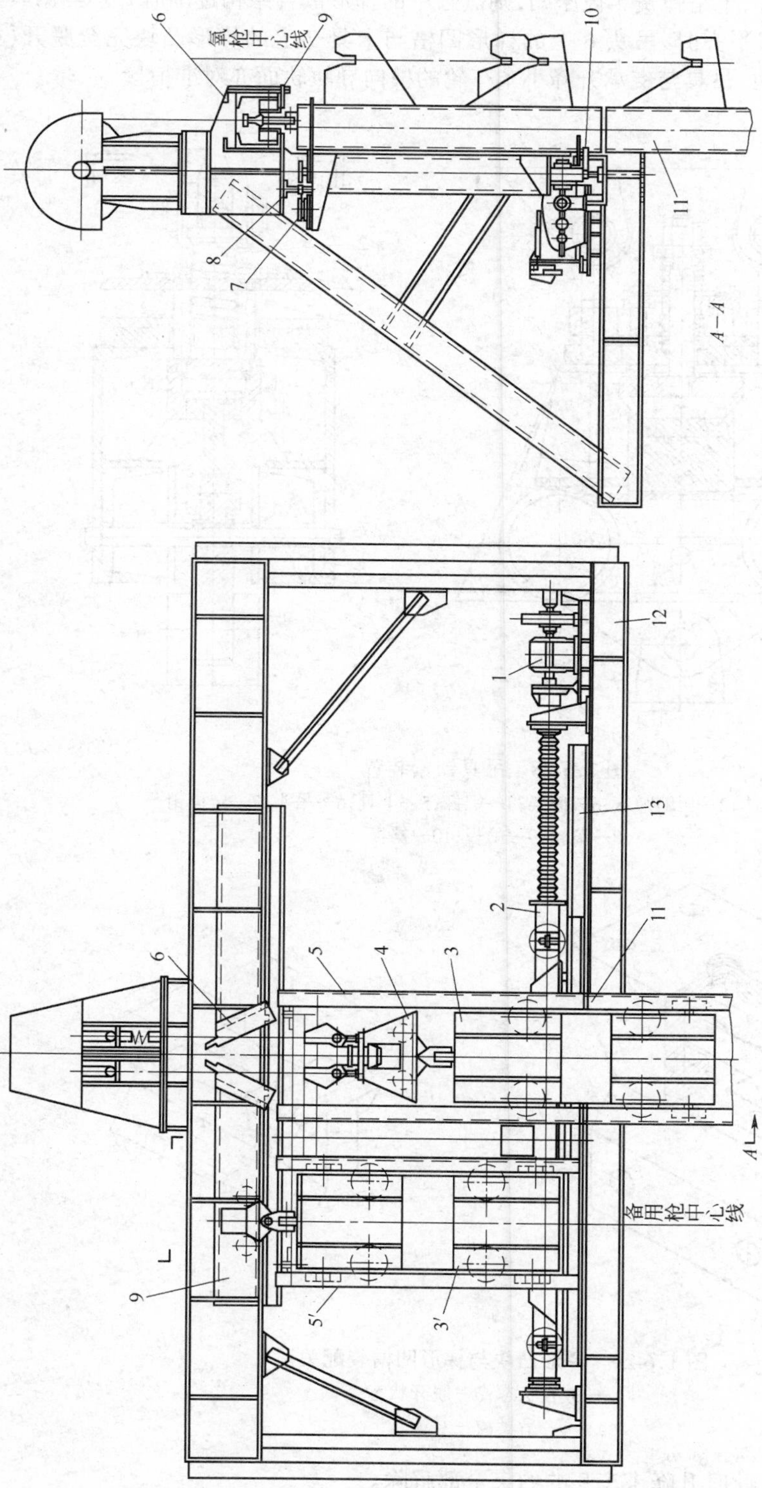


图1.6-27 某厂50 t转炉单卷扬型吹氧装置换枪机构

1—横移小车传动装置；2—横移小车；3、3'—升降小车；4—吊具；5、5'—活动导轨；6—挡板；7—上水平轮；8—上轨道；9—横向导轨；10—下水平轮；11—固定导轨；12—车座；13—下轨道升降小车吊头 6 继续上升，于是弹簧 5 被压缩，则嵌合中的梯形嵌合结构逐渐脱开。当吊具升到与横向导轨 2 的梯形缺口平齐时，吊头 6 上的梯形凹槽与卡具 7 上的梯形凸块完全脱开(如图 1.6-29*b* 状态)。与此同时，吊具与支承升降小车车轮的横向导轨轨面亦对准衔接。

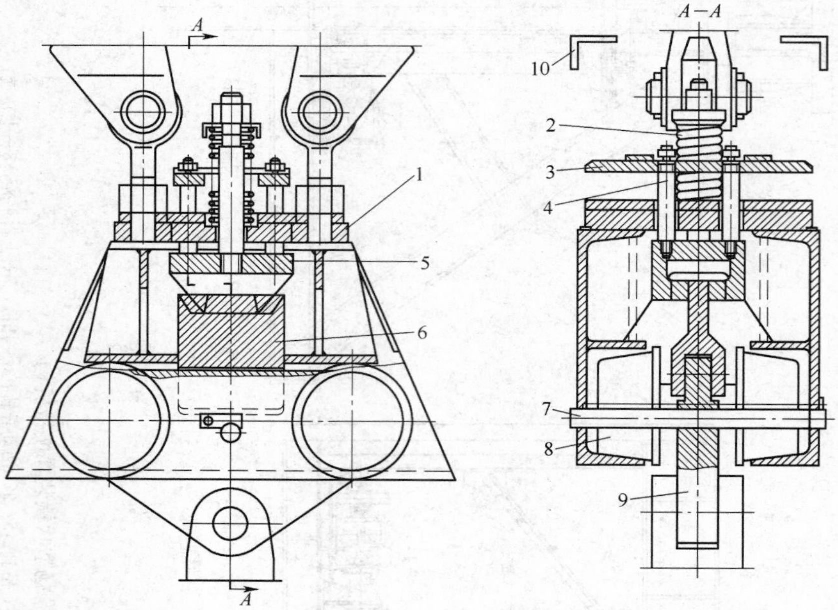


图 1.6-28　吊具锁紧装置

1—吊具体；2—压缩弹簧；3—撞架；4—螺杆；5—卡具；6—吊头；7—定位销；8—滚轮；9—吊板；10—挡板

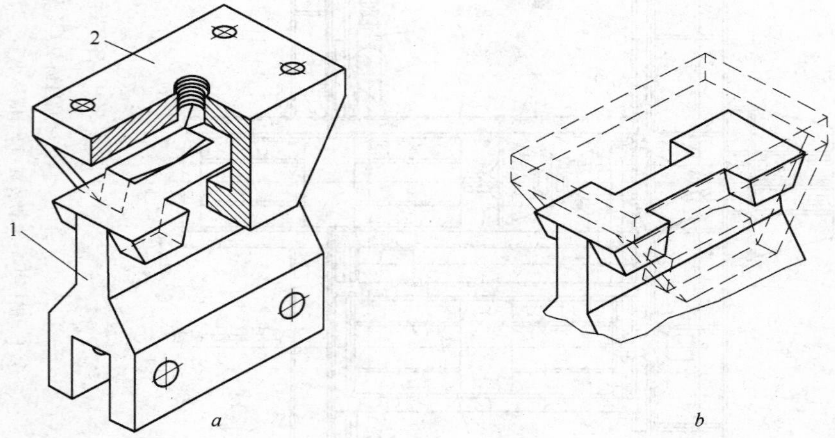


图 1.6-29　梯形凸块与梯形凹槽装配关系

*a*—嵌合状态；*b*—脱开状态

1—吊具；2—卡具

(2) 拔出定位销 8。此时升降小车 9 的约束全部解除。

(3) 驱动横移小车，直至原工作小车移入横向导轨 2 中，而备用升降小车 1 进入吊具中止。

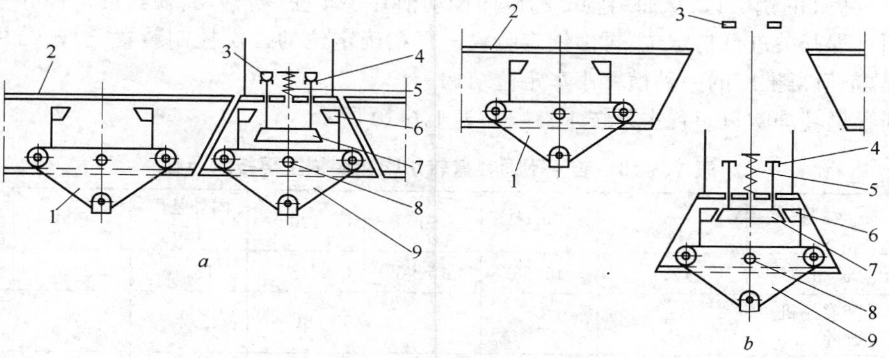


图 1.6-30　换枪操作示意图

*a*—换枪点位置状态；*b*—换枪前工作状态

1—备用升降小车；2—横向导轨；3—挡板；4—撞架；5—压缩弹簧；

6—吊头；7—卡具；8—定位销；9—工作升降小车

(4) 插入定位销 8。

(5) 当下降吊具降至吊头 6 上的梯形凹槽与卡具 7 上的梯形凸块完全嵌合后，撞架 4 即脱离挡板 3，备用升降小车带着氧枪投入工作。

4．*存在问题*

在上述结构中，由于横移小车惯性定位不准，升降小车不能准确停在吊具上，同时活动导轨亦不能与固定导轨准确衔接。其次定位销的插、拔困难，并需人工进行。为实现换管远距离操作，国内自行研制过若干准确定位方案，也设计过定位销的自动操作机构，但使用中都未能取得理想效果。

## (二) 双卷扬型氧枪更换装置

双卷扬型氧枪更换装置如图 1.6-25 所示。其工作与备用升降小车与各自的吊具相连，因此避免了单卷扬装置在换枪时须把升降小车靠人工将安全销定位于共用吊具上的问题。这样双卷扬型吹氧装置只需解决横移小车的活动轨道与固定轨道准确衔接的定位问题。

目前，横移小车的定位方式有电气、机械、液压或是它们的组合方式，应用较多的是行程开关方式。但这种方案使用一段时间后，由于多种因素影响，也会出现定位不准的问题。某厂 300 t 转炉采用如图 1.6-31 的结构，此传动装置装在横移小车上，传动机构不设制动器。横移小车上装有定位板 1，换枪时，将备用位置的横向小车移向原工作横移小车的所在位置，即移到锁定装置位置的正上方，它是借行程开关使小车停车，其定位精度可保证在 ±20 mm 内。然后，由滚珠螺杆千斤顶 7 推出辊子 2，该

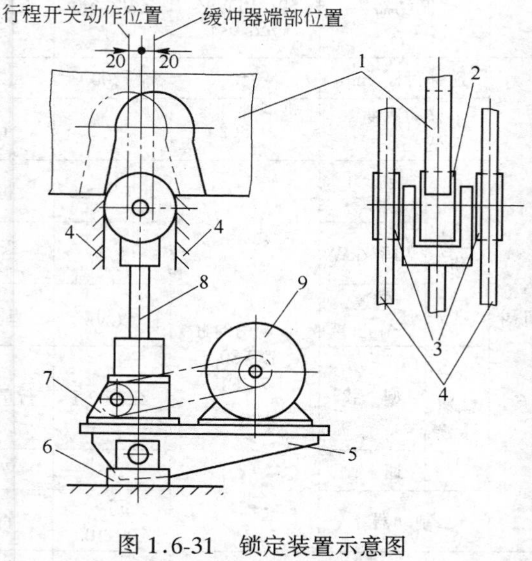


图 1.6-31　锁定装置示意图

1—定位板；2—定位辊；3—导向辊；4—导向辊导轨；

5—底座；6—锁定装置框架；7—滚珠螺杆千斤顶；

8—顶杆；9—电动机

辊插入定位板1的喇叭口，从而由辊2的侧面推动横移小车左、右移动，使其准确停在要求位置。这种使用行程开关进行初定位，再由锁定装置进行精确定位的二次控制装置，由于结构简单、定位准确，故是值得推广的一种横移小车定位结构。

不同容量转炉吹氧装置主要技术参数如表1.6-10所示。

**表1.6-10　若干不同容量转炉吹氧装置主要技术参数**

| 名称 | | | 转炉容量/t 20 | 50① | 50② | 120 | 国外某厂 150 | 300 | 国外某厂 380 |
|---|---|---|---|---|---|---|---|---|---|
| 氧枪总长/m | | | 12.1 | 16.56 | 15.96 | 17.34 | 18.76 | 24.4 | 24.5 |
| 氧枪升降机构 | 升降卷扬机数量/m | | 单 | 单 | 双 | 单 | 双 | 双 | 双 |
| | 氧枪升降最大行程/m | | 10.53 | 13.86 | 11.95 | 15.1 | 15.25 | 18.2 | |
| | 升降速度/m·min$^{-1}$ | 快速 | 44.6 | 50 | 20 | 50 | 25.9 | 40 | 32 |
| | | 慢速 | 10 | 10 | 5 | 6 | 4.8 | 3.5 | 5 |
| | 卷筒直径/mm | | $\phi$418 | $\phi$730 | $\phi$550 | $\phi$800 | $\phi$600 | $\phi$900 | |
| | 电动机减速器 | 型　式 | JZR-418/JZ-11-6 | ZZJ-52（直流并激） | 交流电动机 | ZZJ-62（直流并激） | 交流电动机 | DC814 | 直流电动机 |
| | | 功率/kW | 11/2.2 | 16 | 25/7.5 | 43 | 50/13（JC40%） | 187 | 158 |
| | | 转速/r·min$^{-1}$ | 715/883 | 700 | 1440/1400 | 630 | 648/930（JC40%） | 850 | |
| | | 型　式 | 行星差动 | ZL65-8-1 | 行星差动 | ZHL550-7ⅡJ | 行星差动 | 圆柱齿轮 | |
| | | 速　比 | 21/115.9 | 16 | 122.9/478.5 | 15.3 | 23.6/182 | 30 | |
| | 制动器 | | YDWZ-300/50J/YDWZ-200/25J | ZWZ-400 | 液压推杆 | ZCZ-400/100 | 液压推杆 | 直流电磁铁双瓦块 | |
| 换枪机构 | 横移行程/mm | | 850 | 1200 | 1200 | 1200 | 3000 | 4300 | |
| | 移动速度/m·min$^{-1}$ | | 0.362 | 3.62 | 1.5 | 4 | 6.12/5.85 | 4 | |
| | 电动机 | 型　式 | 车辆用油缸DG-80-70-E1 | $JO_3$-90S-6 | 特制 | $JHO_2$-31-6 | 双建交流电动机 | $HM_2$-593 | |
| | | 功率/kW | | 1.1 | 5.5 | 1.5 | 5.2/4（JC40%） | 1.5 | |
| | | 转速/r·min$^{-1}$ | | 930 | 1200 | 840 | 910/870（JC40%） | 1500 | |
| | 减速装置 | 型　式 | | ZL25-2-I | 行星齿轮 | ZD-20-I | 圆柱齿轮减速器+单级开式齿轮 | 摆线针轮+单级开式齿轮 | |
| | | 速　比 | | 8 | 7.1 | 6.6 | 232.6 | 884.5 | |
| | 制动器 | | | $TJ_2$-200/100 | 特制 | JWZ-200/100 | 液压推杆 | 无 | |
| 设备总重/t | | | 15.2 | 41.4 | 约30 | 52.6 | 48.2 | 64 | |

① 指某厂50 t转炉单卷扬型吹氧装置。

② 指某厂50 t转炉双卷扬型吹氧装置。

## 五、测试副枪装置

转炉副枪是相对于主枪而言,它是设置在吹氧管旁的另一根水冷枪管。转炉副枪有操作副枪和测试副枪两种。根据冶炼工艺要求,操作副枪向炉内喷吹石灰粉、附加燃料或精炼用的气体,以达到去磷,提高废钢比及改善和提高钢的性能和质量。测试副枪又称传感枪,它用于检测转炉熔池温度、定碳、氧及液面位置并进行取样。采用测试副枪可有效地提高吹炼终点命中率,而且能在不倒炉的情况下进行取样。所以它不但提高了转炉产量、质量、炉龄,降低消耗,而且也改善了劳动条件。目前副枪已成为实现转炉炼钢过程自动化的重要工具。

按测头的供给方式,测试副枪可以分为“上给头”和“下给头”两种。测头从贮存装置由枪体上部压入,经枪膛被推送到枪头工作时的位置,这种给头方式称为“上给头”。测头借机械手等装置从下部插在副枪头上的给头方式称为“下给头”。由于给头方式的不同,两种副枪装置的结构组成也有很大差别。目前国内 50 t 转炉副枪测头给头装置是采用上给头方式。但下给头方式由于测头回收方便,特别是在采用测温、定碳、取样复合测头,或单功能取样测头的情况下,与上给头相比具有明显优越性。此外,下给头方式虽有设备较复杂,对高温多尘环境适应性较差等缺点,但对探头外形尺寸要求不严,贮头箱所储备探头数量较多,因此,这种给头方式的使用日益广泛。

### (一)下接头副枪装置及组成

图 1.6-32 为我国 300 t 转炉副枪装置的示意图。该副枪装置是由旋转机构 1、升降机构 2、锁定装置 3、副枪 4、活动升降小车 5、装头系统 6、拔头机构 7、切头机构 8、溜槽 9、清渣装置 10 以及枪体矫直装置等组成。副枪 4 由管体及探头两部分组成。该管体结构与吹氧管体相似,探头上装有检测元件。副枪 4 由副枪升降机构 2 带动升降。升降机构与吹氧管升降机构类似,活动升降小车 5 为副枪提供一附加支点,以此减少管体振动。副枪旋转机构由电动机经摆线针轮减速器,小齿轮驱动扇形大齿圈使旋转台架转动,从而使副枪转开。平时转炉吹炼时,副枪旋转机构不工作,锁定装置 3 制动旋转台架定位。装头系统 6 能贮存一定数量的各种探头,并根据需要将其安装在副枪管体头部的副枪插杆上。探头用一次后即报废,探头降入熔池检测完毕后提升至拔头机构 7 被拔下。拔头机构 7 利用气缸及连杆机构推动左右两颚板张开或闭合。拔头时,两颚板夹紧探头,然后提升副枪,副枪插杆即从探头插入孔中脱出。之后,若两颚板张开,探头便下落入溜槽 9 中。对于定氧或多功能的复合探头,还需对试样进行分析,故还需用切头机构 8 切下试样部分。溜槽 9 中设有气动阀门。当切下的试样下落时,阀门向通往炉前回收箱的方向打开(如图中虚线位置),试样部分经该通道掉入回收箱内。当探头不需回收时,阀门转向通往炉内方向打开,则探头掉入炉内熔化。为消除管体在炉内检测时黏附的渣壳,还设置了清渣装置 10 以及副枪矫直装置等。

### (二)探头

副枪的探头是副枪的关键元件。副枪的各种功能主要靠探头来实现。探头又称传感器,若探头不能准确反映钢水的各项指标,就不能对冶炼进行准确控制。故对探头的基本要求是:(1)检测精度高;(2)取出试样成功率高。

A　探头的类型

探头按完成的功能数目,可以分为单能探头和复合探头两种。目前使用比较广泛且有实用价值的是测温、定碳复合探头。这种探头按钢水样进入样杯的位置,可分为上注式、侧注式和下注式三种。上注式和下注式钢水的进样口分别在样杯的顶部和底部。而侧注式钢水进样口由样杯侧面进入。

B　侧注式探头的结构和工作原理

侧注式探头结构如图 1.6-33 所示。此探头为复合式探头，它由测温热电偶 2 来测温，2 的保护罩 1 到测定点被熔破。样杯 4 中的定碳热电偶 3 测含碳量。4 内钢水经杯嘴 6 流入，该钢水除供测凝固温度外，亦供炉外取样用。为保证在指定位置采集钢水，在杯嘴 6 处堵以钢板 5，该板在探头达到测定位置时才被熔破。探头测得的信息由其中的补偿导线 10 传到副枪枪体的导电杯 9，再由穿过枪体的导线传至仪表，获得显示放大信号。上述结构目前应用比较广泛。

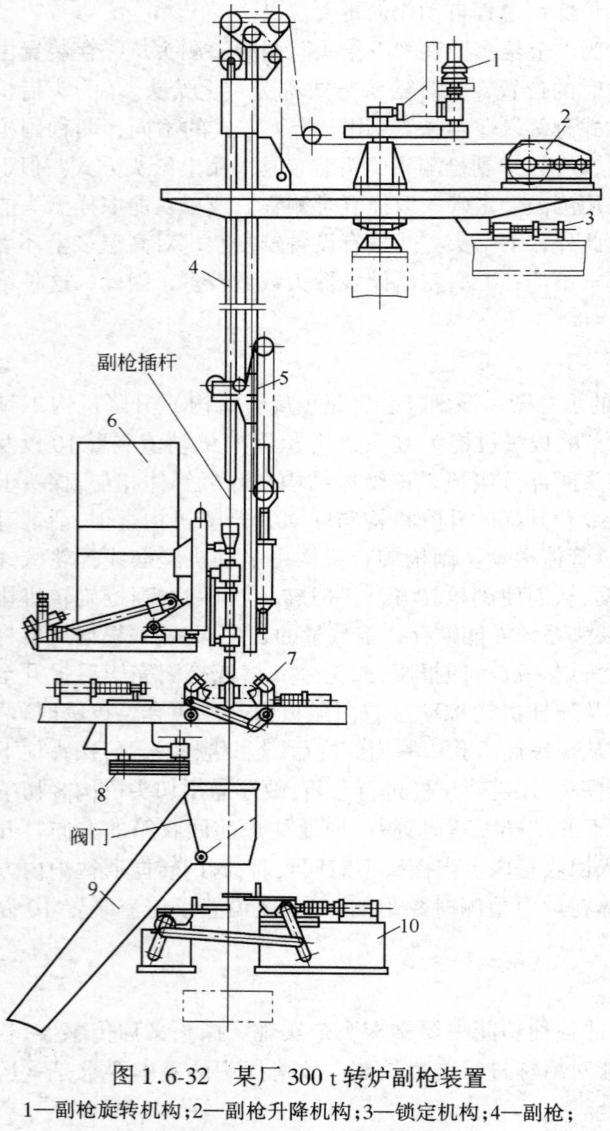


图 1.6-32　某厂 300 t 转炉副枪装置

1—副枪旋转机构；2—副枪升降机构；3—锁定机构；4—副枪；5—活动导向小车；6—装头系统；7—拔头机构；8—切头机构；9—溜槽；10—清渣装置

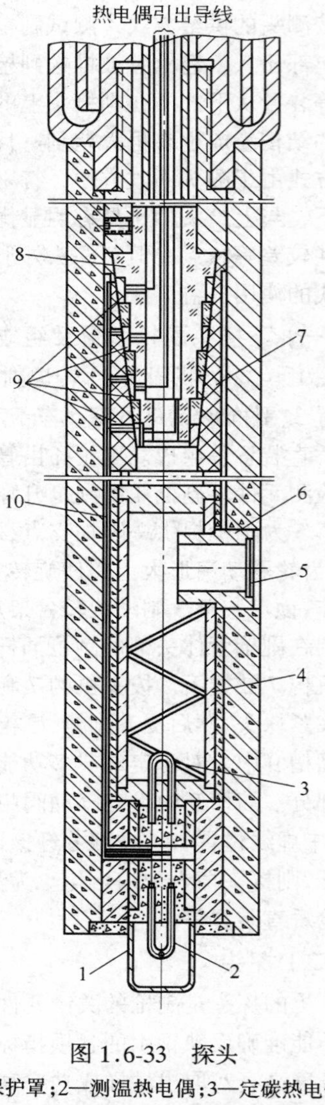


图 1.6-33　探头

1—保护罩；2—测温热电偶；3—定碳热电偶；4—样杯；5—挡板；6—样杯嘴；7—插座；8—副枪插杆；9—导电杯；10—导线

**(三) 装头系统**

装头系统由贮头箱、给头机构、输送机构及装头机构等组成，如图 1.6-34 所示。贮头箱 1 是由上、下两层拼合成的矩形箱体。箱内存放四组垂直排列的探头，可存贮 48 个探头。每组探头都停放在给头机构 3 的凸轮托座上。凸轮托座由气缸驱动，当任一个凸轮回转 90°时，均可释放一个探头，气缸的往复行程由光电管装置控制。落下的探头到轨道上后，由输送机构 4 平移到轨道出口端，再沿斜道滚滑到装头机构 5 的承接架上。贮存箱内的探头用完时，由信号指示器控制，指令向贮存箱内加入探头。

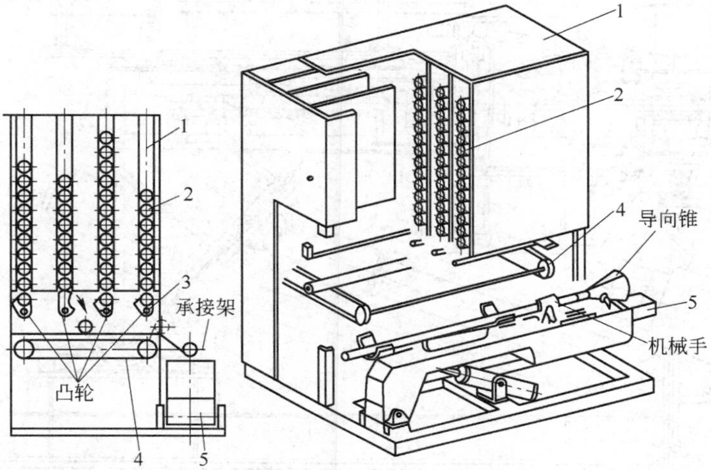


图 1.6-34　装头系统示意图

1—贮头箱；2—探头；3—给头机构；4—输送机构；5—装头机构

装头机构的作用是将承接架上水平放置的探头转到垂直位置，以便使副枪插杆插入探头内，从而完成装头的任务。如图 1.6-35 所示，装头机构由电动缸 17、转动架 2、承接架 7、活动吊架 8 及底座 1 等组成。承接架 7 固定在转动架 2 的长臂上，其上装有两个探头信号指示器 5，给出有无探头的信号。电动缸 17、转动架 2 和水平位置支承立柱 16 都直接安装在底座 1 上。在底座的右边还装有两个缓冲弹簧和一个支承座，当转动架 2 转到直立位置时，起缓冲和支承作用。活动吊架 8 通过上中心轴 13 及下中心轴 6 等装在转动架 2 上。当转动架转到直立位置时，活动吊架随其一起转动，此时活动吊架在重力作用下移动一段距离后被限位槽钢挡住。吊架向下滑动时，下触头先启动行程开关 3 的右开关，夹紧机械手的气缸 14 动作，夹紧探头。夹紧气缸 14 动作时，带动行程开关 10 的下开关（指平卧时的位置），启动导向锥开闭气缸 15，将导向锥闭合。此时，启动副枪下降，使副枪插杆通过导向锥插入探头孔内而实现连接。导向锥 9 由两部分组成，当其闭合时，所形成的上大下小锥孔起导向作用，当已与探头连接的副枪管体降至距导向锥 9 前某一位置时，导向锥 9 又张开让管体通过。副枪插杆插入探头后，在副枪重量作用下将推动活动吊架 8 下移，则上中心轴 13 及下中心轴 6 的弹簧被压缩。当 6 的头部降至启动行程开关 3 的左开关时，机械手张开，探头即解除约束投入工作，而活动吊架 8 在上、下中心轴的压缩弹簧力作用下复位。当吊架处于直立位置时。活动吊架 8 及其吊挂的气缸等全部重量，通过下滑块 12 作用在限位槽钢上。当吊架处于平卧位置时，借左右两个滑块吊挂在转架上。

吊架上的探头、夹紧机械手、导向锥筒与开闭气缸一起固定在单独的双四连杆框架上，这样就能保证当吊架随转动架处于直立位置时，在探头、夹紧机械手和导向锥筒等构成的刚体自重作用下，使探头中心线始终处于垂直位置，而不受转动架或活动吊架的影响，并且能保证在副枪中心线与探头中心线偏移时，只要副枪中心线不偏出导向锥筒上口之外，即可使副枪插杆与探头对中而插入。转动架的转动靠电动缸 17 来实现。电动缸的传动过程是：电动机经一级圆柱齿轮减速后传动丝杠，丝杠带动螺母，使固定在螺母上的推杆前后移动，从而带动转动架 2 至直立和水平位置。

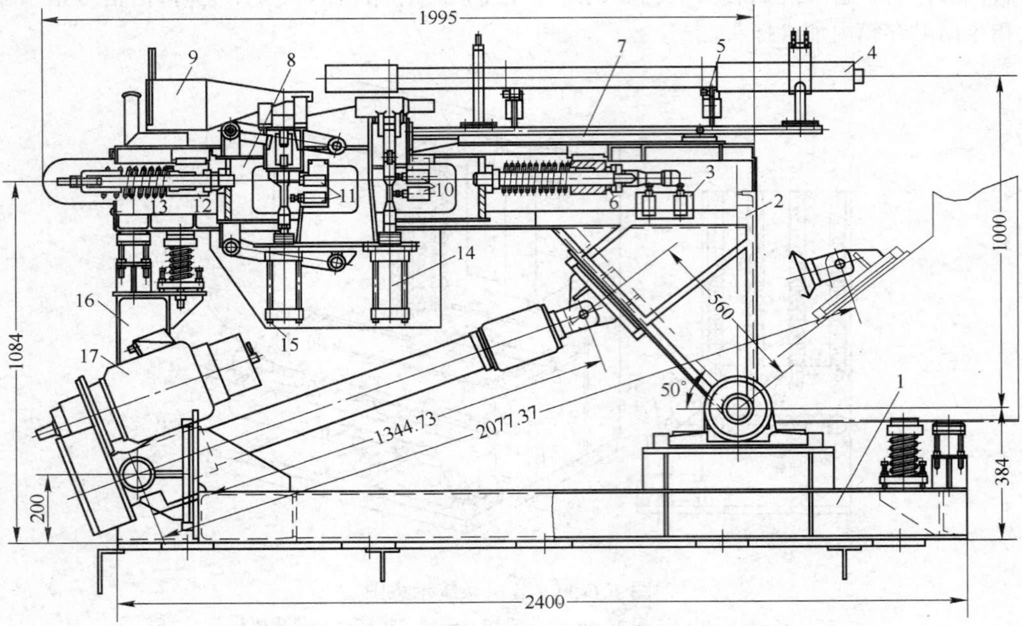


图 1.6-35　装头机构

1—底座；2—转动架；3、10、11—行程开关；4—探头；5—探头信号指示器；6—下中心轴；7—承接架；8—活动吊架；9—导向锥；12—滑块；13—上中心轴；14—机械手气缸；15—导向锥气缸；16—支承立柱；17—电动缸

**（四）下接头副枪装置的布置型式**

副枪装置布置型式按导轨是否移动可分为固定式和移动式两种。固定式的副枪导轨固定于转炉插入口中心线上，移动式又可分为旋转式和平移式两种。固定式的优点是，导轨安装刚性好，能提高检测精度，并节省了移动设备，而且副枪作业率高。其缺点是装头系统的所有设备都布置在转炉副枪插入口上方，增加了厂房高度及副枪长度，其次设备工作环境恶劣和检修不便。某厂 300 t 转炉副枪装置采用旋转式，但它仅在检修时转开，而吹炼时是处于直立位置。

**（五）副枪主要技术参数及选择**

副枪升降机构与氧枪机构基本类似，但为保证副枪检测精度，避免炉内高温对测头的影响和防止枪体粘渣（特别是不停氧测试时粘渣更为严重），必须尽量缩短副枪在炉内的停留时间。因此要求副枪有较高的升降速度及停位精度，在升降过程中及停止点不允许有较大的颤动。目前升降速度已高达 120～150 m/min，停位精度已达到 ±0.10 mm。副枪升降速度必须有两种或三种以上速度，如我国 300 t 转炉除正常工作三种速度外，还增加了一个副枪刮渣速度 20 m/min。此外，为减轻变速时产生的颤动，可在电气控制上采取措施，使在变速点上有较平稳的过渡段。

国内 300 t 转炉副枪装置主要工艺参数如下：

| | |
|---|---|
| 副枪与氧枪的中心距/mm | 1300 |
| 副枪总长度/m | 24.1 |
| 升降行程/m | 24.1 |
| 升降速度/m·min$^{-1}$ | 150/50/20/8 |
| 旋转角度/(°) | ±53 |
| 旋转速度/r·min$^{-1}$ | 0.19 |
| 探头外径/mm | 约 80 |

## 第五节　散状料系统

炼钢所需的散状原料主要是指炼钢过程中所使用的造渣材料、补炉材料和冷却剂，如活性石灰、白云石、萤石、矿石、焦炭等。氧气转炉散状原料的特点是种类多、批量小、批数多、用量大，要求运料及时、给料迅速、称量准确、运转可靠、维修方便。

### 一、散状原料供应方式

散状原料供应一般由贮存、运送、称量和向转炉加料几个环节构成。整个系统由存放料仓、运输机械、称量设备和向转炉加料设备组成。目前国内常用的供应方式有以下几种：

#### （一）全胶带上料系统

图 1.6-36 所示，其作业流程为：地面(或地下)料仓⟶固定胶带运输机⟶配仓胶带运输机⟶高位料仓⟶分散称量料斗⟶电磁振动给料器⟶(可逆胶带运输机)⟶汇总料斗⟶转炉。

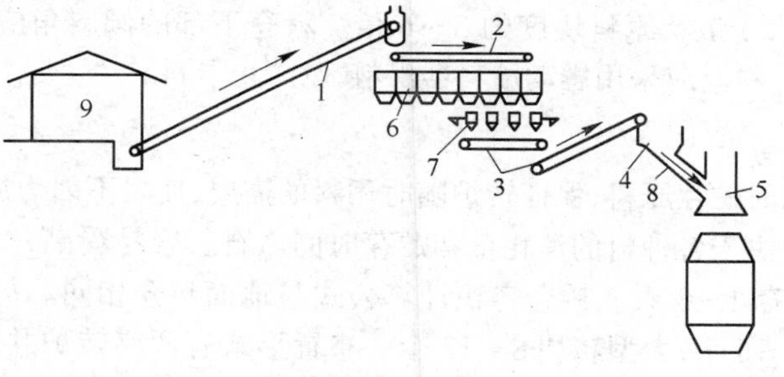


图 1.6-36　全胶带上料系统

1—固定胶带运输机；2—可逆胶带运输机；3—汇集胶带运输机；4—汇集料斗；5—烟罩；6—高位料仓；7—称量漏斗；8—溜槽；9—散状料间

此种上料系统的特点是运输能力大，上料速度快而且可靠，能够进行连续作业。但占地面积大，投资多。主要适用于大中型转炉车间。

#### （二）斗式提升机和胶带运输机上料系统

图 1.6-37 所示，其作业流程为：翻斗汽车⟶半地下料仓⟶多斗提升机或大倾角皮带机⟶固定胶带运输机(或管式给料机)⟶高位料仓⟶分散称量料斗⟶电磁振动给料器⟶汇总料斗⟶转炉。此种上料系统占地面积小，投资少。主要适用于中小型转炉车间。国内小型炼钢车间也有采用吊车(电动葫芦)上料的。采用吊车上料系统设备简单，占地面积小。但上料不连续，运输量小。

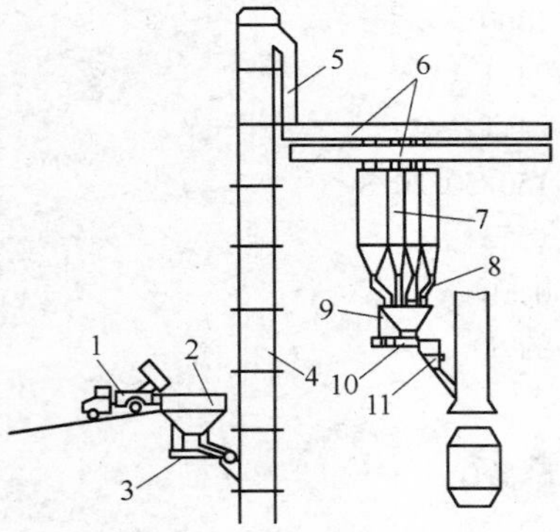


图 1.6-37　多斗提升机、管式振动输送机上料
1—翻斗汽车；2—半地下料仓；3、8、10—电磁振动给料器；4—多斗提升机；5—溜槽；6—管式振动输送机；7—高位料仓；9—称量漏斗；11—汇集漏斗

一般情况下，一个转炉炼钢车间如果有数座转炉，每座转炉从高位料仓(包括高位料仓)以后的设备系统是独立的。也有的炼钢车间为节省占地和投资，两座转炉共用一套高位料仓系统，称量后通过可逆胶带运输机运到每座转炉的汇总斗，再加入转炉。

## 二、散状原料供应系统的主要设备选型

散状原料供应系统的主要设备包括存放料仓、运输机械、称量设备和加料设备几个部分。

### (一) 地面料仓

地面料仓的作用是贮存和转运散状料，保证转炉连续生产的需要。一般布置在主厂房外，布置形式有地上式、地下式和半地下式三种。地下式可以用底开车或翻斗汽车卸料，故采用的较多。各种散状料的贮存量取决于吨钢消耗量、日产钢量和贮存天数。贮存天数取决于存放过程是否容易受潮分解，来源远近和运输是否方便，一般贮存 3～10 天，料仓的容积($m^3$)可按下式计算：

$$V=(\text{原材料的每天消耗量}\times\text{贮备天数})/(\text{装满系数}\times\text{原料的堆密度}) \qquad (1.6\text{-}38)$$

装满系数一般取 0.8。

料仓的尺寸和数量应根据来料车辆种类、各种原料的贮存量、存运方便和具体条件确定。料仓下料口的宽度，应大于散状原料块度的 3～6 倍。料仓下部的倾斜角应大于原料的自然堆积角，一般取 45°～50°。料仓应采用震动给料器出料，以防止卡料。

### (二) 高位料仓

高位料仓用于临时贮存原料，保证转炉随时用料的需要，使之不因为加料而影响转炉的正常冶炼。料仓的大小取决于各种料的消耗量和贮存时间。石灰容易受潮，一般在高位料仓内贮存 6～8 小时，其他料贮存 1～3 天。料仓容积计算公式与地面料仓相同。每座转炉配备的料仓数量为：中、小型转炉 4～6 个，大型转炉 8～12 个。布置形式有两座转炉共用、部分共用和单独使用三种，如图 1.6-38 所示。石灰用量最大，料仓容积也应最大。大、中型转炉也可以每座转炉配两个石灰料仓，其他用量较少的可以每座转炉配一个或两座转炉共用一个。

### (三) 胶带运输机的选用

胶带运输机主要用来连接各部分料仓，转运散状原料，其运输能力必须与车间对各种散状材料的消耗量相适应。胶带运输机的长度依据各料仓的相对位置，胶带运输机允许的最大倾角及车间布置等条件综合考虑。应尽量减少中间转运站而达到预定的上料高度。

胶带运输机的宽度与物料的运输量、堆密度、胶带倾角系数、胶带线速度等因素有关。计算方法可参阅有关手册，参照标准系列选定。

### (四) 给料、称量和加料设备

这部分由电磁或电机振动给料器、称量漏斗、汇总漏斗、水冷溜槽组成，是散状原料供应的关键部分，有短时间的耽误和故障都会影响正常冶炼。因此，要求运转可靠、称量准确、给料均匀及时、易于控制、并要防止烟气和灰尘外逸。

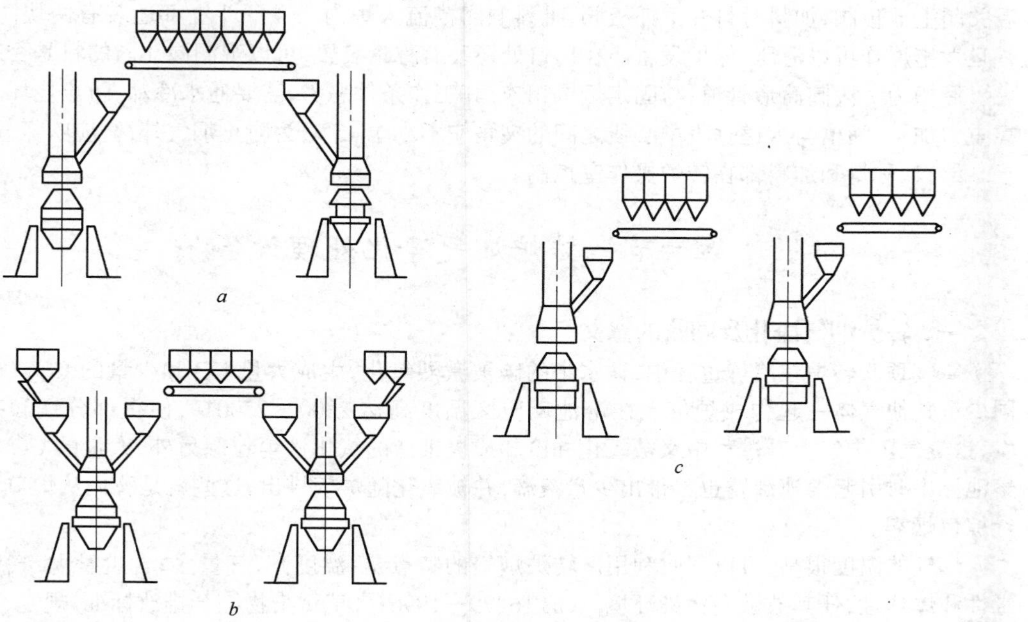


图 1.6-38　独用、共用和部分共用高位料仓布置

*a*—共用高位料仓；*b*—部分共用高位料仓；*c*—单独高位料仓

每个高位料仓的出料口处安装电磁振动给料机，为便于检修，在料口和电振器之间加手动闸阀。电磁振动给料器由电磁或电机振动器和给料槽两部分组成。接通电源后，由电磁或电机作用产生机械振动，使散状料沿给料槽连续而均匀地流入称量漏斗，给料过程容易控制。

称量漏斗由电子秤自动称量各种料，电子秤是称量漏斗的关键部件，常用的是电阻应变式电子秤。它由一次仪表、压力传感器、二次仪表、调整和放大部分组成。电子秤结构简单、成本低、称量准确、安装维护方便，使用可靠、抗外界干扰能力强、对工作环境要求低.可以和计算机配合实现自动控制。

称量方式分集中称量和分散称量两种，分散称量是每个高位料仓下面配备一个称量漏斗，各种料分别称量后用溜槽或皮带机送入汇总漏斗待用。集中称量是在高位料仓下面集中配备一个称量漏斗，各种料依次叠加称量。分散称量的特点是称量灵活、准确性高，便于操作控制，特别是临时补加料比较方便。而集中称量则设备少，布置紧凑。一般大、中型转炉多采用分散称量，小型转炉多采用集中称量方式。称量漏斗的容积由该种料的批料加入量决定。并由此选定相应的电子秤量程。

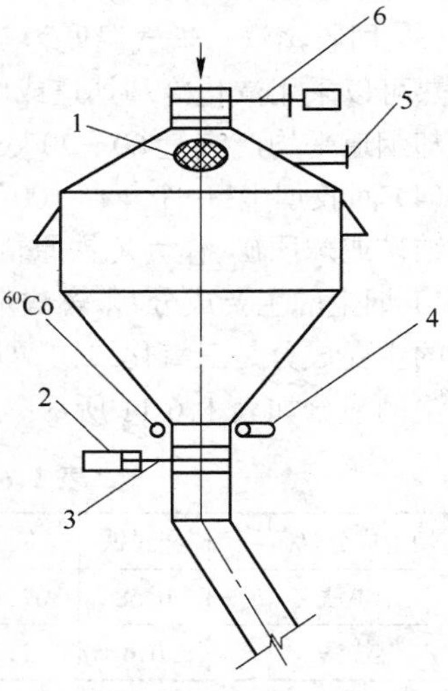


图 1.6-39　汇总漏斗结构图

1—防爆片；2—气缸；3—下插板阀；4—计数管；5—$N_2$ 气入口；6—上插板阀

汇总漏斗的作用是汇总批料，集中一次加入炉内。称量好的各种料先送入汇总漏斗暂存，需要加料时打开汇总漏斗出口闸板经过圆筒溜槽加入炉内。汇总漏斗又称中间密封料仓，其结构如图 1.6-39 所示。为了防止烟气逸出，在漏斗的进、出口分别装有气缸操作的插板阀，并在漏斗内通氮气密封。装料时打开上插板阀，料装入

后关闭上插板阀,加料时打开下插板阀,批料顺溜槽流入炉内。在漏斗上部还装有两块防爆片,一旦发生爆炸可以泄压,保护设备。在出口处还装有称量装置,可以观测漏斗内的料是否卸完。

溜槽为一段圆筒形管道,与固定烟罩相连,其工作条件恶劣,需要通水冷却,防止烧坏。因依靠重力加料,溜槽与烟道垂直中心线之间的夹角应不小于45°。为防止烟气外逸,应吹氮气密封。

给料、称量和加料都在转炉操作室控制。

## 第六节　转炉烟气净化处理设备

### 一、转炉烟气净化及回收的意义

氧气顶吹转炉在冶炼过程中,铁水中的碳被激烈氧化,生成大量 CO 和少量的 $CO_2$ 气体,随同少量其他气体一起构成炉气。在熔池反应区温度高达 2300～2500℃,使得部分铁和杂质蒸发,铁蒸气随炉气上升过程中又被氧化并冷却成极细微的氧化铁尘粒。另外,大量的 CO 气体从熔池浮出时引起熔池沸腾也常带出少量液滴,并被氧化随炉气排出,这些就是我们从炉口看到的红棕色烟雾。

烟气的温度很高,可以回收利用。转炉烟气的特点是:温度高,气量多,含尘量大,气体具有毒性和爆炸性,任其放散会污染环境。GB 16279—1996《大气污染物综合排放标准》规定,工业企业废气(标态)含尘量不得超过 120 mg/$m^3$。

据统计,一座 30 t 转炉产生的炉气量近 2 万 $m^3$/h(标态),含尘量 80～150 g/$m^3$ 炉气。这种含尘烟气如不经净化回收处理而随意排放入大气中,一是污染环境,二是浪费能源。因此,做好烟气净化及回收处理具有如下意义:

(1) 防止污染环境。未经处理的转炉烟气可在大气中飘散 2～10 公里远,严重污染环境,成为一大社会公害。烟气实际含尘量大于排放标准上千倍,因此,转炉烟气必须经净化后方可排放。

(2) 回收煤气。每炼一吨钢可以回收含 CO60％左右的转炉煤气约 60 $m^3$(标态),具有可观的经济价值。转炉煤气是一种很好的燃料,可供混铁炉保温,钢包烘烤和轧钢车间加热炉使用,或并入煤气管网集中使用,又可以做化工原料。

(3) 回收蒸汽。炉气温度为 1450～1550℃,出炉口燃烧后可达 1700～2600℃,这部分烟气物理热可以采用汽化冷却烟道或废热锅炉以蒸汽形式回收,同时使烟气得到冷却便于回收。汽化冷却烟道平均产汽量 60～70 kg/t,蒸汽既可用于生产,又可用于生活。

(4) 回收烟尘:一个年产 100 万 t 钢的转炉车间,每年可回收烟尘 1～2 万 t,回收的烟尘可以制烧结矿或球团矿,作为炼铁原料或转炉的冷却剂。

1) 烟尘的主要成分:未燃法烟尘主要成分是氧化亚铁,60％以上为 FeO,其颜色呈黑色。燃烧法的主要成分是三氧化二铁,即 90％以上是 $Fe_2O_3$,其颜色为红棕色。据某厂生产中实测的转炉烟尘的成分如表 1.6-11 所示。

**表 1.6-11　未燃法和燃烧法烟尘的成分比较**

| 烟尘成分/% | 金属铁 | FeO | $Fe_2O_3$ | $SiO_2$ | MnO | $P_2O_5$ | CaO | MgO | C |
|---|---|---|---|---|---|---|---|---|---|
| 未燃法 | 0.58 | 67.16 | 16.20 | 3.64 | 0.74 | 0.57 | 9.04 | 0.39 | 1.68 |
| 燃烧法 | 0.4 | 2.3 | 92.0 | 0.8 | 1.60 | — | 1.6 | 1.6 | — |

2) 烟尘的粒度:通常把粒度为 5～10 μm 之间的尘粒叫做灰尘,把由蒸汽凝聚成的直径在 0.3～3 μm 之间的微粒,呈固体的称为烟,呈液体的称为雾。转炉烟尘的粒度分布范围如表 1.6-12 所示。

表 1.6-12 燃烧法与未燃法烟尘分散度比较

| 燃烧法 | | 未燃法 | |
|---|---|---|---|
| >1 μm | 5% | >40 μm | 16% |
| 0.5～1 μm | 45% | 10～40 μm | 53% |
| <0.5 μm | 50% | 2～10 μm | 30% |

由表可见,燃烧法尘粒小于 1 μm 的约占 90%以上,接近烟雾较难清除;未燃法尘粒大于10 μm 的达 70%,接近于灰尘,其除尘比燃烧法相对容易些。这就是氧气转炉除尘系统比较复杂的原因。

3) 烟尘的数量:氧气转炉的含尘浓度变化在 80～150 g/$m^3$(标态)范围内。在设计上取平均含尘量为 80～100 g/$m^3$(标态)。相当于转炉金属装入量的 1%～2%。

## 二、转炉烟气处理方法

### (一) 燃烧法

炉气进入净化系统时与大量空气混合使之完全燃烧,燃烧后的烟气经过冷却和除尘后排放到大气中去。燃烧法冷却烟气有两种方法:

(1) 净化系统吸入大量空气(如控制空气过剩系数 $\alpha=2\sim3$)来降低烟气温度,首钢 30 t 转炉采用的就是这种方法;

(2) 采用废热锅炉(控制 $\alpha=1.2\sim1.5$)回收大量蒸汽,同时使烟气得到冷却。

燃烧法未能回收煤气,吸入大量空气后使烟气量比炉气量增大几倍,从而净化系统设备庞大,建设投资和运转费用增大,烟尘粒度小除尘效率低。因此,国内新建大、中型转炉一般不采用燃烧法除尘。但是燃烧法除尘操作简单,系统运行安全,不会发生爆炸事故。对于不回收煤气的小型转炉仍有可取之处。

### (二) 未燃法

通过降下活动烟罩缩小烟罩与炉口之间的缝隙,并采取其他措施控制系统吸入少量空气($\alpha=0.08\sim0.10$),使炉气中 CO 只有少量燃烧成 $CO_2$,而绝大部分不燃烧,烟气经冷却和除尘后将煤气回收或点火放散到大气中去。

未燃法具有能够回收煤气,烟气量小、净化系统设备体积小、烟尘粒度大,且 FeO 颗粒容易捕集,除尘效率高等优点,所以国内外采用未燃法除尘的比较多。但是未燃法烟气是一种含 CO 很高的可燃性气体,要求系统密封性好,防止爆炸和系统漏气引起煤气中毒。

未燃法控制系统吸入空气量的方法有:

(1) 炉口微压差控制法。通过降下活动烟罩缩小烟罩与炉口之间的缝隙,并调节可调喉口文氏管的喉口流通面积来调节系统阻力,使烟罩内外压差为零或微正压(约 10 Pa),从而控制 $\alpha$ 值。国内转炉未燃法除尘都是采用这种方法。

(2) 氮幕法。在活动烟罩与炉口之间设置氮气密封圈吹氮密封将空气与炉气隔绝。此法日本采用较多。

## 三、烟气净化方法

### (一) 全湿法

烟气进入第一级除尘设备立即与水相遇叫全湿法除尘。有双塔一文式、双文一塔式、"RSW"式、复喷管式等。虽然型式不同,但都是采用喷水来达到降温和除尘目的。除尘效率与文氏管用水量有关,全湿法耗水量大,且需要处理大量污水。

### (二) 干湿结合法

烟气进入次级除尘设备时才与水相遇,叫做干湿结合法(或叫半干半湿法)除尘。典型的干湿结合法系统是一平一文式,第一级除尘采用平旋器,第二级除尘采用文氏管。高温烟气经汽化冷却烟道冷却后进入平旋器除去 50%～70%的粗尘(干灰),剩下的细小烟尘通过文氏管除去。因此,该系统污水处理量小,系统阻损小,主要用于小型转炉的烟气净化系统,除尘效率比全湿法低。

### (三) 全干法

烟气净化过程中完全不与水相遇,叫全干法除尘。布袋除尘是全干法除尘,静电除尘有干法和湿法两种。干法静电除尘清除沉积板上的集尘时,喷入少量水润湿,然后用机械振打方法除去。

总的趋势是采用未燃法全湿法除尘,贯彻综合利用方针。对于铁水条件差,需双渣法操作的转炉,因反复升降烟罩,无法保证回收煤气的质量,则不宜采用未燃法除尘。另外,小型转炉煤气量少,如果建煤气回收系统,其基建投资所占比例高,收回投资的年限长,可以采用未燃法除尘,然后把煤气点火放散。

## 四、烟气净化系统设备组成

转炉烟气净化系统可概括为烟气的收集与输导、降温与净化、抽引与放散及回收等三部分。烟气的收集有活动烟罩和固定烟罩两种型式。烟气的输导管道称为烟道。它兼起降温作用,因而常由水冷烟罩、汽化冷却烟道或余热锅炉等设备组成。采用后两者还能回收余热。

使烟气降温是净化系统和净化工艺的要求。烟气温度高,严重影响设备寿命,尤其是抽风机无法适应。对应用流体力学原理的净化系统而言,烟气温度高,气体体积流量变大,相应减少单位体积气体含尘浓度,不利于净化效率的提高。目前用以降温的设备有溢流文氏管和洗涤塔等。

烟气的净化装置是系统的关键设备。由于转炉烟尘粒度小、浓度高,一般均采用多级净化。初级净化设备去除烟尘中的粗颗粒,次级净化设备(包括脱水器)去除微细烟尘。湿法净化设备也常常兼有降温作用,如除尘文氏管既可去除 80%～90%的烟尘还可显著降温。此外也有仅供除尘而降温效果很小的设备,如布袋除尘器和电除尘器等。

抽引装置是为克服净化系统阻力而设置的。系统阻损大小是选择风机类型的主要依据之一。在烟气放散时,采用烟筒抽引。回收煤气时,系统还必须设置煤气柜和回火防止器等设备。

系统流程示意图可参见图 1.6-40。

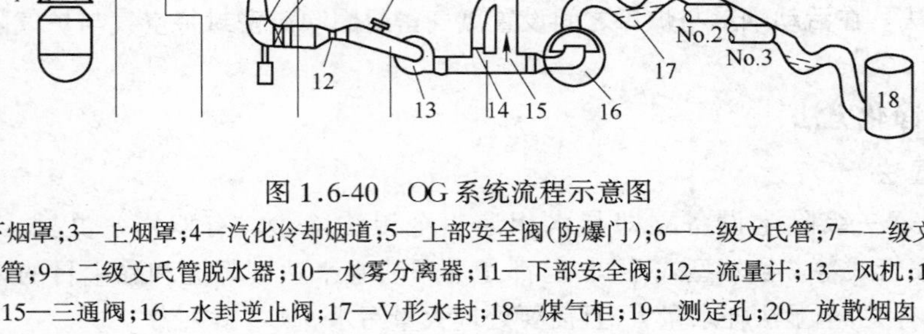

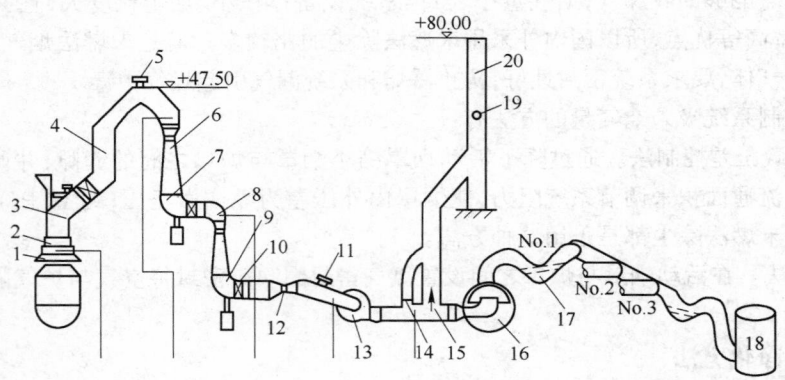


图 1.6-40　OG 系统流程示意图

1—罩裙;2—下烟罩;3—上烟罩;4—汽化冷却烟道;5—上部安全阀(防爆门);6—一级文氏管;7—一级文氏管脱水器;8—二级文氏管;9—二级文氏管脱水器;10—水雾分离器;11—下部安全阀;12—流量计;13—风机;14—旁通阀;15—三通阀;16—水封逆止阀;17—V 形水封;18—煤气柜;19—测定孔;20—放散烟囱

## 五、转炉烟罩及烟道

### (一) 活动烟罩和固定烟罩

烟罩的作用是将烟气导入烟道。在未燃法烟气净化系统中,烟罩由活动烟罩和固定烟罩两部分组成,二者之间设置水封连接或氮封、蒸汽封,见图1.6-41。活动烟罩可以上下移动。通过降下活动烟罩,缩小烟罩与炉口之间的缝隙来控制空气过剩系数 $\alpha$ 值,既不使烟气外逸,又不吸入大量空气,以提高煤气质量。活动烟罩按结构不同分闭环式(氮幕法)和敞口法(微压差法)两种。闭环式活动烟罩的特点是烟罩下部裙罩口内径略大于水冷炉口外径,降罩后的最小缝隙约50 mm左右,通过向炉口与烟罩之间的缝隙吹氮气密封来隔绝空气。

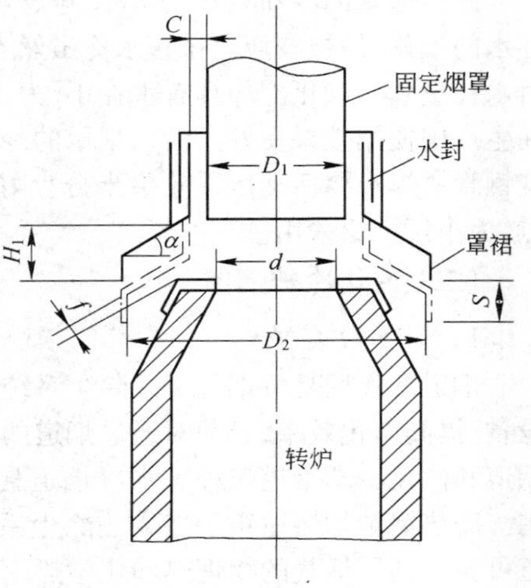

图1.6-41　未燃法单烟罩

敞口式活动烟罩的特点是采用较大的裙罩,下口为喇叭形,降罩后能将炉口全部罩上,能容纳瞬时变化较大的烟气量,使之不外逸,如图1.6-41所示。国内顶吹转炉一般都采用这种烟罩。活动烟罩的主要尺寸确定如下:

(1) 下沿直径 $D_2$ 应大于炉口直径 $d$,一般 $D_2=2.5\sim3d$。活动烟罩的升降行程 $S$ 约350～550 mm,罩口可下降到炉口以下80 mm处(如图1.6-41中 $f$),当活动烟罩升至最高位置时应保证转炉倾动时碰不着烟罩下沿,罩裙倾角 $\alpha$ 一般取30°～50°。

(2) 固定烟罩下沿至炉口的距离应根据活动烟罩高度(一般取 $H_1=0.5d$)和行程确定。

(3) 固定烟罩内径 $D_1$ 根据最大烟气量和烟气在烟罩内的流速来确定。一般流速取12～18 m/s。

(4) 为了防止大块炉渣喷到水封内,固定烟罩和活动烟罩之间的间隙 $C$ 取12～20 mm。

(5) 烟罩全高应在吹炼最不利的条件下,由炉口喷出的钢渣不致带到斜烟道内造成堵塞,一般取3～4 m。

燃烧法只设固定烟罩不设活动烟罩,烟罩上口直径与烟道相等,下口直径大于炉口直径,锥度大于60°。

烟罩的冷却有排管式水冷和汽化冷却等形式。汽化冷却具有耗水量少、不易结垢、使用寿命长等优点,使用效果良好。

根据修炉或吊装炉体操作的要求,烟罩可设有移动装置,分旋转台架、台车开出和小车侧面开出等形式,应根据修炉方式和车间布置的具体情况确定。一般12 t以下转炉为活动座,多采用旋转台架;12 t以上转炉,多采用台车式或高架吊挂小车式。台车式因下部轨道,开出结构等易受热变形,在结构设计中应予改进。

活动烟罩的升降机构有电动卷扬和液压缸升降两种形式。电动卷扬形式上升时靠电动卷扬提升烟罩,下降时依靠烟罩自重。液压升降形式是烟罩吊挂在四个液压缸上,通过液压缸的伸缩实现烟罩升降。采用液压升降关键是要控制四个液压缸的同步。

固定烟罩上设有散状料投料孔、氧枪孔、副枪孔等,并装有水套冷却。为防止烟气的逸出,采用氮气或蒸汽密封。

活动烟罩和固定烟罩之间一般通过水封密封,以防止外部空气侵入和烟道内煤气外泄。为解决沉积的污泥难以清理问题,近来也多采用气封(蒸汽或氮气)形式。

固定烟罩的冷却有箱式水冷、排管水冷和汽化冷却等形式。箱式水冷烟罩由于不易消除循环水的死角,易被破坏。排管水冷虽然不存在死角,但因结垢恶化排管的导热性而降低寿命,同时水耗量大。汽化冷却具有水耗小(为水冷却的1/30～1/60),不易结垢,使用寿命较长等优点,在生产中使用效果良好。活动烟罩的冷却一般采用排管式或外淋式水冷。目前我国采用矩形无缝钢管拼焊水冷活动烟罩效果十分良好。外淋式水冷烟罩具有结构简单和易于检修维护等优点,为小厂广泛采用。

**(二)汽化冷却烟道**

1. 烟道的类型

烟道的作用是将烟气引入除尘系统,冷却烟气,回收余热。由于烟气的温度很高,为了保护设备,提高净化效率,必须对通过烟道的烟气进行冷却。烟道的冷却形式有水冷烟道、废热锅炉烟道和汽化冷却烟道三种。水冷烟道耗水量,余热未被利用,容易漏水,寿命低,现在已很少采用。废热锅炉烟道适用于燃烧法除尘系统,由辐射段和对流段组成,如图1.6-42所示。这种烟道可充分利用烟气的物理热和化学热生产大量蒸汽,出口烟气温度可降至300℃以下,但是设备复杂,体积庞大,因此采用的不多。国内只有太钢50 t转炉采用。汽化冷却烟道是由密排无缝钢管围成的筒状烟道,无缝钢管点焊在几道钢箍上,钢管内通水汽冷却,如图1.6-43所示。

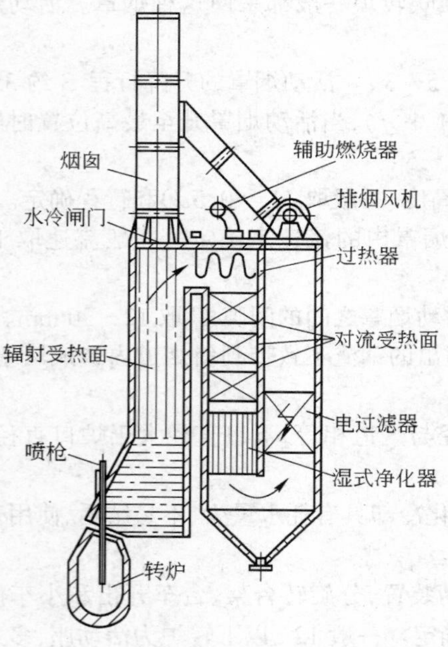


图1.6-42 全废热锅炉

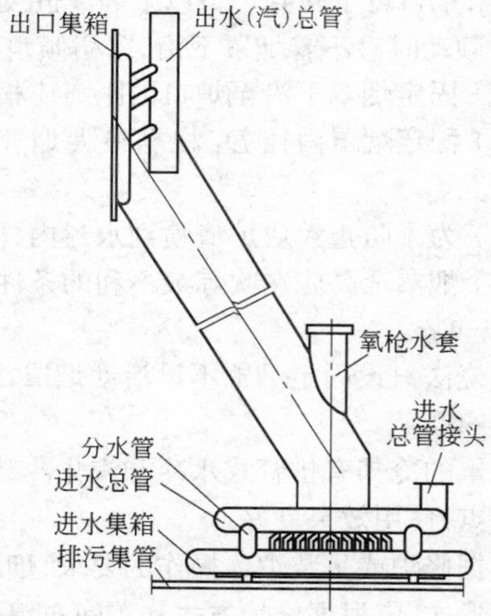


图1.6-43 汽化冷却烟道

2. 汽化冷却烟道循环工作原理

汽化冷却烟道循环工作原理如图1.6-43所示。当高温烟气从汽化冷却烟道通过时,钢管内的水被加热变成水蒸气,同时烟气得到冷却,烟气温度从1500℃左右降至900℃左右。水蒸气沿上升管进入设在烟道上方的汽包内,在汽包内冷凝成水或引出去加以利用,再补充新水,水经下降管(强制循环的再经过循环泵)又进入汽化冷却烟道底部循环使用。当汽包内蒸汽压力升至0.7～0.8 MPa时,气动薄膜调节阀自动打开,蒸汽进入蓄热器供用户使用。蓄热器内压力超过一定值时,气动薄膜阀自动打开放散。汽包内需要补充软水时由软水泵供给。

汽化冷却烟道是承压设备，设计制造要求高，所用水须经软化处理和除氧处理，投资也较高。汽化冷却烟道是由无缝钢管排列围成的筒状烟道。其断面大多为圆形，也有采用多等边形的。钢管的排列主要是隔板式和密排管式。

汽化冷却系统有自然循环和强制循环。图 1.6-44 为汽化冷却系统流程。汽化冷却烟道内由于汽化产生的蒸汽同水混合（汽水混合物），经上升管进入汽包，使汽水分离；汽水分离后，热水经下降管到循环泵，又送入汽化冷却烟道继续使用（取消循环泵，自然循环的效果也很好）。汽化冷却系统的汽包布置应高于烟道顶面。一座转炉设有一个汽包。汽包不宜合用，也不宜串联。考虑到汽化冷却烟道的受热膨胀位移，烟道本体采用弹簧吊挂在楼板梁上。烟道受热时向两端膨胀伸长，上端的热伸长量在一级文氏管水封中得到补偿，下端的热伸长量在烟道的水封中得到补偿。

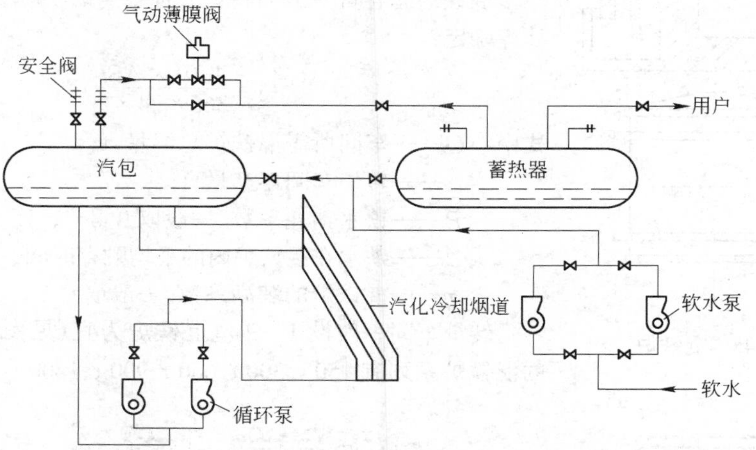


图 1.6-44　汽化冷却系统流程

3. 横移车

在转炉采用上修法砌筑时，在转炉上方设置罩裙横移车，将活动烟罩和固定烟罩安装在横移车上。当修炉时横移车将活动烟罩和固定烟罩等横移至转炉的一侧，以进行转炉砌筑作业。砌筑完成后，烟罩再横移回到正常工作位置。

4. 防爆阀

在烟道顶部须设有防爆阀。因为在烟道系统设备内部的局部区域易淤积煤气，在有一定的氧和火源情况下就可能引爆，还有烟道漏水，水在高压高温下分裂出氢气也会引起爆炸，防爆阀在不大的正压情况下就会自动打开，一旦烟道内发生爆炸，防爆阀可以泄压而保护烟道设备安全。

## 第七节　铁水供应系统

在钢铁联合企业内，转炉炼钢一般采用高炉铁水直接热装，供应铁水方式有混铁炉、混铁车和铁水罐。

### 一、混铁炉供应铁水

采用混铁炉（图 1.6-45）供应铁水的流程是高炉出铁到铁水罐内，由铁路机车牵引到转炉车间加料跨，用吊车将铁水兑入混铁炉内。转炉需要铁水时，从混铁炉倒入转炉车间铁水罐内，称量后兑入转炉。

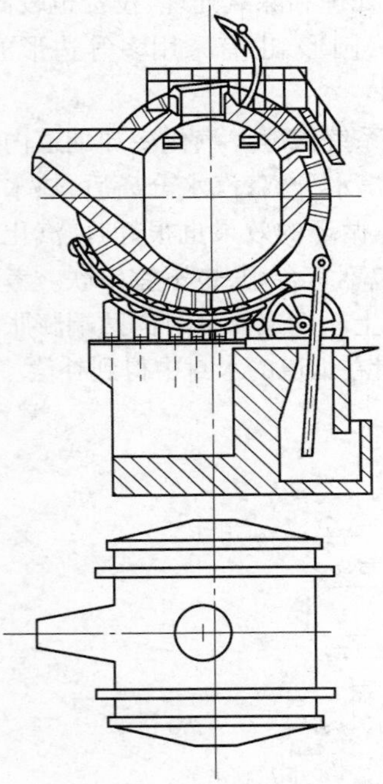

图 1.6-45　混铁炉

混铁炉的作用主要是贮存并混匀铁水的成分和温度。因为高炉出铁时间和数量与转炉需要铁水时间和数量往往不一致，采用混铁炉作为高炉与转炉之间的铁水贮存设备有助于解决上述矛盾，保证高炉与转炉的正常生产。另外，高炉每次出的铁水成分和温度往往有波动，尤其是几座高炉向转炉供应铁水时波动更大，采用混铁炉混匀不同高炉和不同时间出的铁水，减小其成分和温度的波动，有助于稳定转炉操作，实现自动控制和改善技术经济指标。但是它比混铁车多倒一次铁水，增加热量损失。中、小型转炉，尤其中型转炉采用混铁炉供应铁水比较合适。

混铁炉总容量一般为转炉公称容量的 15～20 倍，可按下式计算确定：

$$Q=\frac{1.01\times ABt}{365\times 24\times \eta}$$

式中　$Q$——车间所需混铁炉总容量，t；

$A$——转炉车间年产量，t；

$B$——铁水消耗系数，一般取 0.8～1.15 t/t；

$t$——铁水在混铁炉内的平均贮存时间，一般取 8～10 h；

$\eta$——混铁炉的装满系数，一般取 0.8。

转炉车间一般设 1～2 座混铁炉为宜(见图 1.6-46)。我国的混铁炉系列有 150 t、300 t、600 t、900 t、1300 t。

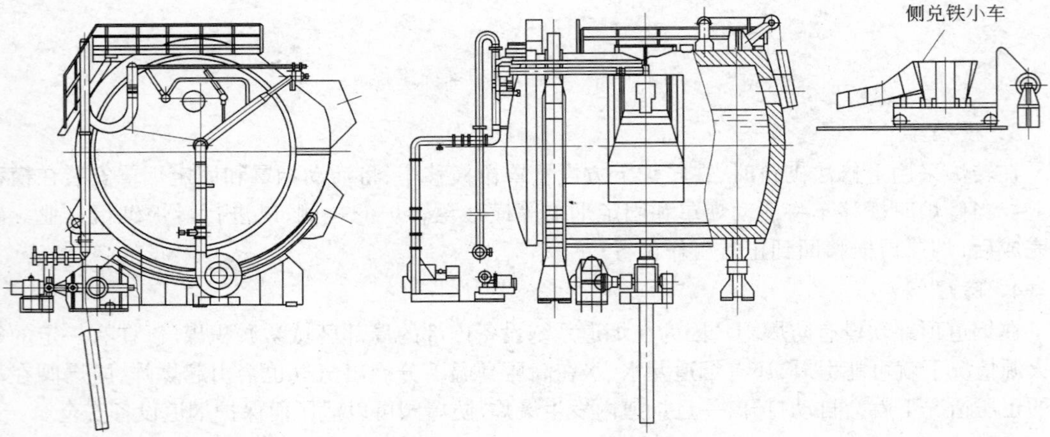


图 1.6-46　混铁炉

混铁炉的炉身为圆筒形，外壳用 20～40 mm 厚的钢板制作。炉身和炉顶分别用镁砖和黏土砖砌筑，炉壳与炉衬之间设绝热层，受铁口设在顶部，炉子一侧设出铁口兼作出渣口。炉子倾动机构采用齿轮和齿条传动或液压传动。在混铁炉两端和出铁口上方设有燃烧器，用煤气或重油燃烧保温。

近年来发展的侧兑铁技术设置一专用侧兑铁小车，兑铁口开在一侧的端盖上。兑铁时铁水罐将铁水倒在兑铁小车上的溜槽上，流入混铁炉内。这种方式对除尘的设置较为有利。

在筒体的两端装有偏心箍圈，炉体通过箍圈在圆辊组成的弧形滚道上前后回转。炉体上的兑铁口和出铁口都装有盖及其开闭机构。在两侧及出铁口还设有窥视孔、人孔和烧嘴孔等。

混铁炉支撑底座由支座和辊圈组成，分左右两组，固定在基础上，支撑炉体和前后回转。辊子内装有滑动轴承。安装后要严格保证辊子在弧形滚道上的平行和两组辊圈的同心。混铁炉的回转角度一般在 -5°到 +47°之间，操作中回转角度在 30°角内。倾动频繁，速度低。为保证安全和正常工作，采用双电机一用一备。混铁炉须按全正力矩原则设计配置倾动中心位置，以保证在故障时炉体自动回到垂直位置。为此设有手动松闸机构。

**二、混铁车供应铁水**

混铁车又称鱼雷罐车，如图 1.6-47 所示。兼用于从高炉向转炉车间运送和贮存铁水。

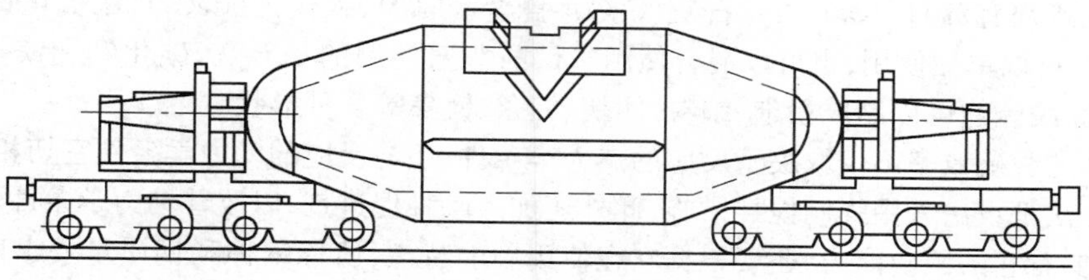

图 1.6-47　混铁车示意图

采用混铁车供应铁水的流程是，高炉出铁到混铁车内，由铁路机车将混铁车牵引到转炉车间倒罐坑旁，转炉需要铁水时倒入坑内的铁水罐内，称量后兑入转炉。如果铁水需要预脱硫处理时，则先将混铁车牵引到脱硫站喷粉脱硫，倒出含硫渣后，再牵引到倒罐坑旁待用。

混铁车供应铁水的特点是铁水在运输过程中散热少，比混铁炉供应铁水少倒一次铁水，所以减少了总的热损失，铁水温度高，有利于铁水预脱硫、脱磷处理。但是混匀铁水成分和温度的作用不如混铁炉。混铁车比较适合于大型转炉或高炉与转炉距离较远的车间采用。

**三、铁水罐供应铁水**

采用铁水罐供应铁水的流程是，高炉铁水出到铁水罐内，由铁路机车牵引到转炉车间，转炉需要铁水时倒入转炉车间铁水罐内，称量后兑入转炉。铁水罐供应铁水的特点是设备简单，投资省。但是铁水在运输和待装过程中散热严重，特别是用一罐铁水炼几炉钢时，前后炉次的铁水温度波动较大，不利于稳定操作，还容易出现粘罐和冷铁，当转炉出现故障时铁水不好处理，铁水成分波动较大。采用这种供铁方式的主要是小型转炉车间，有条件的企业最好不采用这种供铁方式。为了减少热损失，铁水罐应有保温措施，加保温盖和保温剂，特别要注意空罐的保温。

**四、化铁炉供应铁水**

化铁炉供应铁水是在转炉车间加料跨旁边建造 2～3 座化铁炉，熔化生铁向转炉供应铁水。其特点是铁水温度便于控制，并可在化铁炉内脱除一部分硫，但是要额外消耗燃料和熔剂，增加熔损，因而增加炼钢成本。新建转炉车间一般不宜采用化铁炉供应铁水。

## 第八节　铁水预处理

铁水预处理是指铁水的脱硫、脱硅和脱磷处理，简称铁水三脱处理。由于它在技术上先进和经济上合理，当今成为扩大原材料来源、提高钢质量、增加品种和提高技术经济指标的必要手段。

转炉采用低硫、低硅、低磷铁水冶炼，能给转炉带来一系列好处：原材料消耗、渣量、喷溅减少；吹炼时间缩短，炉衬寿命、生产率、金属收得率、钢水余锰量和钢的质量提高。如日本对入转炉的铁水经过三脱处理后，炉龄提高到 8000 多炉。我国的一些大、中型钢铁企业和铁水含硫比较高的地区也都开展了铁水预脱硫处理。

## 一、铁水炉外预脱硫处理

炉外脱硫的基本原理是利用与硫的亲和力比铁大的元素或化合物，加入铁水内以夺取硫化铁中的硫，使之转变为更稳定的、不溶于铁水的硫化物。由研究表明，铁水脱硫的条件比钢水脱硫优越、脱硫效果比钢水脱硫高 4～6 倍，其原因是铁水中碳、硅、磷等元素含量高，使硫在铁中的活度提高，铁水中含氧量低，有利于脱硫反应的进行。

### （一）铁水脱硫剂

铁水脱硫剂有苏打（$Na_2CO_3$）、石灰（CaO）、食盐（NaCl）、碳化钙（$CaC_2$）、氰氨化钙（$CaCN_2$）、镁（Mg）等。可以单独使用，也可以混合使用。目前普遍使用的是石灰、碳化钙和镁。根据加入方式的不同，脱硫剂可以制成粉末、细粒、团块、锭条、镁焦等各种形状。

脱硫剂的脱硫效率不仅取决于反应的热力学条件，还与反应的动力学条件密切相关。因此，各种脱硫方法都设法采用强制搅拌措施，此外还加入各种促进剂，以改善动力学条件。选择脱硫剂时，不仅要看它的脱硫能力，还要根据它在使用中的特点，所炼钢种和钢质量要求以及费用等综合考虑。

### （二）铁水炉外脱硫方法

铁水炉外脱硫方法有几十种，按照脱硫剂的加入方式和铁水搅拌方式不同可分为以下几种方法。

1．铁流搅拌法

把脱硫剂加入高炉出铁槽中或铁水包中，靠铁水流的冲击使铁水与脱硫剂混合搅拌，脱硫剂多为苏打或苏打与石灰粉和萤石粉的混合物。其优点是设备简单，容易操作。但是铁水流的搅拌作用不足以使铁水与脱硫剂充分混合，因而脱硫率低，而且不稳定。现代化钢铁企业都不采用此法。但在设备简陋，铁水含硫又高的小钢铁厂，还有采用的。

2．摇包法

采用机械驱动铁水包，使它围绕垂直中心线作偏心回转，促进脱硫剂与铁水混合搅拌。此法适用于小容量铁水包。

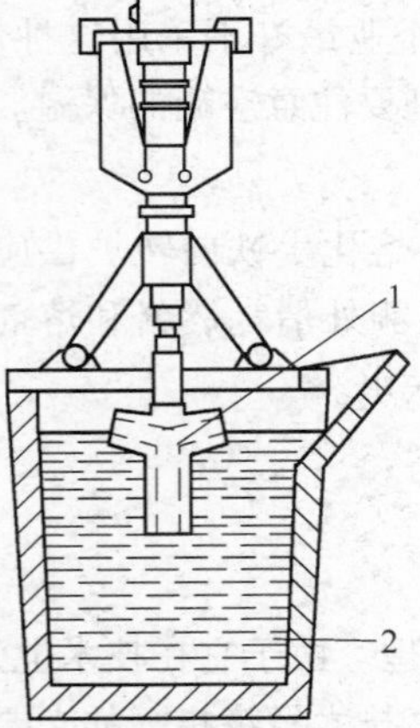

图 1.6-48 机械搅拌脱硫法示意图
1—T 形中空管回转棒；2—铁水

3．机械搅拌法

利用沉入铁水中的搅拌棒（或称搅拌翼）使铁水与脱硫剂搅拌混合。

A 机械搅拌脱硫法

其特点是在铁水表面撒上脱硫剂以后，用耐火材料制成的 T 形管状搅拌器（图 1.6-48）旋转，侧管内的铁水在离心力作用下向外抛出，与此同时，铁水包下部铁水沿垂直管向上流动，从而使铁水循环流动到铁水表面与脱硫剂混合，达到脱硫目的。此法用 $CaC_2$ 4～6 kg/t，或生石灰∶苏打粉＝8∶1，用量 10 kg/t，处理 10 min 可使[S]从 0.067％降到 0.005％。

B 非卷入型机械搅拌脱硫法

其特点是在铁水包内只设一个简单的耐火材料搅拌棒，旋转搅拌棒使脱硫剂与铁水混合进行脱硫，如图 1.6-49 所示。此法用 $CaC_2$ 5～8 kg/t，处理 15 min，脱硫率为 70％～90％。

C　日本新日铁搅拌脱硫法(KR 法)

其特点是利用旋转器在铁水中旋转(150～300 r/min),在铁水液面中央部分产生一个涡流下陷坑,脱硫剂在下陷坑中被卷入铁水内混合脱硫,如图 1.6-50 所示。此法 $CaC_2$ 用量为 2～3 kg/t 或苏打粉 6～8 kg/t,处理 10 min,脱硫率为 80%～95%。

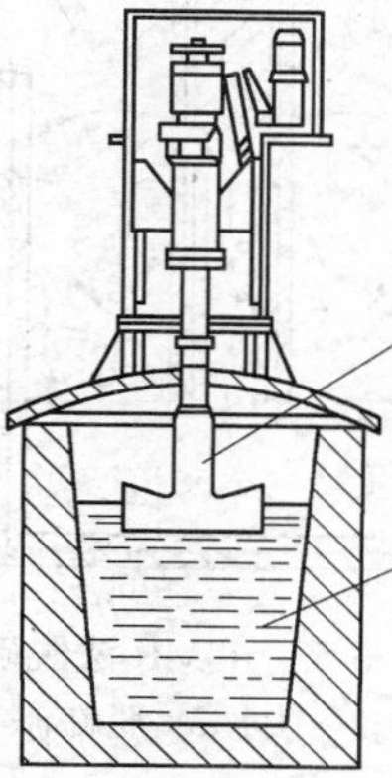


图 1.6-49　非卷入型机械搅拌脱硫法示意图
1—用铁心增强的耐火材料,制成的倒 T 字形桨叶;2—铁水

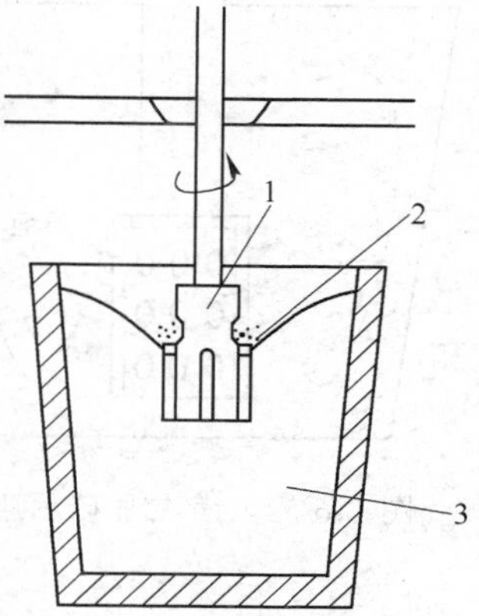


图 1.6-50　KR 脱硫法示意图
1—叶轮;2—脱硫剂;3—铁水

我国武钢从日本引进 KR 装置于 1979 年投入使用,并以石灰粉为主,配萤石和活性炭的 KC-1 脱硫剂代替电石粉脱硫剂成功,处理铁水成本降低且安全。处理 13 min 后,脱硫率一般可达 90%以上,搅拌器为高铝质耐火材料。寿命不小于 300 次。

4. 喷吹气体搅拌法

用氮气、氩气、天然气或压缩空气做载体把脱硫剂通过直接插入铁水内的专用喷枪喷入铁水内进行脱硫,用吹入的气体搅拌铁水。气体可以从上部(图 1.6-51)或底部吹入,脱硫剂也可以直接加入铁水面上。此法设备简单,操作灵活,易于控制,脱硫率高,几乎不受容量限制,铁水包或混铁车均可采用,是很有发展前途的一种脱硫方法。

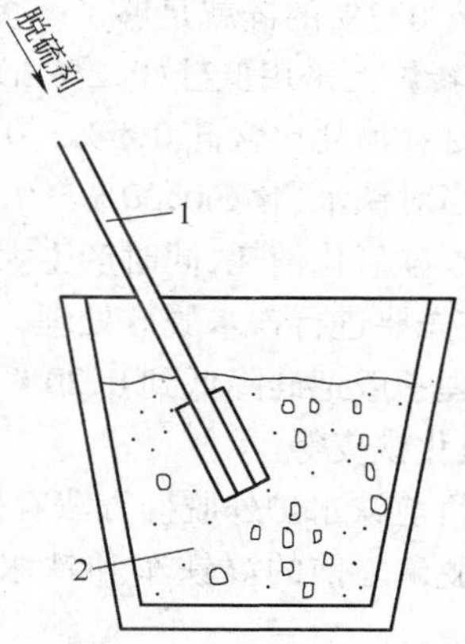


图 1.6-51　喷吹脱硫法示意图
1—喷枪;2—铁水

5. 镁焦脱硫法

把镁焦或镁钢屑放入用黏土—石墨做成的插入罩内,然后把插入罩插入铁水中,如图 1.6-52 所示。由于镁在高温下气化沸腾,离开焦炭而与铁水反应,镁与硫反应生成 MgS,上浮到铁水面而成为熔渣。镁焦用量为 2.35 kg/t,处理后铁水中硫能从 0.025%降到 0.003%,或从 0.063%降到 0.014%,脱硫率为 61%～78%。此法简单易行,欧美各国应用较多。

6. 气体提升法

此法也称气泡泵环流搅拌法,简称 GMR 法。它是应用气泡泵的扬水原理研制成功的,如图 1.6-53 所示。它的中心部分是气体提升混合反应器,由两层管组成,氮气从两层管缝吹入。当处理铁水时,把反应器插入铁水中,吹入氮气后,铁水从反应器中心管上升,并从上部喷孔高速喷出,落到铁水液面与脱硫剂作用,并且脱硫剂被卷到铁水内部,与铁水充分混合。在新型装置上气泡泵本身旋转,可以进一步提高脱硫效率,缩短处理时间。

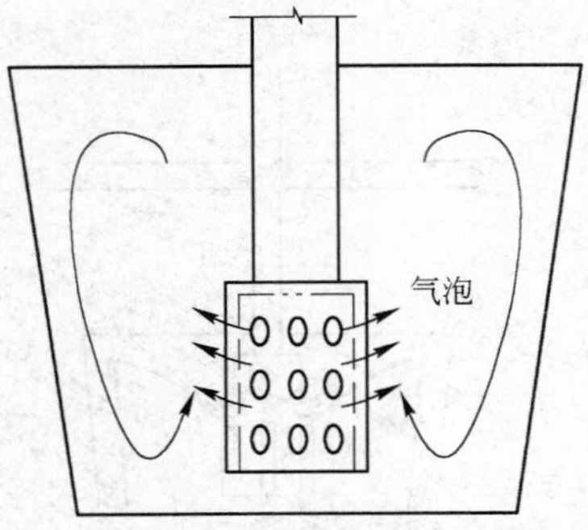


图 1.6-52　镁-焦脱硫示意图

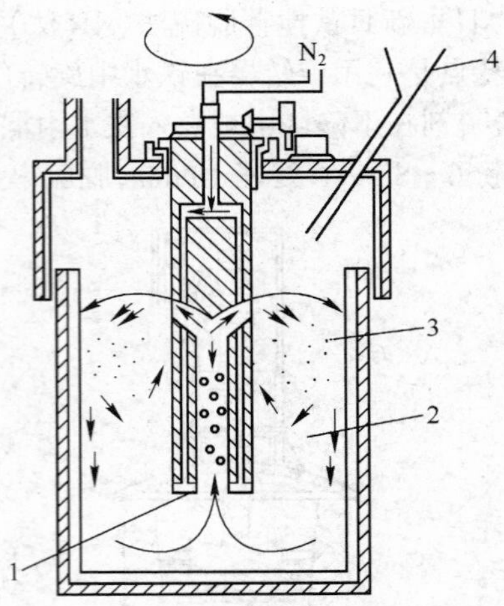


图 1.6-53　GMR 法脱硫示意图

1—气泡泵本体;2—铁水;3—脱硫剂;4—脱硫剂加入漏斗

各种脱硫方法的工艺特点虽然不相同,但是任何脱硫方法中都尽可能不让高炉渣进入铁水包,脱硫后用扒渣机械扒除脱硫渣,避免其进入转炉。

## 二、铁水炉外预脱硅处理

铁水炉外预脱硅的目的是减少转炉渣量并为铁水预脱磷创造条件。铁水中的硅是发热元素,转炉炼钢为了脱磷造高碱度渣需 $SiO_2$ 作化渣剂。但是日本研究表明,为了化渣和保证出钢温度有 0.3%的硅就足够了。多余的硅含量则是有害的,并恶化了技术经济指标。如新日铁在 120 t 转炉上采用低硅(0.2%Si)铁水炼钢,每吨钢的石灰消耗量由 40～45 kg 下降到 15～20 kg,耐火材料消耗比含硅 0.5%～0.6%的铁水减少 30%～40%。

当对铁水(含 Si0.30%～0.80%)进行炉外预脱磷处理时,加入的含氧化剂的脱磷剂大部分也要被硅氧化消耗,同时产生大量的 $SiO_2$,降低了熔渣的碱度使脱磷无法进行。因此,在脱磷之前,首先要进行铁水脱硅处理。当铁水含硅降低到 0.20%以下时,脱磷速度明显加快。因此,脱硅处理一般把硅降低到 0.20%～0.15%以下。铁水炉外脱硅使用的氧化剂有:烧结矿粉、铁矿石、氧化铁皮等。

目前铁水炉外脱硅方法有投入法、顶喷法和喷注法等。炉外脱硅场所主要集中在高炉出铁场。脱磷之前的混铁车和铁水包内脱硅。后两种方法只是作为在出铁场达不到目标的补充手段。

### (一) 投入法

将脱硅剂投入流动的铁水表面,借铁水流入铁水包或混铁车时的冲击搅拌作用,使脱硅剂与铁水混合产生脱硅反应。脱硅效率比较低,一般为 50%左右。这是早期使用的方法。

### (二) 顶喷法

用载气将脱硅剂从喷粉罐喷出,经喷枪口靠气体射流作用将粉剂射入铁水沟内的铁水中。它不同于一般喷吹法。喷枪不是插入铁水内部,而是在距铁水表面一定距离处喷吹。此法经二次铁流冲击混合,脱硅率可达 70%～80%。

### (三) 喷注法

将耐火材料喷枪插入铁水深处,通过载气把粉剂吹入铁水内部,方法与铁水脱硫、脱磷相同,一般用于铁水罐或混铁车的补充脱硅。

**三、铁水炉外预脱磷处理**

铁水预脱磷是从20世纪80年代初冶炼低磷钢（P≤0.01%）的需要和由于转炉顶底复吹冶炼高碳钢困难发展起来的。在一些工业发达国家铁水预脱磷已发展成为转炉少渣或无渣冶炼法生产普通钢所必需的流程。铁水炉外预脱磷与炉内脱磷原理相同，即低温、高碱度和高氧化性炉渣有利于脱磷。与钢水相比，铁水温度低，这是炉外脱磷的有利条件。此时向铁水加入具有一定碱度和氧化能力的脱磷剂。可把铁水中的磷降低到较低的水平。铁水炉外脱磷采用的脱磷剂有石灰系脱磷剂和苏打系脱磷剂。

炉外脱磷方法一般是采用喷吹法，用载气将脱磷剂喷吹到混铁车或铁水包内的铁水中产生脱磷反应。采用铁水包处理铁水具有较好的动力学条件，而且排渣容易，为了防止喷溅，铁水包可加防溅罩。

## 第九节　炼钢用辅助设备

**一、钢包车和渣罐车**

钢包车（图1.6-54）是供转炉出钢用的炉下专用车辆，在炉下钢轨上运行。钢水包坐在车上接受转炉出钢，再将满包的钢水包由炉下运至浇注跨。钢包车一般由车体、传动装置、钢包支座、供电装置等几部分组成。钢包车一般采用集中传动，设置两套传动机构，机械故障时一套传动可维持短时工作。考虑到转炉下的喷溅积渣较多，有时还要进行推渣作业，所以传动系统的能力裕量都较大。钢包车供电采用电缆卷筒，有力矩式、弹簧式、配重式等。也有采用地下滑线式的。

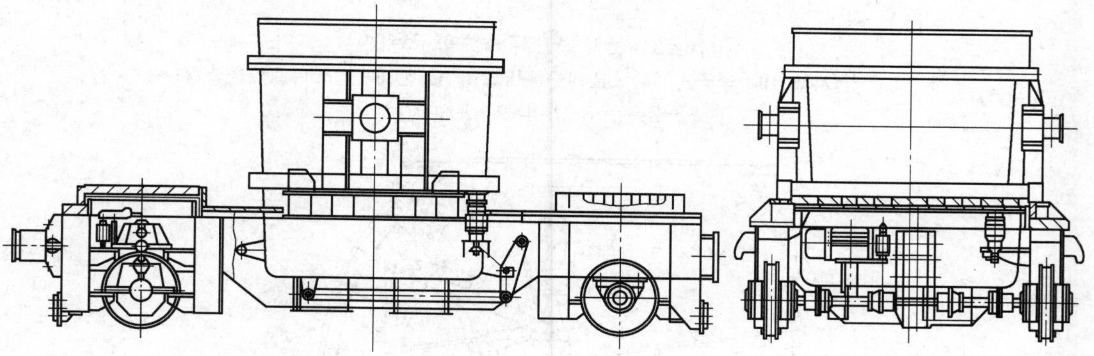

图1.6-54　钢包车

渣罐车的结构形式与钢水包车相似，专门装载渣罐用于转炉出渣。有的钢厂渣罐车自身无传动，靠钢水包车推动。

钢包在钢包车上大都还要进行在线吹氩、在线烘烤等操作。为防止高温和炉渣损坏设备，传动机构上设防护罩并在防护罩和车体上面铺设耐火砖。

**二、修炉车**

氧气顶吹转炉的修砌方法分为上修法和下修法。

**（一）下修式修炉机**

采用下修时，转炉炉底是可拆卸的，修砌炉衬必须使用带有行走机构的修炉车，在钢包车的轨道上工作，本身没有行走动力机构，多由钢包车将其拖动至转炉正下方进入工位。修炉车依其工作升降的动力形式分为液压传动和机械传动两种。

修炉车的作用是将砌炉所用衬砖从转炉底部送进炉内修砌处，其工作平台可以沿炉身上下移动，随时升到炉内任何一个必要的高度。图 1.6-55 所示是我国中、小转炉用套筒式升降修炉车；图 1.6-56 为国外砌筑大衬砖的修炉车。

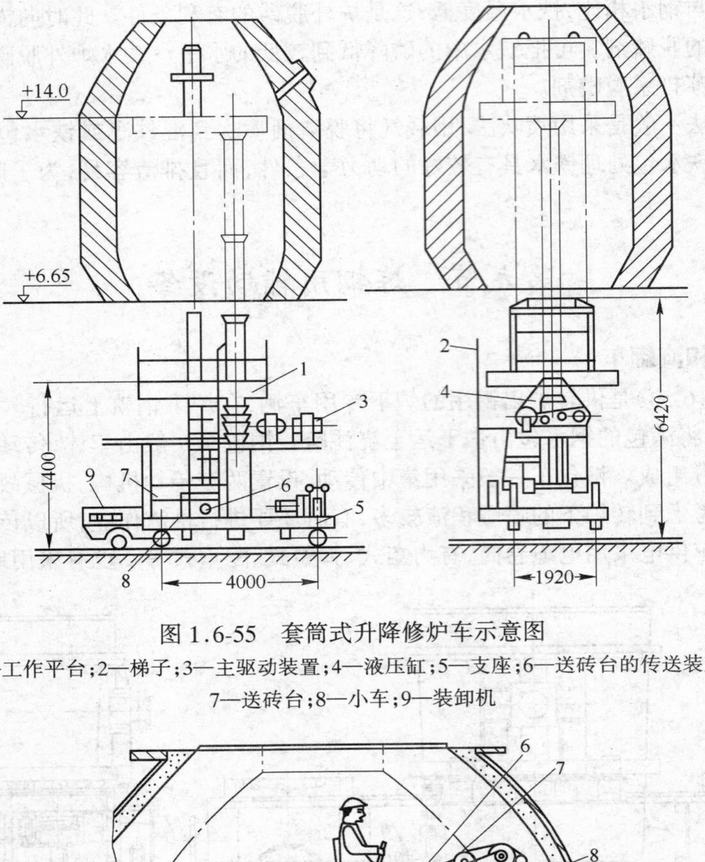


图 1.6-55　套筒式升降修炉车示意图

1—工作平台；2—梯子；3—主驱动装置；4—液压缸；5—支座；6—送砖台的传送装置；7—送砖台；8—小车；9—装卸机

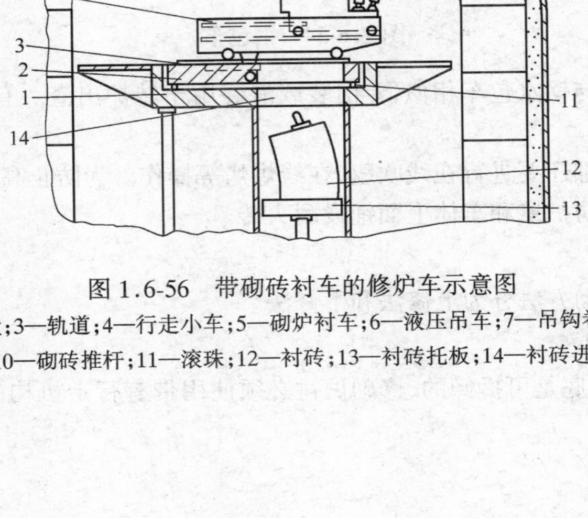

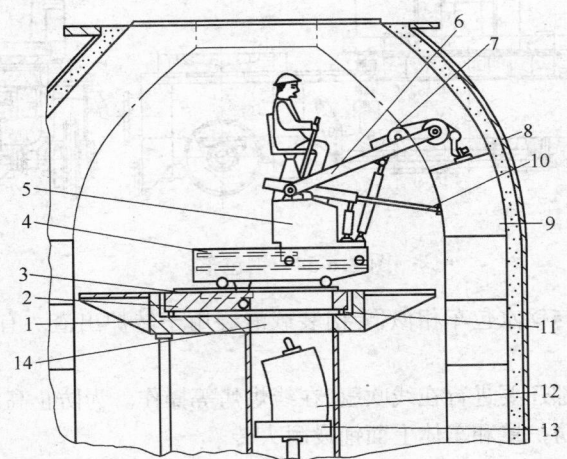

图 1.6-56　带砌砖衬车的修炉车示意图

1—工作平台；2—转盘；3—轨道；4—行走小车；5—砌炉衬车；6—液压吊车；7—吊钩卷扬；8—炉壳；9—炉衬；10—砌砖推杆；11—滚珠；12—衬砖；13—衬砖托板；14—衬砖进口

转炉的下修方式，首先拆下炉底，炉底与转炉本体内衬可同时修砌，修炉时间较短。由于修炉设备置于转炉下方，不受其他干扰。

### （二）上修式修炉机

图 1.6-57 为 150t 转炉用修炉车。由横移小车 1、炉衬砖提升吊笼 6 和修炉平台 7 组成。而横移小车主要由平台提升机构、吊笼提升机构和横移机构组成。修炉时，将可拆卸汽化冷却烟道移开，修炉车通过横移小车开至炉口上方，炉衬砖箱放入吊笼中，通过卷扬提升送到修炉工作平台上。修炉平台通过提升机构在转炉内上、下移动进行修砌工作。

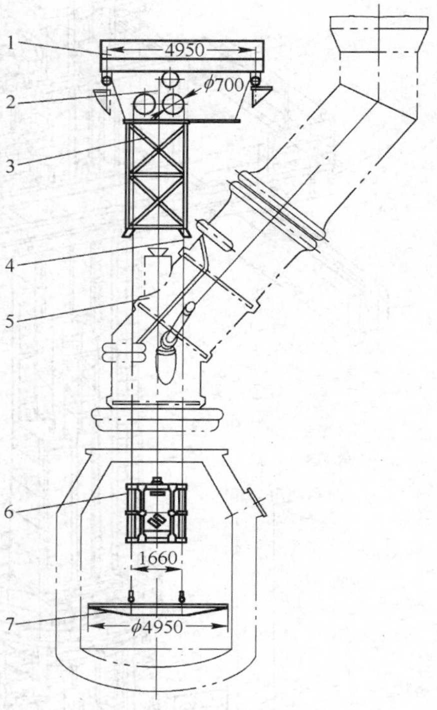

图 1.6-57　150 t 转炉用上修式修炉车示意图
1—横移小车；2、4—钢绳；3—吊笼护罩；5—汽化冷却可拆卸段；6—吊笼；7—修炉平台

图 1.6-58 所示为 300 t 修炉塔结构示意图。修炉塔是由修炉塔台车 24、塔体 10、旋转架 7 和分配辊道 5 及作业平台 2 几部分组成。另外，还配备一套供砖装置。由供砖装置将炉衬砖送入修炉塔的辊道。修炉塔台车 24 是一个用四个车轮支撑的焊接框架。上面铺有网纹钢板，没有运行驱动装置，它安置在可拆卸汽化冷却烟道横移段台车轨道上，被活动烟罩的行走装置拖动运行。在砌炉时，转炉上方的烟罩台车横向移开之后，修炉塔台车 24 才能正置于炉口上方安装塔体等设备。修炉塔的塔体 10 垂直安装在修炉塔台车架上，伸入转炉内，其升降由塔体升降卷扬机 21 和钢绳、滑轮组拖动，沿着修炉塔台车上的导向限位装置上下运行。修炉塔下部工作装置是修炉塔主要工作部分。它包括旋转架 7、旋转平台 9、水平输送装置、作业平台 2 和起重小车运行轨道等。旋转台架是由驱动装置 8、齿圈、旋转平台 9 和旋转架 7 组成。齿圈固定于旋转平台下部，起重小车运行轨道、辊道输送装置和作业平台都装设在旋转台架上，随其一起旋转。

## 三、炉底车

炉底车主要是用于转炉下修时卸装炉底的机械设备。通过炉底车上可升降的顶盘，将直立着的转炉的炉底托住，待炉底从炉身拆卸后，将炉底托下并从炉体下方运出，然后由吊车将炉底吊运至修砌地点。在炉身内衬和炉底修砌完毕后，再将炉底运至炉体正下方与炉身连接。炉底车在炉下钢包车的轨道上工作，由钢包车拖动。修炉工作结束后，则由吊车将其吊运到车间指定的停放地点。

炉底车的总体结构如图 1.6-59 所示。它是由顶台—操作平台、升降油缸、液压—电气系统和车体组成。安装炉底时，将炉底放在顶盘的滚动支架环上，通过液压传动系统将顶盘升起，使炉底与炉身吻合并连接。

## 四、喷补机

转炉在冶炼过程中，炉衬尤其是渣线部位因侵蚀而损坏。为提高炉衬寿命，降低钢的成本，

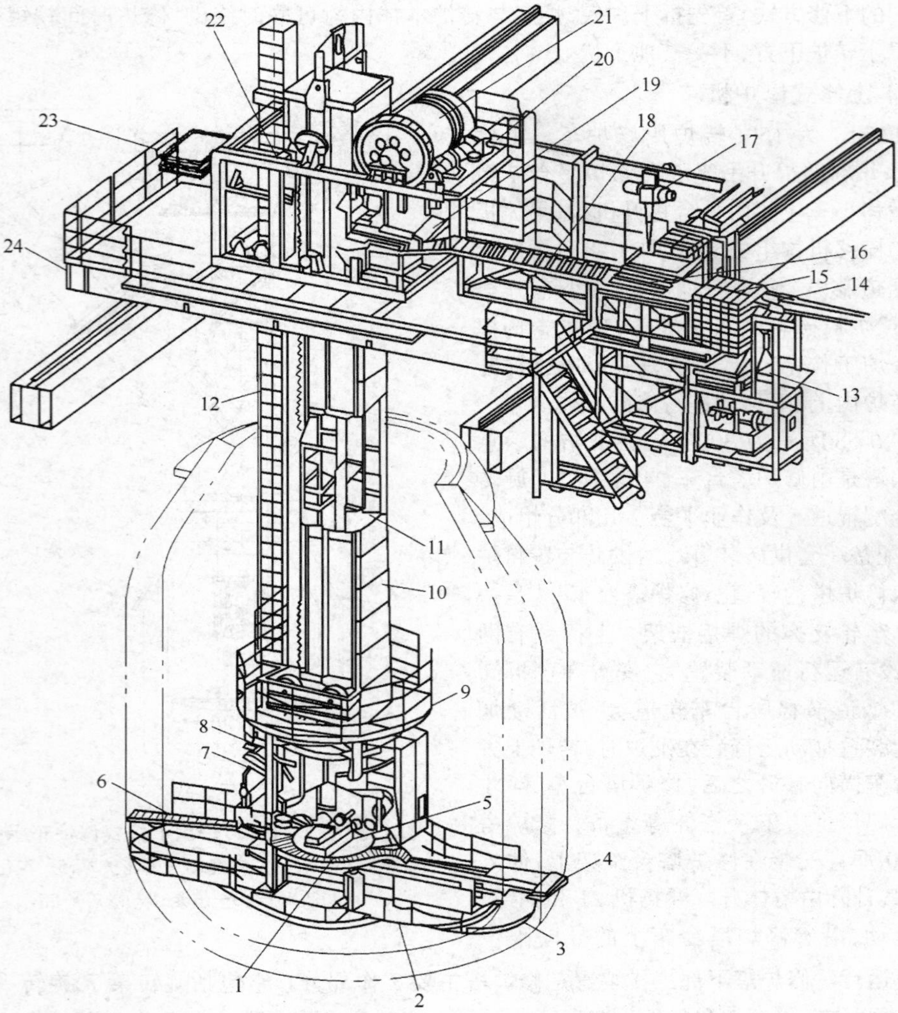


图 1.6-58　修炉塔总体结构图

1—环形输出辊道；2—作业平台；3—辅助平台；4—自动砌砖机；5—接收及输出辊道（分配辊道）；6—倾斜输出辊道；7—旋转架；8—旋转架驱动装置；9—旋转平台；10—塔体；11—斗式运输机；12—梯子；13—升降台；14—推砖油缸；15—炉衬砖；16—砖换向台（辊道）；17—电葫芦；18—倾斜辊道输送器；19—气动挡板；20—送砖皮带机；21—塔体升降装置；22—塔下落止坠装置；23—钢绳平衡及断裂检测装置；24—修炉塔台车

提高效益，配合溅渣护炉技术，同时采用炉衬喷补，是提高炉龄的重要措施。国内外的转炉都采用了各种补炉技术。喷补方法分为湿法和干法两种。喷补装置的形式多种，下面主要介绍两种。

喷补机如图 1.6-60 所示，喷补机的驱动电机经减速器带动搅拌器旋转，将料斗内的补炉料进行搅拌，并通压缩空气使其搅拌充分、混合均匀。在输送胶管的出口接一根钢管并通水。混有补炉料的高速空气流将水雾化，被浸湿的补炉料由压缩空气喷射到炉衬需要修补的各个部位。

图 1.6-61 为另一种半干热喷补装置的结构示意图，它是由密封料罐 2、铁丝网 4、铁丝网松动手轮 1、给料器 7、喷嘴 5 和供水、气管路组成。密封料罐上部有密封加料口，由此装入干喷补料，下部卸料口装有给料器，均匀连续向外送料。

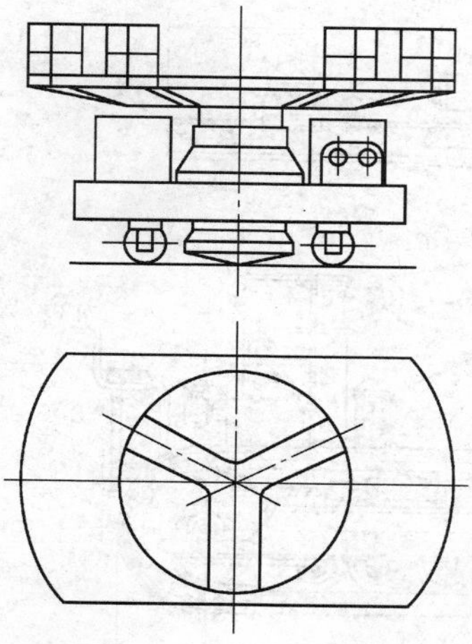

图 1.6-59　炉底车示意图

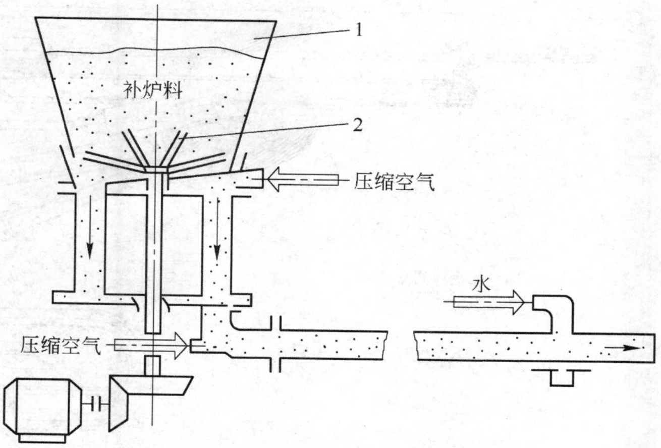


图 1.6-60　喷补机的工作原理图

1—料斗；2—搅拌器

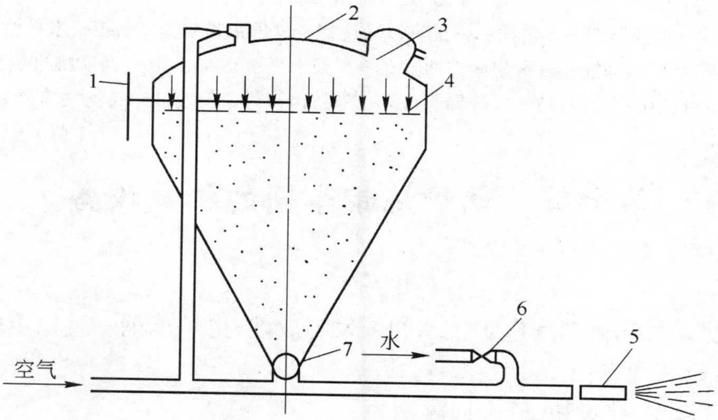


图 1.6-61　半干热喷补装置

1—手轮；2—密封料罐；3—加料口；4—铁丝网；5—喷嘴；6—供水管；7—给料器

## 五、拆炉机

转炉炉衬在吹炼过程中，由于机械、化学和热力作用而逐渐被侵蚀变薄，直到无法修补时，必须停止吹炼。此时，转炉即结束了一个炉役的使用周期，称一个炉役期，只有重新修砌炉衬才能继续炼钢。修炉操作包括炉衬的冷却、拆除旧炉衬和砌筑新炉衬等。对于中等吨位以上的转炉，两个炉役之间的修炉时间，通常在 2～8 天。因此，提高炉衬寿命，缩短修炉时间对于提高转炉产量有重要意义。拆炉机械化是改善工人劳动条件，缩短修炉时间的重要措施。

拆炉机形式很多，这里介绍我国的一种履带式拆炉机。

如图 1.6-62 所示，拆炉机主要由拆炉工作机构、工作架、行走机构、液压传动系统和风动系统等组成。拆炉工作机构包括钎杆 1、夹钎器 2、冲击器 3 和推进风马达 4。拆炉工作时，由冲击器冲击钎杆，捣毁炉衬。随着冲击深度的增加，推进风马达经链条向前推进冲击器进行工作。工作架是由滑架 11 和桁架组成。桁架包括桁架水平摆动油缸 6、桁架俯仰油缸 7、在桁架上固定有滑架俯仰油缸 8、滑架水平摆动油缸 9 和滑架推进油缸 10。行走机构是由车架、驱动装置和履带装置组成。

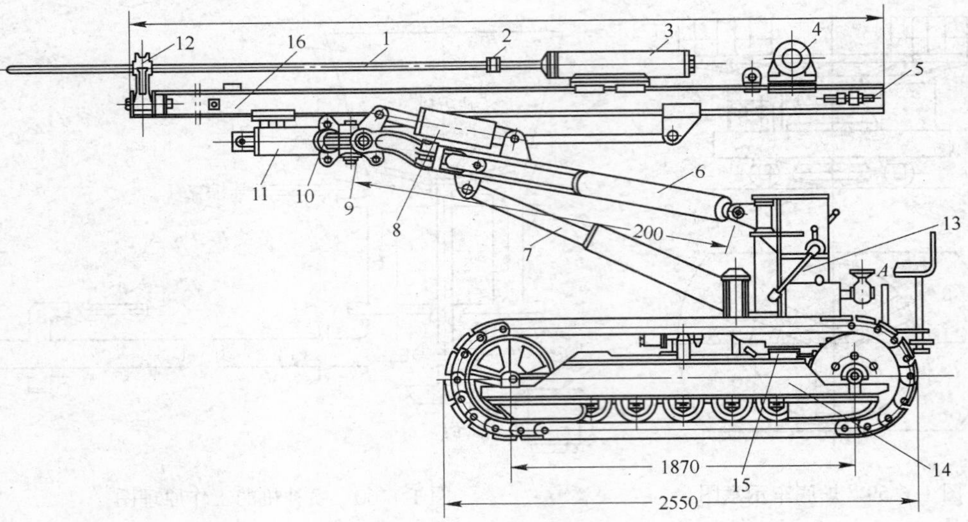


图 1.6-62　履带式拆炉机

1—钎杆；2—夹钎器；3—冲击器；4—推进风马达；5—链条张紧装置；6—桁架水平摆动油缸；7—桁架俯仰油缸；8—滑架俯仰油缸；9—滑架水平摆动油缸；10—滑架推进油缸；11、16—滑架；12—钎杆导座；13—车架；14—行走装置；15—制动手柄

## 第十节　电炉炼钢车间的机械设备

### 一、概述

上世纪 60 年代以后超高功率电炉技术的开发与成熟，电炉炼钢一直稳步增长。

电炉炼钢具有以下优点：

(1) 投资省、占地少、建设快、资金回收期短；

(2) 吨钢总能耗节省一半以上；

(3) 吨钢需要的运力节省 1/2～2/3；

(4) 环境污染少；

(5) 生产成本低；

(6) 能根据原料、钢材价格的变化，灵活地适应市场；

(7) 废钢是再生资源，以废钢代替铁矿石等有限资源炼钢，有利于钢铁工业与国民经济可持续发展，符合循环经济的要求。

### 二、电炉炼钢

#### (一) 原材料

电炉炼钢原材料主要有废钢、直接还原铁、生铁或铁水、铁合金以及石灰、白云石、萤石等。

#### (二) 工艺流程

现代超高功率电炉炼钢车间的工艺流程如图 1.6-63 所示。

#### (三) 生产能力计算

电炉炼钢车间的年生产能力 $Q$ 按下式计算：

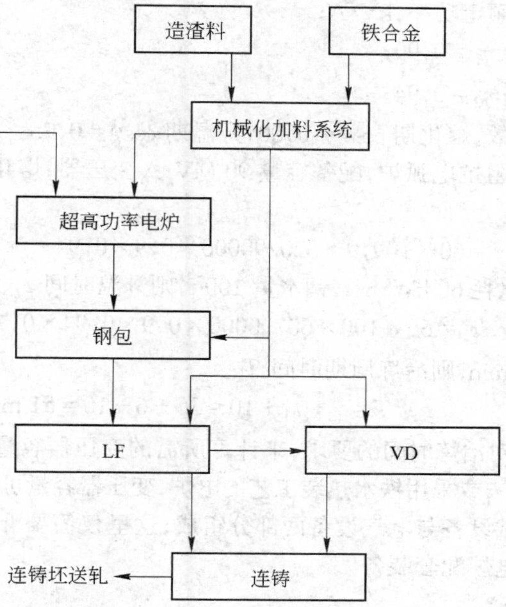


图 1.6-63　电炉炼钢车间工艺流程图

$$Q = 1440 \times G \times n \times N / T$$

式中　$Q$——车间电炉的年产钢水量，t/a；

1440——每天日历时间，min/d；

$G$——每炉平均出钢量，t/炉；

$n$——车间内电炉座数；

$N$——电炉年工作天数，d/a；当电炉与单台连铸机配合全连铸时与连铸作业率一致；当电炉与多台连铸机配合全连铸时 $N = 320 \sim 330$；

$T$——每炉钢平均冶炼时间，min/炉。

平均冶炼时间应按电炉的类型及单位功率水平、原料条件等因素确定。

### （四）主要工艺设备配置与选型

电炉炼钢车间的主要工艺设备是指电炉、炉外精炼装置和浇注起重机。

#### 1. 电炉

应根据电炉炼钢车间年生产能力，确定电炉的容量和座数。电炉的公称容量为其平均出钢量，电炉与炉外精炼、连铸最好是 1 对 1 的配置关系，这样生产管理最为简单，生产中干扰最少，容易达到高效生产的要求，因而，车间内电炉的座数以 1 座为宜，最多不超过 2 座。

电炉配备的变压器容量对冶炼时间具有决定性的意义，因为废钢熔化时间主要取决于变压器容量大小，可按下式计算：

$$t = 60 \times G \times W / P \times \eta_1 \times \eta_2 \times \cos\phi$$

式中　$t$——熔化时间，min；

60——每小时的分钟数，min；

$G$——每炉废钢量，t；

$W$——熔化电耗，kW·h/t；

$P$——变压器额定功率，kV·A；

$\eta_1$——热效率，$\eta_1=0.90$；

$\eta_2$——电效率；$\eta_2=0.94$；

$\cos\phi$——功率因数，熔化期 $\cos\phi=0.80$，升温期 $\cos\phi=0.75$。

如 100 t 常规高阻抗电弧炉，配备容量 90 MV·A 变压器，熔化期电耗 320 kW·h/t，则其熔化时间为：

$$t=60\times109.9\times320/90000\times0.9\times0.94\times0.80=35\ \text{min}$$

熔化后升温期电耗 60 kW·h/t，钢水量 100 t，则升温时间 $t_1$ 为：

$$t_1=60\times100\times60/90000\times0.9\times0.94\times0.75=6\ \text{min}$$

非通电时间 10 min，则冶炼周期时间 $T$：

$$T=t+t_1+10=35+6+10=51\ \text{min}$$

反之，可以根据对冶炼时间的要求，来计算所需的变压器容量。但对于带废气预热废钢技术的电炉，如 Consteel 炉，或采用铁水热装工艺的电炉，变压器容量可以小些，因为它们的电耗较低。

一座电炉由机械设备与电气设备两部分组成，这里仅简要介绍机械设备内容。机械设备包括电炉本体设备与电炉配套装备。

A　炉本体设备

现代电炉采用全液压传动方式，电炉倾动、炉盖升降旋转、电极升降、电极夹持器松开、炉门升降，所有动作都由液压缸完成，其动力由专设的电炉液压站提供。采用液压传动的好处是，传动机构的结构简单，动作灵活而稳定，运动冲击小，且易于控制。

电炉设备有两种基本形式：一种叫全平台结构（见图 1.6-64），即将电炉炉壳，炉盖升降旋转机构，电极升降机械都设置在同一个框架结构的倾动平台上。其优点是电炉基础简单，只有一个摇架基础即可，同时设备布置紧凑，电极臂短，阻抗损失小。缺点是电炉加废钢时，废钢对炉体的冲击震动会传递到电极把持机构上，带来不利影响，目前大多数电炉采用这种形式。另一种叫半平台结构，即电炉炉体设置在倾动平台上，而炉盖与电极升降旋转机构有自己单独的基础，其优缺点正好与全平台形式相反。

a　炉壳

现代电炉炉壳大都采用可分式结构，即分为上炉壳和下炉壳，上下炉壳之间为一对配合法兰，位于炉门坎水平面处，法兰用销钉连接。

上炉壳为钢管焊接的圆柱状笼形结构体，其上下环管即为水冷炉壁的进出水分配器，笼形体的竖向与环状骨架用来固定管式水冷炉壁块、炉门滑道、管式水冷炉门与其传动机械，每一块管式水冷炉壁都设有出水温度与进出水流量差测量与报警，当测定值高于规定值时，电炉即自动断电。

下炉壳是用厚钢板焊接的球状蝶形底，其内将承筑熔池耐火材料，在平面上，向炉门方向为圆形，向出钢方向渐缩八字形外突部，此部的底上开有偏心炉底出钢孔，出钢孔下安装偏心炉底出钢机械，外突部上面用水冷板封盖，盖板正对出钢孔处设有活动盖板，用于检修出钢孔与灌砂，下炉壳用法兰支撑于倾动平台上。

b　炉门及其升降机械

炉门为管式水冷结构，由一个柱塞式液压缸通过同步轴使其向上运动，由自重使其向下运动，液压缸设保护罩，以防止火焰与喷溅物的破坏。

c　炉盖

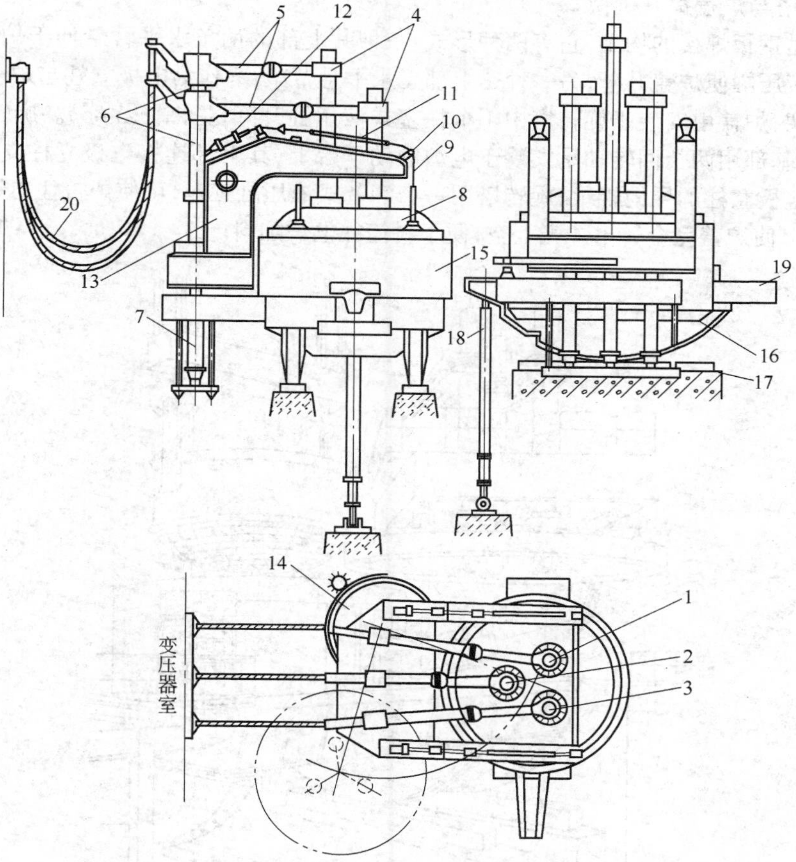


图 1.6-64　HGX-15 型炼钢电弧炉结构简图

1—1 号电极；2—2 号电极；3—3 号电极；4—电极夹持器；5—电极支承横臂；6—升降电极立柱；7—升降电极液压缸；8—炉盖；9—提升炉盖链条；10—滑轮；11—拉杆；12—提升炉盖液压缸；13—提升炉盖支承臂；14—转动炉盖机构；15—炉体；16—摇架；17—支承轨道；18—倾炉液压缸；19—出钢槽；20—电缆

炉盖由两部分组成。中心区域为耐火材料制作的弓形三角状小炉盖，其上开有 3 个电极孔。外围区域为管式水冷炉盖，它由一个辐射构架和若干扇形水冷块组成，扇形水冷块安装于辐射构架上，辐射构架的上圈作为小炉盖的托架。

d　倾动平台与倾动机械

倾动平台用以支撑电炉炉体与炉盖升降旋转、电极升降机械，炉体坐落于平台中间开孔的法兰圈上，用销栓锁定。平台为厚钢板焊接的箱形梁结构，其下底面焊有两块球缺形的扇形板，通常叫做摇架。摇架的弧形周边上布置有许多突齿，摇架下面的两条长形电炉基础顶面固定着齿板，其上有与摇架突齿位置相应的齿孔，当摇架在齿板上滚动时，突齿依次插入齿孔，以防止电炉在平面上滑动。

电炉倾动机械的活塞式液压缸，一端用球铰与地面基础连接，一端用销轴与倾动平台连接。大多数电炉采用两个液压缸工作，少数也有用一个液压缸工作。倾动机械可使电炉往出钢或炉门方向分别倾动 20°角和 15°角，由于合成重心位于倾动中心轴线的炉门侧，当出钢时万一液压缸失灵，电炉将会自行回复到原始位置（垂直状态）。为防止电炉自行动作，在非倾动操作期间，由锁定机械将其锁定。

e　旋转塔与炉盖提升机械

旋转塔是钢板焊接的构架，它有两种形式：一种其上部的两条水平臂悬伸于炉盖上空，通过臂上的两个液压缸使炉盖升降；另一种是上部无水平悬臂梁，只作为电极立柱与炉盖升降立柱的导向辊安装架，炉盖由安装于旋转塔中 1 个柱塞式液压缸升降（见图 1.6-65）。旋转塔的下部为平台结构，其基部用两个回转轴承安装于电炉倾动平台上，其下部连接电极立柱支撑结构，其上部用于安装电极立柱的导向辊组，旋转塔用一个活塞式液压缸工作，可使炉盖往出钢侧方向旋转 67°～75°角，以使炉盖完全转出炉壳上空，便于料篮往电炉加料。

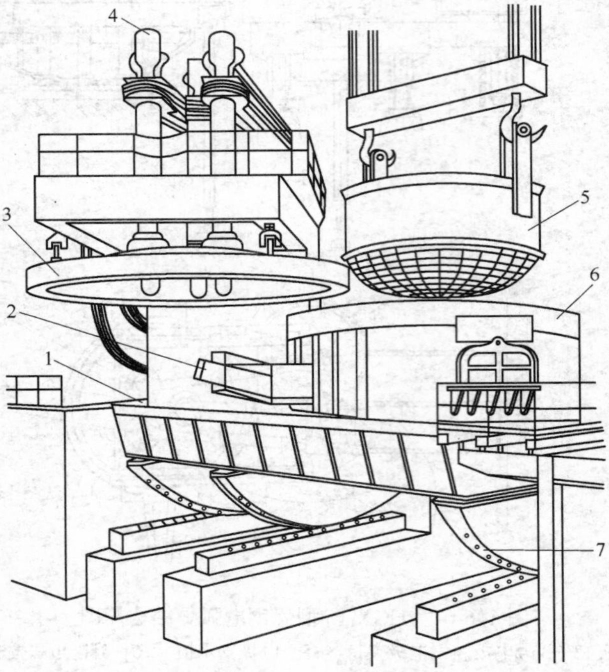

图 1.6-65　炉盖旋转式电炉

1—电炉平台；2—出钢槽；3—炉盖；4—石墨电极；5—装料罐；6—炉体；7—倾炉摇架

f　电极立柱及其升降机械

电极立柱及其升降机械包括电极立柱、导向辊组、支撑结构。电极立柱用无缝钢管制作，其外表焊有两条截面为三角形的导轨，装配后，导辊组的辊面夹紧导轨，以保证立柱始终处于垂直状态，立柱头部为水冷板，此水冷板用不锈钢螺栓将电极横臂把持于水冷板上面，两者之间用绝缘材料绝缘，提升电极立柱的柱塞式液压缸装在立柱下部钢管内。导向辊组用来保证电极垂直地穿越炉盖电极孔，同时抵抗电极臂的振动，每根立柱有 3 组 12 个导向组，导辊组安装于立柱支撑结构的平台上，导辊的轴承由集中润滑系统润滑，每个导向辊可以单独调整。立柱支撑结构也可以看作是旋转塔的组成部分，其上部与旋转塔立柱焊接后构成支撑平台，以安装导向辊组，其下部与旋转塔下部焊接，作为电极立柱工作液压缸的支撑结构与安装底板。

g　电极夹持器及电极升降装置

电极夹持器

电极夹持器有两个作用，一是夹紧或松放电极，二是把电流传送到电极上。电极夹持器由夹头、横臂和松放电极机构等 3 部分组成。夹头可用钢或铜制成，铜的导电性能好，电阻小，但机械强度较差,膨胀系数大,电极容易滑落,而且铜夹头造价较高。近年来,很多厂改用钢制的夹头,制造及维修容易,强度高,电极不易滑落。其缺点是电阻大,电能损耗增加。为了减少电磁损失,用无磁性钢或合金制作效果更好。夹头内部通水冷却,这样既可保证强度,减少膨胀,又可减少氧化和降低电阻。电极夹头和电极接触表面需良好加工,接触不良或有凹坑可能引起打弧而使夹头烧坏。电极夹头固定在横臂上。横臂用钢管做成,或用型钢和钢板焊成矩形断面梁,并附有加强筋。横臂上设置与夹头相连的导电铜管,铜管内部通以冷却水,既冷却导电铜管,又冷却电极夹头。横臂作为支持用的机械结构部分,与电极夹头和导电铜管之间需要很好绝缘,而且导电铜管与支持的机械结构之间应有足够的距离,大型电炉横臂的机械结构是用无磁性钢做成的,以避免横臂机械结构产生涡流发热。横臂的结构还要保证电极和夹头位置在水平方向能做一定的调整。

近年来,在超高功率电弧炉上出现了一种新型横臂,称为导电横臂。它由铜钢复合板或铝钢复合板制成,断面形状为矩形,内部通水冷却,取消了水冷导电铜管、电极夹头与横臂之间众多绝缘环节,使横臂结构大为简化。同时也减少了维修工作量,减少了电能损耗,向电弧炉内输送的电能也可以增加。

夹紧和松放电极的方式很多,有钳式、楔式、螺旋压紧式和气动弹簧式等几种。钳式电极夹持器、楔式夹持器和螺旋压紧式夹持器构造都比较简单,但操作不方便,松紧电极时必须到炉顶平台上操作,目前已很少采用。

现在广泛采用的是气动弹簧式电极夹持器,它利用弹簧的张力把电极夹紧,靠压缩空气的压力来放松电极。这种夹持器又分顶杆式和拉杆式两种。弹簧顶杆式如图 1.6-66 所示。它依靠弹簧的张力通过顶杆将电极压于夹头前部,在气缸通入压缩空气后,通过杠杆机构将弹簧压紧,电极被放松。拉杆式夹持器如图 1.6-67 所示。它依靠弹簧的张力带动拉杆,再通过杠杆机构将电极压紧于夹头后部。通入压缩空气后,弹簧被压紧,电极被放松。一般认为拉杆式较好,因为顶杆式的顶杆受压容易变形。同时,在高温下工作的夹头(尤其是铜制的)前部容易变形,造成电极与夹头间接触不良而发生电弧。弹簧式电极夹持器还可以采用液压传动,其工作原理与气动的相同,只是油缸离电极要远些,最好采用水冷。

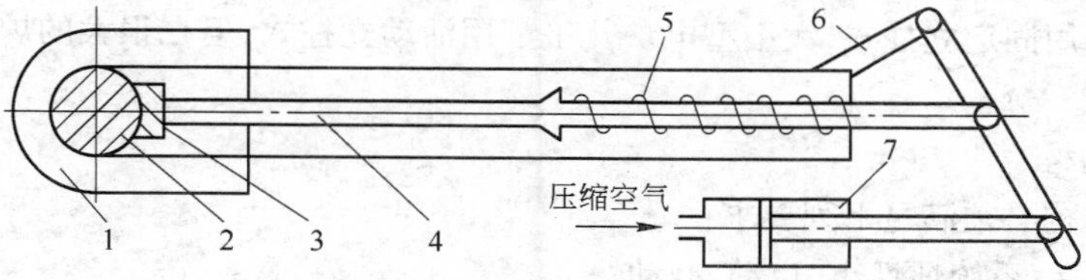


图 1.6-66　气动弹簧顶杆式夹持器示意图

1—夹头;2—电极;3—压块;4—顶杆;5—弹簧;6—杠杆机构;7—气缸

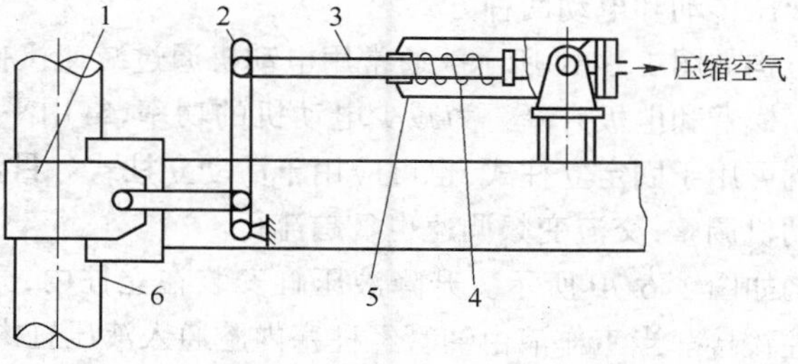


图 1.6-67　弹簧拉杆式电极夹持器示意图

1—拉环;2—杠杆机构;3—拉杆;4—弹簧;5—气缸;6—电极

电极升降装置的类型

电极升降装置根据横臂和立柱的连接方式不同可分成两大类:一种是固定立柱(也称升降车式);一种是活动立柱式,如图 1.6-68 所示。

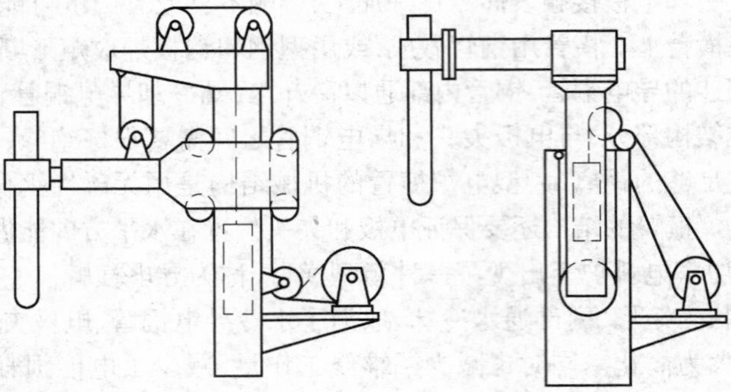


图 1.6-68　电极升降装置简图
a—固定立柱式;b—活动立柱式

固定立柱式电极升降装置的三根立柱下端固定于炉体或放置炉体的摇架上,立柱用横梁互相连接,以增加刚性。横臂上装有 4 个或 8 个滚轮,相当于一个升降小车,升降时,滚轮沿立柱滚动。

活动立柱式的横臂和立柱联结成一个"Γ" 形支架,一起在固定的框架内升降。框架固定在炉体的摇架上,框架内装有滚轮,活动立柱沿滚轮升降。

活动立柱式与固定立柱式相比具有以下优点:

(1) 在电极升降行程相同时,整个炉子的高度较小;

(2) 由于三根立柱不相连,导电线周围没有封闭的磁路,磁损失较小。

这些优点对于大炉子特别重要,但活动立柱式升降部分重量大,所需的升降功率也大。而固定立柱式结构简单轻便。

小炉子都采用固定立柱式,大中型电炉几乎都用活动立柱式,但在很大的炉子上也采用固定立柱式。

电极升降机构

电极升降机构必须满足下列要求:

(1) 升降灵活,系统惯性小,启动、制动快。

(2) 升降速度要能够调节。上升要快,否则在熔化期易造成短路而使高压断路器自动跳闸;下降要慢些,以免电极碰撞炉料而折断或浸入钢液中。

电极升降机构有液压传动和电动两种方式。

电动传动的升降机构如图 1.6-69 所示。通常用电动机通过减速机拖动齿轮齿条或卷扬筒、钢丝绳、从而驱动立柱、横臂和电极升降。为减少电动机的功率,常用平衡锤来平衡电极横臂和立柱自重。电动传动既可用于固定立柱式,也可应用于活动立柱式。目前,国内已采用交流电动机调节器取代直流电动机调整,交流变频调速也日趋流行。

液压传动升降机构如图 1.6-70 所示。升降液压缸安装在立柱内,升降液压缸是一柱塞缸,缸的顶端用柱销与立柱铰接。当工作液由油管经柱塞内腔通入液压缸内时,就将立柱、横臂和电极一起升起。油管放液时,依靠立柱、横臂和电极等自重而下降。调节进出油的流速就可调节升降速度。液压传动一般只适用于活动立柱式。液压传动系统的惯性小,启动、制动和升降速度快,力矩大,在大中型电炉上已广泛采用。

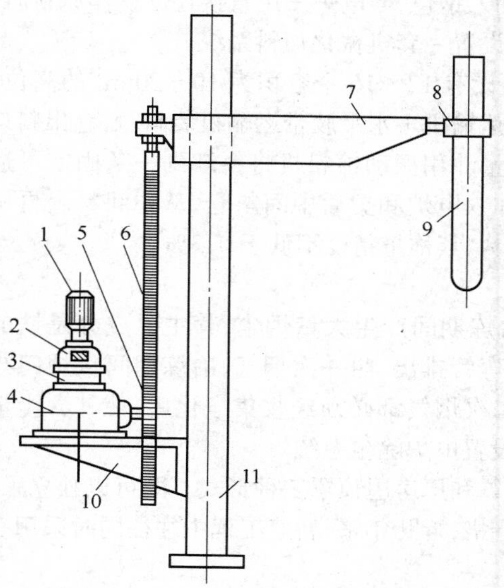


图 1.6-69　电动传动的电极升降机构

1—电动机;2—转差离合器;3—电磁制动器(抱闸);4—齿轮减速箱;5—齿轮;6—齿条;7—横臂;8—电极夹持器;9—电极;10—支架;11—立柱

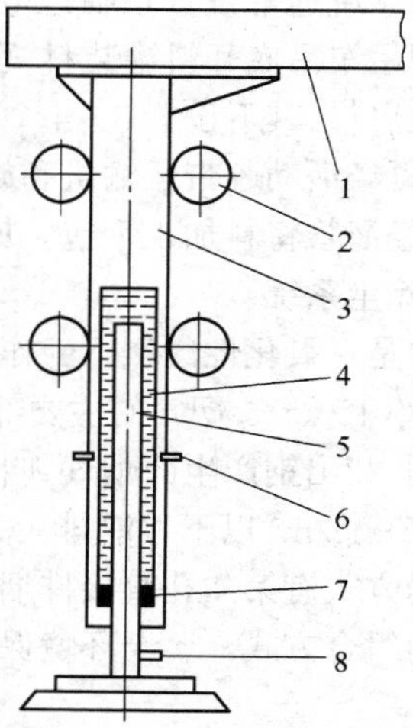


图 1.6-70　液压传动的电极升降机构

1—横臂;2—导向滚轮;3—立柱;4—液压缸体;5—柱塞;6—销轴;7—密封装置;8—油管

电极升降要有足够的行程,电极最大行程可由下式确定:

$$L = H_1 + H_2 + (100 \sim 150)$$

式中　$L$——电极最大行程,mm;

$H_1$——电炉底最低点到炉盖最高点的距离,mm;

$H_2$——熔炼 2~3 炉所需电极的储备长度,mm;

100~150——考虑炉盖上涨所留的长度,mm。

h　短网(大电流导体)

短网是指从变压器二次侧出线端至电极横臂尾部接线板的大电流导体。从变压器侧开始,它依次由补偿器、水冷铜管、水冷电缆(各件均每相 2 根)组成,还包括变压器墙上固定水冷铜管的支架(用非磁性不锈钢制作)。其中,水冷铜管一直引出变压器房墙外,通过铜接线板与水冷电缆连接(图 1.6-71)。为了减小阻抗损失与三相不均衡系数,三相短网在其路径上任一横截面都应保持等腰三角形或全等三角形。短网周围存在强大的磁场,因而在其周围半径 3~4 m 区域内的变压器房墙体、与钢结构件、金属管线需要采取防磁措施。

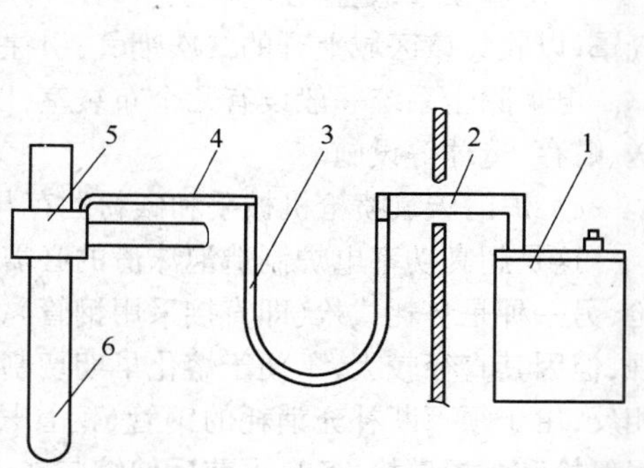


图 1.6-71　短网示意图

1—电炉变压器;2—硬铜母线;3—软电缆;4—水冷铜管;5—电极夹持器;6—电极

B　电炉配套装备

a　散状料炉盖与钢包加料系统

电炉使用的散状料包括造渣料和铁合金。造渣料主要在冶炼时通过炉盖第 5 孔(直流电炉为第 3 孔)加入电炉熔池,铁合金主要在出钢时加入钢包,当电炉采用直接还原铁作原料时,大部分直接还原铁也经炉盖加入。因此,每座电炉都设置一套机械化加料系统。

加料系统通常设置在临近电炉的原料跨内,设有 12～16 个容积为 10～20 $m^3$ 的高位贮仓,贮仓可用吊车吊底开料罐装料,也可用垂直胶带运输机 + 水平胶带运输机装料,贮仓出料口用振动给料机出料,其下设置 3～4 个电子称量斗,称量斗用振动给料机将料卸到一条固定可逆胶带运输机,再经活动胶带运输机和旋转溜槽,分别加入电炉和炉后中间料仓,从中间料仓再用振动给料机,经溜管将料加入钢包。加入钢包的散状料,其称量精度不低于 0.3%。

b 除尘系统

电炉是在氧化性气氛下工作的,在用氧气冶炼期间产生大量烟尘,其主要成分是铁的氧化物,产量约 15 kg/t,烟气的主要部分从炉盖水冷弯管排出,叫一次烟气,冶炼期间从炉门与电极孔逸出的,和出钢产生的烟气,叫二次烟气,一、二次烟气都必须经收集净化后,使其含尘量降至 100(标态)mg/$m^3$ 以下才能排入大气,因此必须设置电炉除尘系统。

除尘方式有第 4 孔直接排烟、电炉周围密闭罩和厂房屋顶罩三种形式。既可以独立采用,也可以采用组合方式。鉴于环境保护的要求日益严格,近几年来,新建工程中往往同时采用三种形式。

直接排烟系统,由炉盖水冷弯管出来的高温烟气(1400℃以上),经一燃烧室和一段水冷管道,引入空气冷却器,再混入部分冷空气,使其温度降到小于 120℃,就可以进入布袋除尘器净化,净化后的废气,经风机与烟囱排入大气。

电炉周围密闭罩,是用钢结构将电炉周围的空气完全封闭起来,这个封闭的钢结构叫做密闭罩或“狗窝”,可以较好地收集二次烟气。由于二次烟气温度很少超过 80℃,故可以直接引入布袋除尘器净化,然后经风机与烟囱排入大气。密闭罩除收集二次烟气外,还有很好的降低噪声污染的效果,电炉在熔化废钢期间,电弧噪声高达 120 dB,造成严重的噪声危害,加设密闭罩后,炉前区的噪声可降至 90 dB 以下。但 Consteel 电炉,在整个冶炼期不开启炉门,不仅外逸废气很少,而且电弧噪声小,故不必设置密闭罩。

厂房屋顶罩,是指在电炉上空的厂房屋架下,设置一个其面积足以覆盖整个电炉作业区的集气罩,以收集该区域上升的二次烟气,引往布袋除尘器净化处理。

电炉除尘系统一般设有几个布袋室,以便轮流承担净化与反吹清洗等作业,还设有灰尘的输送、贮存、造球等设施。

c 炉门碳氧喷枪机械手和碳粉贮存与发送装置

这是超高功率电炉制造泡沫渣的必需的装备。碳氧喷枪有两种形式,一种是水冷非消耗型枪,另一种是自耗式枪(即直接采用钢管)。前者氧枪采用超声速拉瓦尔喷头,对熔池的穿透力较强,但因其直径较大,不便于熔化早期切割废钢,水冷枪短,占地空间小;自耗式枪的优缺点与此相反,由于须不断补充消耗的钢管(钢管长达 6 m),占地范围大,故使用者较少。机械手设有 1 根氧枪和 1 根碳枪,各自可前后伸缩与在一定角度内摆动。为避免因开启炉门增加热损失,Consteel 炉不设炉门碳氧喷枪机械手,而采用固定的炉壁水冷氧枪与喷碳枪。

为制造泡沫渣埋弧熔炼,必须吹氧的同时往渣面喷吹碳粉,碳粉耗量为 5 kg/t(Consteel 炉为 15～18 kg/t),因而须设置 1 套炭粉贮存与发送装置,贮粉仓可设在发送罐上部,也可以单独设置,发送罐为密闭的压力容器,其进出口有切断阀,出口上面设流态化段,出口管上还设有流量调节阀,当发送罐罐顶充压,打开出口阀、流态化气流与输粉管的引喷气流,使碳粉通过输粉管道与喷碳枪喷入电炉,发送罐的电子秤显示其喷吹量和喷吹速度,一般喷吹速度在 50～80 kg/min,由流量调节阀控制。

d　燃烧嘴与炉壁氧枪(选择项目)

为了消除炉内的“冷点”,促进废钢均匀熔化,缩短冶炼时间,降低电耗,可在超高功率电炉炉壁上增设氧燃烧嘴,每个烧嘴功率 3～4MW,用油或天然气作燃料,吨钢消耗柴油约 6～8kg,可缩短冶炼时间 3～4 min,减少电耗 30～40 kW·h/t。

随着电炉用氧量的增加,单纯依靠炉门氧枪供氧已感到不足,因而往往在炉壁上增设氧枪,如得兴公司的射流氧枪,Danieli 公司则把氧燃烧嘴与炉壁氧枪组合成“模块”。

e　废钢料篮与废钢料篮运输车

废钢料篮是容纳废钢等固体炉料的容器,以便用吊车将炉料加入电炉,一般按每炉钢加两篮废钢考虑,第一篮加 60%废钢,按废钢堆密度 0.6 t/m$^3$ 确定其容积。料篮为蛤壳式,即其底部为两半蛤壳式球缺,通过杠杆,可由吊车牵引使其张开,加完废钢后靠自重关闭。

废钢料篮运输车是运输废钢料篮的电动地面轨道车辆,其上设有电子秤,根据要求配加废钢,将加好料的料篮送到电炉跨,将空料篮送到配料间。

f　钢包与炉下钢包车

钢包既是容纳和运输钢水的工具,也是炉外精炼的反应容器,其内型、参数、结构、材料必须按炉外精炼的要求考虑,钢包采用滑动水口浇注,设置透气塞,以便通入氩气搅拌钢水,钢包在出钢前,内表面温度应烤至 1200℃,并达到热稳定状态。

炉下钢包车是运输钢包的地面电动轨道车辆,通常采用双传动、变频调速、车上设有电子秤,以准确控制出钢量,实现无渣出钢,当出钢量达到规定值时,电子秤发出信号,电炉立即快速回倾,同时偏心炉底出钢机构随即关闭出钢口,钢流即被切断。

g　渣罐与炉下渣罐车

若采用渣罐出渣,渣罐通常一次应能容纳 3～4 炉渣,炉下渣罐车为电动地面轨道车辆,它在邻近的炉渣间和电炉炉下之间往返运输渣罐。

**2. 炉外精炼装置**

超高功率电炉必须配置 LF(钢包加热精炼),全部钢水经 LF 精炼。随着品种与质量的要求日益提高,电炉车间一般还需装备真空精炼设施,大多选用 VD 处理,如果有不锈钢品种,则选用 VOD。

**3. 浇注起重机**

吊运钢包的浇注起重机也是车间内的大型设备,选型是否合适对冶炼设备能力能否正常发挥有很大影响。应根据电炉的最大出钢量(一般为公称容量的 1.2 倍)、VD 等真空精炼钢包的重量及炉渣量的和,来确定浇注起重机主钩的起重能力,可参看表 1.6-13。

**表 1.6-13　浇注起重机配置**

| 项　目 | 数　值 | | | | | | | |
|---|---|---|---|---|---|---|---|---|
| 电炉公称容量/t | 10 | 20 | 30 | 50 | 70 | 90(100) | 120 | 150 |
| 电炉平均出钢量/t | 10 | 20 | 30 | 50 | 70 | 90(100) | 120 | 150 |
| 电炉最大出钢量/t | 15 | 24 | 36 | 60 | 84 | 118(120) | 144 | 180 |
| 钢包容量/t | 15 | 25 | 36 | 60 | 85 | 120(120) | 150 | 180 |
| 铸造起重机/t | 30/5 活钩 | 63/16 | 80/20 | 125/32/5 | 140/40/10 | 180/63/20 | 225/63/20 | 280/80/20 |

注:铸造起重机规格按现行机械产品系列,主钩能力要求按 VD 真空精炼钢包重量(估算)考虑,当采用 VOD 精炼炉时可适当提高起重机规格。

通常,1 座电炉配置 1 台浇注起重机,但当电炉冶炼时间短于 40min,且电炉后步精炼设备配置数量较多时,需要考虑增加 1 台浇注起重机,以减少作业干扰,保证高效生产。

**三、电弧炉炼钢的发展动向**

20 世纪 80 年代后期人们除了致力于超高功率电弧炉相关技术的开发外,还开发出了几种新型的电弧炉。其中除了直流电弧炉技术外,还有其他类型的电弧炉。这些新的熔炼技术的出现使得电弧炉在设备功能、冶炼工艺和操作等方面发生了很大的变化,并已陆续投入工业应用。最近新出现的电弧炉,其目的是最大限度地减少输入炉内的电能和最大限度地提高过程的能效(energy efficiency)。

降低输入炉内的电能主要有 3 个途径:

(1) 向炉内添加替代能源(喷吹燃油、煤和天然气):添加的替代能源可由增设氧燃烧嘴,浸入式风口设备达到。多数新的电弧炉炉型中普遍采用。

(2) 充分利用冶炼过程产生的化学能:冶炼过程产生的化学能可由向炉内吹氧以燃烧喷入的替代能源,氧化熔池内的碳等易氧化元素及二次燃烧炉内产生的 CO 等可燃气体。

(3) 充分发挥输入炉内能量的作用,即充分回收过程产生的废气的能量:回收废气的能量可采用废钢预热措施。废钢预热目前采用竖井式及封闭式预热隧道形式,直接用炉内产生的废气对废钢进行预热。

在提高过程的能效方面,各种最新出现的电弧炉主要回收电炉内产生的废气能量,利用废气的能量对废钢进行预热。根据废钢预热时废钢加入炉内的形式和废钢预热及熔炼过程的连续性与否,废钢预热电弧炉可主要分为三种类型:

(1) 用废钢料篮进行分批预热并分批进行熔炼:主要有早期的用电弧炉废气进行废钢预热方式——料篮预热方式;竖井布置于炉顶一侧的竖炉电弧炉(Fuchs 竖炉电弧炉);双炉壳电弧炉。

(2) 用运输机上料的半连续废钢预热并分批进行熔炼:主要有 Comelt 电弧炉;Consteel 连续加料电弧炉;竖井布置于炉顶一侧的指条式竖炉电弧炉(Fuchs 指条式竖炉电弧炉);ConArc 和 ContiArc 电弧炉;IHI 式双电极直流电弧炉。

(3) 用运输机上料的连续废钢预热并连续进行熔炼:布置于炉顶中央的竖炉电弧炉(midshaft EAF)。

最新出现的各种形式的电弧炉在设计上均各有其显著的特点,而这些特点主要集中在以下 4 个方面:

(1) 提高设备灵活性。主要表现在炉子对原料的适应性上。如同时能使用废钢、铁水、海绵铁(DRI)或热压块铁(HBI)等固态和液态含铁原料中的部分甚至全部。

(2) 改善能效的同时提高生产率。

(3) 改善最终产品质量。

(4) 在保证满足环保要求的基础上,充分降低对环保投资和运行成本。

**(一) EOF**

EOF 技术是 20 世纪 80 年代初由高夫(Korf)集团开发并在其所属厂用来取代年产 20 万 t 的 30 t 平炉,以降低投资及提高对炉料的适应性。1982 年,1 台 12tEOF 试验炉投产,接着扩大到 28 t。废钢加入量达 50%,废钢经三步预热到 900℃。1984 年增加炉顶水冷,并增加炉底维修车以快速更换炉衬。1986 年,改造为多层逆流废钢预热装置(multi-layer counter-flow scrap preheater)。运行结果表明,使用 50% 废钢可用于工业生产。1987 年,增设辅助喷煤以增加废钢用量。现已有容量分别为 30 t(两台)、60 t(两台)和 80 t 等数台 EOF 炉投产。该技术的逆流废钢预热概念现已被其他的新型电弧炉广泛采用。EOF 的结构如图 1.6-72 所示。

实际上，EOF 是具有上部废钢预热装置的平炉。废钢预热装置由几个预热段所组成，且可控制预热并向炉内送料。当铁水从炉墙后部通道兑入炉内时，把预热后的废钢加到炉内。EOF 炉可使用 100% 废钢料，但目前所用废钢量为 30%～50%。氧气和煤经由水平设置的风口喷入炉内。吹入的氧和熔池内的碳反应生成 CO，既可产生熔池搅拌又可附带地增加反应的界面积。如果使用 40% 废钢，则必须增加碳的加入量，以增加额外的能量。所用的碳粉可以是任何具有高固定碳、低挥发分的料，包括碎焦、石油焦、无烟煤和低挥发分的沥青焦煤。碳粉通过与氧同一个风口喷入，因此喷煤时氧暂时停吹。在熔池下部用装置于炉底侧壁垂直部分的水平风口进行水平喷吹。EOF 工艺的一个关键是熔池上方炉膛内 CO 的二次燃烧。氧从熔池上方的风口吹入。据报道，达 95% 的 CO 燃烧成 $CO_2$，热效率为 60%。热量通过泡沫渣和当熔渣喷溅到炉膛时从炉气吸热，并落回熔池时传给熔池。

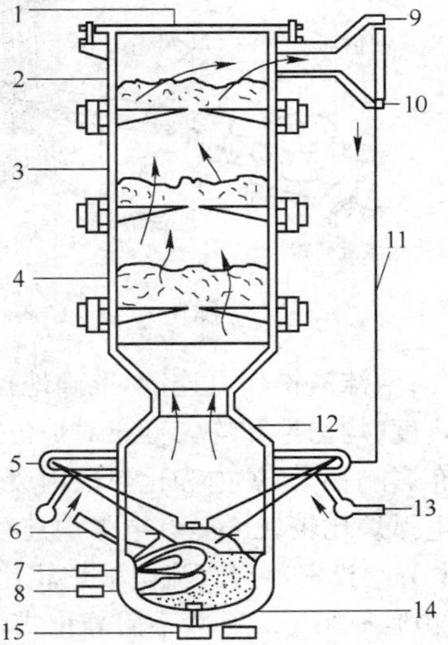

图 1.6-72　EOF 结构简图

1—废钢加入；2—冷废钢；3—废钢预热；4—预热的废钢；5、11—被预热的气体燃料；6—氧—燃烧嘴；7—埋入式氧气风口；8—喷煤；9—冷态气体燃料；10—回收装置；12—水冷元件；13—辅助吹氧；14—炉体；15—底出钢

### （二）连续炼钢工艺

Consteel 是可以实现连续加料、连续预热废钢、生铁、预还原铁矿等，同时减少烟尘排放量的电弧炉炼钢技术。废钢通过加料传送机，自动、连续地从电弧炉 1 号和 3 号电极一侧的炉壳上部部位加入电弧炉内，并始终在炉内保持一定的钢水量。同时，电弧炉内的烟气逆向通过预热段不断地对炉料进行预热。这样，电弧可直接加热钢水，通过钢水直接熔化废钢，使操作平稳，对前级电网的冲击小，降低变压器容量，节约能源。

Consteel 是由美国因特钢（Intersteel）技术公司从 20 世纪 70 年代开始开发，并于 1985 年为美国纽柯（Nucor）公司的一台电弧炉改造成 Consteel 对其工艺进行工业试验。1986～1987 年第一台样机投入生产后，陆续安装投产了 6 台 Consteel 系统。

生产用 Consteel 系统设备特征（见图 1.6-73）是连续加料系统由 3～4 段（2～3 段为加料段，最后 1 段为废钢预热段）传送机串联组成，其宽为 1.2～1.5 m，深为 0.3 m，长为 60～75 m。泰国 NSM 厂的 Consteel 电弧炉底宽为 2.2 m，顶部宽为 2.7 m，高为 1 m，装入传送机的废钢高度约为 0.8 m，传送机速度为 2～6 m/min 可调。全封闭的废钢预热段为 18～24 m 长，内衬以耐火材料并用水冷密封装置密封，以防封闭盖和预热段底漏气。预热段还可装置天然气烧嘴。废钢由废气和燃料加热到 500～700℃。

电弧炉连续炼钢工艺的主要特征有：始终保持一定的留钢量用作熔化废钢的热启动；熔池温度保持在合适的范围内，以确保金属和熔渣间处于一恒定的平衡和持续的脱碳沸腾，使熔池内的

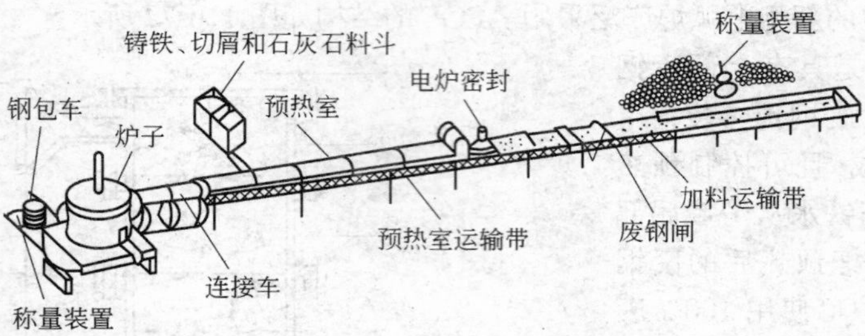


图 1.6-73　Consteel 电弧炉的结构简图

温度和成分均匀;泡沫渣操作可连续、准确地控制,这对于操作过程的顺行非常重要;废钢传送机内废钢混合的密度、均匀性和均匀分布对炉内熔池成分能否保持在规定的范围内及废气中可燃物质的均匀分布影响很大;炉内和预热段内废气量和压力的控制对废钢预热非常重要。

与传统的电弧炉比较,Consteel 电弧炉连续炼钢工艺的主要优越性有:

(1) 占地少节约投资。与直流电弧炉相比,变压器容量可减少 35%～40%;而与双炉壳电弧炉相比可减少 20%～30%。一般不需静止式动态补偿装置(SVC)。此外,不需设置串联电抗器和氧燃烧器。布袋除尘系统比常规系统小 40%,且布袋的数量也可大大减少;布袋风机由 3 台减少到 2 台。对变电所、闪烁控制系统、装料吊车等系统要求均可大幅度降低。

(2) 操作成本大幅度降低。用连续预热了的废钢进行熔炼,电耗、电极消耗、耐材消耗等都可大大降低。电费至少降低 10%～15%。废气以低速逆向流过预热段,废气中大量的烟尘在预热段沉降,因此布袋除尘量仅 10 kg/t,比传统电弧炉减少 30%。

(3) 渣中 FeO 含量降低,使从废钢到钢水的金属收得率提高约 2%。

(4) 钢中气体含量低。钢水连续脱碳沸腾,也保证了良好的脱硫和脱磷效果。

(5) 对原料的适应性强。Consteel 系统可以使用废钢、生铁、冷态或热装直接还原铁矿(DRI)和热球团矿(HBI)、铁水和 Corex 海绵铁。其中,铁水加入量可达 20%～60%,也是连续地加入炉内的。

(6) 废气的处理简便。因有一段较长的预热段,确保了废气在靠近电弧炉的 2/3 长度的预热段进行充分反应,可方便地实现对释放的废气中的 CO、VOC 和 $NO_x$ 进行严格地自动控制。

**(三) 双炉壳电弧炉**

从 20 世纪 90 年代中期,双炉壳电弧炉已成为电弧炉发展的又一个热点。该技术的原始工作最早始于 70 年代瑞典 SKF 所建的一台变压器两个炉壳的电弧炉。80 年代初,日本开发了双炉壳电弧炉不锈钢生产工艺。目前世界上几家著名的电弧炉设备制造商都开发了双炉壳电弧炉,并投入工业应用,有交流供电的,也有直流供电的双炉壳电弧炉,但直流供电占多数。图 1.6-74 为双炉壳直流电弧炉的结构图,图 1.6-75 为双炉壳电弧炉的操作模式概况。

双炉壳操作的主要目的是:

(1) 缩短停炉时间(非通电时间),缩短熔化时间。如一炉壳在加料而另一炉壳则在熔化废钢。

(2) 回收来自废气的能量用于废钢预热。

(3) 使冶炼时间缩短到 40～45 min。

(4) 降低电耗和电极消耗。

双炉壳电弧炉一般只有一套电极臂。废钢加入炉内后并不是立即就通电熔化废钢,而是先用另一正在熔炼的炉壳内所产生的废气进行预热。也可增设辅助的烧嘴来辅助废气加强对废钢

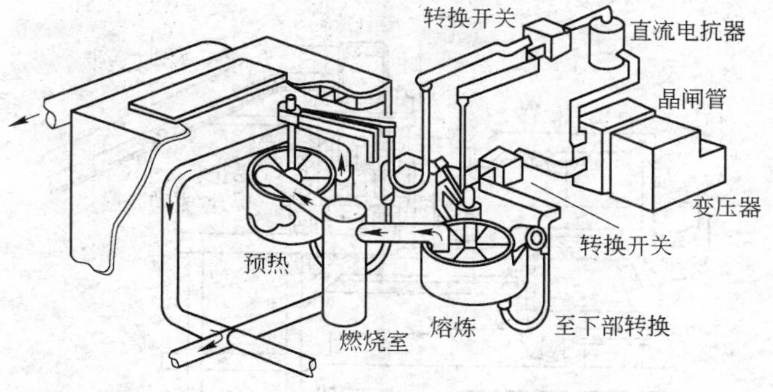


图 1.6-74　日本钢公司的双炉壳直流电弧炉

进行预热。现在普遍采用可从一个炉壳工位摆动旋转到另一个炉壳工位的炉盖和电极臂形式。一般双炉壳电弧炉包括一套电极臂及其提升系统，一套常规的电弧炉变压器，两套由上炉壳和下炉壳及炉盖组成的炉壳。可采用交流供电，也可采用直流供电。但因直流供电时，只有一根电极，当电极从一个炉壳工位摆动到另一个炉壳工位时，只有一套单电极的电极臂在旋转，显然整个机构可大大简化。因此，直流供电明显具有优越性。此外，现在也有每个炉壳各有分别独立的一套电极系统的形式。

### （四）竖炉电弧炉

由于传统的废钢预热方法存在许多难以克服的困难，受到 EOF 炉和 Consteel 工艺的启发，几家大公司都相继开发了竖井式电弧炉（简称为竖炉电弧炉）。其中最著名的是福克斯（Fuchs）公司开发的 Fuchs 竖炉电弧炉（Fuchs Shaft furnace）。

#### 1. Fuchs 竖炉电弧炉

对降低输入电弧炉内功率的要求促进了 Fuchs 竖炉电弧炉的开发。把废钢加入竖井，并用从电弧炉释放出的废气来预热。废钢置于与炉底连通的竖井内，当炉底的废钢熔化时，不断进入炉内。图 1.6-76 为竖井式交/直流电弧炉的结构简图。

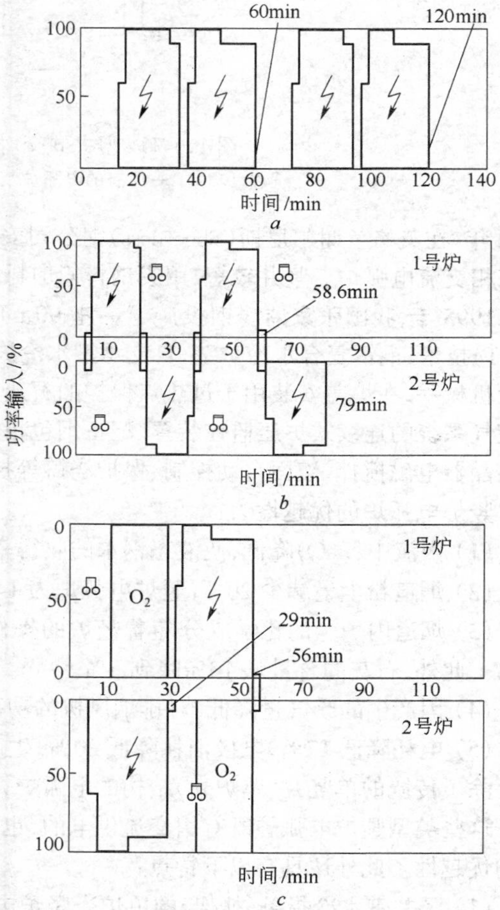


图 1.6-75　双炉壳电弧炉的操作模式

*a*—传统的电弧炉；*b*—双炉壳电弧炉；

*c*—带烧嘴和氧枪吹氧助熔的双炉壳电弧炉

1989 年，丹麦 DDS 公司和福克斯公司提交了一项开发商用竖井式电弧炉的试验方案。1990 年，工业用竖井预热装置装在 DDS 公司的一台 115 t 电弧炉上。熔化期间，炉内竖井底部附近的废钢易于结块，但获得了很大的成功。

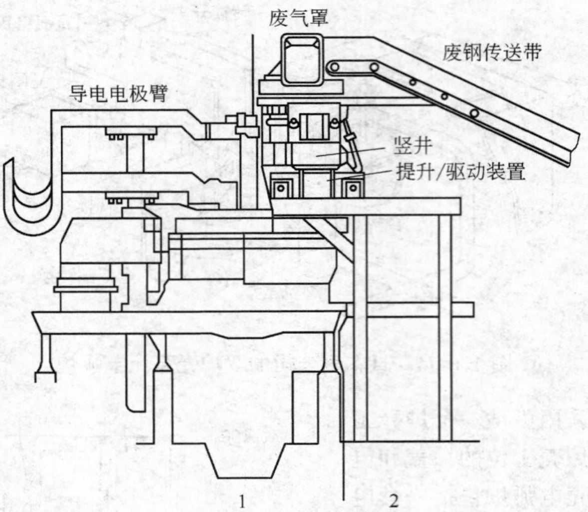


图 1.6-76　竖井式交/直流电弧炉的结构简图

1—原有的电弧炉装备;2—新设的部分

1992 年,在英格兰谢尔尼斯(Sheerness)钢公司安装了 Fuchs 竖炉。此工艺为带竖井的椭圆形炉底三相交流电弧炉。竖井较短,用废钢料篮加料。

1995 年,我国张家港沙钢投产了一座 90 t UHP Fuchs 竖炉电弧炉。该炉采用圆形底出钢(RBT)技术,铜钢复合水冷炉壁,自支承型水冷炉盖,氧/油燃烧嘴,惰性气体底吹搅拌,超声速氧/碳枪机械手,在炉盖安装用于过热点保护的石灰喷粉装置,通过炉顶第 5 孔自动进料,带自动调节废气系统的连续式炉压监控装置,配备钢包精炼炉及计算机控制和 7 m 半径的 5 流连铸机(具有结晶器电磁搅拌、液面自动控制、保护浇铸等技术)。

竖炉电弧炉的优越性为:

(1) 因渣中(FeO)降低,使液态钢水的收得率提高,达 93.5%。

(2) 烟道粉尘量减少 20%(竖炉电弧炉为 14.24 kg/t,而传统电弧炉为 18.14 kg/t)。

(3) 烟道内炉尘的化学成分随着竖炉的操作工艺不同而变化。氧化铁含量从 22%上升到 30%。此外,石灰的含量从 13%降到 5%。

(4) 因产生的废气量降低,对排烟风机的功率要求从 19.3 kW·h/t 降到 10kW·h/t。

(5) 电耗降低 17%,电极消耗降低 20%,生产率提高 15%。

除了传统的单竖井(单炉壳)结构的电弧炉,福克斯公司还开发了几种其他形式的竖炉电弧炉。这些类型竖炉电弧炉既有用交流供电的,也有用直流供电的。单电极直流供电显然具有明显的优越性。此外还具有以下特点:

(1) 竖井带水冷指条(托架)的单炉壳竖炉电弧炉,如图 1.6-77 所示。第一篮料可承托在竖井内,并用精炼期的废气进行预先加热。这样可回收精炼期产生的废气热量。

(2) 双炉壳竖井式竖炉电弧炉。有两套竖井式竖炉电弧炉炉壳。一套电极系统,可从一竖炉替换到另一竖炉。来自一个竖井的热废气可用于另一个竖炉的竖井内的第一篮料的预热。这样,能量回收率更高,并进一步减少电弧炉产生的炉尘。现已有两座此型的竖炉电弧炉分别在法国和卢森堡投产。

(3) 带水冷指条的双炉壳竖井式竖炉电弧炉。它综合了前两种竖炉电炉的特点。

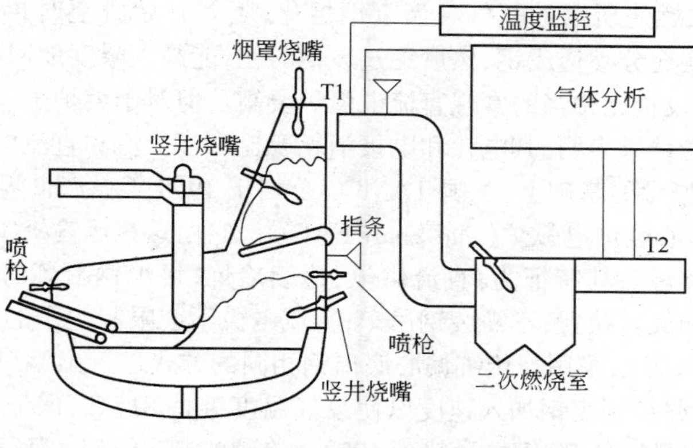


图 1.6-77　带水冷指条(托架)的单炉壳竖炉电弧炉

2. 倾斜电极竖炉直流电弧炉

为改善常规电弧炉的经济效益和环保条件,克服垂直电极的电弧炉不能充分利用废气的余热和加料时烟气污染的缺点,奥钢联(VAI)开发了倾斜电极竖炉直流电弧炉(Comelt process)。该炉型是直流供电的竖炉,但有 4 根独立可活动的石墨电极以一定的倾角伸入炉内,炉底阳极位于炉底的中心。炉子竖井下部侧壁开孔,石灰和焦炭通过该开孔由料槽加入炉内。竖井上部设有用于往竖井内加废钢的侧门和用于通过电弧炉废气的集气孔。废钢通过运送皮带向竖井内送料。

炉子由可倾动的炉衬和复合竖井所组成,两者间用一可活动的竖井环联结。整个炉子坐在一可倾动的支承机架上。炉子上部,即竖井和竖井衬以水冷却。竖井用坐在一滑架上的钢结构封闭。竖井通过该滑架和炉子分离,而竖井环则起把竖井和炉衬紧密联结的作用。图 1.6-78 为 Comelt 直流电弧炉的主要的结构图。

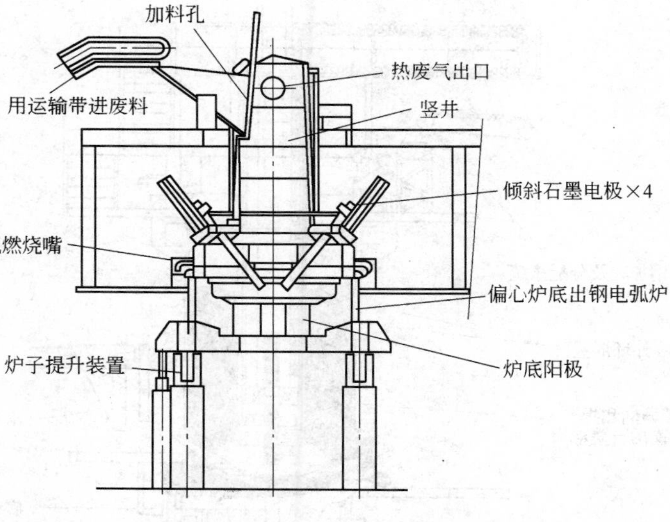


图 1.6-78　奥钢联的 Comelt 直流电弧炉的主要结构

Comelt 直流电弧炉采用偏心底出钢技术。出钢后,炉料通过竖井加入总装入量 80% 以下的废钢,以及石灰和焦炭。然后关闭竖井顶部的加料料门,把电极伸进到工作位置,并通电起弧。通过氧燃烧嘴操作的小门,烧嘴可清除出一个用于把氧枪插入熔池的区域。炉子上部设一高位氧枪用于提供 CO 二次燃烧所需的氧气。当废钢熔化，竖井开始腾空时再把废钢加入竖井内。电极的布置使废气流能充分渗透废钢，然后穿过废钢料柱，能最大限度地回收废气的热量。

对于中小型炉，其投资比相当的常规直流电弧炉要高。但对于大炉子，其投资要比相当的常规直流电弧炉低。试验结果表明，其电耗和电极消耗要比常规交流和直流电弧炉低。

在 Comelt 电弧炉概念的基础上，美国 TAMCO 公司于 1999 年投产世界上第一台 110 t 改进型 Comelt 型电弧炉(中心竖炉电弧炉(Mid-Shaft EAF))。它由送料运输机实现废钢连续进料，并进行连续预热废钢和熔炼。其特征为：直流供电；连续冶炼，每炉钢冶炼时不需停电，通电时间 100%；不需炉盖提升和旋转装置；不需废钢吊车；直流电极不会限制炉子的输入功率；100 t 电炉年产量可达 60 万～250 万 t；采用与传统偏心底出钢相同的方式进行出钢口的操作和维护；采用废钢加料运输机加料，并控制废钢加入速度以使废气温度维持 815℃，保证 CO 和挥发性气体的充分燃烧，废气中 $NO_x$ 量很低；废钢被预热到 427℃；连续进料，冶炼时间短，减少了传给水冷壁的热损。

3. ContiArc 电弧炉

ContiArc 电弧炉是德马格(Demage(MDH))公司开发的另一种竖炉直流电弧炉，如图 1.6-79 所示。但与 Fuchs 竖炉不同，该炉无传统形式的炉盖，其竖井为由内筒和外筒围成一环形的竖井。内筒用于隔开下落的废钢，并装置电极夹持和导向系统。废钢分批加入到位于中央内筒和外筒所形成的环形竖井内。随着废钢的熔化，环形竖井内的废钢连续下降，上升的炉气沿整个环形竖井断面逆流而上，在与废钢的充分接触过程中进行强烈的热交换，从而连续地预热加入的炉料。在电弧熔化废钢时，在中央内筒下方形成一空腔，电弧在空腔的中心稳定地燃烧，空腔周围充满未熔废钢。因此，在熔炼过程中，整个水冷壁表面受到废钢的保护，完全避免了电弧热负荷的影响，使热损失降到最低。而从电弧熔化空腔周围的废钢角度考虑，在熔炼过程中不希望造泡沫渣进行埋弧操作。

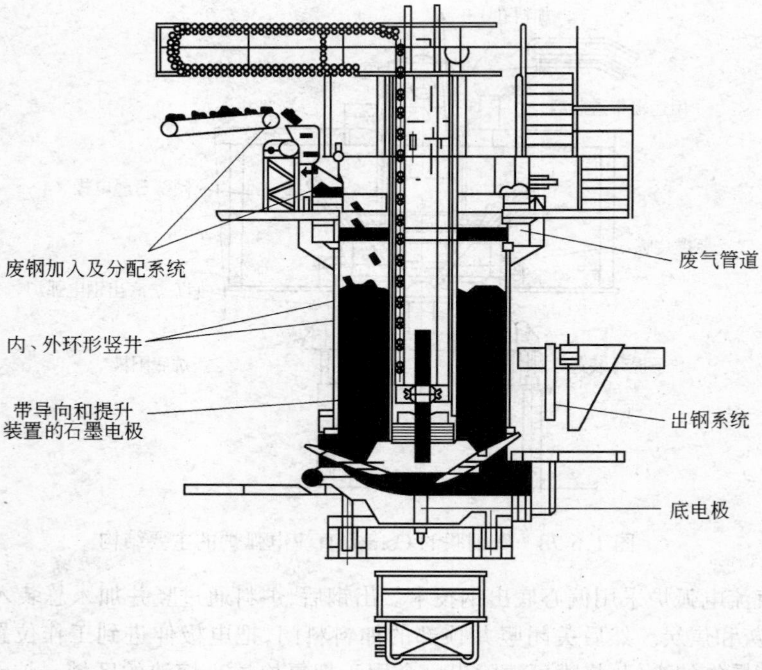


图 1.6-79　德马格公司的 ContiArc 环形竖炉直流电弧炉结构简图

废钢由上料皮带连续加入环形竖井内，并由一系列磁铁分配器平均分配到整个环形竖井区域。一系列磁铁排成一列置于炉顶下方的圆形轨道上。竖井内的废钢由从电弧炉内上升的废气进行预热。下降的废钢料柱由一料面测位系统（level measuring system）进行监测。如果废钢下降不平均，则磁铁分配器把废钢加到下降较快的区域以维持各部分料柱同高。因为熔炼过程中始终有未熔废钢堆积在电弧区空腔周围，所以电弧可始终以最大的功率供电，而不必担心电弧对炉壁的侵蚀危险。石墨电极安置在内筒内，内筒有防护装置，在下部热区设水冷系统。在电极插入炉内的部位设有陶瓷绝缘衬套。电极升降由液压控制。废气系统为位于竖井上部的环形管，当废气以逆流方式预热废钢后就在竖井的上部形成环流。该炉的开孔很少，废钢以密闭方式装入竖井，一套 120 t/h 的炉子所产生的废气（生成气体和吸入的空气）总共只有约 30000 $m^3$/h（标态），故炼钢跨屋顶不必安装烟罩。ContiArc 电弧炉炉壳是固定的，不能倾动，可在变压器不断电的情况下出钢。

由于废气在废钢内的滞留时间要比常规电弧炉长得多，ContiArc 电弧炉内烧嘴产生的化学能输入的效率要高得多。在出钢口附近装置有专用于出钢的加热烧嘴。在炉门附近也装置用于出渣的烧嘴。采用虹吸出钢系统每隔一段时间进行无渣出钢。

因为炉衬始终被废钢覆盖，所以损失于炉衬的热量很小。取消了常规的炉盖也减少了热损失。此外，该炉子基本上隔绝了与大气的接触，是在全封闭的系统内进行熔炼的，炉内产生的所有上升的废气都要穿过废钢，并被竖井顶部的环状加热器收集。因此，ContiArc 电弧炉的热效率是极高的。且由于废气上升通过废钢料柱时，炉尘被废钢料柱捕捉过滤，与常规电弧炉比较，炉尘量减少 40%。据有关资料，ContiArc 电弧炉的总能量需求量仅为相当的常规电弧炉的 62%。熔炼时，电弧始终在电极和熔池间稳定燃烧，因此对电网干扰小，且噪声小。

第一套 ContiArc 电弧炉于 1998 年底或 1999 年初在希腊（海利维尔吉亚（Halvvourgia Thesszlizs））公司建成投产。

ContiArc 电弧炉的主要特点为：可连续用最大功率供电，生产率高，电极消耗低；优化了炉料预热，降低了吨钢能耗；对电网的干扰低；降低了废气及炉尘含量；噪声小；冷却水负荷低。

4. 双电极竖炉直流电弧炉

日本石川岛播磨重工（IHI）公司开发了双电极竖炉直流电弧炉（IHI Shaft Furnace）。这是一种带废钢预热和连续熔化的新型电弧炉。1995 年末第一台 140 t 竖井式双电极直流电弧炉在日本东京制钢投产。该炉的炉壳为椭圆形，设有两根石墨电极，炉底砌两块导电耐火材料的底电极。两根石墨电极各自有一套独立的供电系统，每根电极的功率可分别独立控制。通过供电系统的合理布线控制电弧，使之朝炉子中心偏斜，因而电弧的能量集中在炉子的中心，炉壁的热负荷比传统的电弧炉低，因此炉壁使用耐火材料来取代水冷炉壁以减少热损失。废钢从两电极之间的炉顶加入。出钢量为 140 t，留钢量为 110 t。由于炉内始终保持很大的钢水量，可获得均匀稳定的操作条件。通过炉底的出钢口定期进行出钢操作。图 1.6-80 为 IHI 竖炉电弧炉的结构图。日

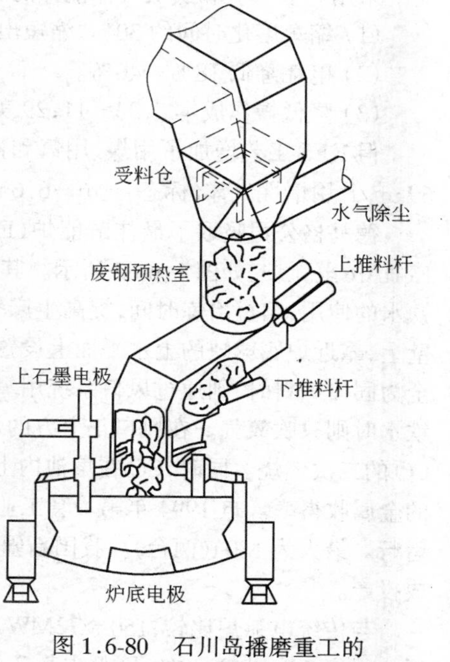


图 1.6-80　石川岛播磨重工的双电极竖炉直流电弧炉

本东京制钢还投产了第二座出钢量为 66 t,留钢量为 54 t 的 IHI 单电极竖炉电弧炉。

**(五) 带风口喷吹的电弧炉**

克劳克纳(Klockner)技术集团和东京制钢公司联合开发了 KES(Klockner electric steel process)废钢熔炼工艺的技术。第一套 KES 设备于 1986 年在东京制钢公司 27 t 电弧炉上进行工业试验,1988 年意大利法拉利(Ferriere Nord)公司 80 t 炉上装设了 KES,并在 1989 年初投入运行。KES 电弧炉如图 1.6-81 所示。实际上,KES 废钢熔炼工艺的主要技术特征就是采用向电弧炉熔池内喷吹煤粉或煤粒作为能源以降低电耗;同时往熔池吹氧以燃烧喷入的煤产生 CO,然后向炉膛内吹入氧气在电弧炉内进行 CO 的二次燃烧生成 $CO_2$,从而回收大部分的热能并增加传入熔池的热量;此外,在炉底吹入惰性气体或 $C_3H_8$ 或 $O_2$ 以搅拌熔池,加速废钢的熔化。

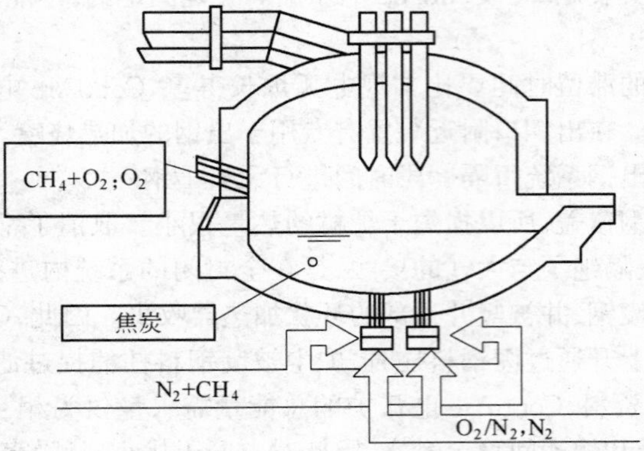


图 1.6-81 KES 电弧炉简图

采用煤氧喷吹和底吹气体搅拌的 KES 工艺有以下优越性:

(1) 缩短熔化时间约 30%,缩短出钢至出钢时间 16%~24%,从而生产率提高 16%~33%。

(2) 电耗降低 18%~46%。

(3) 降低操作成本 5.23~11.29 美元/t。

但 KES 工艺增加了用煤、用氧和惰性气体,电弧炉用煤达 22~35 kg/t,用氧(标态)达 50~69 $m^3$/t、用惰性气体(标态)达 6~6.6 $m^3$/t,石灰用量也增加 5.5 kg/t。

德马格公司吸取了最佳节能炉(EOF)的一些技术措施,开发了带侧吹风口的电弧炉,称为 KorfArc 电弧炉,如图 1.6-82 所示。其目的是使用废钢、生铁、海绵铁(DRI)和铁水,优化生铁或铁水的使用,缩短冶炼时间,提高生产率,降低电耗和电极消耗。其主要结构特征是,在电弧炉炉壁上,靠近炉底球缺的上水平面上设置 2~4 个风口以喷吹氧气、燃料(燃油或碳粉)。当炉内完全为固体炉料时,则通过风口系统用氧气浸入式喷入高碳的物料,如液体燃油或碳粉等。而使用铁水时则只吹氧气。在风口正上方的炉膛(渣线以上炉壁)喷吹适当的氧气用于从熔池内冒出的 CO 的二次燃烧。同时,CO 在熔池内上升穿过熔渣层的过程中还原渣中的 FeO,从而提高电弧炉的金属收得率。自 1994 年第一套工业生产用 KorfArc 电弧炉在巴西建成投产以来,已有 5 台在运行。最大为 180 t(两台)。我国新疆八一钢铁(集团)公司也建了一台 70 t 的炉子,于 1999 年建成投产。

与传统电弧炉比较,150 t/72MW 的 KorfArc 电弧炉可提高生产率 9.3%,为 129 t/h;提高金属收得率 3%,为 92.9%;降低电耗 7.8%,为 390 kW·h/t;降低电极消耗 14%,为 1.63 kg/t;缩短冶炼时间 8.34%,通电时间缩短 10 min。但氧耗、油耗、碳耗等有所上升。

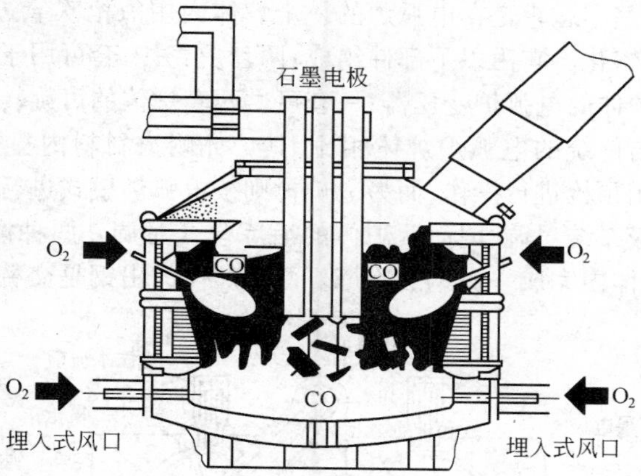


图 1.6-82　KorfArc 电弧炉简图

### （六）高阻抗电弧炉

意大利达涅利(Danieli)公司通过改善电弧炉的动态行为，稳定电弧炉操作，降低电弧炉产生的冲击源和噪声源。从 1985 年开始推出了在变电所安装一台与电弧炉变压器串联的户外固定式电抗器或饱和电抗器，并辅助以炉底风口喷吹氧气(或氮气或天然气)，供氧、喷碳(碳氧枪)和二次燃烧技术，使电弧炉成为以高电压大电流的长弧、并能稳定操作的高阻抗交流电弧炉。在很低的电极电流时，通过增加稳定操作所需的电感来选择合适的阻抗，以达到稳定电弧、减少对电网冲击、降低短网的电损失及降低石墨电极消耗目的。采用饱和电抗器的高阻抗交流电弧炉可完全根据启弧的状态，用电抗器来动态控制系统的电抗，减少了电流和无功功率波动、电压闪烁和短路电流，即所谓的变阻抗电弧炉。第一台带饱和电抗器的高阻抗交流电弧炉于 1993 年在意大利法拉利(Ferriere Nord)钢厂建成投产(90 t/55 MV·A 初级饱和电抗器 76 MV·A，改造)，次年该厂新建的另一台 100 t/55 MV·A(初级饱和电抗器 76 MV·A)炉子建成投产。

达涅利高阻抗交流电弧炉的操作特点有：

(1) 穿井时，电弧具有高稳定性，可降低机械和电气设备的应力。

(2) 对变压器设定固定的抽头转换开关。

(3) 减少无功功率的波动，因此电压闪烁也随之降低。

(4) 限制电流的波动。

(5) 可实现长弧熔化操作。

90 t/55 MV·A 炉子的操作结果为：生产率高，达 102 t/h；出钢量约为 80 t；出钢至出钢时间平均仅为 47 min；电耗为 295 kW·h/t；电极消耗低，仅为 1.4 kg/t；氧耗(标态)为 52 $m^3$/t；碳耗为 8 kg/t；闪烁降低 35%。

我国南京钢铁集团公司 1998 年把一台 70 t 的电弧炉改造成 Danarc plus2000 型高阻抗电弧炉。安装从炉门流槽兑铁水装置，铁水装入量可达 40%。安装用电弧炉废气预热的废钢预热设备和 VD/VOD 设备。改造后出钢量将从 70 t 增加到 100 t，冶炼周期缩短到 50 min 内，电耗降低到 200 kW·h/t 以下。

### （七）转炉型电弧炉

德马格(Demag(MDH))公司综合了转炉(converter)和电弧炉(electric arc furnace)的功能而开发了 ConArc 转炉电弧炉，如图 1.6-83 所示。其主要的技术特征是在电弧炉内大量使用铁水，以优化能量的回收和最大限度提高电弧炉的生产率。电弧炉内使用的铁水量受最大供氧量和电弧炉的内形尺寸限制。其基本思想是在电弧炉的一个炉体内用氧枪吹氧进行脱碳，而在另一炉体内则用电弧进行废钢的熔化。它由以下部件组成：两套炉壳；一套可用于两套炉体的可旋转的电极系统；一套可供两套炉体的电弧炉变压器；一套可供两套炉体的可旋转的顶(吹氧)枪系统。炉体的形状类似于转炉，与传统的电弧炉炉体相比，其炉体耐火材料内衬要砌筑得更高。在运行时，一炉衬按转炉模式用顶枪进行操作，而另一炉衬则按电弧炉模式进行操作。冶炼到半个冶炼周期后，旋转顶枪与电极系统对调，因而两炉体的冶炼模式对调。两种模式——“电弧炉”和“氧气顶吹转炉”，在同一炉体内完成一炉钢的冶炼。两个炉体的出钢是交替完成的。

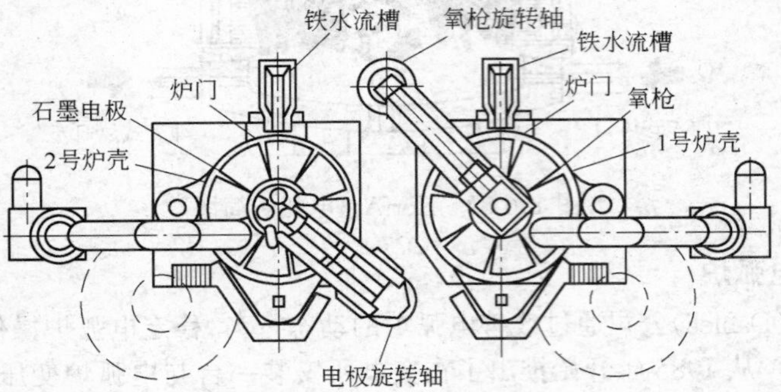


图 1.6-83　德马格公司的 ConArc 转炉型电弧炉

工业生产用 ConArc 转炉型电弧炉已于 1997 年在印度伊斯帕特(Nippon Denro Ispat)有限公司投产(2 台)。使用铁水(约 50%)、废钢、直接还原铁(DRI)和生铁，出钢量为 180 t。当使用铁水和 DRI 时，其电耗低于 200 kW·h/t。图 1.6-83 为该炉的主要组件。1998 年也有一台 ConArc 转炉型电弧炉在南非萨尔德赫纳(Saldahna)钢厂建成投产，它使用 45% 的 Corex 铁水和 55% DRI。铁水加入一个炉体内，并用顶氧枪脱碳。同时，加入 DRI 以回收脱碳期间产生的热量。一旦脱到目标碳量，则提枪并旋入电极进行电弧熔炼。同时加入 DRI 以平衡炉子的热量。在 ConArc 转炉型电弧炉吹氧脱碳期间产生大量的热，因此，此间必须加入 DRI 以回收能量，并可起到防止因过热而造成对炉衬的侵蚀。这三台 ConArc 转炉型电弧炉后都有薄板坯连铸机，这是选择 ConArc 转炉型电弧炉的重要原因。该炉型除具有优化炉料配比带来经济上的利益外，更具有很高的生产率和对原料的适应性。

在双炉壳 ConArc 转炉型电弧炉的基础上，吸取 ContiArc 电弧炉的特点，德马格公司的一个最新设计称为单炉壳环形竖井 ConArc 转炉电弧炉，如图 1.6-84 所示。它可用带式废钢运输机或以图中所示的分批方式把废钢加入竖井内。在中央内筒内安装具有电弧加热和顶吹氧气功能的电极夹持和升降系统及顶吹氧枪系统。在环形竖井和炉衬之间设置了类似于 Fuchs 指条竖炉指条的隔栅以把废钢挡在竖井内。中心顶枪系统用于炉子以转炉模式运行，而中央电极系统则用于炉子以电弧炉模式运行。在炉子以转炉模式运行时，竖井下部的隔栅起作用，把竖井内的废钢留在环形竖井上部。而如炉子只装固体料，则打开竖井下部的隔栅，使隔栅不起作用，这样炉子就运行在电弧炉熔炼模式，这时候该炉子就成了 ContiArc 电弧炉。由于单炉壳环形竖井 ConArc 转炉电弧炉的这些特点，它既可作转炉用，又可作电弧炉用，因而大大提高了电弧炉对原料的适应性。可按不同比例进行吹氧(化学能)和供电(电能)，以对不同比例的铁水和固体料进行熔炼。

ABB 公司也开发了转炉型电弧炉。它也由两个类似于转炉的炉体组成，如图 1.6-85 所示。它能在废钢、DRI、HBI、生铁、铁水等原料不同配比的条件下操作，适应性很强。两个炉体交替执

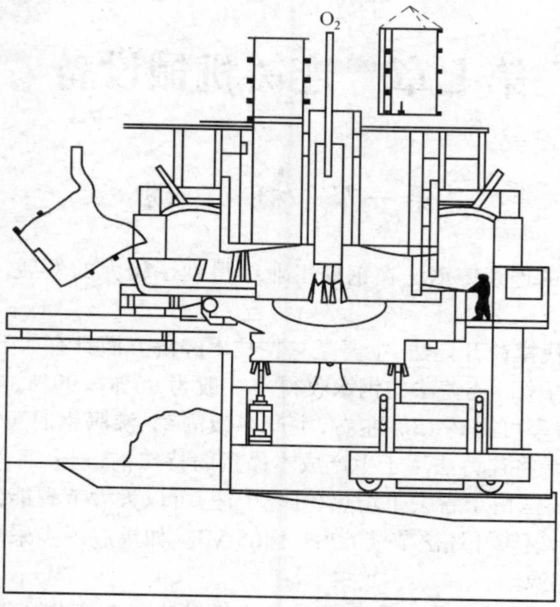


图 1.6-84　单炉壳环形竖井 ConArc 转炉电弧炉

行转炉和电弧炉的功能。转炉模式时，炉壁操作孔关闭，用炉顶氧枪冶炼。电弧炉模式时（直流供电），则打开炉壁操作孔，从炉门插入喷枪进行传统的直流电弧炉操作，采用 ABB 公司开发的导电炉底。

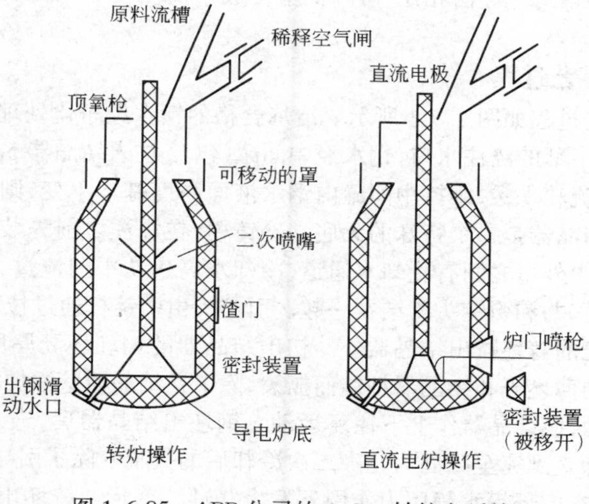


图 1.6-85　ABB 公司的 ArCon 转炉电弧炉

# 第七章　连铸机械设备

## 第一节　概　　述

20世纪70年代，新的连续铸钢法在钢铁工业中得到了较大的发展，并已取代传统的模铸、开坯法。

连铸法之所以会取代模铸开坯法，主要是它在技术经济方面具有如下诸多的优越性。

(1) 提高了钢水收得率。连铸法的钢水收得率一般为96%～99%，与传统的模铸开坯法比较，生产镇静钢时的收得率可提高15%左右，生产半镇静钢、沸腾钢时可提高7%～10%。这一经济效果十分明显。如果将连铸法用于生产成本昂贵的特殊钢、合金钢，其经济效果更为明显。

(2) 节省能源。连铸法由于省去了均热、开坯工序，可以大大节省能源。据国际钢铁协会调查，生产1 t坯，连铸法比模铸开坯法节能628～1465 MJ。如果进一步采用连铸坯热装（HCR）工艺，还可以节省更多的能源。

(3) 节省投资。据日本统计，在投资方面连铸法比模铸开坯节省设备费70%，减少占地面积50%，节省运输费40%，如果采用全连铸方案厂房面积可以减少到三分之一以下。

(4) 提高了钢坯和钢材的质量。在连铸过程中，由于钢水凝固时的冷却条件较好，因而可以得到偏析较低的细密结晶。一般情况下，连铸坯的力学性能比模铸开坯的要好。

(5) 降低了生产成本。改善了劳动条件 连铸法实现了浇注操作机械化，大大改善了劳动条件，节省了耐火材料，与模铸开坯法相比，可降低生产成本10%～12%，而且为自动化连续生产创造了条件。

### 一、连续铸钢的工艺过程

连铸机的生产工艺过程如图1.7-1所示。冶炼合格的钢水经净化处理后由盛钢桶1运送到连铸机上，打开盛钢桶下部的浇注水口，钢水经中间罐（包）2注入结晶器5。中间罐较浅，钢水静压小，使水口流出的钢流较平缓，维持中间罐内钢水液面高度基本不变，则流出中间罐水口的钢水流速也基本稳定。结晶器是一个特殊的无底水冷铸模，在浇注之前先装入一个引锭头作为结晶器的活底，结晶器的内外壁之间有冷却水通道，冷却水高速从中间流过，使钢水在结晶器内很快凝成一定厚度的坯壳，并和引锭头凝结在一起。引锭头由引锭杆通过拉矫机8的拉辊牵引，以一定的速度把形成坯壳的铸坯拉出结晶器外。初出结晶器的钢坯坯壳厚度较薄，内芯还是液体状态。为了防止初出的薄坯壳和结晶器粘结而撕裂，除了在结晶器壁添加润滑剂外，结晶器振动机构3由偏心轮4带动，使结晶器作上下往复运动。钢坯出结晶器后，进入二次冷却区，被喷成雾状的冷却水继续冷却直到完全凝固为止。二次冷却后的夹辊6除了引导铸坯按预定的弧形轨道运行外，还防止铸坯在内部钢水静压力作用下发生“鼓肚”变形。铸坯出二次冷却区后进入拉坯矫直机8，把弧形的钢坯矫直成直坯，同时使铸坯和引锭杆头分离。铸坯矫直后用剪切（切割）设备9切成定尺长的钢坯10经辊道11送走。

### 二、连铸机的机型和分类

连铸机的分类方式很多。按结晶器是否移动可以分为两类：一类是固定式结晶器（包括固定振动结晶器）的各种连铸机，如立式连铸机、立弯式连铸机、弧形连铸机、椭圆形连铸机、水平式连铸机等。这些机型已成为现代化连铸机的基本机型，如图1.7-2所示；另一类是同步运动式结晶

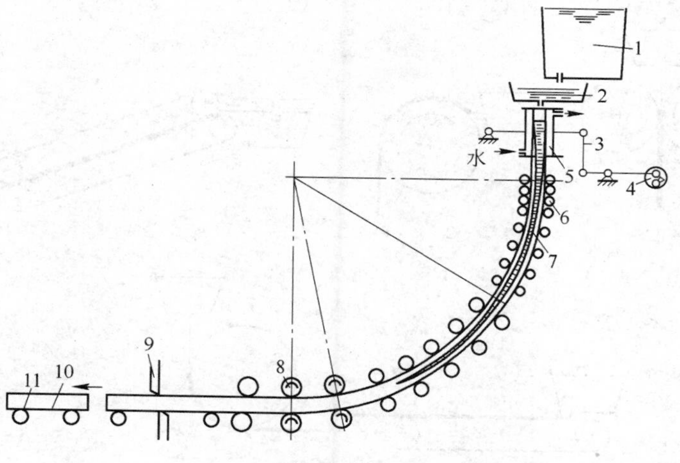


图 1.7-1　连铸机工艺流程图

1—盛钢桶;2—中间罐;3—振动机构;4—偏心轮;5—结晶器;6—二次冷却夹辊;
7—钢坯中未凝固钢水;8—拉坯矫直机;9—切割机;10—钢坯;11—辊道

器的各种连铸机,如图 1.7-3 所示。这种机型的结晶器与铸坯同步移动,铸坯与结晶器壁间无相对运动,因而也没有相对摩擦,能够达到较高的浇注速度,适合于生产接近成品钢材尺寸的小断面或薄断面的铸坯,如双辊式连铸机、双带式连铸机、单辊式连铸机、单带式连铸机、轮带式连铸机等。这些也是正在开发中的连铸机机型。

另外,还可以按铸坯断面形状分为方坯连铸机、圆坯连铸机、板坯连铸机、异形坯连铸机、方/板坯兼用型连铸机等;按钢水的静压头可分为高头型、低头型和超低头型连铸机等。

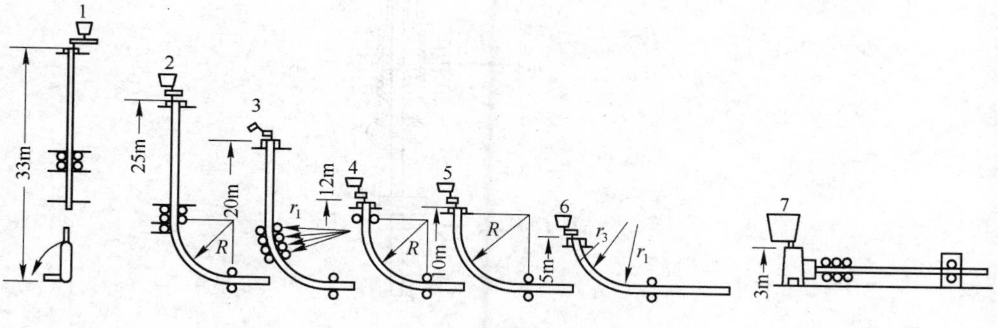


图 1.7-2　连铸机机型示意图

1—立式连铸机;2—立弯式连铸机;3—多点弯曲立弯式连铸机;4—直结晶器弧形连铸机;
5—弧形连铸机;6—多半径弧形(椭圆形)连铸机;7—水平式连铸机

## (一) 立式连铸机

立式连铸机是 20 世纪 50 年代至 60 年代初的主要机型,如图 1.7-4 所示。立式连铸机从中间罐到切割装置等主要设备均布置在垂直中心线上,整个机身矗立在车间地平面以上。采用立式连铸机浇铸时,由于钢液在垂直结晶器和二次冷却段冷却凝固,钢液中非金属夹杂物易于上浮,铸坯四面冷却均匀,铸坯在运行过程中不受弯曲矫直应力作用,产生裂纹的可能性小,铸坯质量好,适于优质钢、合金钢和对裂纹敏感钢种的浇铸。但这种连铸机设备高、投资费用大,且设备的维护与铸坯的运输较为麻烦。例如浇铸厚度为 200 mm 的铸坯,连铸机高度需 25～35 m。由

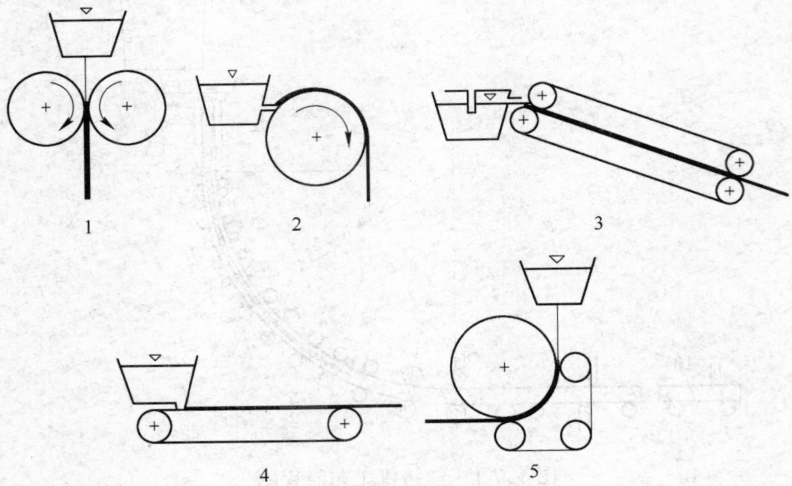


图 1.7-3 同步运动结晶器连铸机机型示意图

1—双辊式连铸机；2—单辊式连铸机；3—双带式连铸机；4—单带式连铸机；5—轮带式连铸机

于连铸机高度增高，钢水静压力加大，铸坯的鼓肚变形较为突出，因而立式连铸机只适于浇铸小断面铸坯，目前已很少应用。

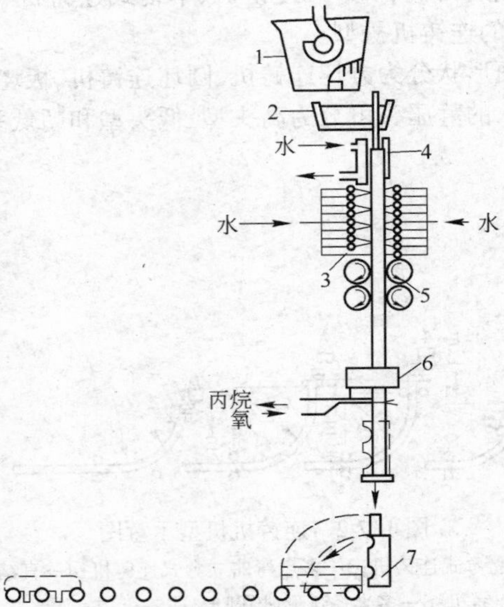


图 1.7-4 立式连铸机结构示意图

1—盛钢桶；2—中间罐；3—导辊；4—结晶器；5—拉辊；6—切割装置；7—移坯装置

### （二）立弯式连铸机

立弯式连铸机是连铸技术发展过程的过渡机型，如图 1.7-2 中 2 所示。立弯式连铸机是在立式连铸机基础上发展起来的，其上部与立式连铸机完全相同，不同的是待铸坯全部凝固后，用顶弯装置将铸坯顶弯 90°，在水平方向切割出坯，它主要适用于小断面铸坯的浇铸。

### （三）弧形连铸机

弧形连铸机是世界各国应用最多的一种机型。弧形连铸机的结晶器、二次冷却段夹辊、钢拉坯矫直机等设备均布置在同一半径的1/4圆周弧线上；铸坯在1/4圆周弧线内完全凝固，经水平切线处被一点矫直，而后切成定尺，从水平方向出坯。其结构示意图见图1.7-5*a*。弧形连铸机的机身高度基本上等于铸机的圆弧半径。所以弧形连铸机的高度比立弯式连铸机又降低了许多，仅为立式连铸机的1/3，因而基建投资费减少了。铸坯凝固过程中承受钢水静压力小，有利于提高铸坯质量；铸坯经弯曲矫直，易产生裂纹；此外，铸坯的内弧侧存在着夹杂物聚集。夹杂物分布不均匀，也影响铸坯质量。为减轻铸坯矫直时的变形应力，在弧形连铸机上采用多点矫直，如图1.7-5*b*所示。从图1.7-6可以看出，加大弧形连铸机的圆弧半径或增加铸坯的矫直点都会减少铸坯的变形应力。

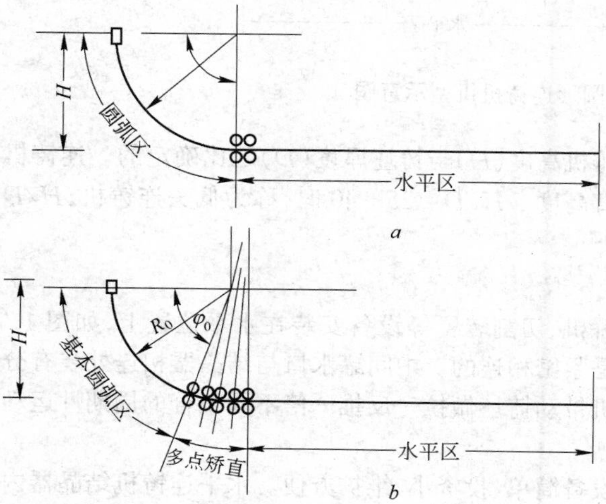


图1.7-5　弧形连铸机机型示意图

*a*—全弧形连铸机；*b*—多点矫直的弧形连铸机

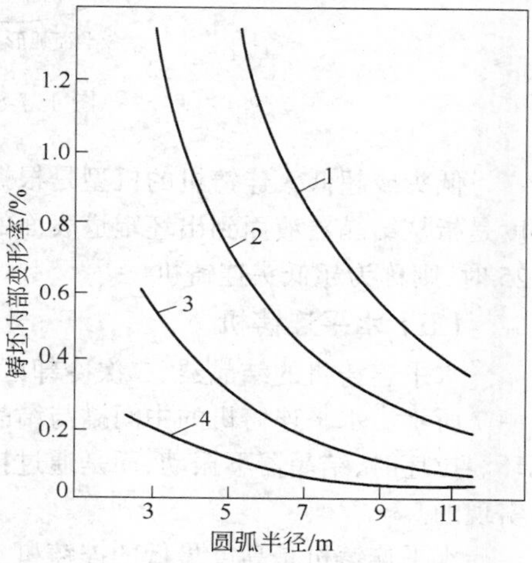


图1.7-6　圆弧半径、连铸机矫直点数与铸坯内部变形的关系

1—1点矫直；2—2点矫直；3—5点矫直；4—19点矫直

为了改善铸坯的质量，在弧形连铸机上采用直结晶器，在结晶器下口设2～3 m垂直线段，带液心的铸坯经多点弯曲，或逐渐弯曲进入弧形段，然后再多点矫直。垂直段可使液相穴内夹杂物充分上浮，因而铸坯夹杂物的不均匀分布有所改善，偏析减轻。多点弯曲、多点矫直的弧形连铸机机型如图1.7-7所示。

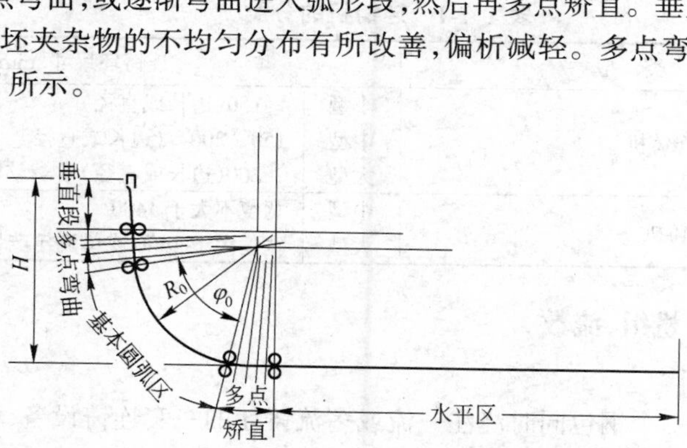


图1.7-7　多点弯曲、多点矫直连铸机机型示意图

### (四) 椭圆形连铸机

椭圆形连铸机的结晶器、二次冷却段夹辊、拉坯矫直机均布置在 1/4 椭圆圆弧线上,如图 1.7-8 所示。椭圆形圆弧是由多个半径的圆弧线所组成,其基本特点与全弧形连铸机相同。椭圆形连铸机又进一步降低了连铸机和厂房的高度。椭圆形连铸机又分为低头和超低头连铸机。

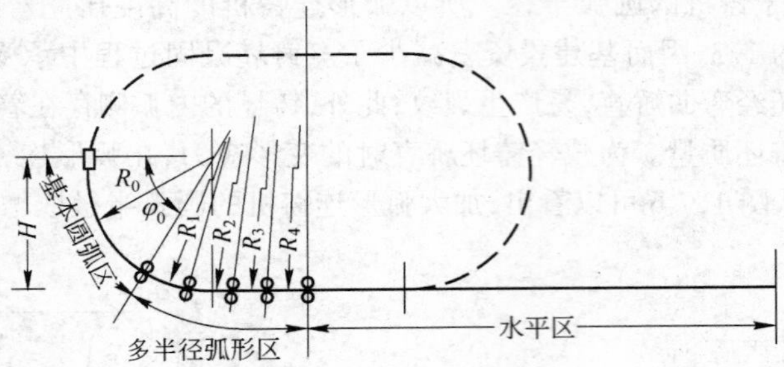


图 1.7-8　椭圆形连铸机机型示意图

低头或超低头连铸机的机型是根据连铸机高度($H$)与铸坯厚度($D$)之比确定的。连铸机高度是指从结晶器液面到出坯辊道表面的垂直高度。$H/D=25\sim40$ 时,称为低头连铸机;$H/D<25$ 时,则称为超低头连铸机。

### (五) 水平连铸机

水平连铸机的结晶器、二次冷却区、拉矫机、切割装置等设备安装在水平位置上,如图 1.7-2 中 7 所示。水平连铸机的中间罐与结晶器是紧密相连的。中间罐水口与结晶器相连处装有分离环。拉坯时,结晶器不振动,而是通过拉坯机带动铸坯做拉—反推—停不同组合的周期性运动来实现的。

水平连铸机是高度最低的连铸机。其设备简单、投资小、维护方便。水平连铸机结晶器内钢液静压力最小,避免了铸坯的鼓肚变形,中间罐与结晶器之间是密封连接,有效地防止了钢液流动过程的二次氧化;铸坯的清洁度高,夹杂物含量少,一般仅为弧形铸坯的 1/8 ～ 1/16。另外,铸坯无需矫直,也就不存在由于弯曲矫直而产生裂纹的可能性,铸坯质量好,适合浇铸特殊钢、高合金钢,因而受到各国的关注,一般用于圆坯生产。

YB9059—95《连铸工程设计规定》根据连铸坯的断面尺寸,将连铸机进行了分类,见表 1.7-1。

**表 1.7-1　连铸机的分类**

| 连铸机类型 | 连铸坯尺寸/mm | |
|---|---|---|
| 方、圆坯连铸机 | 小型 | ≤150(边长或直径) |
| | 中型 | 150～200　(边长或直径) |
| | 大型 | >200(边长或直径) |
| 板坯连铸机 | 中型 | 宽度不大于 1400 |
| | 大型 | 宽度大于 1400 或单流年产量大于 50 万 t |

## 三、连铸机的台数、机组、流数

### (一) 台数

在连铸生产中,共用一个钢包同时浇注一流或多流铸坯的一套连铸设备,称为一台连铸机。

### (二) 机组

一台连铸机可由单机组或多机组组成。所谓机组,指的是在一台连铸机中具有独立的传动系统和工作系统，当其他机组出故障时仍可正常工作的一套连铸设备称为一个机组。

**（三）流数**

一台连铸机能够同时浇注的连铸坯根数即为连铸机的流数。一台连铸机只有一个机组，又同时只能浇注一根铸坯称为一机一流。一台连铸机只有一个机组，又同时能浇注两根（多根）铸坯称为一机两流（多流）。一台连铸机有多个机组，可同时浇注多根铸坯称为多机多流。

## 四、连铸机的主要技术参数

**（一）铸坯断面尺寸规格**

铸坯断面尺寸是确定连铸机的依据。由于成材需要，铸坯断面形状和尺寸也不同。目前已生产的连铸坯形状和尺寸范围如下：

小方坯：70 mm×70 mm～150 mm×150 mm；

大方坯：150 mm×150 mm～450 mm×450 mm；

矩形坯：150 mm×100 mm～400 mm×560 mm；

板坯：150 mm×600 mm～300 mm×2640 mm；

圆坯：$\phi$80～$\phi$450 mm。

确定铸坯断面和尺寸的依据如下：

（1）根据轧材需要的压缩比确定。一般钢材需要的最小压缩比为3；为了使钢材内部的组织致密，并具有良好的物理性能，有些钢材的压缩比要大些，如碳素钢和低合金钢一般压缩比为6，不锈钢和耐热钢等钢种的最小压缩比为8，高速钢和工具钢等钢种的最小压缩比为10。

（2）根据炼钢炉容量和铸机生产能力及轧机规格来考虑。一般大型炼钢炉与大型连铸机相匹配，这样可充分发挥设备的生产能力，简化生产管理。供给高速线材轧机，小方坯断面约为100 mm×100 mm～140 mm×140 mm；供给1700 mm热连轧机的板坯尺寸约为210～250 mm×700～1600 mm；供给2050 mm热连轧机的板坯尺寸约为210～250 mm×900～1930 mm。

（3）要适合连铸工艺的要求。若采用浸入式水口浇注时，浇坯的最小断面尺寸为：方坯在130 mm×130 mm以上。板坯厚度也应在120 mm以上；如浇注时间不长，可用薄壁浸入式水口，浇注的最小断面可以为120 mm×120 mm。

**（二）拉坯速度**

（1）拉坯速度 $V_c$。是指每分钟拉出铸坯的长度，单位m/min，简称拉速；浇注速度 $q$ 是指每分钟每流浇注的钢水量，单位是t/(min·流)，简称注速，两者之间可以转换：

$$V_c=\frac{q}{\gamma BD} \tag{1.7-1}$$

式中　$\gamma$——钢水密度，$t/m^3$；

$B$——铸坯宽度，m；

$D$——铸坯厚度，m。

（2）拉坯速度的确定。拉坯速度可用经验公式来选取。

1）用铸坯断面选取拉速：

$$V_c=k\frac{l}{F} \tag{1.7-2}$$

式中　$l$——铸坯断面周长，mm；

$F$——铸坯断面面积，$mm^2$；

$k$——断面形状速度系数，m·mm/min。

这个经验公式只适用于大、小方坯，矩形坯和圆坯。

$k$ 的经验值是：

小方坯： $k=65\sim85$

大方坯(矩形坯)： $k=55\sim75$

圆坯： $k=45\sim55$

2) 用铸坯的宽厚比选取拉坯速度。铸坯的厚度对拉坯速度影响最大，由于板坯的宽厚比较大，所以可采用以下的经验公式确定拉速：

$$V_c=\frac{f}{D} \tag{1.7-3}$$

式中 $D$——铸坯厚度，mm；

$f$——速度系数，m·mm/min。

速度系数 $f$ 的经验值见表 1.7-2。

**表 1.7-2 铸坯断面形状、速度系数 $f$ 的经验值**

| 铸坯形状/mm | 方坯、宽厚比小于 2 的矩形坯 | 八角坯 | 圆 坯 | 板 坯 |
|---|---|---|---|---|
| 系数 $f$/m·mm·min$^{-1}$ | 300 | 280 | 260 | 150 |

(3) 最大拉坯速度。限制拉坯速度的因素主要是铸坯出结晶器下口坯壳的安全厚度。对于小断面铸坯坯壳安全厚度为 8～10 mm；大断面板坯坯壳厚度应不小于 15 mm。

最大拉坯速度：

$$V_{max}=\frac{K_m^2L_m}{[\delta]^2} \tag{1.7-4}$$

$$\delta=K_m\sqrt{\frac{L_m}{V_{max}}} \tag{1.7-5}$$

式中 $V_{max}$——最大拉坯速度，m/min；

$L_m$——结晶器有效长度(结晶器长度 − 100 mm)；

$K_m$——结晶器内钢液凝固系数，mm/min$^{1/2}$；

$\delta$——坯壳厚度，mm。

计算得出的拉速为理论最大拉速，而实际生产的最大拉速是理论拉速的 90%～95%，即：

$$V_c=(0.9\sim0.95)V_{max} \tag{1.7-6}$$

对于一点矫直铸坯的最大拉速可用式 1.7-4 确定，而多点矫直铸机的拉速可以看作是最大操作拉速。

**(三) 圆弧半径**

铸机的圆弧半径 $R$ 是指铸坯外弧曲率半径，单位是 m。它是确定弧形连铸机总高度的重要参数，也是标志所能浇铸铸坯厚度范围的参数。

由图 1.7-1 可以看出铸坯大约经过 1/4 个圆周弧长进入矫直机。如果圆弧半径选得过小，矫直时铸坯内弧面变形太大容易开裂。生产实践表明，对碳素结构钢和低合金钢，铸坯表面允许伸长率在 1.5%～2%；铸坯凝固壳内层表面所允许的伸长率在 0.1%～0.5%范围内。连铸对一点矫直铸坯伸长率取 0.2%以下，多点矫直铸坯伸长率取 0.1%～0.15%。适当增大圆弧半径，有利于铸坯完全凝固后进行矫直，以降低铸坯矫直应力，也有利于夹杂物上浮。但过大的圆弧半径会增加铸机的投资费用。考虑上述因素，可用经验公式确定基本圆弧半径，也是连铸机最小圆弧半径：

$$R \geqslant cD \tag{1.7-7}$$

式中　$R$——连铸机圆弧半径；

$D$——铸坯厚度；

$c$——系数，一般中小型铸坯取 30～36；对大型板坯及合金钢，取 40 以上。国外，普通钢取 33～35，优质钢取 42～45。

### （四）液相深度

1．液相深度

液相深度 $L_{液}$ 是指铸坯从结晶器液面开始到铸坯中心液相凝固终了的长度，也称为液心长度，见图 1.7-9。液相深度是确定连铸机二次冷却区长度的重要参数；对于弧形连铸机来说，液相深度也是确定圆弧半径的主要参数。它直接影响铸机的总长度和总高度。

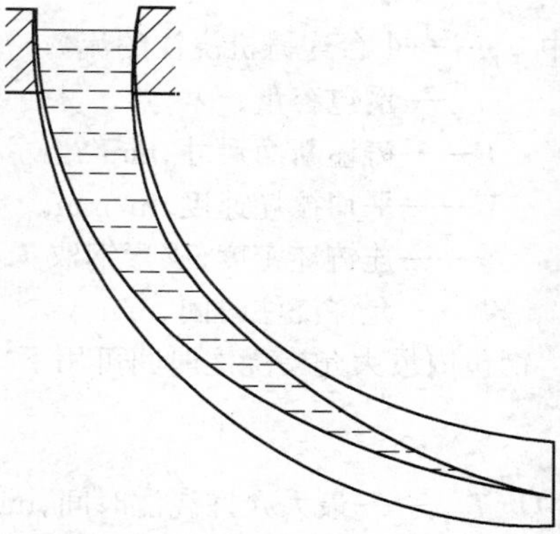

图 1.7-9　连铸坯液相深度示意图

$$L_{液} = Vt \tag{1.7-8}$$

式中　$L_{液}$——连铸坯液相深度，m；

$V$——拉坯速度，m/min；

$t$——铸坯完全凝固所需要的时间，min。

铸坯厚度 $D$ 与完全凝固时间 $t$ 之间的关系由下式表示：

$$D = 2K_{凝}\sqrt{t} \tag{1.7-9}$$

式中　$K_{凝}$——凝固系数，$mm/min^{\frac{1}{2}}$。

为保险起见，板坯 $K_{凝}$ 值取值较小，碳素钢取 28，弱冷却钢种取 24～25。

$$t = \frac{D^2}{4K_{凝}^2} \tag{1.7-10}$$

这样，得出液相深度与拉坯速度的关系式为：

$$L_{液} = \frac{D^2}{4K_{凝}^2}V_c \tag{1.7-11}$$

液相深度与铸坯厚度、拉坯速度和冷却强度有关。铸坯越厚、拉速越快，液相深度就越大，连铸机也越长。在一定程度内，增加冷却强度，有助于缩短液相深度。但对一些合金钢来说，过分增加冷却强度是不允许的。

2．冶金长度

根据最大拉速确定的液相深度为冶金长度 $L_{冶}$。冶金长度是连铸机的重要结构参数；决定着连铸机的生产能力，也决定了铸机半径或高度，从而对二次冷却区及矫直区结构及至铸坯的质量都会产生重要影响，即：

$$L_{冶} = \frac{D^2}{4K_{凝}^2}V_{max} \tag{1.7-12}$$

3．铸机长度

铸机长度 $L_{机}$ 是从结晶器液面到最后一对拉矫辊之间的实际长度。这个长度应该是冶金长度的 1.1～1.2 倍。

$$L_{机} = (1.1 \sim 1.2)L_{冶} \tag{1.7-13}$$

### (五) 连铸机流数的选择

在生产中,有1机1流、1机多流和多机多流3种形式的连铸机。近年来,生产大型方坯最多浇注4~6流,实际生产中多数采用1~4流。生产大型板坯多数采用1~2流。

适当增加流数,是提高连铸机生产能力的主要措施之一。1机多流连铸机已基本上被淘汰。确定连铸机的流数很重要,对多流小方坯连铸机更重要。

连铸机的流数可按下式确定:

$$n = \frac{G}{FV\gamma T} \tag{1.7-14}$$

式中　$n$——1台连铸机浇注的流数;

$G$——钢包容量,t;

$F$——铸坯断面尺寸,$mm^2$;

$V$——平均拉坯速度,m/min;

$\gamma$——连铸坯密度,碳素钢取7.6 $t/m^3$;

$T$——允许浇注时间,min。

钢包内最大允许浇注时间可用下式计算:

$$T_{max} = \frac{\lg G - 0.2}{0.3} f \tag{1.7-15}$$

式中　$T_{max}$——最大允许浇注时间,min;

$G$——钢包容量,t;

$f$——质量系数;取决于钢包所允许的温度损失,一般钢种取10,要求低的钢种取16。

连铸机的流数除了用公式计算外,还可以由图1.7-10查出。

例如:已知钢包容量为200 t,铸坯断面为200 mm×1800 mm,拉速为0.8 m/min,由诺谟图查得流数 $n=2$。

### (六) 弯曲和矫直

弯曲和矫直是指连铸机的弯曲方式和矫直方式。对有垂直段的弧形连铸机,铸坯需经过弯曲进入弧形段,再经过矫直进入水平段。以矫直为例,若弧形铸坯经过一次矫直铸坯,称为一点矫直;经过两次以上的矫直称为多点矫直。采用多点矫直可以把集中在一点的应变量分散到多点完成,从而消除铸坯产生内裂纹的可能性,可以实现铸坯带液心矫直,提高拉坯速度。

弯曲同样也分为一点和多点弯曲。连续矫直是在多点矫直基础上发展起来的一项技术。其基本原理是使铸坯在矫直区内应变连续进行,即在矫直区内的应变率为一个常量。铸坯在矫直区内所受的弯矩相等,剪切力为零。连续矫直对改善铸坯质量非常有利。

### (七) 连铸机的年产量

连铸机的年产量是表示连铸机生产能力的主要指标,单位为t/a,计算式如下:

$$Y_a = 365 \times 1440 \times (G \times N \times F_v \times \eta) / T_1 \tag{1.7-16}$$

式中　$Y_a$——连铸机的年产量,t/a;

$G$——钢包钢水的重量,t;

$N$——平均连浇炉数;

$F_v$——连铸坯的收得率,%;

$\eta$——连铸机年作业率,%;

$T_1$——浇注周期,min($N$ 炉浇注时间+准备时间)。

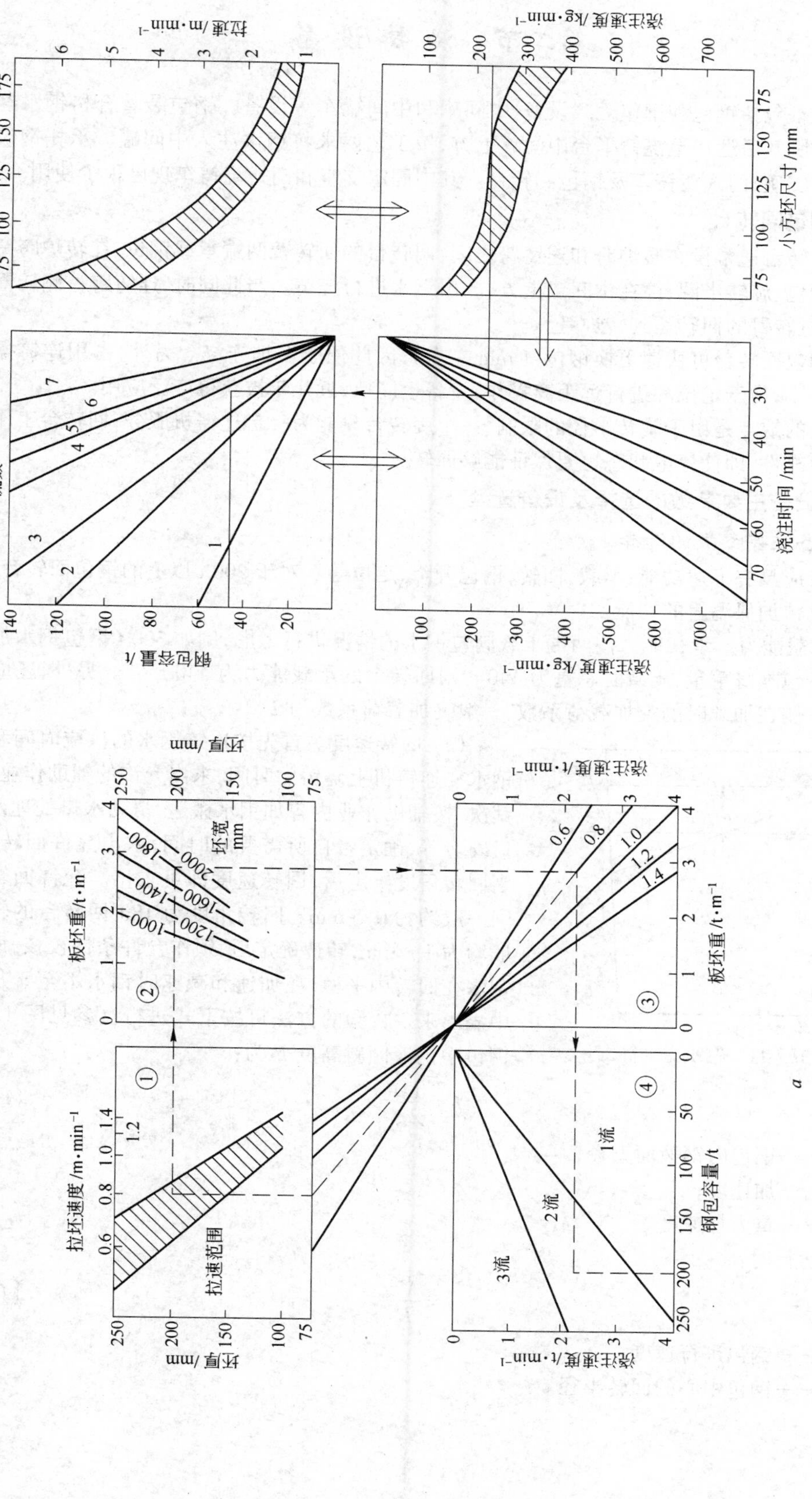


图 1.7-10　连铸机流数的诺谟图

*a*—估算板坯连铸机流数诺谟图；*b*—估算方坯连铸机流数诺谟图

## 第二节　浇铸设备

浇铸设备包括钢包和钢包运载设备、中间罐和中间罐车等设备。钢包装着合格钢水经吹氩调温或真空脱气后运送至浇铸平台中间罐上方,按工艺要求将钢水注入中间罐。承托钢包的方式有固定式支座,门式浇铸车及钢包回转台。其中固定支座和门式浇铸车现已很少使用。

### 一、钢包回转台

钢包回转台通常设在转炉跨和连铸跨之间,回转台的回转臂两端承载钢包,在转炉跨一侧的转臂接受钢包、旋转半圈,停在中间罐上方,放出钢水进行浇铸。与此同时,连铸跨一侧转臂上的空钢包,通过转臂的回转运到转炉跨。

由于钢包回转台可快速更换钢包(1 min 左右),因此便于多炉连浇。另外,占用连铸操作平台的面积较小,易于定位和进行远距离操作,设备也简单,近几年被获得广泛应用。

回转台的缺点是由于旋转半径的限制,一个旋转台只能为一台连铸机服务;回转台工作应有特别高的可靠性,即使停电状态也要保证能够回转。

#### (一) 设备主要参数的选择及设备选型

1. 设备主要参数的选择

回转台应具有下述功能:承载,回转,钢包升降,定位等。对于 200 t 以上的钢包回转台,还必须具有给钢包加保温盖的功能。

(1) 承载能力。承载能力按两端承载满包钢水的情况进行考虑,例如 300 t 钢包钢水加上耐火材料及钢包本身重量,满载时总重为 440 t,则回转台的承载能力为 440 t×2。另外,还应考虑承接钢包一侧在加载时的突加载荷系数,一般突加载荷系数为 2。

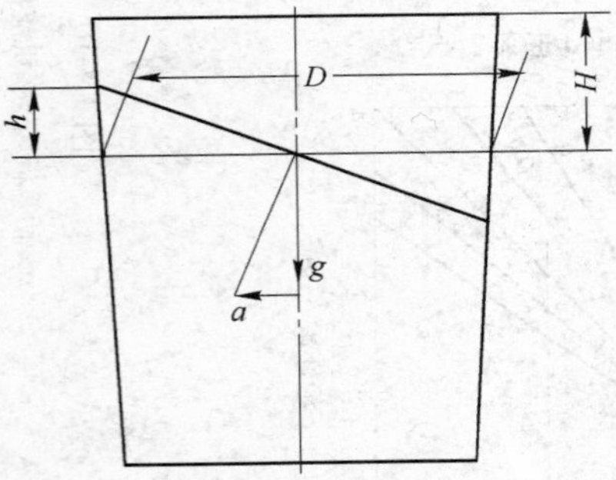

图 1.7-11　钢水溢动简图

(2) 回转速度。首先按连铸钢水的供应时间和一炉钢水在连铸机上浇铸的时间,求出允许的辅助作业时间。其次,按辅助作业内容如钢水搬运,滑动水口处理及长水口安装等,确定各自所需要的时间,求出允许回转时间。当回转角度给定后,回转速度即可求出。允许回转的时间一般约为 0.5 min。回转角度为 180°回转台的转速一般均为 1 r/min,转速确定后,须作允许条件校核,即确保钢水在回转中平稳,在加速和减速时钢水不至于从钢包中溢出来。校验的方法可按下式进行:(参见图 1.7-11)钢包中钢液倾斜高度 $h$ 为:

$$h=\frac{Da}{2g} \tag{1.7-17}$$

式中　$D$——钢包内钢液面直径;

$a$——加速度;

$g$——重力加速度。

匀速运行时:

$$a=\frac{V^2}{R} \tag{1.7-18}$$

式中　$V$——钢包进行速度;

$R$——钢包中心的回转半径。

加速和减速运行时：

$$a=\sqrt{\left(\frac{V^2}{R}\right)^2+\left(\frac{V-V_0}{t}\right)^2} \tag{1.7-19}$$

式中　$V_0$——钢包运行时的初始速度；

$t$——速度变化时间。

允许条件是 $h<H$（$H$ 为钢液面距钢包边缘的距离），由于 $H\gg h$，所以，一般不进行这种验算。

(3) 钢包在回转台上升降：

1) 行程。升降行程根据钢包长水口装卸及浇注工作所需的空间距离而选定。另外，还应考虑中间罐车在中间罐升起的状态下，上升到浇钢位置时，不能与钢包相碰。同时还应该考虑在浇钢过程中，因某种原因中间罐紧急升起，此时钢包也必须随之升起，两者升起的高度必须匹配，通常行程选定为 600～700 mm。

2) 升降速度。升降速度的选定一般要考虑允许的作业时间，同时也要注意与中间罐车升降速度匹配。

(4) 回转半径。当回转台的设置在两跨之间时，回转台半径一般是根据钢包起吊条件确定。通常，离回转中心最远处的回转台结构部位的半径称为最大回转半径，钢包浇口中心的半径称为钢包回转半径。

2. 设备选型

连铸机的回转台大体上可分为两大类：一类是转臂可各自作单独回转；一类是两臂不能单独回转，必须一起回转。

两臂可单独回转的转台，其结构型式参见图 1.7-12。这种型式的回转台操作灵活，但结构复杂，制造和维修困难，制造成本高，所以，一般设计中很少采用。只有在工艺上要求钢水运进方向必须对准回转台中心，且垂直于铸机线时，才选用这种型式的回转台。

双臂回转台在连铸机上用的比较广泛，结构型式参见图 1.7-13。这种形式的回转台，较前种回转台结构简单，维修方便，制造成本低。凡是钢水需要过跨的连铸机，一般都选用双臂式回转台。

为防止钢水二次氧化，现在的板坯连铸机一般都采用封闭式浇注，即钢水在与空间隔绝的封闭状态下流动。为此钢包与中间罐之间使用了长水口装置，所以，要求回转台具有使钢包升降的功能。按升降形式分，有钢包单独升降的如图 1.7-13 中的 $b$，$c$，$d$。有大臂摆动带动钢包升降的如图 1.7-13$a$（也可称蝶式回转台）。这两种回转台，虽然结构形式不同，但难易程度和制造成本差别不大。钢包升降按动力源分，有机械升降式和液压升降式两种。

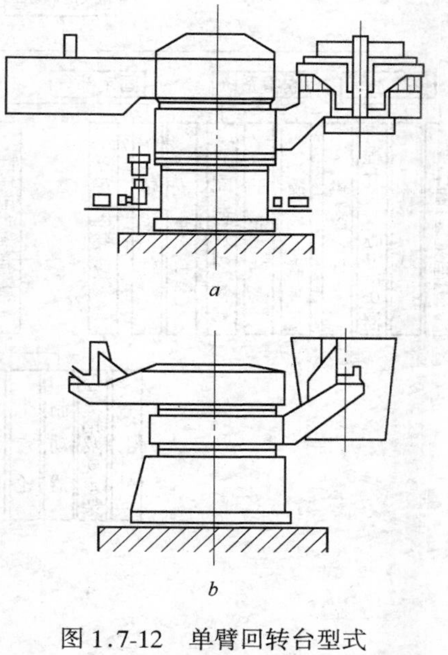

图 1.7-12　单臂回转台型式

$a$—125 t 钢包转台；$b$—110 t 钢包转台

另外，也有的用户选用固定支架支撑钢包进行浇注的形式，这种形式也有两种不同的结构，一种是钢包固定不动，一种是钢包可在支架上作水平移动,支架不回转,不属于回转台的范围。

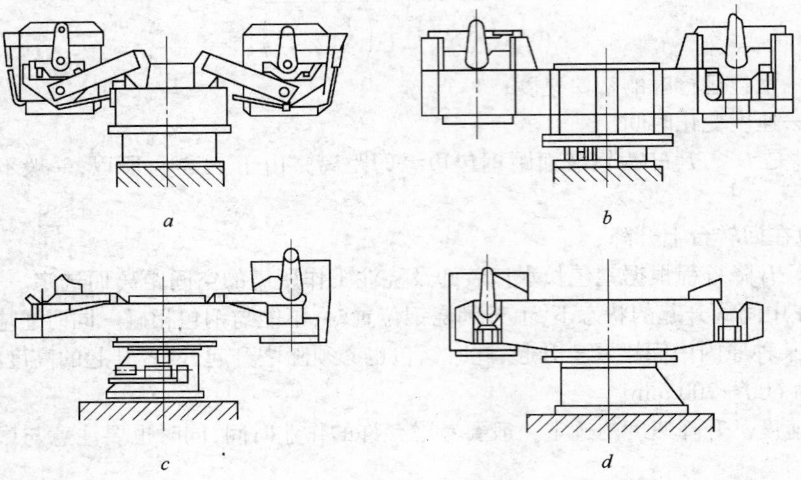


图 1.7-13　双臂回转台

*a*—125 t 钢包回转台;*b*—180 t 钢包回转台;*c*—135 t 钢包回转台;*d*—225 t 钢包回转台

## (二) 回转台的结构设计

钢包回转台的结构设计,必须满足下面的要求:动作灵活可靠;结构简单便于安装和维修;强度大,并能经得住高温和撞击的影响。回转台的结构组成系统如图 1.7-14 所示。

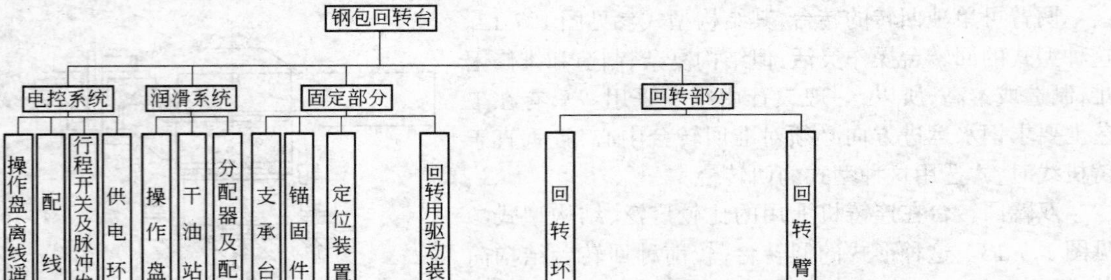

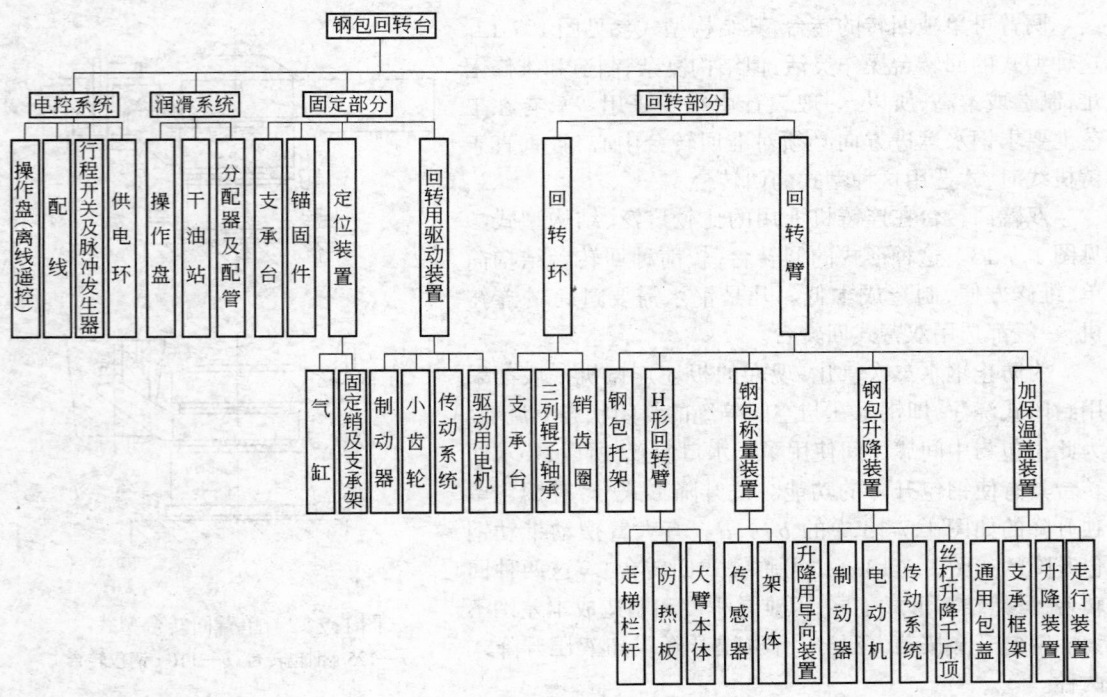


图 1.7-14　回转台的结构组成系统

1. 回转臂

回转臂主要起支撑作用，它是由钢板焊接而成的箱形梁。设计时，必须考虑留出起吊钢包时耳轴挂钩所需要的作业空间，如果空间允许，最好将升降机构和称量机构设置在回转臂的上平面上，如图 1.7-15 中的 1、3。如果受厂房标高限制，也可以将升降机构设置在回转臂上平面以下，如图 1.7-16 中的 4。

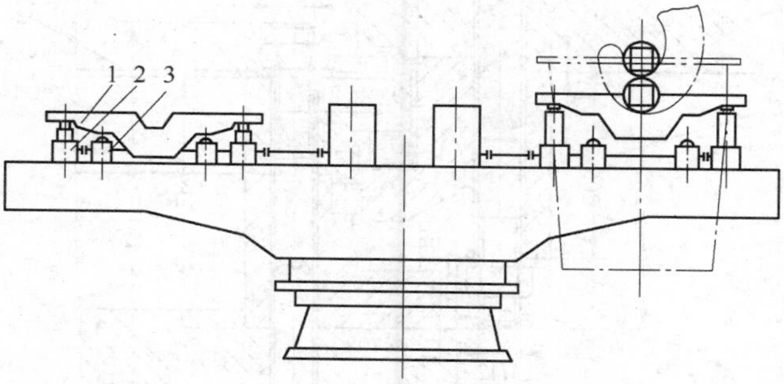


图 1.7-15　盛钢桶升降装置侧视图

1—升降框架；2—涡轮千斤顶；3—称量传感器

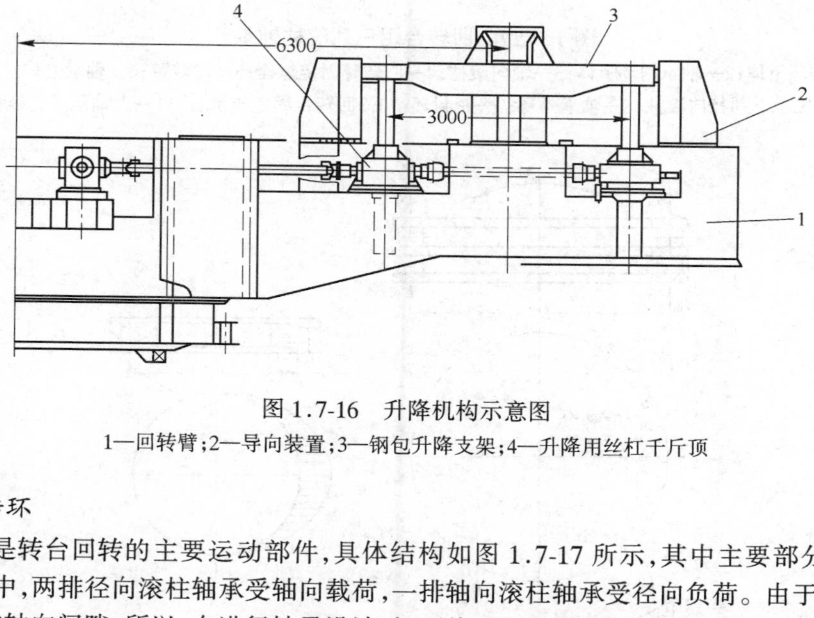


图 1.7-16　升降机构示意图

1—回转臂；2—导向装置；3—钢包升降支架；4—升降用丝杠千斤顶

2. 回转环

回转环是转台回转的主要运动部件，具体结构如图 1.7-17 所示，其中主要部分是大轴承。在三列滚柱中，两排径向滚柱轴承受轴向载荷，一排轴向滚柱轴承受径向负荷。由于轴向滚柱比较短，且存在轴向间隙，所以，在进行轴承设计时，可将两层径向滚柱视为双列滚柱止推轴承，轴向滚柱视为径向滚柱轴承，其轴承受力情况见图 1.7-18。

3. 大臂回转的传动机构

大臂回转是通过小齿轮带动大齿轮或销齿圈实现的，销齿圈传动方式应用较广泛，其销齿传动方式见图 1.7-19。销齿传动属于定轴齿轮传动的一种特殊形式，使用较为普遍。销齿的主要形式有两种，见图 1.7-20。图 1.7-20*a* 是不可拆式结构，结构简单，联接可靠，不容易松动，但在焊接时，需要采取措施防止焊接变形。图 1.7-20*b* 是可拆式结构，安装，检修，更换都很方便，但使用中容易松动。

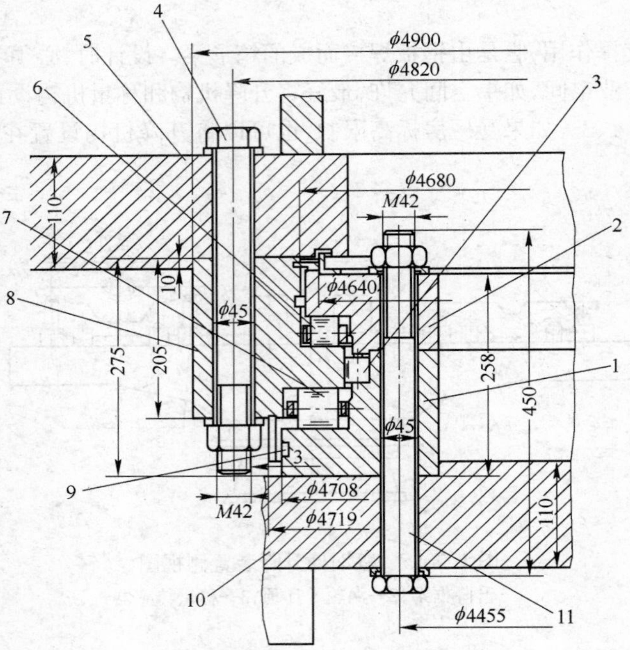


图 1.7-17　回转台用三列滚柱轴承

1—轴承内环下体；2—轴承内环上体；3—轴向滚柱；4—回转臂固定螺栓；5—回转臂；6—轴承上列径向滚柱；7—轴承下列径向滚柱；8—轴承外环；9—密封环；10—回转台固定支承台；11—大轴承固定螺栓

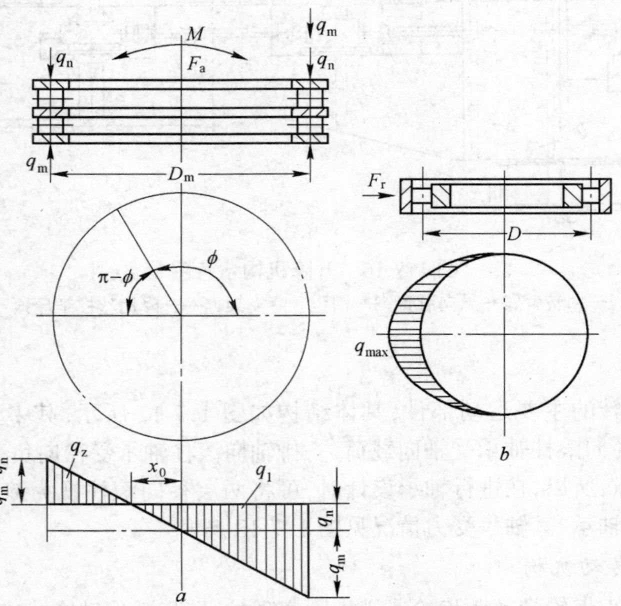


图 1.7-18　轴承受力解析图

$F_a$—所有轴向载荷分解到轴承中心后的集中载荷；$M$ 轴向载荷分解到轴承中心后形成的力矩；$q_n$—$F_a$ 对轴承产生的局部载荷；$q_m$—$M$ 对轴承产生的局部载荷；$F_r$—径向载荷分解到轴承中心处的集中载荷；$q_{max}$—轴承承受的最大局部载荷；$x_0$—受力时的中性轴位置；$q_z$—轴承承受的负压力区；$q_1$—轴承承受的正压力区

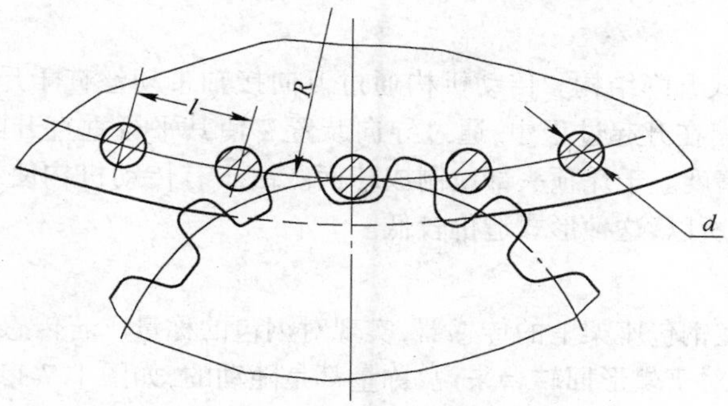


图 1.7-19　销齿传动

$d$—销齿直径；$R$—销齿所在圆弧半径；$l$—销齿节距

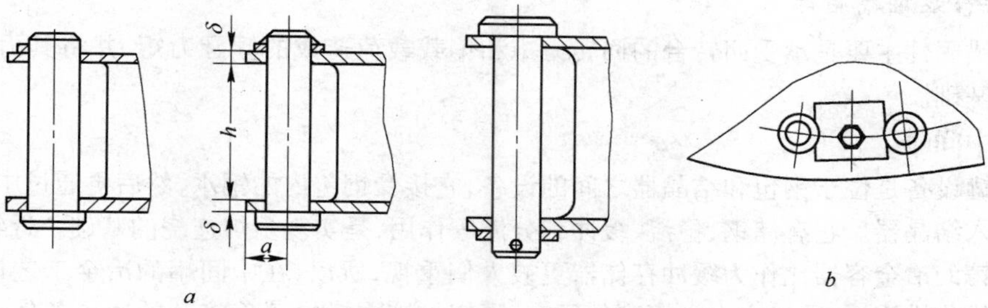


图 1.7-20　销齿结构

4. 回转固定装置

此装置是为了保证钢包在浇钢时，转臂不至于在外力冲击下产生位移，同时，也可利用固定装置的锥销斜面，使回转臂准确定位，见图 1.7-21。

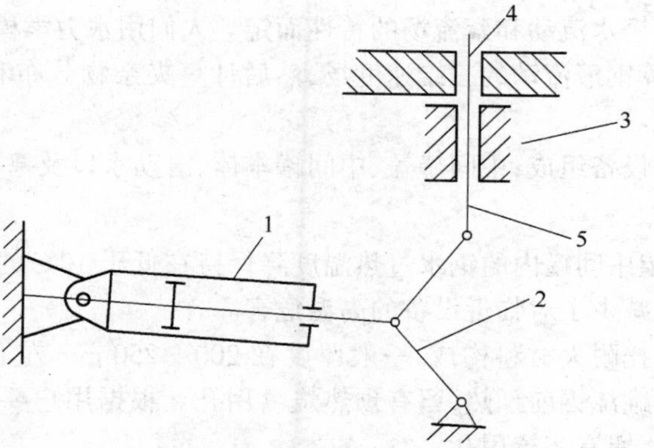


图 1.7-21　回转装置

1—气缸；2—连杆；3—导套；4—锥孔；5—锥头销

5. 钢包升降装置

图 1.7-16 为机械式升降结构。传动机构通过万向接轴带动丝杠千斤顶 4 顶起钢包升降支架 3，从而使钢包升起。在升起过程中，通过导向装置 2 使其平行垂直升降，为防止座架的偏差而影响丝杠千斤顶的精度。千斤顶头部应制成球面。由于有传动机构使结构变得复杂，但是转台大臂本体结构简单，所以，这种形式造价较低。

6. 钢包称量装置

该装置是通过装在钢包座架上的传感器，实现对钢包的称量。若传感器装在座架体上，就可以实现升降随动称量，对于蝶形回转台来说，称量都是随动的，如图 1.7-15 所示。

7. 钢包加保温盖装置

保温盖是在浇钢过程中，为使钢水保温而设置的装置，同时也防止钢水散热造成对临近建筑物的危害。保温盖是个共用盖，固定在加盖装置的升降机构上，当钢包在转台臂上定位后，保温盖即可盖在钢包上。

8. 转台基础锚固件

基础锚固件主要是承受回转台的回转力矩和偏载载荷造成的倾翻力矩，并将其力矩载荷传给混凝土基础。

## 二、中间罐

中间罐设备是位于钢包和结晶器之间的设备，它接受钢包内的钢水，然后再通过中间罐水口把钢水注入结晶器。它有储钢、稳流、缓冲和分渣等作用，是实现多炉连浇的基础。近年来，中间罐作为连铸的冶金容器比作为缓冲存储器更被人们重视，所以，在中间罐的冶金工艺设计上，采用了很多优化措施，如通过水力学模型的研究，了解钢液在罐内正确流动的边界条件；采用溢流坝和挡渣墙，使钢水流向最佳化，以改善钢渣的分离；通过透气砖，塞棒和浸入式水口，吹入惰性气体，以利于去除杂物；中间罐内的耐火材料等的蚀化处理；中间罐加覆盖剂处理；加合金的钢水冶金处理；采用绝热板；罐外感应加热使中间罐内钢水温度均匀化等。

钢水中夹杂物的分离更是人们所关注的。非金属夹杂物有各种来源，并有不同的形状，大小和化学成分。由于它们的比重较钢液轻，因此，可以上浮。夹杂物上浮的速度因颗粒的大小，形状和密度而异。颗粒越小，上浮速度越慢，很难靠浮力去除。所以，夹杂物的分离，还依靠中间罐的几何形状及中间罐中钢水流动和紊流场的特性而定。人们用水力学模型研究中间罐内钢水流动状态，用数学模型计算钢液流动的三维速度场，然后计算夹杂物分布和分离的速率，以此求解最佳中间罐截面的形状。

中间罐设备由下列设备组成：中间罐盖、中间罐本体、滑动水口及塞棒装置。

### （一）中间罐盖

在浇注过程中，希望中间罐内的钢水过热温度降保持在低于 10℃ 的范围内。加盖保温是最有效的方法，加盖后，也减少了对临近设备的高温危害。

中间罐盖由钢架承托耐火材料构成，一般厚度在 200～250 mm 左右。为承接钢包钢水，盖上设有承接孔。为中间罐浇钢前预热，留有预热烧嘴用孔。根据用户要求有时还留有预热的放气孔。为安装塞棒机构，留有塞棒用孔。

### （二）中间罐本体

中间罐本体是存放钢水的容器，它是由钢板焊成的箱形槽，内部砌耐火砖而成。为起吊罐体，两侧焊有吊耳，同时焊有耳轴以便支撑。为固牢耐火材料，钢板上焊有不锈钢制成的耙钉。罐底留有装滑动水口用的放钢水用孔。

中间罐本体设计的关键是罐内几何尺寸的确定,利用数学模型,结合水力学试验来设计中间罐最佳几何尺寸。通过长时间的生产实践,人们发现了利用钢渣、杂质、与钢液的比重差这个非常有效的方法,来减少和去除钢液中的杂质。因此,应创造杂质上浮条件:一是上浮时间;二是上浮空间;三是上浮环境(即钢水稳定流动的环境)。

**(三) 滑动水口**

滑动水口装置是为了实现封闭浇注而设置的,见图 1.7-22。水口由三块水口板组成,水口板由耐火材料压铸而成。上下水口板间的压力是由弹簧产生的。拆换时,拆开压缩弹簧钩头即可把水口板卸下,再更换新水口板。为防止水口板间气隙造成钢水氧化,水口座板通氩气密封。

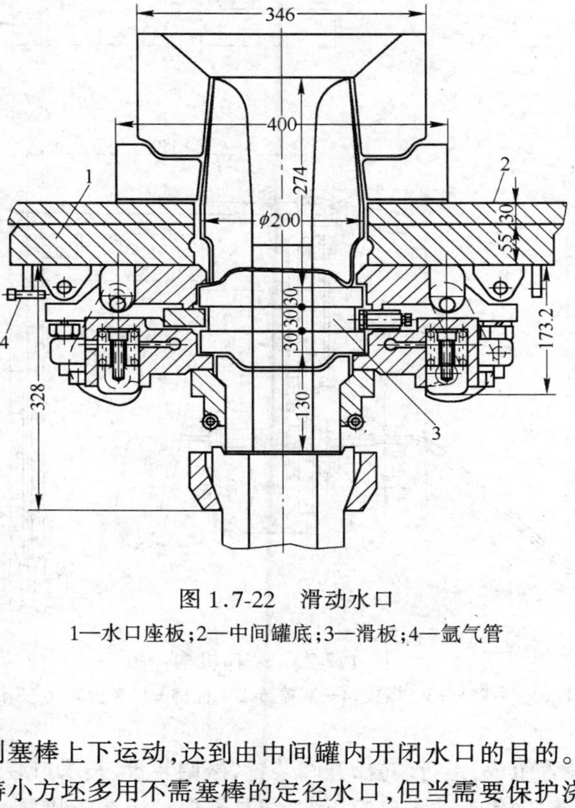


图 1.7-22　滑动水口
1—水口座板;2—中间罐底;3—滑板;4—氩气管

**(四) 塞棒机构**

此机构主要是控制塞棒上下运动,达到由中间罐内开闭水口的目的。浇铸板坯及大方坯使用塞棒控制钢流。浇铸小方坯多用不需塞棒的定径水口,但当需要保护浇铸时也使用塞棒。塞棒的控制方式有自动和手动。塞棒机构主要由拔杆、升降杆、横梁、塞棒砖支承杆,扇形齿轮,调整机构组成,见图 1.7-23。

## 三、中间罐车

中间罐车是支承运载中间罐的特殊车辆。连铸工艺要求中间罐在浇钢前须预热(一般预热到 1100℃),然后才能进入浇钢位置,接受钢水。在进入浇钢位置的过程中,为保护水口,中间罐必须升起,当到达浇钢位置后还需将升起的中间罐进行调整,使水口对准结晶器中心。所以,中间罐车必须具备以下三种基本功能。

**(一) 走行**

将中间罐车由预热位置移到浇铸位置上,浇钢结束后移开浇钢位置。

(二) 升降

将中间罐升起,使水口离开结晶器盖 50 mm,或将中间罐下降至浇钢位置。

(三)微调

在中间罐升起的状态下,移动中间罐,使水口对准结晶器中心。

在浇钢过程中,如遇事故时,需要由中间罐向事故包中放钢水,中间罐车也必须为钢水溢流创造条件。

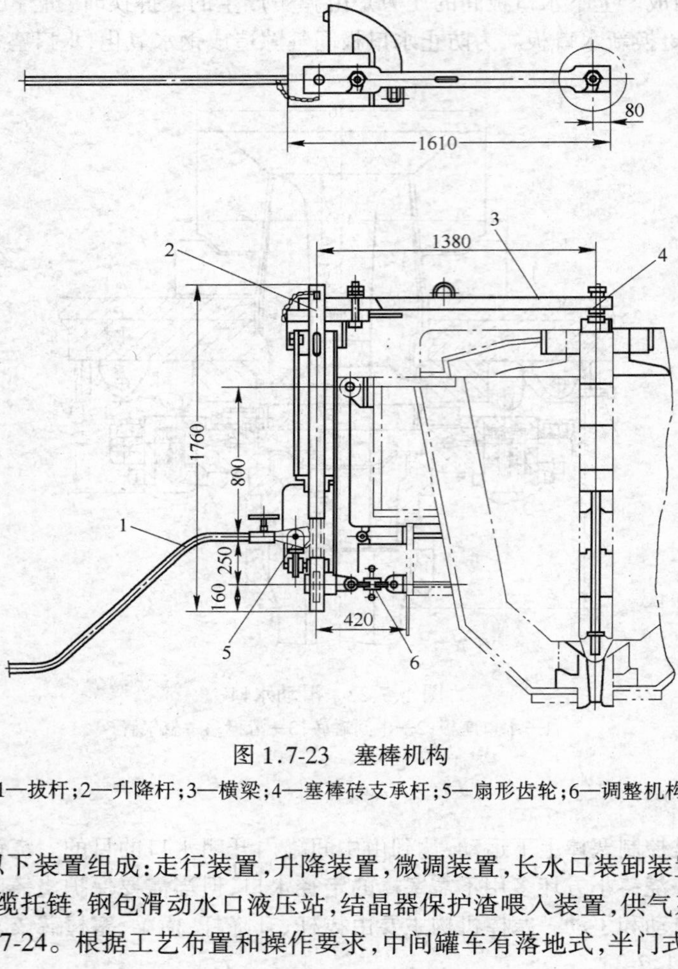


图 1.7-23　塞棒机构

1—拔杆;2—升降杆;3—横梁;4—塞棒砖支承杆;5—扇形齿轮;6—调整机构

中间罐车由以下装置组成:走行装置,升降装置,微调装置,长水口装卸装置,称量装置,钢包操作平台,供电拖缆托链,钢包滑动水口液压站,结晶器保护渣喂入装置,供气系统,供油系统,溢流槽车等,见图 1.7-24。根据工艺布置和操作要求,中间罐车有落地式,半门式,高架式等多种形式。

中间罐车的车架为焊接结构。车架必须具有足够的强度和刚度,以保证在热负荷下能够稳定正常的工作。为防止热辐射和钢水喷溅,需要在相关位置设防护罩。走行机构一般采用电动驱动。电机通过变频器控制调整速度,使与结晶器实现准确定位。为更换浸入式水口,中间罐车要具有升降功能。升降机构现常用的有电动丝杠螺母和液压缸提升两种形式。不论哪种形式都必须保证升降的同步。横向微调机构可采用手动、液压缸或电动缸来实现。为实现自动控制中间罐钢水液面,设置中间罐称量装置。随着液压技术的普及和发展,全液压驱动的中间罐车也得到了应用。

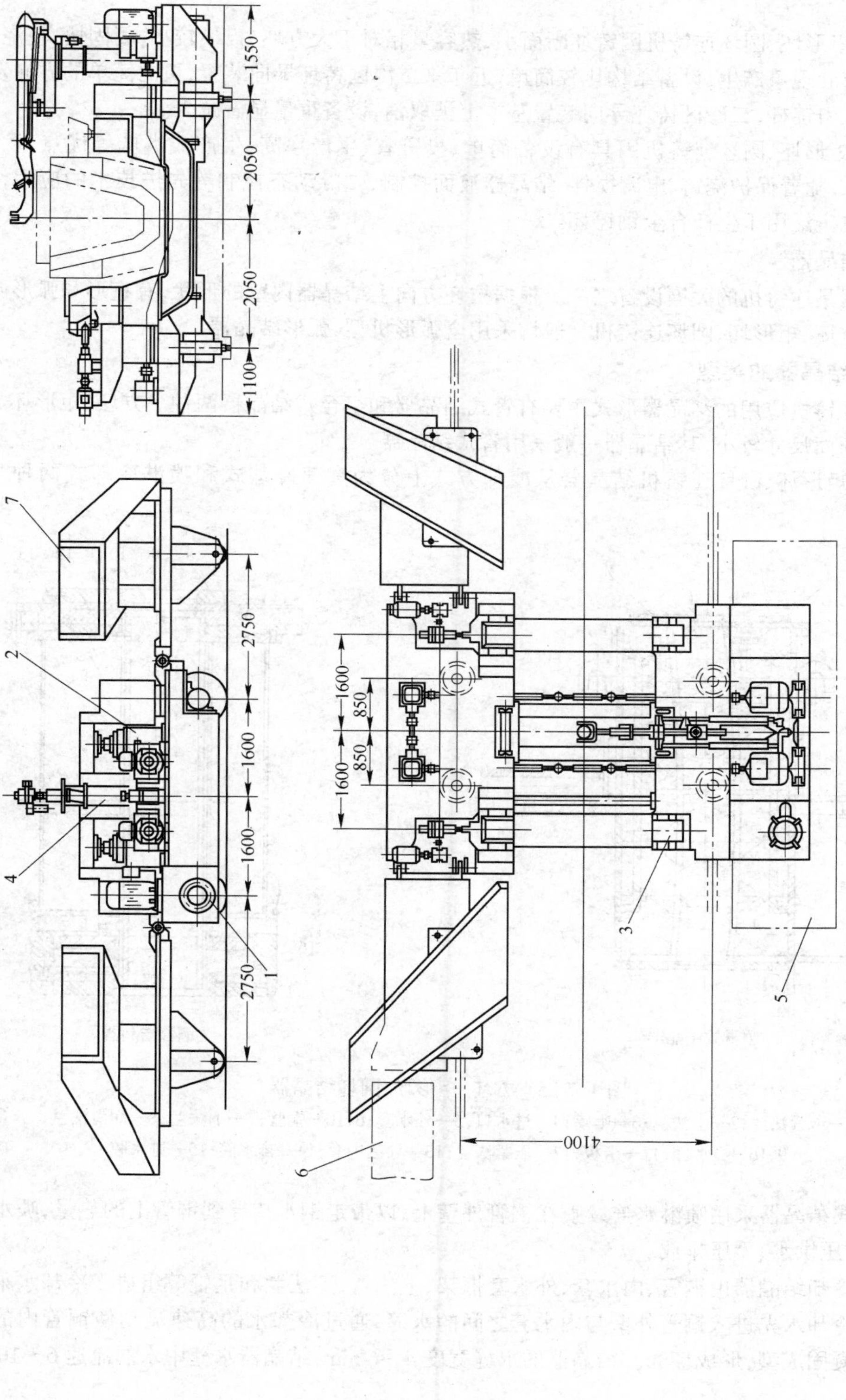


图 1.7-24　中间罐车

1—走行装置；2—升降装置；3—微调装置；4—长水口装卸装置；5—钢包操作平台；6—供电拖缆托链；7—供气、油系统

## 第三节　方坯、矩形坯、圆坯连铸机

方坯、矩形坯、圆坯连铸机因铸坯断面小，热容量相对于大方坯，板坯较小，凝固快，在浇注过程中没有鼓肚现象产生，设备结构比较简单，近年来二冷区铸坯导向装置，更向简单的方向发展。若采用刚性引锭杆，二冷区铸坯导向装置基本上被取消，设备重量显著减少。

方坯、矩形坯、圆坯连铸机因具有设备简单、投资省、生产率高、生产成本低等优点，发展很快。近年来，随着保护浇铸、电磁搅拌、结晶器液面控制、二冷动态控制等先进技术的应用，小方坯连铸机也广泛用于生产合金钢铸坯。

### 一、结晶器

结晶器是连铸机的关键设备之一。根据拉坯方向上结晶器内壁的形状，有直形和弧形两种。近年来的方坯、矩形坯、圆坯连铸机一般均采用全弧形机型，弧形结晶器。

#### (一) 结晶器的类型

现在连铸机应用的结晶器形式主要有管式结晶器和组合式结晶器两种。方坯、矩形坯、圆坯连铸机因断面尺寸较小，其结晶器一般采用管式结晶器。

方坯、矩形坯、圆坯连铸机结晶器从冷却方式上分为高速冷却式和喷淋冷却式两种，见图1.7-25。

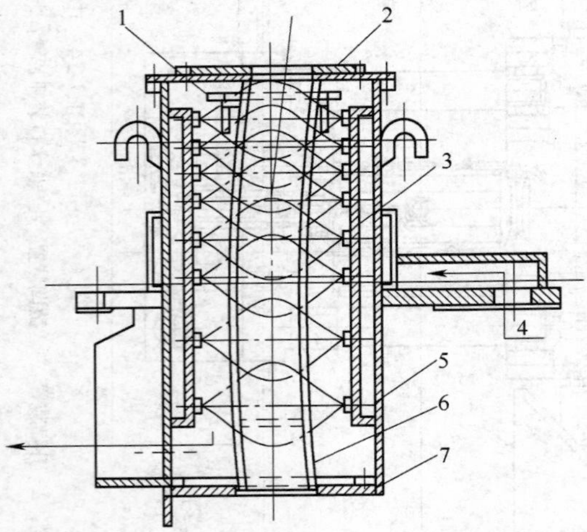


喷淋式结晶器

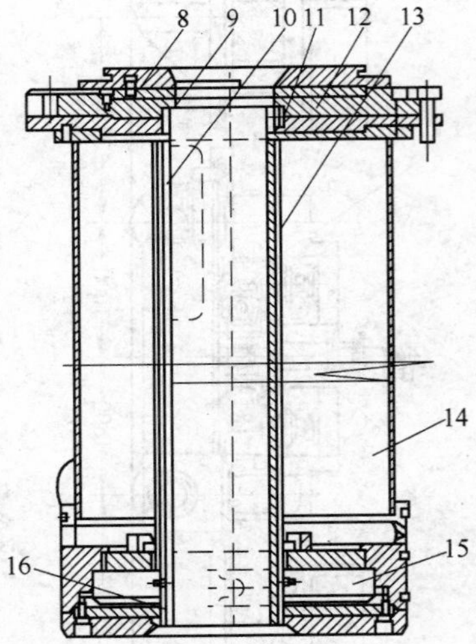


铜管结晶器

图 1.7-25　方坯、矩形坯、圆坯结晶器

1—卡紧法兰；2—上法兰；3—喷嘴；4—进水口；5—外水套；6、10—铜管；7—下法兰；8—润滑法兰；9、16—O 形圈；11—卡板；12—压紧法兰；13—导流中套；14—排水腔；15—进水腔

喷淋式结晶器采用喷淋水连续喷在铜管外壁上，以带走钢水传导到铜管上的热量，喷水室是敞开的，常压供水、无压排放。

高速冷却结晶器由铜管、内水套、外水套框架、上法兰、下法兰和足辊等组成。冷却水采用闭路循环。冷却水先进入铜管外壁与内水套之间的水缝，通过冷却水的高速流动使铜管内的钢水得到初步凝固成型，形成坯壳。结晶器的水缝宽度 4～6 mm，结晶器水缝中水的流速 6～10 m/s。

## （二）铜管

### 1. 铜管的主要尺寸

铜管的主要尺寸见图 1.7-26。

(1) 铜管的内腔尺寸。考虑了凝固和拉矫等因素后为：

1）浇注断面为 160 mm×160 mm 以下的方坯，弧形结晶器的内腔尺寸为：

$$a_{上}=a+2.5\%\times a+1\ \text{mm} \quad (1.7\text{-}20)$$

$$a_{下}=a+1.9\%\times a+1\ \text{mm} \quad (1.7\text{-}21)$$

$$b_{上}=b+2.5\%\times b-1\ \text{mm} \quad (1.7\text{-}22)$$

$$b_{下}=b+1.9\%\times b-1\ \text{mm} \quad (1.7\text{-}23)$$

**例**：浇 150 mm×150 mm 断面时，内腔尺寸为：

$$a_{上}=150+0.025\times150+1=154.75\ \text{mm}$$

$$a_{下}=150+0.019\times150+1=153.85\ \text{mm}$$

$$b_{上}=150+0.025\times150-1=152.75\ \text{mm}$$

$$b_{下}=150+0.019\times150-1=151.85\ \text{mm}$$

2）浇注断面为 160 mm×160mm 以上的方坯，弧形结晶器的内腔尺寸为：

$$a_{上}=a+2.5\times a+1.5\ \text{mm} \quad (1.7\text{-}24)$$

$$a_{下}=a+1.9\times a+1.5\ \text{mm} \quad (1.7\text{-}25)$$

$$b_{上}=b+2.5\%\times b-1.5\ \text{mm} \quad (1.7\text{-}26)$$

$$b_{下}=b+1.9\%\times b-1.5\ \text{mm} \quad (1.7\text{-}27)$$

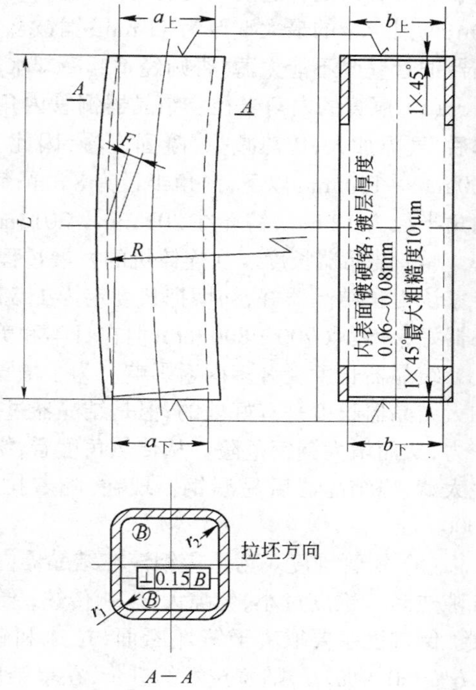

图 1.7-26　铜管的主要尺寸

**例**：浇 180 mm×180 mm 方坯断面时，内腔尺寸为：

$$a_{上}=180+0.025\times180+1.5=186\ \text{mm}$$

$$a_{下}=180+0.019\times180+1.5=184.92\ \text{mm}$$

$$b_{上}=180+0.025\times180+1.5=183\ \text{mm}$$

$$b_{下}=180+0.019\times180+1.5=181.92\ \text{mm}$$

3）浇矩形断面时弧形结晶器的内腔尺寸为：

$$a_{上}=a+2.5\%\times a+2\ \text{mm}$$

$$a_{下}=a+1.9\%\times a+2\ \text{mm}$$

$$b_{上}=b+2.5\%\times b\text{mm}$$

$$b_{下}=b+1.9\%\times b\text{mm}$$

**例**：浇 95 mm×130 mm 矩形断面时，内腔尺寸为：

$$a_{上}=95+0.025\times95+2=99.375\ \text{mm}$$

$$a_{下}=95+0.019\times95+2=98.9\ \text{mm}$$

$$b_{上}=130+0.025\times130=133.25\ \text{mm}$$

$$b_{下}=130+0.019\times130=132.47\ \text{mm}$$

(2) 铜管的壁厚。在保证强度的前提下,为了加速传热并提高拉速,结晶器壁越薄越好。铸坯断面在 130 mm×130 mm 以下,壁厚为 10 mm;铸坯断面在 140 mm×140 mm～180 mm×180 mm时,壁厚为 12 mm;铸坯断面在 180 mm×180 mm 以上时,壁厚为 14 mm。这种厚度时紫铜和磷脱氧铜是合适的。随着材质的变化,铜管的壁厚也有所变化,铜铬合金的最大壁厚为 12 mm;铜银合金的最大壁厚为 11 mm;铜铍合金的最大壁厚可稍微大一些,但不能超过 15 mm;结晶器铜管壁厚不能太薄,否则经不起冷却水压力和摩擦阻力引起的机械应力。

(3) 铜管的内角半径。结晶器铜管内角处的钢液温度比铸坯中心要低一些,但坯壳离开角部后,气隙加大,传热减少,凝固变慢,因此,铜管必须有合适的内角半径,具体说来,铸坯断面 100 mm×100 mm 以下,内角半径为 8 mm;铸坯断面在 141 mm×141 mm～200 mm×200 mm 时,内角半径为 12 mm;铸坯在 201 mm×201 mm 以上,内角半径为 15 mm。

(4) 结晶器长度。在连铸机的发展过程中,对结晶器长度有过两种截然相反的观点;前苏联专家认为长结晶器好,初期把长度定为 1.5 m,以后缩短到 1.2 m;而西欧和美国学者则认为短结晶器好,一般取 700～800 mm;但在日本和美国也在使用 1.2 m 长的结晶器。

结晶器长度受许多因素影响。为了增长铸坯离开结晶器时坯壳的安全厚度,加大拉速,适当加大结晶器长度是有好处的;但是结晶器过长会增大坯壳和结晶器之间的摩擦力,增大坯壳表面应力,从而增大漏钢危险。从传热角度看,结晶器越长,气隙热阻越严重。但结晶器太短,形成坯壳太薄,出结晶器后易漏钢。现在,随着拉速的提高,综合考虑后常常把铜管长度定为 900～1000 mm。

(5) 铜管锥度。为适应钢液在结晶器内凝固时产生的热收缩,铜管内腔做成倒锥形,以减少气隙热阻。锥度过小,气隙大,影响传热;锥度过大,拉坯阻力增加,易引起铸坯抖动,加剧铜管磨损。倒锥度主要取决于铸坯断面,拉速和钢的高温收缩率。现在,方坯结晶器倒锥度一般为 0.6%～0.9%/m,随着技术的进步,在单锥度的基础上已研究出双锥度,多锥度,抛物线锥度等多种形式。

2. 铜管的工作面镀铬

铜管工作面镀铬可以防止铜表面与铸坯直接接触,减少工作面磨损和铸坯星裂,镀铬层的厚度一般为 0.06～0.08 mm。为了使镀层表面获得良好的光洁度,镀铬前,要进行抛光处理,表面粗糙度 $R_a$ 值在 1.6 μm 以上,表面不允许有明显密集和粗大的砂眼,两端平面,外部表面不能有严重的碰伤,擦伤和夹渣。

3. 铜管的使用寿命

(1) 铜管损坏的原因。铜管的损坏与结晶器的工作条件有关。由于铜管表面接触 1600℃ 以上的高温钢液,外表是 50℃ 以下的冷却水,故在铜管壁厚方向有较大的温度梯度。另外,铜管内的钢液从上至下凝固和形成坯壳,所以,在铜管长度方向也存在较大的温度梯度。当然,温度梯度最大的区域要算弯月面以下 50～60 mm 处。温度梯度大,热变形量也大。当弯月面附近的热变形量大于 2 mm×1.5 mm时,铜管就得报废。为了减少这种热应力引起的热变形,国外曾试用提高冷却水进水温度的办法减少热变形。对比试验是用进水温度为 15℃ 和 30℃ 两种冷却水做的,结果用 30℃ 冷却水的结晶器寿命高出一倍。当然,提高冷却水温度是有限的,因为结晶器进水温度一般限制在 50℃ 以下。另外,冷却水水质对结晶器热应力的影响也比较大。当水质较差时,在铜管外表有严重的非金属水垢沉积、降低铜管的导热能力,结晶器工作面向内变形,如果不能及时更换,则结晶器工作面的最大变形区将产生裂纹,在结晶器内的水速小于 3.48 m/s 时,也会产生类似的变形现象。

结晶器除了受热变形之外，还有机械损坏。机械损坏主要发生在结晶器下部。一是由于装引锭杆、对中不好，由碰撞引起损坏；另外，由于结晶器下部起支撑铸坯的作用，铸坯长期与铜管表面摩擦，在镀铬层剥落之前，结晶器下口的磨损率是相当稳定的，距离结晶器下口越远，工作面的磨损率越小。但一旦镀铬层剥落，工作面的磨损就加剧。

(2) 铜管的使用寿命。铜管从开始使用到报废这段时间就是铜管的使用寿命。铜管的寿命可用炉/个，吨/个和米/个等单位表示。特别值得指出的是，结晶器寿命主要受冷热交换次数的影响，即受每次多炉连浇炉数的影响，而和每次浇的数量关系不大。例如，磷脱氧铜或紫铜做的铜管，在平均出钢量为 20 t，铸机为三机三流，单炉浇注时每个铜管的寿命为 150～200 炉，当平均连浇两炉时，寿命为 200～300 炉。国内用紫铜制作的弧形结晶器寿命达 590 炉。

### (三) 足辊

足辊的作用是引导引锭杆进入结晶器，同时也对铜管起保护作用，防止穿引锭杆时引锭杆碰坏铜管下口。此外，拉坯时有足辊引导铸坯，可以对初出铜管的薄弱坯壳起支撑作用，减少坯壳变形或漏钢，也可减轻铸坯对铜管下口的磨损。

足辊是结晶器的出口处的主要装置，也有的采用多级结晶器形式，参见图 1.7-27。足辊区的铸坯坯壳很薄，需进行大量喷水冷却。

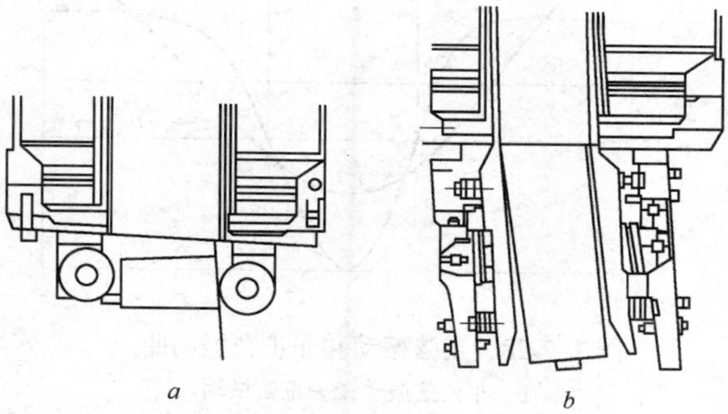

*a*　　　　*b*

图 1.7-27　足辊(*a*)和多级结晶器(*b*)的结构图

## 二、结晶器振动装置

结晶器振动的目的是为了防止铸坯在凝固过程中与铜板发生黏结而出现粘挂拉裂或拉漏事故。在结晶器上下振动时，按振动曲线周期性地改变钢液面与结晶器壁的相对位置，不仅便于脱坯，而且通过润滑剂或保护渣在结晶器壁的渗透，可改善其润滑状况，减少拉坯时的摩擦阻力和粘结的可能性，从而有利于提高铸坯表面质量。

### (一) 对结晶器振动装置的技术要求

对结晶器振动装置的技术要求如下：

(1) 有效地防止坯壳与结晶器壁的粘结，并使铸坯形成良好的表面。

(2) 铸坯在结晶器内形成的坯壳应与结晶器壁有良好的接触，不要产生过大的气隙。

(3) 振动机构应尽可能有一个接近理论轨迹的运动，振动速度的转变应缓和，不应产生过大的加速度，以免造成冲击振动和摆动。

(4) 设备的制造，安装和维护要方便，便于事故处理，传动系统应有足够的安全裕度。

## (二) 结晶器振动装置的类型和特点

1. 振动方式

振动方式见图 1.7-28。

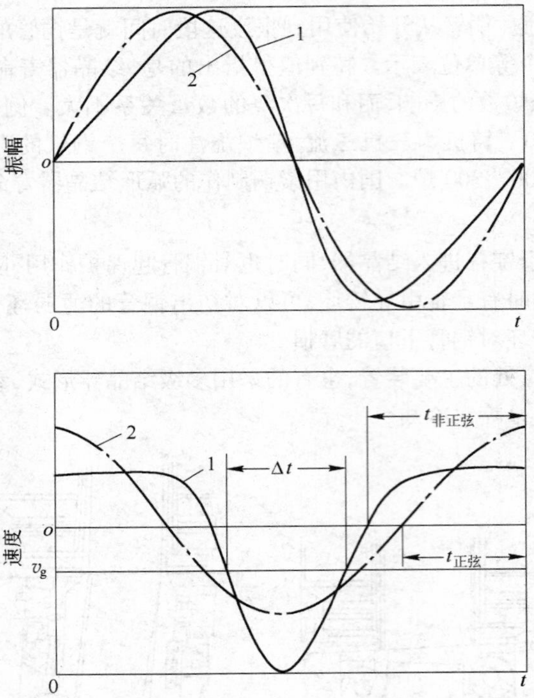


图 1.7-28　正弦振动和非正弦振动曲线

1—非正弦振动;2—正弦振动

目前,结晶器振动主要有正弦振动和非正弦振动两种形式。

正弦振动的速度与时间的关系为一条正弦曲线。其上下振动的时间相等,上下振动的最大速度也相等。在整个振动周期中,铸坯与结晶器之间始终存在相对运动,而且在结晶器下降过程中,有一小段下降速度大于拉坯速度(称为“负滑脱”),因此可以防止和消除坯壳与结晶器内壁间的粘结,并能对拉裂的坯壳起到愈合作用。另外,由于结晶器的运动速度是按正弦规律变化的,加速度必然按余弦规律变化,所以过渡比较平稳、冲击较小。

非正弦振动结晶器向上振动的时间大于向下振动的时间,可缩小铸坯与结晶器向上振动之间的相对速度。这对于拉速提高和结晶器高频振动后,减少坯壳与结晶器壁之间发生粘结而导致漏钢是有利的。

2. 振动装置的类型

结晶器振动装置的类型很多,有导轨式、长臂式、复合差动式、四连杆式等。在小方坯连铸机上应用最多的是短臂四连杆式,见图 1.7-29。

短臂四连杆振动装置是具有四个铰接点的刚性四连杆机构。该机构有两个刚性振动臂和四个轴承铰接点。目前主要有外弧短臂四连杆和内弧短臂四连杆两种类型。两种类型的基本原理相同。当振动臂处于中点位置时:(1)两臂的沿长线应交于弧形连铸机的圆心,该点也是四连杆运动的瞬时中心;(2)四连杆的两固定点和两振动点在两个同心圆弧上,见图 1.7-30。

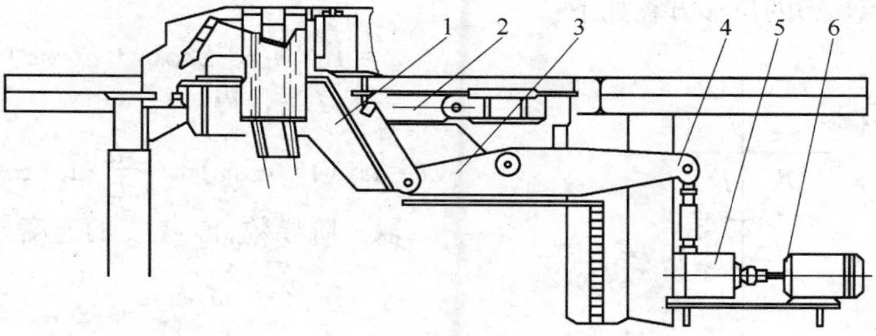


图 1.7-29　振动装置

1—振动台；2—导向臂；3—振动臂；4—连杆；5—减速机；6—直流电动机

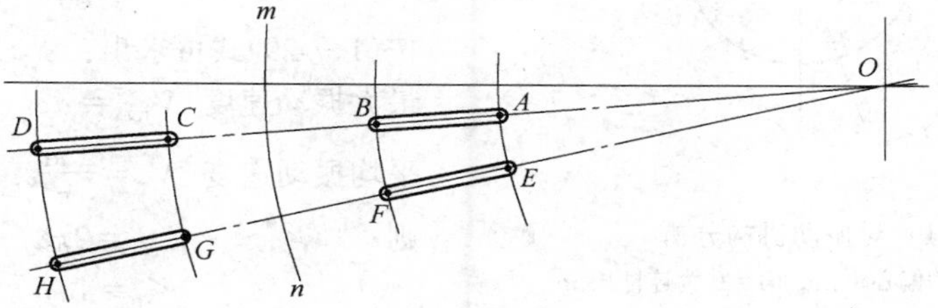


图 1.7-30　短臂四连杆振动机构原理图

图中 $AE$、$BF$、$CG$、$DH$ 是以 $O$ 为圆心的同心圆弧线；而 $\overline{ABCD}$ 及 $\overline{EFGH}$ 为以 $O$ 为圆心的径向线；$mn$ 则为弧形连铸机的基准弧。当设计外弧四连杆振动机构时，则取 $\overline{CD}$、$\overline{GH}$ 为两个振动臂，设计内弧四连杆振动机构时，则取 $AB$、$EF$ 为振动臂，这样就能得到比较精确的弧形运动轨迹。应当指出这种机构是在振幅较小的条件下得到近似弧形的。

结晶器有规律的往复振动可以防止拉坯时坯壳与结晶器的粘接，同时获得良好的铸坯质量。高效连铸对结晶器振动的要求是高频、小振幅、负滑脱时间不宜太长、正滑脱时间里振动速度与拉速之差减小，合适的结晶器超前量。

结晶器振动装置的驱动装置有交流变频电机驱动和液压驱动两种形式，采用变频电机驱动形式通过电机变频来改变结晶器振动的振频；而采用液压驱动液压伺服系统除可调整振频外，还可实现振动曲线的改变，实现非正弦振动。

**（三）结晶器振动装置的参数计算**

1. 基本设计参数

(1) 振动速度 $V_p$，m/min；

(2) 振动频率 $f$，次/min；

(3) 振幅 $a$，mm；

(4) 主轴偏心距（振幅）$a$，mm；

(5) 振动台的静负荷 $Q$，N；

(6) 结晶器摩擦阻力 $F$，N。

2. 振动频率计算

采用正弦振动的机构，一般由偏心轴，连杆和由空间四连杆引导的振动台组成机构运动分析，见图 1.7-31。

振动台上某点($A$)的位移方程如下：

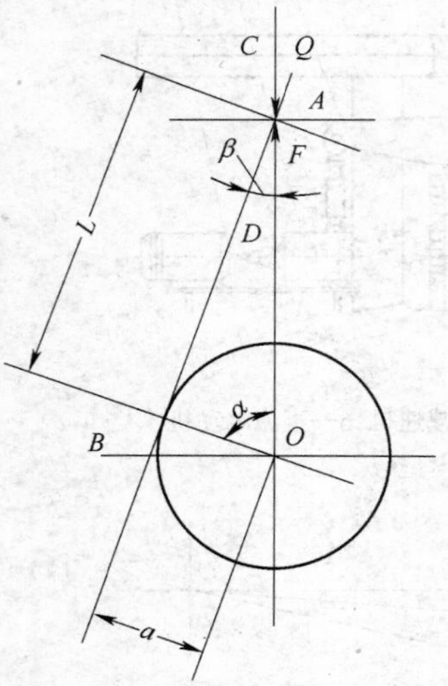


图 1.7-31　对振动机构分析

$OB=a$ 为偏心轴的偏心距，m，$AB=L$ 为连杆长，m

$\angle AOB=\alpha$ 为偏心轴转角，变量，rad/s；

$CD=2\alpha$ 为振动台的最大行程 2 倍振幅，m

$$x=L+a-(L\cos\beta+a\cos\alpha)$$

一般 $L\gg a$ 得：

$$x=a\left[(1-\cos\alpha)+\frac{1}{4}\frac{a}{L}(1-\cos2\alpha)\right] \quad (1.7\text{-}28)$$

取一阶导数，得 $A$ 点的速度方程：

$$V=a\omega\left(\sin\alpha+\frac{1}{2}\frac{a}{L}\sin2\alpha\right) \quad (1.7\text{-}29)$$

频率为每分钟振动的周期数，则偏心轴转动的角速度 $\omega$ 与频率 $f$ 的关系如下：

$$\omega=\frac{2\pi f}{60} \quad (1.7\text{-}30)$$

按(1.7-29)式可求出：

最大振动速度　$V_{max}=a\omega$　(1.7-31)

平均振动速度　$V_p=\dfrac{2a\omega}{\pi}$　(1.7-32)

则　$V_{max}=2\pi af$　(1.7-33)

$V_p=4af$　(1.7-34)

当振动平均速度与拉坯速度关系为 $V_p=1.2V_c$ 时，得振动频率 $f$ 为：

$$f=0.3V_c/a \quad (1.7\text{-}35)$$

3. 振幅计算

目前在连铸机设计中，为保证铸坯有良好的表面，振幅有减小的趋势，一般按实际经验确定。

行程　$2a=10\sim26$

振幅　$a=300V_c/f$　(1.7-36)

4. 负滑脱量

当结晶器下振速度大于拉坯速度时，称为负滑脱，负滑脱量定义为：

$$k=\left[\frac{V_{max}-V_c}{V_c}\right]\times100\% \quad (1.7\text{-}37)$$

## (四) 结晶器振动装置的结构和组成

结晶器振动装置的结构和组成见图 1.7-32。

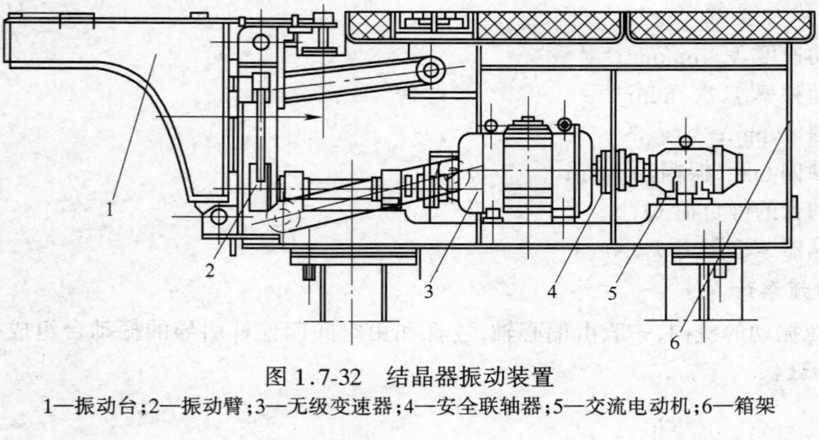


图 1.7-32　结晶器振动装置

1—振动台；2—振动臂；3—无级变速器；4—安全联轴器；5—交流电动机；6—箱架

(1) 振动机构。交流电机经安全联轴节传动无级变速器，再通过弹性联轴器传动偏心轴连杆、振动台。振动频率可以按不同的铸坯断面手动调整无级变速器，而振幅是由偏心轴的偏心距决定的，不能调整。

(2) 保证运动轨迹机构。内弧短臂四连杆机构上面两个臂是连在一起的，下面两个臂是单独运动的，因为固定连接点与摆动点都装配有球面滑动轴承，四个杆都单独运动就达不到规则振动的目的，必须有一对臂连接起来才能达到定向运动的目的。

(3) 振动台。振动台为了支承结晶器，便于在事故状态下快速拆卸，在与振动座的连接上采用了楔连接。

为保证结晶器对弧准确和受热膨胀时不产生位移，振动台上开有两个定位销孔和三个锚固螺栓孔。

(4) 干油润滑系统。采用单线干油泵经片式给油器把油分配到各流的振动装置上，或采用多点干油泵直接接到各流的振动装置上。

## 三、铸坯导向装置

### （一）铸坯导向装置的作用

铸坯导向及喷水装置（见图 1.7-33）位于结晶器足辊的下方至第一对拉矫辊前。

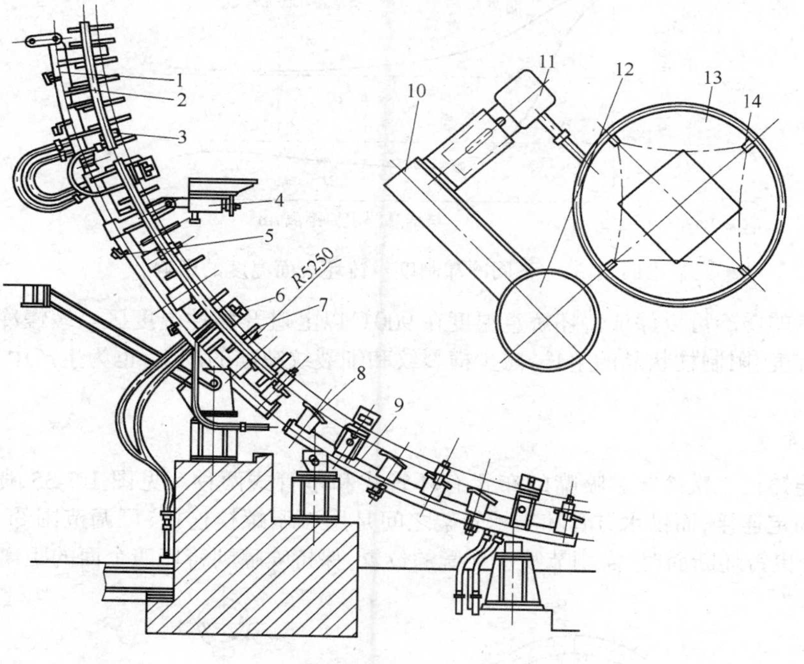


图 1.7-33　铸坯导向装置和喷水装置

1—Ⅰa 段；2—供水管；3—侧导辊；4—吊挂；5—Ⅰ段；6—夹辊；7—喷水环管；8—导板；9—Ⅱ段；10—总管支架；11—总管；12—导向支架；13—环管；14—喷嘴

在浇注前，辅助引锭杆把引锭头导入结晶器下口。浇注时，引导铸坯进入拉矫机，并按一定的冷却强度向铸坯喷水冷却，逐步完成铸坯的凝固。

### （二）铸坯导向装置的特点

小方坯连铸机浇注的铸坯断面小，凝固快。铸坯出结晶器后，坯壳已经达到支撑自身的作用。小方坯不存在大方坯和板坯那样的鼓肚现象，因此，小方坯二冷导向装置的设计比较简单。

在使用挠性引锭杆的铸机上,在结晶器下方设计有一段活动导向段,以引导引锭杆上行进入结晶器。活动段下方设有三至四段导向段,导向段设有下辊引导挠性引锭杆,并且内弧上每间隔一段距离设有上夹辊,以防止因结晶器阻力大引锭杆被拉直造成铸坯变形。

使用刚性引锭杆的小方坯连铸机二冷导向装置大大简化。因刚性引锭杆自身有支撑作用,根据三点决定一圆的原理,在导向段有三个支撑辊足以支持刚性引锭杆保持在铸机弧线上,又因为刚性引锭杆没有被拉直的问题,理论上导向段可以不设内弧辊。为控制引锭杆和铸坯跑偏,可在托辊上加突缘或设侧导板。刚性引锭杆的导向装置,优点是辊子少,设备结构简化。但对辊子的安装精度要求提高了,无论辊子的标高,水平面的位置偏差,辊子的水平度,均对引锭杆能否顺利进入结晶器下口产生影响。

**(三) 二冷区的冷却系统**

1. *冷却制度*

二次冷却制度有强冷却和弱冷却两种方式,图 1.7-34 表示这两种冷却制度对铸坯表面温度的影响。

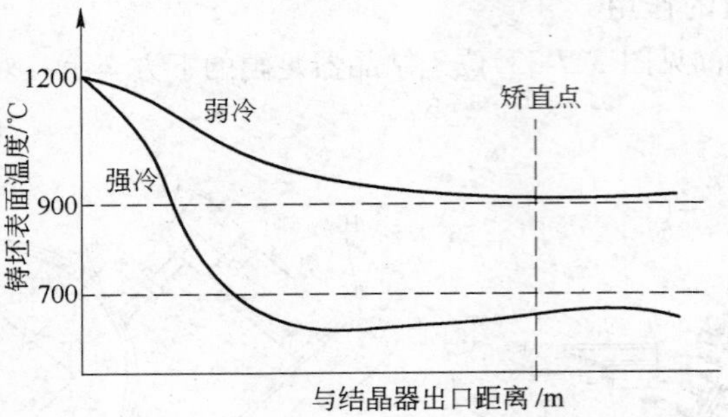


图 1.7-34　不同冷却制度对铸坯表面温度的影响

图上所示的弱冷可以保证铸坯矫直温度在 900℃ 以上避开脆性温度区。缓慢冷却会降低铸坯中心偏析程度,限制柱状晶的生长,减少横裂纹和细裂纹缺陷的产生,也为生产中、高碳小方坯提供了条件。

2. *喷嘴布置*

小方坯连铸机二次冷却区喷嘴的布置有环管式和单管式两种。见图 1-7-35 喷水环管与供水管之间是固定连接;而供水方管和支承管架之间是用可调螺栓连接,可调范围约 40 mm,见图 1.7-36。当变更铸坯断面时,需调节喷水环管的位置,保持喷嘴到铸坯四个面的距离相等。

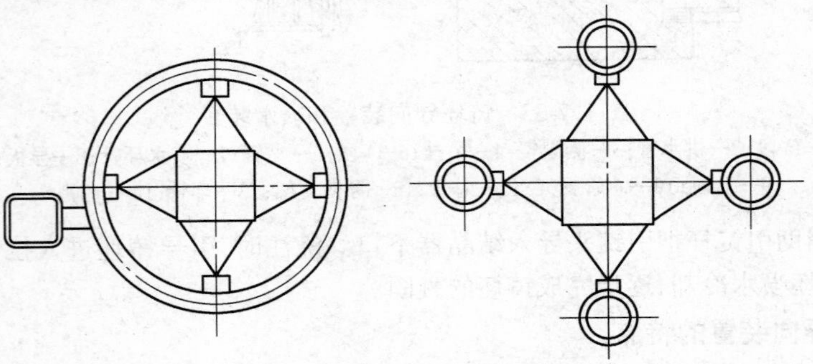


图 1.7-35　二次冷却区喷嘴布置方式
*a*—环管式;*b*—单管式

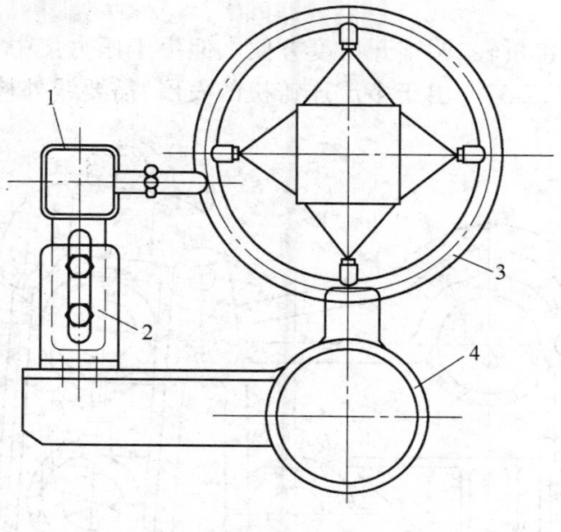


图 1.7-36　喷水环管调节示意图

1—供水方管;2—调节装置;3—喷水环管;4—支承管架

喷嘴的布置方式要保证小方坯四面冷却均匀,喷嘴的喷射角度要使水流喷射到铸坯中部,避免铸坯角部过冷,产生矫直横裂纹。小方坯连铸机可以浇注几种规格的铸坯断面,为了简化更换断面操作,一般多采用一种型号的喷嘴,通过调节喷射距离,获得合理的喷水覆盖面积。

足辊冷却水属二次冷却水,其供水通过结晶器振动装置框架和结晶器内的导流水套输入。其余各段二冷水由外接水路分别接入。

目前冷却系统有两种,喷水冷却和气水雾化冷却。气水雾化冷却的冷却强度调节范围宽,能够适应钢种变化,近来广泛被采用。

## 四、拉矫机

### (一) 对拉矫机的技术要求

对拉矫机的技术要求如下:

(1) 能克服结晶器与二冷装置对铸坯的阻力,将铸坯拉出,并能将引锭杆送入结晶器下口。

(2) 拉速可调,以满足不同钢种和不同铸坯断面对拉速提出的不同要求,而上引锭杆时需要有较快的速度。

(3) 拉矫辊上下辊之间要有足够的开口度并能调整,以生产不同断面的铸坯。采用刚性引锭杆时应允许引锭杆通过。

(4) 上辊应有足够的压下力,以满足拉坯摩擦力和矫直铸坯的要求。压力要能调节,以适应不同断面的要求。要防止对铸坯加压过量造成铸坯缺陷,并且在开浇时从引锭杆过渡到铸坯时,压力应迅速转变,以防将高温铸坯压变形。

近来,随着高效连铸技术的发展,许多铸机采用了多点矫直技术。由于高效连铸中拉速高,铸坯的液芯长度很长,需要进行带液芯矫直。在液相矫直时,铸坯在两相区界面处坯壳的强度和允许的变形率极低。采用多点矫直可以把集中在一点的应变量分散到多个点去完成,将矫直的变形率控制在允许的范围内,防止了铸坯产生内裂的可能性。

### (二) 拉矫机的类型和特点

拉矫机的类型和特点如下:

(1) 牌坊式。早期拉矫机大都像轧钢机,呈牌坊式;在采用多组拉矫辊时则牌坊连接在一起形成整体机架。

(2) 钳式。结构简单、重量轻、调整开口度方便。但由于压力集中,影响拉速提高。

(3) 组合式。参见图 1.7-37。由于多流连铸机的发展,需要线外检修、发展成组合式。

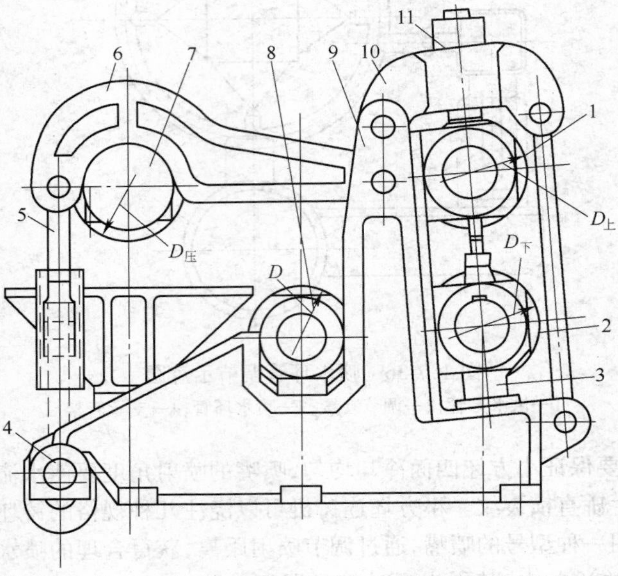


图 1.7-37　四辊拉矫机结构

1、2—拉辊;3—液压缸;4—偏心轴;5—拉杆;6—矫直臂;7—上矫直辊;8—下矫直辊;
9—钳式机架立柱;10—横梁;11—压下螺丝

(4) 整体机架五辊拉矫机(见图 1.7-38)。在小方坯连铸机中,这种结构形式用得最多。但按照传动辊配置的不同有上辊传动、下辊传动、上下辊都传动几种形式。其主要结构为机架、传动装置、辊子、冷却及防护装置等几部分。

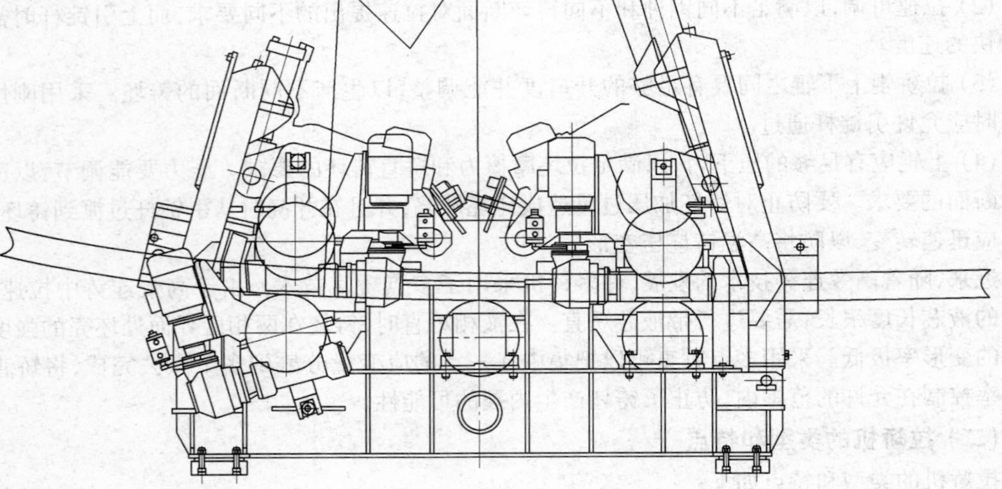

图 1.7-38　拉矫机

机架为钢板焊接结构，安装三个下辊和压下缸支架。两个上辊座架一端铰接在机架上，另一端与压下缸连接，通过压下缸的伸缩带动两个上辊分别升降，完成上引锭、拉坯、矫直、脱引锭任务。传动辊为单独驱动，为减少流间距，采用套装减速机。两个上辊均装有编码器，用来反馈拉坯速度，坯长跟踪和闭环控制。压下缸有液压的也有气压的，液压的压力通过液压系统的调压阀来调节，以满足拉坯时不同压力的要求。而气压压力一般都保持在0.4～0.5 MPa。

由于拉矫机长时间处于高温辐射状态下工作，为保护设备，通常采用水冷和防护板。如辊子中心通水冷却，轴承座设水冷却套，铸坯周围设水冷隧道，电机减速机加防护罩等。

## 五、引锭杆及其存放装置

小方坯引锭杆有挠性引锭杆和刚性引锭杆两种形式。

### （一）挠性引锭杆及其存放装置

1. 挠性引锭杆

挠性引锭杆是由许多等长的链节，通过销轴铰接起来组成的（见图1.7-39）。

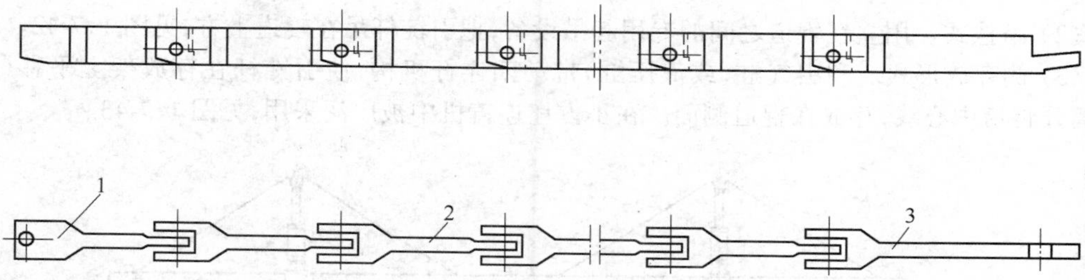


图1.7-39　小链节引锭杆

1—引锭头；2—引锭杆；3—引锭杆尾部

引锭杆包括引锭头和杆身两个部分。引锭杆的长度应大于结晶器下口到最后一个拉矫辊的弧线长度，才能保证拉引铸坯。整个引锭杆只能向上折返，组成与铸机外弧线相当的弧线。引锭头用来堵住浇注前结晶器的下口，并把初凝固的铸坯拉出结晶器，引入拉矫机，直到切割机把铸坯切断才和铸坯分开。

（1）引锭头。引锭头一般用耐热铬钼钢制作，其断面尺寸应略小于结晶器下口，边长比结晶器的边长小6～8 mm，并在靠近外弧的一侧设计成一个倒角，以利于引锭杆的送入。头部开一个燕尾槽或倒杯形的槽，以便在钢液凝固后能紧紧地拉住铸坯。而切断后，铸坯头部可以自动脱落（见图1.7-40）。

也有的小方坯连铸机的引锭头，没有开槽，而是拧入一个螺栓（见图1.7-41），这种引锭头与铸坯的联结很牢，但脱引锭时，必须把切头和螺栓一起旋掉，劳动强度大，每次消耗一个螺栓。

（2）引锭杆杆身。在可浇多种断面的连铸机上，杆身宽度与大断面铸坯一致，而厚度则设计成与中等断面铸坯相同。

2. 挠性引锭杆存放装置

为了保证连铸机操作的顺利进行，必须及时地把切割后和铸坯分离的引锭杆移出辊道并存放起来，准备下次浇注时再用。引锭杆存放装置包括引锭杆移出设备和存放设备。

挠性引锭杆的存放方式：

（1）离线存放。用一个长形的笼式吊具，把钻入笼内的引锭杆吊离辊道，放在铸机边上。

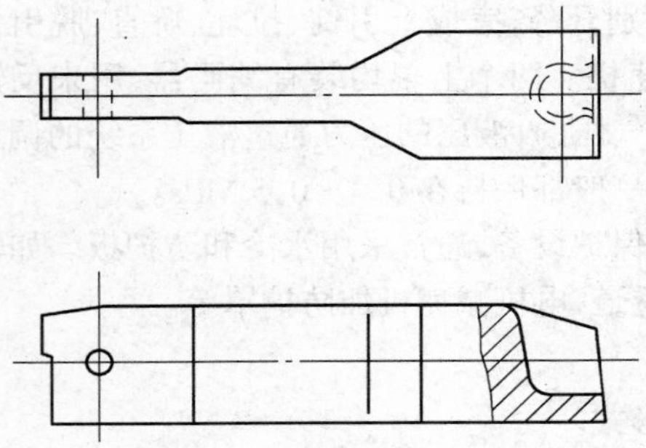

图 1.7-40　槽形引锭头

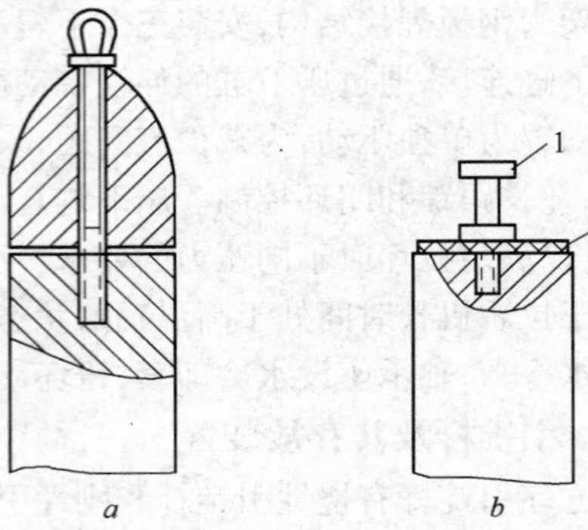


图 1.7-41　螺栓式引锭头
*a*—穿引锭时；*b*—开浇前
1—引锭头；2—石棉板

(2) 吊挂式。用立在辊道之间的专用起吊设备，把引锭杆吊在辊道上方，见图 1.7-42。

(3) 侧存放形式。利用气缸（或液压缸）带动四连杆机构，使引锭杆在存放架上平移（或翻转）离开辊道中心线，存放在辊道侧面。在小方坯连铸机中被广泛采用，见图 1.7-43。

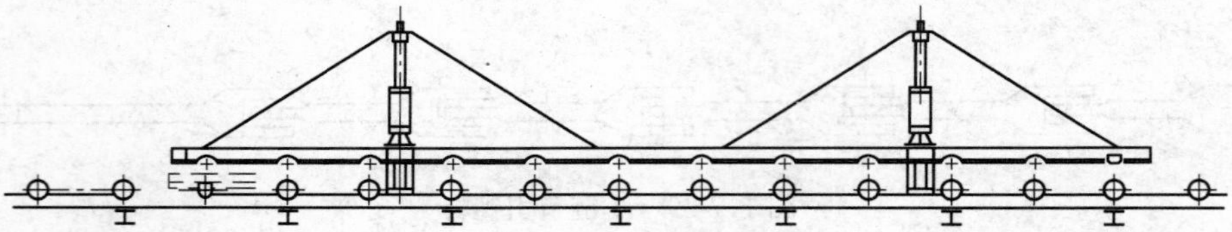

图 1.7-42　吊挂式引锭杆存放装置

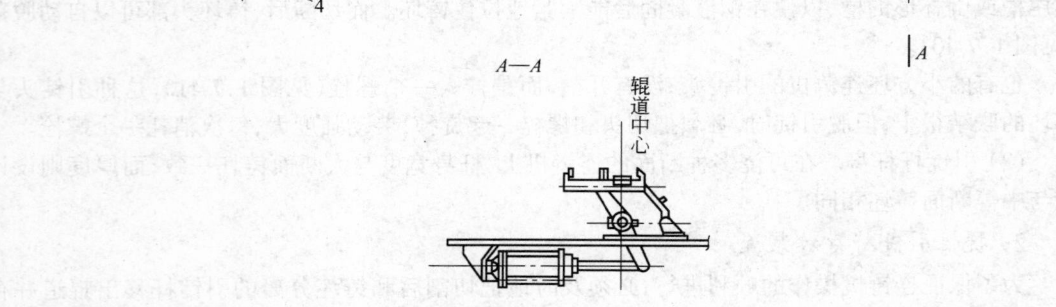

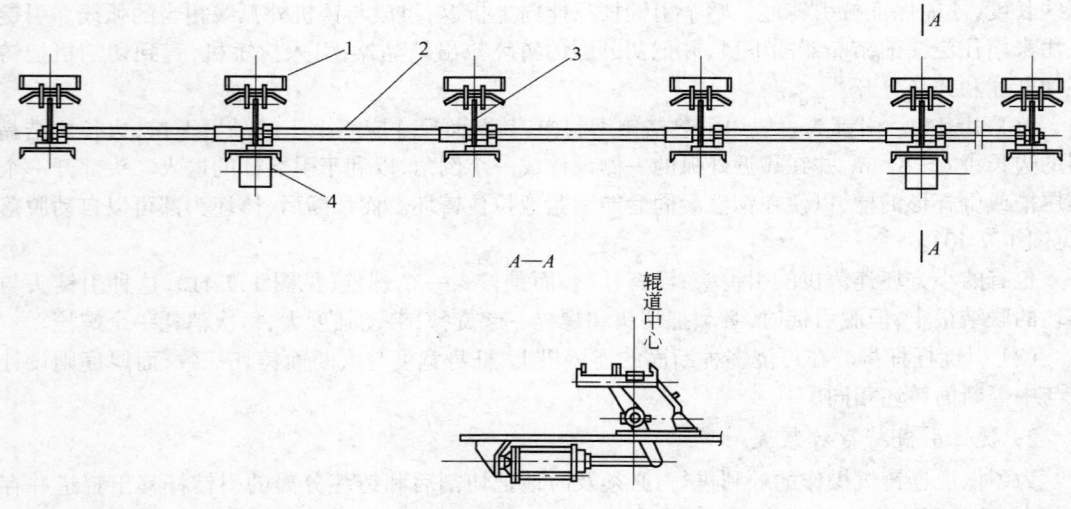


图 1.7-43　平移式引锭杆存放装置
1—存放台架；2—同步轴；3—摆杆；4—气缸

## (二) 刚性引锭杆及其存放装置

### 1. 刚性引锭杆

刚性引锭杆如图 1.7-44 所示。刚性引锭杆为一固接的弧形刚性体，弧形半径与连铸机的基准弧半径相同。目前刚性引锭杆有焊接式和锻造式两种。各分段连接成整体后再精加工成所要求的弧形以保证精度要求。

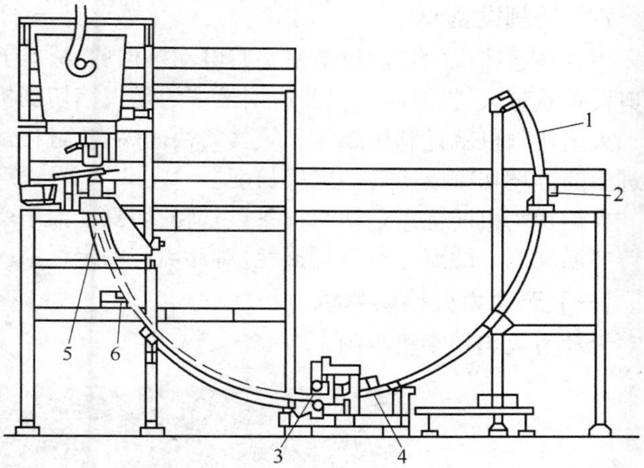


图 1.7-44　刚性引锭杆示意图

1—引锭杆；2—驱动装置；3—拉辊；4—矫直辊；5—二冷区；6—托坯辊

### 2. 刚性引锭杆存放装置

刚性引锭杆的存放装置较复杂，主要有电动齿轮(链轮)形式和气缸(液压缸)形式两种。采用电动齿轮传动的存放装置的刚性引锭杆后半段开槽装有弧形齿条，通过齿轮齿条传动将引锭杆导入存放区。还有一种形式是采用摩擦轮传动，可使刚性引锭杆结构简化，不必安装齿条。

气缸(液压缸)存放装置是通过气缸的活塞头上的挂钩带动引锭杆进入存放架，再通过摆动缸将存放架和引锭杆放平(见图 1.7-45)。这种装置的优点是可以降低引锭杆的存放高度，同时使引锭杆头远离高温区，便于引锭杆头的更换和维护。

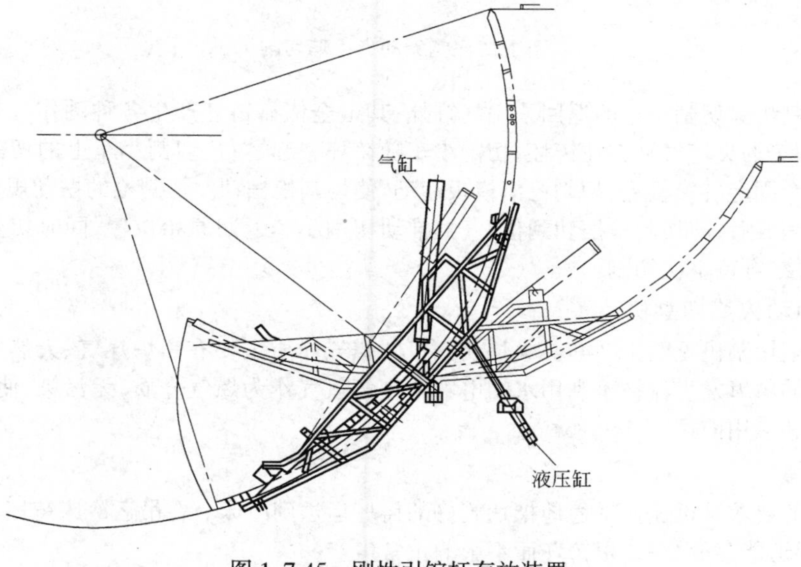


图 1.7-45　刚性引锭杆存放装置

采用刚性引锭杆的优点是拉坯平稳，二冷区设备结构简化。但它也有缺点，主要是刚性引锭杆变形后难以顺利进入结晶器下口；同时对二冷导向装置的安装精度要求高，存放区设备较庞大。目前有的厂家已把刚性引锭杆的一段改为挠性的，或加一装置使引锭头段可摆动，使引锭杆变形后仍能依靠导辊进入结晶器下口。

## 六、切割设备

小方坯连铸机的切割设备主要有电动机械剪、液压剪、火焰切割机等形式。电动机械剪和液压剪设备重量大，投资高。目前应用最多的是火焰切割机。

火焰切割机就是利用燃气和氧气的快速燃烧，融化铸坯，从而将铸坯切断的设备。它用来把前进中的方坯切割成所需的定尺长度。

火焰切割机的优点是切割设备重量轻、切割断面不受限制，切口比较平整，一次投资省、适应的铸坯温度宽。缺点是有金属损耗，对环境有一定污染。

### (一) 无动力火焰切割机

无动力火焰切割机见图 1.7-46。

图 1.7-46　无动力火焰切割机

这种切割机除切割小车的返回采用气缸外，其余全依靠铸坯产生各种动作。当收到定尺信号后，切割小车的夹坯气缸夹住铸坯，切割小车随铸坯一起运行，切割小车上的切割枪靠配重使导轮压在一个固定的模板上，切割枪沿模板运动，使切割枪摆动。切割枪的摆动规律通过模板实现。当切割完成后，即切割枪摆动到位，气缸推动切割小车返回原始位置，同时切割枪也随模板摆动回原始位，等待下次切割。

### (二) 自动火焰切割机

自动火焰切割机见图 1.7-47。火焰切割机的燃气介质主要有焦炉煤气、天然气、乙炔气等。近年来开发的氢氧发生器技术利用水的电解产生氢氧气作为燃气介质，无污染，使用费用低，有很大的发展和应用前途。

## 七、辊道

对辊道的要求是迅速而平稳地把切割好的铸坯运送到冷床。在吊运冷床铸坯和临时处理冷床事故时，辊道能存放 2～3 根铸坯而不影响正常生产。

### (一) 辊道长度

由于辊道由切割前辊道、切割辊道、切割后辊道和输出辊道组成，故其长度也应包括这几部分长度。切割前辊道和切割后辊道，输出辊道长度要考虑拉坯速度、最大定尺、辊道速度、铸坯横移时间等因素，在使用挠性引锭杆的情况下还要考虑到引锭杆侧存放的要求。切割辊道的长度则和切割机的性能及拉坯速度、最大定尺有关。

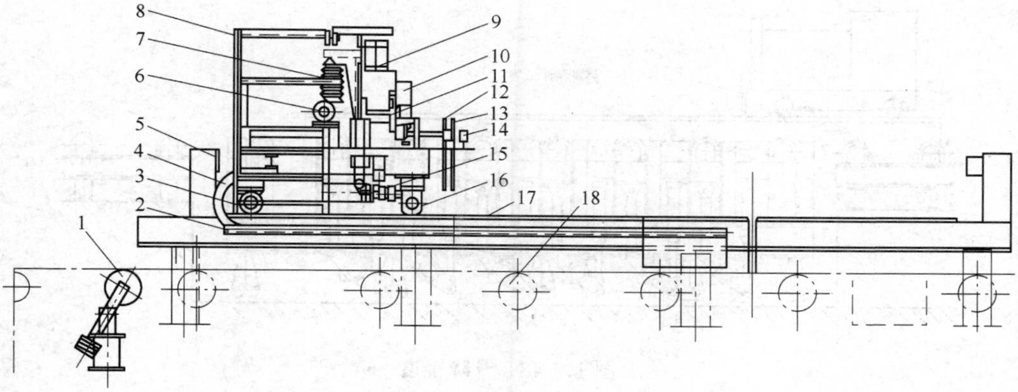


图 1.7-47 自动火焰切割机装配图

1—$MR_2$ 测长辊；2—电缆槽架；3—被动轮；4—电缆；5—挡板；6—电机；7—螺旋千斤顶；8—栏杆；9—压紧杆；10—电机；11—切割机走行横梁；12—副切割枪；13—主切割枪；14—红外线检测器；15—走行驱动电机；16—驱动轮；17—轨道；18—切割辊道

**（二）辊子直径及辊身长度**

辊子直径主要由辊子强度决定，而辊身长度取决于铸坯最大宽度，辊身长度要比铸坯的最大宽度大 50～100 mm。

**（三）辊子间距**

辊子最小间距要保证最短定尺的铸坯在任何位置都能支承在两个辊子上，即辊子间距要小于铸坯最短定尺的一半。

$$L_j \leqslant \frac{L_{min}-100}{2} \tag{1.7-38}$$

式中 $L_j$——辊子间距；

$L_{min}$——铸坯最小定尺长度。

**（四）辊道速度**

辊道速度要大于拉坯速度，一般取 25～30 m/min。

**（五）辊道分组**

在控制上将辊道分为若干组分别控制。切割前辊道为一组，挠性引锭杆铸机的切割前辊道可正反转驱动，以满足拉坯和送引锭的需要。切割后辊道与切割机连锁，切割完成后快速将铸坯送出。单独为一个控制组。根据需要输出辊道可以按定尺长度要求，分为若干个控制组，以满足后部设备配合周期的要求。

在采用火焰切割铸坯时，切割辊道起着支承高温铸坯的作用，为防止切坯时损坏辊道，可以采用加大辊距的办法，但受到最小定尺长度的限制，故还有升降辊道（见图 1.7-48）或移动辊道（见图 1.7-49）。升降辊道每个辊子都具有独立的升降装置，当割枪距辊子 100 mm 时，通过行程开关使辊子自动下降，下降的位置相当于两倍铸坯厚度的距离，并喷水冷却，防止粘渣；割枪通过后，辊子自动回升到原位。切割辊道速度一般为 13～25 m/min。

当割枪距辊子 100 mm 时，移动辊道通过行程开关使辊子向前窜动一个距离让辊子躲开割枪。

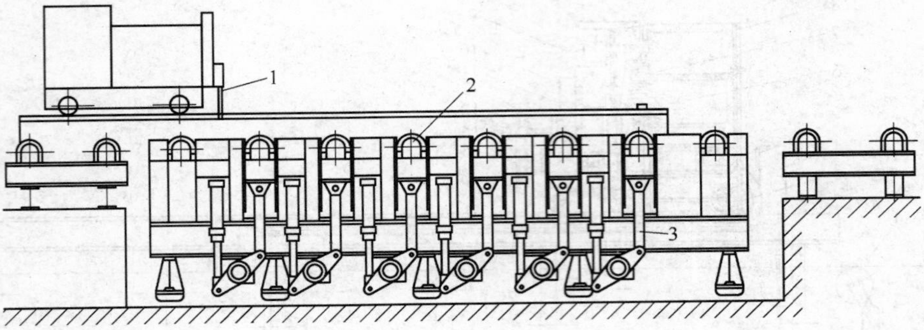


图 1.7-48　升降辊道
1—切割小车；2—升降辊道

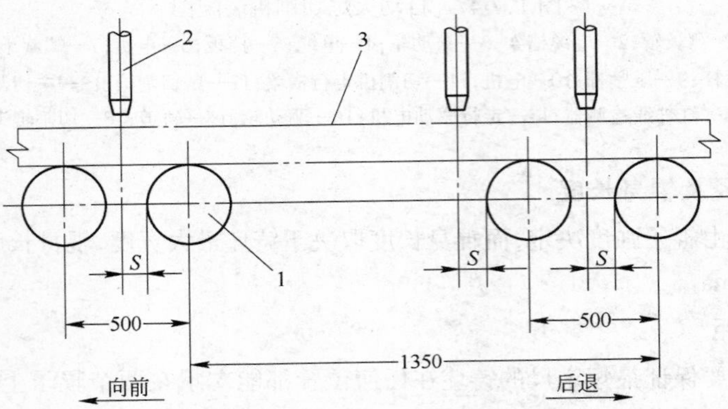


图 1.7-49　移动辊道
1—移动辊；2—割枪；3—铸坯

## 八、挡板

挡板装在辊道末端，对运行中的铸坯起缓冲及停止作用。挡板可分为固定挡板和活动挡板。如果挡板后面没有其他设备时，可用固定挡板（见图 1.7-50）；如果挡板后面还有引锭杆存放辊道时，则采用升降挡板（图 1.7-51）。

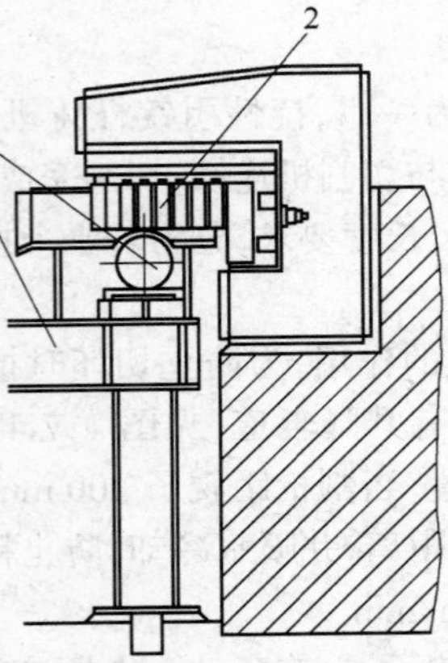


图 1.7-50　固定挡板
1—平辊及支架；2—固定挡板

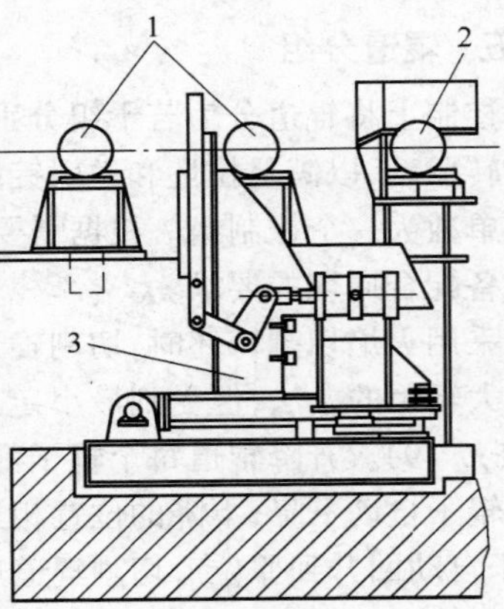


图 1.7-51　升降挡板
1—盘形辊道；2—平辊道；3—升降挡板

## 九、拉钢机或推钢机

拉钢机或推钢机的主要作用是横向移动铸坯,见图 1.7-52。

## 十、冷床

在多数情况下铸坯是在冷床上移动空冷或喷水冷却。有的不设冷床,将铸坯直接送精整跨堆放冷却。对于有些钢种如高合金钢和硅钢等,连铸坯则需要进行适当方式的缓冷。

冷床是收集和冷却铸坯的平台。当冷床上存放一定数量的铸坯,并冷却到一定的温度时,可用吊具把铸坯吊到堆存处。现在常见的冷床有翻钢冷床和滑轨冷床两种。

### (一) 翻钢冷床

翻钢冷床(图 1.7-53)对钢坯的冷却均匀,冷却速度快。由于是连续翻转,有利于保持铸坯的平直度。另外,可以多流共用一个冷床。在生产长定尺铸坯时,采用这种冷床较好。

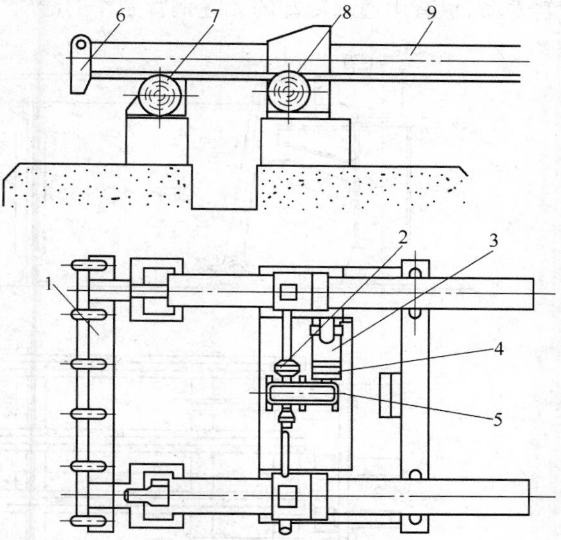


图 1.7-52　推钢机

1—推头体;2—联轴器;3—电动机;4—底座;5—减速机;6—推钩;7—拖轮;8—齿轮;9—齿条

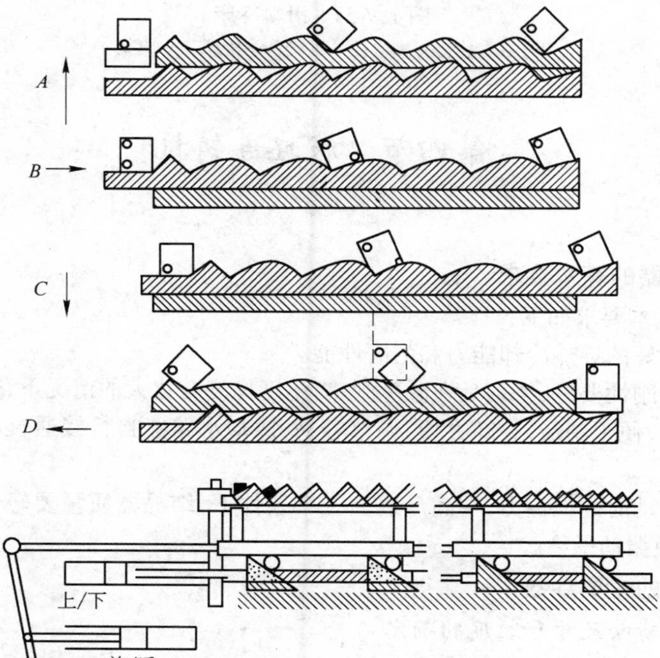


图 1.7-53　翻转式步进冷床

### (二) 滑轨冷床

滑轨冷床(见图 1.7-54)由立柱、纵梁和滑轨组成。滑轨可以用钢轨或方钢制作。为了提高滑轨寿命,也有用通水冷却的无缝钢管制作的滑轨冷床。

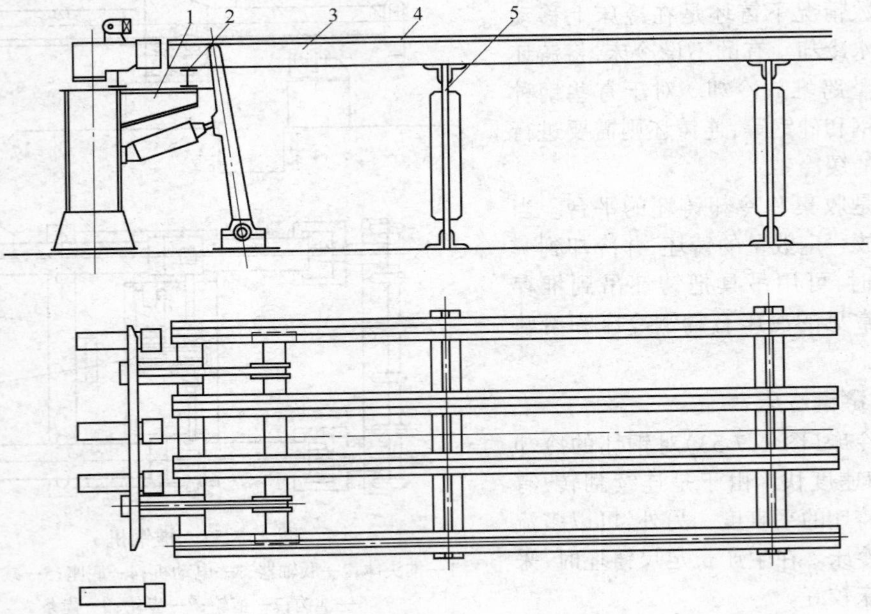


图 1.7-54 滑轨冷床

1—支柱;2—横梁;3—纵梁;4—滑轨;5—支架

## 第四节 板坯连铸机

### 一、结晶器

#### (一) 对结晶器的基本要求

对结晶器的基本要求如下:

(1) 应具有良好的导热冷却能力和耐磨性能。

(2) 结晶器的刚性要好,特别是在激冷激热,温度梯度变化大的情况下,变形要小。

(3) 结构紧凑,便于制造,装卸方便,调整容易,冷却水路能自行接通,以满足快速更换的要求。

(4) 为减少振动时的惯性力,在满足以上三个条件下,结晶器质量要轻,以减少振动装置的驱动电机功率并使振动平稳。

#### (二) 结晶器的主要参数

1. 结晶器的断面尺寸和长度的确定

结晶器的断面尺寸是根据铸坯在冷态下的公称尺寸并考虑钢液的凝固和温降引起的收缩确定的。

(1) 结晶器宽边:

$$B_{上}=[1+(1.5\%\sim2.5\%)]B_0 \tag{1.7-39}$$

$$B_{下}=[1+(1.5\%\sim2.5\%)-\varepsilon_{宽}\%]B_0 \tag{1.7-40}$$

式中　$B_{上}$——结晶器上口宽度，mm；

$B_{下}$——结晶器下口宽度，mm；

$B_0$——铸坯公称宽度，mm；

$\varepsilon_{宽}$——结晶器宽面锥度，%。

(2) 结晶器窄边：

$$D_{上}=(1+1.5\%)D_0+2 \tag{1.7-41}$$

$$D_{下}=(1+1.5\%-\varepsilon_{窄}\%)D_0+2 \tag{1.7-42}$$

式中　$D_{上}$——结晶器上口厚度，mm；

$D_{下}$——结晶器下口厚度，mm；

$D_0$——铸坯公称厚度，mm；

$\varepsilon_{窄}$——结晶器窄面锥度，%。

(3) 结晶器长度：

结晶器的长度，主要取决于浇注速度，铸坯拉出结晶器的最小坯壳厚度和结晶器的冷却强度等。通常，低速连铸机采用较短的结晶器，而高速连铸机的结晶长度目前常用的是900 mm或950 mm。理论计算表明，结晶器热量的50%是从上部导出的，结晶器下部只起到支持作用；结晶器太长，会增加拉坯阻力，加剧铜板的磨损。结晶器的长度可按下式粗略计算：

$$l=\left(\frac{\delta}{K_s}\right)^2V_c \tag{1.7-43}$$

式中　$l$——结晶器长度，mm；

$\delta$——铸坯出结晶器口的坯壳厚度，mm，$\delta\geqslant15$ mm；

$K_s$——结晶器凝固系数，一般为20～23 mm/min$^{\frac{1}{2}}$；

$V_c$——铸造速度，mm/min。

按上式算出的值再加上钢液面到结晶器顶部的距离，就是结晶器实际长度$L_m$。

$$L_m=l+(80\sim120) \tag{1.7-44}$$

2. 结晶器铜板厚度的确定

结晶器铜板厚度的确定，与铜板的化学成分、机械性能（特别是抗机械应力和热应力的能力）、结晶器的结构形式、冷却水量的大小和分布、铜板的维修次数、电镀层的性能及浇铸操作等因素有关。因此，不能仅按热应力的大小去计算。

$$H_m=h_m+\Delta_m+\delta_m \tag{1.7-45}$$

式中　$h_m$——铜板冷却水槽深度，mm，由冷却水量和水速来确定；

$\Delta_m$——铜板加工余量，mm；

$\delta_m$——最小铜板厚度，mm。

目前，常用的$H_m=45\sim50$ mm，随着新镀层材料的开发，如镀Ni-Fe或Ni-W-Fe，则$H_m$可以减少到33～40 mm。

3. 结晶器冷却水量的确定

冷却水量与拉坯速度、铸坯出结晶器口时的最小坯壳厚度、铸坯断面积、结晶器的结构、进水温度和进出水温差等有关。因此，首先要算出在允许的拉坯速度下，铸坯出结晶器时坯壳为最小厚度时，由冷却水带走多少热量，然后据此算出所需的冷却水量。实际上，常使用经验的计算法，如：

$$Q = 2(B + D)C_k \tag{1.7-46}$$

式中　$Q$——结晶器的耗水量，L/min；

$C_k$——冷却强度，可取 $C_k = 2\text{L/min·mm}$；

$B$——铸坯宽度，mm；

$D$——铸坯厚度，mm。

**（三）结晶器的组成与结构**

1．结晶器的组成

一个完整的结晶器由内、外弧铜板及冷却箱、窄边铜板及压板、支撑框架、调整装置、窄边夹紧和厚边调整装置、宽边足辊和窄边足辊、结晶器冷却水装置、结晶器盖、润滑部分组成。

2．结晶器结构

板坯连铸机结晶器为组合式结晶器(见图 1.7-55)。组合式结晶器的内腔由四块铜板组成，两块宽面铜板和两块窄面铜板。在铜板背面刨槽，并与一块钢板用许多螺栓连接在一起，冷却水以一定的压力和流速在槽中通过，带走钢水的热量，从而形成坯壳。在浇注时，从结晶器拉出的铸坯坯壳很薄，内部还是液芯，为了更好地支撑薄的坯壳和减少由钢水静压力形成的鼓肚变形，在结晶器下端布置有 2～3 对足辊，足辊和结晶器一起振动。

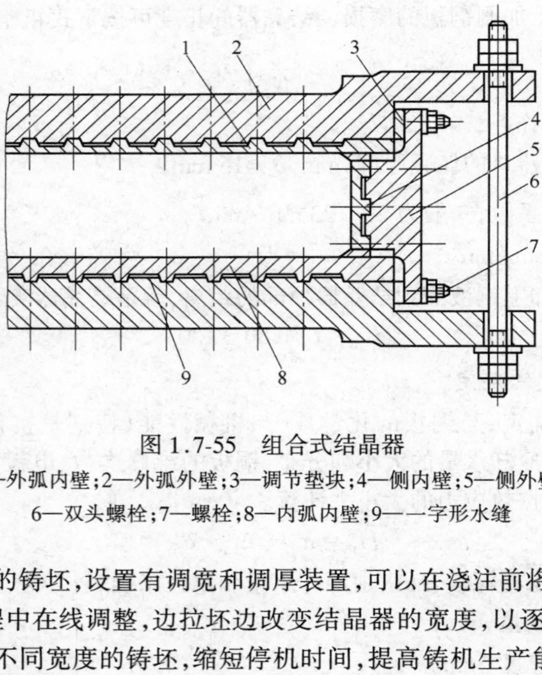


图 1.7-55　组合式结晶器

1—外弧内壁；2—外弧外壁；3—调节垫块；4—侧内壁；5—侧外壁；6—双头螺栓；7—螺栓；8—内弧内壁；9—一字形水缝

为了适应不同尺寸的铸坯，设置有调宽和调厚装置，可以在浇注前将结晶器调整到所要求的宽度，也可以在浇注过程中在线调整，边拉坯边改变结晶器的宽度，以逐渐改变铸坯的宽度。在线调宽技术能连续浇出不同宽度的铸坯，缩短停机时间，提高铸机生产能力，同时还可以减少铸坯切头切尾的损耗，提高收得率。

3．宽边铜板和冷却箱

铜板是钢水凝固期间进行热交换并使之成型的关键零件。因此，对铜板的材质要求较高。现在普遍采用铜合金板制作，如铜银合金、铜－铬－锆－砷合金、铜－镁－锆合金等。

为了更有效地提高铜板的使用寿命，不少厂家采用了在铜板表面镀层的方法。一种是镀镍；另一种是镀三层的复合电镀法，铜板表面镀镍，第二层为镍系合金(如 Ni-P 合金层)，第三层为镀铬层。据资料介绍复合镀层的寿命比单独镀镍的寿命提高 5～7 倍,比单独镀铬寿命提高 10 倍。结晶器镀层材质不同,其寿命和费用也大不一样。在低速铸造时,单独镀镍、复合镀层和 Ni-Fe 镀层三种材质的结晶器寿命相差不大。在中速铸造时,Ni-Fe 镀层比复合镀层寿命长 1.7 倍。若以每吨钢所支付的铜板费用来比较,中速铸造时,Ni-Fe 镀层的结晶器比复合镀层结晶器费用低 43%,因此 Ni-Fe 镀层在中、低速连铸机中得到广泛的采用。据国外资料报道,以前结晶器采用 Ni-Gr 镀层,在结晶器下部,由于与凝固熔渣之间的摩擦,通常寿命只有 300～400 炉次。当结晶器下部采用 Ni-W-Fe 镀层后,寿命提高了 3～4 倍。因此,高速铸造(1.4～2 m/min)时,在结晶器下部(特别是窄面),可用 Ni-W-Fe 镀层取代复合镀层。

内、外弧冷却水箱的作用是承受连铸时作用在铜板上的力,并使铜板水槽封口形成循环冷却水通道,以便将钢水传给铜板的热量带走,保证铜板与钢液面接触处的最高温度不超过铜板的再结晶温度。铜板与冷却水箱是通过螺纹连接的,为了保护铜板上的螺纹孔,在螺栓与铜板连接时,加了用不锈钢制成的螺纹套,有利于多次装拆。在板坯连铸机上,冷却水箱采用的是钢板焊接结构,要求强度和刚度好,焊接和加工质量高,以保证所规定的铸坯尺寸和结晶器的使用寿命,见图 1.7-56。

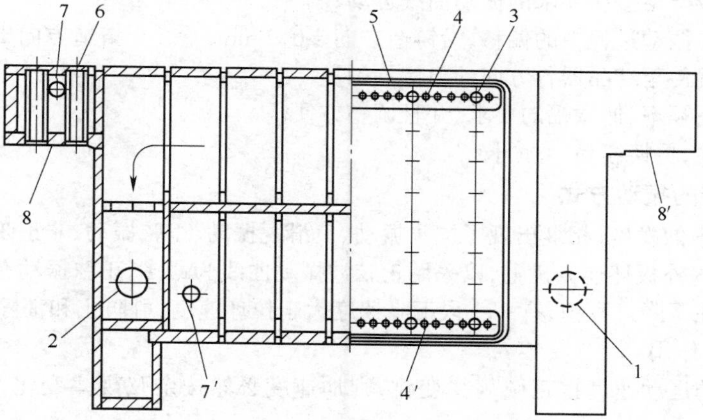


图 1.7-56　外弧侧冷却水箱结构示意图

1—冷却水进口;2—冷却水出口;3—连接铜板的螺栓孔;4、4′—分别为进、出铜板的冷却水孔;5—外弧侧与铜板连接时的密封槽;6—安装滑板的螺栓孔;7、7′—外弧侧与支撑框架固定的螺栓孔;8、8′—自由侧与固定侧安装滑板的基准面

4. 宽边足辊和窄边足辊

铸坯从结晶器中拉出来时,坯壳很薄,易出现鼓肚,并产生裂纹。为此,在结晶器下端要对铸坯给予良好的支撑。有采用格栅的,有用足辊的,也有用格栅和足辊并用的。格栅能较好的防止铸坯鼓肚,但铸坯与格栅之间是滑动摩擦,阻力较大,格栅磨损快,磨损后在线调整不方便。足辊以小辊径密排辊的形式布置,宽边足辊一般布置两对,窄边有两对的也有三对的。主要与浇注速度和足辊结构有关。

## 二、结晶器振动装置

### (一) 结晶器振动结构形式

板坯连铸机的结晶器振动形式多种多样,常用的有六种形式(见表 1.7-3)。

**表 1.7-3　六种结晶器振动形式性能比较**

| 形　式 | 四偏心轮式 | 连杆式 | 短臂连杆式 | 悬挂振动台四偏心轮振动式 | 摆开振动式 | 四杠杆振动式 |
|---|---|---|---|---|---|---|
| 构　造 | 零件多 | 大　型 | 简　单 | 零件较多 | 较大型 | 零件多 |
| 运动精度 | 良　好 | 良　好 | 良　好 | 良　好 | 近似直线 | 一　般 |
| 振动数 | 中高频率 | 中频率 | 中高频率 | 中高频率 | 中高频率 | 中频率 |
| 运动方式 | 回　转 | 摆　动 | 摆　动 | 回　转 | 摆　动 | 摆　动 |
| 支持方式 | 4 点支持 | 2 点支持 | 2 点支持 | 4 点支持 | 2 点支持 | 4 点支持 |
| 振幅调整 | 线　外 | 线　外 | 线　内 | 线　外 | 线　内 | 线　内 |
| 运动机型 | 弧形、立弯型 | 立弯型 | 弧形、立弯型 | 弧形、立弯型 | 立弯型 | 弧形、立弯型 |

## (二) 对板坯连铸机结晶器振动装置的要求

对板坯连铸机结晶器振动装置的要求如下：

(1) 振动台应严格按所要求的振动曲线运动；

(2) 振动台在振动过程中的偏移，沿铸造方向 ±0.2 mm，垂直于铸造方向 ±0.15 mm；

(3) 振动装置传至结晶器各方向的力应均匀；

(4) 能满足高频率、低振幅的要求，并且调整方便；

(5) 装拆方便，更换容易，寿命长。

## (三) 结晶器的振动方式

随着连铸技术的发展，相继出现了同步振动、负滑脱振动、正弦振动、非正弦振动等多种振动方式。但目前国内外板坯连铸机上，以采用正弦波振动曲线为最多，正弦振动有如下优点：

(1) 结晶器在下降过程中，有一小段下降速度大于拉坯速度，可防止和消除坯壳与结晶器壁的粘接，具有脱模作用。

(2) 结晶器的运动速度按正弦规律变化，则加速度必然按余弦规律变化，所有过渡比较平稳，冲击也小。

(3) 由于加速度较小，有可能提高振动频率，采用高频率小振幅振动有利于消除粘接，提高脱模作用，减少铸坯上振痕的深度。

(4) 正弦振动可采用偏心轮形式，制造较容易。

(5) 可采用交流电机驱动，简化电控装置。

近年来，液压驱动振动机构得到越来越多的应用，它可实现各种要求的振动波形，如非正弦振动，而且调整方便，工作稳定。

## (四) 振动装置主要参数的确定

在结晶器按正弦波形振动中，结晶器的运动速度按下式变化：

$$V = V_m \sin\omega t \tag{1.7-47}$$

式中　$V_m$——结晶器最大振动速度，m/min；

$$V_m = \frac{\omega S_m}{2\times 1000} = \frac{\pi f S_m}{1000}$$

$f$——振动频率，$min^{-1}$；

$S_m$——结晶器振动行程，mm；

$\omega$——角速度，rad/s；

$t$——时间，s。

当结晶器向下运动的速度与拉坯速度相等时，从 $A$ 点开始进入负滑脱区，到 $B$ 点结束，如图 1.7-57 所示。图中的斜线部分为负滑脱区，从 $A$ 点到 $B$ 点所经过的时间为负滑脱时间 $\Delta t$。

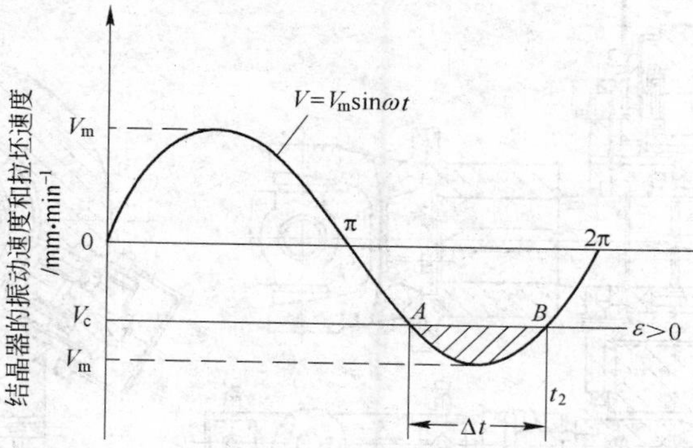


图 1.7-57　结晶器振动速度和拉坯速度的关系

当 $\frac{V_c}{\pi f S_m} \leqslant 1$ 时：

$$\Delta t = \frac{60}{\pi f}\cos^{-1}\left(\frac{V_c}{\pi f S_m}\right) \tag{1.7-48}$$

负滑脱率为：

$$\varepsilon_s = \frac{\Delta t}{T} = \frac{2}{\pi}\cos^{-1}\left(\frac{V_c}{\pi f S_m}\right) \times 100\% \tag{1.7-49}$$

负滑脱为：

$$\varepsilon = \frac{V_p^2 - V_c}{V_c} \times 100\% = \frac{2 f S_m - V_c}{V_c} \times 100\% \tag{1.7-50}$$

式中　$V_p$——结晶器振动平均速度，$V_p = 2fS_m$；

$V_c$——拉坯速度，m/min；

$T$——振动一次的周期，s。

在浇铸过程中，为保证具有一定的负滑脱，须不断改变振动机构的振动频率，以适应拉坯速度调整的需要。广泛采用控制负滑脱量，调整振动频率与拉坯速度的关系，振动频率为：

$$f = \frac{1000(1+\varepsilon)}{2S_m} \times V_c \tag{1.7-51}$$

当结晶器振动的平均速度 $V_p = 1.4V_c$ 时，有：

$$f = \frac{1400}{2S_m} \times V_c \tag{1.7-52}$$

## （五）振动装置的组成和结构

### 1．振动装置的组成

振动装置由振动台传动装置、轴离合装置、管离合装置、快速更换台移动及搬出装置、振动发生装置、振动台导向装置、振动台等组成。

在振动装置中，振动发生装置、振动台和振动台导向装置在快速更换台内。其目的是为了不受操作平台及中间包轨道梁的影响，同时不至于受到漏钢等浇铸事故的损害和高温的直接影响。为保证振动台按设定的曲线运动，振动台导向装置设置在快速更换台上。

### 2．振动装置结构

(1) 振动台传动装置。传动装置由直流电动机、减速机、齿轮联轴器及万向接轴构成。万向接轴和轴离合装置相连。

(2) 轴离合装置。为了在振动装置和快速更换台每次更换时，驱动装置不随之一起更换，设置了轴离合装置(见图 1.7-58)。

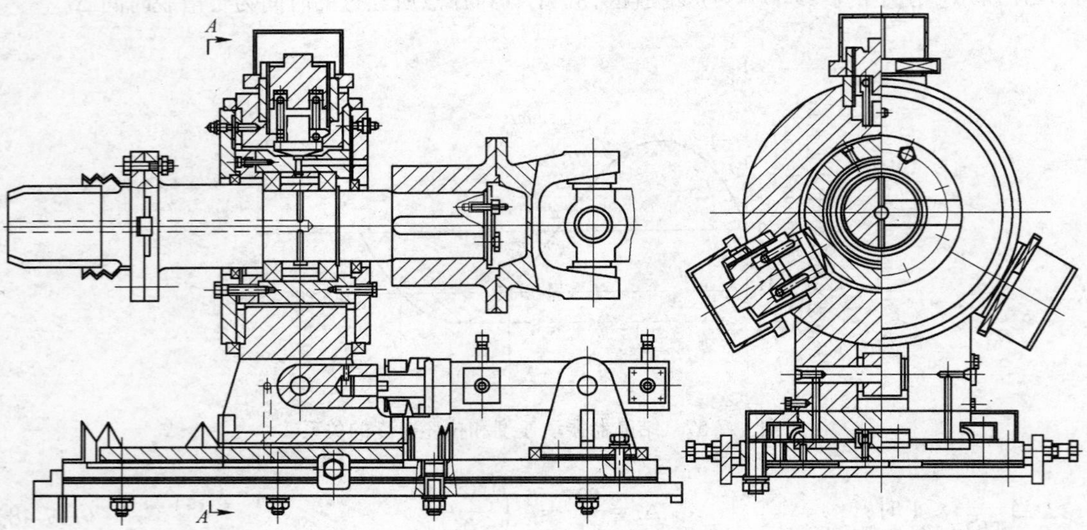


图 1.7-58 轴离合装置示意图

(3) 管离合装置。为了在振动装置和快速更换台每次更换时，与之连接的水管通过油缸与快速更换台脱离或接通，而不需人工专门拆卸(见图 1.7-59)。

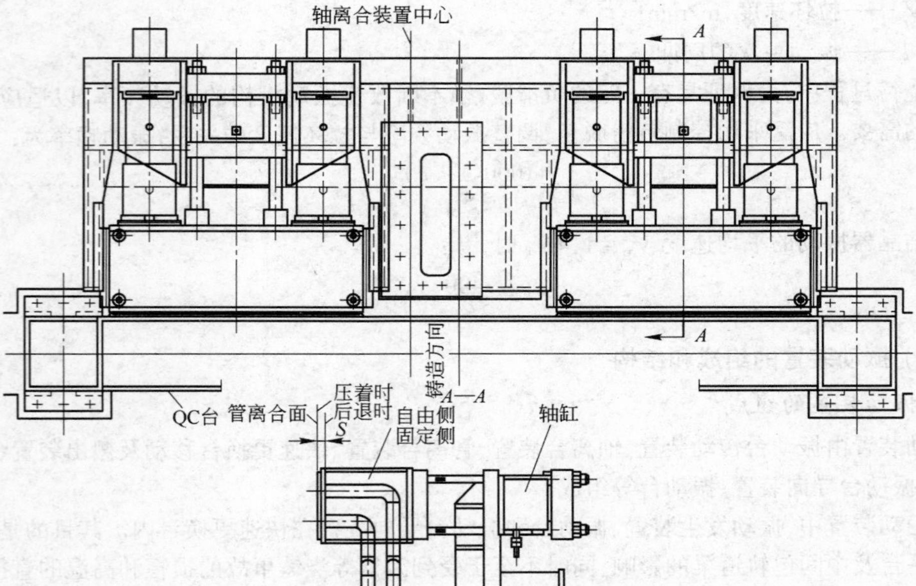


图 1.7-59 管离合装置图

## 三、结晶器快速更换台

结晶器快速更换台如图1.7-60所示。

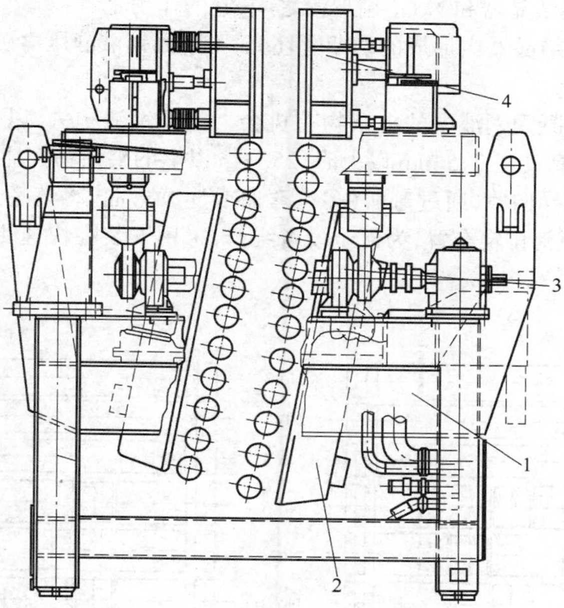


图1.7-60　结晶器快速更换台

1—框架；2—零段；3—四偏心振动机构；4—结晶器

结晶器、结晶器振动台、二次冷却区零段、振动发生装置、振动台导向装置五部分设备安装在一个台架上，这个台架称为结晶器快速更换台。设备检修时，可将其上的那五部分设备整体吊出平台更换，在维修区可将这部分设备整体预装调整，保证结晶器、二次冷却区零段的对弧精度，同时大大节省了在线调整时间，实现了离线检修，可大大提高铸机的生产率。

## 四、铸坯诱导装置

板坯的宽度和断面较大，极易产生鼓肚变形，因此自结晶器以下至切割机前的整个区域，均需予以支撑和导向。此装置的主要作用是：

(1) 对铸坯进行直接冷却，使之在铸坯离开诱导装置前完全凝固；

(2) 对铸坯和引锭杆起引导和支承作用；

(3) 对铸坯进行弯曲和矫直；

(4) 对铸坯进行轻压下和电磁搅拌，以提高铸坯的表面和内部质量。

因此，铸坯诱导装置是连铸机的一个重要组成部分。对铸坯诱导装置的要求是：

(1) 为提高拉速，减少由于钢液静压力造成的铸坯“鼓肚”变形和产生裂纹，应采用密辊布置，必要时可采用小辊距的分段辊布置形式。

(2) 由于一台板坯连铸机一般要生产多规格、多品种的铸坯，因此，要求诱导装置调节方便，更换容易，更换件少，并能实现远距离自动调节和控制。

(3) 铸坯诱导装置长期处于高温和水、湿气的恶劣环境下工作，因此要求有足够的强度和刚度，密封性要好，使用寿命长。

(4) 具有在异常负荷下仍能工作而不至于破坏设备的特点。

(5) 为缩短事故处理(特别是漏钢)时间，除了二次冷却区零段和No.1扇形段外，对整个铸坯诱导装置,在结构设计上都须考虑到安装对弧找正容易,更换检修方便。

**(一) 支撑导向段**(又称“零段”)

支撑导向段配置在结晶器和 No.1 扇形段之间,它的作用是:

(1) 支承并引导在结晶器内形成的初期薄坯壳,不致因钢液静压力引起“鼓肚”变形,造成漏钢事故。

(2) 使铸坯内部未凝固钢液中的夹杂物有机会上浮到钢渣中去,以提高铸坯质量。据有关资料介绍,当垂直段总高度在 2.5 mm 以上时,250 μm 以上的夹杂物都能大量上浮。

(3) 铸坯通过支撑导向段,通过弯曲(多点弯曲或连续弯曲)将铸坯过渡到圆弧部分。支撑导向段一般采用小辊距密排辊布置,为便于设备维修,采用安装在快速更换台内离线维修,见图 1.7-61。

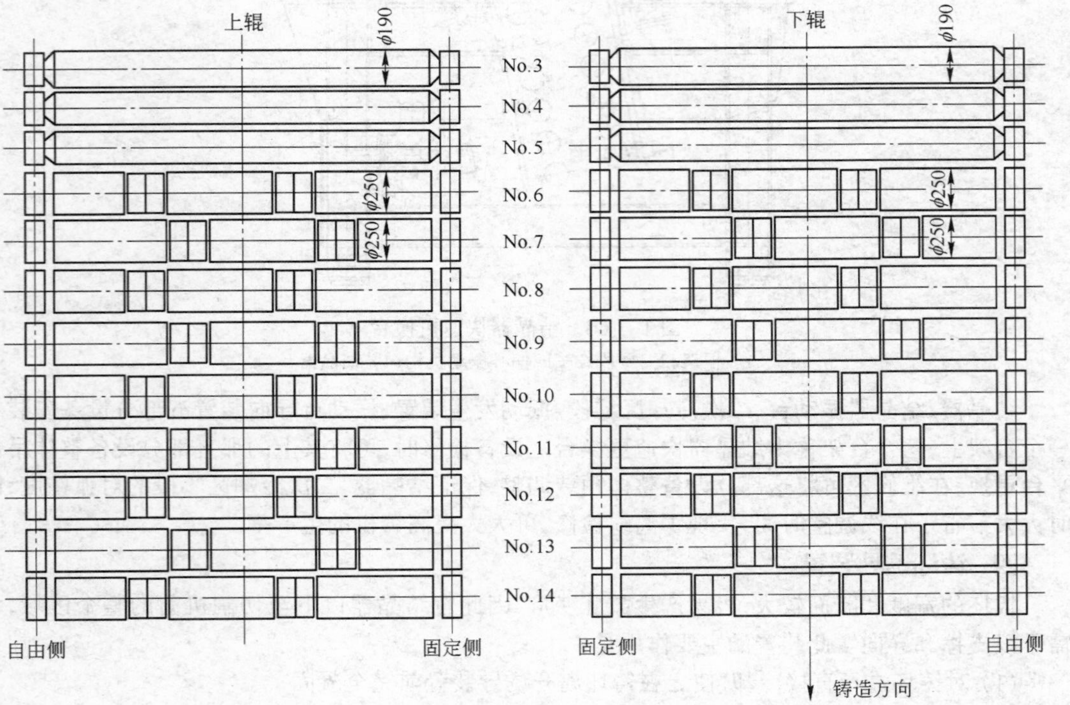


图 1.7-61 支撑导向段辊子布置图

**(二) 导辊扇形段**

从支撑导向段之后到整个诱导装置终端为止的整个装置为导辊扇形段。它的作用是:

(1) 引导从支撑导向段拉出的铸坯,继续进行喷水冷却,直到铸坯完全凝固为止;

(2) 对铸坯进行拉坯和矫直;

(3) 引导和夹送引锭杆;

(4) 为提高铸坯质量,在有的连铸机上实行了轻压下(静态或动态)并装有电磁搅拌装置。

板坯连铸机扇形段结构主要有液压式和机械式两种。图 1.7-62 为采用液压夹紧和升降的一种扇形段。液压夹紧结构的优点是:

(1) 重量较轻,吊车负载小;

(2) 夹紧缸配有安全阀,过载时起保护作用;

(3) 可在全负载下打开扇形段；

(4) 铸坯鼓肚时，辊子不会产生过载现象。

这种结构的缺点是：

(1) 垫片组或调整装置为标准部件，不适用于对特殊板坯厚度的调整；

(2) 须人工改变板坯厚度，导辊磨损后，不能通过调节辊缝来补偿；

(3) 板坯连铸机周围要安装大量的液压管线和设备。

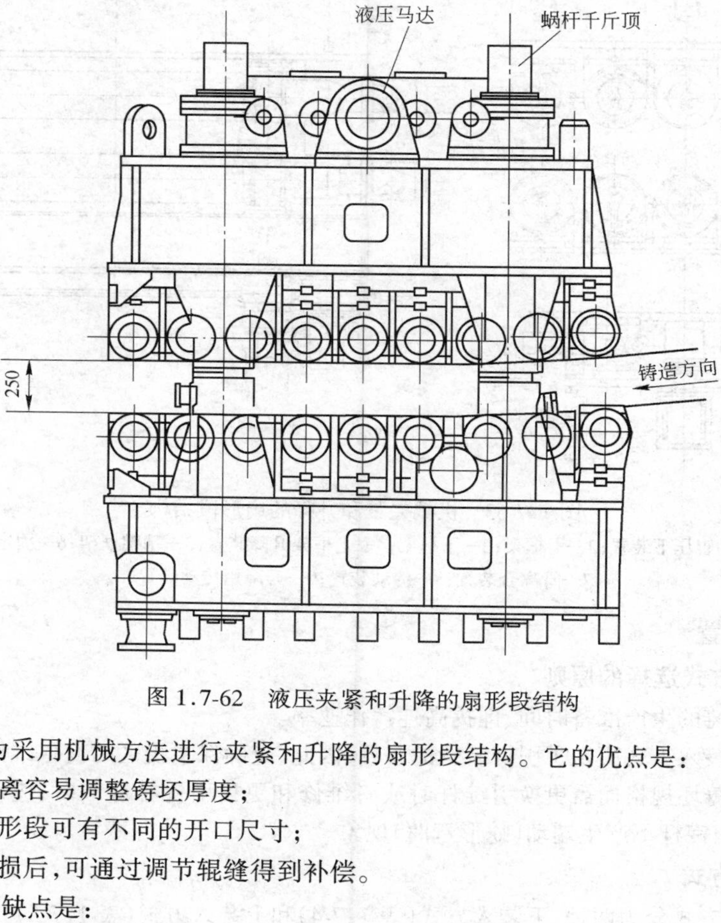


图 1.7-62　液压夹紧和升降的扇形段结构

图 1.7-63 为采用机械方法进行夹紧和升降的扇形段结构。它的优点是：

(1) 可远距离容易调整铸坯厚度；

(2) 每个扇形段可有不同的开口尺寸；

(3) 导辊磨损后，可通过调节辊缝得到补偿。

这种结构的缺点是：

(1) 扇形段比较重，吊车负载大；

(2) 结构复杂，维修要求严；

(3) 扇形段不能带负载打开，只能拉坯。

每个扇形段由辊子及其轴承支座、上、下框架，辊子压下、辊间距调整装置、弹簧缓冲装置等组成。各扇形段辊子根据工艺需要又分为驱动辊和非驱动辊。辊子端头安装旋转接头内部通水冷却。上、下框架均为钢板焊接结构，分别安装着内弧侧和外弧侧的辊子和轴承座，此外，在上、下框架上还安装着各种冷却水配管、给油脂配管、压下装置、辊间隔调整装置等。扇形段下框架通过销子及斜楔固定在基础框架或支撑框架上。辊间隔调整装置是将上下辊子的间距通过升降上框架而调整到规定的开口度的装置。有电动和液压两种形式。

压下装置是使上驱动辊升降的装置。其作用是在开浇前，前几个扇形段的驱动辊压下压住引锭杆，防止引锭杆滑落；在开浇时，驱动辊压下拉出引锭杆，正常浇注时，驱动辊只施加适当的压力，以与鼓肚力相平衡地将驱动力传递给铸坯。

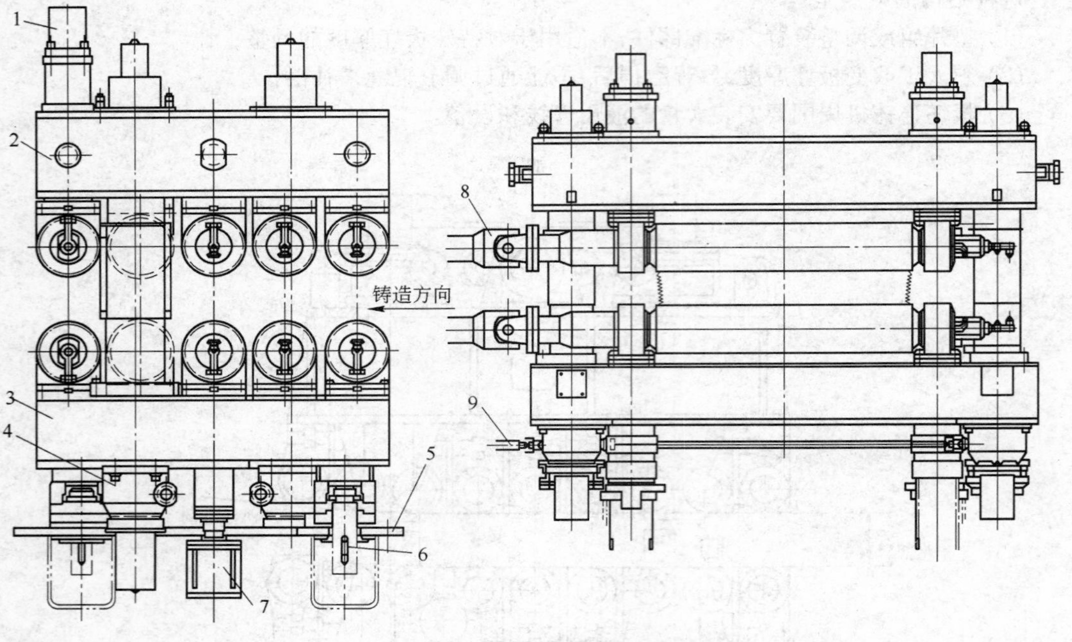


图 1.7-63　机械夹紧和升降的扇形段结构

1—驱动辊压下装置；2—上框架；3—下框架；4—上框架升降装置；5—基础框架；6—固定斜楔；7—管离合装置；8—传动装置；9—升降用传动装置

## 五、引锭装置

### （一）引锭方式选择的原则

（1）减少连铸的生产准备时间，即提高连铸作业率。

（2）引锭杆装入方式决定了引锭装置的布置，因此，应确保主机区的设备维修或更换方便。

（3）当改变铸坯规格而需更换引锭杆时或者维修和更换引锭杆链节时，应确保在良好的环境中进行作业；引锭杆不产生蠕动（蛇形弯曲）现象。

### （二）引锭方式

引锭杆装入方式分为两种：下装入方式（表 1.7-4）和上装入方式（表 1.7-5）。

**表 1.7-4　下装入方式**

| 形 式 | 机构型式 | 结 构 简 介 | 结 构 简 图 |
|---|---|---|---|
| 侧入式 | 台车存放式 | 引锭杆收容于平面台车，台车被移动到铸机侧面，以备下次装入 | 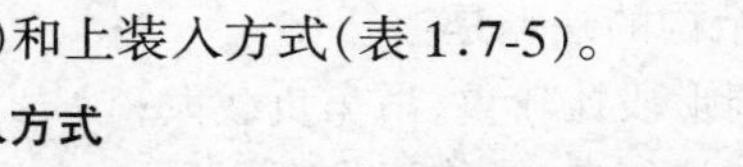 |
| | 摆动式 | 引锭杆收容于存放架后，靠支架摆动移向铸机侧面，以备下次装入 | 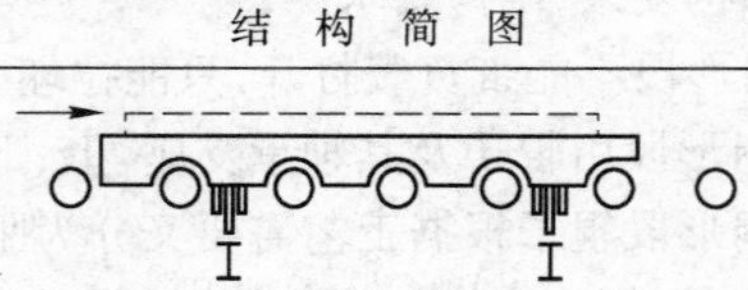 |

续表 1.7-4

| 形 式 | 机构型式 | 结 构 简 介 | 结 构 简 图 |
|---|---|---|---|
| 固定式 | 斜桥存放式 | 引锭杆通过升降斜桥被拉入到固定斜桥辊道上后，抬起升降斜桥，存放于铸机辊道上方，以备下次装入 | 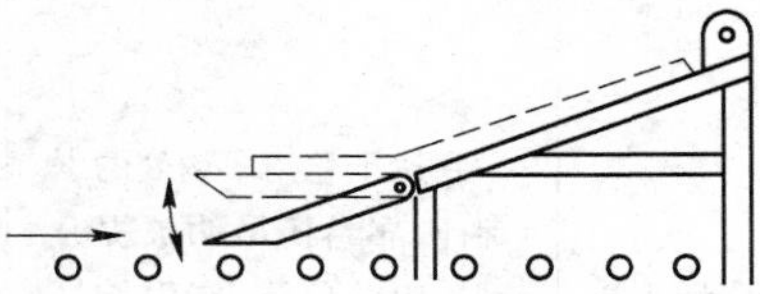 |
| | 斜桥卷取式 | 引锭杆通过升降斜桥辊道被拉入圆弧导向架之后，抬起升降斜桥，存放于铸机上方，以备再次装入 | 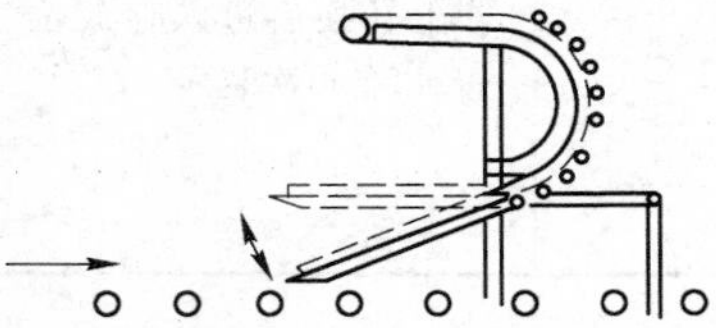 |
| 卷取式 | 转筒式 | 引锭杆通过转筒斜面被拉入旋转筒上存放，转筒装于台车上，台车在铸机侧面移动，以备再次装入 | 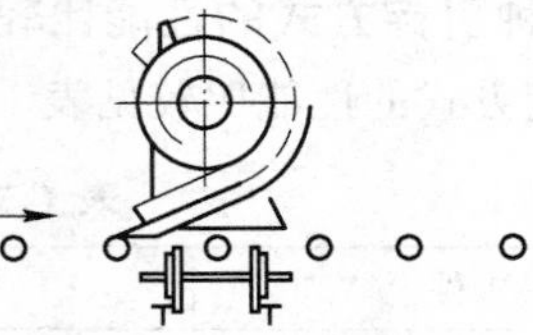 |

**表 1.7-5　上装入方式**

| 形 式 | 机构型式 | 结 构 简 介 | 结 构 简 图 |
|---|---|---|---|
| 卷取导向式 | 引锭杆卷取桁架式 | 引锭杆卷取存放桁架上后，靠倾斜移动放置在引锭杆车上来存放，以备再次装入 | 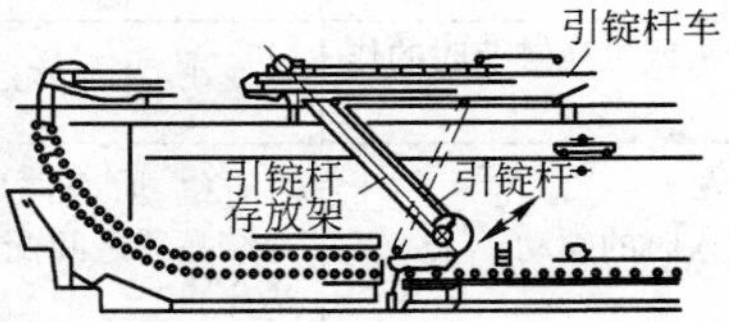 |
| | 引锭杆卷取导向式 | 引锭杆沿着卷取导向上升装置被放置在引锭杆车上来存放，以备再次装入 | 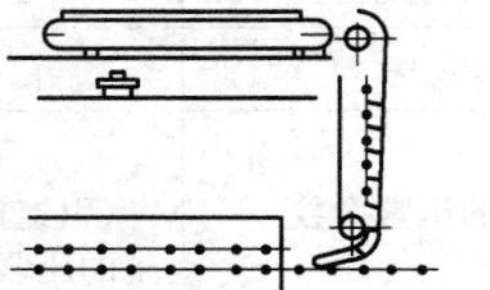 |
| 舌门式 | 舌门式 | 到达于舌门上的引锭杆，靠卷扬吊钩被提升到一定的位置后，在引锭杆车上转换后进入存放位置，以备再次装入 | 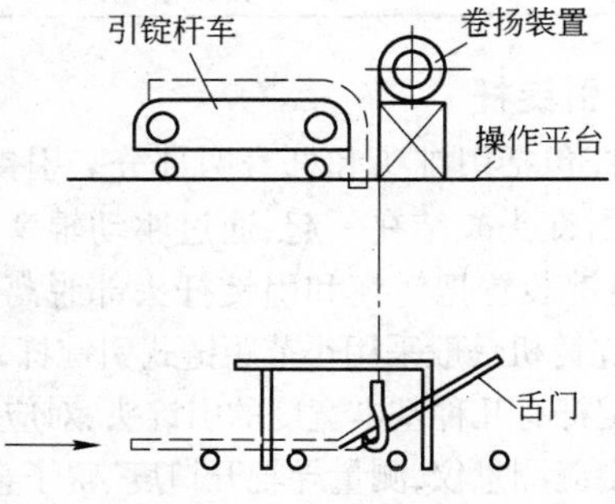 |

续表 1.7-5

| 形式 | 机构型式 | 结构简介 | 结构简图 |
| --- | --- | --- | --- |
| 无舌门式 | 无舌门式 | 到达于卷扬吊钩处的引锭杆,靠卷扬吊钩被提升到一定的位置,在引锭杆车上转换后进入存放位置,以备再次装入 | 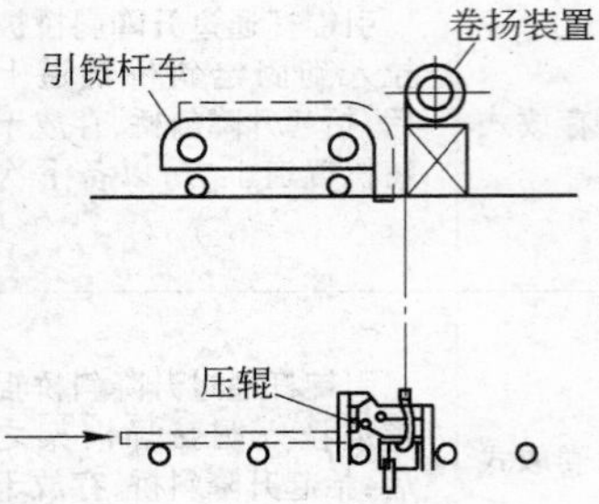  |

## (三) 两种引锭方式的性能比较

两种引锭方式的性能比较见表 1.7-6。

**表 1.7-6　两种引锭方式的性能比较**

| 条　件 | 下装入方式 | 上装入方式 |
| --- | --- | --- |
| 连铸准备时间 | 准备时间长（连铸结束时,尾坯通过铸机末端的夹送辊后,方可进行引锭杆的下装入） | 准备时间短（连铸结束时,尾坯通过扇形段第一组驱动辊后,即可进行上装入） |
| 结构 | 简单(设备组成少) | 复杂(设备组成多) |
| 更换引锭头或更换链节时的作业环境 | 恶劣(作业环境受铸坯辐射热影响) | 良好(在操作台上的作业安全、可靠) |
| 引锭杆装入时的蠕动 | 有蠕动(会产生 20～30 mm 蠕动,需与结晶器之间配合,在引锭头处加调整垫片) | 无蠕动 |
| 引锭杆装入时的目视检查情况 | 不可以 | 可　以 |
| 辊缝检查情况 | 不能全部检查 | 实现在线拉坯全部检查 |
| 引锭杆装入时的压紧次数 | 1.0（引锭杆在装入和引锭时,均承受驱动辊的压紧负荷） | 0.5（引锭杆只在引锭时,承受驱动辊的压紧负荷） |
| 对维修或更换主机区在线设备的影响 | 对切割前及剪切后之间的辊道维修或更换有一定困难 | 无困难 |

## (四) 引锭杆

引锭杆包括引锭头和杆身两部分。引锭头用来堵住浇铸前结晶器的下口,开浇时钢水在结晶器内与引锭头凝结在一起,通过驱动辊牵引引锭杆,使铸坯向下运行。当铸坯拉出铸坯诱导装置后,脱引锭装置把铸坯和引锭杆头部脱离,进入正常的拉坯过程。

板坯连铸机一般采用小节距链式引锭杆,只能向一个方向弯曲,链节可加工成直线形,加工方法简单。引锭杆有几种基本宽度的引锭头,对应各种铸坯宽度可以使用调整垫板进行调整。引锭杆上还可安装辊缝测量仪,测量导辊开口度、辊子直线度、对弧半径、喷水情况及检测轴承是否移动。

(1) 引锭杆的长度。根据驱动辊所在位置,可以确定引锭杆的总长度。如果采用下装引锭方式,由图 1.7-64 可见 $l_2$ 即是引锭杆总长度。如果采用上装引锭方式,引锭杆总长度应为 $l_1 + l_2$,

其中 $l_1$ 是在水平位置的引锭杆车的输送链钩至引锭头装入结晶器后的长度距离。

(2) 引锭杆的宽度。引锭杆的宽度取决于引锭杆的装入方式。一般来说，采用下装入方式，只要引锭头能够进入结晶器，引锭链的宽度无特殊要求。如果采用上装入方式，要求引锭链及引锭头能通过结晶器，引锭头宽度可按下式进行选择：

$$B_H = B_2 - (10 \sim 20) \tag{1.7-53}$$

式中 $B_H$——引锭头宽度，mm；

$B_2$——结晶器下口宽度，mm。

引锭链的宽度 $B_L$ 可按最小引锭头宽度选择，这样可在引锭头两侧加调整垫板来改变引锭头的宽度，浇铸不同的铸坯宽度。

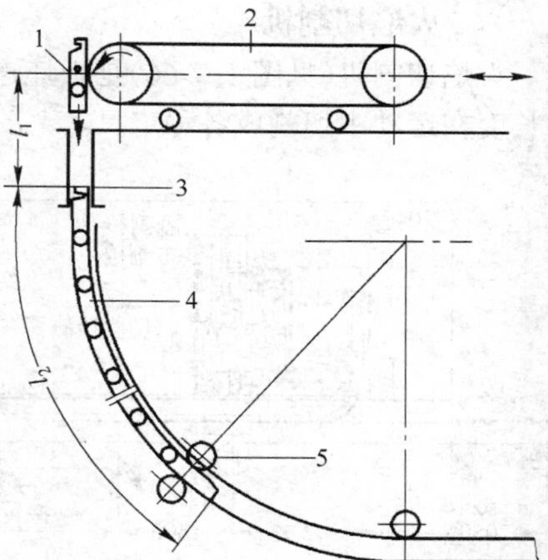


图 1.7-64 上装引锭杆的相关位置

1—输送链钩头；2—引锭杆车；
3—引锭头在结晶器中的位置；
4—引锭杆；5—驱动辊

(3) 引锭杆的厚度。可根据浇注的最小坯厚决定。引锭链的厚度略小于最小铸坯厚度。

(4) 引锭头的厚度：

$$T_H = T_2 - (10 \sim 20) \tag{1.7-54}$$

式中 $T_H$——引锭头厚度，mm；

$T_2$——结晶器下口宽度，mm。

(5) 链节的节距。节距可根据总体布置的辊列决定，以能通过扇形段辊距为原则，一般为 400～500 mm。

**(五) 脱引锭装置**

板坯连铸机引锭头为钩式。脱引锭装置(图 1.7-65)由框架、液压缸、顶头等组成，在铸坯运行出铸坯诱导装置后，用顶头顶起引锭头，将引锭头和铸坯脱离。

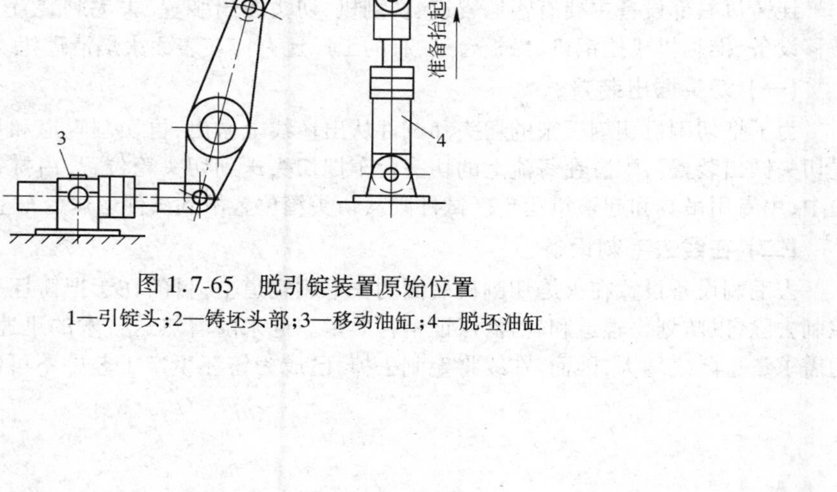

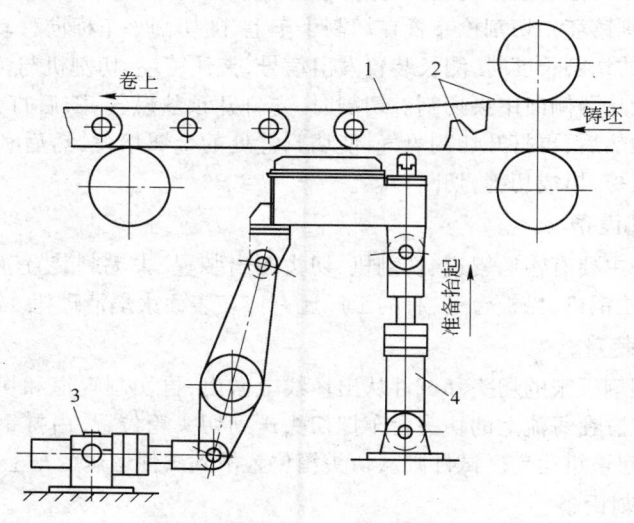


图 1.7-65 脱引锭装置原始位置

1—引锭头；2—铸坯头部；3—移动油缸；4—脱坯油缸

## 六、火焰切割机

火焰切割机(见图 1.7-66)是板坯连铸机的重要组成部分,其作用是把拉出的铸坯按所要求的长度在运动中切割成各种定尺。

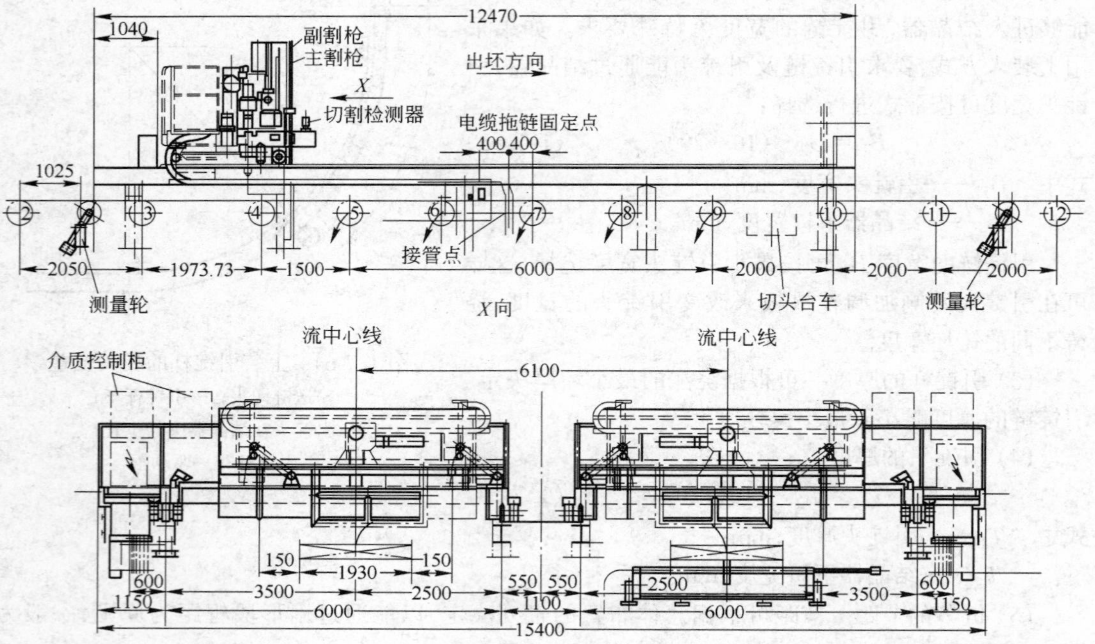


图 1.7-66　火焰切割机配置图

火焰切割机包括切割车、切割小车、横移机构、铸坯边检测装置、长度测量装置、切割枪、能源介质箱、电控系统等。火焰切割机使用多种燃气,如乙炔、天然气、丙烷、精制焦炉煤气等加上氧气,通过切割嘴来切割铸坯。切割枪布置在切割小车上,随切割小车横向移动。铸坯在切割机下向前移动,到达预订的切割长度时,测长装置发出信号,夹住铸坯,切割机与铸坯同步前进。切割小车上的两把切割枪从两侧向中央切割。切割时,先打开预热燃气,随后打开预热氧气,切割枪对铸坯边部先进行预热后,再打开切割氧气,使切割缝处的金属熔化,然后利用高压切割氧气的能量把熔化的金属吹掉,形成切缝,切断铸坯。

## 七、连铸机后部设备

连铸机后部设备主要有输送辊道、切割机、切头搬出装置、去毛刺装置、喷印或打印机,铸坯横移设备、推翻机或拉钢机、垛板台等,有的工厂还有铸坯表面火焰清理机。

### (一) 切头搬出装置

为了把切割机切割下来的切头和试件从出坯线上搬出,再切割辊道和切割机后辊道之间设置切头搬出装置。配置在每流上的切头台车把切头送到切头箱位置,由推钢机经溜槽推到切头箱中,用专用吊具和起重机运走。试件则从切头箱位置吊到试件运送台车上,送往快速硫印室。

### (二) 在线去毛刺设备

去毛刺设备设置在火焰切割机后面的去毛刺辊道上,目的在于把铸坯在火焰切割时产生的毛刺去除,以防划伤辊道和轧辊,保证钢材质量。近来随着热送技术的迅速发展,对无缺陷铸坯的需求量也随之增大,因而,在线将毛刺去掉,已成为铸坯生产工艺中不可缺少的环节。目前去除毛刺的方法有:刀具刮除、锤头打掉及火焰去除等。

1. 刀具刮除方式

(1) 铸坯固定式(图 1.7-67)。在毛刺去除过程中,铸坯不动,刀具上升后紧贴住铸坯下表面,并朝毛刺方向迅速移动,将毛刺去除。

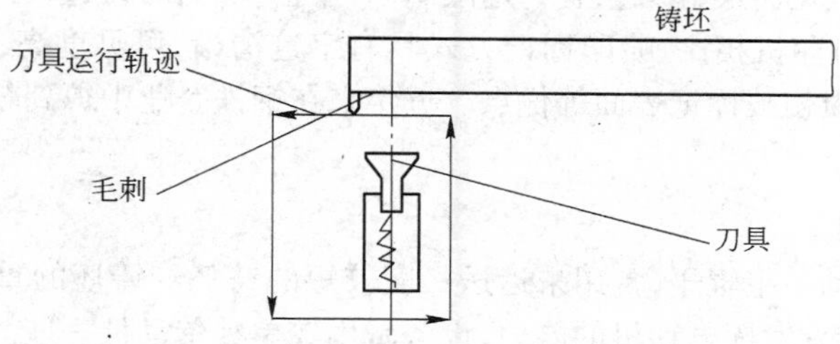


图 1.7-67　铸坯固定式(刀具移动)

(2) 铸坯移动式(图 1.7-68)。在毛刺去除过程中,由刀具做上下运动,使刀具贴住或离开铸坯下表面,靠铸坯的运动去除毛刺。

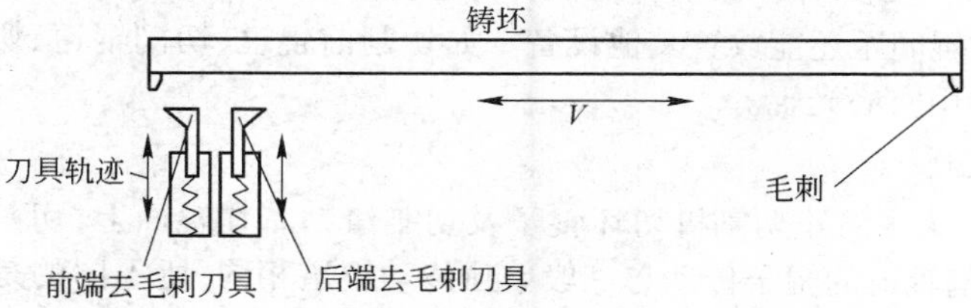


图 1.7-68　铸坯移动式

2. 锤头打掉方式

利用高速旋转的一组尖角锤头把铸坯切口下边的毛刺打掉,旋转锤头可上下移动,不工作时,停止在较低位置并停止旋转,见图 1.7-69。

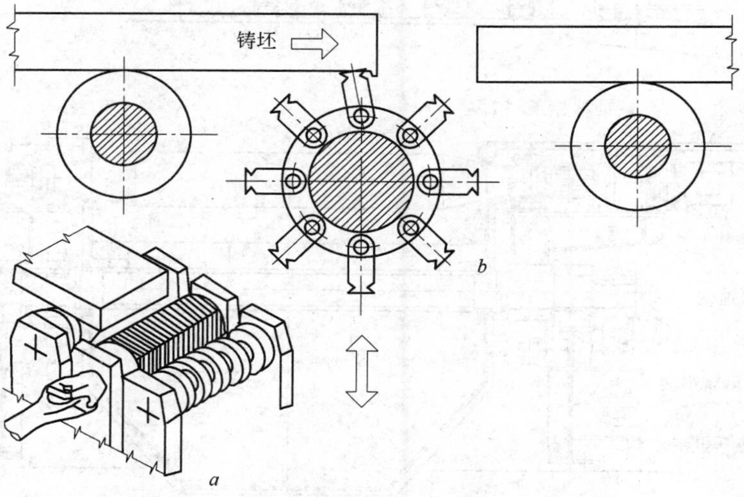


图 1.7-69　自动打掉毛刺装置

*a*—组装图;*b*—工作状况

**(三) 自动标记设备**

用于在铸坯表面上清楚地标记上生产过程及 质量管理等方面所需要的标记或代号，是铸坯实现自动编号管理(计算机管理)和直接热送必不可少的辅助设备。

(1) 打印机。打印机具有标记永久，适应高温铸坯，工作可靠等特点。但因受字盘尺寸等因素的影响，标号大小、代码种类和数量有一定限制，对被打印的表面质量也有要求。

(2) 喷印机。与打印机相比，喷印标记方式具有字迹清晰，可见度高，更易于在质量不高的表面上进行标号和不损伤被标记表面等优点。近年来在钢铁企业中得到较为广泛的应用。

**(四) 输送辊道**

1. 集中传动辊道

由一台电动机带动一组辊子，常用来运送长度较短的铸坯。铸坯的重量只作用在为数不多的几个辊子上，就能充分发挥电动机的能力，设备费用较单独传动低一些。如：去毛刺辊道、喷印辊道、等待辊道等。辊子有用圆盘辊的也有用实心光辊的。

2. 单独传动辊道

由一台电动机带动一个辊子，其主要特点是：结构简单，取消了(或简化了)复杂的齿轮传动，简化了辊道支架，易于维修，操作灵活。但电动机数量多，造价较高。常用于输送较长定尺的铸坯。另外，在辊道的辊间距还能放置其他设备。如切割前辊道、切割辊道、切割后辊道等。辊子有的用圆盘辊，有的用实心光辊。

3. 几种特殊辊道

(1) 切割辊道。为了防止切割机切坏辊子及切割渣粘着在辊面上，切割辊道设计成摆动式(见图 1.7-70)。切割辊道的辊子传动与一般单独传动辊道相同，所不同的是辊子轴承座和传动部分不是支承在固定的支座上，而是支承在倾动支架上，由下部油缸带动辊子绕轴转动。

(2) 升降辊道及移动辊道(见图 1.7-48 及图 1.7-49)。

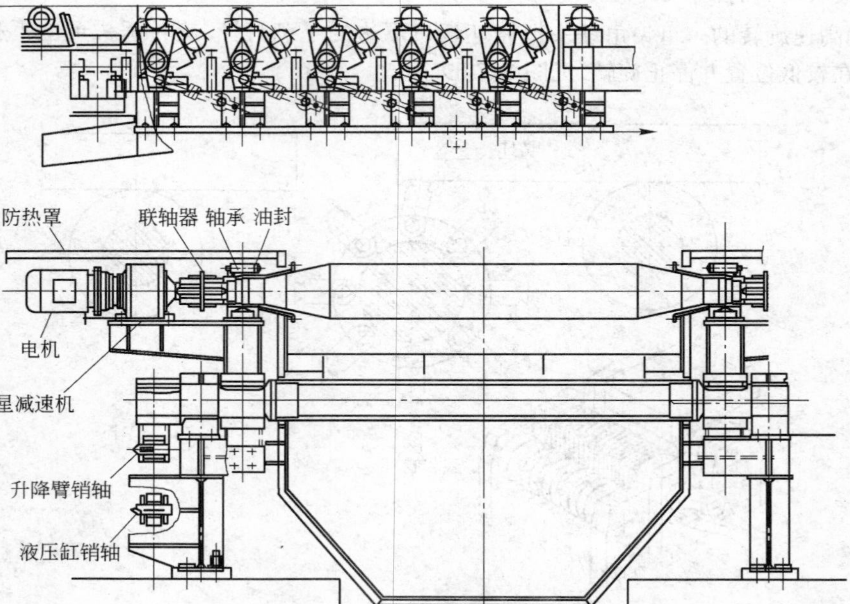


图 1.7-70　切割机摆动辊道

4. 热送用辊道

为了热送，延缓铸坯散热，在辊道上设置保温罩。钢板焊制的保温罩体内加有隔热的保温材料（见图 1.7-71）。

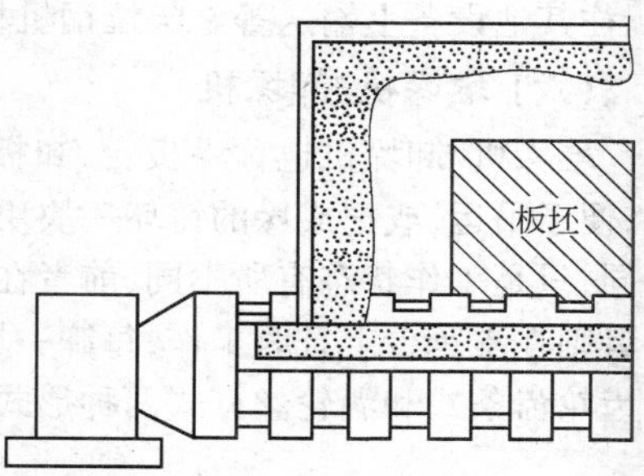


图 1.7-71　板坯输送区保温罩

## （五）铸坯横移设备

横移设备主要有铸坯移送台车、推钢机、移载机、拉钢机等。用来横向移动铸坯，使其上线、离线、换线及变位等。

（1）铸坯移送台车。移送台车是将切成定尺的铸坯直接输送到移送台车上，台车横移，将其辊道与精整设备的受料辊道对齐，铸坯直接被输送到精整设备的受料辊道上。

（2）推钢机。推钢机主要用于推动横向移动距离较短的铸坯，它常常与堆垛机或卸垛机配合使用，可将铸坯离线，集垛后再用吊车运出或将离线的集垛铸坯一块块的用推钢机卸下，使铸坯重新上线。连铸车间用的推钢机形式有：齿轮齿条式、丝杠式、液压式和杠杆式，见图 1.7-72。

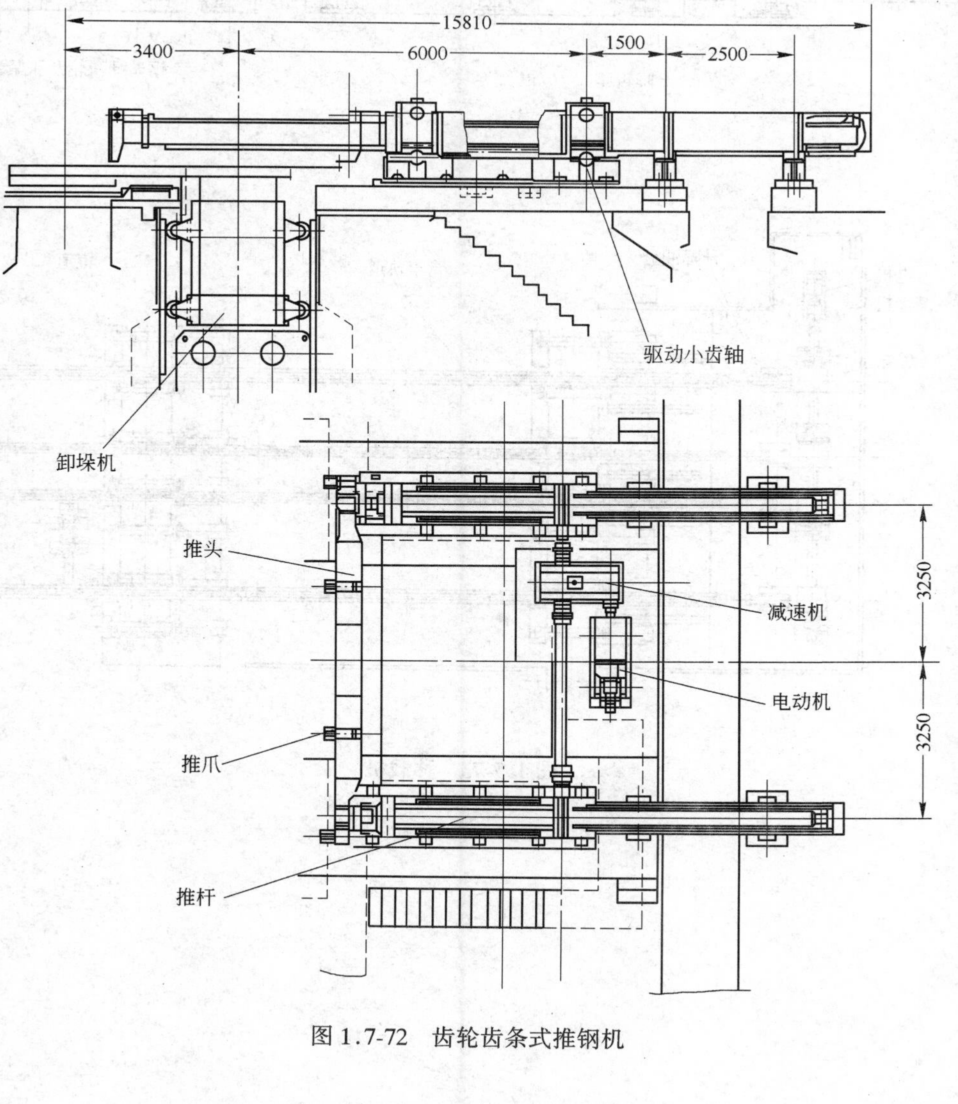


图 1.7-72　齿轮齿条式推钢机

(3) 移载机(见图 1.7-73)。移载机属铸坯横移设备,多用于较长距离铸坯的横向搬运,如换线、往其他设备上输送等。与拉钢机相比移载机具有运行阻力小、磨损小、运转灵活等特点。

**(六) 堆垛机/卸垛机**

堆垛机/卸垛机也称垛板台/卸板台。常与推钢机、移载机等铸坯横移设备配合,使铸坯集垛,便于吊运,或把成垛的铸坯一块块卸下,使其重新上线。堆垛机和卸垛机设备结构型式基本相同,只是工作状态有所不同,前者在支承台下降时工作,每垛一块坯支承台下降一个坯厚高度;后者则在支承台上升时工作,每卸一块坯支承台上升一个坯厚高度。目前使用较多的形式有:电动齿轮齿条式和涡轮丝杠式两种形式,见图 1.7-74 和图 1.7-75。

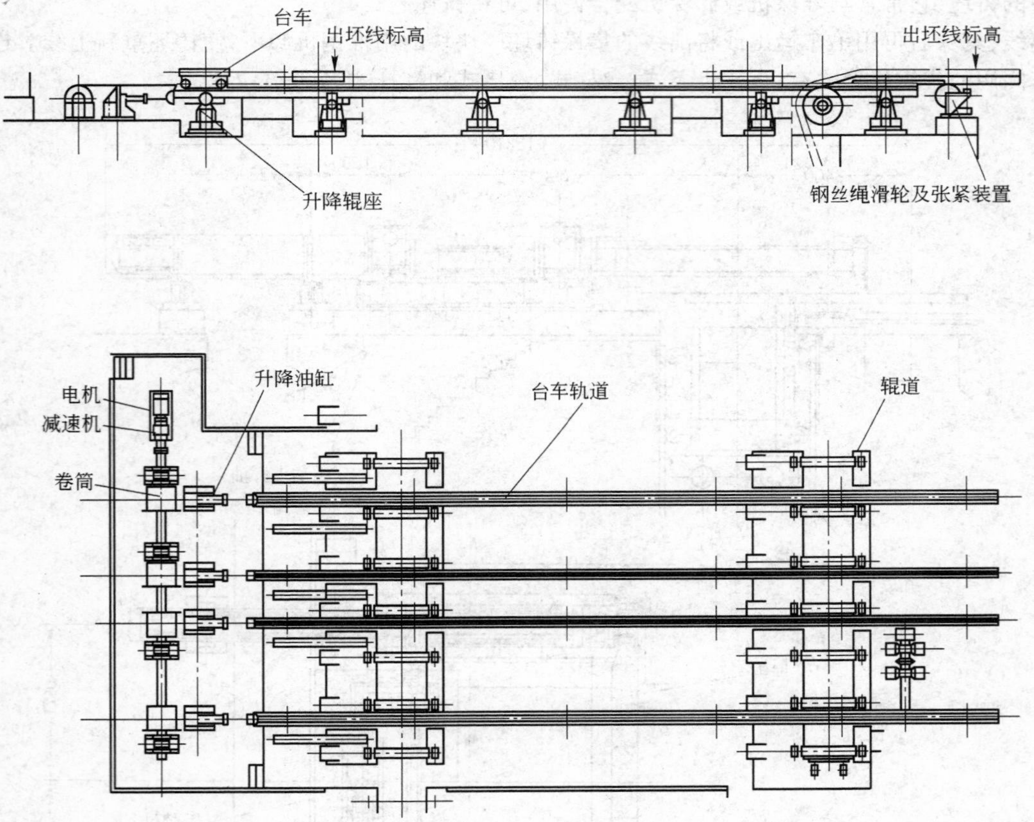


图 1.7-73　移载机

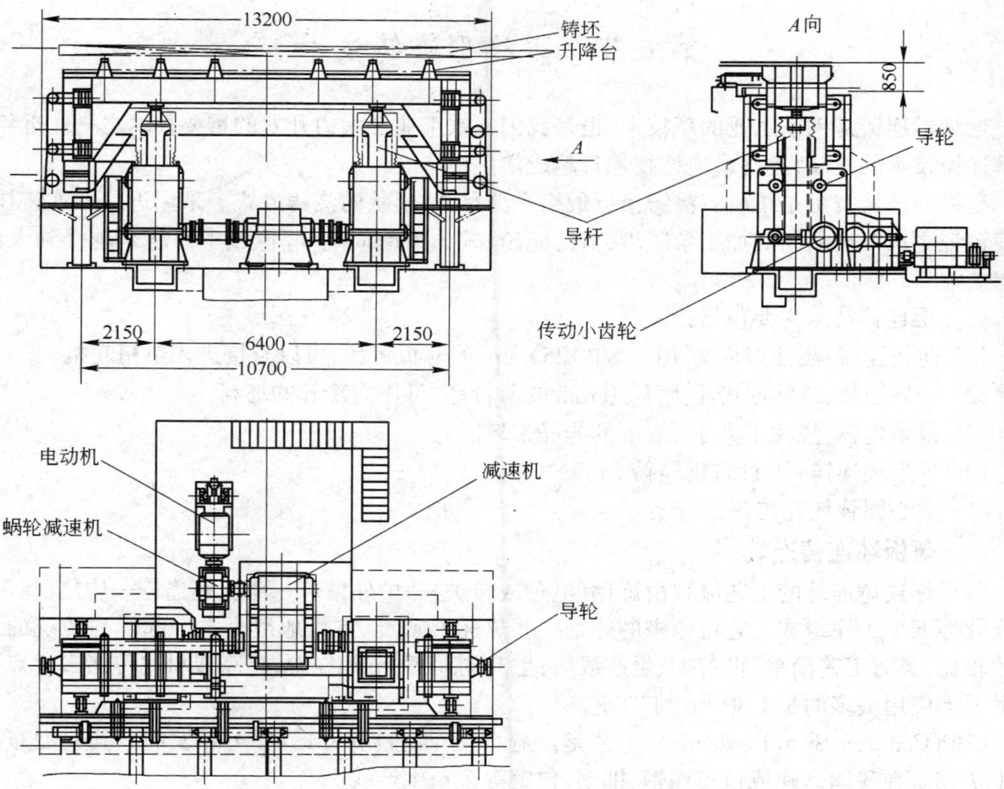


图 1.7-74　齿轮齿条式堆垛机、卸垛机

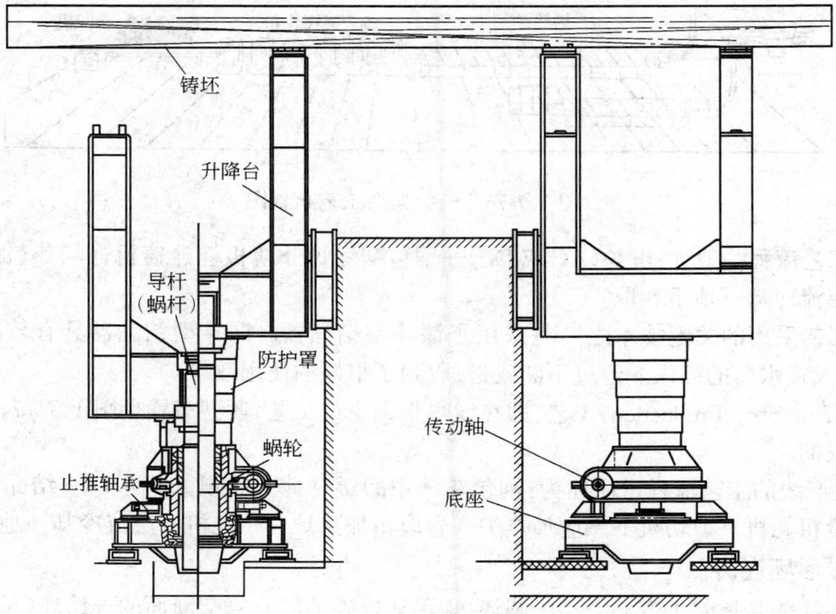


图 1.7-75　蜗杆式堆卸垛机

# 第五节　近终形连铸技术

近终形连铸是钢铁工业的新技术,也是我国钢铁工业要大力开发的重要技术之一。近年来,随着连铸技术的发展,近终形连铸技术日趋成熟。

近终形连铸技术是指所有浇铸接近最终产品尺寸、形状的浇铸方式。采用近终形连铸技术,可使铸坯至最终产品间的加工量减少,节约能源,减少生产周期,降低成本。越来越受到人们的普遍关注。

近终形连铸技术主要包括:

(1) 薄板连铸:浇注厚度为 40 ～80(125) mm 的薄板铸坯,可以直接进入热精轧机。

(2) 带坯连铸:浇注厚度不大于 10 mm 的薄带坯,可作为冷轧的坯料。

(3) 薄带连铸:浇注不大于 1 mm 的非晶带坯。

(4) 异形坯连铸:如 H 型钢连铸。

(5) 空心圆管坯连铸等。

## 一、薄板坯连铸连轧

薄板坯连铸连轧的工艺流程由炼钢(电炉或转炉)—炉外精炼—薄板坯连铸—均热(保温)—热连轧等五个工序组成。它将原来的炼钢厂和热轧厂紧凑、有机地组合在一起。与传统的工艺流程相比,具有工艺简单、设备少、生产线短;生产周期短;节约能源,提高成材率等诸多优点。目前世界上应用最多的是 CSP 和 ISP 工艺等。

CSP(Compact Strip Production)工艺是由施罗曼-西马克(SMS)公司开发的。其典型布置见图 1.7-76。在我国已建成包括珠钢、邯钢、包钢等多条生产线。

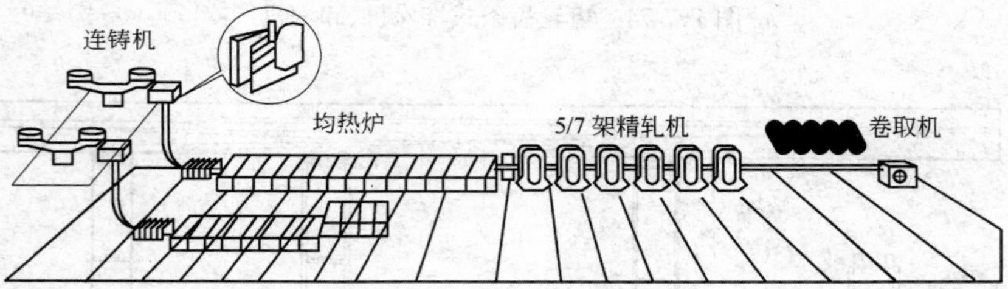


图 1.7-76　CSP 典型工艺布置图

CSP 工艺流程一般为:电炉(AC 或 DC)→钢包精炼炉→薄板坯连铸机→均热(保温)炉→热连轧机→层流冷却→地下卷取。

CSP 工艺采用的关键技术之一是采用了漏斗型结晶器。漏斗型结晶器具有较厚的上口尺寸,便于浸入式水口的插入。经过不断改进,收到了很好的使用效果。

ISP(Inline Strip Production)工艺,即在线热带钢生产工艺,典型布置见图 1.7-77,它是由德马克公司开发的。

ISP 生产线的工艺流程可简述为:钢包车→中间罐→薄片状浸入式水口→结晶器→铸轧段→大压下量粗轧机→剪切机→感应加热炉→卷取箱加热炉→精轧机→层流冷却→地下卷取。

## 二、异形坯连铸

异形坯连铸是指除了方坯、板坯、圆坯、矩形坯以外的具有复杂断面的连铸坯(见图 1.7-78)。主要为工字形坯。若工字形坯腹板和翼缘的厚度小于 100 mm,则称为近终型钢梁坯。

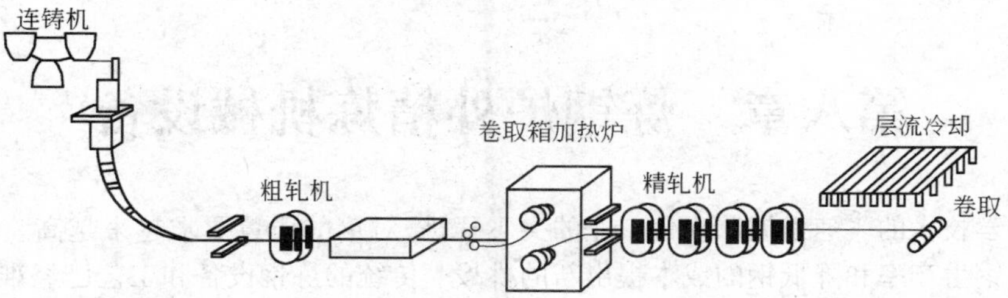


图 1.7-77　ISP 典型工艺布置图

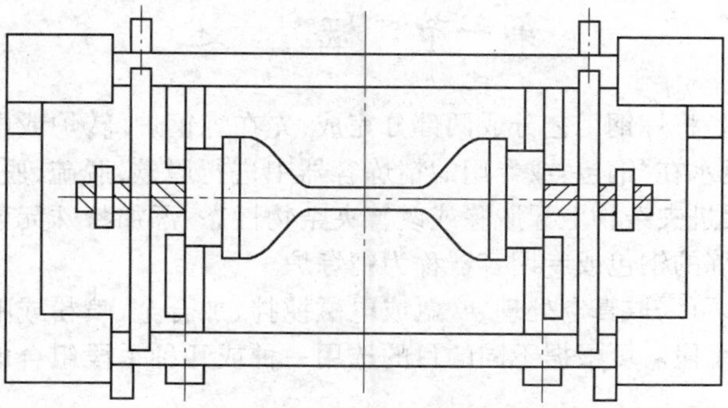

图 1.7-78　异形坯结晶器示意图

钢梁坯主要用来轧制大型复杂断面(异形)型材。经济断面型钢具有壁薄、断面金属分配合理、重量轻而截面模数大、便于拼装组合等特点。H 型钢也称为平行宽边工字钢,是经济断面型钢中发展最快的一种。

传统的生产大型型材的坯料是用铸锭经初轧机开坯得到的大方坯,或用连铸机铸出大方坯或矩形坯,这显然是不经济的。采用异形坯或近终型钢梁坯,显著减少了轧制道次,大幅提高了轧机的生产能力,且提高了成材率,质量较好。异形坯连铸机具有能耗低、工序少、成材率高、成本低等优点,在实际生产中具有很大的竞争力。异形坯连铸机与矩形坯连铸机结构形式基本相同,其主要区别在于结晶器的形状和二冷区支撑辊的布置形式不同。异形坯的断面形状主要是由轧制工艺要求确定的。因异形坯断面形状多为工字形,故异形坯连铸有以下特点:

(1) 异形坯表面积大,散热条件好,在二冷区就能完全凝固,冶金长度短。

(2) 异形坯矫直后形状变化大,只有通过增大连铸机半径来改善异形坯矫直后的断面形状。

(3) 异形坯断面形状复杂,断面上各点的散热条件差别很大。若铸坯在铸机内停留时间过长,断面上各点温差大,易于产生裂纹缺陷。故铸机的半径和拉速受到限制。铸机半径过大或拉速过低都将影响铸坯在铸机内的停留时间。而拉速提高带来坯壳较薄,冶金长度增长,二冷段设备要求提高。

国内马鞍山钢铁公司最早建设了 H 型钢车间,与之配套建设了异形坯连铸机。该连铸机为三机三流,基弧半径 10 m/15 m/30 m,三点矫直,气水喷雾冷却,冶金长度 7.1 m。连铸机主要产品尺寸为 250 mm×380 mm;异形坯 500 mm×300 mm×120 mm,750 mm×450 mm×120 mm。年产量 63 万 t。

# 第八章 炼钢炉外精炼机械设备

随着科学技术的飞速发展和现代工业的突飞猛进，对钢的质量要求越来越高。市场的竞争又对提高炼钢生产率和降低钢的成本提出新的挑战。传统的炼钢设备和工艺已经难以满足这种要求，因而钢水炉外精炼处理技术迅速发展起来。

## 第一节 概 述

钢水炉外精炼就是将炼钢工艺分成两部分完成，先在炼钢炉（转炉或电炉）中进行熔化和初炼，然后再将初炼的钢水在“钢包”或专用的精炼容器中进行脱碳、脱硫、脱氧、除气、调整温度和成分并使其均匀化、促进夹杂物上浮脱除或改善夹杂物性态、添加特殊元素等操作，这些操作称为炉外精炼。用于精炼的钢包或专用容器称为精炼炉。

为完成上述任务，可采取真空处理、吹氩或电磁搅拌、加合金、喷粉或喂丝、加热或加冷料调整温度和造渣处理等手段。可根据不同的目的选用一种或几种手段组合的炉外精炼技术，完成精炼任务。

### 一、真空

在真空条件下，不仅能够降低钢中的有害气体 $N_2$、$H_2$ 的浓度，而且可以发生脱氧反应[C]+[O]={CO}，反应产物 CO 气泡在上浮过程中能够搅拌熔池，加速熔池的各种反应，利于有害气体和有害夹杂物的排出，此外，这个反应是微放热反应，在脱氧过程中对钢水有一定的保温作用。实践证明，在真空脱气过程中，钢水中脱氢效果优于脱氮。

### 二、搅拌

搅拌利于反应物的接触，产物的迅速排出，也利于钢水成分和温度的均匀化。吹氩搅拌和电磁搅拌是现代炉外精炼常用的手段。

#### （一）吹氩搅拌

吹氩搅拌是利用氩气泡上浮抽引钢水流动达到搅拌的目的。氩气泡在上浮过程中剧烈地搅拌钢水，均匀成分和温度，促使夹杂物的上浮排出。尤其是对液态夹杂物的上浮作用更为显著，因为细小的液颗粒在吹氩搅拌过程中可发生碰撞、长大、聚合增加夹杂物上浮去除的机会，从而获得洁净钢水。钢包吹氩还可以促进脱氧反应，氩气泡表面为碳氧反应提供了形核条件，生成的 CO 向氩气泡内扩散，使钢水进一步脱氧。

#### （二）电磁搅拌

当磁场以一定速度切割钢水时，钢水中产生感应电流，载流钢水与磁场相互作用产生电磁力，从而驱动钢水运动，这就是电磁搅拌的工作原理。

由于感应电流在钢水中形成涡流产生了热量，电磁搅拌还具有一定的保温作用，这是吹氩搅拌无法做到的。

### 三、成分调整

炉外精炼可用加块状合金、喷粉或喂丝等方式调整钢水成分，改善夹杂物性态和脱硫。

#### （一）加块状合金

在精炼炉内加合金块，可以提高合金元素的回收率，保证钢水成分的均匀性。

### (二) 喷粉

向钢水中加入 Ca、Mg 等元素，对脱氧、脱硫、改变夹杂物性态都具有良好的效果。但是 Ca、Mg 都是易挥发元素，如钙的蒸气压高(0.18 MPa)、沸点低(1492℃)、密度小(1.55 g/$cm^3$)，在钢水中溶解度低，在常压下与钢水接触立即气化，所以将其制成合金粉剂，用喷射的方法喷入钢水，这是一种十分有效的方法。

喷粉不仅可以调整钢水成分，而且可以改善夹杂物性态。此外，也可以向钢水喷入 CaO 及 $CaC_2$ 粉剂达到脱硫的目的。

### (三) 喂丝

喷射冶金对粉剂的制备、运输、防潮、防爆等要求严格，而且喷粉存在着钢水增氢、温降大等缺点。为此研究出喂丝法。Ca—Si 合金，Fe—RE、Fe—B、Fe—Ti、铝等合金或添加剂均可制成粉剂，用 0.2～0.3 mm 厚的低碳薄带钢包裹起来，制成断面为圆形或矩形的包芯线，通过喂丝机将包芯线喂入钢水深处，钢水的静压力抑制了易挥发元素的沸腾，使之在钢水中进行脱氧、脱硫、夹杂物变性处理和合金化。

喂丝在添加易氧化元素、调整成分、减少设备投资、简化操作、提高经济效益和保护环境等方面比喷粉法更为优越。

## 四、温度调整

### (一) 升温方法

炉外精炼加热要求升温速度快，对钢水无污染，成本低。符合这些要求的加热方法不多，目前常用的加热方法有电弧加热法和化学加热法。

1．电弧加热法

电弧加热法与电弧炉的加热原理相同，采用石墨电极埋在熔渣中间产生的电弧来加热钢水，从而达到升温的目的。常用三相交流电通过三根电极进行加热。

2．化学加热法

化学加热法是把铝加入到钢水中，同时吹氧使之氧化，放出的热量加热钢水，达到升温的目的。也可以在出钢时将 C、Si 含量控制在适当高的范围，在真空条件下进行吹氧，靠 C、Si 氧化放出的热量升温。

### (二) 降温方法

当钢水温度过高时，可在精炼炉内加入部分清洁小块废钢加以调节。废钢加入后应注意加强搅拌，防止成分、温度的不均匀，必要时补加部分合金。此外，适当延长吹氩时间也可以降低钢水温度。

## 五、造渣

为了在炉外精炼时完成脱硫和脱氧任务，可采用造渣手段。根据冶炼要求，可以造还原渣、碱性渣，也可以造中性渣或酸性渣。

# 第二节　炉外精炼的选择

## 一、常用的炉外精炼方法

为了实现上述炉外精炼任务，可以采用渣洗、钢包吹氩或电磁搅拌钢水、真空处理、吹氧、加热和喷粉、喂丝等手段。钢液炉外精炼的方法很多，有 30 多种。各种炉外精炼技术是根据不同精炼目的，在一定条件下，选择一种或几种精炼手段组合而成的精炼方法。

**（一）常压下精炼钢水的方法**

常压下精炼钢水的方法有：

（1）带浸入罩或钢包盖加合成渣吹氩法（SAB 法和 CAB 法）；

（2）带浸入罩吹氩成分微调与化学升温法（CAS 法和 CAS-OB 法）；

（3）喂丝法（WF 法）；

（4）喷粉法（TN 法和 SL 法）；

（5）钢包吹氩埋弧精炼法（LF 法）；

（6）氩氧脱碳精炼法（AOD）法。

**（二）以钢液真空脱气为主的精炼方法**

以钢液真空脱气为主的精炼方法有：

（1）钢水循环真空脱气法（RH 法）；

（2）钢水提升真空脱气法（DH 法）；

（3）钢包真空吹氩法（VD 法）。

**（三）以真空吹氧脱碳、脱气为主的精炼方法**

以真空吹氧脱碳、脱气为主的精炼方法有：

（1）真空吹氧脱碳法（VOD 法）；

（2）真空循环脱气吹氧法（RH-KTBA 法）。

**（四）采用常压电弧加热与真空结合钢包精炼方法**

采用常压电弧加热与真空结合钢包精炼方法有：

（1）钢包真空吹氩埋弧精炼法（LF/VD、LFV 法）；

（2）真空电磁搅拌、非真空电弧加热法（ASEA-SKF 法）。

真空精炼法是目前世界上运用较多的炉外精炼方法。各种炉外精炼法示意图如图 1.8-1 所示。

精炼方式的选择可参考表 1.8-1。

**表 1.8-1 各种炉外精炼法所采用的设备及功能**

| 名称 | 精炼手段 | | | | | 主要冶金功能 | | | | | | | |
|---|---|---|---|---|---|---|---|---|---|---|---|---|---|
| | 造渣 | 真空 | 搅拌 | 喷吹 | 加热 | 脱气 | 脱氧 | 去除夹杂 | 控制夹杂物性态 | 脱硫 | 合金化 | 调温 | 脱碳 |
| 钢包吹氩 | | | √ | | | | | √ | | | | √ | |
| CAB | +<br>I | | √ | | | | √ | √ | | +<br>I | √ | | |
| DH | | √ | | | | √ | | | | | | | |
| RH | | √ | | | | √ | | | | | | | |
| LF | + | ① | √ | | √ | ① | √ | √ | | + | √ | √ | |
| ASEA-SKF | + | √ | √ | + | √ | √ | √ | √ | | + | √ | √ | + |
| VAD | + | √ | √ | +<br>I | √ | √ | √ | √ | | +<br>I | √ | √ | +<br>I |
| CAS-OB | | | √ | √ | √ | | √ | √ | | | √ | √ | |
| VOD | | √ | √ | √ | | √ | √ | √ | | | | | √ |
| RH-OB | | √ | | √ | | √ | | | | | | | √ |
| AOD | | | | √ | | √ | | | | | | | √ |
| TN | | | | √ | | | √ | | | √ | | | |

续表 1.8-1

| 名　称 | 精炼手段 | | | | | 主要冶金功能 | | | | | | | |
|---|---|---|---|---|---|---|---|---|---|---|---|---|---|
| | 造渣 | 真空 | 搅拌 | 喷吹 | 加热 | 脱气 | 脱氧 | 去除夹杂 | 控制夹杂物性态 | 脱硫 | 合金化 | 调温 | 脱碳 |
| SL | | | | √ | | | √ | | √ | √ t | √ | | |
| 喂丝 | | | | | | | √ | | √ | √ | √ | | |
| 合成渣洗 | √ | | √ | | | | √ | √ | √ | √ | | | |

注:符号"+"表示在添加其他设施后可以取得更好的冶金功能。

① LF 增设真空装置后称为 LF－VD,具有与 ASEA－SKF 相同的精炼功能。

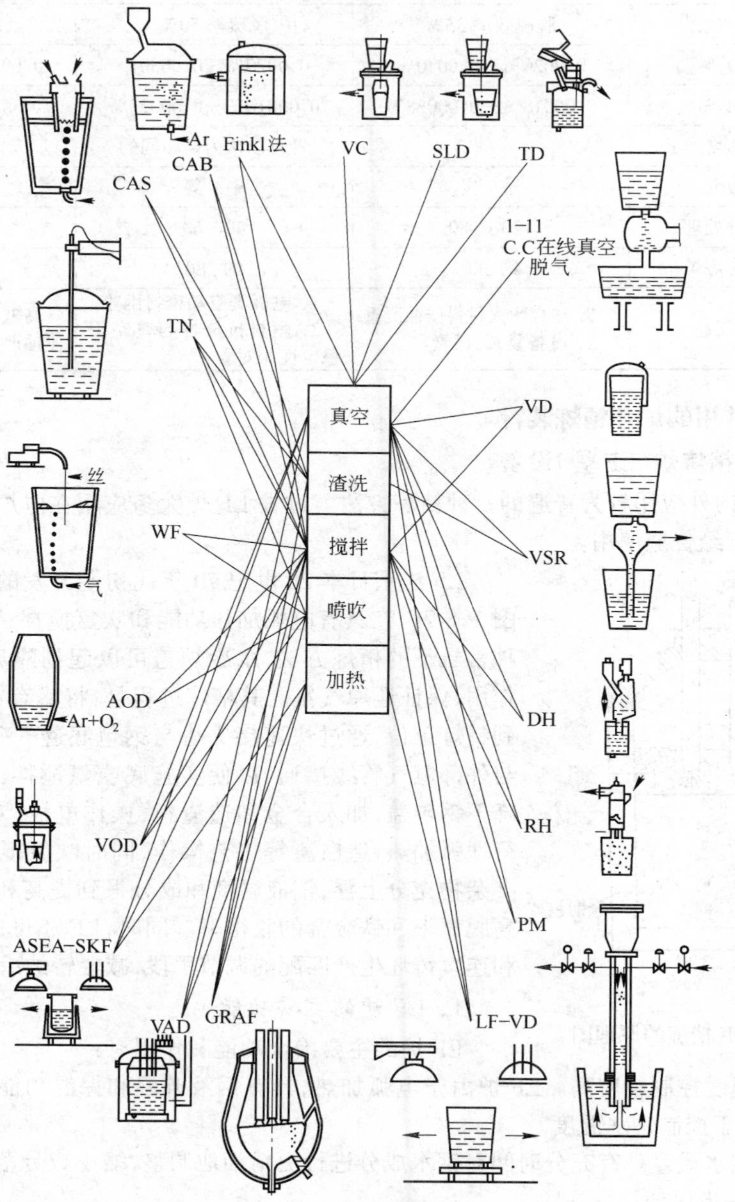


图 1.8-1　各种炉外精炼法示意图

LF 炉与 ASEA-SKF 炉、VAD 炉的比较见表 1.8-2。

**表 1.8-2　LF 炉与 ASEA-SKF 炉、VAD 炉的比较**

| 项　目 | | 50t ASEA-SKF | 30tVAD | 55t LF |
|---|---|---|---|---|
| 精炼性能 | 加　热 | 常压下电弧加热温升 2.5～3.5℃/min | 低真空度电弧加热温升 3～4℃/min | 埋弧加热温升 2.5～4℃/min |
| | 搅　拌 | 1～1.5 Hz 电磁搅拌 | 吹氩搅拌 20～30 L/min | 吹氩搅拌 50～100 L/min |
| | 气　氛 | 还原性 | 降压(1.33～3.99)×$10^4$ Pa | 强还原性 |
| | 炉　渣 | 碱性还原渣 | 碱性还原渣 | 高碱度还原渣 |
| 精炼效果 | 脱　气 | 53 Pa 以下脱气 | (67～133)Pa 以下吹氩脱气 | 无 |
| | 脱　硫 | 脱硫效率 35% | 脱硫率 50% | 脱硫率 50% |
| | $w$[O]% | 0.0020%～0.0040% | 0.0020%～0.0030% | 0.0010%～0.0030% |
| | $w$[H]% | 0.00018%～0.00028% | 0.00016%～0.00023% | 不　脱 |
| | 清洁度 | 三者可以认为是相同的 | | |
| 设备费(1979 年) | | 昂　贵 | 中　等 | 廉　价 |
| 处理时间/min | 炉外处理 | 120～180 | 30～60 | 30～60 |
| | 加初炼炉 | 约 300 | 约 180 | 150～180 |
| 设备存在的问题 | | 1. 热点耐火材料侵蚀严重<br>2. 设备复杂、昂贵 | 1. 电极真空动密封困难<br>2. 耐材抗渣性与真空下稳定性相对立 | 高碱度渣对炉衬渣线部分侵蚀严重 |

## 二、几种常用的炉外精炼装置

### (一) 钢包精炼炉(LF 炉)设备

LF 炉是国内外应用较为普遍的一种精炼方法。过去 LF 炉大多应用在电炉生产中,近年来在转炉生产中已经普遍使用。

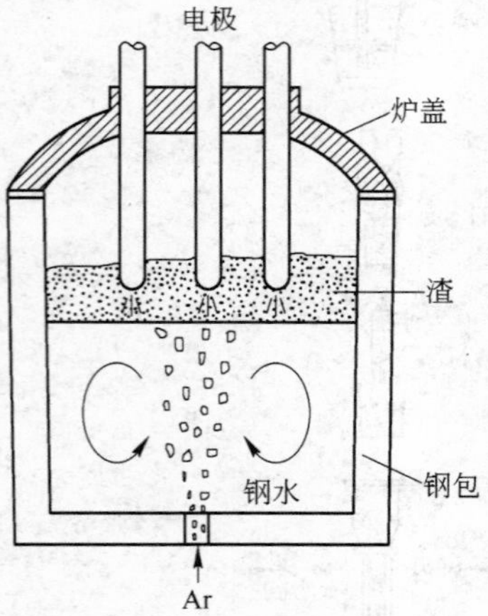


图 1.8-2　LF 精炼的原理图

LF 法系日本 20 世纪 70 年代初期开发的,其精炼原理见图 1.8-2。它具有电弧加热功能和吹氩搅拌功能。LF 法是一种常压下的精炼方法,水冷炉盖可以起到隔离空气和密封的作用,保证还原气氛。其精炼过程是:将盛有钢液的钢包吊运到精炼工位,通过快速接头将与钢包底透气砖连接的吹氩管与外部氩气管线接通,以便实施底吹氩搅拌,营造还原气氛。降下钢包盖,加入合金和造渣料,操作电极,对钢包内钢液进行埋弧加热、造白渣等工艺操作,同时吹氩搅拌,使钢液中的夹杂物充分上浮,钢液温度和成分得到提高和均匀,有效地提高脱氧率和铁合金的收得率。同时,LF 还可以作为转炉炼钢和连续铸坯生产匹配的调节手段,减轻转炉冶炼负担。

1. LF 炉的主要功能

LF 炉的主要冶金功能和作用有:

(1) 钢水温度控制精度高。LF 炉由于电弧加热,具有钢液升温和保温功能,能够熔化大量的合金元素,易于控制钢水温度。

(2) 提高钢水质量。有充分时间对钢水成分进行更精细地调整,缩小成分范围,使钢的质量和性能得到进一步保证。

(3) 有利于扩大钢的品种。

(4) 有利于脱硫,减少非金属夹杂,改变夹杂物形态,达到进一步净化钢水的目的。

(5) 有利于减少因钢水温度降低而引起的浇铸中断和回炉。

(6) 在炼钢炉和连铸机之间起到缓冲作用,因此有利于实现多炉连浇。

(7) 提高生产率。与电炉或转炉组合,把还原期放在 LF 炉里进行,出钢温度可以降低,可提高转炉或电炉的生产率,减少耐火材料消耗等。

LF 炉的布置形式主要有两种:第一种是钢包固定式(或称炉盖旋开式),钢包放在固定的位置,在指定的位置上 LF 炉进行处理,用吊车把钢包放进或吊出处理位置。为了便于吊车把钢包放进或吊出处理位置,LF 炉电极及其升降装置和钢包盖及其升降装置必须有旋转功能,能将炉盖和电极旋转到工作位和准备位。第二种是钢包移动式,将钢包放在钢包车上,用钢包车把盛满钢水的钢包由准备位运至精炼位置 LF 炉进行处理。LF 炉电极、炉盖固定在精炼位置,不能旋转,只做上下运动,处理完的钢水由钢包车运至等待位,由吊车吊至下道工序。台车移动式工艺布置比较灵活,目前,大多采用第二种 LF 炉,两车三工位,即采用两台钢包车,一个加热工位,两个等待工位(见图 1.8-3)。

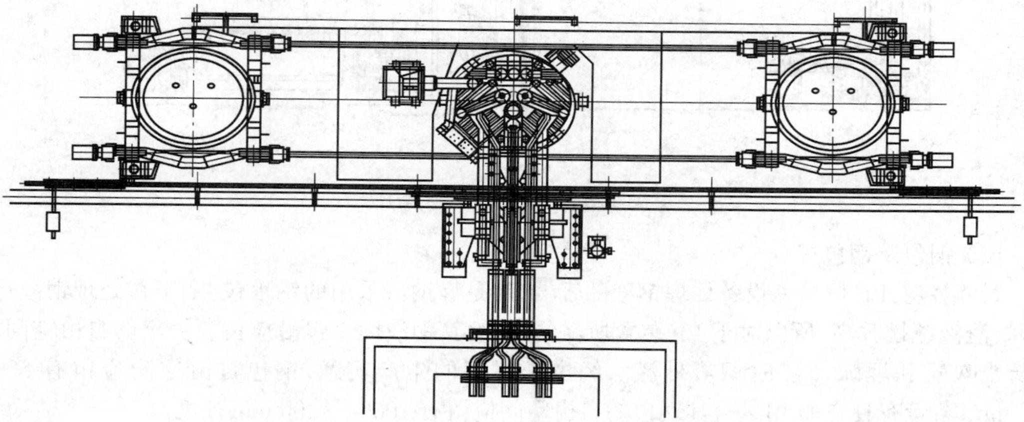

图 1.8-3　LF 炉平面布置图(双车三工位)

2. LF 炉的主要机械设备

LF 精炼设备主要由合金和散料加料系统、钢包及电动钢包车、钢包底吹氩系统、钢包盖及包盖升降装置、电极升降装置和导向装置、测温取样装置、喂丝设备以及液压系统、冷却水系统、高低压配电和自动化控制系统等组成。LF 精炼设备目前应用中有交流 LF 和直流 LF 两大类,前者应用较为广泛。下面以某厂 AC-LF 为例介绍各主要部分设备(见图 1.8-4)。

(1) 加料系统。LF 炉加料系统的主要作用是向钢包内投加铁合金、废钢和造渣材料。该系统是由储料仓、称量斗、电振给料机、皮带机、汇总斗、加料溜槽和气动插板阀组成。钢液所需原料定量进入汇总斗后,顺着插入包盖的溜槽加入钢包内。根据精炼工艺需要,溜槽应能随包盖升降;并且在不加料时,溜槽口应封闭,以保持炉内的还原气氛。

加料系统溜槽分为两段,下段焊接在包盖上,上段固定在平台支架上。上段设有气动插板阀,加料时打开阀门,不加料时关闭此阀门,以便保持炉内的还原气氛。两段接口处为套管结构,通径小的上段直接插入通径大的下段,上段带有活套法兰,两法兰之间填入密封材料,既保证了溜槽的升降,又解决了动密封问题。

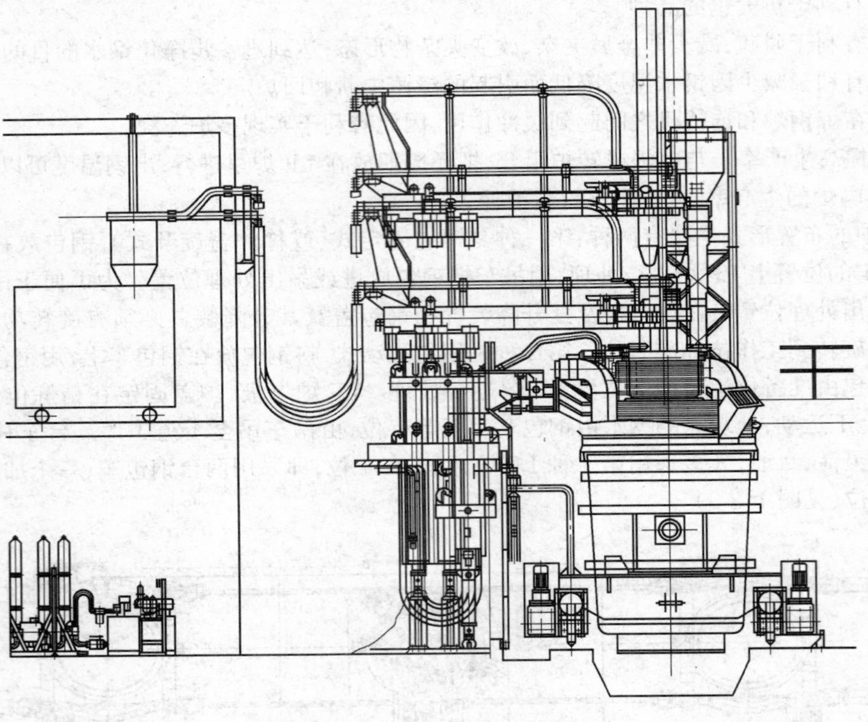

图 1.8-4　AC-LF 炉设备图

(2) 钢包及钢包车。

1) 钢包。LF 炉精炼设备处理钢液的容器,就是炼钢所采用的钢水包,由于在处理钢液造白渣时,渣液蓬松升高,所以对于 LF 装置所需的钢包,其钢液面至包沿应留有一定的自由空间,以便防止吹氩和埋弧加热时钢渣外溅。经过长时间的生产实践,钢包自由空间应留有 500～600 mm,若带有真空的 LF 炉,其钢包的自由空间应留有 1000～1200 mm 高度。

LF 炉配以钢包底吹氩操作。钢包底吹氩是将钢包底部透气砖内的吹氩管在精炼工位与外部吹氩管相接,实现吹氩搅拌。管线的切换采用快速接头,大大地提高了接管作业率。

2) 电动钢包车。钢包车是运送钢包的设备。LF 炉精炼设备大多采用双车三位形式,即两个电动钢包车和三个工位(两个等待工位和一个精炼工位)。钢包车车体是钢板焊接件,在车体上表面干砌一层耐火材料,以沙子填缝,用它来防止钢渣溅到车面上烧坏车体。钢包车用电动机驱动,采用变频器对速度进行控制。在精炼工位时,要求对位准确,停车误差控制在 ±10 mm 以内,为此,在各操作位设计了接近开关,分别用来控制两个车的减速、对位和过行程保护。

(3) 钢包盖。钢包盖(见图 1.8-5)在精炼中起密封作用,在气密构造下,钢包内充满惰性气体氩,保证还原气氛。同时在电弧加热、成分微调以及其他操作期间减少能量损失,提高加热效率。为满足精炼工艺的需要,在钢包盖上设置若干个工艺孔,分别用于电极插入、合金下料、测温取样和零星加料等,钢包盖底部及侧面分别设置集尘罩,可防止烟气逸出,减小噪声,减少空气的渗入,使钢包盖内保持一定的正压,制造还原气氛。钢包盖采用循环水冷却。钢包盖的内壁涂耐火泥,顶部设置耐火小炉盖,小炉盖采用整体控制的耐火砖结构,绝缘好,整体性能好,也易于更换。

1) 底部包盖。由两半圆环钢板焊件组成,将钢包口附近完全罩住。它每半带有一个除尘方管,管口分别在排烟管两侧,与外部固定排烟管相通,但不相连。

2) 中部包盖。中部包盖为钢管盘制，内部通软水冷却。它座在底部包盖上，其上部缩为一小口，除电极插入孔外，各工艺孔均开在中部包盖上，每个孔都设有气动阀门封闭。为了减少热损失，中部包盖内壁需敷设耐火材料。因此，在内部要焊有不锈钢锚钩，以便耐火材料的锚固和钢渣粘结。

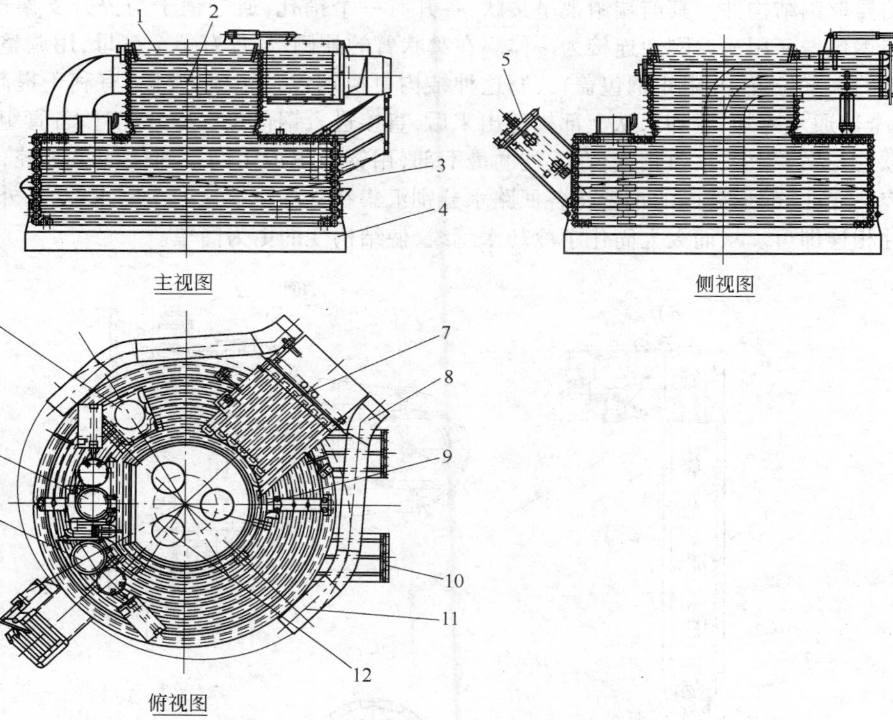


图 1.8-5　某厂 LF 钢包盖

1—小包盖；2—排烟罩；3—中部包盖；4—底部包盖；5—观测孔；6—手动阀门；7—排烟管道；8—除尘方管；9—静压传感器；10—升降悬臂；11—热电偶；12—电极插孔；13—取样孔；14—零星加料孔；15—合金加料孔

3) 排烟罩。排烟罩也为钢管盘制，内部通软水冷却。它与中部包盖的缩径小口相接，直径比中部包盖要小，以利于烟气的收集。排烟罩侧部带有矩形截面的排烟管道，钢包加热过程中产生的烟气由此处排出。排烟管道也为盘管式结构，钢管内通软化水冷却。因其要随钢包盖一起升降，故管口不与外部固定烟道口相连，而是留有 10～20 mm 的间隙，在排烟罩的顶部，为了固定小包盖，设计了一个倒锥形的箍圈。

4) 小包盖。如上所述，包盖本体的上口是敞开的，为了保持炉内温度恒定，防止钢液外溅，必须加小包盖封闭。且小包盖上要设有三个电极孔，以便电极穿过。小包盖由耐火材料制成。

(4) 钢包盖升降装置。钢包盖升降装置主要用于完成钢包盖升降，应保证钢包盖升降的平稳，钢包盖的水平及升降同步，以便钢包盖能顺利、准确地罩住钢包。目前国内钢包盖升降的方式主要有两种，一种是桥架式升降装置，一种是“Γ”形架式升降装置。“Γ”形架式升降装置，见图 1.8-6。它由液压缸和“Γ”形架组成，“Γ”形架为主要承载件，横臂前端与钢包盖连接，立柱下端与液压缸连接，在液压缸的顶升力作用下将钢包盖提起，靠设备自重复位。单液压缸驱动，从而解决了钢包盖升降不同步的问题。但由于钢包盖及“Γ”形架横臂重力的作用，将对升降立柱产生一个倾翻力矩。为此，在升降立柱高度方向上设置了两组导向轮组，用以平衡倾翻力矩。“Γ”形架是焊接钢结构，由立柱和横臂焊接而成。立柱本体为无缝钢管，下端焊有铰支座，用以铰接液压缸。在钢管的外壁两侧对称焊有导向轨道，其截面为直角三角形，两个互相垂直的导向轨面分别与导向轮接触，限制了升降立柱的晃动，平衡水平力及倾翻力矩。横臂是钢板焊接件，内部带有水冷腔的异形钢结构件。其前端俯视呈叉状，各开有一个销孔，通过销子与提升支架连接，而提升支架与钢包盖又用法兰刚性连接为一体。在叉状臂的外侧，各焊有一个螺母，用调整螺丝来调整钢包盖的水平位置，并阻止钢包盖转动，这种结构更换钢包盖快捷、方便、有利于提高作业率。“Γ”形架全部通水冷却，冷却水从上部横臂出来后，直接进入钢包盖水冷分配管，各管组冷却水回路通过软管与横臂上回水口相接，在立柱的最下部，用钢板隔成了两个封闭的小水腔，分别为两个回水腔。穿在“Γ”形架内的钢管将各回路水分别汇集在立柱下端这两个回水腔内，外部管线只需与立柱相连即可。从而大大简化了冷却水管线，使结构变的更为简单。

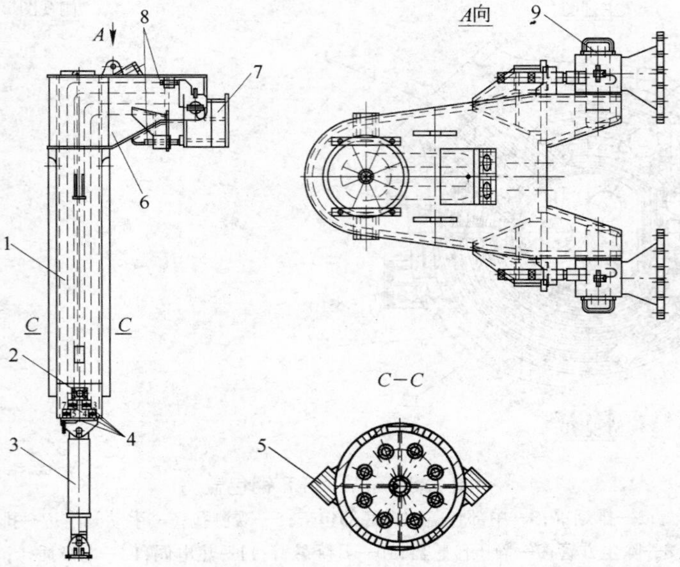


图 1.8-6　钢包盖“Γ”形架升降装置

1—立柱；2—钢包盖冷却水进水口；3—液压缸；4—钢包盖冷却水回水口；5—导轨；6—横臂；7—升降支架；8—调节螺丝；9—连接销

(5) 电极升降装置。电极升降装置用于电极夹持、支撑、升降和二次电流传导。由夹持器、电极臂、升降机构三部分组成。

1) 夹持器。夹持器位于电极臂的最前端，由夹紧机构和抱箍组成。为了防尘、隔热，夹紧机构嵌在电极臂的内腔，见图 1.8-7。

抱箍为夹持电极的卡具，呈开放的长半圆形。箍圈采用焊接双层水冷结构，用无磁性不锈钢制作。箍圈内侧，有两个用螺栓固定在箍圈上的夹紧块，它们分布于电极中心线的两侧，成 90°夹角。工作时，它们与电极臂上的导电铜块一起夹紧电极。夹紧块与箍圈之间要作严格的绝缘设计。为了电极的顺利导入，在箍圈的上方与夹紧块对应的位置上，焊接了两个导向架。箍圈的开口端，焊有连接块加以封闭。

夹紧机构由液压缸、蝶簧组、拉杆、滑块和液压缸依次放入电极臂前端的内腔，液压缸尾部与电极臂用螺栓紧固,将内腔后端封闭。内腔前端安装一透盖,将蝶簧组封闭在内腔里。连杆尾部与滑块固定,穿过蝶簧组,其前部再与箍圈开口处连接块锁紧,同时,预压缩了蝶簧组。夹紧电极时,依靠蝶簧组的反力推动滑块后移,从而达到夹紧电极的目的。松开电极时,液压缸动作,杠杆伸出,克服蝶簧组的力顶着滑块前移,带动抱箍也前移,松开电极。

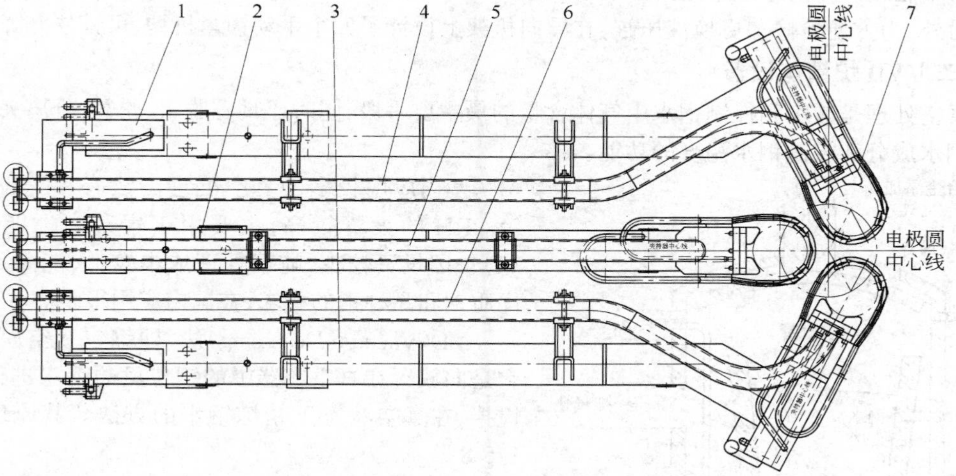


图 1.8-7　LF 炉电极臂

1、2、3—电极臂;4、5、6—铜管;7—夹持器

2) 电极臂。电极臂是用来连接电极升降柱和电极之间的设备。它主要的作用是支承电极,传导二次电流。它一端通过水冷电缆与短网相接,另一端与电极相连,构成了完整的二次回路。按导电载体的不同,可分为铜管导电型和铜钢复合横臂导电型。

典型的铜管导电型电极臂见图 1.8-7 ,它由横臂及导电铜管组成。横臂采用普通钢板焊接箱形结构,内部通水冷却,仅用于承载。三根横臂平行分布,在靠近电极端,两侧横臂为歪头形式,以使电极心圆尽可能小。导电铜管支撑在横臂上,支架采用无磁性不锈钢制作,焊接在横臂上。在铜管与支架之间填充绝缘材料,防止漏电。为保持三相平衡,作为电流载体的铜管长度应尽可能相同,所以中间相铜管采用高架形式,延长铜管长度,以获得与其余两相接近的电阻和电抗。由于 LF 低电压高电流的特点,铜管工作时,发热严重,必须通水冷却。

3) 电极升降机构。对 AC-LF 而言,电极升降有两种方式。一种是捆绑式升降,三根电极共用一套升降机构。这种方式可以获得较小的极心圆,提高包衬寿命,但由于三相不平衡的存在,三根电极消耗并不同步,需要能分别升降单根电极。独立升降形式满足了这一工艺操作要求,尽管极心圆稍有增大,但综合效益较好。这种升降机构由三根立柱组成,它们穿过平面机架,分布在等边三角形的三个顶点。每个立柱都包括下部钢管和上部横臂。下部钢管为无缝钢管,底端焊有支座,与升降液压缸连接,内部不通水冷却。为平衡倾翻力矩,并保证升降平稳,钢管外臂两侧焊有三角形导轨。上部横臂用来连接电极臂,它由钢板焊接而成,内部通水冷却。连接孔为三个长孔,使电极臂在纵横方向均能调整,可以更好地调节电极中心三角位置。

(6) 导向装置。对于采用桥架式钢包盖升降方式的 LF 装置,它的导向装置仅由一些固定在桥架上的导向轮组成,主要用于电极升降导向。而对于采用“Γ”形架式钢包盖升降方式的 LF 装置,它的导向装置除了导向轮组外,还有一个导向机架。既是电极升降又是钢包盖升降导向。导向机架为焊接结构件,有上、中、下三层平台,中间平台与土建基础固定。三根电极升降立柱及钢包盖升降立柱均贯穿三层平台。一个导向轮组由两个支架和四个偏心导向轮组成，每个支架上安装两个导向轮，且轮踏面互相垂直。两个支架对称分布在立柱两侧，与立柱上三角形导轨对应。待立柱安装调试好后，支架再与导向机架焊接，使轮面与轨面接触良好。由于升降的行程不同，每个电极升降立柱在三层平台上都设有导向轮组，而钢包盖升降立柱只在中、下两层平台设置了两个轮组。导向轮组采用集中润滑。

另外，为方便检修和更换液压缸，在导向机架上设计了四个手动锁紧机构，可锁住升降立柱。

**（二）VD 炉精炼设备**

真空处理是减少和控制钢水中气体含量的最主要手段，同时还具有脱碳、脱氧、分离夹杂物、调整钢水成分和控制钢水温度的功能。

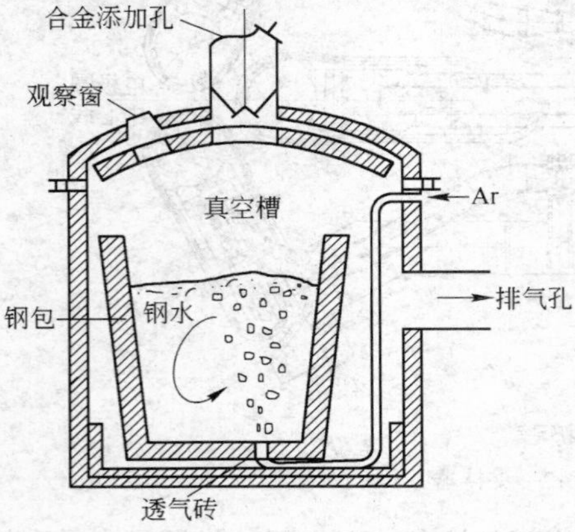

图 1.8-8　VD 原理图

国内应用较多的真空处理方法有 VD、RH、DH 等。RH 的投资较高，主要用于生产高性能板材。VD 炉因投资较少，吨钢处理成本较低，能满足大多优质钢和品种钢的要求，在国内应用很多。

VD(Vacuum Degassing)法，即钢包真空脱气法，它是向放置在真空容器中的钢包里的钢水进行吹氩搅拌，在真空状态下精炼钢水的方法。其原理见图 1.8-8。

VD 法脱气的原理是由于钢液处在真空状态下，钢液内部气体外溢，从而减少了钢液中的有害气体含量，达到纯净钢液的目的。整个处理过程简述如下：首先将经过转炉或电炉冶炼的钢液倒入钢包中，再将钢包运送到真空罐内，将罐盖盖上后抽真空，进行炉外精炼，进行脱碳、脱气、脱氧，去除杂质，合金化，均匀成分温度等过程。在钢包底部配上吹氩装置，对钢包中钢液进行充分搅拌，能加速钢液脱气效果和缩短钢液精炼时间。VD 装置设在炼钢和连铸两个工艺流程之间，不仅能获得高均匀性、高洁净度的钢水，增加钢的品种，而且还能起到调节两个工艺流程间的匹配关系的作用。

VD 真空处理装置主体设备包括：真空罐、真空罐盖、罐盖车及其提升系统、真空料斗系统、抽真空系统、铁合金添加系统、喂丝装置、液压站和其他介质供应系统。

图 1.8-9 为一套高架式 VD 设备，有两个真空罐和一套罐盖车的三工位布置形式。其精炼过程是：用吊车将装有冶炼合格钢水的转炉钢水罐放入真空处理罐内，测温、取样后，接通底吹氩气管道，钢水搅动正常后，将真空罐盖车开至工作位置后，驱动液压缸将真空罐盖缓缓放下，下降密封。同时，启动弯管运输车将抽气管与真空系统连接。真空泵系统接到指令后，分步启动对钢水进行真空处理。

根据需要，铁合金供应系统将合金称量后送入真空加料系统的受料斗，通过密封阀送入真空罐内的钢包里。

通过监视系统观察钢包液面的反应情况，通过对真空和吹氩系统的调节达到控制包内反应程度的目的。待真空处理完成后，关闭真空泵，同时打开相应的阀门进行破真空处理。均压后，将真空罐盖提起，进行测温取样，检测合格后，断开氩气管道，启动罐盖车至另一处理工位或等待位。用吊车将钢包吊到连铸机进行浇注。

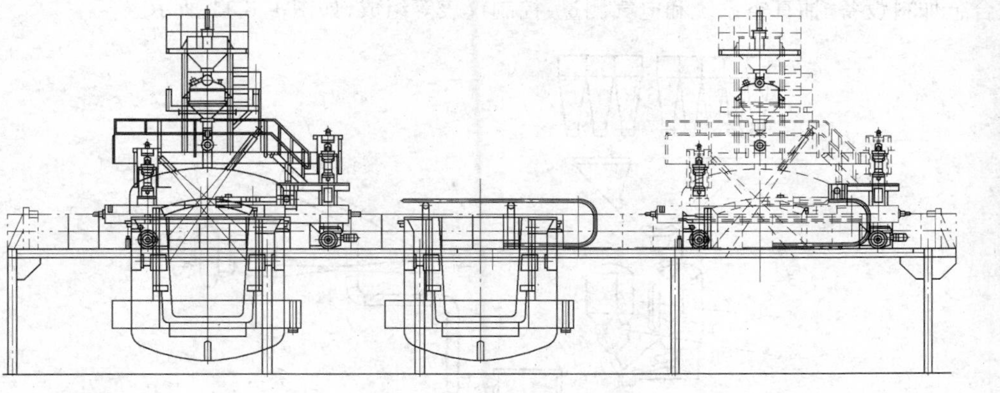

图 1.8-9　VD 炉布置图(三工位)

(1) 真空罐。真空罐是圆桶形的刚性焊接结构,其底部由一个冲压而成的半椭圆形封头构成,内衬耐火材料。罐体上设有水冷密封法兰,底部装有漏钢用的铝帽。当发生漏钢事故时,事故钢水沿罐体下部的事故溜槽进入隔离式事故坑内,以达到保护设备的目的。罐体侧装有钢包吹氩用的软管和快速接头。

(2) 真空罐盖系统。真空罐盖系统由罐盖、防溅罩和更换台架、摄像机、观察孔等组成。设有密封法兰,罐盖内侧由耐火材料浇注而成。该系统的主要作用是真空处理时对真空罐进行密封。

(3) 真空料斗系统。真空料斗系统由受料斗、真空给料斗、真空密封阀和加料均压系统组成。它安装在真空罐上,在真空处理时进行合金微调。

(4) 罐盖移动小车。该系统由真空罐盖移动车和罐盖提升装置组成。其功能是将罐盖和真空料斗系统升降并输送到两个不同的处理工位或等待位。精炼时,罐盖车将真空罐盖移动送至装有钢水包的真空罐上方,降下密封。

(5) 真空系统。真空系统由抽气管(固定抽气管、移动弯管)和真空泵(增压泵、喷射泵、启动喷射泵/器、冷凝器和密封水箱等)组成。抽气管道把真空泵与真空罐连接起来,真空泵提供冶炼需要的真空环境。

(6) 合金加料系统。该系统由铁合金贮存料仓、称量系统、运输皮带机等组成。它们满足 VD 炉对铁合金的需求。

(7) 喂丝系统。包括喂丝机和轨道、丝卷架等。用于在非真空条件下处理钢水之用。

**(三) 真空循环脱气法(RH)设备**

真空循环脱气法是由原西德 Ruhrstahl 公司与 Heraeus 公司在 1957 年首先使用的,故又称 RH 法,其工作原理见图 1.8-10。带有上升管和下降管的真空室插入钢包内,在上升管一侧通入氩气,与钢液混合形成气泡,使上升和下降管之间产生压力差,从而带动钢液不断上升。钢液进入真空室内进行脱气,接着由下降管再回到钢包内,这样,钢包内的钢水连续地通过真空室而进行循环,达到除气目的。

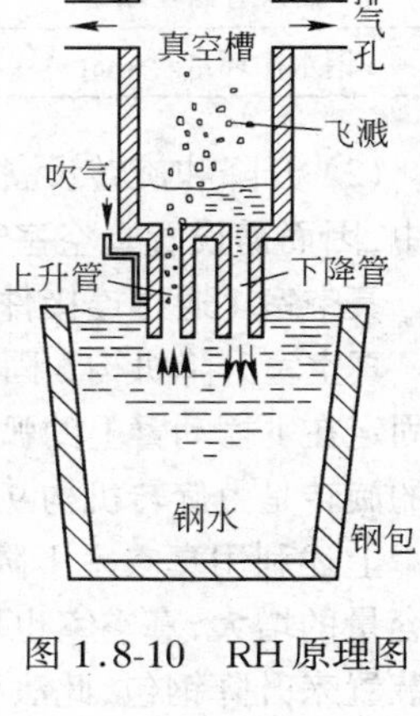


图 1.8-10　RH 原理图

RH 法设备主要由真空室、加热设备、真空室旋转和升降设备、铁合金加料设备、抽真空系统和电气测量、控制仪表等组成,如图 1.8-11 所示。

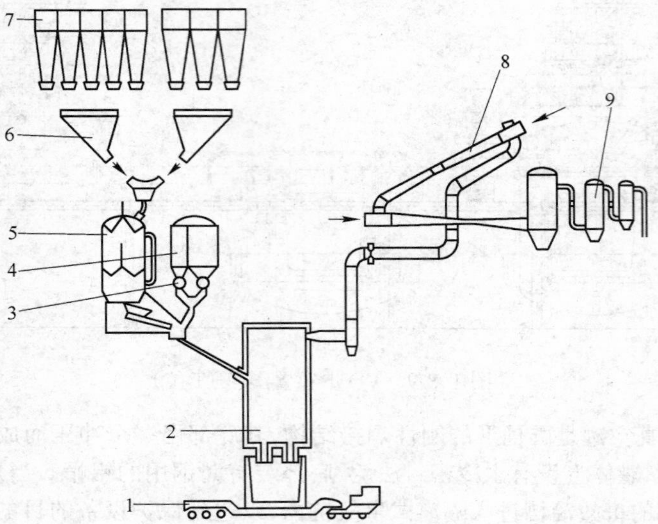


图 1.8-11　真空处理设备系统示意图

1—钢包;2—真空室;3—旋转给料器;4—小料斗;5—双料钟漏斗;6—称量漏斗;
7—合金漏斗;8—蒸气喷射泵;9—冷凝器

(1) 真空室。真空室是 RH 装置的关键设备之一,其室型参数的选定直接关系到精炼效果,精炼时间,设备作业率和精炼费用。真空室的参数应使钢水脱气效果好,在室内停留时间长,而热量损失少。真空室主要尺寸是它的内径和高度,其内径大小与钢水循环流量,插入管直径及钢水在真空室内停留时间等因素有关。真空室高度主要适应钢水处理时喷溅所需要的自由空间。表 1.8-3 列出了不同钢包容量的真空室有关参数。

**表 1.8-3　真空室有关参数**

| 参数 \ 钢包容量/t | 80 | 100 | 150 | 200 | 250 | 300 |
|---|---|---|---|---|---|---|
| 真空室外径/mm | 2200 | 2200 | 2500 | 2700 | 3000 | 3250 |
| 真空室内径/mm | 1340 | 1350 | 1700 | 1900 | 2100 | 2300 |
| 插入管内径/mm | 300 | 350 | 400 | 470 | 600 | 650 |
| 钢水循环量/t·min$^{-1}$ | 30 | 45 | 60 | 100 | 140 | 160 |

(2) 升降和旋转设备。精炼时,应先将真空室转至钢包的上方,然后下降,将插入管插入钢水中,因而需设置真空室升降和旋转机构。如图 1.8-12 所示。

真空室 1 通过连接件悬挂在摆动臂 2 和 3 上,摆动臂可绕轴 10 转动,摆动臂尾部有平衡重 11。真空室升降机构 6 固定在旋转平台 4 上,电动机通过减速器传动两个相同的小齿轮,再转动两个固定在下摆动臂上的弧形齿轮 5,因而可使摆动臂绕轴 10 摆动,这样真空室可上升下降。真空室的旋转是由旋转机构 9 实现的,通过电机减速机,开式齿轮传动而使旋转平台 4 绕立柱 8 转动。

上述利用真空室下降使插入管插入钢水的方法为上动法。上动法适用于小型设备。随着钢包容量的增大,真空室也增大,这时若再用真空室升降,连接管处密封问题不易解决,这时可用液压装置来升降钢包,此法称为下动法。

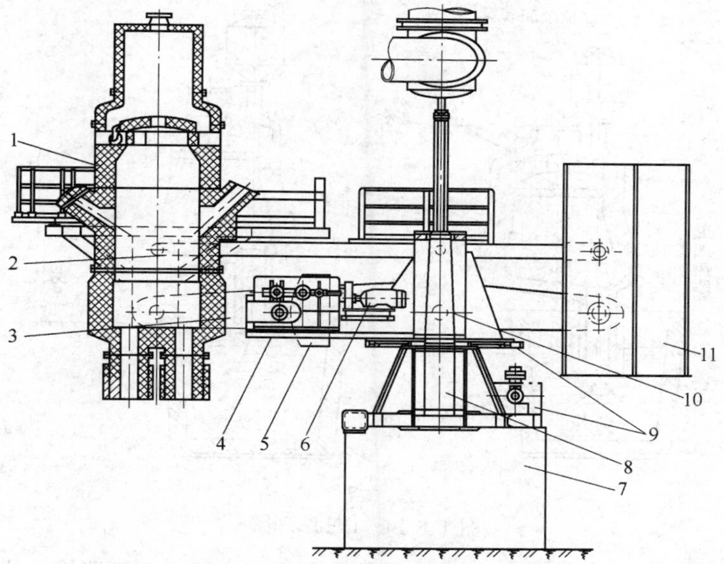


图 1.8-12　真空室升降和旋转机构

1—真空室;2—上摆动臂;3—下摆动臂;4—旋转平台;5—弧形齿轮;6—升降机构;
7—设备基础;8—立柱;9—旋转机构;10—摆动臂转轴;11—平衡重

(3) 合金加料设备。参见图 1.8-11,合金漏斗 7 通过下口处电磁振动给料器,使合金进入称量漏斗 6 内,称量后,预定重量的料送入真空室顶部的双料钟真空漏斗 5 内,再经电磁振动给料器、溜槽加入真空室内。双料钟漏斗 5 可以使加料在真空状态下进行。

(4) 真空泵系统。RH 法对真空泵要求不高,一般真空度在 13.33～133.32 Pa 就能满足工艺要求。蒸汽喷射泵的结构原理如图 1.8-13 所示。工作蒸汽在拉瓦尔喷嘴渐扩部得到膨胀,蒸汽压力能转变为动能,减压,增速,并获得超音速。当被抽气体由真空室引出时,在混合室 3 内与高速蒸汽混合,然后通过扩压器 4,混合气体压缩,压强增加,从出口喷出。

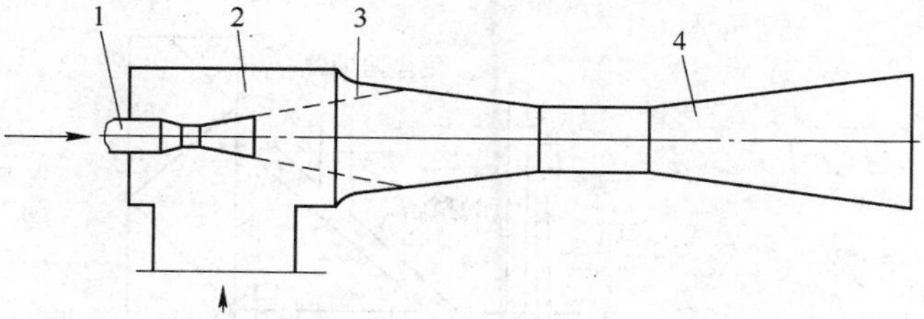


图 1.8-13　蒸汽喷射泵构造原理图

1—喷嘴;2—真空室;3—混合室;4—扩压器

### (四) 真空提升脱气法(DH)设备

DH 法,即真空提升脱气法,是 1956 年由德国的 Dortmund Hörder Hüttenunion 公司开发的,其原理见图 1.8-14。

DH 法的真空室下部有一个吸入管,其精炼过程是,先把吸入管插在钢包中的钢水里后,真空室内抽成真空,并与外界有压力差,钢水在此压力差的作用下,上升进入真空室而达到除气的目的。当压力差一定时,钢包与真空室之间的液面差保持不变,然后下降钢包位置或者升高真空

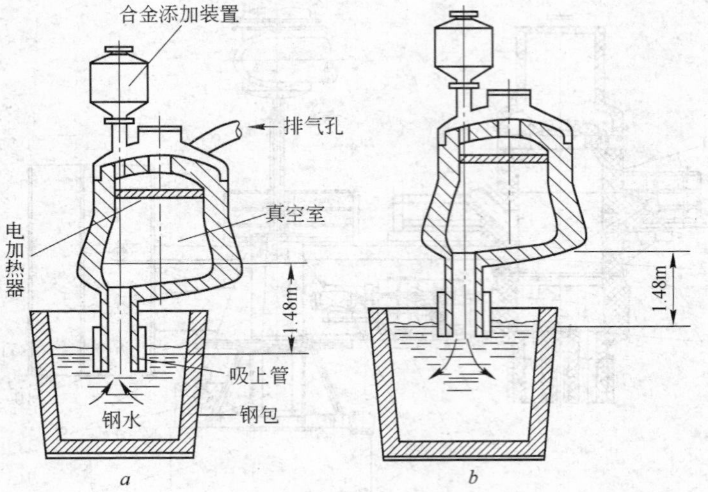


图 1.8-14　DH 原理图

室，则便有一定量真空室中的钢水返回钢包内；再升高钢包位置或者下降真空室时，又有一定量钢包内的钢水返回真空室中。这样将钢水经过吸入管分批送入真空室进行脱气处理。真空室(或钢包)的上升和下降以一定的速度反复进行，则钢水循环被全部得到处理。为解决钢在真空室内壁上附着和钢水温度降低的问题，在真空室内要设置电阻加热器。

其主要设备包括真空室、加热设备、真空室升降设备、合金加料设备、真空泵系统等。

**(五) CAS-OB 法**

CAS-OB 法是在原来 CAS 法的基础上增加了在隔离罩(浸渍管)内的吹氧。原 CAS 法是由日本新日铁开发的技术，是一种钢包内的成分微调法。这种精炼工艺除保留以往向钢包内喷吹惰性气体均匀钢水成分和温度的功能外，还能进行成分微调，并可提高合金元素的收得率和消除钢中大型夹杂，无需复杂的真空设备。但 CAS 法的不足之处是钢水易降温，为补偿钢水温降，在隔离罩上再增加一支氧枪进行吹氧，故称为 CAS-OB 法。其原理见图 1.8-15。

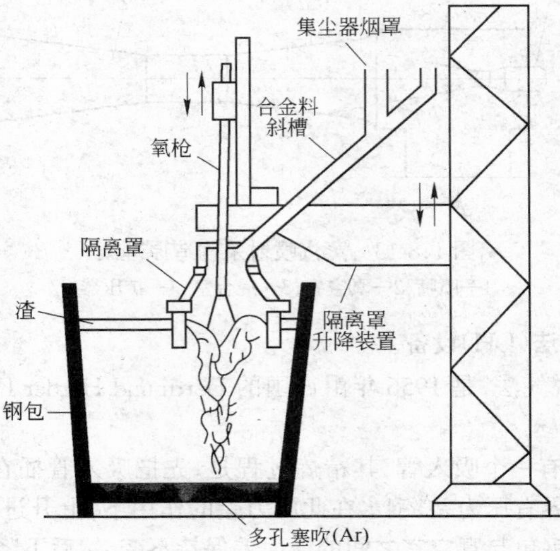


图 1.8-15　CAS-OB 原理图

其精炼过程是，将装有需处理钢水的钢包运至处理工位后，先由钢包底部的透气砖强吹氩气，吹开钢液表面的渣层后，立即下罩，同时测温、取样，加入合金元素，进行搅拌。吹氩结束后，将隔离罩提升，待钢水合格后即可进行浇注。在处理过程中，为使钢水保持一定温度，上部氧枪还需吹氧，进行加热调温，其对钢水的加热属化学加热法，利用加入的铝或硅铁与氧反应所放出的热量，直接对钢水进行加热。操作方便，且成本低，效率高。

其主要设备包括浸渍隔离罩、带隔离罩的提升装置、测温取样系统、除尘系统、底吹系统、合金料槽、氧枪和提升装置等。

**（六）VOD 法**

VOD 法，即真空吹氧脱碳法，是原西德维顿特殊钢厂在梅索公司协助下研制成功的，并于 1965 年投入工业性生产。其原理见图 1.8-16。

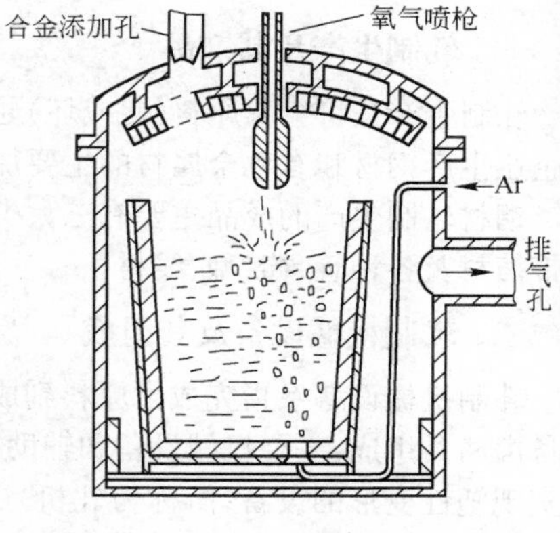


图 1.8-16　VOD 法原理图

其精炼过程是，钢水在初炼炉内进行吹氧降碳至 0.4%～0.5%，并调整钢水成分和温度，待合格后，将装有冶炼合格的钢水的钢包放置入真空室内，从钢包顶部吹入氧气，从钢包底部经透气砖吹入氩气搅拌钢水。待压力降到 6666.1 Pa 开始吹炼。在吹炼过程中逐渐提高真空度，吹炼末期可低至几百帕的压力。根据排出气体和钢水成分来确定停吹时间。停吹时应控制碳的含量稍高于规定的范围。在较高的真空度下，利用碳氧反应进一步脱氧，可获得高纯度的钢。停吹后，可在真空或大气下脱气，加合金调整成分、测温取样等操作，最后取出钢包进行浇注。

其主要设备包括钢包、吹氧装置、真空室及真空系统、合金加料系统、吹氩装置、测温取样装置等。

# 第九章 轧机主要机械设备

## 第一节 概 述

### 一、轧制生产及其产品

轧制生产是将金属原料(锭或坯)通过加热、轧制、精整等加工成最终产品的工艺过程,是冶金企业生产钢材和有色金属材的主要加工方法,轧制产品占所有塑性加工产品的90%以上。

钢材轧制生产的成品主要有三大类:板带材、型材和管材。有色金属轧制生产的成品主要有板带箔材及各种管、棒、型、线材。

### 二、轧制机械设备及其组成

轧制机械设备系指完成由原料到成品的整个轧制工艺过程中所使用的机械设备。轧制机械设备由两类组成:主要机械设备和辅助机械设备。轧制主要机械设备是指使轧件在旋转的轧辊中实现塑性变形的设备,简称为轧机。轧机由工作机座、传动装置(接轴、齿轮座、减速机、联轴器)及主电机组成,形成的工作线称为主机列。轧制辅助机械设备是指轧机以外的各种机械设备,用来完成除轧制以外的一系列辅助工序,如对轧件进行坯料处理、移送翻转升降、切断、矫正、精整、表面涂层、热处理以及收集整理和打捆包装等。例如,在大型轧钢车间中,有表面清理、加热、锯切、矫正等工序;在冷轧带钢车间中,有酸洗、电解清洗、退火、横切、纵切和表面涂层等工序。辅助设备种类多、数量大,占轧制车间机械设备总量的80%以上。随着轧制车间机械化、自动化程度的提高,辅助设备重量所占的比例就越来越大,直接影响轧制生产现代化的发展和生产率的提高。

### 三、轧机的标称

型材轧机用人字齿轮座齿轮节圆直径标称,初轧机是以轧辊名义直径标称的,因为轧辊名义直径的大小与能轧制出轧件最大断面尺寸有关。当型材车间中装有数列或数架轧机时,则以最后一架精轧机的轧辊名义直径作为轧机的标称。板带材轧机是以轧辊辊身长度标称的,因其辊身长度与能够轧制的板带材最大宽度有关。管材轧机则是直接以其能轧制的管材最大外径来标称。

在描述轧机的称谓中,除了用数字表述的标称外,还应用文字表述轧机的布置形式,以全面反映轧制车间生产和产品的技术特征。例如“300 mm 半连续式棒材轧机”中“300 mm”是指最后一架精轧机的轧辊名义直径为300 mm,而“半连续式”是轧机的布置形式;“2030 mm 冷带连轧机” 中“2030 mm”是指轧机轧辊宽度为2030 mm,而“连轧机”是轧机的布置形式。有时也用发明者的名字来命名,如森吉米尔轧机、摩根45°精轧机等。

### 四、轧机的分类

#### (一) 按轧制产品类别及特征分类

轧机按轧制产品类别及特征可分为开坯机、型钢轧机、热轧板带轧机、冷轧板带轧机、热轧无缝钢管轧机、冷轧钢管轧机和特殊轧机等,见表1.9-1。

表 1.9-1　轧机按轧制产品类别及特征分类

| 产品类别及特征 | 轧　机　形　式 |
| --- | --- |
| 初轧坯 | 方坯、板坯、方-板坯初轧机 |
| 钢　坯 | 钢坯连轧机，三辊开坯机 |
| 钢轨、钢梁 | 800 mm、950/800 mm 轨梁轧机 |
| 型　钢 | 500～700 mm 大型轧机，350～500 mm 中型轧机，250～350 mm 小型轧机 |
| 线　材 | 半连续式轧机，平立辊交替连续式轧机，45°高速无扭线材轧机，15°/75°高速无扭线材轧机 |
| 中厚板 | 二辊式轧机，四辊式轧机，劳特式轧机 |
| 宽带钢 | 热轧半连续、3/4 连续、全连续式轧机，炉卷轧机，冷轧单机架、双机架、连续式轧机 |
| 窄带钢 | 热连续式、半连续式轧机，行星轧机，冷轧单机架、连续式轧机 |
| 箔　材 | 单机架轧机，连续式轧机 |
| 无缝钢管 | 自动轧管机组，周期式轧管机组，三辊式轧管机，连续式轧管机，顶管机组 |
| 焊　管 | 炉焊、电焊(包括直缝焊管、螺旋焊管、UOE 焊管)成形轧机 |
| 车轮、轮箍 | 车轮轮箍轧机 |
| 冷弯型材 | 冷弯型钢机组 |
| 特殊产品 | 特殊用途轧机 |
| 钢　球 | 钢球轧机 |
| 轴　类 | 楔横轧机 |
| 扳手等 | 周期断面轧机 |
| 变截面板簧 | 变截面板簧轧机 |

## (二) 按轧辊在机座中的布置分类

轧机按轧辊在机座中的布置分类如下：

(1) 水平轧辊轧机，常见的为二辊轧机、三辊轧机和四辊轧机及多辊轧机，广泛用于开坯、型材和板带机列中。在板带材轧制生产中有五辊、六辊、偏八辊、十二辊、二十辊、三十六辊等多辊轧机。此外还有行星轧机、在平板上轧制的轧机、摆式轧机等。

(2) 带有垂直轧辊的轧机，即所谓立辊轧机，用于开坯轧制中的除鳞，型钢和钢坯轧制中的侧压，宽带钢轧制中的轧边。

(3) 具有水平辊和立辊的轧机，即所谓万能轧机，用于板坯轧机、宽带钢轧机、宽边钢梁轧机和型钢线材轧机中。

(4) 轧辊倾斜布置的轧机，主要应用于横向-螺旋轧制的管材生产中，如钢管穿孔机、轧管机、钢管延伸轧机、钢管均整机和钢管扩径机等，也用于轧制钢球和圆形周期断面轧机中。

(5) 轧辊具有其他不同布置形式的轧机，用于生产车轮、轮箍、齿轮等特殊轧机。

轧机按轧辊在机座中的排列和数目分类情况见表 1.9-2。

**表 1.9-2　轧机按轧辊的排列和数目分类**

| 名　称 | 使 用 情 况 |
|---|---|
| 二辊式 | 可逆式：方坯初轧机，板坯初轧机，方-板坯初轧机，厚板轧机，冷轧钢带轧机等<br>不可逆式：钢坯连轧机，叠轧薄板轧机，冷轧薄板或钢带轧机，连轧型钢、线材轧机，轧管机 |
| 三辊式 | 轨梁轧机，大、中、小型型钢轧机，开坯轧机 |
| 劳特式 | 厚板轧机 |
| 复二重式 | 小型和线材轧机 |
| 四辊式 | 厚板轧机，冷、热钢带轧机，热薄板轧机，平整机 |
| 多辊式 | 薄带和箔材冷轧机 |
| 行星式 | 热带轧机，开坯机 |
| 立辊式 | 钢坯连轧机，型钢连轧机，宽钢带轧机 |
| 万能式 | 板坯初轧机，厚板轧机，热带轧机，H 型钢轧机，型钢轧机，线材轧机 |
| 斜辊式 | 二辊：无缝钢管穿孔机，轧管机，延伸机，均整机<br>三辊：无缝钢管穿孔机，轧管机，均整机 |
| 盘　式 | 无缝钢管穿孔机，轧管机 |
| 蘑菇式 | 无缝钢管穿孔机 |
| 轧辊 45°布置 | 高速线材轧机，定径机，减径机 |
| 轧辊 15°/75°布置 | 高速线材轧机 |

## （三）按轧机的布置形式分类

根据轧材性质、工艺流程及生产率要求不同，轧机工作机座排列的顺序和数量也有所不同，构成了不同车间的布局特点。按机座的布置形式轧机可分为：单机架式、多机架顺列式、横列式（一列式、二列式和多列式）、半连续式、3/4 连续式、连续式、串列往复式、布棋式等，但基本形式只有三种，即横列式、顺列式和连续式，单机架布置可看成是横列式或顺列式布置的特例；半连续、3/4 连续布置常常是连续式和横列式或顺列式布置的组合；布棋式则是为了缩短车间长度而采取的顺列式布置的一个变种。轧机工作机座布置形式详见表 1.9-3。

**表 1.9-3　轧机工作机座布置形式**

| 布置形式 | 简　图 | 应用场合 |
|---|---|---|
| 单机架式 | 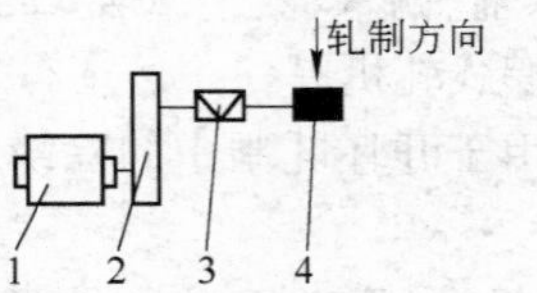  1—电动机；<br>2—减速器；<br>3—齿轮机座；<br>4—轧机 | 用于二辊可逆式初轧机、三辊劳特式中板轧机、单机架板带轧机、炉卷轧机、其他特殊轧机 |
| 多机架顺列式 | 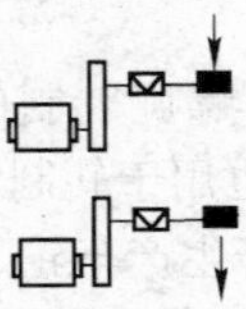 | 通常用于断面尺寸较大的钢材轧制，如大中型型钢轧机 |

续表 1.9-3

| 布置形式 | 简图 | 应用场合 |
|---|---|---|
| 横列式 | 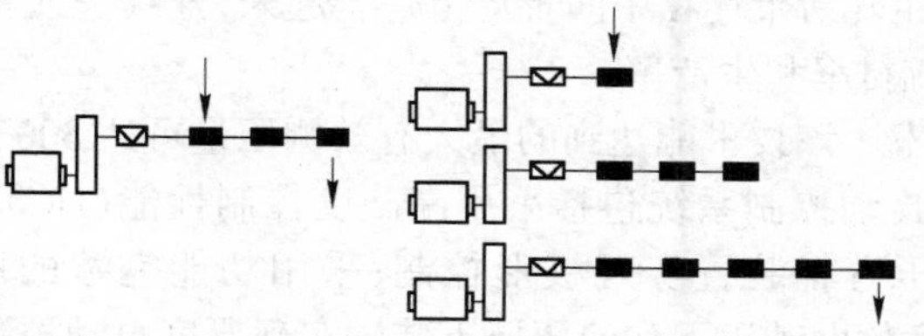 | 中小型开坯机、轨梁轧机，型钢轧机多用一列或两列式布置，小型材轧机采用三列或三列以上布置 |
| 半连续式 | 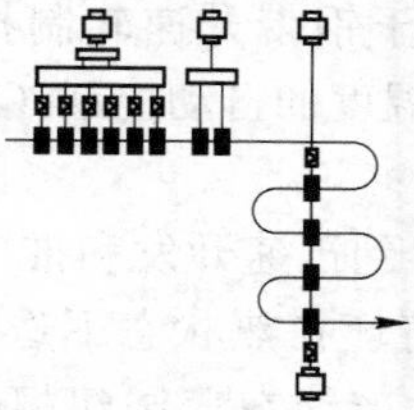 | 常用于小断面轧件生产 |
| 3/4 连续式 | 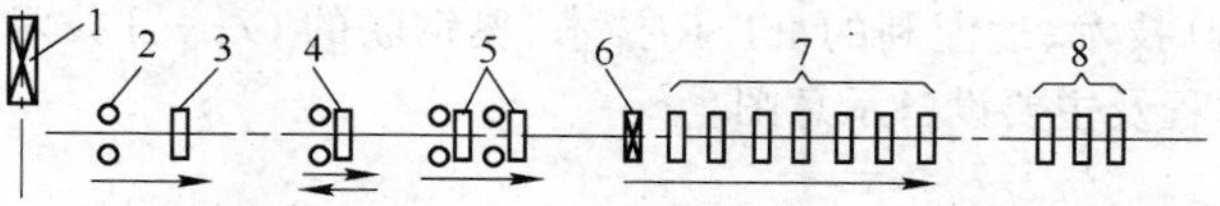 1—加热炉；2—立辊除鳞机；3—二辊可逆轧机；4—四辊万能轧机；5—二辊可逆轧机；6—飞剪；7—四辊精轧机；8—卷取机 | 本图例为热轧宽钢带生产线的机座布置，粗轧的后两道为连轧，故称为 3/4 连轧 |
| 连续式 | 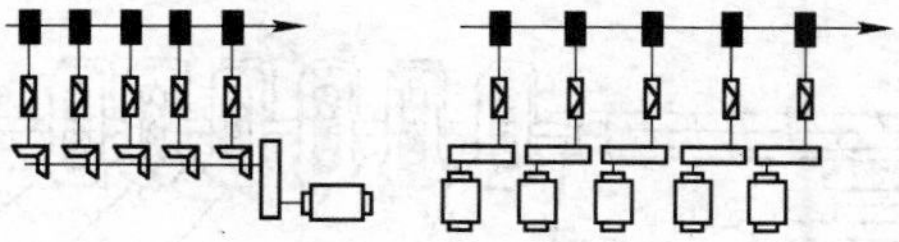 | 用于冷热轧钢带轧机、型钢轧机、线材轧机、钢坯连轧机以及钢管轧机，是各类轧机的发展方向 |
| 串列往复式 | 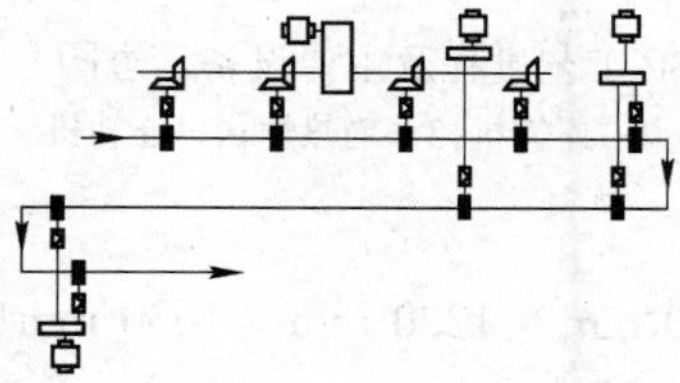 | 用于轧制断面较为复杂的型材的型钢轧机，为顺列式布置的变种 |
| 布棋式 | 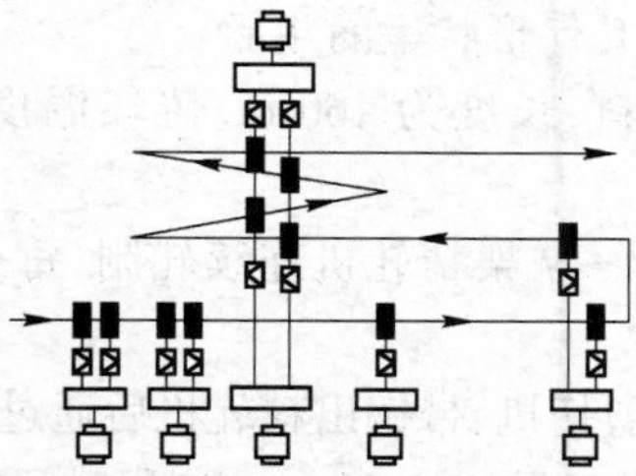 | 同串列往复式 |

## 五、轧机发展概况

### (一) 热连轧宽钢带轧机

热连轧宽钢带轧机产量高，质量优，成本低，发展极为迅速。宽钢带热连轧机的现代化技术主要有：

(1) 节能新技术。节能新技术有将连铸坯在600℃以上的高温直接装入加热炉的热装技术；在粗轧机组与精轧机组之间的辊道上设置隔热系统或热卷取箱保温。

(2) 无头轧制。无头轧制是将粗轧后带坯在中间辊道上焊合起来，连续进入精轧机组，精轧后再将钢带切断并卷取，从而提高成材率和生产率。

(3) 在线调宽及板坯大侧压技术。该技术能达到的最大有效侧压量可达300 mm。

(4) 各种自动控制系统。各种自动控制系统包括采用高凸度控制性能(HC)轧机或连续可变凸度(CVC)板形控制系统和液压弯辊装置实现板形控制；采用功能完善的厚度自动控制(AGC)系统、装设具有较高响应速度的电动压下和液压压下装置实现厚度自动控制；装设宽度自动控制(AWC)系统实现宽度自动控制；借助于钢带升速轧制技术实现终轧温度的自动控制(FTC)；运用钢带层流冷却系统实现钢带卷取温度的自动控制(CTC)；采用加热炉燃烧自动控制系统和轧制节奏的自动控制等。

20世纪末期，钢铁生产短流程生产工艺得到迅速开发和推广，连铸连轧技术将钢水的凝固成形与变形成形两个工序衔接起来，将薄连铸坯在热状态下送入精轧机组，直接热轧成带卷。1987年7月世界上第一条薄板坯连铸连轧生产线在美国纽柯公司问世。德国西马克公司的CSP技术，德马克公司的ISP技术、达涅利的FTSR技术、奥钢联的Convoll技术都已有用户采用。图1.9-1为CSP工艺过程及主要设备示意图。

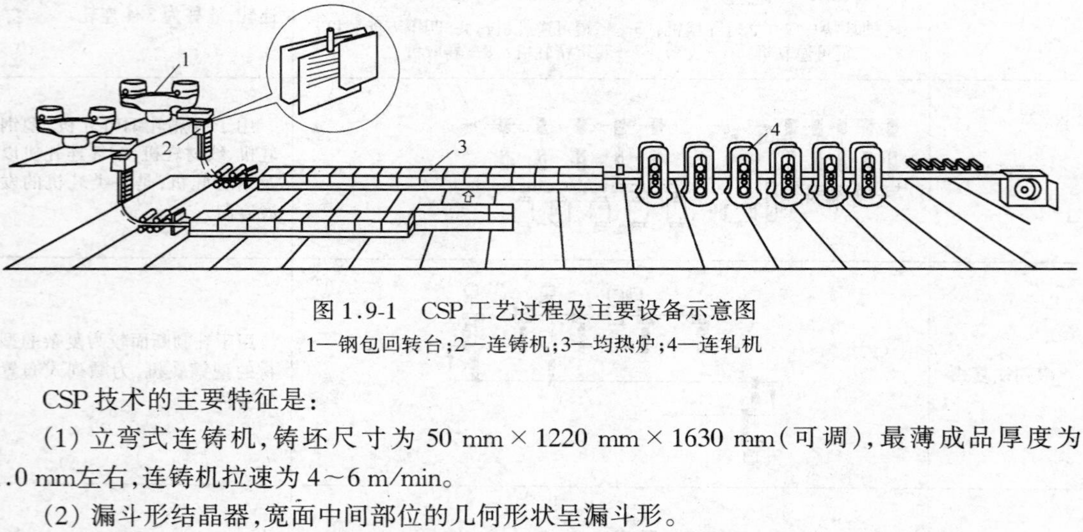

图1.9-1　CSP工艺过程及主要设备示意图
1—钢包回转台；2—连铸机；3—均热炉；4—连轧机

CSP技术的主要特征是：

(1) 立弯式连铸机，铸坯尺寸为50 mm×1220 mm×1630 mm(可调)，最薄成品厚度为1.0 mm左右，连铸机拉速为4～6 m/min。

(2) 漏斗形结晶器，宽面中间部位的几何形状呈漏斗形。

(3) 辊底式加热炉，以天然气为燃料，长度为160 m，铸坯温度由1050℃加热到1100～1150℃。

(4) 根据热卷要求精轧机组可配置4～7架精轧机连续轧制，每架轧机装配有CVC技术和AGC控制。

(5) 生产线全长约250 m，设有摆式剪切机，带钢出精轧机后通过层流冷却进入地下卷取机。

(6) 从钢水注入结晶器到卷取成板卷只需15～30 min，流程时间极短。

### (二) 冷轧带钢轧机

近年来，冷轧板带钢生产获得迅速发展，冷连轧机末架出口速度可达41.7 m/s，冷卷卷重已达60 t，年产量可达250万t。冷轧带材的轧制方式主要有三种，见表1.9-4。

**表 1.9-4　主要冷轧带材的轧制方式及轧机形式**

| 冷轧方式 | 轧机形式 |
|---|---|
| 单机架可逆式 | 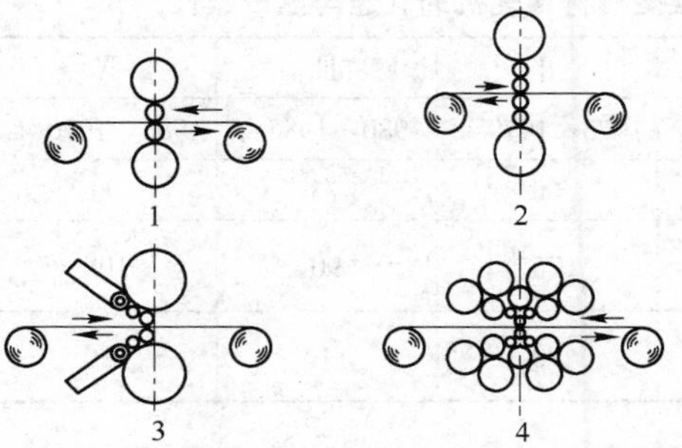 1—四辊可逆轧机；2—六辊轧机；3—偏八辊轧机；4—二十辊轧机 |
| 连续式 | 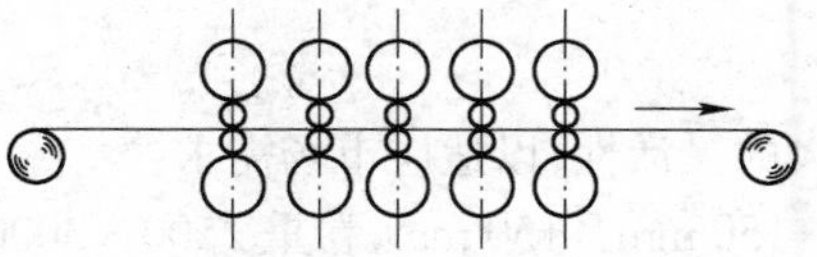 |
| 全连续式 | 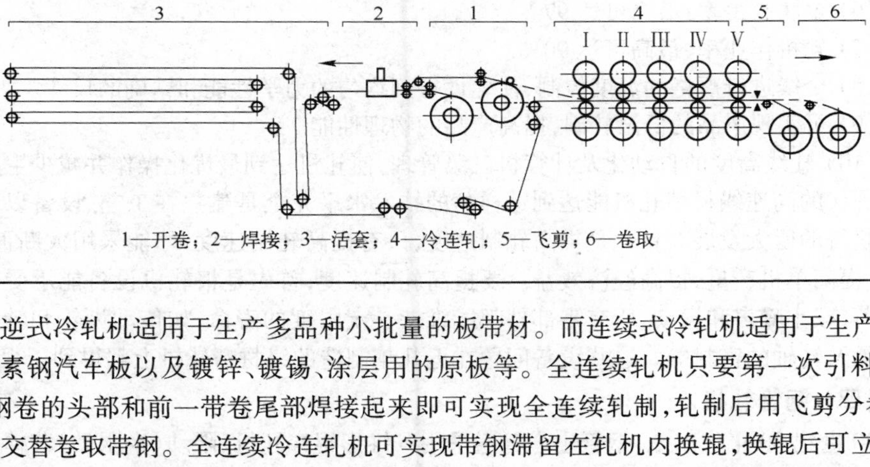 1—开卷；2—焊接；3—活套；4—冷连轧；5—飞剪；6—卷取 |

单机架可逆式冷轧机适用于生产多品种小批量的板带材。而连续式冷轧机适用于生产产量高品种少的碳素钢汽车板以及镀锌、镀锡、涂层用的原板等。全连续轧机只要第一次引料穿带后，将后续带钢卷的头部和前一带卷尾部焊接起来即可实现全连续轧制，轧制后用飞剪分卷，并由两台卷取机交替卷取带钢。全连续冷连轧机可实现带钢滞留在轧机内换辊，换辊后可立即进行轧制。采用全连续冷连轧机可提高生产率 30%～50%，产品的质量和收得率均获得提高。

冷轧带钢的现代化技术主要有：

(1) 全连续的联合生产线。将酸洗、轧制乃至退火、精整合成为一个联合生产线，可进一步提高机时产量、成材率，减少中间库，降低投资和生产成本。

(2) 板形控制技术。冷连轧机普遍采用液压弯辊技术，设置板形仪、全液压压下装置及厚度自动控制装置(AGC)，改善工艺冷却润滑技术，采用高凸度控制性能(如 HC)技术或连续可变凸度(CVC 或 UPC)等技术，组成板形闭环控制系统。

(3) 带钢连铸—冷轧工艺。带钢连铸机浇铸出的钢带不经热轧，或经 1～2 架轧机热轧即进入冷轧机生产冷轧钢带。此工艺今后将进一步得到完善和推广。

(4) 连续退火、全氢罩式退火技术及多种涂镀生产技术的快速发展。

**(三) 线材轧机**

线材生产从横列式、复二重式、半连续式、连续式轧机，到 1966 年由摩根公司设计制造的第一台高速无扭线材精轧机建成投产,此后高速线材生产技术不断地得到迅速发展。若以轧制速度为这类轧机技术水平的主要标志,则可从表1.9-5看出这类轧机的发展概况。

**表1.9-5　各代摩根型线材精轧机的轧速与建设年代**

| 代　数 | | Ⅰ | Ⅱ | Ⅲ | Ⅳ | Ⅴ |
|---|---|---|---|---|---|---|
| 建设年代 | | 1966～1974年 | 1975～1979年 | 1980～1985年 | 1986～1990年 | 1990年以后 |
| 轧制速度 /m·s$^{-1}$ | 保证速度 | 45 | 60 | 75 | 90 | 105 |
| | 轧辊为最小直径时 | 50 | 75 | 90 | 108 | 120 |
| | 传动电机达最高转速时 | 60 | 90 | 112 | 130 | 140 |

现在的线材精轧机的技术性能已大大提高,它能达到的主要技术指标如下:

(1) 轧速:最高可达140 m/s。

(2) 产量:单线产量可达63万 t/a。

(3) 产品规格:$\phi$4～25 mm。轧机具有较大的灵活性,以适应市场需求。

(4) 坯料:断面一般取120 mm×120 mm～150 mm×150 mm,卷重2500～3000 kg。

(5) 尺寸偏差:$\phi$5.5 mm为±0.12 mm,采用定径机可达±0.1 mm,椭圆度0.2 mm。

(6) 金属收得率:最高可达97%。

(7) 轧机作业率:最高可达90%。

(8) 全线进行严格的温度控制,使轧件得到均匀的力学性能和精确的尺寸。

(9) 可实现产品的低温轧制,提高产品的物理性能。

(10) 轧线高度的自动化及计算机三级管理,使轧机达到最优化操作并减少生产人员。

现代的高速线材精轧机能达到这样高的技术水平完全是建立在工艺、设备以及两者的结合上所获得的巨大发展。首先是提高轧制速度,只有提高轧制速度,才能采用大断面的坯料,提高卷重,提高单机产量,提高经济效益。要提高轧制速度,首先是精轧机设备能承受高速运转下的动负荷,减小噪声和振动,所有零部件都能维持一定限度的寿命,如传动齿轮和轴、滚动轴承、油膜轴承及转轴的密封等。这些设备问题在近几年制造的线材精轧机上都得到了很大改进。

**(四) 钢管轧机**

20世纪80年代以来,钢管生产普遍采用了锥形辊穿孔机、限动(半限动)芯棒连轧管机组等高效先进设备。其轧管机可生产直径达$\phi$426 mm、长度达50 m的钢管;产品质量好,外径公差可达±0.2%～0.4%,壁厚偏差可达±3%～6.5%范围内;生产率高,单机最大产量达80～100万t/a。

近年来,管坯连铸技术有了长足发展,逐步取代了轧制管坯,使金属收得率提高了10%～15%,能源费用节省40%以上,成本大大降低。在二辊式限动芯棒连轧管机的基础上,又研制出三辊可调式限动芯棒连轧管机。

对精密、薄壁、高强度特殊钢管需求量的不断增长,促使冷轧和冷拔钢管生产也得到了迅速发展。冷轧管机以周期式冷轧管机应用最广,而卷筒式冷拔管机具有占地面积小、拔制速度高的优点,正在推广应用。

# 第二节　轧机主要部件

## 一、轧机工作机座的构成

轧机工作机座是轧机主机的总称。各类轧机的结构类型繁多,但工作机座总是由以下几大部件组成:轧辊、轧辊轴承、机架(俗称牌坊)、轨座、轧辊调整装置(包括上辊压下装置、中辊调整装置、下辊压上装置、立辊调整装置、轧辊轴向调整及固定装置等)、轧辊平衡装置、导卫装置以及换辊装置。此外还有无牌坊轧机。

图 1.9-2 是有三个水平轧辊的 650 mm 型钢轧机工作机座示意图。开式机架通过轨座安装在地基上,转动的轧辊则通过轴承和轴承座固定在机架的窗口内。为使轧辊上下左右移动以调整孔型,设计安装了上辊压下装置、上辊平衡装置、下辊压上装置以及轧辊轴向调整及固定装置。

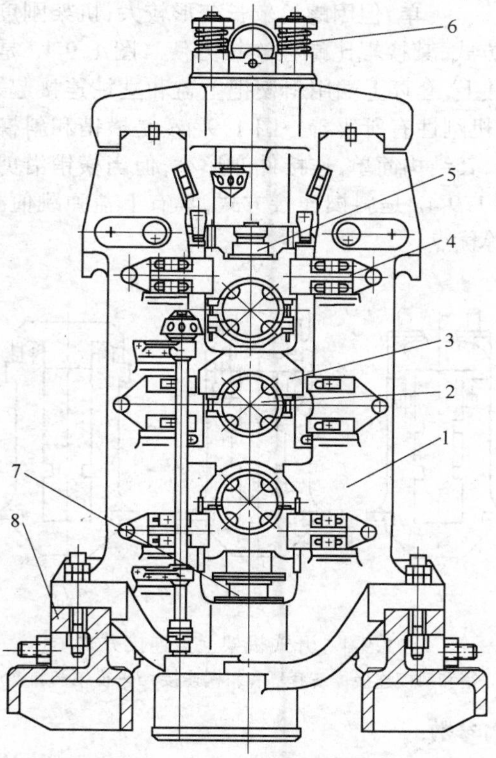


图 1.9-2　轧机工作机座

1—机架;2—轧辊;3—轧辊轴承;4—轧辊轴向调整及固定装置;5—上辊压下装置;6—上辊平衡装置;7—下辊压上装置;8—轨座

## 二、轧机机架

### (一) 机架的类型

1. 闭式机架

闭式机架是一个整体框架,具有较高的强度和刚度(图 1.9-3)。闭式机架常用于轧制力较大的初轧机、板坯轧机或对产品尺寸精度要求高的板带轧机。对于某些小型和线材轧机,为获得较

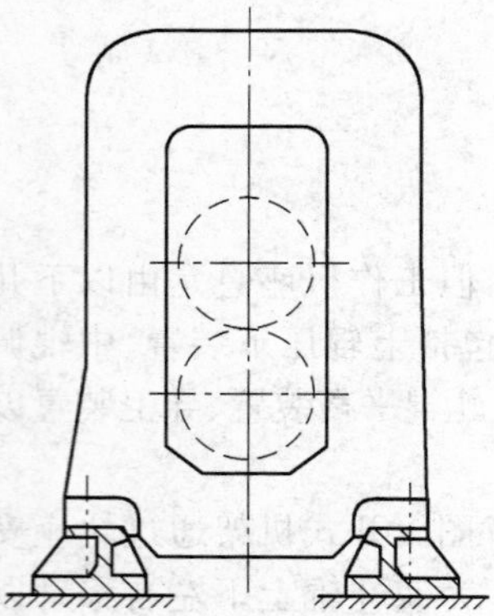

图 1.9-3 闭式机架简图

好的轧件质量，也往往采用闭式机架。采用闭式机架的工作机座一般设置专用换辊装置，如采用 C 形钩、换辊套筒、换辊小车等装置，用来将轧辊沿其轴线方向从机架窗口中装入或抽出。

2. 开式机架

开式机架由 U 形机架本体和上盖(上横梁)两部分组成。开式机架便于换辊，只要拆开上盖，就可很方便地将轧辊从上面吊出或装入，所以常用于不便于轴向抽插轧辊的横列式型钢、线材尤其是大、中型型材轧机上。开式机架的主要缺点是机架刚度较差。影响机架刚度和换辊速度的关键是上盖的连接方式。常见的上盖连接方式有 5 种，如图 1.9-4 所示。

图 1.9-4*a* 是用两个螺栓将上盖与机架立柱连接，方法简单，但因螺栓较长变形较大，机架刚度较低，拆装螺母费时。图 1.9-4*b* 是立销与斜楔连接方式，其换辊比螺栓连接方便。图 1.9-4*c* 是套环与斜楔连接方式，套环的下端用横销铰接在立柱上，套环上端用斜楔把上盖和立柱连接起来。由于套环的断面可大于螺栓或圆柱销的断面，轧机刚性有所改善。图 1.9-4*d* 是横销和斜楔连接方式，上盖与立柱用横销连接后，再用斜楔楔紧，其结构简单，连接件变形小，但当横销沿剪切断面产生变形后，拆装较困难，延长换辊时间。图 1.9-4*e* 是斜楔连接方式，具有上盖弹跳值减小、连接件结构简单、连接坚固和立柱横向变形小等优点。

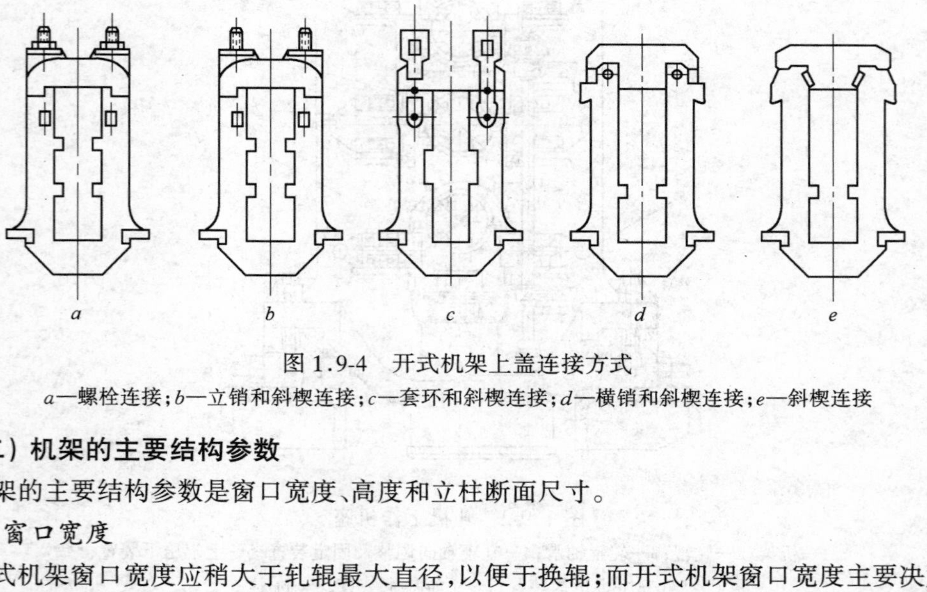


图 1.9-4 开式机架上盖连接方式

*a*—螺栓连接；*b*—立销和斜楔连接；*c*—套环和斜楔连接；*d*—横销和斜楔连接；*e*—斜楔连接

### (二) 机架的主要结构参数

机架的主要结构参数是窗口宽度、高度和立柱断面尺寸。

1. 窗口宽度

闭式机架窗口宽度应稍大于轧辊最大直径，以便于换辊；而开式机架窗口宽度主要决定于轧辊轴承座的宽度。

四辊轧机机架宽度一般是支撑辊直径的 1.15～1.30 倍。为换辊方便，换辊侧的机架窗口宽度应比传动侧机架窗口宽度宽 5～10 mm。机架窗口宽度也可用下式表示为：

$$B = B_Z + 2S \tag{1.9-1}$$

式中 $B$——机架窗口宽度，mm；

$B_Z$——支撑辊轴承座宽度，mm；

$S$——窗口滑板厚度，mm，一般取 $S=20\sim40$ mm。

2．窗口高度

机架窗口高度 $H$ 主要根据轧辊最大开口度、压下螺丝最小伸出端（至少有 2～3 扣螺纹长度），以及换辊要求等因素确定，即：

$$H=H_1+H_2+H_3+S_1+S_2 \tag{1.9-2}$$

式中　$H_1$——两个（或四个）轧辊接触时，上、下轴承座间的最大距离，mm；

$H_2$——安全臼或测压元件以及均压块的高度，mm；

$H_3$——下轴承座底垫板厚度，mm；

$S_1$——轧机换辊时的最大开口度，mm；

$S_2$——机架窗口高度尺寸裕量，通常取 $S_2=150\sim250$ mm。

对于四辊轧机，可取：

$$H=(2.6\sim3.5)(D_w+D_b) \tag{1.9-3}$$

式中　$D_w$——工作辊直径，mm；

$D_b$——支撑辊直径，mm。

3．机架立柱断面尺寸

因为作用在轧辊辊颈和机架立柱上的力量相同，而辊颈强度近似地与其直径平方（$d^2$）成正比，所以机架立柱的断面积（$F$）与轧辊辊颈的直径平方（$d^2$）有关。可根据比值$\left(\frac{F}{d^2}\right)$的经验数据在设计时确定机架立柱断面积，然后再进行机架强度与刚度（对板带轧机）验算。

表 1.9-6 列出了机架立柱断面积与轧辊辊颈直径平方的比值$\left(\frac{F}{d^2}\right)$，供选取。

**表 1.9-6　机架立柱断面积与轧辊辊颈直径平方的比值$\left(\frac{F}{d^2}\right)$**

| 轧辊材料 | 轧机类型 | 比值$\left(\frac{F}{d^2}\right)$ | 备　注 |
|---|---|---|---|
| 铸　铁 | | 0.6～0.8 | |
| 碳素钢 | 开坯机 | 0.7～0.9 | |
| | 其他轧机 | 0.8～1.0 | |
| 铬　钢 | 四辊轧机 | 1.2～1.6 | 按支撑辊辊颈直径计算 |

机架立柱断面尺寸对机架刚度影响较大。在现代板带轧机上为提高轧制精度，有逐步加大立柱断面的趋势。厚板轧机机架立柱断面积已增至 10000 $cm^2$；热带轧机的机架断面积达 7000 $cm^2$。

## （三）机架的倾翻力矩计算及支座反力和地脚螺栓强度计算

1．机架的倾翻力矩计算

轧机在正常轧制过程中，工作机架的倾翻力矩由两部分组成，即：

$$M_Q=M_d+M_h \tag{1.9-4}$$

式中　$M_Q$——机架的总倾翻力矩；

$M_d$——传动系统加于机架上的倾翻力矩；

$M_h$——水平力所引起的倾翻力矩。

传动系统加于机架上的倾翻力矩　按下列方法计算由传动装置作用在二辊轧机和三辊轧机上的倾翻力矩：

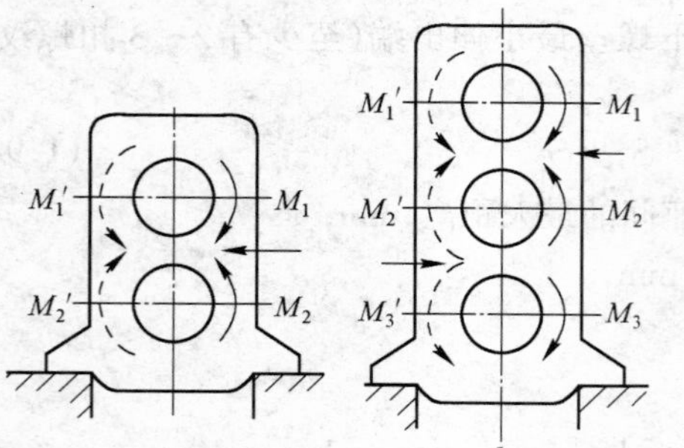


图 1.9-5　传到轧辊上的力矩示意图
a—二辊机座；b—三辊机座

(1) 二辊轧机的倾翻力矩。图 1.9-5a 中的 $M_1$ 及 $M_2$ 表示由传动装置传到轧辊上的力矩，而 $M_1'$ 及 $M_2'$ 为相邻机座（如在横列轧机上）的轧辊传到本架轧机轧辊上的反力矩。设力矩顺时针方向为正，当轧辊间力矩分布情况已知时，则按力矩的平衡条件可列出下式：

$$M_d = M_1 - M_2 - M_1' + M_2' \qquad (1.9\text{-}5)$$

若单机架轧制时，则有：

$$M_d = M_1 - M_2 \qquad (1.9\text{-}6)$$

从公式 1.9-6 可知，由传动装置加在机座上的倾翻力矩仅当转动上、下轧辊的力矩不相等时才发生。在通常情况下 $M_1 = M_2$，则 $M_d = 0$。

若单辊传动或一个传动接轴折断时，以及接轴和传动系统中的相配合传动零件之间产生了瞬间间隙时为最危险的情况。

例如，在二辊叠轧薄板轧机上，传动装置仅带动下轧辊，上轧辊是空转的，靠轧件与轧辊间的摩擦力带动，这时 $M_1 = 0$，则：

$$M_d = -M_2 = M_Z \qquad (1.9\text{-}7)$$

式中　$M_Z$——轧制力矩，N·m；

负号表示机架向所设方向相反的方向倾翻。

这种情况也发生在二辊轧机发生事故时，这时两个轧辊之一与齿轮机座连接的轴套或轴因损坏而折断，因主电机未能及时停机，轧制还靠轧机和传动装置中转动部分的惯性而继续进行着，虽然时间很短暂，但却是不可避免的。

(2) 三辊轧机的倾翻力矩。图 1.9-5b 中的 $M_1$、$M_2$ 及 $M_3$ 表示从传动装置方面传到轧辊上的力矩，而 $M_1'$、$M_2'$、$M_3'$ 表示由后面机座（如在横列轧机上）的轧辊传到本架轧机轧辊上的反力矩。这样在三辊轧机上，由传动装置加于机座上的力矩为：

$$M_d = M_1 - M_2 + M_3 - M_1' + M_2' - M_3' \qquad (1.9\text{-}8)$$

总轧制力矩为：

$$M_Z = M_1 + M_2 + M_3 \qquad (1.9\text{-}9)$$

以下以单机架轧制为例进行分析计算。

正常情况下：

$$M_d = M_1 - M_2 + M_3 \qquad (1.9\text{-}10)$$

最危险的情况是中间接轴折断或传动中辊的传动系统中产生了瞬时传动间隙，以及中辊从动时（如三辊劳特式轧机），即 $M_2 = 0$，则：

$$M_d = M_1 + M_3 = M_Z \qquad (1.9\text{-}11)$$

这种情况下，总轧制力矩 $M_Z$ 全部传给了上下轧辊，因此倾翻力矩达到了最大值。

水平力引起的倾翻力矩　如图 1.9-6 所示，水平力 $Q$ 引起的倾翻力矩为：

$$M_Q = QC \qquad (1.9\text{-}12)$$

式中　$C$——轧制中心线至轨座间距离。

轧制速度的变化使轧件产生的惯性力，连轧过程中前、后张力差以及在轧管机穿孔时顶杆的作用力都会在轧件上产生水平力。

在一般情况下，水平力 $Q$ 是根据轧机的形式和各种轧制工艺条件件的改变而变化的，但其最大值可由下式求得：

$$Q_{\max}=\frac{2M_Z}{D} \tag{1.9-13}$$

将上式代入公式 1.9-12，则得由水平力的作用而产生的最大倾翻力矩：

$$M_{\mathrm{hmax}}=\frac{2M_Z}{D}C \tag{1.9-14}$$

式中　$D$——轧辊直径，mm。

2. 支座反力和地脚螺栓的强度计算

支座反力的计算　从图 1.9-7 可知，在倾翻力矩 $M_Q$ 的作用下，工作机座的两个机架力图从其两边支座的一个支承点离开，此时固定机架与轨座以及轨座与地基的螺栓显然承受拉紧力 $R_1$，其值可按下式确定：

$$R_1=\frac{M_Q}{b}-\frac{G}{2} \tag{1.9-15}$$

式中　$b$——支座间的距离；

$G$——工作机座的重量。

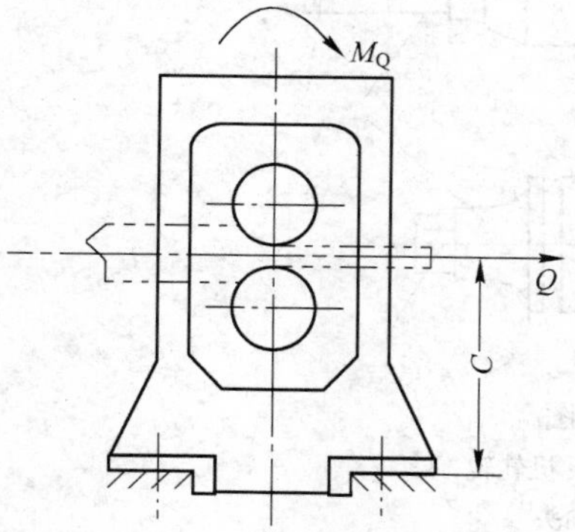


图 1.9-6　水平力 $Q$ 引起的倾翻力矩

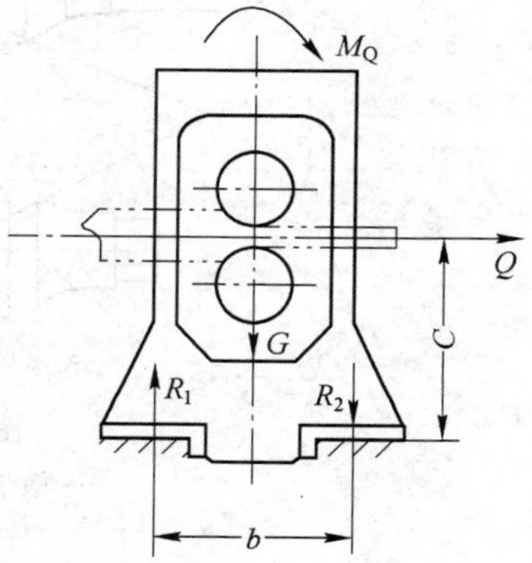


图 1.9-7　工作机座支座上的力

同时两个机架紧压到另一个支座的力等于：

$$R_2=\frac{M_Q}{b}+\frac{G}{2} \tag{1.9-16}$$

应当注意：为保证机架地脚与轨座的配合表面始终不被分开，故对地脚螺栓施加的预紧力必须大于 $R_1$。为保险起见一般应取地脚螺栓总预紧力 $R_Y$ 为：

$$R_Y=(1.2\sim1.4)R_1 \tag{1.9-17}$$

则每一个地脚螺栓的预紧力为：

$$R'=\frac{R_Y}{n}=\frac{(1.2\sim1.4)R_1}{n} \tag{1.9-18}$$

式中　$n$——两个机架牌坊之一边地脚螺栓的个数。

地脚螺栓的强度计算　首先按经验公式预选螺栓直径 $d$。

当轧辊直径 $D<500$ mm 时有：

$$d=0.1D+(5\sim10) \tag{1.9-19}$$

当轧辊直径 $D>500$ mm 时有：

$$d=0.08D+10 \tag{1.9-20}$$

然后按强度条件对地脚螺栓进行验算，即：

$$\frac{4R'_1}{n\pi d_1^2}\leqslant[\sigma] \tag{1.9-21}$$

式中　$R'_1$——地脚螺栓的最大拉力，取 $R'_1=(2.2\sim2.4)R_1$；

$d_1$——地脚螺栓的螺纹内径，mm；

$[\sigma]$——地脚螺栓的许用应力，通常取$[\sigma]=70\sim80$ MPa(Q215、Q235 锻钢)。

## 三、轧辊

轧辊是使金属产生塑性变形的主要工具，工作机座的其他部件如轧辊轴承座、轧辊调整装置、上辊平衡装置和导卫装置等都是为支承、调整轧辊以及引导轧件正确地进出轧辊而设置的。

### (一) 轧辊的结构

轧辊由辊身、辊颈和轧辊轴头等三部分构成，见图 1.9-8。

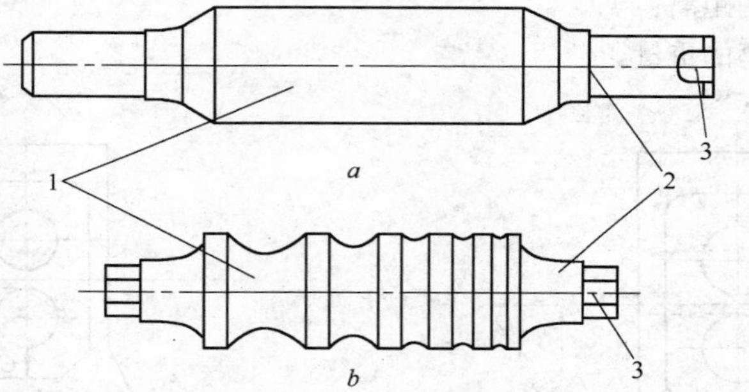


图 1.9-8　轧辊示意图

*a*—板带轧机轧辊；*b*—型钢轧机轧辊

1—辊身；2—辊颈；3—轴头

轧辊的辊身是直接和轧件接触完成轧制任务的轧辊中间部分，它具有光滑的圆柱形(板带轧机轧辊)或带轧槽(型钢轧机轧辊)。轧辊的辊颈安装在轴承中，通过轴承座把轧制力传给机架。

轧辊的轴头和连接轴相连，传递轧制扭矩。轴头有三种主要形式：梅花轴头(图 1.9-9*a*)、万向轴头(图 1.9-9*b*)、带键槽的或圆柱形轴头(与装配式万向轴头或与齿形接手连接)(图 1.9-9*c*、*d*)。生产实践证明，带双键槽的轴头在使用过程中，键槽壁容易崩裂(图 1.9-10)。目前常用易加工的带平台的轴头(图 1.9-9*e*)代替图 1.9-12*c* 所示的带双键槽的轴头。

直径超过 $\phi400$ mm 的冷轧轧辊，在锻造后有的在中心镗一个 $\phi70\sim250$ mm 的通孔。这样，一方面可使轧辊经热处理后的内应力分布均匀；另一方面在轧辊表面淬火时，可对轧辊通水内冷，提高淬火效果。

轧辊是轧钢车间生产中经常消耗的主要工具，其质量的好坏直接影响着轧材的产量和质量，因此对轧辊性能(主要是强度、耐磨性和一定的耐热性)的要求是很严格的，但因轧机类型及所轧制轧件材料的种类不同，对轧辊性能的具体要求有很大的差异。若不能了解这些差别，也就不能正确地选择适用的轧辊。

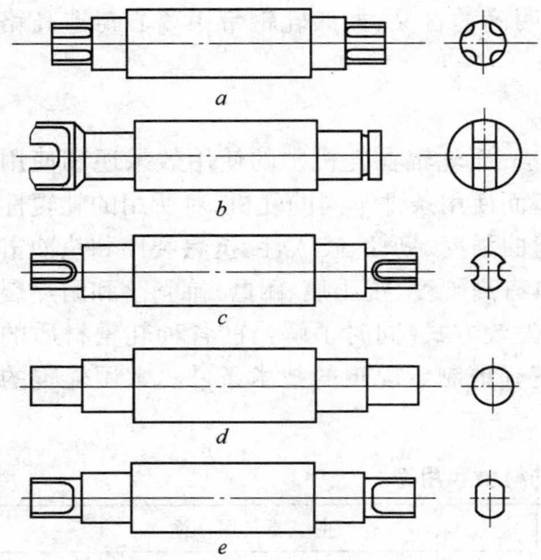


图 1.9-9　轧辊轴头的基本类型

*a*—梅花轴头；*b*—万向轴头；*c*—带键槽的轴头；
*d*—圆柱形轴头；*e*—带平台的轴头

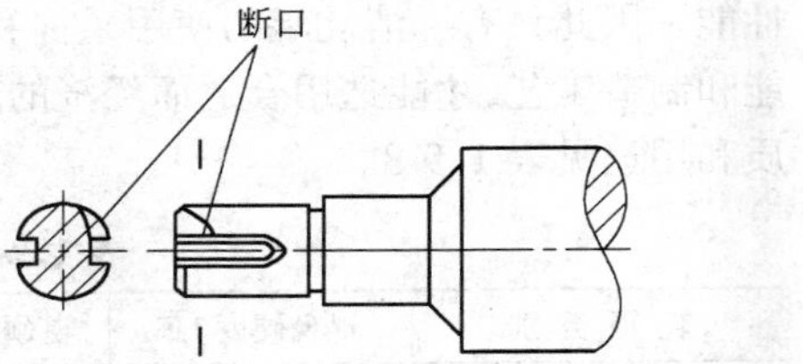


图 1.9-10　带双键槽轴的破坏形式

## （二）轧辊的分类

轧辊有很多种，按不同的分类方法主要有：

(1) 按产品类型分有板带钢轧辊、型钢轧辊、线材轧辊等；

(2) 按在轧机中的位置分有工作辊和支撑辊、中间辊，前者直接接触被轧金属，后者用于增加辊系刚度和负荷能力；

(3) 按轧辊在轧机系列中的位置分有开坯辊、粗轧辊、中轧辊、精轧辊等；

(4) 按轧辊功能分有破鳞辊、穿孔辊、平整辊等；

(5) 按所轧材料状态分有热轧辊、冷轧辊等；

(6) 按轧辊材质分有钢轧辊、铸铁轧辊、硬质合金轧辊、陶瓷轧辊等；

(7) 按制造方法分有铸造轧辊、锻造轧辊、堆焊轧辊、镶套轧辊等；

(8) 按轧辊辊面硬度分有软面辊、半硬面辊、硬面辊、特硬面辊等(见表 1.9-7)。

**表 1.9-7　轧辊按辊面硬度分类**

| 分　类 | 辊面硬度 | 选用材质 | 应用场合 |
|---|---|---|---|
| 软面辊 | HS=25～35 | 铸钢、锻造碳钢<br>在负荷不大时用球墨铸铁 | 开坯轧机、大型轧机的粗轧机座，钢管穿孔机 |
| 半硬面辊 | HS=35～60 | 半冷硬铸铁<br>铸钢及锻钢 | 小型轧机、中型轧机、钢板轧机的粗轧机座、大型轧机的精轧机座和钢坯轧机 |
| 硬面辊 | HS=60～65 | 冷硬铸铁<br>合金锻钢<br>硬质合金堆焊的轧辊 | 薄板轧机、厚板轧机、中型轧机、小型轧机的精轧机座、四辊轧机的支撑辊 |
| 特硬面辊 | HS=85～100 | 锻造的铬合金钢，对尺寸不大的轧辊用含碳化钨和其他合金元素的锻钢 | 冷轧机工作辊 |

各种分类可以相应组合而使轧辊的称谓具有更明确的含义,如热轧钢带用离心铸造高铬铸铁工作辊、冷轧钢带用合金锻钢支撑辊等。

### (三) 轧辊的材质

轧辊的性能和质量取决于其化学成分和制造方法,而轧辊在轧机中的使用效果还和使用条件、操作维护有关。因此不同类型的轧机以及同类型而使用条件不同的轧机,对所用的轧辊性能要求不尽相同,如开坯机轧辊要具有良好的扭转和弯曲强度、韧性、咬入性、抗热裂性和热冲击性以及耐磨性;而热轧钢带精轧机架则要求轧辊辊面具有高硬度、抗压痕、耐磨、抗剥落和耐热裂等性能。因此只有弄清轧辊的使用条件和此类轧辊的失效方式,同时了解当前各种轧辊材质的性能和制造工艺,才能选用合适而经济的轧辊材质并正确地制定轧辊的技术条件。常用轧辊的材质和用途见表 1.9-8。

**表 1.9-8　常用轧辊的材质和用途**

| 轧辊类别 | | 辊身硬度 HS | 辊颈抗拉强度/MPa | 主要用途 |
|---|---|---|---|---|
| 铸钢轧辊 | 铸钢 | 30~70 | 500~1000 | 大、中型型钢轧机开坯和粗轧机架,板带轧机粗轧机架,支撑辊 |
| | 半钢 | 35~70 | 300~700 | 大、中、小型型钢轧机中间和精轧机架,板带钢轧机工作辊 |
| | 石墨钢 | 35~60 | 500~900 | 大、中、小型型钢轧机粗轧机架 |
| | 高铬钢 | 70~80 | ① | 钢带轧机粗轧后架、精轧前架,冷轧钢带轧机工作辊 |
| | 工具钢(高速钢) | 80~90 | ① | 热轧钢带轧机精轧机架,小型或线材轧机精轧机架 |
| 铸铁轧辊 | 冷硬铸铁 | 55~85 | 150~220 | 板材、线材、型材、管材轧机精轧机架 |
| | 无限冷硬铸铁 | 55~85 | 150~2200 | 板材、线材、型材、管材轧机中轧、精轧机架,板带钢轧机精轧机架 |
| | 球墨铸铁 | 35~80 | 300~700 | 型材、线材、管材轧机粗、中轧机架 |
| | 高铬铸铁 | 60~95 | ① | 小型、线材轧机精轧机架,钢带轧机预精轧机架 |
| | 特殊铸铁 | 75~95 | ① | 小型、线材、管材轧机预精轧、精轧机架 |
| 粉末冶金轧辊 | 碳化钨 | 80~90 | ① | 小型、线材轧机精轧机架,冷轧小型线材轧机 |
| | 工具钢 | 80~90 | ① | 小型、线材轧机精轧机架,钢带轧机精轧机架 |
| 锻钢轧辊 | 热轧辊 | 35~60 | 500~1100 | 开坯、大型轧机粗轧机架,钢板轧机粗轧机架 |
| | 冷轧辊 | 75~105 | 700~1400 | 冷轧钢带轧机工作辊,型材、焊管轧机成形辊 |
| | 支撑辊 | 40~70 | 700~1400 | 冷、热板带轧机 |
| | 锻造半钢及白口铁 | 35~70 | 500~1000 | 大、中、小型型钢轧机粗、中、精轧机架 |

① 复合轧辊辊颈材料按强度要求选择。

### (四) 轧辊的尺寸参数

轧辊的基本尺寸参数是:轧辊名义直径 $D$、辊身长度 $L$、辊颈直径 $d$ 和辊颈长度 $l$。

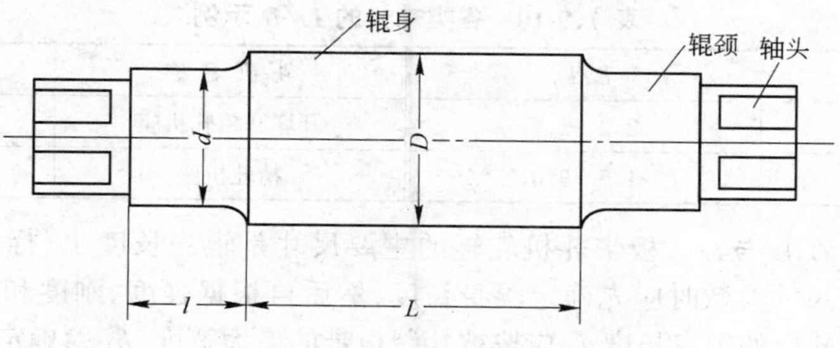


图 1.9-11　轧辊尺寸参数

1. 轧辊名义直径 $D$ 和辊身长度 $L$ 的确定

型钢轧机与初轧机轧辊的 $D$ 与 $L$　初轧机和型钢轧机的轧辊辊身是刻有孔型的，因此其名义直径应有确切的含义。初轧机是把辊环外径作为名义直径；而型钢轧机则以齿轮座的节圆直径（也是齿轮座的中心距）作为轧辊的名义直径。因此，带孔型的轧辊其名义直径 $D$ 均大于其工作直径 $D_1$。轧辊名义直径与工作直径的比值一般不大于 1.4，这是为了避免孔型槽切入过深。轧辊工作直径 $D_1$ 可根据轧辊的强度要求和最大咬入角 $\alpha$ $\left(\text{或压下量与辊径之比}\dfrac{\Delta b}{D_1}\right)$确定。

轧辊的强度条件是轧辊各处的计算应力小于许用应力。轧辊的许用应力是其材料的强度极限除以安全系数。通常轧辊的安全系数选取 5。

依照轧辊的咬入条件，轧辊的工作直径 $D_1$ 应满足下式：

$$D_1 \geqslant \frac{\Delta h}{1-\cos\alpha} \text{或} D_1 \geqslant \frac{\Delta h}{2\sin^2\dfrac{\alpha}{2}} \tag{1.9-22}$$

式中　$\Delta h$——压下量，mm；

$\alpha$——最大咬入角，(°)，$\alpha$ 和轧辊与轧件之间的摩擦系数有关，各种轧机的最大咬入角可参见表 1.9-9。

**表 1.9-9　各种轧机的最大咬入角和 $\Delta h/D_1$**

| 轧制情况 | | 最大咬入角/(°) | 最大比值 | 轧辊与轧件的摩擦系数 |
|---|---|---|---|---|
| 热　轧 | 在有刻痕的轧辊中轧制钢坯 | 24～32 | 1/6～1/3 | 0.45～0.62 |
| | 轧制型钢 | 20～25 | 1/8～1/7 | 0.36～0.47 |
| | 轧制带钢 | 15～20 | 1/14～1/8 | 0.27～0.36 |
| | 自动轧管机热轧钢管 | 12～14 | 1/60～1/40 | |
| 在润滑条件下冷轧钢带 | 在较光洁的轧辊上轧制 | 5～10 | 1/130～1/23 | 0.09～0.18 |
| | 在表面经磨光的轧辊中轧制 | 3～5 | 1/350～1/130 | 0.05～0.08 |
| | 同上，用棕榈油、棉籽油或蓖麻油润滑 | 2～4 | 1/600～1/200 | 0.03～0.06 |

按照上述方法确定的轧辊直径换算成轧辊名义直径后，应符合国家规定的轧机系列标准。

带有孔型的轧辊辊身长度 $L$ 主要取决于孔型配置、轧辊的抗弯强度和刚度。因此粗轧机的辊身较长，以便配置足够数量的轧辊孔型；而精轧机轧辊尤其是成品轧机轧辊的辊身较短，可加强轧辊刚度，提高成品的尺寸精度。各类轧机轧辊的 $L$ 与 $D$ 的比例可参见表 1.9-10。

**表 1.9-10　各类轧机的 $L/D$ 示例**

| 轧机名称 | $L/D$ | 轧机名称 | $L/D$ |
|---|---|---|---|
| 初轧机 | 2.2～2.7 | 开坯和粗轧机座 | 2.2～3.0 |
| 型钢轧机 | 1.5～3.0 | 精轧机座 | 1.5～2.0 |

板带轧机轧辊的 $L$ 与 $D$　板带轧机轧辊的主要尺寸是辊身长度 $L$(标志着板带轧机的规格)和直径 $D$,确定尺寸参数时应先确定辊身长度,然后再根据强度、刚度和有关工艺条件确定其直径。板带轧机轧辊的辊身长度 $L$ 应按被轧制板带的最大宽度($b_{max}$)确定:

$$L = b_{max} + a$$

式中　$a$——考虑轧件宽度的富裕量,当宽度 $b_{max}=400\sim1000$ mm 时,$a=100$ mm;当宽度 $b_{max}=1000\sim2500$ mm 时,$a=150\sim200$ mm;当钢板更宽时,$a=200\sim400$ mm。

辊身长度确定以后,对于二辊轧机可根据咬入条件及轧辊强度参照表 1.9-8 确定辊径 $D$。

对于四辊轧机,应尽量使工作辊直径小些以减小轧制力。但工作辊最小直径又受到辊颈和轴头的扭转强度和轧件咬入条件的限制。支撑辊直径主要取决于刚度和强度要求。四辊轧机的辊身长度 $L$ 确定以后,就可根据表 1.9-11 确定工作辊辊径 $D_1$ 和支撑辊直径 $D_2$。

**表 1.9-11　各种四辊轧机的 $L/D_1$、$L/D_2$ 及 $D_2/D_1$ 比值**

| 轧机名称 | | $L/D_1$ | | $L/D_2$ | | $D_2/D_1$ | |
|---|---|---|---|---|---|---|---|
| | | 比　值 | 常用比值 | 比　值 | 常用比值 | 比　值 | 常用比值 |
| 厚板轧机 | | 3.0～5.2 | 3.2～4.5 | 1.9～2.7 | 2.0～2.5 | 1.5～2.2 | 1.6～2.0 |
| 宽带钢轧机 | 粗轧机座 | 1.5～3.5 | 1.7～2.8 | 1.0～1.8 | 1.3～1.5 | 1.2～2.0 | 1.3～1.5 |
| | 精轧机座 | 2.1～4.0 | 2.4～2.8 | 1.0～1.8 | 1.3～1.5 | 1.8～2.2 | 1.9～2.1 |
| 冷轧板带轧机 | | 2.3～3.0 | 2.5～2.9 | 0.8～1.8 | 0.9～1.4 | 2.3～3.5 | 2.5～2.9 |

注:此表是根据辊身长度在 1120～5590 mm 范围内的 165 台四辊轧机统计而制作的。

表 1.9-10 中,$L/D_2$ 比值标志着辊系的抗弯刚度,其值愈小,则刚度愈高。通常来讲,辊身长度较大者,选用较大的比值。

$D_2/D_1$ 比值的选取方法是:当轧件较厚(咬入角较大)时,要求较大的工作辊径 $D_1$,故选较小的 $D_2/D_1$ 比值;当轧件较薄时,则选较大的 $D_2/D_1$ 比值。因此,厚板轧机和热带轧机粗轧机座比精轧机座的辊径比 $D_2/D_1$ 小些,而热轧机比冷轧机的辊径比 $D_2/D_1$ 小些。对于支撑辊传动的四辊轧机,一般选择 $D_2/D_1=3\sim4$。

在冷轧薄带轧机上,因轧制压力很大,若工作辊直径过大,则弹性压扁值也大,以致无法轧出薄带。为此,工作辊最大直径还受被轧带材最小厚度的限制。依据经验,$D_1<(1500\sim2000)h_{min}$。

各类轧辊的重车率　轧辊辊面因在轧制过程中的磨损,需不止一次地重车或重磨。轧辊工作表面的每次重车量为 0.5～5 mm;重磨量为 0.01～0.5 mm。轧辊辊径减小到一定程度后,就不能再使用了。因此,轧辊从开始使用到报废,其全部重车量与轧辊名义直径的百分比称为重车率。

开坯轧机轧辊的重车率受咬入能力和轧辊辊面硬度的限制;钢板轧机轧辊只受表面硬度的限制。表 1.9-12 给出各类轧机的轧辊重车率情况。

表 1.9-12　各类轧机的轧辊重车率

| 轧机名称 | 最大重车率/% | 轧机名称 | 最大重车率/% |
|---|---|---|---|
| 开坯轧机 | 10～12 | 四辊热连轧机工作辊 | 3～6 |
| 型钢轧机 | 8～10 | 四辊热连轧机支撑辊 | 6 |
| 厚板轧机 | 5～8 | 四辊冷连轧机工作辊 | 3～6 |
| 薄板轧机 | 4～6 | 四辊冷连轧机支撑辊 | 10 |

2. 轧辊辊颈直径 $d$ 和辊颈长度 $l$ 的确定

辊颈直径 $d$ 和长度 $l$ 与轧辊轴承形式及工作载荷有关。由于受轧辊轴承径向尺寸的限制，辊颈直径比辊身直径要小得多。因此辊颈与辊身过渡处，往往是轧辊强度最弱的地方。只要条件允许，辊颈直径和辊颈与辊身的过渡圆角半径 $r$ 均应选大些。辊颈装配滑动轴承时，其 $d/D$、$l/d$ 和 $r/D$ 的比值列于表 1.9-13(表中 $D$ 是新辊直径)。

辊颈装配滚动轴承时，轧辊辊颈尺寸不能取得过大，因为滚动轴承的外径较大。一般近似地选 $d=(0.5\sim0.55)D$，$l/d=0.83\sim1.0$。

表 1.9-13　使用滑动轴承时轧辊尺寸参数

| 轧机类型 | $d/D$ | $l/d$ | $r/D$ |
|---|---|---|---|
| 初轧机 | 0.55～0.7 | 1.0 | 0.065 |
| 开坯和型钢轧机 | 0.55～0.63 | 0.92～1.2 | 0.065 |
| 二辊型钢轧机 | 0.6～0.7 | 1.2 | 0.065 |
| 小型及线材轧机 | 0.53～0.55 | 1+(20～30 mm) | 0.065 |
| 厚板轧机 | 0.67～0.75 | 0.83～1.0 | 0.1～0.12 |

3. 轧辊轴头尺寸

**梅花轴头的外径 $d_1$**　梅花轴头的外径 $d_1$ 在各类轧机上有不同的选择方式，它与辊颈直径 $d$ 的关系大致如下：

| | |
|---|---|
| 三辊型钢与线材轧机 | $d_1=d-(10\sim15)$ mm |
| 二辊型钢(连续式)轧机 | $d_1=d-10$ mm |
| 厚板轧机 | $d_1=(0.9\sim0.94)d$ |

**万向轴头(扁头)的尺寸**　万向轴头的尺寸如图 1.9-12 所示，此图带有整体扁头的轧辊，其各部尺寸有如下关系：

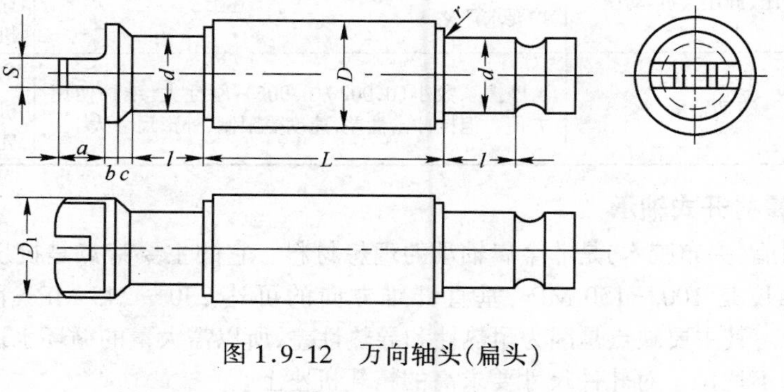


图 1.9-12　万向轴头(扁头)

$$D_1 = D - (5 \sim 15)\ \text{mm}$$
$$S = (0.25 \sim 0.28) D_1$$
$$d = (0.50 \sim 0.60) D_1$$
$$b = (0.15 \sim 0.20) D_1$$
$$C \approx (0.50 \sim 1.0) b$$

## 四、轧辊轴承

### (一) 轧辊轴承的工作性质

轧辊轴承用来支承转动的轧辊并保持轧辊在机架中的正确位置,是轧钢机座中的重要部件。和一般轴承相比轧辊轴承具有以下特殊的工作性质:

(1) 承受的单位载荷大。因轴承座的外形尺寸不应大于辊身的最小直径,辊颈长度又较短,所以轧辊轴承承受的单位压力,比一般的轴承高2～4倍或更高些。而 $pv$ 值(轴承单位压力与线速度的乘积)是普通轴承的3～20倍。

(2) 运转速度差别大。不同类型轧机的运转速度相差很大,现代化的高速六机架冷连轧机出口速度已达42 m/s,45°线材轧机成品机架出口速度高达120 m/s以上;而低速轧机轧制速度只有0.2 m/s。对于这样悬殊的速度差别,当然要选用不同形式的轴承。

(3) 工作环境恶劣。各类热轧机都要采用水冷却,且有氧化铁皮飞溅;冷轧机在轧制时要利用乳化液或其他轧制油来润滑、冷却轧辊和轧件,这种工艺润滑剂是不能和轴承润滑油相混合的,因此,对轴承的密封要求较高。

### (二) 轧辊轴承的类型

轧辊轴承的主要类型是滚动轴承与滑动轴承。其具体的特性及用途等详见表1.9-14。

**表 1.9-14　轧辊轴承的类型、特性及用途**

| 轴承形式 | 轴承名称 | 特　性 | 用　途 |
|---|---|---|---|
| 开　式 | 带夹布树脂轴衬的滑动轴承 | 抗压强度大,摩擦系数低(0.003～0.006),耐磨性好,胶木衬瓦较薄(30～40 mm),可采用较大的辊颈,以利于提高轧辊强度,用水冷却和润滑,能承受冲击载荷。但耐热性和导热性差,刚性差,受力后变形大 | 广泛使用于各类型钢轧机、初轧机及厚板轧机上 |
| | 带金属轴衬的滑动轴承 | 耐热、刚性较好。但摩擦系数高,寿命短,铜耗大 | 叠轧薄板轧机 |
| 闭　式 | 液体摩擦轴承(动压、静压及静-动压) | 摩擦系数小(0.001～0.008),刚性好,寿命长,转速不受限制。但制造精度要求高,成本高,安装维护要求严格 | 广泛用于现代化的冷、热带钢连轧机支撑辊、高速线材精轧机及其他高速轧机上 |
| | 滚动轴承 | 摩擦系数小(0.002～0.005),刚性大,维护使用方便。但抗冲击性差,速度受限制,外形尺寸大 | 用于各类板带轧机、钢坯连轧机、线材轧机及钢管轧机上 |

### (三) 非金属衬开式轴承

酚醛夹布树脂(夹布胶木)是非金属轴承的理想材料。它的主要特点是抗压强度较大:顺纤维方向的抗压强度是100～150 MPa,垂直纤维方向的可达230～245 MPa;而摩擦系数很低(0.003～0.006)。其主要缺点是因为耐热性和导热性差,所以需大量的循环水进行强制冷却;另外,它的刚性差,不适用于对轧件尺寸要求高的精轧机座上。

胶木轴瓦冷却与润滑的用水量，可按下面经验公式大致计算：

$$Q=\frac{Pd\mu n}{40500} \tag{1.9-23}$$

式中　$Q$——一个夹布胶木轴瓦的耗水量，kg/h；

$P$——作用在轴承上的力，N；

$d$——轧辊辊颈直径，cm；

$\mu$——摩擦系数，$\mu=0.03\sim0.06$；

$n$——轧辊转速，r/min。

为改善轴瓦的工作状况，对可逆式轧机周期性地注入少量干油，可减小轧机的启动力矩。钢轧辊辊颈表面淬火后，可显著延长轴瓦的寿命。

轴瓦的结构形式有几种（图1.9-13），其中半圆柱形的最省材料，但切向要固定；长方形的固定性较好，然而用料较多；由三块组成的轴瓦比较省料。目前应用最多的是整体压制半圆柱形的轴瓦，其优点是省料，制造方便，安装后不需另行镗孔。

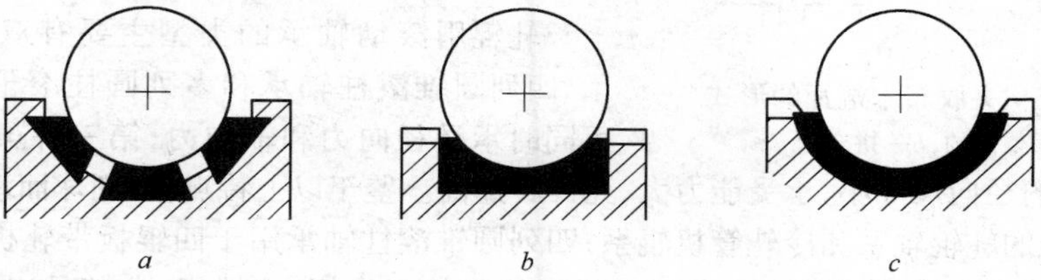


图1.9-13　轴瓦的形状

*a*—由三块组成的；*b*—长方形的；*c*—半圆形的

整体压制轴瓦的主要尺寸是它的长度 $l$、包角 $\alpha$ 和厚度 $h$（见图1.9-14）。

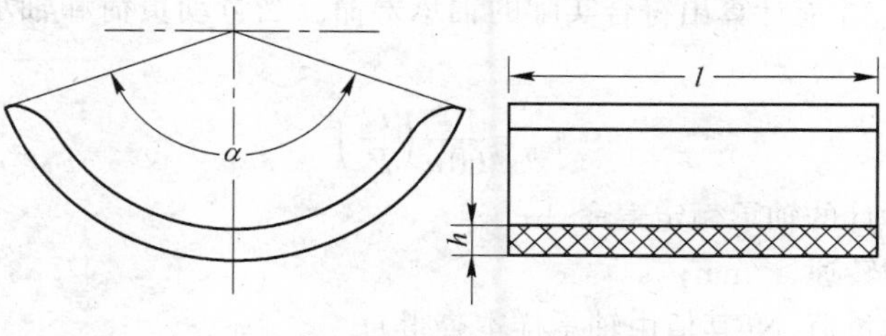


图1.9-14　整体压制胶木轴瓦

$l$ 决定于辊颈长度，包角 $\alpha$ 一般在100°～140°范围内。当 $l$ 确定以后，增加 $\alpha$ 可减小轴瓦的单位压力。但当 $\alpha$ 增加到120°以上时，对减小单位压力的作用将减弱，而且在大载荷下，过分增加包角 $\alpha$ 会发生抱轴现象，同时使轴颈表面冷却条件变坏。衬瓦的厚度影响轴瓦的刚度、导热性和寿命，$h$ 越大则刚度越小，导热性能也差，还会增加轴承的径向尺寸；但 $h$ 过小会降低使用寿命。因此要全面考虑上述各因素，结合实践经验来确定，$h$ 值一般可以根据辊颈直径来选择：

| 辊颈直径 $d$/mm | 轴瓦厚度 $h$/mm |
|---|---|
| 150～230 | 25 |
| 235～340 | 30 |
| 345～440 | 35 |
| 450～680 | 40 |

当采用拼合轴瓦时，应使其层纹方向垂直于辊颈表面，以便提高轴瓦的使用寿命。

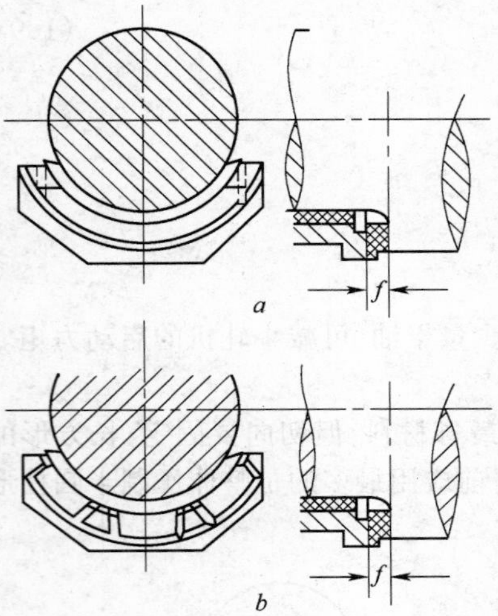


图 1.9-15　夹胶布木端瓦的形式

$a$—整体的；$b$—拼合的

轧辊的轴向力由支撑在辊身端面上的端瓦（轴承的止推轴衬）承担，因为其磨损快，所以要做成分体的，以便能单独更换。端瓦通常固定在燕尾槽中。端瓦的形式见图 1.9-15。辊颈直径小于 600 mm 时，用整体的；辊颈直径大于 600～850 mm 时，用三块拼合的。根据轧辊尺寸，端瓦厚度可以在 25～60 mm 范围内选择。

径向轴瓦的最小许用厚度为 5～7 mm，端瓦则为 10～15 mm（两者都不包括嵌入轴承盒或轴承座凹槽中的那部分）。径向轴瓦和端瓦在辊颈上的配置应保证充分利用它们的有效厚度。

**（四）滚动轴承**

1. 轧辊用滚动轴承的类型

轧辊用滚动轴承的类型主要有双列球面滚柱轴承、四列圆锥滚柱轴承和多列圆柱滚子轴承。前两种可同时承受径向力和轴向力；第三种虽要附加轴向止推轴承，但它的径向尺寸小，承受能力大，允许转速高。鉴于以上特点，双列球面滚柱轴承多用于中小型冷轧机的轧辊辊系和冷轧管机辊系；四列圆锥滚柱轴承用于四辊板带轧机和高速线材轧机中轧机组；而多列圆柱滚子轴承常用于四辊轧机的工作辊、支撑辊，尤其是连轧机的工作辊。此外四辊轧机工作辊轴承有时采用滚针轴承。

2. 滚动轴承的寿命计算

根据轧辊辊颈尺寸选择合适的轴承型号，轧辊滚动轴承主要是要计算轴承的寿命。必须准确地确定当量动负荷，才能计算出符合实际的轴承寿命。当量动负荷和轴承寿命的关系可用下式表示：

$$L_h = \frac{10^6}{60n}\left(\frac{C}{P}\right)^{\varepsilon} \tag{1.9-24}$$

式中　$L_h$——以小时计的轴承额定寿命，h；

$n$——轴承的转速，r/min；

$C$——额定动负荷，N（其值由轴承样本查得）；

$\varepsilon$——寿命指数，对于球轴承 $\varepsilon=3$，对于滚子轴承 $\varepsilon=\frac{10}{3}$；

$P$——当量动负荷，N。

当量动负荷 $P$ 可由下式求得：

$$P = (XF_r + YF_a) f_F f_T \tag{1.9-25}$$

式中　$X$——径向系数，依据 $F_a/F_r$ 之比值，从轴承样本查得；

$Y$——轴向系数，从轴承样本中查得；

$F_r$——轴承径向负荷，N；

$F_a$——轴承轴向负荷，N：

一般板带轧机：$$F_a = (0.02 \sim 0.1)F_r \tag{1.9-26}$$

对称断面型钢轧机：$$F_a = 0.1F_r \tag{1.9-27}$$

不对称断面型钢轧机：$$F_a = 0.2 \sim 0.25F_r \tag{1.9-28}$$

$f_F$——负荷系数，由于工作中的振动、冲击和轴承负荷不均等许多因素的影响，轴承实际负荷要比计算负荷大，根据工作情况以负荷系数 $f_F$ 表示，板材轧机的 $f_F$ 值推荐如下：热轧机 $f_F=1.5\sim1.8$；冷轧机 $f_F=1.2\sim1.5$；

$f_T$——温度系数，轧辊轴承一般只能在100℃温度以下工作，所以 $f_T=1$，若需要轴承在高温下工作时，应向轴承厂提出订货要求，对高温轴承 $f_T$ 可查轴承样本。

当计算多列圆柱轴承和滚针轴承时，取轴向负荷等于零，其轴向负荷由专门的止推轴承承受。这时当量动负荷的计算式为：

$$P=f_F F_r \tag{1.9-29}$$

当计算与多圆柱轴承、滚针轴承、动压轴承配套使用的止推轴承时，取径向负荷等于零，当量动负荷的计算式为：

$$P=f_F F_a \tag{1.9-30}$$

## 五、轧辊调整装置

### （一）轧辊调整装置的分类和作用

依据各类轧机的工艺要求，调整装置可分为：上辊调整装置、中辊调整装置、下辊调整装置、立辊调整装置、轧辊轴向调整及固定装置以及特殊轧机的调整装置等。

轧辊调整装置的作用是：

（1）对轧辊的轴线作径向调整，以保证轧件按给定的压下量轧出所要求的断面尺寸，并能在一定程度上补偿轧辊辊身和辊颈的允许磨损量。在轧辊轴线水平布置的轧机中，径向调整是通过上辊调整装置、中辊调整装置和下辊调整装置来完成的；在轧辊轴线垂直布置或倾斜布置的轧机中，径向调整是通过立辊或斜辊调整装置（侧压）来完成的。轧辊的径向调整在各类轧机中都是主要的必不可缺的调整。

（2）对轧辊的轴线作轴向调整，以保证有槽轧辊对准孔型，也可补偿轧辊瓦缘的允许磨损量。轧辊的轴向调整通过轧辊轴向调整及固定装置完成，而在板带轧机中则只有轧辊的轴向固定装置，无需调整。

（3）调整轧辊与辊道水平面间的相互位置，在连轧机上还要调整各机座间轧辊的相互位置，以保证轧线高度的一致（调整下辊高度）。

（4）在板带轧机上要调整轧辊的辊型，以减小板带材横向厚度差并控制板形。

（5）更换轧辊或处理事故（如卡钢）时需要的其他操作。

### （二）上辊调整装置

1．上辊调整装置的分类

上辊调整装置也称压下装置，它的应用最广，安装在所有的二辊、三辊、四辊和多辊轧机上。压下装置有手动的、电动的和液压的，见表1.9-15。手动压下装置多用在型钢轧机和小带钢轧机上。图1.9-5就是手动压下机构的应用实例。

**表1.9-15　上辊调整装置的分类**

| 驱动方式 | 用　　途 |
| --- | --- |
| 手　动 | 主要用于孔型相互位置不变的型钢与线材轧机上，只在调整及换辊时才使用，也用在某些钢坯及带钢、小型连轧机上 |

续表 1.9-15

| 驱动方式 | | 用途 |
|---|---|---|
| 电动 | 板带轧机调整装置(移动速度小于1 mm/s) | 用于各种板带轧机上,也用在板带材的平整机上 |
| | 快速调整装置(移动速度大于1 mm/s) | 主要用于轧辊移动行程较大并需逐道调整的轧机,如初轧机、厚板轧机、连轧机组的可逆式粗轧机上 |
| 液压 | | 主要用于高速带钢轧机、冷连轧机组和热连轧精轧机组的最后一架轧机上 |

### 2. 电动压下装置

电动压下装置的结构形式与轧辊的移动速度(见表 1.9-16)、移动距离和每小时移动次数有密切关系。同时,压下速度也是电动压下装置的基本参数。

**表 1.9-16 各类轧机的上辊压下速度**

| 轧机类型 | 压下速度/mm·s$^{-1}$ | 轧机类型 | 压下速度/mm·s$^{-1}$ |
|---|---|---|---|
| 大型初轧机 | 80～250 | 热钢带可逆式粗轧机 | 15～50 |
| 大型扁坯初轧机 | 50～120 | 热钢带四辊粗轧机 | 1.08～2.16 |
| 中型(800～900 mm)初轧机 | 40～80 | 热连轧精轧机 | 0.47～1.33 |
| 700～800 mm 三辊开坯机 | 30～60 | 冷轧钢带轧机 | 0.05～0.1 |
| 厚板轧机 | 5～25 | 冷轧多辊钢带轧机 | 0.005～0.01 |

图 1.9-16 所示为一初轧机的快速电动压下装置传动图。采用两台立式电动机 1 通过圆柱齿轮减速器 4 传动压下螺丝 5。液压缸 3 用于脱开离合齿轮,使每个压下螺丝可以单独调整。电动机的功率为 200～300 kW,压下螺丝的移动速度是 90～180 mm/s。整个系统惯性小,以利于频繁启动和制动;采用圆柱齿轮,传动效率高。

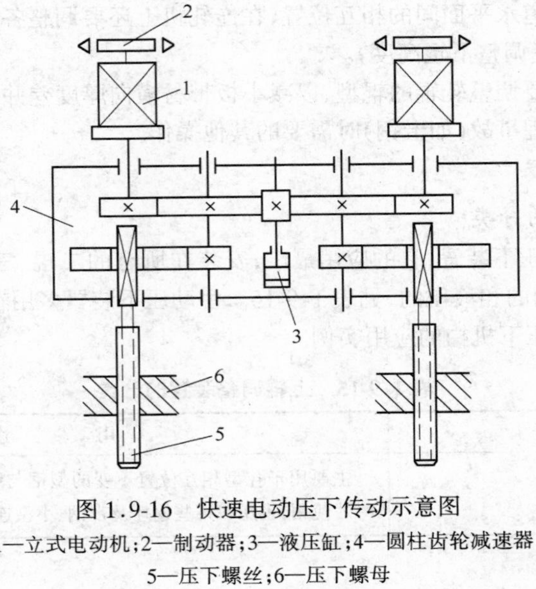


图 1.9-16 快速电动压下传动示意图

1—立式电动机;2—制动器;3—液压缸;4—圆柱齿轮减速器;
5—压下螺丝;6—压下螺母

图 1.9-17 所示为一 1700 mm 热带连轧机精轧机座的电动压下装置传动图。采用卧式电动机和两级蜗轮传动系统,两台直流电机通过电磁联轴器相连,以便于对两个压下螺丝进行单独调节。电动机的功率为 2×110/220 kW,压下螺丝的移动速度是 0～0.625～1.25 mm/s。这种板带轧机的压下装置调整量虽小但调整精度高,要求动作快、灵敏度高,而且经常的工作制度是“频繁的带钢压下”。

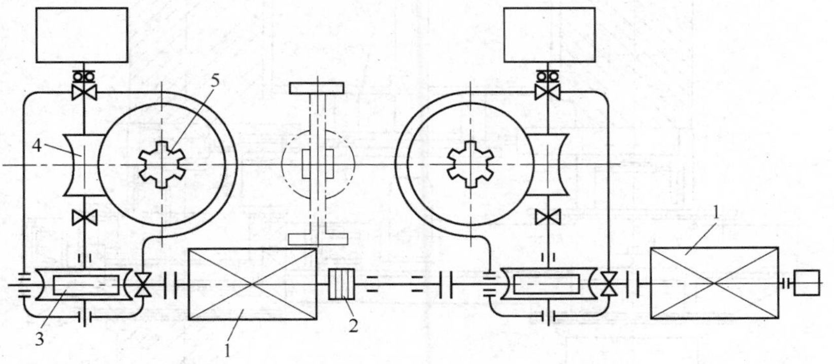


图 1.9-17　板带轧机电动压下传动示意图
1—卧式电动机;2—电磁联轴节;3—一级蜗轮副;
4—二级蜗轮副;5—压下螺丝

3. *液压压下装置*

近年来,为了提高轧制带钢厚度的精度,“液压压下”技术已经在高速钢带轧机中广泛采用。液压压下系统利用伺服阀控制压下液压缸,在轧机轧制过程中迅速调整辊缝(可调整上辊也可调整下辊),以消除板带的厚度误差。与电动压下装置相比,液压压下装置的特点是:

(1) 快速响应性好,调整精度高,在频率响应、位置分辨率等方面优于电动装置。

(2) 过载保护简单可靠,当事故停车时,可迅速排除液压缸内的液压油,加大辊缝。

(3) 采用液压压下可以根据需要改变轧机的当量刚度,以适应各种轧制和操作情况。

(4) 机械结构简单,传动效率高。

(5) 便于换辊,提高作业率。

图 1.9-18 为 1700 mm 冷连轧机液压压下装置示意图,其窗口布置可参看图 1.9-26。图 1.9-18中压下液压缸 3 和平衡架 9 由平衡液压缸通过拉杆悬挂在机架顶部。若拔掉销轴 8,则平衡架连同压下液压缸可随同支撑辊一起拉出机架进行检修。压下液压缸与上支撑辊轴承座 6 间有一垫片组 5,其厚度可按轧辊的磨损量进行调整。在液压缸上部的 T 形槽内,装有弧形垫块 2,利用双向动作的液压缸 7 可将两个弧形垫块同时抽出,进行换辊操作。压下液压缸缸体上装有压力传感器 4,每个液压缸有两个位置传感器 10,轧机的测压仪安装在机架底部,在下轴承座与斜楔调整装置之间(参见图 1.9-23)。

目前,新建的冷连轧机组已全部采用液压压下装置,热钢带连轧机精轧机组也往往装有液压压下装置。

## (三) 轧辊的轴向调整及固定装置

轧辊的轴向调整及固定装置的作用是:

(1) 在型钢轧机中使两轧辊的轧槽(孔型)对正。

(2) 在初轧机中使辊环对准,以消除因加工及磨损不均匀引起的辊环间错位。

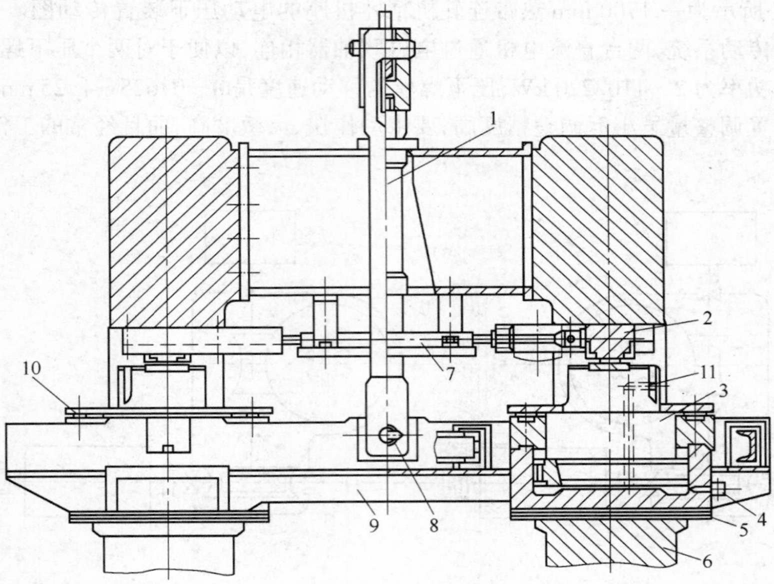


图 1.9-18　1700 mm 冷连轧机液压压下装置

1—平衡液压缸；2—弧形垫块；3—压下液压缸；4—压力传感器；
5—垫片组；6—上支撑辊轴承座；7—液压缸；8—销轴；
9—平衡架；10—位置传感器；11—高压油进油口

(3) 在有滑动衬瓦的轧机上，调整瓦座与辊身端面的间隙。

(4) 轴向固定轧辊并承受轧辊的轴向力。

(5) 在 HC 或 CVC 等板形控制轧机中，利用轧辊轴向移动机构完成其调整轧辊辊型的要求。

图 1.9-19 所示为在轧辊不经常升降的轧机上的轴向调整装置，其中图 *a*、*b* 是利用穿过机架的螺栓来实现轧辊的轴向调整，螺母从外侧通过轴承座凸缘或利用压板轴向压紧轴承座；图 *c* 是双拉杆系统，拉杆上有正、反螺纹，拉杆缩短或伸长时，轴承座向一侧或另一侧移动。此机构适用于滚动轴承辊系，只需移动一个轴承座（一般是非传动侧），即可进行轴向调整。

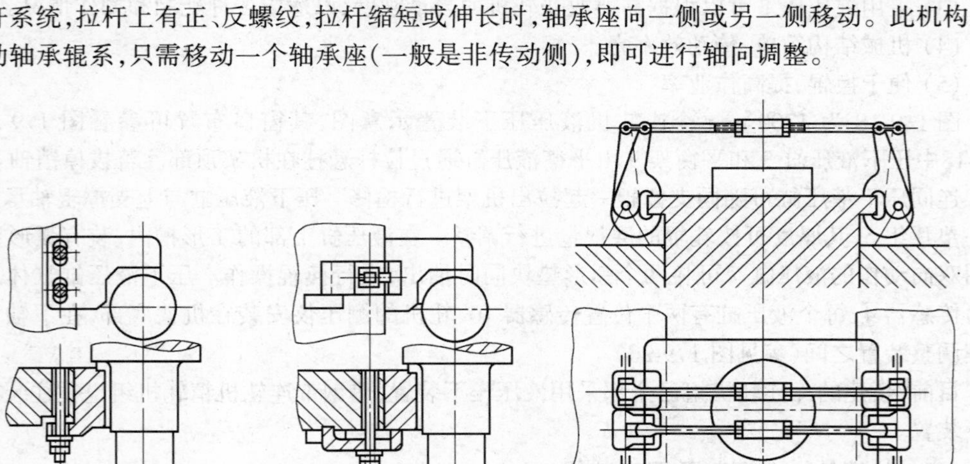


图 1.9-19　轧辊不经常升降的轧辊轴向调整装置

图 1.9-20 所示的液压压板将支撑辊轴承座轴向固定在机架上。此种方法用在连轧机上，适应了快速换辊的要求。

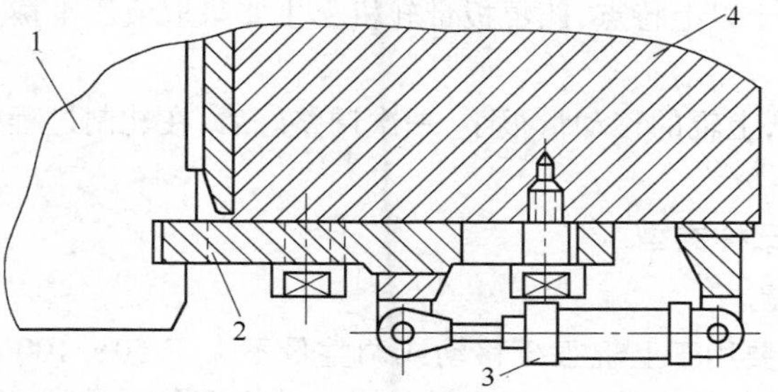


图 1.9-20　支撑辊轴承座轴向固定

1—支撑辊轴承座；2—压板；3—液压缸；4—机架

对于采用高凸度控制性能（如 HC）轧机或连续可变凸度（如 CVC）板形控制轧机，轧辊轴向调整是通过液压缸来驱动的。

**（四）其他轧辊调整装置**

1. 下辊调整装置

轧机的下辊调整装置有手动和电动之分，主要用于三辊型钢轧机上，以及需要保持轧制线高度不变的高生产率的二辊型钢轧机（如二辊连续式小型轧机）上。此外，在厚板轧机和几乎所有的二辊和四辊钢板轧机上，当使用辊径不同的轧辊时，为保持轧制水平线不变，采用在下辊轴承座下面加垫片的方法来调整下辊位置。

2. 中辊调整装置

中辊调整装置用在三辊轧机上。在中辊固定的轧机上，中辊用斜楔手动微调。在下辊位置不变的三辊劳特钢板轧机上，为了在中上辊之间和中下辊之间交替过钢，需使中辊交替地压向下辊和上辊。其传动形式有电动、液压以及与升降台联动等多种。

3. 轧辊侧向调整装置

轧辊侧向调整装置一般用于斜辊式穿孔机、轧管机、均整机以及带垂直轧辊的立辊轧机上。这些轧机的左右两个轧辊各有一套侧向压进机构，其传动装置通常是电动的，结构与电动压下装置类似。

## 六、上轧辊平衡装置

**（一）上轧辊平衡装置的作用与特点**

因为上轧辊及其轴承座和压下螺丝自重的影响，在轧件未进入轧辊之前，轴承座与压下螺丝之间、压下螺丝与螺母的螺纹之间均会产生间隙，这些间隙的存在会使轧件进入轧辊时产生很大的冲击。为防止出现这种情况，几乎所有的轧机都设置有上轧辊平衡装置。通过平衡装置，在上辊轴承座上沿垂直方向向上施加平衡力 $Q$，其值是被平衡零件（上轧辊及其轴承座、压下螺丝）重量 $G$ 的 1.2～1.4 倍，即 $Q=(1.2\sim1.4)G$，以消除上述间隙。大多数轧机的平衡装置还兼有抬升上辊的作用。轧机的形式不同对平衡装置的要求也不一样。

初轧机、厚板粗轧机的平衡装置要适应上轧辊快速、大行程、频繁移动的特点，并且要求工作可靠，换辊和维护方便。所以，在这种轧机上广泛使用重锤式或液压式平衡装置。

四辊板带轧机上平衡装置有以下特点：(1) 工作辊与支撑辊应分别平衡，这是因为工作辊与支撑辊之间靠摩擦传动以及它们的换辊周期不同。(2) 上辊的移动行程较小（最大行程是按换辊的需要决定的)，而且移动速度也不高。(3)工作辊换辊频繁，故平衡装置的设计需使换辊方便。(4)在单张轧制的可逆四辊轧机上，工作辊平衡装置应满足空载加、减速时工作辊和支撑辊之间不打滑的要求。由于以上特点，四辊板带轧机上主要采取液压平衡方式，仅在小型四辊轧机上使用弹簧平衡装置。

在三辊型钢轧机上，上辊的移动量很小，一次调整好后，在轧制过程中一般不再调整，故多使用弹簧平衡方式。

**(二) 平衡装置的三种类型**

1. 弹簧式平衡装置

弹簧式平衡装置主要用于上辊很少移动或调整量不大于 50～100 mm 的轧机，多用于三辊型钢轧机、线材轧机或其他简易轧机上。它的优点是结构简单可靠、造价低、维修简便，但不适用于上辊调节量大的轧机，而且换辊时要人工拆装弹簧，费力、费时。图 1.9-21 是三辊型钢轧机的上辊平衡装置。从图中可见它由 4 个弹簧和拉杆组成，上辊平衡弹簧 1 放在机架盖上部，上辊下瓦座 7 通过拉杆 6 吊挂在平衡弹簧上，可通过拉杆上的螺母调节。当上辊下降时，弹簧压缩；上升时弹簧则放松。因此，弹簧的平衡力是变化的，弹簧愈长，平衡力愈稳定。

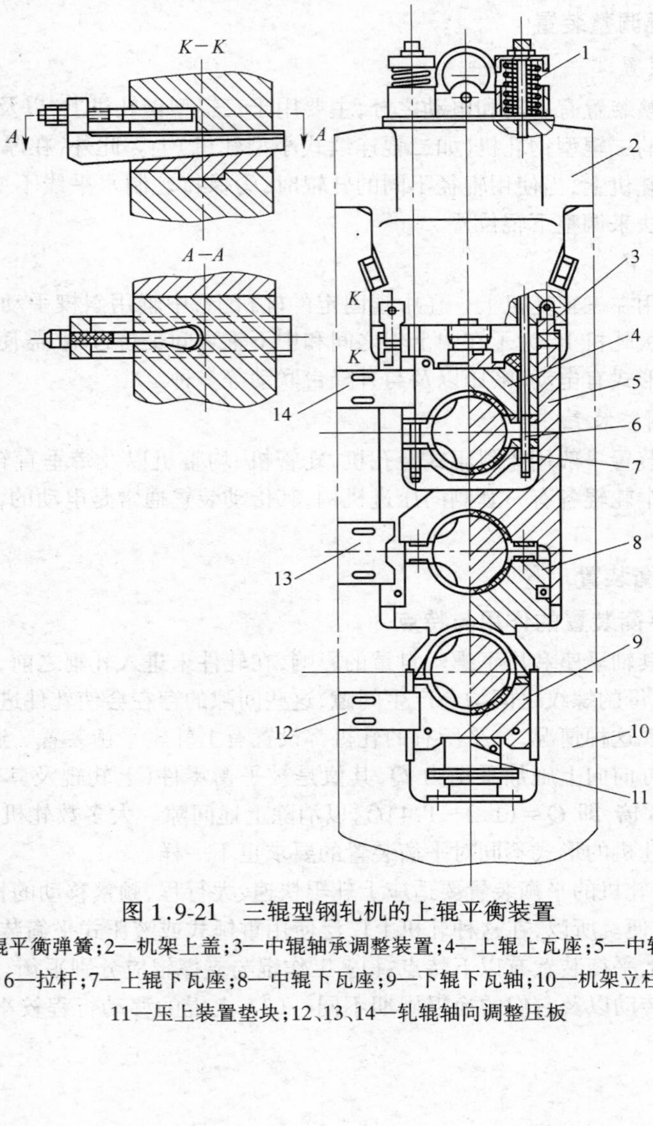


图 1.9-21　三辊型钢轧机的上辊平衡装置

1—上辊平衡弹簧；2—机架上盖；3—中辊轴承调整装置；4—上辊上瓦座；5—中辊上瓦座；6—拉杆；7—上辊下瓦座；8—中辊下瓦座；9—下辊下瓦轴；10—机架立柱；11—压上装置垫块；12、13、14—轧辊轴向调整压板

2. 重锤式平衡装置

重锤式平衡装置广泛用于上轧辊移动距离大、调节速度不十分快的初轧机、板坯轧机、厚板轧机和大型型钢轧机上。采用重锤平衡操作简单、工作可靠、维修方便，适用于上辊调节量大的轧机。缺点是设备质量大，轧机的基础结构较为复杂，而且平衡锤惯性力大，易产生冲击，影响轧件质量。图1.9-22为1150 mm初轧机的重锤平衡装置简图。上轧辊轴承座3通过4根支杆4和铰链6铰接于支梁7上，支梁通过拉杆9和重锤12分别吊在杠杆8的两端上。通过调整螺栓副（调整螺母10、调整螺丝11）改变重锤的位置，即改变了 $l_b$ 的值，平衡重锤的质量 $G_b$ 所产生的平衡力就可得到调整。图中 $G_a$ 为杠杆8的自重。

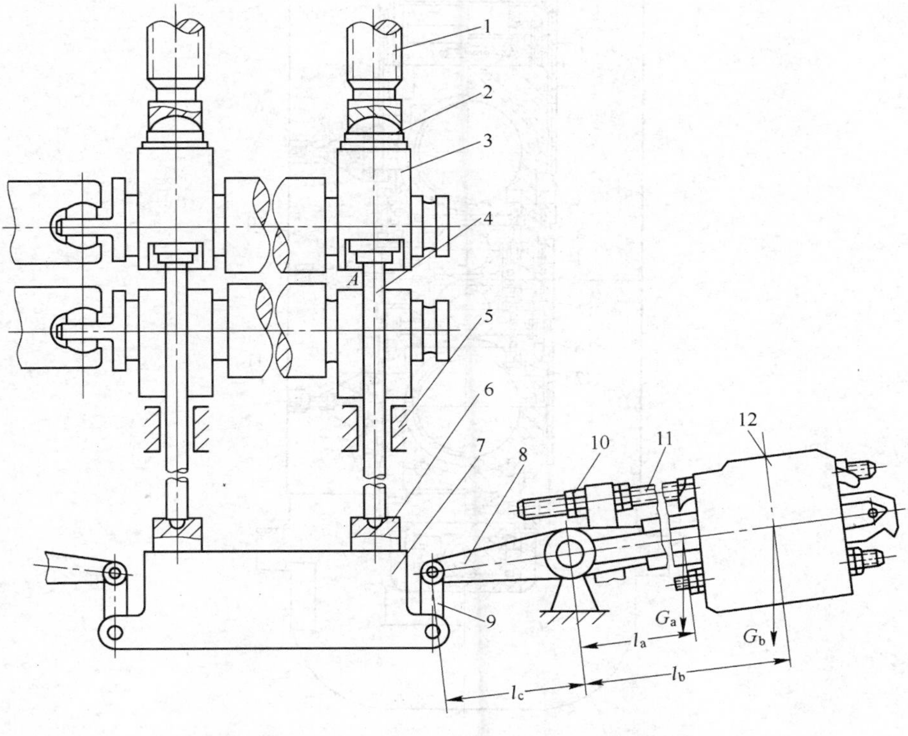


图1.9-22　1150 mm初轧机上辊重锤式平衡装置简图

1—压下螺丝；2—止推垫块；3—上轧辊轴承座；4—支杆；5—立柱中滑槽；6—铰链；7—支梁；8—杠杆；9—拉杆；10—调整螺母；11—调整螺丝；12—重锤

3. 液压式平衡装置

液压式平衡装置利用液压缸的推力来平衡上轧辊重量。其优点是结构紧凑、工作平稳、使用方便、易于操作，能改变油缸压力，而且可以使上辊不受压下螺丝的约束而上下移动，有利于换辊操作。特别是液压式平衡装置动作灵敏，能满足现代化板厚自动控制系统的要求，因此广泛用于现代化轧机上。它的缺点是要设单独的一套专用的液压泵站，维护也较复杂。此外，在严寒的冬季，采用乳化液作介质的液压平衡装置工作不很可靠，设计时应予以注意。

图1.9-23为采用八缸式液压平衡装置的冷连轧四辊轧机工作机座。4个上工作辊平衡缸4支撑着上工作辊轴承座，4个上支撑辊平衡缸3支撑着上支撑辊轴承座，所有的平衡缸均设置在机架窗口上，换工作辊时不用拆卸油管，以适应快速换辊的要求。上下支撑辊的轴承座内还装设有4个工作辊负弯辊缸2，用以调整孔型。4个下工作辊压紧缸5和上工作辊平衡缸4同时也是

工作辊的正弯辊缸。因此，整个机座内共设置了 20 个液压缸。

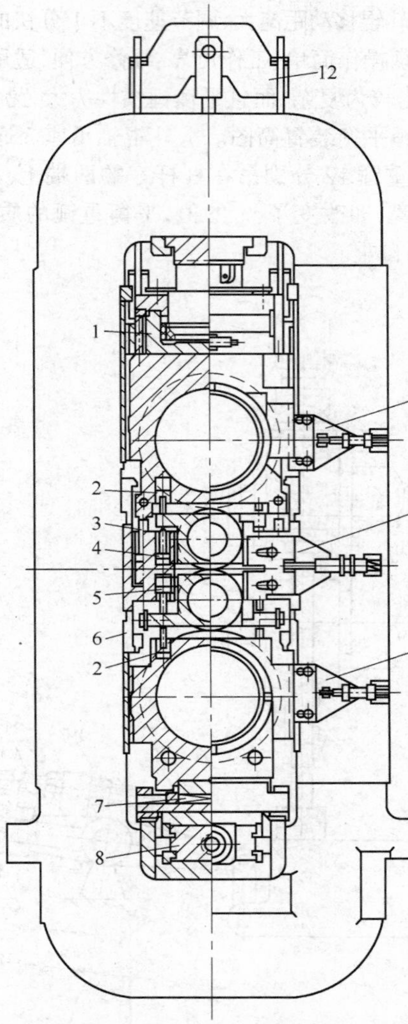


图 1.9-23　1700 mm 冷连轧机的液压式平衡装置

1—压下液压缸；2—工作辊负弯辊缸；3—上支撑辊平衡缸；4—上工作辊平衡缸；5—下工作辊压紧缸；6—工作辊换辊轨道；7—测压仪；8—斜楔式下辊调整装置；9、11—支撑辊轴向压板；10—工作辊轴向压板；12—压下液压缸平衡架

八缸式平衡装置比较紧凑，但缸数较多，而且每一套下轧辊轴承座的部件中都必须设置平衡缸，使得加工轴承座时较为复杂。除八缸式液压平衡装置外，还有五缸式平衡装置，上支撑辊由一个液压缸进行平衡，简化了下支撑辊的加工，这种平衡装置多用于热轧钢板轧机上。

## 第三节　轧机主传动装置

### 一、轧机主传动装置的组成与类型

#### （一）轧机主传动装置的组成

轧机主传动装置的作用是将电动机的动力传给轧辊。从图 1.9-24$a$ 可见主传动装置由减速机、齿轮座、连接轴和联轴器等部件组成；而图 1.9-24*b* 中可见在板坯及板带轧机主传动装置中，动力是由电动机通过连接轴直接传给轧辊的。

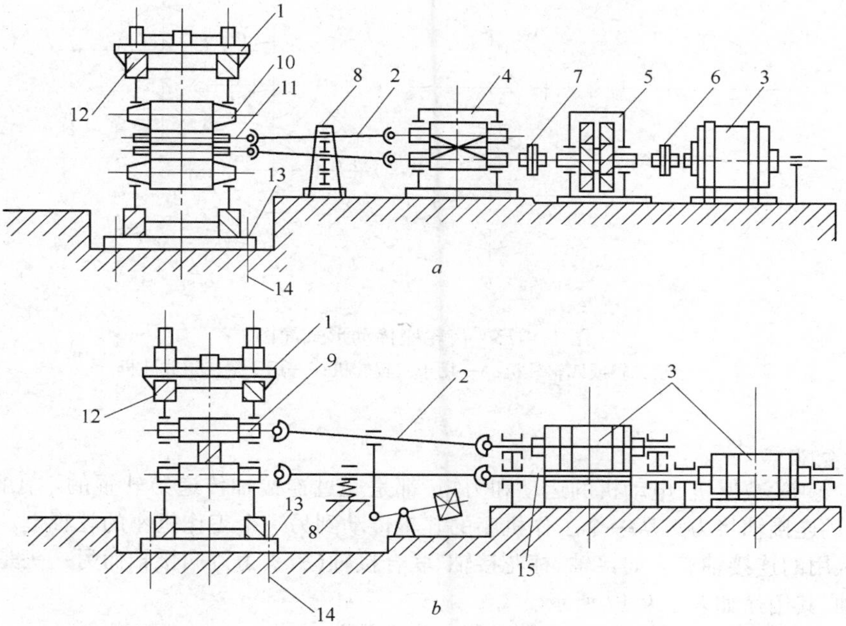


图 1.9-24　轧钢机主传动装置简图

*a*—具有齿轮座的主传动装置；*b*—电动机直接传动轧辊的主传动装置

1—工作机座；2—连接轴；3—电动机；4—齿轮座；5—减速机；6—电动机联轴节；7—主联轴节；8—连接轴平衡装置；9—二辊轧机轧辊；10—四辊轧机支撑辊；11—四辊轧机工作辊；12—机架；13—机架底板；14—地脚螺栓；15—中间轴

轧机主传动装置各组成部分简述如下。

1. 减速机

在轧机中减速机的作用是将电机较高的转速变成轧辊所需要的轧制转速，这是因为高速电机价格比低速电机便宜。确定是否采用减速机的原则是要比较购置或制造减速机及其摩擦损耗的费用是否低于低速电机与高速电机之间的差价。通常，当轧辊转速小于 200～250 r/min 时才采用减速机，若轧辊转速大于 200～250 r/min 则不用减速机而采用低速电机较合适。在可逆轧机上，即使轧辊转速小于 200～250 r/min 时，也往往不用减速机而采用低速电动机，这是因为此种传动系统易于实现可逆运转。此外，有时为满足高的轧辊转速的需要，设置增速机。

2. 齿轮座

当工作机座的轧辊由一个电机带动时，一般采用齿轮座将电机或减速机传来的运动和力矩分配给两个或三个轧辊。图 1.9-25 所示为齿轮座的传动形式，其中图 1.9-25*a* 用于二辊或四辊轧机，考虑传动装置的布置形式和拆卸方便等因素，一般是下齿轮主动；图 1.9-25*b* 用于三辊轧机，在型钢轧机上采用中间齿轮为主动；图 1.9-25*c* 用于复二重式轧机。

在电机功率较大的初轧机、厚板轧机、钢板轧机上，往往不采用齿轮座，而用单独的电机分别驱动每个轧辊。

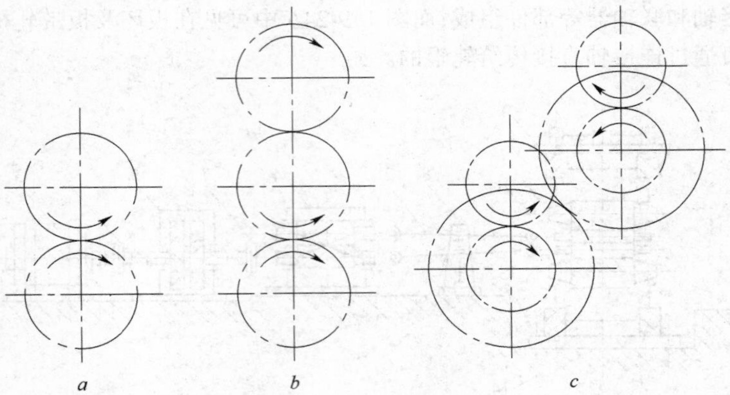


图 1.9-25　齿轮座传动形式简图

*a*—用于二辊或四辊轧机；*b*—用于三辊轧机；*c*—用于复二重式轧机

3．连接轴

轧机齿轮座、减速机、电动机的运动和力矩，都是通过连接轴传递给轧辊的。在横列式轧机上，也是通过连接轴将力矩从一个工作机座的轧辊传动到另一个工作机座的轧辊上。

轧机常用的连接轴有万向接轴、梅花接轴、联合接轴（一头为万向接轴而另一头是梅花接轴）和齿式接轴，其用途如表 1.9-17 所示。

**表 1.9-17　轧机连接轴的类型及用途**

| 连接轴类型 | | 允许倾角/(°) | 主要用途 |
|---|---|---|---|
| 十字铰链万向接轴 | 滑块式 | 8～10 | 初轧机、厚板轧机、钢管轧机、钢球轧机、薄板和钢带轧机等 |
| | 带滚动轴承式 | 8～12 | 钢带轧机、钢管轧机、钢球轧机等 |
| 梅花接轴 | | 1～1.5 | 用于横列式型钢轧机机座之间的传动连接 |
| 联合接轴 | | 1～1.5 | 主要用于型钢轧机齿轮机座和轧辊之间的传动连接；与齿轮座连接的一端为万向铰链，与轧辊连接的一端为梅花轴与梅花轴套 |
| 齿式接轴<br>弧面齿形接轴 | | 约 6<br>一般 1～3 | 钢带轧机精轧机组以及连续式小型轧机和线材轧机 |

确定连接轴类型的主要根据是轧辊调整量和连接轴允许倾角等因素，具体情况如下：

(1) 初轧机、厚板轧机轧辊调整量较大，采用允许倾角(8°～10°)较大的万向接轴；

(2) 型钢轧机轧辊调整量不大，仅在轧辊磨损或更换新轧辊时才进行轧辊调整，一般采用梅花接轴或联合接轴；

(3) 小型轧机和线材轧机速度较高，虽轧辊调整量不大，但考虑到高速下平稳可靠地运转，一般采用齿式接轴或弧面齿形接轴；

(4) 带钢轧机精轧机组上，若连接轴倾角不大且扭矩合适时也采用弧面齿形接轴；如果要求的倾角或扭矩较大时则采用万向接轴。

4．联轴器

联轴器分电动机联轴器和主联轴器两种，前者用来连接电机与减速机，而后者则是用来连接减速机与齿轮座。当前，用得最广泛的是齿轮联轴器。

## (二) 轧机主传动装置类型

轧机主传动装置类型分为单机座轧机主传动装置及多机座(或多列式)轧机主传动装置两大类。它们的特征及用途详见表 1.9-18。

**表 1.9-18　轧机主传动装置的类型**

| 轧机形式 | | 传动简图 | 用途 |
|---|---|---|---|
| 单机座轧机 | 由一台电动机驱动轧辊的轧机 | 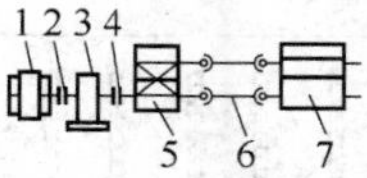 | 用于二辊钢坯、型钢、扁钢轧机，四辊板带轧机(驱动工作辊或支撑辊) |
| | | 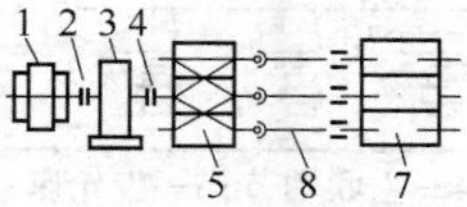 | 用于三辊开坯轧机 |
| | | 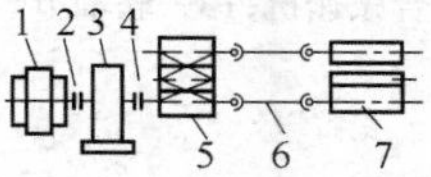 | 主要用于具有浮动中辊的中厚板轧机(劳特式轧机) |
| | 由两台电动机单独驱动两个轧辊的轧机 | 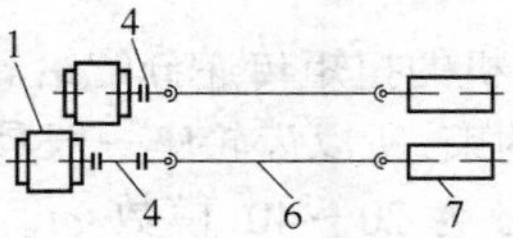 | 用于二辊可逆式初轧机、厚板粗轧机，以及驱动工作辊的四辊厚板轧机 |
| | 由一台电动机通过齿轮座驱动轧辊的轧机 | 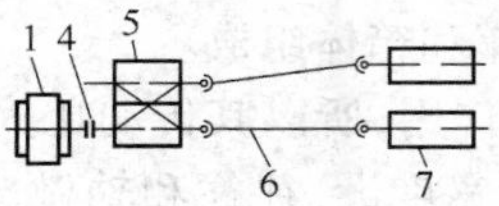 | 用于二辊可逆式初轧机，以及厚板轧机、热轧带钢轧机的粗轧机座和最后 1～2 架精轧机座 |
| | 由两台电动机和一台减(增)速机驱动两个轧辊的轧机 | 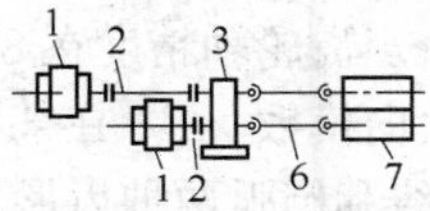 | 用于高速板带冷轧机 |
| | 单辊驱动的二辊轧机 | 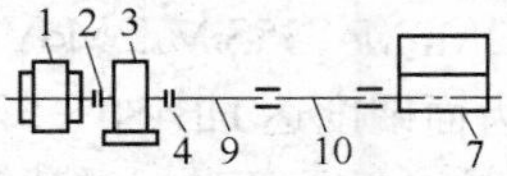 | 用于单辊驱动的二辊薄板轧机 |
| 多机座轧机 | 多机座横列式集体驱动的轧机 | 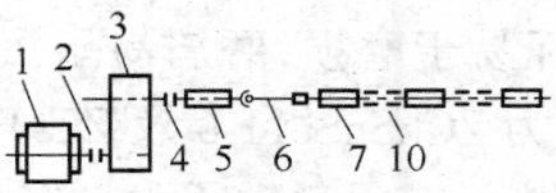 | 用于轨梁、型钢和线材轧机 |
| | | 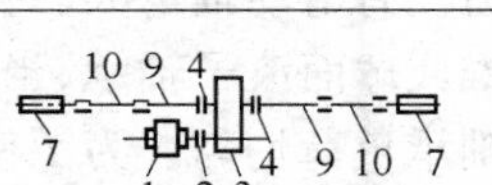 | 用于二辊薄板轧机 |
| | 双列多机座集体驱动的轧机 | 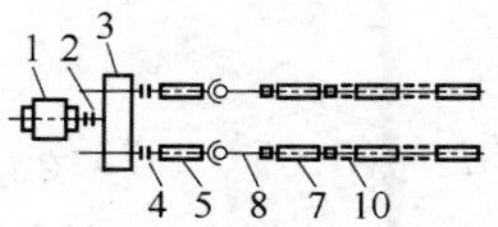 | 用于线材轧机的中轧和精轧机列 |

续表 1.9-18

| 轧机形式 | | 传动简图 | 用　途 |
| --- | --- | --- | --- |
| 多机座轧机 | 单机座多列式集体驱动的连续式轧机 | 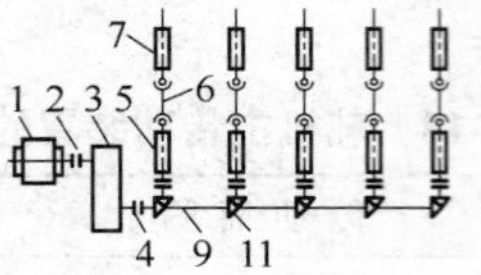 | 用于钢坯、型钢和线材等连续式轧机 |
| | | 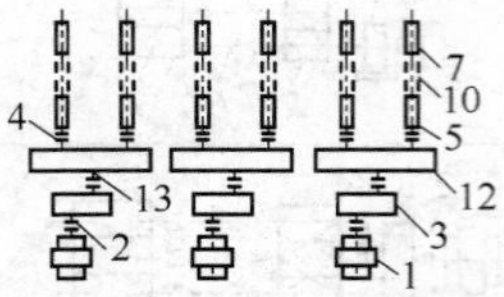 | |

注:1—电动机;2—电动机联轴节;3—减速机;4—主联轴节;5—齿轮座;6—万向接轴;7—轧辊;8—半万向接轴;9—中间轴;10—梅花接轴;11—圆锥齿轮;12—复合减速机;13—联轴节。

## 二、齿轮座

### (一) 齿轮座的特点

齿轮座的作用是将电机和主减速机的扭矩传递分配给轧辊,因此,传递的扭矩较大。然而其中心距 $A$ 却受到轧机轧辊中心距的约束,所以齿轮座一般具有较少的齿数 $Z$、较大的模数 $m_n$ 和齿宽 $B$ 的特点。通常齿轮座的齿数 $Z$ 为 20～40,模数 $m_n$ 为 8～45,齿宽系数 $B/A$ 为 1.6(窄型)、2.0(中型)和 2.4(宽型)三种。考虑到齿宽太大会恶化传动条件,故齿宽系数 $B/A$ 都不大于 2.4。齿轮座由齿轮轴、轴承、轴承座和箱体组成。

因齿轮座只是起分配传递扭矩的作用,所以其传动比为 1,齿轮节圆直径 $d_0$ 等于齿轮座中心距 $A$。由于齿轮座的齿轮直径小而宽度大,往往和轴做成整体,称之为齿轮轴。齿轮一般都做成人字齿轮,螺旋角为 28°～35°,其圆周速度为 5～20 m/s,甚至更高。如齿轮轴精度是 9 级,则采用指状铣刀加工,中间不留退刀槽;当齿轮轴精度在 8 级以上时,采用滚刀加工,中间应留出退刀槽,退刀槽的宽度要大于 10 倍的法向模数 $m_n$。在某些齿轮制造厂齿轮座系列标准化的参数中,在同一机座内采用可互换的渐开线和圆弧两种齿形。

齿轮轴材料常用 45、40Cr、32Cr2MnMo、35SiMn2MoV、37SiMn2MoV 和 40CrMn2MoV 等。大多数齿轮轴都选用硬面的齿轮轴,齿面硬度达 HB480～570。

齿轮轴所用的轴承有滑动轴承和滚动轴承两种。滑动轴承制造容易,径向尺寸小,有利于提高轴承座的强度;但摩擦系数大,衬瓦易于磨损,磨屑易于污染润滑油,对齿轮啮合产生不利影响。衬瓦材料用巴氏合金,常用牌号为 ZChSnSb11-6 及 ZChPbSb16-16-2 等。滚动轴承摩擦系数小,维护方便;但径向尺寸大,承载能力没有滑动轴承大。在径向尺寸和转速等参数准许的条件下,尽量采用滚动轴承。一般采用圆锥或球面滚子轴承,当采用多列滚子轴承时,各列轴承应尽量具有十分接近的径向间隙,以使各轴承负荷均匀。为了使齿轮座各齿轮轴轴承的尺寸和型号一致,各齿轮轴轴颈做成相同尺寸。齿轮轴轴颈 $d$、轴颈长度 $l$,都与齿轮节圆直径 $d_0$ 之间有以下比例关系:

采用滑动轴承时:

$$d=(0.65\sim0.75)d_0 \tag{1.9-31}$$

$$l=(1.2\sim1.4)d_0+(10\sim12) \tag{1.9-32}$$

采用滚动轴承时：

$$d=(0.6\sim0.65)d_0 \tag{1.9-33}$$

式中，$l$ 根据滚动轴承型号确定。

### （二）齿轮座箱体形式及齿轮座的润滑方式

齿轮座的箱体形式分为高立柱式、矮立柱式、水平剖分式和垂直剖分式 4 种(见图 1.9-26)。高立柱式和矮立柱式的优点是箱体刚性和密封性好，不易漏油，工作稳定可靠；缺点是重量和外形尺寸较大，制造较困难。矮立柱式的高度比高立柱式小，但采用滚动轴承时箱盖容易磨损。水平剖分式和垂直剖分式的优点是每个分箱体重量轻，易加工。缺点是分箱面及连接螺栓多，容易漏油。其中垂直剖分式箱体齿轮座在 500 mm 以下的中小型和线材轧机上得到了较好的应用。

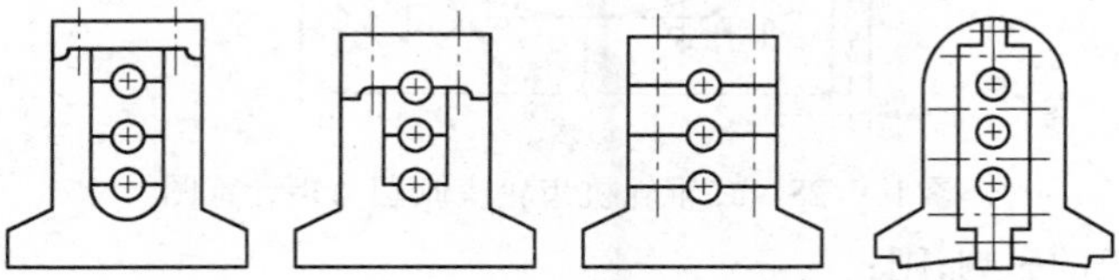


图 1.9-26　齿轮座箱体形式

*a*—高立柱式；*b*—矮立柱式；*c*—水平剖分式；*d*—垂直剖分式

箱体材料多采用高强度铸铁铸成，也有的采用铸钢制造。近年来较多的采用焊接结构箱体，焊接方式可采用钢板焊接，或采用部分铸钢件、锻钢件与钢板焊接。焊接箱体重量比铸造箱体轻 15％～30％，既减轻了重量又缩短了加工周期。

齿轮座的润滑形式有两种，一种是用侧向喷嘴直接向齿轮啮合区喷射润滑油；另一种是用一排位于上齿轮轴上部的喷油嘴通过侧挡板向齿轮啮合区注油，如图 1.9-27 所示。对于不可逆式轧机，只在一侧装侧挡板，对可逆式轧机，则在两侧均装侧挡板。齿轮座的轴承一般与齿轮采用同一个润滑系统，在齿轮座箱体上应有润滑轴承的油沟。

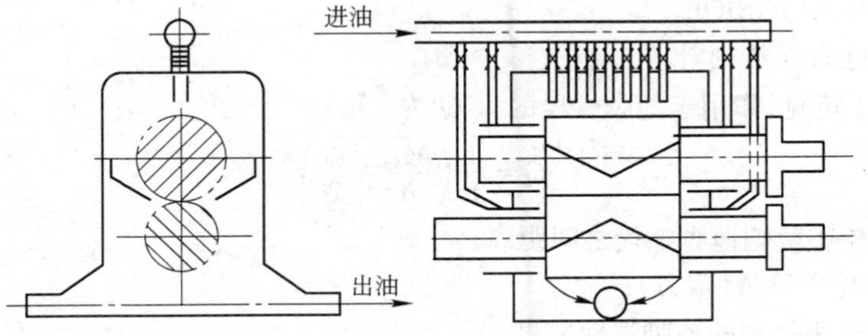


图 1.9-27　由顶部注油的可逆式齿轮座的润滑简图

### （三）齿轮座倾翻力矩和地脚螺栓计算

1．齿轮座倾翻力矩的计算

二辊轧机的齿轮座(图 1.9-28)通常以连接下轧辊的齿轮轴作为主动轴。设主动端作用于齿轮座的扭矩为 $M_Z$，从轧辊端作用的扭矩为 $M_1$ 和 $M_2$。显然，扭矩 $M_1$ 和 $M_2$ 的方向与齿轮轴旋转方向相反。此时，作用于齿轮座的倾翻力矩 $M_Q$ 为：

$$M_Q=M_Z+M_1-M_2 \tag{1.9-34}$$

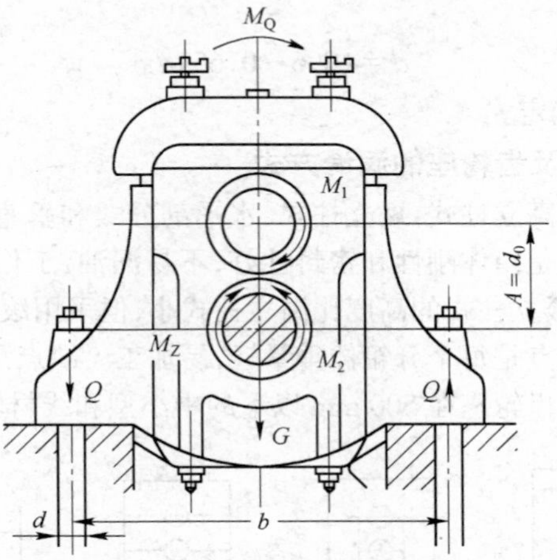


图 1.9-28　二辊轧机齿轮座倾翻力矩计算图

若忽略摩擦力矩的影响，则：

$$M_Z = M_1 + M_2 \tag{1.9-35}$$

根据轧机工作机座的运转状况不同，齿轮座承受不同的倾翻力矩。

当工作机座正常运转时，$M_1 = M_2$。此时，齿轮座倾翻力矩 $M_Q$ 为：

$$M_Q = M_Z \tag{1.9-36}$$

如果连接上轧辊的连接轴折断，即 $M_1$ 为零，则齿轮座倾翻力矩 $M_Q$ 为：

$$M_Q = 0$$

若连接下轧辊的连接轴折断，即扭矩 $M_2$ 为零，则此时齿轮座倾翻力矩 $M_Q$ 为最大，即：

$$M_{Q\max} = 2M_Z \tag{1.9-37}$$

用同样方法可以分析三辊轧机齿轮座的倾翻力矩。三辊轧机齿轮座是以连接中辊的齿轮轴为主动轴。当连接中辊的连接轴折断时，或者在没有中辊连接轴的轧机上，其倾翻力矩达到最大值，它等于两倍的主动端扭矩。

2. 齿轮座地脚螺栓的计算

由图 1.9-31 可见，作用于地脚螺栓的力 $Q$ 为：

$$Q = \frac{1}{n}\left(\frac{M_Q}{b} - \frac{G}{2}\right) \tag{1.9-38}$$

式中　$b$——齿轮座两侧地脚螺栓之间距离；
　　$G$——齿轮座重量（重力）；
　　$n$——齿轮座每侧的地脚螺栓数量。

求出地脚螺栓作用力 $Q$ 后，可按以下公式确定地脚螺栓直径 $d$ 为：

$$d = \sqrt{\frac{4Q_J}{\pi[\sigma]}} \tag{1.9-39}$$

式中　$[\sigma]$——地脚螺栓的许用应力，当地脚螺栓材料是 Q235 钢时，$[\sigma] = 70 \sim 80$ MPa；
　　$Q_J$——地脚螺栓计算拉力，即：

$$Q_J = K_1 K_2 K_3 Q \tag{1.9-40}$$

式中　$K_1$、$K_2$、$K_3$——分别为轴向负荷系数、附加扭矩系数和变负荷系数，可取 $K_1 = 2.7 \sim 4.3$，$K_2 = 1.17 \sim 1.37$，$K_3 = 1.175 \sim 2.84$。

齿轮座地脚螺栓直径 $d$ 及其螺栓孔直径 $D$,也可根据齿轮座中心距 $A$,按以下经验公式选取:

地脚螺栓直径 $d$ 为:

$$d=0.1A+(20\sim45) \tag{1.9-41}$$

地脚螺栓孔直径 $D$ 为:

$$D=(0.17+0.19)A \tag{1.9-42}$$

## 第四节　新型轧机介绍

### 一、高刚度轧机

#### (一) 提高轧机刚性的意义和途径

提高轧机的刚性是获得高精度产品,减少轧制废品和工艺事故,稳定工艺参数,提高轧机作业率和产品成材率,尤其是提高轧制速度的重要条件。提高轧机刚性也是实现轧机机械化及电子计算机控制、自动化生产的先决条件。轧制程序的稳定及生产过程的自控,必须有稳定的工艺及准确稳定的指令,高速轧机更应如此。

提高轧机刚性的途径有:

(1) 通过增加轧辊尺寸和机架断面尺寸、改善承载件的加工精度以提高工作机座的配合精度以及减少承载件的配合面来提高轧机系统的刚度。

在工作机座的弹性变形中,轧辊及轴承的变形约占总变形的 40.5%～71.5%,机架变形占 10%～16%。因此,通过增加轧辊直径和缩短辊身长度可以提高辊系刚度,进而显著地改善机座的刚度。例如,热钢带轧机的支撑辊直径已由 1141 mm 增加到 1632 mm。对于辊身长度超过4 m 的厚板轧机,支撑辊直径已超过 2 m。现代型钢轧机的辊身长度与辊径比亦由原来的 3.5～4 缩小到 1.5～2。此外,还往往采用增加机架立柱断面积的方法来提高机座刚度。例如,热钢带轧机机架立柱的横断面积由 $30\times10^4\ mm^2$ 增加到 $70\times10^4\ mm^2$。轧辊辊身长度大于 4 m 的厚板轧机,机架立柱的横断面积更高达 $100\times10^4\ mm^2$。

应该指出,采用增加轧辊和机架立柱断面尺寸的方法来提高机座刚度,会使工作机座结构庞大,增加设备重量和制造困难。而且,机座刚度不仅仅决定于机架的断面积,也与机架的高度有关。随着轧辊直径和机架断面积的增加,机架高度也相应地增加,并且也使轧辊压扁量增加,这就限制了机座刚度的进一步提高。

(2) 缩短轧机应力线的长度。这里所说的应力线是轧机在轧制过程中,轧制力所引起的内应力沿各承载零件分布的应力回线,与一般力学中的应力概念有所不同。因此,短应力线轧机是指应力回线缩短了的轧机,是一种高刚度轧机。

(3) 对机座施加预应力。在轧制前对轧机施加预应力,使轧机在轧制前就处于受力状态。而在轧制时,由于预应力的影响,轧机的弹性变形减小,从而提高轧机的刚度。根据这个原理设计的轧机称为预应力轧机。预应力轧机主要用在小型和线材轧机上,但在钢板轧机和楔横轧轧机中,也有采用预应力的。

#### (二) 短应力线轧机

1. 短应力线轧机的基本原理

工作机座中受力零件的长度之和,就是该轧机的应力线的长度,如图 1.9-29$a$ 所示。全部受力零件在轧制力作用下,都要产生弹性变形。根据虎克定律,受力零件的弹性变形量与其长度成正比,与其横截面面积成反比。

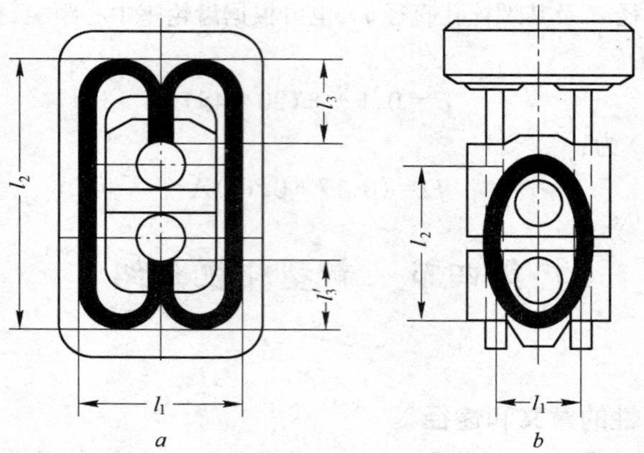


图 1.9-29　轧机的应力迹线

*a*—普通轧机；*b*—无机架轧机

汉斯(Hans Gedin)提出以下的计算工作机座弹性变形量的公式(符号 $l_1$、$l_2$、$l_3$ 和 $l_3'$见图 1.9-29)：

$$f=\frac{R}{E}\left(\frac{l_2}{2A_2}+\frac{l_3}{A_3}+\frac{l_3'}{A_3'}+K\frac{l_1^3}{I}\right) \tag{1.9-43}$$

式中　$A_2$——立柱截面积；

$A_3$——压下螺丝截面积；

$A_3'$——压上螺丝截面积；

$I$——上、下横梁的断面惯性矩；

$K$——比例常数。

如图 1.9-29*b* 所示，用 4 根立柱式的具有左、右螺纹的拉杆螺栓将刚性很大的上、下轴承座固定在一起，实现了上、下辊系相对于轧制线的对称调整，且取消了压下和压上螺丝，从而大大地缩短了轧机的应力线长度。根据这个原理设计的轧机，称为短应力线轧机。其工作机座弹性变形量的计算公式变为：

$$f=\frac{R}{E}\left(\frac{l_2}{2A_2}+K\frac{l_1^3}{I}\right) \tag{1.9-44}$$

比较式 1.9-43 和式 1.9-44 可以看出，短应力线轧机具有刚性高的特点。从图 1.9-29 中可以很明显地看出，短应力线轧机由于取消了集中载荷的压下螺丝，所以公式 1.9-43 中的 $l_3'$、$l_3$ 为零，$l_2$ 的长度也要比普通轧机短得多。而且，在短应力线轧机上，用惯性矩较大的上、下轴承座代替了普通轧机上惯性矩较小的上、下横梁，用材质较好的 4 根拉杆代替了普通轧机上材质较差的立柱。由于 4 根拉杆非常靠近轧辊轴承，因而公式 1.9-44 中的 $l_1$ 值也较小，并与 $f$ 呈立方的关系。因此，像图 1.9-29*b* 所示的短应力线轧机在同类轧机中，在规格相同的情况下，应力线是最短的，因而弹性变形也是最小的。此外，由于将集中于压下螺丝处的载荷分散到轴承座的两边(见图 1.9-29*b*)，轴承寿命大大提高。因为实现了对称调整，轧制线保持不动，从而减少了生产事故，提高了轧机作业率。

2. 短应力线轧机的主要特点

短应力线轧机的主要特点是：

(1) 最短的应力线保证了高刚度。在所有轧机中这种轧机的应力线是最短的，轧机的配合面也是最少的，轧机轴承座具有较大刚度，所有这些都使 $f$ 减小，故保证了高刚度。

(2) 预调性能好。由于轧机的刚度高，轧制力的波动对轧件出口厚度的影响甚微。还可模拟生产条件,在换辊前预调辊缝。

(3) 实现了对称调整。连接4个轴承座的4根拉杆上有正反丝扣,实现了相对于轧制线的对称调整,保证了轧制线固定不变,从而使得导卫装置的调整、安装、维护都很方便。

(4) 整体换辊,减少了换辊时间。短应力线轧机都备有两套以上的辊组,一套使用,另一套预装。换辊只需几分钟时间,从而提高了作业率。

(5) 轴承和轴承座受力情况好,提高了轴承寿命。这种轧机由于取消了集中载荷的压下螺丝,轴承受力均匀,应力降低,包角增大,轴承寿命较现有轧机有显著提高。

3. 短应力线轧机的发展概况

20世纪40年代,瑞典研制出的第一代无牌坊轧机,用拉紧丝杆将两个刚性很大的轴承座连在一起。第一代无牌坊轧机的应力线不是最短的,经改进,瑞典于60年代研制出了第二代无牌坊轧机。意大利波米尼公司研制的"红环"轧机也是属于短应力线轧机。我国研制短应力线轧机开始于70年代末期,但发展速度很快。先后已有"GY"型、"HB"型、"CW-1"型、"SY"型等短应力线轧机相继研制成功投入生产,在全国已有百余家企业采用。

"SY"型轧机如图1.9-30所示。"SY"型轧机的主要特点是:4根立柱支承在4个支承座上,支承座上还固定有可作轧辊的轴向固定和垂直方向导向的方柱,方柱承受轧制方向的力及轧辊轴向分力,起到了传统轧机牌坊窗口的作用,但它却不受主要轧制力(径向力)的作用,轧制力是立柱本身的内力。它通过左、右旋不同的螺母与上下轴承座相联。

## (三) 预应力轧机

1. 预应力轧机的应用

预应力轧机在小型和线材轧制方面应用较为广泛。它是用4根刚性拉杆将轧机的上下轴承座(或半机架)连接起来,通过液压螺母给拉杆施加相当的预紧力,使之预先产生拉应力。在预紧力的作用下,上下轴承座(或半机架)保持密接,消除配合间隙并预先产生压应力。这里,刚性拉杆代替了普通机架的立柱,承受轧制力,轴承座代替了普通机架的上下横梁,使之连接成为一个刚体。图1.9-31所示的$\phi$260 mm预应力轧机的工作机座,为一座半机架式预应力机座。

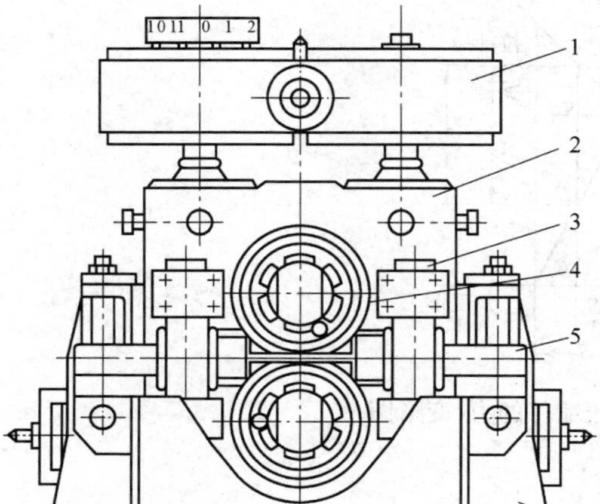


图1.9-30　"SY"型轧机成品架示意图
1—压下机构;2—辊系;3—导向方柱;4—轴向卡圈;5—支承座;6—箱型底座

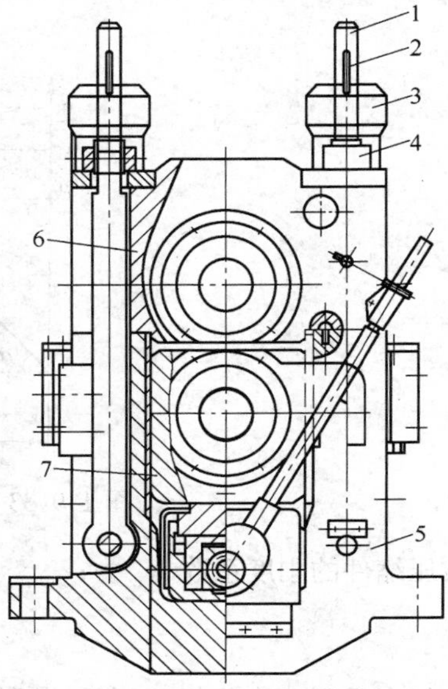


图1.9-31　$\phi$260 mm预应力轧机工作机座
1—拉杆;2—扁销;3—空心油压千斤顶;4—紧固螺座;5—半机架;6—上轧辊装配;7—下轧辊装配

2. 预应力轧机的工作原理

图 1.9-32 为拉杆与被压缩件(上轴承座和半机架)的变形简图。图 $a$ 表示未施加预应力的状态,即拉杆未受拉力,上辊轴承座与半机架也都处于未受力状态,并假定各接合面无缝紧密贴合,以此状态为标准。图 $b$ 表示拉杆上已施加预紧力 $P_0$ 的情况,此时拉杆因受到 $P_0$ 作用而伸长了 $S_1$,而被压缩件(上轴承座和半机架)因受到 $P_0$ 的作用,产生了压缩变形,缩短了 $S_2$。轧机在轧制过程中,若轧制力为 $P$,如图 $c$ 所示,此时拉杆在预应力状态基础上又增加了拉力,总值用 $P_1$ 表示。与此相应的拉杆变形在 $S_1$ 的基础上又增加了 $\Delta S$,随着拉杆的伸长,被压缩件的压缩量也弹回了 $\Delta S$。因此,拉杆的实际变形量为 $S_1+\Delta S$,被压缩件的实际变形量为 $S_2-\Delta S$。为了在最大轧制力的作用下,上辊轴承座与半机架接合面不致分开,因此必须在接合面始终保持有一定大小的预压力,即残余锁紧力,才能保证预应力轧机正常轧制。

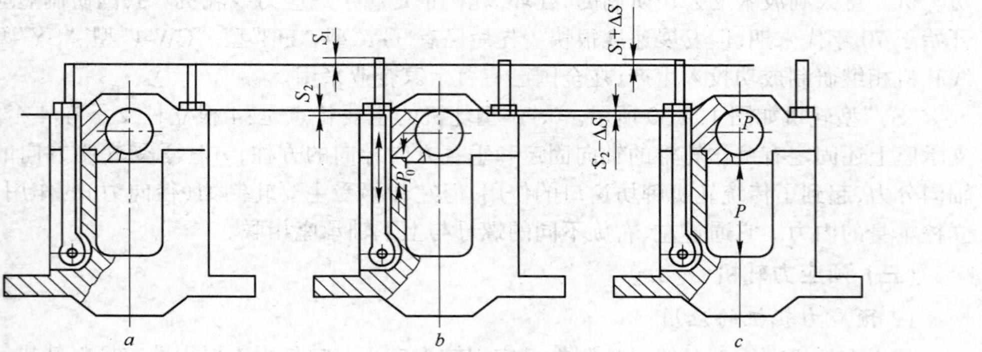


图 1.9-32　拉杆与被压缩件(上轴承座和半机架)变形简图

将力和变形的关系用直角坐标表示出来,如图 1.9-33 所示。从图中可以看出,拉杆的刚度系数 $K_1$ 为:

$$K_1=\tan\alpha=\frac{P_0}{S_1}\tag{1.9-45}$$

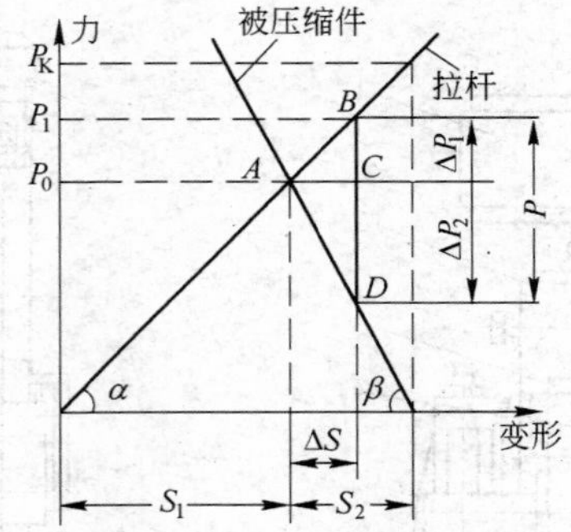


图 1.9-33　拉杆与被压缩件的力-变形图

被压缩件的刚度系数 $K_2$ 为:

$$K_2=\tan\beta=\frac{P_0}{S_2}\tag{1.9-46}$$

拉杆在受到工作载荷 $P$ 以后,预紧状态的拉杆将受到一个拉力,其大小为预紧力 $P_0$ 和工作载荷的一部分 $\Delta P_1$ 之和,即:

$$P_1 = P_0 + \Delta P_1 \tag{1.9-47}$$

与此同时，作用在被压缩件上的载荷也将发生变化，其值的大小即为残余锁紧力 $P_2$：

$$P_2 = P_0 - \Delta P_2 \tag{1.9-48}$$

这说明了在工作载荷的作用下，预紧状态的拉杆与被压缩零件之间，力将重新分配。

在△$ABC$ 中　$$BC = \Delta P_1 = AC\tan\alpha = \Delta SK_1 \tag{1.9-49}$$

在△$ACD$ 中　$$CD = \Delta P_2 = AC\tan\beta = \Delta SK_2 \tag{1.9-50}$$

由式 1.9-49 和式 1.9-50 可得：

$$\frac{\Delta P_1}{\Delta P_2} = \frac{K_1}{K_2};\quad \Delta P_1 + \Delta P_2 = \Delta S(K_1 + K_2) \tag{1.9-51}$$

在预应力框架中，当工作载荷作用以后，拉杆与被压缩件作用力增量的绝对值之和等于工作载荷，即：

$$\Delta P_1 + \Delta P_2 = P \tag{1.9-52}$$

所以得到：

$$\Delta S = \frac{P}{K_1 + K_2} \tag{1.9-53}$$

此时，预应力轧机的刚度系数为：

$$K' = K_1 + K_2 \tag{1.9-54}$$

对于一般没有预应力的轧机，在轧制力 $P$ 的作用下，工作机座的弹性变形为：

$$f = f_1 + f_2 = \frac{P}{K_1} + \frac{P}{K_2} \tag{1.9-55}$$

式中　$f_1, K_1$——分别为无预应力轧机受拉件变形和刚度系数；

$f_2, K_2$——分别为无预应力轧机受压件变形和刚度系数。

因此，无预应力轧机的刚度系数 $K$ 为：

$$K = \frac{K_1 K_2}{K_1 + K_2} \tag{1.9-56}$$

所以

$$\frac{K'}{K} = \frac{K_1 + K_2}{\dfrac{K_1 K_2}{K_1 + K_2}} = 2 + \frac{K_1}{K_2} + \frac{K_2}{K_1} \tag{1.9-57}$$

由式 1.9-57 可见，预应力轧机的刚度系数要比无预应力轧机的刚度系数大。当 $K_1 = K_2$ 时，预应力轧机比无预应力轧机的刚度可高达 4 倍。

### （四）紧凑式轧机

#### 1. 紧凑式轧机的发展

为了解决连铸坯直接成材或小型、线材轧机坯料的衔接问题，近几年发展了一种紧凑式高效率轧机。它是建立在强迫咬入和强迫轧制的基础上开发出来的。强迫咬入是指，当咬入角 $\alpha > \rho$ 时（$\rho$ 为摩擦角）沿轧制方向在轧件上作用一水平推力，将轧件推入辊缝建立轧制过程。日本钢铁公司在研究中施于轧件上的水平推力是采用电磁力或液压缸推力等外力，美国摩根公司把施加外力的方法发展到用前一机架轧制对后一机架产生推力咬入。由于轧机机架间距很短，且轧件断面较大、刚性较强，因此能实现这一推力。随后各国都研制了各种类型的紧凑式轧机，并相继建厂投产。我国自己设计制造的“SY”型紧凑式轧机也于 1988 年 12 月正式投入生产，用 120 mm×120 mm的连铸坯轧制出 55 mm×55 mm 的坯料（见图 1.9-34）。

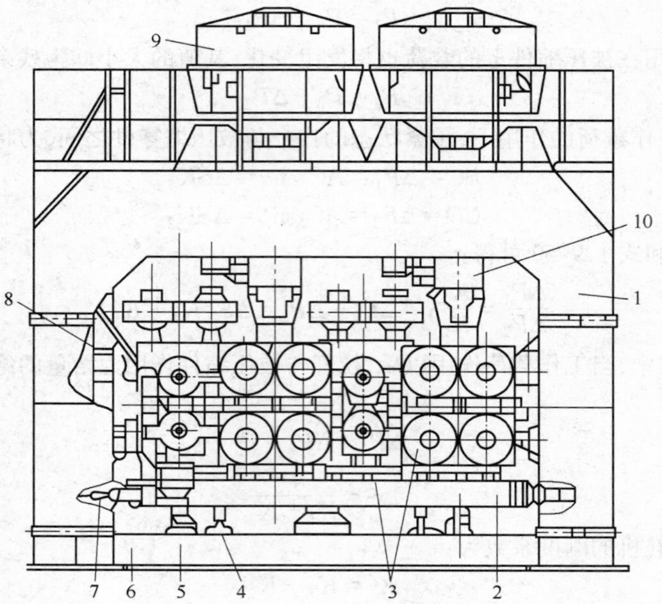


图 1.9-34　“SY”型紧凑式轧机

1—框架；2—台车；3—轧机；4—台车轨道；5—千斤顶；6—台车锁紧球形锁座；
7—锁紧液压缸；8—轴承座支承器；9—立辊减速器；10—立辊万向接轴

由于组成紧凑式连轧机组的轧机通常采用短应力线等高刚度轧机，而且紧凑式轧机也用于型钢、线材生产，故把这一机型列入本节一并加以介绍。

2. 紧凑式轧机的特点

紧凑式轧机的特点是：

(1) 由于机架中心的紧凑设计，缩短了机组的总长度，减少了基建投资。紧凑式轧机一般是将 4～6 个短应力线轧机按平—立交替的方式装置在一列刚性结构的框架中，组成无扭连轧。在组合机座中，每个机架中心间距仅 1 m 左右，例如 $\phi$520 mm×4 紧凑式轧机中心距总长才 3 m，可代替普通布置的六机架轧机(轧制线长度达 18 m)。

(2) 采用高压下率轧制。如四机架总压下率可达 80％～85％，其总延伸系数可达 5～5.5。最大咬入角达 40°～50°，使电气和机械设备投资降低。

(3) 因机座紧凑，压下率大，轧件的温降很小，可达到恒温轧制，有利于金属的塑性变形和满足产品精度的要求。

(4) 采用了无活套、无张力控制系统，操作简单，轧废率低，提高了轧机的作业率。

(5) 采用了无槽轧制新技术，避免了有槽轧制中发生的孔型过分充满和轧件折叠现象，提高了轧机产量，且使无槽轧辊重磨容易。无槽轧辊缩短了辊身长度，提高了轧机的刚性，有利于提高产品精度。

(6) 可分组或成组快速驱动。各机架单独传动时，调速范围广，调速精度高。使用交直流叠加调速可使调速幅度增加到 5 倍以上。

(7) 换辊简单。所有框架内的轧辊可以同时也可以单个从操作侧拉出。换辊时间短，有利于轧机作业率的提高。

## 二、无扭高速线材轧机

无扭精轧机组是高速线材轧机的核心设备，自从第一套摩根无扭高速线材轧机投产以来，由于它的优越性能引起了世界各国线材生产厂的重视。为此，许多轧机制造厂根据高速线材轧机小辊径、悬臂轧辊、无扭轧制、集体传动等主要原则，设计出了各自的高速线材轧机。以下介绍几种典型的高速线材轧机的结构形式。

### （一）Y 形轧机

Y 形轧机机座由三个盘形轧辊按轴线互成 120°布置成 Y 形（见图 1.9-35），由一台直流电机通过纵轴和螺旋伞齿轮传动。精轧机组由 4～14 台 Y 形轧机机座组成，相邻两架轧机的轧辊倒置 180°，成“Y”与反“Y”交替排列，故可以进行高速无扭轧制。Y 形轧机的一套孔型可适应不同材质轧件的轧制，轧件在三角形的孔型中轧制宽展小，延伸大，变形均匀，表面质量好。这对于轧制有色金属、难变形金属和特殊合金十分有利。因结构限制，其轧制速度一般不会超过 60 m/s。这种轧机结构复杂，孔型加工困难，不易在线换辊。

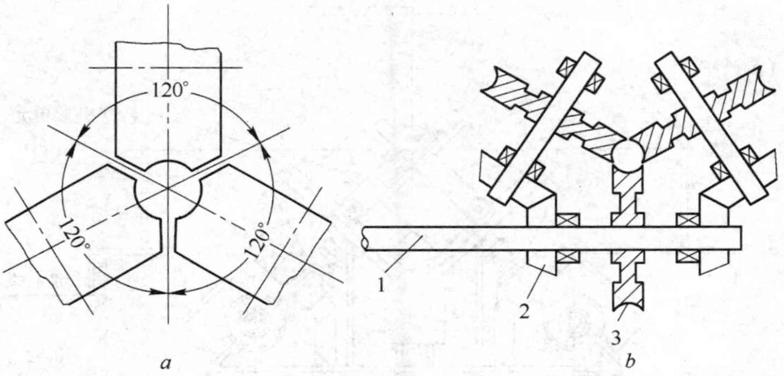


图 1.9-35　Y 形轧机传动结构示意图

*a*—轧辊布置；*b*—传动方式

1—纵轴；2—螺旋伞齿轮；3—轧辊

### （二）摩根无扭高速悬臂式 45°轧机

这种新一代的高速线材精轧机命名为悬臂式 45°精轧机组，其传动简图如图 1.9-36 所示。轧机的轧辊轴线与水平成 45°角且相邻两架轧机的轧辊轴线互相垂直布置，每套 45°精轧机组有 8～10 个机架，可以实现无扭高速连轧。整个机组由一台电机驱动，通过两根长轴和螺旋伞齿轮副分别集中驱动奇数架次和偶数架次的传动箱，进而通过传动齿轮带动轧辊转动。传动链的速比经过仔细计算，以使每对轧辊的转速符合连轧要求。为使机组在高速轧制时不会产生振动，取消了接轴或联轴器，采用精密螺旋伞齿轮与螺旋齿轮轧辊轴直接啮合连接，代替了普通精轧机上的万向接轴。由于不带接轴，可使各回转部分得到动平衡，保证轧机在高速下运行平稳，消除了经常性振动。摩根机组在轧钢时的最大振幅为 0.025～0.051 mm。只要提高传动零件的加工精度就有可能提高轧制速度。所有的旋转零件均需进行严格的动平衡，轴承选用高精密等级，使得 45°精轧机组成为冶金行业中少见的“精密机械”之一。

所谓“顶交”45°精轧机（V 形），是指相邻各机架均与水平面向上成 45°角，使得两根传动长轴的高度降低，减少了振动。这也是目前 45°精轧机的主导机型，见图 1.9-37。

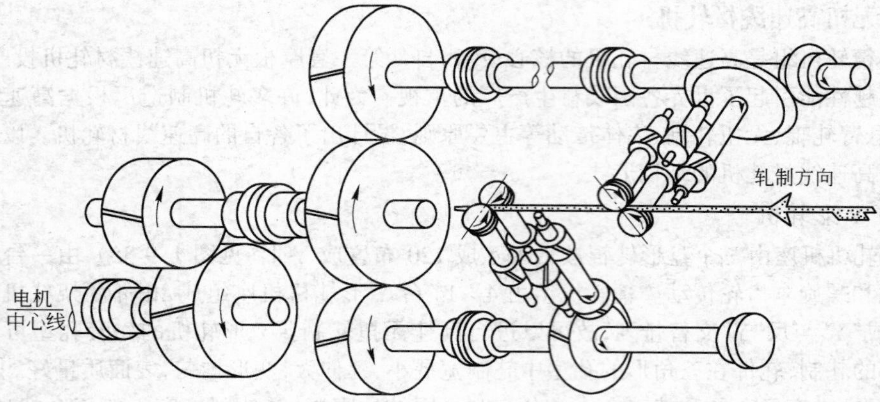


图 1.9-36 摩根 45°机组传动简图

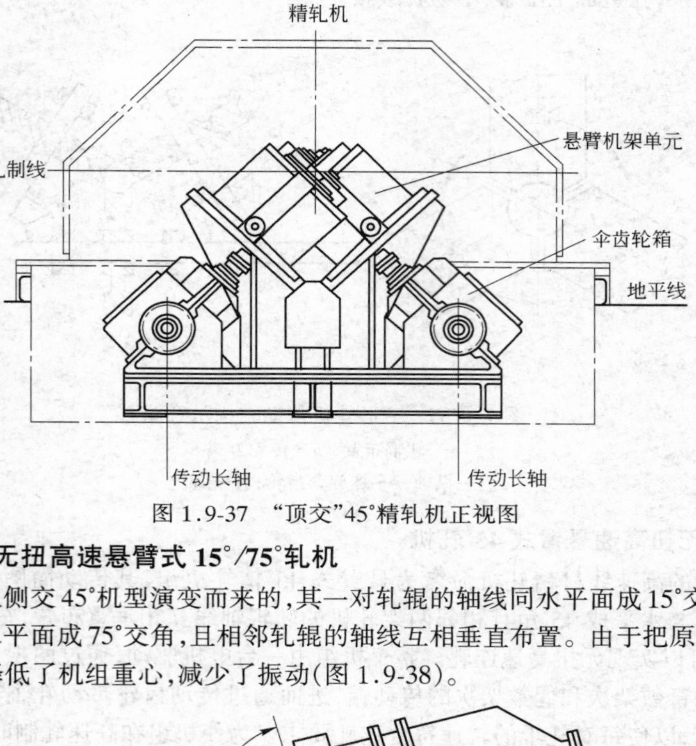


图 1.9-37 “顶交”45°精轧机正视图

## (三) 德马克无扭高速悬臂式 15°/75°轧机

这种轧机是从侧交 45°机型演变而来的,其一对轧辊的轴线同水平面成 15°交角,相邻的另一对轧辊的轴线同水平面成 75°交角,且相邻轧辊的轴线互相垂直布置。由于把原来上方的传动轴向下旋转了 30°,降低了机组重心,减少了振动(图 1.9-38)。

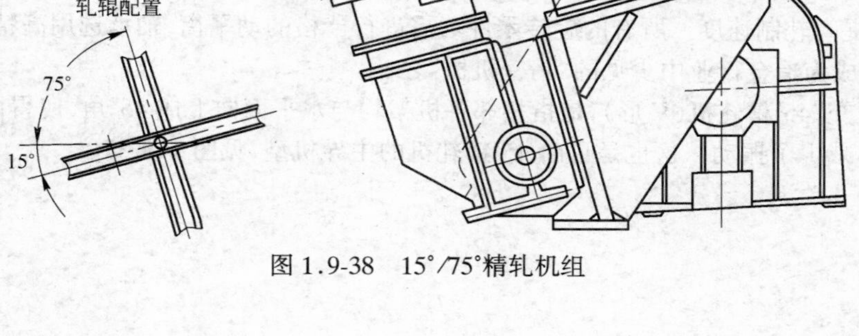

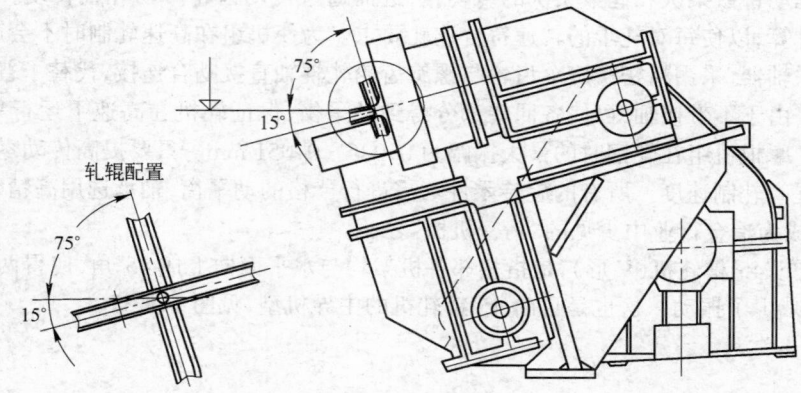


图 1.9-38 15°/75°精轧机组

## 三、新型板带轧机

### (一) 板带轧机的辊型调整

随着板带轧机宽度的增加和厚度的减小,对板带平直性的要求日益突出。板带的翘曲有各种形式,翘曲程度的大小称为板形,而板形的好坏及横向厚度差都是由轧辊辊缝形状变化引起的。因此如何通过辊缝的控制来提高带材的形状质量就成为新型板带轧机研究的方向。影响辊缝形状的因素有以下几个方面:

(1) 轧辊的弹性弯曲变形。它使辊缝中部尺寸大于边缘部分尺寸,板材产生断面凸度。

(2) 轧辊的热膨胀。轧制时轧件变形功转化的热量,摩擦和高温轧件所传递的热量,都会使轧辊变热。冷却水、冷却润滑液、空气以及与轧辊接触的零件又会使轧辊冷却。由于加热和冷却条件沿辊身长度是不一致的,轧辊中部一般要比端部热膨胀大,从而使轧辊产生热凸度,影响辊缝的形状。

(3) 轧辊的磨损。影响轧辊磨损的因素很多,例如,轧辊和轧件的材料、轧辊表面硬度和粗糙度、轧制压力和轧制速度、支撑辊与工作辊之间的滑动速度等,都会影响轧辊的磨损速度和磨损的部位,使辊缝形状改变。

(4) 轧辊的弹性压扁。决定辊缝形状的不是弹性压扁的绝对值,而是压扁值沿辊身长度方向的分布状况。由于工作辊与支撑辊之间的接触长度大于工作辊与轧件的接触长度,以及轧制压力沿辊身长度方向不均匀,所以工作辊与支撑辊之间的压力分布是不均匀的,其弹性压扁值沿辊身长度方向也不是均匀分布的。弹性压扁值的分布规律的不均匀性与压力分布规律是一致的。

(5) 轧辊的原始辊型。轧辊的原始辊型有凸形、凹形和圆柱形三种。可以通过合理的轧辊原始辊型对上述因素产生的辊缝影响给予一定的补偿。

如果轧制时各影响因素都是稳定的,则可通过合理的轧辊原始辊型设计,使横向厚差满足一定的要求,即可获得满足一定要求的板形。但是,在轧制过程中,各因素是在不断变化的,不能单纯依靠原始辊型来补偿各种随时变化的因素对轧辊辊缝的影响。随着板带轧机的发展,出现了各种辊型调整方法,以减小板材的横向厚差,改善板材的板形。在各种辊型调整方法之中,除了常用的轧辊温度控制法和液压压上调偏控制法外,人们还开发出很多新型的可控辊型板带轧机,在现代板带生产中发挥越来越重要的作用。

### (二) HC 轧机

HC 轧机是高性能辊型凸度控制轧机(high crown control mill)的简称。如图 1.9-39 所示,HC 轧机是一种新型的六辊轧机,该轧机辊系由上下对称的三对辊组成,即工作辊、中间辊和支撑辊,其中上、下中间辊 2 和 4 可轴向移动,并配置液压弯辊装置,因此具有很强的板形控制能力。目前,这种新型轧机已广泛用于冷轧、热轧及平整机生产中。

移动中间辊位置可以明显地改变板形。如果将中间辊的位置用板材边部与中间辊辊身端部的相对位置 $\delta$ 来表示,当 $\delta>0$ 时,板材产生边浪 (图 1.9-40$a$);当 $\delta<0$ 时,板材产生中间浪(图 1.9-40$c$);而当 $\delta=0$ 时,得到平直的板材 (图 1.9-40$b$)。

HC 轧机的主要特点是:

(1) 通过中间辊的横移,消除了四辊轧机中工作辊和支撑辊在板宽范围以外的接触部分。实践表明,这部分接触压力对工作辊形成一个弯矩,使工作辊产生弯曲变形。板材愈窄,板宽范围以外区域愈大,工作辊挠度愈大。HC 轧机消除了这一有害的弯矩,大大改善了对板形的控制能力。

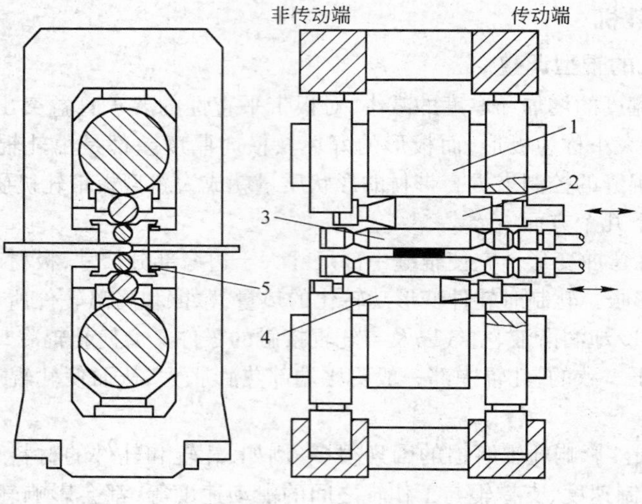


图 1.9-39　HC 轧机结构简图

1—支撑辊;2—上中间辊;3—工作辊;4—下中间辊;5—工作辊正弯辊缸

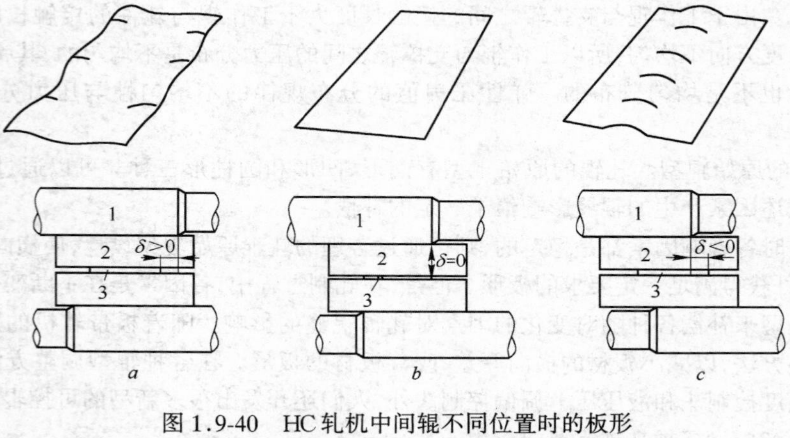


图 1.9-40　HC 轧机中间辊不同位置时的板形

$a$—$\delta>0$,边浪;$b$—$\delta=0$,平直;$c$—$\delta<0$,中间浪

1—中间辊;2—工作辊;3—板材

(2) 由于工作辊一端是悬臂的,在弯辊力作用下,工作辊变形不再受到阻碍,液压弯辊控制板形能力有了明显的增强。如果对液压弯辊控制板形能力的要求不变,则在 HC 轧机上可以选用较小的弯辊力(可相当于原有弯辊力的四分之一)。这样可增加工作辊轴承寿命和轧机的有效负荷能力。

(3) 板形稳定性好。对一般四辊轧机来说,当轧制压力变化时,板形也随之变化,因此必须相应调整弯辊力,以获得较好的板形。在 HC 轧机上,只要将中间辊调整到适当位置,就可以排除轧制压力波动对板形的影响。这对板形控制来说是十分可贵的。

应该指出,HC 轧机除了中间辊移动外,也有中间辊和工作辊都移动的六辊轧机及没有中间辊而是工作辊移动的四辊式 HC 轧机等多种形式。

**(三) VC 轧机**

VC 轧机是轧辊凸度可变 (variable crown roll system)轧机的简称。VC 轧机是一种新型的四辊轧机,它的支撑辊凸度可根据板形的需要加以改变。图 1.9-41 为这种凸度可变的支撑辊(也称为 VC 轧辊)的结构简图。支撑辊由外套筒 2 和芯轴 1 组成。芯轴与外套筒之间有一液压腔 3,外套筒 2 与芯轴 l 是热装在一起的。高压油(最高油压为 50 MPa)由液压站 5 通过高速旋转接头 4 和芯轴内油孔 6 进入液压腔 3 中。只要改变高压油的压力,就可改变轧辊凸度,使其能抵消由轧制压力引起的弹性弯曲变形,获得较好的板形。

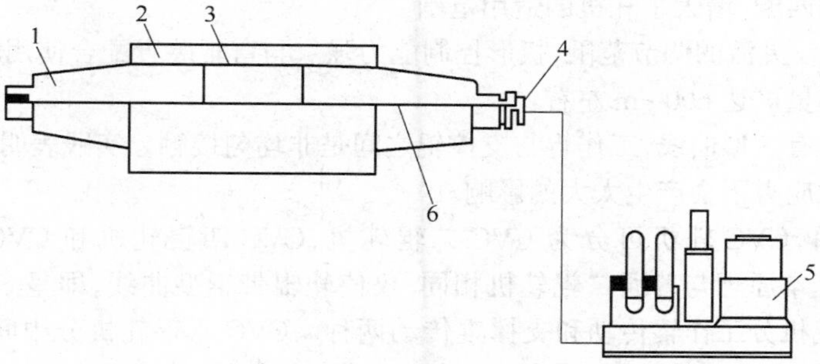


图 1.9-41　VC 轧辊结构简图

1—芯轴;2—外套筒;3—液压腔;4—旋转接头;5—液压站;6—油孔

VC 轧机的主要优点是:

(1) VC 轧机的板形控制能力比液压弯辊的四辊轧机大。

(2) VC 轧辊与液压弯辊配合使用时,不仅可以调整边浪和中间浪的不良板形,也可调整较复杂的复合浪的板形缺陷。

(3) 结构简单,容易操作和维修保养,应用时不需要重新更换及改造现有轧机。

实践证明,它可有效地控制板带材板形,这种系统已广泛应用于冷连轧机和热连轧机的精轧机组及铝箔轧机、不锈钢冷轧和平整机等。

由于 VC 轧辊采用了压力较高的液压系统,给设计制造带来一定的难度。近年来,有人在轧辊芯轴内设置增压腔,以便能采用压力较低的液压系统,利于高速旋转接头的工作。

**(四) CVC 轧机**

CVC 轧机是轧辊凸度连续可变(continuously variable crown)轧机的简称。这种轧机也是一种新型的四辊轧机。图 1.9-42 为这种轧机轧制时的原理图。轧辊整个外廓磨成 S 形(瓶形)曲线,上下轧辊互相错位 180°布置,形成一个对称的曲线辊缝轮廓。这两根 S 形轧辊可以作轴向移动,其移动方向一般是相反的。由于轧辊具有 S 形曲线,在轴向移动时轧辊整个表面的间距发生了不同的变化,从而部分地改变了板材断面的凸度,改善了板形。在轧辊未产生轴向移动时,轧辊构成具有相同高度的辊缝,其有效凸度等于零(图 1.9-42*a*)。如果上辊向左移动,下辊向右移动时,板材中心处两个轧辊轮

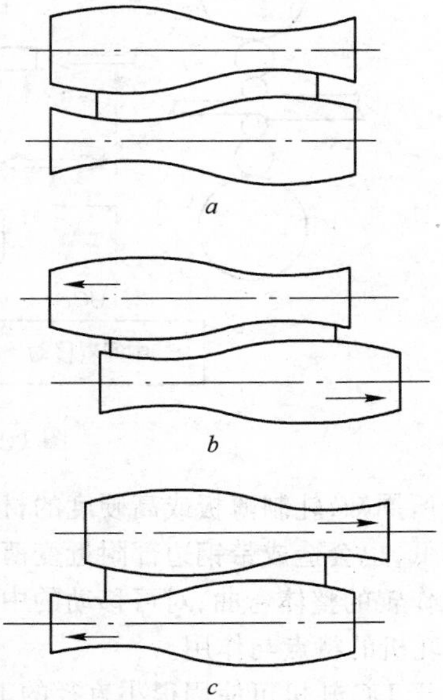


图 1.9-42　CVC 轧机原理示意图

*a*—有效凸度等于零;*b*—有效凸度小于零;*c*—有效凸度大于零

廓线之间的辊缝变大,此时的有效凸度小于零(图 1.9-42*b*)。如果上辊向右移动,下辊向左移动时,板材中心处两个轧辊轮廓线之间的辊缝变小,这时的有效凸度大于零(图 1.9-42*c*)。

CVC 轧机的主要特点是:

(1) 一次磨成的轧辊代替多次磨成不同曲线的轧辊组。

(2) 可提供连续变化的轧辊凸度,辊缝形状可无级调节,能准确有效地使工作辊间空隙曲线与轧件板形曲线相匹配,增大了轧机的适用范围。

(3) 具有较宽较灵活的调节范围,板形控制能力强。与弯辊装置配合使用时,如 1700 mm 带钢轧机的辊缝调整量可达 600 $\mu$m 左右。

由于工作辊具有 S 形曲线,工作辊与支撑辊之间是非均匀接触。实践表明,这种非均匀接触对轧辊磨损和接触应力不会产生太大的影响。

按轧辊的数目,CVC 轧机可分为 CVC 二辊轧机、CVC 四辊轧机和 CVC 六辊轧机三种。CVC 二辊轧机的基本原理与普通二辊轧机相同,仅使轧辊带辊型曲线,即呈 S 形曲线并可轴向移动。CVC 四辊轧机分工作辊传动和支撑辊传动两种。CVC 六辊轧机分中间辊传动和支撑辊传动两种,而 S 形曲线不但可以在工作辊上,也可以在中间辊上,当 S 形曲线在中间辊上时,一般采用支撑辊传动。

### (五) UC 轧机

UC 轧机(universal crown control mill)基本上是一台 HC 轧机,但是增加了新的功能,能进行多样化的板形控制。它除了具有 HC 轧机的特点外,主要增加了中间辊弯辊装置。此弯辊装置有一个随动定位块,它可以使弯辊力始终作用在中间辊轴承中心,即使中间辊有轴向移动时也是如此。因此,UC 轧机是一种采用小直径工作辊、中间辊弯辊、中间辊移动和工作辊弯辊三种装置进行板形控制的轧机,如图 1.9-43 所示。

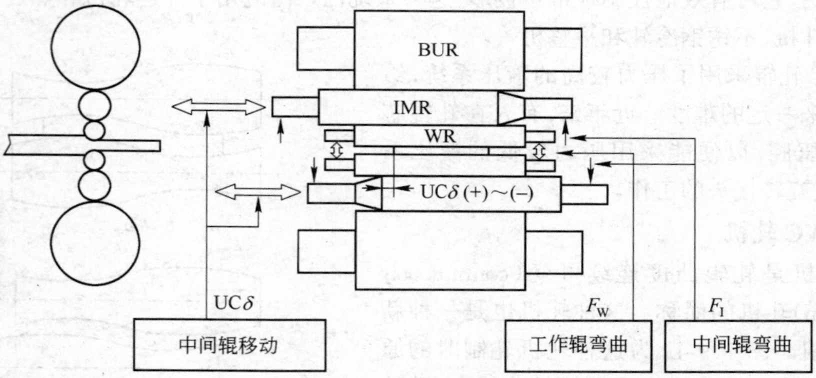


图 1.9-43　UC 轧机原理示意图

众所周知,轧制薄板或高硬度的材料,使用小直径工作辊是有利的。但工作辊直径过小由于刚性降低,也会造成带钢边部附近变薄,难以保证生产出平直的高质量钢带。因此,为了抑制小直径工作辊的整体弯曲,对可移动的中间辊也增设弯辊装置,这样就可得到高质量的钢带,这便是 UC 轧机的特点与作用。

由于 UC 轧机可使用很小直径的工作辊,因而适合轧制薄而硬的材料。当工作辊直径很小时,工作辊的水平挠曲则成为不可忽视的问题。为了防止挠曲,UC 轧机装备了水平支承装置,故其工作辊中心相对于中间辊和支撑辊有一偏心量。

# 第十章　轧机辅助机械设备

## 第一节　概　　述

### 一、轧机辅助设备的特点

轧制生产的发展，在很大程度上决定于轧机辅助设备的完善和改进，辅助设备的机械化和自动化的程度和生产能力的高低，直接影响着轧制生产现代化水平和生产率的提高。轧机辅助设备在生产中起着十分重要的作用。轧机辅助设备具有数量大、种类多、工作条件复杂的特点。在轧钢车间中，轧机辅助设备的总重量，一般要超过主要设备重量的3～4倍。在现代化的冷热带材生产车间中，大量使用由辅助设备组成的各种带材连续处理机组，使得辅助设备的比重加大了，如在1700 mm热轧带钢厂设备总重51000 t中，辅助设备的重量在40000 t以上。

轧机辅助设备担负着众多不同工序的生产任务，要完成各种复杂的动作，这就决定了它们种类极其繁多。轧制生产的产品品种多种多样，针对不同产品的轧制工艺和后续处理工艺的要求，都要有专门的机械设备完成相应工序。随着轧制技术的不断发展，新型的辅助机械设备也是层出不穷。有些辅助设备还承受着冲击、振动和重载，工作环境也十分恶劣，往往在高温、潮湿、多尘、水淋、铁鳞和腐蚀的环境中运转。不少轧机辅助设备启、制动十分频繁，有的设备达每小时启动1500次以上。以上所有这些特点也决定了很多轧机辅助设备的结构和运动比轧机还要复杂。

### 二、轧机辅助设备的分类

根据设备的用途和工作原理，常见的轧机辅助设备分类列于表1.10-1。应当指出，轧机辅助设备的种类很多，此表无法详尽列出所有辅助设备。如在冷热轧带钢车间的各条带钢处理线中，除了装备完成主要工艺处理的主体辅助设备（如酸洗机、喷丸机、各种剪切机、矫正机、连续退火炉、热镀锌机、电镀锡机、表面涂塑机等）外，还要有开卷、卷取设备、夹送矫直机、各类焊接机、活套台或活套塔、转向辊、夹送辊等各种机械设备组成一条完整的连续生产线。这些很难在表内一一列出。

**表1.10-1　常见的轧机辅助设备分类**

| 类　别 | 设 备 名 称 | 用　　途 |
|---|---|---|
| 切断类 | 平形刀片剪切机 | 剪切钢坯 |
| | 斜刀片剪切机 | 剪切钢板、带钢、焊管坯 |
| | 圆盘式剪切机 | 纵向剪切钢板、钢带 |
| | 飞剪机 | 横向剪切运动的轧件 |
| | 热锯机 | 锯切型钢、钢管 |
| | 飞锯机 | 剪切运动的焊管 |
| 矫正类 | 辊式矫正机 | 矫正型钢、钢板 |
| | 压力矫正机 | 矫正型钢、钢管、钢板 |
| | 斜辊矫正机 | 矫正圆钢、钢管 |
| | 张力矫正机 | 矫正有色板带材、薄钢带 |
| | 拉伸弯曲矫正机 | 矫正极薄带材、高强度带材 |

续表 1.10-1

| 类 别 | 设备名称 | 用 途 |
|---|---|---|
| 运输翻转类 | 辊道<br>钢锭车<br>推钢机、出钢机<br>翻钢机<br>回转台<br>升降台<br>推床<br>冷床<br>盘卷运输机 | 输送各类坯料、轧件和成品<br>运送钢锭<br>各种加热炉的配套设备<br>使轧件按轴线方向旋转<br>使轧件水平旋转<br>使轧件上下升降<br>横向输送轧件<br>冷却轧件并使轧件横移<br>输送线材盘卷 |
| 轧件收集类 | 地下卷取机<br>带钢卷取机<br>线材卷取机<br>垛板台<br>堆垛机 | 卷取热轧带卷<br>卷取冷态钢带<br>卷取线材<br>收集钢板<br>收集型材 |
| 打捆包装类 | 打钢号机<br>打捆机<br>包装机 | 对轧件进行标志<br>将钢材、带卷打捆<br>将各类钢材进行包装 |
| 热加工后冷却类 | 层流冷却机组<br>斯泰尔摩控冷运输机 | 对精轧后的热轧钢带进行冷却<br>对线材盘卷进行控制冷却 |
| 表面清理加工类 | 修磨机<br>火焰清理机<br>酸洗机组<br>清洗机组<br>带材热处理机组<br>带材剪切机组<br>带材表面处理机组 | 修磨坯料表面缺陷<br>用火焰清理坯料表面缺陷<br>酸洗轧件表面锈层<br>对轧件表面进行清洗、去油<br>连续对带材进行热处理<br>对带材进行纵切分条、横切成板<br>对带材表面进行涂层、镀锌、镀锡 |

## 三、轧机辅助设备的工作制度

根据轧机辅助设备的工作状态和驱动电机的发热情况，其工作制度可分为以下四种。

### (一) 连续工作制

电动机运转时间很长，连续工作足以使电机的温升达到与其额定电流相应的稳定值，属于这种工作制的辅助设备并不多，如矫正机、圆盘剪、热锯机等。

### (二) 短时工作制

电动机启动后，运转时间较短，其温升来不及达到稳定值。停机后到下次启动的间隙时间较长，其温度下降到环境温度。属于这种工作制度的设备有热锯机的移动机构、定尺挡板移动机构等。此类短时工作制一般采用感应电机，为简化机构，有的采用液压或气动。

### (三) 启动工作制

电动机启、制动频繁。运转期与间隙期交替出现，一个循环时间一般不超过 10 min。电机的温升随着运转期和间隙期而升降，最后在某一稳定范围内波动。根据电机静力矩和动力矩的特点(载荷形式)，启动工作制的轧机辅助设备可分以下三大类：

(1) 静力矩 $M_{\mathrm{d}}$ 和飞轮力矩 $GD_{\mathrm{d}}^2$ 都等于常数，此时，电机轴上的静力矩 $M_{\mathrm{d}}$ 和飞轮力矩 $GD_{\mathrm{d}}^2$ 与电机转角 $\alpha$ 的关系见图 1.10-1。

这种载荷的轧机辅助设备，一般是通过螺旋、齿条等机构将电机转动变为直线运动，如压下

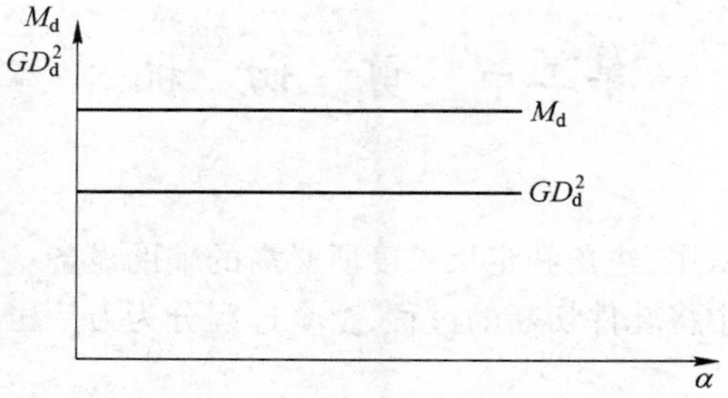


图 1.10-1　$M_d$ = 常数，$GD_d^2$ = 常数时电动机曲线

装置，推床等。

(2) 静力矩 $M_d$ 与电机转角 $\alpha$ 成函数关系，而飞轮力矩 $GD_d^2$ 仍近似常数(见图 1.10-2)，即 $M_d = f(\alpha)$；$GD_d^2 \approx$ 常数。

此类载荷在速度不高或移动质量较小的曲柄机构中能见到，如慢速剪切机就属于这类。

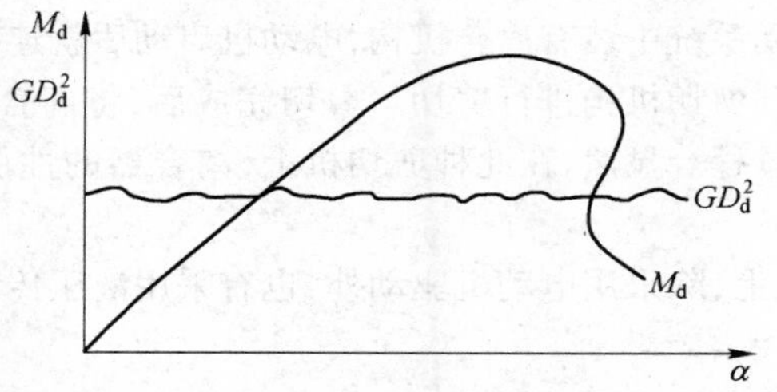


图 1.10-2　$M_d = f(\alpha)$，$GD_d^2 \approx$ 常数时电动机曲线

(3) 静力矩 $M_d$ 和飞轮力矩 $GD_d^2$ 均与电动机转角 $\alpha$ 成函数关系(见图 1.10-3)，即

$$M_d = f_1(\alpha);\ GD_d^2 = f_2(\alpha)$$

此类载荷在快速的曲柄机构或移动质量较大的设备上能遇到，如快速剪切机、升降台等。

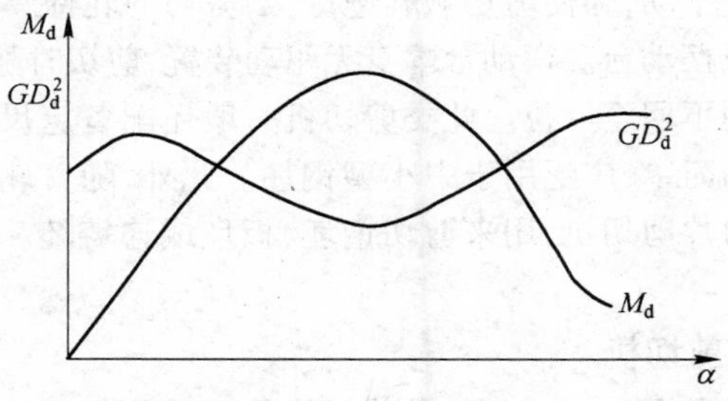


图 1.10-3　$M_d = f_1(\alpha)$，$GD_d^2 = f_2(\alpha)$时电动机曲线

**(四) 阻塞(止动)工作制**

阻塞(止动)工作制也称掘土机工作制。这时，应采用具有阻塞特性的电机。当外负荷增加时，电机转速能迅速降低，而最大力矩则增加到额定力矩的 2～2.5 倍；当外负荷减小时，电机转速又能迅速上升。热锯机、轧机推床等设备上的电机就具有这种特性。有时也采用液压和气动装置，来适应这种阻塞工作制。

## 第二节 剪 切 机

### 一、剪切机的类型

剪切机是剪切轧材的头、尾、边角和定尺长度所必需的辅助设备。剪切是由两片剪刃在直线运动、曲线运动或圆周运动中将轧件切断的过程,整个过程分为刀片压入金属和金属滑移直至断裂的两个阶段。

按照被剪金属的温度,剪切机分为热剪机和冷剪机;根据被剪金属的切断方向分为横剪机和纵剪机;根据剪切机刀片形状、配置及剪切方式等特点可以分为平行刀片剪切机、斜刀片剪切机、圆盘式剪切机和飞剪机四种。

由电动机驱动的剪切机,根据它的工作制度,可分为两种:一种是启动工作制,采用直流电机,每剪切一次,电动机启动、制动一次,完成一个工作循环。根据剪切钢坯厚度的不同可采用摆动式循环工作方式(即曲柄轴旋转角度小于 360°便完成一个剪切循环),或采用圆周循环工作方式(即曲柄轴旋转 360°完成一个剪切循环)。另一种为连续工作制,一般采用带有飞轮装置的交流绕线式异步电动机,在传动系统中装有离合机构,电动机启动后就连续运转,每次剪切时,先将离合器合上,使传动系统带动剪切机构进行剪切。剪切完成后,将离合器打开,使剪切机构与传动系统脱离,完成一个剪切过程。显然,在此种剪切机上,离合器的性能直接影响剪切机的运转及其生产率。

在大型平行刀片剪切机上,除采用电动机驱动外,也有采用液压传动的。

### 二、平行刀片剪切机

平行刀片剪切机的上、下刀片是平行布置的,它通常用于横向热剪方形及矩形断面的钢坯,故又称为钢坯剪切机。根据其运动特点,又分为上切式和下切式两大类。

#### (一) 上切式平行刀片剪切机

上切式平行刀片剪切机的特点是下刀固定不动,剪切过程是靠上刀上、下运动来完成的(见图 1.10-4)。其优点是剪切机构由简单的曲柄连杆机构组成,质量较轻;缺点是在剪切过程中易将钢坯压弯。由于下刀固定不动,为使剪切顺利进行,当剪切的轧件厚度大于 30~60 mm 时,需在剪切机后安装摆动辊道或摆动台。摆动台本身无驱动装置,剪切时随上刀片和轧件一起下降,剪切完毕后在平衡装置作用下回至原位。此类剪切机一般还配备定尺机构、切头收集及输送装置等。由于这种剪切机结构简单,广泛用于中小型钢坯。此外,随着轧钢生产率的提高,也出现了快速换刀的上切式平行刀片剪切机,用来剪切钢坯、板坯或连铸坯。当然,此种剪切机设备重量也随之增加,结构也复杂。

#### (二) 下切式平行刀片剪切机

下切式平行刀片剪切机见图 1.10-5。这种剪切机的特点是上、下刀都运动,但剪切轧件的运动是靠下刀来完成的,剪切时上刀不运动。因为剪切时下刀台将轧件抬离辊道面,所以在剪切机后不设置笨重的升降辊道;另外在剪切长轧件时,剪切后的钢坯不会弯曲。采用下切式剪切机还能缩短剪切间隙时间,其原因为:

(1) 钢坯被剪断时,下刀抬到最高位置,钢坯落在剪后辊道上便可及时运走;而上切式剪切机因剪切时上刀压着钢坯,上刀得抬离钢坯后才可运走;

(2) 剪切厚度较小的钢坯(方、扁坯)时,下切式剪切机采用摆式循环工作方式,可以缩短刀片的空行程,增加每分钟的剪切次数。

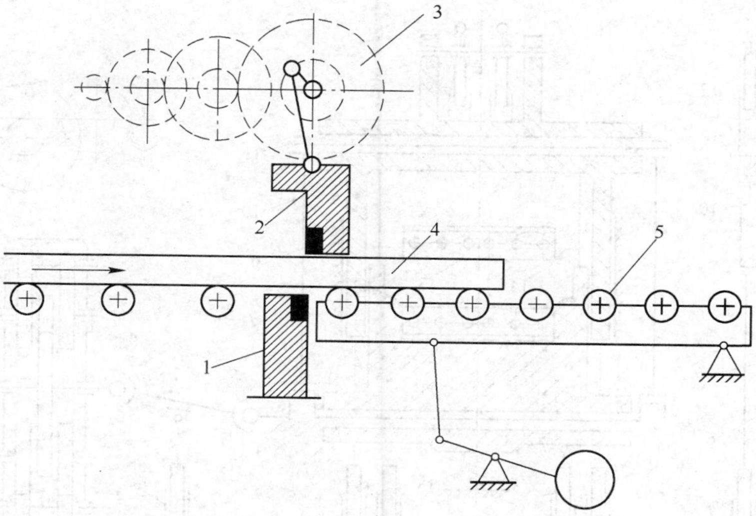


图 1.10-4 上切式平行刀片剪切机简图

1—下刀片;2—上刀片;3—剪切机构传动系统;4—轧件;5—摆动台

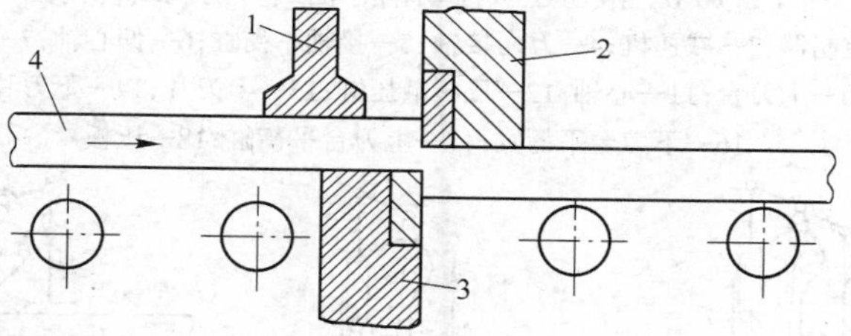


图 1.10-5 在下切式剪切机上剪切轧件

1—压板;2—上刀台;3—下刀台;4—轧件

由于下切式剪切机具有上述优点,目前广泛用于剪切中型和大型钢坯,其结构类型较多,主要有浮动偏心轴式、曲柄杠杆(六连杆)式,曲柄连杆式和步进式等几种结构形式。

图 1.10-6 和图 1.10-7 为 16 MN 剪切机结构简图及剪切过程简图。这是一台采用液压压板形式的大型浮动偏心轴式剪切机。剪切机由剪切机构、压板机构、刀台平衡机构、机架和传动系统组成。剪切机构由偏心轴 6、下刀台 7、连杆 8、上刀台 10 及心轴 11 组成,上、下刀台装有上、下刀片 13 和 14,通过连杆连接起来。剪切时上刀台在机架 9 的垂直滑道内上、下运动,而下刀台则在上刀台的垂直滑道内相对于上刀台做运动。剪切钢坯时的剪切力由连杆 8 承受,并不传给机架,机架只承受由扭矩产生的倾翻力矩。压板机构由液压缸 12 和压板 18 组成,安装在上刀台上,剪切时液压缸产生的压力通过杠杆把钢坯夹持在压板和下刀台之间,防止钢坯倾斜。上、下刀台和万向接轴分别由液压缸 17、16 和 5 来平衡,为消除机构中的间隙,上刀台采用过平衡,下刀台采用欠平衡。整台机器的运动来源于偏心轴 6 的旋转,然而偏心轴 6 和上、下刀台都没有和地基相连的支铰,在整个剪切过程中偏心轴 6 的旋转并不是始终围绕一个固定的中心,这就是把偏心轴冠以“浮动”的起因。

图 1.10-7 示意出在一个整个剪切循环中,机构运动的三个阶段。从图 $a$(原始位置)开始,偏心轴 $AB$ 接受一顺时针方向的扭矩,但此时机构的活动度是 2,主轴既可能绕着 $A$ 点转动,也可能绕 $B$ 点转动。根据最小阻力定律,通过分析证明只要上下刀台平衡力的总和小于被平衡重

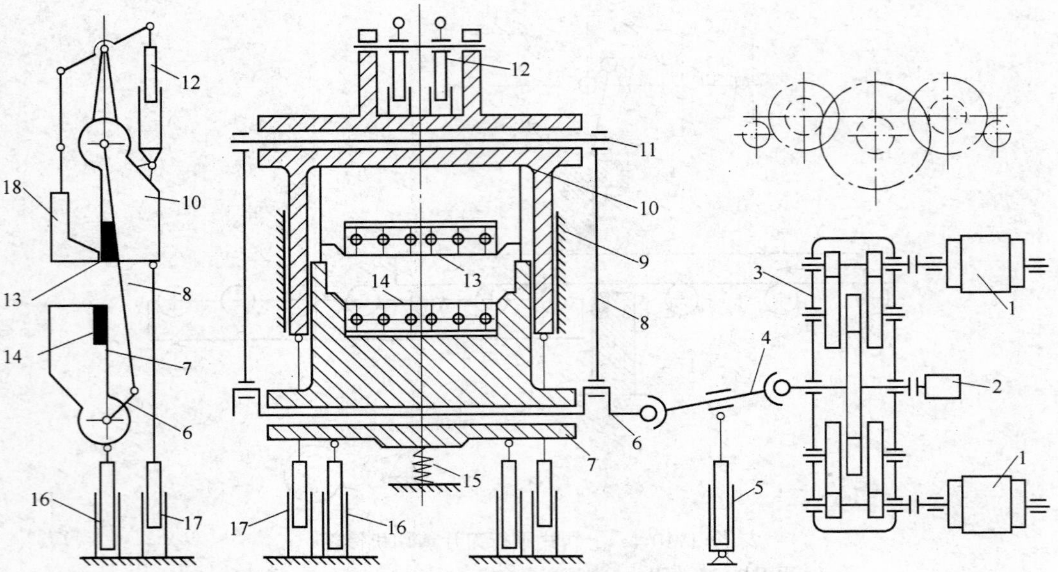


图 1.10-6　液压压板浮动偏心轴式剪切机结构简图

1—电动机；2—控制器；3—减速机；4—万向接轴；5—接轴平衡缸；6—偏心轴；7—下刀台；8—连杆；9—机架；10—上刀台；11—心轴；12—压板液压缸；13—上刀片；14—下刀片；15—弹簧；16—下刀台平衡缸；17—上刀台平衡缸；18—压板

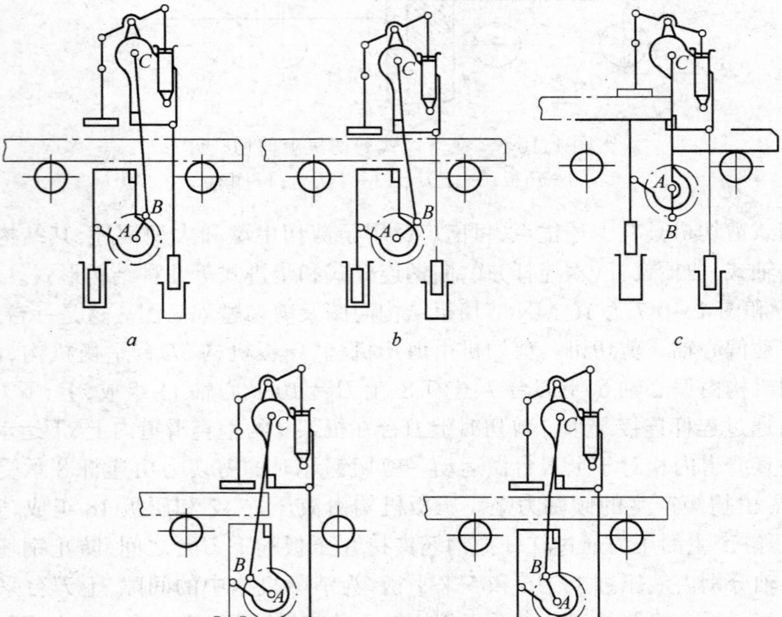


图 1.10-7　浮动偏心轴式剪切机剪切过程简图

*a*—原始位置；*b*—上刀下降；*c*—上刀停止，下刀上升至最高位置；*d*—下刀下降至最低位置；*e*—上刀复原

量的总和，此时主轴就会绕 $A$ 点旋转，就可以带动上刀台下降而下刀台不动，这是运动的第一个阶段(图 1.10-7*b*)。当上刀台下降到上刀片压紧轧件后，就只能停止下降，第一阶段结束。此时主轴只能开始绕着 $B$ 点旋转，带动下刀台上升，进入了真正的剪切过程，亦即运动的第二阶段。直至下刀升到最高位剪切完成(图 1.10-7*c*)。之后下刀开始下降到原位为止(图 1.10-7*d*)，第二阶段结束。此刻下刀已经不可能再继续下降了，主轴的旋转中心再次转移到点 $A$，开始了运动的第三阶段——上刀上升到原始位置。至此主轴旋转了一圈，完成了整个剪切循环。液压压板浮动偏心轴式剪切机的优点是结构简单，压板力由液压缸压力决定，可以保证压住钢坯。

## 三、斜刀片剪切机

斜刀片剪切机主要用来剪切钢板，有时也用来剪切成束的小型材。为了减少剪切负荷，一个刀片布置成一定的倾斜角度。斜刀片剪切机也有上切式和下切式两种，上切式斜刀片剪切机的下工作台是固定的，便于操作；而下切式斜刀片剪切机的整个传动机构布置在作业线下面，使它尽可能紧凑。上切式斜刀片剪切机一般是单独使用，或组成剪切机组，而下切式斜刀片剪切机往往设置在连续作业机组中，对钢带进行切头、切尾或分卷。斜刀片剪切机的驱动方式有电动或液压两种，在工艺线中可用来对轧件进行横切或纵切。

### (一) 上切式斜刀片剪切机

上切式斜刀片剪切机下刀片固定不动，上刀片向下运动剪切轧件。一般是下刀片水平、上刀片具有一定的倾斜角。上切式斜刀片剪切机采用电动机驱动较多，也有采用液压驱动。电动机驱动的剪切机，根据齿轮传动系统的特点，又可分为单面传动、双面传动和下传动等形式。

1. 单面传动斜刀片剪切机(图 1.10-8*a*)

因其结构简单，制造方便，应用较为广泛。上刀运动是通过电动机、三角皮带、齿轮和曲柄连杆机构实现的。

2. 双面传动斜刀片剪切机(图 1.10-8*b*)

双面传动斜刀片剪切机的特点是曲轴短，受力好，制造方便。但装配较为困难，特别是对两对齿轮的同步问题要求严格。这种剪切机大多用于宽厚钢板剪切。

3. 下传动斜刀片剪切机(图 1.10-8*c*)

下传动斜刀片剪切机可使剪切机高度降低、质量减轻，如对于钢结构的剪切机，其质量可减轻 20%；而对于铸造结构的剪切机，质量可减轻 30%。

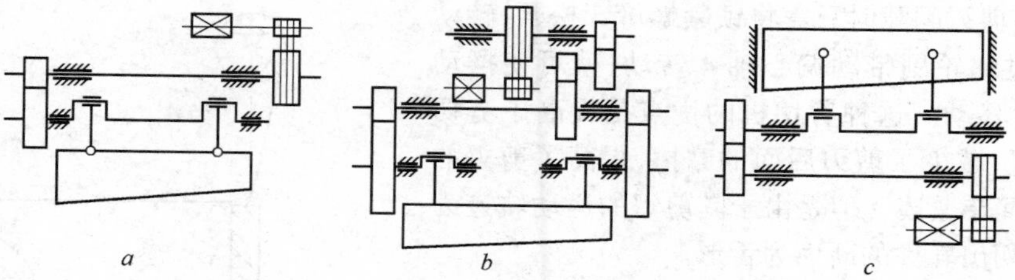

图 1.10-8　电动机驱动的上刀片剪切机

*a*—单面传动；*b*—双面传动；*c*—下传动

对于宽度不大的钢板(焊管坯)或用来剪切成束小型圆钢的场合，可采用开式机架斜刀片剪切机(图 1.10-9*a*)。此种剪切机的机架呈侧凹形，即机架一侧有较大的凹形空间，上、下刀台安装在这一空间内进行轧件的剪切。开式机架斜刀片剪切机的优点是结构简单，便于观察轧件的剪切情况；缺点是机架有较大的侧凹形缺口，刚性差。

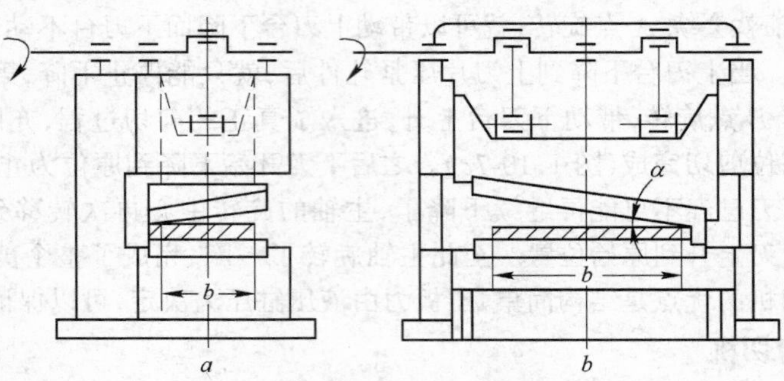


图 1.10-9　斜刀片剪切机类型(按机架结构形式分)

*a*—开式；*b*—闭式

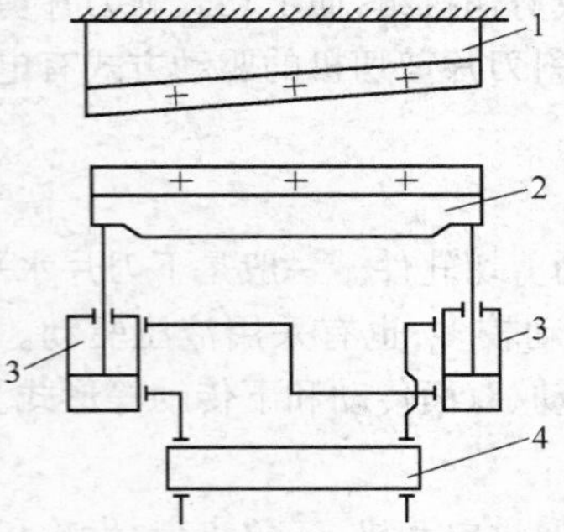


图 1.10-10　液压下切式斜刀片剪切机简图

1—上刀台；2—下刀台；3—串联同步液压缸；4—换向阀

## (二) 下切式斜刀片剪切机

下切式斜刀片剪切机通常是上刀片固定不动，由下刀片向上运动剪切轧件。近年来在平整机组中，为了能调整剪切位置，出现了上、下两个刀片都运动的下切式斜刀片剪切机。

下切式斜刀片剪切机也有电动机驱动和液压驱动两种，后者结构简单紧凑，剪切动作平稳且能自动防止过载而得到广泛应用。但生产率较低，消耗功率大，并且要解决液压缸的同步问题。图 1.10-10 为用液压缸串联方式来解决同步问题的下切式斜刀片剪切机的机构简图。从图中可以看出，当下刀台 2 上升时，液压油先进入左液压缸 3 的下油腔，而将其上油腔之油排入到右液压缸 3 的下油腔，右液压缸的上油腔则与回油管相连。只要使左液压缸上油腔的面积与右液压缸下油腔的面积相等，就可以实现下刀台两个液压缸同步升降。

## (三) 摆式斜刀片剪切机

摆式斜刀片剪切的特点是上刀架在剪切过程中绕一固定点作圆弧摆动，图 1.10-11 为其原理图。调整剪刃间隙时只需将锁紧螺母 5 松开，转动手轮 6，通过蜗轮副带动偏心轴 4 转动，就可使摆动刀架 3 前后移动。这种剪切机的优点是提高了剪切断面的质量，减少了剪刃后面的摩擦，提高了剪刃的寿命，结构简单紧凑。但是由于其剪刃的运动轨迹为一曲线，剪切出轧件的断面为舌形。

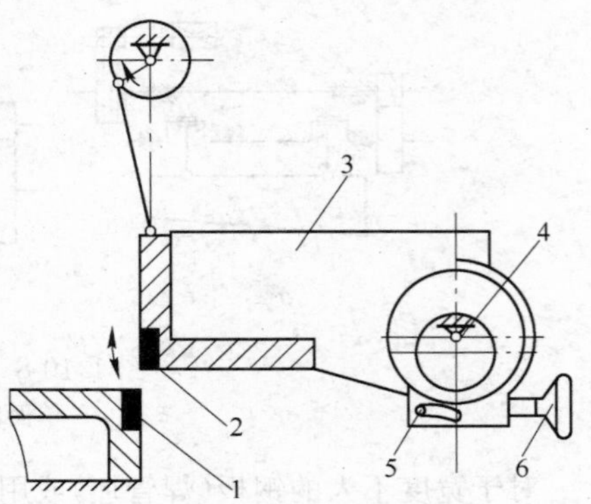


图 1.10-11　摆式剪切机原理图

1—下刀片；2—上刀片；3—摆动刀架；4—偏心轴；5—锁紧螺母；6—手轮

双边剪切机就是一种摆式斜刀片剪切机，是用来纵切厚板的两个边部，使单张钢板的宽度符合要求的尺寸。采用双边剪可缩短剪切线的长度，减少基建投资。同时可提高作业线生产率。由于两边同时剪切，因而容易保证钢板两边的平行度。

图 1.10-12 为双边剪的结构示意图，双边剪由左剪切机 1，右剪切机 2 组成。左右剪切机安装在同一

轨座上,左剪切机是固定的,右剪切机可根据剪切钢板宽度由传动机构 3 带动作左右方向的移动。左右剪切机的结构完全相同,实际上是两台独立的剪切机,由电气联锁实现同步剪切。剪切机包括剪切机构 4,压料器 5 及上剪刃后退机构 6 以及传动系统 7,此外还有前、后夹送辊以及夹送小车(图中未示出)等。上剪刃装在摆动刀架上,摆动刀架由偏心连杆机构带动作圆弧摆动进行剪切。刀架上还装有碎边用的横剪刃,在切边的同时将边切碎,不须专门的碎边剪。为了便于钢板送进,并防止钢板磨损上剪刃,在送进钢板时上刀架可后退。后退机构由液压缸、曲折杆及滑座组成。在液压缸的带动下,曲折杆曲折后上刀架即可实现后退动作。

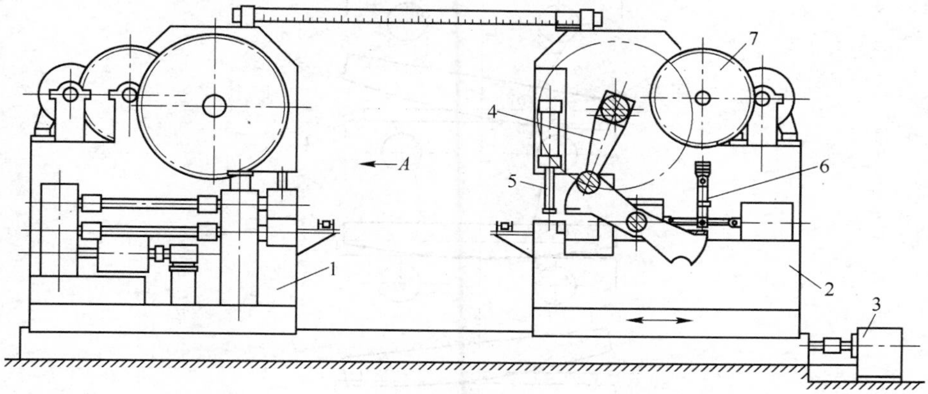


图 1.10-12　双边剪结构示意图

1—左剪切机;2—右剪切机;3—传动机构;4—剪切机构;5—压料器;6—上剪刃后退机构;7—传动系统

### (四) 滚切式剪切机

近年来出现了一种用来剪切厚板的滚切式剪切机,其原理如图 1.10-13 所示。具有弧形剪刀片的上刀座用两个曲轴带动,它们的转速和转向相同,但相位不同,弧形剪刃的左端首先下降,直到与下剪刃左端相切,再沿下剪刃滚动,当滚到与下剪刃右端相切时,剪切完成,然后升起,恢复到原位。滚切式剪切机又分为纵向(双边、剖分)和横向剪切两类。纵向滚切剪与横向滚切剪的剪切过程略有不同,纵向滚切剪在位置 5 时,上、下剪刃的切口达不到剪刃的端部,而横向滚切剪的切口则达到剪刃端部。

滚切式剪切机与一般的斜刃剪切机相比较有下列优点:由于弧形的上剪刃在直的下剪刃上滚动剪切,上剪刃相对钢板的滑动量小,剪刃划伤和磨损小,上、下剪刃重叠量可以根据剪切厚度选择,而且在全剪刃长度上其值一样,保证了钢板的平直度,被切下的废边弯曲也很小,容易处理,上、下剪刃在起始和停止位置时,其开口度大约能达到板厚的三倍,显著地大于斜刃剪的开口度,因而能使钢板顺利地通过剪切机,虽然滚切式剪切机有较大的开口度,但总的行程比普通斜刃剪还减少了 30%～40%,因此,这种剪切机的设备重量较轻。

## 四、圆盘式剪切机

圆盘式剪切机的上刀盘和下刀盘均为圆盘形,旋转的刀盘将前进的轧件纵向切开。图 1.10-14是具有两对刀片的圆盘式剪切机结构示意图。

从图 1.10-14 可见:圆盘刀片 1 是由电动机通过齿轮座和万向联接轴 2 传动的。为了剪切不同宽度的钢板,左右两对刀片的间距可以调节,它是由电动机通过蜗轮减速机和丝杠使其中一对刀片的机架移动来实现的。上、下刀片间径向间隙的调节,是由电动机经蜗轮传动 4,使偏心套筒 3(其中安装着刀片轴) 转动而实现的。刀片的侧向间隙的调整,是由手轮通过蜗轮机构使

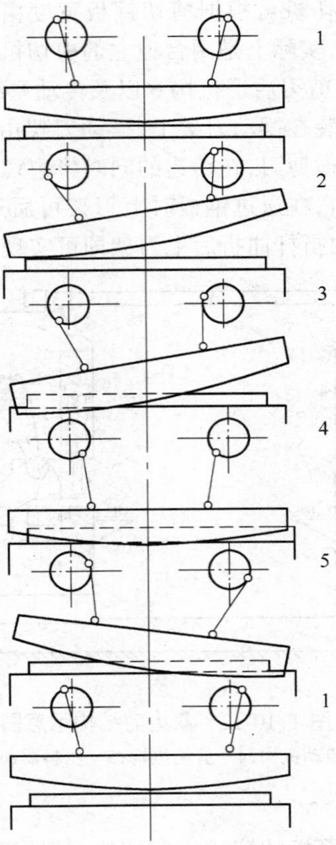


图 1.10-13　滚切式剪切机的剪切过程

1—起始位置；2—剪切开始；3—左端相切；4—中部相切；5—右端相切

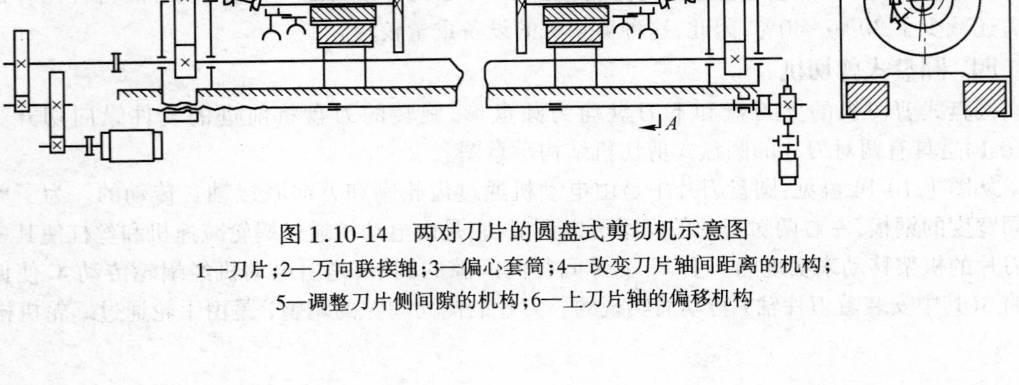

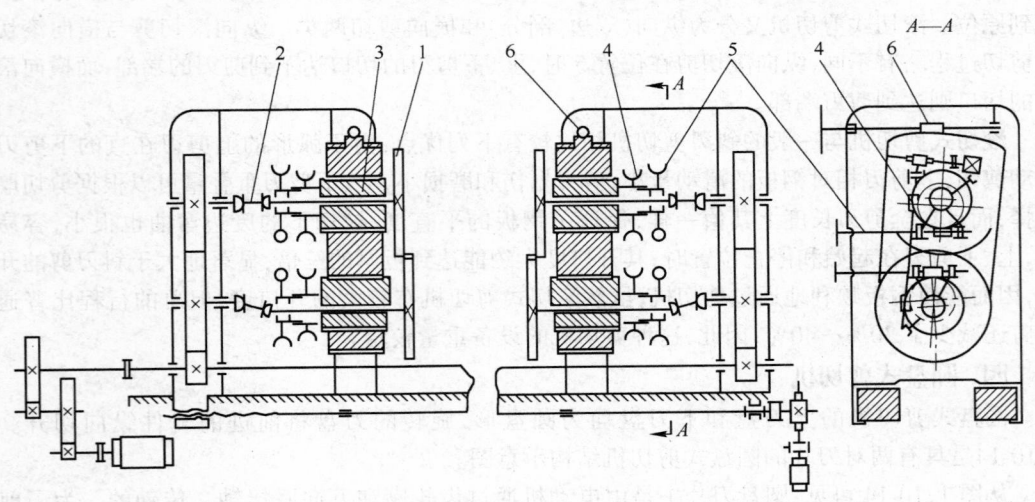


图 1.10-14　两对刀片的圆盘式剪切机示意图

1—刀片；2—万向联接轴；3—偏心套筒；4—改变刀片轴间距离的机构；

5—调整刀片侧间隙的机构；6—上刀片轴的偏移机构

刀片轴作轴向移动而实现的。上刀片轴相对下刀片轴的移动，是由手轮通过蜗轮传动机构6，使装有上刀片轴的机架绕下刀片轴作摆动而实现的。为了减少钢板与圆盘刀刃间的摩擦，每对刀片与钢板中心线倾斜一个不大的角度 $\beta$(见图1.10-15)。

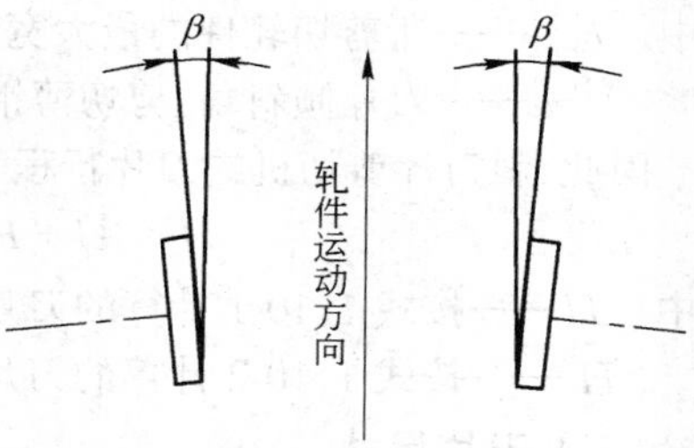


图1.10-15　圆盘剪刀片倾斜示意图

## 五、平刀片与斜刀片剪断机的结构参数

### (一) 刀片行程

剪断机的刀片行程除确保轧件被剪断外，还要考虑到轧线上的最大轧件能在上、下刀片之间顺利通过，但行程又不宜过大，否则将导致剪切机结构尺寸的庞大。

1. 平行刀片剪切机的刀片行程

平行刀片剪切机的刀片行程见图1.10-16，根据轧件的最大断面高度、剪切终了时刀片的重叠量以及下刀片与辊道表面的距离等参数，可按下式计算：

$$H = h + f + q_1 + q_2 + S \tag{1.10-1}$$

式中　$H$——刀片行程(指刀片的最大行程)；

$h$——被剪轧件的最大断面高度；

$f$——轧件上表面与压板之间的距离，当轧件有一定翘头时，仍能通过剪切机，通常取 $f = 50\sim75$ mm；

$q_1$——为了避免上刀受轧件冲撞，而使压板低于上刀的距离，一般取 $q_1 = 5\sim50$ mm；

$q_2$——为了使轧件能顺利通过剪切机，不致冲击或磨损下刀刃，而使下刀刃低于辊道表面的距离，一般取 $q_2 = 5\sim20$ mm；

$S$——上、下刀片的重叠量，一般取 $S = 5\sim25$ mm。

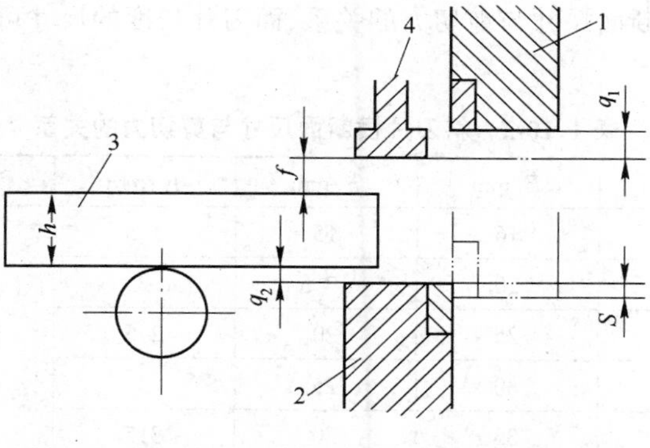


图1.10-16　平行刀片剪切机(上切式)刀片行程图

1—上刀；2—下刀；3—轧件；4—压板

对于曲柄连杆(或偏心连杆)机构的剪切机，曲柄轴半径(或偏心轴的偏心)$R$，等于刀片行程的一半。

2. 斜刀片剪切机的刀片行程

由于斜刀片倾斜角的影响，斜刀片剪切机的刀片行程 $H$，除了式1.10-1中的有关因素外，还要考虑由于刀片倾斜所引起的行程增加量 $H''$。$H''$可按下式计算：

$$H'' = b_{max}\tan\alpha \tag{1.10-2}$$

式中 $b_{max}$——所剪切轧件的最大宽度；

$\alpha$——刀片倾斜角：剪切薄钢板时，$\alpha = 1°30' \sim 6°$；剪切厚钢板时，$\alpha = 8° \sim 12°$。

因此，斜刀片剪切机的刀片行程 $H'$ 为：

$$H' = H + H'' = h + f + q_1 + q_2 + S + b_{max}\tan\alpha \tag{1.10-3}$$

式中 $H$——按式 1.10-1 计算的刀片行程；

$H''$——按式 1.10-2 计算的刀片行程增加量。

**（二）刀片尺寸**

1. 平行刀片剪切机的刀片尺寸

刀片长度 $L$ 主要根据被剪切轧件横断面的最大宽度来确定。可按下列经验公式确定：

剪切方坯时小型剪切机取： $$L = (3 \sim 4)b_{max} \tag{1.10-4}$$

中型和大型剪断机取： $$L = (2 \sim 2.5)b_{max} \tag{1.10-5}$$

剪切板坯时： $$L = b_{max} + (100 \sim 300) \tag{1.10-6}$$

式中 $L$——刀刃长度，mm；

$b_{max}$——被切钢坯横断面的最大宽度（包括多根剪切时），mm。

刀片横断面尺寸计算：

刀片横断面高度 $h'$，按经验公式确定：

$$h' = (0.65 \sim 1.5)h \tag{1.10-7}$$

式中 $h$—— 被剪切钢坯横断面高度，mm。

刀片横断面宽度 $b'$，按经验公式确定：

$$b' = \frac{h'}{(2.5 \sim 3)} \tag{1.10-8}$$

2. 斜刀片剪切机的刀片尺寸

斜刀片剪切机在剪切时，刀片将受到挤压、弯曲和摩擦的作用，其尺寸主要由剪切力确定。表 1.10-2 列出了刀片横断面尺寸与剪切力的关系，而刀片长度的尺寸可由式 1.10-4～式 1.10-6 来确定。

**表 1.10-2 斜刀片横断面尺寸与剪切力的关系**

| 剪切力/kN | H/mm | B/mm | h/mm | K/mm |
|---|---|---|---|---|
| 20～60 | 60 | 16 | 15 | 1.5 |
| 60～160 | 70 | 20 | 17.5 | 2 |
| 160～250 | 80 | 25 | 20 | 2.5 |
| 250～600 | 100 | 30 | 25 | 3 |
| 600～1000 | 120 | 35 | 30 | 3.5 |
| 1000～1600 | 150 | 40 | 35 | 3.5 |
| 1600～2500 | 180 | 50 | 45 | 5 |
| 2500～4000 | 200 | 60 | 50 | 6 |

图 例

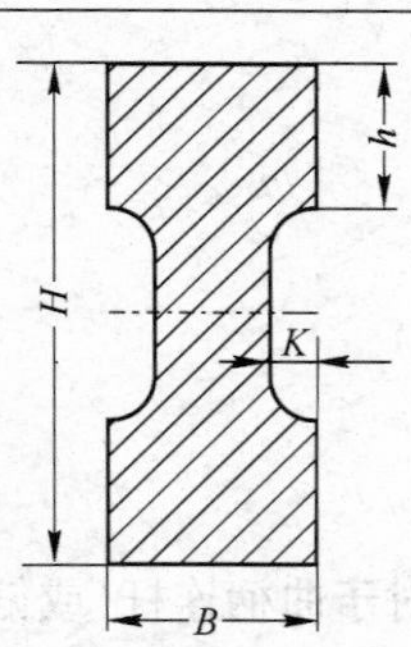


**（三）剪切次数、剪切周期、剪切机负荷率**

剪切机的刀片行程次数或称理论剪切次数，是指刀片每分钟能够上、下往复的次数。实际上，一个剪切周期除包括刀片上、下一次所需的时间外，还必须考虑到轧制周期、定尺长度、剪切机前后辊道的速度、剪切机后定尺挡板升降速度等因素的影响，因此，实际剪切次数总要低于理论剪切次数。

根据实际剪切次数，计算剪切机的负荷率是否满足轧钢机最高机时产量，其计算方法如下：

1. 剪切周期 $T$

剪切周期 $T$(s)为：

$$T = n_0 t_1 + a_0 t + t_0 \tag{1.10-9}$$

式中 $n_0$——每根轧件剪切次数，$n_0 = a_0 + 1$；　(1.10-10)

$a_0$——每根轧件剪切段数，$a_0$ = 轧件总长 $L$/定尺长度 $l$；

$t_1$——每剪切一次的纯剪时间，$t_1 = 60/n$，s/次；

$n$——剪切机理论剪切次数，次/min；

$t$——两次剪切中间隙时间(s)，包括轧件运输、定尺、摆正、刀片复位等时间，这些工序通常是交叉重叠操作的，计算时，最好参照剪切机在实际生产中实测的统计资料；

$t_0$——剪切两根轧件的间隙时间。

2. 平均每根轧件的剪切周期

平均每根轧件的剪切周期 $T_j$(s)(多根同时剪切时)为：

$$T_j = \frac{T}{a} \tag{1.10-11}$$

式中 $T$——剪切周期，s；

$a$——同时剪切轧件的根数。

3. 剪切机负荷率

剪切机负荷率 $A$ 为：

$$A = \frac{T_j}{T_z} \times 100\% \tag{1.10-12}$$

式中 $T_z$——每根轧件的轧制周期，根据轧制表查出，s。

## 六、圆盘式剪切机结构参数

圆盘刀片是圆盘剪的基本剪切工具。圆盘式剪切机主要结构参数为圆盘刀片尺寸、刀片重叠量、侧向间隙和剪切速度。

### (一) 刀盘直径

圆盘刀片直径 $D$ 按下式确定：

$$D = \frac{h + S}{1 - \cos\alpha} \tag{1.10-13}$$

式中 $h$——被剪切板材的厚度，mm；

$S$——上下两圆盘刀片的重叠量，mm；

$\alpha$——圆盘刀片咬入板材的许用角，一般 $\alpha = 10° \sim 15°$。

当咬入角 $\alpha = 10° \sim 15°$、重叠量 $S = 1 \sim 3$ mm时，圆盘刀片直径通常在下列范围内选取：

$$D = (40 \sim 125)h \tag{1.10-14}$$

较大的 $D$ 值用于剪切较薄的板材。

### (二) 刀盘厚度

刀盘厚度 $B$ 为：

$$B = (0.06 \sim 0.1)D \tag{1.10-15}$$

式中 $D$——圆盘刀片直径，mm。

刀盘直径、厚度与被剪切板材厚度的关系，见表 1.10-3。

**表 1.10-3　刀盘的直径、厚度与板材厚度(mm)**

| 被切板材厚度 $h$ | 刀盘直径 $D$ | 刀盘厚度 $B$ | 备　注 |
|---|---|---|---|
| 0.18～2.5 | 700～680 | 35～40 | 用于切边圆盘剪 |
| 0.18～0.6 | 170～150 | 15 | 用于切条圆盘剪 |
| 0.6～2.5 | 270～250 | 20 | |
| 2.5～6 | 460～440 | 40 | |
| 6～10 | 700～680 | 60 | |

### (三) 上、下两刀盘的重叠量

重叠量 $S$ 根据被剪切板材厚度选定，通常取：$S=1\sim3$(mm)。剪切薄钢带时用 $S\leqslant2$ mm；对于 $h\geqslant5$ mm 的板材，刀片互相分开，即用负重叠量。

### (四) 上、下刀盘间的侧向间隙

侧向间隙 $\Delta$ 可按被切板材的厚度 $h$ 决定：

热剪时 $\Delta=(0.12\sim0.16)h$；冷剪时 $\Delta=(0.09\sim0.11)h$。

剪切薄带材($h=0.18\sim0.25$ mm)时，实际侧向间隙取 $\Delta=0$，上、下刀盘装配得彼此紧密接触。

### (五) 剪切速度

剪切速度 $v$ 要根据生产率、被剪切钢板的厚度和力学性能来确定。剪切速度太快，会影响剪切质量；过慢又会影响生产率。常用剪切速度按表 1.10-4 确定。

**表 1.10-4　圆盘剪常用的剪切速度**

| 钢板厚度/mm | 2～5 | 5～10 | 10～20 | 20～35 |
|---|---|---|---|---|
| 剪切速度/$\mathrm{m\cdot s^{-1}}$ | 1.0～2.0 | 0.5～1.0 | 0.25～0.5 | 0.2～0.3 |

### (六) 刀盘对数

切边圆盘剪只有两对；切条用纵剪机的刀盘的对数根据切条数目确定，设计时不推荐超过 16 对。

## 七、剪切机的力能参数

### (一) 平行刀片剪切机的剪切力

设计剪切机时，首先需要根据所剪切最大轧件断面尺寸来确定剪切机的公称能力，亦确定最大剪切力 $P_{max}$，可按下式来计算：

$$P_{max}=K_1K_2\sigma_bF \tag{1.10-16}$$

式中　$K_1$——考虑因刀刃磨钝和刀刃间隙增大后，使剪切力增大的系数，其数值按剪切机能力选取：

小型剪切机($P<1.6$ MN)，$K_1=1.3$

中型剪切机($P=2.5\sim8.0$ MN)，$K_1=1.2$

大型剪切机($P>10$ MN)，$K_1=1.1$

$K_2$——被剪切轧件抗拉强度换算成抗剪强度之换算系数，一般取 $K_2=0.6$；

$\sigma_b$——被剪切轧件材料在相应剪切温度下的抗拉强度，可近似地按表 1.10-5 选取；

$F$——被剪切轧件的原始断面面积，$mm^2$。

表 1.10-5 各种金属在不同温度下抗拉强度 $\sigma_b$(MPa)

| 钢种 \ t/℃ | 1000 | 950 | 900 | 850 | 800 | 750 | 700 | 20℃①(常温) |
|---|---|---|---|---|---|---|---|---|
| 合金钢 | 85 | 100 | 120 | 135 | 160 | 200 | 230 | 700 |
| 高碳钢 | 80 | 90 | 110 | 120 | 150 | 170 | 220 | 600 |
| 低碳钢 | 70 | 80 | 90 | 100 | 105 | 120 | 150 | 400 |

① 常温 20℃时的 $\sigma_b$ 值:合金钢以 30CrMnSi、高碳钢以 45 号钢、低碳钢以 Q235 为代表。

## (二) 斜刀片剪切机的剪切力和剪切功

### 1. 斜刀片剪切机的剪切力

斜刀片剪切机的剪切力 $P$(N)可按下式计算:

$$P = 0.6\delta\sigma_b \frac{h^2}{\tan\alpha}\left(1 + Z\frac{\tan\alpha}{0.6\delta} + \frac{1}{1+\dfrac{100\delta}{\sigma_b Y^2 X}}\right) \tag{1.10-17}$$

式中 $\delta$、$\sigma_b$——被剪切钢板的伸长率和抗拉强度,MPa;

$h$——钢板厚度,mm;

$\alpha$——上刀片倾斜角,(°);

$Z$——系数,实验研究表明,此系数与被剪掉部分的钢板宽度 $d$、轧件材料伸长率 $\delta$ 以及刀片倾斜角 $\alpha$ 等因素有关,即 $Z = f\left(\frac{d\tan\alpha}{\delta h}\right) = f(\lambda)$,其变化规律如图 1.10-17 所示,系数 $Z$ 的最大值为 0.95;

$Y$——刀片相对侧间隙,为刀片侧间隙 $\Delta$ 与钢板厚度 $h$ 的比值,即 $Y = \Delta/h$;在 $h \leqslant$ 5 mm时,取 $\Delta = 0.07$ mm;当 $h = 10 \sim 20$ mm 时,取 $\Delta = 0.5$ mm;

$X$——压板相对距离,即为压板中心离下刀片侧边缘距离 $C$(见图 1.10-18),与钢板厚度 $h$ 的比值为:$X = C/h$,在初步计算时,可取 $X = 10$。

考虑刀刃变钝时,剪切力会增大,建议将由式 1.10-17 计算结果加大 15%~20%。

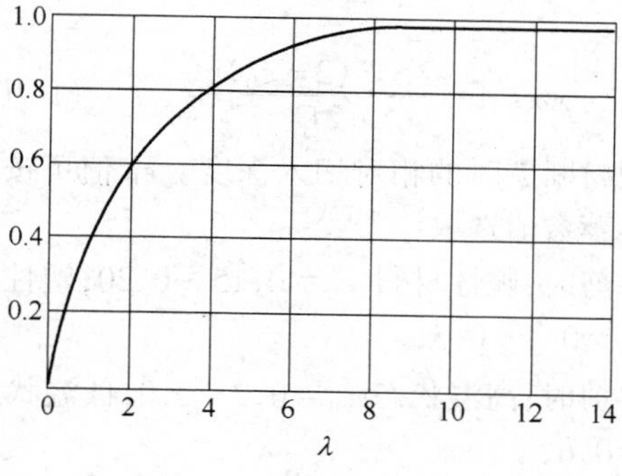


图 1.10-17 系数 $Z$ 与 $\lambda = \left(\frac{d\tan\alpha}{\delta h}\right)$ 的变化关系

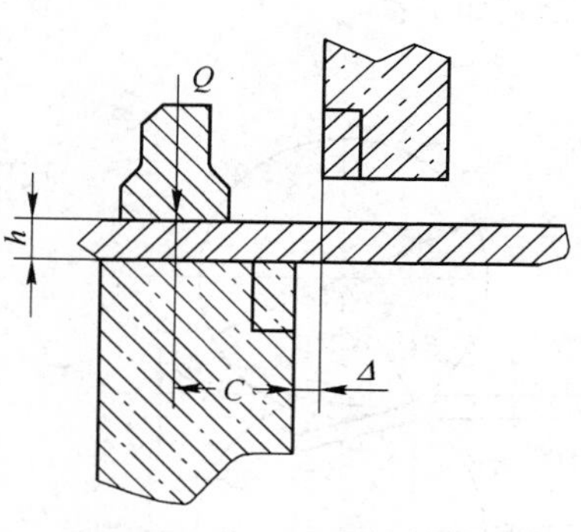


图 1.10-18 压板与刀片侧间隙示意图

### 2. 斜刀片剪切机的剪切功

斜刀片剪切机的剪切功 $A$ 等于剪切力与刀片假定行程的乘积,即

$$A = Pb\tan\alpha \tag{1.10-18}$$

式中　$b$——钢板宽度,mm;

$\alpha$——上刀片倾斜角,(°);

$P$——剪切力,N。

以上剪切力与剪切功的计算,均只适用于 $b\tan\alpha > h$ 的稳定剪切过程。

### (三) 圆盘式剪切机的剪切力和功率

#### 1. 圆盘式剪切机的剪切力

圆盘式剪切机的剪切力可按下式计算,即

$$P = \sigma_b \delta \frac{h^2}{2\tan\alpha}\left(1 + Z_1 \frac{\tan\alpha}{\delta}\right) \qquad (1.10\text{-}19)$$

式中　$Z_1$——系数,根据板材被剪掉部分的相对宽度 $\frac{d}{h}$,由图 1.10-19 的曲线查得,式中 $d$ 是板材被剪掉部分的宽度(见图 1.10-20);当 $\frac{d}{h} \geqslant 15$ 时,系数 $Z_1$ 的数值趋近于渐近线 $Z_1 = 1.4$。

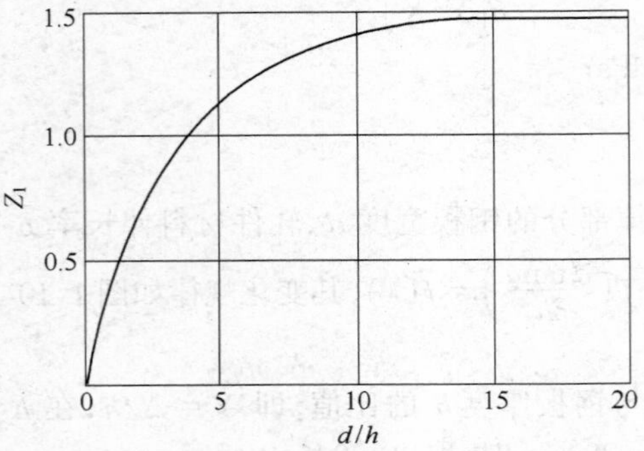


图 1.10-19　被剪切钢板的相对宽度 $d/h$ 与系数 $Z_1$ 的关系

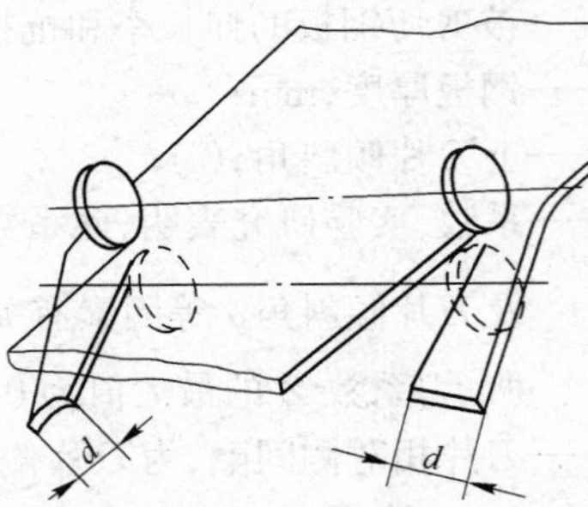


图 1.10-20　圆盘剪切板边示意图

式中其他符号,除 $\alpha$ 角之外,完全和斜刀剪切机的剪切力计算公式 1.10-17 中的一样。$\alpha$ 角的计算公式如下:

$$\cos\alpha = 1 - \frac{2S + (2 - \varepsilon_0)h}{2D} \qquad (1.10\text{-}20)$$

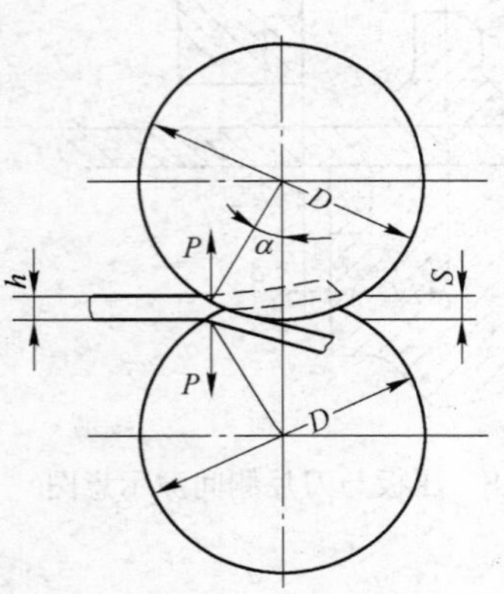


图 1.10-21　圆盘剪刀盘上的作用力

式中　$\varepsilon_0$——板材断裂时的相对切入深度。$\varepsilon_0$ 值可按下列推荐数值选取:

冷剪时:脆性材料 $\varepsilon_0 = 0.15 \sim 0.20$;塑性材料 $\varepsilon_0 = 0.4 \sim 0.5$;

热剪时:高温状态 $\varepsilon_0 = 0.7 \sim 0.9$;低温状态 $\varepsilon_0 = 0.6$;

$S$——上、下刀盘的重叠量,根据被剪切板材厚度选定,一般 $S = 1 \sim 3$ mm;

$D$——圆刀片的直径,mm,见图 1.10-21。

#### 2. 圆盘式剪切机的力矩和传动功率

驱动圆盘剪的总力矩为:

$$M = n(M_1 + M_2) \tag{1.10-21}$$

式中　$n$——刀片对数；

$M_1$——一对刀盘剪切所需的力矩，即

$$M_1 = PD\sin\alpha \tag{1.10-22}$$

$M_2$——一对刀片轴上的摩擦力矩，即

$$M_2 = Pd\mu \tag{1.10-23}$$

式中　$d$——刀盘轴轴颈的直径，mm；

$\mu$——刀盘轴轴承处的摩擦系数。

圆盘式剪切机电动机功率 $N$ 按下式确定，

$$N = \mu_1 \frac{2MV}{1000D\eta} \tag{1.10-24}$$

式中　$\mu_1$——考虑刀片与钢板间摩擦系数，$\mu_1 = 1.1 \sim 1.2$；

$V$——钢板运动速度，m/s；

$\eta$——传动系统效率，$\eta = 0.93 \sim 0.95$。

## 第三节　飞　　剪

飞剪用来横向剪切运动着的轧件。它广泛用于钢坯、板带、中小型线材等连续式轧机的轧制线上的切头、切尾和中间切断或剪切定尺长度，亦可装设在横切机组、纵切机组、连续退火机组和连续镀层机组等连续作业线上。

### 一、飞剪的基本要求、组成和性能指标

对飞剪的基本要求是：

(1) 剪切过程中剪刃和轧件在运动方向上的速度要协调一致，即剪刃应该同时完成剪切与移动两个动作。剪刃在轧件运动方向的瞬时分速度 $v$ 应与轧件运动速度 $v_0$ 相等或大 2%～3%，如果 $v$ 小于 $v_0$，则剪刃将阻碍轧件的运动，会使轧件弯曲，甚至产生事故；如果 $v$ 比 $v_0$ 大很多，则在轧件中产生较大的拉应力，影响轧件的剪切质量和增加飞剪的冲击负荷。

(2)飞剪必须保证能够剪切要求的断面范围、材质、剪切温度的轧件，并能满足轧机或机组生产率的要求。

(3) 剪切的轧件定尺长度、头尾长度或碎断尺寸应符合工艺要求，根据产品品种规格的不同和用户的要求，在同一台飞剪上应能剪切多种规格的定尺长度，并使长度尺寸公差与剪切断面质量符合国家有关规定。

飞剪主要由飞剪本体、送料系统、传动系统、控制系统和一些辅助机构几大部分组成。飞剪本体包括剪切机构、空切机构、均速机构以及剪刃间隙调整机构、传动系统等。上述各种机构并非在任何一台飞剪上都必须同时具备。

反映一台飞剪性能的指标主要有：

(1) 剪切轧件的断面积、最低剪切温度和轧件的材质，并由此而确定的最大剪切力。

(2) 剪切速度。飞剪一定要使剪刃和轧件在运动方向上的速度保持一致，为满足不同的机组速度要求，各种结构形式的飞剪应运而生。剪切速度越高对飞剪动力性能的要求也越高，这不仅给机械设备本身提出了更高的要求，更是对传动和控制技术的挑战。国外研制的线材成品用高速飞剪的剪切速度已达 120 m/s 以上。为适应轧制线上不同工艺状态下的轧件速度，飞剪剪切速度的调整范围成为飞剪性能的一个主要指标。

(3) 切头、切尾、事故碎断的长度或定尺、倍尺剪切的长度和公差，主要通过控制系统来实现。

(4) 电机的类型和能力。现代轧制生产线中使用的飞剪电机不仅要有足够的能力和可靠性，更要具有优秀的启制动性能，极低转动惯量和高过载系数的电机的问世以及计算机程序控制技术的发展，使高速启动制飞剪的使用成为可能。

(5) 刀片的尺寸和材质。应保证刀片在高温条件下具有足够的硬度、强度和寿命，现都使用耐热抗冲击的合金工具钢制造，如 3Cr2W8V 等。

## 二、飞剪的类型和工作制度

根据所在的车间不同，飞剪可分为钢坯飞剪、钢板飞剪和小型线材飞剪等；根据工艺目的不同，飞剪可分为定尺飞剪、分段飞剪、切头尾飞剪、碎断飞剪等；按剪切机构的构件组成及运动特点，飞剪可分为平面机构和空间机构两大类。绝大部分的飞剪是属于平面机构，平面机构的飞剪可分为杆式、凸轮式、行星齿轮式、圆盘式等。根据结构形式不同，有圆盘式飞剪、滚筒式飞剪、曲柄回转杠杆式飞剪、曲柄偏心式飞剪、摆式飞剪和曲柄摇杆式飞剪等；根据电机工作制度不同，飞剪有连续工作制飞剪和启动工作制飞剪两种。

连续工作制度的飞剪有几种不同的类型。一种飞剪在传动系统中设有离合器，当剪切头尾或定尺时，上游的金属检测器得到轧件头部的信号，命令飞剪传动系统中的气动离合器和气动制动器联合动作，使工作端的剪切机构适时启动、完成剪切并及时制动。由于整个机械系统的转动惯量都可以帮助克服剪切所需的剪切功，常在高速轴上装有飞轮，机构显得庞大。这种飞剪对电气控制要求比较低，电机容量也可小些，但剪切精度依赖于气动离合器和制动器的优异性能，当离合器和制动器的工作状态经过一定时间的运转而变化时，剪切精度就得不到可靠的保证，而且离合器和制动器常需更换摩擦片，维修量大，故现在已经很少采用这种形式的飞剪用于切头尾和定尺了。另一种连续工作制度的飞剪则通过空切机构改变上、下刀刃相遇的时间间隔，实现定尺长度的调整。这种飞剪大量使用在剪切定尺较短的带材作业线上。此外，专门用于碎断的飞剪通常采用连续工作制，安装若干对刀片的转鼓连续转动，将废钢切成碎段，无需装设离合器、制动器或空切机构。

启动工作制的飞剪，适用于轧件切头或剪切定尺长度较长的轧件。每一次剪切，飞剪电机都要从静止开始经历启动、加速、剪切、制动和反向运转使刀片回到准备位置的循环。由于启动工作制飞剪的 PLC 控制系统能保证刀片的精确复位，没有积累误差，剪切精度高，剪切周期短，而且节约能源，现在被越来越广泛地采用。为在很短的时间内把刀片加速到工艺要求的速度，由电机、机械传动和剪切机构组成的整个系统的转动惯量要尽可能的低，高过载系数、极低转动惯量电机就是在这种背景下推出的。相对于连续工作制的飞剪，启动工作制飞剪的控制系统复杂，价格较高。

## 三、剪切长度调整

轧制车间成品轧件有一系列的规定长度。因此，要求用于剪切定尺的飞剪能够调整其剪切的定尺长度，这也是造成飞剪机结构特别复杂的原因所在。

通常用专门的送料辊 1 或最后一架轧机的轧辊将轧件送往飞剪 2 进行剪切(图 1.10-22)。如果轧件运动速度 $v_0$ 为常数，而飞剪每隔 $t$ 秒剪切一次轧件，则被剪下的轧件长度 $L$ 为

$$L = v_0 t = f(t) \tag{1.10-25}$$

被剪下的轧件长度等于在相邻两次剪切间隔时间 $t$ 内轧件所走过的距离。当 $v_0$ 为常数时，剪切长度 $L$ 与相邻的两次剪切间隔时间 $t$ 成函数关系。式 1.10-25 就是飞剪调整定尺长度的基

本方程。由式 1.10-25 可见，只要改变相邻两次剪切间隔时间 $t$，便可得到不同的剪切长度。对于不同工作制度的飞剪，改变相邻两次剪切间隔时间 $t$ 的方法亦不同。

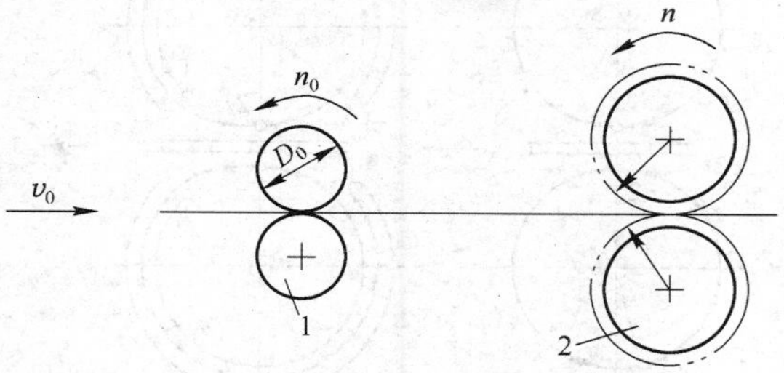


图 1.10-22　送料辊与飞剪布置简图

1—送料辊；2—飞剪

**(一) 启动工作制飞剪的调长**

当轧件头部作用于装设在飞剪后的光电装置或机械开关(图 1.10-23*b*)时，飞剪便自动启动。轧件的定尺长度 $L$ 按下式确定

$$L = L' + v_0 t_0 \tag{1.10-26}$$

式中　$L'$——光电装置与飞剪间的距离；

$t_0$——飞剪由启动到剪切的时间。

在调节定尺长度时，通常不采用移动光电装置位置的方法(即改变 $L'$值)，而是通过时间继电器来改变时间 $t_0$。为了使被剪下轧件部分末端不妨碍光电装置在下次剪切时再次发生作用，必须使被剪下轧件部分与剩余部分之间有一定的间隙。一般是用增加剪后辊道速度的办法来实现这一要求的。

当轧件定尺长度较短时，可能出现 $L$ 小于 $v_0 t_0$，此时，光电装置就需要设置在飞剪的前面(图 1.10-23*a*)，轧件剪切长度 $L$ 为

$$L = v_0 t_0 - L' \tag{1.10-27}$$

显然，只有在两次剪切间隔时间内能保证完成飞剪的启动和制动时，飞剪才能正常进行剪切。而重型和速度高的飞剪往往在一圈内来不及完成启动和制动要求，即在剪切位置时刀片速度不能加速到轧件运动速度并在剪切后刀片不能在初始位置上停止。此时，就需要用较为复杂的运动线路(图 1.10-24*b*)，来代替通常采用的简单的运动线路(图 1.10-24*a*)。图 1.10-24*a* 表示飞剪启动后，刀片由初始位置 1 加速转动到剪切位置 2 时达到了轧件运动速度。剪切后，飞剪制动能使刀片停在初始位置 1。图 1.10-24*b* 表示飞剪启动后，刀片由初始位置 1 加速转动到剪切位置 2 时，达到轧件运动速度进行剪切。剪切后，刀片在 2～3 段内制动，并由位置 3 低速反转至初始位置 1 停止，准备再次剪切。

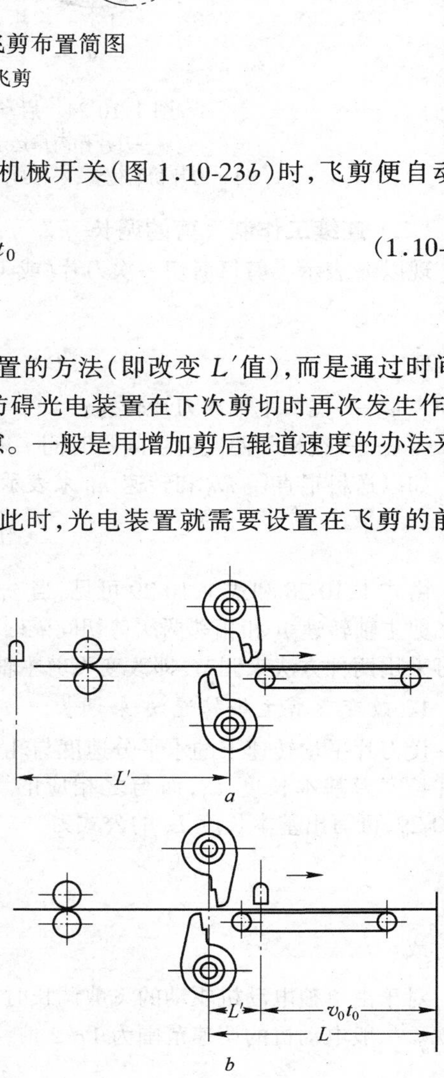


图 1.10-23　光电装置布置简图

*a*—光电装置设置在飞剪前面；

*b*—光电装置设置在飞剪后面

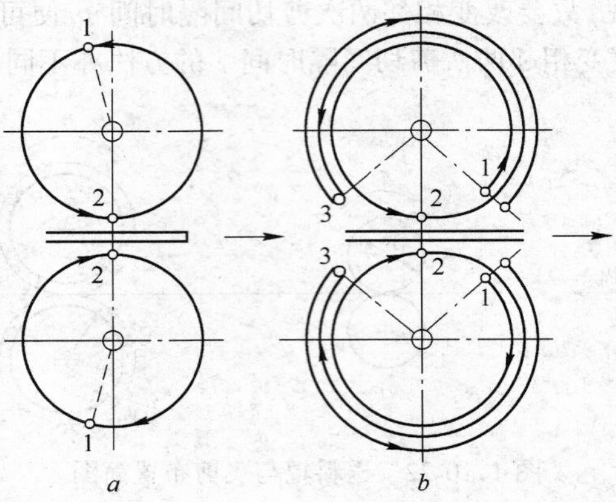


图 1.10-24 启动工作制飞剪刀片运动线路图

a—刀片作简单运动线路;b—刀片作复杂运动线路

1—刀片初始位置;2—刀片剪切位置;3—刀片低速反转的初始位置

### (二) 连续工作制飞剪的调长

现以 $k$ 表示飞剪每剪切一次刀片(或飞剪主轴)所转圈数,则剪下的轧件定尺长度 $L$ 为

$$L = v_0\ t$$

或
$$L = v_0\ \frac{60}{n}k = f\left(\frac{1}{n}, k\right) \tag{1.10-28}$$

式中 $n$——飞剪主轴或刀片转速;

$k$——在相邻两次剪切间隔时间 $t$ 内刀片所转的圈数,亦称为空切系数或倍尺系数。

如以送料辊直径 $D_0$ 和转速 $n_0$ 来表示轧件运动速度 $v_0$,则式 1.10-28 为

$$L = \pi D_0\ \frac{n_0}{n}k \tag{1.10-29}$$

由式 1.10-28 和式 1.10-29 可见,当 $v_0$ 或 $n_0$ 一定时,连续工作制飞剪剪切的定尺长度取决于飞剪主轴转速 $n$ 和相邻两次剪切间隔时间内飞剪主轴所转的圈数 $k$。换言之,轧件的剪切长度可采用两种方法来调节:即改变飞剪主轴转速 $n$ 和改变每剪切一次飞剪主轴所转圈数 $k$。

1. 改变飞剪主轴转速 $n$ 来调长

设刀片平均转速下的水平分速度与轧件运动速度相等,且空切系数 $k$ 等于 1 时,飞剪剪下的轧件长度为基本长度 $L_j$,而与之相应的飞剪主轴转速为基本转速 $n_j$。根据式 1.10-28 和式 1.10-29,可写出基本长度 $L_j$ 的公式为

$$L_j = v_0\ \frac{60}{n_j} \tag{1.10-30}$$

或
$$L_j = \pi D_0\ \frac{n_0}{n_j} \tag{1.10-31}$$

对于由单独电动机驱动的飞剪调长时,改变飞剪主轴转速 $n$ 可通过改变飞剪电动机转速来实现。一般电动机的调速范围为 1~2 倍,则飞剪主轴转速 $n$ 可在下列范围内变化:

$$n = (1\sim2)\,n_j \tag{1.10-32}$$

或
$$n = (1\sim0.5)\,n_j \tag{1.10-33}$$

由式 1.10-28 和式 1.10-30 可知,轧件剪切长度的调节范围为

$$\frac{L}{L_j} = \frac{n_j}{n}k \tag{1.10-34}$$

考虑飞剪主轴转速 $n$ 的调速范围后,则

$$\frac{L}{L_j}=(1\sim0.5)k \tag{1.10-35}$$

或

$$\frac{L}{L_j}=(1\sim2)k \tag{1.10-36}$$

式 1.10-35 和式 1.10-36 的剪切长度调节范围可分别用图 1.10-25 中的直线 $OA$ 与 $OC$ 和直线 $OA$ 与 $OB$ 所示的范围来表示。

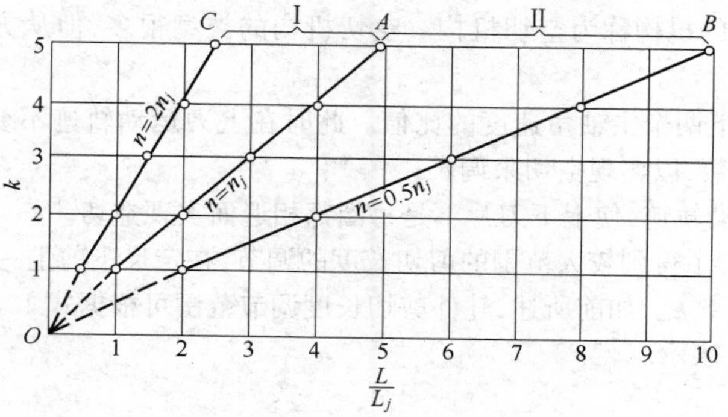


图 1.10-25　轧件剪切长度的调整范围

当飞剪与送料辊用同一台电动机驱动时(图 1.10-26),飞剪主轴转速 $n$ 的改变就不能通过改变电动机转速来实现。如将式 1.10-29 中的送料辊转速 $n_0$ 和飞剪主轴转速 $n$ 通过电动机转速 $n_D$ 及其相应的传动比来表示,则

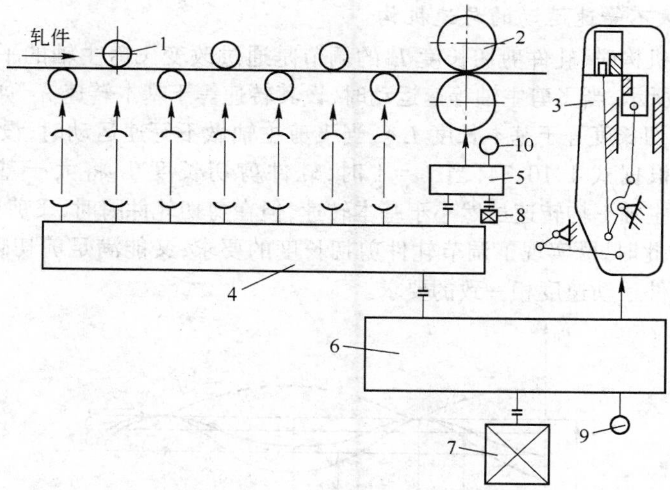


图 1.10-26　飞剪与送料辊用一台电动机驱动

1—矫正机;2—送料辊;3—飞剪;4—齿轮座;5—差动齿轮传动装置;6—减速机;7—主电机;
8—调整电机(或液压马达);9、10—脉冲发送器

$$L=\pi D_0\frac{n_D/i_0}{n_D/i}k=\pi D_0\frac{i}{i_0}k \tag{1.10-37}$$

式中　$n_D$——电动机转速;

$i_0$——送料辊传动比；

$i$——飞剪传动比。

由式 1.10-37 可见，此时，轧件剪切长度的调节与送料辊和飞剪的传动比比值$\frac{i}{i_0}$有关。显然，如因调长需要而改变送料辊传动比 $i_0$ 时，电动机转速 $n_D$ 亦要作相应的调整，以保证轧件运动速度 $v_0$ 不改变。

2. 改变空切系数 $k$ 来调长

改变空切系数 $k$ 的机构称为空切机构。空切机构的类型很多，但从方法上看，基本上可分为两大类：

(1) 改变飞剪上下两个主轴角速度的比值。此时在上刀运动轨迹不变的情况下，可以改变上下两刀片相遇的次数，以实现空切来调长；

(2) 改变刀片运动轨迹，使上下刀片不是每圈都相遇而实现空切。

在设计飞剪时，为了得到较大范围的剪切长度的调节，在定尺飞剪上一般都能同时改变飞剪主轴转速 $n$ 和空切系数 $k$。如前所述，轧件剪切长度调节范围可根据式 1.10-35 和式 1.10-36 确定，也可用图 1.10-25 表示。

**(三) 匀速机构**

当采用改变飞剪主轴转速 $n$ 来调整定尺长时，为了能保证剪切瞬时刀片水平方向的分速度与轧件运动速度一致，在飞剪中应该设置匀速机构(或称为同步机构)。飞剪匀速机构类型很多，但从飞剪主轴或刀片运动特点来看，基本上可分成两大类：(1)飞剪主轴做不等速运动的匀速机构，如双曲柄匀速机构，椭圆齿轮匀速机构等；(2)飞剪主轴做等速运动的匀速机构，如径向匀速机构。

1. 飞剪主轴做不等速运动的匀速机构

采用这种匀速机构时，轧件剪切长度 $L$ 的调节是通过改变飞剪主轴的平均转速 $n_p$ 来实现的。如图 1.10-27 所示，当飞剪主轴等速运动时，设其转速等于基本转速 $n_j$，如果不考虑空切(即 $k=1$)，则轧件的剪切长度等于基本长度 $L_j$。当飞剪主轴做不等速运动时，设其平均转速 $n_p$ 小于基本转速 $n_j$，则根据式 1.10-34，当 $k=1$ 时，轧件剪切长度 $L$ 将大于基本长度 $L_j$。由图 1.10-27可见，飞剪主轴平均转速虽然小于基本转速，但在剪切轧件瞬时，飞剪主轴瞬时转速仍然等于基本转速 $n_j$。此时，既实现了调节轧件剪切长度的要求，又能满足剪切瞬时飞剪刀片水平方向的分速度与轧件运动速度相一致的要求。

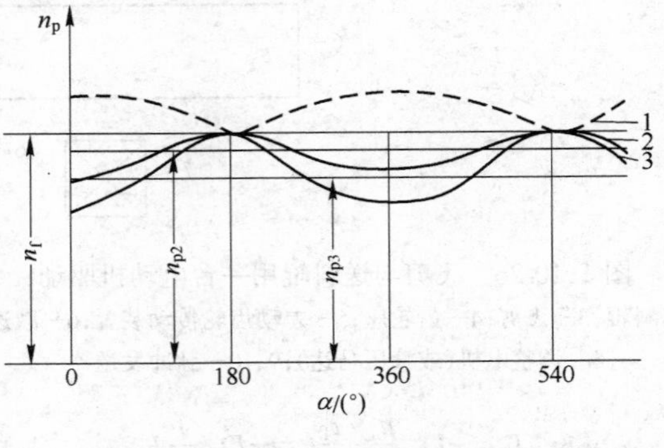


图 1.10-27　飞剪主轴转速与其转角的关系

1—当 $n_p=n_j$(e=0)时；2、3—当 $n_p>n_j$(e>0)时；--- —剪切在最小瞬时转速下进行

采用这种匀速机构时，飞剪主轴平均转速 $n_p$ 的调节范围一般为

$$n_p=(1\sim0.5)n_j \tag{1.10-38}$$

而轧件剪切长度上的调节范围可用式 1.10-36 表示，即

$$\frac{L}{L_j}=(1\sim2)k$$

如前所述，式 1.10-36 的剪切长度调节范围可用图 1.10-25 中直线 $OA$ 和 $OB$ 表示。装设这类匀速机构的飞剪，通常不剪切小于基本长度 $L_j$ 的轧件。因为剪切长度小于基本长度时，剪切是在飞剪主轴转速为最小瞬时转速下进行(如图 1.10-27 虚线所示)，这就不能利用飞剪飞轮力矩的能量。

2. 飞剪主轴做等速运动的匀速机构

径向匀速机构可使飞剪主轴做等速运动，来满足剪切时刀片水平方向的分速度与轧件运动速度相一致的要求。用改变飞剪主轴转速来调整剪切长度时，径向匀速机构是使刀片的轨迹半径相应地在 $R_{max}$和 $R_{min}$范围内变化(图 1.10-28)，来保证剪切时刀片水平方向的分速度与轧件运动速度相一致。如果近似地以刀片圆周速度作为刀片的水平分速度，则剪切时刀片与轧件运动速度的关系式可用下式表示：

$$v=2\pi R\frac{n}{60}=v_0$$

或

$$n=\frac{60v_0}{2\pi R} \tag{1.10-39}$$

式中　$R$——刀片轨迹半径；

$n$——飞剪主轴转速；

$v_0$——轧件运动速度。

此时，剪切轧件的定尺长度 $L$ 为

$$L=2\pi Rk \tag{1.10-40}$$

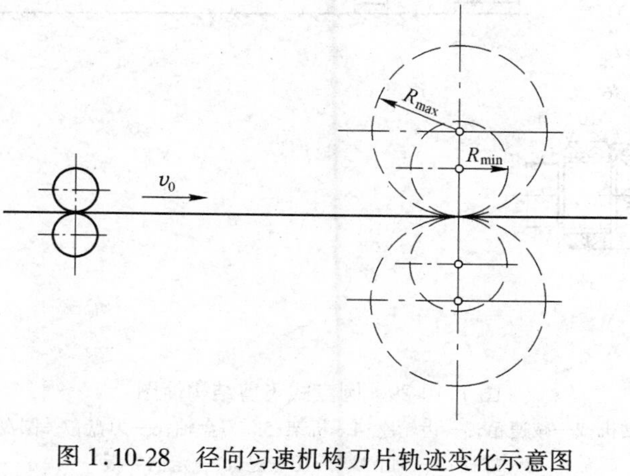


图 1.10-28　径向匀速机构刀片轨迹变化示意图

假设 $k=1$，当 $R=R_{max}$时轧件的定尺长度为基本长度 $L_0$，此时，飞剪主轴转速为基本转速 $n_j$。由式 1.10-39 和式 1.10-40 得

$$n_j=\frac{60v_0}{2\pi R_{max}} \tag{1.10-41}$$

$$L_0=2\pi R_{max} \tag{1.10-42}$$

为了减小定尺长度，就要增大飞剪主轴转速 $n$，而要相应地减小刀片轨迹半径 $R$。如上所述，飞剪主轴转速的变化范围为 $n=(1\sim2)n_j$。此时，相应的刀片轨迹半径 $R=(1\sim2)R_{\max}$。由式 1.10-41 和式 1.10-42 可得出剪切轧件的定尺长度调节范围为

$$\frac{L}{L_0}=(1\sim0.5)k \tag{1.10-43}$$

式 1.10-43 所表示的定尺长度变化范围可用图 1.10-25 中的直线 $OA$ 与 $OC$ 来表示。

采用径向匀速机构克服了双曲柄匀速机构的缺点，飞剪的动力特性较好。但是，径向匀速机构的结构较复杂。

## 四、典型飞剪介绍

### （一）圆盘式飞剪

圆盘式飞剪是由成对的旋转圆盘刀片组成，上、下刀盘的剪切侧面靠拢并有重叠量，组成剪刃系统。刀片的轴线和轧件运动方向倾斜成一定角度，并使圆盘刀片的圆周速度在轧件运动方向上的分速度与轧件运动速度相匹配，从而实现对运动中的轧件的横向剪切。这种飞剪结构简单，工作可靠，可实现 10 m/s 或更高的剪切速度，并且很容易完成多线轧件的剪切，因此曾广泛地应用在老式的小型轧钢车间里。但是这种飞剪切出的轧件头部是倾斜的，断面形状差，剪切精度低，在现代小型车间里已经难见其踪影了。

图 1.10-29 就是用于某厂小型车间的五线轧制的圆盘式飞剪的结构简图。

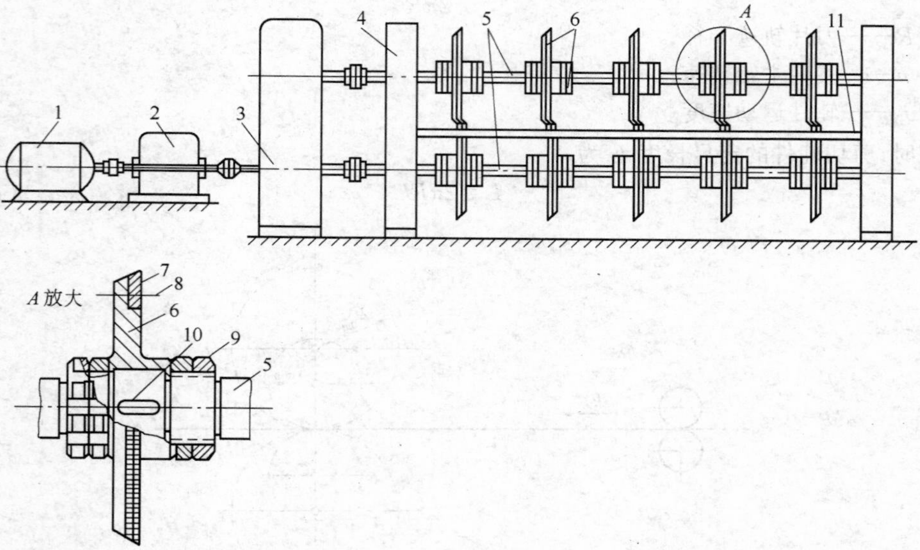


图 1.10-29　圆盘式飞剪结构简图

1—电动机；2—减速箱；3—齿轮座；4—机架；5—刀盘轴；6—刀盘；7—圆盘刀片；
8—螺栓；9—调节螺母；10—键；11—定向导板

### （二）滚筒式飞剪

滚筒式飞剪是一种应用很广的飞剪。它装设在连轧机组或横切机组上，用来剪切厚度小于 12 mm 的钢板或小型型钢。这种飞剪作为切头飞剪时，其剪切厚度可达 45 mm。滚筒式飞剪的刀片作简单的圆周运动，故可剪切运动速度高达 15 m/s 以上的轧件。

图 1.10-30 是滚筒式飞剪结构示意图。刀片 1 装在滚筒 2 上(图 1.10-30*a*)。滚筒 2 旋转时,刀片 1 作圆周运动。用于切头切尾的滚筒式飞剪,在滚筒上往往装有两把刀片,分别用来切头和切尾,飞剪采用启动工作制。用于切定尺的滚筒式飞剪,一般采用连续工作制。小型车间的滚筒式飞剪,由于轧件宽度不大,往往将刀片装在作圆周运动的杠杆上(图 1.10-30*b*)。

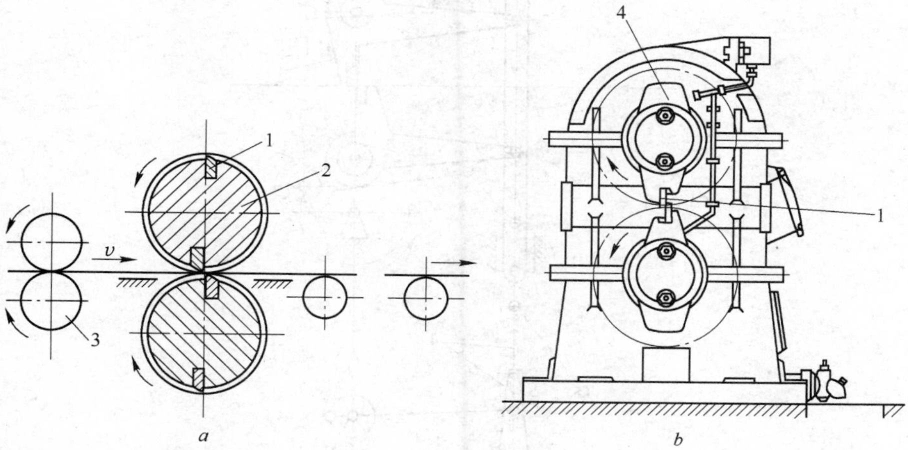


图 1.10-30　滚筒式飞剪

*a*—刀片装在滚筒上;*b*—刀片装在杠杆上

1—刀片;2—滚筒;3—送料辊;4—杠杆

滚筒式飞剪由于在剪切区刀片不是做平行运动,在剪切厚轧件时轧件端面不平整。这类飞剪以剪切小型型钢和薄板材为宜。

**(三) 曲柄回转杠杆式飞剪**

用飞剪剪切厚度较大的板材或钢坯时,为了保证轧件剪切断面的平整,往往采用刀片做平移运动的飞剪。曲柄回转杠杆式飞剪就是此类飞剪中的一种。

图 1.10-31 是曲柄回转杠杆式飞剪简图。刀架 1 作成杠杆形状，其一端固定在偏心套筒上，另一端与摆杆 2 相连。摆杆 2 的摆动支点则铰接在可升降的立柱 3 上。立柱 3 可由曲杆 4 带动升降，实现空切。当偏心套筒（曲柄）转动时，刀架作平移运动，固定在刀架上的刀片能垂直或近似地垂直于轧件。当作为切头飞剪时，摆杆不是铰接在可升降的立柱上而是铰接在固定架体上。

由于这类飞剪在剪切轧件时刀片垂直于轧件,剪切断面较为平整。在剪切板材时,可以采用斜刀刃,以便减少剪切力。这种飞剪的缺点是结构复杂,剪切机构运动质量较多,动力特性不好,刀片的运动速度不能太快。一般用于剪切厚度较大的板材或钢坯。

**(四) 曲柄偏心式飞剪**

这类飞剪的刀片作平移运动,其结构简图如图 1.10-32 所示。双臂曲柄轴 9(*BCD*)铰接在偏心轴 12 的镗孔中,并有一定的偏心距 *e*。双臂曲柄轴还通过连杆 6(*AB*)与导架 10 相铰接。当导架旋转时,双臂曲柄轴以相同的角速度随之一起旋转。刀片 15 固定在刀架 8 上,刀架的另一端与摆杆 7 铰接,摆杆则铰接在机架上。通过双臂曲柄轴,刀架和摆杆可使刀片在剪切区做近似于平移的运动,以获得平整的剪切断面。

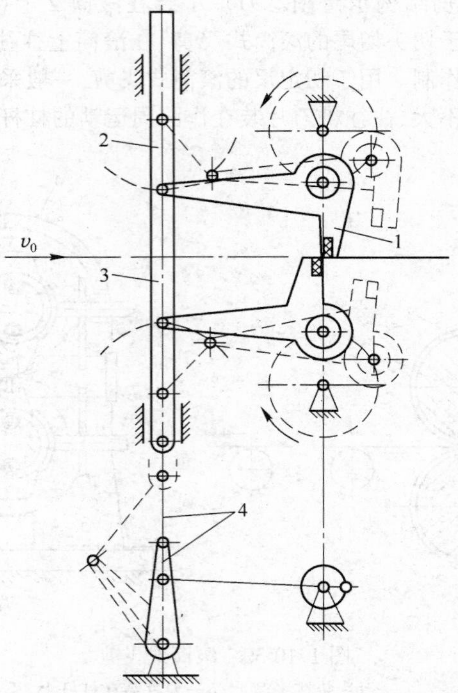


图 1.10-31　曲柄回转杠杆式飞剪简图

1—刀架；2—摆杆；3—能升降的立柱；4—空切机构的曲杆

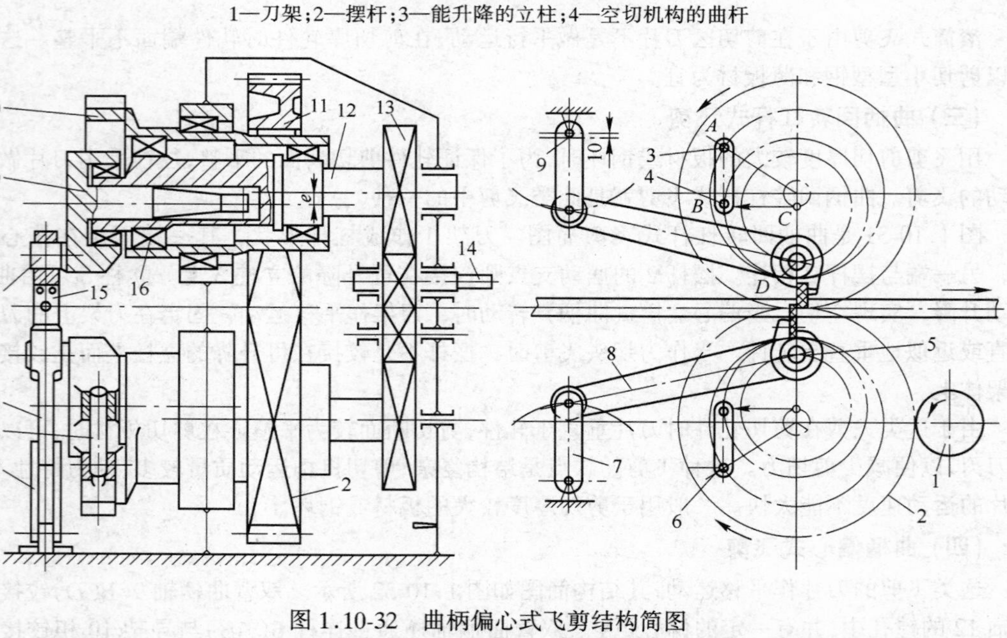


图 1.10-32　曲柄偏心式飞剪结构简图

1—小齿轮；2、11—传动导架的齿轮；3、4—铰链；5—双臂曲柄轴的曲柄头；6—连杆；7—摆杆；8—刀架；9—双臂曲柄轴；10—导架；12—偏心轴；13、14—传动偏心轴的齿轮；15—刀片；16—滚动轴承

通过改变偏心轴与双臂曲柄轴（也可以说是导架）的角速度比值，可改变刀片轨迹半径，以调整轧件的定尺长度。这类飞剪装设在连续钢坯轧机后面，用来剪切方钢坯。

**(五) 摆式飞剪**

图 1.10-33 是 IHI(日本石川岛播磨重工业公司)摆式飞剪结构简图,用来剪切厚度小于 6.4 mm的板材。刀片在剪切区做近似于平移的运动,剪切质量较好。上刀架 1 在“点 2”与主曲柄轴 8 相铰接。下刀架 2 通过套式连杆 4、外偏心套 6,内偏心套 5 与主曲柄轴 8 相连。下刀架 2 可在上刀架 1 的滑槽中滑动。上下刀架与主曲柄轴连接处的偏心距为 $e_1$,偏心位置相差 180°。当主曲柄轴 8 转动时,上下刀架做相对运动,完成剪切动作。在主曲柄轴 8 上,还有一个偏心 $e_2$。此偏心通过连杆 12 与摇杆 10 的轴头 11 相连,而摇杆 9 则通过连杆 3 在“点 1”与上刀架相连。因此,当主曲柄轴 8 转动时,通过连杆 12,摇杆 10、9 和连杆 3 使上下刀架做往复摆动。如果内外偏心套 5 和 6 不与主曲柄轴 8 同速转动,而通过变速装置分别以不同的转速转动时,可以实现空切。

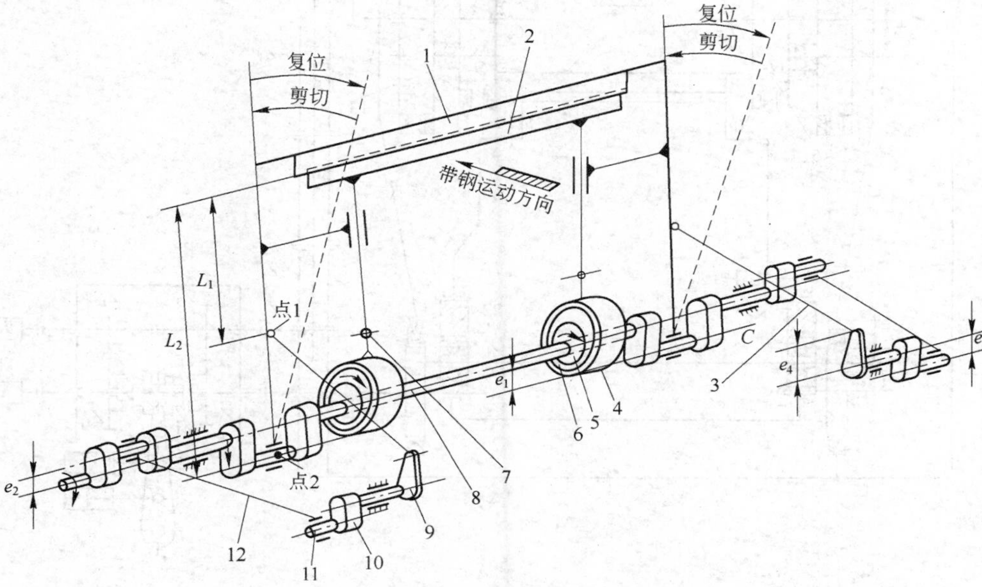


图 1.10-33 IHI 摆式飞剪结构简图

1—上刀架;2—下刀架;3、12—连杆;4—套式连杆;5—内偏心套;6—外偏心套;7—销轴;8—主曲柄轴;9、10—摇杆;11—摇杆轴头

IHI 摆式飞剪采用双曲柄匀速机构来实现调长,上下刀架做往复摆动,造成较大动力矩,提高了飞轮惯量,也相应增加了电机功率。

**(六) 曲柄摇杆式飞剪**

曲柄摇杆式飞剪又叫曲柄摆式飞剪,是德国施罗曼公司克服了摆式飞剪缺点后研发出来的,也称施罗曼飞剪。曲柄摆式飞剪机构合理,电气控制系统较为完善,具有以下特点:

(1) 在剪切过程中,上、下剪刃保持平行;当钢带厚度变化时,剪刃侧向间隙值也能方便地调节;

(2) 动平衡性能好,最高剪切速度可达 300 m/min。剪切定尺长度的调节是无级的;定尺范围较宽,定尺精度好。飞剪的回转零部件皆做等角速度运转,几乎没有惯性能量波动,匀速机构把最高剪切速度安排在曲柄长度最短时,使得飞剪具有良好的动平衡性。

(3) 采用数字控制的剪切长度误差自动校正系统和顺序控制的定尺长度自动调整系统等,具有较高的自动化水平,操作方便、简单。

曲柄摆式飞剪本体包括由上、下刀架组成的带回转曲柄的剪切机构；曲柄长度可调的匀速机构；由机械偏心装置与液压偏心装置组成的空切机构；剪刃侧隙调整机构以及传动机构组成(图1.10-34)。

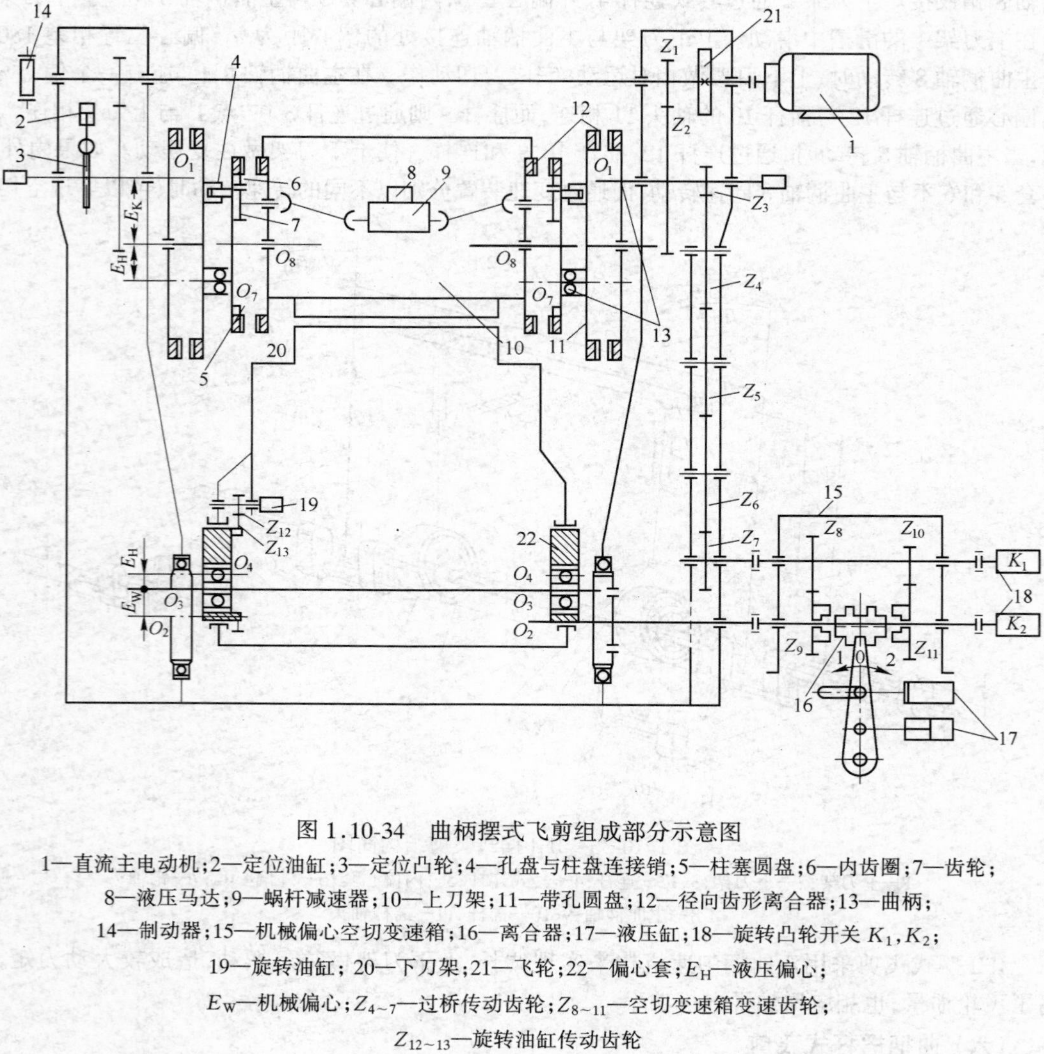

图 1.10-34　曲柄摆式飞剪组成部分示意图

1—直流主电动机；2—定位油缸；3—定位凸轮；4—孔盘与柱盘连接销；5—柱塞圆盘；6—内齿圈；7—齿轮；8—液压马达；9—蜗杆减速器；10—上刀架；11—带孔圆盘；12—径向齿形离合器；13—曲柄；14—制动器；15—机械偏心空切变速箱；16—离合器；17—液压缸；18—旋转凸轮开关 $K_1$, $K_2$；19—旋转油缸；20—下刀架；21—飞轮；22—偏心套；$E_H$—液压偏心；$E_W$—机械偏心；$Z_{4\sim7}$—过桥传动齿轮；$Z_{8\sim11}$—空切变速箱变速齿轮；$Z_{12\sim13}$—旋转油缸传动齿轮

图 1.10-35 表示飞剪的工作原理，夹送矫正装置由直流电动机 10 驱动，将钢带 1 按照给定的速度经导板台传送带 6 传给剪切机构 12。钢带运行速度即为夹送矫正装置送进钢带的速度，剪切速度则取决于曲柄转速。为了使剪切速度与钢带运行速度同步就必须对曲柄转速与夹送辊转速进行联锁控制。曲柄转速由飞剪主电机轴上的脉冲发生器 22 测定，夹送辊转速由测量辊 3 上的脉冲发生器 5 测定。当夹送矫正装置送进钢带的速度与剪切速度出现微量不同步、剪切长度的实际值与给定值之间出现偏差时，剪切长度误差自动矫正系统的数字控制装置立即启动电液步进马达 8，进行功率放大，通过差动齿轮组 9 的调节改变夹送矫正装置送进钢带的速度。直到剪切定尺长度误差被消除，使送进速度与剪切速度同步为止，从而实现长度误差的自动矫正。由于设置了电液马达和差动齿轮组这种电气—机械—液压闭环转速伺服调节控制系统，在加、减

速过程中在每次调整剪切长度给定值后，都能迅速地获得准确的剪切长度。

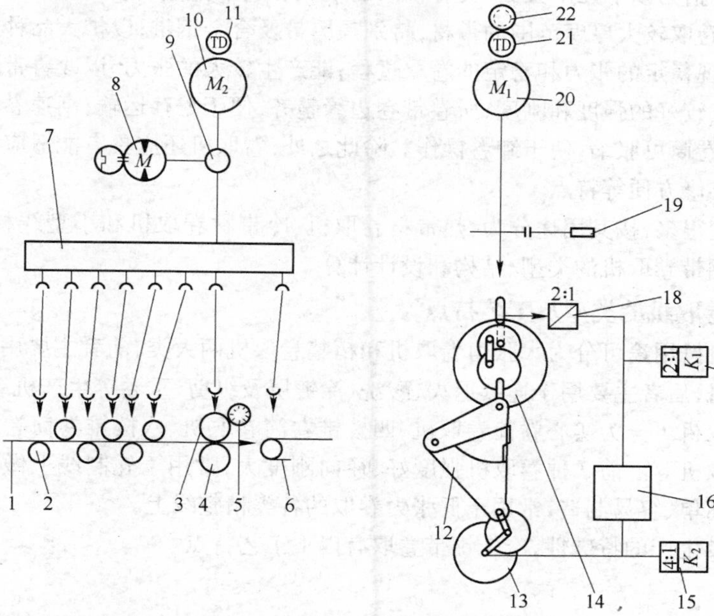


图 1.10-35　曲柄摆式飞剪原理图

1—钢带；2—矫正辊；3—测量辊（上夹送辊）；4—下夹送辊；5—脉冲发生器；6—导板台传送带；7—分配齿轮箱；8—电液步进马达；9—差动齿轮组；10—夹送矫正机组直流电动机；11—矫正测速发电机；12—剪切机构；13—空切机构；14—带孔柱盘；15—旋转凸轮开关 $K_2$；16—空切变速箱；17—旋转凸轮开关 $K_1$；18—曲柄及过桥齿轮；19—制动器；20—飞剪直流主电动机；21—剪切测速发电机；22—脉冲发生器

曲柄摆式飞剪在机组速度给定值（即夹送矫正装置送进钢带速度给定值）不变的情况下，基本定尺长度的调整是通过改变曲柄转速和曲柄长度的方式来实现的。飞剪的基本定尺长度为500～1000 mm。相应的曲柄长度变化范围为102～175 mm。为了扩大剪切长度范围，曲柄摆式飞剪的下刀架（摇臂）上设有机械偏心装置和液压偏心装置组成的空切机构。通过机械偏心和空切变速箱可以获得的定尺长度为基本定尺长度的2倍和4倍；机械偏心和液压偏心同时参与剪切，可以获得的定尺长度为基本定尺的8倍和16倍。在剪切长度给定后，可以在停机而且剪刃处于剪切位置时，手动或自动地进行定尺的调整。调整操作有三个方面，即调整曲柄长度、切换空切变速箱、投入或断开液压偏心装置。整个调整过程由电子计算机进行控制，当旋转凸轮开关 $K_1$ 和 $K_2$（图 1.10-35 中的 17 和 15）分别给出上剪刃处于剪切位置和机械偏心在上死点位置的信号后，电子计算机根据给定的剪切长度给出各种动作指令和调节参数，使曲柄摆式飞剪的机械系统、液压控制系统和电气控制系统协调地动作，自动调整曲柄长度。

曲柄摇杆式飞剪采用径向匀速机构，具有生产率高、定尺范围广、剪切精度高、使用操作方便等优点，是一种结构紧凑的钢带定尺飞剪。

## 第四节　卷　取　机

卷取机的用途是收集超长轧件，将其成卷以适应生产、贮存、运输及用户等的需要，是轧制线上不可缺少的重要辅助设备,直接影响着轧机、特别是连轧机生产能力的发挥。卷取工艺对卷取设备性能的要求概括为以下几个方面:具有较高的咬入和卷取速度;能处理大吨位的带卷,以提高钢带生产率;能卷取较大厚度范围的带材,特别是厚带及合金钢带,以扩大品种;具有较强的速度控制能力,以实现稳定的张力和稳定的卷取过程;能产生较大的张力,以改善带材的质量,这要求卷取机本身具有较好的强度和刚度;所卷带卷边缘整齐,便于贮存运输;高速卷取时,卷筒有良好的动平衡性能;卷筒可胀缩,便于卸卷操作。除此之外,卷取机还应具有能适应高温环境、结构简单、动作可靠、维修方便等特点。

卷取机的类型很多,按其用途分为:热带材卷取机、冷带材卷取机和小型线材卷取机等。本节将重点介绍冷钢带卷取机的类型、结构和设计计算。

## 一、冷钢带卷取机的类型及工艺特点

冷钢带卷取机按用途可分为大张力卷取机和精整卷取机两大类,前者主要用于可逆轧机、连续式轧机及平整机,后者主要用于连续退火、酸洗、涂镀层及纵剪、重卷等生产机组。按卷筒结构的特点冷钢带卷取机可分为实心卷筒卷取机、四棱锥卷筒卷取机、八棱锥卷筒卷取机、四斜楔卷取机和弓形块卷取机等。前3种卷取机强度好、径向刚度大,常用于轧制线上做大张力卷取;后两种卷取机结构简单、容易制造,常用于低张力卷取的各类精整线上。

由于冷轧钢带生产的特殊性,冷轧钢带卷取有以下工艺特点。

1. 张力

冷轧钢带卷取(尤其在轧制作业线上)突出的特点是采用较大张力。张力轧制可降低轧制负荷,使板型平直,在连轧时张力还起到自动调节连轧关系的作用。同时,采取张力卷取可保障钢卷的紧密、整齐。故冷轧钢带生产时,在保证不损伤钢带的前提下,都采用大张力轧制。此外,由于张力直接影响产品质量和尺寸精度,对张力的控制也有很严格的要求。现代大张力冷带卷取机都采用双电枢或多电枢直流电机驱动,尽量减小传动系统的转动惯量,提高调速性能以实现对张力严格控制。各种生产线卷取张力见表1.10-6。轧制卷取时,选用表中张力值应考虑加工硬化因素;精整卷取薄钢带时,张力应取大值。

**表 1.10-6 冷钢带生产线张力 $\sigma_0$ 的数值**

| 机　组 | 可逆轧机 | | | 连轧机 | 精整机组 |
|---|---|---|---|---|---|
| 带厚/mm | 0.3~1 | 1~2 | 2~4 | — | — |
| 张力/MPa | $\sigma_0=0.5\sim0.8\sigma_s$ | $\sigma_0=0.2\sim0.5\sigma_s$ | $\sigma_0=0.1\sim0.2\sigma_s$ | $\sigma_0=0.10\sim0.15\sigma_s$ | $\sigma_0=5\sim10\sigma_s$ |

2. 表面质量

冷钢带表面光洁、板形及尺寸精度要求较高,因此对卷取机的卷筒几何形状及表面质量要求也相应提高。

3. 钢卷的稳定性

冷轧的薄钢带采用大直径卷筒卷取时,卸卷之后带卷的稳定性极差,甚至出现塌卷现象。因此在生产钢带厚度范围大的生产线应能备用几种不同直径的卷筒,根据钢带厚度采用相适应的卷筒生产,当卷取薄钢带时选择小直径卷筒来卷取薄带。

4. 纠偏控制

钢带精整线往往要求钢带在运行中要严格对中,使卷取的带卷边缘整齐。为此,常采用自动纠偏控制装置。图1.10-36为纠偏装置原理图。

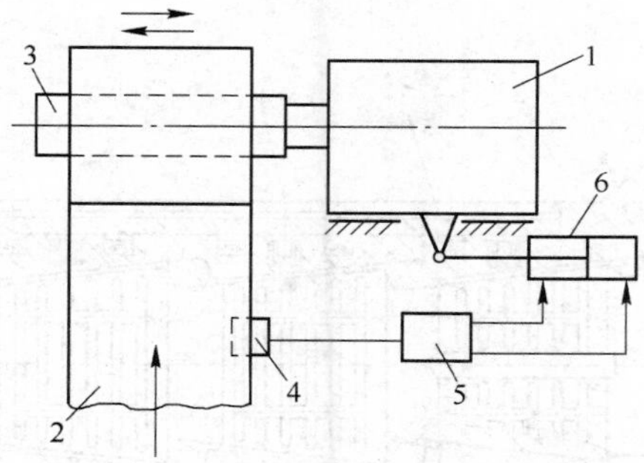


图 1.10-36　卷取机纠偏控制原理图

1—活动机架；2—钢带；3—卷筒；4—光电元件；5—伺服控制器；6—油缸

调整固定不动的光电元件 4 检测带钢边缘，当带钢跑偏后将使光电元件 4 发出信号，放大的信号输送给电液控制阀 5 控制油缸 6，随时调整机架 1 活动，带动卷筒 3 左右运动，从而实现自动纠偏的目的，取得卷取机卷取的带钢卷边缘保持整齐的效果。纠偏效果与纠偏速度密切相关，可参照表 1.10-7 确定纠偏速度。

**表 1.10-7　钢带纠偏速度表**

| 机组速度/$m \cdot s^{-1}$ | 0～1 | 1～1.5 | 2.5～5 | 5～15 | 15 以上 |
|---|---|---|---|---|---|
| 纠偏速度/$mm \cdot s^{-1}$ | 10 | 15 | 20 | 30 | 40 |

5. 冷轧钢带卷取机卷取速度高（可达 40 m/s）

考虑到上述冷轧钢带卷取的特点，冷轧钢带卷取机除了要满足对卷取设备的一般性要求外，还应注意以下几个问题：要求具有更高的强度和刚度，以实现大张力卷取；大张力卷筒张开后，应能形成一个完整的圆形，以防止压伤内层钢带；可以快速更换不同直径的卷筒，以适应不同的钢带厚度。

## 二、冷轧钢带卷取机的结构

1. 实心卷筒式卷取机

此种卷取机特点是结构简单，具有高的强度和刚度，两端支撑，用于大张力卷取。缺点是卷筒直径不能胀缩，为了卸卷则要增设一台可以自动胀缩的重卷机，当轧制终了时，带钢从实心卷筒往重卷机上重卷并卸卷。

实心卷筒在大张力卷取时，钢带对卷筒会产生很大的径向压力，为防止卷筒塑性变形，则卷面材质一般均采用合金锻钢并经热处理。

2. 四棱锥式卷取机

图 1.10-37 为 1180 mm 二十辊轧机的四棱锥卷筒结构图。四棱锥式卷取机主要由棱锥轴 1、扇形块 2、钳口 5 和胀缩缸等构成，结构较简单。四棱锥卷筒胀径时，由胀缩缸直接推动棱锥轴，使扇形块产生径向位移，克服了实心卷筒卸卷困难的缺点。四棱锥卷筒胀开时，扇形块间有间隙，因此，卷筒胀缩量不宜过大，否则扇形块之间缝隙过大，卷取时会压伤内层钢带。卷筒上设置钳口，钳口由 6 个 $\phi$45 mm 的柱塞缸夹紧，而由弹簧松开，钳口开口度为 5 mm。卷筒为悬臂结构，外端设置活动支架支撑。

四棱锥卷筒因为没有中间零件、棱锥直径大、强度高，可承受较大（400～600 kN）的张力，常用于多辊可逆式冷轧机和冷连轧机组的卷取机。

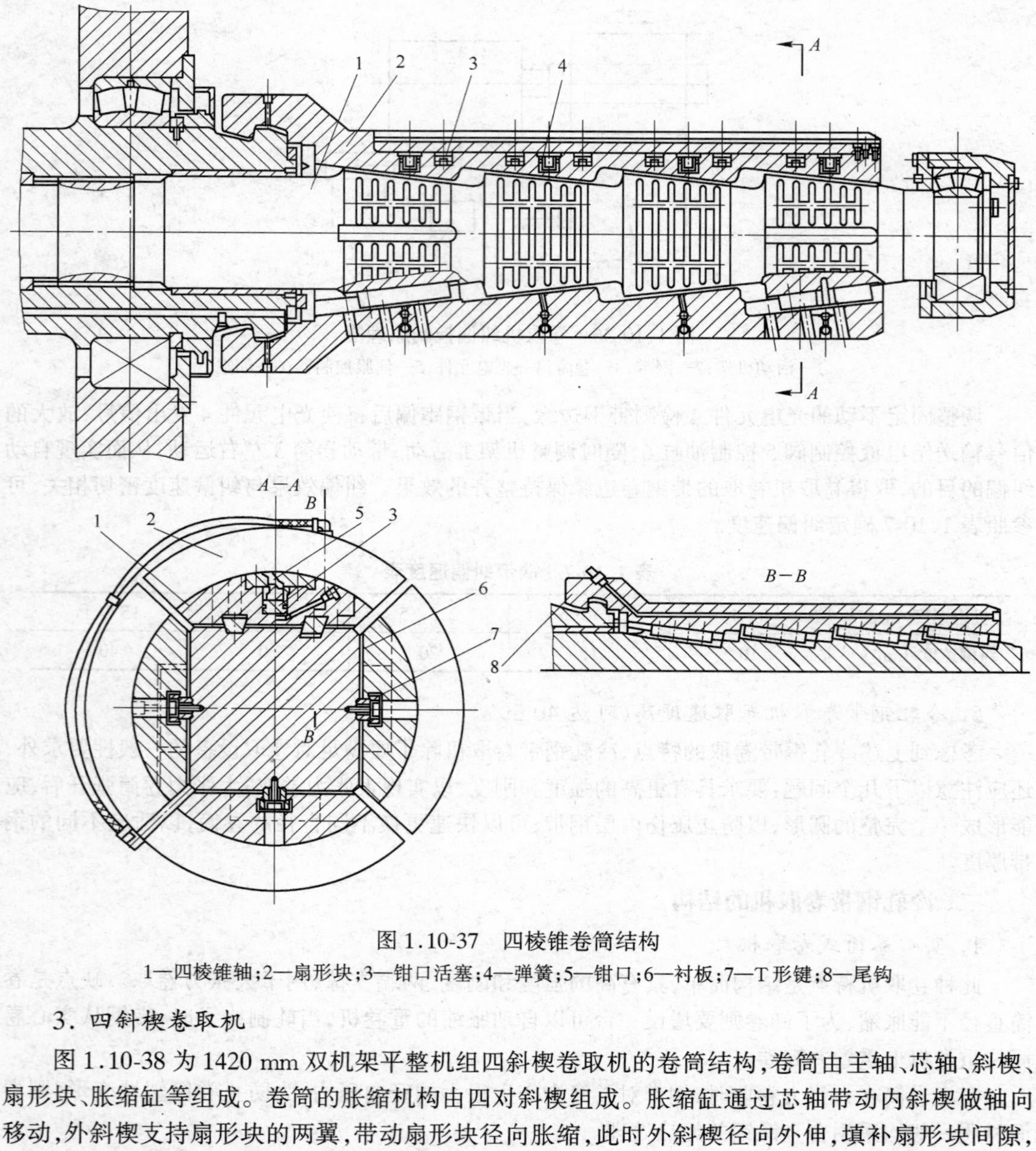


图 1.10-37　四棱锥卷筒结构

1—四棱锥轴；2—扇形块；3—钳口活塞；4—弹簧；5—钳口；6—衬板；7—T 形键；8—尾钩

3．四斜楔卷取机

图 1.10-38 为 1420 mm 双机架平整机组四斜楔卷取机的卷筒结构，卷筒由主轴、芯轴、斜楔、扇形块、胀缩缸等组成。卷筒的胀缩机构由四对斜楔组成。胀缩缸通过芯轴带动内斜楔做轴向移动，外斜楔支持扇形块的两翼，带动扇形块径向胀缩，此时外斜楔径向外伸，填补扇形块间隙，斜楔顶面与扇形块外表面构成一整圆。卷取薄钢带时不会产生压痕。这种卷筒的最大特点是主轴、扇形块加工方便。因斜楔只支持扇形块的两翼，故卷筒强度和刚度都有削弱，仅适用于张力不大的平整机组和精整作业线。

4．弓形块卷取机

弓形块式卷筒结构如图 1.10-39 所示。卷筒由主轴和弓形块等部分组成。在主轴内沿卷筒长度方向布置有 5～7 组缸体互相套叠的径向活塞缸，用于撑开弓形块和夹紧钳口。活塞缸和弓形块上都有蝶形弹簧，用来收缩弓形块和放松钳口。径向活塞缸与卷筒心部轴向设置的增压缸联通，定容积式的增压缸柱塞由胀缩缸活塞杆推动。当约 6.3 MPa 的压力油经回转接头（设置在主轴右端部）进入胀缩缸时，胀缩缸活塞带动增压缸柱塞移动，使增压缸内油压逐渐增高（最大压

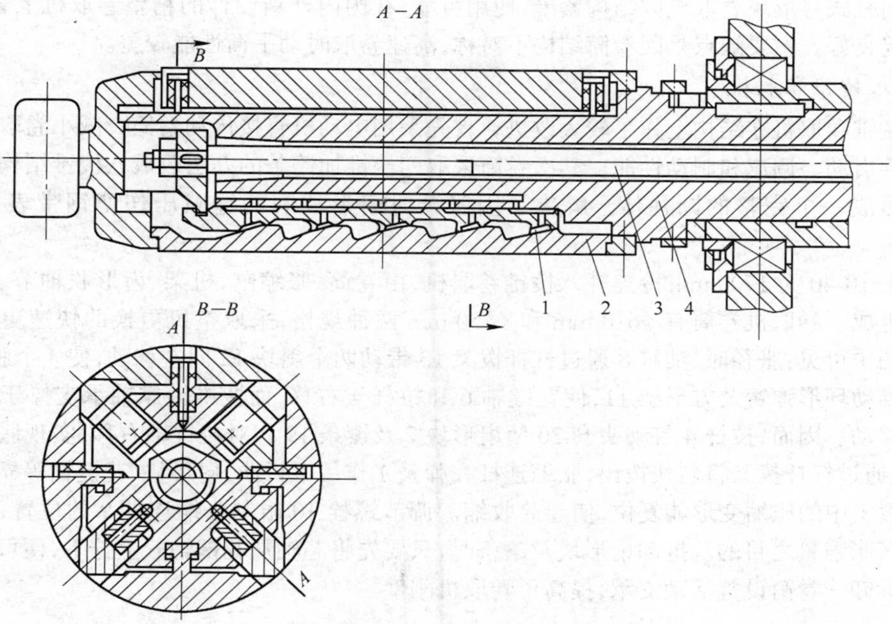


图 1.10-38　四斜楔卷筒结构

1—斜楔；2—扇形块；3—芯轴；4—主轴

力达 25 MPa)，以致胀开径向活塞撑起弓形块并压紧钳口。卸卷时，胀缩缸反向移动，增压缸内油压降低，借蝶形弹簧的作用，使钳口松开，弓形块收缩。主轴左端部是卷取机的卷筒，而卷筒端部设有平衡缸。油压增大时，平衡缸活塞外移；当增压缸因泄漏等原因油量减少时，平衡缸活塞在弹簧作用下反向移动。由此保持增压缸内油压的正常水平。

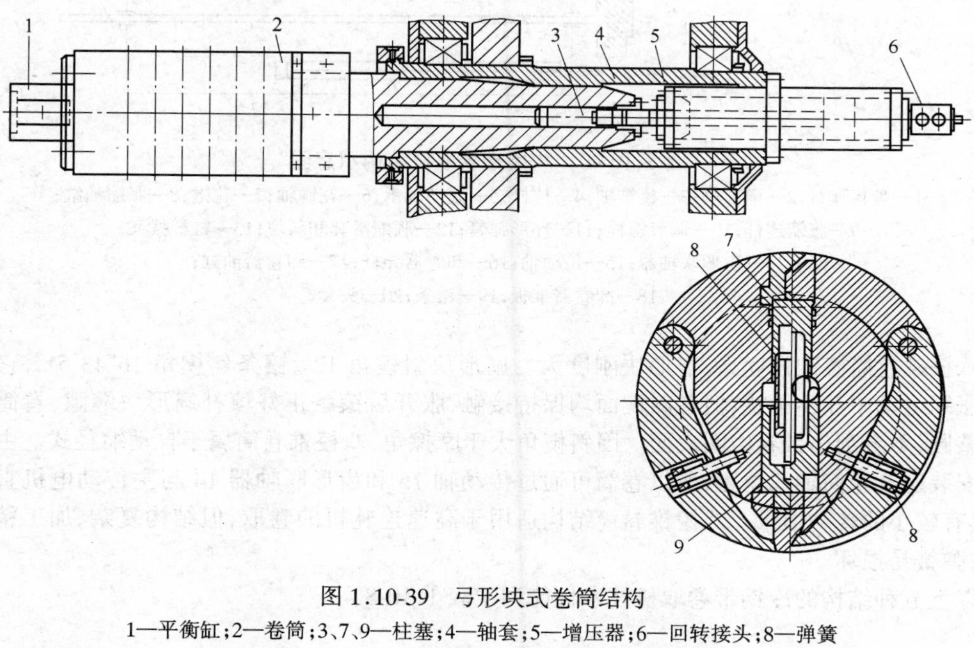


图 1.10-39　弓形块式卷筒结构

1—平衡缸；2—卷筒；3、7、9—柱塞；4—轴套；5—增压器；6—回转接头；8—弹簧径向缸式弓形块卷取机因结构紧凑、使用可靠，在国内外新设计的精整卷取机上普遍采用，使用情况良好。主要缺点是因卷筒结构不对称，高速卷取时动平衡性能较差。

5．八棱锥卷取机

八棱锥卷取机在结构上作了较大改进，首先采用电动机直接传动卷筒，减小卷取机转动惯量，改善启动、调速和制动性能；其次卷筒采取四棱锥加镶条的办法改成八棱锥结构，卷筒胀开后能形成一个完整的圆柱体，解决了因胀开时扇形块间的缝隙压伤薄钢带表面的质量问题。

图 1.10-40 为 1700 mm 冷连轧八棱锥卷取机，由卷筒、胀缩缸、机架、齿形联轴节、底座及卸卷器等组成。卷取机卷筒有 $\phi$610 mm 和 $\phi$450 mm 两种规格，采取整机更换的快速更换卷筒方式。从图中可见：胀径时，油缸 8 通过杠杆拨叉 13 带动两个斜块 12 向左移动，使 4 个胀缩连杆 9 伸直并推动环形弹簧及方形架 11，使花键轴 6 和拉杆 4 右移，而棱锥轴靠轴承支撑于机架上不能左右移动。因而，拉杆 4 带动头套 20 使扇形块 2 及镶条 19 相对棱锥轴右移，实现胀径。缩径时，油缸通过杠杆拨叉将斜块拨出，胀缩连杆在弹簧 1 作用下折曲，扇形块、花键轴等靠胀径时储存在弹簧 1 中的压缩变形能复位，使卷筒收缩。调节螺栓 10 限制胀缩连杆 9 的位置，从而达到调节卷筒胀缩量之目的。拆卸扇形块及镶条时，只要先将芯轴从花键轴 6 上拧下，便可进行其他零件的拆卸。卷筒设置活动支承，提高了卷取机刚度。

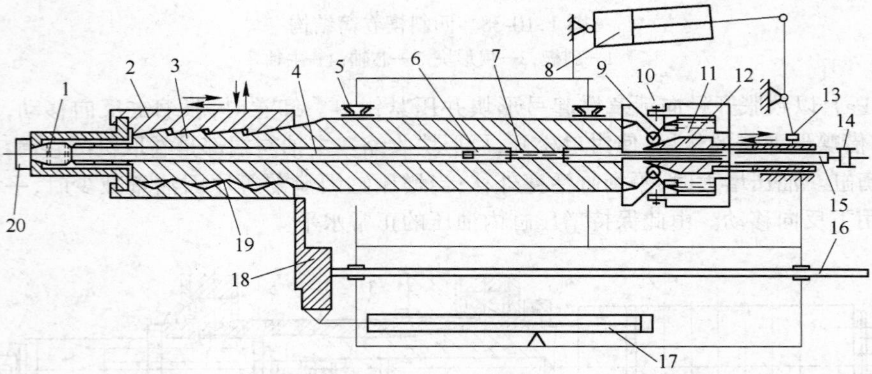


图 1.10-40　八棱锥卷取机结构示意图

1—盘状弹簧；2—扇形块；3—棱锥轴；4—拉杆；5—滚动轴承；6—花键轴；7—花键；8—胀缩油缸；9—胀缩连杆；10—调节螺栓；11—环形弹簧；12—胀缩滑套和斜块；13—杠杆拨叉；14—齿形联轴器；15—传动轴；16—卸卷器导杆；17—卸卷器油缸；18—卸卷器推板；19—镶条；20—头套

八棱锥卷筒棱锥强度高，扇形块刚度大。扇形块斜楔角 12°，镶条斜楔角 16°43′51″，它们二者在胀缩运动中互不干扰，但各斜楔面均保持接触，胀开后镶条正好填补扇形块缝隙，卷筒成为一个整圆，不会刮伤带卷内圈表面。因斜楔角大于摩擦角，八棱锥卷筒属于自动缩径式。由于胀缩缸安装避开卷筒轴线位置，所以卷筒可通过传动轴 15 和齿形联轴器 14 与主传动电机直接相连，具有较小的转动惯量。八棱锥卷筒结构适用于高速连轧机的卷取，但结构复杂、加工精度要求高，弹簧易损坏。

以上五种结构的冷钢带卷取机技术性能列于表 1.10-8。

**表 1.10-8　冷钢带卷取机技术性能**

| 机　组 | | 1400 mm | 1180 mm | 1420 mm | 1700 mm | 1700 mm |
|---|---|---|---|---|---|---|
| 结构形式 | | 实心双卷筒 | 扇形块<br>四棱正锥<br>开 式 | 扇形块<br>四斜楔<br>闭 式 | 弓形块<br>径向缸胀缩<br>闭 式 | 扇形块<br>八棱正锥<br>闭 式 |
| 钢带 | 屈服极限/MPa | 900 | | | 280 | 370 |
| | 厚度/mm | 0.2～4.5 | 0.2～2.5 | 0.15～0.8 | 0.2～3.0 | 0.15～3.0 |
| | 宽度/mm | 600～1300 | 约 1080 | 1270 | 600～1530 | 550～1530 |
| 卷筒 | 胀缩量/mm | | 14 | | 5(实际 10)$\phi$450、 | 24(实际 20) |
| | 直径/mm | $\phi$610 | $\phi$510 | $\phi$450、$\phi$610 | $\phi$610 | $\phi$450、$\phi$610 |
| 钢卷 | 外径/mm | | 约 $\phi$1900 | | $\phi$750～1000 | $\phi$1000～2550 |
| | 最大重量/t | 10 | 10 | | 18 | 45 |
| 最大卷取速度/$m\cdot min^{-1}$ | | 300 | 450 | 2000 | 250 | 1840 |
| 最大卷取张力/kN | | 250 | 210 | 30 | 50 | 107 |
| 电机 | 功率/kW | 2×630 | 2×800 | 2×363 | 0/100/100 | 2×1640/1640/1640 |
| | 转速/$r\cdot min^{-1}$ | 225/520 | 300/1150 | 280/1430 | 0/500/1780 | 229/240/908 |
| | 减速器速比 | 3.2 | 4.051 | 12 | 9.973 | — |
| 棱锥面斜角 | | | 7° | 约 16° | | 12° |
| 胀缩油缸 | 直径/mm | | $\phi$750/$\phi$225 | | $\phi$80 | $\phi$200/$\phi$125 |
| | 行程/mm | | 57 | | | 220 |
| | 数量/个 | | 1 | 1 | 5～7 | 1 |
| 液体工作压力/MPa | | | 7 | | | 20 |
| 备　注 | | | 图 1.10-37 | 图 1.10-38 | 图 1.10-39 | 图 1.10-40 |

## 三、卷取机的设计计算

根据工艺要求，首先确定结构形式，再进行主要参数计算。下面对冷、热带材卷取机设计计算做简要介绍。

### （一）卷筒主要参数的确定

1. 冷轧带材卷取机直径 $D$ 的选择

一般以卷取过程中内层钢带不产生塑性变形为设计原则，计算公式为

$$D \geqslant \frac{Eh_{max}}{\sigma_s} \tag{1.10-44}$$

式中　$E$—— 带材的弹性模量，MPa；

$h_{max}$——带材的最大厚度，mm；

$\sigma_s$——卷取温度下的带材之屈服极限，MPa。

设计时也可采用经验方法：冷钢带卷取时取 $D=(150\sim200)h_{max}$；有色金属带卷取时取 $D=(120\sim170)h_{max}$。常用的卷筒尺寸系列有 $\phi$305 mm、$\phi$450 mm、$\phi$510 mm、$\phi$610 mm。

2. 热带材卷取机直径 $D$ 的选择

设计原则为要求带材的头几圈产生一定程度的塑性变形，以便获得整齐密实的带卷。

计算公式为

$$D \leqslant \frac{0.2E\bar{h}}{\sigma_s} \tag{1.10-45}$$

式中　$\bar{h}$——带材的平均厚度，mm。

也可按经验方法：卷筒直径 $D$ 常在 700～850 mm 之间选择；对于宽钢带生产，$D$ 以 $\phi762$ mm 最多见。

3. 卷筒直径的胀缩量

卷筒直径的胀缩量约为 15～40 mm，热轧取大值。

4. 卷筒长度的确定

卷筒筒身工作部分长度应等于或稍大于轧辊辊身长度为宜。

**(二) 卷筒径向压力计算**

径向压力计算不仅是计算卷筒强度和确定胀缩缸的先决条件，而且与卷取质量直接相关。一般认为卷筒径向压力与卷取张力、带卷直径、带卷和卷筒的径向刚度、带卷层间介质与表面状态、层间滑动与摩擦及带宽等因素有关。

1. C.E. 英格利斯(Inglis)公式

英格利斯公式推导的基本思路是，将层叠卷取的带材和卷筒都看成是弹性厚壁筒。在张力作用下，带卷厚壁筒的次外层受一均匀的径向外压力 $p_i$ 的作用。该压力将通过层叠的带材向卷筒表面传递，并使卷筒表面产生一径向压力增量 $\Delta p_i$。在开始卷取过程中，带材每增加一层，径向压力相应得一增量 $\Delta p_i$，最后卷取完毕，卷筒受径向压力即为带卷各层压力增量的总和 $\sum\Delta p_i$。

假设卷取过程中张力恒定，卷层之间无相对滑动，压力沿卷筒轴线方向均匀分布，带卷厚壁筒各向同性且带卷与卷筒弹性模量相同，则卷筒径向压力分析属于弹性力学平面轴对称问题。当卷取任意 $i+1$ 层带材时，带卷及卷筒厚壁筒受力变化情况分别如图 1.10-41$a$ 及图 1.10-41$b$ 所示。

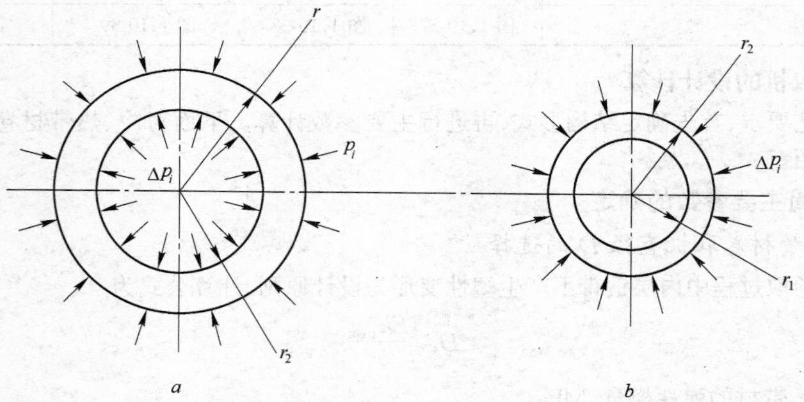


图 1.10-41 带卷、卷筒分离体受力图

$a$—带卷；$b$—卷筒

应用拉密解答和 $r_2$ 处的变形协调条件，可求出 $\Delta P_i$ 为：

$$\Delta p_i=\frac{(r_2^2-r_1^2)r^2}{(r^2-r_1^2)r_2^2}\times p_i=\frac{(r_2^2-r_1^2)r^2}{(r^2-r_1^2)r_2^2}\times\frac{\sigma_0 h}{r} \tag{1.10-46}$$

式中 $\sigma_0$——单位张力，MPa；

$h$——带材厚度，mm；

$r$——卷取任意第 $i$ 层带材时的带卷半径，mm；

$r_1$——卷筒当量内半径，mm；

$r_2$——卷筒外半径($D/2$)，mm。

对于各类弓形块卷筒，可取弓形块最薄处的内半径为 $r_1$；对实心卷筒 $r_1$ 取零，对四棱锥卷筒 $r_1$ 可按下式计算：

$$r_1=\sqrt{r_2^2\frac{A_2}{2+A_2}}$$

式中　$A_2=\ln\left(\frac{r^2}{\sqrt{2}A}\right)$，其中 $A$ 为棱锥横断面 1/2 边长的平均值，mm。

令式 1.10-46 中的 $h=\mathrm{d}r$，表示带卷半径变化的增量，以定积分代替求和，得到径向压力计算公式（英格利斯公式）为

$$p=\sum\Delta p_i=\int_{r_2}^{R_c}\mathrm{d}p_i=\frac{\sigma_0}{2}\left(1-\frac{r_1^2}{r_2^2}\right)\ln\left(\frac{R_c^2-r_1^2}{r_2^2-r_1^2}\right) \tag{1.10-47}$$

式中　$R_c$——带卷最大卷取半径，mm。

卷筒表面的切向应力 $\sigma_\tau$ 为：

$$\sigma_\tau=\frac{-\sigma_0}{2}\left[2-\left(1+\frac{r_1^2}{r_2^2}\right)\ln\left(\frac{R_c^2-r_1^2}{r_2^2-r_1^2}\right)\right] \tag{1.10-48}$$

英格利斯公式表明径向压力是张力和卷筒与带卷卷径比的函数。用式 1.10-47 和式 1.10-48的计算结果与不可缩径卷筒的径向压力实测值较为接近。在其他公式的推导中，有若干公式都不同程度地借鉴了英格利斯的方法。它们在补充考虑了带卷的各向不同性和层间变形效应等因素后，计算结果一般都低于英格利斯公式的计算值。

2. 自动缩径卷筒径向压力计算

当实心卷筒卷取的带材卷外径大于卷筒 3 倍时，径向压力将超过带材的张力。实际上，所有棱锥角小于 6°的不可自动缩径的卷筒表面卷取时都将作用有很大的径向压力。此压力不仅使卸卷困难，而且严重磨损的棱锥面还使卷筒零件产生塑性变形。通过生产实践发现加大棱锥卷筒棱锥角有助于克服自锁现象，新设计的大张力棱锥卷筒的棱锥角多确定在 7°30′～8°之间，使锥面锥角大于摩擦角而不自锁。通过改变胀缩缸的油压来调整卷筒胀缩量，从而控制卷筒刚度，习惯上称其为自动缩径卷筒。

自动缩径卷筒的工作原理见图 1.10-42 所示：随着带卷卷取半径的增加，卷筒径向压力也增加，当达到某一临界压力 $p_0$ 时，$Q'>Q$，棱锥轴右移使卷筒缩径，径向压力下降；径向压力的下降使 $Q'\leqslant Q$，棱锥又在新的位置上平衡，径向压力又开始回升，为此循环直至卷取终结。

图 1.10-43 以对比形式表示出自动缩径卷筒与不可缩径卷筒实测径向压力的变化规律。卷筒的自动径缩量与临界压力 $p_0$ 有关，适量收缩（一般约为 0.18～3 mm）可降低卷筒径向压力，过量收缩会使内层带材卷切向压应力大幅度上升，而出现层间滑动甚至出现塌卷，而划伤带材表面。合理地确定 $p_0$，保证适量缩径仍是自动缩径卷筒设计的核心问题。

推荐的自动缩径卷筒的径向压力经验计算公式为：

$$p=\frac{K\sigma_0}{1+\frac{f_1\pi}{2}}\ln\frac{R_c}{r_2} \tag{1.10-49}$$

式中　$f_1$——带材（卷）层间摩擦系数，对于冷轧钢带推荐下列取值：表面有油或乳化液时 $f_1=0.1$；表面有少量乳化液时 $f_1=0.12$；表面无油或无乳化液时 $f_1=0.15$；

$K$——卷筒压力系数。

缩径状态工作时

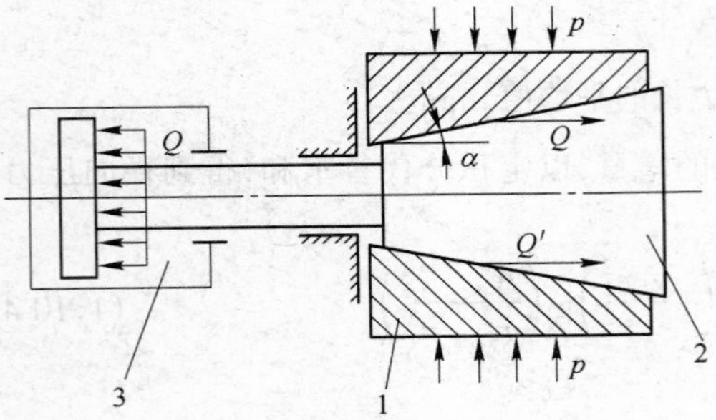


图 1.10-42　自动缩径卷筒工作原理图

1—扇形块；2—倒置棱锥轴；3—旋转胀缩缸

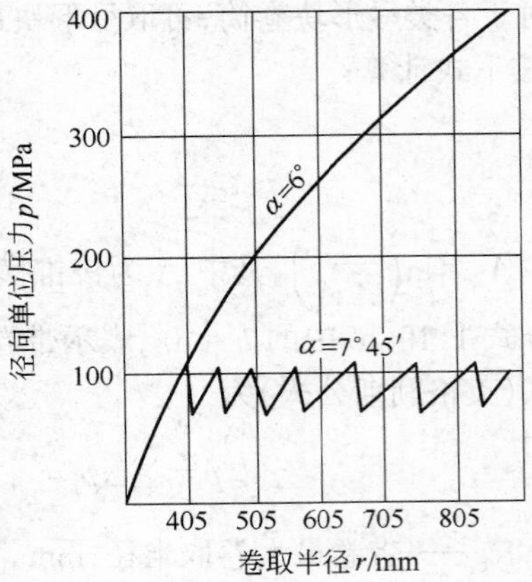


图 1.10-43　卷筒径向压力实测曲线

$$K = C\left[0.15 + \frac{1}{1.5 + \left(\frac{R_c}{r_2}\right)^2}\right]$$

式中，$C$ 为卷筒刚性系数。对于四棱锥卷筒，可根据带材的单位张力从图 1.10-44 查出，此时的棱锥角 $\alpha = 7° \sim 8°$；当棱锥角 $\alpha = 14° \sim 16°$时，推荐 $C$ 取 1.45～1.6。缩径状态时的卷筒压力可作为胀缩缸平衡力计算的依据。

自锁状态工作时

$$K = 1.75\left[0.5 + \frac{1}{1.5 + \left(\frac{R_c}{r_2}\right)^2}\right]$$

此时

$$p = K\sigma_0 \ln\frac{R_c}{r_2} \tag{1.10-49a}$$

自锁状态仅出现在摩擦面缺乏润滑油的情况，该卷筒压力值只用于卷筒零件的强度校核。

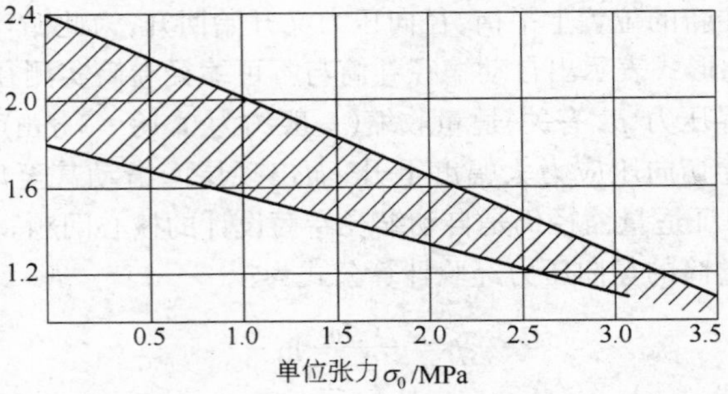


图 1.10-44　卷筒刚性系数（棱锥角 $\alpha = 7° \sim 8°$）

3. 胀缩缸平衡力计算

现代卷取机绝大多数的卷筒是可以胀缩的，其中以棱锥式或斜楔结构形式较为多见。在此仅以开式倒置四棱锥卷筒为例子，说明胀缩缸平衡力的计算方法。

锥面间的反力　如图 1.10-45 所示，带卷对每一扇形块的压力可用等效力 $\bar{P}$ 表示为

$$\overline{P}=2\int_{\sigma}^{\pi/4}Br_2p\cos\theta\mathrm{d}\theta=\frac{\sqrt{2}}{2}DBp \tag{1.10-50}$$

式中　$B$——带材宽度，mm。

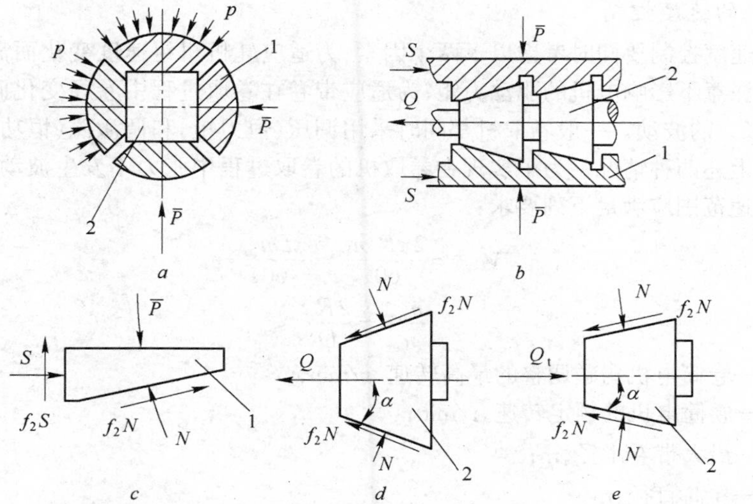


图 1.10-45　卷筒胀缩平衡力计算简图

1—扇形块；2—棱锥轴

图 1.10-45$b$ 说明了扇形块的胀缩原理：棱锥相对扇形块向右移动，则卷筒直径收缩。图 1.10-45$c$、$d$、$e$ 是卷筒收缩时简化的棱锥和扇形块分离体图。根据它们的平衡条件，由图 1.10-45$c$ 可求出锥面反力 $N$ 为：

$$N=\frac{\overline{P}}{(1-f_2^2)\cos\alpha+2f_2\sin\alpha} \tag{1.10-51}$$

式中　$f_2$——卷筒零件摩擦面之间的摩擦系数；

$\alpha$——棱锥角，(°)。

胀缩缸平衡力计算　根据图 1.10-45$d$ 的平衡条件，代入锥面反力 $N$，可进一步求出在等效力 $\overline{P}$ 作用下，维持棱锥轴平衡所必须的胀缩缸平衡力 $Q$ 为：

$$Q=\frac{4\overline{P}(\tan\alpha-f_2)}{1-f_2^2+2f_2\tan\alpha} \tag{1.10-52}$$

(1) $\tan\alpha>f_2$，锥面不自锁。

在卷取过程中，对于自动缩径的卷筒，$\tan\alpha>f_2$，锥面不自锁，必须有平衡力 $Q$ 的作用才能维持正常卷取。根据式 1.10-52，此时的胀缩缸平衡力 $Q$ 如图 1.10-45$d$ 所示，其大小为：

$$Q=2\sqrt{2}DBp(\tan\alpha-f_2) \tag{1.10-52a}$$

(2) $\tan\alpha<f_2$，锥面自锁。

对于不自动缩径的卷筒，胀缩缸用于退出棱锥使卷筒缩径卸卷。此时的胀缩缸推力 $Q_t$ 作用方向如图 1.10-45$e$ 所示，其大小为：

$$Q_t=2\sqrt{2}DBp(f_2-\tan\alpha) \tag{1.10-52b}$$

设计时，通常选取 $f_2=0.08\sim0.12$。

当锥角小于6°时，锥面自锁；锥角在7.5°～8°之间时，卷筒可实现自动缩径；锥角过大，将增大胀缩缸尺寸;而当锥角处于临界状态($\tan\alpha = f_2$)时,卷筒的润滑条件将对卷筒工作性能产生关键影响。一般情况下,锥面间压应力将大于卷筒表面径向应力。这在卷筒的零件强度校核时应当考虑。

## (三) 卷筒传动计算

1. 卷取机的速度控制

卷取机的速度控制要同时考虑以下两个因素:为适应轧机机组速度变化而需调节卷取机的卷取速度时要注意不影响电机的驱动力矩;为适应带卷在卷取过程中卷径变化而调节卷筒转速时,不应引起张力的波动。一般卷取机都同时采用调压(恒力矩)和调激磁(恒功率)两种调速方法以分别适应上述两种情况。为了实现在卷取机的卷取过程中张力不发生波动现象,卷筒的电动机之弱磁调速范围应满足下列要求:

因
$$V_{max} = \frac{2\pi R_c n_{er}}{60i} = \frac{\pi D n_{max}}{60i}$$

故
$$\frac{n_{max}}{n_{er}} = \frac{2R_c}{D} \tag{1.10-53}$$

式中 $n_{max}$——卷筒电机弱磁调整的最高转速,r/min;

$n_{er}$——卷筒电机的额定转速,r/min;

$R_c$——最大带卷半径,m;

$D$——卷筒直径,m。

式 1.10-53 代表激磁调速范围与最大卷径比之间的关系。设计时,电机调激磁的范围需取大于或等于最大卷径比。

2. 电机的额定转速及传动比

卷筒电机的额定转速 $n_{er}$必须与卷取机计算转速 $n_j$ 相适应:

$$n_j = \frac{30V_{max}}{\pi R_c} \tag{1.10-54}$$

式中 $V_{max}$——最大卷取线速度,m/s;

$n_j$——卷取计算转速,m/s。

无减速时,$n_{er} \geqslant n_j$;需要减速机时,其速比 $i$ 为:

$$i = \frac{n_{er}}{n_j} \tag{1.10-55}$$

若卷取带材的厚度范围较大,工艺上又要求多种张力及多种速度制度,卷筒传动可以考虑多级速比切换,以满足工艺要求。

3. 卷筒电机功率计算

带材的张力、塑性弯曲变形、卷取的速度和加速度、摩擦阻力等因素是确定卷取带材所需的传动功率的影响因素。由于塑性弯曲和摩擦的影响远小于张力,故初选电动机额定功率 $N_{er}$,可按下式近似计算

$$N_{er} \geqslant N_j = k_2 \frac{(Tv)_{max}}{1000\eta} \tag{1.10-56}$$

式中 $N_j$——称为计算功率;

$k_2$——塑性弯曲及摩擦系数,取 1.1~1.2;

$T$——卷取张力,N;

$v$——卷取速度,m/s;

$\eta$——传动效率,取 0.85~0.9;

$(Tv)_{max}$——表示在各种工艺制度下,速度和张力乘积的最大值。

有两台以上卷取机交替工作时,可按下式确定电机额定功率 $N_{er}$:

$$N_{er} \geqslant N_j \sqrt{\frac{t_w}{t_w + t_0}} \tag{1.10-57}$$

式中 $t_w$——卷取时间;

$t_0$——间隙时间。

通常 $t_0 = t_w$,则上式得

$$N_{er} \geqslant N_j \sqrt{\frac{1}{2}} \approx 0.7 N_j \tag{1.10-57a}$$

即可按 70%的计算功率选择电机。

初选电机并确定传动比后,应对电机过载能力进行校核,即应满足下列条件:

$$\frac{M_z}{\lambda \eta} \leqslant M_{er} \tag{1.10-58}$$

式中 $\lambda$——所选电机的过载系数;

$M_{er}$——电机额定力矩 $M_{er} = 9550 N_{er}/n_{er}$,N·m;

$M_z$——电机轴上最大力矩,可按下式计算:

$$M_z = M_T + M_b + M_j + M_f \tag{1.10-58a}$$

式中 $M_T$——张力对电机轴的阻力矩,即:

$$M_T = \frac{D_W}{2i} Bh\sigma_0 \times 10^{-3} \tag{1.10-59}$$

式中 $D_W$——带卷外径,mm;

$h$——带材厚度,mm;

$i$——电机至卷筒的减速比;

$M_b$——带材弯曲对电机轴的阻力矩,忽略弹复作用时,即:

$$M_b = \frac{Bh^2}{4i} \sigma_s \times 10^{-3} \tag{1.10-60}$$

$M_j$——加速卷取时形成的电机轴阻力矩,即:

$$M_j = \frac{i}{38.2} \times \frac{dn}{dt} \left[ GD_M^2 + \frac{\pi \rho BS}{8i^2 \times 10^9} (D_W^4 - D^4) + GD_P^2 \right] \tag{1.10-61}$$

式中 $\frac{dn}{dt}$——卷筒角加速度,r/min /s²,卷筒应具备大于轧机的加速能力;

$GD_M^2$——电机转子飞轮矩,kg·m²;

$\rho$——带材密度,kg/cm²;

$S$——带卷紧密系数,钢带取 0.85~0.9;

$GD_P^2$——卷筒及传动部件推算到电机轴上的飞轮力矩,kg·m²;

$M_f$——卷筒轴承摩擦形成的电机轴阻力矩,即:

$$M_f = \sum \frac{\mu_j d_j}{2i} P_{Rj} \times 10^{-3} \tag{1.10-62}$$

式中,$j$ 表示卷筒的支承轴承编号,$\mu_j$、$d_j$、$P_{Rj}$ 分别代表第 $j$ 轴承处的轴承摩擦系数、当量摩擦直径及支反力。$d_j$ 和 $P_{Rj}$ 分别以毫米和牛顿为单位计算。$P_{Rj}$ 中既有张力因素,又有带卷重力因素,开始卷取和终止卷取时的 $P_{Rj}$ 是不相同的。按公式 1.10-62 计算时,应分别计算出始卷和终

卷时的力矩 $M_f$,再选两者中的大值代入式 1.10-58$a$ 中。

## 第五节　辊　　道

轧钢生产中辊道承担纵向运输轧件的任务。在热轧车间一般辊道将加热炉热坯料(1150℃左右)送往轧钢机轧制或将轧钢机轧出的轧件送往剪切机等辅助设备,在某些精整作业线上,轧件的纵向运输也往往靠辊道来完成。辊道是实现轧钢机械化的一种重要运输设备,在很大程度上关系到轧钢车间的生产率和整个轧制工艺流程的连续性。辊道长度往往贯穿整个生产作业线,其设备重量大,占车间设备总重量的 30%～50%。因此,正确合理地设计辊道,除了要保证很好的完成工艺要求外,还须考虑辊道参数尽量统一,使辊道布置尽量做到系列化、组合化,减少零部件的种类。这样,既可以减轻车间设备重量,同时给制造、维修带来较大的方便。

### 一、辊道类型

辊道按其用途和工作性质可分为以下几种基本类型。

#### (一) 上料辊道和出炉辊道

上料辊道是从其他运输工具直接接受轧件的辊道,如初轧机前接受钳式吊车或钢锭车放下的钢锭的辊道段和板坯加热炉前接受桥式吊车或门式吊车放下的板坯的辊道段等,它们工作负荷较重,经常承受冲击负荷。出炉辊道系指正对加热炉出料段的受料辊道及其延伸部分,工作条件远比一般运输辊道恶劣,操作也很频繁。特别是加热炉炉口部分的辊道,环境温度高、氧化铁皮多;对于端出料的连续加热炉的出炉辊道还要承受钢坯从炉内推出时的强烈冲击。因此,辊子、圆锥齿轮箱、轴承座、减速机箱体与辊道架子等均需采用铸钢件,圆锥齿轮箱体底座面积要大,一般可将 2～3 个辊子的圆锥齿轮传动共用一个齿轮箱体,以便承受钢坯的强烈冲击。此外,由于上料辊道和出炉辊道处于高温环境下工作,故其轴承座还要通水冷却。所以辊道的结构在设计时必须慎重对待。

#### (二) 工作辊道

这种辊道位于工作机座前后,直接向轧辊喂送轧件和接受轧出的轧件。图 1.10-46 中布置在主机列 1 前后的辊道 2、3、4 都是工作辊道。其中摆动台台面辊道 2 和辊道 3 最靠近轧机,轧制时的每一道次它们都要运转,称为主要工作辊道。有的轧制线中把紧挨轧辊的辊子装置在机架内,称为机架辊。而当轧件长度超过主要工作辊道 2、3 时辊道 4 就要启动运转,那么辊道 4 称为辅助工作辊道,也叫延伸辊道。

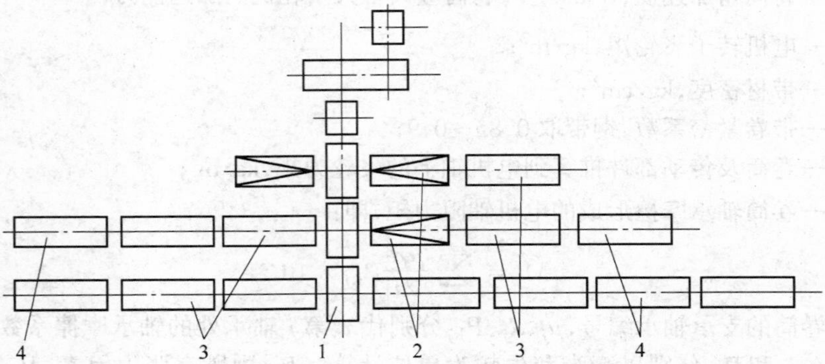


图 1.10-46　轧机前后工作辊道布置简图

1—主机列;2—摆动台台面辊道;3—工作辊道;4—延伸辊道

**（三）运输辊道**

运输辊道主要是用来按轧制工艺流程向各设备运送轧件，如加热炉、轧机、剪断机、矫正机等设备的输入辊道和输出辊道。

**（四）收集辊道**

收集辊道位于设备加工线的尾部，用来将轧件半成品或成品收集起来，以便进行整理、打印、冷却、捆扎或其他加工工序。对于较小轧件，有的辊子为倾斜放置，可使轧件自动收集。

**（五）特殊用途辊道**

特殊用途辊道如炉内辊道、升降辊道、冷却辊道和检查辊道等。

## 二、辊道的传动

**（一）集体传动辊道**

集体传动辊道由几个、十几个辊子组成一组，用一个电动机进行驱动。主要用于运输短而重的轧件，或用在辊道工作条件繁重的场合。因轧件重量集中作用在几个辊子上，则每个辊子承受较大的载荷，采用集体传动可以减小辊道电机功率。

1. 圆锥齿轮集体传动辊道

见图 1.10-47 所示的集体传动辊道，其特点是每个辊子具有单独的圆锥齿轮减速箱。通过装有圆锥齿轮的由齿轮联轴器或棒销联轴器连接在一起的传动轴，把动力传给每个圆锥齿轮箱。

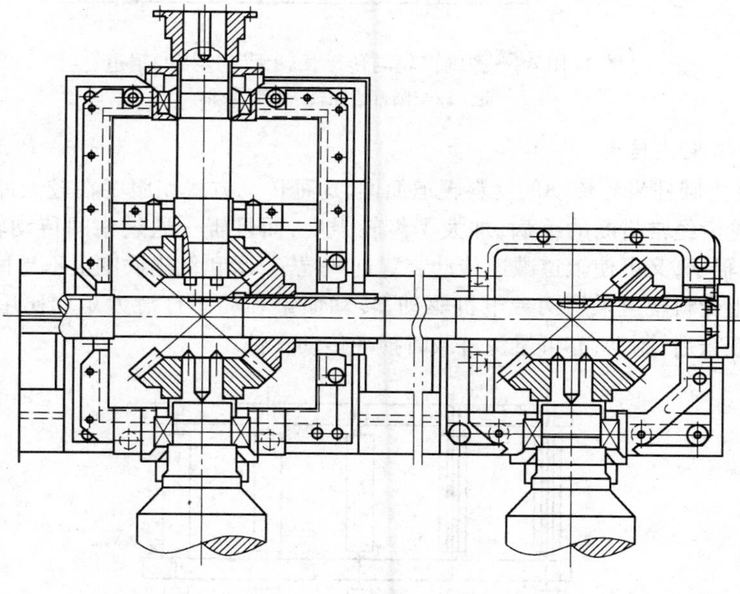

图 1.10-47 集体传动辊道伞齿轮箱

辊道的设计可采用“组合式”结构，即以 2～4 个辊子为一组。其传动长轴亦分段组成，每组长轴传动 2～4 个辊子，在分段的长轴中间采用联轴器相连接。如若辊距较大时，通常采取单独的圆锥齿轮箱；如若辊道辊距较小时（例如第一架轧机前工作辊道、出炉辊道等），则可以采用 2～4 个辊子为一组的圆锥齿轮箱。

目前，较先进的无键连接结构（图 1.10-48）已代替过去用斜键固定长轴上圆锥齿轮的结构形式。无键连接形式就是具有一定过盈量的静配合连接，靠配合面的摩擦力矩来传递扭矩，克服了用斜键连接不便于拆卸和圆锥齿轮啮合性能不好的缺点。因辊道轴上的圆锥齿轮需经常拆装，故一般采用注油压配法装配。采取无键连接,可以不削弱长轴的强度,既提高了承受冲击载荷的能力又使结构简单,制造方便。

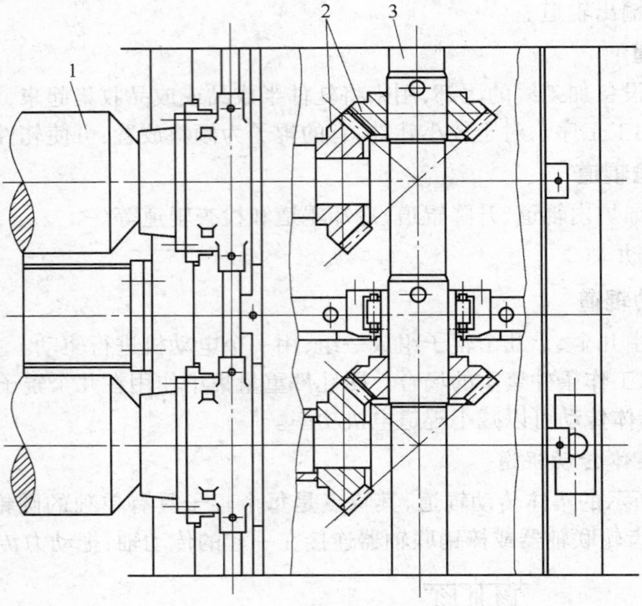


图 1.10-48 圆锥齿轮与传动长轴无键连接的辊道

1—辊子;2—圆锥齿轮;3—传动长轴

2. 圆柱齿轮集体传动

图 1.10-49 为圆柱齿轮传动的受料辊道简图,这种传动方式克服了在较大冲击载荷作用下,圆锥齿轮传动轮齿经常折断的毛病,加大了齿轮强度,而且辊子通过中间传动轴与圆柱齿轮连接,既便于更换辊子,又可使辊道减速传动装置远离辊子,水和氧化铁皮也不易掉入,从而改善了工作条件。此组受料辊道采用两台电机驱动,转动惯量和动态打滑力矩均比用一台电机要小。有利于辊道的频繁启、制动,亦可避免过载时损坏传动零件。

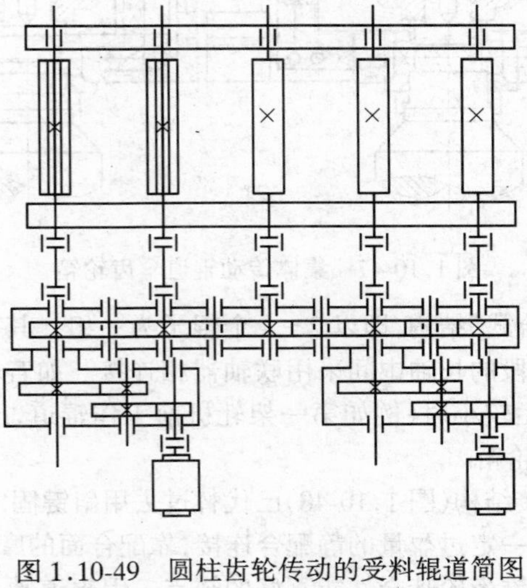

图 1.10-49 圆柱齿轮传动的受料辊道简图

由于圆柱齿轮传动辊道结构较复杂,通常只用于工作繁重和承受冲击载荷的辊道上。对于一般集体传动的运输辊道仍多数采取圆锥齿轮传动的辊道。在某些轧钢车间内,集体传动辊道也有采用链条或三角皮带传动的。

### (二) 单独传动辊道

单独传动辊道取消了传动长轴,可采用单独底座代替笨重的整体底座。单独传动辊道的优点是:(1) 传动系统惯性小、操作灵活,易于调整辊道上轧件的位置;(2) 少数辊子出现故障时,不会影响正常生产;(3) 维护方便,容易更换;(4) 易于标准化。缺点是电动机数量较多,投资费用较高,耗电量较大。

单独传动辊道采用地脚固定式或法兰盘式电机,一般通过万向接轴、齿轮联轴节或弹性联轴器与辊子连接。根据使用条件,单独传动辊道电机可选用 JGW(普通地脚固定式)、JGWF(法兰盘式)和 JGWK(空心轴端部悬挂式)等专用辊道电动机,也可选用 YZR、YZ、ZZJ-800 等电动机。辊道用电动机的特点是转矩大、耐高温、能在较频繁的启动和制动条件下工作。

近年来,摆线或渐开线行星减速机在单独传动辊道中也得到广泛应用。

## 三、辊道的润滑和冷却

辊道的圆锥齿轮箱或圆柱齿轮箱和轴承座的润滑方法有:

(1) 人工注入式润滑。一般安排在轧钢车间设备小修时进行。运用新型固体润滑材料二硫化钼,在降低油耗,减少机件的磨损、承受高温烘烤及延长维修周期方面均取得理想效果。

(2) 集中润滑方式。处于高温环境下的工作辊道(如出炉辊道、轧钢机前后的工作辊道等),它们的轴承处温度较高 ,应有相应的冷却措施。方法有两种:

1) 轴承座内通水冷却。这种方式对水质要求较高,如果水质不好造成轴承座内管路堵塞,况且管接头较多,检修时比较麻烦,但冷却效果好;

2) 轴承座外部浇水冷却。此种方法简单易行,对水质无特殊要求,但冷却效果差。

## 四、辊道基本参数

### (一) 辊子直径 *D*

为减少辊子重量和飞轮力矩,希望辊道的辊子直径应尽可能小。但是受强度条件的限制和在轧件横向移动的情况下,受轴承及传动机构外形的限制,又要求有较大的辊径。所以在确定辊子直径时,要综合考虑各种因素。一般轧钢机采用的辊子直径列于表 1.10-9。

**表 1.10-9　各类轧钢机辊道的辊子直径**

| 辊子直径/mm | 辊道用途 |
|---|---|
| 600 | 厚板轧机及板坯轧机的工作辊道 |
| 500 | 板坯轧机、大型初轧机及厚板轧机的工作辊道 |
| 450 | 初轧机的工作辊道 |
| 400 | 小型初轧机和轨梁轧机的工作辊道;板坯轧机和大型轧机的运输辊道 |
| 350 | 中板轧机的辊道、初轧机和轨梁轧机的运输辊道 |
| 300 | 中型轧机和薄板轧机的工作辊道和输入辊道 |
| 250 | 小型轧机的辊道、中型轧机和薄板轧机的输出辊道 |
| 200 | 小型轧机冷床处的辊道 |
| 150 | 线材轧机的辊道 |

**(二) 辊身长度**

辊身长度 $l$ 一般要根据辊道用途来确定。

主要工作辊道辊子长度,一般等于轧辊的辊身长度。但是也有个别例外,如初轧机和某些开坯机上,为了设置推床导板,辊子辊身长度就比轧辊辊身长度长一些。

型钢轧机辅助工作辊道辊子的辊身长度要比轧辊辊身短,因为轧件只在最后几道轧制时,辅助辊道才运转。

运输辊道辊子的辊身长度 $l$,决定于运输轧件的宽度 $b$,即

$$l = b + \Delta \tag{1.10-63}$$

其中余量 Δ 可依据运输轧件种类选择确定:对于窄轧件 Δ 取 150～200 mm;对于宽轧件 Δ 取 200～250 mm;对于热钢锭,Δ 取 300～500 mm;在板带轧机精轧机座后的输出辊道上,考虑轧件在运输过程中的跑偏,余量 Δ 应取得稍大些,一般为 250～350 mm。

式 1.10-63 的轧件宽度 $b$ 应按运输轧件最大宽度来考虑。如果辊道同时并排运送几根轧件时,应按这些轧件的总宽度来考虑。

**(三) 辊距**

根据运输轧件的长度,辊道辊距 $t$ 可以按以下情况考虑确定:

(1) 在运输短轧件时,为保证轧件至少同时搁在两个辊子上,辊道辊距不能大于最短轧件长度的一半。在运输钢锭时,辊距不能大于钢锭重心到宽端的距离(见图 1.10-50),否则,轧件在运输时要撞击辊子,加速辊子的磨损和辊道轴承的损坏。

(2) 在运输长轧件时,要考虑轧件由于自重引起弯曲这一条件来确定最大辊距,这对于输送较薄的成品轧件尤为重要。当轧件从一个辊子向另一个辊子运动,但尚未到达时(见图 1.10-51),根据弹性变形的极限条件,辊子的最大允许距离可由下式确定,即:

$$\frac{1}{2}\gamma bhgt^2 = \frac{bh^2}{6}\sigma_s \times 10^3 \tag{1.10-64}$$

即

$$t = \sqrt{\frac{h\sigma_s}{3\gamma g} \times 10^3} \tag{1.10-65}$$

式中　$t$——最大允许辊距,mm;

$b$——轧件宽度,mm;

$h$——轧件厚度,mm;

$\gamma$——钢的密度,$kg/mm^3$;

$g$——重力加速度,$mm/s^2$;

$\sigma_s$——相应温度下轧件的屈服限,MPa。

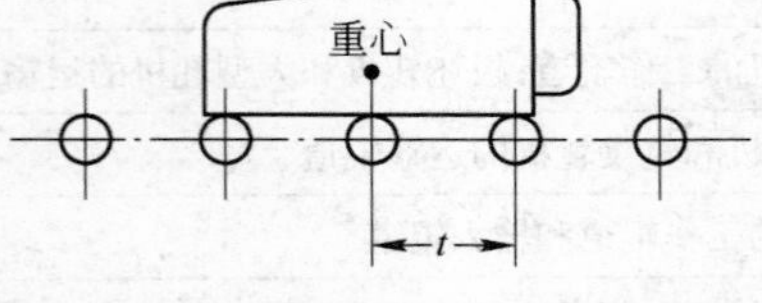


图 1.10-50　运输钢锭时,辊道辊距的确定

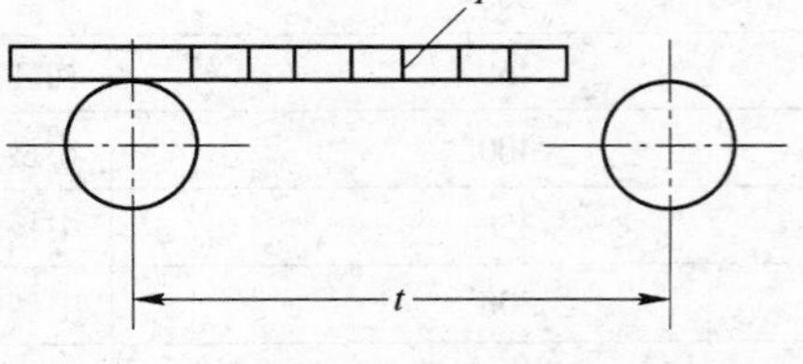


图 1.10-51　运输长轧件时,最大允许辊距的确定

在此提出注意的是对热薄轧件,因为在运输过程中容易弯曲而造成卡钢事故,所以计算出的辊距是参考值,最后确定的辊距应比计算值小。

推荐辊距：大型轧机 $t=1.2\sim1.6$ m、厚板轧机 $t=0.9\sim1$ m、薄板轧机 $t=0.5\sim0.7$ m。有时，在这些辊道的传动辊之间还安装有直径较小的空转辊子。

### （四）辊道速度

辊道速度一般要根据辊道的用途确定。

(1) 工作辊道的工作速度根据轧机的轧制速度选取。当运送长的薄轧件时，轧机后的工作辊道速度要比轧制速度大5%～10%，以避免轧件形成折皱。

(2) 对于冲击负荷较大的加热炉炉前辊道，在满足生产率的前提下应选取较低的辊速。一般 $v=1.2\sim1.5$ m/s；加热炉炉后的辊道和轧机输入辊道的速度应取稍大些，一般取 $v=1.5\sim2.5$ m/s，这样可减少坯料的温度降。

(3) 轧机输出辊道的速度要取为轧件轧制速度的1～1.1倍，以避免堆钢现象。

(4) 在轧机后安装有卷取机的板带连轧机组上，当卷取机咬入钢带建立张力后，轧机输出辊道的速度应与钢带速度相同；当钢带尾部离开最后一架精轧机座后，辊道速度应比钢带速度慢10%，以避免钢带在辊道上产生起套现象。

## 五、辊道驱动力矩计算

计算辊道驱动力矩是为求出辊道电机的功率，因为电动机运转方式和辊道工作条件不同，所以计算驱动力矩方法有所不同。根据辊道电机的运转方式，可以分为长期工作制（如运输成品的运输辊道）和启动工作制（如工作辊道、出炉辊道）两种。

### （一）长期工作制辊道电机的驱动力矩计算

对于长期工作制的辊道，其电动机的发热是根据辊道稳定运转时的静力矩 $M_1$ 来计算的，而电动机的过载则是根据辊道在运转时可能出现的最大静力矩 $M_{max}$ 计算的。

1. 静力矩的计算

辊道稳定运转时，轧件作等速度运动。辊道转动所需的静力矩是根据辊子轴承中的摩擦损耗和轧件在辊子上移动所产生的摩擦损耗来计算的，即：

$$M_1=(Q+CG_1)\mu\frac{d}{2}+Qf \qquad (1.10\text{-}66)$$

式中 $M_1$——辊道稳定运转时的静力矩；

$Q$——在该组辊道上作用的轧件重量（重力），N；对于单独驱动辊道，则为作用在一个辊子上的重量（重力），可根据表1.10-10选取；

$C$——由一台电动机所驱动的辊子数目；

$G_1$——一个辊子的重量（重力），N；

$\mu$——辊子轴承中的摩擦系数，对于滚动轴承 $\mu=0.005$；对于铜瓦轴承，$\mu=0.06\sim0.08$；

$d$——辊子轴颈的直径，m；

$f$——轧件在辊子上的滚动摩擦系数，对于冷轧件，$\mu=0.001$ m；对于热轧件，$\mu=0.0015$ m；对于灼热钢锭，$\mu=0.002$ m。

2. 最大静力矩 $M_{max}$（打滑力矩）

当辊道上移动的轧件遇到阻碍物而突然停止时，驱动辊道的静力矩达到最大值。例如：轧件在移动时碰撞了辊道侧面导板或受到前面轧件或挡板的阻碍，轧件停止移动，而辊子还在转动，辊子与轧件间产生打滑现象。此时，辊子与轧件间的滚动摩擦变成了滑动摩擦，其静力矩达到最大。此最大静力矩 $M_{max}$ 也称打滑力矩，即：

$$M_{max} = (Q + CG_1)\mu \frac{d}{2} + Q\mu_1 \frac{D}{2} \tag{1.10-67}$$

式中　$\mu_1$——辊子在轧件打滑时的摩擦系数，对于热轧件，$\mu_1 = 0.3$；对于冷轧件，$\mu_1 = 0.15 \sim 0.18$；

$D$——辊子直径，m。

**表 1.10-10　作用在一个辊子上的轧件重量(重力)**

| 轧件特性 | | 作用在一个辊子上的轧件重量(重力)/N | 备　注 |
|---|---|---|---|
| 断面面积/mm² | 长度 | | |
| >10000 | <3$t$ | 0.75$G$ | $t$—辊道辊距；<br>$G$—轧件重量(重力)，N |
| >2000 | >3$t$ | 0.5$G$ | |
| >2000 | >4$t$ | 0.3$G$ | |
| 小型型钢和薄带材 | >10$t$ | 三个辊距长度的轧件重量(重力) | |

3．电动机的额定力矩 $M_e$ 和最大力矩 $M_{emax}$

根据式 1.10-47 和式 1.10-48，考虑辊道传动比和效率后，电动机的额定力矩 $M_e$ 和最大力矩 $M_{emax}$ 应满足以下条件：

$$M_e \geqslant \frac{M_1}{i\eta}$$

$$M_{emax} \geqslant \frac{M_{max}}{i\eta}$$

式中　$i$——辊道的传动比；

$\eta$——辊道传动系统的效率。

## (二) 启动工作制辊道电机的驱动力矩计算

1．启动时所需力矩 $M$ 的计算

启动工作制辊道是在加速情况下运送轧件的，除了静力矩 $M_1$ 外，还要考虑辊子和轧件所产生的动力矩 $M_2$，辊道在启动时所需的力矩 $M$ 为

$$M = M_1 + M_2 \tag{1.10-68}$$

动力矩 $M_2$ 的初步计算，可以根据辊道辊子和轧件在加速时的动力矩来计算，即：

$$M_2 = \frac{CGD_1^2 + GD_Q^2}{4}\varepsilon \tag{1.10-69}$$

式中　$GD_1^2$——一个辊子的飞轮力矩，kg·m²；

$GD_Q^2$——直线移动的轧件换算到辊子轴上的飞轮力矩；若假设轧件质量作用在辊子的圆周上：

$$GD_Q^2 = \frac{Q}{g}D^2 \quad \text{kg·m}^2$$

$Q$——该组辊道上作用的轧件重量(重力)，N；

$g$——重力加速度，m/s²；

$D$——辊子直径，m；

$\varepsilon$——辊子的角加速度，如果以轧件的加速度 $a$ 来表示，则 $\varepsilon = \frac{2a}{D}$，1/s²。

动力矩 $M_2$ 如用加速度 $a$ 表达，则

$$M_2=\left(\frac{CGD_1^2+GD_Q^2}{4}\right)\frac{2a}{D}=\frac{CGD_1^2+GD_Q^2}{2D}a \tag{1.10-70}$$

在此应当指出，式 1.10-70 中的加速度 $a$ 是受到一定限制的。如若加速度太大，当轧件惯性力 $T$ 大于辊子与轧件之间的滑动摩擦力 $F$ 时，轧件在辊道启动时只在辊子上打滑而不能向前移动。因此，最大加速度 $a_{\max}$ 应由下式确定，即：

$$F\geqslant T$$

或

$$Q\mu_1\geqslant\frac{Q}{g}a_{\max}$$

则

$$a_{\max}\leqslant\mu_1 g \tag{1.10-71}$$

当 $\mu_1=0.15\sim0.3$ 时，$a_{\max}=1.5\sim3\ \mathrm{m/s^2}$。若把 $a_{\max}=\mu_1 g$ 和 $GD_Q^2=\frac{Q}{g}D^2$ 代入式 1.10-69，则动力距 $M_2$ 为：

$$M_2=\frac{CGD_1^2}{2D}\mu_1 g+Q\mu_1\frac{D}{2} \tag{1.10-72}$$

将式 1.10-66 和式 1.10-72 代入式 1.10-68，可求得辊道的启动力矩 $M$ 为：

$$M=\frac{CGD_1^2}{2D}\mu_1 g+Q\mu_1\frac{D}{2}+(Q+CG_1)\mu\frac{d}{2}+Qf \tag{1.10-73}$$

*2. 初步选择辊道电动机*

根据式 1.10-73 求得的 $M$ 和辊道转速 $n$(r/min)：

$$n=\frac{60v}{\Pi D}$$

按下式初算电动机功率 $N$(kW)：

$$N=\frac{Mn}{975} \tag{1.10-74}$$

*3. 所选电动机启动力矩 $M_q$ 应满足的条件*

当辊道启动时，为保证轧件能在辊道上移动，考虑辊道的传动比 $i$ 和辊道的传动系统的效率 $\eta$ 后，初选电动机启动力矩 $M_q$ 应满足以下条件：

$$M_q\leqslant\frac{M}{i\eta} \tag{1.10-75}$$

*4. 初步选择电动机额定力矩 $M_e$*

根据电动机启动力矩 $M_q$ 与额定力矩 $M_e$ 的比值 $K$，可初步选择电动机额定力矩 $M_e$，即：

$$M_e=\frac{M_q}{K} \tag{1.10-76}$$

式中　$K$——电动机启动力矩 $M_q$ 与额定力矩 $M_e$ 的比值。

初选电机后再按辊道工作特点，进一步对电动机进行验算。

# 第十一章　耐火材料机械设备

耐火材料生产中使用许多机械设备，包括各种破碎、粉碎设备，细磨设备，计量设备，混合设备，成形设备，给料设备，起重运输设备等。本章仅介绍部分耐火材料生产专用机械设备。

## 第一节　耐火材料混合设备

混合设备是将配料称量后的各种成分和不同粒度的配合物料、添加剂、结合剂等混合均匀的设备。针对不同的要求，混合设备还可以用于生产致密并具有一定可塑性的泥料。混合设备的构造、工作原理与操作方法的不同，直接影响到混合泥料的质量。

耐火材料使用的混合设备主要有湿碾机、行星式强制混合机、强力逆流混合机、高速混合机、双锥形混合机、螺旋锥形混合机、HL—混练造粒机等。通常分为预混合设备、混练设备及其他专用混合设备。

### 一、预混合设备

预混合设备是生产各类不定形耐火材料及特殊耐火材料过程中，混合细粉和微量添加剂时所使用的设备，可使细粉和微量添加剂充分混合均匀。常用的预混合设备有螺旋锥形混合机、双锥形混合机及V形混合机等。

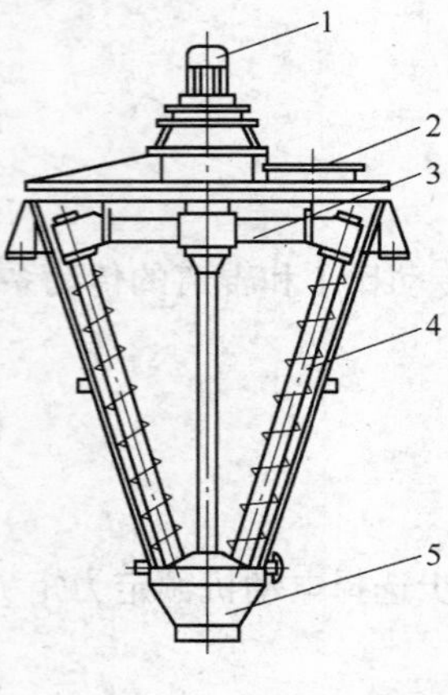

图 1.11-1　螺旋锥形混合机

1—电动机及摆线针轮减速机；2—加料口；3—转臂拉杆；4—螺旋轴；5—卸料阀

#### (一) 螺旋锥形混合机

螺旋锥形混合机结构简单、能耗低、混合均匀，适合于粉料及密度相差小的各种物料的干混合。螺旋锥形混合机有单螺旋、双螺旋、三螺旋等多种，每批次混合量较大、混合均匀度要求较高时可选用双螺旋或三螺旋锥形混合机。螺旋锥形混合机由固定的锥形筒体、螺旋轴和传动装置等部分组成。其结构见图1.11-1。

1. 工作原理

螺旋锥形混合机筒体为倒圆锥形，固定在支架上，操作时筒体不转动。筒体顶盖上有加料口，下部有卸料口，并安装有可启闭的卸料阀。双螺旋形有两根螺旋轴，用转臂拉杆连接，对称安装在靠近筒体内壁处，由传动装置带动，绕筒体内壁做行星慢速公转，通常转速为5 r/min，而螺旋轴快速自转速度约为110 r/min，单螺旋形有一根螺旋轴，非对称安装。传动装置由电动机及摆线针轮减速器组成，安装在顶盖中央。

螺旋锥形混合机为间歇操作的混合设备。将所要混合的各种物料从圆锥形筒体顶部加料口加入，筒体内安装的螺旋轴绕自立轴旋转，并沿筒体内壁做行星式旋转运动，将物料上、下翻动，并随着螺旋轴作行星式旋转，以达到充分的翻动和混拌。混合好的料由下部卸料阀卸出。

2. 主要技术性能

常用螺旋锥形混合机主要技术性能见表1.11-1。

表 1.11-1　常用螺旋锥形混合机主要技术性能

| 技术性能 | 规格 | | | | |
|---|---|---|---|---|---|
| | SLH-0.5 $m^3$ | SLH-1 $m^3$ | SLH-2 $m^3$ | SLH-4 $m^3$ | SLH-6 $m^3$ |
| 装载系数 | 0.5 | 0.6 | 0.6 | 0.5 | 0.5 |
| 物料粒度/mm | 0.8～0.036 | 0.8～0.036 | 0.8～0.036 | 0.8～0.036 | 0.8～0.036 |
| 电机功率/kW | 3.0 | 4.0 | 5.5 | 11/1.5 | 15/1.5 |
| 混合时间/min | 4～8 | 4～8 | 4～8 | 8～12 | 8～12 |
| 公转速度/$r \cdot min^{-1}$ | 5 | 5 | 5 | 2 | 2 |
| 自转速度/$r \cdot min^{-1}$ | 119 | 108 | 108 | 60 | 60 |
| 设备重量/kg | 700 | 1000 | 1200 | 2800 | 3500 |

## (二) 双锥形混合机

双锥形混合机是通过双锥形回转罐体将各种细粉混合均匀的混合设备。适合于混合具有流动性好的干粉物料。如设置套管,还可以对混合物料进行加热和干燥等作业。双锥形混合机由罐体、驱动装置、滑环箱、支撑台和机架组成,其结构见图 1.11-2。

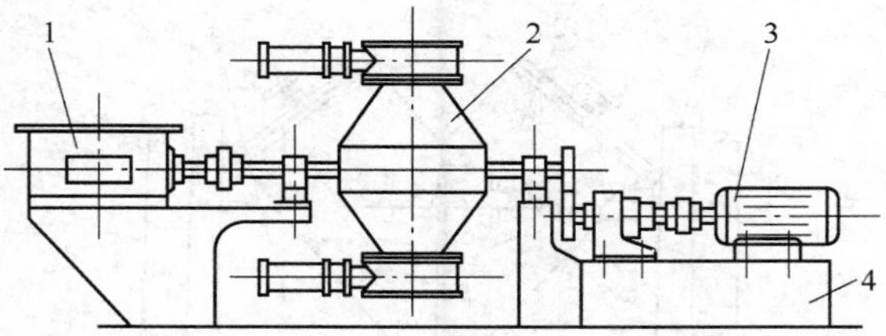


图 1.11-2　双锥形混合机结构示意图

1—滑环箱；2—罐体；3—驱动装置；4—支撑台架

### 1. 工作原理

由电动机、减速机经齿轮传动带动混合罐体转动,工作时将配制好的各种粉料加入到罐体内,通过罐体的回转,使物料靠其重力和离心力反复抛落、下滑而混合均匀,混合好的物料靠自重由排料口卸出。

### 2. 主要技术性能

双锥形混合机主要技术性能见表 1.11-2。

表 1.11-2　双锥形混合机主要技术性能

| 技术性能 | 规格 | | | |
|---|---|---|---|---|
| | HJ-1.2 $m^3$ | HJ-0.5 $m^3$ | HJ-1 $m^3$ | HJ-2.2 $m^3$ |
| 装载系数 | 0.5 | 0.6 | 0.6 | 0.5 |
| 物料粒度/mm | 0.8～0.036 | 0.8～0.036 | 0.8～0.036 | 0.8～0.036 |
| 电机功率/kW | 7.5 | 1.5 | 3.0 | 5.5 |
| 混合时间/min | 4～8 | 4～8 | 4～8 | 4～8 |
| 罐体转速/$r \cdot min^{-1}$ | 2～20 | 3～15 | 3～15 | 3～15 |
| 设备重量/kg | 3300 | 2500 | 3000 | 3400 |

### (三) V形混合机

V形混合机是通过V形回转筒体及搅拌轴高速旋转,使物料不断地聚合、分离,充分混合的设备。V形混合机由筒体、驱动装置、螺旋轴和机架等组成,其结构见图1.11-3。V形混合机主要技术性能见表1.11-3。

表1.11-3　V形混合机主要技术性能

| 技术性能 | 规格 | |
|---|---|---|
| | VI－100 | VI－200 |
| 装载系数 | 0.5 | 0.4 |
| 物料粒度/mm | 0.8～0.036 | 0.8～0.036 |
| 最大装载量/kg | 130 | 250 |
| 电机功率/kW | 1.5/1.5 | 3/3 |
| 筒体转速/$r \cdot min^{-1}$ | 20 | 17 |
| 搅拌轴转速/$r \cdot min^{-1}$ | 600 | 500 |
| 设备重量/kg | 400 | 700 |

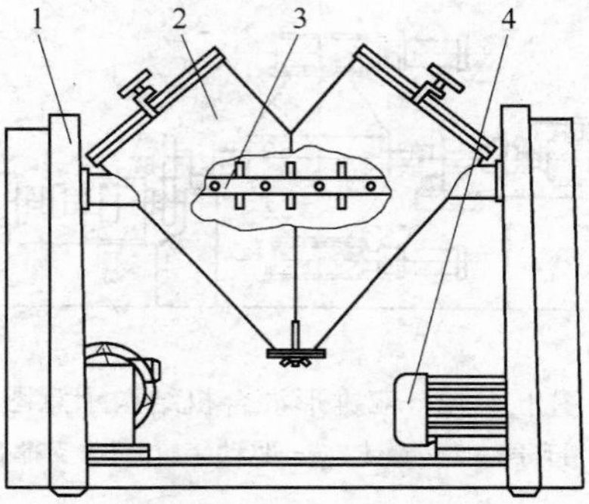


图1.11-3　V形混合机结构示意图
1—支架; 2—筒体; 3—搅拌轴; 4—电动机

## 二、混练设备

混练设备一般分为带碾轮和不带碾轮两种。带碾轮混练设备有湿碾机、行星式强制混合机;不带碾轮混练设备有高速混合机、强力逆流混合机等。

### (一) 湿碾机

1. 工作原理

湿碾机是利用碾轮与碾盘转动对泥料进行碾压、混练及捏合,是间歇式工作的混合设备,结构见图1.11-4和图1.11-5湿碾机可分为轮转式和盘转式两种。小型湿碾机大多为轮转式,而大型湿碾机多为盘转式。盘转式湿碾机靠转盘带动物料旋转,碾轮依靠物料的摩擦绕自身的水平轴旋转,物料受挤压和离心力作用,由碾轮下面向碾盘外缘及碾盘中心滑动,在内外翻料刮板作用下,将物料挡住翻倒在碾轮前下方,不断反复地进行碾压和捏合。待物料达到混合均匀、致密时,由出料装置将物料卸出。

出料方式有两种:边缘出料和中心出料。边缘出料分手动和电动,手动出料是由操纵手轮、传动部分和出料刮板等组成;电动出料装置形式不同,大多采用螺旋式,其结构由出料刮板、出料螺旋及其传动装置等组成。新型湿碾机（SJH-28-Ⅰ、$\phi$2400）采用中心出料，物料混合好后，打开碾盘中心出料门，物料沿出料刮板由中心出料口排出。采用中心出料方式，克服了边缘出料所造成的物料飞溅及出料不干净的缺点。新型湿碾机的碾轮可上、下浮动，减少造成颗粒料的二次破碎；同时装有搅拌装置，搅拌装置的转向与碾盘的转向相反，形成逆流混合，打碎泥料团，改善了混合效果，缩短了混合周期。混合周期与物料品种有关，一般传统制品 8～25 min、新型高档制品 30～40 min。

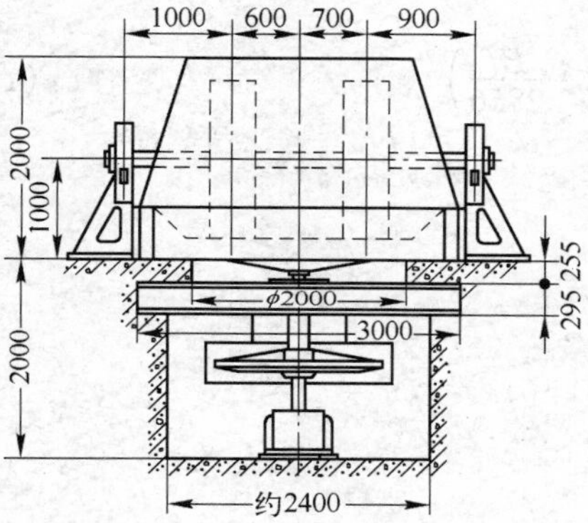


图 1.11-4　湿碾机结构示意图

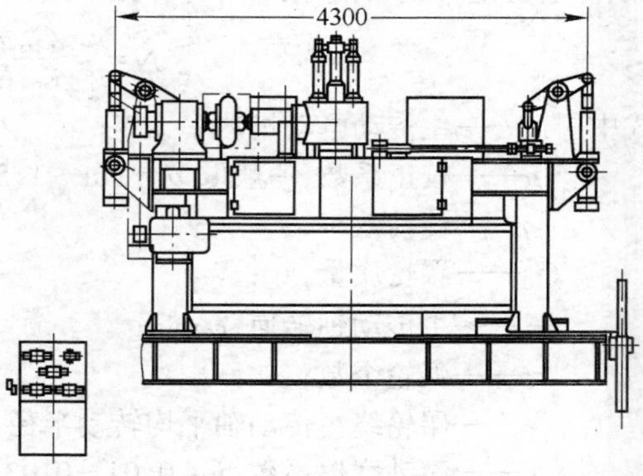


图 1.11-5　新型湿碾机结构示意图

2. 湿碾机的主要参数

生产能力　湿碾机是间歇式作业，效率不高。其生产能力取决于每批物料的最大允许加入量、物料的堆积密度及混合周期，对于不同品种的物料，适宜的混合周期应通过实验确定。产量计算见下式

$$Q = V\gamma t/60 \tag{1.11-1}$$

式中　$Q$——湿碾机产量，t/h；

$V$——每次装入物料的容积，$m^3$；

$\gamma$——物料的堆积密度，$t/m^3$；

$t$——混合周期，$t = t_1 + t_2 + t_3$，$t_1$ 为各种物料及结合剂的加入时间，$t_2$ 为混合时间，$t_3$ 为出料时间，min。

碾盘转速的确定　为了保证物料不至因碾盘的转速过高所产生的离心力而被甩出盘外，碾盘必须有一个适宜的转速。当物料随着碾盘旋转时，物料在径向受离心力和与碾盘之间的摩擦力作用，混合作业时应满足下式：

$$F = Gf \geqslant P_n = m\frac{v^2}{\bar{r}} \tag{1.11-2}$$

式中　$F$——物料与碾盘之间的摩擦力，N；

$G$——物料所受的重力，$G = mg$，N；

$f$——物料与碾盘之间的摩擦系数；

$P_n$——离心力，N；

$m$——物料的质量，kg；

$v$——物料的线速度，$v = \frac{\pi \bar{r} n}{30}$，m/s；

$\bar{r}$——物料距碾盘中心距离，一般取碾轮绕主轴平均转动半径，m。

整理得公式 1.11-3：

$$n \leqslant 30\sqrt{\frac{f}{r}} \tag{1.11-3}$$

式中　$n$——碾盘转速，r/min。

对于硬物料，取 $f=0.3$，对于潮湿物料，取 $f=0.45$。

湿碾机需要的功率　主传动电动机功率主要用来克服碾轮滚动时的摩擦、碾轮滑动时的摩擦、传动装置、轴承的摩擦等。计算见下式：

$$N=\mu\frac{G_0 ni}{1.36\eta}\left(\frac{\bar{r}k}{716R}+\frac{Bf}{2866}\right) \tag{1.11-4}$$

式中　$N$——主传动电动机功率，kW；

$\mu$——校正系数，一般取 $\mu=1.1\sim1.5$；

$\eta$——传动效率；

$G_0$——碾轮质量，kg；

$n$——主传动轴转速，r/min；

$i$——碾轮个数；

$\bar{r}$——碾轮绕主传动轴平均转动半径，m；

$k$——滚动摩擦系数，$k=0.01\sim0.03$；

$R$——碾轮半径，m；

$B$——碾轮宽度，m；

$f$——滑动摩擦系数，$f=0.3\sim0.45$。

碾轮在回转过程中，边缘各点的线速度是相同的。在碾轮宽度方向对应的碾盘各点，因回转半径不同，线速度也不同，因此两者之间存在相对滑动。碾轮愈宽，两者之间的相对滑动愈大，碾轮对物料的剪切力也增大，研磨(碾揉)效果越好。但是，碾轮愈宽、功率消耗也随之增加。

湿碾机主要规格有：SJH-28-Ⅰ、$\phi$2400 mm、$\phi$1600 mm×450 mm、$\phi$1600 mm×400 mm。主要技术性能参数见表 1.11-4。

**表 1.11-4　湿碾机技术性能**

| 湿碾机规格 | | SJH-28-Ⅰ | $\phi$2400 mm | $\phi$1600 mm×450 mm | $\phi$1600 mm×400 mm |
|---|---|---|---|---|---|
| 碾轮直径/mm | | 1400 | 1300 | 1600 | 1600 |
| 碾轮宽度/mm | | 600 | 500 | 450 | 400 |
| 碾轮质量/kg | | 约 3500/个 | 3900/每组 | 4000/个 | 3380/个 |
| 碾盘直径/mm | | $\phi$2800 | $\phi$2400 | $\phi$3140 | $\phi$2600 |
| 碾盘转速/r·min$^{-1}$ | | 10 | 12.5 | 20 | 22.5 |
| 电动机功率 | 主传动装置/kW | 37 | 45 | 40 | 28 |
| | 搅拌装置/kW | 15 | 11 | | |
| | 碾轮提升装置/kW | 液压装置 2.2 | 气动 | | |
| | 润滑油泵/W | 60 | 手动 | | |
| | 螺旋出料/kW | | | 1.1 | 0.8 |
| | 出料刮板/kW | | | 1.1 | 1.1 |

3．湿碾机的操作控制

湿碾机在混料过程中应尽量减少对原有颗粒组成的破坏，碾轮和碾底之间，必须留有足够的间隙，一般 50～80mm（SJH-28-Ⅰ和 $\phi$2400 mm 碾轮可提升，间隙可适当减小）。在运转时应保证泥料能将碾轮托起。间隙过小将导致物料颗粒的破坏，间隙过大会降低泥料捏合的效果。操作时还要适当调整刮板的位置，加高刮板的高度，使泥料能更好地汇集到碾轮下，以强化捏合作用，并减少泥料甩出，达到优质高产的目的。

4．湿碾机的安装、调试

湿碾机主要由碾盘、碾轮、支架、翻料刮板、出料装置、传动装置和外罩等构成。安装时要求碾盘水平，大齿轮的端面跳动、开式齿轮副的侧隙、齿面接触斑点等符合技术要求。碾轮与碾盘面的距离可根据料层厚度用改变垫板厚度进行调整。

设备出厂前要进行空车试验。先人工转动碾盘，检查是否灵活、有无卡阻，然后再开电动机，运转 1 h，要求所有运动部件运转平稳、无碰撞、无异常噪声、轴承温升正常。设备使用前要进行无负荷试车和负荷试车。除做上述检查外，还要检查排料是否畅通、所有密封处有无明显渗漏。负荷试车时间不得少于 2 h。

5．湿碾机的维修

生产过程中要对湿碾机做必要的维护和检修。日常维护以检查润滑情况、密封效果、刮板是否磨损为主，做必要的更换和调整；检修是对小齿轮、小齿轮轴、轴承等部件进行检查、清洗、修理或更换。设备维修期间不得启动电动机。

**（二）行星式强制混合机**

行星式强制混合机是在碾盘内通过悬挂轮、行星铲及侧刮板三者之间的相对运动，使物料得到均匀混合的设备。由机架、碾盘、传动装置、行星齿轮箱、行星铲、悬挂轮、侧刮板、卸料门和扇形出料门等组成。

1．工作原理

由电动机通过皮带轮、减速箱、行星齿轮箱带动悬挂轮、行星铲及侧刮板在碾盘内做顺时针方向公转，侧刮板将混合料推向悬挂轮和行星铲下面，行星铲同时又做逆时针自转，使物料在碾盘内既做水平运动又被垂直翻倒，得到充分的搅拌和捏合。工作中，碾盘不转。根据工艺需要，可以增添加热装置。

该设备具有效率高、能耗低、混合均匀、密封性好、使用方便等特点。可混合干料、半干料、湿料或胶状料，常用于混合镁质制品等泥料。设备组成见图 1.11-6。

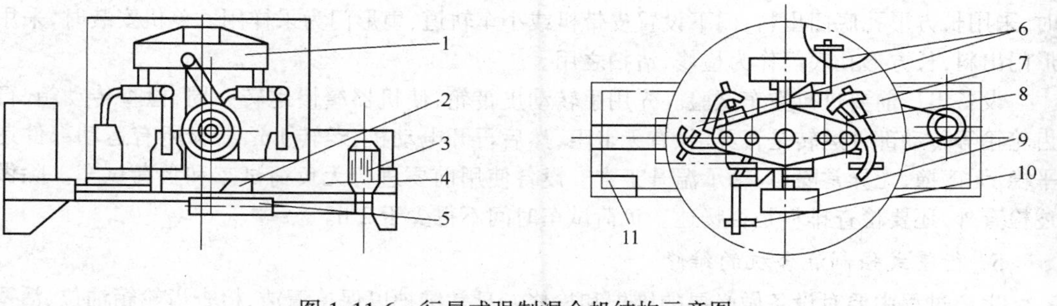


图 1.11-6　行星式强制混合机结构示意图

1—齿轮箱；2—减速箱；3—电动机；4—机架；5—皮带轮；6—卸料门；7—碾盘；8—行星铲；9—悬挂轮；10—侧刮板；11—控制箱

2．行星式强制混合机的主要参数

生产能力：行星式强制混合机的生产能力取决于混合盘的容积及混合周期的长短。产量计算见下式：

$$Q = kV\gamma t/60 \tag{1.11-5}$$

式中　$Q$——混合机产量，t/h；

$k$——填充系数，一般为0.6～0.7；

$V$——混合机容积，$m^3$；

$\gamma$——物料的堆积密度，$t/m^3$；

$t$——混合时间(包括加料、混合和出料时间)，min。

主要参数：行星式强制混合机主要规格有：PZM-750；HN-500；QHX-250。主要技术参数见表1.11-5。

**表 1.11-5　行星式强制混合机主要技术参数**

| 性　能 | 型　号 | | |
|---|---|---|---|
| | PZM-750 | HN-500 | QHX-250 |
| 混合容量/$dm^3$ | 750 | 500 | 250 |
| 每次混合量/kg | 800 | 500 | 300 |
| 混合盘直径×高度/mm×mm | $\phi$2184×352 | $\phi$1800×300 | $\phi$1550×372 |
| 悬挂轮直径/mm | $\phi$600 | $\phi$550 | $\phi$450 |
| 悬挂轮质量/kg | 480 | 450 | 215 |
| 电机功率/kW | 15 | 15 | 7.5 |
| 设备质量/t | 5 | 4.5 | 3 |

3．行星式强制混合机的操作控制

操作人员应在全面了解设备使用方法后，方可进行操作。设备启动前，应确保各窗门、扇形门关闭。只有在设备启动后，才可以加料，以免转动时发生故障损坏部件。加料量根据所混合的物料和使用粘结剂而定。工作过程中发生故障，应立即关闭电源。

4．行星式强制混合机的安装、调试

采用整机安装，将设备安放在预先制成的混凝土基础或钢架上，校平、找正后用螺栓拧紧。设备下面应留有较大的空间，便于底部出料和检修，空间高度一般为1000 mm。多台排列使用时，采用长方形孔底门出料，门下设置皮带机或小车轨道，扇形门为采样用。单机安装时，采用扇形门出料，长方形孔底门作为检修、清扫之用。

设备出厂前要进行空车试验。先用手转动皮带轮，使机器缓慢运转一周，检查传动箱、行星齿轮箱等传动部件运转是否灵活、有无卡阻，然后再开电动机，运转1 h，要求所有运动部件运转平稳、无碰撞、无异常噪声、轴承温升正常。设备使用前要进行无负荷试车和负荷试车。除做上述检查外，还要检查排料是否畅通。负荷试车时间不得少于2 h。

5．行星式强制混合机的维修

生产过程中要对设备做必要的维护和检修。日常维护以保持清洁、检查齿轮箱油位、活塞杆润滑情况等为主；检修是对刮板、悬挂轮轴衬等易损件以及滚动轴承等转动部件进行检查、清洗、修理或更换。设备维修期间不得启动电动机。

### (三) 高速混合机

高速混合机是通过旋转叶片的高速旋转使物料混合均匀的混合设备。高速混合机由混合槽、旋转叶片、传动装置、出料门以及冷却、加热装置等部分组成。

1. 工作原理

由电动机通过胶带轮、减速箱直接带动主轴进行旋转,安装在主轴上具有特殊形状的旋转叶片随之转动,在离心力的作用下,物料沿固定混合槽的锥形壁上升,处于返转运动状态,形成一种旋流运动。对于不同密度的物料易于在短时间内混合均匀,混合效率比一般混合机高一倍以上。参与混合的各种原料及结合剂,由上部入料口投入,混合后的物料由混合槽的侧面卸料口排出。为适应某些物料的混合要求,该设备设有保温套,可以对物料进行冷却、加热和保温。结构见图 1.11-7。

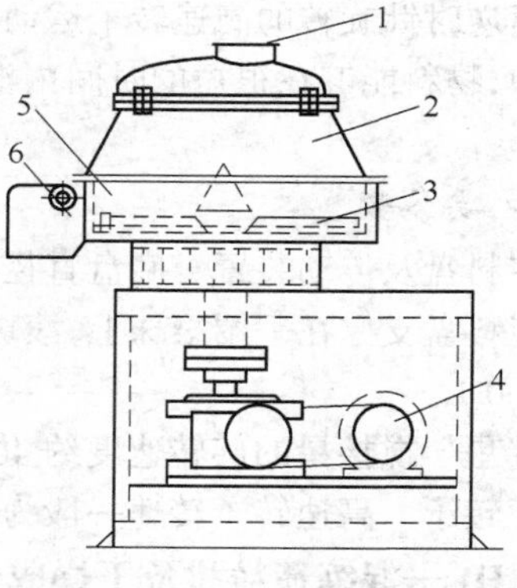


图 1.11-7　高速混合机结构示意图
1—入料口;2—锥形壳体;3—旋转叶片;4—传动装置;5—碾盘;6—出料门

混合槽是由下部空心圆柱体、锥台形壳体和圆球形顶盖等组成的容器。下部空心圆柱体为夹套式结构,由冷却、加热装置向夹套供给冷水或热水,控制物料混合温度。主轴上安装特殊形状的搅拌桨叶,构成旋转叶片。旋转叶片的转速有两种,分别是 60 r/min 和 120 r/min,在工作过程中可以变换速度,从而使物料得到充分的混合。传动装置由电动机、皮带轮及减速机组成。电动机为变级调速型。出料门是安装在混合槽侧面的出料机构,混合好的物料由此排出。开门机构由一套连杆系统组成,由气缸直接带动。冷却、加热装置由冷却水槽、热水槽、冷却和热循环装置等组成。为了保证混合物料的温度,设计了冷、热水量自动调控装置。

2. 高速混合机主要参数

生产能力　高速混合机为间歇式混合设备,其生产能力取决于混合槽容积的大小及混合周期的长短。产量计算可参见公式 1.11-5。其中填充系数 $k$ 一般为 0.4～0.5。

主要参数　常用高速混合机为 600 L,主要技术参数见表 1.11-6。高速混合机不破碎泥料颗粒、混合均匀、混料效率高,能控制混料温度,特别适应混合含石墨及结合剂对温度敏感的泥料。该机已在生产高级含碳耐火材料制品的厂家得到推广。

**表 1.11-6　600L 高速混合机主要技术参数**

| 项　目 | 技术参数 |
|---|---|
| 有效容量 /L | 600 |
| 每次混合量 /kg | 800 |
| 壳体内径 /mm | $\phi$1550 |
| 主传动装置电机 /kW | 40/55 |
| 搅拌机旋转速度 /$r \cdot min^{-1}$ | 60/120 |
| 设备总重 /kg | 8832 |

### (四) 强力逆流混合机

强力逆流混合机是应用逆流相对运动原理使物料反复分散、掺和的混合设备。它由旋转料盘、搅拌星及高速转子、固定刮板、卸料门、液压装置、机架及密封护罩等部分组成。

1．工作原理

在混合机的料盘中，偏心安装搅拌星与高速转子。料盘以低速顺时针方向旋转，连续不断地将物料送入中速逆时针转动的搅拌星的运动轨迹内，借助料盘旋转及刮料板的作用，将物料翻转送入高速逆时针旋转的高速转子运动的轨迹内进行混料。在连续的、逆流相对运动的高强度混练过程中，物料能够在很短的时间内混合均匀一致。通常在 60～120 s 内即可达到所需的混合程度。

2．主要参数

旋转料盘及传动装置　底盘直径为 $\phi$1400～2200 mm，围圈侧壁高一般为料层厚度的 2～3 倍。旋转料盘支撑在一圈滚珠上，滚珠直径为 $\phi$40 mm，用迷宫密封。不同盘径的混练量一般为 500～1500 L。

搅拌星　搅拌星的旋转速度约 40 r/min，旋转直径约为料盘直径的 60%。

高速转子　高速转子转速一般为 400～1200 r/min，圆周速度约为 10～30 m/s。

## 三、HL—混练造粒机及干燥成套设备

混练造粒机及干燥成套设备是用于生产连铸功能材料，即连铸用塞棒、长水口及浸入式水口等的专用设备。

混练造粒机及成套设备包括：对辊碾压机组和石墨分级机、HL 系列混练造粒机、流态化干燥机、等静压机和填充振打机等，其中等静压机内容详见成形设备章节。

### （一）HL 系列混练造粒机

1．工作原理

HL 系列混练造粒机主要由旋转料盘、低速搅拌耙、高速搅拌器、料盘传动器、托挡轮装置、出料装置、减振垫和机架等部分组成。HL 系列混练造粒机运用强力逆流混料原理工作。料盘以低速顺时针方向转动，物料在低速逆时针方向旋转的搅拌耙作用下翻滚，并被送入高速搅拌器运行的轨迹内，高速搅拌器将物料抛起进行充分混合。由于料盘、搅拌耙、高速搅拌器三者之间的逆流、相对运动，使物料在料盘上水平移动，同时也做抛起运动，从而使物料中不同成分，在高频翻腾下充分混合，特别是高速搅拌器以高、中、低不同转速搅拌，使各种原料以骨料为中心，吸附结合剂和各种粉料，形成小颗粒状料。HL 系列混练造粒机结构形式见图 1.11-8。

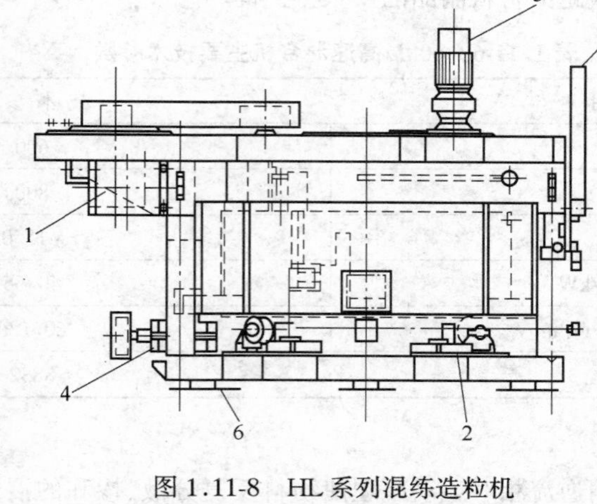


图 1.11-8　HL 系列混练造粒机

1—高速搅拌器；2—托挡轮装置；3—低速搅拌耙；4—碾盘传动装置；5—出料装置；6—减振垫

2．主要性能

主要性能见表 1.11-7。

**表 1.11-7　HL 系列混练造粒机主要参数**

| 参　数 | 型　号 | |
|---|---|---|
| | HL-200 | HL-400 |
| 生产能力/kg·次$^{-1}$ | 200 | 400 |
| 料盘直径/mm | 1500 | 2100 |
| 出料方式 | 中心底门出料 | 中心底门出料 |
| 装机容量 /kW | | |
| 料盘电动机 | 5.5 | 7.5 |
| 高速搅拌机 | 30 | 30 |
| 搅拌耙 | 5.5 | 11 |
| 液压站 | 1.5 | 1.5 |

## （二）流态化干燥床

混合造粒后，配合料中有剩余的挥发分。在制品成形过程中，这些挥发分不仅容易产生裂纹，而且使制品的气孔率明显上升，对制品的质量影响很大。

1．工作原理

流态化干燥床根据流态化原理设计。热风从床层下部吹入，当气流速度达到一定值，并保持床层箅板上、下的压力损失不变，配合料在床层箅板上产生不规则的悬浮运动，这时的配合料就处于流态化状态。配合料与热风进行充分的热交换，驱除挥发分，既不破坏配合料的物理结构又能快速烘干，解决了配合料容易过分干燥或没干透的问题，使连铸用制品原料的质量得到很大提高。流态化干燥床结构形式见图 1.11-9。

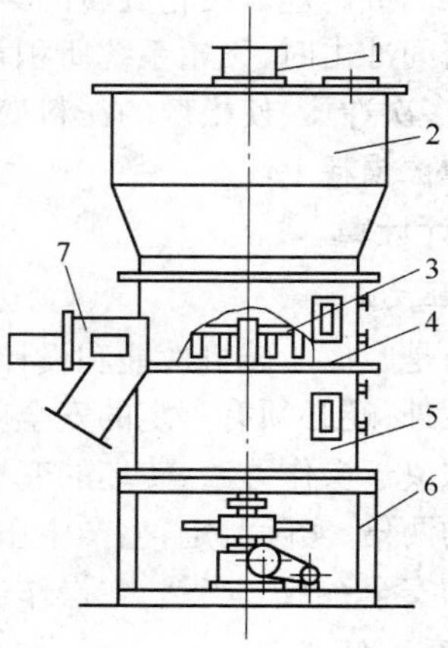


图 1.11-9　流态化干燥床结构形式

1—进料装置；2—干燥室；3—搅拌装置；4—多孔箅板；5—热风室；6—机架；7—出料装置

2．主要性能

液态化干燥床主要规格性能见表 1.11-8。

**表 1.11-8　流态化干燥机规格性能**

| 参　数 | 2.8 m$^2$ 流态化干燥机 | 8 m$^2$ 流态化干燥机 |
|---|---|---|
| 干燥量 /kg·次$^{-1}$ | 200 | 400 |
| 干燥板面积 /m$^2$ | 2.8 | 8 |
| 工作温度 /℃ | 60～90 | 60～90 |

## 第二节　耐火材料成形设备

成形设备是用机械力和模型将泥料加工成规定尺寸和形状的坯体的设备。成形设备应能满足砖坯组织致密和均匀、外型光洁整齐、无夹层及裂纹并且有一定强度。

耐火材料制品的砖型繁多,为适应各种耐火制品成形的需要,耐火材料工业中采用了多种成形设备,主要包括:(1)摩擦压砖机;(2)液压压砖机;(3)等静压机等。

### 一、摩擦压砖机

#### (一)工作原理

摩擦压砖机是采用摩擦传动,以冲击加压方式压制砖坯的成形设备。操作系统一般由一套杠杆机构组成,操作方式有手动和气动两种。摩擦压砖机由机架、传动装置、横轴及摩擦立轮、飞轮、螺旋主轴、滑块、冲头、模框、操作系统及出砖器等组成。机架上的电动机通过三角皮带使上部横轴旋转并带动横轴上的两个摩擦立轮随轴转动。操作杠杆系统可使横轴和摩擦立轮左右窜动,使之交替靠紧飞轮,依靠摩擦力驱动飞轮做正、反两个方向的旋转,与飞轮连接的螺旋主轴,通过固定在机架中心的内螺母的螺旋作用,带动滑块和冲头做上、下往复直线运动,将填充在模框中的泥料压制成砖坯。飞轮旋转的转速因操作方式不同而异,冲头运动速度也随之而变化,当冲头向泥料瞬间冲击时,飞轮系统所积蓄的动能,一部分转换成砖坯的塑性变形能,被砖坯所吸收,经过反复多次冲压,使松散的泥料变成为致密的砖坯;另一部分则消耗在压砖机受力机件的弹性变形及摩擦损耗上。

#### (二)设计计算

1. 公称压力

公称压力是摩擦压砖机性能和设计的主要参数。各零部件在公称压力作用下除必须有足够的强度和刚度外,还必须有一定的安全度。摩擦压砖机的实际压力不等于其公称压力,因为实际压力的大小取决于操作方法、砖坯的变形量及机架等受力部件的刚性等。设计最大打击力一般为公称压力的两倍,实际测定,生产中压机的最大打击力有时超过公称压力的两倍,因此设计时应考虑足够的安全系数。当然,在操作过程中应极力避免过大打击力,以免机器损坏。

2. 确定摩擦轮半径

摩擦轮的半径主要决定于滑块行程及横轴的直径。可按下式初步计算:

$$R = R_0 + S \tag{1.11-6}$$

式中　$R$——摩擦轮半径,cm;

$R_0$——飞轮处于最高位置时飞轮轮缘距摩擦轮中心的距离,cm;其值可实际选取或按下式初步计算:

$$R_0 = 14 + 0.192\sqrt{P} \tag{1.11-7}$$

式中　$P$——压砖机的公称压力,kN;

$S$——滑块的最大行程,cm;可按压砖机所成形的最厚砖型来选取或按下式初步计算:

$$S = 12 + 0.6\sqrt{P} \tag{1.11-8}$$

3. 摩擦轮转速

摩擦轮的转速可按下式初选,然后按电动机及传动系统计算出实际转速:

$$n = 150 + \frac{1898}{\sqrt{P}} \tag{1.11-9}$$

式中　$n$——摩擦轮的转速，r/min。

4．飞轮直径

飞轮的直径愈大，摩擦压砖机的能量及压制力也愈大，飞轮的直径可按下式初选：

$$D_2 = 10 + 2.53\sqrt{P} \tag{1.11-10}$$

式中　$D_2$——飞轮直径，cm。

5．冲击能量

摩擦压砖机工作时产生强烈的冲击压力，使物料受压，所产生的冲击能量由以下3部分组成：

(1) 飞轮和丝杠的旋转运动所产生的动能 $E_1$(N·m)，见下式：

$$E_1 = \frac{1}{2}J_p\omega^2 \tag{1.11-11}$$

式中　$J_p$——飞轮和丝杠的转动惯量之和，kg·m²；

$\omega$——飞轮最大的角速度，1/s；可由飞轮最大转速 $n_1$ 求出，见下式：

$$\omega = \frac{2\pi n_1}{60} = \frac{\pi n_1}{30} \tag{1.11-12}$$

(2) 各运动部件向下做直线运动所产生的动能 $E_2$(N·m)，见下式：

$$E_2 = \frac{1}{2} \times \frac{G}{g}v^2 \tag{1.11-13}$$

式中　$G$——向下做直线运动的飞轮、丝杠、滑块及冲头等部件的总重力，N；

$g$——重力加速度，$g = 9.8\ \mathrm{m/s^2}$；

$v$——丝杠向下运动时的线速度，m/s；如丝杠传动螺纹的导程(升距)为 $s_1$ 时，可按下式计算：

$$v = \frac{s_1 n_1}{60} \tag{1.11-14}$$

式中　$n_1$——飞轮和丝杠的转速，r/min。

(3) 压制开始到压制终了，飞轮、丝杠、滑块及冲头等部件沉降时的势能 $E_3$(N·m)见下式：

$$E_3 = G\delta \tag{1.11-15}$$

式中　$G$——向下运动各部件的总重力，N；

$\delta$——压制时泥料下沉深度，m。

摩擦压砖机总的冲击能量应为上述各能量之和 $E$(N·m)，见下式：

$$E = E_1 + E_2 + E_3 \tag{1.11-16}$$

冲击能量愈大，压制力(成形压力)也愈大。成形压力 $P$ 与冲击能量 $E$(N·m)之间的关系可用下列经验公式计算：

$$E = 0.155p^{3/2} \tag{1.11-17}$$

式中　$p$——成形压力，kN。

另外，还可以按照功能原理求出冲击能量与压制力之间的关系。假如压砖机的全部冲击能量用于压砖，即压砖时压制力所做之功等于冲击能量，见下式：

$$p\delta = E \tag{1.11-18}$$

但是摩擦压砖机的冲击能量不可能全部用于压砖。用于压砖的能量一般占总能量的53%～74%，其余的能量消耗于压机各零部件的弹性变形、机架及其他固定部件吸收的能量等，即

$$p\delta = E\eta_E \text{ 或 } p = \frac{E\eta_E}{\delta} \tag{1.11-19}$$

式中　$\eta_E$——能量效率系数，取 $\eta_E = 0.53 \sim 0.74$；

$\delta$——成形时泥料下沉深度，m。

从上述公式可以看出，当压砖机各部件的尺寸及转速确定之后，其冲击能量是一个常量，成形压力 $p$ 与 $\delta$ 成反比，由于每次加压时的泥料下沉深度不同，其实际的成形压力也就不同。每成形一块砖，开始加压时，泥料下沉深度大，$p$ 值较小；在成形的最后阶段，泥料下沉深度小，$p$ 值就大。

6．电动机功率

计算摩擦压砖机电动机功率时，应当考虑在什么情况下驱动飞轮所需要的扭矩最大。当飞轮由上向下运动时，摩擦压砖机的传动螺纹的导程角（升角）较大，是不自锁的，螺旋副有助于飞轮向下运动，此时飞轮所需要的扭矩较小。当滑块处于最下位置时，飞轮向上运动，螺旋副中的摩擦起阻碍作用，此时驱动飞轮转动所需要的扭矩较大。所以应按后一种情况计算电动机功率。由螺旋运动的原理知道，当飞轮自下而上运行时，螺旋副内的阻力矩 $M_k$(N·m)可按下式计算：

$$M_k = \frac{Gd_2}{2}\tan(\alpha + \rho) \tag{1.11-20}$$

要能带动飞轮向上运动，必须满足下式条件：

$$M_{k1} \geqslant M_k \tag{1.11-21}$$

式中　$M_{k1}$——摩擦轮对飞轮的摩擦力矩，N·m；可按下式计算：

$$M_{k1} = \mu p_B R_M \tag{1.11-22}$$

式中　$\mu$——摩擦轮与飞轮之间的摩擦系数；

$p_B$——摩擦轮对飞轮的压力，N；

$R_M$——飞轮的半径，m。

必须使在摩擦轮上与飞轮接触处的圆周力 $p \geqslant \mu p_B$，将上述公式联系起来推导出下式：

$$pR_M \geqslant \frac{Gd_2}{2}\tan(\alpha + \rho) \tag{1.11-23}$$

为了使传动可靠，不打滑，应满足下式：

$$P = \frac{K_1 K_2 G d_2 \tan(\alpha + \rho)}{2R_M} \tag{1.11-24}$$

式中　$d_2$——丝杠螺纹中径，m；

$G$——丝杠、飞轮和滑块等的重量，N；

$\alpha$——丝杠螺旋线的升角（或导程角），(°)；

$\rho$——丝杠与螺母之间的摩擦角，(°)；

$K_1$——考虑传动可靠的系数，一般可取 $K_1 = 1.25 \sim 1.5$；

$K_2$——考虑滑块与导轨、丝杠下端等处的摩擦阻力矩的系数，一般可取 $K_2 = 1.5 \sim 2$。

要能带动飞轮从下向上运动，摩擦压砖机的电动机功率 $N$(kW)可按下式计算：

$$N = \frac{Pv}{1000\eta} = \frac{K_1 K_2 G d_2 v \tan(\alpha + \rho)}{2000 R_M \eta} \tag{1.11-25}$$

式中　$\eta$——传动效率系数，一般可取 $\eta = 0.8 \sim 0.85$；

$v$——当飞轮处于最低位置时，摩擦轮上与飞轮接触处（飞轮轮缘中点）的切向速度，m/s；

$P$——摩擦轮与飞轮接触处的圆周力，N。

### (三) 安装、维护和操作要点

1. 搬运、库存

在机器搬运和库存期间,应注意机器的机件不得受潮和浸水,以及灰尘对已涂防锈油表面的污染。开箱后应避免机件的长期露天存放。搬动时要注意起吊位置,不得倾斜,更不得倒置。

2. 安装前准备

在安装之前,须将机件和加工表面上涂的防锈油,用浸沾汽油的棉纱清洗,不要把汽油滴在机器的涂漆表面,以免油漆脱落,不得用金属物及砂纸等进行擦拭。清洗洁净后用干净的棉纱擦干,然后再把工作表面涂上润滑油或防锈油。机器开箱后如发现有的机件被弄脏,则必须将该机件拆卸,并经仔细清理后才允许安装。结合现场地质情况设计基础,并按图施工。在安装机架二次浇灌混凝土之前,将地脚螺栓紧固好,并检查水平度,允许误差为0.2/1000。

3. 试车前检查

机器安装后应按"合格证明书"所列各项进行精度检查。在开动机器之前,应进行以下各项检查:

(1) 各润滑部位应加足润滑油;

(2) 必须有可靠的接地装置;

(3) 各运动部位不得放有扳手、钳子之类的物品;

(4) 调整好模板与上冲头间的间隙,防止发生"啃模";

(5) 防压手装置工作正常。

只有在机器经过仔细检查,并确认安全无误后,方可开车试运转,并严格遵守安全操作规程。

4. 安全操作

摩擦压砖机的安全操作规程的主要内容如下:

(1) 操作工人应经过安全教育,取得安全操作证后,方可上机独立操作;

(2) 夜间工作照明的照度不应低于下列值:地面垂直照明的照度不应低于20 lx;工作台面的水平照度为60 lx;

(3) 下模腔中无料严禁开车;

(4) 吊装模具时,必须关闭电动机,滑块停止在上部位置;

(5) 滑块未停前,严禁伸手进入冲头与模框之间;

(6) 工作结束时,在上、下模间垫以木板之类,将滑块放下,关闭电源和气源;

(7) 发生下列情况之一时,要停机检查:

1) 听到设备有不正常的撞击声;

2) 砖坯卡死,顶出机构不动作;

3) 夜间工作照明熄灭;

4) 制动器失灵。

(8) 摩擦轮与飞轮的间隙为5 mm,当摩擦材料磨损后,应调整摩擦轮两侧的螺母予以补偿。

5. 常见故障分析

摩擦压砖机工作时常见的故障及其原因如下:

(1) 滑块起不来或上升较慢,产生的原因有:

1) 飞轮与摩擦轮间隙过大或摩擦轮松动位移;

2) 导轨卡住滑块;

3) 制动器没有脱开或误动作;

4）手动操纵的压砖机，其操纵气缸或气阀、管道漏气，或气源本身气压不足；对中缸没有排气。

（2）滑块在上位停不住，产生的原因有：

1）螺母与螺杆之间的间隙过大；

2）飞轮与摩擦轮间的间隙过大；

3）制动弹簧弱或松动。

（3）打击无力，产生的原因有：

1）摩擦轮过早地脱开飞轮；

2）由于螺栓的拧紧力不足，致使飞轮周边上的摩擦带打滑，压力上不去；

3）导轨别劲或拉毛；

4）气动操纵压砖机，气压不足，对中缸没有排气。

（4）电动机运转异常，产生的原因：由于负载启动（摩擦轮靠紧飞轮）而引起，启动前必须调整两摩擦轮，使之与飞轮处于不接触状态。

6．操作注意事项

摩擦压砖机的操作应注意以下问题：

（1）压砖机进行压制和校正等刚性冲击时，其工作行程不得超过最大行程的65%；

（2）操作中要互相配合，特别注意安全。一般在加料及抹料时最容易压伤工人的手，如压机上装有安全装置，应坚持使用；

（3）压砖时要先轻后重，四角把料，要打到足够的次数，移放砖坯时要轻拿轻放；

（4）要随时检查打出的砖坯尺寸和质量，观察砖坯表面及外形。

与液压压砖机相比，摩擦压砖机结构简单，易于操作和维修，价格便宜，操作工的劳动强度大。检修摩擦压砖机需要起重吊钩吨位及高度，可参考表1.11-9。

**表1.11-9 检修压砖机需要起重机吨位及设计高度**

| 摩擦压砖机型号 | 最重检修部件 | | 吊钩最小高度/mm | |
|---|---|---|---|---|
| | 名称 | 质量/kg | 与立轮横轴中心的最小距离 | 最少起升高度 |
| J67G-200 | 传动装置 | 800 | 1100 | 550 |
| J67G-300 | 传动部分 | 3480 | 1085 | 500 |
| J67-350 | 横轴装配 | 2100 | 1200 | 600 |
| J67-400 | 传动装置 | 2655 | 1300 | 650 |
| JA67-400 | 传动装置 | 2655 | 1300 | 650 |
| J53K-400B | 横轴装配 | 4515 | 1450 | 730 |
| J67-630 | 横轴装配 | 5197 | 1500 | 750 |
| JA69-630 | 横轴装配 | 5197 | 1500 | 750 |
| J93-630 | 横轴装配 | 6488 | 1500 | 750 |
| J93G-630 | 横轴装配 | 6488 | 1620 | 820 |
| T800 | 横轴装配 | 3210 | 1300 | 650 |
| J67-1000 | 传动部分 | 13200 | 1700 | 850 |

续表 1.11-9

| 摩擦压砖机型　号 | 最重检修部件 | | 吊钩最小高度/mm | |
|---|---|---|---|---|
| | 名　称 | 质量/kg | 与立轮横轴中心的最小距离 | 最小起升高度 |
| J93-1000 | 横轴装配 | 13168 | 1750 | 875 |
| JA69-1000 | 传动装置 | 13200 | 1700 | 850 |
| JA69-1600 | 横轴装配 | 14970 | 2000 | 1000 |

注:以上是辽阳锻压机床公司的产品数据。

## 二、液压压砖机

液压压砖机是利用液压压制砖坯的成形设备。压砖生产过程中,从泥料定量、填模到砖坯移送的全过程可以自动控制,能预选多种成形工艺,能连续、自动成形和自动监测砖坯质量。目前应用于耐火材料行业国产液压压砖机,最大吨位为15 000 kN,国外最大有36 000 kN。实际操作压力为公称压力的85%。

### (一) 结构组成

液压压砖机一般由主机、液压传动装置、泥料加料装置、取砖装置、砖坯检测与填料量自动调节装置、砖坯移送装置等组成。图 1.11-10 为液压压砖机组示意图。主机机架结构以四柱式居多,也有两柱式和框架式结构。在框架式结构中若采用高强钢丝预应力缠绕方式,可大大减少设备总重,降低设备的制造成本。主机分上压式和下压式两种,上压式主油缸装于上横梁,柱塞和主滑块连接,上模头固定于主滑块上。上模头在液压作用于柱塞后,产生上、下动作,压制砖坯。下压式主油缸固定于机座上,动作方向和上压式相反。

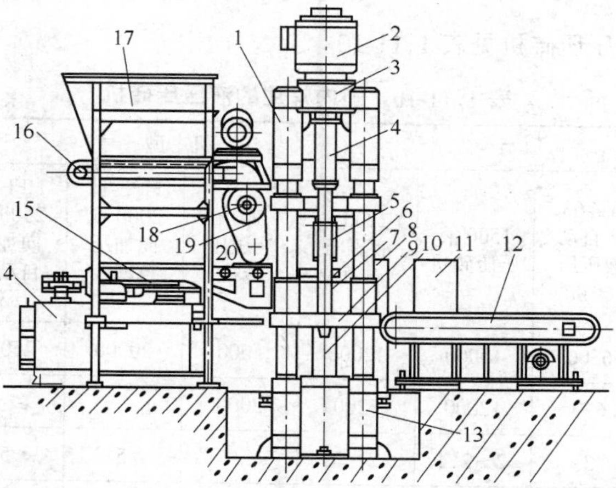


图 1.11-10　液压压砖机组示意图

1—主机上横梁;2—充液油箱;3—主油缸;4—浮动台油缸;5—上模头;6—夹砖器;7—模套;8—砖厚检测装置;9—浮动台;10—下模头;11—控制柜;12—砖坯运输机;13—主机底座;14—液压传动装置;15—送料滑架;16—给料机;17—储料斗;18—搅拌器;19—定量斗;20—进料箱

液压传动装置按照工艺要求动作,主油缸空载时采用重力充液或低压充液回路,合模升压时采用恒功率变量柱塞泵直接传动,施压速度随压力升高而递减,液压控制回路能实现以下功能:压力速度变换、快速卸荷、多次加压、保压和排气调节。

主机中,成形模具有固定模式和移动模式两类,移动模式又有转盘模台和往复移动模台两种。转盘模台模具多,工作效率高,但是装模对位复杂,工作面大,只用于小型砖成形。往复移动式模具分双模和单模两种,双模中两模交替进行压砖、出砖、清模及填料工作。双模可提高工作效率,但缺点是占地面积大。目前固定模式也不在少数,新型的固定模具在固定方法、换模设施方面有较完善的改进,因此仍被普遍采用。

模具普遍采用浮动台方式,压头向模具内泥料加压时,浮动台以1/2的速度反向移动,上下模头以相同的相对速度对泥料上下两面施压,可使砖坯上下密度均匀。

真空脱气装置用于成形排气困难的泥料,采用真空模套。真空模套由刚性金属和橡胶密封罩组成,真空模套用油缸带动升降,使上、下模头都在模套内工作,工作时真空度可达到 -80 kPa,使泥料的成形过程处于真空环境之中。真空系统由水环真空泵和大容积真空罐组成,通过阀组操纵。维护好密封装置和过滤器是抽真空成败的关键。抽真空的好处是减少加压次数,缩短成形周期,避免因砖坯中存在气体滞留而造成层裂。

砖坯检测最常用的方法是测量压制终了时的全模尺寸,即测量模头相对位移量。通过检测放大的位移信号(机械位移、电感位移或光栅位移)发出模头最终位移信号,与设定标准位移相比较,纳入程序控制并输出误差调节量信号。泥料加料分容积定量和质量定量两种。容积定量的填料自动调节系统,能按所测砖坯实际误差值相当的填料量,调节下一块砖的填料深度。对于质量定量来说,采用称量单块砖坯的质量误差信号来调节泥料称量。在原料与压制工艺稳定时,这些自动调节装置能精确控制砖坯密度和厚度。

液压压砖机具有操作安全、劳动强度低、生产效率高以及制品质量稳定等优点。缺点是设备结构复杂,因而投资大,对操作及维护水平要求较高。

### (二) 主要性能

目前国内常用的液压压砖机见表1.11-10。

**表1.11-10　国内常用的液压压砖机**

| 技术性能 | 压机型号 | | | | | | | |
|---|---|---|---|---|---|---|---|---|
| | YZ-63全自动液压压砖机 | 1500液压压砖机 | 1200 t液压压砖机 | 500 t液压压砖机 | HPF-Ⅲ 2000双向加压自动液压机 | HPF-Ⅲ 2500双向加压自动液压机 | HPF-Ⅱ 3200双向加压自动液压机 | HPF-Ⅱ 3500双向加压自动液压机 |
| 压力/kN | 6300 | 15000 | 12000 | 5000 | 20000 | 25000 | 32000 | 35000 |
| 脱模顶力/kN | 670 | 12000 | 1200 | 2000 | | | | |
| 加压次数/次·min$^{-1}$ | 3 | 2~2.4 | 2~3 | | 5 | 5 | 5 | 7.5 |
| 加料深度/mm | 520 | 450 | 300 | 600 | 500 | 500 | 500 | 500 |
| 液压油最大工作压力/MPa | ≤30 | 25 | 56.5 | 25.5 | | | | |
| 最重件/kg | | | | | | | | |
| 总功率/kW | 96 | 130 | 80 | 83.6 | 185 | 210 | 230 | 230 |
| 耗水(0.3 MPa,25℃)/m$^3$·h$^{-1}$ | | 4 | 10 | 3~6 | 3~6 | 3~6 | 2~4 | 2~4 |

续表 1.11-10

| 技术性能 | 压机型号 | | | | | | | |
|---|---|---|---|---|---|---|---|---|
| | YZ-63 全自动液压压砖机 | 1500 液压压砖机 | 1200 t 液压压砖机 | 500 t 液压压砖机 | HPF-Ⅲ 2000 双向加压自动液压机 | HPF-Ⅲ 2500 双向加压自动液压机 | HPF-Ⅱ 3200 双向加压自动液压机 | HPF-Ⅱ 3500 双向加压自动液压机 |
| 压缩空气消耗 (0.6 MPa)/$L\cdot min^{-1}$ | | 1000 | | 500 | 30 | 30 | 30 | 30 |
| 设备总重/t | 43 | 85 | 25 | 34 | 86 | 120 | 135 | 135 |
| 最大压制面积(长×宽)/mm×mm | 930×550 | 800×600 | 650×500 | 1200×1000（工作台面） | | | | |

## 三、等静压机

等静压技术的理论根据是帕斯卡原理。等静压是指在各个方向上对密闭的物料同时施加相等的压力，使其成形。等静压技术一般分为冷等静压和热等静压，目前已有较多耐火材料生产厂应用冷等静压，热等静压在一些研究单位有应用。

冷等静压是在常温下实现等静压制的技术，通常采用液体或弹性体作为传递压力的介质，以橡胶或塑料作为包套模具材料。冷等静压主要用于粉状物料的成形。耐火行业中，总尺寸大、细长比大、形状复杂、难以成形的制品，选用冷等静压技术压制，例如：长水口、浸入式水口、风口砖、整体塞棒等。

等静压成形的最大特点是泥料各部分受压均匀且压力很大，这样得到的坯体密度高且均匀，从而使坯体在烧成过程中的变形和收缩等大为减少，也不会出现一般成形法成形的坯体因密度差产生应力而导致的烧成裂纹。另外，等静压成形的加压操作简单，成形压力调节方便；成形用的橡胶或塑料模具制造方便，成本低廉，可反复使用；泥料中可不用或少用临时结合剂。

### （一）结构组成

冷等静压机主要由高压缸、液压系统、框架、弹性模具、辅助设备和电气操作箱组成。图 1.11-11 为冷等静压机示意图。

冷等静压成形坯体时需将粉料填充在模具中，然后浸入高压缸中加压。模具分两种：一种是自由模式（湿袋法），根据工序的需要，模具可移出高压缸，充填需成形的粉料。另一种模具是固定模式（干袋法），模具固定在高压缸内。自由模式适用于小批量、不同形状制件及大型异型制件。固定模式适用于简单形状大批量生产的制件，便于自动化。目前耐火材料行业都采用自由模式。

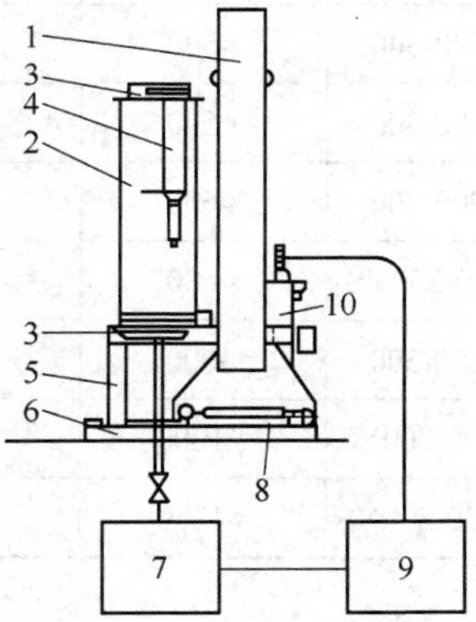

图 1.11-11 冷等静压机示意图

1—绕丝框架；2—绕丝缸；3—密闭缸口的盖；4—液压开盖机构；5—缸体支架；6—钢轨底架；7—液压系统；8—移动框架用液压缸；9—电气装置；10—移动盖和框架用液压系统

由于装料模具浸在液压油（或水）中，难免带入泥料粉粒，尽管油（水）路系统设有过滤装置，也还会堵塞油（水）路和磨损加压泵。为此，可以将固定模式和自由模式两种结构方式结合起来使用，即采用油加压固定模，将充填泥料的自由模置于固定模内，并向固定模内注满水。压力的传递过程为:液压油→固定模→水→自由模→泥料。

可以根据制品的尺寸和所需的压力来选择合适的等静压机作为成形设备。

### (二) 主要技术性能

常用的湿袋式冷等静压机的技术性能见表 1.11-11。

**表 1.11-11　常用湿袋式冷等静压机技术性能**

| 型　　号 | 压力缸尺寸 | | 额定工作压力/MPa | 升压时间/min | 安装功率/kW | 整机外形尺寸（长×宽×高）/mm×mm×mm |
|---|---|---|---|---|---|---|
| | 内径/mm | 有效高度/mm | | | | |
| LDJ100/320-600 | $\phi$100 | 320 | 600 | ≤3 | 11.4 | 1725×2150×1217 |
| LDJ100/320-500 | | | 500 | ≤10 | 5.5 | 1960×1950×1217 |
| LDJ100/320-400 | | | 400 | ≤6 | 6.6 | 2200×1767×1217 |
| LDJ100/320-300 | | | 300 | ≤2 | 2.2 | 1284×1084×1300 |
| LDJ200/600-400 | $\phi$200 | 600 | 400 | ≤5 | 15.1 | 3410×1670×1994 |
| LDJ200/600-300 | | | 300 | ≤5 | 15.1 | 3522×1685×1873 |
| LDJ200/1000-500 | | 1000 | 500 | ≤15 | 18.7 | 4800×1900×2734 |
| LDJ200/1000-300 | | | 300 | ≤5 | 15.1 | 3522×1685×2273 |
| LDJ200/1300-300 | | 1300 | 200 | ≤3.5 | 15.8 | 4800×3540×2610 |
| LDJ200/1500-300 | | 1500 | 300 | ≤8 | 14.15 | 4650×2750×2844 |
| LDJ200/1500-300 | | | 600 | ≤30 | 18.3 | 4745×2230×3370 |
| LDJ320/1000-300 | $\phi$320 | 1000 | 300 | ≤8 | 15.1 | 3890×1685×2754 |
| LDJ320/1250-300 | | 1250 | 300 | ≤10 | 15.1 | 3890×1685×3004 |
| LDJ320/1500-450 | | 1500 | 450 | ≤30 | 22.5 | 5220×2275×3630 |
| LDJ320/2100-250 | | 2100 | 250 | ≤4 | 29.8 | 6500×3700×3750 |
| LDJ320/2300-250 | | 2300 | 180 | ≤15 | 17.4 | 4160×3970×3843 |
| LDJ400/1500-300 | $\phi$400 | 1500 | 300 | ≤10 | 30.8 | 7170×3150×3745 |
| LDJ500/1500-300 | $\phi$500 | 1500 | 300 | ≤15 | 30.8 | 7220×3250×3900 |
| LDJ500/2000-300 | $\phi$500 | 2000 | 300 | ≤20 | 30.8 | 7220×3250×4400 |
| LDJ630/2000-300 | $\phi$630 | 2000 | 300 | ≤20 | 81.4 | 7500×5100×4857 |
| LDJ630/2500-250YS | $\phi$630 | 2500 | 250 | ≤20 | 62.7 | 7400×2100×5357 |
| LDJ800/2500-300 | $\phi$800 | 2500 | 300 | ≤40 | 60 | 10155×3132×6095 |
| LDJ1000/3000-300YS | $\phi$1000 | 3000 | 300 | ≤25 | 129 | 11200×5670×7460 |
| LDJ1250/3000-300YS | $\phi$1250 | 3000 | 300 | ≤20 | 251.8 | 14500×6376×7732 |

## 第三节　高压压球机

随着合成耐火原料采用压球工艺的发展,特别是为了满足耐火原料干法压球工艺的要求,近年来开发了线压力为 110 kN/cm 的高压压球机。

## 一、工作原理

采用高压压球机干法压球时，为了使球坯具有一定的强度和密度，散状细粉在压球前应经过预压装置预压，排出细粉间的空气，再强制挤入对辊咬入区，对辊辊皮上加工有球形凹槽，随着压辊的转动，进入球形凹槽的物料不断压缩，压力不断提高，空气进一步被排出，当两个压辊对应的球槽处于压球机中心线时，物料被最大限度地压实。此时有最大的成形压力，成形压力通常以总压力除以辊皮宽度表示，称之为线压力。被压缩的物料处于压球机中心线以下时，成形压力很快降低直至为零，自动脱出的料块为球坯。

高压压球机主要由预压装置、压球机主体、油压支承系统形成一个机组，见图 1.11-12。

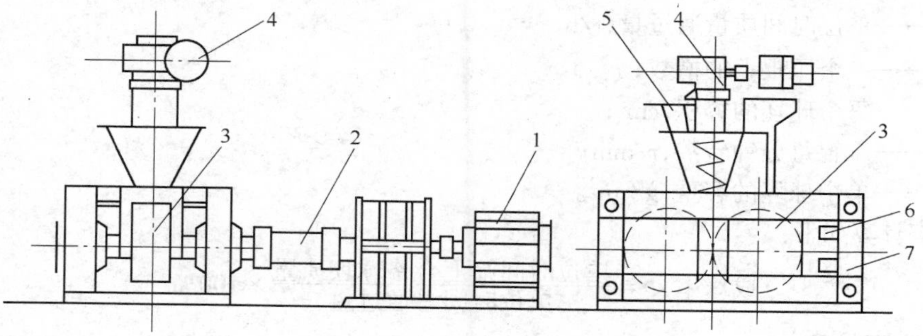


图 1.11-12　高压压球机示意图

1—传动装置；2—联轴器；3—压辊；4—预压装置；5 —进料口；6 —支承油缸；7 —机架

### （一）预压装置

预压装置由两部分组成，一部分是调速电机、联轴器、减速机等传动部分；另一部分是单头或双头螺旋及加料嘴构成的预压装置。其作用是将细粉状物料进行预压缩、脱气、保证供料压力，提高物料容重。

预压装置鉴于以下原因，应设计成可调节的：

(1) 通过预压装置的料量有可能出现大于或小于对辊的需要量，对预压装置进行相应调速，直至达到供料稳定；

(2) 对于不同品种、粒度的粉料，所需的最佳供料容积（或转速）不相同，因此也要求预压传动装置是可以调速的。

### （二）压球机主体

压球机主体由两个相对旋转的带半球槽的压辊、电动机、联轴器、减速机、双出轴联轴器、机架构成。电动机也可以是调速的，常用滑差电机和变频电机，后者多用于大型压球机上。一般高压压球机由于压力很大，对其压辊轴承的选用要加以注意。双出轴联轴器必须具有挠性，以适应压辊移动的要求。两个压辊一个是固定的，另一个是可移动式的，目的是确保压球过程保持恒压，当有硬物进入时可起安全保护作用。为便于球坯易于从球槽中脱出，一般将球槽设计成杏核状，容量为 8～15 $cm^3$。球槽加工采用了精密铸造、机械加工和电化学加工等方法，可以淬火后加工并在出现磨损后再加工。

油压支承系统主要由油箱、油泵、电动机、液压阀门和油缸组成。

高压压球机多应用于难以成形且粒度较细的物料干压成球。高压压球机新开机时成球率很低，在经过一段时间筛下料返回和新料混合使用后，即可保持稳定的成球率。一般成球率可达到 40%～60%。

## 二、主要参数

### (一) 能力计算

高压压球机一般计算压球机的通过量,若计算压球机的球坯产量,则将通过量乘以成球率$\Phi$。

压球机通过量计算见下式:

$$Q_v = 60 iVn \times 10^{-6} \tag{1.11-26}$$

$$Q_w = 60 iVn\gamma \times 10^{-6} \tag{1.11-27}$$

式中 $Q_v$——单位时间容积通过量,$m^3/h$;

$Q_w$——单位时间质量通过量,t/h;

$i$——一个压辊上的槽数;

$V$——每个球坯的容积,$cm^3$;

$n$——压辊每分钟转数,r/min;

$\gamma$——单个球坯的容重,$g/cm^3$。

成球率计算如下:

$$成球率\ \Phi = \frac{单位时间筛上合格球坯质量}{单位时间总通过量} \times 100\% \tag{1.11-28}$$

### (二) 主要性能

高压压球机主要性能见表 1.11-12。

**表 1.11-12 高压压球机主要性能**

| 性 能 | 型 号 | | | | | |
|---|---|---|---|---|---|---|
| | Koppen | GY750－300 | Bepex MS-300 | GY520-150 | YYQD800 | YYQD750 |
| 压辊直径/mm | 750 | 750 | 711 | 520 | 800 | 750 |
| 压辊宽度/mm | 352 | 270 | 280 | 170 | 368 | 327 |
| 压辊转速/$r \cdot min^{-1}$ | 11.3 | 12 | | 11 | | |
| 调速范围/Hz | 5～15 | | 5～25 | | | |
| 球坯容积/$cm^3$ | 6.7 | 8.6 | 6.7 | 8.6 | | |
| 轻烧 MgO 处理量/$t \cdot h^{-1}$ | 8.8 | 7.0 | 6.0 | 3.0 | 4.65 $m^3/h$ | 3.85 $m^3/h$ |
| 轻烧 MgO 球坯产量/$t \cdot h^{-1}$ | 1.5～2.0 | 3.0 | 3.0 | 1.5 | | |
| 比压/$kN \cdot cm^{-1}$ | 110 | 110 | 107 | 88 | | |
| 总压力/kN | 3 872 | 3 000 | 3 000 | 1 500 | 3800 | 3000 |
| 主电机/kW | 250 | 210 | 250(调速) | 55 | 243 | 243 |
| 预压电机/kW | 2×22(调速) | 30(调速) | 30 | 17(调速) | | |
| 设备总重/t | 35 | 30 | 28 | 18.5 | 41 | 40 |

# 第十二章　炉窑机械设备

## 第一节　推钢机和出钢机

推钢机和出钢机是连续加热炉的重要辅助设备，现已定型化和系列化，一般可按照炉子设计条件进行选择。

### 一、推钢机

选择推钢机时，须按照设计要求的推力、推钢速度和行程，并考虑滑道条件、炉子附近情况和推钢机的经济性等因素，选择其形式和规格。

**（一）推钢机的形式**

推钢机按照驱动推杆运动的机构形式分为螺旋式、齿条式、液压式和曲柄连杆式几种。目前，用得最多的是螺旋式和齿条式两种。

1．螺旋式推钢机

螺旋式推钢机的优点是机构简单、结构紧凑，占地面积小，容易制造且设备费用较低；缺点是传动效率低，工作时推杆有震动，推力和推速受到一定限制。因此，一般只在中小型轧钢车间加热炉上采用。

2．齿条式推钢机

齿条式推钢机的优点是推力大、机械传动效率高，推钢速度较螺旋式推钢机为快且工作可靠；缺点是机构复杂、质量大且占地面积大，制造比较困难并设备费用较高。齿条式推钢机一般用于中型轧钢车间加热炉。

3．液压式推钢机

活塞式推钢机具有机构简单、结构紧凑、操作方便、推力大、速度容易控制和占地面积小等优点。但要设置专门的液压站。液压式推钢机适用于大型步进式加热炉向装钢台架推钢用。

4．曲柄连杆式推钢机

曲柄连杆式推钢机主要用于钢坯断面尺寸较小、且长度很长的斜底式加热炉上。特点是采用曲柄连杆传动机构，操作灵活，能适应较频繁的工作制度；沿炉宽方向能排列多根推杆，便于推送长钢坯；其缺点是结构比较复杂、设备外形庞大且设备较重。

### 二、出钢机

**（一）侧出料出钢机**

推钢机将加热好的钢料推到出料位置后，炉头侧面的出钢机推杆伸入炉内，将钢料推到炉外送料辊道或斜台架上。为了使机构简单并能保证机械安全运转，一般出钢机推杆采用摩擦辊传动方式，推力较大时上下摩擦辊同时传动，推力小时只下摩擦辊传动。出钢机推杆采用冷却水冷却。

（1）出钢机的推力一般等于所推出钢料的质量。小型钢坯有可能两根钢料同时掉入出钢槽或过热黏结，推力要按两根钢料考虑。

（2）出钢机的推料速度要满足轧制周期的要求，推料速度一般取 0.5～1.5 m/s。

（3）出钢机的推程应按钢料长度和炉子宽度尺寸来确定。当出料口距轧机第一机架很近或出料炉门外设有专门的出料辊道时,只要保证钢料咬入轧辊或推上出料辊道,推程可不按将钢料全长推出炉外来考虑。

**(二) 钢坯托出机**

当加热炉采用端出料时,一般是推钢机将钢料推到出料端的斜坡上,靠钢料的自重滑出炉外。这种出料方式不需要出料机械,结构简单,只要确定合适的出料斜坡的角度即可。但是对质量较重的板坯来说,靠自重从斜坡滑下对出炉辊道冲击力很大;有时板坯偏斜后又滑不到辊道上,需人工帮助,劳动强度大;板坯从斜坡滑下容易划伤钢坯表面,影响产品质量。目前大型板坯加热炉的出料一般都采用料杆式钢坯托出机出料。料杆式钢坯托出机将料杆伸入炉内后升起,将加热好的钢坯托起移出炉外,然后料杆下降,将板坯放在出炉辊道上。

## 第二节 车底式炉机械

车底式炉机械主要有台车及其牵引装置两大部分。同时为了台车的运行,要在炉内外敷设轨道;在台车入炉的极限位置要设置缓冲器,以保证停车准确并吸收台车的动能,避免撞坏炉子后墙。另外,为了控制炉内的压力,台车与炉体之间的间隙要设置相应的密封装置。

**一、台车**

**(一) 台车的用途**

台车的结构与其配合使用的车底式炉的工艺性质有关。一般常用的车底式炉可分为:

1. 加热炉

用于钢锭、大型钢坯锻压前的加热,炉温较高,可达 1200~1300℃,台车运行操作频繁。

2. 热处理炉

用于轧材、铸、锻件的热处理,炉温一般为 700~1100℃,工艺操作周期较长。

3. 干燥炉

用于铸造砂型和其他物件的干燥,炉温较低,一般为 150~550℃,工艺操作周期从几小时到几十小时不等。这种炉子在工作时,台车的走行部件一般都在炉内。

**(二) 台车车体结构**

台车车体一般为焊接的型钢桁架式结构。对于干燥炉和尺寸较小的热处理炉,车体一般采用单层结构。车体由横梁和纵梁焊接组成。横梁沿台车长度方向等距离排列布置,通常用工字钢制作(两端用等型号槽钢)。贯通车体纵长方向的纵梁为车体的主要受力构件,可以用钢轨或工字钢制作,要保证有足够的强度和刚度。单层结构的车体结构简单、质量轻、容易制作,但车体整体刚性较差。为了增加车架的刚性,可在横梁之间加焊辅助纵梁或用斜撑加强。

对于负荷大的加热炉和热处理炉车体采用双层结构。双层结构是上层排列受力的纵梁和下层排列受力的横梁用工字钢制作,车体下部用钢轨或工字钢作为轨梁,在其下方焊以方钢作为滚轮的踏面。对于大型台车,上下两层分别自成框架而不互相焊接,只用挡块限位,有利于避免上下层变形后相互干扰。较小的台车可以将上下两层焊成整体。双层结构的车架刚性比单层结构的车架好。

**(三) 走行部件**

台车走行部件的形式有车轮式和滚子式两大类。

1. 车轮式

这种台车的走行部件是将成对的车轮安装在台车纵梁下部的轴承上。其特点是结构简单,车子行程不受限制。但轴承润滑受到温度和灰尘破坏时,车轮不能顺利转动,阻力很大。另一种车轮式结构是将一对轮子固定在一根轴上成为轮对,台车运行轨道上放置几个轮对,车体纵梁钢轨踏面直接压在轮对的轴径上使其滚动,大大减少了台车运行的阻力。缺点是台车的行程受轮对数量的限制。同时台车运行过程中因支点位置经常变化而造成车体构件受力不稳定。车对式走行部件多用于干燥炉的台车。

2. 滚子式

滚子式台车走行部件是在台车和轨道之间放置许多滚子,以减少运行时的摩擦阻力。最简单的滚子是用铸铁或铸钢制成的圆球形,台车上的轨道和运行轨道均做成"V"形。这种结构比较简单、容易制造,可以承受重载荷。但是由于滚球不进行机械加工,所以有时轨道与滚球接触不良,滚球放置的间距也难一样,造成台车受力不匀,并在行走时晃动。为了克服滚球的缺点,将滚球改为滚柱并将一个个滚柱用销轴和链板连接成一个链,即滚子链结构。滚子链结构将滚柱用链板约束在一定的间距,滚柱经过加工后几何形状较准确,这样可大大改善台车的受力状况和运动状态。滚柱可以是冷硬铸铁滚柱也可以是铸钢加工的滚柱。

用滚子链的台车,设备质量比车轮式重,车间占地位置大。因其承重量大,运行可靠,台车式加热炉和负荷大的热处理炉、干燥炉都采用这种形式。在台车入炉后,滚子链伸出炉外部分的长度应不小于台车行程的一半。

## 二、台车的牵引

台车的牵引方式,可以用车间起重机牵引,也可用卷扬机牵引、专门装置牵引和自行走行装置。

### (一) 车间起重机牵引

用钢丝绳经过牵引滑轮和变向滑轮,用车间起重机牵引拉动台车进出炉。用车间起重机牵引这种方式最简单,除两套滑轮和钢丝绳外,不需要其他设备。但是要增加车间起重机的作业率,进出炉还需要人工挂钩操作。用车间起重机牵引一般用于操作周期较长、牵引力小于10 t的台车。

### (二) 卷扬机牵引

在某些车间不易用车间起重机牵引的情况下,可以设置卷扬机牵引台车。卷筒钢丝绳上分支与台车的下部连接板联结;卷筒钢丝绳下分支绕过变向张紧轮与台车的下部连接板联结。卷扬机卷筒旋转即可将台车拉出炉外或拖进炉内。这种方式比较简单、安全可靠,但因受滑轮尺寸的限制,牵引力不能太大。

### (三) 专门的牵引装置

在台车下面装有纵向的销齿条,在台车头部下方有与销齿条啮合的带传动的钝齿轮,钝齿轮转动通过销齿条带动台车进出炉。钝齿轮的转动是靠交流电机通过减速装置实现的。

钝齿轮及其传动装置设置在炉门口的地坑内,上面盖有盖板,只有钝齿轮的局部露出盖板外。这种装置特点是操作简单灵活,传动能力较大,适用于大型或操作频繁的台车传动。但是专门的牵引装置设备零部件较多,费用较高;同时台车行程受到销齿条长度的限制,不能超过车体长度。

### (四) 自行式牵引装置

自行式牵引装置是将传动机构设在台车头部的钢架上,通过链条带动车轮使台车行走。由于传动装置设在台车上,结构紧凑,但牵引力受主动车轮轮压的限制,电机需要拖缆供电,操作不很安全。一般只适用于小型低温炉台车。

## 第三节 辊底式炉机械

用于处理板材、合金棒材、合金管材和合金型材的辊底式炉，其炉辊不仅要承受退火高温的影响，炉辊还要承担运行炉料的质量，炉辊工作条件恶劣。用于冷轧薄板连续机组中的卧式热处理炉，由于在炉内运行的钢带有一定的张力，炉辊主要承受退火温度高温的影响。

### 一、常用炉辊的结构

辊底式炉常用炉辊为耐热钢空腹光面辊，辊体为耐热钢离心铸造，辊颈为耐热钢精密铸造，组装后的炉辊应进行动平衡实验。

常用的耐热钢空腹光面辊按是否冷却可分为不带冷却的普通空腹辊和带冷却的空腹辊。冷却方式可为水冷亦可为空气冷却，一般采用水冷。水冷耐热钢空腹光面辊用于炉温在 950℃ 以上的辊底式炉，如热镀锌机组卧式退火炉的无氧化加热段，炉温高达 1100～1150℃，只有采用水冷才能保证耐热钢有较高的高温蠕变应力。冷却水通过旋转接头和位于辊子中心的水管送到炉辊的另一端，经水管和炉辊内腔间螺旋板的间隙返回冷却水进口端排出，冷却水充满炉辊内腔使炉辊充分冷却。

### 二、特殊结构的炉辊

由于常用的耐热钢空腹光面辊是用高 Ni、Cr 合金钢制造的，造价很高，我国是 Ni、Cr 资源较贫乏的国家，为了节约 Ni、Cr 资源，在我国钢铁工业发展初期，辊底式炉炉辊开发了一些特殊结构的炉辊。

(1) 带水冷通轴的炉辊。带水冷通轴的炉辊由水冷轴、辊套、塞头和填充物组成。炉辊的负荷主要靠水冷通轴来承担，腹腔填入的耐热混凝土既起绝热作用，也起承重作用。辊套变形后，负荷通过填充料、支爪传到水冷通轴上。水冷通轴大多采用一端进水、另一端出水的冷却方式，结构简单，效果较好。在相同的使用条件下，带水冷通轴的炉辊辊套与空腹辊相比，耐热钢的等级可降低一些。

(2) 水冷通轴带环的炉辊。水冷通轴带环的炉辊是在水冷通轴上套上几个圆盘，圆盘焊在水冷通轴上，盘间捣打或套以隔热用的耐火材料。为了减少内外表面的温差，在盘间的轴上缠有绝热层。水冷通轴带环的炉辊制造加工简单，可以节省大量的 Ni、Cr 原料，成本约为普通空腹辊的十分之一。这种炉辊可以用在处理板材的辊底式炉，使用的最大问题是隔热材料在高温下容易脱落。

(3) 大盘式炉辊。大盘式炉辊其主轴用碳钢制作，内盘固定在主轴上，外盘用高铝铸铁制造铸成两个半圆形，用螺栓与内盘连接。大盘式炉辊的辊底式炉炉底是架空的，炉辊安装在炉底下面，只是外盘的顶部伸入炉内，外盘顶比炉底高出约 50 mm 左右。相邻两个炉辊的外盘交错布置。采用这种炉棍的辊底式炉只能实现单面加热，在使用上受到了限制，一般用在炉温 1000℃以下厚板的热处理。

除了上述的几种金属炉辊外，还有用碳化硅作辊套的炉辊。辊套分节套在水冷轴上，辊套的一端靠焊在水冷轴上的挡板定位，另一端用弹簧压紧。这种炉辊结构简单，不用耐热合金钢制造，可以用在高温、低速运行处理薄板或其他轻型材料。碳化硅炉辊使用寿命可达半年，在没有冲击力的情况下也有用到一年半左右的，成本约为普通空腹辊的十分之一。

### 三、空腹炉辊及辊套金属材料的选择

按国内辊底式炉多年应用经验，有关资料推荐空腹炉辊及辊套金属材料是：炉温在 750℃ 左

右时用 Cr20Ni10 耐热钢；炉温在 850℃ 左右时用 Cr22Ni14 耐热钢；炉温在 950℃ 左右时用 Cr25Ni20Si2 耐热钢；炉温在 1100℃ 左右时用 Cr28Ni48W5 耐热钢。Cr25Ni20Si2 耐热钢在 600～900℃ 长期使用后有脆化倾向，实践证明其脆化倾向是很严重的，在设计中要充分考虑这一特性。Cr28Ni48W5 耐热钢的室温力学性能并不好，只有在使用温度超过 950℃ 之后，它的良好的力学性能才能显现出来。

此外，含硫气氛对镍有促进腐蚀的作用。据有关资料介绍，在含硫的还原性气氛中与不含硫的氧化气氛中进行比较，Cr25Ni20Si2 的允许使用温度要降低 300℃ 左右，Cr28Ni48W5 也不宜在有微量硫的还原性气氛中使用。

### 四、炉辊传动方式的选择

辊底式炉炉辊传动有单辊传动和分组传动。运行方式有恒速加摆动和可调速运行。传动电机有恒速电机、交流调速电机和直流电机。

炉辊单独传动是一个炉辊配备一个电机。棒材、钢管和厚板热处理的辊底式炉炉辊传动多采用单独传动，一般采用恒速交流电机。

炉辊分组传动是几个炉辊组成一组用一套传动装置进行传动。分组传动有的采用链式传动，有的采用伞齿轮传动。连续机组中的卧式热处理辊底式炉炉辊多采用分组传动，一般采用直流电机或交流变频调速电机。此种炉型最近几年也有采用单独传动形式。

## 第四节　步进式炉机械

### 一、步进梁传动机构

#### （一）步进梁运动轨迹

步进式加热炉中放置钢料的梁分为固定梁和移动的步进梁两部分。移动的步进梁以上升、前进、下降、后退的动作作为一个运动周期，使加热钢料前进一步；反之，移动的步进梁作上升、后退、下降、前进的动作，使加热钢料后退一步。

步进梁的运动轨迹，大致有圆形、椭圆形和矩形三种，目前大多采用矩形运动轨迹。

#### （二）步进梁运动机构的传动方式

步进梁运动的传动机构由升降机构和水平移动机构两部分组成。传动方式可分为机械传动和液压传动两种。

早期的步进机械多用机械传动的方式。由于液压技术的进步，液压传动具有结构紧凑、便于控制、便于调整速度、大大减少步进梁升降过程中的冲击力。现在的步进机械都采用液压传动的方式。

#### （三）对传动机构的要求

1．步进周期时间的调整

为满足不同钢种、不同断面尺寸的钢料在加热炉内停留的时间，需要调整步进周期时间。

机械传动装置采用直流电机时通过调整运行速度来调整步进周期时间，采用交流电机时因电机是恒速的难以调整步进周期时间。

液压传动装置在油压一定时，通过供油量的改变使液压缸运行速度改变，达到调整步进周期时间的目的。油量的改变可以通过变量泵实现也可以通过流量调节阀来实现。另外，也可用步进梁只有升降动作而没有前进动作来延长钢料在炉内的加热时间。

2. 启动、停止和升降中间冲击的减少

在大型步进式加热炉上,为了避免步进梁在托起或放置钢料时产生冲击,采取的措施是在步进梁托起或放置钢料时将运行速度放慢,使钢料平稳地托起或放下。放慢的速度一般为高速运行速度的一半。

减少启动、停止和升降中间的冲击,采取减速和缓冲的具体措施有以下几种:

(1) 液压传动步进梁,用变量泵改变供油量来调整步进梁的运行速度。

(2) 液压传动步进梁,利用步进梁升降的斜面轨道形状控制步进梁的上升和下降的速度。轨道的斜面将恒速直线状轨道根据速度要求加工成特定的折线状轨道。

(3) 液压装置为定量泵的液压传动步进梁,在液压系统内采用换向阀和速度调节阀来控制液压缸的速度。

(4) 机械传动步进梁,用直流电机驱动时,调整电动机的转数来改变步进梁升降速度。

3. 同步要求

由于加热的钢坯有长短料,步进梁式炉的步进梁由多根梁组成,实现长坯单排加热、短坯双排加热。要求加热长坯时两套步进机构要同步动作。

多套步进机构不要求单独动作时,最简单的办法是将多根步进梁安装在一个共同的框架上,用移动框架的方法使步进梁同步。多套步进机构需要各自单独动作时,只有用专门的同步装置来保证同步。

## 二、步进梁的传动装置

### (一) 步进梁的机械传动装置

步进梁用机械传动时,步进梁的升降和水平运动可用一套或分别用两套装置传动。

凸轮杠杆传动装置。凸轮杠杆传动装置是电动机通过减速机驱动一套带凸轮、曲柄摇杆和杠杆组成的传动装置,凸轮接触面是一特定的曲线,凸轮转动时由曲柄摇杆带动步进梁作水平移动和升降运动。凸轮转动一周即为步进梁运动一个周期,步进梁运动轨迹是近似矩形的鼓形轨迹。这种传动装置结构紧凑、简单、投资省、易于制造。主要用于负荷变化小、速度低的步进炉。

螺旋推钢机传动装置。螺旋推钢机传动装置是用两螺旋推钢机作为步进梁的传动装置,一台螺旋推钢机用于水平推动步进梁框架,使步进梁作前进、后退运动;一台螺旋推钢机用于推动步进梁框架下的斜块,使步进梁作上升、下降运动。这种结构操作、维修方便,适用于负荷小的步进炉。

### (二) 步进梁的液压传动装置

步进梁采用液压传动装置时,升降和水平运动分别由单独的液压缸完成。一个液压缸用于水平推动步进梁框架,使步进梁作前进、后退运动;一液压缸用于推动步进梁框架下的斜块,使步进梁作上升、下降运动。液压传动装置具有结构紧凑、便于控制、便于调整速度、大大减少步进梁升降过程中的冲击力。现在的步进机械都采用液压传动的方式。

# 第五节 环形炉炉底机械

环形炉是一种连续生产的加热炉,机械化的炉底围绕炉子中心旋转。坯料由装料炉门装到炉底上,随着炉底的旋转,坯料经过预热、加热和均热后,从出料炉门出料。

## 一、炉底钢结构

炉底钢结构为双层结构,上层钢结构为互相连接的扇形部分组成,可以采用螺栓连接或铆接。下层结构为承重结构,上层结构自由地放置在下层承重钢结构上。上层结构受热时能自由膨胀不影响下层结构。

## 二、支承辊

支承辊底座上有一个斜面,通过调整螺栓可以使底座上的支承辊滑座移动,以便调整环形炉整个环上的所有支承辊的水平度。检修支承辊时,将安装在炉底钢结构下面的一段可拆卸的支承轨转到需检修的支承辊处,调整螺栓将滑座下移,使支承辊脱离支承轨,卸下支承轨将轴挡取下就能将支承辊沿水平方向抽出拆卸。

## 三、定心辊

定心辊与炉底钢结构下面的支承轨侧面接触,作用是使炉底钢结构下面的支承轨定心。定心辊和支承辊安装在同一底座上,定心辊组装后,辊子装配可由调整螺栓作前后移动,检修时可以拆下。定心辊装配中装有压缩弹簧。

## 四、传动机构

环形炉的传动一般分为机械传动和液压传动两种方式。

机械传动由圆锥小齿轮和炉底钢结构下的大齿圈组成。主动的圆锥小齿轮转动时带动大齿圈转动,使环形炉炉底按一定的角速度间断运行。大型环形炉配备3套传动装置(小型环形炉只配备1套传动装置),在设计时只按一套传动装置工作考虑。炉底转角用主令电器控制,便于调节。在采用三台传动装置时,三个主令电器可调整成三种布料角度,在操作室用转换开关选择其中之一的布料角度,即确定了那套传动装置在运转,便于调节布料角度。

液压传动装置主要由液压缸、弹簧推杆、滑座、行程开关及金属底架等组成。液压缸的行程可以调整,由行程开关将弹簧推杆调整到适合于推进下环销轴的一个间距的行程,形成炉底旋转角度,即一个工位,但每次行程调整不得小于一个齿距。采用液压传动装置时,炉底转角的调整只能以最小转角的倍数进行调整。液压传动装置一般只能向一个方向运转,要求炉底逆转时,需要松开弹簧推杆的定位螺栓,将弹簧推杆旋转180°才能使炉底逆转。

# 第二篇　冶金工程电气设计

## 第一章　供　配　电

### 第一节　电力负荷的分级、供电电源的要求

#### 一、电力负荷的分级

电力负荷的分级，主要是按照中断供电后在政治和经济上造成的损失或影响程度来划分的。国标《供配电系统设计规范》GB 50052—95 中做出以下原则性规定。

**（一）一级负荷**

符合下列情况之一者，应为一级负荷：

(1) 中断供电将造成人身伤亡。

(2) 中断供电将在政治和经济上造成重大损失。例如：重大设备损坏、重大产品报废、用重要原料生产的产品大量报废以及国民经济中重点企业的连续生产过程被打乱需要长时间才能恢复等。

(3) 中断供电将影响有重大政治和经济意义的用电单位的正常工作。例如：重要交通枢纽、重要通讯枢纽、重要宾馆、大型体育场馆和经常用于国际活动的大量人员集中的公共场所等用电单位中的重要电力负荷。

在一级负荷中，当中断供电将发生中毒、爆炸和火灾等情况的负荷，以及特别重要场所的不允许中断的供电负荷，应视为特别重要的负荷。

**（二）二级负荷**

符合下列情况之一者，应为二级负荷：

(1) 中断供电将在政治、经济上造成较大损失者。例如：主要设备损坏、大量产品报废、连续生产过程被打乱需较长时间才能恢复以及重点企业大量减产等。

(2) 中断供电将影响重要用电单位的正常工作。例如：交通枢纽、通讯枢纽等用电单位中的重要电力负荷，以及中断供电将造成大型影剧院和大型商场等较多人员集中的重要的公共场所秩序混乱。

**（三）不属于一级和二级负荷者应为三级负荷**

应当指出，上述国标中特别规定了一级负荷中的特别重要负荷。对冶金企业来说，是指正常电源中断时处理安全停产所必需的应急照明、通讯系统和保证安全停产的自动控制装置等。

根据国标分级原则，钢铁企业有关生产车间及公用设施等的负荷分级见表 2.1-1。

**表 2.1-1　电力负荷分级（适用于 50 万 t 及以上的钢铁企业）**

| 项目 | 车间、工段及设备名称 | | 负荷级别 | 说　明 |
|---|---|---|---|---|
| 炼铁系统 | 高炉 | 贮矿槽运料输送带及原料场其他设备 | 三 | 高炉贮矿槽一般有 8～16 h 的贮量，短时停电不会影响高炉生产 |
| | | 高炉装料系统（从贮矿槽至炉顶的装料设备） | 二 | 突然停电后如不能及时恢复，会影响高炉生产 |
| | | 开口机 | 一 | 在高炉即将出铁时突然停风，必须把铁水及时放出，如此时突然断电，会造成铁水灌风口，烧坏风口水套 |
| | | 堵渣机 | 二 | |
| | | 电动泥炮机 | 一 | 正在工作时突然断电，堵不住铁口，造成喷铁喷渣，会产生灼伤事故 |
| | | 出铁场桥式起重机 | 二 | 在高炉故障时为了及时清理出铁场，不允许长时停电 |
| | | 热风炉的各种阀门 | 二 | 每个阀门都有手动机械，故突然停电时对高炉生产影响不大 |
| | | 热风炉助燃风机 | 一特 | 突然停电时，煤气可能倒灌入风机引起爆炸 |
| | | 热工控制装置电源 | 二 | 突然停电后，自动记录仪表停止，将影响对高炉生产的监视和生产 |
| | 碾泥机室 | 碾泥机 | 三 | 碾泥机一般是按一班或两班制生产配备的，停电后不致影响高炉生产 |
| | 修理间 | 机床等 | 三 | 一般是按一班或两班制生产配备的，停电后不致影响高炉生产 |
| | 铸铁机工段 | 铸铁机链条传动和铁水罐倾翻卷扬机 | 一 | 工作时突然断电会造成铁水外溢事故，要求两者之间有电气连锁 |
| | | 桥式起重机 | 三 | |
| | | 铸铁机喷涂料水泵 | 一 | 工作时突然断电会使铁块不能脱模，造成铁水外溢事故 |
| | 高炉鼓风机站 | 电动高炉鼓风机及蒸汽透平鼓风机的用电设备 | 一 | 突然停电后高炉发生“坐”料，会造成铁水灌风口，烧坏风口水套 |
| | | 鼓风机润滑油泵 | 一 | 在鼓风机停车时突然停电，会烧坏鼓风机轴承。当有高位油箱时可为二级 |
| | 水泵站 | 炉体冷却水泵 | 一 | 突然断电会烧坏炉壁、炉壳、风口、渣口和铁口水套等设备，使生产造成重大损失 |
| | | 汽化冷却装置水泵 | 一 | 突然停电后如不能及时恢复，将烧坏被冷却的设备（在采用电动水泵强迫循环时） |
| | | 煤气洗涤水泵 | 一 | 突然停电后如不能及时恢复，会造成煤气中大量灰尘堵塞洗涤塔，甚至迫使高炉停产，并难以恢复正常生产 |
| | | 蒸汽鼓风机站的冷凝水泵 | 一 | |
| | | 蒸汽鼓风机站的循环水泵 | 一 | |
| | 喷煤粉 | 喷煤粉空压机 | 一 | |
| | 电除尘装置 | 电除尘 | 二 | 停电后将使煤气中大量灰尘进入煤气管道 |
| | 排水装置 | 灰泥收集装置 | 二 | 突然停电后如不能及时恢复，将造成耙子被污泥淤住，重新投入运行困难 |

续表 2.1-1

| 项目 | 车间、工段及设备名称 | | 负荷级别 | 说　明 |
|---|---|---|---|---|
| 炼钢系统 | 转炉 | 氧气顶吹转炉上料装置(高位料仓之前) | 三 | 一般高位料仓有大于6～10 h的储量,短时停电不会影响转炉生产 |
| | | 氧气顶吹转炉上料装置(高位料仓到转炉) | 二 | 突然停电将影响转炉的冶炼 |
| | | 吹氧管升降机构 | 一特 | 在吹炼时突然断电,吹氧管提不起来,将会烧坏吹氧管并引起严重爆炸事故 |
| | | 烟罩升降机构 | 一 | 要出钢时突然停电,将影响出钢时间,如电源不能及时恢复,可能造成凝炉事故 |
| | | 氧气顶吹转炉炉体倾动机构、钢水包车和渣罐车 | 一 | 要出钢时突然停电,将影响出钢时间,如电源不能及时恢复,可能造成凝炉事故 |
| | | 废气净化装置引风机(除尘风机) | 一 | 突然停电后如不能及时恢复,转炉废气无法向车间外排出,严重影响炼钢生产甚至引起其他事故 |
| | | 煤气回收风机 | 二 | 突然停电后,将使煤气无法回收,造成浪费 |
| | 电炉 | 炼钢电炉 | | |
| | | 电极升降及倾动机构 | 二 | 突然停电将影响电炉生产 |
| | | 电磁搅拌 | | |
| | 连铸机 | 连铸机传动装置 | 二 | 突然停电时间超过3～4 min,会报废一部分钢水 |
| | 主厂房 | 原料跨(场)桥式起重机 | 二 | 突然停电将影响炼钢生产 |
| | | 兑铁水和铸锭桥式起重机,钢水包车、渣罐车、除尘风机 | 一 | 突然停电后如不能及时恢复,会造成凝包事故。小型企业内的兑铁水桥式起重机和铸锭桥式起重机可为二级 |
| | | 混铁炉倾动装置 | 二 | 突然停电将影响炼钢生产 |
| | | 热工控制装置电源 | 二 | 突然停电后,自动记录仪表停止,将影响对炼钢生产的监视和监察 |
| | | 炉前快速化验室 | 二 | 如果有直读光谱仪,突然停电后不能及时恢复,将影响其工作,并将影响炼钢生产 |
| | 余热锅炉房 | 余热锅炉引风机 | 二 | 突然停电将影响锅炉运行 |
| | | 余热锅炉给水泵 | 二 | 突然停电后如不能及时恢复,将烧坏锅炉 |
| | 辅助车间 | 脱锭、整模工段 | 二 | 停电时间稍长会使钢锭模周转不开,影响炼钢生产 |
| | 水泵站 | 供炉体、吹氧管、烟罩等冷却用的水泵 | 一 | 突然断电会烧坏炉体、吹氧管及烟罩等重要设备 |
| | | 汽化冷却装置水泵 | 一 | 在采用电动水泵强迫循环时,突然断电后如不能及时恢复,将烧坏被冷却的设备 |
| | | 泥浆处理装置 | 二 | |
| 轧钢系统 | 轧钢机 | 初轧机、轨梁轧机、型钢轧机、钢板轧机、钢管轧机、棒线材轧机及冷轧机等的主传动及辅助传动 | 二 | 停电后将大量减产 |
| | | 大型连续钢板轧机 | 一 | 重要装备,建设投资大,停电造成的损失大 |
| | 均热炉 | 均热炉的钳式起重机 | 一或二 | 当夹钳伸入炉内夹钢锭时突然停电,如不能及时恢复,烧坏夹钳 |
| | | 揭盖机、钢锭车 | 二 | 突然停电将影响轧钢生产 |

续表 2.1-1

| 项目 | 车间、工段及设备名称 | | 负荷级别 | 说　明 |
|---|---|---|---|---|
| 轧钢系统 | 加热炉 | 推钢机、出钢机 | 二 | 突然停电将影响轧钢生产 |
| | | 加热炉助燃风机 | 一特 | 烧煤气或烧油的加热炉，突然断电时煤气或油气可能灌入风机引起爆炸 |
| | 其他 | 轧钢电动机的强迫通风 | 二 | 突然停电将影响轧钢生产 |
| | | 酸洗线、剪切线、电镀线 | 二 | 停电后影响产量和质量 |
| | 水泵站 | 加热炉等设备的冷却水泵 | 一 | 突然断电会烧坏加热炉或烧坏设备 |
| | | 烟道排水泵 | 二 | 长时间停电将堵塞烟道 |
| | | 冲铁皮水泵及除鳞高压水泵 | 二 | 停电后影响轧钢生产 |
| | | 汽化装置冷却水泵 | 一 | 在用电动水泵强迫循环时，突然停电后如不能及时恢复，将烧坏被冷却的设备 |
| | | 废酸处理设施 | 二 | 突然停电会造成废液停滞于容器和管道内，有局部性腐蚀 |
| 铁合金系统 | 电炉冶炼车间 | 贮存料仓上料装置 | 一或二 | 根据贮量确定。贮量在数小时以上者为二级 |
| | | 供料料仓上料装置 | 二或三 | 大型电炉供料料仓只作供料缓冲之用，一般为二级。小型电炉供料，可采用倒运措施时，为三级 |
| | | 铁合金电炉 | 二或三 | 停电后影响生产。大型电炉为二级，小型电炉为三级 |
| | | 电极升降机构 | 一 | 突然停电后需提升电极，以防止电极与炉料凝结 |
| | | 压放、夹紧装置 | 二 | 停电后将影响冶炼 |
| | | 电炉旋转装置 | 三 | 一般设备，无特殊要求 |
| | | 电炉冷却水 | 一 | 突然断电会烧坏电炉 |
| | | 浇注间桥式起重机 | 一 | 浇注时突然停电如不能及时恢复，会造成凝包事故 |
| | | 成包间桥式起重机 | 三 | |
| | | 原料间桥式起重机 | 二或三 | 贮存料仓无上料装置时为二级，有上料装置时为三级 |
| | | 电动绞盘 | 三 | |
| | 湿法冶金车间 | 原料加工及原料库桥式起重机 | 三 | 短时停电可利用料仓的贮料 |
| | | 回转窑 | 一特 | 突然停电后窑身不能转动，如不能及时恢复供电，会产生热变形，无法继续生产，当有其他不同电源措施时为二级 |
| | | 浸出及化学处理罐、槽、泵 | 二 | 突然停电后如不能及时恢复时，将无法再启动 |
| | | 电解槽(直流电) | 二 | 停电将引起电积物重溶槽液混淆，严重影响生产 |
| 金属制品系统 | 拉丝间 | 拉丝机及其所属设备 | 二 | 停电后影响生产 |
| | 钢绳间 | 股绳、成绳机及其所属设备 | 二 | 停电后影响生产 |
| | 酸洗间 | 起重机、风机及其所属用电设备 | 二 | 停电后影响生产 |
| | 织网或制钉 | 织网机、制钉机及其所属用电设备 | 二或三 | 一般为二级，如产量很少时为三级 |
| | 电镀 | 电镀机组及其所属用电设备 | 二 | 停电后影响生产 |
| | 电热处理 | 热处理炉及所属用电设备 | 二 | 停电后影响生产 |

续表 2.1-1

| 项目 | 车间、工段及设备名称 | | 负荷级别 | 说明 |
|---|---|---|---|---|
| 金属制品系统 | 热镀 | 加热风机 | 一特 | 使用煤气加热时,突然停电后煤气可能倒灌入风机引起爆炸 |
| | | 收线机 | 二 | 停电后影响生产 |
| | 煤气热处理 | 加热风机 | 一特 | 同热镀间加热风机 |
| | | 收线机 | 二 | 停电后影响生产 |
| 大中型焦化系统 | 备煤 | 贮煤场输送带、破碎机及粉碎机等 | 二 | 配煤槽、配煤塔均有 8～16 h 贮量,长期停电会影响焦炉生产 |
| | 焦炉 | 拦焦机、熄焦机 | 一 | 工作时突然停电,要烧坏推焦杆和熄焦车,即使有措施也不能避免设备无损 |
| | | 交换机 | 一 | 突然停电后,仍需要煤气交换,人工交换困难 |
| | | 装煤车 | 一 | 出焦后停电,空烧炭化室会损坏焦炉炉体 |
| | 筛焦 | 筛焦设备及皮带机 | 二 | 长期停电,焦台堆积影响生产 |
| | 煤气净化 | 煤气鼓风机 | 一 | 停电后影响外供煤气和煤气净化各系统正常生产及产品回收 |
| | | 循环氨水泵 | 一 | 焦炉煤气管上不喷洒氨水,煤气鼓风机就不能运行 |
| | | 冷凝、硫铵、粗苯、脱萘、脱硫的各种泵 | 二 | 停电后需重新开工,费事费时 |
| | 精制 | 精苯各种泵、苯加氢各种泵 | 二 | 长期停电产品损失较大 |
| | | 焦炉洗涤各种泵、工业萘结晶机 | 二 | 突然停电,物料凝固或堵塞管道,蒸馏釜油管内无料,高油将烧坏设备,停电时间过长,重新开工时,清扫管路设备费事费时 |
| | 辅助生产设施 | 生物脱酚各种泵和鼓风机 | 二 | 停电时间稍长,不能供给焦油用水或者引起酚水外排危险大 |
| | | 制冷站 | 二 | 突然停电将影响煤气脱水 |
| 耐火材料系统 | 原料破粉碎 | 皮带机、破粉碎机械、筛分设备 | 三 | 一般情况,不会因短时停电而影响生产 |
| | 煅烧 | 竖窑、回转窑、双膛竖窑 | 二 | 回转窑突然停电,窑体会变形,一定要转动窑身;竖窑停电,窑内原料凝块,恢复生产困难 |
| | | 汽化冷却竖窑的上水泵 | 二 | 竖窑缺水、严重损害冷却管,只能停窑修理 |
| | 烧成 | 隧道窑的鼓风机、排风机 | 二 | 烧窑停电产品报废、恢复生产时间长 |
| 动力设施 | 全厂给排水设施 | 全厂取水泵 | 一或二 | 无贮水池时为一级,有贮水池时为二级 |
| | | 全厂加压泵 | 一 | 突然停电后冷却水将停供,会烧坏设备 |
| | | 净环水泵 | 一或二 | 按供水对象分级 |
| | | 浊环水泵 | 二 | 停电后影响水质和产量 |
| | | 给水净化设施 | 二 | 停电后影响水质 |
| | | 污水处理设施 | 二 | 停电后会造成污染 |
| | | 消防水泵 | 一 | |

续表 2.1-1

| 项目 | 车间、工段及设备名称 | | 负荷级别 | 说 明 |
|---|---|---|---|---|
| 动力设施 | 全厂蒸汽设施 | 煤场 | 三 | |
| | | 锅炉上的上煤系统 | 二 | 停电后煤仓一般能继续供煤约 2 h |
| | | 生产锅炉房 | 一特<br>一或二 | 根据锅炉的容量、使用的燃料或蒸汽用户的重要性而定,大容量锅炉(汽包水容量小)的给水泵为一级。使用煤气或燃油的锅炉引风机,因为突然停电会引起爆炸,故为一特级。供重要用户(如高炉透平鼓风机等)的锅炉给水泵及风机均为一级 |
| | | 采暖锅炉房 | 三 | 根据蒸汽用户确定,一般为三级 |
| | 煤气设施 | 煤气发生炉加煤机和炉体旋转 | 二 | 突然停电后如不能及时恢复,重新投入运行困难 |
| | | 煤气加压机 | 一特 | 突然停电后,煤气管道内出现负压会引起爆炸 |
| | | 煤气加压机油泵 | 一 | 在鼓风机停车时突然断电,会烧坏轴承。当有高位油箱时可为二级 |
| | | 煤气发生站鼓风机 | 一特 | 突然停电后空气管道、发生炉、净化装置会引起爆炸 |
| | 氧气设施 | 氧压机、空压机 | 一或二 | 突然停电后如不能及时恢复,造成工艺过程混乱,难以恢复供氧。供炼钢用的大型制氧机为一级。供铆焊用的小型制氧机为二级 |
| | | 冷却水泵 | 一 | 停电将使压缩机体温急剧上升而烧坏 |
| | | 润滑油泵 | 一 | 氧气机等停车时突然停电,会烧坏轴承。当有高位油箱可为二级 |
| | 空压站 | 空气压缩机 | 二或三 | 全厂性或区域性空压站为二级。供不重要用户的单独空压机为三级 |
| | | 离心式压缩机润滑油泵 | 一 | 压缩机停车时突然停电,会烧坏轴承。当有高位油箱时可为二级 |
| 其他设施 | 机修设施 | | 三 | |
| | 电修设施 | | 三 | |
| | 机车车辆修理设施 | | 三 | |
| | 中心化验室 | | 二 | 对重要化验停电将造成废品 |
| | 电讯间 | | 二 | 无蓄电池设施时为一级 |
| | 计器修理间 | | 三 | |

注:上表内负荷级别中,有些涉及中断供电要引起爆炸等的负荷,列为一特级,即一类负荷中的特别重要负荷,有不少在工艺上已采取措施,能防止爆炸和火灾等情况的发生,则仍可列为一级,例如煤气鼓风机,停电后立即关闭阀门,从而防止管道内出现负压。上表所列一特级负荷不会很全,在具体工程中应根据工艺配置情况并对照规程来确定是否属于一特级,再考虑设置应急电源的容量。

## 二、供电电源的要求

冶金企业各级负荷的供电电源,应按照企业的规模、性质和用电容量,并结合地区电网的供电条件全面地进行考虑。

(1) 一级负荷应由两个独立电源供电。

独立电源是指当一个电源发生故障而停止供电时,另一个电源不应同时受到损坏而能继续供电。例如同时具有下列两个条件的发电厂和变电所的不同母线段均属独立电源：

1）每段母线的电源来自不同的发电机；

2）母线段之间无联系；或虽有联系但在其中一段发生故障时，能自动断开联系，不影响其余母线继续供电。

对大型冶金联合企业，在具备条件时，其一级负荷宜由两个独立电源点供电。独立电源点，是指电源来自不同的地点，在任一电源点因故障而停止供电时，不影响其他电源继续供电。两个发电厂、一个发电厂和一个地区电网或一个电力系统中的两个区域性变电所都属两个独立电源点。从电源的可靠性来说，分别来自不同电源点的供电要比来自同一电源点的两个母线段更为可靠。

（2）一级负荷中特别重要的负荷，除由两个电源供电外，尚应增设应急电源。

应急电源是指不与电网并列运行的独立的电源。为什么在具有两个独立电源或电源点的情况下，还要设置应急电源呢？近年来供电系统的运行实践经验证明，从电网引接两路独立电源加备用自投的供电方式，不能满足一级负荷中特别重要负荷对供电可靠性及连续性的要求。因为发生全部停电的事故，有的是由企业内部故障引起，也有的是由电网故障引起，而地区大电力系统在主网电压上都是并网的，电网内的各种故障，可能引起全部电源进线同时失去电源。当企业有自备电厂时，由于正常情况下电厂与电网也是并列运行的，虽可采用低周解列措施，但根据运行经验，仍不能完全避免全部停电事故的发生。因此用电部门无论从电网取几回路进线，即使取自不同的电源点，也无法得到严格意义上的独立电源。

在具体工程设计中，应尽量减少特别重要负荷的负荷量，工艺专业应尽可能采取非电气的保安措施，例如设置水塔、高位水池、柴油机驱动水泵和蓄势器等。应急电源可根据允许中断供电时间来设置。一般可用柴油发电机、蓄电池和不间断供电装置等。

（3）二级负荷宜由二回线路供电，该两回线路应尽可能引自不同的变压器和母线段。当取得两回路有困难时，允许由一回专用线路供电。

（4）三级负荷对供电无特殊要求，一般按其容量大小来决定。

## 三、应急电源的配置

应急电源类型的选择，应根据一级负荷中特别重要负荷的容量、允许中断供电的时间、要求的电源是交流还是直流等条件来进行。

### （一）蓄电池装置

蓄电池装置用于允许停电时间为毫秒级，且容量不大又要求直流电源的特别重要负荷。

### （二）静止型不间断供电装置（UPS、EPS）

UPS、EPS 用于允许停电时间为毫秒级，且容量不大又要求交流电源的特别重要负荷。

### （三）机械贮能电机型不间断供电装置

机械贮能电机型不间断供电装置用于允许停电时间为毫秒级，需要驱动电动机且启动电流冲击负荷较大的特别重要负荷。

### （四）快速启动的柴油发电机组

快速启动的柴油发电机组用于允许停电时间为 15 s 以上的，需要驱动电动机且启动电流冲击负荷较大的特别重要负荷（一般快速自启动的发电机组自启动时间为 10 s 左右）。

大型企业中，往往同时使用几种类型的应急电源，以适应不同特别重要负荷的需要。应急电源的工作时间，应按生产技术上要求的停车时间考虑，当与自动启动的发电机组配合使用时，不宜少于 10 min。

## 第二节　供配电电压和供配电系统

### 一、供配电电压的选择

冶金企业供电电源电压的选择应根据用电负荷大小、电源点至企业的距离以及地区电网可能提供的电压等因素来确定。一般常用的供电电源电压为：用电负荷很大的企业，用 220 kV 或 110 kV；用电负荷较小的企业，用 110 kV 或 35 kV；当由区域变电所的配电母线或由发电机母线直配时，则取决于区域变电所配电母线或发电机母线的电压。

冶金企业配电电压的选择应根据厂区范围的大小、车间用电负荷的大小以及用电设备的电压等级等因素，经过技术经济比较来确定。对于厂区范围不大，总用电负荷也不大的企业，配电电压一般采用 10 kV；厂区范围大的大型企业，或厂区较分散而各区负荷又较集中的企业，可考虑采用 35 kV 或 110 kV 作为一次配电电压，向各区变电所（例如焦化区、烧结区、炼铁区、炼钢区、轧钢区等）供电。此时，对单体大容量的用电设备，例如电弧炼钢炉、钢包精炼炉、铁合金电炉的炉用变压器和大容量轧钢机主传动用整流变压器的供电，其一次侧电压均可选用 35 kV。各区变电所仍可按 10 kV 负荷的大小采用 10 kV 作为二次配电电压。

目前为什么不推荐 6 kV 作为配电电压呢？因为同一开断电流的断路器，用在 10 kV 可开断较大的短路容量，这点是主要的理由；此外在投资方面，6 kV 或 10 kV 的配电变压器和开关柜的价格大致相同，对于容量相同的电动机和截面相同的电缆，10 kV 的价格虽较 6 kV 略高，但相同截面的电缆，用 10 kV 的输送容量大大增加，总的投资还是节省的，而且线路的电力损耗也小。因此，对于新建企业，宜采用 10 kV 配电电压。只是在已采用 6 kV 配电的老企业改扩建时，才可考虑维持 6 kV 配电电压。

### 二、供配电系统的构成

冶金企业的供配电系统由企业的总降压变电所、自备电厂（如有的话）、配电所、车间变电所以及厂区配电线路构成。

#### （一）总降压变电所

将来自电力系统的高电压降压成企业配电电压的设施。总降压变电所位置选择的原则应为：靠近负荷中心，进出线方便，大型变压器运输方便，地质和地形较好，处在污秽和多尘污秽源的上风向，远离易燃、易爆或剧烈振动的场所，并有扩建余地。总降压变电所设计成独立式，其构筑物主要包括高压配电装置、主变压器装置、主控制室及其他辅助间等。

高压配电装置可设计成屋外式或屋内式，要根据周围的环境条件决定。主变压器一般为室外安装，在空气污秽地区，主变压器的外绝缘要加强。如用地面积受到限制或在严重污秽地区，对于一次电压为 35 kV 或 110 kV 的主变压器也可设计成室内安装。主控制室是全变电所的控制和监视中心，要位于运行方便、操作电缆最短和便于观察屋内外主要设备的地方，尽可能有良好的朝向。

#### （二）自备电厂

冶金企业生产过程中产生的多余煤气或余热，通过技术经济比较认为合理时，可建自备电厂加以综合利用。自备电厂的规模需根据企业蒸汽和电力的需要量和实际可供利用的煤气、热能的数量确定。

自备电厂的厂址选择要尽量靠近剩余煤气和余热源，也要靠近水源以降低运行费用。自备电厂发电量应就地应用，因而宜设置在尽可能靠近用电负荷大的用户。自备电厂必须与电力系统并网运行,因为发电机只能带基本稳定负荷,而孤立运行的发电机不能承受大的冲击负荷。此外,孤立运行的发电机很难在高效率状态下运行。

### (三)配电所

自电力系统或企业总降压变电所受电,以相同电压向厂区各用户配电的设施。配电所的位置应尽量靠近负荷中心,要考虑进出线的方便并留有扩建的可能性。配电所一般设计成独立式,其结构包括高压配电装置、控制室及其他辅助间。如为方便生产而在技术经济上又合理时,也可附设在用电负荷集中的某一车间旁,并兼作该车间的车间变电所。

### (四)车间变电所

将来自总降压变电所或配电所较高的配电电压,降至车间用电设备所需电压的设施。车间变电所的位置尽量接近大容量用电设备,要考虑进出线方便并不妨碍车间的发展。车间变电所一般由高压配电装置、配电变压器和低压配电设备等组成。高低压配电装置多采用屋内式成套装置。配电变压器采用屋内式或屋外式,要根据环境条件及变压器型式确定。变压器一般采用油浸式,但为满足防火要求时,也可采用干式变压器。

车间变电所的结构有外附式、内附式、车间内部式、独立式和预装式等。外附式设置在车间外墙外侧,变压器室门向户外开启,适用于车间的主要负荷在厂房边沿,或虽在厂房中间但其周围或外墙内无法设置变配电装置的情况。内附式设置在车间外墙内侧,变压器室门向户外开启。适用于车间的主要负荷在车间的边缘,或虽在厂房中间但外墙内允许设置变配电装置的情况。车间内部式设置在厂房中间,变压器室门开向车间内,适用于负荷大的多跨厂房且厂房中间允许设置变配电设备的情况。独立式为一独立建筑物,适用于对几个车间的供电,其负荷中心不在某个车间,或由于防爆原因不能建成车间内附式或外附式变配电设备的情况。预装式为由制造厂成套供货的独立箱式变电所,可直接放置在户外或车间内部,不需要建筑物。

### (五)厂区配电线路

配电线路是将电能从总降压变电所或自备电厂输送到车间变电所,再从车间变电所输送到厂区各用户的设施。厂区配电线路有架空线路、电缆线路和大电流母干线三种。

架空线路的导线一般采用铜绞线、铝绞线或钢芯铝绞线,杆塔采用钢筋混凝土电杆或铁塔。架空线路投资省,材料易解决,但线路走廊占地多,易受气象及环境污染的影响,且阻抗压降大,目前在厂区内极少采用。

电缆线路的敷设方式有直接埋设在地下土沟内、架设在电缆沟内或电缆隧道的支架上、穿在混凝土或塑料管组中和排列在架空电缆通廊或栈桥的桥架上。电缆线路投资较大,但可靠性高,阻抗压降小。在选择电缆敷设方式时,应首先考虑采用直埋的可能性,因为直埋施工最简单,投资最省,电缆的散热条件最好,但同一土沟内埋设的电力电缆不宜超过 6 根。当电缆线路与地下管网交叉不多,地下水位较低,且无金属液体、高温介质溢出的地区,同一路径电缆根数在 15 根以下时,可采用电缆沟敷设。当同一路径电缆根数超过 15 根时,可采用电缆隧道敷设,但造价最高。当电缆根数不多,而与铁路、道路交叉较多,路径拥挤,或有金属液体等高温介质可能溢出的地区,可采用混凝土或塑料管组,这种敷设方式施工复杂,敷设、检修和更换不便,且散热最差,一般不推荐采用。当同一路径有大量电缆,与地下各种管道交叉很多,用电缆隧道难以通过时,可采用架空电缆通道或沿其他管道栈桥架设,施工较方便,便于维修,但电缆易受火灾、工艺管道泄漏及检修的影响。当前冶金企业厂区内一般都采用上述各种敷设方式的电缆线路。

大电流母干线是用槽形或菱形母线架设在母线通道的支架上。母线通道可设在地下或地上,一般只在电压为 6~10 kV,且负荷集中的场合下采用,该方式母线造价低、输送容量大,减少了高压配电装置的数量，但母线通道造价高、阻抗压降大、可靠性比电缆低，一般不推荐采用。

无论采用哪一种配电线路，在选择路径时，需在总平面图上合理选择路由，原则上路径越短越好，以降低造价。

## 三、电源系统接线

冶金企业的电源线一般为专用线路，企业设有自己的总降压变电所。全企业尽可能设一座总降压变电所，这样可以节省投资、管理集中、运行费用低。但如全企业的电力负荷很大，总图布置上又较分散，或布置成狭长形，则应进行技术经济比较，也可设置两座或多座总降压变电所。

电源系统接线结合企业实际情况，会有多种方式，表 2.1-2 列出几种常见的方式。

**表 2.1-2　电源系统接线（放射式接线）**

<table>
<tr><th>接线图</th><th>简要说明</th></tr>
<tr><td>(1) 一回电源线路和一台变压器接线<br>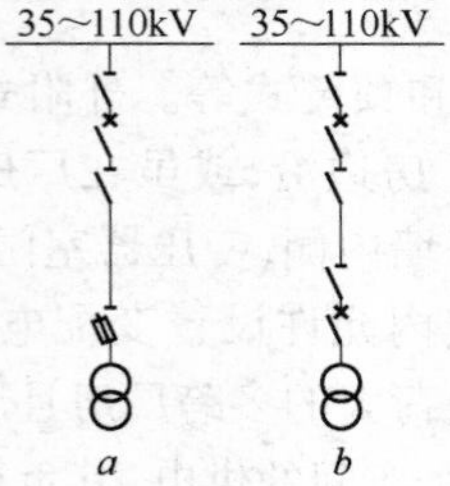
</td><td>对于系统短路容量较小的(35～110 kV)不太重要的小型变电所。当高压熔断器参数能满足要求时，可采用变压器一次侧装设高压熔断器的接线(图 a)。但在设计上仍应考虑到扩建或改建的可能性<br>当由于操作或继电保护等要求时，变压器一次侧装设断路器(图 b)</td></tr>
<tr><td>(2) 具有两回电源线路和两台变压器的内桥接线<br>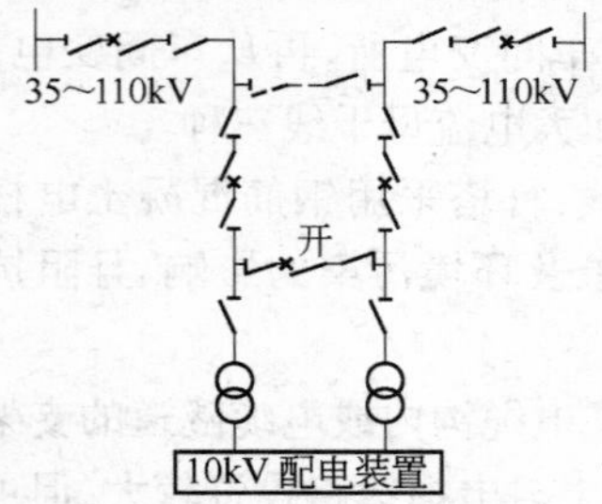
</td><td>当电源线路较长(线路的故障机会较多)或不需要经常切断变压器时采用内桥接线<br>当桥接断路器是合闸运行时，任何一回电源线路故障，继电保护装置将其相应的断路器断开，并不影响所有变压器的正常运行。当桥接断路器是断开运行时。一回电源线路故障，可采用自动投入装置将桥接断路器合闸，使接于故障线路的变压器继续运行<br>为了在抢修线路断路器时保证不中断线路的供电，可在线路断路器的外侧增设带两组隔离开关(考虑隔离开关本身检修)的跨条，如图中虚线所示。适用于对一、二级负荷供电和以后不发展的变电所</td></tr>
<tr><td>(3) 具有两回电源线路和两台变压器的外桥接线<br>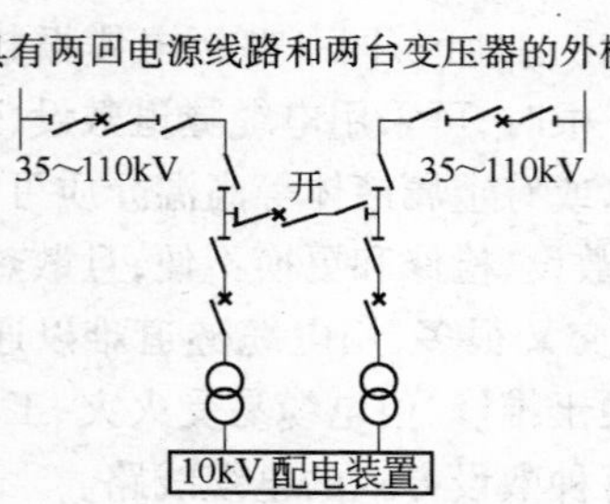
</td><td>当供电线较短或需要经常切断变压器(例如由于负荷昼夜变化相当大)时，一般采用外桥接线<br>当一路电源线路发生故障时，短时间内(操作开关所需时间)停止对相应一台变压器的供电<br>当操作无要求时，桥接断路器也可采用隔离开关<br>适用于对一、二级负荷供电和以后不发展的变电所</td></tr>
</table>

续表 2.1-2

| 接 线 图 | 简 要 说 明 |
|---|---|
| (4) 具有两回电源线路和三台变压器的内扩大桥接线 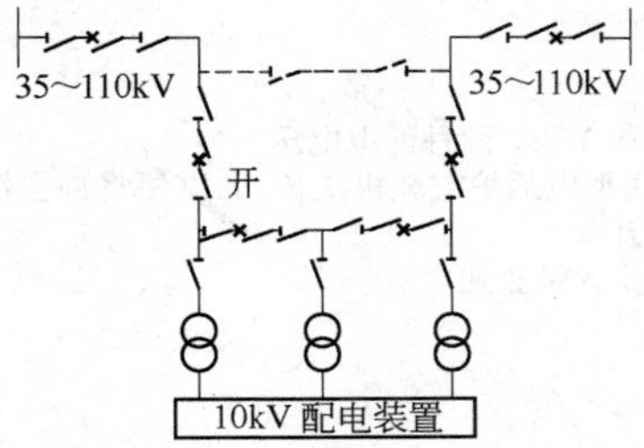  | 采用本接线的条件和运行情况与图(2)说明相同<br>适用于对各级负荷既集中容量又很大且需要装设三台变压器的变电所和以后不发展的变电所 |
| (5) 具有两回电源线路和三台变压器的外扩大桥接线 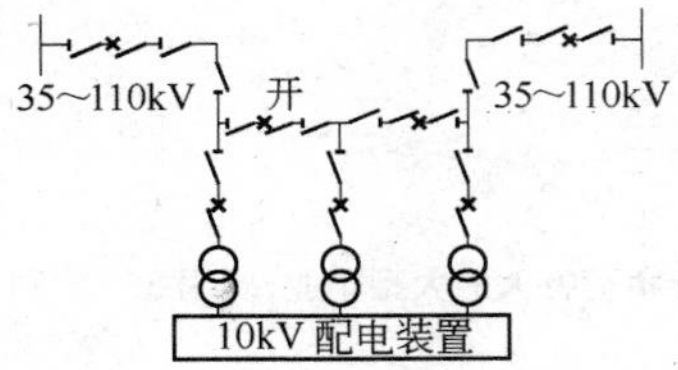  | 采用本接线的条件和运行情况与图(3)说明相同。但桥接方式在任何情况均应采用断路器<br>适用于对各级负荷既集中容量又很大且需要装设三台变压器的变电所和以后不发展的变电所 |
| (6) 单母线分段接线 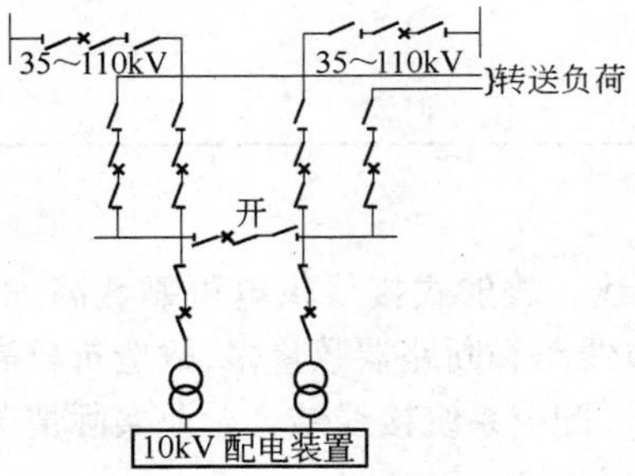  | 具有两回路电源线路，一、二回转送线路和两台变压器的变电所，一般采用单母线分段接线<br>母线检修时，接在该母线上的电源线路和馈出线路均要停止运行。因此对重要用户应由两段母线分别供电<br>本接线适用于大、中型企业 |
| (7) 双母线接线 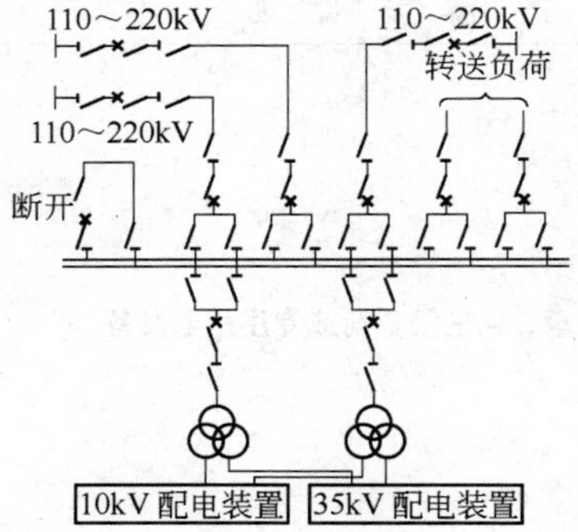  | 具有 110～220 kV 转送线路、两台三绕组变压器，有 10 kV 和 35 kV 两种配电电压 |

续表 2.1-2

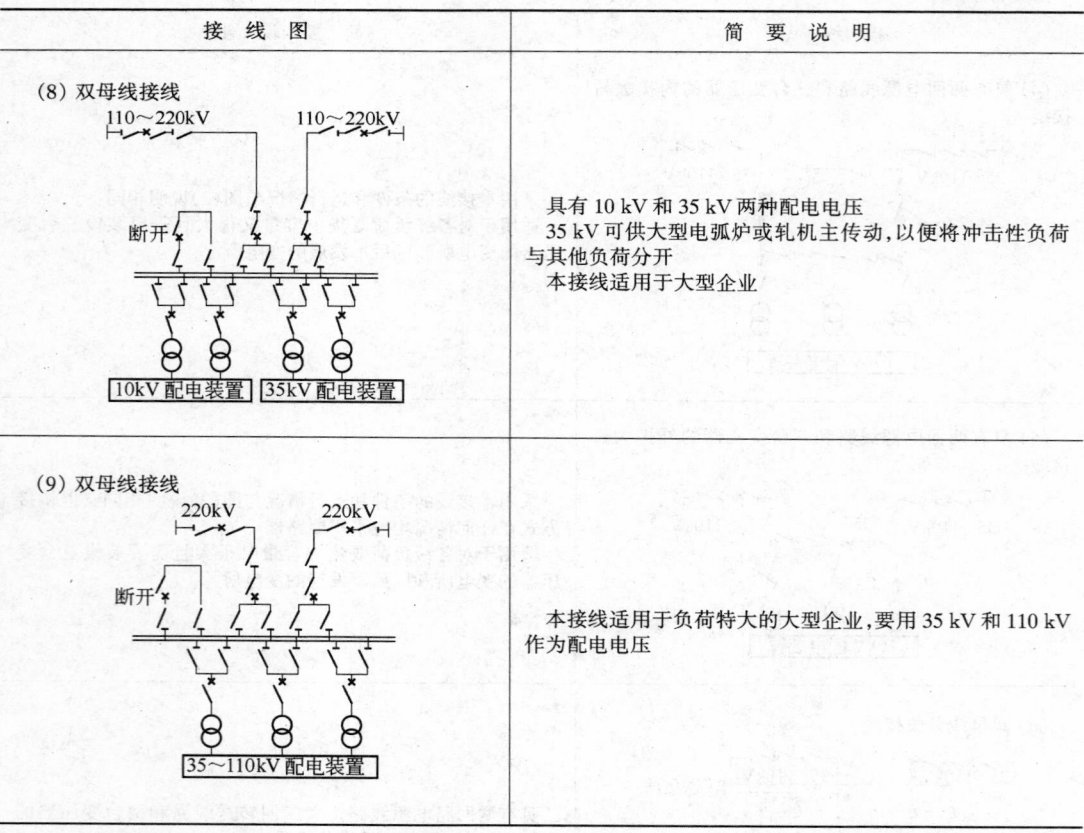

| 接线图 | 简要说明 |
| --- | --- |
| (8) 双母线接线<br>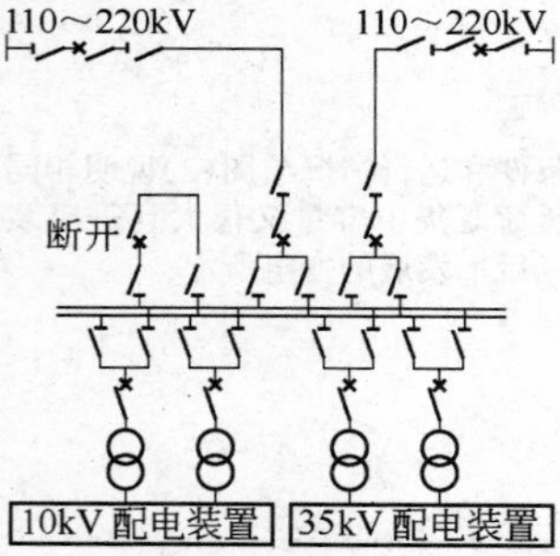 | 具有 10 kV 和 35 kV 两种配电电压<br>35 kV 可供大型电弧炉或轧机主传动，以便将冲击性负荷与其他负荷分开<br>本接线适用于大型企业 |
| (9) 双母线接线<br>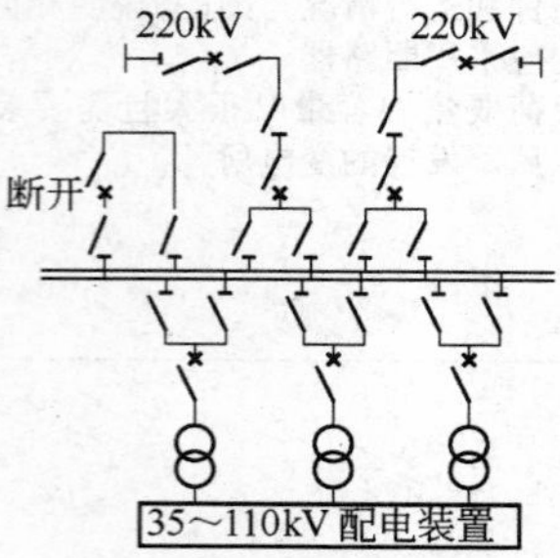 | 本接线适用于负荷特大的大型企业，要用 35 kV 和 110 kV 作为配电电压 |

## 四、配电系统接线

冶金企业的配电系统一般都采用放射式和树干式接线。放射式接线供电可靠性高、故障发生后影响范围较小、切换操作方便、保护简单，但需要配电线路和断路器数量多，故造价较高。树干式投资省，但供电可靠性低，故障发生后影响范围较大。配电系统接线结合企业实际情况会有多种方式，表 2.1-3 列出几种常见的方式。

**表 2.1-3　配电系统接线**

| 项目 | 接线图 | 简要说明 |
| --- | --- | --- |
| 放射式接线 | (1) 10～35 kV 单回路放射式<br>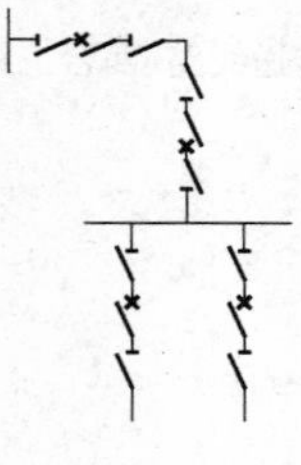 | 一般用于小容量、二、三级负荷或专用用电设备 |

续表 2.1-3

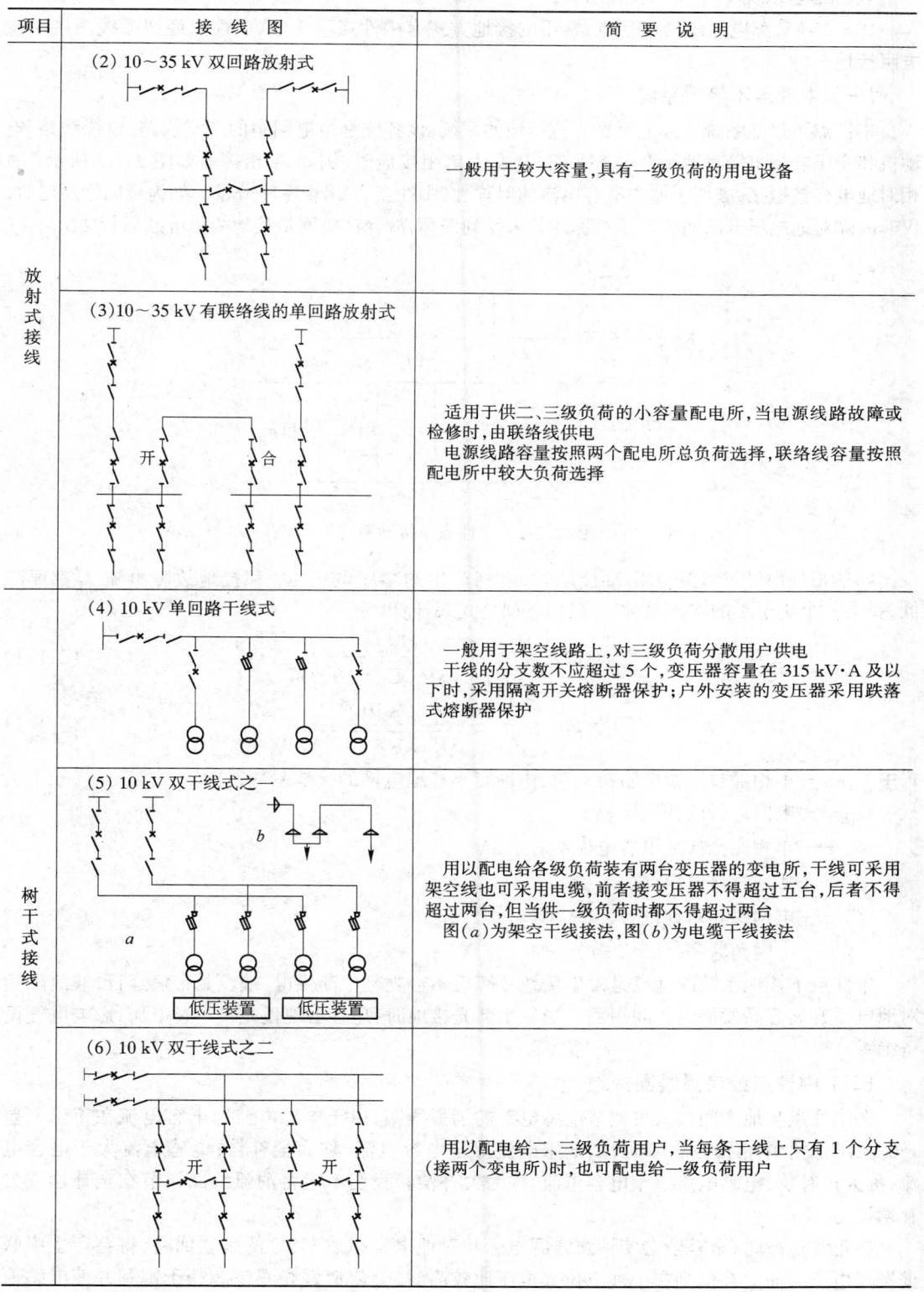

| 项目 | 接线图 | 简要说明 |
| --- | --- | --- |
| 放射式接线 | (2) 10～35 kV 双回路放射式<br>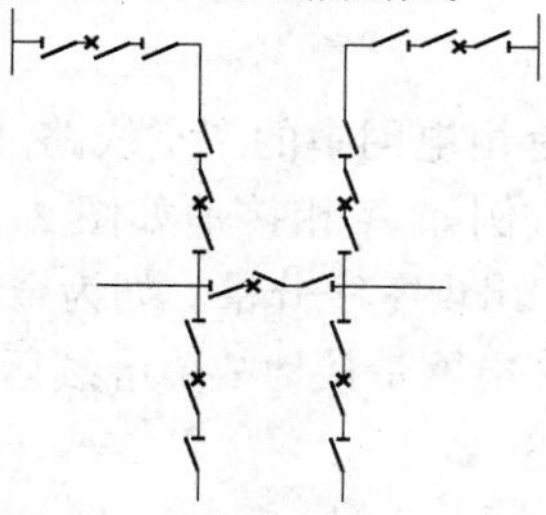 | 一般用于较大容量,具有一级负荷的用电设备 |
| | (3)10～35 kV 有联络线的单回路放射式<br>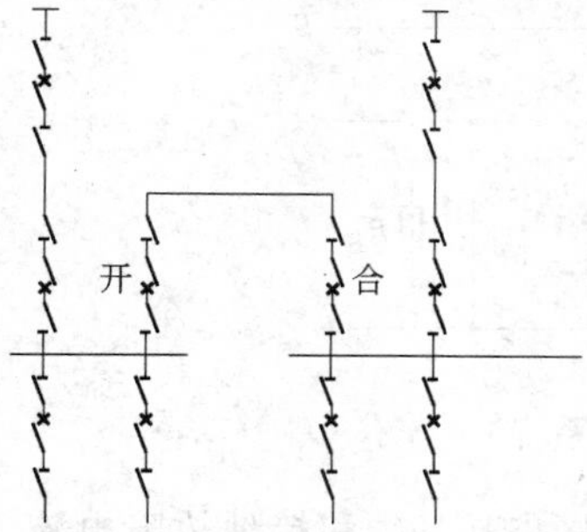 | 适用于供二、三级负荷的小容量配电所,当电源线路故障或检修时,由联络线供电<br>电源线路容量按照两个配电所总负荷选择,联络线容量按照配电所中较大负荷选择 |
| 树干式接线 | (4) 10 kV 单回路干线式<br>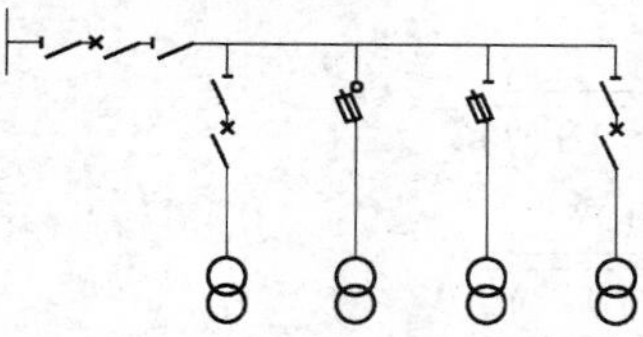 | 一般用于架空线路上,对三级负荷分散用户供电<br>干线的分支数不应超过 5 个,变压器容量在 315 kV·A 及以下时,采用隔离开关熔断器保护;户外安装的变压器采用跌落式熔断器保护 |
| | (5) 10 kV 双干线式之一<br>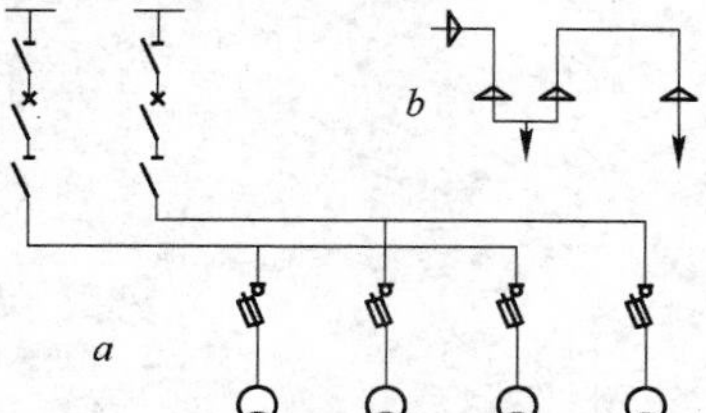 | 用以配电给各级负荷装有两台变压器的变电所,干线可采用架空线也可采用电缆,前者接变压器不得超过五台,后者不得超过两台,但当供一级负荷时都不得超过两台<br>图($a$)为架空干线接法,图($b$)为电缆干线接法 |
| | (6) 10 kV 双干线式之二<br>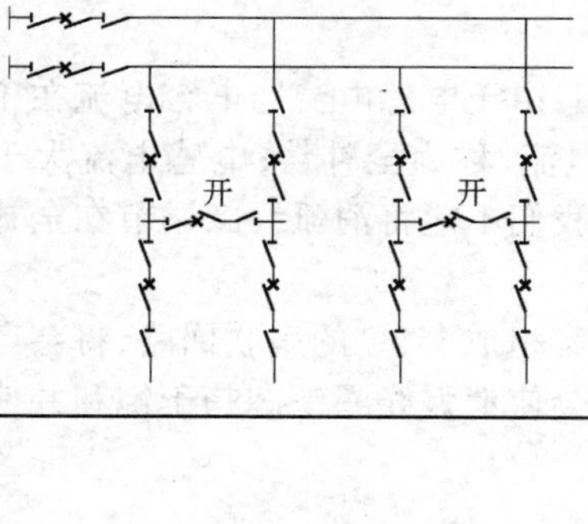 | 用以配电给二、三级负荷用户,当每条干线上只有 1 个分支(接两个变电所)时,也可配电给一级负荷用户 |

## 五、配电系统中性点的接地方式

10～35 kV 配电系统的中性点，常用的接地方式有中性点不接地、中性点经消弧线圈接地或电阻接地三种。

### （一）中性点不接地系统

中性点不接地系统实际上是经容抗接地的系统，该容抗是由电网中的架空线路、电缆线路、电动机和变压器绕组等对地耦合电容所组成，发生单相接地时，例如 $A$ 相接地如图 2.1-1 所示。$A$ 相对地电容被短接，破坏了原先电容电流的对称性，中性点 $N$ 出现零序分量。如为金属性短路时，仅非故障对地电压升高而线电压对称性并未受到破坏，故允许电网带接地故障继续运行 2 h。

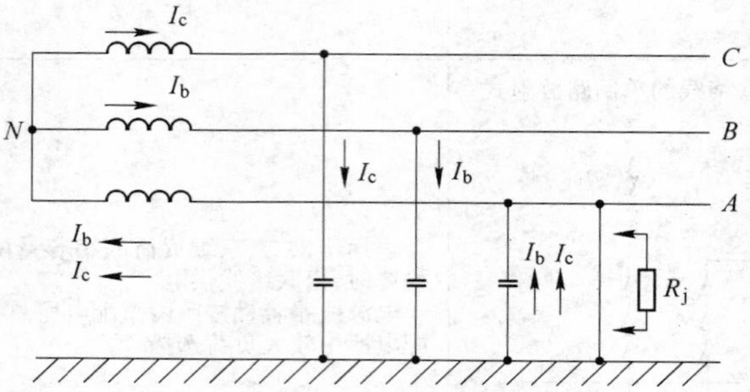


图 2.1-1　中性点不接地系统

如单相接地经过过渡电阻 $R_j$ 接地时，电网产生的零序电压 $U_0$ 和接地故障电流 $I_j$ 都要降低，要乘一个小于 1 的接地系数 $\beta$，可用下列公式来计算。

$$U_0=\beta U_{ph}=\frac{U_{ph}}{\sqrt{1+(3R_j\omega C_0\times 10^{-6})^2}} \tag{2.1-1}$$

$$I_j=\beta I_{jd}=\frac{3\omega C_0 U_{ph}\times 10^{-6}}{\sqrt{1+(3R_j\omega C_0\times 10^{-6})^2}} \tag{2.1-2}$$

式中　$\beta$——单相经过过渡电阻接地时，中性点不接地电网的接地系数；

$U_{ph}$——电网运行的相电压，V；

$I_{jd}$——单相完全接地电容电流绝对值，A；

$R_j$——接地过渡电阻，Ω；

$C_0$——电网每相对地电容，$\mu$F；

$\omega$——电网角频率，($\omega=2\pi f$)。

中性点不接地系统的优点是发生接地故障后不会立刻中断供电，缺点是带病运行，非故障相对地电压升高容易发展为相间短路。当发生弧光接地时，还会出现弧光接地过电压，影响电气设备绝缘。

### （二）中性点经消弧线圈接地

在中性点与地之间接入可调节电感电流的消弧线圈，由于电感电流与电容电流在相位上差 180°，因此发生单相接地故障时，如电感电流等于电容电流，称为全补偿；电感电流大于电容电流，称为过补偿；电感电流小于电容电流，称为欠补偿。我们不能将消弧线圈调节在全补偿或欠补偿运行。

在正常运行时，全补偿会使消弧线圈电感和对地电容组成 L-3C 的串联回路，将会产生串联谐振过电压。而欠补偿则在中性点位移电压比较高时，会使消弧线圈铁芯趋于饱和并使电感值降低，产生铁磁谐振。因此，消弧线圈必须在过补偿状态下运行。中性点经消弧线圈接地系统见图 2.1-2。

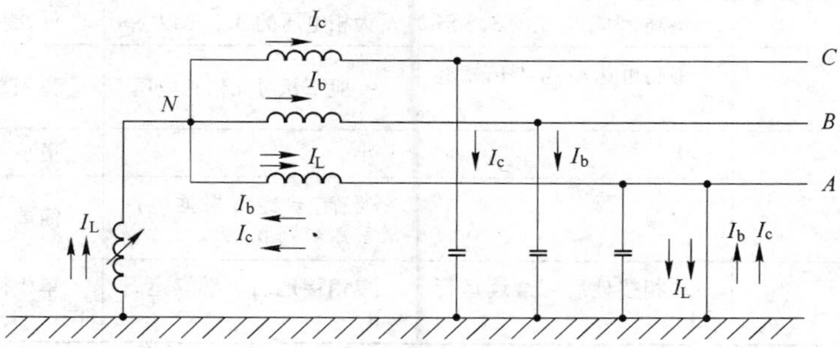


图 2.1-2　中性点经消弧线圈接地系统

消弧线圈接地系统的优点是流过故障点的残余电流很小，使接地电弧不能维持而立即熄弧，电网可迅速恢复正常。缺点是运行维护复杂，因实际电网参数往往随改变接线方式或改变运行方式而改变，为保证过补偿运行，就需要维护人员及时调节补偿电流。

**（三）中性点经电阻接地**

在中性点与地之间接入一电阻，当发生单相接地时，由于人为地增加了一个较电容电流大而相位相差 90°的有功电流，使流过故障点的电流比不接地电网增加$\sqrt{2}$倍以上。中性点经电阻接地系统见图 2.1-3。

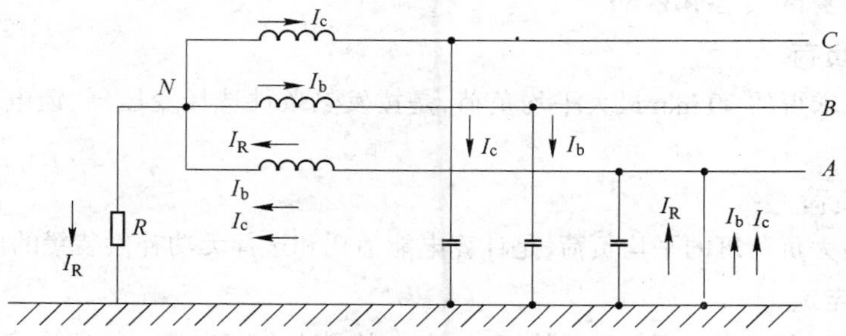


图 2.1-3　中性点经电阻接地系统

中性点电阻接地的优点是能抑制单相接地时的异常过电压，这对具有大量高压电动机的冶金企业来说是非常有利的。因为电动机的绝缘是最薄弱的，由于接地故障电流比较大，继电保护可采用简单的零序电流保护，在电网参数发生变化时不必调节电阻值，电缆也可采用相对地绝缘比较低的一种，以节省投资。缺点是接地故障时要保护跳闸，中断供电。

**（四）中性点三种接地方式的比较**

中性点三种接地方式的比较见表 2.1-4。

**表 2.1-4　中性点接地方式的比较**

| 比较项目 | 不接地 | 经消弧线圈接地 | 经电阻接地 |
|---|---|---|---|
| 单相接地电流 | 较小，仅对地电容电流 | 最小，等于残余电流 | 较大，等于电容电流和有功电流的矢量和 |
| 一相接地时非故障相电压升高 | 最高，等于或略大于$\sqrt{3}$倍 | 过补偿时升到$\sqrt{3}$倍，欠补偿时会升到危险电压 | 升到$\sqrt{3}$倍，但很快被保护装置切断电源 |

续表 2.1-4

| 比较项目 | 不接地 | 经消弧线圈接地 | 经电阻接地 |
|---|---|---|---|
| 弧光接地过电压 | 最高,为相电压的3.5倍 | 为相电压的3.2倍以下 | 低,能抑制在2.5倍以下 |
| 操作过电压 | 最高可达4～4.5倍相电压 | 一般不超过4倍相电压 | 暂无数据 |
| 重复故障可能性 | 大 | 小 | 更小 |
| 运行维护 | 简单 | 复杂,要经常根据电网的参数来调节 | 简单 |
| 供电连续性 | 单相接地后可继续运行2 h | 单相接地后可继续运行2 h | 单相接地后很快故障跳闸 |

从上表可以看出,中性点经电阻接地的系统,在发生弧光接地过电压时可抑制在2.5倍以下,由于冶金企业有大量的中压电动机,绕组绝缘受到的过电压较其他两种方式为低,故已逐步得到应用。

目前,在冶金企业一般选用阻性电流的值为:

3 kV,100 A;6 kV,250 A;10 kV,300 A;35 kV,150 A

## 第三节　电力负荷计算

### 一、负荷计算的内容和目的

#### (一) 计算负荷

由负荷曲线求得的30 min最大平均负荷,是按发热条件选择变压器、馈电线和电器元件的依据。

#### (二) 平均负荷

通常计算最大负荷班的平均负荷,是计算电能消耗和选择无功补偿装置的依据。

#### (三) 尖峰电流

尖峰电流指单台或多台用电设备持续1 s左右的最大负荷电流。一般取启动电流的周期分量作为计算电压损失、电压波动和电压下降以及选择电器和保护元件等的依据。

#### (四) 冲击负荷

冲击负荷指某些有大型用电设备的企业,如大型电弧炉、大型连轧机等运行时出现重复周期性变化的负荷。这些用电设备单机,容量大,其有功功率和无功功率变动的幅度与频度都很大,是研究有功功率冲击和无功功率冲击对电网频率和电压影响的原始资料。

### 二、设备功率的确定

进行负荷计算时,需将用电设备按其性质分为不同的用电设备组,然后确定设备功率。用电设备铭牌上标明的额定功率 $P_r$或额定容量 $S_r$,系厂家规定工作条件下的额定输出功率或容量。各种设备的工作条件不完全相同,故负荷计算时应将其换算为统一规定工作条件下的功率,即设备功率 $P_N$。设备功率换算的规定为:

(1) 连续工作制电动机的设备功率 $P_N$,等于其铭牌的额定功率 $P_r$。

(2) 断续周期工作制或短时工作制电动机的设备功率,应换算到统一负载持续率下的有功功率。

当采用需要系数法或二项式法计算时，应统一换算到负载持续率为25%时的额定功率。换算如下：

$$P_N = P_r\sqrt{\frac{\varepsilon_r}{\varepsilon_{25}}} = P_r\sqrt{\frac{\varepsilon_r}{0.25}} = 2P_r\sqrt{\varepsilon_r} \tag{2.1-3}$$

当采用利用系数法计算时，应统一换算到负载持续率为100%时的额定功率，为：

$$P_N = P_r\sqrt{\frac{\varepsilon_r}{\varepsilon_{100}}} = P_r\sqrt{\varepsilon_r} \tag{2.1-4}$$

式中 $\varepsilon_r$——电动机铭牌标定的额定负载持续率；

$\varepsilon_{25}$——负载持续率25%，即0.25；

$\varepsilon_{100}$——负载持续率100%，即1.0。

(3) 电焊机的设备功率是将额定容量换算到负载持续率为100%时的有功功率，为：

$$P_N = S_r\cos\varphi\sqrt{\frac{\varepsilon_r}{\varepsilon_{100}}} = S_r\cos\varphi\sqrt{\varepsilon_r} \tag{2.1-5}$$

式中 $S_r$——电焊机的额定容量，kV·A。

(4) 电炉变压器的设备功率是指额定功率因数时的有功功率：

$$P_N = S_r\cos\varphi \tag{2.1-6}$$

式中 $S_r$——电炉变压器的额定容量，kV·A。

(5) 整流变压器的设备功率是指额定直流功率。

(6) 白炽灯和卤素灯的设备功率为灯泡功率。气体放电灯的设备功率为灯管功率加上镇流器的功率损耗(荧光灯加20%，高压汞灯、高压钠灯及镝灯加8%)。

## 三、负荷计算的方法

### (一) 需要系数法

适用于各类变配电所、配电干线和长期运行且负荷平稳的用电设备和生产车间。

1. 用电设备组的计算负荷和计算电流

有功功率 $P_{js}$(kW)：
$$P_{js} = K_X P_N \tag{2.1-7}$$

无功功率 $Q_{js}$(kvar)：
$$Q_{js} = P_{js}\tan\varphi \tag{2.1-8}$$

视在功率 $S_{js}$(kV·A)：
$$S_{js} = \sqrt{P_{js}^2 + Q_{js}^2} \tag{2.1-9}$$

计算电流 $I_{js}$(A)：
$$I_{js} = \frac{S_{js}}{\sqrt{3}\cdot U_r} \tag{2.1-10}$$

2. 车间变配电所和配电干线的计算负荷

有功功率 $P_{js}$(kW)
$$P_{js} = K_{\Sigma P}\sum(K_X P_N) \tag{2.1-11}$$

无功功率 $Q_{js}$(kvar)
$$Q_{js} = K_{\Sigma q}\sum(K_X P_N\tan\varphi) \tag{2.1-12}$$

视在功率 $S_{js}$(kV·A)
$$S_{js} = \sqrt{P_{js}^2 + Q_{js}^2} \tag{2.1-13}$$

式中 $P_N$——用电设备组的设备功率，kW；

$K_X$——需要系数，见有关手册；

$K_{\Sigma P}$——有功功率的同时系数，取0.8～0.9；

$K_{\Sigma q}$——无功功率的同时系数，取0.93～0.97；

$U_r$——用电设备的额定线电压，kV。

3．总降压变电所和总配电所的计算负荷

总降压变电所和总配电所的计算负荷为各车间变配电所计算负荷之和再乘以同时系数 $K_{\Sigma P}$ 和 $K_{\Sigma q}$，对总降压变电所可分别取 0.8～0.9 和 0.93～0.97，对配电所可分别取 0.85～1 和 0.95～1。

**例 1** 某车间变电所供给下列负荷，求计算负荷并选择变压器，工厂配电电压为 10 kV。

| | | | |
|---|---|---|---|
| 空压机： | 380 V | 155 kW | 6 台 |
| | 380 V | 75 kW | 4 台 |
| 通风机： | 380 V | 4 kW | 4 台 |
| | 380 V | 2.8 kW | 4 台 |

各种机床电动机共 370 kW；起重机电动机 $\varepsilon_r = 25\%$，共 140 kW，车间照明（白炽灯）为 45 kW。

车间变电所虽带有机床及起重机等设备，但经常工作的空压机、通风机所占比重较大，可采用需要系数法进行计算。列表计算如下，见表 2.1-5。

**表 2.1-5 需要系数法负荷计算表**

| 序号 | 用电设备组名称 | 用电设备台数 $n$/台 | 设备容量 $P_N$/kW | 需要系数 $K_x$ | $\cos\varphi$ | $\tan\varphi$ | 计算负荷 $P_{js}$/kW | $Q_{js}$/kvar | $S_{js}$/kV·A | $I_{js}$/A | 备注 |
|---|---|---|---|---|---|---|---|---|---|---|---|
| 1 | 空压机、通风机 | 18 | 1257.2 | 0.75 | 0.8 | 0.75 | 943 | 707 | | | 变压器选用 |
| 2 | 起重机 | | 140 | 0.1 | 0.5 | 1.73 | 14 | 24 | | | $S_9$-630/10 |
| 3 | 机床 | | 370 | 0.16 | 0.5 | 1.73 | 59 | 102 | | | 630 kV·A10/ |
| 4 | 照明 | | 45 | 0.8 | 1 | 0 | 36 | 0 | | | 0.4 kV |
| | 共计 | | 1812.2 | | | | 1052 | 833 | | | （2 台） |
| | 考虑 $K_{\Sigma P}=0.8$，$K_{\Sigma q}=0.93$ | | | | | | 842 | 775 | 1144 | 1738 | |
| | 10/0.4 kV 变压器损耗 | | | | | | 6.3×2 | 30×2 | | | |
| | 变压器 10 kV 侧总负荷 | | | | 0.72 | | 854 | 835 | 1194 | 69 | |

注：1．表中各类用电设备组的 $K_X$、$\cos\varphi$，$\tan\varphi$ 取自《钢铁企业电力设计手册》。
2．两台变压器正常运行时按各带 50% 负荷考虑。
3．线路损耗略去不计。
4．变压器损耗按下式计算：
有功功率损耗 $\Delta P_T$（kW）：

$$\Delta P_T = \Delta P_o + \Delta P_K\left(\frac{S_{js}}{S_r}\right)^2 \tag{2.1-14}$$

无功功率损耗 $\Delta Q_T$（kvar）：

$$\Delta Q_T = \Delta Q_o + \Delta Q_K\left(\frac{S_{js}}{S_r}\right)^2 \tag{2.1-15}$$

式中 $\Delta P_o$——变压器空载有功损耗，kW；
$\Delta P_K$——变压器短路有功功率，kW；
$\Delta Q_o$——变压器空载无功损耗，kvar：

$$\Delta Q_o = \frac{I_o\% S_r}{100} \tag{2.1-16}$$

$S_{js}$——变压器二次侧的计算负载，kV·A；
$S_r$——变压器额定容量，kV·A；
$I_o\%$——变压器空载电流百分数；
$\Delta Q_K$——变压器短路无功损耗，kvar：

$$\Delta Q_K = \frac{U_K\% S_r}{100} \tag{2.1-17}$$

$U_K\%$——变压器阻抗电压百分数。

现从变压器样本上查得 $S_9$-630/10 变压器的 $\Delta P_o=1.2$ kW，$\Delta P_K=6.2$ kW，$I_o\%=0.9$，$U_K\%=4.5$。

故：

$$\Delta P_T=1.2+6.2\left(\frac{1144}{2\times630}\right)^2=6.3\text{ kW}$$

$$\Delta Q_T=\frac{0.9}{100}\times630+\frac{4.5}{100}\times630\left(\frac{1144}{2\times630}\right)^2=30\text{ kvar}$$

**（二）利用系数法**

用利用系数法确定计算负荷时，不论计算范围大小，都必须求出该计算范围内用电设备有效台数 $n_{yx}$ 和最大系数 $K_m$，而后算出结果。

1．用电设备有效台数相对值 $n'_{yx}$

可根据单台设备功率不小于最大一台设备一半的台数 $n_1$ 的相对值 $n'$ 和 $n_1$ 台设备的总设备功率 $\sum P_{n1}$ 的相对值 $P'$，从电力设计手册有关的表格中查得，其为：

$$n'=\frac{n_1}{n},P'=\frac{\sum P_{n1}}{\sum P_N}$$

式中　$\sum P_N$——各用电设备组的设备功率之和，kW；

2．最大系数 $K_m$

最大系数是根据有效台数 $n_{yx}$ 和平均利用系数 $K_{lp}$ 从电力手册有关的表格中查得，其中：$n_{yx}=n'_{yx}n$。

3．确定计算负荷

(1) 用电设备组在最大负荷班内的平均负荷：

有功功率 $P_P$(kW)：　$$P_P=K_1P_N \tag{2.1-18}$$

无功功率 $Q_P$(kvar)：　$$Q_P=P_P\tan\varphi \tag{2.1-19}$$

式中　$P_N$——用电设备组的设备功率；kW；

$K_1$——用电设备组在最大负荷班内的利用系数，查有关电力计算手册；

$\tan\varphi$——用电设备组的功率因数角的正切值。

(2) 平均利用系数为：

$$K_{lp}=\frac{\sum P_P}{\sum P_N} \tag{2.1-20}$$

式中　$\sum P_P$——备用设备组平均负荷的有功功率之和，kW。

(3) 用电设备的有效台数 $n_{yx}$

用电设备的有效台数是将不同设备功率和工作制的用电设备换算为相同设备功率和工作制的等效值，故：

$$n_{yx}=\frac{\left(\sum P_N\right)^2}{\sum P_{1N}^2} \tag{2.1-21}$$

式中　$P_{1N}$——单个用电设备的设备功率，kW。

当设备台数很多时，上式计算甚为烦琐，一般可用 $n_{yx}=n'_{yx}n$ 求得

(4) 计算负荷和计算电流

有功功率 $P_{js}$(kW)：　$$P_{js}=K_m\sum P_p \tag{2.1-22}$$

无功功率 $Q_{js}$(kvar)：　$$Q_{js}=K_m\sum Q_p \tag{2.1-23}$$

视在功率 $S_{js}$(kV·A)：
$$S_{js}=\sqrt{P_{js}^2+Q_{js}^2} \tag{2.1-24}$$

计算电流 $I_{js}$(A)：
$$I_{js}=\frac{S_{js}}{\sqrt{3}U_N} \tag{2.1-25}$$

**例 2**　某车间生产设备如下，求供电干线的计算负荷，要求用利用系数法计算。

冷加工机床 60 台共 585 kW；风机、水泵 29 台共 502 kW；电热设备 6 台共 21 kW；起重机电动机 $\varepsilon_r=25\%$，78 台共 1132 kW；照明灯(以气体放电灯为主)共 87 kW。

以上用电设备中单台容量大于其中最大一台电动机 90 kW 一半的有 5 台，即 $n_1=5$，其设备功率之和 $\sum P_{n1}=405$ kW。

计算按上述方法进行，列表计算如下，见表 2.1-6。

**表 2.1-6　利用系数法负荷计算表**

| 序号 | 用电设备组名称 | 用电设备台数 $n$/台 | 设备功率 $\sum P_N$/kW | | $K_l$ | $\tan\varphi$ ($\cos\varphi$) | 平均负荷 | | $n'$ | $P'$ | $n'_{yx}$ | $n_{yx}$ | $K_m$ | 计算负荷 | | | |
|---|---|---|---|---|---|---|---|---|---|---|---|---|---|---|---|---|---|
| | | | 单台范围 | 总和 | | | $P_p$/kW | $Q_p$/kvar | | | | | | $P_{js}$/kW | $Q_{js}$/kvar | $S_{js}$/kV·A | $I_{js}$/A |
| 1 | 风机、水泵 | 29 | 90～2.8 | 502 | 0.6 | 0.75 | 301 | 226 | | | | | | | | | |
| 2 | 冷加工机床 | 60 | 45～0.75 | 585 | 0.14 | 1.73 | 82 | 142 | | | | | | | | | |
| 3 | 电热设备 | 6 | 4.3 | 21 | 0.35 | 0 | 7 | 0 | | | | | | | | | |
| 4 | 起重机 | 78 | 30～1.1 | 566 | 0.15 | 1.73 | 85 | 147 | | | | | | | | | |
| | 小　计 | 173 | | 1674 | 0.28 | 1.08 | 475 | 515 | 0.029 | 0.24 | 0.37 | 64 | 1.14 | 542 | 587 | | |
| 5 | 照　明 | | | 87 | 0.8 | 1.33 | 70 | 93 | | | | | | 70 | 93 | | |
| | 共　计 | | | 1761 | | (0.68) | | | | | | | | 612 | 680 | 915 | 1390 |

注：序号 4 起重机电动机 $\varepsilon_r=25\%$，1132 kW 换算到 $\varepsilon_r=100\%$，566 kW。

计算结果为 $P_{js}=612$ kW，$Q_{js}=680$ kvar，$S_{js}=915$ kV·A，$I_{js}=1390$ A。

### (三) 二项式法

二项式法将负荷分为基本部分和附加部分，后者考虑一定数量大容量设备的影响，适用于机修类用电设备和其他各类车间的施工图设计阶段。

对于单个和多个用电设备组(车间变电所或配电干线)的计算负荷，分别按下述方法进行计算。

1. 单个用电设备组的计算负荷

有功功率 $P_{js}$(kW)：
$$P_{js}=cP_n+bP_N \tag{2.1-26}$$

无功功率 $Q_{js}$(kvar)：
$$Q_{js}=P_{js}\tan\varphi \tag{2.1-27}$$

2. 多个用电设备组的计算负荷

有功功率 $P_{js}$(kW)：
$$P_{js}=(cP_n)_{max}+\sum bP_N \tag{2.1-28}$$

无功功率 $Q_{js}$(kvar)：
$$Q_{js}=(cP_n)_{max}\tan\varphi_n+\sum(bP_N\tan\varphi) \tag{2.1-29}$$

式中　$P_N$——用电设备组的设备功率，kW；

$P_n$——用电设备组中功率最大的 $n$ 台设备的设备功率之和($n$ 值见设计手册)，kW；

$c,b$——二项式系数，其值见设计手册；

$(cP_n)_{max}$——用电设备组($cP_n$)项中选出的最大值，kW；

$\tan\varphi_n$——与$(cP_n)_{max}$对应的功率因数角正切值。

视在功率 $S_{js}$(kV·A)：
$$S_{js}=\sqrt{P_{js}^2+Q_{js}^2} \tag{2.1-30}$$

计算电流 $I_{js}$(A)：

$$I_{js}=\frac{S_{js}}{\sqrt{3}U_N} \tag{2.1-31}$$

**例 3** 某车间生产设备同例 2，但要求用二项式计算，按上述方法计算列表如下，见表 2.1-7。

**表 2.1-7 二项式负荷计算表**

| 序号 | 用电设备 | | | | $c$ | $b$ | $\cos\varphi$ | $\tan\varphi$ | 计算负荷 | | | | | 备注 |
|---|---|---|---|---|---|---|---|---|---|---|---|---|---|---|
| | 设备组名称 | 台数 $n$/台 | 总设备功率 $\sum P_N$/kW | 其中最大 $n$ 台设备功率和 $P_n$/kW | | | | | $cP_n$ /kW | $bP_N$ ($P_{js}$) /kW | $bP_N\tan\varphi(Q_{js})$ /kvar | $S_{js}$ /kV·A | $I_{js}$ /A | |
| 1 | 风机、水泵 | 29 | 502 | 90×4+28 =388 | 0.25 | 0.65 | 0.8 | 0.75 | 97 | 326 | 245 | | | |
| 2 | 冷加工机床 | 60 | 585 | 45+28×3+10 =139 | 0.5 | 0.14 | 0.5 | 1.73 | 70 | 82 | 142 | | | |
| 3 | 电热设备 | 6 | 21 | | 0 | 0.7 | 1 | 0 | 0 | 14 | 0 | | | |
| 4 | 起重机 | 78 | 1132 | 60×3=180 | 0.15 | 0.1 | 0.5 | 1.73 | 27 | 113 | 195 | | | |
| 5 | 照 明 | | 87 | | | 0.8 | 0.6 | 1.33 | | 69 | 92 | | | |
| | | | | | | | | | | 97 | 73 | | | |
| | 共 计 | | 2327 | | | | 0.68 | | | 701 | 747 | 1024 | 1556 | |

计算结果为 $P_{js}=701$ kW，$Q_{js}=747$ kvar，$S_{js}=1024$ kV·A，$I_{js}=1556$ A。

对比用利用系数法的计算结果可见，用二项式计算的结果偏大。

## （四）单位功率法、单位指标法和单位产品耗电量法

### 1. 单位面积功率（或负荷密度）法

单位面积法计算有功功率 $P_{js}$(kW) 的公式为：

$$P_{js}=\frac{P'_N S}{1000} \tag{2.1-32}$$

式中 $P'_N$——单位面积功率（负荷密度），W/m²；

$S$——建筑面积，m²。

### 2. 单位指标法

单位指标法计算有功功率 $P_{js}$(kW) 的公式为：

$$P_{js}=\frac{P'_N N}{1000} \tag{2.1-33}$$

式中 $P'_N$——单位用电指标，W/户、W/人；

$N$——单位数量。

### 3. 单位产品耗电量法

根据车间的单位产品耗电量、产品的年产量和年工作小时数，按下式计算其有功功率。

$$P_{js}=K'_m\frac{\omega M}{\alpha T_n} \tag{2.1-34}$$

式中 $K'_m$——最大系数，为最大负荷与最大负荷班平均负荷之比，其值可查电力设计手册；

$\omega$——单位产品耗电量，由工艺设计提供，kW·h/t；

$M$——产品的年产量，t；

$T_n$——年工作小时，由工艺设计提供，h；

$\alpha$——年电能利用率，为年平均负荷与最大负荷班平均负荷之比，其值可查电力设计手册。

求得各车间负荷后，企业的总负荷为：

有功功率： $$P_{js\Sigma}=K_{\Sigma}\sum P_{js} \tag{2.1-35}$$
无功功率： $$Q_{js\Sigma}=P_{js\Sigma}\tan\varphi_{p} \tag{2.1-36}$$
视在功率： $$S_{js\Sigma}=\sqrt{P_{js\Sigma}{}^{2}+Q_{js\Sigma}{}^{2}} \tag{2.1-37}$$

式中 $\sum P_{js}$——企业各车间有功计算功率总和，kW；
$\tan\varphi_{p}$——企业平均功率因数角正切值，可按补偿后 $\cos\varphi=0.9\sim0.92$ 考虑；
$K_{\Sigma}$——同时系数，取0.8～0.9。

### （五）单相负荷计算

1．计算原则

计算原则如下：

（1）单相负荷与三相负荷同时存在时，应将单相负荷换算为等效三相负荷，再与三相负荷相加。

（2）在进行单相负荷换算时，一般采用计算功率。对需要系数法，计算功率即为需要功率；对利用系数法，计算功率为平均功率；对二项式计算法，计算功率为计算负荷中的基本部分。当单相负荷均为同类用电设备时，则可直接采用设备功率计算。

2．单相负荷换算为等效三相负荷的一般方法

对于既有线间负荷又有相负荷的情况，计算步骤如下：

（1）先将线间负荷换算为相负荷，各相的换算式分别为：

a相
$$P_{a}=P_{ab}p_{(ab)a}+P_{ca}p_{(ca)a} \tag{2.1-38}$$
$$Q_{a}=P_{ab}q_{(ab)a}+P_{ca}q_{(ca)a} \tag{2.1-39}$$
b相
$$P_{b}=P_{bc}p_{(bc)b}+P_{ab}p_{(ab)b} \tag{2.1-40}$$
$$Q_{b}=P_{bc}q_{(bc)b}+P_{ab}q_{(ab)b} \tag{2.1-41}$$
c相
$$P_{c}=P_{ca}p_{(ca)c}+P_{bc}p_{(bc)c} \tag{2.1-42}$$
$$Q_{c}=P_{ca}q_{(ca)c}+P_{bc}q_{(bc)c} \tag{2.1-43}$$

式中 $P_{a}$、$P_{b}$、$P_{c}$——分别为线负荷换算为a，b，c相相负荷的有功功率，kW；
$Q_{a}$、$Q_{b}$、$Q_{c}$——分别为线负荷换算为a，b，c相相负荷的无功功率，kvar；
$P_{ab}$、$P_{bc}$、$P_{ca}$——分别为接在ab，bc，ca线电压上的单相用电设备的有功功率，kW；
$p_{(ab)a}$、$q_{(ab)a}$、$p_{(ab)b}$、$q_{(ab)b}$——分别为接在ab…线间，负荷换算为a相、b相…的有功和无功功率的换算系数，见表2.1-8。

**表2.1-8 不同cosφ时线负荷换算为相负荷的换算系数表**

| 换算系数 | cosφ | | | | | | | | |
|---|---|---|---|---|---|---|---|---|---|
| | 0.35 | 0.4 | 0.5 | 0.6 | 0.65 | 0.7 | 0.8 | 0.9 | 1.0 |
| $p_{(ab)a}$，$p_{(bc)b}$，$p_{(ca)c}$ | 1.27 | 1.17 | 1.0 | 0.89 | 0.84 | 0.8 | 0.72 | 0.64 | 0.5 |
| $p_{(ab)b}$，$p_{(bc)c}$，$p_{(ca)a}$ | −0.27 | −0.17 | 0 | 0.11 | 0.16 | 0.2 | 0.28 | 0.36 | 0.5 |
| $q_{(ab)a}$，$q_{(bc)b}$，$q_{(ca)c}$ | 1.05 | 0.86 | 0.58 | 0.38 | 0.3 | 0.22 | 0.09 | −0.05 | −0.29 |
| $q_{(ab)b}$，$q_{(bc)c}$，$q_{(ca)a}$ | 1.63 | 1.44 | 1.16 | 0.96 | 0.88 | 0.8 | 0.67 | 0.53 | 0.29 |

（2）再将各组负荷分别相加，算出各相有功、无功和视在功率，分别为：

a相
$$\sum P_{a}=P_{a}+p_{ao} \tag{2.1-44}$$
$$\sum Q_{a}=Q_{a}+Q_{ao} \tag{2.1-45}$$

$$S_{d1(a)}=\sqrt{\left(\sum P_a\right)^2+\left(\sum Q_a\right)^2} \tag{2.1-46}$$

b 相

$$\sum P_b = P_b + p_{bo} \tag{2.1-47}$$

$$\sum Q_b = Q_b + Q_{bo} \tag{2.1-48}$$

$$S_{d1(b)}=\sqrt{\left(\sum P_b\right)^2+\left(\sum Q_b\right)^2} \tag{2.1-49}$$

c 相

$$\sum P_c = P_c + P_{co} \tag{2.1-50}$$

$$\sum Q_c = Q_c + Q_{co} \tag{2.1-51}$$

$$S_{d1(c)}=\sqrt{\left(\sum P_c\right)^2+\left(\sum Q_c\right)^2} \tag{2.1-52}$$

上式中 $P_{ao}$、$P_{bo}$、$P_{co}$、$Q_{ao}$、$Q_{bo}$、$Q_{co}$分别为接于 $a$、$b$、$c$ 相的有功负荷(kW)和无功负荷(kvar)。

(3) 选取三相视在功率中最大者乘以 3 即为等效三相负荷。

上述 $S_{d1(a)}$、$S_{d1(b)}$、$S_{d1(c)}$ 中如 $S_{d1(c)}$ 最大，则等效三相有功功率 $P_d = 3\sum P_c$，无功功率 $Q_d = 3\sum Q_c$。

3．单相负荷换算为等效三相负荷的简化方法

(1) 只有线间负荷时，将各线间负荷相加，选取较大两项进行计算。现以 $p_{ab}\geqslant p_{bc}\geqslant p_{ca}$为例进行计算。

$$P_d=\sqrt{3}p_{ab}+(3-\sqrt{3})p_{bc}=1.73p_{ab}+1.27p_{bc} \tag{2.1-53}$$

当 $p_{ab}=p_{bc}$时，

$$P_d=3p_{ab} \tag{2.1-54}$$

当只有 $p_{ab}$时，

$$P_d=\sqrt{3}p_{ab} \tag{2.1-55}$$

式中 $p_{ab}$、$p_{bc}$——接在 ab，bc 线间负荷，kW；

$P_d$——等效三相负荷，kW。

(2) 只有相负荷时，等效三相负荷取最大相负荷的 3 倍。

(3) 当多台单相用电设备的设备功率小于计算范围内三相负荷设备功率的 15％时，按三相平衡负荷计算，不需换算。

**例 4** 确定供电干线的计算负荷，干线上接有三相负荷和单相负荷，见图 2.1-4。序号 1～3 为三相负荷，序号 4～6 为单相负荷。

供电干线

| | | | | | | | | |
|---|---|---|---|---|---|---|---|---|
| 1 | 小批冷加工机床 | 5×2.8 kW +4×1.7 kW | | | 6×1 kW+2×2.8 kW +2×0.7 kW | | 3×15 kW+2×1 kW +3×5.7 kW | 4×4.5 kW+2×2.8 kW +3×1 kW |
| 2 | 泵、通风机 | 1×20 kW+ 1×14 kW | | | | | 1×14 kW | 2×10 kW |
| 3 | 传送带 | 3×2.8 kW | | | 2×1 kW | | | 3×1.7 kW |
| 4 | 电焊变压器 | | 2×23 kV·A (a－b) | 2×23 kV·A (b－c) | | 1×23 kV·A (c－a) | | |
| 5 | 电焊变压器 | | 1×32 kV·A (a－b) | 1×32 kV·A (b－c) | | | | |
| 6 | 电焊变压器 | | 1×29 kV·A (a) | 1×29 kV·A (b) | | 1×29 kV·A (c) | | |

图 2.1-4 干线负荷图

电焊变压器为 $\varepsilon_r = 65\%$。

其中三相负荷的设备总功率为 208 kW。

求单相负荷的设备功率,按公式 2.1-5 计算。

电焊变压器 23 kV·A, $\cos\varphi = 0.5$, $\varepsilon_r = 65\%$, 380 V

$$P_N = 23 \times 0.5\ \sqrt{0.65} = 9.3\ \text{kW}$$

电焊变压器 32 kV·A, $\cos\varphi = 0.5$, $\varepsilon_r = 65\%$, 380 V

$$P_N = 32 \times 0.5\ \sqrt{0.65} = 12.9\ \text{kW}$$

电焊变压器 29 kV·A, $\cos\varphi = 0.5$, $\varepsilon_r = 65\%$, 220 V

$$P_N = 29 \times 0.5\ \sqrt{0.65} = 11.7\ \text{kW}$$

$$\sum P_N = 5 \times 9.3 + 2 \times 12.9 + 3 \times 11.7 = 107.4\ \text{kW}$$

换算成 $\varepsilon_r = 100\%$ 时的单相设备总功率为 107.4 kW,占三相设备总功率的 52%,大于 15%,故应将单相负荷单独计算,具体计算如下:

因系同类设备,采用设备功率换算,按公式 2.1-38～2.1-45,2.1-47、2.1-48,2.1-50、2.1-51。得:

$$\sum P_a = (2 \times 9.3 + 12.9) \times 1.0 + 9.3 \times 0 + 11.7 = 43.2\ \text{kW}$$

$$\sum Q_a = (2 \times 9.3 + 12.9) \times 0.58 + 9.3 \times 1.16 + \sqrt{3} \times 11.7 = 49.2\ \text{kvar}$$

$$\sum P_b = (2 \times 9.3 + 12.9) \times 0 + (2 \times 9.3 + 12.9) \times 1.0 + 11.7 = 43.2\ \text{kW}$$

$$\sum Q_b = (2 \times 9.3 + 12.9) \times 1.16 + (2 \times 9.3 + 12.9) \times 0.58 + \sqrt{3} \times 11.7 = 75\ \text{kvar}$$

$$\sum P_c = (2 \times 9.3 + 12.9) \times 0 + 9.3 \times 1.0 + 11.7 = 21\ \text{kW}$$

$$\sum Q_c = (2 \times 9.3 + 12.9) \times 1.16 + 9.3 \times 0.58 + \sqrt{3} \times 11.7 = 61.1\ \text{kvar}$$

由以上各式可以看出 $b$ 相的负荷最大,故单相负荷的等效三相负荷(设备功率)为:

$$P_d = 3 \sum P_b = 3 \times 43.2\ \text{kW}$$

$$Q_d = 3 \sum P_b \tan\varphi \text{(因为同类设备 } \tan\varphi \text{ 为同值)}$$

再将 $P_d$ 值与图 2.1-4 中序号 1～3 项的三相负荷一起进行计算,即得干线的计算负荷。现将需要系数法和利用系数法两种方法的计算结果,分别列于表 2.1-9、表 2.1-10。

**表 2.1-9 需要系数法负荷计算表**(其中单相负荷经过换算)

| 序号 | 用电设备组名称 | 台数 $n$/台 | 设备容量/kW | 需要系数 $K_X$ | $\cos\varphi$ | $\tan\varphi$ | 计算负荷 | | |
|---|---|---|---|---|---|---|---|---|---|
| | | | | | | | $P_{js}$/kW | $Q_{js}$/kvar | $S_{js}$/kV·A |
| 1 | 小批冷加工机床 | 36 | 124.5 | 0.15 | 0.5 | 1.73 | 18.7 | 32.4 | |
| 2 | 泵、通风机 | 5 | 68 | 0.7 | 0.8 | 0.75 | 47.6 | 35.7 | |
| 3 | 传送带 | 8 | 15.5 | 0.65 | 0.75 | 0.88 | 10 | 8.8 | |
| 4 | 电焊变压器 | 10 | 43.2×3 | 0.5 | 0.5 | 1.73 | 65 | 112.5 | |
| | 合 计 | 59 | 338 | | | | 141.3 | 189.4 | 237 |

**表 2.1-10 利用系数法负荷计算表**(其中单相负荷经过换算)

| 序号 | 用电设备组名称 | 台数 $n$/台 | 设备功率 $\sum P_N$/kW | | | 利用系数 $K_1$ | $\cos\varphi$ | $\tan\varphi$ | 平均负荷 | | $n'=\frac{n_1}{n}$ | $P'=\frac{\sum P_{nl}}{\sum P_N}$ | 换算台数相对值 $n'_{yx}$ | 换算台数 $n_{yx}$ | 最大系数 $K_m$ | 计算负荷 | | |
|---|---|---|---|---|---|---|---|---|---|---|---|---|---|---|---|---|---|---|
| | | | 单台 | | 合计 | | | | $P_p$/kW | $Q_p$/kvar | | | | | | $P_{js}$/kW | $Q_{js}$/kvar | $S_{js}$/kV·A |
| | | | $\varepsilon_r$ | $\varepsilon_r=100\%$ | | | | | | | | | | | | | | |
| 1 | 小批冷加工机床 | 36 | | | 124.5 | 0.1 | 0.5 | 1.73 | 12.4 | 21.5 | | | | | | | | |
| 2 | 泵、通风机 | 5 | | | 68 | 0.55 | 0.8 | 0.75 | 37.4 | 28.1 | | | | | | | | |
| 3 | 传送带 | 8 | | | 15.5 | 0.5 | 0.75 | 0.88 | 7.75 | 6.8 | | | | | | | | |
| 4 | 电焊变压器 | 10 | 23 kV·A | 9.3 kW | 3×43.2 | 0.3 | 0.5 | 1.73 | 39 | 67.5 | | | | | | | | |
| | | | 32 kV·A | 12.9 kW | | | | | | | | | | | | | | |
| | | | 29 kV·A | 11.7 kW | | | | | | | | | | | | | | |
| | 合计 | 59 | | | 338 | 0.285 | | | 96.6 | 124 | 0.254 | 0.717 | 0.44 | 26 | 1.26 | 122 | 156 | 198 |

注:$n_1=15$,$\sum P_{nl}=113+129.6=242.6$ kW。

需要系数法计算结果为 $P_{js}=141.3$ kW,$Q_{js}=189.4$ kvar,$S_{js}=237$ kV·A。

利用系数法计算结果为 $P_{js}=122$ kW,$Q_{js}=156$ kvar,$S_{js}=156$ kV·A。

可见利用系数法计算结果为小。

## 四、几种负荷计算方法的比较

几种负荷计算方法的比较如下:

(1) 需要系数法公式简单,使用方便,适用于各类变、配电所和供电干线的负荷计算,需要系数法多用于初步设计,有时也用于施工图设计。

(2) 利用系数法采用利用系数求出最大负荷班的平均负荷,再考虑设备台数和功率差异的影响,乘以与有效台数有关的最大系数得出计算负荷。这种方法的理论根据是概率论和数理统计,因而计算结果比较接近实际,但计算过程稍繁,国内对利用系数缺乏切实的工作和数据的积累,故尚未得到广泛应用。

(3) 二项式法适用于机修类用电设备的计算,其他各类车间的施工图设计中也常采用,其计算结果一般偏大。

(4) 单位密度法和单位指标法适用于民用建筑,单位产品耗电量法适用于可行性研究等高阶段设计作电力负荷的估算。

# 第四节　短路电流计算

## 一、概述

### (一) 短路电流计算的目的

进行短路电流计算的主要目的为：

(1) 电气主接线比选；

(2) 选择电器和载流导体并校验其稳定性；

(3) 确定中性点接地方式；

(4) 计算软导线短路的摇摆；

(5) 验算接地装置的接触电压和跨步电压；

(6) 选择继电保护装置和整定计算；

(7) 确定大、中型电动机的启动方式。

### (二) 三相短路为短路电流的基本计算

工业企业的供配电系统可能发生三相、两相或单相短路，设计时已采取措施使单相短路电流不超过三相短路电流。两相短路，除在发电机出口处短路外，通常也小于三相短路电流，两相短路电流与三相短路电流之比可考虑为$\sqrt{3}/2$。因此，三相短路作为短路电流的基本计算。

### (三) 无限大容量与有限容量的系统

短路电流的变化情况在短路全过程中与电源容量的大小和短路点距离电源的远近有关，在短路电流计算中分为以下两类电源系统。

1. 无限大电源容量系统

在以电源容量为基准的短路电路计算电抗 $X_{*js} \geqslant 3$ 时，可认为该系统为无限大电源容量系统，电源的电阻可以忽略，即在短路过渡过程中电源母线电压维持不变，短路电流的周期分量不衰减，短路电流变化曲线见图 2.1-5。

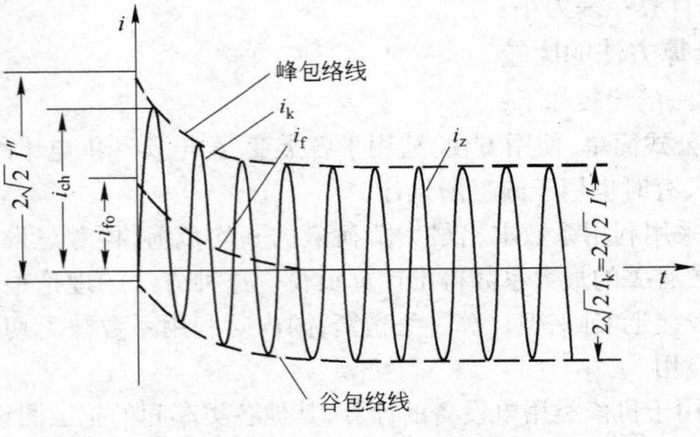


图 2.1-5　无限大电源容量系统短路电流变化曲线

2. 有限电源容量系统

在以电源容量为基准的短路电路计算电抗 $X_{*js} < 3$ 时，可认为该系统为有限电源容量系统，电源电抗不能忽略而且该阻抗随时间而变化，即在短路过渡过程中，电源母线电压要改变，短路电流的周期分量要衰减，短路电流变化曲线见图 2.1-5。

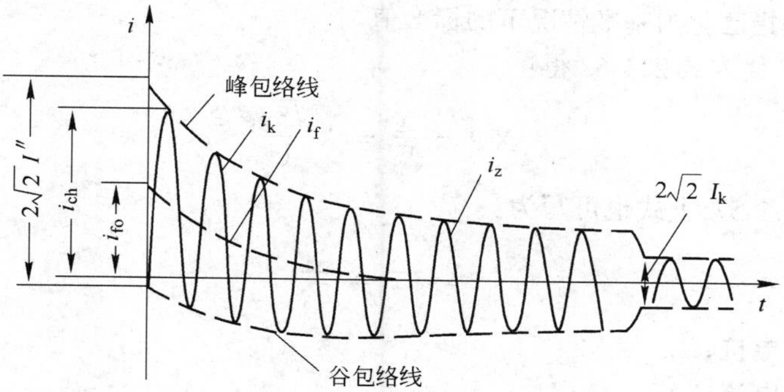


图 2.1-6 有限电源容量系统短路电流变化曲线

图 2.1-5 和图 2.1-6 中示出的短路电流为:

$I''$——起始或 0 s(超瞬变)短路电流有效值;

$I_k$——稳态短路电流有效值(或称 $I_\infty$);

$i_{ch}$——短路冲击电流;

$i_z$——短路电流周期分量;

$i_f$——短路电流非周期分量;

$i_{fo}$——0 s 时短路电流非周期分量;

$i_k$——短路全电流。

## 二、电路元件的参数和网络变换

短路电流计算时各元件的参数可以用标幺值或有名值来表示。通常高压网络用标幺值来计算,而低压网络则用有名值来计算。

### (一) 标幺值

将各物理量用标幺值来表明之前,必须首先规定用以测量相应各量的基准单位。基准电流 $I_j$、基准线电压 $U_j$、基准三相容量 $S_j$和基准电抗 $X_j$之间的关系式,是功率方程式:

$$S_j = \sqrt{3}U_jI_j \tag{2.1-56}$$

与欧姆定律

$$X_j = \frac{U_j}{\sqrt{3}I_j} = \frac{U_j^2}{S_j} \tag{2.1-57}$$

如我们已选定两个基准单位(通常选定 $S_j$和 $U_j$),则另外两个基准单位即可由公式 2.1-56 和 2.1-57 求出。

当基准单位选定后,电势、电压、电流、容量和电抗的标幺值,可分别由下列各式确定:

$$E_* = \frac{E}{E_j} \tag{2.1-58}$$

$$U_* = \frac{U}{U_j} \tag{2.1-59}$$

$$I_* = \frac{I}{I_j} \tag{2.1-60}$$

$$S_* = \frac{S}{S_j} \tag{2.1-61}$$

$$X_* = \frac{X}{X_j} \tag{2.1-62}$$

式中符号 * 是指已化为基准情况下的标幺值。

将公式 2.1-57 代入式 2.1-62 得：

$$X_* = \frac{X}{X_j} = X\frac{\sqrt{3}I_j}{U_j} \tag{2.1-63}$$

或利用公式 2.1-57，上式也可写为：

$$X_* = X\frac{S_j}{U_j^2} \tag{2.1-64}$$

式中　$X$——每相电抗，Ω；

$I_j$——基准电流，kA；

$U_j$——基准线电压，kV；

$S_j$——基准容量，MV·A。

阻抗 $Z_*$ 和电阻 $R_*$ 也可用类似方法求得。

从公式 2.1-63 可看出，一个元件的电抗标幺值，即等于当基准电流通过此元件时，在其中所产生电压降的标幺值。当我们提出某元件的电抗标幺值时，一定要指明它的基准容量，否则就没有意义。发电机、变压器和电抗器样本上给出的电抗标幺值，是以它的额定容量为基准的。在用标幺值进行计算时，计算系统图上的所有电抗必须换算为选定的基准容量下的标幺值，才能进行串联和并联的化简计算。而基准电压采用各元件所在电压级的平均电压 $U_P$。我国电力系统各级电压的平均电压为：3.15、6.3、10.5、37、63、115 kV。

各元件的电抗标幺值可按下式计算：

(1) 已知以额定容量为基准的电抗标幺值，换算到以基准容量为基准的电抗标幺值。

$$X_{*r} = \frac{\sqrt{3}I_r X}{U_r}\quad（以额定容量为基准）$$

$$X_{*j} = \frac{\sqrt{3}I_j X}{U_j}\quad（以基准容量为基准）$$

上两式可写为：

$$X = X_{*r}\frac{U_r}{\sqrt{3}I_r}$$

$$X = X_{*j}\frac{U_j}{\sqrt{3}I_j}$$

故

$$X_{*r}\frac{U_r}{\sqrt{3}I_r} = X_{*j}\frac{U_j}{\sqrt{3}I_j}$$

$$X_{*j} = X_{*r}\frac{U_r^2}{U_j^2}\times\frac{S_j}{S_r} \tag{2.1-65}$$

或

$$X_{*j} = X_{*r}\times\frac{U_r^2}{U_j^2}\times\frac{S_j}{\sqrt{3}I_r U_r} = X_{*r}\frac{U_r}{\sqrt{3}I_r}\times\frac{S_j}{U_j^2} \tag{2.1-66}$$

如 $U_j = U_r = U_p$ 时，则公式 2.1-65 变为：

$$X_{*j} = X_{*r}\times\frac{S_j}{S_r} \tag{2.1-67}$$

属于这一类元件有同步电机（发电机和电动机）、变压器和电抗器。同步电机的 $X_{*r}$ 可用 $X''_d$%，变压器则可忽略短路压降的电阻分量后用 $U_K$% 代入公式 2.1-67，而电抗器则用 $X_k$% 代入公式 2.1-66。为什么电抗器不用公式 2.1-67，这是因为电抗器起限流作用，需要较准确地计算，要用电抗器的额定电压 $U_r$，即 $U_r \neq U_p$，另外，也有可能会用库存较高一级的电压，用在较低的系统内，例如将 10 kV 电抗器用在 6 kV 系统内，则必须用额定电压 10 kV，否则就不准确了。

(2) 已知元件电抗的有名值，换算到以基准容量的电抗标幺值。

$$X_{*j} = \frac{\sqrt{3} I_j X}{U_j} = X \times \frac{S_j}{U_j^2} \tag{2.1-68}$$

属于这一类元件有架空线路和电缆线路。

(3) 已知电力系统短路容量的有名值，换算到以基准容量的标幺值。

已知电力系统某点的短路容量 $S''_S$的有名值，短路点前综合电抗为 $X_s$，则：

$$X_s = \frac{U_p^2}{S''_s}$$

再将 $X_s$有名值换算到以基准容量的电抗标幺值，可按照公式 2.1-68 得：

$$X_{*s} = X_s \times \frac{S_j}{U_j^2} = \frac{U_P^2}{S''_s} \times \frac{S_j}{U_j^2}$$

在 $U_P = U_j$时，上式变为：

$$X_{*s} = \frac{S_j}{S''_S} \tag{2.1-69}$$

### (二) 有名值

在用有名值进行计算时，必须把各电压级所在元件电抗的标幺值或有名值，都换算到短路计算点所在基准电压级内的有名值，才能进行串联和并联的化简计算。

(1) 已知元件以额定容量为基准的电抗标幺值，且该元件在基准电压级内，换算到有名值可参照公式 2.1-63、公式 2.1-64，得：

$$X = X_{*r} \frac{U_r}{\sqrt{3} I_r} \tag{2.1-70}$$

或

$$X = X_{*r} \frac{U_r^2}{S_r} \tag{2.1-71}$$

属于这一类元件有同步电机、变压器和电抗器。同步电机和变压器的 $X_{*r}$可分别用 $X''_d\%$ 和 $U_k\%$代入公式 2.1-71，电抗器用 $X_k\%$代入公式 2.1-70。

(2) 已知元件以额定容量为基准的电抗标幺值，但不在基准电压级内，必须换算到基准电压级的有名值。

将电压 $U_{j1}$下的电抗有名值 $X_1$换算到另一电压 $U_{j2}$下的电抗有名值 $X_2$时，可用下列公式：

$$X_2 = X_1 \frac{U_{j2}^2}{U_{j1}^2} \tag{2.1-72}$$

(3) 已知电力系统短路容量的有名值，换算到基准电压级：

$$X_s = \frac{U_p^2}{S''_s} = \frac{U_j^2}{S''_s} \tag{2.1-73}$$

根据上述各元件的换算公式，汇总列于表 2.1-11。

**表 2.1-11　电路元件阻抗标幺值和有名值的换算公式**

| 序 号 | 元 件 名 称 | 标 幺 值 | 有名值/Ω |
|---|---|---|---|
| 1 | 同步电机(同步发电机或电动机) | $X''_{*d} = \frac{X''_d\%}{100} \times \frac{S_j}{S_r} = X''_d \frac{S_j}{S_r}$ | $X''_d = \frac{X''_d\%}{100} \times \frac{U_j^2}{S_r}$ |

续表 2.1-11

| 序 号 | 元件名称 | 标 幺 值 | 有名值/Ω |
|---|---|---|---|
| 2 | 变压器 | $R_{*T}=\Delta P\frac{S_j}{S_r^2}\times10^{-3}$<br>$X_{*T}=\sqrt{Z_{*T}^2-R_{*T}^2}$<br>$Z_{*T}=\frac{U_k\%}{100}\times\frac{S_j}{S_r}$<br>当电阻值允许忽略不计时<br>$X_{*T}=\frac{U_k\%}{100}\times\frac{S_j}{S_r}$ | $R_T=\frac{\Delta P}{3I_r^2}\times10^{-3}=\frac{\Delta PU_r^2}{S_{rT}^2}\times10^{-3}$<br>$X_T=\sqrt{Z_T^2-R_T^2}$<br>$Z_T=\frac{U_k\%}{100}\times\frac{U_r^2}{S_r}$<br>当电阻值允许忽略不计时<br>$X_T=\frac{U_k\%}{100}\times\frac{U_r^2}{S_r}$ |
| 3 | 电抗器 | $X_{*k}=\frac{X_k\%}{100}\times\frac{U_r}{\sqrt{3}I_r}\times\frac{S_r}{U_j^2}=\frac{X_k\%}{100}\times\frac{U_r}{I_r}\times\frac{I_j}{U_j}$ | $X_k=\frac{X_k\%}{100}\times\frac{U_r}{\sqrt{3}I_r}$ |
| 4 | 线路 | $X_*=X\frac{S_j}{U_j^2},R_*=R\frac{S_j}{U_j^2}$ | |
| 5 | 电力系统(已知短路容量 $S''_s$) | $X_{*s}=\frac{S_j}{S''_s}$ | $X_s=\frac{U_j^2}{S''_s}$ |
| 6 | 基准电压相同,从某一基准容量 $S_{j1}$ 下的标幺值 $X_{*1}$ 换算到另一基准容量 $S_j$ 下的标幺值 $X_*$ | $X_*=X_{*1}\frac{S_j}{S_{j1}}$ | |
| 7 | 将电压 $U_{j1}$ 下的电抗值 $X_1$ 换算到另一电压 $U_{j2}$ 下的电抗值 $X_2$ | | $X_2=X_1\frac{U_{j2}^2}{U_{j1}^2}$ |

表 2.1-11 中符号说明如下：

$S_r$——同步电机的额定容量,MV·A;

$S_{rT}$——变压器的额定容量,MV·A(对于三绕组变压器,是指最大容量绕组的额定容量);

$X''_d$——同步电机的超瞬变电抗相对值;

$X''_d\%$——同步电机的超瞬变电抗百分值;

$U_k\%$——变压器阻抗电压百分值;

$X_k\%$——电抗器的电抗百分值;

$U_r$——额定电压(指线电压),kV;

$I_r$——额定电流,kA;

$S''_s$——系统短路容量,MV·A;

$S_j$——基准容量,MV·A;

$I_j$——基准电流,kA;

$\Delta P$——变压器短路损耗,kW;

$U_j$——基准电压,kV,对于发电机实际是设备电压。

**(三) 网络变换**

网络变换是简化短路电路,以求得电源至短路点的等值总电抗(或阻抗)。现将常用的串联、并联;星—三角或三角—星变换以及叉形电路(两叉或三叉)变换成等值非叉形,列于表 2.1-12。

**表 2.1-12 常用电抗网络图变换公式**

| 原 网 络 | 变换后的网络 | 换 算 公 式 |
|---|---|---|
| 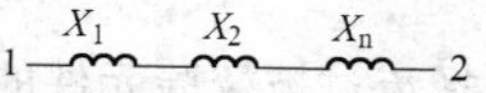 | 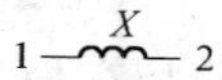 | $X=X_1+X_2+\cdots+X_n$ |
| 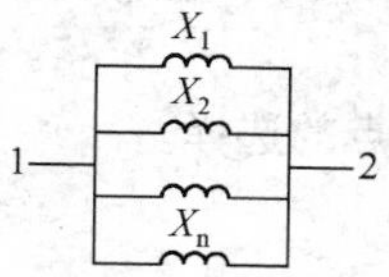 | 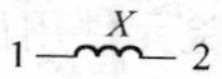 | $X=\dfrac{1}{\dfrac{1}{X_1}+\dfrac{1}{X_2}+\cdots+\dfrac{1}{X_n}}$<br>当只有两个支路时，$X=\dfrac{X_1X_2}{X_1+X_2}$ |
| 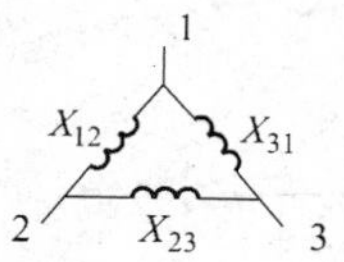 | 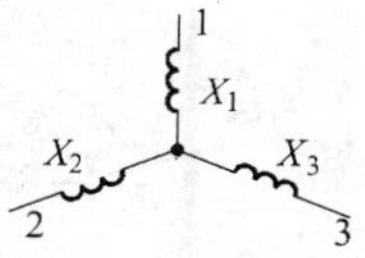 | $X_1=\dfrac{X_{12}X_{31}}{X_{12}+X_{23}+X_{31}}$<br>$X_2=\dfrac{X_{12}X_{23}}{X_{12}+X_{23}+X_{31}}$<br>$X_3=\dfrac{X_{23}X_{31}}{X_{12}+X_{23}+X_{31}}$ |
| 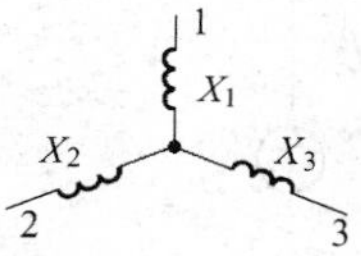 | 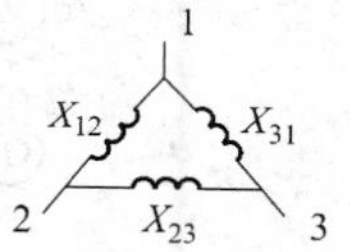 | $X_{12}=X_1+X_2+\dfrac{X_1X_2}{X_3}$<br>$X_{23}=X_2+X_3+\dfrac{X_2X_3}{X_1}$<br>$X_{31}=X_3+X_1+\dfrac{X_3X_1}{X_2}$ |
| 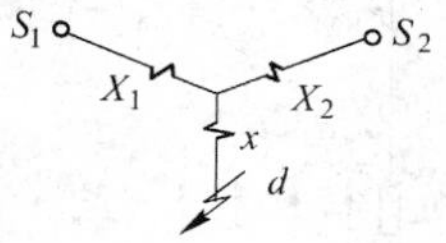 | 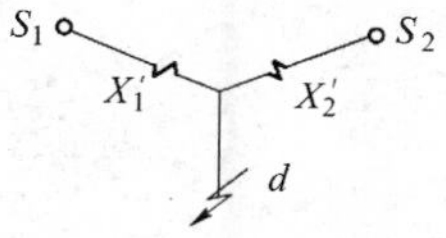 | $X'_1=X_1+X+\dfrac{X_1X}{X_2}$<br>$X'_2=X_2+X+\dfrac{X_2X}{X_1}$ |
| 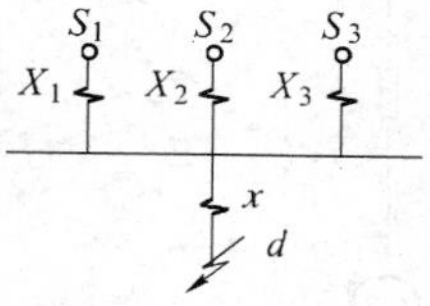 | 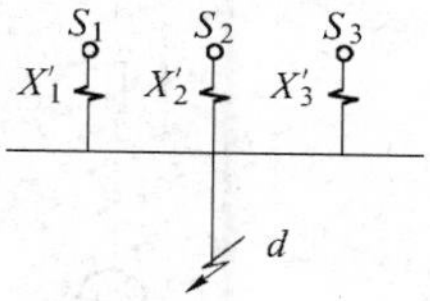 | $X'_1=X_1+X+X_1X\left(\dfrac{X_2+X_3}{X_2X_3}\right)$<br>$X'_2=X_2+X+X_2X\left(\dfrac{X_1+X_3}{X_1X_3}\right)$<br>$X'_3=X_3+X+X_3X\left(\dfrac{X_1+X_2}{X_1X_2}\right)$ |

## 三、高压系统短路电流计算

### (一) 假设条件和计算条件

假设条件和计算条件如下：

(1) 电源在正常工作时三相对称；

(2) 所有电源的电动势相位相同；

(3) 短路回路各元件的感抗为一常数；

(4) 电路电容略去不计；

(5) 变压器励磁电流略去不计；

(6) 短路前三相系统应是正常运行下的接线方式，不考虑仅在切换过程中短时出现的接线方式；

(7) 要计算网络在最大和最小运行方式下的短路电流；

(8) 短路电路内如总电阻 $\Sigma R$ 大于总电抗 $\Sigma X$ 的三分之一，则应计入其有效电阻。

## (二) 计算短路点的选择

校验电器和载流导体的稳定性时，短路点应在最大运行方式下选择流过被校验元件的短路电流为最大的地点。校验继电保护的灵敏系数时，短路点应在最小运行方式下流过继电保护装置的短路电流为最小处。

现举一发电厂的主接线为例，来说明校验元件用最大短路电流计算点的选择。

主接线见图 2.1-7。

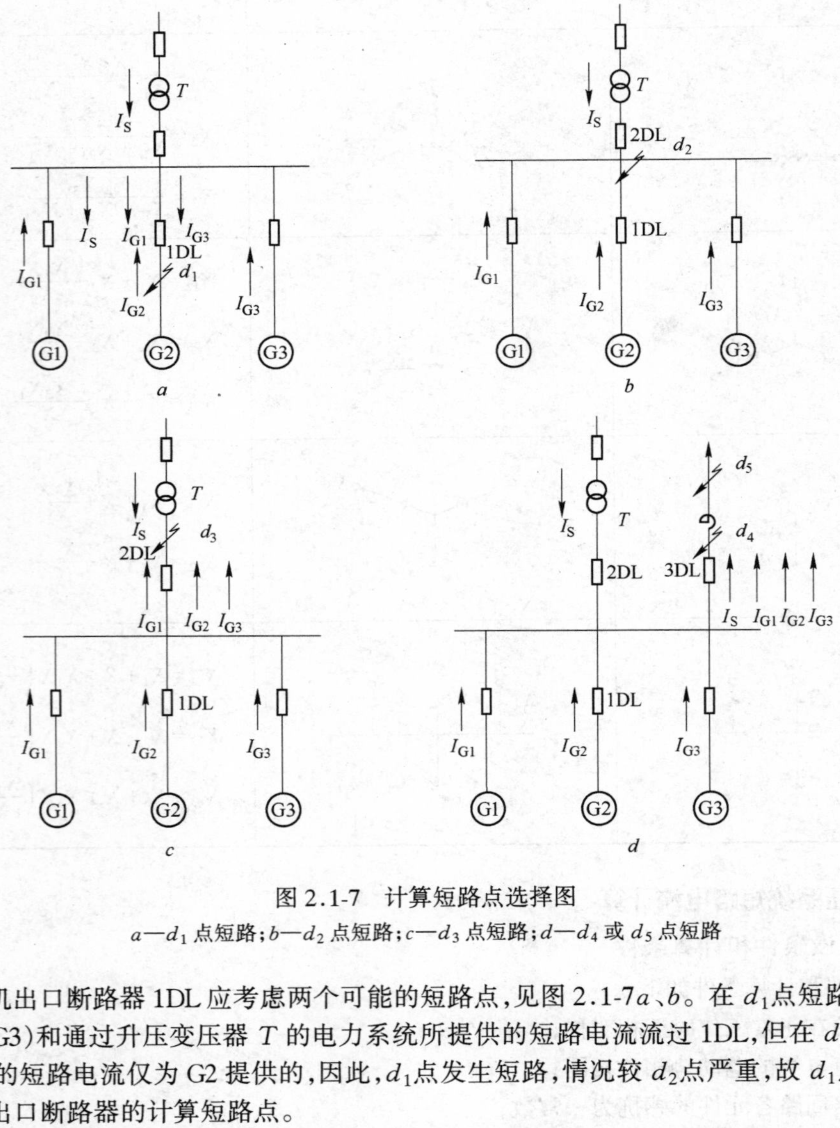


图 2.1-7　计算短路点选择图

$a$—$d_1$ 点短路；$b$—$d_2$ 点短路；$c$—$d_3$ 点短路；$d$—$d_4$ 或 $d_5$ 点短路

发电机出口断路器 1DL 应考虑两个可能的短路点，见图 2.1-7$a$、$b$。在 $d_1$点短路时，从两发电机(G1,G3)和通过升压变压器 $T$ 的电力系统所提供的短路电流流过 1DL，但在 $d_2$点短路时，流经 1DL 的短路电流仅为 G2 提供的，因此，$d_1$点发生短路，情况较 $d_2$点严重，故 $d_1$点可作为选择发电机出口断路器的计算短路点。

升压变压器二次侧的 2DL 断路器，应考虑 $d_2$或 $d_3$点短路时，从发电机或从电力系统所提供的短路电流何者为大而定，见图 2.1-7$b$、$c$。

馈电线带电抗器的断路器 3DL，在 $d_4$点短路时，见图 2.1-7$d$，所有发电机及电力系统提供的短路电流都通过3DL，而在$d_5$点发生短路时，流过3DL的电流也是由这些电源提供，但却被电抗器的感抗所限制。因此，对3DL来说，在$d_4$点发生短路是最严重的。

由于电抗器与断路器之间连接的距离很短，电抗器和断路器之间的母线以及电抗器最初几匝上发生短路的可能性很小，故若按$d_4$点短路来选3DL，势必要选择断开容量较大的断路器，使配电装置的费用增加。绝大多数短路是配电线路的故障引起的，都在电抗器后面发生，按照《电力工程电气设计手册》中规定：对带电抗器的6～10 kV出线，除其母线与母线隔离开关之间隔板前的引线和套管的计算短路点应选择在电抗器前，其余导体和电器的计算短路一般选择在电抗器后。因此，对隔板前的引线及套管来说，$d_4$点应为计算短路点，而对断路器3DL来说，$d_5$点应为计算短路点。

**（三）短路电流的计算步骤**

短路电流的计算步骤如下：

(1) 画出计算三相短路电流用的计算电路和等值电抗(或阻抗)图，并标上要计算的短路点；

(2) 对电路中的每一元件编号，并按表2.1-11计算出电抗(或阻抗)值标在图上；

(3) 进行电路化简，逐步化简到短路点前只剩一个等效元件，自它的一端施以电势，另一端就是短路点，求出短路电流值，这一等效元件称为综合电抗(或阻抗)。如有多个电源时，可采用电抗网络转换来求得每一电源所提供的短路电流，然后加以综合。网络的简化和网络的变换可用表2.1-12。

**（四）无限大电源容量的短路电流计算**

在以电源容量为基准的计算电抗$X_{*js} \geqslant 3$，亦即远离发电机端的网络发生短路时，可认为是无限大电源容量的系统，短路电流周期分量在整个短路过程中不衰减，即$I'' = I_{0.2} = I_{zt} = I_K$，也就是说，0 s，0.2 s，任何时间$t$ s和稳态时$I_K$(或$I_\infty$)的周期分量有效值均相等。

1．用标幺值计算

当电源电势$U_P$、每相中的综合电抗为$X_{js}$时，则短路电流的周期分量为：

$$I_Z = \frac{U_P}{\sqrt{3} X_{js}}$$

而

$$X_{js} = \frac{U_p}{\sqrt{3} I_j} X_{*js}$$

故

$$I_Z = \frac{I_j}{X_{*js}} \tag{2.1-74}$$

或

$$S_Z = \frac{S_j}{X_{*js}} \tag{2.1-75}$$

式中 $U_P$——短路点所在电压级平均电压，kV；

$I_Z$——短路电流周期分量有效值，kA；

$I_j$——基准电流，kA；

$S_Z$——短路容量，MV·A；

$S_j$——基准容量，MV·A；

$X_{js}$——电源对短路点的综合电抗，Ω；

$X_{*js}$——电源对短路点的综合电抗标幺值。

如网络综合电阻$R_{*js} > \frac{1}{3} X_{*js}$时，则必须用综合阻抗$Z_{*js} = \sqrt{R_{*js}^2 + X_{*js}^2}$来代替公式2.1-74、公式2.1-75中的$X_{*js}$。

2. 用有名值计算

短路电流周期分量的有效值可按下式计算：

$$I_Z = I'' = \frac{U_P}{\sqrt{3}X_{js}} \tag{2.1-76}$$

如 $R_{js} > \frac{1}{3}X_{js}$时，则亦应计入综合电阻 $R_{js}$，用综合阻抗 $Z_{js} = \sqrt{R_{js}^2 + X_{js}^2}$来代替公式 2.1-76 中的 $X_{js}$。

故

$$I_Z = I'' = \frac{U_P}{\sqrt{3}Z_{js}} = \frac{U_P}{\sqrt{3}\sqrt{R_{js}^2 + X_{js}^2}} \tag{2.1-77}$$

**（五）有限电源容量的短路电流计算**

在以电源容量为基准的计算电抗 $X_{*js} < 3$ 时，可认为是有限电源容量的系统，在此网络内发生短路时，电源电压在短路发生后整个过渡过程内不能维持恒定，短路电流周期分量 $i_z$随之变化，此时要计入电源的内阻抗。

短路电流的变化与发电机的电参数和电压自动装置的特性有关，具体工程中一般采用运算曲线法计算短路过程某一时刻的短路电流周期分量。将电源对短路点至综合电抗标幺值 $\Sigma_{x*}$ 换算到以电源容量为基准的计算电抗 $X_{js}$值，查对应的发电机运算曲线或查对应的发电机运算曲线数字表，得到短路电流周期分量的标幺值，用下列公式计算短路 $t$ s后的周期分量有效值：

$$I_{zt} = I_* I_{rz} \tag{2.1-78}$$

式中　$I_{rz}$——发电机的额定电流。

各类发电机的运算曲线或运算曲线数字表见有关设计手册，例如《工业与民用配电设计手册》(第二版)p.103～107。

**（六）三相短路冲击电流和全电流最大有效值的计算**

如果在某相电压过零的瞬间突然发生三相短路，由于电流不能突变(Lenz 定律)，产生一短路电流的非周期分量，于是在起始的半周($t = 0.01$ s)内，出现短路冲击电流 $i_{ch}$，波形见图 2.1-8。

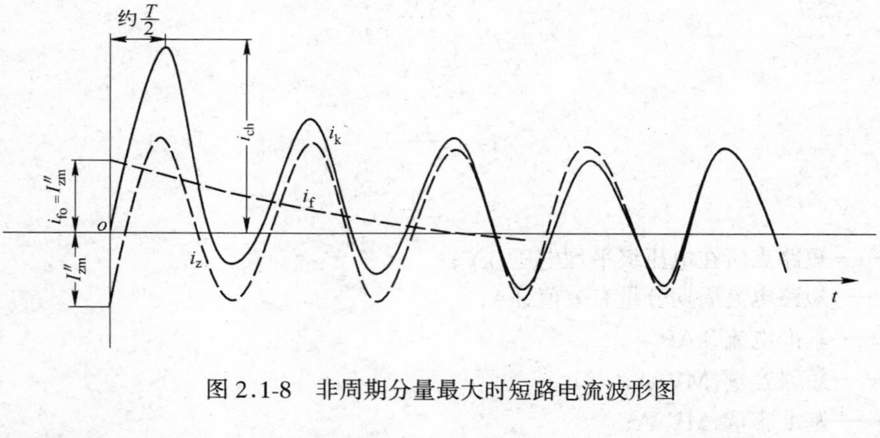


图 2.1-8　非周期分量最大时短路电流波形图

在短路电流的实用计算中，容许假设周期分量不衰减，则从图 2.1-8 可看出：

$$\begin{aligned} i_{ch} &= I''_{zm} + i_{fo}e^{-\frac{0.01}{T_a}} \\ &= I''_{zm} + I''_{zm}e^{-\frac{0.01}{T_a}} \\ &= (1 + e^{-\frac{0.01}{T_a}})I''_{zm} \end{aligned}$$

$$= K_{ch}\sqrt{2}I''_z \tag{2.1-79}$$

$$K_{ch} = 1 + e^{-\frac{0.01}{T_a}}$$

式中 $i_{ch}$——短路冲击电流,kA;

$I''_{zm}$——0 s时短路电流周期分量幅值,kA;

$i_{fo}$——0 s时非周期分量起始值,kA;

$I''_z$——0 s时短路电流有效值,kA;

$K_{ch}$——冲击系数。

冲击系数可按 $T_a = \frac{L}{R} = \frac{x}{\omega R}$ 来求出,当 $T_a = 0(L = 0)$ 时,$e^{-\infty} = 0$,当 $T_a = \infty(R = 0)$ 时,$e^0 = 1$,因此 $K_{ch}$ 值的变动范围为:

$$1 \leqslant K_{ch} \leqslant 2$$

一般短路点远离发电机时,$T_a$ 可取0.05 s,则 $K_{ch} = 1.8$,代入公式2.1-79,得

$$i_{ch} = 1.8\sqrt{2}I''_z = 2.55I''_z \tag{2.1-80}$$

三相短路第一周期全电流有效值 $I_{ch}$ 可按下式计算:

$$I_{ch} = \sqrt{(\text{交流有效值})^2 + (\text{直流值})^2}$$

由于

$$e^{-\frac{0.01}{T_a}} = K_{ch} - 1$$

故

$$I_{ch} = \sqrt{I''^2_z + (\sqrt{2}I''_z)^2(K_{ch} - 1)^2}$$

$$= \sqrt{I''^2_z + 2I''^2_z(K_{ch} - 1)^2}$$

$$= I''_z\sqrt{1 + 2(K_{ch} - 1)^2} \tag{2.1-81}$$

在 $K_{ch} = 1.8$ 的情况下

$$I_{ch} = 1.52I''_z \tag{2.1-82}$$

### (七)异步电动机对冲击短路电流的助增影响

在靠近短路点处接有高压异步电动机时,要将它们作为附加电源来考虑。但他们提供的短路电流衰减很快,在 $t > 0.01$ s时即可忽略不计,故只在计算冲击电流和短路最大有效值时才考虑。在下列情况下,可不考虑其助增影响:

(1) 异步电动机与短路点的连接已相隔一个变压器;

(2) 由异步电动机送出到短路点的短路电流所经过的元件(如线路、变压器等)与由系统送至短路点的短路电流是经过同一元件时。

由异步电动机提供的短路冲击电流 $i_{ch\cdot M}$(kA)可按下式计算:

$$i_{ch\cdot M} = 0.9\sqrt{2}K_{ch\cdot M}K_{qM}I_{rM} \tag{2.1-83}$$

计入异步电动机后的冲击短路电流 $i_{ch}$(kA)和短路全电流最大有效值 $I_{ch}$(kA),可按下式计算:

$$i_{ch} = i_{ch\cdot S} + i_{ch\cdot M} \tag{2.1-84}$$

$$I_{ch} = \sqrt{(I''_S + I''_M)^2 + 2[(K_{ch\cdot S} - 1)I''_S + (K_{ch\cdot M} - 1)I''_M]^2} \tag{2.1-85}$$

式中 $i_{ch\cdot S}$——由系统提供的短路冲击电流,kA;

$I''_S$——由系统提供的超瞬变短路电流,kA;

$I''_M$——由短路点附近的异步电动机提供的超瞬变短路电流,其值 $I''_M = 0.9K_{qM}I_{rM}$,如有多台异步电动机,则 $I''_M = 0.9K_{qM}\Sigma I_{rM}$,kA。

$K_{qM}$异步电动机的启动电流倍数，一般可取平均值6，亦可由产品样本查得，如有多台异步电动机，则应以等效电动机电流倍数$K'_{qM}$代之，

$$K'_{qM}=\frac{\sum(K_{qM}\cdot P_{rM})}{\sum P_{rM}} \tag{2.1-86}$$

式中 $P_{rM}$——异步电动机的额定功率，kW；

$I_{rM}$——异步电动机的额定电流，如有多台异步电动机，则应以各台电动机额定电流总和$\Sigma I_{rM}$代之；

$K_{ch\cdot S}$——由系统提供的短路电流冲击系数；

$K_{ch\cdot M}$——由电动机提供的短路电流冲击系数，一般可取1.4～1.7，准确数据可查电力设计手册的曲线。例如《工业与民用配电设计手册》(第二版)p.116图4-14。

## 四、低压系统短路电流计算

对于低压380/220 V网络，我们要计算三相短路和单相短路(包括单相接地故障)的短路电流。三相短路是对称的短路，元件阻抗是指元件的相阻抗，即正序阻抗。单相短路是不对称短路，在TN系统中，单相接地短路时短路电流由相线与保护中性线(TN-C中的PEN线)或保护线(TN-S中的PE线)构成回路。遇到阻抗称为相保阻抗。对于相线与中性线N的短路，在TN-C系统，与单相接地短路是一样的，因PE与N是合一的，在TN-S系统，计算换用相线-中性线回路的相保阻抗即可，一般单相接地故障(例如碰壳故障)要比相线与中性线故障的机率高得多。

### (一) 计算条件

高压系统短路电流假设条件和计算条件，同样适用于低压系统，但低压系统尚有以下特点：

(1) 配电变压器的电源按无限大容量考虑；

(2) 要计入各元件的电阻并采用有名值来计算；

(3) 电路电阻较大，非周期分量衰减较快，一般可不考虑非周期分量；

(4) 配电线路电阻的计算温度，在计算三相最大电流时，导体计算温度取20℃；在计算单相短路时，取20℃时的1.5倍；

(5) 计算电压$cu_n$的电压系数$c$，按《三相交流系统短路电流计算》GB/15544—1995规程规定，计算最大短路电流系统取1.0，而计算最小短路电流系统取0.95。$u_n$为系统标称电压，线电压为380 V。

### (二) 电路元件阻抗的计算

1. 高压系统阻抗

高压系统阻抗$Z_S$(mΩ)可按下式计算：

$$Z_S=\frac{(cu_n)^2}{S''_S}\times10^3 \tag{2.1-87}$$

式中 $u_n$——变压器低压侧标称线电压，0.38 kV；

$S''_S$——变压器高压侧系统短路容量，MV·A；

$c$——电压系数。

系统电阻$R_S$(mΩ)和系统电抗$X_S$(mΩ)可按下式计算

$$R_S=0.1X_S \tag{2.1-88}$$

$$X_S=0.995Z_S \tag{2.1-89}$$

无论D，$yn_{11}$或Y，$yn_0$接线的变压器，低压侧发生单相短路，零序电流均不能在三相三线制且中性点又不接地的高压系统中流过，高压侧对于零序电流相当于开路，可不计高压系统的零序阻抗。又由于短路点离发电机较远，可认为所有元件的负序阻抗等于正序阻抗，故高压系统的相保

电阻 $R_{\varphi\varphi S}$(mΩ)及相保电抗 $X_{\varphi\varphi S}$(mΩ)可按下式计算:

$$R_{\varphi\varphi S}=\frac{1}{3}(R_{(1)S}+R_{(2)S}+R_{(0)S})=\frac{2R_S}{3} \qquad (2.1\text{-}90)$$

$$X_{\varphi\varphi S}=\frac{1}{3}(X_{(1)S}+X_{(2)S}+X_{(0)S})=\frac{2X_S}{3} \qquad (2.1\text{-}91)$$

式中 $R_{(1)S}$、$R_{(2)S}$、$R_{(0)S}$——系统的正序、负序和零序电阻,mΩ;

$X_{(1)S}$、$X_{(2)S}$、$X_{(0)S}$——系统的正序、负序和零序电抗,mΩ。

2. 配电变压器阻抗

每相正(负)序电阻和电抗可按下式计算:

$$R_T=\frac{\Delta P_d u_r^2}{S_r^2}\times 10^6 \qquad (2.1\text{-}92)$$

$$X_T=\frac{10u_x\% u_r^2}{S_r}\times 10^3 \qquad (2.1\text{-}93)$$

$$u_x\%=\sqrt{(u_k\%)^2-(u_r\%)^2} \qquad (2.1\text{-}94)$$

$$u_r\%=\frac{\Delta P_d}{10S_r} \qquad (2.1\text{-}95)$$

式中 $R_T$——变压器相电阻,mΩ;

$X_T$——变压器相电抗,mΩ;

$\Delta P_d$——变压器负载损耗,kW;

$S_r$——变压器额定容量,kV·A;

$u_r$——变压器额定线电压,kV;

$u_k\%$——变压器阻抗电压百分数;

$u_r\%$——变压器电阻电压百分数;

$u_x\%$——变压器电抗电压百分数。

变压器的零序电阻和电抗,对于D,$yn_{11}$接线来说,可考虑等于其正(负)序电阻和电抗,但Y,$yn_0$接线变压器需由制造厂通过测试提供。

变压器的相保电阻 $R_{\varphi\varphi T}$(mΩ)和相保电抗 $X_{\varphi\varphi T}$(mΩ)可按下式计算:

$$R_{\varphi\varphi T}=\frac{1}{3}(R_{(1)T}+R_{(2)T}+R_{(0)T}) \qquad (2.1\text{-}96)$$

$$X_{\varphi\varphi T}=\frac{1}{3}(X_{(1)T}+X_{(2)T}+X_{(0)T}) \qquad (2.1\text{-}97)$$

式中 $R_{(1)T}$、$R_{(2)T}$、$R_{(0)T}$——变压器的正序、负序和零序电阻,mΩ;

$X_{(1)T}$、$X_{(2)T}$、$X_{(0)T}$——变压器的正序、负序和零序电抗,mΩ。

3. 低压母线阻抗

(1) 母线交流电阻 $R_m$(mΩ)可按下式计算:

$$R_m=K_{jf}K_{lf}\rho_{20}\frac{L}{A}\times 10^3 \qquad (2.1\text{-}98)$$

式中 $K_{jf}$——集肤效应系数,见电力设计手册,例如《钢铁企业电力设计手册》(上册)p.549 表 13-15;

$K_{lf}$——邻近效应系数,取 1.03;

$\rho_{20}$——20℃时的电阻率,铜母线取 0.0172 Ω·mm²/m,铝母线取 0.0282 Ω·mm²/m;

$L$——母线长度,m;

$A$——母线截面,$mm^2$。

若取 $L=1$ m,则每米长度的交流电阻 $R'_m$(mΩ/m)为:

$$R'_m=1.03\times K_{jf}\frac{\rho_{20}}{A}\times 10^3$$

对于相母线 $R'_{\varphi m}$(mΩ/m):

$$R'_{\varphi m}=1.03\times K_{jf}\frac{\rho_{20}}{A_\varphi}\times 10^3 \tag{2.1-99}$$

对于保护母线 $R'_{\rho m}$(mΩ/m):

$$R'_{\rho m}=1.03\times K_{jf}\frac{\rho_{20}}{A_\rho}\times 10^3 \tag{2.1-100}$$

式中　$A_\varphi$——相母线截面,$mm^2$;

$A_\rho$——保护母线截面,$mm^2$。

(2) 单位长度母线的相保电阻 $R'_{\varphi\rho m}$(mΩ/m)可按下式计算:

$$R'_{\varphi\rho m}=\frac{1}{3}(R'_{\varphi(1)m}+R'_{\varphi(2)m}+R'_{\varphi(0)m}+R'_{\rho(0)m})$$

因

$$R'_{\varphi(1)m}=R'_{\varphi(2)m}=R'_{\varphi(0)m}=R'_{\varphi m}$$

$$R'_{\rho(0)m}=3R'_{\rho m}$$

故

$$R'_{\varphi\rho m}=\frac{1}{3}(3R'_{\varphi m}+3R'_{\rho m})$$

$$=R'_{\varphi m}+R'_{\rho m} \tag{2.1-101}$$

式中　$R'_{\varphi(1)m}$——相母线正序电阻,mΩ/m;

$R'_{\varphi(2)m}$——相母线负序电阻,mΩ/m;

$R'_{\varphi(0)m}$——相母线零序电阻,mΩ/m;

$R'_{\rho(0)m}$——保护母线零序电阻,mΩ/m。

(3) 母线电抗 $X_m$(mΩ)可按下式计算:

$$X_m=\omega L_m=100\pi L_m\times 10^3$$

而

$$L_m=\frac{\mu_0 L}{2\pi}\ln\frac{D_{\varphi\varphi}}{D_{\varphi Z}}$$

$$\mu_0=4\pi\times 10^{-7}$$

故

$$X_m=100\pi\frac{4\pi\times 10^{-7}}{2\pi}\times 10^3\times L\ln\frac{D_{\varphi\varphi}}{D_{\varphi Z}}$$

取 $L=1$ m,则每米长度母线的电感 $X'_m$(mΩ/m)为:

$$X'_m=200\pi\times 10^{-4}\times 2.303\lg\frac{D_{\varphi\varphi}}{D_{\varphi Z}}$$

$$=0.145\lg\frac{D_{\varphi\varphi}}{D_{\varphi Z}} \tag{2.1-102}$$

式中　$L_m$——母线电感,H;

$\mu_0$——空气的导磁系数为　$4\pi\times 10^{-7}H/m$;

$D_{\varphi\varphi}$——相母线间互几何均距,cm;$D_{\varphi\varphi}=\sqrt[3]{D_{AB}D_{BC}D_{CA}}$,$D_{AB}$、$D_{BC}$、$D_{CA}$为三相母线相互之间的距离,cm;

$D_{\varphi Z}$——相母线自几何均距,cm;$D_{\varphi Z}=0.224(h+b)$,$h$、$b$ 为母线的厚度和宽度,cm。

(4) 单位长度母线的相保电抗 $X'_{\varphi\rho m}$(mΩ/m)可按下式计算:

$$X'_{\varphi\rho m}=\frac{1}{3}(X'_{\varphi(1)m}+X'_{\varphi(2)m}+X'_{\varphi(0)m}+X'_{\rho(0)m})$$

因
$$X'_{\varphi(1)m}=X'_{\varphi(2)m}=X'_{\varphi m}$$

$$X'_{\varphi(0)m}=3\times0.145\lg\frac{D_{\varphi\rho}}{\sqrt[3]{D_{\varphi Z}D_{\varphi\varphi}^{2}}}$$

$$X'_{\rho(0)m}=3\times0.145\lg\frac{D_{\varphi\rho}}{D_{PZ}}$$

故
$$X'_{\varphi\rho m}=\frac{1}{3}\left[2X'_{\varphi m}+0.435\lg\frac{D_{\varphi\rho}}{\sqrt[3]{D_{\varphi Z}D_{\varphi\varphi}^{2}}}+0.435\lg\frac{D_{\varphi\rho}}{D_{PZ}}\right]\tag{2.1-103}$$

式中 $X'_{\varphi(1)m}$——相母线正序电抗，mΩ/m；

$X'_{\varphi(2)m}$——相母线负序电抗，mΩ/m；

$X'_{\varphi(0)m}$——相母线零序电抗，mΩ/m；

$X'_{\rho(0)m}$——保护母线零序电抗，mΩ/m；

$D_{\varphi\rho}$——相母线至保护母线的互几何均距，cm；$D_{\varphi\rho}=\sqrt[3]{D_{AP}D_{BP}D_{CP}}$，$D_{AP}$、$D_{BP}$、$D_{CP}$为相母线与保护母线间的距离，cm；

$D_{PZ}$——保护母线自几何均距，cm；$D_{\varphi Z}=0.224(b+h)$，cm。

当每相为两片母线时，如图 2.1-9*c* 所示，则

$$D_{\varphi Z}=\sqrt{2h\times0.224(b+h)}$$

母线排列尺寸如图 2.1-9 所示。

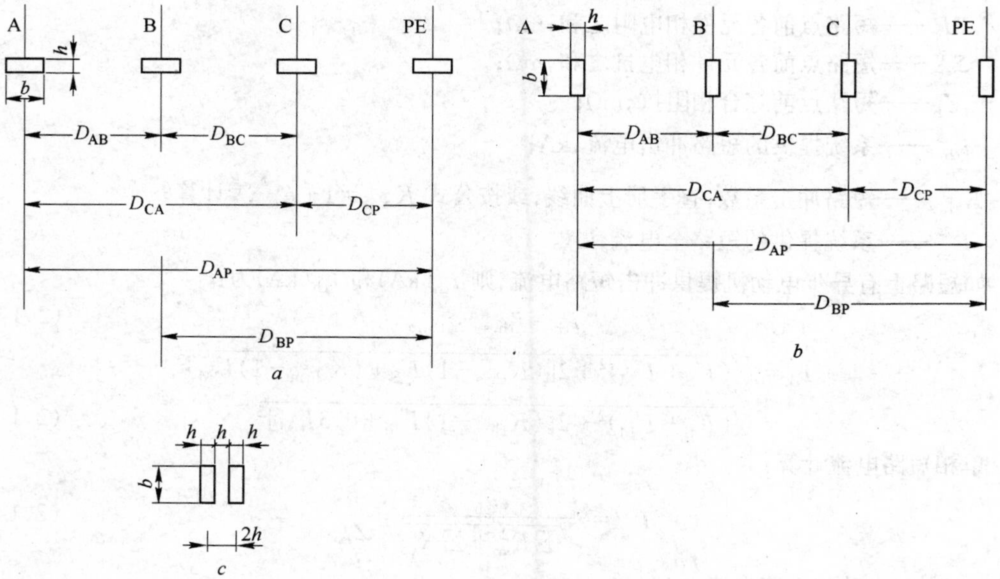


图 2.1-9 母线排列尺寸图

*a*—母线平放；*b*—母线竖放；*c*—每相两片母线

图上所示 PE 与相母线排列在同一水平，如不在同一水平，则与相母线之间尺寸要根据 PE 母线的位置具体计算。

4. 配电线路阻抗

各类导线或电缆配线的电阻与电抗值,可从《工业与民用配电设计手册》(第二版)p.135～137页上的表格中查得,按计算条件中确定,导线或电缆的相保电阻计算温度取20℃时的1.5倍,即 $R'_{\varphi pL}=1.5(R'_{\varphi L}+R'_{\rho L})$。

**(三) 异步电动机对冲击短路电流的助增**

如满足下列条件,则在计算三相短路电流时,要考虑接在短路点异步电动机对冲击短路电流的助增。

$$\sum I_{m}\geqslant 0.01I'' \tag{2.1-104}$$

式中　$\Sigma I_{m}$——提供短路冲击电流的电动机额定电流总和,kA;

$I''$——短路点三相短路电流值,kA。

如条件成立,则该冲击电流可按公式2.1-83来计算,但低压异步电动机短路电流冲击系数 $K_{ch.m}$ 取1.3,其余部分与高压系统相同。

**(四) 三相与单相短路电流计算**

三相短路电流计算:

$$I''_{S}=\frac{cu_{n}}{\sqrt{\sum R^{2}+\sum X^{2}}}=\frac{cu_{n}}{Z_{K}} \tag{2.1-105}$$

$$i_{ch\cdot s}=\sqrt{2}K_{ch\cdot s}I''_{S} \tag{2.1-106}$$

$$I_{ch\cdot s}=\sqrt{1+2(K_{ch\cdot s}-1)^{2}}I''_{S} \tag{2.1-107}$$

式中　$I''_{S}$——系统提供的超瞬变短路电流,kA;

$\Sigma R$——短路点前各元件相电阻之和,mΩ;

$\Sigma X$——短路点前各元件相电抗之和,mΩ;

$Z_{K}$——短路点前综合相阻抗,mΩ;

$i_{ch.s}$——系统提供的短路冲击电流,kA;

$K_{ch.s}$——短路冲击系数,查手册上曲线,或按公式 $K_{ch.s}=1+e^{-\frac{\pi\Sigma R}{\Sigma X}}$ 计算;

$I_{ch.s}$——系统提供的短路全电流,kA。

如短路上有异步电动机提供冲击短路电流,则 $i_{ch}$(kA)和 $I_{ch}$(kA)为:

$$i_{ch}=i_{ch.s}+i_{ch.m} \tag{2.1-108}$$

$$\begin{aligned}I_{ch}&=\sqrt{(I''_{S}+I''_{M})^{2}+2[(K_{ch\cdot s}-1)I''_{S}+(K_{ch\cdot m}-1)I''_{M}]^{2}}\\&=\sqrt{(I''_{S}+I''_{M})^{2}+2[(K_{ch\cdot s}-1)I''_{M}+0.3I''_{M}]^{2}}\end{aligned} \tag{2.1-109}$$

单相短路电流计算:

$$I^{(1)}=\frac{cu_{n}}{\sqrt{\sum R_{\varphi\varphi}^{2}+\sum X_{\varphi\varphi}^{2}}}=\frac{cu_{n}}{Z_{\varphi\varphi}} \tag{2.1-110}$$

式中　$I^{(1)}$——单相短路电流,kA;

$\sum R_{\varphi\varphi}$——短路点前各元件相保电阻之和,mΩ;

$\sum X_{\varphi\varphi}$——短路点前各元件相保电抗之和,mΩ;

$Z_{\varphi\varphi}$——短路点前综合相保阻抗,mΩ。

公式2.1-105和2.1-110中的电压系数 $c$ 按国标规定:计算最大短路电流系数取1.0;计算最小短路电流系数取0.95。

## 五、短路电流计算示例

**例 1**　请用标幺值进行图 2.1-10 中各短路点的短路参数计算。

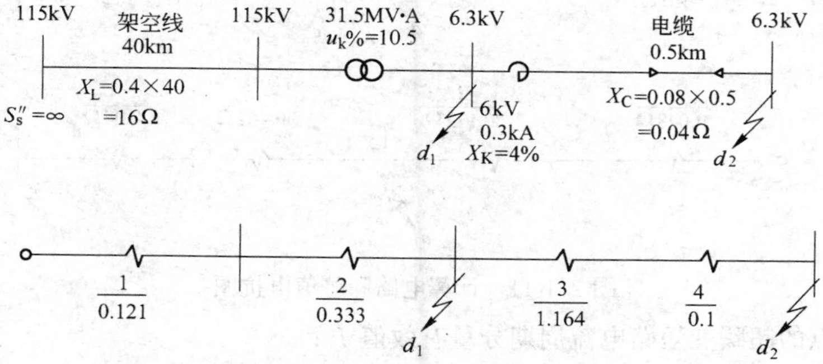


图 2.1-10　计算电路和等值电抗图

(1) 求:$d_1$点前的综合电抗标幺值;
(2) 求:$d_2$点前的综合电抗标幺值;
(3) 求:$d_1$点的超瞬变短路电流周期分量有效值 $I''$;
(4) 求:$d_2$点的超瞬变短路电流周期分量有效值 $I''$;
(5) 求:$d_2$点的短路容量 $S''$。

计算过程:

取 $S_j=100$ MV·A

$$X_1=X_{*L}=X_L\frac{S_j}{U_j^2}=16\times\frac{100}{115^2}=0.121\quad(\text{按表 2.1-11})$$

$$X_2=X_{*T}=\frac{u_k\%}{100}\times\frac{S_j}{S_r}=\frac{10.5}{100}\times\frac{100}{31.5}=0.333\quad(\text{按表 2.1-11})$$

$$X_3=X_{*K}=\frac{X_K\%}{100}\times\frac{U_r}{I_r}\times\frac{I_j}{U_j}=\frac{4}{100}\times\frac{6}{0.3}\times\frac{9.16}{6.3}=1.164\quad(\text{按表 2.1-11})$$

$$X_4=X_{*c}=X_c\frac{S_j}{U_j^2}=0.04\times\frac{100}{6.3^2}=0.1\quad(\text{按表 2.1-11})$$

解(1)
$$\sum X_*=X_1+X_2=0.121+0.333=0.454$$

解(2)
$$\sum X_*=(X_1+X_2)+X_3+X_4=0.454+1.164+0.1=1.718$$

解(3)
$$I_j=\frac{S_j}{\sqrt{3}U_j}=\frac{100}{\sqrt{3}\times6.3}=9.16(\text{kA})$$

$$d_1\text{ 点的 }I''=\frac{I_j}{X_1+X_2}=\frac{9.16}{0.454}=20.17(\text{kA})\quad(\text{按公式 2.1-73})$$

解(4) $d_2$ 点的 $I''=\dfrac{I_j}{X_1+X_2+X_3+X_4}=\dfrac{9.16}{1.718}=5.33(\text{kA})$　(按公式 2.1-73)

解(5)
$$S''=\sqrt{3}U_jI''=\sqrt{3}\times6.3\times5.33=58.2(\text{MV·A})$$

**例 2**　请用有名值计算图 2.1-11 中各短路点的短路参数。

(1) 求:$d_1$点前综合电抗有名值;
(2) 求:$d_2$点前综合电抗有名值;

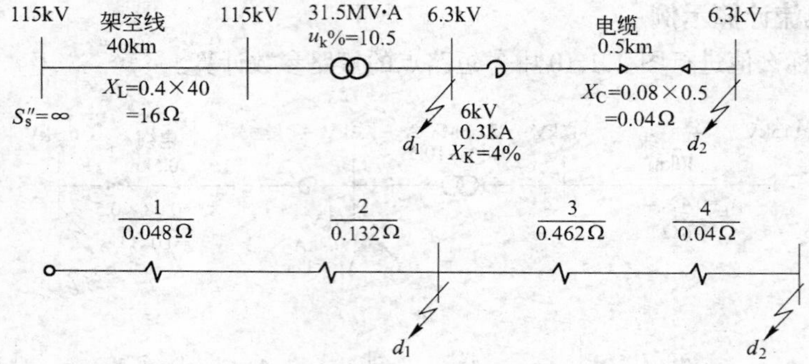


图 2.1-11　计算电路和等值电抗图

(3) 求：$d_1$点的超瞬变短路电流周期分量有效值 $I''$；

(4) 求：$d_2$点的超瞬变短路电流周期分量有效值 $I''$；

(5) 求：$d_2$点的短路容量 $S''$。

计算过程：

$$X_1 = X_L = X_L \frac{U_{j2}^2}{U_{j1}^2} = 16 \times \frac{6.3^2}{115^2} = 0.048(\Omega) \quad (按表 2.1\text{-}11)$$

$$X_2 = X_T = \frac{u_k\%}{100} \times \frac{U_r^2}{S_r} = \frac{10.5}{100} \times \frac{6.3^2}{31.5} = 0.132(\Omega) \quad (按表 2.1\text{-}11)$$

$$X_3 = X_K = \frac{X_K\%}{100} \times \frac{U_r}{\sqrt{3} I_r} = \frac{4}{100} \times \frac{6}{\sqrt{3} \times 0.3} = 0.462(\Omega) \quad (按表 2.1\text{-}11)$$

$$X_4 = X_C = 0.04(\Omega)$$

解(1) $\sum X = X_1 + X_2 = 0.048 + 0.132 = 0.18(\Omega)$

解(2) $\sum X = (X_1 + X_2) + X_3 + X_4 = 0.18 + 0.462 + 0.04 = 0.682(\Omega)$

解(3) $d_1$点的 $I'' = \dfrac{U_j}{\sqrt{3}(X_1 + X_2)} = \dfrac{6.3}{\sqrt{3} \times 0.18} = 20.2(\text{kA})$　(按公式 2.1-76)

解(4) $d_2$点的 $I'' = \dfrac{U_j}{\sqrt{3}(X_1 + X_2 + X_4 + X_5)} = \dfrac{6.3}{\sqrt{3} \times 0.682} = 5.33(\text{kA})$　(按公式 2.1-76)

解(5) $S'' = \sqrt{3} U_j I'' = \sqrt{3} \times 6.3 \times 5.33 = 58.2(\text{MV·A})$

**例 3**　某变电所主接线如图 2.1-12 所示。

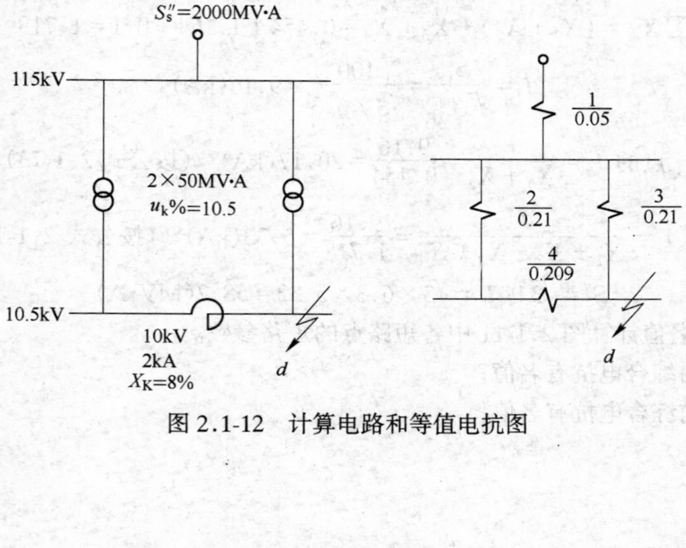


图 2.1-12　计算电路和等值电抗图

(1) 求：$d$ 点前的综合电抗标幺值；
(2) 求：$d$ 点的超瞬变短路电流周期分量有效值 $I''$；
(3) 求：$d$ 点的短路全电流最大有效值 $I_{ch}$；
(4) 求：$d$ 点的短路冲击电流 $i_{ch}$；
(5) 求：$d$ 点的短路容量 $S''$。

计算过程：

取 $S_j = 100\ \text{MV·A}, K_{ch} = 1.8$

$$X_1 = X_{*S} = \frac{S_j}{S''_S} = \frac{100}{2000} = 0.05 \quad (按表 2.1\text{-}11)$$

$$X_2 = X_3 = X_{*T} = \frac{u_k\%}{100} \times \frac{S_j}{S_r} = \frac{10.5}{100} \times \frac{100}{50} = 0.21 \quad (按表 2.1\text{-}11)$$

$$X_4 = X_{*K} = \frac{X_K\%}{100} \times \frac{U_r}{I_r} \times \frac{I_j}{U_j} = \frac{8}{100} \times \frac{10}{2} \times \frac{5.5}{10.5} = 0.209 \quad (按表 2.1\text{-}11)$$

解(1) $\sum X_* = X_1 + \dfrac{(X_2 + X_4)X_3}{X_2 + X_4 + X_3} = 0.05 + \dfrac{(0.21 + 0.209) \times 0.21}{0.21 + 0.209 + 0.21} = 0.19$

解(2)

$$I_j = \frac{S_j}{\sqrt{3}U_j} = \frac{100}{\sqrt{3} \times 10.5} = 5.5(\text{kA})$$

$$I'' = \frac{I_j}{\sum X_*} \times \frac{5.5}{0.19} = 28.95(\text{kA}) \quad (按公式 2.1\text{-}74)$$

解(3) $I_{ch} = \sqrt{1 + 2(K_{ch} - 1)^2}\, I'' = 1.52 \times 28.95 = 44(\text{kA})$ (按公式 2.1-81)

解(4) $i_{ch} = K_{ch}\sqrt{2}\, I'' = 2.55 \times 28.95 = 73.82(\text{kA})$ (按公式 2.1-79)

解(5) $S'' = \sqrt{3}\, U_j I'' = \sqrt{3} \times 10.5 \times 28.95 = 526.5(\text{MV·A})$

**例 4** 某变电所的简化接线如图 2.1-13 所示，计算短路点 $d$ 时要考虑异步电动机对短路电流的助增。

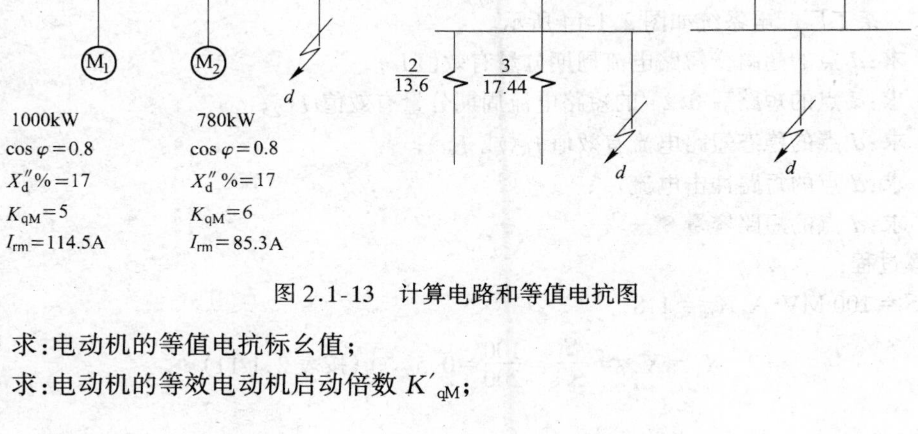

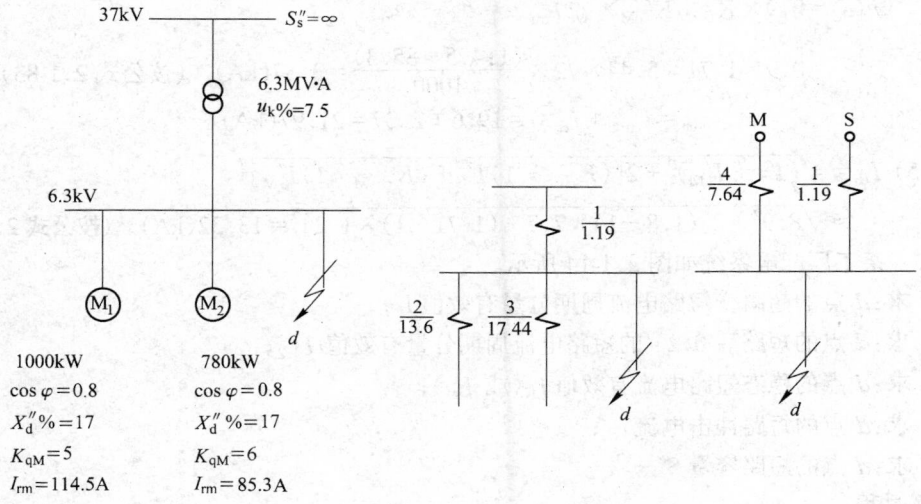


图 2.1-13 计算电路和等值电抗图

(1) 求：电动机的等值电抗标幺值；
(2) 求：电动机的等效电动机启动倍数 $K'_{qM}$；

(3) 求：$d$ 点总的超瞬变短路电流周期分量有效值 $I''$；

(4) 求：$d$ 点总的短路冲击电流 $i_{ch}$；

(5) 求：$d$ 点总的短路全电流最大有效值 $I_{ch}$。

计算过程：

取 $S_j = 100\ \text{MV·A}, K_{ch \cdot S} = 1.8, K_{ch \cdot M}$ 查手册曲线得 1.71。

$$X_1 = X_{*T} = \frac{u_K\%}{100} \times \frac{S_j}{S_r} = \frac{7.5}{100} \times \frac{100}{6.3} = 1.19 \qquad (\text{按表 } 2.1\text{-}11)$$

$$X_2 = X_{*M1} = \frac{X''_d\%}{100} \times \frac{S_j}{S_r} = \frac{17}{100} \times \frac{100}{\frac{1}{0.8}} = 13.6 \qquad (\text{按表 } 2.1\text{-}11)$$

$$X_3 = X_{*M2} = 0.17 \times \frac{100}{\frac{0.78}{0.8}} = 17.44 \qquad (\text{按表 } 2.1\text{-}11)$$

解(1) $\sum X_{*M} = \dfrac{X_{*M1} X_{*M2}}{X_{*M1} + X_{*M2}} = \dfrac{13.6 \times 17.44}{13.6 + 17.44} = 7.64$

解(2) $K'_{qM} = \dfrac{\sum (K_{qM} P_{rM})}{\sum P_{rM}} = \dfrac{5 \times 1000 + 6 \times 780}{1000 + 780} = 5.44$ （按公式 2.1-86）

解(3) $I_j = \dfrac{S_j}{\sqrt{3} U_j} = \dfrac{100}{\sqrt{3} \times 6.3} = 9.16(\text{kA})$

$I''_S = \dfrac{I_j}{X_{*T}} = \dfrac{9.16}{1.19} = 7.7(\text{kA})$ （按公式 2.1-74）

$I''_M = \dfrac{I_j}{\sum X_{*M}} = \dfrac{9.16}{7.64} = 1.2(\text{kA})$ （按公式 2.1-75）

$I'' = I''_S + I''_M = 7.7 + 1.2 = 8.9(\text{kA})$

解(4) $i_{ch \cdot S} = K_{ch \cdot S} \sqrt{2} I'' = 1.8 \times \sqrt{2} \times 7.7 = 19.6(\text{kA})$ （按公式 2.1-79）

$$i_{ch \cdot M} = 0.9 \times K_{ch \cdot M} K'_{qM} \times \sqrt{2} I_{rm}$$
$$= 0.9 \times 1.71 \times 5.44 \times \sqrt{2} \times \frac{(114.5 + 85.3)}{1000} = 2.37(\text{kA}) \quad (\text{按公式 } 2.1\text{-}83)$$
$$i_{ch} = i_{ch \cdot S} + i_{ch \cdot M} = 19.6 + 2.37 = 21.97(\text{kA})$$

解(5) $I_{ch} = \sqrt{(I''_S + I''_M)^2 + 2[(K_{ch \cdot S} - 1) I''_S + (K_{ch \cdot M} - 1) I''_M]^2}$

$= \sqrt{8.9^2 + 2[(1.8 - 1) \times 7.7 + (1.71 - 1) \times 1.2]^2} = 13.32(\text{kA})$ （按公式 2.1-85）

**例 5** 某工厂配电系统如图 2.1-14 所示。

(1) 求：$d$ 点的超瞬变短路电流周期分量有效值 $I''$；

(2) 求：$d$ 点的短路后 0.2 s 的短路电流周期分量有效值 $I_{0.2}$；

(3) 求：$d$ 点的稳态短路电流有效值 $I_K$（或 $I_\infty$）；

(4) 求：$d$ 点的短路冲击电流 $i_{ch}$；

(5) 求：$d$ 点的短路容量 $S''$。

计算过程：

取 $S_j = 100\ \text{MV·A}, K_{ch} = 1.8$

$$X_1 = X_{*S} = \frac{S_j}{S'_S} = \frac{100}{200} = 0.5 \qquad (\text{按表 } 2.1\text{-}11)$$

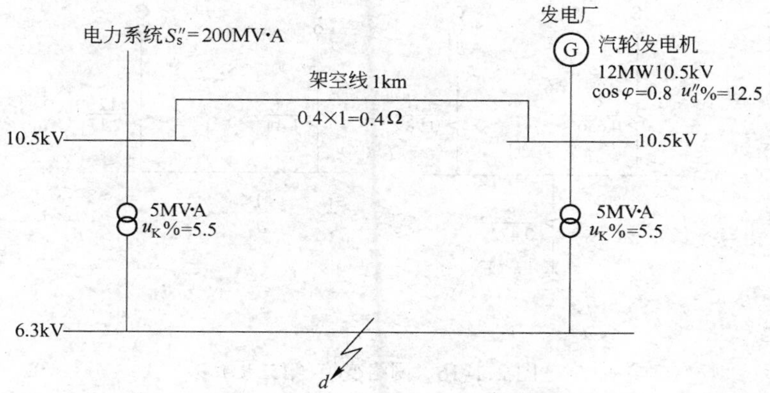


图 2.1-14　某厂配电系统图

$$X_2 = X_{*G} = \frac{X_d\%}{100} \times \frac{S_j}{S_r} = \frac{12.5}{100} \times \frac{100}{\frac{12}{0.8}} = 0.833 \qquad (\text{按表 2.1-11})$$

$$X_3 = X_4 = X_{*T} = \frac{U_K\%}{100} \times \frac{S_j}{S_r} = \frac{5.5}{100} \times \frac{100}{5} = 1.1 \qquad (\text{按表 2.1-11})$$

$$X_5 = X_{*L} = X_L \frac{S_j}{U_j^2} = 0.4 \times \frac{100}{10.5^2} = 0.363 \qquad (\text{按表 2.1-11})$$

先将 $X_3$、$X_4$、$X_5$组成的△形变换为丫形(按表 2.1-12),见图 2.1-15。

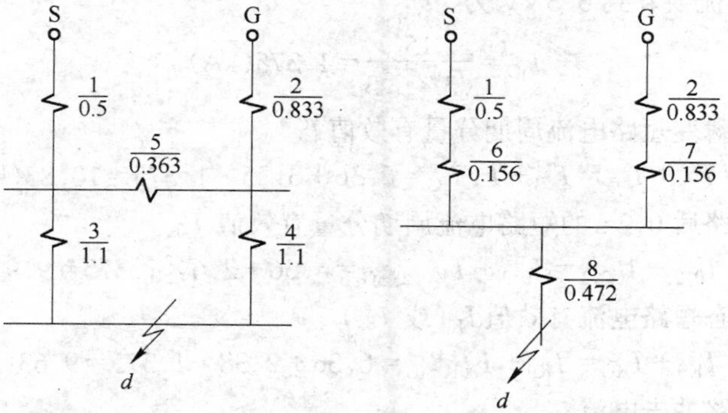


图 2.1-15　网络变换(第一步)

$$X_6 = X_7 = \frac{X_5 X_3}{X_3 + X_4 + X_5} = \frac{X_5 X_4}{X_3 + X_4 + X_5} = \frac{0.363 \times 1.1}{0.363 + 1.1 + 1.1} = 0.156$$

$$X_8 = \frac{X_3 X_4}{X_3 + X_4 + X_5} = \frac{1.1 \times 1.1}{0.363 + 1.1 + 1.1} = 0.472$$

再将 $X_1$、$X_6$合并,$X_2$、$X_7$合并,得:

$$X_9 = X_1 + X_6 = 0.5 + 0.156 = 0.656$$

$$X_{10} = X_2 + X_7 = 0.833 + 0.156 = 0.989$$

将 $X_8$、$X_9$、$X_{10}$叉形电路变换为非叉形(按表 2.1-12),见图 2.1-16。

$$X_{11} = X_9 + X_8 + \frac{X_9 X_8}{X_{10}} = 0.656 + 0.472 + \frac{0.656 \times 0.472}{0.989} = 1.44$$

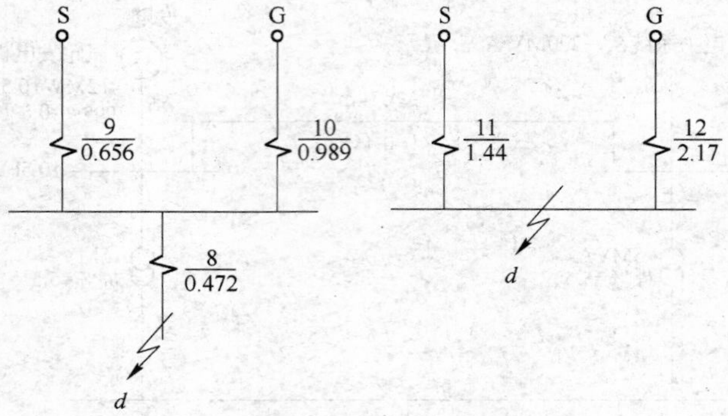


图 2.1-16　网络变换(第二步)

$$X_{12}=X_{10}+X_8+\frac{X_{10}X_8}{X_9}=0.989+0.472+\frac{0.989\times0.472}{0.656}=2.17$$

由电力系统供电的按无限大容量计算:

即　$$I''_{S}=I_{0.2}=I_K=\frac{\frac{S_j}{\sqrt{3}U_j}}{X_{11}}=\frac{9.16}{1.44}=6.36(\text{kA})\qquad(\text{按公式 2.1-74})$$

将 $X_{12}$ 电抗换算至以发电机容量为基准的电抗

$X_{js}=X_{12}\times\frac{S_{rG}}{S_j}=2.17\times\frac{15}{100}=0.326<3$,故为有限电源容量系统计算。

查手册曲线,得 $I_*=3.25$,$I_{*0.2}=2.6$,$I_{*K}=2.38$。

发电机的额定电流换算到 6.3 kV 为

$$I_{rG}=\frac{15}{\sqrt{3}\times6.3}=1.375(\text{kA})$$

解(1) $d$ 点的超瞬变短路电流周期分量有效值 $I''$

$$I''=I''_S+I''_G=I''_S+I_*I_{rG}=6.36+3.25\times1.375=10.83(\text{kA})$$

解(2) $d$ 点的短路后 0.2 s 的短路电流周期分量有效值 $I''_{0.2}$

$$I''_{0.2}=I_{0.2}+I_{G0.2}=I_{0.2}+I_{*0.2}I_{rG}=6.36+2.6\times1.375=9.94(\text{kA})$$

解(3) $d$ 点的稳态短路电流有效值 $I_K$(或 $I_\infty$)

$$I_K=I_{KS}+I_{KG}=I_{KS}+I_{*K}I_{rG}=6.36+2.38\times1.375=9.63(\text{kA})$$

解(4) $d$ 点的短路冲击电流 $i_{ch}$

$$i_{ch}=i_{ch\cdot S}+i_{ch\cdot G}=\sqrt{2}K_{ch}I''=\sqrt{2}\times1.8\times10.83=27.62(\text{kA})$$

解(5) $d$ 点的短路容量 $S''$

$$S''=\sqrt{3}U_jI''=\sqrt{3}\times6.3\times10.83=118.18(\text{MV}\cdot\text{A})$$

**例 6**　有一配电变压器系统如图 2.1-17 所示。

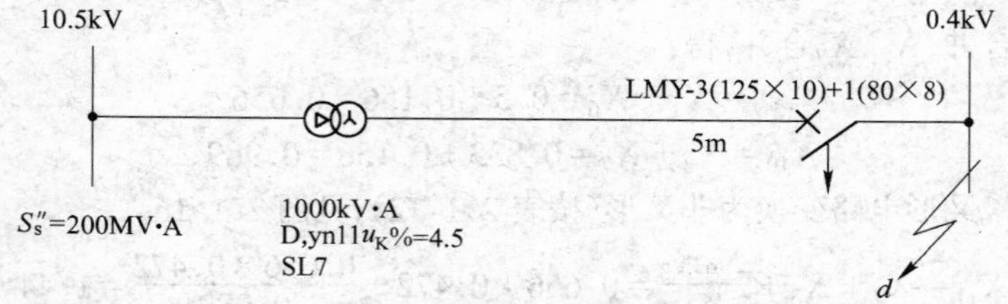


图 2.1-17　某配电变压器系统图

已知:查《工业与民用配电设计手册》(第二版)p.129 表 4-28、p.130 表 4-29、p.133 表 4-32 所得。

高压侧系统:$R_S=0.08\,(\text{m}\Omega)$,$X_S=0.8(\text{m}\Omega)$

$R_{\varphi\varphi\cdot S}=0.05(\text{m}\Omega)$,$X_{\varphi\varphi\cdot S}=0.53(\text{m}\Omega)$

变压器:$R_T=1.9(\text{m}\Omega)$,$X_T=7.0(\text{m}\Omega)$

$R_{\varphi\varphi\cdot T}=1.9(\text{m}\Omega)$,$X_{\varphi\varphi\cdot T}=7.0(\text{m}\Omega)$

二次母线:$R'_m=0.028(\text{m}\Omega)$,$X'_m=0.17(\text{m}\Omega)$

$R'_{\varphi\varphi\cdot m}=0.078(\text{m}\Omega)$,$X'_{\varphi\varphi\cdot m}=0.369(\text{m}\Omega)$

5 m 长为:$R_m=0.028\times5=0.14(\text{m}\Omega)$,$X_m=0.17\times5=0.85(\text{m}\Omega)$

$R_{\varphi\varphi\cdot m}=0.078\times5=0.39(\text{m}\Omega)$,$X_{\varphi\varphi\cdot m}=0.369\times5=1.85(\text{m}\Omega)$

冲击系数:$K_{ch\cdot S}=1.47\left(\text{因}\dfrac{\sum X}{\sum R}=\dfrac{0.8+7.0+0.85}{0.08+1.9+0.14}=4.08\right)$,查上述手册 p.115 图 4-13 查得

(1) 求:$d$ 点前三相与单相短路时的综合阻抗;

(2) 求:$d$ 点的三相短路电流初始值 $I''$;

(3) 求:$d$ 点的单相短路电流 $I^{(1)}$;

(4) 求:$d$ 点的短路冲击电流 $i_{ch\cdot S}$;

(5) 求:$d$ 点的短路全电流最大有效值 $I_{ch\cdot S}$。

计算过程:

解(1) 三相短路综合阻抗:

$$\Sigma R=R_S+R_T+R_m=0.08+1.9+0.14=2.12(\text{m}\Omega)$$

$$\Sigma X=X_S+X_T+X_m=0.8+7.0+0.85=8.65(\text{m}\Omega)$$

$$\sum Z=\sqrt{\sum R^2+\sum X^2}=\sqrt{2.12^2+8.65^2}=8.91(\text{m}\Omega)$$

单相短路综合阻抗:

$$\sum R_{\varphi\varphi}=R_{\varphi\varphi\cdot S}+R_{\varphi\varphi\cdot T}+R_{\varphi\varphi\cdot m}=0.05+1.9+0.39=2.34(\text{m}\Omega)$$

$$\sum X_{\varphi\varphi}=X_{\varphi\varphi\cdot S}+X_{\varphi\varphi\cdot T}+X_{\varphi\varphi\cdot m}=0.53+7.0+1.85=9.38(\text{m}\Omega)$$

$$\sum Z_{\varphi\varphi}=\sqrt{\sum R_{\varphi\varphi}^2+\sum X_{\varphi\varphi}^2}=\sqrt{2.34^2+9.38^2}=9.67(\text{m}\Omega)$$

解(2) $d$ 点的三相短路电流初始值 $I''$:

$$I''=\frac{cu_n/\sqrt{3}}{\sqrt{\sum R^2+\sum X^2}}=\frac{1.0\times380/\sqrt{3}}{\sqrt{2.12^2+8.65^2}}=24.7(\text{kA})\qquad(\text{按公式 2.1-105})$$

解(3) $d$ 点的单相短路电流 $I^{(1)}$

$$I^{(1)}=\frac{cu_n/\sqrt{3}}{\sqrt{\sum R_{\varphi\varphi}^2+\sum X_{\varphi\varphi}^2}}=\frac{1.0\times380/\sqrt{3}}{\sqrt{2.34^2+9.38^2}}=22.75(\text{kA})\qquad(\text{按公式 2.1-110})$$

解(4) $d$ 点的短路冲击电流 $i_{ch\cdot s}$:

$$i_{ch\cdot s}=\sqrt{2}K_{ch\cdot s}I''=\sqrt{2}\times1.47\times25.93=53.91(\text{kA})\qquad(\text{按公式 2.1-106})$$

解(5) $d$ 点的短路全电流最大有效值 $I_{ch}$:

$$I_{ch\cdot S}=\sqrt{1+2(K_{ch\cdot s}-1)^2}\,I''=\sqrt{1+2(1.47-1)^2}\times25.93=31.14(\text{kA})\qquad(\text{按公式 2.1-107})$$

## 第五节　载流导体和高压电器的选择

### 一、概述

供配电系统是由大量电器及载流导体联结而成,当电器和导体通过电流时,会产生损耗,使

其本身发热。因此,要正确选择电器和与其相连的导体,是每一电气装置可靠工作的重要条件之一。有两种发热情况,一种是因工作电流而生的连续发热,这是正常情况,其特点是热量平衡,即由电流在电器导体中所产生的热量等于它们释放至周围介质的热量,电器和导体保持一定的稳定温度;另一种是短路电流产生的短时发热,因短路电流比工作电流大得多,电器和导体在单位时间内所产生的热量,远超过正常情况,而且由于时间很短,新的热量平衡条件来不及达到。此外,在选择电器和导体时,还要考虑由于电流引起的机械应力。在正常工作情况下,当电流不大时,此机械应力不大,但在短路时,此应力可达到很大值。最危险的时刻是在短路刚开始时,此时短路冲击电流最大,配电装置中某些不够牢固的元件受到该电流的机械力作用会遭到严重损坏,因此,配电装置中的各元件,要选择有足够的电动力稳定性,即能承受短路时的机械作用力,也是电气装置可靠工作的重要条件。

为此,我们在选择母线或电缆的截面时,要使其在正常情况下母线或电缆的温度不超过其长期允许工作温度,而在短路情况下,又不超过其短路时允许最高温度。对于母线来说,还要校验在短路时的机械强度,不要超过母线的最大允许应力。

母线的抗拉强度与母线的温度有关,例如铜母线在连续发热温度超过+100℃和短时发热温度超过+250℃时,抗拉强度下降很快,使母线接触连接部分的压力减少,接触电阻增加,实验室进行的研究证明,当母线温度超过+75℃时,固定和活动的接触连接部分就会很快的氧化,因此我国规定母线的最高工作温度为+70℃。电缆绝缘介质的强度亦随温度升高而降低,有些塑料绝缘,因熔点较低,温度上升后产生软化变形,导致绝缘损坏,为此规定了导体或电缆长期或短路时的允许最高温度见表2.1-13。

**表2.1-13　导体和电缆长期或短路时允许的最高温度**

| 导体种类和材质 | | 长期允许工作温度/℃ | 短路时允许最高温度/℃ |
|---|---|---|---|
| 母　线 | 铜 | 70 | 300 |
| | 铝 | 70 | 200 |
| 6~10 kV交联聚乙烯绝缘电缆 | 铜　芯 | 90 | 250 |
| | 铝　芯 | 90 | 250 |
| PVC绝缘电缆 | 铜　芯 | 65 | 160 |
| | 铝　芯 | 65 | 160 |

## 二、载流导体的选择

### (一)导体长期允许温度的计算

均匀导体通过电流时的热能平衡用下列微分方程式表示:

$$I^2R\mathrm{d}t = GCd\vartheta + kF(\vartheta - \vartheta_0)\mathrm{d}t \tag{2.1-111}$$

式中　$R$——导体的电阻,Ω;

$G$——导体的重量,kg;

$C$——导体材料的热容,W·s/(kg·℃);

$k$——传热系数,W/(cm²·℃);

$F$——导体表面积,cm²;

$\vartheta$——导体温度,℃;

$\vartheta_0$——周围介质温度,℃;

$\vartheta - \vartheta_0 = \tau$——导体高于周围介质的温度,称为导体的温升。

在正常情况下,导体温度变化范围不大,可视导体电阻 $R$、热容 $C$ 和传热系数 $k$ 为常数,将式2.1-111积分,得

$$t=-\frac{GC}{kF}\ln\frac{I^2R-kF(\vartheta-\vartheta_0)}{I^2R-kF(\vartheta_q-\vartheta_0)} \tag{2.1-112}$$

式中 $\vartheta_q$——导体的起始温度。

用 $\tau_q$ 与 $\tau$ 表示导体起始和最终的温升，解式 2.1-112 求 $\tau$，可得在一般情况下(即 $t=0$ 时导体有起始温升 $\tau_q$ 时)，决定导体温升的公式为

$$\tau=\frac{I^2R}{kF}\left(1-e^{-\frac{kF}{GC}t}\right)+\tau_q e^{-\frac{kF}{GC}t} \tag{2.1-113}$$

在特殊情形时，即在发热过程开始时，导体温度等于周围介质温度，即 $\tau_q=0$，则式 2.1-113 可化为下式

$$\tau=\frac{I^2R}{kF}\left(1-e^{-\frac{kF}{GC}t}\right) \tag{2.1-114}$$

从以上诸式中可知，当时间到无限长时($t=\infty$)，导体的温升趋近于稳定值 $\tau_w$，此稳定温升为

$$\tau_w=\frac{I^2R}{kF} \tag{2.1-115}$$

计算导体的连续允许电流 $I_y$，即当其流过导体时，导体的稳定温度 $\vartheta_w$ 等于其允许温度 $\vartheta_y$，可利用公式 2.1-115 改写为

$$I_y=\sqrt{\frac{kF\tau_y}{R}} \tag{2.1-116}$$

式中 $\tau_y=\vartheta_y-\vartheta_0$ (允许温升)。

传热系数 $k$ 包括所有的散热形式，即热的传导、辐射和对流。置于空气中的均匀导体，例如母线，由热传导而散发到周围介质的热量，因空气的热传导性很小，可以不计，故只考虑辐射和对流即可。于是式 2.1-116 可改写为

$$I_y=\sqrt{\frac{(Q_f+Q_d)F}{R}} \tag{2.1-117}$$

式中 $Q_f$——因辐射散出的热量，$W/cm^2$；

$Q_d$——因对流散出的热量，$W/cm^2$。

辐射散出的热量可按下式计算：

$$Q_f=5.7\varepsilon\left[\left(\frac{\theta_1}{1000}\right)^4-\left(\frac{\theta_2}{1000}\right)^4\right] \tag{2.1-118}$$

式中 $\varepsilon$——辐射常数，视受热物体表面的状态而定，如氧化铜表面的母线为 0.5，涂油漆表面为 0.95；

$\theta_1$——受热导体温度，K，$\theta_1=\vartheta+273$；

$\theta_2$——周围介质温度，K，$\theta_2=\vartheta_0+273$。

自然对流的散热可用以下经验公式来计算，对于直径 $d$ 为 1～8 cm，温升为 20～100℃ 的圆形平放导体：

$$Q_d=3.5\times10^{-4}\times\left(\frac{1}{d}\right)^{1/4}\times(\vartheta-\vartheta_0)^{1.25} \tag{2.1-119}$$

对于温升为 25～80℃ 的侧放条状物：

$$Q_d=1.5\times10^{-4}\times(\vartheta-\vartheta_0)^{1.35} \tag{2.1-120}$$

式中 $\vartheta,\vartheta_0$——分别为导体及周围空气的温度，℃。

公式 2.1-117 中的 $R$，应为交流电阻 $R_j$，要考虑集肤效应和邻近效应，故

$$R_j = K_{jf}K_{lj}\rho_{20}[1+0.004(\vartheta_y-20)]\frac{l}{S} \tag{2.1-121}$$

式中　$K_{jf}$——集肤效应系数，可从《钢铁企业电力设计手册》（上册）p.549 表 13-15 中查得；

$K_{lj}$——邻近效应系数，取 1.03；

$\rho_{20}$——20℃时电阻率，铜母线为 $0.0172\times10^{-4}\Omega\cdot cm$，铝母线为 $0.0282\times10^{-4}\Omega\cdot cm$；

$\vartheta_y$——连续允许温度，取 +70℃；

$l$——母线长度，cm；

$S$——母线截面 $cm^2$。

根据上述诸公式，我们举 100 mm×10 mm 铜母线，表面涂漆为例，计算其连续允许电流。铜母线置于室内，周围空气温度 $\vartheta_0=25℃$，$\vartheta=\vartheta_y=+70℃$。由式 2.1-118 得：

$$Q_f = 5.7\times0.95\times\left[\left(\frac{273+70}{1000}\right)^4-\left(\frac{273+25}{1000}\right)^4\right]$$
$$=5.415\times(0.01384-0.00789)=0.032(W/cm^2)$$

由式 2.1-120 得

$$Q_d = 1.5\times10^{-4}\times(70-25)^{1.35}=0.026(W/cm^2)$$

母线散出热量总和为

$$Q_\Sigma = 0.032+0.026=0.058(W/cm^2)$$

由式 2.1-121，得每 1 cm 母线的交流电阻为

$$R_j = 1.08\times1.03\times0.0172\times10^{-4}\times[1+0.004(70-20)]\times\frac{1}{10}$$
$$=0.0023\times10^{-4}(\Omega)$$

每 1 cm 母线的散热面积为：

$$F=2(10+1)=22(cm^2)$$

因此，由式 2.1-117，得

$$I_y=\sqrt{\frac{0.058\times22}{0.0023\times10^{-4}}}=2355(A)$$

这一允许电流值与手册上给出的母线允许载流量表上所载的允许值 2310A 基本吻合。如母线不上漆而表面被氧化时，则 $\varepsilon=0.5$，此时

$$Q_f = 5.7\times0.5\times(0.01384-0.00789)=0.017(W/cm^2)$$

则
$$I_y=\sqrt{\frac{(0.017+0.026)\times22}{0.0023\times10^{-4}}}=2028(A)$$

因而母线涂漆能增大散热能力，这就是母线都涂漆的理由之一。母线涂以不同颜色的漆还便于区分相序，还能防止其腐蚀。但为什么室外可绕导线不涂漆呢？因为室外空气流速大，主要散热靠对流，涂漆后不能显著增加其散热能力。对于架空线路的可绕导线，当温度变化时，应力及弛度均在改变，引起外形改变，会破坏表面的涂漆层，故可绕导线均不涂漆。

关于绝缘导体外表面的散热定律与裸母线一样，但绝缘导体除绝缘表面散热外，尚有热量从其金属表面传到绝缘表面，理论计算很复杂，故在作绝缘导体和电缆的允许载流量表时，通常都应用实验室的实验结果所得到的公式来计算。

由于母线和电缆的截面已被标准化，故手册上都已列出其载流量表，供大家使用。

**（二）短路时均匀导体的发热计算**

短路电流要大于工作电流很多倍，导体的温度上升很快，虽然短路电流的作用时间很短，但

温升可达到很高值。因短路电流流过的时间不超过几秒，故在做发热计算时，可按绝热过程来考虑，即可不计算散发于周围介质中的热量，但应计其导体电阻系数及其热容的变化，不能作为常数来对待，于是发热的公式如下

$$i_{kt}^2 R_\vartheta \mathrm{d}t = C_\vartheta G \mathrm{d}\vartheta \tag{2.1-122}$$

式中 $i_{kt}$——短路电流的瞬时值；

$R_\vartheta$——温度为 $\vartheta$ 时导体的电阻，Ω：

$$R_\vartheta = \rho_0(1+\alpha\vartheta)\frac{l}{S}$$

$C_\vartheta$——温度为 $\vartheta$ 时导体的热容，W·S/kg·℃：

$$C_\vartheta = C_0(1+\beta\vartheta)$$

$\rho_0, C_0$——0℃时电阻系数和热容；

$\alpha, \beta$——$\rho$ 和 $C$ 变化的温度系数。

用 $\gamma Sl$ 代替公式 2.1-122 中的 $G$。$\gamma$(kg/cm³)为密度，同时将 $R_\vartheta$ 和 $C_\vartheta$ 代入，得

$$i_{kt}^2 \rho_0(1+\alpha\vartheta)\frac{l}{S}\mathrm{d}t = C_0(1+\beta\vartheta)\gamma Sl \mathrm{d}\vartheta$$

经变换后，得

$$\frac{1}{S^2} i_{kt}^2 \mathrm{d}t = \frac{C_0\gamma}{\rho_0} \times \frac{1+\beta\vartheta}{1+\alpha\vartheta}\mathrm{d}\vartheta \tag{2.1-123}$$

将式 2.1-123 积分，左端部分从零积分到 $t$（$t$ 为切断短路的时间），右端部分由导体起始温度 $\vartheta_q$ 积分到由于短路电流发热后的最终温度 $\vartheta_z$，通常起始温度采用长期允许工作温度 $\vartheta_g$，最终温度采用短路时允许最高温度 $\vartheta_d$，作为选择导体的最小截面，因此公式变为

$$\frac{1}{S^2}\int_0^t i_{kt}^2 \mathrm{d}t = \frac{C_0\gamma}{\rho_0}\int_{\vartheta_g}^{\vartheta_d} \frac{1+\beta\vartheta}{1+\alpha\vartheta}\mathrm{d}\vartheta \tag{2.1-124}$$

上式右端部分积分后得：

$$\frac{C_0\gamma}{\rho_0}\int_{\vartheta_g}^{\vartheta_d} \frac{1+\beta\vartheta}{1+\alpha\vartheta}\mathrm{d}\vartheta = A_d - A_g$$

式中 $A_d = \frac{C_0\gamma}{\rho_0}\left[\frac{\alpha-\beta}{\alpha^2}\ln(1+\alpha\vartheta_d)+\frac{\beta}{\alpha}\vartheta_d\right]$，为对应于短路时导体允许最高温度 $\vartheta_d$ 时的一个中间值；

$A_g = \frac{C_0\gamma}{\rho_0}\left[\frac{\alpha-\beta}{\alpha^2}\ln(1+\alpha\vartheta_g)+\frac{\beta}{\alpha}\vartheta_g\right]$，为对应于长期允许工作温度 $\vartheta_g$ 时的一个中间值。

为计算方便，对公式 2.1-124 右端作出曲线，该曲线是按铜、铝和钢的 $C_0$、$\rho_0$、$\gamma$、$\alpha$ 和 $\beta$ 的平均值作成的，曲线给出了 $A_\vartheta = f(\vartheta)$ 的关系，可见《钢铁企业电力设计手册》（上册）p.543 图 13-1。

由于短路电流随时间变化的规律很复杂，公式 2.1-124 左端的积分较为困难，故在实际计算时，应用辅助曲线。

图 2.1-18 和图 2.1-19 分别表示发电机无自动电压调整器和有自动电压调整器的 $I_{Kt}^2 = \varphi(t)$ 曲线。

曲线上面积 $OABC$ 表示 $\int_0^t i_{kt}^2 \mathrm{d}t$，为短路时间 $t$ 内所发出的热量。如假想在导体中流过的电流值等于稳态电流 $I_K$（或称 $I_\infty$），使产生相等的热量，则需要另一时间 $t_f$（有的手册上称 $t_j$）叫假想时间。$t_f$ 值应使 $I_K^2$ 的矩形 $ODEF$ 面积与 $OABC$ 面积相等。由此可写为

$$\int_0^t i_{kt}^2 \mathrm{d}t = I_K^2 t_f \tag{2.1-125}$$

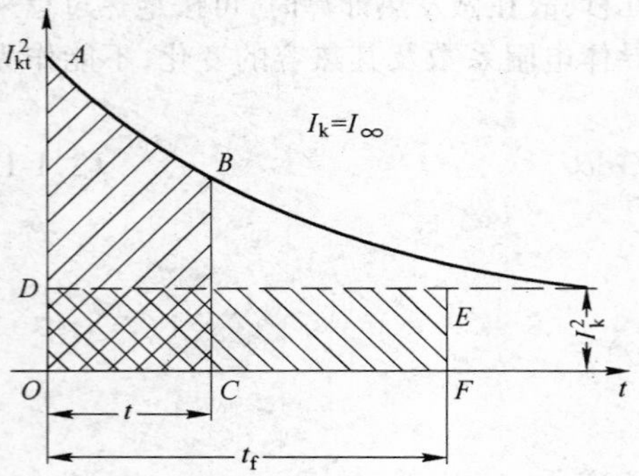


图 2.1-18　$I_{kt}^2=\varphi(t)$曲线
（无自动电压调整器）

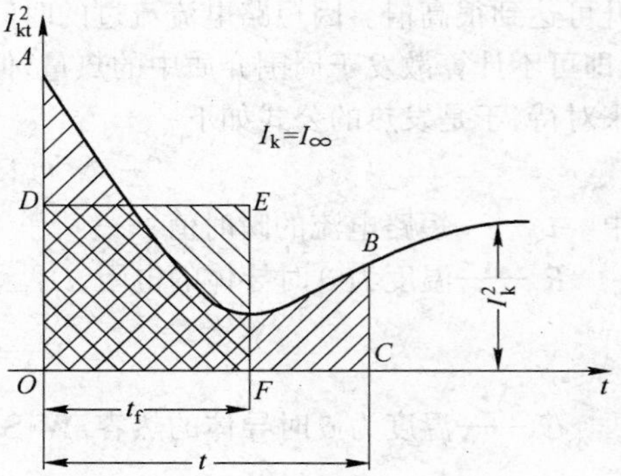


图 2.1-19　$I_{kt}^2=\varphi(t)$曲线
（有自动电压调整器）

于是公式 2.1-124 可变为

$$\frac{I_k^2 t_f}{S^2}=A_d-A_g \text{ 或 } A_d=\frac{I_k^2}{S^2}t_f+A_g \tag{2.1-126}$$

则

$$S=I_k\sqrt{\frac{t_f}{A_d-A_g}}$$

令

$$C=\sqrt{A_d-A_g}$$

得

$$S=S_{min}=\frac{I_k}{C}\sqrt{t_f}\times 10^3 \tag{2.1-127}$$

式中　$S_{min}$——电缆所需最小截面，$mm^2$；

$I_k$——稳态短路电流有效值，kA；

$t_f$——假想时间，s；

$C$——热稳定系数。

现在问题是如何求得假想时间 $t_f$。因为短路时导体的发热，由短路全电流决定，故 $t_f$ 是由周期分量假想时间 $t_{fz}$和非周期分量假想时间 $t_{ff}$之和，即

$$t_f=t_{fz}+t_{ff} \tag{2.1-128}$$

仿照公式 2.1-125，得

$$\int_0^t i_{zt}^2 dt = I_K^2 t_{fz}$$

式中　$i_{zt}$——周期分量的瞬时值，kA。

已知短路电流持续时间 $t$ 后，再根据不同的 $\beta''=\frac{I''}{I_K}$值，查曲线即可求出 $t_{fz}$值，该曲线可查《工业与民用配电设计手册》(第二版)p.205 图 5-3。同理，仿照公式 2.1-125，得

$$\int_0^t i_{ft}^2 dt = I_K^2 t_{ff} \tag{2.1-129}$$

式中　$i_{ft}$——非周期分量的瞬时值，kA。

由于

$$i_{ft}=i_{f0}e^{-\frac{t}{T_a}}$$

$$i_{f0}=\sqrt{2}I''$$

故

$$\int_0^t i_{ft}^2 dt = \int_0^t 2I''^2 e^{-\frac{t}{0.5T_a}} dt = T_a I''^2 (1-e^{-\frac{t}{0.5T_a}})$$

式中 $T_a$——非周期分量的衰减时间常数。

代入式 2.1-129,得

$$T_a I''^2 (1 - e^{-\frac{t}{0.5T_a}}) = I_K^2 t_{ff}$$

故

$$t_{ff} = T_a \beta''^2 (1 - e^{-\frac{t}{0.5T_a}}) \quad (2.1\text{-}130)$$

在平均值 $T_a = 0.05$ s 和 $t = 0.1$ s 时,可视 $e^{-\frac{t}{0.5T_a}} = 0$,则上式变为

$$t_{ff} = 0.05\beta''^2 \quad (2.1\text{-}131)$$

当由无限大容量电源供电,或短路处的总电抗标幺值(按系统容量为基准容量计算所得的电抗标幺值)等于或大于 3 时,三相短路电流周期分量假想时间等于实际短路延续时间 $t$,$\beta''=1$,则

$$t_f = t + 0.05 \quad (2.1\text{-}132)$$

短路电流在导体中的热效应,也可用下列方法进行计算:

$$Q_t = \int_0^t i_{kt}^2 dt = \int_0^t I_z^2 dt + \int_0^t i_f^2 e^{-\frac{2t}{T_a}} dt$$

$$= Q_z + Q_f \quad (2.1\text{-}133)$$

$$Q_z = \int_0^t I_z^2 dt = \frac{I''^2 + 10 I_{zt/2}^2 + I_{zt}^2}{12} t \quad (2.1\text{-}134)$$

$$Q_f = \int_0^t i_f^2 e^{-\frac{2t}{T_a}} dt = T_f I''^2 \quad (2.1\text{-}135)$$

式中 $Q_t$——短路电流引起的热效应,$kA^2 \cdot s$;

$Q_z$——周期分量引起的热效应,$kA^2 \cdot s$;

$Q_f$——非周期分量引起的热效应,$kA^2 \cdot s$;

$i_{kt}$——短路电流瞬时值,kA;

$I_z$——短路电流周期分量有效值,kA;

$i_f$——短路电流非周期分量,kA;

$T_a$——衰减时间常数;

$t$——短路电流持续时间,s;

$I''$——次暂态短路电流有效值,kA;

$I_{zt/2}$——在 $t/2$ 时间内周期分量有效值,kA;

$I_{zt}$——在 $t$ 时间内周期分量有效值,kA;

$T_f$——非周期分量等效时间,s,一般可取 0.05 s。

短路电流的持续时间 $t$(s)可按下式计算:

$$t = t_b + t_{fd} = t_b + t_{gu} + t_{hu} \quad (2.1\text{-}136)$$

式中 $t_b$——主保护装置动作时间,s;

$t_{fd}$——断路器全分闸时间,s;

$t_{gu}$——断路器固有分闸时间,s;

$t_{hu}$——断路器燃弧持续时间,s。

应该指出,关于保护装置的动作时间 $t_b$,应为该保护装置的启动机构、延时机构和执行机构动作时间的总和。

导体的热稳定校验例题如下:

**例 7** 在 6 kV 配电装置中,采用铜母线 40 mm×5 mm,已知该配电系统有下列短路电流值,

试校验母线在短路时的热稳定。

次暂态总短路电流有效值 $I''=46$ kA，稳态短路电流 $I_K=30$ kA，继电保护的动作时间0.5 s，断路器全分闸时间为0.2 s。

**解**：由公式2.1-136得切断短路的时间为

$$t=0.5+0.2=0.7(\text{s})$$

$$\beta''=\frac{I''}{I_k}=\frac{46}{30}=1.53$$

查《工业与民用配电手册》(第二版)p.205 图5-3，在 $\beta''=1.53$，$t=0.7$ s时，得 $t_{fz}=0.85$ s，再由公式2.1-131得 $t_{ff}=0.05\beta''^2=0.05\times1.53^2=0.12$ s。于是由公式2.1-128得 $t_f=0.85+0.12=0.97$ s。

当长期允许工作温度 $\vartheta_g=70$℃时，查《钢铁企业电力设计手册》(上册)p.543 图13-1，得 $A_g$ 为 $1.35\times10^4$，代入公式2.1-126得

$$A_d=\frac{I_K^2}{S^2}t_f+A_g=\left(\frac{30000}{200}\right)^2\times0.97+1.35\times10^4=3.5\times10^4$$

再查《钢铁企业电力设计手册》图13-1得 $\vartheta_d$ 为230℃，因铜母线短路时允许最高温度为300℃，故热稳定是足够的。

**例8**　由一无限大电源供电的10 kV配电系统，已知10 kV短路电流 $I_K=28$ kA，10 kV电缆馈出线选用铜芯交联聚乙烯绝缘电缆，短路电流的假想时间为0.25 s，试从满足热稳定的要求来选择电缆的最小截面。

**解**：由公式2.1-127

$$S_{min}=\frac{I_K}{C}\sqrt{t_f}\times10^3$$

系数 $C=\sqrt{A_d-A_g}$，可查曲线求出，但一般手册上已算好各类电缆的 $C$ 值，实用上只要查手册就可以了，按《钢铁企业电力设计手册》(上册)p.545 表13-9，查得6～10 kV铜芯交联电缆的 $C$ 为135，故代入公式2.1-127得

$$S_{min}=\frac{28}{135}\sqrt{0.25}\times10^3=104(\text{mm}^2)$$

手册上说可选最接近的最小标准截面的电缆，即选95 mm²截面即可，为什么呢？因为 $C$ 值是按长期允许工作温度 $\vartheta_g$ 计算的，实际上，短路前电缆的起始温度通常不会到达此温度，例如供电给配电变压器和小容量电动机的电缆，起始温度常较低，所以按公式2.1-127选出的截面往往留有余地。

### （三）载流导体的电动力计算

#### 1. 两根平行导体产生的电动力

两根平行导体有电流流过时，其间的相互作用力 $F$(N)可按下式计算(皮奥-萨伐尔定律)：

$$F=0.2i_1i_2\frac{l}{D} \tag{2.1-137}$$

式中　$i_1$、$i_2$——流过平行导体的电流瞬时值，kA；

$l$——平行导体长度，m；

$D$——导体中心间距，m。

公式2.1-137适用于细长的导体，在用矩形母线时，当其截面的大小远超过导体间的距离时，会有较大的误差，需要引入一母线形状系数 $K_X$ 加以修正，计算公式为

$$F = 0.2K_X i_1 i_2 \frac{l}{D} \qquad (2.1\text{-}138)$$

$K_X$为$\frac{D-b}{h+b}$的函数，可在《钢铁企业电力设计手册》(上册)p.551 图 13-4 中查得。从曲线中可看出，$K_X$的值在 0～1.4 范围内变动，且当$\frac{D-b}{h+b}\geqslant 2$时，即母线间净空距离等于或大于母线的周界时，$K_X=1$。例如相间距离为 350 mm，100 mm×10 mm 矩形母线平放时，净空距离为 250 mm，母线周界为 220 mm，则净空距离大于周界，可用公式 2.1-137 来计算，如相间距离为 250 mm 时，净空距离减小至 150 mm，则小于周界 220 mm，故要考虑母线形状系数，用公式 2.1-138 来计算。

2．三相系统母线产生的电动力

实用上经常遇到的是三相母线置于同一平面上，边缘相与中间相所受的力是不相同的，要找出哪一相所受的力最大，见图 2.1-20。

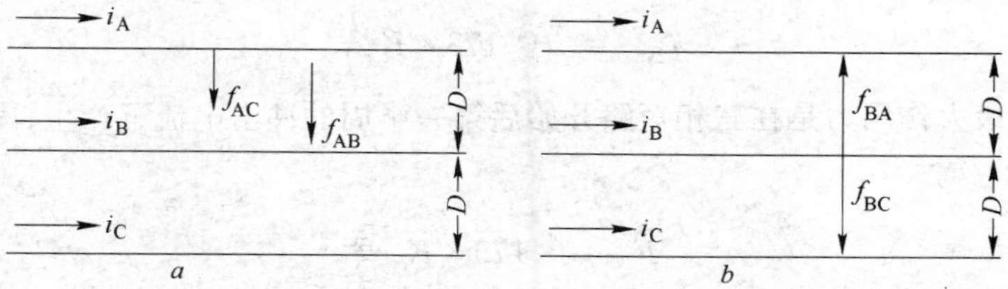


图 2.1-20　作用于边缘相和中间相的力

*a*—边缘相；*b*—中间相

三相系统中各相的电流瞬时值为

$$i_A = I_m \sin\alpha$$
$$i_B = I_m \sin(\alpha - 120°)$$
$$i_C = I_m \sin(\alpha - 240°)$$

式中　$I_m$——电流的振幅值，kA。

$\alpha=\omega t+\beta$ 在 $t$ 时，$I_m$与计算角的直线间的相位角。$\beta$ 为 $A$ 相电流的最初相位角。

作用于导体的力是指该导体单位长度($l=1$ cm)所受的力。在图 2.1-20$a$ 中箭头所示的电流方向时，作用于 A 相导体的力是 A 相与 B 相和 A 相与 C 相的作用力相加而得，即

$$f_A = f_{AB} + f_{AC} = 0.2\left(\frac{i_A i_B}{D} + \frac{i_A i_C}{2D}\right)$$
$$= 0.2\frac{1}{D} i_A (i_B + 0.5 i_C)$$

将 $i_A$、$i_B$、$i_C$代入上式，得

$$f_A = 0.2\frac{I_m^2}{D}\sin\alpha[\sin(\alpha-120°)+0.5\sin(\alpha-240°)]$$
$$= 0.2\frac{I_m^2}{D}\varphi(\alpha)$$

取 $\varphi(\alpha)$的一次导数并令其等于零，则得当 $\alpha=75°$时为最大作用力 $f_{Amax}$，即

$$f_{Amax} = -0.2\times 0.81\frac{I_m^2}{D} = -0.162\frac{I_m^2}{D} \qquad (2.1\text{-}139)$$

式中，负号表示对相邻相不是吸引而是排斥。

同理求中间 B 相上的合力，见图 2.1-20$b$，假设其中作用力的一个方向为正(如 B 相至 A 相)

$$f_B = f_{BA} - f_{BC} = 0.2\frac{1}{D}i_B(i_A - i_C)$$

将 $i_A, i_B, i_C$代入并经整理后得

$$f_B = 0.2\times\frac{\sqrt{3}}{2}\times\frac{I_m^2}{D}\sin(2\alpha - 240°)$$

当 $\alpha = 165°$时 $\sin(2\alpha - 240°) = +1$(向 A 相吸引)，当 $\alpha = 75°$时，$\sin(2\alpha - 240°) = -1$(向 A 相排斥)，因此，作用于中间相导体上的最大力 $f_{max}$($N/cm^2$)为

$$f_{Bmax} = \pm 0.2\times 0.866\times\frac{I_m^2}{D} = \pm 0.173\frac{I_m^2}{D} \quad (2.1\text{-}140)$$

比较公式 2.1-139 和式 2.1-140，可见中间相母线受力最为严重，在校验三相系统母线的机械强度时，应以中间相为计算相。

若要考虑母线形状系数时，则公式 2.1-140 变为

$$f_{Bmax} = \pm 0.173\times K_x\frac{I_m^2}{D} \quad (2.1\text{-}141)$$

由于母线间最大作用力是在三相短路开始后第一半周的冲击电流下产生，因此每 1 cm 母线的 $F_{K3}$(N/cm)为

$$F_{K3} = 0.173\times K_x\frac{i_{ch}^2}{D} \quad (2.1\text{-}142)$$

式中　$i_{ch}$——三相短路冲击电流，kA。

3．母线的机械强度计算

母线在绝缘子上的放置通常有以下三种形式，如图 2.1-21 所示，图 2.1-21*a* 一般用于 6～10 kV大容量发电厂或变电所的配电装置，图 2.1-21*b* 一般用于高压但容量不大的配电装置，图 2.1-21*c* 一般用于低压配电柜上的母线。

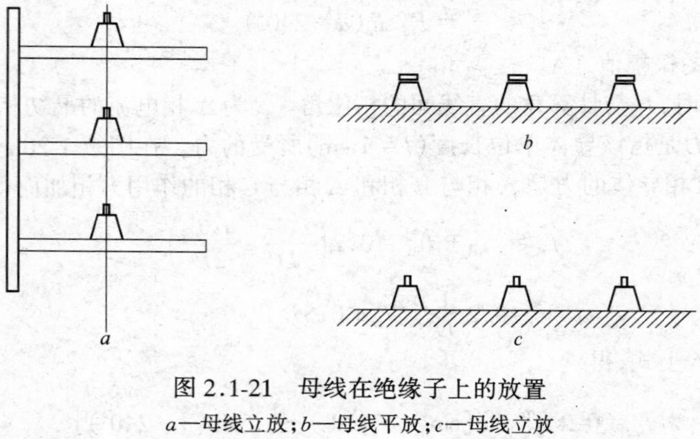


图 2.1-21　母线在绝缘子上的放置

*a*—母线立放；*b*—母线平放；*c*—母线立放

常用的三相母线水平放置的结构见图 2.1-22。

短路电流通过母线所产生的应力 $\sigma_{x-x}$($N/cm^2$)为

$$\sigma_{x-x} = \frac{M}{W} \quad (2.1\text{-}143)$$

式中　$M$——短路电流产生的力矩，N·cm；

当跨数大于 2 时，$M = \frac{F_{K3}l^2}{10}$；

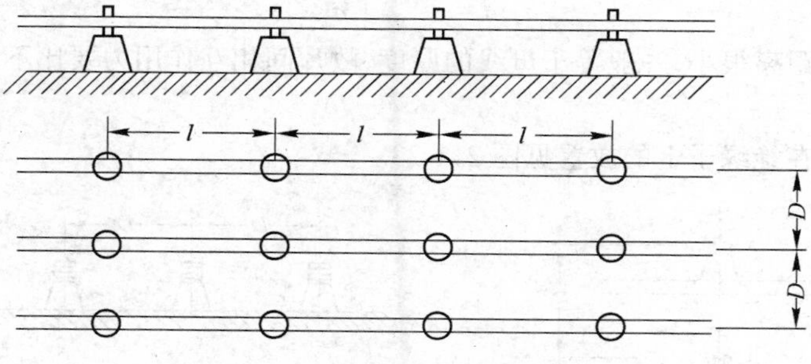


图 2.1-22 三相母线水平放置结构图

当跨数等于 2 时，$M=\frac{F_{K3}l^2}{8}$；

$W$——对于与作用力方向相垂直的轴的母线截面系数，$cm^3$；

$l$——母线的绝缘子距离，cm。

对于水平布置的三相母线，母线平放时

$$W=\frac{bh^2}{6} \tag{2.1-144}$$

对于水平布置的三相母线，母线立放时

$$W=\frac{b^2h}{6} \tag{2.1-145}$$

式中 $b$——母线厚度，cm；

$h$——母线宽度，cm。

在计算短路电流通过母线所产生的应力时，对于重要母线，还要考虑是否会引起共振的影响，于是引入了振动系数 $\beta$(见下节)，因此按上述诸式，得

当跨数大于 2 时母线的应力 $\sigma_{x-x}$($N/cm^2$)为

$$\sigma_{x-x}=1.73K_x(i_{ch})^2\frac{l^2}{DW}\beta\times10^{-2} \tag{2.1-146}$$

当跨数等于 2 时母线的应力 $\sigma_{x-x}$($N/cm^2$)为

$$\sigma_{x-x}=2.16K_x(i_{ch})^2\frac{l^2}{DW}\beta\times10^{-2} \tag{2.1-147}$$

按机械强度校验母线时，只要满足下式的条件，即认为动稳定是足够的。

$$\sigma_{x-x}\leqslant\sigma_y \tag{2.1-148}$$

式中 $\sigma_y$——母线最大允许应力，铜为 $13.7\times10^3N/cm^2$，铝为 $6.9\times10^3N/cm^2$。

在确定母线支持绝缘子间的跨距时，可先根据母线材质的最大允许应力 $\sigma_y$ 来求出其最大允许跨距 $l_{max}$，由公式 2.1-143 得

当跨数大于 2 时

$$l_{max}=\sqrt{\frac{10M}{F_{K3}}}=\sqrt{\frac{10\sigma_yW}{F_{K3}}} \tag{2.1-149}$$

当跨数等于 2 时

$$l_{max}=\sqrt{\frac{8M}{F_{K3}}}=\sqrt{\frac{8\sigma_yW}{F_{K3}}} \tag{2.1-150}$$

如由公式 2.1-149、式 2.1-150 求出的跨距太小，在布置时遇到困难时，则应增加母线的截面。

如每相母线由两片组成，则母线的总应力 $\sigma$ 为相间作用应力 $\sigma_{x-x}$和同相片间作用应力 $\sigma_x$合成，即

$$\sigma = \sigma_{x-x} + \sigma_x \tag{2.1-151}$$

因同相片间的距离很小，一般等于母线的厚度，故片间相互作用力要比不同相间所产生的作用力大得多。

每相两片母线在绝缘子上的放置见图 2.1-23。

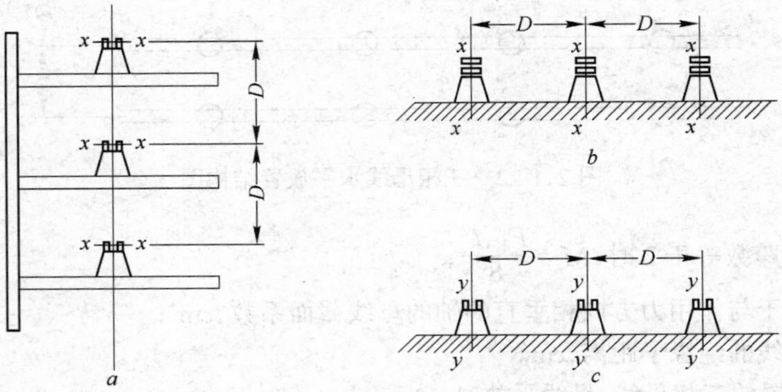


图 2.1-23 每相两片母线在绝缘子上的布置

$a$、$c$—母线立放；$b$—母线平放

为了减少两片母线中的应力，最常用的方法是在片间放入衬垫(或称隔垫)，衬垫间的距离 $l_c$ 小于绝缘子间的跨距 $L$，见图 2.1-24。

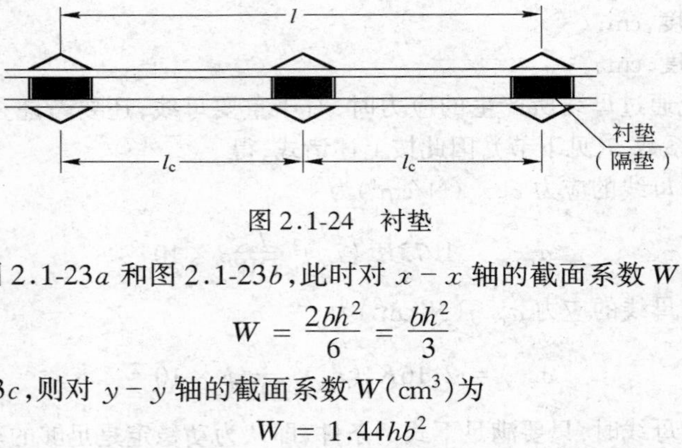


图 2.1-24 衬垫

常用的放置为图 2.1-23$a$ 和图 2.1-23$b$，此时对 $x-x$ 轴的截面系数 $W(\text{cm}^3)$ 为

$$W = \frac{2bh^2}{6} = \frac{bh^2}{3} \tag{2.1-152}$$

如采用图 2.1-23$c$，则对 $y-y$ 轴的截面系数 $W(\text{cm}^3)$ 为

$$W = 1.44hb^2 \tag{2.1-153}$$

在计算片间的作用力时，由于片间距离很小，必需计及母线的形状系数，同时认为每片母线流过一半的相电流。则作用力 $f_x(\text{N})$ 由公式 2.1-138 转化成下列计算公式

$$f_x = 0.2 \times K_x \times \frac{(0.5i_{\text{ch}})^2}{2b} = 0.025 \times K_x \times \frac{i_{\text{ch}}^2}{b} \tag{2.1-154}$$

由力 $f_x$ 所作用的最大力矩 $M(\text{N·cm})$ 为

$$M = \frac{f_x l_c^2}{12} \tag{2.1-155}$$

母线中的应力 $\sigma_x(\text{N/cm}^2)$ 为

$$\sigma_x = \frac{M}{W} \tag{2.1-156}$$

式中

$$W = \frac{b^2h}{6} \tag{2.1-157}$$

衬垫距离 $l_c$ 的选择，应使母线组内总的应力不超过母线的最大允许应力即可。

$$\sigma_x + \sigma_{x-x} \leqslant \sigma_y \tag{2.1-158}$$

4．母线的机械共振校验

为了避免短路电动力的工频和两倍工频周期分量与母线的自振频率相近而引起共振的危险，对重要母线的自振频率 $f_m$（对单频振动系统），应尽量做到在下列频率范围之外：

对单片母线为 35～135 Hz。

对多片母线和带有引下线的单片母线为 35～155 Hz。

三相母线布置在同一平面，母线的自振频率 $f_m$(Hz)可按下式计算：

$$f_m = 112\frac{r_i}{l^2}\varepsilon \tag{2.1-159}$$

式中　$r_i$——母线的惯性半径，cm；

当母线平放时为 0.289 $h$；

当母线立放时为 0.289 $b$；

$\varepsilon$——材料系数，铜为 $1.14\times10^4$，铝为 $1.55\times10^4$；

$l$——跨距长度，cm。

当母线的自振频率 $f_m$ 能限制在上述共振频率之外时，振动系数 $\beta\approx1$。如母线的自振频率 $f_m$ 无法限制在上述共振范围之外时，则母线受力须乘以振动系数 $\beta$，$\beta$ 的计算方法可见有关设计手册。

对于各种标准规格母线的机械强度允许的最大跨距和机械共振允许的最大跨距，都已计算好并在设计手册列表给出，例如《钢铁企业电力设计手册》（上册）p.458～459 表 13-14 和表 13-15。故大家在实际设计时，可直接查表来校验。

5．母线的动稳定校验例题

**例 9**　10 kV 配电装置支母线的截面为铜 40 mm×5 mm，相间距离 40 cm，母线水平放置于绝缘子上，如图 2.1-21$b$ 所示。

已知短路冲击电流 $i_{ch}=116.5$ kA，试按机械强度决定绝缘子间的最大允许跨距。

**解：**按公式 2.1-142

$$F_{K3}=0.173\times K_x\times\frac{i_{ch}^2}{D}$$

因
$$\frac{D-b}{h+b}=\frac{40-0.5}{4+0.5}=8.78>2，则\ K_x=1$$

故
$$F_{K3}=0.173\times1\times\frac{116.5^2}{40}=58.7\qquad(\text{N/cm})$$

由公式 2.1-144

$$W=\frac{bh^2}{6}=\frac{0.5\times4^2}{6}=1.33(\text{cm}^3)$$

由公式 2.1-149

$$l_{max}=\sqrt{\frac{10\sigma_y W}{F_{K3}}}=\sqrt{\frac{10\times13.7\times10^3\times1.33}{58.7}}=55.7(\text{cm})$$

最大允许跨距为 55.7 cm，设计可取一整数 50 cm。依此计算母线的自振频率，由公式 2.1-159得

$$f_m=112\frac{r_i}{l^2}\varepsilon=112\times\frac{0.289\times4}{50^2}\times1.14\times10^4=590(\text{Hz})$$

在 35～155 Hz 范围以外，故 $\beta\approx1$，不会引起共振。

**例 10** 10 kV 配电系统的主母线为铜 2(100×10)，即每相两片母线。已知短路冲击电流 $i_{ch}=150$ kA，相间距离 70 cm，绝缘子跨距 160 cm，片间垫间距 40 cm，母线立放，如图 2.1-23$a$ 所示。试校验母线组的应力。

**解：**相间作用力按公式 2.1-142 计算

$$F_{K3}=0.173\times1\times\frac{150^2}{70}=55.6\quad(\text{N/cm})$$

式中因$\dfrac{D-b}{h+b}=\dfrac{70-1}{10+1}>2$，故 $K_x=1$

母线组的断面系数按公式 2.1-152 计算为

$$W=\frac{bh^2}{3}=\frac{1\times10^2}{3}=33.3(\text{cm}^3)$$

故由于相间作用力的应力分量 $\sigma_{x-x}(\text{N/cm}^2)$按公式 2.1-143 计算为：

$$\sigma_{x-x}=\frac{M}{W}=\frac{F_{K3}\times l^2}{10\times W}=\frac{55.6\times160^2}{10\times33.3}=4274\quad(\text{N/cm}^2)$$

同相片间作用力按公式 2.1-154 计算为

$$f_x=0.025\times K_x\times\frac{i_{ch}^2}{b}$$

现$\dfrac{D-b}{h+b}=\dfrac{2b-b}{h+b}=\dfrac{1}{11}\approx0.1$，查《钢铁企业电力设计手册》(上册) p.551 图 13-4 曲线，得 $K_x=0.42$

故
$$f_x=0.025\times0.42\times\frac{150^2}{1}=236.3\quad(\text{N/cm})$$

其弯曲力矩按公式 2.1-155 为

$$M=\frac{f_xl_c^2}{12}=\frac{236.3\times40^2}{12}=31507\quad(\text{N·cm})$$

截面系数按公式 2.1-157 为

$$W=\frac{b^2\times h}{6}=\frac{1^2\times10}{6}=1.67\quad(\text{cm}^3)$$

故由于同相片间作用力的应力分量按公式 2.1-156 为

$$\sigma_x=\frac{M}{W}=\frac{31507}{1.67}=18.87\times10^3\quad(\text{N/cm}^2)$$

由于 $\sigma_x$ 超过铜的最大允许应力 $13.7\times10^3$ N/cm²，故减小片间衬垫，根据最大允许应力求得 $\sigma_x$ 不得超过 13700－4274＝9426(N/cm²)，故其最大允许跨距为 $l_{c.max}=\sqrt{\dfrac{9426\times12\times1.67}{236.3}}=28.3$(cm)，因此将衬垫间距减少至$\dfrac{160}{6}=26.7$(cm)能满足动稳定要求(即一跨距内有 5 个衬垫)。

**(四) 母线和电缆的选择**

1. 母线的选择

正常工作电流在 4000 A 及以下时一般都采用裸的、涂漆的平板母线，将它固定在支持绝缘子上，这是保证母线有良好的冷却条件。绝缘母线仅在一些成套柜中采用，其理由是成套柜的空间较小，不能保证裸母线的间距，同时采用绝缘母线可增加其可靠性。

常用平板母线的最大尺寸为 125 mm×10 mm，当工作电流超过单条母线最大截面的允许电流时，可采用多条母线，并排放置，其间隔一般等于母线的厚度。对于交流装置来说，并排放置母线不宜超过三条，这是因为母线内侧面的散热情况较差，而且又有邻近效应，增加了截面电流分配的不均匀，因此在工作电流超过三条母线的允许电流(大于4000 A)时，可采用特种截面的母线，例如槽形导体等。

标准规格的平放母线允许载流量已列于各设计手册中，大家使用时要注意，这些表是按母线长期允许工作温度+70℃和周围环境温度+25℃计算的，如实际环境温度不是+25℃，则需要乘以温度校正系数，该系数也可在有关手册中查到。

母线除了按工作电流选择截面、按短路电流校验其热稳定、动稳定外，在某些情况下，如母线较长，输送容量较大的回路，还要按经济电流密度来选择，进行经济比较，以使其年运行费用较低。

2. 电缆的选择

电缆除了按工作电流选择截面，按短路电流校验其热稳定外，还有绝缘等级的选择问题，目前生产的全塑中压电缆，例如交联聚乙烯绝缘电缆，有下列两类绝缘等级：

第一类用于每一次接地故障时间在1 min内的场合，属于这一类的电缆为：

YJV 3.6/6 kV,6/10 kV,12/20 kV,21/35 kV

第二类用于第一类以外场合，属于这一类的电缆为：

YJV 6/6 kV,8.7/10 kV,18/20 kV,26/35 kV

如配电系统的中性点经小电阻接地时，则单相接地保护要求快速切除故障，时间在1 min以内，故可选用第一类电缆，如配电系统中性点不接地或经消弧线圈接地，单相接地故障一般只发信号，规程上允许运行2 h，大大超过1 min，则必须选第二类电缆。两类电缆的绝缘厚度不同，第一类较第二类能节省绝缘材料。标准规格的电缆允许载流量已列于各设计手册中，使用时要按敷设方式的不同、环境温度的各异乘以排列系数和温度系数，这些系数也列在手册上。在某些情况下如较长距离的大电流回路或35 kV以上高压电缆，还要按经济电流密度来选择电缆的截面。

## 三、高压电器的选择

### (一) 高压电器选择的一般要求

1. 技术条件

(1) 长期工作条件。

1) 工作电压。选用电器的允许最高工作电压 $U_{max}$ 应高于或等于所在回路的最高运行电压 $U_y$，即

$$U_{max} \geqslant U_y \tag{2.1-160}$$

高压电器的允许最高工作电压，为其额定电压10%～15%，一般最高运行工作电压不会超过额定电压的10%～15%，故按设备的额定电压来选择即可满足要求。

2) 工作电流。选用电器的额定电流 $I_r$ 应大于该回路的最大工作电流 $I_{max}$，即

$$I_r > I_{max} \tag{2.1-161}$$

高压电器没有明确的过载能力，因此在选择其额定电流时，应满足可能运行方式下回路持续工作电流的要求。

(2) 短路稳定条件。

1) 短路的热稳定条件。电器的热稳定是指当通过短路电流时，其抵抗热力作用的能力。由在电器中所产生而不致使其损坏的热量而定，此热量可由下式求得：

$$Q_{th} = I_{th}^2 t_{th} \tag{2.1-162}$$

式中 $I_{th}$——电器的热稳定电流，kA；

$t_{th}$——热稳定电流作用的允许时间，s。

热稳定电流是在一定的时间内，电器各部分不致短时地超过允许温度所能支持的电流值。该电流以及流过的时间，都由电器制造厂提供，一般是给出 1 s、3 s、4 s、5 s 的电流。

电器在短路时间内产生的实际热量可由公式 2.1-125 导出。

$$Q_t = I_k^2 t_f \tag{2.1-163}$$

式中　$t_f$——假想时间，s。

比较上述两式的右端，可得电器的热稳定应满足下列公式

$$I_{th}^2 t_{th} \geqslant I_k^2 t_f \tag{2.1-164}$$

从电器发热的观点看，如短路电流 $I_k$流过电器的时间相对较短时，则此电流允许超过热稳定电流 $I_{th}$，但不能超过该电器所规定的最大容许电流或称极限电流 $i_{max}$。电器在流过该电流下不致引起其继续工作的最大电流。故对电器而言，无论在怎样短促的时间内，电流均不得超过此值。

最大容许电流主要是表明电器的电动力稳定，即其抵抗短路电流的机械作用的能力，且以电器的最弱的元件决定的。对于有线圈的电器(如电流互感器)，其最大允许电流不仅表明它们的机械稳定，还表明由于流过短路电流使匝间的电压升高时，其匝间绝缘的电气强度。对于有触头的电器(如断路器、隔离开关)，该电流还表明触头的稳定。电器的最大允许电流 $i_{max}$也由电器制造厂提供。

2）短路的动稳定条件。高压电器的动稳定应满足下列公式

$$i_{ch} \leqslant i_{max} \tag{2.1-165}$$

$$I_{ch} \leqslant I_{max} \tag{2.1-166}$$

式中　$i_{ch}$——短路冲击电流峰值，kA；

$I_{ch}$——短路全电流有效值，kA；

$i_{max}$——电器允许的极限通过电流峰值，kA；

$I_{max}$——电器允许的极限通过电流有效值，kA。

(3) 绝缘水平。

高压电器在工作电压和过电压的作用下，电器的内、外绝缘应保证必要的可靠性。电器的绝缘水平，应按电网中出现的各种电压和保护设备相应的保护水平来确定。当所选电器的绝缘水平低于国家规定的标准数值时，应通过绝缘配合计算，选用适当的过电压保护设备。可见国家标准《高压输变电设备的绝缘配合》GB311.1—97。值得注意的是，国外高压电器设备由于额定电压不完全与我国相同，故其绝缘水平往往低于中国标准，例如我国采用 35 kV 额定电压等级的电器，在西欧为 33 kV。国内 35 kV 高压电器标准为雷电冲击耐压/工频耐压为 185/80 kV，设备最高工作电压为 40.5 kV 而 IEC 标准却为 170/70 kV，36 kV。这点大家在采用国外电器设备时要特别注意。

2. 环境条件

(1) 温度。

当电器使用的环境温度与其额定温度不同时，电器的最大允许工作电流要修正。高压电器长期工作时的允许最高发热温度可见《钢铁企业电力设计手册》上册 p.541 表 13-4。

(2) 湿度。

当电器使用的相对湿度超过一般产品的使用标准时，应选用湿热带型高压电器，这类产品的型号后面一般都标有“TH”字样。

当电器使用在年最高温度超过 +40℃，而长期处于低湿度的干热地区，应选用干热带型高压

电器,这类产品型号后面一般都标有“TA”字样。

国产热带电工产品的环境条件参见《钢铁企业电力设计手册》上册 p.540 表 13-3。

(3) 污秽。

在空气污秽地区户外安装的高压电器,应根据污秽情况采取增大电瓷外绝缘的有效泄漏比距等措施。

(4) 海拔高度。

高压电器一般使用条件为海拔高度不超过 1000 m。超过 1000 m 的地区称为高原地区。高原地区环境条件的特点是:气压低、气温低、日温差大、绝对湿度低、日照强。对电器的绝缘、温升、灭弧、老化等影响是多方面的。在高原地区,由于气温降低足够补偿海拔对温升的影响,因而在实际使用中其额定电流可与一般地区相同。对安装在海拔高度超过 1000 m 地区的电器外绝缘一般应予加强,可选用高原型产品或用外绝缘提高一级的产品。由于现有 110 kV 及以下大多数电器的外绝缘有一定裕度,故可使用在海拔 2000 m 以下的地区。

### (二) 高压电器选择的补充要求

上节论述了高压电器的四项基本性能,这些性能可以选择串联在电路上的所有电器,这四项性能为:

(1) 额定与最高工作电压;

(2) 额定电流;

(3) 热稳定电流;

(4) 通过的极限短路电流。

下面对主要电器设备再作一些补充要求。

1. 断路器

断路器是电路中最复杂和最重要的电器,它能在带负载的情况下闭合或切断电路,并在短路时能以最快的速度切断故障电路,以保持系统工作的稳定。断路器除须按上述四项性能选择外,还有以下一些性能要求。

(1) 额定短路开断电流。

断路器的触头在开始分开瞬间时的短路电流有效值应小于此值。为了求得此短路电流值,必须决定断路器切断的计算时间,也就是短路电流的持续时间,见公式 2.1-136:

$$t = t_b + t_{gu} + t_{hu}$$

$t_b$ 为主保护装置动作时间,按具体装设的保护装置而定,为启动机构,延时机构和执行机构动作时间的总和。$t_{gu}$为断路器固有分闸时间,$t_{hu}$为燃弧持续时间,两者之和为断路器全分闸时间,可在样本上查出。因此,断路器的额定短路开断电流应满足下列公式

$$I_{br} \geqslant I_{sct} \quad (2.1\text{-}167)$$

式中 $I_{br}$——断路器额定短路电流,kA;

$I_{sct}$——断路器触头开始分开瞬间的短路电流有效值,kA。

对于远离电源的用户,使用低速断路器,其实际开断时间等于或大于 0.2 s,则按 0.2 s 的短路电流周期分量有效值 $I_{0.2}$来选断路器。当实际开断时间小于 0.2 s 时,则按超瞬变短路电流有效值 $I''$来选择断路器。

如采用快速断路器,当实际开断时间小于 0.1 s 时,或靠近电源处短路时,其开断短路电流还应考虑非周期分量的影响,真空断路器属于快速断路器。在采用真空断路器和微机综合保护器时,实际开断时间很可能会小于 0.1 s。

(2) 额定短路关合电流。

在关合短路电流时，断路器的稳定用额定关合电流来表示，此电流即连接在传动机构的断路器上，在电压等于其额定值时能关合而不致使触头焊接或发生其他损伤的最大电流。此参数对用于自动重合闸的断路器尤为重要。

(3) 额定操作顺序。

装有自动重合闸的断路器，应考虑重合闸对额定短路开断电流的影响。我国近期生产的产品，均已按断路器标准通过额定操作顺序(操作循环)的开断电流。对于按自动重合闸操作顺序"分-$\theta$-合分-$t$-合分"($\theta$ 为无电流间隔时间，110 kV 及以上为 0.3 s，110 kV 以下为 0.3～0.5 s，$t$ 为 180 s)完成试验的断路器，不必再因重合闸而降低其开断能力。

对于一些特殊用途的断路器，例如电弧炉或钢包炉用的断路器，因工艺生产需要频繁切合，在电气和机械寿命上，都要满足频繁操作的要求。又如谐波滤波器和功率因数补偿装置断路器也要满足能切合容性电流的要求。

2. 负荷开关

负荷开关主要用以开断和关合负荷电流。与高压熔断器联合使用可代替断路器作短路保护，带有热脱扣器的负荷开关还具有过载保护性能。负荷开关除按前述的四项基本性能来选择外，还要校验额定短路关合电流。由于极限通过电流甚小，往往满足不了冶金企业配电系统的要求。

3. 隔离开关

隔离开关的主要功用为：

(1) 将电路的一部分电压隔离；

(2) 造成良好的看得见的空气绝缘间隔，即有一个明显的断开点。

因此，为便于电器设备的检修或改变供配电系统在运行中的接线(例如双母线系统将负荷从一段母线倒换到另一段母线)时，装设了隔离开关。要特别注意在任何情况下不能用隔离开关来切断负荷电流，以防止相间飞弧而引起事故，必须与相应的断路器作机械和电气联锁。隔离开关按前述的四项基本性能来选已足够。

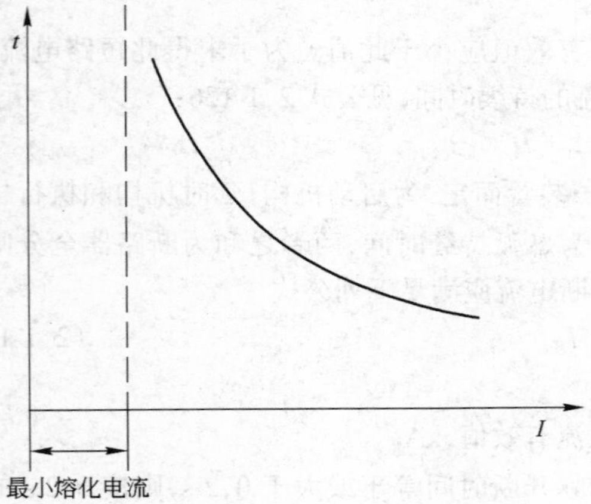


图 2.1-25　安－秒特性曲线

4. 高压熔断器

高压熔断器除了要按额定电压、额定电流和极限短路电流选择外，还要校验额定开断电流。

熔断器的熔丝在稳定状态发热时，所有其吸收的能量完全散发到周围空间。相当于熔丝此种发热状态的最大电流叫最小熔化电流，样本上叫最小开断电流(以额定电流倍数来表示)，在该电流时，理论上的熔化时间为无穷大，当电流增加时，熔化时间减少，为反比延时特性，其安－秒特性曲线见图 2.1-25。熔断器具体型号的安－秒特性曲线列在样本上。

熔断器分为限流的与非限流的两大类。在熔丝熔化后，使电流在未达到其最大值之前，立刻减小到零的熔断器叫限流断路器，图 2.1-26 示出该断路器工作时，电路中电流的示波图。

当电流为 $i$ 时，熔丝即蒸发，间隙被打穿，电弧开始燃烧，在限流熔断器中，电流没有达到最大值 $I_m$，而相反的却从 $i$ 开始下降，迫使电流在自然到零值前下降到零，充有石英砂的熔断器即属于限流熔断器。

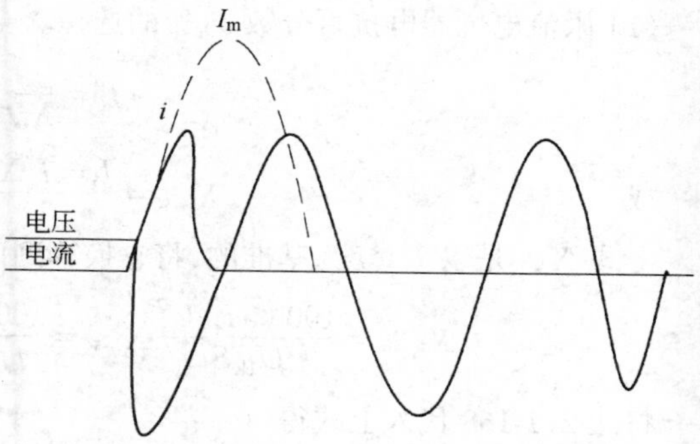


图 2.1-26 限流熔断器示波图

非限流的熔断器在熔丝蒸发后，电弧中电流达到其最大值，最好的情形是第一次过零时电弧熄灭，也可能在经过几个半周后熄灭。

由于熔断器切断的时间很快，因此在《导体的电器选择设计技术规定》中规定："用熔断器保护的导体和电器可不验算热稳定；除用有限流作用的熔断器保护者外，裸导体和电器的动稳定仍应验算"。

5. 限流电抗器

限流电抗器是用来限制短路电流的，它尚能在配电网络中发生短路时，维持母线上的电压（剩余电压）不致太低而影响其他用户，但正常工作时要求在电抗器上的电压降不要过大。图 2.1-27示出正常工作时与在电抗器后短路时电压降的分配情况。因电压降主要产生在电抗器上，故母线上能维持足够高的电压。

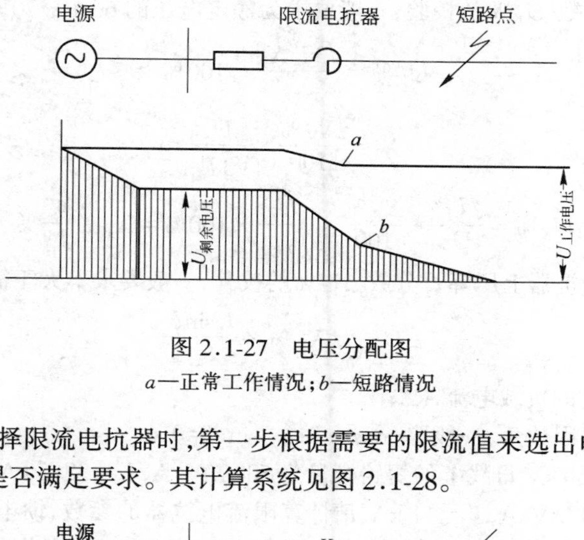


图 2.1-27 电压分配图

$a$—正常工作情况；$b$—短路情况

根据上述要求，选择限流电抗器时，第一步根据需要的限流值来选出电抗器的参数，再来验算其剩余电压和压降是否满足要求。其计算系统见图 2.1-28。

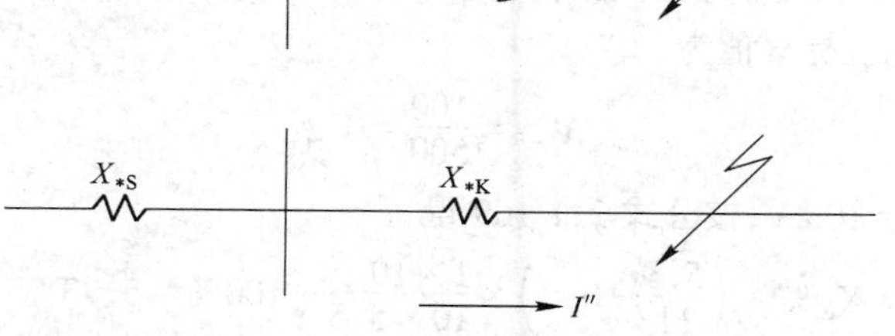

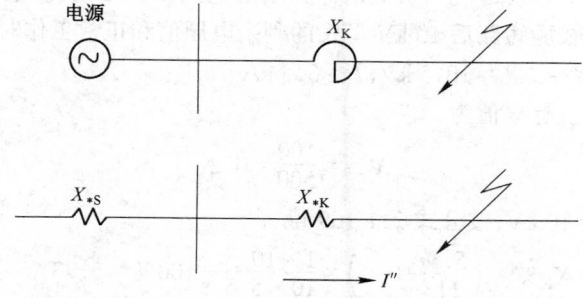


图 2.1-28 选择限流电抗器系统图

(1) 限流电抗器电抗百分数 $x_k\%$ 的选择。

$$I''=\frac{I_j}{X_{*S}+X_{*K}}$$

或

$$X_{*K}=\frac{I_j-I''X_{*S}}{I''}=\frac{I_j}{I''}-X_{*S} \tag{2.1-168}$$

上式 $X_{*K}$ 是以 $U_j$、$I_j$ 为基准的，将它换算到以电抗器额定参数为基准时为

$$X_K\%=\frac{100\sqrt{3}I_{ek}U_j^2}{U_{ek}S_j}X_{*K}=\frac{100\sqrt{3}I_{ek}U_j^2}{U_{ek}\sqrt{3}I_jU_j}X_{*K}=\frac{100I_{ek}U_j}{U_{ek}I_j}X_{*K}$$

将式 2.1-168 代入上式得

$$X_{*K}\%=\left(\frac{I_j}{I''}-X_{*S}\right)\frac{I_{ek}U_j}{U_{ek}I_j}\times100\% \tag{2.1-169}$$

式中　$X_{*K}\%$——电抗器在额定参数下的电抗百分数；

$X_{*S}$——电抗器前的系统以 $U_j$、$I_j$ 为基准的电抗标幺值；

$U_j$——基准电压，连接电抗器回路的平均电压，kV；

$I_j$——基准电流，kA；

$U_{ek}$——电抗器的额定电压，kV；

$I_{ek}$——电抗器额定电流，kA；

$I''$——电抗器后短路时超瞬变短路电流有效值，kA。

(2) 剩余电压百分数 $U_K\%$ 的校验，一般要求为额定电压的 60%～70%。

$$U_K\%=\frac{\sqrt{3}I''X_K}{u_e}\times100\%$$

而

$$X_K=\frac{X_K\%}{100}\times\frac{U_e}{\sqrt{3}I_{ek}}$$

故

$$U_K\%=\frac{\sqrt{3}I''}{U_e}\times\frac{X_K\%}{100}\times\frac{U_e}{\sqrt{3}I_{ek}}\times100\%=X_K\%\frac{I''}{I_{ek}}\% \tag{2.1-170}$$

(3) 正常工作时电抗器上压降百分数 $\Delta U\%$ 的校验，一般要求不大于额定电压的 5%。

$$\Delta U\%=X_K\%\times\frac{I_g\sin\varphi}{I_{ek}} \tag{2.1-171}$$

式中　$I_g$——正常通过的负载电流，kA；

$\varphi$——负载功率因数角，一般取 $\cos\varphi=0.8$，$\sin\varphi=0.6$。

**例 11**　某变电所 10 kV 母线上的短路容量为 500 MV·A，$I''=38.5$ kA，设计要求在馈电线后的短路容量降低至 200 MV·A，$I''=11$ kA，请计算限流电抗器的参数，馈电线上正常的负载电流为 800 A，$\cos\varphi=0.8$，请校验短路后 10 kV 母线的剩余电压值和正常工作时电抗器上的电压降。

**解：** 取 $S_j=100$ MV·A，$U_j=10.5$ kV，$I_j=5.5$ kA

电抗器前系统的电抗标幺值为

$$X_{*S}=\frac{100}{500}=0.2$$

取 $I_{ed}=1$ kA，$U_{ed}=10$ kV，按公式 2.1-169 得

$$X_K\%=\left(\frac{5.5}{11}-0.2\right)\times\frac{1\times10.5}{10\times5.5}\times100\%=5.73\%$$

故选 6% 标准电抗器。

验算 10 kV 母线剩余电压：

6%电抗器的电抗幺值为

$$X_{*K}=\frac{6}{100}\times\frac{10}{\sqrt{3}\times 1}\times\frac{100}{10.5^2}=0.314$$

电抗器后短路时的次暂态短路电流为

$$I''=\frac{5.5}{0.2+0.314}=10.7(\text{kA})$$

按公式 2.1-170 得

$$U_K\%=6\times\frac{10.7}{1}\%=64.2\%$$

满足 60%以上的要求。

验算正常工作时电抗器上的压降：

按公式 2.1-171 得

$$\Delta U\%=6\times\frac{0.8\times 0.6}{1}\%=2.88\%$$

电压降小于 5%满足要求。

6．电压互感器

(1) 形式。

电压互感器常用的有油浸绝缘电磁式、树脂浇注绝缘干式以及电容式三种结构形式，110 kV 及以下的，通常都采用前两种形式。安装在 35 kV 及以下成套高压柜内的电压互感器，为节约占用空间，一般为树脂浇注结构，而 35～110 kV 的配电装置，则采用油浸式结构。电压互感器又有单相双绕组、单相三绕组、三相三柱式双绕组、三相五柱式三绕组等，按不同的需要来选用。

(2) 接线方式。

常用的接线方式有以下几种：

1) 一个单相双绕组电压互感器。仪表和继电器接于一个线电压，用于备用电源进线侧的电压监视，或备用电源自投后自动复归的场合。电压互感器的二次绕组一端接地，见图 2.1-29。

2) 两个单相双绕组电压互感器接成 V-V 型。仪表和继电器接于 $a$-$b$，$b$-$c$ 两个线电压，用于主接线较为简单的变电所。这种接线不能接绝缘检查电压表。电压互感器二次侧 $b$ 相接地，见图 2.1-30。

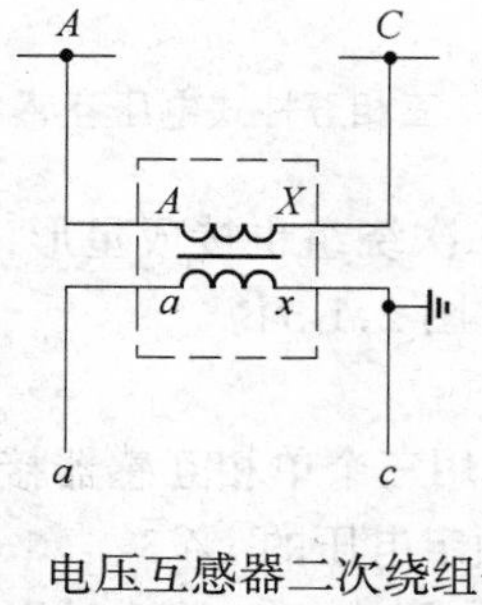


图 2.1-29　电压互感器二次绕组一端接地

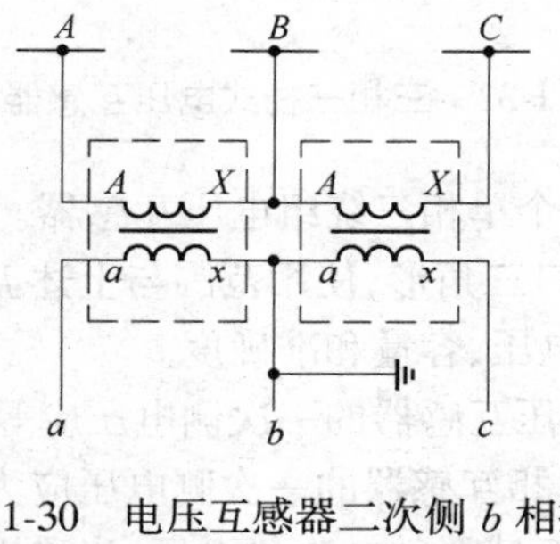


图 2.1-30　电压互感器二次侧 $b$ 相接地

3) 三个单相双绕组电压互感器接成星-星形，高压侧中性点接地。仪表和继电器接于三个线电压，也可接绝缘检查电压表。如高压侧系统中性点直接接地，则可测系统的相电压，如高压侧系统中性点不接地或经阻抗接地，则测得的是相对地电压而不是相电压。电压互感器二次绕组中性点接地，见图 2.1-31。

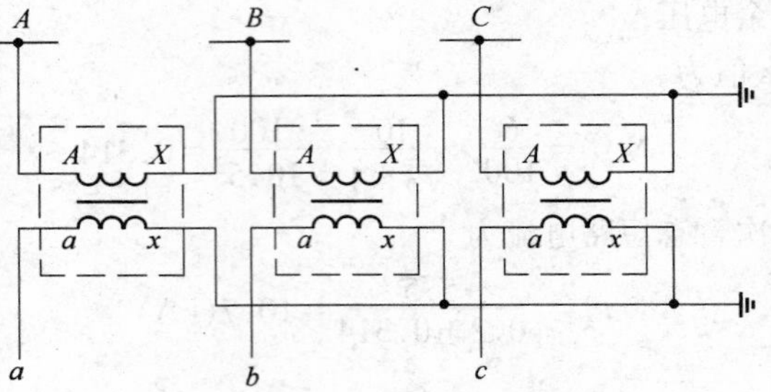


图 2.1-31　电压互感器二次绕组中性点接地

4）一个三相三柱式电压互感器。仪表和继电器接入线电压和相电压。这种电压互感器在电网中性点不接地的情况下，不能测量相对地电压，因为电压互感器一次侧的中性点不能接地，如接地的话，则在回路发生单相接地时，零序磁通相位重合，只能经过空气与铁壳形成通路，磁阻很大，故零序电流也较大，这种不正常情况长期使用，会由于绕组的过热，将损坏互感器。因此，为避免接线不当，接成星-星的三相三柱式电压互感器的一次绕组无引出的中性点，见图 2.1-32。

5）一个三相五柱式电压互感器。主二次绕组接成星形，仪表和继电器接入线电压和相电压。如高压侧系统中性点直接接地，则可测系统的相电压。如高压侧系统中性点不接地或经阻抗接地时，则测得的是相对地电压而不是相电压。剩余电压绕组接成开口三角形，构成零序电压滤过器，供接入保护继电器和接地信号（绝缘检查）继电器，见图 2.1-33。

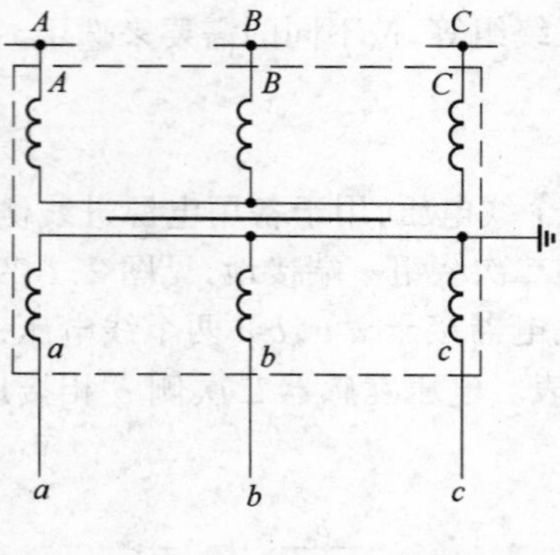


图 2.1-32　三相三柱式电压互感器

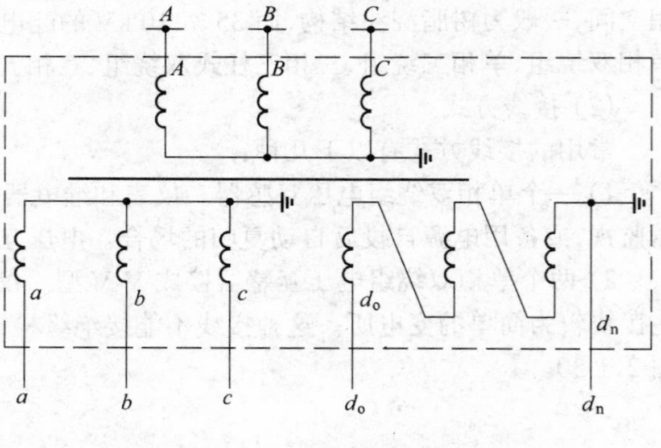


图 2.1-33　三相五柱式电压互感器

6）三个单相三绕组电压互感器。一次绕组接成星形，主二次绕组也接成星形，剩余电压绕组接成开口三角形，使用范围与上述五柱式电压互感器相同，见图 2.1-34。

（3）电压、容量和准确度。

1）电压互感器的一次侧电压应等于电网的额定电压，当采用三个单相互感器接成星形连接时，每一单相互感器的一次侧电压应为电网的额定相电压，即额定电压的 $1/\sqrt{3}$。

电压互感器的二次侧电压，当采用单相互感器接于一个线电压或 V-V 接法时为 100 V，接成星-星接法时为 $100/\sqrt{3}$ V。当采用三相互感器时为 100 V。对于有剩余电压绕组的电压互感器，其第三绕组的电压，当采用单相互感器而电网中性点不接地或经小电阻接地时为 $100/\sqrt{3}$V。电网中性点接地时为 100 V，当采用三相互感器时均为 100/3 V。

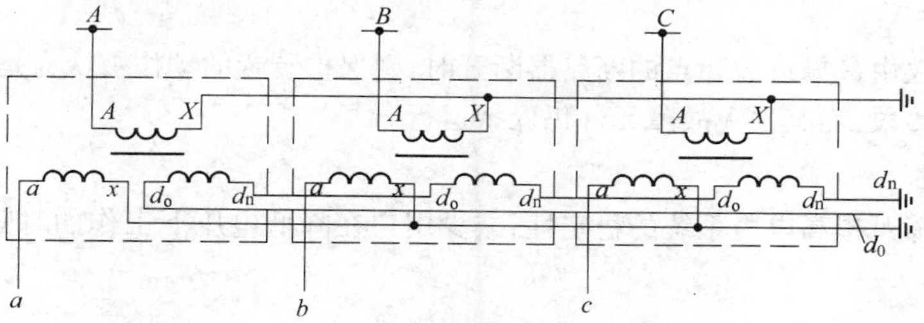


图 2.1-34 三个单相三绕组电压互感器

2）电压互感器的额定容量与其准确度等级有关。样本上列出在不同准确度下的额定容量，并列出其最大容量。最大容量是按允许发热条件而确定的，当电压互感器以最大容量工作时，就没有准确度可言了。

3）电压互感器的准确度是根据其所按表计的要求来选择。《电力装置的电测量仪表装置设计规范》GBJ—63—90 规定了各类表计的精确度要求。当电压互感器所接负荷及其最高精确度仪表确定后，即可计算电压互感器的相负荷，作为选择其容量的依据。

7. 电流互感器

（1）形式。

电流互感器有瓷绝缘结构和树脂浇注绝缘结构，35 kV 及以下成套高压柜内的电流互感器，大都采用树脂浇注绝缘，而 35～220 kV 非成套供应的配电装置，一般采用油浸瓷箱式绝缘。有条件时，应尽量采用组装在变压器套管内或穿墙套管内的电流互感器。

（2）参数选择。

电流互感器除按其一次绕组额定电压和额定电流选择，并满足动热稳定要求外，还要正确选择以下附加特性。

1）二次额定电流。二次额定电流有 5 A 和 1 A 两种，强电回路一般常用 5 A。

2）准确度。准确度是根据它的用途选择的，规范中规定了各类表计和继电保护对准确度的要求。电流互感器准确度的表示方式为：当用于测量表计时，例如 $0.5F_S5$，则表示 5 倍额定电流时误差为 0.5%，$F_S$为饱和倍数，即铁芯在 5 倍额定电流时饱和，以防止大倍数的短路电流流过时将表计的指针打弯。当用于继电保护时，例如 10P10，则表示 10 倍额定电流时误差为 10%，P 为保护的意思，即 10 倍额定电流时铁芯仍有较好的线性，可充分提供继电保护的电流，因此字母 P 或 $F_S$前的数字越小准确度越高，后的数字越大则铁芯线性范围越大。

3）额定二次容量。额定二次容量相当于误差不超过准确度所限制的负荷伏安数，例如某电流互感器 0.5 准确度额定容量为 20 V·A，则在该电路内所接表计和连接导线等的负荷总和不能超过 20 V·A。

## 第六节 继 电 保 护

### 一、基本要求

继电保护装置的主要功能是用断路器将故障元件与系统中其余无故障部分自动断开，使系统的运行恢复正常并中止故障元件的损坏。

对继电保护装置有以下四项基本要求。

**（一）选择性**

当故障元件仅由最靠近故障点的断路器断开时，则保护装置的动作被认为是有选择性的，即它断开的只是故障段，而其他无故障元件仍保持运行。

**（二）速动性**

快速切断故障可提高电力系统的稳定性，减少用户在降低电压下工作的时间以及减少故障元件的损坏程度。

**（三）灵敏性**

灵敏性是指在发生故障或在不正常工作状态开始时保护装置对该故障或不正常状态的反应能力。采用高灵敏度的保护装置，可减轻故障对无故障部分的影响，并能缩小故障元件的损坏程度。

**（四）可靠性**

可靠性是指保护装置应时刻准备着动作，并在各种故障和不正常的运行情况下可靠工作，该动作时应动作，不该动作时不误动作。

要满足上述要求，有些是相互矛盾的，在某些情况下不可能同时满足选择性和速动性的要求，例如在单侧供电的辐射式配电网中，线路常有好几段串联连接的线段，要保证有选择性地切断故障，必然会使首端线段的保护时限加长；如果变电所出线不装设电抗器，则在线路首端发生短路时就可能严重影响配电系统中的其余部分，此时往往将速动性放在首位，采用无选择性地加速切除故障然后再自动重合闸或备用电源自动投入来补救。

在灵敏性与可靠性方面也存在矛盾，要提高灵敏性，就要采用高灵敏度的保护装置，往往会使保护复杂化而影响了可靠性。

目前，随着计算机技术的不断发展，微机综合保护装置的采用，解决了上述的一些矛盾。与使用常规继电器相比，它的可靠性、灵敏性和速动性都得到了较大的提高，并从根本上改善了保护的选择性。

## 二、一般规定

**（一）配电系统中的保护**

配电系统中的电力设备和线路应装设主保护、后备保护，必要时可增设辅助保护。

1．主保护

满足系统稳定和设备安全要求，能以最快速度、有选择地切除被保护设备和全线路故障的保护。

2．后备保护

主保护或断路器拒动时，用以切除故障的保护。后备保护可分为远后备保护和近后备保护两种方式。远后备保护是当保护或断路器拒动时，由相邻电力设备或线路的保护实现的后备。近后备保护是由本电力设备或线路的另一套保护实现的后备。

3．辅助保护

辅助保护为补充主保护和后备保护的性能或当主保护和后备保护退出运行而增设的简单保护。

**（二）配电系统中的灵敏性**

配电系统中电力设备或线路的灵敏性，用灵敏系数 $K_m$ 表示，在继电保护规范中，按不同的保护分类和保护类型，规定了继电保护必须具有的最小灵敏系数，它是根据不利的正常运行方式和不利的故障类型进行计算的。

灵敏系数 $K_m$ 为被保护区末端发生金属性短路时,流过保护安装处的最小短路电流 $I_{dmin}$ 与保护装置一次动作电流 $I_{dz}$ 之比,即:

$$K_m = \frac{I_{dmin}}{I_{dz}} \tag{2.1-172}$$

各类短路保护的最小灵敏系数可见继电保护规范或有关电力设计手册。

## 三、过电流保护装置

过电流保护是最可靠、最简单、最廉价的保护装置之一,目前广泛地用它来保护相间短路以及接地短路。

### (一)定时限过电流保护装置

保护装置动作时间只决定于装置中时间继电器的动作时间,而与流过电流继电器的电流大小无关,这种保护装置称为定时限过电流保护装置,其保护特性见图2.1-35。

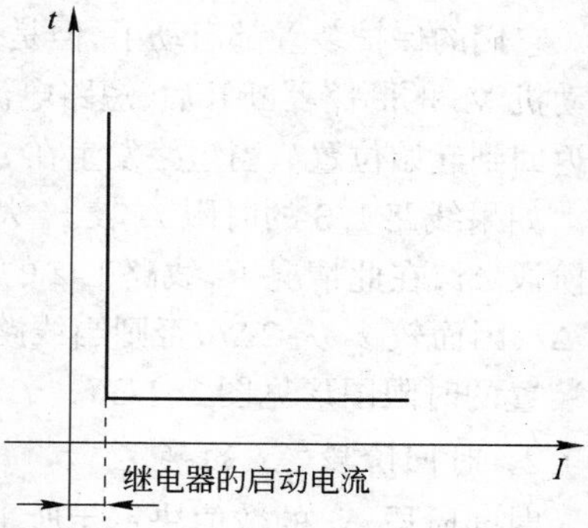


图 2.1-35 定时限过电流保护特性

1. 保护装置的时限

为了保证动作的选择性,过电流保护装置的时限按迎面一线段的原则来确定。例如最末段的线路向着电源方向看去,每一迎面而来线段的保护时限,要较下级线路增加一时间阶段 $\Delta t$。采用定时限过电流的一个辐射式电网的时限配合见图 2.1-36。

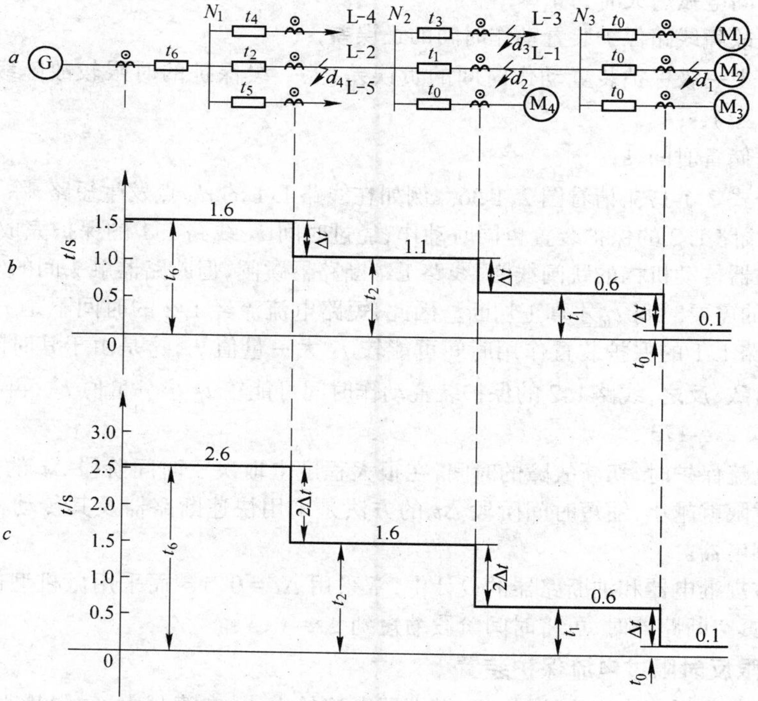


图 2.1-36 一端供电的辐射式电网的定时限过电流保护

*a*—表明保护装置装设地点的系统图;*b*、*c*—保护装置时限图形

图上过电流保护装置以带点的圆圈表示。

$N_3$ 变电所母线上接有三台电动机($M_1 \sim M_3$),它们的保护装置动作时限等于 $t_0$。送电到 $N_3$

变电所的线路 L-1 的动作时限 $t_1$ 取较 $t_0$ 大一时间阶段 $\Delta t$,而送到 $N_2$ 变电所的线路 L-2 的时限 $t_2$ 又较 $t_1$ 大一时间阶段 $\Delta t$,发电机出口保护装置的时限 $t_6$ 又较 $t_2$ 大一时间阶段 $\Delta t$,见图 2.1-36$b$。

如在 $d_1$ 点发生短路,短路电流将由电源发电机 G 流经线路 L-2,L-1 和电动机 $M_2$ 线路的一段。它们的保护装置都启动了,但是只有电动机 $M_2$ 的保护完成了动作,因为它有最小的时限。当电动机 $M_2$ 的断路器断开后,短路电流中断,线路 L-2,L-1 和电源发电机 G 的保护动作没有成功,便返回到起始位置。当短路发生在 $d_2$ 点或 $d_4$ 点时,只有对应的 L-1 或 L-2 保护装置发生作用。

如果线路 L-3 的时限 $t_3$ 较 $t_1$ 大一时间阶段 $\Delta t$,而线路 L-4、L-5 的时限 $t_4$ 和 $t_5$ 较 $t_2$ 大一时间阶段 $\Delta t$,在此情况下,线路 L-2 的时限 $t_2$ 应较 $t_3$ 大 $\Delta t$,因而较 $t_1$ 大 $2\Delta t$。时限 $t_6$ 较 $t_4$ 或 $t_5$ 大 $\Delta t$,因而较 $t_2$ 大 $2\Delta t$,否则当线路 L-3、L-4 及 L-5 短路时,它们的选择性将不能保证。这一保护装置的时限图形见图 2.1-36$c$。

2. 时间阶段 $\Delta t$ 的确定

时间阶段 $\Delta t$ 的数值决定于所采用的断路器及其传动机构的形式,也与所采用继电器的精度有关。

为保证保护装置的选择性,时间阶段 $\Delta t$ 可按下式确定:

$$\Delta t = t_{fd} + t_e + t'_e + t_r \tag{2.1-173}$$

式中 $t_{fd}$——故障线路断路器的动作时间,从动作电流送入其传动机构的跳闸线圈算起,到触头间电弧熄灭时为止,s;

$t_e$——故障线路保护装置动作时间的正误差,s;

$t'_e$——上一级保护装置动作时间的负误差(上一级保护的时限较故障级大一时间阶段 $\Delta t$),s;

$t_r$——储备时间,s。

为说明公式 2.1-173,请看图 2.1-36。例如在线路 L-1 的 $d_2$ 点发生短路,除了它的保护装置发生动作外,线路 L-2 的保护装置也同时动作,经过时间 $t_1$ 线路 L-1 的保护完成了动作,将动作电流送到断路器传动机构的跳闸线圈,线路 L-1 断路器跳闸,但断路器触头间的电弧并不是马上熄灭,而是总的需要时间 $t_{fd}$才真正切断。因此,短路电流流经 L-2 的时间不是 $t_1$ 而是要大一个 $t_{fd}$。此外,线路 L-1 的保护装置作用时间可能较 $t_1$ 大一量值 $t_e$,这是由于其时间继电器完成动作时间误差所致,反之,线路 L-2 的保护装置动作时间可能较 $t_2$ 小一量值 $t'_e$,再考虑一储备时间 $t_r$,即得出公式 2.1-173。

应用过电流保护时,切断故障的时间,在很大程度上取决于时间阶段 $\Delta t$ 的大小。$\Delta t$ 越小,保护装置的时限就越小,缩短时间阶段 $\Delta t$ 的方法是采用快速断路器及其传动机构以及采用时间误差小的继电器。

在采用常规继电器和油断路器的设计中,常采用 $\Delta t = 0.5$ s,而采用微机型保护装置和快速断路器,例如真空断路器时,可将时间阶段缩短到 $\Delta t = 0.3$ s。

**(二)有限反时限过电流保护装置**

保护装置动作时间决定于流过电流继电器电流的大小,电流越大,时限越小,具有反时限特性,但是这一特性只是在一定的电流界限内才是如此,如超过此界限,时限就不变了,因此将这种保护装置称为有限反时限过电流保护装置。其保护特性见图 2.1-37。

1. 保护装置的时限

我们仍按图 2.1-36 来讨论采用有限反时限保护的时限特性。电动机保护装置的时限可设定为零（$t_0$ 是电动机保护动作的固有时间，取 0.1 s)，如线路 L-3、L-4 和 L-5 的保护装置时限相应地小于线路 L-1 和 L-2 的时限，则具有定时限特性的保护装置的时限，如图 2.1-36$b$所示。现采用有限反时限特性的保护装置，应先从确定其启动电流开始，启动电流可按照公式 2.1-175 求出，并标在图 2.1-38$a$上，因各级电流互感器的变比不会相同，故横坐标上的电流用一次侧的电流标出。

为与定时限保护装置进行对比，我们取用与定时限保护相同的时间阶段 $\Delta t$（图 2.1-36 取$\Delta t = 0.5$ s)。

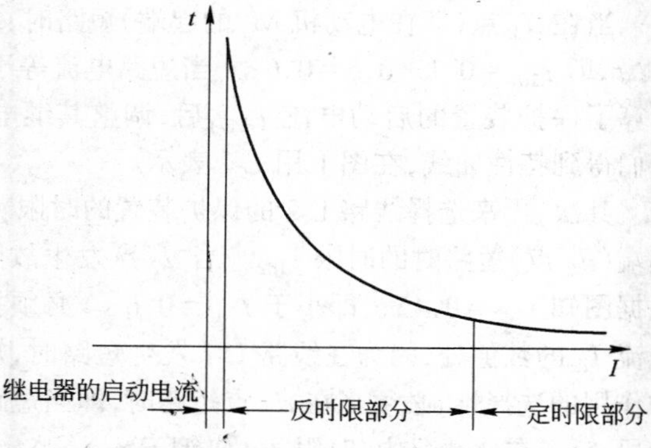


图 2.1-37 有限反时限过电流保护特性

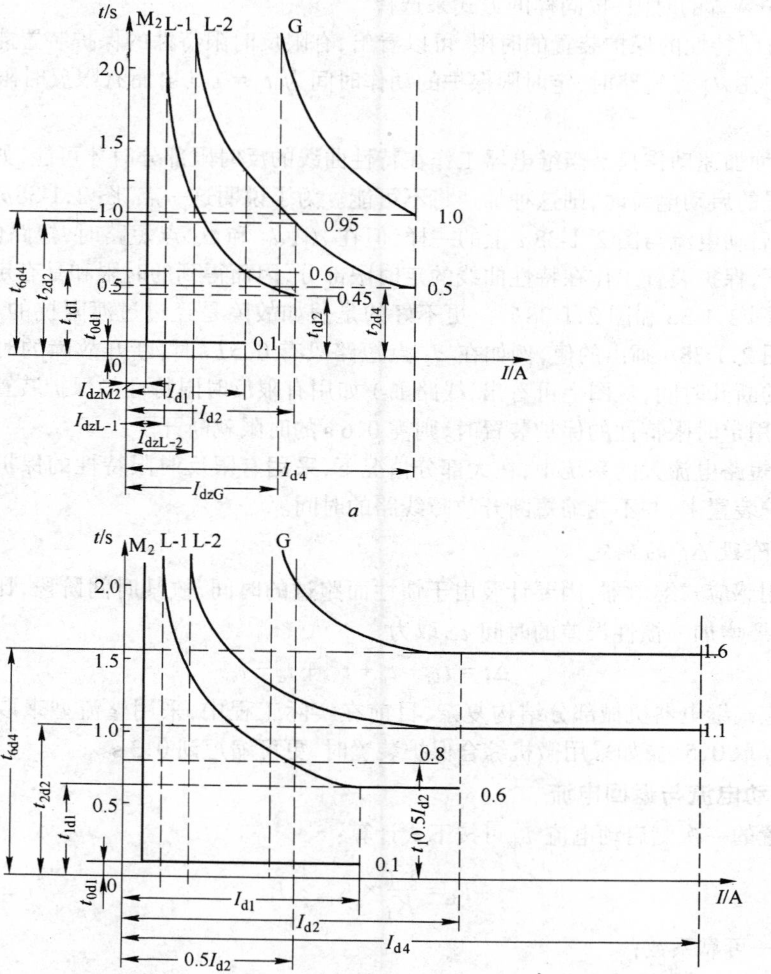


图 2.1-38 有限反时限过电流保护

当在 $d_1$ 点(即在电动机 $M_2$ 的起端)短路时,线路 L-1 的保护装置应具有时限 $t_{1d1}$,等于 $t_{0d1}+\Delta t$,即 $t_{1d1}=0.1+0.5=0.6$ s。当短路电流等于 $I_{d1}$时,线路 L-1 的保护装置应具有这个时限。计算了保护装置的启动电流 $I_{dzL-1}$后,调整其继电器,使电流为 $I_{d1}$时保护装置的时限等于 $t_{1d1}$。我们得到特性曲线,在图上用 L-1 表示。

其次,再来选择线路 L-2 的保护装置的时限。利用图上 L-1 的特性曲线,找出当在线路 L-1 起端($d_2$ 点)短路时的时限 $t_{1d2}$。当 $d_2$ 点发生故障时,短路电流 $I_{d2}$大于 $I_{d1}$,因此 $t_{1d2}$小于 $t_{1d1}$。根据图知 $t_{1d2}=0.45$ s,即小于 $t_{1d1}=0.6$ s。必须指出,线路 L-1 的保护装置的特性曲线只引伸到电流 $I_{d2}$的数值处,因为在线路 L-1 发生短路时,短路电流不可能再大。为了得到线路 L-2 的保护作用的选择性,必须当在 $d_2$ 点短路时,即当短路电流为 $I_{d2}$时,它的时限 $t_{2d2}$应较 $t_{1d1}$大一时间阶段 $\Delta t$。在此情况中,时限 $t_{2d2}$应等于 $t_{2d1}+\Delta t=0.45+0.5=0.95$ s。计算出 $I_{dzL-2}$后,调整L-2保护装置的继电器,使当电流为 $I_{d2}$时的时限为 $t_{2d2}$,所得特性曲线在图上以 L-2 表示。由这条曲线可以看出,当短路发生在线路 L-2 的起端($d_4$ 点)时,L-2 保护装置应以时限 $t_{2d4}=0.5$ s 动作。发电机 G 保护装置的时限,按同样的方式来选择。

对比定时限特性的保护装置的时限,可以看出,有限反时限特性的保护装置能较快地断开故障线段。例如在 $d_4$ 点短路时,定时限保护的动作时间为 $t_2=1.1$ s,而有限反时限保护的动作时间为 $t_{2d4}=0.5$ s。

但是,这种加速动作只是当继电器工作在特性曲线的反时限部分时才可能,如短路电流大大超过保护装置的启动电流时,则这种加速将不可能。为了说明这一点,图 2.1-38$b$ 上画出的那些特性曲线,其启动电流与图 2.1-38$a$ 上的一样,但在 $d_1$、$d_2$ 和 $d_4$ 点短路时,短路电流大了一倍。在这种情况下,保护装置工作在特性曲线的定时限部分,因而得到的时限和具有定时限特性的时限相同(参看图 2.1-36 和图 2.1-38$b$)。更不好的是假如故障是经过过渡阻抗的相间短路,短路电流要小于图 2.1-38$b$ 画出的值,例如在 $d_2$ 点短路只有 $0.5I_{d2}$时,断开故障的时间必然要大于定时限保护的断开时间,从图上可看出,线路 L-1 如用有限反时限特性的保护装置,将以 0.8 s 的时限断开,而用定时限特性的保护装置时,则需 0.6 s 的时限就断开了。

因此,在短路电流大的系统中,在大部分情况下,采用有限反时限特性的保护装置比起定时限特性的保护装置来,并不能缩短断开故障线路的时间。

2. 时间阶段 $\Delta t$ 的确定

如果采用感应式继电器,因要计及由于惯性而跑过的时间,故其时间阶段,比定时限用的电磁式继电器,要增加一惯性误差的时间 $t_i$,取为

$$\Delta t = t_{fd} + t_e + t'_e + t_r + t_i \tag{2.1-174}$$

由于感应式继电器机械部分结构复杂,目前在实际工程中,采用整流型来取代,故 $\Delta t$ 可仍与定时限一样取 0.5 s。如采用微机综合保护装置时,更可缩短到 0.3 s。

**(三) 启动电流与返回电流**

保护装置的一次侧启动电流 $I_{dz}$可按下式计算:

$$I_{dz}=\frac{K_k}{K_f}\times K_{gh}\times I_{js} \tag{2.1-175}$$

式中　$K_k$——可靠系数;

$K_f$——返回系数;

$K_{gh}$——过负荷系数;

$I_{js}$——线路的计算负荷电流。

保护装置二次侧或继电器的启动电流 $I_{dzj}$ 可按下式计算：

$$I_{dzj}=\frac{K_k}{K_f}\times K_{jx}\times\frac{K_{gh}I_{js}}{K_i} \tag{2.1-176}$$

式中 $K_{jx}$——接线系数；

$K_i$——电流互感器变比。

从以上公式可以看出，继电器的动作电流要躲开线路的最大负荷电流 $K_{gh}I_{js}$，过负荷系数由负荷性质和系统接线确定，例如负荷有电动机，则要考虑电动机的自启动电流。

公式中还有一个返回系数 $K_f$，返回系数的定义为启动电流与返回电流 $I_f$ 之比，即：

$$K_f=\frac{I_{dz}}{I_f}$$

继电器动作后，如其电流线圈中的电流中断，继电器便返回到起始位置，但如线圈中的电流并未减小到零，那么只有当电流低到某一小于继电器的启动电流时，才返回到原始位置。使继电器返回到起始位置的最大电流值，称为继电器的返回电流。

现在来解释考虑返回电流的意义，仍用图 2.1-36 来说明，如在 $d_3$ 点发生短路时，线路 L-2 的保护装置启动，在线路 L-3 的断路器断开后，流经线路 L-2 的短路电流便中断了，这时流过的电流是 $N_2$。$N_3$ 变电所仍在运行的用户的负荷电流，由于电动机的自启动，上述的这种负荷电流开始时数值较大。假如考虑电动机自启动时的负荷电流大于继电器的返回电流，则保护装置在 $d_3$ 点短路后一直动作，不能回到起始位置，这样会无选择性地断开线路 L-2 的断路器，因此，保护装置的返回电流必须大于线路的最大负荷电流。

返回系数恒小于 1，其值越接近于 1 越好，表示灵敏性越好。常规电磁继电器的返回系数为 0.85，而微机型保护装置的返回系数可高达 0.9 以上。

**（四）继电器的接线方式**

在继电器的启动电流 $I_{dzj}$ 公式 2.1-176 中，接线系数 $K_{jx}$ 是指流经继电器的电流较流经电流互感器的电流大多少倍。它与继电器的接线方式有关，常用的有以下几种接线方式。

1. 完全星形三继电器接线

完全星形三继电器接线方式需要三个电流互感器，其二次绕组接成星形，每相接一个继电器，如图 2.1-39*a* 所示。这种接线做成的保护装置在各种形式的相间短路或两相接地短路以及直接接地电网的单相短路都能动作。

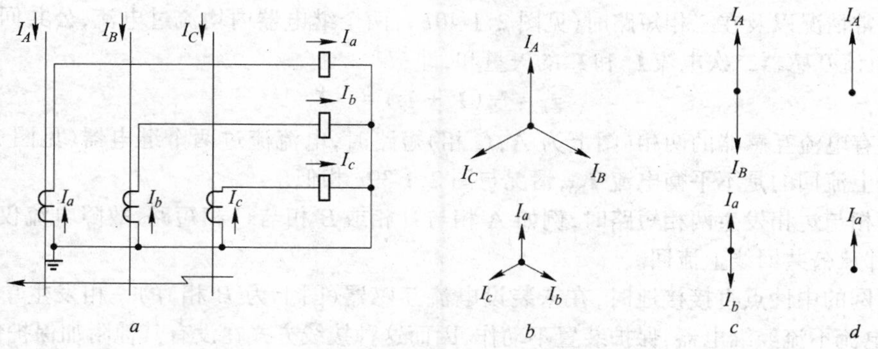


图 2.1-39 完全星形三继电器接线方式

*a*—电流互感器与继电器的接线图；*b*—三相短路电流矢量图；*c*—*A*、*B* 两相短路电流矢量图；*d*—中性点直接接地电网的 *A* 相单相接地短路电流矢量图

在正常情况和三相短路时，在一次回路的三相中都有电流，它们的矢量和等于零（见图 2.1-39*b*），即：

$$\boldsymbol{I}_A+\boldsymbol{I}_B+\boldsymbol{I}_C=0$$

与此对应的二次回路电流的矢量和为不平衡电流 $\boldsymbol{I}_{bp}$，它是由电流互感器磁化曲线的差异引起的，该电流不大（在一次回路流过短路电流时为最大），可认为接近于零，故流经公共回线的电流为：

$$\boldsymbol{I}_n=\boldsymbol{I}_{bp}=(\boldsymbol{I}_a+\boldsymbol{I}_b+\boldsymbol{I}_c)\approx 0$$

当发生两相短路，例如 *A* 相与 *B* 相短路，故障电流只在一次回路的两相中流过，且相位差为 180°（见图 2.1-39*c*），故障相一次电流的矢量和等于零，即：

$$\boldsymbol{I}_A+\boldsymbol{I}_B=0$$

与其相应的二次回路电流的矢量和为流经公共回线的不平衡电流 $\boldsymbol{I}_{bp}$，可视为接近于零，即：

$$\boldsymbol{I}_a+\boldsymbol{I}_b\approx 0$$

当电网的中性点直接接地时，发生单相短路，例如 *A* 相，故障电流只流过接在 *A* 相电流互感器上的继电器，并从公共回线流回，其矢量图见图 2.1-39*d*。

2. 不完全星形二继电器接线

不完全星形二继电器接线方式需要两个电流互感器，其二次绕组接成不完全星形，每相接一个继电器，如图 2.1-40*a* 所示。这种接线做成的保护装置，对所有形式的相间短路都能动作。

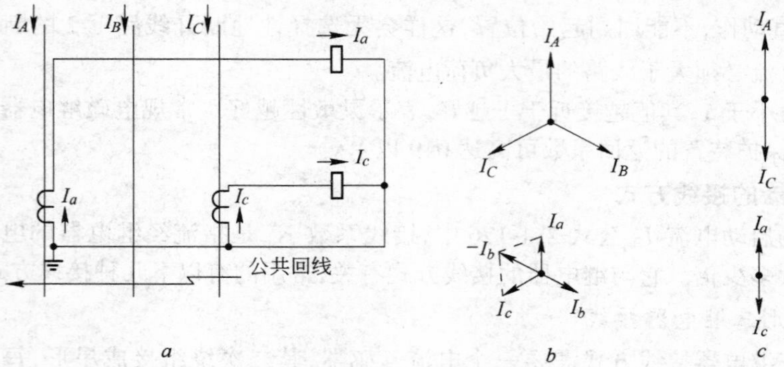


图 2.1-40　不完全星形二继电器接线方式

*a*—电流互感器与继电器的接线图；*b*—三相短路电流矢量图；*c*—*A*、*B* 两相短路电流矢量图

在正常情况以及在三相短路时（见图 2.1-40*b*），两个继电器内均流过电流，公共回线内的电流 $\boldsymbol{I}_n$ 为电流互感器二次电流 $\boldsymbol{I}_a$ 和 $\boldsymbol{I}_c$ 的矢量和，即：

$$\boldsymbol{I}_n=-(\boldsymbol{I}_a+\boldsymbol{I}_c)=-\boldsymbol{I}_b$$

当接有电流互感器的两相（图上为 *A*，*C* 相）短路时，电流流过两个继电器（见图 2.1-40*c*），公共回线上流回的是不平衡电流 $\boldsymbol{I}_{bp}$，情况与图 2.1-39*c* 相似。

当中相与边相发生两相短路时，例如 *A* 相与 *B* 相或 *B* 相与 *C* 相短路，故障电流仅流过一个继电器，并从公共回线上流回。

当电网的中性点直接接地时，在未装设电流互感器（图上为 *B* 相）的一相发生单相接地短路，故障电流不流经继电器，保护装置不动作，因而这种接线方式在没有其他附加保护情况下，是不能用于中性点直接接地的系统。

3. 一个继电器的两相差接线

一个继电器两相差接线方式需要两个电流互感器，其二次绕组接成差接，继电器接在两相的电流差上(见图 2.1-41$a$)。

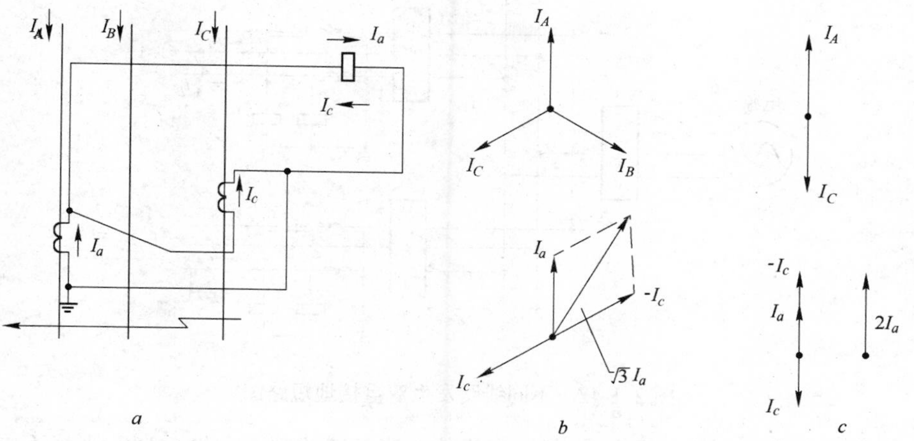


图 2.1-41 一个继电器的两相差接线

$a$—电流互感器与继电器的接线图;$b$—三相短路电流矢量图;$c$—$A$、$C$ 两相短路电流矢量图

对于所有形式相间短路,与不完全星形两继电器接线方式一样,保护装置都能动作。但流经继电器的电流决定于短路的形式,因而对各种形式故障的灵敏系数是不同的。

在正常情况以及三相短路时,流经继电器的电流为两相电流的矢量差(见图 2.1-41$b$),即:

$$\boldsymbol{I}_a - \boldsymbol{I}_c = \sqrt{3}\boldsymbol{I}_a$$

当装设电流互感器的 $A$、$C$ 相发生短路时,流经继电器的电流也是两相电流的矢量差(见图 2.1-41$c$),即:

$$\boldsymbol{I}_a - \boldsymbol{I}_c = 2\boldsymbol{I}_a$$

如 $A$ 相与 $B$ 相或 $B$ 相与 $C$ 相发生两相短路时,因其中只有一相装设电流互感器,则流经继电器的电流等于故障相的电流。

综上所述,根据接线系数的定义,可以得出结论:当继电器接在相电流上时 $K_{jx}=1$;当继电器接在两相电流差上时,$K_{jx}=\sqrt{3}$。

4. 三种接线方式的比较

完全星形三继电器接线方式的优点是能保护各种形式的故障,但电流互感与继电器数量多,相应增加投资。

不完全星形二继电器接线方式的优点是可节省一台电流互感器,故广泛地应用在 3～35 kV 中性点不直接接地的电网中。

两相差接线方式只需要一个继电器,投资最省,但对不同故障形式有不同的灵敏系数,有时难以满足规范的要求,此外,当配电变压器的绕组连接组别为 D,y n11,或 Y,d 11时,在二次侧发生两相短路,流过继电器的差电流为零,故保护装置拒绝动作。

### (五) 电流互感器的安装相序

上面提到,在目前 3～35 kV 的电网中,大都系中性点不直接接地或经消弧线圈接地系统,广泛采用两电流互感器的方式,那么两台电流互感器安装在什么相序呢?

理论上说,三相电路中的任意两相都可以安装电流互感器,但是在同一系统内,我们通常规定所有元件上的电流互感器,都安装在相同的两相上,例如惯用的是安装在 $A$、$C$ 相上,其理由可用图 2.1-42 来说明。

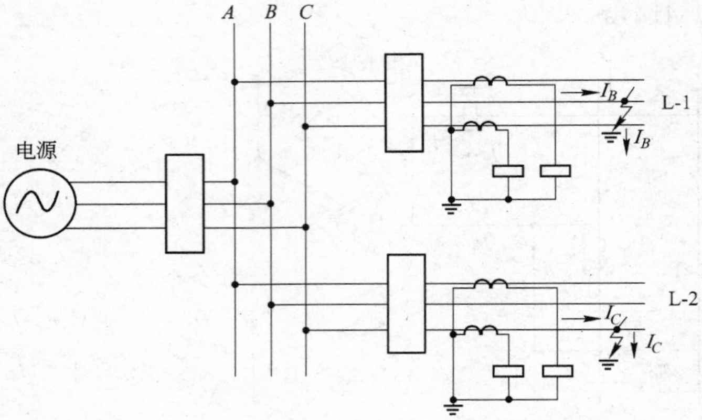


图 2.1-42　不同线路发生双重接地短路图

图上示出一个系统内的两回出线，每回出线的电流互感器都装在 $A$、$C$ 相，则当不同线路上发生双重接地时，约有三分之二的机会可只断开一条线路。

如果线路 L-1 的电流互感器接在 $A$、$C$ 相，而线路 L-2 接在 $A$、$B$ 相，则在发生上图所示的双重接地时，两条线路上的保护装置都不能动作。

然而，当双重接地发生在上、下级两段线路上时，见图 2.1-43，会使上级 $N_1$ 变电所无选择性地跳闸。如采用完全星形继电器方式，就不会有越级跳闸问题，但这样每条线路要增加一台电流互感器，在一个系统内要增加的数量很大，所以目前大量采用的是在 $A$、$C$ 相各安装一台电流互感器的方式。

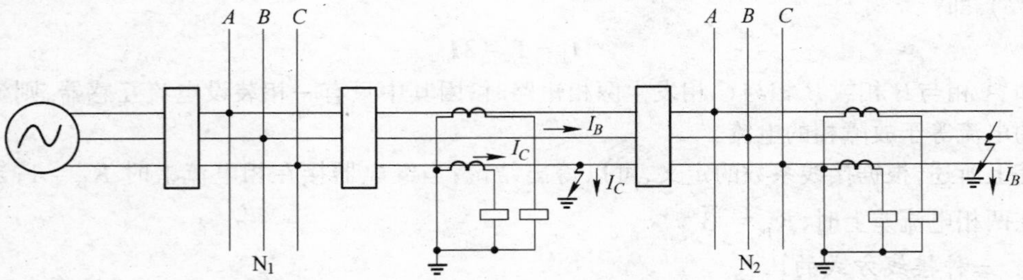


图 2.1-43　上、下级两段线路上发生双重接地短路图

## (六) 保护接地短路的过电流保护装置

### 1. 中性点直接接地的电网

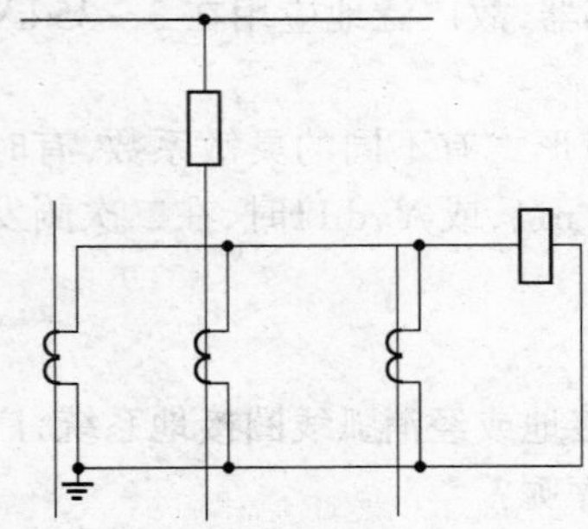

图 2.1-44　零序电流过滤器

中性点直接接地的电网，当发生单相接地故障时，会有很大的短路电流，大多数情况下，其值足以使接在相电流上的三个继电器构成保护装置（见图 2.1-39）动作，但这种保护装置的启动电流要躲开线路上的最大负荷电流（见公式 2.1-175），因而整定得较大，用于接地保护时则灵敏系数较低，另一个缺点是接地保护的动作时间较长。

为避免上述缺点，可专门设置一套接地保护装置。它是由三台电流互感器和一个继电器构成的零序电流过滤器，将三台电流互感器的二次绕组的同名端子连接在一起（见图 2.1-44）。

在正常工作、过载、三相或两相短路的情况下,流过继电器的仅是不平衡电流,因而启动电流只要躲开线路外部发生相间短路时的最大不平衡电流,保护装置的灵敏系数也就提高了。

保护装置的时限也是按迎面一阶段的原则来选择,但与相间短路保护相比较,接地保护装置只与被保护线路有电的联系的电网中有接地故障时才动作,而对于与被保护线路有磁联系的电网中的故障是不动作的。工业企业中的主变压器,只要有一个连接成三角形的绕组,就将电源接地系统和企业配电接地系统隔开而无电的联系了。

2. 中性点不接地或经消弧线圈接地

在中性点不接地电网中,当单相接地时,流过故障点的电流值决定于与其有电联系的电网的各相对地电容。如中性点经消弧线圈接地,则流过故障点的电流为剩余电流。在这两种情况中,流过故障点的电流通常都小于保护相间短路的保护装置的启动电流,因而必须装设能反应单相接地的专用装置。

利用电压互感器中的开口三角绕组构成的零序电压过滤器,能对电网的对地绝缘进行监视。当电网中有一相接地时,开口三角出现电压而使继电器动作并发出预报信号。如仅用这种绝缘监视,动作时只知道发生了接地故障,但不知道哪一回路接地,只能用依次断开线路的方法来寻找。

另一种方法是除了装设绝缘检查外,对每一回线路装设专用的接地保护。对于架空线路,可用图 2.1-44 接成零序电流过滤器来构成接地保护,如系电缆线路,则可装设零序电流互感器,套在被保护的三芯电缆上(见图 2.1-45)。继电器接在它的二次绕组上,而电缆本身则作为它的一次绕组。

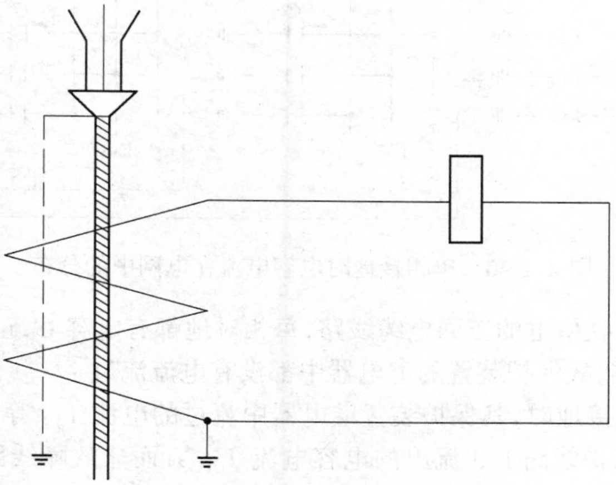

图 2.1-45 保护单相接地的零序电流互感器

在正常情况以及三相或两相短路时,电缆三相电流的矢量和为零,铁芯磁通也为零,继电器中无电流流过,当单相接地时,电缆对地电容的对称性被破坏,铁芯中出现磁通,在二次绕组感应电势,使继电器动作。

请注意图 2.1-45 中电缆护层的接地线应穿过零序电流互感器后再接地,并将电缆头与支持结构隔离,这是因为当外部线路发生单相接地时,本线路往外送的电容电流通过穿过零序电流互感器接地线与护层内的电流方向相反而抵消,使铁芯内不产生磁通。

目前已生产有综合的小接地电流信号装置,在发生接地故障后,它能自动寻找出故障线路并发出信号,它们应用不同的原理,有的是利用零序电流超前零序电压 90°的原理构成,有的是构成一个暂态功率方向继电器的原理，也有的是利用鉴别谐波的原理进行综合比较。在实际使用时请按照相应的样本资料为准。

现以图 2.1-46 来说明接地保护装置的启动电流是如何确定的。

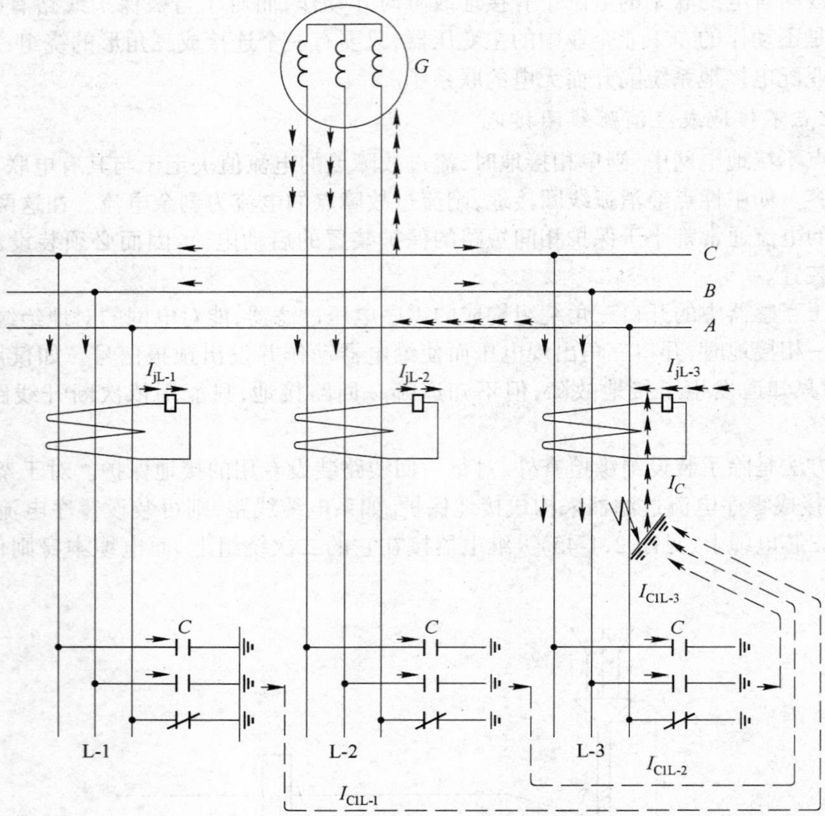


图 2.1-46　单相接地时电容电流在电网中的分布

图上所示由发电机 $G$ 供电的三回电缆线路，每相对地都有电容 $C$，正常运行时，三相电容电流是对称的，矢量和为零，故保护装置的继电器中都没有电流流过。

当线路 L-3 的 $A$ 相接地时，其保护装置继电器中流过的电流 $I_{jL-3}$ 等于所接电网总的单相接地电容电流 $I_C$ 减去被保护线路 L-3 流出的电容电流 $I_{C1L-3}$，而非故障线路继电器中流过的电流 $I_{jL-1}$ 和 $I_{jL-2}$ 分别是 L-1 和 L-2 线路流出的电容电流。在此情况下，为保证动作的选择性线路 L-3 的保护装置应动作，线路 L-1 和 L-2 的保护装置不应动作。

因此保护装置的一次侧启动电流 $I_{dz1}$ 可按下式计算：

$$I_{dz1} = K_k I_{C1} \tag{2.1-177}$$

式中　$K_k$——可靠系数。这是为了要躲开接地故障的间隙性电弧所产生的不稳定过程的电流。如保护装置不带时限，取 $K_k = 4 \sim 5$；如带有 0.5 s 的时限，则可取 $K_k = 1.5 \sim 2$；

$I_{C1}$——外部线路单相接地时由本线路送到电网去的电容电流。

其次，用一次侧启动电流来校验当本线路发生单相接地时的灵敏系数，可按下式计算并要满足规范的要求。

$$K_m=\frac{I_C-I_{C1}}{I_{dz1}}\geqslant 1.5 \tag{2.1-178}$$

式中 $I_C$——流过故障点的所接电网总的电容电流。

## 四、电流速断保护装置

### (一)不带时限的电流速断保护装置

电流速断装置是一种瞬时动作的过电流保护装置,它的启动电流不是按躲过线路最大负荷而是按躲过某处短路电流来整定的。

由于线路中短路电流的大小取决于电源与短路点之间的阻抗,故障点距电源越远,短路电流越小(见图 2.1-47)。当短路在线路 L-1 的终端 $d_2$ 点时,短路电流 $I_{d2}$最小,而短路在线路 L-1 的始端 $d_3$ 点时,短路电流 $I_{d3}$最大,见图上曲线。

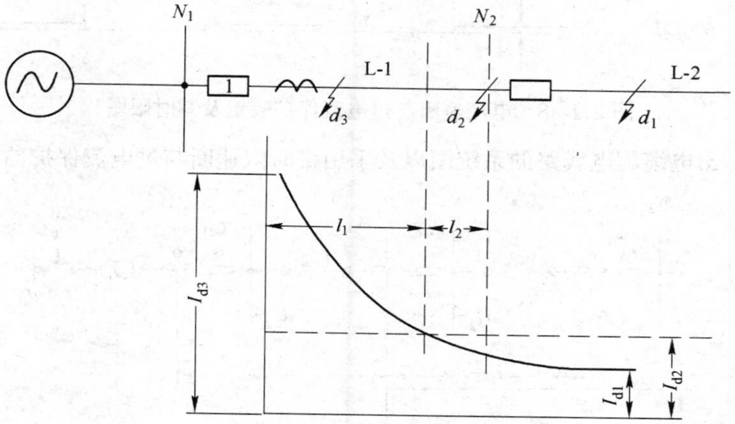


图 2.1-47 电流速断装置

电流速断装置的启动电流 $I_{dz}$按躲开 $N_2$ 变电所母线上 $d_2$ 点短路电流 $I_{d2}$来确定,即:

$$I_{dz}=K_kI_{d2} \tag{2.1-179}$$

上式中的 $I_{d2}$应为电网最大运行方式下的三相短路电流。可靠系数 $K_k$ 大于 1。

从图 2.1-47 可以看出,保护装置 1 只有在线段 $l_1$ 的范围内发生短路才动作,在线段 $l_2$ 范围内及以外,都不会动作。因此,电流速断装置只能保护线路的一部分而不是全部,要把保护范围扩展至全线路是不可能的,因为要避免在相邻线路 L-2 的始端 $d_1$ 点短路时发生误动作,电流速断装置的启动电流必须躲开 $d_1$ 点的短路电流,而 $d_1$ 点与 $d_2$ 点的短路电流数值是一样的。故而在一端供电的电网中,电流速断装置必须与过电流保护装置一起使用,后者的时限是按迎面一阶段的原则来定的,如图 2.1-48 所示(图上虚线为定时限过电流保护时限)。

如在线路 L-2 的速断保护区 $l_{sd2}$内发生了短路,线路就瞬时断开(实际上是经速断保护装置所用继电器本身固有的动作时间 $t_{sd}$后断开)。但如短路发生在区域 $l_{t2}$内,即不在速断保护区内,则靠定时限过电流保护经时限 $t_2$ 才断开;如短路发生在区域 $l_{t3}$内,则线路 L-3 以时限 $t_3$ 断开,$t_3$ 比 $t_2$ 大一时间阶段。

### (二)带时限的电流速断保护装置

上述方案对电缆配电线路是不合适的,因为电缆的电抗很小,线路终端或始端短路,短路电流相差不大,也就是说,图 2.1-47 上的短路电流曲线将变得很平,使保护区变得很短,也保证不了灵敏系数,在这种情况下,往往采用带时限的电流速断保护与过电流保护装置相配合。

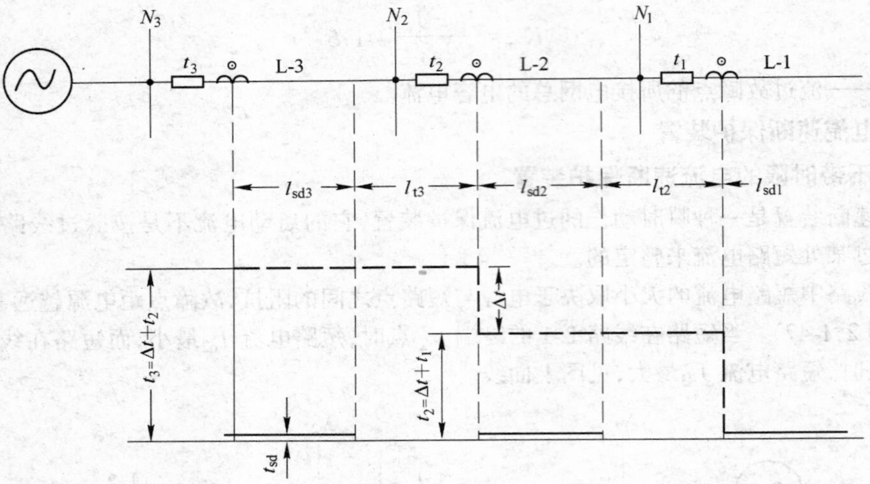


图 2.1-48　电流速断与过电流保护装置及其时限图

图 2.1-49 示出电缆配电线路的系统图以及采用带时限速断与过电流保护的时限图。

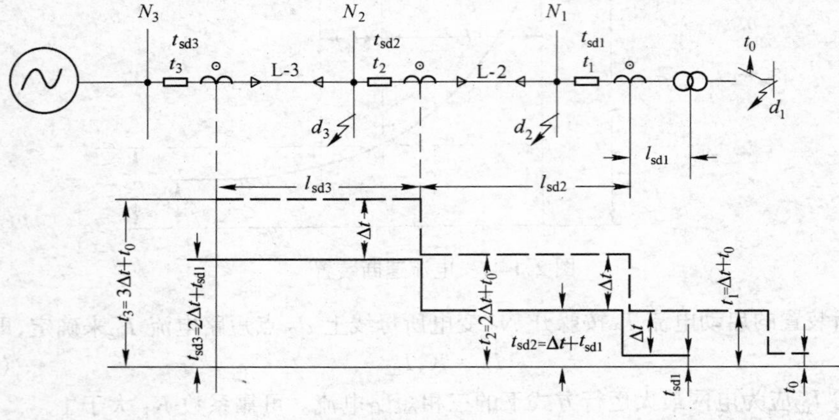


图 2.1-49　带时限速断与过电流保护装置及其时限图

图上虚线为定时限过电流保护的时限，实线为带时限速断保护的时限，如短路发生在 $N_1$ 变电所的母线 $d_2$ 点，则延时速断将以 $t_{sd2}=\Delta t+t_{sd1}$ 的时限断开，定时限过电流则以 $t_2=2\Delta t+t_0$ 的时限断开。如短路发生在 $N_2$ 变电所的母线 $d_3$ 点，则延时速断将以 $t_{sd3}=2\Delta t+t_{sd1}$ 的时限断开，定时限过电流则以 $t_3=3\Delta t+t_0$ 的时限断开。$t_{sd1}$ 为速断装置继电器的固有动作时间，$t_0$ 为变压器二次侧断路器的动作时间，如两者在数值上相差不大，则可以看出，设置了带限时的速断保护装置后，可以缩短一个时限 $\Delta t$，从而加快了排除故障的时间。

速断保护装置的时限 $t_{sd1}$ 按躲开线路末端短路电流，即 $N_1$ 变电所变压器 $d_1$ 点二次侧短路时，一次侧的穿越短路电流来整定。

## 五、过电流方向保护装置

### （一）工作原理

在一个单电源的环行电网或是具有多电源的辐射式电网中，因为短路电流可以从两个方向流入故障点，用前述的过电流保护装置就不能满足要求，因为只靠时限的选择不能保证动作的选择性，必须采用能反映功率方向的保护装置，这种装置为过电流方向保护装置。

过电流方向保护与简单的过电流保护不同之处在于它具有一个功率方向机构，由功率方向继电器承担，它随功率方向的正确而动作。

图 2.1-50 所示为一个两端供电的辐射式电网。过电流方向保护装置装在每一被保护线路的两端，此时功率方向继电器应如此连接，即使它的接点只在功率从变电所母线流向线路时才闭合。图上过电流方向保护装置用一个带点和箭头的小圆圈表示，箭头表示功率的方向，逆箭头方向流的电流，保护装置不动作。

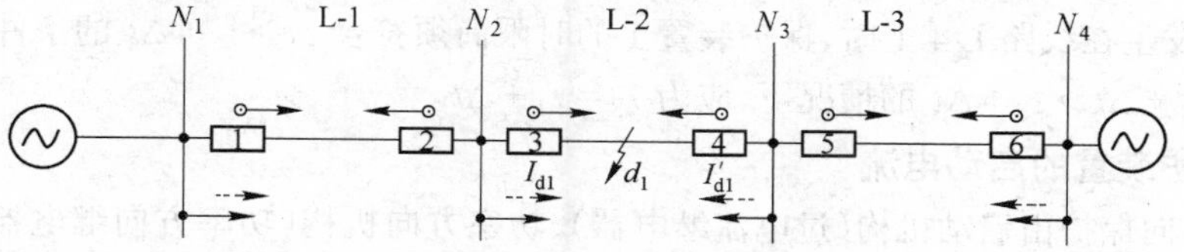


图 2.1-50　两端供电的辐射式电网装设的过电流方向保护装置

如在线路 L-2 的 $d_1$ 点短路时，通过线路的有短路电流 $I_{d1}$ 和 $I'_{d1}$，短路电流和功率方向使线路 L-1 上的保护装置 1，线路 L-2 上的保护装置 3 与 4 以及线路 L-3 上的保护装置 6 都动作，保护装置 2 与 5 不动作，因为它们所在地点的短路功率方向不对。如保护装置 3 与 4 的时限比 1 与 6 的时限短，则线路 L-2 断开后，短路电流停止流通，保护装置 1 与 6 即返回到起始位置，变电所 $N_2$ 与 $N_3$ 继续由无故障线路 L-1 与 L-3 得到供电。

## （二）保护装置的时限

过电流方向保护装置的时限按迎面一阶段的原则来选择，与简单的辐射式过电流保护装置的时限原则不同，迎面一阶段原则要依保护装置动作的功率方向来定。

迎面一阶段原则的时限选择如下：沿电网从一个电源出发向另一个电源进行，先选择位于每一线路的一端的保护装置时限，即先选择按进行方向较远端的时限。此时在沿电网进行的方向内，时限应按阶段原则逐渐增大，然后沿相反方向进行，选择位于每一线路另一端的保护装置的时限。

对于图 2.1-50 来说，按阶段原则选择的时限有两个增加方向：一个属于保护装置 2、4、6；另一个属于保护装置 5、3、1。

在按迎面一阶段原则选择时限时，必须同时考虑馈电线路所取的时限，不应小于由该线受电的变电所母线上引出其他线路的保护装置中的最大时限，而且至少要比后者大一时间阶段。为说明此点，我们来分析图 2.1-51 所示电网内馈电线 L-1 与 L-2 上保护装置时限的选择。从发电厂和变电所的母线上引出线 L-3、L-4 与 L-5，在这些线路上分别装有时限为 $t_5$、$t_6$ 与 $t_7$ 的过电流保护装置。电源 G-1 与 G-2 装有过电流保护装置，而线路 L-1 与 L-2 装有过电流方向保护装置，它们的时限正是我们所要选择的。

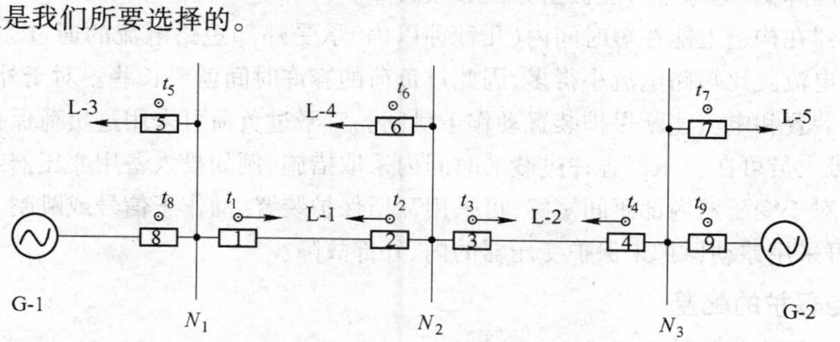


图 2.1-51　两端供电的辐射式电网装设过电流方向保护的时限

先从发电厂 $N_1$ 向发电厂 $N_3$ 行进，来选择保护装置 2 与 4 的时限。

在线路 L-3 上发生短路时，保护装置 2 与 4 启动，其时限应为：$t_2=t_5+\Delta t$ 与 $t_4=t_2+\Delta t$。当线路 L-4 上发生短路时，保护装置 4 的时限除上述条件外尚应符合 $t_4>t_6+\Delta t$ 的条件。如 $t_6+\Delta t>t_2+\Delta t$，则保护装置应按 $t_4=t_6+\Delta t$ 来选取。电源 G-2 的保护装置时限在 $t_4+\Delta t>t_7+\Delta t$ 的情况下，应为 $t_9=t_4+\Delta t$。

再从发电厂 $N_3$ 向发电厂 $N_1$ 行进，来选择保护装置 3 与 1 的时限。

当线路 L-5 上发生短路时，保护装置 1 与 3 启动，其时限应为：$t_3=t_7+\Delta t$ 与 $t_1=t_3+\Delta t$。此外，当短路发生在线路 L-4 上时，保护装置 1 的时限尚须符合 $t_1>t_6+\Delta t$ 的条件，电源 G-1 的保护时限在 $t_1+\Delta t>t_5+\Delta t$ 的情况下，应为 $t_8=t_1+\Delta t$。

### (三) 保护装置的启动电流

过电流方向保护由启动机构(过电流继电器)、功率方向机构(功率方向继电器)与时限机构(时间继电器)构成。功率方向继电器具有很高的灵敏度，在电网正常工作时，当功率方向流入线路时，其接点就闭合，如没有启动继电器，保护装置可能发生误动作，因而我们必须来选择过电流继电器的启动电流。

过电流方向保护装置的启动电流须根据过电流保护装置的条件来选择，即按式 2.1-175 根据被保护线路的最大可能的负荷电流来选择，例如线路 L-1 上保护装置 1(图 2.1-51)的启动继电器的启动电流按 L-2 断开时，在 $N_2$ 变电所上的用户的最大负荷电流来整定。

为了避免线路的错误断开，整个电网中各保护装置的启动电流相互间应符合下列基本关系：距电源较近的过电流方向保护装置的一次侧启动电流不应小于(宜稍大些)距电源较远的保护装置的一次侧启动电流。

## 六、电力变压器的继电保护

### (一) 异常工作状态和故障类型

电力变压器的异常工作状态是过负荷和外部短路时流过的过电流。变压器的过负荷可能是由于尖峰负荷的显著上升而引起的，也可能是在事故情况下发生的，例如当并列运行的变压器之一因故障而被断开时，其他变压器就会过负荷。

电力变压器的故障可分为内部和外部故障两类。内部故障最常见的是一相绕组的匝间短路，它是最危险的，因为内部故障通常引起电弧，而电弧可引起绝缘物的急剧氧化，从而导致变压器油箱的爆炸。外部故障最常见的是绝缘套管故障引起的相间短路或一相与变压器外壳短路。

以上异常工作状态和内、外部故障引起的过电流，能使变压器绕组发热到不容许的程度，使绕组的绝缘强度降低，绝缘有可能被击穿而导致故障。

电力变压器在构造上能在短时间内(几秒钟以内)承受外部短路电流的通过。在过负荷时，流经变压器的电流要比短路电流小得多，因此过负荷的容许时间就要长些。对于外部短路，可采用过电流保护装置和电流速断保护装置动作于跳闸。对于过负荷可采用过负荷保护装置动作于信号，因为值班人员可在变压器容许过载的时间内采取措施，例如投入备用变压器或将一部分次要负荷卸载。对于变压器内部匝间短路，可采用瓦斯保护装置，动作于信号或跳闸。对于容量较大的变压器，可采用差动保护来保护变压器的内、外部故障。

### (二) 继电保护的配置

电力变压器继电保护的配置见表 2.1-14。

**表 2.1-14 电力变压器的继电保护配置**

| 变压器容量/kV·A | 保护装置名称：带时限的过电流保护① | 电流速断保护 | 纵联差动保护 | 单相低压侧接地保护② | 过负荷保护 | 瓦斯保护 | 温度保护 | 备 注 |
|---|---|---|---|---|---|---|---|---|
| <400 | — | — | — | — | — | ≥315 kV·A的车间内油浸变压器装设 | — | 一般用高压熔断器保护 |
| 400～630 | 高压侧采用断路器时装设 | 高压侧采用断路器且过电流保护时限大于0.5 s时装设 | — | | | 车间内变压器装设 | — | |
| 800 | | | — | 装 设 | | | — | 一般采用有限反时限型继电器兼作过电流及电流速断保护 |
| 1000～1600 | | | — | | | | | |
| 2000～5000 | | 过电流保护时限大于0.5 s时装设 | 当电流速断保护不能满足灵敏性要求时装设 | — | 并联运行的变压器装设，作为其他备用电源的变压器根据过负荷的可能性装设③ | 装 设 | | |
| 6300～8000 | 装设 | 单独运行的变压器或负荷不太重要的变压器装设 | 并列运行的变压器或重要变压器或当电流速断保护不能满足灵敏性要求时装设 | — | | | 装设 | ≥5000 kV·A的单相变压器宜装设远距离测温装置；≥8000 kV·A的变压器宜装设远距离测温装置 |
| ≥10000 | | — | 装 设 | — | | | | |

① 当带时限的过电流保护不能满足灵敏性要求时，应采用低电压闭锁的带时限过电流保护。

② 当利用高压侧过电流保护及低压侧出线断路器保护不能满足灵敏性要求时，应装设变压器中性线上的零序过电流保护。

③ 低压电压为230/400 V的变压器，当低压侧出线断路器带有过负荷保护时，可不装设专用的过负荷保护。

### (三) 带时限的过电流保护

#### 1. 二次侧为低压的配电变压器

这类变压器的容量大都在1600 kV·A及以下，绕组结线为D，yn11（目前推荐采用，过去旧厂采用的是Y，yno结线），二次绕组400/230 V的中性点直接接地，高压侧电压一般为6～35 kV，小接地电流电网。设在电源侧的过电流保护既是外部短路的主保护，又是变压器绕组短路及其引出线上短路的主保护。

过电流保护一般可采用不完全星形二继电器或三继电器方案，见图2.1-52和图2.1-53。

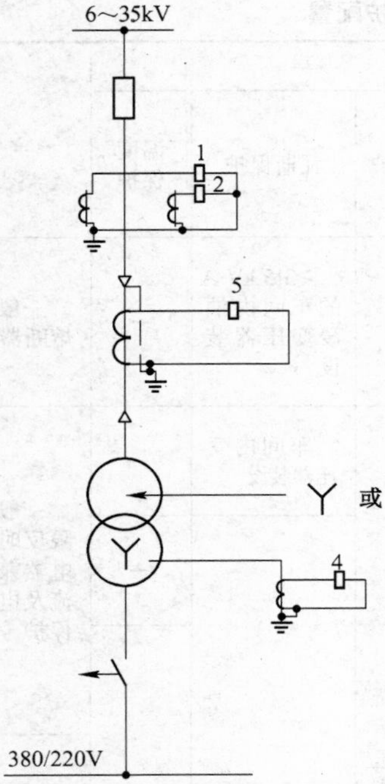


图 2.1-52 不完全星形二继电器过电流保护原则接线图

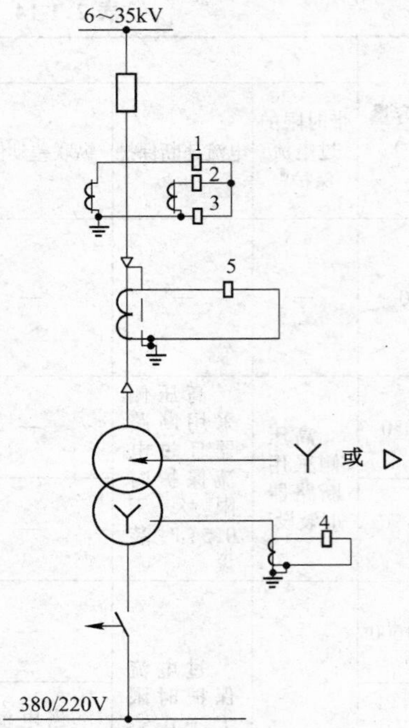


图 2.1-53 不完全星形三继电器过电流保护原则接线图

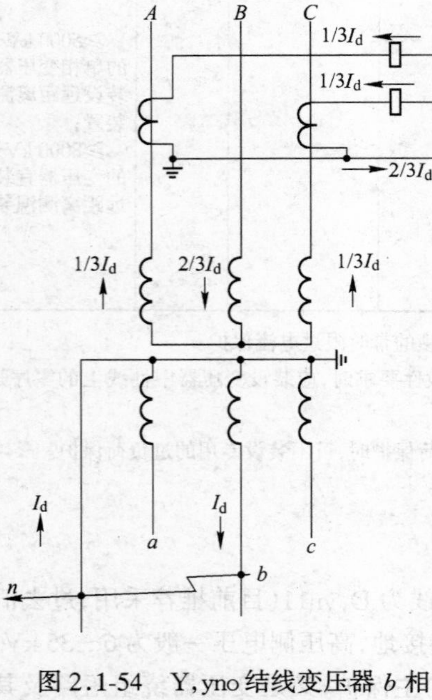


图 2.1-54 Y,yno 结线变压器 $b$ 相单相短路时的电流分布

如变压器绕组为 Y,yno 结线，当二次侧任意一相短路时，继电器中都流过故障电流，但并不是所有情况下均有足够的灵敏系数，例如当没有安装电流互感器的 $B$ 相发生二次侧 $b$ 相单相短路时，流过继电器(1,2)的电流仅为故障相电流的一半，见图 2.1-54。

图上假定变压器的匝比为 1，这就有可能满足不了灵敏系数的要求，于是可采用不完全星形三继电器(1,2,3)方案，因为从图 2.1-53 中看出，在公共回线上接有第三个继电器(3)，流过它的电流为 $A$、$C$ 两相电流之和，即等于故障相的电流，因此灵敏系数可提高一倍。

这种绕组结线的变压器当二次侧发生两相短路时，变压器绕组中故障电流的分布如图 2.1-55 所示。不管哪两相短路，至少有一个继电器流过 $I_d$ 电流。

如变压器绕组为 D,yn11 结线，当二次侧发生 $a$、$b$ 两相短路时，设置有继电器的 $A$、$C$ 相流过的电流只有 $B$ 相的一半，见图 2.1-56。往往不能满足灵敏系数的要求，此时，可采用不完全星形三继电器方案，同样灵敏系数可提高一倍。

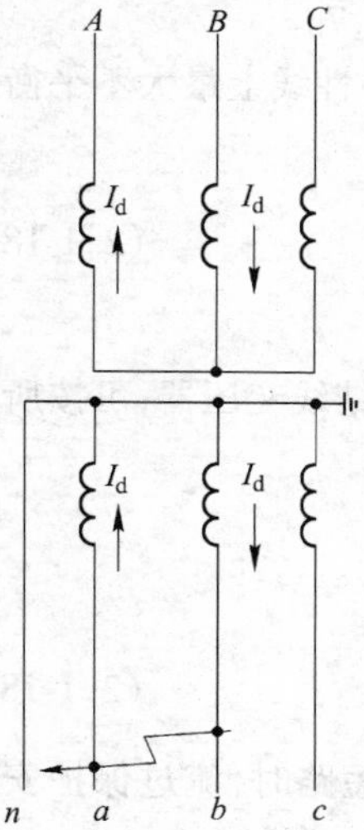


图 2.1-55 Y,yno 结线变压器二次侧两相短路电流分布图

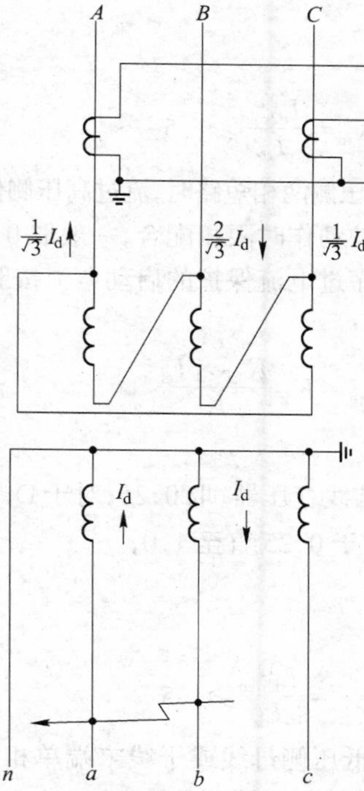


图 2.1-56 D,yn11 结线变压器二次侧两相短路电流分布图

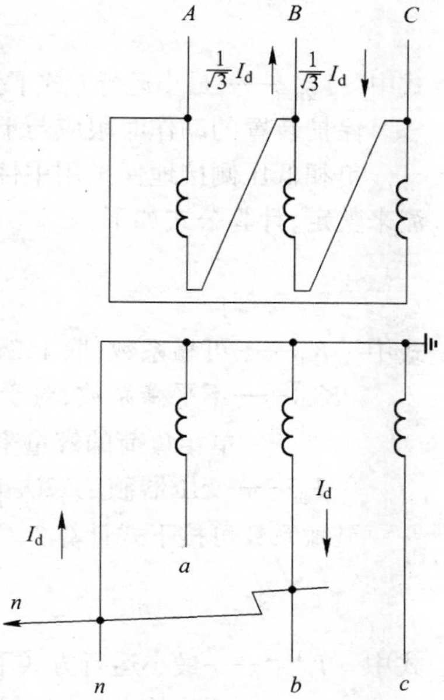


图 2.1-57 D,yn11 结线变压器 *b* 相单相短路时的电流分布

这种绕组结线的变压器当二次侧发生单相短路时,变压器绕组中故障电流的分布如图2.1-57所示,不管哪一相单相短路,至少有一个继电器流过$\frac{1}{\sqrt{3}}I_d$,采用三继电器方案也不能提高灵敏系数,与二继电器方案不同的是此时总是有两个继电器流过$\frac{1}{\sqrt{3}}I_d$ 电流,增加了可靠性。

当利用高压侧过电流保护和低压侧出线断路器不能满足灵敏系数要求时,应在变压器的中性线上装设零序过电流保护,图 2.1-52 与图 2.1-53 上都有单相低压侧接地保护(继电器 4)。图上也设有 6~35 kV 单相接地保护(继电器 5),接在零序电流互感器上,动作于信号。

过电流保护的启动电流按躲开变压器在最严重工作情况下流经电流互感器所在处的最大负荷电流计算,例如并列运行变压器其中一台断开而引起的过电流或自动转换到备用电源时电动机的自启动电流等,可按下式计算,即一次侧启动电流 $I_{dz}$(A)为:

$$I_{dz}=\frac{K_k}{K_f}K_{gh}I_{eb} \tag{2.1-180}$$

变压器的额定电流为 $I_{eb}$,可靠系数 $K_k$ 对 DL 或 LL 型继电器取 1.2,对 GL 型继电器取 1.3。返回系数 $K_f$ 取 0.85。过负荷系数 $K_{gh}$可根据计算或运行资料来决定,一般如取近似值 4 时,则上式中可不再计入 $K_k$ 与 $K_f$ 值。

二次侧启动电流可按下式计算,即:

$$I_{dzj}=\frac{K_k}{K_f}K_{jx}\frac{K_{gh}I_{eb}}{K_i} \tag{2.1-181}$$

接线系数 $K_{jx}$,当继电器接于相电流时为 1,接于相电流差时为 1.73。

$K_i$ 为电流互感器变比。

灵敏系数可按下式计算：

$$K_m = \frac{I_{d2min}^{(2)}}{I_{dz}} \geqslant 1.5 \tag{2.1-182}$$

式中　$I_{d2min}^{(2)}$——最小运行方式下变压器低压侧两相短路时，流过高压侧保护安装处的电流，A。

保护装置的动作时限应与下一级保护动作时限相配合，一般取 0.5～0.7s。

单相低压侧接地保护用中性线上零序过电流保护的启动电流按躲开中性线上最大不平衡电流来整定，计算公式如下：

$$I_{dzj} = K_k \frac{K_{BP} \times I_{eb}}{K_i} \tag{2.1-183}$$

式中　$K_k$——可靠系数，取 1.2；

$K_{BP}$——不平衡系数，对于 Y，yno 结线变压器，取 0.25；对于 D，yn11 结线变压器，可按所接单相负荷的容量来定，可大于 0.25 直至 1.0；

$I_{eb}$——变压器额定二次电流，A。

灵敏系数可按下式计算：

$$K_m = \frac{I_{d2min}^{(1)}}{I_{dz}} \geqslant 1.5 \tag{2.1-184}$$

式中　$I_{d2min}^{(1)}$——最小运行方式下变压器低压侧母线或干线末端单相接地短路时，流过保护安装处的电流，A；保护装置的动作时限一般取 0.5～0.7 s。

2. 二次电压为 3 kV 及以上的变压器

这类变压器的容量大都在 2000 kV·A 及以上，绕组结线为 Y，d11。高压侧电压一般为 10～35 kV或 35～220 kV，通常装设几种形式的继电器保护，如过电流、电流速断、差动和瓦斯保护等。

过电流保护可作成不完全星形二继电器或三继电器方案，也可作成完全星形三继电器方案，要根据变压器容量、重要性、电压以及电源电网中性点接地方式而定，其配置见表 2.1-14。

容量不十分大而一次电压为 10～35 kV 的变压器，通常采用不完全星形三继电器方案，因如同上节所述，为提高二次侧两相短路时的灵敏系数，采用三继电器，如图 2.1-58 所示。

对于大容量一次电压为 110～220 kV 的变压器，通常采用完全星形三继电器方案，如图 2.1-59所示。

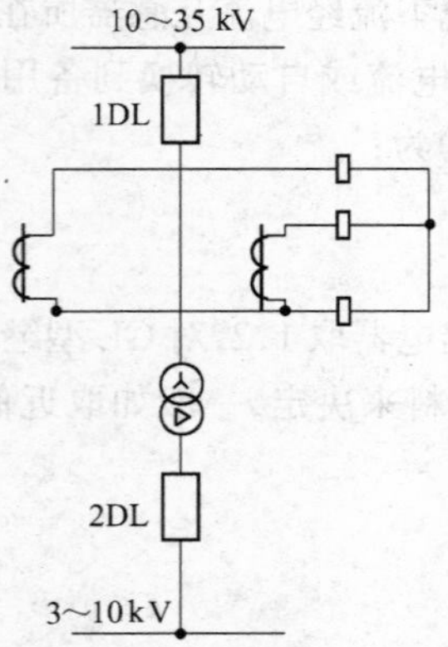


图 2.1-58　Y，d11 结线不完全星形三继电器过电流保护原则接线图

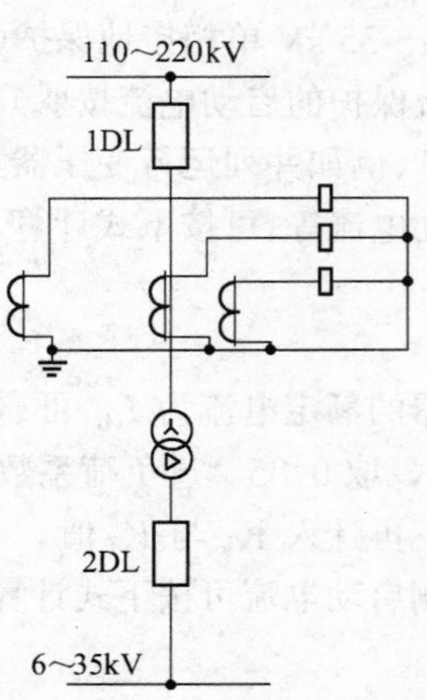


图 2.1-59　Y，d11 结线完全星形三继电器过电流保护原则接线图

过电流保护的启动电流也可按公式 2.1-180 与式 2.1-181 来计算。灵敏系数可按公式 2.1-182计算。

过电流保护可以有两种动作方式,一种是保护动作后同时断开两侧的断路器,另一种是先断开二次侧断路器 2DL,然后在必要时再断开电源侧的断路器 1DL(见图 2.1-58 与图 2.1-59)。第一种方式采用的时限较送出线最大时限大一个时间阶段,第二种相继断开方式,则断开断路器 2DL 的时限较送出线最大时限大一时间阶段,而断开电源侧断路器 1DL 的时间再比 2DL 大一时间阶段。由于有两种时限,当送出线上短路而其保护装置拒动时以及当变压器二次侧母线上发生短路时,仅 2DL 被断开而电源侧仍保持有电压,说明变压器本身完好,对判断和处理事故能加快,但缺点是增大了过电流保护装置总的动作时间。

**(四)过负荷保护**

反应外部短路的保护装置启动电流,如上所述,考虑到可能的过负荷电流以及电动机的自启动电流,有时可能超过变压器额定电流的好几倍,在这种情况下,除了反应外部短路的保护装置外,在变压器上还应装设附加的作用于信号的过负荷保护,可以在一相内装一个电流继电器和一个时间继电器即能实现这种保护。过负荷保护的启动电流可按下式计算:

$$I_{dzj}=K_x\frac{I_{eb}}{K_f K_i} \tag{2.1-185}$$

可靠系数 $K_x$ 可取 1.05～1.1。

保护装置动作时限应躲开允许的短时工作过负荷,如电动机启动或自启动时间,一般定时限取 9～15 s。

**(五)电流速断保护**

带时限的过电流保护既能反应外部短路又能反应变压器内部故障,但用来反应内部故障有一个主要缺点,即是故障变压器断开带时限,这个时限在具有多级的电网中可能达到很大的数值。

为了加速断开变压器内部故障流过的短路电流,变压器上除了装设带时限的过电流保护外,还应装设快速动作的保护装置,电流速断保护即是这类快速动作的保护装置中的一种,它被广泛用于容量为 6300 kV·A 以下的变压器。

电流速断保护的电流继电器可接成不完全星形二继电器方案。其启动电流应躲开变压器二次侧最大运行方式下的三相短路电流 $I_{d2max}^{(3)}$,可按下式计算:

$$I_{dzj}=K_x K_{jx}\frac{I_{d2max}^{(3)}}{K_i} \tag{2.1-186}$$

可靠系数 $K_x$ 对 DL、LL 继电器取 1.3～1.4,对 GL 继电器取 1.5。

灵敏系数可按下式计算:

$$K_m=\frac{I_{d1min}^{(2)}}{I_{dzj}K_i}\geqslant 2 \tag{2.1-187}$$

式中 $I_{d1min}^{(2)}$——最小运行方式下保护安装处两相短路时的最小短路电流。

电流速断保护装置的主要优点是作法简单、动作迅速,其缺点为保护范围受到限制,只能保护变压器的一部分。下面叙述的差动保护就没有这一缺点。

**(六)差动保护**

差动保护装置可用来保护变压器绕组内及其引出线上发生的多相短路、单相匝间短路以及当变压器接在大电流接地电网上时保护绕组内及其引出线上发生的接地(碰壳)故障。应指出单相匝间短路的基本保护是瓦斯保护,它能反应变压器油箱内的所有内部故障,对于匝间短路,差动保护是瓦斯保护的附加保护。

1. 工作原理

变压器差动保护原则接线图见图 2.1-60。

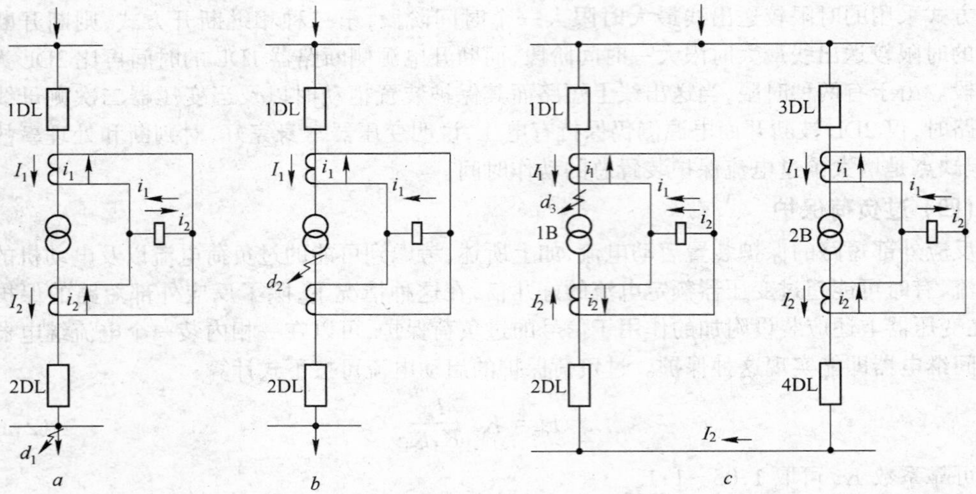


图 2.1-60　变压器差动保护原则接线图

*a*—保护范围外发生短路时的电流流向；*b*—保护范围内发生短路时的电流流向；
*c*—并列运行变压器其中一台在保护范围内发生短路时的电流流向

假定变压器绕组连接属于钟时序“0”，即一、二次电流同相位，并使电流互感器二次电流 $i_1$ 与 $i_2$ 尽可能相等，则在正常工作状态或外部 $d_1$ 点短路时，流过继电器的电流仅为不平衡电流，保护装置不动作，见图 2.1-60*a*。

当保护范围内 $d_2$ 点发生短路且是单方向供电时，见图 2.1-60*b*，则流过继电器的电流为 $i_1$，保护装置启动而将两侧的断路器 1DL 与 2DL 都断开。

当有几台变压器并联运行，例如图 2.1-60*c* 为两台并联运行时，在变压器 1B 的保护范围内 $d_3$ 点发生短路，则流过 1B 继电器的电流为 $i_1+i_2$，保护装置启动将两侧断路器 1DL 与 2DL 断开，但对变压器 2B 来说，$d_3$ 点的短路是外部短路，保护装置不动作，这样就保证了有选择性地断开故障变压器。

2. 电流相位的补偿

大容量变压器往往是 Y,d11 结线，变压器一次侧和二次侧的电流有 30°的相位差，为使差动保护正确工作，此相位差必须加以补偿。

相位补偿的方法是将变压器绕组按星形结线那一侧的电流互感器二次绕组接成角形，而变压器绕组按角形结线那一侧的电流互感器二次绕组接成星形，见图 2.1-61*a*，补偿后两侧的电流矢量图见图 2.1-61*b*，从矢量图上可看出，经过相位补偿，两侧电流同相位了。

3. 不平衡电流的补偿

变压器一次侧和二次侧额定电流通常是不相等的，差动保护用的电流互感器绕组结线也不相同，其变比也不同，因此采用标准变比的电流互感器，不能保证在差动回路中的电流完全平衡，这就需要进行不平衡电流的补偿。

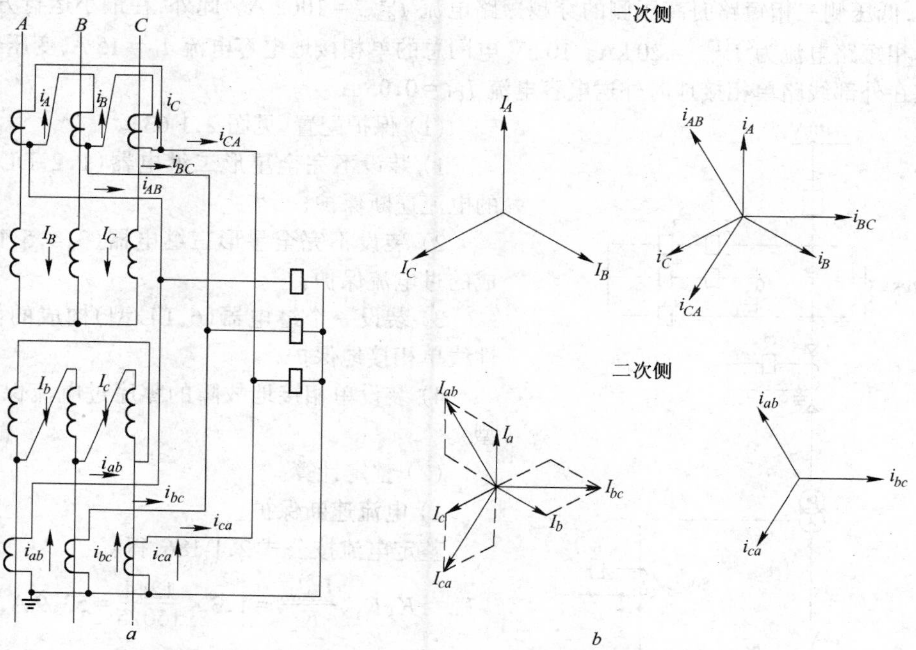


图 2.1-61 Y,d11 结线变压器差动保护原则接线图(变压器和互感器匝比均假设为 1)
*a*—电流互感器连接和差动继电器接线图;*b*—电流矢量图

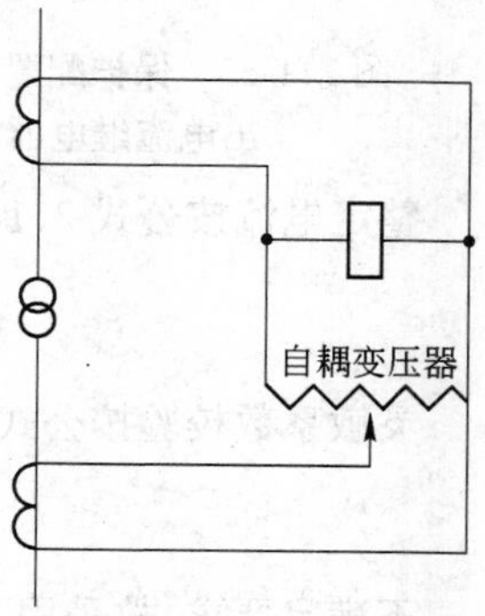


图 2.1-62 自耦变流器的补偿电路

采用自耦变流器或利用差动继电器中的平衡线圈来实现不平衡电流的补偿,见图 2.1-62。自耦变流器的接入,增加了电流互感器的负载,因而应接在低压侧容量较大的电流互感器上。目前大都利用差动继电器中的平衡线圈来补偿。

差动保护的启动应满足以下三个条件:

(1) 应躲过外部短路时的最大不平衡电流:

$$I_{dz}=K_k I_{BP\cdot max} \qquad (2.1\text{-}188)$$

式中 $K_k$——可靠系数,取 1.3;

$I_{BP\cdot max}$——外部短路时的最大不平衡电流,A。

(2) 应躲过变压器的励磁涌流:

$$I_{dz}=(1\sim1.3)I_{eb} \qquad (2.1\text{-}189)$$

(3) 应躲过保护装置二次回路断线:

$$I_{d2}=1.3I_{h\cdot max} \qquad (2.1\text{-}190)$$

式中 $I_{h\cdot max}$——正常运行时变压器的最大负荷电流,A。

计算以上三个条件后,取其最大值。

灵敏系数的计算因所选用差动继电器型号的不同而各异,可参阅有关电力设计手册。

**例 12** 请对下列配电变压器进行继电保护的配置和计算。

已知:变压器容量为 1600 kV·A,10/0.4~0.23 kV,D,yn11 结线。变压器的高压侧额定电流为 92.4 A,过负荷系数 $K_{gh}$取 4。在最大运行方式下,当二次侧发生三相短路时,流过高压侧的穿越短路电流 $I_{d2max}^{(3)}=1244$ A。在最小运行方式下,变压器高压侧三相短路时的短路电流 $I_{d1min}^{(3)}=$

3850 A,低压侧三相短路时高压侧的穿越短路电流 $I_{d2min}^{(3)}=1062$ A。此外,在最小运行方式下,低压侧单相短路电流为 $I_{d2min}^{(1)}=20$ kA。10 kV 电网总的单相接地电容电流 $I_C=15$ A,变压器本身电源电缆在外部线路单相接地时外送电容电流 $I_{C1}=0.05$ A。

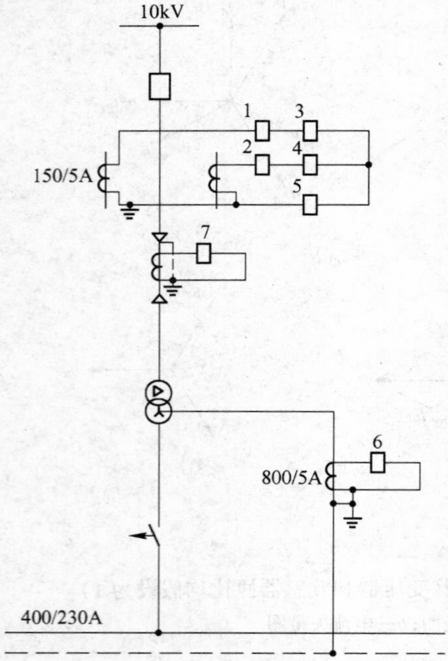


图 2.1-63 保护配置图(图上仅示出电流继电器部分)

(1) 保护配置(见图 2.1-63)。

1) 装设不完全星形二继电器(1,2,DL 型)构成的电流速断保护;

2) 装设不完全星形三继电器(3,4,5,DL 型)构成的过电流保护;

3) 装设一个继电器(6,LL 型)构成的低压侧中性线单相接地保护;

4) 装设单相接地故障的零序过电流保护(7,DD 型)。

(2) 整定计算。

1) 电流速断保护。

整定电流按公式 2.1-186,得:

$$I_{dzj}=K_kK_{CX}\frac{I_{d2max}^{(3)}}{K_i}=1.3\times\frac{1244}{150/5}=53.9\text{ A},取 54\text{ A}$$

$$I_{dz}=54\times\frac{150}{5}=1620\text{ A}$$

灵敏系数校验按公式 2.1-187,得:

$$K_m=\frac{I_{d1min}^{(2)}}{I_{dzj}K_i}=\frac{0.87\times3850}{1620}=2.1>2$$

2) 过电流保护。

整定电流按公式 2.1-181,因 $K_{gh}$取 4,故不计 $K_x$,$K_f$ 得:

$$I_{dzj}=\frac{K_x}{K_f}K_{jx}\frac{K_{gh}I_{eb}}{K_i}=\frac{4\times92.4}{150/5}=12.3\text{ A},取 12\text{ A}$$

灵敏系数校验按公式 2.1-182,若选不完全星形二继电器方案,则:

$$K_m=\frac{0.5\times1062}{12\times150/5}=1.48<1.5$$

不满足要求,故采用不完全星形三继电器方案,则:

$$K_m=\frac{1\times1062}{360}=2.95>1.5$$

3) 低压侧单相接地保护。

先验算是否能利用高压侧的过电流保护来兼作单相接地保护,其灵敏系数可按公式 2.1-184 求得。

因单相短路归算到一次侧电流(见图2.1-57)为:

$$I_{d2min}^{(1)}=\frac{1}{\sqrt{3}}\times20000\times\frac{0.38}{10}=439\text{ A}$$

故灵敏系数为:

$$K_m=\frac{439}{360}=1.22<1.5$$

不满足要求,故需装设中性线单相接地保护,其整定电流按公式 2.1-183,考虑以三相负荷为

主,取 $K_{BP}=0.25$,得:

$$I_{dzj}=K_k\times\frac{K_{BP}I_{eb}}{K_i}=1.2\times\frac{0.25\times2309}{800/5}=4.3\ \text{A},取\ 5\ \text{A}$$

灵敏系数校验按公式 2.1-184,为:

$$K_m=\frac{I_{d2min}^{(1)}}{I_{dz}}=\frac{20000}{5\times160}=25>1.5$$

4) 10 kV 单相接地保护。

按躲过被保护线路电容电流条件计算保护装置的动作电流,按公式 2.1-177,为:

$$I_{dz1}=K_kI_{C1}=5\times0.05=0.25\ \text{A}$$

按满足最小灵敏系数条件计算的保护装置动作电流,按公式 2.1-178,为:

$$I_{dz1}=\frac{I_C-I_{C1}}{K_m}=\frac{15-0.05}{1.5}\approx10\ \text{A}$$

保护装置动作电流满足 LJ－2 型电流互感器配 DD－11/60 型继电器的灵敏系数要求。

## 七、异步电动机的继电保护

### (一) 异常工作状态和故障类型

因过载而引起的过电流是主要的异常工作状态,其原因有:

(1) 被驱动的机械过载;

(2) 电源电压降低转速下降引起的电流增加;

(3) 电动机电源回路有一相断线。

过电流使电动机的绕组发热,当温度升高超过允许值时,绕组的寿命大大缩短,长期过载则可能造成电动机故障。

电动机一相断线缺相运行时,在没有故障的两相中的电流比断线前约大 1.7～1.8 倍,使仍在工作中的两相绕组的绝缘过度发热。

电动机最常见的故障有:

(1) 二相或三相短路;

(2) 一相接地(碰壳);

(3) 定子绕组一相匝间短路。

### (二) 继电保护的配置

3～10 kV 异步电动机继电保护的配置见表 2.1-15。

**表 2.1-15 3～10 kV 异步电动机继电保护配置**

<table>
<tr><th rowspan="2">电动机容量/kW</th><th colspan="5">保护装置名称</th></tr>
<tr><th>电流速断保护</th><th>差动保护</th><th>过负荷保护</th><th>单相接地保护</th><th>低电压保护</th></tr>
<tr><td><2000</td><td>装 设</td><td>当电流速断不能满足灵敏系数要求时装设</td><td rowspan="2">生产过程中易发生过负荷时,或启动、自启动条件严重时装设</td><td rowspan="2">单相接地电流大于 5 A 时装设</td><td rowspan="2">装 设</td></tr>
<tr><td>≥2000</td><td></td><td>装 设</td></tr>
</table>

### (三) 电流速断保护

装设电流速断来保护电动机的多相短路,可用一个继电器的两相差接或不完全星形两继电器方案来实现。

保护装置的启动电流可按下式计算：

$$I_{dzj}=K_k K_{jx}\frac{K_q I_{ed}}{K_i} \tag{2.1-191}$$

式中　$K_k$——可靠系数，对于 DL 或 LL 型继电器取 1.5～1.6，对于 GL 型继电器取 1.8～2.0；

$K_{jx}$——接线系数，接于相电流时为 1，接于两相差时为 1.73；

$K_q$——电动机启动电流倍数；

$I_{ed}$——电动机额定电流，A；

$K_i$——电流互感器变比。

灵敏系数可按下式计算：

$$K_m=\frac{I_{dmin}^{(2)}}{I_{dzj}K_i}\geqslant 2 \tag{2.1-192}$$

式中　$I_{dmin}^{(2)}$——最小运行方式下的电动机端子两相短路时的短路电流，A。

**(四) 差动保护**

当电动机容量不小于 2000 kW 时，要求装设差动保护作为电动机的多相短路保护。

保护装置的启动电流(用 DL 型继电器)应按躲过最大不平衡电流计算，可按下式计算：

$$I_{dzj}=K_k\frac{0.1K_q I_{ed}}{K_i}$$

式中　$K_k$——可靠系数，取 1.2～1.4；

$K_q$——电动机启动电流倍数；

$I_{ed}$——电动机额定电流。

灵敏系数校验仍可按公式 2.1-192 计算。

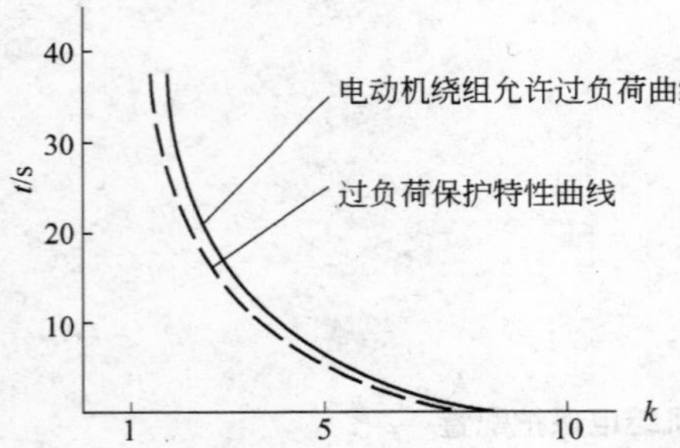


图 2.1-64　过负荷允许时间与过负荷电流倍数的关系曲线

**(五) 过负荷保护**

如电动机在过负荷开始前为额定电流，则在绕组温升允许的条件下，过电流倍数 $k$ 与允许过负荷时间 $t$ 之间的关系近似式为：

$$t=\frac{150}{k^2-1} \tag{2.1-193}$$

绘成特性曲线见图 2.1-64 中的实线，则过负荷保护动作的时间，应稍低于绕组允许温升的时间，图 2.1-64 中虚线即为过负荷保护的动作曲线。

我们先来确定过负荷保护的动作电流，应躲开电动机的额定电流，可按下式计算：

$$I_{dzj}=K_k K_{jx}\frac{I_{ed}}{K_f K_i} \tag{2.1-194}$$

式中　$K_k$——可靠系数，动作于信号时为 1.05～1.1，动作于跳闸时为 1.2～1.25。

过负荷保护采用反比延时特性，其特性曲线的另一点，可按两倍动作电流时允许的过负荷时间 $t_{gh}$来整定，$t_{gh}$(s)可按下式求得并取略小于此值得整数：

$$t_{gh}=\frac{150}{\left(\dfrac{2I_{dzj}K_i}{K_{jx}I_{ed}}\right)^2-1} \tag{2.1-195}$$

## （六）低电压保护

电动机应设低电压保护，其电压整定值和时限计算如下：

（1）当电源电压短时降低或中断后，根据生产过程不需要或不允许自启动的电动机，或为了保证重要电动机自启动而需要断开的次要电动机，其电压整定值可按下式计算：

$$U_{dzj}=\frac{U_{ed}}{\sqrt{mK_u}} \qquad (2.1\text{-}196)$$

式中 $U_{ed}$——电动机额定电压，V；

$m$——电动机最大力矩倍数，$m=0.9\frac{M_{max}}{M_e}$，$M_{max}$为电动机最大力矩，$M_e$为电动机额定力矩，0.9为电动机公差系数；

$K_u$——电压互感器变比。

根据异步电动机最大力矩倍数范围计算，电压整定值为额定电压的60%～70%。动作时限要较上级变电所送出线保护大一时间阶段，一般为0.5～1.5 s。

（2）需要自启动但为保证人身和设备安全，在电源电压长时间消失后需从电网自动断开的电动机，其电压整定值可取额定电压的50%，时限一般为5～10 s。

低电压保护的接线要满足在电压互感器一次侧和二次侧发生断线故障时，或电压互感器一次侧隔离开关误操作时，保护装置均不应动作。

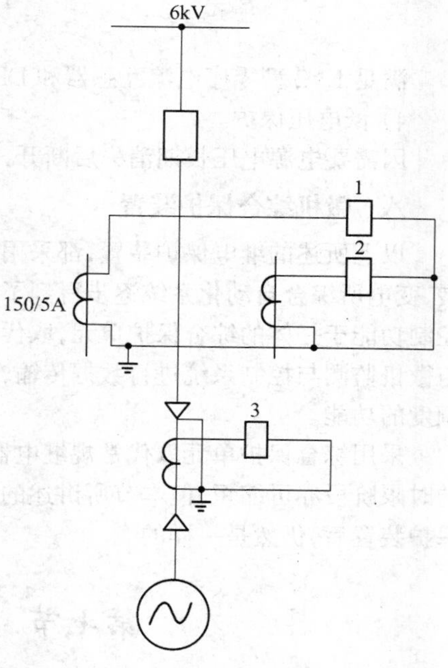


图2.1-65 保护配置图（图上仅示出电流继电器部分）

**例13** 请对下列抽烟机电动机进行继电保护的配置和计算。

已知：电动机容量为850 kW，$U_{ed}=6$ kV，$I_{ed}=97$ A，$K_q=5.8$，$\frac{M_{max}}{M_e}=2.2$，最小运行方式时电动机端子三相短路电流 $I_{dmin}^{(3)}=9$ kA，6 kV电网总的电容电流 $I_C=11$ A，电动机本身电源电缆在外部线路单相接地时外送电容电流 $I_{C1}=0.05$ A。电动机要在电源长期失压时断开。

（1）保护配置（见图2.1-65）：

1）装设不完全星形二继电器（1，2GL型）构成的速断保护和过负荷保护；

2）装设单相接地故障的零序过电流保护（3，DD型）；

3）装设电源长期失压的低电压保护，采用低电压成组保护，图2.1-65未示出。

（2）整定计算：

1）电流速断保护。

动作电流按公式2.1-191计算：

$$I_{dzj}=K_kK_{jx}\frac{K_qI_{ed}}{K_i}=1.8\times1\times\frac{5.8\times97}{150/5}=33.7\text{ A，取 }34\text{ A}$$

灵敏系数校验按公式2.1-192计算：

$$K_m=\frac{I_{dmin}^{(2)}}{I_{dzj}K_i}=\frac{0.87\times9000}{34\times30}=7.7>2$$

2）过负荷保护。

动作电流可按公式 2.1-194 计算：

$$I_{dzj}=K_kK_{jx}\frac{I_{ed}}{K_fK_i}=1.25\times1\times\frac{97}{0.85\times30}=4.75\ \text{A},\text{取}\ 5\ \text{A}$$

动作时限根据绕组允许发热条件按公式 2.1-195 计算：

$$t_{gh}=\frac{150}{\left(\dfrac{2I_{dzj}K_i}{K_{jx}I_{ed}}\right)^2-1}=\frac{150}{\left(\dfrac{2\times5\times30}{1\times97}\right)^2-1}=17.5\ \text{s},\text{取}\ 17\ \text{s}$$

选 GL-12/10 继电器兼有速断和过负荷保护功能。

3）6 kV 单相接地保护。

动作电流按公式 2.1-178 计算：

$$I_{dz1}=\frac{I_c-I_{c1}}{K_m}=\frac{11-0.05}{1.5}=7.3\ \text{A}$$

满足 LJ-2 型零序电流互感器和 DD-11/60 型灵敏度的要求。

4）低电压保护。

因需要电源电压长期消失后断开，故电压整定为额定电压的 50%，时限整定 5 s。

**八、微机综合保护装置**

以上所述的继电保护装置，都采用的是常规继电器。当前，随着电子技术与计算机技术的发展，变电所综合自动化系统逐步得到了应用。在继电保护设计上，采用集测量、继电保护、信号与控制功能于一体的综合保护单元，取代了常规继电器，且可与微机监控系统配合，通过通信电缆与微机监测与控制系统进行数据传输，构成变电所综合自动化，完成继电保护、数据监视与远方调度的功能。

采用综合保护单元取代常规继电器后，其可靠性、灵敏性和速动性都提高了，各级保护装置的时限阶段亦可缩短，但本节所讲述的继电保护原理、类型以及对继电保护的要求等对采用综合保护装置后，仍然是一样的。

## 第七节　变电所直流操作电源

**一、变电所的操作电源**

变电所中为控制、信号、继电保护装置和自动装置而需要的电源，称为变电所的操作电源。操作电源可以用交流，也可以用直流。对继电保护来说，电流互感器和电压互感器可用来作为交流操作的电源。过电流保护跳闸可采用由电流互感器供电的去分流方式，电压互感器只是在故障或不正常工作状态时设备的线电压没有显著变化的情况下，才能提供保护装置的操作电源，因而它是无法给反应短路电流的保护装置提供操作电源的。去分流法增加了电流互感器的负荷，有时不能满足要求，而交流继电器也不配套，使交流操作电源的采用受到限制。直流操作电源是用蓄电池作为电源，它是独立的电源，不受交流回路事故的影响，这就给继电保护提供了可靠的电源。因此，冶金企业的各种变电所，绝大多数采用的是直流操作电源。

**二、直流操作电源的发展情况**

直流操作电源装置中的主要设备为蓄电池、充电器和直流屏。随着科学技术和制造技术的发展，几十年来这些设备发生了很大的变化，见表 2.1-16。

表 2.1-16 直流操作电源装置变化一览表

| 年 代 | 20 世纪 70 年代以前 | 20 世纪 70 年代到 80 年代中期 | 20 世纪 80 年代中期到 80 年代末期 | 20 世纪 90 年代以来 |
|---|---|---|---|---|
| 蓄电池 | 开启式铅酸蓄电池 | 半封闭式防酸隔爆式和消氢式铅酸蓄电池 | 镉镍碱性蓄电池 | 阀控式密封铅酸蓄电池,镉镍碱性蓄电池 |
| 充电器 | 电动发动机组 | 硅整流器 | 晶闸管整流器 | 晶闸管整流器<br>高频开关电源型整流器 |
| 直流屏(柜) | 标准框架式屏体 | | 柜式结构 | 统一设计标准系列<br>PED 型屏(柜)等 |

## 三、直流系统的负荷

变电所内的直流负荷有经常负荷、事故负荷和冲击负荷三大类。

### (一) 经常负荷

直流电源在正常和事故情况下均应可靠供电的负荷称为经常负荷,这类负荷包括:

(1) 信号装置,如信号灯、位置指示器、光示牌和各类信号报警器等。

(2) 继电保护装置。在供电系统故障时,通过继电保护和自动装置的动作,将故障限制在最小范围内,以最短的时间恢复供电。这类装置在正常和事故时需要可靠的电源,以保证其动作的正确性和可靠性。

(3) 经常照明。在事故停电时,主控室等重要场所能正常工作。

### (二) 事故负荷

变电所在交流电源消失全所停电的状态下,必须由直流电源供电的负荷,这类负荷包括:

(1) 信号和继电保护装置。在事故状态下,信号和继电保护装置除了上述的经常负荷外,还要加上与事故相关的负荷。

(2) 事故照明。在正常照明因事故停电而熄灭后,供处理事故和安全疏散用的照明。目前不少变电所采用自带电源的应急灯,因而事故照明所需容量相对减小。

### (三) 冲击负荷

冲击负荷是在极短时间内能施加很大的负荷电流。这类负荷主要是断路器电磁操动机构所需的合闸电流,如断路器采用弹簧储能机构,则合闸电流将大大减小。

根据上述直流负荷的数值来确定蓄电池的容量。

## 四、直流系统的电压

变电所直流系统常用的电压有 220 V 和 110 V 两种。

### (一) 220 V 直流电压

220 V 直流电压具有以下特点:

(1) 可选用较小截面的电缆,节省有色金属,降低电缆投资。

(2) 蓄电池组中蓄电池个数多,占地面积大。

(3) 绝缘水平要求高,220 V 蓄电池组的绝缘电阻不应低于 0.2 MΩ,而 110 V 为 0.1 MΩ。

(4) 220 V 中间继电器线圈导线线径细,易发生断线事故,尤其在南方黄霉季节,且断线后又难以检测出来,致使保护装置拒动或误动。

(二) 110 V直流电压

(1) 与220 V电压相比,110 V蓄电池组中蓄电池个数可约减少一半,占地少,安装维护方便;

(2) 绝缘水平要求低,所配置中间继电器线圈导线的线径粗,减少了线圈断线和接地的故障机率;

(3) 由于电压水平低,从而降低了继电器触点断开时所产生的干扰电压幅度,减少了对电子元件构成的保护和自动装置的干扰;

(4) 直流负荷电流成倍增加,电缆截面相应增大。

比较上述特点,对冶金企业中直流负荷电流较小,供给控制、信号和保护用电源的供电距离较短的情况下,宜采用直流110 V电压。在我国南方潮湿地区,也宜采用直流110 V电压。

## 五、直流系统的基本接线方式

直流系统的基本接线方式有单母线和单母线分段两种。

(一) 单母线系统

单母线系统接线简单、可靠。由于浮充充电器接在直流母线上,当蓄电池回路刀开关被误断开时,直流母线不会失电。在设计上,也可将浮充充电器经双投刀开关接到直流母线,充电器经双投刀开关可接至直流母线或直接接至蓄电池组。单母线系统见图2.1-66。

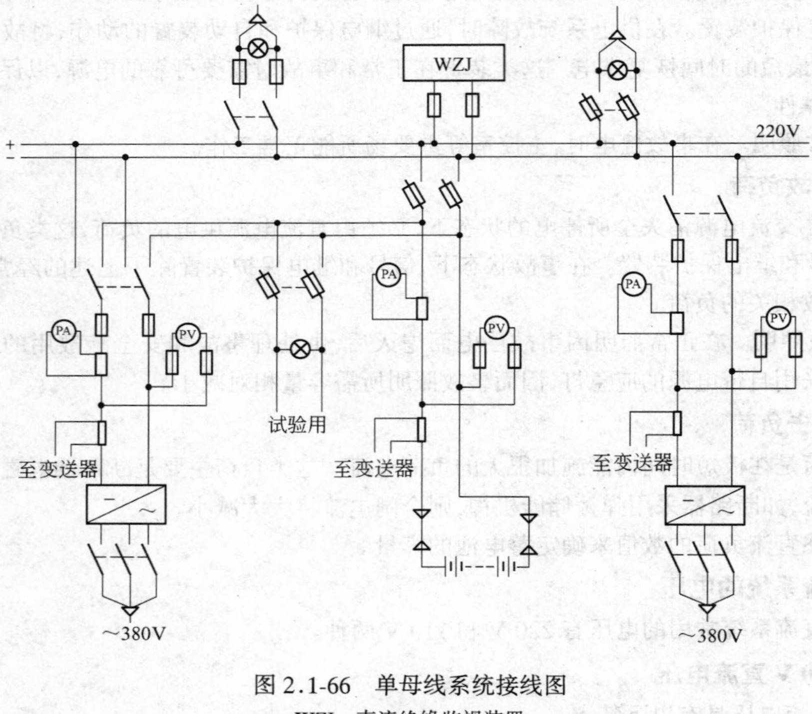


图2.1-66　单母线系统接线图

WZJ—直流绝缘监视装置

(二) 单母线分段系统

单母线分段是将充电器和浮充电器分别接到两段母线路上,蓄电池组接在一段母线上,直流负荷双回电源分别接至不同的母线段上,以提高供电可靠性,接线较单母线复杂,但灵活性好。单母线分段系统见图2.1-67。

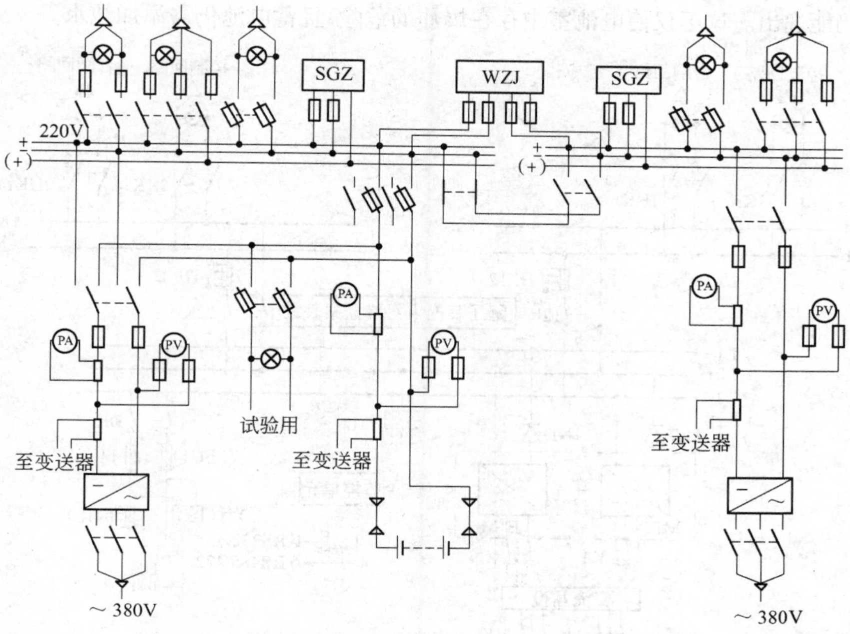


图 2.1-67 单母线分段系统接线图

WZJ—直流绝缘监视装置;SGZ—闪光装置

根据《火力发电厂、变电所直流系统设计技术规定》DL/T5044—95 中规定:

(1) 500 kV 变电所宜装设两组蓄电池,220～330 kV 变电所应装设一组蓄电池。

(2) 当发电厂或变电所设一组蓄电池时,应配置两套相同容量的充电装置。

按照上述两条,冶金企业变电所可用一组蓄电池,两套容量相同的充电器,其接线方式,对于容量较小的变电所,可采用单母线系统,对于大型变电所,可采用单母线分段系统。

近几年来,高频开关电源作为充电器得到了广泛的应用。此类充电器采用开关电源的模块化设计,N+1 热备份,因而不需要像整流器电源需要两套充电器了。采用高频开关电源的单母线系统的一种示例,见图 2.1-68。

## 六、直流操作电源中的主要设备

### (一) 蓄电池

1. 铅酸蓄电池

铅酸蓄电池有开启式、半封闭式和密闭式等。开启式由于酸雾大,维护管理工作复杂,对维护工人的健康影响较大,故目前已不采用。半封闭式的有防酸隔爆式和消氢式铅酸蓄电池。密闭式的有阀控式密封铅酸蓄电池。

(1) 防酸隔爆式和消氢式铅酸蓄电池

防酸隔爆式铅酸蓄电池具有防止酸雾析出和防止气体爆炸功能的蓄电池。电池端盖上装有拧紧的防酸隔爆帽,其外壳为透明塑料。防酸隔爆功能由防酸隔爆帽实现。它是由多孔性物质金刚砂压制而成,金刚砂具有 30%～40% 的孔隙,孔隙内附有硅油,孔隙表面形成覆盖膜,硅油具有憎水性,它能使水珠滴回电池槽内,从而在充电过程中,电解液中分解出来的氢气和氧气可以从空隙中溢出,而酸雾水经硅油过滤后,使水珠又回到电池槽中,这样就减少了酸雾对电池室及其中设备的腐蚀,并减轻了对大气的污染。防酸隔爆电池虽能防止电液、酸雾逸出和防止电池内气体爆炸，但气体仍能逸出。这不仅使电池室中存在爆炸的危险，且蓄电池仍需添加纯水。

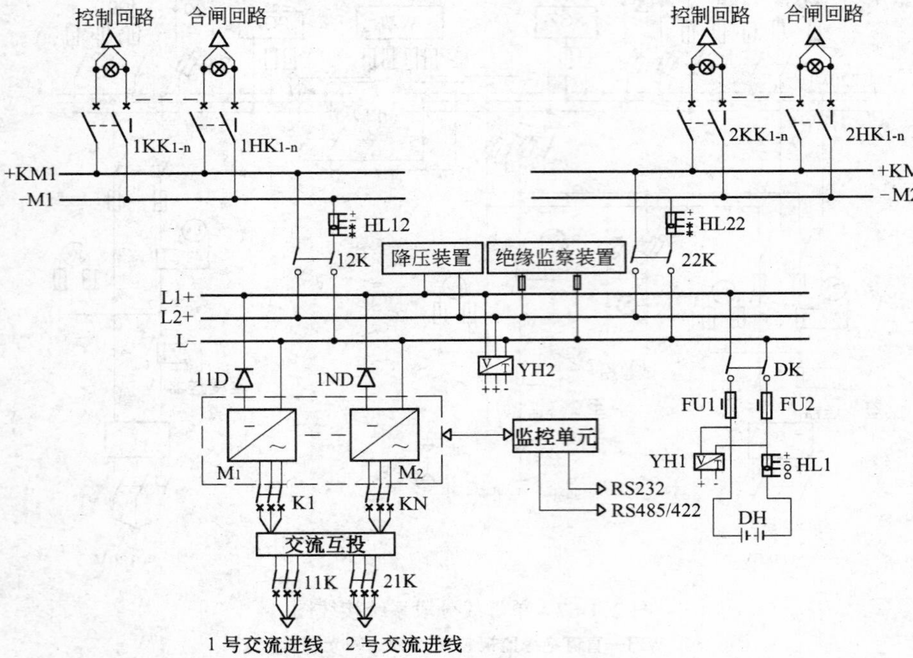


图 2.1-68　采用高频开关电源的单母线系统接线图

消氢式铅酸蓄电池能解决这一问题，它在蓄电池的密封盖上装置了含催化剂的催化栓，利用催化剂，把来自电解液的氢、氧化合成水，再回到电池内。消氢电池是比防酸隔爆电池更能消除气体和酸雾危害的蓄电池，增加了电池运行的安全性且减少添加纯水的次数。

(2) 阀控式密封铅酸蓄电池

与防酸隔爆式、消氢式铅酸蓄电池不同，阀控式密封铅酸蓄电池在正常充放电运行状态下处于密封状态，电解液不泄漏，也不排放任何气体，不需定期加水或加酸，正常极少维护，一般称为免维护蓄电池。

2．镉镍碱性蓄电池

镉镍蓄电池有开启式和密封式两种壳体结构。该类蓄电池在充、放电过程中，不消耗电解液，但极板有吸收水或释放水的特性。充电时释放水，电解液液面升高；放电时吸收水，电解液液面下降。电解液在充、放电过程中，密度几乎不变。

3．两大类蓄电池的比较

铅酸蓄电池具有适用温度宽和电流范围大、储存性能好、化学能和电能转换率高、充放电循环次数多、端电压高、容量大、造价较低等优点。其缺点是维护管理复杂、安装占地面积大，使用寿命较短等。

镉镍蓄电池具有放电电压平稳、放电倍率高、自放电率小、使用寿命长、无腐蚀酸雾危害、耐过充电、低温性能好、体积小、安装维护方便等优点，但近几年来，随着阀控式密封蓄电池的问世，其优势受到了一定程度的影响，其主要原因有：

(1) 充电装置和蓄电池充放电特性配合不当或维护不当时，在正常运行情况下会出现“爬碱”现象，进而导致直流系统绝缘下降；

(2) 在运行过程中，需要定期更换电解液，从而增大了运行维护工作量；

(3) 起始放电特性“软”，需要装设技术要求较高的调压装置；

(4) 价格较高。

综上所述，由于阀控式密封铅酸蓄电池具有不少优点，已得到广泛使用。

## (二) 充电器

蓄电池的充电方式按照充电的作用，有初充电、均衡充电或补充充电；按照充电过程中充电电压和充电电流的变化情况，有一阶段充电和二阶段充电；按照蓄电池正常运行方式，有充放电制(即充电、放电循环方式)和浮充电制。

除阀控式密封铅酸蓄电池外，蓄电池在投入运行前，要进行初充电，初充电完成后即转入正常运行方式，变电所均采用浮充电制。事故放电后或发现蓄电池不均衡时，需要进行均衡充电或补充充电。

由于在充电过程中对充电电压和充电电流都有性能要求，为延长蓄电池寿命，对输出的直流电压也提出波纹系数的要求。因而，对电力工程用的充电器，应满足以下基本要求。

### 1. 对充电器的基本要求

(1) 系统输入电压和频率在正常的使用条件下，充电器应满足均衡充电、低压充电和浮充电运行的要求。

(2) 应具有良好的稳流性能。在充电运行工况下，当输入电压和频率在规定范围内变化，直流输出电流在其规定的 10%～100% 范围内的任一数值上保持稳定时，其稳流精度不低于表 2.1-17 所列要求。

(3) 应具有良好的稳压性能。在浮充电运行工况下，当输入电压和频率在规定的范围内变化，且负荷电流为 5%～100% 范围内的任一数值时，直流输出电压应在其规定范围内保持稳定，其稳压精度不低于表 2.1-17 所列要求。

(4) 应具有低定电压充电性能。低定电压是均衡充电的方式之一。其目的在于保持蓄电池的运行容量、延长蓄电池的使用寿命、且使充电电压不超过负荷允许的电压范围。即要求充电器的输出电压达到预定的整定值后，当其输入电压和频率在规定范围内变化，负荷电流在其允许变化范围内的某一数值稳定运行，且在规定的时间内以恒定的充电电流充电时，其稳压精度应满足(3)条的要求。

(5) 应具有灵活可靠的运行方式自动切换功能。当充电器投入运行后，能够以预先整定的充电电流进行定电流充电；当系统电压达到预先整定的电压值时，充电器能以微小的恒定电流对蓄电池进行低定电压充电，并保持直流母线电压在规定的电压波动范围内，以使其对直流负荷不产生影响；当低定电压充电经过 2～3 h 后，充电器能自动转入浮充电运行状态。当经过事故放电后或发现蓄电池组中有落后电池时，充电器可根据预先整定的电压值判断，使充电器进入定电流充电运行工况或是直接转入以微小充电电流、定电压充电的低电压充电工况。

(6) 应满足直流输出波纹电压的要求。在输入电压幅值、频率以及负荷电流在规定范围内变化时，充电器的输出负荷两端的波纹系数应满足表 2.1-17 的要求。

**表 2.1-17 电力工程用充电器精度和波纹系数允许值**

| 种 类 | 稳流精度/% | 稳压精度/% | 波纹系数/% |
|---|---|---|---|
| 晶闸管型充电器 | ≤2 | ≤1 | ≤2 |
| 高频开关电源型充电器 | ≤1 | ≤1 | ≤1 |

(7) 应具有符合要求的充电、浮充电和均衡充电功能，且其稳流电压调节范围、浮充电压调节范围以及均衡电压调节范围，应在表 2.1-18 所规定的范围之内。

**表 2.1-18　电力工程用充电器电压调节范围**

| 运行工况 | 电压调节范围 |
|---|---|
| 充　电 | 最低直流电压到最高直流电压 |
| 浮充电 | 90%～110%标称直流电压 |
| 均衡充电 | 105%～120%标称直流电压 |

(8) 应具有可靠的合、分闸性能。在规定的工作状态下运行，当系统合闸时，合闸母线电压不得低于额定直流电压的 90%，控制母线电压波动范围应在额定电压的 ±10%范围之内。

(9) 应具有良好的电磁兼容性能，具有可靠的抗干扰和防护措施。

(10) 应具有安全的绝缘性能等。

2．目前生产的充电器产品

目前电力工程用充电器大多数为晶闸管充电器和高频开关电源充电器。因生产厂家很多，产品种类繁多，型式多样，但以主要特性区分有：

(1) 手动和自动晶闸管整流装置。这类产品可满足对稳压精度、稳流精度和波纹系数的要求。当自动稳压、稳流部分发生故障时，可转换至手动调压，维护设备正常运行。

(2) 多功能集成电路或微机控制晶闸管整流装置，随着集成电路和计算机技术的应用，使整流装置的自动化水平大大提高，这类产品使稳流、稳压精度进一步提高以及运行方式的智能化转换，使硬件操作设备少，操作简单，维护方便。

(3) 高频开关电源整流装置

目前广泛使用的晶闸管充电器尚存在以下问题：

1) 由于基本元件是由工频变压器、电抗器、整流和滤波装置组成，因而体积大、重量大。

2) 基本元器件功耗大，从而温升严重，散热通风困难，效率低。

3) 电磁元件噪声大，可靠性低。

为克服上述缺点，目前已生产用高频半导体器件取代晶闸管，它具有输入阻抗高、开关速度快、高频特性好、线性好、输出容量大等特点，省掉了笨重的工频变压器，重量变轻，体积变小，效率增高，噪声变小。由于元器件集成化，维护工作量很小。

**(三) 直流屏(柜)**

1．直流屏(柜)的分类

(1) 整流器柜。将交流电转变为直流电，并完成向蓄电池充电功能的装置叫整流器柜。

(2) 蓄电池屏(柜)。将小容量阀控密封铅酸蓄电池或镉镍碱性蓄电池装在屏(柜)内，叫蓄电池屏(柜)。

(3) 进线和馈线屏(柜)。将整流装置、蓄电池回路连接到直流母线上的屏(柜)，叫进线屏(柜)。连接直流母线和直流负荷馈线的屏(柜)，叫馈线屏(柜)。对于中小容量的直流系统，进线和馈线可以混合组装。进线和馈线屏(柜)内还可安装自动切换装置，闪光装置和直流系统接地检测装置等设备。

2．对直流屏(柜)的技术要求

(1) 直流系统的额定电压和额定电流，应在下列的数值中选取：

额定电压：220 V、110 V、48 V。

额定电流：主母线电流 200 A、400 A、630 A、800 A、1000 A、1250 A、1600 A。

(2) 直流屏(柜)主母线和相应回路应能耐受母线出口处短路时的动、热稳定要求。

(3) 直流屏(柜)的接线应简单可靠，便于安装、维护和运行。

(4) 直流屏(柜)结构应安全、可靠、满足防护等级的要求。

(5) 直流屏(柜)内元器件选型应力求先进、合理，要选用经有关部门鉴定的优质产品。

3. 目前生产的直流屏(柜)产品

PED型直流屏(柜)是近几年来电力部门按我国规程和标准设计制造的系列产品，已得到普遍应用。PED-S型是将微机型整流器、蓄电池、馈线回路、自动装置综合组成的直流电源装置。GZD系列运用于多种供电方式，有多种方案可供选择，还有其他多种屏(柜)型，在选用时请参阅相应的制造厂样本。至于20世纪70年代前设计的BZ系列典型设计的直流屏，目前在已运行的变电所中仍有应用，但由于屏内所采用的设备承受短路能力较低，且接线不十分合理，目前已不再采用。

## 第八节 变电所二次接线

本节叙述的冶金企业变电所是采用常用的强电一对一的控制方式，不包括变电所综合自动化计算机控制方式。

### 一、断路器的控制和信号回路

#### (一) 设计原则

控制、信号回路一般按功能划分为控制保护回路、合闸回路、隔离开关与断路器闭锁回路、隔离开关位置信号回路以及全变电所共用的信号回路(事故信号、预报信号、掉牌未复归回路)等。

断路器的控制回路应满足以下要求：

(1) 应有电源监视和跳、合闸回路完整性的监视。电源故障(如熔断器熔断、自动开关跳闸)或跳、合闸回路断线时，有灯光显示的称为灯光监视；同时发出音响信号的称为音响监视。一般采用灯光监视的接线方式。

(2) 应能指示断路器的合闸和跳闸状态，自动合闸或跳闸时有明显的信号。

(3) 合闸或跳闸完成后，跳闸的命令脉冲自动解除。

(4) 应有防止断路器“跳跃”的电气闭锁。

(5) 接线简单可靠，使用的电缆芯数尽量少。

冶金企业变电所一般采用双灯制接线的灯光监视控制回路。一般宜设闪光信号装置。绿灯闪光表示断路器事故跳闸，红灯闪光表示断路器自动合闸(如备用自投)。

断路器的事故跳闸和自动合闸信号，一般按“不对应”原理构成。控制开关在“合后”位置，断路器在“跳闸”位置，“合”“跳”不对应，绿灯闪光并发出事故跳闸音响；控制开关在“跳后”位置，断路器在“合闸”位置，“跳”“合”不对应，红灯闪光，表明自动合闸。

各断路器应有各自的事故跳闸信号，能使中央信号装置发出音响信号。用灯光(平光或闪光)或其他指示信号表示本回路发生事故，并用信号继电器或灯光指示事故跳闸的原因。

有可能出现不正常情况的线路和回路，应有预报信号。预报信号应能使中央信号装置发出音响信号，并用灯光或信号继电器直接指出故障的性质、发生的线路和回路。

#### (二) 灯光监视的断路器控制和信号回路接线

1. 电磁操动的断路器

电磁操动断路器的控制和信号回路常用的接线图见图 2.1-69(直流操作，带闪光)。

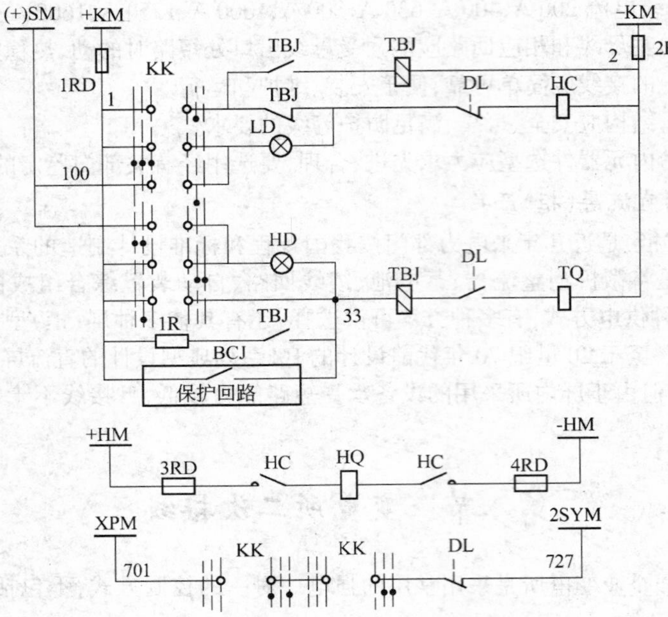


图 2.1-69　电磁操动的断路器控制和信号回路接线图

合闸操作时先将控制开关 KK 扳到“预备合闸”位置,绿灯闪光,确认后再继续将 KK 扳到“合闸位置”,发出合闸命令,绿灯熄灭,红灯燃亮,表明断路器已完成合闸,松手,KK 靠弹簧自复到“合闸后”位置,准备好事故跳闸时的绿灯闪光回路。跳闸操作时,将 KK 扳到“预备跳闸”位置,红灯闪光,确认后再继续将 KK 扳至“跳闸位置”,发出跳闸指令,红灯熄灭,绿灯燃亮,表明断路器已完成跳闸,松手,KK 靠弹簧自复到“跳闸后”位置,准备好如有备用电源自投时的红灯闪光回路。运行时,红、绿灯除能指示断路器的合、跳闸状态外,还能监视合、跳闸回路和熔断器的完整性。

在发生故障继电保护回路出口继电器 BCJ 动作,其接点闭合时,断路器跳闸,事故跳闸信号回路由断路器的辅助开关 DL 与控制开关 KK 构成不对应接线,回路发出事故信号脉冲接通中央事故音响信号回路。同时,绿灯闪光,表示本回路已事故跳闸,出现控制开关的位置与断路器的位置不对应,应将 KK 扳回至跳闸位置。

本接线具有电气“防跳”回路。TBJ 是防跳继电器,在断路器合闸过程中出现短路时,继电保护动作使断路器跳闸,流经跳闸线圈 TQ 的电流也流过 TBJ 的电流启动线圈而使 TBJ 动作,此时,如合闸脉冲未解除(如控制开关 KK 未复归),TBJ 动作后,其常开接点使 TBJ 的电压线圈通电而自保持,其常闭接点切断合闸回路,使断路器不能再次合闸,于是避免了断路器的“跳跃”。在合闸脉冲解除后,TBJ 的电压线圈断电,继电器复归,接线恢复原来状态。为了使 TBJ 的电流启动线圈工作更加可靠,还利用 TBJ 的另一常开接点对 TBJ 电流启动线圈进行自保持。该常开接点还起着保护出口继电器 BCJ 接点的作用,因在保护出口继电器 BCJ 的接点接通跳闸线圈 TQ,使断路器跳闸,如无 TBJ 接点与其并联,则当 BCJ 的接点比 DL 的辅助接点断开得早时,可能导致 BCJ 接点烧坏。如保护回路尚有与出口继电器 BCJ 并联的其他保护回路(即未经出口继电器 BCJ)且带有信号继电器,则在上述的 TBJ 常开接点回路应串入电阻 1R,使信号继电器不致被 TBJ 接短而不动作。如防跳继电器 TBJ 选用带有第二个串联的电流线圈时,则接入该电流线圈可以取代电阻 1R。

有些电磁操动机构具有机械“防跳”性能，则可不必再设电气“防跳”。但常用的 CD10 型电磁操动机构，虽有机械“防跳”性能，但机械装置要求精心的调整，为可靠起见，仍宜加电气“防跳”接线。

控制开关 KK 的接点图表见表 2.1-19。

**表 2.1-19　控制开关 KK 接点图表**

| 跳闸后手柄位置(正面)和触点盒(背面)接线图 | 合 跳 | 1 2 4 3 | | 5 6 8 7 | | 9 10 12 11 | | | 13 14 16 15 | | | 17 18 20 19 | | |
|---|---|---|---|---|---|---|---|---|---|---|---|---|---|---|
| 手柄和触点盒的形式 | F8 | 1a | | 4 | | 6a | | | 40 | | | 20 | | |
| 触点号 / 位置 | | 1-3 | 2-4 | 5-8 | 6-7 | 9-10 | 9-12 | 10-11 | 13-14 | 14-15 | 13-16 | 17-19 | 17-18 | 18-20 |
| 跳闸后 | | | × | | | | | × | | × | | | | × |
| 预备合闸 | | × | | | | × | | | × | | | | × | |
| 合　闸 | | | | × | | | × | | | | × | × | | |
| 合闸后 | | × | | | | × | | | | | × | × | | |
| 预备跳闸 | | | × | | | | | × | × | | | | × | |
| 跳　闸 | | | | | × | | | × | | × | | | | × |

注：×表示触点接通。

### 2. 弹簧操动的断路器

弹簧贮能操动机构，利用预先贮能的合闸弹簧的放能将断路器合闸。合闸弹簧由电动机贮能，贮能电动机的功率很小，10 kV 及以下的断路器其贮能电动机的功率只有几百瓦，因此为采用小容量的直流操作电源创造了条件。

弹簧操动断路器的控制和信号回路常用的接线图见图 2.1-70(直流操作，带闪光)。

弹簧操动断路器的控制原理与电磁操动断路器一样，所不同的是操动机构接线不一样。在贮能电动机回路内，DT 是电动机的行程开关，在弹簧贮能完毕后，其接入合闸回路的 DT 常开接点闭合，保证在弹簧贮能完毕后才能合闸，其接于贮能电动机回路的常闭接点断开，使电动机断电。

弹簧贮能式操动机构一般都设有机械“防跳”性能，但为更可靠起见，全国通用标准图集仍配有电气“防跳”线路。

## 二、中央信号装置

### (一) 设计原则

有人值班的变电所，均应设置中央信号装置。中央信号装置包括中央事故信号和中央预告信号。

中央事故信号装置在任何断路器事故跳闸时，都能及时发出音响信号，在控制屏上或配电装置上还有表示该回路事故跳闸的灯光或其他指示信号。当变电所为一部分断路器集中控制，另一部分断路器就地控制时，宜在控制室内设置指示事故跳闸的就地控制的断路器所在地区的光字牌，如光字牌指示“10 kV Ⅰ段”或“35 kV Ⅱ段”等，便于值班人员迅速找到故障的回路。

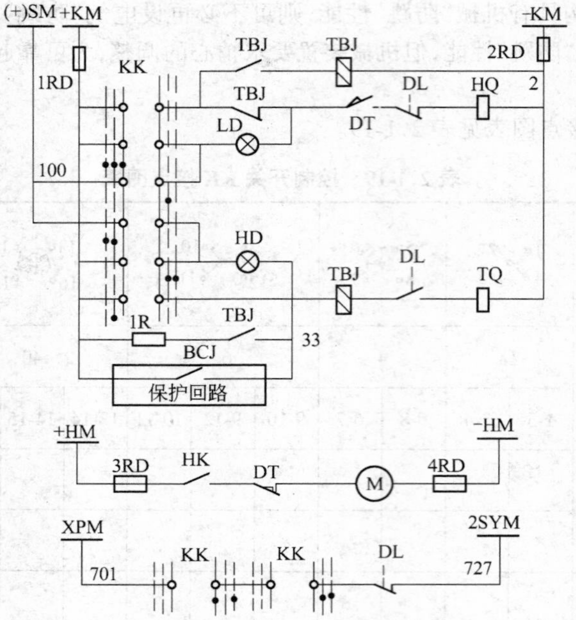


图 2.1-70　弹簧操动的断路器控制和信号回路接线图

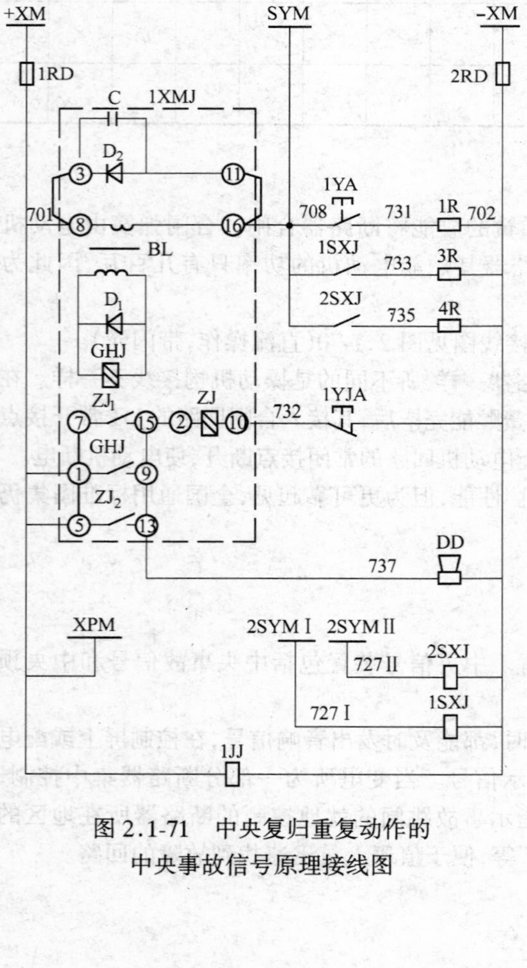


图 2.1-71　中央复归重复动作的中央事故信号原理接线图

中央预告信号装置应保证在任何回路内发生不正常运行时，能及时发出音响信号，并有显示不正常运行的性质和地点的指示（光字牌或信号继电器），以便值班人员迅速作出处理，避免扩大至故障。

中央事故与预告音响信号应有区别，一般事故音响信号用电笛，预告音响信号用电铃。在音响发出后，应在控制室或值班室内能解除中央事故信号和中央预报信号。

中央预告信号装置在发生音响信号后，应能手动或自动复归音响，而故障性质和地点的指示仍应保持，直至事故消除时为止。

冶金企业变电所的中央事故与预告信号一般应能重复动作。如变电所主接线较简单，中央事故信号可为不重复动作。

所谓重复动作是指在上一次信号消失以前或在控制开关（或操作手柄）使相应的断路器事故信号回路断开以前仍能接受下一次信号；反之，如不能接受下一次信号，则为不重复动作。

## （二）中央信号装置的接线

### 1. 中央事故信号装置的接线

图 2.1-71 所示的是典型的中央事故信号

系统,适用于一部分断路器集中在控制室控制,另一部分断路器分散在配电装置上就地控制。例如一个 35/10 kV 的降压变电所,35 kV 和 10 kV 均为单母线分段系统,35 kV 的所有断路器均在控制室集中控制,而 10 kV 的所有送出线断路器均在配电装置(开关柜)上就地控制。则 35 kV 所有断路器的事故信号回路各自串一个能形成电流增量的电阻 2R 后(见图 2.1-72),直接接至事故音响小母线 SYM 与负电源 702 之间。当某一 35 kV 断路器跳闸后,接通冲击继电器 1XMJ,发出音响信号,控制屏上相应的故障回路绿灯闪光,值班人员立即知道是哪一回路发生故障了。就地控制的 10 kV 断路器的事故信号回路,按断路器所属的母线段,例如 10 kVⅠ段,接在信号小母线 XPM 与 2SYMⅠ之间;10 kVⅡ段,接在信号小母线 XPM 与 2SYMⅡ之间,经中间继电器 1SXJ 与 2SXJ 接通冲击继电器 1XMJ 发出音响信号,并燃亮中央预告信号原理图中的光示牌 1GP 或 6GP(见图 2.1-73),指明事故跳闸的所在区域。

重复动作的中央信号装置的主要设备为冲击继电器,其基本原理是利用一串联在直流信号回路的微分变流器 BL,将回路中持续电流的增量(上升沿)变成短暂的(尖峰的)电流脉冲,去启动灵敏元件 GHJ,由灵敏元件再启动出口中间元件 ZJ 动作发出音响信号。再加新的信号时,电流再次增加(产生新的上升沿),继电器可再次动作。因此,上述集中控制断路器的事故回路应串一个电阻 2R,以形成电流的增量,如图 2.1-72 所示。

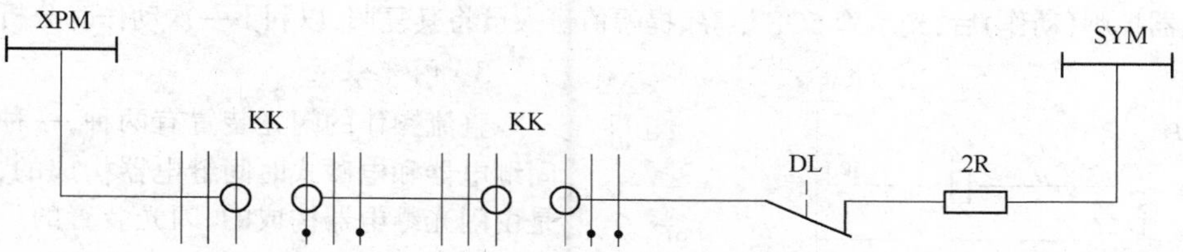


图 2.1-72　形成电流增量的事故信号回路

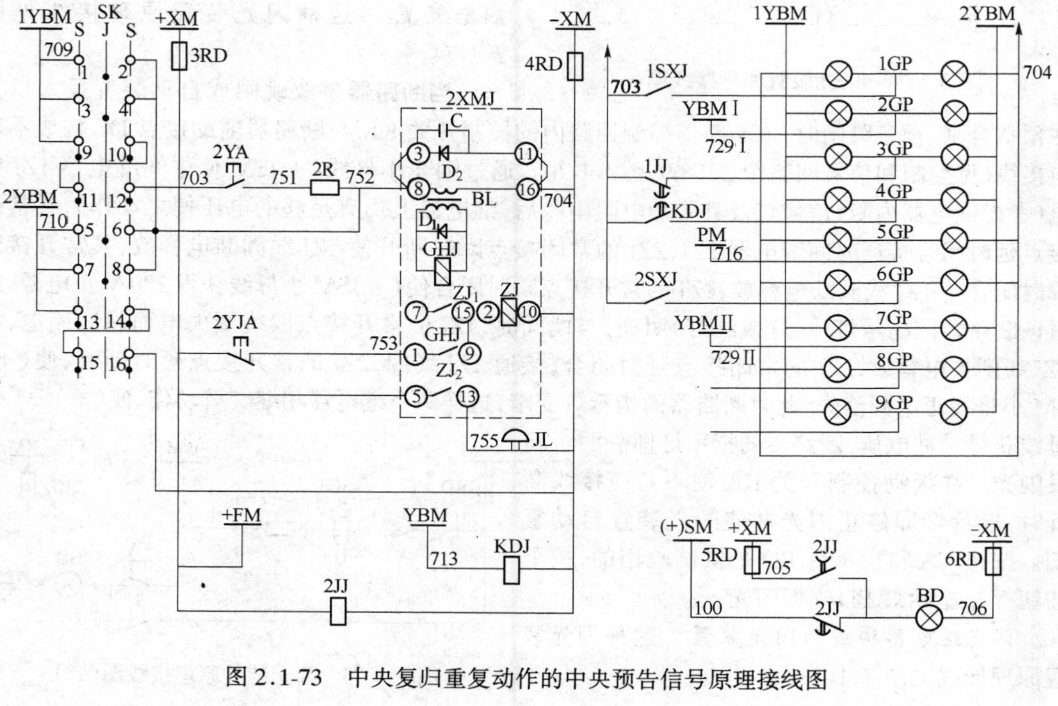


图 2.1-73　中央复归重复动作的中央预告信号原理接线图

如变电所的断路器全部在控制室内集中控制，则断路器的事故信号回路应全部接在事故音响小母线 SYM 与负电源 702 之间，让 1～2SXJ 继电器回路空着不接线。

## 2. 中央预告信号装置的接线

中央预告信号装置一般设计成重复动作，见图 2.1-73。其动作原理与中央事故信号相类似，不同之处在于每个信号脉冲回路内的串联电阻代之以光示牌的两个并联的灯泡，并作灯光指示信号，同时还增加了转换开关 SK，供检查光示牌灯泡之用。在正常工作时，转换开关放在 J(工作)位置，检查时扳到 S(检查)位置，所有光示牌都应明亮，表示灯泡完好。

集中控制对象的每一种预告信号有一个光示牌，由信号接点接于小母线 + FM 与 1YBM、2YBM 之间，去启动冲击继电器 2XMJ 并燃亮相应的光示牌。

就地控制的每一种预告信号有一个掉牌继电器，经小母线 YBMⅠ、YBMⅡ并汇总后由光示牌 2GP、7GP 去启动冲击继电器 2XMJ，因而对就地控制的对象，需要到配电装置(开关柜)去查看掉牌的继电器，方能判明预告信号的对象和性质。冶金企业的习惯做法是把所有的预告信号，不论是就地控制对象还是集中控制对象，都采用光示牌并集中到控制室，这样判明事故较及时，但需用较多的电缆。

接线图中还有“掉牌未复归”环节，小母线 + FM、PM 供接事故信号继电器的常开接点，事故信号继电器掉牌(动作)后，光示牌 5GP 燃亮，提醒值班人员将其复归，以利下一次动作时分析事故。

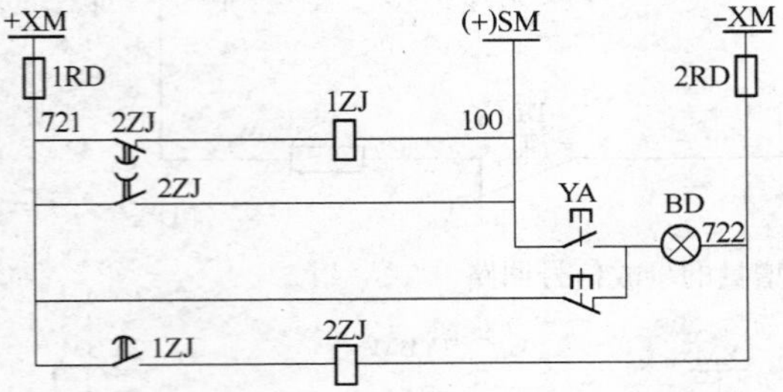

图 2.1-74　闪光装置原理接线图(一)

## 3. 闪光装置

直流操作的闪光装置有两种，一种是由中间继电器和电磁式时间继电器构成的，另一种是由闪光继电器构成的，闪光装置的设备一般都装在直流屏内。

**中间继电器和电磁式时间继电器构成的闪光装置**　这种闪光装置原理接线见图 2.1-74。

当断路器事故跳闸或自动装置投入以及在预备合闸、预备跳闸时，该断路器控制回路内的控制开关 KK 与断路器辅助接点 DL 构成不对应接线(见控制和信号回路图 2.1-69、图2.1-70)，通过闪光小母线( + )SM 使中间继电器 1ZJ 得电(考虑继电器内阻、信号灯及其附加电阻串联后，继电器上仍有足够的电压使之动作)，其常开接点延时闭合接通时间继电器 2ZJ，2ZJ 的常闭接点瞬时断开使 1ZJ 线圈断电释放，其常开接点瞬时闭合使 1ZJ 线圈断电释放，2ZJ 的常开接点瞬时闭合使( + )SM 小母线获得 220 V 正电源，此时该断路器的指示灯(绿灯或红灯)明亮，与此同时，1ZJ 的常开接点因线圈失电而瞬时断电，使 2ZJ 线圈失电释放，2ZJ 的常闭接点延时闭合，接通 1ZJ 线圈，2ZJ 的常开接点延时断开，使( + )SM 小母线正电源消失，此时断路器的指示灯变暗，这样两个继电器相继交替动作，使( + )SM 小母线获得脉冲电压，断路器的指示灯即一明一暗发闪光。在扳动控制开关 KK 使不对应接线断开时，指示灯即停止闪光并使闪光装置自动复归。按钮 YA 和指示灯 BD 是供试验用的，按下按钮 YA，指示灯 BD 立即闪光。

**闪光继电器构成的闪光装置**　这种闪光装置原理接线见图 2.1-75。

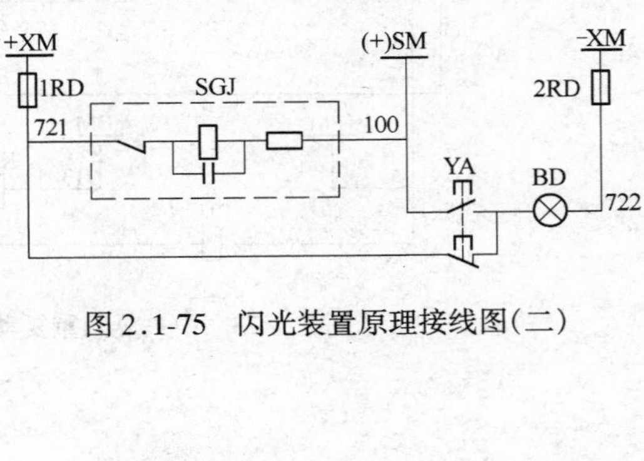

图 2.1-75　闪光装置原理接线图(二)

当断路器事故跳闸或自动装置投入以及预备合闸、预备跳闸时,该断路器控制回路通过闪光小母线(+)SM向闪光继电器SGJ线圈充电,使(+)SM小母线获得220V正电源,此时该断路器的指示灯(绿灯或红灯)明亮。SGJ得电后其常闭接点又断开,使(+)SM小母线正电源消失,此时断路器的指示灯变暗,这样闪光继电器SGJ交替动作,使(+)SM小母线获得脉冲电压,断路器的指示灯即一明一暗发闪光。其余停止闪光和试验闪光与图2.1-74相似。

## 三、电气测量与电能计量

### (一)电气测量与电能计量的设计原则

对于电气测量与电能计量,国家标准《电力装置的电测量仪表装置设计规范》GBJ63—90中作了规定,其要点包含在下述要求中。

#### 1. 电气测量

电气测量的一般要求是:

(1) 能正确反映电力装置的运行参数。

(2) 能随时监测电力装置回路的绝缘状况。

电气测量仪表的精确度要求是:

(1) 除谐波测量仪外,交流回路仪表的精确度等级不应低于2.5级。

(2) 直流回路仪表的精确度等级不应低于1.5级。

(3) 电量变送器输出侧仪表的精确度等级不应低于1.0级。

常用测量仪表配用互感器和分流器的精确度要求是:

(1) 1.5级及2.5级的常用测量仪表,应配用不低于1.0级的互感器。

(2) 电量变送器应配用不低于0.5级的电流互感器。

(3) 直流仪表配用外附分流器的精确度等级不应低于0.5级。

仪表量程、标度尺和互感器变比要求是:

(1) 仪表的测量范围和电流互感器变比的选择,宜满足电力装置回路以额定值的条件运行时,仪表的指示在标度尺的70%~100%处。

(2) 对有可能过负荷运行的电力装置回路,仪表的测量范围宜留有适当的过负荷裕度。

(3) 对重载启动的电动机和运行中有可能出现短时冲击电流的电力装置回路,宜采用具有过负荷标度尺的电流表。

(4) 有可能双向运行的电力装置回路,应采用具有双向标度尺的仪表。

#### 2. 电能计量

电能计量的一般要求是:

(1) 确定供电部门计费的电能大小和企业最大负荷。

(2) 进行企业各车间的电能计量。

(3) 校核耗电定额。

(4) 考核产品成品或半成品的单耗指标。

(5) 核实企业消耗和输出的无功电能,并确定企业的平均功率因数。

电能计量装置的精确度要求是:

(1) 月平均用电量$1\times10^6$ kW·h及以上的电力用户电能计量点,应采用0.5级的有功电度表。

(2) 月平均用电量小于$1\times10^6$ kW·h、在315 kV·A及以上的变压器高压侧计费的电力用户电能计量点,应采用1.0级的有功电度表。

(3) 在 315 kV·A 以下的变压器低压侧计费的电力用户电能计量点、75 kW 及以上的电动机、仅作为企业内部技术经济考核而不计费的线路和电力装置回路，应采用 2.0 级的有功电度表。

(4) 在 315 kV·A 及以上的变压器高压侧计费的电力用户电能计量点，应采用 2.0 级的无功电度表。

(5) 在 315 kV·A 以下的变压器低压侧计费的电力用户电能计量点、仅作为企业内部技术经济考核而不计费的电力用户电能计量点，应采用 3.0 级的无功电度表。

电能计量用互感器的精确度要求是：

(1) 0.5 级的有功电度表和 0.5 级的专用电能计量仪表，应配用 0.2 级的互感器。

(2) 1.0 级的有功电度表、1.0 级的专用电能计量仪表、2.0 级计费用的有功电度表及 2.0 级的无功电度表，应配用不低于 0.5 级的互感器。

(3) 仅作为企业内部技术经济考核而不计费的 2.0 级有功电度表及 3.0 级的无功电度表，宜配用不低于 1.0 级的互感器。

(4) 专用电能计量仪表的设置，应按供用电管理部门对电力用户不同计费方式的规定确定。其精确度等级的选择，应按其计量的对象分别采用其相应的普通电度表相同的精确度等级。

计量表计用互感器变比和双向计量要求是：

(1) 电能计量用电流互感器的二次侧电流，当电力装置回路以额定值的条件运行时，宜为电度表标定电流的 70%～100%。

(2) 双向送、受电的电力装置回路，应分别计量送、受电的电量。当以两只电度表分别计量送、受电量时，应采用有止逆器的电度表。

## (二) 电气测量与电能计量仪表的装设

冶金企业 110 kV 及以下各级变电所测量与计量仪表的装设可参考表 2.1-20。

**表 2.1-20　各级变电所测量与计量仪表的装设表**

| 线路名称 | 装设的表计数量 | | | | | | 说　明 |
|---|---|---|---|---|---|---|---|
| | 电流表 | 电压表 | 有功功率表 | 无功功率表 | 有功电度表 | 无功电度表 | |
| 35～110 kV | | | | | | | |
| 进　线 | 1 | | | | | | 如需为此而专设电流互感器时，电流表可以不装。<br>由树干式线路供电的或由电力系统供电的变电所，或当变电所有送单独的经济核算单位的出线时，应装设有功、无功电度表和最大需量表。<br>环形供电系统中的变电所，还应装设有功、无功电度表各 2 只，并应有止逆器。<br>若被电力管理部门指定为负序电流或谐波电流电压监测点，则应按其要求装设相应的仪表 |
| 母线(每条或每段) | | 1 | | | | | 如需为此而专设电压互感器时，电压表可不装 |

续表 2.1-20

| 线路名称 | | 装设的表计数量 | | | | | | 说　明 |
|---|---|---|---|---|---|---|---|---|
| | | 电流表 | 电压表 | 有功功率表 | 无功功率表 | 有功电度表 | 无功电度表 | |
| 母线联络或分段断路器 | | 1 | | | | | | |
| 双线圈降压变压器 | 一次侧 | 1 | | | | | | 变电所有送单独的经济核算单位的出线时，一次侧还应装设有功、无功电度表各 1 只 |
| | 二次侧 | 1 | | 1 | | 1 | 1 | 如一次侧已装有有功、无功电度表时，二次侧可不装 |
| 三线圈降压变压器 | 高压侧 | 1 | | | | | | 同双线圈变压器一次侧 |
| | 中压侧 | 1 | | 1 | | 1 | 1 | 同双线圈变压器二次侧 |
| | 低压侧 | 1 | | 1 | | 1 | 1 | |
| 出　线 | | 1 | | 1 | | 1 | 1 | 在线路负荷小于 5000 kW 时，有功功率表可不装 |
| 3～6～10 kV | | | | | | | | |
| 6～10 kV 进线 | | 1 | | | | | | 由树干式线路供电的或由电力系统供电的变电所，还应装设有功、无功电度表各 1 只 |
| 母线(每条或每段) | | | 4 | | | | | 其中 1 只用来通过切换开关检查三相电压，其余 3 只用作母线绝缘监视。<br>如母线上没有配出线且回路较少时，绝缘监视电压表可不装。<br>变电所接有冲击性负载，在生产过程中经常引起母线电压连续波动时，按需要可再装设 1 只记录型电压表 |
| 消弧线圈 | | 1 | | | | | | 需要时装设记录型电流表 |
| 6～10 kV 联络线 | | 1 | | 1 | | 2 | | 电度表只装在线路的一端，应有止逆器 |
| 6～10 kV 出线 | | 1 | | | | 1 | 1 | 不是送往单独的经济核算单位时，无功电度表可不装；当线路负荷为 5000 kW 及以上时，可再装设 1 只有功功率表 |
| 6～10/3～6 kV 双线圈变压器 | 一次侧 | 1 | | | | 1 | 1 | 变压器容量为 5000 kV·A 以上时，应再装设 1 只有功功率表 |
| | 二次侧 | 1 | | | | | | |
| 6～10/0.4 kV 双线圈变压器 | | 1 | | | | 1 | | 如为单独的经济核算单位的变压器，还应装设 1 只无功电度表 |

续表 2.1-20

| 线路名称 | 装设的表计数量 | | | | | | 说　明 |
|---|---|---|---|---|---|---|---|
| | 电流表 | 电压表 | 有功功率表 | 无功功率表 | 有功电度表 | 无功电度表 | |
| 整流变压器 | 1 | | | | 1 | | 如为冲击性负载,按需要可再装设记录型有功、无功功率表各1只。当冲击性负载由数台整流变压器成组供电时,可只计算总的有功、无功功率,例如将表计装在进线上或上级变电所的出线上 |
| 电炉变压器 | 1 | | | | 1 | 1 | 如为了掌握电炉的运行情况而必须监视三个相电流时,可装设3只电流表 |
| 同步电动机 | 1 | | | 1 | 1 | 1 | 如成套控制屏上已装有有功、无功电度表时,配电装置上可不再装设 |
| 感应电动机 | 1 | | | | 1 | | |
| 静电电容器组 | 3 | | | | | 1 | |
| 500 V以下 | | | | | | | |
| 进线或变压器二次侧 | 1 | | | | | | 如变压器一次侧未装电度表时,还应装设有功电度表1只 |
| 母线(每段) | | 1 | | | | | |
| 出线(100 A以上) | 1 | | | | | | 100 A以下的线路,根据生产过程的要求需进行电流监视时,可装设1只电流表。<br>三相长期不平衡运行的线路,如动力和照明混合的线路,在照明负荷占总负荷的15%~20%以上时,应装设3只电流表。<br>送往单独的经济核算单位的线路,应加装有功电度表1只 |

### (三) 绝缘监视

冶金企业6~35 kV系统一般采用三相三线圈电压互感器,利用其接成开口三角的剩余绕组构成零序电压滤过器,出现零序电压来进行绝缘监视,通常采用一个电压继电器,其电压整定值应避开正常情况下的不平衡电压,整定为15 V左右,动作后发出预告信号。

## 第九节　改善供配电系统电能质量的措施

供配电系统的电能质量包括电压质量、波形质量和频率质量。现将冶金企业的用电设备(干扰源)对电能质量的影响以及可采取的改善措施列于表2.1-21,并逐一加以阐述。

**表 2.1-21 冶金企业用电设备对电能质量的影响及其改善措施**

| 名称 | | 产生原因 | 干扰源 | 改善措施 |
|---|---|---|---|---|
| 电压质量 | 电压偏差 | 电路中所有串联元件阻抗引起的电压损失，例如变压器和线路 | | 合理选择变压器分接头，减少配电系统阻抗，进行无功功率补偿，采用有载调压变压器等 |
| | 电压波动<br>电压闪变 | 由冲击性负荷引起无功功率急剧变化而产生。例如炼钢电弧炉在熔化期，其运行工作点在正常运行点和工作短路之间变化，产生无功冲击，在工作短路时，无功冲击最大。在低速咬钢，带钢升速轧制的连轧机也会在此过程下出现大的无功冲击 | 炼钢电弧炉<br>整流电源与直流传动<br>交—交变频传动<br>大型电焊机 | 接入较高的电压级<br>装设动态无功补偿装置(SVC) |
| | 不对称度<br>(不平衡度) | 炼钢电弧炉在运行中由于炉料的不均匀性和电极的不断分相调整，使三相电流严重不平衡，导致负序电流的产生。电气化铁路的单相电机车，也会出现大容量的三相不平衡负荷 | 炼钢电弧炉<br>单相电机车 | 尽量使三相负荷平衡<br>接入较高的电压级<br>装设动态无功补偿装置(SVC) |
| 波形质量 | 谐 波 | 炼钢电弧炉由于电弧伏安特性的非线性和燃烧不稳定性，导致电流波形严重畸变。变流装置与变频装置均为非线性负荷，也使电流波形发生畸变，产生各次谐波电流 | 炼钢电弧炉<br>整流装置<br>变频装置<br>单相电机车 | 接入较高的电压级<br>增加整流装置的脉动数<br>装设滤波器 |
| 频率质量 | 频率偏差 | 大型电弧炉和大型连轧机在产生大量无功功率冲击的同时，也产生大量有功功率的冲击，有可能使电网频率波动超过允许值 | 炼钢电弧炉<br>整流电源与直流传动<br>交—交变频传动<br>交—直—交变频传动 | 由电力系统承担有功功率冲击 |

## 一、电压偏差

当地区电网和冶金企业供配电系统的运行方式改变或所供负荷缓慢变化时，供配电系统各点电压也随之变化，此电压与系统标称电压之差为电压偏差，用系统标称电压的百分数表示时为

$$\Delta U = \frac{U - U_n}{U_n} \times 100\% \qquad (2.1\text{-}197)$$

式中 $U$——系统各点的实际电压，kV；

$U_n$——系统的标称电压，kV。

### (一) 电压偏差的产生原因

引起电压偏差的根本原因是由于网络中电流流过阻抗元件而造成的电压损失，主要是线路和变压器的电压损失，其计算电路见图 2.1-76。

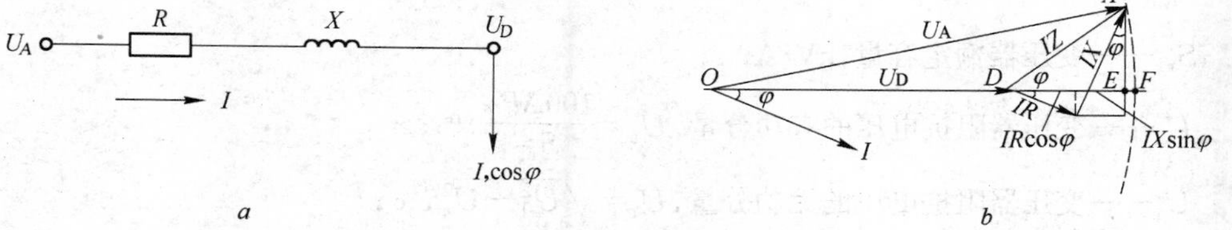


图 2.1-76 串联阻抗电路及其电压损失

a—串联阻抗电路；b—矢量图

电压损失 $\Delta U$ 是指串联电路中阻抗元件两端电压的代数差，即：

$$\Delta U = U_A - U_D = DF$$

在工程上做近似计算时，只取电压降的横向分量 $DE$，略去 $EF$，故可写成下列公式：

$$\Delta U = DE = IR\cos\varphi + IX\sin\varphi \tag{2.1-198}$$

用相对于系统标称电压的百分数表示，为：

$$\Delta U = \frac{\sqrt{3}I(R\cos\varphi + X\sin\varphi)}{1000U_n} \times 100\% = \frac{\sqrt{3}I(R\cos\varphi + X\sin\varphi)}{10U_n}\% \tag{2.1-199}$$

式中　$U_n$——系统标称电压，kV；

$I$——负荷电流，A；

$\cos\varphi$——负荷功率因数；

$R$、$X$——元件的电阻和电抗，Ω。

根据式 2.1-199 可推导出各类接入负荷的线路电压损失计算公式，列于表 2.1-22。

**表 2.1-22　线路电压损失计算公式**

| 线路种类 | 线路损失计算公式 | 符号说明 |
|---|---|---|
| 三相平衡负荷线路 | $\Delta U = \frac{\sqrt{3}Il}{10U_n}(R'\cos\varphi + X'\sin\varphi) = Il\Delta U_a$　(2.1-200)<br>$\Delta U = \frac{Pl}{10U_n^2}(R' + X'\tan\varphi) = Pl\Delta U_p$　(2.1-201) | $\Delta U$——线路电压损失，%；<br>$U_n$——系统标称电压，kV；<br>$I$——负荷电流，A；<br>$\cos\varphi$——负荷功率因数；<br>$P$——负荷的有功功率，kW |
| 线电压的单相负荷线路 | $\Delta U = \frac{2Il}{10U_n}(R'\cos\varphi + X'\sin\varphi) \approx 1.15Il\Delta U_a$　(2.1-202)<br>$\Delta U = \frac{2Pl}{10U_n^2}(R' + X'\tan\varphi) \approx 2Pl\Delta U_p$　(2.1-203) | $l$——线路长度，km；<br>$R'$、$X'$——三相线路单位长度的电阻和电抗，Ω/km；<br>$\Delta U_a$——三相线路单位电流长度的电压损失，%/(A·km)；<br>$\Delta U_p$——三相线路单位功率长度的电压损失，%/(kW·km)。<br>$\Delta U_a$ 与 $\Delta U_p$ 可从有关电力设计手册中查出 |
| 相电压的单相负荷线路 | $\Delta U = \frac{2\sqrt{3}Il}{10U_n}(R'\cos\varphi + X'\sin\varphi) \approx 2Il\Delta U_a$　(2.1-204)<br>$\Delta U = \frac{6Pl}{10U_n^2}(R' + X'\tan\varphi) \approx 6Pl\Delta U_p$　(2.1-205) | |

变压器的电压损失可按下式计算：

$$\Delta U_T \approx \beta(U_a\cos\varphi + U_r\sin\varphi) = \frac{PU_a + QU_r}{S_{rT}}\% \tag{2.1-206}$$

式中　$S_{rT}$——变压器额定容量，kV·A；

$U_a$——变压器阻抗电压的有功分量，$U_a = \frac{100\Delta P_T}{S_{rT}}$，%；

$U_r$——变压器阻抗电压的无功分量，$U_r = \sqrt{U_T^2 - U_a^2}$，%；

$U_T$——变压器阻抗电压，%；

$\Delta P_T$——变压器的短路损耗，kW；

$\beta$——变压器的负荷率；

$\cos\varphi$——负荷的功率因数；

$P$——三相负荷的有功功率，kW；

$Q$——三相负荷的无功功率，kvar。

有关变压器的参数可从变压器样本上查出。

**（二）电压偏差对用电设备的影响**

用电设备端子电压实际值偏离额定值时，将直接影响其性能，并可能造成某些损失。影响程度因偏差大小及其持续时间而异，以下列出一些常用的用电设备受电压偏差影响的后果。

1. 异步电动机

当异步电动机端子电压为负偏差时，负荷电流的增大以及启动转矩、最大转矩和最大过负荷能力均显著减小，严重时甚至不能启动或堵转；而当电压为正偏差时，转矩增加，严重时可能导致联轴器剪断，或者损坏设备。

2. 电热设备

电阻炉热能输出与外施电压平方成正比。端电压降低 10%，热能输出降低 19%；端电压升高 10%，热能输出升高 21%。当电压降低时，熔化和加热时间显著延长，影响生产率；当电压长期偏高时，将使电热元件寿命缩短。

3. 电气照明灯

白炽灯如施加电压过高时，其寿命急剧缩短，电压偏低时，又显著减少其光通量。荧光灯的光通量约与其端电压的平方成正比。端电压降低 10%，光通量降低 20%；端电压升高 10%，光通量升高 22%。当电压偏差为 -10% 及以下时，起辉将发生困难；而当电压偏差超过 +10% 时，镇流器将过热而缩短寿命。对灯管而言，电压升高 10%，使用寿命降低 20%；电压降低 10%，使用寿命降低 35%。高压水银荧光灯和金属卤化物灯的光通量大约与电压的立方成正比。电压降低 10%，光通量降低 27%；电压升高 10%，光通量升高 30%。高压钠灯如电压降低 10%，光通量降低 37%；电压升高 10%，光通量升高 50%。

4. 并联电容器

电容器输出无功功率与电压平方成正比。电压偏差为 -10%，输出无功降低 19%；电压偏差 +10%，输出无功增加 21%。电压偏差不超过 +10% 时，电容器可长期运行；如电压偏差长期超过 10% 时，将因过负荷引起电容器内部热量增加，绝缘老化加速，介质损失角增大，造成过热而击穿。

**（三）电压偏差的允许值**

35 kV 及以上供电电压正、负偏差的绝对值之和不超过额定电压的 10%。10 kV 及以下三相供电电压允许偏差为额定电压的 +7%、-10%。以上规定见国家标准《电能质量　供电电压允许偏差》GB 12325—1990。关于用电设备端子电压的允许偏差值可见有关电力设计手册。

**（四）改善电压偏差的措施**

改善电压偏差可采取以下措施：

(1) 合理选择变压器的电压分接头。通过改变变压器的分接头，使最大负荷引起的电压负偏差与最小负荷引起的电压正偏差得到调整，使之保持在各自的合理范围以内，这种方法只能缩小正负偏差之间的范围。

(2) 减少配电系统阻抗。电压偏差主要是由电压降造成，电压降是电流流经系统阻抗引起，因而采取某些措施减少系统阻抗可达到降低电压降的目的。从电压降的基本公式 2.1-198 可以看出,加大配电线路导体的截面,可减小电阻 $R$,用电缆线代替架空线或架空线采用相分裂导线,可减小电抗 $X$,从而降低了电压偏差,但这种方式往往会增加造价,需经技术经济比较后确定。

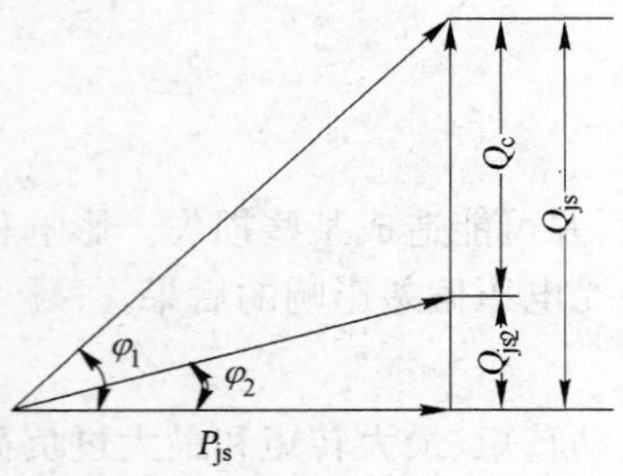


图 2.1-77　无功补偿矢量图

(3) 进行无功功率补偿。从式 2.1-198 也可以看出,就地提高负荷的功率因数 $\cos\varphi$,使占有较大比例的 $X\sin\varphi$ 项减小,同时功率因数高了,负荷电流 $I$ 也相应减小。因此,在负荷侧装设并联电容器并分成若干组进行无功功率补偿并及时调整无功功率的补偿量,是改善电压偏差最有效的措施。并联电容器的补偿容量计算见图 2.1-77。

根据负荷计算得到的最大计算有功功率 $P_{js}$ 和最大计算无功功率 $Q_{js}$,则补偿容量可按下式计算:

$$\tan\varphi_1 = \frac{Q_{js}}{P_{js}} \qquad \tan\varphi_2 = \frac{Q_{js2}}{P_{js}}$$

因此:

$$Q_c = Q_{js} - Q_{js2} = P_{js}(\tan\varphi_1 - \tan\varphi_2) \tag{2.1-207}$$

补偿后的功率因数为:

$$\cos\varphi_2 = \frac{P_{js}}{\sqrt{P_{js}^2 + (Q_{js} - Q_c)^2}} = \sqrt{\frac{P_{js}^2}{P_{js}^2 + (Q_{js} - Q_c)^2}} = \sqrt{\frac{1}{1 + \left(\frac{Q_{js} - Q_c}{P_{js}}\right)^2}} \tag{2.1-208}$$

(4) 采用有载调压变压器。对冶金企业来说,总的无功功率只宜补偿到 $\cos\varphi = 0.9 \sim 0.95$,仍有一部分变化的无功负荷需要电网供给而产生电压偏差。采用有载调压变压器是有效解决这种电压偏差的方法。对于电压偏差大的变电所,普通无激磁调压变压器不能满足用电设备的电压要求时,宜采用有载调压变压器。

## 二、电压波动和闪变

用电负荷如发生急剧而频繁的变化,引起配电系统内电压的急剧变化,变化中两个相邻、持续 1 s 以上的电压方均根值 $U_1$ 与 $U_2$ 之间的差值称为电压变动,用标称电压 $U_n$ 的百分数表示时,为:

$$d = \frac{U_1 - U_2}{U_n} \times 100\% \tag{2.1-209}$$

电压波动为一系列电压变动或连续的改变。电压波动值为相邻电压方均根值的两个极值 $U_{max}$ 和 $U_{min}$ 之差 $\Delta U$,用标称电压 $U_n$ 的百分数表示时,为:

$$\Delta U = \frac{U_{max} - U_{min}}{U_n} \times 100\% \tag{2.1-210}$$

由于冲击负荷周期性从电网中取用快速变动的功率,使电压快速变化,从而引起人眼对灯闪的明显感觉,这种人眼对灯闪的主观感觉称为闪变。

人眼对闪变较为敏感的频率在 10 Hz 左右,因此我国在 1990 年颁发的规范,是参考日本标准,将不同电压波动频率的闪变电压 1 分钟平均值,折算成等效 10 Hz 的闪变电压值 $\Delta V_{10}$ 来衡量。这一标准执行后发现不太适合我国的供用电情况,因而在 2000 年重新做了修订,将闪变指标改为 IEC 的短时闪变值 $P_{st}$ 和长期闪变值 $P_{lt}$ 来衡量。

### (一) 电压波动和闪变的产生原因

电压波动是由波动负荷引起,冶金企业主要的波动负荷有:

(1) 炼钢电弧炉。电弧炉工作在熔化期,由于废钢的不规律性,容易发生塌料引起工作短路,因此其运行工作点经常在正常运行点和工作短路点之间变化,工作短路时功率因数很低,故引起无功功率的急剧变化。

(2) 整流电源与直流传动。用直流电动机传动轧机时,如用晶闸管相位控制进行整流器输出电压的调整,则在额定转速下,功率因数一般在0.7左右,当轧制工艺需要低速咬钢、带钢升速时,由于低速咬钢时的功率因数很低,咬钢后又快速升速,引起大量无功功率冲击。

(3) 循环变流器负荷。用循环变流器(即交—交变频器)直接供电的传动负荷,变频器的输出频率一般为0~20 Hz,在额定转速下,功率因数约为0.7,在需要低速咬钢、带钢升速的轧制工艺时,如同整流器向直流电动机供电一样,也引起大量的无功功率冲击。

(4) 电阻焊机和电弧焊机。大功率的电阻焊机和电弧焊机,系间歇通电的负荷,工作时也会引起配电母线的电压波动和闪变。

**(二) 电压波动和闪变的危害**

电压波动和闪变的危害如下:

(1) 电气照明灯光的闪烁,引起人的视觉疲劳甚至难以忍受。

(2) 电动机转速不均匀,影响产品质量甚至损坏电动机。

(3) 电压波动会使电子控制系统失灵。

**(三) 电压波动和闪变的限值**

电力系统公共连接点由波动负荷产生的电压变动限值与变动频度和电压等级有关,由波动负荷引起的短时间闪变值 $P_{st}$和长时间闪变值 $P_{lt}$的限值,见国家标准《电能质量 电压波动和闪变》GB 12326—2000。

**(四) 改善电压波动和闪变的措施**

改善电压波动和闪变的措施有:

(1) 将均匀粒度的废钢加入炉内或将大块废钢加以破碎以减少发生工作短路的机率。

(2) 将冲击性负荷由专线专用变压器供电,并接入较高电压等级的供电系统,因电压越高,短路容量越大,越能承受冲击负荷。

(3) 装置动态无功补偿装置(SVC)。动态无功补偿装置能跟踪电网或负荷的波动,进行随机性适时补偿,从而维持电压稳定,常用的有以下三种类型:

1) 自饱和电抗器型(SSR);

2) 相控电抗器型(TCR);

3) 晶闸管投切电容器型(TSC)。

冶金企业目前用得最多的是相控电抗器型,它是由晶闸管组、线性电抗器、控制器和各次谐波滤波器组成。根据负荷的特性,该系统可实现三相同时控制、分相控制和三相平衡化等功能,对抑制高次谐波电流、抑制负序电流、校正功率因数以及降低电压波动和闪变,具有显著的效果。

## 三、三相电压不平衡度

三相电压不平衡度是衡量三相负荷平衡状态的指标,用电压不平衡度 $\varepsilon_u$ 以百分数的形式来表示:

$$\varepsilon_u = \frac{U_2}{U_1} \times 100\% \qquad (2.1\text{-}211)$$

式中 $U_1$——三相电压的正序分量方均根值,V;

$U_2$——三相电压的负序分量方均根值,V。

**(一) 三相电压不平衡的产生原因**

产生三相电压不平衡的负荷有：

(1) 炼钢电弧炉。电弧炉在运行中由于炉料的不均匀性和电极的不断分相调整，使三相电流严重不平衡。此外，废钢熔化到一定程度后的塌料造成三相电极的不平衡短路，导致负序电流的产生。最严重的情况是一相断流，只有两相有电流或一相电极处于正常运行，另两相电极发生短路的工况。

(2) 单相电机车。由牵引网向电机车是单相供电，由于牵引变压器对电机车的这种不对称的供电方式，将产生负序电流与负序电压。牵引负荷还有波动性大和沿线分布广等特点，因而它是不平衡的动态干扰性负荷。

**(二) 三相电压不平衡的危害**

三相电压不平衡的危害如下：

(1) 发电机转子的附加损耗。不对称运行时负序电流在气隙中产生反转的旋转磁场，使转子带来了额外的损耗，造成转子温度升高。

(2) 对异步电动机的影响。由于负序磁场产生制动转矩，从而降低了电动机的最大转矩和过载能力，又因正、反转磁场相互作用，建立脉动转矩，有可能引起电动机的振动。在不平衡电压的作用下，还会增加电动机定子的铜损。

(3) 继电保护和自动装置的误启动。注入电网的负序电流，会构成对系统以负序为启动元件的相关保护和自动装置误启动甚至误动作。

**(三) 三相电压不平衡度的允许值**

电力系统公共连接点正常电压不平衡度允许值为 2%，短时不超过 4%。详见国家标准《电能质量　三相电压允许不平衡度》GB/T 15543—1995。

**(四) 改善三相电压不平衡度的措施**

改善三相电压不平衡度的措施有：

(1) 将分散的不对称负荷分散接到不同的供电点，以减小集中连接造成不平衡度的超标问题。

(2) 使不对称负荷合理分配到各相，尽量使其平衡化。

(3) 将不对称负荷接到更高压电极上供电，以使连接点的短路容量足够大，例如对于单相负荷，连接点的短路容量大于 50 倍的负荷容量时，就能保证连接点的电压不平衡度小于 2%。

(4) 装设能分相调节的动态无功补偿装置，冶金企业由于不对称负荷容量大，例如电弧炉，则通常都采用这种补偿方式。

## 四、高次谐波

我国电网的额定频率为 50 Hz，一个周期电气量的正弦分量为基波频率整数倍的叫高次谐波，例如 2、3、4、5 次谐波，则其频率依次为 100 Hz、150 Hz、200 Hz、250 Hz。

**(一) 谐波电流的产生原因**

非线性的用电设备接入电网，会产生谐波电流，它注入电网后，通过电网阻抗产生谐波压降，叠加在电网基波上，引起电网的电压畸变。冶金企业主要的非线性负荷有：

(1) 炼钢电弧炉。炼钢电弧炉由于电弧的非线性和电弧燃烧的不稳性，导致电流波形的严重畸变，这种畸变波形含有 2、3、4、5、6、7 等高次谐波。

(2) 整流电源与直流传动。以三相交流为输入、直流为输出的整流电路，含有高次谐波，其次数随整流器的脉动数而定。理论上，产生的谐波为特征谐波，但也含有非特征谐波，包括偶次和三倍频谐波。特征谐波可按下式计算：

$$n = kp \pm 1 \tag{2.1-212}$$

$$I_n = \frac{I_1}{n} \tag{2.1-213}$$

式中 $k$——整数1、2、3、…；

$p$——整流电路的每周脉动数；

$I_n$——$n$ 次谐波电流；

$I_1$——基波电流，A；

$n$——谐波次数。

(3) 循环变流器(交—交变频器)。交—交变频器除产生整数次的高次谐波外，还产生旁谐波和次谐波。频率为基波频率非整数倍的称为旁谐波；频率低于基波频率的称为次谐波。

交—交变频器的谐波频率为：

$$n = |(k_1 p_1 \pm 1) n_1 \pm 2k_2 p_2 n_2| \tag{2.1-214}$$

式中 $n_1$、$n_2$——变频器输入、输出频率；

$k_1$、$k_2$——零和正整数；

$p_1$——整流脉动数；

$p_2$——电动相数。

(4) 交—直—交变频器。交流电动机若由交—直—交变频器供电，而交直整流部分不论采用二极管或晶闸管等，均产生高次谐波电流。

(5) 气体放电灯。气体放电灯如荧光灯、高压钠灯和高压汞灯的电路本身含有电弧，电弧的负阻特性产生谐波电流，其中主要是三次谐波电流，含有率为12%～13%。

**(二) 谐波电流的危害**

谐波电流的危害如下：

(1) 使电机、变压器等电气设备产生附加损耗、加速绝缘老化、噪声加大、效率降低、缩短使用寿命。

(2) 在某一谐波频率下，电容器组与电力系统可能发生危险的并联谐振，引起很高的谐波电压。

(3) 产生脉动转矩，引起电机角速度脉动，严重时会发生机械共振。

(4) 增大测量仪表的误差。

(5) 干扰通信。

(6) 影响电子设备的运行，可能造成计算机、数控机、电子调节系统、远动装置和继电保护等电子设备误触发或不响应。

**(三) 谐波电压和谐波电流的限值**

我国规定了电网各标称电压的电压总谐波畸变率限值，也规定了各级标称电压允许注入电力网公共连接点的各次谐波电流允许值，这些允许值在使用时要经过实际短路容量的修正，因规范上列出的是以某一基准容量的允许值。另外，经修正后的允许值还要进行分配的修正，因为公共连接点处还有其他用户，要根据各自的用电协议容量来分配。详见国家标准《电能质量 公用电网谐波》GB/T 14549—1993。

**(四) 抑制谐波的措施**

抑制谐波的措施有：

(1) 采用较高的电压级供电。电压越高,短路容量越大,对谐波的承受能力越大。

(2) 增加变流器的脉动数等方法。增加变流器的脉动数,增大换相电抗和改善触发对称度;非线性负荷尽量集中供电,利用谐波源之间的相位不同以抵消部分谐波,例如两组相位差为30°的变流器并联,在容量相等的条件下即成为12脉动变流器;同理,三组或四组相同容量的6脉动变流器并联,如果相互之间的相位差为20°和15°,可组成18脉动和24脉动变流器,如前所述,理论上注入电网的只有 $kp\pm1$ 次的特征谐波,那么12脉动变流器注入电网的只有11、13、23、25……次谐波电流,相应地18脉动和24脉动注入电网的只有17、19、35、37……次和23、25、47、49次,谐波含量被大大地抑制了。

(3) 装设滤波器。目前工程上采用的多是并联无源滤波器,优点是结构简单、大容量、使用经济,但谐波电流的分配仅取决于滤波器和电网的参数,不可控制,因而当电网参数变化,有新滤波器或新谐波源出现时,就有可能对原有滤波器造成不利影响。近期已有有源滤波器问世,但价格昂贵且不宜用于大容量。

## 五、频率偏差

电力系统频率的实际值和标称值之差称为频率偏差。频率变化过程中相邻极值频率之差称为频率变动。

### (一) 频率偏差出现的原因

电力系统内若有功功率满足不了用户的要求,会造成频率下降,若用户具有冲击性的有功功率,有可能引起频率变动即频率变化率的问题。

冶金工业中如大型电弧炉和大型连轧机,在产生大量无功功率冲击的同时,也产生大量的有功功率冲击。

### (二) 频率偏差的危害

电力系统若长期处于低频下运行,电动机转速将会下降,生产率下降,有些工厂可能出次品。频率下降也会使电钟计时不准。

### (三) 频率偏差的允许值

电力系统正常频率偏差的允许值为±0.2 Hz。当系统容量较小时,可放宽到±0.5 Hz。用户冲击负荷引起的系统频率变动一般不得超过±0.2 Hz,根据冲击负荷性质和大小以及系统的条件,也可适当变动限值,但应保证近区电力网、发电机组和用户的安全、稳定运行以及正常供电,见国家标准《电能质量 电力系统频率允许偏差》GB/T 15945—1995。

### (四) 频率偏差的调整

利用发电机组的调速器来调整频率偏差。对冶金企业的用户来说,冲击性的有功功率负荷只能靠电力系统来承担,在具体工程中,要计算有功功率冲击的大小,对容量很大的有功功率冲击,要与电力部门协商并验算后才能确定供电方案。

# 第二章　电气传动设计

## 第一节　电动机的选择和容量计算

电动机选择的基本要求(GB 50055—93,第 2.2.1 条):电动机的工作制、额定功率、堵转转矩、最小转矩、最大转矩、转速及其调节范围等电气和机械参数,应满足电动机所拖动的机械(以下简称机械)在各种运行方式下的要求。

### 一、电动机的类型选择

电气传动系统由电动机、电源装置和电气传动控制系统三部分组成。经常使用的电动机类型可以分为:

- 交流电动机
  - 异步电动机
    - 笼型电动机
    - 绕线型电动机
  - 同步电动机
    - 普通同步机
    - 无换向器电动机
      - 励磁
      - 永磁
    - 磁阻电动机
- 直流电动机
  - 励磁直流电动机
    - 并励或他励
    - 串励
    - 复励
  - 永磁直流电动机(小功率)

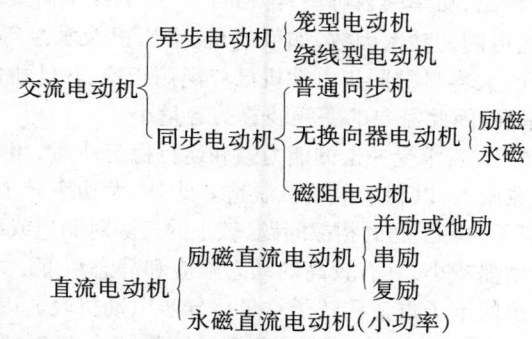

常用的电动机类型及各类电动机的比较如下。

#### (一) 笼型电动机

笼型电动机结构简单、耐用、可靠、易维护、价格低、特性硬,但启动和调速性能差,启动时的功率因数低(0.25 左右),一般无调速要求的机械应广泛采用。在变频电源供电的情况下可变频调速。变极多速电动机,可分级调速,但体积大,价格较贵。

笼型电动机的自然机械特性如图 2.2-1 所示。

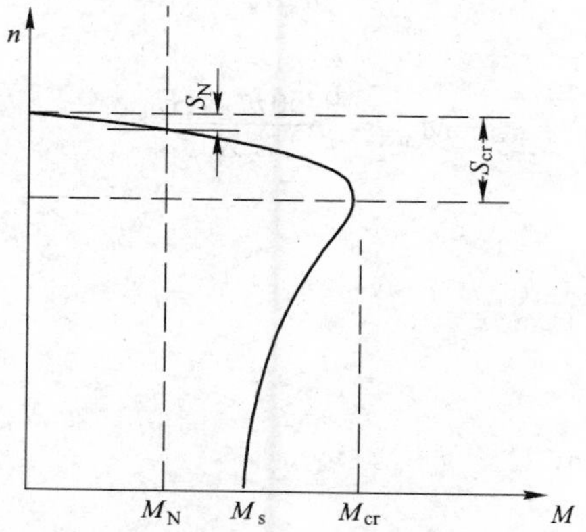


图 2.2-1　笼型电动机的自然机械特性

常用的表达式为：

$$M=\frac{2M_{cr}}{\frac{S}{S_{cr}}+\frac{S_{cr}}{S}}$$

式中　$M$——电磁转矩，N·m；

$M_{cr}$——临界转矩 N·m；

$S$——转差率；

$S_{cr}$——临界转差率。

**（二）绕线型电动机**

绕线型电动机因有滑环，结构复杂，维修麻烦，价格比较贵。但由于它的启动力矩大，启动时的功率因数高，且可进行小范围的速度调节，控制设备也简单，故适用于电网容量小，启动次数多的机械，如起重机上的机械设备。此外，绕线型电动机也用于需要软化特性的机械，如带飞轮的剪断机等。绕线型电动机的自然机械特性和表达式与笼型机相同。

**（三）同步电动机**

同步电动机可恒转速输出，功率因数可调，价格贵，一般只在不需要调速的高电压、大容量的机械上采用，以改善并提高电网的功率因数，如鼓风机、空压机及水泵等设备。但是，近年来，随着变频技术的发展，高电压、大容量的同步电动机已广泛用于冷、热轧机的主传动上，其优点是：

(1) 功率因数高，效率高，因此需要的变频装置的容量小。

(2) 能有效地抑制电枢反应，承受冲击的能力强和运行稳定性高。由于转子侧为直流励磁，有可能使定子和转子间的气隙做大，以利于电动机制造。此外，大功率异步电动机还必须面对转子挠度、轴承精度而引起的定子和转子间的相擦问题，较小的气隙对制造或维修都带来较大困难。

(3) 同步电动机的转动惯量小，具有较高的动态响应和静态精度。

(4) 大容量同步电动机的定子重量和转子重量比异步电动机轻。以同步电动机的定子重量和转子重量为100%，则异步电动机的定子重量和转子重量则为116%和109%，因此，同步电动机外形尺寸小。但是，同步电动机多一套励磁系统，控制系统复杂，需增设转子位置检测环节，结构也比异步电动机复杂。

同步电动机的自然机械特性如图2.2-2所示，常用的表达式为：

$$n_s=60f/p$$

$$M_s=\frac{9.56m_1u_1E_0}{n_sX_s}\sin\theta$$

当 $\theta=90°$时：

$$M_{max}=\frac{9.56m_1u_1E_0}{n_sX_s}$$

式中　$E_0$——空载电势，V；

$\theta$——功角；

$M_s$——同步转矩，N·m；

$f$——供电频率；

$p$——磁极对数；

$n_s$——同步转速，r/min；

$X_s$——同步电抗，Ω；

$m_1$——相数；

$u_1$——相电压，V。

**（四）直流电动机**

他励电动机的调速性能好、范围宽，适用于各种负载特性的需要，但比交流电动机的价格贵、维护复杂，且需要直流电源，因此，只在技术经济合理的条件下方可使用。

串励电动机的特点是启动力矩大、过载能力强、特性软，适用于牵引机械上。

复励电动机的启动转矩和过载能力均比并励电动机大，但调速范围小。接成积复励时，适用于启动转矩大，负载具有激烈变化的设备。

直流电动机的自然机械特性如图 2.2-3 所示，常用的表达式有：

$$E = K_e \Phi n$$

$$M = K_M \Phi I$$

$$K_M = \frac{K_e}{1.03}$$

$$U = IR + E$$

式中　$E$——反电动势，V；

$K_e$——电动机电势常数；

$\Phi$——磁通，Wb；

$n$——电动机转速，r/min；

$M$——电动机转矩，N·m；

$K_M$——电动机转矩常数；

$U$——电枢电压，V；

$I$——电枢电流，A；

$R$——电枢电阻，Ω。

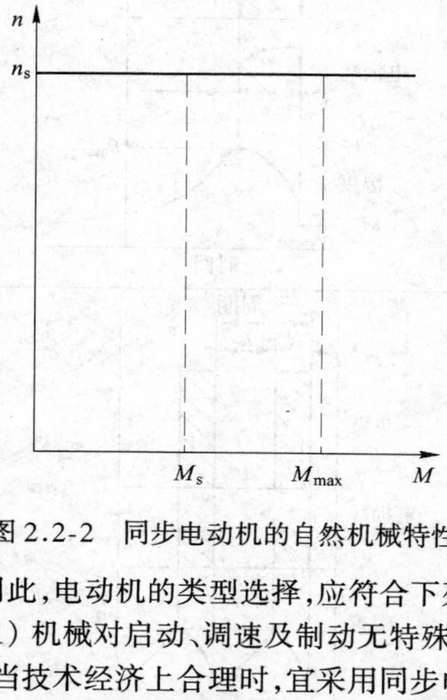


图 2.2-2　同步电动机的自然机械特性

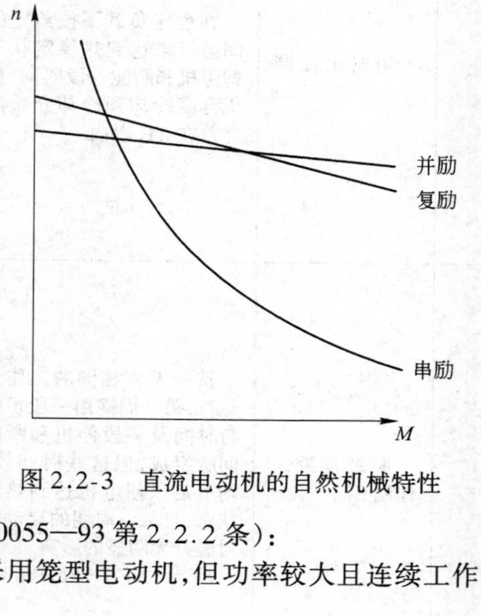


图 2.2-3　直流电动机的自然机械特性

因此，电动机的类型选择，应符合下列规定（GB 50055—93 第 2.2.2 条）：

（1）机械对启动、调速及制动无特殊要求时，应采用笼型电动机，但功率较大且连续工作的机械，当技术经济上合理时，宜采用同步电动机；

（2）符合下列情况之一时，宜采用绕线式电动机：

1）重载启动的机械，选用笼型电动机不能满足启动要求或加大功率不合理时；

2）调速范围不大的机械，且低速运行时间较短时。

(3) 机械对启动、调速及制动有特殊要求时，电动机的类型及其调速方式应根据技术经济比较确定。在交流电动机不能满足机械要求的特性时，宜采用直流电动机。交流电源消失后必须工作的应急机组，亦可采用直流电动机。

变负载运行的风机和泵类机械，当技术经济上合理时，应采用调速装置，并应选用相应类型的电动机。

## 二、电动机工作制选择

电动机工作制是电机承受负载情况的说明，包括启动、运行、电制动、空载、断能停转以及这些阶段的持续时间和先后顺序。

电动机工作制的类型分为 $S_1 \sim S_9$，见表 2.2-1。

**表 2.2-1　电动机工作制的类型**

| 序号 | 工作制类型 | 定　义 | 示 意 图 |
|---|---|---|---|
| 1 | 连续工作制 $S_1$ | 在恒定负载下连续运行至热稳定状态 | 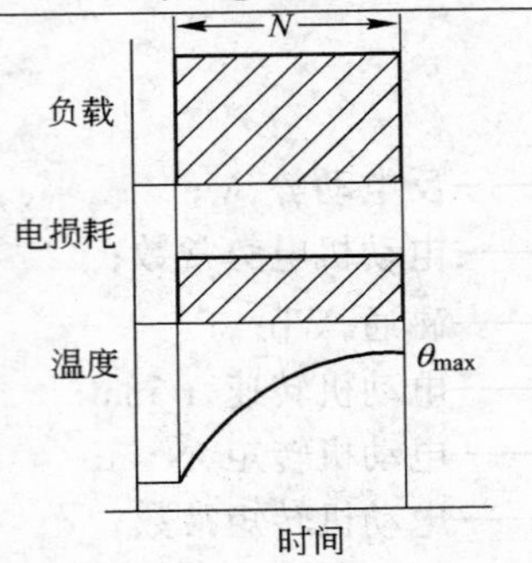 |
| 2 | 短时工作制 $S_2$ | 在恒定负载下按给定的时间运行未达到热稳定状态时即停机和断能一段时间，使电机再度冷却到冷却介质温度之差在 2 K 以内 | 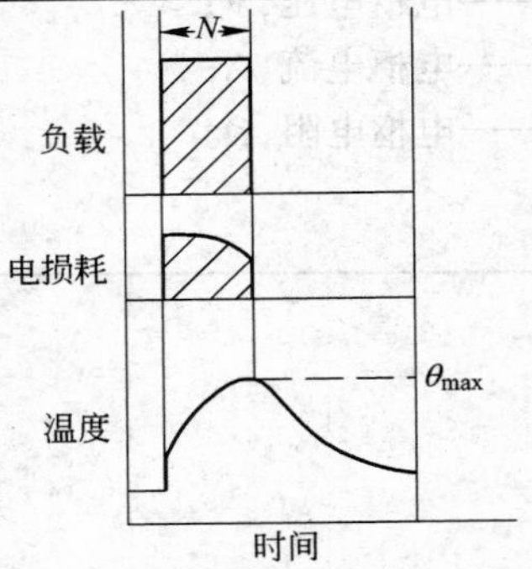 |
| 3 | 断续周期工作制 $S_3$ | 按一系列相同的工作周期运行，每一周期由一段恒定运行时间及一段停机和断能时间所组成，但这些时间较短，均不足以使电机达到热稳定状态，且每一周期的启动电流对温升无明显的影响<br>$FC=(N/N+R)100\%$ | 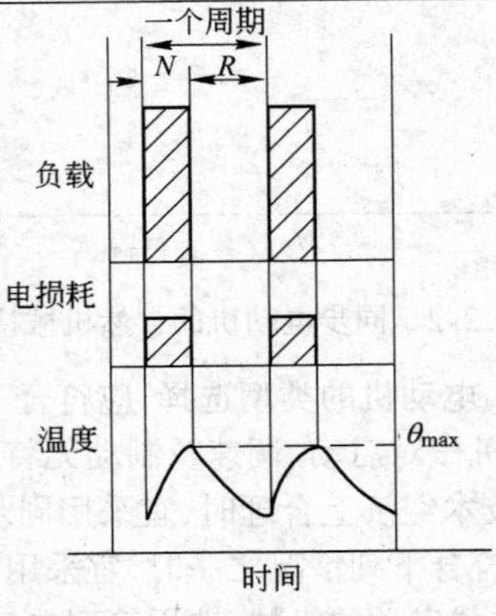 |

续表 2.2-1

| 序号 | 工作制类型 | 定　义 | 示 意 图 |
|---|---|---|---|
| 4 | 包括启动的断续周期工作制 $S_4$ | 按一系列相同的工作周期运行，每一周期由一段启动时间、一段恒定负载运行时间及一段停机和断能时间所组成，但这些时间较短，均不足以使电机达到热稳定状态<br>$FC=(D+N/D+N+R)$<br>100% | 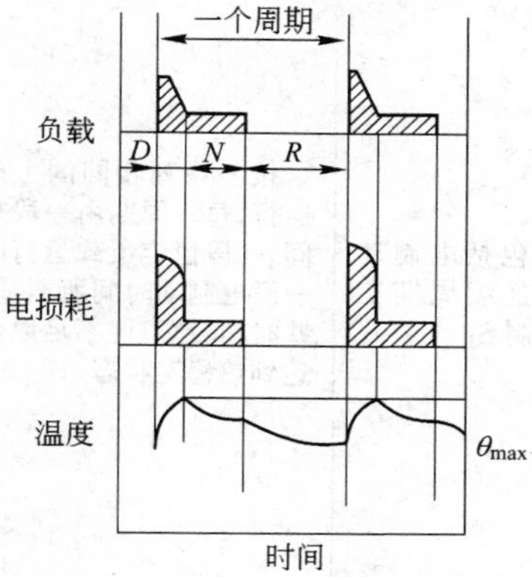 |
| 5 | 包括电制动的断续周期工作制 $S_5$ | 按一系列相同的工作周期运行，每一周期由一段启动时间、一段恒定负载运行时间，一段快速电制动时间、一段停机和断能时间所组成，但这些时间较短，均不足以使电动机达到热稳定状态<br>$FC=(D+N+F/D+N+$<br>$F+R)100\%$ | 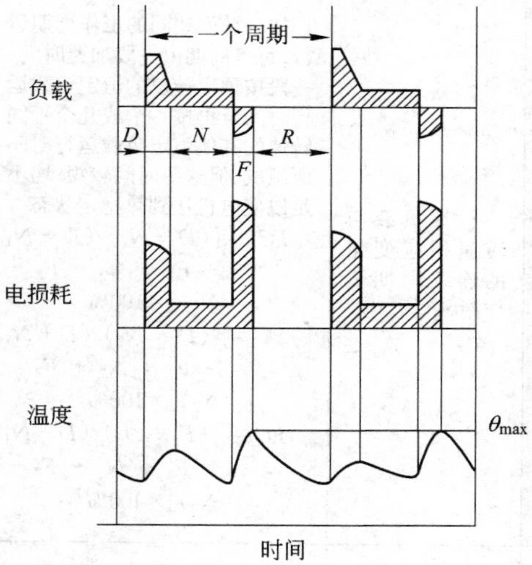 |
| 6 | 连续周期工作制 $S_6$ | 按一系列相同的工作周期运行，每一周期由一段恒定负载运行时间和一段空载运行时间所组成，但这些时间较短，均不足以使电动机达到热稳定状态<br>$FC=(N/N+V)100\%$ | 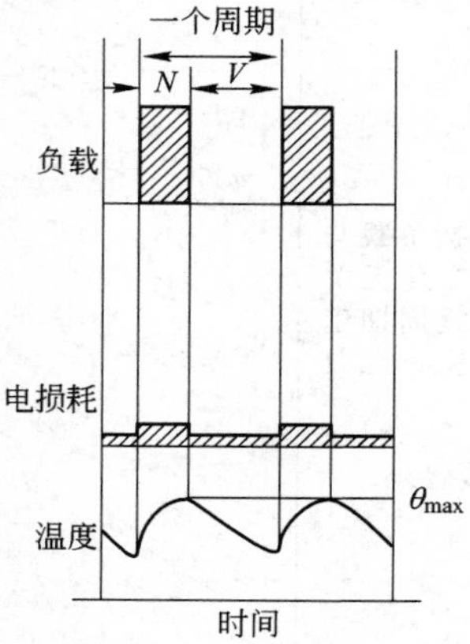 |

续表 2.2-1

<table>
<tr><th>序号</th><th>工作制类型</th><th>定　义</th><th>示　意　图</th></tr>
<tr><td>7</td><td>包括电制动的连续周期工作制 $S_7$</td><td>按一系列相同的工作周期运行，每一周期由一段启动时间、一段恒定负载运行时间和一段电制动时间所组成，但这些时间较短，均不足以使电机达到热稳定状态<br>$FC=1$</td><td>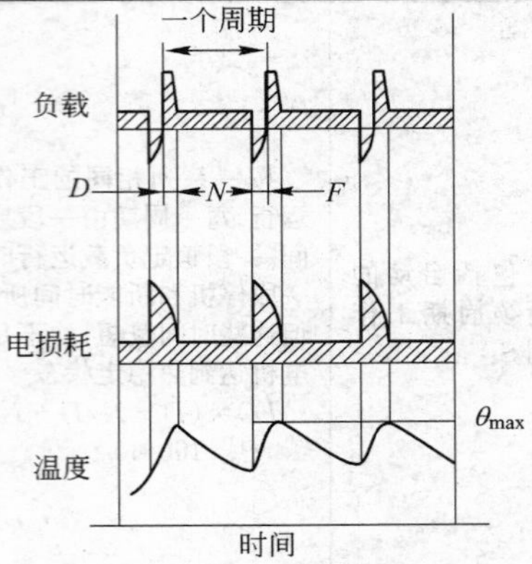
</td></tr>
<tr><td>8</td><td>包括负载与转速相应变化的连续周期工作制 $S_8$</td><td>按一系列相同的工作周期运行，每一周期由一段加速时间、一段按预定转速的恒定负载运行时间及再按一个或几个不同转速的其他恒定负载运行时间所组成，但这些时间较短，均不足以使电机达到热稳定状态<br>$FC_1=[(D+N_1)/(D+N_1+F_1+N_2+F_2+N_3)]\times100\%$<br>$FC_2=[(F_1+N_2)/(D+N_1+F_1+N_2+F_2+N_3)]\times100\%$<br>$FC_3=[(F_2+N_3)/(D+N_1+F_1+N_2+F_2+N_3)]\times100\%$</td><td>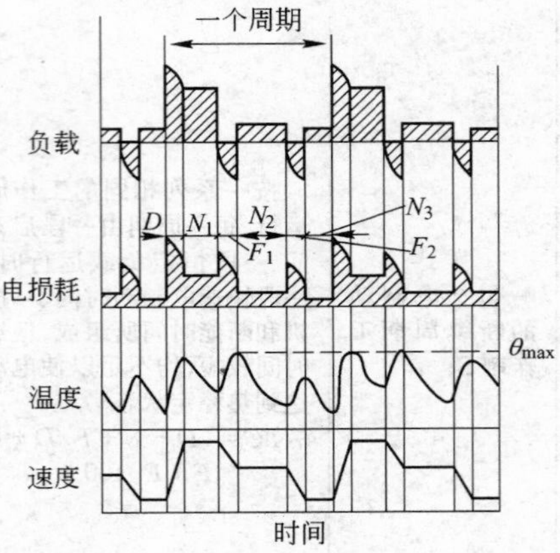
</td></tr>
<tr><td>9</td><td>包括负载与转速变化无关的断续周期工作制 $S_9$</td><td></td><td>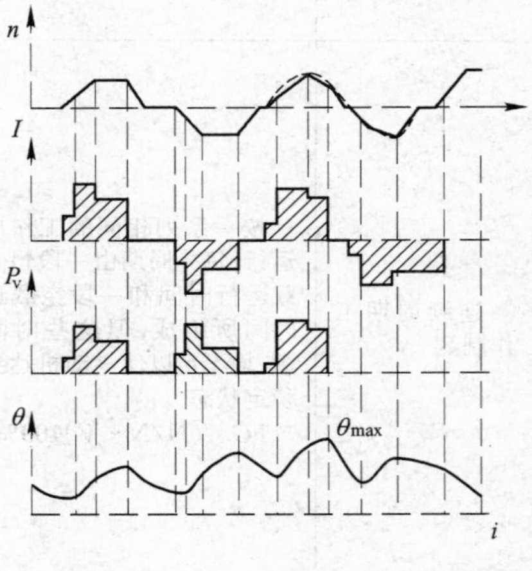
</td></tr>
</table>

注：$FC$—负载持续率；$N$、$N_1$、$N_2$、$N_3$—在额定条件下运行的时间；$\theta_{max}$—在工作周期中达到的最高温度；$R$—停机和断能时间；$D$—启动（或加速）时间；$F$、$F_1$、$F_2$—电制动时间。

在表 2.2-1 中，工作制 $S_1$ 可以按电动机铭牌给出的连续定额长期运行。

对于工作制 $S_2$，电动机应在一定状态下启动，并在规定的时间内运行。短时定额时限一般有 10 min、30 min、60 min 或 90 min，，具体视电机而定。例如 YZ、YZR 系列电动机短时工作制 $S_2$(30 min)的技术数据除 YZ160L-6 型外，均与 $S_3$ 的 $FC=25\%$ 相同。YZ160L-6 型的 $S_2$(30 min)的技术数据则与 $S_3$ 的 $FC=15\%$ 相同。$S_2$(60 min)的技术数据则与 $S_3$ 的 $FC=40\%$ 相同。

对于 $S_3$ 和 $S_6$，每一个工作周期为 10 min，小时等效启动次数为 6 次/h，其负载持续率 $FC$ 有 15%、25%、40%、60%及 100%。

对于 $S_4$ 及 $S_5$ 工作制，YZR 系列电动机的小时等效启动次数有 150 次/h、300 次/h 及 600 次/h 三种，负载持续率 $FC$ 有 25%、40%及 60%。

由于负载的工作状态不同，电动机额定功率的选择，应符合下列规定(GB 50055—93 第 2.2.3 条)：

(1) 连续工作负载平稳的机械应采用最大连续定额的电动机，其额定功率应按机械的轴端功率选择。当机械为重载启动时，笼型电动机和同步电动机的额定功率应按启动条件校验；对同步电动机，尚应校验其牵入转矩。

(2) 短时工作的机械应采用短时定额的电动机，其额定功率应按机械的轴功率选择；当无合适规格的短时定额电动机时，可按允许过载转矩选用周期工作定额的电动机。

(3) 断续周期工作的机械应采用相应的周期工作定额的电动机，其额定功率宜根据制造厂提供的不同负载持续率和不同启动次数下的允许输出功率选择，亦可按典型周期的等值负载换算为额定负载持续率选择，并应按允许过载转矩校验。

(4) 连续工作负载周期变化的机械应采用相应的周期工作定额的电动机，其额定功率宜根据制造厂提供的数据选择，亦可按等值电流法或等值转矩法选择，并应按允许过载转矩校验。

(5) 选择电动机额定功率时，根据机械的类型和重要性，应计入适当的储备系数。

(6) 当电动机使用地点的海拔和冷却介质温度与规定的工作条件不同时，其额定功率应按制造厂的资料予以校正。

## 三、电动机的容量计算和选择

### (一) 负载平稳的连续工作制电动机($S_1$)

(1) 按轴功率确定电动机的额定功率(kW)

$$P_N \geqslant P_1 = \frac{M_1 n_N}{9550} \tag{2.2-1}$$

式中　$M_1$——负载转矩，N·m；

$n_N$——负载转速，r/min。

例如：风机电动机的功率(kW)为：

$$P = \frac{KQH}{102\eta\eta_c}$$

式中　$Q$——风量，$m^3/s$；

$H$——空气压力，$kg/m^2$；

$\eta_c$——传动效率，直接传动时 $\eta_c=1$；

$\eta$——风机效率，$\eta=0.4\sim0.75$；

$K$——裕量系数，电机容量大于 5 kW 时，$K=1.1\sim1.5$。

离心泵电动机的功率(kW)为：

$$P = \frac{K\gamma Q(H+\Delta H)}{102\mu\eta_c} \times 10^3$$

式中　$\gamma$——液体密度，t/m³；

$Q$——泵出水量，m³/s；

$H$——水头，m；

$\Delta H$——主管损失水头，m；

$K$——裕量系数；

$\mu$——水泵效率，$\mu=0.6\sim0.84$；

$\eta_c$——传动效率，直接连接时，$\eta_c=1$。

恒转矩负载且需在基速以上调速时，如直流电动机和变频调速电动机，其额定容量(kW)应按最高工作转速计算：

$$P_N \geqslant P_1=\frac{M_1 n_{max}}{9550}$$

(2) 按启动时的最小转矩和允许的最大飞轮力矩校验电动机的功率

对于启动力矩较大且带有较大飞轮矩的负载，如球磨机等，若采用笼型电动机或同步电动机时需进行此项校验，目的是保证机械顺利启动，并在启动过程中，电动机不致过热。

电动机最小启动力矩为：

$$M_{m,min} \geqslant \frac{M_{1,max}K_s}{K_u{}^2} \tag{2.2-2}$$

式中　$M_{1,max}$——可能出现的最大负荷力矩；

$K_s$——加速力矩系数，$K_s=1.15\sim1.25$；

$K_u$——电压波动系数，$K_u=0.85$。

电动机在启动时，允许传动机械的最大飞轮矩为 $GD^2_{xm}$，$GD^2_{xm}$值可由电机样本资料中查得，如传动机械的实际飞轮矩 $GD^2_m$ 小于电动机允许的最大飞轮矩时，则电动机按启动条件校验可以通过。

**(二) 周期波动负载连续工作制电动机($S_6$)**

1. 等效电流法

如负载电流为矩形时的等效电流(如图 2.2-4 所示)为：

$$I_{M,rms}=\sqrt{\frac{I_1{}^2 t_1+I_2{}^2 t_2}{t_1+t_2}}$$

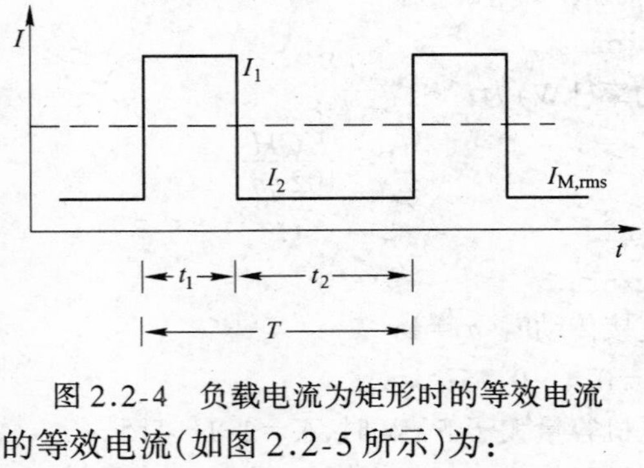


图 2.2-4　负载电流为矩形时的等效电流

如负载电流为梯形时的等效电流(如图 2.2-5 所示)为：

$$I_{M,rms}=\sqrt{\frac{I_1{}^2+I_1 I_2+I_2{}^2}{3}}$$

如负载电流为三角形时的等效电流(如图 2.2-6 所示)为：

$$I_{M,rms}=\sqrt{\frac{I_2^2}{3}}$$

任意一个周期波动的负载，可以等效为梯形波或三角波进行等效电流计算(如图 2.2-7 所示)为：

$$I_{M,rms}=\sqrt{\frac{{I_1}^2t_1+{I_2}^2t_2+{I_3}^2t_3+{I_4}^2t_4}{t_1+t_2+t_3+t_4}}$$

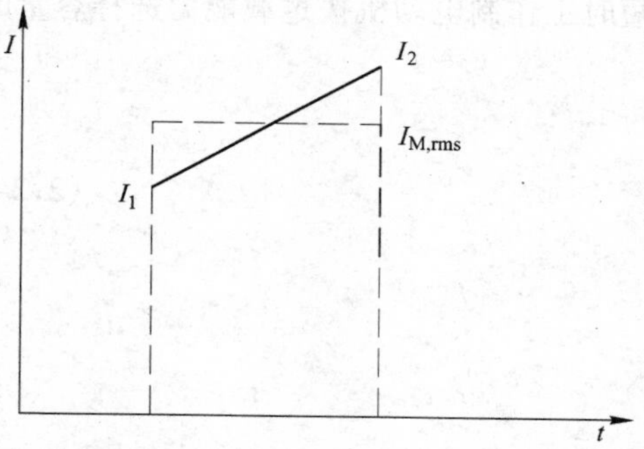


图 2.2-5　负载电流为梯形时的等效电流

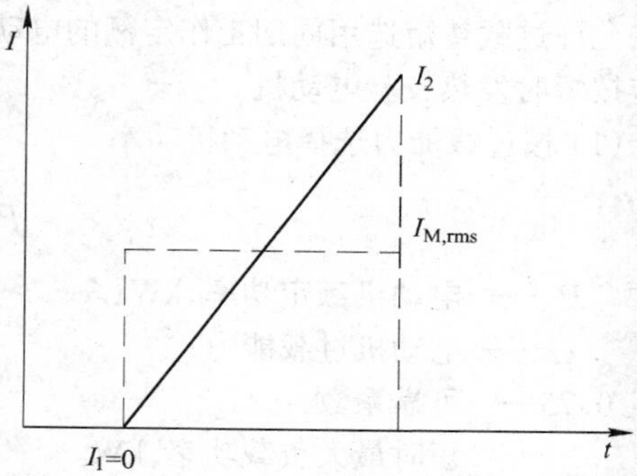


图 2.2-6　负载电流为三角形时的等效电流

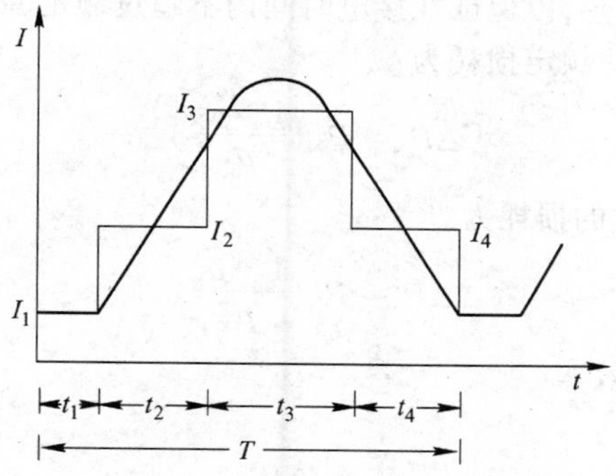


图 2.2-7　周期波动的负载电流的转换

2. 等效转矩法

等效转矩法与等效电流法相同：

$$M_{M,rms}=\sqrt{\frac{{M_1}^2t_1+{M_2}^2t_2+\cdots+{M_n}^2t_n}{t_1+t_2+\cdots+t_n}}$$

上述方法适用于磁通恒定的直流电动机、稳速工作的笼型电动机和绕线型电动机以及同步电动机，但不适用于串励直流电动机及弱磁调速的直流电动机。对弱磁调速的直流电动机应按下式进行修正：

$$M_{M,rms}=M_1\frac{n_{max}}{n_N}$$

3. 校验过载转矩

不带飞轮的异步电动机或同步电动机，除按发热选择电动机额定功率外，尚应根据最大负荷

$M_{1,max}$校验电动机的过载能力：

$$M_{1,max} \leqslant K_1 K_u \lambda M_N$$

式中　$\lambda$——电动机的过载倍数；

$K_1$——可靠系数，取 0.9；

$K_u$——电压降低系数，异步电动机 $K_u = 0.85$，同步电动机 $K_u = 0.85$。

**（三）短时工作制电动机($S_2$)**

额定功率应按机械的轴功率选择短时定额的电动机。当无合适规格的短时定额电动机时，可按允许过载转矩选用周期工作定额的电动机。若短时工作制电动机按过载能力选择容量时，还应按短时发热校验电动机。

(1) 按过载能力选择电动机功率

$$P_N \geqslant \frac{P_{1,max}}{0.75\lambda} \tag{2.2-3}$$

式中　$P_N$——电动机额定功率，kW；

$\lambda$——电动机过载能力；

0.75——可靠系数；

$P_{1,max}$——短时最大负载功率，kW。

(2) 按短时发热校验电动机

接电时间短且容量较大的电动机，可以只按过载能力选择。接电时间长（如 30 min 以上）且容量较小时，还应校验短时发热，以保证在接电时间内不超过额定温升。

按式 2.2-3 预选电动机的额定损耗为：

$$\Delta P_N = P_N\left(\frac{1-\mu_N}{\mu_N}\right) \tag{2.2-4}$$

电动机短时负荷为 $P_x$ 时的损耗为：

$$\Delta P_x = P_X\left(\frac{1-\mu_x}{\mu_x}\right)$$

式中　$\mu_x$——短时负荷时的效率。

则温度过载系数为：

$$p = \frac{\Delta P_x}{\Delta P_N}$$

按图 2.2-8 曲线或按下式求：

$$\frac{t_{xu}}{T} = \ln\frac{p}{p-1}$$

式中，$T$ 为电动机的温升时间常数，可由表 2.2-2 查得。

**表 2.2-2　JZ 电动机温升时间常数 $T$**

| 型　号 | $T$/min | 型　号 | $T$/min |
|---|---|---|---|
| JZ－11－6 | 40.3 | JZ－31－8 | 56 |
| JZ－12－6 | 46.9 | JZ－41－8 | 58 |
| JZ－21－6 | 47.3 | JZ－42－8 | 60.8 |
| JZ－22－6 | 55 | JZ－51－8 | 61 |
| JZ－31－6 | 55 | JZ－52－8 | 62 |

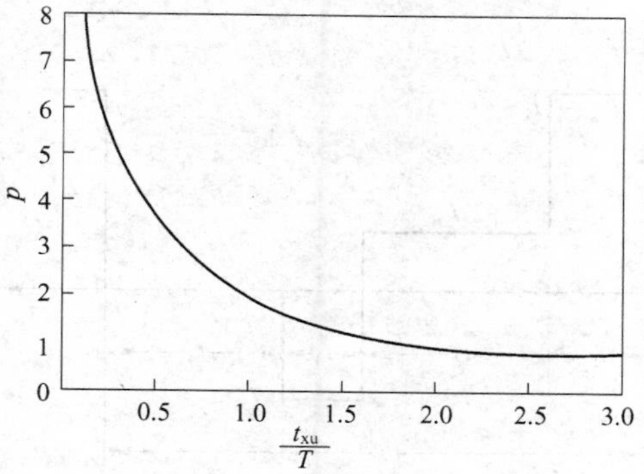


图 2.2-8 温度过载系数 $p$ 与 $t_{xu}/T$ 的关系曲线

则

$$t_{xu}=T\ln\frac{p}{p-1}$$

若满足 $t_{xu}\geqslant t_x$,则电机按短时发热可以通过。

若 $t_{xu}<t_x$,则表明电机过热。式中,$t_x$ 为短时负载 $P_x$ 的实际接电时间,min。

**(四)反复短时工作制电动机**($S_3$、$S_4$、$S_5$、$S_7$、$S_8$、$S_9$)

对于 $S_3\sim S_5$、$S_9$ 断续周期工作制负载,应尽量选用断续定额电动机(如 YZ、YZR、ZZJ 系列),所选用的负载持续率额定值 $FC_N$ 应尽量接近实际工作条件下的 $FC$ 值。

在各种反复短时工作制中,当实际工作的负载持续率 $FC>60\%$时,应采用强迫通风或选用连续定额电动机。

$S_7$、$S_8$ 应选用连续定额电动机,否则采用断续周期定额电动机,强迫通风。

容量计算均可采用等效电流法(或等效力矩法),亦可采用平均损耗法等其他方法进行计算。但等效电流法(或等效力矩法)计算简便,较多采用。

1. 等效电流法或等效转矩法

选用断续定额电动机时(如图 2.2-9 所示):

$$I_{rms}=\sqrt{\frac{I_1^2t_1+I_2^2t_2+I_3^2t_3}{a(T_1+T_3)+t_2}}$$

$$M_{rms}=\sqrt{\frac{M_1^2t_1+M_2^2t_2+M_3^2t_3}{a(t_1+t_3)+t_2}}$$

选用连续定额电动机时(如图 2.2-10 所示):

$$I_{rms}=\sqrt{\frac{I_1^2t_1+I_2^2t_2+I_3^2t_3}{a(t_1+t_3)+t_2+\beta t_4}}$$

$$M_{rms}=\sqrt{\frac{M_1^2t_1+M_2^2t_2+M_3^2t_3}{a(t_1+t_3)+t_2+\beta t_4}}$$

式中 $a$——启动、制动时的通风恶化系数,$a=\frac{1+\beta}{2}$;

$\beta$——电动机停止工作时的通风恶化系数,见表 2.2-3。

电动机的计算容量(kW)为:

$$P_x=\frac{M_{rms}n_N}{975} \tag{2.2-5}$$

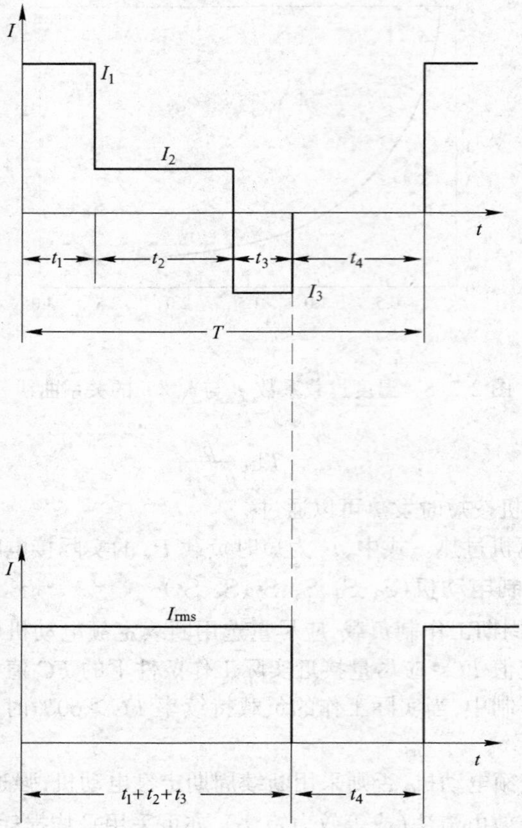


图 2.2-9　断续定额负载电流

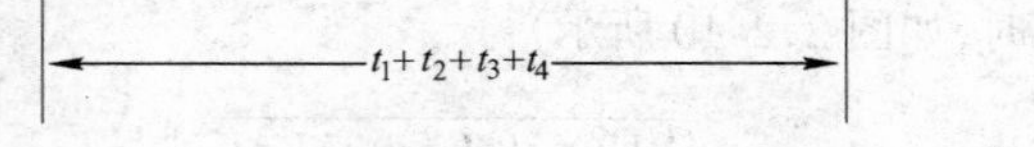

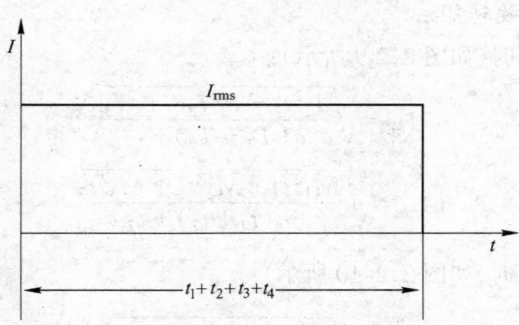


图 2.2-10　连续定额负载电流

**表 2.2-3　β 值**

| 电机通风方式 | β值 |
|---|---|
| 封闭式电动机(无冷却风扇) | 0.95～0.98 |
| 封闭式电动机(强迫通风) | 0.9～1 |
| 封闭式电动机(自带内冷风扇) | 0.45～0.55 |
| 防护式电动机(自带内冷风扇) | 0.25～0.35 |

当电动机选用断续周期定额电动机时，负载持续率计算如下：

实际负载持续率
$$FC_x = \frac{t_1 + t_2 + t_3}{t_1 + t_2 + t_3 + t_4}$$

所选电动机的额定负载持续率应为 $FC_N \geqslant FC_x$，越接近越好，否则应将实际容量折算至电动机额定负载持续率时的等值容量：

$$P_N \geqslant P_x \sqrt{\frac{FC_x}{FC_N}} \tag{2.2-6}$$

电动机初选容量确定后，应按下式校验电动机的最大转矩：

$$M_{1,max} \leqslant K_1 K_u^2 \lambda M_N \tag{2.2-7}$$

式中　$\lambda$——过载倍数；

$K_u$——电压降低系数，$K_u = 0.85$；

$K_1$——可靠系数，取 0.9。

最后还需要根据小时工作次数来选定电动机的规格，即选用电动机时，各种启动及制动状态均需按等效发热折算成每小时等效全启动次数，并以该等效全启动次数确定电动机的定额。电动机每小时等效全启动次数有 150 次/h、300 次/h 及 600 次/h 三种，折算的方法为：

(1) 点动(最终速度不超过额定速度的 25%)相当于 0.25 次全启动；

(2) 电制动(制动到额定转速的 1/3)一次相当于 0.8 次全启动；

(3) 电制动至全速反转相当于 1.8 次全启动。

折算示例见表 2.2-4。

**表 2.2-4　等效全启动次数折算示例**

| 工作制 | 工作状态 | | | | 小时等效启动次数 |
|---|---|---|---|---|---|
| | 每小时启动次数 | 每小时点动次数 | 每小时制动次数 | 每小时制动并反转次数 | |
| $S_3$ | 6 | 0 | 0 | 0 | 6 |
| $S_4$ | 100 | 200 | 0 | 0 | 150 |
| $S_5$ | 130 | 260 | 130 | 0 | 300 |
| $S_5$ | 120 | 640 | 120 | 120 | 600 |

2. 平均损耗法

平均损耗法是以每个工作周期中的平均总损耗来表征电动机的温升来进行发热校验的。即以每个工作周期的平均总损耗与某一电动机在某一额定负载持续率 $FC_N$ 下的额定损耗相比较来校验电动机的容量。这种方法计算准确，但十分繁琐，特别是难以收集到电动机在各种 $FC_N$ 的额定损耗资料，所以不常使用。

3. 允许小时接电次数法

适用于经常启动、制动，反复短时工作的笼型电动机。

考虑电动机在一个工作周期中的发热量和散热量相等(即相互平衡)的原则，确定允许的小时接电次数(次/h)的表达式为：

$$Z_{xu} = \frac{B}{C + D} \geqslant Z_s$$

式中　$Z_{xu}$——允许小时接电次数；

$Z_s$——实际小时接电次数。

有关上式的详细计算比较繁琐,实际工作中很少采用。

4. 按电动机允许的动态时间常数选择电动机

经常工作在启动、制动状态的辊道用的笼型电动机适合采用此法。

电动机的实际动态时间常数 $D_s$ 为:

$$D_s = m_1\delta_1 GD_1^2 + m_2\delta_2 GD_2^2 + m_3\delta_3 GD_3^2 \tag{2.2-8}$$

式中 $m_1$、$m_2$、$m_3$——启动、能耗制动、反接制动次数,次/h;

$\delta_1$、$\delta_2$、$\delta_3$——启动、能耗制动、反接制动工作制系数;

$GD_1^2$、$GD_2^2$、$GD_3^2$——启动、能耗制动、反接制动时的总飞轮矩,$N\cdot m^2$。

**表 2.2-5 δ 值**

| 工 作 制 | 滑差率为 $S$ | $S=0$ |
|---|---|---|
| 启 动 | $1-S$ | 1 |
| 能耗制动 | 1 | 1 |
| 反接制动 | $3(1-S)$ | 3 |
| 反接制动并反转 | $4(1-S)$ | 4 |

电机厂提供电动机标准负载持续率的动态时间常数,实际负载持续率 $FC_s$ 不同于标准负载持续率 $FC_1$ 或 $FC_2$ 时,应进行换算,允许的动态常数 $D_{xu}$ 可由两个标准负载持续率 $FC_1$、$FC_2$ 的允许动态常数 $D_1$ 和 $D_2$ 求得:

$$D_{xu} = a - bFC_s \tag{2.2-9}$$

$$a = \frac{D_1FC_2 - D_2FC_1}{FC_2 - FC_1}$$

$$b = \frac{D_1 - D_2}{FC_2 - FC_1}$$

式中,$D_1$、$D_2$、$FC_1$ 及 $FC_2$ 可由电机厂提供的资料中查得,若 $D_{xu} > D_s$ 时,电动机按发热校验通过。

**(五) 电动机容量修正**

(1) 当环境温度 $t_s$ 和额定环境温度 $t_N$(如 40℃)不同时,电动机的功率 $P_N$ 应修正为:

$$P = XP_N \tag{2.2-10}$$

式中 $P_N$——额定环境温度时的额定功率,kW;

$X$——修正系数:

$$X = \sqrt{1 \pm \frac{\Delta\tau_N}{\tau_N}(\gamma + 1)}$$

式中 $\Delta\tau_N$——环境温度改变值,℃;

$\tau_N$——额定环境温度 $t_N$ 时的电动机额定温升,℃;

$\gamma$——电动机的固定损耗和额定可变损耗之比,可查表;

“+”——环境低于额定环境温度;

“-”——环境高于额定环境温度。

由设备资料可知,当环境温度低于 $t_N$ 时,电动机容量不做修正,当环境温度高于额定温度时，按上式修改。当环境温度高于额定值 10℃时，电动机容量降低值由电动机厂确定。

(2) 海拔高度和冷却介质温度与规定的工作条件不同时，其额定功率按制造厂规定修正。经验数据是海拔超过 1000 m，每升高 100 m，容量降低 1%。

## 四、电动机的电压选择

标准 GB 50055—93 第 2.2.4 条规定：电动机的额定电压应根据其额定功率和所在系统的配电电压选定，必要时应根据技术经济比较确定。

设计中，电动机的容量大于 200 kW 或 250 kW 时，通常采用高压电动机，电网电压为 10 kV 时，选用 10 kV 电动机；电网电压为 6 kV 时，选用 6 kV 的电动机。

## 五、电动机防护等级、结构及安装形式选择

标准 GB 50055—93 第 2.2.5 条规定：电动机的防护型式应符合安装场所的环境条件。

标准 GB 50055—93 第 2.2.6 条规定：电动机的结构及安装型式应与机械相适应。

## 六、电动机的绝缘等级及允许温度选择

电动机的绝缘等级及允许温度选择的规定如下：

(1) 环境温度在 40℃以下且在正常环境工作时，可选用 A 级、E 级的电动机，热带环境宜选用 E 级。

(2) 环境温度在 40℃以上，如冶金车间生产线上的电动机宜选用 F 级或 B 级。

(3) 只有在环境温度高、环境恶劣才选用 H 级。

绝缘等级与 40℃时的允许温升见表 2.2-6。

**表 2.2-6　绝缘等级与 40℃时的允许温升**

| 绝 缘 等 级 | 允许工作温度/℃ | 40℃时允许温升(电阻法)/℃ |
|---|---|---|
| Y | 90 | |
| A | 105 | 60 |
| E | 120 | 75 |
| B | 130 | 80 |
| F | 155 | 100 |
| H | 180 | 125 |
| C | >180 | |

## 七、电动机的转速选择

电动机的转速选择规定如下：

(1) 对于不需要调速的高转速或中转速的机械，如风机、水泵等，一般应选用相应转速的异步电动机或同步电动机。

(2) 不需要调速的低转速机械如球磨机、轧机辅传动等，一般选用适当转速的电动机并通过减速机来传动。对于大功率电动机的转速不宜过高，因为制造速比大的减速机比较困难。

(3) 对于需要调速的机械，如轧钢机等，电动机的最高转速宜留有 10%～15%的裕量。对于恒功率负载且需大幅度调速的机械、如卷取机等，应适当选择减速机的传动比和电动机的基速，尽可能使电动机工作在基速附近或基速以上运行。

(4) 对转速低，反复短时工作的机械，如轧机主传动，在可能条件下，宜采用无减速机直接传动，以提高效率，减少能耗，并提高传动系统的动态性能。

# 第二节　电动机的启动和制动

## 一、电动机的启动

**(一) 电动机启动的有关规定**(GB 50055—93)

第 2.3.1 条 电动机启动时,其端子电压应能保证机械要求的启动转矩,且在配电系统中引起的电压波动不应妨碍其他用电设备的工作。

第 2.3.2 条 电动机启动时,配电母线上的电压应符合下列规定:

(1) 在一般情况下,电动机频繁启动时,不宜低于额定电压的 90%;电动机不频繁启动时,不宜低于额定电压的 85%。

(2) 配电母线上未接照明或其他对电压波动较敏感的负荷,且电动机不频繁启动时,不应低于额定电压的 80%。

(3) 配电母线上未接其他用电设备时,可按保证电动机启动转矩的条件决定;对于低压电动机,尚应保证接触器线圈的电压不低于释放电压。

第 2.3.3 条 笼型电动机和同步电动机启动方式的选择,应符合下列规定:

(1) 当符合下列条件时,电动机应全压启动:

1) 电动机启动时,配电母线的电压符合本规范第 2.3.2 条的规定;

2) 机械能承受电动机全压启动时的冲击转矩;

3) 制造厂对电动机的启动方式无特殊规定。

(2) 当不符合全压启动的条件时,电动机宜降压启动,或选用其他适当的启动方法。

(3) 当有调速要求时,电动机的启动方法应与调速方式相配合。

第 2.3.4 条 绕线转子电动机宜采用在转子回路中接入频敏变阻器或电阻器启动,并应符合下列要求:

(1) 启动电流平均值不宜超过电动机额定电流的 2 倍或制造厂的规定值;

(2) 启动转矩应满足机械的要求;

(3) 当有调速要求时,电动机的启动方式应与调速方式相配合。

第 2.3.5 条 直流电动机宜采用调节电源电压或电阻器降压启动,并应符合下列要求:

(1) 启动电流不宜超过电动机额定电流的 1.5 倍或制造厂的规定值;

(2) 启动转矩和调速特性应满足机械的要求。

**(二) 笼型电动机的启动**

1. 笼型电动机的启动方式

(1) 低压笼型电动机常用的启动方式有;

1) 全压启动;

2) 星—三角启动;

3) 电阻降压启动;

4) 软启动;

5) 延边三角形启动;

6) 当电动机需要调速且选用变频器供电时,电动机的启动与调速装置统一考虑。

(2) 高压笼型电动机常用的启动方式有:

1) 全压启动;

2）液阻启动或热敏电阻启动；

3）电抗器降压启动；

4）自耦变压器降压启动；

5）当电动机需要调速且选用变频器供电时，电动机的启动与调速装置统一考虑。对于特大容量的同步电动机如高炉转风机也可以采用变频器启动。

几种主要启动方式的特点见表 2.2-7。

**表 2.2-7 电动机启动方式及其特点**

| 启动方式 | 全压启动 | 电阻降压启动 | 电抗器降压启动 | 自耦变压器降压启动 | 星一三角降压启动 |
|---|---|---|---|---|---|
| 启动电压 | $U_n$ | $K_uU_n$ | $K_uU_n$ | $K_uU_n$ | $(\frac{1}{\sqrt{3}})U_n=0.58U_n$ |
| 启动电流 | $I_q$ | $K_uI_q$ | $K_uI_q$ | $K_u^2I_q$ | $(\frac{1}{\sqrt{3}})^2I_q=0.33I_q$ |
| 启动转矩 | $M_q$ | $K_u^2M_q$ | $K_u^2M_q$ | $K_u^2M_q$ | $(\frac{1}{\sqrt{3}})^2M_q=0.33M_q$ |
| 适用范围 | 高、低压电动机 | 高、低压电动机 | 高压电动机 | 高压电动机 | 低压电动机 |
| 启动特点 | 启动方法简单，启动电流大，启动转矩大 | 启动电流较大，启动转矩小 | 启动电流较大，启动转矩小 | 启动电流小，启动转矩小 | 启动电流小，启动转矩小 |

注：$U_n$—额定电压；$I_q$、$M_q$—电动机全压启动电流和启动转矩；$K_u$—启动电压与额定电压的比值，对于自耦变压器为变压比。

软启动、液阻启动或热敏电阻启动的特点与电阻降压启动的特点相似。但液阻启动器和热敏电阻启动器在启动过程中自动调节阻值以保证启动电流恒定。

2. 笼型电动机全压启动(即直接启动)

笼型电动机应优先采用直接启动，能否满足直接启动的条件是：

(1) 电机启动时能否保证配电母线上的电压降不低于规定值。

(2) 启动容量不得超过电源容量和供电变压器的过负荷能力。笼型电动机允许全压启动的功率与电源容量之间的关系见表 2.2-8，与供电变压器之间的关系见表 2.2-9。表 2.2-9 中所列数据是根据下列条件求得的：

1）电动机与低压母线直接连接；

2）电动机启动电流倍数 $K_m=7$，额定功率因数 $\cos\varphi_e=0.85$，额定效率 $\mu_e=0.9$；

3）变压器的其他负荷为 $S_{fh}=0.5S_b$，$\cos\varphi_{fh}=0.7$，或 $S_{fh}=0.6S_b$，$\cos\varphi_{fh}=0.8$，由这两种情况计算出的 $Q_{fh}$ 值相差很小，故在表 2.2-9 中只列出一种情况时的计算值；

4）变压器高压侧的短路容量 $S_{dl}=50S_b$，$S_b$ 为变压器额定容量。

**表 2.2-8 按电源容量允许全压启动的笼型电动机功率**

| 电　源 | 允许全压启动的笼型电动机功率 |
|---|---|
| 小容量发电厂 | 每 1 kV·A 发电机容量为 0.1～0.12 kW |
| 6(10)/0.4 kV 变压器 | 经常启动时，不大于变压器额定容量的 20%，不经常启动时，不大于变压器额定容量的 30% |
| 高压线路 | 不超过电动机供电线路上的短路容量的 3% |
| 变压器—电动机组 | 电动机功率不大于变压器额定容量的 80% |

表 2.2-9　6(10)/0.4 kV 变压器允许全压启动笼型电动机的最大功率

| 启动时的电压降 $\Delta U$/% | 供电变压器额定容量 $S_b$/kV·A | | | | | | | | | | | | |
|---|---|---|---|---|---|---|---|---|---|---|---|---|---|
| | 100 | 125 | 160 | 200 | 250 | 315 | 400 | 500 | 630 | 800 | 1000 | 1250 | 1600 |
| | 启动笼型电动机的最大功率 $P_d$/kW | | | | | | | | | | | | |
| 10 | 20 | 25 | 30 | 40 | 50 | 65 | 80 | 100 | 120 | 150 | 190 | 235 | 300 |
| 15 | 30 | 40 | 50 | 65 | 80 | 100 | 130 | 160 | 190 | 240 | 300 | 375 | 480 |

电动机启动时,应对变压器过负荷进行校验,若电动机每昼夜启动 6 次,每次启动持续时间不超过 15 s,变压器的负荷率小于 90%时;或每次启动持续时间不超过 30 s,变压器负荷率小于 70%时,最大启动电流允许值为变压器额定电流的 4 倍。若每昼夜启动 10~20 次,每次启动持续时间和变压器负荷率与前述相同,则允许的最大启动电流相应减小为变压器额定电流的 2~3 倍。当不符合上述条件时,应加大变压器的容量。

(3) 启动力矩应大于传动机械的静阻力矩。

(4) 大容量电动机启动时,应保证电动机及其启动设备的动稳定和热稳定。

3. 笼型电动机降压启动

笼型电动机降压启动的机械特性如图 2.2-11 所示。曲线 1 为电动机的自然机械特性,曲线 2 及曲线 3 为降压启动时的机械特性。电动机降压启动时,电动机的临界力矩和启动力矩均与电压的平方成比例减小,例如电动机的启动电压降低至 $0.8U_n$ 时,其临界力矩和启动力矩则为额定值的 64%。

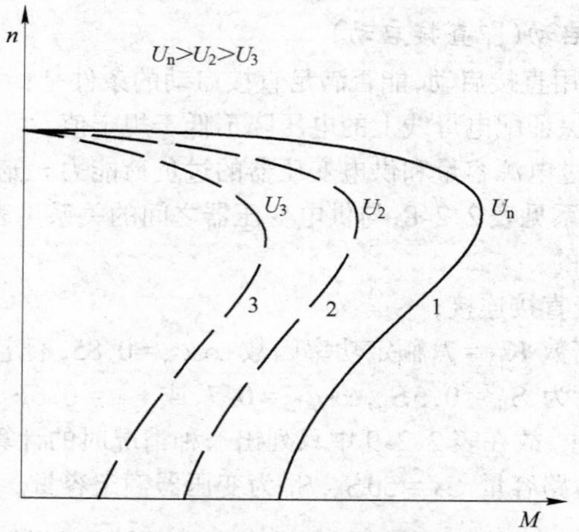


图 2.2-11　笼型电动机的机械特性

因此选用降压启动方式时,必须使电动机启动时的端电压能保证传动机械要求的启动转矩,即:

$$U_{qM} \geqslant \sqrt{\frac{1.1M_j}{M_{qM}}}$$

式中　$U_{qM}$——启动时电动机端电压相对值,即端电压与额定电压之比;

　　$M_{qM}$——电动机启动转矩相对值,即启动转矩与额定转矩之比;

$M_j$——机械静阻转矩相对值，即静阻转矩与电动机额定转矩之比。

由于电动机降压启动时的启动转矩随 $K_u^2$ 减小，因此这种启动方式只适合轻载启动的设备，如风机、水泵类机械，这类机械的启动净阻转矩 $M_j$ 约为 0.3。

各类机械的静阻转矩由机械设备设计人员提供。

4. 笼型电动机降压启动电阻计算

笼型电动机定子回路接入对称电阻，这种启动方式的启动电流较大，启动转矩较小。如启动电压降至额定电压的 80%时，其启动转矩仅为全压启动转矩的 64%，且启动过程中消耗的电量较大，因此电阻降压启动一般用于轻载启动的电动机。

启动电阻的计算步骤如下：

(1) 根据生产机械的静阻转矩 $M_j$ 及电动机的启动转矩 $M_{qd}$，计算允许的启动电压：

$$U_{qd} \geqslant U_{ed}\sqrt{\frac{1.1M_j}{M_{qd}}} \tag{2.2-11}$$

(2) 电阻计算(图 2.2-12)。电动机的启起阻抗：

$$Z_{qd}=\frac{380}{\sqrt{3}I_{qd}}$$

式中，$I_{qd}$为电动机的启动电流，外加电阻 $R_w$ 后，则：

$$\sqrt{(R_w+R_{qd})^2+X_{qd}^2}=\frac{380}{\sqrt{3}I'_{qd}}$$

两式相除得：

$$\frac{Z_{qd}}{\sqrt{(R_w+R_{qd})^2+X_{qd}^2}}=\frac{I'_{qd}}{I_{qd}} \tag{2.2-12}$$

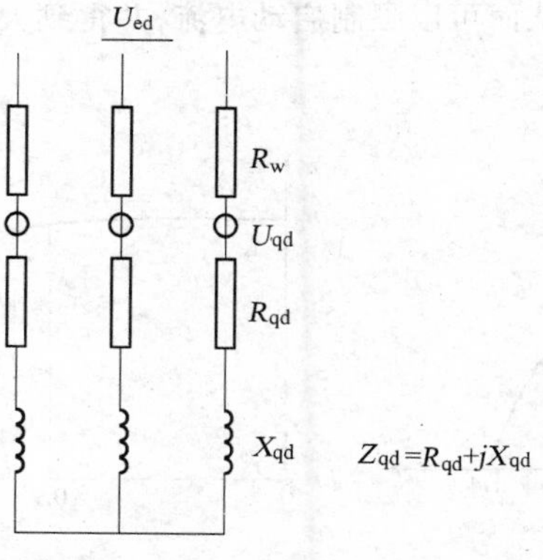


图 2.2-12　电阻计算示意图

已知电动机的启动电流与启动电压成正比，设：

$$a=\frac{U'_{qd}}{U_{ed}}=\frac{I'_{qd}}{I_{qd}}$$

为此，式 2.2-12 可写成：

$$\frac{Z_{qd}}{\sqrt{(R_w+R_{qd})^2+X_{qd}^2}}=a \tag{2.2-13}$$

所以外加电阻为：

$$R_w=\sqrt{\left(\frac{Z_{qd}}{a}\right)^2-X_{qd}^2}-R_{qd} \tag{2.2-14}$$

其中：

$$X_{qd}=Z_{qd}\sin\phi_{qd}$$

$$R_{qd}=Z_{qd}\cos\phi_{qd}$$

通常，电动启动时的功率因数 $\cos\phi_{qd}=0.25$，$\sin\phi_{qd}=0.97$，因此外加电阻值可由式 2.2-14 算得。

若线路电阻为 $R_L$，则外加降压电阻为：$R=R_w-R_L$。然后可根据等效启动电流和外加降压电阻选择电阻启动器。

## （三）绕线型电动机的启动

绕线型电动机一般采用电阻分级启动或频敏变阻器启动两种方式。前者启动转矩大但控制较复杂，且启动电阻体积大、维修麻烦；后者具有恒转矩启动制动特性，又是静止元件，很少需要维修，因此除下列情况外，绕线型电动机多采用频敏变阻器启动：

(1) 有低速要求的传动装置，即采用绕线型电动机进行调速的传动装置；

(2) 利用电动机的过载能力作为启动力矩的传动装置，如加热炉的推钢机等；

(3) 启动力矩很大的传动装置，如球磨机等。

### 1. 频敏变阻器的启动及选择

频敏变阻器是一种由钢板叠成铁芯、外套绕阻的三相电抗器。将其接在电动机的转子回路中，绕组的等效阻抗随转子电流频率的变化而变化，在电动机启动过程中，随着转子电流频率的减小而自动下降，因此不需经过分级切换电阻就可以使电动机平稳地启动。随着电动机转速的增高，自动平滑地减小阻抗值，从而可以限制启动电流，并得到大致恒定的启动转矩，启动特性如图 2.2-13 所示。

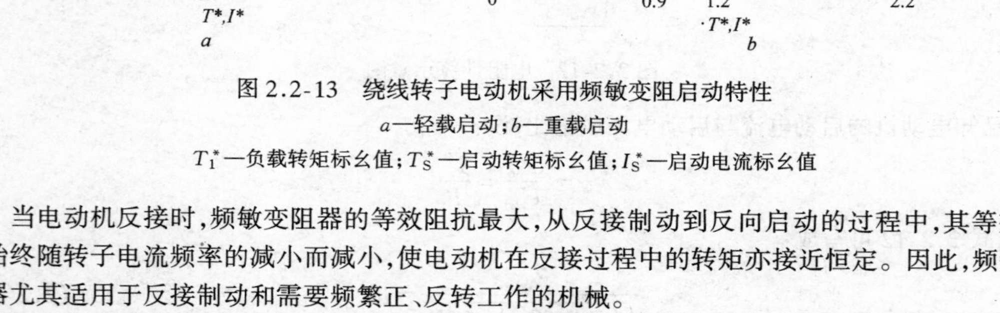

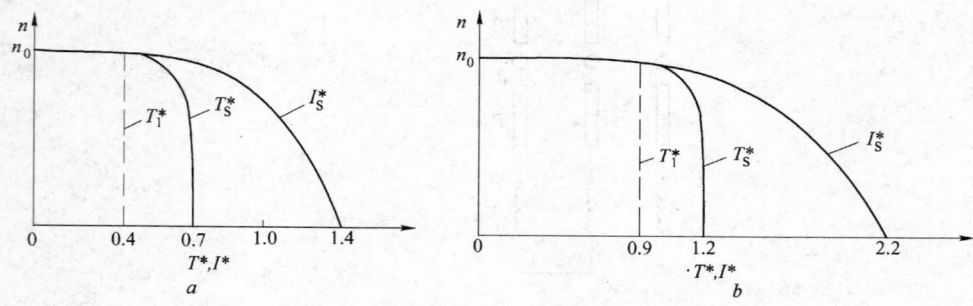


图 2.2-13　绕线转子电动机采用频敏变阻启动特性

$a$—轻载启动；$b$—重载启动

$T_1^*$—负载转矩标幺值；$T_S^*$—启动转矩标幺值；$I_S^*$—启动电流标幺值

当电动机反接时，频敏变阻器的等效阻抗最大，从反接制动到反向启动的过程中，其等效阻抗始终随转子电流频率的减小而减小，使电动机在反接过程中的转矩亦接近恒定。因此，频敏变阻器尤其适用于反接制动和需要频繁正、反转工作的机械。

根据生产机械的负荷特性，可按表 2.2-10 选择频敏变阻器的类型。目前的产品有偶尔启动用的和重复短时工作用的频敏变阻器。各种工作制可选用的频敏变阻器可查产品样本 BP 系列。

偶尔启动用的频敏变阻器，可采用启动后用接触器短接的控制方式；对于重复短时工作的频敏变阻器，为简化控制线路，可常接在转子回路中。

**表 2.2-10　按机械负载特性选用频敏变阻器类型**

| 启动负荷性质 | | 特征 | | 传动设备举例 |
|---|---|---|---|---|
| 偶尔启动 | 轻　载 | 启动转矩 $T_S \leqslant (0.6\sim0.8)T_N$，阻力矩 $T_J \leqslant 0.5T_N$，折算至电动机轴上飞轮力矩 $GD^2$ 较小，启动时间 $t \leqslant 20$ s | | 空压机、水泵、变流机组等 |
| | 重轻载 | 启动转矩 $T_S \leqslant (0.9\sim1.1)T_N$，阻力矩 $T_J \leqslant 0.8T_N$，折算至电动机轴上飞轮力矩 $GD^2$ 较大，启动时间 $t > 20$ s | | 锯床、真空泵、带飞轮的轧钢主电机 |
| | 重　载 | 启动转矩 $T_S \leqslant (1.2\sim1.4)T_N$，阻力矩 $T_J \leqslant 0.8T_N$，折算至电动机轴上飞轮力矩 $GD^2$ 不太大，启动时间介于轻载和重轻载之间 | | 胶带运输机、轴流泵、排气阀打开启动的鼓风机 |
| 反复短时启动 | 第一类 | 启动次数<250 次/h，$t_S z$ 值<400 s | $T_S \leqslant 1.5T_N$ | 推钢机、拉钢机及轧线定尺移动 |
| | 第二类 | 启动次数<400 次/h，$t_S z$ 值<630 s | | 出炉辊道、延伸辊道、检修吊车大小车 |
| | 第三类 | 启动次数<630 次/h，$t_S z$ 值<1000 s | | 轧机前后升降台及其辊道、生产吊车大小车 |
| | 第四类 | 启动次数>630 次/h，$t_S z$ 值<1600 s | | 拨钢机、定尺辊道、翻钢机、压下 |

在表 2.2-10 中，$t_S z$ 值为每小时启动次数 $z$（启动一次算一次，动力制动一次算一次）与每次启动时间 $t_S$ 的乘积。无规则操作或操作极度频繁的电动机，由于每次启动不一定升至额定转速，在设计中一般可取 $t_S = 1.5\sim2$ s。

2. 串电阻分级启动及启动电阻计算

绕线型电动机转子串接三级启动电阻线路见图 2.2-14，启动时的机械特性见图 2.2-15。各级启动电阻值可用分析法或图解法确定。

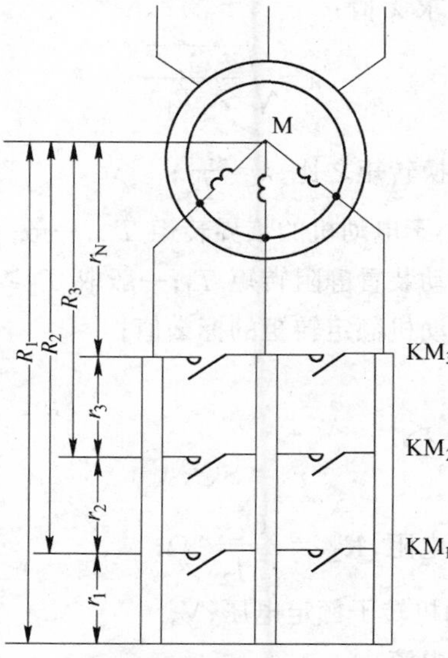


图 2.2-14　绕线转子电动机转子串接三级启动电阻线路图

（按 $KM_1$、$KM_2$、$KM_3$ 的动作次序依次短接电阻 $r_1$、$r_2$、$r_3$）

A　分析法

(1) 首先确定需要的启动级数 $m$,启动级数与电动机容量和负载性质有关。电动机容量越大、要求的平均启动转矩大且希望切换时的冲击小时,则需要的启动级数越多。一般数据可参见表 2.2-11。

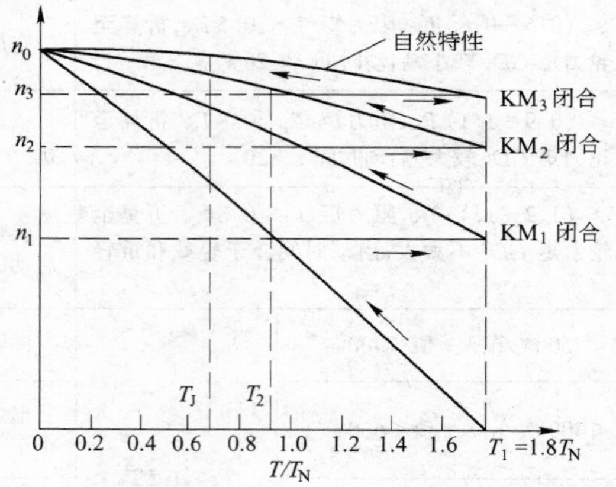


图 2.2-15　绕线转子电动机电阻分级启动的机械特性

**表 2.2-11　绕线转子电动机启动级数 $m$**

| 电动机容量/kW | 接触器继电器控制时的启动级数 $m$ | | | 电动机容量/kW | 接触器继电器控制时的启动级数 $m$ | | |
|---|---|---|---|---|---|---|---|
| | 全负载 | 半负载 | 通风机离心泵 | | 全负载 | 半负载 | 通风机离心泵 |
| 0.75～7.5 | 1 | 1 | 1 | 60～95 | 4～5 | 3 | 3 |
| 10～20 | 2 | 2 | 2 | 100～200 | 4～5 | 3 | 4 |
| 22～35 | 2～3 | 2 | 2 | 220～370 | 6 | 4 | 5 |
| 35～55 | 3 | 2～3 | 3 | | | | |

(2) 确定启动级数 $m$ 以后,求 $\lambda$ 值:

$$\lambda=\sqrt[m]{\frac{1}{S_N T_1^*}}$$

式中　$\lambda$——最大启动转矩与切换转矩之比,$\lambda=\dfrac{T_1}{T_2}$;

$T_1$——最大启动转矩,应小于电动机的临界转矩 $T_{cr}$,一般 $T_1\leqslant 0.8T_{cr}$,N·m;

$T_2$——切换转矩应大于传动装置静阻转矩 $T_J$;一般取 $T_2\geqslant(1.1\sim1.2)T_J$;

$T_1^*$——最大启动转矩对电动机额定转矩的标幺值;

$S_N$——电动机额定转差率。

(3) 求电动机转子实际电阻 $r_N$:

$$r_N=S_N R_{2N}$$

式中　$R_{2N}$——电动机转子额定电阻,$R_{2N}=\dfrac{U_{2N}}{\sqrt{3}I_{2N}}$,Ω;

$U_{2N}$——当 $S=1$ 时,电动机转子额定电压,V;

$I_{2N}$——电动机转子额定电流,A。

(4) 确定转子回路总电阻值为：

$$R_m = r_N\lambda$$
$$R_{m-1} = R_m\lambda$$
$$\vdots$$
$$R_3 = R_4\lambda$$
$$R_2 = R_3\lambda$$
$$R_1 = R_2\lambda$$

各级启动电阻值为：

$$r_m = r_N(\lambda - 1)$$
$$r_{m-1} = r_m\lambda$$
$$\vdots$$
$$r_2 = r_3\lambda$$
$$r_1 = r_2\lambda$$

B　图解法

仍以图 2.2-14 所示的三级启动线路为例，用图解法确定各级启动电阻。

(1) 用百分值绘出电动机的自然机械特性，如图 2.2-16 中的 $n_0Bg$ 线段。

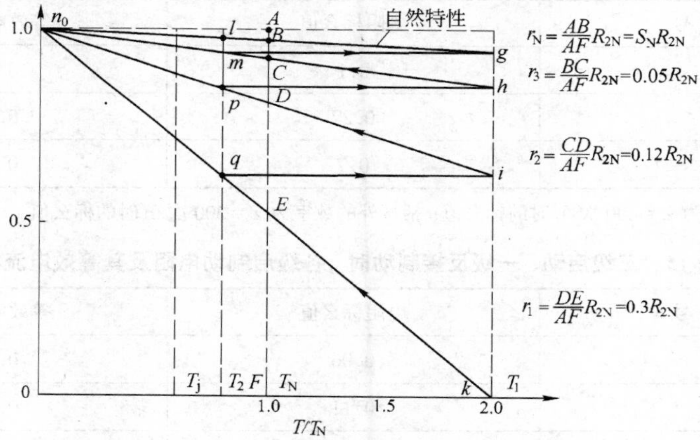


图 2.2-16　用图解法求启动电阻

(2) 选定最大启动转矩 $T_1$ 和 $T_2$。假定取 $T_1 = 2T_N$。从 $n_0$ 到 $T_1$ 点画一条直线 $n_0k$，在 $T_1$ 和 $T_2$ 之间绘制启动曲线。如果绘出的曲线与所确定的启动级数相符合，则所确定的 $T_1$ 和 $T_2$ 值是合适的，否则应调整 $T_1$ 和 $T_2$ 值。

(3) 通过 $T_N$ 点做直线与各级启动曲线分别交于 $B$、$C$、$D$、$E$ 值，则各级电阻值为：

$$r_1 = \frac{DE}{AF}R_{2N}$$
$$r_2 = \frac{CD}{AF}R_{2N}$$
$$r_3 = \frac{BC}{AF}R_{2N}$$

式中　$R_{2N}$——转子额定电阻，$R_{2N} = \dfrac{U_{2N}}{\sqrt{3}I_{2N}}$。

在设计工作中，为节省计算时间，一般情况下，YZR 系列绕线型电动机也可以采用表 2.2-12 ～表 2.2-15 中的经验数据。

**表 2.2-12 二级启动时各级启动电阻及其等效电流标幺值**

| 电阻段号 | 电阻标幺值 | 等效电流标幺值 |
|---|---|---|
| $r_2$ | 0.1 | 0.4(0.7) |
| $r_1$ | 0.27 | 0.3(0.6) |

注：括号内的数字为 Z = 300 次/h 时的标幺值；括号外的数字为 Z = 30 次/h 时的标幺值。

**表 2.2-13 三级启动时各级电阻及其等效电流标幺值**

| 电阻段号 | 电阻标幺值 | 等效电流标幺值 |
|---|---|---|
| $r_3$ | 0.06 | 0.5(0.8) |
| $r_2$ | 0.11 | 0.4(0.7) |
| $r_1$ | 0.21 | 0.3(0.6) |

注：括号内的数字为 Z = 300 次/h 时的标幺值；括号外的数字为 Z = 30 次/h 时的标幺值。

**表 2.2-14 二级启动、一级反接制动时，各级启制动电阻及等效电流标幺值**

| 电阻段号 | 电阻标幺值 | 等效电流标幺值 |
|---|---|---|
| $r_2$ | 0.1 | 0.7(1.0) |
| $r_1$ | 0.27 | 0.6(0.9) |
| $r_j$ | 0.7 | 0.4(0.6) |

注：括号内的数字为 Z = 600 次/h 时的标幺值；括号外的数字为 Z = 300 次/h 时的标幺值。

**表 2.2-15 三级启动、一级反接制动时，各级启制动电阻及其等效电流标幺值**

| 电阻段号 | 电阻标幺值 | 等效电流标幺值 |
|---|---|---|
| $r_3$ | 0.06 | 0.8(1.1) |
| $r_2$ | 0.11 | 0.7(1.0) |
| $r_1$ | 0.21 | 0.6(0.9) |
| $r_j$ | 0.7 | 0.4(0.6) |

注：括号内的数字为 Z = 600 次/h 时的标幺值；括号外的数字为 Z = 300 次/h 时的标幺值。

### （四）并励直流电动机的启动

直流电动机采用电枢回路串电阻启动和降压启动可以获得较大的启动转矩。由变流装置供电的他励电动机可借助调节电枢电压实现启动。

并励电动机串电阻启动的线路图如图 2.2-17 所示。

各级启动电阻计算可根据电动机的内电阻 $r_n$ 和最大启动转矩 $T_1$ 与切换转矩 $T_2$ 之比 $\lambda$ 求得，其启动特性如图 2.2-18 所示。

电阻与电枢串联后，电枢回路的电阻为：

$$R_3 = r_n\lambda$$

$$R_2 = R_3\lambda$$

$$R_1 = R_2\lambda$$

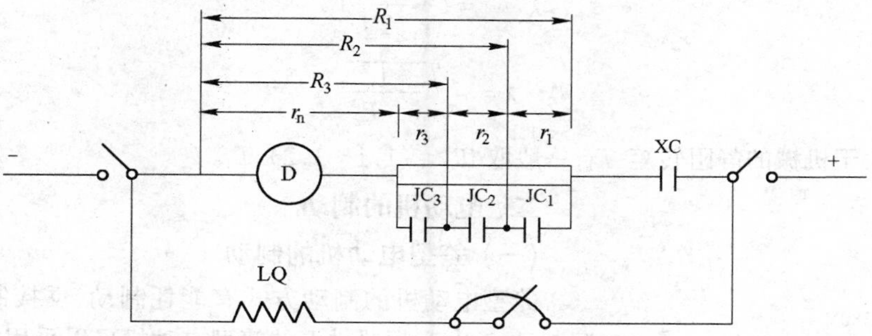


图 2.2-17　并励电动机主接线图

各段电阻为：

$$r_3 = r_n(\lambda - 1)$$

$$r_2 = r_3\lambda$$

$$r_1 = r_2\lambda$$

$$\lambda = \frac{T_1}{T_2}$$

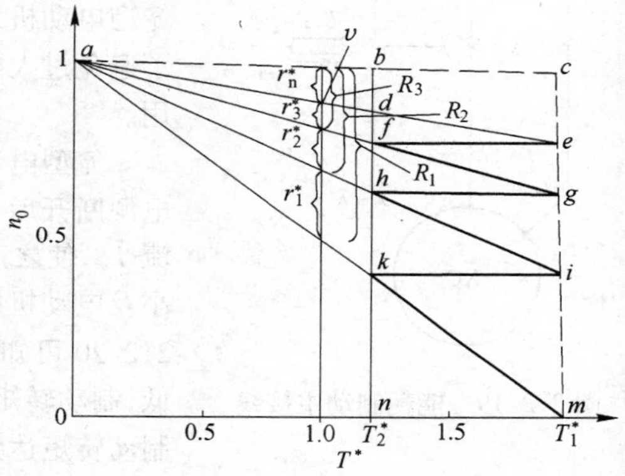

图 2.2-18　并励直流电动机的启动特性

最大启动转矩 $T_1$ 和切换转矩 $T_2$ 与传动装置的要求有关，$\lambda$ 值一般按下述原则确定：

(1) 频繁启动或重载启动的传动装置，当启动电阻的段数 $m$ 已定时：

$$R_1{}^* = r_n^* \lambda^m$$

或：

$$\lambda = \sqrt[m]{\frac{R_1^*}{r_n^*}}$$

式中　$r_n^*$ ——电动机内电阻标幺值；

$R_1^*$ ——电动机全电阻标幺值；

即：

$$R_1^* = \frac{U_e^*}{I_1^*} = \frac{1}{T_1^*}$$

代入上式得：

$$\lambda = \sqrt[m]{\frac{1}{r_n^* T_1^*}}$$

$T_1^*$ 应小于电动机的最大转矩，一般取 $T_1 = 0.9T_{max}$。

(2) 不经常启动或轻载启动的传动装置，当启动段数 $m$ 已定时，

$$T_1^* = T_2^* \lambda$$

代入上式得：

$$\lambda = \sqrt[m]{\frac{1}{r_n^* T_2^* \lambda}} = \left(\frac{1}{\lambda}\right)^{\frac{1}{m}}\left(\frac{1}{r_n^* T_2^*}\right)^{\frac{1}{m}}$$

或：

$$\lambda^{\frac{m+1}{m}}=\left(\frac{1}{r_n^* T_2^*}\right)^{\frac{1}{m}}$$

$$\lambda=\sqrt[m+1]{\frac{1}{r_n^* T_2^*}}$$

$T_2^*$ 应大于机械的静阻转矩 $T_J$，一般取 $T_2=(1.1\sim1.2)\ T_J$。

## 二、电动机的制动

### （一）笼型电动机的制动

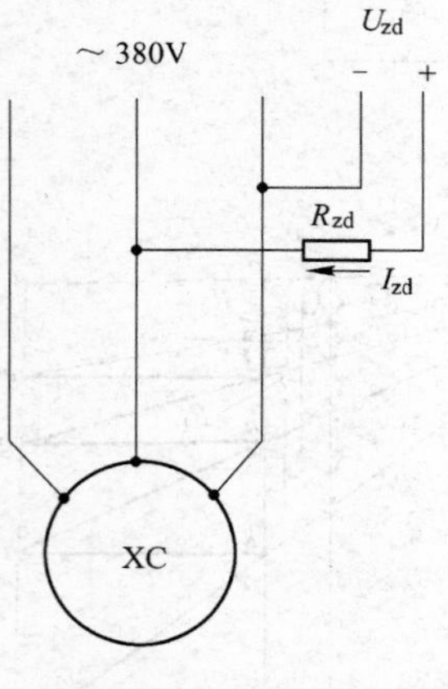


图 2.2-19　能耗制动主接线

笼型电动机的制动方式有能耗制动、反接制动和再生回馈制动。由变频器供电的笼型电动机可以采用能耗制动也可采用再生回馈制动，但对恒压母线供电，用于一般传动装置的笼型电动机，其制动方式仅有能耗制动或反接制动，但是，为了避免过大的反接制动电流，一般情况下反接制动也很少采用。

笼型电动机能耗制动主接线如图 2.2-19 所示，即在交流电源断开后，立即向电动机定子的任意两相绕组通一直流电流 $I_{zd}$，使之产生制动转矩。制动转矩的大小与直流电流的大小及电动机的转速有关，其制动特性如图 2.2-20 所示。由图 2.2-20 可知，当转速 $n^*=1$ 时，制动转矩较小，随着转速的降低，制动转矩急剧增大。当转速降到 0.1～0.2 同步转速时，制动转矩达到最大值。为了获得较好的制动特性，制动电流 $I_{zd}$通常取电动机空载电流的 3 倍，此时，最大制动转矩可达额定转矩的 1.9 倍。

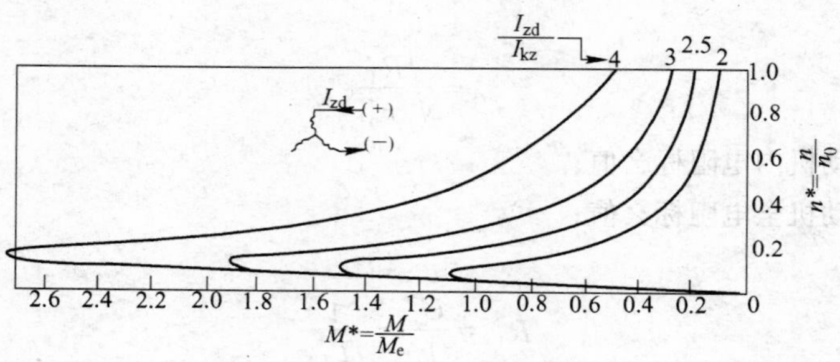


图 2.2-20　$S_e=0.08$ 时，JZ 型鼠笼型电动机能耗制动通用特性曲线

为了减小制动电阻 $R_{zd}$上的能量损耗，制动电压 $U_{zd}$越小越好，可以采用 48 V、60 V、110 V、220 V 等。在一个车间内（如一个大型轧钢车间），如有多台电动机都采用能耗制动，则可以设置一台专用的能耗制动电源。根据多台电动机各自需要的制动电压 $U_{zd}$，选择最合适的制动电源装置。

制动电阻计算的表达式为：

$$R_{zd}=\frac{U_{zd}}{I_{zd}}-(2R_d+R_L)$$

式中　$R_{zd}$——外加制动电阻，Ω；

　　$U_{zd}$——制动电压，V；

$I_{zd}$——制动电流，一般 $I_{zd}=3I_{ke,d}$，其中 $I_{ke,d}$为电动机的空载电流，A；

$R_d$——电动机相电阻，Ω；

$R_L$——导线电阻，Ω。

由于能耗制动的时间很短，约 1～2 s，制动电阻的等效电流可按制动电流的 40％选择。

## （二）绕线型电动机的制动

绕线型电动机的制动方式有能耗制动和反接制动，两种制动方式可以分别使用，也可以同时使用。两种制动方式同时使用时，其制动方式的使用场合是不一样的，当电动机由运转至停车时，能耗制动起作用，当电动机由正转迅速反转时，反接制动起作用。

### 1．绕线型电动机的反接制动

电动机反接制动的主回路接线及其制动特性如图 2.2-21 及图 2.2-22 所示。

反接制动简便可靠，对需要经常反转的生产机械，如轧机的辊道、起重机的传动电机等通常均采用这种控制方式。反接制动时，电动机的转子电压较高，并有很大的制动电流，为此必须接入反接制动电阻，以限制制动电流，其计算方式如下：

$$R_{\Sigma}^{*}=\frac{S_{fj}}{M_{fj}^{*}} \tag{2.2-15}$$

$$R_{fj}^{*}=R_{\Sigma}^{*}-R_{q}^{*} \tag{2.2-16}$$

式中　$S_{fj}$——反接制动时电动机的转差率，一般可取 2；

$M_{fj}^{*}$——反接制动转矩标幺值；

$R_{q}^{*}$——转子回路启动电阻标幺值（包括转子内电阻）；

$R_{fj}^{*}$——反接制动电阻标幺值；

$R_{\Sigma}^{*}$——反接制动时，转子回路总电阻标幺值。

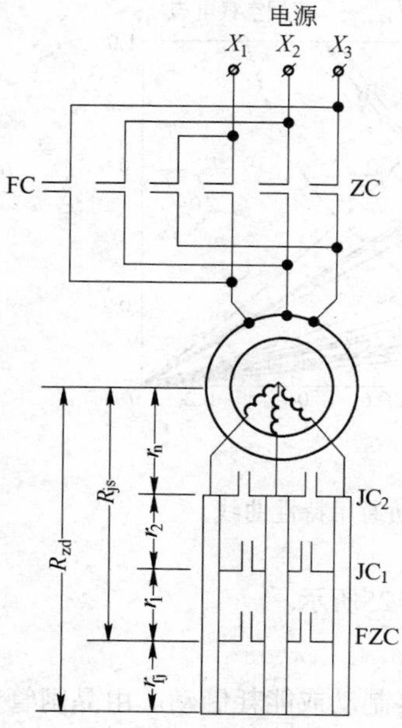


图 2.2-21　绕线型电动机带有反接制动的主回路接线图

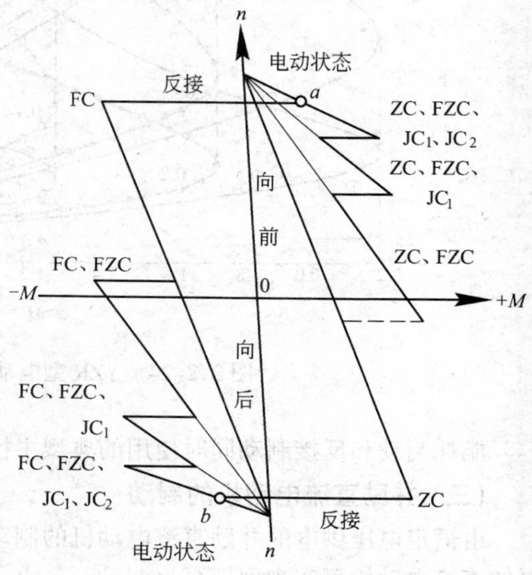


图 2.2-22　绕线型电动机带有反接制动的特性曲线

2. 绕线型电动机的能耗制动

对经常启动、频繁可逆并要求迅速和准确停车的机械,如轧钢车间的升降台等应设有能耗制动。能耗制动转矩的大小与通入定子线圈内的直流电流和转子回路中的电阻有关。

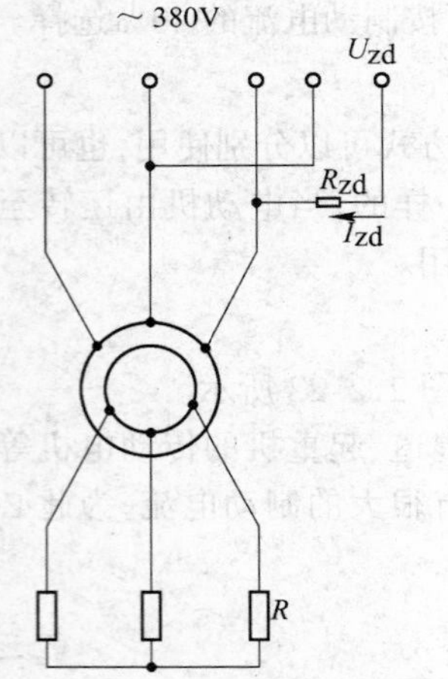


图 2.2-23 绕线型电动机能耗制动主接线

YZR 型电动机的能耗制动主接线如图 2.2-23 所示。制动时应在转子回路中串接(30%~40%)$R_{ze}$的常接电阻($R_{ze}$为电动机转子回路额定电阻),使平均制动转矩等于额定转矩$M_e$。能耗制动转矩随转速降低而逐渐减少,因此应与机械制动相配合同时使用,高速时,先进行能耗制动,速度降低后改为机械制动。

YZR 型电动机的能耗制动计算可参照图 2.2-24 的通用特性求得,计算方法与笼型电动机相同。

由图 2.2-24 可知,当直流制动电流 $I_{zd}$为 2~3 倍电动机空载电流时,最大制动转矩可达1.25~2.2 倍额定转矩。图 2.2-24 中绘有不同制动电流($I_{zd}$=(1.5,2.0,2.5,3.0)$I_{ke}$)和不同转子回路电阻($R^*$=1.0,0.4 和 0.2)时的三组特性曲线。由图可知,当 $R^*$=0.4 时,制动转矩最大;$R^*$=1 时最小。$R^*$=0.2 时,制动时间约为 1 s,$R^*$=0.4 时约为 1.2 s,而 $R^*$=1 时制动时间为 2.1 s。因此,若需要得到最短行程时,宜选用 $R^*$=0.4;若需要得到最小制动时间时,宜选用 $R^*$=0.2。

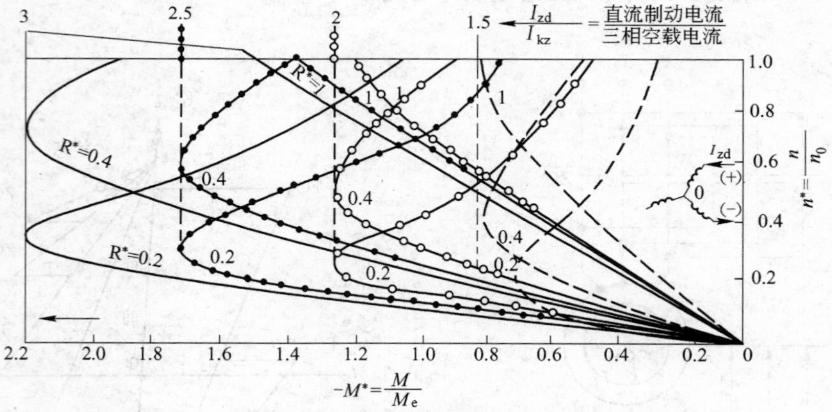


图 2.2-24 YZR 型电动机的能耗制动通用特性曲线

能耗制动和反接制动同时使用的典型主接线如图2.2-25所示。

**(三) 并励直流电动机的制动**

由恒定电压供电的并励直流电动机的制动方式有反接制动或能耗制动。由晶闸管整流器供电的直流电动机可实现回馈再生制动。

1. 并励直流电动机的反接制动

带反接制动的直流电动机主接线及制动特性如图 2.2-26 及图 2.2-27 所示。

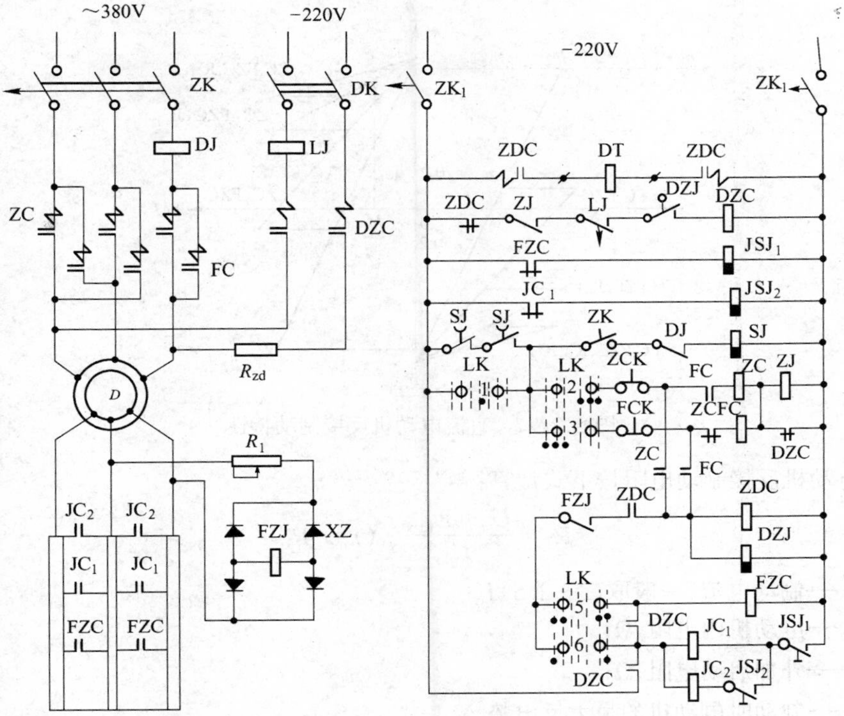

图 2.2-25　带能耗制动和反接制动的电动机的原理系统图

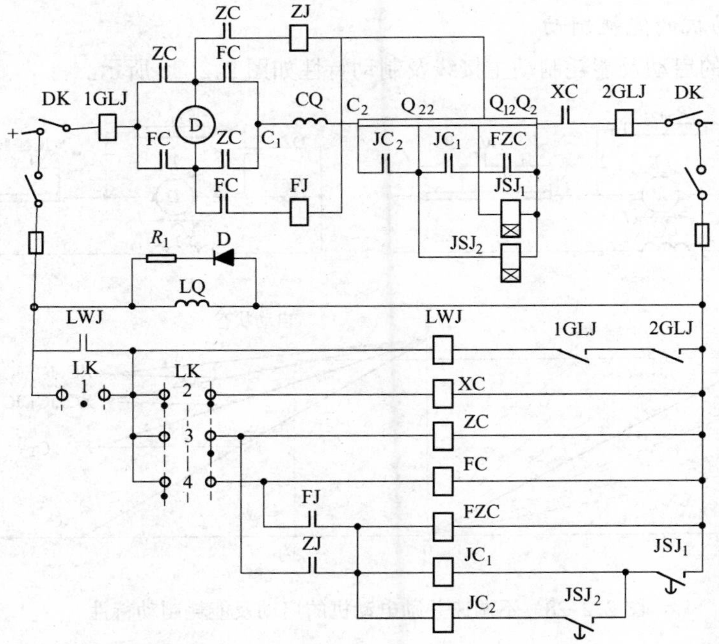

图 2.2-26　带反接制动的直流电动机原理系统图

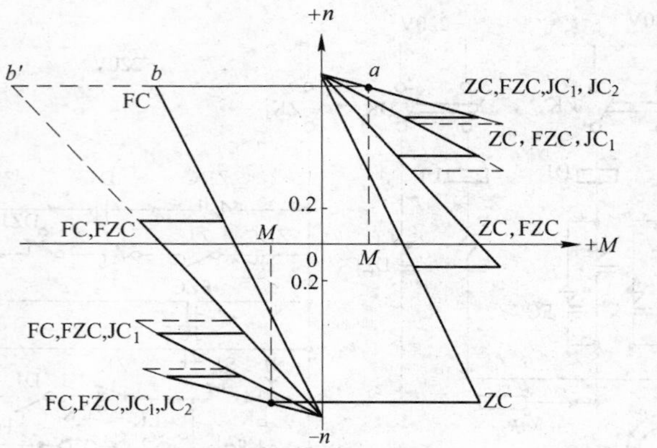


图 2.2-27　直流电动机反接制动特性

直流电动机反接制动电阻按下式计算：

$$R_{fj}=\frac{U_e+E_{max}}{I_{zd}}-(r_n+R_q) \tag{2.2-17}$$

式中　$I_{zd}$——制动电流，一般取(2～2.5)$I_e$；

$r_n$——电动机内电阻，Ω；

$R_q$——外加启动电阻，Ω；

$E_{max}$——制动时电动机的最大反电势，V。

对并励电动机，一般可取 $E_{max}=U_e$。但制动过程中，电动机的励磁电流改变时，应根据 $E_{max}=K_e\Phi n_{max}$计算。

2．*并励电动机的能耗制动*

并励电动机的启动及能耗制动主接线及制动特性如图 2.2-28 所示。

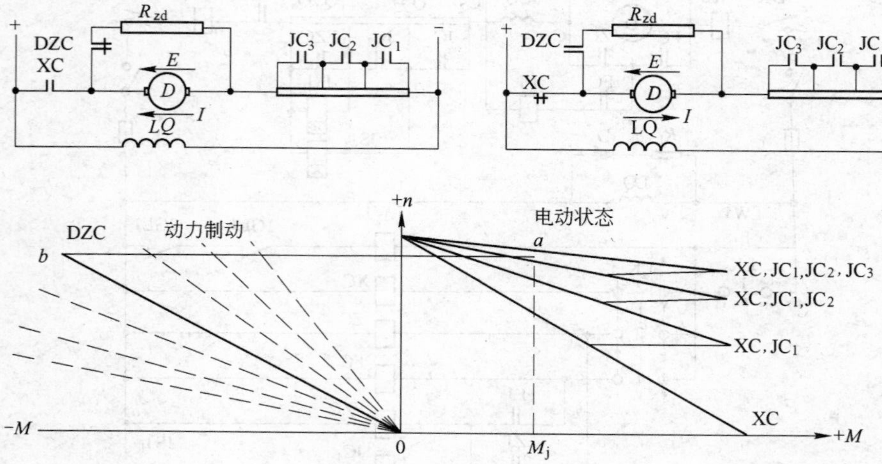


图 2.2-28　不调速并励电动机的启动及能耗制动特性

在某一静态力矩下，电动机工作在自然特性曲线上的 *a* 点，这时将线路接触器 XC 断开，并立即闭合制动接触器 DZC，电动机就转入能耗制动状态，并获得相应于第二象限内 *b* 点的制动转矩，电动机开始减速，电动势、电流和转矩也同时降低。制动时，电枢电流为：

$$I_{zd}=\frac{E}{r_n+R_{zd}} \tag{2.2-18}$$

当 $E=E_{max}$，$I_{zd}=I_{max}$（电动机的最大允许电流）时，制动电阻为：

$$R_{zd}=\frac{E_{max}}{I_{max}}-r_n \tag{2.2-19}$$

假定从理想空载转速开始制动，则 $E_{max}=U_e$，在制动过程中，制动转矩随电动机转速的降低而减小，为了获得较好的制动效果，在某些传动装置上可采用多级制动方式。

## 第三节　交流电动机调速

钢铁企业中有许多要求调速的生产机械，对电气控制系统也有一定要求，如调速范围、静差度、动态响应等。过去，由于交流电动机控制系统不能满足这些要求，因此直流电动机一直占据主要地位，但是由于直流电动机的结构复杂，并装有换向器和电刷，不少缺点难以克服，如：

(1) 直流电动机的换向器和电刷需要定期检查、调整与更换，碳刷灰需要清理等，增加了日常维护工作量和经营费用。

(2) 电刷与整流子间经常产生火花，对周围环境的含尘量及温度等均有要求，因此易燃、易爆以及环境恶劣的场所不能使用。

(3) 由于受换向能力的限制，直流电动机的最大转速与功率之积受到限制，约为 $10^6$ kW·r/min，因此要求制造高转速、大容量、高电压的直流电动机比较困难。

(4) 与同容量、同转速的交流电动机相比，直流电动机的体积大、质量重、转动惯量大、价格高。

(5) 直流电动机的效率比交流电动机的效率低 2%～3%，本身消耗的电能多，且冷却电机本身所需的电量也多。

随着电力电子技术的发展，交流调速系统得到广泛使用，有逐步取代直流传动系统的趋势。

交流电动机的转速表达式为：

$$n=n_0(1-S)=\frac{60f}{p}(1-S) \tag{2.2-20}$$

式中　$n$——电动机的转速，r/min；

$n_0$——电动机的同步转速，r/min；

$p$——电动机极对数；

$S$——转差率；

$f$——电源频率。

由交流电动机的转速表达式可知，交流电动机的调速可以概括为改变极对数、电源频率以及改变某些参数如定子电压、转子电压等使电机转率差 $S$ 改变等几种方式。下面仅就几种调速方式做一简单介绍。

### 一、变级调速

改变笼型电动机的级对数，从而改变电动机的同步转速进行的调速系统称为变级调速，这种调速方式为有级调速，而且级差较大，仅适用于几种定速的生产机械。其调速方式有：

(1) 单一绕组，改变不同的接线组合，这种方法常用于 2:1、3:2、4:3 的双速电机；

(2) 在定子上设置两套不同极对数的独立绕组，这种方法适用于 4:3、6:5 等双速电机；

(3) 在定子上设置两套不同极对数的独立绕组，而且每对独立绕组又有不同的接线组合，得到不同的极对数，这种方法用于三速或四速电机。

图 2.2-29 示出单绕组双速电机的接线；图 2.2-30 为双绕组三速电机的接线；图 2.2-31 为四速电机的接线。

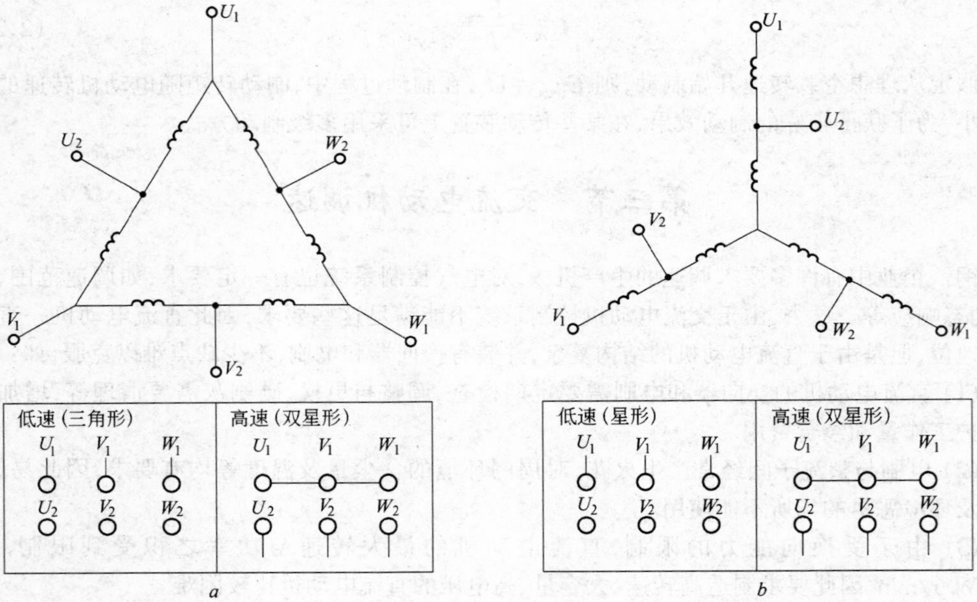


图 2.2-29　双速电动机接线方法

a—三角形/双星形接法；b—星形/双星形接法

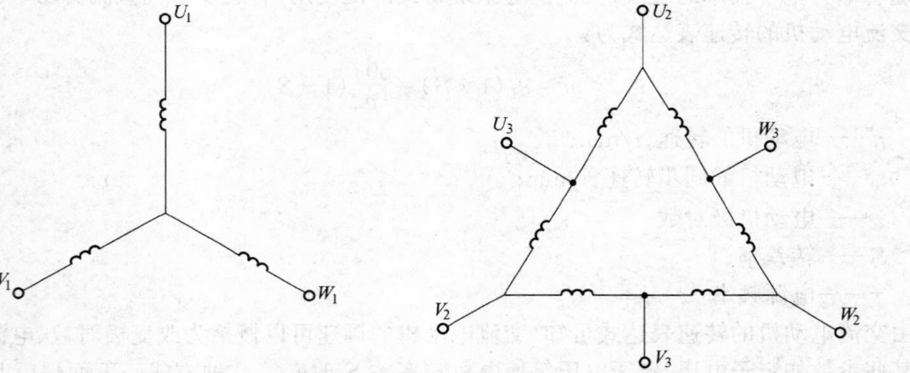

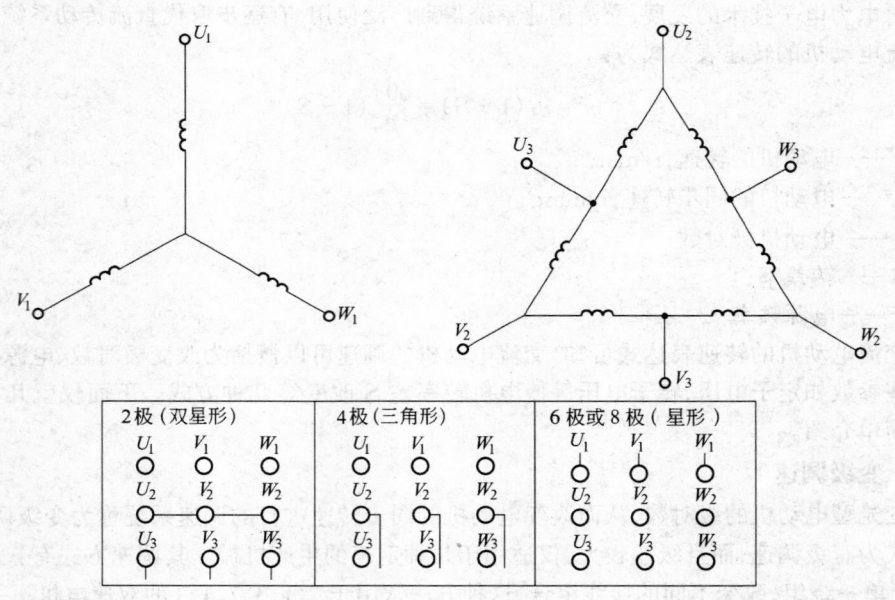


图 2.2-30　三速电动机接线方法

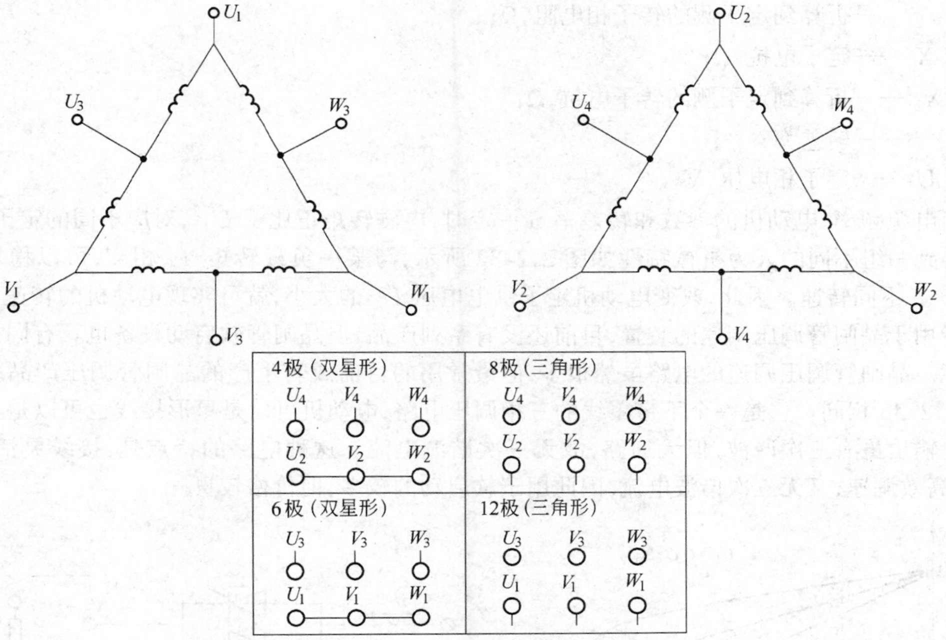


图 2.2-31　四速电动机接线方法

## 二、改变转子电阻调速

绕线型电动机转子回路串接电阻，除用于限制启动电流外，同时也可用于调节速度。

当忽略转子回路的电感时，电动机的额定转差率表达式为：

$$S_N = \frac{\sqrt{3}I_{2N}}{U_{2N}}r_2 \tag{2.2-21}$$

式中　$S_N$——电动机的额定转差率；

$I_{2N}$——电动机转子额定电流，A；

$U_{2N}$——电动机转子额定电压，V；

$r_2$——电动机转子电阻，Ω。

由上式可知，转子电阻增加时，转差率也增加，电动机转速下降，以达到调速的目的。这种方式的优点是系统简单，但效率很低，属低效调速方法之一。此外，这种调速方式的调速范围不大，用于波动性负载，速度的稳定性较差，故目前只用于调速要求不高，负载较稳定的生产机械上。其调速时的机械特性与串电阻启动时的特性相同，并且调速可以是有级的，也可以是无级的。

## 三、晶闸管调压调速

异步电动机的电磁转矩表达式为：

$$T = \frac{m_1}{\omega_0}\cdot\frac{U_1^{\,2}\frac{r_2'}{S}}{(r_1+\frac{r_2'}{S})^2+(X_1+X_2')^2} \tag{2.2-22}$$

式中　$m_1$——相数；

$\omega_0$——同步角速度，$s^{-1}$；

$r_1$——定子相电阻，Ω；

$r_2'$——折算到定子侧的转子相电阻，Ω；

$X_1$——定子电抗，Ω；

$X_2'$——折算到定子侧的转子电抗，Ω；

$S$——转差率；

$U_1$——定子相电压，V。

当电源频率、电动机的参数和转差率 $S$ 一定时，电磁转矩正比于 $U_1^2$，对应不同的定子电压，可以得到一组不同的人为机械特性如图 2.2-32 所示，与某一负载转矩 $T_1$ 相交，可以稳定工作于 $a$、$b$、$c$ 不同转速。因此，改变电动机定子供电电压 $U_1$ 的大小，就可实现电动机的转速调节。

专用于晶闸管调压调速的装置，目前还没有系列产品，但晶闸管软启动设备也具有同样的调压功能。晶闸管调压调速的电路虽然很多，但最常用的目前成套生产的晶闸管调压产品基本上与图 2.2-33 相同。这是一个不带零线的三相调压电路，电动机可以是星形接线也可以是三角形接线。输出虽有三次谐波，但无通路，故无三次谐波电流。这种电路的特点是：接线灵活、损耗小、属高效调速，又无三次谐波电流，因此用于软启动的较多，但价格较贵。

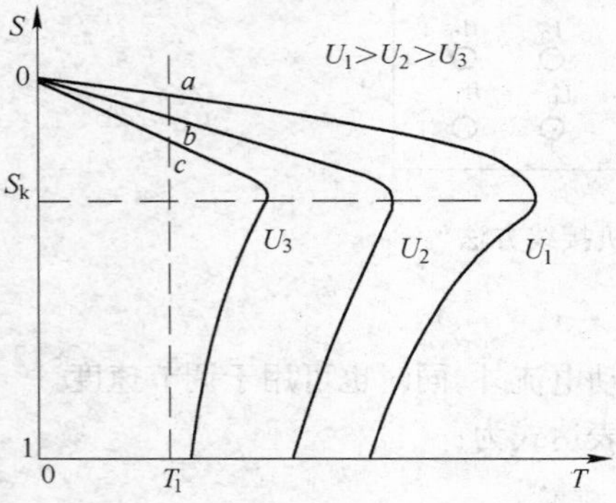


图 2.2-32　不同 $U_1$ 时的机械特性

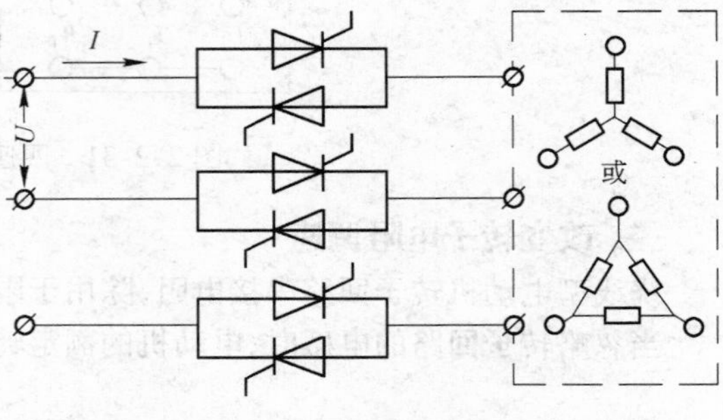


图 2.2-33　晶闸管调压调速电路

笼型电动机的自然机械特性工作段的转差率 $S$ 一般很小，对于恒转矩负载，这种电路的调速范围不大，见图 2.2-32。但是对于风机、泵类机械，由于负载转矩与转速平方成正比，采用调压调速可以得到较宽的调速范围，见图 2.2-34，而且在 $a$、$b$、$c$ 三个交点均能稳定工作。

对于恒转矩负载，要扩大调压调速范围，通常采用高阻转子电动机或绕线型电动机转子外接电阻。高阻转子电动机的调压调速特性见图 2.2-35，低速工作时，特性很软，工作不易稳定，负荷或电压稍有波动会引起转速很大变化。

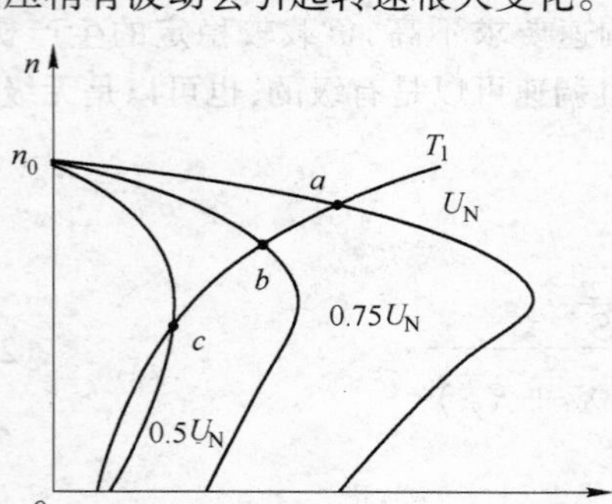


图 2.2-34　风机、泵类负载调压调速特性

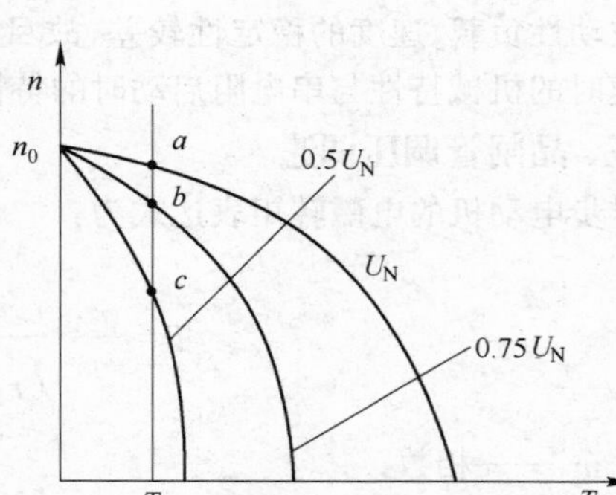


图 2.2-35　高阻转子电机调压调速特性

为提高调压调速特性的硬度，可采用闭环控制系统，见图 2.2-36，这一系统可以克服由于负载变化引起速度大幅度变化的缺点。例如系统原来工作在 $a$ 点，负载由 $T_{11}$ 增大到 $T_{12}$，系统开环工作时，$U_1$ 不变，则转速由 $a$ 点变到 $b$ 点工作，速度变化大。转速闭环工作后，当 $T_{11}$ 增大到 $T_{12}$ 时，转速下降，由于速度负反馈的控制作用，使 $U_1$ 增加，转速提高，以补偿由于 $T_{11}$ 增大至 $T_{12}$ 时引起的速度下降，使系统稳定工作在 $c$ 点，转速变化很小，调速范围可达 10∶1。

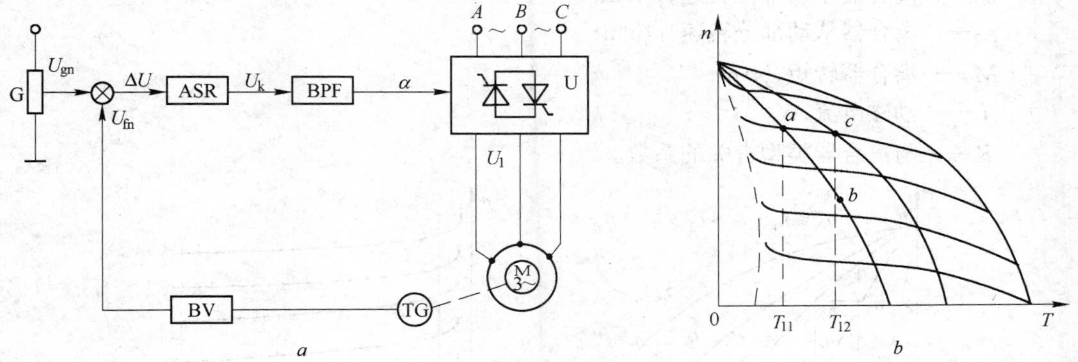


图 2.2-36　具有速度闭环的调压调速系统

$a$—原理图；$b$—闭环控制特性

U—晶闸管调压器；ASR—速度调节器；BPF—触发器；BV—转速变换器；G—给定电位器；TG—测速发电机

## 四、电磁转差率离合器调速

### （一）系统的组成与工作原理

电磁转差离合器调速又称滑差调速（简称电磁调速）是由普通笼型异步电动机、电磁转差离合器与控制器组成。离合器包括电枢、磁极和励磁线圈等基本部件，笼型异步电动机作为原动机工作，带动电磁离合器的主动部分。离合器的从动部分与负载连在一起，它与主动部分只有磁路联系，没有机械联系，当励磁线圈通以直流电时，沿气隙圆周各爪极将形成若干对极性交替的磁极，当电枢随传动电动机旋转时将感应产生涡流，此涡流与磁通相互作用而产生转矩，驱动带磁极的转子同向旋转，见图 2.2-37。通过控制离合器的励磁电流即可使离合器产生不同的涡流转矩，从而实现调节离合器输出转矩和转速。如负载恒定，励磁电流增大，励磁与电枢只有较小的转差率，可产生足够大的转矩带动负载，使转速提高。因此，改变励磁电流的大小，即可实现对负载的调速。

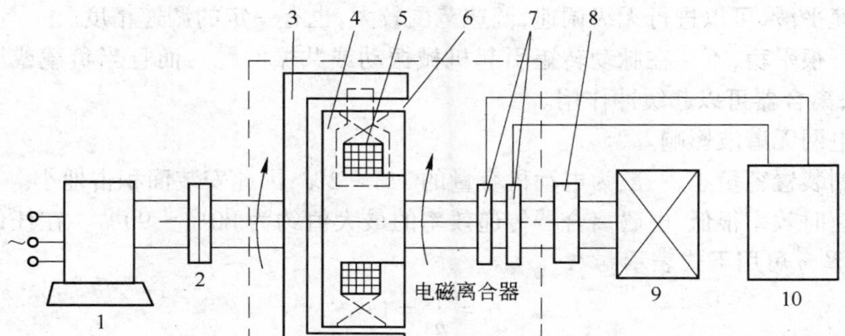


图 2.2-37　由电磁转差离合器组成的交流电动机调速装置

1—笼型电动机；2、8—联轴节；3—电枢；4—爪极；5—线圈；6—气隙；7—集电环；9—负载；10—晶闸管整流器

**(二) 电磁调速电动机的机械特性**

电磁离合器的特性即电磁调速电动机的特性。电磁调速电动机的自然机械特性是软特性，如图 2.2-38 所示，且在 $M_1 < 10\% M_N$ 时有一个失控区。这种机械特性可用如下经验公式表示：

$$n_2 = n_1 - K\frac{M^2}{I_f^4} \tag{2.2-23}$$

式中　$n_1$——离合器主动部分转速，r/min；

$n_2$——离合器从动部分转速，r/min；

$M$——离合器转矩，N·m；

$I_f$——励磁电流，A；

$K$——与离合器类型有关的系数。

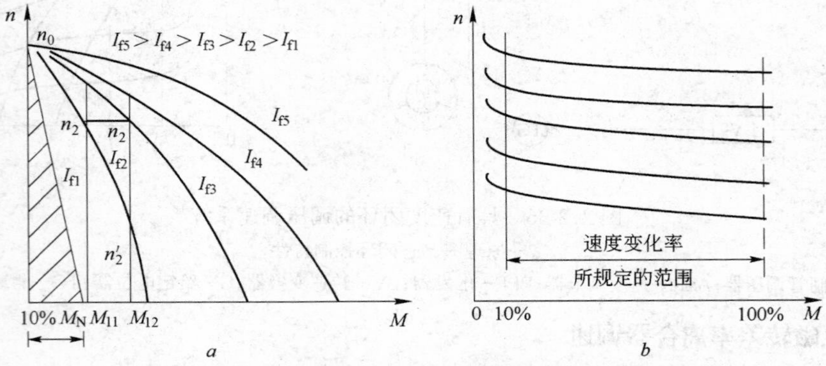


图 2.2-38　电磁调速电动机的机械特性曲线

*a*—自然机械特性曲线；*b*—人为机械特性曲线

采用转速负反馈的闭环控制系统可以获得如图 2.2-38 所示的机械特性。转速负反馈的作用是使负载引起的转速降低由增加励磁电流来补偿。在图 2.2-38 中，当系统工作于 $n_2$($I_f = I_{f2}$, $M = M_{11}$)时，由于负荷增加到 $M_{12}$，在开环控制时，转速下降到 $n'_2$，而闭环控制时，系统自动将励磁电流从 $I_{f2}$增大到 $I_{f3}$，使转速上升到 $n_2$，保持转速稳定。

**(三) 电磁转差离合器调速系统的特点**

电磁转差离合器调速系统的特点如下：

(1) 由于电磁转差离合器调速装置的电动机是笼型异步电动机，转差离合器的磁极线圈也是集中绕组，控制系统也比较简单，因而这种调速装置具有较高的可靠性，且价格便宜，维护容易。

(2) 调速平滑，可以进行无级调速，调速范围较大，也有一定的调速精度。

(3) 运行很平稳，不存在脉动转矩引起机械振动或共振问题。而且当负载或原动机受到突然的冲击时，离合器可以起缓冲作用。

(4) 对电网无谐波影响。

(5) 控制装置容量小，一般为电动机容量的 1%～2%，因此安装面积占地小。

(6) 低速时效率很低，电磁离合器传递效率的最大值约为 80%～90%。在任何转速下离合器的传递效率 $\eta$ 可用下式表示：

$$\eta = \frac{n_2}{n_1} = 1 - S \tag{2.2-24}$$

式中　$n_2$——离合器的输出转速，r/min；

$n_1$——传动电动机转速，r/min；

$S$——转差率，$S = (n_1 - n_2)/n_1$。

因此随着输出转速的降低，传递效率亦相应降低，这是因为电枢中的涡流损失与转差成正比的缘故，所以这种调速系统不适用于长期处于低速的生产机械。

(7) 负载端速度损失大，额定转速仅为电动机同步转速的 80%～85%；用低电阻端环的转差离合器时其额定转速可达 95%。

(8) 负载小时，有 10%额定转矩的失控区。

(9) 电磁转差离合器调速电机适用于通风机，水泵类负载和恒转矩负载的机械，而不适用于恒功率负载。

目前，国内已经生产的电磁调速电动机有 YCT、YDCT、YCTT 系列，其控制器(JD1 系列)与电动机成套供应，用于电动机的转速控制，实现恒转矩无级调速。控制器将速度指令信号电压与电动机速度负反馈信号电压比较后，所得的差值信号经放大电路和移相触发电路控制主回路晶闸管的导通角，改变滑差离合器的励磁电流，使电动机转速保持恒定。

## 五、晶闸管串级调速

晶闸管串级调速系统的主接线如图 2.2-39 所示。电动机用频敏变阻器 1BP 启动，启动完毕后倒换到调速系统，如不计及电动机的内部损耗，则电动机的输入功率 $P_d$ 可分为机械功率 $P_g$ 和转差功率 $P_S$ 两部分，其中 $P_g = P_d(1-S)$ 由电动机直接传给工作机械，而转差功率 $P_S = SP_d$ 则通过整流器和逆变器转变成电能回馈电网。改变逆变器的比较电压值 $U_\beta$ 就可以改变电动机转子电压 $U_2$ 的大小，亦即改变电动机转差率 $S$ 的大小，从而达到平滑调速的目的。由于晶闸管串级调速所使用的设备都是静止的无触点元件，其转差功率经逆变回馈电网，因此更为可靠，效率较高。

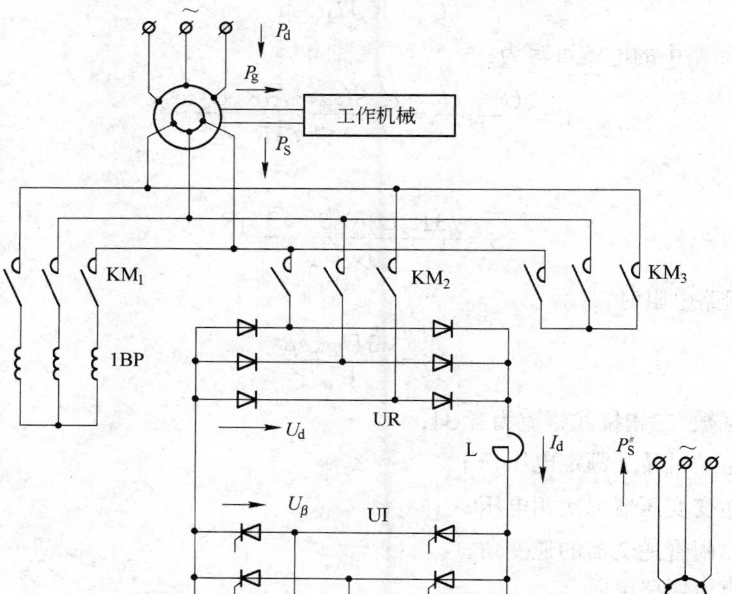

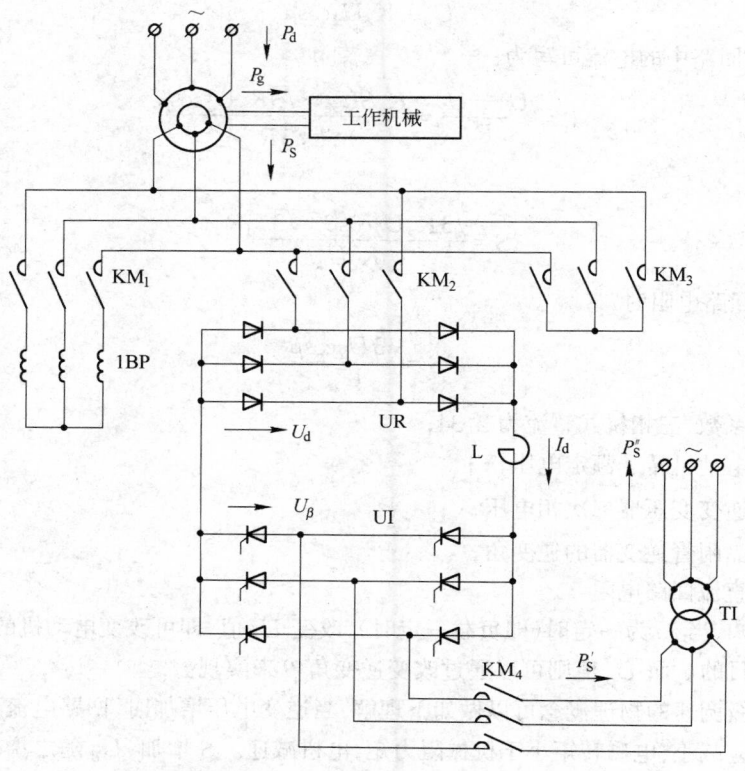

图 2.2-39　晶闸管串级调速系统主接线图

晶闸管串级调速为恒转矩调速。机械所需的转矩,由主电机产生,速度下降时,轴功率随速度下降而减小,其特性曲线如图 2.2-40 所示。

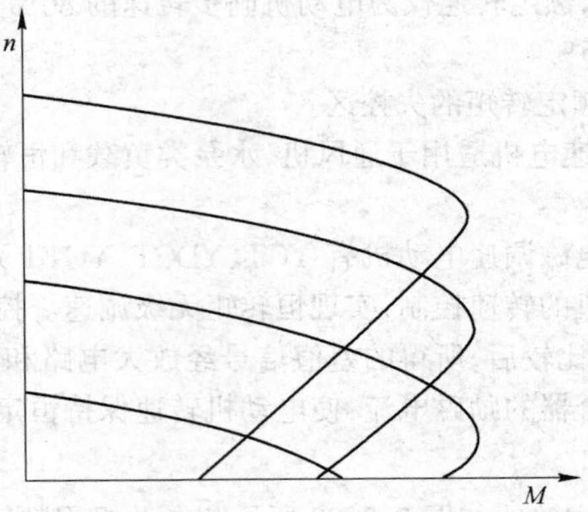


图 2.2-40 恒转矩调速特性曲线

电动机转子电压经三相桥式整流后的输出电压为:

$$U_{\mathrm{d}}=\frac{K_{\mathrm{z}}SU_{\mathrm{ze}}}{\sqrt{3}} \tag{2.2-25}$$

晶闸管逆变器的逆变电压为:

$$U_{\beta}=K_{\mathrm{z}}U_2\cos\beta \tag{2.2-26}$$

因此,逆变回路中的电流可写为:

$$I_{\mathrm{d}}=\frac{U_{\mathrm{d}}-U_{\beta}}{R}=\frac{K_{\mathrm{z}}SU_{\mathrm{ze}}-\sqrt{3}K_{\mathrm{z}}U_2\cos\beta}{\sqrt{3}R}$$

或:

$$S=\frac{\sqrt{3}K_{\mathrm{z}}U_2\cos\beta+\sqrt{3}I_{\mathrm{d}}R}{K_{\mathrm{z}}U_{\mathrm{ze}}} \tag{2.2-27}$$

忽略逆变回路电阻时:

$$S=\frac{\sqrt{3}U_2\cos\beta}{U_{\mathrm{ze}}} \tag{2.2-28}$$

式中 $K_{\mathrm{z}}$——系数,三相桥式整流为 2.34;

$U_{\mathrm{ze}}$——电动机转子额定电压,V;

$U_2$——逆变变压器二次相电压,V;

$\beta$——晶闸管逆变器的逆变角;

$R$——直流回路电阻,Ω。

由上式可知,当 $I_{\mathrm{d}}$ 为一定时(即负载一定时),改变 $U_{\beta}$ 值,即可改变电动机的转差率,从而达到调节速度的目的。而 $U_{\beta}$ 值则可以通过改变逆变角 $\beta$ 来实现。

晶闸管串级调速的物理概念可以做如下理解:当逆变电压增加时,回路电流 $I_{\mathrm{d}}$ 减小,电动机转子电流亦相应减小,电磁转矩小于机械阻力矩,电机减速。$S$ 增加,$U_{\mathrm{d}}$ 随之增加,从而 $I_{\mathrm{d}}$ 又逐渐增加,直至电磁转矩与机械阻力矩平衡为止。反之,$U_{\beta}$ 减小,电动机转速增加。晶闸管串联调速一般用于高压绕线电动机。

## 六、液力耦合器调速

液力耦合器是液力传动元件，又称液力联轴器，它是利用液体的动能来传递功率的一种动力式液压传动设备。将其安装在异步电动机和工作机(如风机、水泵等)之间来传递两者的扭矩，可以在电机转速恒定的情况下，无级调节工作机的转速，并具有空载启动，过载保护，易于实现自动控制的特点。

液力耦合器有三种基本类型：普通型、限矩型和调速型。

调速型液力耦合器又可分为进口调节式和出口调节式。其调速范围对恒转矩负载约为3:1，对离心式机械(风机，泵类)约为4:1，最大可达5:1。

进口调节式液力耦合器又称旋转壳体式液力耦合器，特点是结构简单紧凑、体积小、质量轻，自带旋转储油外壳，无需专门油箱和供油泵，造价较低，但因耦合器本身无箱体支持，旋转部件的质量由电机和工作机的轴分担，对电机增加了附加载荷，同时调速时间较长。一般多用于功率小于500 kW和转速低于1500 r/min的场合。

出口调节式液力耦合器也称箱体式液力耦合器。进口油量不变(定量油泵供油)，工作腔充油量的改变，耦合器输出转速也发生变化。它的特点是本身有坚实的箱体支持，因此适用于高转速(500～3000 r/min)，大功率，调速过程时间短(一般十几秒钟)，但外形尺寸大，辅助设备多，价格也较高。

液力耦合器的工作原理和特性参数详见《钢铁企业电力设计手册》下册有关章节。液力耦合器的选用一般由机械人员确定，电气人员仅根据液力耦合器所配用的电动机提供供电电源和相关的控制设备。

表2.2-16为部分调速型液力耦合器的技术参数。

**表2.2-16　调速型液力耦合器主要技术参数**

| 类别 | 型号规格 | 输入转速 /r·min$^{-1}$ | 传递功率范围 /kW | 额定滑差率 | 调速范围 | |
|---|---|---|---|---|---|---|
| | | | | | 离心式机械 | 恒扭矩机械 |
| 进口调节式 | $YOT_{HR}280$ | 1500<br>3000 | 5～10<br>34～75 | 1.5%～4% | 4:1 | 3:1 |
| | $YOT_{HR}320$ | 1000<br>1500 | 1.5～3<br>9～18 | 1.5%～4% | 4:1 | 3:1 |
| | $YOT_{HR}360$ | 1000<br>1500 | 5～10<br>15～30 | 1.5%～4% | 4:1 | 3:1 |
| | $YOT_{HR}400$ | 1000<br>1500 | 10～15<br>30～50 | 1.5%～4% | 4:1 | 3:1 |
| | $YOT_{HR}450$ | 1000<br>1500 | 15～30<br>50～100 | 1.5%～4% | 4:1 | 3:1 |
| | $YOT_{HR}500$ | 1000<br>1500 | 30～50<br>100～170 | 1.5%～4% | 4:1 | 3:1 |
| | $YOT_{HR}560$ | 1000<br>1500 | 50～100<br>170～300 | 1.5%～4% | 4:1 | 3:1 |
| | $YOT_{HR}650$ | 1000<br>1500 | 100～180<br>300～560 | 1.5%～4% | 4:1 | 3:1 |
| | $YOT_{HR}750$ | 750<br>1000 | 70～130<br>180～300 | 1.5%～4% | 4:1 | 3:1 |
| | $YOT_{HR}800$ | 750<br>1000 | 120～200<br>300～500 | 1.5%～4% | 4:1 | 3:1 |
| | $YOT_{HR}875$ | 750<br>1000 | 130～210<br>300～850 | 1.5%～4% | 4:1 | 3:1 |

续表 2.2-16

| 类别 | 型号规格 | 输入转速 /r·min$^{-1}$ | 传递功率范围 /kW | 额定滑差率 | 调速范围 | |
|---|---|---|---|---|---|---|
| | | | | | 离心式机械 | 恒扭矩机械 |
| 出口调节式 | $YOT_{GC}360$ | 1500<br>3000 | 15～35<br>110～305 | 1.5%～3% | 5:1 | 3:1 |
| | $YOT_{GC}400$ | 1500<br>3000 | 30～65<br>240～500 | 1.5%～3% | 5:1 | 3:1 |
| | $YOT_{GC}450$ | 1500<br>3000 | 50～110<br>430～900 | 1.5%～3% | 5:1 | 3:1 |
| | $YOT_{GC}650$ | 1000<br>1500 | 75～215<br>250～730 | 1.5%～3% | 5:1 | 3:1 |
| | $YOT_{GC}750$ | 1000<br>1500 | 150～440<br>510～1480 | 1.5%～3% | 5:1 | 3:1 |
| | $YOT_{GC}875$ | 1000<br>1500 | 365～960<br>1160～3260 | 1.5%～3% | 5:1 | 3:1 |
| | $YOT_{GC}1000$ | 750<br>1000 | 285～750<br>640～1860 | 1.5%～3% | 5:1 | 3:1 |
| | $YOT_{GC}1150$ | 750<br>1000 | 715～1865<br>1180～3440 | 1.5%～3% | 5:1 | 3:1 |
| | $YOT_{HJ}650$ | 1500 | 250～730 | 1.5%～3% | 5:1 | 3:1 |
| | GST50 | 1500<br>3000 | 70～200<br>560～1625 | 1.5%～3.25% | 5:1 | 3:1 |
| | GWT58 | 1500<br>3000 | 140～400<br>1125～3250 | 1.5%～3.25% | 5:1 | 3:1 |

## 七、变频调速

### (一) 变频调速的原理、特性和分类

变频调速是一种高效率、高性能的调速方式,采用异步电动机(或同步电动机),使其在整个工作范围内保持在正常的小转差率下运转,实现无级平滑调速。随着电力电子技术及微电子技术的发展,静止变频调速在国内外已得到了广泛的应用。

变频调速在工业企业中主要应用于各种传动辊道、轧钢机、风机、水泵以及其他需要调速的场合,实现替代直流调速系统、节能等目标。

1. 变频调速的原理及机械特性

由式 $n=\dfrac{60f}{p}(1-S)$ 可知,当转差率 $S$ 不变时,交流电动机的转速与电源频率成正比变化,如果忽略定子压降的影响,异步电动机的定子电压满足下列关系式:

$$U_1 \approx E_1 = K_e f_1 \Phi_m \tag{2.2-29}$$

电动机电磁转矩 $M$(N·m)、最大转矩 $M_m$(N·m)及电磁功率 $P$(kW)为:

$$M = K_m \Phi_m I_2 \cos\varphi_2 \tag{2.2-30}$$

$$M_m = \frac{p m_1 U_1^2}{4\pi f_1 (r_1 + \sqrt{r_1^2 + X_K^2})} \tag{2.2-31}$$

$$P = \frac{Mn}{9550} \tag{2.2-32}$$

式中 $E_1$——定子感应电势,V;

$K_e$——电势常数;

$f_1$——定子电源频率,Hz;

$\Phi_m$——主磁通的最大值；

$K_m$——电机的转矩常数；

$I_2$——转子电流；

$\cos\varphi_2$——转子功率因数；

$p$——定子的极对数；

$m_1$——定子的相数；

$r_1$——定子绕组的电阻，Ω；

$X_K$——电机短路电抗，Ω；

$n$——电动机转速，r/min。

异步电动机变频调速，当频率较高时，由于 $X_K \gg r_1$，故式 2.2-31 中 $r_1$ 的影响可忽略，电动机电源电压 $U_1$、定子电源频率 $f_1$ 与最大转矩 $M_m$ 的变化满足下面的关系式：

$$\frac{U_1}{f_1\sqrt{M_m}} = 常数 \tag{2.2-33}$$

当频率较低时，$r_1 \gg X_K$，忽略 $X_K$ 的影响，则由式 2.2-31 可得：

$$\frac{U^2}{f_1 M_m} = 常数 \tag{2.2-34}$$

异步电动机从基速向下调速时，为了不使磁通增加，通常采用 $U/f=$ 常数的控制方式。由式 2.2-29 可知，当 $U_1/f_1$ 为常数时，电机在调速过程中电机的磁通可基本保持不变，但考虑到定子电阻压降的影响，低频时电机磁通实际将略有减小，由式 2.2-31 可知，最大转矩 $M_m$ 也将随频率的降低而减小。异步电动机采用压频比为常数控制时的机械特性如图 2.2-41 所示。

为了能在低速时输出的最大转矩不变，应采用 $E_1/f_1=$ 常数的协调控制。由式 2.2-29 可知，这时电机磁通保持恒定，因此异步电动机的效率、功率因数、最大转矩倍数均保持不变。但由于感应电势 $E_1$ 难以测量和控制，故在实际应用中，一般可在控制回路中加入一个函数发生器控制环节，以补偿低频时定子电阻所引起的电压降，使电动机在低频时仍能近似保持恒磁通。

图2.2-42为函数发生器的各种补偿特性。图2.2-43为电压补偿后的恒转矩变频调速特性曲线。图2.2-44为异步电动机在不同频率时的调速特性曲线。

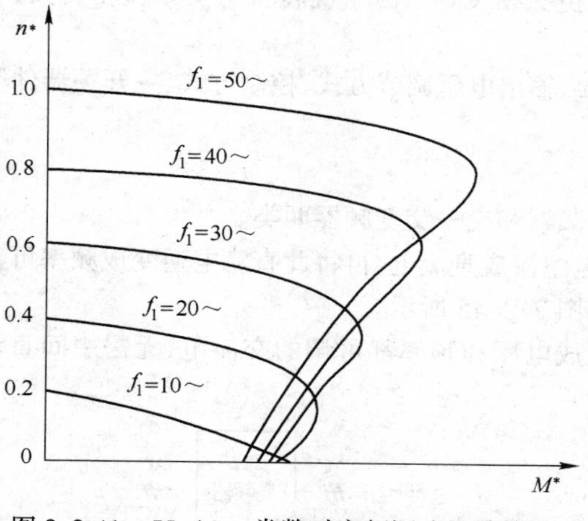


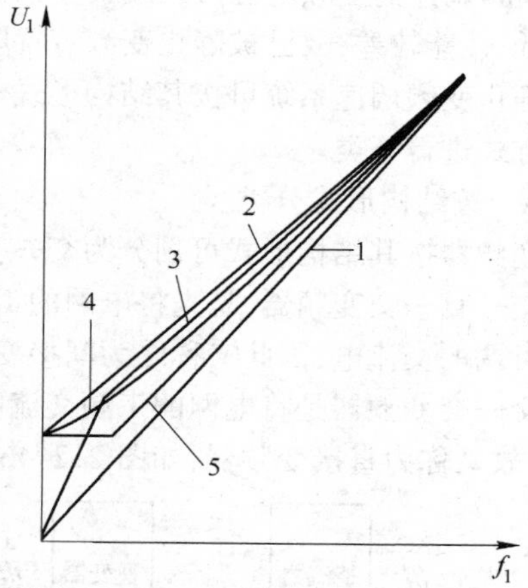


图 2.2-41　$U_1/f_1=$ 常数时变频调速机械特性

图 2.2-42　恒磁通变频调速时的补偿特性

1—无补偿时 $U_1$ 与 $f_1$ 的关系；2～5—有偿时各种 $U_1$ 与 $f_1$ 的关系

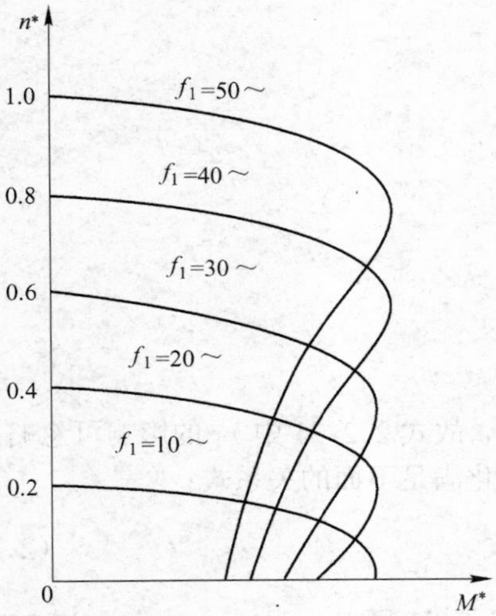


图 2.2-43　补偿后的恒 $M_m$ 变频调速的机械特性

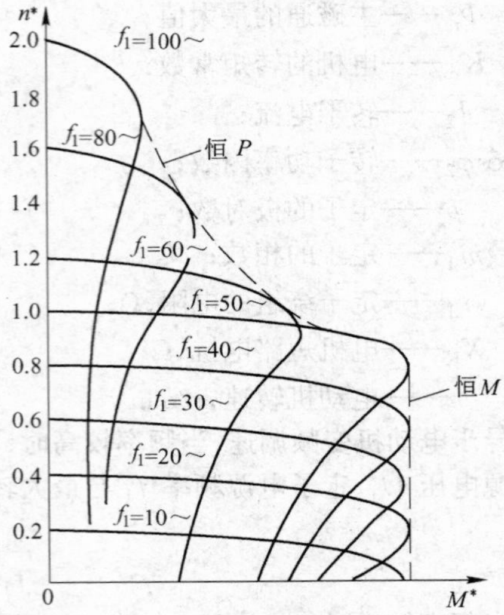


图 2.2-44　异步电动机在不同频率时的调速特性曲线

电动机在额定转速以上运转时，定子频率将大于额定频率，但由于电动机绕组不允许耐受过高的电压，电动机电压必须限制在允许值范围内，这样就不能再升高电压采用 $U_1/f_1$ 或 $E_1/f_1$ 的协调控制方式了。在这种情况下，可以采取恒功率变频调速。由式 2.2-29～式 2.2-32 可得：

$$\frac{U_1}{\sqrt{f_1 P}} = \text{常数} \tag{2.2-35}$$

如果要求恒功率调速运行，必须使 $U_1/\sqrt{f_1}$ 等于常数，即在频率升高时，要求电压升高相对少些。实际上在额定转速以上调速时，由于电动机定子电压受额定电压的限制，因此升高频率时，磁通减少，转矩也减少，可以得到近似恒功率的调速。

2. 变频调速的分类及特点比较

变频调速的变频电源可用旋转变频机组或静止变频装置。由于旋转机组变频设备庞大，效率较低，性能较差，故已被静止变频装置取代。

静止变频调速系统可按其结构形式、电源性质、输出电压调节方式、控制方式、主开关器件等几种方式进行分类。

A　按结构形式分类

变频器按其结构形式可划分为交—直—交变频器和交—交变频器两类。

交—直—交变频器，是先将电网的工频交流电整流成直流电，再将此直流电逆变成频率可调电压可调的交流电，因此又称之为间接变频器，如图 2.2-45 所示。

交—交变频器是将电网的工频交流电直接变成电压和频率都可调的交流电，无需中间直流环节，故又称为直接变频器，如图 2.2-46 所示。

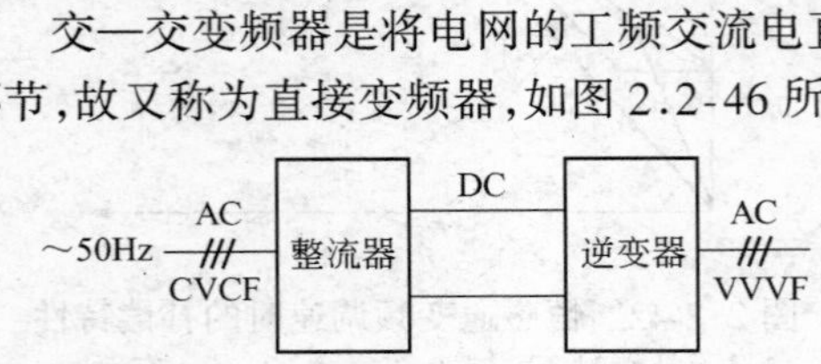


图 2.2-45　交—直—交变频器

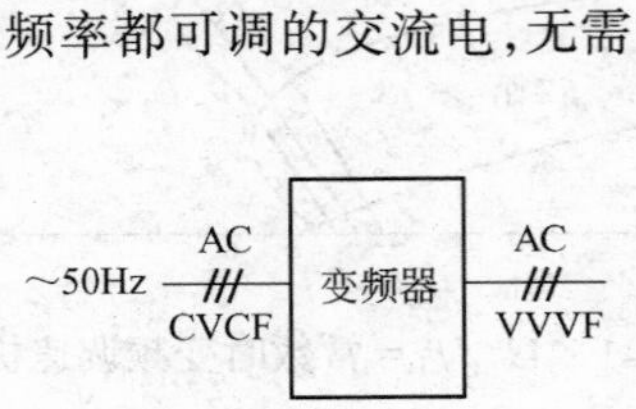


图 2.2-46　交—交变频器

交—直—交变频器与交—交变频器主要特点比较，见表2.2-17。

**表 2.2-17 交—直—交变频器与交—交变频器主要特点比较**

| 比较项目＼类型 | 交—直—交变频器 | 交—交变频器 |
|---|---|---|
| 换能方式 | 两次换能，效率略低 | 一次换能，效率较高 |
| 晶闸管换相方式 | 强迫换相或负载换向 | 电网电压换向 |
| 所用器件数量 | 较少 | 较多 |
| 调频范围 | 频率调节范围宽 | 一般情况下，输出最高频率为电网频率的1/3～1/2 |
| 电网功率因数 | 采用晶闸管整流器时，功率因数略低；采用二极管整流器时，功率因数高 | 较低 |
| 适用场所 | 可用于各种电力拖动装置，稳频稳压电源和不间断电源 | 适用于低速大功率拖动 |

B 按电源性质分类

当逆变器输出侧的负载为交流电动机时，在负载和直流电源之间将有无功功率的交换。用于缓冲无功功率的中间直流环节的储能元件可以是电容或是电感，因此，变频器分成电压型变频器和电流型变频器两大类。

a 电流型变频器

电流型变频器的特点是中间直流环节采用大电感作为储能环节，无功功率将由该电感来缓冲。由于电感的作用，直流电流 $I_d$ 趋于平稳，电动机的电流波形为方波或阶梯波，电压波形接近于正弦波。由于直流电源的内阻较大，近似于电流源，故称为电流源型变频器或电流型变频器。

目前，这类电流型变频器除用于高转速、大容量、负荷稳定的负载换向变频器(即 LCI 变频器)外，基本上没有成套产品。

b 电压型变频器

电压型变频器的典型主电路结构如图2.2-47所示，图中逆变器的每个导电臂均由一个可控开关器件和一个不控器件(二极管)反并联组成。VT1～VT6 称为主开关器件，VD1～VD6 称为回馈二极管。

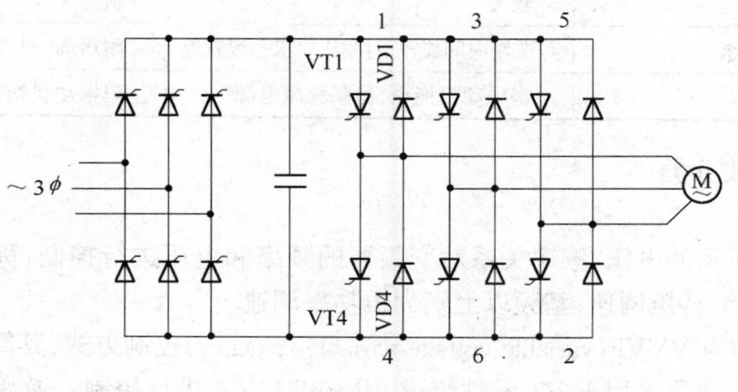


图2.2-47 电压型变频器的主电路

这种变频器多数情况下采用6脉波运行方式，该电路的特点是，中间直流环节的储能元件采用大电容，负载的无功功率将由它来缓冲。由于大电容的作用，主电路直流电压 $E_d$ 比较平稳，电动机端的电压波形为方波或阶梯波。直流电源内阻比较小，相当于电压源，故称为电压源型变频器或电压型变频器。

对负载为电动机而言，变频器是一个交流电压源，在不超过容量限度的情况下，可以驱动多台电动机并联运行，具有不选择负载的通用性。

缺点是电动机处于再生发电状态时，回馈到直流侧的无功能量难以回馈给交流电网。要实现这部分能量向电网的回馈，必须采用可逆变流器，如图 2.2-48 所示。网侧变流器采用两套全控整流器反并联。电动机工作时由桥Ⅰ供电，回馈时电桥Ⅱ作有源逆变运行（$\alpha>90°$），将再生能量回馈给电网。

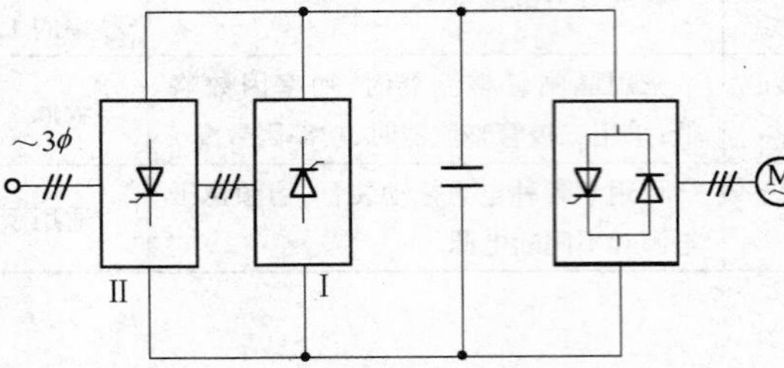


图 2.2-48　再生能量回馈型电压型变频器

电流型与电压型交—直—交变频器的主要特点比较见表 2.2-18。

**表 2.2-18　电流型与电压型交—直—交变频器的主要特点比较**

| 比较项目 \ 类型 | 电压型变频器 | 电流型变频器 |
|---|---|---|
| 直流回路滤波环节 | 电容器 | 电抗器 |
| 输出电压波形 | 矩形波 | 决定于负载，对异步电动机负载近似为正弦波 |
| 输出电流波形 | 决定于逆变器电压与负载电动机电势 | 矩形波 |
| 输出阻抗 | 小 | 大 |
| 回馈制动 | 需在电源侧设置反并联逆变器 | 方便，主电路不需附加设备 |
| 调速动态响应 | 较慢 | 快 |
| 对晶闸管的要求 | 关断时间要短，对耐压要求一般较低 | 耐压高，对关断时间无特殊要求 |
| 适用范围 | 多电动机拖动，稳频稳压电源 | 单电动机拖动，可逆拖动 |

C　按控制方式分类

a　$U/f$ 控制

按图 2.2-49 所示的电压、频率关系对变频器的频率和电压进行控制，称为 $U/f$ 控制方式。基频以下可以实现恒转矩调速，基频以上则为恒功率调速。

$U/f$ 方式又称为 VVVF（variable voltage variable freqency）控制方式，其简化的原理性框图如图 2.2-49 所示。逆变器采用 IGBT 元件组成，用 PWM 方式进行控制。逆变器的脉冲发生器同时受控于频率指令 $f^*$ 和电压指令 $U$，而 $f^*$ 与 $U$ 之间的关系是由 $U/f$ 曲线发生器（$U/f$ 模式形成）决定的。这样以 PWM 控制之后，变频器的输出频率 $f$、输出电压 $U$ 之间的关系就是 $U/f$ 曲线发生器所确定的关系。由图可见，转速的改变是靠改变频率的设定值 $f_1{}^*$ 来实现的，电动机的实际转速要根据负载的大小，即转差率的大小来决定。负载变化时，在 $f^*$ 不变条件下，电机转速将随负载转矩变化而变化，故它常用于速度精度要求不十分严格或负载变动较小的场合。

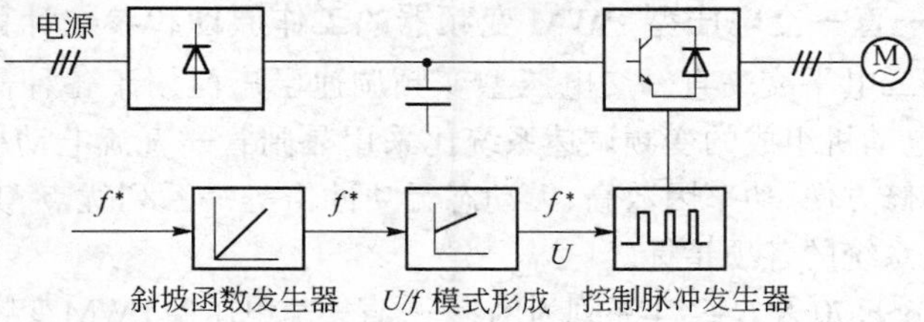


图 2.2-49　$U/f$ 控制方式

$U/f$ 控制是转速开环控制，无需速度传感器，控制电路简单，负载可能是通用的标准异步电动机，所以通用性强，经济性好，是目前通用变频器产品中使用较多的一种控制方式。

b　转差频率控制

在没有任何附加措施的情况下，采用 $U/f$ 控制方式时，如果负载变化，转速也会随之变化，转速的变化量与转差成正比。$U/f$ 控制的静态调速精度显然较差，为提高调速精度，可采用转差频率控制方式。

根据速度传感器的检测，可以求出转差频率 $\Delta f$，再把它与速度设定值 $f^*$ 相叠加，以该叠加值作为逆变器的频率设定值 $f_1{}^*$，就实现了转差补偿，这种实现转差补偿的闭环方式称为转差频率控制方式。与 $U/f$ 控制方式相比，其调速精度大为提高。

转差频率控制方式的原理框图如图 2.2-50*a* 所示。对应于转速的频率设定值为 $f^*$，经转差补偿后定子频率的实际设定值为 $f_1{}^* = f^* + \Delta f$。

由图 2.2-50*b* 可见，由于转差补偿的作用，调速精度提高了。

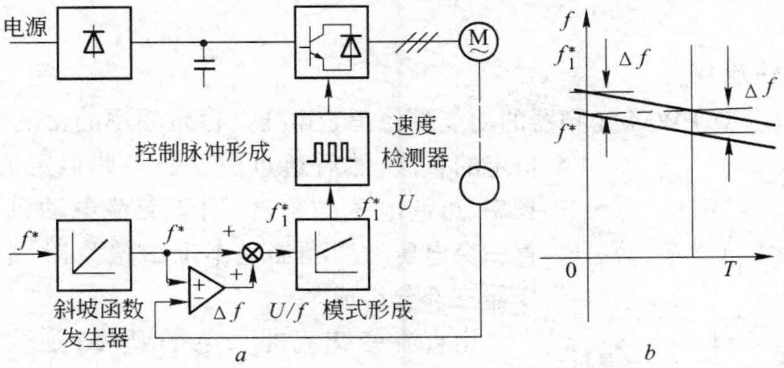


图 2.2-50　转差频率控制方式

*a*—电路结构；*b*—机械特性

c　矢量控制

上述的 $U/f$ 控制方式和转差频率控制方式的控制思想都建立在异步电动机的静态数学模型上。因此，动态性能指标不高。对于轧机、造纸设备等对动态性能要求较高的场合，可以采用矢量控制变频器。

采用矢量控制方式的目的，主要是为了提高变频调速的动态性能。根据交流电动机的动态数学模型、利用坐标变换手段，将交流电动机的定子电流分解成磁场分量电流和转矩分量电流，并分别加以控制，即模仿自然解耦的直流电动机控制方式，对电动机磁场和转矩分别进行控制，以获得类似于直流调速系统的动态性能。

在矢量控制方式中,磁场电流和转矩电流可以根据可测定的电动机定子电压、电流的实际值经计算求得。磁场电流和转矩电流再与相应的设定值相比较并根据需要进行必要的校正。

**(二)二电平交—直—交电压型 PWM 变频器的工作原理和参数计算**

交流电动机采用二电平交—直—交电压型变频调速已广泛用于各种需要调速的传动装置上,由变频器—交流电动机组成的变频调速系统比采用晶闸管—直流电动机组成的调速系统具有损耗小、效率高、维修方便、功率因数高、无动态无功冲击等一系列优点,其静态和动态性能完全可以达到直流调速系统的各项指标。

以西门子生产的6SE-70及6SE-71系列为例,交—直—交电压型PWM变频器的性能指标为:

| | | |
|---|---|---|
| 静态速度精度 | 不带速度反馈 | 0.5% |
| | 带速度反馈 | 0.05% |
| 调速范围 | 不带速度反馈 | 1:10 |
| | 带速度反馈 | 1:100 |
| 速度响应 | 不带速度反馈 | 100 ms |
| | 带速度反馈 | 60 ms |
| 电流响应(带速度反馈) | | 15 ms |
| 频率稳定性 | | 0.01% |
| 功率因数 | | 0.93~0.96 |
| 效　率 | | 0.97~0.98 |

对于中、小容量的交流电动机,目前基本上都采用二电平控制的交—直—交电压型PWM变频器。在变频装置中,实现由交流变直流的整流器,有些厂商采用二极管构成,有些厂商采用晶闸管构成。后者的优点在于电源电压波动时能保证直流输出电压恒定,有利于电动机稳定运行,但晶闸管整流电路的功率因数比二极管整流电路的功率因数低,但两者的整流原理基本上是类似的。

1. 变频器工作原理

交—直—交电压型PWM变频器的功能是将恒定电压、恒定频率的交流电源经整流后变成恒定的直流,然后通过逆变器将此恒定的直流逆变为可调频率、可调电压的交流,用于交流电动机调速。因此,交—直—交电压型变频器基本上由整流器、中间滤波环节和逆变器三部分组成。

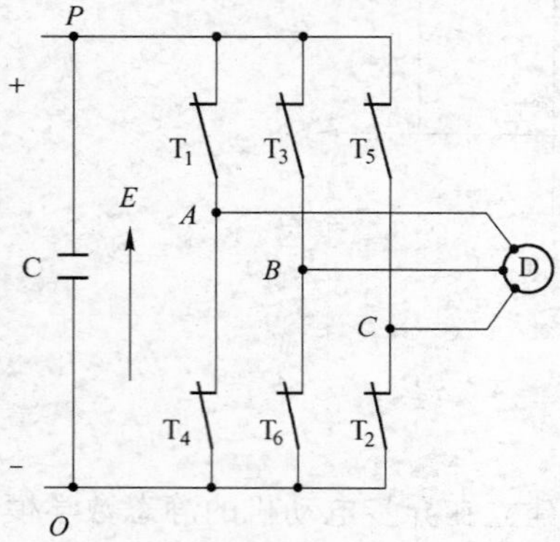

图 2.2-51　二电平逆变器主接线

由直流变交流的二电平PWM逆变器的主接线如图2.2-51所示。由图2.2-51可知,逆变器的每相负载只能工作在两种工作状态。以$A$相为例,当$T_1$闭合、$T_4$断开时,$A$相负载接在直流电源的$P$端;当$T_1$断开、$T_4$闭合时,$A$相负载则接在直流电源的$O$端。由于每相负载只有两种工作状态,则三相负载共有$2^3$种工作状态。如果负载接于$P$端表示为"1",接于$O$端表示为"0",则逆变器的8种开关状态可如表2.2-19所示。

表2.2-19中的8种开关状态可以分为两类,一类是三相负荷均同时接在同一直流电压端,如状态0和状态7,此时负载电压为零,故称为"零状态",另一类是三相负载按状态不同分别接在直流电源的$P$端或$O$端,如状态1~状态6,此时每相负载均承受一定电压,故称为"工作状

态”。表2.2-19中的开关状态顺序并不是实际开关状态顺序，实际工作顺序，即触发绝缘门极晶体管(IGBT)的顺序则表示在表2.2-20中。

**表 2.2-19　逆变器的开关状态**

| 状　态 | 0 | 1 | 2 | 3 | 4 | 5 | 6 | 7 |
|---|---|---|---|---|---|---|---|---|
| $U_A$ | 0 | 1 | 0 | 1 | 0 | 1 | 0 | 1 |
| $U_B$ | 0 | 0 | 1 | 1 | 0 | 0 | 1 | 1 |
| $U_C$ | 0 | 0 | 0 | 0 | 1 | 1 | 1 | 1 |

**表 2.2-20　逆变器的工作状态**

| 状　态 | 1 | 2 | 3 | 4 | 5 | 6 |
|---|---|---|---|---|---|---|
| 导通管号 | $T_1T_2T_3$ | $T_2T_3T_4$ | $T_3T_4T_5$ | $T_4T_5T_6$ | $T_5T_6T_1$ | $T_6T_1T_2$ |
| 导通角 | 0°～60° | 60°～120° | 120°～180° | 180°～240° | 240°～300° | 300°～360° |
| $U_A$ | 1 | 0 | 0 | 0 | 1 | 1 |
| $U_B$ | 1 | 1 | 1 | 0 | 0 | 0 |
| $U_C$ | 0 | 0 | 1 | 1 | 1 | 0 |

按表2.2-20的工作状态，三相负载基本上有图2.2-52及图2.2-53两种接线方式，图中$Z$为每相负载阻抗，对三相交流电动机，每相阻抗应相等，故按图2.2-52接线时，每相负载的电压为：

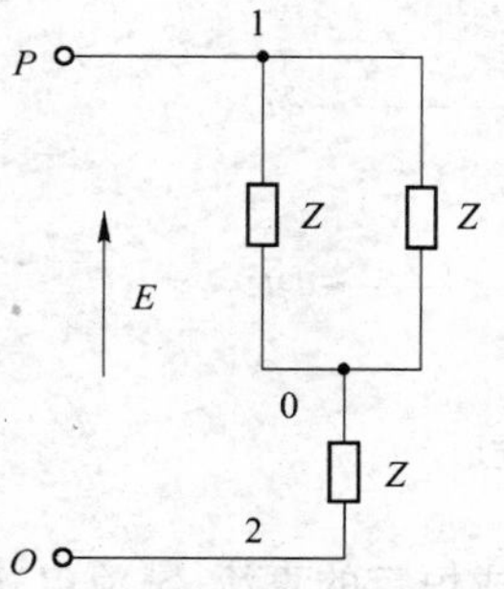


图 2.2-52　接线方式一

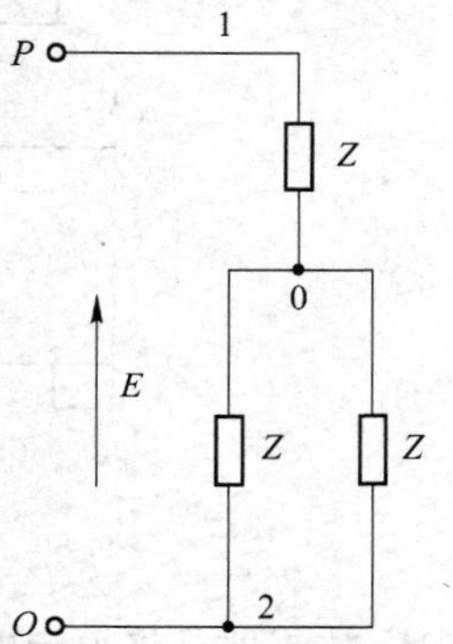


图 2.2-53　接线方式二

$$U_{10}=\frac{1}{3}E$$

$$U_{02}=\frac{2}{3}E$$

如按图2.2-53接线时，每相负载电压为：

$$U_{10}=\frac{2}{3}E$$

$$U_{02}=\frac{1}{3}E$$

按表2.2-20的逆变器工作状态，若以三相负载的公共点为零点，则每相负载的电压如表2.2-21所示。

表 2.2-21　逆变器工作时的负载电压

| 状　态 | 1 | 2 | 3 | 4 | 5 | 6 |
|---|---|---|---|---|---|---|
| $U_A$ | $E/3$ | $-E/3$ | $-2E/3$ | $-E/3$ | $E/3$ | $2E/3$ |
| $U_B$ | $E/3$ | $2E/3$ | $E/3$ | $-E/3$ | $-2E/3$ | $-E/3$ |
| $U_C$ | $-2E/3$ | $-E/3$ | $E/3$ | $2E/3$ | $E/3$ | $-E/3$ |

逆变器的输出电压波形见图2.2-54。显然二电平逆变器的输出线电压为120°方波。

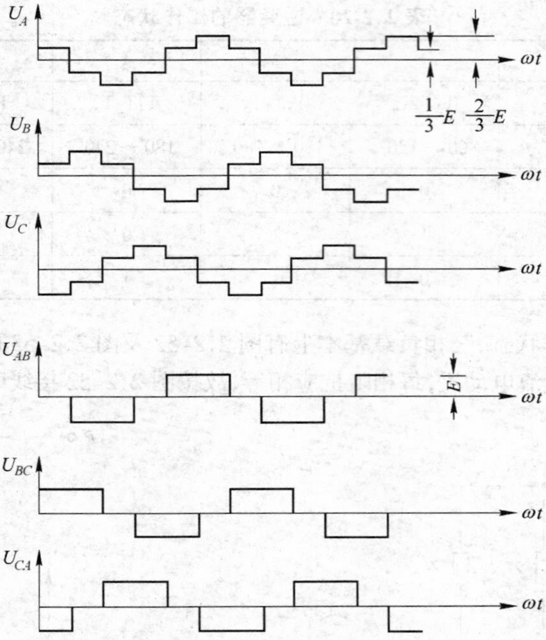


图 2.2-54　逆变器输出电压波形

如前所述,整流器是将恒定电压和恒定频率的交流变换成恒定的直流,整流电路均为三相桥式接线,整流器件可以采用二极管也可以采用晶闸管。

假定电网侧的整流器是由二极管组成的三相桥式整流电路,则整流器的输入电压(即整流变压器的二次电压)为正弦波,输入电流(即整流变压器的二次电流)为 120°方波,其电压、电流波形见图 2.2-55。

当整流器是由晶闸管组成的三相桥式电路时,整流变压器的电压和电流波形仍如图2.2-55所示。只是电流波形右移一个角度 $\alpha$,即电流向量滞后电压向量 $\alpha$ 角,此 $\alpha$ 角即为晶闸管的触发控制角,其电压和电流波形图省略。

对于大型工程项目,通常有多台整流变压器向变频器供电,为了减少谐波电流对电网的不良影响,整流变压器一般均采用不同接线组别以构成 12 次脉动电路,例如一台变压器采用△/Y 接线,另一台变压器采用△/△接线,二次侧线电压相位差30°;或者采用一台三绕组变压器,三个绕组接成△/△-Y,此时电网侧的电压、电流波形如图2.2-56所示。

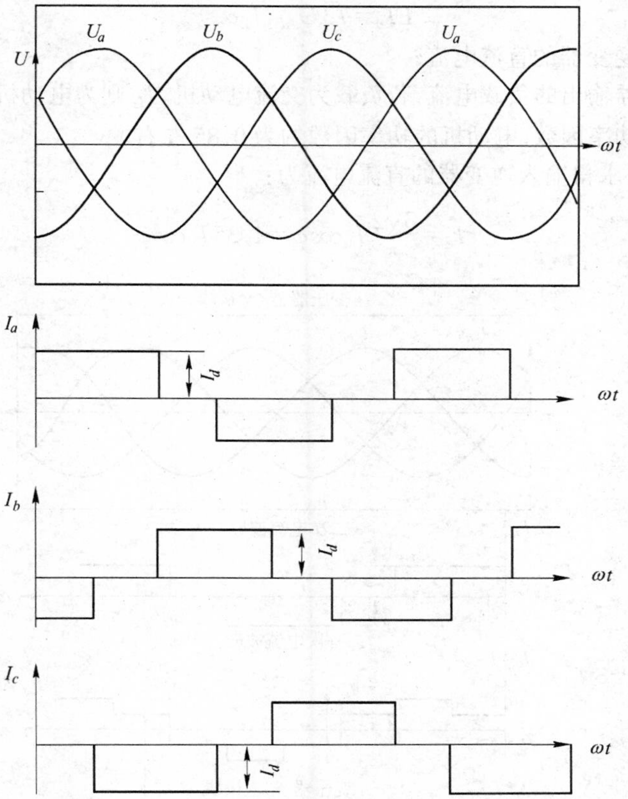


图 2.2-55　电网侧电压、电流波形

（下标小写用于整流变压器）

2. 变频器参数设计

A　逆变侧(即负载侧)参数计算

根据图 2.2-54 的电压波形可算得逆变器输出的交流电压有效值为：

$$U_{AB}=\sqrt{\frac{1}{\pi}\int_0^{\frac{2\pi}{3}}E^2\mathrm{d}\omega t}=\sqrt{\frac{2}{3}}E=0.816E \tag{2.2-36}$$

$$U_A=\sqrt{\frac{1}{\pi}\left[2\int_0^{\frac{\pi}{3}}\left(\frac{E}{3}\right)^2\mathrm{d}\omega t+\int_0^{\frac{\pi}{3}}\left(\frac{2E}{3}\right)^2\mathrm{d}\omega t\right]}$$

$$=\sqrt{\frac{2}{3}\left(\frac{E}{3}\right)^2+\frac{1}{3}\left(\frac{2E}{3}\right)^2}=\frac{\sqrt{2}}{3}E=0.471E \tag{2.2-37}$$

对逆变器的输出电压做傅里叶级数分解得：

$$U_{AB}=\frac{2\sqrt{3}}{\pi}E\left(\sin\omega t-\frac{1}{5}\sin5\omega t-\frac{1}{7}\sin7\omega t+\frac{1}{11}\sin11\omega t+\cdots\right) \tag{2.2-38}$$

由式 2.2-38 可求得基波电压有效值为：

$$U_{AB1}=\frac{\sqrt{6}}{\pi}E=0.78E \tag{2.2-39}$$

按能量守恒定律，若忽略逆变器的损耗和管压降，逆变器的交流输出功率应与直流输入功率相等，即：

$$EI_{\mathrm{d}}=\sqrt{3}\,U_{AB1}I_{\mathrm{L}}\cos\varphi \tag{2.2-40}$$

式中 $I_{\mathrm{d}}$——输入逆变器的直流电流；

$I_{\mathrm{L}}$——逆变器输出的负载电流，若负载为交流电动机，$I_{\mathrm{L}}$ 则为电动机的额定电流；

$\cos\varphi$——负载功率因数，电动机的功率因数约为 0.85 左右。

由式 2.2-40 可求得输入逆变器的直流电流为：

$$I_{\mathrm{d}}=\frac{3\sqrt{2}}{\pi}I_{\mathrm{L}}\cos\varphi=1.35I_{\mathrm{L}}\cos\varphi \tag{2.2-41}$$

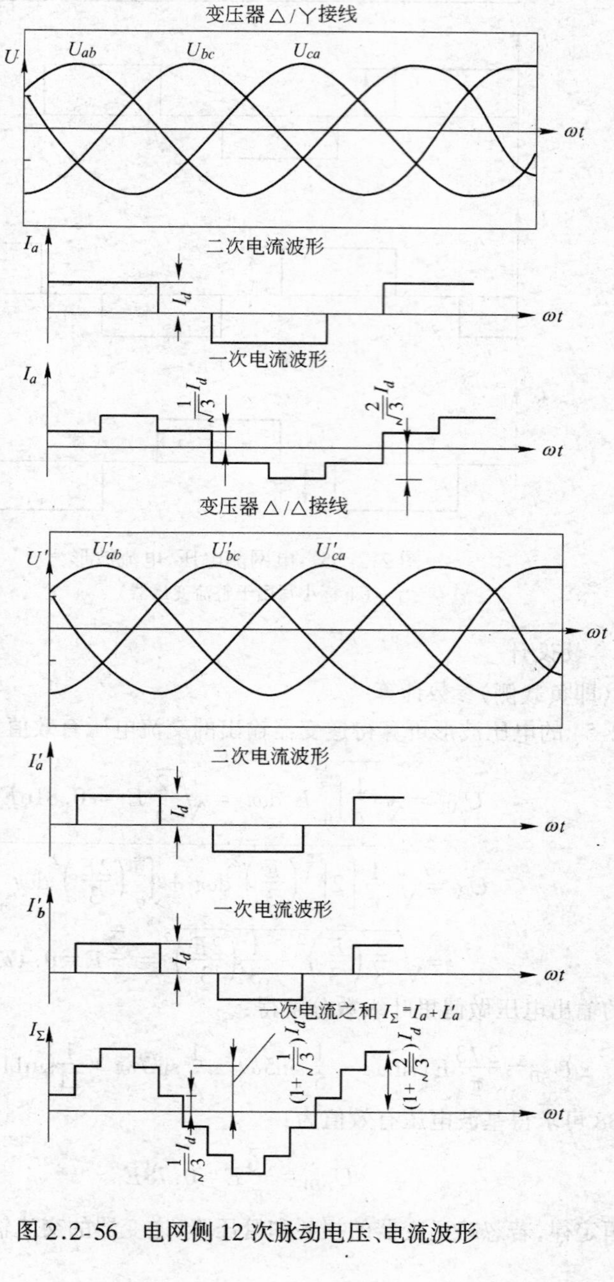


图 2.2-56 电网侧 12 次脉动电压、电流波形

B 整流侧(即电网侧)参数计算

a 由二极管组成的三相桥式整流电路

若直流输出电压为 $E$ 时,整流变压器的二次线电压有效值应为:

$$U_{ab}=\frac{E}{1.35}=\frac{1}{1.35}\cdot\frac{\pi}{\sqrt{6}}U_{AB1}=0.95U_{AB1}$$

考虑到变频器的管压降等因素,通常整流变压器的二次电压按变频器的额定输出电压选择,即:

$$U_{ab}=U_{AB1} \tag{2.2-42}$$

根据图 2.2-55 的电流波形可算得整流器的输入电流有效值为:

$$I_a=\sqrt{\frac{1}{\pi}\int_0^{\frac{2\pi}{3}}I_d\mathrm{d}\omega t}=\sqrt{\frac{2}{3}}I_d=0.816I_d \tag{2.2-43}$$

或:

$$I_a=0.816\times1.35I_L\cos\varphi=1.1I_L\cos\varphi \tag{2.2-44}$$

对整流器的输入电流做傅里叶级数分解得:

$$I_a=\frac{2\sqrt{3}}{\pi}I_d(\sin\omega t-\frac{1}{5}\sin5\omega t-\frac{1}{7}\sin7\omega t+\frac{1}{11}\sin11\omega t+\cdots) \tag{2.2-45}$$

由式 2.2-45 可求得基波电流有效值为:

$$I_{a1}=\frac{\sqrt{6}}{\pi}I_d=0.78I_d \tag{2.2-46}$$

输入整流器的方波电流引起的电流畸变因数为:

$$\left[\frac{I_{a1}}{I_a}\right]_{\gamma=0}=\frac{0.78}{0.816}=0.96 \tag{2.2-47}$$

各次谐波电流有效值与基波电流有效值之比见表 2.2-22。

**表 2.2-22 谐波电流值**

| 谐 波 次 数 | 5 | 7 | 11 | 13 | … |
|---|---|---|---|---|---|
| 谐波电流/基波电流 | 0.2 | 0.14 | 0.09 | 0.077 | … |

电流总谐波畸变率为:

$$THD=\frac{\sqrt{\sum_{n=2}^{n=\infty}I_n{}^2}}{I_{a1}}=\sqrt{\left(\frac{1}{5}\right)^2+\left(\frac{1}{7}\right)^2+\left(\frac{1}{11}\right)^2+\left(\frac{1}{13}\right)^2+\cdots}=0.29$$

所需整流变压器容量为:

$$S=\sqrt{3}U_{ab}I_a=\sqrt{3}U_{AB1}\times1.1I_L\cos\varphi=1.1P_L \tag{2.2-48}$$

式中 $P_L$——输入电动机的有功功率。

考虑电动机的效率为 0.96,变频器的效率为 0.97,则整流变压器容量应为:

$$S=\frac{1.1P_D}{0.96\times0.97}=1.2P_D \tag{2.2-49}$$

式中 $P_D$——电动机的铭牌额定功率。

电网的功率因数为:

$$\cos\varphi=\left[\frac{I_{a1}}{I_a}\right]_{\gamma=0}\cos\alpha \tag{2.2-50}$$

式中　$\left[\frac{I_{a1}}{I_a}\right]_{\gamma=0}$——畸变因数，对于六相整流电路，按式 2.2-47 知，$\left[\frac{I_{a1}}{I_a}\right]_{\gamma=0}=0.96$；

$\cos\alpha$——位移因数，$\alpha$ 为晶闸管的触发控制角，对由二极管组成的三相桥式整流电路，$\cos\alpha=1$。

故电网的功率因数为：

$$\cos\varphi=0.96\times1=0.96$$

b　由晶闸管组成的三相桥式整流电路

考虑电网电压波动 5%，变频器及线路压降 5%，晶闸管的最小控制角 $\alpha=10°$ 时，整流器仍能输出所需要的直流电压 $E$，此时，整流变压器的二次线电压应为：

$$E=1.35U_{ab}\cos10°\times0.95\times0.95$$

即：

$$U_{ab}=\frac{1}{1.35\times0.95\times0.95\cos10°}\cdot\frac{\pi}{\sqrt{6}}U_{AB1}=1.07U_{AB1}$$

即整流变压器的二次电压可按变频器额定输出电压的 1.05～1.1 倍选择。

按图 2.2-55 的电流波形可算得整流器的输入电流有效值为：

$$I_a=0.816I_d=0.816\times1.35I_L\cos\varphi=1.1I_L\cos\varphi$$

考虑电动机的效率为 0.96，变频器的效率为 0.97，所需整流变压器的容量应为：

$$S=\frac{1.1(1.05\sim1.1)}{0.96\times0.97}P_D=(1.24\sim1.3)P_D$$

式中　$P_D$——电动机的铭牌额定功率。

整流变压器的容量可按电动机功率的 1.3 倍选择。

在电网电压正常，又不考虑变频器及线路压降时，晶闸管的控制角为：

$$\frac{\pi}{\sqrt{6}}U_{AB1}=1.35\times(1.05\sim1.1)U_{AB1}\cos\alpha$$

可得：

$$\cos\alpha=0.86\sim0.9$$
$$\alpha=25.8°\sim30.7°$$

此时，电网的功率因数为：

$$\cos\varphi=\left[\frac{I_{a1}}{I_a}\right]_{\gamma=0}\cos\alpha=0.96\times(0.86\sim0.9)=0.83\sim0.86$$

c　采用多台不同接线组别的整流变压器构成的 12 次脉动电路

对于单台整流变压器的二次电压、二次电流和容量计算，参见 a 节及 b 节。但多台整流变压器采用不同接线组别构成的 12 次脉动电路，其结果是由电网提供给整流变压器的电流 $i_\Sigma$ 波形不是 120°方波，而是如图 2.2-56 所示的阶梯波。显然，这一阶梯式的电流波形比 120°方波更接近于正弦波，谐波分量大为减小且畸变因数较高。

按图 2.2-56 的阶梯波电流可算得电网提供给变频器的电流有效值为：

$$I_\Sigma=\sqrt{\frac{1}{\pi}\left[\int_0^{\frac{\pi}{3}}\left(\frac{1}{\sqrt{3}}I_d\right)^2d\omega t+\int_0^{\frac{\pi}{3}}\left(1+\frac{1}{\sqrt{3}}\right)^2I_d^2d\omega t+\int_0^{\frac{\pi}{3}}\left(1+\frac{2}{\sqrt{3}}\right)^2I_d^2d\omega t\right]}$$
$$=\sqrt{\frac{1}{3}\left[\left(\frac{1}{\sqrt{3}}\right)^2+\left(1+\frac{1}{\sqrt{3}}\right)^2+\left(1+\frac{2}{\sqrt{3}}\right)^2\right]I_d^2}=1.58I_d \tag{2.2-51}$$

对电网提供给变频器的阶梯波电流做傅里叶级数分解得：

$$I_{\Sigma 1}=2\times\frac{2\sqrt{3}}{\pi}I_{\mathrm{d}}(\sin\omega t+\frac{1}{11}\sin 11\omega t+\frac{1}{13}\sin 13\omega t+\cdots) \tag{2.2-52}$$

由式 2.2-52 可求得基波电流有效值为：

$$I_{\Sigma 1}=\frac{2\sqrt{6}}{\pi}I_{\mathrm{d}}=1.56I_{\mathrm{d}} \tag{2.2-53}$$

由阶梯波电流引起的电流畸变因数为：

$$\left[\frac{I_{\Sigma 1}}{I_{\Sigma}}\right]_{\gamma=0}=\frac{1.56}{1.58}=0.99 \tag{2.2-54}$$

各次谐波电流有效值与基波电流有效值之比见表 2.2-23。

**表 2.2-23　谐波电流值**

| 谐波次数 | 11 | 13 | 23 | … |
|---|---|---|---|---|
| $\frac{\text{谐波电流}}{\text{基波电流}}$ | 0.09 | 0.077 | 0.044 | … |

$I_{\Sigma}$电流总谐波畸变率为：

$$\begin{aligned}THD&=\frac{\sqrt{\sum_{n=2}^{n=\infty}I_n^2}}{I_{\Sigma 1}}\\&=\sqrt{\left(\frac{1}{11}\right)^2+\left(\frac{1}{13}\right)^2+\left(\frac{1}{23}\right)^2+\cdots}=0.13\end{aligned} \tag{2.2-55}$$

由式 2.2-54 及式 2.2-55 可知，采用 12 次脉动整流电路和 6 次脉动整流电路相比，电流畸变因数由 0.96 提高至 0.99，谐波电流畸变率由 0.29 降低至 0.13。理论上 5 次、7 次、17 次、19 次谐波电流均为零。

当整流器采用二极管整流时，电网的功率因数为：

$$\cos\varphi=\left[\frac{I_{\Sigma 1}}{I_{\Sigma}}\right]_{\gamma=0}\cos\alpha=0.99$$

当整流器采用晶闸管整流时，电网的功率因数为：

$$\cos\varphi=\left[\frac{I_{\Sigma 1}}{I_{\Sigma}}\right]_{\gamma=0}\cos\alpha=0.99\times(\cos 25.8^\circ\sim\cos 30.7^\circ)=0.85\sim0.89$$

12 次脉动整流电路的功率因数也比 6 次脉动整流电路的功率因数高。

3. 关于 PWM 脉宽调制

PWM 脉宽调制的目的是将逆变器输出的方波电压改进为一系列宽度不等的脉冲波，以减少低次谐波，从而解决了电动机在低频区的转矩脉动问题，同时也降低了电动机的谐波损耗和噪声。

PWM 控制技术基本上可以分为四类，即等脉宽 PWM、正弦波 PWM、磁链追踪型 PWM 及电流跟踪型 PWM。

如前所述，二电平逆变器的输出电压为 120°方波，如何将逆变器输出的方波电压通过逆变器改变成为一个可调频、调压的三相对称的正弦波电压是正弦波脉宽调制的基本目的。具体实施方法如图 2.2-57 所示，以一个正弦波 $U_{\sim}$ 作为基准波，也称为调制波，用一列等幅的三角波 $U_{\triangle}$(亦称为载波)与基波相交，见图 2.2-57*b*，由它们的交点确定逆变器的开关模式：当基准正弦波高于三角波时，使相应的开关器件导通；当基准正弦波低于三角波时，使开关器件截止，由此，逆变器的输出电压波形如图 2.2-57*a* 所示的脉冲列，这一脉冲列波形的特点是，在半个周期中，脉冲列均为等距、等幅(等高)、不等宽(可调)，总是中间的脉冲宽，两边的脉冲窄，各脉冲面积与该区间正弦波下的面积成比例，显然不等宽脉冲列的输出电压波形更接近正弦，其低次谐波分量将减小。

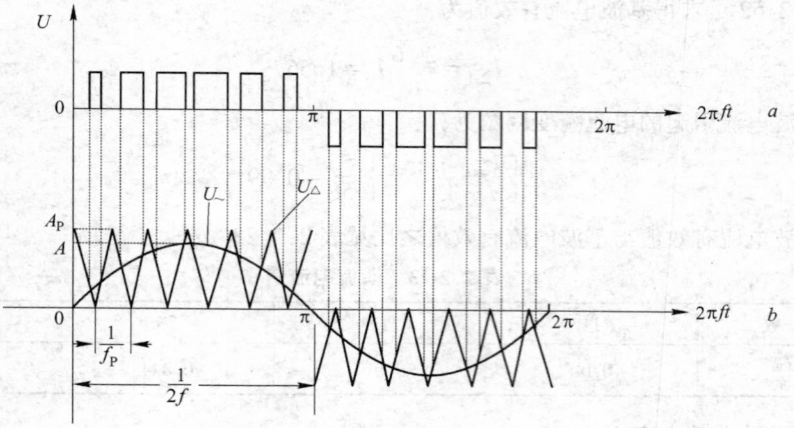


图 2.2-57　具有正弦脉冲调制的输出电压($N=6$)

$a$—输出电压波形；$b$—调制信号波形

按此法对方波电压进行调制时，基准正弦波电压 $U_{\sim}$ 的幅值应小于三角波 $U_{\triangle}$ 的幅值 $A_P$，而且基准正弦波电压和频率均可以调制。改变正弦波电压的幅值就可以改变逆变器输出电压的大小，改变正弦波电压的频率即可改变电动机的转速。在调频调速过程中，如果保持基准波电压与频率按比例变化，即保持压频比为一常数时，电动机为恒力矩输出；如果基准波电压恒定，只改变频率调节电动机转速，此时电动机则为恒功率输出。

如果逆变器的输出电压为 120°方波，通过傅里叶级数分解计算各次谐波电压值并求得电压畸变因数和总电压畸变率并不困难。如按调制后的一系列宽度不等的脉冲波进行谐波分析，从理论上讲也是可以求得的，但计算极其繁琐。一些资料表明，如果 PWM 的开关频率为 $f_K$，电动机的工作频率为 $f_D$，若 $f_K/f_D$ 为整数、$0\leqslant A_{max}\leqslant A_P$ 以及忽略脉冲列的上升沿和下降沿等因素的影响，则小于 $f_K/f_D$ 的各次谐波均被消除。

**（三）交—交变频器**

交—交变频调速系统是一种不经过中间直流环节，直接将较高固定频率和电压变换为频率较低而输出电压可变的变频调速系统。交—交变频器又称周期变换器(cycle converyer)，是采用晶闸管作为开关元件，借助电源电压进行换流，因此通常其输出频率只能在电压频率的 1/3～1/2及以下工作，这种系统特别适合大容量的低速传动装置，例如轧机主传动。

1. 基本工作原理

交—交变频器单相的工作原理如图 2.2-58 所示，单相的主回路接线和直流传动中晶闸管三相桥式反并联接线相同，其整流电压为：

$$U_1 = U_{dmax}\cos\alpha_p = -U_{dmax}\cos\alpha_N \tag{2.2-56}$$

式中　$\alpha_p$——正组整流器控制角；

$\alpha_N$——负组整流器控制角，$\alpha_N=\pi-\alpha_p$；

$U_{dmax}$——$\alpha=0°$时即最大的整流电压平均值。

在直流传动中，$\alpha$ 角固定，则输出电压不变；控制 $\alpha$ 角，则可改变输出电压。而在交—交变频调速系统中，该输出电压的基波为正弦波：

$$U_1 = U_{1m}\sin\omega_1 t$$

则由式 2.2-56 可得：

$$\cos\alpha_p = \frac{U_{1m}}{U_{dmax}}\sin\omega_1 t = k\sin\omega_1 t \tag{2.2-57}$$

$$\alpha_p = \arccos(k\sin\omega_1 t) \quad \alpha_N = \pi - \alpha_p \tag{2.2-58}$$

式中　$k$——输出电压比，$k = U_{1m}/U_{dmax}$；

　　$\omega$——输出电压基波的角频率。

因此，若对正反相桥按式 2.2-58 控制正、反组桥的触发脉冲，每隔半波正、反组交替工作，通过截取电网电压波形，即可产生所要求的输出电压。在半周中，电压和电流方向相同的期间，向电动机供给能量，电动机工作在Ⅰ、Ⅲ象限（电动状态），在电流和电压相反的区间，电动机向电网回馈能量，电动机工作在Ⅱ、Ⅳ象限（再生状态）。对三相输出的交—交变频器，因三相相位不同，由三相合成决定电动机工作在电动状态还是再生状态，负载功率因数 $\cos\varphi > 0$ 为电动状态，$\cos\varphi < 0$ 为再生状态。通过改变正、负两组整流器触发角变化的频率 $f$，即可改变输出电压的频率。改变输出电压比 $k$ 值，即可改变输出电压值。在可逆直流传动中采用的工作方式（逻辑无环流、错位无环流、可控环流等），一般在交—交变频器中均可适用。因此，交—交变频器的主回路及基本控制部分可采用直流传动的相同组件和技术。避免换流失败造成环流是这种主回路的要求，另一方面万一有一组晶闸管柜发生故障，变频器还能以 V 形接线运行，此时传动装置的电压能达到$\frac{\sqrt{2}}{2}U_N \approx 70\% U_N$，电流为全电流。图 2.2-58 中，所示波形为无环流工作方式时（电流连续）$f_1/f_0 = 6$，$k = 1$ 和 $k = 0.5$ 时的输出电压及电流。变频器的换流方式也是采用电源自然换流。

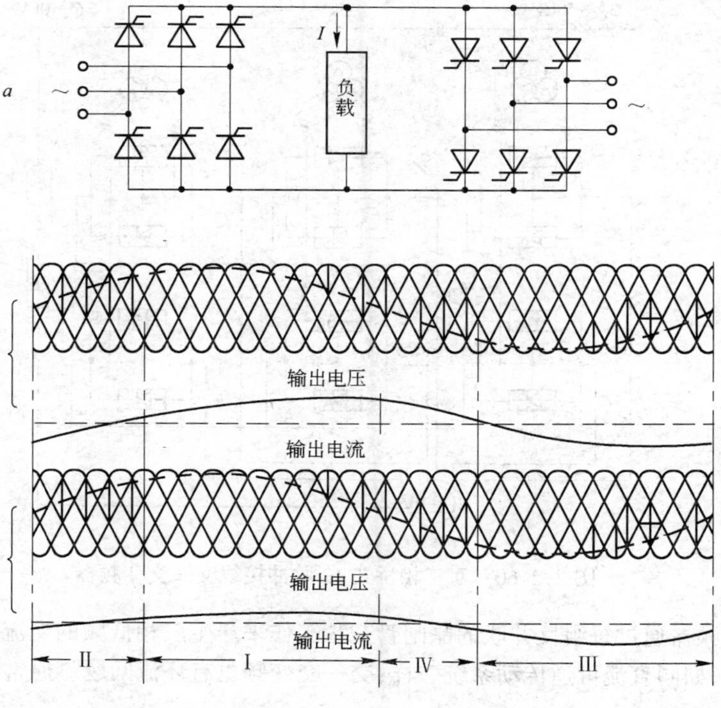


图 2.2-58　单相输出周波变流器电路及输出波形

$a$—电路图；$b$—输出电压和电流波形（$k = 1$，$f_1/f_0 = 6$ 时）；$c$—输出电压和电流波形（$k = 0.5$，$f_1/f_0 = 6$ 时）

Ⅰ—正组整流；Ⅱ—正组逆变；Ⅲ—负组整流；Ⅳ—负组逆变

2．主电路接线方式及环流控制

图2.2-59～图2.2-60所示为两种典型的交—交矢量控制变频调速系统的主回路接线方式。

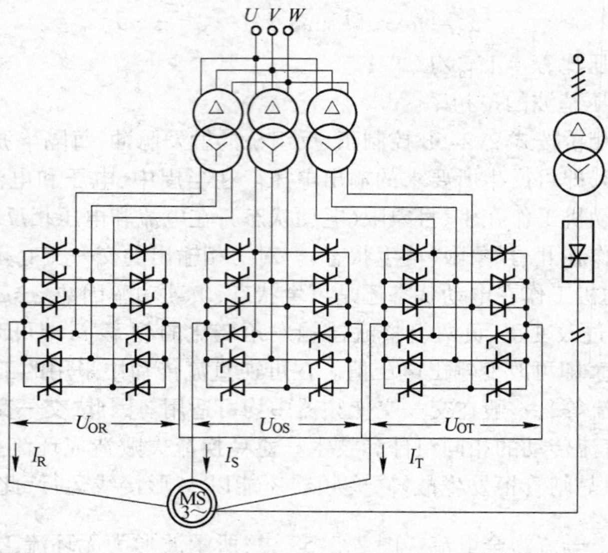


图2.2-59　三相桥式6脉冲接线交—交变频器

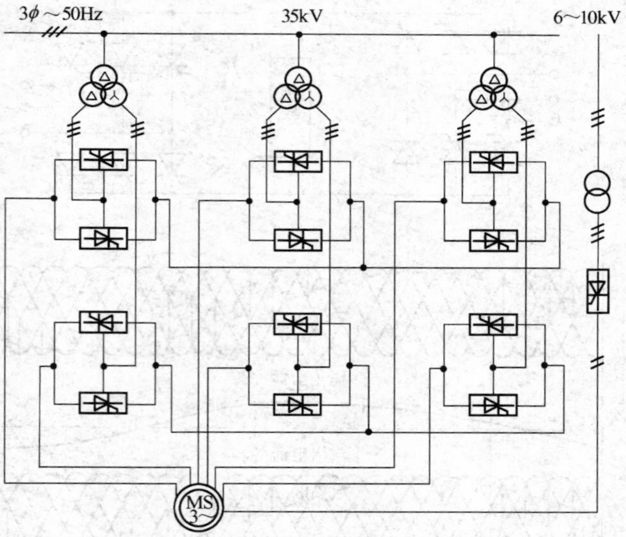


图2.2-60　双三相桥式12脉冲接线交—交变频器

交—交变频器通过每组反并联的晶闸管交替工作来产生三相低频的交流电压和交流电流供给负载。因此，如同直流可逆传动系统一样，交—交变频也有环流问题。通常处理环流的方式有下面两种：

(1) 无环流工作方式。无环流系统就是控制正、反两组触发脉冲，使其一组工作，另一组封锁，以实现无环流运行。无环流控制可以类似直流系统一样，采用逻辑无环流或错位无环流控制方式。目前生产的变频器基本上采用逻辑无环流控制。

(2) 可控环流工作方式,可控环流工作方式是在负载电流较小的时间内让正、反组整流器按有环流方式工作,并设置不太大的限制环流电抗器来限制这个小环流,当负载电流增大到某一设定值时,封锁另一组脉冲,即在每一个周期内采用有环流和无环流方式交替工作。目前,此种控制方式很少采用。

图 2.2-59 所示的三相桥式 6 脉波接线交—交变频器是由三个单相输出的交—交变频器,通过星形连接构成的。该变频器的输出电压分别为 $U_{OR}$、$U_{OS}$、$U_{OT}$,它们彼此相差 120°,作为三相输出的相电压。线电压再增大$\sqrt{3}$倍。这样的连接可使在选用的晶闸管承受的电压较低情况下,提高装置的输出电压。如果三个相电压 $U_{OR}$、$U_{OS}$、$U_{OT}$中都含有同样的直流分量,由于星形连接,线电压中也不含有直流分量,变频器输出到负载上的电压波形中也没有直流分量,这通常叫直流偏值,可改善变频器输入功率因数。

3. 交—交变频器的特点及与直流调速装置比较

A　交—交变频器的特点

交—交变频器的主要特点有两个:

(1) 所需晶闸管元件多,一个三相输出的 6 脉冲交—交变频器至少需要 36 只晶闸管或 18 只直接反并联的大功率晶闸管组件;

(2) 输出频率有限度,一般是供电电源频率的 1/3 左右,可用的频率范围一般认为是:

$$f_{max} \approx \frac{pf_0}{15} \tag{2.2-59}$$

式中　$f_0$——电网频率,Hz;

$p$——脉波数。

对于 50 Hz 电网的三相桥式电路($p=6$)而言,$f_{max}=20$ Hz。因此,交—交变频主要适用于大容量交流电动机,尤以同步电动机为主要对象。在矿井提升机、粗轧机等大功率、低转速的传动装置中,交—交变频获得广泛的应用。交—交变频也易实现四象限运行,且有良好的启动能力和动态特性。

由于交—交变频应用于大型设备,因此对控制有较高的要求,通常采用无环流的矢量控制系统。

B　交—交变频与直流调速装置的比较

交—交变频与直流调速相比有如下特点:

(1) 由于同步电动机可靠,维护量小,一般来说,交—交变频传动维护间隔可达 6 个月,而直流传动仅两个月。

(2) 交—交变频的功率回路与直流调速相同,同样可实现四象限运行,虽然控制部分复杂,但控制模型已经解决,实用性与直流传动相同,仅费用较高。全数字的矢量控制系统在国内有多套投入运行。

(3) 交—交变频同步电动机的效率比直流电动机高 2%。

(4) 交—交变频同步传动的功率因数 $\cos\varphi$ 比直流传动低 10%,因此需要增加无功补偿设备。同样存在 5、7、11、13 次谐波,并存在旁频谐波,高次谐波含量比直流传动装置小 1/3,旁频谐波的幅值一般在 2%以下。旁频谐波频率与正常谐波对应的表达式为:

$$f_r=(pm\pm 1)f_n\pm 2Lmf \tag{2.2-60}$$

式中　$f_n$——电网频率,Hz;

$L$——电动机相数;

$f$——电动机侧的电压频率，Hz；

$p$——脉波数；

$m$——自然数，1，2，3，…。

(5) 在可逆系统中，由于同步电动机比直流电动机有较小的转动惯量，除了加速时间短可节电外，还有较好的缓冲振荡性能。一台 6000 kW 的交—交变频同步电动机的转动惯量比同容量的直流电动机小 4.7 倍，在有振荡激励时，同步电动机具有缓冲振荡的作用。

(6) 从一定功率界线（约 2000 kW）开始，电动机及供电电源的总费用，交—交变频同步传动比直流传动低。

由以上可知，交—交变频同步传动往往用于功率大于 2000 kW 以上低转速可逆传动中，如轧钢机、提升机、碾磨机等设备。

4．交—交变频器主回路参数计算

A　变频装置容量计算

$$变频装置容量 = \frac{电动机容量}{功率因数 \times 效率} = \frac{P_e}{\cos\varphi\eta}$$

式中　$P_e$——电动机功率；

$\cos\varphi$——电动机功率因数；

$\eta$——电动机效率。

对于同步电动机 $\cos\varphi = 1$，$\eta = 0.97$。

对于异步电动机 $\cos\varphi = 0.85 \sim 0.87$，$\eta = 0.95$。

B　整流变压器容量计算

a　整流变压器二次电压计算

空载最小移相角 $\alpha_{\min} = 0$ 时，交—交变频器可能输出的最大交流线电压有效值为：

$$u_{o,\max} = \frac{1.35 \times \sqrt{3}}{\sqrt{2}} K_b U_{20} = 1.65 K_b U_{20} \tag{2.2-61}$$

式中　$U_{20}$——整流变压器二次侧线电压有效值；

1.35——三相桥式整流器整流系数；

$\sqrt{3}$——相线电压变换系数，组成三相交—交变频器的三套单相输出变频器，每个只输出相电压，而电动机和变频器的额定电压均为线电压；

$\sqrt{2}$——输出电压峰值与有效值的变换系数；

$K_b$——交流偏置提高输出电压系数，采用交流偏置时，$K_b = 1.15$；无偏置时，$K_b = 1$。

电动机额定电压（线电压有效值）为：

$$U_m = K_n K_v K_g K_r K_p U_{o,\max} \tag{2.2-62}$$

式中　$K_n$——电网侧（包括整流变压器）线路阻抗引起的压降系数，一般取 $K_n = 0.97$；

$K_v$——电动机侧线路压降及晶闸管压降系数，一般取 $K_v = 0.95$；

$K_g$——$\cos\alpha_{\min}$（通常 $\alpha_{\min} = 5° \sim 10°$），$\cos 10° = 0.985$；

$K_r$——调节裕量系数，通常 $K_r = 0.95$，即留有 5% 裕量；

$K_p$——电网压降系数，如果调节系统弱磁点不用稳压整流电源设定，电网电压降低，弱磁点提前，$K_p = 1$。

因此，由式 2.2-62 可求得：

$$U_m = 0.97 \times 0.95 \times 0.985 \times 0.95 \times 1 U_{o,\max}$$

即：

$$U_m = 0.864U_{o,max} = 0.864 \times 1.65K_bU_{20} = 1.43K_bU_{20}$$

采用交流偏置时，$U_m = 1.43 \times 1.15U_{20} = 1.64U_{20}$，即：

$$U_{20} = 0.61U_m \tag{2.2-63}$$

无交流偏置时，$U_m = 1.43 \times 1U_{20} = 1.43U_{20}$，即：

$$U_{20} = 0.7U_m \tag{2.2-64}$$

以某工程热带轧机主传动为例，电动机的相电压为 953 V，无交流偏置，则整流变压器的二次线电压：

$$U_{20} = 0.7 \times \sqrt{3} \times 953 = 1154\ \mathrm{V}$$

实际取 1130 V，整流变压器二次线电压与电动机额定电压之比为：

$$i = 1130/(\sqrt{3} \times 953) = 0.69 \approx 0.7$$

b　整流变压器二次电流计算

电动机的额定电流为 $I_m$ 时，变压器二次电流按下式求得：

$$I_{20} = 0.816I_m \tag{2.2-65}$$

式中　0.816——120°方波电流幅值与有效值的换算系数。

c　整流变压器容量计算

已知整流变压器的二次电流及二次电压，则变压器的容量由下式确定：

$$S = 3 \times \sqrt{3}U_{20}I_{20} = 5.2U_{20}I_{20} \tag{2.2-66}$$

以某工程热带轧机主传动为例，已知电动机额定电流为 2519 A，则变压器容量为：

$$S = 5.2 \times 1130 \times 0.816 \times 2519 = 12078\ \mathrm{kV \cdot A}$$

实选 12500 kV·A。

电动机容量为：

$$P = 3 \times 953 \times 2519 = 7200\ \mathrm{kW}$$

铭牌为 7700 kW。

C　功率因数

交—交变频器的功率因数计算极其复杂繁琐，在恒定高速的理想状态下，近似法计算的 $\cos\varphi$ 约为 0.8，精确计算为 0.827。对于粗轧主传动电机采用交—交变频装置供电时，轧制工艺有低速咬钢、带钢加速、频繁启动、制动等要求，因此功率因数计算更为复杂，通常只能通过测试及经验积累取得，这类负荷不仅需要静态无功补偿，而且还要解决动态无功冲击问题，设计时一般取 0.7。

## 第四节　直流电动机调速

在直流传动系统中，人为地或自动地改变电动机的转速以满足工作机械不同转速的要求，称为调速。可以通过改变电动机的参数或外加电压等方法，来改变电动机的机械特性，从而改变电动机的稳定转速。

电动机的转速由操作工给定，不能自动纠正转速偏差的方式称为开环控制。在很多情况下，希望转速稳定，即转速不随负载及电网电压等外界扰动而变化，此时电动机的转速应能自动调节，为此构成的调速系统称为闭环系统。

## 一、电动机调速的分类及静态指标

### （一）直流电动机调速的分类

1．无级调速和有级调速

无级调速：又称连续调速，是指电动机的转速可以平滑地调节。其特点为转速变化均匀，适应性强而且容易实现调速自动化，因此在工业装置中被广泛采用。

有级调速：又称间断调速或分级调速。它的转速只有有限的几级，调速范围有限且不易实现调速自动化。

2．向上调速和向下调速（调速的方向性）

电动机未做调速时的固有转速，通常即为电动机额定负载时的额定转速，也称为基本转速或基速。一般在基速方向提高转速的调速称为向上调速，例如直流电动机改变磁通进行的调速，其调速极限受电动机的机械强度和换向条件的限制。在基速方向降低转速的调速称为向下调速，例如直流电动机改变电枢电压进行的调速，调速的极限即最低转速主要受转速稳定性的限制。

3．恒转矩调速和恒功率调速

恒转矩调速：有很大一部分工作机械，其负载性质属于恒转矩类型，即在调速过程中不同的稳定速度下，电动机的转矩为常数。如果选择的调速方法能使 $T \propto I =$ 常数，则在恒转矩负载下，电动机不论在高速和低速下运行，其发热情况是一样的，这就使电动机容量能被合理而充分地利用。这种调速方法称为恒转矩调速。例如，当磁通一定时调节电枢电压或电枢回路电阻的方法，就属于恒转矩调速方法。

恒功率调速：具有恒功率特性的负载，是指在调速过程中负载功率 $P_L =$ 常数，负载转矩 $T_L = a\frac{1}{n}$。对于直流电动机，当电枢电压一定时减弱磁通的调速方法就属于此种类型。用恒功率调速方法去带动恒转矩性质的负载是不合理的，在高速时电机将会过载。

因此，对恒功率负载，应尽量采用恒功率调速方法；而对恒转矩负载，应尽量采用恒转矩调速方法。这样，电动机容量才会得到充分利用。

### （二）直流电动机调速的静态指标

1．调速范围

生产机械要求电动机能提供的最高转速 $n_{max}$ 和最低转速 $n_{min}$ 之比叫做调速范围，通常用 $D$ 表示，即：

$$D = \frac{n_{max}}{n_{min}}$$

式中，$n_{max}$ 和 $n_{min}$ 一般都指额定负载时的转速，闭环调速系统的调速范围可达 100:1 或更大。

2．静差率

电动机在某一转速下运行时，负载由理想空载变到额定负载时所产生的转速降落和额定负载时的转速之比，称为静差率（又称转速变化率）$S$，常用百分数表示，即：

$$S = \frac{n_0 - n}{n} \times 100\%$$

式中　$n_0$——电动机理想空载转速；

　　　$n$——电动机额定负载时的转速。

闭环调速系统的静差率一般为 $10^{-2} \sim 10^{-3}$。

3．稳速精度

在稳速系统中常用稳速精度的概念，即在规定的电网质量和负载扰动的条件下，在规定的运行时间(如1 h或8 h)内,在某一指定的转速下,$t$ 时间(通常 $t$ 取1 s)内平均转速最大值 $n_{max}$ 和另一个 $t$ 时间内平均转速最小值 $n_{min}$ 的相对误差的百分值,来表明稳速系统的性能:

$$\mu=\frac{n_{max}-n_{min}}{n_{max}+n_{min}}\times 100\%$$

数字稳速系统的稳速精度可在 $10^{-4}\sim10^{-5}$。

## 二、直流电动机的调速方法

### (一) 直流电动机的调速原理

直流电动机的机械特性方程式为:

$$n=\frac{U}{C_e\Phi}-\frac{R}{C_eC_T\Phi^2}T \tag{2.2-67}$$

式中　$U$——加在电枢回路上的电压;

$R$——电动机电枢电路总电阻;

$\Phi$——电动机磁通;

$C_e$——电动势常数;

$C_T$——转矩常数;

$T$——电磁转矩。

由式2.2-67可知,改变电动机电枢回路电阻 $R$、外加电压 $U$ 及磁通 $\Phi$ 中的任何一个参数,就可以改变电动机的机械特性,从而对电动机进行调速。

### (二) 直流电动机的调速方法

1. 改变电枢回路电阻调速

从式2.2-67可知,当电枢电路串联附加电阻 $R$ 时(见图2.2-61),其特性方程式变为:

$$n=\frac{U}{C_e\Phi}-\frac{R_0+R}{C_eC_T\Phi^2}T \tag{2.2-68}$$

式中　$R_0$——电动机电枢电阻;

$R$——电枢电路外串附加电阻。

从式2.2-68中可以看出,电动机电枢电路中串联电阻时特性的斜率增加;在一定负载转矩下,电动机的转速降增加,因而实际转速降低了。图2.2-61所示为不同附加电阻值时的一组特性曲线。

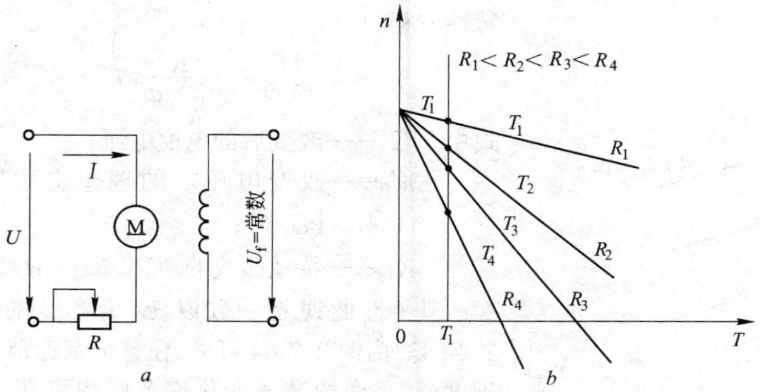


图2.2-61　直流电动机电枢电路串联电阻调速

$a$—线路图;$b$—机械特性图

采用这种调速方法,因其机械特性变软,转速受负载影响较大,轻载时达不到调速的目的,重载时还会产生堵转现象,而且在串联电阻中流过的是电枢电流,长期运行损耗也大,经济性差,因此在使用上有一定局限性。

电枢电路串联电阻的调速方法,属于恒转矩调速,只有在需要降低转速时使用。工业上,在小容量电动机的电枢回路中可串一台手动或电动变阻器来进行调速,对较大容量的电动机多用接触器—继电器系统来切换电枢串联电阻,故多属于有级调速。

由于在电枢回路中串联电阻的调速方法使特性变软,故在实践中又产生一种在电枢电路中串并联电阻的调速方法,其线路见图 2.2-62。

此时电动机的机械特性方程式为:

$$n = Kn_0 - \frac{R + KR}{C_e C_T \Phi^2} T \tag{2.2-69}$$

$$K = \frac{R_B}{R_B + R} \tag{2.2-70}$$

式中 $R_B$——与电枢并联的电阻。

由式 2.2-70 可见,串并联电阻后,理想空载转速降低了($K<1$),机械特性斜率较单纯串电阻时小,见图 2.2-63。

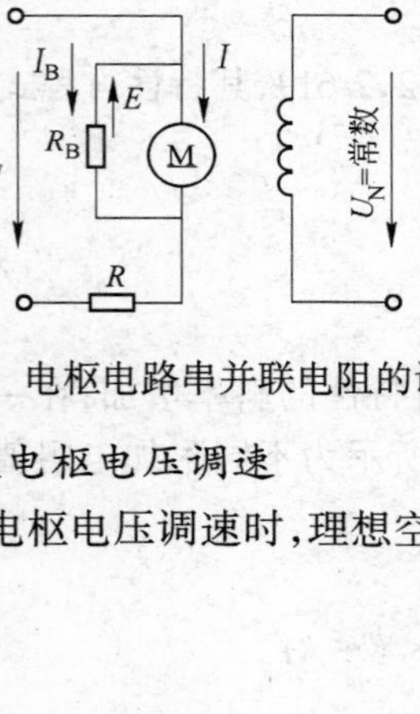


图 2.2-62 电枢电路串并联电阻的调速线路

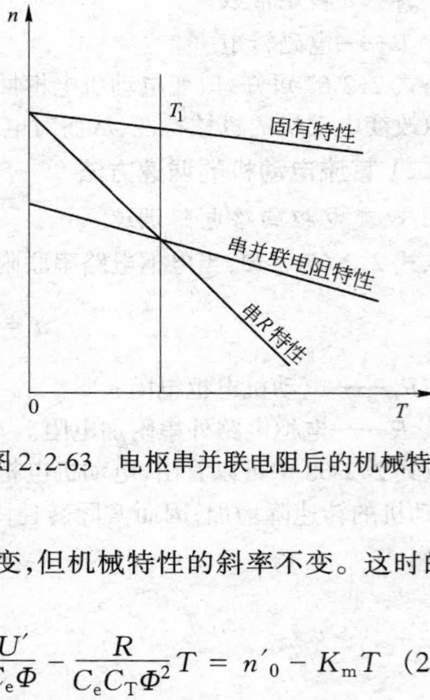


图 2.2-63 电枢串并联电阻后的机械特性

2. 改变电枢电压调速

当改变电枢电压调速时,理想空载转速 $n_0$ 也将改变,但机械特性的斜率不变。这时的机械特性方程为:

$$n = \frac{U'}{C_e \Phi} - \frac{R}{C_e C_T \Phi^2} T = n'_0 - K_m T \tag{2.2-71}$$

式中 $U'$——改变后的电枢电压;

$n'_0$——改变电压后的理想空载转速,$n'_0 = U'/(C_e \Phi)$;

$K_m$——特性曲线的斜率,$K_m = R/(C_e C_T \Phi^2)$。

其特性曲线是一族以 $U'$ 为参数的平行直线,见图 2.2-64。由图 2.2-64 可见,在整个调速范围内均有较大的硬度,在允许的转速变化率范围内可获得较低的稳定转速。这种调速方式的调速范围较宽,一般可达 10～12,如果采用闭环控制系统,调速范围可更大。

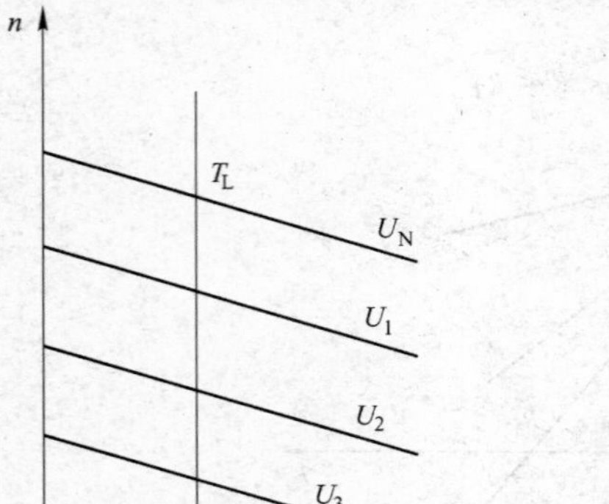


图 2.2-64 改变电枢电压调速时的机械特性

改变电枢电压调速方式属于恒转矩调速，并在空载或负载转矩时也能得到稳定转速，通过电压正反向变化，还能使电动机平滑地启动和四个象限工作，实现回馈制动。这种调速方式控制功率较小，效率较高，配上各种调节器可组成性能指标较高的调速系统，因而在工业中得到了广泛的应用。

3. 改变磁通调速

在电动机励磁回路中改变其串联电阻 $R_f$ 的大小(见图 2.2-65*a*)或采用专门的励磁调节器来控制励磁电压(见图 2.2-65*b*)，都可以改变励磁电流和磁通。这时电动机的电枢电压通常保持为额定值 $U_N$，因为：

$$n=\frac{U_N}{C_e\Phi}-\frac{R}{C_eC_T\Phi^2}T=\frac{U_N}{C_e\Phi}-\frac{R}{C_e\Phi}I \tag{2.2-72}$$

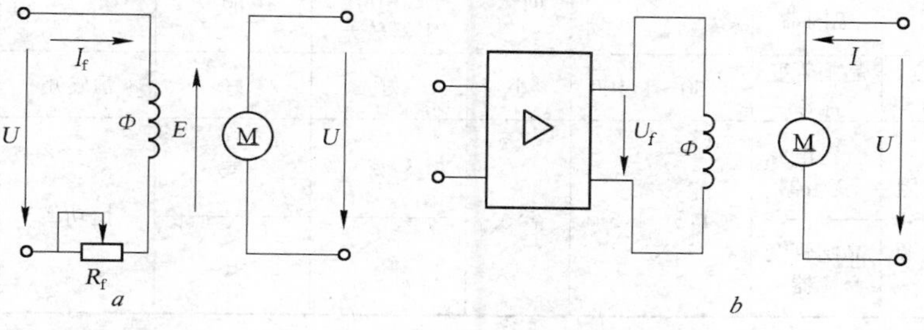


图 2.2-65　直流电动机改变磁通的调速线路

*a*—励磁回路串联电阻调速；*b*—用放大器控制励磁电压调速

所以，理想空载转速($U_N/(C_e\Phi)$)与磁通($\Phi$)成反比；电动机机械特性的斜率与磁通的二次方成反比。此时，转矩和电流与转速的关系见图 2.2-66。

在调速过程中，为使电动机容量得到充分利用，应该使电枢电流一直保持在额定电流 $I_N$ 不变，见图 2.2-66*b* 中垂直虚线。这时，磁通与转速成双曲线关系，$\Phi\propto 1/n$，即 $T\propto 1/n$，(见图 2.2-66*a* 中的虚线)。在虚线左边各点工作时，电动机没有得到充分利用；在虚线右边各点工作时，电动机过载，不能长期工作。因此，改变磁通调速适用于恒功率负载，即为恒功率调速。

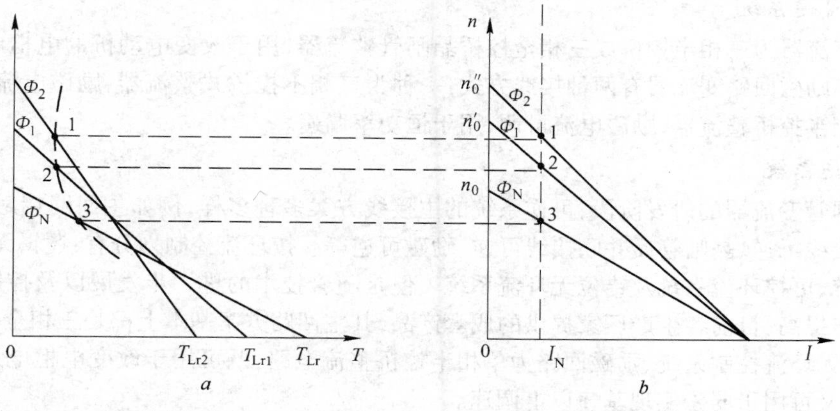


图 2.2-66　调磁通时 $n=f(T)$ 与 $n=f(I)$ 曲线

*a*—$n=f(T)$曲线；*b*—$n=f(I)$曲线

采用改变励磁进行调速时，在高速下由于电枢电流去磁作用增大，使转速特性变得不稳定，换向性能也会下降。因此，采用这种方法的调速范围有限。无换向极电动机的调速范围为基速的1.5倍左右，有换向极电动机的调速范围为基速的3～4倍，有补偿绕组电动机的调速范围为基速的4～5倍。

4．三种调速方法的性能比较

直流电动机三种调速方法的性能比较见表2.2-24。

**表2.2-24　调速方式的性能比较**

| 调速方式和方法 | | 控制装置 | 调速范围 | 转速变化率 | 平滑性 | 动态性能 | 恒转矩或恒功率 | 效率 |
|---|---|---|---|---|---|---|---|---|
| 改变电枢电阻 | 串电枢电阻 | 变阻器或接触器、电阻器 | 2:1 | 低速时大 | 用变阻器较好，用接触器和电阻器较差 | 无自动调节能力 | 恒转矩 | 低 |
| 改变电枢电压 | 静止变流器 | 晶闸管变流器 | 1:50～1:100 | 小 | 好 | 好 | 恒转矩 | 80%～90% |
| 改变磁通 | 串联电阻或用可变直流电源 | 直流电源变阻器 | 1:3～1:5 | 较大 | 较好 | 差 | 恒功率 | 80%～90% |
| | | 晶闸管变流器 | | | 好 | 好 | | |

## 三、晶闸管变流器供电的直流传动系统

晶闸管变流器供电的直流传动调速系统已广泛用于直流电动机的调速装置上，基速以下改变电枢电压实现恒转矩调速，基速以上改变磁通实现恒功率调速，这种系统的特点是调速范围广、平滑性好、动态性能优越、效率高。

晶闸管变流调速装置的主回路设备通常包括整流变压器（或交流进线电抗器）、晶闸管变流器（含控制及保护设备）、电抗器及快速开关等。变流装置的主回路方案和控制，应根据生产机械的工作状态并结合国内的定型产品参照表2.2-25选取。表2.2-25中的主回路方案基本上分为两类，一类是不可逆系统，一类是可逆系统。

1．不可逆系统

电枢变流器为三相半控桥或三相全控桥晶闸管整流器，用于改变电动机的电枢电压实现恒转矩调速。励磁回路变流器有两种接线方式：一种为三相不控桥式整流器，励磁电流不可调，另一种为单相半控桥整流器，励磁电流可调，用于恒功率调速。

2．可逆系统

在晶闸管变流器的研发阶段，可逆系统的主接线方案多种多样，例如主回路接触器可逆、晶闸管交叉接线可逆、晶闸管反并联接线可逆、励磁可逆等。按环流控制划分有：逻辑无环流系统、有环流系统、可控环流系统及错位无环流系统。但是随着技术的进一步发展以及控制系统可靠性的进一步提高，目前各生产厂家提供的成套产品，其主回路方案基本上都是三相全控桥反并联接线、逻辑无环流控制系统、励磁回路为单相半控桥整流电路，既可用于改变电枢电压实现基速以下调速，又可用于弱磁实现基速以上调速。

如上所述，晶闸管主回路的接线方案虽有多种多样，但目前各生产厂家能够成套提供的定型产品，有表2.2-25所示的两类，为此，对其他类别的接线方案不一一叙述，设计时拟采用的直流传动系统应根据生产机械的工作状态参照表2.2-25选择即可。

**表 2.2-25　主回路接线方案**

| 方案 | 不可逆接线方式 | 反并联可逆接线方式 |
|---|---|---|
| 主回路接线方案 | 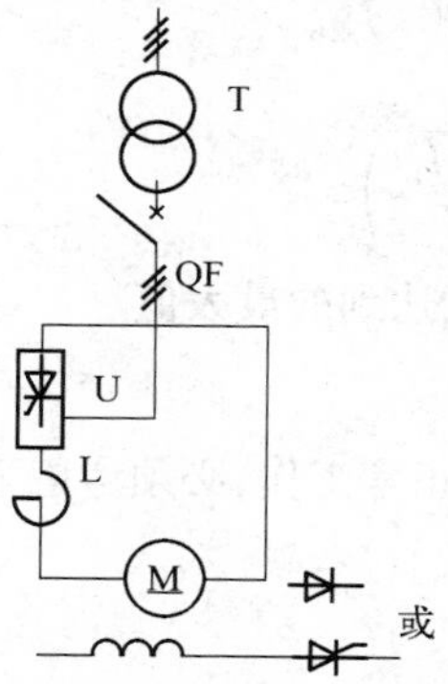 | 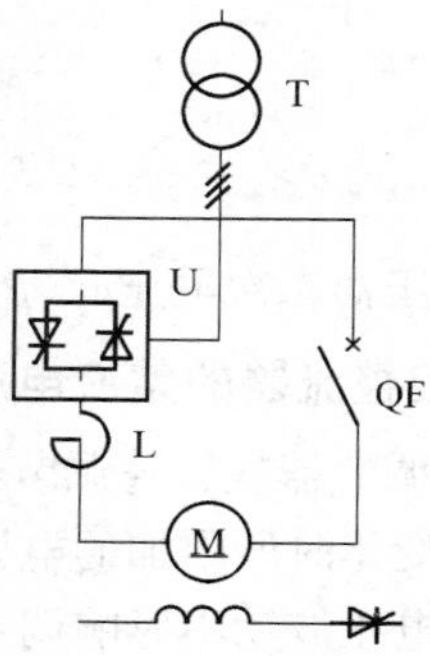 |
| 性能特点 | 1. 只提供单一方向转矩,变流器只限于整流状态工作,机械的减速、停车不能用变流装置控制<br>2. 设备费用少,晶闸管数量少,控制线路及保护方式简单<br>3. 不宜在经常启动、停车或要求调速的场所使用 | 1. 靠正反方向两组晶闸管实现主回路电流双向可逆运转,电流换向时通过逻辑控制电路的一定时序,选择封锁和释放晶闸管的触发脉冲,实现主电流方向可逆。电流方向切换时,为保证由导通转为封锁的晶闸管能可靠恢复阻断,一般须有 5～10 ms 的切换死时<br>2. 接线方式简单,设备费用少,晶闸管对接或变流器直接反并联,环流回路不设限流电抗器和直流快速断路器,设备紧凑,对晶闸管有较高要求 |
| 适用范围 | 多用于单方向连续运行或某些缓慢减速及负载变动不大的生产机械 | 可灵活地实现四象限内电动机频繁启动、制动和调速等状态运转、快速性好(数毫秒),便于组成有电流闭环的转速(或电压)控制装置,已普遍用于各类控制性能高的生产机械中 |

注:T—整流变压器;U—晶闸管变流器;QF—快速开关;L—滤波电抗器;M—传动直流电动机。

## 四、整流变压器参数计算

本节计算公式基于以下假定条件:

(1) 直流电流无脉动;

(2) 忽略变压器励磁电流和所有损耗;

(3) 忽略整流元件导通时的正向电压降和关断时的反向漏电流。

### (一) 整流电压的原始方程

当计及换相压降时为:

$$U_d = AU_2\beta\cos\alpha - AU_2C\beta\frac{U_d\%}{100}\frac{I_b}{I_{e,b}} \tag{2.2-73}$$

式中　$A$——整流系数,见表 2.2-26;

$C$——斜率系数,见表 2.2-26;

$\beta$——电网电压波动系数($0.95\leqslant\beta\leqslant1.05$);

$U_d\%$——变压器短路电压百分数;

$I_b/I_{e,b}$——变压器输出电流与额定电流之比或变压器的直流输出电流与额定直流输出电流之比。

**（二）不可控整流器的整流电压与二次电压**

$$U_d = AU_2\beta - AU_2C\beta\frac{U_d\%}{100}\frac{I_b}{I_{e,b}} \tag{2.2-74}$$

$$U_2 = \frac{U_d}{A\beta\left(1 - C\frac{U_d\%}{100}\frac{I_b}{I_{e,b}}\right)} \tag{2.2-75}$$

在选择变压器二次电压时，$\beta$ 取 0.95，$I_b/I_{e,b}$应取可能达到的最大值。

**（三）可控整流器的整流电压及变压器二次电压**

在有电压调节器或转速调节器时，为了保证调节器的正常工作，必须考虑下列因素：

(1) 负载变化时所附加的电压降；

(2) 电网电压波动不影响调节器的工作；

(3) 控制程度。

1. 采用电压调节器时

$$U_2 = \frac{U_d}{A\beta\left(\cos\alpha - C\frac{U_d\%}{100}\frac{I_b}{I_{e,b}}\right)} \tag{2.2-76}$$

计算 $U_2$ 时 $\beta$ 取 0.95。

对于可逆系统，$\alpha$ 取 25°～30°；对于不可逆系统，$\alpha$ 取 10°～15°。

2. 采用转速调节器时

考虑到电动机端电压为：

$$U_d = U_{e,d}\left[1 + r\left(\frac{I_d}{I_{e,d}} - 1\right)\right] \tag{2.2-77}$$

式中　$r = \dfrac{I_{e,d}r_{s,d}}{U_{e,d}}$；

$U_{e,d}$——电动机额定电压；

$I_{e,d}$——电动机额定电流；

$r_{s,d}$——电动机电枢电阻；

$I_d$——电动机过载电流。

则变压器二次电压为：

$$U_2 = \frac{U_{e,d}\left[1 + r\left(\frac{I_d}{I_{e,d}} - 1\right)\right]}{A\beta\left(\cos\alpha - C\frac{U_d\%}{100}\frac{I_b}{I_{e,b}}\right)} \tag{2.2-78}$$

一般 $r=0.04\sim0.08$。$\dfrac{I_b}{I_{e,d}}$及$\dfrac{I_d}{I_{e,d}}$应取最大值。

**（四）变压器二次相电流、一次相电流及视在功率的计算**

变压器二次相电流按下式计算：

$$I_2 = K_2I_{e,d} \tag{2.2-79}$$

式中　$K_2$——系数，见表 2.2-26。

变压器一次相电流按下式计算

$$I_1 = K_1 \frac{I_{e,d}}{K} \tag{2.2-80}$$

式中　$K_1$——系数，见表 2.2-26；

$K$——变压器一次相电压 $U_1$ 与二次相电压 $U_2$ 之比，即 $K = \frac{U_1}{U_2}$。

变压器一次视在功率 $S_{b1}$ 及二次视在功率 $S_{b2}$ 参照表 2.2-26 中的公式计算，其额定视在功率为：

$$S_b = \frac{S_{b1} + S_{b2}}{2} \tag{2.2-81}$$

**表 2.2-26　系数**

| 整流电路形式 | $A$ | $C$ | $K_2$ | $K_1$ | $S_{b2}$ | $S_{b1}$ | $\frac{S_{b1}}{S_{b2}}$ |
|---|---|---|---|---|---|---|---|
| 单相全波 | 0.9 | 0.707 | 0.707 | 1 | $2U_2I_2$ | $U_1I_1$ | 0.707 |
| 单相桥式 | 0.9 | 0.707 | 1 | 1 | $U_2I_2$ | $U_1I_1$ | 1 |
| 三相零式丫/丫 | 1.17 | 0.866 | 0.577 | 0.471 | $3U_2I_2$ | $3U_1I_1$ | 0.817 |
| 三相零式△/丫 | 1.17 | 0.866 | 0.577 | 0.272 | $3U_2I_2$ | $3U_1I_1$ | 0.817 |
| 三相曲折丫/⅄⌃ | 1.17 | 0.866 | 0.577 | 0.471 | $2\sqrt{3}U_2I_2$ | $3U_1I_1$ | 0.707 |
| 三相曲折△/⅄⌃ | 1.17 | 0.866 | 0.577 | 0.272 | $2\sqrt{3}U_2I_2$ | $3U_1I_1$ | 0.707 |
| 六相零式△/* | 1.35 | 1.225 | 0.408 | 0.33 | $6U_2I_2$ | $3U_1I_1$ | 0.707 |
| 双反星形带平衡电抗器丫/丫-⅄ | 1.17 | 0.5 | 0.289 | 0.408 | $6U_2I_2$ | $3U_1I_1$ | 0.707 |
| 双反星形带平衡电抗器△/丫-⅄ | 1.17 | 0.5 | 0.289 | 0.235 | $6U_2I_2$ | $3U_1I_1$ | 0.707 |
| 三相桥式丫/丫 | 2.34 | 0.5 | 0.816 | 0.816 | $3U_2I_2$ | $3U_1I_1$ | 1 |
| 三相桥式△/丫 | 2.34 | 0.5 | 0.816 | 0.471 | $3U_2I_2$ | $3U_1I_1$ | 1 |

## 五、交流侧进线电抗器的计算

在中小功率的调速系统中，有时多台变流装置公用一台整流变压器，或变流装置直接接入车间电源。这时，在变流装置与公用整流变压器或车间交流电源间应接入一台交流进线电抗器 $L_j$，见图 2.2-67。其目的除了限制晶闸管导通时的 $dI/dt$ 及短路电流外，还用于改善电源电压波形，减少公用整流变压器与变流器之间的相互干扰。

进线电抗器的电感量一般是：当变流器输入额定电流时，进线电抗器绕组上的电压降不低于供电电源额定相电压的 4%，因此电抗器的电感值按下式计算：

$$L_j = K_j \frac{U_2}{\omega I_2} \tag{2.2-82}$$

式中　$L_j$——进线电抗器每相的电感值，mH；

$U_2$——交流侧额定相电压，V；

$I_2$——变流器额定输入电流，A；

$K_j$——计算系数，一般取 40～80；

$\omega$——电源角频率，$\omega = 314$。

这种接线方式与采用专用整流变压器相比，在经济上具有较大的优越性，一般用于同一生产线上中小容量的电动机。

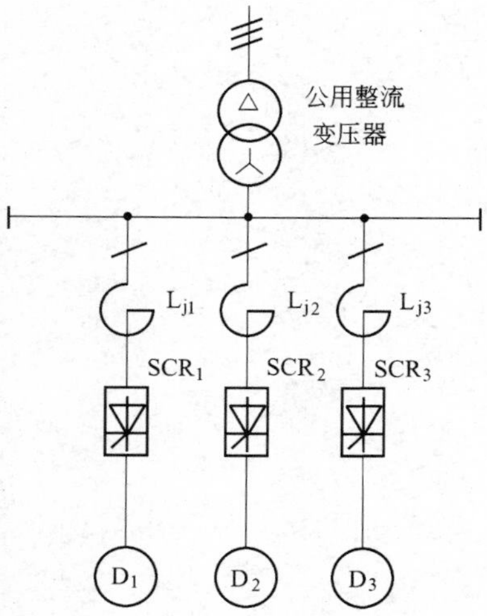


图 2.2-67　交流侧进线电抗器

# 第三篇　冶金工业炉窑

## 第一章　工业炉窑总论

### 第一节　概　　述

在冶金工厂中,熔化、烧结、加热、焙烧、蒸馏、热处理、烘干等各种用途的工业炉窑种类繁多,形式各异。

工业炉窑采用的能源有固体、液体、气体燃料及电能。合理选用燃料及组织燃料的燃烧过程,有效地利用燃料燃烧所发出的热量,减少各项热损失及开发高效余热回收装置,回收废气带出的热量,是提高炉子热效率及燃料利用率、节约能源的重要途径。

改进燃烧方法与装置结构,减轻环境污染,保护人类赖以生存的自然环境,是工业炉窑设计人员的重要职责与任务。

耐火材料是砌筑工业炉窑的基本材料,品种繁多,性能和用途也各不相同。根据耐火材料的性能,正确选用材料是保证炉子良好工作的重要条件,是提高炉体绝热性能、降低燃料消耗、延长炉体使用寿命的主要措施。

工业炉是冶金工厂的重要设备，热传递过程是炉子实现热工的基本过程，是炉子热工的核心。通过炉内加热计算，确定被加热工件的表面温度、中心温度、表面热流、加热时间及冷却时间、炉体散热等一系列参数，为进一步确定炉子的长度、生产能力、热负荷等提供基本数据。

工业炉的种类很多,用途各异,结构形式也各不相同,本章选择几种有代表性的炉型就其使用范围、技术性能、消耗指标、结构特点进行较全面的叙述,供参考使用。

### 第二节　工业炉分类

工业炉包括熔炼炉、加热炉、热处理炉及各行业专门用途炉子,根据这些炉子的特点和用途进行分类。工业炉子没有统一的分类标准,但是人们常常根据炉子的作用、炉子的热工制度、炉子的结构形式、炉子使用的燃料种类的不同等进行分类。

**一、工业炉的分类**

**(一) 按工业炉的作用分类**

按工业炉的作用分类如下:

(1) 加热炉:多用于金属压力加工前的加热,提高金属的加工性能,减少加工过程中的动力消耗。

(2) 热处理炉：根据对处理件不同的性能要求，热处理炉可分为退火炉、回火炉、正火炉、常化炉、淬火炉、表面处理炉等多种，其目的都是为了改善、提高被处理件的性能。

(3) 干燥炉：多用于铸造砂型的干燥，也可用于其他物料的干燥。炉子的温度一般都比较低。

(4) 金属冶炼炉：包括各种熔炼炉、吹炼炉、精炼炉、蒸馏炉、烟化炉、挥发炉(窑)、煅烧炉(窑)、阳极炉、阴极炉等。

**(二) 按使用的能源分类**

按使用的能源分类如下：

(1) 固体燃料加热炉(燃煤)：可分炉床燃烧(层状燃烧)、粉煤燃烧、粉煤浆燃烧等几种形式。

(2) 液体燃料加热炉：以重油或裂化渣油为燃料，采用高压油喷嘴、低压油喷嘴、机械雾化油喷嘴的加热炉。

(3) 气体燃料加热炉：以天然气、人工煤气为燃料的加热炉，具有使用方便、容易进行自动控制、环境污染小等优点。根据燃烧方式的不同可以有高压烧嘴、低压烧嘴、平焰烧嘴、蓄热式烧嘴等多种方式。

(4) 以电为能源的各种炉子：包括感应炉、电阻炉、电子轰击炉等。感应炉有工频、中频、高频之分，工频感应炉多用于材料加热，中频、高频感应炉多用于材料热处理。

(5) 自热炉：金属冶炼中，原料的反应热可完全满足反应温度和热量的要求，如吹炼转炉，铜精矿、锌精矿、黄铁矿的沸腾焙烧炉等，被称为自热炉。在一些熔炼过程中，有的原料的反应热量也较大，加上采用富氧空气，可不补加燃料而进行正常熔炼，这些也属于自热炉。

**(三) 按工业炉的热工制度分类**

按工业炉的热工制度分类如下：

(1) 采取连续工作制度的工业炉：炉子正常工作之后，炉内各点的温度不随时间而变化。这种炉子适用于品种少、批量大的生产。

(2) 采取间断、周期工作制度的工业炉：按一班制或二班制工作。这种炉子适用于品种多的情况，如小的轧制车间、锻造车间等；周期工作的热处理车间；根据热处理的工艺制度进行周期工作的情况，如有色冶炼的吹炼工序、精炼工序。这种炉子的热效率一般都比较低。

**(四) 按工业炉的结构特点分类**

按工业炉的结构特点分类如下：

(1) 连续式工业炉：包括推钢式炉、步进式炉、链式炉、辊底式炉、环形炉、回转窑、反射炉、竖罐蒸馏炉等。

(2) 室式炉、台车式炉、井式炉、罩式炉、坑式炉。

(3) 机修用炉(也可以按用途划分)：包括熔化、锻造用的坩埚炉、单焰炉等。

(4) 根据工业炉排烟方式的不同，又可以分为上排烟与下排烟、机械排烟与自然排烟等不同形式的工业炉。

## 二、火焰炉内加热的特征

火焰炉内加热的特征是：

(1) 各种固体、液体、气体燃料的成本较低；

(2) 燃烧设备的投资相对较低；

(3) 比较容易地组织火焰，控制火焰的方向，有利于强化加热；

(4) 燃料燃烧过程中会产生噪声、粉尘、烟尘及烟气而污染环境，储运过程中燃料漏失也会造成环境的污染；

(5) 采用明火加热时被加热工件往往产生氧化；

(6) 为适应特殊加热的需要采用辐射管、马弗罩等间接加热法，控制炉内气氛，实现无氧化加热、光亮热处理、渗碳、渗氮等工艺要求。

**三、电能加热的特征**

电能加热的特征是：

(1) 便于准确控制炉温及被加热工件的温度；

(2) 可以实现工件内部加热使其升温；

(3) 能实现快速加热，特别适合工件热处理时的感应加热；

(4) 热效率高，无环境污染；

(5) 与使用其他燃料相比，加热成本比较高。

## 第三节 燃料及燃烧

基本符号：

$w(A)^g$——干燥基灰分，质量分数，%；

$w(A)^y$——应用基灰分，质量分数，%；

$w(C)^r$——可燃基碳含量，质量分数，%；

$w(C)^y$——应用基碳含量，质量分数，%；

$w(H)^r$——可燃基氢含量，质量分数，%；

$w(H)^y$——应用基氢含量，质量分数，%；

$w(N)^r$——可燃基氮含量，质量分数，%；

$w(N)^y$——应用基氮含量，质量分数，%；

$w(O)^r$——可燃基氧含量，质量分数，%；

$w(O)^y$——应用基氧含量，质量分数，%；

$Q_{DW}^g$——干燥基低发热量，kJ/kg；

$Q_{SW}^y$——应用基低发热量，kJ/kg；

$Q_{WS}^g$——干燥基高发热量，kJ/kg；

$Q_{GW}^y$——应用基高发热量，kJ/kg；

$w(S)_Q^g$——干燥基全硫含量，质量分数，%；

$w(S)_{LT}^g$——干燥基黄铁矿硫含量，质量分数，%；

$w(S)_{LY}^g$——干燥基 $SO_4$ 硫含量，质量分数，%；

$w(S)_Y^g$——干燥基有机硫含量，质量分数，%；

$w(V)^r$——可燃基挥发分，质量分数，%；

$w(W)^y$——应用基水含量，质量分数，%。

基本符号说明。一个符号由三部分组成：符号主体、上部角码、下部角码。

(1) 符号主体代表燃料中的某种成分或燃料的发热量。其中：

$w(A)$——灰分，质量分数，%；

$w(C)$——碳含量，质量分数，%；

$w(H)$——氢含量，质量分数，%；

$w(N)$——氮含量，质量分数，%；

$w(O)$——氧含量,质量分数,%;

$Q$——发热量,kJ/kg;

$w(S)$——硫含量,质量分数,%;

$w(V)$——挥发分,质量分数,%;

$w(W)$——水含量,质量分数,%。

(2) 上部角码代表某成分(或发热量)的基数,即某成分(或发热量)在该基数下的数值。其中:

g——以燃料的干燥状态(不计水分)作基数所表示的数值,称为干燥基;

r——以燃料的可燃成分(不计水分、灰分)作基数所表示的数值,称为可燃基;

y——以实用燃料作基数所表示的数值,称为应用基。

(3) 下部角码是说明其他的一些情况。其中:

DW——低发热量,只用于发热量;

GW——高发热量,只用于发热量。

## 一、燃料组成和特性

### (一) 燃料组成的表示方法和换算

1. 固体和液体燃料组成的表示方法及换算

应用基表示法(符号为 y)　这种表示方法是以实用燃料为分母表示燃料中各成分的质量分数,以下列各成分之总和为100%,即:

$$w(C)^y + w(H)^y + w(O)^y + w(N)^y + w(S)^y + w(W)^y + w(A)^y = 100\% \tag{3.1-1}$$

式中　$w(C)^y$、$w(H)^y$、$w(O)^y$、$w(N)^y$、$w(S)^y$、$w(W)^y$、$w(A)^y$——分别为碳、氢、氧、氮、硫、水分、灰分在实用燃料中的质量分数,%。

干燥基表示法(符号为 g)　这种表示方法是指燃料中各成分对干燥燃料而言的质量分数,按式3.1-2中除去水分后为100%,即:

$$w(C)^g + w(H)^g + w(O)^g + w(N)^g + w(S)^g + w(A)^g = 100\% \tag{3.1-2}$$

式中符号同式3.1-1,只是按干燥燃料来计算各成分的质量分数。

可燃基表示法(符号为 r)　这种表示方法是指各成分对燃料的可燃部分而言的质量分数,即:

$$w(C)^r + w(H)^r + w(O)^r + w(N)^r + w(S)^r = 100\% \tag{3.1-3}$$

式中　$w(C)^r$、$w(H)^r$、$w(O)^r$——分别代表燃料可燃质中各元素成分的质量分数,%。

换算　在燃烧计算前,必须将已知的燃料组成换算成应用基计算的成分,可用以下公式进行换算:

$$应用基(\%) = 干燥基(\%)\frac{100 - w(W)^y}{100} \tag{3.1-4}$$

$$\begin{aligned}应用基(\%) &= 可燃基(\%)\frac{100 - w(A)^y - w(W)^y}{100}\\ &= 可燃基(\%)\frac{(100 - w(A)^g)}{100}\times\frac{(100 - w(W)^y)}{100}\end{aligned} \tag{3.1-5}$$

$$干燥基(\%) = 可燃基(\%)\frac{100 - w(A)^g}{100} \tag{3.1-6}$$

2. 气体燃料组成的表示方法和换算

气体燃料成分常用干成分表示,但一般均含有水,在燃烧计算前应换算成湿成分,可用以下公式进行换算：

$$湿成分 = 干成分\frac{100 - \varphi(H_2O)}{100} \tag{3.1-7}$$

$$湿成分 = 干成分\frac{100}{100 + 0.124g} \tag{3.1-8}$$

式中　$\varphi(H_2O)$——湿煤气中含水的体积分数，%；

$g$——标准状况下干煤气的水含量，$g/m^3$；

湿成分——湿煤气中各成分的体积分数，%；

干成分——干煤气中各成分的体积分数，%。

**（二）燃料的成分和特性**

1．煤的成分与特性

煤的成分可用化学分析和工业分析两种方法表示。煤的主要特性包括发热量、灰分和熔点。

2．燃料油的组成与特性

蒸馏原油时残留于蒸馏塔底的残渣油称为重油。在常压下进行蒸馏加工，提炼出汽油、煤油、柴油之后剩下的残渣，便称为直馏重油（也称常渣油）。为了生产更多的轻质油，还可以将原油常压蒸馏后的残留物再进行减压蒸馏，减压蒸馏后的残留物称为减压渣油。减压馏分还可以再进行裂化，生成裂化煤气和裂化汽油，而残留物则为裂化渣油。这些渣油都是重油。因此，重油的性质不仅和原油有关，而且和加工方法有关。

化学组成和发热量　重油是一些有机物的混合物，主要由不同族的液体碳氢化合物和溶在其中的固体碳氢化合物所组成。它们包括烷烃（$C_nH_{2n+2}$）、环烷烃（$C_nH_{2n}$）、芳香烃和极少量的烯烃，此外尚含有少量的硫、氧、氮。作为燃料来说，通常只需要了解重油的元素组成。各地重油的元素组成差别不是很大，平均范围是（可燃成分）：

$w(C)$:85%～88%；$w(H)$:10%～13%，$w(N+O)$:0.5%～1%，$w(S)$:0.2%～1%。

国内各主要炼油厂出产的重油低发热量一般为（9000～10000）×4.1868＝37～41.8 MJ/kg。计算发热量（单位为 MJ/kg）的经验公式如下：

高发热量

$$Q_{GW}^{y} = 81w(C) + 300w(H) - 26w(O-S) - 6w(W) \tag{3.1-9}$$

低发热量（0℃时）

$$Q_{DW}^{y} = 81w(C) + 246w(H) - 26w(O-S) - 6w(W) \tag{3.1-10}$$

式中　$w(C)$、$w(H)$、$w(O)$、$w(S)$、$w(W)$——分别为燃料中碳、氢、氧、硫、水分的质量分数，%。

氢含量高、密度小的油，其发热量大；反之碳含量高、密度大，则发热量较小。

反映燃料油的密度与氢含量（%）关系的经验公式为：

$$w(H) = 26 - 15\gamma \tag{3.1-11}$$

燃料油的密度　密度是指20℃的燃料油与4℃时的水在同体积下的质量之比，用 $\gamma_4^{20}$ 表示。$\gamma_{15.6}^{15.6}$表示油与水在15.6℃时单位体积的质量之比。

燃料油的密度随温度变化而有较大的变化，在计量、储运中往往不可忽略，油温相差100℃时体积可相差5%～9%。

某温度下的密度 $\gamma_4^t$ 与20℃时的密度可按下式换算：

$$\gamma_4^{20} = \gamma_4^t + \beta(t - 20) \tag{3.1-12}$$

式中　$\beta$——温度变化1℃时密度的变化值，$\beta$ 值可以从表3.1-1中查得。

表 3.1-1 油密度的温度校正值

| 密度 $\gamma_4^t$ | 1℃的温度校正值 $\beta$ | 密度 $\gamma_4^t$ | 1℃的温度校正值 $\beta$ |
|---|---|---|---|
| 0.800～0.810 | 0.000765 | 0.900～0.910 | 0.000633 |
| 0.810～0.820 | 0.000752 | 0.910～0.920 | 0.000620 |
| 0.820～0.830 | 0.000738 | 0.920～0.930 | 0.000607 |
| 0.830～0.840 | 0.000725 | 0.930～0.940 | 0.000594 |
| 0.840～0.850 | 0.000712 | 0.940～0.950 | 0.000581 |
| 0.850～0.860 | 0.000699 | 0.950～0.960 | 0.000568 |
| 0.860～0.870 | 0.000686 | 0.960～0.970 | 0.000555 |
| 0.870～0.880 | 0.000673 | 0.970～0.980 | 0.000542 |
| 0.880～0.890 | 0.000660 | 0.980～0.990 | 0.000529 |
| 0.890～0.900 | 0.000647 | 0.990～1.000 | 0.000518 |

*闪点及燃点* 石油产品在规定的条件下，加热到它的蒸气（周围有空气存在）与火焰接触发生闪火时的最低温度称为闪点。当温度继续升到油液面蒸气接触火焰点着，并燃烧不少于5 s的最低温度称为燃点。一般重油的燃点较闪点高7～10℃。当油温达到某一温度时不用点火即可自燃，能发生自燃的最低温度称为自燃点，一般重油的自燃点为530～580℃，炉内温度低于自燃点时燃烧不能顺利进行。

重油的预热温度不应高于闪点，以免着火和放出有害蒸气使环境变坏。另外，用泵输送高温重油时，由于蒸气压高而影响泵的正常工作，特别是油中含水时，容易产生水的汽化而产生泡沫，造成油罐冒顶；同时油泵、烧嘴也会发生不能连续工作的情况。因此，油的预热温度必须控制在低于闪点温度4℃以下。

*黏度、凝固点* 重油的黏度是决定管道输送、烧嘴燃烧的重要性质之一。在相等的压力下，管道或烧嘴内油的黏度波动，就会造成流量的波动和雾化质量的变化。

油类的黏度通常用动力黏度、运动黏度表示。运动黏度 $\nu$ 的法定单位是 $m^2/s$。我国常使用恩氏黏度表示重油黏度的大小。

石油产品黏度与温度的关系可近似地表示为：

$$\lg\lg(\nu+0.8)=A-B\lg T \tag{3.1-13}$$

式中 $\nu$——运动黏度，$10^{-6}\ m^2/s$；

$T$——液体的绝对温度，K；

$A$、$B$——常数。

由上式可以看出，在对对数和对数坐标上，黏度和温度为直线关系，因此在实际计算中只要知道两个不同温度下的黏度值，便可以在图3.1-1上划出黏度-温度的关系图，即可以求出任何温度下的黏度值。

对于同一种原油的产品来说，它们的黏度-温度曲线可视为近似于平行线，即式3.1-13中 $B$ 值不变。因此，当已知油在某一温度下的黏度时，即可在黏度-温度关系图上作已知直线的平行线，求出黏度与温度关系。

黏度对烧嘴工作的影响很大。黏度过大时由油罐向喷嘴输油困难，送油量下降，点火困难，雾化不好，燃烧不均匀，不完全，喷嘴的喷油口容易结炭而使喷嘴工作恶化。黏度过小时，喷油量过多，相应地空气不足而使燃烧不完全。

静止状态下无水的试样，在试管中冷却到将试管倾斜45°经过1 min，液面仍停留不动的最高温度，称为该油的凝点。

油在低温下失去流动性的原因之一，是由于含蜡的影响，当油温低于固体烃的溶解度时，蜡就会在油中析出。

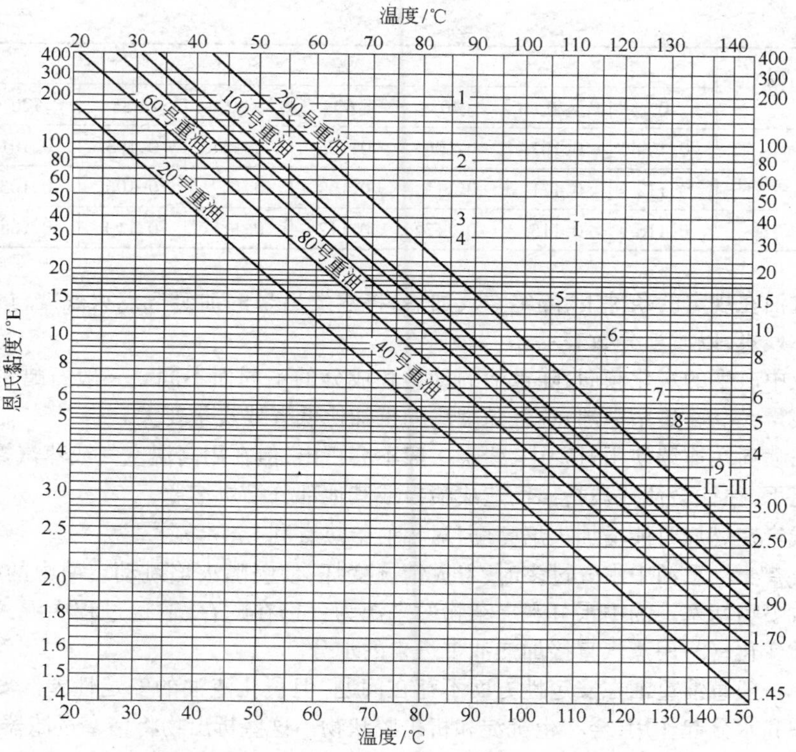


图 3.1-1　油的黏度－温度关系

1—齿轮泵，螺杆泵最大黏度；2—往复泵，活塞泵最大黏度；3—油泵输送及放油平均黏度；4—出力20～40 t/h的离心泵最大黏度；5—蒸汽雾化喷嘴前最大黏度；6—高压及低压空气雾化喷嘴的最大黏度；7—机械雾化喷嘴前最大黏度、蒸汽雾化喷嘴前推荐黏度；8—高压及低压空气雾化喷嘴前推荐黏度；9—机械雾化喷嘴前推荐黏度；Ⅰ—加热器内重油最高温度；Ⅱ—加热器内蒸汽最高温度；Ⅲ—加热器残渣温度极限（即在加热面上每月沉积0.5 mm的温度）

重油或柴油在接近凝点时，流动性变坏，而且固体物析出使管道输送和喷嘴雾化都受到阻碍，管道中有油存在时不允许温度低于凝点，因此重油管道通常都要进行保温。

**硫含量**　重油中的硫是有害元素，它以各种化合物的形式存在，除去比较困难，因此低硫重油就比较可贵。大部分国产重油的硫含量均小于1%，属于低硫重油。

燃料中的硫经燃烧后，全部进入废气中形成$SO_2$，其中一部分变为$SO_3$。在炉内有水冷部件时，其表面温度低于烟气的露点，烟气中的$SO_3$与水结合成为硫酸，腐蚀金属。$SO_2$则没有明显的影响。

**比热容、熔融热和导热系数**　重油的比热容、熔融热和导热系数的特点如下：

(1) 重油的比热容随温度升高而增大，随密度增大而减小。

(2) 重油的熔融热可采用$(40\sim60)\times4.1868=167\sim251$ kJ/kg。

(3) 重油的导热系数随温度和密度而变化，见表3.1-2。

**表3.1-2　重油的导热系数**[×4.1868 kJ/(m·h·℃)]

| 重油密度 $\gamma_{15.6}^{15.6}$ | 温　度/℃ | | | | | | | |
|---|---|---|---|---|---|---|---|---|
| | 0 | 20 | 40 | 60 | 80 | 100 | 120 | 140 |
| 1.0 | 0.101 | 0.100 | 0.099 | 0.098 | 0.097 | 0.096 | 0.094 | 0.093 |
| | 0.105 | 0.104 | 0.103 | 0.101 | 0.100 | 0.099 | 0.098 | 0.097 |

续表 3.1-2

| 重油密度 $\gamma_{15.6}^{15.6}$ | 温 度/℃ | | | | | | | |
|---|---|---|---|---|---|---|---|---|
| | 0 | 20 | 40 | 60 | 80 | 100 | 120 | 140 |
| 0.9340 | 0.109 | 0.107 | 0.106 | 0.105 | 0.104 | 0.103 | 0.101 | 0.100 |
| | 0.112 | 0.111 | 0.115 | 0.109 | 0.107 | 0.106 | 0.105 | 0.102 |
| 0.8762 | 0.116 | 0.115 | 0.113 | 0.112 | 0.111 | 0.110 | 0.108 | 0.107 |

残炭 重油在规定的条件下,隔绝空气加热,将蒸发出来的油蒸气点火燃烧,最后剩下不能蒸发的焦炭称残炭,以质量分数表示。

热解反应中产生的炭化倾向,随重油的种类和成分的不同而不同。一般石蜡系油比环烷属烃系油的残炭量大。石蜡系中沸点高、黏度高的重油比低者残炭量要大。

工业炉油喷嘴在连续使用过程中,残炭一般不会析出,但在用高温空气或蒸汽雾化和经常关闭喷嘴的情况下,往往会使残炭析出而造成喷口或其他部分结炭堵塞。

油中的残炭在燃烧时能增加火焰亮度,对辐射给热有利。

水分及夹杂物 重油中水分过多时,着火情况变坏,使喷嘴火焰跳动。油中的夹杂物多,易磨损泵及导致喷嘴堵塞。油中水分和夹杂物的来源为:(1)在贮存、输送过程中混入异物;(2)重油自身的化学变化;(3)用蒸汽直接加热油带进来的水分。

安定性 一般直馏重油在安定性方面不存在问题,但裂化渣油的安定性差。安定性差的油在贮存过程中和水分起作用,会产生沉淀和析出胶状物。这些析出物将堵塞过滤器,或附着于喷口影响正常燃烧。

国产燃料油的牌号和燃料油的质量要求 国产燃料油的牌号及其质量要求是:

(1) 国产燃料油的牌号有20号、60号、100号、200号。重柴油按凝点定为10号、20号、30号。

(2) 燃料油的质量要求是:由硫含量(质量分数)为0.5%以上的原油炼制的10号、20号重柴油,出厂时硫含量不大于2.0%,30号重柴油的硫含量不大于2.5%,残炭值不大于4.0%;重油硫含量不大于3.0%。供冶金或机械工业加工热处理的各号重油其硫含量须不大于1.0%;混有裂化组分的10号、20号重柴油出厂时必须注明混入比例;由水路运输或用蒸汽直接卸油时,重柴油中水分允许不大于2.0%,重油中水分允许不大于5%,但此时水分的全部质量应从产品总质量中扣除。

**(三) 气体燃料的组成与特性**

冶金工业中经常用的气体燃料有高炉煤气、焦炉煤气、高炉焦炉混合煤气、发生炉煤气和天然气等,也有使用石油气、城市煤气的。

1. 各种气体燃料的组成

各种气体燃料的组成包括:$CO$、$CO_2$、$H_2$、$CH_4$、$C_2H_6$、$C_mH_n$、$H_2S$、$O_2$、$N_2$。

2. 各种气体燃料的特性

单一可燃气体的着火范围与气体种类、浓度有关。当各种可燃气体混合时,混合气体的着火范围可按下式计算(不含或含很少量 $CO_2$、$N_2$ 时):

$$L=\frac{n_1+n_2+\cdots}{\frac{n_1}{L_1}+\frac{n_2}{L_2}} \tag{3.1-14}$$

式中 $L$——混合气体的着火范围(上限或下限);

$n_1$、$n_2$…——混合气体中各可燃成分的体积分数，%；

$L_1$、$L_2$…——混合气体中各可燃成分的着火范围。

上式适合于 CO、$H_2$、$CH_4$ 等的混合气体和天然气及简单的石蜡系碳氢化合物的着火范围计算。

火焰的自由传播　火焰在可燃气体与空气的混合物中的传播速度，与可燃气体种类、可燃气体与空气的混合比例及预热温度等有关。多种可燃成分的混合气体的火焰传播速度，可近似地按下式计算：

$$w=\frac{\frac{n_1 w_1}{L_1}+\frac{n_2 w_2}{L_2}\cdots}{n_1+n_2\cdots}L \tag{3.1-15}$$

式中　$w$——火焰在混合气体中的传播速度(指最高速度或完全燃烧时的速度)，m/s；

$w_1$、$w_2$——分别为混合气体中各可燃成分的火焰传播速度(最高速度或完全燃烧时的速度)，m/s；

$n_1$、$n_2$——混合气体在没有与空气混合前的各可燃成分的含量，%；

$L_1$、$L_2$——混合气体中各可燃成分在最高火焰传播速度(或完全燃烧)时的浓度，%；

$L$——给定的混合气体在最高火焰传播速度(或完全燃烧)时煤气与空气的混合比例，%。

火焰在管内传播　火焰在管内或自由空间内的传播速度有较大的差别。在管内火焰与混合气体的分界面，大大地超过了管子的横断面。自由传播时是指分界面上火焰法向传播速度，而在管内，接触面的增加使沿管子轴向的传播速度大于火焰在界面上的法向传播速度，二者速度之比便等于界面积与管子断面积之比。管径愈小，管壁的相对表面就愈大，火焰传播速度便愈低。

**(四) 燃料的选用**

炉子选用燃料时一般要考虑：产品质量的要求、炉子结构上可能、经济上合理、燃料的供应条件(生产、运输、合理利用资源等)、操作条件(劳动条件、调节性能、自动化水平、安全)及环保等因素。因此，燃料的合理选用不单纯是技术和经济问题，首先要符合国家产业政策和做到资源的充分合理利用。就燃料本身的优缺点和燃料选用要注意以下几个方面。

1. 各种燃料的优缺点

固体燃料　一般的固体燃料是指煤或焦炭。其优点是：(1)燃烧设备简单，安全可靠；(2)运输与贮存简单方便；(3)投资省，生产费用一般也比较低。其缺点是：(1)加热质量差；(2)操作条件不好，劳动强度大、环保差；(3)调节控制的灵活性不好，燃烧波动大；(4)炉子结构的改进受到燃烧条件的限制较大；(5)有一些类型的炉子在结构上很难采用固体燃料。

因此，固体燃料适用于对热工制度要求不高的小型炉子，当烧煤量较大时，要有适当的机械化措施。

液体燃料　液体燃料的优点是：(1)便于运输和贮存，贮存容积小，损耗少；(2)发热量高，燃料热量利用好，温度高，无灰分；(3)操作、控制方便，调节范围大，有条件实现自动控制；(4)燃料质量比较稳定，燃烧波动小；(5)燃烧装置可以安装在炉子的各个部位，因此易于实现不同的工艺要求。其缺点是：(1)燃烧的动力消耗大，且噪声大；(2)调节控制系统较复杂；(3)需特别注意安全防火。

气体燃料　气体燃料与固体和液体燃料相比有下列优缺点：

其优点是：(1)燃烧调节准确迅速，易于实现自动控制；(2)点火停炉操作简单，有的可以冷炉点火；(3)过剩空气系数低，可以无焰燃烧，燃烧容积热负荷高；(4)燃烧完全，无黑烟，无积灰，有利于环境；(5)对工艺要求的适应性好，易于满足从低温到高温、从长火焰到短火焰的各种不同要求。

其缺点是:(1)长距离输送困难,贮存不容易,因此使用范围受限制;(2)除钢铁厂中高炉、焦炉的副产品,高焦炉煤气和天然气外,一般由煤制作的气体燃料(发生炉煤气、水煤气、城市煤气、干馏煤气)价格较高;(3)煤气中的 CO 毒性很大,且无色无味,要防止中毒;(4)按一定比例与空气混合后有爆炸的危险,因此应注意安全操作;(5)一般(除水煤气、焦炉煤气外)在同样预热空气的条件下,热效率比油低;(6)某些煤气的成分波动较大,对自动控制不利。

2. 工业炉燃料的选用原则

根据上述各种燃料的优缺点,在选用燃料时要注意下面几点:

(1) 要满足加热工艺和加热质量的要求;

(2) 要考虑当地燃料资源和供应条件;

(3) 要经济合理(一次投资和经常生产费用要综合考虑);

(4) 要考虑改善劳动条件,减少环境污染。

## 二、燃料的燃烧计算

### (一) 燃料的发热量

1. 固体燃料和液体燃料的发热量

固体燃料和液体燃料的发热量一般是以每公斤燃料作基准的,燃料的发热量可以由热量计测出。当没有测出发热量时,可按化学成分计算。固体燃料和液体燃料的发热量可由式 3.1-9、式 3.1-10 计算,分析的化学组成可由式 3.1-4、式 3.1-5、式 3.1-6 折算成以应用基表示的百分数。

燃料中含有氢和水分时,高发热量与低发热量之间的换算公式如下:

$$Q_{DW}^{y}=Q_{GW}^{y}-6(9w(H)^{y}+w(W)^{y}) \tag{3.1-16}$$

当液体燃料没有氢含量的分析数据时,可由下面经验公式计算。轻质石油产品氢含量见式 3.1-17,重质石油产品氢含量见式 3.1-18,即

$$w(H)=0.005Q-41.4 \tag{3.1-17}$$

$$w(H)=0.0047Q-37.6 \tag{3.1-18}$$

式中 $w(H)$——石油组成中的氢含量,%;

$Q$——干燥状态下石油的高发热量,×4.1868,kJ/kg。

2. 气体燃料的发热量

气体燃料的发热量可由燃料的组成成分用下式计算:

$$Q_{DW}=30.2\varphi(CO)+25.8\varphi(H_2)+85.7\varphi(CH_4)+152\varphi(C_2H_6)+56\varphi(H_2S) \tag{3.1-19}$$

式中 $Q_{DW}$——气体燃料的低发热量×4.1868,kJ/m³(标况),当组成成分的百分数以干燥基表示时即为干燥基低发热量,当组成成分的百分数以湿状态表示时即为应用基低发热量;

$\varphi(CO)$、$\varphi(H_2)$、$\varphi(CH_4)$、$\varphi(C_2H_6)$、$\varphi(H_2S)$——分别为燃料中一氧化碳、氢、甲烷、乙烷、硫化氢的体积分数,%。

气体燃料的高发热量与低发热量的换算式如下:

$$Q_{DW}=Q_{GW}-4.8\varphi(H_2+H_2O) \tag{3.1-20}$$

式中 $\varphi(H_2+H_2O)$——燃料中氢和水(汽态)的体积分数,%。

式 3.1-20 中的 4.8 是 0℃水变为 0℃蒸汽时的汽化热,如按 25℃计算应为 4.67。

### (二) 理论空气量及烟气量

1. 空气成分

当气温为 15℃、相对湿度为 75%时空气的成分(体积分数)如下:

| $N_2$ | $O_2$ | $CO_2$ | $H_2O$ | Ar |
|---|---|---|---|---|
| 77.10% | 20.67% | 0.03% | 1.28% | 0.92% |

按照上述空气成分计算，标准状况下含有 1 $m^3$ 氧的空气量为 4.84 $m^3/m^3$，其中 $N_2$、Ar 等惰性气体为 3.78 $m^3$，$H_2O$ 为 0.06 $m^3$。

2. 燃烧用空气量的计算

固体、液体燃料完全燃烧时的理论空气量按下式计算：

$$L_0 = 0.0902w(C) + 0.269w(H) + 0.0338w(S-O) \tag{3.1-21}$$

式中 $L_0$——完全燃烧时标准状况下的理论空气量，$m^3/kg$；

$w(C)$、$w(H)$、$w(S)$、$w(O)$——燃料中碳、氢、硫、氧的质量分数，%。

当已知成分不是以应用基表示时，应折算成应用基成分。

气体燃料完全燃烧时的理论空气量按下式计算：

$$L_0 = (0.5\varphi(H_2) + 0.5\varphi(CO) + 2\varphi(CH_4) + 3.5\varphi(C_2H_6) + 1.5\varphi(H_2S)) \times \frac{4.84}{100} \tag{3.1-22}$$

式中 $L_0$——完全燃烧时标准状况下的理论空气量，$m^3/m^3$；

$\varphi(H_2)$、$\varphi(CO)$、$\varphi(CH_4)$、$\varphi(C_2H_6)$、$\varphi(H_2S)$——各成分的体积分数，%。

上述 $L_0$ 是理论上完全燃烧时需要的空气量，实际上必须给以适当的富余量才能接近完全燃烧。常乘以富余系数，称为空气过剩系数，则实际供给的空气量为：

$$L_n = aL_0 \tag{3.1-23}$$

式中 $L_n$——标准状况下实际供给的空气量，$m^3/kg$ 或 $m^3/m^3$；

$a$——空气过剩系数。

通常，空气过剩系数 $a$ 随燃料种类、烧嘴形式和炉子的需要来决定。

3. 烟气量的计算

固体燃料和液体燃料（以质量分数表示的燃料均适用）的烟气生成量为：

$$V_n = V_{CO_2} + V_{H_2O} + V_{SO_2} + V_{O_2} + V_{N_2} \tag{3.1-24}$$

式中 $V_{CO_2}$、$V_{H_2O}$、$V_{SO_2}$、$V_{O_2}$、$V_{N_2}$——分别为烟气中二氧化碳、水、二氧化硫、氧、氮的生成量，$m^3/kg$，其值分别为：

$$\begin{aligned} V_{CO_2} &= 0.01854w(C) \\ V_{H_2O} &= 0.111w(H) + 0.0124w(W) + 0.0128L_n \\ V_{SO_2} &= 0.0068w(S) \\ V_{O_2} &= 0.2067(a-1)L_0 \\ V_{N_2} &= 0.008w(N) + 0.78L_n \end{aligned} \tag{3.1-25}$$

气体燃料的烟气量按下式计算：

$$V_n = V_{CO_2} + V_{H_2O} + V_{N_2} + V_{O_2} + V_{SO_2}$$

式中，$V_{CO_2}$、$V_{H_2O}$、$V_{N_2}$、$V_{O_2}$、$V_{SO_2}$与式 3.1-24 同，其值分别为：

$$V_{CO_2} = \varphi(CO + CO_2 + CH_4 + 2C_2H_6) \times 0.01$$

$$V_{H_2O} = [\varphi(2CH_4 + 3C_2H_6 + H_2 + H_2S + H_2O) + 0.0128L_n] \times 0.01$$

$$V_{N_2}=[\varphi(N_2)+78L_n]\times0.01 \qquad (3.1\text{-}26)$$

$$V_{O_2}=0.2067(a-1)L_0$$

$$V_{SO_2}=0.01\varphi(H_2S)$$

燃烧产物的成分由下式计算：

$$\varphi(CO_2)=\frac{V_{CO_2}}{V_n}\times100\%$$

$$\varphi(H_2O)=\frac{V_{H_2O}}{V_n}\times100\% \qquad (3.1\text{-}27)$$

$$\varphi(N_2)=\frac{V_{N_2}}{V_n}\times100\%$$

4. 烟气的重度

烟气的重度由下式计算：

$$\gamma=[1.977\varphi(CO_2)+0.805\varphi(H_2O)+1.250\varphi(N_2)+1.4290\varphi(O_2)+2.926\varphi(SO_2)]\times0.01 \qquad (3.1\text{-}28)$$

式中 $\varphi(CO_2)$、$\varphi(H_2O)$、$\varphi(N_2)$、$\varphi(O_2)$、$\varphi(SO_2)$——分别为烟气中各成分的体积分数，%，由式3.1-27计算。

5. 烟气的比定压热容

烟气的比定压热容按下式计算：

$$c_p=c_{p1}\varphi(CO_2)+c_{p2}\varphi(H_2O)+c_{p3}\varphi(N_2)+c_{p4}\varphi(O_2)+c_{p5}\varphi(SO_2) \qquad (3.1\text{-}29)$$

式中 $c_{p1}$、$c_{p2}$、$c_{p3}$、$c_{p4}$、$c_{p5}$——分别为 $CO_2$、$H_2O$、$N_2$、$O_2$、$SO_2$ 的比定压热容。

6. 热量计温度及高温系数

热量计温度是燃料在不考虑散热损失、不完全燃烧损失和热分解耗热量的情况下，其发热量全部用来加热燃烧生成物所能达到的温度。热量计温度的计算式如下：

$$t_r=\frac{Q_h+Q_w}{cV_n} \qquad (3.1\text{-}30)$$

式中 $t_r$——热量计温度，℃；

$Q_h$——燃料的化学热，即燃料的低发热量，kJ/kg 或 kJ/m³；

$Q_w$——预热燃料及空气的物理热，kJ/kg 或 kJ/m³。

由于火焰的散热损失、不完全燃烧的损失和气体在高温分解吸收热，炉内温度不可能达到热量计指示温度，实际所能达到的炉温与热量计温度之比，称为高温系数，以 $\eta$ 表示，即：

$$\eta=\frac{t}{t_r} \qquad (3.1\text{-}31)$$

式中 $t$——实际达到的温度，℃；

$t_r$——热量计温度，℃。

高温系数 $\eta$ 与炉子结构、烧嘴形式、炉子产量及炉子热负荷有关。一般是炉子产量高 $\eta$ 值降低，炉子热负荷增加 $\eta$ 值提高，燃烧速度加快和提高火焰辐射能力，都可以使 $\eta$ 值提高。高温系数没有可用的计算公式，一般按经验选取，表3.1-3列出的是通常能达到的高温系数。

7. 按烟气成分求空气过剩系数

某一种燃料在一定的过剩空气下燃烧，其燃烧生成物的成分也是一定的。因此，可以根据废气成分来求出空气过剩系数。

**表 3.1-3 高温系数选取的一般范围**

| 炉 型 | 高温系数 $\eta$ |
|---|---|
| 室式加热炉 | 0.75～0.8 |
| 连续式加热炉 $P=500\sim600$ kg/($m^2\cdot h$) | 0.7～0.75 |
| 连续式加热炉 $P=200\sim300$ kg/($m^2\cdot h$) | 0.75～0.8 |

在完全燃烧的情况下，废气成分中含有 $CO_2$、$SO_2$、$H_2O$、$O_2$ 及 $N_2$，但在一般的废气分析中 $CO_2$ 与 $SO_2$ 用同一个吸收瓶吸收而分不开。$H_2O$ 除特殊装置能分析外，一般在取样过程中冷凝出来而分析不出来。

根据废气成分求空气过剩系数有几种方法，但是由于种种原因（如燃料成分、空气量的波动和废气分析的误差），往往用各种方法计算的空气过剩系数不一致。因此，如按废气成分做计算时，应审查废气成分的可靠性，如由于过剩空气的增多，$O_2$ 增加，$CO_2$ 被稀释，其稀释的程度与 $O_2$ 的增多有一定关系。如果分析废气的成分出现不符合上述规律时，应补充分析或选择取舍。

**（三）富氧燃烧的计算**

助燃用空气中的氧含量超过正常空气中的氧含量时的燃烧计算公式，在形式上与公式 3.1-21～公式 3.1-27 是一样的，只是由于氧含量的增加，每单位氧气所带有的空气量与燃烧产物有所变化。

设富氧空气中的氧含量（体积分数）为 $a$（%），则每立方米氧带入的空气量为 $\frac{100}{a}$（$m^3$）。

对固体、液体燃料：

$$L_0=1.87\frac{100}{a}w(\mathrm{C})+5.55\frac{100}{a}w(\mathrm{H_2})+0.7\frac{100}{a}w(\mathrm{S-O}) \tag{3.1-32}$$

对气体燃料：

$$L_0=[0.5\varphi(\mathrm{H_2})+0.5\varphi(\mathrm{CO})+2\varphi(\mathrm{CH_4})+3.5\varphi(\mathrm{C_2H_6})+1.5\varphi(\mathrm{H_2S})]\frac{1}{a} \tag{3.1-33}$$

计算烟气量时将公式 3.1-25 中的 $V_{O_2}$、$V_{N_2}$，改为：

$$V_{O_2}=a(a-1)L_0$$

$$V_{N_2}=0.008\varphi(\mathrm{N})+dL_{\mathrm{n}}$$

式中 $d$——富氧空气中的氮（及惰性气体）含量（体积分数），%。

将公式 3.1-26 中 $V_{N_2}$ 及 $V_{O_2}$ 改为：

$$V_{O_2}=\frac{a}{100}(a-1)L_0$$

$$V_{N_2}=[\varphi(\mathrm{N_2})+dL_{\mathrm{n}}]\times0.01$$

## 三、燃料的不完全燃烧

在一般的火焰炉中，燃料是以大于理论空气需要量（即 $a>1$）的情况下燃烧的，在燃烧产物中理论上没有可燃成分，称为完全燃烧。而为了工艺的需要（如要求不氧化不脱碳或少氧化脱碳），使燃料在空气不足（即 $a<1$）的条件下燃烧时，在燃烧产物中存有大量的可燃气体如 CO、$H_2$ 等，则称为不完全燃烧。

当进行燃料不完全燃烧计算时，需假定在燃烧生成物中没有游离氧，在反应生成物中没有固体碳。

燃料不完全燃烧时,燃烧产物中的 $CO_2$、CO、$H_2O$ 和 $H_2$ 在一定的温度下达到一定的平衡关系,即按下列反应式进行:

$$CO + H_2O \rightleftharpoons CO_2 + H_2$$

这种反应称为水煤气反应,其平衡常数为 $K_1 = \frac{w(CO) \cdot w(H_2O)}{w(CO_2) \cdot w(H_2O)}$ 叫做水煤气反应平衡常数。各种不同温度下的水煤气反应平衡常数是不同的。

如果以 $X$、$Y$、$Z$、$W$ 分别代表不完全燃烧产物中 $CO_2$、CO、$H_2$ 和 $H_2O$ 的含量,则有:

碳的平衡方程式 $$\Sigma w(C) = X + Y \tag{3.1-34}$$

氢的平衡方程式 $$\Sigma w(H) = 2Z + 2W \tag{3.1-35}$$

氧的平衡方程式 $$\Sigma w(O) = 2X + Y + W \tag{3.1-36}$$

如果燃料中不含氧,则:

$$\Sigma w(O) = 2X + Y + W = 0.207Aa \tag{3.1-36a}$$

式中 $A$——理论空气需要量;

$a$——空气过剩系数。

水煤气平衡常数为:

$$K_1 = f(T) = \frac{XZ}{YW} \tag{3.1-37}$$

求解式 3.1-34、式 3.1-35、式 3.1-36 和式 3.1-37 等 4 个方程式的联立方程,就可以求出不完全燃烧时燃烧产物的成分。

**四、燃料燃烧计算图表**

在常用燃料的燃烧计算图中除烟气成分和烟气重度外,均系按单位燃料公斤或立方米(标况)作基准计算的,如纵坐标是烟气热含量,其单位为每公斤(或每立方米)燃料所产生的烟气的热含量(千焦)。图中斜线是各不同空气过剩系数下烟气热含量与温度的关系。

对于固体燃料,按每公斤煤的实用状态(应用基)计算,考虑灰分中含有未燃尽的残碳,因此,煤的热值、烟气量、热量计温度及烟气热含量等均为残碳没有参加燃烧而得之值。灰中残碳量与多种因素,如操作水平、灰分熔点、煤的粒度及结焦性等有关。在作本计算图时,残碳计算按煤中灰分量设定:煤中灰分 $w(A)^g$ 在 10% 以下采用残碳为灰分 $w(A)^y$ 的 15%;$w(A)^g$ 在 10%～18%时,残碳为 $w(A)^y$ 的 20%;$w(A)^g$ 在 18%～25%时,残碳为 $w(A)^y$25%;$w(A)^g$ 大于 25%时,采用残碳 $w(A)^y$ 的 30%。由于在煤发热量 $Q_{DW}^y$中已经扣除灰中残碳的损失,计算热平衡时不再计算煤的机械不完全燃烧的损失。

对于气体燃料,按每立方米(标况)湿煤气(应用基)计算。煤气中的水含量与洗涤水的水温、炉子离煤气站的远近、冬夏季节及所处地区等因素有关。图中按以下水含量计算:混合煤气因距离较远,按 20℃ 的饱和状态(即 2.3%)考虑;发生炉煤气按 30℃ 的饱和水(即 4.2%)考虑。在煤气的计量中应按实际的水含量计算干煤气流量。

计算图表的使用举例如下:

(1) 求热量计温度。在纵坐标上找出烟气热含量等于燃料发热量之处,画水平线与各斜线相交,交点的横坐标即为该燃料的热量计温度。如图 3.1-2 所示,发热量为 $1600 \times 4.1868 = 6699\ kJ/m^3$的高炉焦炉混合煤气,当 $a = 1.05$ 时的热量计温度为 1650℃。同理可以求出空气或煤气预热后的热量计温度。

(2) 图中任一条水平线上各点的热量均相等。如图 3.1-3 所示,烟气温度为 1000℃、$a = 1.0$

时，标准状况下湿煤气的烟气热含量为 790×4.1868＝3307 kJ/m³。通过该点作水平线，与 $a=1.2$ 线相交得 910℃，这就是说 $a=1.0$、温度为 1000℃的烟气，渗入冷空气到 $a=1.2$ 时，温度便下降到 910℃。

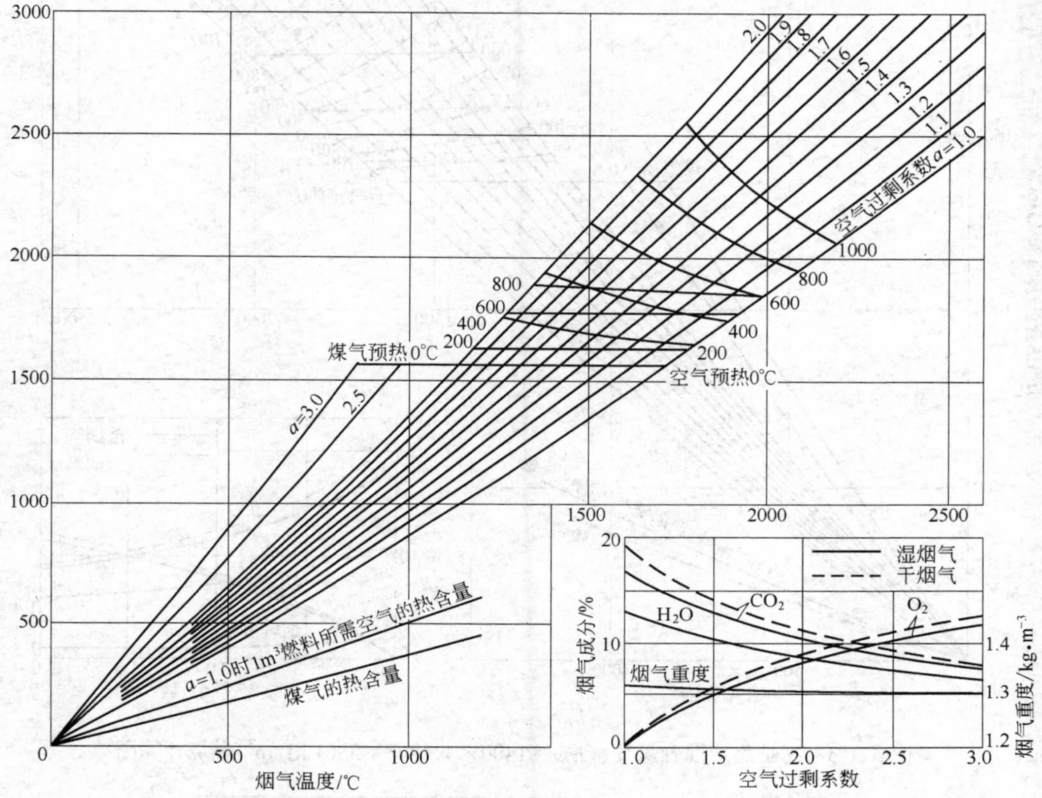


图 3.1-2　高炉焦炉混合煤气（$Q^g_{DW}=1600\times4.1868=6699$ kJ/m³）燃烧计算图

煤气发热量

$Q^g_{DW}=6699$ kJ/m³

$Q^y_{DW}=6531$ kJ/m³

煤气成分（湿）（体积分数）

| | |
|---|---|
| CO | 22.3% |
| $CO_2$ | 9.8% |
| $H_2$ | 13.8% |
| $CH_4$ | 5.5% |
| $C_mH_n$ | 0.4% |
| $O_2$ | 0.2% |
| $N_2$ | 45.7% |
| $H_2O$ | 2.3% |

煤气重度

湿　1.11 kg/m³

干　1.12 kg/m³

| 空气过剩系数 | 烟气量 /m³·m⁻³ | 空气量 /m³·m⁻³ |
|---|---|---|
| 1.0 | 2.70 | 1.90 |
| 1.05 | 2.79 | 1.99 |
| 1.1 | 2.89 | 2.08 |
| 1.15 | 2.98 | 2.18 |
| 1.2 | 3.08 | 2.27 |
| 1.3 | 3.27 | 2.46 |
| 1.4 | 3.46 | 2.65 |
| 1.5 | 3.65 | 2.84 |
| 1.6 | 3.84 | 3.03 |
| 1.8 | 4.22 | 3.41 |
| 2.0 | 4.60 | 3.79 |

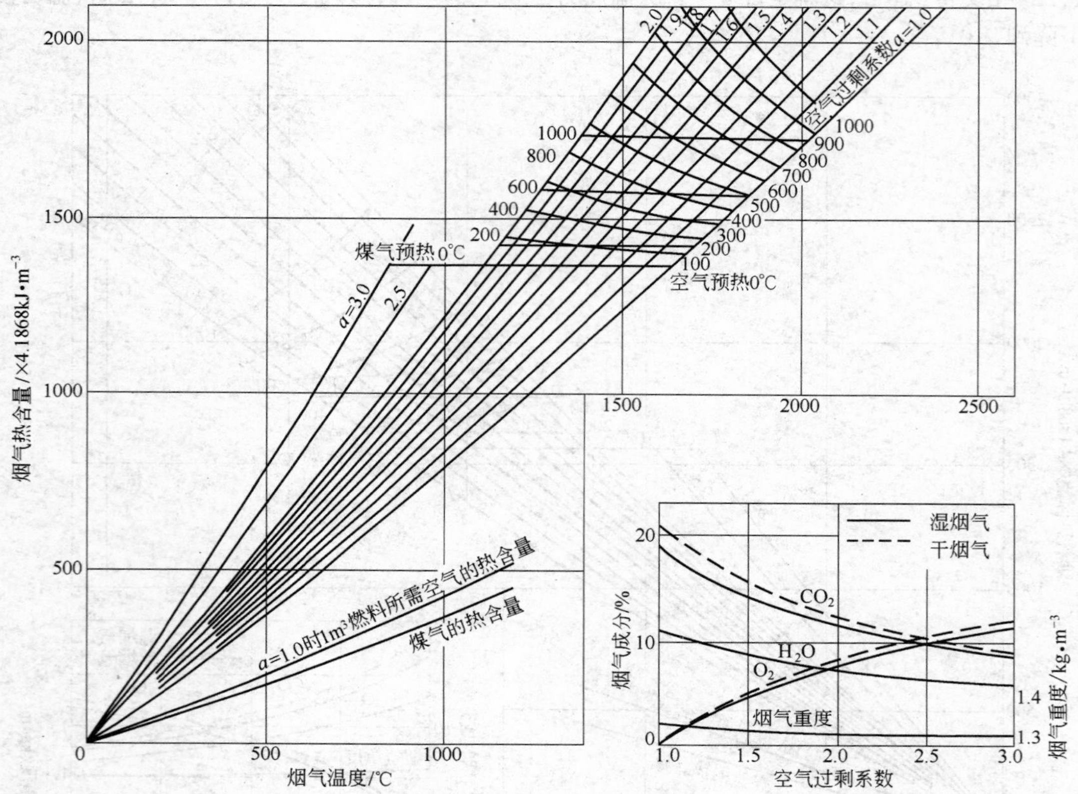


图 3.1-3　高炉焦炉混合煤气（$Q_{DW}^{g}=1400\times4.1868=5861$ kJ/m³）燃烧计算图

煤气发热量

$Q_{DW}^{g}=5861$ kJ/m³

$Q_{DW}^{y}=5735$ kJ/m³

煤气成分（湿）（体积分数）

| | |
|---|---|
| CO | 23.5% |
| $CO_2$ | 10.5% |
| $H_2$ | 10.5% |
| $CH_4$ | 4.0% |
| $C_mH_n$ | 0.3% |
| $O_2$ | 0.1% |
| $N_2$ | 48.8% |
| $H_2O$ | 2.3% |

煤气重度

湿　1.16 kg/m³

干　1.17 kg/m³

| 空气过剩系数 | 烟气量 /m³·m⁻³ | 空气量 /m³·m⁻³ |
|---|---|---|
| 1.0 | 2.08 | 1.25 |
| 1.05 | 2.14 | 1.31 |
| 1.1 | 2.20 | 1.37 |
| 1.15 | 2.27 | 1.44 |
| 1.2 | 2.33 | 1.50 |
| 1.3 | 2.45 | 1.62 |
| 1.4 | 2.58 | 1.75 |
| 1.5 | 2.70 | 1.87 |
| 1.6 | 2.83 | 2.00 |
| 1.8 | 3.08 | 2.25 |
| 2.0 | 3.33 | 2.50 |

（3）同样，图中垂直线便是等温线。例如图 3.1-4 中，出炉烟气温度为 1000℃，当 $a=1.0$ 时，标准状况下湿煤气的烟气热含量为 $790\times4.1868=3307$ kJ/m³；$a=1.2$ 时，烟气的热含量则

为 870×4.1868＝3343 kJ/m$^3$，由此可以看出不同的过剩空气系数下烟气带走不同的热量，可由此算出热损失。

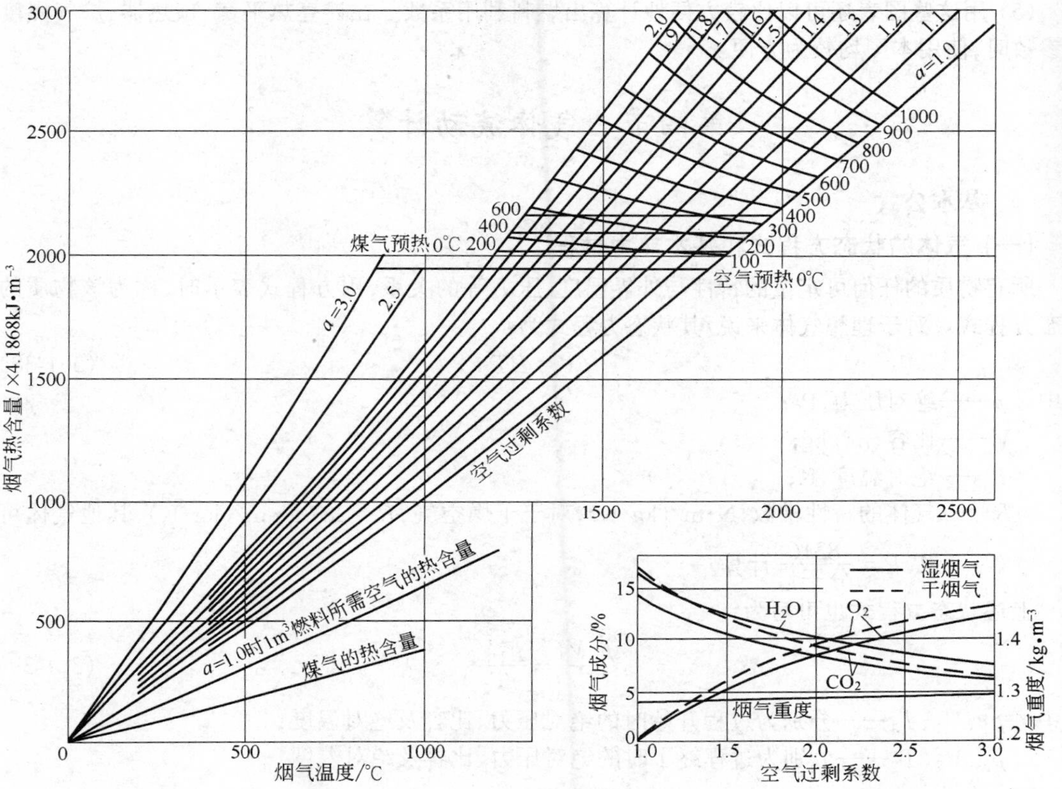


图 3.1-4　高炉焦炉混合煤气（$Q_{DW}^{g}$＝2000×4.1868＝8374 kJ/m$^3$）燃烧计算图

煤气发热量

$Q_{DW}^{g}$＝8374 kJ/m$^3$

$Q_{DW}^{y}$＝8164 kJ/m$^3$

煤气成分（湿）（体积分数）

| | |
|---|---|
| CO | 19.7% |
| $CO_2$ | 8.6% |
| $H_2$ | 20.4% |
| $CH_4$ | 8.5% |
| $C_mH_n$ | 0.7% |
| $O_2$ | 0.3% |
| $N_2$ | 39.5% |
| $H_2O$ | 2.3% |

煤气重度

湿　1.01 kg/m$^3$

干　1.02 kg/m$^3$

| 空气过剩系数 | 烟气量 /m$^3$·m$^{-3}$ | 空气量 /m$^3$·m$^{-3}$ |
|---|---|---|
| 1.0 | 2.29 | 1.47 |
| 1.05 | 2.36 | 1.54 |
| 1.1 | 2.44 | 1.61 |
| 1.15 | 2.51 | 1.68 |
| 1.2 | 2.58 | 1.76 |
| 1.3 | 2.73 | 1.90 |
| 1.4 | 2.88 | 2.05 |
| 1.5 | 3.02 | 2.20 |
| 1.6 | 3.17 | 2.34 |
| 1.8 | 3.46 | 2.64 |
| 2.0 | 3.76 | 2.93 |

(4) 图中也绘出了预热空气或煤气所增加的热含量。其单位也是按每公斤(或每立方米)燃料作基准的。将烟气的热含量减去空气或煤气增加的热含量,适当扣除损失,即为通过预热器后烟气的热含量和温度。

(5) 用这些图表还可以比较方便地计算出燃料利用系数。在计算热平衡、预热器、炉气黑度等参数时,使用本图均较为方便。

## 第四节　气体流动计算

### 一、基本公式

#### (一) 气体的状态方程式和基本热力过程

所有物质的任何可定量的特性与外界温度、压力等的关系,用方程式表示时,称为该物质的状态方程式。对于理想气体来说,其状态方程式为:

$$pV = RT \tag{3.1-38}$$

式中　$p$——绝对压力,Pa;

$V$——比容,$m^3/kg$;

$T$——绝对温度,K;

$R$——气体的特性常数,N·m/(kg·K),对于干燥空气,$R = 287$ N·m/(kg·K),其他气体可按 $R = \frac{8316}{分子量}$ 计算。

上述状态方程式也可写为:

$$\frac{p_1 V_1}{T_1} = \frac{p_2 V_2}{T_2} \tag{3.1-39}$$

式中　$p_1$、$V_1$、$T_1$——分别为过程开始时的绝对压力、比容及绝对温度;

$p_2$、$V_2$、$T_2$——分别为过程终了时的绝对压力、比容及绝对温度。

当压力恒定不变时,$p_1 = p_2$,则 $\frac{V_1}{T_1} = \frac{V_2}{T_2}$,是为"定压过程",即在恒压下气体的比容与绝对温度成正比。

各种气体随其压力的降低逐渐接近于理想气体的性质,工业炉计算中所涉及到的气体,除某些高压烧嘴外,一般都可以看成是理想气体。通常压力变化不大,一般可以按上述"定压过程"的公式进行计算。例如:

体积的变化　　$V_t = V_0(1 + \beta t)$

速度的变化　　$w_t = w_0(1 + \beta t)$

密度的变化　　$\gamma_t = \gamma_0/(1 + \beta t)$

式中　$V_t$、$w_t$、$\gamma_t$——温度为 $t$℃时的体积($m^3$)、速度(m/s)、密度($kg/m^3$);

$V_0$、$w_0$、$\gamma_0$——温度为 0℃时的体积、速度、密度;

$\beta$——换算常数,$\beta = \frac{1}{273}$;

$t$——温度,℃。

气体与外界无热量交换时的状态变化称为绝热过程,其方程式为:

$$p_1 V_1^k = p_2 V_2^k = 常数 \tag{3.1-40}$$

或

$$\frac{p_2}{p_1} = \left(\frac{V_1}{V_2}\right)^k;\ \frac{T_2}{T_1} = \left(\frac{V_1}{V_2}\right)^{k-1} = \left(\frac{p_2}{p_1}\right)^{\frac{k-1}{k}}$$

式中　$p_1$、$V_1$、$T_1$、$p_2$、$V_2$、$T_2$——意义及单位同前；

$k$——绝热指数：

$$k=\frac{c_p}{c_V}$$

$c_p$——比定压热容，kJ/(m³·℃)；

$c_V$——比定容热容，kJ/(m³·℃)。

对于单原子气体 $k=1.6$；双原子气体 $k=1.4$；多原子气体，包括过热蒸汽 $k=1.3$；干饱和蒸汽 $k=1.135$。

### （二）气体运动方程式

流体运动的规律符合以下三个常用的运动方程式：能量守恒定律——柏努利方程式；质量守恒定律——连续性方程式；动量守恒定律——动量方程式。

1．柏努利方程式

柏努利方程式表示不可压缩的单向流体在稳定流动中，流路中任一断面上流体的位头、静压头、动头和阻力损失等之总和为一常数，即：

$$h_w+h_y+h_d+h_s=常数 \tag{3.1-41}$$

以图 3.1-5 为例写出管道断面 1—1 和断面 2—2 之间的柏努利方程式：

$$H_1\gamma+p_1+\frac{w_1^2}{2g}\gamma=H_2\gamma+p_2+\frac{w_2^2}{2g}\gamma+h_{s1-2} \tag{3.1-42}$$

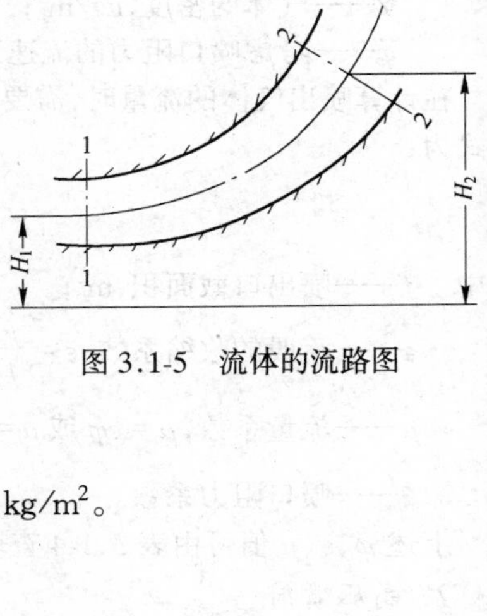

图 3.1-5　流体的流路图

式中　$H_1$、$H_2$——有关断面的相对高度，m；

$p_1$、$p_2$——有关断面上的静压力，N/m²；

$w_1$、$w_2$——有关断面上的流速，m/s；

$\gamma$——液体的密度，kg/m³；

$g$——重力加速度，$g=9.8$ m/s²；

$h_{s1-2}$——由断面 1—1 至断面 2—2 间的阻力损失，kg/m²。

2．管内稳定流动下的连续性方程式

管内稳定流动下的连续性方程式为：

$$wF\gamma=常数$$

或

$$w_1F_1\gamma_1=w_2F_2\gamma_2 \tag{3.1-43}$$

式中　$w_1$、$w_2$——有关断面上的流速，m/s；

$F_1$、$F_2$——有关断面的面积，m²；

$\gamma_1$、$\gamma_2$——有关断面上的流体密度，kg/m³。

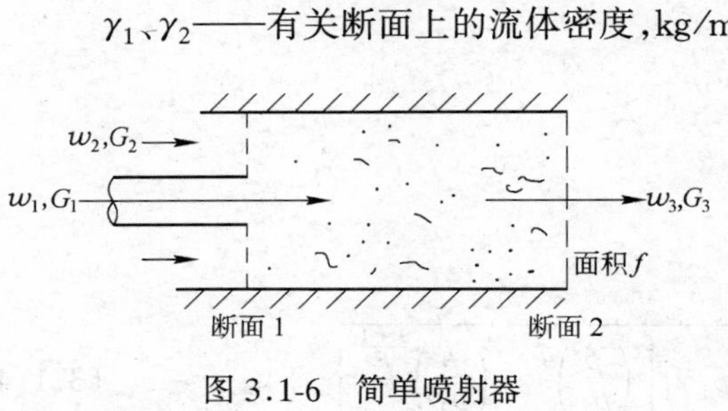

图 3.1-6　简单喷射器

对于不可压缩的流体，密度 $\gamma$ 不变，上式可简化为：

$$w_1F_1=w_2F_2 \tag{3.1-44}$$

3．管内稳定流动下的动量方程式

根据牛顿第二定律，某物质单位时间线运动量的变化率与该方向外力的代数和成正比。以最简单的喷射器为例（图 3.1-6），可以写出断面 1 至断面 2 的动量方程式为：

单位时间内通过断面 2 的流体的总动量 − 单位时间内通过断面 1 的流体的总动量

= 断面 2 上的总压力 − 断面 1 上的总压力

即：
$$G_3 w_3 - (G_1 w_1 + G_2 w_2) = (p_2 - p_1) f \tag{3.1-45}$$

式中 $G_1$、$G_2$、$G_3$——分别为喷射、被喷射及混合介质的质量流量，kg/s；

$w_1$、$w_2$、$w_3$——分别为喷射、被喷射及混合介质的速度，m/s；

$p_1$、$p_2$——分别为断面 1 及断面 2 上的压力，Pa；

$f$——通道面积，$m^2$。

### （三）气体的喷出

1．低压喷射

压力低于 20 kPa 的气体，在工程上可视为不可压缩的流体，即喷出前后气体的密度近似不变。喷出后流股在最小收缩面处的速度 $w$ 可由下式计算：

$$w = \varphi \sqrt{\frac{2g\Delta p}{\gamma}} \tag{3.1-46}$$

式中 $\Delta p$——气体喷出前后的压力差，Pa；

$\gamma$——气体的密度，$kg/m^3$；

$\varphi$——考虑喷口阻力的流速系数。

在计算喷出气体的流量时，需要考虑流股截面的缩小。设其缩小截面积为 $f'$，则流量计算公式为：

$$V = f'w = \varepsilon f w = \mu f \sqrt{\frac{2g\Delta p}{\gamma}} \tag{3.1-47}$$

式中 $f$——喷出口截面积，$m^2$；

$\varepsilon$——流股的收缩系数，$\varepsilon = \frac{f'}{f}$；

$\mu$——流量系数，$\mu = \varepsilon\varphi$ 或 $\mu = \frac{1}{\sqrt{\xi}}$；

$\xi$——喷口阻力系数。

上述 $\varphi$、$\varepsilon$、$\mu$ 值可由表 3.1-4 查取。

2．高压喷射

压力高于 20 kPa 的气体，喷射后应考虑其密度的变化。当喷射过程中忽略喷管中的热损失时，便可将喷射过程视为绝热过程。此时，计算高压气体喷出速度的通式为：

$$w = \varphi \sqrt{2g \frac{k}{k-1} \frac{p_1}{\gamma_1} \left[ 1 - \left( \frac{p}{p_1} \right)^{\frac{k-1}{k}} \right]} \tag{3.1-48}$$

式中 $k$——气体的绝热指数；

$p_1$——喷射前气体的绝对压力，Pa；

$\gamma_1$——喷射前气体的密度，$kg/m^3$；

$p$——喷射后气体的绝对压力，Pa；

$\varphi$——流速系数。

高压气体喷出的重量流量为：

$$G = f\mu w\gamma = \mu f \sqrt{\frac{2gk}{k-1} p_1 \gamma_1 \left[ \left( \frac{p}{p_1} \right)^{\frac{2}{k}} - \left( \frac{p}{p_1} \right)^{\frac{k+1}{k}} \right]} \tag{3.1-49}$$

式中 $f$——喷出口的截面积,$m^2$;

$\gamma$——喷出后气体的密度,$kg/m^3$;

$\mu$——流量系数(见表 3.1-4);

$w$——实际温度下的喷出速度,m/s。

**表 3.1-4 气体流过一些孔口时的参数**

| 名 称 | 示 意 图 | 收缩系数 $\varepsilon$ | 流速系数 $\varphi$ | 流量系数 $\mu$ |
|---|---|---|---|---|
| 薄壁孔口(圆形或正方形) | 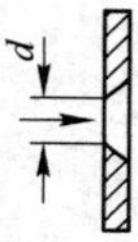 | 0.64 | 0.97 | 0.62 |
| 棱角圆柱形管嘴 | 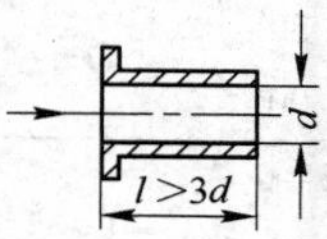 | 1 | 0.82 | 0.82 |
| 圆角圆柱形管嘴 | 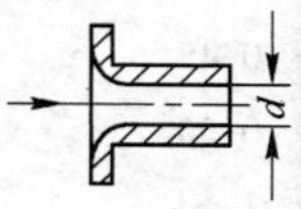 | 1 | 0.9 | 0.9 |
| 棱角圆柱形内管嘴 | 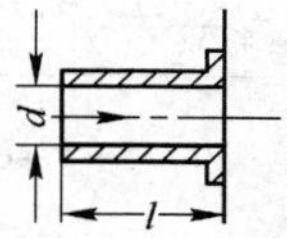 | 1 | 0.707 | 0.707 |
| 流线形管嘴 | 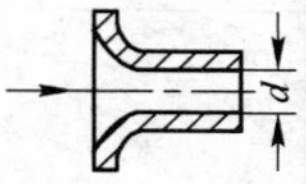 | 1 | 0.97 | 0.97 |
| 圆锥形收缩管嘴 | 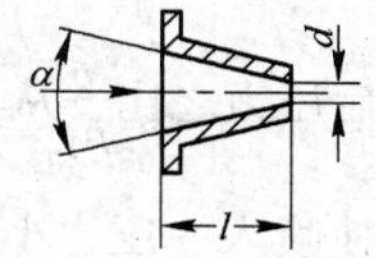 $\alpha=13°$<br>$\alpha=30°$<br>$\alpha=45°$<br>$\alpha=90°$ | 0.98<br>0.92<br>0.87 | 0.96<br>0.975<br>0.98 | 0.945<br>0.896<br>0.85<br>0.75 |
| 圆锥形扩散管嘴 | 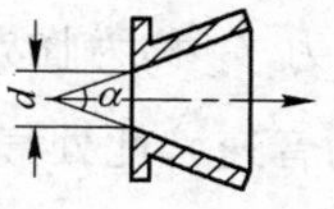 $\alpha=8°$<br>$\alpha=45°$<br>$\alpha=90°$ | 1.0<br>1.0<br>1.0 | 0.98<br>0.55<br>0.58 | 0.98<br>0.55<br>0.58 |
| 文氏管 | 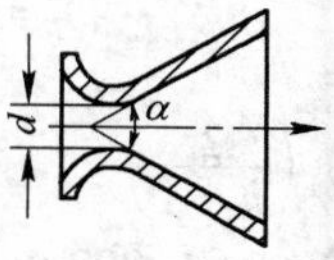 | 1.0 | 0.96~1.5 | 0.96~1.5 |

续表 3.1-4

| 形　　状 | | $\xi$ | $\mu$ |
|---|---|---|---|
| 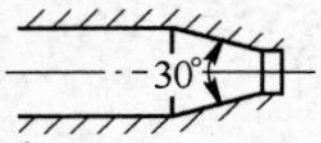 | | 1.32～1.385 | 0.87～0.85 |
| 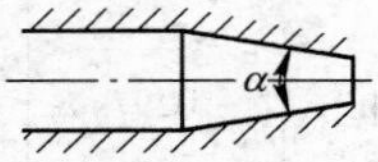 | $\alpha=8°$ | $\xi=1.32$ | 0.87 |
| | 20° | 1.43 | 0.83 |
| | 25° | 1.56 | 0.80 |
| | 30° | 1.67 | 0.775 |
| | 40° | 1.87 | 0.732 |
| | 45° | 2.04 | 0.70 |
| | 60° | 2.36 | 0.65 |
| | 70° | 2.54 | 0.628 |
| | 80° | 2.67 | 0.615 |
| | 90° | 2.98 | 0.58 |
| 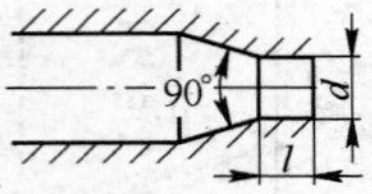 | $l/d=0$ | $\xi=2.0$ | 0.705 |
| | 0.18 | 1.77 | 0.748 |
| | 0.36 | 1.42 | 0.84 |
| | 0.45 | 1.27 | 0.88 |
| | 0.56 | 1.24 | 0.90 |
| | 1.13 | 1.31 | 0.87 |
| | 2.26 | 1.35 | 0.86 |
| | 4.52 | 1.44 | 0.83 |
| 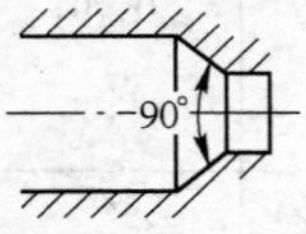 | | 1.45～1.485 | 0.82～0.83 |
| | | 1.24～1.32 | 0.87～0.90 |
| 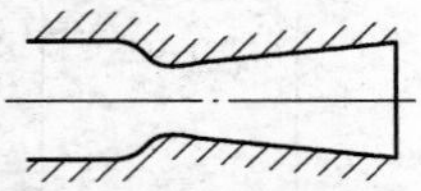 | | | 0.82～0.90 |

高压气体的喷出存在着临界条件，即喷出前后压力之比$\frac{p}{p_1}$从 1(即两者相等)逐渐缩小时，流量逐渐增大；而当此比值达到某一定值$\frac{p_L}{p_1}$后，即使喷入一压力小于 $p_L$ 的空间，喷口出口的压力仍固定在 $p_L$，流量也保持在$\frac{p_L}{p_1}$相应的流量，此压力 $p_L$ 称为临界压力，所达到的最高速度 $w_L$ 称为临界速度(此速度亦即在临界条件下该气体的音速)，此处气流的截面为最小，称为临界截面积 $f_L$。

临界压力的计算公式为：

$$p_L = p_1\left(\frac{2}{k+1}\right)^{\frac{k}{k-1}} \tag{3.1-50}$$

以空气为例，$k=1.4$，故 $p_L=0.528p_1$，或 $p_1=1.893p_L$。当喷口向大气喷出时，$p_1$ 只需等于

1.893 个大气压(约 192 kPa)就达到临界速度。采用简单喷口,即使 $p_1>192$ kPa,喷出速度也不能超过此值。

高压气体的喷出临界速度只取决于气体的原始条件,密度较小的气体其临界速度要高一些。

3. 带扩散段的喷口(拉瓦尔喷口)

带收缩和扩散段的拉瓦尔喷口可使高压气体在临界截面(喉部)之后继续加速,一部分静压可继续转化为速度能量,从而获得超音速气流。

考虑到缩流,拉瓦尔喷口的实际流量应乘以流量系数 $\mu$,$\mu=0.82\sim0.90$。

## 二、气体流动性质和阻力损失计算

### (一) 气体流动性质

气体流动的阻力与其流动性质有关,决定气体流动性质的参数有气体的流速 $w$(m/s)、通道的水力学直径(流体直径)$d_D$(m)、气体密度 $\rho$(kg/m³)和气体的动力黏度 $\mu$(Pa·s)。研究这种性质时,常用雷诺数 $Re$ 来相比较,并有:

$$Re=\frac{wd_D\rho}{\mu}=\frac{wd_D}{\nu} \qquad (3.1\text{-}51)$$

$$d_D=\frac{4F}{A}$$

式中　$\nu$——运动黏度,m²/s;

$F$——通道断面积,m²;

$A$——通道断面周长,m。

一般情况下,$Re<2000$ 时的流动属于层流;$Re>10000$ 时的流动属于湍流。冶金炉中遇到的气体流动情况大多数属于湍流。

### (二) 摩擦阻力

摩擦阻力包括气体与管壁及气体本身的黏性产生的阻力,计算中以 $h_m$ 表示,单位为 Pa,其计算公式为:

$$h_m=\lambda\frac{L}{d_D}h_t \qquad (3.1\text{-}52)$$

$$h_t=\frac{w_0^2}{2g}\gamma_0(1+\beta t) \qquad (3.1\text{-}53)$$

式中　$\lambda$——摩擦系数;

$L$——计算段的长度,m;

$h_t$——气体在温度 $t$ 时的速度头,Pa;

$w_0$——标准状态下气体的平均流速,m/s;

$\gamma_0$——标准状态下气体的密度,kg/m³;

$\beta$——体膨胀系数,为 1/273;

$t$——气体的实际温度,℃。

$h_t$ 的数值可由图 3.1-7 及图 3.1-8 直接查取,图中 $\gamma_0$ 按 1.293 kg/m³(空气)计算。对于其他气体,$\gamma_0$ 不同时要进行换算。

摩擦系数 $\lambda$ 的计算方法如下:

(1) $Re<2000$ 的光滑圆管的 $\lambda$ 按下式计算:

$$\lambda=\frac{64}{Re} \qquad (3.1\text{-}54)$$

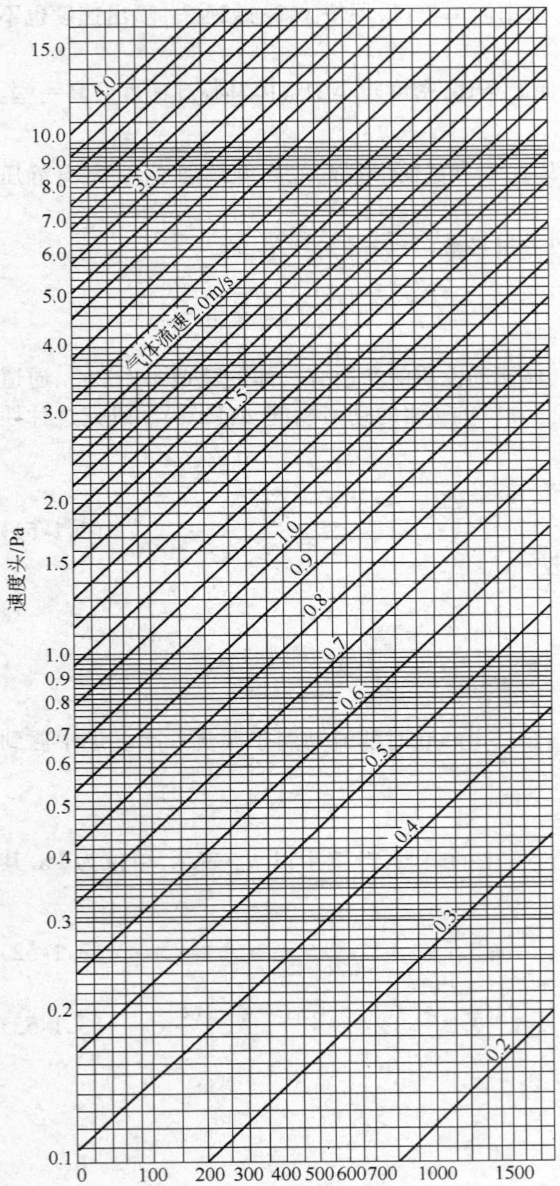


图 3.1-7　$w_0 = 0.2 \sim 4.0$ m/s 的速度头 $h_t = \frac{w_0^2}{2g}\gamma_0(1+\beta t)$ 计算图

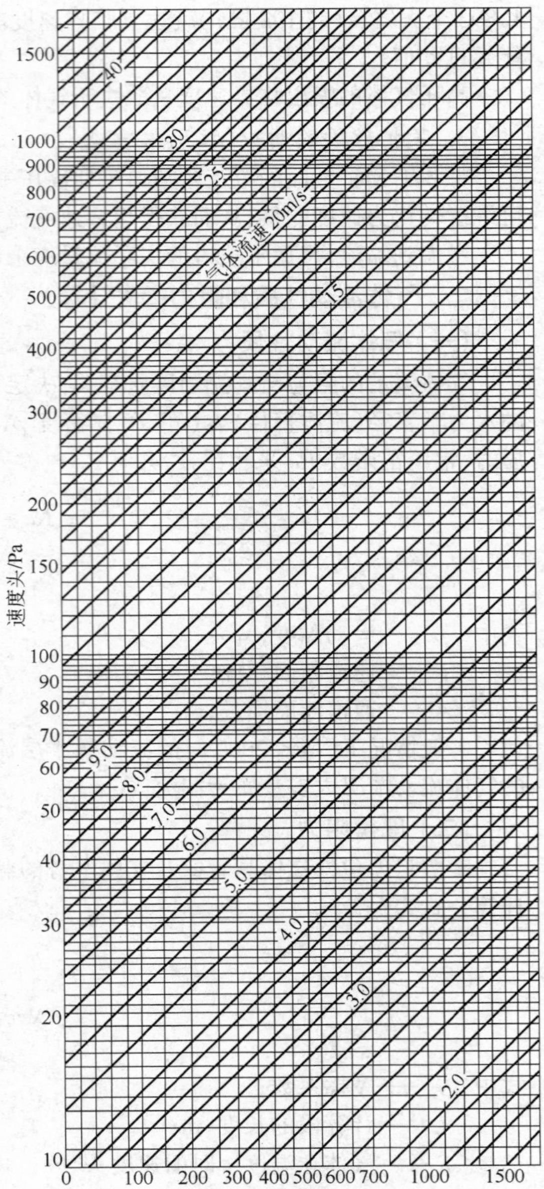


图 3.1-8　$w_0 = 4 \sim 40$ m/s 的速度头 $h_t = \frac{w_0^2}{2g}\gamma_0(1+\beta t)$ 计算图

(2) $2000 \leqslant Re \leqslant 4000$ 的光滑圆管的 $\lambda$ 取值如下：

| $Re$ | 2000 | 2500 | 3000 | 4000 |
|---|---|---|---|---|
| $\lambda$ | 0.052 | 0.046 | 0.045 | 0.041 |

(3) $Re > 4000$ 的任意值时的光滑圆管的 $\lambda$ 按下式计算：

$$\lambda=\frac{1}{(1.8\lg Re-1.64)^2} \tag{3.1-55}$$

(4) $4000<Re<10^5$ 的光滑圆管的 $\lambda$ 按下式计算：

$$\lambda=\frac{0.316}{Re^{0.25}} \tag{3.1-56}$$

(5) $10^5<Re<10^8$ 的光滑圆管的 $\lambda$ 按下式计算：

$$\lambda=0.0032+\frac{0.221}{Re^{0.237}} \tag{3.1-57}$$

(6) $Re>2000$ 的粗糙金属管道的 $\lambda$ 按下式计算：

$$\lambda=\frac{0.129}{Re^{0.12}} \tag{3.1-58}$$

上列公式适用于圆管或边长比 $a/b=0.5\sim1.0$ 的矩形管，$a/b<0.5$ 时，用上列公式算出的 $\lambda$ 值应乘以系数 $\varphi_1$。$\varphi_1$ 取值如下：

| $a/b$ | 0.1 | 0.2 | 0.3 | 0.4 | 0.5 |
|---|---|---|---|---|---|
| $\varphi_1$ | 1.34 | 1.20 | 1.10 | 1.02 | 1.0 |

内径为 $D_n$ 和外径为 $D_w$ 的环形通道，其 $\lambda$ 值乘以系数 $\varphi_2$。$\varphi_2$ 取值见表 3.1-5。

**表 3.1-5　系数 $\varphi_2$**

| $D_n/D_w$ | 0 | 0.2 | 0.4 | 0.6 | 1.0 |
|---|---|---|---|---|---|
| $Re\leqslant2000$ | 1.0 | 1.45 | 1.48 | 1.49 | 1.50 |
| $Re=10^4$ | 1.0 | 1.04 | 1.05 | 1.06 | 1.07 |
| $Re=10^7$ | 1.0 | 1.02 | 1.03 | 1.04 | 1.05 |

炉前管道计算中，摩擦系数可采用下列数值：

热轧钢板管道：$\lambda=0.02\sim0.03$；

砌砖管道：$\lambda=0.04\sim0.05$。

当管道内气体压力与大气压力相差比较悬殊（例如超过 10 kPa）时，应对式 3.1-52 加以修正，即：

$$h_m=\lambda\frac{L}{d_D}h_t\frac{p}{p_0} \tag{3.1-59}$$

式中　$p_0$——绝对大气压力；

$p$——气体的绝对压力。

### （三）局部阻力损失

局部阻力损失是由于通道断面有显著变化或改变方向，使气流脱离通道壁形成涡流而引起的能量损失。

计算局部阻力损失的公式为：

$$h=\xi h_t=\xi\frac{w_0^2}{2g}\gamma_0(1+\beta t) \tag{3.1-60}$$

式中　$\xi$——局部阻力系数。

### （四）横向通过管束时的气体阻力损失

横向通过管束时气流的阻力与管束排数、排列方式、雷诺数等有关，在工程中通常利用现成的图表进行计算。

1. 顺列管束的阻力

管束的总阻力损失 $\Delta h$ 为：

$$\Delta h = \xi \frac{w_0^2}{2g}\gamma_0(1+\beta t) \tag{3.1-61}$$

$$\xi = \xi_S C_R C_S Z_2 \tag{3.1-62}$$

式中　$\xi_S$——每排管子的阻力系数，从图 3.1-9 查取；

$C_R$——修正系数，查图 3.1-10，$\frac{S_1}{d} > \frac{S_2}{d}$时，$C_R = 1.0$；

$C_S$——修正系数，查图 3.1-10；

$Z_2$——沿气流方向的管子排数；

$w_0$——气流通过管束时标准状态下的平均流速，$m^3/s$；

$\gamma_0$——气体在标准状态时的密度，$kg/m^3$；

$\beta$——体膨胀系数，$\beta = \frac{1}{273}$；

$t$——气体通过管束时的平均温度，℃。

当流速变化时阻力系数的换算公式为：

$$\xi_2 = \xi_1 \left(\frac{w_2}{w_1}\right)^{\frac{0.2}{\psi^2}} \tag{3.1-63}$$

$$\psi = \frac{S_1 - d}{S_2 - d}$$

2. 错列管束的阻力

管束的总阻力损失 $\Delta h$ 为：

$$\Delta h = C'_S C_d \Delta h_C (Z_2 + 1) \tag{3.1-64}$$

式中　$\Delta h_C$——每排管子的阻力，Pa，查图 3.1-11；

$C'_S$——修正系数，查图 3.1-12；

$C_d$——修正系数，查图 3.1-12。

3. 密度修正

上述计算所利用的图表均按空气的密度算出，当计算对象为密度等于 $\gamma$ 的其他气体时，从图上查出的阻力损失 $\Delta h$，需乘以修正值$\frac{\gamma}{1.293}$。

### (五) 几何压头的变化

与周围大气密度相同的冷气体在流动中不产生几何压头的变化，热气体在经过竖烟道时产生几何压头的变化，下降烟道增加气体的流动阻力，故其几何压头的变化取正值；反之，上升烟道为负值。

几何压头的计算公式为：

$$h_j = H(\gamma_k - \gamma_y) g \tag{3.1-65}$$

式中　$H$——热气体上升或下降的垂直距离，m；

$\gamma_k$——大气的实际密度，$kg/m^3$；

$\gamma_y$——热气体的实际密度，$kg/m^3$。

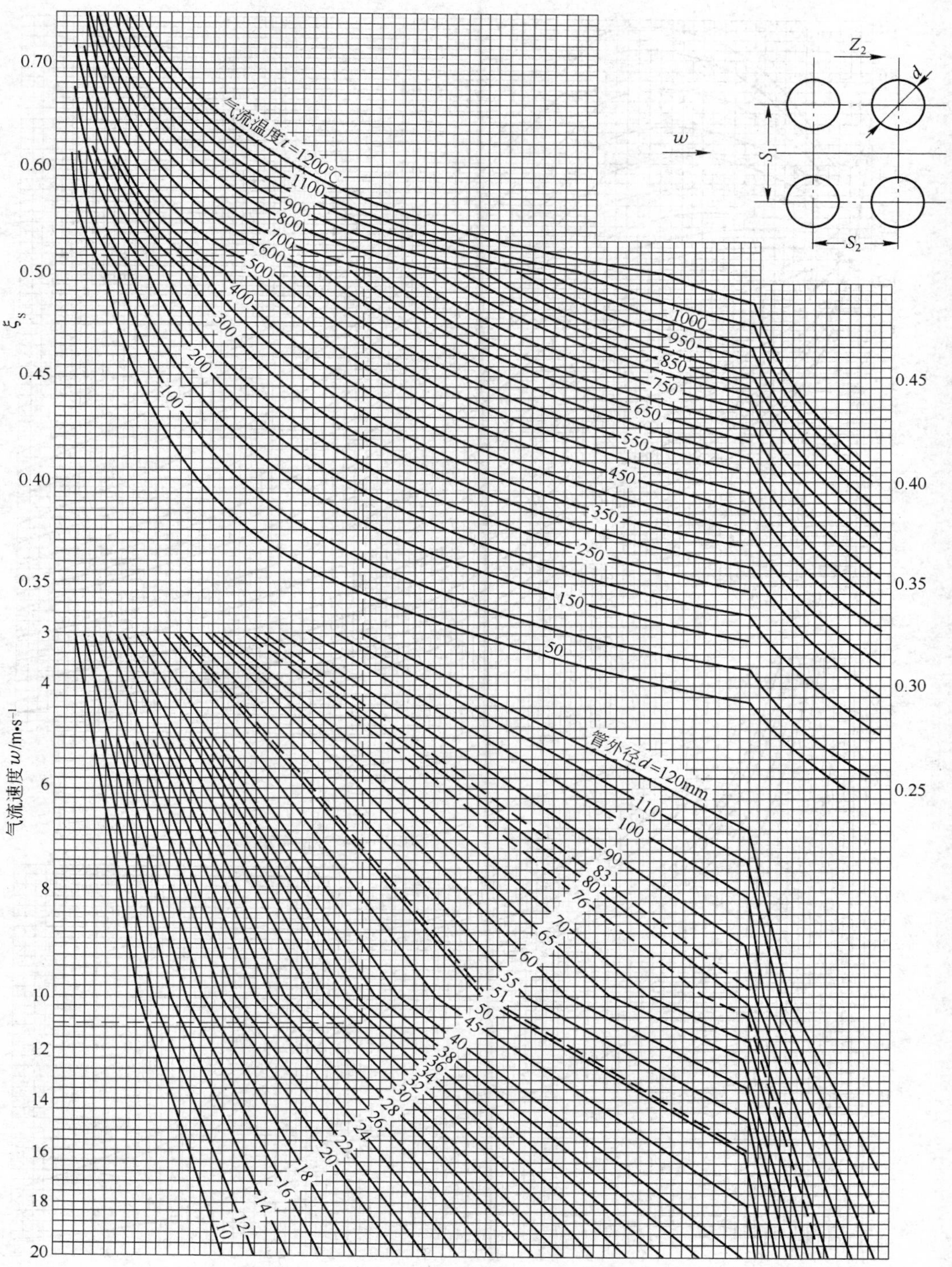


图 3.1-9 横向通过顺列管束的阻力系数

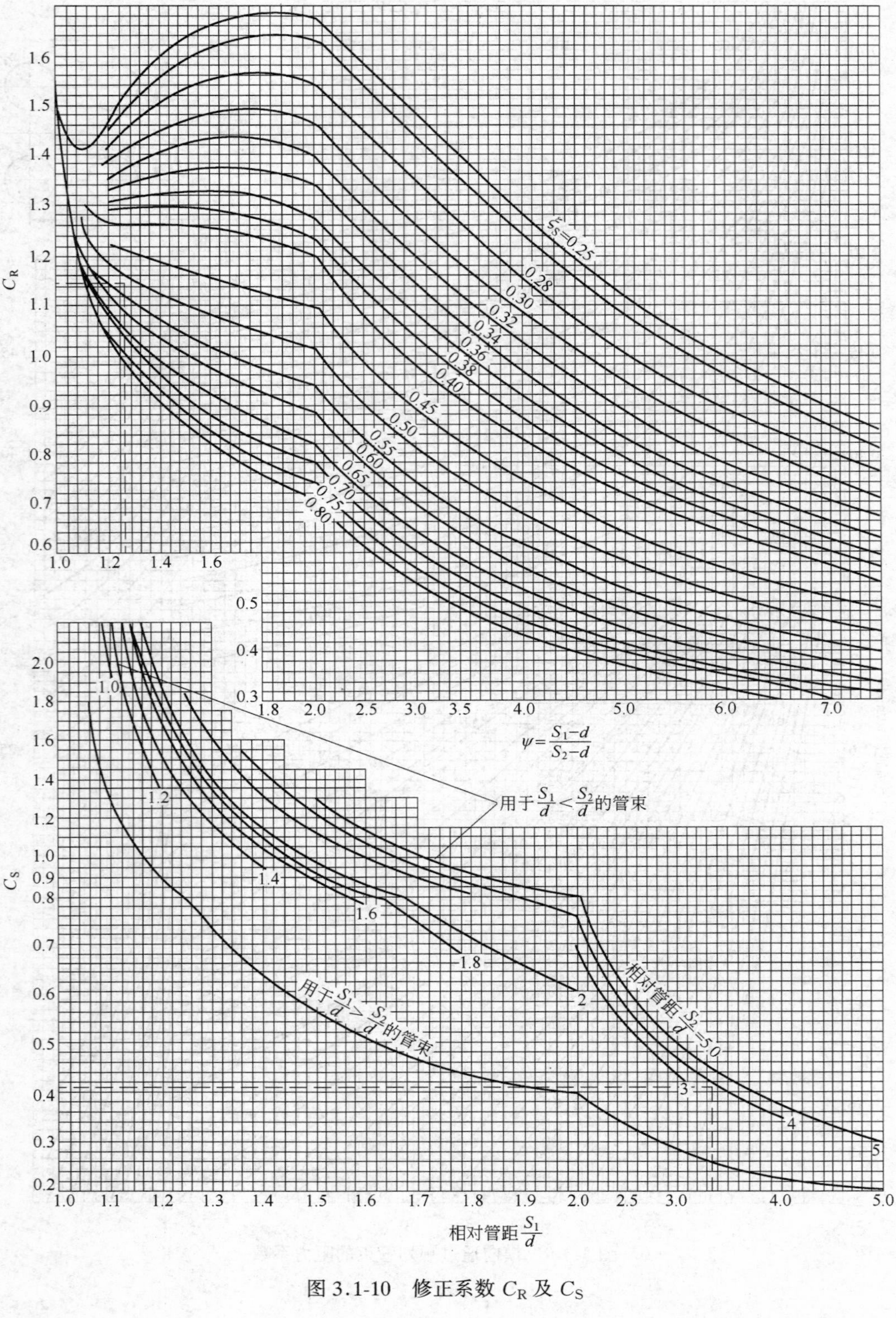


图 3.1-10　修正系数 $C_R$ 及 $C_S$

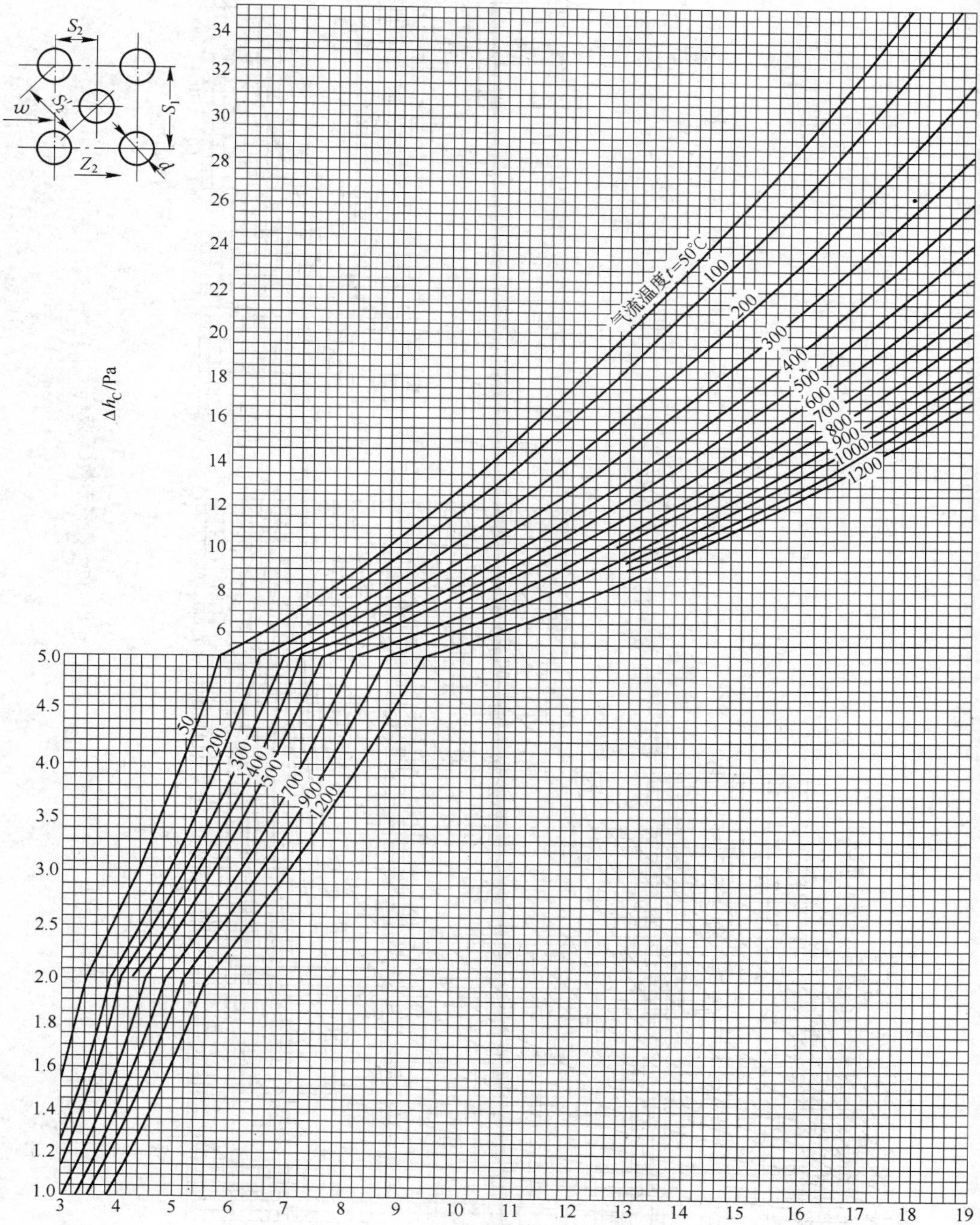


图 3.1-11　横向通过错列管束的阻力

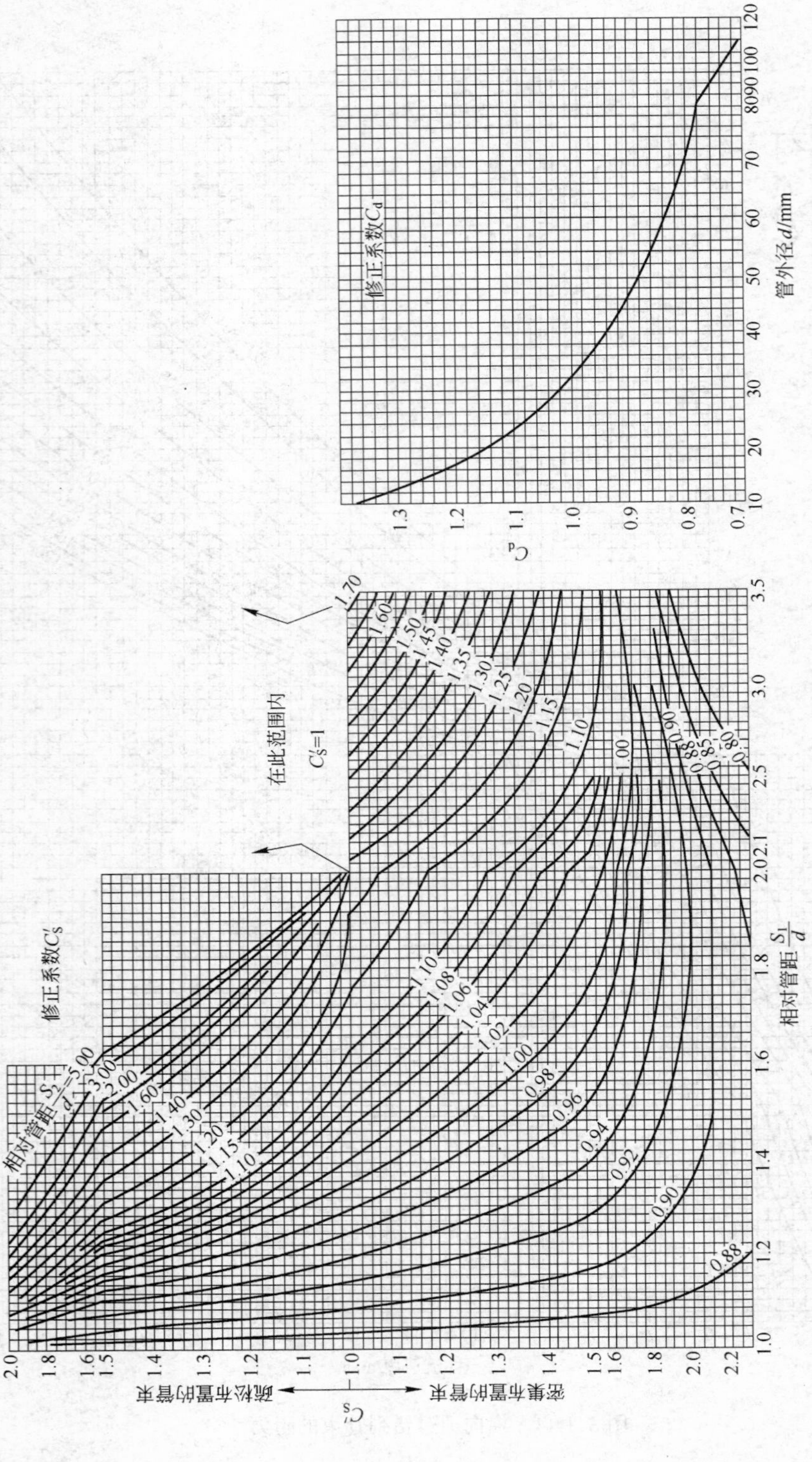


图 3.1-12　修正系数$C'_S$及$C_d$

图 3.1-13 为大气中每米竖烟道的几何压头，曲线是按热气体为空气算出的。一般烟气密度与空气密度差别不大时，也可由该图查取。

图 3.1-14 为烟囱抽力计算图表，计算的烟气密度(标况) $\gamma_y = 1.32\ kg/m^3$，大气密度(标况) $\gamma_k = 1.293\ kg/m^3$。

**例**：大气温度 $t_1 = 15℃$ 时，烟囱高度 $h = 47\ m$，烟气平均温度 $t_2 = 430℃$，问此烟囱抽力为多少？

**解**：按图 3.1-14 先从左图，根据烟囱高度及烟气平均温度得出大气温度为 20℃ 时的烟囱抽力为 325 Pa。再从右图修正大气温度，当 $t_1 = 15℃$ 时修正值约为 10 Pa，则此烟囱的抽力为 325 + 10 = 335 Pa。

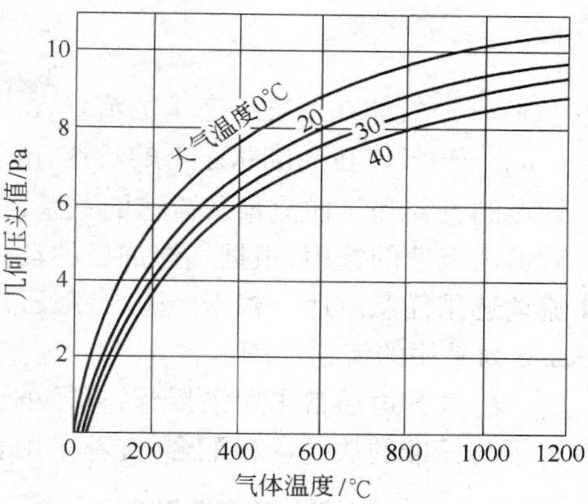


图 3.1-13　每米高度引起几何压头变化的数值

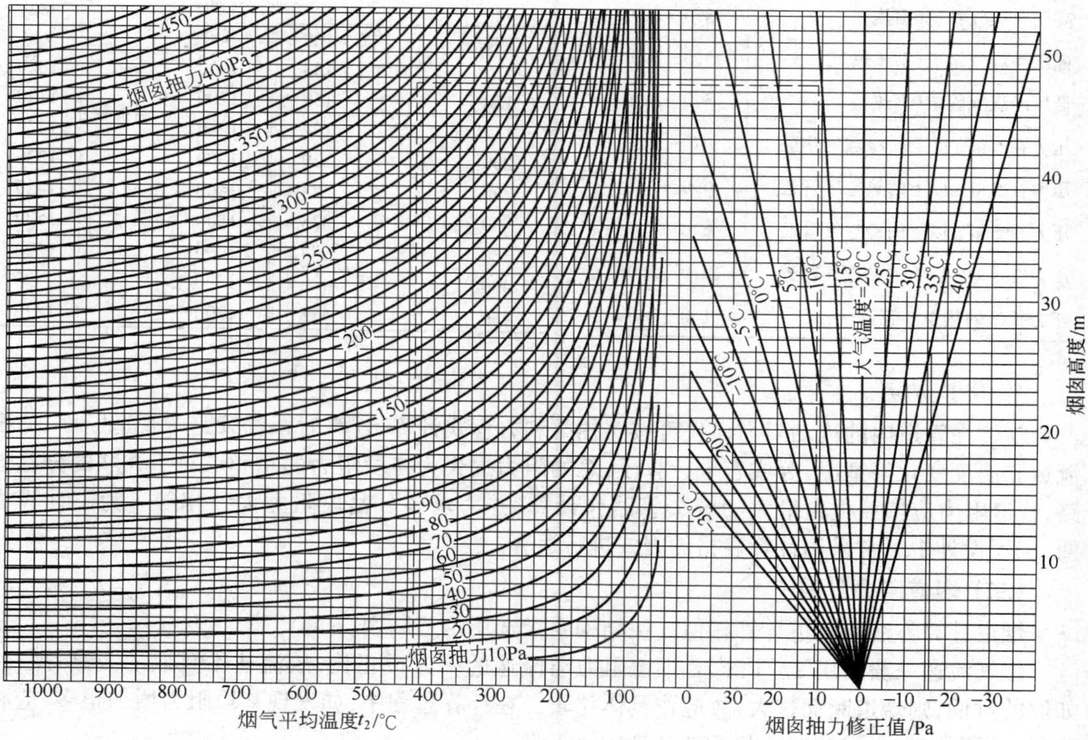


图 3.1-14　烟囱抽力计算

## 三、管道阻力计算

### (一) 空(煤)气管道阻力损失计算

1. 管道直径的选择

管道断面积 $F$ 按下式计算：

$$F=\frac{V_0}{w_0} \tag{3.1-66}$$

式中　$V_0$——气体在标准状态下的流量，$m^3/s$；

$w_0$——气体在标准状态下的流速，m/s。

管道的直径和气体流量及流速的关系，在精确计算时，可由图表查取。

管道内流速的选用，根据气体加压的动力消耗、管路材料消耗和结构合理等因素综合考虑，气体流动选用任意流速。根据经验，一般压力的空(煤)气管道的阻力损失不宜超过 0.5～1 kPa，表 3.1-6 为常用的流速范围。

空(煤)气管道通常采用钢板管，直径小于 150 mm 时，采用焊管或无缝钢管。

为了与标准的法兰盘相配合，推荐采用表 3.1-7 所列的管道直径系列。

**表 3.1-6　管内气体流速选用范围**

| 管道名称 | 流速/$m\cdot s^{-1}$ |
|---|---|
| 脏发生炉煤气管道 | 1.0～3.0 |
| 高压净煤气管道(不预热) | 8.0～12.0 |
| 高压净煤气管道(预热) | 6.0～8.0 |
| 低压净煤气管道(不预热) | 5.0～8.0 |
| 低压净煤气管道(预热) | 3.0～5.0 |
| 压力在 5 kPa 以上的冷空气管道 | 9.0～12.0 |
| 压力在 5 kPa 以上的热空气管道 | 6.0～7.0 |
| 压力在 5 kPa 以下的冷空气管道 | 6.0～8.0 |
| 压力在 5 kPa 以下的热空气管道 | 3.0～5.0 |
| 压力很低的热空气管道 | 1.0～3.0 |

**表 3.1-7　管道直径系列**(mm)

| 管道通径 | 外径 | | 管道通径 | 外径 | |
|---|---|---|---|---|---|
| 40 | 焊管 | | 500 | 钢板管 | 530 |
| 50 | | | 600 | | 620 |
| 70 | | | 700 | | 720 |
| 80 | | | 800 | | 820 |
| 100 | 无缝管 | 108 | 900 | | 920 |
| 125 | | 133 | 1000 | | 1020 |
| 150 | | 159 | 1100 | | 1120 |
| 175 | 钢板管 | 194 | 1200 | | 1220 |
| 200 | | 219 | 1300 | | 1320 |
| 250 | | 273 | 1400 | | 1420 |
| 300 | | 325 | 1500 | | 1520 |
| 350 | | 377 | 1600 | | 1620 |
| 400 | | 426 | 1700 | | 1720 |
| 450 | | 478 | 1800 | | 1820 |

2．计算方法

气体在管道内的流动阻力损失可按照柏努利方程式计算，计算时根据管路中管道断面、分配流量和温度变化等情况，分成若干计算段，总的阻力损失为各段阻力的总和。对于并联的分岔管路，管道阻力应按照损失最大的一个管路作计算，并力求各分岔段阻力大致相等。为了计算方便，工程设计中通常采用计算表格的方式进行运算。

**(二) 烟道阻力计算**

烟道计算方法与管道计算相似。按结构要求选用烟道断面。

烟气流速一般采用 2～4 $m^3/s$，烟道阻力与流速的平方成正比，故流速不宜取的太高；反之，如取的过低，则烟道断面过大，故应作具体比较。在计算过程中，如发现某段阻力增加很多，应将该段烟道断面加大或改变形状重新计算。

烟道计算中，烟气温度和漏风量的确定，是一个比较复杂的问题，并且对计算结果的影响也较大，下面分别介绍一些经验数据。

1．过剩空气系数的确定

过剩空气系数按以下情况确定：

(1) 燃烧所需的过剩空气系数。煤气烧嘴 $a=1.05$～$1.1$；油喷嘴 $a=1.1$～$1.2$；喷射式烧嘴和自动控制烧嘴采用较小数值。

(2) 出炉烟气中的过剩空气系数。连续式加热炉排入烟道中的过剩空气量其 $a$ 值较燃烧时的 $a$ 值略大(如大 0.05、0.1)。室式炉、罩式炉等间断操作的炉子,可直接采取燃烧时的过剩空气系数。

(3) 预热器的漏风。预热器的漏风绝大部分流入烟道,预热器和烟道砌砖之间的空隙也漏入不少空气。计算时应按照类似条件的实际资料确定。一般可按下列情况选取:

| | |
|---|---|
| 金属针状预热器后(针管用法兰组装) | $a=1.45$ |
| 金属管状预热器后 | $a=1.25$ |
| 金属辐射预热器后 | $a=1.2$ |

(4) 烟道闸板及人孔也常漏入空气,应根据其结构严密程度,酌情增加 $a$ 值。

2. 烟气温度的确定

烟气温度系指用抽气热电偶测出的烟气本身温度,而不是炉尾热电偶测得的炉温。炉尾烟气温度与炉型及炉底应力 $P$ 有关。低产量的连续式炉烟气温度为 600～700℃;$P$ 值达 500～600 kg/(m²·h)的炉子烟气温度为 800～1000℃,$P$ 值为 800～1000 kg/(m²·h)的五点供热炉或恒温连续式炉的烟气温度达 1100～1200℃或更高。蓄热式加热炉的烟气温度会低一些。

罩式炉和其他热处理炉在加热、保温和冷却过程中,其烟气量和烟气温度都是变化的,按满足加热末期的烟气温度设计烟道。烟气温度主要采用实测温度数据。

同一排烟系统中有多座周期操作的炉子时,应根据加热制度及实际操作情况考虑同时利用系数。烟气在地上烟道的降温可用计算的方法求出较精确的数字。

烟气温度随冷风的渗入而下降,可根据增大后的过剩系数值由燃料燃烧图表查出烟气温度的变化。如热量为 8.4 MJ/m³ 的混合煤气,由图 3.1-4 查出渗入冷空气前 $a=1.1$ 时,900℃烟气的热含量为 4 MJ/m³,渗入冷空气后 $a$ 增至 1.4,按热含量不变的原理,向左引水平线,可查得烟气温度降至 770℃。

3. 烟囱高度的计算

计算烟囱高度的公式为:

$$H=\frac{\text{烟囱的有效抽力}+\text{烟囱内速度头损失}}{\text{每米抽力}-\text{烟囱内每米摩擦损失}}=\frac{h_y+(h_1-h_2)}{h_j\dfrac{B}{760}-\dfrac{\lambda h}{d}} \tag{3.1-67}$$

式中 $h_y$——烟囱有效抽力,Pa,$h_y=K\Sigma h$,$K$ 为抽力系数,一般取 1.1～1.25,但乘上 $K$ 后所增加的抽力不应超过 50 Pa,以免增加投资过多;$\Sigma h$ 为求得的烟道系统总阻力损失;

$h_1$、$h_2$——分别为烟囱顶部及底部的速度头,按有关温度由图 3.1-7,图 3.1-8 求得(出口速度一般不低于 2～3 m/s,否则容易倒灌,通常取 2.5～5 m/s);

$h_j$——每米几何压头,Pa,按烟气平均温度和夏季最高月平均温度由图 3.1-14 查取(烟囱内温降可取:砖烟囱 1℃/m;无内衬烟囱 3～4℃/m;砖砌金属烟囱 2～2.5℃/m;混凝土烟囱 0.1～0.3℃/m);

$B$——地区大气压,Pa;

$\lambda$——烟囱内的摩擦系数,可取为 0.05;

$d$——烟囱的平均直径,m,$d=0.5(d_1+d_2)$,$d_1$ 及 $d_2$ 分别为烟囱顶部及底部的内径,m;金属烟囱通常无锥度,即 $d_1=d_2$;混凝土和砖烟囱口径大于 $\phi$800 mm 时,平均锥度采用 2%～3%,粗略计算时可取 $d_2=1.5d_1$;

$h$——烟囱内烟气的平均速度头,按平均速度和平均温度求得,Pa。

# 第五节　传　热

## 一、传导传热

传导传热(简称导热),是指物体内部冷热不均时,由分子直接交换能量而实现的热能转移过程。当物体内各点的温度不随时间而变化,即具有稳定的温度场时,经过该物体的传热称为稳定态导热。反之,如果各点的温度随时间变化,具有不稳定温度场,则该条件下的传热称为不稳定态导热。

在 $d\tau$ 时间内,$x$ 方向的传导传热量 $dQ_x$。与垂直于 $x$ 方向的面积 $dF$ 及沿 $x$ 方向的温度梯度 $\partial t/\partial x$ 成正比,即:

$$dQ_x = -\lambda \frac{\partial t}{\partial x} dF d\tau$$

或

$$\frac{dQ_x}{d\tau} = -\lambda \frac{\partial t}{\partial x} dF \tag{3.1-68}$$

比例系数 $\lambda$ 称为导热系数,随物体材质和温度而异,其工程单位为 kJ/(m·h·℃)。温度梯度一般取由低温向高温为正向,而热流恒由高温流向低温,因而公式中出现负号。另外,在物体内任一点的温度变化率(单位时间内温度的变化)由下面微分式决定,该式是不稳定态导热的基本公式:

$$\frac{\partial t}{\partial \tau} = a\left(\frac{\partial^2 t}{\partial x^2} + \frac{\partial^2 t}{\partial y^2} + \frac{\partial^2 t}{\partial z^2}\right) \tag{3.1-69}$$

式中　$a$——物体的热扩散率,$m^2/h$,$a = \lambda / c\gamma$。

### (一)稳定态传导传热

稳定态传导传热用于计算炉墙、炉顶、炉底及热介质(烟气、空气)管道等构件在稳定态下的传热量及层间温度。使用公式 3.1-68 时,必须已知两侧的表面温度。工程设计中一般仅知内侧温度或内侧介质温度,而外侧温度为未知数,它随砌体材料、厚度及外界散热条件不同而变化,这时便需要已知外侧介质温度与外界的散热条件。

#### 1. 平壁导热

*单层平壁导热*　已知平壁厚度为 $S$(m),面积为 $F$($m^2$),其内外表面温度分别为 $t_1$、$t_2$(℃),平壁的导热系数 $\lambda$ 是常数或随温度呈直线变化,导热仅仅存在于壁厚方向,则从公式 3.1-68 可求得单位时间内的热流量和单位面积上单位时间内的热流量分别为:

$$Q = \frac{\lambda}{S}(t_1 - t_2)F \tag{3.1-70}$$

$$q = \frac{t_1 - t_2}{\dfrac{S}{\lambda}} = \frac{t_1 - t_2}{R} \tag{3.1-70a}$$

式中　$Q$——单位时间内的热流量,kJ/h;

$\lambda$——平壁在平均温度为 $0.5(t_1 + t_2)$ 时的导热系数,kJ/(m·h·℃);

$R$——壁的热阻,$m^2$·h·℃/kJ;

$q$——单位面积上单位时间内的热流量,称为热流密度,kJ/($m^2$·h)。

*多层平壁导热*　已知平壁由 $n$ 层组成,每层厚度分别为 $S_1$、$S_2$、…、$S_n$,相应的导热系数为 $\lambda_1$、$\lambda_2$、…、$\lambda_n$ 则单位时间内的热流量为:

$$Q=\frac{t_1-t_{n+1}}{\frac{S_1}{\lambda_1}+\frac{S_2}{\lambda_2}+\cdots+\frac{S_n}{\lambda_n}}F=\frac{t_1-t_{n+1}}{R_1+R_2+\cdots+R_n}F \tag{3.1-71}$$

式中 $t_1$、$t_{n+1}$——分别为多层平壁的内、外表面温度,℃。

多层平壁的总热阻等于各层热阻之和。工程计算中,由于炉墙钢板的热阻比耐火层、绝热层的热阻小得多,可以忽略不计。

如平壁的内、外表面存在着某种流动介质,例如内表面是烟气、外表面是空气,可将这两种介质也看成多层平壁的组成部分,即与内表面接触的介质看成最内侧有一个附加层,外面的介质看成最外的附加层,这时公式 3.1-71 可写成:

$$Q=\frac{t'_1-t'_{n+1}}{\frac{1}{\alpha_1}+\frac{S_1}{\lambda_1}+\frac{S_2}{\lambda_2}+\cdots+\frac{S_n}{\lambda_n}+\frac{1}{\alpha_2}}F \tag{3.1-71a}$$

式中 $t'_1$、$t'_{n+1}$——分别为内部和外部介质的温度,℃;

$\alpha_1$——内部介质对内表面的传热系数,kJ/(m²·h·℃);

$\alpha_2$——外部介质对外表面的传热系数,kJ/(m²·h·℃)。

确定 $\alpha$ 值的方法详见对流传热部分说明。

2. 圆筒壁或弧形壁导热

*单层圆筒壁(或弧形壁)导热公式* 已知圆筒壁内壁半径为 $r_1$,外壁半径为 $r_2$,筒壁长度为 $l$,壁的内外表面温度为 $t_1$ 及 $t_2$,则径向导热公式为:

$$Q=\frac{t_1-t_2}{\frac{1}{\lambda}\ln\frac{r_2}{r_1}}\times 2\pi l \tag{3.1-72}$$

或改写成:

$$Q=\frac{t_1-t_2}{\frac{S}{\lambda}}F \tag{3.1-72a}$$

式中 $S$——圆筒壁的厚度,其值为 $r_2-r_1$,m;

$F$——内外表面积的对数平均值,其值为:圆筒壁 $F=2\pi lr$;弧形壁 $F=2\pi lr\frac{\theta}{360°}$,

其中 $r=\frac{r_2-r_1}{\ln\frac{r_2}{r_1}}$称为对数平均半径。

当 $r_2/r_1<2$ 时,可按平壁公式计算,式中的 $F$ 是内外筒壁面积的算术平均值。

*多层圆筒壁(或弧形壁)导热公式* 已知圆筒壁由 $n$ 层组成,$S_1$、$S_2$、…、$S_{n+1}$为各层的厚度,$t_1$、$t_2$、…、$t_{n+1}$为各层界面的温度,$\lambda_1$、$\lambda_2$、…、$\lambda_n$。为各层在自身平均温度下的导热系数,则其径向导热公式为:

$$Q=\frac{t_1-t_{n+1}}{\frac{S_1}{\lambda_1F_1}+\frac{S_2}{\lambda_2F_2}+\cdots+\frac{S_n}{\lambda_nF_n}} \tag{3.1-73}$$

式中 $F_1$、$F_2$、…、$F_n$——各层壁内外表面积的对数平均值。

圆筒壁：

$$F_1 = 2\pi l \frac{r_2 - r_1}{\ln \dfrac{r_2}{r_1}}$$

$$F_2 = 2\pi l \frac{r_3 - r_2}{\ln \dfrac{r_3}{r_2}}$$

$$\vdots$$

弧形壁：

$$F_1 = 2\pi l \frac{r_2 - r_1}{\ln \dfrac{r_2}{r_1}} \times \frac{\theta}{360°}$$

$$F_2 = 2\pi l \frac{r_3 - r_2}{\ln \dfrac{r_3}{r_2}} \times \frac{\theta}{360°}$$

$$\vdots$$

内外表面与某种流动介质接触时，可由下式计算导热量：

$$Q = \frac{t'_1 - t'_{n+1}}{\dfrac{1}{\alpha_1 F'_1} + \dfrac{S_1}{\lambda_1 F_1} + \dfrac{S_2}{\lambda_2 F_2} + \cdots + \dfrac{S_n}{\lambda_n F_n} + \dfrac{1}{\alpha_2 F'_n}} \tag{3.1-73a}$$

式中 $F'_1$、$F'_n$——分别为圆筒壁的内外表面积，$m^2$。

箱形体的导热公式　计算由单层或多层平壁组成的箱形体导热时（例如室式炉的炉墙导热），可按前述单层或多层圆筒壁的导热公式作近似计算，这时 $F_n$ 是各层平壁内外表面积的算术平均值。

3．层间温度计算

在多层壁导热计算中，需要算出各层之间的接触面温度，用它校验原计算中确定导热系数 $\lambda$ 时所假定的层间温度是否正确，并验证所选用的各层材料的使用温度是否安全合理。

设热流方向的第 $x$ 层壁外侧温度为 $t_{x+1}$，则对圆筒壁或箱形壁而言：

$$t_{x+1} = t'_1 - Q\left(\frac{1}{a_1 F'_1} + \frac{S_1}{\lambda_1 F_1} + \frac{S_2}{\lambda_2 F_2} + \cdots + \frac{S_x}{\lambda_x F_x}\right) \tag{3.1-74}$$

上式中如果 $F'_1 = F_1 = F_2 = \cdots = F_x$，则该式便适用于平壁：

$$t_{x+1} = t'_1 - Q\left(\frac{1}{a} + \frac{S_1}{\lambda_1} + \frac{S_2}{\lambda_2} + \cdots + \frac{S_x}{\lambda_x}\right)\frac{1}{F} \tag{3.1-75}$$

4．图解计算

图 3.1-15～图 3.1-18 是根据上述公式绘成的曲线，设计中可按曲线直接查出有关数据。

**例**：如图 3.1-15*a* 所示，已知炉墙内层黏土砖热阻 $R_1 = 0.29$，中层硅藻土砖热阻 $R_2 = 0.64$，外层石棉板热阻 $R_3 = 0.13$，内表面温度为 1350℃。

求出总热阻 $R = 0.29 + 0.64 + 0.13 = 1.06$，由 1350℃ 作垂线，与 $R = 1.06$ 交于 $b$ 点，由此作水平线，得出热阻为 $R_2 + R_3 = 0.77$ 的 $c$ 点的温度为 995℃，热阻为 $R_3 = 0.13$ 的 $d$ 点的温度为 258℃，纵坐标上的 $e$ 点即外表面温度为 111℃，散热量（$f$ 点）为 $1170 \times 4.1868 = 4898$ kJ/(m²·h)。

**（二）不稳定态传导传热——炉衬吸热量计算**

公式 3.1-69 是传导传热的基本公式，但该式只有在某些特定条件下才可能求解。为了了解物体在加热过程或冷却过程中物体内部和表面的温度变化，往往采用一些经验公式和近似解来代替。这里介绍用于计算间断式炉炉衬热损失（加热期间炉衬所吸收或积蓄的热量和炉衬外表面散入车间内的热量)的几个经验公式。

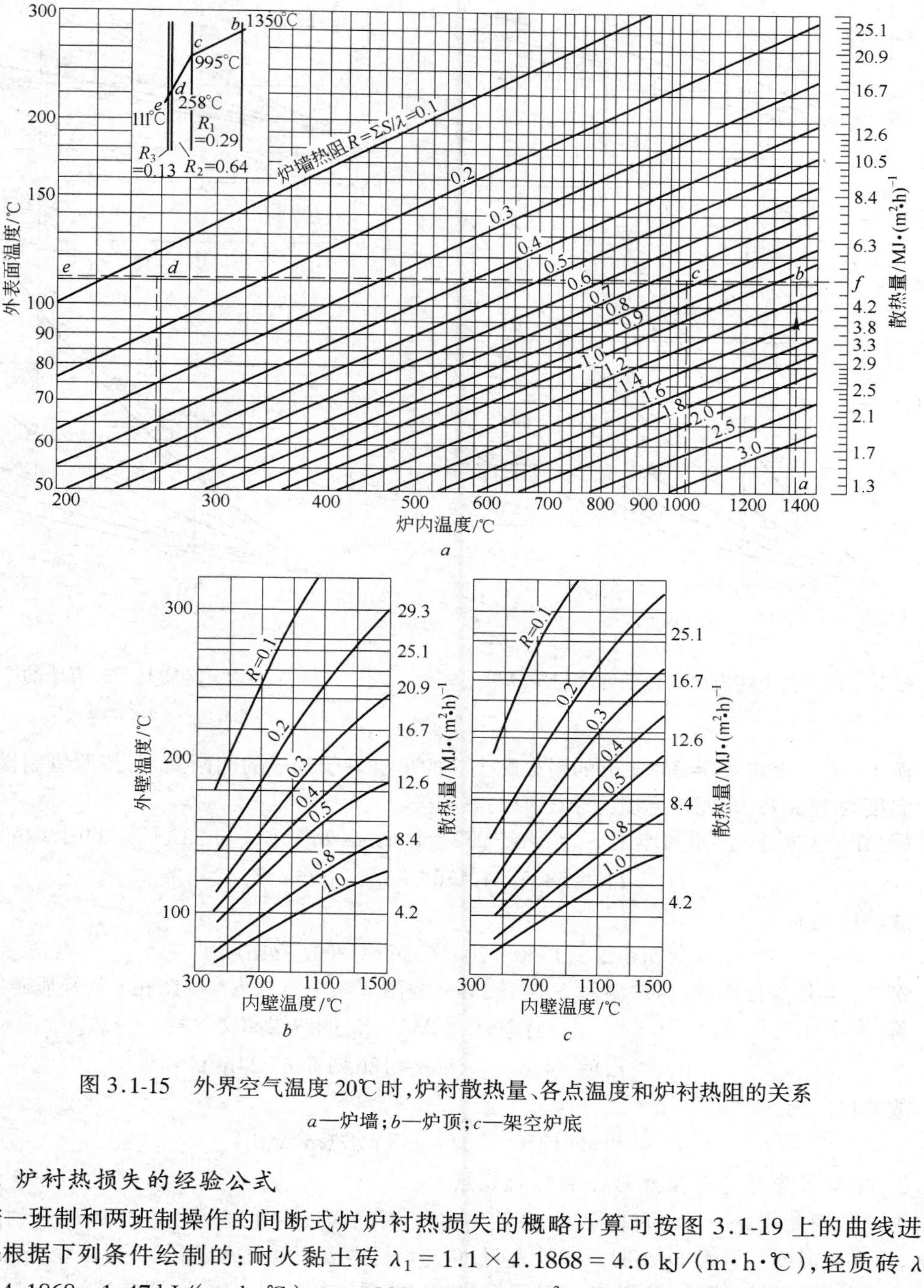


图 3.1-15　外界空气温度 20℃时,炉衬散热量、各点温度和炉衬热阻的关系

*a*—炉墙;*b*—炉顶;*c*—架空炉底

## 1. 炉衬热损失的经验公式

按一班制和两班制操作的间断式炉炉衬热损失的概略计算可按图 3.1-19 上的曲线进行。本图是根据下列条件绘制的:耐火黏土砖 $\lambda_1 = 1.1 \times 4.1868 = 4.6$ kJ/(m·h·℃),轻质砖 $\lambda_2 = 0.35 \times 4.1868 = 1.47$ kJ/(m·h·℃),$\gamma_2 = 800 \sim 1000$ kg/m³。炉衬外表面对空气的传热系数 $= (12 \sim 15) \times 4.1868 = 50 \sim 63$ kJ/(m²·h·℃)。图中实线表示按两班制操作,虚线表示按一班制操作。横坐标为附加厚度,纵坐标为每 24 h 内炉衬的热损失。$t_n$ 是内表面温度,$t_0$ 是车间温度。

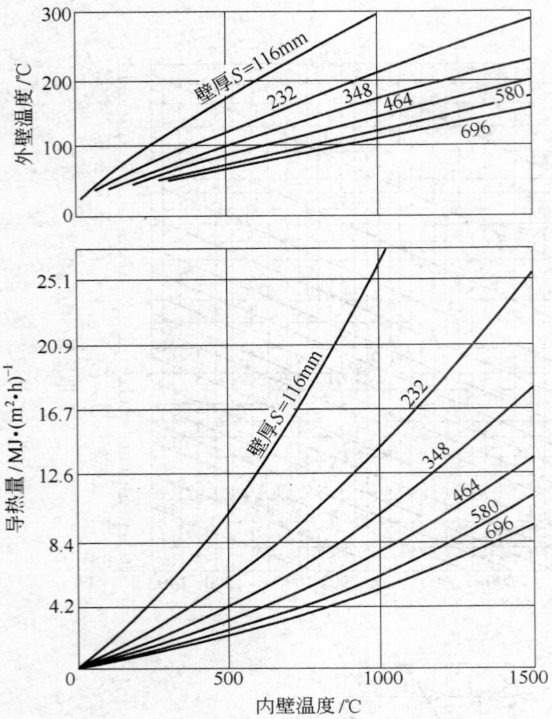


图 3.1-16　黏土砖直墙的外壁温度与导热量

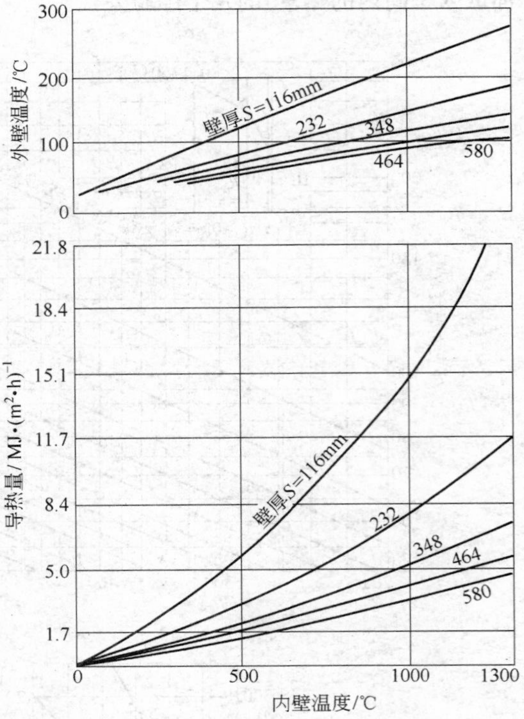


图 3.1-17　轻质黏土砖直墙的外壁温度与导热量

**例 1**　有一个由 $S_1 = 348$ mm 的耐火黏土砖的单层炉墙砌成的间断式炉，按两班制操作，求炉内温度为 1350℃、车间内温度为 20℃时的热损失。

**解**：在横坐标上，由附加厚度 $S_1 = 348 - 232 = 116$ mm 处作垂线与 $232 + S_1$ 的曲线相交，得：

$$q/(t_n - t_0) = 58.5 \times 4.1868 = 245 \text{ kJ}/(\text{m}^2 \cdot ℃ \cdot 24\text{h})$$

故热损失为：

$$q = 245(1350 - 20) = 326 \text{ MJ}/(\text{m}^2 \cdot 24\text{h})$$

**例 2**　其他条件同前，但炉墙由 $S_1 = 232$ mm 的耐火黏土砖与 $S_2 = 116$ mm 的轻质砖组成。

**解**：横坐标上取 $S_2 = 116$ mm，由此作垂线与 $232 + S_2$ 的曲线相交，得：

$$q/(t_n - t_0) = 44.5 \times 4.1868 = 186 \text{ kJ}/(\text{m}^2 \cdot 24\text{h} \cdot ℃)$$

故热损失为：

$$q = 186(1350 - 20) = 248 \text{ MJ}/(\text{m}^2 \cdot 24\text{h})$$

2. 冷炉衬先等速升温然后保温时的吸热

大多数间断式炉炉衬的内表面温度，是先在 $\tau_1$ 时间内以等速度从开始温度 $t_k$ 升到最终温度 $t_z$，再在此温度下保温 $\tau_2$ 小时。试验表明，它与炉衬内表面瞬时升温到 $t_z$，再以 $0.5\tau_1 + \tau_2$ 小时保温时的吸热量很接近，只是在 $\tau_2$ 时间短的时候需要进行校正。因此，双层炉衬（由黏土砖和绝热砖组成）的吸热量可用下式计算：

$$Q = \eta c_1 \gamma_1 S_1 (t_z - t_k) \varphi\left(\frac{a_1 \tau}{S_1^2}; \frac{a_2}{a_1}\right) \tag{3.1-76}$$

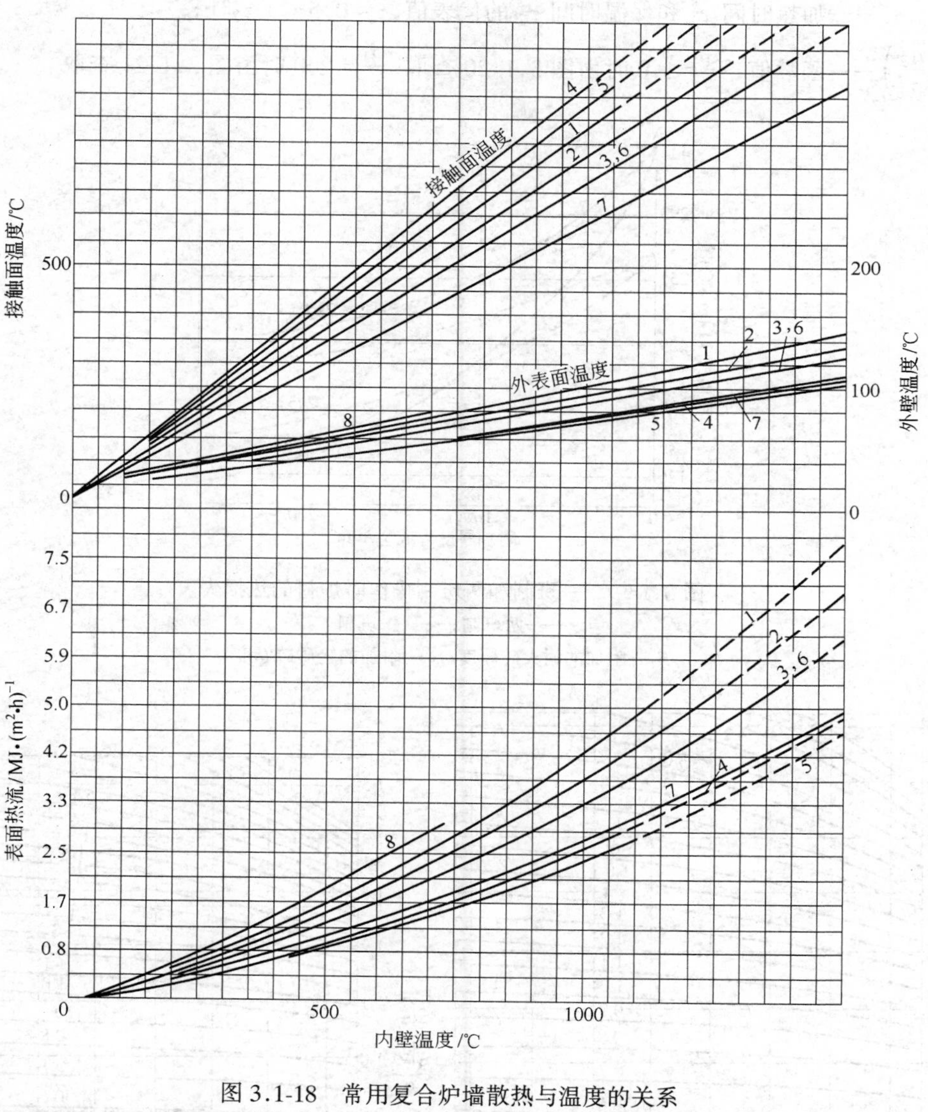


图 3.1-18　常用复合炉墙散热与温度的关系

1—黏土砖 232 mm + 硅藻土砖 116 mm；2—黏土砖 348 mm + 硅藻土砖 116 mm；3—黏土砖 464 mm + 硅藻土砖 116 mm；4—黏土砖 232 mm + 硅藻土砖 232 mm；5—黏土砖 348 mm + 硅藻土砖 232 mm；6—轻质黏土砖 232 mm + 硅藻土砖 116 mm；7—轻质黏土砖 348 mm + 硅藻土砖 116 mm；8—红砖 490 mm

式中　$\eta$——保温时间较短时需要引入的修正系数，其值为：

| $\frac{a_1\tau}{S_1^2}$ | 0 | 0.05 | 0.1 | 0.15 | 0.2 | ≥0.25 |
|---|---|---|---|---|---|---|
| $\eta$ | 0.94 | 0.963 | 0.976 | 0.985 | 0.993 | 1.00 |

$c_1\gamma_1 S_1$——内层炉衬材料的比热容、密度和厚度的乘积，kJ/(m²·℃)；

$t_z$、$t_k$——分别为最终温度和开始温度，℃；

$a_1$、$a_2$——分别为内层和外层炉衬材料的热扩散率，如为单层炉衬则$\frac{a_2}{a_1}=1.0$；

$\tau$——加热时间 $\tau_1$ 和保温时间 $\tau_2$ 的代表值，$\tau = 0.5\tau_1 + \tau_2$，h；

$\varphi\left(\frac{a_1\tau}{S_1^2};\frac{a_2}{a_1}\right)$——函数值，$\frac{S_1}{S_2}=1.0$ 时由图 3.1-20 查取，$\frac{S_1}{S_2}=2.0$ 时由图 3.1-21 查取。

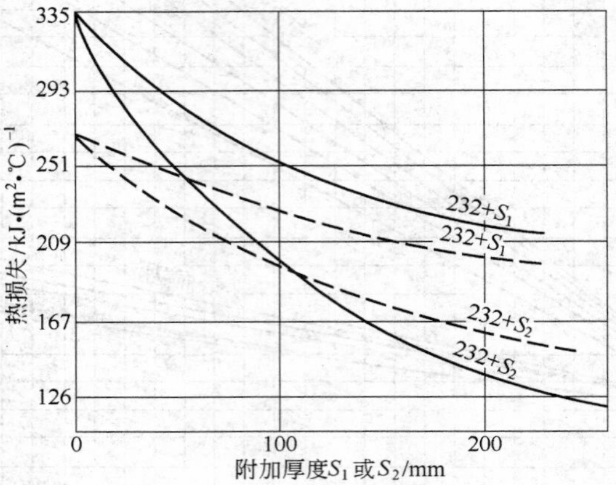


图 3.1-19　一班制和两班制操作时炉衬的热损失

——两班制；----一班制

$S_1$—附加的耐火砖厚度；$S_2$—附加的轻质砖厚度

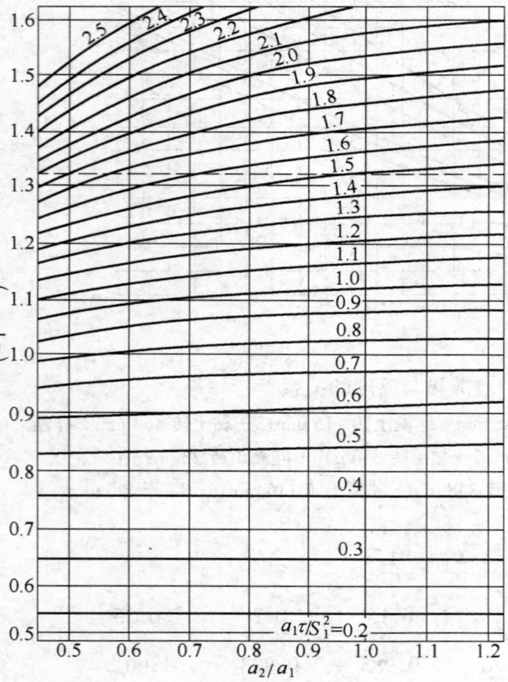


图 3.1-20　双层炉墙吸热计算用的图解$\left(\frac{S_1}{S_2}=1.0\right)$

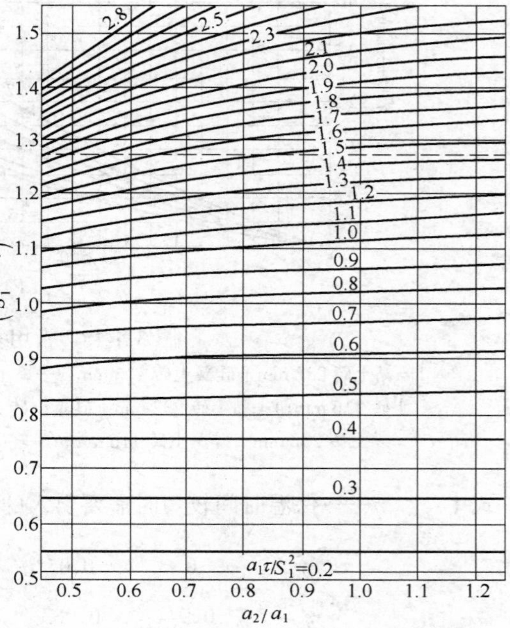


图 3.1-21　双层炉墙吸热计算用的图解$\left(\frac{S_1}{S_2}=2.0\right)$

在图 3.1-20 中，如 $\varphi\left(\frac{a_1\tau}{S_1^2};\frac{a_2}{a_1}\right)$值大于 1.25～1.27，而在图 3.1-21 中大于 1.32 时，除了按公式 3.1-76 计算炉衬吸热量以外，还要计算外表面对周围空气的散热。外表面温度以及外表面对空气的热扩散率 $a_2$ 可按稳定态传导传热的公式计算，这样求得的耗热量是偏向安全的。此外，从这两个图的对比可见，尽管 $S_1/S_2$ 值相差一倍，但在 $a_1\tau/S_1^2\leqslant1.5$ 时，$\varphi$ 值相差也不过 0.03～0.04。可以认为，即使 $S_1/S_2$ 值超过 2，应用图 3.1-21 计算而引起的误差在工程设计中也是完全可以容许的。

如果炉衬内表面温度不是直线上升而是按曲线变化，或按折线变化，那么用一条斜线（只有加热时间 $\tau_1$）或一条斜线加一段水平线（包括加热时间 $\tau_1$ 和保温时间 $\tau_2$）来代替也是可以的，等速升温线按直线两侧面积相等的原则绘制，如图 3.1-22 所示。

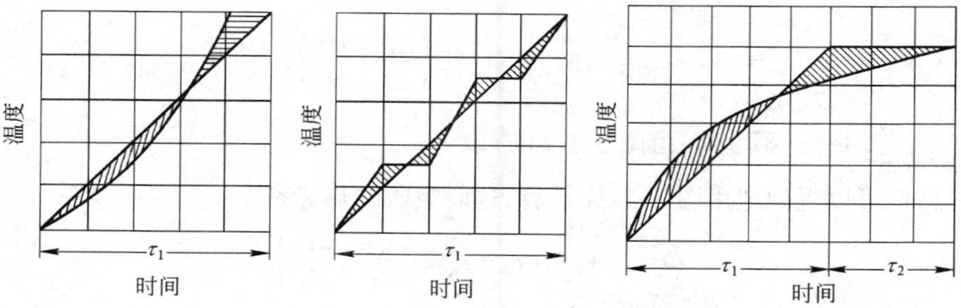


图 3.1-22　升温曲线的置换示例

因为在计算前炉衬的平均温度是未知数，这时可先按内表面温度对时间的平均值，再参照表 3.1-8 和图 3.1-23来确定 $\lambda$、$c$、$a$ 值，然后根据算出的吸热量来校核原计算中确定 $\lambda$、$c$、$a$ 值时所用的平均温度是否出入过大（吸热量＝炉衬体积×密度×比热容×平均温度之差），必要时需要重新计算。

**表 3.1-8　各层砌体平均温度与内表面温度的比值**

| 炉衬部位及组成 | | 内层黏土砖 | | 外层绝热砖 | |
|---|---|---|---|---|---|
| | | 升温速度/℃·h⁻¹ | | | |
| | | 10 | 20 | 10 | 20 |
| 炉顶和侧墙 | 230 mm 耐火黏土砖与 115 mm 绝热砖 | 0.77 | 0.75 | 0.38 | 0.34 |
| | 230 mm 轻质黏土砖与 115～130 mm 绝热砖 | 0.76 | 0.75 | 0.31 | 0.29 |
| 台　车 | 245 mm 耐火黏土砖与 115 mm 绝热砖 | 0.70 | 0.70 | 0.32 | 0.32 |

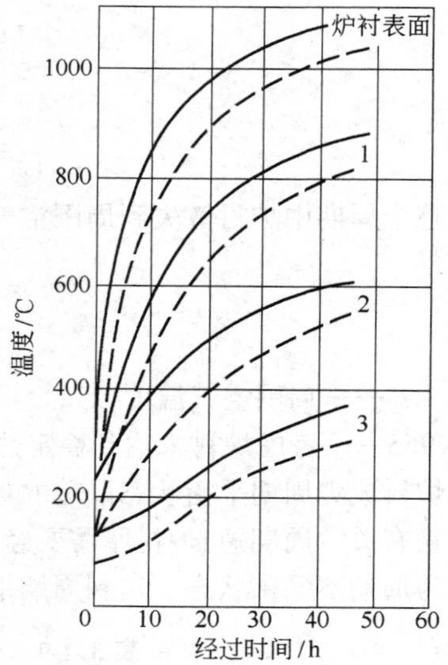


图 3.1-23　燃烧室（内层 230 mm 耐火黏土砖、外层 115 mm 绝热砖）的升温情况

——从 200℃开始；－－－从 100℃开始

1—拱顶、侧墙的耐火砖的平均温度；

2—底部耐火砖的平均温度；

3—拱顶、侧墙的绝热砖的平均温度

3．再次加热前炉衬尚未完全冷却时的吸热

在短时期内重复同样的操作制度后，炉衬在加热和保温期间吸收（储存）了一定的热量，而在冷却期间又会失去同样的热量。这样的热状态称为周期平衡状态，每

周期吸收的热量用下式计算：

$$Q = c\gamma S(t_z - t_k)\varphi\left(\frac{a\tau_1}{S^2};\frac{a\tau_2}{S^2};\frac{a\tau_3}{S^2}\right) \tag{3.1-77}$$

式中　$c\gamma S$——炉衬比热容、密度和厚度的乘积，kJ/(m²·℃)；

$t_k$——再次加热前炉衬内表面温度，℃；

$t_z$——加热和保温后炉衬的内表面温度，℃；

$\tau_1$、$\tau_2$、$\tau_3$——分别为加热、保温和冷却时间，h；

$\varphi$——函数值。

为了使函数 $\varphi$ 简化，用$\frac{a\tau'}{S^2}$代替$\frac{a\tau_1}{S^2}$和$\frac{a\tau_2}{S^2}$，误差也不大，这时有：

$$\tau' = 0.2\tau_1 + \tau_2 \tag{3.1-78}$$

$$Q = c\gamma S(t_z - t_k)\varphi\left(\frac{a\tau'}{S^2};\frac{a\tau_3}{S^2}\right) \tag{3.1-79}$$

式中　$\varphi\left(\frac{a\tau'}{S^2};\frac{a\tau_3}{S^2}\right)$——函数值，由图 3.1-24 查取。

多层炉衬也可以近似地用图 3.1-24 计算，这时吸收的热量是：

$$Q = c_1\gamma_1 S_1(t_z - t_k)\varphi\left(\frac{a\tau'}{S_1^2};\frac{a\tau_3}{S_1^2}\right) \tag{3.1-80}$$

上式中的下角“1”指内层炉衬而言。

整个周期中内表面的平均温度为：

$$t_p = \frac{\tau_1\left(\frac{t_k + t_z}{2}\right) + \tau_2 t_z + \tau_3\left(\frac{t_z + t_k}{2}\right)}{\tau_1 + \tau_2 + \tau_3}$$

或

$$t_p = \frac{(\tau_1 + \tau_3)(t_k + t_z) + 2\tau_2 t_z}{2(\tau_1 + \tau_2 + \tau_3)} \tag{3.1-81}$$

整个周期中炉衬散失到周围空气中的热损失是：

$$Q' = 0.965\frac{t_p - t_0}{\sum\frac{S_1}{\lambda_1} + \frac{1}{a_1}}(\tau_1 + \tau_2) \tag{3.1-82}$$

式中　$t_0$——周围空气温度，℃；

0.965——考虑炉衬未达到稳定热状态而乘上的系数。

炉衬成为周期平衡状态以前的重复操作次数与每次操作周期的长短以及炉衬的厚度、材质等因素有关。周期短、炉衬厚需要经过多次重复操作才能达到周期平衡状态。在此以前的炉衬可称为周期不平衡状态。达到周期平衡状态前的操作次数参见表 3.1-9。

**表 3.1-9　平衡前的次数 $n$ 与周期不平衡系数 $\mu$**

| $\frac{a_1(\tau_1+\tau_2+\tau_3)}{S_1^2}$ | >1.0 | 1.0～0.6 | 0.7～0.4 | 0.5～0.2 | 0.3～0.15 | 0.2～0.1 | <0.1 |
|---|---|---|---|---|---|---|---|
| 平衡前的次数 $n$ | 1 | 2 | 3 | 4 | 5 | 6 | 7 |
| 周期不平衡系数 $\mu$ | 1.0 | 0.98～0.90 | 0.94～0.86 | 0.90～0.84 | 0.86～0.80 | 0.82～0.78 | |

在达到周期平衡状态前，每一个周期中炉衬吸收的热量要比平衡状态后吸收的热量来得多。从冷状态开始操作一个周期后，在达到周期平衡前各周期吸收的热量根据下式计算：

$$Q^{\mathrm{II}} + Q^{\mathrm{III}} + Q^{\mathrm{IV}} + \cdots + Q^{n-1} = (n-1)Q/\mu \tag{3.1-83}$$

式中　$Q^{\mathrm{II}}$、$Q^{\mathrm{III}}$——相当于周期平衡前第二、第三周期中吸收的热量；

$\mu$——周期不平衡系数，由表 3.1-9 查取。

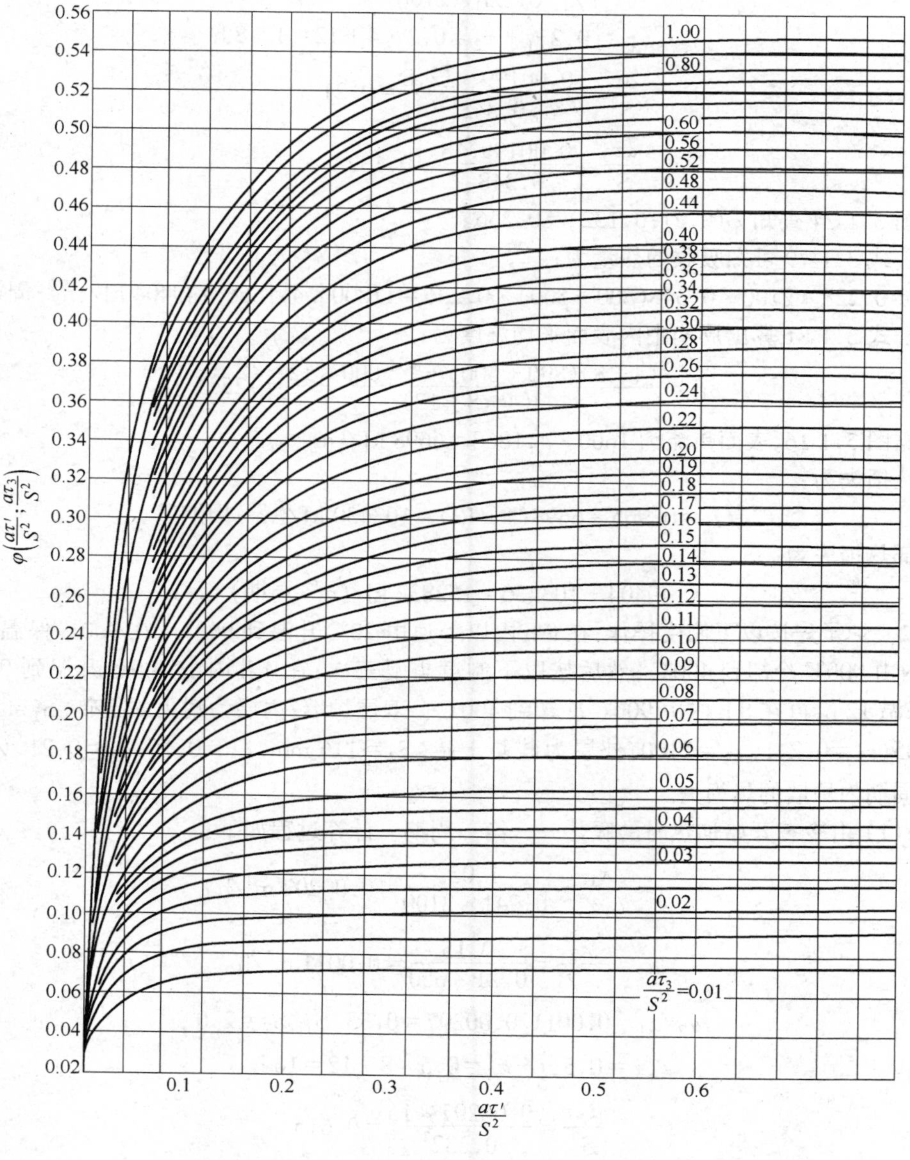


图 3.1-24　炉子周期作业时计算吸热量的曲线

如果需要计算炉子从冷态开始加热而以后按同一操作制度连续操作时所吸收的热量，那么第一个周期内吸收的热量按式 3.1-76 计算，以后各周期则按式 3.1-79、式 3.1-80、式 3.1-83 计算。

炉衬内表面温度如按曲线或折线变化时，也用图 3.1-22 所示的办法处理。

**例 1**　炉子连续按下列情况操作：在 4 h 内由 500℃加热到 800℃，在 800℃保温 12 h，然后在 8 h 内由 800℃冷却到 500℃。炉衬厚 $S = 348$ mm，材料的物理性质是 $\lambda = 0.95$，$c = 0.228$，$\gamma =$

2100。求操作周期内炉衬的吸热损失和散热损失。

**解**:热扩散率为:

$$a=\frac{\lambda}{c\gamma}=\frac{0.95}{0.228\times2100}=0.00199\ \mathrm{m^2/h}$$

$$\tau'=0.2\tau_1+\tau_2=0.2\times4+12=12.8\ \mathrm{h}$$

$$\frac{a\tau'}{S^2}=\frac{0.00199\times12.8}{0.348^2}=0.21$$

$$\frac{a\tau_3}{S^2}=\frac{0.00199\times8}{0.348^2}=0.132$$

由图 3.1-24 查知 $\varphi(0.21;0.132)=0.236$。

由公式 3.1-79 可知吸收的热量为:

$Q=0.228\times2100\times0.348(800-500)\times0.236=11800\times4.1868=49404\ \mathrm{kJ/(m^2\cdot}$周期$)$

由公式 3.1-81 算出周期中内表面平均温度为:

$$t_{\mathrm{p}}=\frac{(4+8)(800+500)+2\times800\times12}{2(4+8+12)}=725℃$$

根据图 3.1-16,表面热流为 $1600\times4.1868=6698\ \mathrm{kJ/(m^2\cdot h)}$。

散热损失为:

$$Q'=0.965\times6698(4+12)=103430\ \mathrm{kJ/(m^2\cdot 周期)}$$

全部热损失为:

$$49404+103430=152832\ \mathrm{kJ/(m^2\cdot 周期)}$$

**例 2** 炉子先按以下制度操作:在 8 h 内以等速由 20℃ 升温到 900℃,在 900℃ 保温 12 h,再在 8 h 内由 900℃ 冷却到 400℃;然后按以下制度重复三次:在 4 h 内由 400℃ 升温到 900℃,在 900℃ 保温 12 h,再在 8 h 内由 900℃ 冷却到 400℃。双层炉墙:内层为耐火黏土砖,$S_1=232$ mm,$\lambda_1=1.05$,$c_1=0.241$,$\gamma_1=2100$;外层为硅藻土砖,$S_2=116$ mm,$\lambda_2=0.15$,$c_2=0.21$,$\gamma_2=650$。求每个周期内炉墙的热损失。

**解**:(1) 由冷态开始加热时的吸热——第一周期。计算过程如下:

$$a_1=\frac{\lambda_1}{c_1\gamma_1}=\frac{1.05}{0.241\times2100}=0.00207\ \mathrm{m^2/h}$$

$$a_2=\frac{\lambda_2}{c_2\gamma_2}=\frac{0.15}{0.21\times650}=0.0011\ \mathrm{m^2/h}$$

$$a_2/a_1=0.0011/0.00207=0.53,\ S_1/S_2=2.0$$

$$\tau=0.5\tau_1+\tau_2=0.5\times8+12=16\ \mathrm{h}$$

$$\frac{a_1\tau}{S_1^2}=\frac{0.00207\times16}{0.232^2}=0.615$$

由图 3.1-21 查得 $\varphi(0.615;0.53)=0.91$。

由公式 3.1-76 算出第一周期内吸收的热量为:

$Q_1=1.0\times0.241\times2100\times0.232(900-20)\times0.91=94000\times4.1868=393560\ \mathrm{kJ/(m^2\cdot}$周期$)$

因为 $a_1\tau/S_1^2<1.8$,所以不考虑散热。

(2) 求达到周期平衡状态需要重复操作的次数。计算公式为:

$$\frac{a_1(\tau_1+\tau_2+\tau_3)}{S_1^2}=\frac{0.00207(8+12+8)}{0.232^2}=1.08$$

由表 3.1-9 知 $n=1$,即第二周期开始已达到周期平衡状态。

为了说明计算方法,本例中按三个周期计算。

(3) 已达到周期平衡状态的第三个周期。计算过程如下:

$$\tau'=0.2\tau_1+\tau_2=0.2\times4+12=12.8\ \text{h}$$

$$\frac{a\tau'}{S_1^2}=\frac{0.00207\times12.8}{0.232^2}=0.492$$

$$\frac{a_1\tau_3}{S_1^2}=\frac{0.00207\times8}{0.232^2}=0.308$$

查图 3.1-24 可知 $\varphi(0.492;0.308)=0.396$。

吸热量根据公式 3.1-79 计算;

$$Q=0.241\times2100\times0.232(900-400)\times0.396=23200\times4.1868=97134\ \text{kJ/(m}^2\cdot\text{周期)}$$

根据公式 3.1-81 计算内表面平均温度:

$$t_{\text{p}}=\frac{(4+8)(900+400)+2\times12\times900}{2(4+8+12)}=775℃$$

由图 3.1-18 查得外表面热流为 $700\times4.1868=2930\ \text{kJ/(m}^2\cdot\text{h)}$。

散热损失为:

$$Q^{\text{I}}=0.965\times700(4+12)=12200\times4.1868=51079\ \text{kJ/(m}^2\cdot\text{周期)}$$

第三周期内炉墙的热损失为:

$$Q_3=Q+Q^{\text{I}}=23200+12200=35400\times4.1868=148212\ \text{kJ/(m}^2\cdot\text{周期)}$$

(4) 第二个周期。由表 3.1-9 查知不平衡系数 $\mu=1.0$(其实已成周期平衡状态),第二个周期内的吸热量由公式 3.1-83 计算:

$$Q^{\text{II}}=\frac{(n-1)Q}{\mu}=\frac{(2-1)23200}{1.0}=23200\times4.1868=97134\ \text{kJ/(m}^2\cdot\text{周期)}$$

散热损失同前,仍为 50996 kJ/(m²·周期)。

第二周期内的热损失为:

$$Q_2=Q^{\text{II}}+Q^{\text{I}}=23200+12200=35400\times4.1868=148212\ \text{kJ/(m}^2\cdot\text{周期)}$$

## (三) 地下敷设的管道和烟道的传热

### 1. 地下敷设的绝热管道

最简单的情况是管道直接与泥土接触,只敷设一根管道,和公式 3.1-71a 相类似,只是略去了由外表面到空气的热阻 $\frac{1}{a_2}$,而以管道周围的土壤的热阻 $R_t$ 代替它。周围空气的温度 $t'_{n+1}$ 则用管道中心线埋设深度处的土壤温度 $t_t$ 代替。只是在管道埋设深度 $h$ 和管子外径 $d$ 的比值很小时($h/d<2$)才采用地面的自然温度代替周围空气的温度。

土壤的热阻根据下式计算:

$$R_t=\frac{1}{2\pi\lambda_t}\ln\left(\frac{2h}{d}+\sqrt{\frac{4h^2}{d^2}-1}\right)\tag{3.1-84}$$

式中 $\lambda_t$——土壤的导热系数,kJ/(m·h·℃);

$h$——管道中心线的埋设深度,m;

$d$——管道的外径,m。

当 $h/d\geqslant2.0$ 时,上式即可简化成:

$$R_t=\frac{1}{2\pi\lambda_t}\ln\frac{4h}{d}\tag{3.1-84a}$$

土壤的导热系数主要由土质、温度和湿度决定。在土壤温度 $t_t = 10 \sim 40℃$ 和通常湿度的情况下,砂土的导热系数 $\lambda_t = (1.0 \sim 2.0) \times 4.1868 = 4.2 \sim 8.3$ kJ/(m·h·℃);砂质黏土及黏土的 $\lambda_t = (0.7 \sim 1.7) \times 4.1868 = 2.9 \sim 7.1$ kJ/(m·h·℃);对于坚硬土(岩质土)$\lambda_t = (18 \sim 2.9) \times 4.1868 = 7.5 \sim 12.1$ kJ/(m·h·℃)。一般可取平均值 $\lambda_t = 1.5 \times 4.1868 = 6.28$ kJ/(m·h·℃)。表 3.1-10 列出了某些土壤的导热系数值。

**表 3.1-10　土壤的导热系数 $\lambda_t$**

| 按湿度分类的土壤 | 土　质 | 干土的容重 /kg·m⁻³ | 土壤绝对湿度的计算值 /% | 土壤和管道交接处的计算湿度 /% | 考虑了湿度以后土壤的导热系数 $\lambda_t$ /kJ·(m·h·℃)⁻¹ | 计算用土壤的导热系数的平均值 $\lambda_t$ /kJ·(m·h·℃)⁻¹ |
|---|---|---|---|---|---|---|
| 较干的土壤 | 黏　土 | 1600 | 5 | 0 | 3.14 | 6.28 |
| | | 2000 | 5 | 0 | 6.28 | |
| | 砂和砂土 | 1600 | 5 | 0 | 3.98 | |
| | | 2000 | 5 | 0 | 7.33 | |
| | 坚硬土(岩质土) | 2000 | 5 | 0 | 7.33 | |
| | | 2400 | 1 | 0 | 8.37 | |
| 湿　土 | 黏　土 | 1600 | 20 | 10 | 6.28 | 8.37 |
| | | 2000 | 10 | 2 | 9.21 | |
| | 砂和砂土 | 1600 | 15 | 14 | 6.91 | |
| | | 2000 | 5 | 4 | 7.33 | |
| | 坚硬土(岩质土) | 2000 | 8 | 4 | 9.84 | |
| | | 2400 | 3 | 2 | 12.56 | |
| 饱和土壤 | 黏　土 | 1600 | 23.8 | 23.8 | 6.70 | 10.47 |
| | | 2000 | 11.5 | 11.5 | 9.63 | |
| | 砂和砂土 | 1600 | 23.8 | 23.8 | 8.79 | |
| | | 2000 | 11.5 | 11.5 | 12.14 | |
| | 坚硬土(岩质土) | 2000 | 11.5 | 11.5 | 12.14 | |
| | | 2400 | 3.3 | 3.3 | 18.42 | |

管道埋得较浅时($h/d<2$),土壤热阻 $R_t$ 仍可用公式 3.1-84 计算,但式中的埋设深度 $h$ 用 $h+\dfrac{\lambda_t}{\alpha_2}$ 代替,此处 $\alpha_2$ 为土壤表面对空气的传热系数。

因此,直接敷设的单根绝热管道的热损失是:

$$q = \frac{2\pi(t - t_t)}{R_1 + R_t} = \frac{t - t_t}{\dfrac{1}{2\pi\lambda_1}\ln\dfrac{d}{d_1} + \dfrac{1}{2\pi\lambda_t}\ln\dfrac{4h}{d}} \tag{3.1-85}$$

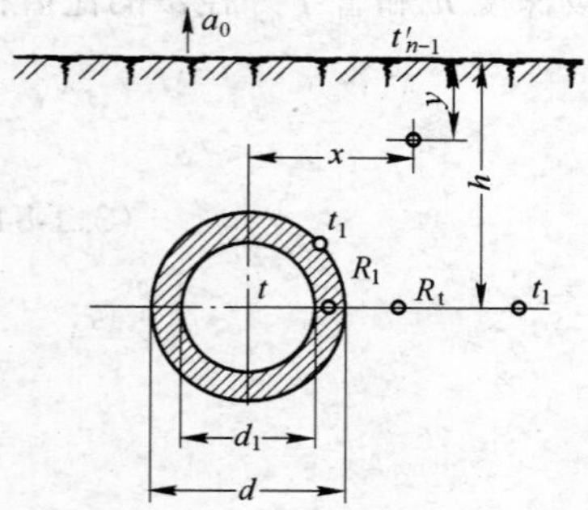


图 3.1-25　单管直接敷设的示意图

式中各符号可参看图 3.1-25。

绝热层的外表面温度 $t_1$ 用下式计算:

$$\frac{t - t_1}{t_1 - t_t} = \frac{R_1}{R_t} = \frac{\lambda_t}{\lambda_1}\frac{\ln\dfrac{d}{d_1}}{\ln\dfrac{4h}{d}} \tag{3.1-86}$$

多根管道地下敷设时计算方法要复杂得多,因为各管道的热损失是互相有影响的。如图 3.1-26 所示的双管直接敷设的情况下,每一根管子的热损失用下式计算:

$$q' = 2\pi\frac{(t' - t_t)(R''_1 + R''_t) - (t'' - t_t)R_{12}}{(R'_1 + R'_t)(R''_1 + R''_t) - R_{12}^2}$$

$$q''=2\pi\frac{(t''-t_t)(R'_1+R'_t)-(t'-t_t)R_{12}}{(R'_1+R'_t)(R''_1+R''_t)-R_{12}^2} \tag{3.1-87}$$

式中,带"′"的指介质温度较高的管子;带"″"的指介质温度较低的管子。$R'_1$、$R''_1$、$R'_t$ 和 $R''_t$ 的计算方法与用公式 3.1-85 作单管敷设的计算一样,每次代入某一根管道的有关数据。两条管道放出的热流的相互影响以热阻 $R_{12}$ 表示,其计算公式为:

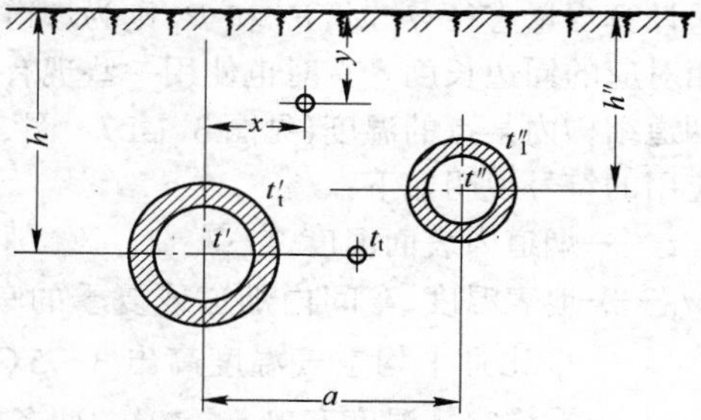


图 3.1-26　双管直接敷设的示意图

$$R_{12}=\frac{1}{\lambda_t}\ln\sqrt{1+\frac{4\frac{h''}{h'}}{\left(\frac{a}{h'}\right)^2+\left(1-\frac{h''}{h'}\right)^2}} \tag{3.1-88}$$

式中　$h'$、$h''$——管道的埋设深度,m,$h'\geqslant h''$;

$a$——管道中心线之间的水平距离,m。

在土壤中敷设三根或更多的管道时,任何一对管道的 $R_{mn}$ 值也可用上式计算,只是要用 $\frac{h_n}{h_m}$ 代替 $\frac{h''}{h'}$,用相应的中心距代替 $a$。

双管直接敷设时,每一根管道的绝热层表面的温度应按下式计算:

$$\left.\begin{aligned}t'_1&=t'-\frac{q'}{2\pi}R'_1\\ t''_1&=t''-\frac{q''}{2\pi}R''_1\end{aligned}\right\} \tag{3.1-89}$$

单管直接敷设时,附近土壤内某点的温度 $t_{x,y}$ 由下式计算:

$$t_{x,y}=t_t+\frac{t-t_1}{R_1+R_t}\frac{1}{2\pi\lambda_t}\ln\sqrt{\frac{x^2+(y+h)^2}{x^2+(y-h)^2}} \tag{3.1-90}$$

式中　$t_{x,y}$——土壤中与管道垂直中心线距离为 $x$(m),距地表为 $y$(m)处某点的温度,℃;

$t_t$——管道埋设深度处土壤的自然温度,℃;

$t$——管道内热介质的温度,℃;

$R_1+R_t$——绝热层和土壤的总热阻。

双管直接敷设时,附近土壤中某点的温度 $t_{x,y}$ 由下式计算:

$$t_{x,y}=t_t+\frac{q'}{2\pi\lambda_t}\ln\sqrt{\frac{x^2+(y+h')^2}{x^2+(y-h')^2}}+\frac{q''}{2\pi\lambda_t}\times\ln\sqrt{\frac{(x-a)^2+(y+h)^2}{(x-a)^2+(y-h)^2}}$$

式中　$t_{x,y}$——土壤中与温度较高的一根管道的垂直中心线距离为 $x$(m),距地表为 $y$(m)处某点的温度,℃。

2. 地下烟道

地下烟道的截面如为圆形,可根据前述公式计算;如为非圆形截面,则采用当量直径来代替前述的管径。

当量直径的计算公式是:

$$d=\frac{4F}{P} \tag{3.1-91}$$

式中　$F$——烟道的流通横截面积，$m^2$；

$P$——与横截面积相对应的周边长度，m。

计算当量直径 $d_1$ 时，$F_1$ 和 $P_1$ 则为烟道的流通面积和相对应的周边长度。有时也使用一些现有的图表来计算烟道结构内某点的温度（见图 3.1-27～图 3.1-30）。图中应用的符号说明如下：

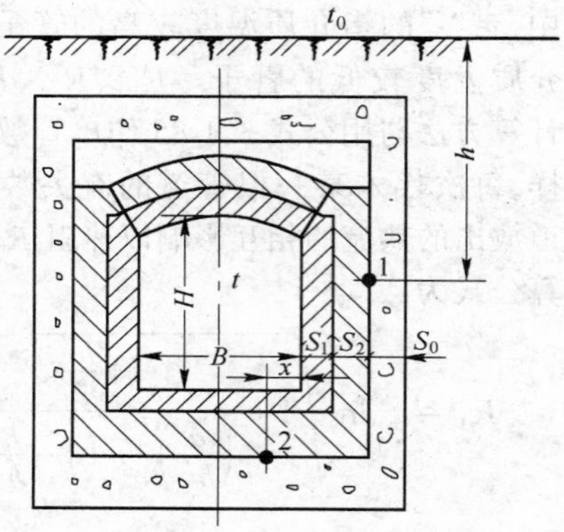

图 3.1-27　烟道示意图

$t$——烟道内表面温度，℃；

$t_0$——地表温度，车间内烟道或夏季的车间外烟道，$t_0$ 比月平均空气温度高出 3～5℃，冬季比月平均空气温度高出 6～10℃，两条烟道之间则高出空气温度 15～20℃；

$B$、$H$——烟道的宽度和高度，如烟道顶面在地表以上，则 $H$ 按烟道底面至地面的距离计算；

$h$——所需计算的某点的深度，如为图 3.1-27 中的 1 点，$h$ 即如图所示，如为图中的 2 点，则 $h$ 应为 2 点的埋设深度加上该点到烟道最近的内下角的水平距离 $x$；

$R$——和地表温度相同的等温面的曲率半径，称为影响半径，其值按图 3.1-28 查取后再加以校正；

$K_1$——自烟道内表面到温度为 $t_x$ 的待计算的某点的传热系数，$K_1 = 1/\sum\frac{S}{\lambda}$，或按表3.1-11取近似值。

钢筋混凝土的导热系数约为 $\lambda = 1.33 + 0.0025t$；以碎砖为骨料的混凝土的导热系数约为 $\lambda = 1 + 0.00012t$。

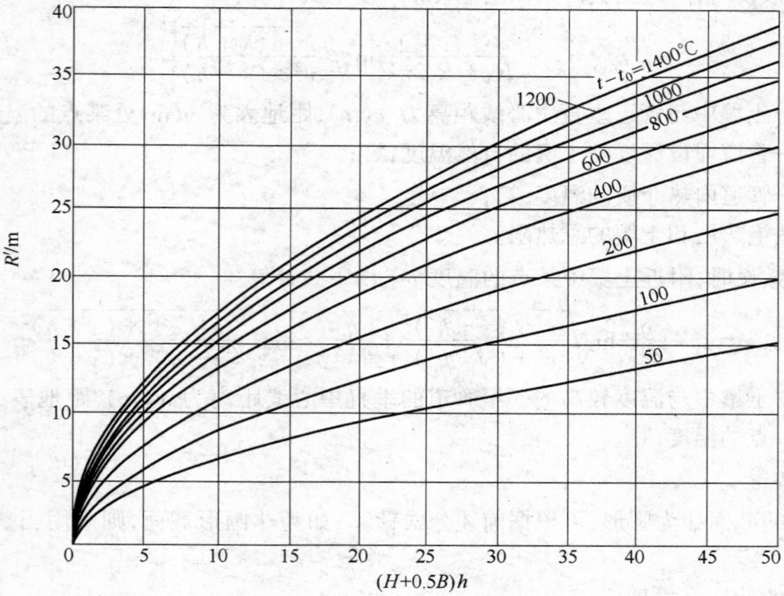

图 3.1-28　计算影响半径 $R'$ 的图

地下烟道或底部某点温度的计算步骤如下：

(1) 由图 3.1-28 查出影响半径 $R'$ 值。当烟道壁导热系数 $\lambda$ 和土壤导热系数 $\lambda_t$ 接近时，影响半径 $R$ 为查得的 $R'$ 减去烟道内壁到待求点的距离 $L$。如相差较大，则减去 $L\lambda_t/\lambda$。

(2) 根据校正后的影响半径 $R$，由图 3.1-29 查出修正前计算点的温度 $t'_x$。

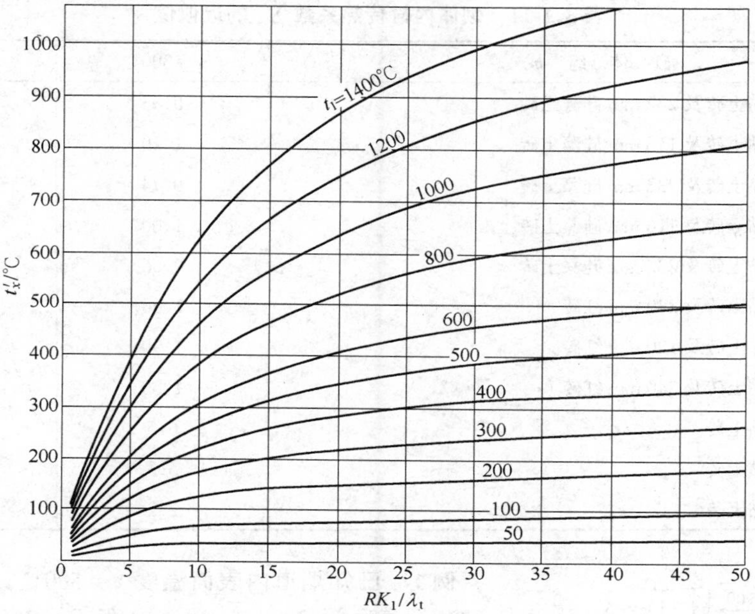


图 3.1-29 求修正前计算点温度 $t'_x$

(3) 根据 $R$ 值由图 3.1-30$a$ 查取形状修正系数 $C_1$。如烟道的宽高比大于 1∶3，$C_1$ 值即等于 1.0。

(4) 根据 $R$ 值由图 3.1-30$b$ 查取地表温度修正系数 $C_2$。如地表温度 $t_0$ 大于埋设深度处土壤自然温度 $t_t$，则 $C_2$ 为正值；如 $t_0 < t_t$，则 $C_2$ 为负值。

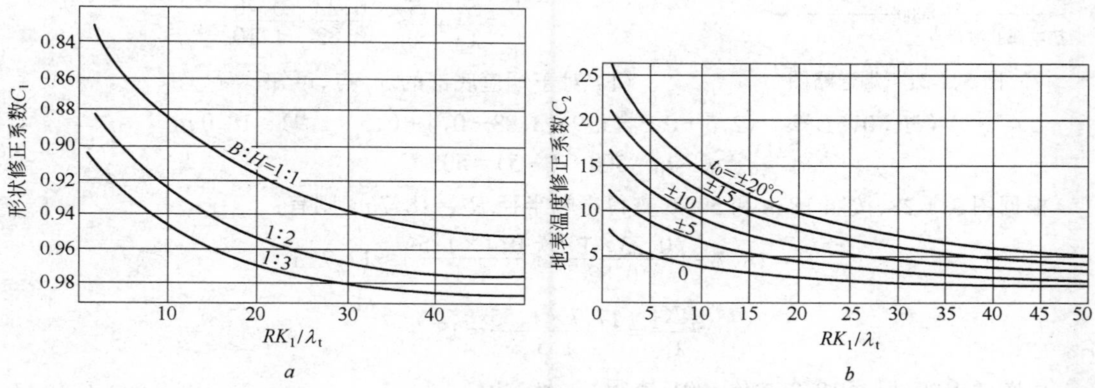


图 3.1-30 修正系数 $C_1(a)$ 及 $C_2(b)$

(5) 地下烟道壁或底部某点的温度按下式计算：

$$t_x = C_1(t'_x + C_2C_3) \tag{3.1-92}$$

式中　$C_3$——修正系数,其值根据烟道内表面温度与地表温度之差取值如下:

| $t-t_0$ | 50 | 100 | 200 | 400 | 600 | 800 | 1000 | 1200 | 1400 |
|---|---|---|---|---|---|---|---|---|---|
| $C_3$ | 0.4 | 0.55 | 0.7 | 0.86 | 0.94 | 1.0 | 1.06 | 1.09 | 1.12 |

**表 3.1-11　砌体内衬传热系数 $K_1$ 的近似值**

| 砌 体 组 成 | $t=300$℃ | $t=500$℃ |
|---|---|---|
| 116 mm 耐火黏土砖及 232 mm 硅藻土砖 | 0.83 | 0.84 |
| 232 mm 耐火黏土砖及 116 mm 硅藻土砖 | 1.20 | 1.26 |
| 232 mm 耐火黏土砖及 232 mm 硅藻土砖 | 0.74 | 0.76 |
| 348 mm 耐火黏土砖及 116 mm 硅藻土砖 | 1.00 | 1.07 |
| 348 mm 耐火黏土砖及 232 mm 硅藻土砖 | 0.66 | 0.69 |
| 116 mm 耐火黏土砖及 240 mm 红砖 | 1.60 | 1.88 |
| 232 mm 耐火黏土砖及 120 mm 红砖 | 1.90 | 2.16 |
| 232 mm 耐火黏土砖及 240 mm 红砖 | 1.30 | 1.50 |
| 116 mm 耐火黏土砖 | 6.5 | 7.5 |
| 232 mm 耐火黏土砖 | 3.3 | 3.8 |
| 348 mm 耐火黏土砖 | 2.2 | 2.5 |

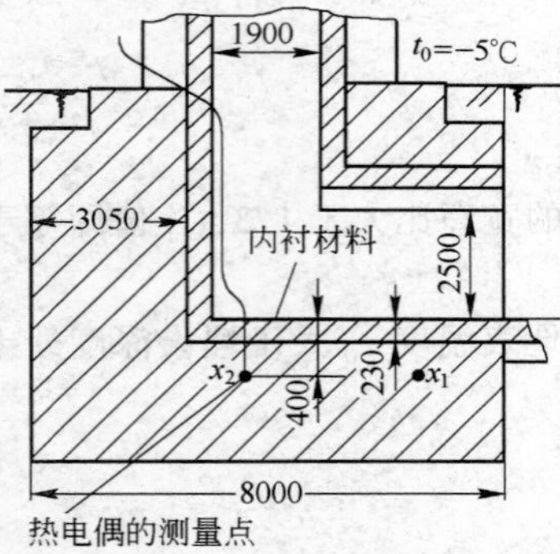


图 3.1-31　烟道略图

**例 1**　已知烟道内表面温度 $t=500$℃,地表温度 $t_0=-5$℃,烟道底深 3.88 m,烟道内宽 $B=1.9$ m,内高 $H=2.5$ m,内衬材料厚 0.23 m,导热系数 $\lambda_1=0.82$,混凝土的导热系数 $\lambda_2=1.1$。求烟道中心线上 $x_1$ 点及烟道底部中心线上 $x_2$ 点的温度。计算所用烟道略图见图 3.1-31。

**解:**取土壤导热系数 $\lambda_t=1.5$。通过内衬材料及混凝土至 $x$ 点的传热系数为:

$$K_1=\frac{1}{\dfrac{S_1}{\lambda_1}+\dfrac{S_2}{\lambda_2}}=\frac{1}{\dfrac{0.23}{0.82}+\dfrac{0.40}{1.10}}=1.55$$

(1) 对于烟道底部的 $x_1$ 点,可知:

$$(H+0.5B)h=(2.5+0.5\times1.9)(3.88+0.4+0.5\times1.9)=18.0\text{ m}$$

$$t-t_0=500-(-5)=505\ ℃$$

根据图 3.1-28,按照 18 m 和 505℃查得影响半径 $R'=18.7$ m,则有:

$$R=18.7-\left(\frac{0.23\times1.5}{0.82}+\frac{0.4\times1.5}{1.1}\right)\approx17.7\text{ m}$$

$$\frac{RK_1}{\lambda_t}=\frac{17.7\times1.55}{1.5}=18.3$$

由图 3.1-29,根据 18.3 m 及 500℃查得 $t'_{x1}=340$℃。

烟道的宽高比为 $B:H=1.9:2.5=1:1.32$。由图 3.1-30 查得 $C_1=0.930$,按 $t_0=-5$℃查得 $C_2=-5.0$,$C_3=0.90$,代入公式 3.1-92 得:

$$t_{x1}=0.930(340-5\times0.9)\approx310\ ℃$$

(2) 对于烟囱底部的 $x_2$ 点，在这种情况下 $H$ 值按 3.88 m 计算，则有：

$$(H+0.5B)h=(3.88+0.5\times1.9)(3.88+0.4+0.5\times1.9)=25.2\ \text{m}$$

由图 3.1-28，查知 $R'=22.2$ m，则影响半径为：

$$R=22.2\left(\frac{0.23\times1.5}{0.82}+\frac{0.4\times1.5}{1.1}\right)\approx21.2\ \text{m}$$

$$\frac{RK_1}{\lambda_t}=\frac{21.2\times1.55}{1.5}=22.0$$

由图 3.1-29 查得 $t'_{x2}=360℃$。

宽高比为 1.9∶3.88＝1∶2.04。由图 3.1-30 查得 $C_1=0.956$，$C_2=4.0$，$C_3$ 值为 0.9，代入公式 3.1-92 求得：

$$t_{x2}=0.956(360-4\times0.9)\approx340℃$$

**例 2**　求烟道内衬与混凝土接触点 $x_1$ 与 $x_2$ 处温度（见图 3.1-32）。已知 $t=1000℃$，$t_0=+10℃$，$\lambda_t=1.0$，$B:H=1.16:1.63=1:1.4$。

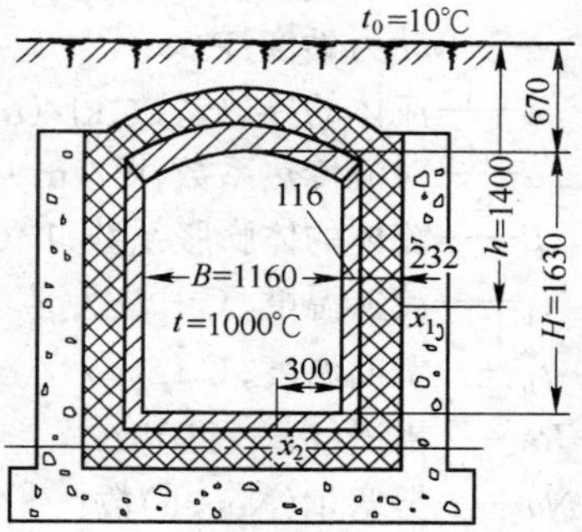


图 3.1-32　烟道断面图

**解**：由表 3.1-11，推算得 $K_1=0.85$。

对 $x_1$ 点而言，有：

$$(H+0.5B)h=(1.63+0.5\times1.16)1.4=3.10$$

$$t-t_0=1000-10=990℃$$

由图 3.1-28，查知 $R'=9$ m。影响半径为：

$$R=9-(0.116+0.348)\frac{1.0}{(0.116+0.348)\times0.85}=7.83\ \text{m}$$

$$\frac{RK_1}{\lambda_t}=\frac{7.83\times0.85}{1.0}=6.65$$

由图 3.1-29，查得 $t'_{x1}=370℃$。

由图 3.1-30，查得 $C_1=0.89$，$C_2=11.0$，$C_3$ 则为 1.06，代入公式 3.1-92 求得：

$$t_{x1}=0.89(370+1.06\times11)=340℃$$

对 $x_2$ 点而言，有：

$$(H+0.5B)h=(1.63+0.5\times1.16)(2.3+0.3)=5.75$$

由图 3.1-28 查知 $R'=12.3$ m，则有：

$$R=12.3-1.18=11.12\ \text{m}$$

$$\frac{RK_1}{\lambda_t}=\frac{11.12\times0.85}{1.0}=9.45$$

由图 3.1-29 查知 $t'_{x2}=460℃$。

由图 3.1-30 查知 $C_1=0.90$，$C_2\approx9.0$，$C_3$ 值仍为 1.06，代入公式 3.1-92 求得：

$$t_{x2}=0.9(460+9\times1.06)=422℃$$

上述关于地下管道和烟道的热工计算中，都假定土壤是均质的，热源附近的土壤的导热系数是常数，土壤中还没有其他热源的影响等等。实际情况是很复杂的。例如，地面可能是其他材质的路面或者有地表水、积雪等等。越接近热源的土壤就越干燥，从而也使土壤的导热系数发生变化，地下水位的波动也影响土壤导热系数。埋设深度处土壤的自然温度和地表温度实际上也都是变数，冬夏不同，昼夜也不同。与烟道相接的加热炉的地下部分，也会影响到烟道附近土壤内的温度分布。非圆形截面的烟道按当量直径套用圆管道的公式进行计算时，计算点与热源的相对位置也发生了变化。因此这类计算即使引用了不少修正系数，求得的结果仍然是近似值，有时与实际情况有较大的误差。

## 二、对流传热

符号说明：

$d$——流体的定性尺寸(如直径、厚度、高度、当量直径等)，m；

$\Delta t$——壁面温度与远离壁面的流体温度之差，℃；

$a$——流体的热扩散率，$m^2/h$ 或 $m^2/s$；

$c_p$——流体的比定压热容，kJ/(kg·℃)；

$w$——流体的平均流速，m/s；

$G$——流体的单位面积流量，kg/(s·$m^2$)或 kg/(h·$m^2$)；

$\nu$——运动黏度，$m^2/s$ 或 $m^2/h$；

$\mu$——动力黏度，Pa·s；

$\lambda$——流体的导热系数，kJ/(m·h·℃)；

$\alpha$——对流传热系数，kJ/($m^2$·h·℃)；

$\beta$——流体的体膨胀系数，1/℃；

$t_1$——流体温度，℃；

$t_b$——壁面温度，℃；

$Re$——雷诺(Reynolds)数；

$Nu$——努塞尔(Nusselt)数；

$Pe$——贝克来(Peclet)数；

$Pr$——普朗特(Prandtl)数；

$Gr$——格拉晓夫(Grashof)数。

### (一) 概述

流体与壁面接触所形成的热能转移过程称为对流传热。这种传热方式一般用下式表示：

$$q = \alpha(t_1 - t_2) \tag{3.1-93}$$

式中　$q$——壁面的热流，kJ/($m^2$·h)；

$\alpha$——对流传热系数，kJ/($m^2$·h·℃)；

$t_1$、$t_2$——热体温度和冷体温度，其中之一为壁面温度，另一为流体平均温度，℃。

#### 1. 相似准数

为了研究影响传热的各种因素，采用了一些相似准数。相似准数的意义在于，不管各种流体的物理性质、流动状态和一些其他条件多么不同，只要某个或某些相似准数相等，就可以确定某个现象或某些方面是相似的。一个相似准数代表了物理现象的某一方面，因此，某一物理现象的各个方面的联系就可用各相似准数之间的关系式表示。例如常用的努塞尔数 $Nu$ 代表传热的强度，当用准数关系式求出 $Nu$ 值后，公式 3.1-93 中的 $\alpha$ 值就可得出。常用相似准数的名称和内容见表 3.1-12。

#### 2. 定性温度与定性尺度

准数方程式中各准数所包含的物理量，很多随温度不同而有较大的变化，因此，以定性温度作为准数中各物理量的计算基准。定性温度通常用流体的平均温度，但也有以边界层的平均温度或壁面温度作为定性温度的。壁面温度与流体平均温度的算术平均值大致等于边界层的平均温度。

**表 3.1-12　常用相似准数的名称和内容**

| 名　称 | 符　号 | 内　容 | 物　理　意　义 |
|---|---|---|---|
| 雷诺数 | $Re$ | $Re=\frac{dw}{\nu}=\frac{dw\rho}{\mu}=\frac{dw\gamma}{\mu g}=\frac{dG}{\mu g}$ | 表示流体的流动状态，是作用于流体使其运动的力与阻止流体运动的黏性力之比 |
| 努塞尔数 | $Nu$ | $Nu=\frac{\alpha d}{\lambda}$ | 表明流体在边界层上的传热情况，是对流传热量与边界层传导传热量之比 |
| 贝克来数 | $Pe$ | $Pe=\frac{wd}{a}=Re\cdot Pr$ | 表明流体流动速度场和温度场的情况 |
| 普朗特数 | $Pr$ | $Pr=\frac{\nu}{a}=\frac{\mu c_p}{\lambda}=\frac{c_p\rho\nu}{\lambda}=\frac{Pe}{Re}$ | 表明流体的速度场和温度场之间关系的一个物理性质 |
| 格拉晓夫数 | $Gr$ | $Gr=\frac{gd^3}{\nu^2}\beta\Delta t$ | 表明流体在受热或冷却时因各部分密度不同而引起的流动状况，是由于密度不同所形成的浮力与黏性力之比 |

注：$g$ 为重力加速度，9.81 $m/s^2$。

定性尺度是指与传热直接相关联的那些尺寸。一般流体在圆管内流动取圆管的内径，圆管外流动则取外径。对其他形状的流通通道，在没有特殊说明的情况下可按当量直径 $d_d$ 计算：

$$d_d=\frac{4\times 流通面积}{流体横断面中参与传热部分的周长} \tag{3.1-94}$$

因此，当量直径与水力学直径稍有区别。

## (二) 自然流动时的对流传热

### 1. 实验公式

自然对流是指流体在不同温度下由于重度不同而产生的流动。在垂直平板上各处的流动状态是不一样的，$Pr\cdot Gr<10^9$ 时属于层流流动(流体中各质点的流动轨迹是平行线，各质点没有改变相对位置)，$Pr\cdot Gr>10^9$ 时则发生湍流(流体中各质点的流动轨迹是复杂而互相交错的曲线)。自然对流的 $Nu$ 平均值按下式计算：

$$Nu=c(Pr\cdot Gr)m \tag{3.1-95}$$

式中各准数均以边界层的温度作为定性温度，其定性尺寸对垂直放置的平板或圆柱体是其高度，对正方形水平平板是其边长，对长方形水平平板是长和宽的平均值，对圆盘形水平平板是 0.9 乘圆盘直径，对水平圆柱体则为圆柱体的直径。系数 $c$ 和 $m$ 的值见表 3.1-13。

**表 3.1-13　$c$ 和 $m$ 值**

| 物体的形状和位置 | | $Gr\cdot Pr$ 值 | $c$ | $m$ |
|---|---|---|---|---|
| 垂直平板或圆柱体 | | $10^4\sim10^9$ | 0.59 | 1/4 |
| | | $10^9\sim10^{13}$ | 0.10 | 1/3 |
| 水平放置的圆柱体 | | $10^4\sim10^9$ | 0.53 | 1/4 |
| | | $10^9\sim10^{12}$ | 0.13 | 1/3 |
| 水平平板 | 热面朝上或冷面朝下 | $10^5\sim2\times10^7$ | 0.54 | 1/4 |
| | 热面朝上或冷面朝下 | $2\times10^7\sim3\times10^{10}$ | 0.14 | 1/3 |
| | 冷面朝上或热面朝下 | $3\times10^5\sim3\times10^{10}$ | 0.27 | 1/4 |

工业炉炉衬的热表面向车间散热，传热系数可按下式计算：

$$\alpha=A(t_2-t_0)^{1/4} \tag{3.1-96}$$

式中　$A$——系数，热表面朝上时 $A=2.8$，热表面朝下时 $A=1.4\sim1.5$，热表面垂直时 $A=2.2$；

$t_2$、$t_0$——分别为炉衬外表面温度和周围空气温度，℃。

考虑热表面的辐射传热，包括自然对流和辐射在内的综合传热系数为：

$$\alpha_c = A(t_2 - t_0)^{1/4} + 3.9\frac{\left(\frac{t_2+273}{100}\right)^4 - \left(\frac{t_0+273}{100}\right)^4}{t_2 - t_0} \tag{3.1-97}$$

根据公式 3.1-97 按周围空气温度 $t_0 = 20$℃绘成图 3.1-33，从图上可以直接查得热表面的传热系数和散热量。

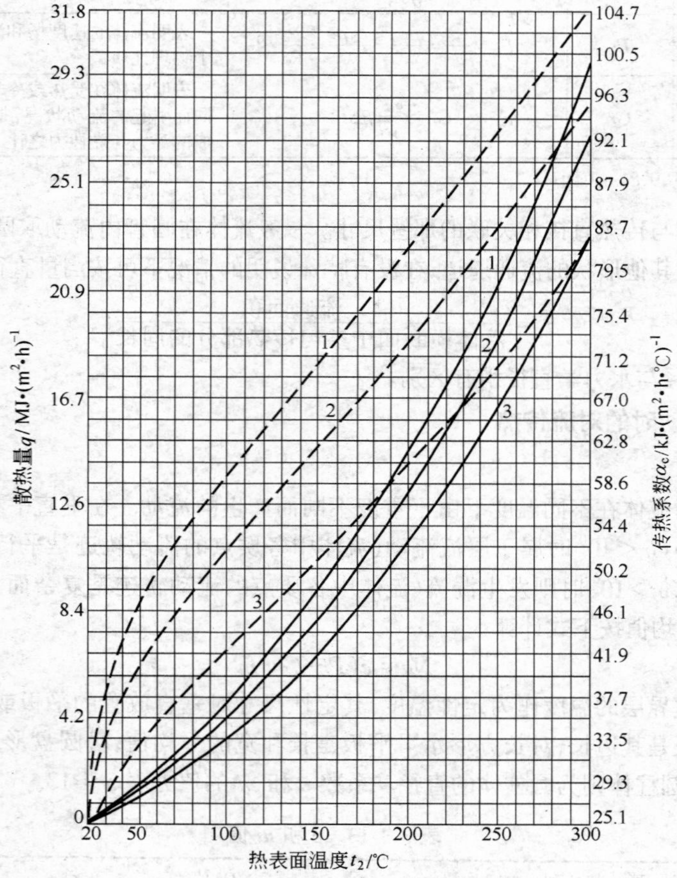


图 3.1-33　热表面向空间的传热系数和散热量

--- $\alpha_c$ 值；—— $q$ 值

1—热面朝上；2—热面垂直；3—热面朝下

由图 3.1-33 还可看出，热表面温度 $t_2$ 在 50～300℃的范围内，曲线接近于直线，因此可以近似地用下式代替：

热表面朝上时

$$\alpha_c = 8.7 + 0.0547t_2 \tag{3.1-97a}$$

热表面朝下时

$$\alpha_c = 5.6 + 0.044t_2 \quad (50℃ < t_2 < 200℃) \tag{3.1-97b}$$

$$\alpha_c = 3.8 + 0.053t_2 \quad (200℃ < t_2 < 300℃) \tag{3.1-97c}$$

热表面垂直时

$$\alpha_c = 7.1 + 0.0522 t_2 \tag{3.1-97d}$$

联立解上式和公式 3.1-97a 就可求出外表面的温度 $t_2$ 和通过炉衬的散热量。

2. 理论公式

根据质量、能量守恒定律，从理论上能推导出垂直平板自然对流时的准数方程式，它的特点是能够求出平板上任意点 $x$ 在层流时($10^4 < Pr \cdot Gr < 10^9$)的局部努塞尔数，定性尺度即为该点的高度。理论计算公式为：

$$\left.\begin{aligned} Pr<1\text{ 时}\quad Nu &= c_1 Pr^{1/2} Gr^{1/4} \\ Pr>1\text{ 时}\quad Nu &= c_1 Pr^{1/4} Gr^{1/4} \end{aligned}\right\} \tag{3.1-98}$$

式中　$c_1$——与 $Pr$ 值有关的系数值，见表 3.1-14。

**表 3.1-14　$c_1$ 值**

| $Pr$ | 0 | 0.003 | 0.01 | 0.03 | 0.09 | 0.72 | 1.0 |
|---|---|---|---|---|---|---|---|
| $c_1$ | 0.600 | 0.583 | 0.567 | 0.555 | 0.517 | 0.421 | 0.401 |
| $Pr$ | 1.0 | 2.0 | 5.0 | 10 | 100 | 1000 | ∞ |
| $c_1$ | 0.401 | 0.426 | 0.451 | 0.464 | 0.490 | 0.500 | 0.503 |

公式 3.1-98 与实验式 3.1-95 基本一致。将公式 3.1-98 求得的局部的 $Nu$ 值乘以 1.33，即为整个平板($x=1$)上的平均 $Nu$ 值。

### (三) 强制流动时的对流传热

强制流动时的对流传热与下列因素有关：

(1) 流体的流动状态，如层流、湍流。

(2) 流道的形状，如圆管、方管、直管、弯管、粗糙管、光滑管。

(3) 流体的性质，如空气、烟气、水、油等。一般按普朗特准数来区分，$Pr$ 值大的流体指一般液体，$Pr$ 值接近于 1 的流体指一般气体，$Pr$ 值很小的流体指液态金属。

(4) 传热的边界条件，一般分两种条件，即壁面温度不变和沿壁面长度传热率不变。由于不存在完全符合这种条件的情况，因此实际计算中只能是近似地满足。

(5) 入口区和充分发展形态。流体在管内流动时，在同一断面上的速度和温度分布有一定的规律，如层流时圆管断面上的速度呈抛物线分布，这称为“充分发展的速度场和温度场”或“充分发展形态”，但从管道入口开始往往要经过一段较长的距离才能达到充分发展形态，在这段距离内称为“入口区”。在入口区与充分发展形态区的对流传热是不同的。

(6) 流体的物理性质受温度的影响问题。流体的温度在与壁面接触处等于壁面温度，离壁面越远便与壁面温度相差越大，而流体的物理性质一般都是随温度而变化的。不同的流体其变化规律也不同，例如温度改变时气体比热容的变化不大，但黏度和导热系数都与绝对温度的 0.75～0.8 次方成正比，重度与绝对温度成反比。液体的比热容、导热系数和重度受温度的影响不大，而黏度(特别是油类)却变化很大。流体各部位的温度不均匀性造成了计算的复杂化，物性变化的修正值也随流体的不同而不同。

1. 圆管内的对流传热

$Re$ 值小于 2100 时属于层流流动，$Re$ 值大于 10000 时属于湍流流动；$Re$ 值在 2100～10000 之间属于过渡流流动。

**圆管内的层流传热**　在充分发展的形态下,圆管内层流传热的一个特点是它只和传热的边界条件有关,与 $Re$、$Pr$ 值无关。$Nu$ 值以边界层温度为基准的条件下,在表面温度不变时:

$$Nu = 3.656 \tag{3.1-99}$$

沿管子长度方向传热率不变时:

$$Nu = 4.364 \tag{3.1-100}$$

入口区的长度为:

$$L = 0.05(Re \cdot Pr)d \tag{3.1-101}$$

式中　$d$——管子的内径,m。

当 $Pr = 0.72$(相当于空气)~0.60(1000℃的烟气)、$Re = 2100$ 时,由公式 3.1-101 可求得 $L/d = 76 \sim 63$,这个数值是相当大的。在一般结构中,实际上管道内的流体大部分都处于入口区内。

在管子入口处温度和速度都是均一的条件下,入口区的 $Nu$ 值见图 3.1-34 和表 3.1-15,其中的 $\bar{x}$ 称为无因次长度,其值为:

$$\bar{x} = \frac{x}{d}\frac{1}{(Re \cdot Pr)} \tag{3.1-102}$$

式中　$x$——管子上某一点距入口端的距离,m;

$d$——管子内径,m。

为便于计算,将表 3.1-15 中适用于气体的部分($Pr = 0.7$)绘成曲线,见图 3.1-35。

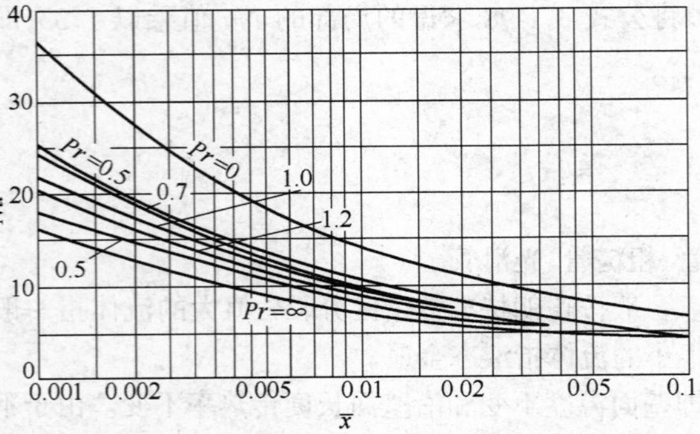


图 3.1-34　温度和速度同时发展中的入口区 $Nu$ 平均值
(表面温度不变条件下)

**表 3.1-15　温度和速度同时发展中的入口区 $Nu$ 局部值**
(传热率不变的条件下)

| $\bar{x}$ | $Nu_x$ | | |
|---|---|---|---|
| | $Pr = 0.01$ | $Pr = 0.70$ | $Pr = 10.0$ |
| 0.0001 | | 51.9 | 39.1 |
| 0.0010 | 24.2 | 17.8 | 14.3 |
| 0.005 | 12.0 | 9.12 | 7.87 |
| 0.010 | 9.10 | 7.14 | 6.32 |
| 0.05 | 6.08 | 4.72 | 4.51 |
| 0.10 | 5.73 | 4.41 | 4.38 |
| ∞ | 4.36 | 4.36 | 4.36 |

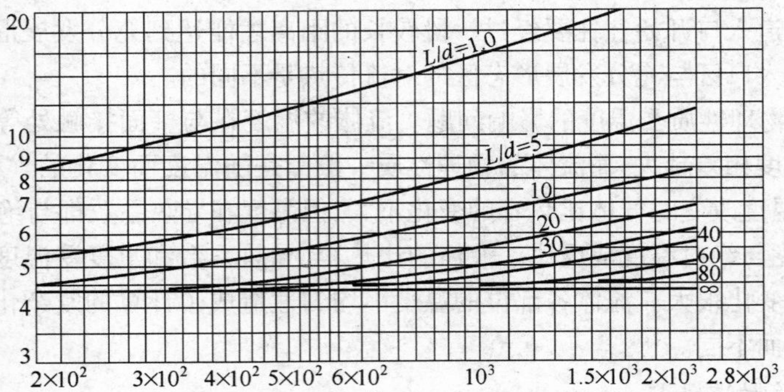


图 3.1-35　层流时圆管内传热率不变时的 $Nu$ 值

圆管内的过渡流传热 圆管内的过渡流传热可按公式 3.1-103 计算，式中各准数均以流体平均温度为基准，即：

$$Nu=0.116[Re^{2/3}-125]Pr^{1/3}\left(\frac{\mu}{\mu_b}\right)^{0.14}\times\left[1+\left(\frac{d}{L}\right)^{2/3}\right] \quad (3.1\text{-}103)$$

式中 $\mu$、$\mu_b$——分别为流体在流体平均温度下的动力黏度和在壁温下的动力黏度，Pa·s；

$d$——管子内径，m；

$L$——管子长度，m。

圆管内的湍流传热 湍流传热与层流传热的区别是：

(1) 湍流传热主要在边界层上进行，边界层厚度与 $Re$ 数有关，因此湍流传热主要决定于 $Re$ 数的大小；

(2) 入口区较层流时大大缩短，常常可以不考虑入口的影响；

(3) 传热仍然与边界条件有关，但其差别远小于层流时的差值。

当 $Pr>1.0$ 时，传热率不变与表面温度不变之间的差别可以忽略不计，两者之比值 $\frac{Nu_R}{Nu_T}$ ($Nu_R$ 为传热率不变时的努塞尔数，$Nu_T$ 为表面温度不变时的努塞尔数)列于图 3.1-36，由图可以由一个已知的努塞尔数求出另一个努塞尔数。

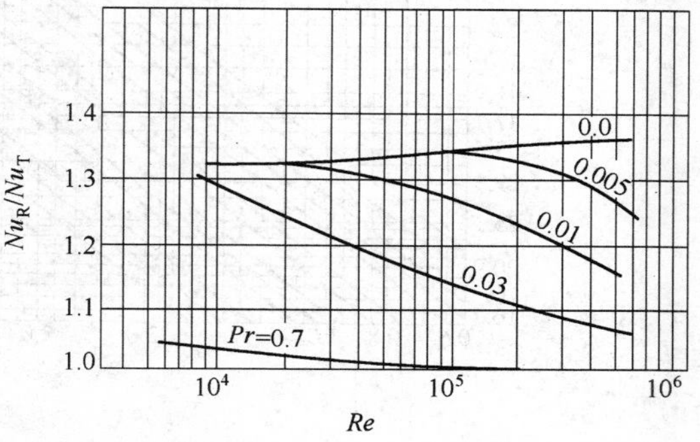


图 3.1-36 湍流时传热率不变时的 $Nu_R$ 数与表面温度不变时的 $Nu_T$ 数的比值与 $Re$ 值的关系

湍流流动的努塞尔数 $Nu$ 可由公式 3.1-104 计算，式中各准数均以流体平均温度为定性温度，该公式适用于 $0.7<Pr<10$，即：

$$Nu=0.023Re^{0.8}Pr^{0.4}C_tC_L \quad (3.1\text{-}104)$$

式中 $C_t$——流体物理性质随温度而变化的修正系数，对于气体可由图 3.1-37$c$ 查得；

$C_L$——管长修正系数，其值见图 3.1-37$d$。

为了计算方便，根据公式 3.1-104 绘出了适用于空气和烟气的图解，见图 3.1-37，该图将公式 3.1-104中各准数与流体温度有关的因素集中于系数 $c_1$ 中，见图 3.1-37$b$，因此，公式 3.1-104 成为：

$$\alpha=\alpha_0C_1C_tC_L \quad (3.1\text{-}104a)$$

式中，$\alpha_0$、$C_1$、$C_t$、$C_L$ 分别由图 3.1-37$a$、$b$、$c$、$d$ 查得。$C_t$ 的值引用了有关文献上的曲线，适用于气体受热。气体冷却时 $C_t$ 取作常数，等于 1.06。对于其他流体如水、水蒸气等，$C_t$ 值参照图 3.1-37确定。

2. 套管之间环形通道和平行平面之间通道的对流传热

这里有两个努塞尔数：一个是指内管的，一个是指外管的。用下列符号表示内外管的努塞尔数：

$Nu_{nd}$——外管绝热时对于内管的努塞尔数；

$Nu_{wd}$——内管绝热时对于外管的努塞尔数；

$Nu_n$、$Nu_w$——内管和外管共同参加热交换时对内管或外管的努塞尔数。

层流传热 层流传热与圆管内流动时传热一样，在充分发展状态下，层流流动传热和 $Re$ 数、$Pr$ 数无关。表 3.1-16 列出了单纯内管或单纯外管参与热交换时内管或外管的努塞尔数值。

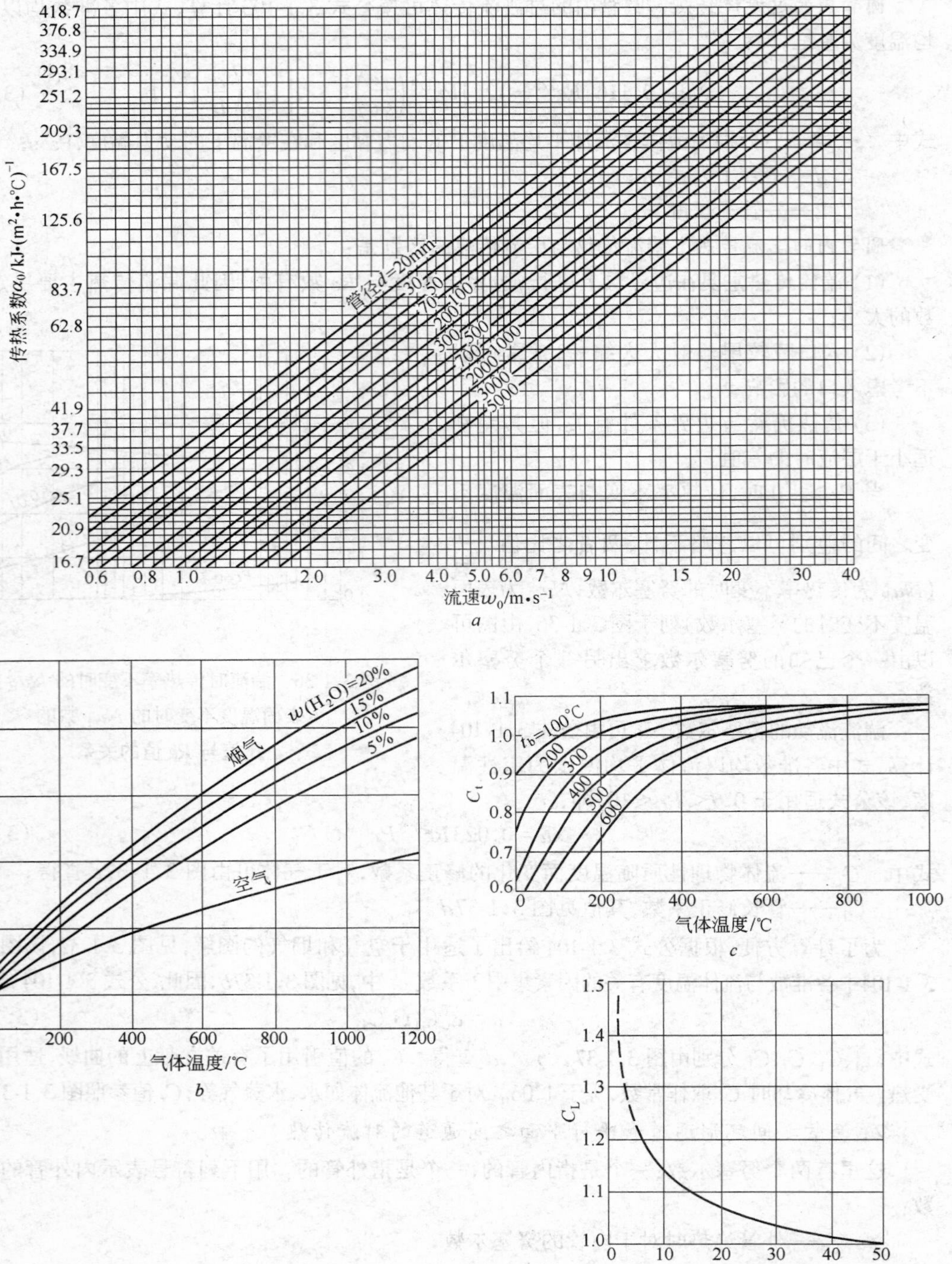


图 3.1-37　圆管内对流传热系统计算图(湍流时,5000＜Re＜2×10⁶)

a—$\alpha_0$ 值;b—流体温度修正系数 $C_1$;c—物性随温度变化而引起的壁温 $t_b$ 修正系数 $C_t$;d—管长修正系数 $C_L$

当内外管同时参与热交换且内外表面的热流不同甚至方向相反时,均可按下式计算:

$$Nu_n = \frac{\alpha_n d}{\lambda} = \frac{Nu_{nd}}{1 - \frac{q_w}{q_n}\theta_n} \tag{3.1-105a}$$

$$Nu_w = \frac{\alpha_w d}{\lambda} = \frac{Nu_{wd}}{1 - \frac{q_n}{q_w}\theta_w} \tag{3.1-105b}$$

式中　$\alpha_n$、$\alpha_w$——对内管或外管的对流传热系数,kJ/(m²·h·℃);

$\lambda$——流体在边界层温度下的导热系数,kJ/(m·h·℃);

$d$——环形通道的当量直径,即外管内径与内管外径之差,$d = 2(r_w - r_n) = d_w - d_n$;

$q_n$、$q_w$——内表面及外表面的热流,kJ/(m²·h)。

这里规定,热量由管壁传给流体作为正值,热量由流体传给管壁作为负值,即:

$$q_n = \alpha_n(t_n - t_1)$$

$$q_w = \alpha_w(t_w - t_1)$$

式中　$t_n$、$t_w$、$t_1$——分别代表内表面、外表面和流体的平均温度。

内表面和外表面之间的温度差可由下述公式求得:

$$t_n - t_w = \frac{d}{\lambda}\left[q_n\left(\frac{1}{Nu_{nd}} + \frac{\theta_w}{Nu_{wd}}\right) - q_w\left(\frac{1}{Nu_{wd}} + \frac{\theta_n}{Nu_{nd}}\right)\right] \tag{3.1-106}$$

平行平板之间通道的传热就是 $r_n/r_w = 1.0$ 的情况,由表 3.1-16 及式 3.1-105、式 3.1-106 即可求出上述两种情况下的努塞尔数值。在传热率不变且热流相等的条件下,$Nu = 5.385/(1-0.346) = 8.235$;两表面都在同样的温度下则 $Nu = 7.54072$。

**表 3.1-16　层流流动时环形通道的努塞尔数值**(充分发展状态)

| 环形通道内外半径之比 $r_n/r_w$ | 传热率不变 | | 表面温度不变 | | $\theta_n$ | $\theta_w$ |
|---|---|---|---|---|---|---|
| | $Nu_{nd}$ | $Nu_{wd}$ | $Nu_{nd}$ | $Nu_{wd}$ | | |
| 0 | ∞ | 4.364 | ∞ | 3.66 | ∞ | 0 |
| 0.05 | 17.81 | 4.792 | 17.46 | 4.06 | 2.18 | 0.0294 |
| 0.10 | 11.91 | 4.834 | 11.56 | 4.11 | 1.383 | 0.0562 |
| 0.20 | 8.499 | 4.883 | | | 0.905 | 0.1041 |
| 0.25 | | | 7.37 | 4.23 | | |
| 0.4 | 6.583 | 4.979 | | | 0.603 | 0.1823 |
| 0.5 | | | 5.74 | 4.43 | | |
| 0.6 | 5.912 | 5.099 | | | 0.473 | 0.2455 |
| 0.8 | 5.58 | 5.24 | | | 0.401 | 0.299 |
| 1.0 | 5.385 | 5.385 | 4.86 | 4.86 | 0.346 | 0.346 |

注:$\theta$ 为影响系数。

入口区的近似计算可查图 3.1-34。

*湍流传热*　在 $Re$ 数大于 10000 时,空气在充分发展状态下,且传热率又不变,只有内管传热、外管绝热和只有外管传热、内管绝热时,$Nu_{nd}$、$Nu_{wd}$ 和影响系数 $\theta_n$ 和 $\theta_w$ 的值列于表 3.1-17 和表 3.1-18。而计算 $Nu$ 数时,需将表中数据乘以 $C_t$ 及 $C_L$,$C_t$ 及 $C_L$ 值见式 3.1-104。

和层流时一样,内外管同时参与热交换且内外表面的热流不相同时可用式 3.1-105 和式

3.1-106 进行计算。式中 $Nu_{nd}$、$Nu_{wd}$、$\theta_n$、$\theta_w$ 用表 3.1-17、表 3.1-18 中的数据。

**表 3.1-17　只有内管传热，环形通道内湍流流动时的努塞尔数值和影响系数**

| Re | | $1\times10^4$ | | $3\times10^4$ | | $1\times10^5$ | | $3\times10^5$ | | $1\times10^6$ | |
|---|---|---|---|---|---|---|---|---|---|---|---|
| $r_n/r_w$ | Pr | $Nu_{nd}$ | $\theta_n$ | $Nu_{nd}$ | $\theta_n$ | $Nu_{nd}$ | $\theta_n$ | $Nu_{nd}$ | $\theta_n$ | $Nu_{nd}$ | $\theta_n$ |
| 0.1 | 0.7 | 48.5 | 0.512 | 98.0 | 0.407 | 235 | 0.338 | 550 | 0.292 | 1510 | 0.269 |
| | 1.0 | 58.5 | 0.412 | 120.0 | 0.338 | 292 | 0.286 | 700 | 0.256 | 1910 | 0.232 |
| 0.2 | 0.7 | 38.6 | 0.412 | 79.8 | 0.338 | 196 | 0.286 | 473 | 0.260 | 1270 | 0.235 |
| | 1.0 | 46.8 | 0.339 | 99.0 | 0.284 | 247 | 0.248 | 600 | 0.229 | 1640 | 0.209 |
| 0.5 | 0.7 | 30.9 | 0.300 | 66.0 | 0.258 | 166 | 0.225 | 400 | 0.206 | 1080 | 0.185 |
| | 1.0 | 38.2 | 0.247 | 33.5 | 0.218 | 212 | 0.208 | 520 | 0.183 | 1420 | 0.170 |
| 0.8 | 0.7 | 28.5 | 0.244 | 62.3 | 0.212 | 157 | 0.186 | 384 | 0.172 | 1050 | 0.160 |
| | 1.0 | 35.5 | 0.200 | 78.3 | 0.181 | 202 | 0.166 | 492 | 0.154 | 1350 | 0.140 |
| 1.0 | 0.7 | 27.8 | 0.220 | 61.2 | 0.192 | 155 | 0.170 | 378 | 0.156 | 1030 | 0.142 |
| 平行平板 | 1.0 | 35.0 | 0.182 | 76.8 | 0.162 | 197 | 0.148 | 486 | 0.138 | 1340 | 0.128 |

**表 3.1-18　只有外管传热，环形通道内湍流流动时的努塞尔数值和影响系数**

| Re | | $1\times10^4$ | | $3\times10^4$ | | $1\times10^5$ | | $3\times10^5$ | | $1\times10^6$ | |
|---|---|---|---|---|---|---|---|---|---|---|---|
| $r_n/r_w$ | Pr | $Nu_{wd}$ | $\theta_w$ | $Nu_{wd}$ | $\theta_w$ | $Nu_{wd}$ | $\theta_w$ | $Nu_{wd}$ | $\theta_w$ | $Nu_{wd}$ | $\theta_w$ |
| 0.1 | 0.7 | 29.8 | 0.032 | 66.0 | 0.028 | 167 | 0.024 | 409 | 0.022 | 1100 | 0.020 |
| | 1.0 | 36.5 | 0.026 | 81.8 | 0.023 | 212 | 0.021 | 520 | 0.019 | 1430 | 0.017 |
| 0.2 | 0.7 | 29.4 | 0.063 | 64.3 | 0.055 | 165 | 0.049 | 397 | 0.044 | 1070 | 0.040 |
| | 1.0 | 35.5 | 0.051 | 80.0 | 0.046 | 206 | 0.042 | 504 | 0.039 | 1390 | 0.035 |
| 0.5 | 0.7 | 28.3 | 0.137 | 62.0 | 0.119 | 158 | 0.107 | 380 | 0.097 | 1040 | 0.090 |
| | 1.0 | 34.8 | 0.111 | 78.0 | 0.101 | 200 | 0.092 | 490 | 0.085 | 1340 | 0.078 |
| 0.8 | 0.7 | 28.0 | 0.192 | 61.0 | 0.166 | 156 | 0.150 | 378 | 0.136 | 1020 | 0.122 |
| | 1.0 | 34.8 | 0.159 | 76.5 | 0.141 | 197 | 0.129 | 483 | 0.120 | 1330 | 0.111 |
| 1.0 | 0.7 | 27.8 | 0.220 | 61.2 | 0.192 | 155 | 0.170 | 378 | 0.156 | 1030 | 0.142 |
| 平行平板 | 1.0 | 35.0 | 0.182 | 76.8 | 0.162 | 197 | 0.148 | 486 | 0.138 | 1340 | 0.128 |

为了便于计算，将表 3.1-17、表 3.1-18 中 $Pr=0.7$ 时的数据绘制成图 3.1-38。计算传热系数时按雷诺数及直径比 $r_n/r_w$ 分别由图 3.1-38$a$、$b$、$c$ 和 $d$ 查得 $C_n$、$C_w$、$\theta_w$ 和 $\theta_n$ 的值，然后由下式计算传热系数：

$$\alpha_n=\frac{C_n}{1-\theta_n\dfrac{q_w}{q_n}}\alpha \tag{3.1-107a}$$

$$\alpha_w=\frac{C_w}{1-\theta_w\dfrac{q_n}{q_w}}\alpha \tag{3.1-107b}$$

式中　$q_w$——外管表面热流，$kJ/(m^2\cdot h)$；

$q_n$——内管表面热流，$kJ/(m^2\cdot h)$；

$\alpha$——圆管内的对流传热系数，$kJ/(m^2\cdot h\cdot ℃)$，按公式 3.1-104 计算或按图 3.1-37 查取，当量直径 $d$ 按 $(d_w-d_n)$ 计算。

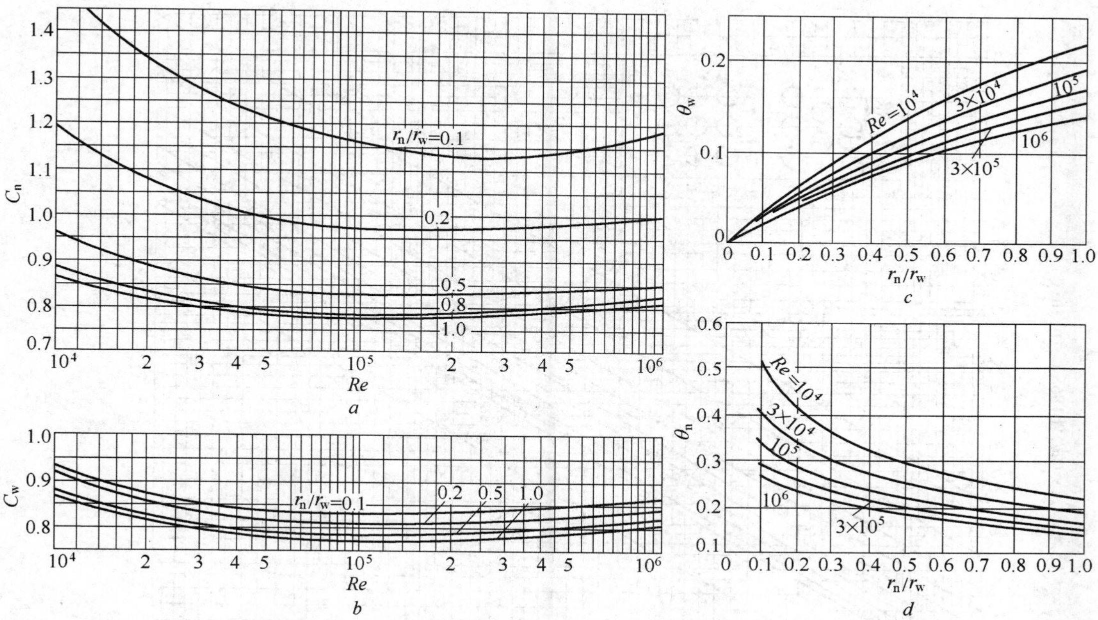


图 3.1-38　环形通道内湍流传热计算图(适用于 $Pr=0.7$ 的气体)

$a$—外管绝热只内管有热流；$b$—内管绝热只外管有热流；$c$—$\theta_w$；$d$—$\theta_n$

3．管群的对流传热

流体在管外沿管长方向流动　这种情况可按圆管内流动的传热公式计算，以管群的当量直径代替圆管的内径。管群的当量直径在错列和顺列时都为：

$$d_d=\frac{4F}{U}=\frac{4(S_1S_2-0.785d^2)}{\pi d} \tag{3.1-108}$$

式中　$F$——流通面积，$m^2$；

$U$——通道横断面上流体与管子接触的周长，m；

$S_1$、$S_2$——管子中心距，m。

流体在管外垂直于管子流动　流体与管子垂直流过管群时如图 3.1-39，将 $S_2$ 方向称为排数，$S_1$ 方向称为行数，10 排以上的管群的平均努塞尔数 $Nu$ 可按公式 3.1-109 计算，以边界层的温度为定性温度，以管径 $d$ 为定性尺度，即：

$$Nu=0.33Re^{0.6}Pr^{0.3}C_1\psi \tag{3.1-109}$$

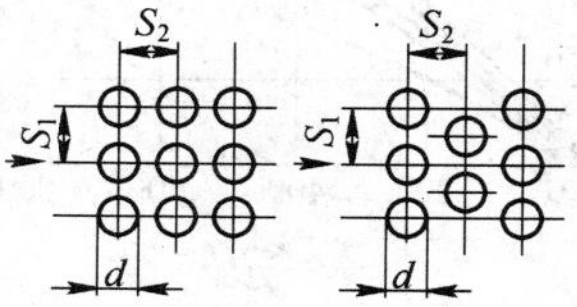


图 3.1-39　并列管群和错列管群

式中　$C_1$——与管子排列方式、节距与直径之比 $\sigma_1$ 和 $\sigma_2$、$Re$ 数有关的系数，见图 3.1-40$d$；

$\psi$——与管子排列方式、管子排数有关的系数，见图 3.1-40$c$，管子在 10 排以上时 $\psi=1.0$。

利用图 3.1-40 可以直接算出气体流过管群的对流传热系数 $\alpha$ 为：

$$\alpha=\alpha_0C_tC_1\psi \tag{3.1-109a}$$

$\alpha_0$、$C_t$、$\psi$ 和 $C_1$ 可以分别从图 3.1-40 的 $a$、$b$、$c$、$d$ 中查取，图中 $t_b$ 为管壁温度，℃；$t_1$ 为气体温度，℃。

流体在管外斜方向流过管子的流动　流体流动方向与管子中心线成 $\theta$ 角流动时的传热可按公式 3.1-109 计算，然后再乘以修正系数 $C_\theta$。$C_\theta$ 值由图 3.1-41 查取。

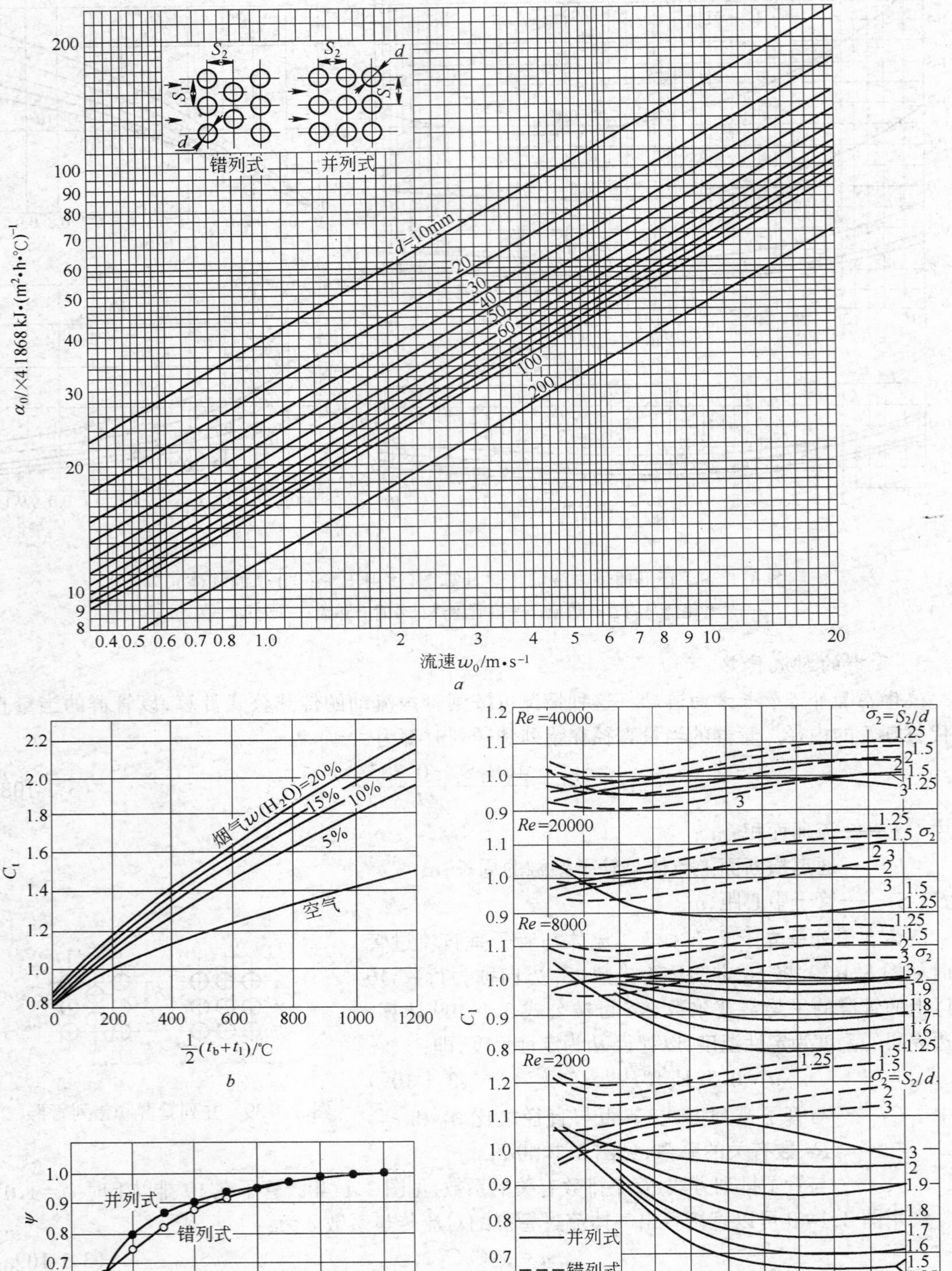


图 3.1-40　气体流过管群的对流传热系数

$a$—$\alpha_0$；$b$—$C_t$；$c$—$\psi$；$d$—$C_1$

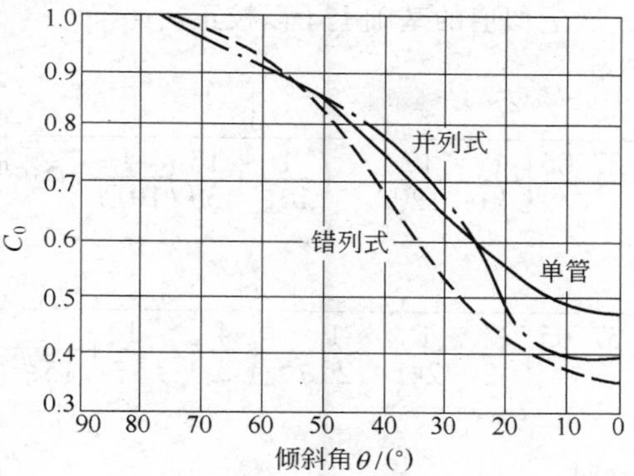


图 3.1-41　气流倾斜影响 $\alpha_0$ 的修正系数 $C_\theta$

4. 粗糙管内的对流传热

粗糙管凹凸不平的表面能破坏边界层,因而能提高传热效果。农纳(Nunner)提出的粗糙管内传热公式是:

$$Nu=\frac{(f/2)Re\cdot Pr}{1+1.5Re^{-1/8}Pr^{-1/6}[Pr(f/f_g)-1]} \tag{3.1-110}$$

式中　$f$、$f_g$——分别为粗糙管与光滑管的摩擦系数,见流动阻力的有关部分。

这个公式不适用于 $Pr>1.0$ 的液体情况。

有人用水做实验,然后根据传热的相似原理导出了计算公式 3.1-111:

$$Nu=\frac{f}{2}\frac{Re\cdot Pr}{1+\sqrt{\frac{f}{2}\left[5.19\left(Re\sqrt{\frac{f}{2}}\frac{\varepsilon}{d}\right)^{0.2}Pr^{0.44}-8.48\right]}} \tag{3.1-111}$$

式中　$\frac{\varepsilon}{d}$——粗糙度;

$d$——管径;

$\varepsilon$——各种材料粗糙度的绝对值,如下所示:

| | |
|---|---|
| 耐火砖、耐热浇注料 | 0.025～0.25 mm |
| 铸　铁 | 0.25～0.45 mm |
| 一般钢材 | 0.045 mm |
| 冷拔管 | 0.0015 mm |

5. 弯管和环管内的对流传热

弯管内流体呈层流流动时,弯管与直管的努塞尔数之比的第一次近似值见式 3.1-112:

$$\left(\frac{Nu_w}{Nu_z}\right)_I=0.1979\frac{Re^{0.5}(r/R)^{0.25}}{\xi} \tag{3.1-112}$$

式中　$r/R$——管子半径与弯曲半径之比;

$\xi$——与 $Pr$ 值有关的系数。

$Pr\geqslant1$ 时:　$$\xi=\frac{2}{11}\left[1+\sqrt{1+\frac{77}{4}\times\frac{1}{Pr^2}}\right]$$

$Pr\leqslant1$ 时:　$$\xi=\frac{1}{5}\left[2+\sqrt{2+\sqrt{\frac{10}{Pr^2}}-1}\right]$$

第二次近似值是在第一次近似值的基础上予以校正。

$Pr \geqslant 1$ 时：

$$\left(\frac{Nu_w}{Nu_z}\right)_{II} = \left(\frac{Nu_w}{Nu_z}\right)_{I} \frac{1}{1 + \frac{37.05}{\xi}\left[\frac{1}{40} - \frac{17}{120}\xi + \left(\frac{1}{10\xi} + \frac{13}{30}\right)\frac{1}{10Pr}\right]Re^{-0.5}\left(\frac{r}{R}\right)^{-0.25}} \tag{3.1-113}$$

$Pr \leqslant 1$ 时：

$$\left(\frac{Nu_w}{Nu_z}\right)_{II} = \left(\frac{Nu_w}{Nu_z}\right)_{I} \frac{1}{1 - \frac{37.05}{\xi}\left[\frac{\xi^2}{12} + \frac{1}{24} - \frac{1}{120\xi} - \left(\frac{4}{3}\xi - \frac{1}{3\xi} + \frac{1}{15\xi^2}\right)\frac{1}{20Pr}\right]Re^{-0.5}\left(\frac{r}{R}\right)^{-0.25}} \tag{3.1-114}$$

弯管内流体呈湍流流动时：

$$Nu = 0.023Re^{0.85}\left(\frac{r}{R}\right)^{0.1}Pr^{0.4} \tag{3.1-115}$$

6．流体物理性质随温度变化的修正

由于流体的物理性质都是随温度而变化的，因此前述公式如果以流体温度作为定性温度时就要按下面的一些公式进行修正。如果以边界层温度作为定性温度时则不应再作修正。

流体沿壁面流动时，在接触面上流体的温度与壁温相同，越远离壁面流体温度与壁温的差别越大。可以认为，当壁与流体的温差不大时，前面的计算公式基本上是准确的；温差较大时（有时甚至达 600～700℃），即使引入了各种修正值，仍然可能有较大的误差。对于物性变化的修正方式，各文献介绍的并不一致，并且出入也相当大。仅计算时参考与比较。

一般流体的物性随温度变化的修正方式，可用以下公式表示：

对于液体
$$Nu = Nu_L\left(\frac{\mu_b}{\mu_L}\right)^n \tag{3.1-116}$$

对于气体
$$Nu = Nu_L\left(\frac{T_b}{T_L}\right)^n \tag{3.1-117}$$

式中　$Nu_L$——以流体的平均温度作为定性温度或认为物性不随温度而变化的努塞尔数值；

$Nu$——修正后的努塞尔数值；

$\mu$、$T$——分别为流体的动力黏度及绝对温度；

b、L——分别表示在壁温和流体温度的条件下。

对于液体来说，无论是层流还是湍流和液体受热还是被冷却，都是 $n = -0.14$。

图 3.1-42 中列出了各种修正值的比较，各修正值均以壁温 500℃为基准，从图中可以看出

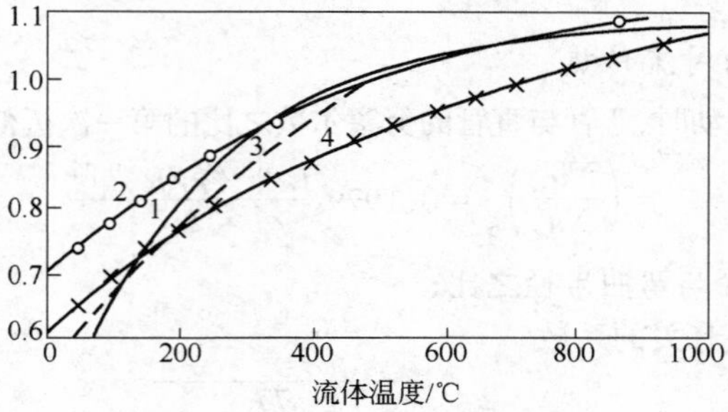


图 3.1-42　物性随温度变化的各种修正系数的比较（以壁温 500℃为基准）
1—根据有关文献；2—气体受热时 $n = -0.34$，冷却时 $n = -0.19$；
3—气体受热时 $n = -0.55$，冷却时 $n = 0$；4—按公式 3.1-118 计算

其间的差别。考虑到设计中的安全可靠，图 3.1-37*b* 引用了有关文献的曲线，适用于气体受热。计算中如采用其他修正方式则可不用图 3.1-37*b* 的修正值。

以边界层温度 $T_{bj}$ 作为定性温度而以 $(T_L/T_{bj})^{0.8}$ 作修正值的传热方程式是：

$$Nu_{bj}=0.021Re_{bj}^{0.8}Pr_{bj}^{0.4}\left(\frac{T_L}{T_{bj}}\right)^{0.8} \tag{3.1-118}$$

式中的边界层温度取流体温度 $T_L$ 与壁温 $T_b$ 的算术平均值。

## 三、辐射传热

符号说明：

$A$——吸收率；
$C$——综合辐射系数，$W/(m^2\cdot K^4)$；
$C_0$——黑体的辐射系数，$5.6688W/(m^2\cdot K^4)$；
$E$——灰体的辐射能力，$W/m^2$；
$E_0$——黑体的辐射能力，$W/m^2$；
$F$——面积，$m^2$；
$L$——平均射线行程，m；
$p_{H_2O}$、$p_{CO_2}$——水蒸气及二氧化碳的分压，Pa；
$Q$——热量，kW；
$Q_{12}$——表面 $F_1$ 辐射到表面 $F_2$ 上的热量，kW；
$t$——摄氏温度，℃；
$T$——绝对温度，K；
$V$——气体容积，$m^3$；
$\alpha_f$——辐射传热系数，$kW/(m^2\cdot ℃)$；
$\varepsilon$——辐射率，也称黑度；
$\lambda$——波长，μm；
$\sigma$——斯忒藩-玻耳兹曼（Stefan-Boltzmann）常数；
$\phi_{12}$——表面 $F_1$ 对 $F_2$ 的角度系数；
$\rho$——反射率；
$\tau$——透射率。

### （一）辐射传热的基本性质

热辐射与光一样是电磁波的一部分。热辐射的波长范围是 0.1～100 μm，其中可见光部分的波长较窄，为 0.35～0.75 μm。辐射波的速度为光速，真空中光速为 $2.9977\times10^8$ m/s。

1. 黑体、黑度与克希荷夫定律

某物体表面上所受到的辐射总能量中，一部分被吸收，一部分被反射出去，另外一部分穿透整个物体。以 $A$、$\rho$、$\tau$ 分别代表吸收部分、反射部分及穿透部分的能量与落在该物体上的全部辐射能之比，$A$ 称为该物体的吸收率，$\rho$ 称为该物体的反射率，$\tau$ 称为透射率，三者的关系为：

$$A+\rho+\tau=1 \tag{3.1-119}$$

工业炉上所使用的一般固体对热射线来说均可认为是不透明体，即 $\tau=0$，$A+\rho=1$。对于气体，因为无反射作用，因此 $A+\rho=1$。

某物体表面上所受到的各种波长的辐射能如被全部吸收，该物体称为黑体，因此对于黑体 $A=1$，$\rho=0$，$\tau=0$。

物体在某温度下单位面积单位时间所辐射出的能量称为该物体的辐射能力,以 $E$ 表示。物体的辐射能力 $E$ 和同温度黑体的辐射能力 $E_0$ 之比称为该物体的辐射率,也称为黑度,以 $\varepsilon$ 表示,即:

$$\varepsilon = \frac{E}{E_0} \tag{3.1-120}$$

克希荷夫定律说明了物体的辐射率与吸收率之间的关系,即物体在一定波长下的辐射率和在同样波长下的吸收率之间的比值都相同,而且只是波长与温度的函数。

如果某物体在某温度下所辐射出各种波长的辐射能力与黑体在同温度下辐射的各波长的辐射能力之比均相等,则该物体称为灰体。绝对的灰体是不存在的,一般常见的物体可以近似认为是灰体。

对于同一种物体可以近似地认为辐射率与吸收率相等,即。

$$A = \varepsilon$$

各种材料的黑度见表 3.1-19。

**表 3.1-19 各种材料的黑度**

| 材料名称及表面状况 | 温 度/℃ | 黑度 $\varepsilon$ |
|---|---|---|
| 表面被磨光的铝板 | 225<br>580 | 0.038<br>0.057 |
| 在 600℃ 氧化后的铝板 | 200<br>600 | 0.11<br>0.19 |
| 在 600℃ 氧化后的镀铝表面(基体为钢) | 190<br>600 | 0.52<br>0.57 |
| 用砂轮磨过的铁 | 20 | 0.242 |
| 在 600℃ 氧化后的铸铁 | 260<br>600 | 0.64<br>0.78 |
| 氧化后的铁 | 100 | 0.736 |
| 在 600℃ 氧化后的钢 | 200～600 | 0.79 |
| 熔融铸铁 | 1300～1535 | 0.29 |
| 银白色粗糙的 Cr18Ni8 钢 | 260<br>538 | 0.44<br>0.36 |
| 在 526℃ 加热 42 h 呈褐色的 Cr18Ni8 钢 | 260<br>538 | 0.62<br>0.73 |
| 使用中被氧化后呈褐色的 Cr25Ni20 钢 | 260<br>538 | 0.9<br>0.97 |
| 被氧化的 Cr12Ni60Fe28 合金 | 270<br>560 | 0.89<br>0.82 |
| 被氧化的 Cr20Ni80 合金 | 100～600<br>1300 | 0.87<br>0.89 |
| Fe76Cr23Al5Co2 合金的氧化表面 | | 0.75 |

续表 3.1-19

| 材料名称及表面状况 | 温 度/℃ | 黑度 ε |
| --- | --- | --- |
| 钼 | 727<br>1227<br>1727<br>2227 | 0.096<br>0.156<br>0.21<br>0.257 |
| 钨 | 727<br>1327<br>1727<br>2227 | 0.114<br>0.207<br>0.260<br>0.303 |
| 石墨炭 | 320<br>500 | 0.75<br>0.71 |
| 粗糙的红砖砌体 | 20 | 0.93 |
| 各种耐火砖 | 1090 | 0.71～0.88 |
| 硅 砖 | 1000<br>1100 | 0.80<br>0.85 |
| 石棉板 | 38 | 0.96 |
| 铝涂料 | 0～100 | 0.55 |

低碳带钢在980℃炉内加热，钢温为38～927℃时的黑度：酸洗过的热轧带钢为0.45～0.49；表面光亮的冷轧带钢为0.23～0.31。冷轧硅钢带在1010℃的炉内加热，带钢温度为38～970℃，厚度为0.355～0.736 mm，三个试样的平均黑度为0.40。

对光亮带钢提供的黑度值是：

| $t$/℃ | 200 | 400 | 600 | 800 | 1000 | 1100 |
| --- | --- | --- | --- | --- | --- | --- |
| ε | 0.25 | 0.31 | 0.37 | 0.42 | 0.48 | 0.51 |

2. 热辐射定律

所有的物体都辐射出辐射能，其质和量取决于辐射体的绝对温度和辐射体本身的性质。从一个物体辐射出的热能包括有各种不同波长的辐射能量。普朗克定律就是绝对温度为 $T$ 的黑体的辐射能力与波长之间的关系，以下式表示：

$$E_\lambda = \frac{C_1}{\lambda^5[e^{C_2/(\lambda T)} - 1]} \tag{3.1-121}$$

式中 $\lambda$——波长，μm；

$T$——物体的绝对温度，K；

$C_1$——普朗克定律的第一常数，$C_1 = 2\pi c^2 h = 0.59525 \times 10^{-8}\ \mathrm{W \cdot m^2}$；

$C_2$——普朗克定律的第二常数，$C_2 = ch/k = 1.4387\ \mathrm{cm \cdot K}$；

$h$——普朗克量子常数，$10^{-7}$J·s；

$k$——玻耳兹曼常数，$10^{-7}$J/K；

$c$——光速，cm/s。

普朗克定律以图3.1-43表示。由图可见，随着温度的增加，辐射能力为最大的波长将移向较短的波长一边，即为维恩位移定律：

$$\lambda_{max} T = 0.2898\ \mathrm{cm \cdot K} \tag{3.1-122}$$

根据公式 3.1-122，固体表面的颜色随着温度的升高由暗红色，逐步变成红色、橙色、黄色、白色。光学高温计就是根据这个原理制成的。

绝对温度为 $T$ 的黑体，单位面积单位时间内放出的能量 $E_0$ 可用斯忒藩－玻耳兹曼定律表示：

$$E_0=\sigma T^4 \tag{3.1-123}$$

式中　$\sigma$——斯忒藩－玻耳兹曼常数，其值为 $5.6688\times10^{-8}\mathrm{W/(m^2\cdot K^4)}$。

为了计算方便，公式 3.1-123 改写成下式：

$$E_0=C_0\left(\frac{T}{100}\right)^4 \tag{3.1-124}$$

从公式 3.1-123 和式 3.1-124 可得：

$$\frac{C_0}{(100)^4}=\sigma$$

$$C_0=\sigma\times10^8=4.88\times4.1868=20.43\ \mathrm{kJ/(m^2\cdot h\cdot K^4)}\text{或}\ 5.6688\ \mathrm{kW/(m^2\cdot K^4)}$$

$C_0$ 称为黑体的辐射系数。$\left(\frac{T}{100}\right)^4$ 的数值可由表查取。

实际物体辐射的热量 $q$ 和同温度下黑体辐射的热量相比，要小 $\varepsilon$ 倍，即：

$$q=\varepsilon\times4.88\left(\frac{T}{100}\right)^4\times4.1868\ \mathrm{kJ/(m^2\cdot h)} \tag{3.1-125}$$

辐射呈散射状的物体表面称为“毛面”，以区别于入射角等于反射角的“镜面”。一般工程材料的表面大都是毛面。因为辐射是散射状的，假定毛面的辐射能力在各个方向上都相等，因此某辐射面 d$F$ 在某方向上的辐射能量(辐射能力×面积＝辐射能量)，仅与 d$F$ 在这个方向上的投影面积成正比，如图 3.1-44 所示。设 d$F$ 在垂直方向的辐射能量为 $Q$，则 $\beta$ 方向的辐射能量为 d$F\cos\beta$，这叫做辐射的余弦定律，根据余弦定律可以求出毛面的辐射能力 $E$ 在各个方向上的分配情况，即：

$$E_\beta=\frac{E}{\pi}\cos\beta \tag{3.1-126}$$

式中　$E_\beta$——辐射能力 $E$ 分配在与法线方向成 $\beta$ 角方向上的量，$\mathrm{kJ/(m^2\cdot h)}$，单位中的面积指 d$F$ 而不是 $\beta$ 方向的投影面积。

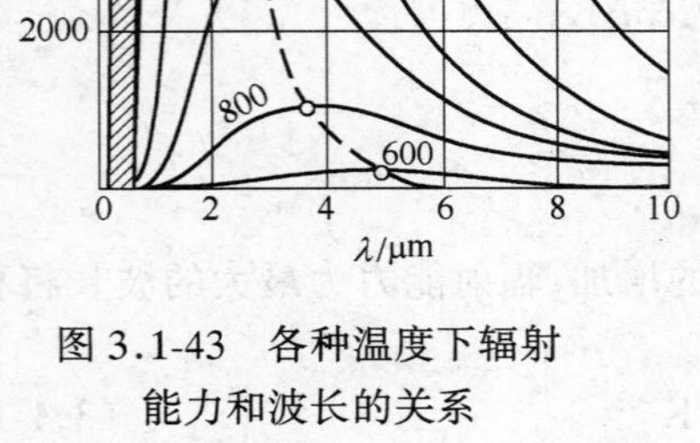

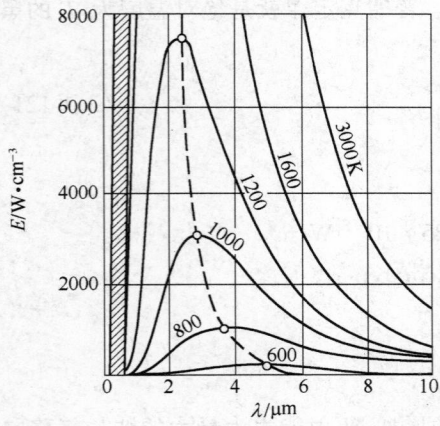


图 3.1-43　各种温度下辐射能力和波长的关系

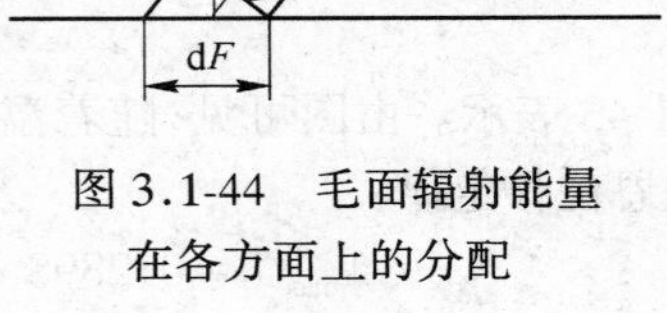

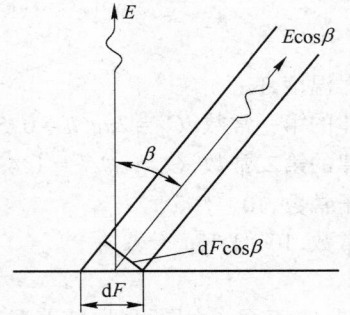


图 3.1-44　毛面辐射能量在各方面上的分配

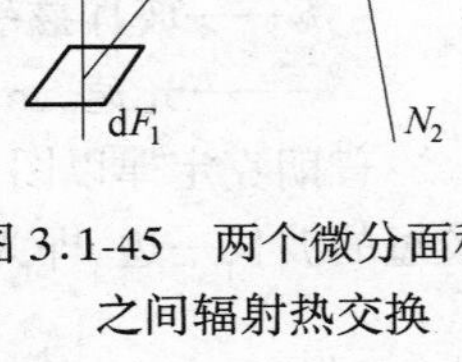

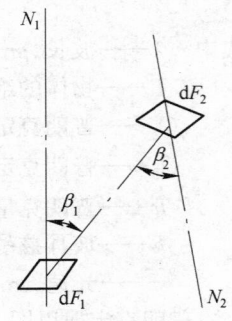


图 3.1-45　两个微分面积之间辐射热交换

### （二）固体间的辐射传热

1．角度系数

任意放置的两个均匀辐射面 $F_1$ 及 $F_2$，由 $F_1$ 直接辐射到 $F_2$ 上的辐射能 $Q_{12}$ 与 $F_1$ 面上辐射出去的总辐射能 $Q_1$ 之比称为 $F_1$ 对 $F_2$ 的角度系数 $\phi_{12}$，即：

$$\phi_{12}=\frac{Q_{12}}{Q_1} \tag{3.1-127}$$

设空间两个任意位置的微分面积 $dF_1$ 及 $dF_2$（见图 3.1-45），$N_1$ 及 $N_2$ 是 $dF_1$ 及 $dF_2$ 的法线，$r$ 是 $dF_1$ 及 $dF_2$ 中心联线的长度，$\beta_1$ 及 $\beta_2$ 是 $r$ 与 $N_1$ 及 $N_2$ 的交角，根据余弦定律可以求出两个面积之间的热交换为：

$$dQ_{12}=E_1\cos\beta_1\cos\beta_2\frac{dF_1dF_2}{\pi r^2} \tag{3.1-128}$$

$$d\phi_{12}=\cos\beta_1\cos\beta_2\frac{dF_2}{\pi r^2} \tag{3.1-128a}$$

同理：

$$dQ_{21}=E_2\cos\beta_1\cos\beta_2\frac{dF_1dF_2}{\pi r^2} \tag{3.1-129}$$

$$d\phi_{21}=\cos\beta_1\cos\beta_2\frac{dF_1}{\pi r^2} \tag{3.1-129a}$$

积分后可得：

$$\phi_{12}=\frac{1}{F_1}\frac{1}{\pi}\int_{F_1}\int_{F_2}\cos\beta_1\cos\beta_2\frac{1}{r^2}dF_1dF_2 \tag{3.1-130}$$

根据公式 3.1-130 可求出各种几何形状的两个辐射面之间的角度系数。

关于角度系数的几个基本规律是：

(1) 如 $F_1$ 是平面或凸面，它的任一部分都不能自“见”其本身的另一部分，则 $\phi_{11}=0$。

(2) 对于封闭体系而言，$F_1$ 对其他各面的角度系数总和等于 1，开口部分可以视作封闭体系中的一个面，即：

$$\phi_{11}+\phi_{12}+\phi_{13}+\cdots=1 \tag{3.1-131}$$

(3) 对于任意的两个面有如下的关系，此关系称为互换原理，即：

$$F_1\phi_{12}=F_2\phi_{21} \tag{3.1-132}$$

(4) 如 $F_2$ 由很多面组成，即：

$$F_2=F'_2+F''_2+F'''_2+\cdots$$

则有：

$$F_1\phi_{12}=F_1\phi_{12'}+F_1\phi_{12''}+F_1\phi_{12'''}+\cdots \tag{3.1-133}$$

或

$$F_1\phi_{12}=F'_2\phi_{2'1}+F''_2\phi_{2''1}+F'''_2\phi_{2'''1}+\cdots \tag{3.1-133a}$$

2．角度系数的值及计算方法举例

一些简单的封闭体系的角度系数值计算方法如下：

(1) 两个无限大的平行平面（图 3.1-46），此时有：

$$\phi_{12}=\phi_{21}=1 \tag{3.1-134}$$

(2) 套在一起的两个无限长环形面和两个组成封闭体系的面，其中 $F_1$ 为不自见面（图 3.1-47），此时有：

$$\phi_{12}=1 \qquad \phi_{21}=\frac{F_1}{F_2} \tag{3.1-135}$$

(3) 两条同样宽的平行长带，带宽为 $a$，相距 $h$(图 3.1-48)，此时有：

$$\phi_{12}=\phi_{21}=\sqrt{1+\left(\frac{h}{a}\right)^2}-\frac{h}{a} \tag{3.1-136}$$

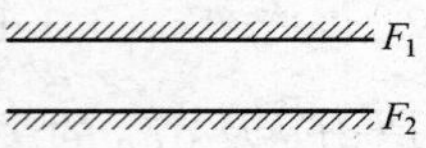


图 3.1-46　两个无限大的平行平面

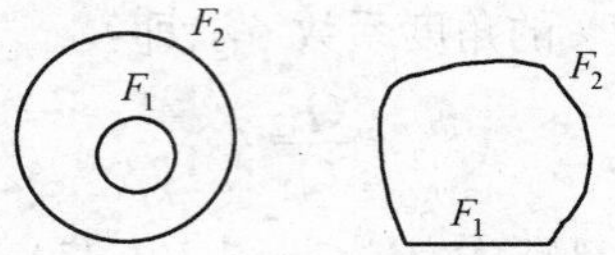


图 3.1-47　两个面中一个为不自见面

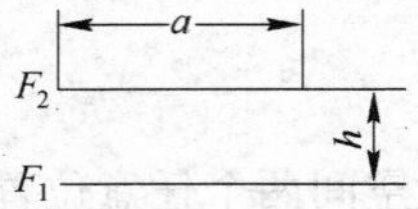


图 3.1-48　两条同样宽的平行带

(4) 两个同样大小的平行的矩形平面，尺寸为 $ab$，相距 $c$，令 $X=\frac{a}{c}$，$Y=\frac{b}{c}$，则有：

$$\phi_{12}=\frac{2}{\pi XY}\left\{\ln\left[\frac{(1+X^2)(1+Y^2)}{1+X^2+Y^2}\right]^{1/2}+Y\sqrt{1+X^2}\tan^{-1}\left(\frac{Y}{\sqrt{1+X^2}}\right)+X\sqrt{1+Y^2}\tan^{-1}\left(\frac{X}{\sqrt{1+Y^2}}\right)-Y\tan^{-1}Y-X\tan^{-1}X\right\} \tag{3.1-137}$$

$\phi_{12}$的值可由图 3.1-49 查出。

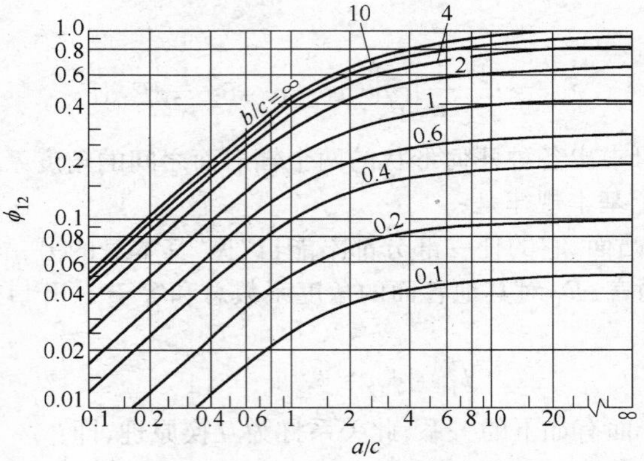


图 3.1-49　两个同样大小的平行的矩形平面的角度系数

(5) 两个交角为 $\phi$ 的矩形平面，$F_1=bc$，$F_2=ab$，$b$ 是公共边的长度，角度系数 $\phi_{12}$见图 3.1-50。

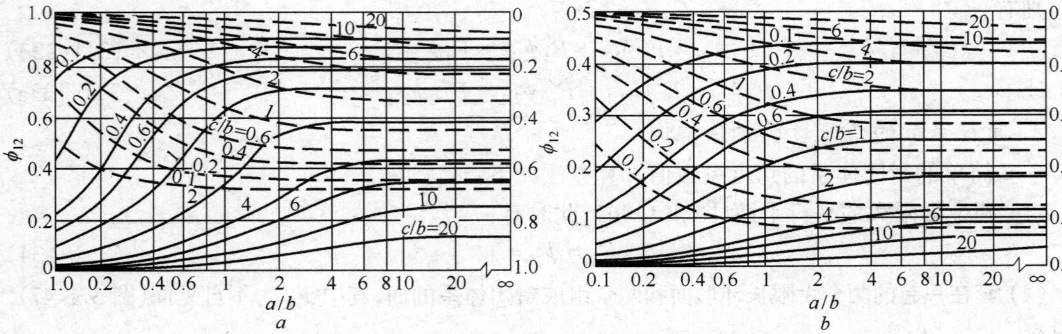


图 3.1-50　两个交角为 $\phi$ 的矩形平面的角度系数

$a$：——交角 $\phi=30°$，左侧纵坐标；－－－交角 $\phi=60°$，右侧纵坐标；

$b$：——交角 $\phi=90°$，左侧纵坐标；－－－交角 $\phi=120°$，右侧纵坐标

(6) 两个平行的圆形平面，$F_1=\pi b^2$，$F_2=\pi a^2$，相距 $c$，令 $X=\dfrac{a}{c}$，$Y=\dfrac{c}{a}$，$Z=1+(1+X^2)Y^2$，则：

$$\phi_{12}=\left(Z-\sqrt{Z^2-4X^2Y^2}\right)/2 \tag{3.1-138}$$

$\phi_{12}$的值可由图 3.1-51 查出。

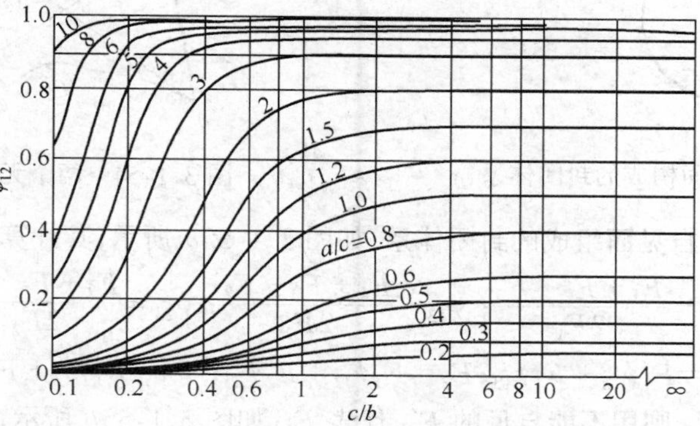


图 3.1-51　两个平行的圆形平面的角度系数

(7) 长的成列圆管或圆棒，外径为 $d$，间距为 $S$，表面积为 $F_2$，辐射面 $F_1$ 对 $F_2$ 的角度系数 $\phi_{12}$由图 3.1-52 查取。

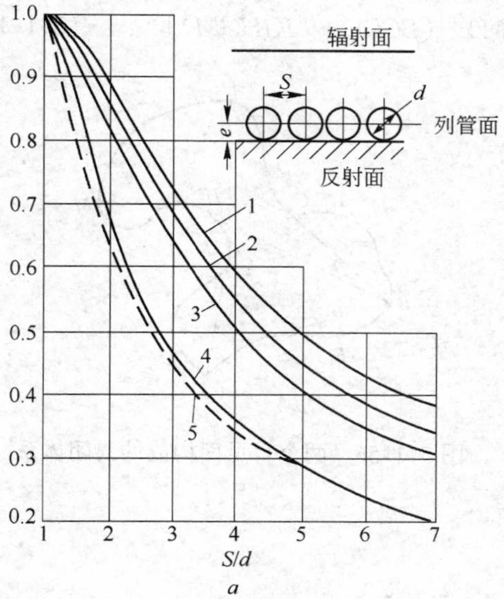


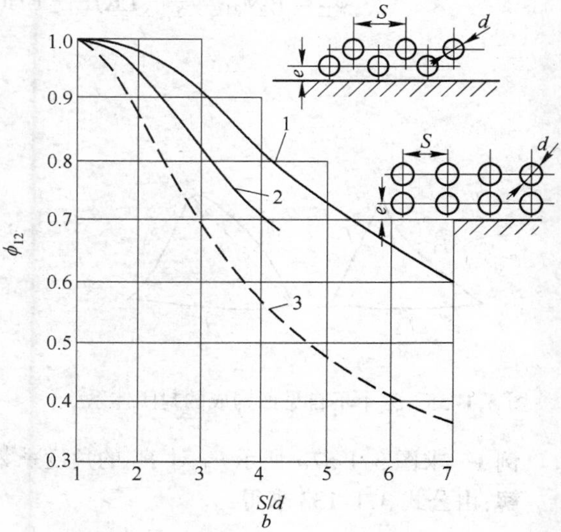


图 3.1-52　长的成列圆管或圆棒的角度系数

$a$—单层列管的角度系数：1—考虑背部的反射面(或有良好保温的耐火砖面)，$e\geqslant1.4d$；2—$e=0.8d$；3—$e=0.5d$；4—$e=0$；5—不考虑背部的反射面，$e\geqslant0.5d$

$b$—双层列管的角度系数：1—考虑背部的反射面，$e\geqslant1.4d$；2—$e=0$；3—不考虑背部的反射面

(8) 由两个面组成的封闭体系(图 3.1-53)，两个面都是自见面，其角度系数为：

$$\phi_{12}=\frac{F_2}{F_1+F_2};\ \phi_{21}=\frac{F_1}{F_1+F_2} \tag{3.1-139}$$

(9) 两个垂直于同一平面的无限长曲面，如图 3.1-54 所示，其计算公式为：

$$F_1\phi_{12}=F_2\phi_{21}=\frac{1}{2}(AC+BD-AD-BC) \tag{3.1-140}$$

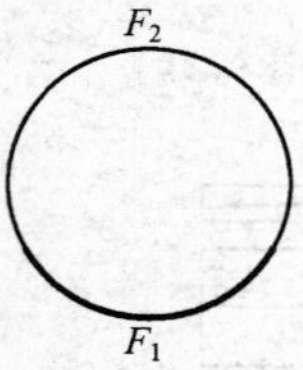


图 3.1-53 两个自见面构成的封闭体系

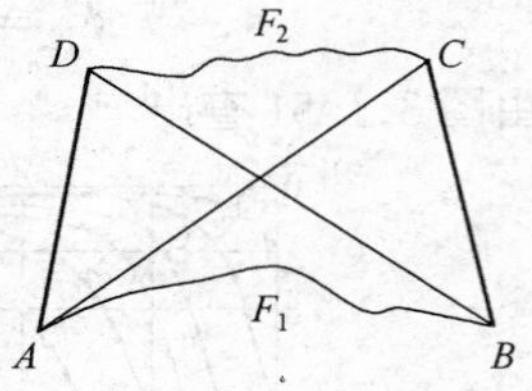


图 3.1-54 两个无限长曲面

(10) 任意三个不自见面组成的封闭体系，如图 3.1-55$a$ 所示，其计算公式为：

$$\phi_{12}=\frac{F_1+F_2-F_3}{2F_1};\ \phi_{13}=\frac{F_1+F_3-F_2}{2F_1};\ \phi_{23}=\frac{F_2+F_3-F_1}{2F_2} \tag{3.1-141}$$

$$F_1=F_1\phi_{12}+F_1\phi_{13};F_2=F_1\phi_{12}+F_2\phi_{23};\ F_3=F_1\phi_{13}+F_2\phi_{23} \tag{3.1-141a}$$

如果 $F_1$ 可以自见，则用不能自见的 $F'_1$ 代表 $F_1$，如图 3.1-55$b$ 所示，则有：

$$F_1\phi_{12}=F'_1\phi'_{12}=\frac{1}{2}(F'_1+F_2-F_3) \tag{3.1-142}$$

(11) 两个无限长曲面构成的封闭体系，都是自见面，但面与面关系较复杂(见图 3.1-56)，$F_1=BL$，$F_2=EM$，$LKJE$ 为各点联结长度，此时有：

$$F_1\phi_{12}=F_2\phi_{21}=\frac{1}{2}[(LKJE+BHGM)-(BCDE+LKJHGM)] \tag{3.1-143}$$

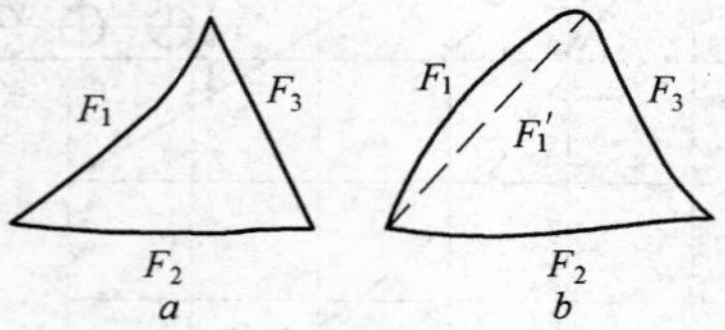


图 3.1-55 三个不自见面构成的封闭体系

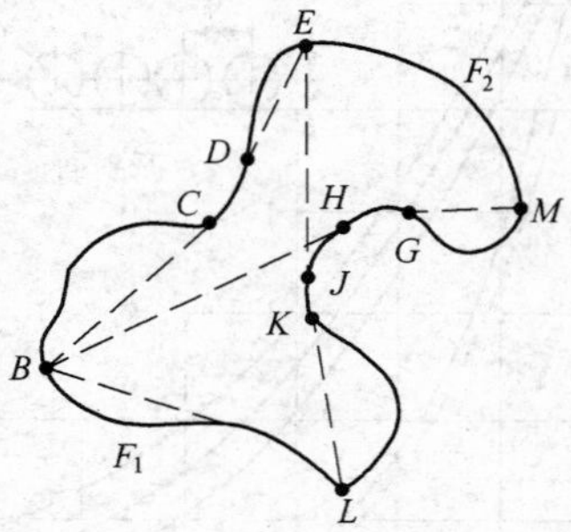


图 3.1-56 两个自见面构成的封闭体系

**例 1** 求图 3.1-57$a$ 所示 $F_1$ 对 $F_2$ 的角度系数。

**解**：由公式 3.1-133 求得：

$$F_1\phi_{12}=F_1\phi_{1(2+3)}-F_1\phi_{13}$$

式中，$\phi_{1(2+3)}$ 及 $\phi_{13}$ 均可由图 3.1-50 中查取。

**例 2** 求图 3.1-57$b$ 所示 $F_1$ 对 $F_2$ 的角度系数。

**解**：

$$\begin{aligned}F_1\phi_{12}&=F_2\phi_{21}=F_2(\phi_{2(1+4)}-\phi_{24})\\&=(F_1+F_4)\phi_{(1+4)2}-F_4\phi_{42}\\&=(F_1+F_4)(\phi_{(1+4)(2+3)}-\phi_{(1+4)3})-F_4(\phi_{4(2+3)}-\phi_{43})\end{aligned}$$

$$\phi_{12}=\left(1+\frac{F_4}{F_1}\right)(\phi_{(1+4)(2+3)}-\phi_{(1+4)3})-\frac{F_4}{F_1}(\phi_{4(2+3)}-\phi_{43})$$

式中 $\phi_{(1+4)(2+3)}$、$\phi_{(1+4)3}$、$\phi_{4(2+3)}$、$\phi_{43}$均可由图 3.1-50 中查取。

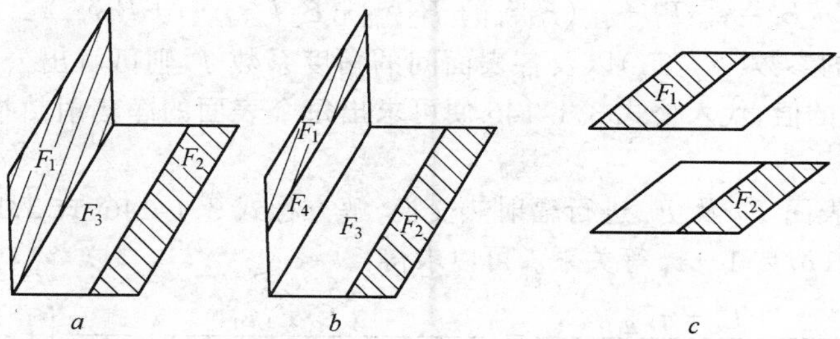


图 3.1-57　用组合的方法求 $F_1$ 和 $F_2$ 之间的角度系数

用同样方法可以计算图 3.1-57c 所示的 $F_1$ 对 $F_2$ 的角度系数。

3. 灰体之间辐射、反射的综合热交换

假定所讨论的物体表面是呈散射性质的毛面，辐射到毛面上的辐射能也是按余弦定律的规律反射出去，其中一部分按照角度系数的分配比例射回到原来的表面上。如此反复反射，使得灰体辐射与黑体辐射有较大的区别。

假如参与辐射热交换的各表面的表面温度都是均匀的，用 $B_1$ 表示单位时间内单位面积上由 $F_1$ 辐射出的全部辐射能（自身的辐射以及所有的反射），称为有效辐射能力，因此：

$$B_1=\varepsilon_1\sigma T_1^4+\rho_1 G_1 \tag{3.1-144}$$

式中　$\varepsilon_1$、$\rho_1$——分别为表面 $F_1$ 的辐射率和反射率；

$T_1$——表面 $F_1$ 的绝对温度，K；

$\sigma$——斯忒藩-玻耳兹曼常数；

$G_1$——单位时间内单位面积 $F_1$ 上受到的全部外来辐射能。

表面 $F_1$ 的净辐射热损失为：

$$Q_1=F_1(B_1-G_1) \tag{3.1-145}$$

由式 3.1-144 及式 3.1-145 消去 $G$，得：

$$\frac{Q_1}{F_1}=\frac{\varepsilon_1\sigma T_1^4-(1-\rho_1)B_1}{\rho_1} \tag{3.1-146}$$

如果辐射面 $F_1$ 是灰体，则 $\varepsilon_1=1-\rho_1$，上式可写成：

$$\frac{Q_1}{F_1}=\frac{\varepsilon_1}{1-\varepsilon_1}(\sigma T_1^4-B_1) \tag{3.1-146a}$$

$$\frac{Q_2}{F_2}=\frac{\varepsilon_2}{1-\varepsilon_2}(\sigma T_2^4-B_2) \tag{3.1-146b}$$

$$\vdots$$

$$\frac{Q_n}{F_n}=\frac{\varepsilon_n}{1-\varepsilon_n}(\sigma T_n^4-B_n)$$

对于一个封闭体系而言，$G_1$ 为各表面 $F_1$、$F_2$、…、$F_n$ 对 $F_1$ 的辐射能量之总和，因此，公式 3.1-144 可写成：

$$B_1=\varepsilon_1\sigma T_1^4+\rho_1\frac{1}{F_1}(B_1F_1\phi_{11}+B_2F_2\phi_{21}+B_3F_3\phi_{31}+\cdots+B_nF_n\phi_{n1})$$

$$B_1=\varepsilon_1\sigma T_1^4+\rho_1(B_1\phi_{11}+B_2\phi_{12}+B_3\phi_{13}+\cdots+B_n\phi_{1n})$$

$$B_2 = \varepsilon_2 \sigma T_2^4 + \rho_2 (B_1 \phi_{21} + B_2 \phi_{22} + B_3 \phi_{23} + \cdots + B_n \phi_{2n})$$
$$B_n = \varepsilon_n \sigma T_n^4 + \rho_n (B_1 \phi_{n1} + B_2 \phi_{n2} + B_3 \phi_{n3} + \cdots + B_n \phi_{nn}) \quad (3.1\text{-}147)$$

如已知各表面的参数($F_n$、$T_n$)以及各表面间的角度系数 $\phi$,则可解出公式 3.1-147 中各未知数 $B_1$、$B_2$、…、$B_n$ 的值,代入公式 3.1-146 便可求出每个表面的净辐射热损失。如 $Q$ 为负值则表示吸热。

如果只有两个表面 $F_1$ 及 $F_2$ 进行辐射热交换,解方程式 3.1-146、式 3.1-147 并引入 $\phi_{11} + \phi_{12} = 1$、$\phi_{21} + \phi_{22} = 1$、$\rho_1 = 1 - \varepsilon_1$ 等关系。可以求得:

$$Q_1 = -Q_2 = \frac{\sigma T_1^4 - \sigma T_2^4}{\dfrac{1-\varepsilon_1}{\varepsilon_1 F_1} + \dfrac{1}{F_1 \phi_{12}} + \dfrac{1-\varepsilon_2}{\varepsilon_2 F_2}} = \frac{C_0 F_1 \phi_{12}}{\left(\dfrac{1}{\varepsilon_1} - 1\right)\phi_{12} + \left(\dfrac{1}{\varepsilon_2} - 1\right)\phi_{21} + 1}\left[\left(\frac{T_1}{100}\right)^4 - \left(\frac{T_2}{100}\right)^4\right]$$
$$= CF_1 \phi_{12}\left[\left(\frac{T_1}{100}\right)^4 - \left(\frac{T_2}{100}\right)^4\right] \quad (3.1\text{-}148)$$

或写成如下的形式并可在图 3.1-58 中查取:

$$q_1 = C_0 \phi \left[\left(\frac{T_1}{100}\right)^4 - \left(\frac{T_2}{100}\right)^4\right] \quad (3.1\text{-}148a)$$

也可整理成传热系数的形式,则:

$$Q_1 = -Q_2 = \alpha_f F_1 (t_1 - t_2) \quad (3.1\text{-}148b)$$

上列式中 $C$ 为综合辐射系数,单位为 W/($m^2 \cdot K^4$),其表达式为:

$$C = \frac{C_0}{\left(\dfrac{1}{\varepsilon_1} - 1\right)\phi_{12} + \left(\dfrac{1}{\varepsilon_2} - 1\right)\phi_{21} + 1} \quad (3.1\text{-}149)$$

对于图 3.1-47 的情况,则有:

$$C = \frac{C_0}{\dfrac{1}{\varepsilon_1} + \left(\dfrac{1}{\varepsilon_1} - 1\right)\dfrac{F_1}{F_2}} \quad (3.1\text{-}149a)$$

对于两个无限大的平面,则有:

$$C = \frac{C_0}{\dfrac{1}{\varepsilon_1} + \dfrac{1}{\varepsilon_2} - 1} \quad (3.1\text{-}149b)$$

$\alpha_f$ 为辐射传热系数,单位为 kJ/($m^2 \cdot h \cdot$℃),可按下式计算并按图 3.1-59 查取 $\alpha_{f1}$:

$$\alpha_f = C\phi_{12} \frac{\left[\left(\dfrac{T_1}{100}\right)^4 - \left(\dfrac{T_2}{100}\right)^4\right]}{t_1 - t_2} = C\alpha_f \phi_{12} \quad (3.1\text{-}150)$$

如果不是封闭体系,则不封闭的部分也可认为是一个假想辐射面 $F_k$,这个面的性质可当作黑体,即 $\varepsilon_k = 1.0$,$\rho_k = 0$,$T_k$ 为大气温度,可略去不计,所以 $B_k = 0$,这时通过假想面辐射到体系外的热损失为:

$$\frac{Q_k}{F_k} = B_1 \phi_{k1} + B_2 \phi_{k2} + \cdots + B_k \phi_{kk} + \cdots + B_n \phi_{kn} \quad (3.1\text{-}151)$$

炉墙开孔的辐射热损失即为一例。工程计算中考虑炉墙还有一定厚度,开孔的形状也不同,所以即使看成黑体辐射也还要引入一个修正系数 $\phi$(见图 3.1-60),即通过炉墙开孔的辐射损失为:

$$Q_k = 4.88 \phi F_k \left[\left(\frac{T_1}{100}\right)^4 - \left(\frac{T_k}{100}\right)^4\right] \times 4.1868$$

$$\approx 4.88\phi F_{\mathrm{k}}\left(\frac{T_1}{100}\right)^4 \times 4.1868 \qquad (3.1\text{-}152)$$

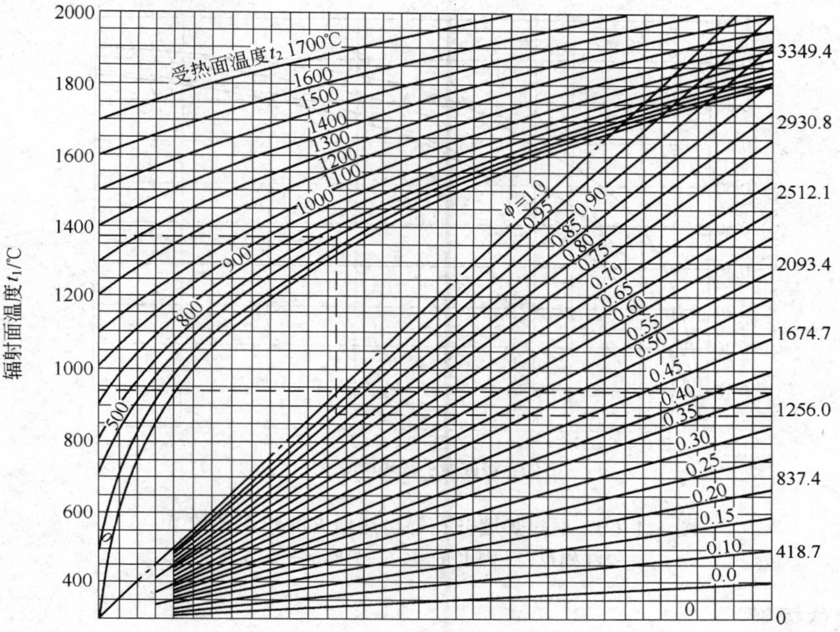


图 3.1-58　两物体间的辐射传热量

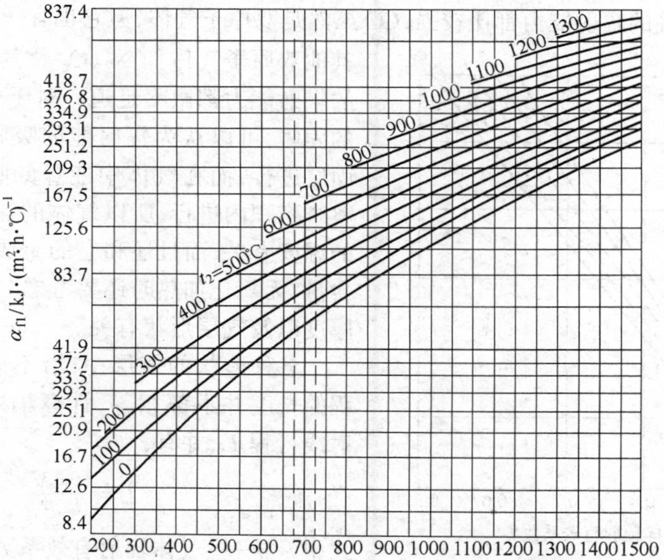


图 3.1-59　$\alpha_{f1}$的值

但这个修正系数仍未考虑炉体本身尺寸的影响，而只有开孔尺寸相当小时才等于黑体辐射，孔大时便接近平壁辐射，因而计算结果仍然是近似的。其次，通过开孔（炉门）的热损失是相当可观的。以尺寸为 600 mm×450 mm 的炉门为例，如墙厚为 230 mm 的耐火黏土砖，炉温为

1200℃，通过开孔的辐射热损失约为开孔砌死后传导损失的 40 倍，因此设计和操作时必须特别注意辐射热损失。

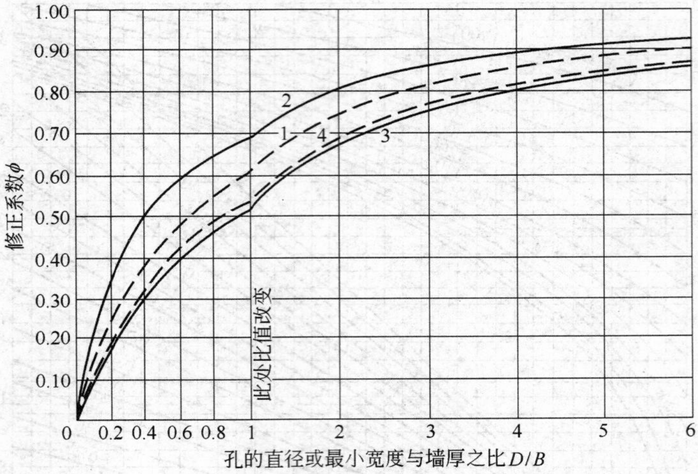


图 3.1-60　通过炉墙开孔辐射热损失的修正系数 $\phi$

1—2:1 矩形；2—细长的缝；3—圆形；4—正方形

## （三）气体辐射

气体辐射和固体辐射有显著的区别。固体具有连续的辐射光谱，它能吸收和放射所有波长的辐射能，而气体只能吸收和放射某几个波长范围内的辐射能。三原子气体和多原子气体如 $CO_2$、$H_2O$、$SO_2$、$NH_3$ 等的辐射能力都比较强，CO 虽然是双原子气体，但它也有一定的辐射能力。其他双原子气体如 $N_2$、$O_2$ 及其混合物空气、$H_2$ 的辐射能力都微不足道。对于热射线不能透过的固体，可以认为辐射能的吸收和放射都在表面层进行，而在气体中能量的吸收和放射是在整个容积内进行，所以气体的热辐射，不仅和它的温度有关，而且还和它的组成（三原子气体的含量，无氧化加热时还要考虑 CO 的含量）、气层厚度以及气层形状有关。

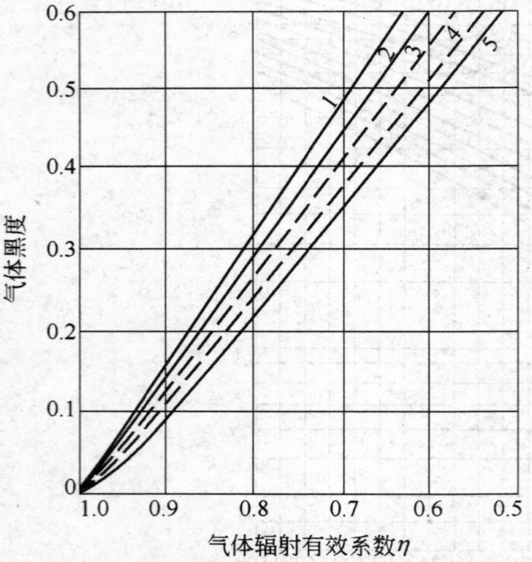


图 3.1-61　气体辐射有效系数与气体黑度、几何形状的关系

1—球，$\frac{4V}{F}=\frac{2}{3}d$；2—球，$\frac{4V}{F}=d$；3—圆筒，$\frac{4V}{F}=1\frac{1}{3}d$；4—圆筒，$\frac{4V}{F}=1\frac{2}{3}d$；5—距离为 $h$ 的平板，$\frac{4V}{F}=2h$

各种形状的气层中，沿不同方向的射线行程的长度并不都相等，计算辐射时要采用平均射线行程 $L$，并有：

$$L=\eta\frac{4V}{F} \tag{3.1-153}$$

式中　$\eta$——气体辐射有效系数；

$F$——围绕气体的容器表面积，$m^2$；

$V$——气体所充满的容积，$m^3$。

$\eta$ 的数值与气体黑度、几何形状有关，一般可取 0.85～0.90。如果需要较准确的计算，可利用图 3.1-61 查取。表 3.1-20 中列出了平均射线行程的概略值。

**表 3.1-20 在不同形状的气体空间中平均射线行程 $L$**

| 形 状 | 受热面 | 对 $pL$ 的平均值而言 | 当 $pL=0$ 时 |
|---|---|---|---|
| 球(直径为 $d$) | 球 面 | $0.60d$ | $\frac{2}{3}d$ |
| 无限长圆柱(直径为 $d$) | 周 壁 | $0.90d$ | $1.0d$ |
| 半无限长圆柱(直径为 $d$) | 周 壁 | $0.90d$ | |
| 半无限长圆柱(直径为 $d$) | 底面中心 | $0.90d$ | |
| 高度等于直径的圆柱(直径为 $d$) | 全部表面 | $0.60d$ | $\frac{2}{3}d$ |
| 高度等于直径的圆柱(直径为 $d$) | 底面中心 | $0.77d$ | |
| 无限长的半圆柱体(半径为 $r$) | 平的侧面 | $1.26r$ | |
| 两平行平面的气层,厚度为 $h$ | 一个面 | $1.80h$ | $2.0h$ |
| 箱形空间(最小边长度为 $l$) | 全面平均 | | |
| 长×宽×高的比值为1:1:4~1:1:∞ | | $1.0l$ | |
| 1:2:5~1:2:∞ | | $1.3l$ | |
| 1:3:3~1:3:∞ | | $1.8l$ | |
| 箱形空间(容积为 $V$) | | | |
| 长×宽×高的比值为1:1:1~1:1:3及1:2:1~1:2:4 | 全面平均 | $\frac{2}{3}(V)^{0.33}$ | |
| 边长比为1:1:1的箱形(边长为 $a$) | | $0.60a$ | $\frac{2}{3}a$ |
| 边长比为1:2:6的箱形空间(最短边边长为 $a$) | 2×6面 | $1.06a$ | $1.18a$ |
| | 1×6面 | | $1.24a$ |
| | 1×2面 | | $1.18a$ |
| | 全部表面 | | $1.20a$ |

气体在管群中的平均射线行程 $L$ 可按下列公式计算:

当 $\frac{S_1+S_2}{d}\leqslant 7$ 时

$$L=\left(1.87\frac{S_1+S_2}{d}-4.1\right)d \tag{3.1-154}$$

当 $\frac{S_1+S_2}{d}=7\sim13$ 时

$$L=\left(2.82\frac{S_1+S_2}{d}-10.6\right)d \tag{3.1-154a}$$

式中 $S_1$、$S_2$——管子横向及纵向中心距,m;

$d$——管子外径,m。

下面介绍 $CO_2$、$H_2O$ 与 CO 的黑度以及混合气体的黑度计算。

二氧化碳、水气和一氧化碳的黑度 $\varepsilon$ 与气体温度、气体分压 $p$、平均射线行程 $L$ 的关系见图 3.1-62、图 3.1-63$a$ 和图 3.1-64。对水气而言,从图 3.1-63$a$ 中查得的 $\varepsilon_{H_2O}$ 还必须乘以与分压 $p_{H_2O}$ 有关的修正系数 $\beta$,见图 3.1-63$b$。$\varepsilon_{CO_2}$ 和 $\varepsilon_{H_2O}$ 还可用下列近似公式进行计算:

$$\varepsilon_{CO_2}=0.7\sqrt[3]{p_{CO_2}L}/(T/100)^{0.5} \tag{3.1-155}$$

$$\varepsilon_{H_2O}=7p_{H_2O}{}^{0.8}L^{0.6}(T/100) \tag{3.1-156}$$

式中　$T$——气体的绝对温度,K。

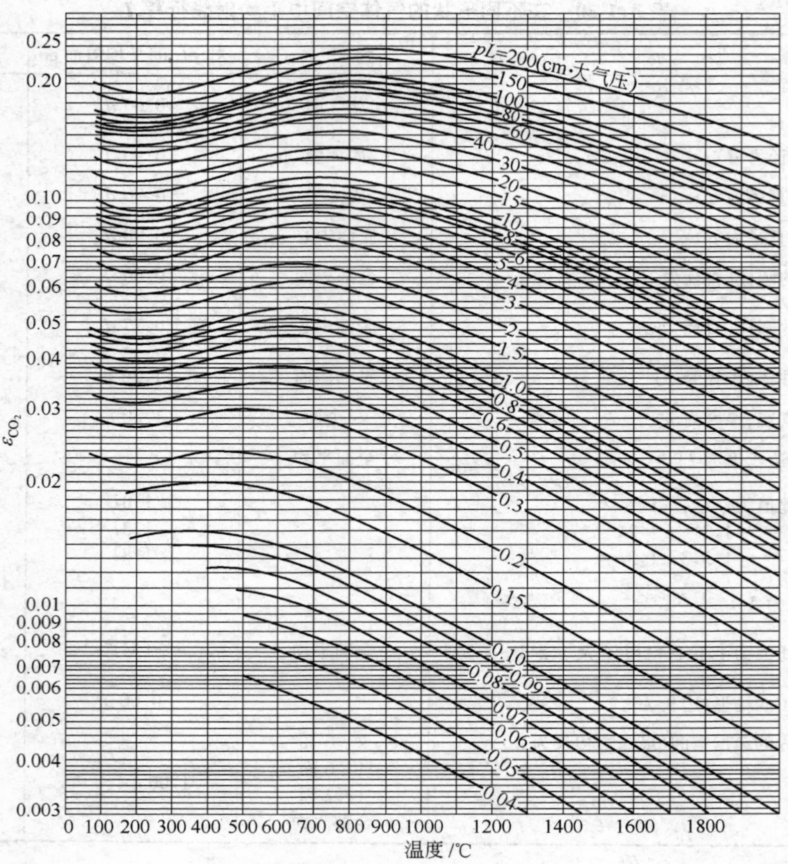


图 3.1-62　二氧化碳的黑度 $\varepsilon_{CO_2}$

计算同时含有 $CO_2$ 和 $H_2O$ 的燃烧生成物的黑度时,由于 $CO_2$ 和 $H_2O$ 的辐射光带和吸收光带有一部分重合,因而混合气体的总辐射要比混合气中所含 $CO_2$ 和 $H_2O$ 单独辐射的总和小一些,即

$$\varepsilon = \varepsilon_{CO_2} + \beta\varepsilon_{H_2O} - \Delta\varepsilon \tag{3.1-157}$$

式中　$\Delta\varepsilon$——黑度的修正值,见图 3.1-65。

**例**:已知燃烧生成物中,$\varphi(CO_2)=14.2\%$,$\varphi(H_2O)=15.7\%$,烟气温度为 900℃,求向直径 $d=1.6$ m、长 25 m 的管壁辐射时燃烧生成物的黑度。

**解**:先求平均射线行程 $L$,因管子较长可认为是无限长,由表 3.1-20 得 $L=0.9\times d=0.9\times 1.6=1.44$ m;又可知 $p_{CO_2}=14.2\%$·大气压(1 个大气压≈$10^5$ Pa),$p_{H_2O}=15.7\%$·大气压,则:

$$p_{CO_2}L=0.142\times1.44=0.205\ \text{m·大气压}$$

由图 3.1-62 查得 $\varepsilon_{CO_2}=0.135$。

$$p_{H_2O}L=0.157\times1.44=0.226\ \text{m·大气压}$$

由图 3.1-63 查得 $\beta\varepsilon_{H_2O}=1.09\times0.18=0.196$。

$$\frac{p_{H_2O}}{p_{H_2O}+p_{CO_2}}=\frac{0.157}{0.157+0.142}=\frac{0.157}{0.299}=0.525$$

$$p\Sigma L = 0.299 \times 1.44 = 0.43\ \text{m·大气压}$$

由图 3.1-65 查得 $\Delta\varepsilon = 0.044$。

所以：$\varepsilon = \varepsilon_{CO_2} + \beta\varepsilon_{H_2O} - \Delta\varepsilon = 0.135 + 0.196 - 0.044 = 0.287$

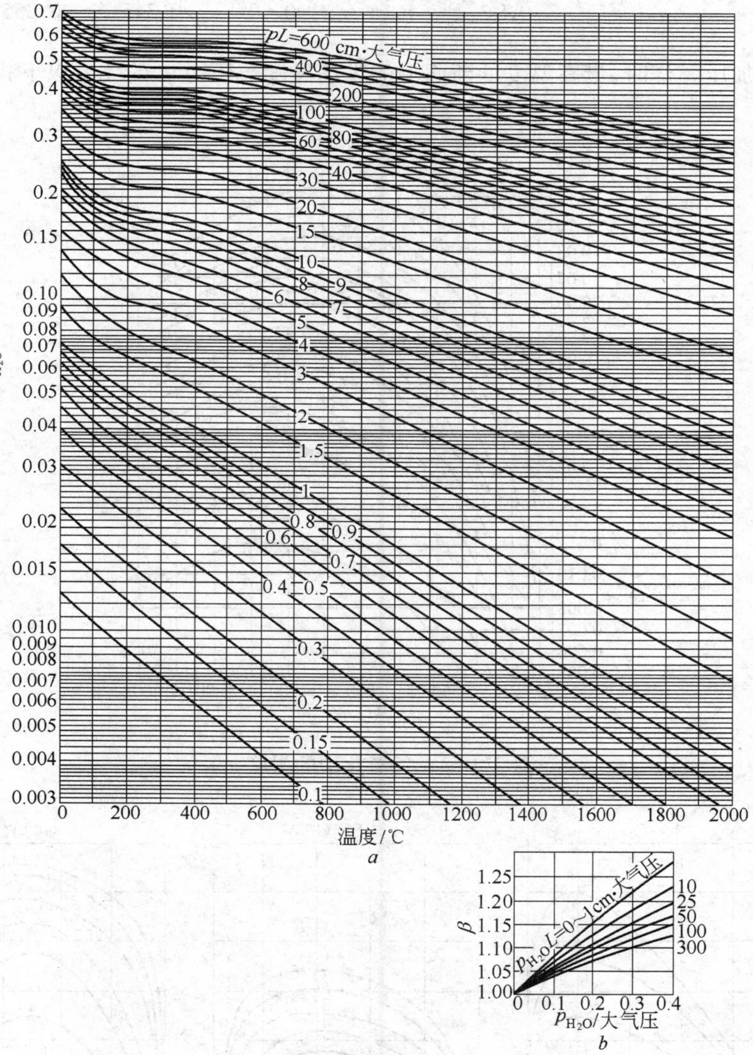


图 3.1-63　水气的黑度 $\varepsilon_{H_2O}$($a$)和水气黑度的修正值 $\beta$($b$)

## （四）辉焰辐射

燃烧时呈黄色、橙色的火焰称为辉焰(发光的火焰)，这时除了二氧化碳和水气的气体辐射外，还存在着微小炭粒的固体辐射。液体燃料或气体燃料燃烧时，由于燃料和空气混合不完全，或空气量供应不足，燃料中的碳氢化合物产生热分解析出炭粒(其直径一般小于 0.08 μm)，火焰成为半透明或不透明的。辉焰的黑度即辐射率要比暗焰大得多，在工业炉上也颇重要，但缺乏计算辉焰黑度的方法，一般都按经验公式估算。

液体燃料燃烧时，辉焰黑度估算值可按下式表示：

$$\varepsilon = 1 - e^{-kL} \tag{3.1-158}$$

式中　$L$——炉宽或火焰宽度,m;

$k$——系数,其值如下:

| 离喷嘴距离/m | 1 | 2 | 3 | 4 | 5 |
|---|---|---|---|---|---|
| $k/m^{-1}$ | 0.8 | 1.15 | 0.60 | 0.345 | 0.255 |

液体燃料加压燃烧时,最高温度的断面上的火焰黑度与压力 $p$ 的关系以下式表示:

$$\varepsilon = 1 - e^{-0.32pL} \tag{3.1-159}$$

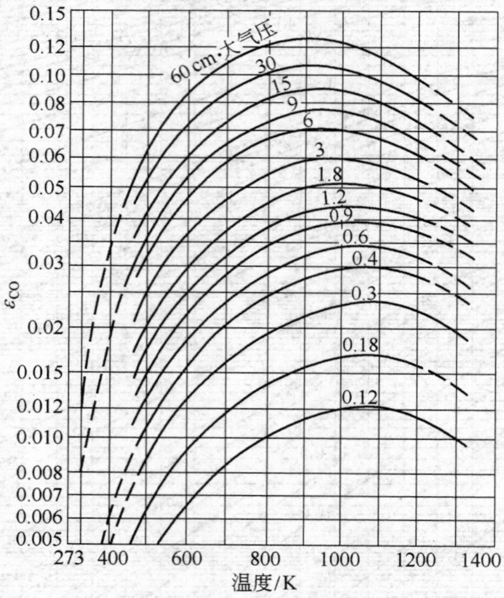


图 3.1-64　一氧化碳的黑度 $\varepsilon_{CO}$

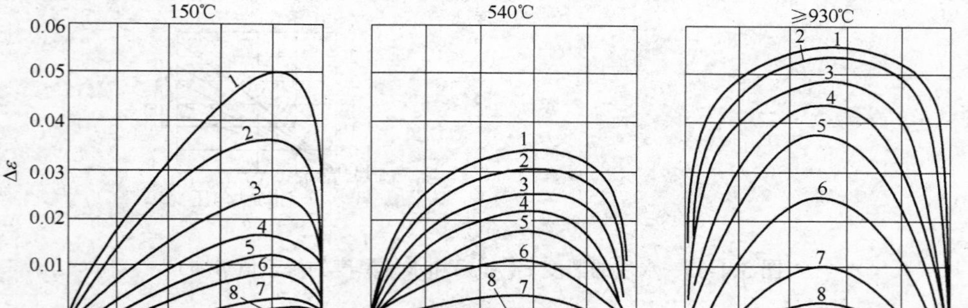


图 3.1-65　$CO_2$ 和 $H_2O$ 共存时黑度的修正值

1—$(p_{H_2O}+p_{CO_2})L=1.5$ m·大气压;2—0.9 m·大气压;3—0.6 m·大气压;4—0.45 m·大气压;5—0.30 m·大气压;6—0.23 m·大气压;7—0.15 m·大气压;8—0.06 m·大气压

气体燃料燃烧时,一般来说辉焰和暗焰的黑度相差不太大,辉焰黑度要稍高些。

粉煤燃烧时,火焰中除了有微小的炭粒外,还有悬浮着的煤粉和灰分,所以火焰的黑度还要大。此时，估算 $\varepsilon$ 值可用公式 3.1-158，但 $k$ 值有所不同，取值如下：

| 离喷嘴距离/m | 0.5 | 1 | 2 | 3 | 4 | 5 |
|---|---|---|---|---|---|---|
| $k/\mathrm{m}^{-1}$ | 1.40 | 1.83 | 1.37 | 1.20 | 1.05 | 0.80 |

一般燃烧粉煤时，如火焰宽度为 1 m 左右，$\varepsilon$ 的最大值是 0.8～0.9；如火焰宽度在 1 m 以上，则按 $\varepsilon=1.0$ 计算较好。

推钢式连续加热炉内各段炉气黑度的大致范围如下：

| 燃料种类 | 均热段 | 加热段 | 预热段 |
|---|---|---|---|
| 粉　煤 | 0.45～0.65 | 0.50～0.65 | 0.30～0.40 |
| 液体燃料 | 0.45～0.65 | 0.50～0.70 | 0.35～0.45 |
| 固体燃料 | 0.40～0.50 | 0.40～0.55 | 0.25～0.35 |
| 发生炉煤气 | 0.35～0.40 | 0.35～0.50 | 0.25～0.30 |
| 混合煤气 | 0.30～0.35 | 0.30～0.40 | 0.20～0.25 |

## 第六节　燃料消耗量及热平衡

### 一、燃料消耗量表示方法及指标

燃料消耗量是工业炉设计和生产的主要指标之一。由于炉型、工艺和统计方法的不同，燃料消耗量的表示方法也不同。

#### （一）燃料消耗量的几种常用表示方法

1．连续生产的炉子

连续生产炉子的燃料消耗量，一般用加热或热处理每 1 kg 或每 1 t 金属料的耗热量（简称热耗，单位为 kJ/kg）来表示，即：

$$R=\frac{BQ_{\mathrm{DW}}^{\mathrm{y}}}{G}\tag{3.1-160}$$

式中　$B$——炉子的燃料消耗量，kg/h 或 $\mathrm{m}^3/\mathrm{h}$；

$Q_{\mathrm{DW}}^{\mathrm{y}}$——燃料的低发热值，kJ/kg 或 $\mathrm{kJ/m^3}$；

$G$——炉子产量，kg/h。

在生产中，计算热耗指标 $R$ 时，$B$ 和 $G$ 往往采取全月或全年平均的炉子燃料消耗量和炉子产量，而且 $G$ 也是以成品金属料的产量来计算的，这个指标叫做总热耗 $R_z$。由于车间的作业率和收得率不同，这个指标可以反映包括炉子在内的整个车间生产水平，但不能单独衡量炉子本身的热效率和生产情况。因此，在工业炉设计中，计算热耗 $R$ 时的 $B$ 和 $G$ 应该是炉子在正常连续工作情况下单位时间内的燃料消耗量和产量，而且 $G$ 应该以装入炉内的钢料重量计算。在比较不同炉子的热耗指标时，要注意到计算方法是否相同，以便在同样的基础上进行比较。

2．间断操作的炉子

间断操作炉子一般用两种方法表示燃料消耗量：

（1）用整个周期的燃料消耗量和产量计算热耗，即在公式 3.1-160 中 $B$ 为整个周期的燃料消耗量，$G$ 为整个周期的炉子产量。

（2）有些室式炉和车底式炉，用炉底热强度表示，即：

$$D=\frac{BQ_{\mathrm{DW}}^{\mathrm{y}}}{A}\tag{3.1-161}$$

式中　$D$——平均或最大炉底热强度，$kJ/(m^2 \cdot h)$；

$B$——炉子的平均或最大燃料消耗量，$kg/h$ 或 $m^3/h$；

$A$——炉底面积，$m^2$。

3．室式干燥炉

间断操作的室式干燥炉，一般用两种方法表示燃料消耗量：

(1) 用炉容热强度表示，即：

$$Y=\frac{BQ_{DW}^{y}}{V} \tag{3.1-162}$$

式中　$Y$——平均或最大炉容热强度，$kJ/(m^3 \cdot h)$；

$B$——炉子的平均或最大燃料消耗量，$kg/h$ 或 $m^3/h$；

$V$——炉子容积，$m^3$。

(2) 用干燥每公斤水分所需热量的单位热耗表示，即在公式 3.1-160 中，$R$ 为干燥每公斤水分的热耗量，$B$ 为整个周期的燃料消耗量，$G$ 为整个周期干燥的水分重量。

4．电炉

用电作为热源的电炉的燃料消耗量，一般用加热或热处理每吨金属料的耗电量来表示，其单位为 kW·h/t。

**(二) 炉子的燃耗指标**

在实际生产中，影响炉子燃料消耗指标的主要因素有：

(1) 炉子的形式和结构；

(2) 炉子是否在正常产量下工作；

(3) 燃料的种类及其发热量；

(4) 钢料装炉时的温度；

(5) 燃料及空气的预热程度；

(6) 燃烧装置的工作特性；

(7) 烟气从炉内排出的温度；

(8) 炉内水冷构件的面积及其绝热程度；

(9) 操作管理水平；

(10) 控制系统使用情况。

因此，实际生产和资料中介绍的各种燃料消耗指标，大都是在某些特定条件下测定和总结的数据，如果条件不同了，这些数据就应该作相应的改变。

在工程设计中，用燃料消耗指标进行计算是确定炉子燃料消耗量的一种方法。在有关各章将分别介绍各种炉型在不同条件下的一些燃料消耗指标，设计时可以用分析对比的方法选用其中有关的平均先进指标。

**二、热平衡计算**

在设计中确定工业炉的燃料消耗量，可以参照有关指标选定，也可用理论计算的方法，分项计算炉子的热量收入和支出，编制炉子的热平衡表，最后求出燃料消耗量。炉子的燃烧装置能力(或电加热功率)，还应留有一定的富余。已经正常投产的炉子，也可以用实际测量的数据，计算平衡表以验证炉子的工作性能和热效率，这对改进炉子的工作是很有意义的。

热平衡项目的计算，对于连续操作的炉子，一般是按单位时间(小时)计算的；对于间断操作的炉子，一般是按一个加热周期进行计算的，也可以按时间分段计算。

热平衡计算一般包括下列项目：

热量(kJ/h)收入：

(1) 燃料燃烧的化学热量　$Q_1$

(2) 燃料带入的物理热量　$Q_2$

(3) 预热燃烧用空气带入的物理热量　$Q_3$

(4) 雾化用蒸汽带入的物理热量　$Q_4$

(5) 金属氧化反应的化学热量　$Q_5$

(6) 炉料热装带入的物理热量　$Q_6$

热量收入合计　$Q_0$

热量(kJ/h)支出：

(1) 炉料加热所需的热量　$Q'_1$

(2) 出炉烟气带走的热量　$Q'_2$

(3) 燃料化学不完全燃烧损失的热量　$Q'_3$

(4) 燃料因机械不完全燃烧损失的热量　$Q'_4$

(5) 炉子砌体散热或蓄热损失的热量　$Q'_5$

(6) 炉门和窥孔因辐射而损失的热量　$Q'_6$

(7) 炉门、窥孔、墙缝等因炉气外溢而损失的热量　$Q'_7$

(8) 炉子水冷构件吸热损失的热量　$Q'_8$

(9) 其他热损失　$Q'_9$

热量支出合计　$Q'_0$

**(一) 热量收入项目**

1. 燃料燃烧的化学热量

燃料燃烧的化学热量为：

$$Q_1 = BQ_{DW}^{y} \tag{3.1-163}$$

式中　$B$——燃料消耗量，$m^3/h$ 或 kg/h；

$Q_{DW}^{y}$——燃料的低发热量，$kJ/m^3$ 或 kJ/kg。

2. 燃料带入的物理热量

燃料带入的物理热量为：

$$Q_2 = Bc_r t_r \tag{3.1-164}$$

式中　$c_r$、$t_r$——分别为燃料的平均比热容和温度。

在使用气体燃料时，$c_r t_r$ 可利用燃料燃烧图表直接查取。

3. 预热燃烧用空气带入的物理热量

预热燃烧用空气带入的物理热量为：

$$Q_3 = Bc_k t_k a L_0 \tag{3.1-165}$$

式中　$c_k$——燃烧用空气的平均比热容，kJ/(kg·℃)；

$t_k$——燃烧用空气的预热温度，℃；

$a$——燃料燃烧时的空气过剩系数；

$L_0$——燃料燃烧时所需的理论空气量，$m^3/m^3$ 或 $m^3/kg$。

$c_k$、$t_k$、$L_0$ 可利用燃料燃烧图表直接查取。

4．雾化用蒸汽带入的物理热量

当炉子采用蒸汽雾化的燃油喷嘴时，蒸汽带入的物理热量为：

$$Q_4 = Bni \tag{3.1-166}$$

式中 $n$——每公斤燃料油雾化用蒸汽量，kg；

$i$——雾化用蒸汽的热含量，kJ/kg。

5．金属氧化反应的化学热量

钢在高温火焰炉内加热时产生氧化烧损，其烧损率一般为1%～3%。生成氧化铁皮的成分大致为70%FeO、30%$Fe_2O_3$。金属氧化反应的化学热量大致为：

$$Q_5 = 1350\frac{G\alpha}{100}\times 4.1868 \tag{3.1-167}$$

式中 $G$——炉子产量，kg/h；

$\alpha$——氧化烧损率，%。

当烧损率小于1%时，此项热量可忽略不计。

6．炉料热装带入的物理热量

炉料热装带入的物理热量为：

$$Q_6 = Gi_1$$

式中 $G$——炉子产量，kg/h；

$i_1$——炉料装炉时的热含量，kJ/kg。

**（二）热量支出项目**

1．炉料加热所需的热量

炉料加热所需的热量为：

$$Q'_1 = G(i_2 - i_1) \tag{3.1-168}$$

式中 $i_1$、$i_2$——分别为炉料装炉和出炉时的热含量，kJ/kg。

当炉料在加热过程中产生相变时（如金属的熔化、水分的蒸发等），应该加入相变所需的潜热。

2．出炉烟气带走的热量

出炉烟气带走的热量为：

$$Q'_2 = BV_y c_y t_y \tag{3.1-169}$$

式中 $V_y$——单位燃料燃烧时产生的烟气量，$m^3/m^3$；

$c_y$——出炉烟气的平均比热容，kJ/(kg·℃)；

$t_y$——出炉烟气的温度，℃。

在没有外界气体吸入和中途向外界排出烟气的情况下，已知燃料和空气过剩系数 $a$ 时，$V_y$、$c_y$、$t_y$ 的乘积可利用燃料燃烧图表直接查取。用蒸汽雾化油喷嘴的炉子，其出炉烟气量应包括雾化蒸汽量。

3．燃料化学不完全燃烧损失的热量

燃料不完全燃烧的结果是，在烟气中存在可燃气体，主要是CO和$H_2$。可以认为，炉气中有1%（体积分数）的CO时就会同时有0.5%（体积分数）的$H_2$，这种混合气体中有1 $m^3$CO时折算的发热量为4310×4.1868 kJ。因此燃料化学不完全燃烧损失的热量为：

$$Q'_3 = BV_y \times 4310 \times \varphi\left(\frac{CO}{100}\right)\times 4.1868 \tag{3.1-170}$$

式中　$\varphi(CO)$——烟气中 CO 的体积分数，%。

4. 燃料因机械不完全燃烧损失的热量

机械不完全燃烧主要在使用固体燃料时产生，一般表现为灰渣中存在未燃烧的炭分，其量的大小与燃烧装置的形式、燃料的粒度等有关。在计算中一般可采用：

$$Q'_4 = BQ^y_{DW}(0.03\sim0.05)\times4.1868 \tag{3.1-171}$$

燃油和煤气时的机械不完全燃烧损失，一般可忽略不计，也可按燃料的渗漏量为总耗量的 1%～2% 考虑计算机械不完全燃烧损失。

5. 炉子砌体散热或蓄热损失的热量

这项热量损失包括稳定状态下的散热损失和不稳定状态下的蓄热损失。在连续生产的炉子中，砌体温度分布处于稳定状态下，通过炉墙、炉顶和架空炉底的散热损失可按下式计算：

$$Q'_{5-1} = K(t_n - t_w)F_0 \tag{3.1-172}$$

式中　$K$——砌体内壁至空气的综合传热系数，kJ/(m²·h·℃)；

$t_n$——砌体内表面温度，℃；

$t_w$——外界空气温度，℃；

$F_0$——砌体的散热面积，m²。

综合传热系数 $K$ 和砌体散热面积 $F_0$ 可按本章第五节传热中的有关部分确定。

当炉底直接砌在实心基础上时，在基础及地下温度分布达到实际稳定以后，通过实炉底的散热损失可按下式计算：

$$Q'_{5-2} = S\lambda A\frac{t_n - t_w}{B} \tag{3.1-173}$$

式中　$A$——炉底面积，m²；

$\lambda$——炉底材料的导热系数，kJ/(m·h·℃)；

$B$——炉底的直径或最小宽度，m；

$S$——形状系数：圆形炉底取 4；正方形炉底取 4.4；长条形、矩形炉底取 3.73；一般矩形炉底在 4.4～3.73 之间。

按单位面积计算的散热损失，在炉底边角部分比中部要大得多，实际上全部散热损失几乎有 1/3 是通过炉底宽度 5% 的边缘散失的。当侧墙厚度改变时，热损失的变化也很大。上述形状系数适用于侧墙厚度为 $B/6$ 的条件，如墙厚增加至 $B/4$ 时，全部热损失要减少 5%；墙厚减薄至 $B/8$ 时，热损失要增加 8%～10%。

在墙厚为 $B/6$ 时，通过实炉底的全部热损失，也可以采取同样面积的侧墙散热量的 75% 作近似计算。

周期操作和一班制或两班制操作的炉子砌体蓄热损失的热量，其计算方法见传热中不稳定态传导传热部分。

6. 炉门和窥孔因辐射而损失的热量

炉门和窥孔因辐射而损失的热量为：

$$Q'_6 = 4.88\left(\frac{T_L}{100}\right)^4 F\phi\frac{\psi}{60}\times4.1868 \tag{3.1-174}$$

式中　$T_L$——炉门和窥孔处的炉温，K；

$F$——炉门或窥孔的面积，m²；

$\phi$——角度修正系数；

$\psi$——每小时内炉门或窥孔的开启时间,min。

有些炉子的炉门用无内衬的金属板遮挡,在此情况下,计算辐射损失的热量公式 3.1-174 中,系数 $\phi$ 用 $\dfrac{\phi}{1+\phi}$ 代替。

7. 炉门、窥孔、墙缝等因炉气外溢而损失的热量

在一般火焰炉的热平衡计算中,本项热损失常包括在第二项出炉烟气带走的热量中,不单独进行计算。如果要作单独计算时,出炉烟气量应该扣除本项冒出的气体量。

本项热损失先计算从炉门、窥孔、墙缝等处冒出的气体量。计算时按炉门口和垂直裂缝底部的压力为大气压即静压力等于零来考虑。

(1) 过开启的炉门和垂直裂缝冒出的气体量($m^3/h$)为:

$$V_{t-1}=\frac{2}{3}\mu Hb\sqrt{\frac{2gH(\gamma_k-\gamma_t)}{\gamma_t}}\times\frac{3600}{1+\beta t} \tag{3.1-175}$$

式中 $\mu$——流量系数,厚墙取 0.82,薄墙取 0.62;

$H$——炉门或裂缝的高度,m;

$b$——炉门或裂缝的宽度,m;

$\gamma_k$——周围空气的重度,$kg/m^3$;

$t$——冒出烟气的温度,℃;

$\gamma_t$——冒出烟气在该温度下的重度,$kg/m^3$。

(2) 通过水平裂缝冒出的气体量($m^3/h$)为:

$$V_{t-2}=\mu Hb\sqrt{\frac{2gh(\gamma_k-\gamma_t)}{\gamma_t}}\times\frac{3600}{1+\beta t} \tag{3.1-176}$$

式中 $h$——水平裂缝高出零压面的距离,m。

根据冒出气体量及其温度和每小时中开启的时间计算,因冒气损失的热量为:

$$Q'_7=V_t c_t t \tag{3.1-177}$$

式中 $c_t$——冒出气体的平均比热容,$kJ/(m^3\cdot℃)$。

8. 炉子水冷构件吸热损失的热量

计算炉子水冷构件吸热可以用下列方法:

(1) 直接测量法。用直接测量水冷系统的单位时间耗水量和冷却水的温升就可以计算出吸热量。

(2) 用传热公式计算。在水冷构件中,金属壁的热阻很小,可以忽略不计,则有:

$$Q'_{8-1}=qF \tag{3.1-178}$$

式中 $q$——传热的热流,$kJ/(m^2\cdot h)$;

$F$——传热面积,$m^2$。

当水冷构件表面不带绝热层时,$q$ 为炉气对金属壁的辐射传热流,其壁温应比水温高,$F$ 为金属壁的面积。

当水冷构件表面有绝热层时,假定一个绝热层表面温度,先计算 $q$ 为炉气对绝热层表面的辐射传热热流,$F$ 为绝热层的表面积,算出热量;再计算 $q$ 为绝热层表面与金属壁之间的传导传热热流,此时壁温等于水温;$F$ 为绝热层表面与金属壁表面的平均面积,计算另一个热量。当这两个热量相等或相差小于 10%时,这个热量就是吸热损失。如果两个热量相差很大,则要另外假定绝热层表面温度重新计算。

在计算连续加热炉纵水管的吸热损失时，由于炉温沿炉长方向变化，要分成若干段进行分段计算。

(3) 采用计算不绝热炉底水管吸热量的经验公式。

在连续加热炉的预热段内：

$$Q'_{8-2}=11\left(\frac{T_L}{100}\right)^{3.54}F\times4.1868 \tag{3.1-179}$$

在连续加热炉的高温段内：

$$Q'_{8-3}=2.4\left(\frac{T_L}{100}\right)^{4}F\times4.1868 \tag{3.1-180}$$

式中 $T_L$——炉气温度，K；

$F$——水管表面积，$m^2$。

(4) 采用其他经验公式。对于连续加热炉，计算炉底水管吸热量 $Q'_{8-4}$（×4.1868 kJ/h）的经验公式为：

| 水冷部件 | 未绝热管 | 圆环形砖绝热 | 马蹄形砖绝热 |
|---|---|---|---|
| 纵水管 | $3.5\left(\frac{T_L}{100}\right)^4F$ | $(55t_L-18600)F$ | |
| 单横水管 | $3.5\left(\frac{T_L}{100}\right)^4F$ | $16.8\ t_LF$ | $13.2\ t_LF$ |
| 双横水管 | $2.8\left(\frac{T_L}{100}\right)^4F$ | $13.4\ t_LF$ | |

式中 $T_L$——相应部位的炉温，K；

$t_L$——相应部位的炉温，℃；

$F$——相应部位的水管表面积，$m^2$。

预热段架在墙上的纵水管可以按圆形砖绝热计算。

(5) 采用快速估算经验公式：

绝热管 $$Q'_{8-5}=(0.027\sim0.030)F\times10^6\times4.1868 \tag{3.1-181}$$

未绝热管 $$Q'_{8-6}=(0.1\sim0.14)F\times10^6\times4.1868 \tag{3.1-182}$$

9. 其他热损失

其他热损失包括：

(1) 氧化铁皮带走的热量。每公斤钢加热时产生的氧化铁皮为1.3 kg，氧化铁皮的比热容为0.21×4.1868 kJ/(kg·℃)，则：

$$Q'_{9-1}=1.3\times0.21\times\frac{G\alpha}{100}t\times4.1868=0.00273G\alpha t\times4.1868 \tag{3.1-183}$$

式中 $t$——氧化铁皮的温度，℃；

$\alpha$——氧化烧损率，%。

这项热损失一般较小，可以不计。如果计算时，式3.1-168中的 $G$ 要改为 $G\left(1-\frac{\alpha}{100}\right)$。

(2) 引出端和电极等传热损失的热量：

$$Q'_{9-2}=n\frac{\lambda}{l}F(t_1-t_0)\frac{l\sqrt{4\alpha/(\lambda D)}}{1+l\sqrt{4\alpha/(nD)}} \tag{3.1-184}$$

式中 $n$——通过炉墙的引出端个数；

$\lambda$——引出材料的导热系数，kJ/(m·h·℃)；

$F$——引出端的断面积,$m^2$;

$l$——通过炉墙部分引出棒的长度(即炉墙厚度),m;

$D$——引出端的直径,m;

$t_1$——引出棒的炉内温度,℃;

$t_0$——周围空气温度,℃;

$\alpha$——引出端外表面对空气的传热系数,$kJ/(m^2 \cdot h \cdot ℃)$。

通常与引出棒连接的汇流排都是导热体,其散热面积也较大,当汇流排和引出棒连接处离炉墙很近时,可以认为通过引出棒传导出来的热量能够全部散出,则公式 3.1-184 可以简化为:

$$Q'_{9-2} = n\frac{\lambda}{L'}F(t_1 - t_0) \tag{3.1-184a}$$

式中　$L'$——炉墙内表面到汇流排与引出棒连接处的距离,m。

辊底式炉炉辊轴颈伸出炉外的热损失也可以按公式 3.1-184 计算,这时 $l$ 为轴颈的长度,$F$ 为轴颈的平均断面积。

(3) 加热各种支架、金属罩、小车、链带和托盘装出料机械等的热损失。这项热损失可以按照各种支架等的重量、平均比热容和装炉及出炉的温度差来计算。通常支架等的出炉温度和工件加热温度相同,但厚度较厚、受热面积较小的支架等,其出炉温度可能比工件加热温度要低。

(4) 铅浴炉液面的散热损失。这项热损失可从图 3.1-66 查取。

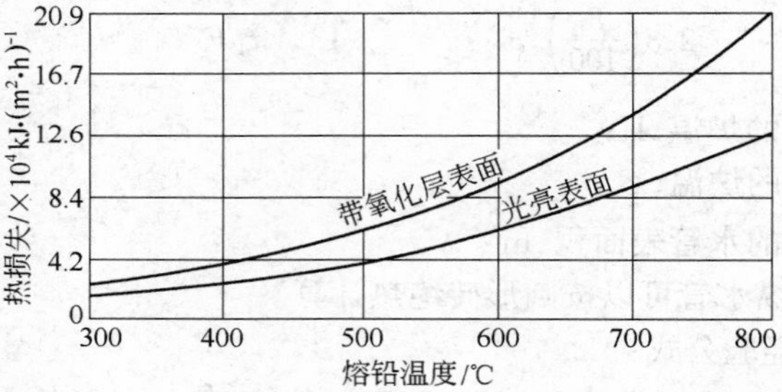


图 3.1-66　铅浴炉液面的散热损失

(5) 保护气体的热损失。采用保护气体的炉子要按照保护气体的平均比热容、漏泄量和温度计算保护气体的热损失。

(6) 炉内有吸热化学反应时的吸热损失。

(7) 其他未估计热损失。

## 三、炉子热效率和降低燃耗的措施

炉子的热效率是衡量炉子设计和使用好坏的重要指标之一,可以用下式表示:

$$\eta = \frac{Q'_1}{Q_1} = \frac{G(i_2 - i_1)}{BQ_{DW}^{y}} \tag{3.1-185}$$

在钢铁厂内,工业炉是消耗燃料的主要设备之一,目前在炉子使用中,热效率高低的差别还比较大。以连续加热炉为例,热效率高的可达 60%以上,而低的则在 30%以下,因此采取行之有效的措施提高炉子的热效率,降低燃料消耗是有很重要意义的。

降低燃料消耗的措施主要有下列几方面:

(1) 利用出炉烟气的热量预热燃烧用空气(有条件时还可以预热燃料本身)是提高炉子热效率的一项措施。例如,利用重油燃料出炉烟气的 800℃温度,可采用预热器将燃烧用空气预热至

300℃，这可节省燃料10%～15%。

(2) 连续加热炉炉底水管包扎绝热材料，可以减少冷却水带走的热损失。一般炉底水管包扎后的燃料消耗量，可以比没有包扎的炉子降低5%～10%或更多。

(3) 炉子砌体在温度许可的条件下，衬砌轻质绝热材料可以降低炉子砌体散热和蓄热损失的热量，同时还能改善炉子周围的劳动条件。

(4) 在轧钢车间，提高钢坯的热装温度和热装比，不但能提高炉子的生产能力，也能降低燃料的消耗量。加热平均温度为550～600℃热坯的燃料消耗量只有加热冷坯时的50%～55%左右。

(5) 尽量避免在炉墙上开孔和尽可能缩短炉门开启时间。向炉内吸冷风和向炉外冒热气体，都将降低炉子的热效率而增加燃料消耗。

(6) 改进燃烧装置，保证合理的空气过剩系数，使燃料既能在炉内完全燃烧，避免燃料因化学不完全燃烧所造成的热损失，又不因过多的过剩空气而使烟气带走的热量增加。

(7) 采用燃烧控制、炉压控制系统，有效、合理地控制炉温和出钢温度，炉压控制在合理水平，防止溢气及吸风。

(8) 适当延长连续式炉的不加热预热段或强化预热段的热交换，能降低出炉烟气温度，提高炉子热效率，减少燃料消耗。

(9) 改善炉子的热工管理也是一项降低燃耗的有效措施，例如使炉子尽量在接近额定产量下操作等。

(10) 提高炉子的作业率，减少待轧、保温等操作，对降耗效果明显。

## 第七节 钢的加热与冷却

### 一、炉内热交换

火焰炉炉膛内的热交换是一个相当复杂的过程，不仅传导、对流及辐射三种热交换方式可能同时存在，而且炉内各处的温度、炉气速度和压力都是不均匀的。炉内、炉衬和钢料的热学性质(如比热容、导热系数等)也是变化的。造成上述复杂现象的因素大致有以下几点：(1)钢料本身的性质、加热方式及目的；(2)炉型结构、燃料性质及燃烧方法、排烟方式及设施等构造和燃料的因素；(3)供热量、过剩空气量、炉压的调整等操作上的因素。目前还不能对火焰炉炉膛热交换进行全面的定量分析，工程上应用的计算公式都是根据理想条件，将情况简化后得出的公式。

炉气(火焰)、炉衬和钢料三者之间相互传热中，对钢的加热计算有意义的是炉气和炉衬传给钢料的有效热量。钢料接受炉气以对流和辐射方式传来的热量，也接受炉气传给炉衬后再由炉衬反射回来的部分热量，使钢逐渐加热到需要的温度。炉衬接受炉气传来的热量后，一部分反射给炉气并为炉气吸收，一部分传给钢料，还有一部分由炉衬吸收以补偿它向大气的散热损失及其本身在升温过程中的蓄热。

炉内钢加热究竟以辐射传热为主还是以对流传热为主，主要取决于炉气的温度和流速。钢表面的黑度也有相当影响。一般炉温在700℃以上，炉气又是自然流动的火焰炉内，辐射传热是主要的，对流传热占的比重不大。但室式快速加热炉内，炉气流速较高，对流的影响就不能忽视。电阻炉内，炉气通常是空气或保护气体，其中$CO_2$、$H_2O$、$SO_2$这类有辐射能力的气体含量不多，所以只有电热元件、炉衬和钢料之间的辐射换热，如果气氛进行强制循环，那么也要考虑对流传热。只有在真空炉里面，情况比较简单，即只有辐射传热而没有对流传热。

热交换计算的目的在于确定传给钢料的热流、炉衬温度、炉气温度、出炉烟气温度和炉温，并可进一步计算钢的加热时间和产量，以及为热平衡计算作准备。

## (一) 火焰炉炉膛热交换的计算

为了使计算简化,做如下假设:

(1) 炉气充满炉膛,且在整个体积内温度是均匀的。它能够辐射、吸收和透过辐射能而反射率为零,炉气的吸收率等于它的黑度,其值决定于炉气的温度而不决定于炉衬或钢料的温度。炉气对于炉衬及钢料的辐射线和反射线在任何方向上的吸收率都是一样的。

(2) 炉衬表面和钢料表面的温度都是均匀的。它能辐射、吸收和反射辐射能而对辐射能的透过率为零。从炉衬和钢料表面反射的射线密度(单位面积上的热流)在反射面上都是均匀的。

(3) 炉气以对流方式传给炉衬的热流在数值上等于炉衬的散热。在辐射热交换中炉衬只是辐射的中间体,既不获得也不失去热量,其有效辐射等于炉气、钢料辐射给它的热量。

(4) 整个炉膛看作是一个封闭体系。

### 1. 炉膛内存在着气体时的辐射换热

图 3.1-67*a* 中炉衬和钢料都是自见面,角度系数 $\phi_{11}\neq 0$、$\phi_{22}\neq 0$。炉气的黑度是 $\varepsilon_0$,温度为 $T_0$。炉衬的温度和黑度分别是 $T_1$ 和 $\varepsilon_1$,表面积是 $F_1$。钢料的温度、黑度和表面积分别是 $T_2$、$\varepsilon_2$、$F_2$。$F_1$ 和 $F_2$ 之间通过炉气进行热交换。炉气和 $F_1$ 之间、炉气和 $F_2$ 之间、$F_1$ 和 $F_2$ 的自身对自身之间的辐射热交换也都通过炉气进行。角度系数按下式计算:

$$\phi_{11}=\phi_{21}=\frac{F_1}{F_1+F_2};\phi_{12}=\phi_{22}=\frac{F_2}{F_1+F_2}$$

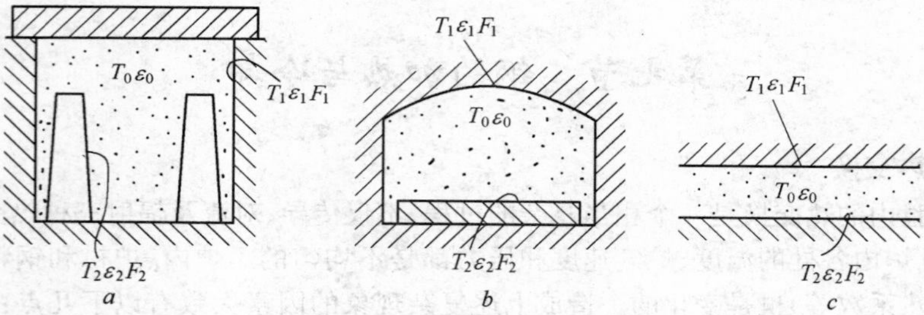


图 3.1-67　热交换计算的略图

如果 $T_1>T_2$,$F_1$ 和 $F_2$ 之间有炉气存在时,炉衬 $F_1$ 辐射给钢料 $F_2$ 的热量是:

$$Q_{12}=20.4\varepsilon_1\varepsilon_2(1-\varepsilon_0)\frac{F_1F_2[(T_1/100)^4-(T_2/100)^4]/(F_1+F_2)}{[1-\phi_{11}(1-\varepsilon_0)(1-\varepsilon_1)][1-\phi_{22}(1-\varepsilon_0)(1-\varepsilon_2)]-\phi_{12}\phi_{21}(1-\varepsilon_0)^2(1-\varepsilon_1)(1-\varepsilon_2)}\tag{3.1-186}$$

如果 $T_0>T_1$,炉气辐射给炉衬的热量是:

$$Q_{01}=20.4\varepsilon_0\varepsilon_1F_1\frac{(T_0/100)^4-(T_1/100)^4}{[1-\phi_{11}(1-\varepsilon_0)(1-\varepsilon_1)][1-\phi_{22}(1-\varepsilon_0)(1-\varepsilon_1)]-\phi_{12}\phi_{21}(1-\varepsilon_0)^2(1-\varepsilon_1)(1-\varepsilon_2)}\tag{3.1-187}$$

如果 $T_0>T_2$,炉气辐射给钢料的热量是:

$$Q_{02}=20.4\varepsilon_0\varepsilon_2F_2\frac{(T_0/100)^4-(T_2/100)^4}{[1-\phi_{11}(1-\varepsilon_0)(1-\varepsilon_1)][1-\phi_{22}(1-\varepsilon_0)(1-\varepsilon_1)]-\phi_{12}\phi_{21}(1-\varepsilon_0)^2(1-\varepsilon_1)(1-\varepsilon_2)}\tag{3.1-188}$$

式中　20.4——斯忒藩-玻耳兹曼常数,$kJ/(m^2\cdot h\cdot K^4)$。

对图 3.1-67$b$,钢料互相紧挨着放在炉底上,$\phi_{22}=0$、$\phi_{21}=1$、$\phi_{12}=F_1/F_2$;$\phi_{11}=1-\dfrac{F_2}{F_1}$,则辐射的热量分别是:

$$Q_{12}=20.4\varepsilon_1\varepsilon_2(1-\varepsilon_0)F_2\frac{(T_1/100)^4-(T_2/100)^4}{1-\phi_{11}(1-\varepsilon_0)(1-\varepsilon_1)-\phi_{12}(1-\varepsilon_0)^2(1-\varepsilon_1)(1-\varepsilon_2)} \tag{3.1-189}$$

$$Q_{01}=20.4\varepsilon_0\varepsilon_1F_1\frac{[1+\phi_{12}(1-\varepsilon_0)(1-\varepsilon_2)][(T_0/100)^4-(T_1/100)^4]}{1-\phi_{11}(1-\varepsilon_0)(1-\varepsilon_1)-\phi_{12}(1-\varepsilon_0)^2(1-\varepsilon_1)(1-\varepsilon_2)} \tag{3.1-190}$$

$$Q_{02}=20.4\varepsilon_0\varepsilon_2F_2\frac{[1+\phi_{12}(1-\varepsilon_0)(1-\varepsilon_1)][(T_0/100)^4-(T_2/100)^4]}{1-\phi_{11}(1-\varepsilon_0)(1-\varepsilon_1)-\phi_{12}(1-\varepsilon_0)^2(1-\varepsilon_1)(1-\varepsilon_2)} \tag{3.1-191}$$

对图 3.1-67$c$,平行平面之间的辐射换热,因为 $\phi_{11}=0$、$\phi_{22}=0$、$\phi_{12}=\phi_{21}=1$,辐射的热量分别是:

$$Q_{12}=20.4\varepsilon_1\varepsilon_2(1-\varepsilon_0)\frac{(T_1/100)^4F_1-(T_2/100)^4F_2}{1-(1-\varepsilon_0)^2(1-\varepsilon_1)(1-\varepsilon_2)} \tag{3.1-192}$$

$$Q_{01}=20.4\varepsilon_0\varepsilon_1F_1\frac{1+(1-\varepsilon_0)(1-\varepsilon_2)}{1-(1-\varepsilon_0)^2(1-\varepsilon_1)(1-\varepsilon_2)}\left[\left(\frac{T_0}{100}\right)^4-\left(\frac{T_1}{100}\right)^4\right] \tag{3.1-193}$$

$$Q_{02}=20.4\varepsilon_0\varepsilon_2F_2\frac{1+(1-\varepsilon_0)(1-\varepsilon_1)}{1-(1-\varepsilon_0)^2(1-\varepsilon_1)(1-\varepsilon_2)}\left[\left(\frac{T_0}{100}\right)^4-\left(\frac{T_2}{100}\right)^4\right] \tag{3.1-194}$$

2. 计算炉衬温度 $T_1$

根据前述简化计算假设的第(3)条,即 $Q_{01}=Q_{12}$,从公式 3.1-189 和公式 3.1-190 可以得出:

$$\frac{(T_1/100)^4-(T_2/100)^4}{(T_0/100)^4-(T_2/100)^4}=\frac{\varepsilon_0[1+(1-\varepsilon_0)(1-\varepsilon_2)(\phi_{12}-\phi_{22})]}{\varepsilon_0+\phi_{12}(1-\varepsilon_0)[1-(1-\varepsilon_0)(1-\varepsilon_2)]-\phi_{22}\varepsilon_0(1-\varepsilon_0)(1-\varepsilon_2)} \tag{3.1-195}$$

当 $\phi_{22}\neq0$、$\phi_{11}\neq0$ 时,例如室式炉、车底式炉内的加热情况,$\phi_{12}=\phi_{22}=F_2/(F_1+F_2)$,上式可简化成:

$$\frac{(T_1/100)^4-(T_2/100)^4}{(T_0/100)^4-(T_2/100)^4}=\frac{\varepsilon_0}{\varepsilon_0+\phi_{12}\varepsilon_2(1-\varepsilon_0)} \tag{3.1-196}$$

当 $\phi_{22}=0$,而 $\phi_{11}\neq0$、$\phi_{12}=F_2/F_1$ 时,例如推钢式连续加热炉内的加热情况,公式 3.1-195 可简化成:

$$\frac{(T_1/100)^4-(T_2/100)^4}{(T_0/100)^4-(T_2/100)^4}=\frac{\varepsilon_0[1+(1-\varepsilon_0)(1-\varepsilon_2)\phi_{12}]}{\varepsilon_0+\phi_{12}(1-\varepsilon_0)[1-(1-\varepsilon_0)(1-\varepsilon_2)]}=\frac{1}{1+\dfrac{\phi_{12}\varepsilon_2(1-\varepsilon_0)}{\varepsilon_0[1+\phi_{12}(1-\varepsilon_0)(1-\varepsilon_2)]}} \tag{3.1-197}$$

已知炉气和钢料温度可求出炉衬温度。如将 $\varepsilon_2$ 当作等于 1.0,则公式 3.1-196 和公式 3.1-197 可简化为:

$$\frac{(T_1/100)^4-(T_2/100)^4}{(T_0/100)^4-(T_2/100)^4}=\frac{\varepsilon_0}{\varepsilon_0+\phi_{12}(1-\varepsilon_0)} \tag{3.1-198}$$

按照简化后的公式算出的 $T_1$ 值要稍低些,对于炉膛内炉气流速较低的火焰炉还是接近实际情况的,因为炉衬热损失总是存在的。

3. 炉气和炉衬辐射给钢料的热量

钢料表面得到的全部辐射热量 $Q_{012}$是炉气直接辐射给钢料的热量 $Q_{02}$和炉衬辐射给钢料的热量 $Q_{12}$之和,因此,$Q_{012}=Q_{02}+Q_{12}=Q_{02}+Q_{01}$。将公式 3.1-190 和公式 3.1-191 简化后得:

$$Q_{012}=C_{012}\left[\left(\frac{T_0}{100}\right)^4-\left(\frac{T_2}{100}\right)^4\right]F_2 \qquad (3.1\text{-}199)$$

式中　$C_{012}$——以炉气温度为准的综合辐射系数，kJ/(m²·h·K⁴)。

$$C_{012}=\frac{20.4\varepsilon_0\varepsilon_2[1+(1-\varepsilon_0)(\phi_{12}-\phi_{22})]}{\varepsilon_0+\phi_{12}(1-\varepsilon_0)[1-(1-\varepsilon_0)(1-\varepsilon_2)]-\phi_{22}\varepsilon_0(1-\varepsilon_0)(1-\varepsilon_2)} \qquad (3.1\text{-}200)$$

对于图 3.1-67$a$ 所示的情况，$\phi_{12}=\phi_{22}$，公式 3.1-200 简化为：

$$C_{012}=\frac{20.4\varepsilon_0\varepsilon_2}{\varepsilon_0+\phi_{12}\varepsilon_2(1-\varepsilon_0)} \qquad (3.1\text{-}201)$$

对于图 3.1-67$b$ 所示的情况，$\phi_{22}=0$，而 $\phi_{11}\neq 0$，公式 3.1-200 简化为：

$$C_{012}=\frac{20.4\varepsilon_0\varepsilon_2[1+\phi_{12}(1-\varepsilon_0)]}{\varepsilon_0+\phi_{12}(1-\varepsilon_0)[1-(1-\varepsilon_0)(1-\varepsilon_2)]}=\frac{20.4\varepsilon_0\varepsilon_2[1+\phi_{12}(1-\varepsilon_0)]}{\varepsilon_0+\phi_{12}(1-\varepsilon_0)(\varepsilon_0+\varepsilon_2-\varepsilon_0\varepsilon_2)} \qquad (3.1\text{-}202)$$

对于图 3.1-67$c$ 所示的情况，$\phi_{22}=0$，$\phi_{11}=0$，公式 3.1-200 简化为：

$$C_{012}=\frac{20.4\varepsilon_0\varepsilon_2(2-\varepsilon_0)}{1-(1-\varepsilon_0)^2(1-\varepsilon_2)} \qquad (3.1\text{-}203)$$

公式 3.1-199～3.1-203 中没有包括 $T_1$、$\varepsilon_1$，因为假设炉衬是辐射换热的中间体。由公式 3.1-199 可见，炉内热交换强度是由综合辐射系数(或称导来辐射系数)和温度差所决定的。提高炉气(或火焰)黑度，会增加辐射换热强度；但 $\varepsilon_0>0.4\sim0.5$ 以后，继续加大 $\varepsilon_0$，效果就不明显了。其次，加大炉衬面积 $F_1$，使 $\phi_{12}$减小，则 $C_{012}$加大，特别是在 $\varepsilon_0$ 小时更希望加强炉衬在热交换中的作用。加大 $F_1$，主要是提高炉膛高度，但燃料量不相应增大的时候，炉膛高度过高会导致炉气不能充满全部炉膛(炉气上浮)，降低炉内实际温度和炉气流速，加大炉衬热损失。

为了运算方便，将式 3.1-201 和式 3.1-202 做成图 3.1-68 和图 3.1-69。

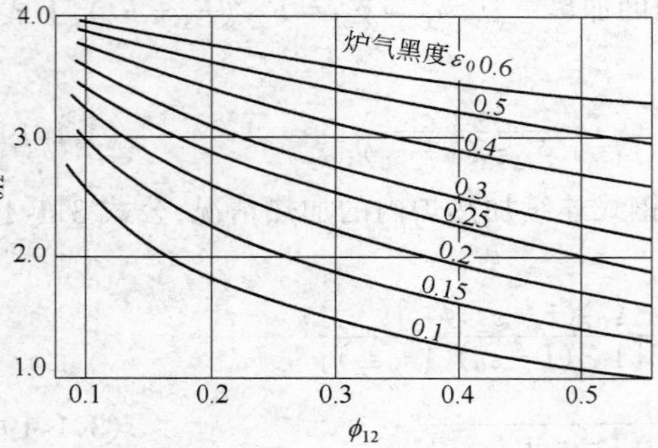


图 3.1-68　根据公式 3.1-201 绘制的 $C_{012}$值

钢料黑度 $\varepsilon_2=0.8$；$\phi_{12}=\dfrac{F_2}{F_1+F_2}$

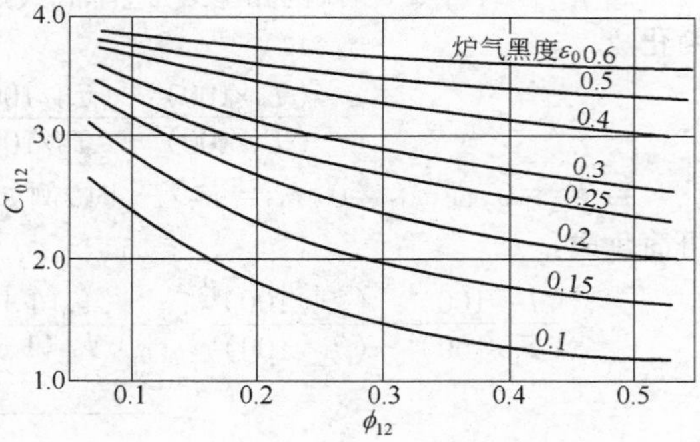


图 3.1-69　根据公式 3.1-202 绘制的 $C_{012}$值

钢料黑度 $\varepsilon_2=0.8$；$\phi_{12}=\dfrac{F_1}{F_2}$

#### 4. 按炉衬温度计算传给钢料的热量

用炉衬温度计算热量的公式为：

$$Q_{102}=C_{102}\left[\left(\frac{T_1}{100}\right)^4-\left(\frac{T_2}{100}\right)^4\right]F_2 \qquad (3.1\text{-}204)$$

$$C_{102}=\frac{20.4\varepsilon_2[1+(1-\varepsilon_0)(\phi_{12}-\phi_{22})]}{1+(1-\varepsilon_0)(1-\varepsilon_2)(\phi_{12}-\phi_{22})} \qquad (3.1\text{-}205)$$

对于图 3.1-67$a$ 所示的情况，$\phi_{12}=\phi_{22}=\dfrac{F_2}{F_1+F_2}$，则：

$$C_{102}=20.4\varepsilon_2$$

对于图 3.1-67$b$ 所示的情况，$\phi_{22}=0$，$\phi_{12}=F_2/F_1$，则：

$$C_{102}=\frac{20.4\varepsilon_2[1+\phi_{12}(1-\varepsilon_0)]}{1+\phi_{12}(1-\varepsilon_0)(1-\varepsilon_2)} \tag{3.1-206}$$

5. 炉温

前面的计算都是从炉气温度出发的。在工业实践中，一般是用装在炉内一定位置上的热电偶测量温度，热电偶热端所反映的温度介于炉气、炉衬和钢料之间，称为炉温($T_L$)。可以认为，热电偶热端放在钢料表面的附近，并用隔板挡起来使它只接受炉衬和炉气传来的热量，这样测出的炉温 $T_L$ 和炉气温度 $T_0$、炉衬温度 $T_1$ 的近似关系是：

$$\left(\frac{T_L}{100}\right)^4\approx\varepsilon_0\left(\frac{T_0}{100}\right)^4+(1-\varepsilon_0)\left(\frac{T_1}{100}\right)^4 \tag{3.1-207}$$

传给钢料的热量是：

$$Q=C_L\left[\left(\frac{T_L}{100}\right)^4-\left(\frac{T_2}{100}\right)^4\right]F \tag{3.1-208}$$

式中　$C_L$——按炉温计算的综合辐射系数。

对于图 3.1-67$a$ 所示的情况，$\phi_{22}=\phi_{12}$，则：

$$C_L\approx\frac{20.4\varepsilon_2(1-\phi_{12})}{1-\phi_{22}(1-\varepsilon_2)} \tag{3.1-209}$$

对于图 3.1-67$b$ 所示的情况，$\phi_{22}=0$，$\phi_{12}=F_2/F_1$，则：

$$C_L\approx20.4\varepsilon_2 \tag{3.1-210}$$

必须注意的是，在计算中不要将炉温和炉气温度混淆起来。

## (二) 关于平均温度、平均热流和出炉烟气温度

在上述计算公式中，都假设炉气、炉衬和钢料温度是常数，在实际加热过程中它们随着时间和位置的变化而可能变化，计算时则应根据具体情况取不同的平均值。如计算某一瞬间或短时间内的热交换，可以认为这段时间内温度按直线变化：

$$(T_0^4-T_2^4)_p=(T'_0)^2(T''_0)^2-T_2^4 \tag{3.1-211}$$

对于炉内不存在燃烧过程(如采用无焰燃烧器)的逆流式连续加热炉，采用几何平均值，即：

$$(T_0^4-T_2^4)_p=\sqrt{[(T'_0)^4-(T''_2)^4][(T''_0)^4-(T'_2)^4]} \tag{3.1-212}$$

在其他情况下建议采用几何平均值作为温度四次方差值的平均值。

热流平均值的取法也类似，在加热过程中热流如果是变化的，在不大的区段可取算术平均值。在变温炉里热流的平均值按几何平均值计算。在恒温炉里热流的平均值按对数平均值计算。由于室式炉里的燃烧过程不在很短时间内结束，炉气平均温度低于理论燃烧温度和出炉烟气温度的几何平均值，所以乘上 0.95，即：

$$T_0=0.95\sqrt{T'_0\times T''_0}$$

出炉烟气温度 $T_{ch}$在设计中通常根据类似炉型的实际数值选取，同时也可采用下面公式计算。

对于推钢式连续加热炉，钢料加热到 1250℃，出炉烟气温度为：

$$T_{ch}=\frac{10\sqrt[3]{p}}{(0.0097t_r-2.64)mn} \tag{3.1-213}$$

式中 $p$——以整个炉底面积计算的单位面积产量,kg/(m²·h);

$t_r$——燃料的理论燃烧温度,℃;

$m$——由炉气黑度而确定的系数:

| | | | |
|---|---|---|---|
| $\varepsilon_0 = 0.15$ | 0.20 | 0.30 | 0.40 |
| $m = 1.0$ | 1.12 | 1.30 | 1.42 |

$n$——系数,一面加热时 $n = 1.0$,两面对称加热时 $n = 1.26$。

图 3.1-70$a$ 和 $b$ 分别表示 $\varepsilon_0 = 0.15$ 及 0.20 时出炉烟气温度的变化。

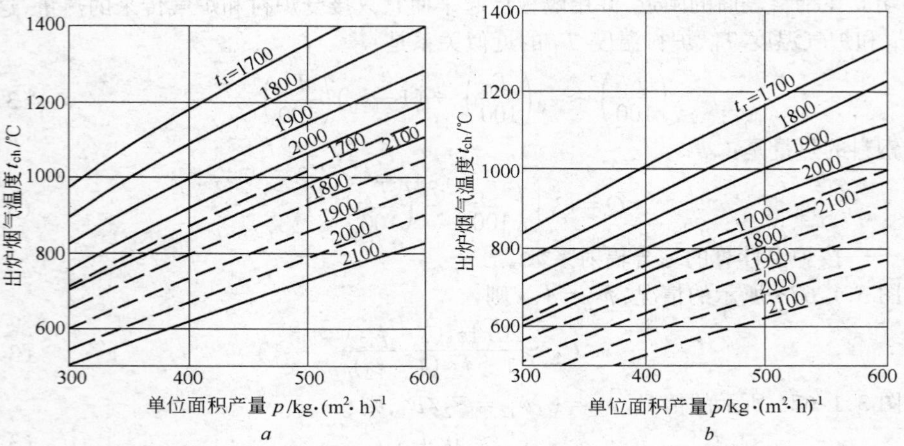


图 3.1-70 连续加热炉出炉烟气温度的变化

$a$—$\varepsilon_0 = 0.15$;$b$—$\varepsilon_0 = 0.20$

——单面加热;--- 双面加热

对于室式炉,炉顶和侧墙面积为炉底面积的三倍,钢料加热到 1200℃,出炉烟气的平均温度是:

$$T_{ch} = \frac{1.14 \times 10^6}{T_r}\sqrt{1 + \frac{0.0154ap}{k\phi(0.95 + 6.65\varepsilon_0)}}$$

$$\text{或 } T_{ch} = \frac{1.14 \times 10^6}{T_r}\sqrt{1 + Ap} \tag{3.1-214}$$

式中 $a$——料坯中心距与厚度或直径的比值,即相对中心距;

$p$——按整个炉底面积计算的单位面积产量,kg/(m²·h);

$k$——坯料形状系数,圆坯 $k = 2.42$,方坯 $k = 3.08$,扁坯 $k = 1.54\left(1 + \frac{\text{料坯高度}}{\text{料坯宽度}}\right)$;

$\phi$——角度系数,由相对中心距 $a$ 和坯料形状而定,其值见图 3.1-71$a$;

$\varepsilon_0$——炉气黑度;

$A$——为了简化计算由图 3.1-71$b$ 查取的系数值。

**(三) 热交换计算**

热交换计算就是同时考虑传热方程式和热平衡方程式的计算。根据公式 3.1-195,对于某一具体炉子能算出 $\phi_{12}$、$\varepsilon_0$ 值,再按照不同的炉气温度 $t_0$ 取各种钢料温度(如 $t_2 = 0$、500℃、

800℃、1000℃、1200℃)，便能求出相应的炉衬内表面温度 $t_1$。据计算结果绘出以 $t_2$ 为横坐标，以 $t_1$ 为纵坐标并以 $t_0$ 为变数的一组温度关系曲线，如图 3.1-72 所示。

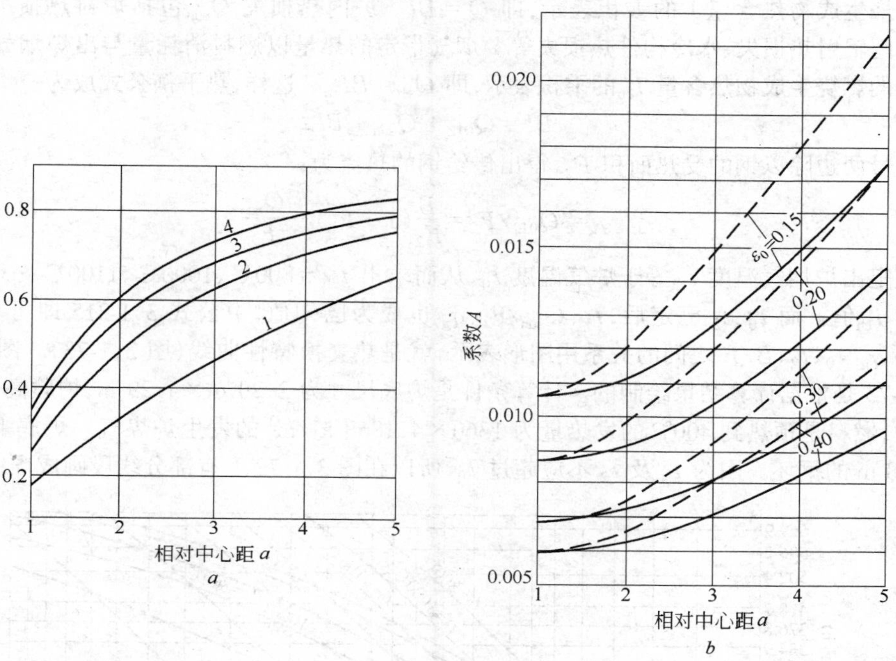


图 3.1-71 计算室式炉出炉烟气温度的系数

$a$—角度系数 $\phi$：1—扁坯，料坯高度/料坯宽度 = 2.0；2—方坯；3—圆坯；4—扁坯，料坯高度/料坯宽度 = 0.5；

$b$—系数 $A$：——方坯；--- 圆坯

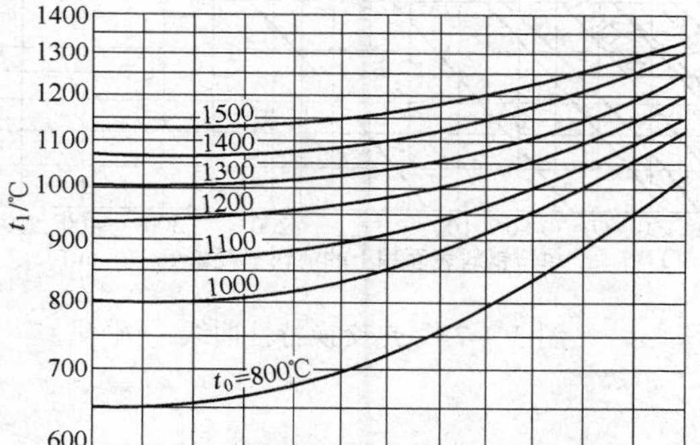


图 3.1-72 $t_0$、$t_1$、$t_2$ 的关系曲线

根据公式 3.1-199，辐射给钢料的热流 $q_g = Q_{012}/F_2 = C_{012}\left[\left(\frac{T_0}{100}\right)^4 - \left(\frac{T_2}{100}\right)^4\right]$。按照不同的炉气温度 $t_0$ 取各种钢料温度 $t_2$，便能求出热流 $q_g$ 值。

从热平衡方程式可知：

燃料带入炉内的热量$Q$=加热钢料的热量 $Q_{012}$+炉内热损失 $Q_{sun}$+出炉烟气带走的热量 $Q_{ch}$。

燃料带入炉内的热量(包括物理热在内)以燃料消耗量 $B$ 与理论燃烧温度下单位燃料所产生的燃烧生成物热含量 $I$ 的乘积表示,即 $Q=BI$。炉内热损失 $Q_{sun}$包括炉衬热损失(与 $t_1$ 有关)、炉门辐射热损失、水冷构件热损失等。烟气带走的热量以燃料消耗量与出炉烟气温度下单位燃料的燃烧生成物热含量 $I_{ch}$的乘积表示,即 $Q_{ch}=BI_{ch}$。这样,热平衡公式成为:

$$BI=Q_{012}+Q_{sun}+BI_{ch}$$

等号两边除以钢的受热面积 $F_2$,得出传给钢的热流为:

$$q_g=Q_{012}/F_2=\frac{B}{F_2}(I-I_{ch})-\frac{Q_{sun}}{F_2} \tag{3.1-215}$$

假定出炉烟气温度 $t_{ch}$等于炉气温度 $t_0$,从而求出 $t_{ch}$=800℃、1000℃、1100℃、…、1500℃条件下的 $I_{ch}$值。而 $t_0$、$t_2$ 已定后,$t_1$、$Q_{sun}/F_2$、$q_g$ 也成为已知值,由公式 3.1-215 即可求得 $B/F_2$ 值。将 $q_g$、$t_0$、$t_2$、$B/F$ 之间的关系用图形表示,就是热交换特性曲线(图 3.1-73)。图 3.1-72 和图 3.1-73 是根据计算结果绘制的。计算条件是炉底尺寸为 2.20 m×4.29 m、炉膛高 1.45 m 的室式炉,燃料是预热到400℃的发热量为 1360×4.1868 kJ/m³ 的发生炉煤气。炉底上平铺一层厚 0.18 m 的钢坯。因为 $t_1$ 及 $t_2$ 不应超过 $t_0$,所以在图 3.1-72 上有部分线段画成虚线。

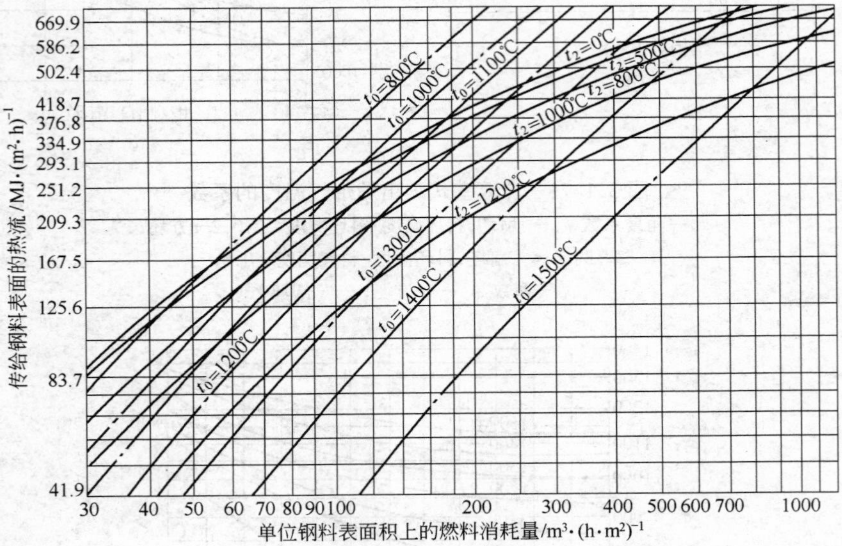


图 3.1-73　热交换特性曲线一例

由图 3.1-73 可见:

(1) 如炉气温度在加热过程中始终保持 1300℃,钢由 0℃加热到 1200℃的过程中,燃料消耗量由 415 m³/(h·m²)下降到 115 m³/(h·m²);传给钢料的热流值由 135000×4.1868 kJ/(m²·h)逐渐降到 33000×4.1868 kJ/(m²·h)。加热时间即可根据热流值算出。

(2) 如燃料消耗量保持不变,例如保持在 300 m³/(h·m²),装炉时炉气温度将为 1230℃,钢加热到 1200℃时炉气温度为 1400℃。

(3) 如根据加热时间算出要求的热流,例如 100000×4.1868 kJ/(m²·h),装炉时炉温是 1160℃,燃料消耗量是 220 m³/(h·m²),而钢加热到 800℃时炉温是 1280℃,燃料消耗量增加到 300 m³/(h·m²)。这样,有助于进一步了解炉内的加热过程,并将加热计算和热平衡计算联系起来。

**(四) 罩式炉和电阻炉内的热交换**

带内罩的煤气罩式炉内,外罩与内罩之间的传热与火焰炉相同,而内罩与钢料之间的辐射热交换就没有炉气参与。用角码 1、2、3 分别代表外罩的内衬内表面、钢料和内罩,外罩传给内罩的热量(kJ/h)是:

$$Q_{13}=C_{13}\left[\left(\frac{T_1}{100}\right)^4-\left(\frac{T_3}{100}\right)^4\right]F_3 \tag{3.1-216}$$

内罩传给钢料的热量(kJ/h)是:

$$Q_{32}=C_{32}\left[\left(\frac{T_3}{100}\right)^4-\left(\frac{T_2}{100}\right)^4\right]F_2 \tag{3.1-217}$$

式中　$C_{13}$——由外罩向内罩的综合辐射系数,$kJ/(m^2 \cdot h \cdot K^4)$;

$C_{32}$——由内罩向钢料的综合辐射系数,$kJ/(m^2 \cdot h \cdot K^4)$。

在达到稳定态的情况下或加热过程中忽略内罩本身蓄热时,$Q_{13}=Q_{32}$,即可求得内罩的温度 $T_3$(K)为:

$$\left(\frac{T_3}{100}\right)^4=\frac{C_{13}F_3\left(\frac{T_1}{100}\right)^4-C_{32}F_2\left(\frac{T_2}{100}\right)^4}{C_{32}F_2+C_{13}F_3} \tag{3.1-218}$$

传给钢料表面的热流$(kJ/(m^2 \cdot h))$为:

$$q_{13}=\frac{C_{13}}{\frac{F_2}{F_1}+\frac{C_{13}}{C_{32}}}\left[\left(\frac{T_1}{100}\right)^4-\left(\frac{T_2}{100}\right)^4\right] \tag{3.1-219}$$

电阻炉内(不包括带内罩的电炉)参与热交换的是炉衬、电热元件和钢料。电热元件放出的热量不仅被炉衬挡住一部分,还被电热元件本身挡住一部分。只有一部分电热元件的表面积(有效面积)对钢料加热。关于有效面积和电热元件温度计算参看有关章节。

## 二、钢的加热工艺

钢的加热工艺包括钢的加热温度、加热均匀性、加热速度和加热制度等。加热温度是指加热结束时钢的表面温度。对热处理炉,钢的加热过程要符合热处理工艺的要求。对加热炉而言,确定钢的加热温度不仅要根据钢种的性质,而且还要考虑到热加工的方便,以获得最佳的塑性,最小的变形抗力,从而有利于提高产量,减少动力消耗和设备磨损。对碳素钢和低合金钢,可根据铁碳平衡相图确定钢的加热温度的上限和下限。考虑塑性良好通常在奥氏体区,加热温度下限应高于 $Ac_3$ 线(高 30～50℃以上),否则相变会产生内应力而使钢材破裂,这个温度通常是 800～850℃。加热温度的上限应当是固相线,实际上由于钢中偏析及非金属夹杂物的存在,加热还不到固相线温度就可能在晶界出现熔化现象而后氧化,晶粒间失去塑性,形成“过烧”。另一种情况是加热时间长而加热温度又高,结果晶粒过分长大,使塑性降低,热加工后表面出现裂纹,称为“过热”。最后,加热温度超过氧化铁皮熔点后钢材表面氧化铁皮熔化,造成粘钢、烧损增加、清渣困难等后果,所以钢加热温度上限一般低于固相线 100～150℃。

高合金钢加热温度范围比较窄,碳素钢及低合金钢的加热温度范围宽得多。如 $w(C)=0.2\%\sim0.4\%$的碳素钢最大塑性温度在 800～1200℃,而 Cr25Ni20 耐热钢为 1000～1250℃,镍基合金的锻造温度范围在 1025～1150℃。表 3.1-21 列出某些钢号的最高加热温度和理论过烧温度。

表 3.1-21 某些钢的最高加热温度和理论过烧温度(℃)

| 钢 号 | 最高加热温度 | 理论过烧温度 |
|---|---|---|
| 碳素钢 $w(C)=1.5\%$ | 1050 | 1140 |
| $w(C)=1.1\%$ | 1080 | 1180 |
| $w(C)=0.9\%$ | 1120 | 1220 |
| $w(C)=0.7\%$ | 1180 | 1280 |
| $w(C)=0.5\%$ | 1250 | 1350 |
| $w(C)=0.2\%$ | 1320 | 1470 |
| $w(C)=0.1\%$ | 1350 | 1490 |
| 硅锰弹簧钢 | 1250 | 1350 |
| 镍钢 $w(Ni)=3\%$ | 1250 | 1370 |
| 渗碳镍钢 $w(Ni)=5\%$ | 1270 | 1450 |
| 铬钒钢 | 1250 | 1350 |
| 高速钢 | 1280 | 1380 |
| 奥氏体镍铬钢 | 1300 | 1420 |

加热速度是指钢表面的升温速度(℃/h),还可以指加热单位厚度钢料所需的时间(min/cm)或单位时间内加热钢料的厚度(cm/min)。较薄钢料的加热速度仅受炉子传热能力的限制;但对厚料来说,不仅受炉子的加热能力,还受钢料所允许的内部温差的限制。例如,在500～600℃以下,制定尺寸较大的合金钢以及合金材料的加热速度时,要注意到钢料内部产生的温度应力是否超过破裂强度。而低碳钢和低合金钢由于塑性较好可以不考虑温度应力的影响。

在理论上,过去是按照弹性理论,采用材料的弹性极限作为许用应力$[\sigma]$来计算允许温差$[\Delta t]$、允许加热速度$[c]$或允许热流$[q]$。

对于平板:

$$[\Delta t]\leqslant\frac{1.05[\sigma]}{\beta E}\qquad [c]\leqslant\frac{2.1a[\sigma]}{\beta ES^2}\qquad [q]\leqslant\frac{2.1\lambda[\sigma]}{\beta ES}$$

对于圆柱体:

$$[\Delta t]\leqslant\frac{1.4[\sigma]}{\beta E}\qquad [c]\leqslant\frac{56a[\sigma]}{\beta ER^2}\qquad [q]\leqslant\frac{2.8\lambda[\sigma]}{\beta ER}$$

式中 $\beta$——线膨胀系数,℃$^{-1}$;

$E$——弹性模量,N/mm$^2$;

$a$——热扩散率,m$^2$/h;

$\lambda$——导热系数,kJ/(m·h·℃);

$S$、$R$——分别为钢料的计算厚度和半径,m;

$[\sigma]$——许用应力,N/mm$^2$。

实际计算中要求已知装炉时的允许炉温和允许最大温度差的关系。如在开始时钢料的温度为零,考虑温度应力的加热期末钢的表面温度是600℃,便可以算出各种热阻条件下最大温差与允许炉温的关系,见图3.1-74和图3.1-75。

由图可见,允许炉温是随温差和导热系数的增加而增加,随钢料几何尺寸的加大而降低,和钢料的形状关系不大。

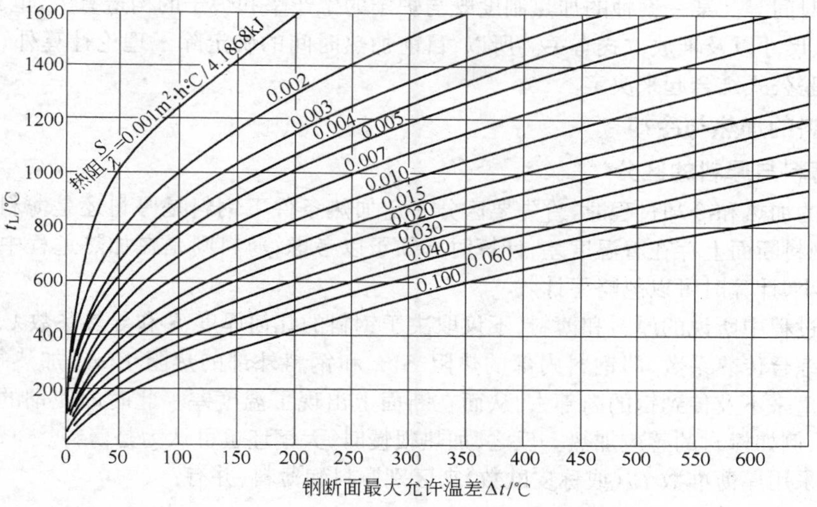


图 3.1-74　允许炉温和平板内最大允许温差及热阻的关系

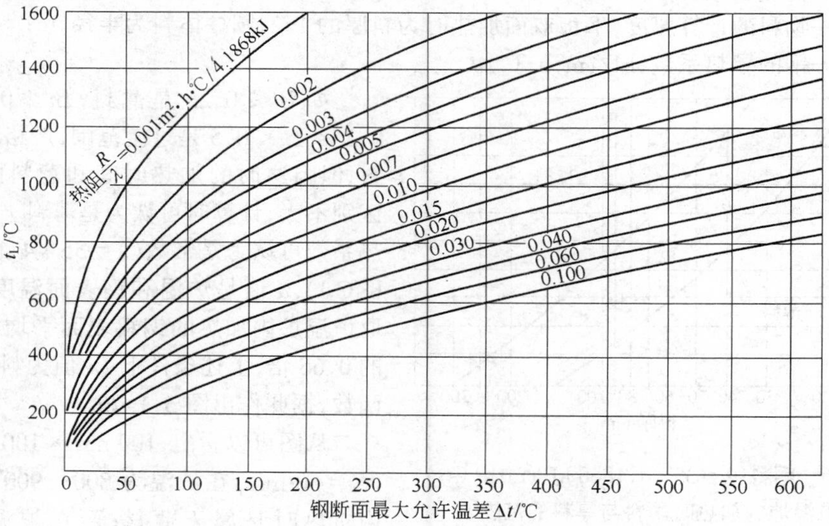


图 3.1-75　允许炉温和圆柱体内最大允许温差及热阻的关系

应当指出，图中曲线的计算是按炉温恒定的条件进行的，事实上某些炉子在加入钢料后炉温就有所降低，因此，图 3.1-74 和图 3.1-75 只能作为参考。

以弹性极限为许用应力的假设只能适合于脆性材料，实际上当温差所产生的应力超过钢料的弹性极限时，会发生塑性变形而不是马上就破裂，这是有利因素。另外，如材料的原始缺陷及其他原因引起的残余应力等，又能加剧温度应力的发展，使加热或冷却过程中速度过快时钢料出现破裂，这是不利因素。对大多数钢种，前者是起主导作用的，近年来大钢锭的成功快速加热，打破了过去按照弹性变形理论规定的允许温度应力的约束。由此可见，这种理论本身有很大局限性。有少数高合金钢由于脆性的影响，需要通过实验室和工业性试验才能确定合适的加热速度。

钢的加热制度指的是钢的最终加热温度，断面的允许温度差，各阶段允许的加热速度、炉温制度和加热时间等。某一钢种的加热制度既与炉子的生产率和炉子的构造有关，也和钢的性质、钢料的形状、尺寸以及堆放方式有关。所以，目前加热时间的确定除了理论计算外，还要根据实际资料和经验公式结合起来决定。

## 三、薄料的加热与冷却

### （一）薄料与厚料的区分

计算钢的加热和冷却过程时，首先要区分一定加热条件下钢料是厚料还是薄料。厚料在加热过程中，钢料断面上存在着温度差，计算时必须予以考虑；薄料则是在加热过程中整个断面上的温度差极小，计算时可以忽略不计。

钢加热过程中所说的厚料和薄料，不仅取决于钢料的几何厚度 $S$ 和导热系数 $\lambda$，还取决于炉子对钢料的综合传热系数，即钢料内部的热阻 $S/\lambda$ 和钢料外部的热阻 $1/\alpha$。加热很快时，传给钢表面的热量来不及传到钢的内部去，从而在断面上出现了温度差。此时即使钢的厚度并不大也属于厚料，例如棒材的感应加热。反之，加热很慢时，大钢坯也可认为是薄料。

计算时采用厚薄准数 $Bi$（或称皮欧数）来区别厚料和薄料，并有：

$$Bi = \frac{\alpha S}{\lambda} \tag{3.1-220}$$

式中　$\alpha$——传热系数，kJ/(m²·h·℃)；

$S$——物料的计算厚度，平板双面加热时为料厚的 1/2，圆柱体料为半径，m；

$\lambda$——钢的导热系数，kJ/(m·h·℃)。

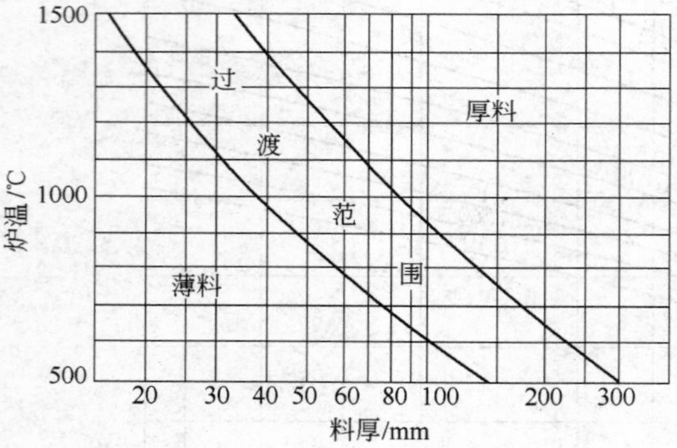


图 3.1-76　钢料（$\lambda = 35 \times 4.1868$ kJ/(m·h·℃)）在恒温炉内加热时薄料与厚料的范围

如 $Bi \leqslant 0.25$ 是薄料；$Bi \geqslant 0.5$ 是厚料；$0.25 < Bi < 0.5$ 是过渡范围，严格说应属于厚料，但因这时的加热时间和薄料的加热时间区别不大，计算时可认为是薄料。当钢料的导热系数可认为是常数（$\lambda = 35 \times 4.1868$ kJ/(m·h·℃)），$\alpha$ 值是炉温和钢表面温度的函数时，取恒温炉内加热的钢料表面平均温度为炉温的 0.65 倍，上述条件下 $Bi$ 值为料厚和炉温的函数，据此作出图 3.1-76。

从图可以看出，100 mm×100 mm 的钢材（$S = 50$ mm）在炉温为 800～900℃ 的恒温炉内加热时是属于薄材；而在炉温为 1200～1300℃ 时则属于厚料。这个界限还和钢的导热系数有关，加热导热系数低的高合金钢，交界线便向左移动。

由于钢的加热大多是在以辐射传热为主的高温炉里进行的，所以用综合辐射系数 $C_L$ 的形式来区别薄料还是厚料比较合适，即厚薄准数（此时或称斯塔尔克数）写成：

$$Sk = \frac{C_L}{100}\left(\frac{T_L}{100}\right)^3 \frac{S}{\lambda} \tag{3.1-221}$$

式中　$C_L$——综合辐射系数，kJ/(m²·h·K⁴)；

$T_L$——炉温，K；

$S$——钢料的计算半径，m；

$\lambda$——钢料的导热系数，kJ/(m·h·℃)。

在 $Sk \leqslant 0.1 \sim 0.15$ 时是薄料。

## （二）恒温炉内薄料加热的计算

1．综合辐射系数法

加热时间按下式计算：

$$\tau=\frac{G}{F}\frac{c}{C_L}\frac{100}{\left(\frac{T_L}{100}\right)^3}\left[\psi\left(\frac{T''}{T_L}\right)-\psi\left(\frac{T'}{T_L}\right)\right] \tag{3.1-222}$$

式中　$T_L$、$T'$、$T''$——分别为炉温、钢的初始温度与终了温度，K；

$G/F$——钢料质量和表面积之比，$kg/m^2$；

$c$——钢的比热容，kJ/(kg·℃)；

$C_L$——综合辐射系数，$kJ/(m^2\cdot h\cdot K^4)$。

$\psi\left(\frac{T}{T_L}\right)$为炉温和钢温的函数，并有：

$$\psi\left(\frac{T}{T_L}\right)=\frac{1}{4}\ln\frac{1+\frac{T}{T_L}}{1-\frac{T}{T_L}}+\frac{1}{2}\arctan\frac{T}{T_L}$$

$T/T_L$值小于1.0时，$\psi(T/T_L)$的值见表3.1-22。

**表3.1-22　$T/T_L$值小于1.0时$\psi(T/T_L)$的值**

| $T/T_L$ | $\psi(T/T_L)$ | $T/T_L$ | $\psi(T/T_L)$ | $T/T_L$ | $\psi(T/T_L)$ | $T/T_L$ | $\psi(T/T_L)$ |
|---|---|---|---|---|---|---|---|
| 0.20 | 0.2000 | 0.46 | 0.4642 | 0.72 | 0.7655 | 0.94 | 1.2463 |
| 0.22 | 0.2201 | 0.48 | 0.4854 | 0.74 | 0.7936 | 0.95 | 1.2959 |
| 0.24 | 0.2402 | 0.50 | 0.5066 | 0.76 | 0.8229 | 0.96 | 1.3563 |
| 0.26 | 0.2602 | 0.52 | 0.5277 | 0.78 | 0.8538 | 0.97 | 1.431 |
| 0.28 | 0.2803 | 0.54 | 0.5497 | 0.80 | 0.8864 | 0.98 | 1.537 |
| 0.30 | 0.3005 | 0.56 | 0.5718 | 0.82 | 0.9224 | 0.985 | 1.612 |
| 0.32 | 0.3207 | 0.58 | 0.5938 | 0.84 | 0.9599 | 0.990 | 1.713 |
| 0.34 | 0.3409 | 0.60 | 0.6166 | 0.86 | 1.0020 | 0.992 | 1.770 |
| 0.36 | 0.3612 | 0.62 | 0.6400 | 0.88 | 1.0489 | 0.994 | 1.842 |
| 0.38 | 0.3816 | 0.64 | 0.6636 | 0.90 | 1.1024 | 0.996 | 1.944 |
| 0.40 | 0.4201 | 0.66 | 0.6882 | 0.91 | 1.1332 | 0.998 | 2.117 |
| 0.42 | 0.4226 | 0.68 | 0.7132 | 0.92 | 1.1659 | 0.999 | 2.293 |
| 0.44 | 0.4434 | 0.70 | 0.7389 | 0.93 | 1.2046 | 0.9995 | 2.465 |

注：当$T/T_L<0.2$时，可取$\psi(T/T_L)=T/T_L$。

钢料质量及其受热面积之比也可写成：

$$G/F=S\gamma/k_1 \tag{3.1-223}$$

式中　$S$——钢料“透热深度”，对两面加热的平板是厚度的1/2，对单面加热的平板等于厚度，对长圆柱是半径，m；

$\gamma$——钢的密度，$kg/m^3$；

$k_1$——形状系数，对两面加热的平板等于1，全部侧表面加热的长圆柱体是2，立方体是2.26，球体是3.0。

从公式3.1-222和公式3.1-223可以得出：

$$\tau=\frac{G}{F}\times\frac{c}{C_L}\xi\quad 或\quad \tau=\frac{S\gamma}{k_1}\times\frac{c}{C_L}\xi \tag{3.1-224}$$

其中：

$$\xi=\frac{100}{\left(\frac{T_L}{100}\right)^3}\left[\psi\left(\frac{T''}{T_L}\right)-\psi\left(\frac{T'}{T_L}\right)\right]$$

钢材多半是在0℃左右的温度时开始加热，计算出当 $t'=0$℃时的 $\xi$ 值为：

$$\xi=\frac{100}{\left(\frac{T_L}{100}\right)^3}\left[\psi\left(\frac{T''}{T_L}\right)-\psi\left(\frac{273}{T_L}\right)\right]$$

$\xi$ 值作成图 3.1-77，炉温超过1000℃时，$\xi$ 值按右边的图查取。

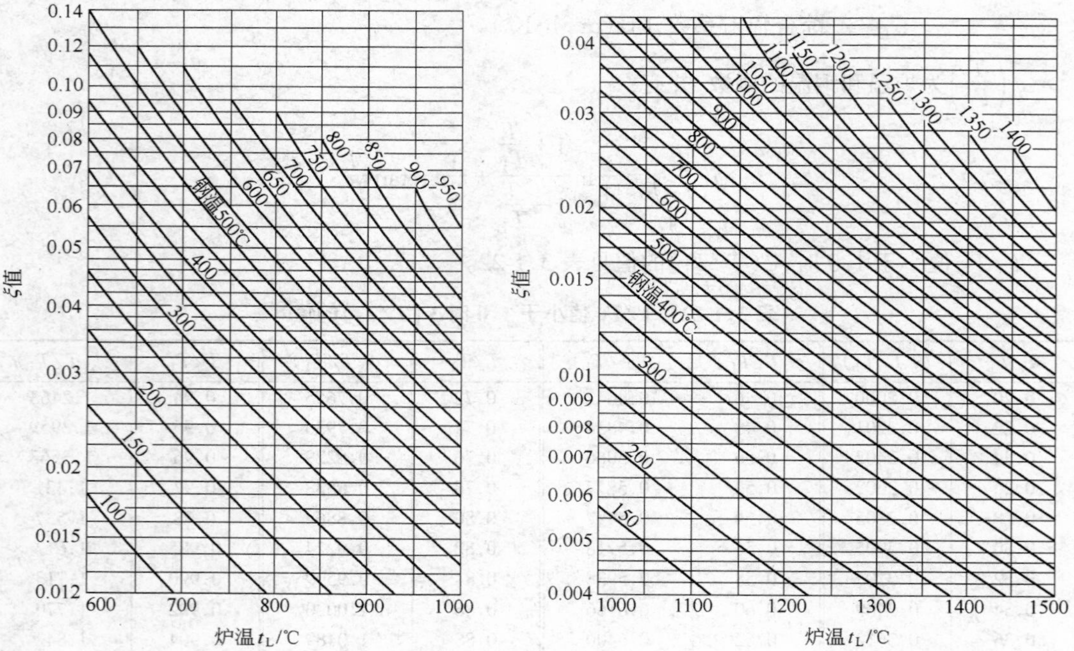


图 3.1-77 查取 $\xi$ 值的图

2. 综合传热系数法

加热时间按下式计算：

$$\tau=\frac{G}{F}\times\frac{c}{\alpha}\times2.303\lg\frac{t_L-t'}{t_L-t''}\tag{3.1-225}$$

钢加热终了时的温度为：

$$t''=t_L-(t_L-t')e^{-\frac{\alpha\tau}{c}\times\frac{F}{G}}\tag{3.1-226}$$

钢加热过程中的平均温度为：

$$\bar{t}=t_L-\frac{t''-t'}{2.303\lg\frac{t_L-t'}{t_L-t''}}\tag{3.1-227}$$

**例**：计算一根钢棒的加热时间，钢棒直径30 mm，在1000℃的恒温炉内由室温加热到950℃。炉子对钢料的综合辐射系数 $C_L=3.5\times4.1868$ kJ/($m^2$·h·$K^4$)。

**解**:用三种方法计算。

(1) 按公式 3.1-222 计算,将整个加热过程分为三段,即:第Ⅰ段由 0℃ 到 600℃;第Ⅱ段由 600℃ 到 850℃;第Ⅲ段由 850℃ 到 950℃。各段平均比热容相应为 0.137×4.1868 kJ/(kg·℃);0.235×4.1868 kJ/(kg·℃);0.193×4.1868 kJ/(kg·℃)。

第Ⅰ段:先求出各温度比值为:

$$\frac{T''}{T_L}=\frac{600+273}{1000+273}=0.685$$

$$\frac{T'}{T_L}=\frac{0+273}{1000+273}=0.214$$

$$\frac{100}{\left(\dfrac{T_L}{100}\right)^3}=\frac{100}{(12.73)^3}=0.0484$$

由表 3.1-22 中所列的值,用内插法可求出 $\psi(0.685)=0.7196$,$\psi(0.214)=0.214$,则:

$$G/F=\frac{S\gamma}{2}=\frac{0.015\times 7850}{2}=58.8$$

$$\tau_1=\frac{G}{F}\times\frac{c}{C_L}\times\frac{100}{\left(\dfrac{T_L}{100}\right)^3}\left[\psi\left(\frac{T''}{T_L}\right)-\psi\left(\frac{T'}{T_L}\right)\right]$$

$$=58.8\times\frac{0.137}{3.5}\times 0.0484(0.7196-0.214)$$

$$=0.0564\ \mathrm{h}$$

第Ⅱ段:同理可求出:

$$\frac{T''}{T_L}=\frac{850+273}{1000+273}=0.882;\quad \frac{T'}{T_L}=0.685;\quad \psi(0.882)=1.0542$$

$$\tau_2=58.8\times\frac{0.235}{3.5}\times 0.0484(1.0542-0.7196)=0.0635\ \mathrm{h}$$

第Ⅲ段:同理可求出:

$$\frac{T''}{T_L}=\frac{950+273}{1000+273}=0.960;\quad \frac{T'}{T_L}=\frac{850+273}{1000+273}=0.882;$$

$$\psi(0.960)=1.3563;\quad \psi(0.882)=1.0542$$

$$\tau_3=58.8\times\frac{0.193}{3.5}\times 0.0484(1.3563-1.0542)=0.0474\mathrm{h}$$

因此,$\sum\tau=0.0564+0.0635+0.0474=0.1673\mathrm{h}=10\ \mathrm{min}$。

(2) 用公式 3.1-224 计算,分成以下三段:

第Ⅰ段:炉温 1000℃,钢温 600℃,由图 3.1-77 右边可以直接查出 $\xi_1=0.0245$,和前述计算值是一致的。

第Ⅱ段:炉温 1000℃,钢温由 600℃ 升到 850℃,由图 3.1-77 查出 $\xi_2=0.0406$,而 $0.0406-0.0245=0.0162$,和前述计算值是一致的。

第Ⅲ段:炉温 1000℃,钢温由 850℃ 升到 950℃,查得 $\xi_3=0.0552$,而 $0.0552-0.0406=0.0146$,和前述计算值也是一致的。所以加热时间的总和也是 0.1673 h 或 10 min。

(3) 用公式 3.1-225 计算,分成以下三段:

第Ⅰ段:本段开始时的传热系数为:

$$\alpha'=C_L\frac{\left(\frac{T_L}{100}\right)^4-\left(\frac{273}{100}\right)^4}{t_L-0}=3.5\times\frac{\left(\frac{1000+273}{100}\right)^4-\left(\frac{273}{100}\right)^4}{1000}=92\times4.1868\ \mathrm{kJ/(m^2\cdot h\cdot ℃)}$$

本段结束时传热系数为：

$$\alpha''=3.5\times\frac{\left(\frac{1000+273}{100}\right)^4-\left(\frac{600+273}{100}\right)^4}{1000-600}=179\times4.1868\ \mathrm{kJ/(m^2\cdot h\cdot ℃)}$$

传热系数取几何平均值有：

$$\alpha=\sqrt{92\times179}\times4.1868=118.3\times4.1868\ \mathrm{kJ/(m^2\cdot h\cdot ℃)}$$

则加热时间为：

$$\tau_1=\frac{G}{F}\times\frac{c}{\alpha}\times2.303\lg\frac{t_L-t'}{t_L-t''}=58.8\times\frac{0.137}{118.3}\times2.303\lg\frac{1000}{1000-600}=0.0625\ \mathrm{h}$$

第Ⅱ段：本段结束时的传热系数为：

$$\alpha''=3.5\times\frac{\left(\frac{1000+273}{100}\right)^4-\left(\frac{850+273}{100}\right)^4}{1000-850}=242\times4.1868\ \mathrm{kJ/(m^2\cdot h\cdot ℃)}$$

传热系数取几何平均值有：

$$\alpha=\sqrt{179\times242}=208\times4.1868\ \mathrm{kJ/(m^2\cdot h\cdot ℃)}$$

则加热时间为：

$$\tau_2=58.8\times\frac{0.235}{208}\times2.303\lg\frac{1000-600}{1000-850}=0.0653\ \mathrm{h}$$

第Ⅲ段：本段结束时的传热系数为：

$$\alpha''=3.5\times\frac{\left(\frac{1000+273}{100}\right)^4-\left(\frac{950+273}{100}\right)^4}{1000-950}=272\times4.1868\ \mathrm{kJ/(m^2\cdot h\cdot ℃)}$$

传热系数取几何平均值有：

$$\alpha=\sqrt{272\times242}=256\times4.1868\ \mathrm{kJ/(m^2\cdot h\cdot ℃)}$$

则加热时间为：

$$\tau_3=58.8\times\frac{0.193}{256}\times2.303\lg\frac{1000-850}{1000-950}=0.0488\ \mathrm{h}$$

总加热时间 $\sum\tau=0.0625+0.0653+0.0488=0.1766\ \mathrm{h}=10.8\ \mathrm{min}$，与按综合辐射系数法的计算结果相差 $(10.8-10.0)/10.0\times100\%=8\%$。

**（三）变温炉内薄料的加热**

关于变温炉内薄料加热的计算目前还提不出一般的解法。如果已知炉温按直线规律变化，即 $t_L=v\tau+t_0$，而加热初期钢的温度等于 $t'$，则钢料的温度计算如下：

$$t=v\tau+t_0-v\frac{Gc}{F\alpha}-\left(t_0-t'-v\frac{Gc}{F\alpha}\right)e^{-\frac{F\alpha}{Gc}\tau}\tag{3.1-228}$$

式中 $v$——常数，炉温升高的速度。

当 $\frac{F\alpha}{Gc}\tau\geqslant4$ 时，$e^{-\frac{F\alpha}{Gc}\tau}$ 这一项实际上已接近于零（$<0.018$），公式 3.1-228 即可简化成：

$$t=v\tau+t_0-v\frac{Gc}{F\alpha}\tag{3.1-228a}$$

式中 $c$——比热容，kJ/(kg·℃)；

$\alpha$——传热系数，kJ/(m²·h·℃)。

即经过一段时间后，炉温和钢温之间的温度差保持不变。

已知炉温的变化曲线，可将炉温曲线按时间分成若干折线，每段折线定出平均的 $v$ 值，即可算出钢温的变化；或者将炉温按时间分成若干阶段，在每一阶段内取平均炉温并视作不变；或将炉温曲线转换成阶梯形的折线，在每阶段内按炉温不变来计算钢温的变化。

**（四）连续式炉内的薄料加热计算**

1. *以辐射为主的电阻炉*

在大多数情况下，连续式炉都分成几个单独控制的加热段，每一段电热元件都是均匀配置的。每一段电热元件均匀地将不变的热流辐射给钢料，炉温随着钢温而相应升高。在通常的结构形式下，可按下式计算该段内射向钢料的热流：

$$q=4.88\times4.1868\varepsilon_2\left[\left(\frac{T_L}{100}\right)^4-\left(\frac{T_2}{100}\right)^4\right]=20.4\varepsilon_2\left[\left(\frac{T_L}{100}\right)^4-\left(\frac{T_2}{100}\right)^4\right]$$

式中　$T_L$——炉段炉温，K；

$T_2$——钢温，K；

$\varepsilon_2$——钢料的黑度；

$q$——热流，kJ/(m²·h)。

热流也可按下式计算：

$$q=\frac{860N}{F}$$

式中　$N$——电阻炉某一段的用于加热钢料的有效功率，kW；

$F$——该段内钢料的受热面积，m²。

所以，每段内各处炉温可按下式计算：

$$\left(\frac{T_L}{100}\right)^4=\left(\frac{T_2}{100}\right)^4+\frac{860N}{20.4\varepsilon_2F} \tag{3.1-229}$$

某一段内钢温由 $t'_2$ 加热到 $t''_2$ 所需的时间是：

$$\tau=\frac{cgL(t''_2-t'_2)}{860N} \tag{3.1-230}$$

式中　$g$——每米炉底长度上的装料量，kg/m；

$L$——该段长度，m。

如已知加热时间 $\tau$，则可以求出钢料在炉内的移动速度 $w$，即 $w=\frac{L}{\tau}$。在大多数情况下钢料在炉内每一段的移动速度都是一样的，所以在每一段的停留时间就取决于该段长度。钢料在每一段的升温值为：

$$t''_2=t'_2+\frac{860N}{cgw} \tag{3.1-231}$$

炉子的小时产量(kg/h)为：

$$p=gw=\frac{860N_L}{c(t_{2z}-t_{2k})} \tag{3.1-232}$$

式中　$t_{2z}$、$t_{2k}$——分别为钢在炉内加热终了和加热开始时的温度，℃；

$N_L$——整个炉子的有效功率，kW；

$c$——钢料的比热容，kJ/(kg·℃)。

**例**：求输送带式电阻炉内钢件的加热时间和加热温度。工件单重为 2 kg，有效受热面积

$0.013\ m^2$，为简化计算起见，取比热容 $c = 0.16 \times 4.1868\ kJ/(kg \cdot ℃)$，在炉内加热到 920℃，该工件属于薄料，黑度为 0.78，炉子分三段，考虑安装功率的安全系数为 1.3(一般安全系数取 1.2～1.5)，每段安装功率分别为 25 kW、15 kW、10 kW，每段长度 1.6 m，每 1 m 输送带上可放 40 个工件，炉子效率 70%。

**解**：先求出各段用来加热钢料的有效功率：

$$N_{Ⅰ} = \frac{25 \times 0.7}{13} = 13.5\ kW; \qquad N_{Ⅱ} = \frac{15 \times 0.7}{13} = 8\ kW; \qquad N_{Ⅲ} = \frac{10 \times 0.7}{13} = 5.5\ kW$$

炉子的有效功率为：

$$N_L = 13.5 + 8 + 5.5 = 27\ kW$$

炉子的小时产量为：

$$p = \frac{860 \times 27}{0.16(920 - 20)} = 160\ kg/h$$

输送带移动速度为：

$$w = \frac{160}{2 \times 40} = 2\ m/h$$

工件在每一段内停留的时间 $\tau = \frac{1.6}{2} = 0.8\ h$；在整个炉内是 $0.8 \times 3 = 2.4\ h$。

求每一段内工件的温度：

第Ⅰ段：

$$t'_2 = 20℃;\ t''_2 = 20 + \frac{860 \times 13.5}{0.16 \times 2 \times 40 \times 2} = 470℃$$

第Ⅱ段：

$$t'_2 = 470℃;\ t''_2 = 470 + \frac{860 \times 8}{0.16 \times 2 \times 40 \times 2} = 737℃$$

第Ⅲ段：

$$t'_2 = 737℃;\ t''_2 = 737 + \frac{860 \times 5.5}{0.16 \times 2 \times 40 \times 2} = 920℃$$

求各段炉温分布(根据公式 3.1-229)：

第Ⅰ段开始时：

$$\left(\frac{T_1}{100}\right)^4 = \left(\frac{293}{100}\right)^4 + \frac{860 \times 13.5}{4.88 \times 0.78 \times 0.013 \times 40 \times 1.6} = 3703$$

所以 $T_1 = 780\ K$，$t_1 = 507℃$。

结束时：

$$\left(\frac{T_1}{100}\right)^4 = \left(\frac{743}{100}\right)^4 + \frac{860 \times 13.5}{4.88 \times 0.78 \times 0.013 \times 40 \times 1.6} = 6680$$

所以 $T_1 = 905\ K$，$t_1 = 632℃$。

第Ⅱ段开始时：

$$\left(\frac{T_1}{100}\right)^4 = \left(\frac{743}{100}\right)^4 + \frac{860 \times 8}{4.88 \times 0.78 \times 0.013 \times 40 \times 1.6} = 5273$$

所以 $T_1 = 849\ K$，$t_1 = 576℃$。

结束时：

$$\left(\frac{T_1}{100}\right)^4 = \left(\frac{1010}{100}\right)^4 + \frac{860 \times 8}{4.88 \times 0.78 \times 0.013 \times 40 \times 1.6} = 12828$$

所以 $T_1 = 1060\ \mathrm{K}, t_1 = 787℃$。

同样可求出第Ⅲ段的炉温变化。将本例的计算结果作成图 3.1-78。

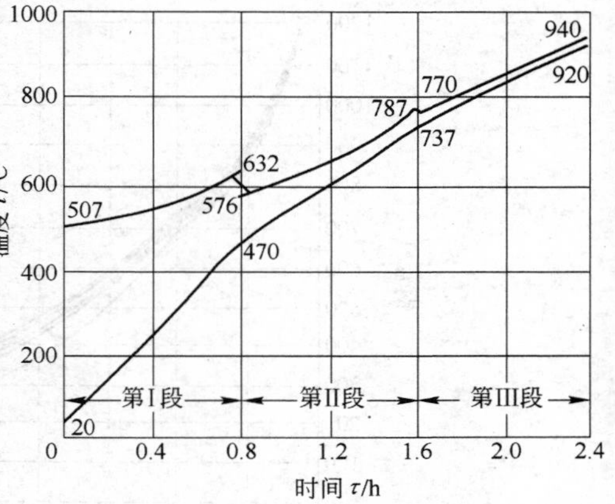


图 3.1-78 工件在三段式电炉内的加热曲线

**（五）薄料在空气中的冷却**

进行冷却计算时，冷却过程中钢料表面放出的热流在不断地改变，而使计算复杂化。下面介绍一种最简单的计算方法，即假设周围介质的温度或受热面的温度不随时间而变，钢料以对流和辐射方式散失热量。在温度高于700℃时对流传热可忽略不计，即：

$$Gc'\mathrm{d}\tau = -cF\left[\left(\frac{T}{100}\right)^4 - \left(\frac{T_0}{100}\right)^4\right]\mathrm{d}\tau$$

式中 $G$——钢料质量，kg；

$T$——钢料表面温度，K；

$c'$——真比热容，kJ/(kg·K)；

$T_0$——周围介质温度或受热面温度，K。

如果略去 $\left(\frac{T_0}{100}\right)^4$，将上式在 $T_k$ 到 $T_z$ 的温度范围内进行积分，得：

$$\tau = \frac{Gc}{FC_L}\frac{100}{3}\left[\left(\frac{100}{T_k}\right)^3 - \left(\frac{100}{T_z}\right)^3\right] = \frac{Gc}{FC_L}(\psi_2 - \psi_1) \tag{3.1-233}$$

温度在 800～1400℃ 范围内的 $\psi$ 值见表 3.1-23。

**表 3.1-23 计算冷却时间用的 $\psi$ 值**

| $t$/℃ | 800 | 900 | 1000 | 1100 | 1200 | 1300 | 1400 |
|---|---|---|---|---|---|---|---|
| $\psi$ | 0.027 | 0.0207 | 0.0162 | 0.0129 | 0.0104 | 0.0086 | 0.0071 |

温度不大于 700℃ 时，计算时应考虑对流的影响。图 3.1-79 可以计算某些具体情况下钢料的冷却时间。图的绘制方法是：算出每隔 100℃ 总传热系数 $\alpha$ 的平均值及系数 $\xi$。这时考虑了钢的比热容和温度的关系。辐射系数取 $C_L = 4.0 \times 4.1868\ \mathrm{kJ/(m^2 \cdot h \cdot K^4)}$。原始方程式是：

$$c'G\Delta t = \alpha(t - t_0)F\tau \approx \alpha t F\tau$$

由此得：

$$\tau = \frac{G}{F} \times \frac{c'\Delta t}{\alpha t} = \frac{G}{F}\xi \tag{3.1-234}$$

$$\xi = c'\Delta t/(\alpha t)$$

式中 $\alpha$——传热系数，kJ/(m²·h·℃)；

$c'$——钢在该温度范围内真比热容的平均值，kJ/(kg·℃)；

$t$——钢料温度的平均值，℃。

图 3.1-79 表示了 $\xi$ 值与钢料温度和对流传热条件的关系。图中分别列出了自然对流条件下平放的钢棒（$\phi$20 mm、$\phi$50 mm、$\phi$100 mm）、平放和立放的钢板的冷却曲线，以及上述钢料在 $w = 2$ m/s 的强制吹风条件下（风向和钢棒垂直以及顺着钢板面）的冷却曲线。周围空气温度取作零度。如果空气温度不是零度，可视纵坐标表示钢温与空气温度的差值。

此图只适用于计算形状简单的小型钢材的冷却时间，形状复杂或堆成几层钢材的冷却只能作近似计算。

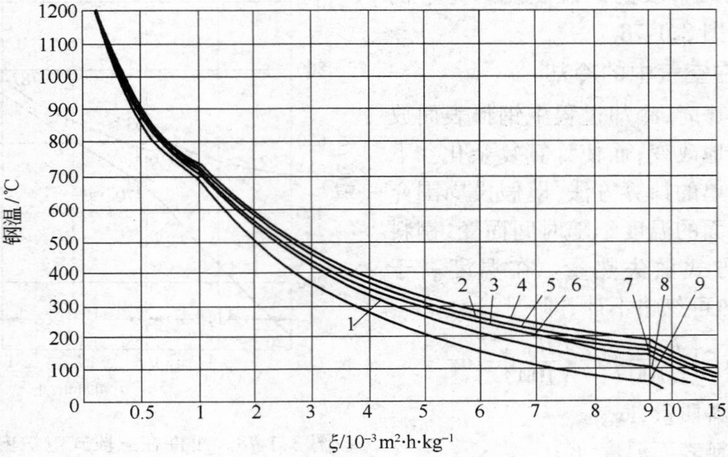


图 3.1-79　在静止或流动空气(0℃)中薄料的冷却曲线

1—沿平板空气流速 $w=2$ m/s;2—垂直平板自然冷却;3—水平平板自然冷却;4—$\phi$100 mm,自然冷却;5—$\phi$50 mm,自然冷却;6—$\phi$20 mm,自然冷却;7—$\phi$100 mm,$w=2$ m/s;8—$\phi$50 mm,$w=2$ m/s;9—$\phi$20 mm,$w=20$ m/s

从原则上讲,也可根据计算恒温介质内加热时间的图表(见图 3.1-103～图 3.1-106)来计算冷却时间。但确定传热系数要特别谨慎,因为在加热过程中由炉衬内表面对钢料受热面的传热系数在相当长的时间内变化不大,而在冷却过程中按钢料温度来确定的传热系数对冷却时间却有很大的影响。

对于比较复杂的冷却情况,例如钢料炉冷或受热表面的温度也是变数,或强制循环冷却等还没有通用的公式,将在下一节介绍近似的计算方法。

**例:**求 $\phi$50 mm 钢棒由 $t_1=800$℃冷却到 $t_2=100$℃的冷却时间,空气温度等于0℃。

**解:**这时整个表面都是散热面,每米钢棒的质量及表面积为:$G=15.2$ kg,$F=0.157$ m$^2$。由图定出 800℃和 100℃时的 $\xi$ 值为:

$w=0$ 时,$\xi_1=0.0006$;$\xi_2=0.0140$

$w=2$ 时,$\xi_1=0.0006$;$\xi_2=0.0098$

故

$$w=0\text{ 时},\tau=\frac{15.2}{0.157}(0.0140-0.0006)=1.30\text{ h}$$

$$w=2\text{ 时},\tau=\frac{15.2}{0.157}(0.0098-0.0006)=0.88\text{ h}$$

由此可以看出,空气吹冷时冷却时间可缩短 1/3。

**(六)薄料的炉冷**

薄料的炉冷指工件和炉子一起冷却。这时炉内所含蓄的热量(炉衬、炉内耐热构件、工件本身的热量)都要从炉内散出去,这样就损失了大量热量。在热处理的工艺过程要求在炉内缓冷时,或工件要求在保护气氛(或真空)中进行加热及冷却时才采用炉冷。后一种情况工件也可不在炉内,把它移到气密的冷却段内进行,以避免或减少炉衬的蓄热损失。罩式炉就是将外罩移走,钢料在内罩内冷却。

如果没有采用专门措施(如炉内吹入冷气体、炉内设置冷却管等)来加速冷却过程时,炉内的

热量只有通过热损失散出去。炉子的热损失如和炉温成正比时(如高温及中温电炉),工件的炉冷时间是:

$$\tau=\frac{Q'-Q''}{\frac{1}{2}(q'_s+q''_s)} \tag{3.1-235}$$

式中　$q'_s$、$q''_s$——冷却开始和结束时炉子的散热量;

$Q'$、$Q''$——冷却开始和结束时炉子和工件的蓄热量。

如炉子的散热量与炉温不成比例时,要得到较精确的结果就要采用分段计算。图 3.1-80 绘出了各种设定温度下炉子的蓄热量曲线 $Q$ 和散热量曲线 $q_s$。

计算散热损失时每层砌体的平均温度,通常是按稳定态传热考虑的,没有考虑砌体由于不稳定传热造成的热量的再分配问题。此外,炉衬往往由几种材质不同的砖砌成,它们的冷却速度也不一致,不仅每层砌体内有热量再分配问题,各层砖之间也有传热问题。工件本身各部分的冷却过程实际上也不完全是均衡的。因此计算结果只能是近似的。

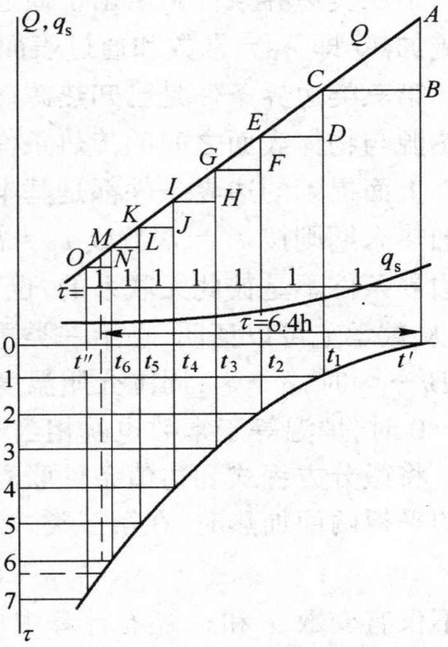

图 3.1-80　炉冷曲线的绘制

## 四、厚料的加热

### (一) 边界条件和开始条件

加热厚料时,物料的表面和中间存在着温度差,这样的温度差对加热过程的进行和加热时间的长短都有很大的影响。加热过程不仅取决于炉子对钢料表面的外部传热条件(如同薄料加热那样),还取决于物料内部的温度分布情况。

固体内温度分布基本规律的微分方程式为:

$$\frac{\partial t}{\partial \tau}=a\left[\frac{\partial^2 t}{\partial x^2}+\frac{\partial^2 t}{\partial y^2}+\frac{\partial^2 t}{\partial z^2}\right]$$

式中,$t$ 表示物体内坐标位置是 $x$、$y$、$z$ 的某点在时间 $\tau$ 的瞬间温度。物体的热扩散率 $a=\lambda/(c\gamma)$,在解方程中为简化起见取作常数。

物体内的温度场方程式为:

$$t=f(x、y、z、\tau)$$

如果温度场仅仅由一个空间坐标所决定,例如加热大平板时,上述公式就可简化为:

$$\frac{\partial t}{\partial \tau}=a\frac{\partial^2 t}{\partial x^2};\qquad t=f(x,\tau)$$

为了对某一具体情况求解,除微分方程式之外,还需要有一些能说明具体情况的补充方程式,即边界条件(物体和周围介质之间热交换情况)和开始条件(刚开始加热时物体内的温度分布情况)。将微分方程式和边值条件综合起来,才能得出适合某种具体情况的答案。

刚开始加热时物体内的温度分布情况,既可以是各处温度相同,也可以是各处温度都不一样。一般式是:

$$t_k=f(x,y,z)$$

边界条件就是物体表面的加热(或冷却)条件,可分为三类。

第一类边界条件是给出物体表面的温度随时间而变化的关系,即 $t_B=f(\tau)$。例如温度成直线上升,边界条件可表示为 $x=S$ 时,表面温度为:

$$t_B = t_k + c\tau$$

式中 $t_k$——物体的开始温度；

$c$——表面的加热速度，为常数；

$\tau$——时间。

物体的表面温度也可能是按其他规律变化，例如按抛物线变化。第一类加热条件的另一个情况是表面温度在加热一开始便达到需要的最终值，以后在加热过程中保持不变，即 $t_B$ = 常数。

第二类边界条件是给出了通过物体表面的热流和时间的关系，即 $q_B = f(\tau)$。例如以不变的热流加热，即 $q_B$ = 常数和通过表面的热流为零时的均热。

第三类边界条件是已知热源（炉子、炉气、电热元件等）的温度情况，即 $t_L = f(\tau)$。补充条件是热源与物体表面之间的传热条件。例如钢在恒温炉里加热时传热遵守温度的四次方定律。

上面提到的边界条件都是基本的，实际上还能进行各种组合。例如开始加热时按 $q$ = 常数，而加热末期则按 $t_L$ = 常数或 $t_B$ = 常数。又如物体可能是对称加热，也可能是不对称加热。这三类边界条件不是彼此无联系的，也不是说某一种加热情况下非用某一种边界条件计算不可。例如，从数学上可以证明，在第一类边界条件下求得的解，可以认为是第三类边界条件的特殊情况，即 $Bi \to \infty$ 时，$\alpha \to \infty$，周围介质温度就接近于物体表面温度，它们之间的温度差接近于零。又如，$Bi \to 0$ 时，炉温等于常数也就相当于热流等于常数这个边界条件。

将微分方程式和边值条件联立解出后，可以得到温度与很多变数之间的关系。例如厚度为 $S$ 的平板两面加热时，在第三类边界条件下得出的解有如下形式：

$$t = f(x、\tau、\alpha、\lambda、c、t_L、t_k、S)$$

即不仅有变数 $x$ 和 $\tau$，还有计算中应用的常数，以及物体的直线尺寸 $S$。要根据这样多的参数，制作一些通用的计算图表是不现实的。应用相似原理，把这些参数综合成若干准数，然后编成图或表，计算就方便多了。例如上面的有 8 个参数的式子就成了只有 3 个参数的形式：

$$\frac{t_L - t}{t_L - t_0} = f\left(\frac{x}{S}; \frac{a\tau}{S^2}; \frac{\alpha S}{\lambda}\right)$$

式中 $\frac{x}{S}$、$\frac{t_L - t}{t_L - t_0}$——相对长度和相对温度；

$\frac{a\tau}{S^2}$——相对时间，有时称为傅里叶数，用 $Fo$ 表示；

$\frac{\alpha S}{\lambda}$——物体内部热阻和外部热阻的比值，有时称为比欧数，用 $Bi$ 表示。

然后再根据不同的 $x/S$ 值，作出如图 3.1-103 和图 3.1-104 所示的图表。

比欧数在形式上和对流传热中的努塞尔数 $Nu$ 相似，但物理意义不同。前者是气流对物体的传热系数，$S$ 和 $\lambda$ 是指物体的厚度和导热系数；而在 $Nu$ 数中 $Nu = \frac{\alpha d}{\lambda}$，$\alpha$ 的意义相同，$d$ 和 $\lambda$ 是指和物体接触的气流的厚度和导热系数。

下面按三类边界条件分别列出计算用的公式和图表。表中的尺寸为 $2S \times 2B \times 2L$ 的物体，当 $L$ 比 $S$ 或 $B$ 大得很多时，可按无限长物体（坐标为两度空间）计算；当 $L$ 和 $B$ 都比 $S$ 大得很多时，则按无限大平板（坐标为一度空间）计算。尺寸为 $2R \times 2H$ 的圆柱体，当 $H$ 比 $R$ 大得很多时，则按无限长圆柱体计算。

**（二）第一类边界条件——钢料表面温度不变**

工业生产中的某些场合，例如钢料在盐浴炉和铅浴炉内加热；钢料在水、油等介质中淬火；钢料在保持表面温度不变时的均热等，符合这类边界条件。

这种边界条件下钢料的加热温度和时间计算公式列于表 3.1-24。计算中可以求出加热 $\tau$ 小时后，钢料内某点所能达到的温度 $t$；反之亦可找出将钢料内某点加热到温度 $t$ 所需要的时间 $\tau$。当然还可以求出加热过程中钢料内各点间的温度差。

**表 3.1-24　钢料表面温度不变时的加热计算**

| 温度场空间坐标数 | 边　值　条　件 | 钢 料 形 状 | 计算公式及图表 | 备　注 |
|---|---|---|---|---|
| 一度空间 | 开始时断面上温度均匀，表面温度瞬时变化而达定值<br>$\tau=0$ 时，$t=t_k=$ 常数；<br>$x=\pm S$ 或 $x=R$ 时，<br>$t=t_B=$ 常数 | 无限大的平板 | $\frac{t-t_B}{t_k-t_B}=\Phi\left(\frac{a\tau}{S^2};\frac{x}{S}\right)$<br>$\Phi$ 值查图 3.1-81 | |
| | | 无限长的圆柱体 | $\frac{t-t_B}{t_k-t_B}=\Phi\left(\frac{a\tau}{R^2};\frac{r}{R}\right)$<br>$\Phi$ 值查图 3.1-82 | |
| 一度空间及其他 | 开始时断面上温度为抛物线分布，加热过程中表面温度保持不变<br>$\tau=0$ 时，<br>$t=t_{zxk}+(t_B-t_{zxk})\frac{x^2}{S^2}$；<br>$x=\pm S$ 时，<br>$t=t_B=$ 常数<br>对无限长圆柱体等，边值条件的数学表达式之结构同上，仅将式中 $S$ 代之以 $R$，$x$ 代之以 $r$ | 无限大的平板 | $\frac{t-t_B}{t_{zxk}-t_B}=\Phi\left(\frac{a\tau}{S^2};\frac{x}{S}\right)$<br>$\Phi$ 值查图 3.1-83 | |
| | | 无限长的圆柱体 | $\frac{t-t_B}{t_{zxk}-t_B}=\Phi\left(\frac{a\tau}{R^2};\frac{r}{R}\right)$<br>$\Phi$ 值查图 3.1-84 | |
| | | 共 7 种 | 加热终了时和加热开始时表面与中心的温度差之比值称为温度均匀度 $\delta$：<br>$\delta=\frac{\Delta t_z}{\Delta t_k}=\frac{t_B-t_{zxz}}{t_B-t_{zxk}}=\varphi\left(\frac{a\tau}{S^2}\right)$<br>对于其他形状 $S$ 为透热深度，$\varphi$ 值查图 3.1-85 | 所有表面均匀加热 |
| 一度空间 | 开始时断面上温度为抛物线分布，表面温度瞬时变化而达定值<br>$\tau=0$ 时，<br>$t=t_{zxk}+(t_{Bk}-t_{zxk})\frac{x^2}{S^2}$；<br>$x=S$ 时，<br>$t=t_B=$ 常数<br>对于无限长圆柱体，上式中的 $S$ 代之以 $R$，$x$ 代之以 $r$ | 无限大的平板 | $t=t_B-(t_B-t_{Bk})\Phi\left(\frac{a\tau}{S^2};\frac{x}{S}\right)$<br>$-(t_{Bk}-t_{zxk})\Phi_1\left(\frac{a\tau}{S^2};\frac{x}{S}\right)$<br>$\Phi$ 值查图 3.1-81，$\Phi_1$ 值查图 3.1-83 | |
| | | 无限长的圆柱体 | $t=t_B-(t_B-t_{Bk})\Phi\left(\frac{a\tau}{R^2};\frac{r}{R}\right)$<br>$-(t_{Bk}-t_{zxk})\Phi_1\left(\frac{a\tau}{R^2};\frac{r}{R}\right)$<br>$\Phi$ 值查图 3.1-82，$\Phi_1$ 值查图 3.1-84 | |
| 二度空间 | 开始时钢内无温差，表面温度瞬时变化而达定值 | 断面尺寸为 $2S\times2B$ 的无限长直角柱体 | $\frac{t-t_B}{t_k-t_B}=\Phi\left(\frac{a\tau}{S^2};\frac{x}{S}\right)\Phi\left(\frac{a\tau}{B^2};\frac{y}{B}\right)$<br>$\Phi$ 值查图 3.1-81 | 所有表面均匀受热 |
| | | 半径为 $R$、高度为 $2H$ 的定长圆柱体 | $\frac{t-t_B}{t_k-t_B}=\Phi\left(\frac{a\tau}{H^2};\frac{z}{H}\right)\Phi_1\left(\frac{a\tau}{R^2};\frac{r}{R}\right)$<br>$\Phi$ 值查图 3.1-81，$\Phi_1$ 值查图 3.1-82 | |
| 二度空间 | 开始时温度呈抛物线分布，加热过程中表面温度保持不变 | 断面尺寸为 $2S\times2B$ 的无限长直角柱体 | $\frac{t-t_B}{t_{zxk}-t_B}=\Phi\left(\frac{a\tau}{S^2};\frac{x}{S}\right)\Phi\left(\frac{a\tau}{B^2};\frac{y}{B}\right)$<br>$\Phi$ 值查图 3.1-83 | |
| | | 半径为 $R$、高度为 $2H$ 的定长圆柱体 | $\frac{t-t_B}{t_{zxk}-t_B}=\Phi\left(\frac{a\tau}{H^2};\frac{z}{H}\right)\Phi_1\left(\frac{a\tau}{R^2};\frac{r}{R}\right)$<br>$\Phi$ 值查图 3.1-83，$\Phi_1$ 值查图 3.1-84 | |

注：1. $t$—钢料内某点的温度，℃；$t_k$—开始温度，℃；$t_{Bk}$—钢料表面开始加热前的温度，℃；$a$—热扩散率，$m^2/h$；$S$、$B$、$H$、$R$—透热深度，m；$t_B$—钢料表面温度，℃；$t_{zxk}$—钢料中心的开始温度，℃；$t_{zxz}$—钢料中心的终了温度，℃；$\tau$—加热时间，h；$x$、$y$、$z$、$r$—空间坐标参数，m。

2. 对平板双面加热时，$S=\frac{1}{2}$厚度；单面加热时，$S=$厚度。对圆柱体，周边上均匀加热。

这里列出的公式不仅可用于加热计算，也可用于冷却计算。计算表面温度不变时，均热过程中通过表面的热流公式为：

无限大平板

$$q_B=\frac{\lambda\Delta t_k}{S}F\left(\frac{a\tau}{S^2}\right) \tag{3.1-236}$$

无限长圆柱体

$$q_B=\frac{\lambda\Delta t_k}{R}F\left(\frac{a\tau}{R^2}\right) \tag{3.1-237}$$

式中　$q_B$——通过表面的热流，kJ/(m²·h)；

$\lambda$——导热系数，kJ/(m·h·℃)；

$\Delta t_k$——开始均热时物体表面与中心的温度差，$\Delta t_k=t_B-t_{zk}$，℃；

$F\left(\frac{a\tau}{S^2}\right)$、$F\left(\frac{a\tau}{R^2}\right)$——函数值，由图 3.1-86 查取。

计算炉温 $t_L$ 或炉气温度 $t_0$ 的公式是：

$$t_L=100\sqrt[4]{\frac{q_B}{C_L}+\left(\frac{T_B}{100}\right)^4}-273$$

$$t_0=100\sqrt[4]{\frac{q_B}{C_{012}}+\left(\frac{T_B}{100}\right)^4}-273$$

式中　$C_L$、$C_{012}$——综合辐射系数，kJ/(m²·h·K⁴)；

$T_B$——物体表面温度，K。

**例 1**　直径 200 mm 的圆钢均匀加热到 900℃ 后立即投入温度为 40℃ 的循环冷却水中，求圆钢中心降到 400℃ 时所需的时间。假定圆钢入水前断面上温度是均匀的，入水后表面温度立即和水温相同。

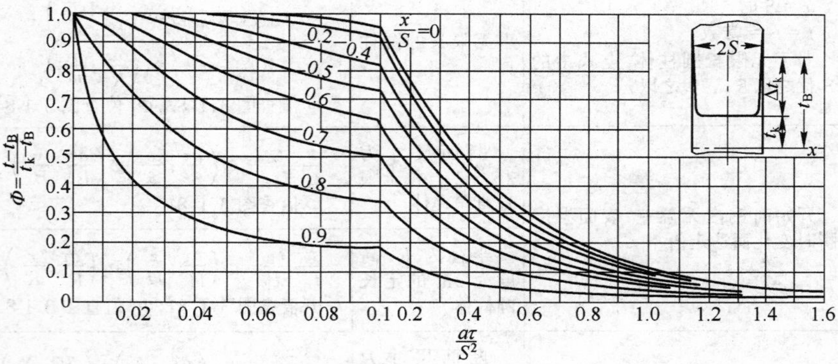


图 3.1-81　钢表面温度不变，开始时钢内无温度差，求平板内的相对温度函数 $\Phi$ 的图解

**解**：函数值为：

$$\Phi=\frac{t_{zxz}-t_B}{t_k-t_B}=\frac{400-40}{900-40}=0.419$$

各种温度下的导热系数为：

$$\lambda_{40}=50\times4.1868\ \text{kJ/(m·h·℃)}$$

$$\lambda_{400}=42.5\times4.1868\ \text{kJ/(m·h·℃)}$$

$$\lambda_{900} = 34.0 \times 4.1868\ \text{kJ/(m·h·℃)}$$

平均导热系数为：

$$\lambda = \frac{2\lambda_{900} + \lambda_{40} + \lambda_{400}}{4} = \frac{2 \times 34 + 50 + 42.5}{4} \times 4.1868 = 40.13 \times 4.1868\ \text{kJ/(m·h·℃)}$$

温度差为：

$$\Delta t = t_{zx} - t_B = 400 - 40 = 360\ ℃$$

平均温度为：

$$t = t_B + \frac{1}{2}\Delta t = 40 + \frac{1}{2} \times 360 = 220\ ℃$$

平均比热容为：

$$c = \frac{i_0^{900} - i_0^{220}}{900 - 220} = \frac{150 - 24}{900 - 220} = 0.1852 \times 4.1868\ \text{kJ/(kg·℃)}$$

热扩散率为：

$$a = \frac{\lambda}{c\gamma} = \frac{40.13}{0.1852 \times 7850} = 0.0276\ \text{m}^2/\text{h}$$

由图 3.1-82 可知 $\Phi = 0.419$，$r/R = 0$，求得$\frac{a\tau}{R^2} = 0.23$，故冷却时间为：

$$\tau = 0.23R^2/a = 0.23 \times \frac{0.1^2}{0.0276} = 0.0833\ \text{h 或 5 min}$$

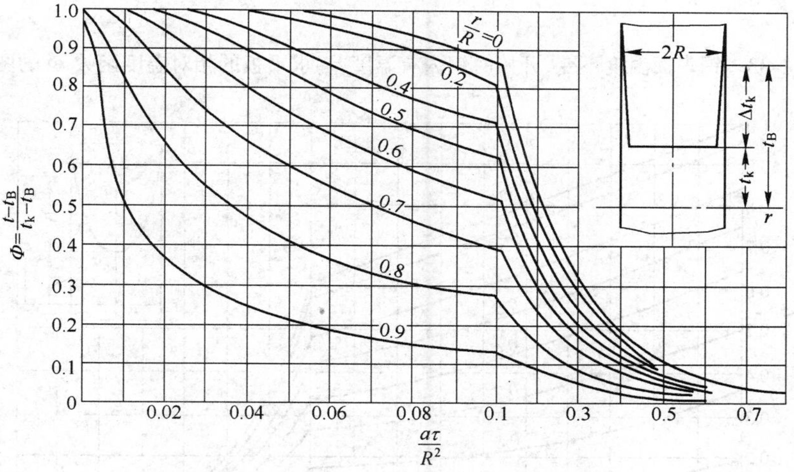


图 3.1-82　钢表面温度不变，开始时钢内无温度差，求圆柱体内的相对温度函数 $\Phi$ 的图解

如 $a\tau/S^2 > 0.06$（平板）和 $a\tau/R^2 > 0.08$（圆柱），终了时的中心温度也可以用下式计算：

厚度为 $2S$ 的无限大平板：

$$\frac{t - t_B}{t_k - t_B} = 1.27\text{e}^{-2.47\frac{a\tau}{S^2}} \tag{3.1-238}$$

半径为 $R$ 的无限长圆柱：

$$\frac{t - t_B}{t_k - t_B} = 1.61\text{e}^{-5.76\frac{a\tau}{R^2}} \tag{3.1-239}$$

半径为 $R$、高为 $2H$ 的定长圆柱：

$$\frac{t-t_B}{t_k-t_B}=2.05e^{-\left(2.47\frac{a\tau}{H^2}+5.76\frac{a\tau}{R^2}\right)} \tag{3.1-240}$$

断面尺寸为 $2S\times2B$ 的无限长直角柱：

$$\frac{t-t_B}{t_k-t_B}=1.61e^{-2.47\left(\frac{a\tau}{S^2}+\frac{a\tau}{B^2}\right)} \tag{3.1-241}$$

断面尺寸为 $2S\times2B\times2H$ 的定长直角柱：

$$\frac{t-t_B}{t_k-t_B}=2.05e^{-2.47\left(\frac{a\tau}{S^2}+\frac{a\tau}{B^2}+\frac{a\tau}{H^2}\right)} \tag{3.1-242}$$

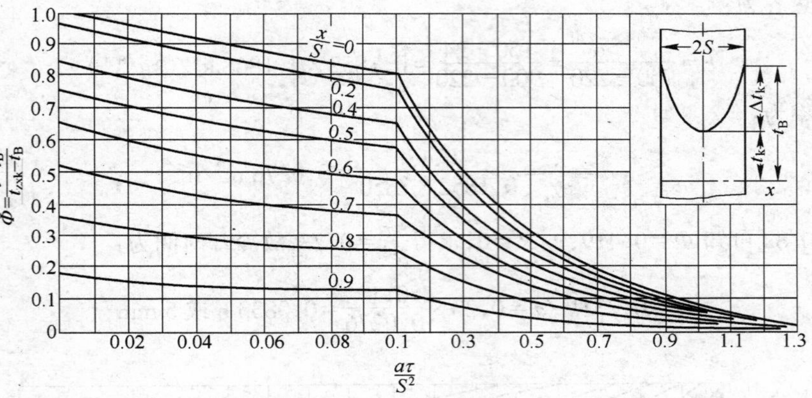


图 3.1-83　钢表面温度不变，开始时钢内有温度差，求平板的相对温度函数 $\Phi$ 的图解

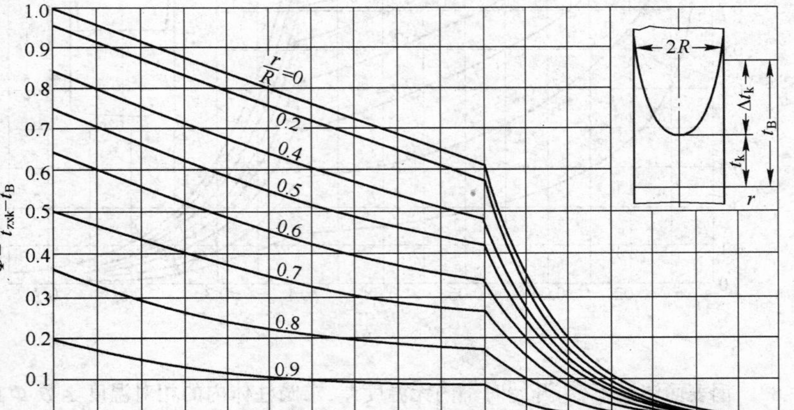


图 3.1-84　钢表面温度不变，开始时钢内有温度差，求圆柱体的相对温度函数 $\Phi$ 的图解

**例 2**　条件同例 1，用公式 3.1-239 计算。

**解：**

$$\frac{400-40}{900-40}=0.419=1.61e^{-5.76\frac{a\tau}{R^2}}$$

由此：

$$e^{-5.76\frac{a\tau}{R^2}}=\frac{0.419}{1.61}=0.2602$$

$$e^{5.76\frac{a\tau}{R^2}}=3.842$$

或
$$5.76\frac{a\tau}{R^2}=\frac{\lg 3.842}{\lg 2.718}=\frac{0.5846}{0.4343}=1.346$$

冷却时间为：
$$\tau=\frac{1.346\times 0.1^2}{5.76\times 0.0276}=0.0847\ \mathrm{h}\ 或\ 5.08\ \mathrm{min}$$

**例 3**　500 mm×750 mm 的扁钢锭，表面温度达到 1250℃时中心温度达到 1050℃。如表面温度保持不变，中心温度均温到 1200℃，求需要的时间。

**解**：已知条件为：$t_B=1250℃$；$t_{zxk}=1050℃$；$t_{zxz}=1200℃$；$S=0.25$ m；$B=0.375$ m；$\gamma=7800$ kg/m$^3$；$\lambda=36.0\times 4.1868$ kJ/(m·h·℃)。

加热终了时温度差为：

$$\Delta t_z=t_B-t_{zxz}=1250-1200=50℃$$

加热开始时温度差为：

$$\Delta t_k=t_B-t_{zxk}=1250-1050=200℃$$

温度均匀度为：

$$\delta=\Delta t_z/\Delta t_k=\frac{50}{200}=0.25$$

加热开始时钢的平均温度为 $1250-\frac{1}{2}\times 200=1150℃$，热焓为 $192.2\times 4.1868$ kJ，所以平均比热容为：

$$c=\frac{205.3-192.2}{1225-1150}=\frac{13.1}{75}=0.1747\times 4.1868\ \mathrm{kJ/(kg\cdot ℃)}$$

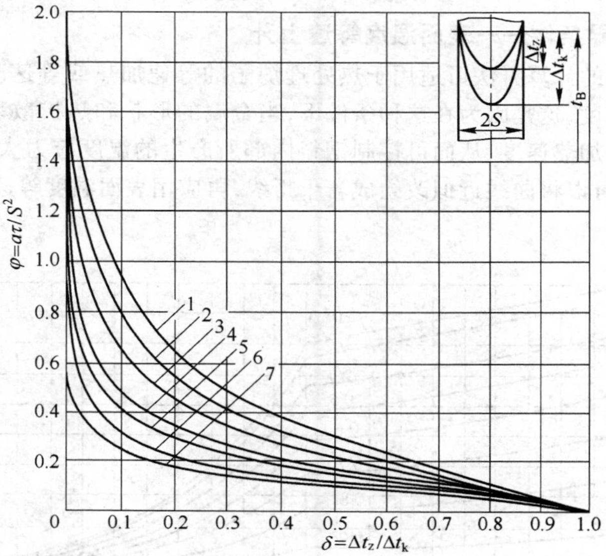


图 3.1-85　求钢表面温度不变时的均热时间

1—大平板；2—方柱体 $B/S=2.0$；3—方柱体 $B/S=1.4$；4—方柱体 $B/S=1.0$；5—长圆柱体；6—立方体；7—球体

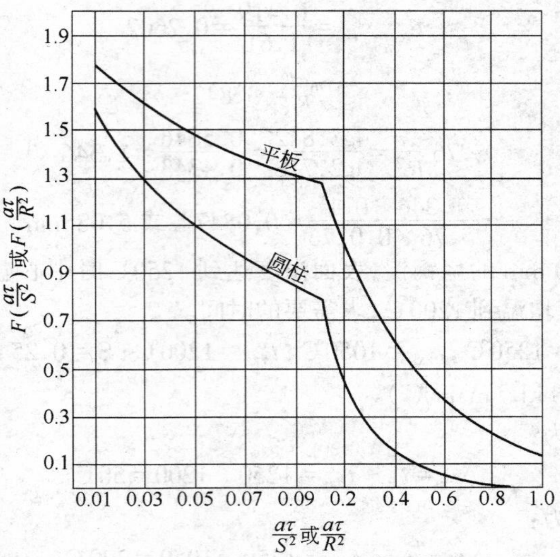


图 3.1-86　表面温度一定时求热流用的函数

热扩散率为：

$$a=\frac{\lambda}{c\gamma}=\frac{36}{0.1747\times7800}=0.0264\ \mathrm{m^2/h}$$

由图 3.1-85，如 $\delta=0.25$、$\frac{B}{S}=1.5$，则 $\varphi=0.42$，故：

$$\tau=0.42\times\frac{S^2}{a}=0.42\times\frac{0.25^2}{0.0264}=0.994\ \mathrm{h}$$

**（三）第一类边界条件——表面温度等速上升**

这类边界条件下的计算方法可适用于热处理炉子的等速加热或等速冷却。此外，金属的加热也常采用这种热制度，这是因为在这种条件下，当金属的形状和热扩散率一定时，预热过程中的温差就完全决定于加热速度，从而可控制钢料内部所产生的温度应力大小。当金属表面温度是以曲线上升时，则可以将曲线近似改绘成若干折线，再应用表面温度等速上升的公式。计算公式列于表 3.1-25。

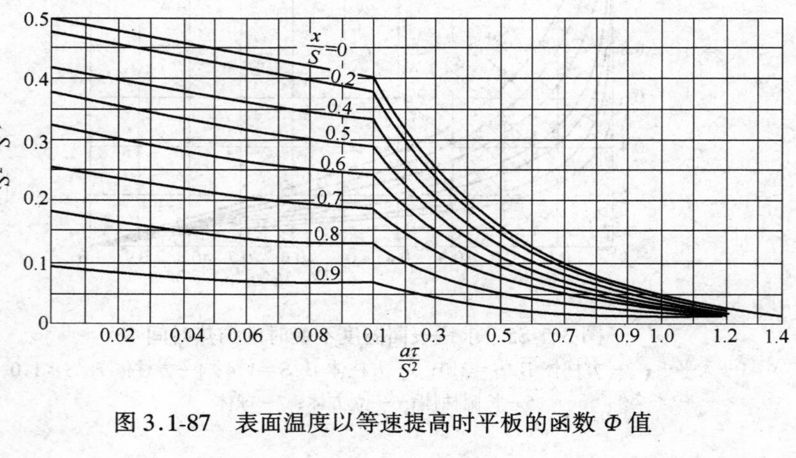


图 3.1-87　表面温度以等速提高时平板的函数 $\Phi$ 值

**表 3.1-25　钢料表面温度等速上升时的计算**

| 温度场空间坐标数 | 边值条件 | 钢料形状 | 钢材加热温度与时间 | 钢材表面与中心的温度差 | 表面热流与炉温 | 备注 |
|---|---|---|---|---|---|---|
| 一度空间 | 开始时物体内无温度差,即<br>$\tau=0$ 时,<br>$t=t_k$;<br>$x=\pm S$ 时,<br>$t=t_B=t_k+c\tau$<br>对于无限长圆柱体,将上式中的 $\pm S$ 代之以 $R$, $x$ 代之以 $r$ | 无限大的平板 | $t=t_k+c\tau+\frac{cS^2}{2a}\left(\frac{x^2}{S^2}-1\right)+\frac{cS^2}{a}\Phi\left(\frac{a\tau}{S^2};\frac{x}{S}\right)$<br>$\Phi$ 值查图 3.1-87<br>当 $\frac{a\tau}{S^2}>1.2$ 时,进入正规期,简化得:<br>$t=t_k+c\tau+\frac{cS^2}{2a}\left(\frac{x^2}{S^2}-1\right)$<br>$t_{zx}=t_k+c\tau-\frac{cS^2}{2a}$ | $\Delta t=t_B-t_{zx}=\frac{cS^2}{2a}-\frac{cS^2}{a}\Phi\left(\frac{a\tau}{S^2};0\right)$<br>$\Delta t_{zD}=\frac{cS^2}{2a}$<br>$\Phi$ 值查图 3.1-87 | 炉温:<br>$t_L=100\sqrt[4]{\frac{q}{C_L}+\left(\frac{T_B}{100}\right)^4}-273$<br>热流:<br>无限大平板:<br>$q=cSc_p\gamma(1-\bar{q})$<br>无限长圆柱体:<br>$q=cRc_p\gamma(0.5-\bar{q})$<br>比热流 $\bar{q}$ 查图 3.1-91<br>吸热量:<br>$Q=\frac{cS^2}{a}Sc_p\gamma\bar{Q}$<br>比吸热量 $\bar{Q}$ 查图 3.1-91<br>($S$ 可以代之以 $R$) | |
| | | 无限长的圆柱体 | $t=t_k+c\tau+\frac{cR^2}{4a}\left(\frac{r^2}{R^2}-1\right)+\frac{cR^2}{a}\Phi\left(\frac{a\tau}{R^2};\frac{r}{R}\right)$<br>$\Phi$ 值查图 3.1-88<br>当 $\frac{a\tau}{R^2}>0.6$ 时,进入正规期,简化得:<br>$t=t_k+c\tau+\frac{cR^2}{4a}\left(\frac{r^2}{R^2}-1\right)$<br>$t_{zx}=t_k+c\tau-\frac{cR^2}{4a}$ | $\Delta t=t_B-t_{zx}=\frac{cR^2}{4a}-\frac{cR^2}{a}\Phi\left(\frac{a\tau}{R^2};0\right)$<br>$\Delta t_{zD}=\frac{cR^2}{4a}$<br>$\Phi$ 值查图 3.1-88 | | |
| | 开始时,物体内温度呈抛物线分布,即<br>$\tau=0$ 时,<br>$t=t_{zxk}+(t_{Bk}-t_{zxk})\frac{x^2}{S^2}$;<br>$x=\pm S$ 时,<br>$t=t_{Bk}+c\tau$<br>对于无限长圆柱体,将上式中的 $\pm S$ 代之以 $R$, $x$ 代之以 $r$ | 无限大平板 | $t=t_{Bk}+c\tau+\frac{cS^2}{2a}\left(\frac{x^2}{S^2}-1\right)+\left[\frac{cS^2}{a}-2(t_{Bk}-t_{zxk})\right]\Phi\left(\frac{a\tau}{S^2};\frac{x}{S}\right)$<br>$\Phi$ 值查图 3.1-87 | $\Delta t=\Delta t_{zD}-2[\Delta t_{zD}-(t_{Bk}-t_{zxk})]\Phi\left(\frac{a\tau}{S^2};0\right)$<br>而 $\Delta t_{zD}=\frac{cS^2}{2a}$ | | |
| | | 无限长圆柱体 | $t=t_{Bk}+c\tau+\frac{cR^2}{4a}\left(\frac{r^2}{R^2}-1\right)+\left[\frac{cR^2}{a}-4(t_{Bk}-t_{zxk})\right]\Phi\left(\frac{a\tau}{R^2};\frac{r}{R}\right)$<br>$\Phi$ 值查图 3.1-88 | $\Delta t=\Delta t_{zD}-4[\Delta t_{zD}-(t_{Bk}-t_{zxk})]\Phi\left(\frac{a\tau}{R^2};0\right)$<br>$\Delta t_{zD}=\frac{cR^2}{4a}$ | | |

续表 3.1-25

| 温度场空间坐标数 | 边值条件 | 钢料形状 | 钢材加热温度与时间 | 钢材表面与中心的温度差 | 表面热流与炉温 | 备注 |
|---|---|---|---|---|---|---|
| 二度空间 | $\tau=0$ 时，$t=t_k$；$x=\pm S$ 时，$t=t_B=t_k+c\tau$<br>对于定长圆柱体，将上式中的 $\pm S$ 代之以 $R$，$x$ 代之以 $r$ | 断面尺寸为 $2S\times 2B$ 的无限长直角柱体 | $\tau=\dfrac{(t_B-t_k)KS^2}{a\Delta t_{zD}}$<br>$t_{zx}=t_k+c\tau-\Delta t_{zD}+\dfrac{1}{K}\Delta t_{zD}\Phi\left(\dfrac{a\tau}{S^2};K_1\right)$<br>形状系数 $K$ 见备注<br>$K_1=B/S$<br>$\Phi$ 值查图 3.1-89 | $\Delta t_{zD}=K\dfrac{cS^2}{a}$<br>$\Delta t=\Delta t_{zD}-\dfrac{1}{K}\Delta t_{zD}\Phi\left(\dfrac{a\tau}{S^2};K_1\right)$<br>$K$、$K_1$、$\Phi$ 值同左 | 炉温：<br>$t_L=100\sqrt[4]{\dfrac{q}{C_L}+\left(\dfrac{T_B}{100}\right)^4}-273$<br>热流：<br>无限长直角柱体：<br>$q=cSc_p\gamma\left[2K-\Phi\left(\dfrac{a\tau}{S^2};K_1\right)\right]$<br>定长圆柱体：<br>$q=cRc_p\gamma\left[2K-\Phi\left(\dfrac{a\tau}{R^2};K_2\right)\right]$<br>$K$、$K_1$、$K_2$ 同左<br>$\Phi$ 值查图 3.1-92 和图 3.1-93 | 形状系数 $K$ 的值如下：<br>无限长直角柱体($B/S=K_1$)：<br>$K_1$　$K$<br>1　0.295<br>1.2　0.35<br>1.5　0.40<br>1.8　0.45<br>2.0　0.455<br>圆柱体($H/R=K_2$)：<br>$K_2$　$K$<br>1　0.20<br>1.25　0.233<br>1.5　0.245<br>球体：0.167<br>立方体：0.221 |
| | | 断面半径为 $R$、高为 $2H$ 的定长圆柱体 | $\tau=\dfrac{(t_B-t_k)KR^2}{a\Delta t_{zD}}$<br>$t_{zx}=t_k+c\tau-\Delta t_{zD}+\dfrac{1}{K}\Delta t_{zD}\Phi\left(\dfrac{a\tau}{R^2};K_2\right)$<br>形状系数 $K$ 见备注<br>$K_2=H/R$<br>$\Phi$ 值查图 3.1-90 | $\Delta t_{zD}=K\dfrac{cR^2}{a}$<br>$\Delta t=\Delta t_{zD}-\dfrac{1}{K}\Delta t_{zD}\Phi\left(\dfrac{a\tau}{R^2};K_2\right)$<br>$K$、$K_1$、$\Phi$ 值同左 | | |
| | $\tau=0$ 时，温度呈抛物线分布，表面温度等速上升<br>$t_B=t_{Bk}+c\tau$ | 各种形状 | $t_{zx}=t_{Bk}+c\tau-K\dfrac{cS^2}{a}+\dfrac{1}{K}\left[\dfrac{KcS^2}{a}-(t_{Bk}-t_{zxB})\right]\Phi$<br>形状系数 $K$ 见备注<br>$\Phi$ 值根据钢料形状查图 3.1-89 和图 3.1-90<br>对于定长圆柱体和球体，$S$ 代之以 $R$，当 $\dfrac{a\tau}{S^2}\geqslant 2$ 时，$\Phi$ 值可略去 | $\Delta t_{zD}=K\dfrac{cS^2}{a}$<br>$\Delta t=\Delta t_{zD}-\dfrac{1}{K}[\Delta t_{zD}-(t_{Bk}-t_{zxk})]\Phi$<br>$K$、$\Phi$ 值同左 | | |

注：1. $t$—温度，℃；$\Delta t$—表面与中心的温差，℃；$K$、$K_1$、$K_2$—形状系数；$t_B$、$T_B$—表面温度，℃、K；$\Delta t_{zD}$—表面与中心最大温差，℃；$a$—热扩散率，$m^2/h$；$t_{zx}$—中心温度，℃；$c$—钢表面升温速度，℃/h；$c_p$—钢的比热容，kJ/(kg·℃)；$t_k$—开始温度，℃；$\tau$—升温时间，h；$\gamma$—钢的密度，$kg/m^3$；$t_{Bk}$—表面开始温度，℃；$S$、$B$、$H$、$R$—透热深度，m；$Q$—单位时间吸热量，kJ/h；$t_{zxk}$—中心开始温度，℃；$q$—热流，kJ/($m^2$·h)；$x$、$r$—空间坐标参数，m。

2. 对平板双面加热时，$S=\dfrac{1}{2}$厚度；单面加热时，$S=$厚度。对圆柱体，周边上均匀加热。

研究等速加热发现，当经过一定时间后，钢料中心的温度也以和表面温度相同的速度升高，从而表面与中心的温差保持定值。上述时间之前称为加热的惰性期，之后称为加热正规期。以后将会看到，正规期的特性与第二类边界条件中表面热流等于常数的情况是相似的。不同条件下正规期的长短有所不同，见表 3.1-25 及表 3.1-26。

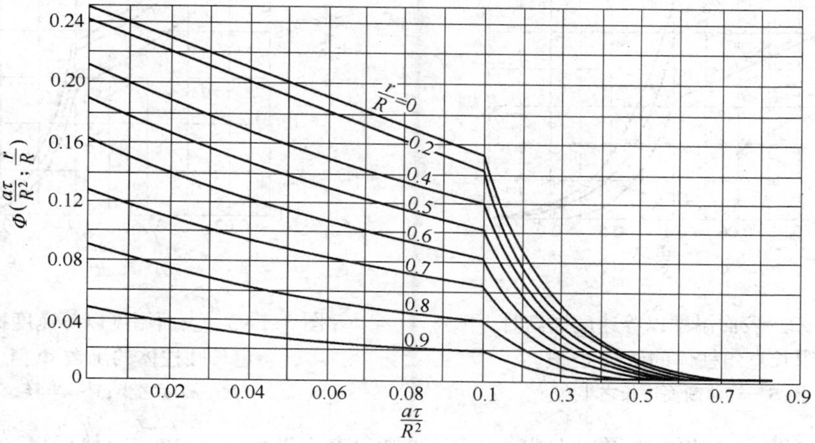


图 3.1-88　表面温度以等速提高时圆柱体的函数 $\Phi$ 值

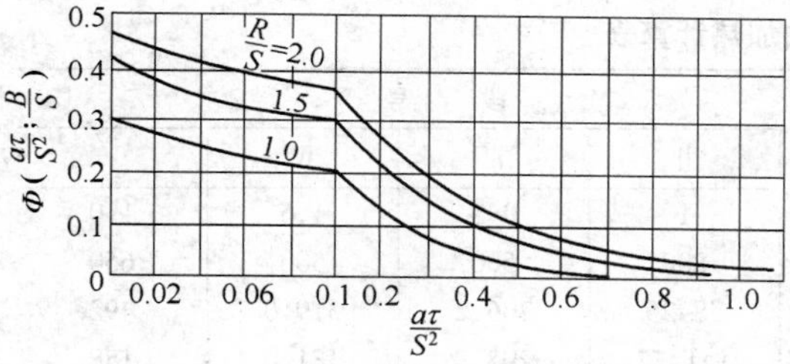


图 3.1-89　表面温度以等速提高时无限长棱柱体的函数 $\Phi$ 值

$B$、$S$—柱体断面边长之半

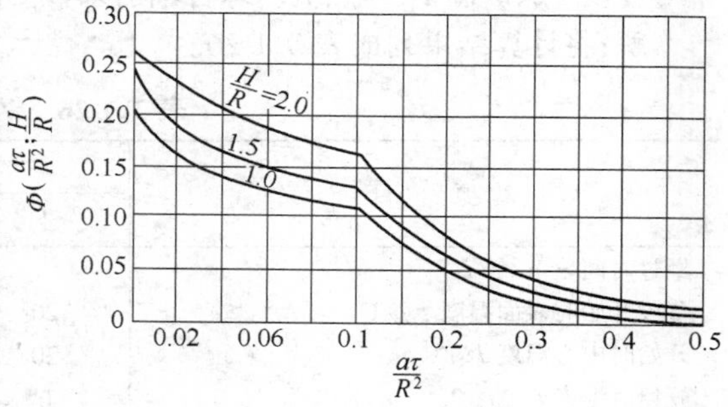


图 3.1-90　表面温度以等速提高时定长圆柱体的函数 $\Phi$ 值

$H$—高度之半；$R$—半径

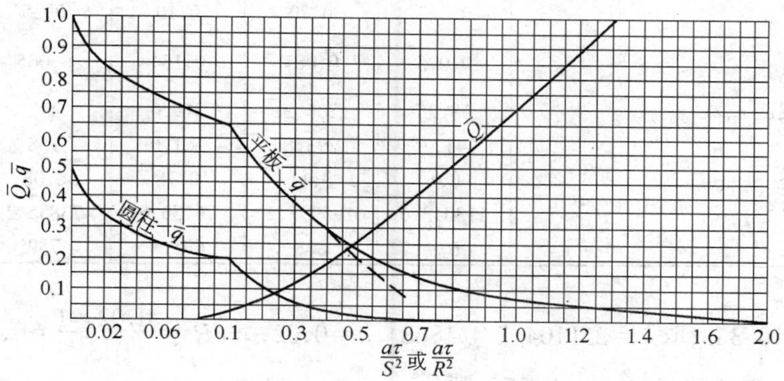


图 3.1-91　表面温度以等速度提高时求通过表面的比热流 $\overline{q}$ 及比吸热量 $\overline{Q}$

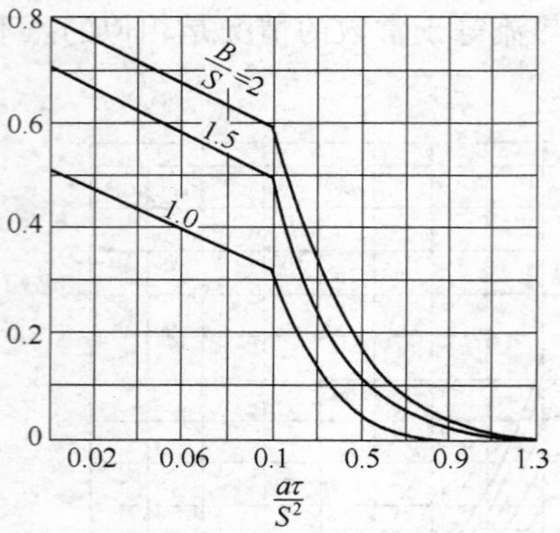


图 3.1-92　表面温度以等速度提高时无限长直角柱体的函数 $\Phi$ 值

$B$、$S$—柱体断面边长之半

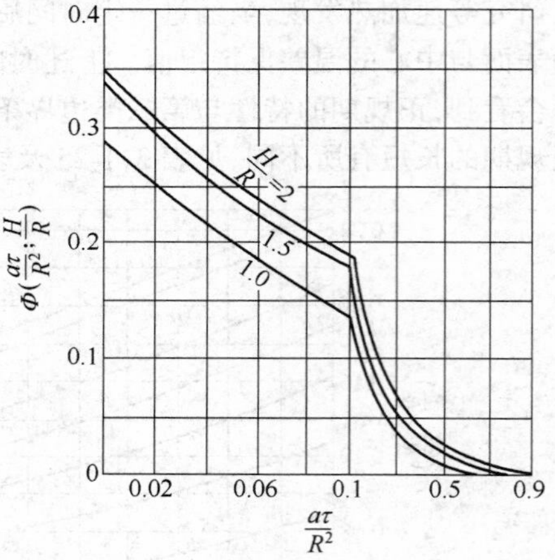


图 3.1-93　表面温度以等速度提高时定长圆柱体的函数 $\Phi$ 值

$H$—高度之半；$R$—半径

**例**：直径 600 mm 的钢轴，在 1 h 内由 20℃ 加热到表面温度 $t_B=200$℃，然后以 300℃/h 的速度升到 $t_B=500$℃，保温 0.5 h，再以 100℃/h 的速度升到 $t_B=650$℃，最后保温 1.0 h。求钢轴的中心温度 $t_{zx}$、炉温 $t_L$ 和热流。综合辐射系数 $C_L=3.5\times4.1868$ kJ/(m$^2$·h·K$^4$)。

**解**：将计算结果列成表 3.1-26。

**表 3.1-26　钢轴加热计算表**

| 项　目 | 分段号 | | | | |
|---|---|---|---|---|---|
| | Ⅰ | Ⅱ | Ⅲ | Ⅳ | Ⅴ |
| 经过时间 $\tau$/h | 1 | 1 | 0.5 | 1.5 | 1.0 |
| 分段开始时表面温度 $t_{Bk}$/℃ | 20 | 200 | 500 | 500 | 650 |
| 开始时中心温度 $t_{zx}$/℃ | 20 | 58.25 | 206.2 | 319.0 | 492 |
| 开始时温度差 $\Delta t_k$/℃ | 0 | 141.75 | 293.8 | 181.0 | 158 |
| 导热系数 $\lambda$/kJ·(m·h·℃)$^{-1}$ | 104.7 | 100.5 | 100.5 | 87.9 | 87.9 |
| 热扩散率 $a$/m$^2$·h$^{-1}$ | 0.02 | 0.018 | 0.018 | 0.015 | 0.015 |
| 分段末了的表面温度 $t_B$/℃ | 200 | 500 | 500 | 650 | 650 |
| 钢表面升温速度 $c$/℃·h$^{-1}$ | 180 | 300 | 0 | 100 | 0 |
| $a\tau/R^2$ | 0.222 | 0.20 | 0.10 | 0.25 | 0.167 |
| $\Phi\left(\frac{a\tau}{R^2}\right)$ | 0.075 | 0.087 | 0.154 | 0.065 | 0.101 |
| 分段末了的中心温度 $t_{zx}$/℃ | 58.25 | 206.2 | 319.0 | 492 | 586.2 |
| 温度差 $\Delta t$/℃ | 141.75 | 293.8 | 181.0 | 158 | 63.8 |
| $\bar{q}$ 或 $F$ | 0.1 | 0.11 | 0.78 | 0.08 | 0.53 |
| 热流 $q$/kJ·(m$^2$·h)$^{-1}$ | 113043.6 | 195937.2 | 76756.6 | 73855.2 | 24542.2 |
| 炉温 $t_L$/℃ | 679 | 868 | 695.8 | 780 | 609 |

第Ⅰ段：$R=0.3$ m；取 $\lambda=25(104.7/4.1868)$，$a=0.02$，$a\tau/R^2=\frac{0.02\times1}{0.3^2}=0.222$。

由图 3.1-88 知 $\Phi(0.222;0)=0.075$，则：

$$t_{zx} = 20 + 180 - \frac{180 \times 0.3^2}{4 \times 0.02} + \left(\frac{180 \times 0.3^2}{0.02} - 0\right) \times 0.075 = 58.25℃$$

由图 3.1-91 知 $a\tau / R^2 = 0.222$ 时 $\bar{q} = 0.1$，则：

$$q = 180 \times 0.3 \times 1250(0.5 - 0.1) = 27000 \times 4.1868\ \text{kJ}/(\text{m}^2 \cdot \text{h})$$

$$t_L = 100\sqrt[4]{\frac{27000}{3.5} + \left(\frac{200 + 273}{100}\right)^4} - 273 = 679℃$$

第Ⅱ段：$a\tau / R^2 = \dfrac{0.018 \times 1}{0.3^2} = 0.20$，$\Phi(0.20;0) = 0.087$，则：

$$t_{zx} = 200 + 300 \times 1 - \frac{300 \times 0.3^2}{4 \times 0.018} + \left(\frac{300 \times 0.3^2}{0.018} - 4 \times 141.75\right) \times 0.087 = 206.2℃$$

由图 3.1-91 知 $a\tau / R^2 = 0.20$ 时 $\bar{q} = 0.11$，则：

$$q = 300 \times 0.3 \times 1333.3(0.5 - 0.11) = 46798.8 \times 4.1868\ \text{kJ}/(\text{m}^2 \cdot \text{h})$$

$$t_L = 100\sqrt[4]{\frac{46798.8}{3.5} + \left(\frac{500 + 273}{100}\right)^4} - 273 = 868℃$$

第Ⅲ段：

$$t_{zx} = 500 - 4 \times 293.8 \times 0.154 = 319℃$$

由图 3.1-86 知 $F(0.1) = 0.78$，则由公式 3.1-237 有：

$$q = \frac{24 \times 293.8}{0.3} \times 0.78 = 18333 \times 4.1868\ \text{kJ}/(\text{m}^2 \cdot \text{h})$$

炉温为：

$$t_L = 100\sqrt[4]{\frac{18333}{3.5} + \left(\frac{500 + 273}{100}\right)^4} - 273 = 695.8℃$$

以下各段用同样方法计算。

## （四）第二类边界条件——已知通过表面的热流值

这里介绍几种条件下的加热计算，可用于工业生产中的某些场合，已列于表 3.1-27。实际生产中的加热或冷却过程中，如果表面热流不是常数，此时可考虑分成若干区段，在每一区段之内取其平均热流值，从而用第二类边界条件 $q_B$ = 常数来进行计算。

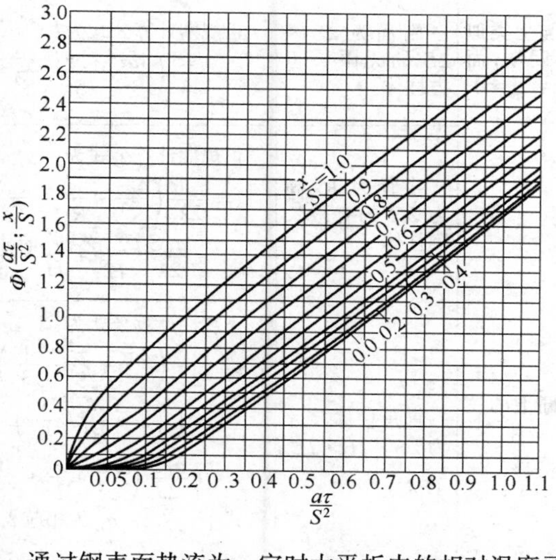


图 3.1-94 通过钢表面热流为一定时大平板内的相对温度函数 $\Phi$ 值

**表 3.1-27 第二类边界条件——已知表面热流值**

| 应用举例 | 边值条件 | 钢料形状 | 计算公式 | 备注 |
|---|---|---|---|---|
| 炉温逐渐变化的逆流式轧钢连续加热炉、连续式和室式电阻炉、周期操作的室式加热炉及热处理炉的加热期，均热炉冷装料时加热期 | $\tau=0$时，$t=t_k$；<br>$x=\pm S$时，$q_B$=常数<br>对于无限长圆柱体，$\pm S$代之以$R$，$x$代之以$r$ | 无限大的平板 | $t=t_k+\frac{q_BS}{2\lambda}\Phi\left(\frac{a\tau}{S^2};\frac{x}{S}\right)$<br>$\Phi$值查图 3.1-94<br>当$\frac{a\tau}{S^2}\geqslant 0.3$时进入正规期，可不查图而按下式计算：<br>$t_B=t_k+\frac{q_BS}{2\lambda}\left(\frac{2a\tau}{S^2}+\frac{2}{3}\right)$<br>$t_{zx}=t_k+\frac{q_BS}{2\lambda}\left(\frac{2a\tau}{S^2}-\frac{1}{3}\right)$<br>$\Delta t=t_B-t_{zx}=\frac{q_BS}{2\lambda}$<br>加热时间按下式计算：<br>$\tau=\frac{S\gamma\Delta i}{q_B}$ | |
| | | 无限长圆柱体 | $t=t_k+\frac{q_BR}{2\lambda}\Phi\left(\frac{a\tau}{R^2};\frac{r}{R}\right)$<br>$\Phi$值查图 3.1-95<br>当$\frac{a\tau}{R^2}\geqslant 0.25$时进入正规期，可不查图而按下式计算：<br>$t_B=t_k+\frac{q_BR}{2\lambda}\left(\frac{4a\tau}{R^2}+\frac{1}{2}\right)$<br>$t_{zx}=t_k+\frac{q_BR}{2\lambda}\left(\frac{4a\tau}{R^2}-\frac{1}{2}\right)$<br>$\Delta t=t_B-t_{zx}=\frac{q_BR}{2\lambda}$<br>加热时间按下式计算：<br>$\tau=\frac{R\gamma\Delta i}{2q_B}$ | |
| | 边值条件与上类似的二度空间问题，而且$\tau=0$时，$t=t_k=0$ | 断面为$2S\times 2B$的无限长直角柱体 | 正规期计算公式为：<br>$t=\frac{q_SS}{2\lambda}\left(\frac{2a\tau}{S^2}+\frac{x^2}{S^2}-\frac{1}{3}\right)+\frac{q_BB}{2\lambda}\left(\frac{2a\tau}{B^2}+\frac{y^2}{B^2}-\frac{1}{3}\right)$<br>式中，$q_S$、$q_B$为通过相应表面上的热流 | 对称加热 |
| | | 断面为$2S\times 2S$的无限长正方柱体 | 正规期计算公式为：<br>$t=\frac{q_BS}{2\lambda}\left(\frac{4a\tau}{S^2}+\frac{x^2}{S^2}+\frac{y^2}{S^2}-\frac{2}{3}\right)$ | 对称加热，各表面上热流相等，即：<br>$q_S=q_B=q$ |
| | | 半径为$R$、高为$2H$的有限长圆柱体 | 正规期计算公式为：<br>$t=\frac{q_BR}{2\lambda}\left(\frac{4a\tau}{R^2}+\frac{r^2}{R^2}-\frac{1}{2}\right)+\frac{q_BS}{2\lambda}\left(\frac{2a\tau}{H^2}+\frac{z^2}{H}-\frac{1}{3}\right)$ | 对称加热，各表面上热流相等 |
| | 边值条件同上的三度空间问题，而且$\tau=0$时，$t=t_k=0$ | 直角柱体尺寸为$2S\times 2B\times 2L$ | 正规期计算公式为：<br>$t=\frac{q_SS}{2\lambda}\left(\frac{2a\tau}{S^2}+\frac{x^2}{S^2}-\frac{1}{3}\right)+\frac{q_BB}{2\lambda}\times\left(\frac{2a\tau}{B^2}+\frac{y^2}{B^2}-\frac{1}{3}\right)+\frac{q_LL}{2\lambda}\left(\frac{2a\tau}{L^2}+\frac{z^2}{L^2}-\frac{1}{3}\right)$<br>式中，$q_S$、$q_B$、$q_L$为相应表面上的热流 | 对称加热 |

续表 3.1-27

| 应用举例 | 边值条件 | 钢料形状 | 计算公式 | 备注 |
|---|---|---|---|---|
| 热装加热 | 先以 $q_{BL}$ = 常数冷却过的钢料，钢内温度呈抛物线分布，再以 $q_B$ = 常数加热 | 无限大平板 | $t=t_{zxk}+\frac{q_{BL}S}{2\lambda}\Phi\left(\frac{a\tau}{S^2};\frac{x}{S};\frac{q_B}{q_{BL}}\right)$<br>求表面温度 $t_B$ 时，$\Phi$ 值查图 3.1-96<br>求中心温度 $t_{zx}$ 时，$\Phi$ 值查图 3.1-97 | |
| | | 无限长的圆柱体 | $t=t_{zxk}+\frac{q_{BL}R}{2\lambda}\Phi\left(\frac{a\tau}{R^2};\frac{r}{R};\frac{q_B}{q_{BL}}\right)$<br>求表面温度 $t_B$ 时，$\Phi$ 值查图 3.1-98<br>求中心温度 $t_{zx}$ 时，$\Phi$ 值查图 3.1-99 | 对称加热 |
| 在实炉底上进行的翻钢加热 | 翻钢前先以 $q_B$ = 常数加热 $A$ 面，$B$ 面在实底上认为是绝热；翻钢后 $B$ 面以 $q$ = 常数加热，$A$ 面在实底上绝热 | 无限大的平板 | $t=\frac{q_BS}{\lambda}\bar{t}\left(\frac{a\tau}{S^2};\frac{x}{S}\right)$<br>均温系数 $\bar{t}$ 查图 3.1-100<br>当 $\frac{a\tau}{S^2}=0.047$ 时，平板内温差最小；<br>当 $\frac{a\tau}{S^2}>0.35$ 时，平板内温度又以另一抛物线分布 | |
| 某些炉子的均热期热制度之一 | 钢料断面上温度呈抛物线分布，在绝热的条件下均热，即 $x=\pm S$ 或 $r=R$ 时，$q_B=0$ | 无限大平板 | $t=t_{zxk}+(t_{Bk}-t_{zxk})\bar{t}\left(\frac{a\tau}{S^2};\frac{x}{S}\right)$<br>均温系数 $\bar{t}$ 查图 3.1-101<br>当 $\frac{a\tau}{S^2}=0.3$ 时，$x=\frac{S}{2}$ 处的温度：<br>$t=t_{zxk}+\frac{1}{3}(t_{Bk}-t_{zxk})$ | $\tau=0.3\ \frac{S^2}{a}$ 时，可实现基本均温 |
| | | 无限长圆柱体 | $t=t_{zxk}+(t_{Bk}-t_{zxk})\bar{t}\left(\frac{a\tau}{R^2};\frac{r}{R}\right)$<br>均温系数 $\bar{t}$ 查图 3.1-102<br>当 $\frac{a\tau}{R^2}=0.25$ 时，$r=\frac{R}{2}$ 处的温度：<br>$t=t_{zxk}+\frac{1}{2}(t_{Bk}-t_{zxk})$ | $\tau=0.25\ \frac{R^2}{a}$ 时，可实现基本均温 |

注：1. $t$—温度，℃；$q_B$—表面热流，kJ/(m²·h)；$t_k$—开始温度，℃；$\tau$—时间，h；$t_{zxk}$—中心开始温度，℃；$S$、$B$、$L$、$H$、$R$—透热深度，m；$t_{zx}$—中心温度，℃；$a$—热扩散率，m²/h；$t_B$—表面温度，℃；$\lambda$—导热系数，kJ/(m·h·℃)；$\Delta i$—钢料热焓增量，kJ/kg；$x$、$y$、$z$、$r$—空间坐标参数，m。

2. 对平板双面加热时，$S=\frac{1}{2}$厚度；单面加热时，$S$ = 厚度。对圆柱体，周边上均匀加热。

从表 3.1-27 中所列的 $\tau=0$ 时 $t=t_k$ 的一栏可见，当进入正规期后，对几何尺寸和热物理参数一定的钢料而言，其断面上的温差为定值，该值与表面恒热流 $q_B$ 成正比。正规期内表面温度和中心温度可视为以直线规律变化，其情形与第一类边界条件中的等速加热相似。

**例**：计算钢板堆在罩式电炉内的退火时间。原始条件是：(1)钢板尺寸为 5.0 m×2.0 m，计算中透热深度 $S=1.0$ m；(2)钢板的比热容 $c_p=0.15\times4.1868$ kJ/(kg·℃)；(3)钢板的容重为 7.85 t/m³；(4)导热系数 $\lambda=35\times4.1868$ kJ/(m·h·℃)；(5)开始温度为 20℃；(6)加热终了温度为 690℃ ± 10℃；(7)钢板受热面方向上(炉长方向)配置的电热元件功率为 500 kW，盖上炉罩后补偿炉墙热损失的功率为 60 kW，钢板堆受热面积为 15.3 m²。

**解**：钢板堆受热面上的热流为：

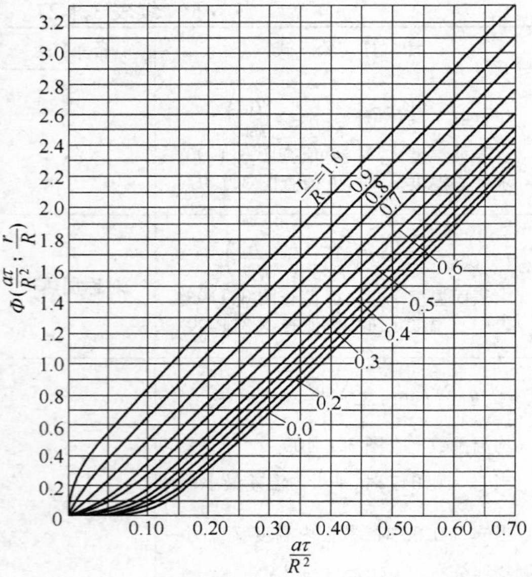

图 3.1-95　通过钢表面热流为一定时长圆柱体内的相对温度函数 $\Phi$ 值

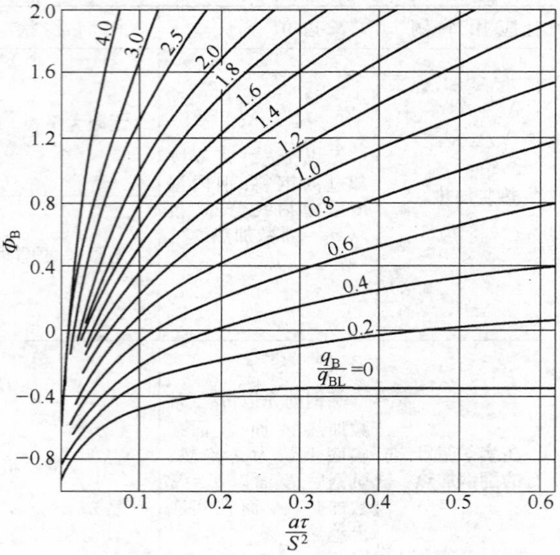

图 3.1-96　开始加热前钢内有温度差时以 $q_B$= 常数的热流加热，大平板表面的相对温度函数 $\Phi$ 值

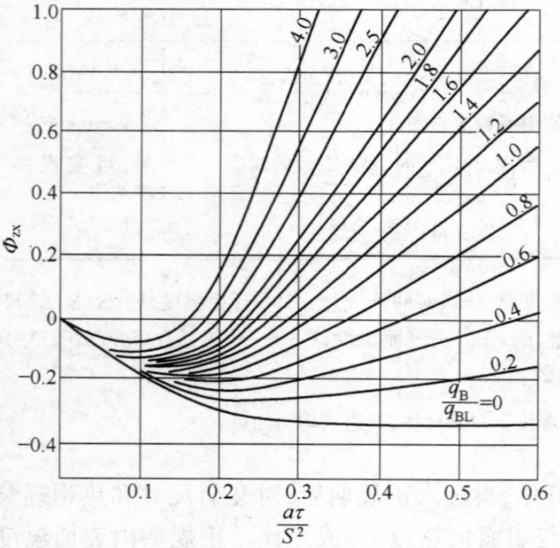

图 3.1-97　开始加热前钢内有温度差时以 $q_B$= 常数的热流加热，大平板中心的相对温度函数 $\Phi$ 值

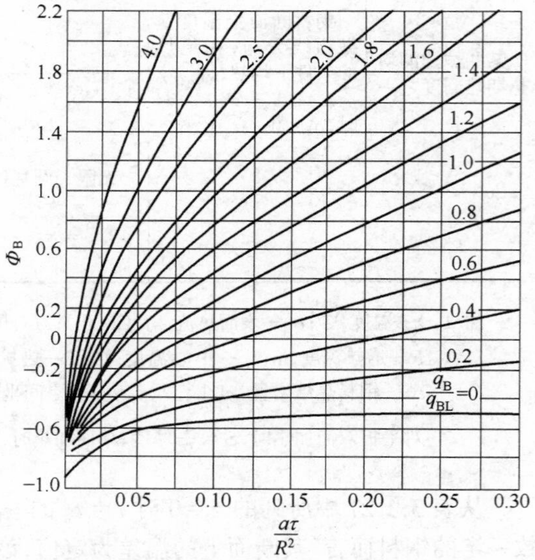

图 3.1-98　开始加热前钢内有温度差时以 $q_B$= 常数的热流加热，长圆柱体表面的相对温度函数 $\Phi$ 值

$$q_B = \frac{(500-60)\times 860}{15.3} = 24730 \times 4.1868\ \mathrm{kJ/(m^2 \cdot h)}$$

正规期钢板堆的升温速度是：

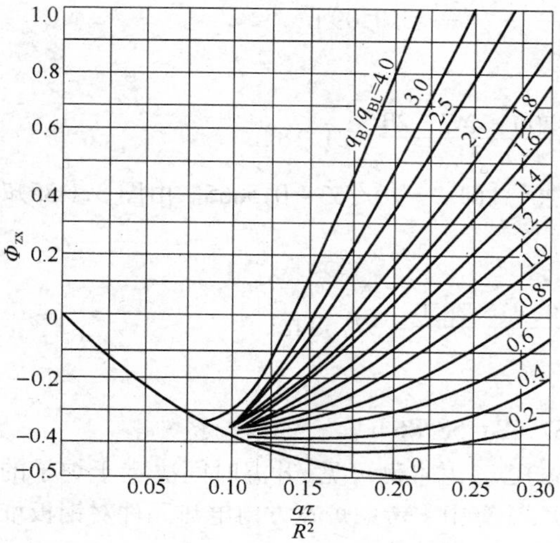

图 3.1-99　开始加热前钢内有温度差时以 $q=$ 常数的热流加热，长圆柱体中心的相对温度函数 $\Phi$ 值

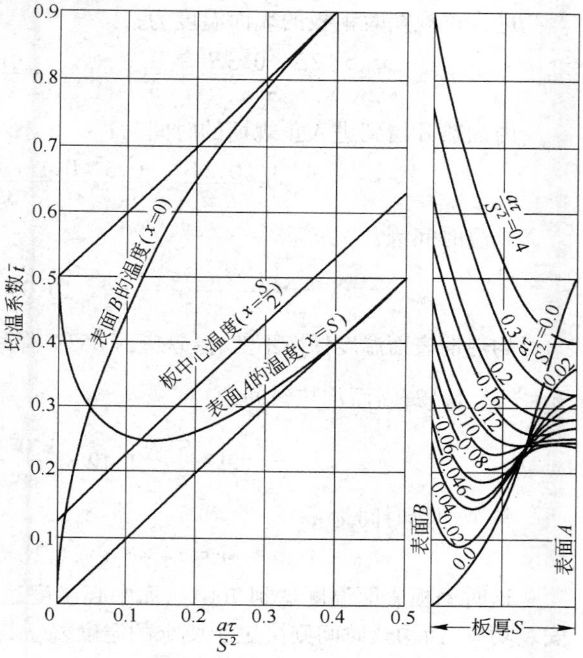

图 3.1-100　翻钢加热的计算图表

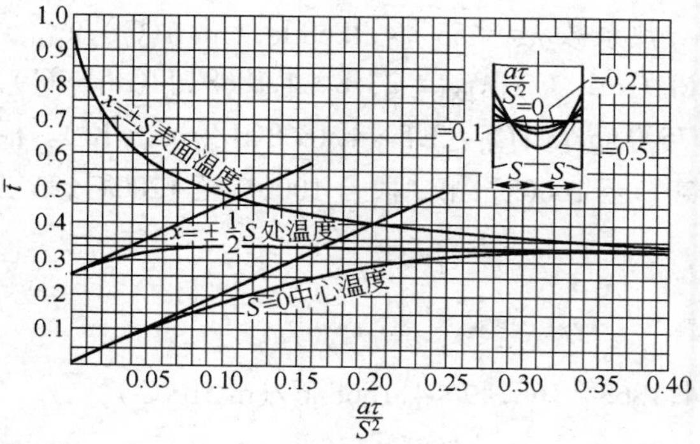

图 3.1-101　通过表面的热流为零时平板内的均温系数

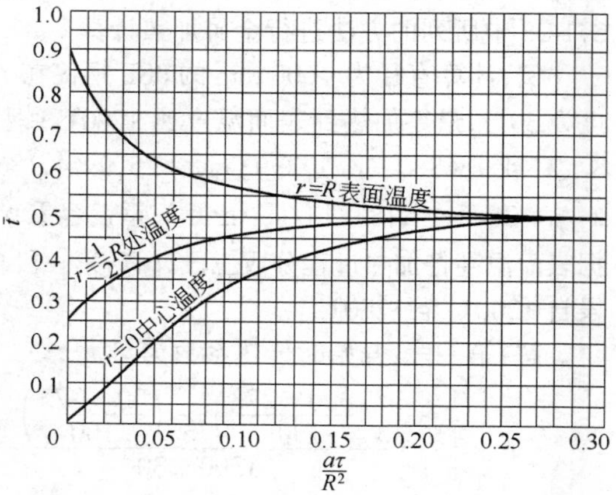

图 3.1-102　通过表面的热流为零时圆柱体内的均温系数

$$c=\frac{q_B S}{2\lambda}\left(\frac{2a\tau}{S^2}\right)=\frac{q_B}{c_p\gamma S}=\frac{24730}{0.15\times7850\times1.0}=21.0℃/h$$

断面上的温度差为：

$$\Delta t=\frac{q_B S}{2\lambda}=\frac{24730\times1.0}{2\times35}=353℃$$

进入正规期时钢板的表面温度为：

$$t'_{B}=\frac{q_{B}S}{2\lambda}\left(\frac{2a\times0.3S^{2}}{S^{2}a}+\frac{2}{3}\right)=1.266\frac{q_{B}S}{2\lambda}=1.266\Delta t=1.266\times353=447℃$$

由加热开始到进入正规期的时间为：

$$\tau_{1}=\frac{0.3S^{2}}{a}=\frac{0.3\times0.1^{2}\times0.15\times7850}{35}=10.09\ \text{h}$$

升温时间为：

$$\tau_{2}=\tau_{1}+\frac{t_{B}-t'_{B}-t_{k}}{c}=10.09+\frac{700-447-20}{21}=21.18\ \text{h}$$

均热期表面温度保持不变，温差应由353℃降到20℃，即 $\delta=20/353=0.5665$。由图3.1-85知 $\varphi=\frac{a\tau}{S^{2}}=1.12$，因而均热时间为：

$$\tau_{3}=1.12\frac{S^{2}}{a}=1.12\times\frac{1.0^{2}\times0.15\times7850}{35}=37.68\ \text{h}$$

整个加热时间为：

$$\tau=\tau_{2}+\tau_{3}=21.18+37.68=58.86\ \text{h}$$

这时钢板表面温度达到700℃，而中心温度达680℃。由本例可见，升温时间决定于炉子的安装功率，而均热时间则决定于要求的温度差。其次，计算中未考虑炉宽方向电热元件对钢板堆的传热，所以加热时间是偏长的。

**（五）第三类边界条件——已知周围介质温度**

表3.1-28中列出了这类边界条件下的加热计算方法，它的应用比较广泛。当炉温随时间或沿炉长变化时，可以按时间或炉长划分区段，视每一区段之内炉温为常数，这样，就可以应用表3.1-28中所列的方法进行金属加热计算。

**例**：计算直径为 $\phi$600 mm的08F钢锭在 $t_{L}=1300℃$ 的恒温炉内的加热时间。钢锭的开始温度为30℃，最终加热到表面温度达1280℃；钢的导热系数 $\lambda_{30}=55\times4.1868$ kJ/(m·h·℃)，$\lambda_{600}=32.2\times4.1868$ kJ/(m·h·℃)；$\lambda_{800}=25.9\times4.1868$ kJ/(m·h·℃)；$\lambda_{1000}=23.8\times4.1868$ kJ/(m·h·℃)，$\lambda_{1200}=25.6\times4.1868$ kJ/(m·h·℃)；钢锭容重 $\gamma=7500$ kg/m³；$C_{L}=3.5\times4.1868$ kJ/(m²·h·K⁴)。根据表面温度将加热过程分成三段计算：第一段自30℃至1000℃；第二段自1000℃至1200℃；第三段自1200℃至1280℃。

**解**：第一段：开始时传热系数为：

$$\alpha=3.5\frac{\left(\frac{1300+273}{100}\right)^{4}-\left(\frac{30+273}{100}\right)^{4}}{1300-30}\times4.1868=168.49\times4.1868\ \text{kJ/(m}^{2}\cdot\text{h}\cdot℃)$$

结束时传热系数为：

$$\alpha=3.5\frac{\left(\frac{1300+273}{100}\right)^{4}-\left(\frac{1000+273}{100}\right)^{4}}{1300-1000}\times4.1868=407.89\times4.1868\ \text{kJ/(m}^{2}\cdot\text{h}\cdot℃)$$

平均值为：

$$\alpha=\frac{1}{2}(168.49+407.89)\times4.1868=288.19\times4.1868\ \text{kJ/(m}^{2}\cdot\text{h}\cdot℃)$$

导热系数为：

$$\lambda=\frac{\lambda_{30}+\lambda_{1000}}{2}=\frac{1}{2}(55+23.8)\times4.1868=39.4\times4.1868\ \text{kJ/(m}\cdot\text{h}\cdot℃)$$

**表 3.1-28　第三类边界条件——已知周围介质的温度**

| 应用举例 | 边值条件 | 钢料形状 | 计算公式 | 备注 |
|---|---|---|---|---|
| 恒温室式炉、恒温连续炉、均热炉等,在变炉温情况下,可以按时间(室式炉)或按炉长(连续炉)分段,而每段之内取炉温为定值 | $t_L$=常数,<br>$\left.\frac{\partial t}{\partial x}\right\|_{x=\pm S}=\frac{\alpha}{\lambda}(t_L-t_B)$;<br>当$\tau=0$时,<br>$t=t_k$=常数<br>对于圆柱体,上式中$S$代之以$R$,$x$代之以$r$ | 无限大平板 | $\frac{t_L-t_B}{t_L-t_k}=\Phi_B\left(\frac{a\tau}{S^2};\frac{\alpha S}{\lambda}\right)$<br>$\frac{t_L-t_{zx}}{t_L-t_k}=\Phi_{zx}\left(\frac{a\tau}{S^2};\frac{\alpha S}{\lambda}\right)$<br>$\Phi_B$值查图3.1-103、图3.1-107<br>$\Phi_{zx}$值查图3.1-104、图3.1-109 | |
| | | 无限长圆柱体 | $\frac{t_L-t_B}{t_L-t_k}=\Phi_B\left(\frac{a\tau}{R^2};\frac{\alpha R}{\lambda}\right)$<br>$\frac{t_L-t_{zx}}{t_L-t_k}=\Phi_{zx}\left(\frac{a\tau}{R^2};\frac{\alpha R}{\lambda}\right)$<br>$\Phi_B$值查图3.1-105、图3.1-108<br>$\Phi_{zx}$值查图3.1-106、图3.1-110 | 对称加热 |
| | | 断面尺寸为$2S\times2B$的无限长直角柱体 | $\frac{t_L-t_J}{t_L-t_k}=\Phi_J\left(\frac{a\tau}{S^2};\frac{\alpha S}{\lambda}\right)\Phi_J\left(\frac{a\tau}{B^2};\frac{\alpha B}{\lambda}\right)$<br>$\frac{t_L-t_{zx}}{t_L-t_k}=\Phi_{zx}\left(\frac{a\tau}{S^2};\frac{\alpha S}{\lambda}\right)\Phi_{zx}\left(\frac{a\tau}{B^2};\frac{\alpha B}{\lambda}\right)$<br>$\Phi_J$值查图3.1-103、图3.1-107<br>$\Phi_{zx}$值查图3.1-104、图3.1-109 | 对称加热 |
| | | 有限长直角柱体,尺寸为$2S\times2B\times2L$ | $\frac{t_L-t_J}{t_L-t_k}$<br>$=\Phi_J\left(\frac{a\tau}{S^2};\frac{\alpha S}{\lambda}\right)\Phi_J\left(\frac{a\tau}{B^2};\frac{\alpha B}{\lambda}\right)\Phi_J\left(\frac{a\tau}{L^2};\frac{\alpha L}{\lambda}\right)$<br>$\frac{t_L-t_{zx}}{t_L-t_k}$<br>$=\Phi_{zx}\left(\frac{a\tau}{S^2};\frac{\alpha S}{\lambda}\right)\Phi_{zx}\left(\frac{a\tau}{B^2};\frac{\alpha B}{\lambda}\right)\Phi_{zx}\left(\frac{a\tau}{L^2};\frac{\alpha L}{\lambda}\right)$<br>$\Phi_J$值查图3.1-103、图3.1-107<br>$\Phi_{zx}$值查图3.1-104、图3.1-109 | 对称加热 |
| | | 半径为$R$、高为$2H$的定长圆柱体 | $\frac{t_L-t_D}{t_L-t_k}=\Phi_{D1}\left(\frac{a\tau}{H^2};\frac{\alpha H}{\lambda}\right)\Phi_{D2}\left(\frac{a\tau}{R^2};\frac{\alpha R}{\lambda}\right)$<br>$\frac{t_L-t_{zx}}{t_L-t_k}=\Phi_{zx1}\left(\frac{a\tau}{H^2};\frac{\alpha H}{\lambda}\right)\Phi_{zx2}\left(\frac{a\tau}{R^2};\frac{\alpha R}{\lambda}\right)$<br>$\Phi_{D1}$值查图3.1-103、图3.1-107<br>$\Phi_{D2}$值查图3.1-105、图3.1-108<br>$\Phi_{zx1}$值查图3.1-104、图3.1-109<br>$\Phi_{zx2}$值查图3.1-106、图3.1-110 | 对称加热 |
| 同上,但用于热装料 | $t_L$=常数,<br>$\left.\frac{\partial t}{\partial x}\right\|_{x=\pm S}=\frac{\alpha}{\lambda}(t_L-t_B)$;<br>当$\tau=0$时,<br>$t_k=t_{zxk}+(t_{Bk}-t_{zxk})\frac{x^2}{S^2}$<br>对于无限长圆柱体,$S$代之以$R$,$x$代之以$r$ | 无限大平板 | $\frac{t_L-t_B}{t_L-0.3t_{Bk}-0.7t_{zxk}}=\Phi_B\left(\frac{a\tau}{S^2};\frac{\alpha S}{\lambda}\right)$<br>$\frac{t_L-t_{zx}}{t_L-0.3t_{Bk}-0.7t_{zxk}}=\Phi_{zx}\left(\frac{a\tau}{S^2};\frac{\alpha S}{\lambda}\right)$<br>$\Phi_B$值查图3.1-103、图3.1-107<br>$\Phi_{zx}$值查图3.1-104、图3.1-109 | |
| | | 无限长的圆柱体 | $\frac{t_L-t_B}{t_L-0.5t_{Bk}-0.5t_{zxk}}=\Phi_B\left(\frac{a\tau}{R^2};\frac{\alpha R}{\lambda}\right)$<br>$\frac{t_L-t_{zx}}{t_L-0.5t_{Bk}-0.5t_{zxk}}=\Phi_{zx}\left(\frac{a\tau}{R^2};\frac{\alpha R}{\lambda}\right)$<br>$\Phi_B$值查图3.1-105、图3.1-108<br>$\Phi_{zx}$值查图3.1-106、图3.1-110 | 对称加热 |

续表 3.1-28

| 应用举例 | 边值条件 | 钢料形状 | 计算公式 | 备注 |
| --- | --- | --- | --- | --- |
| 某些冷炉装料的热处理炉 | $t_L=t_{Lk}+b\tau$,<br>$\left.\frac{\partial t}{\partial x}\right\|_{x=\pm S}=\frac{\alpha}{\lambda}(t_L-t_B)$;<br>当 $\tau=0$ 时,<br>$t_k=t_{Lk}$<br>对于无限长圆柱体,$S$ 代之以 $R$,$x$ 代之以 $r$ | 无限大平板 | $\frac{t-t_{Lk}}{t_L-t_{Lk}}=\frac{t-t_{Lk}}{b\tau}=\Phi\left(\frac{a\tau}{S^2};\frac{\alpha S}{\lambda};\frac{x}{S}\right)$<br>求 $t_B$,$\Phi$ 值查图 3.1-111<br>求 $t_{zx}$,$\Phi$ 值查图 3.1-112<br>钢材热含量的变化为:<br>$\frac{Q}{Q_z}=\Phi\left(\frac{a\tau}{S^2};\frac{\alpha S}{\lambda}\right)$<br>$\Phi$ 值查图 3.1-113 | |
| | | 无限长圆柱体 | $\frac{t-t_{Lk}}{t_L-t_{Lk}}=\frac{t-t_{Lk}}{b\tau}=\Phi\left(\frac{a\tau}{R^2};\frac{\alpha R}{\lambda};\frac{r}{R}\right)$<br>求 $t_B$,$\Phi$ 值查图 3.1-114<br>求 $t_{zx}$,$\Phi$ 值查图 3.1-115<br>钢材热含量的变化为:<br>$\frac{Q}{Q_z}=\Phi\left(\frac{a\tau}{R^2};\frac{\alpha R}{\lambda}\right)$<br>$\Phi$ 值查图 3.1-116 | 对称加热 |

注:1. $t_L$—炉温,℃;$t_J$—无限长直角柱体边角线上的温度或有限长直角柱体角部的温度,℃;$t_{Lk}$—开始炉温,℃;$b$—炉温升高速度,℃/h;$t_D$—有限长圆柱体端面边界圆上的温度,℃;$\tau$—时间,h;$S$、$B$、$L$、$R$、$H$—透热深度,m;$t_{zx}$—中心温度,℃;$a$—热扩散率,$m^2/h$;$t_{zxk}$—中心开始温度,℃;$\lambda$—导热系数,kJ/(m·h·℃);$t_B$—表面温度,℃;$\alpha$—传热系数,kJ/(m²·h·℃);$t_{Bk}$—表面开始温度,℃;$x$、$y$、$z$、$r$—空间坐标参数,m;$Q$、$Q_z$—加热过程中及终了的热焓,kJ/kg。

2. 对平板双面加热时,$S=1/2$ 厚度;单面加热时,$S=$厚度。对圆柱体,周围边上均匀加热。

则:

$$\frac{\alpha R}{\lambda}=\frac{288.19\times0.3}{39.4}=2.194$$

$$\frac{t_L-t_B}{t_L-t_k}=\Phi_B\left(\frac{a\tau}{R^2};\frac{\alpha R}{\lambda}\right)=\frac{1300-1000}{1300-30}=0.2362$$

由图 3.1-105 或图 3.1-108 知,$a\tau/R^2=0.35$;由图 3.1-106 或图 3.1-110 知,$\alpha R/\lambda=2.19$ 及 $a\tau/R^2=0.35$ 时 $\Phi_{zx}=0.50$。

由此,中心温度为:

$$t_{zx}=1300-(1300-30)0.5=665℃$$

温度差为:

$$\Delta t=1000-665=335℃$$

平均温度为:

$$t=665+\frac{1}{2}\times335=832.5℃$$

平均导热系数为:

$$\lambda=\frac{1}{4}(\lambda_{30}+\lambda_{30}+\lambda_{1000}+\lambda_{665})$$

$$=\frac{1}{4}(55+55+23.8+30.5)\times4.1868=41.08\times4.1868\ \text{kJ/(m·h·℃)}$$

平均比热容为:

$$c_p=\frac{i_0^{832}-i_0^{30}}{832-30}=\frac{134.5-3.3}{802}\times4.1868=0.164\times4.1868\ \text{kJ/(kg·℃)}$$

热扩散率为：

$$a=\lambda/(c_{\mathrm{p}}\gamma)=41.08/(0.164\times7500)=0.0334\ \mathrm{m^2/h}$$

加热时间为：

$$\tau_1=0.35\frac{R^2}{a}=0.35\times\frac{0.3^2}{0.0334}=0.943\ \mathrm{h}$$

第二段：开始时传热系数为：

$$\alpha=407.89\times4.1868\ \mathrm{kJ/(m^2\cdot h\cdot ^\circ C)}$$

结束时传热系数为：

$$\alpha=3.5\frac{\left(\frac{1300+273}{100}\right)^4-\left(\frac{1200+273}{100}\right)^4}{1300-1200}\times4.1868=495.11\times4.1868\ \mathrm{kJ/(m^2\cdot h\cdot ^\circ C)}$$

平均值为：

$$\alpha=\frac{1}{2}(407.89+495.11)\times4.1868=451.5\times4.1868\ \mathrm{kJ/(m^2\cdot h\cdot ^\circ C)}$$

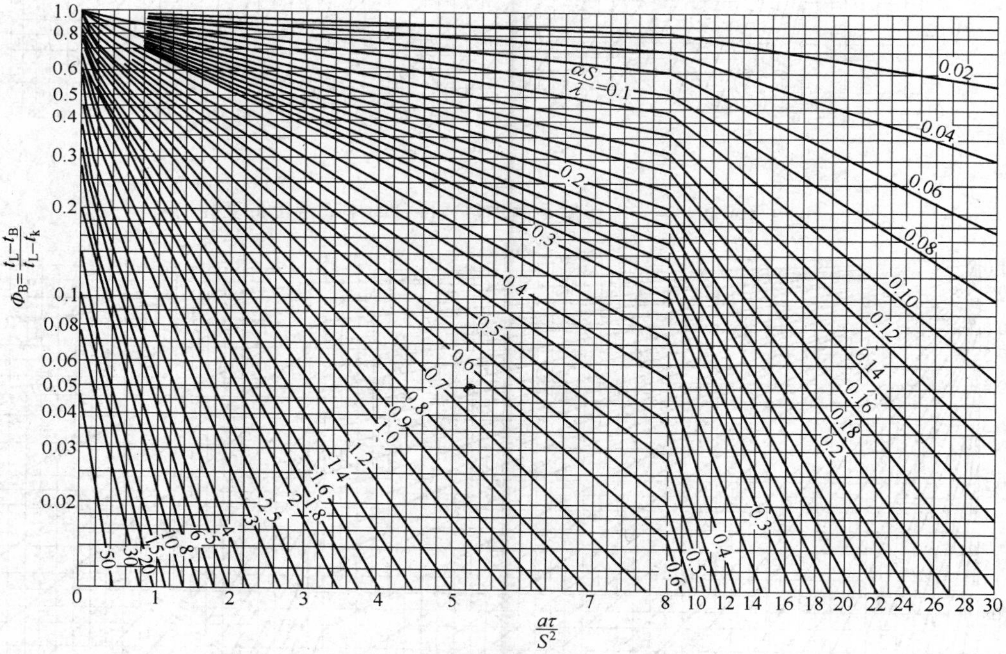


图 3.1-103　平板在恒温炉内加热或冷却时表面温度的变化

导热系数为：

$$\lambda=\frac{1}{4}(23.8+30.5+25.6+25.6)\times4.1868=26.38\times4.1868\ \mathrm{kJ/(m\cdot h\cdot ^\circ C)}$$

则：

$$\frac{\alpha R}{\lambda}=\frac{451.5\times0.3}{26.38}=5.13$$

$$\frac{t_{\mathrm{L}}-t_{\mathrm{B}}}{t_{\mathrm{L}}-0.5(t_{\mathrm{Bk}}-t_{\mathrm{zxk}})}=\frac{1300-1200}{1300-0.5(1000+665)}=0.214$$

由图 3.1-105 或图 3.1-108 知，$a\tau/R^2=0.14$；由图 3.1-106 或图 3.1-110 知，$\alpha R/\lambda=0.14$ 及

$\alpha R/\lambda=5.13$ 时 $\Phi_{zx}=0.81$。

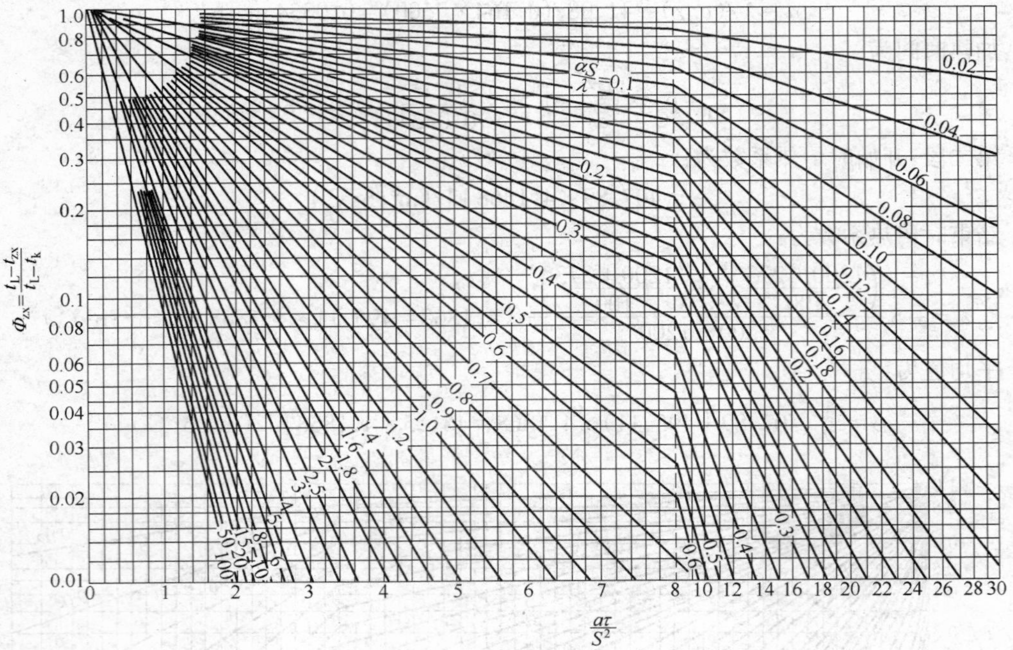

图 3.1-104　平板在恒温炉内加热或冷却时中心温度的变化

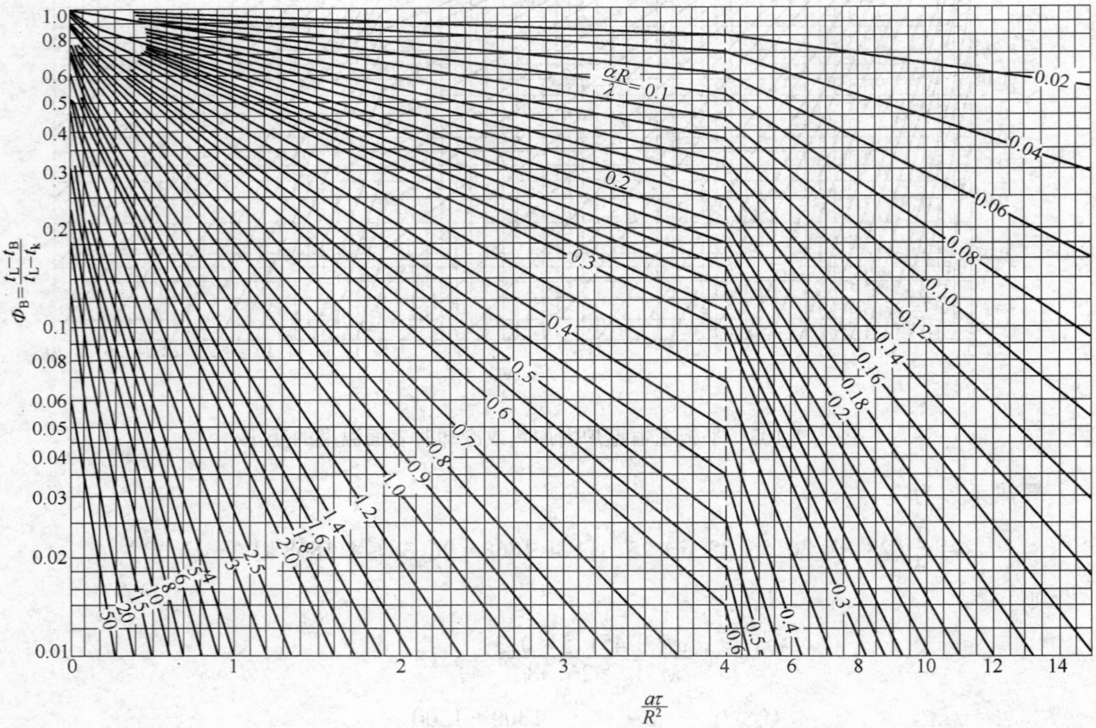

图 3.1-105　圆柱体的恒温炉内加热或冷却时表面温度的变化

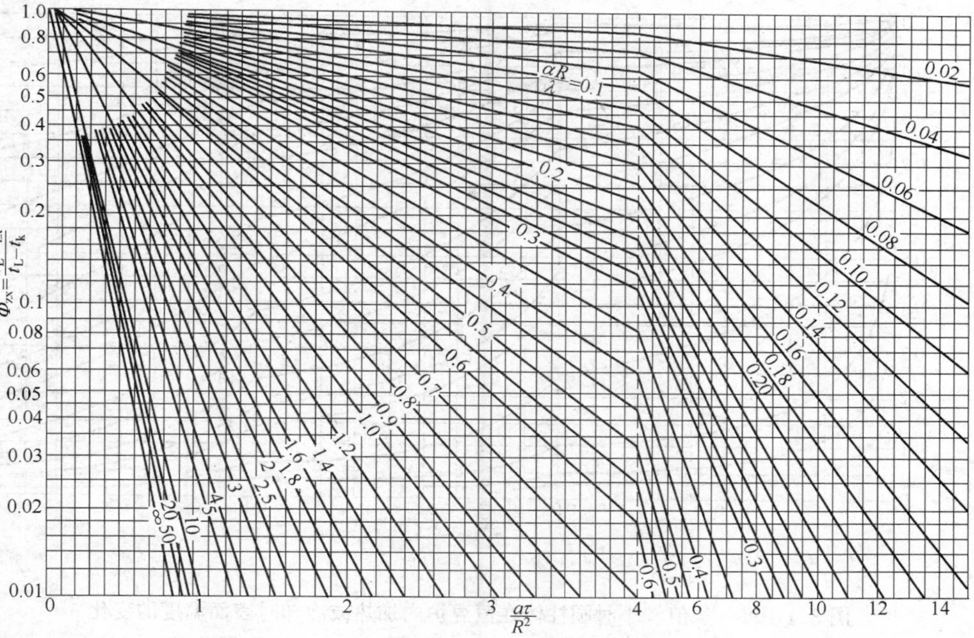

图 3.1-106　圆柱体在恒温炉内加热或冷却时中心温度的变化

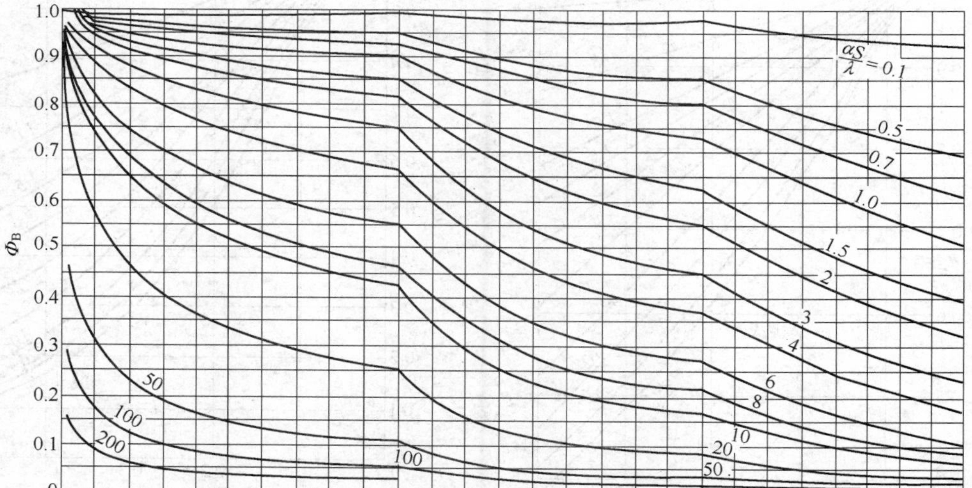

图 3.1-107　$\frac{a\tau}{S^2}$值较小时平板在恒温炉内加热或冷却时表面温度的变化

由此,中心温度为:

$$t_{zx} = 1300 - (1300 - 0.5 \times 1000 - 0.5 \times 665) \times 0.81 = 922℃$$

温度差为:

$$\Delta t = 1200 - 922 = 278℃$$

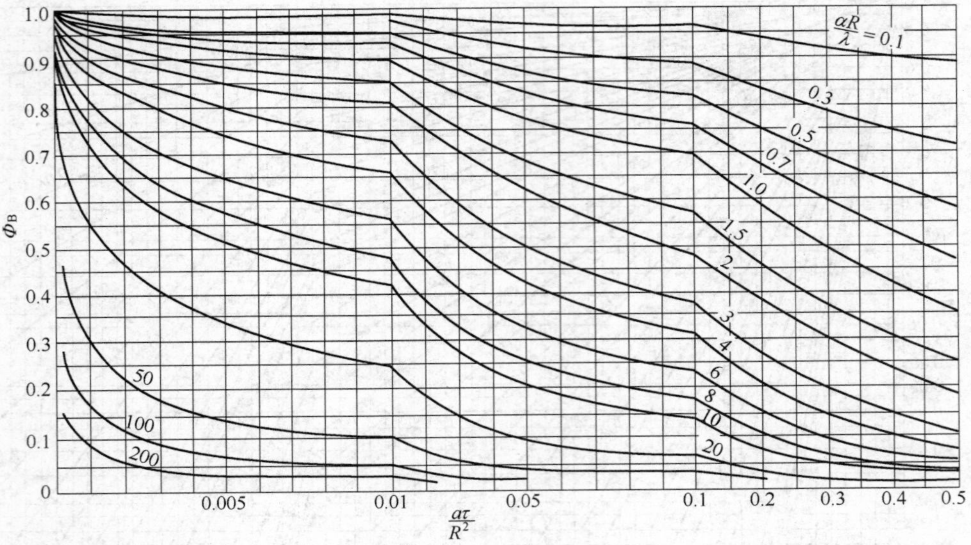


图 3.1-108　$\frac{a\tau}{S^2}$值较小时圆柱体在恒温炉内加热或冷却时表面温度的变化

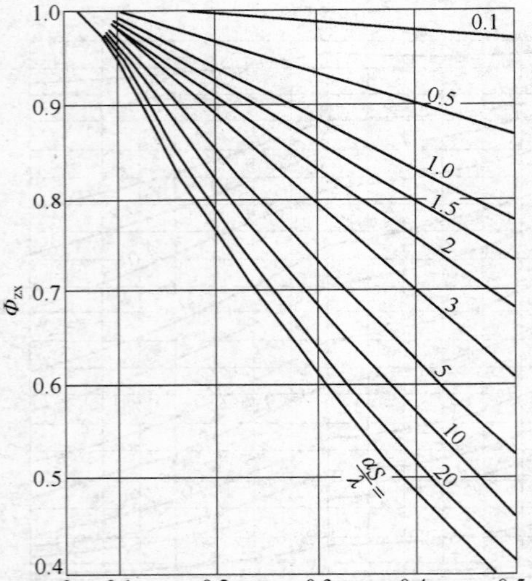


图 3.1-109　$\frac{a\tau}{S^2}$值较小时平板在恒温炉内加热或冷却时中心温度的变化

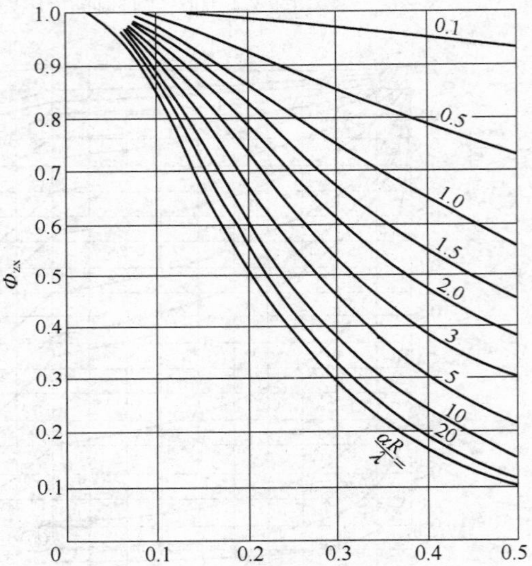


图 3.1-110　$\frac{a\tau}{S^2}$值较小时圆柱体在恒温炉内加热或冷却时中心温度的变化

平均温度为：

$$t=922+\frac{1}{2}\times 278=1061℃$$

平均导热系数为：

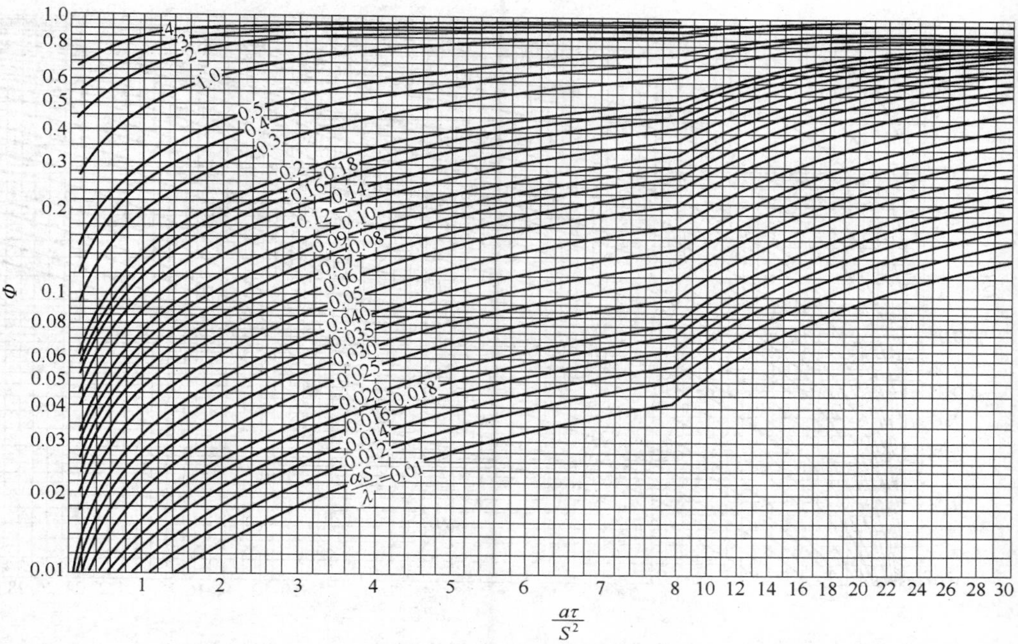


图 3.1-111　$t_L = t_{L0} + b\tau$ 时平板表面温度的变化

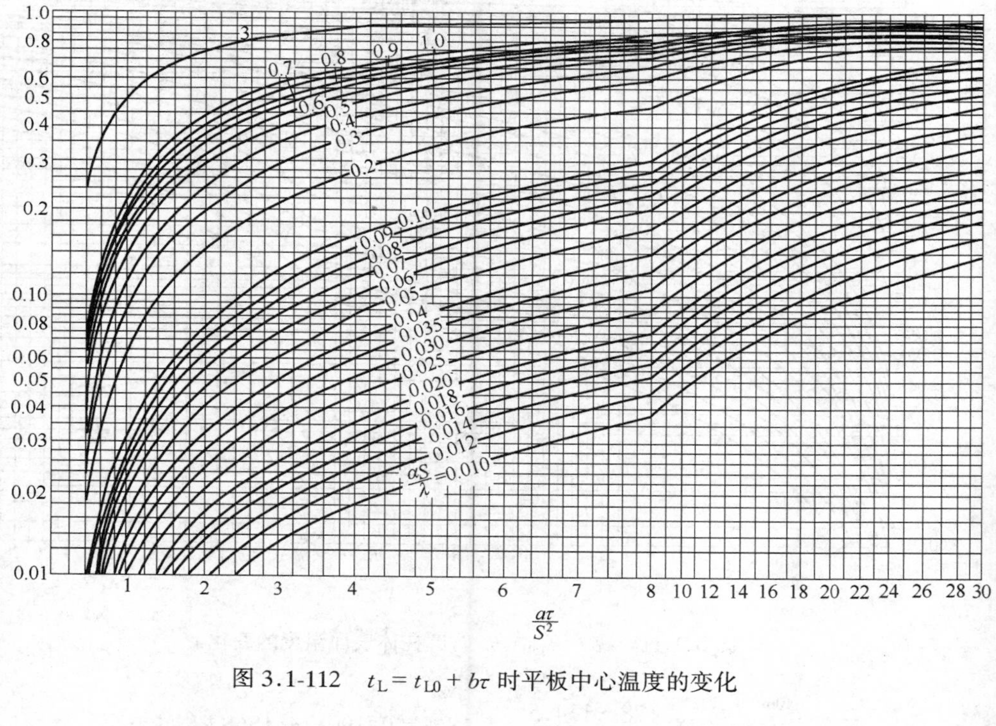


图 3.1-112　$t_L = t_{L0} + b\tau$ 时平板中心温度的变化

$$\lambda = \frac{1}{4} \times (23.8 + 30.5 + 25.6 + 24.2) \times 4.1868 = 26.03 \times 4.1868\ \mathrm{kJ/(m \cdot h \cdot ℃)}$$

平均比热容为：

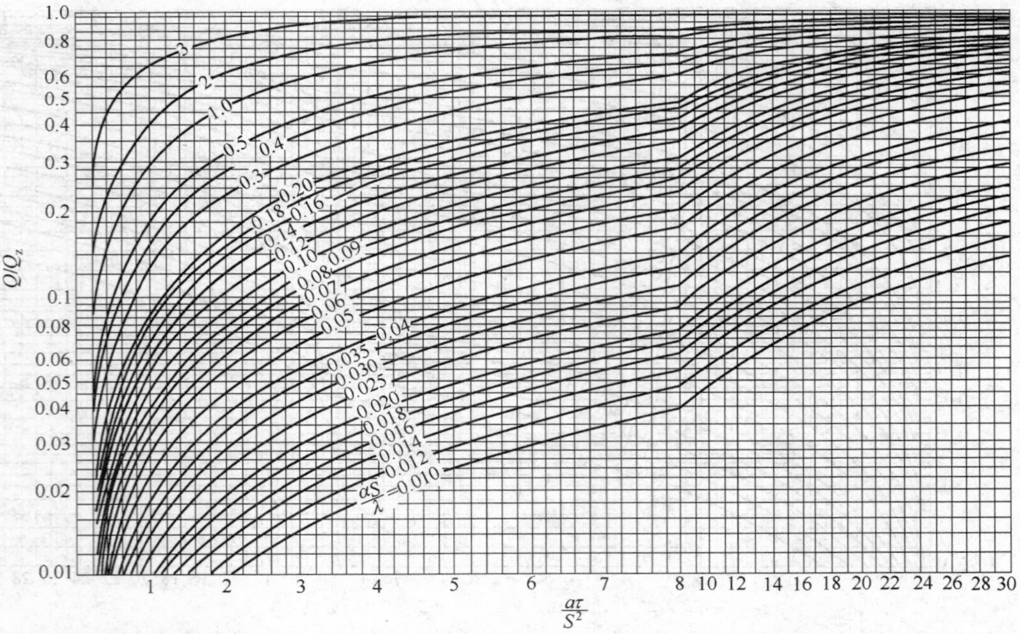


图 3.1-113　$t_L = t_{L0} + b\tau$ 时平板热含量的变化

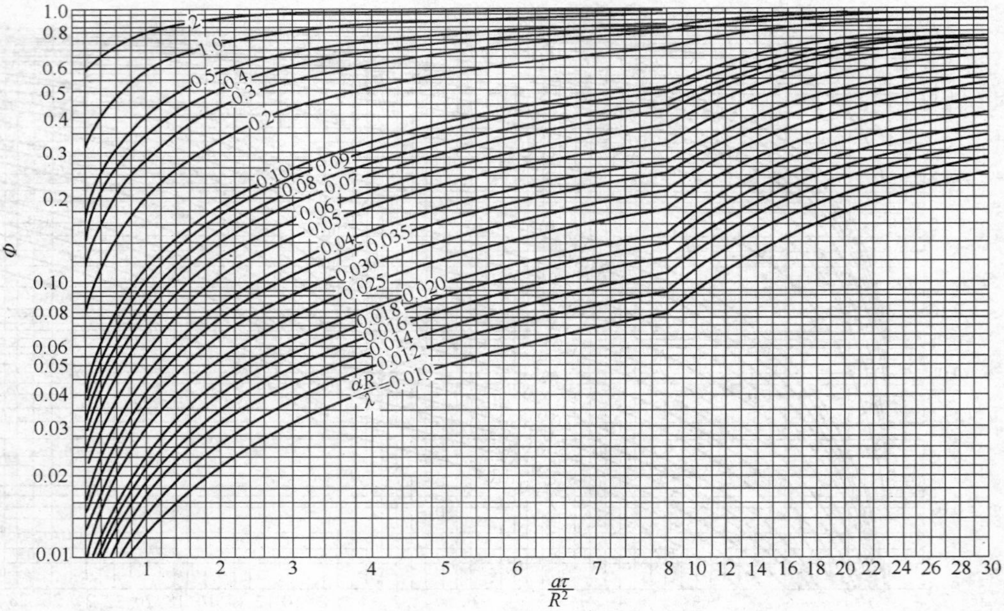


图 3.1-114　$t_L = t_{L0} + b\tau$ 时圆柱体表面温度的变化

$$c_p = \frac{i_0^{1061} - i_0^{832}}{1061 - 832} = \frac{178 - 134.5}{1061 - 832} \times 4.1868 = 0.190 \times 4.1868 \text{ kJ/(kg·℃)}$$

热扩散率为：

$$a = 26.03/(0.190 \times 7500) = 0.01827 \text{ m}^2\text{/h}$$

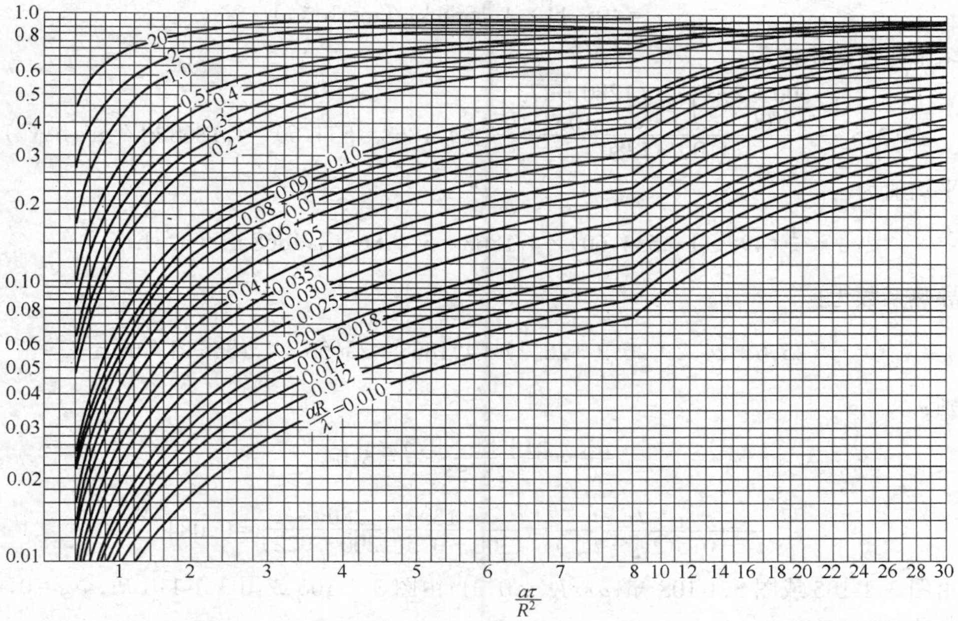


图 3.1-115　$t_L = t_{L0} + b\tau$ 时圆柱体中心温度的变化

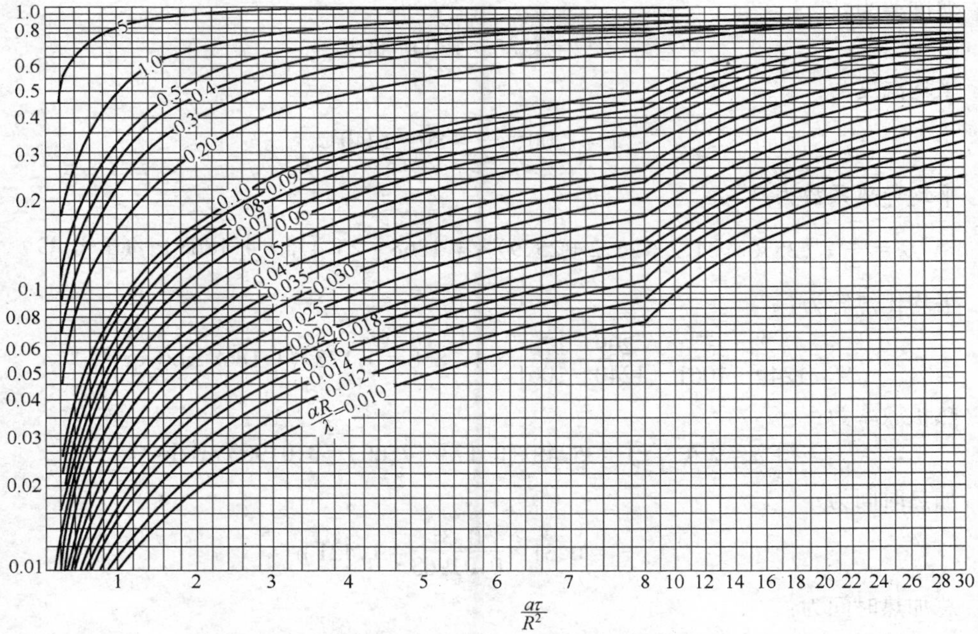


图 3.1-116　$t_L = t_{L0} + b\tau$ 时圆柱体热含量的变化

加热时间为：

$$\tau_2 = 0.14 \times \frac{0.3^2}{0.01827} = 0.689\ \text{h}$$

第三段：开始时传热系数为：

$$\alpha=495.11\times4.1868\ \text{kJ/(m}^2\cdot\text{h}\cdot℃)$$

结束时传热系数为：

$$\alpha=3.5\frac{\left(\frac{1300+273}{100}\right)^4-\left(\frac{1280+273}{100}\right)^4}{1300-1280}\times4.1868=534.60\times4.1868\ \text{kJ/(m}^2\cdot\text{h}\cdot℃)$$

平均值为：

$$\alpha=\frac{1}{2}(495.11+534.60)\times4.1868=514.86\times4.1868\ \text{kJ/(m}^2\cdot\text{h}\cdot℃)$$

导热系数为：

$$\lambda=\frac{1}{4}(25.6+24.2+26.2+26.2)\times4.1868=25.55\times4.1868\ \text{kJ/(m}\cdot\text{h}\cdot℃)$$

则：

$$\frac{\alpha R}{\lambda}=\frac{514.86\times0.3}{25.55}=6.04$$

$$\frac{t_L-t_B}{t_L-0.5(t_{Bk}-t_{zxk})}=\frac{1300-1280}{1300-0.5(1200+922)}=0.084$$

由图 3.1-105 或图 3.1-108 知，$a\tau/R^2=0.31$；由图 3.1-106 或图 3.1-110 知，$\Phi_{zx}=0.42$。

由此，中心温度为：

$$t_{zx}=1300-(1300-0.5\times1200-0.5\times922)\times0.42=1200℃$$

温度差为：

$$\Delta t=1280-1200=80℃$$

平均温度为：

$$t=1200+\frac{1}{2}\times80=1240℃$$

平均导热系数为：

$$\lambda=\frac{1}{4}\times(25.6+24.2+26.2+25.9)\times4.1868=25.475\times4.1868\ \text{kJ/(m}\cdot\text{h}\cdot℃)$$

平均比热容为：

$$c_p=\frac{i_0^{1240}-i_0^{1061}}{1240-1061}=\frac{209-178}{1240-1061}\times4.1868=0.173\times4.1868\ \text{kJ/(kg}\cdot℃)$$

热扩散率为：

$$a=\lambda/(c_p\gamma)=25.48/(0.173\times7500)=0.01963\ \text{m}^2/\text{h}$$

加热时间为：

$$\tau_3=0.31\times\frac{0.3^2}{0.01963}=1.421\ \text{h}$$

总加热时间为：

$$\tau=\tau_1+\tau_2+\tau_3=0.943+0.689+1.421=3.053\ \text{h}$$

**（六）均热床上加热时间的计算**

钢坯从两面加热的加热段进入单面加热的均热床上（认为均热床没有热损失，也不考虑炉底水管的影响）继续加热，加热时间、钢温的计算公式有以下三种情况：

(1) 均热床处的炉温和加热段炉温相同（两段加热制度），其边值条件为：

开始条件：

$$t_h = t_{Bk} - \Delta t_k\left[2\frac{x}{S} - \left(\frac{x}{S}\right)^2\right]$$

边界条件：

$$\left.\frac{\partial t}{\partial x}\right|_{x=2S} = \frac{\alpha}{\lambda}(t_L - t_B);\left.\frac{\partial t}{\partial x}\right|_{x=0} = 0$$

$$t_L = 常数$$

钢坯顶面和底面温度的计算公式是：

$$\frac{t_L - t_z}{t_L - t_{Bk}} = \Phi\left(\frac{a\tau}{S^2};\frac{\alpha S}{\lambda};\frac{x}{S}\right) \tag{3.1-243}$$

式中　$t_L$——炉温，℃；

$t_{Bk}$——开始进入均热床时钢的表面温度，℃；

$t_z$——均热床末端钢的顶面和底面温度，℃；

$\Phi$——函数值，查图 3.1-117。

(2) 均热床处的炉温比加热段炉温低，钢坯顶面的温度保持不变，其边值条件为：

开始条件：

$$t_k = t_B - \Delta t_k\left[2\frac{x}{S} - \left(\frac{x}{S}\right)^2\right]$$

边界条件：

$$t\Big|_{x=2S} = t_B = 常数;\left.\frac{\partial t}{\partial x}\right|_{x=0} = 0$$

钢坯温度的计算公式是：

$$\frac{\Delta t_z}{\Delta t_k} = \Phi\left(\frac{a\tau}{S^2};\frac{x}{S}\right) \tag{3.1-244}$$

进入钢坯顶面的热流为：

$$q_B = \Delta t_k\frac{\lambda}{S}\varphi \tag{3.1-245}$$

式中　$t_B$——钢坯顶面温度，℃；

$\Delta t_k$——开始时的温度差，℃；

$\Delta t_z$——终了时的温度差，℃。

从图 3.1-118 可以看出，厚度为 2$S$ 的钢坯(坐标轴和底面重合)，其底面温度在均热床开始处温度迅速下降，然后逐渐上升，但对中间面来说温度总是要低些。这种均温方式需要的时间要比图 3.1-85 所示的均温方式长三倍(因为热量仅由顶面吸收，而透热深度又增加了一倍)。

(3) 加热段炉温不变的条件下($t'_L$ = 常数)双面加热后，在均热床处又以不变的炉温($t_L$ = 常数)进行单面加热，而且 $t'_L > t_L$，这时边值条件和情况(1)相同，钢表面温度的计算公式为：

$$\frac{t_L - t_{Bz}}{t_L - t_{Bk}} = \Phi_1 + \Phi_2\frac{t'_L - t_{Bk}}{t_L - t_{Bk}} \tag{3.1-246}$$

式中　$t_{Bz}$——最终的钢表面温度，℃；

$t_{Bk}$——均热床开始处钢表面温度，℃；

$\Phi_1$、$\Phi_2$——函数值，由图 3.1-119 查取。

如已知钢在均热床上的时间，均热床开始处钢表面温度的计算公式是：

$$t_{Bk} = \frac{\Phi_2 t'_L + \Phi_1 t_L - (t_L - t_{Bz})}{\Phi_1 + \Phi_2} \tag{3.1-247}$$

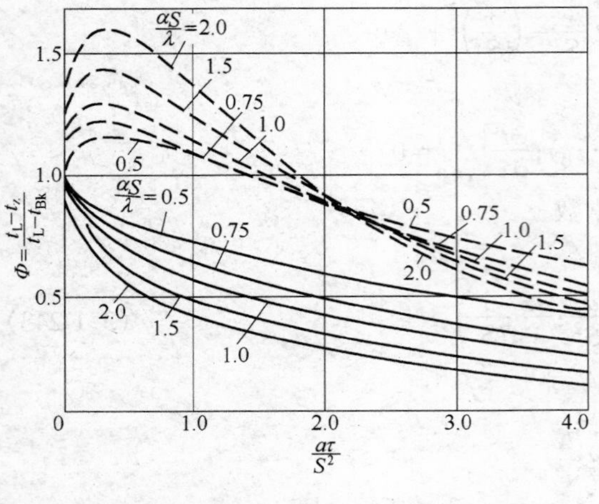


图 3.1-117　均热床上加热计算图(一)

——顶面；- - - 底面

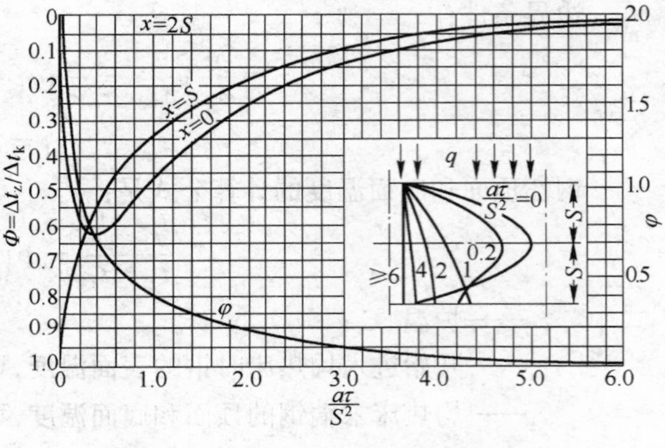


图 3.1-118　均热床上加热计算图(二)

Φ—函数值，左侧纵坐标；

φ—函数值，右侧纵坐标

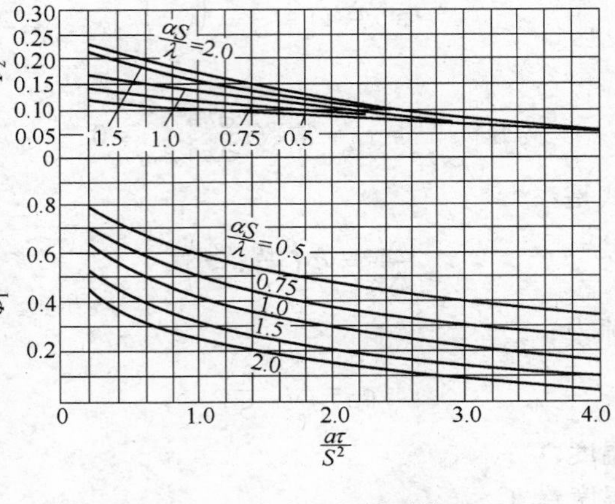


图 3.1-119　均热床上加热计算图(三)

**例 1**　已知坯料厚度为 $2S=0.2\,\text{m}$，均热后允许温差为 40℃（钢坯顶面温度为 1250℃），导热系数 $\lambda=25.6\times4.1868\ \text{kJ/(m·h·℃)}$，平均比热容 $c_p=0.167\times4.1868\ \text{kJ/(kg·℃)}$，在均热床上停留时间为 0.3 h，加热段和均热床处的炉温都是 1300℃，计算均热前钢表面温度。

**解**：热流值为：

$$q_B=\frac{2\times25.6\times40}{0.2}\times4.1868=10240\times4.1868\ \text{kJ/(m}^2\cdot\text{h)}$$

热扩散率为：

$$a=\frac{25.6}{0.167\times7800}=0.01966\ \text{m}^2/\text{h}$$

则：

$$\frac{a\tau}{S^2}=\frac{0.01966\times0.3}{0.1^2}=0.589$$

传热系数为：

$$\alpha=\frac{10340}{1300\times1250}\times4.1868=206.8\times4.1868\ \mathrm{kJ/(m^2\cdot h\cdot ^\circ C)}$$

则：

$$\frac{\alpha S}{\lambda}=\frac{206.8\times0.1}{25.6}=0.808$$

由图 3.1-117 查知：底面的 $\Phi=1.19$，顶面的 $\Phi=0.71$。

均热前钢表面温度为：

$$t=1300-\frac{1300-1250}{0.71}=1230^\circ C$$

均热后钢的底面温度为：

$$t'=1300-1.19(1300-1230)=1216^\circ C$$

顶面和底面的温度差为：

$$1250-1216=34^\circ C$$

**例 2**　已知条件同前，但加热段和均热段温度分别为 1350℃ 及 1300℃，按公式 3.1-247 计算（情况(3)）。

**解**：由图 3.1-119 知：$\Phi_1=0.57$；$\Phi_2=0.14$。

加热段温度为 1350℃ 时，均热前钢表面温度为：

$$t_{Bk}=\frac{0.14\times1350+0.57\times1300-(1300-1250)}{0.14+0.57}=1240^\circ C$$

加热段温度为 1300℃ 时，均热前钢表面温度为：

$$t_{Bk}=\frac{0.14\times1300+0.57\times1300-(1300-1250)}{0.71}=1230^\circ C$$

和前例的计算结果相同。

计算结果中，$t_{Bk}$ 应等于或小于 $t_{Bz}$，如 $t_{Bk}$ 大于 $t_{Bz}$，则应重新设定 $t'_L$ 的值，并采用较小的值。

钢的其他加热和冷却情况，例如：(1)恒温炉内的加热（开始时钢断面上无温差和有温差）；(2)炉温直线上升或下降的变温炉内的加热（开始时无温差和有温差）；(3)在运送和锻造过程中的冷却计算方法。

## 五、确定加热时间的经验数据与图表

实际工作中，加热时间并不完全根据理论公式计算，而是参照一些指标或经验数据。由于影响加热时间的因素很多，经验数据本身也有局限性，而且有些资料的经验数据，往往没有详细介绍应用条件，因此采用时要作一些分析对比。本节引用了一些确定加热时间的经验数据与图表，供设计计算时参考。

关于钢坯及钢锭的加热时间，见表 3.1-29、表 3.1-30，其中表 3.1-29 是断面尺寸为 10～100 mm 的低合金钢及碳含量（质量分数）为 0.08%～0.40% 的碳素结构钢坯料的加热时间。碳素工具钢和中合金钢的加热时间要增加 25%～50%，而高合金钢和工具钢的加热时间要相应地增加 50%～100%。

要考虑坯料长度对加热时间的影响，即将表中所列的时间乘以如下系数：

| 坯料长度与断面尺寸之比 | 4 | 3 | 2.0 | 1.5 | 1.0 | 0.5 |
|---|---|---|---|---|---|---|
| 系数值 1 | 1.0 | 1.0 | 0.98 | 0.92 | 0.71 | |
| 系数值 2 | 0.99 | 0.93 | 0.84 | 0.77 | 0.64 | 0.50 |

**表 3.1-29　碳素钢及低合金钢小钢坯在不同炉温下的加热时间**

| 钢坯直径或厚度 $d$/mm | 圆钢坯 | | | | 方钢坯 | | | |
|---|---|---|---|---|---|---|---|---|
| | 在炉内放置情况 | | | | | | | |
| | 单放 | 间距 $d$ | 间距 $d/2$ | 紧靠放 | 单放 | 间距 $d$ | 间距 $d/2$ | 紧靠放 |
| 炉温 1200℃，钢坯加热到 1150℃时的加热时间/min | | | | | | | | |
| 10 | 2.5 | 3 | 4 | 5.5 | 3.5 | 5 | 6 | 10.5 |
| 20 | 5.0 | 6 | 7.5 | 10 | 6.5 | 9 | 11.5 | 20 |
| 30 | 7.5 | 9 | 11 | 15 | 9.5 | 13 | 17 | 30 |
| 40 | 10 | 12 | 15 | 20 | 13 | 17.5 | 22 | 39 |
| 50 | 12 | 15 | 18.5 | 24.5 | 16 | 22 | 27.5 | 49 |
| 60 | 14.5 | 18 | 22 | 29.5 | 19 | 26 | 32.5 | 58 |
| 70 | 17 | 21 | 25.5 | 34.5 | 22 | 30.5 | 38 | 68 |
| 80 | 19.5 | 24 | 29 | 39 | 25 | 35 | 43 | 78 |
| 90 | 22 | 27 | 33 | 44 | 28 | 39 | 48.5 | 87.5 |
| 100 | 24.5 | 30 | 36 | 49 | 31 | 43.5 | 54 | 97 |
| 炉温 1300℃，钢坯加热到 1200℃时的加热时间/min | | | | | | | | |
| 10 | 2 | 2 | 3 | 4 | 2.5 | 3.5 | 4.5 | 8 |
| 20 | 3 | 3.5 | 5 | 7 | 4.5 | 6 | 6 | 13 |
| 30 | 5 | 5.5 | 7 | 10 | 6 | 8.5 | 11 | 19 |
| 40 | 6.5 | 8 | 9.5 | 13 | 8 | 11 | 14 | 25 |
| 50 | 8 | 9.5 | 12 | 16 | 10.5 | 14.5 | 17.5 | 32 |
| 60 | 9.5 | 11.5 | 14 | 19.5 | 12.5 | 17.5 | 21 | 38 |
| 70 | 11 | 13.5 | 16.5 | 22.5 | 14.5 | 20.5 | 25 | 44 |
| 80 | 13 | 15.5 | 19.5 | 26 | 17 | 23.5 | 28.5 | 52 |
| 90 | 15 | 18 | 23 | 31 | 19.5 | 27 | 33.5 | 62 |
| 100 | 18 | 21.5 | 27 | 36 | 23 | 32.5 | 40 | 72 |
| 炉温 1300℃，钢坯加热到 1250℃时的加热时间/min | | | | | | | | |
| 10 | 2 | 2.5 | 3 | 4 | 3 | 3.5 | 5 | 8 |
| 20 | 4 | 4.5 | 5.5 | 7.5 | 5 | 6.5 | 9 | 15 |
| 30 | 6 | 7 | 8.5 | 12 | 8 | 10.5 | 13.5 | 23 |
| 40 | 8 | 9.5 | 12 | 16 | 10.5 | 14.5 | 18 | 32 |
| 50 | 10.5 | 12 | 15.5 | 20.5 | 13.5 | 18.5 | 23 | 41 |
| 60 | 12.5 | 14.5 | 18.5 | 25 | 16 | 22 | 27.5 | 50 |
| 70 | 14.5 | 17.5 | 22 | 29 | 19 | 26 | 32 | 58 |
| 80 | 16.5 | 20 | 25 | 33 | 22 | 30 | 37 | 66 |
| 90 | 19 | 22.5 | 28 | 37.5 | 24 | 34 | 42 | 76 |
| 100 | 21 | 25 | 31.5 | 40 | 27.5 | 38 | 46 | 84 |
| 炉温 1400℃，钢坯加热到 1300℃时的加热时间/min | | | | | | | | |
| 10 | 1.5 | 2 | 2.5 | 3.5 | 2.5 | 3.5 | 4 | 6.5 |
| 20 | 2.5 | 3 | 4 | 5.5 | 3.5 | 5 | 6 | 10.5 |
| 30 | 4 | 4.5 | 5.5 | 7.5 | 5 | 7 | 8.5 | 15 |
| 40 | 5 | 5.5 | 7 | 9.5 | 6.5 | 9 | 10.5 | 19 |
| 50 | 6 | 7 | 8 | 11.5 | 7.5 | 10.5 | 13 | 23 |
| 60 | 7 | 8 | 10 | 14 | 9 | 12.5 | 15 | 27 |
| 70 | 8 | 9.5 | 12 | 16 | 10 | 14 | 17.5 | 31 |
| 80 | 9 | 10 | 13.5 | 18 | 11.5 | 16 | 20 | 35 |
| 90 | 10 | 12 | 15 | 20 | 13 | 18 | 22 | 40 |
| 100 | 11 | 13 | 16.5 | 22 | 14.5 | 19.5 | 24.5 | 44 |

**表 3.1-30 锻造加热炉内方坯的加热时间(h)**

| 方坯边长 $a$/mm | 装料时炉内最高温度/℃ | 装料温度下保温时间 | | | 升到开锻温度的加热时间 | | | 开锻温度下保温时间 | | | 总的加热时间 | | |
|---|---|---|---|---|---|---|---|---|---|---|---|---|---|
| | | 在炉内放置情况 | | | | | | | | | | | |
| | | 单放 | 间距 $a/2$ | 紧靠放 | 单放 | 间距 $a/2$ | 紧靠放 | 单放 | 间距 $a/2$ | 紧靠放 | 单放 | 间距 $a/2$ | 紧靠放 |
| 第Ⅰ组钢 | | | | | | | | | | | | | |
| 100 | 1300 | | | 0.1 | 0.4 | 0.7 | 0.9 | | 0.1 | 0.1 | 0.4 | 0.8 | 1.1 |
| 120 | 1300 | | | 0.1 | 0.5 | 0.8 | 1.1 | | 0.1 | 0.1 | 0.5 | 0.9 | 1.3 |
| 130 | 1300 | | | 0.1 | 0.6 | 0.9 | 1.3 | | 0.1 | 0.1 | 0.6 | 1.0 | 1.5 |
| 140 | 1300 | | | 0.1 | 0.6 | 1.0 | 1.5 | 0.1 | 0.1 | 0.1 | 0.7 | 1.1 | 1.7 |
| 150 | 1300 | | 0.1 | 0.1 | 0.7 | 1.0 | 1.6 | 0.1 | 0.1 | 0.2 | 0.8 | 1.2 | 1.9 |
| 160 | 1300 | | 0.1 | 0.2 | 0.8 | 1.1 | 1.7 | 0.1 | 0.1 | 0.2 | 0.9 | 1.3 | 2.1 |
| 180 | 1300 | | 0.1 | 0.2 | 0.9 | 1.2 | 2.0 | 0.2 | 0.2 | 0.2 | 1.1 | 1.5 | 2.4 |
| 200 | 1250 | 0.1 | 0.2 | 0.3 | 1.0 | 1.3 | 2.3 | 0.2 | 0.2 | 0.2 | 1.3 | 1.7 | 2.8 |
| 220 | 1250 | 0.2 | 0.3 | 0.3 | 1.1 | 1.5 | 2.6 | 0.2 | 0.3 | 0.3 | 1.5 | 2.1 | 3.2 |
| 250 | 1250 | 0.2 | 0.3 | 0.3 | 1.2 | 1.8 | 3.0 | 0.3 | 0.3 | 0.3 | 1.7 | 2.4 | 3.6 |
| 270 | 1250 | 0.2 | 0.3 | 0.4 | 1.4 | 2.1 | 3.3 | 0.3 | 0.3 | 0.3 | 1.9 | 2.7 | 4.0 |
| 300 | 1250 | 0.2 | 0.4 | 0.4 | 1.6 | 2.4 | 3.7 | 0.3 | 0.4 | 0.4 | 2.1 | 3.2 | 4.5 |
| 350 | 1250 | 0.3 | 0.4 | 0.4 | 1.8 | 2.9 | 4.4 | 0.4 | 0.4 | 0.4 | 2.5 | 3.7 | 5.2 |
| 第Ⅱ组钢 | | | | | | | | | | | | | |
| 100 | 1250 | | | | 0.6 | 0.9 | 1.1 | | | | 0.6 | 0.9 | 1.1 |
| 120 | 1250 | | | 0.1 | 0.7 | 1.0 | 1.2 | | 0.1 | 0.1 | 0.7 | 1.1 | 1.4 |
| 130 | 1250 | | 0.1 | 0.1 | 0.8 | 1.1 | 1.4 | | 0.1 | 0.1 | 0.8 | 1.3 | 1.6 |
| 140 | 1250 | | 0.1 | 0.2 | 0.8 | 1.2 | 1.6 | 0.1 | 0.2 | 0.2 | 0.9 | 1.5 | 2.0 |
| 150 | 1250 | | 0.2 | 0.2 | 1.0 | 1.3 | 1.9 | 0.1 | 0.2 | 0.2 | 1.1 | 1.7 | 2.3 |
| 160 | 1200 | | 0.2 | 0.2 | 1.2 | 1.5 | 2.2 | 0.1 | 0.2 | 0.2 | 1.3 | 1.9 | 2.6 |
| 180 | 1200 | 0.1 | 0.2 | 0.3 | 1.3 | 1.8 | 2.4 | 0.1 | 0.2 | 0.3 | 1.5 | 2.2 | 3.0 |
| 200 | 1200 | 0.1 | 0.2 | 0.3 | 1.4 | 2.1 | 2.8 | 0.2 | 0.2 | 0.3 | 1.7 | 2.5 | 3.4 |
| 220 | 1200 | 0.2 | 0.2 | 0.3 | 1.5 | 2.3 | 3.0 | 0.2 | 0.3 | 0.3 | 1.9 | 2.8 | 3.6 |
| 250 | 1200 | 0.2 | 0.3 | 0.4 | 1.7 | 2.5 | 3.4 | 0.3 | 0.3 | 0.4 | 2.2 | 3.1 | 4.2 |
| 270 | 1200 | 0.2 | 0.3 | 0.4 | 1.9 | 2.8 | 3.9 | 0.3 | 0.3 | 0.4 | 2.4 | 3.4 | 4.7 |
| 300 | 1200 | 0.2 | 0.3 | 0.4 | 2.1 | 3.1 | 4.4 | 0.3 | 0.3 | 0.4 | 2.6 | 3.7 | 5.2 |
| 350 | 1200 | 0.3 | 0.3 | 0.5 | 2.4 | 3.5 | 4.8 | 0.3 | 0.4 | 0.5 | 3.0 | 4.2 | 5.8 |
| 第Ⅲ组钢 | | | | | | | | | | | | | |
| 100 | 1200 | | 0.1 | 0.2 | 0.6 | 0.9 | 1.4 | 0.2 | 0.2 | 0.3 | 0.8 | 1.2 | 1.9 |
| 120 | 1200 | | 0.1 | 0.2 | 0.7 | 1.2 | 1.8 | 0.2 | 0.2 | 0.3 | 0.9 | 1.5 | 2.3 |
| 130 | 1200 | | 0.1 | 0.2 | 0.8 | 1.4 | 2.1 | 0.2 | 0.2 | 0.3 | 1.0 | 1.7 | 2.6 |
| 140 | 1200 | 0.1 | 0.1 | 0.3 | 0.9 | 1.6 | 2.3 | 0.2 | 0.2 | 0.3 | 1.2 | 1.9 | 2.9 |
| 150 | 1200 | 0.2 | 0.2 | 0.3 | 1.0 | 1.7 | 2.5 | 0.2 | 0.2 | 0.4 | 1.4 | 2.1 | 3.2 |
| 160 | 1200 | 0.2 | 0.2 | 0.3 | 1.2 | 1.8 | 2.8 | 0.2 | 0.3 | 0.4 | 1.6 | 2.3 | 3.5 |
| 180 | 1200 | 0.3 | 0.3 | 0.4 | 1.3 | 2.1 | 3.1 | 0.3 | 0.3 | 0.4 | 1.9 | 2.7 | 3.9 |
| 200 | 1150 | 0.3 | 0.3 | 0.4 | 1.5 | 2.3 | 3.3 | 0.3 | 0.3 | 0.5 | 2.1 | 2.9 | 4.2 |
| 220 | 1150 | 0.3 | 0.3 | 0.4 | 1.7 | 2.6 | 3.7 | 0.3 | 0.3 | 0.5 | 2.3 | 3.2 | 4.6 |
| 250 | 1150 | 0.3 | 0.4 | 0.5 | 1.9 | 2.8 | 4.1 | 0.4 | 0.4 | 0.5 | 2.6 | 3.6 | 5.1 |
| 270 | 1150 | 0.3 | 0.4 | 0.5 | 2.2 | 3.1 | 4.4 | 0.4 | 0.4 | 0.6 | 2.8 | 3.9 | 5.5 |
| 300 | 1150 | 0.4 | 0.4 | 0.6 | 2.3 | 3.5 | 4.8 | 0.4 | 0.4 | 0.6 | 3.1 | 4.3 | 6.0 |
| 350 | 1150 | 0.4 | 0.5 | 0.6 | 2.7 | 3.9 | 5.6 | 0.4 | 0.5 | 0.6 | 3.5 | 4.9 | 6.8 |

表中的加热时间是以结构合理、火焰亮度一般的煤气加热炉和燃油加热炉为基准的。

在表 3.1-30 中列出了方坯的加热时间，加热圆坯时，表内时间需乘以系数 0.7。根据加热要求的不同，将不同的钢号分成三组：属于第Ⅰ组的碳素钢有 Q195、Q215、Q235-B、Q255、Q275、Q460-D、Q460-E、10～50；低合金钢有 15Cr～30Cr、15Mn～30Mn；属于第Ⅱ组的碳素钢有 55～70 以及合金结构钢 45Mn～60Mn、40Cr～50Cr、15CrMn～40CrMn、35CrMn2、20CrMnSi～35CrMnSi、50CrVA、24CrMoV、35CrMoV、38CrAl、38CrMoAlA、35CrMo；属于第Ⅲ组的有碳素工具钢 T7、T8，铬锰钼钢、锻模钢及中合金结构钢等。

大钢锭锻压时实际加热时间见图 3.1-120，图中的加热时间基于下列条件：(1)在车底式炉内加热；(2)钢锭置于专用垫块上，垫块高度不小于 200 mm；(3)燃料为发生炉煤气(暗焰)；(4)炉温为 1200～1250℃，钢锭加热温度为 1150～1200℃；(5)炉底热负荷为 $(0.5\sim3)\times10^6\times4.1868$ kJ/(m²·h)；(6)钢锭置放方式有三种：1—一个钢锭的加热，2—若干钢锭放成一排加热，3—若干钢锭放成两排加热；(7)钢锭按钢号分成三组：第Ⅰ组为碳素钢，成分为：$w(C)=0.1\%\sim0.45\%$，$w(Cr)\approx0.2\%$，$w(Ni)=0.3\%$；第Ⅱ组为低合金钢，成分为：$w(C)=0.45\%\sim0.55\%$，$w(Cr)=0.2\%\sim1.5\%$，$w(Ni)=0.5\%\sim1.5\%$；第Ⅲ组为合金钢，成分为：$w(C)=0.3\%\sim0.6\%$，$w(Cr)=0.5\%\sim1.5\%$，$w(Ni)=1.4\%\sim3.0\%$，$w(Mo)=0.15\%\sim0.3\%$；(8)加热时间中已包括保温时间。

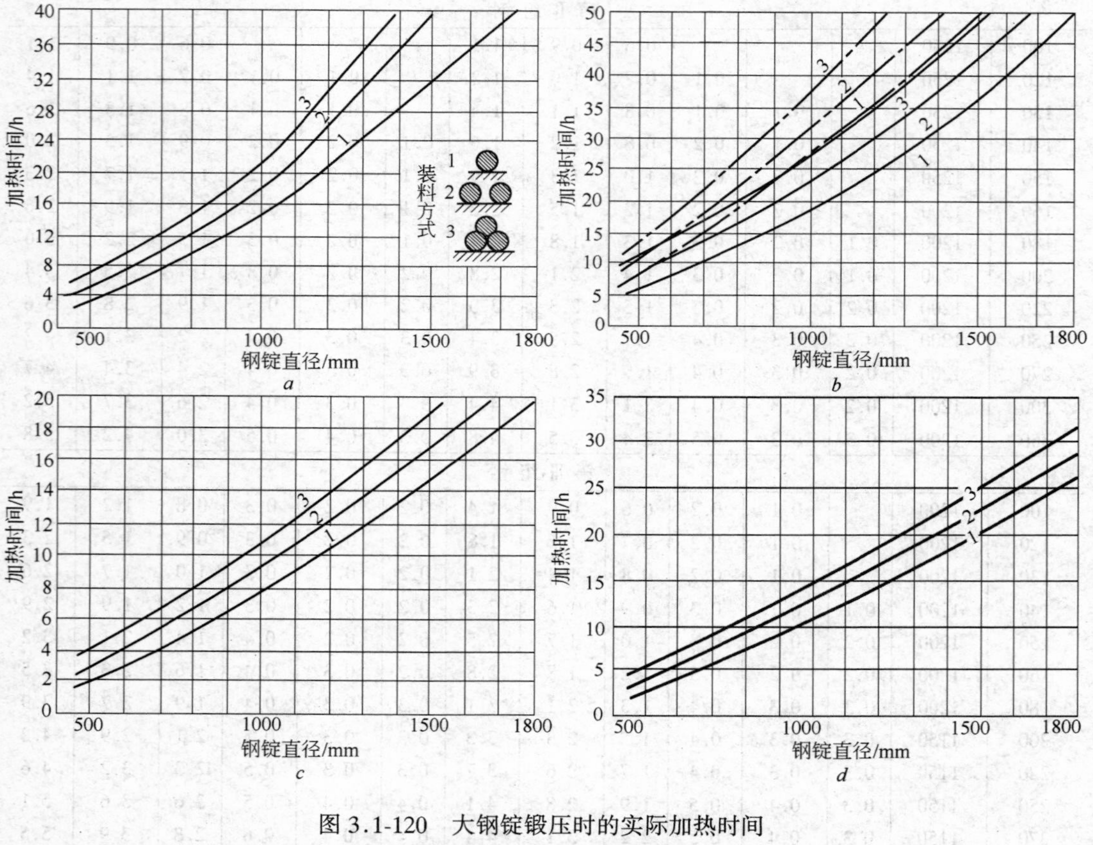


图 3.1-120　大钢锭锻压时的实际加热时间

*a*—冷锭加热，第Ⅰ组钢；*b*—冷锭加热，——第Ⅱ组钢，— — —第Ⅲ组钢；

*c*—初温 650℃热锭加热，第Ⅰ、Ⅱ组钢；*d*—初温 650℃热锭加热，第Ⅲ组钢

一些工厂的实践经验表明，图 3.1-120$b$ 所示的Ⅱ组牌号钢冷钢锭加热时间还能缩短，可按Ⅰ组牌号钢的加热时间进行加热。

平铺的钢坯和板坯两面加热时的最短加热时间见图 3.1-121。圆钢加热时间约为上述时间的 0.45 倍，四面加热的方坯约为 0.5 倍，平均加热时间约为曲线所示值的 1.5 倍。图中炉温和钢的加热温度的关系是：

炉温为 870～980℃时，钢温 = 0.995×炉温；

炉温为 1100～1200℃时，钢温 = 0.95×炉温；

炉温为 1320℃时，钢温 = 0.9×炉温。

钢材的加热时间要综合考虑钢材的放置情况、钢的材质、钢表面的黑度、炉温 $t_L$ 以及钢的最终加热温度 $t_g$。加热时间 $\tau$ 的计算公式是：

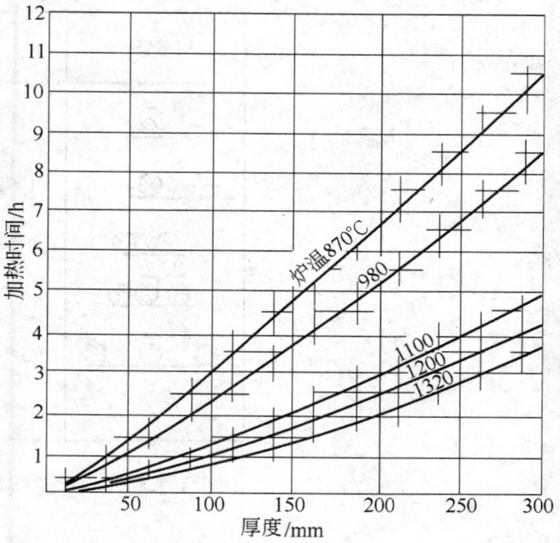


图 3.1-121 平铺的钢坯和板坯两面加热时的最短加热时间

$$\tau = \tau_1 K_1 K_2 K_3 \tag{3.1-248}$$

式中 $\tau_1$——由图 3.1-122 查得的时间值，h 或 min；

$K_1$——考虑钢材放置情况的系数，由图 3.1-123 查取；

$K_2$——与钢材材质有关的系数，其值如表 3.1-31 所示；

$K_3$——与钢的表面黑度有关的系数，其值如表 3.1-32 所示。

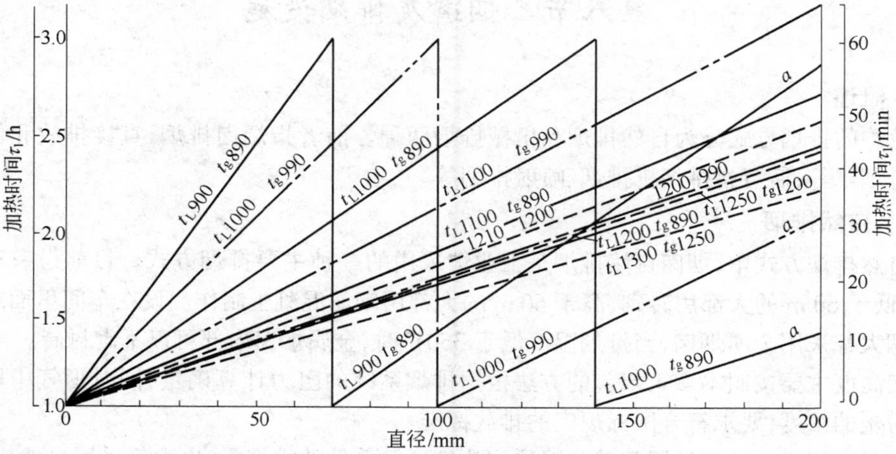


图 3.1-122 加热时间 $\tau_1$

$t_L$—炉温，℃；$t_g$—钢材终温，℃；$a$—按左侧坐标 $\tau_1$，h，其余按右侧坐标 $\tau_1$，min

**表 3.1-31 与钢材材质有关的系数 $K_2$**

| 材质 | 碳素钢 | | | | 奥氏体钢 | | |
|---|---|---|---|---|---|---|---|
| | $w$(C)<0.2% | $w$(C)=0.21%～0.5% | $w$(C)=0.5%～0.7% | $w$(C)≥0.8% | Cr18Ni9 | Cr18Ni9Ti | Cr18Ni9TiMo |
| $K_2$ | 1.0 | 1.2 | 1.5 | 2.0 | 1.3 | 2.0 | 2.5 |

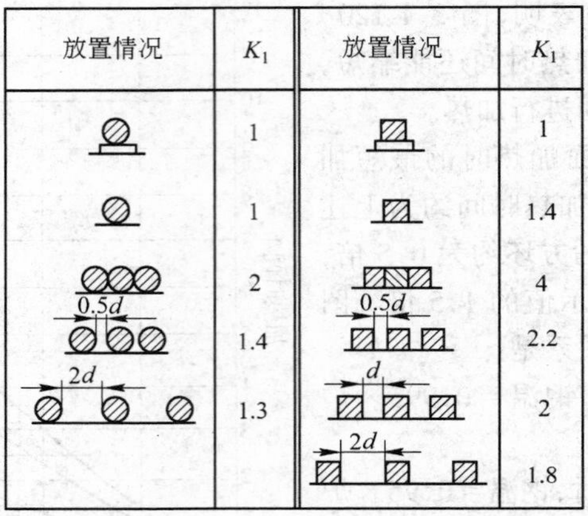


图 3.1-123　考虑钢材放置情况的系数 $K_1$

**表 3.1-32　与钢的表面黑度有关的系数 $K_3$**

| 钢　　种 | 碳 素 钢 | 奥 氏 体 钢 | Cr-Ni 合金 |
|---|---|---|---|
| $K_3$ | 1.0 | 2.22 | 1.1 |

**例**:求 $\phi$100 mm 低碳钢($w(C)=0.3\%$)在 1000℃的炉内升温到 890℃的加热时间。

**解**:加热时间为:

$$\tau = 43\times1.0\times1.2\times1.0 = 51.5\ \text{min}$$

# 第八节　烟道及排烟设施

## 一、概述

工业炉的排烟方式分为自然排烟和机械排烟两种。前者指烟囱排烟、直接排放和依靠自然抽力的排烟罩等;后者指排烟机排烟、喷射排烟等。

### (一) 自然排烟

在自然排烟方式中,烟囱自然排烟是工业炉采用的一种主要排烟方式。目前设有车间外面的烟囱,低于 60 m 的大都用砖砌,高于 60 m 的大都用钢筋混凝土制作。设在车间里面或直接从炉顶排烟大都采用金属烟囱,当排烟温度低于 350℃时,金属烟囱内部可以不砌衬砖。

烟囱高度主要按照本章第四节的方法根据排烟系统的阻力计算确定,同时烟气中所含有害气体和粉尘的浓度,要求符合国标规定的排放标准。

设置在连续式加热炉炉尾和某些锻造加热炉炉门等处的排烟罩,也大都采用自然排烟方式。排烟管可就近引出厂房外,也可根据具体情况引入炉子的排烟系统或另用机械排烟。

有的烧净煤气的小型加热炉和热处理炉,当能保证车间有充足的通风换气能力时,也可以直接排入车间,但必须采取措施使燃料燃烧完全,且排烟点不能靠近经常有人操作的区域。

### (二) 机械排烟

当炉子排烟系统阻力较大不便于自然排烟或有其他特殊需要时,可以采用机械排烟方式。机械排烟分为直接式和间接式两种。

1. 直接式机械排烟

直接式机械排烟采用排烟机。排烟机可以选用标准产品,其使用温度一般为200℃,最高不得超过250℃,排烟温度超过250℃的烟气要将烟气降温后进入排烟机。必须直接排送高温烟气时要采用特殊设计的高温排烟机。

用排烟机排送含尘量高的烟气会增加叶轮的磨损,缩短排烟机的使用寿命。因此,烟气中含尘量超过排烟机产品规定容许的含量时,要采取除尘措施。

标准排烟机的特性,一般是介质温度为200℃、重度为0.745 $kg/m^3$、大气压力为 $1\times10^5$ Pa。当实际使用条件不同时,排烟机的流量、压力和轴功率要进行换算。如果排烟温度比额定温度降低或在冷态启动时,气体的重度增加,此时必须严格控制流量,以免造成电动机过负荷而损坏。

2. 间接式机械排烟

间接式机械排烟采用喷射器。通常喷射器用的喷射介质为蒸汽、压缩空气或通风机送风。采用喷射器排烟可以不受烟气温度和烟气含尘量的限制,但动力消耗要比排烟机增加1.5～2倍。

有些间断操作的炉子,为了能在点火后快速升温,并且减少排烟设施的基建投资,可以考虑采用喷射器增加抽力。

3. 自然排烟和机械排烟的比较

自然排烟和机械排烟各有其工作特点,适用于不同的排烟系统和不同的操作情况。这两种排烟方式的简单比较见表3.1-33。

**表3.1-33　自然排烟和机械排烟的比较**

| 排烟方式 | 烟囱自然排烟 | 排烟机排烟 | 喷射排烟 |
|---|---|---|---|
| 产生抽力大小 | 不可能很大 | 大 | 较大 |
| 对烟气温度的要求 | 根据烟囱产生抽力的原理,要求较高的烟气温度 | 要求通过排烟机的烟气温度一般不超过200℃ | 不受烟气温度的限制 |
| 产生抽力快慢 | 点火后必须有一段时间烘热烟道和烟囱,然后逐渐形成抽力,所以不便于快速升温 | 排烟机启动后就能达到额定的抽力,便于间断操作炉子的快速升温 | 同排烟机排烟 |
| 基建费用 | 高 | 低 | 当采用厂区蒸汽管网的蒸汽作为喷射介质时,基建费用很低 |
| 生产费用 | 不消耗动力 | 消耗动力 | 消耗动力比排烟机多1.5～2倍 |
| 维修工作 | 基本上不需维修,工作可靠 | 要定期维修 | 维修工作不多 |
| 占地面积 | 大 | 较小 | 小 |
| 采用除尘设备的可能性 | 只能采用阻力小的除尘设施 | 可以采用阻力较大的除尘设施 | 可以采用阻力稍大的除尘设施 |

## 二、烟道布置和烟囱位置

### (一) 烟道布置

布置烟道时要考虑下列情况:

(1) 要求烟道路程短、局部阻力损失小。当多座炉子集中排烟时,要按其中烟气流路阻力损失最大的炉子计算烟囱高度或选择机械排烟设施。

(2) 当车间炉子座数较多时,可以分成几组排烟。分组时应注意以下三点:

1) 每组炉子的座数不宜过多;

2) 要考虑利用余热;

3) 一般情况下可将热工制度相同的炉子放在一组,但有时要考虑按排烟机械工况稳定或简化排烟系统结构等因素分组。

(3) 当若干座炉子共用一套排烟设施时应考虑的问题是:

1) 一般情况下炉子尽可能对称布置,排烟设施放在这组炉子的对称中心线上或靠近对称中心线;

2) 便于每座炉子能单独调节炉膛压力;

3) 减少各座炉子之间的相互干扰,一般情况下分烟道要尽量在靠近烟囱处汇入总烟道;

4) 便于一组内部分炉子及其附属设备的检修;

5) 组内需要抽力较大的炉子(例如井式炉),其位置要尽量靠近烟囱。

(4) 烟道要与厂房柱基、设备基础和电缆等保持一定距离,以免受烟道温度的影响,一般可参考表 3.1-34 中列出的间距,当要求的距离不能满足时,基础与烟道外壁之间要采取降温或隔热措施。

**表 3.1-34 烟道外壁离基础表面的距离**

| 烟气温度 /℃ | 800～700 | 600～500 | 400～300 | 200～100 |
|---|---|---|---|---|
| 距离/mm | >500 | >400 | >200 | >100 |

(5) 地下烟道不会妨碍交通和地面上的操作,因此一般烟道都尽量布置在地下。烟道顶部最高点离地面距离一般不小于 300 mm,烟道底部最低点尽可能在地下水位线以上。

(6) 当地下水位较高时,为节省防水工程费用,也可以将烟道部分或全部建在地面上,此时烟道布置要尽可能减少对其他设施和交通的影响。

(7) 烟道较长时,其底部要有排水坡度,以便集中排除烟道积水。

(8) 当烟道内有废热回收装置时,一般要设侧烟道和相应的闸板、人孔等,以便在检修废热回收装置时不影响炉子的生产操作。当要求侧烟道起分流作用时,布置中要考虑主、侧烟道的阻力能满足分流的要求。

### (二) 烟囱的位置

确定烟囱位置时要在总图布置合理的情况下,尽可能缩短烟道的长度和减少烟道的阻力损失,同时还要考虑:

(1) 烟囱和锻锤等机械振动强烈的设备之间要保持一定距离,一般可取烟囱和锻锤之间的距离为:

$$L \geqslant (12 \sim 15)\sqrt{G} \tag{3.1-249}$$

式中 $G$——锻锤落下部分的质量,t。

(2) 烟囱的位置不要妨碍车间设施和铁路、公路、料场等的发展。

(3) 要有利于减少对周围环境的污染。

### (三) 烟道人孔和烟道闸板

1. 烟道人孔

烟道上一般都要开设人孔,以便于清灰、检修和开炉时烘烤烟道。布置人孔时应从以下几方面考虑:

(1) 一般每隔 20～30 m 设置一个人孔。烟气含尘量大时(如用粉煤为燃料),要适当缩短人孔之间的距离。

(2) 人孔的位置要能到达烟道的各个部位,例如预热器等设备前后都要设置人孔。

(3) 几个炉子共用一座烟囱时,一般在每个炉子的调节闸板和炉尾排烟口之间设置人孔。

(4) 位于露天地段的人孔,其顶部高度一般应高出周围地平面 150 mm 以上,以免地表水灌入烟道。这种人孔的位置要尽量不妨碍交通。

2. 烟道闸板

为了调节炉膛压力或切断烟气,每座炉子一般都设置烟道闸板。设计时应考虑:

(1) 闸板的位置要便于操作和维修,闸板要尽可能安装在室内不妨碍交通的地方。

(2) 装在预热器前后的闸板,其位置和结构要尽量避免烟气通过预热器时产生偏流。

(3) 烟道闸板的断面可以适当小于主烟道的断面,以便于改善闸板的调节性能。

## 三、排烟系统中烟气的流速和温降

### (一) 烟气的流速

在排烟系统中,烟气的流速直接影响烟道断面的大小、系统的阻力损失和烟囱的高度或机械排烟的能力,因此要从基建投资和经常动力消耗等因素,通过阻力损失计算和投资比较等综合考虑。在一般情况下,自然排烟时烟道内烟气流速可取 1.5～3 m/s,机械排烟时可比自然排烟略高。烟囱出口的烟气流速一般可取 2.5～4 m/s,出口流速过低有时会造成倒灌而影响烟囱的正常排烟。

按照烟气流速确定烟道断面尺寸时还要考虑:

(1) 烟气含尘量大时,烟道积灰将影响烟气的流通面积,因此要适当加大烟道断面。

(2) 最小烟道断面尺寸要考虑砌筑和清灰操作的方便。

### (二) 烟气的温降

1. 烟道内烟气的温降

烟气流经烟道时,由于外部空气的渗入、不同温度烟气的汇合和烟道向周围散热等因素,烟气会产生温降。两种不同温度气体互相混合后的温度,在不发生化学反应的情况下,可通过计算求得。烟气经过烟道壁向周围的散热量,与烟道结构形式和土壤的传热条件有关,表 3.1-35 表示的经验数据供参考。

**表 3.1-35 烟道散热引起的烟道温降**

| 烟气温度 /℃ | 地下砖烟道温降 /℃·$m^{-1}$ | | 地上砖烟道温降 /℃·$m^{-1}$ | |
|---|---|---|---|---|
| | 无水渗入 | 有少量水渗入并经烟道底排水沟排出 | 绝 热 | 不绝热 |
| 200～300 | 1.5 | 3 | 1.5 | 2.5 |
| 300～400 | 2.0 | 4 | 3 | 4.5 |
| 400～500 | 2.5 | 5 | 3.5 | 5.5 |
| 500～600 | 3.0 | 6 | 4.5 | 7 |
| 600～700 | 3.5 | 7 | 5.5 | 10 |
| 700～800 | 4.0 | 8 | | |
| 800～1000 | 4.6 | 9.2 | | |
| 1000～1200 | 5.2 | 10.4 | | |

2. 烟囱内烟气的温降

烟气流经烟囱时的温降可取下列数据:

| | |
|---|---|
| 砖砌烟囱 | 1℃/m |
| 无内衬的金属烟囱 | 3～4℃/m |
| 有内衬的金属烟囱 | 2～2.5℃/m |
| 混凝土烟囱 | 0.1～0.3℃/m |

### （三）同时利用系数

当多座炉子共用一套排烟设施时，通过排烟系统的总烟气量并不一定等于各座炉子工作时所产生的最大烟气量的总和，因此设计时要考虑同时利用系数。由于各种生产车间的工艺和调度各有特点，因此要按照同时工作的炉子数量和各座炉子工作时热负荷的变化情况进行具体分析，并且参照类似生产车间的实际工作情况确定同时利用系数。

## 四、烟道结构

### （一）烟道断面系列

拱顶角为60°的烟道断面系列见表3.1-36，拱顶角为180°的烟道断面系列见表3.1-37。表中烟道高度是按直墙每层砖68 mm计算的。在一般情况下，尽量采用系列表中的烟道断面尺寸，当结构或布置上有特殊要求时，可根据需要另行设计烟道断面。

**表3.1-36　拱顶角为60°的烟道断面系列**

| 烟道内宽/mm | 高度/mm | 断面积/$m^2$ | 当量直径/m | 烟道内宽/mm | 高度/mm | 断面积/$m^2$ | 当量直径/m |
|---|---|---|---|---|---|---|---|
| 580 | 659 | 0.367 | 0.626 | 1972 | 2447 | 4.658 | 2.217 |
| 696 | 810 | 0.543 | 0.759 | 2088 | 2599 | 5.239 | 2.351 |
| 812 | 962 | 0.753 | 0.894 | 2204 | 2750 | 5.851 | 2.484 |
| 928 | 1114 | 0.996 | 1.055 | 2320 | 2902 | 6.499 | 2.617 |
| 1044 | 1235 | 1.242 | 1.148 | 2436 | 2985 | 7.014 | 2.722 |
| 1160 | 1386 | 1.550 | 1.281 | 2552 | 3059 | 7.559 | 2.831 |
| 1276 | 1538 | 1.882 | 1.408 | 2668 | 3153 | 8.102 | 2.932 |
| 1392 | 1690 | 2.268 | 1.547 | 2784 | 3236 | 8.674 | 3.037 |
| 1508 | 1841 | 2.678 | 1.682 | 2900 | 3320 | 9.262 | 3.140 |
| 1624 | 1993 | 3.122 | 1.816 | 3016 | 3403 | 9.869 | 3.243 |
| 1740 | 2144 | 3.572 | 1.935 | 3132 | 3487 | 10.495 | 3.348 |
| 1856 | 2296 | 4.111 | 2.083 | 3248 | 3570 | 11.142 | 3.449 |

**表3.1-37　拱顶角为180°的烟道断面系列**

| 烟道内宽/mm | 高度/mm | 断面积/$m^2$ | 当量直径/m | 烟道内宽/mm | 高度/mm | 断面积/$m^2$ | 当量直径/m |
|---|---|---|---|---|---|---|---|
| 464 | 572 | 0.243 | 0.519 | 1276 | 1590 | 1.857 | 1.433 |
| 580 | 698 | 0.369 | 0.640 | 1276 | 1726 | 2.027 | 1.486 |
| 696 | 824 | 0.521 | 0.760 | 1392 | 1716 | 2.181 | 1.553 |
| 812 | 950 | 0.701 | 0.883 | 1392 | 1852 | 2.371 | 1.610 |
| 928 | 1144 | 0.969 | 1.035 | 1508 | 1842 | 2.533 | 1.674 |
| 928 | 1280 | 1.095 | 1.066 | 1508 | 1978 | 2.739 | 1.732 |
| 1044 | 1270 | 1.209 | 1.157 | 1624 | 1968 | 2.913 | 1.796 |
| 1044 | 1406 | 1.351 | 1.214 | 1624 | 2104 | 3.136 | 1.856 |
| 1160 | 1396 | 1.475 | 1.279 | 1740 | 2094 | 3.319 | 1.918 |
| 1160 | 1532 | 1.632 | 1.336 | 1740 | 2298 | 3.674 | 2.005 |

续表 3.1-37

| 烟道内宽/mm | 高度/mm | 断面积/$m^2$ | 当量直径/m | 烟道内宽/mm | 高度/mm | 断面积/$m^2$ | 当量直径/m |
|---|---|---|---|---|---|---|---|
| 1856 | 2356 | 4.003 | 2.099 | 2552 | 3180 | 7.412 | 2.859 |
| 1972 | 2482 | 4.477 | 2.221 | 2668 | 3306 | 8.057 | 2.983 |
| 2088 | 2608 | 4.978 | 2.344 | 2784 | 3432 | 8.723 | 3.105 |
| 2204 | 2734 | 5.504 | 2.456 | 2900 | 3558 | 9.416 | 3.227 |
| 2320 | 2928 | 6.216 | 2.617 | 3016 | 3684 | 10.137 | 3.349 |
| 2436 | 3054 | 6.802 | 2.739 | 3132 | 3810 | 10.876 | 3.469 |

### (二) 烟道结构设计

烟道结构设计要考虑下列方面：

(1) 拱顶角。烟道常用的拱顶角为 60°和 180°。烟气温度较高、烟道断面较大或受振动影响大的烟道，一般用 180°拱顶。同样烟道断面积时，60°拱顶的烟道高度可小些，但应注意防止因拱顶推力而使拱脚产生位移。

(2) 烟气温度。烟道内衬黏土砖的厚度与烟气温度有关。当烟气温度为 500～800℃、烟道内宽小于 1 m 时，一般用 114 mm 厚黏土砖，大于 1 m 时用 230 mm 厚黏土砖。烟气温度低于 500℃时可用 100 号机制红砖内衬。当烟道没有混凝土外框时，外层用红砖砌筑，其厚度应能保证烟道结构的稳定。

(3) 荷重。地下烟道通过堆放钢料或有车辆通行、汽锤振动等动载荷的区域时，烟道的结构要加固。用红砖外框的烟道要加厚红砖层厚度。当地面负荷大于 7 t/$m^2$ 或土壤耐压力小于 16 t/$m^2$ 时，一般用钢筋混凝土外框加固。用混凝土外框的烟道，为了降低混凝土接触面的温度和缩小外框的尺寸，一般在黏土砖外面砌绝热砖。整体混凝土外框的顶部，隔一定距离要放置一段活动顶板，以便砌筑烟道时运送材料。

(4) 防排水。地下烟道处于地下水位线以下时，要采取防排水措施，一般用区域排水或防水套。由于受烟道内温度影响，采用混凝土外框时往往会产生裂纹而造成渗水；有时地下水位线以上的烟道，地表水也会渗入，因此烟道底部一般要有排水坡度，并有排水设施（当采用区域排水时，可将烟道内的水排到总排水井）。

(5) 沉降缝。烟道与炉子、烟囱和大型预热器等基础负荷较大的构筑物之间的接口处，要留设沉降缝；压在烟道上的负荷有显著变化的区段与两段接口之间，也要留设沉降缝。有防水套的烟道沉降缝要采取防水措施。

(6) 膨胀缝。烟道长度较短、烟气温度较低时，可以考虑不留设膨胀缝；当需要留设膨胀缝时，黏土砖内衬一般每隔 3 m 左右留 10～15 mm 的膨胀缝。烟道的内衬拱顶和外层拱顶之间放 10～20 mm 锯末或草袋，以避免内层拱顶受热向上膨胀顶住外层拱顶而造成损失。

## 五、烟囱及排烟罩

### (一) 砖砌和混凝土烟囱系列

工业炉用砖砌和混凝土烟囱的尺寸，一般可按表 3.1-38 的系列选用。

### (二) 金属烟囱

设在车间外面的工业炉用烟囱尽量不采用金属烟囱。当受布置的限制或烟气量较小、烟气温度较低时，有些炉子用穿出厂房屋面或侧墙的金属烟囱排烟。烟囱穿出屋面的高度，除满足抽力要求外，还要考虑对周围环境的影响。

金属烟囱用 4～12 mm 厚的钢板制作，当烟气温度高于 350℃时要砌内衬，一般 350～500℃

用红砖衬砌全高的1/3;500～700℃全高用红砖衬砌;700℃以上全高用耐火砖衬砌。衬砖厚度一般为半砖。

**表3.1-38　工业炉用烟囱系列**

| 上口内径/m | 0.8 | 0.9 | 1.0 | 1.2 | 1.4 | 1.6 | 1.8 | 2.0 | 2.2 | 2.5 | 2.8 | 3.0 | 3.2 | 3.5 |
|---|---|---|---|---|---|---|---|---|---|---|---|---|---|---|
| 上口面积/$m^2$ | 0.503 | 0.636 | 0.785 | 1.13 | 1.54 | 2.01 | 2.54 | 3.14 | 3.80 | 4.91 | 6.16 | 7.07 | 8.04 | 9.62 |
| 烟囱高度/m | 20 | 25 | 25 | 25 | 25 | 30 | 30 | 30 | 30 | 35 | 35 | 45 | 50 | 55 |
| | 25 | 30 | 30 | 30 | 30 | 35 | 35 | 35 | 35 | 40 | 40 | 50 | 55 | 60 |
| | | | 35 | 35 | 35 | 40 | 40 | 40 | 40 | 45 | 45 | 55 | 60 | 65 |
| | | | | 40 | 40 | 45 | 45 | 45 | 45 | 50 | 50 | 60 | 65 | 70 |
| | | | | | 45 | 50 | 50 | 50 | 50 | 55 | 55 | 65 | 70 | 75 |
| | | | | | | | | 55 | 55 | 60 | 60 | 70 | 75 | 80 |
| | | | | | | | | | 60 | 65 | 65 | 75 | 80 | |
| | | | | | | | | | | | 70 | | | |

金属烟囱为焊接结构,沿高度方向按每2～3 m为一段分成若干段。每段之间在筒内焊一角钢或钢板圈,用以托住这段内的衬砖并留出膨胀缝。衬砖与筒身之间也要适当留出膨胀缝。金属烟囱内衬也可采用不定形耐材捣制。

金属烟囱通常用拉条固定,拉条用圆钢或钢丝绳制作,上端与烟囱上的法兰连接,下部与屋面或地面上的锚固件连接,每根拉条装有松紧螺栓,以便使拉条张紧。烟囱不大且周围有坚固的建筑物则可固定在建筑物上,也有的金属烟囱设计成自立式。烟囱出口处一般装有防雨罩,高于15 m的烟囱要设避雷针。在烟囱底部设有排水口,定期排放积水。

### (三) 排烟罩设计

采用自然排烟的排烟罩要求能产生一定的抽力,以便能排出应排走的全部烟气和周围吸入的空气。如果烟气流是不稳定的,或者烟气与周围空气间的重度相差不大,采用自然排烟罩是不合理的。

#### 1. 水平烟气散发源排烟罩形状和尺寸的确定

排烟罩罩口的截面形状尽可能与烟气散发源的水平投影相似。

排烟罩的收缩角度 $\alpha$ 宜等于或小于60°,最大不应大于90°。为了降低排烟罩的高度,对于边长较长的矩形排烟罩可将长边分段设置。

排烟罩罩口边宜留有一定高度的垂直边(裙边),垂直边的高度 $h_2 \approx 0.25\sqrt{F}$($F$ 为罩口面积)。

罩口截面尺寸按下式计算:

$$\left.\begin{aligned} A&=a+0.5h \\ B&=b+0.5h \end{aligned}\right\} \qquad (3.1\text{-}250)$$

式中各符号的意义见图3.1-124。

#### 2. 垂直炉门烟气散发源和烟罩尺寸的确定

垂直炉门上方装设排烟罩的常见形式如图3.1-125所示。排烟罩罩口尺寸 $A$ 可按公式3.1-250确定,但确定罩口尺寸 $B$ 必须首先确定烟气散发源的尺寸 $b$。除按生产实践中的经验数据确定外,也可以用理论方法计算确定。

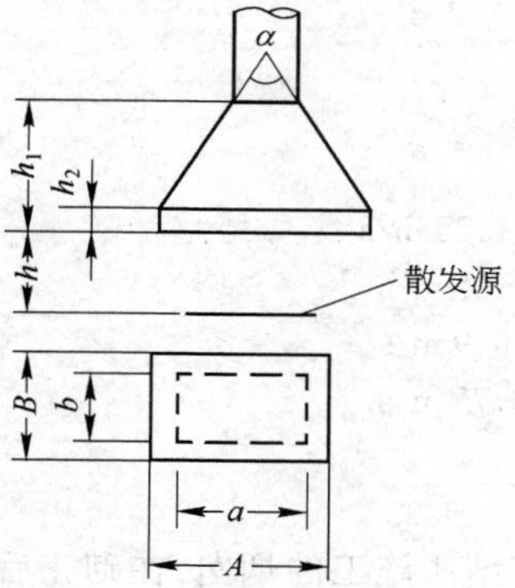

图 3.1-124 矩形排烟罩

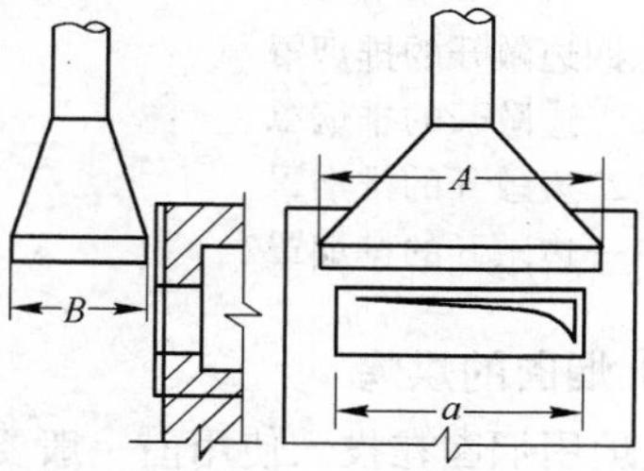
图 3.1-125 炉门排烟罩

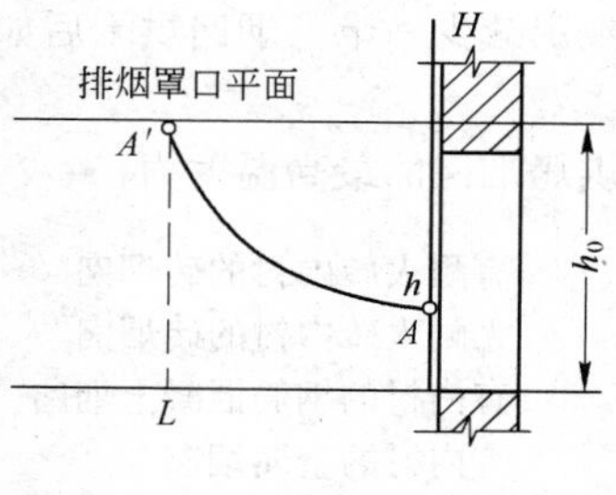

图 3.1-126 炉口气流运动分析

如图 3.1-126 所示，沿炉墙外表面和零压面设直角坐标，则排烟罩口平面的坐标为 $h=h_0$。设有一气体质点单元，体积为 $dV$，其喷出炉外的起始点为 $A(h,0)$，显而易见，在水平喷出速度和垂直向上浮力的综合作用下，它将运动至 $A'(h,L)$。在忽略黏性力的条件下，可列出垂直方向上的方程式，从而求出向上的加速度 $a(\text{m/s}^2)$，并经简化得出：

$$\gamma_k dV-\gamma_y dV=\frac{\gamma_y dV}{g}a$$

$$a=\frac{\gamma_k-\gamma_y}{\gamma_y}g \tag{3.1-251}$$

式中 $\gamma_k$——周围空气的重度，$\text{kg/m}^3$；

$\gamma_y$——喷出烟气的重度，$\text{kg/m}^3$；

$g$——重力加速度，$9.81\ \text{m/s}^2$。

质点单元运动至 $A'$ 位置时，在水平方向移动的距离可按下式求得：

$$L=w\sqrt{\frac{2(h_0-h)}{a}} \tag{3.1-252}$$

式中 $L$——质点单元到达排烟罩口时，在水平方向上移动的距离，m；

$w$——水平喷出速度，m/s；

$h_0$——排烟罩口平面至零压面的距离，m；

$h$——A 点至零压面的距离，m。

将公式 3.1-251 代入公式 3.1-252 可得：

$$L=w\sqrt{\frac{2(h_0-h)\gamma_y}{(\gamma_k-\gamma_y)g}} \tag{3.1-253}$$

上述公式说明，当炉内气体靠几何压头喷出时，最大喷出距离取决于零压面到排烟罩口平面的距离。

3. 排烟量的计算

排烟罩的排烟量 $V(\text{m}^3/\text{h})$ 按下式计算：

$$V=3600Fw_p \tag{3.1-254}$$

式中 $F$——罩口截面面积，$m^2$；

$w_p$——罩口截面上平均流速，m/s。

$w_p$ 推荐取以下数值：

| | |
|---|---|
| 四边敞开的排烟罩 | 1.05～1.25 m/s |
| 三边敞开的排烟罩 | 0.9～1.05 m/s |
| 二边敞开的排烟罩 | 0.75～0.9 m/s |
| 一边敞开的排烟罩 | 0.5～0.75 m/s |

**（四）烟囱的烘烤**

工业炉用烟囱在投入使用前一般要进行烘烤。冬季冻结法施工的烟囱，在砌完后应立即烘干，生产前还要再加热。烟囱的烘烤方法一般是在烟道或烟囱底部烧木柴或煤炭，随着抽力的形成逐渐与炉子接通。在冬季竣工后已烘好的烟囱，如停放过久，还要作第二次烘烤，但时间可较正常规定减少一半。烟囱烘干后如出现裂纹，应随时修补。已经烘干的砖烟囱，冷却后应再次紧钢箍。

烘烤烟囱的最高温度为：

| | |
|---|---|
| 有耐火砖内衬的砖烟囱 | 300℃ |
| 无耐火砖内衬的砖烟囱 | 250℃ |
| 有内衬的钢筋混凝土烟囱 | 200℃ |
| 有内衬的金属烟囱 | 200℃ |

## 六、消除烟气对环境的污染

**（一）概述**

工业炉烟囱的排出物可能造成对环境的污染，其中包括烟尘、二氧化硫、一氧化碳和氧化氮等有害气体。对于这些有害物质的排放在相关环保法规中有明确的规定。

在燃料燃烧的全过程中，要发生一系列的物理和化学变化，并有可能形成大小不等的微细碳粒。例如固体燃料中的挥发分要发生低温裂解；液体燃料要发生热解和裂化；气体燃料如燃烧不好也要产生热解现象。这些微小碳粒以流态形式存于气体之中，往往燃烧不尽，就会在烟囱口出现黑的浓烟，污染环境。

燃料中的灰分也要部分地由燃烧生成的气体带入烟囱排放到大气中，煤粉燃烧时尤为严重。这些随气体飘浮的灰分以颗粒状存在，其直径较前述碳粒为大，它是烟气中灰尘的来源。

为了减轻烟囱排出烟气中有害物质对环境的污染，应该改进燃烧技术，创造良好的燃烧条件，保证燃料的完全燃烧。当烟气中的含尘量高于排放标准的规定时，应考虑在烟道中设置除尘装置。

**（二）除尘装置**

根据除尘装置的性能，可以按照具体条件选用。当采用排烟机排烟时，有条件安装阻力损失较大、效率较高的除尘装置，如气旋型离心式除尘器、离心水膜式除尘器、干湿一体除尘器、水浴除尘器、蜗壳除尘器等，可参阅有关资料选用。各种除尘装置，都有其效果最佳的工况条件，不符合这些条件时，除尘效率大为降低。

采用排烟机排烟时，除尘装置要装在排烟机之前，这样可以减少或避免烟气中粉尘对排烟机的磨损，而且含尘烟气处在负压条件下，不会产生粉尘逸出的问题。

为使输送含尘气流至除尘器的管道内不产生积灰，保证除尘系统的正常工作，要求管道内有一定的流速，例如水平段内的流速不要低于10～12 m/s。

采用湿法除尘时，烟气中的二氧化硫等酸性气体会溶于水而使除尘器排出的废水呈酸性。如其pH值超过国家规定，则应进行处理，例如加石灰中和等。

工业炉窑大气污染物排放应严格执行国家排放标准，标准中对工业炉烟囱排放及无组织排放的生产性粉尘及各种有害物质都规定限量排放。

## 第九节　管道及附件

进行炉子管道设计时，一般要注意下列问题：

(1) 根据设计炉子的生产能力配置管道系统，并适当考虑炉子生产能力的发展。

(2) 力求管道系统简单、线路短和流动阻力小，并应注意不要妨碍交通和炉子操作。

(3) 便于操作和维修。

(4) 每座炉子的管道系统应能单独开闭和调节；分段控制的炉子要满足分段操作的要求。

(5) 管道系统要符合安装计测及自动控制装置的要求。有些暂不采用而将来要采用这些装置的炉子，设计管道系统时要留有安装的可能。

(6) 管道系统应保证在工作压力下的严密性。除与附件连接和特殊要求外，一般用焊接连接，尽量避免用法兰连接。

(7) 吊车的主要操作区域尽可能不敷设管道，以保证车间内部运输的通畅和安全。

(8) 在管道经常操作、检修和维护的部位，根据需要应设置操作平台，通往煤气管道主开闭器平台的走梯应为斜梯。

### 一、炉前煤气、空气管道

#### (一) 管道布置

管道布置应注意以下几点：

(1) 煤气、空气管道一般都架空敷设，管道底面距车间地坪不应小于2.5 m。煤气管道需要布置在地下时，应设置地沟并保证通风良好、检修方便。空气管道需敷设在地下时，直径较小的可以直接埋入地下，但表面应涂防腐漆；热空气管道应放在地沟内。

(2) 炉前煤气管道一般不考虑排水坡度，但应在水平管段上的流量孔板和主开闭器的前后、分段的末端和容易积水的部位设置排水管或水封。当用水封排水时，水封深度要与煤气压力相适应。

(3) 积聚冷凝水后可能冻结的煤气管道及附件，要采取保温措施。

(4) 冷发生炉煤气及其混合煤气的管道要有排焦油装置和不小于千分之二的排油坡度。

(5) 为了避免管道内积水流入烧嘴，煤气支管最好从总管的侧面或上面引出。

(6) 管道系统中装有预热器并考虑预热器检修时炉子要继续工作，应设装有切断装置的旁通管道。金属空气预热器后的热风总管上一般要安装放风阀。

(7) 高压煤气管道的自动调节阀一般要有旁通管道和阀门。开工时调整阀门的开启度，使自动调节阀在完全关闭的情况下烧嘴前有足够的煤气压力，以避免烧嘴回火。

(8) 含硫较高的天然气管道上应有清灰的蒸汽接点及管端出灰口。

(9) 炉前煤气管道上一般应设有：

1) 两个主开闭器或一个开闭器、一个眼镜阀(对高硫天然气管道，至少应有一个能耐酸的开闭器)；

2) 放散系统；

3）发火试验取样管；

4）排水及排焦油装置；

5）调节阀门；

6）与计测及自动控制装置和安全装置相应的附件。

**（二）阀门的选用**

1. 煤气管道

煤气中含有腐蚀性介质，不能采用带铜制密封部件的阀门。通常采用的型号有：

| | |
|---|---|
| $D_N = 15 \sim 50$ mm | 用 X13W-10 型旋塞和 Z15W-10 闸阀 |
| $D_N = 25 \sim 100$ mm | 用 X43W-10 型法兰旋塞 |
| $D_N = 50 \sim 450$ mm | 用 Z44W-10 型闸阀 |
| $D_N = 300 \sim 500$ mm | 用 Z42W-1 型闸阀 |
| $D_N > 600$ mm | 用 Z542W-1 型闸阀 |

闸阀一般用于管道的下列部位：

(1) 炉前煤气总管主开闭器；

(2) 管道通径 $D_N > 50$ mm 的煤气分配管及煤气支管；

(3) 要求严密关闭的其他部位。

旋塞一般用于管道通径小于 100 mm 的不需要进行调节流量的部位。

2. 空气管道

空气管道一般采用蝶阀调节，亦可采用焊接的插板阀，空气压力较高要求严密时也可采用闸阀。

**（三）放散系统**

每座烧煤气的炉子一般要能单独进行放散。多段式炉子可以根据生产和检修的需要考虑分段放散。煤气管道直径小于 50 mm 时一般可不设放散管；管径 100 mm 以下、体积不超过 0.3 $m^3$ 时，一般设放散管但可不用蒸汽吹刷，直接用煤气进行放散。

将煤气直接放散入大气中时，放散管一般应高出附近 10 m 内建筑物通气口 4 m，距地面不低于 10 m。放散一般与煤气同一流向进行。放散管应从两个主闸阀之间、各段煤气管的末端及管段最高点引出，并需考虑各主要管段均能受到吹刷。吹刷用蒸汽或氮气接点设在炉前煤气总管第二个主闸阀和各段闸阀之后并靠近闸阀。吹扫气体接点在管道的最低点，放散管在系统最高点，放散口必须高出煤气管道、设备和走台 4 m 以上。

**（四）管件设计**

1. 管径

管道流通面积应按照气体最大流量和流速来计算确定。气体流速的选取要考虑气体压力和管路阻力损失等因素，一般可在下列范围内选取：

| | |
|---|---|
| 冷煤气管道 | 8～12 m/s |
| 预热煤气管道 | 6～8 m/s |
| 天然气管道 | 15～30 m/s |
| 冷空气管道 | 8～12 m/s |
| 热空气管道 | 6～8 m/s |
| 压力很小的热空气管道 | 1～3 m/s |

2．管道规格

煤气管、空气管一般选用表3.1-39列出的规格。

**表 3.1-39　煤气管、空气管规格**

| 公称通径 $D_N$/mm | 材　质 | 煤气管规格 | | 空气管规格 | |
|---|---|---|---|---|---|
| | | 外径×壁厚 $\phi\times\delta$/mm×mm | 质量 /kg·m$^{-1}$ | 外径×壁厚 $\phi\times\delta$/mm×mm | 质量 /kg·m$^{-1}$ |
| 25(1″) | 焊　管 | 33.5×3.25 | 2.42 | 33.5×3.25 | 2.42 |
| $32\left(1\frac{1}{4}''\right)$ | 焊　管 | 42.25×3.25 | 3.13 | 42.25×3.25 | 3.13 |
| $40\left(1\frac{1}{2}''\right)$ | 焊　管 | 48×3.5 | 3.84 | 48×3.5 | 3.84 |
| 50(2″) | 焊　管 | 60×3.5 | 4.88 | 60×3.5 | 4.88 |
| $70\left(2\frac{1}{2}''\right)$ | 焊　管 | 75.5×3.75 | 6.64 | 75.5×3.75 | 6.64 |
| 80(3″) | 焊　管 | 88.5×4 | 8.34 | 88.5×4 | 8.34 |
| 100 | 无缝管 | 108×4 | 10.26 | 108×4 | 10.26 |
| 125 | 无缝管 | 133×4 | 12.73 | 133×4 | 12.73 |
| 150 | 无缝管 | 159×4.5 | 17.15 | 159×4.5 | 17.15 |
| 175 | 无缝管 | 194×5 | 23.31 | 194×5 | 23.31 |
| 200 | 无缝管 | 219×6 | 31.54 | 219×6 | 31.54 |
| 225 | 钢板管 | 245×4 | 23.8 | 245×3 | 17.9 |
| 250 | 钢板管 | 273×4 | 26.5 | 273×3 | 20 |
| 300 | 钢板管 | 325×4 | 31.7 | 325×3 | 23.8 |
| 350 | 钢板管 | 377×5 | 45.8 | 377×3 | 27.5 |
| 400 | 钢板管 | 426×5 | 51.8 | 426×3 | 31.1 |
| 450 | 钢板管 | 478×5 | 58.4 | 478×3 | 35 |
| 500 | 钢板管 | 529×5 | 64.5 | 529×3 | 38.7 |
| 600 | 钢板管 | 630×6 | 92.5 | 630×4 | 61.6 |
| 700 | 钢板管 | 720×6 | 106 | 720×4 | 70.6 |
| 800 | 钢板管 | 820×6 | 120 | 820×4 | 80 |
| 900 | 钢板管 | 920×6 | 136 | 920×4 | 90.7 |
| 1000 | 钢板管 | 1020×6 | 150 | 1020×6 | 150 |
| 1100 | 钢板管 | 1120×6 | 165 | 1120×6 | 165 |
| 1200 | 钢板管 | 1220×6 | 180 | 1220×6 | 180 |
| 1300 | 钢板管 | 1320×6 | 195 | 1320×6 | 195 |
| 1400 | 钢板管 | 1420×6 | 209 | 1420×6 | 209 |
| 1500 | 钢板管 | 1520×6 | 224 | 1520×6 | 224 |

3．法兰

工业炉管道用法兰主要用于管道与管道附件(如闸阀、蝶阀)的连接,这些附件的公称压力一般按0.25～1.0 MPa选取。

**(五) 管道支架**

工业炉炉前管道大都利用炉子钢结构设置支架,管道可以在支架上滑动,因此支架不承受管道的轴向推力。决定支架间距时,管道的刚度和强度按简支梁计算。在一般情况下,允许的最大挠度为 1/600，许用应力为 100 MPa。

### （六）管道膨胀补偿

为了保证管道在热状态下稳定和安全地工作，减轻管道受热膨胀时产生的热应力，管道上应设置热膨胀的补偿装置。补偿方式有两种：自然补偿和加补偿器。

一般炉前煤气、空气管道不安装补偿器，可以利用管路中的弯头等进行自然补偿。较长的管外绝热的热气体管道、辐射预热器和排烟管等安设膨胀补偿器。常用的补偿器有：波形补偿器、鼓形补偿器和套管补偿器（又名填料式补偿器）。

按照管道的长度、最高最低温度差和管材的线膨胀系数可以计算出要求的补偿量，据此设计或选用补偿器。

### （七）管道绝热

为了减小管道的散热损失，热空气和热煤气管道要敷设绝热层。一般导热系数不大于 0.8 kJ/(m·h·℃)的材料均可作为绝热材料，常用的有：陶瓷纤维及制品、蛭石制品、硅藻土砖和轻质黏土砖等。绝热层厚度要适当，过薄时热阻小散热大；过厚时虽能增加热阻，但散热表面积亦增大，材料用量也多。

管道绝热方式有管外包扎和管内砌衬，根据管道内介质温度和管径大小确定。金属管壁温度不宜超过 300℃。当管内气体温度低于 350℃、管径小于 700 mm 时，可用管外包扎绝热。管内气体温度高于 400℃或管径较大时，可用管内砌衬绝热，但衬砖后内径不应小于 500 mm，且每隔 15～20 m 要留设人孔。

### （八）管道试压

炉前管道及阀门应进行气密性试验。各种管道试压要求如下：

(1) 阀门在安装前应单独以 0.2 MPa 压缩空气进行气密性试验，在半小时内允许降压率不超过 1%。降压率 $A$ 的计算公式为：

$$A=\left(1-\frac{p_z T_s}{p_s T_z}\right)\times 100\% \tag{3.1-255}$$

式中　$T_s$、$T_z$——试验开始与结束时管内气体的绝对温度，K；

$p_s$、$p_z$——试验开始与结束时管内气体的绝对压力。

(2) 炉前煤气管道的气密性试验由炉前第二阀门前至燃烧器前的阀门止，试验压力要求比煤气压力高 30 kPa，在半小时内降压率不超过 1% 为合格。

(3) 天然气管道用压缩空气作气密性和强度试验，试验压力为最大工作压力的 1.5 倍。试压时严格检查各处焊缝，不得漏气。

(4) 空气管道用工作压力试压，不应有明显的漏损。

## 二、炉前重油和蒸汽管路

### （一）重油管路

重油管路的要求是：

(1) 输油管径要根据油的流量、流速和阻力计算确定，但最小不小于 9.5 mm(3/8″)。管内油的流速一般取 0.2～1.0 m/s。管径愈小流速应取得愈低。

(2) 炉前油管可固定在钢结构上。支管一般由下向上与喷嘴相接，敷设管道时向油罐方向留千分之五的坡度，最低点设排油口，最高点设放气阀。

(3) 重油管路要设有蒸汽吹扫系统，以便停炉时清扫管路内的残油。

(4) 每个喷嘴前或分段支管上要装设工作可靠的油过滤器和油压稳定装置，以保证喷嘴前油质清洁、油压稳定。调节油流量要采用具有较好调节性能的调节阀,重油含硫较高时不能采用铜制或带铜制密封圈的阀门。

(5) 油管弯头除局部范围内可采用带丝扣的管件弯头件外,一般都用冷弯或热弯制作,以免积渣堵塞。

### (二) 蒸汽管道

蒸汽管道的要求是:

(1) 蒸汽管道的管径按照蒸汽用量和流速确定,管内蒸汽流速过热蒸汽一般取 35～40 m/s,饱和蒸汽取 20～30 m/s。

(2) 蒸汽管道要在最低点设置放水阀或疏水器,以排除冷凝水。

(3) 扫线用蒸汽管与油管可用临时连接或固定连接。当采用固定连接时,蒸汽管上应有工作可靠的止回阀,以防止重油窜入蒸汽管网。

### (三) 油管的保温

为了使经过加热器后的重油在输送过程中不致降温,炉前重油管道要用蒸汽进行保温,特别是黏度较高的重油,保温措施更为重要。常用的保温方式有伴管和套管两种:

(1) 蒸汽伴管保温。这种方式敷设简便,工作可靠,维护方便,但保温效果较差,在周围环境温度较低、管路较长情况下会有较大的温降,因此多在管路不长时使用。伴管保温的绝热层厚度一般为 40 mm。此外也可用成形的绝热材料。

(2) 蒸汽套管保温。这种方式效果较好,甚至可能提高油温。与伴管保温相比,施工比较复杂,管理维护也较困难,在套管内的油管漏油时很难检查,所以要求油管的焊缝要在套管的外面。

## 第十节 蓄热式高温空气燃烧技术

### 一、概述

### (一) 蓄热式高温空气燃烧技术的发展

蓄热式高温空气燃烧技术(简称蓄热式空气燃烧技术)是以蓄热式燃烧技术为基础,于 20 世纪 80 年代末 90 年代初发展起来的新一代燃烧技术,其特点是利用蓄热体将助燃空气(和煤气)预热到 900℃以上的高温后喷入炉膛燃烧,而排烟温度可控制到 150℃以下。这一技术的应用使原来的一些因热值低无法在加热炉上使用而不得不放散的低热值燃料(如高炉煤气)得到充分利用,并使燃烧产物的余热得到充分的回收利用,具有十分显著的节能效果,因而在加热炉和热处理炉上得到了广泛的应用。

蓄热式高温空气燃烧技术的核心就是以蓄热体为“中介”的热交换技术。20 世纪 80 年代初期英国的 Hot Work Development 和 British Gas 公司合作,在世界上首次开发了蓄热式燃烧技术,称之为 RCB 型烧嘴(regenerative ceramic burner),1988 年 Rotherham Engerning Steels 公司在 175 t/h 的大方坯步进梁式炉上安装了 32 对 RCB 烧嘴,取代了原来的全部烧嘴,在 600℃热装时单耗为 0.7 GJ/t,温差 ±5℃,其缺点是 $NO_x$ 值高,有时高达 $500\times10^{-4}$%(500 ppm)。日本从 1985 年开始蓄热式高温空气燃烧技术的研究,1996 年 NKK 公司在福山钢厂小时产量为 230 t 的步进炉上采用了蓄热燃烧技术,该技术采用了高效蜂窝状陶瓷蓄热体,烧嘴每 10～30 s 切换一次,$NO_x$ 降低 60%以上,平均节能 30%。

我国对蓄热式高温空气燃烧技术的研究始于 20 世纪 80 年代末期,进入 90 年代后期已有应用到再加热炉和加热炉上的成功范例。近几年蓄热燃烧技术有了很大的发展,并广泛应用于室式加热炉、棒线材加热炉、中板加热炉及一些退火炉、钢包烘烤器等，特别是将高炉煤气成功地应用于加热炉上，取得了很大的经济效益。

### (二) 蓄热式高温空气燃烧技术的主要应用形式

目前蓄热燃烧技术在加热炉上的应用主要有以下三种形式：

(1) 以蜂窝体做蓄热体、将蓄热体放置在烧嘴内并采用分散换向控制方式为主要特征的烧嘴式蓄热燃烧技术；

(2) 以小球做蓄热体和集中换向方式为主要特征、将蓄热室设置在炉墙内的内置通道式蓄热燃烧技术；

(3) 以蓄热室放置于炉体外、集中换向为主要特征的外置蓄热装置式蓄热燃烧技术。

## 二、蓄热式高温空气燃烧技术的原理

下面仅就第(1)、(2)种应用形式的蓄热燃烧技术原理进行简要描述。

### (一) 烧嘴式蓄热燃烧技术

蓄热烧嘴在加热炉上的应用是成对出现的，根据加热炉的加热能力和炉型结构，烧嘴的数量、能力和安装方式有较大的差别，一般一对蓄热烧嘴配一个换向阀，蓄热体多采用蜂窝体，也有使用小球状蓄热体。图 3.1-127 为第(1)种应用形式的蓄热燃烧技术的示意简图，实线箭头表示在 *A* 状态下，虚箭头表示在 *B* 状态下。

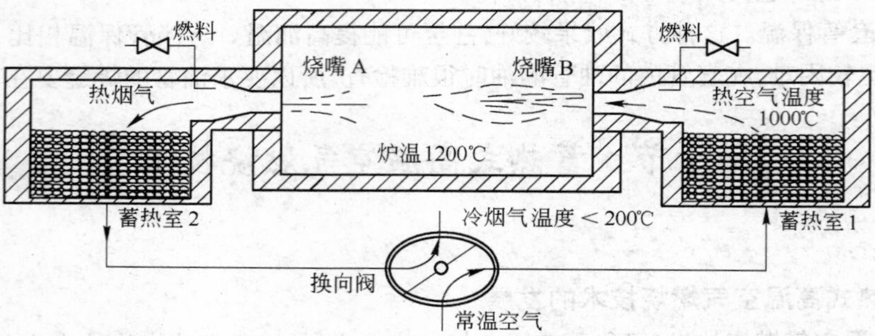


图 3.1-127　烧嘴式蓄热燃烧技术原理示意图

在 *A* 状态下(图中未示出煤气流向，其流向与空气流向相同)，助燃空气经换向阀进入蓄热室后预热，空气和燃料由烧嘴喷出后进入炉膛燃烧。另一侧的烧嘴排出烟气，即燃烧废气通过蓄热烧嘴，将热量交换给蓄热室的蓄热体蓄热，被冷却了的烟气经换向阀、排烟机后由烟囱排放到大气中。B 状态下，B 侧的排烟烧嘴变成了燃烧烧嘴，A 侧的烧嘴功能转变为排烟功能，完成蓄热体热量交换，废气由排烟机经烟囱排向大气。

### (二) 内置通道式蓄热燃烧技术

内置通道式蓄热燃烧技术是将燃烧系统、排烟系统、蓄热室和炉子本体有机地结合成一体，且对低热值的煤气、助燃空气双预热，没有通常意义上的烧嘴，在炉墙上设喷口，高温空气、煤气经喷孔各自喷出后边混合边燃烧。蓄热体采用球状耐火材料，燃料国内目前使用高炉煤气，其工作原理见图 3.1-128。

在 *A* 状态下(图中未示出煤气流向，其流向与空气相同)，煤气和助燃空气经换向系统分别进入 A 侧各自通道后，由下而上通过各自蓄热室预热，预热后的空气和煤气经各自通道从炉墙两个喷口喷向炉膛内，边混合边燃烧，通过控制气流速度、喷射交角达到改善混合、燃烧及炉温均匀的目的。其燃烧产物一部分将热量传给被加热的物料，剩余热量由烟气通过 B 侧的喷口进入蓄热室，烟气在蓄热室内将热量传给小球状蓄热体，经换向阀、排烟机、烟囱排入大气。这一过程结束后换向阀换向，此时炉子处在 B 状态，即空气、煤气经换向阀系统分别进入 B 侧各自通道、蓄热室，由空气、煤气喷口喷出燃烧，将部分热量传给物料，烟气经 A 侧的蓄热室、换向阀、排烟机、烟囱排入大气。整个燃烧系统如上所述反复动作，排烟温度控制在 120～180℃，换向周期在 150～210 s 内设定。

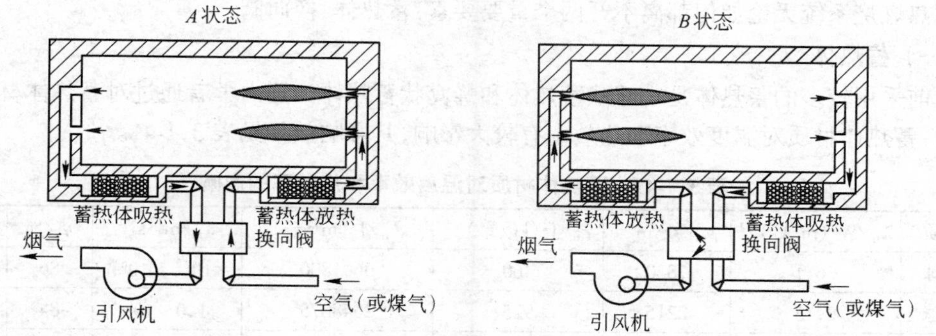


图 3.1-128　内置通道式蓄热燃烧技术原理示意图

## 三、蓄热燃烧技术的适应性

目前随着蓄热燃烧技术的推广应用，对不同燃料的适应性研究日显重要。蓄热式高温空气燃烧技术用在加热炉、热处理炉上是一项全新的技术，其燃烧机理还处在不断地探讨、研究、发展和完善之中，但该项技术的应用还是取得了很好的效果。

20 世纪 80 年代中期将蓄热燃烧技术用于重油燃烧的改造，采用单预热方式预热助燃空气，目前广泛采用的燃料为高炉煤气、转炉煤气、发生炉煤气、高焦混合煤气、焦炉煤气等。理论分析和实践证明，采用不同的燃料蓄热燃烧效果不一样。对不同燃料采用不同的方式与之相适应，概括为烟气与预热介质间的热平衡，实现蓄热体热平衡，才能保证烟气排出温度为 150～200℃。

热平衡主要是通过水当量比来判断。不同燃料（这里指气体燃料）分为只预热助燃空气（单预热）和同时预热空气和煤气（双预热）。水当量比是烟气水当量（$W_1$）和被预热介质水当量（$W_2$）的比值（$W_1/W_2$），见表 3.1-40。

**表 3.1-40　烟气水当量与预热介质水当量比值**

| 煤　　气 | 热值 /kJ·m$^{-3}$ | 水当量比 $W_1/W_2$ | |
|---|---|---|---|
| | | 双预热 | 单预热 |
| 高炉煤气 | 3 360 | 1.021 | 2.386 |
| 高焦混合煤气 | 7 524 | 1.069 5 | 1.648 1 |
| 转炉煤气 | 7 273 | 1.048 0 | 1.524 |
| 天然气 | 40 713 | 1.155 6 | 1.252 1 |

在设计上真正实现低氧（贫氧）燃烧之前可以定性地认为：

(1) 用重油做燃料时，只预热助燃空气；

(2) 用高热值煤气（含焦炉煤气、天然气）做燃料时，单、双预热需设旁道，必须放散部分烟气；

(3) 用低热值煤气（如高炉煤气）做燃料时，必须同时预热空气和煤气；

(4) 用中热值煤气（如混合煤气或转炉煤气）做燃料时，可以单预热，也可以双预热；

实际应用中还会因为燃料成分不同影响烟气成分，烟气中含 $H_2O$、$SO_2$、粉尘、焦油等都会影响蓄热体传热效果，实用时都需认真分析并有解决措施。

## 四、蓄热式高温空气燃烧技术的重要要素

蓄热式燃烧技术随燃料、炉型、用途的不同，应用中侧重点和结构形式也有变化。用于加热主要是考虑温度的均匀性，用于热处理除了考虑温度要求外，气氛也是必须考虑的重要因素。但整个蓄热燃烧系统无论如何都离不开两个重要要素：蓄热体、换向阀。

### （一）蓄热体

目前采用较多的蓄热体是小球状蓄热体和蜂窝状蓄热体。国内学者通过对蓄热体材质的研究认为：蓄热体材质对温度效率和热效率有较大影响，其影响效果见表 3.1-41。

**表 3.1-41 蓄热体材质对温度效率和热效率的影响**

| 材 质 | $\lambda_m$/W·(m·℃)$^{-1}$ | $\rho_m$/kg·m$^{-3}$ | $c_m$/J·(kg·℃)$^{-1}$ | $\rho_m c_m$/J·(m$^3$·℃)$^{-1}$ | $a_m$/m$^2$·s$^{-1}$ | $\eta_1$/% | $\eta_2$/% |
|---|---|---|---|---|---|---|---|
| 钢 球 | 36.1 | 7830 | 460 | 3601800 | $10.0\times10^6$ | 86 | 76 |
| 高铝球 | 2.13 | 2215 | 925 | 2048875 | $1.0\times10^6$ | 84 | 73 |
| 轻质球 | 0.417 | 700 | 845 | 591500 | $0.71\times10^6$ | 69 | 58 |

从表中可以看出，钢球和高铝球的导热能力和蓄热能力相差很大，但对相应热工指标影响相近，其预热温度和效率较高，而轻质球的导热系数和蓄热能力低，其效率也低。压力损失随着球状蓄热体高度不同而变化，一般在几百到几千帕之间波动。部分蓄热球直径与比表面积如下：

| | | | | |
|---|---|---|---|---|
| 蓄热球直径/mm | $\phi15$ | $\phi25$ | $\phi40$ | $\phi80$ |
| 比表面积/m$^2$·m$^{-3}$ | 252 | 151 | 94.5 | 47.5 |

高铝质蓄热小球在加热炉上的使用寿命一般在 1 年以上，部分小球通过筛选后仍可重复使用。

蓄热式烧嘴使用蜂窝状蓄热体，对蓄热体的性能要求更高。蜂窝状蓄热体要求具有较好的耐热性、较好的热振性和低的线膨胀系数。目前加热炉上蜂窝体多采用堇青石质、堇青石和莫来石复合材质。目前使用较多的一种蜂窝是以特种莫来石和抗渣基质为主要原料，掺加适量化学结合剂、增塑剂、润滑剂等采用高温烧成工艺制作而成。初期蓄热体多制成尺寸为 230 mm×113 mm×65 mm 的标准砖，近期制成的蓄热块尺寸为 100 mm×100 mm×50 mm，孔距为 4 mm，壁厚为 1.5 mm 左右，比表面积达 520 m$^2$/m$^3$。

由于材质本身的原因，加之实际操作中由于种种原因造成可燃气氛吸入蓄热室后二次燃烧形成局部高温点，损坏蓄热体，因此蜂窝状蓄热体的使用寿命较短，目前较好的蜂窝体使用时间大约为 8～10 个月。

### （二）换向阀

蓄热式燃烧系统的另一个重要组成部分是换向阀。换向阀结构形式多样，有二位五通换向阀、双筒二位四通阀、四腔四通换向阀、旋转四通换向阀等。这里仅介绍其中的两种：旋转四通换向阀、二位五通换向阀。

蓄热式烧嘴承担蓄热燃烧和排烟双重任务，烟气和空气、烟气和煤气切换都靠换向阀完成。图 3.1-129 为旋转四通换向阀的简图。此阀结构形式为转动阀，除对控制提出特殊要求外，换向阀可靠性能和耐久性尤为重要。蓄热烧嘴式燃烧系统中一对烧嘴配一个换向阀。这类阀阀体较小，换向周期短（切换时间在 10～30 s 左右，每年动作次数约为 100 万次），调节较灵活。

内置通道式蓄热燃烧配置集中换向阀。图 3.1-130 为二位五通换向阀结构原理图。此类阀的结构属于滑阀结构，其换向原理是五通阀的两端为废气排出口，通过管道与排烟机相连，中间孔与助燃空气风机相连接，其余两孔与两侧蓄热室相连接；阀位的变换由汽缸完成。此类阀切换周期为 2～3 min/次。这种阀密封性能好，结构形式简单，运行平稳。一座炉子一般最少配置一台换向阀(只预热空气时)。

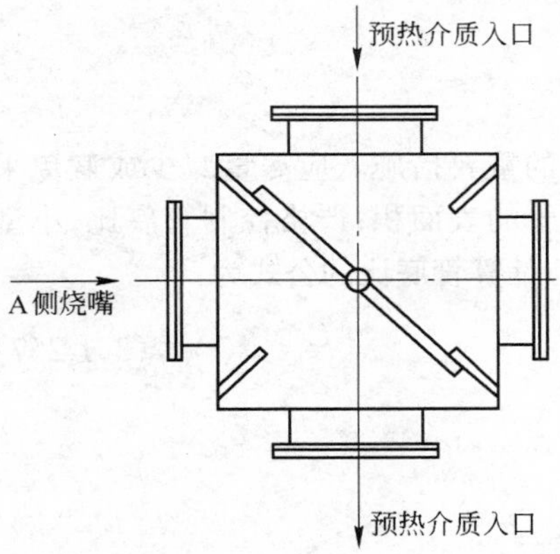


图 3.1-129 旋转四通换向阀

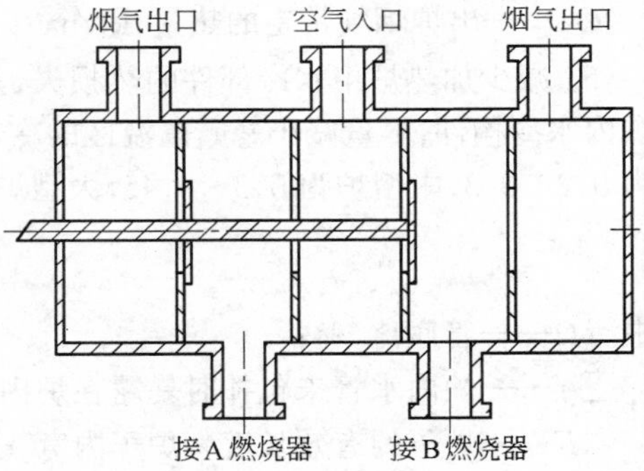


图 3.1-130 二位五通换向阀

随着蓄热式燃烧技术的研究不断深入，在实际应用中存在的一些问题也在得到不断的改进，并且这项技术也在不断地被充实、完善和发展。

## 第十一节 节约能源

### 一、节能的重要性

冶金工业是全国的能耗大户，占全部能耗的 10％以上，轧钢工序能耗占冶金工业总能耗的 12％～13％左右，轧钢加热炉的能耗占轧钢工序能耗的 70％～75％左右。加热炉的节能工作是极其重要的。

### 二、工业炉节能降耗的主要措施

工业炉节能降耗的主要措施有：

(1) 炉型选择。合适的炉型、合理的炉型结构对节能降耗极为重要。中小型轧钢车间一般应采用推钢式连续加热炉；大型轧钢厂的方、板坯加热应选用步进炉；无缝钢管生产车间应选用环形炉或步进炉；小型轧钢厂应优先选用推钢炉、步进底式炉代替热效率低的室式炉。

同时采用燃烧效率高的燃烧装置，实现有效加热。连续加热炉的炉长及供热制度对燃耗的影响很大，车间布置及坯料条件允许时应适当延长炉长，降低炉尾出炉烟气温度，减少热损失。

(2) 采用节能的工艺方案。近年来连铸连轧短流程技术有了很大发展。连铸坯在未完全冷却之前铸坯的表面温度为 900～1000℃，中心温度约为 1100℃，只要经过加热炉补温即可进行轧钢，大大地节约了能源。

(3) 采用连铸坯热装。连铸坯未完全冷却之前送至加热炉，一般热装的平均温度多在 500～650℃范围，与冷装相比可节能 30％～40％左右。

(4) 充分利用从炉内排出烟气带出的热量预热助燃空气和煤气。空气预热温度为 300℃，可节能 12％～14％。排烟温度愈高，预热温度也愈高，节能的效果愈明显。采用蓄热式烧嘴，空气预热到1000℃左右，排出烟气温度低于200℃，低热值煤气可有效地用在高温加热炉上，达到了节能降耗的目的。其他条件相同的情况下，预热煤气和空气后燃料的节约率为：

$$\eta=\frac{Q_{K+M}}{Q_R+Q_{K+M}-Q_F} \tag{3.1-256}$$

式中　$\eta$——燃料的节约率，%；

$Q_R$——燃料燃烧产生的化学热，kJ/h；

$Q_{K+M}$——预热空气、煤气带入炉内的热量，kJ/h；

$Q_F$——出炉烟气带走的热量，kJ/h。

（5）减少加热炉中水冷部件的热损失，是降低燃料消耗的重要措施。应尽量减少或避免采用炉内水冷构件，尽量减小暴露高温区的冷却表面积和炉底管的表面积；严格控制管底比，小型炉为0.2～0.3，中型炉为0.3～0.45，大型炉为不大于0.55。计算管底比的公式为：

$$\Omega=\frac{\sum f}{F} \tag{3.1-257}$$

式中　$\Omega$——管底比，%；

$\sum f$——炉内水管未包扎时暴露在炉内的表面积，$m^2$；

$F$——炉子的有效长度×炉子内宽，$m^2$。

同时加强对炉内冷却部件的绝热，采用绝热效果好、使用寿命长的水管包扎方法和材料，使用复合材料双层包扎绝热，降低冷却水管热损失。

（6）加强炉体绝热，减少炉体散热损失。炉体散失热量占总热支出的5%左右。随着新型耐火材料的开发与使用，增加绝热层的厚度，采用复合绝热等措施，一般可使炉体热损失明显降低。

表3.1-42所列炉体外表面温度标准，是在环境温度为20℃的情况下，正常工作的炉子的外表面平均温度（不包括炉子的特殊部位）。

**表3.1-42　工业炉窑外表面温度标准**

| 炉内温度/℃ | 外表面温度标准/℃ | |
|---|---|---|
| | 侧　墙 | 炉　顶 |
| 700 | 60 | 80 |
| 900 | 80 | 90 |
| 1100 | 95 | 105 |
| 1300～1350 | 105 | 120 |

周期性工作的炉子，应尽量采用体积密度小、热惰性小的筑炉材料砌筑炉体，减少炉体因周期工作造成的蓄热损失。

（7）减少孔洞，增强炉体的严密性，降低由孔洞造成的热损失。为满足一些必要的操作，炉体设有窥孔、炉门是必不可少的，这些孔洞难免引起炉气的外溢或吸入一部分冷空气，造成一定量的热损失。为此应尽量减少孔洞的设置，同时对必不可少的孔洞设有开关灵活、一关就严的炉门设施，减少气体的吸入和溢出。在操作上控制好“0”压面的位置，炉压控制必须随热负荷的增减及时调节，以保证炉子均热段炉门下缘处于微正压。装出料炉门应保持严密，防止或减少冒火或吸冷风。炉墙外包钢板对增加炉体严密性，防止吸风、溢气也有一定作用。

（8）完善燃烧控制系统，精心管理，细心操作，保证炉子燃烧过程中准确的空燃比例，保证燃料完全燃烧又无过剩的空气。选用性能完好的燃烧设备，燃烧过程中燃料与空气充分混合、燃烧完全。多余的空气无疑对炉子加热是无益的，带走大量的热量。采用氧化锆探头进行废气成分分析，判断废气中的氧含量，进而控制燃烧空气、煤气的比例取得较好的效果。

(9) 采用喷流预热。从炉尾排出的高温烟气经过空气、煤气预热器后烟气温度有时还高于500℃，为了回收这部分热量采用一套喷流预热系统，由耐高温风机将烟气抽出，加压后再喷向钢坯表面，使钢坯加热到200～300℃，可以降低燃耗5%～20%左右。目前国内使用该技术较少。

(10) 减少工业炉的其他能源介质如水、电、风、气的消耗也是工业炉节能的重要组成部分。

(11) 采用合理的热工制度是节能降耗的重要手段之一。炉子的热工制度包括温度制度、供热制度、炉压制度、加热工艺4个部分，它们之间互相联系又互相制约。其中炉温制度是核心，是实现加热工艺的保证，是炉子操作和热工控制最直观的表现，而供热制度、炉压制度是实现炉温制度的措施，热工控制系统是保证实现热工制度的手段。所有这些制度，都是为了满足工艺要求，最大限度地优化燃烧过程，提高燃料利用率，达到节能、降耗、优质、高产的目的。

## 第十二节 安全和环境保护

### 一、工业炉安全生产

#### (一) 可燃气体与爆炸性

工业炉事故主要是燃烧系统产生爆炸、可燃性保护气氛产生爆炸、压缩性气体产生爆炸等。爆炸的原因多是炉内存在可燃物，再进行点火时产生爆炸；煤气管道泄漏、管道阀门失灵煤气泄漏，遇明火形成爆炸事故。

在无氧化退火、渗碳、氮化等进行热处理的炉子中，除了有燃料之外还有可燃性保护气体如$H_2$、CO。在保护气氛中含量为2%～100%的保护气体在低温时与空气混合就形成爆炸性气体。这些气体只要遇到高于着火温度的热源就要爆炸。含有大量CO的保护气体泄漏后还有可能造成中毒事故。

#### (二) 安全使用可燃气体

爆炸的形成需要三个条件同时存在，即可燃气体、空气和必要的温度。如可燃气体和高温同时存在，但没有空气也是安全的。最危险的情况是可燃气体在低温时与空气混合，只要与高于着火温度的明火接触即产生爆炸。

一般情况下，开炉、停炉及发生临时事故(如停电、停水、断带等)时最容易发生安全事故。

1. 开炉

开炉前应准备好处理紧急事故需要的惰性气体及消防用气(如$CO_2$)，事先检查好$N_2$、$CO_2$的用量，仪表、阀门、设备的密封良好，确保安全。通入保护气体前，用$N_2$冲洗管道和炉体，放散末期测定氧含量达到标准后才能通入保护气体。放散过程中及通入保护气体期间炉内应保持正压。

2. 停炉

从工作温度降到规定温度后，用$N_2$置换保护气体进行放散，当保护气体含量低于规定值时，可停止放散。降温和放散过程中炉内应保持正压。

3. 事故充$N_2$

事故充$N_2$一般自动进行，并保持到允许通入空气的温度为止。

#### (三) 设备安全及人员安全

为保证生产设备的安全，设有事故电源、事故供水、事故供$N_2$。

能源介质管道应设有必要的自动监测仪表，对于介质低压、高压设有声光报警，并设有必要的可操作手段。

为保证操作人员的安全设有必要的防护罩、防护栏杆、走梯、照明、事故报警。

压力管道和通保护气体的炉体为保证安全往往设有防暴阀，防暴阀的位置及方向不能威胁到人体安全。

## 二、环境保护

### （一）环境标准

与工业炉生产密切相关的环境标准有工业炉窑大气污染排放标准、钢铁工业水污染排放标准、大气污染物综合排放标准等。

### （二）执行环境标准的一般规定

在工业炉的设计及生产过程中必须执行有关的环境保护法律、法规，根据下列因素和情况确定应执行的污染物排放标准：

(1) 拟建工程所在的环境功能区类别、排放污染物的类别、污染物的排放去向等；

(2) 向已具有地方污染物排放标准的地区排放污染物，应执行地方污染物排放标准；

(3) 对实行总量控制的地区，在确定污染物排放标准的同时还应执行污染物总量排放标准。

### （三）工业炉排放的污染物及防止污染物排放措施

1．烟尘

燃料在燃烧过程中形成碳含量高的碳颗粒，同时燃料中的灰分随废气排入大气中形成黑烟尘。黑烟尘的生成量与燃料的种类和性质、燃烧方法、供给燃烧的空气量、燃烧设备的性能等有关。燃料中的 $w(C)/w(H)$ 比值愈大，黑烟尘愈易产生；脱氢比碳链（—C—C—）容易断开的燃料，黑烟尘愈容易产生；愈容易发生脱氢、聚合及生成芳香族反应的碳氢化合物，黑烟尘愈容易产生；容易分解的碳氢化合物不易产生黑烟尘。一般液化天然气和石油液化气产生的黑烟尘较少，而重油和焦油产生黑烟尘较多。

表 3.1-43 所列数据摘录于《工业炉窑大气污染排放标准》（GB9078—1996）。无组织排放粉尘的最高允许浓度为 5 $mg/m^3$。

**表 3.1-43　加热炉、热处理炉烟尘、排放烟尘浓度、烟气黑度（林格曼级）**

（1997 年 1 月 1 日以后新建、改建、扩建的工程）

| 粉尘排放 | 烟尘浓度/$mg·m^{-3}$ | 烟气黑度（林格曼级） |
|---|---|---|
| 一类标准 | 禁　排 | |
| 二类标准 | 200 | 一级 |
| 三类标准 | 300 | 一级 |

工业炉的烟囱最低允许高度为 15 m，当烟囱周围半径 200 m 内有建筑物时还应高出最高建筑物 3 m。

消除黑烟尘的措施主要是：

(1) 选用燃烧效果好的燃烧设备，改善燃烧状态，雾化好，燃料与空气充分混合，实现完全充分燃烧。

(2) 改变燃料种类，使用 $w(C)/w(H)$ 值小的燃料及低灰分的燃料。

(3) 改善燃烧工艺及进行废气再循环，采用除尘设施。

2. 二氧化硫($SO_2$)

燃料中的硫(有机硫和无机硫)在燃烧过程中形成 $SO_2$ 并随废气排入大气中。废气中的 $SO_2$ 对加热炉内的金属构件、换热器等腐蚀严重。$SO_2$ 和水化合生成硫酸。燃煤、燃油工业炉的 $SO_2$ 排放标准见表 3.1-44。

**表 3.1-44　燃煤、燃油工业炉的 $SO_2$ 排放标准**

(1997 年 1 月 1 日以后新建、改建、扩建的工程)

| 燃煤、燃油工业炉 | 排放标准/$mg \cdot m^{-3}$ |
|---|---|
| 一类标准 | 禁排 |
| 二类标准 | 850 |
| 三类标准 | 1200 |

3. 氮氧化合物($NO_x$)

助燃空气中的氮和氧在高温下反应生成化合物 $NO_x$,对大气环境污染危害性很大,$NO_x$ 对人体和环境的危害主要表现在以下几个方面:

(1) $NO_x$ 对人体血液中的血色素有强烈的亲和力,人和动物吸入会引起血液严重缺氧,损害中枢神经系统。

(2) $NO_x$ 对呼吸系统有强烈的刺激作用。

(3) $NO_x$ 在日光作用下形成具有强烈刺激性和腐蚀性的光化学烟雾,它能刺激人的眼睛和呼吸系统,严重者引起视力减退、动脉硬化等疾病,还会造成植物生长不良等。

(4) $NO_x$ 的生成与燃料及燃烧方法密切相关,它的生成速度与燃烧过程中的最高温度及氧、氮浓度有关,$NO_x$ 的浓度与燃烧产物的温度有关,在最高温度区生成 $NO_x$ 最强烈;温度愈高、氧的浓度愈大,生成的 $NO_x$ 愈多;燃烧产物在高温区停留的时间愈长,$NO_x$ 浓度愈高。

燃料中所含各种含氮化合物的一部分,在燃烧过程中被氧化成 $NO_x$,燃烧过程中生成 $NO_x$ 的量与燃料中氧含量及氮含量的多少有关。防止 $NO_x$ 生成的主要方法是改善燃烧方法及烧嘴结构,降低最高燃烧温度,减少过剩空气量及降低燃料中的氮含量等。

$NO_x$ 对环境有很大的危害性,环保法对其排放量有具体规定。表 3.1-45 为 $NO_x$ 的最高允许排放浓度和排放速率(GB16297—1996)。

**表 3.1-45　$NO_x$ 的最高允许排放浓度和排放速率**

| 最高允许排放浓度/$mg \cdot m^{-3}$ | 排气筒高度/m | 最高允许排放速率/$kg \cdot h^{-1}$ 一级 | 二级 | 三级 | 无组织排放监控浓度限值 监控点 | 浓度/$mg \cdot m^{-3}$ |
|---|---|---|---|---|---|---|
| 420 | 15 | 0.47 | 0.91 | 1.4 | 无组织排放源上风向设参照点,下风向设监控点 | 0.15(监控点与参照点浓度差值) |
| | 20 | 0.77 | 1.5 | 2.3 | | |
| | 30 | 2.6 | 5.1 | 7.7 | | |
| | 40 | 4.6 | 8.9 | 14 | | |
| | 50 | 7.0 | 14 | 21 | | |
| | 60 | 9.9 | 19 | 29 | | |
| | 70 | 14 | 27 | 41 | | |
| | 80 | 19 | 37 | 56 | | |
| | 90 | 24 | 47 | 72 | | |
| | 100 | 31 | 61 | 92 | | |

4. 污水

工业炉排出的污水主要有设备冷却水、热处理淬火用的含油废水及在工业炉区的煤气水封含酚废水。这些污水水量都不大,但必须经过处理才能排放。设备冷却水(闭路循环水)一般必须冷却后循环使用。

5. 噪声

工业炉噪声一般包括风机产生的机械噪声和燃烧装置燃烧过程中产生的燃烧噪声。有关噪声控制标准规定,生产环境噪声不应高于 85 dB,控制室噪声不高于 70 dB。机械噪声一般在风机吸风口采用消声器防治。燃烧噪声防治比较困难,只有保持炉体严密,才可以大大减少噪声。

# 第二章　筑炉耐火材料及炉衬设计

## 第一节　耐火材料的分类及性质

工业炉筑炉用耐火材料，通常是指耐火度不低于1580℃的非金属的无机材料，其性能应根据不同工业炉的使用条件，要求能承受高温下的结构强度、体积稳定性、耐磨耐热冲击(抗热震)、耐冲刷及耐腐蚀，并能适应衬体的理化性能要求。应根据需要，正确地选择耐火材料的理化性能是合理设计工业炉衬体的重要依据。

### 一、耐火材料分类

#### (一) 按化学矿物组成分类

常用耐火材料制品的主要成分及主要岩相组成见表3.2-1。

表3.2-1　常用耐火制品的主要成分及主要岩相组成

| 制品类别 | 主要化学成分 | 主要岩相 | 主成分含量/% |
|---|---|---|---|
| 硅　砖 | $SiO_2$ | 鳞石英、方石英 | $w(SiO_2)>93$ |
| 半硅砖 | $SiO_2$、$Al_2O_3$ | 莫来石、方石英 | $w(SiO_2)>65$ |
| 黏土砖 | $SiO_2$、$Al_2O_3$ | 莫来石、方石英 | $w(Al_2O_3)>30$ |
| Ⅲ等高铝砖 | $Al_2O_3$、$SiO_2$ | 莫来石、方石英 | $w(Al_2O_3)48\sim60$ |
| Ⅱ等高铝砖 | $Al_2O_3$、$SiO_2$ | 莫来石、方石英 | $w(Al_2O_3)60\sim75$ |
| Ⅰ等高铝砖 | $Al_2O_3$、$SiO_2$ | 莫来石、刚玉 | $w(Al_2O_3)>75$ |
| 莫来石砖 | $Al_2O_3$、$SiO_2$ | 莫来石 | $w(Al_2O_3)70\sim78$ |
| 刚玉砖 | $Al_2O_3$、$SiO_2$ | 刚玉、莫来石 | $w(Al_2O_3)>90$ |
| 电熔刚玉砖 | $Al_2O_3$ | 刚　玉 | $w(Al_2O_3)\geqslant98$ |
| 铝镁砖 | $Al_2O_3$、$MgO$ | 刚玉(或莫来石)、镁铝尖晶石 | $w(Al_2O_3)>70$　$w(MgO)8\sim10$ |
| 镁　砖 | $MgO$ | 方镁石 | $w(MgO)>74$ |
| 锆刚玉砖 | $Al_2O_3$、$ZrO_2$、$SiO_2$ | 刚玉、莫来石、斜锆石 | |
| 锆莫来石砖 | $Al_2O_3$、$SiO_2$、$ZrO_2$ | 莫来石、锆英石 | |

耐火材料按化学性质分类，见表3.2-2。

表3.2-2　耐火材料按化学性质分类

| 类　别 | 高温耐侵蚀性能 | 主要成分 | 所属耐火材料 |
|---|---|---|---|
| 酸性耐火材料 | 对酸性物质侵蚀抵抗性强 | $SiO_2$、$ZrO_2$等四价氧化物($RO_2$) | 硅石质、黏土质耐火材料 |
| 中性耐火材料 | 对酸性、碱性物质有相近的抗侵蚀性 | $Al_2O_3$、$Cr_2O_3$等三价氧化物($R_2O_3$)，SiC、C等原子键结晶矿物 | 高铝质、铬质、碳质等耐火材料 |
| 碱性耐火材料 | 对碱性物质侵蚀抵抗性强 | MgO、CaO等二价氧化物(RO) | 镁质、白云石质等耐火材料 |

### (二) 耐火材料的其他分类方法

耐火材料按外观可分为:耐火砖、不定形耐火材料、耐火纤维及制品等。

耐火材料按耐火度可分为:

普通耐火制品:1580～1770℃

高级耐火制品:1770～2000℃

特级耐火制品:2000℃以上

耐火材料按制品的尺寸可分为:标型、普型、异型和特型制品。

耐火材料按制品的制造工艺可分为:烧结制品、不烧制品、熔铸制品等。

## 二、耐火材料的宏观组织结构

耐火材料的宏观组织结构是由固态与气态气孔组成的非均质材料,并通常用气孔率、吸水率及体积密度等指标表示。

### (一) 气孔率、显气孔率

耐火材料中的气孔分为开口气孔(材料一端与大气相通的气孔)、闭口气孔(被封闭在材料中与外界隔绝的气孔)和贯通气孔(材料两端与大气相通的气孔)三类,但通常并为两大类,即闭口气孔和开口气孔(含贯通气孔)。

气孔率是指材料中气孔体积与材料总体积的比值。由于闭口气孔的体积很少又难测,所以资料与文献中的气孔率通常是指开口气孔的体积与总体积的比值的显气孔率。

### (二) 吸水率

吸水率是指所有开口气孔所吸收的质量与其干燥状态下(不含游离水)材料质量百分比。

### (三) 体积密度

体积密度是指干燥状态下的材料(不含游离水)的质量与材料的总体积(包括固态体积和全部气孔所占的体积)之比。

## 三、耐火材料的主要性质

### (一) 热学性质

1. 热膨胀性

耐火制品的长度和体积随温度升高而增大的物理性质,称为热膨胀性,常用平均线膨胀系数或线膨胀率表示。

2. 导热系数

在单位温度梯度条件下,通过材料单位面积的热流速率称为耐火材料的热导率。

3. 比热容

常压下加热 1 kg 样品使之升温 1℃ 所需的热量,称为耐火材料比热容。

### (二) 力学性质

耐火材料的力学性质指标包括耐压强度、抗拉强度、抗折强度、耐磨性、高温蠕变等。常用的力学性能是制品在不同温度条件下的抗压强度和抗折强度,该指标是表示制品在不同温度条件下抵抗因外力作用而不被破坏的能力。

### (三) 使用性质

1. 耐火度

是指耐火材料在无荷重时在高温作用下抵抗熔化的性质。

2. 荷重软化开始温度

耐火制品试样在0.2 MPa静压力下开始软化变形0.6%时的温度称为荷重软化开始温度，即通称荷重软化点。

3. 重烧线变化(即高温体积稳定性)

重烧线变化是指耐火制品在高温长期使用后，其长度(或外形体积)保护稳定不发生变化的性能。

4. 抗热震性

耐火制品对温度急剧变化而不被破坏的抵抗能力的性能称为热震稳定性。一般与制品的物理性质有关，耐火制品的热胀率越大，则抗热震性越差；热导率越高则抗热震性越好。此外，耐火制品的岩相组织结构、制品结构形状等均对抗热震性有影响。

5. 抗渣性

抗渣性是指耐火材料在高温下抵抗炉渣(或液渣)侵蚀作用的能力。选用耐火材料的成分应尽量适合与渣的化学成分与性质相近的材质，以防止或减轻在高温下的界面处的损坏反应。

## 第二节　工业炉窑常用耐火制品的主要性能

### 一、常用耐火砖

常用耐火砖的牌号及主要性能见表3.2-3。

**表3.2-3　常用耐火砖的牌号及主要性能**

| 制品名称 | 品种牌号及等级 | 主要化学成分/% | 性能指标 | | | | | | | 标准号 |
|---|---|---|---|---|---|---|---|---|---|---|
| | | | 体积密度/$kg\cdot m^{-3}$ | 耐火度/℃ | 0.2 MPa荷重软化开始温度/℃ | 显气孔率(不大于)/% | 常温耐压强度/MPa | 重烧线变化/% 试验温度 1400℃,2 h | 重烧线变化/% 试验温度 1350℃,2 h | |
| 黏土质耐火砖 | N-1 | | 2070 | 1750 | | 22 | 30.0 | +0.1<br>-0.4 | | GB4415—84 |
| | N-2a | | | 1730 | 1400 | 24 | 25.0 | +0.1<br>-0.5 | | |
| | N-2b | | | 1730 | 1350 | 26 | 20.0 | +0.2<br>-0.5 | | |
| | N-3a | | | 1710 | | 24 | 20.0 | | +0.2<br>-0.5 | |
| | N-3b | | | 1710 | 1320 | 26 | 15.0 | | +0.2<br>-0.5 | |
| | N-4 | | | 1690 | | 24 | 20.0 | | +0.2<br>-0.5 | |
| | N-5 | | | 1690 | 1300 | 26 | 15.0 | | +0.2<br>-0.5 | |
| | N-6 | | | 1580 | | 28 | 15.0 | | | |

续表 3.2-3

| 制品名称 | 品种牌号及等级 | 主要化学成分/% | 性能指标 | | | | | | | 标准号 |
|---|---|---|---|---|---|---|---|---|---|---|
| | | | 体积密度/kg·m$^{-3}$ | 耐火度/℃ | 0.2 MPa荷重软化开始温度/℃ | 显气孔率(不大于)/% | 常温耐压强度/MPa | 重烧线变化/% 试验温度 1400℃,2 h | 重烧线变化/% 试验温度 1350℃,2 h | |
| 高铝砖 | LZ－75 | $w(Al_2O_3)>75$ | 2500 | 1790 | 1520 | 23 | 53.9 | 1500℃,2 h,+0.1,－0.4 | | GB4415—87 |
| | LZ－75 | $w(Al_2O_3)>65$ | 2300 | 1790 | 1500 | 23 | 49.0 | | | |
| | LZ－75 | $w(Al_2O_3)>55$ | 2190 | 1770 | 1470 | 22 | 44.1 | | | |
| | LZ－75 | $w(Al_2O_3)>48$ | | 1750 | 1420 | 22 | 39.2 | | | |

注:工业炉常用各种耐火砖的砖号:T－1～T－138(GB/T2992—1998)。

## 二、常用隔热砖

常用隔热砖的牌号及主要性能见表 3.2-4。

**表 3.2-4　常用隔热砖的牌号及主要性能**

| 制品名称 | 品种牌号及等级 | 主要化学成分/% | 性能指标 | | | | 标准号 |
|---|---|---|---|---|---|---|---|
| | | | 体积密度/kg·m$^{-3}$ | 常温耐压强度/MPa | 重烧线变化不大于2%的试验温度/℃ | 导热系数(平均温度350℃±25℃)(不大于)/W·(m·K)$^{-1}$ | |
| 黏土质隔热耐火砖 | NG－1.5 | | 1.5 | 6 | 1400 | 0.70 | GB3994—83 |
| | NG－1.3a | | 1.3 | 4.5 | 1400 | 0.60 | |
| | NG－1.3b | | 1.3 | 4 | 1350 | 0.60 | |
| | NG－1.0 | | 1.0 | 3 | 1350 | 0.50 | |
| | NG－0.9 | | 0.9 | 2.5 | 1300 | 0.40 | |
| | NG－0.8 | | 0.8 | 2.5 | 1250 | 0.35 | |
| | NG－0.7 | | 0.7 | 2 | 1250 | 0.35 | |
| | NG－0.6 | | 0.6 | 1.5 | 1200 | 0.25 | |
| | NG－0.5 | | 0.5 | 1.2 | 1150 | 0.25 | |
| | NG－0.4 | | 0.4 | 1 | 1150 | 0.20 | |
| 高铝质隔热耐火砖 | LG－1.0 | $w(Al_2O_3)>48$<br>$w(Fe_2O_3)>2.5$ | 1.0 | 4 | 1400 | 0.50 | |
| | LG－0.9 | | 0.9 | 3.5 | 1400 | 0.45 | |
| | LG－0.8 | | 0.8 | 3 | 1400 | 0.35 | |
| | LG－0.7 | | 0.7 | 2.5 | 1350 | 0.35 | |
| | LG－0.6 | | 0.6 | 2 | 1350 | 0.30 | |
| | LG－0.5 | | 0.5 | 1.5 | 1250 | 0.25 | |
| | LG－0.4 | | 0.4 | 0.8 | 1250 | 0.20 | |
| 硅藻土隔热制品 | GG－0.7a | | 0.7 | 2.5 | 900 | 0.20 | GB3996—83 |
| | GG－0.7b | | 0.7 | 1.2 | | 0.21 | |
| | GG－0.6 | | 0.6 | 0.8 | | 0.17 | |
| | GG－0.5a | | 0.5 | 0.8 | | 0.15 | |

续表 3.2-5

| 制品名称 | 品种牌号及等级 | 主要化学成分/% | 性能指标 | | | | 标准号 |
|---|---|---|---|---|---|---|---|
| | | | 体积密度/kg·m$^{-3}$ | 常温耐压强度/MPa | 重烧线变化不大于2%的试验温度/℃ | 导热系数(平均温度350℃±25℃)(不大于)/W·(m·K)$^{-1}$ | |
| 硅藻土隔热制品 | GG-0.5b | | 0.5 | 0.6 | 900 | 0.16 | GB3996—83 |
| | GG-0.4 | | 0.4 | 0.3 | | 0.13 | |
| | FGLG-18 | $w(Al_2O_3)\geqslant 90$ $w(Fe_2O_3)\leqslant 1$ | 1.5 | 9.8 | 1600 | 0.80 | |

## 三、其他隔热材料

### （一）耐火纤维制品

耐火纤维又称陶瓷纤维，常用的是硅酸铝质耐火纤维制品，其主要成分是 $Al_2O_3$ 和 $SiO_2$。耐火纤维制品的特点是质轻柔软、耐高温、热容量小、隔热性能好、抗热震性能好，可加工性能好等特点，被广泛应用于工业炉的隔热保温。有些工业炉的炉衬也采用该制品。目前，薄板坯连铸连轧生产线所采用的隧道式辊底炉的全部炉衬（炉底除外）均采用高温（含锆）耐火纤维折叠组块锚固炉顶和炉墙，以适应加热段在线自动变化的低热惰性炉衬的工艺性需要，应用与节能效果显著。

耐火纤维制品（包括毡、毯、板等）的缺点是强度低、易受机械碰撞和强气流冲刷、物料摩擦作用而损坏，更不适于和熔渣及熔液直接接触。

### （二）岩棉和矿棉保温材料

岩棉和矿棉均属无机纤维材料，被广泛用于工业炉在600℃以下使用的价廉隔热保温材料，其特点质轻、导热系数低、化学性能稳定、耐腐蚀、不燃烧和防震等，多制成毡、毯、板等各种制品使用。

### （三）膨胀珍珠岩制品

膨胀珍珠岩制品的特点是体积密度小，隔热性能好，是工业炉窑常用的隔热材料。膨胀珍珠岩制品按胶结剂种类的不同，其性能见表 3.2-5。

**表 3.2-5 常用膨胀珍珠岩制品的主要性能**

| 项目 | 水泥结合制品 | 水玻璃结合制品 | 磷酸盐结合制品 | 沥青结合制品 |
|---|---|---|---|---|
| 体积密度/kg·m$^{-3}$ | 300～400 | 200～300 | 200～250 | 300～400 |
| 抗压强度/MPa | 0.49～0.98 | 0.59～1.15 | 0.59～0.98 | 0.196 |
| 热导率/W·(m·K)$^{-1}$ | 0.058～0.087 | 0.056～0.065 | 0.044～0.052 | 0.081～0.104 |
| 最高使用温度/℃ | 600 | 650 | 1000 | 60 |
| 吸水率/% | 110～130(24 h) | 120～180 | | |

# 第三节 不定形耐火材料

不定形耐火材料也称散状耐火材料，是由一定级配的耐火骨料和粉状物料与结合剂、外加剂、施工时临时外加适量的洁净水均匀混合而成的，在现场按设计所规定的形状和尺寸构筑成所需要的衬体。不定形耐火材料包括耐火浇注料（重质和轻质）、耐火可塑料、耐火喷涂料和耐火捣打料等。

不定形耐火材料与传统的砖砌结构相比其优点是不需事先烧结、没有砖缝、整体性强、适于异形衬体施工(不需异形砖和砍砖)、有利于机械化施工(可塑料除外)、成本较低、使用寿命较长且易于修补等,故被广泛应用于各种加热炉上。

## 一、耐火浇注料

耐火浇注料按耐火骨料品种分为:黏土质耐火浇注料(10%≤$w(Al_2O_3)$≤45%)、高铝质耐火浇注料($w(Al_2O_3)$≥45%)、硅质耐火浇注料($w(SiO_2)$≥85%,$w(Al_2O_3)$>10%)和镁质耐火浇注料等。

黏土质和高铝质耐火浇注料的牌号与理化指标见表3.2-6。

**表 3.2-6　耐火浇注料的牌号与理化指标**

| 分类 | | 黏土耐火浇注料 | | | 水泥耐火浇注料 | | | | | | | | 无机耐火浇注料 | | | |
|---|---|---|---|---|---|---|---|---|---|---|---|---|---|---|---|---|
| | | | | | 高铝水泥耐火浇注料 | | | | | | | 硅酸盐水泥耐火浇注料 | 磷酸盐耐火浇注料 | | | 水玻璃耐火浇注料 |
| 牌号 | | $NL_2$ | $NL_1$ | NN | $G_3L$ | $G_2L$ | $G_2N$ | $G_1L$ | $G_1N_2$ | $G_1N_1$ | GN | $LL_2$ | $LL_1$ | LN | BN |
| 指标 | $w(Al_2O_3)$(不小于)/% | 65 | 55 | 45 | 85 | 60 | 42 | 60 | 42 | 30 | 30 | 75 | 60 | 45 | 40 |
| | 耐火度(不低于)/℃ | 1730 | 1710 | 1690 | 1790 | 1690 | 1650 | 1690 | 1650 | 1610 | | 1770 | 1730 | 1710 | |
| | 烧后线变化,保温3 h,不大于1%的试验温度/℃ | 1450 | 1350 | 1300 | 1500 | 1400 | 1350 | 1400 | 1350 | 1300 | 1200 | 1450 | 1450 | 1450 | 1000 |
| | 105～110℃烘干后 耐压强度(不小于)/MPa | 3 | 3 | 3 | 25 | 20 | 20 | 10 | 10 | 10 | 20 | 15 | 15 | 15 | 20 |
| | 105～110℃烘干后 抗折强度(不小于)/MPa | 0.5 | 0.5 | 0.5 | 5 | 4 | 4 | 3.5 | 3.5 | 3.5 | | 3.5 | 3.5 | 3.5 | |
| 最高使用温度/℃ | | 1450 | 1350 | 1300 | 1650 | 1400 | 1350 | 1400 | 1350 | 1300 | 1200 | 1600 | 1500 | 1450 | 1000 |

## 二、耐火可塑料

耐火可塑料一般是经过配料、混炼、脱气后挤压成砖坯状等,并在较长保存期内具有较高可塑性的不定形耐火材料。常用的耐火可塑料按材质分有黏土质、高铝质和刚玉质等,其性能见表3.2-7。但按耐火可塑料自身的硬化原理及强度又分为热硬性和气硬性两类,这在工业炉各种加热炉不同部位炉衬设计的材质合理选类上特别注意。

**表 3.2-7　耐火可塑料的技术性能**

| 指标 | | 黏土质 | 高铝质 | 刚玉质 |
|---|---|---|---|---|
| $w(Al_2O_3)$/% | | 54.4 | 77.0 | 90.0 |
| 加热线变化/% | 110℃,24 h | −0.35 | −0.47 | −0.10 |
| | 1500℃,24 h | +1.96 | +0.40 | −0.80 |
| 抗折强度(110℃,24 h)/MPa | | 6.3 | 5.3 | 13.2 |
| 热态抗折强度(1000℃,1 h)/MPa | | 1.0 | 1.3 | >20 |
| 最高使用温度/℃ | | 1500 | 1600 | 1900 |

热硬性耐火可塑性(普通耐火可塑料),在材料中没有化学结合剂,故成形后的强度很低,其强度是在施工后随干燥和烘炉的温度升高而增加,直至高温烧结后强度为最大。这类热硬性可塑料仅适用于各种加热炉的炉墙使用,不适用于炉顶部位使用,因脱模后易塌陷。

气硬性耐火可塑料,是在材料中加有硅酸钠的化学结合剂的可塑料,在施工成形后其强度变化较快,易于成形后较快地拆模。故这类气硬性耐火可塑料多适用于各种加热炉的炉顶部位使用。

### 三、耐火捣打料

耐火捣打料是粒状和粉状的耐火材料加结合剂,经合理级配与混练而成干或半干的松散料,使用时靠临时强力捣打成形,并经加热使其硬化和烧结。材质有硅质、黏土质、高铝质、刚玉质、碳质、镁质和铬质等,其特点是在高温下有较高的稳定性和耐侵蚀性。工业炉除高温液体除渣加热炉的炉底及环形炉炉底可采用外,一般较少采用。

## 第四节　不定形耐火材料炉衬结构及施工要点

现代工业炉用各种加热炉的炉墙和炉顶等,多采用耐火浇注料或耐火可塑料为炉衬主材。实践表明,耐火浇注料和耐火可塑料炉衬的合理结构及随后的施工质量与烘炉制度,是确定炉衬在正常生产使用条件下能长寿久安的关键。

### 一、不定形耐火材料炉衬结构

#### (一) 炉衬材质

工业炉用各种加热炉炉墙和炉顶的材料选择,应根据不同加热炉的工艺要求而定。耐火可塑料多适用于炉温要求较高的各种加热炉,如板坯加热温度1250℃用的步进梁式加热炉或推钢式连续加热炉多采用耐火可塑料作炉衬,炉顶用气硬性耐火可塑料,炉墙用热硬性耐火可塑料;棒线材加热温度1150℃用的步进梁式加热炉或推钢式连续加热炉则多采用耐火浇注料作炉衬。一座炉子的不同温度区段的选材也不尽一样,应按经济适用并方便维护的原则合理选材。

#### (二) 炉衬结构

工业炉用各种加热炉的炉衬结构,均应按重质料和轻质料组合成复合式炉衬设计。

炉墙结构。耐火可塑料炉墙结构,一般采用重质料厚度约290 mm和轻质料总厚度约210 mm。重质料应选用热硬性的耐火可塑料,轻质料可选用体积密度约0.8 t/m$^3$的轻质砖、磷酸珍珠岩板和无石棉硅钙板组合而成。耐火浇注料的炉墙结构,一般多采用重质料厚度约230 mm和轻质料总厚度约280 mm。重质料应根据不同工作温度区段采用相适用的不同品种的耐火浇注料,如高温区段可选用黏土结合耐火浇注料,而较低温工作区段可采用低水泥耐火浇注料。轻质料可选用体积密度约0.6～0.8 t/m$^3$轻质砖和体积密度约0.2 t/m$^3$岩棉隔热板组合而成。

炉顶结构。耐火可塑料炉顶结构和耐火浇注料炉顶结构基本相同,重质料厚度约230 mm和轻质料总厚度约90～100 mm。耐火可塑料炉顶采用气硬性耐火可塑性,而耐火浇注料炉顶应类同炉墙的材质选择原则。轻质料可选用体积密度0.6～0.8 t/m$^3$轻质浇注料和无石棉硅钙板或体积密度约0.125 t/m$^3$耐火纤维制品组合而成。

#### (三) 炉衬锚固砖(吊挂砖)设置

不定形耐火材料的炉衬(炉墙和平式炉顶),必须在衬体内合理设置锚固砖(或吊挂砖)增强炉衬的整体稳定性。

炉墙锚固砖设置。常用锚固砖断面尺寸约160 mm×100 mm,结构多为锯齿形,材质为黏土砖,其安装多为活动锚钩式结构,锚钩材质为Q235的$\phi$20 mm圆钢制成,通过锚固座将锚固砖与炉墙钢板直接连接。其锚固砖中心间距应按使用部位而定,一般水平方向约 400～500 mm,高度方向约 450 mm。最上面一排锚固砖离炉顶的最小间距约 150 mm。遇有孔洞时,其锚固砖边缘距孔洞的边缘最少约 150 mm。

炉顶(平顶)吊挂砖设置。吊挂砖断面尺寸多为 130 mm×80 mm 或 125 mm×75 mm,结构为锯齿形或波浪形,材质为高铝砖,其安装多为弹性吊挂式结构(因该结构的吊挂砖可随炉顶的胀缩而相适移动,故称弹性结构)。吊挂件材质多采用 1Cr18Ni9Ti 的 $\phi$12 圆钢制成。炉顶吊挂砖的排布一般应按炉顶纵长直线式布置,其吊挂砖纵向中心间距应视不同使用部位而定,一般约 280～300 mm(高温炉段可选下限,低温炉段可选上限)。吊挂砖沿炉宽方向的中心间距约 300 mm。吊挂砖中心距端面不易悬臂过大,一般约 120～140 mm。

#### (四) 支撑件(托架)

当炉子侧墙较高时需设置金属支撑件(托架),并直接固定在炉墙钢板上防止墙倒塌。支撑件布置,应视使用部位而定,水平方向一般约为 800～1060 mm,高度方向距离约为 1400 mm。一般侧墙高度不超过 3 m 时,可不设支撑件(托架)。

### 二、不定形耐火材料炉衬膨胀缝等设置

耐火可塑料和耐火浇注料是现场捣制并含有水分的整体性内衬,为保证使用前和长期高温使用过程中的整体性不招致破坏,必须根据材质要求合理的设置膨胀缝等。

#### (一) 膨胀缝

炉墙,一般应纵向每隔 3～3.5 m 设一条胀缝 2 mm(可用 1 mm 厚聚乙烯波纹板两块)。炉顶较宽时应在炉顶中间或对称设置一条或多条胀缝(可用 1 mm 厚聚乙烯波纹板两块)。胀缝必须留在两排锚固砖(或吊挂砖)之间,并避开孔洞等。

炉墙与炉顶的交换处,应设错口式集中胀缝,水平和垂直方向缝宽各 20 mm,内填耐火纤维,防止异物落入,缝上部用压缝砖盖住。

端墙与纵墙之间,也设有错口式集中胀缝 20 mm,并设背衬砖。

炉墙与炉底之间,以及炉底胀缝的设置,均应按常规砖砌炉底工业炉的设计要求留设。

#### (二) 膨胀线

耐火可塑料炉衬,在施工后应及时对炉衬表面进行修整和刮毛处理,并在表面按水平和垂直两个方向设膨胀线(即开槽)。膨胀线位置在两个锚固砖(或吊挂砖)之间,并避开孔洞。膨胀线留设距离,一般是 0.9～1.5 m,槽宽为 5 mm,槽深为 50～80 mm。

#### (三) 通气孔

耐火可塑料炉衬,在开槽设膨胀线的同时,在可塑料内衬的受热面应开设(扎)直径为 4～6 mm的通气孔,孔的间距一般为 150～230 mm,位置在两个锚固砖(或吊挂砖)之间交错排列,孔深度为耐火可塑料衬体厚度的 1/2～2/3。

开设(扎)通气孔的目的,是使耐火可塑料壁深部在烘炉时产生的蒸汽易散发,并在干燥升温中起着缓冲收缩与膨胀的作用。

### 三、不定形耐火材料炉衬施工要点

#### (一) 锚固砖安装

锚固砖的位置应符合设计要求,并保证与炉壳相垂直。锚固砖、锚固座与锚固钩应相互拉紧,不能松动有间隙。锚固钩"R"处不能与锚固座相接。施工时,在锚固座和锚固砖的圆孔处应盖上硬纸(防止衬料落入),使锚固砖应能随炉墙胀缩而自由起落。

**（二）吊挂砖安装**

吊挂砖的位置应符合设计要求，并保证与吊挂梁相垂直。为防止炉顶捣打（可塑料）或振捣（浇注料）过程中吊挂砖可能上窜（拉不紧），吊挂砖与吊挂梁（管）之间一定要用木楔从两侧临时塞紧，在捣打或振捣到一定距离后拆除。

**（三）修整**

可塑料内衬的修整，应在脱模后及时进行。脱模时间，炉墙一般在每捣打段捣打后的 24 h 以后方可脱模（炉顶可稍长些）。修整时，以锚固砖（或吊挂砖）端面下 6 mm 为基准削除多余部分，未削除的表面应及时刮毛，并开膨胀线和扎通气孔。

**（四）养护**

经修整及开通气孔后的耐火可塑料内衬，为防止脱水激烈，使表面气孔闭塞而形成板结的"假死"层，使内部水分挥发脱出困难而导致裂纹或剥落，应及时用聚乙烯塑料布严密覆盖。

耐火浇注料养生，是浇注后静置，不要踩踏碰动，依气温高低 1～2 天硬化后即可脱模（炉顶最好稍长些）。

## 四、不定形耐火材料炉衬烘炉及烘炉制度

烘炉目的，是使炉衬中的自由水、结晶水顺利的排除而不使炉衬遭致破坏，并达到烧成的目的。烘炉制度，应按材料供货厂家提供的相应烘炉制度严格进行，严禁急剧升温。表 3.2-8 是经过实践的不定形耐火材料炉衬的成功烘炉制度，供参考。

**表 3.2-8　烘炉制度**

| 温度/℃ | 升温制度 | |
|---|---|---|
| | ℃/h | h |
| 室温～150 | 12.5 | 12 |
| 150 保温 | 0 | 36 |
| 150～600 | 5 | 90 |
| 600 保温 | 0 | 24 |
| 600～800 | 5 | 40 |
| 800 保温 | 0 | 24 |
| 800～1300 | 7.5 | 67 |
| 1300 保温 | 0 | 24 |
| 合　计 | | 317 |

降温制度：1300～1000℃ 以平均 60℃/h，1000～250℃ 以平均 50℃/h，250℃～室温以平均 12.5℃/h，降温合计 28 h。

# 第三章 金属材料及钢结构

## 第一节 材料及其特性

### 一、常用材料的选用

设计人员应根据工业炉使用条件、受力特点等合理选用工业炉主体金属结构所用材料。对用于维持炉体的外部形状和严密性的结构,如炉墙板等,由于对强度没有特殊要求,一般可用Q195或Q215制作。对强度有要求需通过计算确定材料断面尺寸的构件,如侧柱、拱角梁、柱杆等要选用Q235或16 Mn,结构件应尽量选用单位质量较轻的轧制型钢;有特殊要求的构件,在保证强度的前提下,可以选用其他材料,如铸铁、铸钢等材料。

### 二、钢材的许用应力

钢材的许用应力$[\sigma]$为

$$[\sigma]=[\sigma]'r_a r_b$$

式中 $[\sigma]'$——钢材的理论许用应力,MPa。查表3.3-1的分组尺寸,采用表3.3-2的数据,铸钢件的理论许用应力查表3.3-3,普通螺栓连接件理论许用应力查表3.3-4,焊缝的理论许用应力,查表3.3-5;

$r_a$——构件温度折减系数,查表3.3-6;

$r_b$——构件受力及施工条件系数,查表3.3-7。钢材的物理性能和力学性能查表3.3-8。灰铸铁件力学性能查表3.3-9。

**表3.3-1 钢材的分组尺寸**(mm)

| 组别 | 钢材的钢号 | | | |
|---|---|---|---|---|
| | Q215,Q235 | | | 16Mn,16Mng |
| | 棒钢直径或厚度 | 型钢及异型钢的厚度 | 钢板的厚度 | 钢材的直径或厚度 |
| 第一组 | ≤40 | ≤15 | 4~20 | ≤16 |
| 第二组 | >40~100 | >15~20 | >20~40 | >17~25 |
| 第三组 | >100~250 | >20 | >40~60 | >25~36 |

注:1. 棒钢包括圆钢、方钢、扁钢和六角钢等;型钢包括角钢、工字钢和槽钢等。
2. 型钢厚度系指其腹板的厚度。

**表3.3-2 钢材的理论许用应力**(MPa)

| 应力种类 | 符号 | 钢材的钢号 | | | | | | |
|---|---|---|---|---|---|---|---|---|
| | | Q215 | | Q235 | | 16Mn,16Mng | | |
| | | 第1组 | 第2组<br>第3组 | 第1组 | 第2组<br>第3组 | 第1组 | 第2组 | 第3组 |
| 抗拉、抗压和抗弯 | $[\sigma]'$ | 152 | 137 | 167 | 152 | 235 | 225 | 211 |
| 抗剪 | $[r]'$ | 93 | 83 | 98 | 93 | 142 | 137 | 127 |
| 端面承压(磨平顶紧) | $[\sigma_{cd}]'$ | 225 | 206 | 250 | 225 | 353 | 338 | 314 |

注:Q235第2组的许用应力按表中数值增加5%。

**表 3.3-3　铸钢件的理论许用应力(MPa)**

| 应力种类 | 符号 | 铸钢件的钢号 | | |
|---|---|---|---|---|
| | | ZG200—400 | ZG230—450 | ZG270—500 |
| 抗拉、抗压和抗弯 | $[\sigma]'$ | 118 | 142 | 167 |
| 抗剪 | $[\tau]'$ | 69 | 83 | 98 |
| 端面承压(磨平顶紧) | $[\sigma_{cd}]'$ | 177 | 216 | 250 |

**表 3.3-4　普通螺纹连接的理论许用应力(MPa)**

| 连接种类 | 应力种类 | 符号 | 螺栓的钢号 | Q235 构件 | | 16Mn 构件 | | |
|---|---|---|---|---|---|---|---|---|
| | | | Q235 | 第 1 组 | 第 2 组<br>第 3 组 | 第 1 组 | 第 2 组 | 第 3 组 |
| 粗制螺纹 | 抗拉 | $[\sigma_1^l]'$ | 132 | | | | | |
| | 抗剪 | $[\tau^l]'$ | 98 | | | | | |
| | 承压 | $[\sigma_c^l]'$ | | 235 | 211 | 328 | 314 | 294 |
| 锚栓 | 抗拉 | $[\sigma_1^d]'$ | 108 | | | | | |

**表 3.3-5　焊缝的理论许用应力(MPa)**

| 焊缝种类 | 应力种类 | | | 符号 | 埋弧自动焊、半自动焊和用 E43 型焊条的手工焊 | | | | 埋弧自动焊、半自动焊和用 E50 型焊条的手工焊 | | |
|---|---|---|---|---|---|---|---|---|---|---|---|
| | | | | | 构件的钢号 | | | | | | |
| | | | | | Q215 | | Q235 | | 16Mn,16Mng | | |
| | | | | | 第 1 组 | 第 2 组<br>第 3 组 | 第 1 组 | 第 2 组<br>第 3 组 | 第 1 组 | 第 2 组 | 第 3 组 |
| 对接焊缝 | 抗压 | | | $(\sigma_a^h)'$ | 152 | 137 | 167 | 152 | 235 | 226 | 211 |
| | 抗拉 | 当用埋弧自动焊时 | | $(\sigma_1^h)'$ | 152 | 137 | 167 | 152 | 235 | 226 | 211 |
| | | 当用半自动焊或手工焊时 | 精确检查方法 | $(\sigma_1^h)'$ | 152 | 137 | 167 | 152 | 235 | 226 | 211 |
| | | | 普通检查方法 | $(\sigma_1^h)'$ | 127 | 118 | 142 | 127 | 201 | 191 | 181 |
| 贴角焊缝 | 抗剪 | | | $(\tau^h)'$ | 93 | 83 | 98 | 93 | 142 | 137 | 127 |
| | 抗拉、抗压和抗剪 | | | $(\tau_1^h)'$ | 108 | 108 | 118 | 118 | 167 | 167 | 167 |

注:检查焊缝质量的普通方法指外观检查,测量尺寸和钻孔检查等;精确方法是在普通方法的基础上,用 X 射线等方法进行补充检查。

**表 3.3-6　温度折减系数 $r_a$**

| 工作温度/℃ | | 20 | 100 | 200 | 300 | 400 | 500 |
|---|---|---|---|---|---|---|---|
| Q235 | 长期 | 1 | 0.95 | 0.88 | 0.75 | 0.50 | 0.25 |
| | 短期 | 1 | 0.95 | 0.85 | 0.70 | 0.30 | |
| 16Mn | 长期 | 1 | 1 | 0.95 | 0.85 | 0.75 | 0.60 |
| | 短期 | 1 | 1 | 0.80 | 0.80 | 0.50 | 0.15 |

注:本表中“短期”或“长期”分别指临时或“长期”作用在钢结构上的温度。

**表 3.3-7　构件受力及施工条件系数**

| 构件受力及施工条件系数 | | | $r_b$ |
|---|---|---|---|
| 施工条件较差的高空安装焊接 | | | 0.90 |
| 单面连接的单角钢件 | 按轴心受力计算强度和连接 | | 0.85 |
| | 按轴心受压计算稳定性 | $\lambda \geqslant 200$ | 0.70 |
| | | $\lambda \leqslant 100$ | 1.00 |
| | | $100 < \lambda < 200$ | 按直线插入 |

注：1. $\lambda$ 为中间无联系的单角钢压杆，按最小回转半径计算长细比；当几种情况同时存在时，其折减系数应连乘。

2. 不属于表中所列情况，$r_b=1$。

**表 3.3-8　钢材的物理性能和力学性能**

物 理 性 能

| 温度/℃ | 弹性模量 $E$/MPa | | 切剪模量 $g$/MPa | 线膨胀系数 $\alpha$/$K^{-1}$ | 密度 $\gamma$/$kg \cdot m^{-3}$ |
|---|---|---|---|---|---|
| | Q235 | 16Mn | | | |
| 20 | $2.06\times10^5$ | $2.06\times10^5$ | $0.82\times10^5$ | $1.10\times10^{-5}$ | 7850 |
| 100 | $2.02\times10^5$ | $2.01\times10^5$ | | $1.15\times10^{-5}$ | |
| 200 | $1.98\times10^5$ | $1.40\times10^5$ | | $1.20\times10^{-5}$ | |
| 300 | $1.89\times10^5$ | $1.81\times10^5$ | | $1.25\times10^{-5}$ | |
| 400 | $1.81\times10^5$ | $1.23\times10^5$ | | $1.30\times10^{-5}$ | |
| 500 | $1.73\times10^5$ | $1.62\times10^5$ | | | |
| 600 | | $1.52\times10^5$ | | | |

力 学 性 能

| 钢　　号 | 屈服点 $\sigma_s$/MPa | | | 抗拉强度 $\sigma_b$/MPa | | |
|---|---|---|---|---|---|---|
| | 第 1 组 | 第 2 组 | 第 3 组 | 第 1 组 | 第 2 组 | 第 3 组 |
| Q235 | 235 | 225 | 215 | 375～500 | 375～500 | 375～500 |
| 16Mn | 335 | 315 | 295 | 510～660 | 490～640 | 470～620 |

**表 3.3-9　灰铸铁件力学性能**

| 牌　号 | 铸件能达到抗拉强度的参考值 | | | 附铸试棒(块)的力学性能 | | | | | | |
|---|---|---|---|---|---|---|---|---|---|---|
| | 铸件壁厚/mm | | $\sigma_b$/MPa ≥ | 铸件壁厚/mm | | $\sigma_b$/MPa ≥ | | | | |
| | | | | | | 附铸试棒 | | 附铸试块 | | 铸　件(参考值) |
| | ≥ | ≤ | | ≥ | ≤ | $\phi$30mm | $\phi$50mm | $R$15mm | $R$25mm | |
| HT100 | 2.5 | 10 | 130 | | | | | | | |
| | 10 | 20 | 100 | | | | | | | |
| | 20 | 30 | 90 | | | | | | | |
| | 30 | 50 | 80 | | | | | | | |
| HT150 | 2.5 | 10 | 175 | 20 | 40 | 130 | | [120] | | 120 |
| | 10 | 20 | 145 | 40 | 80 | 115 | [115] | 110 | | 105 |
| | 20 | 30 | 130 | 80 | 150 | | 105 | | 100 | 90 |
| | 30 | 50 | 120 | 150 | 300 | | 100 | | 90 | 80 |

续表 3.3-9

| 牌号 | 铸件能达到抗拉强度的参考值 | | | 附铸试棒(块)的力学性能 | | | | | | |
| --- | --- | --- | --- | --- | --- | --- | --- | --- | --- | --- |
| | 铸件壁厚/mm | | $\sigma_b$/MPa ≥ | 铸件壁厚/mm | | $\sigma_b$/MPa ≥ | | | | |
| | | | | | | 附铸试棒 | | 附铸试块 | | 铸件(参考值) |
| | ≥ | ≤ | | ≥ | ≤ | $\phi$30mm | $\phi$50mm | $R$15mm | $R$25mm | |
| HT200 | 2.5 | 10 | 220 | 20 | 40 | 180 | [155] | [170] | | 165 |
| | 10 | 20 | 195 | 40 | 80 | 160 | [155] | 150 | | 145 |
| | 20 | 30 | 170 | 80 | 150 | | 145 | | 140 | 130 |
| | 30 | 50 | 160 | 150 | 300 | | 135 | | 130 | 120 |
| HT250 | 4.0 | 10 | 270 | 20 | 40 | 220 | | [210] | | 205 |
| | 10 | 20 | 240 | 40 | 80 | 200 | [190] | 190 | | 180 |
| | 20 | 30 | 220 | 80 | 150 | | 180 | | 170 | 165 |
| | 30 | 50 | 200 | 150 | 300 | | 165 | | 160 | 150 |
| HT300 | 10 | 20 | 290 | 20 | 40 | 260 | | [250] | | 245 |
| | 20 | 30 | 250 | 40 | 80 | 235 | [230] | 225 | | 215 |
| | 30 | 50 | 230 | 80 | 150 | | 210 | | 200 | 195 |
| | | | | 150 | 300 | | 195 | | 185 | 180 |
| HT350 | 10 | 20 | 340 | 20 | 40 | 300 | | [290] | | 285 |
| | 20 | 30 | 290 | 40 | 80 | 270 | [265] | 260 | | 255 |
| | 30 | 50 | 260 | 80 | 150 | | 240 | | 230 | 225 |
| | | | | 150 | 300 | | 215 | | 210 | 205 |

注:1. 本表数值系根据 GB9439—88 编制,牌号中数值表示试棒的最小抗拉强度。

2. 铸件的弹性模量 $E=1.37\times10^5$ MPa,剪切模量 $G=0.44\times10^5$ MPa。

3. 铸件的许用应力$[\sigma]=[\sigma]'/n$,安全系数 $n$ 根据具体情况,按规程、规范和使用经验确定或按表 3.3-10 参考取值。

**表 3.3-10 安全系数 *n* 的取值参考表**

| 受静载荷 | | 受动载、冲击(载荷难以确定) |
| --- | --- | --- |
| 塑性材料 | 轧制、锻件 $n=1.2\sim2.2$ | $n=1.15\sim1.5(1.2\sim2.2)$ |
| | 铸件 $n=1.6\sim2.5$ | $n=1.15\sim1.5(1.6\sim2.5)$ |
| 脆性材料 | $n=2.0\sim3.5$ | $n=1.15\sim2.0(1.2\sim3.5)$ |

注:本章所用附表选自《有色冶金炉设计手册》。

## 三、常用型钢特性

工业炉钢结构设计中常用型钢构件或型钢组合构件,因此对常用型钢如热轧等边角钢、热轧不等边角钢、热轧槽钢、热轧工字钢、热轧 H 型钢等型钢,能够熟练查阅标准、准确应用。

| | |
| --- | --- |
| 热轧等边角钢 | 查阅 GB/T9787—1988 |
| 热轧不等边角钢 | 查阅 GB/T9788—1988 |
| 热轧槽钢 | 查阅 GB/T707—1988 |
| 热轧工字钢 | 查阅 GB/T706—1988 |
| 热轧 H 型钢 | 查阅 GB/T11263—1988 |

型钢组合构件的特性查阅《钢结构设计规范 GB/J17—88》,特殊组合形式需作强度、刚度计算。

## 第二节 工业炉窑常用钢结构计算

### 一、概述

工业炉窑根据其用途可分为焙烧炉、冶炼炉、加热炉、热处理炉、干燥炉、特殊用炉等。钢结构设计需考虑三个因素:炉子载荷及受力分析;所选用结构件特性;炉况及工作环境。工业炉钢结构随炉型不同其结构形式也不同,应结合具体情况分析计算。本节以两种常用结构为例介绍工业炉钢结构计算的应用。

作用在工业炉钢结构上的载荷有以下几种:

(1) 静载荷:指经常作用在钢结构上,其载荷不随时间变化而变化;

(2) 动载荷:指生产过程中作用在钢结构上载荷是变化的,如操作、检修及附荷载等。应该重视炉子所处环境,如室外高大的炉子,台风出现地区非封闭厂房内炉子,都应考虑风荷载;在地震区应考虑地震力的作用。

(3) 热应力载荷:指工业炉砌体在高温状态下产生的热应力。热应力与炉子工况、砌体材料特性、炉子构造、炉子尺寸、操作条件等因素有关,目前还没有精确计算热应力的公式,在设计计算时乘以温度影响系数,在应用中一般在砌体中留膨胀缝,在其中填充 PVC 板与马粪纸等。

实际设计应用中,一般设计新建的炉子都进行钢结构计算后选择钢结构件,同时采用类比法,对照经过多年生产考验的相同类型的炉子钢结构,进行分析比较后确定。如没有可借鉴的炉子,钢结构设计计算后,选择型钢断面时都需乘大于 1 的系数。

### 二、拱顶炉子钢结构计算

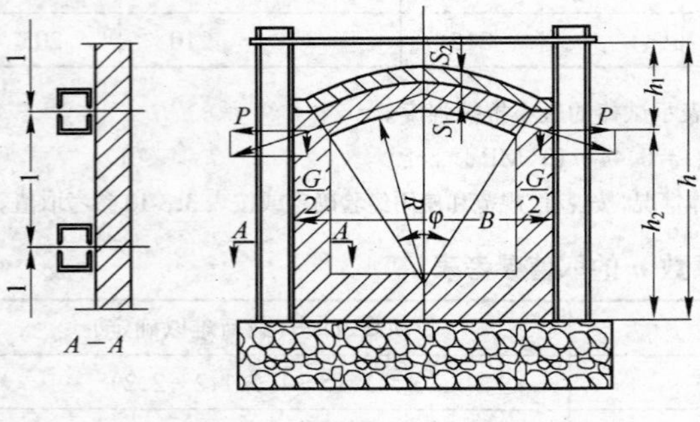


图 3.3-1 拱顶炉子钢结构计算

由于拱顶本身是一个静不定结构,加上受温度的影响,拱顶内外壁的温差很大,膨胀不均匀,因而拱顶内应力分布很复杂。工程计算做了简化,把拱顶视为一整体,拱顶内不存在剪力和弯矩,没有轴向变形,只有轴向剪力。为更符合实际情况,计算时常用温度系数 $K_1$、拱顶中心角修正系数 $K_2$ 修正计算结果。按简图 3.3-1,进行设计计算。

1. 拱顶的体积和质量

双层拱顶质量(kg):

$$G=\frac{\pi\varphi}{180}\left[\left(R+\frac{S_1}{2}\right)S_1\rho_1+\left(R+S_1+\frac{S_2}{2}\right)S_2\rho_2\right]l \tag{3.3-1}$$

单层拱顶质量(kg):

$$G=\frac{\pi\varphi}{180}\left(R+\frac{S_1}{2}\right)S_1\rho_1 l \tag{3.3-2}$$

式中 $\varphi$——炉子拱顶中心角,(°);

$R$——拱顶半径,m;

$S_1$、$S_2$——内层和外层拱顶的厚度,m;

$\rho_1$、$\rho_2$——内层、外层拱顶材料的容重,kg/m³;

$l$——拱顶的长度,m。

表 3.3-1、表 3.3-2 分别列出拱顶中心角为 60°和 90°时，不同跨度和不同厚度的单层和双层拱顶每米拱顶的体积和质量，表中质量按黏土砖容重 2100 kg/m³，硅藻土砖 650 kg/m³ 计算。

**表 3.3-11　中心角为 60°时每米拱顶的体积和重量**

| 跨度 B/mm | 黏土砖 (113)/mm | | 黏土砖 (230)/mm | | 黏土砖 (300)/mm | | 黏土砖+硅藻土砖 (232+120)/mm | | 黏土砖+硅藻土砖 (232+120)/mm | | 黏土砖+硅藻土砖 (232+120)/mm | |
|---|---|---|---|---|---|---|---|---|---|---|---|---|
| | 体积/m³ | 质量/kg | 体积/m³ | 质量/kg | 体积/m³ | 质量/kg | 体积/m³ | 质量/kg | 体积/m³ | 质量/kg | 体积/m³ | 质量/kg |
| 580 | 0.078 | 163.8 | 0.169 | 354.9 | 0.229 | 481 | 0.173 | 225.8 | 0.278 | 425.9 | 0.345 | 553.7 |
| 696 | 0.092 | 193.2 | 0.197 | 413.7 | 0.265 | 557 | 0.201 | 264.2 | 0.321 | 494.7 | 0.369 | 640.4 |
| 812 | 0.106 | 222.6 | 0.225 | 472.5 | 0.301 | 633 | 0.23 | 303.6 | 0.363 | 562.5 | 0.447 | 726.0 |
| 928 | 0.12 | 252.0 | 0.254 | 533.4 | 0.337 | 707.7 | 0.258 | 342.0 | 0.407 | 632.9 | 0.498 | 812.7 |
| 1044 | 0.134 | 281.4 | 0.282 | 592.2 | 0.374 | 785.4 | 0.287 | 380.9 | 0.449 | 701.2 | 0.55 | 899.4 |
| 1160 | 0.148 | 310.8 | 0.31 | 651.0 | 0.41 | 861.0 | 0.315 | 419.8 | 0.492 | 769.0 | 0.6 | 985.0 |
| 1276 | 0.162 | 340.2 | 0.338 | 709.8 | 0.447 | 938.7 | 0.344 | 458.2 | 0.534 | 836.8 | 0.652 | 1071.7 |
| 1392 | 0.176 | 369.6 | 0.366 | 768.6 | 0.484 | 1016.4 | 0.372 | 496.6 | 0.577 | 905.6 | 0.704 | 1139.4 |
| 1508 | 0.19 | 399.0 | 0.395 | 829.5 | 0.52 | 1092.0 | 0.401 | 563.0 | 0.621 | 976.5 | 0.754 | 1244.0 |
| 1624 | 0.204 | 428.4 | 0.423 | 888.3 | 0.557 | 1169.7 | 0.43 | 565.4 | 0.663 | 1044.3 | 0.797 | 1331.7 |
| 1740 | 0.218 | 457.8 | 0.451 | 947.1 | 0.593 | 1245.3 | 0.458 | 613.8 | 0.706 | 1113.1 | 0.856 | 1416.3 |
| 1856 | 0.232 | 487.2 | 0.479 | 1005.9 | 0.63 | 1323.0 | 0.487 | 653.2 | 0.748 | 1180.9 | 0.908 | 1504.0 |
| 1972 | 0.246 | 516.6 | 0.507 | 1064.7 | 0.666 | 1398.6 | 0.515 | 691.6 | 0.791 | 1249.7 | 0.958 | 1588.6 |
| 2088 | 0.26 | 546.0 | 0.536 | 1125.6 | 0.703 | 1476.3 | 0.544 | 731.0 | 0.834 | 1319.6 | 1.01 | 1676.3 |
| 2204 | 0.274 | 575.4 | 0.564 | 1184.4 | 0.739 | 1551.9 | 0.572 | 769.4 | 0.876 | 1387.4 | 1.06 | 1760.9 |
| 2320 | 0.288 | 604.8 | 0.592 | 1243.2 | 0.776 | 1629.6 | 0.6 | 807.8 | 0.919 | 1456.2 | 1.112 | 1847.6 |
| 2436 | 0.302 | 634.2 | 0.62 | 1302.0 | 0.812 | 1705.2 | 0.647 | 847.2 | 0.962 | 1524.0 | 1.162 | 1932.2 |
| 2552 | 0.316 | 663.6 | 0.648 | 1360.8 | 0.849 | 1782.9 | 0.658 | 885.6 | 1.004 | 1591.8 | 1.214 | 2019.9 |
| 2668 | 0.33 | 693.0 | 0.677 | 1421.7 | 0.885 | 1858.5 | 0.686 | 924.0 | 1.048 | 1662.7 | 1.264 | 2104.5 |
| 2784 | 0.344 | 722.4 | 0.705 | 1480.5 | 0.922 | 1936.2 | 0.715 | 963.4 | 1.09 | 1730.5 | 1.316 | 2192.2 |
| 2900 | 0.35 | 735.0 | 0.733 | 1539.3 | 0.958 | 2011.8 | 0.735 | 985.0 | 1.133 | 1799.3 | 1.336 | 2276.8 |
| 3016 | | | 0.761 | 1598.1 | 0.995 | 2089.5 | | | 1.175 | 1867.1 | 1.418 | 2364.5 |
| 3132 | | | 0.789 | 1656.9 | 1.031 | 2165.1 | | | 1.227 | 1935.9 | 1.469 | 2450.1 |
| 3248 | | | 0.817 | 1715.7 | 1.068 | 2242.8 | | | 1.261 | 2004.7 | 1.52 | 2536.8 |
| 3364 | | | 0.845 | 1774.5 | 1.104 | 2318.4 | | | 1.304 | 2072.5 | 1.571 | 2622.4 |
| 3480 | | | 0.873 | 1833.3 | 1.140 | 2394.0 | | | 1.346 | 2140.3 | 1.625 | 2702.0 |
| 3596 | | | 0.901 | 1892.1 | 1.177 | 2471.7 | | | 1.388 | 2209.1 | 1.672 | 2793.7 |
| 3712 | | | 0.929 | 1950.9 | 1.213 | 2547.3 | | | 1.431 | 2276.9 | 1.723 | 2879.3 |
| 3828 | | | | | 1.25 | 2623.1 | | | | | 1.775 | 2966.0 |
| 3944 | | | | | 1.286 | 2700.6 | | | | | 1.825 | 3050.6 |
| 4060 | | | | | 1.323 | 2778.3 | | | | | 1.877 | 3138.3 |
| 4176 | | | | | 1.359 | 2853.9 | | | | | 1.927 | 3222.9 |
| 4292 | | | | | 1.395 | 2929.5 | | | | | 1.978 | 3308.5 |
| 4408 | | | | | 1.432 | 3007.2 | | | | | 2.029 | 3395.2 |
| 4524 | | | | | 1.468 | 3082.8 | | | | | 2.08 | 3480.8 |
| 4640 | | | | | 1.505 | 3160.5 | | | | | 2.132 | 3568.5 |
| 4756 | | | | | 1.541 | 3236.1 | | | | | 2.182 | 3653.1 |
| 4872 | | | | | 1.578 | 3313.8 | | | | | 2.234 | 3739.8 |
| 4988 | | | | | 1.614 | 3389.4 | | | | | 2.284 | 3825.4 |
| 5104 | | | | | 1.651 | 3467.1 | | | | | 2.336 | 3912.1 |

**表 3.3-12　中心角为 90°时每米拱顶的体积和质量**

| 跨度 $B$/mm | 黏土砖(113)/mm | | 黏土砖(230)/mm | | 黏土砖(300)/mm | | 黏土砖+硅藻土砖(232+120)/mm | | 黏土砖+硅藻土砖(232+120)/mm | | 黏土砖+硅藻土砖(232+120)/mm | |
|---|---|---|---|---|---|---|---|---|---|---|---|---|
| | 体积/$m^3$ | 质量/kg | 体积/$m^3$ | 质量/kg | 体积/$m^3$ | 质量/kg | 体积/$m^3$ | 质量/kg | 体积/$m^3$ | 质量/kg | 体积/$m^3$ | 质量/kg |
| 580 | 0.085 | 179.0 | 0.192 | 403.2 | | | 0.195 | 251.0 | 0.324 | 489.0 | | |
| 696 | 0.1 | 210.0 | 0.221 | 464.0 | | | 0.225 | 291.0 | 0.368 | 560.0 | | |
| 812 | 0.115 | 242.0 | 0.252 | 529.0 | | | 0.256 | 344.0 | 0.415 | 635.0 | | |
| 928 | 0.13 | 273.0 | 0.281 | 590.0 | | | 0.286 | 374.0 | 0.459 | 706.0 | | |
| 1044 | 0.145 | 304.5 | 0.312 | 655.2 | 0.419 | 879.9 | 0.317 | 416.5 | 0.506 | 781.2 | 0.626 | 1014.9 |
| 1160 | 0.16 | 336.0 | 0.341 | 716.1 | 0.457 | 959.7 | 0.347 | 448.0 | 0.555 | 852.1 | 0.679 | 1103.7 |
| 1276 | 0.175 | 367.5 | 0.37 | 777.0 | 0.495 | 1039.5 | 0.377 | 498.5 | 0.594 | 923.0 | 0.735 | 1195.5 |
| 1392 | 0.19 | 399.0 | 0.401 | 842.1 | 0.535 | 1123.5 | 0.408 | 541.0 | 0.641 | 998.1 | 0.788 | 1287.5 |
| 1508 | 0.205 | 430.5 | 0.43 | 903.0 | 0.573 | 1203.3 | 0.438 | 581.5 | 0.685 | 1069.0 | 0.841 | 1377.3 |
| 1624 | 0.22 | 462.0 | 0.461 | 968.1 | 0.613 | 1287.3 | 0.469 | 624.0 | 0.732 | 1144.1 | 0.897 | 1472.3 |
| 1740 | 0.235 | 493.5 | 0.491 | 1031.1 | 0.65 | 1365.0 | 0.499 | 665.5 | 0.777 | 1217.1 | 0.949 | 1564.0 |
| 1856 | 0.249 | 522.9 | 0.52 | 1092.0 | 0.688 | 1444.8 | 0.529 | 704.9 | 0.821 | 1287.0 | 1.002 | 1648.8 |
| 1972 | 0.265 | 556.5 | 0.55 | 1157.1 | 0.728 | 1528.8 | 0.56 | 748.5 | 0.868 | 1363.1 | 1.058 | 1743.8 |
| 2088 | 0.279 | 585.9 | 0.58 | 1218.0 | 0.766 | 1608.6 | 0.589 | 787.4 | 0.912 | 1434.0 | 1.111 | 1832.6 |
| 2204 | 0.295 | 619.5 | 0.611 | 1283.1 | 0.806 | 1692.6 | 0.621 | 831.5 | 0.959 | 1509.1 | 1.166 | 1926.6 |
| 2320 | 0.309 | 648.9 | 0.64 | 1344.0 | 0.844 | 1772.4 | 0.65 | 870.9 | 1.003 | 1580.0 | 1.22 | 2016.4 |
| 2436 | 0.325 | 682.5 | 0.671 | 1409.1 | 0.884 | 1856.4 | 0.682 | 914.5 | 1.051 | 1656.1 | 1.276 | 2111.4 |
| 2552 | 0.339 | 711.9 | 0.7 | 1470.0 | 0.921 | 1934.1 | 0.71 | 952.9 | 1.093 | 1725.0 | 1.327 | 2198.1 |
| 2668 | | | 0.731 | 1535.1 | 0.959 | 2013.9 | | | 1.14 | 1801.1 | 1.381 | 2287.9 |
| 2784 | | | 0.762 | 1600.2 | 0.999 | 2097.9 | | | 1.187 | 1876.2 | 1.437 | 2382.9 |
| 2900 | | | 0.791 | 1661.1 | 1.037 | 2177.7 | | | 1.231 | 1947.1 | 1.49 | 2471.7 |
| 3016 | | | 0.82 | 1722.0 | 1.047 | 2255.4 | | | 1.275 | 2018.0 | 1.522 | 2559.4 |
| 3132 | | | 0.851 | 1787.1 | 1.114 | 2402.4 | | | 1.321 | 2093.1 | 1.597 | 2716.4 |
| 3248 | | | 0.882 | 1852.2 | 1.155 | 2425.5 | | | 1.369 | 2169.2 | 1.655 | 2750.5 |
| 3364 | | | 0.911 | 1913.1 | 1.192 | 2503.2 | | | 1.413 | 2239.1 | 1.707 | 2838.2 |
| 3480 | | | 0.941 | 1976.1 | 1.23 | 2583.0 | | | 1.458 | 2312.1 | 1.76 | 2928.0 |
| 3596 | | | 0.97 | 2037.0 | 1.268 | 2662.8 | | | 1.502 | 2383.0 | 1.813 | 3016.8 |
| 3712 | | | 1.001 | 2102.1 | | | | | 1.549 | 2458.1 | | |
| 3828 | | | 1.03 | 2163.0 | | | | | 1.593 | 2529.0 | | |
| 3944 | | | 1.061 | 2228.1 | | | | | 1.64 | 2604.1 | | |
| 4060 | | | 1.09 | 2289.0 | | | | | 1.684 | 2675.0 | | |
| 4176 | | | 1.121 | 2345.1 | | | | | 1.731 | 2751.1 | | |
| 4292 | | | 1.15 | 2415.0 | | | | | 1.775 | 2821.0 | | |
| 4408 | | | 1.179 | 2475.9 | | | | | 1.82 | 2892.0 | | |
| 4524 | | | 1.21 | 2541.0 | | | | | 1.866 | 2967.0 | | |
| 4640 | | | 1.239 | 2601.9 | | | | | 1.911 | 3038.9 | | |

2. 水平推力 $P$(N):

$$P=\frac{G\cdot g}{2}\cdot K_1\cdot K_2 \tag{3.3-3}$$

式中 $G$——两侧柱间拱顶质量,kg;

$K_1$——炉温系数,见表 3.3-13;

$K_2$——拱顶中心角修正系数,见表 3.3-14;

$g$——重力加速度,m/s²。

**表 3.3-13 温度系数 $K_1$**

| 温度/℃ | 900 | 900~1100 | 1100~1300 |
|---|---|---|---|
| $K_1$ | 2.0 | 2.5 | 3.0 |

**表 3.3-14 拱顶中心角修正系数 $K_2$**

| 拱顶中心角 $\varphi$/(°) | 60 | 90 | 120 | 180 |
|---|---|---|---|---|
| $K_2$ | 1.866 | 1.207 | 0.866 | 0.5 |

3. 上拉杆受拉力 $P_1$(N):

$$P_1=P\times\frac{h_2}{h} \tag{3.3-4}$$

式中 $h_2$、$h$——侧柱高度尺寸,m,见图 3.3-1。

4. 上拉杆受力的断面积 $f_1$(m²):

$$f_1=P_1/[\sigma]\times10^{-6} \tag{3.3-5}$$

式中 $[\sigma]$——取实际许用应力 138 MPa。

5. 侧柱最大弯矩(N·m):

$$M_{max}=P\cdot h_1\cdot h_2/h \tag{3.3-6}$$

式中 $h_1$、$h_2$、$h$——侧柱高度尺寸,m。

6. 侧柱断面系数(m³):

$$W_z=M_{max}/[\sigma]\times10^{-6} \tag{3.3-7}$$

7. 拱角梁受水平方向弯矩(N·m):

$$M_y=PL/8 \tag{3.3-8}$$

式中 $L$——两柱间的距离,m。

8. 拱角梁水平方向断面系数(m³):

$$W_{Ly}=M_y/[\sigma] \tag{3.3-9}$$

9. 拱角梁所受重力方向的弯矩(N·m):

$$M_x=\frac{G\cdot g}{2}\times\frac{L}{8} \tag{3.3-10}$$

10. 拱角梁受重力方向的断面系数(m³):

$$W_{lx}=M_x/[\sigma]\times10^{-6} \tag{3.3-11}$$

11. 底板承受侧向水平推力(N):

$$P_2=P\cdot h_1/h \tag{3.3-12}$$

12. 侧柱底板螺栓承受的拉力(N):

$$P_3=P_2/(\mu\cdot n) \tag{3.3-13}$$

式中　$\mu$——底板与基础间摩擦系数，取 0.35～0.4；

$n$——每根侧柱底板地脚螺栓个数。

13. 地脚螺栓的直径(mm)：

$$d=\sqrt{\frac{4P_3}{\pi[\sigma]}} \tag{3.3-14}$$

当拱脚梁同时受水平力和垂直力时，可按两个主平面内受弯构件校核所受压力。

$$\frac{M_x}{W_{lx}}+\frac{M_y}{W_{ly}}\leqslant[\sigma] \tag{3.3-15}$$

举例说明以上公式的应用：一座连续加热炉用单层黏土砖砌筑，中心角 60°，拱顶厚度 300 mm，炉体内宽 3828 mm，金属侧柱间距 1160 mm，$h_1=1200$ mm，$h_2=3200$ mm，$[\sigma]'$取 138 MPa。计算过程及结果见表 3.3-15。

**表 3.3-15　计算过程与结果**

| 序　号 | 计算项目 | 符　号 | 单　位 | 计算公式 | 计算结果 |
|---|---|---|---|---|---|
| 1 | 拱顶质量 | $G$ | kg | 公式 3.3-1 或查表 3.3-1 | 2623.1 |
| 2 | 水平推力 | $P$ | N | $\frac{G\cdot g}{2}\cdot K_1\cdot K_2$ | 72723 |
| 3 | 上拉杆所受拉力 | $P_1$ | N | $P\cdot h_2/h$ | 52889 |
| 4 | 上拉杆断面积 | $f_1$ | m² | $P_1/[\sigma]\times10^{-6}$ | $3.83\times10^{-4}$ |
| 5 | 侧柱承受的最大弯矩 | $M_{max}$ | N·m | $P\cdot h_1\cdot h_2/h$ | 68757 |
| 6 | 要求侧柱的断面系数 | $W_z$ | m³ | $M_{max}/[\sigma]\times10^{-6}$ | $4.98\times10^{-4}$ |
| 7 | 拱角梁垂直方向弯矩 | $M_y$ | N·m | $P\cdot L/8$ | 10544 |
| 8 | 要求拱角梁水平方向断面系数 | $W_{ly}$ | m³ | $M_y/[\sigma]\times10^{-6}$ | $76.4\times10^{-6}$ |
| 9 | 拱角梁水平方向弯矩 | $M_x$ | N·m | $\frac{G\cdot g}{2}\times\frac{L}{8}$ | 1864 |
| 10 | 要求拱角梁垂直方向断面系数 | $W_{lx}$ | m³ | $M_x/[\sigma]\times10^{-6}$ | $13.5\times10^{-6}$ |
| 11 | 侧柱底板受侧向推力 | $P_2$ | N | $P\cdot h_1/h$ | 19834 |
| 12 | 侧柱底板螺栓受力 | $P_3$ | N | $P_2/(\mu n)$ | 28334 |
| 13 | 直径要求地脚螺栓个数 | $d$ | mm | $\sqrt{\frac{4P_3}{\pi[\sigma]}}$ | 16.2 |

根据表 3.3-15 计算结果，选用以下型钢：

(1) 选用 14 b 槽钢，断面系数 14.1 cm³；

(2) 侧柱用双根 22 槽钢，断面系数 468 cm³；

(3) 拉杆选用 63×4 角钢，断面系数 4.13 cm³；

(4) 底板地脚螺栓直径取 20 mm。

## 第三节　吊挂炉顶钢结构计算

近年来，大型炉炉顶多采用吊挂形式。当炉顶吊梁只承受吊砖(或其他耐火材料)质量时，为简化计算，可以按中间均布负荷的简支梁计算；当炉顶采用单重较大的预制块或者有管道、支架、平台、走梯等其它载荷时，则应按实际受力计算。炉子的侧柱一般按轴心受压考虑，如有相同炉型结构,可参考选用。本节主要讲述一般计算方法。

## 一、吊炉顶梁的强度计算

吊炉顶梁的实际受力情况如图 3.3-3 所示,其最大弯矩为(N·m):

$$M_{\max}=\frac{q_1cl}{8}\left(2-\frac{c}{l}\right)+\frac{q_2l^2}{8} \tag{3.3-16}$$

式中 $q_1$——单位长度吊砖和吊挂件的重力,N/m;

$q_2$——单位长度吊梁的自重力,N/m;

$c$、$l$——受力点及支点的间距尺寸,m。

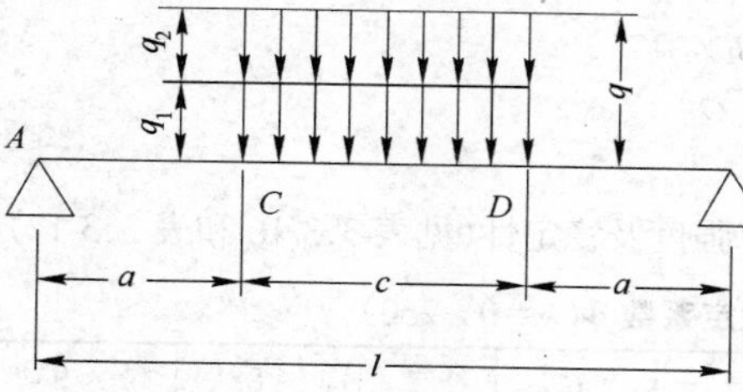

图 3.3-2 吊炉顶梁的近似受力情况

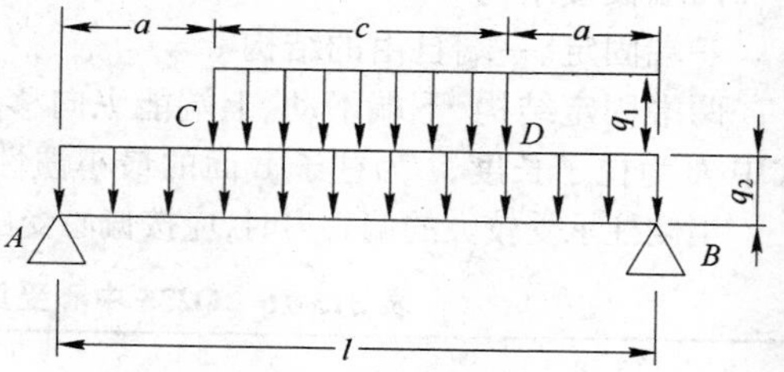

图 3.3-3 吊炉顶梁的受力情况

吊炉顶梁的最大挠度为(m):

$$f_{\max}=\frac{q_1cl^3}{384EJ}\left(8-4\frac{c^2}{l^2}+\frac{c^3}{l^3}\right)+\frac{5q_2l^4}{384EJ} \tag{3.3-17}$$

式中 $E$——材料的弹性模数,Pa;

$J$——梁断面的惯性矩,$m^4$。

按公式 3.3-16 和公式 3.3-17 计算比较繁琐,在通常情况下,$q_2$ 比 $q_1$ 要小得多,因此可以按图 3.3-1 的近似受力情况简化计算为(N·m):

$$M_{\max}=\frac{qcl}{8}\left(2-\frac{c}{l}\right) \tag{3.3-18}$$

$$q=q_1+q_2$$

$$f_{\max}=\frac{qcl^3}{384EJ}\left(8-4\frac{c^2}{l^2}+\frac{c^3}{l^3}\right)\quad \mathrm{m} \tag{3.3-19}$$

梁的断面系数为($m^3$):

$$W=\frac{M_{\max}}{[\sigma]}\times10^{-6} \tag{3.3-20}$$

式中 $[\sigma]$——许用应力,用 Q235 钢时,可取(98~118)Pa。

## 二、梁的刚度和稳定性

梁承受弯矩时,刚度以 $f/l$ 表示。吊炉顶梁的挠度 $f$ 一般要小于$\frac{l}{500}$。在实际计算中,也可先近似估计梁的高度。受均布负荷的简支梁,其最小高度为:

$$h_{\min}=\frac{5}{24}\times\frac{[\sigma]l^2}{Ef}\times10^6\ \mathrm{m} \tag{3.3-21}$$

当 $f/l=1/500$,$[\sigma]=120$,$E=2.1\times10^{11}$时,$h_{\min}=l/17$,即梁的高度要大于或等于 $l/17$。

一般吊炉顶梁用一对槽钢或工字钢制作,有时还有侧向支撑,因此可以不计算梁的整体稳定性。

## 三、侧柱计算

吊挂炉顶炉子侧柱不受其他偏心负荷时，按轴心受压的支柱计算。

$$\frac{N}{\varphi F}\leqslant[\sigma] \tag{3.3-22}$$

式中　$N$——轴心力，N；

$F$——侧柱的横截面积，$m^2$；

$\varphi$——根据构件最大长细比 λ 决定的稳定系数，见表 3.3-1、3.3-2；不同结构受压构件的 λ 为：

两端铰接结构　$\lambda=h/i$

一端固定、一端自由的结构　$\lambda=2h/i$

两端固定结构、下端不动、上端能纵向移动　$\lambda=h/2i$

式中 $h$ 为柱子长度，$i$ 为柱子截面的最小惯性半径。

当侧柱承受较大的偏心力时，应按偏心受压构件计算强度及稳定性(见表 3.3-16 和表 3.3-17)。

**表 3.3-16　Q235 中心受压构件的稳定系数 $\phi$($\lambda=0\sim250$)**

| λ | 0 | 1 | 2 | 3 | 4 | 5 | 6 | 7 | 8 | 9 |
|---|---|---|---|---|---|---|---|---|---|---|
| 0 | 1.00 | 1.00 | 1.00 | 1.00 | 0.999 | 0.999 | 0.998 | 0.998 | 0.997 | 0.996 |
| 10 | 0.995 | 0.994 | 0.993 | 0.992 | 0.991 | 0.989 | 0.988 | 0.987 | 0.985 | 0.983 |
| 20 | 0.981 | 0.979 | 0.977 | 0.975 | 0.973 | 0.971 | 0.969 | 0.966 | 0.963 | 0.961 |
| 30 | 0.958 | 0.956 | 0.953 | 0.950 | 0.947 | 0.944 | 0.941 | 0.937 | 0.934 | 0.931 |
| 40 | 0.927 | 0.823 | 0.920 | 0.916 | 0.912 | 0.908 | 0.904 | 0.900 | 0.896 | 0.892 |
| 50 | 0.888 | 0.884 | 0.879 | 0.875 | 0.870 | 0.866 | 0.861 | 0.856 | 0.851 | 0.847 |
| 60 | 0.842 | 0.837 | 0.832 | 0.826 | 0.821 | 0.816 | 0.811 | 0.805 | 0.800 | 0.795 |
| 70 | 0.789 | 0.784 | 0.778 | 0.772 | 0.767 | 0.761 | 0.755 | 0.749 | 0.743 | 0.737 |
| 80 | 0.731 | 0.725 | 0.719 | 0.713 | 0.707 | 0.701 | 0.695 | 0.688 | 0.682 | 0.676 |
| 90 | 0.669 | 0.663 | 0.657 | 0.650 | 0.644 | 0.637 | 0.631 | 0.624 | 0.617 | 0.611 |
| 100 | 0.604 | 0.597 | 0.591 | 0.584 | 0.577 | 0.570 | 0.563 | 0.557 | 0.550 | 0.543 |
| 110 | 0.536 | 0.529 | 0.522 | 0.515 | 0.508 | 0.501 | 0.494 | 0.487 | 0.480 | 0.473 |
| 120 | 0.466 | 0.459 | 0.452 | 0.445 | 0.439 | 0.432 | 0.426 | 0.420 | 0.413 | 0.407 |
| 130 | 0.401 | 0.369 | 0.390 | 0.384 | 0.379 | 0.374 | 0.369 | 0.364 | 0.359 | 0.354 |
| 140 | 0.349 | 0.344 | 0.340 | 0.335 | 0.331 | 0.327 | 0.322 | 0.318 | 0.314 | 0.310 |
| 150 | 0.306 | 0.303 | 0.299 | 0.295 | 0.292 | 0.288 | 0.285 | 0.281 | 0.278 | 0.275 |
| 160 | 0.272 | 0.268 | 0.265 | 0.262 | 0.259 | 0.256 | 0.254 | 0.251 | 0.248 | 0.245 |
| 170 | 0.243 | 0.240 | 0.237 | 0.235 | 0.232 | 0.230 | 0.227 | 0.225 | 0.223 | 0.220 |
| 180 | 0.218 | 0.216 | 0.214 | 0.212 | 0.210 | 0.207 | 0.205 | 0.203 | 0.201 | 0.199 |
| 190 | 0.197 | 0.196 | 0.194 | 0.192 | 0.190 | 0.188 | 0.187 | 0.185 | 0.183 | 0.181 |
| 200 | 0.180 | 0.178 | 0.176 | 0.175 | 0.173 | 0.172 | 0.170 | 0.169 | 0.167 | 0.166 |
| 210 | 0.164 | 0.163 | 0.162 | 0.160 | 0.159 | 0.158 | 0.156 | 0.155 | 0.154 | 0.152 |
| 220 | 0.151 | 0.150 | 0.149 | 0.147 | 0.146 | 0.145 | 0.144 | 0.143 | 0.142 | 0.141 |
| 230 | 0.139 | 0.138 | 0.137 | 0.136 | 0.135 | 0.134 | 0.133 | 0.132 | 0.131 | 0.130 |
| 240 | 0.129 | 0.128 | 0.127 | 0.126 | 0.125 | 0.125 | 0.124 | 0.123 | 0.122 | 0.121 |
| 250 | 0.120 | | | | | | | | | |

**表 3.3-17　16Mn 中心受压构件的稳定系数 $\phi(\lambda=0\sim250)$**

| λ | 0 | 1 | 2 | 3 | 4 | 5 | 6 | 7 | 8 | 9 |
|---|---|---|---|---|---|---|---|---|---|---|
| 0 | 1.00 | 1.00 | 1.00 | 0.999 | 0.999 | 0.998 | 0.998 | 0.997 | 0.996 | 0.994 |
| 10 | 0.993 | 0.992 | 0.990 | 0.989 | 0.987 | 0.985 | 0.983 | 0.980 | 0.978 | 0.976 |
| 20 | 0.973 | 0.970 | 0.967 | 0.964 | 0.961 | 0.958 | 0.955 | 0.951 | 0.948 | 0.944 |
| 30 | 0.940 | 0.936 | 0.932 | 0.928 | 0.923 | 0.919 | 0.915 | 0.910 | 0.905 | 0.900 |
| 40 | 0.859 | 0.890 | 0.885 | 0.880 | 0.874 | 0.869 | 0.863 | 0.858 | 0.852 | 0.846 |
| 50 | 0.841 | 0.834 | 0.828 | 0.822 | 0.815 | 0.809 | 0.803 | 0.796 | 0.789 | 0.783 |
| 60 | 0.776 | 0.769 | 0.762 | 0.755 | 0.748 | 0.741 | 0.734 | 0.727 | 0.719 | 0.712 |
| 70 | 0.705 | 0.697 | 0.690 | 0.682 | 0.674 | 0.667 | 0.659 | 0.651 | 0.643 | 0.635 |
| 80 | 0.627 | 0.619 | 0.611 | 0.603 | 0.595 | 0.587 | 0.579 | 0.571 | 0.563 | 0.554 |
| 90 | 0.546 | 0.538 | 0.530 | 0.521 | 0.513 | 0.504 | 0.496 | 0.488 | 0.479 | 0.471 |
| 100 | 0.462 | 0.454 | 0.445 | 0.436 | 0.428 | 0.420 | 0.413 | 0.405 | 0.398 | 0.391 |
| 110 | 0.384 | 0.378 | 0.371 | 0.365 | 0.359 | 0.353 | 0.347 | 0.341 | 0.336 | 0.331 |
| 120 | 0.325 | 1.320 | 0.315 | 0.310 | 0.305 | 0.301 | 0.296 | 0.292 | 0.288 | 0.283 |
| 130 | 0.279 | 0.275 | 0.271 | 0.267 | 0.263 | 0.260 | 0.256 | 0.253 | 0.249 | 0.246 |
| 140 | 0.242 | 0.239 | 0.236 | 0.233 | 0.230 | 0.227 | 0.224 | 0.221 | 0.218 | 0.215 |
| 150 | 0.213 | 0.210 | 0.207 | 0.205 | 0.202 | 0.200 | 0.197 | 0.195 | 0.193 | 0.190 |
| 160 | 0.188 | 0.186 | 0.184 | 0.182 | 0.180 | 0.178 | 0.176 | 0.174 | 0.172 | 0.170 |
| 170 | 0.168 | 0.166 | 0.164 | 0.162 | 0.161 | 0.159 | 0.157 | 0.156 | 0.154 | 0.152 |
| 180 | 0.151 | 0.149 | 0.148 | 0.146 | 0.145 | 0.143 | 0.142 | 0.140 | 0.139 | 0.138 |
| 190 | 0.136 | 0.135 | 0.134 | 0.132 | 0.131 | 0.130 | 0.129 | 0.128 | 0.126 | 0.125 |
| 200 | 0.124 | 0.123 | 0.122 | 0.121 | 0.120 | 0.118 | 0.117 | 0.116 | 0.115 | 0.114 |
| 210 | 0.113 | 0.112 | 0.111 | 0.110 | 0.109 | 0.108 | 0.108 | 0.107 | 0.106 | 0.105 |
| 220 | 0.104 | 0.103 | 0.102 | 0.101 | 0.101 | 0.100 | 0.099 | 0.098 | 0.097 | 0.097 |
| 230 | 0.096 | 0.095 | 0.094 | 0.094 | 0.093 | 0.092 | 0.091 | 0.091 | 0.090 | 0.089 |
| 240 | 0.089 | 0.088 | 0.087 | 0.087 | 0.086 | 0.085 | 0.085 | 0.084 | 0.084 | 0.083 |
| 250 | 0.082 | | | | | | | | | |

## 第四节　平台、栏杆及爬梯

工业炉钢结构件除本体外还有炉子操作平台和检修平台，按需要加栏杆及爬梯。操作平台、检修平台、栏杆与工作位置、工作环境密切相关，故一般为非标钢结构件。平台根据负荷设计，按表 3.3-18 选取。

**表 3.3-18　一般平台的负荷**

| 用途及名称 | 负荷/$N\cdot m^2$ | 备　注 |
|---|---|---|
| 一般工业管道开闭器操作，炉顶清扫，热电偶检修，机器操作。化铁炉上料装料口，井式炉中层操作，连续加热炉上加热操作平台等 | 2500 | 平台不放备件和材料 |

续表 3.3-18

| 用途及名称 | 负荷/N·m$^2$ | 备 注 |
|---|---|---|
| 连续加热炉端部操作和检修平台等 | 5000 | 临时堆放少量耐火材料、烧嘴、阀门等 |
| 连续加热炉两侧操作检修平台等 | 10000～15000 | 堆放耐火材料及拆炉垃圾 |
| 化铁炉周围操作检修平台 | 6000 | 堆放少量耐火材料及工具 |
| 井式炉上层操作检修平台 | 10000 | 堆放少量炉用部件及耐火材料，不堆放加热工件 |

在传动机械附近，地坑周围及1 m以上平台周围，应按具体情况设置栏杆，以保证安全生产。栏杆高度一般为900～1000 mm，防护栏杆可以低一些。栏杆可用焊管、角钢或圆钢制成，立柱的间距一般为1.2～1.5 m。对于积灰较多或需要通风的地方，应用箅条式平台。

经常有人通行和通往煤气管主开闭器平台的钢梯，一般用700～900 mm宽、角度为45°～75°的斜梯，其他地方大多采用600～700 mm宽的直钢梯。高度超过4 m的直梯应设有防护圈，防护圈的净空直径为600～700 mm，见表3.3-19。

**表 3.3-19 钢梯形式表**

| 种 类 | 坡 度 | 宽度/mm | 踏步板形式 | 栏 杆 | 适用平台高度/mm | |
|---|---|---|---|---|---|---|
| | | | | | 最 低 | 最 高 |
| 直 梯 | 90° | 600 | 圆钢(一根) | 圆 钢 | 900 | 4800 |
| 斜钢梯 | 73° | 600 | 圆钢(二根) | 圆 钢 | 900 | 5400 |
| 斜钢梯 | 59° | 600 | 花纹钢板① | 圆 钢 | 800 | 5400 |
| 斜钢梯 | 59° | 800 | 花纹钢板① | 圆 钢 | 800 | 5400 |
| 斜钢梯 | 45° | 800 | 花纹钢板① | 圆 钢② | 600 | 4200 |

① 没有花纹钢板也可改用普通钢板压制或电焊防滑点(条)。

② 如需要扶手可改用2.54 cm(1″)钢管。

实际设计中应尽可能选用标准钢梯，根据国家建设部2002建质[2002]186号通知要求，在图集中选用，图集号02J401。

# 第四章　炉用主要设备

## 第一节　烧　　嘴

燃料为气体的燃烧装置称为烧嘴。燃烧装置的基本作用是组织燃料在炉子中的燃烧过程，从而保证炉子的经济效果和物料的良好加热。

对燃烧装置一般有如下要求：

(1) 在炉子所需要的热负荷条件下，保证燃料的完全燃烧（对于工艺要求不完全燃烧的除外）；

(2) 能根据炉温制度变化的要求，在规定的供热能力变化范围内，保证稳定的燃烧过程；

(3) 按照炉型和加热工艺的需要，保证火焰有一定的外形；

(4) 改善劳动条件，保证安全生产，便于操作和维护管理；

(5) 环保和节能，在烟气中 $NO_x$ 含量少，利用烟气余热预热助燃空气和煤气。

### 一、煤气燃烧的特点和烧嘴的分类

#### （一）煤气燃烧的特点

煤气燃烧过程有三个阶段，即煤气与空气混合、将混合物加热至着火温度和完成燃烧反应。

上述三个阶段中最重要的是混合过程。混合过程的快慢将会直接影响到煤气燃烧速度及火焰长度。煤气的混合过程是一个紊流扩散及机械掺混的过程，它的影响因素较多，如煤气与空气的流动方式、煤气空气的相对速度、煤气流直径、煤气发热量及空气过剩系数等。

保证燃烧反应进行的主要因素是着火温度和着火浓度极限，各种煤气的着火温度和着火浓度极限可参看表 3.4-1。

**表 3.4-1　几种可燃气体的着火特性**

| 名　称 | 分子式 | 理论完全燃烧时气体浓度/% | 着火温度/℃ | 着火范围/% | | | | 最高火焰传播速度 | | α=1.0时火焰传播速度/m·s⁻¹ | 25.4 mm(1 in)管内火焰最高传播速度 | |
|---|---|---|---|---|---|---|---|---|---|---|---|---|
| | | | | 相对浓度① | | 浓　度 | | | | | | |
| | | | | 低 | 高 | 低 | 高 | 含量/% | 速度/m·s⁻¹ | | 含量/% | 速度/m·s⁻¹ |
| 氢 | $H_2$ | 29.5 | 571 | | | 4.0 | 74.2 | 42 | 2.67 | 1.60 | 38.5 | 4.85 |
| 一氧化碳 | $CO$ | 29.5 | 609 | 34 | 676 | 12.4 | 73.8 | 43 | 0.42 | 0.30 | 45 | 1.25 |
| 甲　烷 | $CH_4$ | 9.47 | 632 | 46 | 164 | 4.6 | 14.6 | 10.5 | 0.37 | 0.28 | 9.8 | 0.67 |
| 乙　烷 | $C_2H_6$ | 5.64 | 472 | 50 | 272 | 2.9 | 14 | 6.3 | 0.40 | | 6.53 | 0.86 |
| 丙　烷 | $C_3H_8$ | 4.02 | 504 | 51 | 283 | 2.08 | 10.6 | 4.3 | 0.38 | | 4.71 | 0.82 |
| 正丁烷 | $n\cdot C_4H_{10}$ | 3.12 | 431 | 54 | 330 | 1.71 | 9.6 | 3.3 | 0.37 | | 3.66 | 0.83 |
| 异丁烷 | $i\cdot C_4H_{10}$ | 3.12 | 476 | 60 | 321 | | | | | | | |
| 乙　烯 | $C_2H_4$ | 6.52 | 490 | 41 | 610 | 2.7 | 29.8 | 7 | 0.63 | 0.5 | 7.1 | 1.42 |
| 丙　烯 | $C_3H_6$ | 4.44 | 458 | 48 | 272 | 2.18 | 11.2 | | | | | |
| 乙　炔 | $C_2H_2$ | 7.72 | 305 | 31 | | 2.5 | 80.0 | 10 | 1.35 | 1.0 | 10 | 2.87 |
| 硫化氢 | $H_2S$ | 12.24 | 290 | | | 4.3 | 45.5 | | | | | |
| 氨 | $NH_3$ | 21.82 | 651 | | | 15.5 | 26.6 | | | | | |
| 高炉煤气 | | | 700～800 | | | 46 | 68 | | | | | |
| 焦炉煤气 | | | 650～750 | | | 6.0 | 30.0 | | | | | |
| 发生炉煤气 | | | 700～800 | | | 20.7 | 73.7 | | | | | |
| 水煤气 | | | | | | 6.9 | 69.5 | | | | | |

① 相对浓度是指每立方米空气着火范围所需的煤气量与每立方米空气理论完全燃烧时的煤气量之比。

可燃气体的着火浓度极限与气体本身温度有关,当混合物温度达 800℃,即超过煤气的着火温度时,其着火浓度范围可以扩大。

当空气煤气混合物向炉内喷出速度小于火焰传播速度时,火焰会回窜到烧嘴内部产生回火。反之空气煤气混合物喷出速度过大时,又会发生脱火现象。因此,在设计烧嘴时,要考虑所用燃料的火焰传播速度。由于实际使用中影响火焰传播速度的因素较多,因此,多数情况还是通过生产实践经验和科学实验来确定烧嘴结构。

**(二) 烧嘴的分类**

根据煤气与空气在燃烧前混合程度的不同,气体燃料的燃烧方法大体可分为两种,即:有焰燃烧和无焰燃烧,相应的两种燃烧装置为有焰烧嘴(例如低压烧嘴)和无焰烧嘴(例如高压喷射式烧嘴)。

1. 有焰烧嘴的特点

有焰燃烧是煤气与空气在烧嘴中不预先混合或只有部分混合,而在离开烧嘴进入炉内以后才一边混合一边燃烧,可以看出明显的火焰轮廓。

有焰燃烧的特点是:

(1) 煤气与空气在炉内边混合边燃烧,所以燃烧速度较慢。其燃烧速度主要决定于煤气与空气的混合速度;

(2) 要求空气过剩系数较大,一般情况下 $\alpha=1.15\sim1.25$;

(3) 因为燃烧速度较慢,火焰较长,所以沿火焰长度上温度分布比较均匀;

(4) 由于边混合边燃烧,煤气中的碳氢化合物易热解而析出炭粒,有利于提高火焰的黑度,加强火焰的辐射传热;

(5) 由于煤气与空气是在炉内混合,所以煤气与空气的预热温度不受限制,有利于提高燃烧温度与节约燃料;

(6) 一般情况下,要求煤气压力为 50～300 daPa(1 daPa = 10 Pa),但需要设置通风机及冷风管道系统,以供给燃烧用空气;

(7) 有焰烧嘴的能力大,结构紧凑,容易在大炉子上布置。

2. 无焰烧嘴的特点

无焰燃烧是煤气与空气在进入炉内以前就已经混合均匀,整个燃烧过程在烧嘴砖内就可以结束,火焰很短,甚至几乎看不到火焰。

无焰燃烧的特点是:

(1) 因为煤气与空气是预先混合,所以燃烧速度快;

(2) 空气过剩系数较小,一般情况下 $\alpha=1.05\sim1.1$;

(3) 由于空气过剩系数小,所以燃烧温度高,高温区比较集中;

(4) 由于燃烧速度快,煤气中的碳氢化合物来不及分解,火焰中游离炭粒比较少,所以火焰的黑度比有焰燃烧时小;

(5) 因为煤气与空气预先混合,所以预热温度受到限制,即不超过气体的着火温度;

(6) 因煤气空气预先混合,采用喷射器时喷射介质要有一定的压力,在管道上混合时要用混合加压机;

(7) 采用煤气喷射,从大气中吸入空气,可以维持一定的煤气空气比例,因此自动控制系统比较简单,但煤气的发热量和压力都必须稳定。

3. 影响火焰长度的因素

火焰长度受多方面因素影响,据试验:空气系数 $\alpha<1.1$ 时,火焰拉长;$\alpha>1.4$ 时,火焰很短。表 3.4-2 为不同条件下常用有焰烧嘴的火焰长度数据。

**表 3.4-2　不同条件下煤气燃烧的火焰长度**

| 烧嘴形式及出口直径/m（$d$ 为水力学直径） | 煤气种类发热量（标态）/MJ·m$^{-3}$ | 空气过剩系数 $\alpha$ | 煤气 | | 空气 | | 火焰扩散环境及温度/℃ | 火焰长度 | |
|---|---|---|---|---|---|---|---|---|---|
| | | | 温度/℃ | 流速/m·s$^{-1}$ | 温度/℃ | 流速/m·s$^{-1}$ | | 长度/m | 为喷出口直径的倍数 |
| 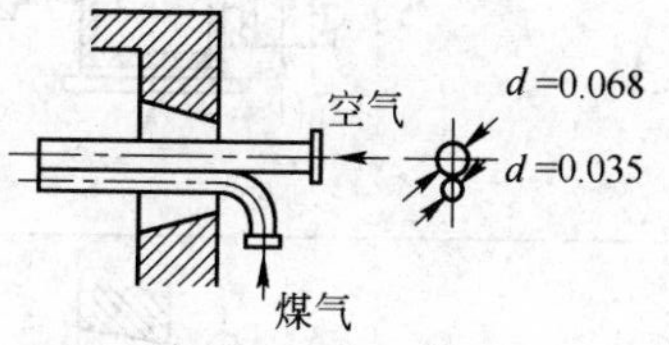 | 焦炉煤气 $Q_{DW}^{y}=14.80$ | 1.01 | 14 | 10.1 | 0 | 10.5 | 炉膛内 800～1250 | 4 | 114 |
| 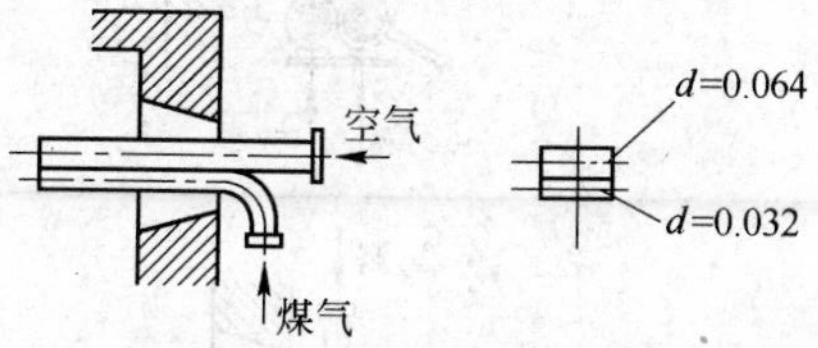 | — | 1.01 | — | 10.1 | — | 11 | 炉　内 | — | 约 42 |
| 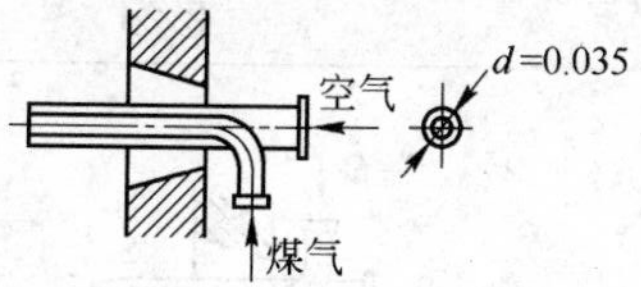 | 焦炉煤气 $Q_{DW}^{y}=14.80$ | 0.98 | 14 | 10.1 | 0 | 10.8 | 炉膛内 800～1250 | 2.4 | 68.5 |
| 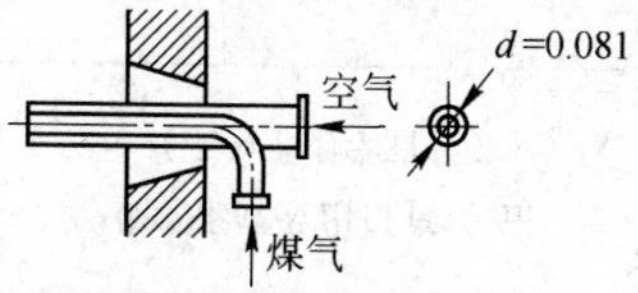 | 焦炭发生炉煤气 $Q_{DW}^{y}=3.84～4.30$ | 1.15～1.2 | 0 | 20 | 0 | 30 | 炉膛内 800～1250 | 2.2 | 27 |

续表 3.4-2

| 烧嘴形式及出口直径/m（d 为水力学直径） | 煤气种类发热量（标态）/$MJ \cdot m^{-3}$ | 空气过剩系数 α | 煤气 温度/℃ | 煤气 流速 /$m \cdot s^{-1}$ | 空气 温度/℃ | 空气 流速 /$m \cdot s^{-1}$ | 火焰扩散环境及温度/℃ | 火焰长度 长度/m | 火焰长度 为喷出口直径的倍数 |
|---|---|---|---|---|---|---|---|---|---|
| 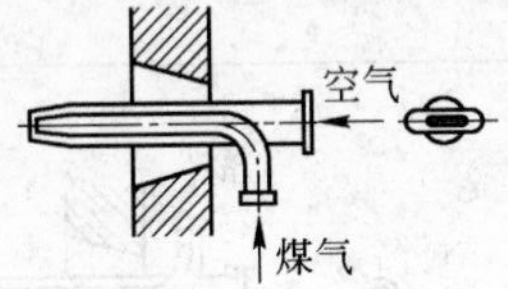 | 焦炉煤气<br>$Q_{DW}^{y}=14.80$ | 1.01 | 14 | 25.6 | 0 | 21.8 | 炉膛内 800～1250 | 1.1 | 85.2 |
| 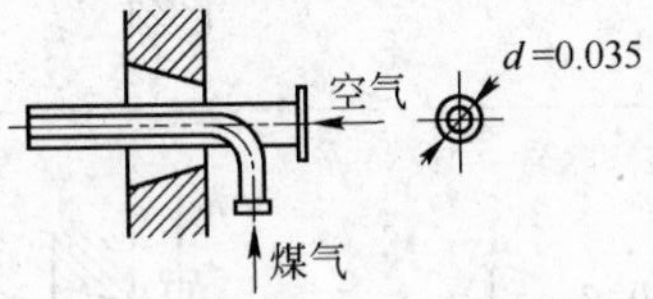 | 焦炉煤气<br>$Q_{DW}^{y}=14.80$ | 0.99<br>1.18<br>1.71 | 14<br>14<br>14 | 10.1<br>10.1<br>10.1 | 0<br>0<br>0 | 10.1<br>12<br>17.4 | 炉膛内 800～1250<br>炉膛内 800～1250<br>炉膛内 800～1250 | 1.3<br>1.03<br>0.68 | 37.2<br>29.4<br>19.4 |
| 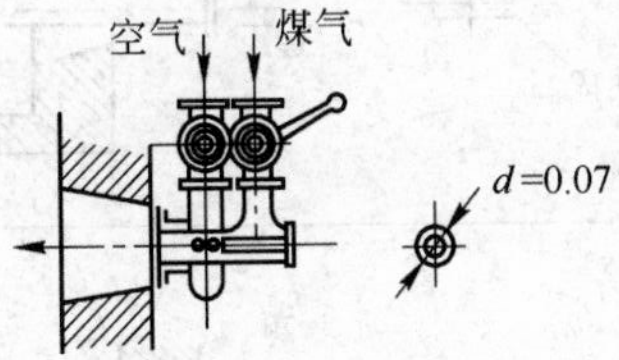 | 焦炉煤气<br>$Q_{DW}^{y}=14.80$ | 0.98<br>1<br>1.18 | 14<br>14<br>14 | 11.2①<br>11.4①<br>13① | 0<br>0<br>0 | | 炉膛内 800～1250<br>炉膛内 800～1250<br>炉膛内 800～1250 | 0.7<br>0.55<br>0.18 | 1.0<br>7.9<br>2.6 |
| 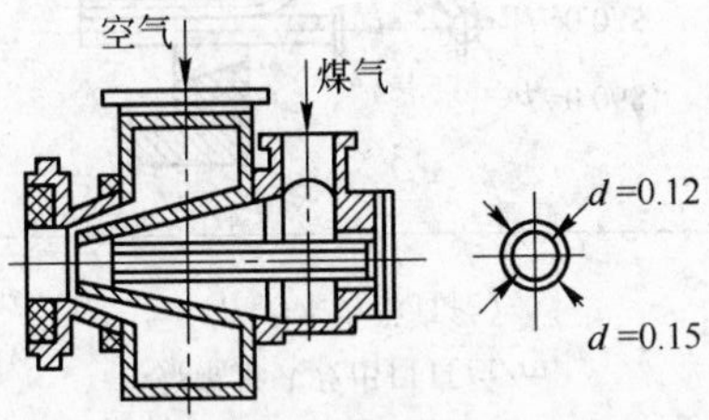 | 天然气<br>$Q_{DW}^{y}=35.53$ | 1.0<br>1.07 | 20①<br>20① | 14.9①<br>15.9① | | | 炉膛内 1500～1600<br>炉膛内 1500～1600 | 1.8<br>1.2 | 12<br>8 |

① 指混合物的温度及流速。

综上所述，两种燃烧法各有其优缺点，选用燃烧方法时要结合燃料种类、炉型、车间各煤气用户情况及加热工艺要求等进行具体分析。

## 二、有焰烧嘴计算

对于已经定型的烧嘴，根据实验确定了结构尺寸及性能，因此可以按规定性能选用。当使用条件与规定性能不符时，要进行计算。

在烧嘴计算中，由于空气和煤气喷口的阻力系数及混合气体出口的阻力系数随烧嘴结构和气体流动情况不同而变化很大，往往需要通过实验来确定这些系数，这就给计算带来一定的困难。表 3.4-3 列出的计算方法可供设计新烧嘴或验算已有烧嘴时参考。

**表 3.4-3　烧嘴计算表**

| 项目名称 | 符号 | 单位 | 数据来源 | 计算结果 |
|---|---|---|---|---|
| Ⅰ 原始数据 | | | | |
| 煤气发热量 | $Q_{DW}^{y}$ | $kJ/m^3$(标态) | | |
| 煤气重度 | $\gamma_m^0$ | $kg/m^3$(标态) | | |
| 每个烧嘴能量 | $V_m$ | $m^3/h$(标态) | | |
| 烧嘴前煤气压力 | $P_m$ | daPa | | |
| 烧嘴前煤气温度 | $t_m$ | ℃ | | |
| 烧嘴前空气温度 | $t_k$ | ℃ | | |
| Ⅱ 计算数据 | | | | |
| 过剩空气系数 | $\alpha$ | | 自动时取 1.05～1.1<br>手动时取 1.15～1.2 | |
| 单位空气需要量 | $L_n$ | $m^3/m^3$ | 燃料燃烧资料确定 | |
| 空气流量 | $V_k$ | $m^3/s$(标态) | $\frac{V_m L_n}{3600}$ | |
| 混合气体流量 | $V_h$ | $m^3/s$(标态) | $\frac{V_m(1+L_n)}{3600}$ | |
| 混合气体重度 | $\gamma_h^0$ | $kg/m^3$(标态) | $\frac{\gamma_m^0+L_n\gamma_k^0}{1+L_n}$ | |
| 混合气体温度 | $t_H$ | ℃ | $\frac{t_m+L_n t_k}{1+L_n}$① | |
| 混合气体在实际温度下的重度 | $\gamma_t$ | $kg/m^3$ | $\frac{\gamma_h^0}{1+\frac{t_h}{273}}$ | |
| 混合气体的出口断面 | $f_h$ | $m^2$ | $\frac{V_h}{w_h}\left(1+\frac{t_h}{273}\right)$<br>式中，$w_h$ 一般取 30～40 m/s | |
| 混合气体喷口直径 | $d_h$ | mm | $1130\sqrt{f_h}$ | |
| 烧嘴通道内反压力 | $h_1$ | daPa | 5～10 | |
| 混合气体速度头 | $h_h$ | daPa | $\zeta_h\frac{w_h^2}{19.6}\gamma_t+h_1$<br>式中，$\zeta_h$ 为出口阻力系数，根据出口形状取 1.2～1.3 | |

续表 3.4-3

| Ⅱ 计算数据 | | | | |
|---|---|---|---|---|
| 项目名称 | 符号 | 单位 | 数据来源 | 计算结果 |
| 煤气喷口处的压力 | $h_m$ | daPa | $P_m/\zeta_m$<br>式中，$\zeta_m$ 为煤气喷口阻力系数 | |
| 煤气喷出速度 | $w_m$ | m/s | $0.9\sqrt{\dfrac{19.6(h_m-h_h)}{\gamma_m}}$<br>式中，$\gamma_m=\gamma_m^0\Big/\left(1+\dfrac{t_m}{273}\right)$ | |
| 煤气喷口面积 | $f_m$ | m² | $\dfrac{V_m}{3600w_m}\left(1+\dfrac{t_m}{273}\right)$ | |
| 煤气喷口直径 | $d_m$ | mm | $1130\ \sqrt{f_m}$ | |
| 空气流速 | $w_k$ | m/s | 取 $1.2w_m$ | |
| 烧嘴前空气压力 | $h_k$ | daPa | $\zeta_k\left(\dfrac{w_k^2\gamma_k}{19.6}\right)+h_h$<br>式中，$\gamma_k=1.293\Big/\left(1+\dfrac{t_k}{273}\right)$<br>$\zeta_k$ 为空气喷口阻力系数 | |
| 空气喷口面积 | $f_k$ | m² | $\dfrac{V_k}{w_k}\left(1+\dfrac{t_k}{273}\right)$ | |
| 煤气进口直径 | $d_1$ | mm | $1130\ \sqrt{V_m/w_1}$<br>式中，$w_1$ 为煤气进口流速，取 10～20 m/s | |
| 空气进口直径 | $d_2$ | mm | $1130\ \sqrt{V_k/w_2}$<br>式中，$w_2$ 为空气进口流速，取 10～20 m/s | |

① 适用于煤气与空气热容相差不大的情况。

## 三、几种常用的烧嘴

### （一）套管式烧嘴

套管式烧嘴结构如图 3.4-1 所示。

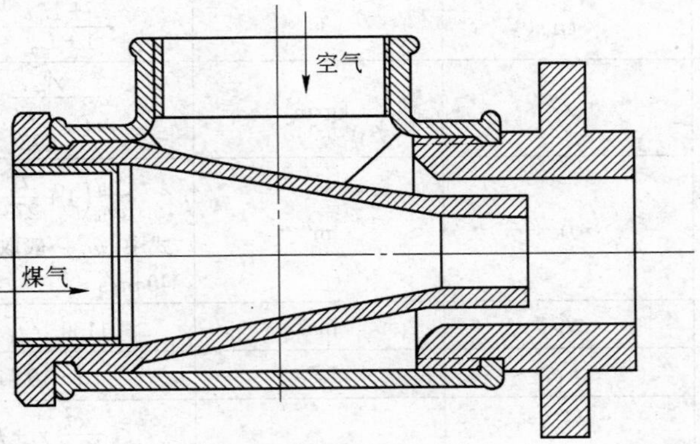


图 3.4-1 套管式烧嘴

该烧嘴的特点是结构简单，气体流动阻力小，所需的煤气压力与空气压力比其他烧嘴低，一般只需要 80～150 daPa，但火焰最长，要求一定的燃烧空间才能完全燃烧。因此，只用于煤气压力较低和需要长火焰的炉子。

**(二) 低压涡流式烧嘴**(DW－Ⅰ型)

低压涡流式烧嘴结构见图 3.4-2。

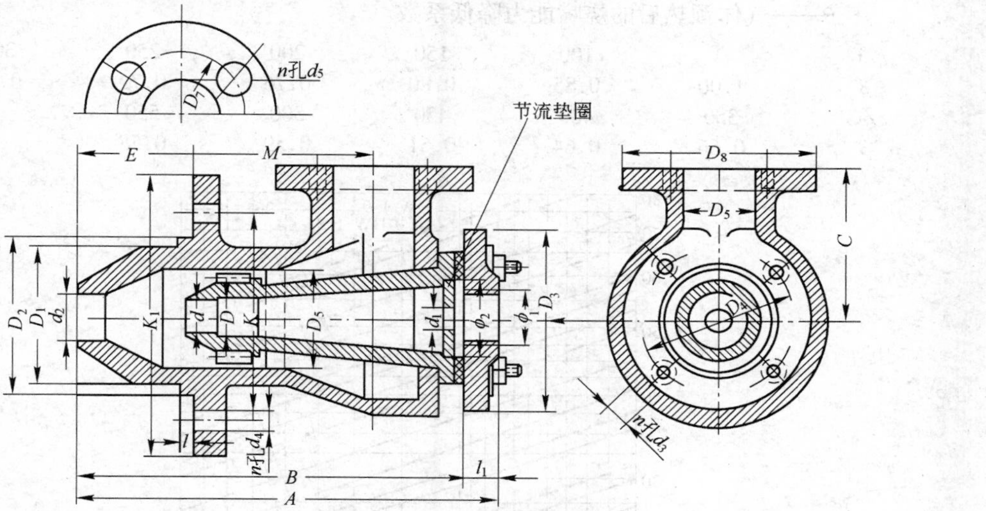


图 3.4-2　DW－Ⅰ型烧嘴

这种烧嘴目前在钢铁厂工业炉上应用较广。烧嘴的特点是结构简单,要求煤气压力较低,在空气通道内有涡流导向片,使空气旋转与煤气在烧嘴内部开始混合,因而火焰较短,导向片的角度有30°和45°两种。

这种烧嘴可用于净发生炉煤气、混合煤气及焦炉煤气,把煤气喷口缩小或在煤气喷口中加涡流片后也可以用于天然气。

定型的烧嘴能力是按烧嘴前冷煤气压力为 800 Pa,冷空气压力为 2000 Pa 时确定的。烧嘴共有 9 种型号。燃烧的能力见表 3.4-4。

**表 3.4-4　DW－Ⅰ型低压涡流式烧嘴的燃烧能力**

| 煤气种类及发热量 /kJ·m$^{-3}$(标态) | 燃烧能力/m$^3$·h$^{-1}$(标态) | | | | | | | | |
|---|---|---|---|---|---|---|---|---|---|
| | 烧嘴号数 | | | | | | | | |
| | 1 | 2 | 3 | 4 | 5 | 6 | 7 | 8 | 9 |
| 焦炉煤气 $Q_{DW}^{y}=16720$ | 6 | 12 | 18 | 25 | 50 | 85 | 125 | 190 | 250 |
| 混合煤气 $Q_{DW}^{y}=8360$ | 11 | 22 | 32 | 45 | 90 | 150 | 230 | 350 | 480 |
| 发生炉煤气 $Q_{DW}^{y}=5434$ | — | — | 45 | 60 | 120 | 200 | 300 | 450 | 600 |

如果烧嘴前的煤气压力不是 800 daPa,则应按下式对烧嘴燃烧能力进行修正:

$$V = V_0\sqrt{\frac{P}{800}} \tag{3.4-1}$$

式中　$V$——煤气压力为运行状态(daPa)时的烧嘴能力,m$^3$/h(标态);

$V_0$——煤气压力为 800 daPa 时的烧嘴能力。

如果烧嘴前的煤气压力大于 800 daPa,并要求烧嘴的工作符合设计性能,则需在烧嘴的煤气接头处加一节流垫圈,将多余的压力损失掉。节流垫圈的孔径可从图 3.4-3 查得。

当预热空气或煤气时,烧嘴能力的降低可按下式计算:

$$V_t = \frac{V_0}{\sqrt{1+\frac{t}{273}}} = V_0\beta \tag{3.4-2}$$

式中 $V_0$、$V_t$——分别为气体不预热和预热到 $t$℃时的烧嘴能力,$m^3/h$(标态);

$t$——气体预热温度(如空气煤气都预热时,选其中温度较高的一种),℃;

$\beta$——气体预热后的烧嘴能力降低系数。

| | | | | | | |
|---|---|---|---|---|---|---|
| $t$/℃ | 0 | 100 | 150 | 200 | 250 | 300 |
| $\beta$ | 1.00 | 0.85 | 0.80 | 0.76 | 0.72 | 0.69 |
| $t$/℃ | 350 | 400 | 450 | 500 | 550 | |
| $\beta$ | 0.66 | 0.64 | 0.61 | 0.59 | 0.58 | |

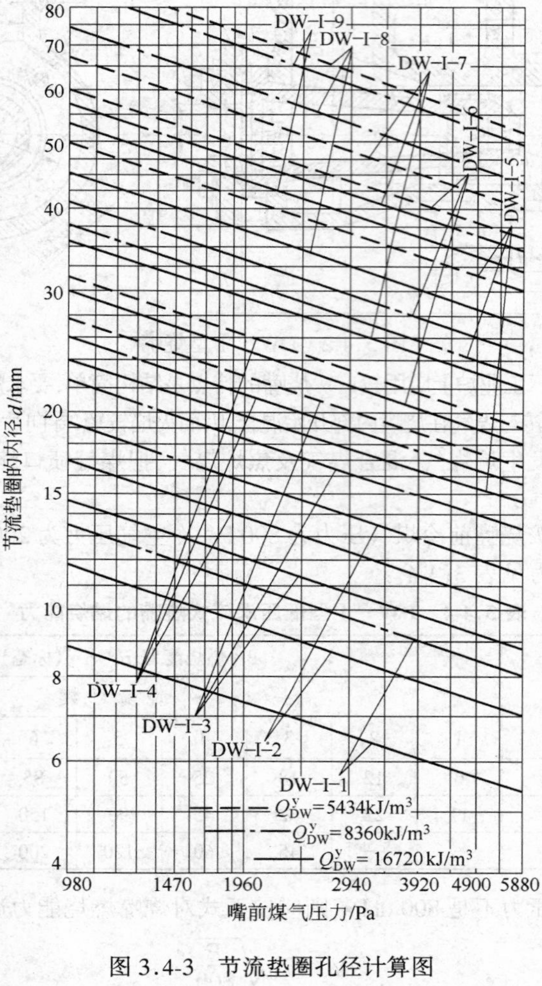


图 3.4-3 节流垫圈孔径计算图

如果预热后仍要保持原定烧嘴的能力,则需提高预热气体的压力,所需压力可按下式计算:

$$P_t=\left(1+\frac{t}{273}\right)P_0 \tag{3.4-3}$$

式中 $P_0$、$P_t$——分别为气体不预热时和预热至 $t$℃的压力,daPa。

### (三)天然气半喷射式烧嘴

天然气半喷射式烧嘴(图 3.4-4)是一种半预混式有焰烧嘴。天然气以高速(200 m/s 以上)喷出,自然吸入燃烧所需空气量的 10%~15%,一次混合后以 30 m/s 以上速度喷出,再与强制送入的二次空气混合后燃烧。

由于利用了天然气部分动能，又采用了充分预热（400℃以上）的二次风，所以该烧嘴与喷射式烧嘴相比，缩短了烧嘴长度，对炉压波动不敏感，通过调节一、二次空气量，在一定范围内可调节火焰长度。二次风预热后能使部分碳氢化合物裂解析出炭粒而获得光亮火焰。该烧嘴在二次空气通道内装有涡流片，强化了空、煤气的混合，因而火焰较短。适用的天然气低发热量为33500～42000 kJ/m$^3$（标态），嘴前天然气压力30～100 kPa，调节比为1∶2，空气系数为1.05～1.2。

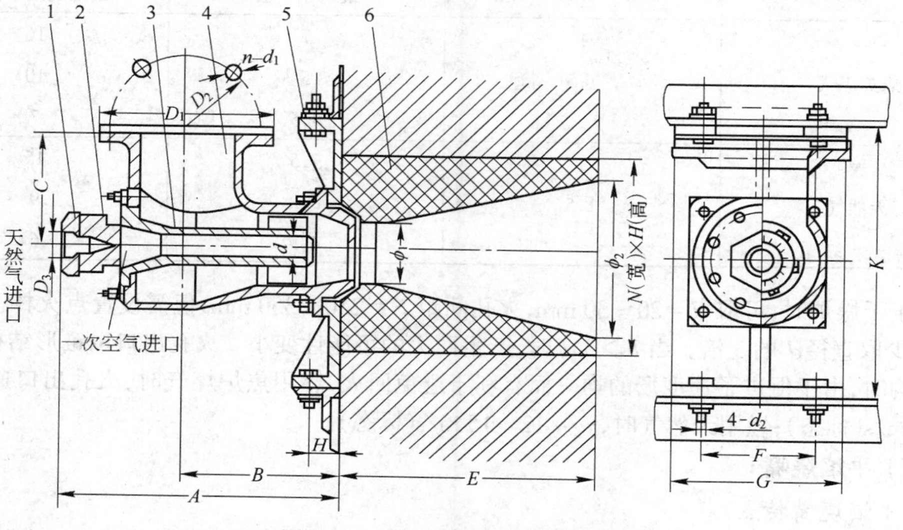


图 3.4-4　天然气半喷射式烧嘴

1—天然气喷口；2—一次风调节阀；3—混合管；
4—二次空气风壳；5—安装板；6—烧嘴砖

### （四）大气式煤气烧嘴

煤气自喷口流出，以 $w_m$ 速度进入喷射器，依靠喷射作用产生的负压将一次空气吸入，煤气与空气在混合器内进行混合后流向喷头，在大气中或炉内燃烧，其余燃烧所需空气（二次风）从大气或炉内得到。

大气式煤气烧嘴（图3.4-5）空、煤气混合较差，火焰较长，调节一次空气量可改变火焰的长度和辉度。

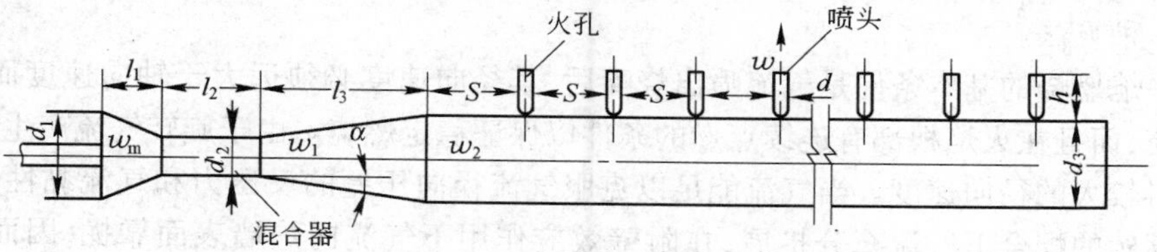


图 3.4-5　大气式煤气烧嘴示意图

该烧嘴工作稳定性取决于煤气压力、喷出速度、一次空气量等条件。喷出速度过低会出现回火，过高会断火。一次空气量减少，回火速度降低，回火速度与一次空气量的关系见表3.4-5。

**表 3.4-5　回火速度与一次空气量的关系**

| 一次空气量/% | 100 | 70 | 50 | 35 | 30 |
| --- | --- | --- | --- | --- | --- |
| 回火速度/m·s$^{-1}$ | 100 | 35 | — | — | 10 |

一次空气量必须适当。空气量太少，则出现黄色火焰（不完全燃烧）；过多，烧嘴的燃烧稳定性降低，一次空气系数以 $\alpha=0.45\sim0.65$ 为宜。

燃用天然气时，适宜的煤气压力为 8～12 kPa；燃用焦炉煤气时为 0.6～0.8 kPa。

一般火孔直径 $d=2\sim10$ mm，火孔间距与火孔直径之比见表 3.4-6。

**表 3.4-6 火孔中心线正常距离**

| 煤气种类 | 火孔直径 $d$/mm | 火孔间距 $S$ 与直径 $d$ 之比 | |
|---|---|---|---|
| | | 最小值 | 最大值 |
| 焦炉煤气 | 1 | 7 | 16 |
| | 1.5 | 5 | 10 |
| | 2～5 | 4.5 | 7 |
| 天然气 | 1 | 7.5 | 15 |
| | 1.5 | 5.2 | 9 |
| | 2～5 | 4.5 | 6 |

用于干燥炉时，可取 $d=20\sim30$ mm，火孔间距 $S=250\sim350$ mm，但需设置点火棒。火孔深度 $h$ 至少取直径 $d$ 的 3 倍。当 $h>3d$ 时，产生回火的可能性变小。火孔出口以锥形结构代替圆筒形结构时，由于促进了速度场的均一而有利于避免回火，燃用焦炉煤气时，火孔出口速度 $w=15\sim20$ m/s（标态）；燃用天然气时，$w=12\sim15$ m/s（标态）。

## （五）平焰烧嘴

### 1．平焰烧嘴特点

平焰烧嘴（图 3.4-6）喷出的不是直焰而是紧贴炉壁向四周均匀伸展的圆盘形平火焰，能在很大的平面内造成均匀的温度场，并具有很强的辐射能力。

平焰烧嘴主要以对流方式传热给炉墙，以辐射方式传热给被加热工件，有利于强化炉内传热过程和实现均匀加热，避免工件过烧，在工艺允许的条件下可提高加热速度，缩短工件与烧嘴的布置距离，对室式加热炉可降低炉膛高度，对台车式加热炉可减少烧嘴数量或缩小炉膛宽度，因此可显著改善加热质量，提高炉子生产率和降低燃料消耗。

现有平焰烧嘴形成平焰燃烧的方法有两种：一是在烧嘴出口处设置挡流板，使轴向气流受阻而沿炉壁径向散开形成平火焰；另一方法是利用旋转气流配合喇叭形通道而形成平火焰。目前多采用后一种方法。

取得平焰燃烧的基本条件是气流喷出烧嘴后，其径向速度必须远大于轴向速度而形成强烈的旋转气流，而且在火焰根部有连续点燃的条件以保证稳定燃烧。由于旋转气流产生的离心力，使气流获得较大的径向速度。当气流能足以克服气流径向压差的反压力和气流黏性阻力时，在喇叭形烧嘴砖的配合下气流充分扩展，在附壁效应作用下气流向炉墙表面靠拢，因而形成平展气流。

### 2．平焰烧嘴分类

按燃料种类分燃煤气、燃油、燃煤粉三类平焰烧嘴。燃煤气平焰烧嘴又分为燃发生炉煤气、城市煤气和天然气等类别；燃油平焰烧嘴则包括燃重油和燃柴油两种。

按供入烧嘴的气体压力不同，平焰烧嘴分高压和低压两种；按旋流方式分单旋流和双旋流两种；按壳体类别分蜗壳式和套管式两种；按助燃空气供入方式分鼓风式和引射式两种。

## （六）高速烧嘴

煤气高速烧嘴是一种新型燃烧器，它带有一个燃烧室，燃料在燃烧室内基本完全燃烧，燃烧后的高温烟气以高速（达 100 m/s 以上）喷入炉内，可带动炉气循环，使炉温均匀，保证加热质量；

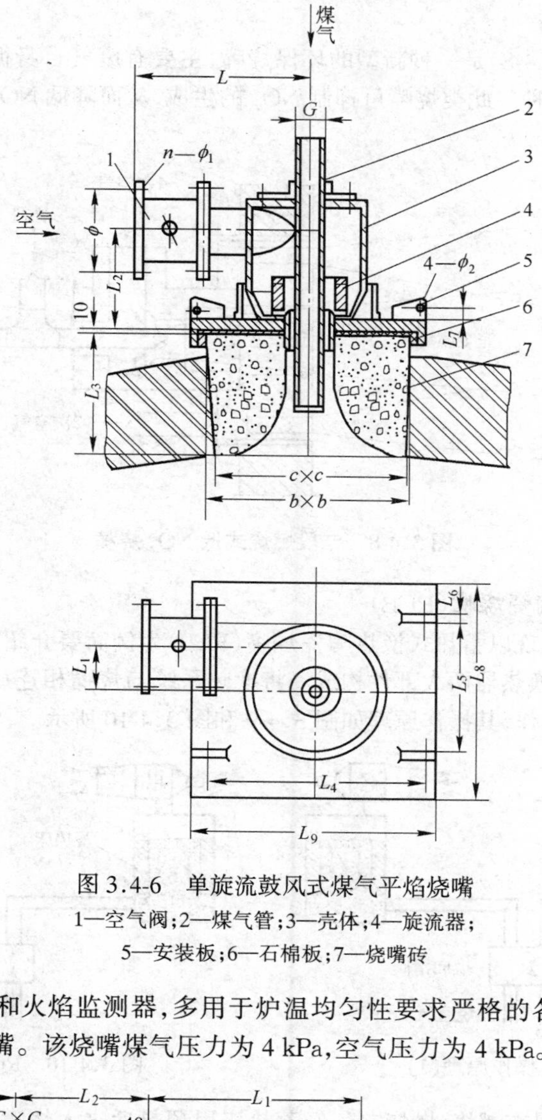


图 3.4-6　单旋流鼓风式煤气平焰烧嘴

1—空气阀；2—煤气管；3—壳体；4—旋流器；
5—安装板；6—石棉板；7—烧嘴砖

烧嘴还带有自动点火器和火焰监测器，多用于炉温均匀性要求严格的各种加热炉及热处理炉。图 3.4-7 是煤气高速烧嘴。该烧嘴煤气压力为 4 kPa，空气压力为 4 kPa。

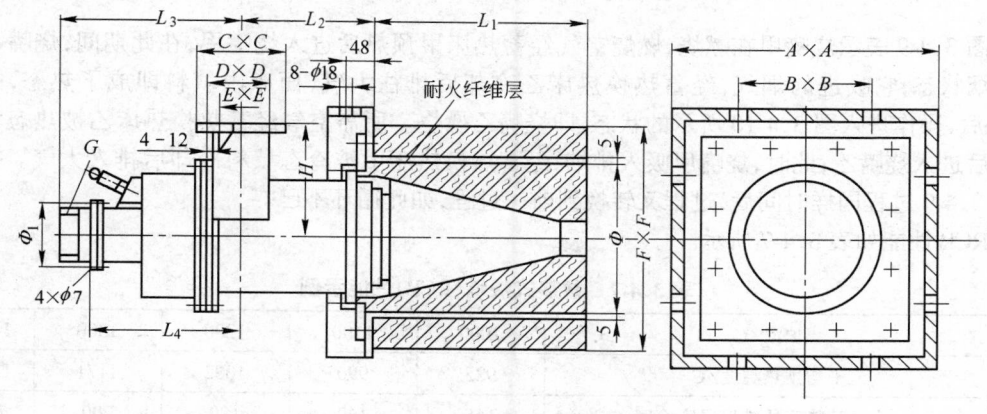

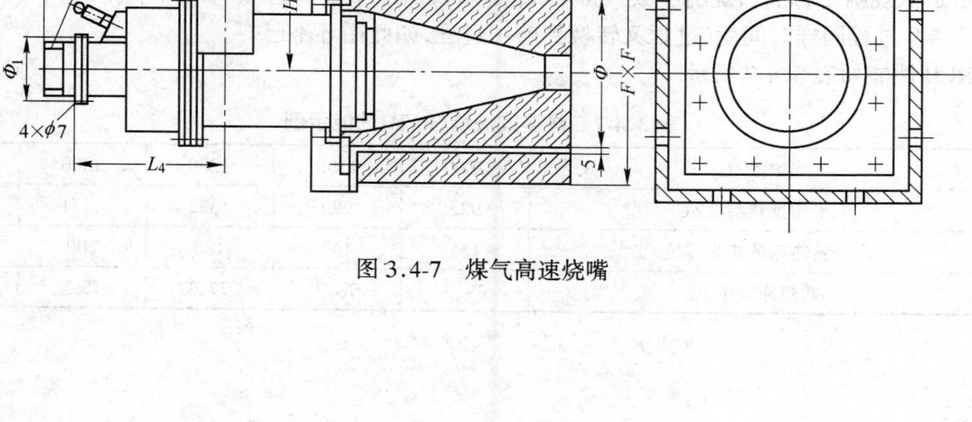


图 3.4-7　煤气高速烧嘴

### （七）低氧化氮烧嘴

低氧化氮烧嘴(图 3.4-8)是一种新型的环保烧嘴，主要有废气自身循环式低 $NO_x$ 烧嘴和二段燃烧式低 $NO_x$ 烧嘴两种。此类烧嘴可抑制 $NO_x$ 的生成，从而降低 $NO_x$ 的排放浓度，达到环保要求。

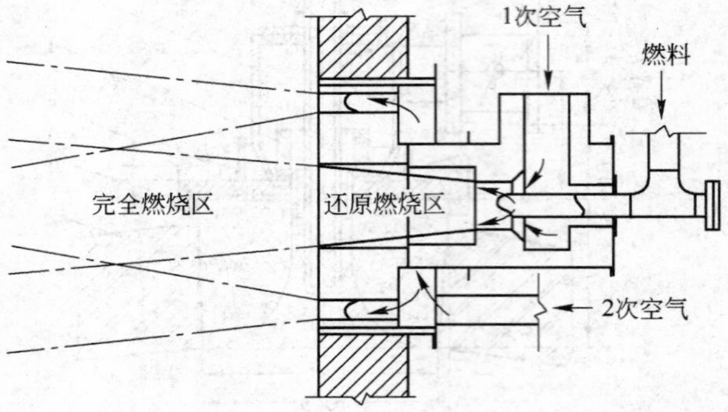


图 3.4-8 二段燃烧式低 $NO_x$ 烧嘴

### （八）蓄热式换热陶瓷烧嘴(RCB)

蓄热式烧嘴有多种，现以蓄热式换热陶瓷烧嘴(RCB)为例简要介绍。RCB 是由耐高温的全陶瓷烧嘴和蓄热式陶瓷换热器两大部件构成。将换热系统与烧嘴相连后并安装在炉窑侧壁上，再通过换向滑阀，成对操作，其操作原理如图 3.4-9 和图 3.4-10 所示。

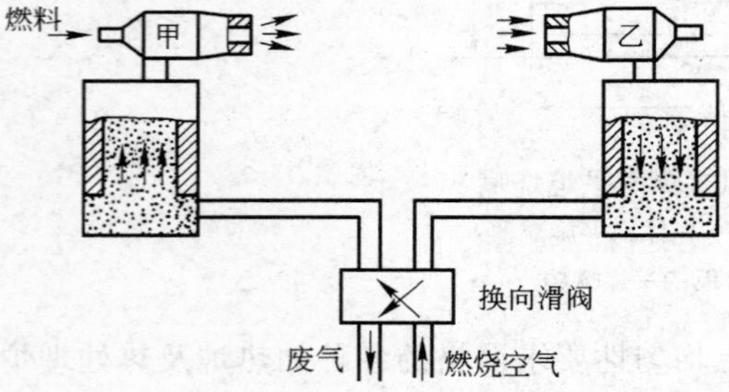


图 3.4-9 RCB 操作原理(1)

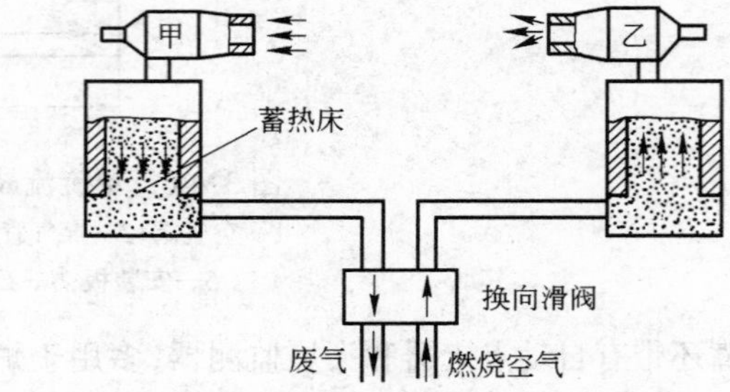


图 3.4-10 RCB 操作原理(2)

图 3.4-9 表示烧嘴甲在燃烧，燃烧空气经蓄热床甲预热后进入烧嘴甲，在此期间，烧嘴乙处于排烟状态，它吸进的烟气，经蓄热换热床乙冷却后排往大气，而床内填料即成了热态，持续 2 min后，操作进入图 3.4-10 所示的状态，即烧嘴乙燃烧。所需空气经蓄热换热床乙被热态填料预热后进入烧嘴乙；此时，烧嘴甲吸入排烟，经蓄热换热床甲被冷态填料冷却后排入大气。持续与图 3.4-9 过程同样时间后，过程又转换到前一过程，如此循环不已。

RCB 性能如表 3.4-7 所示。

**表 3.4-7 蓄热式烧嘴(RCB)性能示例**

| | | | | | | |
|---|---|---|---|---|---|---|
| 1 | 炉温/℃ | 1000 | 1100 | 1200 | 1300 | 1400 |
| 2 | 平均预热温度/℃ | 925 | 990 | 1082 | 1171 | 1260 |
| 3 | 离开蓄热床的排烟温度/℃ | 155 | 160 | 180 | 200 | 220 |
| 4 | 蓄热床效率/% | 79.3 | 78.7 | 77.3 | 75.4 | 74.6 |

续表 3.4-7

| | | | | | | |
|---|---|---|---|---|---|---|
| 5 | 总烟气热量/MJ·$h^{-1}$ | 707.26 | 624.91 | 678.83 | 732.75 | 797.13 |
| 6 | 进入再生床的烟气热量/MJ·$h^{-1}$ | 523.34 | 562.21 | 610.70 | 659.19 | 717.71 |
| 7 | 效率(冷空气)/% | 46 | 42 | 37 | 32 | 26 |
| 8 | 炉温上升时有可能进入空气的热量/MJ·$h^{-1}$ | 399.19 | 442.24 | 482.79 | 519.99 | 709.76 |
| 9 | 实际进入空气的热量/MJ·$h^{-1}$ | 35.95 | 395.85 | 43.47 | 468.16 | 440.15 |
| 10 | 离开蓄热床时的排烟热量/MJ·$h^{-1}$ | 163.86 | 166.36 | 175.98 | 191.03 | 193.53 |
| 11 | 节能率(与冷空气燃烧比)/% | 42 | 47 | 52 | 53 | 65 |

综上所述,RCB具有如下特点:

(1) 节能量大,经济效益明显,投资回收期短;

(2) 燃烧受过剩空气影响小(因为烟气余热得到充分回收,可抵消过剩空气带来的能量损失);

(3) 可处理污浊烟(废)气,运行一段时间后,稍许清理一下蓄热换热床后又可继续工作;

(4) 结构紧凑,可灵活地与各种中小炉子匹配使用;

(5) 为提高蓄热体换热面积,填充料采用蜂窝状比球状更为优越;

(6) 缺点是存在一定的压力降。

由于RCB能有效回收废热,具有高效节能和交替燃烧、均匀加热两个特点。

在加热炉上使用蓄热式烧嘴的主要形式见图3.4-11、图3.4-12、图3.4-13。

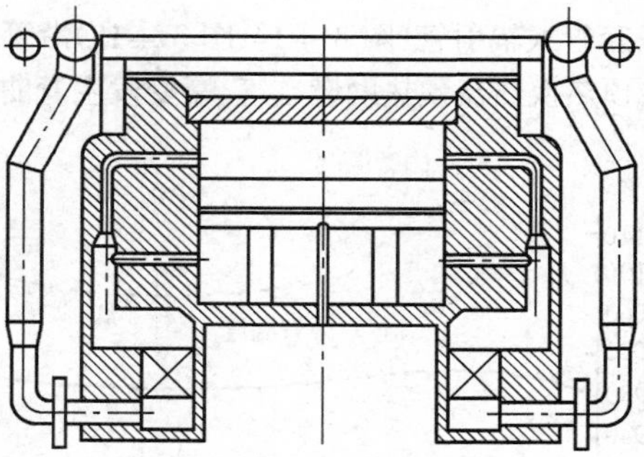

图 3.4-11　内置通道式蓄热燃烧系统

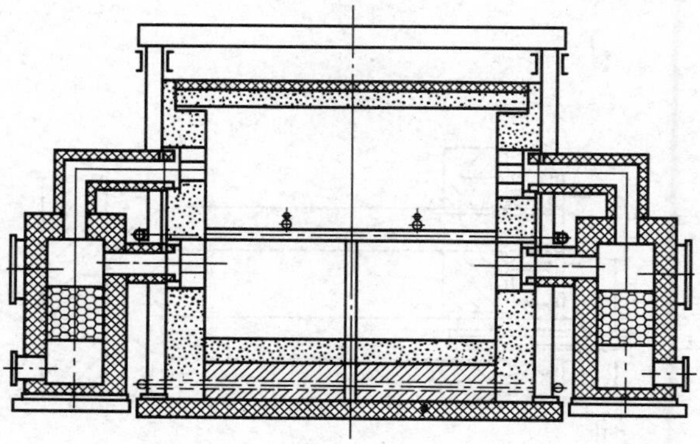

图 3.4-12　外置箱体式蓄热燃烧系统

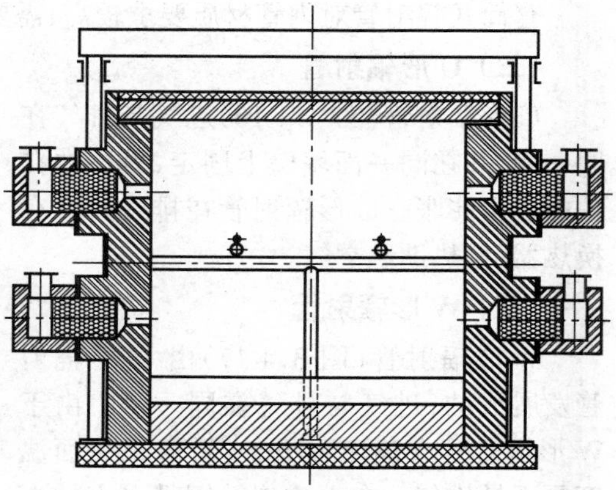

图 3.4-13　烧嘴式蓄热燃烧系统

# 第二节　辐　射　管

## 一、概述

燃料不能直接在炉内燃烧的炉子(可控气氛炉等),其热源是耐热金属制的管子,燃料在管内燃烧,靠管子外表面放出的辐射热将工件加热,这样的管子叫做辐射管。

除燃气(燃油)辐射管外,还有一种电热辐射管,将电阻元件置放在辐射管内,安装方便,使用安全。

辐射管的材质要结合炉子温度、可控气氛种类、燃料成分等综合考虑。在温度较低的情况下,金属辐射管材质是SUS系列的不锈钢。一般辐射管直段部分为离心铸造,且外表面做成有颗粒小凸起的麻面(所谓杨梅粒子),弯头部分为砂型铸造,直段与弯头为对焊连接。尽管辐射管烧嘴设计成长火焰烧嘴,但是烧嘴端的火焰温度仍然较高,前部与后部的火焰温度差为50～100℃,甚至更大,所以U形辐射管或W形辐射管前部行程和后部行程用不同材质的材料制造。例如,前部使用Cr28-Ni33耐热钢,后部使用Cr25-Ni20耐热钢。

## 二、常用的辐射管类型

### (一)套管式辐射管

套管式辐射管(图3.4-14、图3.4-15)沿管长方向温度均匀,安装、拆换方便,能适应各种炉型。有自身预热换热器预热助燃空气,蠕变发生弯曲时,可以将管子调换180°,继续使用,延长使用寿命。

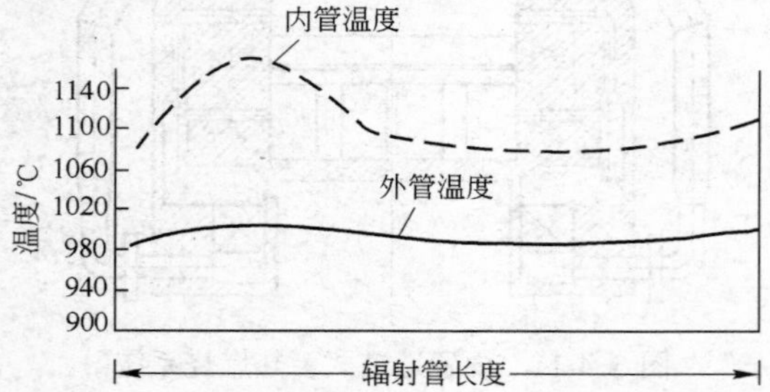


图3.4-14　套管式辐射管壁表面温度分布

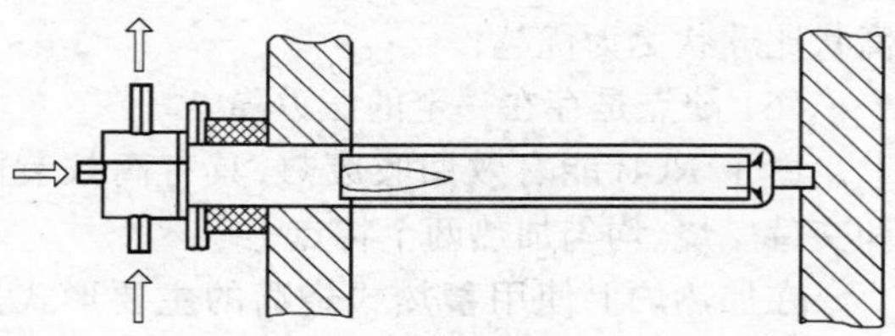

图3.4-15　套管式辐射管

套筒式辐射管对内管材质要求较高,需要耐高温材料,采用陶瓷管是很好的选择。

### (二)U形辐射管

U形辐射管(图3.4-16)进气与排气在同一侧,并在同一面墙壁上固定,另一端在炉内自由膨胀。U形辐射管在排气口端有换热器、预热助燃空气。

### (三)W形辐射管

W形辐射管(图3.4-17)由U形辐射管发展成的,进气与排气在同一侧。由于W形辐射管火焰流程更长,沿管长表面温度更不易均匀。在立式连续钢带退火炉上多采用W形辐射管,便于操作。

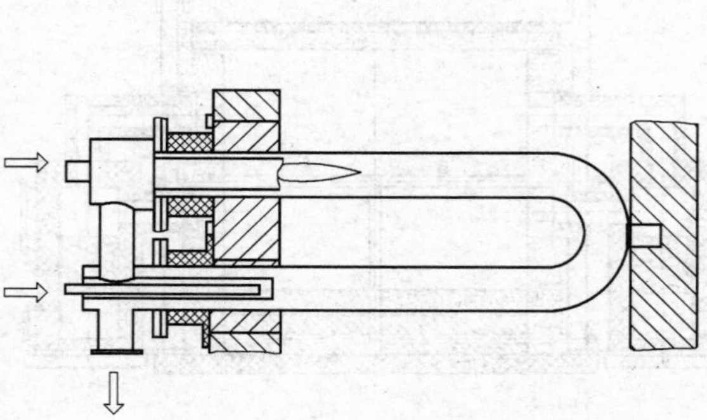

图3.4-16　U形辐射管

W 形辐射管管壁温度分布见图 3.4-18。

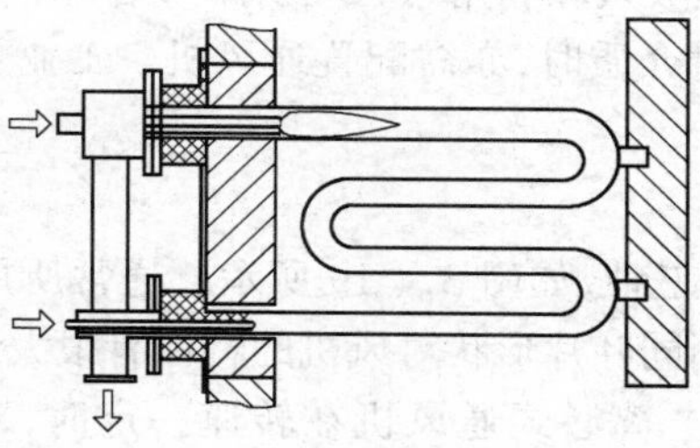

图 3.4-17　W 形辐射管

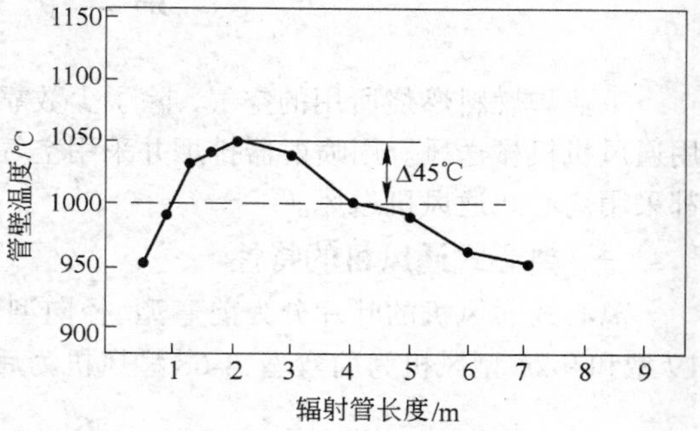


图 3.4-18　W 形辐射管壁表面温度分布

## 三、应用辐射管的要点

### (一) 辐射管表面热负荷要适当

辐射管表面热负荷单位为 $MJ/m^2 \cdot h$。在选取表面热负荷时，要综合考虑炉温、材质、传热、使用寿命和造价。

### (二) 辐射管结构和安装方式要合理

辐射管损坏主要原因之一是辐射管在使用过程中，由于各段管壁温度有差异，产生应力，再加上结构和安装不合理，应力集中造成辐射管破损，尤其是 W 形辐射管，管壁长，4 个行程管壁温度各不相同。要求各支撑点均为滑动的，互不产生制约力。

### (三) 辐射管对煤气的要求

一般辐射管烧嘴容量较小，煤气喷口小，易堵塞，要求煤气比较干净，尤其焦油量要少。

辐射管材质一般为含 Cr、Ni 的耐热钢。煤气中的硫易与钢中的镍发生化学反应，造成腐蚀，缩短辐射管寿命。采用辐射管加热，应严格控制煤气中的硫含量，要求硫含量不大于 15 $mg/m^3$(标态)。

### (四) 辐射管的强度和刚度要求

高温条件下的辐射管要有一定强度和刚度，尤其是炉子比较宽，辐射管比较长时，更需充分考虑强度和刚度，炉宽 3 m 左右就要考虑在辐射管长度中部加支点或吊点，减小跨度。

辐射管内最好是负压操作，一旦辐射管破损，炉内气氛会被吸入辐射管内，而不会造成管内的燃烧产物外泄，污染炉内气氛。定期检测辐射管出口处的烟气成分，会得知辐射管是否完好。

### (五) 选用合适的烧嘴和烧嘴控制方式

辐射管被烧坏是辐射管破损的主要原因。靠近烧嘴端最高火焰温度处易烧坏(可参考图 3.4-14 和图 3.4-18)。

辐射管烧嘴要求温度峰值小的长火焰烧嘴，一般为空、煤气二次混合或三次混合型，可燃混合物边混合边燃烧。W 形辐射管，弯头多、流程长、管壁温度差值更大。

一般条焰烧嘴在烧嘴负荷变化时，火焰长度是变化的。当负荷小的时候，火焰变短，对辐射管很不利。从这个观点出发，烧嘴采用通—断控制(On-Off)，使烧嘴总是处在最佳状态下运行，火焰长度和温度分布等状态是稳定的，对辐射管是很有好处的，而比例调节烧嘴没有这个有利条件。

辐射管烧嘴采用蓄热式烧嘴也是一个很好的选择。在辐射管的两端各置一个蓄热式烧嘴，交替使用，火焰的高温区交替变换，有利于管壁温度均匀。

## 第三节　风　　机

工业炉燃料燃烧所用的空气，除了少数靠炉内负压吸入和利用燃料喷射带入者外，大都采用通风机机械送风。用喷射器排烟并采用空气作为喷射介质时，亦需配置通风机。工业炉上大都采用离心式通风机送风。

### 一、离心式通风机的特性

离心式通风机的叶片分为前弯型、径向型和后弯型三种，如图 3.4-19 所示。通常所用的 9-19 型和 9-26 型风机为前弯型，4-68 型风机为后弯型。不同叶片形状对风机的特性有很大影响。

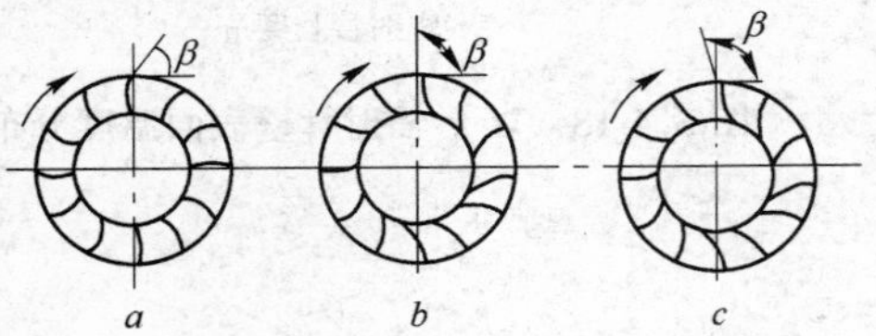


图 3.4-19　通风机叶片的形式

*a*—前弯型，$\beta<90°$；*b*—径向型，$\beta=90°$；*c*—后弯型，$\beta>90°$

离心式通风机在转速一定时，对应着一定的风量 $Q$；与风量 $Q$ 相应有一定的全压 $H$、轴功率 $N$ 和效率 $\eta$。当 $Q$ 变化时，$H$、$N$ 和 $\eta$ 也随之改变。取转速 $n=$常数，绘出函数 $Q=f(H)$、$Q=f(N)$、$Q=f(\eta)$ 的曲线，即风机的特性曲线。

#### （一）$Q$—$H$ 特性曲线

考虑了气体流经风机时的流动损失和撞击损失，绘出 $Q$—$H$ 曲线，如图 3.4-20 所示。曲线上的最高点 $K$ 表示 $H$ 最大时的工况，称之为临界工况，$Q=0$ 对应的全压为 $H_0$。从图 3.4-20 可以看出前弯形叶片风机和后弯形叶片风机的 $Q$—$H$ 特性曲线是不一样的。当风机工作点位于 $K$ 点的左方，在 $Q$ 和 $H$ 同时上升的情况下，其工作是不稳定的；当工作点位于 $K$ 点的右方，$Q$ 增加时 $H$ 下降，其工作是稳定的。

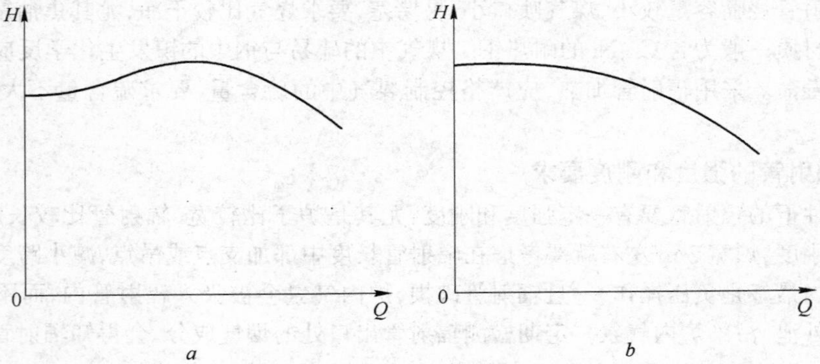


图 3.4-20　$Q$—$H$ 特性曲线

*a*—前弯型叶片风机；*b*—后弯型叶片风机

#### （二）$Q$—$N$ 特性曲线

考虑了机器运转中各种阻力所耗功率时的 $Q$—$N$ 特性曲线，如图 3.4-21 所示。由图可见，前弯型和径向型叶片的风机，当 $Q$ 增加时，$N$ 急剧上升；后弯型叶片的风机，当 $Q$ 增加时，$N$ 的增加较缓慢，最后有下降的趋势。显然前者电动机比后者容易发生过负荷。设计中一般是根据实际所需要的最大风量及风压来确定轴功率，配置合适的电机。

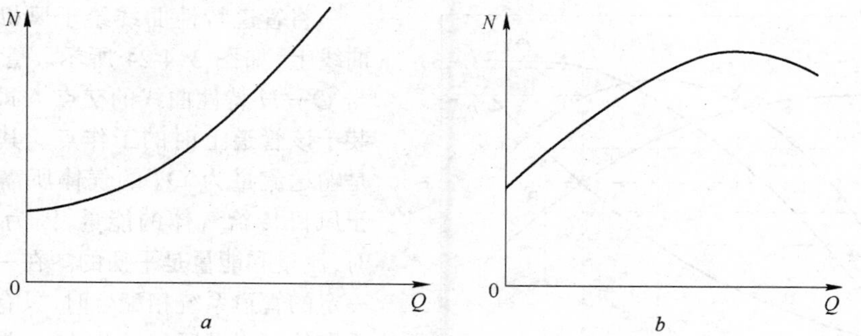


图 3.4-21　Q—N 特性曲线

*a*—配置前弯型或径向型叶片；*b*—配置后弯型叶片

### （三）Q—η 特性曲线

Q—η 特性曲线如图 3.4-22 所示。曲线上的最高点效率最高，对应于 Q—H 特性曲线上的通风机设计工况，一般位于临界工况的右方。最高效率的数值与风机的结构参数有关，一般说来后弯型叶片风机的效率较高。选用风机时要尽可能使其工作点在最高效率点的附近。

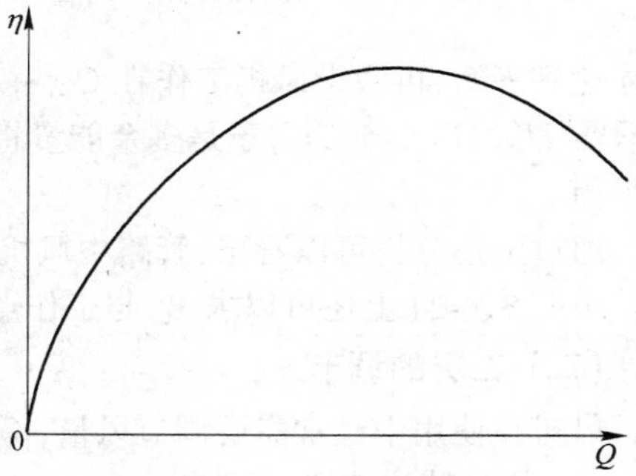


图 3.4-22　Q—η 特性曲线

### （四）风机的特性曲线

一种风机在一定转速下的三种特性曲线绘于一张图上，如图 3.4-23 所示，就是该风机在这种转速下的单体特性曲线。从这种曲线图上可以查出在各种风量下的风压、轴功率和效率。

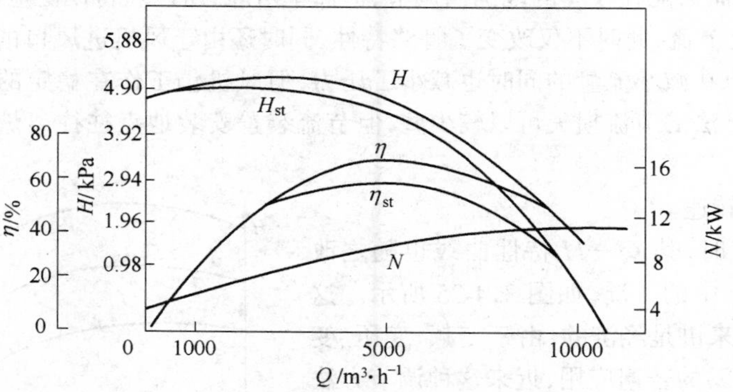


图 3.4-23　风机的单体特性曲线

## 二、离心式通风机在管路中的工作及其工况调节

### （一）离心式通风机在管路中的工作

与管路相连接的通风机，其风量和风压，即在 Q—H 曲线上的工作点，不仅取决于风机本身的转速和结构，而且也取决于管路的特性。

在一般工业炉的实际情况下，忽略炉膛压力与大气压力之差及管路上的几何压差，管道的特性方程为：

$$H = KQ^2 \tag{3.4-4}$$

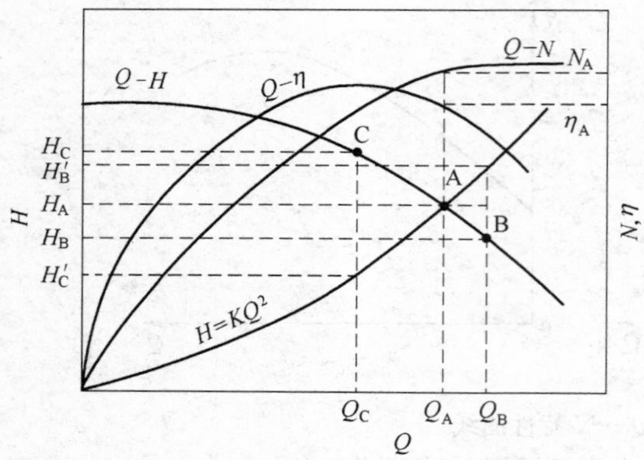


图 3.4-24 风机在管路中的工作点

将管道特性曲线绘于风机的单体特性曲线上，如图 3.4-24 所示。管道特性曲线与 $Q—H$ 特性曲线的交点 A 即为该台风机装于该管道上时的工作点。其实际意义就是输送流量为 $Q_A$ 的气体所需要的能量等于风机传给气体的能量，因为在 A 点工作时，流量和能量是平衡的。在一定的风机和一定的管道系统相配合时，只有 A 点是达到平衡的。假设风机工作在 B 点，对应有 $Q_B$ 和 $H_B$，然而在 $Q_B$ 条件下，由管道特性决定了需要 $H_B'$，$H_B'$ 大于 $H_B$，由于能量不足使气体减速，流量减少直至 $Q_A$，即工作点移至 A 点才达到平衡，再假设风机工作在 C 点，对应有 $Q_C$ 和 $H_C$，然而在 $Q_C$ 条件下，由管道特性决定了只需 $H_C'$，$H_C'$ 小于 $H_C$，于是多余能量将使气体加速，流量增加直至 $Q_A$，即工作点移至 A 点实现平衡。

通过上述分析可以看出：管路中风机的工况不是随意的，因此选用的风机要和管道特性相适应。由图 3.4-24 上还可以求出，与工作点 A 所对应的风机效率为 $\eta_A$，轴功率为 $N_A$。

**（二）工况的调节**

风机在使用中经常需要调节风量，一般常用的调节方法有：

(1) 通过节流装置来调节。

1) 在送风管上节流，即用装在风机到炉子之间管道上的节流装置来调节。此时风机的特性曲线不变，但管道的特性变化，使工作点变化到新的压力和流量。这种方法有节流损失，且为了保持在稳定段工作而只能在较小的范围内调节，但简单可靠，所以获得广泛应用。

2) 在进风管上节流，此时不仅改变了管路特性，同时还由于风机进风口的压力降低，也改变了风机的特性，可以在减小流量的同时也减小了压力，但风机仍工作在稳定的区段之内，与前一种方法比较，这种方法的节流损失可以较少些，但节流装置安装地点往往离炉子较远，同时设计计算也比较复杂。

(2) 调节风机转速。

调节风机转速时，其 $Q—H$ 特性曲线也随之改变，可以改变在管路中的工况，如图 3.4-25 所示。这种方法从消耗功率来讲是经济的，由于变频、变压、变速交流电机（VVVF）的普遍应用，近来这种调节方法在工业炉的助燃风机和排烟机上得到较多的采用。

(3) 导流器调节。

在风机吸风口之前装设专门的导流器，改变气体进入叶轮片的角度，因而改变了风机产生的全压和流量，这种方法是比较经济的。

(4) 在送风管上放散。

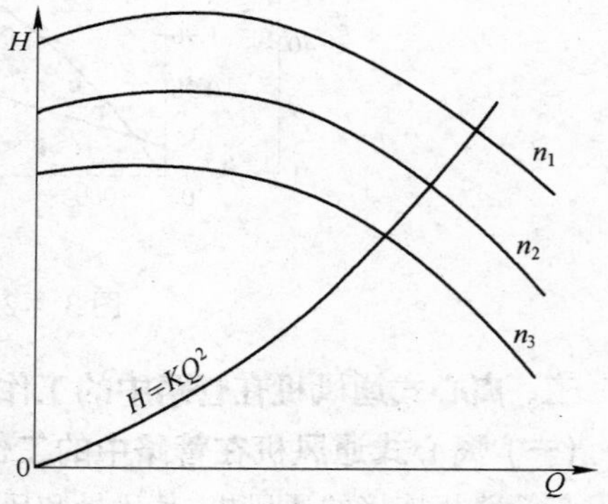


图 3.4-25 调节转速改变工况

在送风管上设放风阀把多余的气体放入大气或进风管中。这种调节方法不经济，但调节范围最大。

## 三、风机的选用和计算

### (一) 工业炉常用的风机

风机可制成右旋转和左旋转两种形式。从电动机一端正视,叶轮按顺时针方向旋转称右旋风机,以“右”表示;按逆时针方向旋转称左旋风机,以“左”表示。风机的出口位置以机壳的出口角度表示。风机的传动方式有 6 种形式,用拼音字母表示。

| 代号 | 传动方式 |
|---|---|
| A | 电机直接传动 |
| B | 悬臂支撑皮带轮在轴承中间 |
| C | 悬臂支撑皮带轮在轴承外侧 |
| D | 悬臂支撑联轴器传动 |
| E | 双支撑皮带轮传动 |
| F | 双支撑联轴器传动 |

风机型号的含义(以 4—72—11No.8C 为例)

4-72-1 1 No.8 C

- C——表示通风机传动方式为C式
- No.8——表示通风机机号,叶轮直径为800 mm
- 1——表示通风机的设计顺序号为第一次
- 1——表示通风机进口:1为单吸入(0为双吸入)
- 72——表示通风机在最高效率时的比转数的化整数
- 4——风机的压力系数

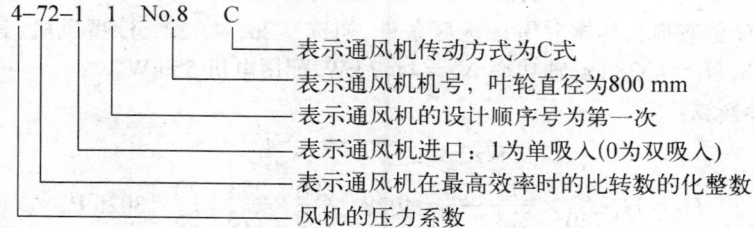

工业炉常用的离心式通风机按照要求压力分为两类。要求全压小于 300 daPa 时,一般选用 4-72 型风机,这种风机的叶片为后弯型,特性稳定,效率可达 90%左右;要求全压大于300 daPa 时,一般可选用 9-19 或 9-26 型风机,这两种风机的叶片为前弯型,可以产生较高的全压,但效率较低,特性曲线上有不稳定区段,选用时须注意。

选用风机时还要注意风机的构造是否能满足其他一些要求,如防爆、气体含尘量、气体性质、环境特征等;在同样风量、风压下宜选用转速较高的风机,因其体积较小,质量较轻;在风机特性允许的范围内,风量、风压适当留有余地以利调节。

风机性能表中每一转速的性能,一般是将最高效率 90%范围内的性能按流量范围等分为 4 个性能点,选用时以性能表为准。风机性能允许在给定流量下全压值偏差不大于±5%。

### (二) 参数换算

风机性能表中提供的参数,无特殊说明的均系按大气压力 760 mm Hg,进气温度 20℃,介质密度 1.2 kg/m³ 的空气介质计算。

当风机的使用条件,如当地的大气压、温度、气体重度等与风机的设计条件不一致时,要进行换算。

1. 实际风量 $Q_1$

实际风量 $Q_1$(m³/h)的计算式如下:

$$Q_1 = Q_0 \frac{760}{B} \times \frac{273 + t}{273} \tag{3.4-5}$$

式中　$Q_0$——所需标准状态下的风量,m³/h;

$B$——当地大气压,mmHg(1 mmHg = 133.322Pa);

$T$——当地气温,可取夏季最高平均温度,℃。

2．实际全风压 $H_2$ 和轴功率 $N_2$

实际全风压 $H_2$ 和轴功率 $N_2$ 的计算式如下：

$$H_2 = H_1 \frac{\gamma_2}{1.2} \tag{3.4-6}$$

$$N_2 = N_1 \frac{\gamma_2}{1.2} \tag{3.4-7}$$

式中　$H_1$、$N_1$——样本性能表列出的全风压和轴功率；

$\gamma_2$——当地空气的重度，$kg/m^3$。

3．计算举例

**例 1**　某连续加热炉燃料燃烧所需风量 $Q_0 = 16665\ m^3/h$(标态)，所需全风压 $H = 3000Pa$，地区大气压力为 $B = 600\ mmHg$，夏季最高平均温度 $T = 35℃$，选用风机。

**解**：炉子所需实际风量 $Q$ 按公式 3.4-5 计算。

$$Q = Q_0 \frac{760}{B} \times \frac{273 + T}{273} = 16665 \times \frac{760}{600} \times \frac{273 + 35}{273} = 23800\ m^3/h$$

根据 $Q$ 及 $H$ 值查风机样本并考虑地区条件，初选 9-26，No.12.5D 型风机，其性能参数为：$Q_1 = 27757\ m^3/h$，$H_1 = 4028\ Pa$，轴功率 $N_1 = 44.7\ kW$，配用电机 55 kW。

按地区条件换算：

$$Q_2 = Q_1 = 27757\ m^3/h$$

$$H_2 = H_1 \frac{B}{760} \times \frac{273 + 20}{273 + T} = 4028 \times \frac{600}{760} \times \frac{273 + 20}{273 + 35} = 3025\ Pa$$

从换算后的结果看出：$Q_2$ 和 $H_2$ 值可以满足炉子实际需要的风量 $Q$ 和全风压 $H$ 的要求，所以选用 9-26，No.12.5D 型风机。

换算轴功率：

$$N_2 = N_1 \frac{B}{760} \times \frac{273 + 20}{273 + 35} = 44.7 \times \frac{600}{760} \times \frac{273 + 20}{273 + 35} = 33.5\ kW$$

考虑到传动机械效率和电机效率等，配用 45 kW 电机。

## 四、风机的串联和并联运行

### (一) 串联运行

当一台风机所产生的压头不能满足需要时，可将两台或多台风机串联使用。此时，当不计算风机之间串联流路的压力损失，所得全压是在同一流量各自全压之和。

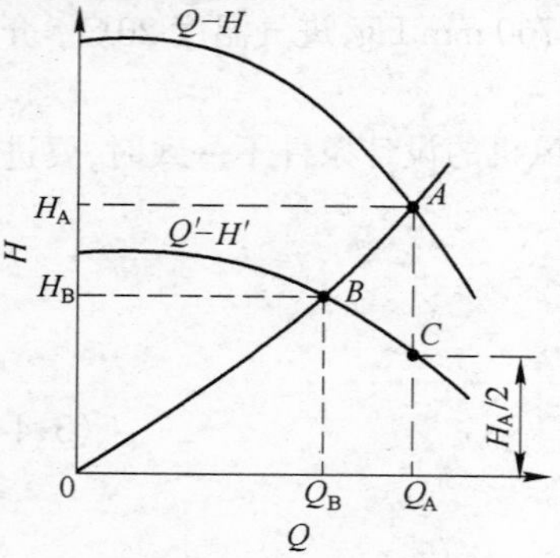


图 3.4-26　两台性能相同的风机串联

1．两台性能曲线相同的风机串联

图 3.4-26中的 $Q'—H'$ 为一台风机的特性曲线，按同一流量下将全压叠加的方法，作出两台风机串联后总的 $Q—H$ 特性曲线，它和管道特性曲线 $H = KQ^2$ 相交于工作点 $A$，而单独一台风机工作时，工作点为 $B$。可见，两台风机串联后 $Q_A > Q_B$，$H_A > H_B$，风量和风压都有所增加，但每台风机的工作点移动至 $C$，因此 $H_A < 2H_B$。

2．两台特性曲线不同的风机串联

两台特性曲线不同的风机，其特性曲线分别为 $Q_1—H_1$ 和 $Q_2—H_2$，利用叠加的方法，做出风机串联后的总特

性曲线 $Q—H$，如图 3.4-27 所示。在不同特性的管道上工作时有不同的情况，在特性曲线 1 的管道上工作时，工作点为 $A$，总的压头和流量都有所增加，但增加不多；在特性曲线 2 的管道上工作时，工作点为 $B$，此时与仅用第 1 台风机工作时的压头和流量相同，串入的第 2 风机虽然消耗能量但不起作用；在特性曲线 3 上工作时，工作点为 $C$，此时的压头和流量反而比仅用第 1 台风机时为小，串入的第 2 台风机相当于节流装置的作用。由此可见，两台特性曲线不同的风机串联时，并不是都能提高风压，有时反而降低，所以一定要结合管路特性考虑。一般情况下，最好不要采用特性曲线不同的风机串联。

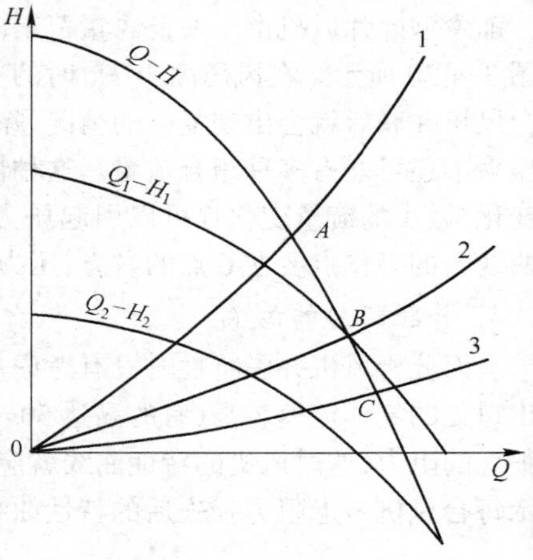

图 3.4-27　两台性能不同的风机串联

以上分析还未计入串联流路中的压力损失，实际串联后的风压比上述分析结果还要低些，因此在一般情况下，尽可能选择风压合适的风机，避免采用串联风机来提高风压的办法。

### （二）并联运行

两台或两台以上的风机向一个公共管路并联送风，可在同一压头下得到较大的流量。并联运行也适用于流量变动较大的场合，可用停开部分风机来调节流量。

1．两台特性曲线相同的风机并联

两台特性曲线为 $Q'—H'$ 的风机（如图 3.4-28 所示），按在同一全压下将流量叠加的方法，得出总的特性曲线 $Q—H$，与管道特性曲线相交于工作点 $A$，如果仅一台风机单独工作则工作点为 $B$，可见两台风机并联运行时 $Q_A > Q_B$，$H_A > H_B$，风量和风压都有所增加，但此时每台风机的工作点移到 $C$，因此 $Q_A < 2Q_B$。

2．两台特性曲线不同的风机并联

两台风机的特性曲线分别为 $Q_1—H_1$ 和 $Q_2—H_2$（如图 3.4-29 所示），每台风机单独在特性曲线为 1 管道上工作时的流量分别为 $Q_1$ 和 $Q_2$。两台风机并联后的特性曲线为 $Q—H$，在特性曲线 1 的管道上的工作点为 $A$，风量和风压比单独用一台时有增加，但每台风机的工作点分别为 $A_1$ 和 $A_2$，因此 $Q_A < Q_1 + Q_2$。当在特性曲线 2 的管道上工作时，并联风机的工作点在 $B$ 点，其风量及风压与单开第 1 台风机时一样，因此并联的第 2 台风机不起作用，如工作点落在 $B$ 点的左方，则并联运行的流量将比仅有第一台风机时为小，即第 2 台风机中产生倒流。

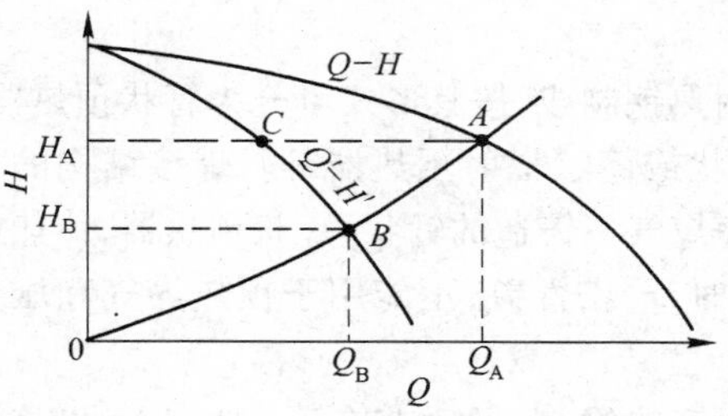

图 3.4-28　两台特性曲线相同的风机并联运行

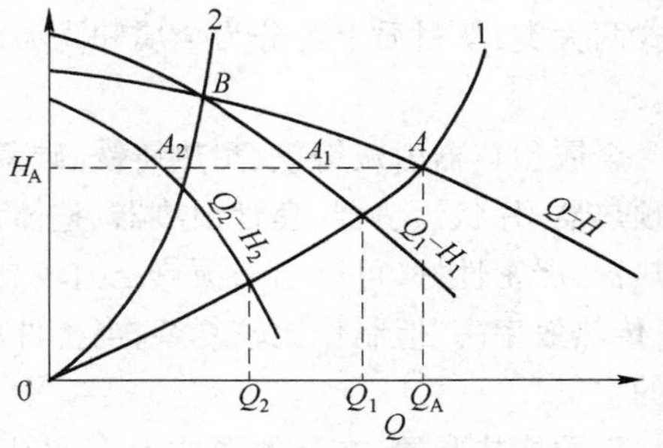

图 3.4-29　两台特性曲线不同的风机并联运行

3．两台前弯型叶片风机的并联

前弯型叶片风机由于在低风量范围内进入叶片的阻力损失增加，其特性曲线上有一马鞍形，如图 3.4-30 所示。在风压高于 $H_d$ 时的一个区域内，在同一压力为 $H_1$ 的风量有 1、3、5 共 3 点。两台风机并联后就会出现复杂的情况，除了叠加成 $Q—H$ 特性曲线外，在高于 $H_d$ 的区域内，同一压力下还可能有多种组合流量。这种情况说明，只要有微小的压力变化就可能引起很大的流量变化，微小的流量变化也可以引起压力波动。因此两台前弯形叶片风机并联时，在 $Q—H$ 特性曲线上的工作点要在 6 点的右方，压力不要超过 $H_d$，否则风机工作将很不稳定。

4．并联阻力的影响

上面分析风机并联特性时没有考虑从每台风机出口到总管之间的阻力损失。实际上由于风机出口处的气体流速较高（有的高达 50 m/s），如果设计不够合理时，从风机出口到总管之间会出现很大的阻力，这时风机的特性曲线就应该考虑阻力的影响，如图 3.4-31 所示。图中 $Q'_1—H'_1$ 表示每台风机考虑阻力损失后的特性曲线，$Q'—H'$ 表示并联后的特性曲线。

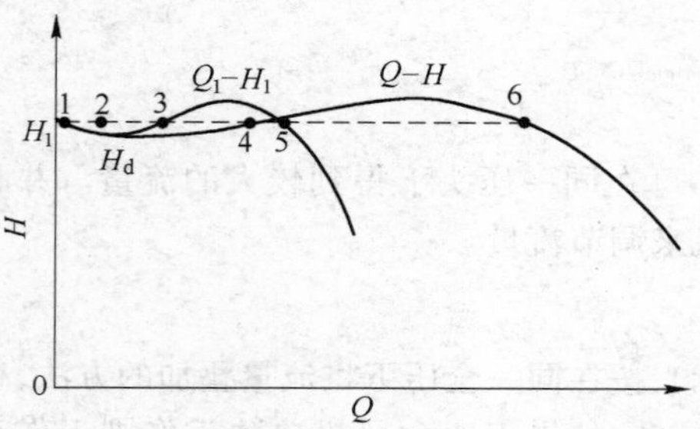


图 3.4-30　两台前弯叶片风机的并联运行

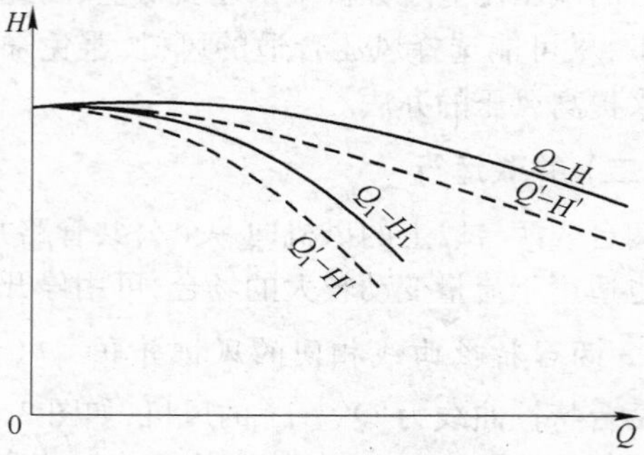


图 3.4-31　考虑每台风机分管阻力影响时的并联运行

# 第四节　预　热　器

## 一、概述

通常，预热器的作用是利用炉内排出的高温烟气将煤气或空气预热到适当的温度，使煤气与空气进入炉内燃烧时带入一部分物理热以节约燃料和提高理论燃烧温度。

### （一）预热器的种类

利用工业炉烟气余热来预热空气（或煤气）的热交换装置，从操作原理上可分为换热式和蓄热式两大类；从材质上可分为金属和陶质两大类；从传热方式上又可统分为对流式和辐射式两大类。

金属预热器由灰铸铁、耐热铸铁、碳素钢或各种耐热钢制成，按其形式可分为管状预热器、针状预热器、片状预热器、套管预热器、整体预热器和管状或筒状辐射预热器等。焊接结构的金属预热器，严密性好，可以用来预热压力较高的空气和净煤气。铸造的针状、片状预热器，传热面积大，传热效率高，但制作比较复杂，当构件用螺栓连接时，严密性差，不能用于预热煤气和压力较高的空气。

陶质换热装置，在元件形式上有四孔、圆孔、八方管砖等，在材质上有耐火黏土、碳化硅、高铝等。

蓄热装置有传统的蓄热室和新型的高效蓄热器(移动式、回转式),其蓄热体的材质有陶质和金属的。由于控制技术、设备制造技术和材料都有较大发展,因而蓄热器有一个飞跃性的发展。由于空气和煤气预热温度高,热效率高,且可以燃烧低热值煤气(例如高炉煤气),在一定范围内,得到广泛应用。

**(二) 热交换装置选型中需考虑的因素**

热交换装置选型中需考虑以下几点因素：

(1) 投资费用,投资回收期；

(2) 器壁工作温度；

(3) 要求的预热温度和调节范围；

(4) 压力范围和压力损失；

(5) 可靠性和使用寿命；

(6) 安装和检修的方便性；

(7) 抗腐蚀和抗损坏的能力；

(8) 建造场所、现场布置等条件。

作投资费用比较时,应将所有的附加费用和节约费用全面考虑进去。例如,辐射预热器一般不需另设烟囱,同对流预热器比较时,应计入对流换热器所需增加的烟囱及其基础的费用。

确定空气预热温度时,要考虑费用和安全运行范围这两个因素。有人粗略估计,预热温度每提高 100℃,传热面积需增加一倍。此外,提高预热温度,可能需采用更加昂贵的合金材料。金属换热器预热空气的温度超过 450～500℃时,换热器和燃烧装置所用材料的费用增加很多。从投资的经济效益来看,并非预热温度高,效益就好。

一般在连续加热炉和热处理炉上,选用带插入件的钢管预热器较多,通常出炉烟气温度为 600～800℃,预热空气温度为 400～500℃,最高为 550℃左右。锻造用室式加热炉等,由于出炉烟气温度高达 1200～1300℃,最好采用辐射换热器,或自身预热烧嘴(预热器与烧嘴结为一体),仅在个别情况下采用整体换热器。

**(三) 煤气和空气预热后达到的效果**

1. 节约燃料

燃料的热利用率与燃料的热量计温度、出炉烟气温度、不完全燃烧程度、空气过剩系数和煤气及空气的预热温度等因素有关。在其他条件相同的情况下,煤气及空气预热后的燃料节约率为：

$$\eta_{jy}=\frac{Q_{wu}}{Q_{wa}+Q_{wu}-Q_{y}}\times 100\% \tag{3.4-8}$$

式中　$Q_{wu}$——空气和煤气带入炉内的物理热；

$Q_{wa}$——燃料燃烧时放出的化学热(即燃料的发热量)；

$Q_{y}$——出炉烟气带走的热量。

由于出炉烟气要带走热量,燃料的燃烧热不能全部利用。当预热空气和煤气时,由于烟气量没有改变,出炉烟气温度不变时,烟气带走的热量和不预热时相同,这就说明,预热带入的物理热比同样热量的化学热量更加有用,预热器回收热量比单纯的热回收装置(如余热锅炉)对节约燃料更有意义。

2. 提高理论燃烧温度

有些燃料的热量计温度较低,不能满足加热工艺的要求。例如轧钢加热炉用高炉煤气或其他低热值煤气作燃料时必须预热空气和煤气来提高热量计温度，以保证钢坯加热温度和合理的产量与热耗。

3．提高燃烧效率

采用预热空气燃烧液体燃料时，能使油雾的气化加速。油的燃烧比较完全，气体燃料在空气和煤气预热时，也能加快燃烧速度和改善燃烧完全的程度。

## 二、预热器的设计和计算

预热器内的传热方程即为预热器计算的基本方程

$$q_{空} = KF\Delta t_{p} \tag{3.4-9}$$

因预热器计算的主要任务，常常是确定传热面积 $F$，由上式得

$$F = \frac{q_{空}}{K\Delta t_{p}} \tag{3.4-10}$$

式中　$F$——预热器传热面积，$m^2$；

$q_{空}$——预热器内烟气传给空气（或煤气）的热流量，kJ/h；

$K$——预热器传热系数，kJ/$m^2$·h·℃；

$\Delta t_{p}$——对数平均温差，℃。

### （一）预热介质的流动形式

预热器壁的一侧是被预热介质，另一侧是炉内排出的高温烟气。如果被预热介质和烟气同向流动称为顺流，反之称为逆流，互相垂直流动称为错流。几种流动形式如图 3.4-32 所示。

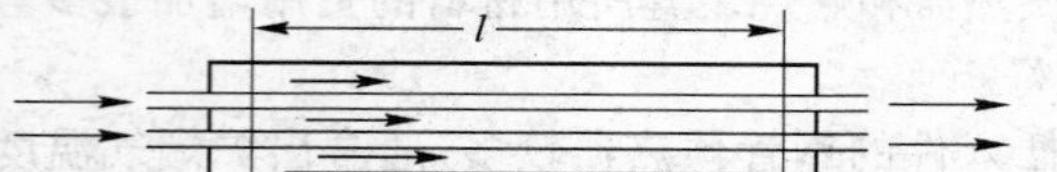

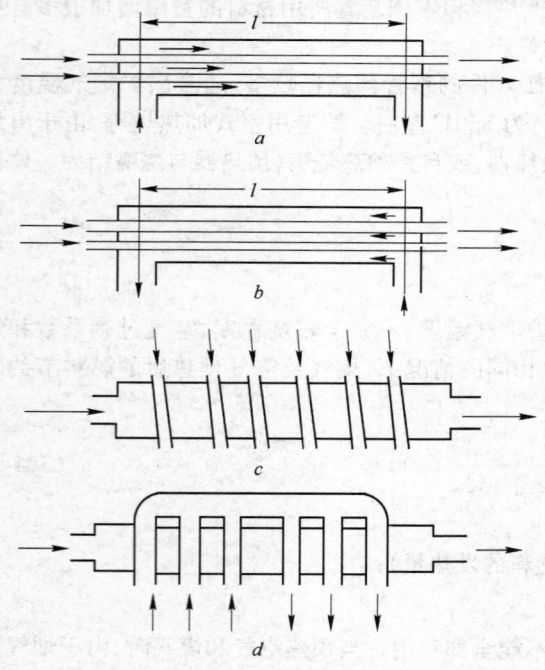


图 3.4-32　预热介质的几种流动形式
$a$—顺流；$b$—逆流；$c$—错流；$d$—顺错流

顺流式的优点是预热器的器壁温度比较均匀，因为烟气温度最高处的被预热介质温度最低，被预热介质温度升高后烟气温度已经下降。但是顺流式预热的热工性能较差，在预热器出口处烟气与被预热介质的温差较小，因而该处热交换面的传热效果很小。另外由于进口处烟气和被预热介质之间的温差大，对器壁容易产生温度应力，选用材质时要注意。逆流式预热器的特点正好和顺流式相反，进口端的器壁温度高，出口端的器壁温度低，因此可以采用两种耐热性能不同的材料。这种预热器传热面的利用较好，预热温度也可较高。两种流动形式的温度示意图见图 3.4-33。当烟气温度较高而要求预热温度不高时，通常采用顺流式；烟气温度较低或要求预热温度较高时则采用逆流式。实际上纯粹的顺流或逆流是不多的，一般常常是几种流动的组合。

### （二）被预热介质的量和烟气量的确定

在预热器的设计和计算中，被预热介质的量和烟气量是重要的原始数据。在实际使用中，这些数据如与设计数据出入较大时，将对预热器的工作有明显的影响。因此在确定这些数据时必须认真考虑。

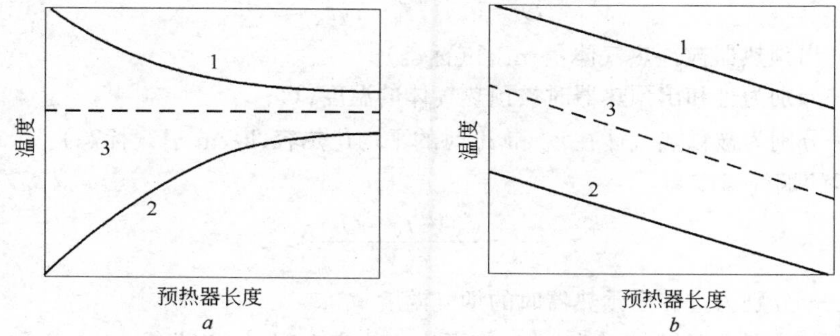


图 3.4-33　两种流动形式的温度示意图

*a*—顺流式；*b*—逆流式

1—烟气温度；2—空气温度；3—器壁温度

按照生产工艺的要求，即使是连续生产的炉子，其燃料消耗、燃烧用空气量和烟气量是有变化的。预热器可按被预热介质的最大量来设计，这样可以保证炉子在最大负荷下工作时的预热温度，但在长期小于最大负荷下工作时，预热器的器壁温度将升高而容易使预热器损坏。预热器也可以按被预热介质的平均量来设计，这样虽然被预热介质的流路阻力在最大量时比设计数据要大些，但是器壁温度不致过高，对预热器的寿命有利。有些空气预热器的严密性较差，确定空气量时要考虑空气的漏损率。

通过预热器的烟气量一般可按出炉烟气量考虑。当烟气温度较高时，可以采用提高预热器材质的耐热温度、增加空气侧的传热系数、增加空气侧的传热面积（针片、筋片）等措施外，必要时也可以用掺入一定量冷气体以降低烟气温度的办法。掺入冷气体使烟气降温，可以按下式计算：

$$V_2 = \frac{V_1(t_1c_1 - t_2c_1')}{t_2c_2 - t_0c_0} \tag{3.4-11}$$

式中　$V_1$——未掺冷气体前的烟气量，$m^3/h$（标态）；

$V_2$——掺入冷气体量，$m^3/h$（标态）；

$t_1$、$t_2$——掺入冷气体前和后的烟气温度，℃；

$t_0$——冷气体的原始温度，℃；

$c_0$——冷气体在 $t_0$ 的平均热容，$kJ/m^3·℃$（标态）；

$c_1$、$c_1'$——烟气在 $t_1$ 和 $t_2$ 时的平均热容，$kJ/m^3·℃$（标态）；

$c_2$——冷气体在 $t_2$ 时的平均热容，$kJ/m^3·℃$（标态）。

掺入的冷气体可以用空气，也可以用低温烟气，按照公式 3.4-11 算出的图表，见图 3.4-34。图表的使用方法：例如 1000℃ 的烟气用 0℃ 的空气掺冷至 750℃ 时，在 0℃ 和 1000℃ 之间连接直线 *A*，在 750℃ 处 *a* 点作水平线与 *A* 线交于 *b* 点，从 *b* 点向下作垂直线得 *c* 点，即掺入的空气占混合气的 29%，因此空气量为 $\frac{29}{100-29} = 0.41\ m^3/m^3$（标态）烟气。又如 1100℃ 烟气用 200℃ 的冷烟气掺冷至 830℃ 时，在 200℃ 和 1100℃ 之间接直线 *B*，在 830℃ 处 *d* 点作水平线与 *B* 线交于 *e* 点，从 *e* 点向上作垂直线得 *f* 点，即掺入的冷烟气占混合气的 32%，因此冷烟气量为 $\frac{32}{100-32} = 0.47\ m^3/m^3$（标态）烟气。

**（三）预热器后的烟气温度**

被预热气体需要的热量 $Q$（kJ/h）为：

$$Q = V_k(c_k''t_k'' - c_k't_k') \tag{3.4-12}$$

式中 $V_k$——出预热器被预热气体量，$m^3/h$(标态)；

$t_k'$、$t_k''$——分别为进和出预热器时被预热气体的温度，℃；

$c_k'$、$c_k''$——分别为被预热气体在 $t_k'$ 和 $t_k''$ 时的平均比热容，$kJ/m^3·℃$(标态)。

预热器后的烟气温度为：

$$t_y'' = \frac{c_y'V_y't_y' - Qm}{c_y''V_y''} \tag{3.4-13}$$

式中 $t_y'$、$t_y''$——分别为进和出预热器时的烟气温度，℃；

$c_y'$、$c_y''$——分别为烟气在 $t_y'$ 和 $t_y''$ 时的平均比热容，$kJ/m^3·℃$(标态)；

$V_y'$、$V_y''$——分别为进和出预热器的烟气量，$m^3/h$(标态)；

$m$——考虑预热器热损失的系数，一般取 1.05～1.1。

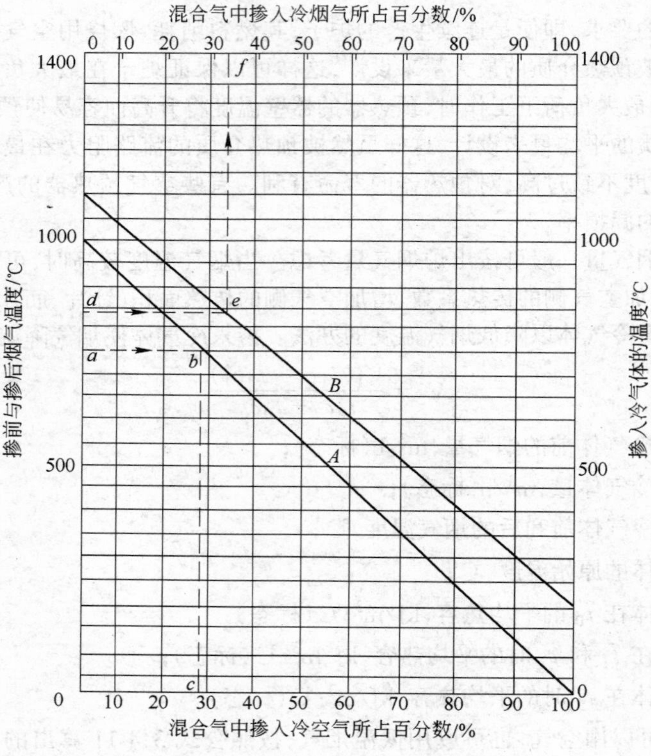


图 3.4-34 掺入冷气体量计算图

## (四) 烟气与被预热气体的平均温度差

烟气与被预热气体的温度差在预热器的各个部位是不相同的。经过理论推导，在顺流和逆流式预热器中，平均温度差应为预热器进口的温度差和出口的温度差的对数平均值，即平均温度差 $\Delta t_p$ 为：

$$\Delta t_p = \frac{\Delta t' - \Delta t''}{\ln \frac{\Delta t'}{\Delta t''}} = \frac{\Delta t' - \Delta t''}{2.3 \lg \frac{\Delta t'}{\Delta t''}} \tag{3.4-14}$$

式中 $\Delta t'$——预热器进口处烟气与被预热气体的温度差，即顺流时为 $t_y' - t_k'$ 或逆流时为 $t_y' -$

$t''_k$,℃;

$\Delta t''$——预热器出口处烟气与被预热气体的温度差,即顺流时为 $t''_y - t''_k$ 或逆流时为 $t''_y - t'_k$,℃。

用公式 3.4-14 绘成的计算图见图 3.4-35。例如已知 $\Delta t' = 900$℃, $\Delta t'' = 300$℃,则在图 3.4-35 中 $\Delta t$ 线上取 900 一点和 $\Delta t''$线上取 300 一点连成直线,此直线与 $\Delta t'_p$ 线相交的一点为 546,即对数平均温度差为 546℃。

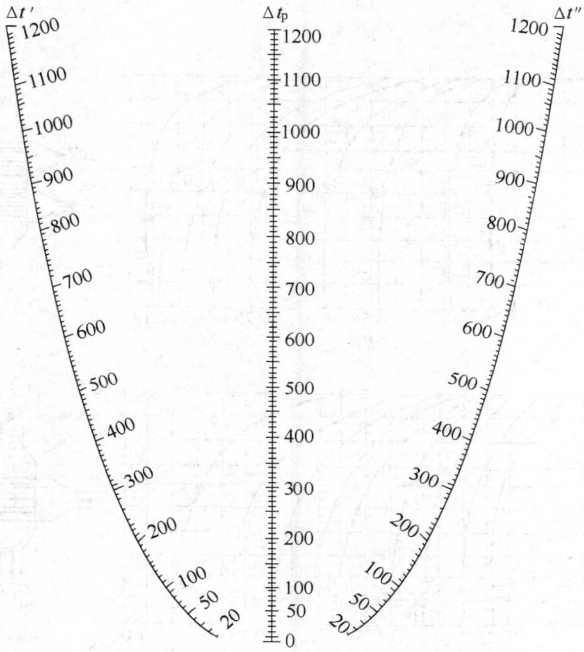


图 3.4-35　对数平均温度差

当流经预热器的方式不是顺流或逆流时,则从上面求出的对数平均温度差值要乘以修正系数 ε,ε 值可由图 3.4-36 中查取。

图 3.4-36*c* 是一种流体在管内流动,另一种流体在管外流动的情况,图 3.4-36*d* 是两种流体分别在管内流动的情况,如整体预热器和四孔砖黏土预热器等。图 3.4-36 中各符号的意义如下:

$$P = \frac{t''_k - t'_k}{t'_y - t'_k} \tag{3.4-15}$$

$$R = \frac{t'_y - t''_y}{t''_k - t'_k} \tag{3.4-16}$$

式中,"′"代表进预热器状态;"″"代表出预热器状态;$t'_y$ 为烟气温度;$t_k$ 为被预热介质温度。

修正后的 $\Delta t'_p$ 为

$$\Delta t'_p = \Delta t_p \cdot \varepsilon \tag{3.4-17}$$

### (五) 传热系数的计算

预热器的总传热系数 $\alpha$,可进行理论计算,也可从相同的预热器实测而得。在应用实测的传热系数时,一定要保持与实测预热器相同的流速和温度。传热系数 $\alpha_1$(kJ/(m²·h·℃))的理论计算公式为:

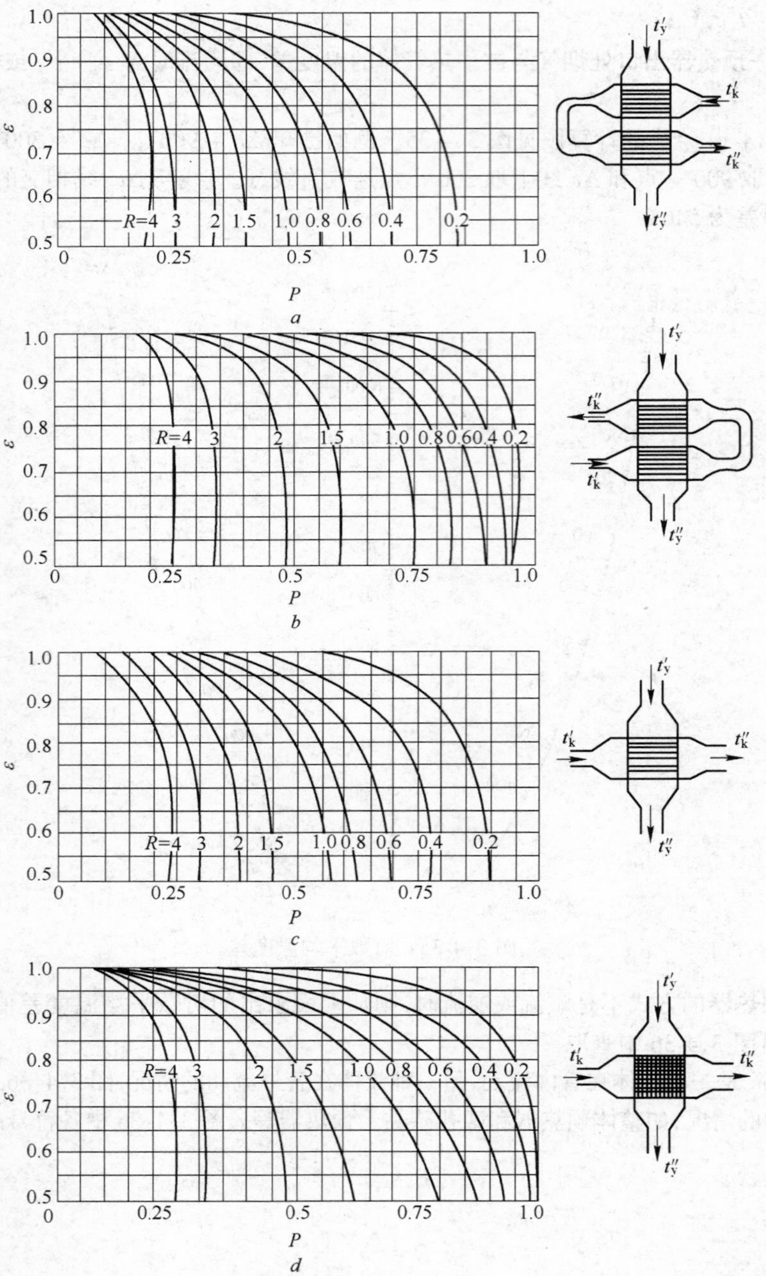

图 3.4-36　平均温度差 $\Delta t_p$ 的修正系数 ε

$$\alpha_1 = \frac{1}{\dfrac{1}{\alpha_y} + \dfrac{\delta}{\lambda} + \dfrac{1}{\alpha_k}} \tag{3.4-18}$$

式中　$\delta$——预热器传热面的壁厚，m；

$\lambda$——预热器传热面壁的导热系数，kJ/(m·h·℃)；

$\alpha_y$——烟气对预热器传热面的传热系数，kJ/($m^2$·h·℃)；

$\alpha_k$——传热面对空气的传热系数,kJ/(m²·h·℃)。

当预热器材质的导热系数较大时(如金属预热器),$\frac{\delta}{\lambda}$可忽略不计,公式 3.4-18 可简化为:

$$\alpha_2=\frac{1}{\frac{1}{\alpha_y}+\frac{1}{\alpha_k}}=\frac{\alpha_k\alpha_y}{\alpha_k+\alpha_y} \tag{3.4-19}$$

公式 3.4-18 及 3.4-19 是适用于空气与烟气侧传热面相同的情况,当两侧受热面不同时,如管子的内外表面积相差较大或某一侧带肋片时,应将 $\alpha_y$ 或 $\alpha_k$ 折合到某一面积上,通常是折合到易于计算的面积上(如折算到不带肋的面积上)。有时也可换算到实际并不存在的假想面积 $F$ 上(如针状预热器及按内外直径平均值计算的管状预热器)。其结果可按下式求得:

$$\alpha_3=\frac{1}{\frac{1}{\alpha_k}+\frac{F_k}{\alpha_y F_y}} \tag{3.4-20}$$

$$\alpha_4=\frac{1}{\frac{F_0}{\alpha_k F_k}+\frac{F_0}{\alpha_y F_y}} \tag{3.4-21}$$

式中　$\alpha_3$——对预热器某一侧受热面积 $F_k$ 的总传热系数,kJ/m²·h·℃;

$\alpha_4$——对某假想受热面的总传热系数,kJ/m²·h·℃;

$F_k$、$F_y$——预热器空气侧和烟气侧的受热面积,m²;

$F_0$——假想面的受热面积,m²;

$\alpha_k$、$\alpha_y$——对应于空气侧和烟气侧的传热系数,kJ/m²·h·℃。

当器壁材质的传热系数不可忽略不计,且内外表面积又不相同(如黏土预热器),总传热系数应根据具体结构来分析,没有通用的计算公式。最简单的圆管形黏土预热器总传热系数为:

$$\alpha=\frac{1}{\frac{1}{\alpha_1}+\frac{d_1}{2\lambda}\ln\frac{d_2}{d_1}+\frac{d_1}{d_2\alpha_2}} \tag{3.4-22}$$

式中　$\alpha$——以圆管内表面计算的总传热系数,kJ/m²·h·℃;

$\alpha_1$——圆管内气体对圆管内壁的传热系数,kJ/m²·h·℃;

$\alpha_2$——圆管外气体对圆管外壁的传热系数,kJ/m²·h·℃;

$d_1$——圆管内径,m;

$d_2$——圆管外径,m;

$\lambda$——圆管材料的导热系数,kJ/m·h·℃。

传热系数的计算非常繁琐,辐射传热系数和对流传热系数的影响因素很多,理论计算值与实际运行值往往有较大差异,设计预热器时,根据经验选取传热系数,简捷方便,也接近实际值。换热器传热系数见表 3.4-8。

**表 3.4-8　常用预热器性能及使用条件**

| 预热器种类 | | | 预热温度/℃ | 综合传热系数/W·(m²·K)⁻¹ | 空气侧压力损失/Pa | 烟气侧压力损失/Pa | 预热器材质及烟气进口温度/℃ | 备注 |
|---|---|---|---|---|---|---|---|---|
| 金属预热器 | 对流式 | 双面针片状管 | 200~600 | 45~100 | 200~3000 | 5~50 | 耐热铸铁 <800<br>耐热钢 <1000 | 预热空气、煤气 |
| | | 单面针片状管 | 200~600 | 23~45 | 500~3000 | 5~50 | 耐热铸铁 <800<br>耐热钢 <1000 | |
| | | 整体铸造 | 200~400 | 16~23 | 500~5000 | 5~50 | 耐热铸铁 <600<br>耐热钢 <800 | |

续表 3.4-8

| 预热器种类 | | | 预热温度/℃ | 综合传热系数/W·(m²·K)⁻¹ | 空气侧压力损失/Pa | 烟气侧压力损失/Pa | 预热器材质及烟气进口温度/℃ | 备注 |
|---|---|---|---|---|---|---|---|---|
| 金属预热器 | 对流式 | 平滑钢管 | 200～500 | 16～30 | 500～3000 | 5～50 | 碳素钢 <600<br>耐热钢 <800 | 预热空气、煤气 |
| | | 套　管 | 200～500 | 16～35 | 500～5000 | 5～50 | 碳素钢 <600<br>耐热钢 <800 | |
| | | 钢管带插入件 | 200～500 | 23～40 | 500～5000 | 5～50 | 碳素钢 <600<br>耐热钢 <800 | |
| | | 钢管带扰流件 | 200～500 | 23～35 | 500～1000 | 5～50 | 碳素钢 <600<br>耐热钢 <800 | |
| | | 喷　流 | 200～600 | 35～70 | 1000～3000 | 5～50 | 碳素钢 <800<br>耐热钢 <1000 | |
| | | 热管式 | 100～300 | 50～100 | 100～1000 | 5～50 | 碳素钢 <500<br>耐热钢 <700 | |
| | 辐射式 | 缝　式 | 300～700 | 23～45 | 1000～6000 | 1～6 | 碳素钢 <600<br>耐热钢 <1200 | 预热空气 |
| | | 筒　式 | 300～700 | 23～58 | 1000～10000 | 1～6 | 碳素钢 <600<br>耐热钢 <1200 | |
| | | 喷　流 | 300～700 | 45～90 | 500～3000 | 1～6 | 碳素钢 <700<br>耐热钢 <1250 | |
| 陶瓷预热器 | | 八角管式 | 400～800 | 6～12 | 200～1000 | 1～100 | 黏土质 <1200 | |
| | | 四孔砖式 | 400～700 | 4～9 | 200～1500 | 1～100 | 黏土质 <1200 | |
| | | 长管式 | 400～700 | 4～8 | 200～1000 | 1～100 | 黏土质 <1200 | |
| | | 蓄热式 | 800～1200 | 2～3 | 1000～3000 | 1000～3000 | 普通铸铁 <600<br>高铝质 <1300 | |

注：表中综合传热系数均折合为光管表面。

### （六）预热器器壁温度的计算

预热器器壁温度计算的目的，在于正确选择预热器的材质，根据材质的允许使用温度，采用适当的流速和流动方向，以达到预热器的可靠工作。在烟气侧与空气侧传热面积相同的情况下，金属预热器器壁与烟气及空气的温度差与器壁两侧的传热系数成反比，即

$$\frac{\Delta t_k}{\Delta t_y}=\frac{\alpha_y}{\alpha_k} \tag{3.4-23}$$

式中　$\Delta t_k$——预热器器壁与空气的温度差 $t_b-t_k$，℃；

$\Delta t_y$——烟气与预热器壁的温度差 $t_y-t_b$，℃。

当烟气侧与空气侧传热面积不同时，公式 3.4-23 可改为：

$$\frac{\Delta t_k}{\Delta t_y}=\frac{\alpha_y F_y}{\alpha_k F_k} \tag{3.4-24}$$

按公式 3.4-23 得出预热器的器壁温度为：

$$t_b=\frac{\alpha_k t_k+\alpha_y t_y}{\alpha_k+\alpha_y}=\frac{\dfrac{\alpha_k}{\alpha_y}t_k+t_y}{\dfrac{\alpha_k}{\alpha_y}+1} \tag{3.4-25}$$

按公式 3.4-24 得出预热器的器壁温度为：

$$t_b=\frac{\frac{F_k}{F_y}\alpha_k t_k+\alpha_y t_y}{\frac{F_k}{F_y}\alpha_k+\alpha_y}=\frac{\frac{F_k\alpha_k}{F_y\alpha_y}t_k+t_y}{\frac{F_k\alpha_k}{F_y\alpha_y}+1} \tag{3.4-26}$$

预热器的器壁温度还可以从图 3.4-37 中求得。例如烟气温度为 800℃，空气预热温度为 150℃，$F_k\alpha_k/F_y\alpha_y=1.5$ 时，图中交点 $t$ 即为壁温，$t_b=410$℃。

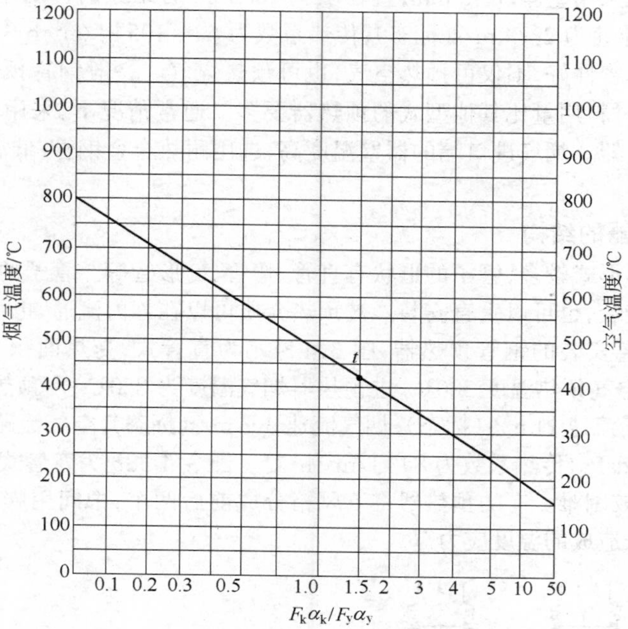


图 3.4-37　壁温计算图

## （七）预热器传热面积的计算

被预热介质从预热器中得到的热量为：

$$Q=(c''_k t''-c'_k t')V''_k\approx c_{kp}V''_k(t''_k-t'_k) \tag{3.4-27}$$

式中　$c'_k$、$c''_k$——进、出预热器时被预热介质的比热容，kJ/(m³·℃)(标态)；

$t'$、$t''$——进、出预热器时被预热介质的温度，℃；

$V''_k$——出预热器时被预热介质体积的平均值，m³(标态)；

$c_{kp}$——进、出预热器时被预热介质比热容的平均值，kJ/(m³·℃)(标态)。

当预热器进口和出口处的总传热系数相同时，预热器的传热面积为：

$$F=\frac{Q}{K\Delta t'_p} \tag{3.4-28}$$

式中　$K$——预热器进口和出口处的总传热系数，kJ/m²·h·℃，由公式 3.4-18～式 3.4-22 算出；

$\Delta t'_p$——烟气和被预热介质的对数平均温度差，℃。

当预热器进口和出口处的总传热系数不相同但差别不大时，可近似地按进出口总传热系数的算术平均值计算，即：

$$F=\frac{Q}{\frac{1}{2}(K'+K'')\Delta t'_p} \tag{3.4-29}$$

式中　$K'$、$K''$——预热器进口和出口处的总传热系数,kJ/(m$^2$·h·℃)。

当进出口总传热系数相差较大时,应该进行分段计算,使每段中进出口端的总传热系数相差不大,再按公式3.4-28计算该段的传热面积。

## 三、钢管预热器

### (一)钢管预热器的特点

钢管预热器一般采用壁厚3～5 mm,直径15～100 mm的无缝钢管制作。空气流速为10～15 m/s(标态),烟气流速为2～4 m/s(标态),传热系数为62～105 kJ/m$^2$·h·℃,制作简单,使用比较广泛。其特点是气密性好,不仅可预热空气,也可预热煤气。一般钢管预热器的体积较小,但传热效率较低,因此材料用量比其他型式的预热器要多。通常情况下,采用热效率较好、预热温度较高的逆流式预热器。烟气进口端的器壁温度高,选用耐热合金钢管,低温段管束可以用普碳钢管。

### (二)钢管预热器的结构

钢管预热器结构形式较多,管子的形状有直管、弯管、U形管等。管子的排列有并列与错列,安装方式可以水平安装,也可以垂直安装。被预热介质可以在管内流通,也可在管外流通。

图3.4-38是垂直安装的钢管预热器,图3.4-38*a*为直管式,受热面积100 m$^2$,预热空气量10000 m$^3$/h(标态),空气预热温度300℃,进预热器烟气温度为850℃,出预热器为580℃,烟气量3.0 m$^3$/s(标态),空气流速11 m/s(标态),烟气流速2.3 m/s(标态),空气流路压力损失150 daPa,烟气流路压力损失5 daPa,传热系数为84 kJ/m$^2$·h·℃。图3.4-38*b*为弯管式,其优点是膨胀应力较小,但制作与换管较困难。有的预热器将下风箱分成前后两个,中间用膨胀管连接,可以减少前后管组不等量膨胀造成的温度应力。

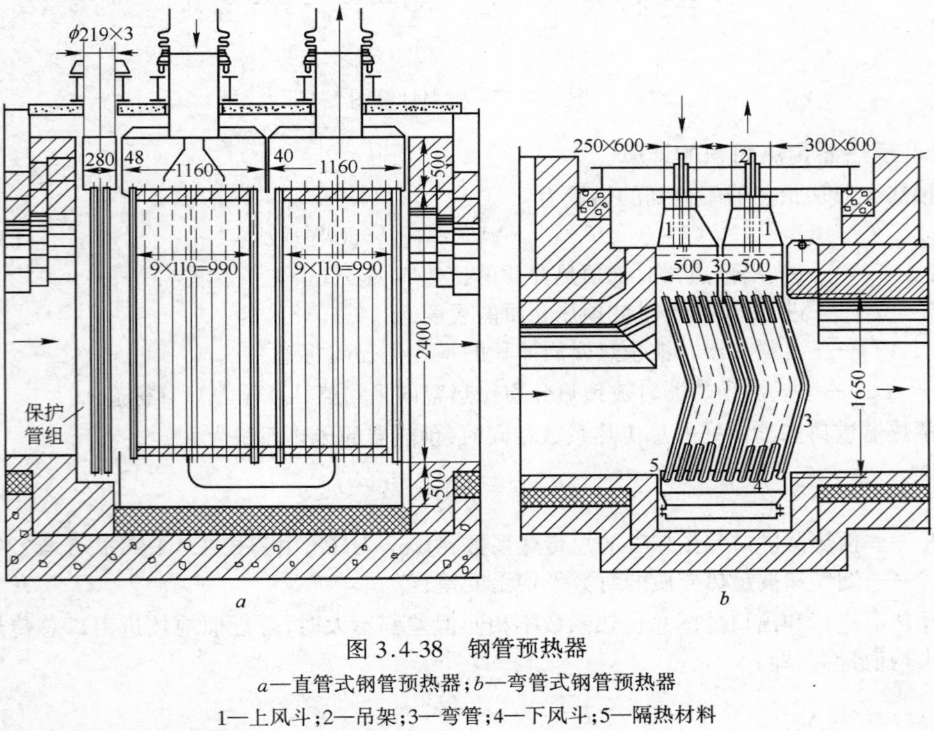


图3.4-38　钢管预热器

*a*—直管式钢管预热器;*b*—弯管式钢管预热器

1—上风斗;2—吊架;3—弯管;4—下风斗;5—隔热材料

预热器设计中要防止进出管道和膨胀力加到预热器上，所以管道和预热器都要有各自的支架，一般热气体管道上还要安设膨胀器来补偿管道的膨胀。

预热器的支架一般是用来支撑或吊挂上部集气箱，而使下部集气箱悬空，以补偿受热后预热器管组的膨胀。这种结构形式的管组上部焊缝受力较大，工作是不利的。为了改善这种情况，预热器可采用平衡杆的支撑方式。为了补偿管组受热后的膨胀，必须在预热器与进出管之间设置膨胀补偿器。

目前，国内使用的带插入件的金属换热器是钢管换热器技术的发展，应用较为广泛。设计计算时可参考钢管换热器方法和公式，但需作适当修正。工程中通常是根据实践经验选用总传热系数 $\alpha$ 值以确定换热面积。

# 第五节　电阻发热元件

工业炉采用电加热除了某些加热工艺(如通控制气氛的炉子、真空炉等)的需要外，还具有加热质量好、使用方便、能比较准确地实现所需要的温度场，便于自动控制以及环境清洁等优点；其缺点是耗电费用远比一般燃料费为高，同时消耗耐热金属(电热元件)较多。本节重点介绍电阻加热的设计和计算。

## 一、电热元件的形式

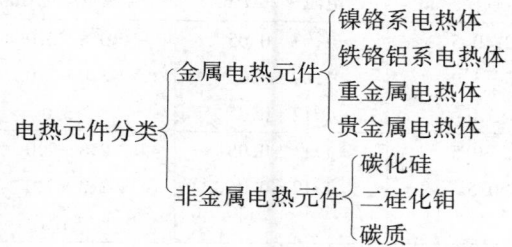

电热元件分类
- 金属电热元件
  - 镍铬系电热体
  - 铁铬铝系电热体
  - 重金属电热体
  - 贵金属电热体
- 非金属电热元件
  - 碳化硅
  - 二硅化钼
  - 碳质

### (一) 金属电热元件

几种主要金属电热元件的理化性能，见表 3.4-9 和表 3.4-10。

表 3.4-9　几种主要金属电热元件的理化性能

| 项　目 | | 理　化　性　能 | | | | | | | | | |
|---|---|---|---|---|---|---|---|---|---|---|---|
| 材　质 | | Cr20Ni80 | Cr15Ni60 | 1Cr13Al4 | 0Cr13Al6Mo2 | 0Cr25Al5 | 0Cr27Al7Mo2 | 钼 | 钨 | 钽 | 铂 |
| 主要成分/% | Si | 0.4～1.6 | 0.4～1.6 | ≤1.0 | ≤1.0 | ≤0.6 | ≤0.4 | | | | |
| | Cr | 20～23 | 15～18 | 12～16 | 12.5～14 | 23～27 | 26.5～27.8 | | | | |
| | Ni | 其余 | 55～61 | ≤0.6 | ≤0.6 | — | ≤0.6 | | | | |
| | Al | ≤0.5 | ≤0.5 | 3.5～5.5 | 5～7 | 4.5～6.5 | 6～7 | | | | |
| | Mo | — | — | — | 1.5～2.5 | — | 1.8～2.2 | | | | |
| 电阻温度系数/℃$^{-1}$ | | $8.5\times10^{-5}$ | $14\times10^{-5}$ | $15\times10^{-5}$ | $8\times10^{-5}$ | $5\times10^{-5}$ | $-0.65\times10^{-5}$ | $5.5\times10^{-5}$ | $5.5\times10^{-5}$ | | |
| 密度/g·cm$^{-3}$ | | 8.4 | 8.15 | 7.4 | 7.4 | 7.1 | 7.1 | 10.2 | 19.34 | 16.6 | 21.46 |
| 线膨胀系数/℃$^{-1}$ | | $14.0\times10^{-6}$ | $13.0\times10^{-6}$ | $16.5\times10^{-6}$ | | $15.0\times10^{-6}$ | $14.6\times10^{-6}$ | $5.1\times10^{-6}$ | $4.3\times10^{-6}$ | $6.5\times10^{-6}$ | $8.95\times10^{-6}$ |
| 导热系数/kJ·(m·h·℃)$^{-1}$ | | 60.19 | 45.14 | 60.19 | | 60.19 | | 239.10 | 367.84 | 300.96 | 250.80 |

续表 3.4-9

| 项　目 | 理化性能 | | | | | | | | | |
|---|---|---|---|---|---|---|---|---|---|---|
| 材　质 | Cr20Ni80 | Cr15Ni60 | 1Cr13Al4 | 0Cr13Al6Mo2 | 0Cr25Al5 | 0Cr27Al7Mo2 | 钼 | 钨 | 钽 | 铂 |
| 比热容/J·(g·℃)$^{-1}$ | 0.44 | 0.46 | 0.63 | | 0.63 | | 0.26 | 0.14 | 0.14 | 0.13 |
| 熔点/℃ | 1400 | 1390 | 1450 | | 1500 | | 2622 | 3382 | 2996 | 1770 |
| 抗张强度/MPa | 637～784 | 637～784 | 539～735 | | 686～784 | 735～833 | | | | |
| 伸长率/% | ≥20 | ≥20 | ≥12 | ≥12 | ≥12 | ≥10 | | | | |
| 断面收缩率/% | 60～70 | 60～75 | 65～75 | | 70～75 | 65 | | | | |
| 硬度 HB | 130～150 | 130～150 | 200～260 | | 200～260 | 210～240 | | | | |
| 组　织 | 奥氏体 | 奥氏体 | 铁素体 | 铁素体 | 铁素体 | 铁素体 | | | | |

**表 3.4-10　几种主要金属电热元件的电阻率**

| 金属材质 | 在 20℃时的电阻率 | | | |
|---|---|---|---|---|
| | 金属丝直径/mm | 电阻率/μΩ·m | 金属带厚度/mm | 电阻率/μΩ·m |
| Cr20Ni80 | 0.2～0.5 | 1.07±0.05 | 0.8～2.0 | 1.10±0.05 |
| | 0.5～3.0 | 1.09±0.05 | 2.0～3.0 | 1.12±0.05 |
| | >3.0 | 1.12±0.05 | >3.0 | 1.14±0.05 |
| Cr15Ni60 | 0.2～0.5 | 1.11±0.05 | 0.8～2.0 | 1.11±0.05 |
| | >0.5 | 1.12±0.05 | 2.0～3.0 | 1.13±0.05 |
| | | | >3.0 | 1.15±0.05 |
| 1Cr13Al4 | ≥0.2 | 1.26±0.08 | ≥0.2 | 1.26±0.08 |
| 0Cr13Al6Mo2 | | 1.4±0.01 | | 1.4±0.10 |
| 0Cr25Al5 | | 1.4±0.1 | | 1.4±0.10 |
| 0Cr27Al7Mo2 | | 1.5±0.1 | | 1.5±0.10 |

## （二）非金属电热元件

硅碳棒。硅碳棒制品的形状见图 3.4-39。

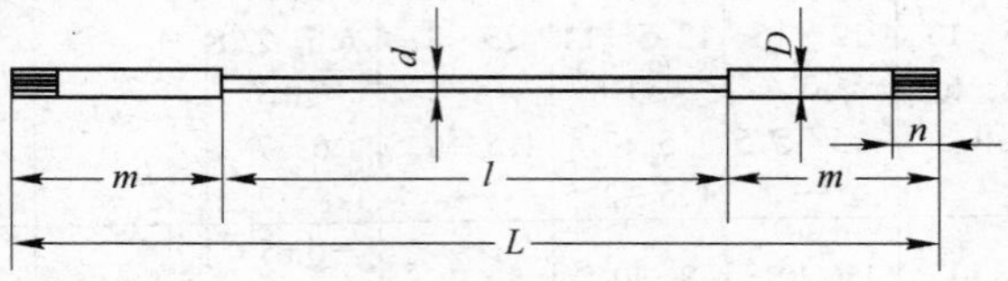


图 3.4-39　硅碳棒制品外形

除了硅碳棒以外，还有硅碳管、螺纹硅碳棒以及螺纹硅碳管等电热元件。

硅碳棒是碳化硅的再结晶制品，具有良好的化学稳定性。硅碳棒在空气、氮、氩气氛中使用温度可以高达 1500℃（短期）和 1450℃（长期）。在还原性气氛如氢、分解氨中则为 1370℃，水蒸气对其有强烈的氧化影响。硅碳棒在高温下使用，抗急冷急热性优良，不变形，具有足够的机械强度。线膨胀系数不大于 $5\times10^{-6}$ m/℃，密度 3.12～3.18 g/cm$^3$，比热容 0.712 kJ/(kg·℃)，硅碳棒具有很大的电阻率，其值为 1000～2000 μΩ·m。电阻温度系数在(20～800)±50℃时为负性；800～1400℃时为正性。硅碳棒还具有成本低，装拆方便等优点。

采用硅碳棒作电热元件的炉子，其尺寸受到硅碳棒规格的限制，热短路损失较大，电阻误差较大，使用前对硅碳棒要进行选择搭配。

二硅化钼。二硅化钼电热元件一般作成 U 字形，其制品形状如图 3.4-40 所示。

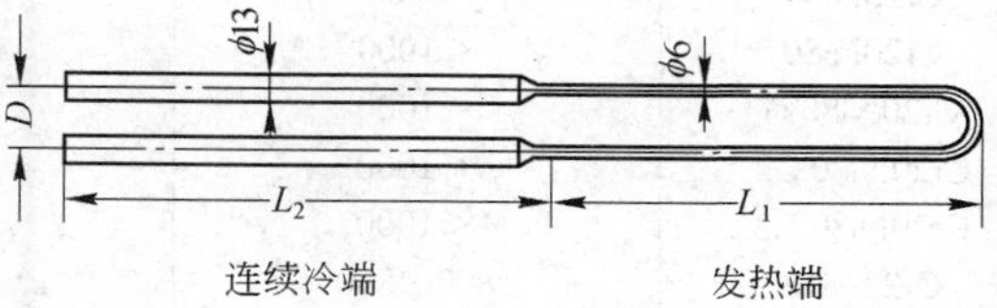

图 3.4-40　二硅化钼元件形状图

二硅化钼发热元件是用粉末冶金法挤压而成，类似金属陶瓷材料。二硅化钼的最高许用温度达 1700℃，并且在这一温度很稳定。二硅化钼发热元件具有良好的抗氧化能力，同时也可以在非氧化气氛中应用。硅化钼具有低的正向温度特性电阻率，见图 3.4-41。由于硅化钼发热元件的电阻率随温度上升而迅速增加，因而加热功率有一定的自然控制。在电压一定的条件下，功率在低温时高，随温度上升而减少。硅化钼在室温时质硬而脆，冲击强度较低，抗弯和抗拉强度较好。元件在高于 1350℃时会变软并有延展性，伸长率 5%，冷却后又回复脆性。硅化钼发热元件的密度为 5.5～5.3 g/cm$^3$。抗弯强度 245～343 MPa，熔点 2000℃，气化率 0.05%，吸水率 0.32%。

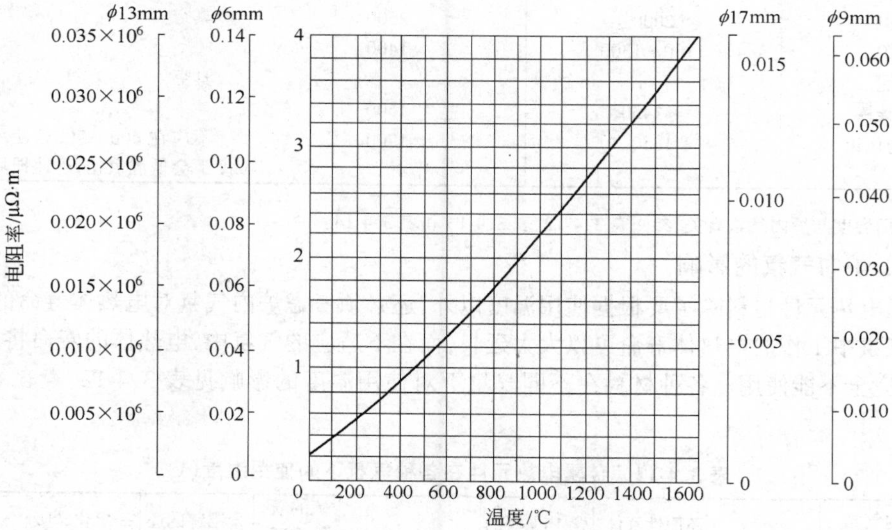

图 3.4-41　二硅化钼电阻率

## 二、电热元件的工作条件与使用寿命

影响电热元件使用寿命的因素很多，其中最主要的是使用温度、电热元件的被遮蔽条件和炉内气氛等。此外，元件的截面尺寸、耐火材料的性质、炉子工作制度以及元件构造等也都有影响。

### (一) 温度的影响

首先要根据炉子的工作温度选用电热元件的材质。对于某一种电热元件来说，如果在其正常工作温度范围内使用，寿命可达几千小时或更长，而在超过其允许温度下使用时，则将会迅速损坏。对于镍铬系及铁铬铝系电热元件来说，其氧化速度随温度提高而加剧；对于钼钨等电热元件来说，其蒸发速度也是随温度增高而加剧；对于硅碳棒来说，则其氧化速度和老化速度亦随温度增加而加快。因此，使用温度对于电热体寿命的影响是决定性的。表 3.4-11 为各种材质电热元件的使用温度。

表 3.4-11 各种电热元件材料的使用温度

| 电热元件材料 | 推荐使用温度(炉温)/℃ | 最高使用温度(炉温)/℃ | 备 注 |
|---|---|---|---|
| Cr15Ni60 | <900 | 1050 | |
| Cr20Ni80 | <1000 | 1100 | |
| Cr20Ni80Ti | <1000 | 1100 | |
| Cr20Ni80Ti2 | <1000 | 1100 | |
| Cr20Ni80Ti3 | <1000 | 1100 | |
| Cr23Ni18 | 800～850 | 950～1000 | |
| Cr13Al4 | <750 | 850 | |
| 1Cr17Al5 | 750～850 | 1000 | |
| 0Cr17Al5 | 850～950 | 1000 | |
| 1Cr25Al5 | 900～1000 | 1150 | |
| 0Cr25Al5 | <1100 | 1200 | |
| 0Cr23Al5 | <1100 | 1200 | |
| 0Cr27Al5 | <1200 | 1300 | |
| 1400 铁铬铝 | 1300 | 1400 | |
| 钼 | 1650 | 2000 | 需用氢或真空 |
| 钨 | 1700～2500 | 3000 | 需用氢或真空 |
| 钽 | 2000 | 2500 | 真空 |
| 铂 | 1100～1300 | 1400 | |
| 铌 | | | 真空 |
| 硅碳棒 | <1450 | 1500 | |
| 二硅化钼 | 1650 | 1700 | 不应在 400～700℃ 使用,在此温度下会低温氧化,迅速损坏 |

注:使用温度与炉内气氛有关,参阅表 3.4-12、表 3.4-13 和表 3.4-14。

## (二)炉内气氛的影响

选择电热元件材料除了要根据使用温度以外,还必须考虑炉内气氛对电热体寿命的影响,在合适的气氛中工作的电热体寿命可以大大延长,而在不适应的气氛中,电热体的寿命将会显著缩短,甚至完全不能使用。各种材料在不同气氛下对使用温度的影响见表 3.4-12、表 3.4-13 和表 3.4-14。

表 3.4-12 金属电热元件在各种气氛下的使用温度(℃)

| 炉内气氛 / 电热体材质 | 空 气 | 还原性气体、氢或分解氨 | 含 15%氢的放热性气体 | 渗碳气体 | 含硫的氧化性和还原性气体 | 含铅锌的还原性气体 | 一氧化碳吸热性气体 | 真 空 |
|---|---|---|---|---|---|---|---|---|
| Cr20Ni80 | <1100 | <1120 | <1100 | 不① | 不 | 不 | <1000 | 1100 |
| Cr15Ni60 | <1010 | <1010 | <1010 | 不 | 不 | 不 | <930 | |
| 0Cr25Al5 | <1150 | <1150 | 不② | 不① | 氧化性气体可以 | 不 | 不 | |
| 钼 | 不③ | <1650 | 不 | 不 | 不 | 不 | 不 | <1650 |
| 铂 | <1400 | 不 | 不 | 不 | 不 | 不 | 不 | |
| 钽 | 不 | 不 | 不 | 不 | 不 | 不 | 不 | <2480 |
| 钨 | 不 | <2480 | 不 | 不 | 不 | 不 | 不 | <1650 |

① 表面经过涂釉处理后可以使用。② 使用前需经氧化处理。③ 表面镀二硅化钼后可以使用;其余的“不”即不能使用。

**表 3.4-13　炉内气氛对硅碳棒使用温度的影响**

| 空　气 | $H_2O$ | $H_2$ | $N_2$ | $NH_3$ | 放热性气体<br>CO 20%<br>$H_2$ 30%<br>$N_2$ 50% | 硫生成物 | 真　空 |
|---|---|---|---|---|---|---|---|
| 1450℃使用良好 | 不能用 | <1300℃ | <1300℃ | <1300℃ | <1350℃ | <1200℃ | 不能用 |

**表 3.4-14　炉内气氛对二硅化钼元件使用温度的影响**

| 炉内气氛 | 惰性气体（He、Ne、Ar） | $O_2$ | $N_2$ | $NO_2$ | CO | $CO_2$ | $H_2$（露点 10℃） | 干 $H_2$ | $SO_2$ |
|---|---|---|---|---|---|---|---|---|---|
| 元件最高温度/℃ | 1650 | 1700 | 1500 | 1700 | 1500 | 1700 | 1400 | 1350 | 1600 |

## （三）耐火材料的影响

炉内耐火材料，特别是与电热体直接接触的耐火材料，对电热体的寿命是有影响的，其影响程度随炉温的增高而加大。因此，选择耐火材料除了根据其耐火度外，还要考虑其组成成分在某一温度下与电热元件有无化学反应。

铁铬铝电热合金元件在低温下使用时，可以采用黏土质支承砖，炉温接近 1150℃时应采用高铝质支承砖，更高的使用温度应当选用较纯的氧化铝制品。一般情况下镍铬电热元件不受上述材料的限制，采用黏土质的支承砖即可。这两种合金元件在高温下与筑炉材料中的绝热材料如石棉、矿渣棉、水玻璃等直接接触都是不利的，掉落在元件上的氧化铁皮也应及时清除。一些重金属电热元件与耐火材料中某些成分的反应见表 3.4-15。

**表 3.4-15　重金属电热体与耐火材料中某些成分的反应温度（℃）**

| 耐火材料中的成分 | 重金属电热体 | | |
|---|---|---|---|
| | 钼 | 钽 | 钨 |
| $Al_2O_3$ | 1900 以上 | 1900 以上 | 1900 以上 |
| BeO | 1900 以上 | 1600 以上 | 2000 以上 |
| MgO | 1800 以上 | 1800 以上 | 2000 以上 |
| ThO | 1900 以上 | 1900 以上 | 2200 以上 |
| $ZrO_2$ | 1900 以上 | 1600 以上 | 1600 以上 |
| C | 1200 以上<br>很快形成碳化物 | 1000 以上<br>很快形成碳化物 | 1400 以上<br>很快形成碳化物 |

## （四）其他一些影响

除了上述一些因素外，还有一些影响电热元件寿命的因素。例如：当表面功率相同时，金属电热元件截面尺寸愈大，寿命愈长；截面愈小，寿命愈短。对于铁铬铝系及镍铬系电热体推荐的最小截面尺寸见表 3.4-16。

**表 3.4-16　推荐的最小截面尺寸**

| 炉温/℃ | 电阻丝直径/mm | 电阻带规格/mm×mm |
|---|---|---|
| <300 | 1 | 1×8 |
| 300～600 | 2 | 1×10 |
| 600～800 | 3～4 | 1.5×15 |
| 800～1000 | 4～5 | 2×20 |
| 1000～1100 | 6～7 | 2×25 |
| 1100～1200 | 7～8 | 3×25 |

电热体的被遮蔽条件也影响电热体的使用寿命，被遮蔽得愈多，电热体向工件的有效辐射愈小，其本身温度愈高，使用寿命愈短。此外，炉子连续工作比间断工作对电热体要有利些。

## 三、电热元件在炉内的布置

### （一）镍铬和铁铬铝

镍铬和铁铬铝电热元件一般作成丝状或带状。

1. 丝状电热体

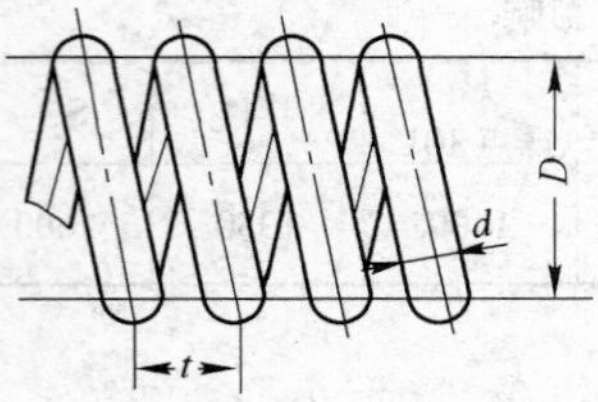


图 3.4-42　螺线管

丝状电热体一般作成螺旋形线圈放在砖槽或砖隔板上和套在陶瓷管上。螺线管尺寸与单位炉墙面积上能布置的长度有关。如图 3.4-42 一般取节距 $t=1.5\sim4d$，$t$ 值愈大对辐射的遮蔽愈小，但在炉内布置也愈困难。螺线圈直径愈大，单位炉墙面积上布置得愈多，愈容易变形，过小则制作困难。对于镍铬电阻丝来说：在炉温小于 750℃时，取 $D=(8\sim11)d$；750～950℃时，取 $D=(6\sim8)d$；大于 950℃时，取 $D=(5\sim6)d$；采用铁铬铝电阻丝时，取 $D=(5\sim8)d$。

螺线管放置在炉墙的砖槽或隔板上时，确定螺线管直径 $D$ 也要考虑隔板砖的厚度。螺线管套在陶瓷管上的电热体，其散热和螺线管自由辐射时的情况差不多，比放在砖槽或隔板上的散热情况要好些。套在陶瓷管上，螺线管不易变形，因此，镍铬丝的 $D$ 值可增大到 $10d$，螺线管内径与陶瓷管外径之比值为 1.1～1.2，两根螺线管的中心距一般为 $S=1.5\sim4D$。

炉子的内表面积通常在计算电热元件之前就已经确定了，不同螺线管的几何尺寸在 1 $m^2$。炉墙上所能布置的电阻丝长度见图 3.4-43 和图 3.4-44。通常 $d<4$ mm，$S=67$ mm；$d=5\sim6$ mm；$S=104$ mm；$d>7$ mm，$S=134$ mm。根据这些图可以确定计算出的电热体长度是否在炉墙上布置得下。螺线管在炉内的布置方式见图 3.4-45。

2. 带状电热体

带状电热体一般作成弓字形挂在炉墙或水平放在炉底和炉顶上，见图 3.4-46。通常带的宽度 $b$ 与厚度 $a$ 之比值为 $\frac{b}{a}=m=5\sim20$，一般取 $m=8\sim12$。带的弯曲半径 $r=3\sim6a$，弓字形电阻带的节距 $t$ 值越小，砌体表面布置的电阻带越长，但遮蔽程度也越严重。通常取 $t=2\sim5b$。电阻带挂在小钩上时，节距 $t$ 应配合小钩在墙上的位置，以减少异型砖的种类。若小钩放在砖槽内，$t$ 值应能将 232（当砖为 230 mm 长时）整除，见表 3.4-17。

**表 3.4-17　小钩数量与电阻带节距和宽度的关系**

| 每块砖上小钩数目 | 1 | 2 | 3 | 4 | 5 | 6 | 7 | 8 | 9 | 10 |
|---|---|---|---|---|---|---|---|---|---|---|
| 电阻带节距 $t$/mm | 232 | 116 | 78 | 58 | 46 | 39 | 33 | 29 | 26 | 23 |
| 电阻带最大宽度 $b$/mm | 80～100 | 50～60 | 36～42 | 25～32 | 20～25 | 18～20 | 16～18 | 14～16 | 12～14 | <12 |

电阻带高度 $H$ 按具体情况而定。当炉温低于 1000℃时，挂在炉墙上的电阻带 $H=150\sim400$ mm，特殊情况可达 600 mm，而每隔 200 mm 要用绝缘子隔开，400～600 mm 用两排绝缘子。电阻带布置在炉顶时 $H\leqslant250$ mm。炉子温度在 1000～1100℃时，对于镍铬电热体仍可采用上述数据。对于铁铬铝电热体垂直放置时 $H\leqslant250$ mm，水平放置时 $H\leqslant150$ mm。温度超过 1100℃时，炉顶电阻带都要卡在砖槽内，$H=75\sim100$ mm，侧墙上的电阻带挂在小钩上 $H\leqslant150$ mm，电阻带放在炉顶砖槽内时，槽内宽等于 $1.1\sim1.2H$。根据弓字形电阻带的 $t$ 和 $H$ 值，利用图 3.4-47 可确定 1 $m^2$ 炉墙上可布置的电阻带长度 $L$。弓字形电阻带在炉内的布置形式见图 3.4-48。

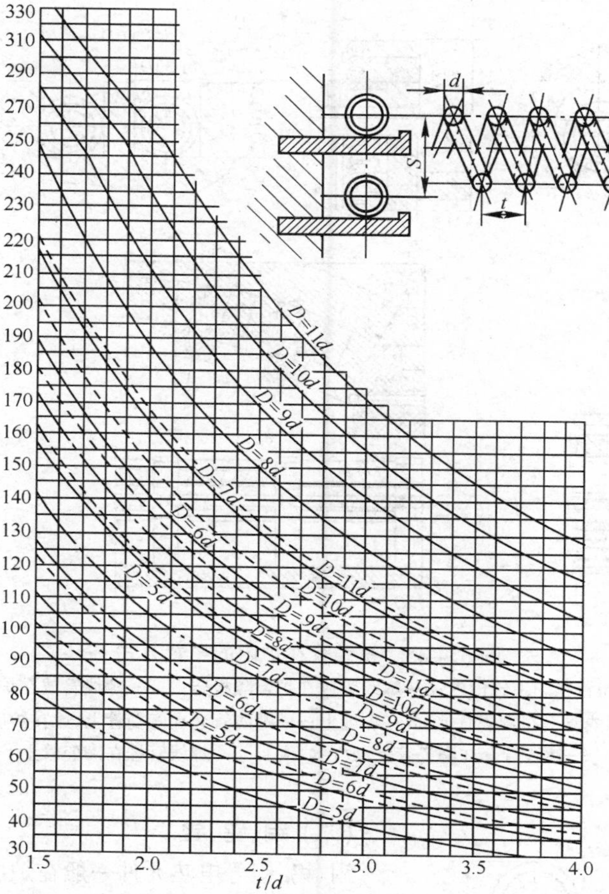


图 3.4-43　每 1 $m^2$ 砌体内表面上，电阻丝的长度 $L$ 和 $D$、$t$、$S$ 及直径 $d$ 的关系

——$S$ = 67 mm；-----$S$ = 104 mm；—·—$S$ = 134 mm

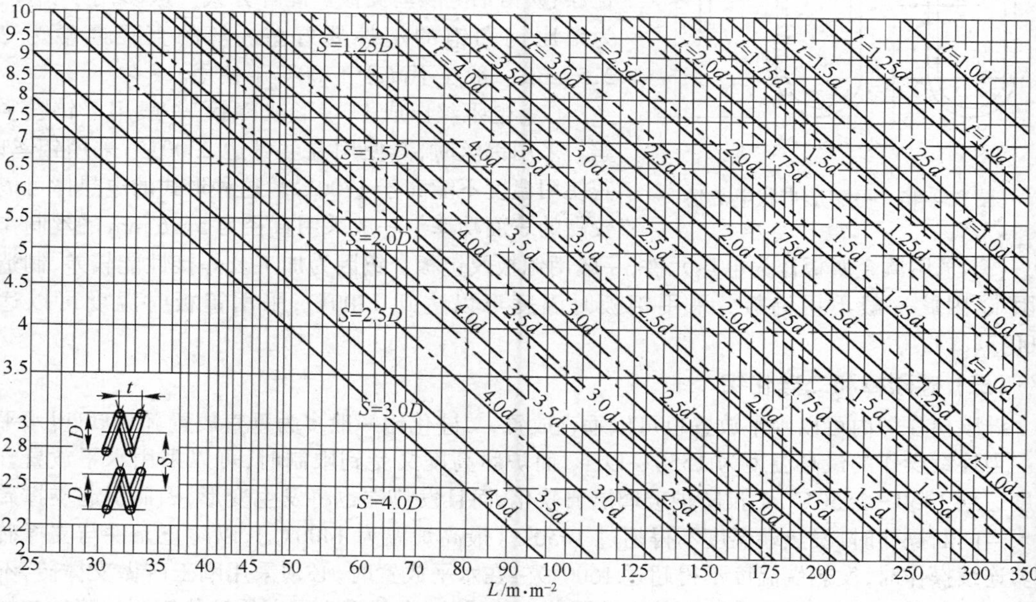


图 3.4-44　每 1 $m^2$ 砌体内表面上电阻丝长度与 $t$、$D$、$S$ 的关系

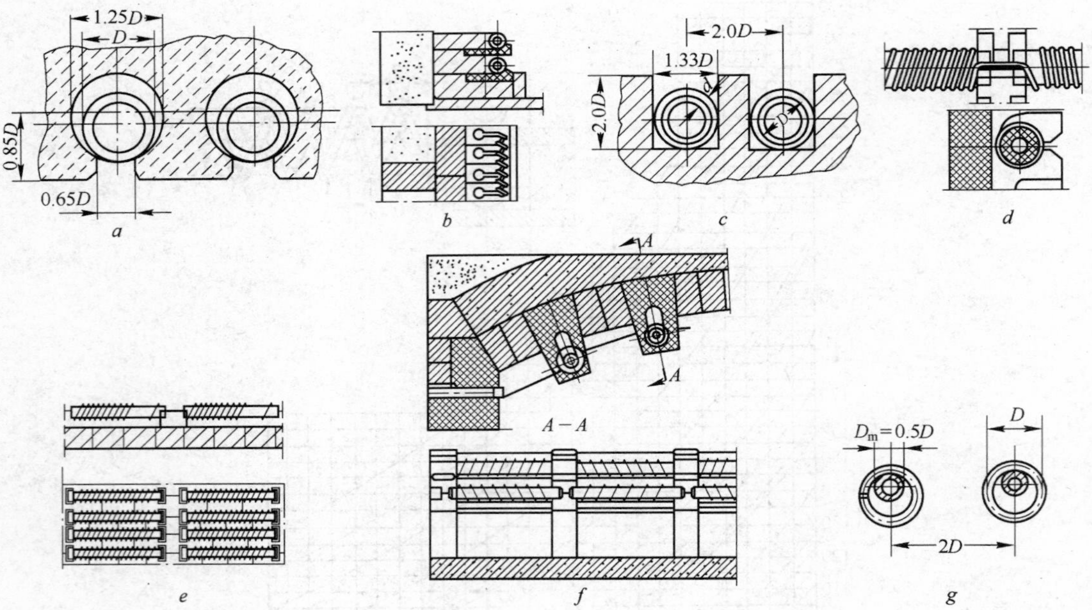


图 3.4-45　螺线管在炉内的布置方式

*a*—螺线管布置在炉顶砖槽内；*b*—螺线管放在炉墙隔板砖上；*c*—螺线管放在炉底沟槽内；*d*—螺线管套在陶瓷管上，放在炉墙上；*e*—螺线管套在陶瓷管上，放在炉底上；*f*—螺线管套在陶瓷管上，放在炉顶上；*g*—螺线管挂在陶瓷管上

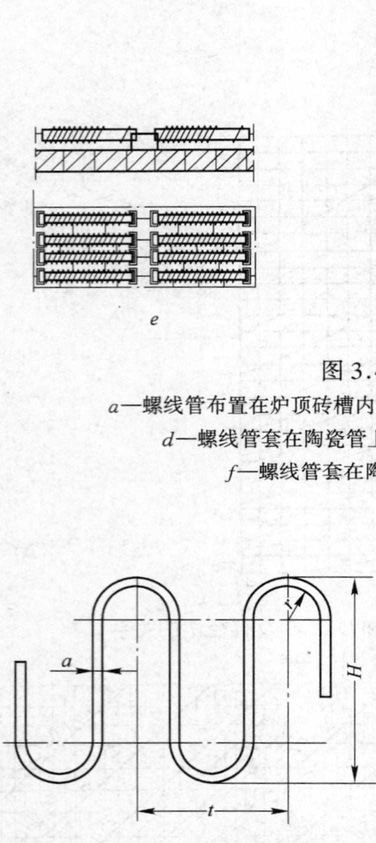


图 3.4-46　弓字形带状电热体

### (二) 钼、钨、钽

钼、钨、钽等电热元件一般在炉内有 3 种布置方式：

(1) 电阻丝作成螺旋管形或弓字形，其作法与前述之铬镍、铁铬铝电阻丝类似。此种方式一般多用于钼丝，因为钼比钨和钽的塑性要好些。丝的直径通常为 2～2.5 mm，一般在不高于 1700℃下使用。

(2) 电阻丝作成 U 字形或棒状，一般用于钨丝和钼丝。采用钨丝时，其使用温度可达 2300℃；采用钼丝时，其使用温度不能高于 1700℃。这种形式的电热体可以有较高的表面功率。一般采用直径为 5～6 mm 的丝制作。

(3) 采用薄金属板作为电热元件，一般用钼板及钽板。钨因为加工及焊接性能较差，制造工艺困难，因此一般不用钨板。采用钼板时温度可以达到 1700℃；采用钽板时温度可以达到 2200℃。

### (三) 硅碳棒和二硅化钼

硅碳棒在炉内可以水平放置也可以垂直放置，二硅化钼一般多为垂直放置，但也可以水平放置。当连续操作的最高温度为 1550℃以下，而炉膛高度又受到限制时，可以采用水平放置。在温度达到 1450～1550℃，不仅防护玻璃层要软化，而且发热端也将发生变形，因而引起支撑砖粘结。当间断操作时，发热端温度不得超过 1450℃（最高炉温为 1400℃），以防止元件与支撑砖粘结。连续操作时，发热端温度不得超过 1600℃。在水平放置时，必须采用刚玉砖做支撑砖，不允许用碱性材料，如氧化镁及白云石等。为限制一边过热，发热端也可以用硅化钼制的滚动支柱。

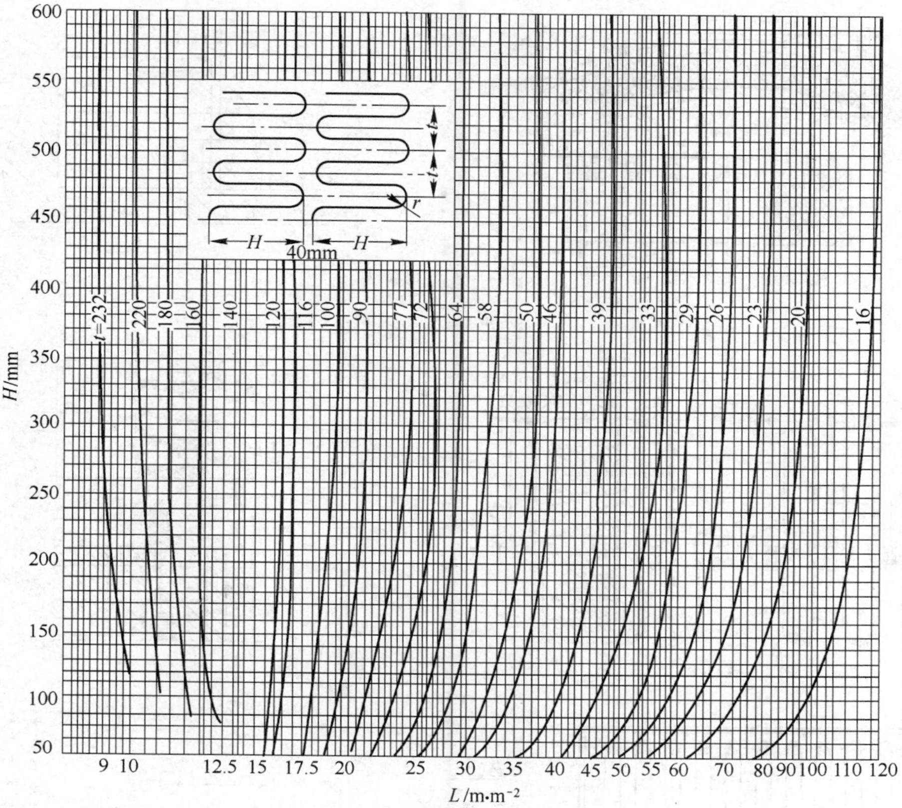


图 3.4-47 每 1 $m^2$ 炉墙内表面弓字形电阻带的长度 $L$ 与元件 $H$、$t$ 值的关系($r=0.25t$)

## 四、电热元件的计算

### (一) 电热元件的计算程序

电热元件的计算程序如下:

(1) 确定炉子的功率。根据炉子热平衡计算确定炉子的功率,同时还需要将计算出的功率乘以一定的安全系数,作为电热元件的功率。一般取安全系数 $K=1.2\sim1.3$(连续式炉);$K=1.4\sim1.5$(间断式炉)。

(2) 根据炉子功率确定电热体功率。根据炉子总功率将电热体分成若干个独立的供热段,分段原则视炉子工作制度而不同。根据炉子大小和产量高低来决定炉子分段数量。通常功率为100 kW以下的室式电炉可以不必再分段。但为了保证炉内温度的均匀,散热多的地方(例如炉门附近)电热元件可以排得密一些。对于大功率的罩式炉,一般可以分成若干段,而以炉墙为主(炉墙如果较高,还可以沿高度分段),并视需要在炉顶和炉底布置单独的供热段。电热体沿炉墙分段的高度,在没有循环气体的间断式电炉内,建议采用800~1200 mm,在设置循环风机时可以更高些。如分段数量过多,会使控制设备过多;而每段功率的大小,则受到电气设备(例如接触器,调压器等)标准规格的限制;还受到热工控制仪表的限制,为了尽量减少在一个炉子上使用的电热体截面的种类(这有利于电热体的制作和备品),在计算过程中可以对各段的功率进行适当调整。

在采用恒温加热制度的连续式电炉内,功率的分配应按炉料的运动方向逐步减少,对于大型的连续式电炉则应当根据分段热平衡计算来确定每段的功率。按照计算功率所得到的电热体截

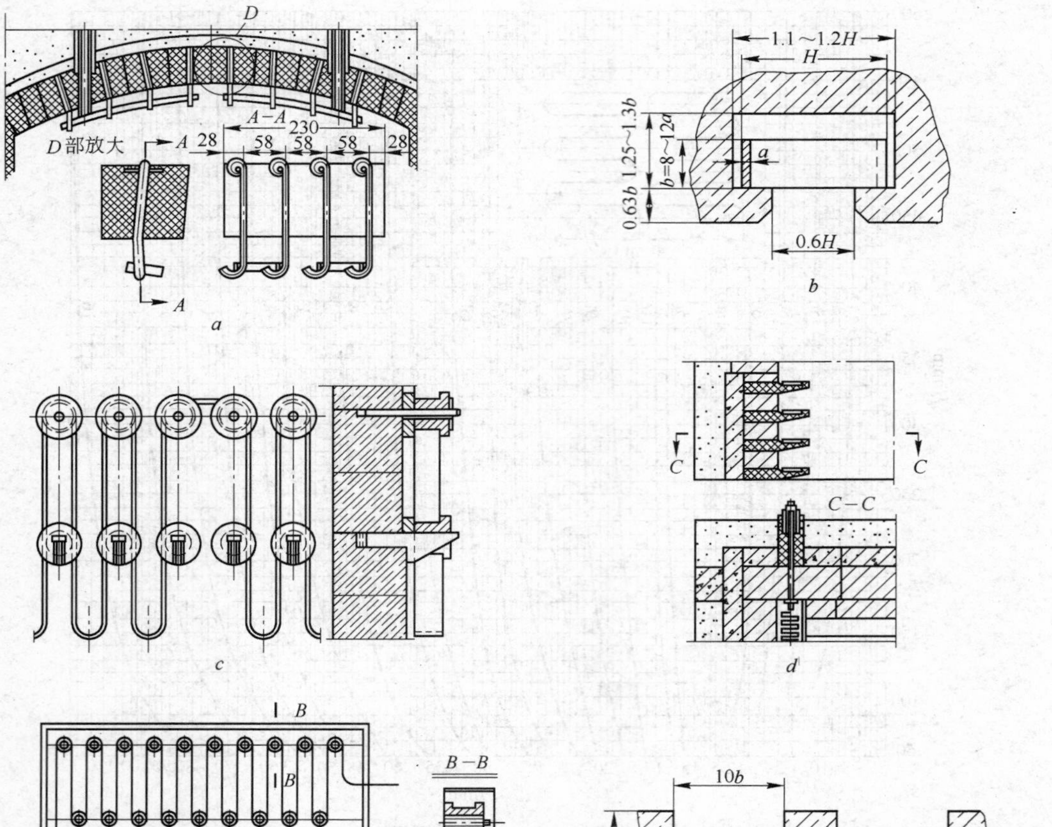

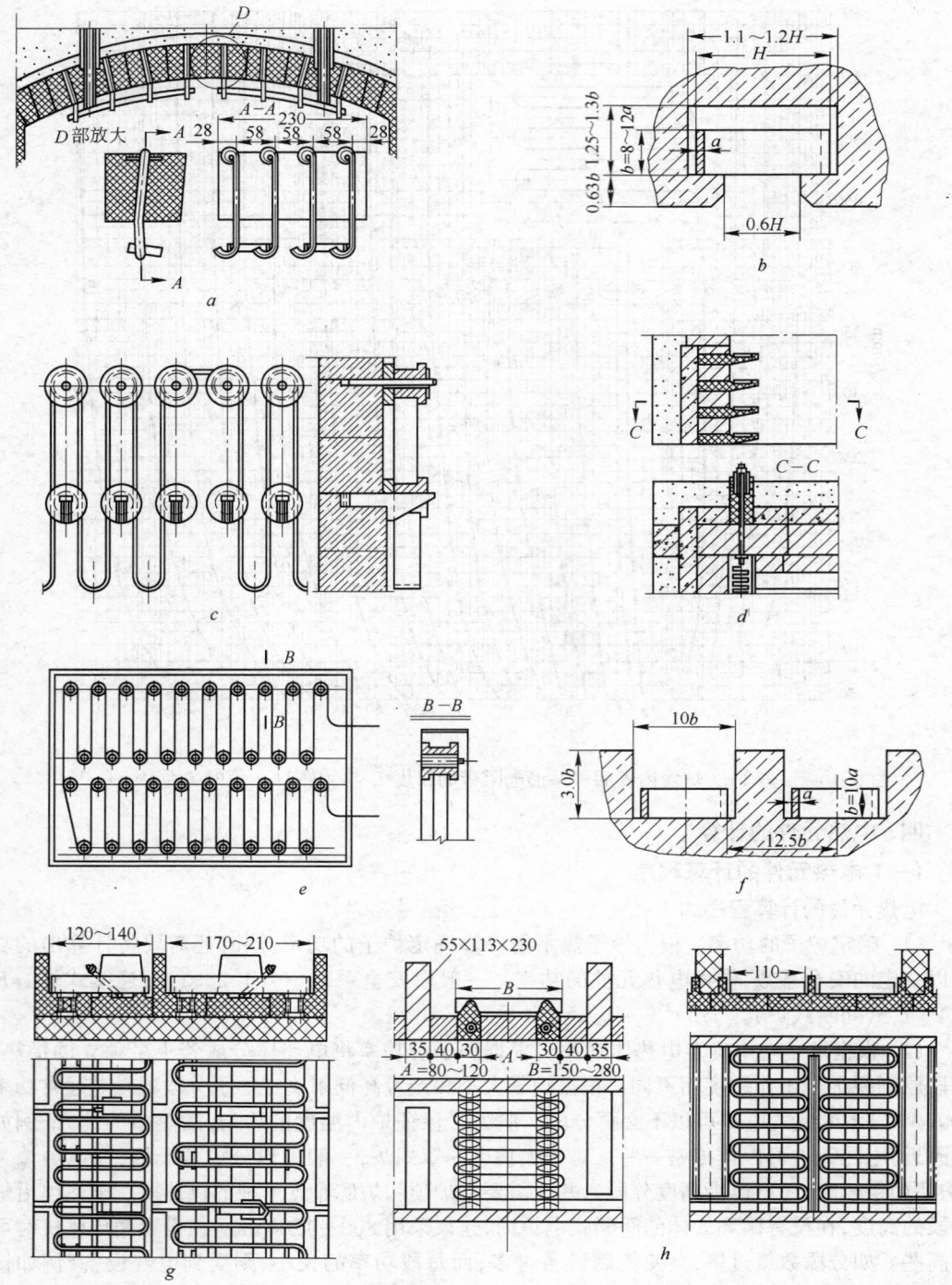


图 3.4-48　弓字形电阻带在炉内的布置形式

a—用小钩挂在炉顶上；b—放在炉顶砖槽内；c—用绝缘子挂在炉墙上；d—放在炉墙隔板砖上；e—盘形放置的电阻带；f—放在炉底槽内；g、h—放在炉底沟槽内的电阻带

面，在各段可能是不一样的。因此，为了尽量使电热体截面统一，可以采用下列一些措施：如果各

段功率相差不大，例如20%～40%，为了统一加热元件断面，各段可以采用同样的功率值，而使其沿炉长布置电热体的密度不同，即前一段的电热体节距较小，而后一段则较大；对于各段功率相差较大，例如1.5～3倍，为了统一电热体的截面，可以从接线方法上想办法，例如功率较小的一段采用单相，而功率较大的一段采用三相。当然，采用这些方法并不都有可能，因此，有时仍不得不在一个炉子上选用几种电热体截面。每段功率的数值除受到电气设备的限制外，还受到热工控制仪表的限制，因为一般热电偶测量温度区域的距离（沿炉子方向）是有限的。

(3) 确定供电电压。一般车间供电电压多为380/220 V，对于容量很小的炉子，例如在15 kW以下可以采用单相220 V。作为冶金厂工业电炉，一般多采用三相星形或三角形连接。对于同一段电热体三角形连接比星形连接功率要大三倍，因此，有一种做法就是升温时采用三角形连接，而在工作时采用星形连接。有时在高温电炉内由于电热体布置困难，需要在炉前装置降压变压器，降低供入炉内的电压以缩短电热体长度。对于要求温度控制水平较高时，还可以通过自动调节供电电压来控制炉温。

(4) 电热体材料选择。根据炉子工作制度、工作温度和炉内气氛选用适当的电热体材料。对于一般工业电炉，电热体的寿命都应在一年以上，因此，在选择电热元件材质时，应当保证使用寿命的要求。

(5) 确定电热元件的型式和在炉内的布置方式。

(6) 计算电热元件的截面尺寸和长度。

### （二）电热元件截面尺寸计算方法

通常采用的电热元件的计算方法有下面3种：

(1) 直接利用所选用的电热体材料的允许表面功率代入公式求出电热体的截面尺寸及长度。允许表面功率的数值主要取决于材料的耐热性能，一般可根据生产厂的推荐数值来确定。这种计算方法的优点是电热体允许表面功率的选定比较切合实际，因此，计算结果可靠，并且计算方法简单易行。缺点是在计算中没有精确地考虑电热体在炉内遮蔽程度，并且计算出的电热体长度能否布置在有效炉墙面积上，还要进行校核。与第二种方法比较，这种方法的计算结果偏于保守。

(2) 利用理想电热体单位表面功率计算电热体。这种方法的优点是考虑了炉内热交换条件，并根据电热元件的不同型式给出了计算遮蔽系数的公式，因此，计算结果能够保证加热工艺的需要。但是这种方法在计算电热体理想表面功率时，没有考虑材料本身的允许表面功率，计算出截面尺寸后要核算电热体的实际温度，而计算电热体温度是比较繁琐的，也不准确。

(3) 图解法：前两种方法的共同缺点是先计算电热体截面，然后再计算电热体长度，计算出的长度在炉墙上能否布置得下需要校核。当布置不下时还要反复试算，为了避免这种繁琐的试算，根据同样的一些基本公式，绘制出了电阻丝及电阻带的计算图。从计算图中可以一次计算出电热体的截面及长度，并保证能在炉墙上布置得下，因此大大简化了计算过程。

### （三）根据允许单位表面功率计算电热体的尺寸

(1) 电热体的截面尺寸计算公式。

丝状电热体：

$$d=\sqrt[3]{\frac{4\times10^{5}P^{2}\rho_{t}}{\pi^{2}\omega U^{2}}}=34.4\sqrt[3]{\left(\frac{P}{U}\right)^{2}\times\frac{\rho_{t}}{\omega}} \tag{3.4-30}$$

式中　$d$——电阻丝直径，mm；

$P$——该计算段元件的功率，kW；

$\rho_t$——电热体材料在工作温度时的电阻率，μΩ·m；

$\omega$——电热体允许表面功率，$W/cm^2$；

$U$——电压，V。

带状电热体：

$$a=\sqrt[3]{\frac{10^5P^2\rho_t}{2\omega U^2m(m+1)}}=K_a\sqrt[3]{\left(\frac{P}{U}\right)^2\times\frac{\rho_t}{\omega}} \tag{3.4-31}$$

$$b=K_b\sqrt[3]{\left(\frac{P}{U}\right)^2\times\frac{\rho_t}{\omega}} \tag{3.4-32}$$

式中　$a$——电阻带厚度，mm；

$b$——电阻带宽度，mm；

$K_a$——带状电热体的厚度因数；

$K_b$——带状电热体的宽度因数；

$m=\frac{b}{a}$。

$K_a$ 与 $K_b$ 值见表 3.4-18。

**表 3.4-18　$K_a$ 与 $K_b$ 值**

| $m=\frac{b}{a}$ | 5 | 6 | 7 | 8 | 9 | 10 | 11 | 12 | 13 | 14 | 15 |
|---|---|---|---|---|---|---|---|---|---|---|---|
| $K_a$ | 11.9 | 10.6 | 9.64 | 8.85 | 8.22 | 7.7 | 7.22 | 6.84 | 6.5 | 6.2 | 5.93 |
| $K_b$ | 59.5 | 63.7 | 67.5 | 70.8 | 73.9 | 77 | 79.5 | 82 | 84.5 | 86.9 | 88.9 |

(2) 电热体长度。

$$L=\frac{RS}{\rho_t} \tag{3.4-33}$$

式中　$L$——电热体长度，mm；

$R$——该段电热体电阻，Ω；

$S$——电热体截面积，$mm^2$。

(3) 允许电热体表面功率 $\omega$ 的确定。

表面功率系指电热元件单位表面积上所分担的功率数。在相同的工作条件下，表面功率选择过大，一次使用电热体材料的量少，但其使用寿命则相应降低，经常消耗电热体材料量就会增加，因此正确地选用表面功率是很重要的。各种材料的允许表面功率随工作温度不同而改变，因此设计时要根据工作温度选定电热体的表面功率。

铁铬铝电热元件的允许表面功率与温度的关系可参见图 3.4-49。

镍铬电热元件允许表面功率与温度的关系可参见图 3.4-50。

钼钨钽的允许表面功率见表 3.4-19。

**表 3.4-19　钼、钨、钽表面功率($W/cm^2$)**

| 元件名称 | 钼 | 钨 | 钽 |
|---|---|---|---|
| <1800℃连续使用 | 10～20　(≤1700℃) | 10～20 | 10～20 |
| >1800℃短期使用 | 20～40 | 20～40 | 20～40 |

硅碳棒的允许表面功率，可参见图 3.4-51。二硅化钼元件允许表面功率与炉温的关系见图 3.4-52。

**例 2**　有一炉温为 950℃的井式热处理炉，炉膛内径 800 mm，高度 2500 mm，沿炉高分两段供热。根据热平衡求得最大热耗为 $Q=195000$ kJ/h，供电电压为 380/220 V，计算电热体的尺寸。

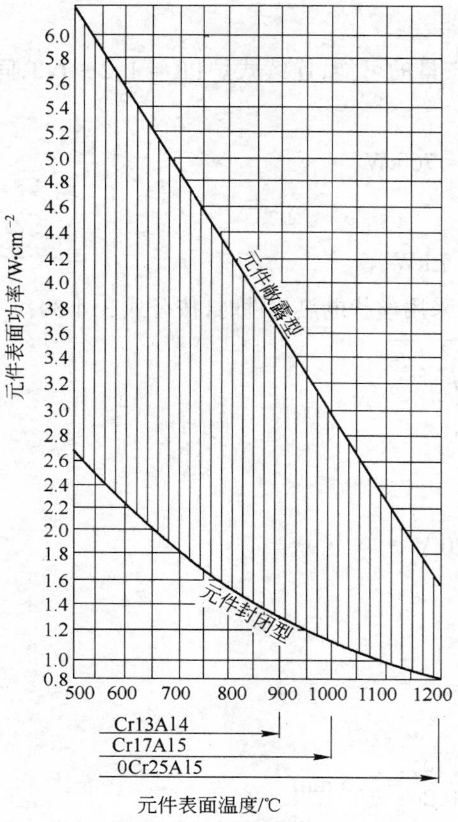


图 3.4-49　铁铬铝电热元件的允许表面功率

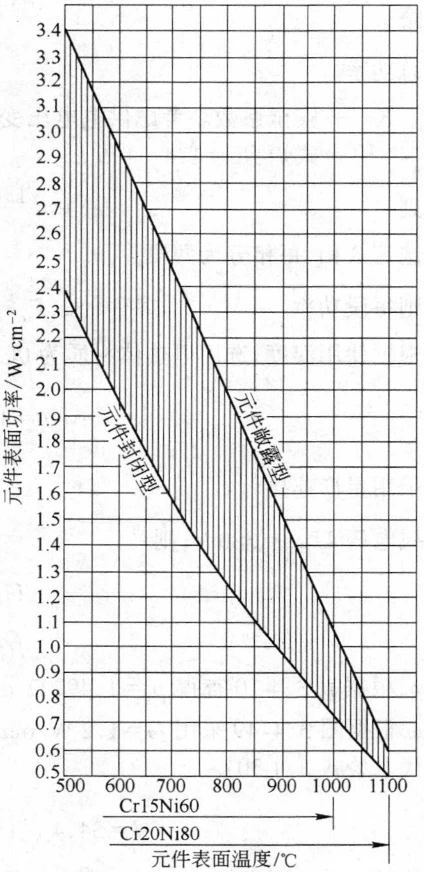


图 3.4-50　镍铬电热元件允许表面功率

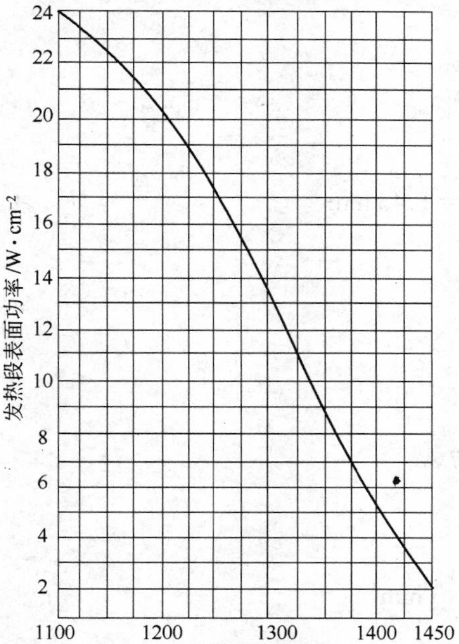


图 3.4-51　硅碳棒允许表面功率

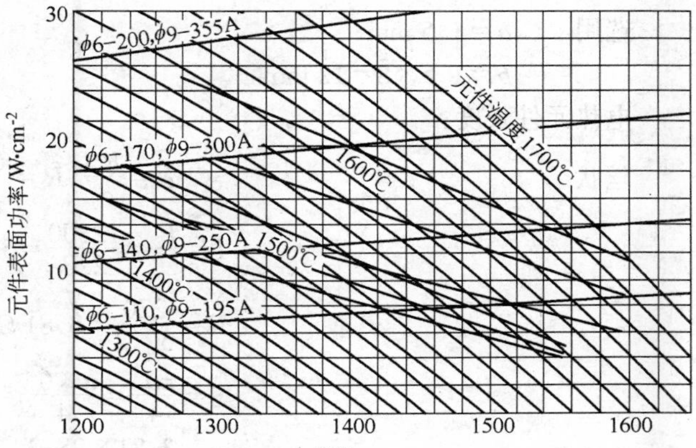


图 3.4-52　二硅化钼允许表面功率

**解：**

总功率

$$P=\frac{KQ}{3600}$$

式中　$K$——安全系数。考虑供电电压变化及提高产量的可能，连续式炉：$K=1.2\sim1.3$，间断式炉：$K=1.4\sim1.5$。

则

$$P=\frac{1.4\times195000}{3600}=76\ \text{kW}$$

选定 3 相，每相分为两段。

则每段功率

$$P_x=\frac{76}{2\times3}=12.7\ \text{kW}$$

根据使用温度，选用电热体材质为 0Cr25Al5。当采用丝状电热元件时，按公式 3.4-30：

$$d=34.4\sqrt[3]{\left(\frac{P}{U}\right)^2\times\frac{\rho_t}{\omega}}$$

采用星形连接

$$U_x=\frac{U_{xian}}{\sqrt{3}}$$

线电压 $U_{xian}=380$ V，则

$$U_x=\frac{380}{\sqrt{3}}=220\ \text{V}$$

$$P=12.7\ \text{kW}$$

$\rho_t$ 根据表 3.4-10 查得 $\rho_t=1.497\ \Omega\cdot\text{mm}^2/\text{m}$。

$\omega$ 根据图 3.4-49 采用 $\omega=1.2\ \text{W/mm}^2$。

代入公式 3.4-30：

$$d=34.4\sqrt[3]{\left(\frac{12.7}{220}\right)^2\times\frac{1.497}{1.2}}=5.5\ \text{mm}$$

选用 $\phi6$ mm 电阻丝。

当采用带状电热元件时，按公式 3.4-31：

$$a=K_a\sqrt[3]{\left(\frac{P}{U}\right)^2\times\frac{\rho_t}{\omega}}$$

取 $m=8$，则按表 3.4-18，查得 $K_a=8.85$。

$$a=8.85\sqrt[3]{\left(\frac{12.7}{220}\right)^2\times\frac{1.497}{1.2}}=1.43\ \text{mm}$$

选用　$a=1.5$ mm；

　　　$b=1.5\times8=12$ mm。

电热元件长度：

丝状

$$L=\frac{RS}{\rho_t},R=\frac{U}{I}$$

$$I=\frac{P}{U}=\frac{12700}{220}=57.7\ \text{A}$$

$$R=\frac{220}{57.7}=3.81\ \Omega$$

$$S=\frac{\pi d^2}{4}=\frac{\pi\times6^2}{4}=28.3\ \text{mm}^2$$

代入式中

$$L=\frac{3.81\times28.3}{1.497}=72\ \text{m}$$

螺管圈数
$$n=\frac{1000l}{t}$$

式中　$l$——螺管长度，m，$l=\frac{Lt}{\pi D}$；

$D$——螺管直径，mm；

$t$——螺管节距，mm；一般取 $t=1.5\sim4d$。

取
$$t=2.5d=2.5\times6=15\ \text{mm}$$
$$D=6d=6\times6=36\ \text{mm}$$

代入式中
$$l=\frac{72\times15}{\pi\times36}=9.6\ \text{m}$$

则
$$n_{ch}=\frac{1000\times9.6}{15}=640\ 圈$$

根据图 3.4-44 检查单位炉墙面积上能否布置得下：

取螺管中心距 $S=3D=3\times36=108$ mm；

考虑到砌砖情况，取 $S=106$ mm。

查得每平方米炉墙可布置的电热体长度：
$$L=72\ \text{m/m}^2$$

炉膛周墙内表面积 $F_q=\pi\times0.8\times2.5=6.27\ \text{m}^2$（未考虑引出端炉墙面积）

可布置电热体总长度　$L_z=6.27\times72=450$ m

实际需要布置长度　$L_{sh}=3\times2\times72=432$ m

因为
$$L_z>L_{sh}$$

因此可按上述结果进行设计。

如果选用带状电热体，按公式 3.4-33：
$$L=\frac{3.81\times1.5\times12}{1.497}=46\ \text{m}$$

取
$$t=26\ \text{mm}$$
$$H=300\ \text{mm}$$

根据图 3.4-47 查得每平方米炉墙可布置 70 m 电阻带，可以布置下。

**例 3**　同上例，炉温改为 1000℃，炉子总功率为 120 kW。

**解**：仍采用 0Cr25Al5 电热元件，采用丝状：
$$P=\frac{120}{2\times3}=20\ \text{kW}$$
$$\rho_t=1.5\ \mu\Omega\cdot\text{m}$$

取
$$\omega=1.1\ \text{W/cm}^2$$

代入式中
$$d=34.4\sqrt[3]{\left(\frac{20}{220}\right)^2\times\frac{1.5}{1.1}}=7.5\text{mm}$$

取
$$d=8\ \text{mm}$$
$$I=\frac{P}{U}=\frac{20000}{220}=91\ \text{A}$$
$$R=\frac{220}{91}=2.42\ \Omega$$

电热元件长度：

$$L=\frac{2.42\times\frac{\pi\times 8^2}{4}}{1.5}=81\text{ m}$$

取　$t=2.5d=2.5\times8=20\text{ mm}$；

$D=6d=6\times8=48\text{ mm}$；

$S=3D=3\times48=144\text{ mm}$，取 $S=134\text{ mm}$。

根据图 3.4-44 查得每平方米炉墙布置电热体长度为 75 m。

炉内墙可布置电热体总长度：

$$L_z=6.27\times75=470\text{ mm}$$

计算电热体所需之总长度：

$$L_{sh}=3\times2\times81=485\text{ m}$$

$$L_{sh}>L_z$$

说明炉墙布置不下，再按允许长度算出电热体的直径：

$$d=\sqrt{\frac{L\times4\rho_t}{R\pi}}=\sqrt{\frac{75\times4\times1.5}{2.42\pi}}=7.7\text{ mm}$$

取　$d=7.5\text{ mm}$。

则电热体的单位表面功率为：

$$\omega=\frac{20000}{75\times\pi\times0.75}=1.21\text{ W/cm}^2$$

根据图 3.4-49 可知 $\omega$ 仍在允许的范围内，可以此进行设计。

# 第五章　加　热　炉

## 第一节　辊底式均热炉

辊底式均热炉(也称辊底式加热炉,下同)是薄板坯连铸连轧生产线的连接段。

薄板坯连铸连轧是目前世界冶金行业于20世纪90年代最新开发的紧凑式带钢生产线,简称CSP(Compact Strip Production)。由于该工艺与同类规模的热轧带钢厂相比,具有工序简单、紧凑、占地面积少、设备重量轻、投资少、自动化程度高、节能、生产成本低等优点,故发展很快,目前世界有CSP近40条生产线,我国已有近15条生产线投入生产。一条CSP生产线的主要设备组成及能源利用(带钢温度分布),如图3.5-1所示。

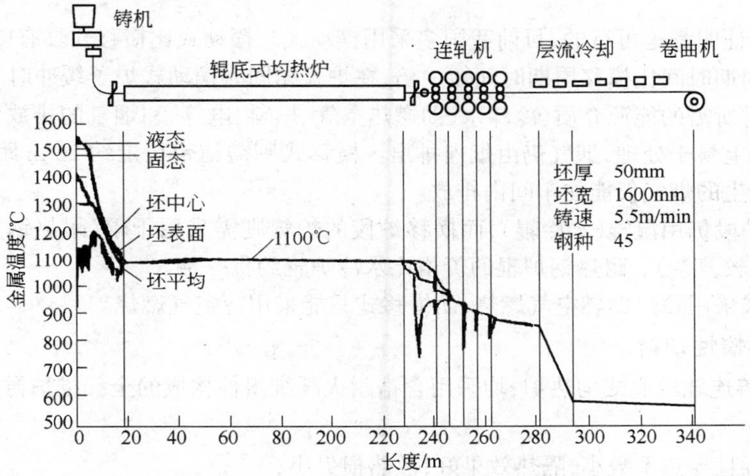


图3.5-1　某厂一条薄板坯连铸连轧生产线的主要设备组成及能源利用(带钢温度分布图)

### 一、辊底式均热炉的作用

设在薄板坯连铸机和连轧机之间的隧道式辊底炉连续不断地接收铸机的高温板坯,经加热和均热后及时供给适合轧机加热质量要求的薄板坯。当轧机换工作辊,或下游设备临时故障时可起调节和缓冲作用。每台连铸机后应配一座辊底炉向同一套轧机供坯。

### 二、辊底式均热炉的特点

#### (一)炉型结构

目前薄板坯连铸连轧线的连接段一般都采用隧道式辊底炉,其特点是炉型结构简单,并便于在线自动控制。通过对每个炉辊速度变化,就可适应前面连铸机和后面轧机对板坯速度的同步要求,拉开前后铸坯间的距离,使炉子具有缓冲能力。根据轧线的工艺要求,在炉内正向运送和反向运送板坯,待轧时板坯在炉内出料段进行前后摆动等待。

炉子由加热炉段、运输炉段、摆动或横移炉段、存储炉段组成。炉顶为可移动式平板型结构,炉底为倾斜渣槽式,以便收集氧化铁皮,单面上加热的辊底式炉断面见图3.5-2。

#### (二)摆动(或横移)炉段

摆动炉段及摆动功能(或横移)是专为两流连铸机的双辊底式均热炉设计的。摆动式与横移

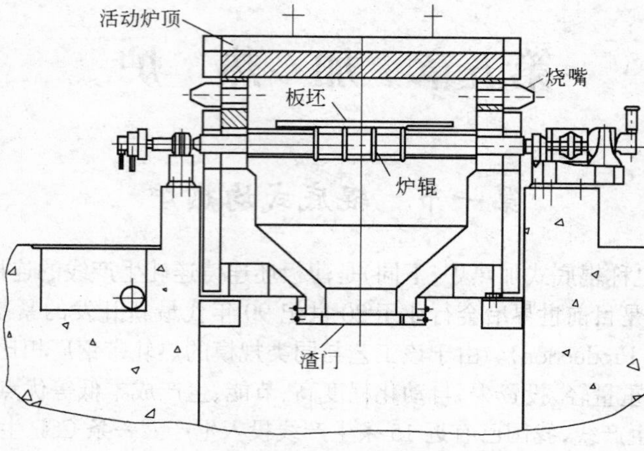


图 3.5-2 上加热辊底式均热炉剖面图

式，经生产实践证明都是可行的，目前我国多采用摆动式。摆动式比横移式具有以下优点：

(1) 摆动周期时间比横移周期时间短一倍，在炉长相同时摆动式炉子缓冲时间增加。

(2) 移动时所需的能源介质(冷却水、助燃热空气、燃料、电等)和烟气的排放，摆动式由摆动轴处连接，结构上易于处理，烟气仍由烟囱排出。横移式则需拖带行走约 26 m 距离的坦克链来完成，而燃烧产生的烟气仅能往车间内排放。

(3) 摆动炉段仍用湿辊(水冷辊)，而横移炉段的炉辊则需采用干辊(耐热钢空腹辊，也可采用湿辊，但系统较复杂)。耐热钢炉辊的价格比水冷炉辊约贵一倍。

(4) 摆动式采用预热助燃空气燃烧，而横移式只能采用冷空气燃烧。

**(三) 低热惰性炉衬**

薄板坯连铸连轧辊底式均热炉，均采用含锆耐火纤维组件构成的全纤维炉衬(炉底除外)，其特点如下：

(1) 炉衬轻且导热系数小，隔热效果好，散热损失小；

(2) 炉衬柔韧性好，可吸收炉辊快速转动产生的振动，炉衬稳定性好；

(3) 炉衬蓄热量少，即热惰性小，故炉子升温和降温都快捷，可适应不同铸速下的板坯入炉温度与加热段长度在线动态控制的要求。

**(四) 板坯入炉温度**

板坯的入炉温度随铸速和板坯厚度及钢种而变化，各种铸速与坯厚的板坯入炉温度，见表 3.5-1。

**表 3.5-1 铸速、铸坯厚度与板坯入炉温度关系**

| 铸速/$m \cdot min^{-1}$ | 入炉温度/℃ | | | | | | |
|---|---|---|---|---|---|---|---|
| | 板坯厚度/mm | | | | | | |
| | 45 | 50 | 55 | 60 | 65 | 70 | 90 |
| 2.0 | | | | | | 835 | 960 |
| 2.5 | | | | | 835 | 860 | 990 |
| 2.8 | | | | 825 | 855 | 880 | 1020 |
| 3.0 | | | 810 | 845 | 875 | 905 | 1050 |
| 3.5 | | 800 | 845 | 880 | 915 | 945 | |
| 4.0 | 805 | 830 | 875 | 915 | 955 | 990 | |

续表 3.5-1

| 铸速/m·min$^{-1}$ | 入炉温度/℃ | | | | | | |
|---|---|---|---|---|---|---|---|
| | 板坯厚度/mm | | | | | | |
| | 45 | 50 | 55 | 60 | 65 | 70 | 90 |
| 4.5 | 835 | 860 | 905 | 950 | 995 | 1030 | |
| 5.0 | 860 | 890 | 935 | 985 | 1030 | 1065 | |
| 5.5 | 890 | 920 | 965 | 1015 | 1060 | | |
| 6.0 | 915 | 950 | 990 | 1040 | 1085 | | |
| 6.5 | 935 | 970 | 1010 | 1065 | | | |
| 7.0 | 955 | 995 | 1030 | 1085 | | | |
| 8.0 | 990 | 1020 | | | | | |

## 三、炉子小时产量计算

薄板坯连铸连轧辊底式均热炉的小时产量 $G$(t/h)，是由铸机的铸速 $V$(m/min)及铸坯的宽度 $B$(m)与厚度 $\delta$(m)确定，由下式计算：

$$G=\frac{V(B\times\delta)\times 60}{\gamma} \tag{3.5-1}$$

式中　$\gamma$——铸坯的密度，取 7.5 t/m$^3$。

炉子的额定小时产量，一般按正常铸速下产品大纲中有代表性的铸坯来确定。炉子的最大小时产量，一般按正常铸速下产品大纲中最宽的铸坯来确定。

## 四、炉温制度与板坯温度

薄板坯连铸连轧辊底式均热炉由加热炉段、运输炉段、摆动或横移炉段、存储炉段组成。加热炉段的炉温比板坯要求的加热温度约高 100℃，其余三个炉段的炉温均比板坯最终加热温度约高 10～20℃，钢坯最终加热温度一般不高于 1150℃。板坯离开加热段的表面温度比板坯出炉温度约低 10℃，温差则由后续三个恒温炉段来完成，见图 3.5-3 所示。

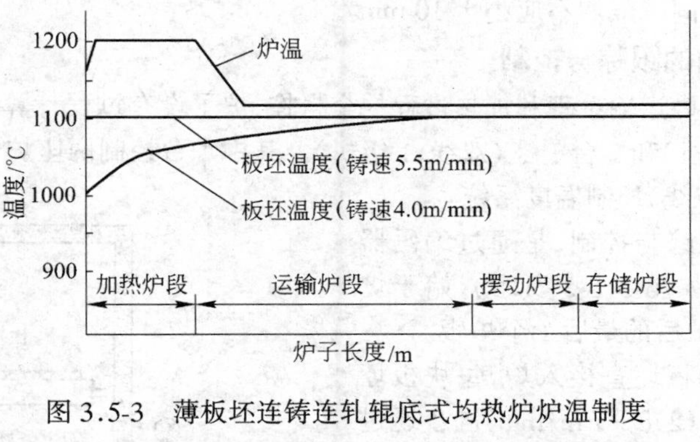


图 3.5-3　薄板坯连铸连轧辊底式均热炉炉温制度

图中给出的加热段长度是指最大加热段长度(由计算确定)，实际生产中加热段的长度是随铸速(板坯入炉温度)的变化而进行在线动态自动调节的。

## 五、加热时间及加热段长度

### (一) 加热时间理论公式计算法

按辊底式均热炉的特征，采用传统的理论公式计算(见工业炉设计有关手册)。

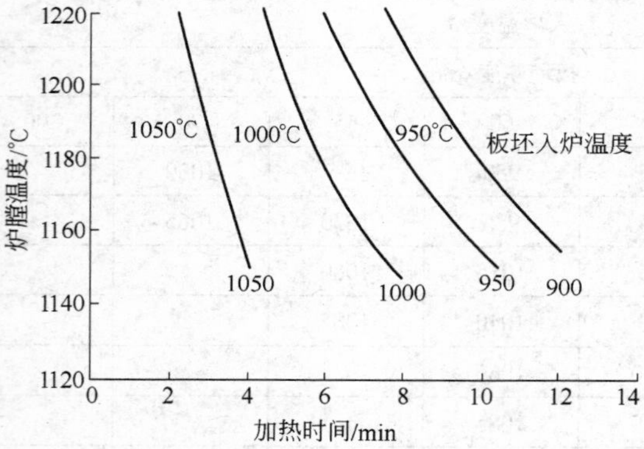


图 3.5-4　辊底式均热炉加热时间计算图
（坯厚 50 mm 和加热温度 1100℃时）

### （二）经验公式的图表计算法

火焰炉炉内的热交换是一个相当复杂的过程，不仅传导、对流及辐射三种热交换同时存在，而且炉内各处的温度、炉气速度和压力都是不均匀的，加上炉衬和钢种的性质（如热容、导热系数等）也是变化的，再加上操作因素等，故目前还不能对火焰炉炉膛热交换进行精确计算，多采用经验公式及图 3.5-4 进行计算。

**例 1**　坯厚 50 mm，铸速 6.0 m/min，入炉温度（查表 3.5-1）：950℃，出炉温度 1100℃，加热段炉温 1200℃，查图 3.5-4 得出：

加热时间：6.9 min；加热段长度：6.9 min×6.0 m/min＝41.4 m。

**例 2**　坯厚 60 mm，铸速 6.0 m/min，入炉温度（查表 3.5-1）：1040℃，加热温度 1100℃，加热段炉温 1200℃，查图 3.5-4：

（1）板坯厚 50 mm 时所需加热时间为 3.2 min

加热段长度：6.0 m/min×3.2 min＝19.2 m。

（2）坯厚 60 mm 时乘以厚度系数，即为坯厚 60 mm 加热时间

$$3.2\ \text{min}\times(60\ \text{mm}/50\ \text{mm})=3.84\ \text{min}$$

加热段长度：6.0 m/min×3.84 min＝23.04 m。

## 六、辊底炉缓冲时间

在双线薄板坯连铸连轧生产线上，辊底式均热炉的缓冲时间与炉长、钢种、坯厚、坯长、铸速、加速、轧速、移动炉段长度及移动时间、坯间间距等诸多因素有关，很难用计算求得，多为仿真模拟得出。为了节省投资和确保在线换轧机工作辊所需时间（一般为 8 min），两座炉子在任何生产条件下的最小缓冲时间一般均不应小于 10 min。

## 七、板坯在炉内的跟踪与控制

为实现板坯在炉内运输过程和加热过程的全自控，炉子设有过程计算机（2 级机），通常下设两台 PLC（单线，1 级机）和 3 台 PLC（双线，1 级机）。其中 1 台控制两座炉子的机械运输系统，另 1 台（单线）和两台（双线）控制温度系统。

炉子对板坯的跟踪与控制，是通过编码器和位置跟踪光电管（如图 3.5-5 所示），始于炉前第 1 个炉辊，止于炉后的最后 1 个炉辊。

从连铸机出来的板坯直接入炉，每块板坯由头至尾以连铸速度（2.8～7 m/min）同步通过炉子的加热段，板坯尾端离开加热段随即加速，并以最大速度（约 60 m/min）穿越运输炉段、摆动炉段和存储炉段直至炉尾，并降速至轧机 F1 入口速度。上一块板坯完成轧制后，下一块板坯才允许离开存储炉段。炉子 PLC 将通过与

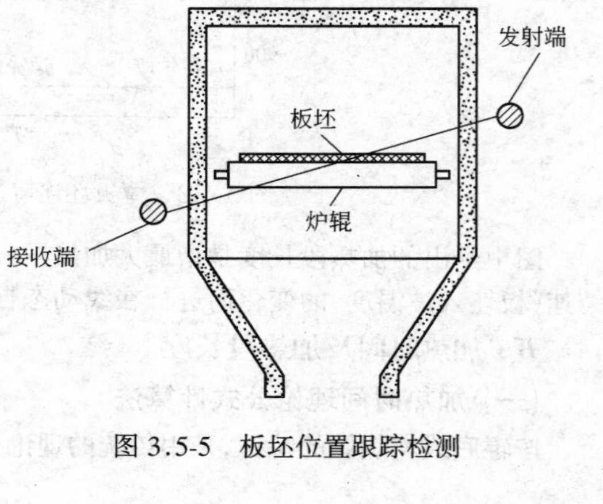


图 3.5-5　板坯位置跟踪检测

轧制PLC直接联系获得F1轧机的入口速度。开始出坯时炉子PLC又将信息传送给轧机的PLC。当板坯输送至炉子尾部,没有接到轧机PLC的要钢信号时,板坯则停止行进。一旦板坯停止行进,正/反向摆动装置自动触发,以保持炉辊转动,使板坯前后摆动(即原地"踏步")待轧。当有一块板坯仍在存储炉段内,则下一块板坯只允许送至距该板坯尾端2.5 m位置。

板坯通过炉子的全过程都由PLC进行跟踪与控制。输入板坯跟踪系统的数据包括辊速设定值和来自板坯位置跟踪光电管的板坯位置检测信号,以反映板坯在炉辊上的实际位置。所有炉辊都是单独通过变频器驱动,PLC能够对每一个辊进行加速或减速控制。通过调节前方的逐个坯前辊的炉辊速度,使板坯离开加热段后以高速运行。板坯通过后,坯后辊再逐个恢复到低速(铸坯速度)。在炉尾将速度降至F1的轧制速度。

在炉子进、出料炉门外面的非传动侧和双线工作的摆动(或横移)区域各设1台彩色摄像机,用于监视板坯入炉和出炉,以及摆动(或横移)炉段的摆动(或横移)的对接状况。

### 八、燃烧管理全自控及摆动时可供热

炉子设有一台过程计算机(即二级优化管理机),利用加热数学模型实现加热过程最优化。输入给过程计算机的数据有钢种、板坯入炉表面温度分布和设定的板坯出炉温度。

通过炉子入口扫描高温计测得的板坯表面横向温度分布将计算板坯在炉内行进中停留的温度,将建立一个二维数学模型,用一个大约10 s的连续计算周期,计算出炉内所有板坯的温度分布,并利用加热数学模型计算由炉室向板坯的传热量。为获得希望的板坯温度,过程机将最优化计算后的指令输送到温度控制系统的PLC(一级机)设定炉内温度,使炉内温度分布能进行有效地控制,确保板坯在炉内的最佳化加热过程,即加热质量好(温差小于±10℃)、热耗低(0.33～0.63GJ/t)、烧损少(小于0.5%)。

## 第二节　推钢式连续加热炉

推钢式连续加热炉,一般要根据燃料与被加热的钢坯、加热与轧制工艺、产量、平面布置等条件及其他有关要求进行设计。它包括炉子能力、热工制度、装出料方式、排烟方式、出渣方式、节能措施、主要技术经济指标以及炉子的装备水平与自动化控制等内容。

### 一、炉子的热工制度与炉型

推钢式连续加热炉有二段和三段式的热工制度,如图3.5-6所示。

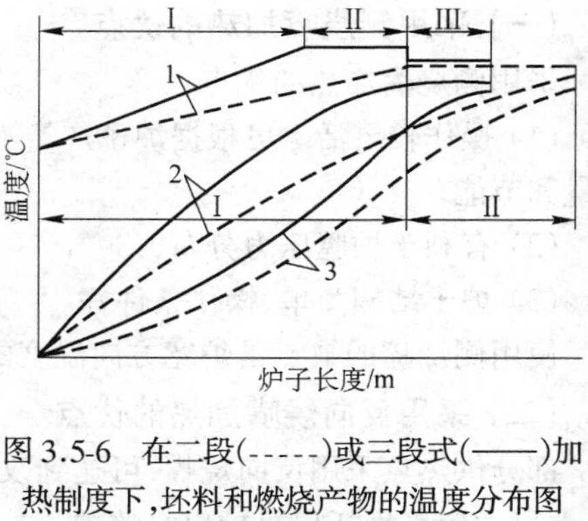


图3.5-6　在二段(-----)或三段式(——)加热制度下,坯料和燃烧产物的温度分布图
1—燃烧产物温度;2、3—金属表面和中心的温度
热工区段:Ⅰ—预热段;Ⅱ—高温段;Ⅲ—均热段

作为现代推钢式连续加热炉不仅要继续保持高质量、高效率,还要进一步向节能、充分利用余热和无公害、低噪声及减轻劳动强度等方向发展。目前多采用三段式炉型,多点供热。在加热段燃烧产物的温度应比钢坯表面给定的最终温度要高出80～130℃,而在均热段则比钢坯表面的最终温度要高出30～50℃。一般不允许强化作业,加热段的最高温度不应超过1350℃,因为这不但增加热耗,还会造成钢坯的氧化和脱碳,并降低炉子耐火材料和部件的使用寿命。这种炉型的最大加热能力约250 t/h。加热普通钢时,不同供热段的温度推荐值,见表3.5-2。

**表 3.5-2 加热普通钢时不同供热段的温度**

| 供热段数 | 炉子区段 | 金属加热到下列温度时区段的温度 /℃ | |
|---|---|---|---|
| | | 1200～1220 | 1230～1250 |
| 2 | 均热段 | 1200～1260 | — |
| | 高温段 | 1300～1350 | — |
| | 炉子初始温度 | 800～1000 | — |
| 3 | 均热段 | 1200～1260 | 1260～1320 |
| | 上部高温段 | 1300～1350 | 1320～1350 |
| | 下部高温段 | 1260～1300 | 1280～1320 |
| | 炉子初始温度 | 700～950 | 800～1000 |
| 4 | 均热段 | 1200～1260 | 1260～1320 |
| | 上部 1 高温段 | 1220～1280 | 1260～1320 |
| | 上部 2 高温段 | 1300～1350 | 1320～1350 |
| | 下部高温段 | 1260～1300 | 1280～1320 |
| | 炉子初始段 | 900～1050 | 950～1100 |
| 5 | 均热段 | 1200～1260 | 1260～1320 |
| | 上部 1 高温段 | 1220～1280 | 1260～1320 |
| | 上部 2 高温段 | 1300～1350 | 1320～1350 |
| | 下部 1 高温段 | 1200～1240 | 1220～1260 |
| | 下部 2 高温段 | 1260～1300 | 1280～1320 |
| | 炉子初始段 | 900～1050 | 950～1100 |

根据坯料厚度考虑是否设置下加热，坯料厚度不到 100 mm 的可在无下加热的炉内进行单面加热；而厚度大于 100 mm 的坯料，则在设有下加热的炉内进行双面加热。此外，加热炉供热方式分为炉顶、侧部、端部供热。对于炉顶和侧部供热，可在加热区段内再分若干个加热段(供热点)。

### (一) 采用侧烧嘴加热的优点

采用侧烧嘴加热的优点：

(1) 操作较灵活。可根据炉子产量不同，制定不同的炉温制度(改变加热段长度)，以利提高产量和节能；

(2) 有利于炉膛压力分布；

(3) 炉子结构简单，操作条件好。

使用侧烧嘴的缺点是炉宽方向温度的均匀性差，较宽的炉子要采用火焰长度可调烧嘴。

### (二) 采用反向烧嘴加热的优点

部分供热点采用反向烧嘴，可达到改变炉压分布和防止端出料的炉子端部吸冷风与炉尾冒火，并可适应采用托出机械出料的炉子端墙不便安装烧嘴时的结构需要。

### (三) 采用炉顶平焰烧嘴加热的优点

目前只要燃料条件合适多采用全炉(或仅均热段)炉顶平焰烧嘴进行炉顶全辐射加热，它有利于保持炉温并提高加热速率与炉膛压力的稳定，防止冷风吸入和减少氧化烧损。采用炉顶平焰烧嘴，由于没有条状火焰（特别是端部逆流供热）喷射动能作用，易于分段供热与控制，炉顶在各供热段间可不设炉顶压下，炉顶结构简单。

## 二、炉子加热能力与炉长的确定

作为推钢式加热炉，炉底强度是衡量坯料均热程度和燃料消耗水平的数据，用公式 3.5-2 表示。炉底强度增大则均热程度变坏，燃料消耗量变大。考虑节能，带有下加热的推钢式加热炉的炉底强度一般在 500～600 kg/m²·h 之间选取为宜。

$$L = \frac{G \times 1000}{\psi b P} \tag{3.5-2}$$

式中　$L$——炉子的有效长度，m；

$G$——炉子的加热能力，t/h；

$b$——炉子布料宽度（钢坯最大长度），m；

$P$——炉底强度，kg/m²·h；

$\psi$——系数，考虑两座以上炉子的相互干扰，可在 0.85～0.95 之间选用。

## 三、推钢式加热炉（三段式和五段式）计算示例

计算条件：板坯长度 4500 mm，板坯厚度 100 mm，板坯入炉温度为常温，要求加热温度为 1250℃，设一座炉子，加热能力为 60 t/h。

**例 1**　采用图 3.5-7 所示推钢式三段加热炉及热工制度（最高炉温 1300℃），设定炉底强度：580 kg/m²·h，按公式 3.5-2 计算有效炉长为 23 m，可行。

**例 2**　设炉底强度，仍为 580 kg/m²·h，但炉子能力改定为 90 t/h 时，按公式 3.5-2 计算有效炉长为 34.5 m。坯厚为 100 mm 时就要产生拱钢，在这种条件下就不能采用这样长的推钢式加热炉。

作为推钢式加热炉的推钢长度是受坯料运行时发生拱钢（如图 3.5-8 所示），也称“翻炉”的限制。炉子最大推钢长度 $L$（推钢比——推钢长度 $L$/坯料厚度 $S$）受诸多因素影响，无法计算，一般水平推送时，方坯：$L \leqslant 220S$；板坯：$L \leqslant 250S$ 为宜。

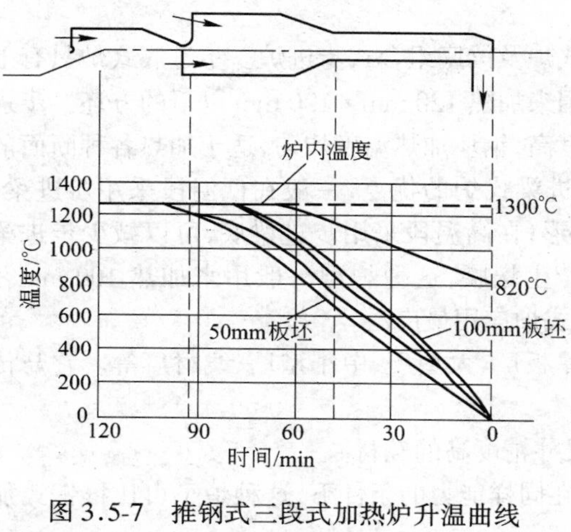


图 3.5-7　推钢式三段式加热炉升温曲线

（炉底强度 580 kg/m²·h）

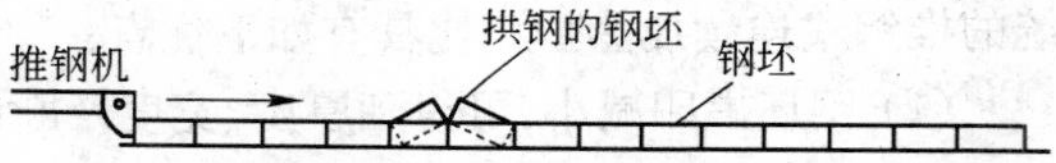


图 3.5-8　钢坯拱钢示意图

为此，推钢式三段加热炉在加热能力 90 t/h，炉底强度 800 kg/m²·h 时，采用图 3.5-9 炉温和板坯的升温曲线。此时按公式 3.5-2 计算需有效炉长 25 m，100 mm 厚的板坯不致发生拱钢。但如图 3.5-9 所示，炉温增高（加热段 1400℃）时，100 mm 厚的板坯在过高的温度下会产生严重过

热现象,也不可行。

为此,再采用推钢式五段加热炉,在加热能力 90 t/h,炉底强度 800 kg/m²·h 时。炉温和板坯的升温曲线(图 3.5-10)按公式(3.5-2)计算,需有效炉长 25 m。此时炉底强度虽为 800 kg/m²·h,但最高炉温为 1300℃与炉底强度 580 kg/m²·h 的推钢式三段加热炉相同,板坯不产生过热,又不会发生拱钢,这对车间仅设一座炉子,炉子能力 90 t/h 是可行的。其缺点是预热段太短,排烟温度过高,热耗增加。

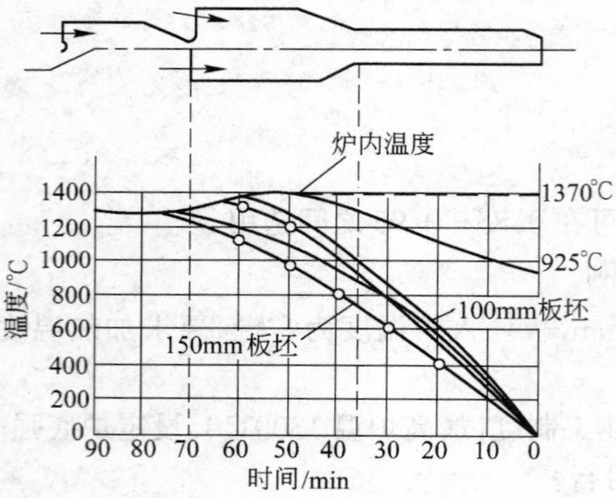


图 3.5-9　炉底强度 800 kg/m²·h
推钢式三段加热炉升温曲线

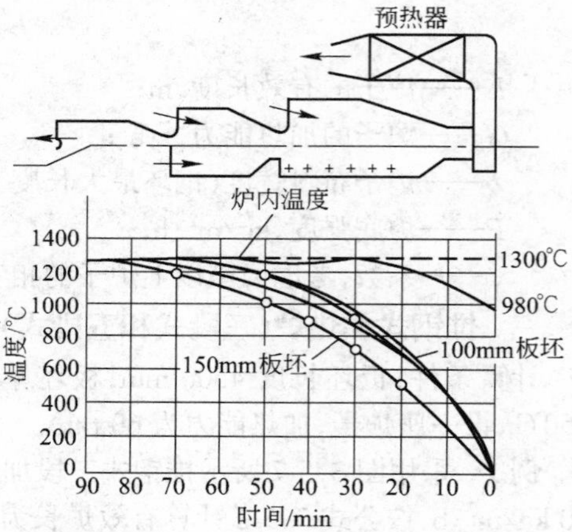


图 3.5-10　炉底强度 800 kg/m²·h
推钢式五段加热炉升温曲线

## 第三节　步进式连续加热炉

### 一、特点

步进式连续加热炉分为:步进底式炉、步进梁式炉及梁底组合式步进炉。步进底式炉只有上加热,没有下加热,加热速度慢,炉底强度低,一般用来加热 120 mm×120 mm 以下的方坯。步进梁式炉具有上下加热的功能,加热速度快,炉底强度高,钢坯加热温度均匀,适于加热各种断面的钢坯。梁底组合式步进炉综合了步进底式炉与步进梁式炉的优点,一般在低温段采用步进梁,上、下加热,以消除钢坯断面温差,防止钢坯弯曲变形;在高温段采用步进梁底,可以减少步进梁的水冷吸热损失,又可防止小断面钢坯在高温段产生塌腰,这种炉型一般用来加热 100 mm×100 mm～150 mm×150 mm 的方坯。目前,步进梁式炉应用最广泛。

步进梁式炉,目前已被广泛应用于热轧厂、中厚板厂、大型厂、中小型厂、线材厂等。它与传统的推钢式连续加热炉相比具有如下优点:

(1) 钢坯黑印减小,可得到厚度、宽度及断面尺寸精度高的轧材。

(2) 不要均热床和端出料下滑道的闲置区,即在同样能力的条件下,这种炉子可比推钢式加热炉短。不需要定期维修和更换均热床。

(3) 消除了滑轨划伤,产品质量高。

(4) 炉子结构易于用出钢机出钢。没有推钢式端出料加热炉的出钢滑道和缓冲器造成的伤痕,成品率高,并可减少因空气渗入而产生的钢坯氧化损失和燃料损失。

(5) 停轧时炉子可将钢坯出空,没有在高温炉内停留所造成的氧化铁皮损失。便于检修维护。

(6) 适合冷坯和热坯混装的加热操作,容易更换钢坯品种。

(7) 炉内钢坯不会发生粘钢和拱钢,因此炉子可设计的较长,可提高炉子的加热能力(目前已有有效长度为 64 m 的板坯步进梁式加热炉在运行,加热能力已达 450 t/h)。

步进梁式加热炉与推钢式加热炉相比的缺点:水冷梁数量多(约为推钢式炉根数的 1.6 倍),炉宽方向支持水冷梁的水冷支柱根数也多。由于这种结构上的限制,只能采用侧烧嘴。对炉膛过宽的炉子,为了解决炉宽方向温度分布的均匀性,多采用火焰长度可调的侧烧嘴;或将固定纵水冷梁的支持水冷支柱改为门形支架,以实现下加热端部供热的目的。

## 二、构造

步进梁式连续加热炉与推钢式连续加热炉在构造上的主要不同点,是钢坯的运送机构、炉底水封槽及炉内水冷梁的滑轨形状,其余(如炉体、炉内水冷梁、烧嘴、烟道、换热器等)部分在构造上都基本相同。

### (一) 钢坯的运送机构

钢坯的运送机构有斜轨式、杠杆式、偏心轮式几种,目前被广泛应用的是全液压双层框架斜轨式结构,见图 3.5-11。通过活动梁反复做上升—前进—下降—后退的矩形运动,使钢坯一步一步地向前运送,在炉内加热至轧制温度,然后由出钢机托出。

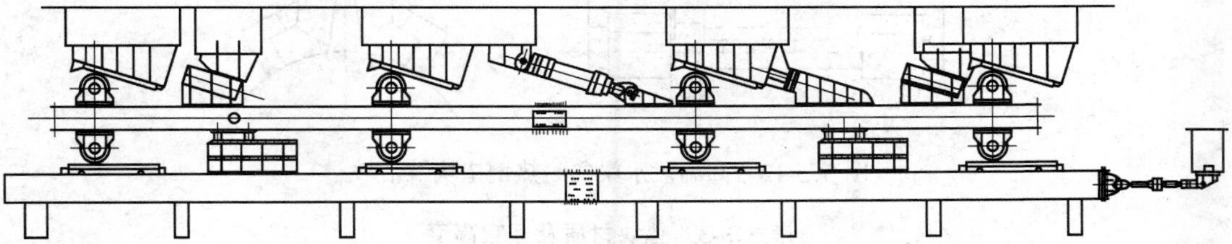

图 3.5-11 全液压双层框架斜轨式步进梁驱动装置

#### 1. 步进梁机构

炉内梁分别由多列活动梁和固定梁构成,步进梁和固定梁的根数及间距尺寸要按钢坯尺寸及其变化范围确定。梁的间距过大或钢料悬臂长度过长时,高温钢坯将下垂过多而影响步进机构的正常运行。在用出料机出料时,梁的布置还要和出料杆的位置互相配合。炉内梁均采用水冷却或汽化冷却。

支持固定梁的水管安装在炉底梁上,支持活动梁的水管穿过炉底开口部分安装在水平移动的上层框架上。

步进梁是按矩形轨迹反复运动,向前移动钢坯。矩形运动的上升高度决定于钢坯在炉内产生热挠曲的尺寸,一般上升约 200 mm(通过线上 100 mm 和下 100 mm),行程约 300～600 mm,矩形运动周期所需要的时间约 35～45 s。

活动梁的加速和减速会引起水冷梁的振动、水冷梁隔热材料的脱落和钢坯的跑偏等问题。为此,活动梁在固定梁上放钢坯时均进行减速,即“轻托轻放”。

#### 2. 水封槽

活动梁的支持水管穿过炉底的部分留有长孔,为防止空气渗入炉内,在有活动梁的部位沿炉长方向均设置了水封槽并固定在活动梁上,而裙式水封刀则固定在炉底钢结构上形成水封。从炉底开口部位落入的氧化铁皮等,在步进梁作矩形运动时,用刮板逐步输送至装料端,再由氧化铁皮卸除器通过漏斗集中到氧化铁皮箱内。

3. 步进梁驱动装置

炉内钢坯、水冷动梁、水封槽、步进梁框架等合计约重 500～1600 t,欲使其作上下和水平运动,必须采用事故少、效率高、寿命长、非常安全可靠的驱动装置。

4. 垫块

在活动梁和固定梁的上面以适当间隔布置耐热钢垫块支持钢坯,它是直接接触钢坯、承重及消除水冷"黑印"的非常重要部件。对垫块的设计要求:

(1) 垫块的形状和大小应做成不致使高温钢坯表面留下凹形压痕;

(2) 形状和尺寸要能使钢坯黑印最小(即垫块与水冷管的接触面积尽可能小);

(3) 要选择耐高温和强度大、寿命长的材质;

(4) 形状和构造要便于安装、更换。

垫块的结构形式很多。目前效果较好,应用较多的是图 3.5-12 所示结构。垫块的材质及适宜高度,见表 3.5-3。

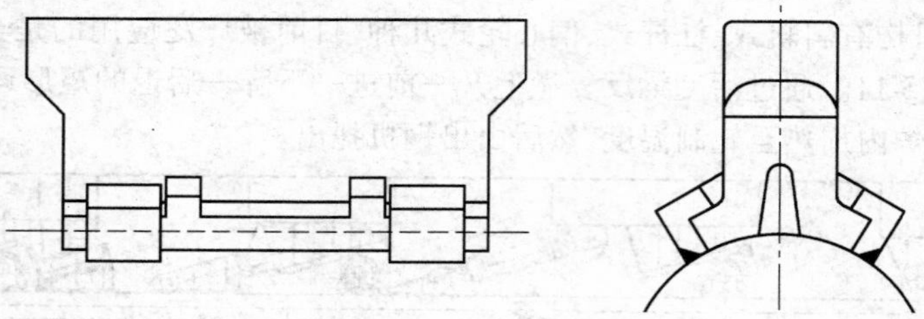

图 3.5-12　高温段水梁的耐热钢垫块及卡块

**表 3.5-3　垫块材质及适宜高度**

| 名　称 | 耐热垫块材质 | 耐热垫块高×宽/mm×mm | 安装形式 | 备　注 |
|---|---|---|---|---|
| 预热段 | Cr25Ni20Si2 | (70～100)×(45～50) | 焊接或卡固 | 分层焊、自退火 |
| 加热段 | Co20 | (90～100)×(45～50) | 卡　固 | 也有采用 Co40 |
| 均热段 | Co50 | (90～100)×(45～50) | 卡　固 | 也有采用 Co40 |

注:垫块高与宽应根据需要而定,一般方坯炉多采用下限值,板坯炉多采用上限值。

## 三、炉子性能

加热炉性能一般以加热能力、加热温度、加热均匀度、燃料单耗来表示。有的把炉子噪声控制和污染物排放量作为炉子性能组成部分也是正确的。

详细分析时,也有将炉内钢坯的烧损量、水冷梁的寿命、耐火材料的寿命、电力单耗、冷却水单耗、炉子的可控性等作为炉子的性能的一部分。

### (一) 加热能力

步进梁式加热炉由于没有推钢式炉因拱钢而对炉长的限制,所以可增大加热能力。步进梁式加热炉现已达到 450 t/h,理论上可以建造更大能力的炉子。

### (二) 加热温度

钢坯的加热温度因钢种而异(按铁—碳平衡图在 $Ac_3$ 线以上 30～50℃为宜),一般为 1100～1250℃。

**（三）加热均匀度**

热轧带钢厂从加热炉出来的板坯，通过粗轧机轧制到约 30 mm 左右，在进精轧机前进行温度控制。

用步进梁式加热炉加热板坯时，精轧机入口的温度差在 30℃（包括黑印处）以下，但用推钢式加热炉加热板坯测的温度差（包括黑印处）比较大，约 50～60℃。这说明以步进梁式加热炉加热的板坯轧成的成品、热轧带卷的厚度与宽度公差都要小些。

**（四）燃料单耗**

节能型步进梁式加热炉根据加热方坯、板坯的不同，其燃料单耗一般可达 1.20～1.35 GJ/t（助燃空气预热温度 450℃），方坯炉多取下限而板坯炉多取上限，如进一步提高钢坯的热装温度，还可大幅度降低燃料单耗。

## 四、步进梁式加热炉设计的其他问题

**（一）装料方式及控制**

作为端进料的步进梁式加热炉多采用推钢机或装钢机上料。步进式炉要求钢坯在炉宽方向上的装料位置准确，以免钢坯在步进过程中产生一定偏移后不能停放到固定梁上而“翻炉”。因此，进料时应根据事先设计的布料图，通过挡板、光电管或限位开关等控制装置，使其准确定位。作为大、中型板坯步进梁式加热炉的装料，都是按装料程序进行自动控制。

**（二）步进梁的升降高度和步距**

步进梁以通过线为基准升降各为 100 mm 左右，共 200 mm。步进梁的步距是根据钢坯的宽度和钢坯之间的间隙（方坯约 0.6 倍的坯厚，板坯约 50～100 mm）确定的。由于采用“全液压”步进式传动，可以按不同钢坯的宽度尺寸调整液压缸的行程来改变步距。但最好能使一种步距（行程）满足几种钢坯宽的需要，以减少调整工作。

**（三）出料方式及控制**

作为端出料的大型板坯步进梁式加热炉都采用托杆出料机。出料机是按出料程序自动控制运转的，需要将钢坯停在规定的出钢位置上。采用 $\gamma$ 射线（钴 60）探测装置或激光定位装置，使钢坯在步进梁前进过程中，只要到了预定位置，步进梁立即停止前进并下降。

**（四）工业电视装置**

随着加热炉前后设备的自动化，一般多在加热炉进出料端的炉内侧墙上，分别设置了高温工业电视摄像头，在仪表室显示监视其运转情况。

**（五）控制系统**

加热炉应选用能提高炉子的控制性能，节能与减少定员，操作、维修和安全等的综合控制系统。目前多采用微机直接数字控制系统（DDC 系统），该系统特点：

（1）能精确地设定和控制炉内温度及各种控制项目，可以提高产品质量；

（2）能精确地设定和控制空燃比，能减少污染（如防止黑烟、降低 $NO_x$ 的生成），并且节省燃料；

（3）有监视控制及自己诊断的功能。

**（六）下部空间的设计**

步进梁式加热炉的炉底下部设有步进机械、水封系统、排渣系统及采用汽化冷却时，所有汽化冷却的支持立管，设有排污阀定时自动排污等，需经常维护和修理。为改善炉底下部空间的劳动条件，设计炉底时需要有良好的隔热措施，同时还应为炉下空间创造良好的通风条件，如有的设计将炉底下部标高做成高出车间地平面;有的将地坑的宽度做成比炉子宽,宽出部分做成格栅走台。另外,地坑进出口要便于维修零部件的搬运,地坑要有排水设施,以免积水。

## 第四节 环形加热炉

### 一、环形加热炉特点

环形加热炉具有以下特点:

(1) 可以加热圆形或异形钢坯;

(2) 根据需要可以改变钢坯在炉内的分布,从而改变加热制度,在生产中有较大的灵活性;

(3) 钢坯在整个加热过程中,随炉底一起转动,与炉底的转动没有相对摩擦和振动,氧化铁皮不易脱落;

(4) 钢坯在炉底上相互间隔放置,三面受热,加热时间短,温度均匀,没有水冷"黑印",加热质量较好(温度差≤±10℃);

(5) 与推钢式连续加热炉比较,炉子容易排空,可避免钢坯在炉内长时间停留,同时便于更换钢坯规格;

(6) 环形炉的机械化与自动化程度较高,装出料与钢坯在炉内运送均可自动运行。另外,燃烧及管理可自控;

(7) 环形炉的转动炉底与固定的内外环墙之间的环缝,由环状水封槽进行水封。由于环状炉底钢结构高温时向外热膨胀,冷态的内外环缝大小是不同的,一般根据炉子的中径大小不同相差约 40~70 mm,故活动的炉底中心与固定的炉膛中心在冷态是不一致的,而热态则趋向一致。环形炉尺寸是以炉膛的平均直径(中径)和炉膛的内宽来表示的。环形加热炉属特殊工艺所要求的加热设备,与长形连续加热炉相比有其自身缺点:

1) 炉子是圆环形的,特别是大直径的环形炉,占用厂房面积较大;

2) 环形炉一经建成,改建或扩建都比较困难,因此发展的余地、潜力都较小;

3) 钢坯在炉内呈辐射状间隔分布,炉底面积利用较差。特别是炉膛较宽的炉子,炉底外半环利用更低。环形加热炉的炉子有效长度内的利用率(根据装出料机夹钳夹钢所要求的布料间距与料长等有关)仅为 30%~50%。

### 二、钢坯的加热与加热时间

环形加热炉相当于一座头尾相接的长形连续加热炉,所以炉子的热工制度及分段(预热段、加热段、均热段)原则,均与推钢式连续加热炉等类似。但环形炉内的钢坯加热有其自身特点。

#### (一) 间隔布料的影响

由于装出料机夹钳操作的需要,炉底上钢坯与钢坯之间必须留有一定间隙,其大小视夹钳操作所必需的空间而定。钢坯三面加热,加热时间较单纯上加热可大大缩短,钢坯内外温差减少。但炉子的单位炉底过钢面积的产量却很低,一般管坯在 300 $kg/m^2 \cdot h$ 左右。

#### (二) 热炉底的影响

环形炉炉底由高温的均热段过渡到预热段时,由于它积蓄的热量只散失很少一部分,所以它的温度仍高于预热段炉膛的温度约 200℃左右,对刚入炉的冷坯有明显的加热作用。

#### (三) 加热时间

据有关文献统计,环形加热炉内管坯的加热由于间隔布料和热炉底影响,加热速度约 5.5~6.5 min/cm,普通钢取 5.5~5.7 min/cm,合金钢取 6.0~6.5 min/cm。低碳钢管坯的加热时间可按有关计算手册进行计算，也可按式 3.5-3 的经验公式计算：

$$\tau=(5.1+0.034d)d \tag{3.5-3}$$

式中　$\tau$——加热时间，min；

$d$——管坯直径，cm。

## 三、炉子产量和装载量的确定

环形炉的装载量按式 3.5-4 确定：

$$P=G\tau_1 \tag{3.5-4}$$

式中　$P$——炉子装载量，t；

$G$——炉子产量，t/h；

$\tau_1$——加热时间，h。

炉子生产能力（$G$）应与轧机的产量相配合。由于环形炉一经建成，改建或扩建都很困难，因此炉子产量要充分满足轧机的需要。但也不能过大，以免炉子长期在低负荷下工作。

## 四、炉膛尺寸的确定

环形炉炉内钢坯是呈辐射状布置，钢坯在环形炉炉底上的布料，见图 3.5-13 所示。

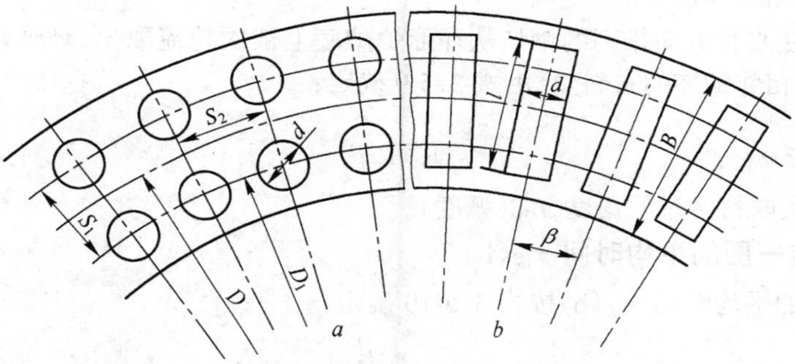


图 3.5-13　钢坯在环形炉炉底上的摆放
$a$—双排放的短钢坯；$b$—单排放的长钢坯

### （一）炉子直径的确定

根据小时产量、钢坯单重、钢坯的布料间距与排放及相应的加热时间，以及装出料夹角来确定。单排布料按公式 3.5-5，双排布料按公式 3.5-6 和公式 3.5-7 计算。

$$D=\frac{Pd}{gk(\pi-0.5\alpha)} \tag{3.5-5}$$

式中　$D$——炉底平均直径，m；

$P$——炉子装钢量，t；

$d$——钢坯直径，m；

$g$——钢坯单重，t；

$\pi$——圆周率；

$\alpha$——装料机与出料机轴线的中心角，rad（弧度）。$1°=\pi\div180=0.0174533$ rad（或 1 rad = 57.2958°）中心角的大小与环形炉的直径 $D_{均}$ 大小有关，一般大中型环形炉为 0.17～0.26 rad（10°～15°），而小型环形炉可达 0.44 rad（25°）；

$k$——炉子有效长度内的填充系数，$k=d/S_2$；

$S_2$——相邻钢坯的布料间距，m。

$$D_1=\frac{Pd}{ngk(\pi-0.5\alpha)} \tag{3.5-6}$$

式中　$D_1$——双排布料时，内排钢坯中心在炉底所占平均直径，m；

$n$——钢坯在炉底径向上的排数。

$$D=D_1+S_1 \tag{3.5-7}$$

式中　$S_1$——双排钢坯中心的径向间距，m。

由公式 3.5-5 或公式 3.5-6 和公式 3.5-7 计算所得 $D$，是环形炉炉底的平均直径，初定时可视为环形炉炉膛的平均直径（$D_{均}$）。

**（二）环形炉的炉膛高度**

环形炉的炉膛高度一般为 1.5～2 m，而非供热段炉膛高度有时降到 0.8～0.9 m。

**（三）环形炉有效炉底长度**

有效炉底长度是使钢坯沿着炉底总长度移动的那一部分，即装料口和出料口中心外侧轴线之间的炉底长度。有效长度 $L$(m)由式 3.5-8 确定：

$$L=D(\pi-0.5\alpha) \tag{3.5-8}$$

**（四）环形炉布料角**

为了把沿炉底直径方向排列的钢坯从环形炉炉底上依次轮流取出，环形炉每次转过的角度 $\beta$(rad，弧度）等于相邻钢坯的布料角，由式 3.5-9 确定：

$$\beta=\frac{2S_2}{\pi D} \tag{3.5-9}$$

式中　$\beta$——每次取料转过的角度，rad（弧度）。

**（五）炉底转一圈的平均时间 $\tau_{周}$(h)**

炉底转一圈的平均时间 $\tau_{周}$(h)按式 3.5-10 确定：

$$\tau_{周}=\frac{\beta\tau_1}{2(\pi-0.5\alpha)} \tag{3.5-10}$$

# 第六章　钢带连续热处理炉

由于钢卷在周期式炉中热处理存在着一系列缺点,诸如退火周期长、质量不均匀、占地面积大等,促进了钢带连续热处理技术的发展。

钢带连续热处理机组将冷轧或热轧后钢带的清洗、热处理、平整、精整等工序集中在一条作业线上,与传统的周期式操作的罩式炉或车底式炉热处理工艺相比,具有生产周期短、布置紧凑、便于生产管理、劳动生产率高,以及产品质量优良等优点。特别对于生产汽车用高强度钢,因连续退火过程中钢带的一次冷却速度大大高于罩式退火炉,可以减少强化合金元素用量,从而降低生产成本。

对钢带进行热处理的基本工序为加热、保温(均热)、冷却过程,根据具体的工艺和节能需要,在加热段前部可以增加钢带预热段,在均热段后部增加二次加热段、二次均热段。冷却段可以分成控制冷却段和快速冷却段。

连续热处理炉是钢带连续退火机组的核心设备,热处理工艺是在退火炉中完成的。根据产量计算,确定机组的基本参数——工艺段的钢带运行速度,再根据热处理曲线(在炉时间)确定各炉段的长度及其温度。

连续式钢带热处理炉基本上分成两种炉型,即卧式炉和立式炉。卧式炉有钢带单程的(直通式)和多程的(折叠式)两种,比较常用的是单程的。立式炉也有单程和多程之分,比较常用的是多程的。带马弗的不锈钢光亮退火炉是单程的立式炉。均热时间较长的连续退火机组或连续热镀锌机组的退火炉,一般都采用多程立式炉。

连续退火炉的钢带运行速度主要受到钢带张力和钢带跑偏控制技术的限制。一般卧式连续热处理炉中的钢带最高速度可达 180 m/min,传动机构采取多种措施后,其速度可达 200 m/min,甚至 200 m/min 以上。立式连续热处理炉中的钢带速度可达 480 m/min 。连续热镀锌机组,由于受机组中气刀设备的制约,退火炉的钢带速度最高只能达到 180 m/min。

## 第一节　冷轧钢带连续退火炉

### 一、概述

近年来,尽管罩式退火炉有了新的发展(强对流全氢罩式退火炉),但是连续退火技术的显著优点,促使连续退火技术迅速发展。连续退火技术的新发展主要表现在冷却技术及冷却设备、炉辊热凸度控制技术、加热数学模型、余热回收等方面。

### 二、钢带热处理工艺

典型的钢带热处理曲线如图 3.6-1 所示。

#### (一) 对原料钢卷的要求

对原料钢卷的要求如下:

(1) 钢中的化学成分 C、Mn、P、S、N、Al 等应严格控制,生产深冲钢带(DDQ、EDDQ)必须使用超低碳的 IF 钢。

(2) 必须采用较高的热轧卷取温度,一般卷取温度为 700～750℃ 。

#### (二) 根据钢种制定合理的热处理制度

钢带被加热到退火温度,适当均热,完成冷轧钢带的再结晶退火。根据工艺需要确定快冷的起始温度和冷却速度，从退火温度到快冷起始温度需要缓冷，能够得到较好的板型。在冷却室钢带被快速冷却至 450～400℃，使钢中的固溶碳呈过饱和状态，在过时效室里钢带保持 450～350℃，进行过时效处理。

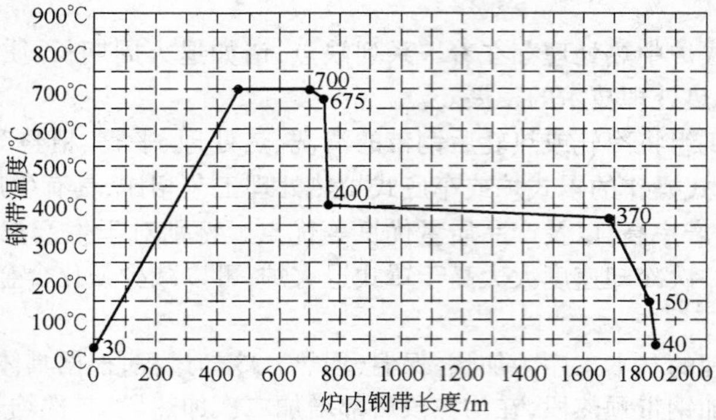


图 3.6-1　钢带热处理曲线

## 三、生产能力计算

根据产品方案，设计机组钢带运行速度，计算每个品种的小时产量，据此再计算完成每个品种所需时间，把每个品种生产时间累加，得出完成年产量所需要的年工作时间，计算结果应与机组年工作小时吻合，否则需重新调整，优化机组速度和炉子能力，直至与机组能够达到的年工作小时吻合为止(表 3.6-1)。

**表 3.6-1　单个品种的产量计算表**

| 厚度分类 /mm | 厚度 /mm | 宽度分类 /mm<br>宽　度/mm<br>项　目 | 900～1030<br>965 | 1030～1230<br>1130 | 1230～1530<br>1380 | 1530～2080<br>1805 | 总　计 |
|---|---|---|---|---|---|---|---|
| 0.30～0.50 | 0.4 | 线速度 /m·min$^{-1}$ | 485 | 485 | 485 | 411 | |
| | | 小时产量 /t·h$^{-1}$ | 88.2 | 103.2 | 126.1 | 139.8 | |
| | | 年产量 /t·a$^{-1}$ | 2475 | 9900 | 0 | 0 | 12375 |
| | | 年工作小时 /h·a$^{-1}$ | 28.1 | 95.9 | 0.0 | 0.0 | 124.0 |
| 0.50～0.70 | 0.6 | 线速度 /m·min$^{-1}$ | 485 | 485 | 485 | 411 | |
| | | 小时产量 /t·h$^{-1}$ | 132.3 | 154.9 | 189.1 | 209.7 | |
| | | 年产量 /t·a$^{-1}$ | 3713 | 30938 | 39600 | 0 | 74250 |
| | | 年工作小时 /h·a$^{-1}$ | 28.1 | 199.8 | 209.4 | 0.0 | 437.2 |
| 0.70～0.90 | 0.8 | 线速度 /m·min$^{-1}$ | 395 | 395 | 395 | 335 | |
| | | 小时产量 /t·h$^{-1}$ | 143.5 | 168.0 | 205.2 | 227.5 | |
| | | 年产量 /t·a$^{-1}$ | 3713 | 29700 | 35888 | 29700 | 99000 |
| | | 年工作小时 /h·a$^{-1}$ | 25.9 | 176.8 | 174.9 | 130.5 | 508.1 |
| 0.90～1.10 | 1.0 | 线速度 /m·min$^{-1}$ | 316 | 316 | 316 | 268 | |
| | | 小时产量 /t·h$^{-1}$ | 143.5 | 168.0 | 205.2 | 227.5 | |
| | | 年产量 /t·a$^{-1}$ | 1238 | 8663 | 13613 | 13613 | 37125 |
| | | 年工作小时 /h·a$^{-1}$ | 8.6 | 51.6 | 66.3 | 59.8 | 186.3 |
| 1.10～1.30 | 1.2 | 线速度 /m·min$^{-1}$ | 263 | 263 | 263 | 223 | |
| | | 小时产量 /t·h$^{-1}$ | 143.5 | 168.0 | 205.2 | 227.5 | |
| | | 年产量 /t·a$^{-1}$ | 743 | 2970 | 4950 | 3713 | 12375 |
| | | 年工作小时 /h·a$^{-1}$ | 5.2 | 17.7 | 24.1 | 16.3 | 63.3 |

续表 3.6-1

| 厚度分类/mm | 厚度/mm | 宽度分类/mm<br>宽　度/mm<br>项　　目 | 900～1030<br>965 | 1030～1230<br>1130 | 1230～1530<br>1380 | 1530～2080<br>1805 | 总　计 |
|---|---|---|---|---|---|---|---|
| 1.30～2.0 | 1.65 | 线速度/$m \cdot min^{-1}$ | 191 | 191 | 191 | 162 | |
| | | 小时产量/$t \cdot h^{-1}$ | 143.5 | 168.0 | 205.2 | 227.5 | |
| | | 年产量/$t \cdot a^{-1}$ | 495 | 4455 | 4950 | 2475 | 12375 |
| | | 年工作小时/$h \cdot a^{-1}$ | 3.4 | 26.5 | 24.1 | 10.9 | 65.0 |
| 总计/$t \cdot a^{-1}$ | | | 12375 | 86625 | 99000 | 49500 | 247500 |
| /$h \cdot a^{-1}$ | | | 99.3 | 568.2 | 498.9 | 217.6 | 1384 |

注：品种：CQ

标准规格：厚度 mm　　宽度 mm　　速度 m/min　　小时产量 t/h

0.651　　1530　　485　　227.5

炉子生产能力，首先要进行传热计算，计算出所需要的最高炉温，再通过热平衡计算，得出各段所需的热负荷。产量计算步骤：

(1) 将产品方案中各种规格的钢带按厚度和宽度的平均数分解后，列表计算小时产量和生产时间(年工作小时)。

(2) 根据经验，设定钢带的标准厚度、宽度、最高速度，并以此计算最大小时产量。

标准钢带的厚度($T$)与钢带运行速度($V$)的乘积，简称 $TV$ 值，约定为一个定值，那么钢带速度与厚度成反比，确定了炉子(也就是机组)的最大小时产量。当钢带厚度大于标准厚度时，钢带就要降速，维持 $TV$ 值不变。当钢带厚度小于标准厚度时，由于钢带已经是以最大速度运行了，不能再提高速度，$TV$ 值下降，炉子相应地降低产量。钢带厚度与速度的关系见图 3.6-2，钢带厚度与产量的关系见图 3.6-3。

(3) 初选钢带的标准厚度、宽度和速度后，经反复计算、优化方案，确定机组速度和 $TV$ 值。

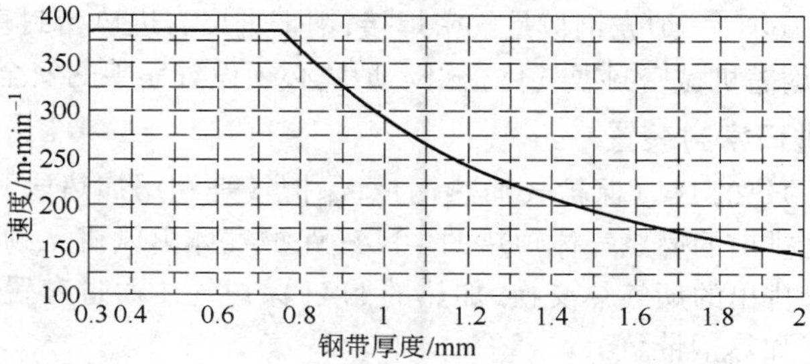


图 3.6-2　钢带厚度与速度的关系

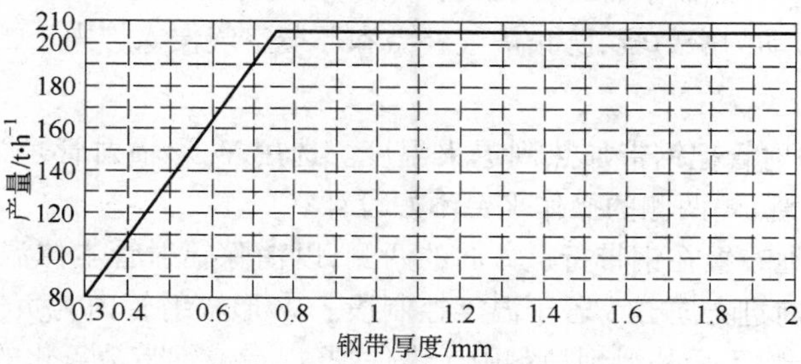


图 3.6-3　钢带厚度与小时产量的关系

## 四、设备组成

冷轧钢带连续退火工艺必须要有过时效处理，而且过时效处理的时间一般都在 2 min 以上，需要的炉段长，因此，采用立式炉是比较合适的。

冷轧钢带连续退火机组的连续退火炉一般由预热段、加热段、均热段、缓冷段、快冷段、过时效段和二次冷却段组成(图 3.6-4)。

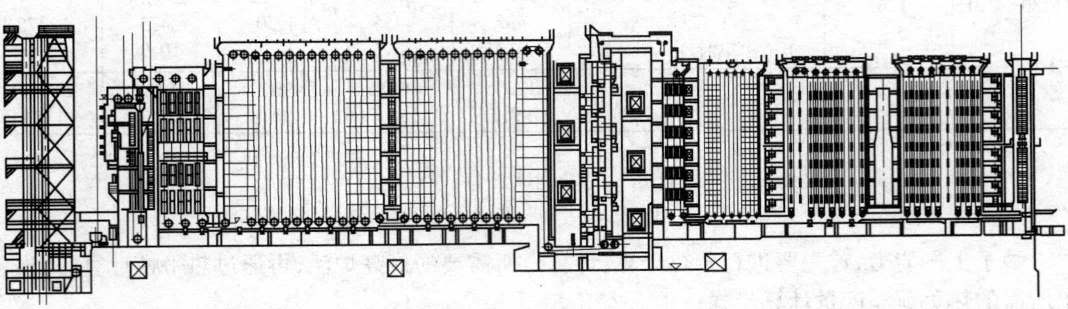

图 3.6-4　钢带连续退火炉布置图(立式)

在下列两种情况下，快冷段与过时效段之间增设再加热段：

(1) 快冷段采用喷雾或水淬等湿式冷却手段，冷却终了温度低于过时效起点温度，需将钢带加热至过时效温度。

(2) 热处理工艺要求快冷段终了温度低于过时效起点温度，需要再加热，由于采用 IF 钢，很少应用这种工艺。再加热段最好采用电感应加热设备。

炉子顶部和底部的炉辊均采用变频、变速电机单独传动，用于钢带的转向和输送。为了防止炉内钢带跑偏，退火炉内设置若干个纠偏辊。炉内还有防抖动的支撑辊和张力计辊等。

为了防止钢带氧化，保持钢带光亮，退火炉内充满 N-H 保护气，保护气中 $H_2$ 含量为小于 5%，其余为 $N_2$，露点 -60℃。炉壳钢板是气密焊接，钢带进出有进口密封室和出口密封室，炉辊轴径等炉壳穿孔位置均需机械密封或气体密封。炉膛必须设置完善的安全装置。

### (一) 预热段及进口密封装置

预热段是利用被预热的 N-H 保护气加热钢带，保护气是利用加热段和均热段(当均热段热源也是煤气时)辐射管排出的燃烧气体预热的。N-H 保护气体由风机从预热段炉室中抽出加压后，经换热器与辐射管排出的烟气热交换，加热的 N-H 保护气体通过布置在钢带两侧风箱的喷嘴，喷射到钢带表面上加热钢带。

通常预热段仅设 2 或 4 道次，钢带预热温度为 100～200℃，由于连续退火机组钢带速度较快，在炉加热时间不长，节能效果有限，所以也有的炉子不设预热段。预热段钢带入口有密封装置，一般设置一对可移动的密封辊，防止炉气外溢和环境空气侵入炉内。

### (二) 加热段

在加热段 W 形辐射管把钢带加热到退火温度。选用 W 形辐射管是为了布置方便，如果选用 U 形或套管型辐射管，炉两侧的操作平台不好设计。

辐射管均匀交错地布置在钢带行进方向的两侧，以消除辐射管本体温差对钢带加热温度均匀性的影响。沿钢带前进方向分为若干温度控制段。W 形辐射管内为负压操作，当辐射管破损时，辐射管内的燃烧产物不会外泄到炉室中污染保护气，造成钢带被氧化的危险。

为保持辐射管内稳定的负压，有两个足够大的辐射管烟气排出集气管垂直地布置在加热段两侧。自动控制系统稳定集气管中的压力和温度。造成辐射管内负压有两种方式:(1) 排烟机抽出烟气造成负压,助燃空气由烧嘴入口处被吸入;(2) 抽一鼓式控制燃烧,排烟机抽出烟气,同时鼓风机将助燃空气鼓入烧嘴,控制好空气系统"0"压线在进入烧嘴以前。这种方式能够较准确地控制空燃比,越来越多地被采用。

辐射管部件由辐射管本体、烧嘴、空气预热器和热空气通道四部分组成(图 3.6-5)。

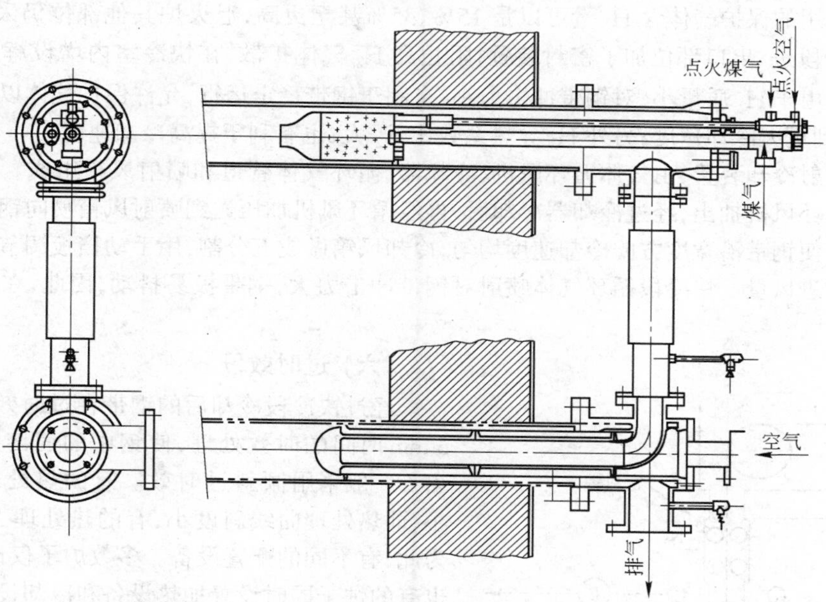


图 3.6-5　W 形煤气辐射管

翅片管状预热器将空气预热到 350～400℃。采用二次混合的边混合边燃烧的长火焰烧嘴,降低辐射管本体沿长度方向的温差。根据管壁温度分布情况,选用两种辐射管材质,烧嘴端选用耐热性能较高材质。排烟端选用耐热性能较低材质。辐射管管壁温差一般为 50～100℃。

**(三) 均热段**

加热到退火温度的钢带,在均热段内钢带保持退火温度下所需的时间,一般为 60 s 之内。均热段热源可以用电加热元件或煤气辐射管。均热段热源是保持钢带再结晶温度和在开炉时使该炉段达到工作温度所需要的热量。一般,为在较短时间内达到工作温度所需要的热量,比钢带保持再结晶温度的热损失大。所以,均热段最大供热能力主要考虑该炉段升温所需热量。当采用电加热元件时,用△形和 Y 形两种连接方式切换,升温时选用△形连接,保温时选用 Y 形连接。

**(四) 缓冷段**

缓冷段用保护气体循环喷射冷却钢带,将钢带从退火温度冷却到快冷段的始点温度,这是退火工艺的需要,也有利于得到好的板形。

缓冷段采用常规的保护气体循环喷射冷却器。用循环风机将保护气体从炉室中抽出,经风道中的气—水换热器,冷却后的保护气体经风机加压后送入钢带两侧的风箱,保护气体通过喷嘴喷向钢带、被钢带加热后的保护气体在炉室内被风机抽出,如此不断循环冷却钢带。

**(五) 快冷段**

快冷段使经过均热、缓冷后的钢带快速冷却到过时效温度。冷却速度为 5～50℃/s,甚至更高,使钢中的固溶碳呈过饱和状态。尤其在生产高强钢时,快的冷却速度可以减少合金元素,降低成本。

有多种快冷的手段和设备。湿式冷却如喷雾和水淬等，尽管冷却速度很快，由于它使钢带表面有氧化现象，还需增加弱酸漂洗等许多设备和工序，现在很少采用。干式冷却有保护气体循环喷射冷却、辊冷以及两种方式组合应用等。近年来在快冷段采用高 $H_2$ 保护气体循环喷射冷却，可得到更高的冷却速度。在连续退火炉中，保护气体成分一般为 $\varphi(H_2)<5\%$，其余为 $N_2$。高 $H_2$ 喷射冷却使用的保护气体含 $H_2$ 量可以是 15%、35%甚至更高，退火炉其他部位仍采用小于 5% $H_2$。在快冷段进、出口部位加了密封装置，阻止高 $H_2$ 气体扩散，在快冷室内增设辉光加热器等安全措施。由于 $H_2$ 质量小，对钢带冲击力小，有利于钢带稳定运行，允许保护气体以更高速度循环喷射，得到更大冷却速度；另外 $H_2$ 导热系数比 $N_2$ 大，也有利于提高冷却速度。

每台喷射冷却装置，由气体循环风机、冷却器、循环气体管道和喷射风箱组成。炉内热的保护气体由循环风机抽出，经过冷却器冷却后，再经循环风机加压送到喷射风箱喷向钢带表面以冷却钢带。为使钢带沿宽度方向冷却速度均匀，冷却风箱做成五分割，用手动挡板调节钢带边部和中心位置的进风量。快冷段循环气体喷射对钢带冲击力大，钢带极易抖动，因此，在喷箱之间配备稳定辊。

### （六）过时效段

经过快冷段冷却后的钢带在过时效段经过 2～3 min 时间的时效处理，使钢中的固溶碳能充分析出。一般采用倾斜过时效。有的热处理工艺温降小，即热处理曲线斜度小，有的热处理工艺温降大。为此，有不同的配置设备。多数炉子仅设加热设备，也有的炉子同时设置加热设备和冷却设备。当炉体散热还不能满足钢带冷却速度时，就启动冷却设备。过时效段一般分为两个炉室。过时效段热源，可以是电热辐射管，也可以是电阻带分布在炉壁上。

### （七）二次冷却段及出口密封室（图 3.6-6）

经过时效段处理后的钢带，在第二冷却室从时效温度冷却到 250℃以下。二次冷却段一般采用普通保护气体喷射冷却装置，每台喷射冷却装置包括气体循环风机、冷却器、循环气体管道和喷射风箱。经过二次冷却段被冷却到 250℃的钢带需进入水淬槽淬水冷却，为了防止钢带水淬冷却时产生的蒸汽进入炉内，设置出口密封室。密封装置一般包括一对密封辊、水套冷却器、双挡板、氮气喷口及蒸汽排出系统等。

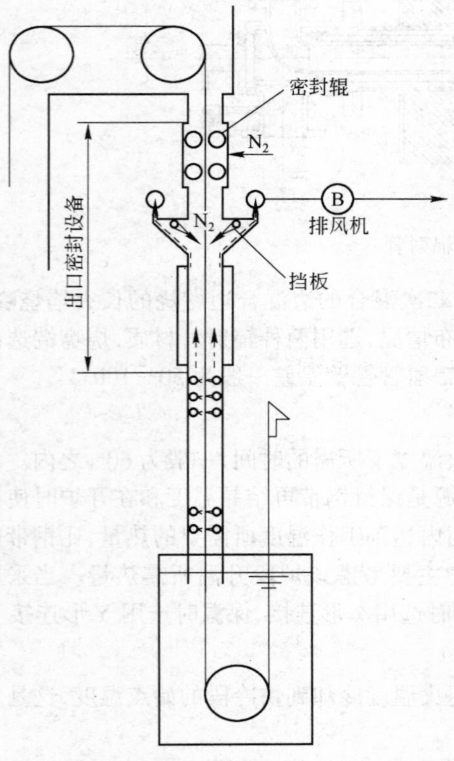

图 3.6-6　出口密封室及水淬

### （八）水淬

250℃的钢带经水淬冷却到 40℃，水淬有多种形式，有喷水到钢带表面不浸入水中的，有在水槽上方喷水后浸入水中的，也有在水中喷水强化冷却的。有单槽水淬，还有双槽水淬的，冷却水梯级流动，提高冷却效果。

## 第二节　硅钢机组连续退火炉

### 一、硅钢带的热处理工艺

生产冷轧硅钢带有严格的一贯制造技术，主要包括炼钢、炉外精炼、连铸、热轧、冷轧、连续脱碳退火及精整等。其中连续脱碳退火是重要工序之一，对于成品的性能品质和板形起关键作用。

#### （一）冷轧取向硅钢带（变压器硅钢）的热处理工艺

冷轧取向硅钢工艺流程见图3.6-7。

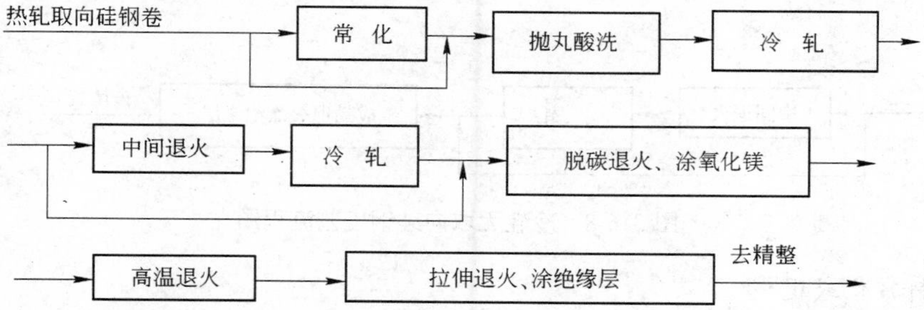


图3.6-7　冷轧取向硅钢工艺流程图

1．原料常化或退火

当生产高牌号取向硅钢（如HiB）时，热轧硅钢带需在冷轧前的酸洗机组上进行常化退火热处理。

热轧高牌号取向硅钢（如HiB）经过退火，使有利夹杂AlN充分固溶，并快速析出，得到均匀、细小、弥散的AlN析出物，它可以抑制初次晶粒，使二次晶粒异常长大，从而提高硅钢产品的取向性。带钢退火温度750～1200℃，随硅含量的增加而提高。在酸洗机组上，不需要退火的热轧取向硅钢带，不通过常化炉，穿过炉外的旁通道。

2．一次退火（中间退火）

一般取向硅钢经过第一次轧制后，在第二次轧制之前必须进行中间退火。某些高牌号取向硅钢，制造工艺要求一次轧制，不需中间退火。

在充满N－H控制气氛的连续炉中进行800～950℃退火，其目的是使钢带脱碳、消除应力和发生初次再结晶。

3．二次脱碳退火

最终冷轧后，达到成品厚度，在充满N－H控制气氛的连续炉中进行750～950℃脱碳退火。同时，退火后的钢带涂敷氧化镁并干燥。机组中的连续退火炉用于完成钢带的脱碳和退火，干燥炉用于完成MgO涂层的干燥。

4．高温退火

硅钢带经过涂氧化镁涂层并干燥后，在罩式退火炉或环形退火炉中以钢卷形式高温退火。高温退火的目的是发展良好的二次再结晶组织、净化钢质除去有害夹杂、消除内应力，形成良好的硅酸镁底层。

高温退火炉温高达1200℃，在高保温阶段炉内气氛为全氢。根据工艺需要和安全要求，在炉子升温和降温各阶段，分别通入氮氢混合气或氮气。

5．拉伸退火

该机组用于对经高温退火后的取向硅钢进行涂绝缘层和热拉伸平整。机组主要任务有：(1)清除钢带表面残留的 MgO 及其他污物；(2)涂绝缘层并烘干、烧结；(3)在充满 $N_2+H_2$ 保护气的炉内，炉温 700～900℃的炉况下，对钢带施加适当张力进行涂层烧结和热拉伸平整。

**(二) 冷轧无取向硅钢带(电机钢)的热处理工艺**

冷轧无取向硅钢工艺流程见图 3.6-8。

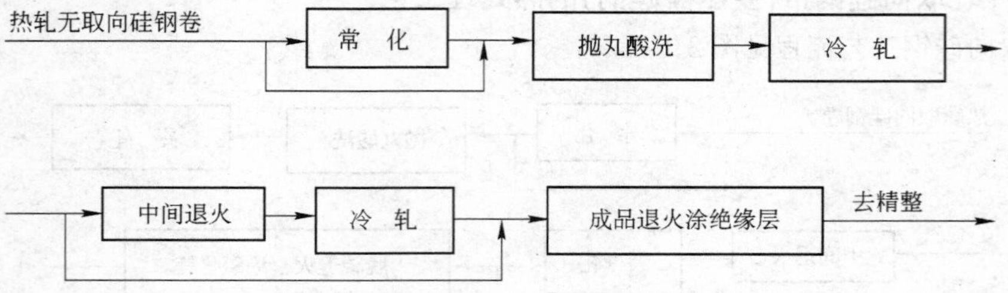


图 3.6-8　冷轧无取向硅钢工艺流程图

1．原料常化或退火

当生产高牌号无取向硅钢(如 $H_{10}$)时，热轧硅钢带需在冷轧前的酸洗机组上进行常化退火热处理。生产高磁感硅钢带也需进行常化处理。

热轧硅钢带 $H_{10}$经过退火，使硅钢的晶粒大小均匀，再结晶组织完善，提高磁感，降低铁损。$H_{10}$的退火温度为 800～950℃，在酸洗机组上，不需要退火的热轧无取向硅钢带，不通过常化炉，穿过炉外的旁通道。

2．一次退火(中间退火)

高牌号无取向硅钢带($H_{10}$等)经过第一次轧制后，在第二次轧制之前必须进行中间退火。在充满 $N_2+H_2$ 保护气氛的连续炉中进行 800～950℃退火，其目的是使钢带脱碳、消除应力和发生初次再结晶。

3．成品退火、涂绝缘层

最终冷轧达到成品厚度后，在充满 $N_2+H_2$ 保护气氛的连续炉中进行热处理。钢带升温达到 800～950℃时保温，随后经过缓冷、快冷到 150℃出炉。热处理的主要作用是脱碳、退火和再结晶，得到高磁感、低铁损、低磁时效无取向硅钢产品。脱碳退火在退火炉中完成，退火后的钢带进行绝缘涂层，在干燥炉中完成绝缘层的干燥、烧结。

## 二、脱碳退火用卧式炉

**(一) 炉子组成**

脱碳退火用卧式炉的组成见图 3.6-9。

根据硅钢带热处理工艺的需要，炉子基本部分有四段：加热段、均热段、缓冷(控冷)段及快冷段。

退火炉的炉体由炉壳和炉衬构成。炉壳由 6 mm 厚的钢板焊成的气密结构，钢板外面由型钢加固；钢板里面是耐火隔热材料炉衬。加热和均热段的炉衬，可以采用轻质耐火隔热黏土砖或轻质耐火隔热高铝砖。为节能和提高炉子热响应能力，近来在炉子顶部和侧墙多采用陶瓷纤维内衬。依据冷却方式不同，缓冷段内衬有很大差异，水套冷却没有内衬，有的缓冷段只砌轻质砖不供热也不设冷却设备，循环气体喷射冷却段用硅钙板作内衬，再包 0.5 mm 厚的不锈钢板。快冷段不需要内衬。

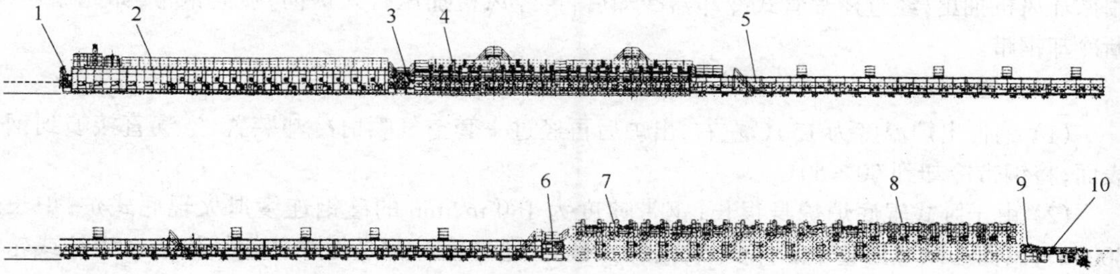


图 3.6-9　硅钢连续退火炉(无氧化炉)

1—进口密封室;2—无氧化炉;3—1 号炉喉;4—辐射管加热炉;5—均热炉;6—2 号炉喉;7—控制冷却段;8—快速冷却段;9—出口密封室;10—水淬装置

1. 加热段

钢带在此炉段被加热到工艺规定的温度,有电加热和煤气加热两种方式。电加热时,由于进口端需要大功率,一般在炉顶部和底部都布置电热体,甚至在侧墙上也布置电热体。加热段后部,功率渐小,电热体可以只布置在顶部或底部。

煤气加热时,有两种加热方式,一种是加热段全部采用辐射管间接加热;一种是加热段进口端采用无氧化气氛的明火加热,将钢带加热至 750℃后,进入有氮—氢保护气氛的辐射管加热段。根据炉子生产能力确定炉子功率,适当地分成若干温度区以便分段控制炉温,一般多在进料端布置较大的功率以利于快速加热,以便缩短炉子长度。

2. 均热段

钢带在此段按规定的温度保温,主要根据工艺规定的均热时间确定其长度。均热段的热源大都用电,以便控制灵活,电热体布置于炉顶和炉底,因为均热段主要是补偿散热损失,因此电热体功率较小,并采用均匀的布置。为了在开炉时提高升温速度,可以采用△-Y 形接法切换形式,升温时用△形,正常工作时用 Y 形,也可以兼顾炉子升温时需求,适当增大炉子功率。

3. 缓冷段(控制冷却段)

钢带在这一段以较缓慢的速度冷却到规定的温度。根据不同的热处理工艺要求,缓冷段的冷却设备有多种:只砌内衬不设其他设备的;水套冷却器;炉管冷却器、保护气体循环喷射冷却器等。要求比较高和较大型的炉子,采用保护气体循环喷射冷却器,它能够灵活、准确地控制冷却速度,使钢带宽度方向冷却速度均匀,从而获得较好的钢带性能和板形。

4. 快冷段

钢带出缓冷段后进入快冷段(图 3.6-10),以最快的速度冷却至 150℃以下出炉,快冷段常用的冷却方式是采用保护气体循环喷射冷却器。保护气体(氮—氢混合气体或氮气)通过循环风机的作用从钢带上、下两面钢板箱的

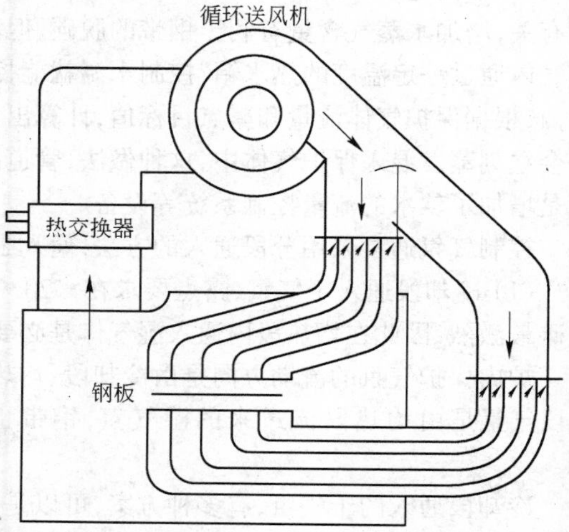


图 3.6-10　保护气体循环喷射冷却器

密集小孔中(或钢管的小孔中)以高速垂直喷向钢带表面,将钢带的热量带走,被加热的保护气体用循环风机抽出,经过翅片管式冷却器冷却后,再经风机加压打入炉内,喷向钢带,如此循环,不断冷却钢带。

5. 其他

(1) 钢带出炉温度为150℃左右,出炉后再经过一套空气喷射冷却装置,空气直接喷到钢带表面,将钢带冷却到50~60℃。

(2) 由于卧式辊底炉炉身很长(钢带速度为180 m/min的硅钢连续退火辊底式炉,炉长近300 m),因而必须考虑整个炉体受热膨胀的问题。通常设计都是把炉体钢结构放在辊柱或轮子上,中部或一端固定,使炉子受热后自由伸缩。有时在炉底设置多个固定点,两固定点之间的炉体设置膨胀节,吸收炉体热膨胀。

(3) 必要时各炉段之间设置炉喉,用来分别控制炉喉两边炉段的温度、压力和气氛。一般在无氧化炉(NOF)和辐射管加热炉(RTF)之间设炉喉,均热炉(SF)与冷却段之间设炉喉。根据不同情况,炉喉内可以设置或者不设挡板,可以设置或者不设板温计。

(4) 炉内充满N—H保护气氛,所以炉子进口有进口密封室,炉子出口有出口密封室。密封室内有密封装置,阻止炉气外逸和环境空气侵入炉内。出口密封室要设密封辊、$N_2$封等多重密封。

6. 水淬

水淬冷却装置是喷水到钢带表面或将钢带浸入到水中对钢带进行快速冷却,中低牌号无取向硅钢退火炉,钢带在出口密封室内转向下方浸入水槽中冷却。

水淬属湿式冷却,优点是冷却速度快,尤其在低温冷却段,它比保护气体循环喷射冷却节能,冷却速度快,能够有效地缩短退火炉长度。机组速度越高,越能显现它的优点。水淬的缺点是冷却速度快慢不易控制,沿钢带宽度方向冷却速度均匀性不易控制,造成钢带瓢曲,产生蒸汽,氧化钢带。因此必须采取各种有效措施,防止氧化,均匀冷却。

**(二) 炉内气氛**

炉内气氛既要有利于硅钢带最大限度地脱碳,又要防止钢带表面氧化。为了满足这些要求,多采用氮—氢混合气体作为硅钢带退火炉的控制气氛,其中氢的含量为20%~75%(体积分数)。为了促进钢带的脱碳,要在气体中加入水蒸气,使其具有合适的露点。水蒸气含量与氢含量有关,增加水蒸气含量有利于钢带的脱碳,但增加了钢带氧化的危险。气体加湿常用的方法是使气体通过一定温度的热水箱,控制水温就能控制气体的湿度。还有一种方法是直接将水滴入炉内,根据保护气体流量和露点目标值,计算出水的流量。将水滴在侧墙内的热金属线团上,水分会立刻蒸发混入保护气体中,这种做法,管道简单,不需要加湿器,不需要伴热保温,控制准确,但是增加了软水的流量控制系统等设备。

控制气氛通常采用分段通入的方法,通入卧式辊底炉(图3.6-11)。

(1) 冷却段通入干气氛,露点要求在-20~-40℃,均热段通入湿气氛。钢带在750~900℃脱碳最激烈,因此在均热段内通入湿气体是必要的。

炉内保护气氛的流动方向是由冷却段、均热段向加热段方向流动,与钢带运动方向相反。加热段气氛是由均热段流过来的湿气氛,钢带也有脱碳反应,由于温度低和湿度小,反应不激烈。

冷却段通入的干气氛,有多种方案,可以是与加热段相同成分的保护气体,也可以通入纯氮。通入含氢成分的保护气体,能够提高传热效果;通入纯氮可以降低保护气体成本。

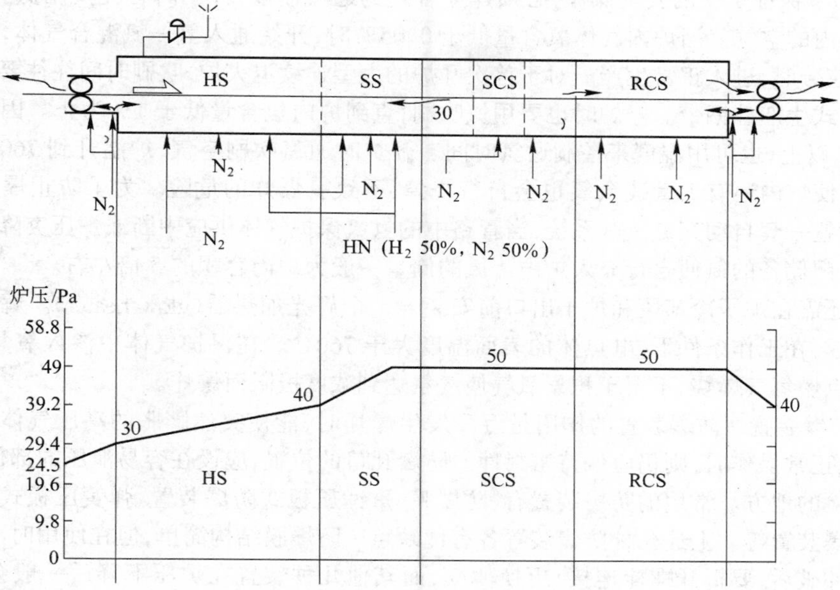


图 3.6-11　炉内保护气氛及炉压

(2) 均热段通入湿气氛,露点一般为 +20～+60℃。脱碳剂(水蒸气)与钢带表面的碳作用生成 CO 逸出,然后钢带中心的碳向表面扩散,再与脱碳剂反应,达到脱碳目的。这种脱碳方法效率高,速度快,脱碳均匀。硅钢带在湿气氛中的脱碳反应为:

$$[C]+H_2O \longrightarrow H_2+CO\uparrow$$

但是,在这种气氛中除脱碳反应外,还可能发生铁和硅的氧化:

$$H_2O+Fe \longrightarrow FeO+H_2$$

$$2H_2O+Si \longrightarrow SiO_2+2H_2$$

这些反应取决于 $H_2O$ 与 $H_2$ 的比值及炉中温度。高温时,即使水蒸气含量较大也不致使钢带氧化,低温时水蒸气含量则尽量小。

硅和氧的亲和力较铁要大,因此水蒸气首先要使硅氧化,表面出现硅的氧化薄膜,阻碍了脱碳过程的进行,所以,钢带在炉子处理温度范围内,对硅来说保护气体应是还原性的。在炉子低温段,即加热与冷却段要求气体中的水蒸气尽量少,以免氧化;而在高温的均热段,水蒸气含量相应要高些,这就是各段分别通入不同露点气体的原因。炉气排出有两种方式,一种方式是在湿气氛与干气氛之间(均热段与加热段之间)设置炉喉,并配备排气管,使湿、干气氛严格分开,湿气氛不会流到低温的加热段中;另一种方式是湿气氛与干气氛没有严格界限,湿气氛流过加热段,会同注入加热段的干气氛,一起从炉子进口处的排烟口排出,这种方式比较简单,但是由于湿气氛要通过加热室与低温钢带接触再排出,有可能引起钢带的氧化,因而一般是在气体中氢含量较高时,采用这种方式。目前,国内生产冷轧硅钢带的连续退火炉较多应用这种方式。

炉内压力的控制很重要,为了避免钢带氧化,特别是为了防止氢爆炸,炉内决不允许形成负压,一般采用的操作压力为 50～100 Pa,这就需要由整个炉体的严密性和不断供入保护气体来保证。

(3) 为了保证炉子的安全操作,必须建立合理的通气制度,开炉时首先要用氮气吹刷,赶走炉内、管道内的空气。当炉内气体氧含量低于0.05%时,开始通入氢—氮混合气体,到炉内气氛达到规定成分时,进入正常生产。对于首次开炉的大型连续退火炉,吹刷时间往往要经过较长时间,才能正式生产硅钢带。停炉时也要用氮吹刷,直到炉内氢含量低于1%为止。因氢的着火温度为600℃以上,也可用温度来控制通氢时间。开炉时通氮吹刷空气,炉温升到760℃即可通入氢,此时即使炉内还有少量残余氧也会自行烧掉,不致有爆炸的危险。为了防止爆炸事故的发生,需要设置一套自动充氮放散系统,当管路中的氢氮保护气体供应中断或炉压突降到允许范围以下时,专门储备的氮便自行充入炉内。氮的储量一般为炉内容积的5倍左右。

一般还需在炉子冷却段和炉子出口前安装若干个辉光加热器(glow heater)。辉光加热器由电热体制成,在工作条件下,电热体的表面温度大于760℃。在保护气体中渗入氧气的情况下,可以随时点燃氢气燃烧,不至于积累氧气使气氛达到浓度极限而爆炸。

(4) 防爆装置。防爆装置的作用是万一发生爆炸时,能使突然膨胀的高压气体很快地排出泄压,而在正常操作时,则仍应保持密封性。防爆孔口的位置,应设在容易泄压的部位,且对操作人员无危险的地方。常用的防爆装置有:防爆膜、重锤压板式防爆装置、弹簧压板式防爆装置和沙封式防爆装置等。上述几种防爆装置各有优缺点。防爆膜结构简单,但在使用时不够方便,因为薄膜被冲破后,要拆开螺栓连接,更换薄膜,而其他几种装置在炉压下降后一般会自动关闭。当需要调节防爆装置的压力时,重锤压板式和弹簧压板式防爆装置通过调节重锤的位置和弹簧的压力来调节盖板的压力。

防爆膜的厚度可参考下式计算:

$$t = \frac{pd}{4\sigma_{CP}} \tag{3.6-1}$$

式中 $t$——防爆膜厚度,cm;

$p$——防爆膜破裂时的压力,MPa;

$d$——防爆膜直径,cm;

$\sigma_{CP}$——防爆膜的剪切强度,MPa。

防爆孔的面积是发生爆炸的密封空间容积的函数,一般每立方米不得小于250~300 $cm^2$。

### (三) 炉子的密封

充满含氢保护气体的卧式炉炉膛的严密性是很重要的。泄漏出的氢气聚集在厂房内有引起爆炸的危险,同时炉子不严密也增加保护气体消耗量,因此在设计时要注意炉壳、进出料口及各种炉内引出件的密封。一般采用机械密封或机械密封另加氮气密封。

#### 1. 炉壳的密封

炉壳通常用钢板连续气密焊接,焊缝应进行严格的检漏试验,最好在炉壳钢板的外表面进行焊接,便于补焊。炉壳最好在制造厂焊接成整体和部件,运到现场进行拼接安装,这样容易保证质量。

#### 2. 进出料口的密封

由于钢带连续通过炉子,进出料口不可能完全封闭,因而进出料口成为整个炉子密封的薄弱环节。进出料口密封装置的结构形式种类很多,一般端板的外边钢带下方设置支撑辊+密封件作为密封辊。进料口带钢上方可以是密封辊,也可以是升降炉门。升降炉门结构简单,但是缝隙稍大见图3.6-12。出料口密封要求严格,钢带上、下方均用密封辊,见图3.6-13。出料口端板内侧用氮封,造成局部高压,阻止外部空气进入炉内。必要时出料口内侧还可以设置密封帘、双挡板等各种机械密封结构。

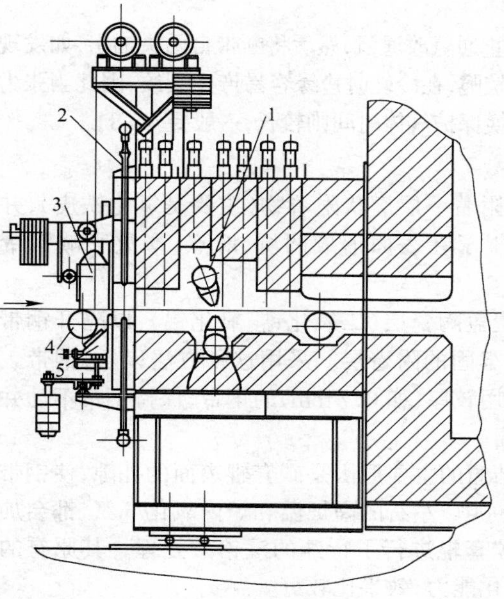


图 3.6-12　进料口密封

1—事故充氮;2—氮封;3—密封门;4—密封辊;5—塞紧装置

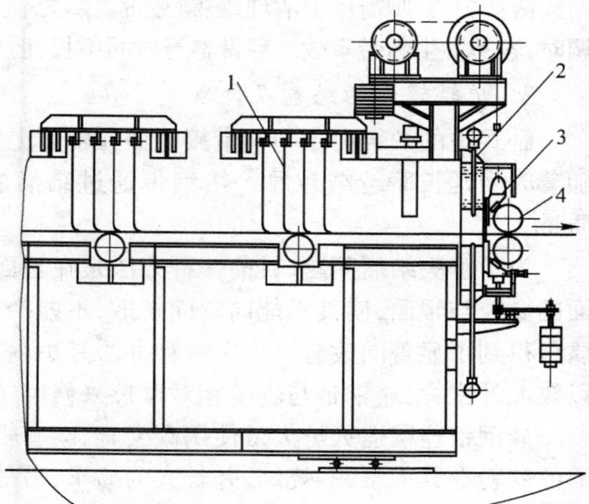


图 3.6-13　出料口密封

1—密封帘;2—氮封;3—塞紧装置;4—密封辊

进出料口密封构件一般都留有一定间隙,避免划伤钢带,间隙处会有泄漏,因此,保护气体中氢含量高时(例如氨分解气 $\varphi(H_2)=75\%$),进出口排出的气体应有点火烧嘴,逸出的保护气点燃后经排烟罩排出厂房。

3. 炉辊引出端密封

辊轴伸出两侧墙部分的密封也是较困难的,因辊子转动,不能卡得过死,松了不易封严。常用的密封方式有迷宫式密封结构、压盖式密封结构、弹簧轴承橡胶环密封结构及金属球面密封结构等,还可以机械密封+氮气气封。

4. 炉子严密性的检查

炉子安装完毕在烘炉前先进行冷态检漏,其方法是向炉内鼓风或通入压缩空气,使炉内压力保持在 100 Pa 时测定气体漏损量,一般要求每立方米炉膛容积每小时不超过 0.4 $m^3$,超过此值即应对各易漏部位进行检查修补。烘炉后,炉子热态按同样方法检查,炉温 700～750℃,炉压为 100 Pa 时,气体漏损量每小时每立方米炉膛容积不超过 0.5 $m^3$。

**(四) 炉子操作及事故处理**

1. 烘炉

用于脱碳退火的卧式炉的烘炉,不仅要把砌体中的水分排出,还希望尽可能地还原耐火材料中的氧化物,这就需要较长的时间,炉子投产后先生产普通钢,此时开始通入控制气氛,使轻质砖的空隙内完全被控制气氛充满,再开始生产硅钢,这样便易于获得所需要的稳定气氛。

2. 穿带和断带处理

卧式炉的穿带通常采用 2～3 根钢管($\phi$40～60 mm 左右)并连成穿带工具,将钢带端头固定在钢管后边,钢带随穿带工具沿着炉辊通过炉子。穿带工具的长度一般应大于二倍辊距,最好用不锈钢管。

操作中断带时,一般要切断电加热器的电源,停止通氢改通氮,然后将断带自两头抽出,如发现有断头留在炉内,则需停炉清理,重新穿带。因为硅钢较脆,在冷轧时边缘容易产生裂纹,因此当张力失调时,容易发生断带事故。穿带本身时间不长,但切换保护气体时间则较长,一般要 4~8 h。

3. 炉辊辊面的结瘤及处理

卧式炉的炉辊由于与钢带接触而在辊面上粘附着一层瘤状附着物(主要是氧化铁皮),并且随着时间延长而越结越厚。热钢带通过结瘤的辊子在表面形成凹坑、麻点,严重影响钢带的质量。

为了解决结瘤问题,目前一种方法是在辊面覆盖陶瓷层(二氧化锆、氧化铝),以隔开钢带表面的微粒与辊面,使其不能向辊面扩散,不能产生牢固的附着层。采用这种方法以后,钢带表面质量得到了显著的改善。还有一种办法是炉内换用较厚(如 0.7 mm)的钢带,保持钢带不动并给以较大的张力,靠钢带与辊子相对摩擦来修磨结瘤。

硅钢带连续退火炉大量使用碳套辊,碳套辊结瘤的主要原因是碳套辊表面的孔隙,使钢带表面的铁粉在其中堆积、烧结,并长大为瘤子,另外,900℃左右的高炉温和炉内氧化气氛,都会加速结瘤现象的出现。为了提高碳套辊使用寿命,对碳套辊进行了特殊的浸铬酸处理。其原有的孔隙被氧化铬填充,结瘤少了,提高了耐磨性和耐氧化能力,效果比较好。

### (五) 绝缘涂层的干燥和烧结

无取向硅钢经最终脱碳退火后,必须进行表面处理,在表面涂敷 L、R 或 L2 等绝缘涂层。在涂层机涂敷了涂层液的钢带,经干燥炉的干燥段进行涂层干燥,然后在烧结段使涂层与钢带基体金属烧结在一起,使其牢固附着,不致脱落,以确保其抗氧化能力、良好的冲剪性以及在铁芯制造和使用时必要的绝缘性能。实践证明,无取向涂层的干燥温度,对于涂层质量有着重要影响,在涂层后的初期应缓慢干燥。如果炉温过高,特别是干燥段炉温过高,致使钢带温度过高,由于快干会引起皮膜氧化,而形成“起泡”状态和火焰痕迹,使无取向硅钢最终成品的耐腐蚀性、层间电阻、附着性恶化。特别是在涂敷 L 涂层时,因为它的主要成分是有机树脂,所以在上述炉温状态下,皮膜劣化程度严重加剧。因此,在设计上为防止涂层初期干燥时涂层液的快干,干燥炉的干燥段,采用了辐射管进行间接加热的方式,辐射管交错布置在钢带上方和下方的侧墙上,使钢带在干燥段出口处的板温为 150℃。

烧结段主要用途是使涂层牢固地附着在钢带表面,为了加快涂层液干燥蒸汽的更新,以便更好的干燥和烧结,采用烧嘴直接加热的直火式炉段。在炉顶安装平焰烧嘴,均匀加热钢带上表面,在钢带下方的两边侧墙安装高速烧嘴。在烧结段出口处,应控制钢带温度在 250~500℃。

## 三、拉伸退火炉

连续热平整机组是取向硅钢带的最终处理线。经罩式炉或环形退火炉处理后的硅钢带在该机组上清除表面污物并清洗烘干,涂绝缘层,在炉内烘干、烧结,在一定张力下对钢带拉伸平整。

炉子设备主要包括预热炉(PH)、加热段(RTF)、均热段(SF)、炉喉、冷却段(RJC)、出口密封室等,见图 3.6-14。涂绝缘层后的钢带呈悬垂状态送入预热炉内干燥、预烧结,在加热段和均热段对涂层进行烧结,并且施加适当张力对钢带进行热拉伸平整。经过保护气体循环喷射冷却钢带至 400℃以下,再经过空气喷射冷却至 100℃以下。

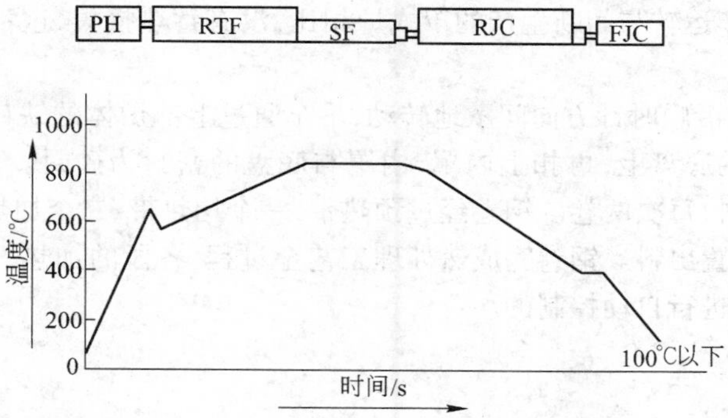


图 3.6-14 拉伸回火炉

## 四、取向硅钢钢卷高温退火炉

高温退火的目的如下：

(1) 进行二次再结晶。

高温退火时，一次再结晶组织中的(110)[001]取向晶核发生异常长大，使钢带成为具有单一取向的二次再结晶组织。对于生产取向硅钢带来说，二次再结晶是最基本的，也是最重要的，它可以使材料获得低铁损、高磁感。

(2) 净化钢质。

为了使硅钢带进行二次再结晶，钢中要含有必要的硫化物、氮化物等夹杂物。但是这些夹杂物如果残留在成品中，对磁性是有害的。因此，二次再结晶完成后，必须加以去除，使钢质净化，这就需要对硅钢带进行高温而且是长时间的热处理。

(3) 生成硅酸镁底层。

为了提高硅钢带的绝缘性能，需要在钢带表面上生成一层致密的、与基体金属附着性好的薄膜。为此，利用高温使退火隔离剂(MgO)与钢带表面上的 $SiO_2$ 膜发生反应，在钢带表面上形成均匀的，以 $2MgO·SiO_2$ 为主要成分的玻璃质薄膜——硅酸镁底层。

由于取向钢在高温退火中，要进一步使 MgO 的结晶水分解排除，还要净化钢质退火保温时间较长，所以取向硅钢带的高温退火，不采用钢带连续退火炉，通常都是在周期性操作的罩式退火炉中进行。但是，罩式炉在产量、质量及管理上均存在着一系列缺点。近年来，有多项工程采用连续操作的钢卷退火炉作为高温退火炉，它与罩式炉相比，具有节能、连续生产、产品质量稳定、占地少、人员少、生产成本低等优点。主要炉型是环形炉和隧道式炉。但是钢卷连续退火炉也存在局限性，有一定适用范围，不能完全取代罩式退火炉。

### (一) 环形退火炉(ROF)

1. 环形退火炉(ROF)

环形退火炉(ROF)是目前用于取向硅钢带生产的一种最先进炉型，与罩式炉比较，有如下优点：

(1) ROF 可以实现连续生产，在保证产品质量的前提下，产品的性能比较稳定，实现优质高产；

(2) 占地面积少，在产量相同的条件下，占地面积要少一半多；

(3) 操作简单，便于管理。罩式炉装出料在炉台上工作，而炉台分布整个车间。ROF 装出料始终在同一地点作业；

(4) 减少了炉子的操作人员；

(5) ROF连续生产运转与间断生产的罩式炉相比,没有蓄热损失,这不仅节约能源,同时也改善了操作环境。

ROF的环形炉底,沿顺时针方向间歇地转动,吊车通过上部炉体的缺口部位(自然空冷段),将钢卷放在炉底台车的底盘上,再扣上内罩,内罩与底盘的密封为砂封。每三小时左右转动一次,出一次料,装一次料,每次两卷。钢卷经过预热带,一个均热带、二个加热带、二个均热带和四个冷却带,回到装料位置出料。钢卷完成热处理工艺全过程,各段的加热、均热及冷却温度都是按最佳的热处理曲线,进行自动控制的。

2. 炉子主要设备

炉子主要设备如下:

(1) 炉壳金属构件及耐火材料;

(2) 炉门及其开闭装置;

(3) 台车金属构件(上部台车、下部台车)、台车密封装置,台车驱动装置;

(4) 燃烧系统:烧嘴、风机、金属换热器;

(5) 排烟系统:炉压调节挡板、烟道、排烟机、烟囱;

(6) 控制气氛系统:气氛气体导入装置、旋转仪表室;

(7) 空、煤气配管、控制气氛配管;

(8) 内罩、底板及支架;

(9) 炉子周围工作平台。

3. 结构特点

炉子结构特点如下:

(1) 炉壳是钢板焊接结构,炉墙钢板采取了吸收热膨胀的措施;

(2) 台车分为上、下两层,上层用于存放退火的钢卷,为耐热铸钢结构,上面砌筑耐火材料,下层为框架钢结构,下面有支撑辊托住和定心辊定位;

(3) 设置导向辊装置:由于环形热处理炉有加热段和冷却段,整体台车在制作时是圆形的(冷态),工作条件下,部分台车在加热段,部分台车在冷却段,各个台车温差较大。各个台车热膨胀不均匀,整体台车会有变形。台车转动时,为了防止偏离中心,采用了导向辊装置,在台车底部装有工字钢,与导向辊辊面接触;

(4) ROF共有4个炉门,进口A门,1冷、2冷带之间有B门,2冷、3冷带之间有C门,出口有D门。通过齿轮电机、链轮带动炉门垂直升降,并与台车联锁,只有4个炉门同时开启到位,台车方可转动;

(5)为连续供应控制气氛,设置了一整套特殊的气氛气体导入装置和控制装置。

**(二) 隧道式连续高温退火炉**

退火炉(图3.6-15)设备包括一条或两条水平隧道式退火炉及装出料设备、控制气氛系统等辅助设备。主要设备有:

(1) 入口端钢卷小车横移装置;

(2) 带有推料机和内外密封门的进口密封室;

(3) 退火炉本体,包括:加热段、均热段、冷却段;

(4) 带有出料装置和内外密封门的出口密封室;

(5) 机组出口端的钢卷小车横移装置;

(6) 小车返回装置;

(7) 控制气氛控制装置，循环及再生装置；

(8) 翻卷机、运输机、液压系统等辅助设备。

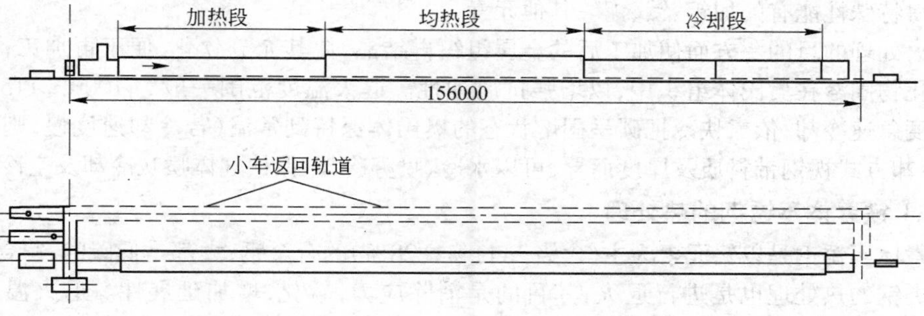


图 3.6-15　隧道式连续高温退火炉

1. 进口密封室

进口密封室内有一个车位，有一个内密封门和一个外密封门。内外密封门各有一套升降和压紧装置。进口密封室用来在不污染退火炉内控制气氛条件下，将钢卷送入退火炉。进口密封室的操作如下：

钢卷被吊放到钢卷车上以后，由横移装置将钢卷车移送到进料室的入口附近并与进料室在同一中心线上。进料室入口的密封门打开，然后通过推动机构将载有钢卷的钢卷车推入进料室并重新关上密封门。紧接着，自动向进料室充入氮气，之后换充氢气。位于进料室里面的钢卷车通过另一推动机构向前移动一个小车距离而进入退火炉。与此同时，炉内所有小车也一齐向前移动一个小车距离，将一个退火完毕的钢卷车从炉内推到出料位置。然后进料室充入氮气，等待密封门再次打开接受下一个载有钢卷的小车。

2. 出口密封室

出口密封室用来在不污染退火炉内控制气氛条件下，将钢卷推出退火炉，其设备组成及结构与进口密封室类同。在退火炉的出料端，自动推出装置将经退火处理完毕的钢卷车从出料位置推到出料室，使该钢卷车与炉内钢卷车分开，然后关闭出料室的内密封门并向出料室自动充入氮气。当出料室外密封门打开，另一推出装置就可以将钢卷车移送到出料端横移位置上。出料室外密封门关闭，接着向出料室充入氮气，然后再充入氢气。出料端横移装置将钢卷车移动到退火炉旁边的返回轨道线上。钢卷车返回装置工作，将钢卷车送到机组入口段的横移装置上。

3. 退火炉

退火炉内气氛为纯氢，炉内气氛由钢卷出口端向入口端流动。炉壳为钢板气密焊接结构，内衬轻质耐火材料，车上承重耐火材料为重质耐火砖。退火炉由加热段、均热段、冷却段组成。加热段采用安装在侧墙上的电阻加热器来加热，分成若干个控制段控制炉温。均热段亦采用电阻加热器来加热，只是总的加热功率比加热段少。冷却段采用保护气体循环喷射冷却。氢气是再循环使用的，抽出并经过净化干燥再生后，再送到炉内需要不断补充在进出口密封室等地方泄漏的一部分氢气。

## 第三节　不锈钢带连续热处理炉

### 一、不锈钢带的热处理工艺

不锈钢按其金相组织可以分成三大类，即奥氏体不锈钢、铁素体不锈钢及马氏体不锈钢。

**(一) 奥氏体不锈钢的热处理**

奥氏体不锈钢是一种铬镍合金钢,其主要合金元素的含量,镍大于6%,铬16%~26%,为了使钢获得特殊性能有的加钼、钛、铌等其他元素。

退火处理的目的一方面使加工后的金属组织再结晶,使其充分软化,便于再加工;另一方面是将碳化物固溶在奥氏体组织中,以增强抗腐蚀性。退火温度范围一般为1000~1150℃,然后在此温度急速冷却,依靠快冷把碳呈固熔状态的奥氏体保持到常温(若冷却速度慢,则析出碳化物)。冷却方式视钢带材质及厚度而异,可以水冷、喷雾冷却、保护气体喷吹冷却及空冷等。

**(二) 铁素体不锈钢的热处理**

铁素体不锈钢是以铬元素为主(含铬占11%~28%)的合金钢,大都是低碳的,镍含量很少。

这类钢的热处理也是进行退火,其目的是消除应力,软化,增加延展性。退火温度范围为650~850℃,在空气、水或控制气氛中冷却。对于高铬钢要注意在400~500℃范围内缓冷时会产生脆化,因此应尽量避免在这一温度范围中停留。

**(三) 马氏体不锈钢的热处理**

马氏体不锈钢亦以铬为主要合金元素(含铬10%~18%),碳在0.08%~1.2%范围内,大多数不含镍,个别含少量镍(2.5%)。马氏体不锈钢的热处理一般有下列几种工艺:

退火—热轧以后由于冷却较快而发生硬化,为了软化处理,增加延展性,需要进行退火。退火温度为850~920℃,炉冷到600℃,然后空冷的称为完全退火,一般在罩式炉中进行。退火温度为620~780℃,然后空冷的称为过程退火,一般在连续式炉内进行。

淬火—马氏体不锈钢经过高温急冷可以得到很高的硬度,其淬火温度为925~1065℃,油淬或空冷。为了消除淬火以后的内部应力,一般还需要进行消除应力退火和回火。钢带和钢板很少进行这样的处理。

**(四) 双相不锈钢的热处理**

按一定比例控制奥氏体和铁素体的比例的双相不锈钢是为改善耐蚀性和获得较高的强度而发展的新钢种。双相不锈钢的镍含量为5%左右,同时含有较高的铬(25%左右)。

双相不锈钢具有较高的力学性能、良好的韧性和焊接性,但冷热加工性能较差。双相不锈钢由于含铬较高,如在600~800℃温度范围内长时间保温,易出现$\sigma$相,使钢的韧性和耐蚀性下降。

## 二、不锈钢带连续热处理炉

直到20世纪50年代中期,各国生产的不锈钢带绝大部分都是在退火酸洗作业线上进行热处理的。在不锈钢带连续处理炉中,钢带在直通式火焰炉中加热,然后通过机械方法或化学方法去除氧化铁皮。这种作业线上的退火炉主要有两种类型,即辊底式牵引炉及悬索式炉。前者与硅钢退火炉相类似,这种炉子的主要缺点是由于炉内托辊在高温下与钢带接触而划伤钢带表面,特别是炉辊结瘤时,这种现象就更加严重。对此虽然采取了一些措施,例如采用石棉辊、石墨辊、陶瓷辊及严格控制机组同步等,但均不理想。因此目前很少采用这种炉型处理不锈钢带,多采用悬索式炉。下面仅就悬索式炉做简单阐述。

**(一) 悬索式热处理炉的结构**

悬索式炉子(图3.6-16)分成加热室和冷却室两部分。钢带在加热室加热到规定温度并将这一温度保持一段时间,然后进入冷却室,用喷水、蒸汽、水雾、空气等冷却方式使钢带冷却,冷却介质根据钢带材质和厚度选择。

炉子加热可以采用气体燃料或液体燃料,烧嘴布置在两侧墙上。烧嘴的形式和布置力求能使炉宽方向温度均匀,炉长方向可分段控制温度。为了快速加热,在进料段供热能力应较强,一般在钢带上、下都布置有烧嘴，以后各段供热能力依次递减。

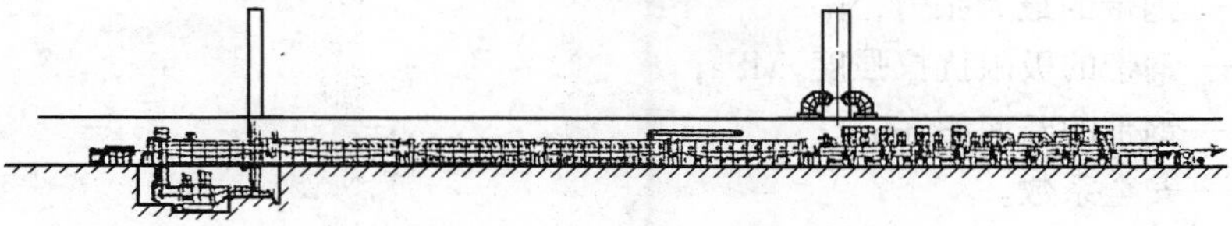

图 3.6-16　不锈钢连续退火酸洗机组的退火炉

一般在加热段前设置预热段，利用加热段的高温烟气预热钢带。一方面节约燃料，另一方面在低温时不锈钢导热系数小，快速加热容易断裂，特别是内应力大的冷轧不锈钢带。

加热不锈钢要求精确控制燃烧产物中的氧含量，根据品种和处理工艺不同，氧含量一般为2%～6%。这样可以保证钢带生成相对疏松的氧化物，有利于氧化物的清除和酸洗。燃料的成分和发热值要稳定，这是准确控制氧含量的前提。

由于混合煤气的成分和热值极易波动，不锈钢带连续处理炉应尽量不采用成分和热值极易波动的混合煤气，最好使用天然气等热值稳定的燃料。

悬索式炉的主要特点是炉辊之间距离大，钢带在炉内呈悬索状态通过。炉内的辊子一般设在炉子控制段的分割处，例如预热段与加热段之间，加热段与均热段之间等，在同一处设两个炉辊交替使用。辊子有两种形式，一是并列设置两个辊子，靠手动卷扬升降交替使用辊子，还有一种形式是圆盘辊(Carousel Roll)(图 3.6-17)。在一个大圆盘辊上带有两个炉底辊，上方的炉辊在运行中使用，下方的一个炉辊可实现在线不停炉更换。圆盘辊的上部有一部分在炉内承受高温，圆盘辊与炉底和炉墙交接处采用机械密封或机械密封加喷气密封。炉辊辊面材料有陶瓷纤维制品和青铜喷涂两种。陶瓷纤维辊较软，不划伤钢带，但是炉辊寿命太短(一般为一个月左右)。青铜辊寿命长，可使用一年以上，辊面结瘤和辊面线速度与钢带不同步时，都会划伤钢带表面。

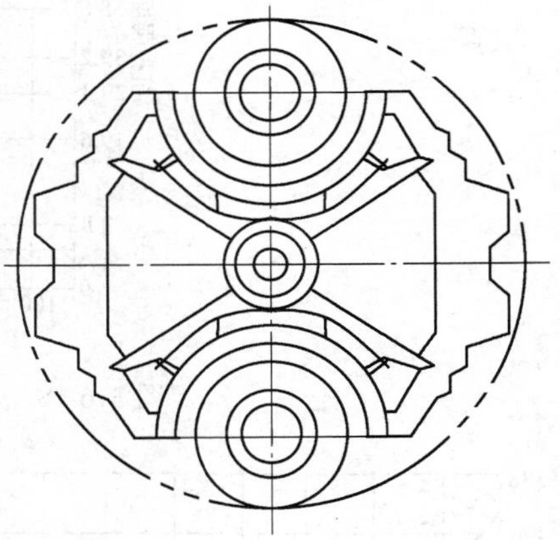

图 3.6-17　圆盘辊(Carousel Roll)

发生断带时，钢带需要从炉子两端拉出，重新穿带。在炉子两侧内墙上的砖槽内放置的是专门用于穿带的耐热窄钢带。断带时，将窄钢带从砖槽内拉入炉内，然后将已经拉至炉外的断带同导带相连，再拉过炉子。

炉子顶部上方还设有炉外旁辊道，以便在钢带不需要通过炉子而仅要求酸洗时从顶部通过。还有另一种操作方法，不设有炉外旁辊道，仅需要酸洗时，钢带通过炉子，但炉子不供热，或仅保持炉温在 700℃以下。改变品种，钢带需要退火时，炉子升温时间短，又不需要重新穿带，从而提高了作业率。

### (二) 炉内钢带悬垂度的计算和控制

钢带在炉内的悬垂度与钢带在炉内的张力及两支点(即两支撑辊)间的距离有关。

钢带在炉内张力的确定与钢带的材质及工作温度有关。下式为两支点间钢带的最大张力与钢带的极限抗拉强度的关系：

$$P_{max} = \sigma_b F / A \tag{3.6-2}$$

式中　$P_{max}$——钢带的最大张力，N；

$\sigma_b$——钢带的极限抗拉强度，MPa；

$F$——钢带的断面积，$mm^2$；

$A$——安全系数。

图 3.6-18 至图 3.6-20 为低碳钢、硅钢及不锈钢抗拉强度与工作温度的关系。

安全系数要考虑启动时和变速时的不正常应力，对于不锈钢钢带推荐采用张力为 3.43MPa。

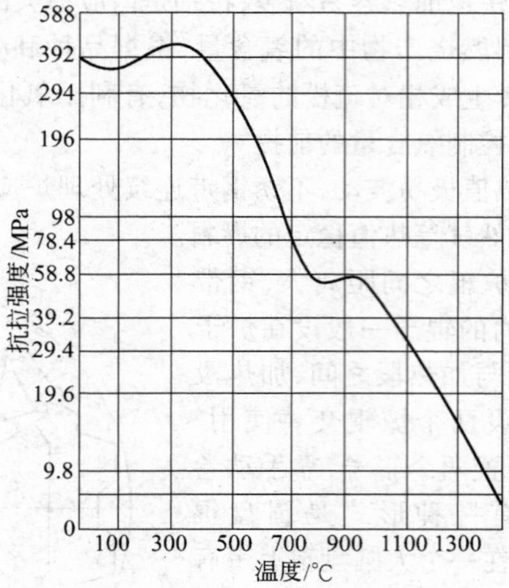


图 3.6-18　低碳钢抗拉强度与温度的关系

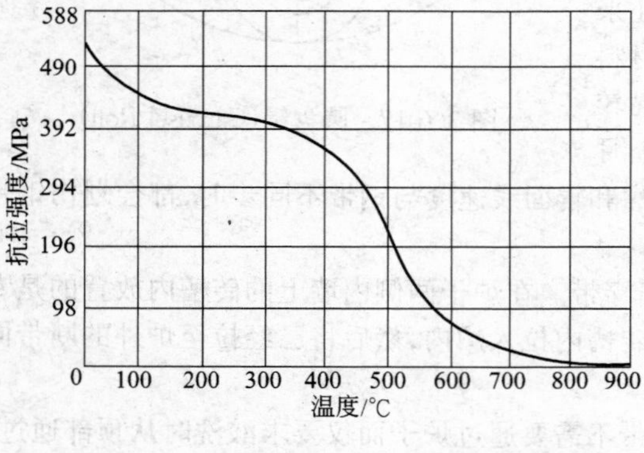


图 3.6-19　含 3%Si 未处理冷轧硅钢的抗拉强度与温度的关系

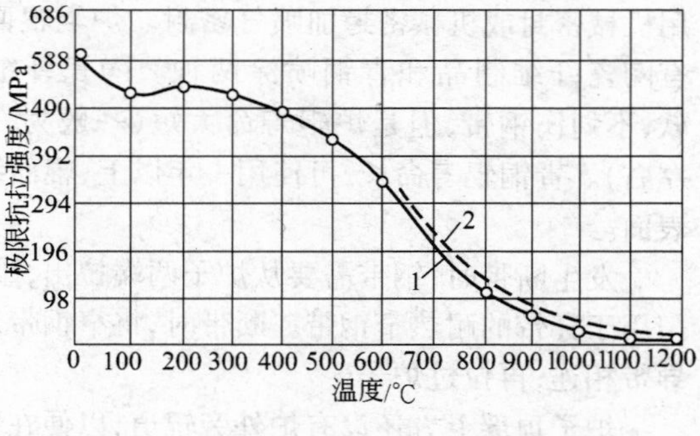


图 3.6-20　不锈钢的抗拉强度极限与温度的关系

1—1Cr18Ni9；2—Cr18Ni9Ti

钢带的最大张力与悬垂度的关系为：

$$P_{max} = \frac{Wl}{8S}\sqrt{l^2 + 0.16S^2}$$

式中，$0.16S^2$ 与 $l^2$ 比相对甚小时可略去不计，上式变为：

$$S = Wl^2 / 8P_{max} \tag{3.6-3}$$

式中　$S$——钢带悬垂度，m；

$l$——两支点间的距离，m；

$W$——每米钢带的质量，kg/m。

根据上式可以求出钢带的悬垂度，同时也可以预先确定悬垂度再计算钢带张力是否在允许范围内。

两支点间钢带实际长度与垂度的关系为：

$$L = l + 8S^2/3l \tag{3.6-4}$$

式中　$L$——钢带实际长度（近似值），m。

由于连续热处理炉通过钢带的比张力（单位钢带截面的张力）来控制垂度，为此，将上述公式变换成：

$$S = 0.1\rho l^2/0.78P \tag{3.6-5}$$

式中　$S$——钢带的悬垂度，m；

$\rho$——钢带的重度，$t/m^3$；

$l$——两支点间的距离，m；

$P$——钢带比张力，MPa。

**例 1**　一悬索式炉长 18 m，炉外两石棉辊间距 20 m，钢带尺寸为 4 mm×1000 mm，低碳钢带处理温度为 720℃，奥氏体不锈钢带处理温度为 1150℃，求钢带在炉内的悬垂度。

**解**：(1) 低碳钢带

从图 3.6-18 曲线中可查得 720℃时碳钢的极限抗拉强度 $\sigma_b = 7\ kgf/mm^2$，取安全系数 $A = 15$，代入公式 3.6-2 中

$$P_{max} = \sigma_b F/A = 7 \times 4 \times 1000/15 = 1867\ kgf$$

代入公式 3.6-3 中求悬垂度：

$$S = Wl^2/8P_{max} = 7850 \times 0.004 \times 1.0 \times 20^2/(8 \times 1867) = 0.84\ m$$

(2) 奥氏体不锈钢带

取张力为 3.43 MPa，则 $P_{max} = 0.35 \times 4 \times 1000 = 1400\ N$

代入公式 3.6-3 中求悬垂度

$$S = Wl^2/8P_{max} = 7900 \times 0.004 \times 1.0 \times 20^2/(8 \times 1400) = 1.13\ m$$

从计算看出，炉长 18 m 时，处理不锈钢带的悬垂度为 1.13 m 是可行的，目前国内外都有 18 m 长辊距的实践经验。

分析垂度公式可知，当跨度确定后，钢带垂度仅是钢带重度和单位张力的函数，钢带垂度与重度成正比，与张力成反比。

当两支撑辊之间的钢带均质时，垂度和张力有一个简单的对应关系，可以通过控制张力自动控制垂度，使垂度稳定不变。当两支撑辊之间的钢带非均质时，有两种不同材质或者不同规格的钢带悬垂，即钢带焊缝在两支撑辊之间时，垂度与张力就不是简单的对应关系，随着焊缝的移动，两辊之间钢带重量不断变化，垂度也随着不断变化。通过两类垂度控制技术控制垂度：

(1) 应用垂度仪。在悬垂钢带的上方安装垂度仪，通过控制张力维持设定的垂度。当垂度变大时，提高张力；垂度变小时，降低张力，从而维持设定的垂度值。

(2) 在操作制度上加以限制，允许垂度在一定范围内波动。例如，某机组规定钢带焊接时，其截面比不允许大于 20%，还规定两钢带中以小截面积的钢带张力进行控制。这样就确定了垂度的最大变化范围。

### （三）冷却室设计

加热到规定温度的钢带在冷却室以一定速度冷却到80℃左右。冷却室壳体一般是钢板焊接结构。在钢带上下方各布置若干冷却装置，将冷却介质喷向钢带表面，使钢带冷却。

通常采用的冷却介质有水、水雾、蒸汽、空气等。钢带的冷却速度主要由其热处理工艺来确定。为了满足同一材质钢带的冷却速度，厚度不同需要采用不同的冷却介质。例如对于奥氏体不锈钢（1Cr18Ni9Ti）当厚度小于2 mm时，在空气中自然冷却就能满足要求，而当厚度较大时，则需要喷水冷却。对于2Cr18Ni9即使是厚度小于2 mm也需要喷水冷却，才能满足要求。不同介质的冷却速度由低到高大体上顺序如下：空冷（自然冷却）、喷蒸汽冷却、喷空气冷却、喷雾冷却和喷水冷却。当然，冷却速度还与喷嘴形式及布置、喷吹速度、喷吹介质温度及耗量有关。

在冷却过程中，沿带宽方向保持冷却的均匀性比冷却速度更重要和更难实现，它直接关系到组织均匀性和钢带板型。控制带宽方向冷却均匀性的通常方法是将喷嘴沿带宽方向布置成3个或5个冷却区，分别控制各部分的介质流量。

不锈钢退火酸洗机组热处理炉冷却室在结构上还有3个特点：

（1）在钢带的上方和下方各设若干非传动的保护辊，防止断带和钢带跳动时破坏喷嘴和划伤钢带；

（2）冷却室下部有收集氧化铁皮的装置，以便清除在冷却室脱落的氧化铁皮；

（3）冷却室上部有排气管道，收集冷却室含有水气等杂质的气体，通过烟管、排烟风机和烟囱排出厂外。有的还在烟道中安装过滤器，收集氧化铁粉。

## 三、不锈钢带光亮热处理炉

不锈钢带的光亮热处理与退火酸洗热处理相比有下列优点：

（1）提高了钢带的表面质量和物理性能。不锈钢带在氧化性火焰中加热，铬的氧化速度比铁快，因此钢带表面的铬损失比铁多，结果表层的铬含量低于基体的铬含量，甚至酸洗以后，这个贫铬层仍不能消除，这样就会降低不锈钢带的抗蚀性，同时光亮退火后的钢带表面粗糙度也远比退火酸洗后的表面低。

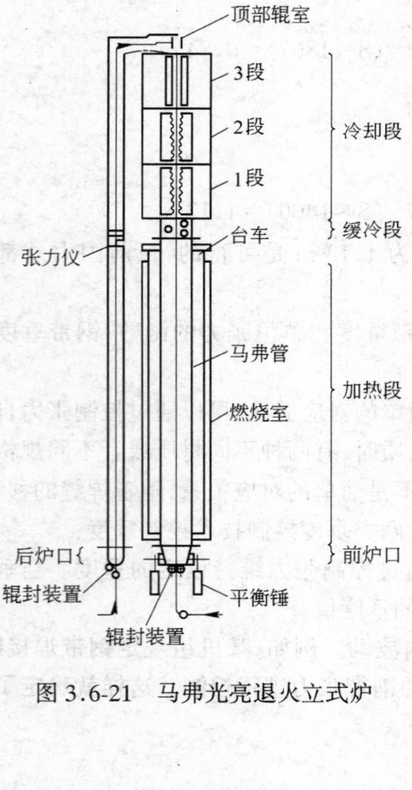

图 3.6-21　马弗光亮退火立式炉

（2）提高金属收得率。不锈钢带在氧化性火焰中加热，再经过酸洗，金属损耗率大。对于薄钢带，其损耗甚至高达10%以上，光亮处理则没有这种损耗。

（3）降低生产成本。采用光亮热处理取消了酸洗等设备，因而降低了成本。

（4）能精确控制尺寸。因为没有氧化损失，故可由轧制来控制最终尺寸，这对供给制造精密仪表零件的材料有重要意义。

不锈钢带光亮热处理炉主要有以下两种。

### （一）马弗立式炉

最早的光亮热处理炉是带金属马弗的卧式炉，钢带在马弗内通过，马弗外采用火焰加热或电加热，马弗内通氢或氨。卧式马弗炉存在种种缺点，因此发展了马弗立式炉（图3.6-21）。马弗立式炉有下列优点：

(1) 可以用价格比电便宜的煤气加热，从而降低加热成本。

(2) 操作中容易使保护气体露点保持在低限，提高产品表面质量。

(3) 在定期修理中，炉内保护气体放出，开炉后对砖砌炉来说，因为炉内耐火材料本身吸湿，所以需要较长时间恢复炉内露点和升温。而马弗炉不吸湿，因而在短时间内就能达到所定的露点，可提高作业率。

(4) 砌砖炉由于运转中的振动和炉体的热膨胀，使耐火材料的微小颗粒落下带到炉子入口密封处，往往使钢带表面造成压痕和划伤。而马弗炉可避免这类事故发生，保持稳定的表面质量。

(5) 砌砖炉中耐火材料的微小颗粒以赤热状态落下，容易使密封处着火。而马弗炉不存在这种可能性，提高了安全性能。

与砖炉相比，马弗炉也有以下不足：

(1) 由于受到马弗罩高温强度的限制，炉温最高只能达到1150℃左右，不能达到砖炉那样高的炉温。

(2) 由于马弗罩的蠕变延伸和氧化损失，一般寿命只有3～5年，必须定期更换。

(3) 必须对马弗罩过热引起的异常蠕变延伸和热应变等进行监视。

**（二）无马弗立式炉的特点**

无马弗立式炉的特点如下：

(1) 加热室内衬采用陶瓷纤维或高纯度氧化铝砖。

由于不锈钢中的某些合金元素极易氧化，为了达到光亮表面，要求在纯度极高的干氢或分解氨保护气氛中热处理。同时，气体在炉内高温下不得受到污染。这要求炉内砌体在加热过程中不析出任何有害气体，同时，也不与氢气发生反应。

陶瓷纤维和轻质砖的绝热性能好，衬层较薄，散热损失少，蓄热损失少且热响应速度快。加热室总重量减轻，可相应地节省钢结构材料。

陶瓷纤维折叠块或层铺陶瓷纤维制品，用锚固钉固定在炉壳上，下部材料不承受上部材料压力。立式炉砌砖，必须考虑稳定性问题，沿炉墙高度分段砌筑，每2 m左右设金属托梁和金属拉钩，将砌砖重量分散承受在炉子钢结构上。

由于取消了金属马弗，因此处理的钢带宽度不受限制，不锈钢带的宽度可达1.5 m。同时由于没有金属马弗，有可能实现高温快速加热；高纯度氧化铝砖砌体的寿命也较金属马弗高，在正确操作情况下，砌体寿命达10年以上。

(2) 采用快速加热。

不锈钢带采用快速加热不仅能够提高产量，而且较易得到光亮的表面。一般带马弗的炉子的炉温与钢带加热温度之差不超过50℃，而在无马弗立式炉中，可把炉温提高到1350～1400℃，温度差可达200～300℃。采用这样的加热制度，钢带的单位加热时间可接近1 min/mm，而在一般马弗

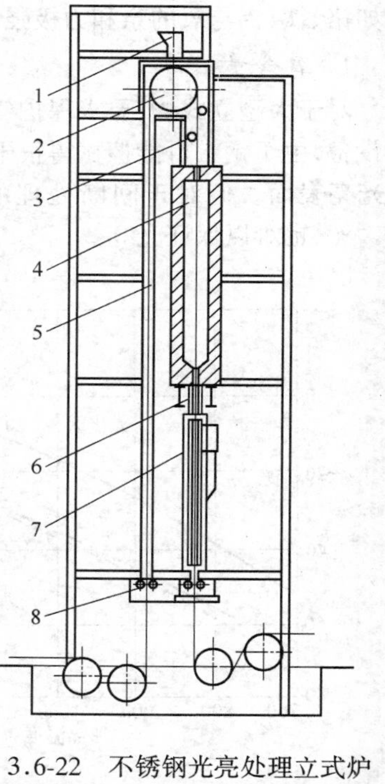


图3.6-22　不锈钢光亮处理立式炉

1—穿带装置；2—转向辊；3—石墨辊；4—加热室；5—清扫段；6—辐射冷却段；7—喷吹冷却段；8—密封辊

炉内的单位加热时间为 2.5～3.5 min/mm。但炉温过高将造成加热室靠近出口附近砖的剥落，其碎片掉到下密封口引起钢带表面划伤，同时赤热的碎砖粒还容易引起着火事故，一般推荐的最高温度为 1250℃，这样钢带的单位加热时间为 1.5 min/mm，仍比马弗炉中的加热快的多。由于炉温高，一般多采用钼丝或钼带做电热体，钼电热体在氢保护气氛中能在 1650℃ 下很好的工作。

(3) 采用快速冷却系统。

不锈钢带加热以后的快速冷却不仅是工艺的需要，而且可以大大缩短炉子长度(高度)。无马弗立式炉采用向钢带表面高速喷吹保护气体的冷却系统。钢带从加热室出来以后，先经过一个很短的辐射冷却段(钢板水箱)，然后进入喷吹冷却段，冷却到 100℃ 以下经由密封辊出炉。由于采用了喷吹冷却系统，冷却室的长度可比加热室还要短些，同时能按钢带厚度和材质调节冷却速度，因而改善了处理质量。

(4) 防止了钢带表面擦伤。

在立式炉中，钢带在一个单程中完成了加热与冷却，其中钢带只与保护气体接触，因此能够很好地保护钢带的表面。

**(三) 炉内气氛**

不锈钢带的光亮处理可以在真空中、纯氢或分解氨气气氛中进行。由于不锈钢带光亮处理要求很高的真空度(低于 $133.3\times10^{-4}$ Pa)，而钢带连续处理炉的密封结构很难保证，在工业生产中还很少采用真空处理。目前广泛采用纯氢和分解氨保护气氛。不锈钢带中的一些合金元素，例如铬、钛、铝与氧的亲和力极强，光亮处理时，必须严格控制保护气体的成分。

1. 氧含量

对于大型立式炉，要求保护气体的氧含量不大于百万分之十(即 $10\times10^{-4}\%$)，对于小型实验设备，由于钢带可能擦拭得很干净以及炉内容积小易于吹扫，氧含量小于 $20\times10^{-4}\%$，也能得到光亮表面。但对于间断处理的罩式炉等，由于钢带在炉内时间长，即使氧含量小于 $10\times10^{-4}\%$，也难以保证光亮。

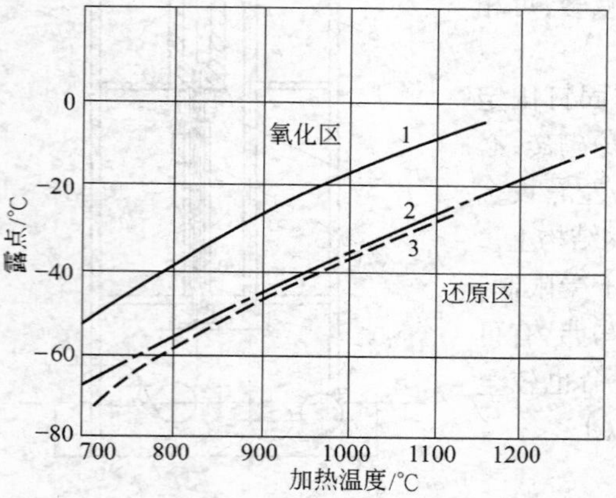


图 3.6-23　不锈钢及纯铬在不同温度及露点下的氧化还原平衡曲线

1—Cr17 及 Cr18Ni9 在纯氢中；2—金属铬在纯氢中；3—金属铬在分解氨中

2. 露点

(1) 在相同露点下，已经氧化的试样在高于 1000℃ 加热时被完全还原，而用光亮试样在高于 980℃ 加热时仍保持光亮，在低于 980℃ 加热时便产生了氧化。图 3.6-23 表示 Cr17、Cr18Ni9 和金属铬在不同加热温度、不同露点下氧化和还原的平衡曲线。

(2) 当高温下停留的时间很短时，氧化反应的时间不足，即使在较高的露点下也能得到光亮的表面。含铬的不锈钢带能够在远高于平衡曲线所要求的露点下不氧化，主要是通过快速加热实现的，因此采用高温快速加热有利于不锈钢带的光亮处理。在大型无马弗立式炉中处理奥氏体不锈钢带，炉内露点控制在 −40～−50℃ 可以保证表面光亮，净化后的气体露点相应要求达到 −55～−70℃。

3．其他有害杂质

（1）碳对于不锈钢带的耐蚀性有很坏的影响。用氢做保护气体时，为了避免渗碳发生，不允许含有碳系不纯物（如$CO$、$CH_4$等），对于周期处理的炉子尤为重要。渗碳现象与气体露点有关，露点越低，越易渗碳，这与不氧化的要求相矛盾，对于某种钢有其不氧化的最高露点和不渗碳的最低露点，因此应当在这最高及最低露点范围中处理这种钢带。只要严格控制气体成分，并保证入炉钢带洁净，便不会渗碳。

（2）采用分解氨时还应注意残余氨的存在。残余氨与高温钢带接触时就会分解出氮而使钢带表面氮化，因此要尽量降低残余氨含量。图3.6-24为防止不锈钢带氮化在不同温度下所允许的残余氨的含量。一般氨分解装置是在低于不锈钢带处理温度下工作的，分解气中含有相当多的残余氨，因此在入炉前需要通过吸附装置（分子筛）使残余氨降低到$5\times10^{-4}\%$左右。

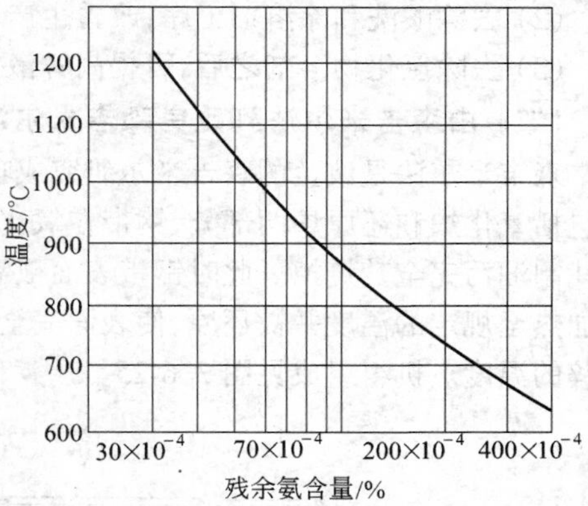

图3.6-24　不锈钢光亮处理所允许的残余氨含量

## 第四节　热镀锌连续热处理炉

### 一、热镀锌工艺概述

在实际应用中，热镀锌板除了要求具有良好的镀层外，还要通过热处理使其获得良好的力学性能，即强度和深冲性，这一过程在热处理炉中进行。根据热镀锌钢带厚度和用途的需要，其原板可以由冷轧钢带和热轧钢带两种形式供料。

当采用热轧钢带供料时，由于来料已经具有产品所需的力学性能，钢带在热处理炉内被加热到入锌锅温度直接镀锌。

当采用冷轧钢带供料时，为了降低硬度，提高塑性，以利继续加工，镀锌之前必须经过再结晶退火。

根据热镀锌工艺不同，可以划分为线外退火和线内退火，见表3.6-2。

**表3.6-2　线外退火和线内退火**

| 线外退火（溶剂法） | | 线内退火（保护气体法） |
|---|---|---|
| 湿　法 | 干　法 | |
| 单张钢板热镀锌法 | 单张钢板热镀锌法 | 氧化还原法（森吉米尔法） |
| | 惠林（Wheeling）法 | 无氧化炉法（改良森吉米尔法） |
| | | 美国钢铁公司（U.S.Steel）法 |
| | | 赛拉斯（Selas）法 |
| | | 莎伦（Sharon）法 |

热镀锌工艺的发展过程如下。

**（一）由线外退火到线内退火法**

采用线外退火时，钢板（带）经专用退火线退火后，运到热镀锌车间，再经过脱脂、酸洗、涂溶

剂后镀锌,故也称为溶剂法热镀锌。线内退火是把退火炉放在热镀锌机组之内,使退火和热镀锌工序一次完成。线内退火的优越性为:

(1) 简化生产工序,降低生产成本;

(2) 去除酸洗和涂溶剂工序,改善生产环境;

(3) 去除氯化物溶剂之后,可提高锌液中铝含量,改善锌层粘附性。

**(二) 由森吉米尔法到改良森吉米尔法**

森吉米尔法是波兰的森吉米尔研究成功的一种方法,1931 年建成了第一台机组。退火炉主要包括氧化炉和还原炉两部分,钢带在氧化炉内由明火直接加热至 450℃ 左右,使附着在其表面的轧制油污完全焚烧掉。此时钢带表面被氧化到呈黄色或蓝色的程度,然后在氢保护气还原炉内加热至规定的温度并被还原,使表面完全净化,达到可镀锌的状态,接着在冷却段冷却至适合镀锌的温度。机组组成见图 3.6-25。

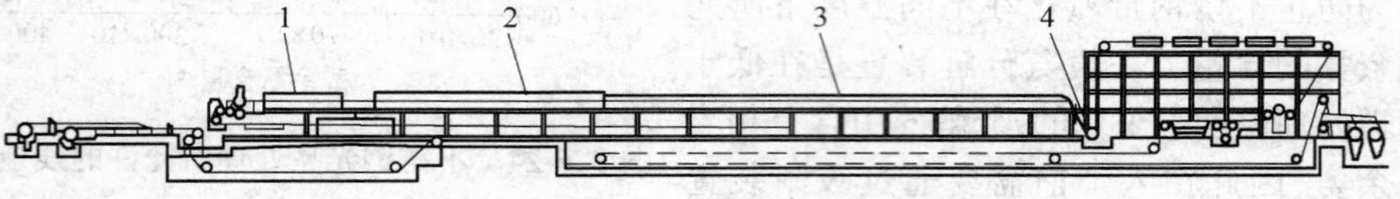


图 3.6-25　森吉米尔法镀锌机组示意图

1—氧化室;2—还原室;3—冷却室;4—镀锌锅

森吉米尔法虽然比溶剂法前进了一大步,但仍存在不足之处。1965 年美国阿姆柯公司把森吉米尔法各自独立的氧化炉和还原炉连成一个整体,并把氧化炉中的氧化气氛改为无氧化气氛(NOF),改造后称之为改良森吉米尔法。机组组成见图 3.6-26。

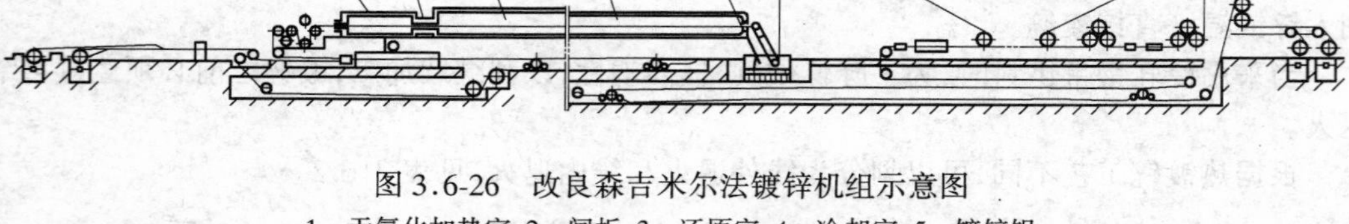

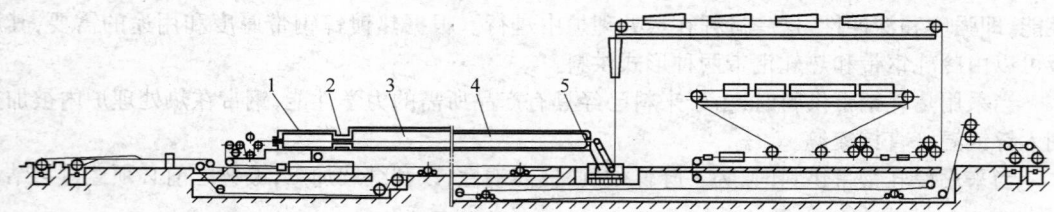


图 3.6-26　改良森吉米尔法镀锌机组示意图

1—无氧化加热室;2—闸板;3—还原室;4—冷却室;5—镀锌锅

改良森吉米尔法的优越性为:

(1) 钢带表面氧化层减薄,容易还原,使机组速度可以从 80 m/min 提高到 200 m/min,增加了产量;

(2) 氧化层减薄,生产硬质镀锌钢带时容易得到所需的力学性能;

(3) 氧化层减薄,容易还原,可以降低炉中氢气含量,使之从含氢 75% 下降到含氢 15%,这样既降低了生产成本,又提高了安全性。

**(三) 由改良森吉米尔法到美国钢铁公司法**

改良森吉米尔法退火炉的头部为明火快速加热段,其炉温最高为 1300℃,带钢表面的残存油脂在炉内通过高温挥发掉。生产实践证明,此炉中很难达到理想的无氧化气氛,常常因为明火直接烧钢带而出现氧化气氛,影响锌层粘附力,所以在这种机组生产出高等级热镀锌钢带非常困难。特别是热镀锌钢带应用于汽车制造业之后,对热镀锌板的锌层粘附力和表面质量提出了更高的要求。美国钢铁公司法采用专用脱脂段把钢带表面残留的油脂和铁粉在炉外全部清除干净,退火炉则采用全辐射管间接加热,可保持理想的还原气氛。采用立式退火炉,缩短炉子长度,增加钢带在炉中停留时间,改善板形,消除炉辊压印和划伤,提高钢带表面质量,可满足汽车板质量要求。机组组成见图 3.6-27。

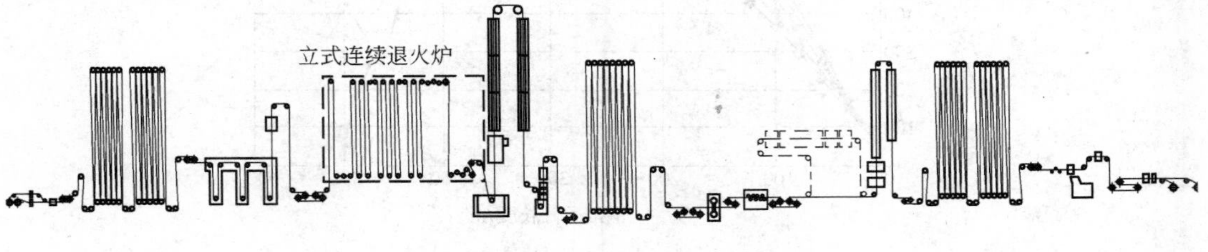


图 3.6-27　美国钢铁公司法镀锌机组示意图

## (四) 其他方法

1. 赛拉斯(Selas)法

赛拉斯法是美国赛拉斯公司研制成功的,不是采用电解清洗装置或氧化炉焚烧法去除轧制油污,而是在明火式加热炉内快速加热去除,基本上和无氧化炉方法相同。这种方法以间断退火后的钢带(板)为原料,生产特殊深冲镀锌钢板,但是在机组上设置还原段、冷却段后,也可在该生产线上退火。机组组成见图 3.6-28。

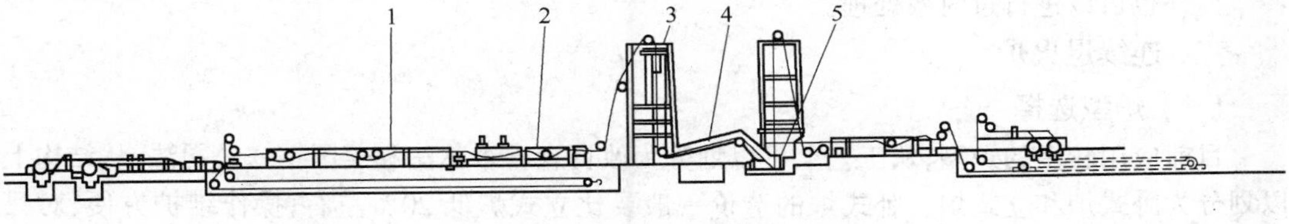


图 3.6-28　赛拉斯法镀锌机组示意图

1—酸洗;2—清洗;3—火焰炉;4—冷却室;5—镀锌锅

加热炉为升降式立式炉,炉子断面呈 U 形,当生产线发生故障时,为了防止钢带断裂可使加热炉移到生产线外。烧嘴为预混的辐射杯式烧嘴(平焰烧嘴),面向带钢配置,空气过剩系数 1.0 以下,炉内温度为 1200～1300℃,可以将钢带快速无氧化加热到所要求的温度。加热炉之后,有使用氢—氮可控气氛的通道罩,经鼻子进入锌锅。

机组内退火时,在加热炉之后还要设置电热式加热保温段和冷却段,以便能得到规定的热处理周期。

2. 莎伦(Sharon)法

莎伦法是美国莎伦钢铁公司在 1939 年投产的一条热镀锌机组所采用的方法,这种方法是在退火温度下向钢带表面喷以氯化氢气体以清除氧化物。用高浓度的氯化氢在高温下进行强烈酸洗,形成麻面,可使钢带镀层粘结得十分牢固,但金属损失很大。此外,设备密封很困难,酸气逸出对人体和设备有强烈的腐蚀作用,因而工业上很少采用。

## 二、退火工艺曲线

美国钢铁公司法镀锌机组退火工艺曲线示例见图 3.6-29。

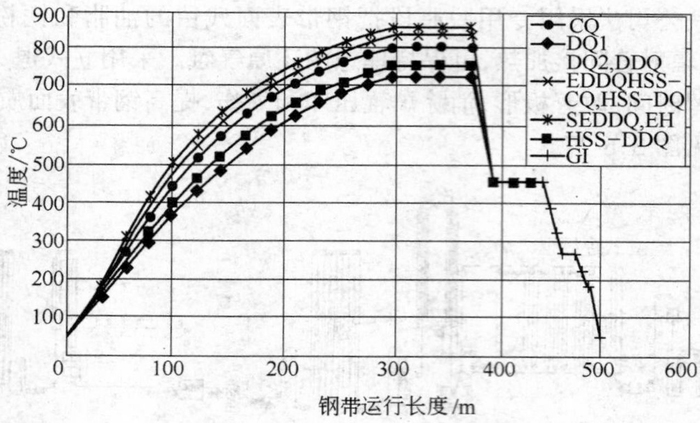


图 3.6-29　美国钢铁公司法镀锌机组退火工艺曲线示例

图 3.6-29 表示在大型镀锌机组上可以采用复杂的退火工艺生产出各种等级的产品，从普通商用级（CQ）和冲压级（DQ）钢带到深冲级（DDQ）和超深冲级（EDDQ，SEDDQ）钢带以及高强钢带（HSS）。

各种等级钢带的退火曲线略有不同，但基本可以分成 3 个阶段：

(1) 把钢带加热到再结晶温度以上；

(2) 在该温度下保温一定时间完成再结晶过程；

(3) 以一定的速度冷却到镀锌温度。

另外也可以进行过时效处理。

## 三、连续退火炉

### (一) 炉型选择

目前应用较多的炉型，从工艺上可以划分为改良森吉米尔法和美国钢铁公司法，从结构上可以划分为卧式炉和立式炉。卧式炉的造价一般要比立式炉低 20% 左右，操作维护方便，对只要求生产一般建筑用镀锌钢带并且产量较低的机组，选择卧式炉比较合适。当机组年产量超过 30 万 t 或者生产高质量热镀锌钢带（如家电板，汽车板等）时选择立式炉。今后卧式炉和立式炉必然是长期共存互补，以满足不同用户的需求。有关技术参数比较，见表 3.6-3。

**表 3.6-3　不同炉型的技术参数**

| 序号 | 项目 | 改良森吉米尔法 | | 美国钢铁公司法 | |
|---|---|---|---|---|---|
| | | 卧式炉 | 立式炉 | 卧式炉 | 立式炉 |
| 1 | 生产率 | 中等，60 t/h | 较高，无限制 | 较低，20～25 t/h | 较高，无限制 |
| 2 | 产品应用 | 建筑业 | 主要建筑业，用于汽车较困难 | 建筑业 | 汽车制造，家电 |
| 3 | 板厚 | >0.4 mm | >0.4 mm | >0.15 mm | >0.2 mm |
| 4 | 板宽 | 任意 | 受限制，宽/厚<3000 mm | 任意 | 受限制，宽/厚<3000 mm |
| 5 | 炉温 | ≤1300℃ | ≤1300℃ | ≤950℃ | ≤950℃ |
| 6 | 加热速度 | >40℃/s | >40℃/s | 5～10℃/s | 5～10℃/s |
| 7 | 退火周期 | 退火时间短，退火炉温高 | 退火时间短，退火炉温高 | 退火时间长，退火炉温低 | 退火时间长，退火炉温低 |

续表 3.6-3

| 序号 | 项　目 | 改良森吉米尔法 | | 美国钢铁公司法 | |
|---|---|---|---|---|---|
| | | 卧式炉 | 立式炉 | 卧式炉 | 立式炉 |
| 8 | 均热时间 | 短,<5 s | 长,15~60 s | 短,<5 s | 长,15~60 s |
| 9 | 过时效时间 | 短,最大 15 s | 长,15~180 s | 短,最大 15 s | 长,15~180 s |
| 10 | 冷却速度 | 20~40℃/s | 5~110℃/s | 20~40℃/s | 5~110℃/s |
| 11 | 生产品种 | 只可生产 CQ,DQ | CQ~EDDQ 均可 | 只可生产 CQ,DQ | CQ~EDDQ 均可 |
| 12 | 保护气体 | 高氢,10%~25% | 低氢,最大 5% | 高氢,10%~25% | 低氢,最大 5% |
| 13 | 爆炸危险 | 较大 | 较小 | 较大 | 较小 |
| 14 | 炉子密封性 | 炉辊多,密封性差 | 炉辊少,密封性好 | 炉辊多,密封性差 | 炉辊少,密封性好 |
| 15 | 对煤气要求 | 对煤气压力,热值,杂质要求高 | 对煤气压力,热值,杂质要求高 | 可以使用较低质量煤气 | 可以使用较低质量煤气 |
| 16 | 煤气消耗 | 炉子表面大,温度高,水冷辊,能耗高(116%) | 炉温高,废气温度高,能耗高(108%) | 炉壁面积大,能耗较高(105%) | 能耗最低(100%) |
| 17 | 炉辊温度 | 炉辊受热,温度高 | 炉辊不受热,温度低 | 炉辊受热,温度高 | 炉辊不受热,温度低 |
| 18 | 炉辊结瘤 | 有,产品有压痕 | 少 | 无 | 无 |
| 19 | 炉压控制 | 不易,波动大 | 不易,波动大 | 容易,稳定性好 | 容易,稳定性好 |
| 20 | 炉子净化 | 启动时吹氮气多,不易净化 | 启动时吹氮气多,不易净化 | 启动时吹氮气少,易净化 | 启动时吹氮气少,易净化 |
| 21 | 炉辊寿命 | 炉温高,易弯曲,寿命短 | 不易弯曲,寿命长 | 炉辊温度较高,寿命较短 | 寿命长 |
| 22 | 带钢炉内对中 | 对中不好 | 对中好 | 对中不好 | 对中好 |
| 23 | 炉中烧断带 | 易发生 | 易发生 | 不易 | 不易 |
| 24 | 生产全硬板 | 不行,易出现软边 | 不行,易出现软边 | 行 | 行 |
| 25 | 带钢炉中氧化 | 有氧化层 | 有氧化层 | 无 | 无 |
| 26 | 停车拉料 | 需要,废品多 | 需要,废品多 | 不需要,废品少 | 不需要,废品少 |
| 27 | 停车废品 | 停机时,炉中料全废 | 停机时,炉中料全废 | 不废 | 不废 |
| 28 | 燃烧控制 | 难度大,易氧化带钢 | 难度大,易氧化带钢 | 容易,不影响炉中气氛 | 容易,不影响炉中气氛 |
| 29 | 对锌锅污染 | 铁皮和铁粒带入锌锅,有严重污染 | 有部分污染 | 无 | 无 |
| 30 | 镀后板形 | 不好 | 通过炉子可以改善板形 | 不好 | 通过炉子可以改善板形 |
| 31 | 来料板形 | 允许瓢曲,不允许浪边 | 允许浪边,不允许瓢曲 | 允许瓢曲,不允许浪边 | 允许浪边,不允许瓢曲 |
| 32 | 锌层粘附力 | 易受燃烧气氛影响,不良 | 易受燃烧气氛影响,不良 | 良好 | 良好 |
| 33 | 操作灵活性 | 调整灵活,但不稳定 | 调整灵活,但不稳定 | 调整较慢,但状态稳定 | 调整较慢,但状态稳定 |
| 34 | 生产能力余留 | 困难 | 容易 | 困难 | 容易 |

### (二) 典型炉型

1. 卧式炉

卧式炉通常布置在机组设备上层(见图 3.6-26),以便于生产操作和维修,且有利于缩短整个机组的长度。钢带在炉内通过速度为 15～150 m/min。根据机组产量,钢带通过速度和采用的热处理周期确定炉子段长度,总长一般为 100～150 m。炉子内宽较所处理钢带宽 300～500 mm,剪边钢带取下限。钢带在炉内靠与之同步的炉辊承托运行,辊距一般为 2 m 左右。炉内采用氢—氮可控气氛,入口处设有密封装置,以便使炉内气氛和大气隔开。

改良森吉米尔法采用明火式无氧化炉进行除油及钢带加热。退火炉由无氧化炉、还原炉(包括加热段和均热段)和冷却炉组成。

(1) 无氧化炉。

无氧化炉的作用有两个:第一,按照工艺要求把钢带预加热到一定温度;第二,把冷轧钢带表面的残余油脂通过蒸发和灼烧清除掉。燃料采用液化石油气、焦炉煤气及天然气等,烧嘴的空气过剩系数为 0.9～0.96,烧嘴的型式有多种,如高速并流烧嘴、低压短火焰涡流烧嘴等。钢带在 1100～1300℃ 的高温下被快速加热到大约 550℃。为了提高炉子热效率,可增设不带烧嘴的预热段和余热回收装置。

由于炉内温度很高,操作过程中,当前、后机械设备发生故障使钢带运行速度减低或停止时,钢带会很快达到炉温而有产生断带的危险。为了防止这种事故,一般要装设紧急降温措施,例如配置事故充氮装置等,使炉体快速冷却并防止钢带氧化。因此,炉体要能承受反复的急冷急热的作用,炉体耐火材料耐急冷急热性要好,热惰性小。一般采用轻质耐火砖,部分炉体也可采用陶瓷纤维。

钢带输送用炉底辊,当机组速度小于 150 m/min 时采用直流电机带动链条分组驱动,大于 150 m/min 时采用直流电机单独驱动。炉底辊为了耐热和防止粘着而采用水冷辊。

(2) 还原炉。

无氧化炉之后设有还原炉,包括加热段和均热段,钢带在含氢 15%～25%,氮 85%～75% 的可控气氛中用燃气辐射管加热至预定的温度并保持一定的时间,完成钢带的再结晶退火,同时把在无氧化炉内生成的微量氧化物还原除掉。辐射管种类繁多,经常使用的是 U 形管(见图 3.6-30),耐热钢离心铸造,布置在钢带的上下两侧。辐射管内置低 $NO_x$ 烧嘴和高效率的预热器(见图 3.6-30),可将空气预热到约 400℃。炉底辊采用耐热钢离心浇铸,由于炉内温度比无氧化炉低,不需要冷却设施。

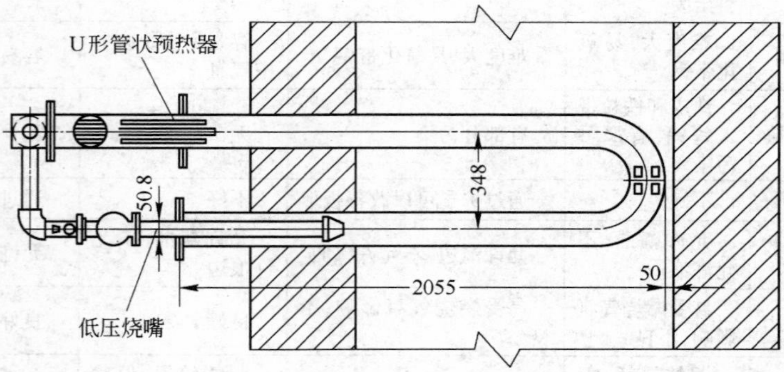


图 3.6-30　U 形辐射管、烧嘴和预热器

(3) 冷却炉。

为适应生产能力和冷却制度的变化,在冷却段同时装有冷却设备和加热保温设备。钢带被冷却到镀锌温度(460～520℃)。

冷却装置的主要类型有:

1) 水冷装置。采用水冷套或钢板内放 W 或 U 形水冷管。

2) 空冷装置。依靠风机造成的抽力把冷空气吸入空冷管组,被加热了的空气由风机排至厂房外。空冷管组一般做成套管式(见图 3.6-31),负压操作。

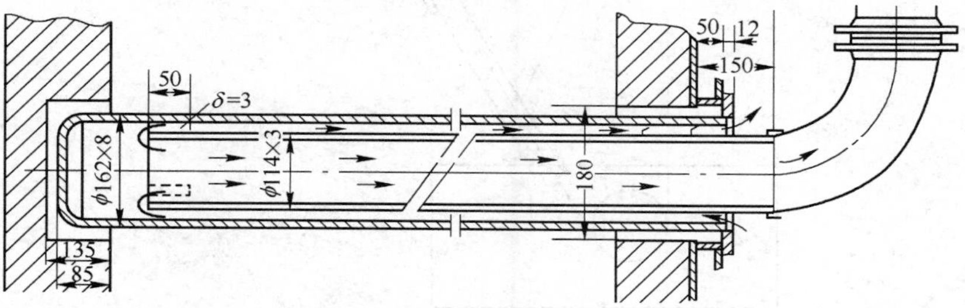


图 3.6-31　空冷管组结构

3) 喷冷装置。向钢带表面高速垂直喷吹保护气体,强制对流冷却,被加热的保护气体经循环风机吸入热交换器冷却后再喷向钢带表面(见图 3.6-32)。

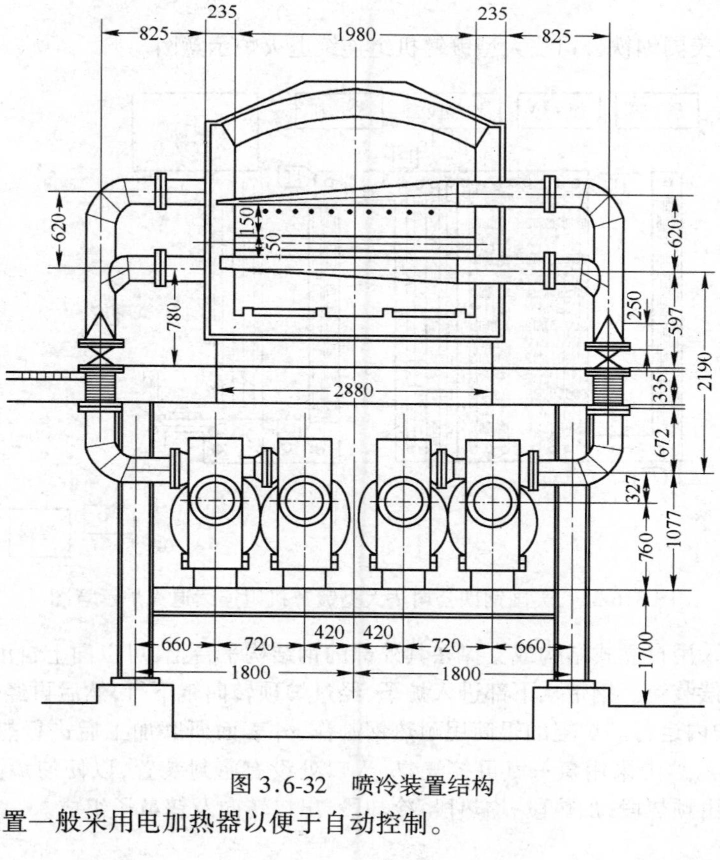


图 3.6-32　喷冷装置结构

加热保温装置一般采用电加热器以便于自动控制。

冷却段出口设有转向辊将钢带导入锌鼻子后进入锌锅镀锌(见图 3.6-33)。

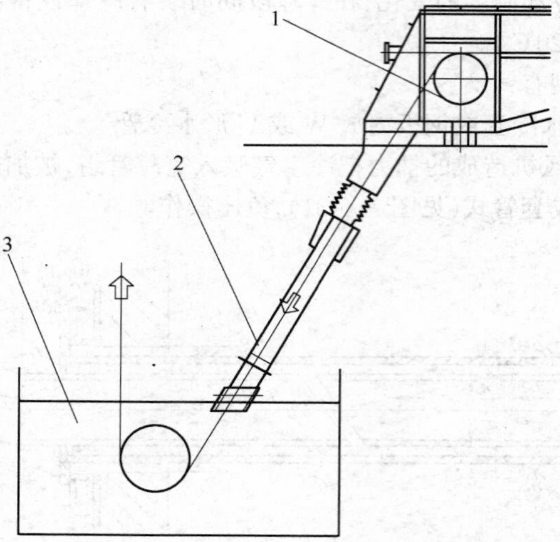


图 3.6-33　转向辊、锌鼻子和锌锅

1—转向辊;2—锌鼻子;3—锌锅

由于炉体较长,整个炉子结构下部采用辊柱支撑,在出口固定以适应炉体膨胀。

2. 立式炉

图 3.6-34 为美国钢铁公司法大型镀锌机组连续退火炉示意图。

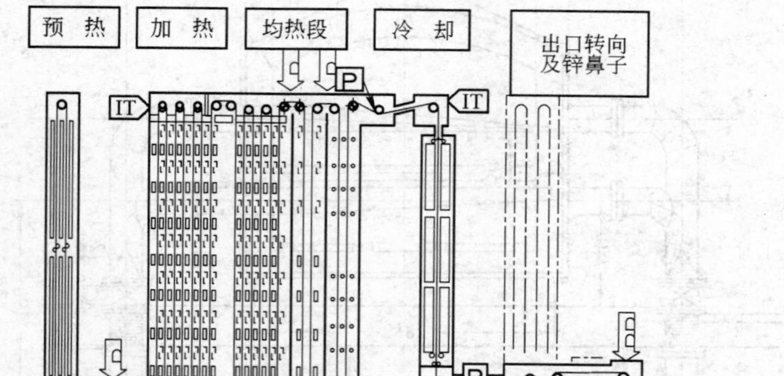

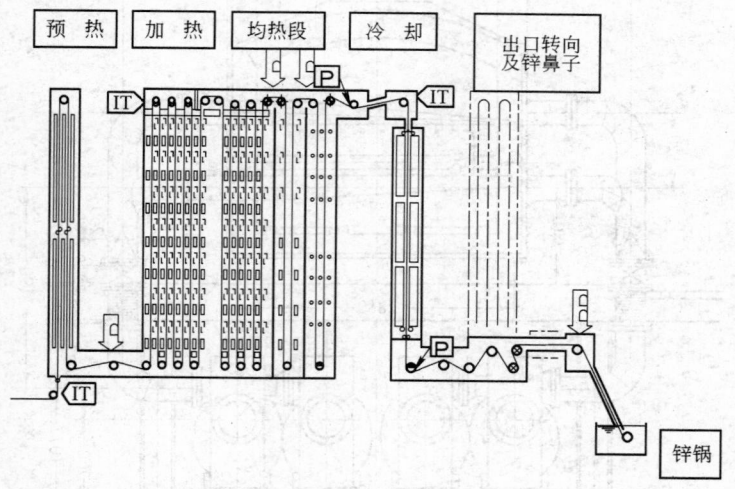

图 3.6-34　美国钢铁公司法大型镀锌机组连续退火炉示意图

立式炉炉体采用自立式结构或支撑在其外部的钢结构平台上,可以向上自由膨胀,各段连接处都设有膨胀补偿装置。钢带从下部进入炉子,经过炉顶转向辊下行,然后再经过炉底辊转向上行,如此往复在炉内运行。炉辊的辊筒用耐热钢制作,外表面研磨加工后进行热喷涂,提高耐磨性和表面粗糙度。炉内采用氢—氮可控气氛,入口处设有密封装置,以便使炉内气氛和大气隔开。立式炉主要由预热段、加热段、均热段、冷却段、出口转向及锌鼻子组成。

(1) 预热段。

采用保护气体循环喷吹预热钢带，钢带最高预热温度200℃。保护气体由循环风机抽出通过设置在排烟道上的热交换器与加热段排出的燃烧废气进行热交换。预热段可以充分利用烟气余热达到节能目的。保护气体循环系统由风箱、循环风机、热交换器和循环管道组成（见图3.6-35）。

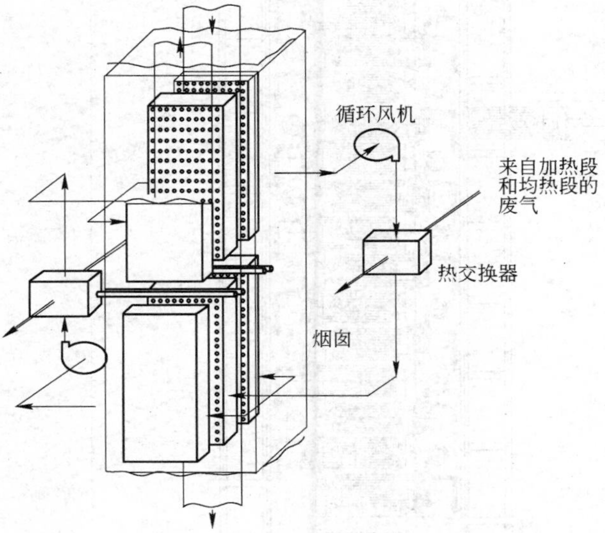


图3.6-35　保护气体循环系统示意图

(2) 加热段和均热段。

加热段和均热段共处一室或者有各自独立的炉室，加热段采用辐射管加热，均热段可以采用辐射管加热或者电加热补偿炉墙散热损失。立式炉多使用W形的辐射管沿炉高交错布置在钢带两侧（见图3.6-36）。辐射管烧嘴采用低$NO_x$烧嘴，并带有小型空气预热器。

(3) 冷却段。

钢带在冷却段经保护气体循环喷吹冷却到镀锌所要求的温度。循环喷吹冷却设备（见图3.6-37）由风箱、循环风机、主挡板、水/保护气体热交换器、循环通道组成。为保证钢带宽度方向上冷却均匀，风箱沿宽度风量可调。风箱由齿轮电机带动可前后移动，调节与钢带之间的距离。

(4) 出口转向及锌鼻子。

出口设有热张力辊室、出口下斜通道和锌鼻子，将钢带导入锌锅（见图3.6-34）。采用电加热保持钢带在段内温度恒定。出口下斜通道设有气缸驱动密封挡板。锌鼻子末端材质采用Cr-Ni耐热铸钢。

### (三) 炉内气氛

为了还原钢带表面氧化物和在热处理过程中保持光亮，炉内必须采用还原性保护气体，其成分与镀锌工艺和钢带表面氧化程度有关。采用氧化还原法时，钢带表面氧化膜较厚，通常用分解氨保护气体，采用无氧化法时可用氢含量为10%～25%的氮—氢混合气体，采用美国钢铁公司法时可用氢含量为5%的氮—氢混合气体。各室保护气体的露点与生产操作温度有关。还原室应保持露点不超过+30℃，冷却室控制在-20～-30℃，冷却室保护气体露点过高会造成钢带表面轻微氧化，而使镀层出现针孔。为保持炉内露点和补充漏气损失，必须向炉内不断供应干燥的保护气体,其露点为－40～－60℃。炉内压力一般在147～245 Pa(随机组速度和温度而异)。

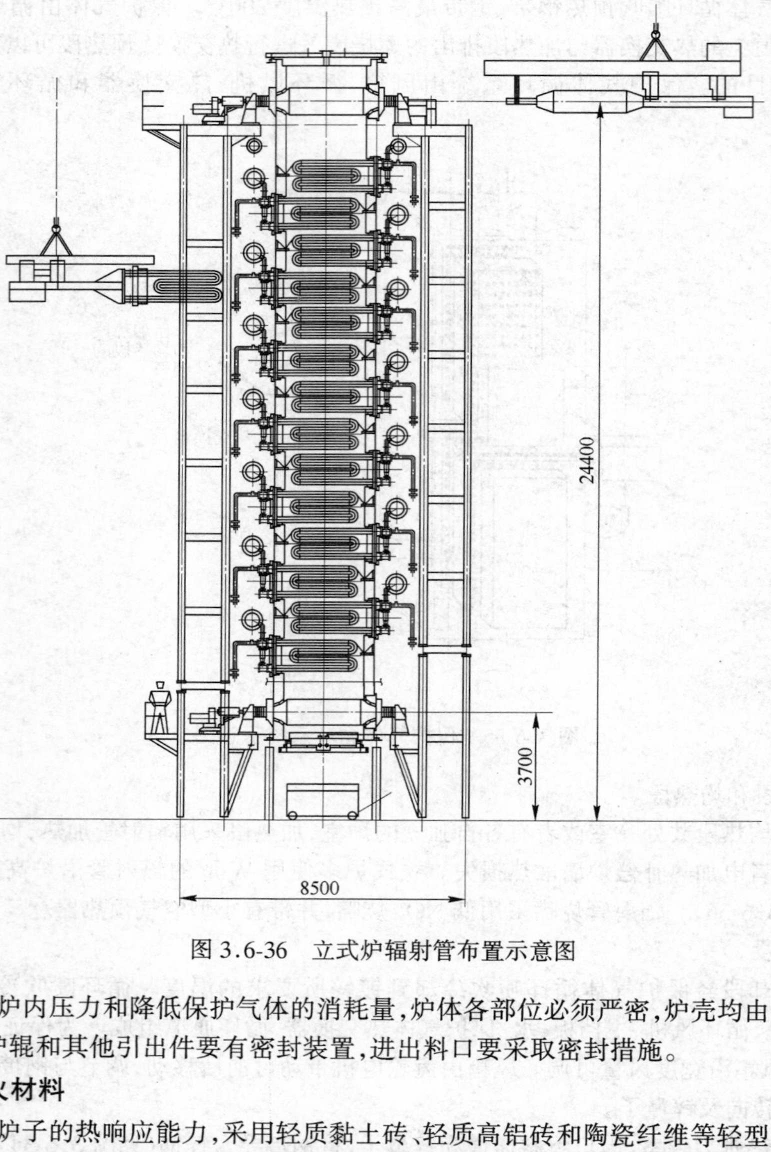


图3.6-36　立式炉辐射管布置示意图

为了保持炉内压力和降低保护气体的消耗量,炉体各部位必须严密,炉壳均由钢板做成气密性焊接结构,炉辊和其他引出件要有密封装置,进出料口要采取密封措施。

**(四) 耐火材料**

为了提高炉子的热响应能力,采用轻质黏土砖、轻质高铝砖和陶瓷纤维等轻型内衬。对于陶瓷纤维内衬,为了防止其散落到钢带表面影响钢带表面质量,纤维表面覆盖一层薄的不锈钢板。

## 四、镀层控制及镀层处理

**(一) 镀层控制**

为了提高镀层质量,节约用锌,提高作业率及更好地控制镀层厚度,钢带离开锌锅后采用了气刀装置,从气刀横贯整个钢带宽度的缝形喷嘴向钢带两面均匀地喷射压缩空气或氮气,刮掉多余附着的锌,使镀层均匀。

**(二) 镀层处理**

通常,热镀锌层是由内部紧挨钢基的合金层和外部表面光滑并带有美丽锌花的纯锌层组成。根据镀锌钢带(板)用途不同,需要控制锌花的大小,或采用一定的处理方法把纯锌层全部转化为铁—锌合金层,后者称为合金化处理或锌层退火。经过合金化处理的热镀锌钢带(板),焊接性、涂着性、耐热性和耐腐蚀性都得到了改善。

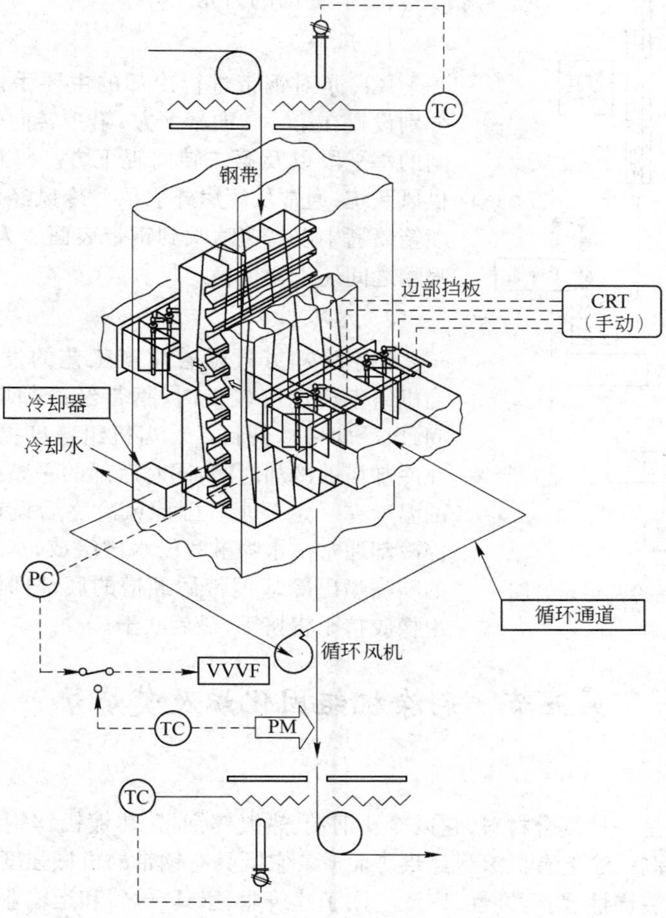


图 3.6-37　循环喷吹冷却设备示意图

镀锌层合金化处理的方法是镀锌钢带(板)离开锌锅之后,到镀层发生凝固之前进入锌层合金化炉(见图 3.6-38),采用感应加热把镀锌钢带重新加热到 550～560℃,以便将纯锌层全部转化为铁—锌合金层。

## 五、镀后冷却

### (一) 冷却的意义

钢带离开锌锅之后,铁—锌之间的热扩散仍然继续进行。实践证明,钢带温度越高,扩散反应越强烈,从而使合金层加厚,影响镀层的韧性。为了尽快终止这种热扩散,必须及时对镀锌钢带施行强制冷却。当钢带温度低于 300℃时,此扩散反应才会减弱到微小的程度。在此之前,钢带不准与任何物体进行机械接触,到冷却塔第一转向辊之前,采用风冷冷却钢带。

另外,钢带的光整与拉伸矫直必须在室温下进行,进入光整和拉伸矫直机时,应保证钢带温度不高于 40℃,否则由于高温时效易产生拉伸裂纹。因此,钢带出冷却塔之前还要通过风冷,水冷进一步冷却。冷却塔见图 3.6-38。

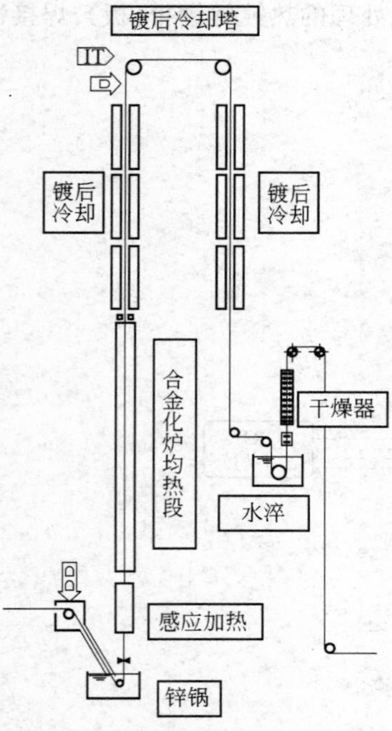


图 3.6-38　镀后冷却塔示意图

镀锌之后钢带的冷却速度主要受钢带厚度，锌液温度和机组生产率的影响。

**(二) 冷却的方法**

1. 风冷

风冷是对钢带进行冷却的主要手段。冷却风箱可以分别设置在第一转向辊下方，第一转向辊和第二转向辊之间的水平段以及第二转向辊下方。每组风箱各有单独的供风系统，通常从厂房外取风。冷风经设置在钢带两侧的喷箱喷嘴中以高速喷吹到钢带表面。为了防止钢带抖动，喷箱之间还设置了稳定辊。

2. 水冷

钢带冷却方式随着生产工艺的发展也有新的改进。当机组生产速度较低时，钢带经冷却塔有充分的冷却时间，风冷即可达到目的。当机组速度提高后，缩短了钢带在冷却塔的冷却时间，同时后部的平整机和拉矫机对钢带的温度有一定要求。因此风冷之后设置了水淬冷却。水淬冷却通常由水喷淋和浸水槽组成，水从布置在钢带两侧的喷嘴喷出冷却钢带后经槽的底部回流。钢带出水淬后由橡胶挤干辊挤干，最后吹干。

## 第五节　彩涂机组固化炉及焚烧炉

### 一、概述

彩色涂层钢板是一种复合材料，它以冷轧钢带、热镀锌钢带、热镀铝锌钢带或电镀锌钢带为基板，经过表面处理后，涂上有机涂料经烘烤而成。它既具有钢带的机械强度高、易成形性能，又有涂层材料良好的装饰性、耐腐蚀性，广泛应用于建筑业、家具、电器和运输业等。

### 二、彩涂工艺流程简介

图 3.6-39 为某彩涂机组布置示意图。

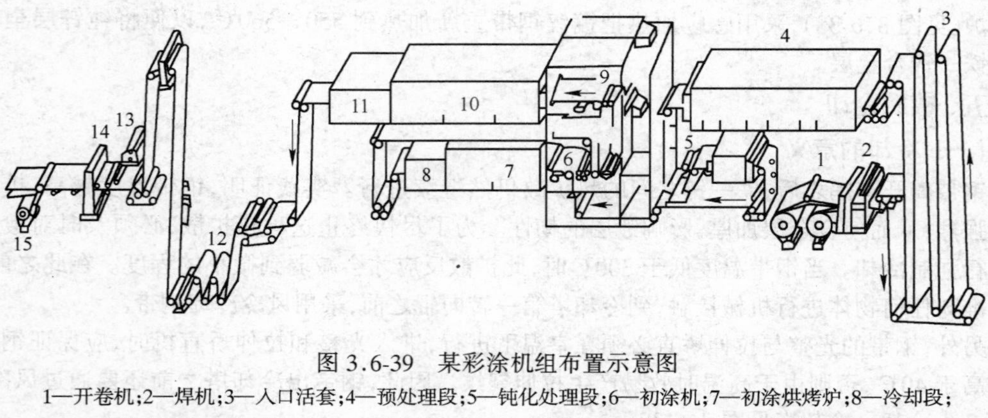


图 3.6-39　某彩涂机组布置示意图

1—开卷机；2—焊机；3—入口活套；4—预处理段；5—钝化处理段；6—初涂机；7—初涂烘烤炉；8—冷却段；9—精涂机；10—精涂烘烤炉；11—冷却段；12—出口活套；13—压膜机；14—剪切机；15—卷取机

彩涂主要工序是钢带经开卷和缝合后进入工艺段，在工艺段完成清洗、化学预处理、涂层及后处理、最后检查和成品卷取。目前，涂层工艺中采用最多的是辊涂法，与其他方法相比，具有涂层机组埋线速度高、涂层厚度范围广、操作简单和涂料品种多、变换品种灵活等优点。涂层烘烤固化制度，多采用两涂两烘，即初涂、初涂烘烤固化和精涂、精涂烘烤固化。后处理设备有多种，如压花、覆层、覆膜和涂蜡(油)等。

## 三、固化炉

### (一) 涂料的干燥成膜机理

涂料的干燥过程即成膜过程，是将涂料转变为具有装饰性和保护作用的连续涂层的过程，直接关系到涂层的使用效果，是整个涂料使用中最重要的一环。

根据涂料干燥过程中所发生的不同变化，可分为物理性干燥和化学性干燥两类。前者是以溶剂挥发等物理过程为主的干燥，例如硝基漆、热塑性丙烯酸树脂涂料、过氯乙烯涂料等的干燥都属此类。后者是以成膜物质的各种化学反应为主，并兼有溶剂挥发等过程的干燥，例如醇酸树脂涂料、环氧树脂涂料、聚氨酯涂料等的干燥即属此类。这两类干燥各有特点，因此需要采用不同工艺来进行。这两种干燥成膜机理及其特征列入表 3.6-4 中。

**表 3.6-4　两种干燥成膜机理及其特征**

| 干燥类型 | | 干燥机理 | 影响因素 | 反应类型 | | 代表性涂料品种 |
|---|---|---|---|---|---|---|
| 物理性干燥 | 挥发干燥 | 漆液 —蒸发→ 连续涂膜 | 溶剂性质及其配比、温度、通风情况 | 溶剂蒸发 | | 硝基漆、热塑性丙烯酸树脂、聚醋酸乙烯乳胶漆 |
| | 熔融—冷却干燥 | 固体 —熔融→ 冷却<br>熔体 ——→ 连续涂膜 | 温　度 | 熔融、冷却 | | 粉末涂料、路面标志漆 |
| 化学性干燥 | 氧化聚合干燥 | 漆液—氧化、蒸发连续涂膜 | 温度、催化剂 | 氧化聚合 | | 油性醇酸树脂涂料、氨基甲酸酯改性油 |
| | 聚合干燥 | 溶　液<br>(漆料)<br>\|<br>溶剂蒸发<br>+<br>聚合反应<br>↓<br>连续涂膜 | 温度、催化剂引发剂、光量子等 | 游离基聚合 | 过氧化物引发 | 不饱和聚酯 |
| | | | | | 光敏剂引发 | 光固化涂料 |
| | | | | | 辅助引发 | 电子束固化涂料 |
| | | | | 缩合聚合反应 | | 氨基醇酸树脂涂料、热固化性丙烯酸树脂漆 |
| | | | | 逐步聚合反应 | | 聚氨酯涂料、环氧聚酰胺树脂涂料 |

涂层的干燥固化类型多属于聚合干燥，其烘烤固化过程一般有两个阶段：溶剂挥发段和聚合反应段。在挥发段，涂层中的溶剂在温度的作用下，扩散到涂层的外表面并挥发。在这个阶段，钢带表面漆料还处于半流动状态，为了避免溶剂沸腾，损坏涂漆表面，必须缓慢加热。在聚合反应段，必须提高炉内温度，使钢带达到烘烤温度，然后在烘烤温度下，使其涂层固化。

图 3.6-40 为某涂料的干燥固化曲线。

### (二) 固化炉炉型选择

固化炉是实现涂层固化的主要设备。为保证涂层表面质量，钢带在涂漆后、冷却前，不能接触任何固体表面，因此，选用悬垂度可调的直通式烘烤炉(见图 3.6-41)。其供热方式可采用对流式、热辐射式和电磁式三种。

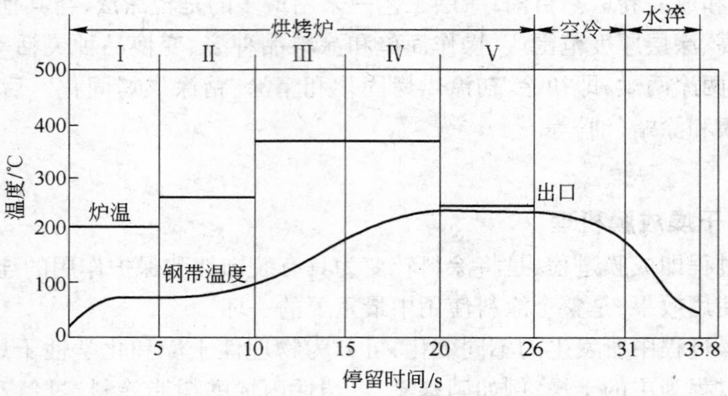


图 3.6-40　干燥固化曲线

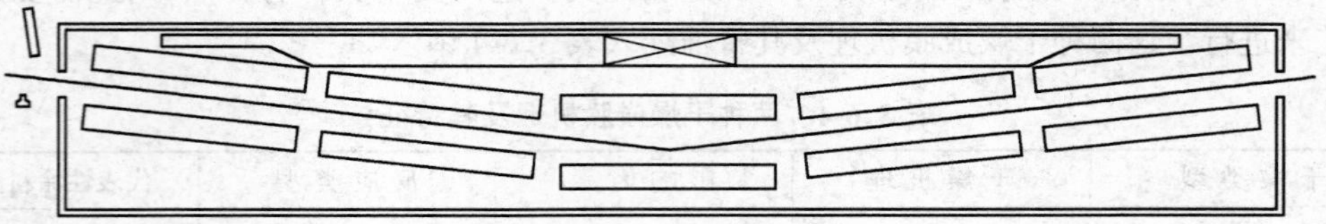

图 3.6-41　直通式烘烤炉示意图

图 3.6-42 为一直通式烘烤炉工艺流程图，采用对流式供热方式，炉内不设置烧嘴而利用焚烧炉的余热。初涂烘烤炉和精涂烘烤炉结构相同，上下布置，钢带在炉内呈悬索状通过，一端由涂布辊支撑，另一端由支承辊支撑。每座炉子设有若干套独立的温度控制系统和热风再循环喷吹系统。涂料中挥发出来的溶剂是一种易燃、易爆的有毒气体，排放到大气前必须进行必要的处

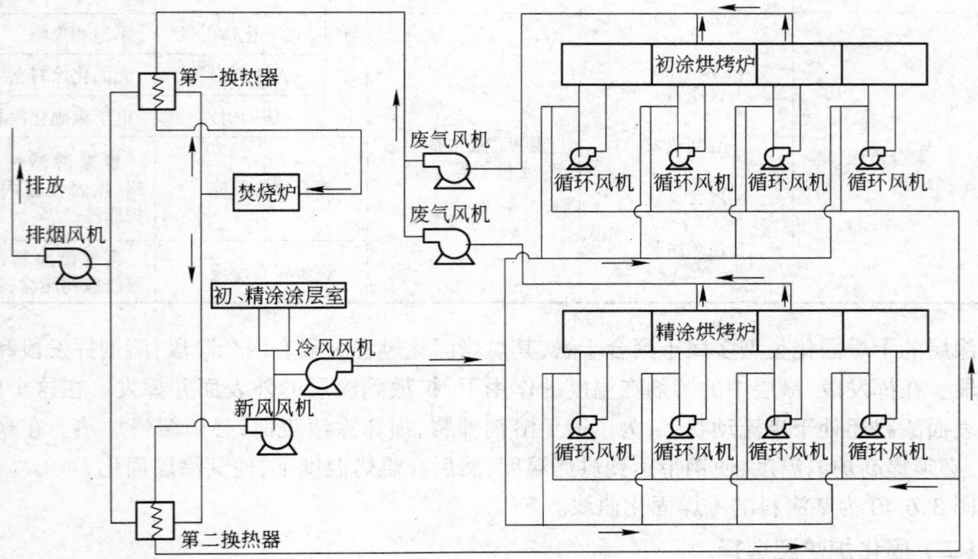


图 3.6-42　烘烤炉工艺流程图

理。循环风机将烘烤过钢带的部分热气体抽出，和预热后的新空气混合后，由喷箱喷向钢带上下表面，并带走从涂层中挥发出来的溶剂，以达到烘烤涂料的目的；另一部分气体则由排气管道送入焚烧炉，烧尽全部的有毒可燃物，达到环保要求。新空气通过与焚烧炉产生的燃烧产物进行热交换预热，部分新空气来自涂层室内的空气，这部分空气也含有一定量的溶剂(浓度比烘烤炉内要小得多)，不能排放到大气中，可作为烘烤炉内的新空气，解决了涂层室内换气的问题。

### (三) 悬垂度计算

最低点悬垂度计算见公式 3.6-6，悬垂度曲线见图 3.6-43。

$$f = ga^2/2F \tag{3.6-6}$$

$$a = L/2$$

式中 $f$——钢带最低点垂度，m；

$a$——钢带下垂最低点位置，m；

$F$——钢带所受总张力，N，$F=\lambda\delta W\times 10^6$；

$g$——钢带单位长度重量，kg/m，$g=\delta W\times 7850$；

$\lambda$——比张力，MPa；

$\delta$——钢带厚度，m；

$W$——钢带宽度，m；

$L$——钢带跨度，m。

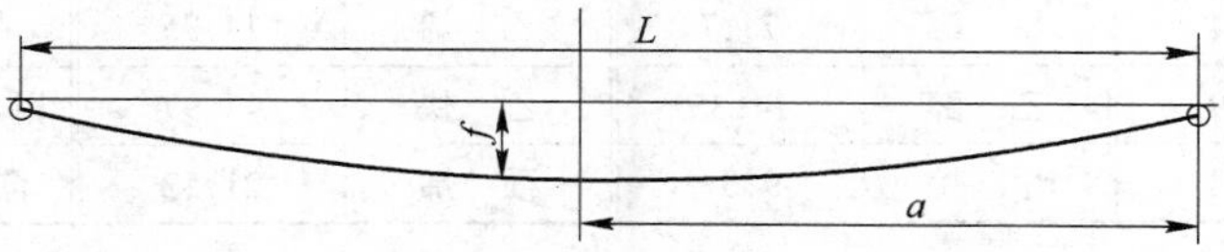


图 3.6-43 悬垂度曲线示意图

## 四、废气焚烧炉

涂料成分中含有易燃易爆物质，在涂装过程中随时都有着火和爆炸的可能性。因此，在涂装过程中必须采取有效的安全措施。

### (一) 涂料产品危险等级的划分

目前，我国绝大多数涂料都是溶剂型的，不论是在储存或者涂装涂覆、干燥成膜过程中，有机溶剂都要挥发出来。当溶剂蒸气和空气混合到一定比例后，由于冲击、摩擦或静电作用，即使不遇明火，也会自燃爆炸。当溶剂蒸气和空气混合达到一定温度后，遇火即发生突然闪光，闪光时的温度称为闪点。如果温度比闪点高，就引起燃烧。因此，常根据漆料溶剂的闪点来划分涂料的危险等级。

闪点在 28℃以下为一级易燃品。

闪点在 28～45℃(或 65℃)为二级易燃品。

闪点在 45℃(或 65℃)以上为三级易燃品。

当溶剂蒸气和空气混合达到一定比例，遇火源(不一定是明火)即发生爆炸，它的最低爆炸浓度称为爆炸下限，最高爆炸浓度称为爆炸上限。混合气体里可燃气体过少时(低于爆炸下限)，由于过剩空气可吸收爆炸点放出的热，使爆炸的热量不再扩散到其他部分而引起燃烧和爆炸；可燃气体过多时(高于爆炸上限)，混合气体内含氧不足，也不会引起爆炸。所以，也可以用爆炸界限(上限和下限)作为衡量爆炸危险等级的尺度。

涂料成分中除溶剂之外，还含有树脂等易燃成分。因此，以涂料本身的闪点和爆炸界限划分其危险等级更为合适。

**(二) 废气的处理**

治理废气的常用方法有:活性炭吸附法、气液传质吸收法、催化燃烧法和直接燃烧法。适用于彩涂机组的方法是直接燃烧法。直接燃烧法是将含可燃成分的废气导入焚烧炉内,在燃烧器助燃的条件下在600~800℃的高温把它烧掉。这些可燃成分经分解氧化后转变成二氧化碳、水蒸气和氮等。

1. 燃烧的基本条件

废气燃烧必须满足以下3项基本条件:

(1) 废气温度必须保持在着火温度以上;

(2) 必须供给必要数量的氧气;

(3) 废气温度必须在着火温度以上保持足够的时间。

各种物质燃烧时必须的理论空气量见表3.6-5,着火温度见表3.6-6。

**表3.6-5 各种物质燃烧时的理论空气量**

| 名称 | 空气量/$m^3$ | 名称 | 空气量/$m^3$ | 名称 | 空气量/$m^3$ | 名称 | 空气量/$m^3$ |
|---|---|---|---|---|---|---|---|
| 氢 | 2.39 | 硫化氢 | 7.18 | 丙烷 | 23.91 | 丁烯 | 28.69 |
| 碳 C→CO | 4.47 | 氨 | 3.59 | 丁烷 | 31.09 | 苯 | 35.87 |
| 碳 C→$CO_2$ | 8.94 | 甲醇 | 7.17 | 乙烯 | 14.35 | 甲苯 | 43.04 |
| 一氧化碳 | 2.39 | 乙醇 | 14.35 | 乙炔 | 11.97 | 甲基乙基酮 | 26.19 |
| 硫 | 3.34 | 甲烷 | 9.57 | 丙烯 | 21.52 | 醋酸乙酯 | 23.81 |

**表3.6-6 着火温度**

| 名称 | 着火温度/℃ | 名称 | 着火温度/℃ | 名称 | 着火温度/℃ |
|---|---|---|---|---|---|
| 氢 | 550~605 | 甲烷 | 680~750 | 乙炔 | 335~400 |
| 一氧化碳 | 625~675 | 乙烷 | 530~605 | 苯 | 500~580 |
| 硫化氢 | 300~350 | 丙烷 | 510 | 甲苯 | 540~560 |
| 醚 | 170~190 | 丁烷 | 500 | 甲基乙基酮 | 500~530 |
| 乙醇 | 450~520 | 乙烯 | 475~550 | 醋酸乙酯 | 470~500 |

2. 优化设计的要点

如能符合前述的基本条件直接燃烧法便可发挥出优异的焚烧效果。但是,要想提高燃烧温度,必须用较多的辅助燃料,耐火材料或预热器等的损伤也将加速,设备的寿命则缩短。如果焚烧温度低些,滞留时间长些,设备就变得庞大,投资增加。由此可见,必须综合考虑工艺过程、设备的组成、热量分配等因素。具体要点如下:

(1) 为了减少废气量,可燃气体的浓度应比爆炸下限的四分之一左右稍高。从理论上讲只要在爆炸范围之外就不会爆炸,但在实际操作条件下,局部地方的浓度可能增高,从而出现爆炸危险。

(2) 由表3.6-6可知,有的可燃气体即使在500℃左右也能充分焚烧,因此要根据它们的组成,改变焚烧温度。

(3) 助燃用空气如使用新鲜空气,则将加大废气量和热损失;如果来自烘烤炉的废气中的氧含量在16%以上时,可用来作为助燃“空气”使用。

(4) 根据可燃气体的组成及其浓度,选定最经济的和最有效的除气方法。

(5) 焚烧处理后,废气的热量不仅可以用来预热焚烧前的废气,还要用来预热工艺上必须的新鲜空气,尽力回收其热量。

(6) 从煤油、液化石油气、液化天然气中选定最经济的燃料。

(7) 自动化运行,不设专职操作人员。

3．焚烧炉

图3.6-44为一种将火焰喷向废气的焚烧方式。来自涂漆干燥炉的废气面对火焰通往燃烧着的烧嘴,火焰用分散挡板全面铺开,可燃成分通过铺展着的火焰时会被烧掉。这种方法对烟尘或粉尘也有相当作用,但当大量挥发性物质简单地通过时,由于热量不足,氧化反应不完全。

将图3.6-44的办法加以改进就成为图3.6-45所示的通道型焚烧炉。涂漆干燥炉的废气在圆筒的周围通过时被预热,然后送入圆筒内被焚烧,圆筒内有烧嘴助燃。

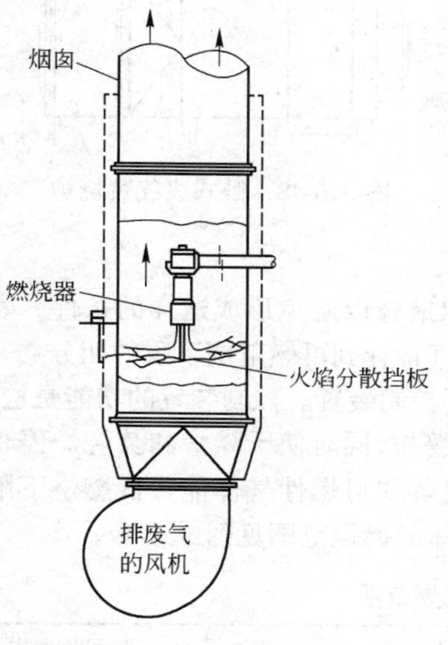


图3.6-44　将火焰喷向废气的方法

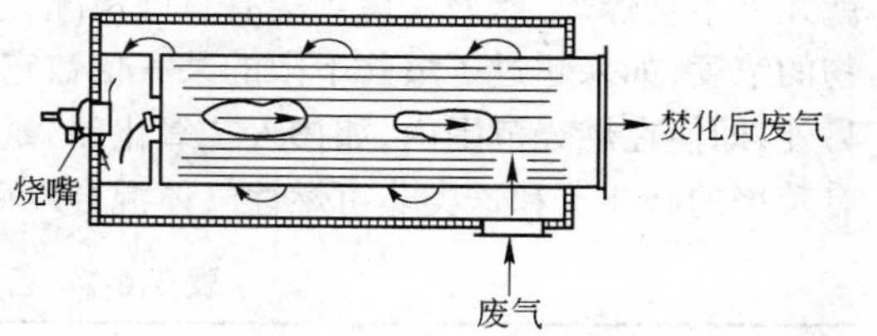


图3.6-45　通道型焚烧炉

炉内装有缝式烧嘴的焚烧炉见图3.6-46。所有的废气通过设在炉内分散挡板上的许多小孔,利用烧嘴扁平火焰烧掉。

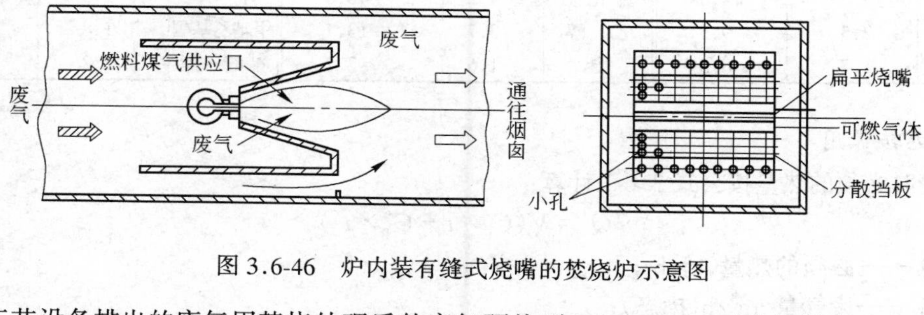


图3.6-46　炉内装有缝式烧嘴的焚烧炉示意图

从工艺设备排出的废气用焚烧处理后的废气预热到250～600℃再供给燃烧室。为了使废气和助燃煤气充分混合,在入口处废气边旋转边通入,炉内还装有栅格。燃烧室的大小要让废气有足够的滞留时间，以便将废气中的可燃性气体烧掉。

焚烧炉有立式和卧式两类，选择时应考虑设备的设置空间和废气来源的配置情况等因素。立式炉的例子见图 3.6-47，卧式炉的例子见图 3.6-48。炉子的内衬可采用耐火绝热砖或陶瓷纤维。使用陶瓷纤维时，在效果相同的前提下炉衬重量会减轻，所以炉墙的蓄热量可以减少，开始运行时升温时间也短。

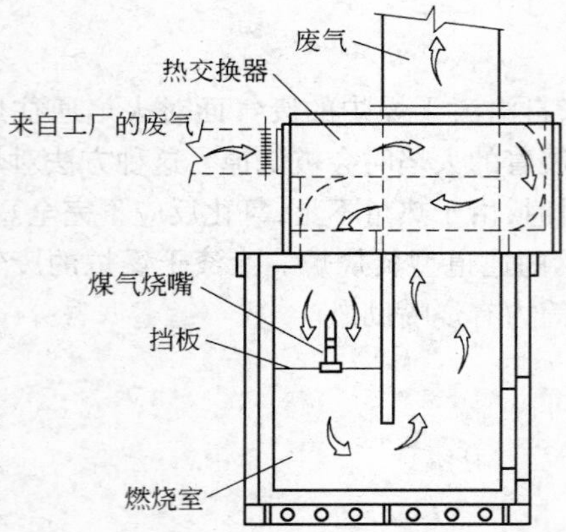


图 3.6-47　立式废气焚烧炉

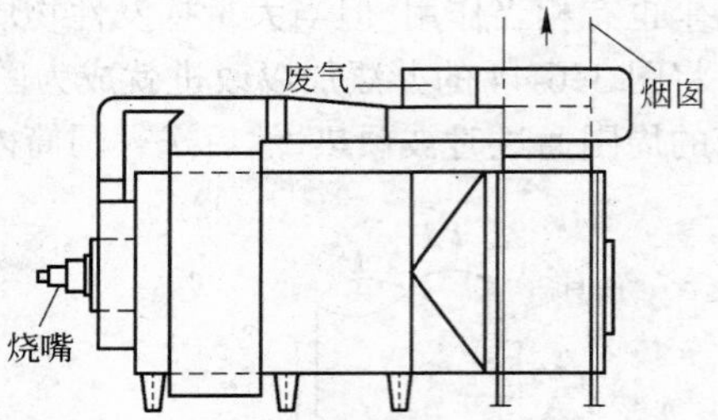


图 3.6-48　卧式废气焚烧炉

4. 安全措施

为了防止爆炸，要了解出现爆炸的条件，还必须采取措施以避免形成这样的条件。表 3.6-7 中示出各种气体的可燃范围，如把涂漆干燥炉引出的废气稀释到可燃范围下限的四分之一以下，就几乎不会爆炸，然而考虑到会有意外情况，还是设置了控制装置。控制装置的功能是检测可燃物的浓度，如果超过了爆炸下限的某一倍数它便会发出警报，同时使干燥炉和焚烧炉停止运行。另外，即使在燃烧范围内，如掺入二氧化碳、氮气、水蒸气等非可燃性气体能降低燃烧下限，但仍有焚烧的必要。和这类非可燃性气体混合以后，可燃气体的燃烧范围见图 3.6-49。

**表 3.6-7　各种气体的可燃范围**

| 名　称 | 可燃范围 | | 名　称 | 可燃范围 | | 名　称 | 可燃范围 | |
|---|---|---|---|---|---|---|---|---|
| | 下限/% | 上限/% | | 下限/% | 上限/% | | 下限/% | 上限/% |
| 氢 | 4.0 | 74.0 | 乙　烯 | 3.2 | 34.0 | 氮 | 16.0 | 27.0 |
| 一氧化碳 | 12.5 | 74.0 | 乙　炔 | 2.4 | 80.0 | 苯 | 1.4 | 8.0 |
| 甲　烷 | 5.5 | 14.0 | 硫化氢 | 4.2 | 46.0 | 甲　苯 | 1.3 | 7.0 |
| 丙　烷 | 2.5 | 9.5 | 乙　醇 | 3.7 | 13.7 | 甲基乙基酮 | 1.8 | 11.5 |
| 丁　烷 | 1.7 | 8.5 | 醚 | 1.6 | 7.7 | 醋酸乙酯 | 2.2 | 11.5 |

5. 运转费用

焚烧时必须的热量按公式 3.6-7 计算：

$$Q' = V(C_p \times t - C'_p \times t') \tag{3.6-7}$$

式中　$Q'$——必须的热量，kJ/h；

$V$——废气量，$m^3$/h(标态)；

$t$——废气焚烧温度，700～800℃；

$t'$——废气入口温度，℃；

$C_p$——$t$℃时废气的比热容,kJ/(m$^3$·℃)(标态);

$C'_p$——$t'$℃时废气的比热容,kJ/(m$^3$·℃)(标态)。

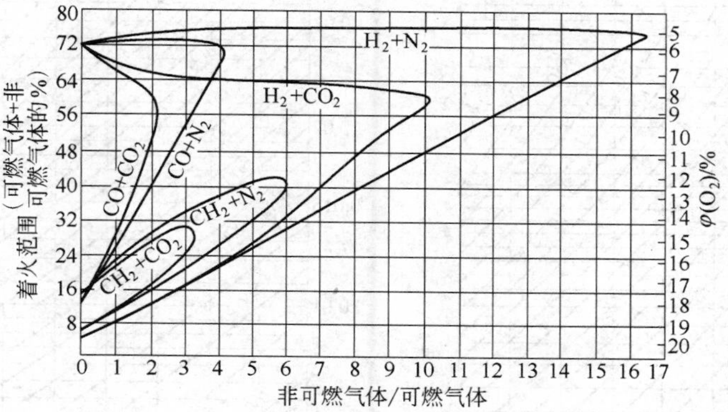


图 3.6-49　$H_2$、CO、甲烷与 $CO_2$、$N_2$ 混合以后的混合气体着火浓度范围

助燃需要的热量用公式 3.6-8 计算:

$$Q = Q'E_q + R \tag{3.6-8}$$

式中　$Q$——助燃需要的热量,kJ/h;

$E_q$——废气中可燃成分的发热量,kJ/h;

$R$——焚烧炉的散热损失,kJ/h。

热交换器的设备费用、回收的热量以及由压力损失决定的送风机功率等,都取决于 $t'$值,通常 $t'$值定在 250～500℃。

## 第六节　钢带连续热处理炉主要设计计算

### 一、钢带加热时间的计算

#### (一) 按炉温等于常数计算

按炉温等于常数计算的钢带加热时间 $\tau$(h)如下:

$$\tau = \frac{G}{F} \times \frac{c}{C_L} \times \xi \tag{3.6-9}$$

式中　$G$——每米长度钢带的重量,kg;

$F$——每米钢带在炉内的受热面积,m$^2$;

$c$——钢的比热容,kJ/(kg·℃);

$C_L$——炉墙和炉气对钢带的综合辐射系数,kJ/(m$^2$·h·K$^4$);

$\xi$——由炉温和钢温决定的系数,见图 3.6-50。

钢带重量及其受热面积之比,也可写成:

$$G/F = S\gamma/K_1 \tag{3.6-10}$$

式中　$S$——钢带"透热深度",对两面加热的平板是厚度的 1/2,对单面加热的平板等于厚度,m;

$\gamma$——钢带的密度,kg/m$^3$;

$K_1$——形状系数,对两面加热的平板等于 1。

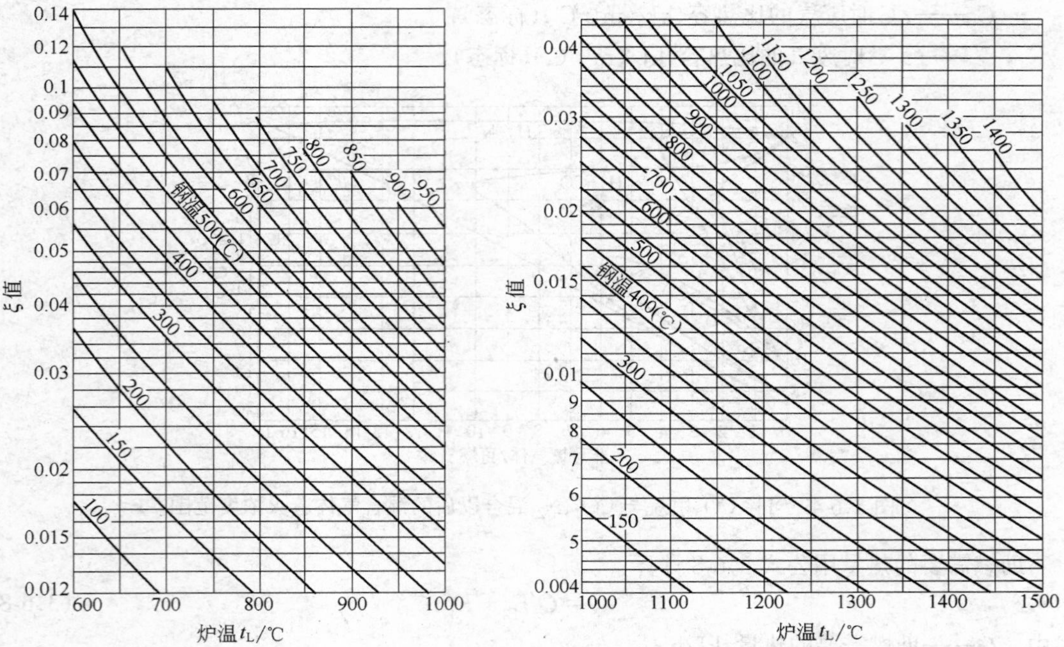


图 3.6-50 查取$\xi$值的图

从公式 3.6-9、式 3.6-10 可以得出：

$$\tau=\frac{S\gamma}{K_1}\times\frac{c}{C_L}\xi \tag{3.6-11}$$

其中

$$\xi=\frac{100}{\left(\frac{t_L}{100}\right)^3}\left[\psi\left(\frac{t''}{t_L}\right)-\psi\left(\frac{t'}{t_L}\right)\right]$$

式中，$\xi$也可由图 3.6-50 查出。

**(二) 综合传热系数法**

加热时间：

$$\tau=\frac{G}{F}\times\frac{c}{a}\times 2.303\lg\frac{t_L-t'}{t_L-t''}$$

钢带加热终了的温度($t''$)：

$$t''=t_L-(t_L-t')e^{-\frac{\alpha\tau F}{cG}}$$

式中 $G$——每米长钢带的重量，kg；

$F$——每米钢带在炉内的受热面积，$m^2$；

$c$——钢的比热容，kJ/(kg·℃)；

$\alpha$——综合传热系数 kJ/($m^2$·h·℃)。

**例 2** 规格为 1 mm×1000 mm 的冷轧普碳钢带，在通有保护气体的连续式炉中加热到 720℃，炉子上下两面布置有电热体，求炉温分别为 750℃、800℃及 900℃时的加热时间。

**解：**

$$\tau=\frac{S\gamma}{K_1}\times\frac{c}{C_L}\xi$$

$$C_L=\frac{1}{\frac{1}{C_1}+\frac{1}{C_2}-\frac{1}{C_0}}$$

式中　$C_1$——钢带的辐射系数，取光亮钢带的黑度系数 $\varepsilon_g=0.4$，则 $C_L=\varepsilon_g C_0=0.4\times4.88=1.952\ \text{kcal/(m}^2\cdot\text{h}\cdot\text{K}^4)=8.15\text{kJ/(m}^2\cdot\text{h}\cdot\text{K}^4)$；

$C_2$——砌体的辐射系数，$C_2=0.8\times4.88=3.9\ \text{kcal/(m}^2\cdot\text{h}\cdot\text{K}^4)=16.30\ \text{kJ/(m}^2\cdot\text{h}\cdot\text{K}^4)$；

则
$$C_L=\frac{1}{\frac{1}{1.95\times4.1868}+\frac{1}{3.9\times4.1868}-\frac{1}{4.88\times4.1868}}=7.41\ \text{kJ/(m}^2\cdot\text{h}\cdot\text{K}^4)。$$

系数 $\xi$，根据图 3.6-50 查得：

当炉温为 750℃时，$\xi=0.11$

当炉温为 800℃时，$\xi=0.08$

当炉温为 900℃时，$\xi=0.047$

$S=0.001/2=0.0005\ \text{m}$

$\gamma=7850\ \text{kg/m}^3$

$c=0.152\ \text{kcal/(kg}\cdot℃)=0.636\ \text{kJ/(kg}\cdot℃)$

$K_1=1$

$$\tau=\frac{0.0005\times7850}{1}\times\frac{0.636}{7.14}\times\xi$$

当炉温为 750℃时，$\xi=0.11$，$\tau=0.037h=2.22\ \text{min}$

当炉温为 800℃时，$\xi=0.08$，$\tau=0.027h=1.62\ \text{min}$

当炉温为 900℃时，$\xi=0.047$，$\tau=0.016h=0.95\ \text{min}$

从这些结果可见，当炉温提高时，加热时间大幅度减少，因而提高炉温可实现快速加热。当加热室比较长时，可以分为若干段，取每段炉温为常数，从进料端向出料端炉温逐渐提高，以利于电热体布置。

## 二、保温时间

钢带在保温室内的保温时间，一般根据热处理工艺要求决定，不作理论计算。

## 三、钢带冷却时间计算

钢带在炉内有多种冷却方式，如喷气冷却、辊冷、水套冷却、水雾冷却和水喷淋冷却等。目前最常用的冷却方法是循环喷气冷却，它冷却均匀、调节灵活，可以用于快冷，也可以用于缓冷。

### （一）钢带在没有冷却装置的缓冷室冷却

钢带冷却时放出的热量 $Q_1$(kJ/h)：

$$Q_1=G(i_1-i_2)\qquad(3.6\text{-}12)$$

钢带对冷却室表面辐射的热量 $Q_2$(kJ/h)：

$$Q_2=C_L\left[\left(\frac{T_g}{100}\right)^4-\left(\frac{T_z}{100}\right)^4\right]F_g\qquad(3.6\text{-}13)$$

钢带向砌体的综合辐射系数 $C_L[\text{kJ/(m}^2\cdot\text{h}\cdot\text{K}^4)]$：

$$C_L=\frac{1}{\frac{1}{C_g}+\frac{F_g}{F_z}\left(\frac{1}{C_z}-\frac{1}{C_o}\right)}\qquad(3.6\text{-}14)$$

通过冷却室壁散失的热量 $Q_3$(kJ/h)：

$$Q_3=K(t_z-t_j)F_z\qquad(3.6\text{-}15)$$

$$K=\frac{1}{\frac{\delta_z}{\lambda_z}+\frac{1}{\alpha}} \tag{3.6-16}$$

式中　$G$——生产能力，kg/h；

$T_g, T_z$——钢带及砌体内表面平均温度，K；

$t_z$——钢带及砌体内表面平均温度，℃；

$F_g, F_z$——钢带及冷却室砌体内表面的辐射传热面积，$m^2$；

$i_1, i_2$——钢带冷却开始及终了时的热含量，kJ/kg；

$Q$——热量，kJ/h；

$K$——通过砌体向周围介质的总传热系数，kJ/($m^2$·h·℃)；

$t_j$——周围介质平均温度，℃；

$\delta_z$——缓冷室砌体厚度，m；

$\lambda_z$——砌体导热系数，kJ/(m·h·℃)；

$\alpha$——砌体外表面对周围介质的传热系数，kJ/($m^2$·h·℃)；

$C_L$——综合辐射系数；

$C_g$——钢带的辐射系数；

$C_z$——砌体的辐射系数；

$C_o$——黑体的辐射系数。

**（二）钢带在水冷套内冷却**

钢带在冷却时放出的热量 $Q_1$(kJ/h)：

$$Q_1=G(i_1-i_2)$$

钢带对水冷却壁面的辐射热量 $Q_2$(kJ/h)：

$$Q_2=C_L\left[\left(\frac{T_g}{100}\right)^4-\left(\frac{T_b}{100}\right)^4\right]F_g \tag{3.6-17}$$

$$C_L=\frac{1}{\frac{1}{C_g}+\frac{F_g}{F_b}\left(\frac{1}{C_b}-\frac{1}{C_o}\right)}$$

式中　$F_b$——水冷却室的内表面积，$m^2$；

$T_b$——水冷却壁的平均温度，K。

如考虑出水温度为50℃左右，可采用：

$$T_b \approx (80+273)\ \mathrm{K}$$

其余代号与前同，根据以上诸式，可计算出冷却室长度。

**例3**　钢带规格0.5 mm×1000 mm，小时产量5 t，钢带从600℃冷却至400℃，冷却室内宽1.4 m，高0.4 m，求水套冷却室长度。

**解**：钢带放出热量：

$$i_{600}=364\ \mathrm{kJ/kg}$$

$$i_{400}=222\ \mathrm{kJ/kg}$$

$$Q=5000\times(364-222)=710000\ \mathrm{kJ/h}$$

$$C_L=\frac{1}{\frac{1}{2.2}+\frac{2\times1}{2(1.4+0.4)}\left(\frac{1}{4.0}-\frac{1}{4.88}\right)}\times4.18=8.694\ \mathrm{kJ/(m^2\cdot h\cdot K^4)}$$

钢带在水冷套内的平均温度：

$$t_g = \sqrt{600 \times 400} = 490℃$$

取 $t_b = 80℃$，根据公式 3.6-17 整理，钢带在水冷套内的面积应为：

$$F_g = \frac{710000}{8.694\left[\left(\frac{490+273}{100}\right)^4 - \left(\frac{80+273}{100}\right)^4\right]} = 25.2(m^2)$$

则冷却室长度应为：

$$L = 25.2/(1\times 2) = 12.6\ m$$

上述计算没有考虑对流传热的影响，实际上由于炉内充满保护气体，钢带又在炉内运动，对流冷却起一定的作用，但由于影响对流传热的因素很多，一般情况下不加计算，作为设计安全备用。对于高速机组的低温冷却要求作较精确的计算时，则应当将对流传热计算在内。

**（三）保护气体循环喷射冷却器**

冷却器由喷箱、循环风道、热交换器和循环风机组成。保护气体从炉膛内抽出，经过热交换器被冷却后，通过风机加压从集气箱的喷孔中垂直喷向钢带，钢带得到冷却。加热了的保护气体被抽出，经过冷却再喷向钢带，如此往复循环。

调节风量和风速，控制冷却速度，在宽度方向上将风箱分割成 3 或 5 个空间，用调节阀控制各个空间的喷出气体流量来调节钢带冷却的均匀性。

钢带的喷吹冷却，按试验数据列出一些公式，供设计计算参考。图 3.6-51 为对扁喷口（平面流股）及圆喷口（圆锥形流股）进行试验的情况，试验条件：扁喷口最小，宽度有 2.5 mm，5 mm 及 7.5 mm；间距 $l = 120$ mm，240 mm 及 480 mm；圆喷口直径 6.5 mm，10 mm 及 15 mm；喷口间距 $l$ = 60 mm，120 mm、240 mm 及 480 mm，$b = 60$ mm 及 120 mm。两种喷口喷出面与钢带的距离 $S = 100$ mm、150 mm 及 200 mm，喷出速度 $w = 20 \sim 100$ m/s；气体温度 10～30℃；钢带温度 40～500℃，钢带宽度 400～250 mm。

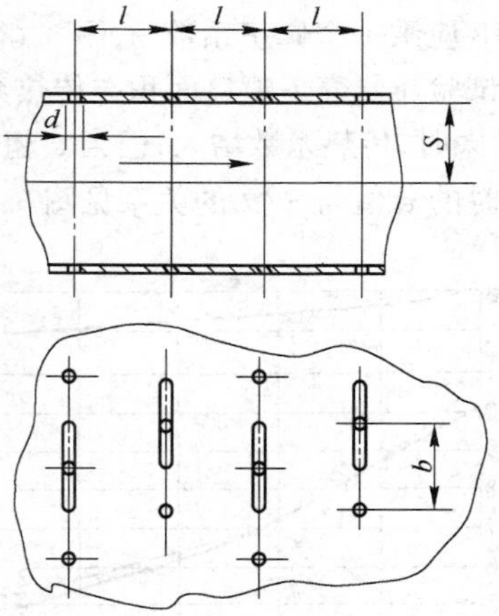


图 3.6-51　喷口排列

钢带表面辐射散热 $Q_f$(kJ/h)：

$$Q_f = C_L\left[\left(\frac{T_g}{100}\right)^4 - \left(\frac{T_b}{100}\right)^4\right]F_g$$

钢带表面给气流的对流散热量 $Q_d$(kJ/h)：

$$Q_d = Q - Q_f = \alpha(t_g - t_j)F_g$$

$$\alpha = \frac{Q - Q_f}{(t_g - t_j)F_g}$$

式中　$T_g$、$t_g$——钢带温度的平均值，K 或℃；

$T_b$——冷却壁的平均温度，K；

$t_j$——喷射介质的开始温度，℃；

$F_g$——钢带的工作面积，$m^2$；

$C_L$——钢带对冷却壁的综合辐射系数，$kJ/(m^2 \cdot h \cdot K^4)$。

根据试验得到的计算对流传热系数 $\alpha$ 的公式为：

$$\alpha = C_r n w^{0.89} l^{-0.11} \left(\frac{S}{d}\right)^{-0.346}$$

$$C_r = 0.0257 \frac{\lambda}{\nu^{0.89}}$$

式中　$C_r$——取决于喷吹气体的物理参数；

$n$——喷口形状系数，对于扁喷口，$n=1$；对于圆喷口，按图 3.6-52 确定；

$\lambda$——导热系数，kJ/(m·h·℃)；

$\nu$——动黏度系数，$m^2/s$；

$w$——喷出速度，m/s；

$l$——气流间距，m；

$S$——喷射面与钢带间距，mm。

$d$——圆喷口直径或扁喷口宽，mm。

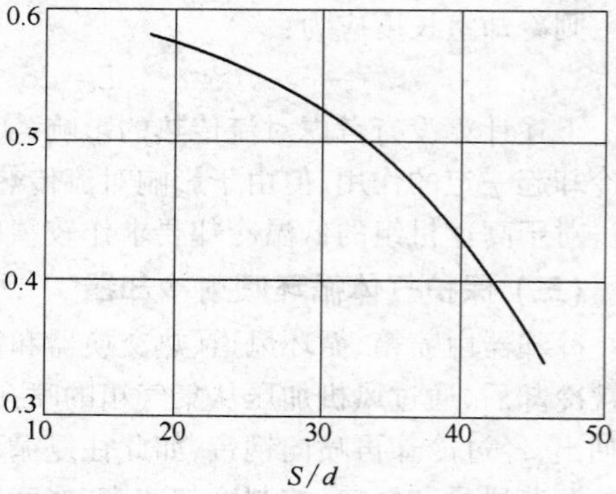


图 3.6-52　喷口形状系数 $n$

对于空气，当气流喷出温度为 20℃ 时，上式为：

$$\alpha = 11.2 n w^{0.89} l^{-0.11} \left(\frac{S}{d}\right)^{-0.346} \tag{3.6-18}$$

当所用气体为不同的温度和成分时，公式 3.6-18 应乘一个修正系数 $\eta$，图 3.6-53 中给出空气、氮及氢在不同温度下的 $\eta$ 值。

试验还研究了喷口面积与传热系数的关系。结果表明，喷口总面积与钢带面积之比 $\varepsilon = F_p / F_g$ 增大时，传热系数增大；但当 $\varepsilon$ 超过 1% 以后，喷口面积再增大，传热系数基本不变。传热系数最大时的 $\varepsilon$ 值与 $S/d$ 的关系见图 3.6-54。

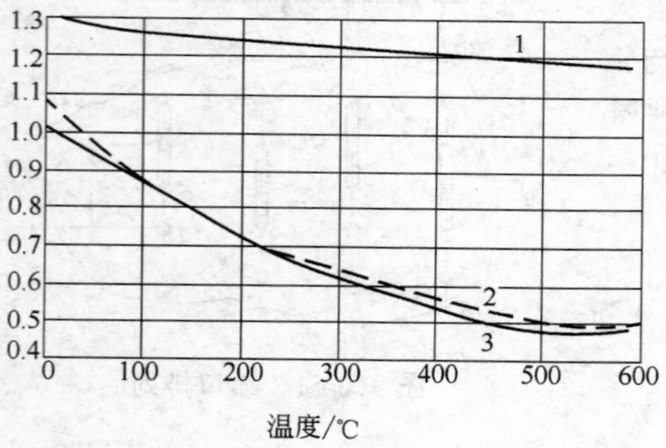


图 3.6-53　修正系数 $\eta$

1—氢；2—氮；3—空气

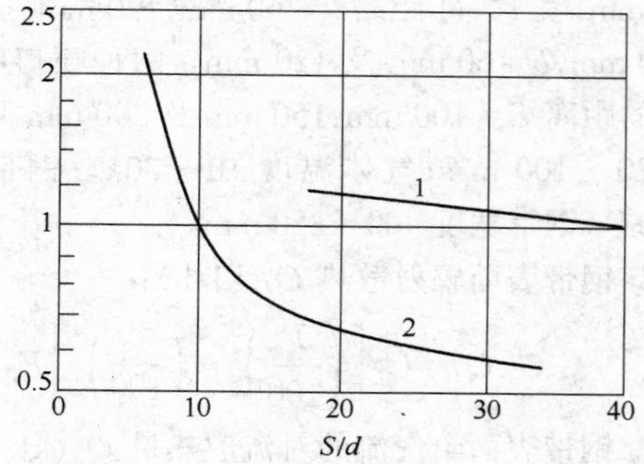


图 3.6-54　面积比 $\varepsilon$

1—圆喷口；2—扁喷口

# 第七章 辊底式炉

## 第一节 概 述

辊底式炉用于钢板、钢管、型钢和线材退火、正火、调质、淬火及回火处理。一般采用煤气直接加热,也可以用辐射管间接加热,通保护气体。虽然辊底式炉的一次投资高,但是热处理产品质量好、产量高,可以机械化和自动化,从而减少操作人员,降低热处理成本。因此,在轧钢热处理中采用的日益增多。

### 一、加热温度

不同钢种,不同热处理工艺的加热温度是不同的,详见表 3.7-1、表 3.7-2。

**表 3.7-1 热处理工艺温度(℃)**

| 钢 种 | 退 火 | 正 火 | 球化退火 | 淬火加热 | 回 火 |
|---|---|---|---|---|---|
| 碳素结构钢 | 770~900 | 810~950 | | | 680~720 |
| 合金结构钢 | 810~890 | 820~970 | | | 650~720 |
| 碳素工具钢 | 690~770 | 760~870 | 730~750 | | 650~700 |
| 合金工具钢 | 740~870 | 900~950 | | | |
| 低合金结构钢 | | 900~920 | | 900~970 | 530~720 |
| 轴承钢 | | 900~950 | 700~800 | | 650~700 |
| 不锈钢 | | | | 1050~1150 | |
| 弹簧钢 | 780~860 | 800~880 | | | 600~720 |

**表 3.7-2 冷拉钢材的热处理温度(℃)**

| 热处理工艺 | 钢 种 | 热处理种类 | 加热温度 |
|---|---|---|---|
| 冷拉坯料的热处理 | 低碳钢 | 正 火 | 750~950 |
| | 中碳、合结、弹簧 | 完全退火 | 750~940 |
| | 低、中碳、合结 | 不完全退火 | 740~770 |
| | 轴承、高碳、合工 | 球化退火 | 720~760 |
| | 所有钢种 | 软化及消除应力退火 | 550~680 |
| 冷拉半成品中间热处理 | 所有钢种 | 消除应力退火 | 550~680 |
| | 低碳、合结 | 再结晶退火 | 650~700 |
| 成品热处理 | 所有钢种 | 软化及消除应力退火 | 550~680 |
| | 低碳钢 | 再结晶退火 | 650~700 |

### 二、炉温制度

炉温一般是按照热处理工艺曲线制定的,是炉子设计的主要参数,温度制度可以概括为以下两类。

#### (一) 恒炉温制度

炉温沿炉长保持相同的规定值。恒炉温制度的加热速度快,钢板及钢管的正火与淬火大都采用这种制度,但热耗较高。

**（二）变炉温制度**

炉温沿炉长分段按热处理工艺要求分布。图 3.7-1 和图 3.7-2 表示了这种制度的例子。

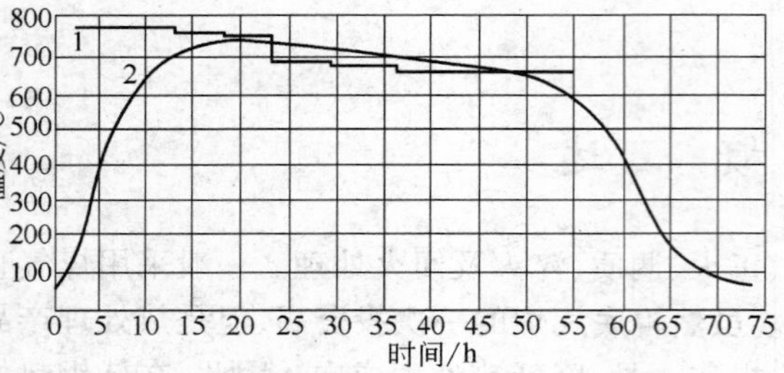


图 3.7-1　棒材退火炉温制度

1—炉温；2—棒材温度

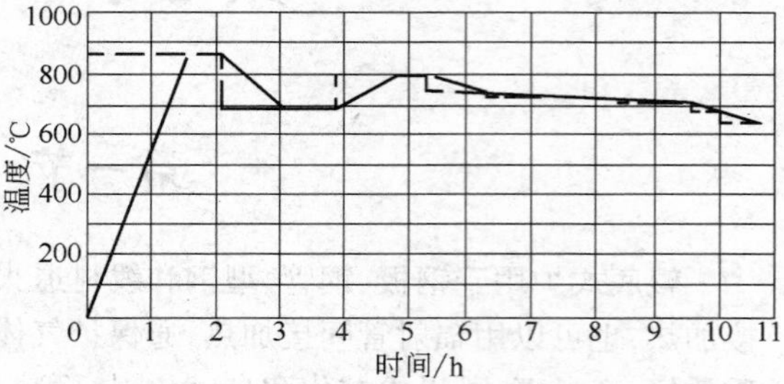


图 3.7-2　轴承钢管球化退火炉温制度

——钢温；---炉温

**三、操作制度**

辊底式炉的操作制度基本上有两种，即连续操作与摆动操作制度。选择时主要取决于产品品种与生产规模。

**（一）连续操作制度**

炉子布置在热处理作业线上，炉内温度按热处理曲线沿炉长变化，钢材以一定速度连续通过，能最大限度地使操作过程机械化和自动化。当用于淬火处理时，炉内靠近出料端的一段炉辊能快速转动，以便满足快速出料的工艺要求。这种操作制度适用于高产量的钢管、型钢和线材热处理。

**（二）摆动操作制度**

在整个加热和均热周期中，钢材在恒温炉内前后摆动，然后以较高的速度出料，同时进行装料，这种制度多用在钢板热处理。炉长根据产量要求和在炉钢材的数量而定（例如炉内同时装一块、两块或三块钢板等）。炉子总长要留有钢板之间的间距及前后摆动的距离。

**四、炉底机械**

炉底机械由炉辊及其传动机械组成。

炉辊的辊距按钢材尺寸和重量而定。辊距过大时，钢材端部悬臂大，高温下挠度大，容易碰撞炉辊而影响钢材的顺利通过，有的甚至穿到炉辊下面，影响生产。辊距过小，则炉辊数量多，增加投资，同时还影响钢材下部供热。

炉辊转动速度，在连续操作时，由炉子的产量和处理时间来确定。速度的调节范围，应该满足产品热处理工艺要求。摆动操作时，一般摆动速度为 6～12 m/min，摆动角度为 180°～540°。快速出料速度一般为 60 m/min。炉辊在高温下不能停止转动，否则很快就弯曲变形。

## 第二节　产量计算

一般根据炉子装炉量和钢材在炉时间计算辊底式炉小时产量，然后按照产品方案验算炉子的年工作时间和负荷率。

钢材在炉时间按单位加热时间 $\tau$(h) 计算时为：

$$\tau = \frac{ZS}{60} \tag{3.7-1}$$

式中　$Z$——钢材的单位加热时间,min/mm;

$S$——钢材有效加热厚度,mm。钢板取板厚,钢管取当量壁厚(即钢管的截面积/钢管外径周长),球扁钢取腹板厚。

在辊底式炉的设计中,单位加热时间有的可以用钢材加热计算方法进行计算,但一般都采用经验数据。表3.7-3列出了一些钢材单位加热时间的经验数据,供参考。有些钢材的在炉时间则由规定的热处理工艺曲线直接给出。

**表3.7-3　辊底式炉的钢材单位加热时间**

| 钢　种 | 热处理种类 | 加热温度/℃ | 单位加热时间/$min\cdot mm^{-1}$ |
|---|---|---|---|
| 不锈钢板 | 淬　火 | 1050 | 1.5～2.5 |
| 高强度钢板 | 淬　火 | 860～930 | 1.8～2.4 |
| 碳素钢板 | 正　火 | 860～900 | 1.25 |
| 低合金钢板 | 正　火 | 860～900 | 1.65 |
| 低合金钢板 | 淬　火 | 900～930 | 2.4 |
| 低合金钢板 | 回　火 | 600～720 | 4～5 |
| 地质管 | 正　火 | 700～950 | 2.5～2.7 |
| 锅炉管 | 正　火 | 700～950 | 2.50～2.58 |
| 大型球扁钢 | 正　火 | | 2.5 |
| 大型角钢 | 正　火 | | 1.5～2.5 |

炉子的年工作时间,要考虑所在车间的生产特点、炉子结构和操作制度等因素,并参照类似炉子的实际生产情况选定,一般年工作小时为5700～7000 h。由于生产中的不平衡性,炉子的负荷率一般在75%～90%范围内。一些辊底式炉产量计算举例如下。

**例1**　钢板热处理炉。选用2.9 m×44.2 m辊底式炉,进行钢板正火、淬火和回火热处理。产品方案见表3.7-4。炉子摆动操作,炉内装长10 m的钢板4块。钢板间距250～500 mm。装出料端各留出1～1.5 m的摆动余地。摆动速度12 m/min。装出料速度60 m/min。产量计算见表3.7-5。

**表3.7-4　钢板热处理炉产品方案**

| 钢　种 | 钢板尺寸/mm×mm×mm | 年处理量/t | | | |
|---|---|---|---|---|---|
| | | 正火(850～900℃) | 淬火(850～950℃) | 回火(650～720℃) | 合　计 |
| 碳素锅炉板 | 25×2500×10000 | 60000 | | | 60000 |
| 碳素造船板 | 25×2500×10000 | 60000 | 30000 | 30000 | 120000 |
| 低合金造船板 | 25×2500×10000 | 25000 | 15000 | 15000 | 55000 |
| 低合金建筑板 | 25×2500×10000 | | 35000 | 35000 | 70000 |

**表3.7-5　钢板热处理产量计算表**

| 钢　种 | 热处理工艺 | 钢板规格 厚×宽×长/mm×mm×mm | 年处理量/t | 装炉量 | | 单位加热时间/$min\cdot mm^{-1}$ | 在炉时间/min | 产量/$t\cdot h^{-1}$ | 年工作时间/h |
|---|---|---|---|---|---|---|---|---|---|
| | | | | 块数/块 | 重量/t | | | | |
| 碳素锅炉板 | 正　火 | 25×2500×10000 | 60000 | 4 | 19.6 | 1.25 | 31.2 | 37.3 | 1610 |
| 碳素造船板 | 正　火 | 25×2500×10000 | 60000 | 4 | 19.6 | 1.25 | 31.2 | 37.3 | 1610 |
| 碳素造船板 | 淬　火 | 25×2500×10000 | 30000 | 4 | 19.6 | 2.0 | 50 | 23.6 | 1270 |

续表 3.7-5

| 钢种 | 热处理工艺 | 钢板规格 厚×宽×长 /mm×mm×mm | 年处理量/t | 装炉量 | | 单位加热时间 /min·mm⁻¹ | 在炉时间 /min | 产量 /t·h⁻¹ | 年工作时间/h |
|---|---|---|---|---|---|---|---|---|---|
| | | | | 块数/块 | 重量/t | | | | |
| 碳素造船板 | 回火 | 25×2500×10000 | 30000 | 4 | 19.6 | 4.5 | 113 | 10.7 | 2800 |
| 低合金造船板 | 正火 | 25×2500×10000 | 25000 | 4 | 19.6 | 1.65 | 41.2 | 28.6 | 875 |
| 低合金造船板 | 淬火 | 25×2500×10000 | 15000 | 4 | 19.6 | 2.4 | 60 | 24 | 625 |
| 低合金造船板 | 回火 | 25×2500×10000 | 15000 | 4 | 19.6 | 4.5 | 113 | 10.7 | 1400 |
| 低合金建筑板 | 淬火 | 25×2500×10000 | 35000 | 4 | 19.6 | 2.4 | 60 | 24 | 1460 |
| 低合金建筑板 | 回火 | 25×2500×10000 | 35000 | 4 | 19.6 | 4.5 | 113 | 10.7 | 3260 |
| 合计 | | | 305000 | | | | | | 14910 |

取一座炉子的年工作时间为5700 h,则所需炉子座数为14910/5700=2.62,取3座。

炉子负荷率为:

$$\frac{14910}{3\times5700}\times100\%=86\%$$

**例2** 钢管正火炉。采用长11.368 m,宽1.392 m的辊底式炉,对地质管、高压锅炉管、锅炉管进行正火处理,连续操作,恒炉温制度。炉子按有效长10 m,有效宽1.25 m考虑,产量计算结果见表3.7-6。

**表 3.7-6 钢管正火产量计算表**

| 品种 | 规格(外径×壁厚×长) /mm×mm×mm | 年产量 /t | 单位长理论重量 /kg·m⁻¹ | 装炉量 | | 当量壁厚 /mm | 单位加热时间 /min·mm⁻¹ | 在炉时间/min | 产量 /t·h⁻¹ | 年工作时间/h |
|---|---|---|---|---|---|---|---|---|---|---|
| | | | | 炉宽根数 | 重量/t | | | | | |
| 地质管 | 73×3.75×8980 | 278 | 6.36 | 15 | 0.954 | 3.58 | 2.6 | 9.4 | 6.08 | 45.7 |
| | 89×4.0×8000 | 3640 | 8.34 | 12 | 1.0 | 3.82 | 2.6 | 9.93 | 6.07 | 600 |
| | 51×4.9×5800 | 1176 | 5.54 | 21 | 1.16 | 4.43 | 2.6 | 10.84 | 6.40 | 183.8 |
| | 42×5×6940 | 1112 | 4.56 | 26 | 1.18 | 4.4 | 2.6 | 11.52 | 6.15 | 181.0 |
| | 55×5.8×6070 | 2390 | 6.98 | 20 | 1.39 | 4.91 | 2.6 | 12.75 | 6.56 | 364 |
| | 50×5.5×6940 | 2300 | 6.0 | 22 | 1.32 | 4.45 | 2.6 | 11.55 | 6.85 | 336 |
| | 80×6.8×7030 | 2600 | 12.25 | 14 | 1.71 | 6.21 | 2.6 | 16.12 | 6.37 | 408 |
| | 75×6.5×7850 | 4120 | 10.80 | 15 | 1.62 | 5.94 | 2.6 | 15.45 | 6.29 | 656 |
| | 69×6.3×8730 | 3440 | 9.68 | 16 | 1.55 | 5.74 | 2.6 | 14.95 | 6.24 | 551 |
| | 63.5×6×9900 | 3390 | 8.47 | 17 | 1.44 | 5.43 | 2.6 | 14.10 | 6.13 | 554 |
| | 小计 | 24446 | | | | | | | | 3879.5 |
| 高压锅炉管 | 57×4×5000 | 58 | 5.19 | 19 | 0.986 | 3.72 | 2.54 | 9.44 | 6.28 | 9.2 |
| | 57×4×5000 | 105 | 5.19 | 19 | 0.986 | 3.72 | 2.54 | 9.44 | 6.28 | 16.7 |
| | 60×6×5000 | 134 | 7.94 | 18 | 1.43 | 5.4 | 2.54 | 13.70 | 6.25 | 21.6 |
| | 57×5.6×5350 | 638 | 7.05 | 19 | 1.34 | 5.1 | 2.54 | 12.95 | 6.20 | 103 |
| | 54×5.3×5910 | 618 | 6.30 | 20 | 1.26 | 4.78 | 2.54 | 12.12 | 6.24 | 99 |
| | 89×7×5000 | 183 | 14.20 | 12 | 1.7 | 6.45 | 2.54 | 16.39 | 6.22 | 29.4 |
| | 80×6.7×5520 | 856 | 12.0 | 14 | 1.68 | 6.14 | 2.54 | 15.60 | 6.47 | 132 |
| | 75×6.3×6200 | 848 | 10.5 | 15 | 1.58 | 5.78 | 2.54 | 14.67 | 6.45 | 131.5 |
| | 小计 | 3440 | | | | | | | | 542.4 |

续表 3.7-6

| 品种 | 规格(外径×壁厚×长) /mm×mm×mm | 年产量 /t | 单位长理论重量 /kg·m⁻¹ | 装炉量 | | 当量壁厚 /mm | 单位加热时间 /min·mm⁻¹ | 在炉时间/min | 产量 /t·h⁻¹ | 年工作时间/h |
|---|---|---|---|---|---|---|---|---|---|---|
| | | | | 炉宽根数 | 重量/t | | | | | |
| 锅炉管 | 51×3.5×6060 | 480 | 4.07 | 21 | 0.86 | 3.26 | 2.54 | 8.28 | 6.23 | 80 |
| | 45×3×3960 | 467 | 3.09 | 26 | 0.80 | 2.8 | 2.54 | 7.10 | 6.80 | 68.7 |
| | 28×2.9×6750 | 452 | 1.76 | 39 | 0.69 | 2.6 | 2.54 | 6.6 | 6.28 | |
| | 22×3×8530 | 442 | 1.39 | 50 | 0.70 | 2.59 | 2.54 | 6.57 | 6.42 | |
| | 51×3.4×6230 | 442 | 3.97 | 21 | 0.83 | 3.17 | 2.54 | 8.05 | 6.20 | 71.4 |
| | 38×3.5×8290 | 434 | 2.96 | 29 | 0.86 | 3.18 | 2.54 | 8.08 | 6.37 | 68.2 |
| | 51×3.5×6060 | 445 | 4.07 | 21 | 0.86 | 3.26 | 2.54 | 8.27 | 6.24 | 71.4 |
| | 44.5×3×8020 | 435 | 3.09 | 25 | 0.77 | 2.8 | 2.54 | 7.12 | 6.47 | 67.3 |
| | 70×3.8×3200 | 587 | 6.17 | 16 | 0.99 | 3.59 | 2.54 | 9.12 | 6.52 | 90 |
| | 60×3.2×3910 | 560 | 4.46 | 18 | 0.80 | 3.04 | 2.54 | 7.72 | 6.20 | 90.4 |
| | 56×2.8×5150 | 546 | 3.65 | 20 | 0.73 | 2.66 | 2.54 | 6.75 | 6.46 | 84.5 |
| | 51×2.5×6240 | 537 | 2.94 | 21 | 0.62 | 2.37 | 2.54 | 6.03 | 6.14 | 87.6 |
| | 小 计 | 5827 | | | | | | | | 920.5 |
| 总计 | | 34185 | | | | | | | | 5342.4 |

注:炉子年工作时间取 6000 h,炉子负荷率为:$\eta=\frac{5342.4}{6000}\times 100\%=89.1\%$。

## 第三节 辊底式炉燃料消耗量计算

炉子的燃料消耗量可以用热平衡方法计算,也可以用操作经验指标计算。

**例 1** 钢板正火炉。炉内宽 2.9 m,长 40 m,燃料为混合煤气,发热量 1200×4.1868 kJ/m³(标态)。加热温度 930℃,钢板尺寸 25 mm×2300 mm×4600 mm,产量 21.4 t/h。设计热耗 540×4.1868 kJ/kg,实测热耗为 554×4.1868 kJ/kg。热平衡实测数值见表 3.7-7。

**表 3.7-7 热平衡实测数值**

| 热平衡项目 | 热量 | |
|---|---|---|
| | $10^6\times 4.1868$ kJ/h | % |
| 热收入 | | |
| 燃料燃烧 | 11.540 | 97.3 |
| 钢料氧化热 | 0.325 | 2.7 |
| 合 计 | 11.865 | 100 |
| 热支出 | | |
| 钢料加热 | 2.923 | 24.6 |
| 出炉烟气带走 | 5.910 | 49.8 |
| 不完全燃烧损失 | 0.287 | 2.4 |
| 炉门辐射热 | 0.051 | 0.4 |
| 冷却水带走 | 0.399 | 3.4 |
| 炉体散热 | 1.160 | 9.8 |
| 其他 | 1.136 | 9.6 |
| 合 计 | 11.865 | 100 |

注:用带盘空腹炉辊共 72 根,炉辊两端轴头通水冷却。

为了增加操作上的灵活性,燃烧装置的能力一般为最大燃料消耗量的 120%。燃料的分配要满足炉子温度制度的要求。当采用恒炉温制度时，炉子进料端的热流大，以实现快速加热，提高炉子的产量，因此要在进料端附近供给大量燃料。这种分配方式要求分段排烟和控制炉膛压力。如果集中排烟或者虽然分段排烟而集中在出料端控制炉膛压力时，往往造成装料端炉门冒火，恶化操作条件，因此至少要在装料端有单独的炉压控制系统。表 3.7-8 为恒炉温度各段燃料分配的实例。

**表 3.7-8　恒温炉制度的各段燃料分配实例**

| 钢材品种 | 热处理工艺 | 炉温/℃ | 各段燃料分配/% | | | | | | |
|---|---|---|---|---|---|---|---|---|---|
| | | | 1 | 2 | 3 | 4 | 5 | 6 | 7 |
| 不锈钢板 | 淬火 | 1200 | 41.0 | 29.5 | 29.5 | | | | |
| 碳素及合金钢板 | 淬火 | 950 | 31.3 | 21.3 | 21.3 | 13 | 13.1 | | |
| 碳素及合金钢板 | 正火 | 950 | 48 | 34 | 18 | | | | |
| 碳素及合金钢板 | 正火 | 920 | 24 | 24 | 18 | 16 | 9 | 9 | |
| 钢　轨 | 淬火 | 850 | 29.4 | 24 | 14.7 | 10.7 | 8 | 6.7 | 6.7 |
| 钢　管 | 光亮退火 | 750 | 38 | 24 | 24 | 14 | | | |

有的炉子按炉长均匀分配燃料，这种方式操作和控制系统比较简便，但加热速度要慢一些。有的炉子直接按热处理工艺要求的炉温分配燃料。

## 第四节　辊底式炉结构

### 一、炉型尺寸

#### （一）炉膛高度

一般按照装料尺寸、产量等具体情况，参照同类型工作良好的炉子结构确定合适的炉膛高度。

#### （二）炉膛宽度

炉膛宽度一般按照装料宽度来确定，而且应符合砌砖尺寸。钢材和炉墙的间隙，当处理钢板时一般为 150～300 mm；处理钢管和棒材时为 50～100 mm。有的在炉辊两端带盘，限制钢材滚动或受热变形后碰撞炉墙。

#### （三）炉子长度

炉子长度的计算如下：

(1) 连续操作的炉子。

$$L=\frac{G\tau}{g}+(n-1)c+l\left(1-\frac{W_1}{W_2}\right) \tag{3.7-2}$$

$$W_1=\frac{G}{g}+\frac{(n-1)c}{\tau} \tag{3.7-3}$$

式中　$L$——炉子长度，m；

$G$——炉子产量，t/h；

$\tau$——钢材在炉时间，h；

$g$——炉内单位长度的料重，t/m；

$c$——料批间的间隙，一般取 0.25～1.0 m；

$n$——炉内料批数量；

$l$——快速出料段长度，m，无快速出料段时 $l=0$；

$W_1$——钢材运行速度，m/min；

$W_2$——快速出料速度，m/min。

(2) 摆动操作的炉子。

$$L=\frac{G\tau}{g}+(n-1)c+2\pi D\frac{\alpha}{360} \tag{3.7-4}$$

式中　$D$——炉辊的工作直径，m；

$\alpha$——炉辊摆动角度。

式中其他符号与公式 3.7-2 同。

## 二、炉体结构

### (一) 炉墙

辊底式炉的炉墙，一般都用轻质绝热材料砌筑，并有炉墙钢板。当炉内通保护气体时，炉墙钢板的焊接应能满足气密性的要求。

为了使炉辊辊颈砖不因承受侧墙荷载而损坏并便于更换，一般在辊颈上方的侧墙上装设铸铁托梁。托梁沿炉长分段用螺栓与炉体结构固定。有少数炉子在辊颈砖下方侧墙上也装设角形托梁，以减少辊颈砖在垂直方向上的位移，避免炉辊被砖卡住。

### (二) 炉顶

炉顶有拱顶和吊顶两种。炉宽小于 3.5 m 采用拱顶，拱顶又分为固定式与可卸式两种结构。可卸式炉顶用于炉辊不能从炉侧抽出(例如交错布置的带盘炉辊)的情况。这种炉顶沿炉长方向分为若干段，空、煤气管道等也相应分段并固定在可卸炉顶的准确位置，侧墙顶面设有定位桩。各段炉顶之间用黏土砖封严并用砂子填平。这种炉顶变形后不易装卸，金属耗量也较多。炉宽大于 3.5 m 时，炉顶采用一般的吊炉顶结构。

### (三) 炉辊辊端结构

炉辊穿过两侧墙伸到炉外。炉墙上砌有与辊端形状相应的辊颈砖。砖孔与辊颈之间的间隙，既要能在辊子受热膨胀及辊颈砖产生可能的位移后不妨碍炉辊转动，又要尽量减少热损失。辊颈砖要容易拆卸，便于炉辊的更换。炉子通保护气体时辊端要求密封，炉辊引出端的密封方式有迷宫式密封、压盖式密封、弹簧轴承橡胶密封及金属球面密封等多种形式。

# 第八章　罩式退火炉

## 第一节　概　　述

### 一、罩式炉的用途和特点

罩式炉主要用于薄板(带)材的退火处理,也用于棒材、管材及厚板的退火、回火及正火处理。炉型结构种类很多,其主要特点如下:

(1) 罩式炉主要由外罩、内罩及炉台三部分组成。为了提高冷却速度,减少炉台占用时间,冷轧钢卷罩式炉还配备了内罩及冷却罩;厚板的退火、回火及缓冷,合金棒材热处理,不要求光亮退火则不配备内罩。

被处理件在热处理过程中占用外罩和炉台的时间不等,一般外罩与炉台的比约为 1:(2.5~3),由于采取缩短冷却时间的措施,目前罩台比已趋近 1:2。

(2) 钢卷和板垛在不同方向的导热能力相差很大,钢卷宜采用循环保护气体从轴向钢卷的两个端面给热,钢板垛和长材垛应从长边两侧给热。

(3) 炉子装料量越大,炉子单位面积产量越高,能耗越低。罩式退火炉日益趋向大型化,目前冷轧钢卷退火炉的装料量高达 150 t。

(4) 燃烧装置可放在外罩上,也可放在炉台上。一般外罩数量比炉台数量少得多,燃烧装置放在外罩上可减少燃烧装置和控制装置的数量,可以降低投资,而且热量损失也少。一般冷轧钢卷罩式炉燃烧装置放在外罩上,钢板垛、长材及厚板罩式炉燃烧装置放在炉台上。

(5) 罩式炉系间断操作,而且内外罩之间净空较小,多采用强制排烟,无内罩的罩式炉宜采用自然排烟。

### 二、罩式炉的种类

#### (一) 冷轧钢卷罩式退火炉

冷轧钢卷罩式退火炉用于汽车板和商用板卷的再结晶光亮退火。产品的等级为 CQ、DQ、DDQ 及 EDDQ(用纯净钢生产)。退火温度为 700~850℃。

冷轧钢卷罩式退火炉炉型分单垛式和多垛式两种。单垛式炉的外罩、内罩和炉台都是圆形的,现均配有圆形的冷却罩,料垛高约 4~5 m。多垛式炉的外罩和炉台呈矩形,内有 2~8 个料垛呈单排或双排布置。每个料垛仍用圆形内罩。

冷轧钢卷罩式退火炉都用保护气体并有强制循环装置。保护气体多为 HNX 混合气,$H_2$ 含量为 1.5%~3%,自 20 世纪 80 年代保护气体已采用 100% 的 $H_2$ 并实现了强对流,使冷轧钢卷罩式退火炉,无论是产品质量还是产量均上了一个新台阶。

单垛式炉的发展趋势是炉子的大型化,全氢强对流技术的应用,使退火钢卷的卷重提高到 40 t 以上,装料垛重达 150 t,大大提高了生产效率,并有效解决了钢卷内外温差和产品质量问题。

多垛式炉的特点是装料量大、布置紧凑、占地小、单位炉底面积产量高、单位热耗低,适用于规格单一大批量生产。但现代冷轧薄板厂的产品规格多,产品等级变化大,多垛式炉已难以适应,现在很少建设多垛式炉。

为了提高钢卷的加热和冷却速度,近年来强化了保护气体的对流传热,炉台循环风机的功率已加大到 55 kW；为了进一步缩短钢卷的冷却时间，有的采用了保护气体分流冷却或对内罩喷水冷却，使罩台比提高到 1:2。

**（二）取向电工钢钢卷高温罩式退火炉**

冷轧取向电工钢高温退火的目的，主要是使硅钢充分进行二次再结晶、晶粒长大，形成取向组织，同时净化钢质，特别是降低钢中的碳、硫的含量。退火温度为 1050～1150℃。

取向电工钢钢卷高温罩式退火炉炉型分单垛式与双垛式两种（也有三垛式的，但很少）。保护气氛为 100％$H_2$ 或真空。由于不易保持高真空度，且净化钢质和传热方面远不及氢气，已不再采用真空气氛。

单垛高温电热罩式炉由圆形的外罩、内罩和炉台组成。双垛高温电热罩式炉的外罩和炉台则为矩形或长圆形，内罩为刚度性能好的圆形。

由于退火温度高，钢卷不能重叠放置，多为每垛一卷。为了提高炉子产量，也有采用耐热钢支架支撑上部钢卷（不压在下卷上），每垛装两卷。

加热组件为高温电热体，电热体大都布置在外罩四周的侧墙上，一般顶部不安装电热体。有的在炉台上设置电热体，借以实现钢卷的端面加热并克服“冷底”的缺点。外罩上的电热体引出端在扣外罩时应与炉台上固定的供电接触器自动连接供电。

内罩通 100％的 $H_2$ 保护气，但无强制循环装置。加热初期与冷却末期多用纯氮或氢氮保护气置换氢气，以降低氢的消耗并使操作更安全。

在安全方面，为了排除由内罩泄漏出的氢，外罩顶部设有可以开闭的排气口及电点火装置，同时在炉台设有安全氮吹扫管。

根据取向电工钢高温退火的工艺要求，退火钢卷要在带外罩的情况下由 1150℃冷却到 600～700℃。为了适当加快冷却速度，缩短冷却时间，加快外罩周转，有一些炉子安装带冷却器的循环风机。

随着用氢安全技术的进步和取向电工钢生产的集约化，大型取向电工钢生产厂以环形高温退火炉来取代高温罩式退火炉，使退火过程连续化，不仅降低了建设费用，也使生产成本下降。

**（三）钢带松卷罩式退火炉**

松卷退火的特点是将钢圈松开使钢卷每圈之间形成一定的间隙可使气流通过，加大传热面积，提高径向传热，大大加快加热和冷却速度而且温度均匀。

为使钢卷在退火前松卷和退火后重新卷紧，车间必须设置松卷机组和重卷机组。为使钢卷每圈之间形成一定的间隙在松卷时必须夹入钢绞线。

由于松卷退火工序多、辅助设备多、占地面积大，人力和材料消耗也大，现只在带钢的脱碳、渗碳、脱氮及渗铬等特殊处理时还有应用。

**（四）薄板垛罩式退火炉**

热轧叠板成垛退火的罩式炉有煤气加热与电加热两种。煤气加热罩式炉主要用于普通钢板、优质钢板及热轧无取向电工钢的退火，内罩中不通保护气体；电加热罩式炉主要用于热轧取向电工钢的退火，内罩中通氢保护气体。薄板垛罩式退火炉将被淘汰。

**（五）其他罩式退火炉**

厚板的退火、回火及缓冷处理；棒材、管材的退火、回火及缓冷处理也采用罩式退火炉。此类罩式退火炉有一共同点就是：尺寸大、装料多、炉型结构简单；一般不设内罩，罩台比一般都是 1:1。

## 三、罩式炉车间布置

在罩式退火炉布置时应注意以下问题：

(1) 罩式退火炉可按棋盘式布置，也可分成若干个组进行布置。当吊运外罩、内罩或扣外罩、内罩时，为安全起见不应跨越其他炉子。炉子间距不应过小，要满足操作需要。炉组间距要满足吊运外罩、内罩或扣外罩、内罩时安全运行的需要。

(2) 车间跨度。车间布置要紧凑，物流要安全、通畅，面积利用要合理。车间跨度主要根据并列布置的排数、运输通道、管道、烟道、地沟及其他辅助设施占用跨间的宽度来决定。为了减小车间跨度，在布置时将下排烟的主烟道尽量安排在运输通道的下方，将各种介质主管道尽量布置在厂房柱侧吊车吊不到的地方。各工序间物料倒运尽量不用运输车，使运输车只承担进料和出料任务，设一条运输通道即可。

(3) 吊车轨面标高。根据炉子高度及预定的运输方案确定吊车轨面标高。应满足外罩吊起能越过炉台上的内罩并留有不小于 500 mm 的安全距离。

(4) 车间通风。炉子与退火钢料散热量很大，厂房应设有足够能力的通风气楼，以改善车间的劳动条件。当炉子下方有地下室时，地下室应设置从车间外采风的通风道。

(5) 检修设施。罩式炉的炉台和炉罩的数量较多，罩式炉车间必须设有外罩和炉台检修的场地。

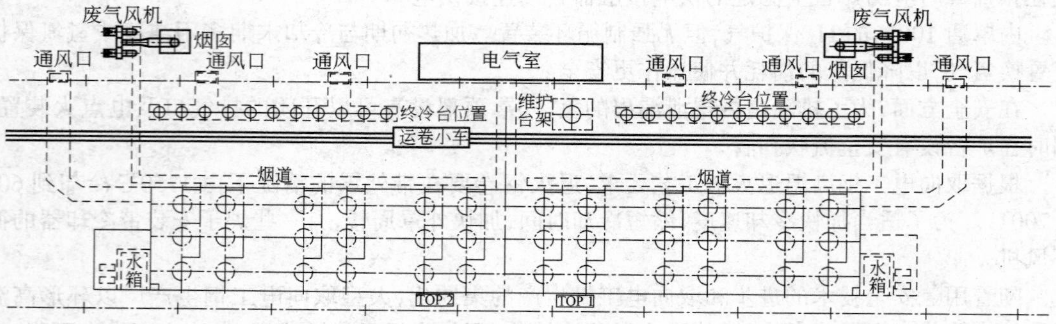


图 3.8-1　平面示意图

## 第二节　炉子结构

### 一、外罩

外罩为型钢和钢板的焊接结构，在设计外罩结构时应注意以下几点：

(1) 钢结构要有足够的刚度和强度，并应尽量减轻重量。起重部分和其他主要受力构件必须根据强度计算确定，下部炉衬托板结构还应考虑受热膨胀的补偿，以防变形。

(2) 圆形外罩的燃烧装置，最好采用切线方向布置，一般设两排烧嘴，矩形外罩可以采用平焰烧嘴。这样有利于炉温均匀及减少内罩的烧损，烧嘴径向安装时必须设挡火墙。

(3) 为了降低外罩重量，提高炉子热效率，要选用绝热性能好、蓄热量小、具有良好的热稳定性的轻质耐火材料作为外罩的内衬。烧嘴区采用热稳定性好的轻质黏土砖或硅钙铝砌块，其他区域采用耐火陶瓷纤维毡。

(4) 外罩上安装有风机、烧嘴等辅助设备，有的还安装有换热器和控制装置，因此外罩的几何中心不是外罩的重心。设计外罩时要计算出外罩的重心，使吊钩的位置与外罩的重心一致。

### 二、内罩

内罩用耐热不锈钢板气密焊接而成。为了提高内罩刚度减少变形，内罩筒体不再用光面板而是采用横向瓦垄形板焊接。为延长内罩使用寿命，内罩筒体上、下部分采用不同厚度的钢板，一般内罩的裙体和烧嘴区域的钢板厚度比上半部厚 2 mm。内罩顶部采用锅炉封头机成型，这不仅提高了内罩的圆度，而且减少了顶部焊缝的应力集中，延长内罩使用寿命。

## 三、炉台

不带燃烧装置、排烟装置又不带循环风机的炉台，结构简单，设计时应尽量减少炉台的蓄热量及散热量，以利于提高炉子下面的温度。

带循环风机的冷轧钢卷的退火炉台较为复杂，炉台要承受高达 150 t 钢卷垛的压力，又要承受高温，同时为了不影响冷却速度要求，炉台的蓄热量要小。炉台由耐热铸钢件组成的支撑部分和由钢板密封焊接的外壳两部分构成。支撑部分结构件间的空隙以前是填充干硅藻土粉，由于硅藻土粉含有氧化铁等杂质，在开炉初期由于铁的还原影响保护气体的露点，现填充物已改为较纯净的陶瓷纤维，也有将炉台做成全密封结构。在炉台安装平台（或炉台基础）上对称安装两个高度不等的金属管状导向柱，以便外罩、内罩、冷却罩及对流板等放置时定位。

## 四、循环风扇及导向器

循环风扇与导向器配合组成保护气体强制循环装置。导向器内部导向板的形状与分布对循环风扇的效率影响很大，一般通过作空气动力学试验来确定。此外导向器还要承受钢卷垛的重量，在热处理过程中，导向器反复地被加热和冷却。因此要求导向器要强度大、热变形小、寿命长，对循环气体的流动阻力小。

循环风扇提供保护气体需要的流量和压力、效率要高并在高温下能长期使用；在结构上要与炉台联结处完全密封，防止空气侵入。风扇电机可采用直连传动或皮带传动，电机为交流电机，一般为恒速电机也有用双速电机，近几年已开始采用交流变频调速装置。循环风扇与炉台间密封采用双重密封，即采用机械密封加保护气体气封，并设水套间接冷却装置。

## 五、对流板

对流板也叫隔垫或垫板，有中间对流板和顶部对流板之分。中间对流板两面带筋，气体可从对流板的上、下两面通过，而顶部对流板只是朝下的方向带筋。对流板筋板间的缝隙应使保护气体气流以一定的速度通过，提高对流传热系数，将热量有效地传给钢卷。对流板的筋板承受上部钢卷的压力，压强过大会损害钢卷的端部并造成钢卷端部的粘结，因此要尽量增加筋板与钢卷接触面积，减少压强。对流板一般为焊接结构，总厚度大约为 70～80 mm，筋板与钢卷的接触面应进行机械加工，保持对流板的平直度。

## 六、密封结构

外罩和内罩与炉台之间要求密封。外罩和炉台之间的密封是防止加热时炉气外溢，使工作环境恶化。外罩密封多采用结构简单、成本低、易维护的砂封，将外罩上的密封刀插入炉台上装有石英砂的砂封槽中。此种结构的缺点是当起运外罩时粘在密封刀上的砂子会散落下来污染设备。现在外罩和炉台之间的密封是将陶瓷纤维毡或石棉编织带放在炉台的密封槽中，靠其可压缩性将外罩和炉台之间密封。

内罩和炉台之间密封是保证内罩内的保护气体不泄漏和内罩底部产生负压时不吸入空气。对于通保护气体并强制循环的罩式炉，内罩和炉台之间密封尤为重要，特别是全氢强对流罩式炉，对内罩和炉台之间密封的要求更高。内罩和炉台之间密封是将耐高温的硅橡胶圈嵌入炉台上的带水套冷却的法兰上，内罩底部的法兰压在其上，由气动或液压机构将其夹紧使其密封（见图 3.8-2）。

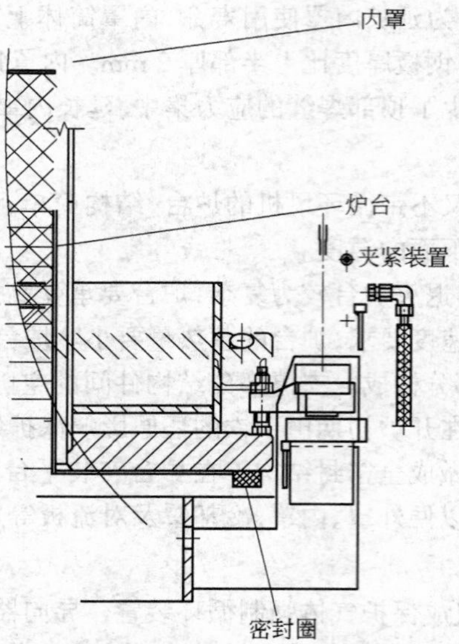

图 3.8-2 炉台和内罩之间的密封结构

## 第三节 产 量 计 算

罩式炉的加热、保温及其冷却时间,主要根据试验及生产数据,它与钢种、热处理工艺、装料量及炉子的性能有关。吊运外罩、内罩、装卸料及保护气体吹刷等辅助时间按实际操作经验确定。

现以冷轧钢卷全氢罩式炉为例计算如下:

**例**:现某冷轧薄板厂罩式退火炉年处理量为 536400 t,其中:CQ 钢卷年处理量为 275000 t;DQ 钢卷年处理量为 206250 t;DDQ 钢卷年处理量为 58432 t;镀锌 DDQ 钢卷回火年处理量为 13400 t;HSLA 钢卷年处理量为 10138 t。炉子最大装料量 120 t,炉子平均装料系数取 80%。年工作时间为 800 h。

首先根据相类似的全氢罩式炉生产经验确定加热罩、炉台和冷却罩的小时产量:

| 项 目 | CQ 产品 | DQ 产品 | DDQ 产品 | 镀锌产品 | HSLA 产品 |
|---|---|---|---|---|---|
| 加热罩小时产量/$t\cdot h^{-1}$ | 4.42 | 3.82 | 3.11 | 4.80 | 2.75 |
| 炉台小时产量/$t\cdot h^{-1}$ | 2.21 | 2.02 | 1.79 | 3.17 | 1.68 |
| 冷却罩小时产量/$t\cdot h^{-1}$ | 4.67 | 4.54 | 4.42 | 10.05 | 1.68 |

(1) 完成年处理量为 536400 t 需要加热罩数。

CQ 产品:275000(t/a)/8000(h/a)×4.42(t/h)=7.78 个加热罩

DQ 产品:206250(t/a)/8000(h/a)×3.82(t/h)=6.75 个加热罩

DDQ 产品:58432(t/a)/8000(h/a)×3.11(t/h)=2.35 个加热罩

镀锌 DDQ 产品:13400(t/a)/8000(h/a)×4.80(t/h)=0.35 个加热罩

HSLA 产品:10138(t/a)/8000(h/a)×2.75(t/h)=0.46 个加热罩

共计需要 17.69 个加热罩,选取 18 个加热罩。加热罩平均能力为 3.98 t/h。

(2) 完成年处理量为 536400 t 需要炉台数。

CQ 产品：275000(t/a)/8000(h/a)×2.21(t/h)=15.55 个炉台

DQ 产品：206250(t/a)/8000(h/a)×2.02(t/h)=12.76 个炉台

DDQ 产品：58432(t/a)/8000(h/a)×1.79(t/h)=4.08 个炉台

镀锌 DDQ 产品：13400(t/a)/8000(h/a)×3.17(t/h)=0.53 个炉台

HSLA 产品：10138(t/a)/8000(h/a)×1.68(t/h)=0.75 个炉台

共计需要 33.67 个炉台，选取 34 个炉台。炉台平均能力为 2.09 t/h。

(3) 完成年处理量为 536400 t 需要冷却罩数。

CQ 产品：275000(t/a)/8000(h/a)×4.67(t/h)=7.36 个冷却罩

DQ 产品：206250(t/a)/8000(h/a)×4.54(t/h)=5.68 个冷却罩

DDQ 产品：58432(t/a)/8000(h/a)×4.42(t/h)=1.65 个冷却罩

镀锌 DDQ 产品：13400(t/a)/8000(h/a)×10.05(t/h)=0.16 个冷却罩

HSLA 产品：10138(t/a)/8000(h/a)×4.54(t/h)=0.28 个冷却罩

共计需要 15.13 个冷却罩，选取 16 个冷却罩。冷却罩平均能力为 4.65 t/h。

车间罩式炉按每 6 座炉台为一组进行布置，采用 36 个炉台比较经济合理，炉台生产能力可达 601920 t/a，按此产量增配加热罩和冷却罩，配备 19 个加热罩和 17 个冷却罩。19 个加热罩生产能力可达 604960 t/a，17 个冷罩生产能力可达 632400 t/a，车间综合生产能力为 601920 t/a，罩式炉车间留有 12% 发展空间。

# 第九章 回 转 窑

## 第一节 概 述

本章主要介绍有色冶金中应用的回转窑。回转窑具有生产能力大、机械化程度高、维护及操作简单等特点，能适应多种工业原料的烧结、焙烧、挥发、煅烧、离析等过程，因而被广泛地应用于冶金、水泥、耐火材料、化工等部门。

在有色冶金工业中，回转窑主要应用在以下几个方面：

(1) 铅锌挥发。冶金过程中的各种含铅锌及挥发性元素的渣料，如锌焙砂浸出残渣，铜、铅鼓风炉的含锌炉渣，配以少量的还原剂在回转窑内进行还原挥发，以氧化物形态提取铅、锌。其挥发效率见表3.9-1。

**表3.9-1 铅、锌挥发效率**

| 元素 | Pb | Zn | In | Cd | As | Sb |
|---|---|---|---|---|---|---|
| 挥发效率/% | 85～90 | 92～95 | 75～80 | 90～95 | 25～30 | 25～30 |

(2) 焙烧。用于锌烟尘的二次脱硫焙烧、镍锍的二次焙烧、硫化铜精矿氧化焙烧、含硒阳极泥的硫酸化还原挥发焙烧，铅精矿电炉熔炼时的制粒二次焙烧等。锌烟尘二次焙烧时，硫、镉、铅的脱除率见表3.9-2。

**表3.9-2 锌烟尘二次焙烧脱除率**

| 元素 | S | Cd | Pb |
|---|---|---|---|
| 二次焙烧脱除率/% | 78～85 | 90～97 | 75～76 |

(3) 稀有元素的挥发富集。用于处理平罐炼锌、竖罐炼锌的罐渣，也可用来处理氧化锌浸出残渣。只要渣料中含碳大于30%即可不必添加还原剂，直接挥发富集其中的铟、锗、镉等元素。富集倍数很高，见表3.9-3。

**表3.9-3 稀有元素富集指标(质量分数/%)**

| 元素 | In | Ge | Cd |
|---|---|---|---|
| 原料 | 0.20 | 0.014 | 0.16 |
| 富集物 | 0.62 | 0.033 | 0.66 |
| 富集直收率 | 70.00 | 18.84 | 70.00 |

(4) 氯化焙烧。应用回转窑氯化焙烧的有黄铁矿烧渣球团和难选锡中矿球团。以氯化物形态提取有色金属，最后产出的球团渣用于高炉炼铁。其挥发指标见表3.9-4。

**表3.9-4 氯化焙烧时各元素的挥发率(质量分数/%)**

| 元素 | Cu | Pb | Zn | Au | Ag | As |
|---|---|---|---|---|---|---|
| 黄铁矿烧渣球团 | 89～92 | 94～95 | 96～99 | 96～97 | 82～93 | |
| 难选锡中矿 | 27.6 | 95～99 | 60～83 | | | 65～75 |

续表 3.9-4

| 元 素 | In | Bi | Cd | Sn | S |
|---|---|---|---|---|---|
| 黄铁矿烧渣球团 | | | | | 94.4 |
| 难选锡中矿 | 89 | 97 | 76 | 92～96 | |

(5) 离析。目前主要用来处理难选的氧化铜矿,即在原矿中配以少量还原剂(煤)和氯化剂(食盐),在回转窑中进行还原氯化反应(离析反应)使之成为海绵铜,然后浮选获得铜精矿。其技术指标见表 3.9-5。

**表 3.9-5 离析法技术指标**

| 名 称 | 入窑原矿 | 入选矿 | 铜精矿 | 浮选尾矿 |
|---|---|---|---|---|
| Cu/% | 2～3.5 | 2.7～4.8 | 30～37 | 0.67～0.73 |

(6) 脱除氟、氯、锌。熔化浮渣的脱氯和氧化锌的脱氟等,温度不高,但脱除率高,均在 90%以上。

(7) 铅锌分离。含有铅锌的物料配以硫磺和氯化剂,在回转窑中焙烧,铅以氯化铅挥发分离,锌呈氯化锌留在渣中,此法多采用短筒回转窑。此外,在有色冶金中,回转窑还用于菱锌矿和氢氧化铝的煅烧,铝矾土及钨精矿的苏打烧结法等。

## 第二节 主要结构

回转窑由筒体、滚圈、托轮、挡轮、传动装置、热交换装置、窑头及燃烧室、窑尾、密封装置、砌体等几部分组成。

### 一、窑型

回转窑的窑型有以下几种:

(1) 直筒型。筒体形状简单,加工安装方便,物料在窑内填充系数一致,物料移动速度较均匀。

(2) 窑头扩大型。燃烧空间扩大,窑头供热能力可以增大,有利于提高产量。

(3) 窑尾扩大型。能增大物料干燥受热面,便于安装换热器,降低热耗及烟尘率,多用于湿法加料窑。

(4) 两端扩大型。兼有窑头、窑尾扩大型的优点,且窑中部填充系数提高,有利于防止料层滑动。缺点是气流速度加快,会增大烟尘率。

(5) 烧成带扩大型。这种窑在干燥能力足够时能显著提高产量,但操作困难。

在回转窑的局部采取扩大方式,只适用于窑内各带能力存在明显不平衡的状态,作为调整措施。回转窑的发展趋势以直筒型为主,筒体尺寸向大型化发展。

### 二、筒体

回转窑筒体多采用普通钢材焊成,有色冶金中由于工艺过程和气氛的要求,也有采用锅炉钢板或耐热钢板焊制而成。对筒体的基本要求是应有足够的刚度和强度。筒体厚度与直径和跨度的实践数据,见表 3.9-6。

表 3.9-6 筒体厚度与直径及跨度的实践数据

| 序号 | 窑规格(筒体内径 ϕ×窑长)/m×m | 最大跨距/m | 筒体钢板厚度/mm | 滚圈下钢板厚度/mm |
|---|---|---|---|---|
| 1 | 5.5/5×180 | 38 | 32 | 80 |
| 2 | 4.4/4.15/4.4×180 | 34 | 25 | 65 |
| 3 | 4/3.5×128 | 23 | 20 | 32 |
| 4 | 4×60 | 27.6 | 30 | 50 |
| 5 | 4×60 | 25 | 22 | 50 |
| 6 | 3.7/3.3×70 | 19.2 | 22 | 50 |
| 7 | 3.5/3.3/3.6×115 | 20.15 | 19 | 22 |
| 8 | 3.5×145 | 24.1 | 22 | 50 |
| 9 | 3.3/3.0/3.3×118 | 25.2 | 20 | 40 |
| 10 | 3.2×50 | 20.8 | 22 | |
| 11 | 3.1/2.7×95 | 24.5 | 20 | 40 |
| 12 | 3.05/2.6/2.9×134 | 21.8 | 22 | 57 |
| 13 | 3/2.5×90 | 20 | 20 | 40 |
| 14 | 3×110 | 23.12 | 20 | 26 |
| 15 | 3×45 | 18.5 | 20 | 20 |
| 16 | 2.5×74 | 22 | 22 | |
| 17 | 3.6×50 | 19.5 | 22 | |
| 18 | 2.84×44 | 18 | 20 | |
| 19 | 2.34×32 | 11.5 | 20 | |
| 20 | 2.3×32 | 12.35 | 20 | |
| 21 | 2.038×24 | 9.5 | 20 | |
| 22 | 1.76×40 | 15 | 12 | |
| 23 | 1.72×20 | 9 | 20 | |
| 24 | 1.5×12 | 7.5 | 12 | |
| 25 | 1×8.5 | 5.6 | 12 | |
| 26 | 0.8×6 | 3.3 | 12 | |

为保证筒体截面有足够的刚度,以减少在横向切应力作用下的径向变形,近年来筒体钢板有加厚的趋势。

## 三、滚圈

滚圈一般是松套在筒体上,两侧用挡块或挡环定位。滚圈将筒体等回转部件的质量传给托轮及支承装置,同时增强筒体截面的刚度。

### (一) 滚圈的截面形式

有矩形滚圈和箱式滚圈两种形式,矩形滚圈形状简单,铸造比较容易,但较重。在质量相同时,箱形滚圈的刚度比矩形滚圈大,可以增强筒体刚度,但箱形截面形状复杂,铸造要求高。

为了简化制造安装工作,增强筒体刚度,特别对大型窑,多采用将滚圈与筒体焊接成一体的结构。

### （二）垫板

垫板用来将筒体载荷传动到滚圈上，使滚圈不与筒体直接磨损。筒体直径小于 3 m 的窑体，每块垫板宽度为 200～230 mm，筒体直径大于 3 m 的垫板宽度为 210～280 mm，垫板总宽度是筒体周长的 60％～70％，厚度为 30～60 mm。垫板一般焊接在筒体上。

### （三）滚圈材料

我国多采用 ZG310-570 材料制造滚圈。目前普遍采用托轮硬度高于滚圈原则，滚圈与托轮之间，硬度差为 HB30～40。滚圈、托轮材料及其许用应力列在表 3.9-7 中，有条件时可采用硅锰合金钢，如 ZG35SiMn、ZG50MnZ、ZG40Mn 等材料。

**表 3.9-7 滚圈、托轮材料及许用应力**

| 托轮 | | 滚圈 | | 许用接触应力 $[p_0]$/MPa | 许用弯曲应力 $[\sigma]$/MPa |
|---|---|---|---|---|---|
| 材料 | 硬度 HB | 材料 | 硬度 HB | | |
| ZG310-570 | 170 | ZG270-500 | 140 | 368 | 75 |
| ZG310-640 | 190 | ZG310-570 | 155 | 392 | 80 |
| ZG340-640 | 210 | ZG310-570 | 170 | 441 | 90 |

## 四、托轮

托轮按轴承可分为滑动轴承托轮组、滚动轴承托轮组、滑动滚动轴承托轮组（径向滑动、轴向滚动）。滚动轴承托轮组结构简单、摩擦阻力小，但托轮荷载大时，所需滚动轴承尺寸大，使用中受滚动轴承尺寸限制。托轮组的左右轴承座可分开设置，也可采取整体式。整体轴承座便于调整，但尺寸和质量大，加工困难，较大的托轮组一般采用分开设置的方式。托轮工作面磨损速度一般为 2～4 mm/a，托轮具有 6～10 年的正常工作时间。

## 五、挡轮

回转窑是倾斜安装的，有自重和摩擦产生的轴向推力，滚圈和托轮轴线不平行产生的附加轴向力。筒体轴向位置难于固定，应允许筒体沿轴向往复窜动，窜动周期一般为 1～2 次/班，挡轮起指示筒体的轴向窜动或控制轴向窜动的作用。普通挡轮，又称信号挡轮，起指示窜动作用，液压挡轮、推力挡轮分别对大型窑、小型回转式干燥窑筒体起限制窜动作用。

## 六、窑头及燃烧装置

窑头有固定窑头和活动窑头之分。大型窑窑头大，加上内部砌体很笨重，不可能做成活动窑头，一般在正面上设计成很大的可移动的面式窑门的固定窑头。中、小型窑头可做成在轨道上移动的活动窑头。重有色冶金回转窑一般多采用活动窑头（图 3.9-1）。

在燃烧块煤的窑中，窑头是燃烧室。在燃烧粉煤、重油、煤气的窑中，窑头是安装燃烧装置的部位，也是排料装置所在的部位。因此，窑头处于高温下工作，一般都是钢板焊接、内砌耐火砖或耐热混凝土，前壁上有工作门、窥视孔，侧壁也设有工作门。窑头的大小主要取决于窑的直径、燃烧装置、燃烧方式及排料装置的结构和大小等。设有燃烧装置的窑头其内腔轴向长度视选用的燃料而定，一般为 1～1.8 m，内腔直径 $\phi = D_{筒} + (0.1～0.15)$m。

回转窑可选用固、液、气体燃料，需用不同的燃烧装置，故窑头结构种类比较多。采用火焰入窑则选用长焰式喷嘴，窑头体积小些；采用烟气入窑以及用块煤或碎煤作燃料时，按相应的燃烧室容积热强度确定。

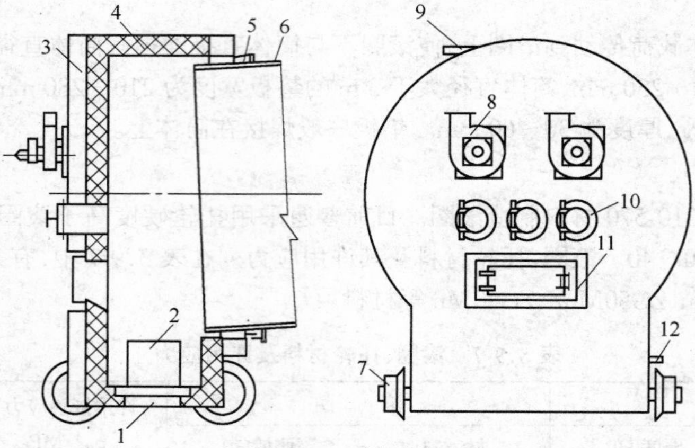


图 3.9-1　活动窑头

1—排料口；2—侧面工作门；3—水套；4—砌体；5—密封装置；6—筒体；7—轮子；8—煤气嘴；9—冷却水出口；10—观察孔；11—工作门；12—冷却水进口

## 七、窑尾沉降室

出窑烟气中的粗烟尘和漏出的炉料在窑尾沉降室里沉降回收。在设计沉降室时其断面烟气流速不能太大，一般取 1 m/s，当采用多室式沉降室时其最大流速不超过 3～4 m/s。沉降室与筒体之间有窑尾密封装置，其顶部往往配置有给料设备、烟道及烘窑烟囱，设计时要综合考虑。

## 八、密封装置

回转窑一般在负压下进行操作。为防止外界空气被吸入或窑内炉气的外泄，必须有密封装置。对密封装置的要求：密封性能好，特别是窑尾，负压有时高达 600 Pa，空气易被吸入；能适应筒体的形状误差（椭圆度、偏心等）和窑在运转时沿轴向的往复窜动；磨损轻，维护和检修方便；结构尽量简单，窑头密封装置要耐高温。窑头密封装置有迷宫式、接触式两种。窑尾密封装置由于窑尾负压较大，密封要求高，一般采用接触密封装置。

## 九、窑内热交换器

热交换器有格板式、蜂窝式和放射状三种。图 3.9-2 是金属格板式的几种截面形式；图 3.9-3 是砖砌格板式热交换器，使用在 ϕ1.56 m 焙烧窑中。

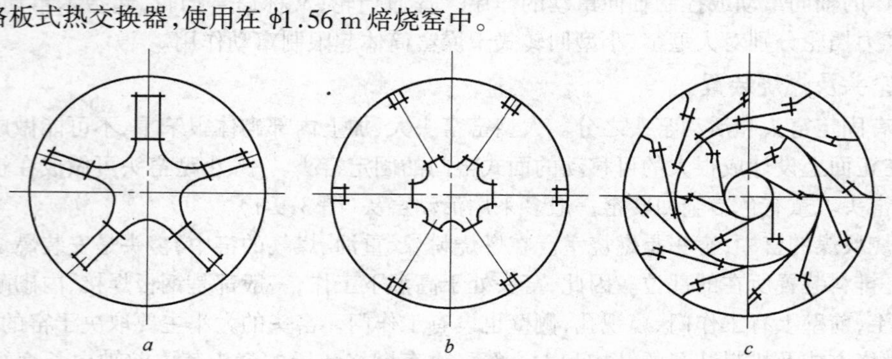


图 3.9-2　格板式热交换器的几种截面形式

*a*—双层五格式；*b*—单层六格式；*c*—双筒切线式

热交换器可用耐火砖、耐热钢、耐热铸铁以及普通钢板制成，可根据窑内温度、炉气中所含腐蚀性气体和炉料物质成分决定。选择结构形式及安装时应考虑构件热膨胀的补偿。热交换面积及安装部位尚无成熟计算方法，一般在实践中摸索确定。

## 十、回转窑的传动装置

回转窑传动的特点是减速比大，筒体转速低，力矩大，传动零部件尺寸较大。回转窑除了维持正常运转的主传动装置外，还有辅助传动装置，以保证在主电机发生故障或停窑检修时，可缓慢转动筒体，防止由于窑内高温造成筒体永久弯曲，并在砌砖或检修时使窑体准确地停止在指定位置。

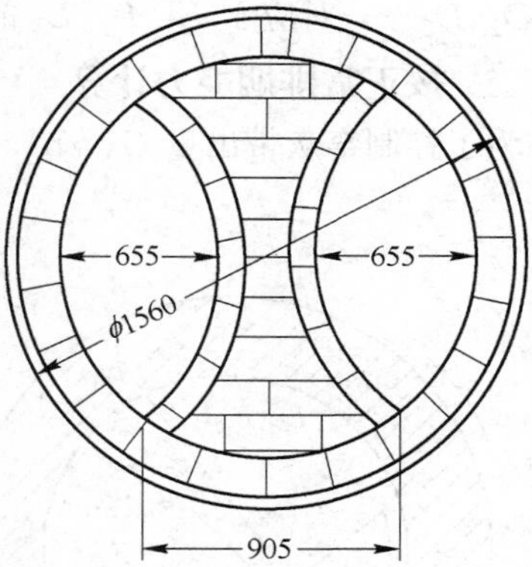

图 3.9-3 砖砌格板式热交换器

### (一) 单传动与双传动

随着窑的加大，传动功率越来越大。大功率、大速比减速器的设计制造困难增多，因此，较大的窑都采用双传动。双传动除有利于电机、减速器的选型外，且减轻了齿圈的质量。当单侧传动件发生故障时，可降低产量用另一侧继续运转。同时啮合的齿对数增加，传动更平稳。主要缺点是零件数量增加，增加了安装维修的工作量。确定单传动还是双传动的主要依据是电机功率的大小。从目前情况看，电机总功率在 150 kW 以下均为单传动，250 kW 以上均为双传动，而 150～250 kW 时，单、双传动都可选用。

### (二) 传动系统

主传动系统是：主电机—主减速器—齿轮齿圈—筒体。当缺乏足够速比和容量的减速器时，可在减速器和齿轮齿圈间增加一级半开式齿轮传动，也有少数窑是在电机与减速器间加一级皮带传动。

辅助传动的原动机，多数为电动机。但应与主电机分别用不同的电源供电。或用内燃机，以省掉另一套电源。

# 第三节 生产能力的计算

回转窑的生产能力受多方面因素影响，通常可按以下几方面的数量关系来计算。

## 一、按窑内炉料流通能力计算

$$G=0.785D_{均}^{2}\ \varphi w_{料}\gamma_{料} \tag{3.9-1}$$

或

$$G=0.785D_{均}^{2}\ \varphi L\frac{\gamma_{料}}{\tau} \tag{3.9-2}$$

式中 $G$——生产能力，t/h；

$\varphi$——炉料在窑内的平均填充系数，对于烧结及焙烧窑平均为 0.04～0.08，对挥发及离析窑平均为 0.04～0.09；

$w_{料}$——炉料轴向移动速度，m/h，见公式 3.9-10；

$\tau$——物料在窑内停留时间，h；

$\gamma_{料}$——炉料堆密度，t/m³；

$D_{均}$——窑平均内径，m：

$$D_{均}=\frac{D_1L_1+D_2L_2+D_3L_3}{L}$$

$L$——窑体长度，m；

$L_1$、$L_2$、$L_3$——异径窑各段带的长度，m；

$D_1$、$D_2$、$D_3$——对应于 $L_1$、$L_2$、$L_3$ 的窑体内径，m。

## 二、按正常排烟能力计算

为了控制窑灰带出量 $G$(t/h)，往往规定一个合适的窑尾排烟速度。

$$G = 2826\,\frac{D_{均}^2\, w_t(1-\varphi)}{V_{烟}(1+\beta t_{尾})} \tag{3.9-3}$$

式中 $V_{烟}$——每吨产品离窑时总烟气量，$m^3/t$；

$t_{尾}$——烟气离窑温度，℃；

$w_t$——窑尾排烟速度，m/s；按经验一般为 3～8 m/s，对于细料多者，可取 2.5～5 m/s；

$\beta$——$\frac{1}{273}$。

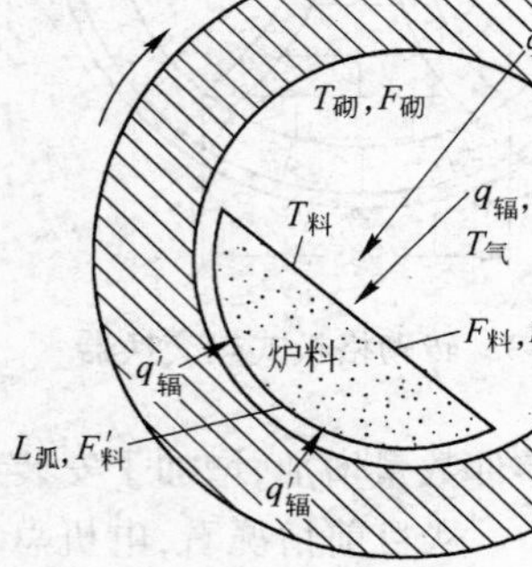


图 3.9-4 回转窑内传热过程示意图

## 三、按传热能力计算

回转窑内传热过程如图 3.9-4 所示。

当窑内各段带温度条件及工艺特点有较大差别时，应分段计算 $G$(t/h)。

$$G = 3.6 \times \frac{(q_{辐}+q_{对})F_{料}+q'_{辐}F'_{料}}{q_T} \tag{3.9-4}$$

式中 $q_{辐}$——炉气和砌体以辐射方式传给炉料暴露表面的热流密度，$W/m^2$；

$q'_{辐}$——由砌体表面以辐射及传导方式传给炉料内表面（与窑衬接触的弧形表面）的热流密度，$W/m^2$；

$q_{对}$——以对流方式传给炉料暴露表面的热流密度，$W/m^2$；

$q_T$——单位质量炉料在该段带所需的热量，kJ/t；

$F_{料}$——炉料在该段带暴露的表面积，$m^2$；

$F'_{料}$——炉料在该段带与窑衬接触的弧形表面积，$m^2$。

### （一）$q_{辐}$ 的计算

$$q_{辐} = C_{辐}\left[\left(\frac{T_{气}}{100}\right)^4 - \left(\frac{T_{料}}{100}\right)^4\right]$$

式中 $T_{气}$——各段炉气平均温度，K（$T = t + 273$）；

$T_{料}$——炉料暴露表面温度，K；

$C_{辐}$——炉气和砌体对炉料的换算辐射系数，$W/(m^2 \cdot K^4)$：

$$C_{辐} = 5.68\varepsilon_{料}\frac{\omega + 1 - \varepsilon_{气}}{[\varepsilon_{料}+\varepsilon_{气}(1-\varepsilon_{料})]\frac{1-\varepsilon_{气}}{\varepsilon_{气}}+\omega}$$

$\varepsilon_{料}$——炉料的辐射率（黑度）；

$\varepsilon_{气}$——炉气的辐射率（黑度）；

$\omega$——砌体暴露表面积与炉料暴露表面积之比，即 $\omega = F_{砌}/F_{料}$，$F_{砌}$ 为砌体暴露表面积，$m^2$。

各气体的辐射率，可根据气体成分、温度，气体分压与有效射线长度（$S_{射}$）的乘积，查计算图，或直接取用经验数据。

### （二）$q'_{辐}$ 的计算

$$q'_{辐} = \frac{5.68}{\frac{1}{\varepsilon_{料}}+\frac{1}{\varepsilon_{砌}}-1}\left[\left(\frac{T_{砌}}{100}\right)^4 - \left(\frac{T_{料}}{100}\right)^4\right]$$

式中 $\varepsilon_{砌}$——炉内砌体的辐射率，一般取0.8；

$T_{砌}$——近似取砌体暴露表面与物料最高温度的平均值，K。

**（三）$q_{对}$ 的计算**

$$q_{对}=\alpha_{对}(t_{气}-t_{料})$$

式中 $t_{气}$——炉气温度，℃；

$t_{料}$——炉料暴露表面温度，℃；

$\alpha_{对}$——对流传热系数，W/(m²·℃)，因窑内对流传热量不大，可按简化公式计算：

$$\alpha_{对}=1.05w_0$$

$w_0$——气体在窑内的流动速度，m/s。

## 四、按硫化物氧化速度计算焙烧窑的单位生产率（脱硫能力）

$$a_{SF}=0.0013k\gamma_{料}\tau_0([S]_{料}-[S]_{砂}) \tag{3.9-5}$$

式中 $a_{SF}$——按含硫量计算的单位面积生产率，t/(m²·d)；

$\tau_0$——炉子每昼夜的工作时间，h；

$[S]_{料}$——原料含硫量，%；

$[S]_{砂}$——焙砂含硫量，%；

$k$——朝向料层深度死烧的线速度，m/h，根据表3.9-8中的实验数据选择。

**表 3.9-8 硫化物死烧的线速度**

| 物 料 | $k$/m·h$^{-1}$ |
|---|---|
| 铜精矿 | 0.005～0.01 |
| 黄铁矿 | 0.004～0.008 |
| 磁黄铁矿 | 0.003～0.005 |
| 锌精矿 | 0.004～0.007 |
| 高镍锍和底层镍锍 | 0.001～0.002 |
| 高镍锍和底层镍锍一次焙烧后的焙烧砂 | 0.04～0.05 |

# 第四节 主要设计计算

## 一、筒体直径的计算

**（一）按选定的窑尾排烟速度计算**

$$D_{均}=1.88\times10^{-2}\sqrt{\frac{GV_{烟}(1+\beta t_{尾})}{w_t(1-\varphi)}} \tag{3.9-6}$$

对于异径窑，上式为窑尾段的内径，其 $D_{均}$(m)应按公式3.9-7计算。

**（二）按窑内炉料流通能力验算筒体直径**

$$D_{均}=0.88\sqrt[3]{\frac{G\sin\alpha}{ni\varphi\lambda_{料}}} \tag{3.9-7}$$

式中 $i$——窑倾斜度，%；

$n$——转速，r/min；

$\alpha$——炉料动态时的最大自然堆角，(°)。

对一般直筒型窑，取式3.9-6、式3.9-7计算结果中的大值。

**（三）筒体内径（$D_{筒}$）**

$$D_{筒} = D_{均} + 2\delta_{砌} \tag{3.9-8}$$

式中　$\delta_{砌}$——窑衬厚度，一般为0.15～0.25 m。

## 二、回转窑的斜度和转速

**（一）斜度（倾斜角）**

近年来回转窑的操作有减少斜度、加快转速，以强化生产和提高产量的趋势。有色冶金工业回转窑的斜度一般多采用2%～5%。国内某些回转窑斜度实践数据见表3.9-9。

斜度（$i$）的倾斜角（$\beta_1$）的换算见表3.9-9。

**表3.9-9　斜度和倾角的对应值**

| $i$/% | 2 | 2.5 | 2.618 | 3 | 3.49 | 3.5 | 4 | 4.362 | 4.5 | 5 |
|---|---|---|---|---|---|---|---|---|---|---|
| $\beta_1$ | 1°8′45″ | 1°25′58″ | 1°30′ | 1°43′8″ | 2° | 2°0′20″ | 2°17′32″ | 2°30′ | 2°34′46″ | 2°51′58″ |
| $\sin\beta_1$ | 0.02 | 0.025 | 0.02618 | 0.03 | 0.0349 | 0.035 | 0.04 | 0.04362 | 0.045 | 0.05 |
| $\cos\beta_1$ | 0.9998 | 0.997 | 0.9997 | 0.9996 | 0.9994 | 0.999 | 0.9992 | 0.9991 | 0.9990 | 0.9988 |

**（二）转速**

回转窑转速 $n$（r/min）与窑内炉料活性表面、炉料停留时间、炉料轴向移动速度、炉料的混合程度以及窑内的填充系数都有密切关系。

$$n = \frac{G\sin\alpha}{1.48D_{均}^3\ \varphi\gamma_{料}\ i} \tag{3.9-9}$$

式中　$\alpha$——窑内炉料自然堆角，(°)；

　　　$i$——斜度，%。

炉料在窑内的自然堆角随各段带温度不同而发生变化，因此应按平均自然堆角计算。炉料在热态的自然堆角值较冷态时大，用热态最大自然堆角值算出的转数具有一定的富余。在此式中建议采用热态时最大的自然堆角。烧结窑：$\alpha = 50° \sim 60°$；焙烧窑：$\alpha = 32° \sim 40°$；铅锌挥发窑：$\alpha = 35° \sim 60°$。

实际生产过程中为了便利操作及处理故障，除设计常用转速外，希望有一定的调速范围，有色冶金回转窑多采用0.5～1.2 r/min，个别焙烧窑也有高于此值的，可根据生产实践而定。常用转速见表3.9-10。

**表3.9-10　回转窑常用转速**

| 名　　称 | 转速 /r·min$^{-1}$ |
|---|---|
| 铅锌挥发窑 | 0.6～0.92 |
| 离析窑 | 0.8～1.2 |
| 锌矿尘二次焙烧窑 | 2.5 |
| 镍锍焙烧窑 | 0.33～0.57 |
| 黄铁矿烧渣球团焙烧窑 | 0.5～1.3 |
| 氧化焙烧窑 | 2～4.5 |

## 三、炉料在窑内的停留时间

当确定了窑的长度和炉料在窑内的轴向移动速度后，炉料在窑内的平均停留时间 $\tau$(h)可按下式计算：

$$\tau=\frac{L}{w_{料}} \tag{3.9-10}$$

$$w_{料}=5.78D_{均}\beta_1 n$$

式中 $w_{料}$——炉料在窑内移动速度,m/h;

$\beta_1$——窑的倾斜角,(°)。

炉料在窑内的停留时间也可按下式计算:

$$\tau=0.00513\frac{L(\alpha+24)}{D_{均}ni} \tag{3.9-10a}$$

式中,$\alpha$ 可采用冷态时的自然堆角,计算的结果是炉料在窑内的最短的停留时间。对于锌浸出残渣、铅鼓风炉渣及氧化铜矿离析炉料,$\alpha=32°\sim35°$;难选锡中矿,$\alpha=33.7°$;回转窑产氧化锌,$\alpha=34°$;锌流态化焙烧炉烟尘,$\alpha=25°\sim27°$。

有色冶金回转窑炉料在窑内的停留时间一般为 1～3 h。

根据文献推荐,在烧结回转窑中物料的轴向移动速度 $w_{料}$(m/h)应用下式较为准确:

$$w_{料}=\frac{2.32D_{均}ni}{\sin\alpha}\times\frac{\sin^3\theta_1}{2\theta_1-\sin\theta_1} \tag{3.9-11}$$

式中 $2\theta_1$——物料填充扇形断面对应的中心角,度或弧度,见图 3.9-5;

$\alpha$——动态下物料自然堆角,(°)(比静止状态稍大)。

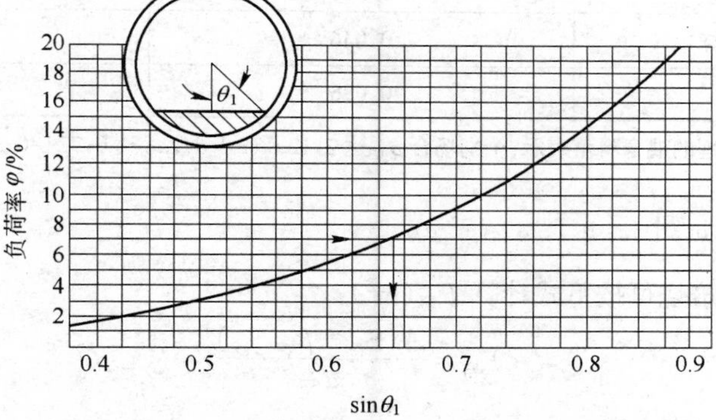


图 3.9-5 负荷率与 $\sin\theta_1$ 系数的关系

## 四、炉料在窑内的填充系数

在设计计算过程中,窑的生产能力往往要根据生产规模通过冶金计算求得,当窑直径决定后,填充系数可按下式进行计算:

$$\varphi=\frac{4G}{\pi D_{均}^2 w_{料}\gamma_{料}} \tag{3.9-12}$$

## 五、简体长度的计算

### (一) 按窑有效容积或工作面积

$$L=\frac{1.27V_{窑}}{D_{均}^2} \tag{3.9-13}$$

或

$$L=\frac{0.318F_{窑}}{D_{均}} \tag{3.9-14}$$

式中 $L$——简体长度,m;

$V_{窑}$——窑有效容积，$m^3$，$V_{窑}=\dfrac{A}{a_V}$；

$F_{窑}$——窑工作面积，$m^2$，$F_{窑}=\dfrac{A}{a_F}$；

$A$——日处理物料量，t/d；

$a_V$——单位容积生产率，$t/(m^3·d)$；

$a_F$——单位面积生产率，$t/(m^2·d)$。

$a_V$、$a_F$ 按生产实践经验数据选取，见表 3.9-11。

**表 3.9-11　$a_V$ 与 $a_F$ 的实践数据**

| 物料及工艺特点 | $a_F/t·(m^2·d)^{-1}$ | $a_V/t·(m^3·d)^{-1}$ |
|---|---|---|
| 锌浸出渣挥发 | 0.5～0.63① | 0.96～1.2① |
| 铅鼓风炉渣挥发 | 0.94± | 1.98 |
| 锡中矿氯化焙烧挥发 | 0.32～0.40② | 1.28～1.6② |
| 氧化铜矿离析 | 0.8～1.1 | 1.0～1.38 |
| 锌焙烧烟尘二次焙烧 | 0.68 | 1.97 |
| 锌罐渣挥发 | 0.38 | 0.94 |
| 制二氧化钛(煅烧) | 0.046 | 0.126 |
| 脱　砷 | 0.086 | 0.54 |

① 系按现场习惯以处理的混合料量表示，个别场合 $a_V$ 达 $2.12\ t/(m^3·d)$，$a_F$ 达 $0.72\ t/(m^2·d)$，可根据物料含锌形态及操作制度选定。

② 最高 $a_V$ 达 $3.46\ t/(m^3·d)$，$a_F$ 达 $1.28\ t/(m^2·d)$。

对硫化物的氧化焙烧可按下式计算 $F_{窑}(m^2)$：

$$F_{窑}=\frac{A(S_{料}-\beta_{砂}S_{砂})}{a_{SF}} \tag{3.9-15}$$

式中　$\beta_{砂}$——焙砂产出率，%。

**(二) 根据炉料在窑内反应时间验算**

根据公式 3.9-2：

$$L=\frac{G\tau}{0.785D_{均}^2\varphi\gamma_{料}} \tag{3.9-16}$$

式中　$\tau$——根据试验或经验确定的物料必须在窑内停留的时间，h，若 $\tau$ 为某段反应必须的时间则 $L$ 为对应的该段带长度。

**(三) 按热交换条件验算**

如果炉料在某段带中进行许多吸热反应，则应按热交换条件检查该带窑长：

$$L_i=\frac{0.278G[q_T]_i}{(q_{辐}+q_{对})L_{弦}+q'_{辐}L_{弧}} \tag{3.9-17}$$

式中　$[q_T]_i$——物料在该带内需要吸收的有效热量，kJ/t；

$L_i$——各段带的长度，m；

$L_{弦}$——炉料在该带内暴露的弦长，m；

$L_{弧}$——炉料在该带内与砌体接触面的弧长，m。

## 六、有效长径比

窑的长度与窑平均有效内径之比值，称为有效长径比$\left(\frac{L}{D_{均}}\right)$。此比值太大，窑尾温度低，干燥效率不高；此比值太小，则窑尾温度高，热效率低。生产实践中对不同的工艺过程和不同物料都有一个较合理的长径比范围，列于表3.9-12。计算出的长径比可与表3.9-12中数据对照，以检验所确定的尺寸是否合适。

**表3.9-12　有效长径比实践数据**

| 名　称 | $\frac{L}{D_{均}}$ | 名　称 | $\frac{L}{D_{均}}$ |
|---|---|---|---|
| 铅、锌挥发窑 | 15～20 | 粗硒挥发窑 | 约14 |
| 氯化焙烧窑 | 12～16 | 氧化铝熟料窑（喷浆法） | 21～27 |
| 氧化焙烧窑 | 约22 | 氧化铝煅烧窑 | 21.5～24 |
| 氧化铜矿离析窑 | 15～22① | 炭素煅烧窑 | 17～24 |
| 二氧化钛煅烧窑 | 约28 | 干法、半干法水泥窑 | 11～15 |
| 脱砷窑 | 约24 | 湿法水泥窑 | 30～42 |

① $\frac{L}{D_{均}}=22$ 系计入热交换器折合的相当长度。

## 七、筒体厚度的计算

目前常用的设计方法是通过强度计算来间接反映变形情况，并用较低的许用应力来限制变形条件。对三支座以上的窑一般采用三弯矩方程法或弯矩分配法计算，两者都较复杂，在此不作介绍，请参阅有关专著。对有色冶金用窑，在一般的使用条件下，可推荐以下简化方法进行估算。

根据对国内外生产的部分回转窑筒体厚度进行统计和分析，整理出如下的经验式：

当 $1m \leqslant D_{筒} \leqslant 5\ m$ 时，

$$t=0.01D_{筒}^{0.67} \tag{3.9-18}$$

筒体厚度与直径及跨度的关系实践数据参见表3.9-6。

## 八、支座数的确定

支座位置的分布（图3.9-6），除了要遵守等弯矩等反力的原则外，还要合理地处理窑头窑尾的悬臂。分析部分有色冶金回转窑得到如表3.9-13中的几何关系，供设计时参考。

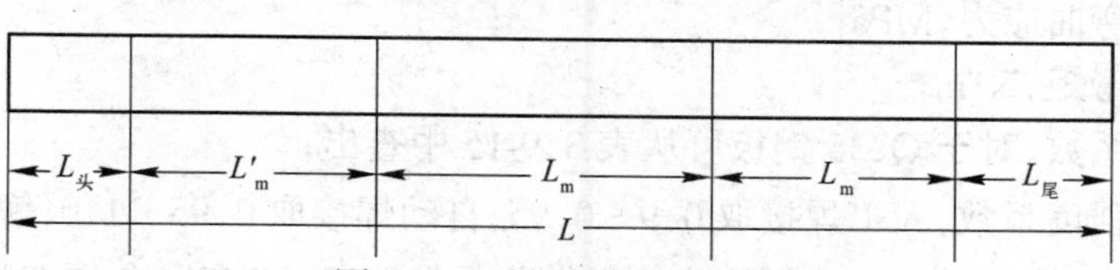


图3.9-6　支座位置及跨距

**表3.9-13　重有色冶金回转窑支座跨距**

| 项　目 | 窑头悬伸段 $L_{头}\cdot D_{筒}^{-1}$ | 窑尾悬伸段 $L_{尾}\cdot D_{筒}^{-1}$ | 中间跨距 $L_m\cdot D_{筒}^{-1}$ | 高温带跨距 $L'_m\cdot D_{筒}^{-1}$ |
|---|---|---|---|---|
| $D_{筒}<3m$ | 1.5～2.5 | 1.8～2.8 | 5.6～8.5 | 4.0～8.5 |

续表 3.9-13

| 项　目 | 窑头悬伸段 $L_{头} \cdot D_{筒}^{-1}$ | 窑尾悬伸段 $L_{尾} \cdot D_{筒}^{-1}$ | 中间跨距 $L_{m} \cdot D_{筒}^{-1}$ | 高温带跨距 $L'_{m} \cdot D_{筒}^{-1}$ |
|---|---|---|---|---|
| $D_{筒}>3m$ | 1~1.5 | 1.8~2.3 | 4~6 | 3.5~4.6 |
| 附　注 | 为便于检修,一般不超过 3~4 m | 由于温度较低,负荷较小,可取长一些,有利于中间各跨弯矩、反力的接近。若装有热交换器,也不宜过长 | 工作温度高时取低值 | 筒体温度高,且钢板窑衬较厚,还有"渣皮"、结圈等负荷。故跨距宜小于一般中间跨,只对于窑身不长,跨度都较小而温度又较低时,可取与其他中间跨相等 |

对于窑身较短,跨度较小,载荷变化不大,高温跨和中间跨也可选取一致的跨度。目前窑的跨距有增大的趋势。有色冶金回转窑窑身短,多在 60 m 以下,一般窑头和窑尾的悬臂总长约占窑的长度 20%~30%,故支座数可按下式确定:

$$n_{支}=\frac{(0.7\sim0.8)L}{L_{m}}+1 \tag{3.9-19}$$

式中　$n_{支}$——支座数或托轮对数。

筒体长径比与支座数的关系见表 3.9-14

**表 3.9-14　筒体长径比与支座数**

<table>
<tr><td colspan="2">支　座　数</td><td>2</td><td>3</td><td>4</td><td>5</td><td>6</td><td>7</td></tr>
<tr><td rowspan="3">$\frac{L}{D_{筒}}$①</td><td>$D_{筒}<3$ m</td><td><15.5</td><td>15.5~22.5</td><td>25.5~32</td><td></td><td></td><td></td></tr>
<tr><td>$D_{筒}\geqslant3$ m</td><td><13</td><td>13.5~18</td><td>18~25</td><td>25~35</td><td>34~42</td><td>41~48</td></tr>
<tr><td>$D_{筒}>4.5$ m</td><td></td><td></td><td></td><td></td><td>32~38</td><td>35~40</td></tr>
<tr><td colspan="2" rowspan="2">窑　别</td><td>干法水泥窑,外加热窑</td><td>氧化铝熟料焙烧窑,半干法水泥窑</td><td rowspan="2">大氧化铝熟料焙烧窑小流入法水泥窑</td><td colspan="3" rowspan="2">大中型流入法水泥窑及其他流入法窑</td></tr>
<tr><td colspan="2">重有色冶金窑、炭素窑、氟化氢发生窑</td></tr>
</table>

① 本表中的长径比是窑的长度与筒体内径之比值。

## 九、筒体截面最大弯曲应力的校核

$$\sigma=\frac{M\times10^{-6}}{WK_{S}K_{T}}\leqslant[\sigma] \tag{3.9-20}$$

式中　$\sigma$——最大弯曲应力,MPa;

$M$——最大弯矩,N·m;

$K_{T}$——温度系数,对于 Q235 钢板可从表 3.9-15 中查出;

$K_{S}$——焊缝强度系数,人工焊接取 0.9~0.95,自动焊接取 0.95~1.0,铆接缝取 0.8;

$[\sigma]$——许用弯曲应力,MPa,有衬砖的回转窑 $[\sigma]=20.0$ MPa,允许个别截面 $[\sigma]=25.0$ MPa;

$W$——筒体截面抗弯模数,$cm^3$:

$$W=\frac{\pi}{32D_{外}}(D_{外}^{4}-D_{筒}^{4})\quad m^{3}$$

$D_{外}$——筒体外径,m:

$$D_{外}=D_{筒}+2\delta$$

$\delta$——筒体壁厚，m。

回转窑各部分的最大弯曲应力列于表 3.9-16 中。

**表 3.9-15　温度系数**

| 筒体钢板温度/℃ | 100 | 200 | 250 | 275 | 300 | 320 | 340 | 360 | 380 | 400 |
|---|---|---|---|---|---|---|---|---|---|---|
| $K_T$ | 1.00 | 1.00 | 0.91 | 0.87 | 0.82 | 0.79 | 0.75 | 0.71 | 0.67 | 0.64 |

**表 3.9-16　回转窑各部分的最大弯曲应力**（MPa）

| 筒体内径 ϕ×窑长/m×m | 滚　圈　下 | 跨　　间 | 滚圈附近焊缝 |
|---|---|---|---|
| 2.84×44 | | 24.6 | |
| 3/2.5×90 | 12.3 | 11.8 | 16.9～22.1 |
| 3×45 | 10.4 | 17.7 | 13.6 |
| 3×110 | 17.9 | 16.7～24.4 | 19.8～22.3 |
| 3.3/3.0/3.3×118 | 10.3 | 13.6 | 19.5 |
| 3.5×145 | 15.6 | 18.6～20.9 | 18.0 |
| 3.6×50 | | 22.3 | |
| 4×60 | 10.7 | 14.5 | 16.9 |
| 4×60 | 13.4 | 16.5 | 16.6 |
| 4.4/4.15/4.4×180 | 16.1 | 17.2～33.7 | 19.2～30.7 |

由表 3.9-16 可知，设计中最大弯曲应力均取得相当低（一般 Q235 的$[\sigma]'=170\sim200$ MPa），安全系数高达 10 左右，主要考虑实际运转时托轮的位置会产生一些偏差，可能引起很大的附加弯矩；计算的假设条件与实际运转情况出入较大；回转窑质量大，工作条件恶劣，要求使用年限较长（20～30 年以上）等，实质上是以较小的应力来反映刚度条件。近年来也有提高许用弯曲应力的趋势。

## 十、传动功率的计算

### （一）主传动功率

回转窑传动功率计算公式分为理论公式和经验公式，前者适用性较为广泛。

传动总功率的理论计算公式：

$$N=N_1+N_2=\left(\sum D_{筒}^3\ L_{段}\right)nK_2\sin^3\theta_1+\frac{6.02\times10^{-5}PD_{滚}\,d_{托}\,nf'}{D_{托}}\qquad(3.9\text{-}21)$$

式中　$N$——传动总功率，kW；

$N_1$——有效功率，kW；

$N_2$——摩擦功率，kW；

$L_{段}$——与筒体内径相应的段带长度，m；

$K_2$——系数，与物料安息角和堆密度有关，$K_2=0.086\gamma_{料}\sin\alpha$；

$\theta_1$——对应于窑内物料层圆心角之半，(°)；

$\sin\theta_1$——与填充率有关的系数，当计算出填充系数（即负荷百分数）后，即可从图 3.9-5 中查出；

$P$——托轮轴承上的总反力($Q_1$ + 物料质量),N;其中 $Q_1$ 为回转体自重力(筒体、砌砖、滚圈、齿轮、窑内热交换器),N;

$d_{托}$——托轮轴颈直径,m;

$f'$——托轮轴与轴承摩擦系数;

滚动轴承:$f'=0.001$;

稀油润滑滑动轴承:$f'=0.018$;

油脂润滑滑动轴承:$f'=0.06$;

$n$——窑的转速,r/min。

公式 3.9-21 中 $n$,计算时选用最大值。

北京水泥工业设计院推荐的传动总功率的经验计算公式 $N$(kW):

$$N = K_3 D_{均}^{2.5} nL \tag{3.9-22}$$

式中 $K_3$——系数,干法或湿法长窑 $K_3=0.048\sim0.056$;立波窑或悬浮预热窑 $K_3=0.045\sim0.048$。

选用电动机的功率:

$$N_{电} = K_4 N \tag{3.9-23}$$

式中 $N_{电}$——选用电动机功率,kW;

$K_4$——储备系数,一般 $K_4=1.15\sim1.35$。

**(二) 辅助传动功率**

$$N_{辅} = \frac{2n_{辅}}{n} N \tag{3.9-24}$$

式中 $N_{辅}$——辅助传动所需功率,kW;

$n_{辅}$——用辅助传动时的窑速,r/min,$n_{辅}=(0.025\sim0.05)n$。

应注意的是,辅助传动仅作安全设施和检修窑使用;应限制每次连续运转时间,最好不超过15 min,同时要保证托轮轴上获得良好的润滑。

## 第五节 窑 衬

### 一、回转窑的砌筑

回转窑窑衬的砌筑有环砌和交错砌筑两种。有色冶金回转窑各部位的耐火材料衬里腐蚀速度很悬殊,采用环砌方法最为适宜。其最大优点是易砌易拆,抗扭矩性能好。但环缝是直通缝,易受熔渣浸蚀。现在趋向使用大型砖,可以减少砖缝,提高窑衬抗腐蚀能力,但砌窑的劳动强度大。

有色冶金的回转窑,因烘窑升温速度快,故多采用干砌法。环缝尺寸不大于 2~3 mm。砌砖时钢板与耐火砖之间填充 10~20 mm 厚的底泥,以调整砖面的高低和保温隔热。底泥选用石棉灰:耐火泥=3:1;2:1;1:1;或水泥:耐火泥=1:1,用水调成膏状。

### 二、耐火材料的选择

**(一) 耐火材料的寿命**

回转窑窑衬耐火材料破坏程度随各段带的温度不同而异,以高温带腐蚀最为严重。在处理锌浸出残渣和铅鼓风炉渣时,高温带采用下列耐火材料,其腐蚀的平均速度如表 3.9-17 所示。

表 3.9-17 平均腐蚀速度(mm/d)

| 物　料 | 锌浸出渣 | | | | | | 铅鼓风炉渣 | |
|---|---|---|---|---|---|---|---|---|
| 砖　类 | 黏土砖 | 二级高铝砖 | 镁铝砖 | 镁橄榄石砖 | 铬渣砖 | 镁　砖 | 二级高铝砖 | 镁橄榄石砖 |
| 腐蚀速度 | 10.5 | 4.4 | 3.9 | 5.0 | 3.5 | 2.7 | 4.5 | 12.5 |

回转窑各段带使用各种耐火材料衬里的一般寿命见表 3.9-18。

表 3.9-18 耐火材料寿命

| 名　称 | 砖　类 | 焙烧窑 | 锌渣挥发窑 | 铅渣挥发窑 | 罐渣挥发窑 | 锌氧化矿窑 |
|---|---|---|---|---|---|---|
| 冷却带 | 黏土砖 | 3a | 1～2 月 | | 1a | 100d |
| | 高铝砖 | | 6 月 | 1a | | 6 月 |
| | 镁铝砖 | | 8 月 | 132d | | |
| 高温带 | 黏土砖 | 4～6 月 | 7～10d | 7d | 1a | 60d |
| | 高铝砖 | | 15～20d | 45d | | 70～90d |
| | 镁橄榄石砖 | | 20d | 14d | | |
| | 镁铝砖 | | 35～40d | 132d | | |
| | 镁砖 | | 60～90d | | | |
| 预热带 | 黏土砖 | 4a | 1～2 月 | 100～200d | 1a | 100d |
| | 高铝砖 | | 6 月 | 1a | | 6 月 |
| | 镁铝砖 | | 8 月 | | | |
| 干燥带 | 黏土砖 | 4a | 4a | 100～200d | 1a | 4a |
| | 高铝砖 | 4a 以上 | 4a 以上 | 1a | | 4a 以上 |

窑衬被破坏的影响因素很多，主要方面有：

(1) 窑体结构设计不合理，引起筒体变形。

(2) 砌砖质量低劣。

(3) 烘窑升温操作不当，或生产中出现事故造成窑身弯曲。

(4) 工艺过程产生高温腐蚀。如处理锌浸出残渣，炉料中 $ZnO \cdot Fe_2O_3$ 分解还原成 FeO，与窑衬耐火材料中 $SiO_2$ 起造渣作用，另一方面高铁渣料中生成的低熔点硫化物渗透耐火材料，使砖体腐蚀面膨胀疏松，很容易受炉料冲刷剥落，特别是炉料中焦粉(还原剂)硬度大，冲刷砖体腐蚀面更严重，由于这几种作用的综合影响，使高温带窑衬工作条件恶劣，故寿命较低。

处理铅鼓风炉渣的回转窑情况与上述基本相似。温度比较低的焙烧窑，不出现或很少出现造渣作用，窑衬寿命则比较长。

## (二) 耐火材料种类选择

窑衬选用耐火材料的种类，与生产工艺、各段带温度等因素有关。国内一些回转窑所用耐火材料情况见表 3.9-19。

表 3.9-19 回转窑使用耐火材料情况

| 名　称 | 砖　类 | | 衬厚/mm |
|---|---|---|---|
| | 干　燥　带 | 其 他 各 带 | |
| 烧结或焙烧窑 | 黏土砖 | 黏土砖 | 150～200 |
| | 高铝砖 | 高铝砖 | |

续表 3.9-19

| 名　称 | 砖　类 | | 衬厚/mm |
|---|---|---|---|
| | 干 燥 带 | 其他各带 | |
| 离析或罐渣挥发窑 | 黏土砖 | 黏土砖 | 150～200 |
| | | 高铝砖 | |
| 低铁锌氧化矿挥发 | 黏土砖 | 高铝砖 | 200～230 |
| 铅鼓风炉渣挥发窑 | 黏土砖 | 高铝砖 | 220～250 |
| | | 镁铝砖 | |
| 锌浸出渣挥发窑 | 黏土砖 | 镁　砖 | 230～250 |
| | | 高铝砖① | |
| | | 镁铝砖 | |

① 在高温带用镁砖。

## 三、烘窑升温注意事项

有色冶金回转窑使用的耐火材料品种比较多,有时在一座窑中常用2～3种耐火材料同时砌筑,因此要作出一条标准的烘窑升温曲线是比较困难的,这里只能就各种常用砖结合使用情况提供一些注意事项,以供参考:

(1) 新建窑,由于窑内砌体含的水分较多,开始1～2d采用木柴沿筒体内部堆积燃烧进行干燥,最高温度保持200～300℃,待水分干燥后即可点火升温烘窑。

(2) 使用镁铝砖时,新窑不必用低温干燥,低温烘烤时间也不能长,否则镁铝砖会水化而松散。一般升温速度可用25～30℃/h。

(3) 因窑衬材料及工作温度不同,故烘窑升温时间长短不一。如采用黏土砖、高铝砖、镁橄榄石砖,开窑升温速度以10～30℃/h为宜,温度应均匀上升。

(4) 使用镁砖窑衬时,升温速度要特别慢,350℃以下可保持10～15℃/h的升温速度,否则易使砖体炸裂。

# 第十章 鼓 风 炉

## 第一节 概 述

鼓风炉是常用冶炼炉型,具有工艺流程简单、热效率高、金属回收率高、投资少、占地面积小等特点。其缺点是单台处理能力相对小、二氧化硫浓度低、能耗较高。

目前,鼓风炉主要用于铅烧结块、铅锌混合精矿的还原熔炼;铜、镍硫化精矿的氧化造锍熔炼;氧化镍矿的还原造锍熔炼及再生金属的重熔处理。鼓风炉是铅冶炼的主要炉型,在铜冶炼中,鼓风炉已从大型铜冶炼厂中退出,目前一些中小冶炼厂仍使用。

近年来,鼓风炉采用了富氧鼓风、风口喷吹燃料、改进炉顶结构、加料系统,采用汽化冷却水套等技术。

## 第二节 炉 体 结 构

鼓风炉由炉身、炉顶(含加料装置)、炉缸(有的没有)、风口装置、咽喉口等组成。多数鼓风炉都配有保温前床或电热前床,对熔融物储存和保温。

### 一、炉型

从风口区断面形状分,有圆形、椭圆形、长方形三种。前两种炉型,受鼓风穿透料层能力的限制,不适合大直径炉,用于小型炉。长方形炉风口区宽度一致,能配合炉料的鼓风穿透能力,故应用普遍。

从炉身纵向断面形状分,主要有上扩张型、下扩张型、直筒型几种。上扩张型利于气流沿截面分布,烟尘率低等优点,使用较多。对于粉状物料,宜采用直筒炉型,可以减轻或避免料结的生成。

铅鼓风炉及铜鼓风炉的炉型及主要尺寸如图 3.10-1 所示。

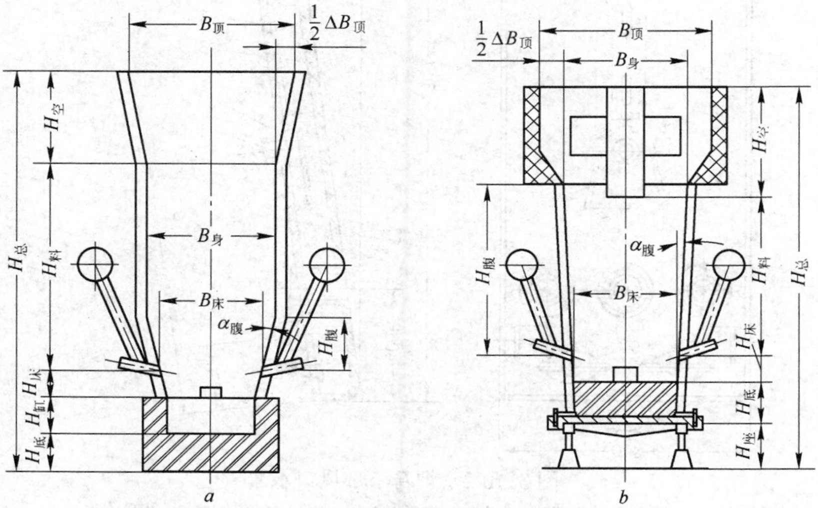


图 3.10-1 鼓风炉各部位主要尺寸示意图

*a*—铅鼓风炉;*b*—铜密闭鼓风炉

炉顶宽度 $B_{顶}$(m)按下式确定：

$$B_{顶} = B_{床} + 2H_{腹}\tan\alpha_{腹} + \Delta B_{顶} \tag{3.10-1}$$

式中　$B_{床}$——风口区宽度，m；

$H_{腹}$——风口水平面以上炉壁倾斜部分的垂直高度，m；

$\alpha_{腹}$——炉腹角，(°)；

$\Delta B_{顶}$——采用扩大炉顶时，扩大部分的上下宽度差，m，一般为 0.5～0.8 m。

## 二、炉身

炉身有全水套型与半水套型，半水套型在风口区设水套，炉身上部由耐火砖砌成。全水套炉由上下两层水套组成或是单层水套形式。水套采用水冷却或汽化冷却，从回收余热出发，目前多数采用汽化水套。水套采用锅炉钢板焊接，水套内壁厚度 12～16 mm，外壁厚度 8～12 mm。水套宽度一般为 800～1000 mm，视风口间距确定。水套高度，对下层水套，不宜过高，一般为 1400～2000 mm。上水套高度 2000～3000 mm。单层全水套炉身，其高度 4000～4500 mm。在端水套下部设咽喉口，上部设打炉结操作门。水套在一定压力下工作，一般为 0.3～0.5 MPa，由于为板状结构，工作压力不宜过高。水套内外壁之间设加强筋，加强筋间距一般为 200～300 mm。内外壁宜采用整块板料加工，其内壁最好压制成型或采用翻边结构，避免高温接触面有焊缝。经试压合格后，在水套安装时，水套之间的间隙用沾有水玻璃的石棉绳填紧密封。水套结构型式如图 3.10-2 所示，水套冷却水用量及冷却方式示例见表 3.10-1。

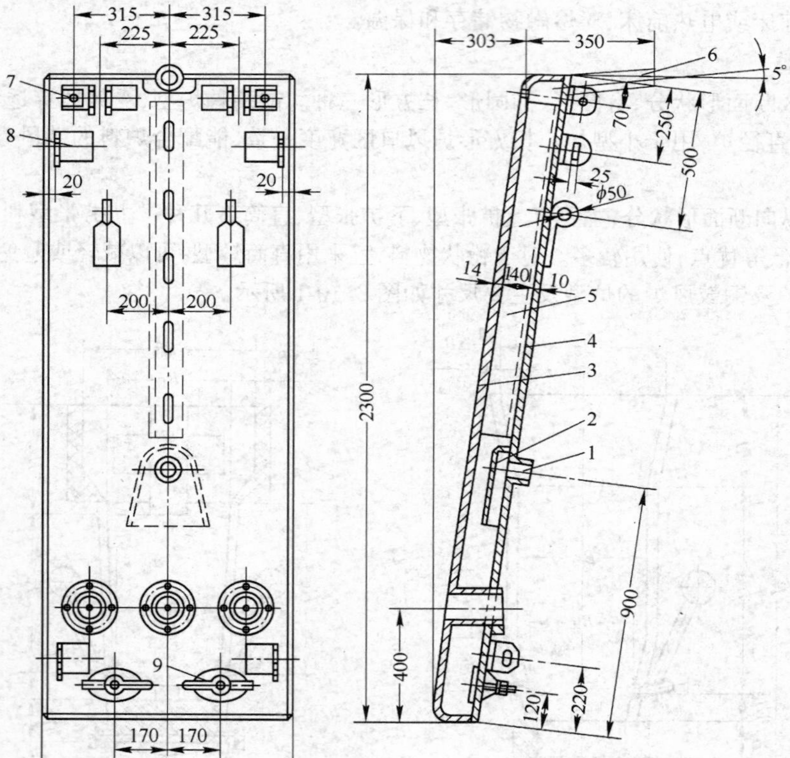


图 3.10-2　炉身下部风口水套

1—进水管；2—挡罩；3—内壁；4—外壁；5—加强筋(角钢)；6—出水管；
7—拉撑螺栓(千斤顶)底座；8—运输吊环；9—排污孔

**表 3.10-1　国内各厂鼓风炉水套结构尺寸与冷却水用水量示例**

| 炉子类型 | 厂名 | 水套宽度/mm | 水套高度/mm | | 内外壁间距/mm | 壁厚/mm | | 水套壁材质 | 水套内壁总表面积/$m^2$ | 冷却方式及压力 | 单位水套面积耗水量/$t\cdot(m^2\cdot h)^{-1}$ |
|---|---|---|---|---|---|---|---|---|---|---|---|
| | | | 下水套 | 上水套 | | 内壁 | 外壁 | | | | |
| 铅鼓风炉 | 沈阳冶炼厂 | 900 | 4480 | | 140 | 16 | 12 | 内壁 20 g<br>外壁 Q235A | 63.17 | 汽化冷却<br>$p=0.3$ MPa | 0.0317 |
| | 会泽冶炼厂 | 780 | 侧<br>3400 | 端<br>上 2200<br>下 2100 | 120 | 14 | 8 | 内壁锅炉钢板外壁 Q235A | 64.2 | 全水套<br>汽化冷却 | 0.0312 |
| | 鸡街冶炼厂 | 600 | 2000 | 2000 | 124 | 16 | 10 | Q235A | 48.8 | 水冷 | 2.7 |
| | 株洲冶炼厂 | 790 | 2055 | 2121 | 140 | 16 | 12 | 20 g | 80.71 | 汽化冷却 | |
| | 水口山三冶 | 890 | 2500 | 3000 | 120 | 14 | 12 | 20 g | 72.5 | 汽化冷却<br>全水套 | |
| | 江西有色冶炼加工厂 | 1000 | 1555 | 1600 | 134 | 14 | 12 | 20 g | 32.75 | 上,水冷水套<br>中,汽化冷却 | 0.372～0.437 |
| | 沂蒙冶炼厂 | 547/363 | 1500 | | 120 | 12 | 8 | Q235A | 4.84 | 水冷<br>半水套 | 0.21～0.282 |
| 铜鼓风炉 | 沈阳冶炼厂 | 910 | 4000 | | 140 | 16 | 12 | 内壁锅炉钢板<br>外壁 Q235A | 78.54 | 汽化冷却 | 0.038 |
| | 富春江冶炼厂 | 940 | 1680 | | 120 | 12 | 10 | 内壁锅炉钢板<br>外壁 Q235A | 10.16 | 汽化冷却<br>半水套<br>$p=0.3$～0.4 MPa | 0.080 |
| | 铜陵一冶 | 800 | 4250 | | 150 | 16 | 12 | 内壁 20 g<br>外壁 Q235A | 98.9 | 汽化冷却<br>全水套 | |
| | 金昌冶炼厂 | 840 | 4270 | | 140 | 16 | 12 | 内壁 20 g<br>外壁 Q235A | 93.9 | 汽化冷却<br>全水套 | |
| 镍鼓风炉 | 会理冶炼厂 | 840 | 3600 | | 120 | 18 | 12 | 内壁锅炉钢板<br>外壁 Q235A | 31 | 水冷 | 2.58 |

## 三、炉顶

鼓风炉炉料有块状、粉状的区别,且加料方式和排烟方式也有区别,所以炉顶结构有多种形式。铜精矿密闭鼓风炉采用料封中心加料斗,侧部或端部排烟。有的铅鼓风炉采用料封式侧面加料,中心排烟。铅锌密闭鼓风炉由于炉顶压力较高(2900～4900 Pa),炉顶温度达 1000～1050℃,要求耐温和密闭性好的双钟罩加料器。

对要求不严的密闭炉,一般在料面上部采用排烟罩排烟。鼓风炉排烟口的排烟速度一般为 8～15 m/s(工况)。有的鼓风炉炉顶温度较高,为改善操作条件,采用水套炉顶,一般用平板式水套,在结构上应便于更换。

## 四、风口装置

风口装置有风嘴、围管、支风管、调节阀等。风口一般设在水套的侧部,也有在端部水套设置风口的。风口沿炉子两侧对称布置。风口向下倾斜,与水套有一定倾角。铜鼓风炉一般为 10°～13°,铅锌密闭鼓风炉为 5°～10°,铅与镍鼓风炉一般为 3°～6°。有的鼓风炉还设有信号风口,信号风口比一般风口位置低 50～60 mm，尤其对间断放渣的铅锌密闭鼓风炉，信号风口更为重要，便于及时掌握炉况。

## 五、本床与炉缸

铅鼓风炉炉底设有炉缸，炉缸的炉底为反拱形，反拱中心角一般为 45°～60°。炉缸工作面采用镁砖或镁铝砖砌筑。铅鼓风炉炉缸通常采用虹吸道放铅。虹吸道的下口一般为 100 mm×200 mm，上口为 300 mm×350 mm。为便于操作，虹吸道与水平有一个倾斜角度。为防止虹吸道凝结，在虹吸道区域，炉缸衬砖加厚，增加保温材料。炉缸外壳由钢板焊成箱体，可预防渗漏铅液。铜鼓风炉炉底设本床，本床底部为 40～130 mm 厚的铸铁板，上部砌镁砖。

铜鼓风炉的熔体在本床通过咽喉口经溜槽放出，铅鼓风炉的炉渣经咽喉口、溜槽放出。咽喉口要形成一定的液封高度，防止炉内风的喷出。在咽喉口设有小水箱，保护咽喉口衬砖，抵抗冲刷。

铅、铜鼓风炉咽喉口结构示意图见图 3.10-3，每台炉子都设一个安全口，其尺寸为 65 mm×65 mm。本床及炉缸深度见表 3.10-8。

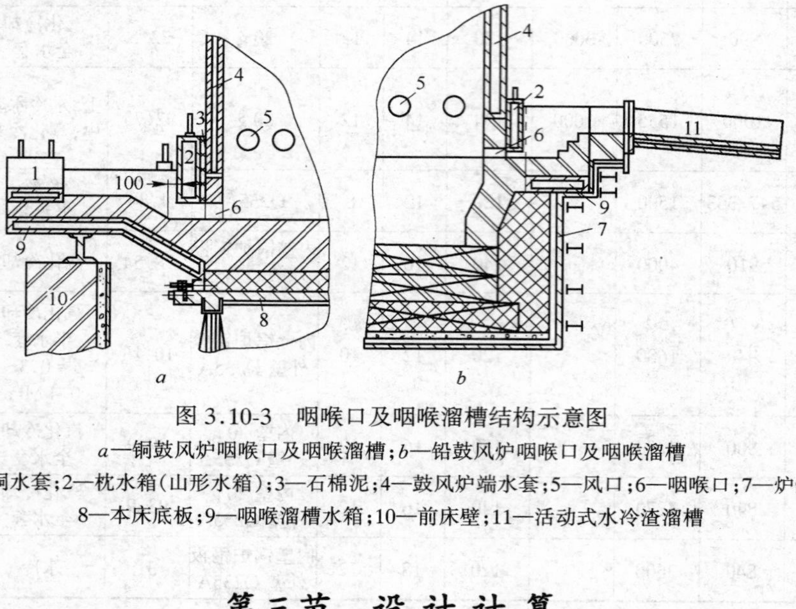


*a*　　　　　　　　　　*b*

图 3.10-3　咽喉口及咽喉溜槽结构示意图

*a*—铜鼓风炉咽喉口及咽喉溜槽；*b*—铅鼓风炉咽喉口及咽喉溜槽

1—U 形铜水套；2—枕水箱（山形水箱）；3—石棉泥；4—鼓风炉端水套；5—风口；6—咽喉口；7—炉缸外壳；8—本床底板；9—咽喉溜槽水箱；10—前床壁；11—活动式水冷渣溜槽

# 第三节　设计计算

## 一、鼓风强度

### （一）极限鼓风强度

当鼓入炉内的风量开始破坏料柱稳定性时，每平方米风口区横截面上每分钟的鼓风量称为极限鼓风强度 $k$（$m^3/(m^2\cdot min)$）。

$$k=\frac{265\omega_1 a_\omega}{\varphi}\cdot\sqrt{\frac{h_1\cdot\gamma_1+h_2\cdot\gamma_2+\cdots}{\gamma^0_{气}\left[\frac{h_1}{d_1}(1+\beta t'_{均})\left(\frac{2F_1\omega_1}{F_1\omega_1+F_2\omega_2}\right)^2+\frac{h_2}{d_2}(1+\beta t''_{均})\left(\frac{2F_1\omega_1}{F_2\omega_2+F_3\omega_3}\right)^2+\cdots\right]}} \tag{3.10-2}$$

式中　$\omega_1,\omega_2,\omega_3$——按加料顺序的各料层（焦炭、矿石、石灰石等）横截面自由通道比率，焦炭、球团为 0.215；硫化矿石、石灰石、石英、烧结块、返渣等为 0.15；

$\beta$——$\frac{1}{273}$；

$a_\omega$——考虑到确定各料层 ω 时的误差，以及料块间的摩擦力对极限鼓风量影响的修正系数，根据试验，可取 $a_\omega = 0.6 \sim 0.7$；

$\varphi$——单位体积鼓风量在炉内生成的炉气量，$m^3/m^3$；

$\gamma_1, \gamma_2$——各料层料块的密度，$kg/m^3$；

$h_1, h_2$——单位体积炉料中各料层的厚度，m；

$\gamma^0_{气}$——炉气容重，$kg/m^3$；

$t'_{均}, t''_{均}$——通过各料层炉气的算数平均温度，℃；

$F_1, F_2, F_3$——各料层的横截面积，$m^2$；

$d_1, d_2$——各层料块的平均粒度，m。

料块的平均粒度，按经验公式确定：

当混合料块中 $d_{小块} \leqslant 0.415 d_{大块}$ 时：

| 小块体积含量(%) | 这种料块的平均粒度($d_{均}$) |
|---|---|
| 10～20 | $0.5d_{大块} + 0.5d_{小块}$ |
| 20～30 | $0.3d_{大块} + 0.7d_{小块}$ |
| 30～50 | $0.1d_{大块} + 0.9d_{小块}$ |
| 50～70 | $0.05d_{大块} + 0.95d_{小块}$ |

当混合料块中 $d_{小块} > 0.415 d_{大块}$ 时：

当小料块体积量 $b$ 为 10%～90% 时，$d_{均} = 0.9[b \cdot d_{小块} + (1-b) \cdot d_{大块}]$

当炉子截面沿高度方向变化不大，且料柱高度小于 5 m 时，式 3.10-2 可简化为：

$$k = \frac{265\omega_1 a_\omega}{\varphi} \cdot \sqrt{\frac{h_1 \cdot \gamma_1 + h_2 \cdot \gamma_2 + \cdots}{\gamma^0_{气}(1+\beta t_{均})\left[\frac{h_1}{d_1}\left(\frac{2\omega_1}{\omega_1+\omega_2}\right)^2 + \frac{h_2}{d_2}\left(\frac{2\omega_1}{\omega_2+\omega_3}\right)^2 + \cdots\right]}} \tag{3.10-3}$$

式中 $t_{均}$——风口区和炉顶料面炉气温度的算术平均值，℃。

风口区和料面炉气的温度的实践数据见表 3.10-2。

**表 3.10-2 风口区和炉顶料面炉气温度①**

| 熔炼方式 | 风口区温度/℃ | 炉顶料面温度/℃ |
|---|---|---|
| 铅鼓风炉还原熔炼 | 1200～1400 | 400～500<br>(料柱高 2.4～2.7 m) |
| | | 100～120<br>(料柱高 4～5 m) |
| 氧化镍矿造锍熔炼 | 1450～1550 | 400～600 |
| 硫化铜镍矿造锍熔炼 | 1300～1400 | 300～700<br>(随料柱高低而不同) |
| 铜精矿密闭鼓风炉熔炼 | 1250～1350 | 400～500 |
| 铅锌密闭鼓风炉熔炼 | | 950～1050 |

① 常温鼓风。

### (二) 最佳鼓风强度($k_0$)

最佳鼓风强度是指在不破坏料柱稳定性、保证炉子正常工作时的最大鼓风强度。它与极限鼓风强度[$m^3/(m^2 \cdot min)$]有如下关系：

$$k_0=(0.5\sim0.8)k \tag{3.10-4}$$

对光滑球粒：$k_0=(0.7\sim0.8)k$；

对粗糙不规则料：$k_0=(0.5\sim0.6)k$；

在熔炼铜生精矿的铜密闭鼓风炉，由于炉中心有生料柱，减少了风口区有效截面积，最佳鼓风强度应乘以小于1的调整系数，见下式：

$$k_0=(0.5\sim0.8)\cdot k\cdot \mu_{料} \tag{3.10-5}$$

式中 $\mu_{料}$——生精矿料柱对床面积影响系数，与料斗面积与风口区床面积比值，料的粒度，精矿混捏质量等因素有关。一般 $\mu_{料}=0.8\sim0.9$。

当然，在设计一台新的鼓风炉时，其原料特点与类似厂有可比性时，其鼓风强度应主要按相关厂的数据确定，其理论计算值作为核算使用。当处理一种全新物料时，以计算值为主，参考其他实践数据，调整计算结果。

表3.10-3、表3.10-4为有关工厂炉料特性及鼓风强度实际数据示例。

**表3.10-3 铅鼓风炉鼓风强度及炉料特性示例**

| 项目 | | 沈阳冶炼厂 | 会泽冶炼厂 | 鸡街冶炼厂 | 株洲冶炼厂 | 水口山三冶 | 江西有色冶炼加工厂 | 沂蒙冶炼厂 |
|---|---|---|---|---|---|---|---|---|
| 炉床面积/$m^2$ | | 8.93 | 7.7 | 5.46 | 8.65 | 5.6 | 2.0 | 0.5 |
| 鼓风强度/$m^3\cdot(m^2\cdot min)^{-1}$ | | 35～40 | 43.3～51.8 | 26 | 30～43 | 35～45 | 60 | 26 |
| 物料粒度 | 烧结块/mm | 50～200 | | 25～200 | 50～150 | 25～200 | 40～200 | 50～150 |
| | 团矿/mm | | | 10～100 | | | | |
| | 炉渣/mm | | | | | | 40～160 | 30～150 |
| | 焦炭/mm | 40～100 | | 20～200 | 50～150 | 50～120 | 40～100 | 30～150 |
| | 熔剂/mm | | 30～50 | 10～80 | | 25～100 | 30～60 | 20～40 |
| 物料体积比 矿:焦:熔剂 | | 100:(11～12):0 | 100:20:10 | 100:(6～7):(8～12) | 100:(11～12):0 | 100:(11～13):(10～12) | 100:11:(5～10) | 100:13:2 |

**表3.10-4 铜鼓风炉鼓风强度及炉料特性示例**

| 项目 | | 沈阳冶炼厂 | 富春江冶炼厂 | 邵武冶炼厂 | 铜陵一冶 | 金昌冶炼厂 |
|---|---|---|---|---|---|---|
| 炉床面积/$m^2$ | | 11 | 2 | 1.5 | 12.6 | 11.55 |
| 鼓风强度/$m^3\cdot(m^2\cdot min)^{-1}$ | | 27～38 | 34.2～40 | 35～43.5 | 23～24 | 26～30 |
| 物料粒度 | 烧结块/mm | | | | | |
| | 炉渣/mm | | 30～100 | 10～15 | <150 | |
| | 焦炭/mm | 40～120 | 40～120 | 10～15 | 40～120 | |
| | 熔剂/mm | 30～60 | 20～80 | 10～15 | | |
| 块率/% | | 42～55 | 约35 | 50～60 | | |
| 各种物料体积比/% | | 焦:团:转渣:熔剂 19.7:30.9:24.8:24.6 | | | | |

## 二、单位生产率的计算

单位生产率 $a[t/(m^2\cdot d)]$计算：

$$a=\frac{1440\cdot k_0\cdot \eta}{V_T} \tag{3.10-6}$$

式中　$a$——鼓风炉单位生产率(床能率),t/(m$^2$·d);

$\eta$——鼓风效率,$\eta=0.9\sim0.95$;

$V_T$——熔炼每吨炉料(不包括焦炭)所需的空气量,m$^3$/t。

鼓风炉熔炼空气消耗量一般指标见表3.10-5。

**表3.10-5　鼓风炉熔炼空气消耗量一般指标**

| 熔炼特点 | 每公斤焦炭的空气消耗量 /m$^3$·kg$^{-1}$ | 每吨炉料的空气消耗量 /m$^3$·t$^{-1}$ | 床能率/m$^3$·(m$^2$·min)$^{-1}$ |
|---|---|---|---|
| 铅烧结块的还原熔炼 | 4～6 | 500～800 | 20～40 |
| 铜精矿密闭鼓风炉熔炼 | 9～10 | 1000～1400 | 25～40 |
| 镍烧结块的还原熔炼 | 6～8 | 1800～2200 | 30～50 |
| 镍氧化矿还原造锍熔炼 | 13～14 | 2100～2500 | 45～70 |
| 铅锌密闭鼓风炉熔炼 | 5～6 | 约2100 | 40～60 |
| 铜烧结块造锍熔炼 | 10～40 | 1000～2000 | 60～100 |

## 三、铅锌密闭鼓风炉生产率的计算

铅锌密闭鼓风炉的生产率以炉子的燃碳量$G_{碳}$(t/d)表示。

$$G_{碳}=k(0.936\mathrm{Zn}_{蒸}+0.2173G_{渣})\tag{3.10-7}$$

式中　$k$——修正系数,一般$k=0.7\sim0.85$,受炉料、鼓风温度、炉子大小等因素影响;

$\mathrm{Zn}_{蒸}$——鼓风炉中锌的蒸发量,t/d;

$G_{渣}$——鼓风炉渣量,t/d。

据生产实践,$G_{碳}$一般为9.5～12.7 t/(m$^2$·d)。

铅锌密闭鼓风量的床能率[t/(m$^2$·d)]可按下式计算:

$$a=\frac{G_{碳}\times10^4}{F_{床}[\mathrm{C}]_{焦}\,j}\tag{3.10-8}$$

式中　$F_{床}$——风口区炉子横截面积,m$^2$;

$J$——焦率,%;

$[\mathrm{C}]_{焦}$——焦炭中固定碳含量,%。

鼓风炉的床能率与熔炼物料成分、粒度,鼓风条件,熔炼的性质等条件关系较大,故波动范围大,一般数值见表3.10-6所示。

**表3.10-6　鼓风炉床能率的实践数据**

| 熔炼物料的名称 | 床能率/t·(m$^2$·d)$^{-1}$ |
|---|---|
| 铜生精矿密闭鼓风炉熔炼 | 45～55,最高60 |
| 铜烧结块造锍熔炼 | 100～120 |
| 铅烧结块还原熔炼 | 50～60,最高90 |
| 铅团矿还原熔炼 | 25～40,最高50 |
| 氧化镍矿石及团矿 | 20～25 |
| 氧化镍矿烧结块 | 30～35,最高40～50 |
| 铜镍硫化矿及烧结块 | 45～100 |

## 四、风口区截面积及炉子宽度

### （一）风口区截面积

风口区截面积 $F_{床}$($m^2$)：

$$F_{床}=\frac{A}{a} \tag{3.10-9}$$

式中　$A$——炉子日处理炉料量(不含焦炭)，t/d。

### （二）风口区炉宽($B_{床}$)

风口区宽度由于鼓风对料层的穿透力有限，故风口宽度 $B_{床}$ 大多在 2 m 以内。其波动范围见表 3.10-7。

**表 3.10-7　风口区宽度实践数据**

| 熔炼物料炉名称 | $B_{床}$/m |
|---|---|
| 铅烧结块还原熔炼炉 | 1.0～1.8 |
| 铜烧结块造锍熔炼炉 | 1.0～1.5 |
| 铜精矿密闭鼓风炉 | 1.0～1.4 |
| 铅锌密闭鼓风炉 | 1.0～1.8 |
| 硫化镍矿熔炼炉 | 1.0～1.5 |
| 氧化镍矿还原熔炼炉 | 1.4～1.6 |

当炉料块度较大，透气性好，处理料量较大时，宜取高值。

### （三）炉腹角

一般鼓风炉炉腹角 4°～10°。铅锌密闭鼓风炉为 20°～28°。随着近几年改为炉壳喷淋后，炉腹角也变小。炉腹角小，炉结形成慢且易清理。炉腹角大，可改善炉内气流分布。

### （四）炉顶宽度

炉顶宽度 $B_{顶}$(m)可按式 3.10-10 计算：

$$B_{顶}=B_{床}+2H_{腹}\tan\alpha_{腹}+\Delta B_{顶} \tag{3.10-10}$$

式中　$B_{床}$——风口区宽度，m；

$H_{腹}$——风口水平面以上炉壁倾斜部分的垂直高度，m；

$\alpha_{腹}$——炉腹角，(°)；

$\Delta B_{顶}$——采用扩大炉顶时，扩大部分的上下宽度差，m，一般 $\Delta B_{顶}=0.5\sim0.8$ m；$B_{顶}=1.5\sim2.5B_{床}$，其中铅鼓风炉 $B_{顶}=1.5\sim1.8B_{床}$，铜鼓风炉 $B_{顶}=1.8\sim2.5B_{床}$。

## 五、炉床长度(即炉子长度)

炉床长度 $L_{床}$(m)：

对矩形炉

$$L_{床}=\frac{F_{床}}{B_{床}}$$

目前，国内铜鼓风炉 $L_{床}$ 约 2～8 m，铅鼓风炉 $L_{床}$ 约 3～6 m。应根据处理料量大小，在保证风口宽度的条件下，可以加大 $L_{床}$。

## 六、炉子总高度

炉子总高度 $H_{总}$(m)：

铅鼓风炉：　$H_{总} = H_{空} + H_{料} + H_{床} + H_{缸} + H_{底}$

见图 3.10-3$a$ 所示。

铜鼓风炉：　$H_{总} = H_{空} + H_{料} + H_{床} + H_{底} + H_{座}$

见图 3.10-3$b$ 所示。

式中　$H_{空}$——加料口水平面至料面高，m；

$H_{料}$——料柱高度(从料面至风口中心)，m；

$H_{床}$——本床高度(风口中心至咽喉口下沿的高度)，m；

$H_{缸}$——炉缸深度(咽喉口下沿至炉底内表面高度)，m；

$H_{底}$——本床或炉缸底部砌砖厚度，m；

$H_{座}$——炉底架空支座高，m。

### (一) 料柱高度

料柱高度 $H_{料}$(m)应根据炉料在炉内完成反应需要的时间确定，其计算式为：

$$H_{料} = \frac{a \cdot \tau_{反应}}{24 \cdot \gamma_{料}} \times 10^3 \tag{3.10-11}$$

式中　$a$——炉子单位生产率，$t/(m^2 \cdot d)$；

$\gamma_{料}$——每立方米炉料(包括焦炭)所含的矿物料和熔剂料的质量，$kg/m^3$；

$\tau_{反应}$——完成熔炼过程所需时间，h。

$\tau_{反应}$应由试验或实践数据确定，$\tau_{反应}$值如下：

铅烧结块还原熔炼：1.5～4 h

铜生精矿密闭鼓风炉熔炼：1.3～2 h

镍烧结块还原熔炼：4～6 h

铜烧结块熔炼：2～3 h

一般还原熔炼比氧化熔炼料柱高，而难于还原的物料，料柱应更高些。料柱高度还要视块料的机械强度而定，当强度低时，块料易粉碎，因此料柱不宜过高。

国内工厂鼓风炉料柱高度等主要结构参数及技术经济指标列于表 3.10-8。

### (二) 本床深度

本床深度 $H_{床}$(m)表示从风口中心线至咽喉口下沿的高度。本床深度应大于两侧风口中心线交点至风口中心的高度与必要的液封高度。前者取决于炉腹角、炉子宽度，后者与风口供风压力和熔体密度有关。一般为 0.5～0.7 m。

### (三) 炉缸深度

炉缸深度 $H_{缸}$ 一般为 0.5～0.75 m，当炉料含铅量高，炉子生产能力较大时，炉缸应深些。

### (四) 料面至加料口水平面高度

料面至加料口水平面高度 $H_{空}$(m)，这部分空间是保证炉顶压力相对稳定，气体分布均匀，使单体硫燃烧充分的必要空间，但不宜过高，以减少料的偏析和过多粉碎。$H_{空}$对敞开式炉一般为 0.5～1.0 m。铜密闭鼓风炉 $H_{空}$取决于料斗的高度。上述数值的工厂实践数据示例见表 3.10-8。

## 七、风口计算

### (一) 风口总面积

风口总面积 $F_{风口}$($m^2$)的确定，可按风口总面积与风口区横截面积 $F_{床}$ 的比值 $i_{风口}$，或按风口风速计算。

**表 3.10-8　国内工厂鼓风炉主要结构参数及技术经济指标示例**

| 炉子类型 | 厂　名 | 熔炼物料 | 炉料品位/% | | 炉子规格 /$m^2$ | 床能率 /$t\cdot(m^2\cdot d)^{-1}$ | 鼓风强度 /$m^3\cdot(m^2\cdot min)^{-1}$ | 料柱高度 /m | 鼓风压力 /Pa | 炉顶料面温度/℃ | 炉子有效高度/m | 本床深度 /m |
|---|---|---|---|---|---|---|---|---|---|---|---|---|
| | | | $w$(Pb) | $w$(Cu) | | | | | | | | |
| 铅鼓风炉 | 沈阳冶炼厂 | 铅烧结块 | 42~45 | 0.2~0.4 | 8.93 | 50~55 | 30~50 | 3.5~4.0 | 7845~9806 | 200~300 | 5.165 | 0.45 |
| | 会泽冶炼厂 | 铅烧结块加团矿 | 26~30 | 微 | 7.6 | 30~35 | 43.3~51.8 | 3.0~3.5 | 12000~15898 | 250~400 | 4.63 | 0.35 |
| | 鸡街冶炼厂 | 铅团矿 | 30~33 | 约 0.16 | 5.46 | 40~50 | 26 | 约 3.0 | 10640~15980 | 200~300 | 5.00 | 0.45 |
| | 株洲冶炼厂 | 铅烧结块 | 约 50 | <1.0 | 8.65 | 50.5 | 30~40 | 3.3~3.8 | 8000~13000 | 200~400 | 约 4.80 | 0.42 |
| | 水口山三冶 | 铅烧结块 | 38~42 | | 5.6 | 60~70 | 35~45 | 3.5~4.0 | 12000~17330 | 250~450 | 5.82 | 1.356 |
| | 江西有色冶炼加工厂 | 铅烧结块 | 38~42 | | 2.0 | 65~70 | 约 60 | 3.8 | 8825~11767 | 200~300 | 4.20 | 0.35 |
| | 沂蒙冶炼厂 | 铅烧结块 | 30~40 | 0.5~1.0 | 0.5 | 60~90 | 26 | 2.6~3.4 | 5880~11770 | 250~350 | 4.60 | 0.30 |
| 铜鼓风炉 | 沈阳冶炼厂 | 铜精矿，块率 42%~55% | <3 | 14~20 | 11 | 38~45 | 27~38 | 2.65 | 6000~7330 | 450~600 | 4.066 | 0.54 |
| | 富春江冶炼厂 | 铜精矿，块率 35%~40% | | 10~11 | 2.0 | 50~52 | 34.2~40 | 2.8 | 7990~9316 | 300~550 | 4.292 | 0.59 |
| | 邵武冶炼厂 | 铜精矿，块率 50%~60% | 0.7 | 18~19 | 1.5 | 42 | 35~43.5 | 2.7 | 约 5344 | 400~600 | 4.00 | 0.864 |
| | 铜陵一冶 | 铜精矿，块率 35% | 0.2 | 13~15 | 12.6 | 49 | 23~24 | 2.9 | 8335~9806 | 450~550 | 4.34 | 0.59 |
| | 金昌冶炼厂 | 铜精矿，块率 35%~40% | | 20~22 | 11.55 | 45~49 | 26~30 | 2.877 | 5884~8825 | 450~600 | 4.477 | 0.625 |
| 镍鼓风炉 | 会理冶炼厂 | 镍矿石 | Ni4 | 2.05 | 3.7 | 45~50 | 70 | 1.9~3.2 | 7355~9806 | 200~400 | 3.88 | 0.68 |
| 铅锌密闭鼓风炉 | 韶关冶炼厂 | | | | 16.08 | | | 5.9~6.1 | | | 9.73 | |
| | 白银三冶 | | | | 11.96 | | | 5.5~6.0 | | | 8.3 | 0.555 |

续表 3.10-8

| 炉子类型 | 厂 名 | 炉缸深度/m | 风口角度/(°) | 烟尘率/% | 咽喉口尺寸 | | 虹吸道断面尺寸/mm×mm | 炉缸或本床底厚 $H_{底}$/m | 料面至加料平台高 $H_{空}$/m | 备 注 |
|---|---|---|---|---|---|---|---|---|---|---|
| | | | | | 断面尺寸/mm×mm | 液封高度/mm | | | | |
| 铅鼓风炉 | 沈阳冶炼厂 | 0.68~0.72 | 0 | 1~2 | 65×130 | 300~500 | 内 130×200<br>外 340×340 | 0.92 | 1~1.5 | |
| | 会泽冶炼厂 | 0.58 | 5 | 8~10 | 65×65 | 120~150 | 180×140 | 0.72 | 2.13 | |
| | 鸡街冶炼厂 | 0.57 | 0 | 7~8 | 130×65 | 325~415 | 430×200,<br>高 650 | 0.887 | ~2 | |
| | 株洲冶炼厂 | 0.7~0.75 | 0 | 2~4 | 150×220 | 300~500 | 250×120 | 1.002 | ~1 | |
| | 水口山三冶 | 0.70 | 0 | <3 | 100×70 | 约 450 | 115×130 | 0.596 | ~2 | |
| | 江西有色冶炼加工厂 | 0.75 | 2 | 5~6 | 65×65 | 300 | 90×120 | 0.566 | | |
| | 沂蒙冶炼厂 | 0.45~0.5 | 10 | 3 | 50×60 | 140~200 | 100×120 | 0.65 | 1.5 | |
| 铜鼓风炉 | 沈阳冶炼厂 | | 11 | 5~8 | 130×130 | 270~280 | | 0.79 | 1.415 | 混捏精矿 |
| | 富春江冶炼厂 | | 10 | 4~6 | 80×100 | 180~200 | | 0.695 | 1.49 | 混捏精矿 |
| | 邵武冶炼厂 | | 12 | 7~8 | 115×80 | 100 | | 0.575 | 1.30 | 混捏精矿 |
| | 铜陵一冶 | | 10 | 2.5 | 115×115 | 150 | | 0.510 | <1.40 | 混捏精矿 |
| | 金昌冶炼厂 | | 10 | 3~6 | 100×90 | 300~350 | | 0.475 | <1.50 | 混捏精矿 |
| 镍鼓风炉 | 会理冶炼厂 | | 6 | 4 | 130×180 | 140 | | 2.12 | 0.7~2.0 | |
| 铅锌密闭鼓风炉 | 韶关冶炼厂 | 0.35 | | | | | | 1.66 | 2.48 | |
| | 白银三冶 | 0.18 | | | | | | 1.166 | 2.49 | |

注:炉子有效高度为 $H_{空}+H_{料}$。

按 $i_{风口}$计算：

$$F_{风口}=F_{床}\cdot i_{风口} \tag{3.10-12}$$

按风口风速计算：

$$F_{风口}=\frac{k_0\cdot F_{床}}{60\cdot w_{风口}}\cdot(1+\beta t) \tag{3.10-13}$$

式中　$t$——鼓入炉内空气温度，℃；

$w_{风口}$——风口在 $t$℃下风速，m/s。

$i_{风口}$、$w_{风口}$的一般数值列于表 3.10-9。

**表 3.10-9　$i_{风口}$、$w_{风口}$的一般数值**

| 项　目 | $i_{风口}$/% | $w_{风口}$/$m\cdot s^{-1}$ |
|---|---|---|
| 铅鼓风炉 | 3～5 | 15～20 |
| 铜密闭鼓风炉 | 4～6 | 13～25 |
| 镍鼓风炉 | 4～6 | |
| 铅锌密闭鼓风炉 | 2～3.5 | 30～100 |
| 铜、铜镍硫化矿烧结块鼓风炉 | | 25～30 |

**(二) 风口直径选择**

风口直径按经验选取，铜、铅鼓风炉一般为 $\phi$80～110 mm，镍鼓风炉为 $\phi$115 mm，铅锌密闭炉为 $\phi$100～150 mm。

如果从风口喷吹燃料，其直径可加大为 $\phi$150～160 mm。风口直径不宜太大，太大风口个数少，空气分布不够均匀。

## 八、咽喉溜槽液封高度计算

$H_{封}$(m)表示咽喉溜槽渣液水平面至咽喉口上沿的高度。

$$H_{封}=\frac{0.102P_{风口}+h\gamma_{熔}}{\gamma_{熔}} \tag{3.10-14}$$

式中　$P_{风口}$——风口处鼓风压力，Pa；

$h$——本床熔体面至咽喉口上沿高度，m；

$\gamma_{熔}$——混合熔体密度，$kg/m^3$：

$$\gamma_{熔}=V_{渣}\gamma_{渣}+V_{金}\gamma_{金}$$

$V_{渣}$、$V_{金}$——混合熔体中渣与金属的体积分数；

$\gamma_{渣}$、$\gamma_{金}$——渣与金属熔体的密度，$kg/m^3$。

根据 $H_{封}$ 的计算值，加上砌砖划整产生的尺寸值，作为 $H_{封}$ 值。

## 九、风口前鼓风压力的计算

风口气流阻力及出口动压为料层气流阻力的 0.2～0.3 倍，所以风口前供风压力 $P_{风口}$(Pa)为：

$$P_{风口}=(1.2\sim1.3)h_{料层}$$

$$h_{料层}=9.806\lambda\frac{H_{料}}{d_{均}}\left(\frac{w_t}{\varepsilon}\right)\frac{\gamma_t}{2g} \tag{3.10-15}$$

式中　$h_{料层}$——料层的气流阻力，Pa；

$H_{料}$——料层的高度，m；

$d_{均}$——块料的平均粒度,m;

$w_t$——在平均温度下本床净空截面的炉气流速,m/s:

$$w_t = \frac{V_{气}}{F_{床}}$$

$\gamma_t$——平均温度下炉气密度,$kg/m^3$;

$\varepsilon$——料层孔隙率,$\varepsilon = \frac{\gamma_{假} - \gamma_{堆}}{\gamma_{假}}$,一般 $\varepsilon = 0.3 \sim 0.4$;

$\gamma_{假}$——料块的密度,$kg/m^3$;

$\gamma_{堆}$——料层的堆密度,$kg/m^3$;

$\lambda$——阻力系数,$\lambda = f(Re) = f\left(\frac{w_t d_{均}}{\varepsilon \nu_t}\right)$;

$\nu_t$——炉气的运动黏度,$m^2/s$。

$\lambda$ 值与 $\frac{w_t d_{均}}{\varepsilon \nu_t}$ 的试验值见表 3.10-10。

**表 3.10-10 $\frac{w_t d_{均}}{\varepsilon \nu_t}$ 及 $\lambda$ 值**

| $\frac{w_t d_{均}}{\varepsilon \nu_t}$ | | 1000 | 2000 | 3000 | 4000 | 5000 | >6000 |
|---|---|---|---|---|---|---|---|
| λ值 | 焦 炭 | 14.0 | 12.0 | 11.0 | 10.3 | 9.8 | 9.5 |
| | 矿 石 | 20.0 | 16.5 | 14.0 | 12.3 | 11.3 | 10.5 |
| | 烧结块 | 24.2 | 20.5 | 18.5 | 16.6 | 15.5 | 15.0 |

对于分层加料的料柱应分别进行计算各层阻力值,然后相加。或者近似求取整个料层的 $\varepsilon_{均}$ 及 $\lambda_{均}$。

$$\varepsilon_{均} = \varepsilon_{焦} V_{焦} + \varepsilon_{矿} V_{矿} + \varepsilon_{熔剂} V_{熔剂}$$

$$\lambda_{均} = \lambda_{焦} V_{焦} + \lambda_{矿} V_{矿} + \lambda_{熔剂} V_{熔剂}$$

式中 $V_{焦}$、$V_{矿}$、$V_{熔剂}$——焦炭、矿石及熔剂在料柱中的体积分数。

## 第四节 前床的计算

### 一、前床容积

前床容积 $V_{前}$($m^3$):

$$V_{前} = \frac{A}{a} \cdot v_{前} \tag{3.10-16}$$

式中 $A$——鼓风炉处理量,t/d;

$v_{前}$——前床容积系数,即鼓风炉处理 100 t/d 炉料时所需的前床容积,$m^3$;

$a$——100 t/d 炉料。

对炼铜鼓风炉、敞开式炉 $V_{前} = 5 \sim 9\ m^3$;密闭式炉 $V_{前} = 4 \sim 6\ m^3$;铅烧结块鼓风炉 $V_{前} = 1\ m^3$。

锍与炉渣密度越大,则炉子床能率越小,熔体温度较低,$V_{前}$ 取小值。

## 二、主要尺寸的确定

### （一）前床深度

锍层高度一般取 300～700 mm，按吹炼设备操作周期确定。

渣层厚度一般为 350～450 mm。

渣溜槽底沿至前床侧墙顶部的距离，一般为 200～250 mm。

前床总深度 $H_{前}$ 一般为 1.1～1.4m。

### （二）前床宽度

$B_{前}$ 一般为 1.5～3.5 m；铜鼓风炉 $B_{前}$ 小于 3 m。

前床宽度应与前床深度结合考虑，使熔体在前床内的贮存时间不小于 4.5～9.5 h，或按熔体在前床内的计算速度不大于 1.1～1.7 m/h 考虑。如果出鼓风炉渣温较低，则取低值，以避免在前床发生过多的粘结。

### （三）前床长度

前床长度 $L_{前}$ 影响渣锍的分离，除小型炉前床稍短外，一般前床长度大于 6～7 m 为宜，一般不超过 15 m。

## 三、前床放出口

（1）咽喉溜槽高于前床墙上沿两块砖左右。

（2）渣出口设在咽喉溜槽相对的另一端墙上。

（3）虹吸放锍，锍溜槽较渣溜槽低 200 mm 左右，虹吸放锍口设在侧墙上。

（4）前床两侧墙底部设安全口，其开口为 65 mm×65 mm，为停炉和事故时放空熔体。

# 第十一章　流态化焙烧炉

## 第一节　概　　述

流态化焙烧炉是采用流态化技术的设备，用强制气体的流动，使粒状物料激烈翻腾和循环，完成气固间的传热传质的物理—化学过程。本章介绍的是物料有稳定料床的流态化焙烧炉，也称沸腾焙烧炉。这种炉型成熟可靠，被广泛应用于锌精矿、铜精矿、硫铁矿的氧化焙烧、酸化焙烧，锡精矿的氧化焙烧，高钛渣、含钴烧渣的氯化焙烧等生产中。此外，流态化焙烧炉还应用于物料的干燥、煅烧、还原及燃烧过程。

流态化焙烧炉的优点是生产率高、操作简单、产品质量好、易实现自动化。缺点是烟尘率高；热利用率较低，一般为15%～25%，应配置余热利用装置，提高热利用率。

## 第二节　炉 型 结 构

流态化焙烧炉由炉床、炉膛、炉顶、风箱、气体分布板、排热装置、加料装置、排料装置、升温加热装置等组成。炉体上设有加料口、排料口、大颗粒排出口、人孔口、排烟口、燃烧器口、冷却元件口、喷水口、二次风入口、测温孔及测压孔等。

### 一、炉床

炉床有圆柱型和锥型两种。圆柱型应用广泛，适用于破碎精矿或浮选精矿的焙烧。锥型炉床应用较少，主要在物料粒级过于分散，物料反应中气体体积显著增加或反应中物料颗粒逐渐变细的情况下，才考虑采用上大下小的倒锥型炉床。

炉床的断面形状有圆形(或椭圆形)、矩形两种。圆形断面炉床应用广，它具有炉体结构强度大，气流分布容易均匀的优点。矩形断面炉床应用少，在要求物料进出口距离较大，且炉床面积较小时考虑采用。

### 二、炉膛形状

炉膛有扩大形和直筒形两种。扩大形炉膛有一级扩大或二级扩大。扩大部分的炉腹角为4°～20°，以防止料尘的堆积与塌落。当物料的灰尘有黏性时，炉腹角宜小于10°。随着生产能力的强化，操作气流速度提高，为防止烟尘过大，延长烟尘在炉内的停留时间，目前多采用扩大形炉膛。一般炉膛面积与炉床面积之比多为1.2～1.9之间，也有个别达到2.2～4.6。此外，焙烧炉还有多层床，单层床之分。

### 三、炉顶

流态化焙烧炉炉顶有球形顶和锥形顶两种。球形拱顶砖型计算量大，锥形拱顶砖型便于标准化，不需对拱顶砖逐个计算。目前大型流态化焙烧炉炉顶基本采用球形拱顶，拱顶中心角一般在60°～90°之间，随着炉膛面积的增大，球形拱顶中心角相应加大，接近90°。炉顶砖要采用有一定角度的异形砖，不能使用或搭配标准砖。大型炉顶应采用相互有卡槽的砖形，以保证炉顶的稳定性。

### 四、加料装置

流态化焙烧炉的加料，有干式加料与浆式加料两种。干式加料是将干燥到一定含水量的物料由加料装置加入到炉床内。浆式加料将浆状的炉料用喷枪喷入炉内。干式加料装置有前室加料、倾斜加料管加料、溜矿板加料、抛料机加料几种方式。对于小型流态化焙烧炉，一般采用倾斜加料管加料，炉料沿炉壁以50°～75°角直接进入流化床层。倾斜加料管下端距流态化层表面约150～300 mm，以减轻炉气从加料管的泄漏。见图3.11-1、图3.11-2。

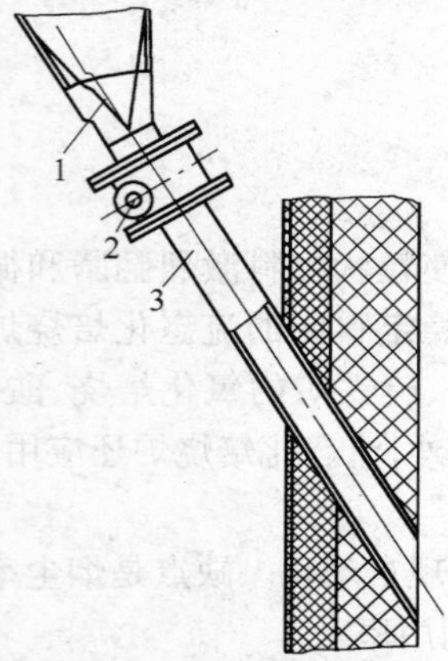


图3.11-1　圆形倾斜加料管

1—加料漏斗；2—气封；3—加料管

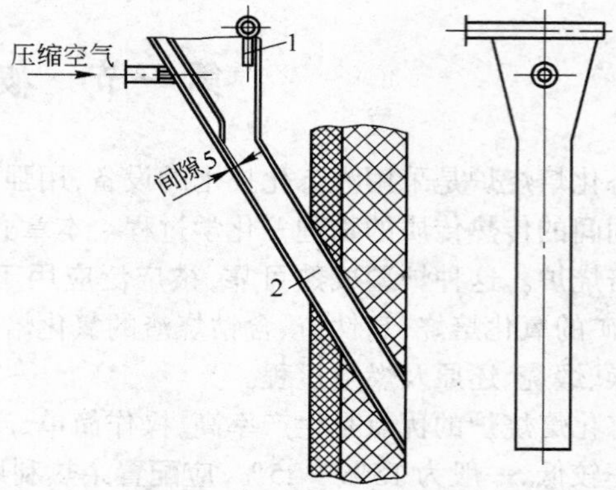


图3.11-2　矩形倾斜加料管

1—气封；2—加料管

前室加料方式应用较广，主要优点是物料加入前室后，在沸腾状态下移动到炉床流化床层内，料中的块状料或过大的颗粒沉积在前室炉底上，便于清理，从而减少对本床的影响。前室一般设一个，对大型炉设2～4个，每个前室的面积多在0.8～2 $m^2$之间。见图3.11-3、图3.11-4。

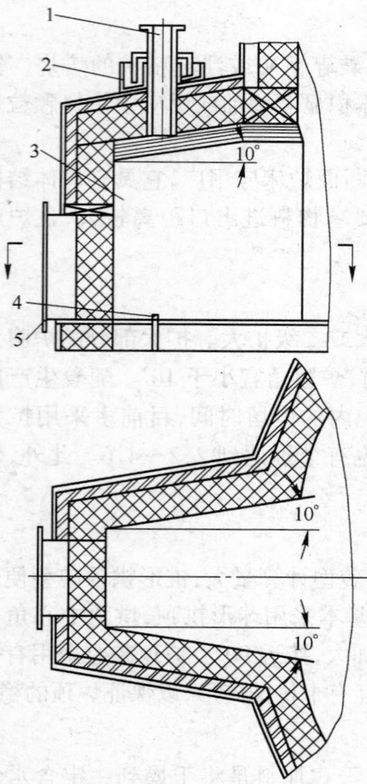


图3.11-3　扩大形前室

1—加料管；2—砂封；3—前室；4—风帽；5—清理门

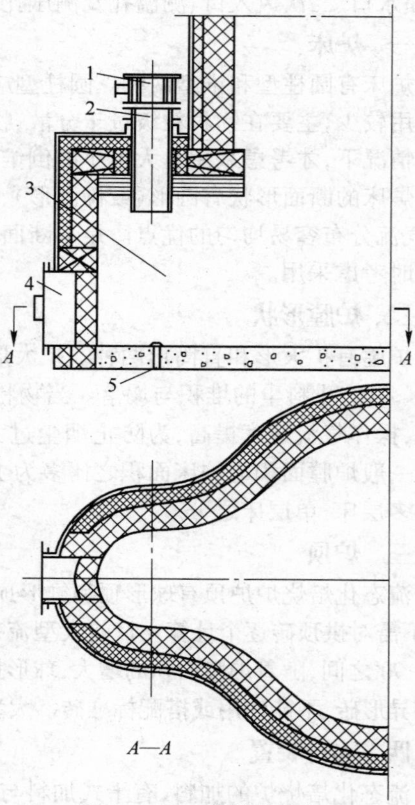


图3.11-4　半圆形前室

1—气封；2—加料口；3—前室；4—清理孔；5—风帽

抛料机加料，适用于大型炉，一般设两台抛料机同时加料。抛料机加料的优点是炉料落点远，接近炉中心附近，而且炉料在炉床内分布比较均匀；加料量大，又避免物料在炉内堆积。抛料机的物料入炉速度一般 13～16 m/s，视物料粒度，密度，含水量进行调整。物料入口距流化床层表面 1.5～2.0 m 之间，距离过小加料口产生烟气泄漏。

溜矿板加料，适于潮湿物料，溜矿板在炉内高温辐射下受热，对物料有预热作用，随着板下压缩空气吹送，物料落入炉内，避免物料的粘结。见图 3.11-5。

## 五、气体分布板

气体分布板由风帽、花板和耐火衬垫构成。气体分布板是保证炉料在床层良好沸腾的重要构件。要求气体分布板对进入流化床的气体产生一定的阻力降，在气体分布板气流损失的压力越大，越容易使入炉气流分布均匀。但过大的压力损失能耗高。应该根据炉型、物料状况、分布板及风帽的结构，选择适当的压力降。

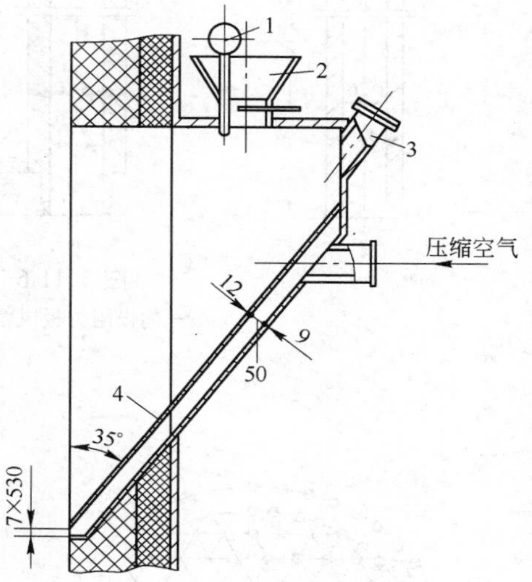


图 3.11-5 溜矿板加料口

1—气封；2—加料漏斗；3—清理孔；4—溜矿板

大型的流态化焙烧炉，其花板由多块组成，由支承梁承托，各块板间留有胀缝，以消除热膨胀对花板的影响。花板用于固定风帽并承托耐火衬垫和炉床中物料的荷载。对小型流态化焙烧炉，可用整块钢板钻孔制作；对大型炉，要在风箱中设置支架支承花板，但要避免支架影响各风帽的进风。花板厚度应进行强度计算或按实践数据选择。

气体分布板衬垫一般采用耐火混凝土捣制，耐火砂浆抹面。当流化床层操作温度较高时，可在靠近花板铺设一层绝热材料，再捣打耐火混凝土。衬垫厚度一般为 250～300 mm。

风帽有多种形式，基本上分为侧流型、直流型、用于实验的密孔型、用于沸腾加热的填充型等。其中侧流型风帽广泛应用于有色金属的流态化焙烧炉上。风帽固定在气体分布板上，每个风帽的头部开有小孔，气体从小孔中紧贴分布板衬垫表面进入床层，对物料搅动效果好，孔眼不易被塞，也不容易从孔眼漏出物料。一般每个风帽头部上开有 4、6、8 个孔，小孔孔径在 3～10 mm。对易黏结物料，小孔直径应大些。风帽头部的小孔直径，应达到一定的喷出速度，对物料形成良好的搅动。侧流型风帽的结构见图 3.11-6 所示。风帽的材料多为耐热铸铁，应根据流化床操作温度选用不同牌号的铬铸铁。

风帽的排列方式有同心圆排列，等边三角形排列或正方形排列。等边三角形排列方式见图 3.11-7。风帽的安装方式见图 3.11-8。大型炉一般在分布板上焊接风帽套管，将风帽插入套管中，便于风帽的检修更换。也有将风帽直接插在分布板上，用螺栓固定的。有些小型炉，风帽直接插在分布板上，不固定，靠风帽自重和衬垫的摩擦力保持风帽的稳定。

## 六、风箱

风箱由箱体、进风管、人孔门组成。其主要作用是将供风的动压转变为静压，使气流在箱体内不直冲分布板。进风管的位置和风管出口的角度，开孔大小对提高供风的均匀性很重要。有的风箱，还设有预分布板。风箱有多种结构形式，其中以圆锥式、锥台式应用较多，见图 3.11-9、图 3.11-10。

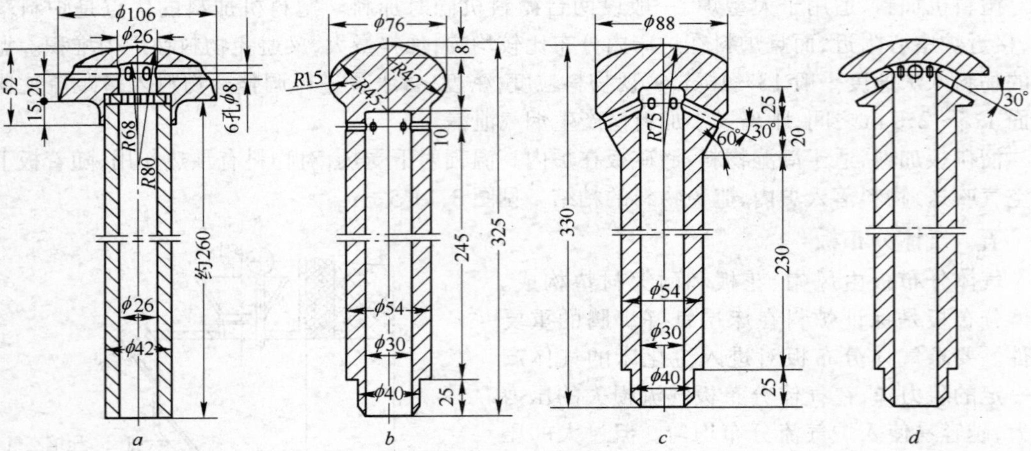


图 3.11-6　侧流型风帽的结构图

*a*—内设阻力板风帽；*b*—平孔风帽；*c*、*d*—斜孔风帽

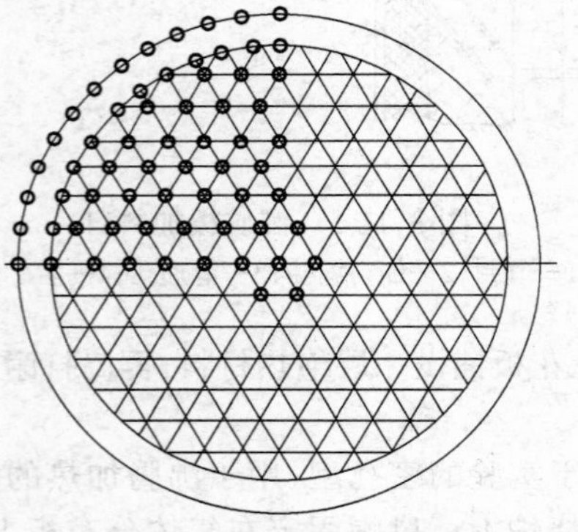

图 3.11-7　等边三角形排列图

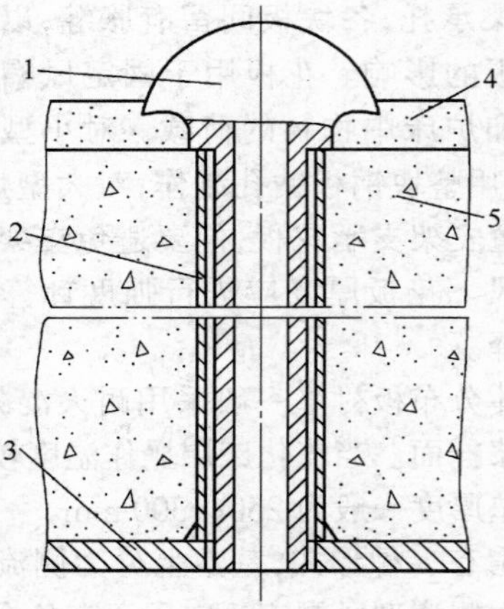


图 3.11-8　风帽的安装示意图

1—风帽；2—套管；3—炉底花板；4—耐火砂浆；5—耐火混凝土

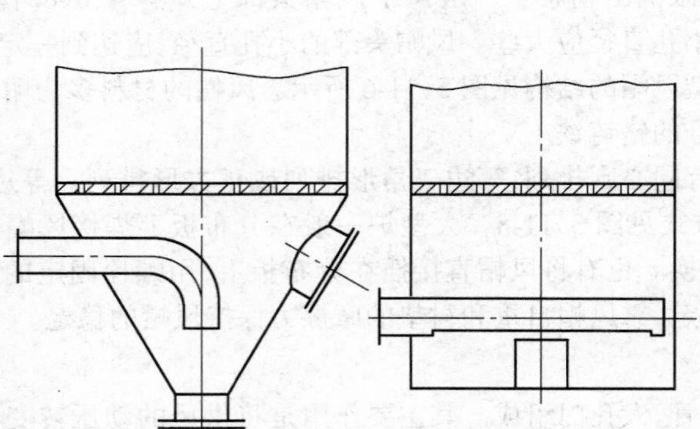

图 3.11-9　圆锥式风箱

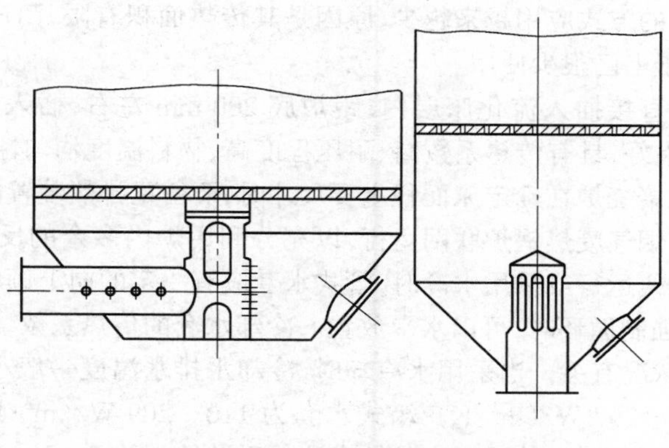

图 3.11-10　圆柱式风箱

## 七、排热装置

为维持正常的焙烧温度，及时地排出反应余热是必要的。余热的排出有直接排出与间接排出两种。直接排热是向炉内喷水，用压缩空气将水雾化直接进入物料，优点是降温调节灵活，操作方便；缺点是余热没有得到利用，大量的水蒸气进入烟气中。因此，这种排热方式只宜作为在特殊情况下的应急排热措施，已不作为正常排热方式。间接排热是在沸腾层内设置冷却元件，将反应余热传给冷却介质的方式，一般采用汽化冷却。直水冷却的方式已基本上不采用了。

在冷却元件的型式上，有箱式水套与管式水套两种。管式水套见图 3.11-11、图 3.11-12。

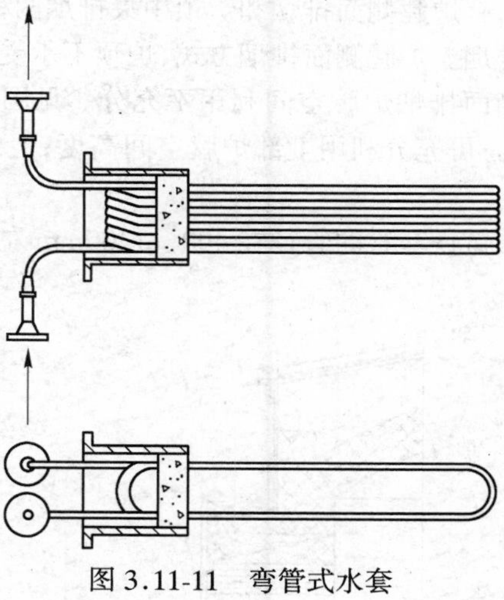

图 3.11-11　弯管式水套

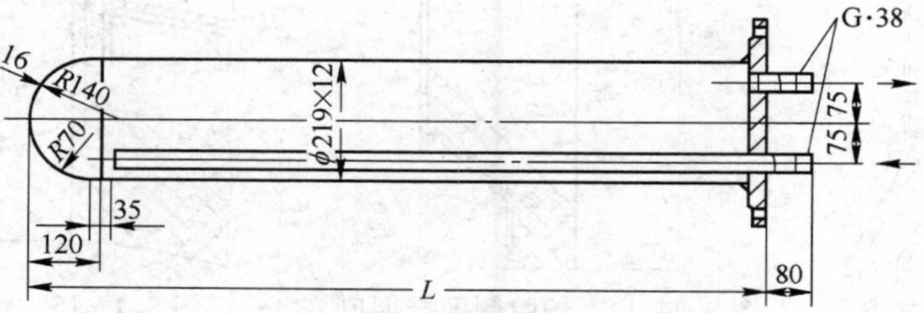


图 3.11-12　套管式水套

目前箱式水套冷却的方式应用越来越少,原因是其传热面积有限,耐压级别较低,传热系数相对较小,在大中型炉子上已很少使用。

管式水套冷却元件直接插入流化床层内,距炉底 200 mm 左右,插入深度约为炉床半径的 2/3。这种排热方式效果好,具有传热系数高、耐压程度高、物料温度均匀性好的优点。对有大量余热需要排出的流态化焙烧炉在确定床面积主要尺寸时,要留足排热装置的安装位置。

炉体的排热装置与烟气废热锅炉联网运行,以充分利用炉内多余的反应热量。当排热装置与锅炉采用自然循环方式运行或采用水冷时,管式水套应有一定的向上倾斜度,与水平面构成大于 15°的倾角。当采用强制循环时,可以水平放置。冷却水套的传热系数,与物料特性、冷却介质流速、水套表面的黏结状况有关。当采用水冷却时,冷却水排水温度一般小于 60℃,管式水套的综合传热系数约为 174～267 W/($m^2$·K),箱式水套为 116～209 W/($m^2$·K)。当采用汽化冷却时,按水套外壁不粘结物料考虑,管式水套的综合传热系数约为 267～314 W/($m^2$·K)。

## 八、排料装置

排料装置由溢流排料和底流排料组成。溢流排料是将焙砂经溢流口正常排出的方式,其溢流口高度与流化床层高度相近。其结构型式见图 3.11-13。溢流排料口应设清理口,其排料高度可设活动式插板,便于根据物料状况,焙烧要求调整排料口高度。对于多层流态化焙烧炉,层间的排料采用内溢流管。当流态化焙烧炉沸腾床底大颗粒或块状物沉积过多,产生鼓风压力上升,流化效果变差时,应从炉底标高设置的底流排料口将大颗粒沉积物排出。在生产中一般定期进行底流排料。

## 九、排烟口

流态化焙烧炉的排烟口,有炉膛侧面排烟和炉顶中央排烟两种方式,一般大型炉采用侧面排烟,中小型炉采用炉顶中央排烟。炉膛侧面排烟方式,炉顶不承受荷载,不易损坏;管道配置高度可降低;便于烟尘清理。但侧面排烟炉膛空间利用不充分。见图 3.11-14 所示。炉顶中心排烟方式,利于炉内气流分布均匀;可充分利用上部炉膛空间高度;但烟管配置高度大;炉顶荷载大;检修不方便。

排烟口应设有铸铁套管,铸铁套管的管径在 400～1400mm 左右,其材质视烟气温度、性质而定。见图 3.11-15。

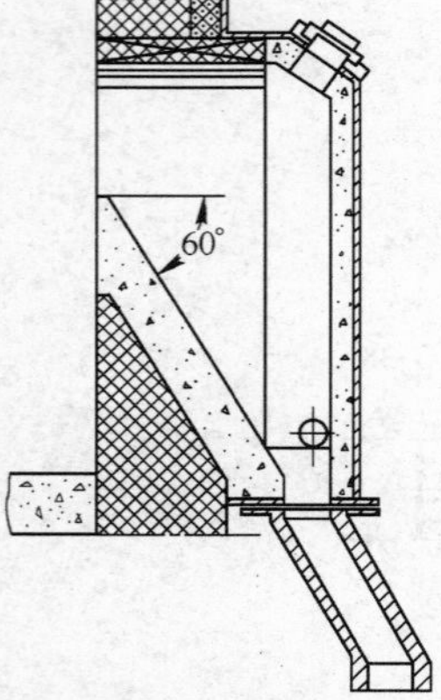


图 3.11-13 外溢流排料口

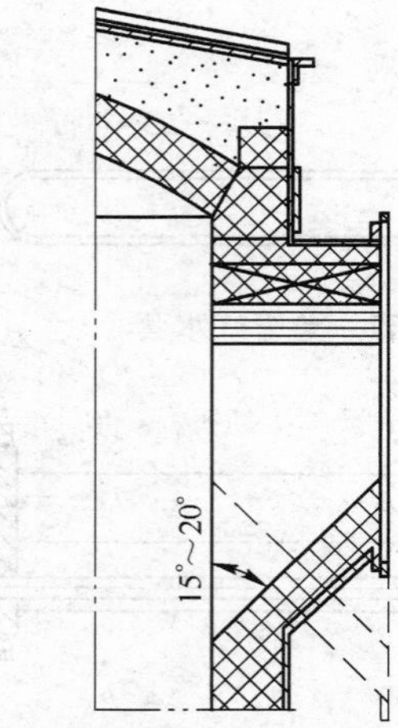


图 3.11-14 炉膛侧面排烟口

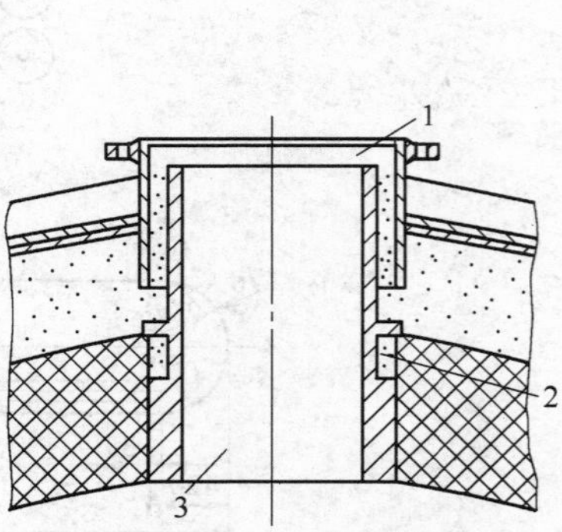


图 3.11-15 炉顶中央排烟口

1—排烟接管;2—石棉绳;3—铸铁套管

# 第三节　主要设计计算

## 一、操作气流速度

操作气流速度 $w_{操作}$(m/s)是指流化层床正常工作时床内气流的直线速度,是以床的净空横截面计算的表观速度。操作气流速度应大于全部物料正常颗粒的临界流化速度,而小于某一粒径(按烟尘率的大小选择这个粒径)的带出速度。所以,操作气流速度应由物料颗粒的临界速度($w_{临界}$)和带出速度确定。

### (一) 临界流化速度

$$w_{临界}=\frac{Re_{临界}\cdot\nu}{d_{均}} \tag{3.11-1}$$

式中　$Re_{临界}$——临界雷诺数;

$\nu$——气体实际温度下的运动黏度,$m^2/s$;

$d_{均}$——物料颗粒的平均直径,m:

$$d_{均}=\frac{1}{\sum\frac{x_i}{d_i}}$$

$d_i$——物料各筛分粒级的平均粒度,m,$d_i=\sqrt{d_1\cdot d_2}$;

$d_1$、$d_2$——相邻粒级的粒径,m,$d_1<d_i<d_2$;

$x_i$——对应于各粒径的质量分数。

$$Re_{临界}=0.00107Ar^{0.94} \tag{3.11-2}$$

式中　$Ar$——阿基米德数:

$$Ar=\frac{gd_{均}^3}{\nu^2}\frac{\gamma_{粒}-\gamma_{气}}{\gamma_{气}}$$

$g$——重力加速度,$m/s^2$;

$\gamma_{粒}$——物料的颗粒容重,$kg/m^3$;

$\gamma_{气}$——气体在实际温度下的容重,$kg/m^3$。

公式 3.11-2 适用于 $Re_{临界}<5$。若 $Re_{临界}>5$,应将计算结果乘以修正系数 $f_{临界}$,$f_{临界}$值见表3.11-1。

**表 3.11-1　修正系数 $f_{临界}$与 $Re_{临界}$的关系**

| $Re_{临界}$ | 6 | 10 | 20 | 30 | 40 | 60 | 80 | 100 | 200 | 300 | 400 | 600 | 800 | 1000 | 2000 | 5000 |
|---|---|---|---|---|---|---|---|---|---|---|---|---|---|---|---|---|
| $f_{临界}$ | 0.98 | 0.96 | 0.85 | 0.76 | 0.7 | 0.63 | 0.58 | 0.54 | 0.43 | 0.375 | 0.34 | 0.3 | 0.27 | 0.26 | 0.22 | 0.20 |

### (二) 带出速度

带出速度($w_{带出}$)是颗粒被气体带出流化床层时的气流速度,是极限流化速度。

$$Re_{带出}=\frac{1}{18}Ar \tag{3.11-3}$$

利用 $Re_{带出}=\frac{w_{带出}d}{\nu}$可求出直径为 $d$ 的颗粒的带出速度 $w_{带出}$(当 $Re_{带出}>0.3$ 时,应乘校正系数 $f_{带出}$,其值见图 3.11-16)。

对大颗粒,可采用公式:

$$Re_{带出}=\frac{Ar}{18+0.61\sqrt{Ar}} \tag{3.11-4}$$

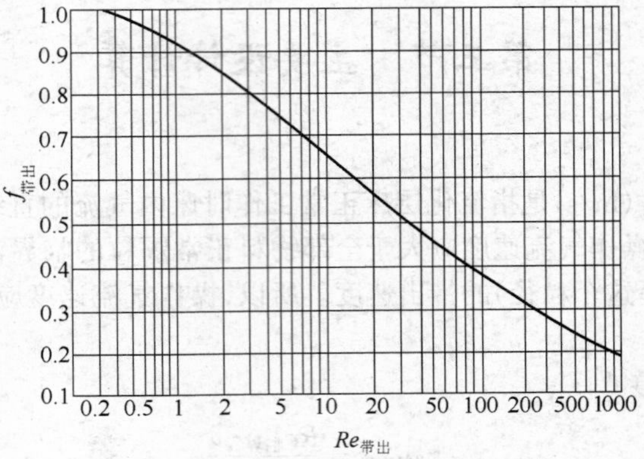


图 3.11-16　颗粒带出速度的校正系数

此式为床层空隙率为 1.0 时的试验结果公式，一般用于 $Ar = 10^4 \sim 6\times10^8$，此式应用较广。当物料颗粒形状与球形偏差较大时，式 3.11-3、式 3.11-4 的计算结果，应乘以形状系数 $\Phi$。

$$\Phi = \frac{V^{\frac{2}{3}}}{0.205A_{粒}}$$

式中　$V$——任意形状的颗粒体积，$m^3$；

$A_{粒}$——颗粒表面积，$m^2$。

**（三）操作气流速度的确定**

操作气流速度 $w_{操作}$（m/s）一般根据临界流化速度和流化指数来确定。

$$w_{操作} = k_{流化} w_{临界}$$

式中　$k_{流化}$——物料的流化指数；

$k_{流化} = \frac{w_{操作}}{w_{临界}}$。

流化指数见表 3.11-2，流化指数与物料的性质、工艺特点、炉子的结构等因素有关，因此设计时应全面考虑。

**表 3.11-2　操作气流速度和床能率的实践数据示例**

| 工厂名称 | 工艺过程 | 流化层温度/℃ | 炉料颗粒密度/$kg\cdot m^{-3}$ | 炉料平均粒径/mm | 临界流化速度/$m\cdot s^{-1}$ | 操作气流速度/$m\cdot s^{-1}$ | 颗粒带出速度/$m\cdot s^{-1}$ | 流化指数 $k_{流化}$ $\left(\frac{w_{操作}}{w_{临界}}\right)$ | $\frac{w_{操作}}{w_{带出}}$ | 床能率/$t\cdot(m^2\cdot d)^{-1}$ |
|---|---|---|---|---|---|---|---|---|---|---|
| 株洲冶炼厂 | 锌精矿酸化焙烧 | 840～860 | 4100 | 0.1592 | 0.0211 | 0.50 | 1.11 | 23.7 | 0.45 | 5.5 |
| 葫芦岛锌厂 | 锌精矿酸化焙烧 | 880～920 | 4000 | 0.1804 | 0.0250 | .0.55 | 1.35 | 22 | 0.407 | 6 |
| 柳州有色冶炼厂 | 锌精矿酸化焙烧 | 840～860 | 4300 | 0.2225 | 0.0403 | 0.49 | 2.1 | 12.1 | 0.234 | 4.5 |
| 葫芦岛锌厂 | 锌精矿氧化焙烧 | 1080～1100 | 4000 | 0.1804 | 0.0238 | 0.62 | 1.28 | 26 | 0.484 | 6.7 |
| 柳州锌品厂 | 锌精矿氧化焙烧 | 1170～1200 | 4385 | 0.2245 | 0.0374 | 0.55 | 1.98 | 14.7 | 0.278 | 5.5 |

续表 3.11-2

| 工厂名称 | 工艺过程 | 流化层温度/℃ | 炉料颗粒密度/$kg\cdot m^{-3}$ | 炉料平均粒径/mm | 临界流化速度/$m\cdot s^{-1}$ | 操作气流速度/$m\cdot s^{-1}$ | 颗粒带出速度/$m\cdot s^{-1}$ | 流化指数 $k_{流化}$ $\left(\frac{w_{操作}}{w_{临界}}\right)$ | $\frac{w_{操作}}{w_{带出}}$ | 床能率/$t\cdot(m^2\cdot d)^{-1}$ |
|---|---|---|---|---|---|---|---|---|---|---|
| 水口山冶炼厂 | 锌精矿氧化焙烧 | 1100 | 4000 | 0.1485 | 0.0166 | 0.66 | 0.905 | 40.8 | 0.73 | 8.1 |
| 马坝冶炼厂 | 铜精矿酸化焙烧 | 640～650 | 3850 | 0.1112 | 0.0116 | 0.38 | 0.626 | 32.8 | 0.606 | 3.8 |
| 白银选冶厂 | 铜精矿氧化焙烧 | 720～780 | 3600 | 0.2410 | 0.0414 | 0.60 | 2.905 | 14.5 | 0.286 | 7.1 |
| 广州前进冶炼厂 | 铅精矿氧化焙烧 | 650～700 | 5200 | 0.1160 | 0.0160 | 0.76 | 0.818 | 47.6 | 0.93 | 15.84 |
| 金城江冶炼厂 | 铅锑精矿氧化焙烧 | 680～720 | 4000 | 0.2040 | 0.0352 | 0.95 | 1.815 | 27 | 0.524 | 9.5 |
| 柳州冶炼厂 | 锡精矿氧化焙烧 | 800～850 | 5000 | 0.1072 | 0.0129 | 0.45 | 0.704 | 35 | 0.64 | 10～17 |
| 葫芦岛锌厂 | 钴精矿酸化焙烧 | 580～600 | 4500 | 0.3080 | 0.0853 | 0.55 | 3.87 | 6.45 | 0.142 | 4 |
| 衡阳化工厂 | 硫铁矿氧化焙烧 | 820～850 | 4500 | 0.2815 | 0.0643 | 1.326 | 3.16 | 20.6 | 0.419 | 13 |
| 上海冶炼厂 | 红土矿流态化加热 | 780～800 | 4000 | 0.1690 | 0.0224 | 1.1 | 1.2 | 49.1 | 0.916 | 46.3 |
| 上海冶炼厂 | 红土矿还原焙烧 | 700～730 | 4000 | 0.1690 | 0.0240 | 0.9 | 1.285 | 37.5 | 0.70 | 77.5 |

一般情况下，$w_{操作}=(0.25\sim0.6)w_{带出}$。

对新设计的流态化焙烧炉，应借鉴类似厂家的实际操作气流速度，必要时应进行流态化焙烧试验以获取更可靠的设计数据。

选择流化指数应考虑以下因素：

(1) 在保证焙砂、烟尘质量前提下，可取较大值，以提高炉子产量。

(2) 烟尘率允许大，流化指数取大值，反之取小值。

(3) 对在操作温度下容易发生黏结的炉料，应采用大的流化指数。

(4) 对反应过程要求时间较多的物料，或者流化介质价格较高时，宜采用小流化指数。

## 二、流态化焙烧炉单位生产率

生产率 $a(t/m^2\cdot d)$：

$$a=\frac{86400w_{操作}}{V(1+\beta t_{层})} \tag{3.11-5}$$

式中 $V$——焙烧每吨炉料所产生的炉气量（不包括沸腾层以上空间生产的炉气量），$m^3/t$，一般情况下以焙烧所需实际空气量计算；

$\beta$——$\frac{1}{273}$；

$t_{层}$——沸腾层内温度，℃。

流态化焙烧炉床能率的生产实践数据见表 3.11-3。表中为床能率的一般指标。

**表 3.11-3　床能率的一般指标**

| 物料名称 | 焙烧性质 | 床能率/$t\cdot(m^2\cdot d)^{-1}$ | 备　注 |
|---|---|---|---|
| 锌精矿 | 酸化焙烧 | 5～6 | 干式加料，最高达 $8.5t\cdot(m^2\cdot d)^{-1}$ |
| | | 10～11 | 鼓风含氧 30%～32% |
| | | 20 | 精矿制粒 |
| | | 3.8～5.1 | 浆式加料 |
| | 氧化焙烧 | 6～8 | 干式加料，最高达 $13.5t\cdot(m^2\cdot d)^{-1}$ |
| 铜精矿 | 酸化焙烧 | 4～5 | 干式加料 |
| | 半氧化焙烧 | 21～23 | 干式加料，脱硫率 50%～63% |
| | | 19～29 | 浆式加料 |
| | 氧化焙烧 | 7～9 | 干式加料 |
| 镍精矿 | 氧化焙烧 | 20～25 | 精矿制粒 |
| 镍冰铜 | 氧化焙烧 | 4.7～7.5 | 最高达 $10t\cdot(m^2\cdot d)^{-1}$ |
| 铅精矿 | 氧化焙烧 | 15～16 | 干式加料 |
| 铅锑精矿 | 氧化焙烧 | 9 | 干式加料 |
| 锡精矿 | 氧化焙烧 | 11 | 干式加料 |
| 含钴硫铁精矿 | 酸化焙烧 | 3～4 | 干式加料 |
| 硫铁矿 | 氧化焙烧 | 25～30 | 粉碎的块矿，原料含硫 35% |
| | | 8～14 | 有色金属矿选矿的含硫尾矿，原料含硫 35% |
| 含镍红土矿 | 流态化加热 | 46～47 | 油煤气加热 |
| | 还原焙烧 | 77～78 | 煤气还原 |
| 氧化铜矿 | 沸腾加热 | 26～28 | 煤粉或油加热 |

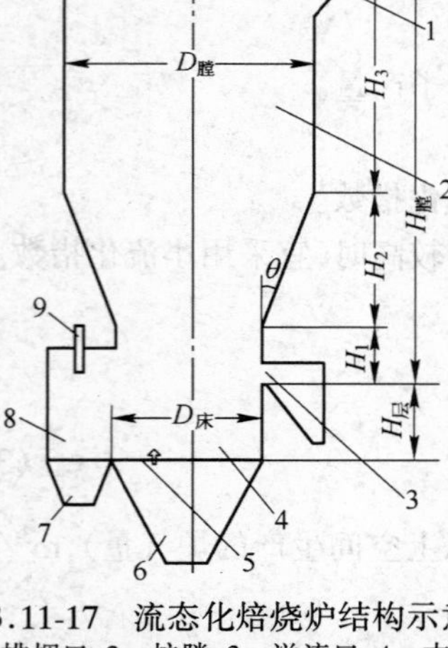


图 3.11-17　流态化焙烧炉结构示意图

1—排烟口；2—炉膛；3—溢流口；4—本床；5—气体分布板；6—风箱（大斗）；7—前室风箱；8—前室；9—加料斗

## 三、流态化焙烧炉主要尺寸的确定

流态化焙烧炉的基本结构尺寸见图 3.11-17。

### （一）床面积

床面积 $F_{床}$($m^2$)：

$$F_{床}=\frac{A}{a} \tag{3.11-6}$$

式中　$A$——日处理炉料量，t/d。

对于圆形炉，床直径 $D_{床}$(m)：

$$D_{床}=1.13\sqrt{F_{床}-F_{前室}}=1.13\sqrt{F_{本床}}$$

式中　$F_{前室}$——前室面积，$m^2$。

对于锥形床，$F_{床}$ 表示的是床底面积（即气体分布板的面积）。锥形床的锥角不宜过大，否则影响正常流化效果，小于 50°为宜。

### （二）流化层高度

流化层高度（$H_{层}$）近似等于气体分布板至溢流口

下沿的高度。

1．放热反应的流态化焙烧炉

主要考虑床层应具有一定的热稳定性与流化的均匀性。流化层高度一般按相似工厂的实践数据选取。物料在本床的停留时间和流化层高度见表3.11-4。

选择 $H_{层}$ 时，要使床内的物料量有一定的热稳定性，不发生偶然停止加料产生炉温的过大波动；要保证床内有较多的物料量，维持流态化的均匀、稳定，避免料层过低损害流态化的正常进行。

**表3.11-4　物料在流化层内的平均停留时间和流化层高度**

| 物料名称 | 焙烧性质 | 停留时间/h | 流化层高度 $H_{层}$/m | |
|---|---|---|---|---|
| | | 国内 | 国内 | 国外 |
| 锌精矿 | 酸化焙烧 | 6.5～8.5 | 1 | 1.2～2.0 |
| 铜精矿 | | 9～12 | 1～1.3 | 1.2～1.5 |
| 含钴硫铁矿 | | 25 | 1.3 | |
| 铜精矿 | 半氧化焙烧 | | | 0.9～1.5 |
| 锌精矿 | 氧化焙烧 | 2.5～3.5 | 0.9～1 | 0.6～1.8 |
| 铜精矿 | | 4～5 | 1～1.1 | 1.5 |
| 镍精矿 | | | | 1.5 |
| 镍冰铜 | | | | 3～4 |
| 铅、铅锑、锡精矿 | | 1.5～2.5 | 0.5～0.7 | |
| 硫铁矿块矿 | | 3～4 | 0.7～1.3 | |
| 硫精矿或含硫尾矿 | | 9～10 | 0.7～1.3 | |
| 红土矿 | 还原焙烧 | 0.8～0.9 | 2.75 | |
| 红土矿 | 流态化加热 | 0.5～0.6 | 1.45 | |
| 氧化铜矿 | 流态化加热 | 5～8.6① | | |

① 国外资料。

2．吸热反应的流态化焙烧炉

主要考虑沸腾层应有足够的容料量，以保证颗粒受热的总表面积。流化层高度 $H_{层}$(m)：

$$H_{层}=\frac{aq_{吸}d_{均}}{518.4\alpha\Delta t'_{均}(1-\varepsilon_{层})} \tag{3.11-7}$$

式中　$\alpha$——载热气流对物料的传热系数，$W/(m^2·K)$；

$q_{吸}$——每吨物料完成反应所需吸收的热量，J/t；

$\Delta t'_{均}$——载热气流与物料的平均温度，℃：

$$\Delta t'_{均}=\frac{t'_{气}-t''_{气}}{2.3\lg\dfrac{t'_{气}-t_{料}}{t''_{气}-t_{料}}}$$

$t'_{气}$——气体进入流化层时温度，℃；

$t''_{气}$——气体离开流化层时温度，℃；

$t_{料}$——流化层内物料的平均温度，℃；

$\varepsilon_{层}$——流化层的空隙率。

流化层的平均空隙率按下列经验公式计算：

$$\varepsilon_{层} = Ar^{-0.12}(18Re + 0.36Re^2)^{0.21} \tag{3.11-8}$$

式中，$Ar$ 和 $Re$ 是按物料平均粒径、实际操作条件下流化层的气体容重、黏度、速度求出的。一般 $\varepsilon_{层}=0.6\sim0.85$。对流化指数较低者，取小值；反之取大值。

在流化层内，固体颗粒与载热流体间的热交换有如下准数关系：

$$Nu = 0.016Re^{1.3}Pr^{0.67} \tag{3.11-9}$$

式中 $Re$——雷诺数，按实际操作气流速度，物料平均粒径，流化层中气体运动黏度计算；

$Pr$——普朗特数，$Pr$ 从有关资料中查找或按有关公式计算；

$Nu$——努塞尔数，$Nu=\frac{\alpha d_{均}}{\lambda_{气}}$；

$\lambda_{气}$——流化层中气体导热系数，W/(m·K)。

通过公式 3.11-9 计算出传热系数 $\alpha$，从而求得 $H_{层}$。

### （三）炉膛面积

炉膛面积 $F_{膛}(m^2)$：

$$F_{膛} = \frac{\alpha V_{烟}(1+\beta t_{膛})F_{床}}{86400 w_{膛}} \tag{3.11-10}$$

式中 $V_{烟}$——每吨炉料所产生的烟气量，$m^3/t$；

$t_{膛}$——炉膛温度，℃；

$w_{膛}$——炉膛中烟气流速，m/s；

$\beta$——$\frac{1}{273}$。

炉膛烟气流速，根据工艺条件要求的烟气带走的最大颗粒直径计算。

$$w_{膛} = Kw_{带出(尘)}$$

式中 $w_{带出(尘)}$——最大颗粒的带出速度，按式 3.11-3 计算；

$K$——折减系数，$K=0.3\sim0.55$。对炉膛内气流分布不均匀、物料颗粒变细者，取小值。

### （四）炉膛有效高度

应按以下两点确定炉膛高度 $H_{膛}$(m)。

1. 按烟尘在炉膛的停留时间计算

$$H_{膛} = \frac{\alpha V_{烟}(1+\beta t_{膛})F_{床}\tau_{尘}}{86400F_{膛}} \tag{3.11-11}$$

式中 $\tau_{尘}$——烟尘在炉膛必须停留的时间，s。

烟尘在炉膛内的速度，可近似认为等于炉膛内烟气速度。因此，烟尘在炉膛内停留时间 $\tau_{尘}$ 等于烟气在炉膛内的停留时间。流态化焙烧炉烟气在炉膛内的停留时间实践数据见表 3.11-5。

**表 3.11-5 炉气在炉膛内停留时间**

| 焙烧物料 | 停留时间/s |
|---|---|
| 锌精矿酸化焙烧 | 15～20 |
| 锌精矿氧化焙烧 | 20～25 |
| 硫铁矿氧化焙烧 | 7～8 |

续表 3.11-5

| 焙烧物料 | 停留时间/s |
| --- | --- |
| 铅、铅锑、锡精矿氧化焙烧 | 10～12 |
| 氧化铜矿加热(国外) | 7～9 |
| 铜精矿酸化焙烧 | 16～23 |
| 铜精矿氧化焙烧 | 12～17 |
| 含钴硫铁矿酸化焙烧 | 20～24 |
| 含镍红土矿还原焙烧 | 29 |
| 含镍红土矿加热 | 16 |

采用扩大型炉膛时，炉膛高度应分段计算。在图 3.11-17 中，$H_1$ 按结构选取，主要考虑便于溢流口及前室的砌筑。$H_2=0.5\cot\theta(D_{膛}-D_{床})$，$H_2$ 与炉腹角有关。

2. 对聚式流化过程(硫化精矿沸腾焙烧均属此类)

由于气泡破裂等原因造成固体颗粒被抛出流化层并被气流所夹带，为使被夹带的颗粒在达到一定高度后重返流化层，必须使炉膛高度大于分离高度 $H_{分离}$(m)。即 $H_{分离}<H_{膛}$。分离高度由下式计算：

$$H_{分离}=K_{分离}D_{床} \tag{3.11-12}$$

式中　$K_{分离}$——分离系数，其值与流态化焙烧炉床直径 $D_{床}$ 及操作气流速度有关，见图 3.11-18。

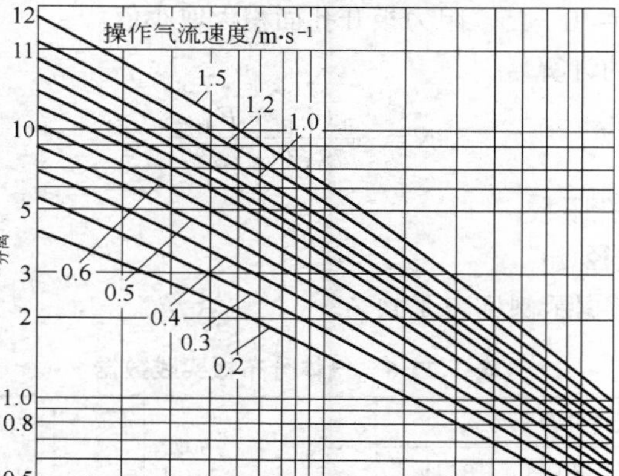


图 3.11-18　分离高度与炉床直径以及操作气流速度的关系

最终，炉膛高度 $H_{膛}$ 取上述两个结果的大值。目前国内外有增加炉膛高度和炉膛容积的趋势，有的炉子炉膛容积与床面积比值达 25(一般 10～18)。

## 四、气体分布板的设计计算

在设计中注意：进入沸腾层中的气流要均匀分布，并有一定的孔眼喷出速度，使物料颗粒湍动；具有一定的阻力，产生的压力降可平衡料层各处阻力的偏差，使沸腾层有稳定性。

### (一) 分布板孔眼率的计算

气体分布板孔眼率($b_{孔}$)指风帽孔眼总面积与炉床面积之比，可从两方面计算，取其中较小值。

1. 按孔眼喷出速度计算

风帽孔眼的喷出速度 $w_{孔眼}$必须大于或等于炉料中大颗粒的带出速度 $w_{带出}$(粗)，按下式计算孔眼率：

$$b_{孔}=\frac{w_{操作}(1+\beta t_{气})}{w_{孔眼}(1+\beta t_{层})}\times 100\% \qquad (3.11\text{-}13)$$

式中　$t_{气}$——气体离开分布板时的温度，℃；对常温鼓风的空气温度，可取 $t_{气}=60℃$。

2．按气体分布板的最小阻力计算

气体分布板的最小阻力 $\Delta P_{板}$ 与床层阻力 $\Delta P_{层}$ 有关，对于通常的浅床和自由床，当采用侧流型风帽时，可按 $\Delta P_{板}=0.1\Delta P_{层}$ 计算。

床层压降 $\Delta P_{层}$(Pa)按下式计算：

$$\Delta P_{层}=10H_{层}(\gamma_{堆}-\gamma_{气})(1-\varepsilon_{层}) \qquad (3.11\text{-}14)$$

或

$$\Delta P_{层}=10H_{固}(\gamma_{堆}-\gamma_{气})(1-\varepsilon_{固}) \qquad (3.11\text{-}15)$$

式中　$\varepsilon_{固}$——固定层孔隙率；

$H_{固}$——流化层停止鼓风后的静止料层高度，m；

$\gamma_{堆}$——物料的堆容重，$kg/m^3$。

求出 $\Delta P_{层}$ 后，按下式计算孔眼率 $b_{孔}$：

$$b_{孔}=w_{操作}\frac{1+\beta t_{气}}{1+\beta t_{层}}\sqrt{\frac{\xi\gamma_{气}}{2g\Delta P_{板}}}\times 100\% \qquad (3.11\text{-}16)$$

式中　$w_{操作}$——操作气流速度，m/s；

$\xi$——气体分布板阻力系数。对侧流式风帽，$\xi=1.5\sim3.0$；对内部设阻力板的侧流式风帽，$\xi=10\sim15$。阻力板开孔面积大取小值。

### （二）风帽个数 N 的计算

$$N=\frac{b_{孔}(F_{床}+F_{前室})}{78.5\cdot n\cdot d_{孔}^2} \qquad (3.11\text{-}17)$$

式中　$n$——1 个风帽的孔眼数；

$d_{孔}$——风帽孔眼直径，m。

气体分布板的实践数据示例见表 3.11-6。

**表 3.11-6　气体分布板实践数据**

| 工厂 | 物料 | 气体分布板型式 | | | $w_{操作}$ /m·s$^{-1}$ | $w_{孔眼}$ /m·s$^{-1}$ | $\xi$ | $\frac{\Delta P_{板}}{\Delta P_{层}}$ | $b_{孔}$/% | 风帽排列密度 /个·m$^{-2}$ |
|---|---|---|---|---|---|---|---|---|---|---|
| | | 风帽形式① | 风帽孔眼规格 | 阻力板孔眼规格 | | | | | | |
| 株洲冶炼厂 | 锌精矿 | a型 | 6孔 $\phi8$ | $\phi4.5$ | 0.493 | 13.2 | 10.88 | $\frac{105}{1295}=0.0811$ | 1.105 | 37 |
| 葫芦岛锌厂 | 锌精矿 | a型 | 4孔 $\phi8$ | $\phi4.5$ | 0.74 | 18 | 13.91 | $\frac{250}{1050}=0.238$ | 1.01 | 50 |
| 白银选冶厂 | 铜精矿 | b型 | 8孔 $\phi6$ | | 0.675 | 27.8 | 1.935 | $\frac{100}{800}=0.125$ | 0.7 | 32 |
| 马坝冶炼厂 | 铜精矿 | b型 | 6孔 $\phi4$ | | 0.38 | 30 | 2.71 | $\frac{120}{1080}=0.111$ | 0.475 | 63 |

① 见图 3.11-6。

## 五、风箱容积计算

风箱容积 $V_{风箱}$($m^3$)按下述经验公式估算，结合炉子结构调整。

$$V_{风箱}=\left(\frac{V_{风}}{800}\right)^{1.34} \qquad (3.11\text{-}18)$$

式中 $V_{风箱}$——风箱容积,$m^3$;

$V_{风}$——鼓风量,$m^3/h$。

## 六、排热装置的计算

水套面积 $F_{水套}(m^2)$:

$$F_{水套}=\frac{aq_{排}F_{床}}{86.4K_{水套}\Delta t_{均}} \tag{3.11-19}$$

式中 $q_{排}$——在操作温度下,每吨物料完成反应需排出的余热,kJ/t;

$K_{水套}$——流化层对水套的综合传热系数,$W/(m^2\cdot K)$;

对汽化冷却管式水套,$K_{水套}$一般为 267～314 $W/(m^2\cdot K)$;

$\Delta t_{均}$——流化层与水套中冷却介质的平均温度,℃:

$$\Delta t_{均}=\frac{t_{出}-t_{进}}{2.3\lg\dfrac{t_{层}-t_{进}}{t_{层}-t_{出}}}$$

$t_{进}$——冷却介质进口温度,℃;

$t_{出}$——冷却介质出口温度,℃。

## 七、加料管、溢流排料口的计算

### (一) 加料管面积

$$F_{管}=\frac{G_{料}}{\omega_{料}} \tag{3.11-20}$$

式中 $F_{管}$——加料管内截面积,$m^2$;

$G_{料}$——加料量,t/h;

$\omega_{料}$——物料的质量流率,$t/(m^2\cdot h)$。

对干燥后的物料,垂直加料管,一般 $\omega_{料}=200\sim300\ t/(m^2\cdot h)$,对倾斜加料管,一般 $\omega_{料}=150\sim200\ t/(m^2\cdot h)$。物料较黏时,宜取小值,为给料通畅,加料管直径应≥100 mm。

### (二) 溢流排料口宽度

溢流口的宽度要与排料相适应,可按下述经验公式计算:

$$B_{宽}=500\left(\frac{G_{排料}}{\gamma_{粒}}\right)^{0.23} \tag{3.11-21}$$

式中 $B_{宽}$——溢流口宽度,mm;

$G_{排料}$——炉子排料量,kg/h,$G_{排料}$为加料量减去烧碱量及烟尘量。

# 第十二章　反　射　炉

## 第一节　概　　述

反射炉是传统的火法冶炼设备，在熔炼铜、锡、铋精矿，处理铅浮渣，金属的熔化和精炼等方面广泛应用。

反射炉具有结构简单、操作方便，对原料及燃料适应性较强、生产中耗水量较少等优点。其缺点是热效率较低，机械化、自动化程度较低，耐火材料消耗大等。

近年来，我国对反射炉进行许多改进，主要途径是采用富氧空气熔炼和使用热风作为助燃空气，同时加强烟气余热的回收，提高加料系统的自动控制水平。随着环境保护要求越来越严格和节约能源要求更加迫切，今后反射炉将向环保节能型发展。

本章主要介绍周期性作业反射炉的结构与计算，对于连续作业的熔炼铜精矿反射炉处在淘汰中，不再说明。

## 第二节　炉 体 结 构

反射炉由炉基、炉底、炉墙、炉顶、加料口、放出口、烟道等组成。附属设备有燃烧装置、加料装置、供风排烟装置及余热利用装置等。

### 一、炉底

反射炉炉底有架空炉底和实炉底两种。炉底结构有反拱炉底和整体烧结炉底。多数精炼反射炉采用架空炉底。反拱炉底一般厚 700～900 mm，工作层采用镁砖或镁铝砖。反拱中心角一般为 20°～45°，视熔体密度和熔池深度考虑，熔池深、熔体密度大、中心角宜大，如熔池深度 1.3～1.4 m 的粗铅连续精炼炉，其中心角为 180°。

烧结炉底一般厚 1100～1400 mm。烧结层材质主要有石英烧结层和镁铁烧结层。石英烧结炉底采用含 90%～95% $SiO_2$ 的石英砂及 5% 的耐火泥拌水捣筑后烧结，烧结层一般厚 600～700 mm，由于侵蚀较快，目前已不采用。镁铁烧结层用冶金镁砂和氧化铁粉拌卤水捣筑后烧结。镁铁烧结层致密坚实，不易渗漏，使用寿命长。

### 二、炉墙

熔炼反射炉的内墙多采用镁砖、镁铝砖砌筑。个别重要部位用铬镁砖砌筑。对周期性作业的炉子，因温度波动大，为增加炉墙的稳定性，炉墙往往砌成弧形。为了提高耐火砖使用寿命，在炉墙渣线部位的易损坏区域设置冷却元件。

### 三、炉顶

炉顶有砖砌拱顶，吊挂炉顶和拱顶与弹簧压紧结合式炉顶。对周期性作业的反射炉或炉宽较小的炉子，通常采用砖砌拱顶，其拱顶中心角一般为 40°～60°，拱顶砖厚度为 230～380 mm。吊挂炉顶中心角一般为 30°～60°，拱顶砖厚 380～420 mm。拱顶砖采用环砌或错砌，错砌拱顶整体强度好，但砖的尺寸公差要求小。弹簧压紧式拱顶能自动调节拱顶伸胀或收缩的变化，减轻人工松紧拉杆的操作。

## 四、加料口

熔炼锡、铋和处理铅浮渣周期性作业的熔炼反射炉，其加料口一般设在炉顶。加料口的大小视炉料的条件确定。炉顶加料口一般为水套式，其加料口实践数据示例见表3.12-1、表3.12-2所示。

**表3.12-1　周期作业熔炼反射炉炉顶加料口实际数据示例**

| 厂　名 | 炉子用途 | 炉膛尺寸（长×宽）/m×m | 加料口尺寸/m | 加料口数量/个 | 加料口沿炉长方向分布的间距/m | 加料口中心线与炉侧墙距离/m | 备　注 |
|---|---|---|---|---|---|---|---|
| 云锡一冶 | 熔炼锡精矿产粗锡 | 12.720×3.470 | | 7×2 | 0.900～1.800 | 0.500～0.835 | 料口纵向间距最大者为2.04 m |
| 广州冶炼厂 | 熔炼锡精矿产粗锡 | 8.000×2.750 | 0.25×0.25 | 4+6 | 0.850～1.000 | 0.500 | 料口纵向间距最大者为2.04 m |
| 株洲冶炼厂 | 处理铅浮渣 | 4.265×2.413 | 1.100×0.800 | 1 | 距火桥1.668 | 距炉门一侧1.253<br>距另一侧1.160 | 为水冷式加料口 |
| 株洲冶炼厂 | 熔炼铋精矿产粗铋 | 4.890×2.370 | ϕ0.400 | 2 | 1.180 | 1.185 | |

**表3.12-2　铜精炼反射炉加料口实践数据示例**

| 项　目 | | 白银选冶 | 沈阳冶炼厂 | 云南冶炼厂 | 上海冶炼厂 | 株洲冶炼厂 | 武汉冶炼厂 | 富春江冶炼厂 | 常州冶炼厂 |
|---|---|---|---|---|---|---|---|---|---|
| 装入量/t·炉$^{-1}$ | | 135～140 | 105 | 100～120 | 95～100 | 55 | 36 | 30 | 25 |
| 炉膛尺寸/m | 长 | 7.600 | 7.900 | 8.778 | 7.700 | 5.660 | 4.600 | 4.250 | 4.797 |
| | 宽 | 3.070 | 2.700 | 3.300 | 3.000 | 2.500 | 1.900 | 2.000 | 1.615 |
| 入炉物料的物理状态 | | 热料75%<br>冷料25% | 热料90%<br>冷料10% | 热料70%<br>冷料30% | 全部冷料 | 全部冷料 | 全部冷料 | 全部冷料 | 热料43%、冷料57%、转炉停炉时全部加冷料 |
| 加料方式 | | 热料用活动溜槽由炉前操作门注入；冷料用桥式加料机由炉前加料口加入 | 热料由炉尾固定溜槽注入；冷料由炉前加料口加入 | 热料用活动溜槽由炉尾扒渣门注入；冷料由炉前加料口加入 | 桥式加料机炉前加料 | 加料机炉前加料 | 由炉前加料口人工加料 | 箕斗提升，炉顶加料 | 吊车炉顶加料 |
| 优　点 | | （1）热利用合理；<br>(2)加料速度快 | （1）热利用合理；<br>（2）结构简单，进料速度快；<br>（3）适于与保温炉配合 | （1）热利用合理；<br>（2）加料速度快 | （1）劳动强度低，操作方便；<br>（2）冷料加入快 | （1）劳动强度低，操作方便；<br>（2）冷料加入快 | | （1）加料口结构简单，造价低；<br>（2）加料较方便 | （1）加料口结构简单，造价低；<br>（2）加料较方便 |

续表 3.12-2

| 项　目 | | 白银选冶 | 沈阳冶炼厂 | 云南冶炼厂 | 上海冶炼厂 | 株洲冶炼厂 | 武汉冶炼厂 | 富春江冶炼厂 | 常州冶炼厂 |
|---|---|---|---|---|---|---|---|---|---|
| 缺　点 | | (1)每次加料需临时装设活动溜槽，操作频繁；(2)需占用吊车加料 | | 要配备吊车加料 | (1)桥式加料机结构庞大，造价高；(2)投料杆回转角度受限制 | (1)桥式加料机结构庞大，造价高；(2)投料杆回转角度受限制 | 劳动强度大，加料速度慢 | (1)炉顶寿命短，热损失较大；(2)对炉底冲击大 | (1)炉顶寿命短，热损失较大；(2)要占用吊车加料 |
| 加料口(工作门)尺寸/m | 宽 | 大加料门 1.55；小加料门 0.68 | 1.60 | 1.45 | 1.45 | 1.20 | 1.00 | 0.85 | 1.65 |
| | 高 | 大加料门 0.90；小加料门 0.50 | 1.00 | 0.90 | 0.80 | 0.70 | 0.60 | 0.65 | 0.81 |

粗铜精炼反射炉加料口一般利用操作门，少数从炉顶加料。操作门加料口采用机械加料时，加料口一般为 1500 mm×900 mm，人工加料时，一般为 1200 mm×600 mm。加料口的尺寸应根据料块大小和加料方式决定。

## 五、放出口

反射炉的放出口主要有洞眼式、扒口式和虹吸式三种。洞眼式放出口，在放出口外侧的炉墙上，有的加护板，有的加冷却水套，视放出口的损坏速度加以选择。普通洞眼放出口，放铜口一般为 $\phi$15～30 mm，放锡口一般内口 150 mm×300 mm，外口为 200 mm×300 mm，其结构形式见图 3.12-1，其实践数据示例见表 3.12-3、表 3.12-4。

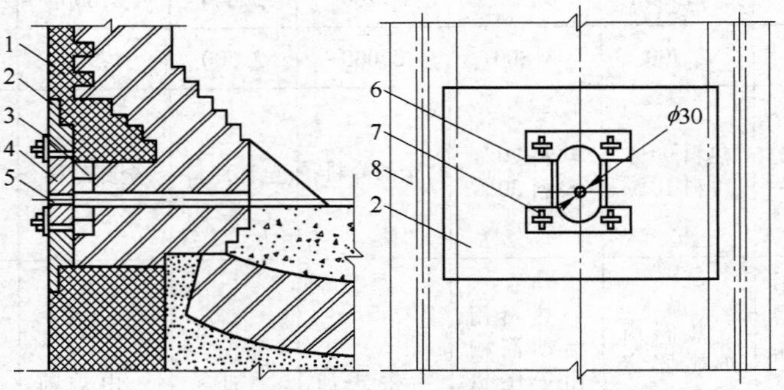


图 3.12-1　护板洞眼放铜锍口结构示意图

1—炉墙；2—铸铁护板；3—独立砖组；4—活动铸铁压板；5—出铜口；6—压板；7—楔子；8—立柱

**表 3.12-3　洞眼式放锡口实践数据示例**

| 厂　名 | 云 锡 一 冶 | 广州冶炼厂 |
|---|---|---|
| 炉床面积/$m^2$ | 35 | 18 |
| 熔池深度/m | 0.400 | 0.400 |
| 每炉产锡量/t | 5.5～6 | 4～4.5 |
| 放锡口结构形式 | 带水套护板的洞眼放锡口 | 砖砌洞眼放锡口 |
| 放锡口位置 | 炉子侧墙上，距炉前端墙 7.44 m | 炉子侧墙上，距炉后端墙外侧 4.71 m |

续表 3.12-3

| 厂 名 | 云 锡 一 冶 | 广州冶炼厂 |
|---|---|---|
| 放锡口尺寸/mm×mm | 内 150×300,外 200×300 | 120×135 |
| 备 注 | (1) 水套护板尺寸为 600 mm×600 mm×350 mm;<br>(2) 放锡口下沿与炉底最低点平 | 放锡口下沿与炉底最低点平 |

**表 3.12-4 洞眼式洞口放铜口实践数据示例**

| 厂 名 | 白银选冶 | 沈阳冶炼厂 | 上海冶炼厂 | 株洲冶炼厂 | 富春江冶炼厂 | 武汉冶炼厂 | 常州冶炼厂 |
|---|---|---|---|---|---|---|---|
| 每炉产量/t | 130 | 110~115 | 95 | | 30 | 35 | 25 |
| 最大熔池深度/m | 0.950 | 0.630 | 0.680 | | 0.500 | 0.650 | 0.461 |
| 铜口留设位置 | 炉侧墙尾部 | 炉侧墙中部 | 后端墙中部 | 后端墙 | | 炉尾部 | 前端墙 |
| 浇铸速度/$t\cdot h^{-1}$ | 20~25 | 16~20 | 23~25 | | 7~8 | 10 | 10 |
| 浇铸时间/h | 6~7 | 6 | 4 | 4~5 | 约 4 | 3 | 2.75 |
| 铜口孔眼直径/mm | $\phi$30 | $\phi$27 | 内 160×200<br>外 $\phi$30 | | 内 120×115<br>外 $\phi$22 | $\phi$20 | $\phi$20 |

扒口式放出口,用于周期作业反射炉。在炉内同时存在熔渣、冰铜和粗铜等多层熔体时,多数采用这种方式。铜精炼反射炉也有采用这种方式的。这种放出口其优点是容易控制熔体放出速度,而且放出口不容易堵塞,缺点是人工操作量大。这种放出口,要求炉底向放出口方向倾斜 1%~2%。铜、铋放出口的结构见图 3.12-2 所示。

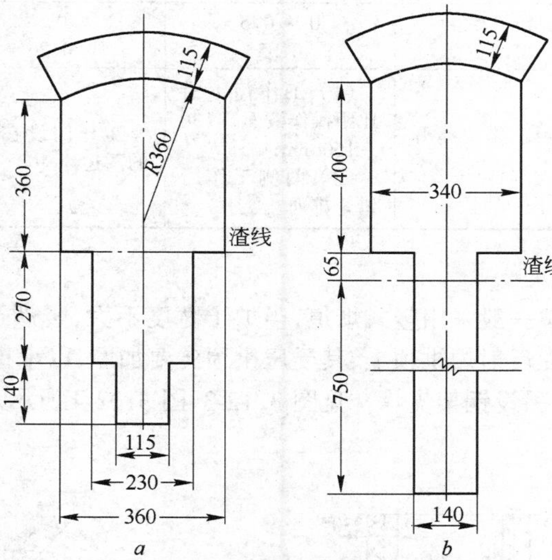


图 3.12-2 扒口式金属放出口结构形式示意图

*a*—放铋溜口结构;*b*—放铜溜口结构

## 六、放渣口

精炼反射炉设放渣的扒渣门,一般为 0.3 m×0.5 m~0.5 m×0.8 m,根据渣量和操作而定。多数扒渣门设在炉子的后端墙上。渣口门下沿应低于最大液面 100~200 mm。炼锡、铋的熔炼反射炉,为周期作业炉,但炉渣一次放完,其放渣口尺寸一般为宽 0.12~0.3 m,高 0.3~0.36 m。渣口低于最大液面 200~400 mm。

## 七、火桥

烧煤燃烧室(火室)与熔池之间设有火桥(挡风墙),以消除低温区对熔体加热的影响。由于火桥两面受热,易被侵蚀损坏,一般选用较好的耐火砖砌筑,并且在火桥墙内设置水套或自然通风道对墙体冷却,故火桥砖体较厚,一般为 0.85～1.2 m。火桥高度不宜过高,应防止火桥底部熔体受低温影响。同时应合理设置火桥表面的形状和倾斜角度。

## 八、工作门

反射炉的工作门用于加入块料,插入风管、油管进行氧化、还原,向炉内加入熔剂等操作。工作门的数量和位置根据炉子的大小和用途而定。铜精炼反射炉,其加料口和工作门是合并的,锡、铋熔炼炉、铅浮渣处理反射炉在炉墙上设有工作门,炉门上有窥视孔,风管、油管插入孔等。炉门的升降有人工控制、手动葫芦卷扬或电动卷扬,也可采用气动方式。其工作门实例见表 3.12-5。

**表 3.12-5　周期作业熔炼反射炉工作门实例**

| 项　目 | | 云锡一冶 | 广州冶炼厂 | 株洲冶炼厂 | 株洲冶炼厂 |
|---|---|---|---|---|---|
| 作业性质 | | 炼　锡 | 炼　锡 | 炼　铋 | 处理铅浮渣 |
| 炉膛尺寸/m | 长 | 12.72 | 8.00 | 4.89 | 4.265 |
| | 宽 | 3.47 | 2.70 | 2.37 | 2.413 |
| 工作门个数/个 | | 4+2 | 3 | 2 | 2 |
| 工作门中心距/m | | 最大 9.87<br>最小 2.32 | | 3.26 | 2.05 |
| 工作门尺寸/m | 宽 | 0.45/0.55 | 0.4/0.5 | 0.3 | 0.48 |
| | 高 | 0.4 | 0.35 | 0.26 | 0.405 |
| 备　注 | | 两侧工作门错开排列 | (1) 工作门下沿比距操作液面高 130～150 mm;<br>(2) 两侧工作门错开排列 | 工作门设在料堆的两边 | (1) 工作门下沿比操作液面高 75 mm;<br>(2)工作门设在料堆两边 |

## 九、烟道

周期性作业的反射炉一般采用竖式烟道,当炉子宽度不大,竖烟道垂直部分不高时,可直接将竖烟道的一个侧墙压在反射炉拱顶上,其受压拱顶砖要加厚,以承担烟道墙体重量。当炉宽较大或竖烟道较高时,则应另设钢架支承。见图 3.12-3、图 3.12-4 所示。

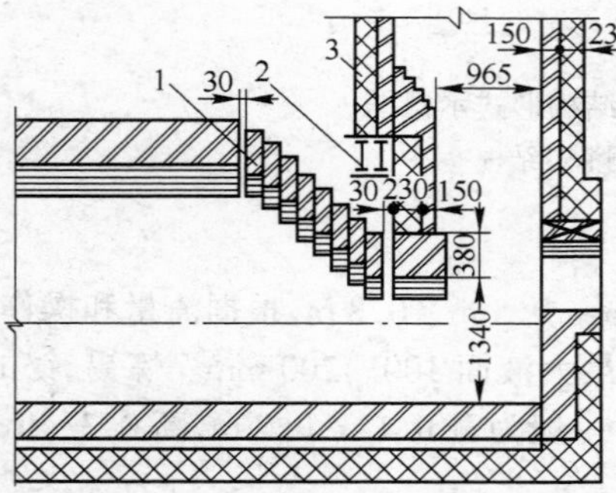


图 3.12-3　托梁式竖烟道结构示意图

1—炉顶斜拱段;2—支承钢架;3—竖烟道

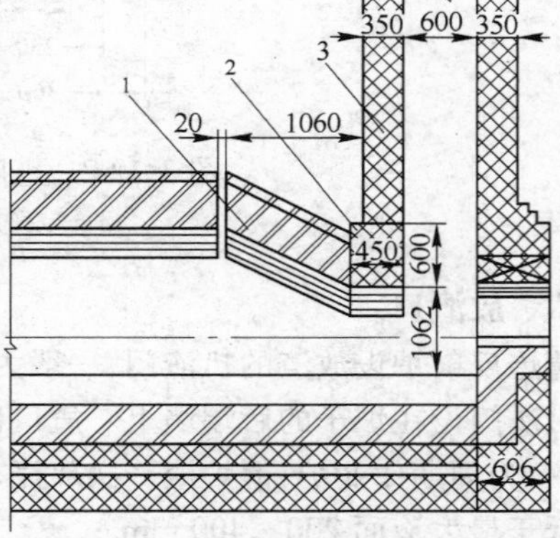


图 3.12-4　无托梁竖烟道结构示意图

1—炉顶斜拱段;2—竖烟道支承拱;3—竖烟道

为加强炉尾熔池的表面传热，减少炉尾操作门的吸入冷风，一般将竖烟道下方的炉顶降低高度，称为下压炉顶。下压炉顶距炉底高度一般为1.1～1.25 m，低的为1.05 m，高的为1.4 m。下压炉顶高度和烟道断面尺寸实例数据见表3.12-6。

**表3.12-6　周期作业反射炉下压炉顶高度和烟道断面尺寸实例数据**

| 炉子用途 | 炼锡 | | 炼铋 | 处理铅浮渣 | 粗铜精炼 | | | | | | | |
|---|---|---|---|---|---|---|---|---|---|---|---|---|
| 厂名 | 云锡一冶 | 广州冶炼厂 | 株洲冶炼厂 | 株洲冶炼厂 | 白银选冶厂 | 沈阳冶炼厂 | 云南冶炼厂 | 上海冶炼厂 | 株洲冶炼厂 | 富春江冶炼厂 | 武汉冶炼厂 | 常州冶炼厂 |
| 炉床面积/$m^2$ | 35 | 18 | 10 | 10.6 | 20 | 约20 | 25 | 20 | 13 | 7.8 | 7.5 | 6.4 |
| 燃料种类 | 粗制粉煤 | 块煤 | 块煤 | 块煤 | 重油 | 重油 | 粗制粉煤 | 重油 | 重油 | 重油 | 块煤 | 重油 |
| 燃料用量/$kg \cdot h^{-1}$ | 780～840 | 500 | 250 | 330 | 200～500 | 500 | 600～800 | 最大1000～1070 | 300～340 | 240～300 | 545～622 | 170～180 |
| 工作烟量/$m^3 \cdot h^{-1}$ | | 5600 | 3400～4000 | 6100～7450 | 5300～5900 | 5600 | | 约12400 | | | | 3348 |
| 下压炉顶距炉底/m | | 1.260 | 0.958 | 1.177 | 1.340 | 1.100 | 1.400 | 1.250 | 1.050 | 1.030 | 1.100 | 0.960 |
| 下压炉顶处烟气出口断面 宽/m<br>高/m | | 0.86 | 0.548 | ($0.68m^2$)<br>0.35 | 1.350<br>0.450 | 1.600<br>0.650 | 1.600<br>0.650 | 1.200<br>0.550 | 1.000<br>0.600 | 0.850<br>0.600 | 0.700<br>0.600 | 0.935<br>0.620 |
| 烟道断面尺寸(长×宽)/m×m | 2.000×1.000 | 1.265×2.750 | 1.000×0.700 | 1.800×0.765 | 1.280×0.968 | 1.000×1.000 | 1.600×0.800 | | | 0.940×0.600 | 0.600×0.700 | 0.935×0.580 |
| 烟气出炉温度/℃ | 950～1100 | 1150～1200 | 950～1050 | 900～1100 | 1150～1200 | 1200～1300 | 1100～1200 | 1250～1300 | 1150～1200 | 1200～1250 | 1050～1100 | 约1200 |
| 下压炉顶处烟气出口速度①/$m \cdot s^{-1}$ | | | 约8 | 炉头8.5<br>炉尾11～14 | 5.89～6.57 | | 10～16 | | | | | 16 |

① 因烟气量不准，此为估算值。

## 第三节　炉体主要尺寸计算

### 一、炉床面积

炉床面积 $F$($m^2$)：

$$F=\frac{A}{\alpha\sigma} \tag{3.12-1}$$

式中　$A$——炉子生产能力(按炉料)，t/d；

　　$\alpha$——炉子单位生产率(床能率)，t/($m^2$·d)。

炉子单位生产率与物料种类、熔炼性质、炉子大小、加料方式、燃料种类等多方面因素有关，床能率的一般数值见表3.12-7，同类工厂的实例数据见表3.12-8。

**表3.12-7　周期作业反射炉床能率**

| 炉子用途 | 入炉物料 | 一般指标 | | 先进指标 | |
|---|---|---|---|---|---|
| | | 操作炉时/h | 床能率/$t \cdot (m^2 \cdot d)^{-1}$ | 操作炉时/h | 床能率/$t \cdot (m^2 \cdot d)^{-1}$ |
| 炼锡 | 锡精矿 | 8～10 | 0.8～1.2 | 8 | 1.4～1.8 |

续表 3.12-7

| 炉子用途 | 入炉物料 | 一般指标 | | 先进指标 | |
|---|---|---|---|---|---|
| | | 操作炉时/h | 床能率/t·(m²·d)⁻¹ | 操作炉时/h | 床能率/t·(m²·d)⁻¹ |
| 炼　铋 | 铋精矿 | 16～18 | 1.0～1.5 | 18 | 1.8 |
| 处理浮渣 | 块状铅浮渣 | 14～18 | 约 4 | 12 | 5～6 |
| 粗铜精炼 | 铜锭冷料 | 12～14 | 5～7 | 约 12 | 9 |
| | 液体粗铜 | 11～12 | 7～9 | 8～10 | 10～11 |

**表 3.12-8　周期作业反射炉床能率实例数据**

| 炉子用途 | 炼锡 | | 炼铋 | 处理铅浮渣 | 粗铜精炼 | | | | | | | | |
|---|---|---|---|---|---|---|---|---|---|---|---|---|---|
| 厂名 | 云锡一冶 | 广州冶炼厂 | 株洲冶炼厂 | 株洲冶炼厂 | 沈阳冶炼厂 | 云南冶炼厂 | 上海冶炼厂 | 株洲冶炼厂 | 武汉冶炼厂 | 富春江冶炼厂 | 常州冶炼厂① | 广州轧延厂 | 白银选冶厂 |
| 炉料性质 | | | $w$(Bi)＞15% $w$(As)＜1% | | 热料90% 冷料10% | 热料70% 冷料30% | 全部冷料 | 全部冷料 | 全部冷料 | 全部冷料 | 热料43% 冷料57% | 全部冷料 | 热料70% 冷料30% |
| 每炉装料量/t | | | | | 105 | 100～120 | 95～100 | 55～60 | 36 | 30 | 25 | 20 | 135～140 |
| 熔池面积/m² | 35 | 18 | 10 | 10.6 | 20 | 25 | 20 | 13 | 7.5 | 7.8 | 7 | 6.4 | 20 |
| 每炉作业时间/h | | | | | 12～14 | 24～40 | 13～14 | 16～18 | 16～20 | 13～14.5 | 14～15 | 15～17 | 8～10 |
| 床能率/t·(m²·d)⁻¹ | 1.1～1.4 | 0.8～1 | 1～1.5 | 4～6 | 10 | 3～4 | 7～8 | 5～7 | 4.8～6.0 | 4.7～6 | 6.7 | 4.7～5.35 | 8 |

① 常州冶炼厂在转炉停炉时全部加冷料。

## 二、炉长与炉宽

炉膛长度 $L$(m)应按炉膛长宽 $B$(m)比确定，一般 $L:B=1.7～3.5$，对火炬式燃烧取大值，层式燃烧取小值。其工厂数据见表 3.12-9。

**表 3.12-9　周期作业反射炉炉膛长宽比等有关实例**

| 炉子用途 | 炼锡 | | 炼铋 | 处理铅浮渣 | 粗铜精炼 | | | | | | | | |
|---|---|---|---|---|---|---|---|---|---|---|---|---|---|
| 厂名 | 云锡一冶 | 广州冶炼厂 | 株洲冶炼厂 | 株洲冶炼厂 | 白银选冶厂 | 沈阳冶炼厂 | 云南冶炼厂 | 上海冶炼厂 | 株洲冶炼厂 | 武汉冶炼厂 | 富春江冶炼厂 | 常州冶炼厂 | 广州轧延厂 |
| 燃料种类 | 粗制粉煤 | 块煤 | 块煤 | 块煤 | 重油 | 重油 | 粗制粉煤 | 重油 | 重油 | 块煤 | 重油 | 重油 | 重油 |
| 燃烧方式 | 粉煤燃烧器 | 火室燃烧 | 火室燃烧 | 火室燃烧 | 喷嘴供热 | 喷嘴供热 | 喷嘴供煤火室点火 | 喷嘴供热 | 喷嘴供热 | 人工火室烧煤 | 喷嘴供热 | 喷嘴供热 | 喷嘴供热 |
| 炉膛尺寸/mm×mm | 1270×3470 | 8000×2750 | 4890×2370 | 4265×2413 | 7600×3070 | 7900×2700 | 8178×3300×2040 | 7700×3000 | 5660×2500 | 4600×1900 | 4250×2000 | 4797×1615 | 4450×1500 |
| 形状系数 | 0.80 | 0.82 | 0.915 | 0.97 | 0.86 | 0.94 | 0.86 | 0.87 | 0.92 | 0.86 | 0.92 | 0.90 | 0.96 |
| 炉膛长:宽 | 3.66:1 | 2.91:1 | 2.06:1 | 1.77:1 | 2.47:1 | 2.92:1 | 2.56:1 | 2.56:1 | 2.66:1 | 2.42:1 | 2.12:1 | 2.96:1 | 2.96:1 |
| 燃料消耗量/kg·h⁻¹ | 780～840 | 500 | 250 | 330 | 200～500 | 500 | 600～800 | 最大1000～1070 | 300～340 | 545～622 | 240～300 | 170～180 | 140～160 |

续表 3.12-9

| 炉子用途 | 炼 锡 | | 炼 铋 | 处理铅浮渣 | 粗 铜 精 炼 | | | | | | | | |
|---|---|---|---|---|---|---|---|---|---|---|---|---|---|
| 厂 名 | 云锡一冶 | 广州冶炼厂 | 株洲冶炼厂 | 株洲冶炼厂 | 白银选冶厂 | 沈阳冶炼厂 | 云南冶炼厂 | 上海冶炼厂 | 株洲冶炼厂 | 武汉冶炼厂 | 富春江冶炼厂 | 常州冶炼厂 | 广州轧延厂 |
| 燃料率 | 55%～60%（占精矿） | 10%～15%（占精矿） | 40%～50% | 10%～14% | 每吨铜74～75 kg | 每吨铜84～95 kg | 每吨铜200～250 kg | 每吨铜90～100 kg | 每吨铜95～110 kg | 每吨铜280～320 kg | 每吨铜100～130 kg | 每吨铜约100 kg | 每吨铜110～120 kg |

$$L=\sqrt{\frac{Fn}{\phi}} \tag{3.12-2}$$

式中 $n$——炉膛长宽比，$n=\frac{L}{B}$；

$\phi$——形状系数，炉床实际面积与矩形面积的比值，一般为0.8～0.9。

为保持炉内温度均匀，对烧煤的层式燃烧室的炉子，其长度不宜大于7～8 m。煤的挥发物越少，其长度应越小。长度确定后，炉宽 $B$ 按下式计算：

$$B=\frac{F}{\phi L}$$

## 三、炉膛高度

炉膛高度 $H$ 为：

$$H=H_{池}+H_{空} \tag{3.12-3}$$

式中 $H_{池}$——熔池深度，m；

$H_{空}$——炉膛净空高度，m。

### （一）熔池深度

熔池平均深度 $H_{池}$(m)按下式计算：

$$H_{池}=\left(\frac{G_{金}}{\gamma_{金}}+\frac{G_{渣}}{\gamma_{渣}}\right)\frac{1}{F} \tag{3.12-4}$$

式中 $G_{金}$、$G_{渣}$——每炉产出的金属量、渣量，t；

$\gamma_{金}$、$\gamma_{渣}$——熔体金属、熔渣的密度，t/m³。

最大熔池深度应按炉底具体形状确定。对于反拱式炉底，按其中心角、反拱半径计算。周期性作业反射炉的熔池深度，一般为0.5～0.9 m，铜精炼反射炉比炼锡、炼铋、铅浮渣反射炉的熔池深些，但铜料杂质多时，为便于氧化造渣，熔池宜浅些。粗铅连续脱铜反射炉的熔池深度达1.5～1.7 m。

### （二）炉膛净空高度

炉膛净空高度($H_{净}$)应按炉膛内气体流速考虑，炉内烟气实际流速一般为5～9 m/s，对物料粒度较细、密度较小时取低值，按气体流速计算出的炉膛净空面积由拱顶弓形面积($S_{弓}$)与炉膛矩形面积($S_{矩}$)组成。

拱顶弓形面积按拱顶中心角、炉宽计算。

$$H_{净}=\frac{S_{弓}+S_{矩}}{W_{池}}$$

式中 $S_{弓}$——炉顶弓形净空面积，m²；

$S_{矩}$——炉膛矩形净空面积，m²；

$W_{池}$——炉膛烟气速度，m/s。

应该说明，炉膛净空高度要适宜，尤其是小型炉，净空高度大，火焰不能充满炉膛，物料熔化速度慢。炉膛净空高度实例数据见表 3.12-10、表 3.12-11。

**表 3.12-10　周期作业熔炼反射炉炉膛工作高度实例数据**

| 炉子用途 | 炼锡 | | 炼铋 | 处理铅浮渣 |
|---|---|---|---|---|
| 厂名 | 云锡一冶 | 广州冶炼厂 | 株洲冶炼厂 | 株洲冶炼厂 |
| 炉膛尺寸(长×宽)/mm×mm | 12720×3470 | 8000×2750 | 4890×2370 | 4265×2413 |
| 炉头温度/℃ | 1350 | 1300 | 1250～1300 | 1250～1400 |
| 每炉金属产量/t | 5.5～6.0 | 4～4.5 | 2 | 25～30 |
| 每炉渣产量/t | | 5～5.5 | | |
| 熔池深度/m | 0.40 | 0.40 | 0.41 | 0.827 |
| 炉膛净空高度/m | 1.096 | 1.147 | 0.841 | 0.870 |
| 炉膛总高度/m | 1.496 | 1.547 | 1.251 | 1.697 |
| 炉顶中心角/(°) | 52 | 50 | 56 | 60 |

**表 3.12-11　铜精炼反射炉炉膛高度实例数据**

| 厂名 | 白银选冶厂 | 沈阳冶炼厂 | 云南冶炼厂 | 上海冶炼厂 | 株洲冶炼厂 | 富春江冶炼厂 | 沈阳电缆厂 | 武汉冶炼厂 | 常州冶炼厂 | 广州轧延厂 |
|---|---|---|---|---|---|---|---|---|---|---|
| 炉膛尺寸(长×宽)/m×m | 7.600×3.070 | 7.900×2.700 | 8.778×3.300 | 7.700×3.000 | 5.660×2.500 | 4.250×2.000 | 6.500×2.400 | 4.600×1.190 | 4.797×1.615 | 4.450×1.500 |
| 炉温(熔化期)/℃ | 1300～1350 | 1300～1400 | 1300～1350 | 1500～1550 | 1300～1400 | 1300～1400 | 1350 | 1250～1300 | 1350 | 1300～1400 |
| 每炉金属产量/t | 135 | 110～115 | 100 | 95 | 55～60 | 30 | 50 | 35 | 25 | 16 |
| 每炉渣产量/t | 4.5～4.7 | 1.2～1.8 | | 0.45～0.55 | | 0.8～0.9 | 0.6 | 0.8～0.9 | 1.3～1.4 | 0.8～0.9 |
| 熔池深度/m | 0.950 | 0.630 | 0.750 | 0.680 | 0.600 | 0.500 | 0.490 | 0.650 | 0.461 | 0.640 |
| 炉膛净空高度/m | 1.270 | 1.020 | 1.290 | 1.120 | 1.015 | 0.850 | 1.468 | 0.990 | 0.800 | 1.030 |
| 炉膛总高度/m | 2.220 | 1.650 | 2.040 | 1.800 | 1.615 | 1.350 | 1.958 | 1.640 | 1.260 | 1.610 |
| 炉顶中心角/(°) | 45 | 60 | 60 | 38 | 51 | 48 | 60 | 50 | 40 | |

## 四、炉气出口处横截面积

对下压式炉顶，炉气出口处横截面积 $A_{下压}$($m^2$)：

$$A_{下压}=\frac{V_0\cdot(1+\beta t_{出})}{3600w_{气}} \tag{3.12-5}$$

式中　$V_0$——标准状况下的烟气量，$m^3/h$；

$\beta$——$\frac{1}{273}$；

$t_{出}$——出口处烟气温度，℃；

$w_{气}$——烟气实际流速，m/s，一般为 8～15 m/s。

计算炉尾垂直烟道的横截面积时，垂直烟道中烟气流速一般取 5～9 m/s，有排烟机时为 8～15 m/s。

## 五、燃烧室尺寸

对于液体、气体和粉煤燃料，不须设置专门的燃烧室。采用碎煤的层式燃烧室其尺寸按下列方法确定。

### (一) 炉栅面积(火室面积)

水平炉栅面积 $A_{栅}(m^2)$:

$$A_{栅}=\frac{B_{燃}}{R_{栅}} \tag{3.12-6}$$

式中 $B_{燃}$——燃料消耗量,kg/h;

$R_{栅}$——炉栅强度,kg/($m^2$·h),参照表 3.12-12 选取。

**表 3.12-12 层式燃烧室炉栅强度参考值**

| 燃料名称 | 炉栅强度 $R_{栅}$/kg·$(m^2·h)^{-1}$ | | | | | |
|---|---|---|---|---|---|---|
| | 强制通风 | | 自然通风 | | 半煤气化(强制通风) | |
| | 人工加煤 | 机械加煤 | 人工加煤 | 机械加煤 | 人工加煤 | 机械加煤 |
| 无烟煤 | 60~100 | 80~180 | 30~75 | 40~90 | 80~195 | 120~230 |
| 烟 煤 | 70~150 | 100~200 | 35~85 | 50~100 | 90~200 | 130~250 |

阶梯形或倾斜炉栅面积:

$$A'_{栅}=\frac{A_{栅}}{\cos\alpha}$$

式中 $\alpha$——炉栅与水平面夹角,阶梯形一般为 40°~45°;倾斜炉栅,$\alpha$ 一般为 30°~36°。

对于挥发分高且粒度较大,较均匀的不易结渣的煤,取表 3.12-12 中高值,反之取低值,炉温要求高时也取高值。炉栅面积(火室面积)与炉膛面积的有关参数见表 3.12-13 所示。

**表 3.12-13 燃煤的周期作业反射炉火室面积与炉膛面积有关参数示例**

| 厂 名 | 广州冶炼厂 | 株洲冶炼厂 | 株洲冶炼厂 | 云南冶炼厂 | 武汉冶炼厂 |
|---|---|---|---|---|---|
| 炉子用途 | 炼 锡 | 炼 铋 | 处理铅浮渣 | 粗铜精炼 | 粗铜精炼 |
| 火桥高度/m | 0.50 | 0.714 | 0.70 | 0.99 | 0.80 |
| 火桥厚度/m | 1.00 | 0.850 | 0.93 | 1.46 | 1.10 |
| 火桥冷却方式 | 水 冷 | 水冷加自然冷却 | 水冷加自然冷却 | 自然冷却 | 水冷却 |
| 炉膛面积/$m^2$ | 18 | 10 | 10.6 | 25 | 7.5 |
| 火室面积/$m^2$ | 3.5 | 1.8 | 2 | 2.54 | 2.2 |
| 炉膛面积:火室面积 | 5.15 | 5.55 | 5.3 | 9.85 | 3.41 |

注:云南冶炼厂 25 $m^2$ 铜精炼反射炉和武汉冶炼厂 7.5 $m^2$ 铜精炼反射炉的火室实际上只起粗制粉煤的点火作用。

### (二) 燃烧室长度、宽度

燃烧室的长度和宽度应根据炉栅面积、燃烧室配置确定。人工加煤时,其长度不超过 2m,沿炉栅宽度每隔 1~1.2 m 设一个加煤门。炉条长度一般不应大于 1.2 m,大于 1.2 m 应设双排炉条。燃烧室面积(炉栅面积)也可按炉膛面积与燃烧室面积比值的经验数据确定。炉膛面积与燃烧面积的比值一般为 4.5~6.5,对吸热多、炉温高的熔炼炉取小值,反之取大值。

### (三) 燃烧室容积

燃烧室容积 $V_{容}(m^3)$:

$$V_{容}=\frac{B_{燃}\cdot Q_{低}}{q_{容}} \tag{3.12-7}$$

式中　$Q_{低}$——燃料低发热值,kJ/kg;

$q_{容}$——容积热强度,kJ/(m$^3$·h),烟煤为(1050～1890)×10$^3$ kJ/(m$^3$·h),无烟煤为(1260～1470)×10$^3$ kJ/(m$^3$·h)。

**(四)燃烧室高度**

有效高度:

$$H_{效}=\frac{V_{容}}{A_{栅}}$$

总高度:

$$H_{总}=H_{效}+H_{煤}$$

式中　$H_{煤}$——包括煤层和灰层厚度,m,按表 3.12-14 选择。

**表 3.12-14　煤层和灰层厚度参考值**

| 燃料名称 | | 无烟煤 | 烟煤 | 褐煤 | 泥煤 |
|---|---|---|---|---|---|
| 煤层厚度/m | 薄煤层 | 0.06～0.15 | 0.1～0.2 | 0.2～0.3 | 0.3～0.4 |
| | 半煤气化厚煤层 | 0.2～0.4 | 0.2～0.4 | 0.4～0.6 | 0.8～1.0 |
| 灰层厚度/m | | 0.05～0.10 | | | |

# 第十三章　闪　速　炉

## 第一节　概　　述

闪速炉是处理粉状硫化矿物的一种强化冶炼设备，一般由精矿喷嘴、反应塔、沉淀池及上升烟道等四个主要部分组成。干燥后含水小于0.3%的炉料和富氧空气或预热空气通过精矿喷嘴进行混合并高速喷入反应塔内。在高温作用下，迅速进行氧化脱硫、熔化、造渣等反应，形成的熔体进入沉淀池后进一步完成造渣过程，并分离成富集金属产品和炉渣。为维持一定的温度，在反应塔和沉淀池内可适当补充一些燃料。熔炼气体产物由上升烟道排出。

闪速炉的主要优点是：烟气量相对小，$SO_2$ 浓度高，利于制酸，可减少环境污染，是一种较清洁的金属提取技术；单台生产能力大，反应塔处理能力高达 40～100 t/($m^2$·d)；节约能源，熔炼能耗约为0.1～0.3 t 标准煤，综合能耗低；过程空气富氧浓度可在23%～95%范围内选择，有利于设备选择和控制烟气总量；过程控制简单，容易实现自动化。但闪速炉熔炼存在着渣内含有用金属高，烟尘率较大，物料准备要求高等缺点。因此，炉渣必须进一步处理。

近年来出现了吹炼闪速炉，其物料为铜锍颗粒或高品位精矿。该技术已获得了实际应用，其炉型、结构、设计数据与熔炼闪速炉相近。由于反应塔内径较小，需采取加强反应塔冷却，加强沉淀池砌筑要求等措施。

本章仅介绍奥托昆普型（竖式）闪速炉。

## 第二节　闪速炉主要结构

### 一、反应塔

反应塔位于沉淀池上方，熔炼过程和主要化学反应在反应塔内进行。塔上部温度为900～1200℃，下部可达1350～1500℃，由于高温炉料的冲刷和化学腐蚀等原因，要求塔壁衬里具有良好的耐高温和抗腐蚀性能。因此，通常选用优质耐火材料砌筑。同时还须采取强制冷却和支撑加固等措施。

反应塔一般为竖式圆筒形，由砖砌体、铜板水套、钢板水套、冷却铜管、外壳、支架等构成，见图3.13-1。

塔顶有拱形与平顶两种形式，一般采用直接结合铬镁砖。平顶炉顶砖由金属吊挂件悬挂。塔顶上有精矿喷嘴孔、辅助供热油喷嘴孔、检测观测孔等。

反应塔塔壁上部（包括拱顶）一般用铬镁砖等耐火材料作内衬，中下部多采用电熔铬镁砖衬砌，其厚度为250～375 mm。塔顶为球顶或吊挂平顶结构，砖厚为350～450 mm。为保护内衬，反应塔的高温部分一般设有5～12环铜水套，每环由20～24块扇形或梯形水平铜板水套组成（厚度为65～75 mm），环间距离0.3～0.7 m。

反应塔钢板外壳通过托板承担内衬砖体的质量。外壳由厚20～28 mm的普通钢板焊接制成。为加强冷却和保持外壳强度，在外壳和砌体间适当地埋设水冷环管，或采用外部喷淋冷却等设施。为加强冷却，可将冷却铜管改为立式铜板水套。在水平铜板水套与下部衬砖之间留一定间隙，防止砖体热膨胀损坏铜水套。

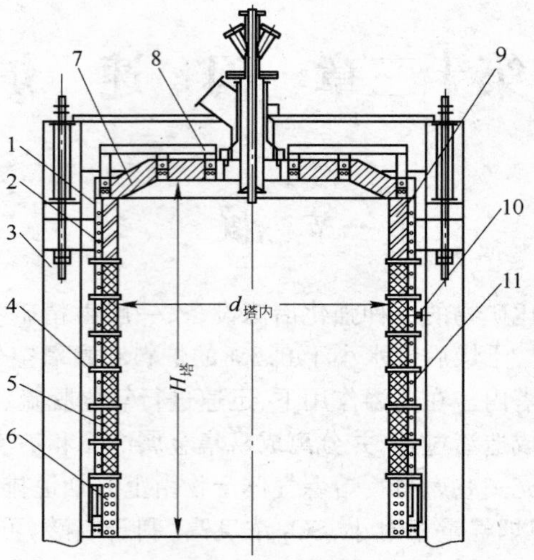


图 3.13-1　反应塔结构示意图

1—外壳；2—铜管；3—支承框架；4—铜水套；5—电熔砖；6—连接部；7—塔顶；8—H 梁；9—铬镁砖；10—测温孔；11—中部铜管

塔体与沉淀池顶的连接部分和沉淀池顶与上升烟道的连接部分(简称连接部)。经受高温熔体及含尘气流的冲刷和强烈侵蚀，衬里极易损坏，需要特殊处理。一般可采用翅片铜管浇注不定形材料；倒 F 形铜水套衬砖形式；锯齿状铜水套衬耐火砖形式。

带翅片铜管捣固耐火浇注料结构，见图 3.13-2。铜水套嵌砌耐火砖结构，见图 3.13-3。

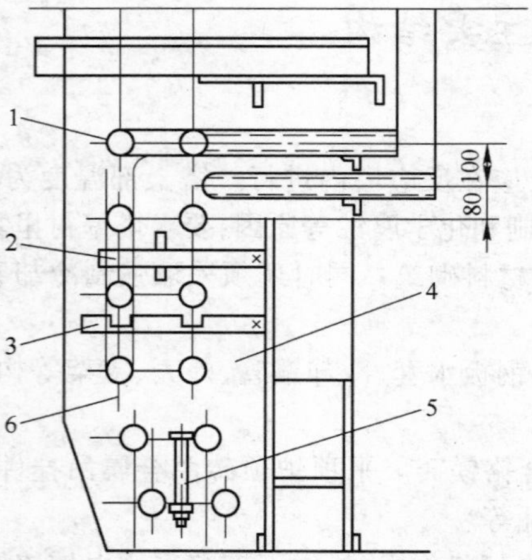


图 3.13-2　带翅片铜管捣打料结构

1—铜管；2—锚固件；3—铜管托板；4—浇注料；5—螺栓；6—翅片

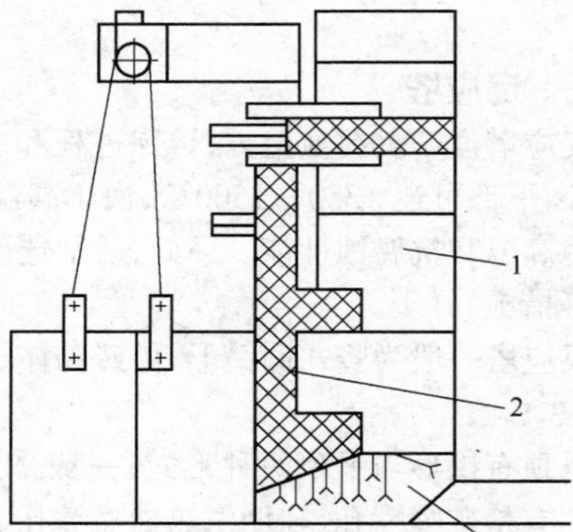


图 3.13-3　铜水套嵌砌耐火砖结构

1—耐火材料；2—铜水套；3—浇注料

为防止热变形，反应塔顶、筒体和连接部悬挂在反应塔框架梁上。塔外壳支承点应设在内衬腐蚀少、外壳变形小的地方，一般设在距塔顶 2～2.5 m 的范围内，对该部分外壳进行冷却效果更好。反应塔主要结构尺寸及技术性能指标实例数据见表 3.13-1。

**表 3.13-1　反应塔主要结构尺寸及技术性能指标实例数据**

| 项　　目 | 足尾（日本） | 贵溪（300kt·$a^{-1}$）（中国） | 佐贺关一号炉（日本） | 佐贺关（日本） | 小坂（日本） | 玉野（日本） | 东予（日本） | 金隆（10kt·$a^{-1}$）（中国） | 金川（中国） | 贵溪（150kt·$a^{-1}$）（中国） | 奥林匹克坝（澳大利亚） |
|---|---|---|---|---|---|---|---|---|---|---|---|
| 精矿种类 | 铜 | 铜 | 铜 | 铜 | 铜 | 铜 | 铜 | 铜 | 镍 | 铜 | 铜 |
| 反应塔横截面积/$m^2$ | 9.6 | 36.29 | 25.4 | 30.17 | 19.62 | 28.26 | 28.26 | 19.62 | 28.26 | 36.29 | 4.9 |
| 反应塔直径/m | 3.50 | 6.80 | 5.70 | 6.20 | 5.00 | 6.00 | 6.00 | 5.00 | 6.00 | 6.80 | 2.50 |
| 反应塔筒体高/m | 7.50 | 7.00 | 7.50 | 5.90 | 6.10 | 7.00 | 6.40 | 7.00 | 7.00 | 7.00 | 4.00 |
| 塔内烟气平均速度/$m·s^{-1}$ | 3.27 | 2.62 | 3.62 | 1.7～2.0 | 2.63 | 2.39 | 2.80 | 1.64 | 2.45 | 1.94 | 1.55 |
| 鼓风含氧/% | 21 | 50 | 23～24 | 79 | 21 | 21 | 21 | 56 | 42 | 46 | 70～80 |
| 烟气温度/℃ | 1350 | 1350 | | 1350 | | | | 1370 | | 1370 | |
| 烟气停留时间/s | 2.29 | 2.67 | | 2.9～3.5 | 2.32 | 3.51 | 2.3 | 4.27 | 2.65 | 3.61 | 2.58 |
| 单位容积热强度/$MJ·(m^3·h)^{-1}$ | 766.2 | 1445 | 1092.8 | | | | 921～963 | 966.5 | 1110 | 928 | 1720 |
| 进风温度/℃ | 400～500 | 25 | 950 | 25 | 450 | 450 | 450 | 25 | 200 | 25 | 25 |
| 处理量/$t·d^{-1}$ | 528 | 3488 | 1340 | 3290 | 600 | 1100 | 1000 | 1352 | 1200 | 2043 | 315 |
| 单位生产率/$t·(m^2·d)^{-1}$ | 55.00 | 96.2 | 51.80 | 109 | 30.57 | 35.60 | 35.30 | 68.90 | 42.46 | 56.29 | 64.20 |

## 二、沉淀池

沉淀池设在反应塔与上升烟道的下面，它的主要作用是进一步完成造渣反应并沉淀分离熔体。沉淀池类似反射炉结构。炉顶有拱形炉顶和吊挂炉顶、拱吊结合炉顶等结构形式。大型炉子一般多采用吊挂炉顶，小型炉子多采用拱形炉顶。炉顶用铬镁砖砌筑，厚度为 300～500 mm。为防止沉淀池顶的轴向变形，保护炉顶，可设置炉顶 H 形水冷梁，见图 3.13-4。

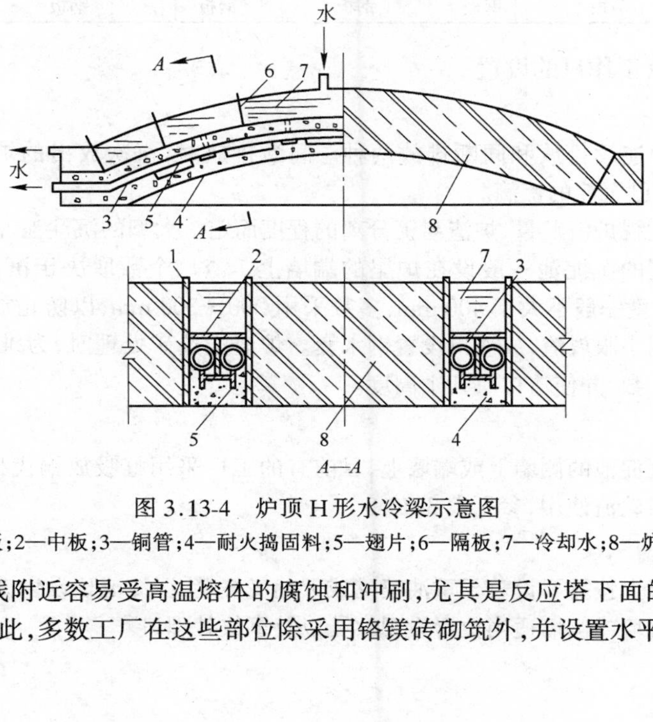


图 3.13-4　炉顶 H 形水冷梁示意图

1—侧板；2—中板；3—铜管；4—耐火捣固料；5—翅片；6—隔板；7—冷却水；8—炉顶砖

沉淀池侧墙渣线附近容易受高温熔体的腐蚀和冲刷，尤其是反应塔下面的沉淀池侧墙和端墙部位更为严重，因此，多数工厂在这些部位除采用铬镁砖砌筑外，并设置水平铜板水套、立式铜板水套、冷却铜管，并在渣线附近的耐火砖外侧设置倾斜铜水套。

沉淀池炉底砌成反拱结构形式，与一般熔炼反射炉相类似。侧板、底板要留有间隙，可向一端自由伸胀。沉淀池砌体组成实例数据列于表3.13-2。

**表3.13-2　沉淀池砌体组成实例数据**

| 名　称 | 足尾（日本） | | 佐贺关（日本） | | 奥托昆普（芬兰） | | 巴亚－马雷（罗马尼亚） | | 贵溪（中国） | | 金川（中国） | | 金隆（中国） | |
|---|---|---|---|---|---|---|---|---|---|---|---|---|---|---|
| | 材料 | 厚度/mm | 材料 | 厚度/mm | 材料 | 厚度/mm | 材料 | 厚度/mm | 材 料 | 厚度/mm | 材 料 | 厚度/mm | 材 料 | 厚度/mm |
| 炉 底 | 铬镁砖<br>黏土砖<br>石棉板<br>钢 板 | 345<br>692<br>40<br>30 | 电铸铬镁 砖 | | 铬镁砖<br>黏土砖 | 375<br>625 | 铬镁砖 | 1300 | 铬镁砖<br>铬镁砖<br>镁 砂<br>黏土砖<br>轻质砖<br>浇铸料 | 400<br>250<br>114<br>230<br>690<br>90 | 铬镁砖<br>预反应砖<br>镁 砖<br>高铝填料<br>黏土砖 | 450<br>380<br>150<br>35<br>435 | 铬镁砖<br>铬镁砖<br>铬镁砖<br>黏土填料<br>轻质砖<br>浇铸料 | 425<br>230<br>150<br>80<br>69Q<br>90 |
| | 共计 | 1107 | | 1775 | | 1000 | | 1300 | | 1823 | | 1550 | | 1825 |
| 炉 顶 | 铬镁砖 | 375 | | | 铬镁砖<br>黏土砖 | | 铬镁砖 | 500 | 铬镁砖 | 400 | 铬镁砖 | 450 | 铬镁砖 | 400 |
| | 共计 | | | 800 | | | | 500 | | 400 | | 450 | | 400 |
| 炉墙渣线以上 | 铬镁砖<br>黏土砖<br>填料<br>石棉板 | 345<br>345<br>20<br>10 | | | 铬镁砖<br>黏土砖<br>隔热砖 | | 铬镁砖 | | 铬镁砖<br>铬镁砖<br>波纹板 | 460<br>152<br>50 | 铬镁砖<br>纤维板 | 450<br>10 | 铬镁砖<br>铬镁砖 | 450<br>212 |
| | 共计 | 720 | | 660 | | | | | | 662 | | 460 | | 662 |
| 炉墙渣线以下 | 电铸铬镁砖<br>黏土砖<br>填料<br>石棉板 | 345<br>345<br>20<br>10 | 耐火混凝土与水冷铜管两层 | | 钴镁砖<br>钢水套 | | 铬镁砖<br>铜水套 | | 电熔铸铬镁砖<br>铜水套<br>镁砂<br>黏土砖<br>波纹板 | 350<br>65<br>47<br>150<br>50 | 铬镁砖<br>钢水套 | 450 | 铬镁砖<br>铜水套<br>镁铬质捣打料<br>铬镁砖<br>波纹板 | 350<br>75<br>52<br>135<br>50 |
| | 共计 | 720 | | | | | | | | 662 | | | | 662 |
| 外壳 | 钢板 | 10 | 钢板 | | 钢板 | | 钢板 | | 钢板 | | 钢板 | | 钢板 | |

## 三、放出口及工作口的设置

### （一）渣口

炉渣的排放分连续排放和间断排放两种。间断排放时，每次放出的炉渣深度一般不大于100 mm，以免带出已沉淀的锍滴。

渣口设置高度视炉渣贮量、炉渣与锍分离的程度而定。大型的沉淀池，渣口一般设在炉尾的侧墙或端墙。小型的沉淀池一般设在炉尾的端墙上。渣口个数取决于沉淀池的大小，参见表3.13-3。渣口的宽度一般不大于400 mm，多数采用200～300 mm，以防止放渣时吸入过多的空气。有的工厂采用小眼放渣，放渣口设置铜水套。炉渣送选矿处理时，为维持必要的放渣速度，应适当增加渣口个数，并使渣口有几个高度。

### （二）锍口

锍口设置在沉淀池的侧墙上或端墙上，目前有的工厂采用虹吸放铜代替打眼放铜。一般均设置两个以上锍口轮流使用，参见表3.13-3。

### （三）其他

在端墙或侧墙上按需要设若干重油喷嘴或天然气烧嘴；沉淀池顶设生铁投入口、检测口或天然气烧嘴孔。在端墙或侧墙适当位置设观察孔以及事故处理口。

表 3.13-3　锍口、渣口及喷油嘴安装情况示例

| 工厂名称 | 反应塔 直径×高/m×m | 锍口 | | 渣口 | | 喷油口/个 |
|---|---|---|---|---|---|---|
| | | 使用方式 | 个数/个 | 排渣方式 | 个数/个 | |
| 东予(日本) | 6.0×6.4 | 交替使用 | 4 | 连　续 | 2 | 11 |
| 玛格玛(美国) | 5.97×6.68 | 交替使用 | 6 | 间　断 | 4 | 4 (天然气嘴在池顶) |
| 贵溪(中国) | 6.8×7.0 | 交替使用 | 4 | 间　断 | 2 | 13 |
| 佐贺关(日本) | 6.2×5.9 | 交替使用 | 5 | 连　续 | 3 | 11 |
| 小坂(日本) | 5.0×6.1 | 交替使用 | 3 | | 1 | |
| 玉野(日本) | 6.0×8.0 | 交替使用 | 6 | | 3 | |
| 金川(中国) | 6×7.0 | 交替使用 | 7 | 连　续 | 2 | 17 (正常生产不用) |
| 金隆(中国) | 5×7.0 | 交替使用 | 4 | 间　断 | 2 | 13 |

## 四、上升烟道

上升烟道有圆形断面和矩形断面两种结构形式。用镁砖或铬镁砖砌筑,其厚度为 345～450 mm 左右,外部设有同反应塔相类似的支撑和加固的金属结构,以保持上升烟道的稳定性。上升烟道与沉淀池通常为垂直布置,两者相交处(连接部)与反应塔连接部结构相似。为减少烟道积灰和结瘤,应尽量减少或取消烟道底部的水平部分的长度。考虑到上升烟道后面工序设备发生事故或检修时不造成闪速炉明显降温,在上升烟道的出口处设置水冷挡板和炉子保温烟气放空装置。

上升烟道的上部,特别是上升烟道的出口处容易结瘤,通常在这些地方合理地设置一个或两个以上的燃烧装置,必要时烧熔黏结物。为处理结瘤,有的工厂在适当的部位设置放炸药的工作门。上升烟道结构参见图 3.13-5。

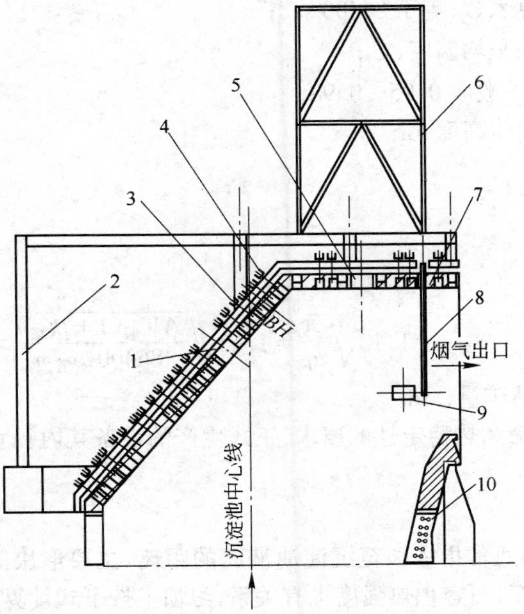


图 3.13-5　上升烟道结构示意图

1—投料口;2—框架;3—斜顶;4—吊挂装置;5—事故排烟口;6—挡板框架;7—平顶;8—挡板;9—油喷嘴孔;10—冷却铜管

## 第三节　主要设计计算

### 一、反应塔

#### （一）生产率

反应塔单位生产率 $a_F$ 或 $a_V$(t/(m²·d))，一般按生产实践确定，见表 3.13-4。也可按公式 3.13-1 或公式 3.13-2 计算：

**表 3.13-4　沉淀池宽度实例数据**

| 厂　名 | 反应塔内径/m | 上部宽度/m | 渣线宽度/m | 反应塔内壁至沉淀池内壁距离/m | 厂　名 | 反应塔内径/m | 上部宽度/m | 渣线宽度/m | 反应塔内壁至沉淀池内壁距离/m |
|---|---|---|---|---|---|---|---|---|---|
| 佐贺关(1号) | 5.70 | 7.80 | 7.00 | 1.05 | 日　立 | | 7.30 | | 0.80 |
| 足　尾 | 3.14 | 4.12 | 3.84 | 0.49 | 贵　溪 | 6.80 | 8.30 | 7.693 | 0.75 |
| 东　予 | 6.00 | 7.50 | 6.936 | 0.75 | 金　川 | 6.00 | 7.90 | | 0.95 |
| 玉　野 | 6.00 | 7.14 | 7.00 | 0.574 | 金　隆 | 5.00 | 6.70 | 6.171 | 0.85 |
| 小　坂 | 5.00 | 6.38 | 5.46 | 0.69 | | | | | |

$$a_F = \frac{T_i w_{塔} \eta}{V_{烟}(1+\beta t_{塔})} \tag{3.13-1}$$

或

$$a_V = \frac{T_i w_{塔} \eta}{V_{烟}(1+\beta t_{塔}) H_{塔筒}} \tag{3.13-2}$$

式中　$w_{塔}$——烟气通过反应塔平均速度，m/s(工况)，一般为 2.5～3.8；

$V_{烟}$——熔炼每吨精矿产生的烟气量，m³/t，按冶金计算确定；

$T_i$——时间换算系数，等于 86400 s/d；

$t_{塔}$——反应塔内平均温度，℃；

$\eta$——作业率，一般取 0.95～0.98；

$H_{塔筒}$——反应塔筒体高度，m；

$\beta$——$\frac{1}{273}$。

#### （二）直径

直径 $d_{塔内}$(m)：

$$d_{塔内} = 1.13\sqrt{\frac{A}{\alpha_F}} = 1.13\sqrt{\frac{AV_{烟}(1+\beta t_{塔})}{86400 w_{塔} \eta}} \tag{3.13-3}$$

式中　$A$——每日处理精矿量，t/d。

考虑反应塔炉衬寿命和热稳定性的要求，正式生产的设备其内径宜不小于 3 m，吹炼闪速炉可小些。

#### （三）高度

反应塔的高度($H_{塔}$)通常指塔顶至沉淀池液面的距离，主要取决于烟气在反应塔内停留的时间和通过反应塔的速度，与容积热强度也有关系，习惯上按下式计算：

$$H_{塔} = \tau w_{塔} \tag{3.13-4}$$

式中　$\tau$——烟气从反应塔顶至沉淀池液面的停留时间，s，一般取 2.5～3.5 s，对于易熔物料或采用高温富氧时，取较低值，反之取较高值，参见表 3.13-1。

反应塔筒体高度（$H_{塔筒}$）可按（$a_V$）的经验数据确定。

$$H_{塔筒}=\frac{A}{a_V F} \tag{3.13-5}$$

式中 $F$——反应塔横截面积，$m^2$。

或按反应塔允许容积热强度验算。

即

$$q_V=\frac{Q}{FH_{塔筒}}\leqslant[q_V] \tag{3.13-6}$$

式中 $Q$——反应塔在单位时间内所产生的总热量，MJ/h；

$q_V$——反应塔容积热强度，MJ/($m^3$·h)（指反应塔在单位时间内总的热收入对反应塔容积之比，国外有的将反应塔容积计算至沉淀池液面）；

$[q_V]$——反应塔允许容积热强度，一般为 753～1300 MJ/($m^3$·h)，对采用热风温度高、富氧浓度大、炉衬材料质量好的可取高值，反之取低值。参见表 3.13-1。

反应塔主要结构尺寸及技术性能指标实例数据，见表 3.13-1。

## 二、沉淀池

沉淀池是反应塔所产熔体的储存空间，是锍渣分离的空间，也是降低渣含金属的必要空间。

沉淀池容积的大小，应按以下 3 点来考虑：下步工序对锍的供应时间和一次最大供应量；如无特殊要求，炉渣在炉内停留时间不小于 2.5～3.0 h；考虑沉淀池有一定的炉底黏结容积，沉淀池正常情况下，炉底黏结厚度一般为 200～350 mm。沉淀池断面如图 3.13-6 所示。

### （一）高度

1. 净空高度（$h_{净}$）

净空高度指熔池液面至拱顶最高点的距离。一般为 2.2～3.2 m，也可按下式计算，参见图 3.13-6。

$$h_{净}=\frac{B_{上}-\sqrt{B_{上}^2-4\tan\alpha\cdot F_{梯}}}{2\tan\alpha}+h_{上弓} \tag{3.13-7}$$

式中 $B_{上}$——沉淀池上部宽度，m，可按公式 3.13-9 计算；

$\alpha$——炉墙倾斜角，$\alpha=9°\sim12°$，一般取 10°；

$h_{上弓}$——沉淀池上部弓形高度，m，由拱顶中心角及曲率半径查出，或按下式计算：

$$h_{上弓}=R\left(1-\cos\frac{\theta}{2}\right)$$

$R$——沉淀池顶曲率半径；

$\theta$——拱顶中心角，大型炉 $\theta$ 一般为 44°～49°；

$F_{梯}$——沉淀池上部净空梯形截面积，$m^2$：

$$F_{梯}=F_{净}-F_{上弓}$$

$F_{净}$——沉淀池空间截面积，$m^2$：

$$F_{净}=\frac{V_{池}(1+\beta t_{池})}{w_{池}} \tag{3.13-8}$$

式中 $V_{池}$——通过沉淀池的烟气量，$m^3/s$；

$w_{池}$——烟气通过沉淀池的速度，m/s（工况），一般为 5～9 m/s；

$t_{池}$——沉淀池烟气温度，℃，一般为 1350～1420℃；

$F_{上弓}$——沉淀池上部弓形截面积，$m^2$，由拱顶中心角及曲率半径查《有色冶金炉设计手册》

附录二，或按下式计算：

$$F_{上弓}=\frac{r^2}{2}\left(\frac{\pi\theta}{180°}-\sin\theta\right)$$

$r$——半径。

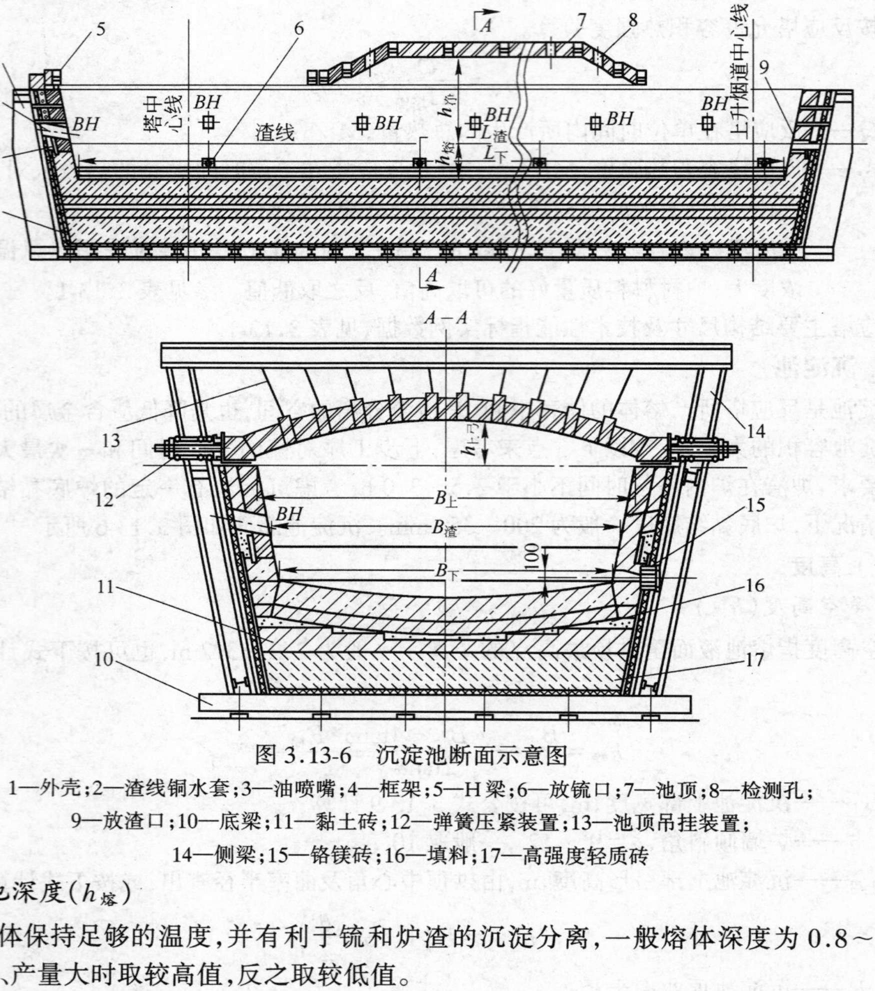


图 3.13-6　沉淀池断面示意图

1—外壳；2—渣线铜水套；3—油喷嘴；4—框架；5—H梁；6—放锍口；7—池顶；8—检测孔；
9—放渣口；10—底梁；11—黏土砖；12—弹簧压紧装置；13—池顶吊挂装置；
14—侧梁；15—铬镁砖；16—填料；17—高强度轻质砖

2. 熔池深度（$h_熔$）

为使熔体保持足够的温度，并有利于锍和炉渣的沉淀分离，一般熔体深度为 0.8～1.5 m。当锍品位低、产量大时取较高值，反之取较低值。

### （二）宽度

沉淀池横截面通常为上宽下窄的梯形，炉墙倾角 $\alpha$ 一般为 9°～12°，上部宽度根据反应塔直径大小按下式确定。有的闪速炉沉淀池也采用垂直炉墙，沉淀池横截面为矩形。

$$B_上=d_内+2b \tag{3.13-9}$$

式中　$b$——反应塔内壁至沉淀池内壁的距离，m，一般为 0.5～1.0 m。

渣线宽度：

$$B_渣=B_上-2\tan\alpha(h_净-h_{上弓}) \tag{3.13-10}$$

下部宽度按下式确定：

$$B_下=B_渣-2\tan\alpha(h_熔-h_{下弓}) \tag{3.13-11}$$

式中　$h_{下弓}$——沉淀池下部弓形高度，由炉底反拱中心角及曲率半径确定，一般为 300 mm 左右。沉淀池宽度实例数据列于表 3.13-5。

表 3.13-5　沉淀池长度实例数据

| 名　称 | | 足尾 | 小坂 | 佐贺关（1号） | 贵　溪 | 日立 | 玉野 | 奥托昆普 | 金　隆 | 金川 |
|---|---|---|---|---|---|---|---|---|---|---|
| 反应塔直径/m | | 3.14 | 5.00 | 5.70 | 6.80 | 5.70 | 6.00 | 3.70 | 5.00 | 6.0 |
| $L_{渣}$/m | | 12.58 | 13.08 | 20.85 | 18.04 | 18.80 | 19.75 | 18.93 | 22.67 | 32.4 |
| $L_{上}$/m | | 12.80 | 14.00 | 21.20 | 18.65 | 18.83 | 20.00 | 18.95 | 23.20 | 33.1 |
| 烟气停留时间/s | | 1.71 | | 2.20 | 2.12 | | | 1.57 | 3.7 | 3.3 |
| 熔体贮存时间/h | 渣 | 2.5 | 2.0 | 4.0 | 2.14 | 8 | 13 | | 2.4 | 6.5～7.5 |
| | 铜锍 | 2.5 | 8 | 7.5 | 新床 13～19<br>旧床 3.2～4.7 | 8 | 7 | | 新床 13.4<br>旧床 3.2～4.5 | 约 25 |

**（三）长度**

沉淀池纵截面通常为上宽下窄的梯形，炉端墙的倾角一般为 9°～12°。沉淀池长度与生产能力、熔体贮存数量、炉渣与锍分离时间及烟气在沉淀池停留时间等因素有关。带电热贫化区的沉淀池，其电热贫化区的长度，视炉渣贫化的需要及电极的配置情况确定。长度实例数据列于表 3.13-5。

1. 渣线长度

渣线长度 $L_{渣}$(m)：

$$L_{渣}=\frac{\tau_{分}(G_{锍}/\gamma_{锍}+G_{渣}/\gamma_{渣})}{F_{熔}} \tag{3.13-12}$$

式中　$\tau_{分}$——铜锍与炉渣分离时间，h，一般在 8～15 h 之间，根据试验并参照同类型炉子选取；

$G_{渣}$、$G_{锍}$——分别为单位时间内产出的炉渣和铜锍量，t/h；

$\gamma_{渣}$、$\gamma_{锍}$——分别为炉渣和铜锍的熔体密度，t/m³；

$F_{熔}$——沉淀池熔体梯形横截面积，m²。

2. 上部长度

$$L_{上}=L_{渣}+2\tan\alpha(h_{净}-h_{上弓}) \tag{3.13-13}$$

3. 下部长度

$$L_{下}=L_{渣}-2\tan\alpha(h_{熔}-h_{下弓}) \tag{3.13-14}$$

## 三、上升烟道

**（一）断面积计算**

上升烟道入口（或出口）断面积 $F$(m²) 系根据烟气量和入口（或出口）的流速按下式计算：

$$F=\frac{V(1+\beta t)}{w} \tag{3.13-15}$$

式中　$V$——通过上升烟道入口（或出口）的烟气量，m³/s；

$t$——上升烟道入口（或出口）烟气温度，℃；

$w$——上升烟道入口（或出口）烟气流速（工况），m/s，一般均按 6～10 m/s 计算；

$\beta$——$\frac{1}{273}$。

**（二）高度的确定**

上升烟道的高度主要应满足炉体结构要求，一般其出口底部距池顶不小于 2.5 m，并注意与余热锅炉入口位置的连接与密封。

# 第四节　精矿喷嘴

精矿喷嘴的作用是将炉料与空气充分混合并使其沿塔横截面尽量均匀分布；另外通过喷嘴的高速气流对物料产生引射作用，使下料顺畅。因此，正确地选择喷嘴的形式，合理地设计精矿喷嘴，对加快反应过程，保证熔炼质量，降低反应塔高度和减少塔壁侵蚀等都有重要意义。

## 一、喷嘴的类型

目前喷嘴主要有一段收缩式和中央喷射式两类。后者是20世纪80年代末至90年代初发展起来的。随着富氧熔炼的发展，生产能力的大型化，许多厂家已将一段收缩式改为中央喷射式喷嘴。

### （一）一段收缩式

这种喷嘴的均匀布料性是靠过程空气在喷嘴喉部的高速流动完成。因而，单台喷嘴的生产能力有限，精矿处理量最高达450 t/d。喉部流速越高，布料性越好。但过程空气压力损失大。在喷嘴头部一般设有小型布料锥。一段收缩式喷嘴要求过程空气预热，预热温度200～400℃，有的高达800～900℃。

### （二）中央喷射式

喷嘴的布料机理是靠压缩空气的喷吹和过程空气的快速喷出共同完成的。曲线形布料锥先将从加料管落下的物料柱分散，再经压缩空气水平喷射，快速进行物料与氧的混合。因而喷嘴生产能力大，单喷嘴处理精矿量达3000～3500 t/d，目前最大的闪速炉只安装一个喷嘴。该喷嘴烟尘率低，一般为5%～7%，而一段收缩式烟尘率7%～10%。塔顶只安装一个喷嘴，有利于供料的均匀化，而且易于操作管理，炉顶环境好。中央喷射式喷嘴内不设置油喷嘴，而在塔顶另设氧油烧嘴或天然气烧嘴。

## 二、喷嘴的结构

### （一）一段收缩式喷嘴

主要由进风管、风箱、加料管、布料锥、油喷嘴、喷嘴本体组成，见图3.13-7。

风箱、加料管、本体上部采用不锈钢材质，喷嘴本体下部受物料冲刷和高温辐射热，宜用耐磨、耐温合金铸钢（$w$(Cr)23%～27%，$w$(Mo)1.5%～3.5%，$w$(V)5%～7%或$w$(Ni)19%～22%，$w$(Cr)24%～26%，$w$(Mo)3%～6%）制作。加料管在过程空气温度大于600℃时，应进行水冷却。一段收缩式喷嘴选用个数，应按投矿量，反应塔直径大小来确定，通常在塔顶安装1个、3个或4个。一些工厂的精矿喷嘴数据，个数列入表3.13-6。

**表3.13-6　一段收缩式精矿喷嘴实践数据**

| 名　称 | 贵　溪 | 东　予 | 佐贺关 | 玉　野 | 巴亚－马雷 | 金　川 |
|---|---|---|---|---|---|---|
| 反应塔直径/m | 6.8 | 6.0 | 5.7 | 6.0 | 3.6 | 6.0 |
| 加料管直径/mm | 165 | 150 | 127 | 127 | 219 | 194 |
| 喷嘴最窄部直径/mm | 410 | 360 | 462 | 350 | 600 | 350 |
| 出口直径/mm | 570 | 500 | | | | 480 |
| 油喷嘴直径/mm | 25.4 | | 25.4 | | 25.4(天然气) | |
| 喷嘴个数/个 | 4 | 4 | 3 | 4 | | 4 |
| 喷嘴分布圆直径/m | 3.1 | 2.82 | 2.82 | | | 2.87 |
| 喷嘴中心至塔壁距离/m | 1.85 | 1.59 | 1.44 | | | 1.56 |
| 喷嘴前过程空气压力/kPa | 3.5～4.0 | 2.4～2.5 | 2.5～3.0 | 2～2.5 | | 2.0～2.8(设计)<br>1.7～1.9(实际) |

注：金川公司在布料锥上设压缩空气水平喷吹。

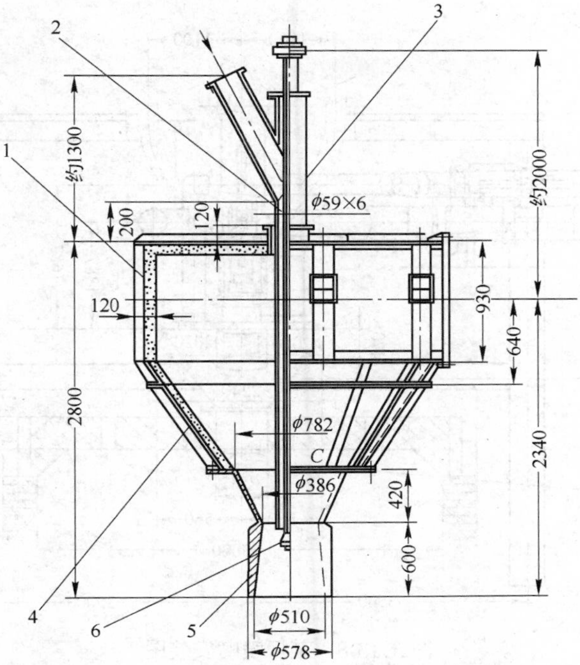


图 3.13-7 一段收缩式精矿喷嘴图

1—风箱;2—油喷嘴;3—加料管;4—保温材料;5—喷嘴本体;6—布料锥

### (二) 中央喷射式喷嘴

中央喷射式喷嘴主要由供风主管、供风支管、风箱、水冷式加料管、中央氧管、曲线形布料锥、压缩空气喷头、喷头振打装置组成,见图 3.13-8~图 3.13-11。加料管、中央氧管用不锈钢材质制作,曲线形布料锥用耐磨损,耐高温的焊条堆焊。过程空气喷出口部分用耐高温不锈钢制作。中央氧管喷头部分用抗氧化优异的合金钢钢管制作。中央喷射式喷嘴一般只选用一个,安装在反应塔中心线处,其上部装设提升加料管的电动或手动葫芦。喷吹压缩空气要求脱油脱水,达到仪表用压缩空气的质量。

压缩空气喷嘴头部有的采用振打装置,采用液压,自动周期振打,及时消除喷嘴头部生成的料结。喷嘴有关数据见表 3.13-7。

**表 3.13-7 中央喷射式精矿喷嘴实例数据**

| 名 称 | 贵 溪 | 金 隆 | 玛 格 玛 |
|---|---|---|---|
| 反应塔直径/m | 6.8 | 5.0 | 5.97 |
| 加料管直径/mm | $\phi_{外}$ 508 | $\phi_{外}$ 457<br>$\phi_{内}$ 337 | $\phi_{外}$ 508 |
| 压缩空气喷吹环直径/mm | $\phi_{外}$ 360 | $\phi_{外}$ 320<br>$\phi_{内}$ 270 | $\phi_{外}$ 360 |
| 喷嘴个数/个 | 1 | 1 | 1 |
| 喷嘴出口直径/mm | 内环 580<br>外环 780 | 内环 514<br>外环 583 | 单环 712 |
| 嘴前过程空气压力/kPa | | 14~20 | |
| 嘴前压缩空气压力/kPa | 200~250 | 200~250 | |

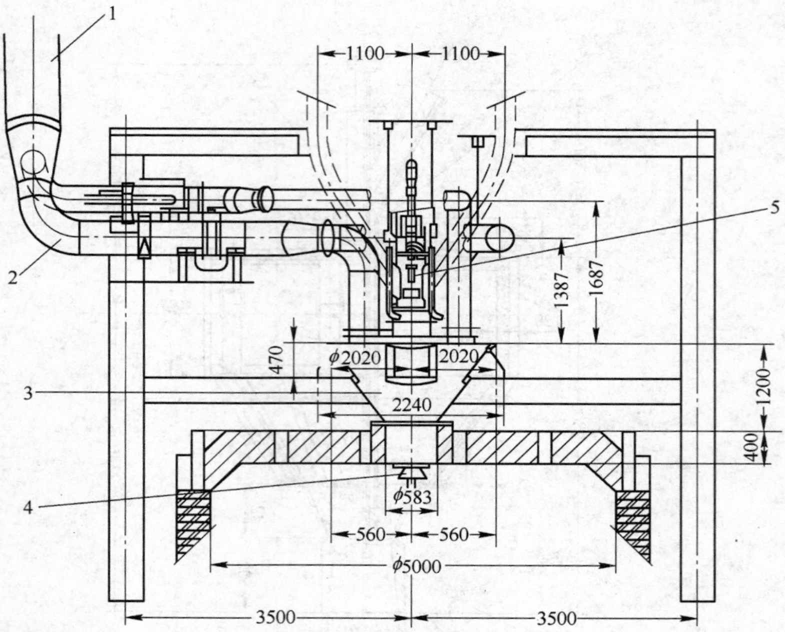


图 3.13-8　某厂喷嘴安装图

1—主风管；2—支风管；3—风箱；4—喷嘴头部；5—加料管

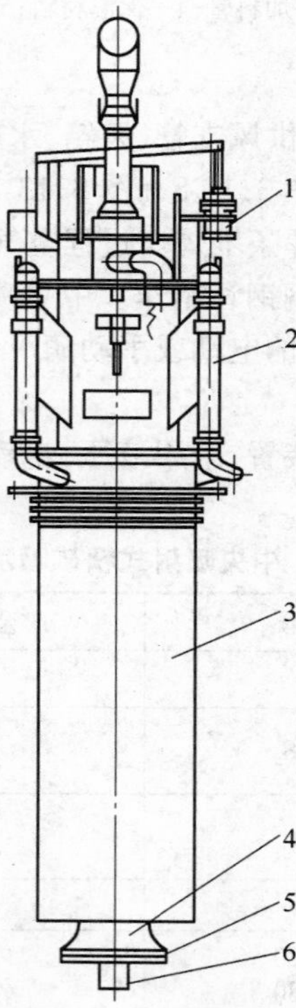


图 3.13-9　喷嘴加料管示意图

1—喷头振打装置；2—冷却水管；3—下料管；4—曲线形布料锥；5—压空喷吹环；6—中央氧管

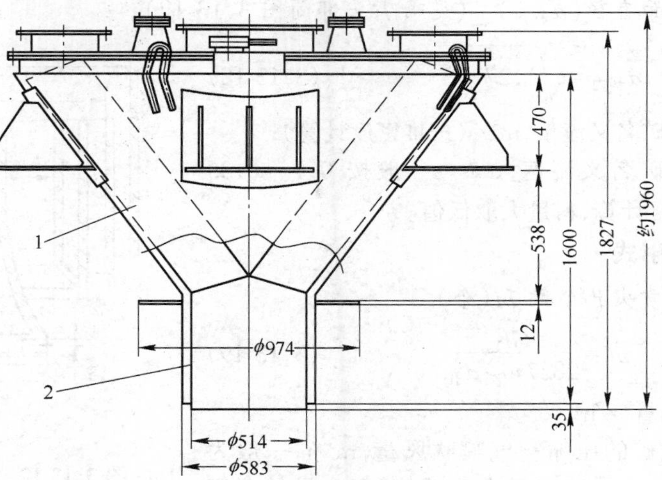


图 3.13-10　某厂喷嘴风箱图

1—风箱；2—喷出口

现在一些新的中央喷射式精矿喷嘴，其风箱内装有滑块，过程风由有级调速改为无级调速，其风箱由多腔结构改为单腔结构。

## 三、主要尺寸的确定

喷嘴的合理结构尺寸主要根据生产实践经验或模拟试验确定，目前尚缺乏完整的理论计算方法。

### （一）一段收缩式

1．各断面尺寸

（1）喷嘴最窄部及收缩段入口断面直径 $d_1$(m)：

$$d_1 = 1.13\sqrt{\frac{V_{空}(1+\beta t)}{w} + 0.785 d_{料}^2} \quad (3.13\text{-}16)$$

式中　$V_{空}$——一个喷嘴鼓入空气量，$m^3/s$；

$t$——鼓入空气温度，℃；

$w$——断面流速，m/s（工况）；

$d_{料}$——下料管外径，m。

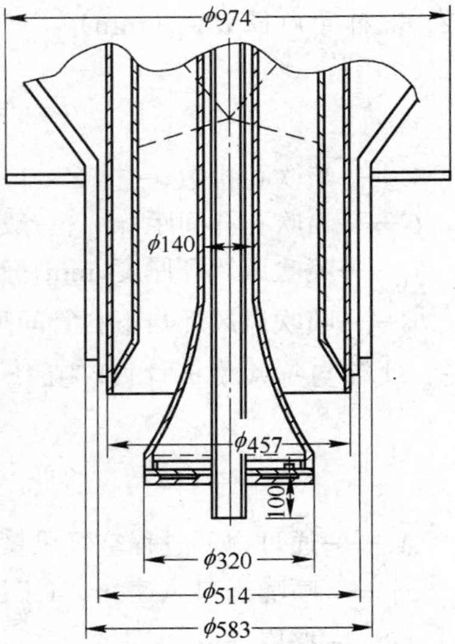


图 3.13-11　某厂喷嘴头部放大图

（2）喷嘴出口断面直径 $d_2$(m)：

$$d_2 = 1.13\sqrt{\frac{V_{空}(1+\beta t)}{w}} \quad (3.13\text{-}17)$$

式中　$w$——计算断面流速，m/s（工况），经验数据如下：

| | |
|---|---|
| 最窄部断面 | 80～130 |
| 收缩段入口断面 | 10～25 |
| 喷嘴出口断面 | 40～60 |
| 风箱入口断面 | 20～40 |

2．下料管断面直径($d_{料内}$)　(见喷嘴头部简图 3.13-12)

$$d_{料内}=\sqrt{1.27\frac{V_{矿}}{w_{矿}}} \quad (3.13\text{-}18)$$

式中　$V_{矿}$——精矿名义流量，$m^3/s$(按堆密度计算)；

$w_{矿}$——精矿名义流速，m/s。一般按 0.1～0.35 m/s 计算，料量大取低值。

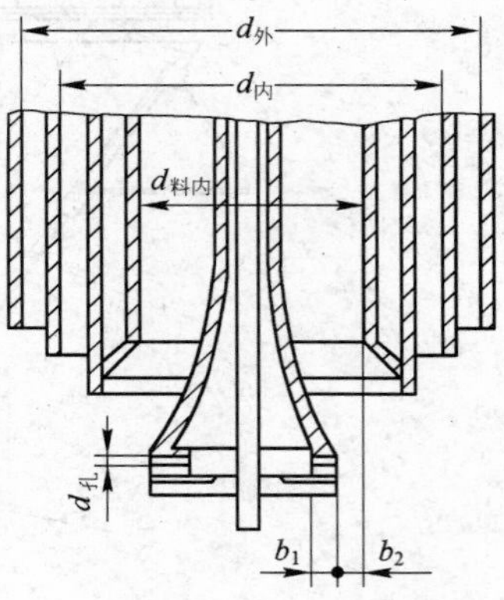


图 3.13-12　喷嘴头部简图

**(二) 中央喷射式**

1．压缩空气喷吹孔个数 $m$(个)

$$m=\frac{GK}{2827w_{喷}d_{孔}^2} \quad (3.13\text{-}19)$$

式中　$G$——精矿量，t/h；

$K$——每吨矿的压缩空气喷吹风量，$m^3/t$，一般为 20～23 $m^3/t$，料量大取低值(不含另外向底板喷吹压缩空气的风量 $f=0.15\sim0.25K$)；

$w_{喷}$——喷吹风出口风速，m/s(工况)，一般为 130～230 m/s，料量大取高值；

$d_{孔}$——喷吹风小孔孔径，mm，一般为 3.5～5 mm。

2．下料管内径 $d_{管内}$(mm)

$$d_{管内}=\frac{m(d_{孔}+C)}{Z\pi}+2(b_1+b_2) \quad (3.13\text{-}20)$$

式中　$Z$——喷吹孔排数，一排 $Z=1$，二排 $Z=2$；

$C$——喷吹孔孔间距，mm，一般取 1.5～2.5 mm；

$b_1$——喷吹风风环厚度，mm，一般取 22～28 mm；

$b_2$——喷吹风风环与下料管间隙，mm，一般取 8～12 mm。

3．过程空气风喷出口内环直径 $d_{内}$(mm)

$$d_{内}=\sqrt{\frac{A_1}{2827w_{出}}+(d_{管内}+2\delta)^2} \quad (3.13\text{-}21)$$

式中　$A_1$——通过内环过程空气风量，$m^3/s$(工况)；

$w_{出}$——喷嘴出口风速，m/s(工况)，一般 80～110 m/s；

$\delta$——壁厚，mm。

4．过程空气喷出口外环直径 $d_{外}$(mm)

$$d_{外}=\sqrt{\frac{A_2}{2827w_{出}}+(d_{内}+2\delta)^2} \quad (3.13\text{-}22)$$

式中　$A_2$——通过外环过程空气风量，$m^3/s$(工况)。

近年来，中央喷射式精矿喷嘴有一种新形式，该喷嘴与原喷嘴结构基本相同，主要不同点是：

(1) 简化了风箱结构，喷嘴出口风速由内外双环调节改为升降滑块改变出口断面积，实现无级调速。滑块是锥形面，可上下移动。风速调节范围一般为 60～140 m/s，料量调节范围约 125%～60%。

(2) 取消了喷头振打装置，在风箱顶部开设 5～8 个观察孔，必要时从观察孔对喷头的料结进行清理。

## 第五节　炉体冷却系统

合理的设置冷却系统和保证冷却系统正常工作是维持闪速炉长期稳定工作的必要条件。实践证实,仅采用优质高档的耐火材料提高炉寿命是远远不够的。

闪速炉的冷却系统,由供水主管、支管、冷却元件、排水集管、排水槽组成。一台闪速炉的冷却元件约300多个,供水点250～300之多。冷却水入口温度一般30～34℃,出水温度低于50℃。在运行中对各出水点温度检测、显示,当超温时发出报警信号,及时调整水量。为避免低温腐蚀,运行中应尽量保持稍高的进水、出水温度。冷却水温差一般为10℃。

### 一、供水排水系统

#### (一) 供水

供水必须稳定可靠,不能产生断水故障。为此,一般均设置高位水塔,塔高约40～45 m。用电动泵或事故用柴油泵由储水池向水塔供水。冷却元件入口处压力一般为200～400 kPa。对个别压力高的供水点,可单独设置水泵或管道泵解决。

冷却水经供水主管从水塔送至炉后,分成反应塔、沉淀池、上升烟道三条供水支管。供水主管、支管设有闸阀温度、流量检测。反应塔、沉淀池供水支管采用环状供水结构,以消除边缘区冷却水水量少,供水压力偏低的弊端,以免冷却元件缺水产生损坏。由各支管引出管路向冷却元件供水,并在便于操作的位置设置截止阀,及时调节或关闭。冷却元件的进水、出水管一般采用耐压橡胶软管,由管卡紧固。但在放铜口、放渣口区,应采用钢管连接,以免烫伤胶管。

#### (二) 水质

闪速炉冷却水水质尚缺乏明确的标准,各厂情况也不相同。从冷却元件的工作条件,工作状况考虑,水质应当受到控制.其中悬浮物含量,水的总硬度更为重要。水质要求参见表3.13-8的实例数据。

表3.13-8　冷却水水质实践数据

| 项　目 | 指　标 |
|---|---|
| 全硬度/德国度 | 1.8～2.2 |
| 悬浮物/$mg\cdot L^{-1}$ | <25～35 |
| $Cl^-$/$mg\cdot L^{-1}$ | 8～10 |
| $Be^{2+}$/$mg\cdot L^{-1}$ | 0.5～0.8 |
| $SiO_2$/$mg\cdot L^{-1}$ | 12～16 |

一般的河水,经砂滤后基本能满足使用要求,为保证水质,各厂一般在储水池定期投入防腐药剂,并进行水质分析。对钙、镁离子高的水质,应进行相应处理后使用。

#### (三) 排水

各冷却元件的出水,经橡胶软管、金属软管或钢管排放到各区的排水集管,由集水管汇入4～5个排水槽中,排水总管返回储水池。排水槽为无压力流动,一般与水平倾斜1.5°～2°,其有效通水断面积要满足泄水量要求。储水池要定期补入新水,并按照水温变化,经冷却塔降温后再返回使用。各排水管、排水槽要封闭,防止混入异物、杂质。

## 二、冷却元件

闪速炉有立体冷却与表面冷却两种方式。立体冷却方式的冷却元件嵌入耐火材料中间，冷却强度大，冷却效果好。冷却元件有多种形式，如铜板水套、立式锯齿状铜水套、冷却铜管、翅片铜管、H形水冷梁及在炉壳外部的钢板水套等。冷却元件的材质以铜质为宜，含铜95%以上。铜板水套一般厚65～75 mm，长0.7～1.6 m，宽0.4～0.8 m，特点是厚度小，面积大，水套内冷却管线长，回转圈数多。冷却元件结构形式见图3.13-13～图3.13-15。

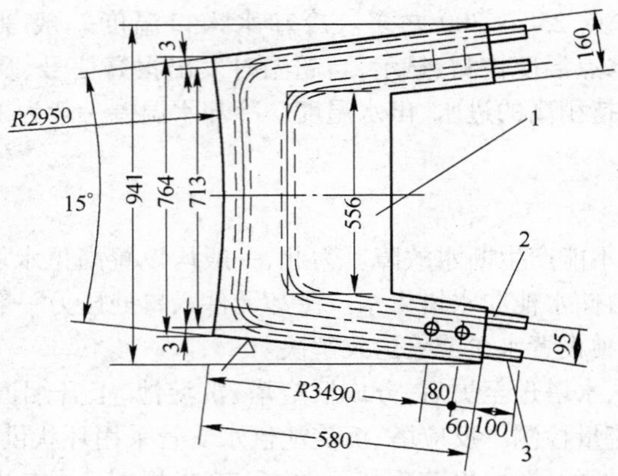


图 3.13-13　反应塔铜水套

1—浇铸铜；2、3—铜管

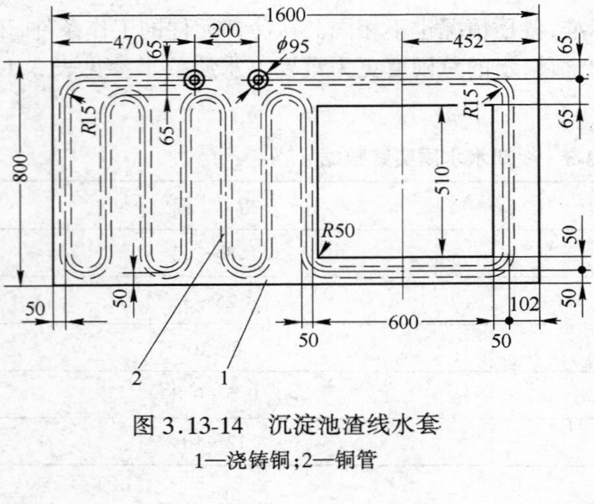


图 3.13-14　沉淀池渣线水套

1—浇铸铜；2—铜管

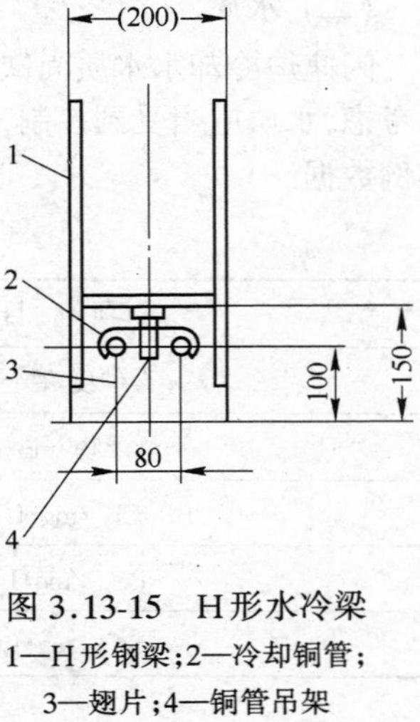


图 3.13-15　H形水冷梁

1—H形钢梁；2—冷却铜管；3—翅片；4—铜管吊架

铜板水套有两种，预埋铜管浇铸式与铜板钻孔式。预埋铜管浇铸式铜水套，是将铜管预先煨好，再放入砂箱中与铜水一起浇铸成形。要求铜管不被熔穿并与浇铸铜紧密结合度80%以上。这种水套的优点是进水、出水管伸在炉外，在炉内没有水管接头，可靠性大。

钻孔式铜板水套是将铜锭预先锻压为板材，或采用连续浇铸的铜板，再用机床按水路走向进行钻孔。留下进水、出水接管孔外，多余钻孔封堵起来。这种水套铜质密实，缺陷少，导热系数高。其封头需仔细处理，否则，封头在温度应力下可能渗水，漏水。

H形水冷梁由H形钢梁、翅片铜管、铜管吊架、耐火捣打料组成。一般安装在沉淀池拱顶、反应塔拱顶上,要求铜管不能有中间接头。铜管与翅片用氩弧焊焊接,不要损伤管壁。冷却铜管用加厚管,壁厚6～10 mm,翅片一般为6 mm× 50 mm的铜带,与铜管采用连续焊接。

金隆公司 $\phi$5 m× 7 m闪速炉冷却元件的分布,水管连接方式,进出水点数目,参见表3.13-9。

**表3.13-9　金隆公司闪速炉冷却元件分布表**

| 部位 | 冷却元件 | | 一个冷却元件铜管根数/根 | 一根铜管分成段数/段 | 水管连接方式 | 进水点数目/个 | 出水点数目/个 |
|---|---|---|---|---|---|---|---|
| | 名称 | 数量/个 | | | | | |
| 塔顶 | H型梁 | 3(圈) | 3 | 1圈1<br>2圈2<br>3圈4 | 单联<br>单联<br>2段串联 | 3<br>6<br>6 | 3<br>6<br>6 |
| 塔壁 | 铜水套 | 168 | 2 | 1 | 3个串联 | 56 | 56 |
| | 上部铜管 | 5 | 1 | 4 | 2段串联 | 10 | 10 |
| | 中下部铜管 | 6 | 1 | 4 | 4段串联 | 6 | 6 |
| | 连接部冷却铜管 | 1 | 12 | 4 | 单联 | 48 | 48 |
| | 钢板水套 | 16 | | | 单联 | 16 | 16 |
| 沉淀池炉墙 | 水平铜水套 | 44 | 1 | 1 | 单联 | 44 | 44 |
| | 渣线水套 | 44 | 1 | 1 | 2个串联 | 24 | 24 |
| | 冷却铜管 | 8 | 1 | 1 | 2根串联 | 5 | 5 |
| | 放铜口 | 4 | 1 | 1 | 单联 | 4 | 4 |
| 沉淀池顶 | 塔下H梁 | 8<br>1 | 2<br>2 | 1<br>4 | 单联<br>单联 | 16<br>8 | 24→2<br>36→18<br>4 |
| | 池顶H梁 | 9(拱形)<br>2(平) | 2<br>2 | 2<br>1 | 单联<br>单联 | 36<br>4 | |
| 上升烟道 | 连接部铜管 | 1 | 14 | 1 | 单联 | 14 | 14 |
| | 顶部H梁 | 5 | 3 | 1 | 3根串联 | 5 | 5 |
| | 底部铜管 | 8 | 1 | 1 | 4根串联 | 2 | 2 |
| | | 6 | 1 | 1 | 2根串联 | 3 | 3 |
| | 烟道挡板 | 1 | 2(钢管) | 5 | 5段串联 | 2 | 2 |
| 小计 | | 340 | | | | 318 | 278 |

## 三、炉体热损失

### (一) 冷却强度

闪速炉冷却元件多,安装位置、安装方式各不相同,因而各冷却元件的冷却强度相差很大。其中反应塔铜板水套,沉淀池水平铜水套直接伸到炉内,反应塔连接部冷却铜管的浇铸料厚度小,导热系数大,烟气冲刷激烈。这几部分的冷却元件集中承受高温、高热量,冷却强度最大。各部位冷却元件的冷却强度,见表3.13-10。

表 3.13-10　铜闪速炉冷却元件冷却强度

| 部　位 | 冷却元件名称 | 冷却强度①/MJ·$(m^2·h)^{-1}$ |
|---|---|---|
| 塔　壁 | 水平铜板水套 | 460～540 |
| 池　壁 | 水平铜板水套<br>渣线倾斜水套 | 580～650<br>23～30 |
| 塔　壁 | 连接部铜管+<br>耐火浇铸料 | 105～120 |
| 塔　顶 | H形水冷梁 | 18～23 |
| 池　顶 | H形水冷梁 | 70～85 |
| 上升烟道 | H形水冷梁 | 115～125 |

① 除渣线倾斜水套的计算面积为贴内墙工作面积外，其余指裸露面面积。

对冷却强度大的元件，要加强水量调节和温度的控制。

## (二) 冷却水量

一台反应塔直径 5～6 m 的铜闪速炉，其冷却水量一般为 450～500 t/h，如贵溪冶炼厂 ϕ6.8 m× 7 m 铜闪速炉冷却水量为 570 t/h。目前，随着闪速炉处理料量的迅速提高，反应塔和沉淀池冷却元件的数量在增加，冷却水量相应提高。一台扩产的闪速炉或高容积热强度的闪速炉，冷却水量一般约 1000～1200 $m^3$/h。

金川 ϕ6.0 m× 7 m 的镍闪速炉，冷却元件设置的数量多，而且沉淀池区又增加了一段贫化区，贫化区设有六根电极，冷却水耗量大，约 1200 t/h。

闪速炉冷却水进出水温度差加大后，冷却水量会相应减小。闪速炉各部位冷却元件水量，进出水温差，冷却水带走热量的基本状况见表 3.13-11。

## (三) 热损失

闪速炉的炉体热损失由冷却水带走热，炉墙散失热和辐射热三部分组成。其中冷却水带走热和炉墙散失热约占热量总收入的 10%～15%，辐射热约占 3%～4%。冷却水各部分的热损失见表 3.13-11，炉体散失热分布见表 3.13-12。反应塔直径 5～6 m 的铜闪速炉，其炉体热量损失总量约为 26000～32000 MJ/h，其中冷却水热占 62%～65%，炉体散失热约占 35%～37%，炉子辐射热量约为 7000～11000 MJ/h。上升烟道出口面积愈大，辐射热量损失愈大。

表 3.13-11　某厂 ϕ6.0 m×6.4 m 铜闪速炉冷却水实测数据

| 名　称 | 冷却部位 | 冷却元件 | | 水量/t·$h^{-1}$ | 进出水温差/℃ | 带走热量 | |
|---|---|---|---|---|---|---|---|
| | | 名　称 | 数量/根 | | | /MJ·$h^{-1}$ | /% |
| 反应塔 | 塔　顶 | H形梁铜管 | 15 | 7.5 | 5.3 | 167.5 | 1.40 |
| | 塔　壁 | 上部铜管 | 7 | 16.0 | 6.3 | 418.7 | 3.50 |
| | 塔　壁 | 铜板水套铜管 | 80 | 80 | 9.3 | 3098.4 | 25.98 |
| | 塔　壁 | 中部铜管 | 16 | 16 | 5.0 | 335.0 | 2.80 |
| | 塔　壁 | 连接部铜管 | 46 | 92.0 | 8.5 | 3265.8 | 27.34 |
| | | 小　计 | | 211.5 | 8.2 | 7285.4 | |

续表 3.13-11

| 名　称 | 冷却部位 | 冷却元件 | | 水量/t·h$^{-1}$ | 进出水温差/℃ | 带走热量 | |
|---|---|---|---|---|---|---|---|
| | | 名　称 | 数量/根 | | | /MJ·h$^{-1}$ | /% |
| 沉　淀 | 塔下池顶 | H形梁铜管 | 24 | 24.0 | 3.7 | 376.8 | 3.15 |
| | 池　顶 | H形梁铜管 | 24 | 24.0 | 7.9 | 795.5 | 6.66 |
| | 池　墙 | 冷却铜管 | | 3.5 | 14.2 | 209.4 | 1.75 |
| | | 水平铜水套铜管 | 21 | 31.5 | 7.3 | 963 | 8.16 |
| | | 渣线水套铜管 | 43 | 21.5 | 7.9 | 711.8 | 5.96 |
| | | 冰铜口铜管 | 12 | 30.0 | 3.3 | 418.7 | 3.50 |
| | | 小　计 | | 134.5 | 6.2 | 3475.2 | |
| 池 | 上升烟道顶部 | H形梁铜管 | 5 | 10.5 | 9.5 | 418.7 | 3.50 |
| | | 水冷闸板 | 2 | | | | |
| | | 连接部铜管 | 12 | 22 | 6.4 | 586.2 | 4.90 |
| | | 下部铜管 | 10 | 9.0 | 4.4 | 167.4 | 1.10 |
| | | 小　计 | | 41.5 | 6.7 | 1182.3 | |
| | 总　计 | | | 387.5 | 7.4 | 11942.9 | 100.00 |

**表 3.13-12　贵溪冶炼厂 $\phi$6.8 m×7 m 铜闪速炉散失热量分布表**

| 部　　位 | 表面温度/℃ | 表面积/m$^2$ | 散　失　热　量 | |
|---|---|---|---|---|
| | | | /MJ·h$^{-1}$ | /% |
| 塔　顶 | 100 | 45 | 217.7 | 2.57 |
| 塔　壁 | 60 | 145 | 230.3 | 2.72 |
| 塔下池顶 | 250 | 50 | 1164 | 13.75 |
| 池　顶 | 250 | 80 | 1863 | 22.00 |
| 池　壁 | 60 | 150 | 1557.5 | 18.40 |
| 池　底 | 60 | 150 | 201 | 2.37 |
| 烟道侧墙 | 220 | 150 | 2705 | 31.95 |
| 烟道斜顶 | 150 | 35 | 335 | 3.95 |
| 烟道平顶 | 150 | 20 | 192 | 2.29 |
| 合　计 | | | 8465.5 | 100.00 |

## 第六节　主要结构参数

闪速炉主要结构参数及技术性能指标示例见表 3.13-13。

**表 3.13-13　闪速炉主要结构参数及技术性能指标示例**

| 名　称 | | 贵溪（中国） | 足尾（日本） | 佐贺关1号（日本） | 佐贺关（日本） | 玉野（日本） | 小坂（日本） | 东予（日本） | 日立（日本） | 奥托昆普（芬兰） | 金隆（中国） | 金川（中国） | 玛格玛（美国） | 奥林匹克坝（澳大利亚） |
|---|---|---|---|---|---|---|---|---|---|---|---|---|---|---|
| 物料种类 | | 铜精矿 | 铜精矿 | 铜精矿 | 铜精矿 | 铜精矿（自电炉） | 铜精矿 | 铜精矿 | 铜精矿 | 铜精矿 | 铜精矿 | 镍精矿（有贫化区） | 铜精矿 | 铜精矿（一步炼铜） |
| 生产能力/$t \cdot d^{-1}$ | | 1100 | 528 | 1340 | 3290 | 1100 | 600 | 1000 | 1100 | 600 | 1352 | 1200 | 3400 | 315 |
| 单位生产率/$t \cdot (m^2 \cdot d)^{-1}$ | | 30.3 | 55.0 | 51.80 | 109 | 38.92 | 30.57 | 35.39 | 43.30 | 54.8 | 68.90 | 42.46 | 121.50 | 64.20 |
| 反应塔 | 直径/m | 6.8 | 3.50 | 5.7 | 6.2 | 6.0 | 5.0 | 6.0 | 5.7 | 4.2 | 5.0 | 6.0 | 5.97 | 2.5 |
| | 高度/m | 7.0 | 7.50 | 7.5 | 5.9 | 8.0 | 6.1 | 6.4 | 7.40 | 8.0 | 7.0 | 7.0 | 6.68 | 4 |
| | 容积/$m^3$ | 254.0 | 72.00 | 190 | 178 | 226 | 170.78 | 226 | 188.5 | 104 | 137.37 | 197.8 | 186.9 | 18.4 |
| | 截面积/$m^2$ | 36.29 | 9.60 | 25.42 | 20.17 | 28.26 | 19.63 | 28.26 | 25.40 | 10.95 | 19.62 | 28.26 | 27.97 | 4.9 |
| | 鼓风温度/℃ | 450 | | 800～1000 | 25 | 450 | 430 | 450 | | | 25 | 200 | 25 | 25 |
| | 鼓风含氧/% | 21 | | 23～24 | 79 | | | 21 | | | 56 | 42 | 60～73 | 70～80.0 |
| | 铜水套层数 | 6 | | 4 | 7 | 4 | 5 | 5 | | | 7 | 9 | | 8 |
| | 烟气平均速度/$m \cdot s^{-1}$ | 2.62 | 3.27 | 3.62 | 1.7～2.0 | 2.39 | 2.63 | 2.80 | 2.77 | 3.69～3.82 | 1.64 | 2.45 | 3.47 | 1.55～1.88 |
| | 烟气停留时间/s | 2.66 | 2.29 | | 3.5～2.9 | 3.51 | 2.30 | 2.30 | 2.82 | 2.48～2.58 | 4.27 | 2.65 | 1.92 | 2.58～2.22 |
| | 烟气平均温度/℃ | 1350 | 1350 | | 1350 | | 1290 | | | | 1350 | | 1370 | |
| | 容积热强度/$MJ \cdot (m^3 \cdot h)^{-1}$ | 791～837 | 762 | 1092.8 | | | | 766.2～963 | 979.7 | 821.4 | 966.5 | 1100 | 1590～1670 | 1720 |
| 沉淀池 | 上部长度/m | 18.65 | 12.58 | 21.20 | 21.10 | 20.00 | 14.0 | 20.65 | 18.83 | 18.95 | 23.2 | 32.1 | 24.92 | 10.45 |
| | 渣线长度/m | 18.04 | 12.30 | 20.85 | | 19.75 | 13.08 | 20.08 | 18.80 | 18.95 | 22.67 | 32.4 | | |
| | 最大宽度/m | 8.3 | 4.12 | 7.80 | 6.8 | 7.14 | 6.38 | 7.5 | 7.52 | 4.76 | 6.7 | 7.9 | 8.36 | 4.1 |
| | 渣线宽度/m | 7.693 | 3.84 | 7.0 | | 7.00 | 5.46 | 6.936 | 7.30 | 4.66 | 6.17 | | | |
| | 高度/m | 2.37 | 1.78 | 2.10 | 2.4 | 2.20 | 2.61 | 2.2 | 2.20 | 1.52 | 2.15 | 2.954 | 3.3 | 3.0 |

续表 3.13-13

| 名称 | | 贵溪（中国） | 足尾（日本） | 佐贺关1号（日本） | 佐贺关（日本） | 玉野（日本） | 小坂（日本） | 东予（日本） | 日立（日本） | 奥托昆普（芬兰） | 金隆（中国） | 金川（中国） | 玛格玛（美国） | 奥林匹克坝（澳大利亚） |
|---|---|---|---|---|---|---|---|---|---|---|---|---|---|---|
| 沉淀池 | 炉顶拱高/m | 0.970 | 0.40 | 0.8 | | | 0.67 | 0.8 | 0.84 | 0.56 | 0.728 | 0.80 | | |
| | 炉底反拱高/m | 0.305 | 0.115 | 0.30 | | 0.30 | 0.28 | 0.26 | 0.28 | 0.18 | 0.31 | 0.306 | | |
| | 熔体平均深度/m | 0.650 | 0.55 | 0.90 | 0.9 | 1.10 | 0.50 | 0.6 | 0.70 | 0.50 | 0.65 | 1.3 | | 1.16 |
| | 烟气速度/$m\cdot s^{-1}$ | | 5.10 | | | | | | | 8.61 | 5.0 | 6.0 | | |
| | 烟气停留时间/s | 2.12 | 1.71 | 2.20 | | | | | | | 3.7 | 3.3 | | |
| | 炉渣贮存时间/h | 2.14 | 2.5 | 4 | | 13 | 2 | | 8 | 1.57 | 2.4 | 6.5～7.5 | | |
| | 铜锍贮存时间/h | 3.2～4.7 | 2.5 | 7.5 | | 7 | 8 | | 8 | | 3.2～4.5 | 约25 | | |
| | 铜锍口个数/个 | 4 | 2 | 5 | 5 | 5 | 3 | 6 | 5 | 2 | 4 | 7 | 6 | 2(粗铜口) |
| | 渣口个数/个 | 2 | 2 | 3 | 3 | 2 | 2 | 2 | 3 | 2 | 2 | | 4 | 6 |
| | 喷油口/个 | 13 | | 11 | 11 | 6 | 5 | 13 | | | 13 | | 5(天然气)在池顶 | |
| 上升烟道 | 出口断面积/$m^2$ | 3.5×4.5 | 7.64 | 3～4 | 3×4 | | | 3×4 | | 9.03 | 2.7×4.0 | 3×4.5 | | 2×5.22 |
| | 入口断面积/$m^2$ | 8.3×3.5 | 6.20 | | | $\phi$2.5 | | 7.5×3 | | 4.91 | 6.7×2.7 | | $\phi$4.06 | |
| | 出口速度/$m\cdot s^{-1}$ | 7.2～8.0 | 4.89 | | | | | 8.3 | | 5.03 | 4.11 | | | 1.5～1.8 |
| | 入口速度/$m\cdot s^{-1}$ | 3.85～4.3 | 5.40 | | | | | 4.42 | | 9.23 | 2.72 | | 7.5～9.0 | |

# 第十四章　矿热电炉

## 第一节　概　　述

矿热电炉主要用于难熔矿的冶炼、熔体的保温和炉渣的贫化。在有色冶炼中，矿热电炉用于铜、镍难熔精矿的熔炼，锡、铅、锌精矿的还原熔炼，钛铁矿的还原熔炼及从烟尘中回收、提取有价金属。近年来，随着火法冶炼工艺技术的发展，矿热电炉在矿石冶炼中的应用逐步减少，在炉渣贫化中的应用，仍较普遍。另外，矿热电炉还广泛应用于各种铁合金的熔炼，电石、黄磷及电熔刚玉的生产中。矿热电炉与炼钢电弧炉的不同点是，矿热电炉热量主要来自熔体电阻的焦耳热，电弧热较少或者不起弧。矿热电炉主要优点：

(1) 熔体温度调节方便，可达到较高的温度。

(2) 炉膛空间温度较低，渣线以上炉墙、炉顶可用普通耐火材料，炉子寿命长。

(3) 烟气量低，当处理硫化矿，电极密封装置完善时，炉气中 $SO_2$ 浓度相应提高，有利于制酸和环境保护。

(4) 热利用率高，可达 60%～80%。

(5) 对物料适应性强，操作较方便。

矿热电炉的缺点：

(1) 电能消耗大，加工费较高。

(2) 要求炉料含水量一般低于 3%，最好呈粒状或块状。对粉状物，需进行烧结、制粒或干燥。

(3) 供电装置费用较高。

## 第二节　矿热电炉的结构

### 一、炉型

矿热电炉分为三相三极电炉、三相六极电炉、单相单极电炉（炉底导电式）、单相双极电炉等几种。前两种在有色金属工业中应用较多。矿热电炉炉型，可分为长方形（包括椭圆形）、圆形；密闭式、敞口式；炉身旋转式和固定式几种。在有色冶炼中，一般采用固定式长方形密闭电炉。长方形炉允许有较大面积和功率，有利于锍渣的分离，变压器的配置方便。在小型炉中，也有采用圆形电炉的形式。另外，除操作上要求采用敞口式外，一般均采用密闭方式，有利于操作环境和烟气处理。

### 二、炉体

矿热电炉炉底温度较高，一般采用架空炉底，架空炉底采用自然通风或强制吹风进行冷却，以保护炉底。采用拱形炉顶时，拱形炉顶中心角一般为 45°～60°。拱顶砖厚度小型炉为 230 mm，大型炉通常为 300 mm，也有采用捣制或预制耐热混凝土炉顶结构的形式。用于炉渣贫化的矿热电炉多采用平顶，平顶由配筋的耐火浇注料浇铸。

矿热电炉炉体内衬的耐火材料，应根据处理物料的种类考虑，对铜、镍矿石，渣线以下一般采用镁质耐火材料，渣线以上用黏土质耐火材料；处理铅、锌、锡精矿时在熔池部分一般采用大块的石墨化炭砖砌筑,也有用镁质材料的,渣线以上部分的外墙、炉顶采用黏土质耐火材料。炉渣贫化的矿热电炉,内衬的工作条件较差,在渣线处一般采用镁铬砖或镁砖,并在外层设水冷元件对墙体进行冷却。渣线以上的工作层,一般也采用铬镁质或镁质耐火材料。

## 三、熔体放出口

### (一) 放锍口、放渣口

大型长方形炼铜的矿热电炉,放锍口通常设置 3 个,位于电炉的端墙上,一个作放空熔体使用,另两个放锍口距炉底中心 350～500 mm,视铜锍厚度考虑。小型炉设两个放锍口,一个作放空用,一个正常使用,距炉底中心 250 mm 左右。铜锍口孔径一般为 ϕ35～45 mm。

放渣口设置在电炉另一端墙上,一般设 4 个,2 个渣口一组,每组设一个渣溜槽。渣口距炉底高度视渣层厚度与电极插入深度而定,一般设在渣层沉清区内(在电极插入深度以下)。熔炼铜镍矿的矿热电炉,其渣口高度一般为 1.3～1.5 m。渣口孔径 ϕ60～100 mm。

贫化炼铜炉渣的矿热电炉,一般在侧墙上设置 2～3 个放锍口,放锍口距炉底反拱边约 100～150 mm,孔径一般为 ϕ45～55 mm,视熔体深度和冰铜层厚度而定。其放渣口设在炉子端墙上,渣口高度基本与熔体深度一致,采用溢流排渣或间断排渣。进渣口一般设在炉顶上,靠近电炉另一端墙方向。进渣口设两个,交替使用。炉渣对进渣口冲刷激烈,渣口耐火材料不能长期工作,可加冷却水套保护。锍放出口(含液面以下的渣放出口)外部一般设置冷却水套或冷却水套内衬石墨衬套的结构形式。放出口周围的耐火砖应与炉墙砖分开砌筑,不要咬砌,以便检修拆换。

### (二) 固体料加入孔

固体炉料加入孔的设置,应尽量保证炉料加在电极周围。大型熔炼矿热电炉的加料管沿炉长方向布置,一般布置成 4 列,电极每侧各 2 列,在炉渣放出口附近,不设加料管。加料管管径,按炉料最大块度选择。加料管的倾斜角通常不小于 50°～65°。物料块度与加料管径关系见表 3.14-1 所示。

炉渣贫化矿热电炉的固体料加入孔,一般在电极两侧各设置 1 列,投入块煤或黄铁矿等还原剂或者投入需要处理的固体铜锍。

**表 3.14-1 物料块度与加料管直径的关系**

| 料的最大块度/mm | 加料管直径/mm |
|---|---|
| 20 | 300 |
| 40 | 350 |
| 80 | 400 |
| 100 | 450 |

## 四、防磁与接地

电极的工作电流,一般在 1 万安培或几万安培,电极附近的炉体钢结构,会受到强磁场作用,在可以形成闭合回路的钢结构中,将产生很大的诱导电流。为了避免电能的无功损耗和构件的损坏,对靠近电极 2 m 左右范围内的闭合回路,应采取防磁措施。其方法是在每一个闭合回路的适当位置加焊一段(一般 100～250 mm)不锈钢或黄铜等防磁材料,阻断磁路,防止大的诱导电流的发生。

三电极的矿热电炉一般采用单台三相变压器供电,变压器与各电极之间采用三角形方式连接。在设计中,要考虑各相功率不平衡零线有电流流通的情况,应在电极下方的炉底砖内,嵌砌导电铜带,铜带进行有效接地。电炉炉壳均应进行接地,以保护人身安全。并对易与电极接触的操作平台进行绝缘处理。

## 五、电极

电极是向炉内物料供电，产生高温并与炉料接触的重要部件，要求有较高的导电系数和机械强度，在高温下有一定的抗氧化能力。矿热电炉中广泛使用石墨电极和自焙电极，少数使用炭素电极。电极机构包括电极，导电系统，电极把持器与升降机构，电极自动调节系统。电极的导电系统由母线(铜板或水冷铜管)、软导线、导电颚板组成。电极的升降机构，有液压传动及卷扬机传动两种方式。

### (一) 石墨电极

石墨电极是定型产品，有一定的规格。石墨电极允许流通电流密度大，使用方便，但价格较贵。石墨电极适用于中小型电炉，当电极直径超过 500 mm 时，应采用自焙电极。目前石墨电极最大直径是 500 mm。石墨电极密度为 1.55～1.6 g/cm³，其产品规格、技术指标、允许电流见表 3.14-2～表 3.14-4。

**表 3.14-2　石墨电极规格**

| 规格/mm | 直径允差/mm | 长度/mm | 长度允差/mm | 截面积/cm² | 1 m 长质量/kg |
|---|---|---|---|---|---|
| φ75 | 77　74 | | +50 | 44.2 | 7.0 |
| | | 1200 | | 78.5 | |
| φ100 | 102　99 | | −100 | 133 | 12.6 |
| φ130 | 131　128 | | | | 11.2 |
| φ150 | 154　151 | 1600 | ±100 | 176.7 | 28.2 |
| φ200 | 204　201 | | | 314 | 50.3 |
| φ250 | 256　252 | 1600 | ±100 | 490.9 | 78.5 |
| φ300 | 307　303 | 1800 | | 706.8 | 112.8 |
| φ350 | 357　353 | 1800 | ±100 | 962 | 153.5 |
| φ400 | 408　404 | (1600) | | 1256.6 | 200.5 |
| φ450 | 459　455 | (1800) | | 1590 | 246 |
| φ500 | 510　506 | 2000 | ±100 | 1971 | 314 |

**表 3.14-3　石墨电极技术指标**

| 电极标号 | 电极电阻系数(不大于)/Ω·mm²·m⁻¹ | | | | 抗折强度(不小于)/MPa |
|---|---|---|---|---|---|
| | 75～130 mm | 150～200 mm | 250～350 mm | 400～500 mm | |
| 优　级 | 8.5 | 9 | 9 | 9 | 8～6.5 |
| 一　级 | 10 | 11 | 11 | 11 | 8～6.5 |

**表 3.14-4　石墨电极允许电流**

| 电极规格/mm | 70 | 100 | 130 | 150 | 200 | 250 | 300 | 350 | 400 | 450 | 500 |
|---|---|---|---|---|---|---|---|---|---|---|---|
| 允许电流/A | 1000<br>1400 | 1500<br>2400 | 2200<br>3400 | 3500<br>4900 | 5000<br>6900 | 7000<br>10000 | 10000<br>13000 | 13500<br>18000 | 18000<br>23500 | 22000<br>27000 | 25000<br>32000 |

### (二) 自焙电极

自焙电极是将块状的电极糊加入电极壳内，在生产中边加入电极糊边自动焙烧硬化而成的电极。电极糊是定型产品，其灰分越高，烧结温度越高。炉顶温度 500℃左右的自焙电极，宜采用灰分低的电极糊。炉顶温度800℃以上时,应选用灰分较高的高软化点电极糊。电极糊技术指标见表3.14-5。

**表3.14-5 电极糊技术指标**

| 项目 \ 牌号 | THD-1 | THD-2 | THD-3 | THD-4 | THD-5 |
|---|---|---|---|---|---|
| 灰分(不大于)/% | 5.0 | 6.0 | 7.0 | 9.0 | 11.0 |
| 挥发分/% | 12.0~15.5 | 12.0~15.5 | 9.5~13.5 | 11.5~15.5 | 11.5~15.5 |
| 耐压强度(不小于)/MPa | 17.0 | 15.7 | 19.6 | 19.6 | 19.6 |
| 电阻率(不大于)/$\mu\Omega\cdot m$ | 68 | 75 | 80 | 90 | 90 |
| 体积密度(不小于)/$g\cdot cm^{-3}$ | 1.36 | 1.36 | 1.36 | 1.36 | 1.36 |

自焙电极的电极壳,一般由1.25~3 mm的薄钢板焊接成圆筒状,每节长1.0~1.2 m,在圆筒内焊有6~8个筋片,筋片高度为电极直径的0.2~0.35倍,在筋片上开有10 mm以上的圆孔。筋片比电极壳短60~80 mm。电极壳的端部直径要缩小,便于插入另一节电极壳进行焊接。焊接要求连续焊,并对焊缝打磨光滑,焊缝与电极壳表面平整一致。电极壳一般由本厂加工制作,避免运输中产生变形。电极壳周长误差要求小于+1.0%,负公差为零。

常用自焙电极壳尺寸见表3.14-6。

**表3.14-6 常用自焙电极壳尺寸**

| 电极直径/mm | 壳厚/mm | 筋片数/片 | 筋片高度/mm | 电极糊重/$kg.m^{-1}$ | 截面积/$cm^2$ |
|---|---|---|---|---|---|
| 500 | 1.25 | 6 | 100 | 304 | 1963.5 |
| 600 | 1.25 | 6 | 125 | 439 | 2820 |
| 700 | 1.50 | 7 | 150 | 596 | 3848 |
| 800 | 1.5~1.75 | 7 | 200 | 780 | 5026 |
| 900 | 1.5~1.75 | 8 | 225 | 985 | 5674 |
| 1000 | 1.5~3.0 | 8① | 250 | 1210 | 7854 |
| 1050 | 1.5~3.0 | 8 | 250 | 1340 | 8659 |
| 1100 | 1.5~3.0 | 8~9 | 270 | 1470 | 9503 |
| 1150 | 1.5~3.0 | 8~9 | 270 | 1600 | 10387 |
| 1200 | 1.5~3.0 | 8~9 | 270 | 1750 | 11310 |
| 1300 | 2.0~4.0 | 8~9 | 250~300 | 2060 | 13270 |

①有的国家对直径1 m以上的电极采用的筋片数约为电极直径(mm)的百分之一,而筋片的高度较小。

### (三)石墨电极把持器

#### 1. 螺栓紧固把持器

除炼钢电弧炉的把持器和升降机构外,长方形电炉石墨电极的把持器一般做成两半,一侧用铰链连接,一侧用螺栓夹紧,由卷扬机升降,压放电极由人工操作。其结构形式见图3.14-1所示。

把持器材质一般为H68黄铜或磷青铜。为节约铜材,把持器可分两部分,导电部分采用铜合金或紫铜板制造,外部夹紧部分用铸铁材质。把持器内表面与电极接触,要求平整光滑,保证接触良好。如果炉顶温度高,电极密封不好,可在把持器铜合金内铸入水管,通水冷却。

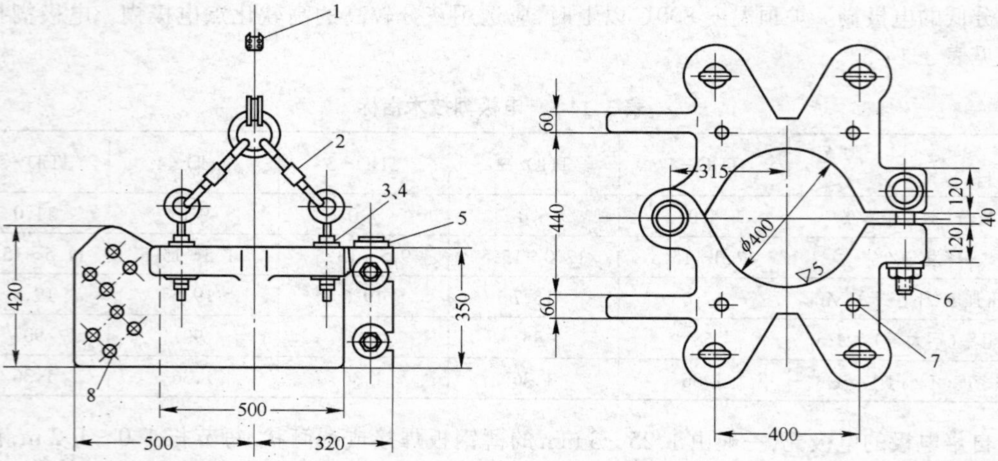


图 3.14-1　φ400 mm 石墨电极把持器

1—绝缘瓷珠；2—调节螺母；3、4—绝缘套筒及绝缘垫片；5—销轴；
6—压紧螺栓；7—冷却水管；8—电缆安装孔

2. 楔紧式电极把持器

这种把持器适用于 φ200 mm 以下的石墨电极，其结构简单，夹紧可靠，在小型炉上用得较多。如图 3.14-2 所示。

3. 气动或液压夹紧把持器

这种把持器的压瓦（导电颚板）是由连杆与液压缸或气压缸连接在一起，缸内装有弹簧，由弹簧力使压瓦与电极压紧。下放电极时，向缸内通入压力油或气源，推动杠杆，克服弹簧力使压瓦离开电极。见图 3.14-3 所示。这种结构改善了人工下放电极的劳动条件。

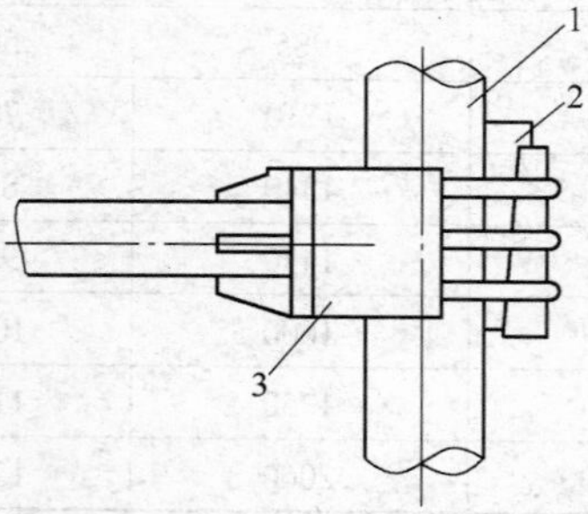


图 3.14-2　楔紧式电极把持器

1—石墨电极；2—楔块；3—把持器体

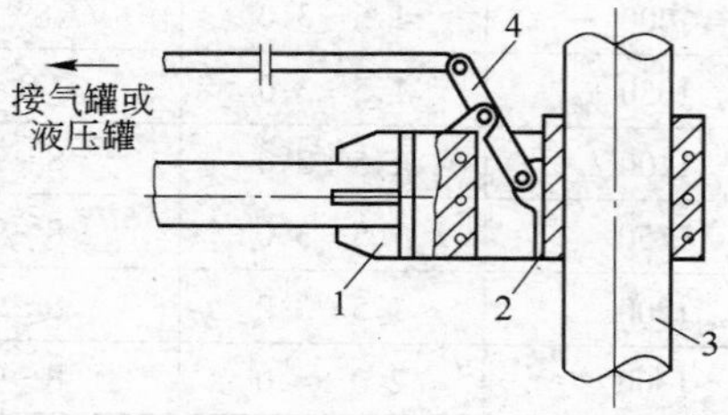


图 3.14-3　气动或液压夹紧把持器

1—把持器；2—压瓦；3—电极；4—拉杆

把持器的夹紧力应满足以下条件：

(1) 有足够的压力，使颚板与电极接触良好，电能损失最小。

(2) 保证颚板与电极间的摩擦力不会使电极因自重下滑和移动。

(3) 能夹紧电极自由升降，当出现电极黏料或被卡住时，可将电极从炉内提出。

把持器与电极接触处的压力应大于或等于 8～10 kN。压瓦（导电颚板）与电极之间的摩擦力 $F$(kN)为：

$$F = KP_g f$$

式中　$F$——摩擦力，kN；

$P_g$——夹紧压力，kN，$P_g \geqslant 8 \sim 10$ kN；

$f$——摩擦系数，为可靠，$f \leqslant 0.2$；

$K$——附加系数，考虑卡电极等情况，$K = 0.65 \sim 0.85$。

保证电极不因自重下滑的条件是：

$$KP_g f \geqslant Qg \times 10^{-3}$$

式中　$Q$——电极质量，kg；

$g$——重力加速度，$g = 9.81$ m/s$^2$。

根据压力 $P_g$ 可计算出弹簧尺寸。表 3.14-7 列出炼钢电炉把持器的性能。

**表 3.14-7　电弧炉把持器技术性能**

| 电极直径 /mm | 使用最多数 $n$ | 最大夹紧力/kN | 压头高度 $h$ /mm | 压头导轮包角 $\alpha$/(°) | 压头行程 $s$ /mm | 气缸及弹簧特性 | | | |
|---|---|---|---|---|---|---|---|---|---|
| | | | | | | 气缸直径 /mm | 气压/MPa | 总压力/kN | 弹簧形式 |
| 350 | 3 | 31～62 | 300～325 | 155～160 | 45～50 | 180～190 | 0.3～0.6 | 11.4～22.8 | 二节 |
| 400 | 3 | | 380 | 170 | | 300～340 | 0.3～0.6 | 21.2～42.4 | 二节 |
| 500 | 3 | 111 | 400 | 170 | 50～55 | 300～340 | 0.3～0.6 | 21.2～42.4 | 三节 |

**（四）石墨电极升降机构**

石墨电极有钢丝绳卷扬升降和链轮丝杠传动升降两种方式。卷扬传动升降是将电极吊挂在钢丝绳上，电动机带动卷筒。通过滑轮组，收缩或放开钢丝绳的长度，达到电极的升降。电极升降中，要设定上升或下降两个限位开关，限位开关的控制设在电动机上，并可在安装现场调整上下限位的距离。

钢丝绳卷扬升降机构，电极的上升或下降，可自动控制，根据设定的二次侧电流值，由 PLC 控制系统，自动调整每根电极在熔体内的插入深度，达到每相电极的二次电流值靠近设定值。钢丝绳卷扬升降装置如图 3.14-4 所示。

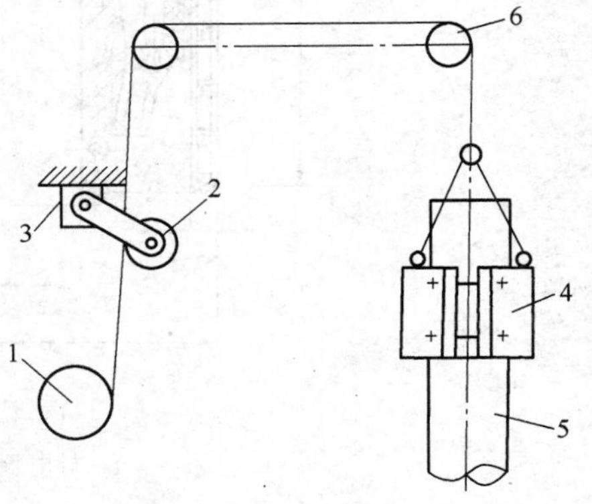

图 3.14-4　钢丝绳卷扬升降装置

1—卷扬机；2—垂直式钢丝绳防松器；3—限位开关；4—把持器；5—电极；6—定滑轮

链轮丝杠传动升降装置，在升降中平稳，摆动小，适于对电极密封要求高的电炉。但丝杠的调整较困难，占用空间高度比卷扬传动型式高。

**（五）自焙电极的把持器与升降装置**

1. 把持器

(1) 螺栓紧固把持器。这种把持器的结构形式与石墨螺栓紧固把持器结构相同，也由卷扬机升降，压放电极人工操作。为了平衡电极，保持电极的垂直度，将把持器从一侧改为从两侧连接供电软电缆。在熔渣贫化矿热电炉中应用较多。由于熔渣贫化或加热保温的矿热电炉，工作较平稳，各相二次电流变动小，电极升降不激烈、不频繁，电极损耗速度较慢。这种把持器、卷扬升降装置价格低，使用方便,维护工作量小。

(2) 径向大螺钉顶紧式。这种把持器较陈旧,但结构简单,可方便调整颚板与电极壳的接触压力。

(3) 径向油压杯式把持器。这种结构的油压缸数量是导电颚板的一半,另一半为固定缸。可采用油缸卸油后弹簧力松开颚板,或压缩弹簧时松开颚板的方式。后一种方式油压系统不需要经常处于工作状态。该型式把持器可适应电极表面的软硬度,能适应于电极的小量变形和导电颚板产生的安装误差。

(4) 锥形环把持器。锥形环把持器结构及受力分析如下:

1) 锥形环把持器结构。这种把持器,由导电颚板外侧锥形面与锥形环的锥面之间夹紧力来实现颚板与电极之间的压紧。当锥形环下降时,颚板与电极松开,锥形环上升时,颚板与电极夹紧。锥形环一般做成空心通水冷却,材质用防磁钢或普通钢加部分防磁钢隔断磁路。锥形角一般为 10°～18°,最小为 6°。

通常情况下,锥形环由固定在护筒上的油缸和弹簧的作用,完成夹紧或松开导电颚板。也有用油马达链轮丝杠升降或油缸直接升降的方式,使锥形环夹紧或松开导电颚板。后两种方式油缸远离炉顶,径向尺寸小,大型炉广泛采用,如图 3.14-5 所示。

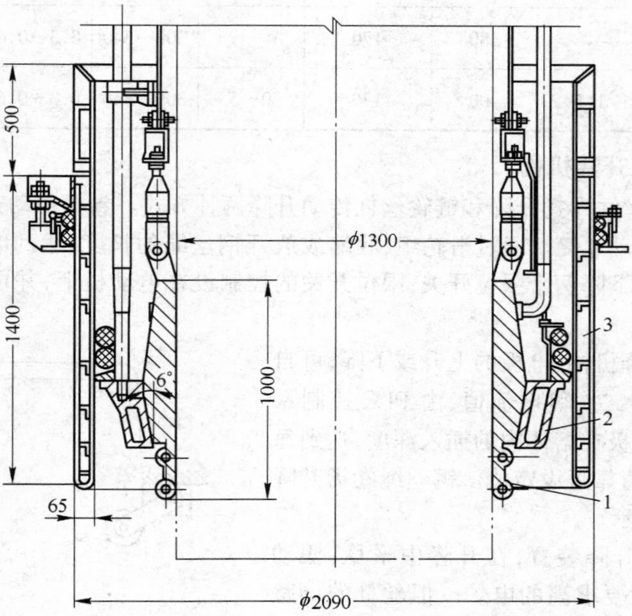


图 3.14-5　锥形环把持器

1—导电颚板;2—锥形环;3—固定大套

2) 锥形环把持器的受力分析。锥形环的锥形角大时,对导电颚板产生的压紧力小,反之压紧力大。锥形环的向上提紧力($T$)是依据锥形角大小和要求的导电颚板对电极的压力值来计算的。导电颚板对电极壳的压力,设计时一般取 0.12～0.15 MPa,个别取 0.2 MPa。锥形环受力分析,如图 3.14-6 所示。

$$T = p_{压} \tan(\alpha + \phi) + G_{锥} g$$

式中　$T$——锥形环吊杆向上拉力,N;

$p_{压}$——锥形环对导电颚板的压力，N；

$G_{锥}$——锥形环质量，kg；

$\alpha$——锥形环的锥形角，(°)；

$\phi$——摩擦角，(°)；

$g$——重力加速度，9.81 m/s²。

摩擦角与接触面的摩擦系数有关，而摩擦系数又与材质，表面加工精度，物理状况有关。一般接触面摩擦系数($f$)为：

$f=0.15\sim0.2$，最大可达0.25。

当 $f=0.15$ 时　　$\phi=8°33'$

当 $f=0.2$ 时　　$\phi=11°19'$

当 $f=2.5$ 时　　$\phi=14°3'$

(5) 埃尔肯把持器。

随着大功率直流电极($\phi1.5\sim1.9$ m)的出现，电极壳在压放操作中易变形，出现导电颚板与电极壳之间打弧烧穿的故障屡屡发生。埃尔肯发明了膜片式电极把持器，由气动膜片压紧颚板，解决了电极壳变形的问题。电流传到电极壳上，为大直径电极壳直流电极的顺利运行创造了条件。

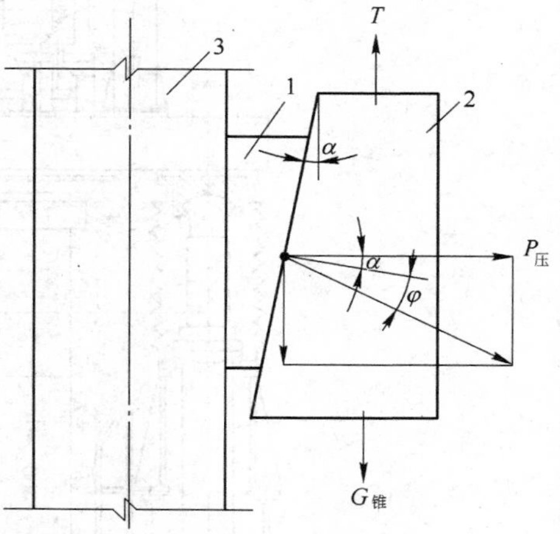


图 3.14-6 锥形环受力图
1—导电颚板；2—锥形环；3—电极

2．导电装置

电极的电源供应，是由变压器二次侧经导电装置与电极相连接的。与电极的接触主要有两种方式，一种是二半式螺栓压紧式把持器，由把持器的导电层或把持器本体与电极相接；一种是带导电颚板把持器，由导电颚板与电极相接触。对前者，变压器二次侧电流由铜板排或铝板排短网引至炉前，再经软铜电缆接到把持器的接线柱上，将电流送到电极外壳上。对由导电颚板向电极供电的情况，其导电方式主要是变压器二次侧电流经铜排或铜管短网接至炉前，由厚壁铜管与固定集电环相接，固定集电环一般由厚壁铜管弯制或采用铜质铸件。导电颚板经导电铜管引到固定集电环处，再由软铜带将导电铜管与集电环相连接。这种导电方式有多种结构可以采用，但应选择导电电流分布均匀；结构简单易加工；操作空间占用少；不影响导电颚板与电极壳间的压紧力的结构。避免发生因两者接触不良出现打弧烧坏电极壳的故障，对大电流、高温区可以采用导电部件通水冷却的方式。

3．自焙电极升降装置

自焙电极的升降有机械传动与液压传动两类形式；机械传动有卷扬传动与链轮传动；液压传动是由两个油缸带动电极升降。油缸与支座的连接有刚性连接与铰性连接两种方式。铰性连接的油缸固定在单独的底座上，并可作微小的方向摆动，电极的升降比刚性连接平稳。如图 3.14-7 所示。

电极的升降速度，根据炉子的功率和升降装置的不同而异。一般直径大于1 m的电极，升降速度为0.2～0.5 m/min；直径小于1m的电极，0.4～0.8 m/min。电极的行程通常为1.2～1.6 m。

4．电极的压放机构

随着电极的消耗，需将电极下放到合适的操作位置。大型旧式电炉，采用钢带式下放电极装置，现逐渐改为液压压放装置。

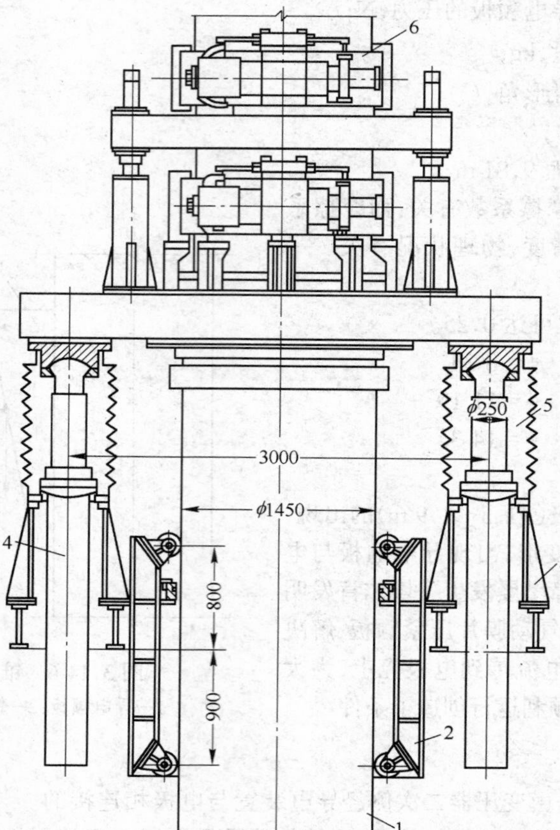


图 3.14-7　铰性连接液压升降装置

1—电极护筒；2—挡轮装置；3—底座；4—电极升降油缸；5—防尘罩；6—上闸环

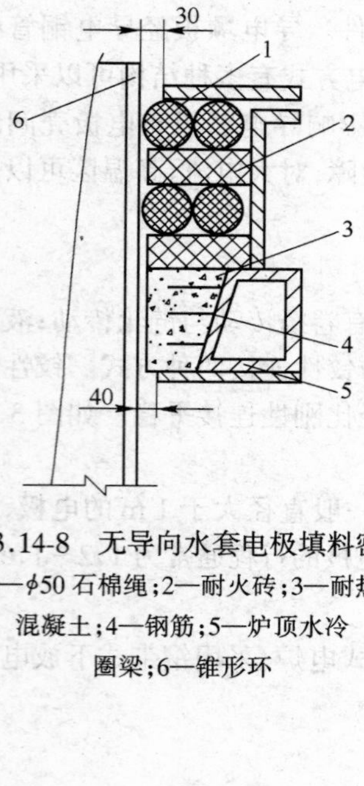


图 3.14-8　无导向水套电极填料密封

1—$\phi$50 石棉绳；2—耐火砖；3—耐热混凝土；4—钢筋；5—炉顶水冷圈梁；6—锥形环

在液压压放装置中，有上部抱闸和下部抱闸，两个抱闸之间有 2～3 个中间油缸，中间油缸固定在升降油缸的顶部构件上，油缸可带动上抱闸移动，其移动的最大行程一般为电极一次最大的压放量。压放电极时，打开上抱闸，中间油缸带动上抱闸上移到要求的距离后，上抱闸抱紧电极，松开下抱闸，油缸带动上抱闸将电极向下压放，压放完毕后，下抱闸再抱紧电极。电极正常升降时，由升降油缸顶部构架带动两个抱闸使电极一起升降。抱闸有弹簧闸块式与钢带式两种。

5．电极孔的密封

矿热电炉电极孔与电极之间的密封方式各不相同，常见有以下几种方式。

(1) 无导向水套电极填料密封：

在锥形环外侧，用压板将石棉绳与锥形环贴紧进行密封，也可以采用硅酸铝纤维棉代替石棉绳。这种方式简单易行，密封效果一般，需经常检查填加密封材料，如图3.14-8所示。

(2) 有固定水管的电极密封：

无导向水套填料电极密封如图 3.14-9 所示。其中填料要有一定高度，在锥形环上下移动中，不产生明显的孔隙，保持密封效果。固定水套与炉顶之间也要密封。

(3) 水封方式密封：

这种结构密封效果好，但水封槽在粉尘多的场合下容易失效，而且不适于炉膛压力较高的炉子。结构形式如图 3.14-10 所示。

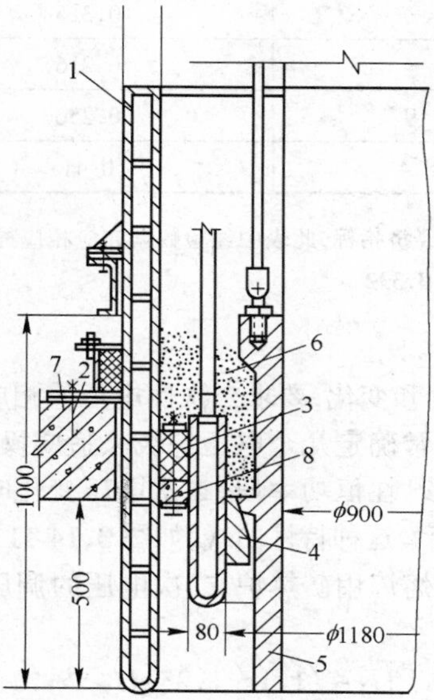


图 3.14-9 固定水套密封图

1—固定导向水套；2、3—石棉绳；4—锥形环；5—导电颚板；6—填料；7—炉顶耐热混凝土；8—耐热混凝土托圈

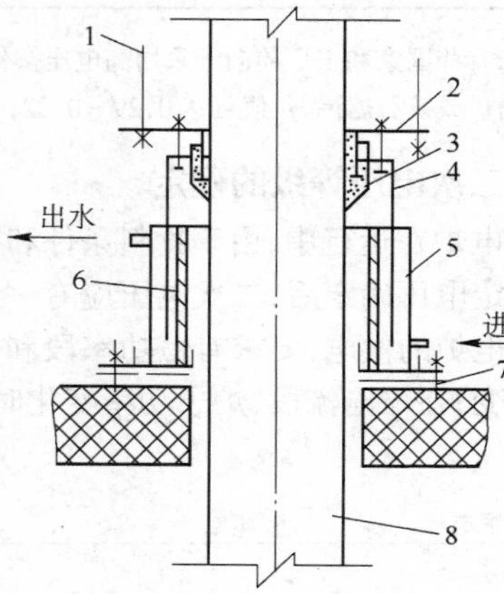


图 3.14-10 水封密封示意图

1—与把持器连接的螺杆；2—压盖；3—填料；4—活动罩；5—固定水封槽；6—绝热层；7—绝缘层；8—电极

以上几种方式，应用较多，但适宜炉内压力小于 20～30 Pa 的情况。

## 第三节 二次侧供电要求

### 一、二次侧电压的确定

矿热电炉对变压器二次侧的电压有特殊要求，二次侧额定电压及电压等级，应根据处理物料的种类，熔炼(加热)工艺过程，熔池深度及渣型进行确定。目前缺乏精确的理论计算方法，一般根据工厂的实践资料选取。二次电压值高，电能损失较小，电炉生产能力提高，但会产生局部过热，熔体下部温度达不到要求，电极周围产生明弧等情况。二次电压值低，对炉料适应性强，炉寿命提高，熔池下部温度容易控制。但变压器，炉体导电元件和炉子本体的结构都要变大，投资增加。二次电压值，应参照相关厂的实际数值选取。一般也可按下述经验公式估算。

$$U_{线} = KP^{n}_{相}$$

式中 $U_{线}$——二次侧线电压，V；

$P_{相}$——每根电极的功率，kV·A，三极电炉为额定功率的 1/3，六极电炉为额定功率的 1/6；

$K$、$n$——系数，见表 3.14-8。

**表 3.14-8　K、n 数值**

| 熔炼性质 | K 值 | | $n$①值 |
|---|---|---|---|
| | 三极 | 六极 | |
| 镍精矿熔炼 | 35 | 40 | 0.272 |
| 铜精矿熔炼 | 14 | 19 | 0.35 |
| 由氧化镍矿石炼镍铁合金 | 13.5 | 15.5 | 0.33 |
| 锡精矿熔炼 | 21 | – | 0.325 |
| 氧化亚镍熔炼 | 30 | – | 0.216 |
| 钛渣熔炼 | 17 | 19 | 0.256 |
| 渣用电热前床 | 7.5 | 8.4 | 0.41 |

① 近来有些国家和工厂趋向于采用高电压操作，获得了较好的技术经济指标，此表中经验数据亦应相应提高，对铜镍精矿或矿石熔炼，$n$ 值可达 0.29～0.32；对铜精矿熔炼，$n$ 值达 0.392。

## 二、二次电压等级的确定

矿热电炉在运行中，由于物料条件和操作条件常常波动和变化，要求二次侧电压值相应改变。在二次额定电压确定后，二次电压应有一定的调节范围，通常确定几个电压等级来适应操作的要求。矿热电炉的供电，要求有恒功率段和恒电流段两个阶段，在恒功率段，二次电压变化时，炉子的功率不变；在恒电流段，炉子功率变化时，二次电流不改变。这种特性曲线，如图 3.14-11 所示。

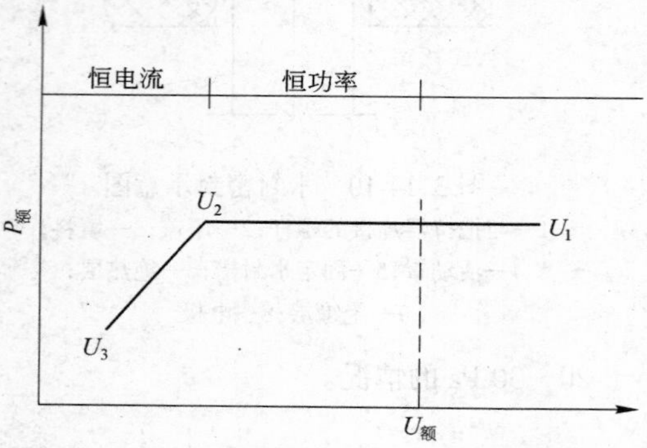


图 3.14-11　炉用变压器特性
$U_1-U_2$ 段—恒功率段；$U_2-U_3$ 段—恒电流段

对熔炼用矿热炉，二次电压的调压范围，一般为：

$$U_1=(1.1\sim1.25)U_{额}$$
$$U_2=(0.7\sim0.8)U_{额}$$
$$U_3=0.5U_{额}$$

对炉渣贫化矿热炉，由于二次额定电压较低，一般以 $U_2$ 作为额定电压，一般 $U_1=(1.5\sim1.8)U_{额}$，$U_3=(0.6\sim0.7)U_{额}$。二次电压级一般为 4～9 级，每级电压差与炉子功率有一定关系，见表 3.14-9 所示。炉用变压器的调压方式分有载调压和无载调压，新设计的大型矿热电炉多用有载调压。

**表 3.14-9　功率与级差伏数值**

| 功率/kV·A | 恒电流段 /V | 恒功率段 /V |
|---|---|---|
| 1000 以内 | 5～10 | 8～12 |
| 1000～6000 | 10～15 | 15～25 |
| 6000 以上 | 15～20 | 18～35 |

## 三、供电

电炉变压器的电源电压，一般为 6kV、35kV 或更高。大功率的矿热炉，宜采用较高电压供电，以减少线路的电能损失。供电系统及变压器短网的布置见图 3.14-12～图 3.14-14 所示。短网应合理排列，尽量减少感抗，提高功率因数。对短网应加强维护，防尘。

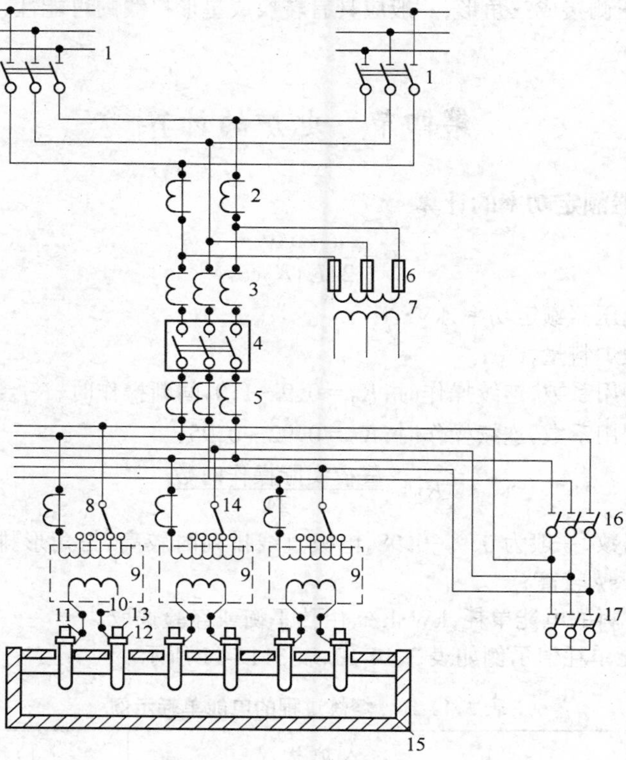


图 3.14-12　六极电炉供电系统示意图

1—高压隔离开关；2—安培计和瓦特计的电流互感器；3—保护回路的电流互感器；4—高压开关；5—测量回路的电流互感器；6—高压熔断器；7—测量电压的互感器；8—电炉自动控制的互感器；9—电炉变压器；10—母线束；11—可挠软线；12—导电颚板；13—电极；14—电压级转换开关；15—电炉；16—三角形接线转换开关；17—星形接线转换开关

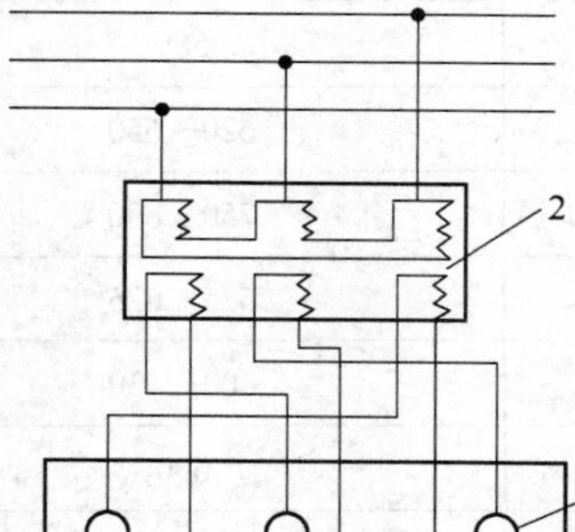


图 3.14-13　三极电炉电极直线排列

1—电极；2—炉用变压器

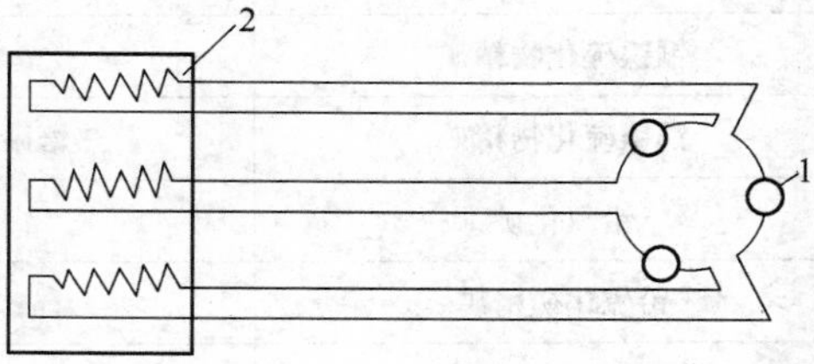


图 3.14-14　三极电炉电极三角形排列

1—电极；2—炉用变压器

由三相变压器供电的电炉，其短网不可能完全对称，三根电极上的功率分配是不均的。而单相变压器各短网对称配置，有功率因数不低于 0.97，电效率 95%～96% 的优点。当设备容量合适时，采用 3 台单相变压器的六极电炉比三相变压器的六极电炉更完善。

电炉变压器高压侧接成三角形，一般应具有转换成星形接线的可能性，以满足开炉和异常情况所需的低电压。

## 第四节 电炉的计算

### 一、炉用变压器额定功率的计算

$$P=\frac{AW}{24K_1K_2\cos\phi} \tag{3.14-1}$$

式中 $P$——炉子变压器额定功率，kV·A；

$A$——日处理炉料量，t/d；

$K_1$——功率利用系数，连续操作时，$K_1=0.9\sim1.0$，间断操作时，$K_1=0.8\sim0.9$；

$K_2$——工时利用系数，连续操作时，$K_2=0.92\sim0.95$：

$$K_2=\frac{\text{昼夜实际操作时数}}{24}$$

$\cos\phi$——功率因数，一般为 0.9～0.98，电极直线排列时较高，三角形排列较低，二次电压较高时 $\cos\phi$ 较高；

$W$——每吨炉料的电能单耗，kW·h/t，由热平衡或经验选取。

某些物料的电能单耗值示例如表 3.14-10、表 3.14-11 所示。

**表 3.14-10 熔炼过程的电能单耗示例**

| 物料种类 | 入炉状况 | 1 t 物料电耗 /kW·h |
|---|---|---|
| 铜硫化物精矿 | 制粒、经干燥 | 400～450 |
| 铜硫化物精矿 | 焙 砂 | 370～400 |
| 铜硫化物精矿 | 热焙砂 | 320～340 |
| 铜硫化物精矿 | 湿精矿(含水 7%) | 460 |
| 铜氧化物精矿 | 焙 砂 | 580 |
| 铜镍硫化物精矿 | 焙 砂 | 620～650 |
| 铜镍硫化物精矿 | 矿 石 | 750～800 |
| 铜镍硫化物精矿 | 烧结块 | 525～625 |
| 铜镍硫化物精矿 | 热焙砂(650～670℃) | 400～430 |
| 铅氧化矿 | 块 矿 | 600 |
| 铅硫化矿精矿 | 烧结块 | 460～520 |
| 锡氧化物精矿 | 精 矿 | 900～1100<br>(不包括还原剂) |
| 铅鼓风炉渣 | 熔体(在前床中过热及保温) | 36～60 |
| 铜闪速炉渣 | 熔体贫化处理 | 60～80 |
| 镍闪速炉渣 | 熔体贫化处理 | 150～170 |

**表 3.14-11 炉渣贫化炉电耗示例**

| 厂别 | 作业制度 | 炉渣在电炉内停留时间/h | 电炉变压器功率/kV·A | 添加剂/% | 处理炉渣种类 | 每吨液态炉渣电耗/kW·h |
|---|---|---|---|---|---|---|
| 贵冶 | 连续 | 5.9～7.9 | 4500 | 石灰石 2.8<br>黄铁矿 3 | 闪速炉渣 | 75 |
| 铜陵 | 连续 | 9.1 | 3500 | 固体铜锍 1,块煤 0.8 | 闪速炉渣 | 61 |
| 足尾 | 间断 | 3.33 | 2000 | 土硫磺 22～25,有时加灰石 10 | 闪速炉渣 | 210～250 |
| 奥托昆普 | 间断 | | 2400 | 铜精矿 10 | 闪速炉渣、转炉渣 | 150～170 |
| 佐贺关 | 连续 | | 主 3000<br>辅 800 | 黄铁矿 3 | 闪速炉渣 | 60～80 |
| 东予 | 连续 | | 3500 | 少量黄铁矿 | 闪速炉渣 | 75 |
| 小坂 | 连续 | | 2800 | 黄铁矿 1～2 | 闪速炉渣 | 144 |

## 二、电极直径的计算

对三极三相系统(由一台三相变压器供电),电极直径 $d_{径}$(cm):

$$d_{极}=\sqrt{\frac{P\times10^{3}\times0.735}{U_{2}\Delta}} \tag{3.14-2}$$

对六极单相系统(由三台单相变压器供电,每台变压器功率 $P_{台}=\dfrac{P}{3}$):

$$d_{极}=\sqrt{\frac{P\times10^{3}}{2.36U_{2}\Delta}} \tag{3.14-3}$$

式中 $U_2$——变压器二次侧额定功率下最低电压,V;

$\Delta$——电极面积电流,A/cm²,见表 3.14-12;

$P$——电炉所需功率,kV·A。

**表 3.14-12 电极面积电流**

| 名称 | 电极类别 | 面积电流/A·cm⁻² | | |
|---|---|---|---|---|
| | | <ϕ600 | ϕ600～900 | ϕ900～1200 |
| 铜镍熔炼电炉 | 自焙 | 4～5 | 3～4 | 2～3.5 |
| 电热前床 | 石墨 | 5～8 | | |
| 渣贫化电炉 | 自焙 | | 4～5 | 3.5～4 |
| 锡熔炼电炉 | 石墨 | 4～5 | | |

按式 3.14-2 及式 3.14-3 计算出的电极直径,未考虑电极在生产中的消耗速度,对自焙电极,应保证电极糊的烧结速度大于电极的消耗速度,避免发生电极的软断事故。应当验算电极每日下放长度($L_{耗}$),若 $L_{耗}$ 大于电极烧结速度 $L_{烧结}$(m/d)时,应当加大 $d_{极}$,使 $L_{耗}<L_{烧结}$。$L_{烧结}$与电极糊的种类,质量,炉顶温度等因素有关,对熔炼铜、镍的炉子,$L_{烧结}$一般为 0.35～0.45 m/d。

$L_{耗}$ 按下式计算:

$$L_{耗}=\frac{24P\cos\phi K_{2}q}{0.785d_{极}^{2}\ m\rho_{糊}} \tag{3.14-4}$$

式中 $q$——电能消耗所需要的电极糊质量,kg/kW·h;

$\rho_{糊}$——烧结后电极糊的假密度,$kg/m^3$;

$d_{极}$——电极直径,m;

$m$——电极根数;

$K_2$——工时利用系数。

自焙电极的电极糊消耗量($q$)的经验数据,如表3.14-13所示。炉渣贫化电炉电极糊的消耗实例数据如表3.14-14所示。

**表3.14-13　自焙电极电极糊单耗经验数据**

| 熔炼过程特点 | $q$/t·(kW·h)$^{-1}$ |
|---|---|
| 铜镍硫化物焙砂或精矿熔炼 | 6~8 |
| 铅精矿还原熔炼 | 15~17 |
| 氧化镍矿石熔炼 | 9~11 |
| 每吨转炉渣贫化 | 5~8 |
| 铜硫化物精矿熔炼 | 4~4.6(10) |

**表3.14-14　炉渣贫化电炉电极糊消耗实例**

| 厂　别 | 电极直径/mm | 电极种类 | 电极糊消耗/kg·t$^{-1}$渣 | 备　注 |
|---|---|---|---|---|
| 贵　冶 | 800 | 自　焙 | 0.8 | 4500 kV·A电炉,连续作业 |
| 足　尾 | 457 | 自　焙 | 2.5 | 2000 kV·A电炉,加入30%固体料,一个周期3~4 h |
| 足　尾 | 457 | 碳　素 | 3.4 | 加入11%固体料,其它同上 |
| 奥托昆普 | 780 | 自　焙 | 2.0 | 2400 kV·A电炉,加入10%固体料,间断作业 |
| 佐贺关 | 680 | 自　焙 | 0.8 | 3000 kV·A电炉,加入3%固体料,连续作业 |

## 三、电极中心距计算

直线排列电极的中心距$L_{极}$(cm)和圆形电炉电极分布圆直径,按下式计算:

$$L_{极}=Kd_{极} \tag{3.14-5}$$

式中　$K$——系数,见表3.14-15。

**表3.14-15　系数$K$值**

| 名　称 | $K$值 |
|---|---|
| 长方形冰铜电炉 | 2.6~3 |
| 长方形电热前床 | 3~4 |
| 长方形贫化电炉 | 2.5~3.5 |
| 圆形锡精矿电炉 | 3~3.1 |
| 圆形氧化亚镍熔炼电炉 | 2.8~3.5 |
| 圆形电热前床 | 3~3.5 |

## 四、炉膛宽度、长度的计算

### (一)炉膛宽度

炉膛宽度$B$(cm):

$$B=K_{宽}d_{极} \tag{3.14-6}$$

式中 $K_{宽}$——系数,见表3.14-16。

**表3.14-16 系数 $K_{宽}$ 值**

| 名称 | $K_{宽}$值 |
|---|---|
| 长方形熔炼电炉 | 5~6 |
| 长方形贫化电炉或电热前床: | |
| 没有水冷炉壁时 | 6~8 |
| 有水冷炉壁时 | 4.8~5.5 |

### (二)圆形熔炼炉内径计算

熔炉内径 $D$(cm):

$$D = L_{极} + (4.4 \sim 5)d_{极} \tag{3.14-7}$$

## 五、炉膛高度

炉膛高度 $H$(m):

$$H = h_{金} + h_{渣} + h_{料} + h_{气} \tag{3.14-8}$$

式中 $h_{金}$、$h_{渣}$、$h_{料}$、$h_{气}$——金属或锍层、渣层、料坡及气体空间的高度(料坡顶至拱顶中心)。

锍层或金属层厚度一般为500~900 mm。

渣层厚度一般为1200~1800 mm。

料层高度与物料密度和粒度有关,一般为300~600 mm。

气体空间高度按炉膛气体流速2~4 m/s考虑,但 $h_{气}$ 太大将影响电极的烧结速度。

一些工厂的炉膛高度及有关数据示例如表3.14-17所示。

**表3.14-17 电炉炉膛高度及有关数据示例**

| 厂 名 | 锍层厚/mm | 渣层厚/mm | 料坡高/mm | 炉膛全高/mm | 渣温/℃ | 锍温/℃ | 炉膛温度/℃ | 作业性质 |
|---|---|---|---|---|---|---|---|---|
| 云南冶炼厂 | 600~850 | 1400~1800 | 400~600 | 5000 | 1200~1250 | 1050~1100 | 500~600 | 铜精矿熔炼 |
| 金川有色公司 | 500~700 | 1400~1800 | 300~500 | 4200 | 1300~1350 | 1100~1200 | 500~600 | 铜镍精矿熔炼 |
| 金川有色公司 | 600 | 800~1100 | | 3200 | 1300~1350 | 1200~1250 | | 转炉渣贫化 |
| 株洲冶炼厂 | 450~600 | 600~700 | | 1960 | 1200 | | | 铅鼓风炉前床 |
| 贵溪冶炼厂 | 500 | 850 | | 2644 | 1240 | 1210 | 500~600 | 铜闪速炉渣贫化 |
| 佐贺关冶炼厂 | 520~880 | 450~580 | | | 1230 | 1200 | | 铜闪速炉渣贫化 |
| 瓦特范尔 | 590~760 | 1510~1540 | | 4900 | 1300~1380 | 1180 | | 镍精矿熔炼 |

# 第十五章 回转式精炼炉

## 第一节 概 述

回转式精炼炉主要用于液态粗铜的精炼。精炼作业一般有加料、氧化、还原、浇铸四个阶段，产品是为铜电解精炼提供合格的阳极板，因此，回转式精炼炉一般又称回转式阳极炉。回转式精炼炉的主要优点是结构简单、炉容量大、机械化自动化程度高、可控性强、密封性好以及能耗比较低；其缺点是投资高、冷料率低（一般不超过15%）、浇铸初期铜液落差大、精炼渣含铜比较高。

回转式精炼炉多用于大型或特大型铜冶炼厂的火法精炼工艺。我国过去采用固定式反射炉进行铜的火法精炼。回转式精炼炉的规格一般以圆筒壳体的内径和长度表示，容量以炉膛容积的一半（即回转中心）所容液态粗铜的质量（$t$）而定义。实际使用时，由于粗铜液面一般低于回转中心（考虑到氧化和还原时液态金属的喷溅不至于影响燃烧及排烟），因此，实际容量与名义容量之间有所差异，差异大小依精炼工艺要求而定。

国内外回转式精炼炉的规格及容量参见表3.15-1。

**表3.15-1 国内外回转式精炼炉的规格及容量**

| 国别 | 工厂 | 容量/t | 规格 $\phi\times L$/m×m | 台数 | 燃料种类 | 还原剂种类 | 单耗/kg·t$^{-1}$ | |
|---|---|---|---|---|---|---|---|---|
| | | | | | | | 燃料 | 还原剂 |
| 日本 | 小坂 | 70 | 3×6 | 1 | 重油 | 氨 | 约80 | 8 |
| | 小名滨 | 250 | 4.2×10 | 2 | 重油 | | 约20 | |
| | 小名滨 | 380 | 4.5×11 | 1 | 重油 | 氨 | 约42 | 11.5 |
| | 玉野 | 350 | 4.5×11 | 2 | 重油 | | | |
| | 佐贺关 | 250 | 4.2×10 | 4 | 重油 | 氨 | 约20 | 7 |
| | 佐贺关 | 350 | 4.5×11 | 2 | 重油 | 氨 | 20 | 7 |
| | 佐贺关 | 200 | 3.5×10 | 1 | 重油 | | | |
| | 东予 | 350 | 4.2×11.7 | 2 | 重油 | 氨 | 21 | 8 |
| 伊朗 | 萨尔切什万 | 250 | 4.3×9.1 | 2 | 重油 | | | |
| 韩国 | 翁山 | 250 | 4.01×9.14 | 2 | 重油 | LPG | 40 | 6~7 |
| 南非 | 巴拉波拉 | 250 | 3.96×9.14 | 2 | 重油 | LPG | 40 | 6~7 |
| 加拿大 | 费林一费 | 250 | 3.96×9.14 | 2 | 重油 | LPG | 40 | 6~7 |
| 智利 | 波特雷·里略斯 | 200 | 3.96×7.62 | 1 | 重油 | 柴油 | 20 | |
| 墨西哥 | 尤里达德 | 350 | 4.58×10.6 | 1 | 重油 | | | |
| 美国 | 阿纳康达 | 220 | 3.96×7.8 | 2 | 天然气 | 天然气 | | |
| | | 250 | 3.96×9.14 | 2 | 天然气 | 天然气 | | |
| | 海登 | 250 | 3.9×9.14 | 2 | | 插木 | | |
| | 阿霍 | 250 | 3.96×9.1 | 1 | 煤气 | 插木 | | |
| | 肯尼柯特 | 650 | 4.6×13.7 | 2 | 天然气 | 天然气+蒸汽 | | |

续表 3.15-1

| 国别 | 工　厂 | 容量/t | 规格 $\phi\times L$/m×m | 台数 | 燃料种类 | 还原剂种类 | 单耗/kg·t$^{-1}$ | |
|---|---|---|---|---|---|---|---|---|
| | | | | | | | 燃料 | 还原剂 |
| 美国 | 道格拉斯 | 180 | 3.9×6.1 | 1 | 煤气 | 煤气 | | |
| 赞比亚 | 木富里拉 | 250 | 3.96×9.14 | 1 | 煤粉 | | | |
| 芬兰 | 哈里亚瓦尔塔 | 250 | 3.96×9.14 | 2 | 重油 | LPG | | 4 |
| 德国 | 汉堡 | 330 | 4.25×11 | 1 | 天然气 | 天然气 | 36 | |
| 中国 | 贵溪 | 240 | 3.96×11 | 2 | 重油 | LPG | 54 | |
| | | 350 | 4.57×10.67 | 2 | 重油 | LPG | 46 | |
| | 大冶 | 100 | 3.4×7.5 | 1 | 重油 | 柴油 | 42① | |
| | | 150 | 3.6×8 | 1 | 重油 | 柴油 | 42① | |
| | 金隆 | 300 | 4.3×10.4 | 2 | 重油 | LPG | | |

① 为设计值。

## 第二节 主要结构

回转式精炼炉主要由炉体、支承装置和驱动装置、燃料燃烧装置、排烟装置、各种检测及控制设备组成。由于回转式精炼炉(理论上)可在±180°范围内旋转,因此,所有与其连接的相关设施均应考虑挠性连接,回转式精炼炉的结构见图 3.15-1。

### 一、炉体

回转式精炼炉的炉体是一个卧式圆筒,壳体用 35～45 mm 的钢板卷成,两端头的金属端板采用压紧弹簧与圆筒连接,在筒体上设有支承用的滚圈和传动用的齿圈以及敷设的各种工艺管道,壳体内衬有耐火材料及隔热材料。回转式精炼炉的炉体上开有炉口,燃烧口、氧化还原孔、取样孔、出铜口、排烟口等各种孔口,各种孔口的方位见图 3.15-2。

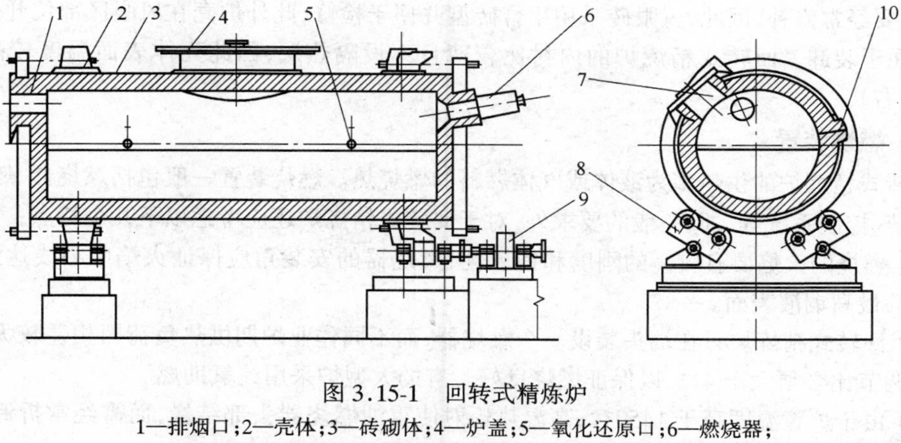


图 3.15-1　回转式精炼炉
1—排烟口;2—壳体;3—砖砌体;4—炉盖;5—氧化还原口;6—燃烧器;
7—炉口;8—托辊;9—传动装置;10—出铜口

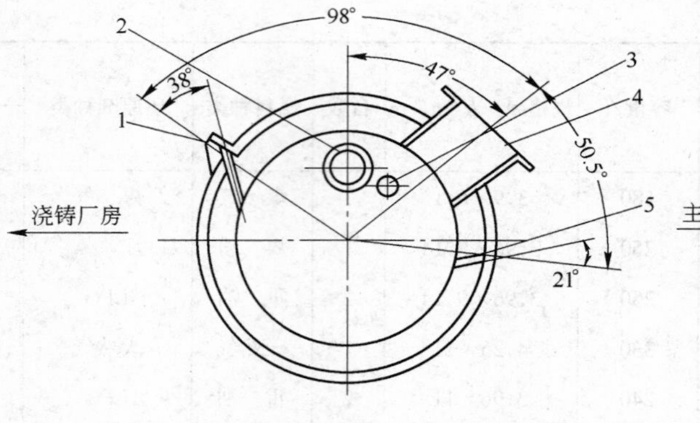


图 3.15-2　各种孔口方位图

1—出铜口；2—燃烧口；3—取样口；4—加料倒渣口；5—氧化还原口

筒体的中部开有一个炉口(炉口大小依电解残极尺寸而定),炉口采用气(或液)动启闭的炉口盖盖住,只有加料和倒渣时才打开。炉口采用水冷却方式,冷却水由软管连接。炉口中心向精炼车间主跨方向(或称炉前方)偏 47°,加料时可向前方回转以配合行车加料(液态粗铜或冷料以及造渣料等),在炉子底下放有渣包,炉子向前方回转倒渣。

在炉口中心线下方 50.5°的两侧各设有一个或两个氧化还原孔(又称风眼),风眼角 21°,风眼是套管式结构,外管采用 DN40～50 的不锈钢管埋设在砖砌体内,而内管依还原剂的种类不同而各有差异。用液体还原剂(如柴油、煤油)的炉子,考虑到还原剂的雾化而需要通入雾化剂,因此其内管又是套管式结构,风眼喷口直径 20 mm。氧化及还原时将炉体回转使风眼喷出口深入铜液以下进行氧化还原作业。由于风眼内管是易耗品,氧化还原过程中需要更换,因此结构上要便于装卸。在炉子的后方(浇铸跨)偏 51°的位置开有一个出铜口,倾斜角为 38°,纵向布置宜靠近烧嘴端。炉子的端墙设有燃烧口及取样口,燃烧口距回转中心高度为 800～1100 mm,倾斜角 5°～10°;取样孔在燃烧口的左侧下方。炉子的另一端开有排烟口,排烟口距回转中心的高度与燃烧口一致。燃烧口及排烟口的大小依供热负荷及排烟量而定。

炉子内衬 350～400 mm 厚的镁铬质耐火砖,外砌 116 mm 厚的黏土砖,靠近钢壳内表面铺设 10～20 mm 的耐火纤维板,砌层总厚度控制在 500 mm 左右。由于风眼区部位的内衬腐蚀较为严重,需要经常修补,因此,风眼砖采用组合砖型并便于检修,此外炉壳在风眼区部位开孔的封闭面板应便于装卸。回转式精炼炉的内衬比较薄且不设隔热层,因此壳体表面温度较高(200～250℃左右)。

## 二、燃烧装置

回转式精炼炉的供热多为液体或气体燃料的燃烧热。燃烧装置一般包括燃烧器、燃烧风机、管路系统、控制系统等。除一般的要求外,对于回转式精炼炉还应考虑以下几个特点:

(1) 燃烧的火焰要有较高的刚度和铺展性,燃烧器的安装角应保证火焰中心线达到炉子中段以后的最高铜液表面。

(2) 回转式精炼炉只在端头装设一个燃烧器,而不同作业炉期供热负荷因相差较大,燃烧器的负荷调节比必须大于 4∶1,以保证燃烧良好。有的大型炉采用纯氧助燃。

(3) 由于炉膛温度高于 1450℃,高温热辐射使重油燃烧器头部结炭,而需经常拆卸清理,因此燃烧器必须卸装方便。

(4) 对于大容量的炉子由于供热负荷较大,重油燃烧器一般采用高压喷嘴,嘴前油压一般为

0.6～0.8 MPa,雾化剂压力约 0.5～0.7 MPa。

(5) 采用旋流导向片结构的旋风式配风器,以保证助燃风与燃料的充分混合,配风器前的风压大于 3500 Pa。由于燃烧器的安装位置与炉子回转中心偏 800～1100 mm,配风器的空气入口应引至炉子回转中心,并通过旋转管接头与固定的供风管道连接。

(6) 为防止及尽量避免铜液在氧化还原时因喷溅物将燃烧口堵塞,燃烧口砌砖底面应高于熔池表面 400 mm 以上。

## 三、筒体及支承装置

### (一) 筒体

筒体由壳体、滚圈、炉盖及启闭装置、炉口冷却水套、左右端盖等组成。

1．壳体

壳体是回转式阳极炉的基体,必须具有足够的刚度和强度。壳体由数块钢板卷制拼焊而成,常用锅炉钢板 20 g 或压力容器钢板 16 MnR 等制作,焊后一般要求整体退火处理,以消除焊接内应力。根据冶炼工艺的操作要求,在壳体上需开设炉口、出铜口和氧化还原口。由于炉口的开口尺寸较大,为使壳体刚度和强度满足要求,需对炉口开设部位进行补强处理。同样,出铜口和氧化还原口也需进行相应的补强处理。目前,炉口的形式有三种:鼓形、菱形和矩形。

2．滚圈

(1) 滚圈的结构形式:

回转式精炼炉的滚圈断面通常采用工字形,这主要是因为回转式阳极炉的转动负载较重,为使滚圈具有一定的截面刚度,又不使其质量太重,采用工字形结构较为理想。另外,由于筒体整体结构上的需要,滚圈采用工字形结构便于弹簧螺栓拉杆及冷却管路的布置和安装。

(2) 滚圈与壳体的连接形式:

滚圈与壳体的连接有两种结构形式:

1) 单楔块式。滚圈与壳体之间用单边楔块连接,其结构见图 3.15-3。两者之间不留间隙,安装调整好后,楔块底部与壳体间采用间断焊接固定,形成一定的预紧力。在冷负载的状态下,这个预紧力足以使壳体与滚圈之间形成一定的摩擦力来传递动力。热负载时,由于壳体受温度的影响其膨胀较滚圈大,因而与楔块之间形成的压力也更大,从而产生的摩擦力也更大,进一步提高了摩擦力矩,使其足以在热负载状态下传递动力。

这种结构的特点是结构较简单,加工量较小,但安装调整较难,滚圈与壳体组装只能在安装施工现场进行。

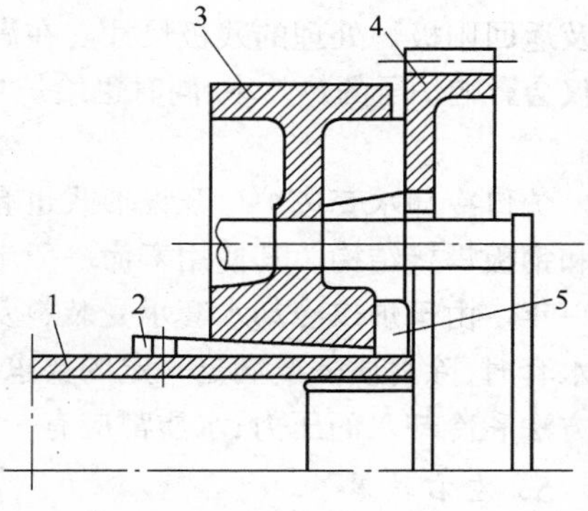


图 3.15-3　单楔块连接方式

1—壳体;2—楔块;3—滚圈;4—齿圈;5—挡块

2) 双楔块式。滚圈与壳体之间用两楔块双边连接,楔块在安装调整好后底部与壳体采用间断焊固定;滚圈与楔块之间留有一定的间隙。用一组一定厚度的薄钢板垫入间隙。筒体可在制造厂进行整体组装,也可在安装现场进行整体组装。炉体在安装调试完毕后将薄钢板取出。在冷负载状态下,滚圈与壳体之间采用键传递动力;热负载时,因热膨胀使滚圈与筒体之间产生过盈,从而又增加了摩擦力矩来传递动力。双楔块连接方式见图 3.15-4。

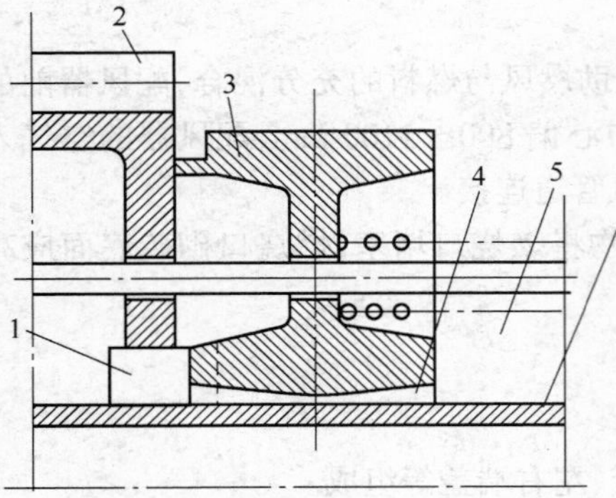


图 3.15-4　双楔块连接方式

1—键；2—齿圈；3—滚圈；4—楔块；5—挡块；6—壳体

这种结构的特点是结构较为复杂，滚圈加工量较大。但因滚圈与楔块之间留有一定的间隙，且间隙可根据需要进行调整，使滚圈、筒体和楔块处于最佳受力状态。另外，滚圈与壳体的组装可在制造厂进行，而后整体运输到施工安装现场，给现场安装调试带来很大方便。

*3．炉盖及启闭装置*

(1) 炉盖。

炉盖根据炉口的开设形式也有鼓形、菱形和矩形三种。不同形式的炉口，配制不同结构形式的炉盖。

(2) 炉盖启闭装置。

目前，国内使用的炉盖启闭装置有三种形式。

1) 采用吊车启闭炉盖。吊车启闭炉盖简单可行，缺点是自动化程度低；另外，用吊车启闭炉盖不适用于装有环保烟罩的场合，同时需占用车间吊车作业时间。

2) 用液压缸启闭炉盖。采用液压缸启闭炉盖操作简捷、灵活、自动化程度高，炉盖密封效果好，适于安装环保烟罩。用液压缸启闭炉盖，对液压缸及管路的密封要求特别严，否则因漏油易发生明火事故。

3) 用气缸启闭炉盖。采用气缸启闭炉盖操作同样简捷、灵活、自动化程度高，炉盖密封效果好，适于安装环保烟罩。但易产生冲击，炉盖启闭速度不好调节，运行稳定性较差。同时，由于炉口的热辐射较强，环境温度较高，密封件易损坏。

*4．炉口冷却水套*

目前国内各厂家使用的炉口尺寸有大有小。其尺寸的大小主要取决于粗铜装入时的操作要求及返回阳极炉处理的残极尺寸。在满足装料的情况下，应使炉口尺寸尽量小。炉口尺寸过大，不仅会影响炉子的热效率，同时也给炉口冷却水套加工带来困难，而且炉口衬砖也容易损坏和塌落。

炉口冷却水套按炉口开设形式也有鼓形、菱形和矩形三种形式。按加工方法不同有铸造结构和钢板焊接结构。其使用寿命一般半年左右，若设计合理，制造质量好，并使用管理得当可超过一年。由于炉口冷却水套承受装料及倒渣时高温熔体的机械冲击和高温作用，因而，在设计冷却水套时，除材质需要满足一定的要求外，应合理设计冷却水的回路，同时对冷却水套的材质、加工方法和冷却水的压力；水质都应有一定的要求。

*5．左右端盖*

在壳体的左右两端设有端盖，端盖与壳体不是采用焊接连接，而是借助于弹簧螺栓拉杆与滚圈拉在一起，从而保证与壳体的紧密连接。端盖必须具有足够的强度和刚度，通常是在一块较厚的钢板上采用型钢组合成井字形或栅格形加固件组焊而成。端盖也可以采用球形封头形式，与筒体焊接成一体。这种结构形式要求炉内耐火砖留有合适的间隙，在热态下吸收砖体的伸胀。

**(二) 支承装置**

回转式精炼炉的支承装置分左右两部分，均采用四组转轴式结构的复式托轮。由于回转式精炼炉运行平稳，冲击力较小，故通常采用滚动轴承支承结构，以减轻运行摩擦阻力。托轮大都采用铸钢件，并对铸钢件的质量有较严格的要求。复式托轮的左右轴承座为整体铸件，采用一次性定位加工,以保证左右两个轴承座的孔位同心度。复式托轮支承在一个滑动轴承座上,具有自动调心的作用,使托轮与滚圈之间保持良好的接触。复式托轮根据应用场合的不同,又有带轮缘的托轮和光面托轮两种。在靠近驱动装置一端的两组复式托轮,常设计为带轮缘的托轮,目的是使炉体在轴向相对定位。当炉体受热膨胀时,由于轮缘的阻挡,炉体只能往没有轮缘的另一端自由伸长,从而保证开式齿轮的正常运行。

## 四、传动装置

回转式铜精炼炉的生产工艺对传动系统有三种要求:

(1) 快速驱动:用于生产过程中炉体作大幅度转动。

(2) 慢速驱动:用于放铜浇铸或倒渣时炉体的微幅转动,便于调节流速。

(3) 事故驱动:当主电机或主电源等发生故障时,用于使炉体迅速转动到安全位置。

贵冶 240 t 回转式铜精炼炉传动系统如图 3.15-5 所示。

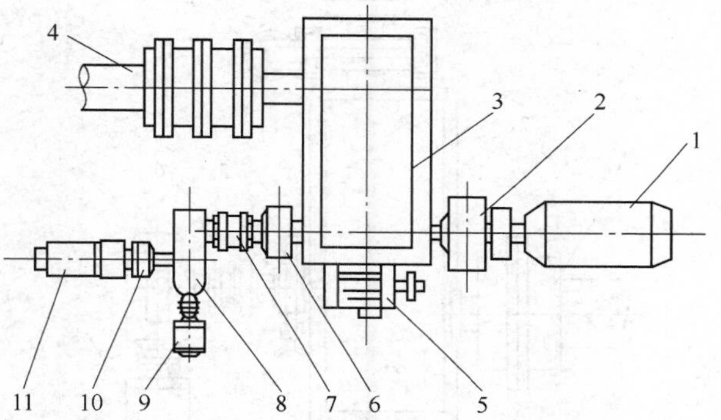


图 3.15-5　贵冶 240 t 回转式精炼炉传动系统图

1—主电动机;2—制动器;3—减速器;4—齿形联轴器;5—润滑油泵;6—辅助制动器;7、10—电磁离合器;8—伞齿轮减速器;9—辅助电动机;11—事故驱动气动马达

快速驱动和慢速驱动选用鼠笼式交流异步电机,事故驱动采用气动马达,传动系统较为简单可靠、成本低、投资少,但气动元件需进行精细的维护保养,对气动管路要求严格,不能让气动管路中混入杂质。因此加大了设备的管理和维修难度。

金隆公司 300 t 回转式铜精炼炉采用了如图 3.15-6 所示的传动系统。快速驱动选用了绕线型异步交流电机,可以适应精炼炉的频繁启动、转动和制动的工作特性。慢速驱动和事故驱动共用一台直流电动机,稳妥可靠,主电机出现事故时,可立即进行切换,实现事故倾转。传动系统紧凑,实现了全部国产化。

## 五、排烟装置

回转式精炼炉的排烟温度高于 1350℃(浇铸期),最高可达 1450℃(氧化期)。由于烟气中含有金属氧化物及二氧化硫,还原期还含有大量的炭黑,须经处理后才能排放。

为了消除还原期的黑烟,回转式精炼炉一般设置二次燃烧室。二次燃烧室配有辅助燃烧器及自动点火装置,当温度低于 1000℃ 时点火装置自动点燃辅助烧嘴,明火燃烧提温至 1200℃ 后关闭,以保证黑烟燃烧稳定。目前二次燃烧室消除黑烟效果欠佳。有的大型炉采用天然气与蒸汽进行还原,提高还原效果,减少黑烟并取消二次燃烧室。

回转式精炼炉本体的排烟口主要有两种方式,一种是偏心直排,另一种是采用 Z 字形弯管导排(将偏心的排烟口导向炉子回转中心排烟),其结构见图 3.15-7。某些大型炉将排烟口开在筒体上,和加料倒渣口并排,由一个大的烟罩将烟气导入烟管。偏心直排烟方式结构简单,但被连接的设备入口需开成一个长的弧形孔,使炉子回转到任何位置都能保证烟气进入。为了减少接口处的漏风,在回转式精炼炉的排烟短管上焊有一块大挡风板并用弹簧将挡风板与受气设备上的弧形入口孔贴合,使回转式精炼炉回转到任何位置时这块挡风板都能遮住弧形入口。Z 字形弯管导排方式是把回转式精炼炉的排烟口导向炉子的回转中心,受气设备上只需 开一个同样大小的入口,密封性较好,但弯管寿命比较短(一般可用水冷弯管),氧化还原时常有喷溅的熔渣堵塞难以清理。

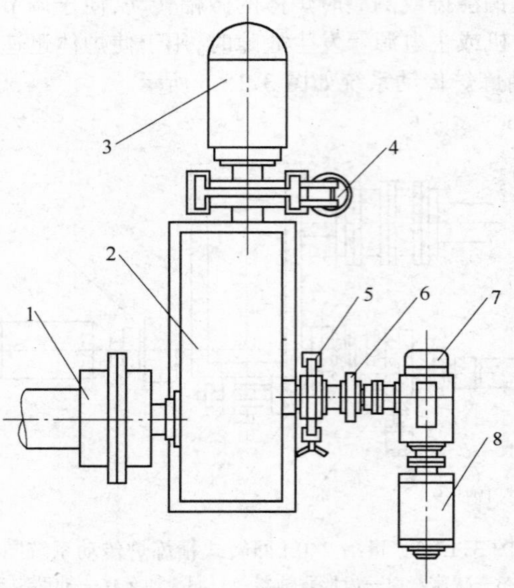


图 3.15-6　金隆公司 300 t 回转式精炼炉传动系统图

1—齿式联轴器;2—组合式减速器;3—交流电动机;4—电磁制动器;5—手动制动器;
6—电磁离合器;7—标准减速器;8—直流电动机

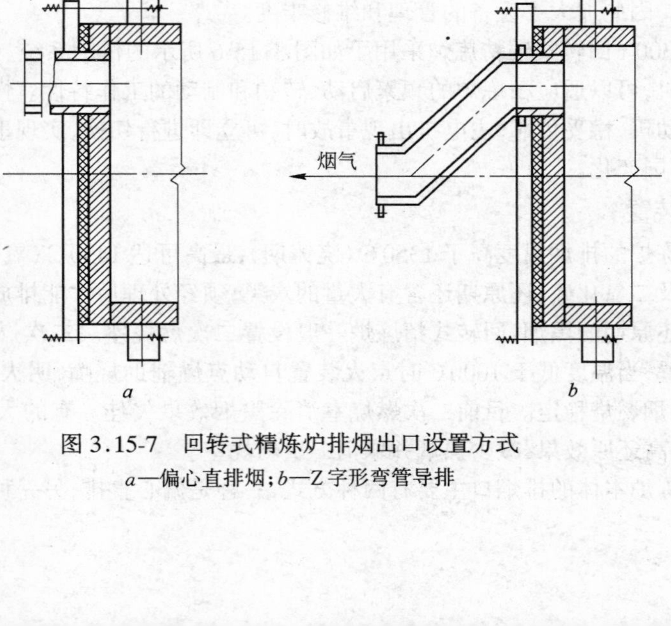


图 3.15-7　回转式精炼炉排烟出口设置方式

*a*—偏心直排烟;*b*—Z 字形弯管导排

上述两种排烟方式在接口处都需留有间隙。间隙大小应根据回转式精炼炉炉体的纵向热膨胀量确定，应保证热态时炉子既能转动漏风又最小。

## 第三节　主要设计计算

### 一、炉膛尺寸确定

回转式精炼炉的炉膛是一个回转圆柱体，其容积 $V_0(m^3)$ 可按下式计算：

$$V_0=\frac{\pi}{4}D_0^2L_0K \tag{3.15-1}$$

式中　$D_0$——炉膛直径，m；

$L_0$——炉膛长度，m；

$K$——与 $H_0/D_0$ 有关的系数，见表 3.15-2。表中 $H_0$ 是指炉内熔体深(m)。

由于回转式精炼炉最大熔池深度不可能超过其回转中心，因此，$K\leqslant 0.50$。回转式精炼炉的炉膛直径：

**表 3.15-2　系数 $K$ 值**

| $H_0/D_0$ | $K$ | $H_0/D_0$ | $K$ | $H_0/D_0$ | $K$ |
|---|---|---|---|---|---|
| 0.20 | 0.142 | 0.32 | 0.276 | 0.44 | 0.424 |
| 0.22 | 0.163 | 0.34 | 0.300 | 0.46 | 0.449 |
| 0.24 | 0.185 | 0.36 | 0.324 | 0.48 | 0.475 |
| 0.26 | 0.207 | 0.38 | 0.349 | 0.50 | 0.500 |
| 0.28 | 0.229 | 0.40 | 0.374 | 0.66 | |
| 0.30 | 0.252 | 0.42 | 0.299 | | |

$$D_0=1.07\sqrt[3]{\frac{Q}{\rho}} \tag{3.15-2}$$

式中　$Q$——炉子容量，t；

$\rho$——炉内熔体的密度(一般按粗铜液态密度并考虑适当的夹渣量取其等效密度计算)，$t/m^3$。

炉膛直径 $D_0$ 确定后，可按 $L_0=2\sim2.5D_0$ 确定炉膛长度，最后按照 $D_0$、$L_0$ 值验算容量 $Q$ 能否满足要求。

当炉膛尺寸确定后，可设计炉衬厚度，进而便可确定炉壳的内径 $D$ 和炉壳长度 $L$。必须指出，以上求得的炉膛尺寸是炉子名义容量的最小尺寸，应适当放大，使炉料液面处于炉中心线下 200～300 mm 处。

### 二、筒体及支承装置的设计计算

#### （一）壳体厚度设计计算

根据国内外回转式精炼炉应用实践经验的分析与研究归纳得出壳体厚度 $\delta$(m)的经验计算公式：

$$\delta \geqslant \frac{\sqrt{\frac{P \times l^4}{16000 \times L} + D^4} - D}{2} \tag{3.15-3}$$

式中　$P$——壳体内所有物体的质量(即砌体和炉内最大熔体质量之和),t;

$l$——两滚圈中心线之间的间距,m;

$L$——壳体的长度,m;

$D$——壳体的内径,m。

计算得出的结果为壳体允许的最小厚度尺寸,应在此基础上考虑壳体在使用年限内的腐蚀减薄。当以上两个厚度之和仍小于壳体内径的1%时,取 $\delta=0.01D$ 的圆整值。

### (二) 滚圈与托轮尺寸的设计计算

1. 滚圈与托轮直径

滚圈直径 $D_r$ 与筒体直径 $D$ 之比 $i_0=\frac{D_r}{D}$,一般 $i_0=1.20\sim1.30$。$D_r$ 的确定与滚圈断面尺寸及安装结构尺寸有关。而滚圈直径 $D_r$ 与托轮直径 $D_t$ 之比 $i=\frac{D_r}{D_t}$,一般 $i=6\sim8$。$i$ 值的大小直接影响滚圈及托轮的宽度,且 $i$ 值越大,滚圈与托轮之间的摩擦阻力也越大。

2. 按接触应力确定滚圈宽度

滚圈与托轮间为两圆柱体线接触,最大接触应力:

$$p_0 = 0.418\sqrt{\frac{qE}{R_r}(i+1)} \leqslant [p_0] \tag{3.15-4}$$

式中　$p_0$——接触应力,Pa;

$q$——单位接触宽度上的载荷,N/m,$q=\frac{Q}{B_r}$;

$Q$——单个托轮所支承的载荷,N;

$B_r$——滚圈宽度,m,估算时取 $B_r=0.068D_r$;

$E$——弹性模量,Pa;

$R_r$——滚圈半径,m;

$[p_0]$——材料的许用接触应力,Pa。

3. 托轮宽度的确定

为保证工作状态时托轮与滚圈保持全接触,则需:

$$B_t > B_r + 2U$$

式中　$B_t$、$B_r$——托轮、滚圈的宽度,mm;

$2U$——筒体的轴向窜动量,mm。

筒体的轴向窜动量 $2U$ 是由筒体的热胀冷缩产生的,其值的大小取决于热胀冷缩时的温差,在实际计算时,可参考类似设备进行核算。另外,$B_t$ 应有一定的余量,以避免托轮仅与滚圈产生部分接触,一般取 $B_t=B_r+2U+(10\sim20)$mm。

## 三、电动机容量的选择计算(Ⅰ)

回转式精炼炉具有间断运行、启动频繁,经常点动和制动的工作特性。热态启动时启动力矩较大,故其转动力矩为:

$$M = M_A + M_B \tag{3.15-5}$$

式中　$M_A$——作用在电动机轴上的动力矩,N·m;

$M_B$——作用在电动机轴上最大负载静力矩，N·m。

## (一) 动力矩 $M_A$ 的计算

当传动系统为电动机、蜗杆减速器、圆柱齿轮减速器、开式齿轮副时，其动力矩 $M_A$ 为：

$$M_A = \frac{J_1 n}{9.55t} + \frac{J_2 n}{9.55ti_1^2\eta_1} + \frac{J_3 n}{9.55ti_1^2 i_2^2 \eta_1 \eta_2} + \frac{J_4 n}{9.55ti_1^2 i_2^2 i_3^2 \eta_1 \eta_2 \eta_3} \tag{3.15-6}$$

式中 $J_1$、$J_2$、$J_3$、$J_4$——分别为轴线 1、2、3、4 上所有回转体的转动惯量，kg·m²；

$i_1$、$i_2$、$i_3$——分别为蜗杆减速器、圆柱齿轮减速器、开式齿轮副的速比；

$\eta_1$、$\eta_2$、$\eta_3$——分别为蜗杆减速器、圆柱齿轮减速器、开式齿轮副的效率；

$n$——电动机转速，r/min；

$t$——启动时间，s。

## (二) 静力矩 $M_B$ 的计算

$$M_B = M_1 + M_2 \tag{3.15-7}$$

式中 $M_1$——推算到电动机轴上的扭力矩，N·m；

$M_2$——由于炉体偏心重推算到电动机轴的偏心扭力矩，N·m。

### 1. 扭力矩 $M_1$ 的计算

$M_1$ 由 $M_C$、$M_D$ 和 $M_E$ 三部分组成，分别由下列各式计算：

$$M_C = \frac{GR\mu_1 D_r}{id\eta_1} + \frac{Gk(1 + D_r/d)}{100i\eta} \tag{3.15-8}$$

式中 $M_C$——托轮与滚圈的摩擦阻力矩，N·m；

$G$——托轮上所受的作用力，N；

$R$——托轮轴承半径，m；

$\mu_1$——轴承的滑动摩擦系数；

$D_r$——滚圈直径，m；

$d$——托轮直径，m；

$\eta_1$——由托轮到电动机的传动效率；

$i$——总速比；

$k$——有量纲滚动摩擦系数，m。

$$M_D = \frac{Pr\mu_2}{i_1 i_2 \eta_2}$$

式中 $M_D$——小齿轮轴承的摩擦阻力矩，N·m；

$P$——小齿轮轴承所承受的作用力，N；

$r$——小齿轮轴颈的半径，m；

$\mu_2$——小齿轮轴承摩擦系数；

$\eta_2$——从小齿轮轴承到电动机的传动效率。

由于炉体有轴向窜动，托轮轴截面与轴承端面产生摩擦阻力矩：

$$M_E = \frac{G\mu_3\mu_4 D(r_1 + r_2)}{2i\eta_1 d} \tag{3.15-9}$$

式中 $M_E$——托轮轴端面与轴承端面产生摩擦阻力矩，N·m；

$\mu_3$——滚圈和托轮的滑动摩擦系数；

$\mu_4$——轮轴端面与轴承端面的滑动摩擦系数；

$r_1$——轴承端面的外圆半径,m;

$r_2$——轴承端面的内圆半径,m。

2. 偏心扭力矩 $M_2$ 的计算

$$M_2=\frac{We}{i\eta_3} \tag{3.15-10}$$

式中 $W$—炉口、护板、风路系统等所有偏心件的荷载,N;

$e$——上述各件的合成偏心距,m;

$\eta_3$——从开式齿轮副到电动机的传动效率。

3. 电动机的校核

$$M_H=9555\frac{N}{n} \tag{3.15-11}$$

式中 $M_H$——电动机额定扭矩,N·m;

$N$——电动机额定功率,kW;

$n$——电动机额定转速,r/min。

当 $M_H>M_A+M_B$ 时,所选电动机可用。但是上述计算是粗略的,对于安装误差及其他一些因素所产生的附加阻力矩,很难精确计算,因此,所选电动机容量尚应增加10%～20%的备用量。

## 四、电动机容量的选择计算(Ⅱ)

### (一)炉体最大力矩计算

$$M=\sum 9.8Ge \tag{3.15-12}$$

式中 $\sum 9.8G$——精炼炉炉体荷重,kg:

$$\sum 9.8G=G_1+G_2+G_3+G_4+G_5$$

$G_1$——炉体质量,kg;

$G_2$——炉内砖体质量,kg;

$G_3$——大齿圈质量,kg;

$G_4$——启闭装置质量,kg;

$G_5$——喷嘴质量,kg;

$e$——炉体偏心距,m。

### (二)电动机计算功率

$$P_1=\frac{Mn_1}{9550} \tag{3.15-13}$$

$$P_2=\frac{Mn_2}{9550} \tag{3.15-14}$$

式中 $P_1$——选择快速驱动电动机的计算功率,kW;

$n_1$——炉体快速驱动转速,r/min;

$P_2$——选择慢速驱动电动机的计算功率,kW;

$n_2$——炉体慢速驱动转速,r/min。

### (三)考虑各种因素后的电动机计算功率

$$P_{\mathrm{I}}=P_1(\psi_1+\psi_2+\psi_3+\psi_4) \tag{3.15-15}$$

$$P_{\mathrm{II}}=P_2(\psi_1+\psi_2+\psi_3+\psi_4) \tag{3.15-16}$$

式中　$P_{\mathrm{I}}$——将各种因素考虑进去后的快速驱动电机功率，kW；

$P_{\mathrm{II}}$——将各种因素考虑进去后的慢速驱动电机功率，kW；

$\psi_1$——粗铜熔解系数；

$\psi_2$——开式齿轮传动系数；

$\psi_3$——支承托轮传动系数；

$\psi_4$——齿轮减速器传动系数。

**（四）考虑电动机安全系数后的功率计算**

$$P=P_{\mathrm{I}}k_1$$

$$P=P_{\mathrm{II}}k_2$$

式中　$P$——额定电机的功率计算值；

$k_1$——快速驱动电机安全系数；

$k_2$——慢速驱动电机安全系数。

在选择电机功率时，将上述 $P$ 值圆整为整数后，选取电机的额定功率。

## 第四节　砌体设计

### 一、材料选择

回转式精炼炉的炉膛温度高于1350℃，与固定式炉不同的是没有固定的熔池（渣）线，炉渣的侵蚀和熔融金属的冲刷几乎涉及2/3以上的炉膛内表面；其次，由于炉子需要经常转动，砌体与钢壳间必须紧密接触，以加大砌体与钢壳间的静摩擦而克服转动扭矩以保持砌体的稳定性，因此一般不设轻质隔热层；另外，为了减轻砌体荷重，在钢壳表面温度允许（小于300℃）的条件下，尽量减薄砌层厚度。根据以上三个特点，回转式精炼炉的筒体内衬选用350～400 mm厚的镁铬质耐火材料，64～114 mm厚的黏土质耐火材料；两端墙选用425～450 mm厚的镁铬质耐火材料，加64 mm厚的黏土质耐火材料和10 mm厚的耐火纤维板。

回转式精炼炉对耐火材料的品质要求比较严格，内衬镁铬砖的 $Cr_2O_3$ 含量应大于22%，风口区（氧化还原口）、出铜口部位大于30%，气孔率小于16%，一般为直接结合或电熔再结合砖。

### 二、砖型及筑炉

回转式精炼炉由于形状简单，涉及的砖型不多。除炉口、氧化还原口、出铜口等部位有少量的异型砖外，大都是标准型砖。圆形筒体采用竖楔形砖环砌，与钢壳相接处64 mm厚的砌层，用230 mm×114 mm×64 mm的标准黏土砖平砌；内衬镁铬砖砖缝小于1.5 mm，根据镁铬砖的线膨胀率用马粪纸留设环向和纵向膨胀缝。端墙镁铬砖内衬用425 mm×150 mm×100 mm（或类似规格）的直形砖平砌，外层64 mm厚砌层用230 mm×114 mm×64 mm的标准黏土砖平砌，与筒体内衬相接触的环形部位的端墙内衬（镁铬砖）应向炉膛内伸进50 mm（砖后打结50 mm的镁铬质捣打料）。

出铜口和氧化还原口因经常需要检修，宜采用组合砖组成孔口。燃烧口一般采用镁铬质捣打料打结。

贵冶350 t回转式精炼炉的砌体参见图3.15-8。

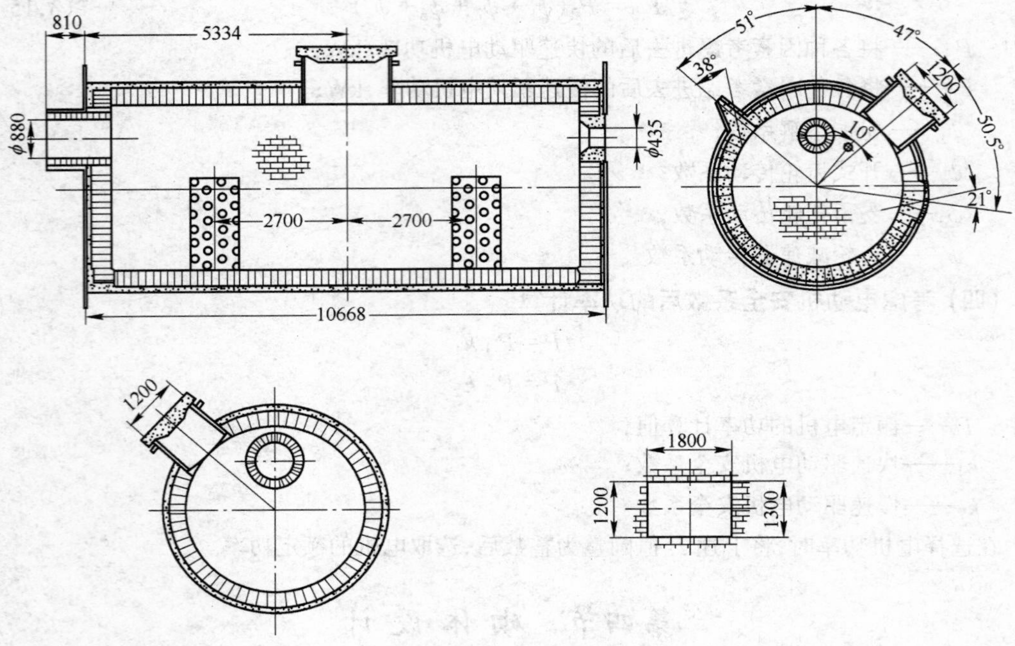


图 3.15-8　贵冶 350 t 回转式精炼炉砌体图

# 第十六章 熔池熔炼炉

熔池熔炼炉是统指熔池熔炼工艺中的主体工业炉设备。熔池熔炼技术是近30多年发展起来的一种新的冶炼工艺。熔池熔炼工艺按送风方式分,有侧吹式,如瓦纽科夫炉、白银炉、诺兰达炉;有顶吹式,如艾萨炉、奥斯炉、三菱法熔炼炉;有底吹式,如QSL反应器、水口山法的SKS反应器等。

本章仅就白银炉、艾萨炉的特点和有关指标进行说明。

## 第一节 白银炼铜炉

### 一、概述

“白银炼铜法”是由白银有色金属公司等单位联合攻关研究开发的一种熔池熔炼技术,1979年被国家正式命名。它取代了原铜精矿反射炉熔炼,并经历了空气熔炼、富氧熔炼、富氧自热熔炼三个阶段。

白银炼铜法的优点是生产规模可大可小,适合不同生产能力的冶炼厂;炉床是固定的,结构简单;对原料适应性强,能处理硫化矿或混合矿,含水10%的炉料可直接入炉;物料准备简单;对原料适应性强,燃料品种和质量要求不高,可以使用粉煤为燃料;熔炼强度较大,烟气$SO_2$浓度高,利于环保和制酸。目前炉寿命偏低;由于转炉渣返回白银炉内,渣含铜偏高;白银炉的主体设备装备水平不高,设备配套不全。目前白银炼铜炉有100 $m^2$和50 $m^2$两台炉子在生产。

### 二、白银炼铜炉炉体结构

白银炉是由炉底、炉墙、炉顶构成的一个长方体炉膛,在炉膛的中间部分设有一个隔墙,将炉体分为吹炼区和沉淀区两部分,隔墙下部970 mm高的部分为砖砌体,墙厚515 mm,该墙上设有高970 mm,宽400 mm的孔洞,隔墙上部为立式铜水套,水套两侧衬有230 mm厚铬镁砖。吹炼区和沉淀区的熔体通过隔墙下部的孔洞相通,但熔体上部的搅动部分被隔墙分开。炉内的气相区,一种是被隔墙分开的,如100 $m^2$白银炉,被称为双室炉。一种是炉内气相区没有被隔墙分开,如50 $m^2$白银炉,被称为单室炉。双室炉沉淀区和吹炼区烟气分别排放,吹炼区烟气送制酸,沉淀区烟气余热回收后放空。单室炉两个区烟气一起排放,送往制酸。100 $m^2$白银炼铜炉结构形式见图3.16-1。

#### (一)吹炼区

吹炼区炉顶为拱形顶,在水平段设有4根拱形铜水套梁,水套梁内有两根$\phi$65 mm铜管。水套梁厚150 mm,高380 mm。在炉顶上设有4个加料孔,由两条皮带机将铜精矿与熔剂送入加料孔,落入熔池表面。在吹炼区的两侧墙上,分别设有风口,向熔池锍层鼓入富氧空气。富氧浓度40%~41%。100 $m^2$白银炉吹炼区面积43.1 $m^2$。在两个侧墙上设有风口36个,实际使用风口14~18个,为预防突发性停电风口被熔体倒灌而留有备用风口,风口备用率为100%。风口向炉内下倾20°,风口内径为$\phi$40 mm,风口中心距液面高度约530~730 mm,每个风口送风量约1100 $m^3/h$,供风压力约0.32 MPa,由人工捅风眼操作。

生精矿、熔剂在熔池内随着强烈鼓风搅动,完成脱硫造渣反应,熔体从隔墙下部孔洞进入沉淀区。反应的烟气与吹炼区头部粉煤燃烧器辅助供热的烟气,经吹炼区直升烟道进入废热锅炉。

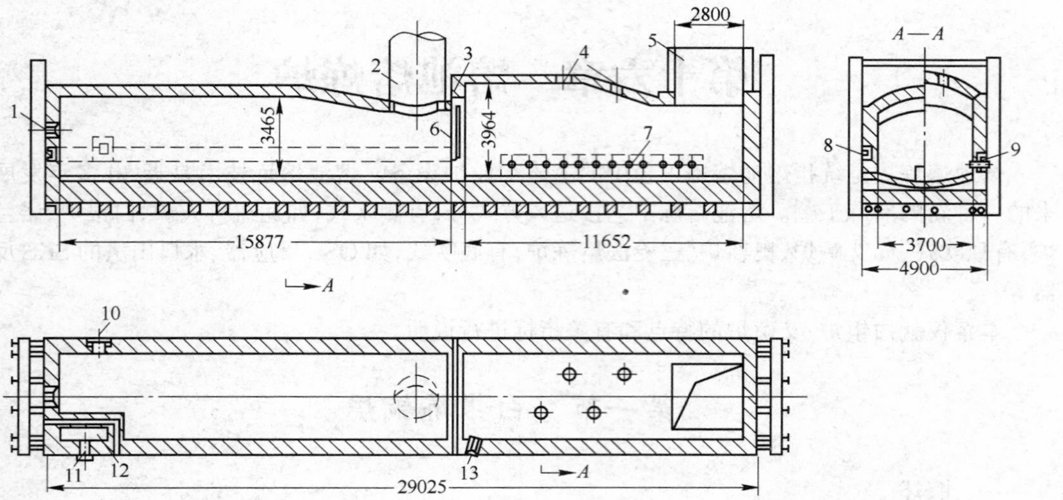


图 3.16-1　100 $m^2$ 双室型白银炉炉体结构图

1—炉头燃烧孔；2—沉淀区直升烟道；3—炉中燃烧孔；4—加料口；5—熔炼区直升烟道；6—隔墙；7—风口；8—渣线水套；9—风口水套；10—放渣口；11—放铜口；12—内虹吸池；13—返转炉渣入口

### （二）沉淀区

100 $m^2$ 白银炉沉淀区床面积为 56.9 $m^2$，沉淀区炉顶也为拱形，但炉膛净空高度比吹炼区低。沉淀区的渣面较平稳，中间隔墙阻挡了吹炼区的激烈搅动。经沉降分离的炉渣从炉墙上渣口间断排放，铜锍进入内虹吸池，内虹吸池长 1680 mm，宽 565 mm，墙厚 465 mm，墙内设板式铜水套。铜锍经内虹吸池从墙上放出口间断排放。沉淀区端墙上设有一个保温粉煤喷嘴。保温烟气经直升烟道进入辐射换热器、列管换热器，回收余热后放空。被加热的空气作燃烧空气，送往白银炉粉煤燃烧器。

### （三）熔体孔口

白银炼铜炉在吹炼区设有一个事故排放口，必要时将炉内熔体排空。在侧墙上设有一个转炉渣返回口，将吹炼转炉的炉渣返到白银炉内进一步澄清分离。沉淀区炉墙上有一个炉渣放出口，一个锍放出口。

### （四）炉体冷却元件

白银炼铜炉设置的冷却元件较多，在吹炼区风口区域有炉墙水套，水套高度约 605 mm，厚 130 mm，水套上开有风口孔。沉淀区沿渣线设有高 940～536 mm 的一周水套。隔墙沿高度方向由 6 块水套组成，水套厚约 115 mm。水套两侧面衬 230 mm 厚的耐火砖。此外，在内虹吸池三面墙上，均设置了铜板冷却水套，在各孔口及直升烟道区域都有冷却元件。白银炼铜炉的板式铜水套为预埋铜管浇铸式结构，浇铸铜为阳极铜，虽然比用紫铜成本低，但水套铜板出现孔缝和小眼多，影响传热效果，降低水套使用时间。100 $m^2$ 白银炉冷却水量约 500 t/h，冷却水压力为 0.25 MPa。

### （五）白银炉炉体砌砖

白银炼铜炉炉顶采用镁铝砖，厚 380 mm，100 $m^2$ 炉吹炼区和沉淀区拱顶中心角为 46°～48°，在排烟口处采用压顶结构。炉墙采用镁铝砖或镁铬砖，炉墙上部砖厚 585 mm；吹炼区铜水套处采用铬渣砖，砖厚 230 mm；沉淀区渣线水套处，衬砖厚 115 mm；中间隔墙铜水套每侧衬砖厚 230 mm。炉底厚 1000 mm，其中工作层厚 380 mm。炉底砖由镁铝砖，石英砂捣打层、黏土砖砌成，工作层砖和石英砂层为反拱型，反拱矢高300 mm。白银炉内衬寿命约210～270天。加强炉体冷却结构，选择恰当的耐火材料，完善操作方式，白银炉寿命有大幅度提高的潜力。

### （六）燃烧装置

白银炉采用粉煤为燃料，100 $m^2$ 白银炉在吹炼区和沉淀区各设有一个粉煤燃烧器，吹炼区煤耗约2000 kg/h，沉淀区耗煤约1000 kg/h。粉煤从粉煤车间送到炉顶粉煤仓，经2组双管螺旋送到炉前，粉煤粒度小于0.074 mm占85%以上，水分低于1%。粉煤仓上部有防爆器、回风管、料面控制器和热电偶，输送粉煤的风由回风管送入燃烧器燃烧。50 $m^2$ 白银炉粉煤燃烧器的数据见表3.16-1。

**表3.16-1　50 $m^2$ 白银炉粉煤燃烧器设计数据**

| 参数名称 | 炉头燃烧器 | 炉中燃烧器 |
|---|---|---|
| 燃烧能力/$kg\cdot h^{-1}$ | 1400 | 800 |
| 一次风流量/$m^3\cdot h^{-1}$ | <2700 | 1400 |
| 一次风温度/℃ | 常温 | 常温 |
| 一次风出口流速/$m\cdot s^{-1}$ | 27 | 14 |
| 一次风占总风比例/% | 25 | 约20 |
| 二次风流量/$m^3\cdot h^{-1}$ | 8000 | 约5000 |
| 二次风温度/℃ | 350～450 | 350～450 |
| 二次风流速/$m\cdot s^{-1}$ | 50 | 30 |
| 二次风占总风比例/% | 75 | 约80 |
| 出口处混合流速/$m\cdot s^{-1}$ | 38 | 未测 |

注：炉头燃烧器一次风、二次风出口装有7～9片导向叶片，炉中燃烧器一次风出口装有5片导向叶片。

100 $m^2$ 白银炉粉煤燃烧器一次风管外径为273 mm，风速约为30 m/s；二次风管外径为550 mm，风速约50 m/s，二次风风温约250℃，二次风切线方式进入燃烧器。燃烧器总长约1740 mm。

### （七）直升烟道

沉淀区直升烟道为圆形铜水套结构，铜水套内径 $\phi$1600 mm，外径 $\phi$1800 mm，直升烟道高4.8 m，由8段铜水套组成，每段铜水套高600 mm，内设两根水管。第六段铜水套分成两段，中间留有伸胀缝。整个上升烟道由两段支架承托。吹炼区直升烟道断面宽2.7 m，长2.8 m，烟道高2.145 m，直升烟道为铜水套结构，在烟道长度方向，留有两个清理孔，直升烟道由支架承托。

## 三、白银炉主要尺寸的确定

### （一）炉床面积

$$F=\frac{A}{a}$$

式中　$F$——渣线区炉床总面积，$m^2$；

$A$——日熔炼物料量（干料），t/d；

$a$——床能力，$t/(m^2\cdot d)$。空气熔炼为6～8 $t/(m^2\cdot d)$，富氧熔炼为9～32 $t/(m^2\cdot d)$；富氧自热熔炼大于32 $t/(m^2\cdot d)$。

白银炼铜炉的床能力分为全床的床能力与吹炼区床能力，一般以全床床能力表述。吹炼区与沉淀区面积比约为1.1～1.2，没有转炉渣返回时取下限值。沉淀区内虹吸池面积为炉床总面积的1.5%左右。

**(二) 炉床宽度**

实践证明,炉床宽度($B$)一般为 1.5～3.7 m,小炉取低值,大炉取高值。100 $m^2$ 炉,炉宽为 3.72 m;50 $m^2$ 炉,炉宽为 3 m。炉宽过大,影响鼓风压力,风口操作困难。鼓风强度不足影响床能力。

**(三) 炉长**

炉长 $L$(m):

$$L=\frac{F}{B}$$

通常 $L/B \leqslant 7.0$,100 $m^2$ 炉,$L/B=5.28$,50 $m^2$ 炉,$L/B=5.33$。

**(四) 熔池深度**

白银炉熔体深度实际控制值参见表 3.16-2。

**表 3.16-2 白银炉熔体深度实际控制值**

| 炉子规格/$m^2$ | 熔体深度/mm | 铜锍层厚/mm | 渣层厚/mm |
|---|---|---|---|
| 100 | 900～1100 | 700～800 | 150～300 |
| 50 | 1000～1150 | 700～850 | 200～350 |

**(五) 炉膛空间横截面积**

炉膛空间横截面积 $f$($m^2$):

$$f=\frac{V_{总}(1+\beta t)}{3600W}$$

式中 $V_{总}$——出炉烟气总量,包括熔炼反应烟气量、燃料燃烧烟气量及炉子漏风量,$m^3/h$;

$W$——炉膛烟气速度,m/s,烟气速度一般为 5～9 m/s;

$\beta$——$\frac{1}{273}$;

$t$——烟气温度,℃。

## 四、主要操作数据与热平衡

100 $m^2$ 白银炉的主要操作数据参见表 3.16-3,白银炉普通空气熔炼的热平衡参见表 3.16-4,富氧空气熔炼时热平衡参见表 3.16-5。

**表 3.16-3 100 $m^2$ 白银炉的主要操作数据表**

| 序 号 | 名 称 | 单 位 | 指 标 |
|---|---|---|---|
| 1 | 生产规模 | $t\cdot a^{-1}$ | 50000～60000 |
| 2 | 物料成分 | % | Cu27.62,S29.11,Fe24.16 |
| 3 | 加料量 | $t\cdot d^{-1}$ | 混合料 811.5,铜精矿 644 |
| 4 | 炉床面积 | $m^2$ | 全床 100,吹炼区 43.1 |
| 5 | 吹炼风量 | $m^3\cdot h^{-1}$ | 17275 |
| 6 | 氧气用量 | $m^3\cdot h^{-1}$ | 4217 |
| 7 | 鼓风富氧浓度 | % | 40～41 |
| 8 | 风口个数 | 个 | 36(双侧)生产用 14 |
| 9 | 风口内径 | mm | 40 |

续表 3.16-3

| 序　　号 | 名　　称 | 单　　位 | 指　　标 |
|---|---|---|---|
| 10 | 单风口鼓风量 | $m^3·h^{-1}$ | 1100 |
| 11 | 铜锍量 | $t·d^{-1}$ | 323 |
| 12 | 铜锍品位 | % | 57.06 |
| 13 | 炉渣量 | $t·d^{-1}$ | 445 |
| 14 | 炉渣含铜 | % | 0.6 |
| 15 | 熔体深度 | mm | 1000～1150 |
| 16 | 炉内风口中心熔体深度 | mm | 530～730 |
| 17 | 吹炼区烟气量 | $m^3·h^{-1}$ | 41000 |
| 18 | 吹炼区烟气温度 | ℃ | 约 1200℃ |
| 19 | 沉淀区烟气量 | $m^3·h^{-1}$ | 17000 |
| 20 | 床能力(全床) | $t·(m^2·d)^{-1}$ | 8～11 |
| 21 | 炉前鼓风压力 | MPa | 0.18～0.26 |
| 22 | 吹炼区粉煤量 | $kg·h^{-1}$ | 2000 |
| 23 | 沉淀区粉煤量 | $kg·h^{-1}$ | 1000 |
| 24 | 吹炼区烟尘量 | $kg·h^{-1}$ | 2000 |
| 25 | 炉膛压力 | Pa | 0～+19 |
| 26 | 熔炼单耗(吨矿消耗量) | | |
| | 煤 | kg | 100～120 |
| | 水 | t | 20～30 |
| | 电 | kW·h | 约 75 |

**表 3.16-4　普通空气熔炼时白银炉热平衡示例**

| 热收入 | | | 热支出 | | |
|---|---|---|---|---|---|
| 项目名称 | 数量/kJ | /% | 项目名称 | 数量/kJ | /% |
| 炉料反应热 | 179325 | 26.85 | 炉料分解热 | 30940 | 4.63 |
| 造渣热 | 28638 | 4.29 | 铜锍显热 | 50819 | 7.61 |
| 炉料显热 | 12682 | 1.90 | 炉渣显热 | 143549 | 21.49 |
| 转炉渣带入热 | 64347 | 9.63 | 烟尘显热 | 8616 | 1.29 |
| 热风显热 | 27955 | 4.18 | 水分蒸发热 | 22399 | 3.35 |
| 粉煤燃烧热 | 354999 | 53.18 | 烟气显热 | 272561 | 40.81 |
| | | | 铜水套带走热 | 50618 | 7.58 |
| | | | 炉体热损失 | 48412 | 7.25 |
| | | | 其　他 | 40032 | 5.99 |
| 合　计 | 667946 | 100.00 | 合　计 | 667946 | 100.00 |

表 3.16-5　富氧空气熔炼时白银炉热平衡示例

| 热收入 | | | 热支出 | | |
|---|---|---|---|---|---|
| 项目名称 | 数量/kJ | /% | 项目名称 | 数量/kJ | /% |
| 炉料反应热 | 255712 | 48.35 | 炉料分解热 | 30961 | 5.85 |
| 造渣热 | 25360 | 4.79 | 铜锍显热 | 26689 | 5.05 |
| 炉料显热 | 7194 | 1.36 | 炉渣显热 | 65747 | 12.43 |
| 热风显热 | 19090 | 3.61 | 水分蒸发热 | 29987 | 5.67 |
| 粉煤燃烧热 | 221569 | 41.89 | 烟尘显热 | 4418 | 0.83 |
| | | | 铜水套带走热 | 30342 | 5.74 |
| | | | 炉体热损失 | 31228 | 5.90 |
| | | | 烟气显热 | 252062 | 47.66 |
| | | | 其　他 | 57491 | 10.87 |
| 合　计 | 528925 | 100.00 | 合　计 | 528925 | 100.00 |

# 第二节　艾　萨　炉

## 一、概述

艾萨熔炼法(ISASMELT)是澳大利亚1973年研究开发的一种熔池熔炼技术,其核心冶炼设备称为艾萨炉。它是一种顶吹式熔池熔炼炉。该炉炉体为竖式圆筒形,炉料从炉顶投入,空气或富氧空气从炉顶中心插入的浸没式喷枪吹入熔池,喷吹压力约0.1 MPa,熔池温度1170～1200℃,强烈搅动熔池。物料快速卷入熔体、熔化,反应生成铜锍和炉渣。需要补充的燃料,如用碎煤,可配入炉料中,与炉料同时加入炉内,如用粉煤、燃油或气体燃料可通过喷枪喷入熔池。生成的炉渣和铜锍从炉体放出口一起放入沉降炉,在沉降炉完成渣锍分离。由于沉降炉炉渣含铜过高,现在基本上将沉降炉改为贫化电炉。贫化电炉产出的铜锍送吹炼炉炼成粗铜,炉渣水淬后弃掉。艾萨炉产生的冶炼烟气,经上升烟道进入废热锅炉降温并回收余热,净化除尘后送往制酸。

20世纪80年代初,澳大利亚奥斯麦特(AUSMELT)公司研究开发了奥斯麦特冶炼工艺,其冶炼设备称为奥斯炉,奥斯炉与艾萨炉的炉型基本相同,其核心技术也是采用从顶部插入熔池渣层内吹风的喷枪,两者均属空气或富氧空气浸没式熔炼,是顶吹式熔池熔炼技术。

艾萨炉、奥斯炉近年发展较快,已广泛应用于铜、铅、锡冶炼及炼铁工业领域,而且在炼铜领域,奥斯炉不仅用于熔炼,还被用于吹炼,吹炼炉的形状与结构和熔炼炉基本相同。

艾萨熔炼法有以下优点:炉料制备要求低,含水10%以下可直接入炉;热效率高,床能力大;对燃料适应性强,可用一般煤作燃料;炉体结构简单,不转动,占地小;操作方便,不存在侧吹、底吹熔炼炉与风口有关的各种问题;烟气稳定,$SO_2$浓度高,有利于制酸;比侧吹式炉动力消耗小。艾萨熔炼法缺点是:炉寿命较低,炉体耐火材料损坏快;需另外配备渣锍分离炉;烟气中容易形成升华硫,堵塞烟气净化设备,恶化操作条件;喷枪使用寿命短,需经常更换检修。

## 二、炉体结构

艾萨炉和奥斯炉的结构基本上是一样的,如图3.16-2所示。由炉壳、炉衬、喷枪、喷枪夹持架及升降装置、加料装置以及产品放出口等组成。

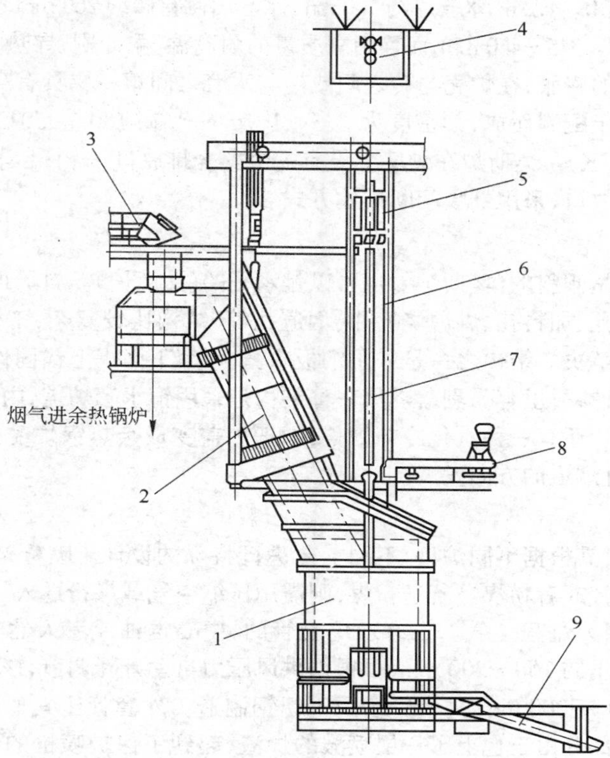


图 3.16-2　艾萨炉(奥斯炉)构造示意图

1—炉体;2—上升烟道;3—副烟道;4—喷枪提升卷扬机;5—夹持喷枪滑架;
6—滑架导规;7—喷枪;8—加料设备;9—溜槽

**(一) 炉壳**

炉壳是一个直立的圆筒,由钢板焊接而成,上部钢板厚约 25 mm,熔池部分钢板厚约 40 mm,熔池部分还有一个钢结构加强框架。炉身上部向一边偏出一个角度,让开中心喷枪并设置烟气出口。

**(二) 炉衬**

炉衬全部用直接结合镁铬砖砌筑。

1. 炉底

炉底可以是平底,向放出口倾斜约 2%,也可以是反拱形炉底,同样也要向放出口倾斜约 2%。炉底总厚度约 1200 mm,一般分三层,上面的工作层一般 460 mm 厚,采用带凸凹槽的异形砖咬砌。工作层下面是一层约 300 mm 厚的镁铬质捣打料层,最下面是优质黏土砖砌层,黏土砖又分两层:下层为 115 mm 侧砌层,上层是 300 mm 的立砌层。

2. 炉墙

炉墙的工作条件非常恶劣,下部受强烈搅动的熔体浸蚀、冲刷,上部受喷溅熔渣的浸蚀和高温烟气的冲刷,其中距炉底 1000～2000 mm 液面波动的范围内损坏尤其严重。早期的炉衬寿命比较短,只有半年左右,随着操作技术的改进,新设计的炉子都增加了炉墙的冷却措施,寿命可达 1.5～2 年。目前的炉墙冷却方式有两种,一种是炉壳外表面用喷淋水冷却,一种是在砖与炉壳之间设 3～4 层铜水套。铜水套总高度约4.0～4.2 m，水套厚约100 mm，水套内侧衬砖约260 mm，为了提高冷却效果，炉墙不宜太厚，一般炉墙厚345～460 mm，而且用高质量的耐高温、耐冲刷、导热性能好的直接结合镁铬砖砌筑。考虑砖体的膨胀，在炉壳与砖之间或砖与水套之间填一层具有高导热性能的填料，该填料用片状石墨和黏土配制而成，其密度为1.5～1.7g/cm$^3$，在150～250℃的条件下，导热系数为15.8～27.2 W/(m·K)。奥斯炉在炉墙上设有一个安全排放口，一个熔体放出口，采用连续排放。艾萨炉设一个排放口，采用虹吸间断排放方式。

3．炉顶

炉顶的形式可以是倾斜的(奥斯炉)，也可以是水平的(艾萨炉)。斜炉顶烟气流动比较通畅。在炉盖上要布置喷枪孔、加料孔、烘炉烧嘴孔、烟道孔等，结构比较复杂，工作条件恶劣。炉盖的结构和寿命一直难以解决。结构之一是采用钢板水套，水套下面焊上锚固件，用镁铬质捣打料捣制耐火衬里，这种捣打料衬里容易剥落。另一种结构是采用铜水套炉盖，内表面靠生产时自然喷溅黏上一层结渣保护。还有一种汽化冷却炉盖，即把炉盖变成余热锅炉受热面的一部分。目前向采用水平炉顶、垂直烟道的方向发展。

**(三) 喷枪**

喷枪是技术核心，需根据不同炉型，不同工艺进行特殊的设计。喷枪是多层同心套管，中心管送燃料，如油、天然气或者粉煤。若送粉煤，则需用压缩空气载煤粉送入。第二层送氧气，第三层送助燃空气，第四层为过程空气。也有双层套管的，中心送油或者天然气，外层送富氧空气。喷枪的头部插到渣层里约150～300 mm，可根据供风压力自动升降调节，该部位是最容易损坏的部位，长度一般为800～2000 mm，外套管多用不锈钢制造。外套管比其他内管长约500 mm，保护内管。喷枪的枪身部分由于包上了一层喷溅的炉渣，起到了保护喷枪的作用，一般不会烧坏。喷枪头部的寿命为5～7 d，最长10 d。更换喷枪时，把损坏的喷枪用吊车吊出来，把已准备好的新喷枪放进去。更换喷枪约需20～40 min。换下来的喷枪只需将烧坏的头部切下来，焊上新的管子就可以再次使用。正常情况下，炉顶为微负压操作。

**(四) 喷枪升降机**

艾萨炉是竖式炉，比较高，所以喷枪比较长，一般有13～16 m长。这样就需要一个行程很大的喷枪升降机。喷枪固定在一个滑架上，并与相应的管路连接。滑架由一个专用的电动卷扬机带动，沿导轨上下滑动。滑架的各种管接头分别用金属软管与车间相应的供油、供风管道相接。金属软管的长度应能满足喷枪最大行程的需要。为了减少电动卷扬机的负荷，滑架设有配重。

**(五) 上升烟道**

上升烟道设计的要点一是要保证烟气通畅，二是尽量防止黏结堵塞，发生黏结后容易清理。烟道的结构形式有倾斜式或垂直式。倾斜式的角度不小于70°，烟道内衬耐火材料，目的是使进入烟道的熔渣可自流回到炉内。这种烟道黏结严重，而且不易清理。垂直式烟道是余热锅炉受热面的一部分，这种形式的烟道内壁温度低，烟尘易黏结，但黏结层易脱落，好清理。所以越来越广泛采用垂直式烟道。为减少喷溅渣和烟尘进入上升烟道，有的炉子上部、烟气出口下方设有挡渣板。

## 三、生产过程及主要数据

**(一) 艾萨炉、奥斯炉炼铜**

在铜精矿熔炼过程中，应主要控制熔池温度、铜锍品位、渣中磁性铁含量。渣中$Fe_3O_4$在反应过程中有着氧载体作用，但含量过高，会产生泡沫渣，发生喷炉事故，要求$Fe_3O_4 < 15\%$，一般控制在8%左右。

炼铜艾萨熔炼炉的铜锍品位可在40%～65%的范围内,可采用空气熔炼或富氧熔炼,富氧浓度可达60%左右。

1．艾萨铜熔炼炉主要数据

主要数据见表3.16-6。

**表3.16-6　艾萨铜熔炼炉主要数据**

| 项　　目 | 芒特艾萨炼铜厂 | 迈阿密炼铜厂 |
|---|---|---|
| 熔炼炉内径/m | 3.6 | 3.6 |
| 高　度/m | 13.4 | 13.4 |
| 精矿处理量/$t\cdot h^{-1}$ | 162 | 90 |
| 富氧浓度/% | 60～66 | 47～52 |
| 熔池温度/℃ | 1155～1170 | 1166～1171 |
| 铜锍品位/% | 56～59 | 56～59 |
| 渣含铜/% | 约0.7 | 约0.7 |
| 渣中$Fe_3O_4$/% | <15 | 8～10 |
| 喷枪寿命/d | >7 | 12～15 |
| 炉寿命/a | 2 | 1.25 |

2．奥斯铜熔炼炉主要数据

中条山侯马冶炼厂采用奥斯炉进行铜的熔炼,并采用奥斯吹炼炉进行铜锍吹炼。侯马冶炼厂及金昌冶炼厂,采用奥斯熔炼炉主要设计数据,见表3.16-7。

**表3.16-7　奥斯熔炼炉主要设计数据**

| 项　　目 | 侯马冶炼厂 | 金昌冶炼厂 |
|---|---|---|
| 精矿处理量/$t\cdot h^{-1}$ | 32 | 48 |
| 精矿主要成分(质量分数)/% | | |
| Cu | 20.70 | 20.27 |
| Fe | 22.80 | 29.00 |
| S | 25.40 | 27.00 |
| $SiO_2$ | 13.90 | 6.10 |
| 炉料含水/% | 10 | 10 |
| 熔炼炉内径/m | 4.4 | 4.4 |
| 高度/m | 12 | 11 |
| 吹风量/$m^3\cdot h^{-1}$ | 22000 | 35964 |
| 熔炼富氧浓度/% | 40 | 40 |
| 熔池温度/℃ | 1180 | 1180 |
| 熔池深度/mm | 1200 | 1200 |
| 铜锍品位/% | 60 | 51.7 |
| 渣含铜/% | 0.6 | 0.6 |
| 渣中$SiO_2$/Fe/% | 0.77 | 0.7 |

续表 3.16-7

| 项　　目 | 侯马冶炼厂 | 金昌冶炼厂 |
|---|---|---|
| 喷枪寿命/d | 5～10 | 5～7 |
| 炉体冷却方式 | 炉壳喷水冷却 | 炉内铜水套 |
| 炉墙厚度/mm | 345 | 460 |
| 喷枪尺寸外径×长度/mm×mm | $\phi$350×15600 | |

3. 奥斯铜吹炼炉

奥斯铜吹炼炉与奥斯铜熔炼炉的形状和结构基本相同。吹炼炉的吹炼分为两个阶段，第一阶段，喷枪向铜锍喷吹空气，并向炉内加入熔剂和块煤，控制渣中 $Fe_3O_4$ 含量。当炉内铜锍面高度达到 1.2 m 时，炉内已为白铜锍，此时第一阶段结束。停止向炉内加入铜锍。第二阶段将白铜锍吹炼成粗铜。本阶段仍然向炉内加入少量块煤，控制渣中 $Fe_3O_4$ 量，炉渣中的铜以氧化铜形态出现，在粗铜放出前，加入块煤，将渣中部分氧化铜还原进入粗铜。粗铜放出送阳极炉精炼，炉渣水淬后返回熔炼炉，但炉内要留有约 200 mm 深的炉渣作为底料层。

中条山有色金属公司的铜锍吹炼，没有采用卧式转炉，而用另一台奥斯炉进行铜锍吹炼，铜锍吹炼周期为 6.83 h。主要数据见表 3.16-8。

**表 3.16-8　吹炼炉主要数据**

| 项　　目 | 数　　值 |
|---|---|
| 吹炼炉内径/m | 4.4 |
| 吹炼炉外径/m | 5.24 |
| 炉膛高度/m | 7.66 |
| 炉体总高度/m | 12.46 |
| 炉体冷却方式 | 外壳喷水 |
| 粗铜产量/$t \cdot d^{-1}$ | 134 |
| 铜锍加入量/$t \cdot d^{-1}$ | 244 |
| 铜锍品位/% | 60 |
| 熔池深度/m | 1.2 |
| 炉内温度/℃ | 1300 |
| 吹炼风量/$m^3 \cdot h^{-1}$ | |
| 第一阶段 | 20100 |
| 第二阶段 | 22700 |

## （二）艾萨炉、奥斯炉炼铅

艾萨熔炼法最初为炼铅而开发的，现在芒特·艾萨矿业公司(MIM)和奥斯麦特公司(AUSMELT)均持有该项技术的销售权力。艾萨炉、奥斯炉可用于处理铅精矿、废旧铅物料、混合铅物料，还可以对铅锌渣进行烟化处理。中国的云南曲靖有色基地使用这种顶吹熔炼技术处理含铅物料，国外应用该技术的工厂见表 3.16-9 所示。

**表 3.16-9　应用顶吹熔炼技术处理铅物料的工厂**

| 序号 | 公司名 | 地名 | 处理物料 | 处理能力 /kt·a$^{-1}$ | 粗铅产量 /kt·a$^{-1}$ | 投产日期 | 炉体直径 | 炉型 |
|---|---|---|---|---|---|---|---|---|
| 1 | 芒特·艾萨矿业公司 | 澳大利亚芒特·艾萨 | 铅精矿 | 5～10t/d | | 1983 年 | | |
| 2 | 芒特·艾萨矿业公司 | 澳大利亚芒特·艾萨 | 铅渣＋浸出渣 | 5～10 t/h | | 1985 年 | | |
| 3 | 芒特·艾萨矿业公司[①] | 澳大利亚芒特·艾萨 | 铅精矿 | 100 | 60 | 1991 年 | ID2.5<br>ID3.5 | 艾萨炉 |
| 4 | 不列颠精炼公司 | 英国北佛利特 | 二次铅物料 | | 30 | 1991 年 | | |
| 5 | 联合矿业公司 | 比利时霍伯肯 | 铜/铅物料 | 200 | | 1997 年 | | |
| 6 | 二次金属回收公司 | 马来西亚 | 再生铅 | | | | | |
| 7 | 高丽锌公司 | 韩国温山 | QSL 炉渣 | 100 | | 1992 年 | ID3.9 | |
| 8 | 欧洲金属公司[②] | 德国诺丁汉姆 | 铅精矿＋电池糊 | 122 | 90 | 1996 年 | ID3.4 | 奥斯炉 |
| 9 | 非洲矿业公司 | 纳米比亚楚梅 | 铅精矿＋铅铜精矿 | 120 | 70 | 1997 年 | ID4.4 | |
| 10 | 高丽锌公司 | 韩国温山 | 二次铅物料 | 100 | 50 | 2000 年 | ID2.8 | |

① 因原料供应不足，于 1994 年停产。

② 因经济原因工厂关闭。

艾萨炼铅炉示意图见图 3.16-3。第一台艾萨炉用于氧化熔炼，第二台艾萨炉用于还原，称为还原炉。

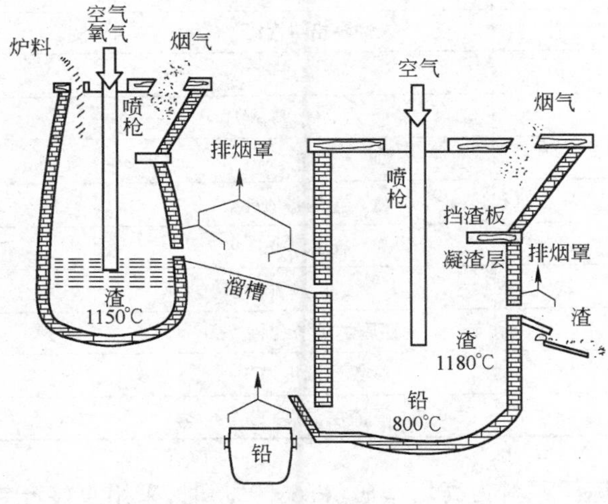


图 3.16-3　艾萨炼铅炉

艾萨炉与奥斯炉结构基本相同，在喷枪上各有特点。艾萨炉喷枪分为三层，中心为气体或液体燃料通道，外层为氧气环形通道、空气环形通道，出枪前混合为富氧空气。

奥斯炉喷枪为四通道，中心为燃料（气体燃料、液体燃料或粉煤）通道，最外层为套筒风道，为熔池上方供应二次反应空气，中间为氧气及反应空气的环形通道，氧气和反应空气混合后经喷枪头部的旋流片导出。奥斯炉炼铅主要采用喷枪喷粉煤补充热量，而艾萨炉采用粉煤或焦粒配入混合料中补充热，但在还原炉采用从喷枪喷粉煤补热和还原。粗铅的熔炼过程是采用浓度为 30%～40% 的富氧空气，使铅精矿、熔剂进行熔化、氧化，形成高铅渣的过程。根据原料中铅品位及工厂的操作方法，可分为全氧化流程和直接产铅流程。全氧化流程是使炉料完全被氧化成高铅渣;直接产铅流程是控制操作条件,生成高铅渣的同时,产出部分粗铅作为产品从熔炼炉内放出。当炉料铅品位小于60%时,采用全氧化流程有优势。当铅品位大于60%时,推荐直接产铅流程,这样可以在产出大量粗铅的同时,维持一个流动的、低温的高铅渣熔体。芒特·艾萨公司炼铅艾萨炉主要数据如表3.16-10所列。

**表3.16-10 芒特·艾萨公司炼铅艾萨炉主要数据**

| 序 号 | 项 目 | 数 据 |
|---|---|---|
| | 氧化熔炼炉 | |
| 1 | 炉膛直径/m | 2.5 |
| 2 | 炉膛高度/m | 10.4 |
| 3 | 铅精矿量/$t\cdot h^{-1}$ | 20 |
| 4 | 熔池深/m | 约1.8 |
| 5 | 熔池温度/℃ | 1150 |
| 6 | 富氧浓度/% | 27 |
| 7 | 喷枪吹风量/$m^3\cdot h^{-1}$ | 28000 |
| 8 | 炉料成分/% | Pb47,Zn6~8, Fe11~12,S24 |
| 9 | 产铅量/$t\cdot a^{-1}$ | 60000 |
| | 还 原 炉 | |
| 1 | 炉膛直径/m | 3.5 |
| 2 | 入炉高铅渣含铅/% | 50 |
| 3 | 还原温度/℃ | 1170~1200 |
| 4 | 枪喷入空气量/$m^3\cdot h^{-1}$ | 5500 |
| | 喷入油量/$t\cdot h^{-1}$ | 约500 |
| | 喷入粉煤量/$t\cdot h^{-1}$ | 2 |
| 5 | 渣层厚/m | 1.2 |
| 6 | 铅层厚/m | 0.8 |
| 7 | 还原炉炉渣含铅/% | 约2~3 |
| 8 | 铅层温度/℃ | 800 |
| 9 | 渣层温度/℃ | 1180 |

当芒特·艾萨铅冶炼厂原料为高铅精矿(Pb66.9%)时,采用直接产铅流程,直接产铅率为50%~60%,产铅为13万t/a。

**(三)奥斯炉炼锡**

世界上目前用奥斯熔炼法炼锡的工厂有1996年投产的秘鲁冯苏锡冶炼厂,产精锡15kt/a。中国云锡冶炼厂也采用该法进行技术改造。云锡冶炼厂只采用熔炼和弱还原阶段,弱还原阶段产出的含Sn4%~6%的锡渣送烟化炉处理。奥斯炼锡炉示意图见图3.16-4所示。

奥斯炉炼锡可以单炉周期性作业,也可以多炉连续作业。单炉周期性作业主要过程为:

(1) 准备阶段。熔炼开始前,奥斯炉必须有一个有一定深度的熔体层,它可以是上一个作业周期留下的熔体,也可以预先加入干渣,插入喷枪将其熔化,并使炉温升至1150℃左右,完成熔炼的准备工作。

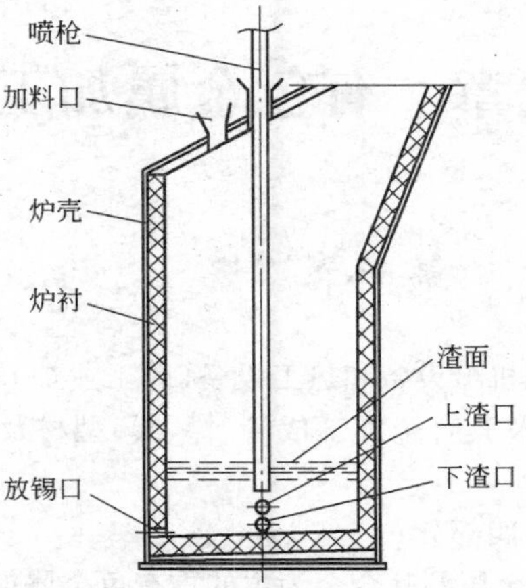


图 3.16-4　奥斯炼锡炉示意图

(2) 熔炼阶段。喷枪插入熔体,控制插入深度和压缩空气量及燃料量,从炉顶加入配料后混捏的炉料,进行熔炼。一般喷枪插入渣层深约 200 mm。当金属锡达到一定深度时,提高喷枪位置,放出金属锡,而熔炼过程不间断。当渣层到一定厚度时,停止加入炉料,将金属锡放完就进入弱还原阶段。

(3) 弱还原阶段。该阶段对渣进行弱还原,使渣中锡含量从 10%降到 4%左右。需要将炉温升至 1200℃左右,将喷枪提升到熔池静止表面以上,并快速加入粒状还原煤。该阶段作业时间约 20～40 min。反应结束应及时放出生成的金属锡,并进入强还原阶段。

(4) 强还原阶段。该阶段是对渣进一步还原,使渣中锡降至 1%以下。该阶段炉温升至 1300℃,缓慢加入还原煤。此时渣中锡较低,将有大量铁被同时还原,产生 Fe-Sn 合金。该阶段作业时间约 2～4 h。反应结束后让 Fe－Sn 合金及部分炉渣留在炉内,作下一周期的初始熔池,Fe-Sn 合金的 Fe 在下一周期作业参加 SnO 的还原反应。奥斯炼锡炉主要数据见表 3.16-11。

**表 3.16-11　奥斯炼锡炉主要数据**

| 项　　目 | 秘鲁冯锡冶炼厂 | 云南锡业集团公司 |
|---|---|---|
| 炉膛尺寸/m×m | $\phi 3.4\times 9.5$ | $\phi 4.4\times 8.6$ |
| 处理锡精矿量(炉料量)/$t\cdot a^{-1}$ | 30000 | 50000(79520) |
| /$t\cdot h^{-1}$ | | 178.5 |
| 精锡产量/$t\cdot a^{-1}$ | 15000 | 23000 |
| 作业时间/$d\cdot a^{-1}$ | | 280 |
| 炉床面积/$m^2$ | 9.1 | 15.2 |
| 烟尘率/% | | 7.9 |

# 第十七章　有色金属加工工业炉

## 第一节　概　　论

有色金属加工主要是利用机械设备和热工设备(即工业炉)等,通过挤压、拉伸,轧制和锻压等加工方法,把各种有色金属及其合金加工成管、棒、线,型材及板、带、箔等产品的生产工艺过程。

有色金属加工可分为以下四部分:

(1) 以铜、铅、锌、铋、镍等金属及其合金为主的重有色金属加工;

(2) 以铝、镁及其合金为主的轻有色金属加工;

(3) 以难熔金属钨、钼、钽、铌及钛、锆为主的稀有金属加工;

(4) 以金、银、铂为主的贵金属加工。

有色金属加工工业炉种类繁多,炉子结构差异大,生产工艺要求各异,但从生产工艺要求及炉子用途和功能着眼,可概括为熔炼(保温)炉及加热炉和热处理炉几大类。

熔炼(保温)炉是将金属熔化和精炼,并铸造出铸锭和料坯。作为半成品的铸锭和料坯必须满足以下要求:

(1) 化学成分和杂质含量在规定范围内,且均匀分布;

(2) 组织均匀,无特异和个别粗大晶粒;

(3) 无夹杂、裂纹、缩孔疏松等冶金缺陷;

(4) 无折皱和急剧凹凸等表面缺陷;

(5) 合适的形状和精确的尺寸。

有色金属加工工业炉其明显特点:

(1) 炉型种类多,炉温工作范围大,炉子结构差异大。

为了适应众多的有色金属品种加工工艺要求,炉子的种类五花八门,结构各式各样。从炉子工作温度看,有色金属加工工业炉包括低温、中温、高温甚至超高温的各类炉子。例如金属锡的熔点只有 231.8℃,铝和钛的熔点分别为 660℃ 和 1725℃,对于难熔金属钨则其熔点高达 3390℃。

(2) 有相当部分的有色金属工业炉必须在保护气氛和真空状态下进行生产。

有些金属,特别是稀有金属,由于其化学活性强,间隙杂质含量对其性能影响敏感和熔点高等特点,采用常规的耐火材料和熔铸方法无法获得令人满意的稀有金属及其合金锭坯。因此稀有金属的熔铸生产,以及相应的热处理、铜管、棒带材的光亮退火,大部分要在真空或保护气氛条件下进行生产。

(3) 铝加工及部分铜加工用工业炉,由于生产工艺要求严格,温度精度要求高,必须采用强制风循环方式进行生产。

铜和铝特别是金属铝由于自身黑度小($\varepsilon$ 约为 0.039～0.11),不宜于低温辐射传热,生产工艺要求严格,温度精度要求高,通常铝锭坯加热炉的炉气和金属温差要求不大于 ±5℃;均热炉、退火炉、时效炉等要求不大于 ±3℃;细长工件管、棒、型材淬火炉及板材淬火炉则要求不大于 ±1.5～±2.5℃。因此必须采用强制循环加热方式,才能实现严格精确的加热温度。

(4) 炉子的机械化、自动化水平日趋完善和提高。

20 世纪 90 年代以来,随着科学技术迅猛发展,以及程控技术及计算机在工业炉上的应用,使得有色金属加工工业炉的装机水平和控制水平得到了极大的提升。

下面就有色金属加工中,产量大、用途广泛的铝加工和铜加工用的主要典型炉子分别予以介绍。

# 第二节 铝及铝合金熔炼炉及保温炉

## 一、概述

铝及铝合金熔炼炉(简称熔铝炉)和保温炉(也称静止炉或保持炉)是铝加工厂熔铸车间的主要设备,它的技术性能优劣及装备水平的高低,不仅直接影响产品性能和质量,而且对能源消耗,操作环境及环保也有重要的影响。

对于批量大、连续性作业熔铸生产线,一般应分别配置熔铝炉与保温炉组成熔铝炉组;对于批量小,周期性作业的熔铸生产线,可只配置熔铝炉,而该炉兼有熔炼和保温的功能。

绝大多数的熔铝炉都是采用 0 号轻柴油,天然气或城市煤气为燃料的火焰炉。以往的熔铝炉大部分沿用以辐射传热为主的矩形火焰反射炉,炉子容量小,通常不超过 15 t,且绝大部分采用人工装料,这样不仅炉温高,烧损大,熔化率低,而且操作环境恶劣,劳动强度大,炉子热效率低、能耗高,一般每吨铝液的单位油耗高达 100～120 kg 以上。为探索节能降耗途径,曾先后开发研制了碳化硅管状换热器和金属辐射喷流换热器应用于熔铝炉。同时推广应用了节能型自身预热烧嘴,使熔铝炉的单位油耗,由原来的 100～120 kg 降至 70～90 kg/t 铝。

## 二、熔铝炉结构和技术装备

### (一) 炉型和装料

近年来铝加工用熔铝炉向大型化、技术装备先进化的方向发展,所用熔铝炉的类型主要有矩形或圆形,炉体有固定式或倾动式。炉子容量为 20～50 t,目前,国内已有多台 50 t 大型熔铝炉,国内某企业 3 台用于铝加工及电解铝铸造用 60 t 超大容量倾动式矩形保持炉已于 2003 年投入生产,炉子的主要性能指标已达到、个别指标还优于国外同类产品的指标,见表 3.17-1 所示。

**表 3.17-1 国产保持炉与国外同类产品技术性能比较**

| 序号 | 对比项目 | 技术性能参数 | | |
|---|---|---|---|---|
| | | 瑞士高其 | 加拿大 GNA | 国产保持炉 |
| 1 | 炉子容量 /t | 66 | 60 | 66 |
| 2 | 炉子结构形式 | 矩形液压倾动式 | 矩形液压倾动式 | 矩形液压倾动式 |
| 3 | 炉膛尺寸 /mm×mm×mm | 7000×6000×1020 | 6200×5126×930 | 8100×4375×850 |
| 4 | 炉门开口尺寸(长×宽)/mm×mm | 7000×1800 | 6200×1270 | 8100×1350 |
| 5 | 倾动液压缸数量/只 | 2 | 2 | 2 |
| 6 | 倾动液压缸内径 /mm | 360 | 360 | 360 |
| 7 | 倾动液压缸最大行程 /mm | 3250 | 3450 | 2900 |
| 8 | 燃料种类 | 天然气 | 天然气 | 天然气 |
| 9 | 燃烧器数量/个 | 2 | 2 | 2 或 4 |
| 10 | 燃烧器能力/$kW \cdot h^{-1}$ | 3000 | 3500 | 2000 或 4000 |

续表 3.17-1

| 序号 | 对比项目 | 技术性能参数 | | |
|---|---|---|---|---|
| | | 瑞士高其 | 加拿大 GNA | 国产保持炉 |
| 11 | 铝液最大升温速度 /℃·$h^{-1}$ | 40 | 38 | 30 或 45 |
| 12 | 流口处铝液温控精度 /℃ | ±5 | ±3.5 | ±3 |
| 13 | 炉子倾转最大转角/(°) | 30 | 35 | 30 |
| 14 | 液压系统工作压力 /MPa | 14 | 12.2 | 14 |
| 15 | 铝液转注速度范围 /kg·$h^{-1}$ | | 0～25000 | 0～60000 |
| 16 | 流槽液面控制精度/mm | | ±3 | ±2 |

圆形熔铝炉都采用专用装料机或车间天车借助装料桶上揭盖顶装料；矩形熔铝炉则利用炉子侧墙上开设的大型炉门，利用叉车或其他装料机构进行加料。

**(二) 炉壳钢结构和炉衬**

熔铝炉的钢结构一般由10～12 mm厚碳素钢钢板及型钢焊接而成，具有足够的刚性和良好的气密性，对炉底配置电磁搅拌装置的熔铝炉，则在炉底相应部位应使用非磁性的不锈钢厚钢板。

炉子不同部位的炉衬材料有所不同，熔池部分由优质高铝砖(LZ-75)，抗渗铝浇注料及隔热砖砌筑而成；液面线250～300 mm以上的侧墙由优质黏土砖，耐火混凝土及隔热砖、硅钙板组成；炉顶为吊挂平炉顶，每隔约300 mm采用耐热钢金属锚固件吊挂在炉顶型钢上。对倾动式熔铝炉其熔池以上侧墙的炉衬结构可采用不定形耐火材料通过耐热钢锚固件与侧墙钢结构连结，以适应炉子倾动时的工作条件，熔铝炉的大型炉门通常采用普碳钢钢板和型钢焊接而成，内衬耐火浇注料和隔热轻质浇注料，炉门框和炉门周边密封件，分别采用分段小块且表面经机械加工的耐热铸件拼接组装而成。炉门与炉门框之间通过镶于炉门周边耐热铸件槽里的硅酸铝纤维编织绳进行软密封。

**(三) 炉子燃烧系统**

蓄热式燃烧系统在熔铝炉上的应用技术日趋完善和提高，它可充分利用烟气余热和降低$NO_x$、$CO_2$排放，可使熔铝炉熔化期的单位油耗大幅度地降低(至45～50 kg以下)，使炉子的能耗指标较快地赶上世界先进水平。

以往多数保温炉都是以电加热为主的箱式电阻炉，随着火焰炉燃烧系统控制技术的发展和提高，以及先进的，性能安全可靠的燃烧装置的推广应用，保温炉采用火焰燃烧装置已较普遍，目前保温炉上应用较多的有德国KROM公司ZIO型亚高速烧嘴，以及意大利机电一体化的百得烧嘴等。

**(四) 电磁搅拌装置**

电磁搅拌技术多应用于熔铝炉，也可用于保温炉。电磁搅拌系统应用于熔铝炉可获得良好的应用效果：

(1) 使熔体成分和温度均匀，避免铸锭化学成分偏析和不均匀而影响产品质量。

(2) 缩短熔炼时间，提高了炉子的热效率。电磁搅拌作用，促使熔池内熔体上下层温度均匀，降低了温差，同时也强化了熔体内部的对流传热效应，避免了人工搅拌时开启炉门的热损失，因此显著地缩短了熔炼时间，提高了炉子的热效率。通常使用电磁搅拌可提高生产率8%～15%，减少燃料消耗8%～10%；

(3) 采用电磁搅拌可减少氧化和炉渣的形成，提高熔体质量。在熔融状态下，铝液暴露于炉气中的时间，以及熔池上部铝液的温度是产生氧化和炉渣形成的两个关键因素，而熔炼末期人工搅拌的熔池上层熔体温度比电磁搅拌通常高出50～100℃，从而使熔体的氧化速率明显增大；而且人工搅拌时，因破坏了熔体表面的覆盖渣层和氧化膜，扩大和延长金属液面在高温下与炉气的接触面积和时间，因此，人工搅拌时熔体的氧化程度和炉渣量明显大于电磁搅拌；另外人工搅拌时，往往会将表面氧化渣卷入铝液中，造成成品铸锭氧化夹杂，形成铸造缺陷和次品。

(4) 可避免人工搅拌工具对熔体的污染，满足高纯铝或特殊铝合金的生产要求。电磁搅拌能够在不借助任何机械作用的情况下，对融熔铝液进行充分搅拌，这对于高纯铝或某些特殊铝合金的生产更具特别重要的意义；

(5) 降低了劳动强度，改善了操作环境。

熔铝炉选配电磁搅拌装置时可参阅表3.17-2。

**表3.17-2　熔铝炉电磁搅拌装置选型参考数据**

| 熔铝炉容量/t | | ＜10 | ＜20 | ＜30 | ＜40 | ＜50 |
|---|---|---|---|---|---|---|
| 变频器电源输入参数 | 电压/V | 380 | 380 | 380 | 380 | 380 |
| | 电流/A | 220 | 300 | 450 | 600 | 750 |
| | 相　数 | 3 | 3 | 3 | 3 | 3 |
| | 频率/Hz | 50 | 50 | 50 | 50 | 50 |
| | 变压器功率/kV·A | 160 | 200 | 315 | 400 | 500 |
| 变频器电源输出参数 | 电压/V | 220,240 | 220,240 | 220,240 | 220,240 | 220,240 |
| | 电流/A | 320 | 450 | 680 | 750 | 850 |
| | 相　数 | 2 | 2 | 2 | 2 | 2 |
| | 频率/Hz | 0.8～3.5 | 0.8～3.5 | 0.8～3.5 | 0.8～3.5 | 0.8～3.5 |
| 冷却水参数 | 储水池容量/$m^3$ | ＞3 | ＞4.5 | ＞6 | ＞10 | ＞15 |
| | 水泵排水量/$t \cdot h^{-1}$ | ＞2 | ＞3.5 | ＞5 | ＞8 | ＞12 |
| 炉底设计参数 | 炉底厚度/mm | ≤450 | ≤500 | ≤550 | ≤600 | ≤650 |
| | 不锈钢板厚度/mm | ≥10 | ≥15 | ≥20 | ≥25 | ≥30 |
| | 炉底环境温度/℃ | ≤70 | ≤70 | ≤70 | ≤70 | ≤70 |

另外，国内已有成功采用永磁搅拌装置代替电磁搅拌的实例。其主要技术特点是采用专有的永磁技术通过机械方式驱动永磁体进行搅拌。其主要功能与电磁搅拌相似，但运行费用可以大大降低，其一次投资成本略高于电磁搅拌装置。

**(五) 熔铝炉或保温炉用液压倾动系统**

熔铝炉或保温炉用液压倾动系统一般由2台主泵(恒压变量轴向柱塞泵)，1台循环冷却过滤泵(定量叶片泵)及阀台、中间配管等部分组成。

当炉子在倾动铸造时出现意外情况(如事故停电)，设备可自动快速回复原位。液压站设有液压油加热和冷却装置。在操作台和泵站上均设有炉体安全阀，紧急情况可操作使炉体快速回位。

## 三、设计计算

**(一) 熔池的主要尺寸**

(1) 熔池容积应等于熔融金属熔体及熔剂两部分体积之和，即：

$$V_{熔}=\frac{G}{\gamma_{铝}}+\frac{W_{剂}}{\gamma_{剂}} \tag{3.17-1}$$

式中　$V_{熔}$——熔池容积，$m^3$；

$G$——炉子容量，即熔炼一炉的装料量，t；

$\gamma_{铝}$——铝液的密度，纯铝的液态密度为 2.38 $t/m^3$；

$W_{剂}$——熔炼一炉的熔剂量，按熔炼工艺要求确定，通常按金属料质量的 2%左右估算，t；

$\gamma_{剂}$——熔剂在熔化状态下的密度，一般取 1.6 $t/m^3$。

(2) 熔池平均深度确定，熔铝炉及保温炉的熔池深度各处不一，通常按经验或同类应用效果较好的炉子先选定一个熔池平均深度 $h_{熔}$，即可算出熔池的镜面面积。

$$F_{熔}=V_{熔}/h_{熔} \tag{3.17-2}$$

式中　$F_{熔}$——熔池的镜面面积，$m^2$；

$h_{熔}$——熔池的平均深度，m。

熔池深度对于熔铝炉和保温炉是一个重要参数。熔池过深，则金属炉料受热表面相对减少，熔炼速度慢同时有金属熔体上下温差加大的缺点；但金属暴露于炉气中的表面较小，金属烧损以及吸气量则有所降低。熔池过浅，情况相反。熔池深度随炉子容量的增大而加深。容量相同，保温炉一般深于熔炼炉，配有电磁搅拌装置的深于无电磁搅拌装置的，各类典型熔铝炉的熔池深度可参阅表 3.17-3。

**表 3.17-3　各类典型熔铝炉的主要技术性能**

| 性能项目 | 18 t 煤气熔铝炉 | 6 t 燃油熔铝炉 | 18 t 圆形熔铝炉 | 35 t 熔炼兼保温炉 | 50 t 圆形熔铝炉 |
|---|---|---|---|---|---|
| 炉　型 | 倒焰固定式 | 直焰固定式 | 直焰固定式 | 直焰倾动式 | 直焰固定式 |
| 炉子容量/t | 18 | 6 | 18 | 35 | 50 |
| 熔化率 /$t\cdot h^{-1}$ | 3 | 2 | 4 | 7 | 10 |
| 炉膛或金属温度/℃ | 690～780 | 720～760 | 900～1050 | 900～1150 | 720～760 |
| 燃料及发热值 /$kJ\cdot kg^{-1}$或 $kJ\cdot m^{-3}$ | 天然气 35321 | 0 号轻柴油 40128 | 天然气 35112 | 0 号轻柴油 40128 | 城市煤气 17974 |
| 燃料消耗量 /$kg\cdot h^{-1}$或 $m^3\cdot h^{-1}$ | 442 | 150～180 | 400 | 650 | 1500 |
| 熔化期热效率/% | 29 | 38 | 47 | 42 | 52 |
| 燃烧装置类型 | 双管半喷射式（5 个） | F－150(2 个) | 蓄热式(1 对) | 美国 MAXON 公司 152.4 mm(6in) C 型烧嘴 4 个 | 蓄热式(2 对) |
| 熔池深度/mm | 650 | 475 | 650 | 800 | 800 |
| 熔池镜面面积/$m^2$ | 17.74 | 7.53 | 17.2 | 23.01 | 29.7 |
| 备　注 | 空气不预热 | 空气预热 200～350℃ | 顶装料高温空气 | 空气预热 300～500℃ | 顶装料电磁搅拌高温空气 |

(3) 熔池的长度和宽度：因熔池长度与宽度的乘积即等于熔池的镜面面积 $F_{熔}$，故按经验选定其中一个尺寸以后(通常选定宽度)，即可算得另一个尺寸。熔池宽度的确定原则是保证扒渣，搅拌等操作上的方便，熔池太宽，将不利于操作，对于中等容量的炉子，熔池宽度通常在 2.5～3.5 m 之间，最大不超过 4 m。

**（二）火焰熔铝炉供热能力确定**

火焰熔铝炉的燃料消耗量可用理论计算方法，分别计算炉子的热量收入项和支出项，编制炉子的热平衡表，最后求出燃料消耗量，但这种方式繁琐而费时，通常可按炉子的配置情况，根据炉子实际使用的熔化期的热效率和熔化率要求按下式进行计算：

$$B = K\frac{Q_{效}P_{熔}}{\eta_{熔}} \tag{3.17-3}$$

式中　$B$——燃料消耗量即炉子的供热能力，kg/h 或 $m^3$/h；

$P_{熔}$——炉子要求的熔化率，t/h；

$\eta_{熔}$——熔化期的热效率，依据炉子的不同配置情况，按实际和经验确定，可参阅表 3.17-3；

$K$——备用系数，$K = 1.1 \sim 1.3$；

$Q_{效}$——熔化每吨铝的有效能耗，kg/$t_{铝}$ 或 $m^3/t_{铝}$。

$$Q_{效} = \frac{1000c_p(t - t_0) + 1000q_{熔}}{Q_D} \tag{3.17-4}$$

式中　$c_p$——平均定压比热容，$c_p = 1.09$ kJ/(kg·℃)；

$t$——金属熔化后工艺要求的金属液温度通常 t = 720℃；

$t_0$——金属炉料的起始温度，℃；

$q_{熔}$——金属铝的熔化潜热，$q_{熔} = 392.92$ kJ/kg；

$Q_D$——燃料的低发热值，4.18 kJ/kg 或 4.18 kJ/$m^3$。

## 第三节　喷流立推式铝扁锭加热炉

### 一、概述

铝扁锭加热炉是与热轧机配套的加热设备。老式的铝扁锭加热炉多以砖衬结构、上下两面加热的板链传动电阻加热炉为主。这种炉子由于被加热铝扁锭平放在板链上，炉子生产能力低、温差大、加热质量差、能耗高，而且使用后期，炉子故障率明显增加，因此根本无法满足现代化轧制工艺要求。

20 世纪 80 年代初我国先后由国外引进先进的强制风循环立推式铝扁锭加热炉（简称立推炉），随后在消化引进先进技术的基础上，不断深入研制和开发具有国际先进水平的国产设备。

立推炉可用电或天然气及其他燃料进行加热，循环风机可置于炉顶或采用高温可逆循环风机安装在炉子上部侧墙上，进行定时换向工作，通常根据炉子要求的生产能力，沿炉子长度等分为若干个加热区，每区配置一台循环风机。

奥地利 EBNER 炉子公司的立推炉，采用风压较高的高温离心式循环风机，对被加热铝扁锭实施喷流加热，通过可靠的控温装置，在确保制品加热质量的前提下，明显地强化了对流传热作用，缩短了加热时间，提高了炉子的生产率，炉子的机械传动系统、更完善、设计更合理，因此技术上更先进。

### 二、结构及设备组成

喷流立推式铝扁锭加热炉是目前国内外先进炉型，依据热轧机的生产能力，可配 1 台或 2 台以上立推加热炉。在 2 台立推加热炉与热轧机配套的炉组中，其中第二台立推加热炉只配置炉前进料推进装置和炉后的出料取料机构，而其它炉料检测设备和其运行转移功能，均通过炉前及炉后的横向运料车与第一台立推加热炉相衔接，并由其完成其他炉料检测准备和其他运行转移功能。

#### （一）炉体

立推加热炉的炉墙、炉底、炉顶全部采用两层钢板中间填以用锚固杆固定的绝热保温材料，炉子外壳用 Q235-A 钢板并用型钢加强，采用连续气密焊接内壁采用 SUS304 钢板（厚度为 2～3 mm）分块搭接拼装，并用锚固件与炉壳外壁固定，炉子绝热材料内层采用衬铝箔的硅酸铝纤维针刺毯，外层采用岩棉板，整个复合炉衬保温层厚度通常为 350～400 mm。

炉内轨道采用分段的耐热铸钢，每段长度约 1500～1800 mm，在轨道下面有牢固的空腹钢铸件支座，轨道选用耐热、耐磨材质，确保料垫上的铸锭能安全，平稳地运行，同时在炉子轨道的进出料端还提供有干油自动润滑系统。进出料炉门升降使用电动机械系统，提升电机为双速电机，以保证炉门升降迅速、定位准确，两个炉门压紧气缸将使炉门上的封刀与炉门框上的密封圈紧密接触，保证炉子具有良好的气密性。

**（二）进料端机械装置**

进料端机械装置主要由受料辊道，上料推料及翻料装置，炉前升降装置和横向转移料车等部分组成。

(1) 受料辊道：该机构主要由对中夹紧油缸，对中托起油缸，辊道及驱动装置，光电开关和行程开关等组成，主要功能是当接受到铸锭后，由 PLC 程序控制自动完成对铸锭长度、宽度及厚度的检测和对中。

(2) 上料推料和翻料装置：推料装置首先根据测得铸锭厚度整定料垫位置，待翻锭机构翻转 90°铸锭侧立后，将已套好料垫的铸锭推到炉前横向转移料车上，推料头为重型钢结构焊制件，推料液压缸通过行程开关控制推料行程。

(3) 炉前升降装置和横向转移车：升降装置主要功能是接受由料垫返回机构从出料端返回的料垫并在侧立铸锭的下部，在其升起过程中，将料垫套在铸锭上，横向转移料车，采用变频调速控制运行速度和准确定位，向待装料的炉子运送铸锭或空料垫。

(4) 推料机构：推料机构得到推料指令后将横向料车上的铸锭或空料垫推至炉内，推料缸为双速，一旦与炉内料垫接触即变为低速，将炉内全部铸锭向前推进一个料位。

**（三）出料端机械装置**

出料端机械装置主要由取料翻料装置，出料端升降装置，横向转移料车及炉料转移装置等部分组成。

(1) 取料翻料装置：负责将加热好的铸锭由炉内拉出并翻转 90°将铸锭转移送到炉料转移装置中心线，然后再将料垫推到出料横向转移料车上。

(2) 出料端升降装置及横向转移料车：当取料翻料装置将铸锭由炉内取出后，出料端升降装置在逐渐下降过程中，将铸锭转移到翻料装置上，并使料垫与铸锭分离，2 号炉取出的铸锭，则需通过横向转移料车运送至 1 号炉才可进行翻料，去料垫及铸锭转移等后序动作。

(3) 炉料转移装置：该装置是将炉内取出并翻转平放的铸锭，通过其夹紧和提升机构，将铸锭送往热轧机，并平稳地放置在热轧机的输入辊道上。

**（四）料垫返回机构**

料垫返回机构的主要功能是将料垫从出料端转移到进料端。

**（五）空气循环导流及煤气燃烧供热系统**

空气循环导流系统是保证被加热铸锭达到工艺要求的加热速度和温度均匀性的关键。为强化对流传热保证加热质量，每区炉顶装有 1 台大风量高温离心风机，使炉内循环气流分布均匀。为风机轴承的维护，炉顶还配备了手动干油站，炉底配置的导流和喷流装置可以调节炉内的气流分布，确保炉膛温度和铸锭温度的均匀性。该风机配备双速电机，冷态低速启动循环，热态转为高速喷流。每台循环风机风量为 3860 $m^3$/min，风压为 2750 Pa。

煤气烧嘴及燃烧系统主要控制阀件,可方便调节燃料及空气量,有利于充分燃烧,沿炉子长度均分为几个可独立控制的温控区,每区配置的燃烧及冷却系统可由程序自动控制。

某厂大型喷流立推式铝扁锭加热炉主要技术性能参见表 3.17-4。

**表 3.17-4　喷流立推式铝扁锭加热炉技术性能**

| 序号 | 名　称 | 设计数值 | 备　注 |
|---|---|---|---|
| 1 | 用　途 | 铝及铝合金扁锭轧制前加热 | 兼均热 |
| 2 | 合金牌号 | 1×××系,3×××系,5×××系,8×××系 | |
| 3 | 铝锭尺寸/mm×mm×mm | 700×2300×(4000~5500) | 厚×宽×长 |
| 4 | 最大铝锭重量/t | 24 | |
| 5 | 铝锭温度及温差/℃ | (450~550)±5(均热 600) | |
| 6 | 加热能力/$t \cdot h^{-1}$ | 72 | 3 块/h |
| 7 | 燃料种类 | 城市煤气 | |
| 8 | 燃料热值/$kJ \cdot m^{-3}$ | 3800×4.186 | |
| 9 | 烧嘴型号及数量/个 | KROM ZIO-165 型　24 个 | |
| 10 | 每台烧嘴能力/$m^3 \cdot h^{-1}$ | 150(空气预热温度 250~350℃) | |
| 11 | 装炉量/t | 580 | 共 24 块 |
| 12 | 温控方式 | 西门子 S7 系统,自动控制 | |
| 13 | 分区数/区 | 6 | |
| 14 | 作业方式 | 整炉加热周期作业 | |
| 15 | 加热方式 | 热风循环喷流加热 | |
| 16 | 循环风机数量/台 | 6 (风量 3860 $m^3$/min,风压 2750 Pa) | 高温离心式 |
| 17 | 炉膛尺寸/mm×mm×mm | 20192×6000×4220 | 长×宽×高 |
| 18 | 排烟方式 | 采用排烟机上排烟 | |
| 19 | 烟气的余热回收 | 6 台热管换热器 | |

### (六) 温控电控系统及其他

炉子的控制系统是以可编程控制器作为过程控制级,以操作器件,指示元件,传感器件和执行器件等作为过程执行级,组成控制系统,每区均设炉温控制热电偶和测料温热电偶,可随时检测铸锭温度,分别实现对各个温控区温度的自动控制、每台循环风机的运行控制,进料端机械装置,出料端机械装置以及炉门升降机构和液压泵站等装置的控制。此外,还有为整个炉组提供工作动力以及为循环风机,排烟风机轴承以及进出料炉门和炉门框进行冷却的液压系统,压缩空气系统及水冷系统等。

## 三、设计计算

### (一) 铝锭加热时间计算

铝锭在炉内加热分两个阶段,先是热流恒定,炉温变化;后是热流变化,炉温恒定。加热时间 $\tau$ 按下式计算:

$$\tau = \frac{Gc_p(t'_z - t_s)}{3.6qA} + \frac{Gc_p}{3.6\alpha_\alpha A}\ln\left(\frac{t_q - t'_z}{t_q - t''_z}\right) \tag{3.17-5}$$

式中 $\tau$——工件加热时间,h;

$G$——工件质量,kg;

$c_p$——工件的平均比热容,kJ/(kg·℃);

$t_q$——炉内循环气流温度,℃;

$t_s$——加热开始时锭温,℃;

$t'_z$——热流恒定阶段加热终了时工件温度,$t'_z = 0.9\ t''_z$;

$t''_z$——工件在炉内最终加热温度,℃;

$A$——工件与循环炉气的接触面积,$m^2$;

$q$——工件单位表面的吸热量,$W/m^2$。

$$q = \alpha_\alpha(t_q - 0.7t'_z) \tag{3.17-6}$$

式中 $\alpha_\alpha$——对流传热系数,$W/(m^2 \cdot ℃)$。

当气流沿平壁流动 $Re > 10^5$ 时

$$\alpha_\alpha = \frac{0.032Re^{0.8} \cdot \lambda}{L} \tag{3.17-7}$$

式中 $\lambda$——空气的导热参数,W/(m·℃);

$L$——平壁长度,m;

$Re$——雷诺准数。

$$Re = \frac{Wd}{\nu} \tag{3.17-8}$$

式中 $W$——气流速度,m/s;

$\nu$——空气运动黏度,$m^2/s$;

$d$——换算直径,m,$d = \frac{4A}{s}$;

$A$——气流通道面积,$m^2$;

$s$——气流通道周长,m。

因影响加热时间的变化因素较多,有时常用单位时间透热速度来估算加热时间,空气循环加热炉中铝锭的透热速度约为0.6~0.8 mm/min。

**(二)风循环炉的流体阻力计算**

炉子的流体阻力等于闭路循环系统通风道中各段流体阻力的总和。它是由速度改变或流动方向改变所引起的阻力(即局部阻力)与气流对器壁的摩擦阻力两部分组成。因此,整个系统的流体总阻力为:

$$h = \sum\Delta h_{mc} + \sum\Delta h_{jb} + \Delta h_j + \Delta h_{jr} \tag{3.17-9}$$

式中 $h$——整个系统的流体总阻力,Pa;

$\sum\Delta h_{mc}$——气流与通道壁摩擦所引起的全部阻力的总和,Pa;

$\sum\Delta h_{jb}$——所有局部阻力的总和,Pa;

$\Delta h_j$——被加热工件的阻力,Pa;

$\Delta h_{jr}$——供热系统的烧嘴或炉膛安装的加热元件部分的阻力,Pa。

虽然可以通过计算方式求得强制气体循环炉的通风道流体阻力,由于气流与通风道内壁摩擦所引起的压力损失较小,有时往往可忽略不计,而其他三项阻力系数值通常都得通过实验,才能求得准确数值。所以实际应用中,大多根据实际生产中的同类炉子的使用情况及经验,选择和确定循环风机参数。

## 第四节 工频有芯感应熔铜保温炉组

### 一、概述

工频有芯感应炉是铜及铜合金熔炼的主要炉型。20 世纪 80 年代以来,我国先后从德国(TECHNIK GUSS 公司)及奥地利(WERTLI 公司)引进的铜带坯水平连铸机列,及其配套的工频有芯感应熔铜保温炉组;由美国或英国(Ajax 公司)引进的总容量达 27～36 t 的熔铜工频有芯感应炉;以及从芬兰奥托昆普公司引进的铜连铸生产线和相应的工频有芯感应熔化和保温炉。对我国原有炉型的技术更新和改造,起到了促进作用。

### 二、炉子结构及设备组成

本水平连铸熔铜炉组主要由 2 t 工频有芯感应熔化炉,1.5 t 工频有芯感应保温炉及中间过渡流槽三部分组成,并配置了液压倾动,氮气保护及排烟收尘等装置。

#### (一) 2 t 工频有芯感应熔化炉

2 t 工频有芯感应熔化炉主要由收尘罩,液压启闭炉盖,上下可拆卸炉体,炉体支架及液压倾动机构,水冷系统等部分构成;电控部分由烤炉变压器,主工作变压器,相平衡器,主回路及控制系统等部分组成;操作柜及操作台设在炉台上,其他均置于半地下室内。

上下炉体内衬可选用高铝浇注料筑造,下炉体(或称感应体)内装有熔沟、线圈、水冷套、铁芯等部件,熔沟为铸造紫铜质熔沟模,水套采用非磁性不锈钢板制作,用于隔离熔沟热量保护线圈,线圈由空心方型紫铜管绕制而成,铁芯采用高导磁性冷轧硅钢片制作,两个线圈共用一个铁芯,结构非常紧凑。

炉体采用液压双油缸倾翻,最大倾翻角度超过 92°,必要时可将炉中熔体全部倒净。水冷却系统分别设有电接点压力表,各回水支路设电接点温度表,并与电气系统相连锁。

#### (二) 中间流槽

中间流槽由流槽本体、活动流槽、耐火材料槽衬等部分组成。紫铜流槽盖上设有加热用的均匀小煤气嘴,受料口设有连续燃烧的点火嘴,使用时,每当倾炉转注铜水时,关闭槽盖,通过均布小煤气嘴输入氮气;转注完毕后开启槽盖,输入煤气加热流槽。本装置主要用于无氧铜生产,其他合金可没有加热流槽。流槽通过流槽托架固定在熔化炉支架上,并可左右旋转,必要时倾出熔化炉铜水到应急包中。

#### (三) 1.5 t 工频有芯感应保温炉

为适应水平连铸生产工艺要求,1.5 t 工频感应保温炉主要由上、下可拆卸的炉体,可前后、左右、上下调整的炉体支架及倾翻机构,满足结晶器安装要求的中间连接窗口,及收尘罩、活动与固定炉盖、水冷系统、风冷系统、事故应急流槽等部分组成。上、下炉体均筑有可长期运行的耐火材料,连接结晶器的过渡窗口可视耐火材料损坏程度适时拆下修复、更换。下炉体内装有熔沟、线圈、铁芯、水冷套等部件,熔沟采用紫铜熔沟模。线圈由扁铜带多层缠绕而成,为此设有两台用于冷却线圈的排风机,水套系统采用非磁性不锈钢制成的空腔式结构。铁芯由高导磁性的冷轧硅钢片制成,两个线圈共用一个铁芯。炉体采用双油缸倾翻,最大倾翻角 94°,必要时可向后倾出炉内铜液直至倒尽熔沟。水冷却系统上分别设有电接点压力表及各回水支路电接点温度表,并与电气系统连锁。

### (四) 炉衬结构

筑炉时,熔化炉及保温炉的上炉体均在炉子支架上施工,而下炉体应运至专用筑炉操作间施工,全部施工完毕,最后进行对接组装。

(1) 熔化炉。

炉盖内衬为容重1.2 t/m³ 的轻质浇注料,上炉体外层先粘贴20 mm厚的石棉板,再砌一层113 mm厚的轻质漂珠砖,内层浇注低水泥浇注料,下炉体对黄铜生产线则采用石英砂干法施工,对紫铜生产线采用铝硅碳捣打料。

(2) 保温炉。

炉盖保温层为硅酸铝针刺纤维毯折叠块。保温炉的上炉体除保温层轻质漂珠砖的厚度为65 mm及多出一个铸造窗口外,其他上下炉体采用的筑炉材料及施工方法与熔化炉基本相同。

## 三、设计计算

### (一) 确定炉子容量及熔池容积

1. 每炉次的产量 $G$(kg)

$$G = \frac{A \times 10^3 \times (\tau_{熔} + \tau_{辅})}{24} \tag{3.17-10}$$

式中 $A$——炉子的生产率,t/d;

$\tau_{熔}$——炉料纯熔化时间,h;经验值参见表3.17-5和表3.17-6;

$\tau_{辅}$——每炉次加料。浇注等辅助时间,h,生产统计确定。

**表3.17-5 工频有芯感应熔铜炉纯熔化时间的经验数据**

| 序号 | 炉子容量 /kg | 炉子功率 /kW | 金属种类 | 熔化时间 /min |
|---|---|---|---|---|
| 1 | 1500 | 600 | 铜合金 | 25 |
| 2 | 750 | 400 | 黄 铜 | 35 |
| 3 | 750 | 400 | 紫 铜 | 73 |
| 4 | 750 | 400 | 黄 铜 | 28 |
| 5 | 750 | 400 | 紫 铜 | 60 |
| 6 | 3000 | 750 | 黄 铜 | 50 |
| 7 | 5000 | 750 | 紫 铜 | 80 |
| 8 | 800 | 100 | 黄 铜 | 50 |
| 9 | 400 | 70 | 黄 铜 | 80 |
| 10 | 300 | 90 | 黄 铜 | 60 |

**表3.17-6 西电所工频有芯感应熔铜炉系列**

| 型 号 | 有效容量 /t | 额定功率 /kW | 变压器容量 /kV·A | 熔化时间 /min |
|---|---|---|---|---|
| DL431-1 | 0.3 | 75 | 100 | 60 |
| DL431-2 | 0.8 | 180 | 400 | 66 |
| DL431-3 | 1.6 | 320 | 400 | 66 |
| DL431-4 | 2.0 | 320 | 400 | 86 |
| DL431-5 | 3.15 | 600 | 800 | 75 |

续表 3.17-6

| 型　号 | 有效容量 /t | 额定功率 /kW | 变压器容量 /kV·A | 熔化时间 /min |
|---|---|---|---|---|
| DL431－6 | 5 | 600 | 800 | 122 |
| DL431－7 | 10 | 2×600 | 2×800 | 125 |

2．起熔体重量 $G_{起}$(kg)

$$G_{起}=K_{起}G \tag{3.17-11}$$

式中　$K_{起}$——起熔体系数，$K_{起}=0.5\sim0.75$；

3．炉子的总容量 $G_{总}$(kg)

$$G_{总}=G+G_{起} \tag{3.17-12}$$

4．熔池的容积 $V_{池}$($cm^3$)

$$V_{池}=10^3G_{总}/\gamma_{液} \tag{3.17-13}$$

式中　$\gamma_{液}$——液态金属在出炉温度下的密度，$g/cm^3$。

**（二）确定炉子功率**

1．炉料从常温加热到熔点所需热量 $Q_{加}$(kJ)

$$Q_{加}=GC_{固}(t_{熔}-t_{始}) \tag{3.17-14}$$

式中　$G$——每炉次固体料的加料量，kg；

$C_{固}$——固体金属的平均比热容，kJ/(kg·℃)；

$t_{始}$、$t_{熔}$——金属的起始温度及熔点，℃。

2．炉料在熔点温度下由固态变为液态所吸收的熔化潜热 $Q_{化}$(kJ)

$$Q_{化}=Gq_{熔} \tag{3.17-15}$$

式中　$q_{熔}$——金属的熔化潜热，kJ/kg。

3．液态炉料由熔点过热到浇铸温度所需要的热量 $Q_{过}$(kJ)

$$Q_{过}=GC_{液}(t_{浇}-t_{熔}) \tag{3.17-16}$$

式中　$C_{液}$——液态金属的平均比热容，kJ/(kg·℃)；

$t_{浇}$——工艺要求确定的浇铸温度，℃。

4．熔炼金属的有效热 $Q_{效}$(kJ)

$$Q_{效}=Q_{加}+Q_{化}+Q_{过} \tag{3.17-17}$$

5．炉子的有功功率 $P_{有}$(kW)

$$P_{有}=\frac{Q_{液}}{860\cdot\eta_{电}\cdot\eta_{热}\cdot\tau_{熔}}=\frac{Q_{效}}{860\cdot\eta_{炉}\cdot\tau_{熔}} \tag{3.17-18}$$

式中　$\eta_{电}$——炉子的电效率，一般为 0.95～0.98；

$\eta_{热}$——炉子的热效率，一般为 0.8～0.9 之间；

$\eta_{炉}$——炉子的总效率，等于 $\eta_{电}$ 与 $\eta_{热}$ 的乘积，可参阅表 3.17-7。

计算有功率 $P_{有}$ 时，$\eta_{电}$、$\eta_{热}$ 或 $\eta_{炉}$ 等参数可先粗略地取经验值，最后再进行验算。除上述方法外，还可根据单位耗电量的经验数据近似求出 $P_{有}$：

$$P_{有}=q_{耗}\cdot G/\tau_{熔} \tag{3.17-19}$$

式中　$q_{耗}$——实际单位耗电量，kW·h/t，工频有芯感应熔炼炉的实际单位耗电量的经验值见表 3.17-7；

$G$——每炉次产量，t。

**表 3.17-7 有芯感应炉熔炼有色金属的单位耗电量及炉子的总效率**

| 金属种类 | 炉料特征 | 浇铸温度 /℃ | 理论单位耗电量 /kJ·t$^{-1}$ | 理论单位耗电量 /kW·h·t$^{-1}$ | 实际单耗 /kW·h·t$^{-1}$ | 炉子总效率 $\eta_{炉}$ |
|---|---|---|---|---|---|---|
| 铝 | 块 料 | 700～750 | $286\times10^3$ | 331 | 440～480 | 0.75～0.69 |
| 铝 | 屑 料 | 700～750 | $286\times10^3$ | 331 | 510～550 | 0.65～0.6 |
| 黄铜(62.68) | 块 料 | 1100 | $155\times10^3$ | 180 | 200～220 | 0.9～0.82 |
| 黄铜(62.68) | 屑 料 | 1100 | $155\times10^3$ | 180 | 240 | 0.75 |
| 紫 铜 | 块 料 | 1150～1180 | $172\times10^3$ | 199 | 310～330 | 0.65～0.6 |
| 屯巴克黄铜(96) | 块 料 | 1200 | $178\times10^3$ | 206 | 240～250 | 0.86～0.82 |
| 屯巴克黄铜(96) | 屑 料 | 1200 | $178\times10^3$ | 206 | 270 | 0.76 |
| 白铜(70/30) | 混合料 | 1360 | $198\times10^3$ | 230 | 350～380 | 0.65～0.6 |
| 锡青铜 | 混合料 | 1260 | $170.5\times10^3$ | 197.5 | 250～280 | 0.8～0.71 |
| 铝青铜 | 混合料 | 1150 | $183\times10^3$ | 212 | 300～330 | 0.7～0.65 |
| 蒙乃尔 | 混合料 | 1500 | $253\times10^3$ | 293 | 370～400 | 0.79～0.73 |
| 尼克铜 | 混合料 | 1350 | $216\times10^3$ | 250 | 330～350 | 0.76～0.72 |
| 镍 | 屑 料 | 1600 | $281.5\times10^3$ | 326 | 465～500 | 0.7～0.65 |
| 镍 铬 | 块 料 | 1500 | $285\times10^3$ | 330 | 470～500 | 0.7～0.66 |
| 锌 | 块 料 | 475～500 | $83.5\times10^3$ | 96.5 | 120 | 0.8 |

6. 炉子的视在功率 $P_{视}$(kV·A)

$$P_{视}=P_{有}/\cos\phi \tag{3.17-20}$$

式中 $\cos\phi$——补偿前炉子的功率因数，计算时可先按经验数据选用，然后再进行验算，有关 $\cos\phi$ 的经验数据可参阅表 3.17-8。

**表 3.17-8 有芯感应熔炼有色金属时的 cosϕ 经验数据**

| 金属种类 | $\cos\phi$ | 金属种类 | $\cos\phi$ |
|---|---|---|---|
| 锌 | 0.8～0.9 | 黄铜，容量 300～2000 kg | 0.65～0.78 |
| 铜镍合金 | 0.8 | 黄铜，容量大于 2000 kg | 0.6～0.65 |
| 铜镍铁合金 | 0.8 | 紫 铜 | 0.4～0.5 |
| 铸 铁 | 0.7～0.8 | 铝，小容量，立式熔沟 | 0.3～0.4 |
| 黄铜，容量小于 300 kg | 0.8～0.85 | 铝，大容量，卧式熔沟 | 0.2～0.3 |

其他计算可参阅相关技术资料。

## 第五节 铜扁锭步进式加热炉

### 一、概述

步进式加热炉是加热铜扁锭的主要炉型。它有端进端出，侧进侧出和端进侧出等多种形式，与推进式加热炉或其他形式加热炉相比，步进式加热炉具有以下明显的优点。

(1) 铜扁锭靠步进梁的运行一步步在炉内通过,炉料之间可留出间隙,既可避免炉料之间相互黏结,又可缩短加热时间和减少氧化;

(2) 炉料与步进梁和固定梁之间没有相对位移和摩擦,避免炉料表面在加热过程中产生擦伤;

(3) 炉子长度不受推料长度的限制;

(4) 外形不太规整和厚薄不同的炉料在装炉时不受限制;

(5) 炉内扁锭必要时可利用步进机构全部出空或退空,可缩短修炉时的停炉时间,待轧时可将炉料倒退一段距离,以避免高温段紧靠出炉门处的炉料降温,也可减轻原处于高温区域炉料的氧化程度;

(6) 通过改变被加热扁锭之间的间隙、步进梁的水平行程和步进周期的时间,可较灵活地调整炉子的生产能力,例如当炉子产量降低时,可将铜扁锭的间距加大,减少炉内装料量,但铜扁锭在炉内的加热时间基本不变。

另外铜扁锭步进式加热炉的另一个特点是,因比钢坯步进式加热炉的炉温约低200℃,故其炉衬结构绝大部分可采用高铝质陶瓷纤维折叠块,这种炉衬结构,由于重量轻,炉子蓄热量小,炉子启动速度快,更适用品种多,批量小,频繁启动的使用场合。

对于采用煤气和轻柴油为燃料的火焰铜扁锭(特别是紫铜锭)步进式加热炉为避免或尽量减少炉料的氧化程度,可通过调节燃料燃烧的空燃比来严格控制炉内气氛而达到此目的。

## 二、炉子结构及组成

现将某铜加工厂用于铜扁锭加热的端进端出步进式加热炉结构及组成介绍如下。

### (一) 炉体

炉体由钢结构和全纤维耐火绝热炉衬等部分组成,钢结构以8 mm厚的钢板与20号槽钢为主体构成炉子侧墙及炉顶结构;炉底活动梁和固定梁采用高铝浇注料,轻质浇注料和硅藻土砖筑造,其余炉墙和炉顶均采用高铝质陶瓷纤维针刺毯折叠块,厚度为250 mm,利用耐热钢插件与炉壁钢板固定。

### (二) 燃烧系统

燃烧系统由助燃风机、冷风管道、热风管道、压缩空气管路、油管路、各类阀件及燃烧器等组成。燃烧器采用国产JBP型高压内混式平焰喷嘴,加热段布置JBP-30喷嘴6个,均热段布置JBP－15喷嘴4个,该燃油平焰喷嘴安装在炉顶,火焰呈圆盘形,具有较强的辐射能力,因而铸锭的加热速度快,温度均匀,氧化烧损少。

### (三) 步进系统及水封槽

在炉底设置了两根长约19 m,宽400 mm的步进梁,两个步进梁的下部用框架刚性连为一体,步进梁靠一个升降油缸,一个进退油缸完成步进动作,每个步进动作都由启动、加速、均速、减速、停止等许多阶段组成,液压系统的比例阀由转折点上的晶体管接近开关发出信号来调整步进动作速度,从而保证了步进动作的稳定运行及铸锭的软着陆。

步进梁和炉底固定梁均用高铝浇注料制成,并嵌有材质ZG40Cr25Ni20Si2的耐热铸钢托架。在每条活动梁的下部设有两条水封刀,水封刀长16 m插在一条狭长的水封槽里,保证了炉膛的密封性。

步进梁的升降靠一个升降油缸和一套连架装置与8个斜块完成,当升降缸活塞伸出向前运动时,带动连架装置的滚轮沿着13°的斜面向上运行,活动梁即上升;反之,则活动梁下降。

### (四) 空气喷流换热器

为充分利用烟气的余热,降低排烟温度,采用了空气喷流换热器,用以预热助燃空气,以提高燃料的理论燃烧温度,降低燃料消耗,节省能源,提高炉子的热效率。当烟气温度为 800～1000℃时,助燃空气的预热温度可达 250～450℃。

**(五) 炉前炉后进出料装置**

炉子的进料端采用铸锭对中装置,使铸锭的横向中心线与炉体中心线尽量重合,以保证铸锭步进时的顺利运行。为保持炉膛具有良好的气密性,在炉子的进料端和出料端,分别设计了两种不同型式的小步进机构,用于向炉内送料,或将炉内已加热好的炉料取出并送往热轧机进料辊道上。

**(六) 其他**

进出料炉门装置由 2.2 kW 电机、蜗轮蜗杆减速器、水冷炉门框、导轨及炉门等组成。每个炉门有一套限位行程开关,其运动为整个 PLC 程控的一个组成部分。在均热、加热、预热三段温控区内都装有铂铑热电偶装置,以测量并记录各区温度。在预热段还装有测定残余氧含量的氧化锆探头,通过分析仪测定残余的氧含量,以调节炉内的气氛。此外还有给炉子步进梁运动提供动力的液压系统及炉子其他仪表检测装置和电气控制系统等。

**三、步进梁传动装置计算**

**(一) 步进梁水平移动阻力**

$$P_a = P_1 + P_2 + P_3 \qquad (3.17\text{-}21)$$

式中　$P_1$——运行阻力,N;

$P_2$——从静止状态起动时增加的阻力,N;

$P_3$——加速阻力,N。

运行阻力为:

$$P_1 = 9.8\left[\frac{Q+G_0}{R}\beta\left(\mu\frac{d}{2}+f\right)\right] = 9.8\left[(Q+G_0)\beta\frac{\mu d+2f}{D}\right] \qquad (3.17\text{-}22)$$

式中　$Q$——承载炉料的重量,kg;

$G_0$——步进梁的重量,kg;

$R$、$D$——支承辊的半径和直径,cm;

$d$——支承辊轴的直径,cm;

$\mu$——支承辊轴承的摩擦系数,滑动轴承 $\mu=0.10$,滚动轴承 $\mu=0.01$;

$f$——滚动摩擦系数,对平支承辊面取 0.05;

$\beta$——轮缘的摩擦系数,支承辊用滑动轴承时,$\beta=1.2\sim1.5$,支承辊用滚动轴承时,$\beta=2.0\sim2.5$。

启动时增加的阻力 $P_2$ 实际上是克服静摩擦的力,可以在系数中考虑,不必另行计算。

加速阻力为:

$$P_3 = 9.8\left[K(Q+G_0)\frac{a}{g}\right] \qquad (3.17\text{-}23)$$

式中　$a$——启动时加速度,m/s²;

$g$——重力加速度,9.81 m/s²;

$K$——支承辊的惯性系数,取 1.03～1.05。

一般步进梁起动时加速度很小,因此 $P_3$ 可忽略不计。为了简化,步进梁水平移动阻力也可按下面的经验公式计算:

$$P_a = 9.8[\varepsilon_1(Q+G_0)] \qquad (3.17\text{-}24)$$

式中　$\varepsilon_1$——系数,取0.05～0.1,负荷大时取小值。

**(二)提升梁升降时运动阻力**

提升梁升起时的运动阻力为$P_b$(N):

$$P_b = P_1 + P_4 \tag{3.17-25}$$

式中　$P_4$——提升梁上升时斜面导轨产生的水平阻力,N。

$$P_4 = 9.8(Q + G_0 + G)\tan(\phi + \alpha) \tag{3.17-26}$$

式中　$G$——提升梁的重量,kg;

$\alpha$——斜面导轨的倾角,一般取9°～16°;

$\phi$——综合摩擦角,钢轮对钢轨取3°～5°。

提升梁下降时的运动阻力为$P_c$(N):

$$P_c = P_1 + P_5 \tag{3.17-27}$$

式中　$P_5$——提升梁下降时斜面导轨产生的水平阻力,N。

$$P_5 = 9.8(Q + G_0 + G)\tan(\phi - \alpha) \tag{3.17-28}$$

## 第六节　铝材退火炉

### 一、概述

目前广泛应用的铝材退火炉(含铝卷材,铝板材及铝箔卷等)是20世纪80年代初首先从美国SECO/WARWICK炉子公司引进的。此后研制出完全国产的、更新换代的新炉型,炉子容量大多为10～40 t。

近年来随着生产工艺的发展和对产品质量的进一步提高,炉子结构和装备水平也有了新的发展和提高。例如,为进一步提高铝材(特别是铝箔卷)在加热过程中的表面除油脱气质量,可分别采用正压除油和负压除油两种生产工艺手段。前者采用向炉内连续供入新鲜空气,用以置换和排除加热过程中由铝箔卷表面挥发出来的油烟气;也可在炉膛密封条件下,利用另外配置的排烟风机系统,造成炉内压力低于大气压的负压环境,以利于加速铝材表面的油烟气的挥发和扩散速率,最终达到彻底或最大限度地排除铝箔卷表面附着的轧制油液,进一步地提高了退火铝箔的表面质量。此外,炉子容量也有向大型化发展的趋势,目前国内已有多台60 t大型铝材退火炉已投产,最大容量达90 t的特大型铝材退火炉也已建成,并将投产使用。与以往旧炉型相比该新型铝材退火炉具有以下特点:

(1)循环风机绝大多数采用低风压大风量双速高温轴流风机,可获得较高的空气循环次数,通常均可确保炉温均匀性≤±5℃,如炉子设计配置得当,布料合理,可使炉气及退火金属的温度均匀性都能获得≤±3℃的较理想效果。

(2)采用新型卡口式加热器组件代替老式的螺旋圈或带状集装式加热器装置,不仅降低了循环气流的阻力损失,提高了换热效率和加热元件的使用寿命,还便于维护和更换。

(3)该炉型尽管炉内导流装置较简单,但由于采用了低风压大风量双速轴流循环风机及新型卡口式加热器,能使炉膛有效加热空间获得均匀的风速场和温度场,不仅能确保炉气和退火金属高精度的温度均匀性,同时也使铝材获得了快速和均匀的加热条件。

(4)炉衬材料采用新型硅酸铝纤维针刺毯及岩棉板复合绝热炉衬结构,代替散状矿渣棉,不仅蓄热量小,保温性能优异,炉壁温度低,而且大大改善了工人的作业条件,同时也确保了炉衬的长期使用寿命。

(5) 炉门采用机械提升及气动压紧，刀型密封结构，根据不同使用条件和要求，可分别采用水冷硅橡胶密封条或硅酸铝纤维编织带，保证了炉子具有良好的密封性能。

(6) 由于炉体结构具备良好的密封性能，在铝箔退火过程中具备采用正压除油和负压除油的基本条件，从而可以进一步提高铝箔卷表面除油质量。

(7) 可采用差温加热和比例调节等控制技术，既保证铝材的加热质量，又可尽量提高加热速度，缩短加热时间，提高生产能力。

(8) 对多区炉子可采用主从温控技术或斜率升温技术，以消除不同控温区设定点间温差，使整个炉子各区同步升温，达到提高温控精度及炉温均匀性的目的。

## 二、设备组成和结构特点

铝材退火炉通常由炉子本体、吹洗和排气系统、旁路冷却器、装出料机构、控制系统、冷却水系统及压缩空气系统等部分组成。

### (一) 炉子本体

1. 箱式炉体

箱式炉体的炉顶装有低风压大风量高温轴流风机，炉内两侧风道中均布着卡口式加热器，炉膛借助顶部的水平导流板及两侧的垂直导流板，分别与循环风机及风道相隔而形成，通过置于炉顶的循环风机使炉气定向循环。

炉子外壳用钢板并以型钢加强，采用连续气密性焊缝确保炉体具有足够的强度，刚度和气密性。内壁采用 2 mm 厚的 1Cr18Ni8Ti 耐热不锈钢板分块搭接拼装结构，并用锚固杆与外壁钢板固定。炉墙、炉顶、炉底均采用双层钢板中间填以用锚固件固定的绝热材料。炉子绝热材料内层为硅酸铝纤维针刺毯，外层采用岩棉板，绝热层厚度约 300 mm。

2. 热风循环系统

该系统是保证铝材达到工艺要求的加热速度及温度均匀性的关键。为强化对流传热作用，在炉顶绝大多数选配低压大风量轴流风机，也有采用风压较高的离心循环风机的。

风机电机可采用双速电机，也可用变频调速，以达到节能和满足不同生产工艺要求的目的。

3. 导流装置

炉内导流装置包括水平导流板，垂直导流板及区间隔板(多区炉子有)，由不锈钢板焊接而成，水平导流板与垂直导流板之间以 45°角相连接，可消除此处可能存在局部涡流，改善炉气循环流动状况，提高整个炉膛区域的温度均匀性。

4. 卡口式加热器

新型卡口式加热器由 Cr20Ni80 电阻带立绕成的螺旋形加热元件和陶瓷耐热绝缘件及导电杆等组成。其特点是体积小，安装功率大，安装、维护、检测、更换方便，使用寿命长。

5. 炉门及其提升和压紧装置

铝材退火炉的大型炉门由型钢和钢板焊接而成，内衬为类似炉墙结构的绝热材料，为防止热态变形影响炉子气密性能，炉门周边及炉门框部位分别设有水冷框。为提高密封效果，炉门可采用双刀，双槽密封结构，密封圈为硅酸铝纤维编织带。通过 4 个气缸实现对炉门的压紧。炉门提升机构所用的减速机为蜗轮蜗杆减速机，具备自锁功能，炉门上升、下降的限位则使用行程开关或主令控制器。

### (二) 吹洗和排气系统

该系统主要用来及时排除铝材在加热时产生的挥发物(主要是板带材表面的轧制油及乳化液等)。特别对于铝箔卷的退火，由于其表面积大，含油量高，未及时排出的轧制油在高温下就会变成很小的炭斑附着在铝箔表面，影响其表面质量；同时该系统还可起到预防炉子爆炸，确保生产安全的重要作用。

所谓正压除油主要是借助吹洗风机，连续向炉内输入新鲜空气，用以置换和排除由铝箔表面挥发出来的烟气与炉气的混合气，吹洗风机由变频器驱动，风量可连续调节。

负压除油则是利用安装在排气管路上的一台功率 11 kW，风压 5650 Pa，风量 5862 $m^3/h$ 的高温排烟机（系指 20 t 铝箔退火炉配置的排烟机），以及相应管路的电动蝶阀，将炉内压力抽成 −1000～−3000 Pa的负压，促使铝箔表面挥发除油脱气速率进一步提高，以达到更好的除油效果。

### （三）旁路冷却器

铝材退火炉的旁路冷却器是直接配置在炉后的冷却装置，用于对退火后的铝材进行冷却。根据产品的不同要求，冷却速率有急冷和控冷两种不同工艺，前者是以最大可能的速率对铝材进行快速冷却，后者则按铝材的设定速率值进行控制冷却。

冷却器内部的结构形式大多用冷却水通入带冷却翅片的蛇形管，对吸入冷却器内的高温炉气进行热交换，然后冷却介质由下部送入炉膛内对铝材进行冷却，这样周而复始的连续循环，直至将铝材冷却到要求的温度。为进一步提高冷却效率，近年来已有采用热管技术进行热交换的旁路冷却装置。对退火铝材的冷却除上述直接在每台炉子后部装配旁路冷却装置外，也可单独配置多台炉子共用的冷却室，具体如何配置，则需依据生产工艺而定。

### （四）装出料机构

铝材退火炉的装出料机构有多种型式，一般单台小容量的炉子大多采用台车及钢丝绳或链传动牵引机构进行装出料，有的利用插车进行装出料操作；大容量的炉子大多采用专用的既能升降又可前进、后退的二维料车，将载有炉料的料盘送入炉内或取出炉外。现代有一定规模的铝加工厂都采用多台炉组共用的三维复合式装出料车进行装料和取料，该料车由运行大车，装料小车，液压泵站，操作台及电控系统组成。

### （五）控制系统

目前铝材退火炉炉组自动控制系统由以下部分组成：退火炉（单台）控制系统，自动装出料系统，上位管理机系统，以太网网络系统等四部分组成。

### （六）冷却水系统及压缩空气系统

铝材退火炉冷却水系统主要用于循环风机及排烟风机轴承的冷却，炉门及炉门水冷框的冷却以及给旁路冷却器提供冷却介质等。压缩空气系统主要给每台炉子的四个炉门压紧气缸及安全销进退气缸提供动力。

## 三、典型铝材退火炉的技术规格

目前国内常用铝材退火炉的装料量有 10 t、15 t、20 t、25 t、30 t、40 t、50 t、60 t 等多种规格。现将某厂用 40t 铝卷材退火炉与 20 t 铝箔退火炉的技术规格列于表 3.17-9，供参阅。

**表 3.17-9　40 t 铝卷材退火炉和 20 t 铝箔退火炉技术规格**

| 项目 \ 炉子种类 | | 40 t 铝卷材退火炉技术规格 | 20 t 铝箔退火炉技术规格 |
|---|---|---|---|
| 序号 | 名　称 | 设计数值及备注 | 设计数值及备注 |
| 1 | 炉子形式 | 强制热风循环电阻加热退火炉 | 强制热风循环电阻加热退火炉 |
| 2 | 装料量/t | 40（$\phi$1900 mm×$\phi$560 mm×2130 mm 装 3 卷） | 20（以炉膛有效尺寸为准） |
| 3 | 炉子最高工作温度/℃ | 650 | 580 |
| 4 | 金属退火温度/℃ | 120～580 | 120～500 |

续表 3.17-9

| 项目 炉子种类 | | 40 t 铝卷材退火炉技术规格 | 20 t 铝箔退火炉技术规格 |
|---|---|---|---|
| 序号 | 名称 | 设计数值及备注 | 设计数值及备注 |
| 5 | 供电参数 | 380 V ± 38 V, 50 Hz ± 2.5 Hz, 3 m | 380 V ± 38 V, 50 Hz ± 2.5 Hz, 3 m |
| 6 | 加热器安装功率 | 1020 kW | 480 kW |
| 7 | 加热区数 | 2 区 | 2 区 |
| 8 | 温控方式 | 温差比例控制和定温定时控制 | 温差比例控制和定温定时控制 |
| 9 | 炉气温差/℃ | ≤±5 (空炉测) | ≤±5(空炉测) |
| 10 | 保温终了金属温差/℃ | ≤±3 | ≤±3 |
| 11 | 装卸料方式 | 三维复合液压装出料车 | 三维双向复合液压装出料车 |
| 12 | 卡口式加热器 | 材质 Cr20Ni80, 每根 42.5 kW, 共 24 根 | 材质 Cr20Ni80, 每根 20 kW, 共 24 根 |
| 13 | 冷却水耗量 | 加热保温时 5 t/h, 冷却时约 20 t/h | 加热保温时 5 t/h, 冷却时约 15 t/h |
| 14 | 压缩空气耗量 | 5 $m^3$/min 瞬时, 压力 0.4～0.6 MPa | 5 $m^3$/min 瞬时, 压力 0.4～0.6 MPa |
| 15 | 炉膛尺寸(长×宽×高)/mm×mm×mm | 6300×2500×2700 | 6100×2500×2450 |
| 16 | 循环风机参数 | 37 kW(变频), 500 Pa<br>140000 $m^3$/h(2 台) | 37 kW(变频), 500 Pa<br>140000 $m^3$/h(2 台) |
| 17 | 吹洗风机 | 3 kW, 3250 Pa, 1704 $m^3$/h | 3kW, 3250 Pa, 1704 $m^3$/h |
| 18 | 负压除油风机 | | 11 kW, 5650 Pa, 5862 $m^3$/h |

## 四、保护气氛铝材退火炉

目前国内铝材退火炉采用保护性气氛为数不多,但随着退火铝材质量要求的不断提高,今后采用保护性气氛退火铝材的炉子将会逐渐增多。放热性保护气体可用于铝材退火,它可采用多种煤气借助专门设计的保护气发生装置制取。例如,焦炉煤气、天然气、丙烷或丁烷等。当采用天然气为燃料,空气与天然气比例为 7.8∶1 时,可获得的保护性气体成分为:5.6% $H_2$;4.5% CO;8.5% $CO_2$;0.2% $CH_4$;其余 $N_2$。此外铝材保护性气氛退火也可采用氮气,氮气的纯度应高于 99.995%。

密闭炉室吹洗时保护气耗量与炉内氧含量的关系可参见图 3.17-1。

该曲线是基于密闭室内充满空气(氧气约 20%)以淡放热气氛(氧气 0%)吹洗的基础上得到的。

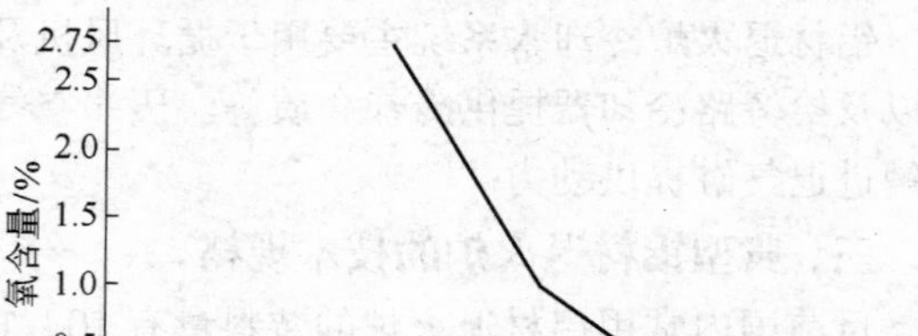

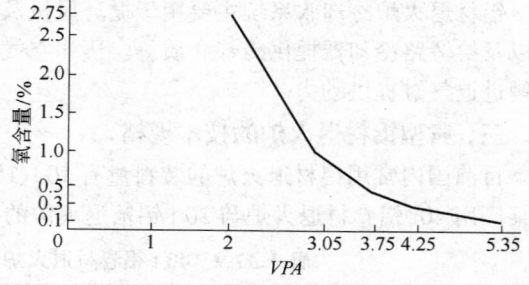


图 3.17-1 密闭炉室吹洗时保护气耗量与炉内氧含量关系

已知条件:

$F$——保护气氛流量 $m^3$/h;

$V$——密闭室容积(含辅助室、通道等), $m^3$;

$T$——以 $F$ 流量通入保护气的时间, h;

$VPA$——吹洗保护气体量,以密闭室容积倍数表示, $VPA=\frac{F}{V}T$,在图上依据此数找出炉内近似的氧含量。

注意: $F$ 值至少是密闭室容积的 2 倍。

# 第七节　铜、铝板带材气垫炉热处理生产线

## 一、概述

有色金属板带材气垫式连续热处理生产线是20世纪60年代后期发展起来的。所谓气垫炉就是带材在炉内移动时受到气流的作用而漂浮起来，即气流像垫子一样把带材支撑起来，同时又把带材加热或冷却。将带材支撑在气垫上有多种方法，它们均以气流流动时产生的动态压力和静态压力为基础。对气垫漂浮的基本要求是：

(1) 在带材厚度变化时漂浮的高度，应没有太大的变化，在同一风量下，当带材厚度变化为10∶1时，对于铝带材要求漂浮高度能稳定在12～25 mm之间；

(2) 无上、下振动或共振现象；

(3) 在带材宽度方向上，漂浮力均匀一致；

(4) 具有高的热传导率，而且在宽度方向上均匀一致；

(5) 在满足上述要求条件下，风量尽可能小些。

相关的试验研究认为，采用静压方式漂浮和动力方式传热相结合的炉型较为理想。目前国内外气垫炉的漂浮方式有多种，主要有V型蝶式、充气室式、静压动压式，火焰室式等。

气垫式连续热处理炉与箱式热处理炉比较，其主要优点如下：

(1) 可获得表面质量高的板带材，带材在炉内受上、下热气流的作用不与其他任何物体接触，避免了表面的任何擦伤，从而保证了带材的表面质量。

(2) 由于带材被展开加热，高速的热气流直接吹到带材表面上，使附着在带材表面的轧制油渍迅速排除，因此可确保带材表面的高质量。

(3) 加热快、效率高，可获得较好的金相组织，提高带材的力学性能。在箱式空气循环热处理炉中的气流速度一般为10～15 m/s，对流传热系数为35～40 kJ/(m$^2$·h·℃)；而在气垫炉中，热气流以30～50 m/s的速度对带材的上、下表面进行喷射，带材在热气流的作用下，一边漂浮前进，一边被加热，其对流传热系数可达90～120 kJ/(m$^2$·h·℃)，比箱式炉大2.5～3倍。所以带材在气垫炉中加热既迅速又均匀，能够得到细小而均匀的结晶组织，保证了带材具有较高的力学性能，较低的各向异性。

(4) 可使整个热处理过程连续进行。气垫式热处理生产线可连续地进行热处理、矫直、平整、除油、检查、衬纸、切板和垛板等工序，免去了很多不必要的装卸料工序，这不仅保证了板带材表面的高质量，同时也大大提高了板带材的生产能力。

## 二、气垫式连续热处理炉的结构

### (一) 铝及铝合金带材气垫式连续热处理炉

铝及铝合金带材气垫式连续热处理炉由炉体、淬火室、燃烧系统，循环风机以及炉内穿带装置等部分组成。

炉体是由单独的加热室和冷却(或均热)室组合而成的，每个室长约5～7 m，根据工艺和产量要求组合成不同长度的炉体，每个室都有单独的动压、静压喷嘴系统和燃烧系统，这样使制造、安装和维修都较方便。加热室和冷却室结构型式基本相似，仅在进行不同的热处理工艺时，各室的温度控制不同而已。

多数气垫式热处理炉采用气体燃料(天然气、发生炉煤气等)，为提高炉子热效率，现逐渐将以往采用辐射管的间接加热方式改为直接加热方式，即将燃烧后的燃烧产物与空气混合，由循环

风机鼓入动、静压喷嘴内，再由动、静压喷嘴喷出的热气流，少部分排出炉外，大部分进行再循环，炉子的热效率可达 60%左右。

对需要进行淬火热处理的铝合金，在冷却(均热)室后配置淬火室，淬火介质有空气、水雾、空气+水雾、水等多种，根据合金种类和带材厚度采用不同的淬火介质。

气垫式连续热处理炉操作时需严格控制炉内带材的温度和张力，控制温度的目的是为了保证带材的加热温度在工艺要求的范围之内，而控制带材张力的目的是为了避免带材在热处理温度下产生过大的变形。

**(二) 铜及铜合金带材气垫退火设备**

为了对铜及铜合金薄带进行再结晶退火，可采用铜带材气垫退火设备，在热处理过程中铜带材在通过加热区和冷却区时完全不需要外加的张力就能自行悬浮且不会产生变形。

退火炉内壁采用不锈耐热钢框架式焊接结构，在内外壁之间贴敷绝热材料，以保证良好的绝热效果。冷却区以及保护气体循环系统的结构与退火炉类似，冷却区的气密罩是用普碳钢板制作的框架式焊接结构，在循环风道内上下方装有水冷却调节器，用来对冷却介质(即循环保护气体)进行冷却。

退火炉的入口以及冷却区的出口分别装有气密式炉门与气密式水封槽，用以隔绝外部空气。每个循环区内均设有保护性气体输入管用以补充炉内气体的损耗。循环风机由无级变速电机驱动，可根据处理带材的实际需要来调节电机转速与喷嘴压力。在退火炉气密炉门前设有导向辊及下方的垂直辊，主要用来调节铜带材在炉内的张力，炉内的废气全部导入废气集管并排到厂房外大气中。

**三、气垫式连续热处理生产线在我国铜、铝加工行业的应用**

由于气垫式连续热处理生产线对铜、铝带材的热处理有显著的优势，所以目前国外各大型铜、铝加工厂普遍采用。1986 年以来我国已先后引进了数条生产线，现由美国 SURFACE 公司引进的以西南铝铝带材气垫式热处理生产线及由德国 JUNKER 公司引进的洛阳铜加工厂铜带材气垫式热处理生产线为例介绍。

**(一) 西南铝气垫式铝带材连续热处理生产线**

1. 工艺流程

1700 mm 铝带材气垫式连续退火、淬火热处理生产线，将铝卷进行开卷、切边、退火或淬火热处理，拉伸矫直后再卷取为成品，其工艺流程如图 3.17-2 所示。

2. 生产线主要设计参数

材　　料:铝及铝合金;

淬火产品:2024　2014　6061　7075;

退火产品:1050　1100　3003　3004　5005　5052　5056　5154　5184;

带材厚度:0.2～2.0 mm;

成品宽度:1000～1700 mm;

卷材内径:510 mm;

卷材外径:610～1900 mm;

卷　　重:10.5 t;

生产线速度:8.5～85 m/min;

炉内张力:4900 N;

带材延伸率：0%～1% (炉内)；

张力矫直机延伸率：0%～3%；

张力矫直后的带材平直度：若来料≤40I，则成品最大 3I；

镰 刀 弯：若来料≤0.2%，则成品为 0；

边部对中精度：±0.8 mm；

炉内温度控制：180～550℃（±3℃）。

3. 铝带材气垫式连续热处理机生产线特点

铝带材气垫式连续热处理炉既可以对铝带材进行退火热处理，又可以进行淬火热处理，整个生产线除炉体外，还配有张力矫直机，与传统热处理设备比较，其淬火和退火时的优点分别为：

(1) 淬火热处理时的优点：

1) 可对卷材进行固溶热处理，传统淬火炉只能处理板材；

2) 由于炉内温度均匀，并能在极短时间内使带材冷却，力学性能良好；

3) 带材在炉内快速连续加热，晶粒细小且均匀；

4) 与立式炉或盐浴淬火炉比较，带材无擦伤、划痕，也无吊架和夹具造成的软点和缺陷；

5) 冷却时，扭曲变形量很小，所以拉矫时，矫直量小，矫直产生的冷作硬化也小。

(2) 退火热处理时的优点：

1) 由于炉内温度均匀，能使带材的力学性能均匀一致，这对于质量大于 10 t 的铝卷材尤为重要；

2) 加热速度快，晶粒细小且均匀，可提高铝带材的耐蚀性，而且不会产生冷冲压变形中的橘皮现象；

3) 可以消除与轧制有关的各向异性；

4) 可以完全清除轧制油，而不在带材表面留痕迹；

5) 生产过程短，从而能大大提高生产效率；

6) 与箱式退火炉比较，气垫式连续热处理炉不会发生板垛退火后的黏结现象。

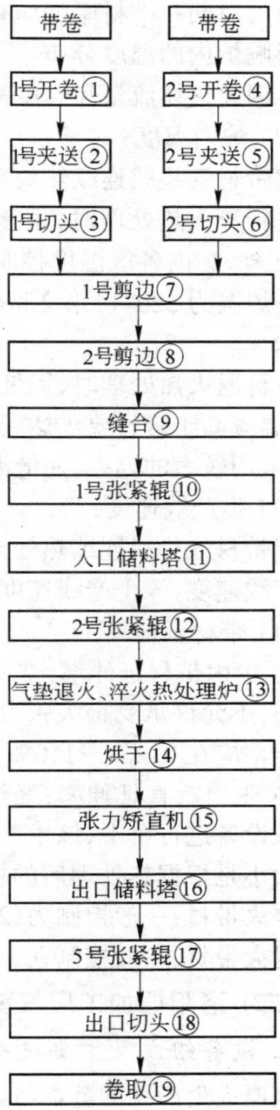


图 3.17-2　西南铝气垫式铝带材连续热处理工艺流程

4. 生产线主要工艺技术参数

铝带材气垫式连续热处理炉的主要技术参数有：气垫喷嘴压力、炉内温度、生产线速度，带材延伸率等。

(1) 气垫喷嘴压力：

循环热风通过气垫系统的矩形压力垫（即静压垫）和圆形热传导管（即动压垫）喷射到运动的带材表面，为使带材处于稳定的漂浮运动状态，对于各种厚度的带材，静压垫和动压垫的喷嘴压力必须限制在一定范围内，如果压力太高，就会引起带材特别是薄带材因颤动而造成板形不良；如果压力太低，又会引起带材的漂浮位置太低，甚至和下部气垫喷嘴接触，使带材表面擦伤。为使气垫喷嘴压力保持在最大与最小之间，可分析支撑压力垫和压下压力垫的典型压力曲线，例如对于厚度为 2 mm 的铝带材的支撑压力垫的最小喷嘴压力应为 1000 Pa。气垫喷嘴压力的变化可通过对气体流量的调节或气体温度的改变来进行，由于加热区和保温或冷却区的要求不同，气垫喷嘴压力对同一带材厚度均有一定的差别,这是设计和生产中应注意的问题,因为压力的改变将直接影响炉内的温度分布,压力越大,热交换越快,带材在加热区中升温越快,而在冷却区中降温越快。因此气体流量和温度都是决定气垫喷嘴压力大小的因素。

(2) 炉内温度:

铝带材气垫式连续热处理炉共有 18 个温控区,采用天然气供热。

进行淬火热处理时,由于固溶热处理过程中金属温度必须严格控制在极小的范围内,除 1~3 区外,炉内各区温度控制都设定在带材要求加热的温度范围内。以 2024 合金为例,第 1 区的最高炉温为 320℃,第 2 区为 490℃,第 3 区 495℃,其他各区均控制在带材要求的加热温度 500℃。

进行退火热处理时,铝带材在 1~10 区加热,11~18 区空冷,最后用水冷却,炉子正常运转时,炉温应高于带材要求达到的带温,该温差的大小可根据带材的退火状态来选定,如完全退火时,可采用较大的温差,而低温退火时,则应采用较小的温差。

(3) 生产线速度:

铝带材气垫式连续热处理炉根据不同状态,不同厚度的铝带材,在进行热处理时,采用不同的生产线速度,该生产线速度范围为 8.5~85 m/min。

(4) 带材延伸率:

1) 炉内带材延伸率:带材在一个很长的炉内漂浮运动,承受了一种张力,由于带材是处于高温状态,不允许承受很大张力,也即炉内带材必须在低延伸率下工作,无论何种铝合金,炉内带材的延伸率应在 0.2%~1.0%范围之内。

2) 张力矫直延伸率:经热处理后的带材,特别是固溶热处理后的带材,板形不平,需用配套的机械设备进行矫平,该生产线上所配置的拉弯张力矫直机正是起着这一作用。张力矫直延伸率的大小是根据热处理后的板形和带材厚度确定的,但一般不大于 3%,其经验取值方法为:

淬火带材:一般控制为(2+0.5×带材厚度)%;

退火带材:一般控制在 1%以下。

### (二) 洛阳铜加工厂气垫式铜带材连续热处理生产线

1. 设备组成及主要技术参数

该退火生产线的基本组成是:两台带导向辊和鞍座式小车的开卷机,一台带导向辊和导料台的液压缝合机,一台带清洗和干燥装置的脱脂机,一台带冷却室的光亮气垫退火炉,一台带清刷和干燥的酸洗机,一台带材表面涂层机,一台带导料台和导向辊的液压剪切机,两台带衬纸装置和导向辊的卷取机与卸卷机,以及四对中间 S 形辊,两套前后活套塔,三台中间带材控制辊及一台张力调整辊等。退火生产线的主要技术参数:

(1) 带材宽度:500~1050 mm;

(2) 带材厚度:0.1~1.5 mm;

(3) 铜卷最大质量:7500 kg;

(4) 铜卷内径:约 500 mm;

(5) 铜卷外径:约 1300 mm;

(6) 辊身长度:1200 mm(全部);

(7) 供电参数:(380 V±5 V)%,(50 Hz±2 Hz)%,三相带中线;

(8) 控制电压:(220 V±5 V)%,(50 Hz±2 Hz)%,(交流电);

(9) 生产线总连接负载:约 1667.36 kW;

(10) 入口及出口侧终端设备速度:4~60 m/min;

(11) 退火炉速度:4～50 m/min。

2. 生产线配置设备功能及生产工艺

退火前的冷轧铜带材表面,一般残留了相当数量的轧制油或乳浊液,如果不加清除,会严重影响退火后带材表面质量,故生产线中配置脱脂机是必要的。

光亮退火紫铜或青铜带材时,在加热室和冷却室内充入2%～5%氢气和98%～95%氮气可以不经酸洗而获得光洁的带材表面。退火黄铜带材时,由于带材在高温下加热会发生微量脱锌,这时炉内不充保护气体而在生产线中设酸洗机是合理的。

有些铜合金带材由于某些特殊需要,必须在退火后进行表面处理与防护,在生产线中增设涂层机和衬纸机是需要的,一般是单层衬纸,纸比带材每边约宽3 mm。

为使退火后的带材具有良好的板形和平直度,采用炉内上、下喷嘴交错排列,使带材在炉内呈波浪式前进,同时为确保带材各点受力均匀,对带材上下表面喷气,除将带材托起外,同时也保持带材不产生左右偏摆。根据带材的合金成分和厚度变化,下喷嘴气流的压力约为上喷嘴气流压力的两倍左右。一般循环气流的压力为140～180 MPa,上下喷嘴的合适距离为80～125 mm,前后两排喷嘴的间距为600 mm。为防止带材在冷却室内的急冷扭曲,冷却室分为两段,前段的炉温比后段高;为防止带材边部冷却过快,上下喷嘴在横向设气门进行调节冷却气流。另外带材的厚度公差和生产线速度的控制精度也都对带材的板形与平直度产生很大影响,一般厚度公差和速度精度,其总和不大于 5% 。当炉内温度的控制精度在±5℃以内,出冷却室带材温度在55℃以下时,实践证明,退火后带材板形优于退火前。

为了防止带材在整个生产线中跑偏,生产线中多处设光电控制装置和纠偏辊。一般带材在整个生产线中的允许偏离值为±25 mm,卷取机采用光电边缘控制,控制精度为±1 mm。

退火铜及铜合金带材时,通常合适的带材厚度比为10:1,合适的宽度比为2:1,而且最大厚度与最小宽度必须相匹配,其比值最好是1:300左右,在确保炉内最大供热能力的前提下,最大产量时的厚度范围为0.5～1.5 mm。

气垫退火炉的各段张力分布是十分重要的,如果分配不当,会使带材产生厚度变化,严重时甚至会将带材拉断,合理的张应力分配应为:从开卷机到第一个S形辊的张应力是3.43～5.2 N/mm$^2$,前后活套区的张应力是6.86 N/mm$^2$,炉内高温区的张应力是0.15～1.96 N/mm$^2$,酸洗区的张应力是6.86 N/mm$^2$,卷取机的张应力是10.29～13.72 N/mm$^2$,以上张应力的精度均为10%左右。

国外气垫炉退火铜及铜合金带材的生产线速度大多为5～75 m/min,带材退火速度与带材厚度成反比,而与带材宽度无关,速度精度为±1.0%。

为确保带材顺利通过退火炉,带材退火前应有较好的原始板形,否则会造成炉内气流的紊乱。以68黄铜带材为例,厚度公差应不大于±5%,加工率应在50%～70%以内,其晶粒度可控制在15～90 μm范围内,晶粒精度为15%,要求带材的原始板形是每米长度上的最大翘曲度为1.5 mm,而在带材全长上不应超过25 mm。

有相变的高锌黄铜带材退火时,带材必须在冷却区冷却至150～200℃后,才允许通过水冷槽,否则带材会在水封槽发生相变。

铜带材连续气垫炉的热效率可达55%左右,它的热源可以用气体燃料,也可以用电能,用电能时的单位电能消耗约为210 kW·h/t,用气体燃料时,保护性气体可由燃烧产物获得,但保护气成分中的一氧化碳和氢气含量之和不能大于4%。表3.17-10示出铜带材生产能力与带材尺寸的关系。

表 3.17-10　生产能力与带材尺寸的关系

| 品　种 | 带材尺寸/mm×mm | 加工率% | 晶粒尺寸及公差/μm | 生产能力/kg·h⁻¹ |
|---|---|---|---|---|
| 紫　铜 | 1.2×630 | 50～60 | 40±5 | 4000 |
| | 0.5×630 | 50～60 | 40±5 | 4000 |
| | 0.2×630 | 50～60 | 40±5 | 2800 |
| | 0.1×630 | 60～70 | 40±5 | 1600 |
| | 0.08×630 | 60～70 | 40±5 | 1300 |
| 黄　铜 | 1.2×630 | 50～60 | 40±5 | 4000 |
| | 0.5×630 | 50～60 | 40±5 | 4000 |
| | 0.2×630 | 50～60 | 40±5 | 2740 |
| | 0.1×630 | 60～70 | 40±5 | 1520 |
| | 0.08×630 | 60～70 | 40±5 | 1240 |

# 第八节　铜铝加工其他工业炉

## 一、30 t 铝合金圆铸锭电阻均热炉组

### (一) 概述

铝合金坯锭分为铝扁锭和圆铝锭,对铝合金扁锭(也称板锭)进行均匀化热处理的炉子有传统的坑式均热炉组,也有采用卧式箱型均热炉;而对铝合金圆铸锭的均热,目前多数采用卧式均热炉组,该炉组通常由贮料台、均热炉、冷却室及复合装出料车组成,炉组的装料量有 6、10、20、25、30、35 t 等系列。均热炉可采用卡口式加热器进行电阻加热,也可采用轻柴油或煤气直接加热,或者借助火焰辐射管间接加热。现将某厂 30 t 铝合金圆铸锭电阻均热炉组的结构组成简介如下:

该炉组由两台均热炉,一台冷却室,一个贮料台及一台 35 t 复合装出料车组成。其中均热炉采用 24 根 40 kW 卡口式加热炉,设两个热风循环加热温控区,炉后配置一台随炉冷却风机,炉组的冷却室底部配置 2 台大风量强对流冷却风机。35 t 复合装出料车为三维运动,升降行程为 80 mm,采用液压传动。大车的横向运行和大车上的进退装出料小车均为机械传动。炉组生产过程中,根据不同炉料的要求,均热后的炉料可通过配置于炉后的随炉冷却风机进行缓冷,也可将均热好的炉料用复合装出料车取出,直接运送到冷却室里进行强对流快速风冷,同时将置于贮料台上已预先备好的炉料,利用复合装出料车运送入炉内继续进行均匀化热处理。

### (二) 技术规格

有关 30 t 铝合金圆铸锭电阻均热炉组的均热炉、冷却室及复合装出料车的技术性能,可分别参阅表 3.17-11～表 3.17-13。

表 3.17-11　30 t 圆铝锭均热炉技术性能表

| 序　号 | 名　称 | 设计数值 | 备　注 |
|---|---|---|---|
| 1 | 炉子用途 | 铝及铝合金圆铸锭均热 | |
| 2 | 炉子形式 | 强制热风循环电阻加热 | |
| 3 | 装卸料方式 | 三维复合料车 | |

续表 3.17-11

| 序　号 | 名　称 | 设计数值 | 备　注 |
|---|---|---|---|
| 4 | 装料量/t | 30 | 最大 |
| 5 | 圆铝锭规格/mm | $\phi$91～510, $L_{max}$=700 | |
| 6 | 炉膛最高温度/℃ | 650 | |
| 7 | 金属均热温度/℃ | (400～600)±3 | |
| 8 | 加热器额定功率/kW | 960 | 2区 |
| 9 | 加热器材质 | Cr20Ni80 共 24 根 | 40kW/根 |
| 10 | 加热器接法 | Y | |
| 11 | 供电参数 | 380 V, 50 Hz, 3 m | |
| 12 | 炉膛有效堆料尺寸/mm×mm×mm | 7000×2200×1600 | 长×宽×高 |
| 13 | 循环风机型号 | W63B№16.76C | |
| 14 | 循环风机参数 | 风量 186000 $m^3$/h, 风压 870 Pa, 功率 47/67 kW | |
| 15 | 随炉冷却风机型号 | 4－68№6.3C | |
| 16 | 随炉冷却风机参数 | 风量 14325 $m^3$/h, 全压 186 3Pa, 功率 11 kW | |

**表 3.17-12　冷却室技术性能**

| 序　号 | 名　称 | 设计数值 | 备　注 |
|---|---|---|---|
| 1 | 用　途 | 铝合金圆铸锭冷却 | |
| 2 | 冷却室容量/t | 30 | |
| 3 | 炉料初始温度/℃ | 560～580 | |
| 4 | 炉料冷却终温/℃ | 150 | |
| 5 | 平均冷却速度/℃·$h^{-1}$ | 200 | |
| 6 | 冷却时间/h | 约 2 | |
| 7 | 风机型号 | L3－116№13.8E 右 0° | 2 台 |
| 8 | 风量/$m^3$·$h^{-1}$ | 170000 | 每台 |
| 9 | 风压/Pa | 1060 | |
| 10 | 冷却风机电机型号 | Y315s-6 | 2 台 |
| 11 | 每台电机功率/kW | 75 | 变频调速 |

**表 3.17-13　35 t 三维复合装出料车技术性能**

| 序　号 | 名　称 | | 设计数值 |
|---|---|---|---|
| 1 | 炉　料 | 装料量/t | 30 |
| | | 材　料 | 铝及铝合金圆铸锭 |
| | | 尺寸/mm | 直径 $\phi$91～510, 长度 $L_{max}$=7000 |
| 2 | 小　车 | 行走速度/m·$min^{-1}$ | $V_{max}$=12 |
| | | 行程/mm | 8425 |
| | | 电机功率/kW | 11 |
| | | 料架抬升高度/mm | $H_{max}$=80 |
| | | 链条型号 | 24B |

续表 3.17-13

| 序号 | 名称 | | 设计数值 |
|---|---|---|---|
| 3 | 大车 | 行走速度/m·min$^{-1}$ | $V_{max}=12$ |
| | | 行程/m | 按炉组配置要求确定 |
| | | 传动电机功率/kW | 2×1.5 |
| 4 | 升降油缸 | 型号 | Y-HG$_1$-E 125/90×355E$_1$-HL10 |
| | | 行程/mm | 355 |
| | | 供油压力/MPa | 16 |
| | | 油缸推速/m·min$^{-1}$ | 1.5～1.8 |

## 二、8 t 燃油时效炉

### (一) 概述

根据处理产品对象不同可分为铝型材时效炉,铝板材时效炉和铝铸锻件时效炉等多种型式;同种产品由于尺寸规格不同相应炉子的大小又有多种规格,如铝型材就有 6,8,13,30 m 等多种规格的铝型材时效炉。多数铝材时效炉采用电加热,也有部分采用轻柴油或煤气借助火焰辐射管进行加热的。现以 8 t 燃油时效炉为例,简述其炉子结构及组成。

8 t 燃油时效炉供建筑铝型材挤压后时效用,常用温度为 160～180℃,最高炉温 250℃,温度控制精度 ±3℃,该时效炉主要由炉门装置、驱动装置、箱式炉体、装料小车、循环风机及导流器、燃烧辐射管、电控温控等部分组成。燃油辐射管选配 2 个 BT26GW 型百得烧嘴加热,该烧嘴具有自动点火、火焰监测、大小火自动调节等功能,是温控性能较好的燃烧装置。

### (二) 主要技术性能

(1) 炉子用途:建筑铝型材时效;

(2) 装料量:6～8 t;

(3) 型材最大长度:7000 mm;

(4) 生产能力:2～2.24 t/h;

(5) 燃烧系统:U 型燃油(轻柴油)辐射管及 BT26GW 烧嘴 2 个;

(6) 最大耗油量:2×26＝52 kg/h;

(7) 铝材时效温度:(160～220)℃,±3℃;

(8) 炉膛最高温度:250℃;

(9) 温度控制:自动;

(10) 循环风机:型号 R80－165－02№10E 右 0°,风量 165600 m$^3$/h,风压 900 Pa;

(11) 炉子总重:32 t。

## 三、卧胆式铜管光亮退火炉

### (一) 概述

铜管棒材的光亮退火国内大多采用直通式辊底炉进行连续生产,但热处理的产品质量都不十分理想,大多达不到完全光亮,特别是退火黄铜制品,无论是采用由国外引进的还是国内制造的直通式铜管辊底光亮退火炉,其退火产品基本都达不到要求的光亮程度,只能做到光洁。因此退火质量要求高的产品,则需要采用带前后真空锁气室的铜管材辊底光亮退火炉组,进行半连续式生产操作,这样不仅设备投资大,生产维护费用高,而且操作程序也较复杂。

卧胆式铜管光亮退火炉是适用于中小型铜加工厂的退火热处理设备,年处理量为 1000～

1500 t,与上述铜管辊底光亮退火炉组相比,其优点是(1)设备投资少;(2)能确保热处理产品的退火质量;(3)保护性气体耗量很少;(4)操作维护简便。但其缺点是生产能力较小,炉子热效率甚低。

## (二) 炉子组成及结构

卧胆式铜管光亮退火炉由 1 个水平移动加热罩,2 个固定式炉胆及炉底装置,2 个真空及充气系统,2 套装出料车机构及料台,1 套电控和温控系统等部分组成。加热罩的主动轮采用 4 个 2.2 kW的行星摆线针轮减速机,通过锥齿轮进行传动。在砖衬炉体内的侧墙和炉底上均布着 Cr15Ni60 电阻带加热元件,该加热罩设 3 个温控区,每区功率均为 114 kW。炉胆内径为 $\phi$900 mm,长度 9800 mm,采用厚度 14 mm 的 1Cr18Ni9Ti 钢板制作,全部焊缝均为连续气密性焊缝,焊后必须用 392 Pa 水压进行检漏试验,现场组装时置于炉底中部的支撑固定装置上真空及充气系统主要由滑阀真空泵,真空压力阀门,高真空气动插板阀,电磁放气阀,真空压力表,充气阀及真空管道等部分组成。装出料机构采用型号 BWY13-59-2.2 摆线针轮减速机,通过链传动来驱动装载炉料的料架,推入或拉出炉胆进行装出料操作,其行程由主令控制器控制。

## (三) 炉子操作

要使退火产品获得预期的效果和良好的质量,除炉子本身的功能及技术性能、合理的退火工艺起重要作用外,以下几点在生产过程中也是不容忽视的重要问题:(1)所选用的轧制润滑剂应在加热过程中完全挥发不留斑痕,且没有氧气分离出来;(2)轧制后到入炉退火前的储存,时间越短越有利于润滑剂的完全挥发,使制品获得良好的光亮表面;(3)入炉时管子表面残留的润滑剂越少越好。

主要操作程序和要求为:

(1) 首先将装载炉料的下料架和上料架按序吊放到料台的滚轮上,注意装料时应将铠装热电偶的测量端紧压在料垛中。

(2) 将载料料架推入炉胆内,关闭炉胆上的真空压力阀门,启动真空泵并送电加热,开始缓慢加热,使炉料上的润滑剂在 170℃ 以下有充分的挥发时间,以避免润滑剂裂化而沉积在管材表面。

(3) 保护气体为氢氮混合保护性气体,按金属种类所需的氢气和氮气的比例分别为:退火紫铜 $H_2<10\%$,退火黄铜 $H_2 20\%\sim25\%$,余量为 $N_2$ 气,充气压力为 20 kPa。

(4) 炉胆升温过程设有放散保护,即当胆内压力大于 120 kPa 时,安全阀就自动打开放散,小于 120 kPa 时自动关闭,使炉胆始终在正常压力下工作。

(5) 加热保温终了将加热罩移至另一座准备启动的炉胆上进行操作。

(6) 该炉胆在冷却过程中要进行第二次充保护性气体,使炉胆内始终保持正压,不让空气进入炉胆影响产品质量,待料温冷却到≤80℃ 时出炉完成整个退火过程。

## (四) 卧胆式铜管光亮退火炉技术性能

卧胆式铜管光亮退火炉技术性能,列于表 3.17-14。

**表 3.17-14　退火炉技术性能**

| 序　号 | 名　称 | 设计数值 |
|---|---|---|
| 1 | 炉子用途 | 紫铜黄铜管材光亮退火 |
| 2 | 炉子安装功率/kW | 392 |
| 3 | 加热器功率/kW | 342 |

续表 3.17-14

| 序号 | 名称 | | 设计数值 |
|---|---|---|---|
| 4 | 加热区数/区 | | 3 |
| 5 | 加热器接线方式 | | △ |
| 6 | 加热器供电电压/V | | 380 |
| 7 | 炉子最高工作温度/℃ | | 550 |
| 8 | 炉胆最高工作温度/℃ | | 500 |
| 9 | 炉胆最高工作压力/kPa | | 120 |
| 10 | 制品退火温度/℃ | | ≤400 |
| 11 | 制品出炉温度/℃ | | ≤80 |
| 12 | 温度控制方式 | | 自动 |
| 13 | 装料量(每个炉胆)/t | | 1~1.5 |
| 14 | 制品长度/m | | ≤8 |
| 15 | 每炉料生产周期/h | | 16 |
| 16 | 保护气体成分 | 紫铜 | $H_2$<10%,$N_2$余量 |
| | | 黄铜 | $H_2$ 20%~25%,$N_2$余量 |
| 17 | 保护气体充气压力/kPa | | 从真空101.3充到20 |
| 18 | 保护气体耗量(每个炉胆)/$m^3$ | | 8~14 |
| 19 | 炉子外形尺寸(长×宽×高)/m×m×m | | 48.5×4.96×3.3(地坪以上) |
| 20 | 炉子总重/t | | 42.3 |

## 四、立式铝材淬火炉

### (一)概述

立式铝材淬火炉是铝合金管棒型材等细长工件淬火的传统炉型。按被处理工件的长度不同,目前国内有7 m、10 m、16 m、22 m、24 m、32 m等多种规格的立式铝材淬火炉,被处理炉料的长度最长可达21 m,而炉子的结构和组成基本相似或类同。由于被处理炉料的长度不同,使炉子的高度,也即加热区数或每个加热区的长度有所不同。

立式铝材淬火炉也是典型的电加热强制风循环电阻炉,其温度精度要求严格,通常温差要求不大于±2.5℃,空炉风速不小于15 m/s,循环风机通常都置于炉子底部,而且大多采用两台相同规格的离心风机,根据炉子所要求的风压和风量,可并联使用,也可串联使用。

为适应某些中小型铝加工厂一炉多用要求,有些立式铝材淬火炉的结构及功能,也有一些突破和尝试,例如对炉子高度不太高的立式铝材淬火炉,采用单台轴流风机直接配置在炉子顶部,但由于轴流风机的风压较低,因此加热元件采用风阻较小的卡口式加热器。这种型式的立式铝材淬火炉其主要优点是提高了循环风机的利用效率,炉子平面配置比较紧凑,避免采用两台离心风机在炉子下部由水平向垂直炉膛风道导风时所造成的较大压力损失。但由于大型循环风机置于炉子顶部工作时的振动,则对炉子工作的稳定性和日常保养和维修造成困难和不便,因此高度较大的立式铝材淬火炉其循环风机不宜配置在炉顶。

中小铝加工厂有的立式铝材淬火炉,在淬火水槽的设计中采用了一个可移动的浮筒。加料时,先将炉料放入浮筒内,然后将浮筒连同炉料一起移至炉底,将炉料吊入炉中进行加热,然后对要进行淬火的炉料快速转移进入水槽中淬火；而对退火制品可再通过移动浮筒取出。这样炉子既能用于淬火，又能用于退火，并尽量减轻淬火水质污染程度。以下以 16 m 立式铝材淬火炉为例，对该类炉子的组成及主要技术规格作一简要介绍。

### （二）16 m 立式铝材淬火炉组成及主要结构

该 16 m 立式铝材淬火炉主要由淬火炉本体、淬火水槽、循环风机装置、工件升降系统、卡料装置、工作平台、淬火槽给排水及加热系统、压缩空气系统及电控和温控系统等部分组成。

炉子本体由炉顶，炉底及 5 个加热区段组成，每个加热区段的长度均为 1850 mm，每区加热功率为 60 kW，炉子加热器总功率为 300 kW，加热器采用 $\phi$3.5 mm 的 Cr15Ni60 螺旋电阻丝，炉子绝热保温材料，对新建炉子可采用硅酸铝纤维毯或硅酸铝纤维棉，炉膛内径为 $\phi$900 mm，炉壳外径为 $\phi$2160 mm，配置在炉子底部的炉门由升降气缸压紧，采用平移气缸启闭。

淬火水槽内径 $\phi$3500 mm，水槽深度 11690 mm，由地下混凝土深井内衬 10 mm 厚的钢板筒构成，淬火槽底部设有打捞装置，用于定期打捞意外掉入的炉料或其他物件，在水槽上部配置了左右摇臂，用以转移进炉或出炉的炉料，另外在水槽上部还分别设有 1 个 4 in 的进水管和 1 个 5 in 的溢流管，淬火介质的温度通过向水槽中通入的蒸汽进行加热和调节。

循环风机装置由 2 台 W9-55№10 号 C 型离心风机串联配置构成强制热风循环系统，风机转数为 710 r/min，循环风量为 35000～47000 $m^3$/h。

工件升降系统则通过导向滑轮采用直径 15.5 mm 的钢丝绳与起重链由卷扬机传动来提升或下降炉料，提升速度为 0.4 m/s，下降速度为 0.8 m/s，采用双速电机，额定功率为 10 kW 和 14 kW。

### （三）16 m 立式铝材淬火炉技术性能

16 m 立式铝材淬火炉技术性能见表 3.17-15。

**表 3.17-15　立式铝材淬火炉技术性能**

| 序　　号 | 名　　称 | 设 计 数 值 |
|---|---|---|
| 1 | 炉子用途 | 铝合金管棒型材淬火 |
| 2 | 生产能力/$t \cdot a^{-1}$ | 1000 |
| 3 | 制品最大长度/m | 8 |
| 4 | 装料量/kg | 150～450 |
| 5 | 最大装料量/kg | 1000 |
| 6 | 加热器安装功率/kW | 5×60＝300 |
| 7 | 加热器材质 | Cr15Ni60 |
| 8 | 温度控制方式 | 可控硅调功器自动控制 |
| 9 | 炉料加热温度/℃ | 500±2.5 |
| 10 | 电源电压/V | 380 |
| 11 | 相数/相 | 3 |
| 12 | 频率/Hz | 50 |
| 13 | 炉膛风速/$m \cdot s^{-1}$ | 15～20 |
| 14 | 循环风量/$m^3 \cdot h^{-1}$ | 35000～47000 |
| 15 | 风机型号 | W9-55　10＃C |
| 16 | 风机转速/$r \cdot min^{-1}$ | 710 |
| 17 | 电机型号 | Y280M-6，55 kW，1000 r/min |

续表 3.17-15

| 序 号 | 名 称 | 设计数值 |
|---|---|---|
| 18 | 卷扬机电机型号 | $JDO_2$-71-8/4 |
| 19 | 下降速度/$m·s^{-1}$ | 0.8 |
| 20 | 上升速度/$m·s^{-1}$ | 0.4 |
| 21 | 炉膛内径/mm | ϕ900 |
| 22 | 水槽直径/mm | ϕ3500 |
| 23 | 水槽深度/mm | 11690 |
| 24 | 设备高度/mm | 16400 |

# 参 考 文 献


1 《焦化设计参考资料》编写组.焦化设计参考资料(上册).北京:冶金工业出版社,1980
2 徐一.炼焦与煤气精制.北京:冶金工业出版社,1985
3 姚昭章.炼焦学(第2版).北京:冶金工业出版社,1995
4 朱良钧.捣固炼焦技术.北京:冶金工业出版社,1998
5 大型烧结设备.北京:机械工业出版社,1997
6 《有色金属冶炼设备》编委会编.有色金属冶炼设备.北京:冶金工业出版社,1994
7 机械设计.第4版,北京:高等教育出版社,2003
8 苏宜春.炼焦工艺学.北京:冶金工业出版社,2004
9 董大勤.化工设备机械基础.北京:化学工业出版社,2003
10 唐先觉,李希超.烧结.北京:冶金工业出版社,1984
11 严允进.炼铁机械.第二版,北京:冶金工业出版社,2002
12 冯聚和.氧气顶吹转炉炼钢.北京:冶金工业出版社,1995
13 张昌富,叶伯英.冶炼机械.北京:冶金工业出版,1997
14 王雅贞,张岩,张红文.氧气顶吹转炉炼钢工艺与设备.北京:冶金工业出版社,1983
15 张承武.炼钢学.北京:冶金工业出版社,1991
16 北京钢铁设计研究总院.小方坯连铸.北京:冶金工业出版社,1985
17 王雅贞,张岩,刘术国.新编连续铸钢工艺及设备.北京:冶金工业出版社,1999
18 刘明延,李平等.板坯连铸机设计与计算.北京:机械工业出版社,1990
19 罗振柱.炼钢机械.北京:冶金工业出版社,1989
20 史宸兴.实用连铸技术.北京:冶金工业出版社,1996
21 郭延钢.连续铸钢.北京:冶金工业出版社,1995
22 炉外精炼的理论与实践.北京:冶金工业出版社,1993
23 日本金属协会.钢铁冶炼.北京:冶金工业出版社,2001
24 轧钢机械.第二版,北京:冶金工业出版社,1989
25 王海文.轧钢机械设计.北京:机械工业出版社,1983
26 板带车间机械设备设计.北京:冶金工业出版社,1983
27 王邦文.新型轧机.北京:冶金工业出版社,1994
28 钟廷珍等.短应力线轧机的理论与实践.北京:冶金工业出版社,1997
29 小型型钢连轧生产工艺与设备.北京:冶金工业出版社,1999
30 房世兴.高速线材轧机装备技术.北京:冶金工业出版社,1997
31 中国冶金大百科全书.北京:冶金工业出版社,1998
32 《耐火材料工厂设计参考资料》编写组.耐火材料工厂设计参考资料.北京:冶金工业出版社,1980
33 中国冶金百科全书·耐火材料.北京:冶金工业出版社,1997
34 中国冶金百科全书·冶金建设.北京:冶金工业出版社,1997
35 李锦文.耐火材料机械设备.第2版,北京:冶金工业出版社,1994
36 李庭寿.耐火材料科技进展.北京:冶金工业出版社,1997
37 潘立慧,魏松波等.干熄焦技术.北京:冶金工业出版社,2005
38 《钢铁企业电力设计手册》编委会.钢铁企业电力设计手册(上册).北京:冶金工业出版社,1996
39 中国航空工业规划设计研究院等.工业与民用配电设计手册(第二版).北京:中国电力出版社.1994
40 白忠敏,於崇干,刘百震.电力工程直流系统设计手册.北京:中国电力出版社,1999
41 巴普季丹诺夫,塔腊索夫.发电厂和配电站的电气设备(第三卷).北京:燃料工业出版社,1955
42 《钢铁企业电力设计手册》编委会.钢铁企业电力设计手册(下册).北京:冶金工业出版社,1996

43 北京钢铁设计院等.钢铁企业电力设计参考资料(下册).北京:冶金工业出版社,1976
44 全国勘察设计注册工程师电气专业委员会复习资料编写组.注册电气工程师 执业资格考试专业复习指导书 第三册供配电专业.北京:中国电力出版社,2004
45 蒂姆恰克 B M,索夫斯基 B Л.加热炉与热处理计算手册.北京:机械工业出版社.1989
46 日本工业炉协会.工业炉手册.北京:冶金工业出版社.1989
47 《钢铁厂工业炉设计参考资料》编写组.钢铁厂工业炉设计参考资料.北京:冶金工业出版社,1979
48 梅炽.有色冶金炉设计手册.北京:冶金工业出版社,2001
49 葛霖.筑炉手册.北京:冶金工业出版社.1994
50 尹汝珊,等.耐火材料技术问答.北京:冶金工业出版社,1994
51 成大先.机械设计手册第四版第1卷.北京:化学工业出版社,2002
52 郝英杰.珠江钢厂 CSP 线辊底炉的特点.冶金丛刊,1999,6:32
53 王秉铨.工业炉设计手册.北京:机械工业出版社,1996
54 卿定彬.工业炉用热交换装置.北京:冶金工业出版社,1986
55 韩昭沧.燃料及燃烧.北京:冶金工业出版社,1984
56 捷列金,戎宗义等.冶金炉热工计算.北京:冶金工业出版社,1986
57 查普曼.何田梅译.传热学.北京:冶金工业出版社,1984
58 西北工业大学.可控气氛原理及热处理炉设计.北京:人民教育出版社,1978
59 《可控气氛热处理》编写组.可控气氛热处理的应用与设计.北京:机械工业出版社,1982
60 何忠治.电工钢.北京:冶金工业出版社,1996
61 藤田辉夫.不锈钢的热处理.北京:机械工业出版社,1983
62 卿定彬.工业炉用热交换装置.北京:冶金工业出版社,1986
63 可控气氛热处理.北京:机械工业出版社,1982
64 有色冶金炉设计手册.北京:冶金工业出版社,2000
65 重有色冶金炉设计参考资料.北京:冶金工业出版社,1979
66 有色金属工程设计项目经理手册.北京:化学工业出版社,工业装备与信息工程出版中心,2003
67 有色金属提取冶金手册.现代化设备.北京:冶金工业出版社,1993
68 樊东黎.热加工工艺规范.北京:机械工业出版社,2003
69 《稀有金属手册》编辑委员会.稀有金属手册(上册).北京:冶金工业出版社,1997
70 贵广臣.电磁搅拌装置在熔铝炉中的应用.有色金属加工,2004,5
71 王秉铨.工业炉设计手册.北京:机械工业出版社,1996
72 钢铁厂工业炉设计参考资料编写组.钢铁厂工业炉设计参考资料.北京:冶金工业出版社,1979

# 冶金工业出版社部分图书推荐

| 书　　名 | 定价(元) |
|---|---|
| 冶金工程设计　第1册　设计基础 | 148.00 |
| 冶金工程设计　第2册　工艺设计 | 156.00 |
| 转炉-连铸工艺设计与程序 | 159.00 |
| 炉窑衬砖尺寸设计与辐射形砌砖计算手册 | 79.00 |
| 炉外精炼及铁水预处理实用技术手册 | 146.00 |
| 高炉炼铁生产技术手册 | 118.00 |
| 烧结设计手册 | 99.00 |
| 特种耐火材料实用技术手册 | 70.00 |
| 干熄焦技术 | 58.00 |
| 工业窑炉用耐火材料手册 | 118.00 |
| 机械设备安装工程实用手册 | 178.00 |
| 冶金液压设备与维护 | 35.00 |
| 密封 | 40.00 |
| 加热炉(第2版) | 29.00 |
| 冶金炉热工基础 | 50.00 |
| 冶金通用机械与冶炼设备 | 45.00 |
| 机械设计基础 | 29.00 |
| 工厂电气控制设备 | 20.00 |
| 机械优化设计方法(第3版) | 29.00 |
| 冶金设备液压润滑实用技术 | 68.00 |
| 中厚板外观缺陷的界定与分类 | 150.00 |
| 贵金属合金相图及化合物结构参数 | 99.00 |
| 铝加工技术实用手册 | 248.00 |
| 有色冶金炉设计手册 | 199.00 |
| 湿法冶金手册 | 298.00 |
| 有色冶金炉 | 30.00 |
| 粉末冶金手册(上册) | 248.00 |
| 粉末冶金手册(下册) | 268.00 |
| 钢铁企业质量经营 | 38.00 |
| 钢铁企业安全生产管理(第2版) | 65.00 |